William Gardiner

Tables de logarithmes

William Gardiner

Tables de logarithmes

ISBN/EAN: 9783741127588

Manufactured in Europe, USA, Canada, Australia, Japa

Cover: Foto ©Thomas Meinert / pixelio.de

Manufactured and distributed by brebook publishing software
(www.brebook.com)

William Gardiner

Tables de logarithmes

TABLES
DE
LOGARITHMES,

CONTENANT

Les Logarithmes des nombres, depuis 1 jusqu'à 102100, & les Logarithmes des Sinus & des Tangentes, de 10 en 10 secondes, pour chaque degré du quart de Cercle, avec différentes autres Tables,

PUBLIÉES CI-DEVANT EN ANGLETERRE

Par Monsieur GARDINER.

NOUVELLE EDITION,

Augmentée des Logarithmes des Sinus & Tangentes, pour chaque seconde des quatre premiers degrés.

A AVIGNON,

Chez J. AUBERT, Imprimeur-Libraire, rue de l'Épicerie.

M. DCC. LXX.

PRÉFACE DE L'AUTEUR.

LE motif qui m'a fait entreprendre cet Ouvrage, a été la plainte générale des Sçavans, de ce qu'on manquoit de Tables des logarithmes des sinus & tangentes pour les secondes de dix en dix, celles *d'Adrien Vlacq* étant à présent très-rares & entre les mains de bien peu de personnes.

Une nouvelle édition étoit donc absolument nécessaire, & ne peut être que très-utile. En conséquence, j'ai examiné avec soin les Tables des sinus & tangentes de *Vlacq*, & de leurs différences; j'ai corrigé les fautes que j'y ai trouvées. Mais pour rendre ces Tables plus utiles, j'ai calculé les logarithmes des sinus pour chaque seconde, depuis 0 jusqu'à 72'. J'ai aussi revu & corrigé, avec la plus grande attention, les 100 chiliades des logarithmes de *Vlacq* avec leurs différences, ainsi que les 101 chiliades de *Briggs*.

Mes Tables étant achevées, j'ai été encouragé à les rendre publiques par les invitations pressantes de plusieurs Sçavans, bons connoisseurs en ce genre. Mais afin que les logarithmes des nombres absolus devinssent d'un usage plus étendu, aux 101 chiliades j'ai ajouté les logarithmes des 1100 nombres suivans.

Je me suis contenté d'exprimer les logarithmes des sinus & tangentes par sept décimales, ce qui suffit aux calculs astronomiques.

Avant les Tables des logarithmes des sinus & des tangentes, j'ai placé celle des logarithmes des nombres, depuis 1 jusqu'à 102100 à sept décimales, excepté ceux de la 1re chiliade, de la 101e, de la 102e & du commencement de la 103e qui ont huit décimales, afin que dans l'occasion on puisse trouver le logarithme de tout nombre, & le nombre correspondant à tout logarithme, avec autant de figures. De plus, j'ai disposé les parties proportionnelles des différences des logarithmes de telle sorte, qu'on les voit à la même ouverture du livre que les logarithmes auxquels elles appartiennent.

Pour ce qui est de l'explication des Tables, des préceptes & des exemples qui indiquent divers usages des logarithmes, j'ai tiré tout ce que j'en ai dit des manuscrits de Mr. W. *Jones*, de la Société Royale, lequel, avec ce zéle qu'on lui connoît pour l'avancement des ſciences & pour l'encouragement de ceux qui les cultivent, m'a permis d'en diſpoſer comme je jugerois à propos.

Les logarithmes logiſtiques étant d'un uſage ſi commode & ſi expéditif dans les calculs aſtronomiques, j'ai mis ceux de chaque ſeconde juſqu'à 1° 20' à la ſuite des logarithmes des ſinus & des tangentes.

Les logarithmes des nombres ne ſont ici, comme je l'ai dit, qu'à ſept ou huit décimales; par conſéquent les nombres correſpondans aux logarithmes intermédiaires ne ſçauroient aller au delà de cette quantité de figures. Cependant, comme dans pluſieurs calculs on a quelquefois beſoin de nombres exprimés par 20 chiffres environ, j'ai ajouté trois autres tables. La Table I. contient la 1re chiliade des logarithmes, & ceux de la plupart des nombres impairs entre 1000 & 1144, à 20 décimales. Dans la Table II. ſe trouvent les logarithmes des nombres depuis 101000 juſqu'à 101139 incluſivement, à autant de décimales, avec leurs premières, ſecondes & troiſièmes différences. La Table III. comprend les logarithmes depuis .00000 juſqu'à .00139, avec les nombres correſpondans exprimés par 20 chiffres, & leurs différences premières, ſecondes & troiſièmes. Par le moyen de ces trois Tables, on trouvera aiſément le logarithme de tout nombre, & le nombre correſpondant à tout logarithme, l'un & l'autre vrai juſqu'à la 19e figure. J'ai eu ſoin de tout éclaircir par des exemples.

Enfin, pour rendre ces Tables auſſi parfaites qu'il m'a été poſſible, & les préſerver des fautes qui ſe gliſſent dans l'impreſſion, je n'ai épargné ni travaux ni dépenſe. J'ai pouſſé l'exactitude le plus près qu'il a été poſſible de l'unité dans le dernier chiffre; j'ai examiné ſcrupuleuſement chaque épreuve, & j'en ai corrigé toutes les fautes. Ce n'eſt que pour rendre l'édition plus complette, que je l'ai augmentée 1° des logarithmes des nombres depuis 101000 juſqu'à 102100, 2° des logarithmes logiſtiques, 3° des trois Tables des logarithmes & des nombres à 20 figures; additions qui ſont bien au delà de mes engagemens. C'eſt pourquoi j'eſpére que mes travaux donneront une pleine ſatisfaction à mes protecteurs; qu'on ſe ſervira de mes Tables avec une entière confiance, & qu'elles ſeront jugées les plus exactes de toutes celles qui ont paru juſqu'ici.

W. GARDINER.

AVERTISSEMENT

SUR CETTE NOUVELLE ÉDITION.

LA rareté des Tables de *Vlacq* engagea Mr. *Gardiner* à publier les siennes à Londres en 1742: la rareté tout aussi grande de celles-ci nous a engagés à notre tour à les remettre sous presse. Il est inutile de nous arrêter à établir leur supériorité sur toutes les autres Tables de cette espèce. Elle est bien avérée parmi ceux qui s'en servent, & qui n'en connoissent point de plus commodes pour l'usage, de plus sûres par leur exactitude, & de plus utiles par leur étendue; & quant à ceux qui ne les connoissent point encore, il suffit de leur citer, en preuve de cette supériorité, la rapidité avec laquelle l'édition a été épuisée, & le prix excessif auquel on en fait monter les exemplaires, lorsque le hazard en offre quelqu'un dans des reventes de bibliothéques.

Nous n'avons rien oublié pour que cette édition ne fît point regretter celle d'Angleterre. La nôtre a été dirigée par les avis, & même conduite par les soins de plusieurs Mathématiciens habiles, tels qu'il est rare d'en réunir dans une ville de province, en pareil nombre, ou d'un mérite égal. Non contens d'avoir réglé l'ordre & la distribution des Tables, & refait les calculs qui ont été nécessaires, quelques-uns de ces Sçavans ont bien voulu consacrer leur temps au pénible & fastidieux travail de revoir les épreuves; il n'en est aucune qui n'ait passé sous les yeux au moins de deux d'entr'eux. Nous avons corrigé le peu de fautes qui étoient échappées à Mr. *Gardiner*; car, malgré toute son exactitude, nous en avons découvert quelques-unes, en très-petit nombre à la vérité; & nous avons pris tous les soins possibles, en les corrigeant, pour ne pas les remplacer par de nouvelles. Nous ne dirons rien de la partie typographique, du papier, des caractères, de l'exécution: il ne faut que des yeux, pour s'appercevoir que de ce côté-là notre édition ne le céde en rien à celle de Londres.

Mais ce qui lui assure la préférence, ce sont les augmentations considérables que nous y avons faites. Elles consistent dans les logarithmes des sinus & tangentes pour chaque seconde des quatre premiers degrés en entier, & dans les logarithmes hyperboliques. Ces derniers, dont l'usage est si fréquent dans la haute Géométrie, ne se trouvent que dans peu d'ouvrages assez rares, & n'y sont pas toujours imprimés avec toute la correction nécessaire. Nous les avons mis au bout de ces Tables, pour satisfaire aux désirs de quelques Sçavans étrangers, qui nous l'ont demandé, après les avoir calculés avec le plus grand soin, & jusqu'à 20 décimales.

Mais l'addition la plus importante, tant pour son étendue, que pour son utilité dans les calculs astronomiques, est celle des logarithmes des sinus & tangentes pour chaque seconde des quatre premiers degrés, que personne n'avoit encore donnés dans un aussi grand détail. Pour peu qu'on soit versé dans la pratique de l'Astronomie, on sçait que tous les jours on se trouve arrêté dans le calcul des petits arcs ou angles, dont les Tables ordinaires ne peuvent donner la valeur jusqu'à la précision d'une seconde, quoique cette précision y soit souvent nécessaire, à cause des grands écarts où la moindre erreur dans ces petits arcs, peut jetter sur la valeur des arcs plus grands qui en dépend. Comme les ſinus & les tangentes croiſſent d'autant plus promptement, que les arcs variables auxquels ils appartiennent ſont plus petits, la partie proportionnelle y eſt fautive. C'eſt ce qui avoit engagé Mr. *Gardiner* à mettre dans ſes Tables les ſinus pour chaque ſeconde juſqu'à 72'. Mais il s'étoit arrêté là, & n'y avoit mis que les ſinus, & non les tangentes, quoiqu'elles différent aſſez promptement des ſinus. On trouvera dans ces nouvelles Tables les ſinus & tangentes de ſeconde en ſeconde depuis o juſqu'à 4°. Nous les avons tirés des Tables manuſcrites calculées par Mr. *Mouton*, & léguées par lui à l'Académie Royale des Sciences, que Mr. *de la Lande*, de la même Académie, a bien voulu nous communiquer avec ce zéle qu'il a pour tout ce qui peut contribuer aux progrès de l'Aſtronomie, auxquels il conſacre ſi utilement lui-même ſes travaux. Outre les ſinus & les tangentes, le manuſcrit dont nous parlons, contient dans le même détail les co-ſinus & les co-tangentes. Mais il étoit inutile d'en extraire les logarithmes des co-tangentes, puiſque tout le monde ſçait qu'on les a toujours par le moyen des tangentes dont elles ſont le complément à 20.0000000. Quant aux co-ſinus, ils varient ſi peu dans les petits arcs, qu'il ſuffit de les avoir de 10 en 10 ſecondes. Nous obſerverons que cette lenteur dans leurs variations rend les co-ſinus des petits arcs d'un uſage peu sûr dans les calculs trigonométriques, où l'on veut de la préciſion, & le mieux ſeroit de les en bannir entiérement, comme le pratiquent pluſieurs Aſtronomes. Nous en donnerons ci-après la méthode pour les deux principaux cas, tirée des Tranſ. Philoſ. an. 1758.

En comparant l'édition Angloiſe avec la nôtre, on pourra remarquer quelques légéres différences dans l'arrangement des Tables. Après les logarithmes des ſinus & tangentes de ſeconde en ſeconde pour les quatre premiers degrés, en reprenant l'ordre des degrés depuis o, de 10 en 10 ſecondes, nous nous ſommes contentés de mettre les co-ſinus & les co-tangentes pour ces quatre degrés, ſans y répéter leurs ſinus & leurs tangentes, parce que c'eût été là un double emploi qui nous a paru tout-à-fait ſuperflu. La Table I. pour les logarithmes à 20 décimales, qui ne remplit que trois pages dans l'édition Angloiſe, en occupe quatre dans celle-ci; ce qui vient de ce que le caractère dont nous nous ſommes ſervis, a un peu plus de corps que l'Anglois. Nous avons rempli les vuides de la quatrième page, en y ajoutant une trentaine de logarithmes, qui rendent cette Table plus complette, & ſur l'exactitude deſquels on peut compter avec autant de confiance que ſur le reſte, ayant été ſoigneuſement calculés. Enfin dans les Tables II. & III. qui ſuivent, comme les 20 figures des logarithmes de l'une & des nombres de l'autre, ne pouvoient pas entrer dans une ligne, nous avons mis au haut de la colonne les trois chiffres qui ſont communs à toute la colonne, & qui forment le commencement de chaque ligne. Quoiqu'on puiſſe s'en appercevoir avec un peu d'attention, il n'étoit peut-être pas inutile d'en prévenir le lecteur.

Au reſte, ce ſont là les ſeuls changemens que nous nous ſoyons permis de faire aux Tables de *Gardiner*. A cela près, on trouvera dans cette édition tout ce que renferme l'édition Angloiſe, juſqu'à la traduction littérale de la préface de l'Auteur, & de l'explication des logarithmes qu'il a tirée des écrits de Mr. *Jones*, quoique cette piéce eût peut-être eu beſoin d'éclairciſſemens en bien des endroits, d'être élaguée en d'autres, & qu'en général on puiſſe lui reprocher un peu de profuſion dans l'emploi des formules & des ſymboles. Notre premier deſſein étoit d'y faire de grands changemens, & en conservant les excellentes choses qu'elle contient, d'en retrancher tout ce qui ne tient pas immédiatement au sujet, d'y insérer les principes qui manquent souvent ; en un mot de la refondre entiérement, tant pour la forme que pour le fonds. Deux considérations nous en ont détournés : la première est que, faisant profession de donner l'ouvrage de *Gardiner*, c'eût été une espèce de manque de parole dès l'entrée, si nous eussions supprimé son Explication, pour lui en substituer une autre de notre façon, dont tout le monde n'auroit peut-être pas jugé comme nous. La seconde, est que plusieurs de ceux qui ont les anciennes Tables où cette Explication se trouve en Anglois, dont ils n'entendent pas la langue, désiroient d'en avoir une traduction fidèle. Nous n'avons pas hésité à sacrifier notre goût à celui du public, dans un ouvrage où nous ne nous sommes proposé que son utilité, & où rien de ce qui peut contribuer le moins du monde à remplir cet objet, n'a dû nous paroître indifférent ou indigne de notre attention.

MÉTHODE POUR ÉVITER LES CO-SINUS DES PETITS ANGLES.

I. Dans un triangle sphérique dont les côtés sont A, B, C, & les angles respectivement opposés a, b, c ; étant donnés deux côtés A, B, & l'angle compris c que l'on suppose très-petit, trouver le côté opposé C !

Faites $\text{L. sin. } A + \text{L. sin. } B + 2 \text{ L. sin. } \frac{1}{2} c = \text{L. } M$; & $2 \text{ L. sin. } \frac{1}{2} \overline{A \backsim B} = \text{L. } N$, le rayon $= 1$.

Vous aurez $\text{L. } \overline{M + N} = 2 \text{ L. sin. } \frac{1}{2} C$.

Dans les triangles rectilignes, $\text{L. } A + \text{L. } B + 2 \text{ L. sin. } \frac{1}{2} c = \text{L. } M$, & $2 \text{ L. } \frac{1}{2} \overline{A \backsim B} = \text{L. } N$.

Ce qui donne $\text{L. } \overline{M + N} = 2 \text{ L. } \frac{1}{2} C$.

II. Si $A = B$, on aura $\text{L. sin. } A + \text{L. sin. } \frac{1}{2} c = \text{L. sin. } \frac{1}{2} C$.

III. Dans le cas où les quantités données sont deux angles & le côté compris, la même formule peut servir, en employant le triangle supplémental, & prenant pour côtés les supplémens des angles, & pour angles les supplémens des côtés.

EXPLICATION ET USAGE

DES TABLES

DES LOGARITHMES.

I. DÉFINITION ET EXPRESSION DES LOGARITHMES.

Le logarithme vulgaire d'un nombre eſt l'expoſant de la puiſſance de 10, qui eſt égale à ce nombre; c'eſt-à-dire, que le logarithme d'un nombre quelconque $a = \overline{10}|^{+x}$, ou $\overline{10}|^{-x}$, eſt $+x$, ou $-x$.

Il ſuit de là que dans la ſuite décimale des nombres $\overline{10}|^{3}$, $\overline{10}|^{2}$, $\overline{10}|^{1}$, $\overline{10}|^{0}$ (ou 1), $\overline{10}|^{-1}$, $\overline{10}|^{-2}$, $\overline{10}|^{-3}$, les logarithmes de ces nombres ſont 3, 2, 1, 0, — 1, — 2, — 3.

Le logarithme d'un nombre intermédiaire dans cette ſérie, eſt compoſé d'un nombre entier n, & d'une fraction décimale A; de ſorte que ſi l'on prend a pour un nombre quelconque, dont la premiere figure *ſignificative* n eſt plus grande ou moindre que l'unité, le logarithme de a ſera reſpectivement $= + n + A$, ou $- n + A$. (Les Anglois nomment figures *ſignificatives* les chiffres qui ont une valeur, pour les diſtinguer des 0, qui n'en ont point ni par eux-mêmes, ni par leur poſition, lorſqu'ils ſont au devant ou à la fin des fractions décimales.)

Le nombre entier n, qui eſt l'expoſant ou la caractériſtique du logarithme, eſt donc ou $+$, ou $-$, & indique la diſtance de la premiere figure ſignificative du nombre à l'unité en deſſus ou en deſſous; & lorſque cet expoſant eſt *négatif*, on peut exprimer le logarithme par $\bar{n} + A$.

La fraction décimale A, qui fait partie d'un logarithme, eſt toujours poſitive dans les tables; mais le logarithme dont le ſeul expoſant eſt négatif, pourra devenir totalement négatif, en réduiſant n & A au même dénominateur, comme dans les exemples ſuivans.

Nombres.	*Logarithmes.*
54321	$4.7349678 = +4 +$ [illegible] $= +4$ [illegible]
5432.1	$3.7349678 = +3 +$ [illegible] $= +3$ [illegible]
543.21	$2.7349678 = +2 +$ [illegible] $= +2$ [illegible]
54.321	$1.7349678 = +1 +$ [illegible] $= +1$ [illegible]
5.4321	$0.7349678 = 0 +$ [illegible] $= +0$ [illegible]
0.54321	$\bar{1}.7349678 = -1 +$ [illegible] $= -0$ [illegible]
0.054321	$\bar{2}.7349678 = -2 +$ [illegible] $= -1$ [illegible]
0.0054321	$\bar{3}.7349678 = -3 +$ [illegible] $= -2$ [illegible]
0.00054321	$\bar{4}.7349678 = -4 +$ [illegible] $= -3$ [illegible]

II. PROPRIÉTÉS DES LOGARITHMES.

Soient a, b, c, &c. des nombres quelconques; nommons L. a le logarithme de a; L'a le complément arithmétique du logarithme de a, ou L. 1 — L. a, ou 0 — L. a: on aura

1. $L.\,ab = L.\,a + L.\,b$; $L.\,abcd = L.\,a + L.\,b + L.\,c + L.\,d$.

2. $L.\,\frac{a}{b}$, ou $L.\,\frac{1}{b}\,a = -\,L.\,\frac{b}{a} = L.\,a - L.\,b = L.\,a + L'\,b$; $L.\,\frac{1}{a} = L'\,a$.

3. $L.\,a^{n} = n\,L.\,a$; $L.\,a^{\frac{1}{n}} = \frac{1}{n}\,L.\,a$; $L.\,a^{\frac{m}{n}} = \frac{m}{n}\,L.\,a$; $L.\,\frac{1}{a^{\frac{m}{n}}} = \frac{m}{n}\,L'\,a$.

$$4.\ L.\overline{\tfrac{a}{b}}\Big|^{\frac{m}{n}} = \tfrac{m}{n}L.a - \tfrac{m}{n}L.b = \tfrac{m}{n}\times\overline{L.a - L.b} = \tfrac{m}{n}\times\overline{L.a + L'b}.$$

$$5.\ L.\frac{a^m b^n c^t}{p^v q^x r^z} = m\,L.a + n\,L.b + t\,L.c - v\,L.p - x\,L.q - z\,L.r.$$

$$= m\,L.a + n\,L.b + t\,L.c + v\,L'p + x\,L'q + z\,L'r.$$

Puisque le logarithme d'un nombre est égal à celui de son réciproque, mais avec des signes contraires (le réciproque de a est $\frac{1}{a}$) & puisque le logarithme du réciproque d'un nombre est le complément du logarithme de ce nombre, on peut souvent, au lieu du logarithme, employer son complément arithmétique. On le trouvera promptement de cette maniere.

Augmentez la caractéristique n de 1; changez son signe; retranchez de 9 chaque figure de A, excepté la derniere figure significative qu'il faut soustraire de 10; mais si $A = 0$, il ne faut que changer le signe de n, comme on voit dans ces exemples.

$$L.\ 8 = 0.9030900;\ L.\ \tfrac{1}{8} = L'\ 8 = \bar{1}.0969100 = -\ 0.9030900.$$
$$L.\ 8000 = 3.9030900;\ L'\ 8000 = \bar{4}.0969100 = -\ 3.9030900.$$
$$L.\ 1000 = 3.0000000;\ L'\ 1000 = \bar{3}.0000000 = -\ 3.0000000.$$
$$L.\ \tfrac{1}{54321} = L'\ 54321 = \bar{5}.2650322 = -5 + \tfrac{2650322}{10000000} = -\ 4.7349678.$$

Le complément du logarithme d'une fraction décimale, en lui donnant la figure —, devient le logarithme négatif de cette fraction, ou d'une autre fraction propre qui lui est égale.

Il peut souvent être avantageux d'avoir les logarithmes des fractions propres entiérement négatifs, sur-tout dans la formation des puissances, soit que leurs exposans soient entiers ou fractionnaires.

PROBLEME I.

Un nombre b *étant donné, trouver son logarithme* B *par le moyen des tables?*

I. Cas. *Si le nombre* b *n'est composé que de trois figures*; prenez b dans la colonne marquée N de la chiliade 1, & vous trouverez à côté dans la même ligne son logarithme B dans la colonne intitulée *Log.* mais il faut y joindre toujours la caractéristique convenable.

II. Cas. *Si* b *n'est composé que de quatre figures significatives*; prenez b dans la premiere colonne des tables (intitulée *Nom.*) vous aurez son logarithme B à côté dans la colonne marquée 0.

Nombres.	*Logarithm.*	*Nombres.*	*Logarithm.*
7 ou 7.000	0.8450980	72.68	1.8614149
75 ou 75.00	1.8750613	7.268	0.8614149
726 ou 726.0	2.8609366	0.7268	$\bar{1}$.8614149
7268	3.8614149	0.07268	$\bar{2}$.8614149
726.8	2.8614149	0.007268	$\bar{3}$.8614149

III. Cas. *Si* b *est composé de cinq figures significatives*; vous trouverez les trois premieres figures du logarithme B dans la colonne 0, & les autres quatre dans la colonne indiquée par la derniere figure de b, dans la même ligne où sont les quatre premieres.

Nomb.	*Logarithm.*	*Nombres.*	*Logarithm.*
56789	4.7542642	0.00056789	$\bar{4}$.7542642
12.345	1.0914911	0.054327	$\bar{2}$.7350157
543.27	2.7350157	0.0038284	$\bar{3}$.5830173

Observez que si la premiere figure des quatre dernieres de B, dans la colonne indiquée par le dernier chiffre de b, est moindre que la premiere des quatre dernieres (qui la précédent dans la même ligne) dans la colonne marquée 0; alors on doit prendre les trois premieres figures communes de B dans la ligne immédiatement au deſſous.

IV. Cas. *Si* b *eſt compoſé de ſix, de ſept, ou de huit figures ſignificatives*; prenez les nombres a & c, l'un moindre & l'autre plus grand, les plus près de b dans les tables; A & C leurs logarithmes. Soit $d' = c - a$; $\delta = b - a$; $D' = C - A$, & $\Delta = (B - A =) \frac{D'\delta}{d'}$; vous aurez $B = A + \Delta$; ou ſi $\delta = c - b$, on aura $B = C - \Delta$.

Exemple 1. Si $b = 345678$
$a = 345670$ $A = 5.5386617$
$d' = c - a = 10$ $8 \times 12.6 = \Delta = \ldots\ldots 100.8$
$\delta = b - a = 8$ $A + \Delta = B = 5.5386718$
$D' = C - A = 126$

Remarque. On ſuppoſe que a & c contiennent autant de zéro qu'il en faut pour avoir le même nombre de places que b; & comme la différence des nombres dans les tables eſt toujours l'unité, d' devient 10, 100, &c. c'eſt-à-dire, que d' devient l'unité ſuivie d'autant de zéro, ou multipliée par 10 autant de fois qu'il eſt néceſſaire pour remplir les places de b au delà des cinq premieres (ou des ſix premieres, ſi b ne ſurpaſſe pas 102099). D' & Δ ſe trouvent dans les tables vis-à-vis de A logarithme de a, & des cinq (ou ſix) premieres figures de b; c'eſt-à-dire, D' qui eſt vrai juſqu'à l'unité pour la différence des dernieres figures de A & C, ſe trouve dans la colonne intitulée D; & on trouve Δ avec une exactitude approchante de l'unité, par le moyen des petites tables intitulées *part.* & qui contiennent les parties proportionnelles de D' correſpondantes à δ. Ainſi dans *l'exemple* 1. la partie de (D') 126, à côté de (δ) 8, eſt 101 pour Δ. Lorſque δ a deux ou pluſieurs figures, la partie proportionnelle pour la ſeconde doit reculer d'un rang par rapport à la premiere, & ainſi de ſuite. Ainſi dans *l'exemple* 2. la partie de (D') 126 dans la table à côté de 9 eſt 113; mais elle devient 11.3 qu'il faut ajouter à 101 partie proportionnelle de 8. Ainſi les parties proportionnelles pour (δ) 89, ſont 112.3 $= \Delta$.

Exemple 2. Si $b = 3456789$
$a = 3456700$ $A = 6.5386617$
$d' = 100$ $\left.\begin{matrix}80\\9\end{matrix}\right\} \times 1.26 = \Delta = \left\{\begin{matrix}\ldots\ldots 100.8\\ \ldots\ldots 11.34\end{matrix}\right.$
$\delta = 89$
$D' = 126$ $b = 3456789$ $A + \Delta = B = 6.5386729$

Exemple 3. Si $b = 1088652$
$a = 1088600$ $A = 6.0368683$
$d' = 100$ $\left.\begin{matrix}50\\2\end{matrix}\right\} \times 3.99 = \Delta = \left\{\begin{matrix}\ldots\ldots 199.5\\ \ldots\ldots 7.98\end{matrix}\right.$
$\delta = 52$
$D' = 399$ $b = 1088652$ $A + \Delta = B = 6.0368890$

Exemple 4. Si $b = 29088821$
$a = 29088000$ $A = 7.4637139$
$d' = 1000$ $\left.\begin{matrix}800\\20\\1\end{matrix}\right\} \times 0.149 = \Delta = \left\{\begin{matrix}\ldots 119.2\\ \ldots\ldots 2.98\\ \ldots\ldots 149\end{matrix}\right.$
$\delta = 821$
$D' = 149$
$b = 29088821$ $A + \Delta = B = 7.4637161$

V. Cas. *Si le nombre* b *eſt compoſé de huit ou neuf places de figures, & ſi* a', *qui exprime les ſix premieres figures ſignificatives, ſe trouve dans les chiliades* 101 *ou* 102, on trouvera ſon logarithme B' vrai juſqu'à huit places de figures en cette maniere : prenez a' & c' pour les deux nombres dans les tables, l'un plus petit, l'autre plus grand que b'; A' & C' leurs logarithmes. Soit $d' = c' - a'$, $\delta = b' - a'$; $D' = C - A'$, & $\Delta \,(= B' - A') = \frac{D'\delta}{d'}$. Vous aurez $B' = A' + \Delta$; ou si $\delta = c' - b'$, alors $B' = C - \Delta$.

Exemple. Soit $b' = 10076471$

$$\begin{array}{lrl} & a' = 10076400 & \qquad A' = 7.00330540 \\ d' = 100 & 70 \\ \delta = 71 & 1 & \Big\} \times 4.31 = \Delta = \begin{cases} \ldots\ldots 301.7 \\ \ldots\ldots\ldots 4.31 \end{cases} \\ D' = 431 & b' = 10076471 & A' + \Delta = B' = 7.00330846 \end{array}$$

VI. Cas. *Si les six premieres figures significatives de* b *ne se trouvent pas dans* 101e *ou la* 102e *chiliade :* soit a = au nombre composé d'une, de deux, ou de trois premieres figures de b, ou de trois figures significatives tout au plus, & qui ne surpassent pas $\frac{1}{10}$ de b (afin de pouvoir le diviser plus aisément par leur moyen). On trouvera le logarithme A de ce nombre dans la premiere chiliade jusqu'à huit figures.

Prenez $b' = \frac{b}{a}$, cherchez B' par le cas précédent, & A dans la premiere chiliade; vous aurez $B = B' + A$.

Exemple 1. Soit $b = 29088820.9$; prenez $a = 29$ dans la premiere chiliade.

Vous aurez $b' = 1003062.79$

$$\begin{array}{lrl} & a' = 1003060.00 & \qquad A' = 6.00132691 \\ d' = 1000 & 2\,00 \\ \delta = 279 & 70 & \Big\} \times 0.433 = \Delta = \begin{cases} \ldots\ldots 86.6 \\ \ldots\ldots 30.31 \\ \ldots\ldots\ldots 3.897 \end{cases} \\ D' = 433 & 9 \\ & b' = 1003062.79 & A' + \Delta = B' = 6.00132811.8 \\ & & \qquad\qquad A = 1.46239800 \\ & & B' + A = B = 7.46372611.8 \end{array}$$

Exemple 2. Soit $b = 3.14159265$; prenez $a = 31$ dans la premiere chiliade.

Vous aurez $b' = 0.101341698$

$$\begin{array}{lrl} & a' = 0.101341000 & \qquad A' = \bar{1}.00578519 \\ d' = 1000 & 600 \\ \delta = 698 & 90 & \Big\} \times 0.428 = \Delta = \begin{cases} \ldots\ldots 256.8 \\ \ldots\ldots 38.5 \\ \ldots\ldots\ldots 3.4 \end{cases} \\ D' = 428 & 8 \\ & b' = 0.101341698 & A' + \Delta = B' = \bar{1}.00578817.7 \\ & & \qquad\qquad A = 1.49136169 \\ & & B' + A = B = 0.49714986.7 \end{array}$$

Remarque. Dans l'*Exemple* 1. a doit être un nombre entre 285 & 290, & dans l'*Exemple* 2. entre 308 & 314 inclusivement; mais on aura B plus exactement, si l'on fait $b' = ba$, en prenant pour le nombre a un multiplicateur plus grand que $\frac{1}{b}$.

VII. Cas. *Si* b *est un nombre fractionnaire* $= \frac{m}{n}$; alors B est la différence entre M & N logarithmes du numérateur & du dénominateur. Il est positif ou négatif, selon que m est plus grand ou moindre que n.

Exemple 1. Si $b = \frac{2}{3}$; L. 3 = 0.4771213
L. 2 = 0.3010300
B = L. $\frac{2}{3} = -0.1760913$ ou $\bar{1}.8239087$

Exemple 2. Si $b = \frac{1234}{5678}$; L. 5678 = 3.7541954
L. 1234 = 3.0913152
B = L. $\frac{1234}{5678} = -0.6628802$ ou $\bar{1}.3371198$

Exemple 3. Si $b = 11234\frac{1}{4} = \frac{44937}{4}$; $L.\ 44939 = 4.6526234$
$L.\ 4 \ldots\ldots = 0.6020600$
$B = L.\ 11234\frac{1}{4} = 4.0505634$

Ou bien, $b = 11234\frac{1}{4}$

$d = 1$	$a = 11234$	$A = 4.0505344$
$\delta = \frac{1}{4}$	$\frac{1}{4} \times 387 = \Delta \ldots\ldots + 290.25$	
$D = 387$	$b = 11234\frac{1}{4}$	$B = 4.0505634$

VIII. Cas. *Si* b *est composé d'une partie finie* a, *& d'une suite infinie recurrente* p, *marquée par un point sur chaque figure*, r *étant le nombre de ces points*, *&* x *la caractéristique du logarithme de* b; nommons b' le nombre b augmenté jusqu'à rendre la caractéristique de son logarithme $= r + x$; faisons $m = b' - a$; & $n =$ un nombre composé d'autant de 9 qu'il y a de figures recurrentes. Nous aurons $B = M - N$, ou $B = M +$ complément N.

Exemples.

Si $b = 320\dot{6}\dot{7}$	$r = 2$	Si $b = 32.0\dot{6}\dot{7}$	$r = 2$
$b' = 3206700$	$x = 4$	$b' = 3206.7$	$x = 1$
$a = 32000$		$a = 32.0$	
$m = 3174700$	$M = 6.5017027$	$m = 3174.7$	$M = 3.5017027$
$n = 99$	$N = 1.9956352$	$n = 99$	co. $N = \bar{2}.0043648$
	$B = 4.5060675$		$B = 1.5060675$

Si $b = 0.101\dot{8}\dot{5}$	$r = 3$	Si $b = 101\dot{8}.\dot{5}$	$r = 3$
$b' = 101.85$	$x = -1$	$b' = 1018500$	$x = 3$
$a = 0.10$		$a = 1000$	
$m = 101.75$	$M = 2.0075344$	$m = 1017500$	$M = 6.0075344$
$n = 999$	$N = 2.9995655$	$n = 999$	co. $N = \bar{3}.0004345$
	$B = \bar{1}.0079689$		$B = 3.0079689$

Si $b = 0.008\dot{9}\dot{5}\dot{3}\dot{4}$	$r = 4$	Si $b = \dot{8}.\dot{9}\dot{5}\dot{1}\dot{2}$	$r = 5$
$b' = 89.534$	$x = -3$	$b' = 895120$	$x = 0$
$a = 0.008$		$a = 0$	
$m = 89.526$	$M = 1.9519492$	$m = 895120$	$M = 5.9518813$
$n = 9999$	co. $N = \bar{4}.0000434$	$n = 99999$	co. $N = \bar{5}.0000043$
	$B = \bar{3}.9519926$		$B = 0.9518856$

IX. Cas. *Lorsque* b *est un nombre de degrés, minutes, &c. on trouvera le logarithme* B *de son sinus, co-sinus, tangente, ou co-tangente dans la table des logarithmes des sinus & tangentes, en cette maniere.*

Cherchez le nombre des degrés au haut ou au bas de la table, les minutes & les secondes de dix en dix à main gauche en descendant, ou à main droite en montant; vous trouverez B à côté dans la colonne qui lui est propre.

Mais si b n'excède pas 4°, vous trouverez les logarithmes de son sinus & de sa tangente au commencement de la table, pour chaque seconde.

Lorsque b est un nombre composé de degrés, de minutes & de secondes, intermédiaire entre ceux qu'on trouve dans la table, il faut en user comme dans le IV. Cas, la différence étant marquée exactement à côté de 10 en 10 secondes.

Mais si b est entre 90° & 180°; 180° & 270°; ou 270° & 360°, il faudra prendre dans la table les logarithmes pour $180° - b$; $b - 180°$; ou $360° - b$; & l'on aura B comme ci-devant.

Remarquez que pour réduire une fraction sexagésimale x en fraction décimale, il faut prendre $\frac{1}{6}$ de x.

Et pour réduire une fraction décimale de n places, en parties sexagésimales, il faut la multiplier par 6, & couper $n - 1$ figures du produit.

Exemple 1. Soit $b = 2° 24' 36''$

			log. sinus,	log. co-sinus,
$d = 10''$	$d = 10''$	$a = 2° 24' 30''$	$A = 8.6234661$	$A = 9.9996162$
$\delta = 6''$	$\delta = 6''$		$\Delta \ldots + 3001.8$	$\Delta \ldots - 5.4$
$D' = 5003$	$D' = 9$		$B = 8.6237663$	$B = 9.9996157$

Exemple 2. Soit $b = 42° 22' 48''$

			log. sinus,	log. co-sinus,
$d = 10''$	$d = 10''$	$a = 42° 22' 40''$	$A = 9.8286702$	$A = 9.8684670$
$\delta = 8''$	$\delta = 8''$		$\Delta \ldots + 184$	$\Delta \ldots - 153.6$
$D' = 230$	$D' = 192$		$B = 9.8286886$	$B = 9.8684616$

Exemple 3. Soit $b = 42° 22' 48''$

			log. tang.	log. co-tang.
$d = 10''$		$a = 42° 22' 40''$	$A = 9.9601922$	$A = 10.0398078$
$\delta = 8''$			$\Delta \ldots + 338.4$	$\Delta \ldots - 338.4$
$D' = 423$			$B = 9.9602260$	$B = 10.0397740$

Ex. 4. Soit $b = 25° 24' 23'' 12''' = 25° 24' 23'' \frac{2}{10}$;

			log. sinus,	log. tang.
$d = 10''$	$d = 10''$	$a = 25° 24' 20''$	$A = 9.6324803$	$A = 9.6766513$
$\delta = 3''.2$	$\delta = 3''.2$		$\Delta \ldots + 142$	$\Delta \ldots + 174$
$D' = 443$	$D' = 543$		$B = 9.6324945$	$B = 9.6766687$

Ex. 5. Soit $b = 38° 40' 56'' 51''' = 38° 40' 56'' \frac{85}{100}$;

			log. sinus,	log. tang.
$d = 10''$	$d = 10''$	$a = 38° 40' 50''$	$A = 9.7958646$	$A = 9.9034123$
$\delta = 6''.85$	$\delta = 6''.85$		$\Delta \ldots + 180$	$\Delta \ldots + 296$
$D' = 263$	$D' = 432$		$B = 9.7958826$	$B = 9.9034419$

Exemple 6. Soit $b = 38° 55' 25'' \frac{3557}{10000}$;

			log. sinus,	log. tang.
$d = 10''$	$d = 10''$	$a = 38° 55' 20''$	$A = 9.7981428$	$A = 9.9071634$
$\delta = 5''.3557$	$\delta = 5''.3557$		$\Delta \ldots + 139$	$\Delta \ldots + 231$
$D' = 260$	$D' = 431$		$B = 9.7981567$	$B = 9.9071865$

Exemple 7. Soit $b = 43° 41' 51'' 43''' 40'''' 48'''''$

$40''''.8$

$43'''.68$

Ou $b = 43° 41' 51''.728$

			log. sinus,	log. tang.
$d = 10''$	$d = 10''$	$a = 43° 41' 50''$	$A = 9.8393821$	$A = 9.9802434$
$\delta = 1''.728$	$\delta = 1''.728$		$\Delta \ldots + 38$	$\Delta \ldots + 73$
$D' = 220$	$D' = 422$		$B = 9.8393859$	$B = 9.9802507$

Exemple 8. Soit $b = 2° 3' 25'' 17''' 24''''$

$17'''.4$

		log. sinus,
$d = 1''$	Ou $b = 2° 3' 25''.29$	$A = 8.2659049$
$\delta = 0''.29$	$a = 2° 3' 25''$	$\Delta \ldots + 331$
$D' = 1141$		$B = 8.2659380$

X. CAS. *Lorsque les premieres différences* (D') *des logarithmes varient beaucoup, il faut prendre les secondes, les troisiémes, &c. différences* (D'', D''', &c.) *& faisant* $x = \frac{\delta}{d}$, on aura $B = A + x D' + x \times \frac{x-1}{2} D'' + x \times \frac{x-1}{2} \times \frac{x-2}{3} D'''$ &c.

XI. Cas. *Les logarithmes du sinus & du co-sinus d'un arc étant donnés par ces tables, on trouvera par les régles suivantes les logarithmes de la sécante & de la co-sécante de cet arc, & celui de son sinus verse.*

1. Logarithme sécante = complément du logarithme co-sinus + 10.0000000

Exemple. Si un arc = 42° 22' 48"   logarithme co-sinus = 9.8684626
logarithme sécante = 10.1315374

2. Logarithme co-sécante = complément du logarithme sinus + 10.0000000

Exemple. Si un arc = 42° 22' 48"   logarithme sinus = 9.8286886
logarithme co-sécante = 10.1713114

3. Logarithme sinus verse d'un arc = 2 logarithme sinus $\frac{1}{2}$ arc + $\overline{10}$.0000000

Exemple 1. Si un arc = 84° 45' 36"
$\frac{1}{2}$ arc = 42° 22' 48"   logarithme sinus = 9.8286886
9.8286886
$\overline{10}$.3010300
logarithme sinus verse = 9.9584072

Exemple 2. Si un arc = 140° 25' 20"
$\frac{1}{2}$ arc = 70° 12' 40"   logarithme sinus = 9.9735649
9.9735649
$\overline{10}$.3010300
logarithme sinus verse = 10.2481598

XII. Cas. *Si un arc est moindre que 4°, ou plus grand que son supplément 176°, on trouvera dans les tables les logarithmes du sinus & de la tangente pour chaque seconde, & ce seront aussi les logarithmes des co-sinus & co-tangentes des arcs entre 86° & 94°. On trouvera encore, par les régles suivantes, les logarithmes des co-sinus & co-tangentes de ces arc, ainsi que le sinus logarithmique d'un arc dont la moitié est comprise entre ces limites; & enfin son sinus verse par la régle* 3. du XI. Cas.

1. Logarithme co-sinus = logarithme sinus + complément du logarithme tangente.

2. Logarithme co-tangente = logarithme co-sinus + complément du logarithme sinus.

Exemple. On demande le logarithme co-sinus & logarithme co-tangente de 1° 2' 16"

Logarithme sinus	8.2579580	Logarithme co-sinus	9.9999288
Complément logar. tangente....	1.7419708	Complément logarith. sinus.....	1.7420420
Logarithme co-sinus	9.9999288	Logarithme co-tangente	11.7419708

Remarque. Logarithme tangente + logarithme co-tangente = 20.0000000.

3. Logarith. sinus d'un arc = logarith. sinus $\frac{1}{2}$ arc + logarith. co-sinus $\frac{1}{2}$ arc + $\overline{10}$.3010300
Ou, logarith. sinus d'un arc = logarith. sinus 2 arc + compl. log. co-sinus arc + $\overline{1}$.6989700

Exemple 1. On demande le logarithme sinus de 4° 14' 24".
$\frac{1}{2}$ arc 2° 7' 12" logarithme sinus = 8.5681141
logarithme co-sinus = 9.9997026
$\overline{10}$.3010300
Arc de 4° 14' 24" .... logarithme sinus = 8.8688467

Exemple 2. On demande le logarithme sinus de $4^\circ\ 13'\ 5''$.

Double arc $= 8^\circ\ 26'\ 10''$ .... logarithme sinus	9.1664493
arc $= 4.\ 13.\ 5.$ complément logar. co-sinus	0.0011779
	$\bar{1}$.6989700
logarithme sinus	8.8665972

PROBLEME II.

Un logarithme B *étant donné, trouver son nombre* b *par le moyen des tables?*

Que T représente les trois premieres figures de B (excepté dans la 101e & la 102e chiliades, où T représente les quatre premieres figures) & F les quatre suivantes. L'on observera que dans ces tables T est toujours dans la colonne marquée 0, & les F qui lui appartiennent, se trouvent ou dans la même colonne, ou dans quelqu'une des neuf suivantes ; & que T commence quelquefois vers le milieu de la ligne au dessous de laquelle il est placé, & finit toujours au moins là où un nouveau T le remplace.

I. CAS. *Lorsqu'on ne demande que cinq figures du nombre* b ; prenez T dans la colonne marquée 0, & F dans la même colonne ou dans quelqu'une des suivantes. Vous trouverez sur la même ligne que F, les quatre premieres figures de b dans la colonne marquée *Nom.* & la cinquiéme au haut ou au bas de la colonne où se trouve F. Le reste des figures (s'il y en a) feront des zéro.

Exemples. Si $B = 4.3010300$; $b = 20000$ | Si $B = 4.5386617$; $b = 34567$
Si $B = 5.3617278$; $b = 230000$ | Si $B = 6.5390133$; $b = 3459500$

II. CAS. *Lorsqu'on demande six ou sept figures du nombre* b ; prenez A & C pour les logarithmes immédiatement plus petit & plus grand que B ; a & c leurs nombres ; soient $D' =$ (différence commune dans la colonne marquée $D =$) $C - A$; $\Delta = B - A$; $d = c - a$; & $\delta = (b - a =) \frac{d'\Delta}{D'}$. Vous aurez $b = a + \delta$. Ou si vous faites $\Delta = C - B$, vous aurez $b = c - \delta$.

Exemple 1.	Si $B = 5.5386717$	
$d = 10$	$A = 5.5386617$	$a = 345670$
$\Delta = 100$	$\Delta = ...\ 100$	$\delta = ...\ 8$
$D' = 125)\ 1000\ (8 = \delta$		$b = 345678$
Exemple 2.	Si $B = 0.4971499$	
$d = 100$	$A = 0.4971371$	$a = 3.141500$
$\Delta = 128$	$\Delta = ...\ 128$	$\delta = ...\ 93$
$D' = 138)\ 12800\ (93 = \delta$		$b = 3.141593$
Exemple 3.	Si $B = 6.4637261$	
$d = 100$	$A = 6.4637139$	$a = 2908800$
$\Delta = 122$	$\Delta = ...\ 122$	$\delta = ...\ 82$
$D' = 149)\ 12200\ (82 = \delta$		$b = 2908882$

Remarque. On aura plus aisément δ par le moyen des tables des parties proportionnelles qui sont vis-à-vis de A.

III. CAS. *Si le logarithme donné* B' *n'est pas plus grand que* .0090:1574 ; on trouvera son nombre b' à huit places de figures, en cette maniere : soient A' & C' les logarithmes, l'un immédiatement plus petit, & l'autre plus grand que B' (dans la 101e ou 102e chiliade) a' & c' leurs nombres. Soient $D' = C' - A'$, $\Delta = B' - A'$, $d = c' - a'$, & $\delta = (b' - a' =) \frac{d\Delta}{D'}$. On aura $b' = a' + \delta$; ou si $\Delta = C' - B'$, on aura $b' = c' - \delta$.

Exemple. Si $B' = 7.00330846$

$\delta = 100$ $A' = 7.00330540$ $a' = 10076400$

$\Delta = 306$ $\Delta \ldots\ldots\ldots 306$ $\delta = \ldots\ldots 71$

$D' = 431\ )\ 30600\ (\ 71 = \delta$ $b' = 10076471$

IV. CAS. *Lorsqu'un logarithme donné* B *est plus grand que* .00902574, *& qu'on veut avoir son nombre* b *à huit places de figures.* Soit A, un des logarithmes de la 1e chiliade, plus petit que B, mais tel que l'excès de B sur A soit moindre que .00902574. Soit a le nombre du logarithme A. Faites $B' = B - A$, & cherchez b' par le cas précédent : vous aurez $b = ab'$.

Exemple 1. Soit $B = 8.46372612$

$A = 1.46239800$ $a = 29$

$B - A = B' = 7.00132812$

$\delta = 100$ $A' = 7.00132691$ $a' = 10030600$

$\Delta = 121$ $\Delta \ldots\ldots\ldots 121$ $\delta \ldots\ldots\ldots 27.9$

$D' = 433\ )\ 12100\ (\ 27.9 = \delta$ $a' + \delta = b' = 10030627.9$

$ab' = b = 290888109$

Exemple 2. Soit $B = 0.49714987$

$A = 1.49136169$ $a = 31$

$B - A = B' = \bar{1}.00578818$

$\delta = 100$ $A' = \bar{1}.00578519$ $a' = 0.101341$

$\Delta = 299$ $\Delta \ldots\ldots\ldots 299$ $\delta \ldots\ldots\ldots 698$

$D' = 428\ )\ 29900\ (\ 69.8 = \delta$ $a' + \delta = b' = 0.101341698$

$ab' = b = 3.14159265$

Remarque. On trouve plus facilement δ par le moyen des parties proportionnelles qui sont dans la même page que A'.

V. CAS. *Lorsque* B *est un logarithme négatif :* alors b est le dénominateur d'une fraction propre, dont le numérateur est 1.

Ainsi, supposé que B soit $= -0.9542425$, on aura $b = \frac{1}{9}$

Si $B = -0.1760913$, $b = \frac{1}{1.5} = \frac{10}{15} = \frac{2}{3}$.

Si dans une fraction $b = \frac{m}{n}$, *on veut que le dénominateur* n *soit un nombre donné*, on aura $M = N + B$; ou *si le numérateur* m *doit être un nombre donné*, on aura $N = M - B$.

Exemple 1. Si $B = -0.1760913$, & $n = 3600$, ou $b = \frac{m}{3600}$

$N = +\ 3.5563025$

$N + B = M = +\ 3.3802112$; donc $m = 2400$, & $b = \frac{2400}{3600} = \frac{2}{3}$.

Exemple 2. Si $B = -0.1760913$, & $m = 72$, ou $b = \frac{72}{n}$

$M = +\ 1.8573325$

$M - B = N = +\ 2.0334238$; donc $n = 108$, & $b = \frac{72}{108} = \frac{2}{3}$.

VI. CAS. *Lorsque* B *est le logarithme du sinus, co-sinus, tangente ou co-tangente de* b *qui est un nombre de degrés, minutes, &c. d'un arc quelconque ;* on trouvera b comme dans le II. CAS.

Exemple 1. Si $B = 9.7958826$ = Logarithme sinus de b.

$\delta = 10''$ $A = 9.7958646$ $a = 38°\ 40'\ 50''\ 00'''$

$\Delta = 180$ $\Delta \ldots\ldots\ldots 180$ $\delta \ldots\ldots + 6\ 51$

$D' = 263\ )\ 1800\ (\ 6''.85 = 6''\ 51''' = \delta$. $b = 38°\ 40'\ 56''\ 51'''$

Exemple 2.	Si $B = 9.8393859$ =	Logarithme sinus de *b*.
$d = 10''$	$A = 9.8393821$	$a = 43°41'50''00'''00''''00'''''$
$\Delta = 38$	$\Delta \ldots\ldots\ldots 38$	$\delta \ldots\ldots + 1\ 43\ 40\ 48$
$D' = 220)\ 380\ (1''.728 = 1''\ 43'''\ 40''''\ 48''''' = \delta$.		$b = 43°41'51''43'''40''''48'''''$
Exemple 3.	Si $B = 9.6766687$ =	Logarithme tangente de *b*.
$d = 10''$	$A = 9.6766513$	$a = 25°\ 24'\ 20''\ 00'''$
$\Delta = 174$	$\Delta \ldots\ldots\ldots 174$	$\delta \ldots\ldots + 3\ 12$
$D' = 543)\ 1740\ (3''.2 = 3''\ 12''' = \delta$.		$b = 25°\ 24'\ 23''\ 12'''$
Exemple 4.	Si $B = 9.9071865$ =	Logarithme tangente de *b*.
$d = 10''$	$A = 9.9071634$	$a = 38°\ 55'\ 20''$
$\Delta = 231$	$\Delta \ldots\ldots\ldots 231$	$\delta \ldots\ldots + 5.\ 3557$
$D' = 431)\ 2310\ (5''.3557 = \delta$.		$b = 38°\ 55'\ 25''.3557$

Lorsque *B* est un logarithme sinus qui ne surpasse pas 8.8435845 logarithme de 4°, vous prendrez *A* dans la table des logarithmes sinus pour chaque seconde, ensuite vous procéderez comme ci-devant.

Exemple 5.	Si $B = 8.2659380$ =	Logarithme sinus de *b*.
$d = 1''$	$A = 8.2659049$	$a = 1°\ 3'\ 25''$
$\Delta = 331$	$\Delta \ldots\ldots\ldots 331$	$\delta \ldots\ldots + 17'''\ 24''''$
$D' = 1141)\ 331.00\ (0''.29 = 17'''\ 24'''' = \delta$.		$b = 1°\ 3'\ 25''\ 17'''\ 24''''$

Si *B* logarithme tangente n'est pas plus grand que 8.8446437, vous prendrez *A* dans la table des logarithmes tangentes pour chaque seconde, & vous opérerez comme pour les sinus.

VII. Cas. *Si* B *est le logarithme de la sécante ou co-sécante de* b; retranchez 10.0000000 de *B*, le complément du reste sera le logarithme co-sinus ou sinus de *b*.

Par exemple. Si $B = 10.1315374$ = Logarithme sécante de *b*.
9.8684626 = Logarithme co-sinus de 42° 22′ 48″

Si $B = 10.1713114$ = Logarithme co-sécante de *b*.
9.8286886 = Logarithme sinus de 42° 22′ 48″

VIII. Cas. *Si* B *est le logarithme du sinus verse de* b; ôtez $\overline{10}.3010300$ de *b*, la moitié du reste sera le logarithme sinus de $\frac{1}{2}$ *b*, qui, étant doublé, devient *b*.

Si $B = 10.2481598$ = Logarithme sinus verse de *b*.
$\overline{10}.3010300$
2) 19.9471298
9.9735649 = Logarithme sinus de 70° 12′ 40″
2
$b = 140°\ 25'\ 20''$

III. ADDITION DES LOGARITHMES.

1. *Lorsque les logarithmes sont tous positifs ou tous négatifs*; faites l'addition comme dans les autres nombres décimaux, & donnez à la somme le même signe.

Exemple. à	+ 3.1760913	− 2.8450980	− 2.4771213
Ajoutez	+ 1.9542425	− 3.1760913	− 1.7781513
Somme	+ 5.1303338	− 6.0211893	− 4.0791812
		Somme	− 8.3344538

2. *Lorsque les logarithmes sont les uns positifs, les autres négatifs*; prenez la différence entre la somme des logarithmes positifs & celle des négatifs, & donnez-lui le signe de la plus grande somme.

			+ 3.6989700
Exemple.	à + 4.6989700	+ 3.4771213	— 7.6532125
Ajoutez	— 6.4771213	— 1.9542425	+ 2.4771213
Somme	— 1.7781513	+ 0.5228788	— 4.5686362
			— 11.2218487
			+ 6.1760913
		Somme	— 6.0457574

3. *Lorsqu'il n'y a que les caractéristiques des logarithmes qui soient toutes négatives*; ajoutez ensemble les parties positives des logarithmes, & diminuez la somme des caractéristiques de ce qui reste de l'addition des parties positives (s'il y a quelque reste) vous aurez la caractéristique négative requise.

Exemple.	à $\bar{3}$.1549020	$\bar{1}$.9542425	$\bar{1}$.6989700
Ajoutez	4.8239087	$\bar{3}$.6989700	$\bar{1}$.9542425
Somme	$\bar{7}$.9788107	$\bar{4}$.6532125	$\bar{4}$.8239087
		Somme	$\bar{5}$.4771212

4. *Lorsque les caractéristiques ont différens signes*; ajoutez les parties positives des logarithmes, & s'il reste quelque chose, vous l'ajouterez aux caractéristiques positives. La différence des caractéristiques positives & négatives, avec le signe de la plus grande, sera la caractéristique de la somme des logarithmes.

			3.6989700
Exemple.	à 4.6989700	4.4771213	$\bar{7}$.3467875
Ajoutez	$\bar{7}$.5228787	$\bar{4}$.0457575	1.4771213
Somme	$\bar{2}$.2218487	0.5228788	$\bar{5}$.4313638
		Somme	$\bar{7}$.9541426

IV. SOUSTRACTION DES LOGARITHMES.

1. *Lorsque les logarithmes sont tous deux positifs, ou tous deux négatifs; ou l'un positif & l'autre négatif*: changez le signe de celui qu'il faut soustraire, & suivez ensuite les régles de l'addition.

Exemples. De	+ 5.1303338	— 6.0211893	— 3.4771213
Otez	+ 1.9542425	— 3.1760913	— 4.0791813
Reste	+ 3.1760913	— 2.8450980	+ 0.6020600
De	— 1.7781513	+ 0.5228788	— 0.6989700
Otez	+ 4.6989700	— 2.9542425	— 3.2218487
Reste	— 6.4771213	+ 3.4771213	+ 2.5228787

2. *Lorsqu'il n'y a que les caractéristiques qui soient toutes deux négatives, ou seulement l'une des deux*; retranchez du logarithme qui doit être diminué, la partie positive de celui qu'il faut soustraire, & si vous avez emprunté 1 de la caractéristique du premier, vous ajouterez + 1 à la caractéristique du second; vous changerez son signe, & vous suivrez ensuite les régles de l'addition.

Exemples. De	$\bar{7}$.9788107	$\bar{4}$.6532125	$\bar{1}$.3010300	$\bar{2}$.2218487	0.5228788	6.6532125
Otez	$\bar{3}$.1549020	$\bar{3}$.6989700	$\bar{4}$.7781513	4.6989700	$\bar{3}$.0457575	$\bar{4}$.9542425
Reste	$\bar{4}$.8239087	$\bar{2}$.9542425	2.5228787	$\bar{7}$.5228787	3.4771213	9.6989700

V. MULTIPLICATION OU DIVISION
DES LOGARITHMES.

Soit le logarithme B, dont la caractériſtique eſt n, & qu'il faut multiplier ou diviſer par m.

1. *Lorſque* B *eſt totalement poſitif, ou totalement négatif*; multipliez ou diviſez $+B$ ou $-B$ par m à l'ordinaire, & donnez à mB ou $\frac{1}{m}B$ le ſigne convenable $+$ ou $-$.

Exemples. Si $B = +2.3010300$		Si $B = -2.7781512$
$m = \ldots\ldots\ldots 4$		$m = \ldots\ldots\ldots 3$
$mB = +9.2041200$		$mB = -8.3344536$

Ou, ſi $B = +9.2041200$; $\frac{1}{m}B = \frac{1}{4}B = +2.3010300$

Si $B = -8.3344536$; $\frac{1}{m}B = \frac{1}{3}B = -2.7781512$

2. *Lorſque la caractériſtique* n *eſt négative, & que l'autre partie* A *de* B *eſt poſitive*; alors $mB = -mn + mA$, & le produit mn doit être diminué par la ſouſtraction du nombre qui reſte de mA (s'il y a un reſte) : & $\frac{1}{m}B = -\frac{1}{m}n + \frac{1}{m}A$, ce qui ſe trouve aiſément ſi m meſure n. Mais s'il ne le meſure pas, augmentez $-n$ de $-\nu$ = au moindre nombre néceſſaire, pour que la ſomme ſoit diviſible par m ſans reſte ; & ajoutez $+\nu$ au devant de la premiere figure de A : vous aurez $\frac{1}{m}B = -\frac{n+\nu}{m} + \frac{\nu+A}{m}$.

Ou bien, multipliez B', complément de B, par m, ou par $\frac{1}{m}$; & le complément de mB', ou de $\frac{1}{m}B'$ ſera mB, ou $\frac{1}{m}B$.

Exemples. Si $B = \bar{1}.6989700$	$B = \bar{3}.7958818$	$B = \overline{13}.3186305$
$m \ldots\ldots\ldots 5$	$\frac{1}{4}B = \bar{1}.9489707$	$\frac{1}{7}B = \bar{3}.4637261$
$mB = \bar{7}.4948500$	Ou $B' = 4.2041172$	Ou $B' = 12.6813695$
Si $B = \bar{9}.9030972$	$\frac{1}{4}B' = 1.0510293$	$\frac{1}{7}B' = 2.5362739$
$\frac{1}{5}B = \bar{3}.3010324$	$\frac{1}{4}B = \bar{1}.9489707$	$\frac{1}{7}B = \bar{3}.4637261$

VI. RÉGLES ET PROBLEMES
OU L'ON VOIT DIVERS USAGES DES LOGARITHMES.
I. RÉGLE DE PROPORTION.

1. *Placez dans l'ordre propoſé & dans une même ligne les termes qui expriment l'état de la queſtion.*
2. *Placez ſous chacun de ces termes conditionnels, les termes correſpondans dans une autre ligne.*
3. *Multipliez ſucceſſivement les termes produiſans d'une ligne, par les termes produits de l'autre ligne ; le produit qui en réſultera ſera le dividende.*
4. *Multipliez de même tous les termes qui reſtent, leur produit ſera le diviſeur.*
5. *Le quotient de cette diviſion ſera le terme requis.*

On appelle *termes produiſans*, tout ce qui concourt à produire un effet, comme la cauſe & le temps ; la longueur, la largeur & la profondeur ; l'acheteur & ſon argent ; le vendeur & ſa marchandiſe ; en un mot tout ce dont l'action contribue à la production de divers effets.

Lorſque dans une queſtion on ſous-entend un terme ſans l'exprimer, il faut repréſenter ce terme par l'unité.

Cette régle est si générale, qu'elle comprend tous les cas qui appartiennent aux régles de trois, tant directes, qu'inverses, simples, ou composées.

Exemple 1. Si 280 livres sterlings suffisent à l'entretien de 120 hommes pendant 32 semaines, combien en faudra-t-il pour 360 hommes pendant 48 semaines? Réponse, 1260 liv.

L.	H.	S.
280 .	120 .	32
Q .	360 .	48

$$Q = \frac{360 \times 48 \times 280}{120 \times 32}$$

L. 360	2.55630250
L. 48	1.68124124
L. 280	2.44715803
L' 120	$\bar{3}$.92081875
L' 32	$\bar{2}$.49485002
L. 1260	3.10037054

Exemple 2. Quel est l'intérêt de 2750 liv. pour 292 jours, à $4\frac{1}{2}$ pour cent par an? Réponse, 99 liv.

L.	J.	I.
100 .	365 .	4.5
2750 .	292 .	Q

$$Q = \frac{2750 \times 292 \times 4.5}{100 \times 365}$$

L. 2750	3.43933269
L. 292	2.46538285
L. 4.5	0.65321251
L' 100	$\bar{2}$.00000000
L' 365	$\bar{3}$.43770714
L. 99	1.99563519

Exemple 3. Si 19 hommes font un ouvrage en 198 jours, en combien de jours 171 hommes pourront-ils faire le même ouvrage? Réponse, en 22 jours.

H.	J.	O.
19 .	198 .	1
171 .	Q .	1

$$Q = \frac{19 \times 198}{171}$$

L. 19	1.27875360
L. 198	2.29666519
L' 171	$\bar{3}$.76700389
L. 22	1.34242268

Exemple 4. Si 248 ouvriers, travaillant 11 heures par jour, ont creusé en $5\frac{1}{2}$ jours un fossé de $232\frac{1}{2}$ toises de long, $3\frac{3}{5}$ de large & $2\frac{1}{3}$ de profondeur; en combien de jours, 24 hommes, travaillant 9 heures par jour, creuseront-ils un fossé de $337\frac{1}{2}$ toises de long, $5\frac{3}{5}$ de large, & $3\frac{1}{2}$ de profondeur? Réponse, en 231 jours.

O.	J.	H.	Long.	Larg.	P.
248 .	$5\frac{1}{2}$.	11 .	$232\frac{1}{2}$.	$3\frac{3}{5}$.	$2\frac{1}{3}$
24 .	Q .	9 .	$337\frac{1}{2}$.	$5\frac{3}{5}$.	$3\frac{1}{2}$

$$Q = \frac{248 \times 5.5 \times 11 \times 337.5 \times 5.6 \times 3.5}{24 \times 9 \times 232.5 \times 3.6 \times 2.3}$$

Ou bien,

O.	J.	H.	L.	L.	P.
248 .	$\frac{11}{2}$.	11 .	$\frac{465}{2}$.	$\frac{18}{5}$.	$\frac{7}{3}$
24 .	Q .	9 .	$\frac{675}{2}$.	$\frac{28}{5}$.	$\frac{7}{2}$

$$Q = \frac{248 \times 11 \times 11 \times 675 \times 28 \times 7 \times 2 \times 3 \times 3}{2 \times 2 \times 5 \times 2 \times 24 \times 9 \times 465 \times 11 \times 7}$$

L. 248	2.3944517
L. 5.5	0.7403627
L. 11	1.0413927
L. 337.5	2.5282738
L. 5.6	0.7481880
L. 3.5	0.5440680
L' 24	$\bar{2}$.6197888
L' 9	$\bar{1}$.0457575
L' 232.5	$\bar{3}$.6335770
L' 3.6	$\bar{1}$.4357286
L' 2.3	$\bar{1}$.6320232
L. 231	2.3636120

Exemple 5. Si un réservoir *R*, à la hauteur *H*, avec le diametre *D* de son ajutage, fournit *W* muids d'eau, dans le temps *T*; en combien de temps *t*, le réservoir *r*, à la hauteur *h*, avec le diametre de son ajutage *d*, donnera-t-il *w* muids?

$$R ; \sqrt{H} . DD . W . T \;|\; r ; \sqrt{h} . dd . w . t \;|\quad t = \frac{\sqrt{H} \times DD \times T \times w}{\sqrt{h} \times dd \times W}$$

Par exemple, si le réservoir R à 36 pieds de haut, avec un ajutage de deux pouces de diametre, donne 1800 muids d'eau dans 15 heures: en combien de temps le réservoir r, à 25 pieds de hauteur, avec un ajutage d'un pouce de diametre, donnera-t-il 1000 muids? Réponse, en 40 heures.

$H = 36$	$L. \sqrt{H} = \frac{1}{2}$ L.36		0.77815125
$D = 2$	$L. DD = 2$ L. 2		0.60205999
$T = 15$	$L. T =$ L.15		1.17609126
$w = 1000$	$L. w =$ L.1000		3.00000000
$h = 25$	$L' \sqrt{h} = \frac{1}{2}$ L'25		$\bar{1}$.30103000
$d = 1$	$L' dd = 2$ L' 1		0.00000000
$W = 1800$	$L' W =$ L'1800		$\bar{4}$.74472749
Donc $t = 40$ heures.	$L. t =$ L.40		1.60205999

Exemple 6. Si une citerne, à 3 pieds de hauteur, avec un tuyau de 2 pouces de diametre, donne $273\frac{1}{8}$ muids d'eau, en 2 heures 18 minutes; quel diametre faut-il donner au tuyau d'une citerne de 25 pieds de hauteur, pour qu'elle fournisse $5343\frac{3}{4}$ muids dans 24 heures? Réponse, 3 pouces.

Hᵀ.	D.	M.	H.	$\frac{1}{2}$ L. 36	0.7781513
36 .	2 .	$273\frac{1}{8}$.	$2\frac{3}{10}$	2 L. 2	0.6020600
25 .	Q .	$5343\frac{3}{4}$.	24	L. 2.3	0.3617278
				L. 5343.75	3.7278462
				$\frac{1}{2}$ L' 25	$\bar{1}$.3010300
				L' 24	$\bar{2}$.6197888
				L' 273.125	$\bar{3}$.5636385
				L. Q²	0.9542426
				L. Q	0.4771213

$$Q^2 = \frac{\sqrt{36} \times 2^2 \times 2.3 \times 5343.75}{\sqrt{25} \times 24 \times 273.125}$$

Donc $Q = 3$.

II. DE L'INTÈREST COMPOSÉ.

L'intérêt composé est celui qui provient, tant du principal, que des intérêts échus & que l'on joint au principal, au temps de l'échéance.

1. Soit p le principal, ou un fonds de plusieurs sommes égales, payables à plusieurs termes égaux; n le nombre de ces termes; a l'annuité ou la somme due à un de ces termes; m le montant du principal & des intérêts sur intérêts; r l'intérêt d'une livre dans un temps donné; & l'intérêt composé dans le rapport de 1 à $1 + r$. De ces cinq quantités (p, n, a, m, r) trois étant données, on trouvera les autres par le moyen de la table suivante.

Dans cette table, les lettres capitales, A, M, R, &c. désignent les logarithmes des nombres exprimés par les petites lettres a, m, r, &c. A', M', R', &c. sont les complémens des logarithmes A, M, R, &c. Soit $b = \frac{m}{p} = \overline{1+r}|^n$; $h = a - pr$, $k = a + mr$, $e = \frac{1}{2}\,\overline{n-1}$, $s = \frac{1}{2}\,\overline{n+1}$, $B = n$ L. $\overline{1+r} = M - P$, $C = \frac{1}{n} B$, $D =$ L. $\overline{b-1}$, $E = D + A + M'$, $F = \frac{M + A - \cdot - N'}{s} =$ L. f, $G = \frac{A - \cdot - N + P}{s} =$ L. g, $s = \frac{1}{e}$, $t = \frac{1}{s}$, $x = 2\overline{f-1} + s$, $y = t - 2\,\overline{g-1}$, $\frac{1}{2}\,\overline{X+S} =$ L. ξ, $\frac{1}{2}\,\overline{Y+T} =$ L. θ.

CAS.	Étant donnés.	Trouver.	SOLUTION.	CAS.	Étant donnés.	Trouver.	SOLUTION.
1	a, n, r	m	$M = D + A + K'$	11	m, n, r	a	$A = D' + M + R$
2	p, n, r	m	$M = B + P$	12	p, m, r	a	$A = D' + M + R$
3	a, p, r	m	$M = H + P + A$	13	p, m, r	n	$n = \frac{M + P}{L.\,\overline{1+r}}$
4	a, n, p	m	$M = n\,L.\,\overline{i - s + 1} + P$	14	a, p, r	n	$n = \frac{A + M}{L.\,\overline{1+r}}$
5	a, n, r	p	$P = B' + D + A + K'$	15	a, p, m	n	$n = \frac{M + P}{L.\,\overline{1+r}}$
6	m, n, r	p	$P = M - B$	16	a, m, r	n	$n = \frac{K + A}{L.\,\overline{1+r}}$
7	a, n, m	p	$P = M - n\,L.\,\overline{q - s + 1}$	17	a, p, m	r	$R = D + A + M'$
8	a, r, m	p	$P = K' + M + A$	18	p, n, m	r	$L.\,\overline{1 + r} = \frac{M + P}{n}$
9	p, n, r	a	$A = B + D' + P + R$	19	a, n, m	r	$r = q - s.$
10	p, n, m	a	$A = D' + L.\,\overline{c - 1} + M$	20	a, p, n	r	$r = t - s.$

2. Si l'annuité a a commencé depuis le temps ν, & qu'elle continue, sans être payée, pendant le temps n; faisons $b = \overline{1 + r}|^{n}$; $q = \overline{1 + r}|^{\nu}$; $Q + P + R = L.\,y$.

1. *Cas.* Étant donnés a, n, r, ν, trouver p? $P = D + A + B' + K' + Q'$.

2. *Cas.* Étant donnés p, n, ν, r, trouver a? $A = B + Q + P + R + D'$.

3. *Cas.* Étant donnés a, p, n, r, trouver ν? $\nu =$ [illegible]

4. *Cas.* Étant donnés a, p, r, ν, trouver n? $n =$ [illegible]

5. *Cas.* Étant donnés a, p, n, ν, trouver r? (Faites $d =$ [illegible]; $u =$ [illegible]; [illegible] $= L.\,v$; $q = u - 2\,\overline{v - 1}$; $\frac{1}{2}Z + U = L.\,e$) $r = u - e$.

3. Soit p la valeur actuelle d'un bien fonds, dont le revenu annuel est a, sur le pied de l'intérêt r d'une livre par an. Dans ce cas, $A = P + R$.

4. Soit n le nombre des années, au bout desquelles la somme des intérêts simples égale le prix total d'un bien, r étant l'intérêt d'une livre par an; on aura $N = o + R'$, & $R = o + N'$, ou $L.\,n = L'\,r$, & $L.\,r = L'\,n$.

5. Soit un bien fonds valant p en argent comptant, dont la rente annuelle a a couru, sans être payée, depuis un nombre ν d'années, au taux de r pour une livre par an. De ces quatre quantités, a, p, ν r, , trois étant données, trouver la quatrième? Faites $q = \overline{1 + r}|^{\nu}$

1. *Cas.* Étant donnés a, r, ν, trouver p? $P = A + R' + Q'$.

2. *Cas.* Étant donnés p, r, ν, trouver a? $A = Q + P + R$.

3. *Cas.* Étant donnés a, p, r, trouver ν? $\nu =$ [illegible].

4. *Cas.* Étant donnés a, p, ν, trouver r? (Soit $\rho = \frac{a}{p}$, [illegible], &c. & [illegible], &c.) ce qui donne $r = r' =$ [illegible]; ou $r'' =$ [illegible]; ou $r''' =$ [illegible], &c.

6. Quel est le principal p, qui, intérêts sur intérêts, monte à la somme M dans le temps N, & à la somme m dans le temps n? $L.p = \frac{N L.m - n L.M}{N - n}$.

7. Si le principal p, intérêts sur intérêts, monte à la somme m dans le temps n, quel sera le montant M du principal p dans le temps N? $L.M = \frac{N \times \overline{L.m - L.p} + n L.p}{n}$.

8. Si la somme p, à intérêt composé, produit le montant m dans n années, en combien de temps N cette somme p produira-t-elle le montant M? $N = \frac{n \times \overline{L.M - L.p}}{L.m - L.p}$.

9. Si les sommes B, C, D, E, doivent être payées aux divers termes, b, c, d, e, on demande le temps t, au bout duquel on peut payer la somme $p = B + C + D + E$, d'un seul coup, sans faire tort ni au créancier, ni au débiteur, r étant l'intérêt d'une livre, & payant l'intérêt de l'intérêt? Faites $q = 1 + r =$ montant d'une livre à une échéance; $p' = \frac{B}{q^b}$, $p'' = \frac{C}{q^c}$, $p''' = \frac{D}{q^d}$, $p^{iv} = \frac{E}{q^e}$; vous aurez $t = \frac{L.p - L.\overline{p' + p'' + p''' + p^{iv}}}{L.q}$.

10. Si une rente annuelle a doit être payée pendant un certain nombre d'années n, on demande le temps t auquel, payant la somme totale $n a$ toute à la fois, les intérêts composés des arrérages soient compensés par ceux des avances; r étant l'intérêt d'une livre.
Faites $b = \overline{1 + r}|$ vous aurez $t = \frac{L.\overline{b - 1} + L. [illegible] - L.a - L.r}{L.\overline{1 + r}}$.

III. RÈGLES DE TRIGONOMÉTRIE.

1. *Dans un triangle rectiligne, dont les côtés sont* A, B, C, *& les angles opposés* a, b, c, *trois de ces six termes étant donnés, parmi lesquels il y ait un côté, on demande le reste.*

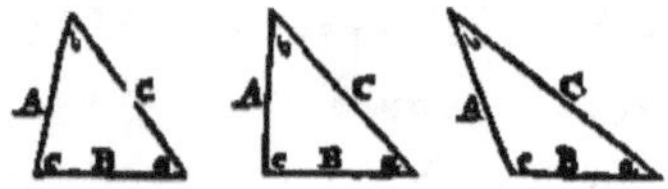

Nommons s, t, s', t', le sinus, la tangente, le co-sinus, la co-tangente d'un arc ou d'un angle, dont r est le rayon.

I. CAS. *Lorsque les trois côtés* A, B, C, *sont donnés :* Soient A, B, les côtés qui renferment l'angle cherché c, & C le côté opposé; soit $D = A - B$, ou $H = \frac{1}{2}\overline{A + B + C}$.

Vous aurez $s.\frac{1}{2}c = \sqrt{\frac{\frac{1}{2}\overline{C + D} \times \frac{1}{2}\overline{C - D}}{AB}}\, rr = \sqrt{\frac{\overline{H - A} \times \overline{H - B}}{AB}}\, rr$.

Et $L.s.\frac{1}{2}c = \frac{1}{2}\overline{L.\overline{H - A} + L.\overline{H - B} + L'A + L'B + (2 L.r =) 20}$.

II. CAS. *Étant donnés deux côtés (* A *le plus grand,* B *le plus petit) & l'angle compris* c. Faites $M = \frac{180° - c}{2}$, & $\frac{A - B}{A + B} \times t.M = t.N$; ensuite $a = M + N$, & $b = M - N$.

Soit encore $L.2A + L.2B + 2L.s.\frac{1}{2}c - 20.0000000 = L.P$; & $2L.\overline{A - B} = L.Q$: on aura $\frac{1}{2}L.\overline{P + Q} = L.C$.

Remarque. Si l'angle compris c est de 90°; alors $t.a = \frac{A}{B} \times r$; $t.b = \frac{B}{A} \times r$; & $C = \frac{r}{s.a} \times A$, ou $= \frac{r}{s.b} \times B$, ou $= \sqrt{AA + BB}$. Ou bien, faisant $2L.A - L.B = L.D$, on aura $L.C = \frac{1}{2}\overline{L.\overline{D + B} + L.B}$.

III. CAS. *Lorsque parmi les termes donnés, il y a un côté & l'angle qui lui est opposé;*

Alors $\frac{A}{s.a} = \frac{B}{s.b} = \frac{C}{s.c}$, par où on peut trouver le terme demandé. Mais si l'angle donné c est de 90°, les côtés donnés étant A & C, on aura $L.\,B = \frac{1}{2}\,L.\,\overline{C+A} + L.\,\overline{C-A}$.

Lorsque deux côtés A, B, & un angle a opposé à l'un des deux A, sont donnés ; si A est moindre que B, alors b, c & C ont chacun deux valeurs ; si A est plus grand que B, alors b, c & C n'ont chacun qu'une valeur.

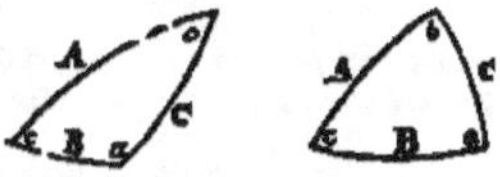

II. *Dans un triangle sphérique dont les côtés sont* A, B, C, *& les angles opposés* a, b, c, *trois de ces six termes étant donnés, trouver le reste ?*

I. Cas. *Étant donnés les trois côtés* A, B, C.

Soient A, B, les côtés qui renferment l'angle demandé c, & C le côté opposé à cet angle. Soit $D = A - B$, ou soit $H = \frac{1}{2}\,\overline{A+B+C}$.

On aura $s.\frac{1}{2}c = \sqrt{\frac{s.\frac{1}{2}\overline{C+D} \times s.\frac{1}{2}\overline{C-D}}{s.A \times s.B}\,rr} = \sqrt{\frac{s.\overline{H-A} \times s.\overline{H-B}}{s.A \times s.B}\,rr}$.

Et $L.\,s.\frac{1}{2}c = \frac{1}{2}\,\overline{L.\,s.\overline{H-A} + L.\,s.\overline{H-B} + L'\,s.A + L'\,s.B}$.

II. Cas. *Étant donnés les trois angles*, a, b, c.

A la place de chacun des angles, prenez son supplément à 180°, & conservez à chacun sa dénomination, a, b, ou c. Soient a, b, les angles qui renferment le côté cherché C, & c l'angle qui lui est opposé. Soit $d = a - b$, ou $h = \frac{1}{2}\,\overline{a+b+c}$.

Vous aurez $s.\frac{1}{2}C = \sqrt{\frac{s.\frac{1}{2}\overline{c+d} \times s.\frac{1}{2}\overline{c-d}}{s.a \times s.b}\,rr} = \sqrt{\frac{s.\overline{h-a} \times s.\overline{h-b}}{s.a \times s.b}\,rr}$.

Si l'on a pris le supplément de c, la régle donnera le supplément de C.

III. Cas. *Étant donnés deux côtés*, A, B, *& l'angle compris* c.

Nota. Les signes $>$, $<$ signifient *plus grand*, ou *moindre que* ; $\backsim$ désigne la différence des deux quantités entre lesquelles est placé ce signe, en soustrayant la plus petite de la plus grande, & ici le signe $+$ ou $-$, mis après le symbole d'un angle ou d'un côté, indique que cet angle ou ce côté est plus grand ou plus petit que 90°.

1. *Trouver les autres angles* a, *ou* b ; *(par exemple* a ? *)*

Soit A le côté opposé à l'angle cherché a.
Dites $r : s'c :: t.A : t.M$, semblable ou dissemblable à A, selon que $c-$, ou $c+$; $N = B \backsim M$.
Ensuite $s.N : s.M :: t.c : t.a$, semblable ou dissemblable à c, selon que $M <$ ou $> B$.
Ou bien, faites $s.\frac{1}{2}\overline{A+B} : s.\frac{1}{2}\overline{A-B} :: t'\frac{1}{2}c : t.N-$
Et $s'\frac{1}{2}\overline{A+B} : s'\frac{1}{2}\overline{A-B} :: t'\frac{1}{2}c : t.M \mp$ selon que $A + B \lessgtr 180°$.
Vous aurez $A = M + N$; & $b = M - N$.

2. *Trouver le troisième côté* C ?

Faites $r : s'c :: t.A : t.M$, semblable ou dissembl. à A, selon que $c-$, ou $c+$; $N = B \backsim M$.
Ensuite $s'M : s'N :: s'A : s'C$, semblable ou dissemblable à N, selon que $c-$, ou $c+$.

IV. Cas. *Étant donnés deux angles* a, b, *& le côté compris* C.

1. *Trouver les autres côtés* A *ou* B, *(par exemple* A ? *)*

Soit a l'angle opposé au côté cherché A.
Faites $r : s'C :: t.a : t'm$, semblable ou dissembl. à a, selon que $C-$ ou $C+$; $n = b \backsim m$.
Ensuite $s'n : s'm :: t.C : t.A$, semblable ou dissemblable à n, selon que $a-$ ou $a+$.

Ou bien, faites $s.\frac{1}{2}\overline{a+b} : s.\frac{1}{2}\overline{a-b} :: t.\frac{1}{2}C : t.N-$

Ensuite $s'\frac{1}{2}\overline{a+b} : s'\frac{1}{2}\overline{a-b} :: t.\frac{1}{2}C : t.M \mp$, selon que $a+b \lesseqgtr 180°$.

Enfin $A = M + N$, $B = M - N$.

2. Trouver le troisiéme angle c ?

Faites $r : s'C :: t.a : t'm$, semblable ou dissembl. à a, selon que $C-$ ou $C+$; $n = b \backsim m$.

Ensuite $s.m : s.n :: s'a : s'c$, semblable ou dissemblable à a, selon que $m \lesseqgtr b$.

V. CAS. *Étant donnés deux côtés*, A, B, *& l'angle* a *opposé à l'un d'eux* A.

1. *Trouver l'angle* b *opposé à l'autre côté* B ?

$s.A : s.a :: s.B : s.b \mp$, deux valeurs vraies de b.

2. *Trouver l'angle* c *compris par les côtés* A & B ?

Faites $r : s'B :: t.a : t'm$, semblable ou dissemblable à B, selon que $a-$ ou $a+$.

Ensuite $t.A : t.B :: s'm : s'n$, semblable ou dissemblable à A, selon que $a-$ ou $a+$.

Enfin $c = m \pm n$, deux valeurs vraies de c.

3. *Trouver le troisiéme côté* C ?

Faites $r : s'a :: t.B : t.M$, semblable ou dissemblable à B, selon que $a-$, ou $a+$.

Ensuite $s'B :: s'A :: s'M : s'N$, semblable ou dissemblable à A, selon que $a-$, ou $a+$.

Enfin $C = M \pm N$, deux valeurs vraies de C.

Mais si A est égal à B, ou à $180° - B$, ou entre B & $180° - B$; alors b est toujours de même espece que B, & selon que B est semblable ou dissemblable a, on a $c = m \pm n$, & $C = M \pm N$.

VI. CAS. *Étant donnés deux angles* a, b, *& un côté* A *opposé à l'un des deux* a.

1. *Trouver le côté* B *opposé à l'autre angle* b ?

$s.a : s.A :: s.b : s.B \mp$, deux valeurs vraies de B.

2. *Trouver le côté* C *compris entre* a *&* b ?

Dites $r : s'b :: t.A : t.M$, semblable ou dissemblable à b, selon que $A-$, ou $A+$.

Ensuite $t.a : t.b :: s.M : s.N \mp$ deux valeurs vraies de N.

Enfin $C = M \pm N$, selon que a est semblable ou dissemblable b.

3. *Trouver le troisiéme angle* c ?

$r : s'A :: t.b : t'm$, semblable ou dissemblable à b, selon que $A-$, ou $A+$.

$s'b : s'a :: s.m : s.n \mp$, deux valeurs vraies de n.

$c = m \pm n$, selon que a est semblable ou dissemblable b.

Mais si A est égal à B, ou à $180° - B$, ou s'il est entre B & $180° - B$; alors B est dissemblable à b, & les valeurs $N+$, $n+$, sont impossibles.

Remarque. *Si l'on connoît deux côtés* A, B, *& leurs angles opposés* a, b, *on trouvera aisément le troisiéme côté* C, *& l'angle* c *en cette maniere.*

$s.\frac{1}{2}\overline{a-b} : s.\frac{1}{2}\overline{a+b} :: t.\frac{1}{2}\overline{A-B} : t.\frac{1}{2}C$.

$s.\frac{1}{2}\overline{A-B} : s.\frac{1}{2}\overline{A+B} :: t.\frac{1}{2}\overline{a-b} : t'\frac{1}{2}c$.

III. *Dans un triangle sphérique, dont un des angles est de* 90°, H *son hypothenuse*, B, P *les deux autres côtés*, b, p *les angles opposés ; deux de ces cinq termes étant donnés, trouver le reste ? On trouve tous les différens cas avec leurs solutions dans la table suivante.*

Cas.	Etant donnés.	Trouver.	Solutions.
1	$H.B$	b	$s.H : r :: s.B : s.b$ semblable à B.
		p	$r : t'H :: t.B : s'p \mp$, si H {sembl. / dissembl.} B.
		P	$t'B : r :: s'H : s'P \mp$, si H {sembl. / dissembl.} B.
2	$H.b$	B	$r : s.H :: s.b : s.B$ semblable b.
		P	$r : s'b :: t.H : t.P \mp$, si H {sembl. / dissembl.} b.
		p	$r : s'H :: t.b : t'p \mp$, si H {sembl. / dissembl.} b.
3	$B.b$	H	$s.b : r :: s.B : s.H \mp$, toutes deux vraies.
		P	$r : t.B :: t'b : s.P \mp$, toutes deux vraies.
		p	$s'B : r :: s'b : s.p \mp$, toutes deux vraies.
4	$B.p$	H	$r : t'B :: s'p : t'H \mp$, si B {sembl. / dissembl.} P.
		b	$r : s'B :: s.p : s'b$, semblable B.
		P	$r : s.B :: t.p : t.P$, semblable p.
5	$B.P$	H	$r : s'B :: s'P : s'H \mp$, si B {sembl. / dissembl.} P.
		b	$r : s.P :: t'B : t'b$, semblable B.
		p	$r : s.B :: t'P : t'p$, semblable P.
6	$b.p$	H	$r : t'b :: t'p : s'H \mp$, si b {sembl. / dissembl.} p.
		B	$s.p : r :: s'b : s'B$, semblable b.
		P	$s.b : r :: s'p : s'P$, semblable p.

IV. *Dans un triangle sphérique dont un côté est de 90°*, H *l'angle opposé à ce côté*, B, P *les autres angles*, b, p *les côtés qui leur sont opposés ; on résout tous les cas comme dans la table précédente :* mais observez qu'au lieu de *H*, il faut prendre son supplément, & au lieu de *semblable* mettre *dissemblable* par-tout où les valeurs de *H* entrent dans la détermination de celles d'un côté ou d'un angle, ou lorsqu'il s'agit de déterminer la valeur de *H*.

IV. PROBLEMES DIVERS.

I. *Soient* a, b, *les latitudes de deux lieux sur le globe ;* a', b' *leurs distances au même pole en degrés ;* A, B *les logarithmes tangentes de* $\frac{1}{2}$ a', $\frac{1}{2}$ b'. *Soit* m = *différence de* A *&* B ; M *logarithme de* m ; T = *logarithme tangente de l'angle* c, *formé par le rumb de vent qui joint ces deux lieux & par le méridien ;* l = *différence des deux longitudes ;* L = *logarithme de* l ; $N = 3.8984896$; $R = 10.0000000$. L'équation $R + L = M + N + T$, exprimera la relation entre les latitudes, longitudes & la situation respective de ces deux places.

Soit d = distance des places ; D = logarithme de d.
δ = différence des latitudes ; Δ = logarithme de δ.
C = logarithme co-sinus de c ; C', M', N', complémens de C, M, N.

1. Étant donnés, a, b, l, trouvèr c, d? On aura $T = M' + N' + L + R$; & $D = \Delta + C + R$.

Exemple. On demande la ſituation & la diſtance de l'Iſle *Madere* (dont la latitude eſt 32° 17′ N. & la longitude 17° 22′ O.) par rapport au *Cap Lezard* (qui eſt par les 49° 55′ de latitude N. & 5° 14′ de longitude O.)

$a = 32° 17'$; $a' = 57° 43'$; $\frac{1}{2} a' = 28° 51' 30''$		$A = 9.7412156$
$b = 49\ 55$; $b' = 40\ \ 5$; $\frac{1}{2} b' = 20\ \ 2\ 30$		$B = 9.5620477$
$\delta = 17\ 38 = 1058$ m.		$m = 0.1791679$
$l = 12\ \ 8 = 728$ m.		$M' = 0.7467398$
$\Delta = 3.0244857$	$c = 27° 10'$ du S. à l'O.	$N' = \bar{4}.1015104$
$C = \overline{10}.0507651$	ou, SSO. 5° 40′ O.	$L = 2.8621314$
$D = 3.0752508$	$d = 1189.2$ milles.	$R = 10.0000000$
		$T = 9.7103816$

2. Étant donnés, a, b, c, trouver l, d? Ici $M + N + T - R = L$; & $\Delta + C + R = D$.

Exemple. Un Navire étant parti de 49° 55′ de latitude N. & de 5° 14′ de longitude O. a fait route au SSO. 5° 40′ O. juſqu'à ce que par obſervation il s'eſt trouvé à la latitude 32° 17′ N. On demande la longitude de l'arrivée, & la longueur du chemin ou la diſtance.

$a = 32° 17'$; $a' = 57° 43'$; $\frac{1}{2} a' = 28° 51' 30''$		$A = 9.7412156$
$b = 49\ 55$; $b' = 40\ \ 5$; $\frac{1}{2} b' = 20\ \ 2\ 30$		$B = 9.5620477$
$\delta = 17\ 38 = 1058$ m.	$\Delta = 3.0244857$	$m = 0.1791679$
	$C + R = 0.0507651$	$M = \bar{1}.2532602$
Diſtance 1189.2 milles	$D = 3.0752508$	$N = 3.8984896$
Longit. du départ 5° 14′ O.		$T = 9.7103816$
Differ. des longit. 12 8 O.	$l = 728$ m.	$L = 2.8621314$
Longit. du Navire 17 22 O.		

3. Étant donnés b, c, d, trouver a, l? Dans ce cas, $D + C - R = \Delta$, & par conſéquent a & m ſont donnés, & $M + N + T - R = L$.

Exemple. Un Navire parti de 49° 55′ de latitude N. & de 5° 14′ de longitude O. a parcouru 1189.2 milles au SSO. 5° 40′ O. on demande ſa latitude & ſa longitude.

	$d = 1189.2$ m.	$D = 3.0752508$
Latitude du départ 49° 55′ N.	$c = 27° 10'$ du S. à l'O.	$C = 9.9492349$
Differ. de latitude 17 38 S. $= \delta = 1058$ m.		$\Delta = 3.0244857$
Latitude du Navire 32 17 N.		
$a = 32° 17'$; $a' = 57° 43'$; $\frac{1}{2} a' = 28° 51' 30''$		$A = 9.7412156$
$b = 49\ 55$; $b' = 40\ \ 5$; $\frac{1}{2} b' = 20\ \ 2\ 30$		$B = 9.5620477$
		$m = 0.1791679$
Longit. du départ. 5° 14′ O.		$M = \bar{1}.2532602$
Differ. de Longit. 12 8 O.		$N = 3.8984896$
Longit. du Navire 17 22 O.		$T = 9.7103816$
	$l = 728$ m.	$L = 2.8621314$

II. *Soit* r = *demi-axe de la terre*, c = *demi-diametre de l'équateur*, M, m, *les meſures d'un degré du méridien par les latitudes* P, p; S, s *les ſinus*, $\mathrm{S'}$, $\mathrm{s'}$ *les co-ſinus de ces latitudes*, $\mathrm{T'}$ *la co-tangente de la latitude* P, r = *rayon des tables*, $\mathrm{A} = \mathrm{M}^{\frac{1}{3}}$, $\mathrm{a} = \mathrm{m}^{\frac{1}{3}}$,

$B = \frac{aes}{ASS}$, $b = \frac{arr}{ASS'}$, $N = \frac{A-a}{ASS'-asr}\,rr$, $n = \frac{A-a}{ass-ASS}\,rr$.

On aura $\frac{t}{c} = \sqrt{1+n}$, ou $= \sqrt{\frac{1}{1-N}}$, ou $\frac{T}{t}\sqrt{\frac{b-1}{b-B}}$, ou $= \frac{T}{t}\sqrt{\frac{1-b}{B-1}}$.

III. *Sous une latitude donnée & dans un temps donné de l'année, on a observé le temps d'une horloge où le soleil a eu des hauteurs égales avant & après midi; on demande le temps de cette horloge où il a passé au méridien.*

Soient L = Latitude du lieu de l'observation.
D = Complément de la déclinaison du soleil à midi.
T = Demi-intervalle de temps entre les observations, réduit en degrés.
V = Moitié de la variation de la déclinaison du soleil dans l'intervalle des deux observations, réduite en secondes de temps.
M = Milieu du temps entre les observations, ou demi-intervalle qu'il faut ajouter au temps de l'observation du matin.

Faites $\frac{r\,T \times t\,L}{r} = t.\,A$, semblable à T, & $B = D \backsim A$.

Vous aurez $\frac{s.\,B \times t\,T}{s.\,A \times s.\,D} \times V = N$ secondes de temps, qui seront la correction, ou la différence entre M & le vrai temps du midi.

Et $M \pm N$ = temps de l'horloge lorsque le soleil étoit au méridien, selon qu'il étoit dans les signes $\left\{ \begin{matrix} \text{descendans} \\ \text{ascendans.} \end{matrix} \right\}$

IV. *Dans un canal d'eau courante, dont la largeur (de b pieds) & la vitesse du courant (de v pieds en 1") sont données, trouver l'élévation de l'eau (f pieds) occasionnée par le retrecissement du canal en conséquence d'un obstacle qui occupe p pieds de sa largeur?*

Faites $A = \bar{1}.1913861$, $B = 0.0757207$, $c = \frac{b}{b-p}$, $C = $ L. c; $D = 2 \times \overline{B+C} = $ L. d.
Vous aurez L. $f = $ L. $\overline{d-1}$ + 2 L. $v + A$ = log. de l'élévation de l'eau en pieds.

Exemple 1. Soit la largeur $b = 900$ pieds, l'espace occupé par les piles d'un pont, 706 pieds $= p$; & la vitesse du courant au dessus de cet obstacle, $v = 3$ pieds 2 pouces dans 1" de temps, comme au *pont de Londres*.

Nous avons ici $c = \frac{900}{194}$	L. 900 = 2.9542425	L. $\overline{d-1}$ = 1.4698280
$v = 3\frac{1}{6}$	L. 194 = 2.2878017	2 L. v = 1.0012047
	L. $c = C$ = 0.6664408	$A = \bar{1}.1913861$
	B = 0.0757207	L. f = 0.6624128
	$B + C$ = 0.7421615	f = 4.59635 pieds = 4 pieds, 7 $\frac{1162}{10000}$ pouc.
$d = 30.5$	L. $d = D$ = 1.4843230	

Exemple 2. Si $b = 1220$ pieds, $p = 400$ pieds, $v = 2\frac{1}{2}$ pieds en 1" de temps, comme au *pont de Westminster*.

Ici, $c = \frac{1220}{820}$	L. 1220 = 3.0863598	L. $\overline{d-1}$ = 0.3298309
$v = 2\frac{1}{2}$	L. 820 = 2.9138139	2 L. v = 0.7958800
	L. $c = C$ = 0.1725459	$A = \bar{1}.1913861$
	B = 0.0757207	L. $f = \bar{1}.3170970$
	$B + C$ = 0.2482666	f = 0.2075 pieds = 2.49 pouces.
$d = 3.13713$	L. $d = D$ = 0.4965332	

f

Si v = 3 pieds en 1″ — $L.\overline{d-1} = 0.3298309$

$2L.v = 0.9542425$

$A = \bar{1}.1913861$

$f = 0.298854$ pieds = 3.58625 pouces. — $L.f = \bar{1}.4754595$

V. *Dans une machine pneumatique, dans laquelle* r = *la capacité du récipient*, b = *la capacité du corps de pompe, quel nombre* n *de coups de piston faudra-t-il pour raréfier l'air un nombre de fois* t, *plus qu'il ne l'est dans son état naturel?*

Faites $T = L.t$; $q = \frac{r}{b}$; $Q = L.q$; $P = L.\overline{q+1}$; vous aurez $n = \frac{T}{P-Q}$.

Exemple. Soit r = 720 pouces cubiques; b = 36 pouces cubiques; t = 1000.

Ce qui donne $q = (\frac{720}{36} =)$ 20. — $P = 1.3222193$

Et $n = (\frac{T}{P-Q} = \frac{3.0000000}{0.0211893} =)$ 141 [illegible] coups. — $Q = 1.3010300$

$P - Q = 0.0211893$

VI. *Étant donnée la longueur* λ *d'un pendule, trouver la hauteur* a *d'où un corps tomberoit dans le temps que le pendule acheve une oscillation?*

Faites $N = \bar{1}.6140885$. Vous aurez $L.a = L.\lambda + N$.

Exemple. A Londres, on a trouvé que la longueur λ du pendule qui fait une vibration dans une seconde de temps, étoit de 39 [illegible] pouces (d'Angleterre).

$L.\lambda = 1.5924655$

$N = \bar{1}.6140885$

a = 16.0899 pieds = 16 pieds 1 [illegible] pouces à très-peu près. — $L.a = 1.2065540$

VII. *Dans chacun des corps que contient la table suivante:*

1. *Si l'on en connoît la grandeur* m *en pieds cubes, l'on connoîtra son poids* w *en onces, livres, quintaux ou tonneaux.*

Soit N le nombre qui exprime la gravité spécifique du corps; $P = \bar{1}.7958800$; $H = \bar{4}.7466620$; $T = \bar{5}.4456380$.

On aura $L.w$ onces $= L.m + N$; $L.w$ livres $= L.m + N + P$; $L.w$ quintaux $= L.m + N + H$; $L.w$ tonneaux $= L.m + N + T$.

Noms des corps.	*Raport de leur pesanteur.*	*Noms des corps.*	*Raport de leur pesanteur.*
Or fin	4.2931415	Cuivre de fonte	3.9250541
Or de la monnoie	4.2762860	Fer	3.8833775
Argent fin	4.0449707	Marbre	3.4313638
Argent de la monnoie	4.0286345	Pierre commune	3.3979400
Plomb	4.0530382	Pierre de Portland	3.3621053
Cuivre	3.9542425	Chêne sec	2.9661417
Cuivre en plaque	3.9318137	Sapin sec	2.7403627

Exemple. Combien faudra-t-il de quintaux de cuivre, pour en couvrir une surface de 480 pieds quarrés, à $\frac{1}{8}$ de pouce, ou $\frac{1}{96}$ de pied d'épaisseur?

Nous avons $m = (\frac{1}{96} \times 480)$ 5 pieds cubes. — $N = 3.9542425$

$L.m = 0.6989700$

$H = \bar{4}.7466620$

w = 25 [illegible] quintaux. — $L.w = 1.3998745$

2. *Si le poids w est donné en onces ; livres, quintaux ou tonneaux, vous trouverez la grandeur m en pieds cubiques.*

Prenez N', P', H', T' pour les complémens arithmétiques de N, P, H, T; vous aurez L. m = L. w onces + N' = L. w livres + N' + P' = L. w quintaux + N' + H' = L. w tonneaux + N' + T'.

Exemple. En différentes piéces de marbre, qui pesent ensemble 10 quintaux, combien y a-t-il de pieds cubes ?

Ici $w = 10$.

$m = 132\,\frac{74}{100}$ pieds cubes.

$N' = \bar{4}.5686362$
$T' = 4.5543680$
L. w = 1.0000000
L. m = 2.1230042

VIII. *Dans un triangle rectiligne, dont les côtés sont* A, B, C, *les angles opposés* a, b, c; soient R & r les rayons des cercles circonscrit & inscrit, $H = \frac{1}{2}\overline{A + B + C}$, m = l'aire, p = la hauteur sur la base C, $Q = 1.2041200$, $E = \overline{11}.6989700$, S = logarithme sinus, N = L. $\overline{H - A}$ + L. $\overline{H - B}$ + L. $\overline{H - C}$, $K = \frac{1}{2}\overline{N + Q + \text{L}.\, H}$.

On aura L. R = L. A + L. B + L. C + K'; L. $r = \frac{1}{2}\overline{N + \text{L}'H}$; L. $p = \frac{1}{2}\overline{N + \text{L}.\, H} + \text{L}'\frac{1}{2}C$.

L. $m = \frac{1}{2}\overline{N + \text{L}.\, H}$ = L. $\frac{1}{2}C$ + L. p = L. A + L. B + L. C + L.' R + $\frac{1}{2}Q'$.

= L. $\frac{1}{2}A$ + L. B + $S.\,c$ − 10.0000000 = 2 L. A + $S.\,b$ + $S.\,c$ + $S'\,a$ + E.

IX. *Trouver l'aire* m *de la parabole ordinaire, dont la demi-ordonnée est* y, *& l'abscisse* x ? Faites $N = \bar{1}.8239087$.

Vous aurez L. m = L. $2y$ + L. x + N.

X. *Soit* d *le diametre,* r *le rayon,* c *la circonférence,* m *l'aire d'un cercle.*
Faites n = 0.4971499 (logarithme de la circonférence d'un cercle dont le diametre est 1) $C = \bar{2}.9007901$, $D = \bar{1}.8950899$, $P = 0.7981799$.

Vous aurez L. c = L. d + n = L. r + P.

L. m = 2 L. c + C = 2 L. d + D = 2 L. r + n.

Archimedes trouve par son calcul, que si le diametre du cercle est 1, la circonférence est moindre que $3\frac{10}{70}$, & plus grande que $3\frac{10}{71}$.

Ludolphe-Van-Ceulen, par un calcul plus exact, poussé jusqu'à 35 figures de décimales, a trouvé que le diametre étant 1, la circonférence surpasse le nombre 3.14159, 26535, 89793, 23846, 26433, 83279, 50288; mais de sorte que si l'on augmente d'une unité la derniere décimale, ce nombre surpasse la valeur de la circonférence.

Mr. *Machin*, enchérissant encore sur ce calcul, l'a poussé jusqu'à 100 figures de décimales; en supposant toujours le diametre = 1, il a trouvé pour la valeur approchée de la circonférence, 3.14159, 26535, 89793, 23846, 26433, 83279, 50288, 41971, 69399, 37510, 58209, 74944, 59230, 78164, 06286, 20899, 86280, 34825, 34211, 70680. Ce nombre excéde un peu sa valeur exacte, mais moins que d'une unité dans la derniere décimale.

XI. *Dans un cercle, dont le rayon est* r, *trouver l'aire* m *du segment d'un arc de* A *degrés ?* Prenez s pour le sinus de A dans les tables; faites $N = \bar{2}.2418774$, L. a = L. A + N.

Vous aurez L. m = L. $\frac{1}{2}\overline{a \mp s}$ + 2 L. r, selon que $A \lessgtr 180$ degrés.

Remarquez, que si $2y$ = la corde, v = la hauteur, ou sinus verse de l'arc A, sous le rayon r, deux de ces trois termes r, y, v, étant donnés, le troisiéme le sera, aussi bien que l'arc A en degrés, & son sinus s dans les tables. Car $2r = \frac{yy}{v} + v$, & $\frac{y}{r}$ = sinus de $\frac{1}{2}A$ dans les tables.

Exemple. Si $y = 48$, $v = 24$ pouces; on aura $r = 60$; L. $\frac{y}{r}$ + 10.0000000 = 9.9030900 = L. sinus $\frac{1}{2}A$. Donc A = (106° 15′ 36″ =) 106.26 degrés.

$L.\ A = 2.0263698$	$a = 1.854587$	$L.\ \tfrac{1}{2}\,\overline{a - s} = \bar{1}.6505921$
$N = \bar{2}.2418774$	$s = 0.960001$	$2\ L.\ r = 3.5563025$
$L.\ a = 0.2682472$	$a - s = 0.894586$	$L.\ m = 3.2068946$
	$\tfrac{1}{2}\,\overline{a - s} = 0.447293$	$m = 1610.25$ pouces quarr.

Si l'on prend m *pour l'aire d'un secteur de cercle compris par un arc de* A *degrés*, on aura $L.\ m = L.\ \tfrac{1}{2} A + 2\ L.\ r + N$.

XII. *Dans l'ellipse, dont les demi-axes sont* t, c, *l'ordonnée* y *perpendiculaire à* t, *l'abcisse* x *ayant son origine au centre; trois de ces termes*, t, c, y, x, *étant donnés, le quatrième le sera aussi* (*à cause de* $yy = \frac{cc}{tt} \times \overline{tt - xx}$) *& par le moyen de trois de ces termes donnés, on aura encore l'aire* m *du segment elliptique terminé par la courbe & par* 2 y, *en cette maniere.* Soit $\frac{x}{t}$ = co-sinus des tables, ou $\frac{y}{c}$ = sinus des tables pour un arc de $\tfrac{1}{2} A$ degrés; s = sinus des tables pour A degrés; $N = \bar{2}.2418774$; $L.\ a = L.\ A + N$. On aura $L.\ m = L.\ \tfrac{1}{2}\,\overline{a \mp s} + L.\ tc$.

Exemple. Si $t = 60$, $x = 36$, $y = 16$; nous aurons $c = \left(\frac{yt}{\sqrt{tt - xx}} =\right) 20$, $tc = 1200$; $L.\ \frac{x}{t} + 10.0000000 = 9.7781513$ = log. co-sin. $\tfrac{1}{2} A$; ce qui donne $A = (106° 15' 36'' =)$ 106.26 degrés.

$L.\ A = 2.0263698$	$a = 1.854587$	$L.\ \tfrac{1}{2}\,\overline{a - s} = \bar{1}.6505921$
$N = \bar{2}.2418774$	$s = 0.960001$	$L.\ tc = 3.0791812$
$L.\ a = 0.2682472$	$a - s = 0.894586$	$L.\ m = 2.7297733$
	$\tfrac{1}{2}\,\overline{a - s} = 0.447293$	$m = 536.75$

Si l'on prend m *pour l'aire du secteur elliptique jusqu'à la courbe, dont la double ordonnée est* 2 y, on aura $L.\ m = L.\ \tfrac{1}{2} A + L.\ tc + N$.

XIII. *Dans l'hyperbole ordinaire, dont les demi-axes sont* t, c, *l'ordonnée* y *perpendiculaire à* t, *l'abcisse* x *en partant du centre; trois de ces termes*, t, c, y, x, *étant donnés, on aura le quatrième* (*à cause de* $yy = \frac{cc}{tt}\,\overline{xx - tt}$) *& par le moyen de trois de ces termes donnés, on trouvera l'aire hyperbolique* A *comprise entre la courbe &* 2 y, *en cette maniere.* Soit $m = \frac{cx + ty}{tc}$; M = log. m; $N = 0.3622157$; $T = xy$; $L.\ S = L.\ M + L.\ tc + N$. Vous aurez $A = T - S$.

Exemple. Si $x = 50$, $y = 24$, $t = 30$; en ce cas $c = \frac{yt}{\sqrt{xx - tt}} = 18$.

$m = 3$,	$M = (L.\ m =)\ 0.4771213$	$L.\ M = \bar{1}.6786288$
$tc = 540$,	$T = (xy =)\ 1200.$	$L.\ tc = 2.7323938$
	$S = \ldots\ldots\ 593.25$	$N = 0.3622157$
	$A = (T - S =)\ 606.75$	$L.\ S = 2.7732383$

XIV. *Soit* m *l'aire de la surface convexe d'un cylindre droit*, d *le diametre*, c *la circonférence de ses bases paralleles*, h *sa hauteur.* Faites $\pi = 0.4971499$.
Vous aurez $L.\ m = L.\ d + L.\ h + \pi = L.\ c + L.\ h$.

XV. *Soit* m *l'aire de la surface convexe d'un cône droit*, s *la longueur de son côté*, d = 2 r *le diametre*, c *la circonférence de sa base.* Faites $N = 0.1961199$, $\pi = 0.4971499$.
Vous aurez $L.\ m = L.\ d + L.\ s + N = L.\ r + L.\ s + \pi = L.\ \tfrac{1}{2} c + L.\ s$.

XVI. *Soit* m *l'aire de la surface convexe d'un cône droit tronqué*, s *la longueur du côté*, D, d *les diametres*, C, c *les circonférences des bases paralleles*. Faites $N = 0.1961199$.

Vous aurez $L.\,m = L.\,\overline{D + d} + L.\,s + N = L.\,\overline{C + c} + L.\,\tfrac{1}{2}s$.

XVII. *Soit* m *l'aire*, a, b, c *les angles d'un triangle sphérique sur la surface d'une sphère, dont le diametre est* 2 r. Faites $x = \overline{a + b + c} - 180°$, $N = \bar{2}.2418774$.
Vous aurez $L.\,m = L.\,x + 2\,L.\,r + N$.

Exemple. Soit $r = 50$ pouces, $a = 130°$, $b = 40°\,30'$, $c = 29°$.
En ce cas $x = (19°\,30' =)\ 19.5$ degrés.

$$
\begin{aligned}
L.\,x &= 1.2900346\\
2\,L.\,r &= 3.3979400\\
N &= \bar{2}.2418774\\
\hline
L.\,m &= 2.9298520
\end{aligned}
$$

$m = 850.85$ pouces quarrés.

XVIII. *Soit* A *la surface*, B *la solidité d'une sphère dont le diametre est* $d = 2r$, *la circonférence* c. Faites $\pi = 0.4971499$, $\pi' = \bar{1}.7189986$, $C = \bar{1}.5028501$, $C' = \bar{2}.2275490$, $R = 1.0992099$, $R' = 0.6220886$.

Vous aurez $L.\,A = 2\,L.\,d + \pi = 2\,L.\,c + C = 2\,L.\,r + R$.

Et $L.\,B = 3\,L.\,d + \pi' = 3\,L.\,c + C' = 3\,L.\,r + R'$.

XIX. *Soit* B *la solidité d'un sphéroïde, dont les axes sont* t, c. Faites $\pi' = \bar{1}.7189986$.
Vous aurez $L.\,B = 2\,L.\,c + L.\,t + \pi'$.

XX. *Dans une sphère dont le diametre est* $d = 2r$; *si* A *est la surface convexe*, B *la solidité d'un segment dont la hauteur est* v, *le diametre de sa base* $d' = 2r'$; *deux de ces termes* r, v, r' *étant donnés, on trouvera le troisiéme* (*à cause de* $r'r' = 2rv - vv$) & *par le moyen de deux termes donnés, on trouvera encore* A & B. Faites $\pi = 0.4971499$.
$\pi' = \bar{1}.7189986$, $R = 0.0200286$, $R' = 0.7981799$, $D = \bar{1}.1169386$.

Vous aurez $L.\,A = L.\,r + L.\,v + R' = L.\,d + L.\,v + \pi$.

$$L.\,B = L.\,\overline{3r'r' + 4vv} + L.\,v + D = L.\,\overline{3r'r' + vv} + L.\,v + \pi'.$$

$$= L.\,\overline{3r - v} + 2\,L.\,v + R = L.\,\overline{3d - 2v} + 2\,L.\,v + \pi'.$$

XXI. *Dans une sphère, dont le diametre est* $d = 2r$, *soit* A *la surface convexe d'une zone*, B *sa solidité, les diametres de ses bases paralleles* $D = 2R$, $\delta = 2r'$, & *la hauteur* = h. Faites $\pi = 0.4971499$, $R' = 0.7981799$, $N = \bar{1}.1169386$, $M = 0.1961199$.

Vous aurez $L.\,A = L.\,d + L.\,h + \pi = L.\,r + L.\,h + R'$.

$$L.\,B = L.\,\overline{3DD + 3\delta\delta + 4hh} + L.\,h + N = L.\,\overline{RR + r'r' + \tfrac{1}{3}hh} + L.\,h + M.$$

Dans un sphéroïde, dont les demi-axes sont t, c;

$$L.\,B = L.\,\overline{3DD + 3\delta\delta + \overline{4hh \times \tfrac{cc}{tt}}} + L.\,h + N = L.\,\overline{RR + r'r' + \overline{\tfrac{1}{3}hh \times \tfrac{cc}{tt}}} + L.\,h + M.$$

$$= L.\,\overline{DD + \delta\delta + 1\tfrac{1}{3}\tfrac{hcc}{tt}} + L.\,h + \bar{1}.5940599.$$

XXII. *Soit* m *la solidité d'une pyramide tronquée rectangulaire, dont les bases sont paralleles*, A, B *les côtés de la plus grande base*, a, b *ceux de la plus petite*, h *leur distance*.

On aura $L.\,m = L.\,\overline{2AB + 2ab + Ab + aB} + L.\,\tfrac{1}{6}h$.

Delà 1. *Dans la pyramide tronquée à base quarrée;*

$$L.\, m = L.\, \overline{AA + aa + Aa} + L.\, \tfrac{1}{3}h = L.\, \overline{\overline{A+a}|^2 - Aa} + L.\, \tfrac{1}{3}h.$$

2. *Dans le coin prismatique;* $L.\, m = L.\, AB + L.\, \tfrac{1}{2}h.$

3. *Dans la pyramide rectangulaire;* $L.\, m = L.\, AB + L.\, \tfrac{1}{3}h.$

4. *Dans le parallélepipede;* $L.\, m = L.\, AB + L.\, h.$

5. *Dans le cube;* $L.\, m = 3\, L.\, A.$

6. *Dans le cône, dont la hauteur est* h, *le diametre de la base* d = 2 r, *la circonférence* c; Faites $D = \bar{1}.4179686$, $C = \bar{2}.4236689$, $R = 0.0200286$.

Vous aurez $L.\, m = 2\, L.\, d + L.\, h + D = 2\, L.\, c + L.\, h + C = 2\, L.\, r + L.\, h + R.$

7. *Dans un cône tronqué, les diametres de ses bases (paralleles à celle du cône) étant* D = 2 R, d = 2 r, *leurs circonférences* C & c, *leur distance* h.
Faites $\Delta = \bar{1}.4179686$, $K = \bar{2}.4236689$.

Vous aurez $L.\, m = L.\, \overline{\overline{D+d}|^2 - Dd} + L.\, h + \Delta = L.\, \overline{\overline{C+c}|^2 - Cc} + L.\, h + K.$

8. *Dans un cylindre, dont les bases sont paralleles, le diametre* d = 2 r, *la circonférence* c, *la longueur* h. Faites $D = \bar{1}.8950899$, $C = \bar{2}.9007901$, $R = 0.4971499$.

Vous aurez $L.\, m = 2\, L.\, d + L.\, h + D = 2\, L.\, c + L.\, h + C = 2\, L.\, r + L.\, h + R.$

XXIII. *On demande la solidité* m *de la partie d'un cône auprès du sommet, coupé par un plan oblique à la base, les diametres des cercles paralleles à la base, qui passent par les points supérieur & inférieur de la section, étant* D & d; *leur distance* h. Faites $N = \bar{1}.4179686$, $L.\, \Delta = \tfrac{1}{2} \times \overline{L.\, D + L.\, d}.$

Vous aurez $L.\, m = L'\, \overline{D-d} + L.\, h + L.\, \Delta + N.$

XXIV. *Si un cône tronqué (dont les diametres des bases, paralleles à celles du cône, sont* D, d, *la hauteur* h*) est coupé par un plan diagonal; on demande les solidités* M, m, *du plus grand & du moindre segment?* Faites $N = \bar{1}.4179686$, $L.\, \Delta = \tfrac{1}{2} \times \overline{L.\, D + L.\, d}.$

Vous aurez $L.\, M = L.\, \overline{D^2 - \Delta} + L'\, \overline{D-d} + L.\, h + N.$
$L.\, m = L.\, \overline{\Delta - d^2} + L'\, \overline{D-d} + L.\, h + N.$

XXV. *On demande la solidité* m *d'un conoïde parabolique, dont le diametre de la base est* d = 2 r, *la hauteur* h? Faites $D' = \bar{1}.5940599$, $R' = 0.1961199$.

Vous aurez $L.\, m = 2\, L.\, d + L.\, h + D' = 2\, L.\, r + L.\, h + R'.$

XXVI. *On demande la solidité* m *d'un conoïde parabolique tronqué, les diametres de ses bases, paralleles à celle du conoïde, étant* D = 2 R, d = 2 r, *& leur distance* h?
Faites $D' = \bar{1}.5940599$, $R' = 0.1961199$.

Vous aurez $L.\, m = L.\, \overline{DD + dd} + L.\, h + D' = L.\, \overline{RR + rr} + L.\, h + R'.$

TABLE
DES
LOGARITHMES
DES
NOMBRES.

CHILIADE I.

N	Log.	N	Log.	N	Log.	N	Log.	N	Log.	N	Log.	N	Log.	N	Log.	N	Log.	N	Log.
1	[illegible]	71	[illegible]	141	[illegible]	211	[illegible]	281	[illegible]	351	[illegible]	421	[illegible]	491	[illegible]	561	[illegible]	631	[illegible]
2	[illegible]	72	[illegible]	142	[illegible]	212	[illegible]	282	[illegible]	352	[illegible]	422	[illegible]	492	[illegible]	562	[illegible]	632	[illegible]
3	[illegible]	73	[illegible]	143	[illegible]	213	[illegible]	283	[illegible]	353	[illegible]	423	[illegible]	493	[illegible]	563	[illegible]	633	[illegible]
4	[illegible]	74	[illegible]	144	[illegible]	214	[illegible]	284	[illegible]	354	[illegible]	424	[illegible]	494	[illegible]	564	[illegible]	634	[illegible]
5	[illegible]	75	[illegible]	145	[illegible]	215	[illegible]	285	[illegible]	355	[illegible]	425	[illegible]	495	[illegible]	565	[illegible]	635	[illegible]
6	[illegible]	76	[illegible]	146	[illegible]	216	[illegible]	286	[illegible]	356	[illegible]	426	[illegible]	496	[illegible]	566	[illegible]	636	[illegible]
7	[illegible]	77	[illegible]	147	[illegible]	217	[illegible]	287	[illegible]	357	[illegible]	427	[illegible]	497	[illegible]	567	[illegible]	637	[illegible]
8	[illegible]	78	[illegible]	148	[illegible]	218	[illegible]	288	[illegible]	358	[illegible]	428	[illegible]	498	[illegible]	568	[illegible]	638	[illegible]
9	[illegible]	79	[illegible]	149	[illegible]	219	[illegible]	289	[illegible]	359	[illegible]	429	[illegible]	499	[illegible]	569	[illegible]	639	[illegible]
10	[illegible]	80	[illegible]	150	[illegible]	220	[illegible]	290	[illegible]	360	[illegible]	430	[illegible]	500	[illegible]	570	[illegible]	640	[illegible]
11	[illegible]	81	[illegible]	151	[illegible]	221	[illegible]	291	[illegible]	361	[illegible]	431	[illegible]	501	[illegible]	571	[illegible]	641	[illegible]
12	[illegible]	82	[illegible]	152	[illegible]	222	[illegible]	292	[illegible]	362	[illegible]	432	[illegible]	502	[illegible]	572	[illegible]	642	[illegible]
13	[illegible]	83	[illegible]	153	[illegible]	223	[illegible]	293	[illegible]	363	[illegible]	433	[illegible]	503	[illegible]	573	[illegible]	643	[illegible]
14	[illegible]	84	[illegible]	154	[illegible]	224	[illegible]	294	[illegible]	364	[illegible]	434	[illegible]	504	[illegible]	574	[illegible]	644	[illegible]
15	[illegible]	85	[illegible]	155	[illegible]	225	[illegible]	295	[illegible]	365	[illegible]	435	[illegible]	505	[illegible]	575	[illegible]	645	[illegible]
16	[illegible]	86	[illegible]	156	[illegible]	226	[illegible]	296	[illegible]	366	[illegible]	436	[illegible]	506	[illegible]	576	[illegible]	646	[illegible]
17	[illegible]	87	[illegible]	157	[illegible]	227	[illegible]	297	[illegible]	367	[illegible]	437	[illegible]	507	[illegible]	577	[illegible]	647	[illegible]
18	[illegible]	88	[illegible]	158	[illegible]	228	[illegible]	298	[illegible]	368	[illegible]	438	[illegible]	508	[illegible]	578	[illegible]	648	[illegible]
19	[illegible]	89	[illegible]	159	[illegible]	229	[illegible]	299	[illegible]	369	[illegible]	439	[illegible]	509	[illegible]	579	[illegible]	649	[illegible]
20	[illegible]	90	[illegible]	160	[illegible]	230	[illegible]	300	[illegible]	370	[illegible]	440	[illegible]	510	[illegible]	580	[illegible]	650	[illegible]
21	[illegible]	91	[illegible]	161	[illegible]	231	[illegible]	301	[illegible]	371	[illegible]	441	[illegible]	511	[illegible]	581	[illegible]	651	[illegible]
22	[illegible]	92	[illegible]	162	[illegible]	232	[illegible]	302	[illegible]	372	[illegible]	442	[illegible]	512	[illegible]	582	[illegible]	652	[illegible]
23	[illegible]	93	[illegible]	163	[illegible]	233	[illegible]	303	[illegible]	373	[illegible]	443	[illegible]	513	[illegible]	583	[illegible]	653	[illegible]
24	[illegible]	94	[illegible]	164	[illegible]	234	[illegible]	304	[illegible]	374	[illegible]	444	[illegible]	514	[illegible]	584	[illegible]	654	[illegible]
25	[illegible]	95	[illegible]	165	[illegible]	235	[illegible]	305	[illegible]	375	[illegible]	445	[illegible]	515	[illegible]	585	[illegible]	655	[illegible]
26	[illegible]	96	[illegible]	166	[illegible]	236	[illegible]	306	[illegible]	376	[illegible]	446	[illegible]	516	[illegible]	586	[illegible]	656	[illegible]
27	[illegible]	97	[illegible]	167	[illegible]	237	[illegible]	307	[illegible]	377	[illegible]	447	[illegible]	517	[illegible]	587	[illegible]	657	[illegible]
28	[illegible]	98	[illegible]	168	[illegible]	238	[illegible]	308	[illegible]	378	[illegible]	448	[illegible]	518	[illegible]	588	[illegible]	658	[illegible]
29	[illegible]	99	[illegible]	169	[illegible]	239	[illegible]	309	[illegible]	379	[illegible]	449	[illegible]	519	[illegible]	589	[illegible]	659	[illegible]
30	[illegible]	100	[illegible]	170	[illegible]	240	[illegible]	310	[illegible]	380	[illegible]	450	[illegible]	520	[illegible]	590	[illegible]	660	[illegible]
31	[illegible]	101	[illegible]	171	[illegible]	241	[illegible]	311	[illegible]	381	[illegible]	451	[illegible]	521	[illegible]	591	[illegible]	661	[illegible]
32	[illegible]	102	[illegible]	172	[illegible]	242	[illegible]	312	[illegible]	382	[illegible]	452	[illegible]	522	[illegible]	592	[illegible]	662	[illegible]
33	[illegible]	103	[illegible]	173	[illegible]	243	[illegible]	313	[illegible]	383	[illegible]	453	[illegible]	523	[illegible]	593	[illegible]	663	[illegible]
34	[illegible]	104	[illegible]	174	[illegible]	244	[illegible]	314	[illegible]	384	[illegible]	454	[illegible]	524	[illegible]	594	[illegible]	664	[illegible]
35	[illegible]	105	[illegible]	175	[illegible]	245	[illegible]	315	[illegible]	385	[illegible]	455	[illegible]	525	[illegible]	595	[illegible]	665	[illegible]
36	[illegible]	106	[illegible]	176	[illegible]	246	[illegible]	316	[illegible]	386	[illegible]	456	[illegible]	526	[illegible]	596	[illegible]	666	[illegible]
37	[illegible]	107	[illegible]	177	[illegible]	247	[illegible]	317	[illegible]	387	[illegible]	457	[illegible]	527	[illegible]	597	[illegible]	667	[illegible]
38	[illegible]	108	[illegible]	178	[illegible]	248	[illegible]	318	[illegible]	388	[illegible]	458	[illegible]	528	[illegible]	598	[illegible]	668	[illegible]
39	[illegible]	109	[illegible]	179	[illegible]	249	[illegible]	319	[illegible]	389	[illegible]	459	[illegible]	529	[illegible]	599	[illegible]	669	[illegible]
40	[illegible]	110	[illegible]	180	[illegible]	250	[illegible]	320	[illegible]	390	[illegible]	460	[illegible]	530	[illegible]	600	[illegible]	670	[illegible]
41	[illegible]	111	[illegible]	181	[illegible]	251	[illegible]	321	[illegible]	391	[illegible]	461	[illegible]	531	[illegible]	601	[illegible]	671	[illegible]
42	[illegible]	112	[illegible]	182	[illegible]	252	[illegible]	322	[illegible]	392	[illegible]	462	[illegible]	532	[illegible]	602	[illegible]	672	[illegible]
43	[illegible]	113	[illegible]	183	[illegible]	253	[illegible]	323	[illegible]	393	[illegible]	463	[illegible]	533	[illegible]	603	[illegible]	673	[illegible]
44	[illegible]	114	[illegible]	184	[illegible]	254	[illegible]	324	[illegible]	394	[illegible]	464	[illegible]	534	[illegible]	604	[illegible]	674	[illegible]
45	[illegible]	115	[illegible]	185	[illegible]	255	[illegible]	325	[illegible]	395	[illegible]	465	[illegible]	535	[illegible]	605	[illegible]	675	[illegible]
46	[illegible]	116	[illegible]	186	[illegible]	256	[illegible]	326	[illegible]	396	[illegible]	466	[illegible]	536	[illegible]	606	[illegible]	676	[illegible]
47	[illegible]	117	[illegible]	187	[illegible]	257	[illegible]	327	[illegible]	397	[illegible]	467	[illegible]	537	[illegible]	607	[illegible]	677	[illegible]
48	[illegible]	118	[illegible]	188	[illegible]	258	[illegible]	328	[illegible]	398	[illegible]	468	[illegible]	538	[illegible]	608	[illegible]	678	[illegible]
49	[illegible]	119	[illegible]	189	[illegible]	259	[illegible]	329	[illegible]	399	[illegible]	469	[illegible]	539	[illegible]	609	[illegible]	679	[illegible]
50	[illegible]	120	[illegible]	190	[illegible]	260	[illegible]	330	[illegible]	400	[illegible]	470	[illegible]	540	[illegible]	610	[illegible]	680	[illegible]
51	[illegible]	121	[illegible]	191	[illegible]	261	[illegible]	331	[illegible]	401	[illegible]	471	[illegible]	541	[illegible]	611	[illegible]	681	[illegible]
52	[illegible]	122	[illegible]	192	[illegible]	262	[illegible]	332	[illegible]	402	[illegible]	472	[illegible]	542	[illegible]	612	[illegible]	682	[illegible]
53	[illegible]	123	[illegible]	193	[illegible]	263	[illegible]	333	[illegible]	403	[illegible]	473	[illegible]	543	[illegible]	613	[illegible]	683	[illegible]
54	[illegible]	124	[illegible]	194	[illegible]	264	[illegible]	334	[illegible]	404	[illegible]	474	[illegible]	544	[illegible]	614	[illegible]	684	[illegible]
55	[illegible]	125	[illegible]	195	[illegible]	265	[illegible]	335	[illegible]	405	[illegible]	475	[illegible]	545	[illegible]	615	[illegible]	685	[illegible]
56	[illegible]	126	[illegible]	196	[illegible]	266	[illegible]	336	[illegible]	406	[illegible]	476	[illegible]	546	[illegible]	616	[illegible]	686	[illegible]
57	[illegible]	127	[illegible]	197	[illegible]	267	[illegible]	337	[illegible]	407	[illegible]	477	[illegible]	547	[illegible]	617	[illegible]	687	[illegible]
58	[illegible]	128	[illegible]	198	[illegible]	268	[illegible]	338	[illegible]	408	[illegible]	478	[illegible]	548	[illegible]	618	[illegible]	688	[illegible]
59	[illegible]	129	[illegible]	199	[illegible]	269	[illegible]	339	[illegible]	409	[illegible]	479	[illegible]	549	[illegible]	619	[illegible]	689	[illegible]
60	[illegible]	130	[illegible]	200	[illegible]	270	[illegible]	340	[illegible]	410	[illegible]	480	[illegible]	550	[illegible]	620	[illegible]	690	[illegible]
61	[illegible]	131	[illegible]	201	[illegible]	271	[illegible]	341	[illegible]	411	[illegible]	481	[illegible]	551	[illegible]	621	[illegible]	691	[illegible]
62	[illegible]	132	[illegible]	202	[illegible]	272	[illegible]	342	[illegible]	412	[illegible]	482	[illegible]	552	[illegible]	622	[illegible]	692	[illegible]
63	[illegible]	133	[illegible]	203	[illegible]	273	[illegible]	343	[illegible]	413	[illegible]	483	[illegible]	553	[illegible]	623	[illegible]	693	[illegible]
64	[illegible]	134	[illegible]	204	[illegible]	274	[illegible]	344	[illegible]	414	[illegible]	484	[illegible]	554	[illegible]	624	[illegible]	694	[illegible]
65	[illegible]	135	[illegible]	205	[illegible]	275	[illegible]	345	[illegible]	415	[illegible]	485	[illegible]	555	[illegible]	625	[illegible]	695	[illegible]
66	[illegible]	136	[illegible]	206	[illegible]	276	[illegible]	346	[illegible]	416	[illegible]	486	[illegible]	556	[illegible]	626	[illegible]	696	[illegible]
67	[illegible]	137	[illegible]	207	[illegible]	277	[illegible]	347	[illegible]	417	[illegible]	487	[illegible]	557	[illegible]	627	[illegible]	697	[illegible]
68	[illegible]	138	[illegible]	208	[illegible]	278	[illegible]	348	[illegible]	418	[illegible]	488	[illegible]	558	[illegible]	628	[illegible]	698	[illegible]
69	[illegible]	139	[illegible]	209	[illegible]	279	[illegible]	349	[illegible]	419	[illegible]	489	[illegible]	559	[illegible]	629	[illegible]	699	[illegible]
70	[illegible]	140	[illegible]	210	[illegible]	280	[illegible]	350	[illegible]	420	[illegible]	490	[illegible]	560	[illegible]	630	[illegible]	700	[illegible]

CHILIADE I.

N	Log.	N	Log.	N	Log.	N	Log.	N	Log.	N	Log.	N	Log.	N	Log.	N	Log.	N	Log.
701	[illegible]	731	[illegible]	761	[illegible]	791	[illegible]	821	[illegible]	851	[illegible]	881	[illegible]	911	[illegible]	941	[illegible]	971	[illegible]
702	[illegible]	732	[illegible]	762	[illegible]	792	[illegible]	822	[illegible]	852	[illegible]	882	[illegible]	912	[illegible]	942	[illegible]	972	[illegible]
703	[illegible]	733	[illegible]	763	[illegible]	793	[illegible]	823	[illegible]	853	[illegible]	883	[illegible]	913	[illegible]	943	[illegible]	973	[illegible]
704	[illegible]	734	[illegible]	764	[illegible]	794	[illegible]	824	[illegible]	854	[illegible]	884	[illegible]	914	[illegible]	944	[illegible]	974	[illegible]
705	[illegible]	735	[illegible]	765	[illegible]	795	[illegible]	825	[illegible]	855	[illegible]	885	[illegible]	915	[illegible]	945	[illegible]	975	[illegible]
706	[illegible]	736	[illegible]	766	[illegible]	796	[illegible]	826	[illegible]	856	[illegible]	886	[illegible]	916	[illegible]	946	[illegible]	976	[illegible]
707	[illegible]	737	[illegible]	767	[illegible]	797	[illegible]	827	[illegible]	857	[illegible]	887	[illegible]	917	[illegible]	947	[illegible]	977	[illegible]
708	[illegible]	738	[illegible]	768	[illegible]	798	[illegible]	828	[illegible]	858	[illegible]	888	[illegible]	918	[illegible]	948	[illegible]	978	[illegible]
709	[illegible]	739	[illegible]	769	[illegible]	799	[illegible]	829	[illegible]	859	[illegible]	889	[illegible]	919	[illegible]	949	[illegible]	979	[illegible]
710	[illegible]	740	[illegible]	770	[illegible]	800	[illegible]	830	[illegible]	860	[illegible]	890	[illegible]	920	[illegible]	950	[illegible]	980	[illegible]
711	[illegible]	741	[illegible]	771	[illegible]	801	[illegible]	831	[illegible]	861	[illegible]	891	[illegible]	921	[illegible]	951	[illegible]	981	[illegible]
712	[illegible]	742	[illegible]	772	[illegible]	802	[illegible]	832	[illegible]	862	[illegible]	892	[illegible]	922	[illegible]	952	[illegible]	982	[illegible]
713	[illegible]	743	[illegible]	773	[illegible]	803	[illegible]	833	[illegible]	863	[illegible]	893	[illegible]	923	[illegible]	953	[illegible]	983	[illegible]
714	[illegible]	744	[illegible]	774	[illegible]	804	[illegible]	834	[illegible]	864	[illegible]	894	[illegible]	924	[illegible]	954	[illegible]	984	[illegible]
715	[illegible]	745	[illegible]	775	[illegible]	805	[illegible]	835	[illegible]	865	[illegible]	895	[illegible]	925	[illegible]	955	[illegible]	985	[illegible]
716	[illegible]	746	[illegible]	776	[illegible]	806	[illegible]	836	[illegible]	866	[illegible]	896	[illegible]	926	[illegible]	956	[illegible]	986	[illegible]
717	[illegible]	747	[illegible]	777	[illegible]	807	[illegible]	837	[illegible]	867	[illegible]	897	[illegible]	927	[illegible]	957	[illegible]	987	[illegible]
718	[illegible]	748	[illegible]	778	[illegible]	808	[illegible]	838	[illegible]	868	[illegible]	898	[illegible]	928	[illegible]	958	[illegible]	988	[illegible]
719	[illegible]	749	[illegible]	779	[illegible]	809	[illegible]	839	[illegible]	869	[illegible]	899	[illegible]	929	[illegible]	959	[illegible]	989	[illegible]
720	[illegible]	750	[illegible]	780	[illegible]	810	[illegible]	840	[illegible]	870	[illegible]	900	[illegible]	930	[illegible]	960	[illegible]	990	[illegible]
721	[illegible]	751	[illegible]	781	[illegible]	811	[illegible]	841	[illegible]	871	[illegible]	901	[illegible]	931	[illegible]	961	[illegible]	991	[illegible]
722	[illegible]	752	[illegible]	782	[illegible]	812	[illegible]	842	[illegible]	872	[illegible]	902	[illegible]	932	[illegible]	962	[illegible]	992	[illegible]
723	[illegible]	753	[illegible]	783	[illegible]	813	[illegible]	843	[illegible]	873	[illegible]	903	[illegible]	933	[illegible]	963	[illegible]	993	[illegible]
724	[illegible]	754	[illegible]	784	[illegible]	814	[illegible]	844	[illegible]	874	[illegible]	904	[illegible]	934	[illegible]	964	[illegible]	994	[illegible]
725	[illegible]	755	[illegible]	785	[illegible]	815	[illegible]	845	[illegible]	875	[illegible]	905	[illegible]	935	[illegible]	965	[illegible]	995	[illegible]
726	[illegible]	756	[illegible]	786	[illegible]	816	[illegible]	846	[illegible]	876	[illegible]	906	[illegible]	936	[illegible]	966	[illegible]	996	[illegible]
727	[illegible]	757	[illegible]	787	[illegible]	817	[illegible]	847	[illegible]	877	[illegible]	907	[illegible]	937	[illegible]	967	[illegible]	997	[illegible]
728	[illegible]	758	[illegible]	788	[illegible]	818	[illegible]	848	[illegible]	878	[illegible]	908	[illegible]	938	[illegible]	968	[illegible]	998	[illegible]
729	[illegible]	759	[illegible]	789	[illegible]	819	[illegible]	849	[illegible]	879	[illegible]	909	[illegible]	939	[illegible]	969	[illegible]	999	[illegible]
730	[illegible]	760	[illegible]	790	[illegible]	820	[illegible]	850	[illegible]	880	[illegible]	910	[illegible]	940	[illegible]	970	[illegible]	1000	[illegible]

CHILIADES 101, 102.

Num	0	1	2	3	4	5	6	7	8	9	D
10000	0000.0000	[illegible]	[illegible]	[illegible]	[illegible]	[illegible]	[illegible]	[illegible]	[illegible]	[illegible]	
01	[illegible]	[illegible]	[illegible]	[illegible]	[illegible]	[illegible]	[illegible]	[illegible]	[illegible]	[illegible]	
02	[illegible]	[illegible]	[illegible]	[illegible]	[illegible]	[illegible]	[illegible]	[illegible]	[illegible]	[illegible]	
03	0001.[illegible]	[illegible]	[illegible]	[illegible]	[illegible]	[illegible]	[illegible]	[illegible]	[illegible]	[illegible]	
04	[illegible]	[illegible]	[illegible]	[illegible]	[illegible]	[illegible]	[illegible]	[illegible]	[illegible]	[illegible]	
10005	0002.[illegible]	[illegible]	[illegible]	[illegible]	[illegible]	[illegible]	[illegible]	[illegible]	[illegible]	[illegible]	434
06	[illegible]	[illegible]	[illegible]	[illegible]	[illegible]	[illegible]	[illegible]	[illegible]	[illegible]	[illegible]	
07	0003.[illegible]	[illegible]	[illegible]	[illegible]	[illegible]	[illegible]	[illegible]	[illegible]	[illegible]	[illegible]	
08	[illegible]	[illegible]	[illegible]	[illegible]	[illegible]	[illegible]	[illegible]	[illegible]	[illegible]	[illegible]	
09	[illegible]	[illegible]	[illegible]	[illegible]	[illegible]	[illegible]	[illegible]	[illegible]	[illegible]	[illegible]	
10010	0004.[illegible]	[illegible]	[illegible]	[illegible]	[illegible]	[illegible]	[illegible]	[illegible]	[illegible]	[illegible]	
11	[illegible]	[illegible]	[illegible]	[illegible]	[illegible]	[illegible]	[illegible]	[illegible]	[illegible]	[illegible]	
12	0005.[illegible]	[illegible]	[illegible]	[illegible]	[illegible]	[illegible]	[illegible]	[illegible]	[illegible]	[illegible]	
13	[illegible]	[illegible]	[illegible]	[illegible]	[illegible]	[illegible]	[illegible]	[illegible]	[illegible]	[illegible]	
14	0006.[illegible]	[illegible]	[illegible]	[illegible]	[illegible]	[illegible]	[illegible]	[illegible]	[illegible]	[illegible]	
10015	[illegible]	[illegible]	[illegible]	[illegible]	[illegible]	[illegible]	[illegible]	[illegible]	[illegible]	[illegible]	
16	[illegible]	[illegible]	[illegible]	[illegible]	[illegible]	[illegible]	[illegible]	[illegible]	[illegible]	[illegible]	
17	0007.[illegible]	[illegible]	[illegible]	[illegible]	[illegible]	[illegible]	[illegible]	[illegible]	[illegible]	[illegible]	
18	[illegible]	[illegible]	[illegible]	[illegible]	[illegible]	[illegible]	[illegible]	[illegible]	[illegible]	[illegible]	
19	0008.[illegible]	[illegible]	[illegible]	[illegible]	[illegible]	[illegible]	[illegible]	[illegible]	[illegible]	[illegible]	
10020	[illegible]	[illegible]	[illegible]	[illegible]	[illegible]	[illegible]	[illegible]	[illegible]	[illegible]	[illegible]	
21	0009.[illegible]	[illegible]	[illegible]	[illegible]	[illegible]	[illegible]	[illegible]	[illegible]	[illegible]	[illegible]	
22	[illegible]	[illegible]	[illegible]	[illegible]	[illegible]	[illegible]	[illegible]	[illegible]	[illegible]	[illegible]	
23	[illegible]	[illegible]	[illegible]	[illegible]	[illegible]	[illegible]	[illegible]	[illegible]	[illegible]	[illegible]	
24	0010.[illegible]	[illegible]	[illegible]	[illegible]	[illegible]	[illegible]	[illegible]	[illegible]	[illegible]	[illegible]	
10025	[illegible]	[illegible]	[illegible]	[illegible]	[illegible]	[illegible]	[illegible]	[illegible]	[illegible]	[illegible]	
26	0011.[illegible]	[illegible]	[illegible]	[illegible]	[illegible]	[illegible]	[illegible]	[illegible]	[illegible]	[illegible]	
27	[illegible]	[illegible]	[illegible]	[illegible]	[illegible]	[illegible]	[illegible]	[illegible]	[illegible]	[illegible]	
28	0012.[illegible]	[illegible]	[illegible]	[illegible]	[illegible]	[illegible]	[illegible]	[illegible]	[illegible]	[illegible]	
29	[illegible]	[illegible]	[illegible]	[illegible]	[illegible]	[illegible]	[illegible]	[illegible]	[illegible]	[illegible]	433
10030	0013.[illegible]	[illegible]	[illegible]	[illegible]	[illegible]	[illegible]	[illegible]	[illegible]	[illegible]	[illegible]	
31	[illegible]	[illegible]	[illegible]	[illegible]	[illegible]	[illegible]	[illegible]	[illegible]	[illegible]	[illegible]	
32	[illegible]	[illegible]	[illegible]	[illegible]	[illegible]	[illegible]	[illegible]	[illegible]	[illegible]	[illegible]	
33	0014.[illegible]	[illegible]	[illegible]	[illegible]	[illegible]	[illegible]	[illegible]	[illegible]	[illegible]	[illegible]	
34	[illegible]	[illegible]	[illegible]	[illegible]	[illegible]	[illegible]	[illegible]	[illegible]	[illegible]	[illegible]	

Num	0	1	2	3	4	5	6	7	8	9	D	Part.
10035	0015.[illegible]	[illegible]	[illegible]	[illegible]	[illegible]	[illegible]	[illegible]	[illegible]	[illegible]	[illegible]		[illegible]
36	[illegible]	[illegible]	[illegible]	[illegible]	[illegible]	[illegible]	[illegible]	[illegible]	[illegible]	[illegible]		[illegible]
37	0016.[illegible]	[illegible]	[illegible]	[illegible]	[illegible]	[illegible]	[illegible]	[illegible]	[illegible]	[illegible]		[illegible]
38	[illegible]	[illegible]	[illegible]	[illegible]	[illegible]	[illegible]	[illegible]	[illegible]	[illegible]	[illegible]		[illegible]
39	[illegible]	[illegible]	[illegible]	[illegible]	[illegible]	[illegible]	[illegible]	[illegible]	[illegible]	[illegible]		[illegible]
10040	0017.[illegible]	[illegible]	[illegible]	[illegible]	[illegible]	[illegible]	[illegible]	[illegible]	[illegible]	[illegible]		[illegible]
41	[illegible]	[illegible]	[illegible]	[illegible]	[illegible]	[illegible]	[illegible]	[illegible]	[illegible]	[illegible]		[illegible]
42	0018.[illegible]	[illegible]	[illegible]	[illegible]	[illegible]	[illegible]	[illegible]	[illegible]	[illegible]	[illegible]		[illegible]
43	[illegible]	[illegible]	[illegible]	[illegible]	[illegible]	[illegible]	[illegible]	[illegible]	[illegible]	[illegible]		[illegible]
44	0019.[illegible]	[illegible]	[illegible]	[illegible]	[illegible]	[illegible]	[illegible]	[illegible]	[illegible]	[illegible]		[illegible]
10045	[illegible]	[illegible]	[illegible]	[illegible]	[illegible]	[illegible]	[illegible]	[illegible]	[illegible]	[illegible]		[illegible]
46	[illegible]	[illegible]	[illegible]	[illegible]	[illegible]	[illegible]	[illegible]	[illegible]	[illegible]	[illegible]		[illegible]
47	0020.[illegible]	[illegible]	[illegible]	[illegible]	[illegible]	[illegible]	[illegible]	[illegible]	[illegible]	[illegible]		[illegible]
48	[illegible]	[illegible]	[illegible]	[illegible]	[illegible]	[illegible]	[illegible]	[illegible]	[illegible]	[illegible]		[illegible]
49	0021.[illegible]	[illegible]	[illegible]	[illegible]	[illegible]	[illegible]	[illegible]	[illegible]	[illegible]	[illegible]		[illegible]
10050	[illegible]	[illegible]	[illegible]	[illegible]	[illegible]	[illegible]	[illegible]	[illegible]	[illegible]	[illegible]		[illegible]
51	0022.[illegible]	[illegible]	[illegible]	[illegible]	[illegible]	[illegible]	[illegible]	[illegible]	[illegible]	[illegible]	432	[illegible]
52	[illegible]	[illegible]	[illegible]	[illegible]	[illegible]	[illegible]	[illegible]	[illegible]	[illegible]	[illegible]		[illegible]
53	[illegible]	[illegible]	[illegible]	[illegible]	[illegible]	[illegible]	[illegible]	[illegible]	[illegible]	[illegible]		[illegible]
54	0023.[illegible]	[illegible]	[illegible]	[illegible]	[illegible]	[illegible]	[illegible]	[illegible]	[illegible]	[illegible]		[illegible]
10055	[illegible]	[illegible]	[illegible]	[illegible]	[illegible]	[illegible]	[illegible]	[illegible]	[illegible]	[illegible]		[illegible]
56	0024.[illegible]	[illegible]	[illegible]	[illegible]	[illegible]	[illegible]	[illegible]	[illegible]	[illegible]	[illegible]		[illegible]
57	[illegible]	[illegible]	[illegible]	[illegible]	[illegible]	[illegible]	[illegible]	[illegible]	[illegible]	[illegible]		[illegible]
58	0025.[illegible]	[illegible]	[illegible]	[illegible]	[illegible]	[illegible]	[illegible]	[illegible]	[illegible]	[illegible]		[illegible]
59	[illegible]	[illegible]	[illegible]	[illegible]	[illegible]	[illegible]	[illegible]	[illegible]	[illegible]	[illegible]		[illegible]
10060	[illegible]	[illegible]	[illegible]	[illegible]	[illegible]	[illegible]	[illegible]	[illegible]	[illegible]	[illegible]		[illegible]
61	0026.[illegible]	[illegible]	[illegible]	[illegible]	[illegible]	[illegible]	[illegible]	[illegible]	[illegible]	[illegible]		[illegible]
62	[illegible]	[illegible]	[illegible]	[illegible]	[illegible]	[illegible]	[illegible]	[illegible]	[illegible]	[illegible]		[illegible]
63	0027.[illegible]	[illegible]	[illegible]	[illegible]	[illegible]	[illegible]	[illegible]	[illegible]	[illegible]	[illegible]		[illegible]
64	[illegible]	[illegible]	[illegible]	[illegible]	[illegible]	[illegible]	[illegible]	[illegible]	[illegible]	[illegible]		[illegible]
10065	0028.[illegible]	[illegible]	[illegible]	[illegible]	[illegible]	[illegible]	[illegible]	[illegible]	[illegible]	[illegible]		[illegible]
66	[illegible]	[illegible]	[illegible]	[illegible]	[illegible]	[illegible]	[illegible]	[illegible]	[illegible]	[illegible]		[illegible]
67	0029.[illegible]	[illegible]	[illegible]	[illegible]	[illegible]	[illegible]	[illegible]	[illegible]	[illegible]	[illegible]		[illegible]
68	[illegible]	[illegible]	[illegible]	[illegible]	[illegible]	[illegible]	[illegible]	[illegible]	[illegible]	[illegible]		[illegible]
69	[illegible]	[illegible]	[illegible]	[illegible]	[illegible]	[illegible]	[illegible]	[illegible]	[illegible]	[illegible]		[illegible]

Num	0	1	2	3	4	5	6	7	8	9	D
10070	[illegible]	[illegible]	[illegible]	[illegible]	[illegible]	[illegible]	[illegible]	[illegible]	[illegible]	[illegible]	
71	[illegible]	[illegible]	[illegible]	[illegible]	[illegible]	[illegible]	[illegible]	[illegible]	[illegible]	[illegible]	
72	[illegible]	[illegible]	[illegible]	[illegible]	[illegible]	[illegible]	[illegible]	[illegible]	[illegible]	[illegible]	
73	[illegible]	[illegible]	[illegible]	[illegible]	[illegible]	[illegible]	[illegible]	[illegible]	[illegible]	[illegible]	
74	[illegible]	[illegible]	[illegible]	[illegible]	[illegible]	[illegible]	[illegible]	[illegible]	[illegible]	[illegible]	
10075	[illegible]	[illegible]	[illegible]	[illegible]	[illegible]	[illegible]	[illegible]	[illegible]	[illegible]	[illegible]	
76	[illegible]	[illegible]	[illegible]	[illegible]	[illegible]	[illegible]	[illegible]	[illegible]	[illegible]	[illegible]	431
77	[illegible]	[illegible]	[illegible]	[illegible]	[illegible]	[illegible]	[illegible]	[illegible]	[illegible]	[illegible]	
78	[illegible]	[illegible]	[illegible]	[illegible]	[illegible]	[illegible]	[illegible]	[illegible]	[illegible]	[illegible]	
79	[illegible]	[illegible]	[illegible]	[illegible]	[illegible]	[illegible]	[illegible]	[illegible]	[illegible]	[illegible]	
10080	[illegible]	[illegible]	[illegible]	[illegible]	[illegible]	[illegible]	[illegible]	[illegible]	[illegible]	[illegible]	
81	[illegible]	[illegible]	[illegible]	[illegible]	[illegible]	[illegible]	[illegible]	[illegible]	[illegible]	[illegible]	
82	[illegible]	[illegible]	[illegible]	[illegible]	[illegible]	[illegible]	[illegible]	[illegible]	[illegible]	[illegible]	
83	[illegible]	[illegible]	[illegible]	[illegible]	[illegible]	[illegible]	[illegible]	[illegible]	[illegible]	[illegible]	
84	[illegible]	[illegible]	[illegible]	[illegible]	[illegible]	[illegible]	[illegible]	[illegible]	[illegible]	[illegible]	
10085	[illegible]	[illegible]	[illegible]	[illegible]	[illegible]	[illegible]	[illegible]	[illegible]	[illegible]	[illegible]	
86	[illegible]	[illegible]	[illegible]	[illegible]	[illegible]	[illegible]	[illegible]	[illegible]	[illegible]	[illegible]	
87	[illegible]	[illegible]	[illegible]	[illegible]	[illegible]	[illegible]	[illegible]	[illegible]	[illegible]	[illegible]	
88	[illegible]	[illegible]	[illegible]	[illegible]	[illegible]	[illegible]	[illegible]	[illegible]	[illegible]	[illegible]	
89	[illegible]	[illegible]	[illegible]	[illegible]	[illegible]	[illegible]	[illegible]	[illegible]	[illegible]	[illegible]	
10090	[illegible]	[illegible]	[illegible]	[illegible]	[illegible]	[illegible]	[illegible]	[illegible]	[illegible]	[illegible]	
91	[illegible]	[illegible]	[illegible]	[illegible]	[illegible]	[illegible]	[illegible]	[illegible]	[illegible]	[illegible]	
92	[illegible]	[illegible]	[illegible]	[illegible]	[illegible]	[illegible]	[illegible]	[illegible]	[illegible]	[illegible]	
93	[illegible]	[illegible]	[illegible]	[illegible]	[illegible]	[illegible]	[illegible]	[illegible]	[illegible]	[illegible]	
94	[illegible]	[illegible]	[illegible]	[illegible]	[illegible]	[illegible]	[illegible]	[illegible]	[illegible]	[illegible]	
10095	[illegible]	[illegible]	[illegible]	[illegible]	[illegible]	[illegible]	[illegible]	[illegible]	[illegible]	[illegible]	
96	[illegible]	[illegible]	[illegible]	[illegible]	[illegible]	[illegible]	[illegible]	[illegible]	[illegible]	[illegible]	
97	[illegible]	[illegible]	[illegible]	[illegible]	[illegible]	[illegible]	[illegible]	[illegible]	[illegible]	[illegible]	
98	[illegible]	[illegible]	[illegible]	[illegible]	[illegible]	[illegible]	[illegible]	[illegible]	[illegible]	[illegible]	
99	[illegible]	[illegible]	[illegible]	[illegible]	[illegible]	[illegible]	[illegible]	[illegible]	[illegible]	[illegible]	430
10100	[illegible]	[illegible]	[illegible]	[illegible]	[illegible]	[illegible]	[illegible]	[illegible]	[illegible]	[illegible]	
01	[illegible]	[illegible]	[illegible]	[illegible]	[illegible]	[illegible]	[illegible]	[illegible]	[illegible]	[illegible]	
02	[illegible]	[illegible]	[illegible]	[illegible]	[illegible]	[illegible]	[illegible]	[illegible]	[illegible]	[illegible]	
03	[illegible]	[illegible]	[illegible]	[illegible]	[illegible]	[illegible]	[illegible]	[illegible]	[illegible]	[illegible]	
04	[illegible]	[illegible]	[illegible]	[illegible]	[illegible]	[illegible]	[illegible]	[illegible]	[illegible]	[illegible]	
10105	[illegible]	[illegible]	[illegible]	[illegible]	[illegible]	[illegible]	[illegible]	[illegible]	[illegible]	[illegible]	
06	[illegible]	[illegible]	[illegible]	[illegible]	[illegible]	[illegible]	[illegible]	[illegible]	[illegible]	[illegible]	
07	[illegible]	[illegible]	[illegible]	[illegible]	[illegible]	[illegible]	[illegible]	[illegible]	[illegible]	[illegible]	
08	[illegible]	[illegible]	[illegible]	[illegible]	[illegible]	[illegible]	[illegible]	[illegible]	[illegible]	[illegible]	
09	[illegible]	[illegible]	[illegible]	[illegible]	[illegible]	[illegible]	[illegible]	[illegible]	[illegible]	[illegible]	
10110	[illegible]	[illegible]	[illegible]	[illegible]	[illegible]	[illegible]	[illegible]	[illegible]	[illegible]	[illegible]	
11	[illegible]	[illegible]	[illegible]	[illegible]	[illegible]	[illegible]	[illegible]	[illegible]	[illegible]	[illegible]	
12	[illegible]	[illegible]	[illegible]	[illegible]	[illegible]	[illegible]	[illegible]	[illegible]	[illegible]	[illegible]	
13	[illegible]	[illegible]	[illegible]	[illegible]	[illegible]	[illegible]	[illegible]	[illegible]	[illegible]	[illegible]	
14	[illegible]	[illegible]	[illegible]	[illegible]	[illegible]	[illegible]	[illegible]	[illegible]	[illegible]	[illegible]	
10115	[illegible]	[illegible]	[illegible]	[illegible]	[illegible]	[illegible]	[illegible]	[illegible]	[illegible]	[illegible]	
16	[illegible]	[illegible]	[illegible]	[illegible]	[illegible]	[illegible]	[illegible]	[illegible]	[illegible]	[illegible]	
17	[illegible]	[illegible]	[illegible]	[illegible]	[illegible]	[illegible]	[illegible]	[illegible]	[illegible]	[illegible]	
18	[illegible]	[illegible]	[illegible]	[illegible]	[illegible]	[illegible]	[illegible]	[illegible]	[illegible]	[illegible]	
19	[illegible]	[illegible]	[illegible]	[illegible]	[illegible]	[illegible]	[illegible]	[illegible]	[illegible]	[illegible]	
10120	[illegible]	[illegible]	[illegible]	[illegible]	[illegible]	[illegible]	[illegible]	[illegible]	[illegible]	[illegible]	
21	[illegible]	[illegible]	[illegible]	[illegible]	[illegible]	[illegible]	[illegible]	[illegible]	[illegible]	[illegible]	
22	[illegible]	[illegible]	[illegible]	[illegible]	[illegible]	[illegible]	[illegible]	[illegible]	[illegible]	[illegible]	429
23	[illegible]	[illegible]	[illegible]	[illegible]	[illegible]	[illegible]	[illegible]	[illegible]	[illegible]	[illegible]	
24	[illegible]	[illegible]	[illegible]	[illegible]	[illegible]	[illegible]	[illegible]	[illegible]	[illegible]	[illegible]	
10125	[illegible]	[illegible]	[illegible]	[illegible]	[illegible]	[illegible]	[illegible]	[illegible]	[illegible]	[illegible]	
26	[illegible]	[illegible]	[illegible]	[illegible]	[illegible]	[illegible]	[illegible]	[illegible]	[illegible]	[illegible]	
27	[illegible]	[illegible]	[illegible]	[illegible]	[illegible]	[illegible]	[illegible]	[illegible]	[illegible]	[illegible]	
28	[illegible]	[illegible]	[illegible]	[illegible]	[illegible]	[illegible]	[illegible]	[illegible]	[illegible]	[illegible]	
29	[illegible]	[illegible]	[illegible]	[illegible]	[illegible]	[illegible]	[illegible]	[illegible]	[illegible]	[illegible]	
10130	[illegible]	[illegible]	[illegible]	[illegible]	[illegible]	[illegible]	[illegible]	[illegible]	[illegible]	[illegible]	
31	[illegible]	[illegible]	[illegible]	[illegible]	[illegible]	[illegible]	[illegible]	[illegible]	[illegible]	[illegible]	
32	[illegible]	[illegible]	[illegible]	[illegible]	[illegible]	[illegible]	[illegible]	[illegible]	[illegible]	[illegible]	
33	[illegible]	[illegible]	[illegible]	[illegible]	[illegible]	[illegible]	[illegible]	[illegible]	[illegible]	[illegible]	
34	[illegible]	[illegible]	[illegible]	[illegible]	[illegible]	[illegible]	[illegible]	[illegible]	[illegible]	[illegible]	
10135	[illegible]	[illegible]	[illegible]	[illegible]	[illegible]	[illegible]	[illegible]	[illegible]	[illegible]	[illegible]	
36	[illegible]	[illegible]	[illegible]	[illegible]	[illegible]	[illegible]	[illegible]	[illegible]	[illegible]	[illegible]	
37	[illegible]	[illegible]	[illegible]	[illegible]	[illegible]	[illegible]	[illegible]	[illegible]	[illegible]	[illegible]	
38	[illegible]	[illegible]	[illegible]	[illegible]	[illegible]	[illegible]	[illegible]	[illegible]	[illegible]	[illegible]	
39	[illegible]	[illegible]	[illegible]	[illegible]	[illegible]	[illegible]	[illegible]	[illegible]	[illegible]	[illegible]	

Num	0	1	2	3	4	5	6	7	8	9	D
10140	[illegible]	[illegible]	[illegible]	[illegible]	[illegible]	[illegible]	[illegible]	[illegible]	[illegible]	[illegible]	
41	[illegible]	[illegible]	[illegible]	[illegible]	[illegible]	[illegible]	[illegible]	[illegible]	[illegible]	[illegible]	
42	[illegible]	[illegible]	[illegible]	[illegible]	[illegible]	[illegible]	[illegible]	[illegible]	[illegible]	[illegible]	
43	[illegible]	[illegible]	[illegible]	[illegible]	[illegible]	[illegible]	[illegible]	[illegible]	[illegible]	[illegible]	
44	[illegible]	[illegible]	[illegible]	[illegible]	[illegible]	[illegible]	[illegible]	[illegible]	[illegible]	[illegible]	
10145	[illegible]	[illegible]	[illegible]	[illegible]	[illegible]	[illegible]	[illegible]	[illegible]	[illegible]	[illegible]	
46	[illegible]	[illegible]	[illegible]	[illegible]	[illegible]	[illegible]	[illegible]	[illegible]	[illegible]	[illegible]	428
47	[illegible]	[illegible]	[illegible]	[illegible]	[illegible]	[illegible]	[illegible]	[illegible]	[illegible]	[illegible]	
48	[illegible]	[illegible]	[illegible]	[illegible]	[illegible]	[illegible]	[illegible]	[illegible]	[illegible]	[illegible]	
49	[illegible]	[illegible]	[illegible]	[illegible]	[illegible]	[illegible]	[illegible]	[illegible]	[illegible]	[illegible]	
10150	[illegible]	[illegible]	[illegible]	[illegible]	[illegible]	[illegible]	[illegible]	[illegible]	[illegible]	[illegible]	
51	[illegible]	[illegible]	[illegible]	[illegible]	[illegible]	[illegible]	[illegible]	[illegible]	[illegible]	[illegible]	
52	[illegible]	[illegible]	[illegible]	[illegible]	[illegible]	[illegible]	[illegible]	[illegible]	[illegible]	[illegible]	
53	[illegible]	[illegible]	[illegible]	[illegible]	[illegible]	[illegible]	[illegible]	[illegible]	[illegible]	[illegible]	
54	[illegible]	[illegible]	[illegible]	[illegible]	[illegible]	[illegible]	[illegible]	[illegible]	[illegible]	[illegible]	
10155	[illegible]	[illegible]	[illegible]	[illegible]	[illegible]	[illegible]	[illegible]	[illegible]	[illegible]	[illegible]	
56	[illegible]	[illegible]	[illegible]	[illegible]	[illegible]	[illegible]	[illegible]	[illegible]	[illegible]	[illegible]	
57	[illegible]	[illegible]	[illegible]	[illegible]	[illegible]	[illegible]	[illegible]	[illegible]	[illegible]	[illegible]	
58	[illegible]	[illegible]	[illegible]	[illegible]	[illegible]	[illegible]	[illegible]	[illegible]	[illegible]	[illegible]	
59	[illegible]	[illegible]	[illegible]	[illegible]	[illegible]	[illegible]	[illegible]	[illegible]	[illegible]	[illegible]	
10160	[illegible]	[illegible]	[illegible]	[illegible]	[illegible]	[illegible]	[illegible]	[illegible]	[illegible]	[illegible]	
61	[illegible]	[illegible]	[illegible]	[illegible]	[illegible]	[illegible]	[illegible]	[illegible]	[illegible]	[illegible]	
62	[illegible]	[illegible]	[illegible]	[illegible]	[illegible]	[illegible]	[illegible]	[illegible]	[illegible]	[illegible]	
63	[illegible]	[illegible]	[illegible]	[illegible]	[illegible]	[illegible]	[illegible]	[illegible]	[illegible]	[illegible]	
64	[illegible]	[illegible]	[illegible]	[illegible]	[illegible]	[illegible]	[illegible]	[illegible]	[illegible]	[illegible]	
10165	[illegible]	[illegible]	[illegible]	[illegible]	[illegible]	[illegible]	[illegible]	[illegible]	[illegible]	[illegible]	
66	[illegible]	[illegible]	[illegible]	[illegible]	[illegible]	[illegible]	[illegible]	[illegible]	[illegible]	[illegible]	
67	[illegible]	[illegible]	[illegible]	[illegible]	[illegible]	[illegible]	[illegible]	[illegible]	[illegible]	[illegible]	
68	[illegible]	[illegible]	[illegible]	[illegible]	[illegible]	[illegible]	[illegible]	[illegible]	[illegible]	[illegible]	
69	[illegible]	[illegible]	[illegible]	[illegible]	[illegible]	[illegible]	[illegible]	[illegible]	[illegible]	[illegible]	
10170	[illegible]	[illegible]	[illegible]	[illegible]	[illegible]	[illegible]	[illegible]	[illegible]	[illegible]	[illegible]	427
71	[illegible]	[illegible]	[illegible]	[illegible]	[illegible]	[illegible]	[illegible]	[illegible]	[illegible]	[illegible]	
72	[illegible]	[illegible]	[illegible]	[illegible]	[illegible]	[illegible]	[illegible]	[illegible]	[illegible]	[illegible]	
73	[illegible]	[illegible]	[illegible]	[illegible]	[illegible]	[illegible]	[illegible]	[illegible]	[illegible]	[illegible]	
74	[illegible]	[illegible]	[illegible]	[illegible]	[illegible]	[illegible]	[illegible]	[illegible]	[illegible]	[illegible]	
10175	[illegible]	[illegible]	[illegible]	[illegible]	[illegible]	[illegible]	[illegible]	[illegible]	[illegible]	[illegible]	
76	[illegible]	[illegible]	[illegible]	[illegible]	[illegible]	[illegible]	[illegible]	[illegible]	[illegible]	[illegible]	
77	[illegible]	[illegible]	[illegible]	[illegible]	[illegible]	[illegible]	[illegible]	[illegible]	[illegible]	[illegible]	
78	[illegible]	[illegible]	[illegible]	[illegible]	[illegible]	[illegible]	[illegible]	[illegible]	[illegible]	[illegible]	
79	[illegible]	[illegible]	[illegible]	[illegible]	[illegible]	[illegible]	[illegible]	[illegible]	[illegible]	[illegible]	
10180	[illegible]	[illegible]	[illegible]	[illegible]	[illegible]	[illegible]	[illegible]	[illegible]	[illegible]	[illegible]	
81	[illegible]	[illegible]	[illegible]	[illegible]	[illegible]	[illegible]	[illegible]	[illegible]	[illegible]	[illegible]	
82	[illegible]	[illegible]	[illegible]	[illegible]	[illegible]	[illegible]	[illegible]	[illegible]	[illegible]	[illegible]	
83	[illegible]	[illegible]	[illegible]	[illegible]	[illegible]	[illegible]	[illegible]	[illegible]	[illegible]	[illegible]	
84	[illegible]	[illegible]	[illegible]	[illegible]	[illegible]	[illegible]	[illegible]	[illegible]	[illegible]	[illegible]	
10185	[illegible]	[illegible]	[illegible]	[illegible]	[illegible]	[illegible]	[illegible]	[illegible]	[illegible]	[illegible]	
86	[illegible]	[illegible]	[illegible]	[illegible]	[illegible]	[illegible]	[illegible]	[illegible]	[illegible]	[illegible]	
87	[illegible]	[illegible]	[illegible]	[illegible]	[illegible]	[illegible]	[illegible]	[illegible]	[illegible]	[illegible]	
88	[illegible]	[illegible]	[illegible]	[illegible]	[illegible]	[illegible]	[illegible]	[illegible]	[illegible]	[illegible]	
89	[illegible]	[illegible]	[illegible]	[illegible]	[illegible]	[illegible]	[illegible]	[illegible]	[illegible]	[illegible]	
10190	[illegible]	[illegible]	[illegible]	[illegible]	[illegible]	[illegible]	[illegible]	[illegible]	[illegible]	[illegible]	
91	[illegible]	[illegible]	[illegible]	[illegible]	[illegible]	[illegible]	[illegible]	[illegible]	[illegible]	[illegible]	
92	[illegible]	[illegible]	[illegible]	[illegible]	[illegible]	[illegible]	[illegible]	[illegible]	[illegible]	[illegible]	
93	[illegible]	[illegible]	[illegible]	[illegible]	[illegible]	[illegible]	[illegible]	[illegible]	[illegible]	[illegible]	
94	[illegible]	[illegible]	[illegible]	[illegible]	[illegible]	[illegible]	[illegible]	[illegible]	[illegible]	[illegible]	426
10195	[illegible]	[illegible]	[illegible]	[illegible]	[illegible]	[illegible]	[illegible]	[illegible]	[illegible]	[illegible]	
96	[illegible]	[illegible]	[illegible]	[illegible]	[illegible]	[illegible]	[illegible]	[illegible]	[illegible]	[illegible]	
97	[illegible]	[illegible]	[illegible]	[illegible]	[illegible]	[illegible]	[illegible]	[illegible]	[illegible]	[illegible]	
98	[illegible]	[illegible]	[illegible]	[illegible]	[illegible]	[illegible]	[illegible]	[illegible]	[illegible]	[illegible]	
99	[illegible]	[illegible]	[illegible]	[illegible]	[illegible]	[illegible]	[illegible]	[illegible]	[illegible]	[illegible]	
10200	[illegible]	[illegible]	[illegible]	[illegible]	[illegible]	[illegible]	[illegible]	[illegible]	[illegible]	[illegible]	
01	[illegible]	[illegible]	[illegible]	[illegible]	[illegible]	[illegible]	[illegible]	[illegible]	[illegible]	[illegible]	
02	[illegible]	[illegible]	[illegible]	[illegible]	[illegible]	[illegible]	[illegible]	[illegible]	[illegible]	[illegible]	
03	[illegible]	[illegible]	[illegible]	[illegible]	[illegible]	[illegible]	[illegible]	[illegible]	[illegible]	[illegible]	
04	[illegible]	[illegible]	[illegible]	[illegible]	[illegible]	[illegible]	[illegible]	[illegible]	[illegible]	[illegible]	
10205	[illegible]	[illegible]	[illegible]	[illegible]	[illegible]	[illegible]	[illegible]	[illegible]	[illegible]	[illegible]	
06	[illegible]	[illegible]	[illegible]	[illegible]	[illegible]	[illegible]	[illegible]	[illegible]	[illegible]	[illegible]	
07	[illegible]	[illegible]	[illegible]	[illegible]	[illegible]	[illegible]	[illegible]	[illegible]	[illegible]	[illegible]	
08	[illegible]	[illegible]	[illegible]	[illegible]	[illegible]	[illegible]	[illegible]	[illegible]	[illegible]	[illegible]	
09	[illegible]	[illegible]	[illegible]	[illegible]	[illegible]	[illegible]	[illegible]	[illegible]	[illegible]	[illegible]	

Parties qui appartiennent à la page vis-à-vis.																													
D.	1	2	3	4	5	6	7	8	9	D.	1	2	3	4	5	6	7	8	9	D.	1	2	3	4	5	6	7	8	9
[illegible]	[illegible]	[illegible]	[illegible]	[illegible]	[illegible]	[illegible]	[illegible]	[illegible]	[illegible]	[illegible]	[illegible]	[illegible]	[illegible]	[illegible]	[illegible]	[illegible]	[illegible]	[illegible]	[illegible]	[illegible]	[illegible]	[illegible]	[illegible]	[illegible]	[illegible]	[illegible]	[illegible]	[illegible]	[illegible]
[illegible]	[illegible]	[illegible]	[illegible]	[illegible]	[illegible]	[illegible]	[illegible]	[illegible]	[illegible]	[illegible]	[illegible]	[illegible]	[illegible]	[illegible]	[illegible]	[illegible]	[illegible]	[illegible]	[illegible]	[illegible]	[illegible]	[illegible]	[illegible]	[illegible]	[illegible]	[illegible]	[illegible]	[illegible]	[illegible]
[illegible]	[illegible]	[illegible]	[illegible]	[illegible]	[illegible]	[illegible]	[illegible]	[illegible]	[illegible]	[illegible]	[illegible]	[illegible]	[illegible]	[illegible]	[illegible]	[illegible]	[illegible]	[illegible]	[illegible]	[illegible]	[illegible]	[illegible]	[illegible]	[illegible]	[illegible]	[illegible]	[illegible]	[illegible]	[illegible]
[illegible]	[illegible]	[illegible]	[illegible]	[illegible]	[illegible]	[illegible]	[illegible]	[illegible]	[illegible]	[illegible]	[illegible]	[illegible]	[illegible]	[illegible]	[illegible]	[illegible]	[illegible]	[illegible]	[illegible]	[illegible]	[illegible]	[illegible]	[illegible]	[illegible]	[illegible]	[illegible]	[illegible]	[illegible]	[illegible]
[illegible]	[illegible]	[illegible]	[illegible]	[illegible]	[illegible]	[illegible]	[illegible]	[illegible]	[illegible]	[illegible]	[illegible]	[illegible]	[illegible]	[illegible]	[illegible]	[illegible]	[illegible]	[illegible]	[illegible]	[illegible]	[illegible]	[illegible]	[illegible]	[illegible]	[illegible]	[illegible]	[illegible]	[illegible]	[illegible]
[illegible]	[illegible]	[illegible]	[illegible]	[illegible]	[illegible]	[illegible]	[illegible]	[illegible]	[illegible]	[illegible]	[illegible]	[illegible]	[illegible]	[illegible]	[illegible]	[illegible]	[illegible]	[illegible]	[illegible]	[illegible]	[illegible]	[illegible]	[illegible]	[illegible]	[illegible]	[illegible]	[illegible]	[illegible]	[illegible]
[illegible]	[illegible]	[illegible]	[illegible]	[illegible]	[illegible]	[illegible]	[illegible]	[illegible]	[illegible]	[illegible]	[illegible]	[illegible]	[illegible]	[illegible]	[illegible]	[illegible]	[illegible]	[illegible]	[illegible]	[illegible]	[illegible]	[illegible]	[illegible]	[illegible]	[illegible]	[illegible]	[illegible]	[illegible]	[illegible]
[illegible]	[illegible]	[illegible]	[illegible]	[illegible]	[illegible]	[illegible]	[illegible]	[illegible]	[illegible]	[illegible]	[illegible]	[illegible]	[illegible]	[illegible]	[illegible]	[illegible]	[illegible]	[illegible]	[illegible]	[illegible]	[illegible]	[illegible]	[illegible]	[illegible]	[illegible]	[illegible]	[illegible]	[illegible]	[illegible]
[illegible]	[illegible]	[illegible]	[illegible]	[illegible]	[illegible]	[illegible]	[illegible]	[illegible]	[illegible]	[illegible]	[illegible]	[illegible]	[illegible]	[illegible]	[illegible]	[illegible]	[illegible]	[illegible]	[illegible]	[illegible]	[illegible]	[illegible]	[illegible]	[illegible]	[illegible]	[illegible]	[illegible]	[illegible]	[illegible]
[illegible]	[illegible]	[illegible]	[illegible]	[illegible]	[illegible]	[illegible]	[illegible]	[illegible]	[illegible]	[illegible]	[illegible]	[illegible]	[illegible]	[illegible]	[illegible]	[illegible]	[illegible]	[illegible]	[illegible]	[illegible]	[illegible]	[illegible]	[illegible]	[illegible]	[illegible]	[illegible]	[illegible]	[illegible]	[illegible]
[illegible]	[illegible]	[illegible]	[illegible]	[illegible]	[illegible]	[illegible]	[illegible]	[illegible]	[illegible]	[illegible]	[illegible]	[illegible]	[illegible]	[illegible]	[illegible]	[illegible]	[illegible]	[illegible]	[illegible]	[illegible]	[illegible]	[illegible]	[illegible]	[illegible]	[illegible]	[illegible]	[illegible]	[illegible]	[illegible]
[illegible]	[illegible]	[illegible]	[illegible]	[illegible]	[illegible]	[illegible]	[illegible]	[illegible]	[illegible]	[illegible]	[illegible]	[illegible]	[illegible]	[illegible]	[illegible]	[illegible]	[illegible]	[illegible]	[illegible]	[illegible]	[illegible]	[illegible]	[illegible]	[illegible]	[illegible]	[illegible]	[illegible]	[illegible]	[illegible]
[illegible]	[illegible]	[illegible]	[illegible]	[illegible]	[illegible]	[illegible]	[illegible]	[illegible]	[illegible]	[illegible]	[illegible]	[illegible]	[illegible]	[illegible]	[illegible]	[illegible]	[illegible]	[illegible]	[illegible]	[illegible]	[illegible]	[illegible]	[illegible]	[illegible]	[illegible]	[illegible]	[illegible]	[illegible]	[illegible]

N. 10000 L. 000

Num.	0	1	2	3	4	5	6	7	8	9	D.
1000	000.0000	[illegible]	[illegible]	[illegible]	[illegible]	[illegible]	[illegible]	[illegible]	[illegible]	[illegible]	[illegible]
01	[illegible]	[illegible]	[illegible]	[illegible]	[illegible]	[illegible]	[illegible]	[illegible]	[illegible]	[illegible]	
02	[illegible]	[illegible]	[illegible]	[illegible]	[illegible]	[illegible]	[illegible]	[illegible]	[illegible]	[illegible]	[illegible]
03	[illegible]	[illegible]	[illegible]	[illegible]	[illegible]	[illegible]	[illegible]	[illegible]	[illegible]	[illegible]	
04	[illegible]	[illegible]	[illegible]	[illegible]	[illegible]	[illegible]	[illegible]	[illegible]	[illegible]	[illegible]	
1005	[illegible]	[illegible]	[illegible]	[illegible]	[illegible]	[illegible]	[illegible]	[illegible]	[illegible]	[illegible]	[illegible]
06	[illegible]	[illegible]	[illegible]	[illegible]	[illegible]	[illegible]	[illegible]	[illegible]	[illegible]	[illegible]	
07	[illegible]	[illegible]	[illegible]	[illegible]	[illegible]	[illegible]	[illegible]	[illegible]	[illegible]	[illegible]	[illegible]
08	[illegible]	[illegible]	[illegible]	[illegible]	[illegible]	[illegible]	[illegible]	[illegible]	[illegible]	[illegible]	
09	[illegible]	[illegible]	[illegible]	[illegible]	[illegible]	[illegible]	[illegible]	[illegible]	[illegible]	[illegible]	
1010	[illegible]	[illegible]	[illegible]	[illegible]	[illegible]	[illegible]	[illegible]	[illegible]	[illegible]	[illegible]	[illegible]
11	[illegible]	[illegible]	[illegible]	[illegible]	[illegible]	[illegible]	[illegible]	[illegible]	[illegible]	[illegible]	
12	[illegible]	[illegible]	[illegible]	[illegible]	[illegible]	[illegible]	[illegible]	[illegible]	[illegible]	[illegible]	[illegible]
13	[illegible]	[illegible]	[illegible]	[illegible]	[illegible]	[illegible]	[illegible]	[illegible]	[illegible]	[illegible]	
14	[illegible]	[illegible]	[illegible]	[illegible]	[illegible]	[illegible]	[illegible]	[illegible]	[illegible]	[illegible]	
1015	[illegible]	[illegible]	[illegible]	[illegible]	[illegible]	[illegible]	[illegible]	[illegible]	[illegible]	[illegible]	[illegible]
16	[illegible]	[illegible]	[illegible]	[illegible]	[illegible]	[illegible]	[illegible]	[illegible]	[illegible]	[illegible]	
17	[illegible]	[illegible]	[illegible]	[illegible]	[illegible]	[illegible]	[illegible]	[illegible]	[illegible]	[illegible]	[illegible]
18	[illegible]	[illegible]	[illegible]	[illegible]	[illegible]	[illegible]	[illegible]	[illegible]	[illegible]	[illegible]	
19	[illegible]	[illegible]	[illegible]	[illegible]	[illegible]	[illegible]	[illegible]	[illegible]	[illegible]	[illegible]	[illegible]
1020	[illegible]	[illegible]	[illegible]	[illegible]	[illegible]	[illegible]	[illegible]	[illegible]	[illegible]	[illegible]	[illegible]
21	[illegible]	[illegible]	[illegible]	[illegible]	[illegible]	[illegible]	[illegible]	[illegible]	[illegible]	[illegible]	
22	[illegible]	[illegible]	[illegible]	[illegible]	[illegible]	[illegible]	[illegible]	[illegible]	[illegible]	[illegible]	[illegible]
23	[illegible]	[illegible]	[illegible]	[illegible]	[illegible]	[illegible]	[illegible]	[illegible]	[illegible]	[illegible]	
24	[illegible]	[illegible]	[illegible]	[illegible]	[illegible]	[illegible]	[illegible]	[illegible]	[illegible]	[illegible]	[illegible]
1025	[illegible]	[illegible]	[illegible]	[illegible]	[illegible]	[illegible]	[illegible]	[illegible]	[illegible]	[illegible]	
26	[illegible]	[illegible]	[illegible]	[illegible]	[illegible]	[illegible]	[illegible]	[illegible]	[illegible]	[illegible]	
27	[illegible]	[illegible]	[illegible]	[illegible]	[illegible]	[illegible]	[illegible]	[illegible]	[illegible]	[illegible]	[illegible]
28	[illegible]	[illegible]	[illegible]	[illegible]	[illegible]	[illegible]	[illegible]	[illegible]	[illegible]	[illegible]	
29	[illegible]	[illegible]	[illegible]	[illegible]	[illegible]	[illegible]	[illegible]	[illegible]	[illegible]	[illegible]	[illegible]
1030	[illegible]	[illegible]	[illegible]	[illegible]	[illegible]	[illegible]	[illegible]	[illegible]	[illegible]	[illegible]	
31	[illegible]	[illegible]	[illegible]	[illegible]	[illegible]	[illegible]	[illegible]	[illegible]	[illegible]	[illegible]	
32	[illegible]	[illegible]	[illegible]	[illegible]	[illegible]	[illegible]	[illegible]	[illegible]	[illegible]	[illegible]	[illegible]
33	[illegible]	[illegible]	[illegible]	[illegible]	[illegible]	[illegible]	[illegible]	[illegible]	[illegible]	[illegible]	
34	[illegible]	[illegible]	[illegible]	[illegible]	[illegible]	[illegible]	[illegible]	[illegible]	[illegible]	[illegible]	[illegible]
1035	[illegible]	[illegible]	[illegible]	[illegible]	[illegible]	[illegible]	[illegible]	[illegible]	[illegible]	[illegible]	
36	[illegible]	[illegible]	[illegible]	[illegible]	[illegible]	[illegible]	[illegible]	[illegible]	[illegible]	[illegible]	[illegible]
37	[illegible]	[illegible]	[illegible]	[illegible]	[illegible]	[illegible]	[illegible]	[illegible]	[illegible]	[illegible]	
38	[illegible]	[illegible]	[illegible]	[illegible]	[illegible]	[illegible]	[illegible]	[illegible]	[illegible]	[illegible]	
39	[illegible]	[illegible]	[illegible]	[illegible]	[illegible]	[illegible]	[illegible]	[illegible]	[illegible]	[illegible]	[illegible]
1040	[illegible]	[illegible]	[illegible]	[illegible]	[illegible]	[illegible]	[illegible]	[illegible]	[illegible]	[illegible]	
41	[illegible]	[illegible]	[illegible]	[illegible]	[illegible]	[illegible]	[illegible]	[illegible]	[illegible]	[illegible]	[illegible]
42	[illegible]	[illegible]	[illegible]	[illegible]	[illegible]	[illegible]	[illegible]	[illegible]	[illegible]	[illegible]	
43	[illegible]	[illegible]	[illegible]	[illegible]	[illegible]	[illegible]	[illegible]	[illegible]	[illegible]	[illegible]	
44	[illegible]	[illegible]	[illegible]	[illegible]	[illegible]	[illegible]	[illegible]	[illegible]	[illegible]	[illegible]	[illegible]
1045	[illegible]	[illegible]	[illegible]	[illegible]	[illegible]	[illegible]	[illegible]	[illegible]	[illegible]	[illegible]	
46	[illegible]	[illegible]	[illegible]	[illegible]	[illegible]	[illegible]	[illegible]	[illegible]	[illegible]	[illegible]	[illegible]
47	[illegible]	[illegible]	[illegible]	[illegible]	[illegible]	[illegible]	[illegible]	[illegible]	[illegible]	[illegible]	
48	[illegible]	[illegible]	[illegible]	[illegible]	[illegible]	[illegible]	[illegible]	[illegible]	[illegible]	[illegible]	
49	[illegible]	[illegible]	[illegible]	[illegible]	[illegible]	[illegible]	[illegible]	[illegible]	[illegible]	[illegible]	[illegible]
1050	[illegible]	[illegible]	[illegible]	[illegible]	[illegible]	[illegible]	[illegible]	[illegible]	[illegible]	[illegible]	
51	[illegible]	[illegible]	[illegible]	[illegible]	[illegible]	[illegible]	[illegible]	[illegible]	[illegible]	[illegible]	
52	[illegible]	[illegible]	[illegible]	[illegible]	[illegible]	[illegible]	[illegible]	[illegible]	[illegible]	[illegible]	
53	[illegible]	[illegible]	[illegible]	[illegible]	[illegible]	[illegible]	[illegible]	[illegible]	[illegible]	[illegible]	
54	[illegible]	[illegible]	[illegible]	[illegible]	[illegible]	[illegible]	[illegible]	[illegible]	[illegible]	[illegible]	[illegible]
1055	[illegible]	[illegible]	[illegible]	[illegible]	[illegible]	[illegible]	[illegible]	[illegible]	[illegible]	[illegible]	
56	[illegible]	[illegible]	[illegible]	[illegible]	[illegible]	[illegible]	[illegible]	[illegible]	[illegible]	[illegible]	[illegible]
57	[illegible]	[illegible]	[illegible]	[illegible]	[illegible]	[illegible]	[illegible]	[illegible]	[illegible]	[illegible]	
58	[illegible]	[illegible]	[illegible]	[illegible]	[illegible]	[illegible]	[illegible]	[illegible]	[illegible]	[illegible]	
59	[illegible]	[illegible]	[illegible]	[illegible]	[illegible]	[illegible]	[illegible]	[illegible]	[illegible]	[illegible]	[illegible]
1060	[illegible]	[illegible]	[illegible]	[illegible]	[illegible]	[illegible]	[illegible]	[illegible]	[illegible]	[illegible]	
61	[illegible]	[illegible]	[illegible]	[illegible]	[illegible]	[illegible]	[illegible]	[illegible]	[illegible]	[illegible]	[illegible]
62	[illegible]	[illegible]	[illegible]	[illegible]	[illegible]	[illegible]	[illegible]	[illegible]	[illegible]	[illegible]	
63	[illegible]	[illegible]	[illegible]	[illegible]	[illegible]	[illegible]	[illegible]	[illegible]	[illegible]	[illegible]	
64	[illegible]	[illegible]	[illegible]	[illegible]	[illegible]	[illegible]	[illegible]	[illegible]	[illegible]	[illegible]	[illegible]
Num.	0	1	2	3	4	5	6	7	8	9	D.

N. 10650 L. 027

Num.	0	1	2	3	4	5	6	7	8	9	D.	Part
1065	[illegible]	[illegible]	[illegible]	[illegible]	[illegible]	[illegible]	[illegible]	[illegible]	[illegible]	[illegible]		[illegible]
66	[illegible]	[illegible]	[illegible]	[illegible]	[illegible]	[illegible]	[illegible]	[illegible]	[illegible]	[illegible]		
67	[illegible]	[illegible]	[illegible]	[illegible]	[illegible]	[illegible]	[illegible]	[illegible]	[illegible]	[illegible]	[illegible]	
68	[illegible]	[illegible]	[illegible]	[illegible]	[illegible]	[illegible]	[illegible]	[illegible]	[illegible]	[illegible]		
69	[illegible]	[illegible]	[illegible]	[illegible]	[illegible]	[illegible]	[illegible]	[illegible]	[illegible]	[illegible]	[illegible]	
1070	[illegible]	[illegible]	[illegible]	[illegible]	[illegible]	[illegible]	[illegible]	[illegible]	[illegible]	[illegible]		
71	[illegible]	[illegible]	[illegible]	[illegible]	[illegible]	[illegible]	[illegible]	[illegible]	[illegible]	[illegible]		
72	[illegible]	[illegible]	[illegible]	[illegible]	[illegible]	[illegible]	[illegible]	[illegible]	[illegible]	[illegible]	[illegible]	
73	[illegible]	[illegible]	[illegible]	[illegible]	[illegible]	[illegible]	[illegible]	[illegible]	[illegible]	[illegible]		[illegible]
74	[illegible]	[illegible]	[illegible]	[illegible]	[illegible]	[illegible]	[illegible]	[illegible]	[illegible]	[illegible]	[illegible]	
1075	[illegible]	[illegible]	[illegible]	[illegible]	[illegible]	[illegible]	[illegible]	[illegible]	[illegible]	[illegible]		
76	[illegible]	[illegible]	[illegible]	[illegible]	[illegible]	[illegible]	[illegible]	[illegible]	[illegible]	[illegible]		
77	[illegible]	[illegible]	[illegible]	[illegible]	[illegible]	[illegible]	[illegible]	[illegible]	[illegible]	[illegible]	[illegible]	
78	[illegible]	[illegible]	[illegible]	[illegible]	[illegible]	[illegible]	[illegible]	[illegible]	[illegible]	[illegible]		
79	[illegible]	[illegible]	[illegible]	[illegible]	[illegible]	[illegible]	[illegible]	[illegible]	[illegible]	[illegible]		
1080	[illegible]	[illegible]	[illegible]	[illegible]	[illegible]	[illegible]	[illegible]	[illegible]	[illegible]	[illegible]	[illegible]	[illegible]
81	[illegible]	[illegible]	[illegible]	[illegible]	[illegible]	[illegible]	[illegible]	[illegible]	[illegible]	[illegible]		
82	[illegible]	[illegible]	[illegible]	[illegible]	[illegible]	[illegible]	[illegible]	[illegible]	[illegible]	[illegible]		
83	[illegible]	[illegible]	[illegible]	[illegible]	[illegible]	[illegible]	[illegible]	[illegible]	[illegible]	[illegible]	[illegible]	
84	[illegible]	[illegible]	[illegible]	[illegible]	[illegible]	[illegible]	[illegible]	[illegible]	[illegible]	[illegible]		
1085	[illegible]	[illegible]	[illegible]	[illegible]	[illegible]	[illegible]	[illegible]	[illegible]	[illegible]	[illegible]	[illegible]	
86	[illegible]	[illegible]	[illegible]	[illegible]	[illegible]	[illegible]	[illegible]	[illegible]	[illegible]	[illegible]		
87	[illegible]	[illegible]	[illegible]	[illegible]	[illegible]	[illegible]	[illegible]	[illegible]	[illegible]	[illegible]		
88	[illegible]	[illegible]	[illegible]	[illegible]	[illegible]	[illegible]	[illegible]	[illegible]	[illegible]	[illegible]		
89	[illegible]	[illegible]	[illegible]	[illegible]	[illegible]	[illegible]	[illegible]	[illegible]	[illegible]	[illegible]	[illegible]	
1090	[illegible]	[illegible]	[illegible]	[illegible]	[illegible]	[illegible]	[illegible]	[illegible]	[illegible]	[illegible]		[illegible]
91	[illegible]	[illegible]	[illegible]	[illegible]	[illegible]	[illegible]	[illegible]	[illegible]	[illegible]	[illegible]	[illegible]	
92	[illegible]	[illegible]	[illegible]	[illegible]	[illegible]	[illegible]	[illegible]	[illegible]	[illegible]	[illegible]		
93	[illegible]	[illegible]	[illegible]	[illegible]	[illegible]	[illegible]	[illegible]	[illegible]	[illegible]	[illegible]		
94	[illegible]	[illegible]	[illegible]	[illegible]	[illegible]	[illegible]	[illegible]	[illegible]	[illegible]	[illegible]	[illegible]	
1095	[illegible]	[illegible]	[illegible]	[illegible]	[illegible]	[illegible]	[illegible]	[illegible]	[illegible]	[illegible]		
96	[illegible]	[illegible]	[illegible]	[illegible]	[illegible]	[illegible]	[illegible]	[illegible]	[illegible]	[illegible]		
97	[illegible]	[illegible]	[illegible]	[illegible]	[illegible]	[illegible]	[illegible]	[illegible]	[illegible]	[illegible]	[illegible]	
98	[illegible]	[illegible]	[illegible]	[illegible]	[illegible]	[illegible]	[illegible]	[illegible]	[illegible]	[illegible]		[illegible]
99	[illegible]	[illegible]	[illegible]	[illegible]	[illegible]	[illegible]	[illegible]	[illegible]	[illegible]	[illegible]		
1100	[illegible]	[illegible]	[illegible]	[illegible]	[illegible]	[illegible]	[illegible]	[illegible]	[illegible]	[illegible]	[illegible]	
01	[illegible]	[illegible]	[illegible]	[illegible]	[illegible]	[illegible]	[illegible]	[illegible]	[illegible]	[illegible]		
02	[illegible]	[illegible]	[illegible]	[illegible]	[illegible]	[illegible]	[illegible]	[illegible]	[illegible]	[illegible]	[illegible]	
03	[illegible]	[illegible]	[illegible]	[illegible]	[illegible]	[illegible]	[illegible]	[illegible]	[illegible]	[illegible]		
04	[illegible]	[illegible]	[illegible]	[illegible]	[illegible]	[illegible]	[illegible]	[illegible]	[illegible]	[illegible]	[illegible]	
1105	[illegible]	[illegible]	[illegible]	[illegible]	[illegible]	[illegible]	[illegible]	[illegible]	[illegible]	[illegible]		[illegible]
06	[illegible]	[illegible]	[illegible]	[illegible]	[illegible]	[illegible]	[illegible]	[illegible]	[illegible]	[illegible]		
07	[illegible]	[illegible]	[illegible]	[illegible]	[illegible]	[illegible]	[illegible]	[illegible]	[illegible]	[illegible]	[illegible]	
08	[illegible]	[illegible]	[illegible]	[illegible]	[illegible]	[illegible]	[illegible]	[illegible]	[illegible]	[illegible]		
09	[illegible]	[illegible]	[illegible]	[illegible]	[illegible]	[illegible]	[illegible]	[illegible]	[illegible]	[illegible]		
1110	[illegible]	[illegible]	[illegible]	[illegible]	[illegible]	[illegible]	[illegible]	[illegible]	[illegible]	[illegible]	[illegible]	
11	[illegible]	[illegible]	[illegible]	[illegible]	[illegible]	[illegible]	[illegible]	[illegible]	[illegible]	[illegible]		
12	[illegible]	[illegible]	[illegible]	[illegible]	[illegible]	[illegible]	[illegible]	[illegible]	[illegible]	[illegible]		
13	[illegible]	[illegible]	[illegible]	[illegible]	[illegible]	[illegible]	[illegible]	[illegible]	[illegible]	[illegible]	[illegible]	
14	[illegible]	[illegible]	[illegible]	[illegible]	[illegible]	[illegible]	[illegible]	[illegible]	[illegible]	[illegible]		
1115	[illegible]	[illegible]	[illegible]	[illegible]	[illegible]	[illegible]	[illegible]	[illegible]	[illegible]	[illegible]		[illegible]
16	[illegible]	[illegible]	[illegible]	[illegible]	[illegible]	[illegible]	[illegible]	[illegible]	[illegible]	[illegible]	[illegible]	
17	[illegible]	[illegible]	[illegible]	[illegible]	[illegible]	[illegible]	[illegible]	[illegible]	[illegible]	[illegible]		
18	[illegible]	[illegible]	[illegible]	[illegible]	[illegible]	[illegible]	[illegible]	[illegible]	[illegible]	[illegible]		
19	[illegible]	[illegible]	[illegible]	[illegible]	[illegible]	[illegible]	[illegible]	[illegible]	[illegible]	[illegible]	[illegible]	
1120	[illegible]	[illegible]	[illegible]	[illegible]	[illegible]	[illegible]	[illegible]	[illegible]	[illegible]	[illegible]		
21	[illegible]	[illegible]	[illegible]	[illegible]	[illegible]	[illegible]	[illegible]	[illegible]	[illegible]	[illegible]		
22	[illegible]	[illegible]	[illegible]	[illegible]	[illegible]	[illegible]	[illegible]	[illegible]	[illegible]	[illegible]	[illegible]	
23	[illegible]	[illegible]	[illegible]	[illegible]	[illegible]	[illegible]	[illegible]	[illegible]	[illegible]	[illegible]		
24	[illegible]	[illegible]	[illegible]	[illegible]	[illegible]	[illegible]	[illegible]	[illegible]	[illegible]	[illegible]		[illegible]
1125	[illegible]	[illegible]	[illegible]	[illegible]	[illegible]	[illegible]	[illegible]	[illegible]	[illegible]	[illegible]	[illegible]	
26	[illegible]	[illegible]	[illegible]	[illegible]	[illegible]	[illegible]	[illegible]	[illegible]	[illegible]	[illegible]		
27	[illegible]	[illegible]	[illegible]	[illegible]	[illegible]	[illegible]	[illegible]	[illegible]	[illegible]	[illegible]		
28	[illegible]	[illegible]	[illegible]	[illegible]	[illegible]	[illegible]	[illegible]	[illegible]	[illegible]	[illegible]	[illegible]	
29	[illegible]	[illegible]	[illegible]	[illegible]	[illegible]	[illegible]	[illegible]	[illegible]	[illegible]	[illegible]		
Num.	0	1	2	3	4	5	6	7	8	9	D.	Part

N. 11300 L. 053

NUM.	0	1	2	3	4	5	6	7	8	9	D.
1130	[illegible]	[illegible]	[illegible]	[illegible]	[illegible]	[illegible]	[illegible]	[illegible]	[illegible]	[illegible]	[illegible]
31	[illegible]	[illegible]	[illegible]	[illegible]	[illegible]	[illegible]	[illegible]	[illegible]	[illegible]	[illegible]	[illegible]
32	[illegible]	[illegible]	[illegible]	[illegible]	[illegible]	[illegible]	[illegible]	[illegible]	[illegible]	[illegible]	[illegible]
33	[illegible]	[illegible]	[illegible]	[illegible]	[illegible]	[illegible]	[illegible]	[illegible]	[illegible]	[illegible]	[illegible]
34	[illegible]	[illegible]	[illegible]	[illegible]	[illegible]	[illegible]	[illegible]	[illegible]	[illegible]	[illegible]	[illegible]
1135	[illegible]	[illegible]	[illegible]	[illegible]	[illegible]	[illegible]	[illegible]	[illegible]	[illegible]	[illegible]	[illegible]
36	[illegible]	[illegible]	[illegible]	[illegible]	[illegible]	[illegible]	[illegible]	[illegible]	[illegible]	[illegible]	[illegible]
37	[illegible]	[illegible]	[illegible]	[illegible]	[illegible]	[illegible]	[illegible]	[illegible]	[illegible]	[illegible]	[illegible]
38	[illegible]	[illegible]	[illegible]	[illegible]	[illegible]	[illegible]	[illegible]	[illegible]	[illegible]	[illegible]	[illegible]
39	[illegible]	[illegible]	[illegible]	[illegible]	[illegible]	[illegible]	[illegible]	[illegible]	[illegible]	[illegible]	[illegible]
1140	[illegible]	[illegible]	[illegible]	[illegible]	[illegible]	[illegible]	[illegible]	[illegible]	[illegible]	[illegible]	[illegible]
41	[illegible]	[illegible]	[illegible]	[illegible]	[illegible]	[illegible]	[illegible]	[illegible]	[illegible]	[illegible]	[illegible]
42	[illegible]	[illegible]	[illegible]	[illegible]	[illegible]	[illegible]	[illegible]	[illegible]	[illegible]	[illegible]	[illegible]
43	[illegible]	[illegible]	[illegible]	[illegible]	[illegible]	[illegible]	[illegible]	[illegible]	[illegible]	[illegible]	[illegible]
44	[illegible]	[illegible]	[illegible]	[illegible]	[illegible]	[illegible]	[illegible]	[illegible]	[illegible]	[illegible]	[illegible]
1145	[illegible]	[illegible]	[illegible]	[illegible]	[illegible]	[illegible]	[illegible]	[illegible]	[illegible]	[illegible]	[illegible]
46	[illegible]	[illegible]	[illegible]	[illegible]	[illegible]	[illegible]	[illegible]	[illegible]	[illegible]	[illegible]	[illegible]
47	[illegible]	[illegible]	[illegible]	[illegible]	[illegible]	[illegible]	[illegible]	[illegible]	[illegible]	[illegible]	[illegible]
48	[illegible]	[illegible]	[illegible]	[illegible]	[illegible]	[illegible]	[illegible]	[illegible]	[illegible]	[illegible]	[illegible]
49	[illegible]	[illegible]	[illegible]	[illegible]	[illegible]	[illegible]	[illegible]	[illegible]	[illegible]	[illegible]	[illegible]
1150	[illegible]	[illegible]	[illegible]	[illegible]	[illegible]	[illegible]	[illegible]	[illegible]	[illegible]	[illegible]	[illegible]
51	[illegible]	[illegible]	[illegible]	[illegible]	[illegible]	[illegible]	[illegible]	[illegible]	[illegible]	[illegible]	[illegible]
52	[illegible]	[illegible]	[illegible]	[illegible]	[illegible]	[illegible]	[illegible]	[illegible]	[illegible]	[illegible]	[illegible]
53	[illegible]	[illegible]	[illegible]	[illegible]	[illegible]	[illegible]	[illegible]	[illegible]	[illegible]	[illegible]	[illegible]
54	[illegible]	[illegible]	[illegible]	[illegible]	[illegible]	[illegible]	[illegible]	[illegible]	[illegible]	[illegible]	[illegible]
1155	[illegible]	[illegible]	[illegible]	[illegible]	[illegible]	[illegible]	[illegible]	[illegible]	[illegible]	[illegible]	[illegible]
56	[illegible]	[illegible]	[illegible]	[illegible]	[illegible]	[illegible]	[illegible]	[illegible]	[illegible]	[illegible]	[illegible]
57	[illegible]	[illegible]	[illegible]	[illegible]	[illegible]	[illegible]	[illegible]	[illegible]	[illegible]	[illegible]	[illegible]
58	[illegible]	[illegible]	[illegible]	[illegible]	[illegible]	[illegible]	[illegible]	[illegible]	[illegible]	[illegible]	[illegible]
59	[illegible]	[illegible]	[illegible]	[illegible]	[illegible]	[illegible]	[illegible]	[illegible]	[illegible]	[illegible]	[illegible]
1160	[illegible]	[illegible]	[illegible]	[illegible]	[illegible]	[illegible]	[illegible]	[illegible]	[illegible]	[illegible]	[illegible]
61	[illegible]	[illegible]	[illegible]	[illegible]	[illegible]	[illegible]	[illegible]	[illegible]	[illegible]	[illegible]	[illegible]
62	[illegible]	[illegible]	[illegible]	[illegible]	[illegible]	[illegible]	[illegible]	[illegible]	[illegible]	[illegible]	[illegible]
63	[illegible]	[illegible]	[illegible]	[illegible]	[illegible]	[illegible]	[illegible]	[illegible]	[illegible]	[illegible]	[illegible]
64	[illegible]	[illegible]	[illegible]	[illegible]	[illegible]	[illegible]	[illegible]	[illegible]	[illegible]	[illegible]	[illegible]
1165	[illegible]	[illegible]	[illegible]	[illegible]	[illegible]	[illegible]	[illegible]	[illegible]	[illegible]	[illegible]	[illegible]
66	[illegible]	[illegible]	[illegible]	[illegible]	[illegible]	[illegible]	[illegible]	[illegible]	[illegible]	[illegible]	[illegible]
67	[illegible]	[illegible]	[illegible]	[illegible]	[illegible]	[illegible]	[illegible]	[illegible]	[illegible]	[illegible]	[illegible]
68	[illegible]	[illegible]	[illegible]	[illegible]	[illegible]	[illegible]	[illegible]	[illegible]	[illegible]	[illegible]	[illegible]
69	[illegible]	[illegible]	[illegible]	[illegible]	[illegible]	[illegible]	[illegible]	[illegible]	[illegible]	[illegible]	[illegible]
1170	[illegible]	[illegible]	[illegible]	[illegible]	[illegible]	[illegible]	[illegible]	[illegible]	[illegible]	[illegible]	[illegible]
71	[illegible]	[illegible]	[illegible]	[illegible]	[illegible]	[illegible]	[illegible]	[illegible]	[illegible]	[illegible]	[illegible]
72	[illegible]	[illegible]	[illegible]	[illegible]	[illegible]	[illegible]	[illegible]	[illegible]	[illegible]	[illegible]	[illegible]
73	[illegible]	[illegible]	[illegible]	[illegible]	[illegible]	[illegible]	[illegible]	[illegible]	[illegible]	[illegible]	[illegible]
74	[illegible]	[illegible]	[illegible]	[illegible]	[illegible]	[illegible]	[illegible]	[illegible]	[illegible]	[illegible]	[illegible]
1175	[illegible]	[illegible]	[illegible]	[illegible]	[illegible]	[illegible]	[illegible]	[illegible]	[illegible]	[illegible]	[illegible]
76	[illegible]	[illegible]	[illegible]	[illegible]	[illegible]	[illegible]	[illegible]	[illegible]	[illegible]	[illegible]	[illegible]
77	[illegible]	[illegible]	[illegible]	[illegible]	[illegible]	[illegible]	[illegible]	[illegible]	[illegible]	[illegible]	[illegible]
78	[illegible]	[illegible]	[illegible]	[illegible]	[illegible]	[illegible]	[illegible]	[illegible]	[illegible]	[illegible]	[illegible]
79	[illegible]	[illegible]	[illegible]	[illegible]	[illegible]	[illegible]	[illegible]	[illegible]	[illegible]	[illegible]	[illegible]
NUM.	0	1	2	3	4	5	6	7	8	9	D.

N. 11800 L. 071

NUM.	0	1	2	3	4	5	6	7	8	9	D.
1180	[illegible]	[illegible]	[illegible]	[illegible]	[illegible]	[illegible]	[illegible]	[illegible]	[illegible]	[illegible]	[illegible]
81	[illegible]	[illegible]	[illegible]	[illegible]	[illegible]	[illegible]	[illegible]	[illegible]	[illegible]	[illegible]	[illegible]
82	[illegible]	[illegible]	[illegible]	[illegible]	[illegible]	[illegible]	[illegible]	[illegible]	[illegible]	[illegible]	[illegible]
83	[illegible]	[illegible]	[illegible]	[illegible]	[illegible]	[illegible]	[illegible]	[illegible]	[illegible]	[illegible]	[illegible]
84	[illegible]	[illegible]	[illegible]	[illegible]	[illegible]	[illegible]	[illegible]	[illegible]	[illegible]	[illegible]	[illegible]
1185	[illegible]	[illegible]	[illegible]	[illegible]	[illegible]	[illegible]	[illegible]	[illegible]	[illegible]	[illegible]	[illegible]
86	[illegible]	[illegible]	[illegible]	[illegible]	[illegible]	[illegible]	[illegible]	[illegible]	[illegible]	[illegible]	[illegible]
87	[illegible]	[illegible]	[illegible]	[illegible]	[illegible]	[illegible]	[illegible]	[illegible]	[illegible]	[illegible]	[illegible]
88	[illegible]	[illegible]	[illegible]	[illegible]	[illegible]	[illegible]	[illegible]	[illegible]	[illegible]	[illegible]	[illegible]
89	[illegible]	[illegible]	[illegible]	[illegible]	[illegible]	[illegible]	[illegible]	[illegible]	[illegible]	[illegible]	[illegible]
1190	[illegible]	[illegible]	[illegible]	[illegible]	[illegible]	[illegible]	[illegible]	[illegible]	[illegible]	[illegible]	[illegible]
91	[illegible]	[illegible]	[illegible]	[illegible]	[illegible]	[illegible]	[illegible]	[illegible]	[illegible]	[illegible]	[illegible]
92	[illegible]	[illegible]	[illegible]	[illegible]	[illegible]	[illegible]	[illegible]	[illegible]	[illegible]	[illegible]	[illegible]
93	[illegible]	[illegible]	[illegible]	[illegible]	[illegible]	[illegible]	[illegible]	[illegible]	[illegible]	[illegible]	[illegible]
94	[illegible]	[illegible]	[illegible]	[illegible]	[illegible]	[illegible]	[illegible]	[illegible]	[illegible]	[illegible]	[illegible]
1195	[illegible]	[illegible]	[illegible]	[illegible]	[illegible]	[illegible]	[illegible]	[illegible]	[illegible]	[illegible]	[illegible]
96	[illegible]	[illegible]	[illegible]	[illegible]	[illegible]	[illegible]	[illegible]	[illegible]	[illegible]	[illegible]	[illegible]
97	[illegible]	[illegible]	[illegible]	[illegible]	[illegible]	[illegible]	[illegible]	[illegible]	[illegible]	[illegible]	[illegible]
98	[illegible]	[illegible]	[illegible]	[illegible]	[illegible]	[illegible]	[illegible]	[illegible]	[illegible]	[illegible]	[illegible]
99	[illegible]	[illegible]	[illegible]	[illegible]	[illegible]	[illegible]	[illegible]	[illegible]	[illegible]	[illegible]	[illegible]
1200	[illegible]	[illegible]	[illegible]	[illegible]	[illegible]	[illegible]	[illegible]	[illegible]	[illegible]	[illegible]	[illegible]
01	[illegible]	[illegible]	[illegible]	[illegible]	[illegible]	[illegible]	[illegible]	[illegible]	[illegible]	[illegible]	[illegible]
02	[illegible]	[illegible]	[illegible]	[illegible]	[illegible]	[illegible]	[illegible]	[illegible]	[illegible]	[illegible]	[illegible]
03	[illegible]	[illegible]	[illegible]	[illegible]	[illegible]	[illegible]	[illegible]	[illegible]	[illegible]	[illegible]	[illegible]
04	[illegible]	[illegible]	[illegible]	[illegible]	[illegible]	[illegible]	[illegible]	[illegible]	[illegible]	[illegible]	[illegible]
1205	[illegible]	[illegible]	[illegible]	[illegible]	[illegible]	[illegible]	[illegible]	[illegible]	[illegible]	[illegible]	[illegible]
06	[illegible]	[illegible]	[illegible]	[illegible]	[illegible]	[illegible]	[illegible]	[illegible]	[illegible]	[illegible]	[illegible]
07	[illegible]	[illegible]	[illegible]	[illegible]	[illegible]	[illegible]	[illegible]	[illegible]	[illegible]	[illegible]	[illegible]
08	[illegible]	[illegible]	[illegible]	[illegible]	[illegible]	[illegible]	[illegible]	[illegible]	[illegible]	[illegible]	[illegible]
09	[illegible]	[illegible]	[illegible]	[illegible]	[illegible]	[illegible]	[illegible]	[illegible]	[illegible]	[illegible]	[illegible]
1210	[illegible]	[illegible]	[illegible]	[illegible]	[illegible]	[illegible]	[illegible]	[illegible]	[illegible]	[illegible]	[illegible]
11	[illegible]	[illegible]	[illegible]	[illegible]	[illegible]	[illegible]	[illegible]	[illegible]	[illegible]	[illegible]	[illegible]
12	[illegible]	[illegible]	[illegible]	[illegible]	[illegible]	[illegible]	[illegible]	[illegible]	[illegible]	[illegible]	[illegible]
13	[illegible]	[illegible]	[illegible]	[illegible]	[illegible]	[illegible]	[illegible]	[illegible]	[illegible]	[illegible]	[illegible]
14	[illegible]	[illegible]	[illegible]	[illegible]	[illegible]	[illegible]	[illegible]	[illegible]	[illegible]	[illegible]	[illegible]
1215	[illegible]	[illegible]	[illegible]	[illegible]	[illegible]	[illegible]	[illegible]	[illegible]	[illegible]	[illegible]	[illegible]
16	[illegible]	[illegible]	[illegible]	[illegible]	[illegible]	[illegible]	[illegible]	[illegible]	[illegible]	[illegible]	[illegible]
17	[illegible]	[illegible]	[illegible]	[illegible]	[illegible]	[illegible]	[illegible]	[illegible]	[illegible]	[illegible]	[illegible]
18	[illegible]	[illegible]	[illegible]	[illegible]	[illegible]	[illegible]	[illegible]	[illegible]	[illegible]	[illegible]	[illegible]
19	[illegible]	[illegible]	[illegible]	[illegible]	[illegible]	[illegible]	[illegible]	[illegible]	[illegible]	[illegible]	[illegible]
1220	[illegible]	[illegible]	[illegible]	[illegible]	[illegible]	[illegible]	[illegible]	[illegible]	[illegible]	[illegible]	[illegible]
21	[illegible]	[illegible]	[illegible]	[illegible]	[illegible]	[illegible]	[illegible]	[illegible]	[illegible]	[illegible]	[illegible]
22	[illegible]	[illegible]	[illegible]	[illegible]	[illegible]	[illegible]	[illegible]	[illegible]	[illegible]	[illegible]	[illegible]
23	[illegible]	[illegible]	[illegible]	[illegible]	[illegible]	[illegible]	[illegible]	[illegible]	[illegible]	[illegible]	[illegible]
24	[illegible]	[illegible]	[illegible]	[illegible]	[illegible]	[illegible]	[illegible]	[illegible]	[illegible]	[illegible]	[illegible]
1225	[illegible]	[illegible]	[illegible]	[illegible]	[illegible]	[illegible]	[illegible]	[illegible]	[illegible]	[illegible]	[illegible]
26	[illegible]	[illegible]	[illegible]	[illegible]	[illegible]	[illegible]	[illegible]	[illegible]	[illegible]	[illegible]	[illegible]
27	[illegible]	[illegible]	[illegible]	[illegible]	[illegible]	[illegible]	[illegible]	[illegible]	[illegible]	[illegible]	[illegible]
28	[illegible]	[illegible]	[illegible]	[illegible]	[illegible]	[illegible]	[illegible]	[illegible]	[illegible]	[illegible]	[illegible]
29	[illegible]	[illegible]	[illegible]	[illegible]	[illegible]	[illegible]	[illegible]	[illegible]	[illegible]	[illegible]	[illegible]
NUM.	0	1	2	3	4	5	6	7	8	9	D.

PARTIES.

D.	1	2	3	4	5	6	7	8	9	D.	1	2	3	4	5	6	7	8	9	D.	1	2	3	4	5	6	7	8	9	D.	1	2	3	4	5	6	7	8	9
[illegible]	[illegible]	[illegible]	[illegible]	[illegible]	[illegible]	[illegible]	[illegible]	[illegible]	[illegible]	[illegible]	[illegible]	[illegible]	[illegible]	[illegible]	[illegible]	[illegible]	[illegible]	[illegible]	[illegible]	[illegible]	[illegible]	[illegible]	[illegible]	[illegible]	[illegible]	[illegible]	[illegible]	[illegible]	[illegible]	[illegible]	[illegible]	[illegible]	[illegible]	[illegible]	[illegible]	[illegible]	[illegible]	[illegible]	[illegible]

N. 12300 L. 089

NUM.	0	1	2	3	4	5	6	7	8	9	D.
1230	[illegible]	[illegible]	[illegible]	[illegible]	[illegible]	[illegible]	[illegible]	[illegible]	[illegible]	[illegible]	[illegible]
31	[illegible]	[illegible]	[illegible]	[illegible]	[illegible]	[illegible]	[illegible]	[illegible]	[illegible]	[illegible]	[illegible]
32	[illegible]	[illegible]	[illegible]	[illegible]	[illegible]	[illegible]	[illegible]	[illegible]	[illegible]	[illegible]	[illegible]
33	[illegible]	[illegible]	[illegible]	[illegible]	[illegible]	[illegible]	[illegible]	[illegible]	[illegible]	[illegible]	[illegible]
34	[illegible]	[illegible]	[illegible]	[illegible]	[illegible]	[illegible]	[illegible]	[illegible]	[illegible]	[illegible]	[illegible]
1235	[illegible]	[illegible]	[illegible]	[illegible]	[illegible]	[illegible]	[illegible]	[illegible]	[illegible]	[illegible]	[illegible]
36	[illegible]	[illegible]	[illegible]	[illegible]	[illegible]	[illegible]	[illegible]	[illegible]	[illegible]	[illegible]	[illegible]
37	[illegible]	[illegible]	[illegible]	[illegible]	[illegible]	[illegible]	[illegible]	[illegible]	[illegible]	[illegible]	[illegible]
38	[illegible]	[illegible]	[illegible]	[illegible]	[illegible]	[illegible]	[illegible]	[illegible]	[illegible]	[illegible]	[illegible]
39	[illegible]	[illegible]	[illegible]	[illegible]	[illegible]	[illegible]	[illegible]	[illegible]	[illegible]	[illegible]	[illegible]
1240	[illegible]	[illegible]	[illegible]	[illegible]	[illegible]	[illegible]	[illegible]	[illegible]	[illegible]	[illegible]	[illegible]
41	[illegible]	[illegible]	[illegible]	[illegible]	[illegible]	[illegible]	[illegible]	[illegible]	[illegible]	[illegible]	[illegible]
42	[illegible]	[illegible]	[illegible]	[illegible]	[illegible]	[illegible]	[illegible]	[illegible]	[illegible]	[illegible]	[illegible]
43	[illegible]	[illegible]	[illegible]	[illegible]	[illegible]	[illegible]	[illegible]	[illegible]	[illegible]	[illegible]	[illegible]
44	[illegible]	[illegible]	[illegible]	[illegible]	[illegible]	[illegible]	[illegible]	[illegible]	[illegible]	[illegible]	[illegible]
1245	[illegible]	[illegible]	[illegible]	[illegible]	[illegible]	[illegible]	[illegible]	[illegible]	[illegible]	[illegible]	[illegible]
46	[illegible]	[illegible]	[illegible]	[illegible]	[illegible]	[illegible]	[illegible]	[illegible]	[illegible]	[illegible]	[illegible]
47	[illegible]	[illegible]	[illegible]	[illegible]	[illegible]	[illegible]	[illegible]	[illegible]	[illegible]	[illegible]	[illegible]
48	[illegible]	[illegible]	[illegible]	[illegible]	[illegible]	[illegible]	[illegible]	[illegible]	[illegible]	[illegible]	[illegible]
49	[illegible]	[illegible]	[illegible]	[illegible]	[illegible]	[illegible]	[illegible]	[illegible]	[illegible]	[illegible]	[illegible]
1250	[illegible]	[illegible]	[illegible]	[illegible]	[illegible]	[illegible]	[illegible]	[illegible]	[illegible]	[illegible]	[illegible]
51	[illegible]	[illegible]	[illegible]	[illegible]	[illegible]	[illegible]	[illegible]	[illegible]	[illegible]	[illegible]	[illegible]
52	[illegible]	[illegible]	[illegible]	[illegible]	[illegible]	[illegible]	[illegible]	[illegible]	[illegible]	[illegible]	[illegible]
53	[illegible]	[illegible]	[illegible]	[illegible]	[illegible]	[illegible]	[illegible]	[illegible]	[illegible]	[illegible]	[illegible]
54	[illegible]	[illegible]	[illegible]	[illegible]	[illegible]	[illegible]	[illegible]	[illegible]	[illegible]	[illegible]	[illegible]
1255	[illegible]	[illegible]	[illegible]	[illegible]	[illegible]	[illegible]	[illegible]	[illegible]	[illegible]	[illegible]	[illegible]
56	[illegible]	[illegible]	[illegible]	[illegible]	[illegible]	[illegible]	[illegible]	[illegible]	[illegible]	[illegible]	[illegible]
57	[illegible]	[illegible]	[illegible]	[illegible]	[illegible]	[illegible]	[illegible]	[illegible]	[illegible]	[illegible]	[illegible]
58	[illegible]	[illegible]	[illegible]	[illegible]	[illegible]	[illegible]	[illegible]	[illegible]	[illegible]	[illegible]	[illegible]
59	[illegible]	[illegible]	[illegible]	[illegible]	[illegible]	[illegible]	[illegible]	[illegible]	[illegible]	[illegible]	[illegible]
1260	[illegible]	[illegible]	[illegible]	[illegible]	[illegible]	[illegible]	[illegible]	[illegible]	[illegible]	[illegible]	[illegible]
61	[illegible]	[illegible]	[illegible]	[illegible]	[illegible]	[illegible]	[illegible]	[illegible]	[illegible]	[illegible]	[illegible]
62	[illegible]	[illegible]	[illegible]	[illegible]	[illegible]	[illegible]	[illegible]	[illegible]	[illegible]	[illegible]	[illegible]
63	[illegible]	[illegible]	[illegible]	[illegible]	[illegible]	[illegible]	[illegible]	[illegible]	[illegible]	[illegible]	[illegible]
64	[illegible]	[illegible]	[illegible]	[illegible]	[illegible]	[illegible]	[illegible]	[illegible]	[illegible]	[illegible]	[illegible]
1265	[illegible]	[illegible]	[illegible]	[illegible]	[illegible]	[illegible]	[illegible]	[illegible]	[illegible]	[illegible]	[illegible]
66	[illegible]	[illegible]	[illegible]	[illegible]	[illegible]	[illegible]	[illegible]	[illegible]	[illegible]	[illegible]	[illegible]
67	[illegible]	[illegible]	[illegible]	[illegible]	[illegible]	[illegible]	[illegible]	[illegible]	[illegible]	[illegible]	[illegible]
68	[illegible]	[illegible]	[illegible]	[illegible]	[illegible]	[illegible]	[illegible]	[illegible]	[illegible]	[illegible]	[illegible]
69	[illegible]	[illegible]	[illegible]	[illegible]	[illegible]	[illegible]	[illegible]	[illegible]	[illegible]	[illegible]	[illegible]
1270	[illegible]	[illegible]	[illegible]	[illegible]	[illegible]	[illegible]	[illegible]	[illegible]	[illegible]	[illegible]	[illegible]
71	[illegible]	[illegible]	[illegible]	[illegible]	[illegible]	[illegible]	[illegible]	[illegible]	[illegible]	[illegible]	[illegible]
72	[illegible]	[illegible]	[illegible]	[illegible]	[illegible]	[illegible]	[illegible]	[illegible]	[illegible]	[illegible]	[illegible]
73	[illegible]	[illegible]	[illegible]	[illegible]	[illegible]	[illegible]	[illegible]	[illegible]	[illegible]	[illegible]	[illegible]
74	[illegible]	[illegible]	[illegible]	[illegible]	[illegible]	[illegible]	[illegible]	[illegible]	[illegible]	[illegible]	[illegible]
1275	[illegible]	[illegible]	[illegible]	[illegible]	[illegible]	[illegible]	[illegible]	[illegible]	[illegible]	[illegible]	[illegible]
76	[illegible]	[illegible]	[illegible]	[illegible]	[illegible]	[illegible]	[illegible]	[illegible]	[illegible]	[illegible]	[illegible]
77	[illegible]	[illegible]	[illegible]	[illegible]	[illegible]	[illegible]	[illegible]	[illegible]	[illegible]	[illegible]	[illegible]
78	[illegible]	[illegible]	[illegible]	[illegible]	[illegible]	[illegible]	[illegible]	[illegible]	[illegible]	[illegible]	[illegible]
79	[illegible]	[illegible]	[illegible]	[illegible]	[illegible]	[illegible]	[illegible]	[illegible]	[illegible]	[illegible]	[illegible]
1280	[illegible]	[illegible]	[illegible]	[illegible]	[illegible]	[illegible]	[illegible]	[illegible]	[illegible]	[illegible]	[illegible]
81	[illegible]	[illegible]	[illegible]	[illegible]	[illegible]	[illegible]	[illegible]	[illegible]	[illegible]	[illegible]	[illegible]
82	[illegible]	[illegible]	[illegible]	[illegible]	[illegible]	[illegible]	[illegible]	[illegible]	[illegible]	[illegible]	[illegible]
83	[illegible]	[illegible]	[illegible]	[illegible]	[illegible]	[illegible]	[illegible]	[illegible]	[illegible]	[illegible]	[illegible]
84	[illegible]	[illegible]	[illegible]	[illegible]	[illegible]	[illegible]	[illegible]	[illegible]	[illegible]	[illegible]	[illegible]
1285	[illegible]	[illegible]	[illegible]	[illegible]	[illegible]	[illegible]	[illegible]	[illegible]	[illegible]	[illegible]	[illegible]
86	[illegible]	[illegible]	[illegible]	[illegible]	[illegible]	[illegible]	[illegible]	[illegible]	[illegible]	[illegible]	[illegible]
87	[illegible]	[illegible]	[illegible]	[illegible]	[illegible]	[illegible]	[illegible]	[illegible]	[illegible]	[illegible]	[illegible]
88	[illegible]	[illegible]	[illegible]	[illegible]	[illegible]	[illegible]	[illegible]	[illegible]	[illegible]	[illegible]	[illegible]
89	[illegible]	[illegible]	[illegible]	[illegible]	[illegible]	[illegible]	[illegible]	[illegible]	[illegible]	[illegible]	[illegible]
1290	[illegible]	[illegible]	[illegible]	[illegible]	[illegible]	[illegible]	[illegible]	[illegible]	[illegible]	[illegible]	[illegible]
91	[illegible]	[illegible]	[illegible]	[illegible]	[illegible]	[illegible]	[illegible]	[illegible]	[illegible]	[illegible]	[illegible]
92	[illegible]	[illegible]	[illegible]	[illegible]	[illegible]	[illegible]	[illegible]	[illegible]	[illegible]	[illegible]	[illegible]
93	[illegible]	[illegible]	[illegible]	[illegible]	[illegible]	[illegible]	[illegible]	[illegible]	[illegible]	[illegible]	[illegible]
94	[illegible]	[illegible]	[illegible]	[illegible]	[illegible]	[illegible]	[illegible]	[illegible]	[illegible]	[illegible]	[illegible]
NUM.	0	1	2	3	4	5	6	7	8	9	D.

N. 12950 L. 112

NUM.	0	1	2	3	4	5	6	7	8	9	D.	Part.
1295	[illegible]	[illegible]	[illegible]	[illegible]	[illegible]	[illegible]	[illegible]	[illegible]	[illegible]	[illegible]	[illegible]	[illegible]
96	[illegible]	[illegible]	[illegible]	[illegible]	[illegible]	[illegible]	[illegible]	[illegible]	[illegible]	[illegible]	[illegible]	[illegible]
97	[illegible]	[illegible]	[illegible]	[illegible]	[illegible]	[illegible]	[illegible]	[illegible]	[illegible]	[illegible]	[illegible]	[illegible]
98	[illegible]	[illegible]	[illegible]	[illegible]	[illegible]	[illegible]	[illegible]	[illegible]	[illegible]	[illegible]	[illegible]	[illegible]
99	[illegible]	[illegible]	[illegible]	[illegible]	[illegible]	[illegible]	[illegible]	[illegible]	[illegible]	[illegible]	[illegible]	[illegible]
1300	[illegible]	[illegible]	[illegible]	[illegible]	[illegible]	[illegible]	[illegible]	[illegible]	[illegible]	[illegible]	[illegible]	[illegible]
01	[illegible]	[illegible]	[illegible]	[illegible]	[illegible]	[illegible]	[illegible]	[illegible]	[illegible]	[illegible]	[illegible]	[illegible]
02	[illegible]	[illegible]	[illegible]	[illegible]	[illegible]	[illegible]	[illegible]	[illegible]	[illegible]	[illegible]	[illegible]	[illegible]
03	[illegible]	[illegible]	[illegible]	[illegible]	[illegible]	[illegible]	[illegible]	[illegible]	[illegible]	[illegible]	[illegible]	[illegible]
04	[illegible]	[illegible]	[illegible]	[illegible]	[illegible]	[illegible]	[illegible]	[illegible]	[illegible]	[illegible]	[illegible]	[illegible]
1305	[illegible]	[illegible]	[illegible]	[illegible]	[illegible]	[illegible]	[illegible]	[illegible]	[illegible]	[illegible]	[illegible]	[illegible]
06	[illegible]	[illegible]	[illegible]	[illegible]	[illegible]	[illegible]	[illegible]	[illegible]	[illegible]	[illegible]	[illegible]	[illegible]
07	[illegible]	[illegible]	[illegible]	[illegible]	[illegible]	[illegible]	[illegible]	[illegible]	[illegible]	[illegible]	[illegible]	[illegible]
08	[illegible]	[illegible]	[illegible]	[illegible]	[illegible]	[illegible]	[illegible]	[illegible]	[illegible]	[illegible]	[illegible]	[illegible]
09	[illegible]	[illegible]	[illegible]	[illegible]	[illegible]	[illegible]	[illegible]	[illegible]	[illegible]	[illegible]	[illegible]	[illegible]
1310	[illegible]	[illegible]	[illegible]	[illegible]	[illegible]	[illegible]	[illegible]	[illegible]	[illegible]	[illegible]	[illegible]	[illegible]
11	[illegible]	[illegible]	[illegible]	[illegible]	[illegible]	[illegible]	[illegible]	[illegible]	[illegible]	[illegible]	[illegible]	[illegible]
12	[illegible]	[illegible]	[illegible]	[illegible]	[illegible]	[illegible]	[illegible]	[illegible]	[illegible]	[illegible]	[illegible]	[illegible]
13	[illegible]	[illegible]	[illegible]	[illegible]	[illegible]	[illegible]	[illegible]	[illegible]	[illegible]	[illegible]	[illegible]	[illegible]
14	[illegible]	[illegible]	[illegible]	[illegible]	[illegible]	[illegible]	[illegible]	[illegible]	[illegible]	[illegible]	[illegible]	[illegible]
1315	[illegible]	[illegible]	[illegible]	[illegible]	[illegible]	[illegible]	[illegible]	[illegible]	[illegible]	[illegible]	[illegible]	[illegible]
16	[illegible]	[illegible]	[illegible]	[illegible]	[illegible]	[illegible]	[illegible]	[illegible]	[illegible]	[illegible]	[illegible]	[illegible]
17	[illegible]	[illegible]	[illegible]	[illegible]	[illegible]	[illegible]	[illegible]	[illegible]	[illegible]	[illegible]	[illegible]	[illegible]
18	[illegible]	[illegible]	[illegible]	[illegible]	[illegible]	[illegible]	[illegible]	[illegible]	[illegible]	[illegible]	[illegible]	[illegible]
19	[illegible]	[illegible]	[illegible]	[illegible]	[illegible]	[illegible]	[illegible]	[illegible]	[illegible]	[illegible]	[illegible]	[illegible]
1320	[illegible]	[illegible]	[illegible]	[illegible]	[illegible]	[illegible]	[illegible]	[illegible]	[illegible]	[illegible]	[illegible]	[illegible]
21	[illegible]	[illegible]	[illegible]	[illegible]	[illegible]	[illegible]	[illegible]	[illegible]	[illegible]	[illegible]	[illegible]	[illegible]
22	[illegible]	[illegible]	[illegible]	[illegible]	[illegible]	[illegible]	[illegible]	[illegible]	[illegible]	[illegible]	[illegible]	[illegible]
23	[illegible]	[illegible]	[illegible]	[illegible]	[illegible]	[illegible]	[illegible]	[illegible]	[illegible]	[illegible]	[illegible]	[illegible]
24	[illegible]	[illegible]	[illegible]	[illegible]	[illegible]	[illegible]	[illegible]	[illegible]	[illegible]	[illegible]	[illegible]	[illegible]
1325	[illegible]	[illegible]	[illegible]	[illegible]	[illegible]	[illegible]	[illegible]	[illegible]	[illegible]	[illegible]	[illegible]	[illegible]
26	[illegible]	[illegible]	[illegible]	[illegible]	[illegible]	[illegible]	[illegible]	[illegible]	[illegible]	[illegible]	[illegible]	[illegible]
27	[illegible]	[illegible]	[illegible]	[illegible]	[illegible]	[illegible]	[illegible]	[illegible]	[illegible]	[illegible]	[illegible]	[illegible]
28	[illegible]	[illegible]	[illegible]	[illegible]	[illegible]	[illegible]	[illegible]	[illegible]	[illegible]	[illegible]	[illegible]	[illegible]
29	[illegible]	[illegible]	[illegible]	[illegible]	[illegible]	[illegible]	[illegible]	[illegible]	[illegible]	[illegible]	[illegible]	[illegible]
1330	[illegible]	[illegible]	[illegible]	[illegible]	[illegible]	[illegible]	[illegible]	[illegible]	[illegible]	[illegible]	[illegible]	[illegible]
31	[illegible]	[illegible]	[illegible]	[illegible]	[illegible]	[illegible]	[illegible]	[illegible]	[illegible]	[illegible]	[illegible]	[illegible]
32	[illegible]	[illegible]	[illegible]	[illegible]	[illegible]	[illegible]	[illegible]	[illegible]	[illegible]	[illegible]	[illegible]	[illegible]
33	[illegible]	[illegible]	[illegible]	[illegible]	[illegible]	[illegible]	[illegible]	[illegible]	[illegible]	[illegible]	[illegible]	[illegible]
34	[illegible]	[illegible]	[illegible]	[illegible]	[illegible]	[illegible]	[illegible]	[illegible]	[illegible]	[illegible]	[illegible]	[illegible]
1335	[illegible]	[illegible]	[illegible]	[illegible]	[illegible]	[illegible]	[illegible]	[illegible]	[illegible]	[illegible]	[illegible]	[illegible]
36	[illegible]	[illegible]	[illegible]	[illegible]	[illegible]	[illegible]	[illegible]	[illegible]	[illegible]	[illegible]	[illegible]	[illegible]
37	[illegible]	[illegible]	[illegible]	[illegible]	[illegible]	[illegible]	[illegible]	[illegible]	[illegible]	[illegible]	[illegible]	[illegible]
38	[illegible]	[illegible]	[illegible]	[illegible]	[illegible]	[illegible]	[illegible]	[illegible]	[illegible]	[illegible]	[illegible]	[illegible]
39	[illegible]	[illegible]	[illegible]	[illegible]	[illegible]	[illegible]	[illegible]	[illegible]	[illegible]	[illegible]	[illegible]	[illegible]
1340	[illegible]	[illegible]	[illegible]	[illegible]	[illegible]	[illegible]	[illegible]	[illegible]	[illegible]	[illegible]	[illegible]	[illegible]
41	[illegible]	[illegible]	[illegible]	[illegible]	[illegible]	[illegible]	[illegible]	[illegible]	[illegible]	[illegible]	[illegible]	[illegible]
42	[illegible]	[illegible]	[illegible]	[illegible]	[illegible]	[illegible]	[illegible]	[illegible]	[illegible]	[illegible]	[illegible]	[illegible]
43	[illegible]	[illegible]	[illegible]	[illegible]	[illegible]	[illegible]	[illegible]	[illegible]	[illegible]	[illegible]	[illegible]	[illegible]
44	[illegible]	[illegible]	[illegible]	[illegible]	[illegible]	[illegible]	[illegible]	[illegible]	[illegible]	[illegible]	[illegible]	[illegible]
1345	[illegible]	[illegible]	[illegible]	[illegible]	[illegible]	[illegible]	[illegible]	[illegible]	[illegible]	[illegible]	[illegible]	[illegible]
46	[illegible]	[illegible]	[illegible]	[illegible]	[illegible]	[illegible]	[illegible]	[illegible]	[illegible]	[illegible]	[illegible]	[illegible]
47	[illegible]	[illegible]	[illegible]	[illegible]	[illegible]	[illegible]	[illegible]	[illegible]	[illegible]	[illegible]	[illegible]	[illegible]
48	[illegible]	[illegible]	[illegible]	[illegible]	[illegible]	[illegible]	[illegible]	[illegible]	[illegible]	[illegible]	[illegible]	[illegible]
49	[illegible]	[illegible]	[illegible]	[illegible]	[illegible]	[illegible]	[illegible]	[illegible]	[illegible]	[illegible]	[illegible]	[illegible]
1350	[illegible]	[illegible]	[illegible]	[illegible]	[illegible]	[illegible]	[illegible]	[illegible]	[illegible]	[illegible]	[illegible]	[illegible]
51	[illegible]	[illegible]	[illegible]	[illegible]	[illegible]	[illegible]	[illegible]	[illegible]	[illegible]	[illegible]	[illegible]	[illegible]
52	[illegible]	[illegible]	[illegible]	[illegible]	[illegible]	[illegible]	[illegible]	[illegible]	[illegible]	[illegible]	[illegible]	[illegible]
53	[illegible]	[illegible]	[illegible]	[illegible]	[illegible]	[illegible]	[illegible]	[illegible]	[illegible]	[illegible]	[illegible]	[illegible]
54	[illegible]	[illegible]	[illegible]	[illegible]	[illegible]	[illegible]	[illegible]	[illegible]	[illegible]	[illegible]	[illegible]	[illegible]
1355	[illegible]	[illegible]	[illegible]	[illegible]	[illegible]	[illegible]	[illegible]	[illegible]	[illegible]	[illegible]	[illegible]	[illegible]
56	[illegible]	[illegible]	[illegible]	[illegible]	[illegible]	[illegible]	[illegible]	[illegible]	[illegible]	[illegible]	[illegible]	[illegible]
57	[illegible]	[illegible]	[illegible]	[illegible]	[illegible]	[illegible]	[illegible]	[illegible]	[illegible]	[illegible]	[illegible]	[illegible]
58	[illegible]	[illegible]	[illegible]	[illegible]	[illegible]	[illegible]	[illegible]	[illegible]	[illegible]	[illegible]	[illegible]	[illegible]
59	[illegible]	[illegible]	[illegible]	[illegible]	[illegible]	[illegible]	[illegible]	[illegible]	[illegible]	[illegible]	[illegible]	[illegible]
NUM.	0	1	2	3	4	5	6	7	8	9	D.	Part.

N. 13600 L. 133

Num.	0	1	2	3	4	5	6	7	8	9	D.
1360	[illegible]	[illegible]	[illegible]	[illegible]	[illegible]	[illegible]	[illegible]	[illegible]	[illegible]	[illegible]	[illegible]
61	[illegible]	[illegible]	[illegible]	[illegible]	[illegible]	[illegible]	[illegible]	[illegible]	[illegible]	[illegible]	[illegible]
62	[illegible]	[illegible]	[illegible]	[illegible]	[illegible]	[illegible]	[illegible]	[illegible]	[illegible]	[illegible]	[illegible]
63	[illegible]	[illegible]	[illegible]	[illegible]	[illegible]	[illegible]	[illegible]	[illegible]	[illegible]	[illegible]	[illegible]
64	[illegible]	[illegible]	[illegible]	[illegible]	[illegible]	[illegible]	[illegible]	[illegible]	[illegible]	[illegible]	[illegible]
1365	[illegible]	[illegible]	[illegible]	[illegible]	[illegible]	[illegible]	[illegible]	[illegible]	[illegible]	[illegible]	[illegible]
66	[illegible]	[illegible]	[illegible]	[illegible]	[illegible]	[illegible]	[illegible]	[illegible]	[illegible]	[illegible]	[illegible]
67	[illegible]	[illegible]	[illegible]	[illegible]	[illegible]	[illegible]	[illegible]	[illegible]	[illegible]	[illegible]	[illegible]
68	[illegible]	[illegible]	[illegible]	[illegible]	[illegible]	[illegible]	[illegible]	[illegible]	[illegible]	[illegible]	[illegible]
69	[illegible]	[illegible]	[illegible]	[illegible]	[illegible]	[illegible]	[illegible]	[illegible]	[illegible]	[illegible]	[illegible]
1370	[illegible]	[illegible]	[illegible]	[illegible]	[illegible]	[illegible]	[illegible]	[illegible]	[illegible]	[illegible]	[illegible]
71	[illegible]	[illegible]	[illegible]	[illegible]	[illegible]	[illegible]	[illegible]	[illegible]	[illegible]	[illegible]	[illegible]
72	[illegible]	[illegible]	[illegible]	[illegible]	[illegible]	[illegible]	[illegible]	[illegible]	[illegible]	[illegible]	[illegible]
73	[illegible]	[illegible]	[illegible]	[illegible]	[illegible]	[illegible]	[illegible]	[illegible]	[illegible]	[illegible]	[illegible]
74	[illegible]	[illegible]	[illegible]	[illegible]	[illegible]	[illegible]	[illegible]	[illegible]	[illegible]	[illegible]	[illegible]
1375	[illegible]	[illegible]	[illegible]	[illegible]	[illegible]	[illegible]	[illegible]	[illegible]	[illegible]	[illegible]	[illegible]
76	[illegible]	[illegible]	[illegible]	[illegible]	[illegible]	[illegible]	[illegible]	[illegible]	[illegible]	[illegible]	[illegible]
77	[illegible]	[illegible]	[illegible]	[illegible]	[illegible]	[illegible]	[illegible]	[illegible]	[illegible]	[illegible]	[illegible]
78	[illegible]	[illegible]	[illegible]	[illegible]	[illegible]	[illegible]	[illegible]	[illegible]	[illegible]	[illegible]	[illegible]
79	[illegible]	[illegible]	[illegible]	[illegible]	[illegible]	[illegible]	[illegible]	[illegible]	[illegible]	[illegible]	[illegible]
1380	[illegible]	[illegible]	[illegible]	[illegible]	[illegible]	[illegible]	[illegible]	[illegible]	[illegible]	[illegible]	[illegible]
81	[illegible]	[illegible]	[illegible]	[illegible]	[illegible]	[illegible]	[illegible]	[illegible]	[illegible]	[illegible]	[illegible]
82	[illegible]	[illegible]	[illegible]	[illegible]	[illegible]	[illegible]	[illegible]	[illegible]	[illegible]	[illegible]	[illegible]
83	[illegible]	[illegible]	[illegible]	[illegible]	[illegible]	[illegible]	[illegible]	[illegible]	[illegible]	[illegible]	[illegible]
84	[illegible]	[illegible]	[illegible]	[illegible]	[illegible]	[illegible]	[illegible]	[illegible]	[illegible]	[illegible]	[illegible]
1385	[illegible]	[illegible]	[illegible]	[illegible]	[illegible]	[illegible]	[illegible]	[illegible]	[illegible]	[illegible]	[illegible]
86	[illegible]	[illegible]	[illegible]	[illegible]	[illegible]	[illegible]	[illegible]	[illegible]	[illegible]	[illegible]	[illegible]
87	[illegible]	[illegible]	[illegible]	[illegible]	[illegible]	[illegible]	[illegible]	[illegible]	[illegible]	[illegible]	[illegible]
88	[illegible]	[illegible]	[illegible]	[illegible]	[illegible]	[illegible]	[illegible]	[illegible]	[illegible]	[illegible]	[illegible]
89	[illegible]	[illegible]	[illegible]	[illegible]	[illegible]	[illegible]	[illegible]	[illegible]	[illegible]	[illegible]	[illegible]
1390	[illegible]	[illegible]	[illegible]	[illegible]	[illegible]	[illegible]	[illegible]	[illegible]	[illegible]	[illegible]	[illegible]
91	[illegible]	[illegible]	[illegible]	[illegible]	[illegible]	[illegible]	[illegible]	[illegible]	[illegible]	[illegible]	[illegible]
92	[illegible]	[illegible]	[illegible]	[illegible]	[illegible]	[illegible]	[illegible]	[illegible]	[illegible]	[illegible]	[illegible]
93	[illegible]	[illegible]	[illegible]	[illegible]	[illegible]	[illegible]	[illegible]	[illegible]	[illegible]	[illegible]	[illegible]
94	[illegible]	[illegible]	[illegible]	[illegible]	[illegible]	[illegible]	[illegible]	[illegible]	[illegible]	[illegible]	[illegible]
1395	[illegible]	[illegible]	[illegible]	[illegible]	[illegible]	[illegible]	[illegible]	[illegible]	[illegible]	[illegible]	[illegible]
96	[illegible]	[illegible]	[illegible]	[illegible]	[illegible]	[illegible]	[illegible]	[illegible]	[illegible]	[illegible]	[illegible]
97	[illegible]	[illegible]	[illegible]	[illegible]	[illegible]	[illegible]	[illegible]	[illegible]	[illegible]	[illegible]	[illegible]
98	[illegible]	[illegible]	[illegible]	[illegible]	[illegible]	[illegible]	[illegible]	[illegible]	[illegible]	[illegible]	[illegible]
99	[illegible]	[illegible]	[illegible]	[illegible]	[illegible]	[illegible]	[illegible]	[illegible]	[illegible]	[illegible]	[illegible]
1400	[illegible]	[illegible]	[illegible]	[illegible]	[illegible]	[illegible]	[illegible]	[illegible]	[illegible]	[illegible]	[illegible]
01	[illegible]	[illegible]	[illegible]	[illegible]	[illegible]	[illegible]	[illegible]	[illegible]	[illegible]	[illegible]	[illegible]
02	[illegible]	[illegible]	[illegible]	[illegible]	[illegible]	[illegible]	[illegible]	[illegible]	[illegible]	[illegible]	[illegible]
03	[illegible]	[illegible]	[illegible]	[illegible]	[illegible]	[illegible]	[illegible]	[illegible]	[illegible]	[illegible]	[illegible]
04	[illegible]	[illegible]	[illegible]	[illegible]	[illegible]	[illegible]	[illegible]	[illegible]	[illegible]	[illegible]	[illegible]
1405	[illegible]	[illegible]	[illegible]	[illegible]	[illegible]	[illegible]	[illegible]	[illegible]	[illegible]	[illegible]	[illegible]
06	[illegible]	[illegible]	[illegible]	[illegible]	[illegible]	[illegible]	[illegible]	[illegible]	[illegible]	[illegible]	[illegible]
07	[illegible]	[illegible]	[illegible]	[illegible]	[illegible]	[illegible]	[illegible]	[illegible]	[illegible]	[illegible]	[illegible]
08	[illegible]	[illegible]	[illegible]	[illegible]	[illegible]	[illegible]	[illegible]	[illegible]	[illegible]	[illegible]	[illegible]
09	[illegible]	[illegible]	[illegible]	[illegible]	[illegible]	[illegible]	[illegible]	[illegible]	[illegible]	[illegible]	[illegible]
1410	[illegible]	[illegible]	[illegible]	[illegible]	[illegible]	[illegible]	[illegible]	[illegible]	[illegible]	[illegible]	[illegible]
11	[illegible]	[illegible]	[illegible]	[illegible]	[illegible]	[illegible]	[illegible]	[illegible]	[illegible]	[illegible]	[illegible]
12	[illegible]	[illegible]	[illegible]	[illegible]	[illegible]	[illegible]	[illegible]	[illegible]	[illegible]	[illegible]	[illegible]
13	[illegible]	[illegible]	[illegible]	[illegible]	[illegible]	[illegible]	[illegible]	[illegible]	[illegible]	[illegible]	[illegible]
14	[illegible]	[illegible]	[illegible]	[illegible]	[illegible]	[illegible]	[illegible]	[illegible]	[illegible]	[illegible]	[illegible]
Num.	0	1	2	3	4	5	6	7	8	9	D.

N. 14150 L. 150

Num.	0	1	2	3	4	5	6	7	8	9	D	Part.
1415	[illegible]	[illegible]	[illegible]	[illegible]	[illegible]	[illegible]	[illegible]	[illegible]	[illegible]	[illegible]	[illegible]	[illegible]
16	[illegible]	[illegible]	[illegible]	[illegible]	[illegible]	[illegible]	[illegible]	[illegible]	[illegible]	[illegible]	[illegible]	[illegible]
17	[illegible]	[illegible]	[illegible]	[illegible]	[illegible]	[illegible]	[illegible]	[illegible]	[illegible]	[illegible]	[illegible]	[illegible]
18	[illegible]	[illegible]	[illegible]	[illegible]	[illegible]	[illegible]	[illegible]	[illegible]	[illegible]	[illegible]	[illegible]	[illegible]
19	[illegible]	[illegible]	[illegible]	[illegible]	[illegible]	[illegible]	[illegible]	[illegible]	[illegible]	[illegible]	[illegible]	[illegible]
1420	[illegible]	[illegible]	[illegible]	[illegible]	[illegible]	[illegible]	[illegible]	[illegible]	[illegible]	[illegible]	[illegible]	[illegible]
21	[illegible]	[illegible]	[illegible]	[illegible]	[illegible]	[illegible]	[illegible]	[illegible]	[illegible]	[illegible]	[illegible]	[illegible]
22	[illegible]	[illegible]	[illegible]	[illegible]	[illegible]	[illegible]	[illegible]	[illegible]	[illegible]	[illegible]	[illegible]	[illegible]
23	[illegible]	[illegible]	[illegible]	[illegible]	[illegible]	[illegible]	[illegible]	[illegible]	[illegible]	[illegible]	[illegible]	[illegible]
24	[illegible]	[illegible]	[illegible]	[illegible]	[illegible]	[illegible]	[illegible]	[illegible]	[illegible]	[illegible]	[illegible]	[illegible]
1425	[illegible]	[illegible]	[illegible]	[illegible]	[illegible]	[illegible]	[illegible]	[illegible]	[illegible]	[illegible]	[illegible]	[illegible]
26	[illegible]	[illegible]	[illegible]	[illegible]	[illegible]	[illegible]	[illegible]	[illegible]	[illegible]	[illegible]	[illegible]	[illegible]
27	[illegible]	[illegible]	[illegible]	[illegible]	[illegible]	[illegible]	[illegible]	[illegible]	[illegible]	[illegible]	[illegible]	[illegible]
28	[illegible]	[illegible]	[illegible]	[illegible]	[illegible]	[illegible]	[illegible]	[illegible]	[illegible]	[illegible]	[illegible]	[illegible]
29	[illegible]	[illegible]	[illegible]	[illegible]	[illegible]	[illegible]	[illegible]	[illegible]	[illegible]	[illegible]	[illegible]	[illegible]
1430	[illegible]	[illegible]	[illegible]	[illegible]	[illegible]	[illegible]	[illegible]	[illegible]	[illegible]	[illegible]	[illegible]	[illegible]
31	[illegible]	[illegible]	[illegible]	[illegible]	[illegible]	[illegible]	[illegible]	[illegible]	[illegible]	[illegible]	[illegible]	[illegible]
32	[illegible]	[illegible]	[illegible]	[illegible]	[illegible]	[illegible]	[illegible]	[illegible]	[illegible]	[illegible]	[illegible]	[illegible]
33	[illegible]	[illegible]	[illegible]	[illegible]	[illegible]	[illegible]	[illegible]	[illegible]	[illegible]	[illegible]	[illegible]	[illegible]
34	[illegible]	[illegible]	[illegible]	[illegible]	[illegible]	[illegible]	[illegible]	[illegible]	[illegible]	[illegible]	[illegible]	[illegible]
1435	[illegible]	[illegible]	[illegible]	[illegible]	[illegible]	[illegible]	[illegible]	[illegible]	[illegible]	[illegible]	[illegible]	[illegible]
36	[illegible]	[illegible]	[illegible]	[illegible]	[illegible]	[illegible]	[illegible]	[illegible]	[illegible]	[illegible]	[illegible]	[illegible]
37	[illegible]	[illegible]	[illegible]	[illegible]	[illegible]	[illegible]	[illegible]	[illegible]	[illegible]	[illegible]	[illegible]	[illegible]
38	[illegible]	[illegible]	[illegible]	[illegible]	[illegible]	[illegible]	[illegible]	[illegible]	[illegible]	[illegible]	[illegible]	[illegible]
39	[illegible]	[illegible]	[illegible]	[illegible]	[illegible]	[illegible]	[illegible]	[illegible]	[illegible]	[illegible]	[illegible]	[illegible]
1440	[illegible]	[illegible]	[illegible]	[illegible]	[illegible]	[illegible]	[illegible]	[illegible]	[illegible]	[illegible]	[illegible]	[illegible]
41	[illegible]	[illegible]	[illegible]	[illegible]	[illegible]	[illegible]	[illegible]	[illegible]	[illegible]	[illegible]	[illegible]	[illegible]
42	[illegible]	[illegible]	[illegible]	[illegible]	[illegible]	[illegible]	[illegible]	[illegible]	[illegible]	[illegible]	[illegible]	[illegible]
43	[illegible]	[illegible]	[illegible]	[illegible]	[illegible]	[illegible]	[illegible]	[illegible]	[illegible]	[illegible]	[illegible]	[illegible]
44	[illegible]	[illegible]	[illegible]	[illegible]	[illegible]	[illegible]	[illegible]	[illegible]	[illegible]	[illegible]	[illegible]	[illegible]
1445	[illegible]	[illegible]	[illegible]	[illegible]	[illegible]	[illegible]	[illegible]	[illegible]	[illegible]	[illegible]	[illegible]	[illegible]
46	[illegible]	[illegible]	[illegible]	[illegible]	[illegible]	[illegible]	[illegible]	[illegible]	[illegible]	[illegible]	[illegible]	[illegible]
47	[illegible]	[illegible]	[illegible]	[illegible]	[illegible]	[illegible]	[illegible]	[illegible]	[illegible]	[illegible]	[illegible]	[illegible]
48	[illegible]	[illegible]	[illegible]	[illegible]	[illegible]	[illegible]	[illegible]	[illegible]	[illegible]	[illegible]	[illegible]	[illegible]
49	[illegible]	[illegible]	[illegible]	[illegible]	[illegible]	[illegible]	[illegible]	[illegible]	[illegible]	[illegible]	[illegible]	[illegible]
1450	[illegible]	[illegible]	[illegible]	[illegible]	[illegible]	[illegible]	[illegible]	[illegible]	[illegible]	[illegible]	[illegible]	[illegible]
51	[illegible]	[illegible]	[illegible]	[illegible]	[illegible]	[illegible]	[illegible]	[illegible]	[illegible]	[illegible]	[illegible]	[illegible]
52	[illegible]	[illegible]	[illegible]	[illegible]	[illegible]	[illegible]	[illegible]	[illegible]	[illegible]	[illegible]	[illegible]	[illegible]
53	[illegible]	[illegible]	[illegible]	[illegible]	[illegible]	[illegible]	[illegible]	[illegible]	[illegible]	[illegible]	[illegible]	[illegible]
54	[illegible]	[illegible]	[illegible]	[illegible]	[illegible]	[illegible]	[illegible]	[illegible]	[illegible]	[illegible]	[illegible]	[illegible]
1455	[illegible]	[illegible]	[illegible]	[illegible]	[illegible]	[illegible]	[illegible]	[illegible]	[illegible]	[illegible]	[illegible]	[illegible]
56	[illegible]	[illegible]	[illegible]	[illegible]	[illegible]	[illegible]	[illegible]	[illegible]	[illegible]	[illegible]	[illegible]	[illegible]
57	[illegible]	[illegible]	[illegible]	[illegible]	[illegible]	[illegible]	[illegible]	[illegible]	[illegible]	[illegible]	[illegible]	[illegible]
58	[illegible]	[illegible]	[illegible]	[illegible]	[illegible]	[illegible]	[illegible]	[illegible]	[illegible]	[illegible]	[illegible]	[illegible]
59	[illegible]	[illegible]	[illegible]	[illegible]	[illegible]	[illegible]	[illegible]	[illegible]	[illegible]	[illegible]	[illegible]	[illegible]
1460	[illegible]	[illegible]	[illegible]	[illegible]	[illegible]	[illegible]	[illegible]	[illegible]	[illegible]	[illegible]	[illegible]	[illegible]
61	[illegible]	[illegible]	[illegible]	[illegible]	[illegible]	[illegible]	[illegible]	[illegible]	[illegible]	[illegible]	[illegible]	[illegible]
62	[illegible]	[illegible]	[illegible]	[illegible]	[illegible]	[illegible]	[illegible]	[illegible]	[illegible]	[illegible]	[illegible]	[illegible]
63	[illegible]	[illegible]	[illegible]	[illegible]	[illegible]	[illegible]	[illegible]	[illegible]	[illegible]	[illegible]	[illegible]	[illegible]
64	[illegible]	[illegible]	[illegible]	[illegible]	[illegible]	[illegible]	[illegible]	[illegible]	[illegible]	[illegible]	[illegible]	[illegible]
1465	[illegible]	[illegible]	[illegible]	[illegible]	[illegible]	[illegible]	[illegible]	[illegible]	[illegible]	[illegible]	[illegible]	[illegible]
66	[illegible]	[illegible]	[illegible]	[illegible]	[illegible]	[illegible]	[illegible]	[illegible]	[illegible]	[illegible]	[illegible]	[illegible]
67	[illegible]	[illegible]	[illegible]	[illegible]	[illegible]	[illegible]	[illegible]	[illegible]	[illegible]	[illegible]	[illegible]	[illegible]
68	[illegible]	[illegible]	[illegible]	[illegible]	[illegible]	[illegible]	[illegible]	[illegible]	[illegible]	[illegible]	[illegible]	[illegible]
69	[illegible]	[illegible]	[illegible]	[illegible]	[illegible]	[illegible]	[illegible]	[illegible]	[illegible]	[illegible]	[illegible]	[illegible]
Num.	0	1	2	3	4	5	6	7	8	9	D	Part.

PARTIES.

D	1	2	3	4	5	6	7	8	9	D	1	2	3	4	5	6	7	8	9	D	1	2	3	4	5	6	7	8	9	D	1	2	3	4	5	6	7	8	9
[illegible]	[illegible]	[illegible]	[illegible]	[illegible]	[illegible]	[illegible]	[illegible]	[illegible]	[illegible]	[illegible]	[illegible]	[illegible]	[illegible]	[illegible]	[illegible]	[illegible]	[illegible]	[illegible]	[illegible]	[illegible]	[illegible]	[illegible]	[illegible]	[illegible]	[illegible]	[illegible]	[illegible]	[illegible]	[illegible]	[illegible]	[illegible]	[illegible]	[illegible]	[illegible]	[illegible]	[illegible]	[illegible]	[illegible]	[illegible]

Num.	0	1	2	3	4	5	6	7	8	9	D.
1470	167.[illegible]	[illegible]	[illegible]	[illegible]	[illegible]	[illegible]	[illegible]	[illegible]	[illegible]	[illegible]	
71	[illegible]	[illegible]	[illegible]	[illegible]	[illegible]	[illegible]	[illegible]	[illegible]	[illegible]	[illegible]	[illegible]
72	[illegible]	[illegible]	[illegible]	[illegible]	[illegible]	[illegible]	[illegible]	[illegible]	[illegible]	[illegible]	
73	168.[illegible]	[illegible]	[illegible]	[illegible]	[illegible]	[illegible]	[illegible]	[illegible]	[illegible]	[illegible]	
74	[illegible]	[illegible]	[illegible]	[illegible]	[illegible]	[illegible]	[illegible]	[illegible]	[illegible]	[illegible]	
1475	[illegible]	[illegible]	[illegible]	[illegible]	[illegible]	[illegible]	[illegible]	[illegible]	[illegible]	[illegible]	
76	169.[illegible]	[illegible]	[illegible]	[illegible]	[illegible]	[illegible]	[illegible]	[illegible]	[illegible]	[illegible]	[illegible]
77	[illegible]	[illegible]	[illegible]	[illegible]	[illegible]	[illegible]	[illegible]	[illegible]	[illegible]	[illegible]	
78	[illegible]	[illegible]	[illegible]	[illegible]	[illegible]	[illegible]	[illegible]	[illegible]	[illegible]	[illegible]	
79	[illegible]	[illegible]	[illegible]	[illegible]	[illegible]	[illegible]	[illegible]	[illegible]	[illegible]	[illegible]	
1480	170.[illegible]	[illegible]	[illegible]	[illegible]	[illegible]	[illegible]	[illegible]	[illegible]	[illegible]	[illegible]	
81	[illegible]	[illegible]	[illegible]	[illegible]	[illegible]	[illegible]	[illegible]	[illegible]	[illegible]	[illegible]	
82	[illegible]	[illegible]	[illegible]	[illegible]	[illegible]	[illegible]	[illegible]	[illegible]	[illegible]	[illegible]	[illegible]
83	171.[illegible]	[illegible]	[illegible]	[illegible]	[illegible]	[illegible]	[illegible]	[illegible]	[illegible]	[illegible]	
84	[illegible]	[illegible]	[illegible]	[illegible]	[illegible]	[illegible]	[illegible]	[illegible]	[illegible]	[illegible]	
1485	[illegible]	[illegible]	[illegible]	[illegible]	[illegible]	[illegible]	[illegible]	[illegible]	[illegible]	[illegible]	
86	172.[illegible]	[illegible]	[illegible]	[illegible]	[illegible]	[illegible]	[illegible]	[illegible]	[illegible]	[illegible]	
87	[illegible]	[illegible]	[illegible]	[illegible]	[illegible]	[illegible]	[illegible]	[illegible]	[illegible]	[illegible]	[illegible]
88	[illegible]	[illegible]	[illegible]	[illegible]	[illegible]	[illegible]	[illegible]	[illegible]	[illegible]	[illegible]	
89	[illegible]	[illegible]	[illegible]	[illegible]	[illegible]	[illegible]	[illegible]	[illegible]	[illegible]	[illegible]	
1490	173.[illegible]	[illegible]	[illegible]	[illegible]	[illegible]	[illegible]	[illegible]	[illegible]	[illegible]	[illegible]	
91	[illegible]	[illegible]	[illegible]	[illegible]	[illegible]	[illegible]	[illegible]	[illegible]	[illegible]	[illegible]	
92	[illegible]	[illegible]	[illegible]	[illegible]	[illegible]	[illegible]	[illegible]	[illegible]	[illegible]	[illegible]	[illegible]
93	174.[illegible]	[illegible]	[illegible]	[illegible]	[illegible]	[illegible]	[illegible]	[illegible]	[illegible]	[illegible]	
94	[illegible]	[illegible]	[illegible]	[illegible]	[illegible]	[illegible]	[illegible]	[illegible]	[illegible]	[illegible]	
1495	[illegible]	[illegible]	[illegible]	[illegible]	[illegible]	[illegible]	[illegible]	[illegible]	[illegible]	[illegible]	
96	[illegible]	[illegible]	[illegible]	[illegible]	[illegible]	[illegible]	[illegible]	[illegible]	[illegible]	[illegible]	
97	175.[illegible]	[illegible]	[illegible]	[illegible]	[illegible]	[illegible]	[illegible]	[illegible]	[illegible]	[illegible]	[illegible]
98	[illegible]	[illegible]	[illegible]	[illegible]	[illegible]	[illegible]	[illegible]	[illegible]	[illegible]	[illegible]	
99	[illegible]	[illegible]	[illegible]	[illegible]	[illegible]	[illegible]	[illegible]	[illegible]	[illegible]	[illegible]	
1500	176.[illegible]	[illegible]	[illegible]	[illegible]	[illegible]	[illegible]	[illegible]	[illegible]	[illegible]	[illegible]	
01	[illegible]	[illegible]	[illegible]	[illegible]	[illegible]	[illegible]	[illegible]	[illegible]	[illegible]	[illegible]	
02	[illegible]	[illegible]	[illegible]	[illegible]	[illegible]	[illegible]	[illegible]	[illegible]	[illegible]	[illegible]	[illegible]
03	[illegible]	[illegible]	[illegible]	[illegible]	[illegible]	[illegible]	[illegible]	[illegible]	[illegible]	[illegible]	
04	177.[illegible]	[illegible]	[illegible]	[illegible]	[illegible]	[illegible]	[illegible]	[illegible]	[illegible]	[illegible]	
1505	[illegible]	[illegible]	[illegible]	[illegible]	[illegible]	[illegible]	[illegible]	[illegible]	[illegible]	[illegible]	
06	[illegible]	[illegible]	[illegible]	[illegible]	[illegible]	[illegible]	[illegible]	[illegible]	[illegible]	[illegible]	
07	178.[illegible]	[illegible]	[illegible]	[illegible]	[illegible]	[illegible]	[illegible]	[illegible]	[illegible]	[illegible]	[illegible]
08	[illegible]	[illegible]	[illegible]	[illegible]	[illegible]	[illegible]	[illegible]	[illegible]	[illegible]	[illegible]	
09	[illegible]	[illegible]	[illegible]	[illegible]	[illegible]	[illegible]	[illegible]	[illegible]	[illegible]	[illegible]	
1510	[illegible]	[illegible]	[illegible]	[illegible]	[illegible]	[illegible]	[illegible]	[illegible]	[illegible]	[illegible]	
11	179.[illegible]	[illegible]	[illegible]	[illegible]	[illegible]	[illegible]	[illegible]	[illegible]	[illegible]	[illegible]	
12	[illegible]	[illegible]	[illegible]	[illegible]	[illegible]	[illegible]	[illegible]	[illegible]	[illegible]	[illegible]	[illegible]
13	[illegible]	[illegible]	[illegible]	[illegible]	[illegible]	[illegible]	[illegible]	[illegible]	[illegible]	[illegible]	
14	180.[illegible]	[illegible]	[illegible]	[illegible]	[illegible]	[illegible]	[illegible]	[illegible]	[illegible]	[illegible]	
1515	[illegible]	[illegible]	[illegible]	[illegible]	[illegible]	[illegible]	[illegible]	[illegible]	[illegible]	[illegible]	
16	[illegible]	[illegible]	[illegible]	[illegible]	[illegible]	[illegible]	[illegible]	[illegible]	[illegible]	[illegible]	
17	[illegible]	[illegible]	[illegible]	[illegible]	[illegible]	[illegible]	[illegible]	[illegible]	[illegible]	[illegible]	[illegible]
18	181.[illegible]	[illegible]	[illegible]	[illegible]	[illegible]	[illegible]	[illegible]	[illegible]	[illegible]	[illegible]	
19	[illegible]	[illegible]	[illegible]	[illegible]	[illegible]	[illegible]	[illegible]	[illegible]	[illegible]	[illegible]	
1520	[illegible]	[illegible]	[illegible]	[illegible]	[illegible]	[illegible]	[illegible]	[illegible]	[illegible]	[illegible]	
21	182.[illegible]	[illegible]	[illegible]	[illegible]	[illegible]	[illegible]	[illegible]	[illegible]	[illegible]	[illegible]	
22	[illegible]	[illegible]	[illegible]	[illegible]	[illegible]	[illegible]	[illegible]	[illegible]	[illegible]	[illegible]	[illegible]
23	[illegible]	[illegible]	[illegible]	[illegible]	[illegible]	[illegible]	[illegible]	[illegible]	[illegible]	[illegible]	
24	[illegible]	[illegible]	[illegible]	[illegible]	[illegible]	[illegible]	[illegible]	[illegible]	[illegible]	[illegible]	
1525	183.[illegible]	[illegible]	[illegible]	[illegible]	[illegible]	[illegible]	[illegible]	[illegible]	[illegible]	[illegible]	
26	[illegible]	[illegible]	[illegible]	[illegible]	[illegible]	[illegible]	[illegible]	[illegible]	[illegible]	[illegible]	
27	[illegible]	[illegible]	[illegible]	[illegible]	[illegible]	[illegible]	[illegible]	[illegible]	[illegible]	[illegible]	[illegible]
28	184.[illegible]	[illegible]	[illegible]	[illegible]	[illegible]	[illegible]	[illegible]	[illegible]	[illegible]	[illegible]	
29	[illegible]	[illegible]	[illegible]	[illegible]	[illegible]	[illegible]	[illegible]	[illegible]	[illegible]	[illegible]	
1530	[illegible]	[illegible]	[illegible]	[illegible]	[illegible]	[illegible]	[illegible]	[illegible]	[illegible]	[illegible]	
31	[illegible]	[illegible]	[illegible]	[illegible]	[illegible]	[illegible]	[illegible]	[illegible]	[illegible]	[illegible]	
32	185.[illegible]	[illegible]	[illegible]	[illegible]	[illegible]	[illegible]	[illegible]	[illegible]	[illegible]	[illegible]	[illegible]
33	[illegible]	[illegible]	[illegible]	[illegible]	[illegible]	[illegible]	[illegible]	[illegible]	[illegible]	[illegible]	
34	[illegible]	[illegible]	[illegible]	[illegible]	[illegible]	[illegible]	[illegible]	[illegible]	[illegible]	[illegible]	[illegible]
Num.	0	1	2	3	4	5	6	7	8	9	D.

Num.	0	1	2	3	4	5	6	7	8	9	D.	Part.
1535	186.[illegible]	[illegible]	[illegible]	[illegible]	[illegible]	[illegible]	[illegible]	[illegible]	[illegible]	[illegible]		[illegible]
36	[illegible]	[illegible]	[illegible]	[illegible]	[illegible]	[illegible]	[illegible]	[illegible]	[illegible]	[illegible]		[illegible]
37	[illegible]	[illegible]	[illegible]	[illegible]	[illegible]	[illegible]	[illegible]	[illegible]	[illegible]	[illegible]		[illegible]
38	[illegible]	[illegible]	[illegible]	[illegible]	[illegible]	[illegible]	[illegible]	[illegible]	[illegible]	[illegible]		[illegible]
39	187.[illegible]	[illegible]	[illegible]	[illegible]	[illegible]	[illegible]	[illegible]	[illegible]	[illegible]	[illegible]	[illegible]	[illegible]
1540	[illegible]	[illegible]	[illegible]	[illegible]	[illegible]	[illegible]	[illegible]	[illegible]	[illegible]	[illegible]		[illegible]
41	[illegible]	[illegible]	[illegible]	[illegible]	[illegible]	[illegible]	[illegible]	[illegible]	[illegible]	[illegible]		[illegible]
42	188.[illegible]	[illegible]	[illegible]	[illegible]	[illegible]	[illegible]	[illegible]	[illegible]	[illegible]	[illegible]		[illegible]
43	[illegible]	[illegible]	[illegible]	[illegible]	[illegible]	[illegible]	[illegible]	[illegible]	[illegible]	[illegible]		[illegible]
44	[illegible]	[illegible]	[illegible]	[illegible]	[illegible]	[illegible]	[illegible]	[illegible]	[illegible]	[illegible]		[illegible]
1545	[illegible]	[illegible]	[illegible]	[illegible]	[illegible]	[illegible]	[illegible]	[illegible]	[illegible]	[illegible]	[illegible]	[illegible]
46	189.[illegible]	[illegible]	[illegible]	[illegible]	[illegible]	[illegible]	[illegible]	[illegible]	[illegible]	[illegible]		[illegible]
47	[illegible]	[illegible]	[illegible]	[illegible]	[illegible]	[illegible]	[illegible]	[illegible]	[illegible]	[illegible]		[illegible]
48	[illegible]	[illegible]	[illegible]	[illegible]	[illegible]	[illegible]	[illegible]	[illegible]	[illegible]	[illegible]		[illegible]
49	190.[illegible]	[illegible]	[illegible]	[illegible]	[illegible]	[illegible]	[illegible]	[illegible]	[illegible]	[illegible]		[illegible]
1550	[illegible]	[illegible]	[illegible]	[illegible]	[illegible]	[illegible]	[illegible]	[illegible]	[illegible]	[illegible]		[illegible]
51	[illegible]	[illegible]	[illegible]	[illegible]	[illegible]	[illegible]	[illegible]	[illegible]	[illegible]	[illegible]	[illegible]	[illegible]
52	[illegible]	[illegible]	[illegible]	[illegible]	[illegible]	[illegible]	[illegible]	[illegible]	[illegible]	[illegible]		[illegible]
53	191.[illegible]	[illegible]	[illegible]	[illegible]	[illegible]	[illegible]	[illegible]	[illegible]	[illegible]	[illegible]		[illegible]
54	[illegible]	[illegible]	[illegible]	[illegible]	[illegible]	[illegible]	[illegible]	[illegible]	[illegible]	[illegible]		[illegible]
1555	[illegible]	[illegible]	[illegible]	[illegible]	[illegible]	[illegible]	[illegible]	[illegible]	[illegible]	[illegible]		[illegible]
56	192.[illegible]	[illegible]	[illegible]	[illegible]	[illegible]	[illegible]	[illegible]	[illegible]	[illegible]	[illegible]	[illegible]	[illegible]
57	[illegible]	[illegible]	[illegible]	[illegible]	[illegible]	[illegible]	[illegible]	[illegible]	[illegible]	[illegible]		[illegible]
58	[illegible]	[illegible]	[illegible]	[illegible]	[illegible]	[illegible]	[illegible]	[illegible]	[illegible]	[illegible]		[illegible]
59	[illegible]	[illegible]	[illegible]	[illegible]	[illegible]	[illegible]	[illegible]	[illegible]	[illegible]	[illegible]		[illegible]
1560	193.[illegible]	[illegible]	[illegible]	[illegible]	[illegible]	[illegible]	[illegible]	[illegible]	[illegible]	[illegible]		[illegible]
61	[illegible]	[illegible]	[illegible]	[illegible]	[illegible]	[illegible]	[illegible]	[illegible]	[illegible]	[illegible]	[illegible]	[illegible]
62	[illegible]	[illegible]	[illegible]	[illegible]	[illegible]	[illegible]	[illegible]	[illegible]	[illegible]	[illegible]		[illegible]
63	[illegible]	[illegible]	[illegible]	[illegible]	[illegible]	[illegible]	[illegible]	[illegible]	[illegible]	[illegible]		[illegible]
64	194.[illegible]	[illegible]	[illegible]	[illegible]	[illegible]	[illegible]	[illegible]	[illegible]	[illegible]	[illegible]		[illegible]
1565	[illegible]	[illegible]	[illegible]	[illegible]	[illegible]	[illegible]	[illegible]	[illegible]	[illegible]	[illegible]		[illegible]
66	[illegible]	[illegible]	[illegible]	[illegible]	[illegible]	[illegible]	[illegible]	[illegible]	[illegible]	[illegible]		[illegible]
67	195.[illegible]	[illegible]	[illegible]	[illegible]	[illegible]	[illegible]	[illegible]	[illegible]	[illegible]	[illegible]	[illegible]	[illegible]
68	[illegible]	[illegible]	[illegible]	[illegible]	[illegible]	[illegible]	[illegible]	[illegible]	[illegible]	[illegible]		[illegible]
69	[illegible]	[illegible]	[illegible]	[illegible]	[illegible]	[illegible]	[illegible]	[illegible]	[illegible]	[illegible]		[illegible]
1570	[illegible]	[illegible]	[illegible]	[illegible]	[illegible]	[illegible]	[illegible]	[illegible]	[illegible]	[illegible]		[illegible]
71	196.[illegible]	[illegible]	[illegible]	[illegible]	[illegible]	[illegible]	[illegible]	[illegible]	[illegible]	[illegible]		[illegible]
72	[illegible]	[illegible]	[illegible]	[illegible]	[illegible]	[illegible]	[illegible]	[illegible]	[illegible]	[illegible]	[illegible]	[illegible]
73	[illegible]	[illegible]	[illegible]	[illegible]	[illegible]	[illegible]	[illegible]	[illegible]	[illegible]	[illegible]		[illegible]
74	197.[illegible]	[illegible]	[illegible]	[illegible]	[illegible]	[illegible]	[illegible]	[illegible]	[illegible]	[illegible]		[illegible]
1575	[illegible]	[illegible]	[illegible]	[illegible]	[illegible]	[illegible]	[illegible]	[illegible]	[illegible]	[illegible]		[illegible]
76	[illegible]	[illegible]	[illegible]	[illegible]	[illegible]	[illegible]	[illegible]	[illegible]	[illegible]	[illegible]		[illegible]
77	[illegible]	[illegible]	[illegible]	[illegible]	[illegible]	[illegible]	[illegible]	[illegible]	[illegible]	[illegible]	[illegible]	[illegible]
78	198.[illegible]	[illegible]	[illegible]	[illegible]	[illegible]	[illegible]	[illegible]	[illegible]	[illegible]	[illegible]		[illegible]
79	[illegible]	[illegible]	[illegible]	[illegible]	[illegible]	[illegible]	[illegible]	[illegible]	[illegible]	[illegible]		[illegible]
1580	[illegible]	[illegible]	[illegible]	[illegible]	[illegible]	[illegible]	[illegible]	[illegible]	[illegible]	[illegible]		[illegible]
81	[illegible]	[illegible]	[illegible]	[illegible]	[illegible]	[illegible]	[illegible]	[illegible]	[illegible]	[illegible]		[illegible]
82	199.[illegible]	[illegible]	[illegible]	[illegible]	[illegible]	[illegible]	[illegible]	[illegible]	[illegible]	[illegible]		[illegible]
83	[illegible]	[illegible]	[illegible]	[illegible]	[illegible]	[illegible]	[illegible]	[illegible]	[illegible]	[illegible]		[illegible]
84	[illegible]	[illegible]	[illegible]	[illegible]	[illegible]	[illegible]	[illegible]	[illegible]	[illegible]	[illegible]	[illegible]	[illegible]
1585	200.[illegible]	[illegible]	[illegible]	[illegible]	[illegible]	[illegible]	[illegible]	[illegible]	[illegible]	[illegible]		[illegible]
86	[illegible]	[illegible]	[illegible]	[illegible]	[illegible]	[illegible]	[illegible]	[illegible]	[illegible]	[illegible]		[illegible]
87	[illegible]	[illegible]	[illegible]	[illegible]	[illegible]	[illegible]	[illegible]	[illegible]	[illegible]	[illegible]		[illegible]
88	[illegible]	[illegible]	[illegible]	[illegible]	[illegible]	[illegible]	[illegible]	[illegible]	[illegible]	[illegible]		[illegible]
89	201.[illegible]	[illegible]	[illegible]	[illegible]	[illegible]	[illegible]	[illegible]	[illegible]	[illegible]	[illegible]	[illegible]	[illegible]
1590	[illegible]	[illegible]	[illegible]	[illegible]	[illegible]	[illegible]	[illegible]	[illegible]	[illegible]	[illegible]		[illegible]
91	[illegible]	[illegible]	[illegible]	[illegible]	[illegible]	[illegible]	[illegible]	[illegible]	[illegible]	[illegible]		[illegible]
92	[illegible]	[illegible]	[illegible]	[illegible]	[illegible]	[illegible]	[illegible]	[illegible]	[illegible]	[illegible]		[illegible]
93	202.[illegible]	[illegible]	[illegible]	[illegible]	[illegible]	[illegible]	[illegible]	[illegible]	[illegible]	[illegible]		[illegible]
94	[illegible]	[illegible]	[illegible]	[illegible]	[illegible]	[illegible]	[illegible]	[illegible]	[illegible]	[illegible]		[illegible]
1595	[illegible]	[illegible]	[illegible]	[illegible]	[illegible]	[illegible]	[illegible]	[illegible]	[illegible]	[illegible]		[illegible]
96	203.[illegible]	[illegible]	[illegible]	[illegible]	[illegible]	[illegible]	[illegible]	[illegible]	[illegible]	[illegible]	[illegible]	[illegible]
97	[illegible]	[illegible]	[illegible]	[illegible]	[illegible]	[illegible]	[illegible]	[illegible]	[illegible]	[illegible]		[illegible]
98	[illegible]	[illegible]	[illegible]	[illegible]	[illegible]	[illegible]	[illegible]	[illegible]	[illegible]	[illegible]		[illegible]
99	[illegible]	[illegible]	[illegible]	[illegible]	[illegible]	[illegible]	[illegible]	[illegible]	[illegible]	[illegible]		[illegible]
Num.	0	1	2	3	4	5	6	7	8	9	D.	Part.

N. 16000 L. 204

NUM.	0	1	2	3	4	5	6	7	8	9	D.
1600	204.[illegible]	1471	[illegible]	[illegible]	[illegible]	[illegible]	[illegible]	[illegible]	[illegible]	[illegible]	
01	[illegible]	[illegible]	[illegible]	[illegible]	[illegible]	[illegible]	[illegible]	[illegible]	[illegible]	[illegible]	
02	[illegible]	[illegible]	[illegible]	[illegible]	[illegible]	[illegible]	[illegible]	[illegible]	[illegible]	[illegible]	[illegible]
03	[illegible]	[illegible]	[illegible]	[illegible]	[illegible]	[illegible]	[illegible]	[illegible]	[illegible]	[illegible]	
04	205.[illegible]	[illegible]	[illegible]	[illegible]	[illegible]	[illegible]	[illegible]	[illegible]	[illegible]	[illegible]	
1605	[illegible]	[illegible]	[illegible]	[illegible]	[illegible]	[illegible]	[illegible]	[illegible]	[illegible]	[illegible]	
06	[illegible]	[illegible]	[illegible]	[illegible]	[illegible]	[illegible]	[illegible]	[illegible]	[illegible]	[illegible]	
07	206.[illegible]	[illegible]	[illegible]	[illegible]	[illegible]	[illegible]	[illegible]	[illegible]	[illegible]	[illegible]	
08	[illegible]	[illegible]	[illegible]	[illegible]	[illegible]	[illegible]	[illegible]	[illegible]	[illegible]	[illegible]	[illegible]
09	[illegible]	[illegible]	[illegible]	[illegible]	[illegible]	[illegible]	[illegible]	[illegible]	[illegible]	[illegible]	
1610	[illegible]	[illegible]	[illegible]	[illegible]	[illegible]	[illegible]	[illegible]	[illegible]	[illegible]	[illegible]	
11	207.[illegible]	[illegible]	[illegible]	[illegible]	[illegible]	[illegible]	[illegible]	[illegible]	[illegible]	[illegible]	
12	[illegible]	[illegible]	[illegible]	[illegible]	[illegible]	[illegible]	[illegible]	[illegible]	[illegible]	[illegible]	
13	[illegible]	[illegible]	[illegible]	[illegible]	[illegible]	[illegible]	[illegible]	[illegible]	[illegible]	[illegible]	
14	[illegible]	[illegible]	[illegible]	[illegible]	[illegible]	[illegible]	[illegible]	[illegible]	[illegible]	[illegible]	[illegible]
1615	208.[illegible]	[illegible]	[illegible]	[illegible]	[illegible]	[illegible]	[illegible]	[illegible]	[illegible]	[illegible]	
16	[illegible]	[illegible]	[illegible]	[illegible]	[illegible]	[illegible]	[illegible]	[illegible]	[illegible]	[illegible]	
17	[illegible]	[illegible]	[illegible]	[illegible]	[illegible]	[illegible]	[illegible]	[illegible]	[illegible]	[illegible]	
18	[illegible]	[illegible]	[illegible]	[illegible]	[illegible]	[illegible]	[illegible]	[illegible]	[illegible]	[illegible]	
19	209.[illegible]	[illegible]	[illegible]	[illegible]	[illegible]	[illegible]	[illegible]	[illegible]	[illegible]	[illegible]	
1620	[illegible]	[illegible]	[illegible]	[illegible]	[illegible]	[illegible]	[illegible]	[illegible]	[illegible]	[illegible]	[illegible]
21	[illegible]	[illegible]	[illegible]	[illegible]	[illegible]	[illegible]	[illegible]	[illegible]	[illegible]	[illegible]	
22	210.[illegible]	[illegible]	[illegible]	[illegible]	[illegible]	[illegible]	[illegible]	[illegible]	[illegible]	[illegible]	
23	[illegible]	[illegible]	[illegible]	[illegible]	[illegible]	[illegible]	[illegible]	[illegible]	[illegible]	[illegible]	
24	[illegible]	[illegible]	[illegible]	[illegible]	[illegible]	[illegible]	[illegible]	[illegible]	[illegible]	[illegible]	
1625	[illegible]	[illegible]	[illegible]	[illegible]	[illegible]	[illegible]	[illegible]	[illegible]	[illegible]	[illegible]	
26	211.[illegible]	[illegible]	[illegible]	[illegible]	[illegible]	[illegible]	[illegible]	[illegible]	[illegible]	[illegible]	[illegible]
27	[illegible]	[illegible]	[illegible]	[illegible]	[illegible]	[illegible]	[illegible]	[illegible]	[illegible]	[illegible]	
28	[illegible]	[illegible]	[illegible]	[illegible]	[illegible]	[illegible]	[illegible]	[illegible]	[illegible]	[illegible]	
29	[illegible]	[illegible]	[illegible]	[illegible]	[illegible]	[illegible]	[illegible]	[illegible]	[illegible]	[illegible]	
1630	212.[illegible]	[illegible]	[illegible]	[illegible]	[illegible]	[illegible]	[illegible]	[illegible]	[illegible]	[illegible]	
31	[illegible]	[illegible]	[illegible]	[illegible]	[illegible]	[illegible]	[illegible]	[illegible]	[illegible]	[illegible]	
32	[illegible]	[illegible]	[illegible]	[illegible]	[illegible]	[illegible]	[illegible]	[illegible]	[illegible]	[illegible]	[illegible]
33	[illegible]	[illegible]	[illegible]	[illegible]	[illegible]	[illegible]	[illegible]	[illegible]	[illegible]	[illegible]	
34	213.[illegible]	[illegible]	[illegible]	[illegible]	[illegible]	[illegible]	[illegible]	[illegible]	[illegible]	[illegible]	
1635	[illegible]	[illegible]	[illegible]	[illegible]	[illegible]	[illegible]	[illegible]	[illegible]	[illegible]	[illegible]	
36	[illegible]	[illegible]	[illegible]	[illegible]	[illegible]	[illegible]	[illegible]	[illegible]	[illegible]	[illegible]	
37	214.[illegible]	[illegible]	[illegible]	[illegible]	[illegible]	[illegible]	[illegible]	[illegible]	[illegible]	[illegible]	
38	[illegible]	[illegible]	[illegible]	[illegible]	[illegible]	[illegible]	[illegible]	[illegible]	[illegible]	[illegible]	[illegible]
39	[illegible]	[illegible]	[illegible]	[illegible]	[illegible]	[illegible]	[illegible]	[illegible]	[illegible]	[illegible]	
1640	[illegible]	[illegible]	[illegible]	[illegible]	[illegible]	[illegible]	[illegible]	[illegible]	[illegible]	[illegible]	
41	215.[illegible]	[illegible]	[illegible]	[illegible]	[illegible]	[illegible]	[illegible]	[illegible]	[illegible]	[illegible]	
42	[illegible]	[illegible]	[illegible]	[illegible]	[illegible]	[illegible]	[illegible]	[illegible]	[illegible]	[illegible]	
43	[illegible]	[illegible]	[illegible]	[illegible]	[illegible]	[illegible]	[illegible]	[illegible]	[illegible]	[illegible]	
44	[illegible]	[illegible]	[illegible]	[illegible]	[illegible]	[illegible]	[illegible]	[illegible]	[illegible]	[illegible]	[illegible]
1645	216.[illegible]	[illegible]	[illegible]	[illegible]	[illegible]	[illegible]	[illegible]	[illegible]	[illegible]	[illegible]	
46	[illegible]	[illegible]	[illegible]	[illegible]	[illegible]	[illegible]	[illegible]	[illegible]	[illegible]	[illegible]	
47	[illegible]	[illegible]	[illegible]	[illegible]	[illegible]	[illegible]	[illegible]	[illegible]	[illegible]	[illegible]	
48	[illegible]	[illegible]	[illegible]	[illegible]	[illegible]	[illegible]	[illegible]	[illegible]	[illegible]	[illegible]	
49	217.[illegible]	[illegible]	[illegible]	[illegible]	[illegible]	[illegible]	[illegible]	[illegible]	[illegible]	[illegible]	
1650	[illegible]	[illegible]	[illegible]	[illegible]	[illegible]	[illegible]	[illegible]	[illegible]	[illegible]	[illegible]	[illegible]
51	[illegible]	[illegible]	[illegible]	[illegible]	[illegible]	[illegible]	[illegible]	[illegible]	[illegible]	[illegible]	
52	218.[illegible]	[illegible]	[illegible]	[illegible]	[illegible]	[illegible]	[illegible]	[illegible]	[illegible]	[illegible]	
53	[illegible]	[illegible]	[illegible]	[illegible]	[illegible]	[illegible]	[illegible]	[illegible]	[illegible]	[illegible]	
54	[illegible]	[illegible]	[illegible]	[illegible]	[illegible]	[illegible]	[illegible]	[illegible]	[illegible]	[illegible]	
NUM.	0	1	2	3	4	5	6	7	8	9	D.

N. 16550 L. 218

NUM.	0	1	2	3	4	5	6	7	8	9	D.
1655	218.[illegible]	[illegible]	[illegible]	[illegible]	[illegible]	[illegible]	[illegible]	[illegible]	[illegible]	[illegible]	
56	219.[illegible]	[illegible]	[illegible]	[illegible]	[illegible]	[illegible]	[illegible]	[illegible]	[illegible]	[illegible]	[illegible]
57	[illegible]	[illegible]	[illegible]	[illegible]	[illegible]	[illegible]	[illegible]	[illegible]	[illegible]	[illegible]	
58	[illegible]	[illegible]	[illegible]	[illegible]	[illegible]	[illegible]	[illegible]	[illegible]	[illegible]	[illegible]	
59	[illegible]	[illegible]	[illegible]	[illegible]	[illegible]	[illegible]	[illegible]	[illegible]	[illegible]	[illegible]	
1660	220.[illegible]	[illegible]	[illegible]	[illegible]	[illegible]	[illegible]	[illegible]	[illegible]	[illegible]	[illegible]	
61	[illegible]	[illegible]	[illegible]	[illegible]	[illegible]	[illegible]	[illegible]	[illegible]	[illegible]	[illegible]	
62	[illegible]	[illegible]	[illegible]	[illegible]	[illegible]	[illegible]	[illegible]	[illegible]	[illegible]	[illegible]	[illegible]
63	[illegible]	[illegible]	[illegible]	[illegible]	[illegible]	[illegible]	[illegible]	[illegible]	[illegible]	[illegible]	
64	221.[illegible]	[illegible]	[illegible]	[illegible]	[illegible]	[illegible]	[illegible]	[illegible]	[illegible]	[illegible]	
1665	[illegible]	[illegible]	[illegible]	[illegible]	[illegible]	[illegible]	[illegible]	[illegible]	[illegible]	[illegible]	
66	[illegible]	[illegible]	[illegible]	[illegible]	[illegible]	[illegible]	[illegible]	[illegible]	[illegible]	[illegible]	
67	[illegible]	[illegible]	[illegible]	[illegible]	[illegible]	[illegible]	[illegible]	[illegible]	[illegible]	[illegible]	
68	222.[illegible]	[illegible]	[illegible]	[illegible]	[illegible]	[illegible]	[illegible]	[illegible]	[illegible]	[illegible]	
69	[illegible]	[illegible]	[illegible]	[illegible]	[illegible]	[illegible]	[illegible]	[illegible]	[illegible]	[illegible]	[illegible]
1670	[illegible]	[illegible]	[illegible]	[illegible]	[illegible]	[illegible]	[illegible]	[illegible]	[illegible]	[illegible]	
71	[illegible]	[illegible]	[illegible]	[illegible]	[illegible]	[illegible]	[illegible]	[illegible]	[illegible]	[illegible]	
72	223.[illegible]	[illegible]	[illegible]	[illegible]	[illegible]	[illegible]	[illegible]	[illegible]	[illegible]	[illegible]	
73	[illegible]	[illegible]	[illegible]	[illegible]	[illegible]	[illegible]	[illegible]	[illegible]	[illegible]	[illegible]	
74	[illegible]	[illegible]	[illegible]	[illegible]	[illegible]	[illegible]	[illegible]	[illegible]	[illegible]	[illegible]	
1675	224.[illegible]	[illegible]	[illegible]	[illegible]	[illegible]	[illegible]	[illegible]	[illegible]	[illegible]	[illegible]	
76	[illegible]	[illegible]	[illegible]	[illegible]	[illegible]	[illegible]	[illegible]	[illegible]	[illegible]	[illegible]	[illegible]
77	[illegible]	[illegible]	[illegible]	[illegible]	[illegible]	[illegible]	[illegible]	[illegible]	[illegible]	[illegible]	
78	[illegible]	[illegible]	[illegible]	[illegible]	[illegible]	[illegible]	[illegible]	[illegible]	[illegible]	[illegible]	
79	225.[illegible]	[illegible]	[illegible]	[illegible]	[illegible]	[illegible]	[illegible]	[illegible]	[illegible]	[illegible]	
1680	[illegible]	[illegible]	[illegible]	[illegible]	[illegible]	[illegible]	[illegible]	[illegible]	[illegible]	[illegible]	
81	[illegible]	[illegible]	[illegible]	[illegible]	[illegible]	[illegible]	[illegible]	[illegible]	[illegible]	[illegible]	
82	[illegible]	[illegible]	[illegible]	[illegible]	[illegible]	[illegible]	[illegible]	[illegible]	[illegible]	[illegible]	[illegible]
83	226.[illegible]	[illegible]	[illegible]	[illegible]	[illegible]	[illegible]	[illegible]	[illegible]	[illegible]	[illegible]	
84	[illegible]	[illegible]	[illegible]	[illegible]	[illegible]	[illegible]	[illegible]	[illegible]	[illegible]	[illegible]	
1685	[illegible]	[illegible]	[illegible]	[illegible]	[illegible]	[illegible]	[illegible]	[illegible]	[illegible]	[illegible]	
86	[illegible]	[illegible]	[illegible]	[illegible]	[illegible]	[illegible]	[illegible]	[illegible]	[illegible]	[illegible]	
87	227.[illegible]	[illegible]	[illegible]	[illegible]	[illegible]	[illegible]	[illegible]	[illegible]	[illegible]	[illegible]	
88	[illegible]	[illegible]	[illegible]	[illegible]	[illegible]	[illegible]	[illegible]	[illegible]	[illegible]	[illegible]	
89	[illegible]	[illegible]	[illegible]	[illegible]	[illegible]	[illegible]	[illegible]	[illegible]	[illegible]	[illegible]	[illegible]
1690	[illegible]	[illegible]	[illegible]	[illegible]	[illegible]	[illegible]	[illegible]	[illegible]	[illegible]	[illegible]	
91	228.[illegible]	[illegible]	[illegible]	[illegible]	[illegible]	[illegible]	[illegible]	[illegible]	[illegible]	[illegible]	
92	[illegible]	[illegible]	[illegible]	[illegible]	[illegible]	[illegible]	[illegible]	[illegible]	[illegible]	[illegible]	
93	[illegible]	[illegible]	[illegible]	[illegible]	[illegible]	[illegible]	[illegible]	[illegible]	[illegible]	[illegible]	
94	[illegible]	[illegible]	[illegible]	[illegible]	[illegible]	[illegible]	[illegible]	[illegible]	[illegible]	[illegible]	
1695	229.[illegible]	[illegible]	[illegible]	[illegible]	[illegible]	[illegible]	[illegible]	[illegible]	[illegible]	[illegible]	[illegible]
96	[illegible]	[illegible]	[illegible]	[illegible]	[illegible]	[illegible]	[illegible]	[illegible]	[illegible]	[illegible]	
97	[illegible]	[illegible]	[illegible]	[illegible]	[illegible]	[illegible]	[illegible]	[illegible]	[illegible]	[illegible]	
98	[illegible]	[illegible]	[illegible]	[illegible]	[illegible]	[illegible]	[illegible]	[illegible]	[illegible]	[illegible]	
99	230.[illegible]	[illegible]	[illegible]	[illegible]	[illegible]	[illegible]	[illegible]	[illegible]	[illegible]	[illegible]	
1700	[illegible]	[illegible]	[illegible]	[illegible]	[illegible]	[illegible]	[illegible]	[illegible]	[illegible]	[illegible]	
01	[illegible]	[illegible]	[illegible]	[illegible]	[illegible]	[illegible]	[illegible]	[illegible]	[illegible]	[illegible]	
02	[illegible]	[illegible]	[illegible]	[illegible]	[illegible]	[illegible]	[illegible]	[illegible]	[illegible]	[illegible]	[illegible]
03	231.[illegible]	[illegible]	[illegible]	[illegible]	[illegible]	[illegible]	[illegible]	[illegible]	[illegible]	[illegible]	
04	[illegible]	[illegible]	[illegible]	[illegible]	[illegible]	[illegible]	[illegible]	[illegible]	[illegible]	[illegible]	
1705	[illegible]	[illegible]	[illegible]	[illegible]	[illegible]	[illegible]	[illegible]	[illegible]	[illegible]	[illegible]	
06	[illegible]	[illegible]	[illegible]	[illegible]	[illegible]	[illegible]	[illegible]	[illegible]	[illegible]	[illegible]	[illegible]
07	232.[illegible]	[illegible]	[illegible]	[illegible]	[illegible]	[illegible]	[illegible]	[illegible]	[illegible]	[illegible]	
08	[illegible]	[illegible]	[illegible]	[illegible]	[illegible]	[illegible]	[illegible]	[illegible]	[illegible]	[illegible]	
09	[illegible]	[illegible]	[illegible]	[illegible]	[illegible]	[illegible]	[illegible]	[illegible]	[illegible]	[illegible]	
NUM.	0	1	2	3	4	5	6	7	8	9	D.

Partes.

D.	1	2	3	4	5	6	7	8	9	D.	1	2	3	4	5	6	7	8	9	D.	1	2	3	4	5	6	7	8	9	D.	1	2	3	4	5	6	7	8	9
[illegible]	[illegible]	[illegible]	[illegible]	[illegible]	[illegible]	[illegible]	[illegible]	[illegible]	[illegible]	[illegible]	[illegible]	[illegible]	[illegible]	[illegible]	[illegible]	[illegible]	[illegible]	[illegible]	[illegible]	[illegible]	[illegible]	[illegible]	[illegible]	[illegible]	[illegible]	[illegible]	[illegible]	[illegible]	[illegible]	[illegible]	[illegible]	[illegible]	[illegible]	[illegible]	[illegible]	[illegible]	[illegible]	[illegible]	[illegible]

N. 17100 L. 232

Num.	0	1	2	3	4	5	6	7	8	9	D.
1710	32.9961	[illegible]	[illegible]	[illegible]	[illegible]	[illegible]	[illegible]	[illegible]	[illegible]	[illegible]	
11	33.2500	[illegible]	[illegible]	[illegible]	[illegible]	[illegible]	[illegible]	[illegible]	[illegible]	[illegible]	
12	5038	[illegible]	[illegible]	[illegible]	[illegible]	[illegible]	[illegible]	[illegible]	[illegible]	[illegible]	
13	7574	[illegible]	[illegible]	[illegible]	[illegible]	[illegible]	[illegible]	[illegible]	[illegible]	[illegible]	
14	34.0108	[illegible]	[illegible]	[illegible]	[illegible]	[illegible]	[illegible]	[illegible]	[illegible]	[illegible]	
1715	2641	[illegible]	[illegible]	[illegible]	[illegible]	[illegible]	[illegible]	[illegible]	[illegible]	[illegible]	
16	5173	[illegible]	[illegible]	[illegible]	[illegible]	[illegible]	[illegible]	[illegible]	[illegible]	[illegible]	
17	7703	[illegible]	[illegible]	[illegible]	[illegible]	[illegible]	[illegible]	[illegible]	[illegible]	[illegible]	
18	35.0231	[illegible]	[illegible]	[illegible]	[illegible]	[illegible]	[illegible]	[illegible]	[illegible]	[illegible]	
19	2759	[illegible]	[illegible]	[illegible]	[illegible]	[illegible]	[illegible]	[illegible]	[illegible]	[illegible]	
1720	5286	[illegible]	[illegible]	[illegible]	[illegible]	[illegible]	[illegible]	[illegible]	[illegible]	[illegible]	
21	7809	[illegible]	[illegible]	[illegible]	[illegible]	[illegible]	[illegible]	[illegible]	[illegible]	[illegible]	
22	36.0331	[illegible]	[illegible]	[illegible]	[illegible]	[illegible]	[illegible]	[illegible]	[illegible]	[illegible]	
23	2853	[illegible]	[illegible]	[illegible]	[illegible]	[illegible]	[illegible]	[illegible]	[illegible]	[illegible]	
24	5373	[illegible]	[illegible]	[illegible]	[illegible]	[illegible]	[illegible]	[illegible]	[illegible]	[illegible]	
1725	7891	[illegible]	[illegible]	[illegible]	[illegible]	[illegible]	[illegible]	[illegible]	[illegible]	[illegible]	
26	37.0408	[illegible]	[illegible]	[illegible]	[illegible]	[illegible]	[illegible]	[illegible]	[illegible]	[illegible]	
27	2923	[illegible]	[illegible]	[illegible]	[illegible]	[illegible]	[illegible]	[illegible]	[illegible]	[illegible]	
28	5437	[illegible]	[illegible]	[illegible]	[illegible]	[illegible]	[illegible]	[illegible]	[illegible]	[illegible]	
29	7950	[illegible]	[illegible]	[illegible]	[illegible]	[illegible]	[illegible]	[illegible]	[illegible]	[illegible]	
1730	38.0461	[illegible]	[illegible]	[illegible]	[illegible]	[illegible]	[illegible]	[illegible]	[illegible]	[illegible]	
31	2971	[illegible]	[illegible]	[illegible]	[illegible]	[illegible]	[illegible]	[illegible]	[illegible]	[illegible]	
32	5479	[illegible]	[illegible]	[illegible]	[illegible]	[illegible]	[illegible]	[illegible]	[illegible]	[illegible]	
33	7986	[illegible]	[illegible]	[illegible]	[illegible]	[illegible]	[illegible]	[illegible]	[illegible]	[illegible]	
34	39.0491	[illegible]	[illegible]	[illegible]	[illegible]	[illegible]	[illegible]	[illegible]	[illegible]	[illegible]	
1735	2995	[illegible]	[illegible]	[illegible]	[illegible]	[illegible]	[illegible]	[illegible]	[illegible]	[illegible]	
36	5497	[illegible]	[illegible]	[illegible]	[illegible]	[illegible]	[illegible]	[illegible]	[illegible]	[illegible]	
37	7998	[illegible]	[illegible]	[illegible]	[illegible]	[illegible]	[illegible]	[illegible]	[illegible]	[illegible]	
38	40.0498	[illegible]	[illegible]	[illegible]	[illegible]	[illegible]	[illegible]	[illegible]	[illegible]	[illegible]	
39	2996	[illegible]	[illegible]	[illegible]	[illegible]	[illegible]	[illegible]	[illegible]	[illegible]	[illegible]	
1740	5492	[illegible]	[illegible]	[illegible]	[illegible]	[illegible]	[illegible]	[illegible]	[illegible]	[illegible]	
41	7988	[illegible]	[illegible]	[illegible]	[illegible]	[illegible]	[illegible]	[illegible]	[illegible]	[illegible]	
42	41.0482	[illegible]	[illegible]	[illegible]	[illegible]	[illegible]	[illegible]	[illegible]	[illegible]	[illegible]	
43	2974	[illegible]	[illegible]	[illegible]	[illegible]	[illegible]	[illegible]	[illegible]	[illegible]	[illegible]	
44	5465	[illegible]	[illegible]	[illegible]	[illegible]	[illegible]	[illegible]	[illegible]	[illegible]	[illegible]	
1745	7954	[illegible]	[illegible]	[illegible]	[illegible]	[illegible]	[illegible]	[illegible]	[illegible]	[illegible]	
46	42.0442	[illegible]	[illegible]	[illegible]	[illegible]	[illegible]	[illegible]	[illegible]	[illegible]	[illegible]	
47	2929	[illegible]	[illegible]	[illegible]	[illegible]	[illegible]	[illegible]	[illegible]	[illegible]	[illegible]	
48	5414	[illegible]	[illegible]	[illegible]	[illegible]	[illegible]	[illegible]	[illegible]	[illegible]	[illegible]	
49	7898	[illegible]	[illegible]	[illegible]	[illegible]	[illegible]	[illegible]	[illegible]	[illegible]	[illegible]	
1750	43.0381	[illegible]	[illegible]	[illegible]	[illegible]	[illegible]	[illegible]	[illegible]	[illegible]	[illegible]	
51	2862	[illegible]	[illegible]	[illegible]	[illegible]	[illegible]	[illegible]	[illegible]	[illegible]	[illegible]	
52	5341	[illegible]	[illegible]	[illegible]	[illegible]	[illegible]	[illegible]	[illegible]	[illegible]	[illegible]	
53	7819	[illegible]	[illegible]	[illegible]	[illegible]	[illegible]	[illegible]	[illegible]	[illegible]	[illegible]	
54	44.0296	[illegible]	[illegible]	[illegible]	[illegible]	[illegible]	[illegible]	[illegible]	[illegible]	[illegible]	
1755	2771	[illegible]	[illegible]	[illegible]	[illegible]	[illegible]	[illegible]	[illegible]	[illegible]	[illegible]	
56	5245	[illegible]	[illegible]	[illegible]	[illegible]	[illegible]	[illegible]	[illegible]	[illegible]	[illegible]	
57	7718	[illegible]	[illegible]	[illegible]	[illegible]	[illegible]	[illegible]	[illegible]	[illegible]	[illegible]	
58	45.0189	[illegible]	[illegible]	[illegible]	[illegible]	[illegible]	[illegible]	[illegible]	[illegible]	[illegible]	
59	2658	[illegible]	[illegible]	[illegible]	[illegible]	[illegible]	[illegible]	[illegible]	[illegible]	[illegible]	
1760	5127	[illegible]	[illegible]	[illegible]	[illegible]	[illegible]	[illegible]	[illegible]	[illegible]	[illegible]	
61	7594	[illegible]	[illegible]	[illegible]	[illegible]	[illegible]	[illegible]	[illegible]	[illegible]	[illegible]	
62	46.0059	[illegible]	[illegible]	[illegible]	[illegible]	[illegible]	[illegible]	[illegible]	[illegible]	[illegible]	
63	2523	[illegible]	[illegible]	[illegible]	[illegible]	[illegible]	[illegible]	[illegible]	[illegible]	[illegible]	
64	4986	[illegible]	[illegible]	[illegible]	[illegible]	[illegible]	[illegible]	[illegible]	[illegible]	[illegible]	
1765	7447	[illegible]	[illegible]	[illegible]	[illegible]	[illegible]	[illegible]	[illegible]	[illegible]	[illegible]	
66	9907	[illegible]	[illegible]	[illegible]	[illegible]	[illegible]	[illegible]	[illegible]	[illegible]	[illegible]	
67	47.2365	[illegible]	[illegible]	[illegible]	[illegible]	[illegible]	[illegible]	[illegible]	[illegible]	[illegible]	
68	4822	[illegible]	[illegible]	[illegible]	[illegible]	[illegible]	[illegible]	[illegible]	[illegible]	[illegible]	
69	7278	[illegible]	[illegible]	[illegible]	[illegible]	[illegible]	[illegible]	[illegible]	[illegible]	[illegible]	
1770	9731	[illegible]	[illegible]	[illegible]	[illegible]	[illegible]	[illegible]	[illegible]	[illegible]	[illegible]	
71	48.2184	[illegible]	[illegible]	[illegible]	[illegible]	[illegible]	[illegible]	[illegible]	[illegible]	[illegible]	
72	4635	[illegible]	[illegible]	[illegible]	[illegible]	[illegible]	[illegible]	[illegible]	[illegible]	[illegible]	
73	7084	[illegible]	[illegible]	[illegible]	[illegible]	[illegible]	[illegible]	[illegible]	[illegible]	[illegible]	
74	9531	[illegible]	[illegible]	[illegible]	[illegible]	[illegible]	[illegible]	[illegible]	[illegible]	[illegible]	
Num.	0	1	2	3	4	5	6	7	8	9	D.

N. 17750 L. 249

Num.	0	1	2	3	4	5	6	7	8	9	D.	Part.
1775	49.1984	[illegible]	[illegible]	[illegible]	[illegible]	[illegible]	[illegible]	[illegible]	[illegible]	[illegible]		
76	4437	[illegible]	[illegible]	[illegible]	[illegible]	[illegible]	[illegible]	[illegible]	[illegible]	[illegible]		
77	6874	[illegible]	[illegible]	[illegible]	[illegible]	[illegible]	[illegible]	[illegible]	[illegible]	[illegible]		
78	9311	[illegible]	[illegible]	[illegible]	[illegible]	[illegible]	[illegible]	[illegible]	[illegible]	[illegible]		
79	50.1759	[illegible]	[illegible]	[illegible]	[illegible]	[illegible]	[illegible]	[illegible]	[illegible]	[illegible]		
1780	4186	[illegible]	[illegible]	[illegible]	[illegible]	[illegible]	[illegible]	[illegible]	[illegible]	[illegible]		
81	6619	[illegible]	[illegible]	[illegible]	[illegible]	[illegible]	[illegible]	[illegible]	[illegible]	[illegible]		
82	9077	[illegible]	[illegible]	[illegible]	[illegible]	[illegible]	[illegible]	[illegible]	[illegible]	[illegible]		
83	51.1515	[illegible]	[illegible]	[illegible]	[illegible]	[illegible]	[illegible]	[illegible]	[illegible]	[illegible]		
84	3944	[illegible]	[illegible]	[illegible]	[illegible]	[illegible]	[illegible]	[illegible]	[illegible]	[illegible]		
1785	6381	[illegible]	[illegible]	[illegible]	[illegible]	[illegible]	[illegible]	[illegible]	[illegible]	[illegible]		
86	8815	[illegible]	[illegible]	[illegible]	[illegible]	[illegible]	[illegible]	[illegible]	[illegible]	[illegible]		
87	52.1246	[illegible]	[illegible]	[illegible]	[illegible]	[illegible]	[illegible]	[illegible]	[illegible]	[illegible]		
88	3675	[illegible]	[illegible]	[illegible]	[illegible]	[illegible]	[illegible]	[illegible]	[illegible]	[illegible]		
89	6103	[illegible]	[illegible]	[illegible]	[illegible]	[illegible]	[illegible]	[illegible]	[illegible]	[illegible]		
1790	8530	[illegible]	[illegible]	[illegible]	[illegible]	[illegible]	[illegible]	[illegible]	[illegible]	[illegible]		
91	53.0955	[illegible]	[illegible]	[illegible]	[illegible]	[illegible]	[illegible]	[illegible]	[illegible]	[illegible]		
92	3380	[illegible]	[illegible]	[illegible]	[illegible]	[illegible]	[illegible]	[illegible]	[illegible]	[illegible]		
93	5804	[illegible]	[illegible]	[illegible]	[illegible]	[illegible]	[illegible]	[illegible]	[illegible]	[illegible]		
94	8226	[illegible]	[illegible]	[illegible]	[illegible]	[illegible]	[illegible]	[illegible]	[illegible]	[illegible]		
1795	54.0647	[illegible]	[illegible]	[illegible]	[illegible]	[illegible]	[illegible]	[illegible]	[illegible]	[illegible]		
96	3067	[illegible]	[illegible]	[illegible]	[illegible]	[illegible]	[illegible]	[illegible]	[illegible]	[illegible]		
97	5481	[illegible]	[illegible]	[illegible]	[illegible]	[illegible]	[illegible]	[illegible]	[illegible]	[illegible]		
98	7899	[illegible]	[illegible]	[illegible]	[illegible]	[illegible]	[illegible]	[illegible]	[illegible]	[illegible]		
99	55.0311	[illegible]	[illegible]	[illegible]	[illegible]	[illegible]	[illegible]	[illegible]	[illegible]	[illegible]		
1800	2725	[illegible]	[illegible]	[illegible]	[illegible]	[illegible]	[illegible]	[illegible]	[illegible]	[illegible]		
01	5137	[illegible]	[illegible]	[illegible]	[illegible]	[illegible]	[illegible]	[illegible]	[illegible]	[illegible]		
02	7542	[illegible]	[illegible]	[illegible]	[illegible]	[illegible]	[illegible]	[illegible]	[illegible]	[illegible]		
03	9957	[illegible]	[illegible]	[illegible]	[illegible]	[illegible]	[illegible]	[illegible]	[illegible]	[illegible]		
04	56.2369	[illegible]	[illegible]	[illegible]	[illegible]	[illegible]	[illegible]	[illegible]	[illegible]	[illegible]		
1805	4774	[illegible]	[illegible]	[illegible]	[illegible]	[illegible]	[illegible]	[illegible]	[illegible]	[illegible]		
06	7177	[illegible]	[illegible]	[illegible]	[illegible]	[illegible]	[illegible]	[illegible]	[illegible]	[illegible]		
07	9581	[illegible]	[illegible]	[illegible]	[illegible]	[illegible]	[illegible]	[illegible]	[illegible]	[illegible]		
08	57.1982	[illegible]	[illegible]	[illegible]	[illegible]	[illegible]	[illegible]	[illegible]	[illegible]	[illegible]		
09	4382	[illegible]	[illegible]	[illegible]	[illegible]	[illegible]	[illegible]	[illegible]	[illegible]	[illegible]		
1810	6781	[illegible]	[illegible]	[illegible]	[illegible]	[illegible]	[illegible]	[illegible]	[illegible]	[illegible]		
11	9183	[illegible]	[illegible]	[illegible]	[illegible]	[illegible]	[illegible]	[illegible]	[illegible]	[illegible]		
12	58.1581	[illegible]	[illegible]	[illegible]	[illegible]	[illegible]	[illegible]	[illegible]	[illegible]	[illegible]		
13	3974	[illegible]	[illegible]	[illegible]	[illegible]	[illegible]	[illegible]	[illegible]	[illegible]	[illegible]		
14	6371	[illegible]	[illegible]	[illegible]	[illegible]	[illegible]	[illegible]	[illegible]	[illegible]	[illegible]		
1815	8766	[illegible]	[illegible]	[illegible]	[illegible]	[illegible]	[illegible]	[illegible]	[illegible]	[illegible]		
16	59.1158	[illegible]	[illegible]	[illegible]	[illegible]	[illegible]	[illegible]	[illegible]	[illegible]	[illegible]		
17	3549	[illegible]	[illegible]	[illegible]	[illegible]	[illegible]	[illegible]	[illegible]	[illegible]	[illegible]		
18	5938	[illegible]	[illegible]	[illegible]	[illegible]	[illegible]	[illegible]	[illegible]	[illegible]	[illegible]		
19	8327	[illegible]	[illegible]	[illegible]	[illegible]	[illegible]	[illegible]	[illegible]	[illegible]	[illegible]		
1820	60.0714	[illegible]	[illegible]	[illegible]	[illegible]	[illegible]	[illegible]	[illegible]	[illegible]	[illegible]		
21	3099	[illegible]	[illegible]	[illegible]	[illegible]	[illegible]	[illegible]	[illegible]	[illegible]	[illegible]		
22	5484	[illegible]	[illegible]	[illegible]	[illegible]	[illegible]	[illegible]	[illegible]	[illegible]	[illegible]		
23	7867	[illegible]	[illegible]	[illegible]	[illegible]	[illegible]	[illegible]	[illegible]	[illegible]	[illegible]		
24	61.0248	[illegible]	[illegible]	[illegible]	[illegible]	[illegible]	[illegible]	[illegible]	[illegible]	[illegible]		
1825	2629	[illegible]	[illegible]	[illegible]	[illegible]	[illegible]	[illegible]	[illegible]	[illegible]	[illegible]		
26	5008	[illegible]	[illegible]	[illegible]	[illegible]	[illegible]	[illegible]	[illegible]	[illegible]	[illegible]		
27	7385	[illegible]	[illegible]	[illegible]	[illegible]	[illegible]	[illegible]	[illegible]	[illegible]	[illegible]		
28	9762	[illegible]	[illegible]	[illegible]	[illegible]	[illegible]	[illegible]	[illegible]	[illegible]	[illegible]		
29	62.2137	[illegible]	[illegible]	[illegible]	[illegible]	[illegible]	[illegible]	[illegible]	[illegible]	[illegible]		
1830	4511	[illegible]	[illegible]	[illegible]	[illegible]	[illegible]	[illegible]	[illegible]	[illegible]	[illegible]		
31	6884	[illegible]	[illegible]	[illegible]	[illegible]	[illegible]	[illegible]	[illegible]	[illegible]	[illegible]		
32	9255	[illegible]	[illegible]	[illegible]	[illegible]	[illegible]	[illegible]	[illegible]	[illegible]	[illegible]		
33	63.1625	[illegible]	[illegible]	[illegible]	[illegible]	[illegible]	[illegible]	[illegible]	[illegible]	[illegible]		
34	3993	[illegible]	[illegible]	[illegible]	[illegible]	[illegible]	[illegible]	[illegible]	[illegible]	[illegible]		
1835	6361	[illegible]	[illegible]	[illegible]	[illegible]	[illegible]	[illegible]	[illegible]	[illegible]	[illegible]		
36	8727	[illegible]	[illegible]	[illegible]	[illegible]	[illegible]	[illegible]	[illegible]	[illegible]	[illegible]		
37	64.1092	[illegible]	[illegible]	[illegible]	[illegible]	[illegible]	[illegible]	[illegible]	[illegible]	[illegible]		
38	3456	[illegible]	[illegible]	[illegible]	[illegible]	[illegible]	[illegible]	[illegible]	[illegible]	[illegible]		
39	5817	[illegible]	[illegible]	[illegible]	[illegible]	[illegible]	[illegible]	[illegible]	[illegible]	[illegible]		
Num.	0	1	2	3	4	5	6	7	8	9	D.	Part.

N. 18400 L. 264

NUM.	0	1	2	3	4	5	6	7	8	9	D.
1840	264.[illegible]	[illegible]	[illegible]	[illegible]	[illegible]	[illegible]	[illegible]	[illegible]	[illegible]	[illegible]	[illegible]
41	265.[illegible]	[illegible]	[illegible]	[illegible]	[illegible]	[illegible]	[illegible]	[illegible]	[illegible]	[illegible]	
42	[illegible]	[illegible]	[illegible]	[illegible]	[illegible]	[illegible]	[illegible]	[illegible]	[illegible]	[illegible]	
43	[illegible]	[illegible]	[illegible]	[illegible]	[illegible]	[illegible]	[illegible]	[illegible]	[illegible]	[illegible]	
44	[illegible]	[illegible]	[illegible]	[illegible]	[illegible]	[illegible]	[illegible]	[illegible]	[illegible]	[illegible]	
1845	[illegible]	[illegible]	[illegible]	[illegible]	[illegible]	[illegible]	[illegible]	[illegible]	[illegible]	[illegible]	
46	266.[illegible]	[illegible]	[illegible]	[illegible]	[illegible]	[illegible]	[illegible]	[illegible]	[illegible]	[illegible]	
47	[illegible]	[illegible]	[illegible]	[illegible]	[illegible]	[illegible]	[illegible]	[illegible]	[illegible]	[illegible]	
48	[illegible]	[illegible]	[illegible]	[illegible]	[illegible]	[illegible]	[illegible]	[illegible]	[illegible]	[illegible]	[illegible]
49	[illegible]	[illegible]	[illegible]	[illegible]	[illegible]	[illegible]	[illegible]	[illegible]	[illegible]	[illegible]	
1850	267.[illegible]	[illegible]	[illegible]	[illegible]	[illegible]	[illegible]	[illegible]	[illegible]	[illegible]	[illegible]	
51	[illegible]	[illegible]	[illegible]	[illegible]	[illegible]	[illegible]	[illegible]	[illegible]	[illegible]	[illegible]	
52	[illegible]	[illegible]	[illegible]	[illegible]	[illegible]	[illegible]	[illegible]	[illegible]	[illegible]	[illegible]	
53	[illegible]	[illegible]	[illegible]	[illegible]	[illegible]	[illegible]	[illegible]	[illegible]	[illegible]	[illegible]	
54	268.[illegible]	[illegible]	[illegible]	[illegible]	[illegible]	[illegible]	[illegible]	[illegible]	[illegible]	[illegible]	
1855	[illegible]	[illegible]	[illegible]	[illegible]	[illegible]	[illegible]	[illegible]	[illegible]	[illegible]	[illegible]	
56	[illegible]	[illegible]	[illegible]	[illegible]	[illegible]	[illegible]	[illegible]	[illegible]	[illegible]	[illegible]	[illegible]
57	[illegible]	[illegible]	[illegible]	[illegible]	[illegible]	[illegible]	[illegible]	[illegible]	[illegible]	[illegible]	
58	269.[illegible]	[illegible]	[illegible]	[illegible]	[illegible]	[illegible]	[illegible]	[illegible]	[illegible]	[illegible]	
59	[illegible]	[illegible]	[illegible]	[illegible]	[illegible]	[illegible]	[illegible]	[illegible]	[illegible]	[illegible]	
1860	[illegible]	[illegible]	[illegible]	[illegible]	[illegible]	[illegible]	[illegible]	[illegible]	[illegible]	[illegible]	
61	[illegible]	[illegible]	[illegible]	[illegible]	[illegible]	[illegible]	[illegible]	[illegible]	[illegible]	[illegible]	
62	[illegible]	[illegible]	[illegible]	[illegible]	[illegible]	[illegible]	[illegible]	[illegible]	[illegible]	[illegible]	
63	270.[illegible]	[illegible]	[illegible]	[illegible]	[illegible]	[illegible]	[illegible]	[illegible]	[illegible]	[illegible]	[illegible]
64	[illegible]	[illegible]	[illegible]	[illegible]	[illegible]	[illegible]	[illegible]	[illegible]	[illegible]	[illegible]	
1865	[illegible]	[illegible]	[illegible]	[illegible]	[illegible]	[illegible]	[illegible]	[illegible]	[illegible]	[illegible]	
66	[illegible]	[illegible]	[illegible]	[illegible]	[illegible]	[illegible]	[illegible]	[illegible]	[illegible]	[illegible]	
67	271.[illegible]	[illegible]	[illegible]	[illegible]	[illegible]	[illegible]	[illegible]	[illegible]	[illegible]	[illegible]	
68	[illegible]	[illegible]	[illegible]	[illegible]	[illegible]	[illegible]	[illegible]	[illegible]	[illegible]	[illegible]	
69	[illegible]	[illegible]	[illegible]	[illegible]	[illegible]	[illegible]	[illegible]	[illegible]	[illegible]	[illegible]	
1870	[illegible]	[illegible]	[illegible]	[illegible]	[illegible]	[illegible]	[illegible]	[illegible]	[illegible]	[illegible]	
71	272.[illegible]	[illegible]	[illegible]	[illegible]	[illegible]	[illegible]	[illegible]	[illegible]	[illegible]	[illegible]	[illegible]
72	[illegible]	[illegible]	[illegible]	[illegible]	[illegible]	[illegible]	[illegible]	[illegible]	[illegible]	[illegible]	
73	[illegible]	[illegible]	[illegible]	[illegible]	[illegible]	[illegible]	[illegible]	[illegible]	[illegible]	[illegible]	
74	[illegible]	[illegible]	[illegible]	[illegible]	[illegible]	[illegible]	[illegible]	[illegible]	[illegible]	[illegible]	
1875	273.[illegible]	[illegible]	[illegible]	[illegible]	[illegible]	[illegible]	[illegible]	[illegible]	[illegible]	[illegible]	
76	[illegible]	[illegible]	[illegible]	[illegible]	[illegible]	[illegible]	[illegible]	[illegible]	[illegible]	[illegible]	
77	[illegible]	[illegible]	[illegible]	[illegible]	[illegible]	[illegible]	[illegible]	[illegible]	[illegible]	[illegible]	
78	[illegible]	[illegible]	[illegible]	[illegible]	[illegible]	[illegible]	[illegible]	[illegible]	[illegible]	[illegible]	
79	[illegible]	[illegible]	[illegible]	[illegible]	[illegible]	[illegible]	[illegible]	[illegible]	[illegible]	[illegible]	
1880	274.[illegible]	[illegible]	[illegible]	[illegible]	[illegible]	[illegible]	[illegible]	[illegible]	[illegible]	[illegible]	[illegible]
81	[illegible]	[illegible]	[illegible]	[illegible]	[illegible]	[illegible]	[illegible]	[illegible]	[illegible]	[illegible]	
82	[illegible]	[illegible]	[illegible]	[illegible]	[illegible]	[illegible]	[illegible]	[illegible]	[illegible]	[illegible]	
83	[illegible]	[illegible]	[illegible]	[illegible]	[illegible]	[illegible]	[illegible]	[illegible]	[illegible]	[illegible]	
84	275.[illegible]	[illegible]	[illegible]	[illegible]	[illegible]	[illegible]	[illegible]	[illegible]	[illegible]	[illegible]	
1885	[illegible]	[illegible]	[illegible]	[illegible]	[illegible]	[illegible]	[illegible]	[illegible]	[illegible]	[illegible]	
86	[illegible]	[illegible]	[illegible]	[illegible]	[illegible]	[illegible]	[illegible]	[illegible]	[illegible]	[illegible]	
87	[illegible]	[illegible]	[illegible]	[illegible]	[illegible]	[illegible]	[illegible]	[illegible]	[illegible]	[illegible]	[illegible]
88	276.[illegible]	[illegible]	[illegible]	[illegible]	[illegible]	[illegible]	[illegible]	[illegible]	[illegible]	[illegible]	
89	[illegible]	[illegible]	[illegible]	[illegible]	[illegible]	[illegible]	[illegible]	[illegible]	[illegible]	[illegible]	
1890	[illegible]	[illegible]	[illegible]	[illegible]	[illegible]	[illegible]	[illegible]	[illegible]	[illegible]	[illegible]	
91	[illegible]	[illegible]	[illegible]	[illegible]	[illegible]	[illegible]	[illegible]	[illegible]	[illegible]	[illegible]	
92	[illegible]	[illegible]	[illegible]	[illegible]	[illegible]	[illegible]	[illegible]	[illegible]	[illegible]	[illegible]	
93	277.[illegible]	[illegible]	[illegible]	[illegible]	[illegible]	[illegible]	[illegible]	[illegible]	[illegible]	[illegible]	
94	[illegible]	[illegible]	[illegible]	[illegible]	[illegible]	[illegible]	[illegible]	[illegible]	[illegible]	[illegible]	
1895	[illegible]	[illegible]	[illegible]	[illegible]	[illegible]	[illegible]	[illegible]	[illegible]	[illegible]	[illegible]	[illegible]
96	[illegible]	[illegible]	[illegible]	[illegible]	[illegible]	[illegible]	[illegible]	[illegible]	[illegible]	[illegible]	
97	278.[illegible]	[illegible]	[illegible]	[illegible]	[illegible]	[illegible]	[illegible]	[illegible]	[illegible]	[illegible]	
98	[illegible]	[illegible]	[illegible]	[illegible]	[illegible]	[illegible]	[illegible]	[illegible]	[illegible]	[illegible]	
99	[illegible]	[illegible]	[illegible]	[illegible]	[illegible]	[illegible]	[illegible]	[illegible]	[illegible]	[illegible]	
NUM.	0	1	2	3	4	5	6	7	8	9	D.

N. 19000 L. 278

NUM.	0	1	2	3	4	5	6	7	8	9	D.
1900	278.[illegible]	[illegible]	[illegible]	[illegible]	[illegible]	[illegible]	[illegible]	[illegible]	[illegible]	[illegible]	
01	[illegible]	[illegible]	[illegible]	[illegible]	[illegible]	[illegible]	[illegible]	[illegible]	[illegible]	[illegible]	
02	279.[illegible]	[illegible]	[illegible]	[illegible]	[illegible]	[illegible]	[illegible]	[illegible]	[illegible]	[illegible]	
03	[illegible]	[illegible]	[illegible]	[illegible]	[illegible]	[illegible]	[illegible]	[illegible]	[illegible]	[illegible]	
04	[illegible]	[illegible]	[illegible]	[illegible]	[illegible]	[illegible]	[illegible]	[illegible]	[illegible]	[illegible]	[illegible]
1905	[illegible]	[illegible]	[illegible]	[illegible]	[illegible]	[illegible]	[illegible]	[illegible]	[illegible]	[illegible]	
06	280.[illegible]	[illegible]	[illegible]	[illegible]	[illegible]	[illegible]	[illegible]	[illegible]	[illegible]	[illegible]	
07	[illegible]	[illegible]	[illegible]	[illegible]	[illegible]	[illegible]	[illegible]	[illegible]	[illegible]	[illegible]	
08	[illegible]	[illegible]	[illegible]	[illegible]	[illegible]	[illegible]	[illegible]	[illegible]	[illegible]	[illegible]	
09	[illegible]	[illegible]	[illegible]	[illegible]	[illegible]	[illegible]	[illegible]	[illegible]	[illegible]	[illegible]	
1910	281.[illegible]	[illegible]	[illegible]	[illegible]	[illegible]	[illegible]	[illegible]	[illegible]	[illegible]	[illegible]	
11	[illegible]	[illegible]	[illegible]	[illegible]	[illegible]	[illegible]	[illegible]	[illegible]	[illegible]	[illegible]	
12	[illegible]	[illegible]	[illegible]	[illegible]	[illegible]	[illegible]	[illegible]	[illegible]	[illegible]	[illegible]	[illegible]
13	[illegible]	[illegible]	[illegible]	[illegible]	[illegible]	[illegible]	[illegible]	[illegible]	[illegible]	[illegible]	
14	[illegible]	[illegible]	[illegible]	[illegible]	[illegible]	[illegible]	[illegible]	[illegible]	[illegible]	[illegible]	
1915	282.[illegible]	[illegible]	[illegible]	[illegible]	[illegible]	[illegible]	[illegible]	[illegible]	[illegible]	[illegible]	
16	[illegible]	[illegible]	[illegible]	[illegible]	[illegible]	[illegible]	[illegible]	[illegible]	[illegible]	[illegible]	
17	[illegible]	[illegible]	[illegible]	[illegible]	[illegible]	[illegible]	[illegible]	[illegible]	[illegible]	[illegible]	
18	[illegible]	[illegible]	[illegible]	[illegible]	[illegible]	[illegible]	[illegible]	[illegible]	[illegible]	[illegible]	
19	283.[illegible]	[illegible]	[illegible]	[illegible]	[illegible]	[illegible]	[illegible]	[illegible]	[illegible]	[illegible]	
1920	[illegible]	[illegible]	[illegible]	[illegible]	[illegible]	[illegible]	[illegible]	[illegible]	[illegible]	[illegible]	[illegible]
21	[illegible]	[illegible]	[illegible]	[illegible]	[illegible]	[illegible]	[illegible]	[illegible]	[illegible]	[illegible]	
22	[illegible]	[illegible]	[illegible]	[illegible]	[illegible]	[illegible]	[illegible]	[illegible]	[illegible]	[illegible]	
23	[illegible]	[illegible]	[illegible]	[illegible]	[illegible]	[illegible]	[illegible]	[illegible]	[illegible]	[illegible]	
24	284.[illegible]	[illegible]	[illegible]	[illegible]	[illegible]	[illegible]	[illegible]	[illegible]	[illegible]	[illegible]	
1925	[illegible]	[illegible]	[illegible]	[illegible]	[illegible]	[illegible]	[illegible]	[illegible]	[illegible]	[illegible]	
26	[illegible]	[illegible]	[illegible]	[illegible]	[illegible]	[illegible]	[illegible]	[illegible]	[illegible]	[illegible]	
27	[illegible]	[illegible]	[illegible]	[illegible]	[illegible]	[illegible]	[illegible]	[illegible]	[illegible]	[illegible]	
28	285.[illegible]	[illegible]	[illegible]	[illegible]	[illegible]	[illegible]	[illegible]	[illegible]	[illegible]	[illegible]	[illegible]
29	[illegible]	[illegible]	[illegible]	[illegible]	[illegible]	[illegible]	[illegible]	[illegible]	[illegible]	[illegible]	
1930	[illegible]	[illegible]	[illegible]	[illegible]	[illegible]	[illegible]	[illegible]	[illegible]	[illegible]	[illegible]	
31	[illegible]	[illegible]	[illegible]	[illegible]	[illegible]	[illegible]	[illegible]	[illegible]	[illegible]	[illegible]	
32	286.[illegible]	[illegible]	[illegible]	[illegible]	[illegible]	[illegible]	[illegible]	[illegible]	[illegible]	[illegible]	
33	[illegible]	[illegible]	[illegible]	[illegible]	[illegible]	[illegible]	[illegible]	[illegible]	[illegible]	[illegible]	
34	[illegible]	[illegible]	[illegible]	[illegible]	[illegible]	[illegible]	[illegible]	[illegible]	[illegible]	[illegible]	
1935	[illegible]	[illegible]	[illegible]	[illegible]	[illegible]	[illegible]	[illegible]	[illegible]	[illegible]	[illegible]	
36	[illegible]	[illegible]	[illegible]	[illegible]	[illegible]	[illegible]	[illegible]	[illegible]	[illegible]	[illegible]	
37	287.[illegible]	[illegible]	[illegible]	[illegible]	[illegible]	[illegible]	[illegible]	[illegible]	[illegible]	[illegible]	[illegible]
38	[illegible]	[illegible]	[illegible]	[illegible]	[illegible]	[illegible]	[illegible]	[illegible]	[illegible]	[illegible]	
39	[illegible]	[illegible]	[illegible]	[illegible]	[illegible]	[illegible]	[illegible]	[illegible]	[illegible]	[illegible]	
1940	[illegible]	[illegible]	[illegible]	[illegible]	[illegible]	[illegible]	[illegible]	[illegible]	[illegible]	[illegible]	
41	288.[illegible]	[illegible]	[illegible]	[illegible]	[illegible]	[illegible]	[illegible]	[illegible]	[illegible]	[illegible]	
42	[illegible]	[illegible]	[illegible]	[illegible]	[illegible]	[illegible]	[illegible]	[illegible]	[illegible]	[illegible]	
43	[illegible]	[illegible]	[illegible]	[illegible]	[illegible]	[illegible]	[illegible]	[illegible]	[illegible]	[illegible]	
44	[illegible]	[illegible]	[illegible]	[illegible]	[illegible]	[illegible]	[illegible]	[illegible]	[illegible]	[illegible]	
1945	[illegible]	[illegible]	[illegible]	[illegible]	[illegible]	[illegible]	[illegible]	[illegible]	[illegible]	[illegible]	
46	289.[illegible]	[illegible]	[illegible]	[illegible]	[illegible]	[illegible]	[illegible]	[illegible]	[illegible]	[illegible]	[illegible]
47	[illegible]	[illegible]	[illegible]	[illegible]	[illegible]	[illegible]	[illegible]	[illegible]	[illegible]	[illegible]	
48	[illegible]	[illegible]	[illegible]	[illegible]	[illegible]	[illegible]	[illegible]	[illegible]	[illegible]	[illegible]	
49	[illegible]	[illegible]	[illegible]	[illegible]	[illegible]	[illegible]	[illegible]	[illegible]	[illegible]	[illegible]	
1950	290.[illegible]	[illegible]	[illegible]	[illegible]	[illegible]	[illegible]	[illegible]	[illegible]	[illegible]	[illegible]	
51	[illegible]	[illegible]	[illegible]	[illegible]	[illegible]	[illegible]	[illegible]	[illegible]	[illegible]	[illegible]	
52	[illegible]	[illegible]	[illegible]	[illegible]	[illegible]	[illegible]	[illegible]	[illegible]	[illegible]	[illegible]	
53	[illegible]	[illegible]	[illegible]	[illegible]	[illegible]	[illegible]	[illegible]	[illegible]	[illegible]	[illegible]	
54	[illegible]	[illegible]	[illegible]	[illegible]	[illegible]	[illegible]	[illegible]	[illegible]	[illegible]	[illegible]	
1955	291.[illegible]	[illegible]	[illegible]	[illegible]	[illegible]	[illegible]	[illegible]	[illegible]	[illegible]	[illegible]	[illegible]
56	[illegible]	[illegible]	[illegible]	[illegible]	[illegible]	[illegible]	[illegible]	[illegible]	[illegible]	[illegible]	
57	[illegible]	[illegible]	[illegible]	[illegible]	[illegible]	[illegible]	[illegible]	[illegible]	[illegible]	[illegible]	
58	[illegible]	[illegible]	[illegible]	[illegible]	[illegible]	[illegible]	[illegible]	[illegible]	[illegible]	[illegible]	
59	292.[illegible]	[illegible]	[illegible]	[illegible]	[illegible]	[illegible]	[illegible]	[illegible]	[illegible]	[illegible]	
NUM.	0	1	2	3	4	5	6	7	8	9	D.

[illegible]	D	1	2	3	4	5	6	7	8	9	D	1	2	3	4	5	6	7	8	9	D	1	2	3	4	5	6	7	8	9	D	1	2	3	4	5	6	7	8	9
	[illegible]	[illegible]	[illegible]	[illegible]	[illegible]	[illegible]	[illegible]	[illegible]	[illegible]	[illegible]	[illegible]	[illegible]	[illegible]	[illegible]	[illegible]	[illegible]	[illegible]	[illegible]	[illegible]	[illegible]	[illegible]	[illegible]	[illegible]	[illegible]	[illegible]	[illegible]	[illegible]	[illegible]	[illegible]	[illegible]	[illegible]	[illegible]	[illegible]	[illegible]	[illegible]	[illegible]	[illegible]	[illegible]	[illegible]	[illegible]

Num.	0	1	2	3	4	5	6	7	8	9	D.
1960	[illegible]	[illegible]	[illegible]	[illegible]	[illegible]	[illegible]	[illegible]	[illegible]	[illegible]	[illegible]	
61	[illegible]	[illegible]	[illegible]	[illegible]	[illegible]	[illegible]	[illegible]	[illegible]	[illegible]	[illegible]	
62	[illegible]	[illegible]	[illegible]	[illegible]	[illegible]	[illegible]	[illegible]	[illegible]	[illegible]	[illegible]	
63	[illegible]	[illegible]	[illegible]	[illegible]	[illegible]	[illegible]	[illegible]	[illegible]	[illegible]	[illegible]	
64	[illegible]	[illegible]	[illegible]	[illegible]	[illegible]	[illegible]	[illegible]	[illegible]	[illegible]	[illegible]	
1965	[illegible]	[illegible]	[illegible]	[illegible]	[illegible]	[illegible]	[illegible]	[illegible]	[illegible]	[illegible]	[illegible]
66	[illegible]	[illegible]	[illegible]	[illegible]	[illegible]	[illegible]	[illegible]	[illegible]	[illegible]	[illegible]	
67	[illegible]	[illegible]	[illegible]	[illegible]	[illegible]	[illegible]	[illegible]	[illegible]	[illegible]	[illegible]	
68	[illegible]	[illegible]	[illegible]	[illegible]	[illegible]	[illegible]	[illegible]	[illegible]	[illegible]	[illegible]	
69	[illegible]	[illegible]	[illegible]	[illegible]	[illegible]	[illegible]	[illegible]	[illegible]	[illegible]	[illegible]	
1970	[illegible]	[illegible]	[illegible]	[illegible]	[illegible]	[illegible]	[illegible]	[illegible]	[illegible]	[illegible]	
71	[illegible]	[illegible]	[illegible]	[illegible]	[illegible]	[illegible]	[illegible]	[illegible]	[illegible]	[illegible]	
72	[illegible]	[illegible]	[illegible]	[illegible]	[illegible]	[illegible]	[illegible]	[illegible]	[illegible]	[illegible]	
73	[illegible]	[illegible]	[illegible]	[illegible]	[illegible]	[illegible]	[illegible]	[illegible]	[illegible]	[illegible]	
74	[illegible]	[illegible]	[illegible]	[illegible]	[illegible]	[illegible]	[illegible]	[illegible]	[illegible]	[illegible]	[illegible]
1975	[illegible]	[illegible]	[illegible]	[illegible]	[illegible]	[illegible]	[illegible]	[illegible]	[illegible]	[illegible]	
76	[illegible]	[illegible]	[illegible]	[illegible]	[illegible]	[illegible]	[illegible]	[illegible]	[illegible]	[illegible]	
77	[illegible]	[illegible]	[illegible]	[illegible]	[illegible]	[illegible]	[illegible]	[illegible]	[illegible]	[illegible]	
78	[illegible]	[illegible]	[illegible]	[illegible]	[illegible]	[illegible]	[illegible]	[illegible]	[illegible]	[illegible]	
79	[illegible]	[illegible]	[illegible]	[illegible]	[illegible]	[illegible]	[illegible]	[illegible]	[illegible]	[illegible]	
1980	[illegible]	[illegible]	[illegible]	[illegible]	[illegible]	[illegible]	[illegible]	[illegible]	[illegible]	[illegible]	
81	[illegible]	[illegible]	[illegible]	[illegible]	[illegible]	[illegible]	[illegible]	[illegible]	[illegible]	[illegible]	
82	[illegible]	[illegible]	[illegible]	[illegible]	[illegible]	[illegible]	[illegible]	[illegible]	[illegible]	[illegible]	
83	[illegible]	[illegible]	[illegible]	[illegible]	[illegible]	[illegible]	[illegible]	[illegible]	[illegible]	[illegible]	[illegible]
84	[illegible]	[illegible]	[illegible]	[illegible]	[illegible]	[illegible]	[illegible]	[illegible]	[illegible]	[illegible]	
1985	[illegible]	[illegible]	[illegible]	[illegible]	[illegible]	[illegible]	[illegible]	[illegible]	[illegible]	[illegible]	
86	[illegible]	[illegible]	[illegible]	[illegible]	[illegible]	[illegible]	[illegible]	[illegible]	[illegible]	[illegible]	
87	[illegible]	[illegible]	[illegible]	[illegible]	[illegible]	[illegible]	[illegible]	[illegible]	[illegible]	[illegible]	
88	[illegible]	[illegible]	[illegible]	[illegible]	[illegible]	[illegible]	[illegible]	[illegible]	[illegible]	[illegible]	
89	[illegible]	[illegible]	[illegible]	[illegible]	[illegible]	[illegible]	[illegible]	[illegible]	[illegible]	[illegible]	
1990	[illegible]	[illegible]	[illegible]	[illegible]	[illegible]	[illegible]	[illegible]	[illegible]	[illegible]	[illegible]	
91	[illegible]	[illegible]	[illegible]	[illegible]	[illegible]	[illegible]	[illegible]	[illegible]	[illegible]	[illegible]	[illegible]
92	[illegible]	[illegible]	[illegible]	[illegible]	[illegible]	[illegible]	[illegible]	[illegible]	[illegible]	[illegible]	
93	[illegible]	[illegible]	[illegible]	[illegible]	[illegible]	[illegible]	[illegible]	[illegible]	[illegible]	[illegible]	
94	[illegible]	[illegible]	[illegible]	[illegible]	[illegible]	[illegible]	[illegible]	[illegible]	[illegible]	[illegible]	
1995	[illegible]	[illegible]	[illegible]	[illegible]	[illegible]	[illegible]	[illegible]	[illegible]	[illegible]	[illegible]	
96	[illegible]	[illegible]	[illegible]	[illegible]	[illegible]	[illegible]	[illegible]	[illegible]	[illegible]	[illegible]	
97	[illegible]	[illegible]	[illegible]	[illegible]	[illegible]	[illegible]	[illegible]	[illegible]	[illegible]	[illegible]	
98	[illegible]	[illegible]	[illegible]	[illegible]	[illegible]	[illegible]	[illegible]	[illegible]	[illegible]	[illegible]	
99	[illegible]	[illegible]	[illegible]	[illegible]	[illegible]	[illegible]	[illegible]	[illegible]	[illegible]	[illegible]	
2000	[illegible]	[illegible]	[illegible]	[illegible]	[illegible]	[illegible]	[illegible]	[illegible]	[illegible]	[illegible]	[illegible]
01	[illegible]	[illegible]	[illegible]	[illegible]	[illegible]	[illegible]	[illegible]	[illegible]	[illegible]	[illegible]	
02	[illegible]	[illegible]	[illegible]	[illegible]	[illegible]	[illegible]	[illegible]	[illegible]	[illegible]	[illegible]	
03	[illegible]	[illegible]	[illegible]	[illegible]	[illegible]	[illegible]	[illegible]	[illegible]	[illegible]	[illegible]	
04	[illegible]	[illegible]	[illegible]	[illegible]	[illegible]	[illegible]	[illegible]	[illegible]	[illegible]	[illegible]	
2005	[illegible]	[illegible]	[illegible]	[illegible]	[illegible]	[illegible]	[illegible]	[illegible]	[illegible]	[illegible]	
06	[illegible]	[illegible]	[illegible]	[illegible]	[illegible]	[illegible]	[illegible]	[illegible]	[illegible]	[illegible]	
07	[illegible]	[illegible]	[illegible]	[illegible]	[illegible]	[illegible]	[illegible]	[illegible]	[illegible]	[illegible]	
08	[illegible]	[illegible]	[illegible]	[illegible]	[illegible]	[illegible]	[illegible]	[illegible]	[illegible]	[illegible]	
09	[illegible]	[illegible]	[illegible]	[illegible]	[illegible]	[illegible]	[illegible]	[illegible]	[illegible]	[illegible]	
2010	[illegible]	[illegible]	[illegible]	[illegible]	[illegible]	[illegible]	[illegible]	[illegible]	[illegible]	[illegible]	[illegible]
11	[illegible]	[illegible]	[illegible]	[illegible]	[illegible]	[illegible]	[illegible]	[illegible]	[illegible]	[illegible]	
12	[illegible]	[illegible]	[illegible]	[illegible]	[illegible]	[illegible]	[illegible]	[illegible]	[illegible]	[illegible]	
13	[illegible]	[illegible]	[illegible]	[illegible]	[illegible]	[illegible]	[illegible]	[illegible]	[illegible]	[illegible]	
14	[illegible]	[illegible]	[illegible]	[illegible]	[illegible]	[illegible]	[illegible]	[illegible]	[illegible]	[illegible]	
2015	[illegible]	[illegible]	[illegible]	[illegible]	[illegible]	[illegible]	[illegible]	[illegible]	[illegible]	[illegible]	
16	[illegible]	[illegible]	[illegible]	[illegible]	[illegible]	[illegible]	[illegible]	[illegible]	[illegible]	[illegible]	
17	[illegible]	[illegible]	[illegible]	[illegible]	[illegible]	[illegible]	[illegible]	[illegible]	[illegible]	[illegible]	
18	[illegible]	[illegible]	[illegible]	[illegible]	[illegible]	[illegible]	[illegible]	[illegible]	[illegible]	[illegible]	
19	[illegible]	[illegible]	[illegible]	[illegible]	[illegible]	[illegible]	[illegible]	[illegible]	[illegible]	[illegible]	
2020	[illegible]	[illegible]	[illegible]	[illegible]	[illegible]	[illegible]	[illegible]	[illegible]	[illegible]	[illegible]	[illegible]
21	[illegible]	[illegible]	[illegible]	[illegible]	[illegible]	[illegible]	[illegible]	[illegible]	[illegible]	[illegible]	
22	[illegible]	[illegible]	[illegible]	[illegible]	[illegible]	[illegible]	[illegible]	[illegible]	[illegible]	[illegible]	
23	[illegible]	[illegible]	[illegible]	[illegible]	[illegible]	[illegible]	[illegible]	[illegible]	[illegible]	[illegible]	
24	[illegible]	[illegible]	[illegible]	[illegible]	[illegible]	[illegible]	[illegible]	[illegible]	[illegible]	[illegible]	
Num.	0	1	2	3	4	5	6	7	8	9	D.

Num.	0	1	2	3	4	5	6	7	8	9	D.	Part.
2025	[illegible]	[illegible]	[illegible]	[illegible]	[illegible]	[illegible]	[illegible]	[illegible]	[illegible]	[illegible]		[illegible]
26	[illegible]	[illegible]	[illegible]	[illegible]	[illegible]	[illegible]	[illegible]	[illegible]	[illegible]	[illegible]		
27	[illegible]	[illegible]	[illegible]	[illegible]	[illegible]	[illegible]	[illegible]	[illegible]	[illegible]	[illegible]		
28	[illegible]	[illegible]	[illegible]	[illegible]	[illegible]	[illegible]	[illegible]	[illegible]	[illegible]	[illegible]		
29	[illegible]	[illegible]	[illegible]	[illegible]	[illegible]	[illegible]	[illegible]	[illegible]	[illegible]	[illegible]		
2030	[illegible]	[illegible]	[illegible]	[illegible]	[illegible]	[illegible]	[illegible]	[illegible]	[illegible]	[illegible]		[illegible]
31	[illegible]	[illegible]	[illegible]	[illegible]	[illegible]	[illegible]	[illegible]	[illegible]	[illegible]	[illegible]		
32	[illegible]	[illegible]	[illegible]	[illegible]	[illegible]	[illegible]	[illegible]	[illegible]	[illegible]	[illegible]		
33	[illegible]	[illegible]	[illegible]	[illegible]	[illegible]	[illegible]	[illegible]	[illegible]	[illegible]	[illegible]		
34	[illegible]	[illegible]	[illegible]	[illegible]	[illegible]	[illegible]	[illegible]	[illegible]	[illegible]	[illegible]		
2035	[illegible]	[illegible]	[illegible]	[illegible]	[illegible]	[illegible]	[illegible]	[illegible]	[illegible]	[illegible]		[illegible]
36	[illegible]	[illegible]	[illegible]	[illegible]	[illegible]	[illegible]	[illegible]	[illegible]	[illegible]	[illegible]		
37	[illegible]	[illegible]	[illegible]	[illegible]	[illegible]	[illegible]	[illegible]	[illegible]	[illegible]	[illegible]		
38	[illegible]	[illegible]	[illegible]	[illegible]	[illegible]	[illegible]	[illegible]	[illegible]	[illegible]	[illegible]		
39	[illegible]	[illegible]	[illegible]	[illegible]	[illegible]	[illegible]	[illegible]	[illegible]	[illegible]	[illegible]		
2040	[illegible]	[illegible]	[illegible]	[illegible]	[illegible]	[illegible]	[illegible]	[illegible]	[illegible]	[illegible]		[illegible]
41	[illegible]	[illegible]	[illegible]	[illegible]	[illegible]	[illegible]	[illegible]	[illegible]	[illegible]	[illegible]		
42	[illegible]	[illegible]	[illegible]	[illegible]	[illegible]	[illegible]	[illegible]	[illegible]	[illegible]	[illegible]		
43	[illegible]	[illegible]	[illegible]	[illegible]	[illegible]	[illegible]	[illegible]	[illegible]	[illegible]	[illegible]		
44	[illegible]	[illegible]	[illegible]	[illegible]	[illegible]	[illegible]	[illegible]	[illegible]	[illegible]	[illegible]		
2045	[illegible]	[illegible]	[illegible]	[illegible]	[illegible]	[illegible]	[illegible]	[illegible]	[illegible]	[illegible]		[illegible]
46	[illegible]	[illegible]	[illegible]	[illegible]	[illegible]	[illegible]	[illegible]	[illegible]	[illegible]	[illegible]		
47	[illegible]	[illegible]	[illegible]	[illegible]	[illegible]	[illegible]	[illegible]	[illegible]	[illegible]	[illegible]		
48	[illegible]	[illegible]	[illegible]	[illegible]	[illegible]	[illegible]	[illegible]	[illegible]	[illegible]	[illegible]		
49	[illegible]	[illegible]	[illegible]	[illegible]	[illegible]	[illegible]	[illegible]	[illegible]	[illegible]	[illegible]		
2050	[illegible]	[illegible]	[illegible]	[illegible]	[illegible]	[illegible]	[illegible]	[illegible]	[illegible]	[illegible]		[illegible]
51	[illegible]	[illegible]	[illegible]	[illegible]	[illegible]	[illegible]	[illegible]	[illegible]	[illegible]	[illegible]		
52	[illegible]	[illegible]	[illegible]	[illegible]	[illegible]	[illegible]	[illegible]	[illegible]	[illegible]	[illegible]		
53	[illegible]	[illegible]	[illegible]	[illegible]	[illegible]	[illegible]	[illegible]	[illegible]	[illegible]	[illegible]		
54	[illegible]	[illegible]	[illegible]	[illegible]	[illegible]	[illegible]	[illegible]	[illegible]	[illegible]	[illegible]		
2055	[illegible]	[illegible]	[illegible]	[illegible]	[illegible]	[illegible]	[illegible]	[illegible]	[illegible]	[illegible]		[illegible]
56	[illegible]	[illegible]	[illegible]	[illegible]	[illegible]	[illegible]	[illegible]	[illegible]	[illegible]	[illegible]		
57	[illegible]	[illegible]	[illegible]	[illegible]	[illegible]	[illegible]	[illegible]	[illegible]	[illegible]	[illegible]		
58	[illegible]	[illegible]	[illegible]	[illegible]	[illegible]	[illegible]	[illegible]	[illegible]	[illegible]	[illegible]		
59	[illegible]	[illegible]	[illegible]	[illegible]	[illegible]	[illegible]	[illegible]	[illegible]	[illegible]	[illegible]		
2060	[illegible]	[illegible]	[illegible]	[illegible]	[illegible]	[illegible]	[illegible]	[illegible]	[illegible]	[illegible]		[illegible]
61	[illegible]	[illegible]	[illegible]	[illegible]	[illegible]	[illegible]	[illegible]	[illegible]	[illegible]	[illegible]		
62	[illegible]	[illegible]	[illegible]	[illegible]	[illegible]	[illegible]	[illegible]	[illegible]	[illegible]	[illegible]		
63	[illegible]	[illegible]	[illegible]	[illegible]	[illegible]	[illegible]	[illegible]	[illegible]	[illegible]	[illegible]		
64	[illegible]	[illegible]	[illegible]	[illegible]	[illegible]	[illegible]	[illegible]	[illegible]	[illegible]	[illegible]		
2065	[illegible]	[illegible]	[illegible]	[illegible]	[illegible]	[illegible]	[illegible]	[illegible]	[illegible]	[illegible]		[illegible]
66	[illegible]	[illegible]	[illegible]	[illegible]	[illegible]	[illegible]	[illegible]	[illegible]	[illegible]	[illegible]		
67	[illegible]	[illegible]	[illegible]	[illegible]	[illegible]	[illegible]	[illegible]	[illegible]	[illegible]	[illegible]		
68	[illegible]	[illegible]	[illegible]	[illegible]	[illegible]	[illegible]	[illegible]	[illegible]	[illegible]	[illegible]		
69	[illegible]	[illegible]	[illegible]	[illegible]	[illegible]	[illegible]	[illegible]	[illegible]	[illegible]	[illegible]		
2070	[illegible]	[illegible]	[illegible]	[illegible]	[illegible]	[illegible]	[illegible]	[illegible]	[illegible]	[illegible]		[illegible]
71	[illegible]	[illegible]	[illegible]	[illegible]	[illegible]	[illegible]	[illegible]	[illegible]	[illegible]	[illegible]		
72	[illegible]	[illegible]	[illegible]	[illegible]	[illegible]	[illegible]	[illegible]	[illegible]	[illegible]	[illegible]		
73	[illegible]	[illegible]	[illegible]	[illegible]	[illegible]	[illegible]	[illegible]	[illegible]	[illegible]	[illegible]		
74	[illegible]	[illegible]	[illegible]	[illegible]	[illegible]	[illegible]	[illegible]	[illegible]	[illegible]	[illegible]		
2075	[illegible]	[illegible]	[illegible]	[illegible]	[illegible]	[illegible]	[illegible]	[illegible]	[illegible]	[illegible]		[illegible]
76	[illegible]	[illegible]	[illegible]	[illegible]	[illegible]	[illegible]	[illegible]	[illegible]	[illegible]	[illegible]		
77	[illegible]	[illegible]	[illegible]	[illegible]	[illegible]	[illegible]	[illegible]	[illegible]	[illegible]	[illegible]		
78	[illegible]	[illegible]	[illegible]	[illegible]	[illegible]	[illegible]	[illegible]	[illegible]	[illegible]	[illegible]		
79	[illegible]	[illegible]	[illegible]	[illegible]	[illegible]	[illegible]	[illegible]	[illegible]	[illegible]	[illegible]		
2080	[illegible]	[illegible]	[illegible]	[illegible]	[illegible]	[illegible]	[illegible]	[illegible]	[illegible]	[illegible]		[illegible]
81	[illegible]	[illegible]	[illegible]	[illegible]	[illegible]	[illegible]	[illegible]	[illegible]	[illegible]	[illegible]		
82	[illegible]	[illegible]	[illegible]	[illegible]	[illegible]	[illegible]	[illegible]	[illegible]	[illegible]	[illegible]		
83	[illegible]	[illegible]	[illegible]	[illegible]	[illegible]	[illegible]	[illegible]	[illegible]	[illegible]	[illegible]		
84	[illegible]	[illegible]	[illegible]	[illegible]	[illegible]	[illegible]	[illegible]	[illegible]	[illegible]	[illegible]		
2085	[illegible]	[illegible]	[illegible]	[illegible]	[illegible]	[illegible]	[illegible]	[illegible]	[illegible]	[illegible]		[illegible]
86	[illegible]	[illegible]	[illegible]	[illegible]	[illegible]	[illegible]	[illegible]	[illegible]	[illegible]	[illegible]		
87	[illegible]	[illegible]	[illegible]	[illegible]	[illegible]	[illegible]	[illegible]	[illegible]	[illegible]	[illegible]		
88	[illegible]	[illegible]	[illegible]	[illegible]	[illegible]	[illegible]	[illegible]	[illegible]	[illegible]	[illegible]		
89	[illegible]	[illegible]	[illegible]	[illegible]	[illegible]	[illegible]	[illegible]	[illegible]	[illegible]	[illegible]		
Num.	0	1	2	3	4	5	6	7	8	9	D.	Part.

N. 20900 L. 320

Num.	0	1	2	3	4	5	6	7	8	9	D
2090	[illegible]	[illegible]	[illegible]	[illegible]	[illegible]	[illegible]	[illegible]	[illegible]	[illegible]	[illegible]	
91	[illegible]	[illegible]	[illegible]	[illegible]	[illegible]	[illegible]	[illegible]	[illegible]	[illegible]	[illegible]	
92	[illegible]	[illegible]	[illegible]	[illegible]	[illegible]	[illegible]	[illegible]	[illegible]	[illegible]	[illegible]	
93	[illegible]	[illegible]	[illegible]	[illegible]	[illegible]	[illegible]	[illegible]	[illegible]	[illegible]	[illegible]	
94	[illegible]	[illegible]	[illegible]	[illegible]	[illegible]	[illegible]	[illegible]	[illegible]	[illegible]	[illegible]	
2095	[illegible]	[illegible]	[illegible]	[illegible]	[illegible]	[illegible]	[illegible]	[illegible]	[illegible]	[illegible]	
96	[illegible]	[illegible]	[illegible]	[illegible]	[illegible]	[illegible]	[illegible]	[illegible]	[illegible]	[illegible]	
97	[illegible]	[illegible]	[illegible]	[illegible]	[illegible]	[illegible]	[illegible]	[illegible]	[illegible]	[illegible]	[illegible]
98	[illegible]	[illegible]	[illegible]	[illegible]	[illegible]	[illegible]	[illegible]	[illegible]	[illegible]	[illegible]	
99	[illegible]	[illegible]	[illegible]	[illegible]	[illegible]	[illegible]	[illegible]	[illegible]	[illegible]	[illegible]	
2100	[illegible]	[illegible]	[illegible]	[illegible]	[illegible]	[illegible]	[illegible]	[illegible]	[illegible]	[illegible]	
01	[illegible]	[illegible]	[illegible]	[illegible]	[illegible]	[illegible]	[illegible]	[illegible]	[illegible]	[illegible]	
02	[illegible]	[illegible]	[illegible]	[illegible]	[illegible]	[illegible]	[illegible]	[illegible]	[illegible]	[illegible]	
03	[illegible]	[illegible]	[illegible]	[illegible]	[illegible]	[illegible]	[illegible]	[illegible]	[illegible]	[illegible]	
04	[illegible]	[illegible]	[illegible]	[illegible]	[illegible]	[illegible]	[illegible]	[illegible]	[illegible]	[illegible]	
2105	[illegible]	[illegible]	[illegible]	[illegible]	[illegible]	[illegible]	[illegible]	[illegible]	[illegible]	[illegible]	
06	[illegible]	[illegible]	[illegible]	[illegible]	[illegible]	[illegible]	[illegible]	[illegible]	[illegible]	[illegible]	
07	[illegible]	[illegible]	[illegible]	[illegible]	[illegible]	[illegible]	[illegible]	[illegible]	[illegible]	[illegible]	
08	[illegible]	[illegible]	[illegible]	[illegible]	[illegible]	[illegible]	[illegible]	[illegible]	[illegible]	[illegible]	[illegible]
09	[illegible]	[illegible]	[illegible]	[illegible]	[illegible]	[illegible]	[illegible]	[illegible]	[illegible]	[illegible]	
2110	[illegible]	[illegible]	[illegible]	[illegible]	[illegible]	[illegible]	[illegible]	[illegible]	[illegible]	[illegible]	
11	[illegible]	[illegible]	[illegible]	[illegible]	[illegible]	[illegible]	[illegible]	[illegible]	[illegible]	[illegible]	
12	[illegible]	[illegible]	[illegible]	[illegible]	[illegible]	[illegible]	[illegible]	[illegible]	[illegible]	[illegible]	
13	[illegible]	[illegible]	[illegible]	[illegible]	[illegible]	[illegible]	[illegible]	[illegible]	[illegible]	[illegible]	
14	[illegible]	[illegible]	[illegible]	[illegible]	[illegible]	[illegible]	[illegible]	[illegible]	[illegible]	[illegible]	
2115	[illegible]	[illegible]	[illegible]	[illegible]	[illegible]	[illegible]	[illegible]	[illegible]	[illegible]	[illegible]	
16	[illegible]	[illegible]	[illegible]	[illegible]	[illegible]	[illegible]	[illegible]	[illegible]	[illegible]	[illegible]	
17	[illegible]	[illegible]	[illegible]	[illegible]	[illegible]	[illegible]	[illegible]	[illegible]	[illegible]	[illegible]	
18	[illegible]	[illegible]	[illegible]	[illegible]	[illegible]	[illegible]	[illegible]	[illegible]	[illegible]	[illegible]	[illegible]
19	[illegible]	[illegible]	[illegible]	[illegible]	[illegible]	[illegible]	[illegible]	[illegible]	[illegible]	[illegible]	
2120	[illegible]	[illegible]	[illegible]	[illegible]	[illegible]	[illegible]	[illegible]	[illegible]	[illegible]	[illegible]	
21	[illegible]	[illegible]	[illegible]	[illegible]	[illegible]	[illegible]	[illegible]	[illegible]	[illegible]	[illegible]	
22	[illegible]	[illegible]	[illegible]	[illegible]	[illegible]	[illegible]	[illegible]	[illegible]	[illegible]	[illegible]	
23	[illegible]	[illegible]	[illegible]	[illegible]	[illegible]	[illegible]	[illegible]	[illegible]	[illegible]	[illegible]	
24	[illegible]	[illegible]	[illegible]	[illegible]	[illegible]	[illegible]	[illegible]	[illegible]	[illegible]	[illegible]	
2125	[illegible]	[illegible]	[illegible]	[illegible]	[illegible]	[illegible]	[illegible]	[illegible]	[illegible]	[illegible]	
26	[illegible]	[illegible]	[illegible]	[illegible]	[illegible]	[illegible]	[illegible]	[illegible]	[illegible]	[illegible]	
27	[illegible]	[illegible]	[illegible]	[illegible]	[illegible]	[illegible]	[illegible]	[illegible]	[illegible]	[illegible]	
28	[illegible]	[illegible]	[illegible]	[illegible]	[illegible]	[illegible]	[illegible]	[illegible]	[illegible]	[illegible]	[illegible]
29	[illegible]	[illegible]	[illegible]	[illegible]	[illegible]	[illegible]	[illegible]	[illegible]	[illegible]	[illegible]	
2130	[illegible]	[illegible]	[illegible]	[illegible]	[illegible]	[illegible]	[illegible]	[illegible]	[illegible]	[illegible]	
31	[illegible]	[illegible]	[illegible]	[illegible]	[illegible]	[illegible]	[illegible]	[illegible]	[illegible]	[illegible]	
32	[illegible]	[illegible]	[illegible]	[illegible]	[illegible]	[illegible]	[illegible]	[illegible]	[illegible]	[illegible]	
33	[illegible]	[illegible]	[illegible]	[illegible]	[illegible]	[illegible]	[illegible]	[illegible]	[illegible]	[illegible]	
34	[illegible]	[illegible]	[illegible]	[illegible]	[illegible]	[illegible]	[illegible]	[illegible]	[illegible]	[illegible]	
2135	[illegible]	[illegible]	[illegible]	[illegible]	[illegible]	[illegible]	[illegible]	[illegible]	[illegible]	[illegible]	
36	[illegible]	[illegible]	[illegible]	[illegible]	[illegible]	[illegible]	[illegible]	[illegible]	[illegible]	[illegible]	
37	[illegible]	[illegible]	[illegible]	[illegible]	[illegible]	[illegible]	[illegible]	[illegible]	[illegible]	[illegible]	
38	[illegible]	[illegible]	[illegible]	[illegible]	[illegible]	[illegible]	[illegible]	[illegible]	[illegible]	[illegible]	
39	[illegible]	[illegible]	[illegible]	[illegible]	[illegible]	[illegible]	[illegible]	[illegible]	[illegible]	[illegible]	[illegible]
2140	[illegible]	[illegible]	[illegible]	[illegible]	[illegible]	[illegible]	[illegible]	[illegible]	[illegible]	[illegible]	
41	[illegible]	[illegible]	[illegible]	[illegible]	[illegible]	[illegible]	[illegible]	[illegible]	[illegible]	[illegible]	
42	[illegible]	[illegible]	[illegible]	[illegible]	[illegible]	[illegible]	[illegible]	[illegible]	[illegible]	[illegible]	
43	[illegible]	[illegible]	[illegible]	[illegible]	[illegible]	[illegible]	[illegible]	[illegible]	[illegible]	[illegible]	
44	[illegible]	[illegible]	[illegible]	[illegible]	[illegible]	[illegible]	[illegible]	[illegible]	[illegible]	[illegible]	
2145	[illegible]	[illegible]	[illegible]	[illegible]	[illegible]	[illegible]	[illegible]	[illegible]	[illegible]	[illegible]	
46	[illegible]	[illegible]	[illegible]	[illegible]	[illegible]	[illegible]	[illegible]	[illegible]	[illegible]	[illegible]	
47	[illegible]	[illegible]	[illegible]	[illegible]	[illegible]	[illegible]	[illegible]	[illegible]	[illegible]	[illegible]	
48	[illegible]	[illegible]	[illegible]	[illegible]	[illegible]	[illegible]	[illegible]	[illegible]	[illegible]	[illegible]	
49	[illegible]	[illegible]	[illegible]	[illegible]	[illegible]	[illegible]	[illegible]	[illegible]	[illegible]	[illegible]	[illegible]
Num.	0	1	2	3	4	5	6	7	8	9	D.

N. 21500 L. 332

Num.	0	1	2	3	4	5	6	7	8	9	D.
2150	[illegible]	[illegible]	[illegible]	[illegible]	[illegible]	[illegible]	[illegible]	[illegible]	[illegible]	[illegible]	[illegible]
51	[illegible]	[illegible]	[illegible]	[illegible]	[illegible]	[illegible]	[illegible]	[illegible]	[illegible]	[illegible]	
52	[illegible]	[illegible]	[illegible]	[illegible]	[illegible]	[illegible]	[illegible]	[illegible]	[illegible]	[illegible]	
53	[illegible]	[illegible]	[illegible]	[illegible]	[illegible]	[illegible]	[illegible]	[illegible]	[illegible]	[illegible]	
54	[illegible]	[illegible]	[illegible]	[illegible]	[illegible]	[illegible]	[illegible]	[illegible]	[illegible]	[illegible]	
2155	[illegible]	[illegible]	[illegible]	[illegible]	[illegible]	[illegible]	[illegible]	[illegible]	[illegible]	[illegible]	
56	[illegible]	[illegible]	[illegible]	[illegible]	[illegible]	[illegible]	[illegible]	[illegible]	[illegible]	[illegible]	
57	[illegible]	[illegible]	[illegible]	[illegible]	[illegible]	[illegible]	[illegible]	[illegible]	[illegible]	[illegible]	
58	[illegible]	[illegible]	[illegible]	[illegible]	[illegible]	[illegible]	[illegible]	[illegible]	[illegible]	[illegible]	
59	[illegible]	[illegible]	[illegible]	[illegible]	[illegible]	[illegible]	[illegible]	[illegible]	[illegible]	[illegible]	
2160	[illegible]	[illegible]	[illegible]	[illegible]	[illegible]	[illegible]	[illegible]	[illegible]	[illegible]	[illegible]	[illegible]
61	[illegible]	[illegible]	[illegible]	[illegible]	[illegible]	[illegible]	[illegible]	[illegible]	[illegible]	[illegible]	
62	[illegible]	[illegible]	[illegible]	[illegible]	[illegible]	[illegible]	[illegible]	[illegible]	[illegible]	[illegible]	
63	[illegible]	[illegible]	[illegible]	[illegible]	[illegible]	[illegible]	[illegible]	[illegible]	[illegible]	[illegible]	
64	[illegible]	[illegible]	[illegible]	[illegible]	[illegible]	[illegible]	[illegible]	[illegible]	[illegible]	[illegible]	
2165	[illegible]	[illegible]	[illegible]	[illegible]	[illegible]	[illegible]	[illegible]	[illegible]	[illegible]	[illegible]	
66	[illegible]	[illegible]	[illegible]	[illegible]	[illegible]	[illegible]	[illegible]	[illegible]	[illegible]	[illegible]	
67	[illegible]	[illegible]	[illegible]	[illegible]	[illegible]	[illegible]	[illegible]	[illegible]	[illegible]	[illegible]	
68	[illegible]	[illegible]	[illegible]	[illegible]	[illegible]	[illegible]	[illegible]	[illegible]	[illegible]	[illegible]	
69	[illegible]	[illegible]	[illegible]	[illegible]	[illegible]	[illegible]	[illegible]	[illegible]	[illegible]	[illegible]	
2170	[illegible]	[illegible]	[illegible]	[illegible]	[illegible]	[illegible]	[illegible]	[illegible]	[illegible]	[illegible]	
71	[illegible]	[illegible]	[illegible]	[illegible]	[illegible]	[illegible]	[illegible]	[illegible]	[illegible]	[illegible]	
72	[illegible]	[illegible]	[illegible]	[illegible]	[illegible]	[illegible]	[illegible]	[illegible]	[illegible]	[illegible]	
73	[illegible]	[illegible]	[illegible]	[illegible]	[illegible]	[illegible]	[illegible]	[illegible]	[illegible]	[illegible]	
74	[illegible]	[illegible]	[illegible]	[illegible]	[illegible]	[illegible]	[illegible]	[illegible]	[illegible]	[illegible]	
2175	[illegible]	[illegible]	[illegible]	[illegible]	[illegible]	[illegible]	[illegible]	[illegible]	[illegible]	[illegible]	
76	[illegible]	[illegible]	[illegible]	[illegible]	[illegible]	[illegible]	[illegible]	[illegible]	[illegible]	[illegible]	
77	[illegible]	[illegible]	[illegible]	[illegible]	[illegible]	[illegible]	[illegible]	[illegible]	[illegible]	[illegible]	
78	[illegible]	[illegible]	[illegible]	[illegible]	[illegible]	[illegible]	[illegible]	[illegible]	[illegible]	[illegible]	
79	[illegible]	[illegible]	[illegible]	[illegible]	[illegible]	[illegible]	[illegible]	[illegible]	[illegible]	[illegible]	
2180	[illegible]	[illegible]	[illegible]	[illegible]	[illegible]	[illegible]	[illegible]	[illegible]	[illegible]	[illegible]	
81	[illegible]	[illegible]	[illegible]	[illegible]	[illegible]	[illegible]	[illegible]	[illegible]	[illegible]	[illegible]	
82	[illegible]	[illegible]	[illegible]	[illegible]	[illegible]	[illegible]	[illegible]	[illegible]	[illegible]	[illegible]	[illegible]
83	[illegible]	[illegible]	[illegible]	[illegible]	[illegible]	[illegible]	[illegible]	[illegible]	[illegible]	[illegible]	
84	[illegible]	[illegible]	[illegible]	[illegible]	[illegible]	[illegible]	[illegible]	[illegible]	[illegible]	[illegible]	
2185	[illegible]	[illegible]	[illegible]	[illegible]	[illegible]	[illegible]	[illegible]	[illegible]	[illegible]	[illegible]	
86	[illegible]	[illegible]	[illegible]	[illegible]	[illegible]	[illegible]	[illegible]	[illegible]	[illegible]	[illegible]	
87	[illegible]	[illegible]	[illegible]	[illegible]	[illegible]	[illegible]	[illegible]	[illegible]	[illegible]	[illegible]	
88	[illegible]	[illegible]	[illegible]	[illegible]	[illegible]	[illegible]	[illegible]	[illegible]	[illegible]	[illegible]	
89	[illegible]	[illegible]	[illegible]	[illegible]	[illegible]	[illegible]	[illegible]	[illegible]	[illegible]	[illegible]	
2190	[illegible]	[illegible]	[illegible]	[illegible]	[illegible]	[illegible]	[illegible]	[illegible]	[illegible]	[illegible]	
91	[illegible]	[illegible]	[illegible]	[illegible]	[illegible]	[illegible]	[illegible]	[illegible]	[illegible]	[illegible]	
92	[illegible]	[illegible]	[illegible]	[illegible]	[illegible]	[illegible]	[illegible]	[illegible]	[illegible]	[illegible]	
93	[illegible]	[illegible]	[illegible]	[illegible]	[illegible]	[illegible]	[illegible]	[illegible]	[illegible]	[illegible]	[illegible]
94	[illegible]	[illegible]	[illegible]	[illegible]	[illegible]	[illegible]	[illegible]	[illegible]	[illegible]	[illegible]	
2195	[illegible]	[illegible]	[illegible]	[illegible]	[illegible]	[illegible]	[illegible]	[illegible]	[illegible]	[illegible]	
96	[illegible]	[illegible]	[illegible]	[illegible]	[illegible]	[illegible]	[illegible]	[illegible]	[illegible]	[illegible]	
97	[illegible]	[illegible]	[illegible]	[illegible]	[illegible]	[illegible]	[illegible]	[illegible]	[illegible]	[illegible]	
98	[illegible]	[illegible]	[illegible]	[illegible]	[illegible]	[illegible]	[illegible]	[illegible]	[illegible]	[illegible]	
99	[illegible]	[illegible]	[illegible]	[illegible]	[illegible]	[illegible]	[illegible]	[illegible]	[illegible]	[illegible]	
2200	[illegible]	[illegible]	[illegible]	[illegible]	[illegible]	[illegible]	[illegible]	[illegible]	[illegible]	[illegible]	
01	[illegible]	[illegible]	[illegible]	[illegible]	[illegible]	[illegible]	[illegible]	[illegible]	[illegible]	[illegible]	
02	[illegible]	[illegible]	[illegible]	[illegible]	[illegible]	[illegible]	[illegible]	[illegible]	[illegible]	[illegible]	
03	[illegible]	[illegible]	[illegible]	[illegible]	[illegible]	[illegible]	[illegible]	[illegible]	[illegible]	[illegible]	
04	[illegible]	[illegible]	[illegible]	[illegible]	[illegible]	[illegible]	[illegible]	[illegible]	[illegible]	[illegible]	[illegible]
2205	[illegible]	[illegible]	[illegible]	[illegible]	[illegible]	[illegible]	[illegible]	[illegible]	[illegible]	[illegible]	
06	[illegible]	[illegible]	[illegible]	[illegible]	[illegible]	[illegible]	[illegible]	[illegible]	[illegible]	[illegible]	
07	[illegible]	[illegible]	[illegible]	[illegible]	[illegible]	[illegible]	[illegible]	[illegible]	[illegible]	[illegible]	
08	[illegible]	[illegible]	[illegible]	[illegible]	[illegible]	[illegible]	[illegible]	[illegible]	[illegible]	[illegible]	
09	[illegible]	[illegible]	[illegible]	[illegible]	[illegible]	[illegible]	[illegible]	[illegible]	[illegible]	[illegible]	
Num.	0	1	2	3	4	5	6	7	8	9	D.

Partes. [illegible]

N. 22100 L. 344

num.	0	1	2	3	4	5	6	7	8	9	D.
2210	344. [illegible]	[illegible]	[illegible]	[illegible]	[illegible]	[illegible]	[illegible]	[illegible]	[illegible]	[illegible]	
11	[illegible]	[illegible]	[illegible]	[illegible]	[illegible]	[illegible]	[illegible]	[illegible]	[illegible]	[illegible]	
12	[illegible]	[illegible]	[illegible]	[illegible]	[illegible]	[illegible]	[illegible]	[illegible]	[illegible]	[illegible]	
13	[illegible]	[illegible]	[illegible]	[illegible]	[illegible]	[illegible]	[illegible]	[illegible]	[illegible]	[illegible]	
14	345. [illegible]	[illegible]	[illegible]	[illegible]	[illegible]	[illegible]	[illegible]	[illegible]	[illegible]	[illegible]	
2215	[illegible]	[illegible]	[illegible]	[illegible]	[illegible]	[illegible]	[illegible]	[illegible]	[illegible]	[illegible]	[illegible]
16	[illegible]	[illegible]	[illegible]	[illegible]	[illegible]	[illegible]	[illegible]	[illegible]	[illegible]	[illegible]	
17	[illegible]	[illegible]	[illegible]	[illegible]	[illegible]	[illegible]	[illegible]	[illegible]	[illegible]	[illegible]	
18	[illegible]	[illegible]	[illegible]	[illegible]	[illegible]	[illegible]	[illegible]	[illegible]	[illegible]	[illegible]	
19	346. [illegible]	[illegible]	[illegible]	[illegible]	[illegible]	[illegible]	[illegible]	[illegible]	[illegible]	[illegible]	
2220	[illegible]	[illegible]	[illegible]	[illegible]	[illegible]	[illegible]	[illegible]	[illegible]	[illegible]	[illegible]	
21	[illegible]	[illegible]	[illegible]	[illegible]	[illegible]	[illegible]	[illegible]	[illegible]	[illegible]	[illegible]	
22	[illegible]	[illegible]	[illegible]	[illegible]	[illegible]	[illegible]	[illegible]	[illegible]	[illegible]	[illegible]	
23	[illegible]	[illegible]	[illegible]	[illegible]	[illegible]	[illegible]	[illegible]	[illegible]	[illegible]	[illegible]	
24	347. [illegible]	[illegible]	[illegible]	[illegible]	[illegible]	[illegible]	[illegible]	[illegible]	[illegible]	[illegible]	
2225	[illegible]	[illegible]	[illegible]	[illegible]	[illegible]	[illegible]	[illegible]	[illegible]	[illegible]	[illegible]	
26	[illegible]	[illegible]	[illegible]	[illegible]	[illegible]	[illegible]	[illegible]	[illegible]	[illegible]	[illegible]	
27	[illegible]	[illegible]	[illegible]	[illegible]	[illegible]	[illegible]	[illegible]	[illegible]	[illegible]	[illegible]	[illegible]
28	[illegible]	[illegible]	[illegible]	[illegible]	[illegible]	[illegible]	[illegible]	[illegible]	[illegible]	[illegible]	
29	348. [illegible]	[illegible]	[illegible]	[illegible]	[illegible]	[illegible]	[illegible]	[illegible]	[illegible]	[illegible]	
2230	[illegible]	[illegible]	[illegible]	[illegible]	[illegible]	[illegible]	[illegible]	[illegible]	[illegible]	[illegible]	
31	[illegible]	[illegible]	[illegible]	[illegible]	[illegible]	[illegible]	[illegible]	[illegible]	[illegible]	[illegible]	
32	[illegible]	[illegible]	[illegible]	[illegible]	[illegible]	[illegible]	[illegible]	[illegible]	[illegible]	[illegible]	
33	[illegible]	[illegible]	[illegible]	[illegible]	[illegible]	[illegible]	[illegible]	[illegible]	[illegible]	[illegible]	
34	349. [illegible]	[illegible]	[illegible]	[illegible]	[illegible]	[illegible]	[illegible]	[illegible]	[illegible]	[illegible]	
2235	[illegible]	[illegible]	[illegible]	[illegible]	[illegible]	[illegible]	[illegible]	[illegible]	[illegible]	[illegible]	
36	[illegible]	[illegible]	[illegible]	[illegible]	[illegible]	[illegible]	[illegible]	[illegible]	[illegible]	[illegible]	
37	[illegible]	[illegible]	[illegible]	[illegible]	[illegible]	[illegible]	[illegible]	[illegible]	[illegible]	[illegible]	
38	[illegible]	[illegible]	[illegible]	[illegible]	[illegible]	[illegible]	[illegible]	[illegible]	[illegible]	[illegible]	[illegible]
39	350. [illegible]	[illegible]	[illegible]	[illegible]	[illegible]	[illegible]	[illegible]	[illegible]	[illegible]	[illegible]	
2240	[illegible]	[illegible]	[illegible]	[illegible]	[illegible]	[illegible]	[illegible]	[illegible]	[illegible]	[illegible]	
41	[illegible]	[illegible]	[illegible]	[illegible]	[illegible]	[illegible]	[illegible]	[illegible]	[illegible]	[illegible]	
42	[illegible]	[illegible]	[illegible]	[illegible]	[illegible]	[illegible]	[illegible]	[illegible]	[illegible]	[illegible]	
43	[illegible]	[illegible]	[illegible]	[illegible]	[illegible]	[illegible]	[illegible]	[illegible]	[illegible]	[illegible]	
44	351. [illegible]	[illegible]	[illegible]	[illegible]	[illegible]	[illegible]	[illegible]	[illegible]	[illegible]	[illegible]	
2245	[illegible]	[illegible]	[illegible]	[illegible]	[illegible]	[illegible]	[illegible]	[illegible]	[illegible]	[illegible]	
46	[illegible]	[illegible]	[illegible]	[illegible]	[illegible]	[illegible]	[illegible]	[illegible]	[illegible]	[illegible]	
47	[illegible]	[illegible]	[illegible]	[illegible]	[illegible]	[illegible]	[illegible]	[illegible]	[illegible]	[illegible]	
48	[illegible]	[illegible]	[illegible]	[illegible]	[illegible]	[illegible]	[illegible]	[illegible]	[illegible]	[illegible]	
49	[illegible]	[illegible]	[illegible]	[illegible]	[illegible]	[illegible]	[illegible]	[illegible]	[illegible]	[illegible]	[illegible]
2250	352. [illegible]	[illegible]	[illegible]	[illegible]	[illegible]	[illegible]	[illegible]	[illegible]	[illegible]	[illegible]	
51	[illegible]	[illegible]	[illegible]	[illegible]	[illegible]	[illegible]	[illegible]	[illegible]	[illegible]	[illegible]	
52	[illegible]	[illegible]	[illegible]	[illegible]	[illegible]	[illegible]	[illegible]	[illegible]	[illegible]	[illegible]	
53	[illegible]	[illegible]	[illegible]	[illegible]	[illegible]	[illegible]	[illegible]	[illegible]	[illegible]	[illegible]	
54	[illegible]	[illegible]	[illegible]	[illegible]	[illegible]	[illegible]	[illegible]	[illegible]	[illegible]	[illegible]	
2255	353. [illegible]	[illegible]	[illegible]	[illegible]	[illegible]	[illegible]	[illegible]	[illegible]	[illegible]	[illegible]	
56	[illegible]	[illegible]	[illegible]	[illegible]	[illegible]	[illegible]	[illegible]	[illegible]	[illegible]	[illegible]	
57	[illegible]	[illegible]	[illegible]	[illegible]	[illegible]	[illegible]	[illegible]	[illegible]	[illegible]	[illegible]	
58	[illegible]	[illegible]	[illegible]	[illegible]	[illegible]	[illegible]	[illegible]	[illegible]	[illegible]	[illegible]	
59	[illegible]	[illegible]	[illegible]	[illegible]	[illegible]	[illegible]	[illegible]	[illegible]	[illegible]	[illegible]	
2260	354. [illegible]	[illegible]	[illegible]	[illegible]	[illegible]	[illegible]	[illegible]	[illegible]	[illegible]	[illegible]	
61	[illegible]	[illegible]	[illegible]	[illegible]	[illegible]	[illegible]	[illegible]	[illegible]	[illegible]	[illegible]	[illegible]
62	[illegible]	[illegible]	[illegible]	[illegible]	[illegible]	[illegible]	[illegible]	[illegible]	[illegible]	[illegible]	
63	[illegible]	[illegible]	[illegible]	[illegible]	[illegible]	[illegible]	[illegible]	[illegible]	[illegible]	[illegible]	
64	[illegible]	[illegible]	[illegible]	[illegible]	[illegible]	[illegible]	[illegible]	[illegible]	[illegible]	[illegible]	
2265	355. [illegible]	[illegible]	[illegible]	[illegible]	[illegible]	[illegible]	[illegible]	[illegible]	[illegible]	[illegible]	
66	[illegible]	[illegible]	[illegible]	[illegible]	[illegible]	[illegible]	[illegible]	[illegible]	[illegible]	[illegible]	
67	[illegible]	[illegible]	[illegible]	[illegible]	[illegible]	[illegible]	[illegible]	[illegible]	[illegible]	[illegible]	
68	[illegible]	[illegible]	[illegible]	[illegible]	[illegible]	[illegible]	[illegible]	[illegible]	[illegible]	[illegible]	
69	[illegible]	[illegible]	[illegible]	[illegible]	[illegible]	[illegible]	[illegible]	[illegible]	[illegible]	[illegible]	
2270	356. [illegible]	[illegible]	[illegible]	[illegible]	[illegible]	[illegible]	[illegible]	[illegible]	[illegible]	[illegible]	
71	[illegible]	[illegible]	[illegible]	[illegible]	[illegible]	[illegible]	[illegible]	[illegible]	[illegible]	[illegible]	
72	[illegible]	[illegible]	[illegible]	[illegible]	[illegible]	[illegible]	[illegible]	[illegible]	[illegible]	[illegible]	
73	[illegible]	[illegible]	[illegible]	[illegible]	[illegible]	[illegible]	[illegible]	[illegible]	[illegible]	[illegible]	[illegible]
74	[illegible]	[illegible]	[illegible]	[illegible]	[illegible]	[illegible]	[illegible]	[illegible]	[illegible]	[illegible]	
num.	0	1	2	3	4	5	6	7	8	9	D.

N. 22750 L. 356

num.	0	1	2	3	4	5	6	7	8	9	D.	part.
2275	356. [illegible]	[illegible]	[illegible]	[illegible]	[illegible]	[illegible]	[illegible]	[illegible]	[illegible]	[illegible]		[illegible]
76	357. [illegible]	[illegible]	[illegible]	[illegible]	[illegible]	[illegible]	[illegible]	[illegible]	[illegible]	[illegible]		
77	[illegible]	[illegible]	[illegible]	[illegible]	[illegible]	[illegible]	[illegible]	[illegible]	[illegible]	[illegible]		
78	[illegible]	[illegible]	[illegible]	[illegible]	[illegible]	[illegible]	[illegible]	[illegible]	[illegible]	[illegible]		
79	[illegible]	[illegible]	[illegible]	[illegible]	[illegible]	[illegible]	[illegible]	[illegible]	[illegible]	[illegible]		
2280	[illegible]	[illegible]	[illegible]	[illegible]	[illegible]	[illegible]	[illegible]	[illegible]	[illegible]	[illegible]		
81	358. [illegible]	[illegible]	[illegible]	[illegible]	[illegible]	[illegible]	[illegible]	[illegible]	[illegible]	[illegible]		
82	[illegible]	[illegible]	[illegible]	[illegible]	[illegible]	[illegible]	[illegible]	[illegible]	[illegible]	[illegible]		
83	[illegible]	[illegible]	[illegible]	[illegible]	[illegible]	[illegible]	[illegible]	[illegible]	[illegible]	[illegible]		[illegible]
84	[illegible]	[illegible]	[illegible]	[illegible]	[illegible]	[illegible]	[illegible]	[illegible]	[illegible]	[illegible]		
2285	[illegible]	[illegible]	[illegible]	[illegible]	[illegible]	[illegible]	[illegible]	[illegible]	[illegible]	[illegible]	[illegible]	
86	359. [illegible]	[illegible]	[illegible]	[illegible]	[illegible]	[illegible]	[illegible]	[illegible]	[illegible]	[illegible]		
87	[illegible]	[illegible]	[illegible]	[illegible]	[illegible]	[illegible]	[illegible]	[illegible]	[illegible]	[illegible]		
88	[illegible]	[illegible]	[illegible]	[illegible]	[illegible]	[illegible]	[illegible]	[illegible]	[illegible]	[illegible]		
89	[illegible]	[illegible]	[illegible]	[illegible]	[illegible]	[illegible]	[illegible]	[illegible]	[illegible]	[illegible]		
2290	[illegible]	[illegible]	[illegible]	[illegible]	[illegible]	[illegible]	[illegible]	[illegible]	[illegible]	[illegible]		
91	360. [illegible]	[illegible]	[illegible]	[illegible]	[illegible]	[illegible]	[illegible]	[illegible]	[illegible]	[illegible]		[illegible]
92	[illegible]	[illegible]	[illegible]	[illegible]	[illegible]	[illegible]	[illegible]	[illegible]	[illegible]	[illegible]		
93	[illegible]	[illegible]	[illegible]	[illegible]	[illegible]	[illegible]	[illegible]	[illegible]	[illegible]	[illegible]		
94	[illegible]	[illegible]	[illegible]	[illegible]	[illegible]	[illegible]	[illegible]	[illegible]	[illegible]	[illegible]		
2295	[illegible]	[illegible]	[illegible]	[illegible]	[illegible]	[illegible]	[illegible]	[illegible]	[illegible]	[illegible]		
96	[illegible]	[illegible]	[illegible]	[illegible]	[illegible]	[illegible]	[illegible]	[illegible]	[illegible]	[illegible]		
97	361. [illegible]	[illegible]	[illegible]	[illegible]	[illegible]	[illegible]	[illegible]	[illegible]	[illegible]	[illegible]	[illegible]	
98	[illegible]	[illegible]	[illegible]	[illegible]	[illegible]	[illegible]	[illegible]	[illegible]	[illegible]	[illegible]		
99	[illegible]	[illegible]	[illegible]	[illegible]	[illegible]	[illegible]	[illegible]	[illegible]	[illegible]	[illegible]		[illegible]
2300	[illegible]	[illegible]	[illegible]	[illegible]	[illegible]	[illegible]	[illegible]	[illegible]	[illegible]	[illegible]		
01	[illegible]	[illegible]	[illegible]	[illegible]	[illegible]	[illegible]	[illegible]	[illegible]	[illegible]	[illegible]		
02	362. [illegible]	[illegible]	[illegible]	[illegible]	[illegible]	[illegible]	[illegible]	[illegible]	[illegible]	[illegible]		
03	[illegible]	[illegible]	[illegible]	[illegible]	[illegible]	[illegible]	[illegible]	[illegible]	[illegible]	[illegible]		
04	[illegible]	[illegible]	[illegible]	[illegible]	[illegible]	[illegible]	[illegible]	[illegible]	[illegible]	[illegible]		
2305	[illegible]	[illegible]	[illegible]	[illegible]	[illegible]	[illegible]	[illegible]	[illegible]	[illegible]	[illegible]		
06	[illegible]	[illegible]	[illegible]	[illegible]	[illegible]	[illegible]	[illegible]	[illegible]	[illegible]	[illegible]		
07	363. [illegible]	[illegible]	[illegible]	[illegible]	[illegible]	[illegible]	[illegible]	[illegible]	[illegible]	[illegible]		[illegible]
08	[illegible]	[illegible]	[illegible]	[illegible]	[illegible]	[illegible]	[illegible]	[illegible]	[illegible]	[illegible]		
09	[illegible]	[illegible]	[illegible]	[illegible]	[illegible]	[illegible]	[illegible]	[illegible]	[illegible]	[illegible]	[illegible]	
2310	[illegible]	[illegible]	[illegible]	[illegible]	[illegible]	[illegible]	[illegible]	[illegible]	[illegible]	[illegible]		
11	[illegible]	[illegible]	[illegible]	[illegible]	[illegible]	[illegible]	[illegible]	[illegible]	[illegible]	[illegible]		
12	[illegible]	[illegible]	[illegible]	[illegible]	[illegible]	[illegible]	[illegible]	[illegible]	[illegible]	[illegible]		
13	364. [illegible]	[illegible]	[illegible]	[illegible]	[illegible]	[illegible]	[illegible]	[illegible]	[illegible]	[illegible]		
14	[illegible]	[illegible]	[illegible]	[illegible]	[illegible]	[illegible]	[illegible]	[illegible]	[illegible]	[illegible]		
2315	[illegible]	[illegible]	[illegible]	[illegible]	[illegible]	[illegible]	[illegible]	[illegible]	[illegible]	[illegible]		[illegible]
16	[illegible]	[illegible]	[illegible]	[illegible]	[illegible]	[illegible]	[illegible]	[illegible]	[illegible]	[illegible]		
17	[illegible]	[illegible]	[illegible]	[illegible]	[illegible]	[illegible]	[illegible]	[illegible]	[illegible]	[illegible]		
18	365. [illegible]	[illegible]	[illegible]	[illegible]	[illegible]	[illegible]	[illegible]	[illegible]	[illegible]	[illegible]		
19	[illegible]	[illegible]	[illegible]	[illegible]	[illegible]	[illegible]	[illegible]	[illegible]	[illegible]	[illegible]		
2320	[illegible]	[illegible]	[illegible]	[illegible]	[illegible]	[illegible]	[illegible]	[illegible]	[illegible]	[illegible]		
21	[illegible]	[illegible]	[illegible]	[illegible]	[illegible]	[illegible]	[illegible]	[illegible]	[illegible]	[illegible]	[illegible]	
22	[illegible]	[illegible]	[illegible]	[illegible]	[illegible]	[illegible]	[illegible]	[illegible]	[illegible]	[illegible]		
23	366. [illegible]	[illegible]	[illegible]	[illegible]	[illegible]	[illegible]	[illegible]	[illegible]	[illegible]	[illegible]		
24	[illegible]	[illegible]	[illegible]	[illegible]	[illegible]	[illegible]	[illegible]	[illegible]	[illegible]	[illegible]		[illegible]
2325	[illegible]	[illegible]	[illegible]	[illegible]	[illegible]	[illegible]	[illegible]	[illegible]	[illegible]	[illegible]		
26	[illegible]	[illegible]	[illegible]	[illegible]	[illegible]	[illegible]	[illegible]	[illegible]	[illegible]	[illegible]		
27	[illegible]	[illegible]	[illegible]	[illegible]	[illegible]	[illegible]	[illegible]	[illegible]	[illegible]	[illegible]		
28	[illegible]	[illegible]	[illegible]	[illegible]	[illegible]	[illegible]	[illegible]	[illegible]	[illegible]	[illegible]		
29	367. [illegible]	[illegible]	[illegible]	[illegible]	[illegible]	[illegible]	[illegible]	[illegible]	[illegible]	[illegible]		
2330	[illegible]	[illegible]	[illegible]	[illegible]	[illegible]	[illegible]	[illegible]	[illegible]	[illegible]	[illegible]		
31	[illegible]	[illegible]	[illegible]	[illegible]	[illegible]	[illegible]	[illegible]	[illegible]	[illegible]	[illegible]		
32	[illegible]	[illegible]	[illegible]	[illegible]	[illegible]	[illegible]	[illegible]	[illegible]	[illegible]	[illegible]		[illegible]
33	[illegible]	[illegible]	[illegible]	[illegible]	[illegible]	[illegible]	[illegible]	[illegible]	[illegible]	[illegible]		
34	368. [illegible]	[illegible]	[illegible]	[illegible]	[illegible]	[illegible]	[illegible]	[illegible]	[illegible]	[illegible]	[illegible]	
2335	[illegible]	[illegible]	[illegible]	[illegible]	[illegible]	[illegible]	[illegible]	[illegible]	[illegible]	[illegible]		
36	[illegible]	[illegible]	[illegible]	[illegible]	[illegible]	[illegible]	[illegible]	[illegible]	[illegible]	[illegible]		
37	[illegible]	[illegible]	[illegible]	[illegible]	[illegible]	[illegible]	[illegible]	[illegible]	[illegible]	[illegible]		
38	[illegible]	[illegible]	[illegible]	[illegible]	[illegible]	[illegible]	[illegible]	[illegible]	[illegible]	[illegible]		
39	369. [illegible]	[illegible]	[illegible]	[illegible]	[illegible]	[illegible]	[illegible]	[illegible]	[illegible]	[illegible]		
num.	0	1	2	3	4	5	6	7	8	9	D.	part.

N. 23400 L. 369

Num.	0	1	2	3	4	5	6	7	8	9	D.
2340	369.[illegible]	[illegible]	[illegible]	[illegible]	[illegible]	[illegible]	[illegible]	[illegible]	[illegible]	[illegible]	
41	[illegible]	[illegible]	[illegible]	[illegible]	[illegible]	[illegible]	[illegible]	[illegible]	[illegible]	[illegible]	
42	[illegible]	[illegible]	[illegible]	[illegible]	[illegible]	[illegible]	[illegible]	[illegible]	[illegible]	[illegible]	
43	[illegible]	[illegible]	[illegible]	[illegible]	[illegible]	[illegible]	[illegible]	[illegible]	[illegible]	[illegible]	
44	[illegible]	[illegible]	[illegible]	[illegible]	[illegible]	[illegible]	[illegible]	[illegible]	[illegible]	[illegible]	
2345	370.[illegible]	[illegible]	[illegible]	[illegible]	[illegible]	[illegible]	[illegible]	[illegible]	[illegible]	[illegible]	
46	[illegible]	[illegible]	[illegible]	[illegible]	[illegible]	[illegible]	[illegible]	[illegible]	[illegible]	[illegible]	
47	[illegible]	[illegible]	[illegible]	[illegible]	[illegible]	[illegible]	[illegible]	[illegible]	[illegible]	[illegible]	185
48	[illegible]	[illegible]	[illegible]	[illegible]	[illegible]	[illegible]	[illegible]	[illegible]	[illegible]	[illegible]	
49	[illegible]	[illegible]	[illegible]	[illegible]	[illegible]	[illegible]	[illegible]	[illegible]	[illegible]	[illegible]	
2350	371.[illegible]	[illegible]	[illegible]	[illegible]	[illegible]	[illegible]	[illegible]	[illegible]	[illegible]	[illegible]	
51	[illegible]	[illegible]	[illegible]	[illegible]	[illegible]	[illegible]	[illegible]	[illegible]	[illegible]	[illegible]	
52	[illegible]	[illegible]	[illegible]	[illegible]	[illegible]	[illegible]	[illegible]	[illegible]	[illegible]	[illegible]	
53	[illegible]	[illegible]	[illegible]	[illegible]	[illegible]	[illegible]	[illegible]	[illegible]	[illegible]	[illegible]	
54	[illegible]	[illegible]	[illegible]	[illegible]	[illegible]	[illegible]	[illegible]	[illegible]	[illegible]	[illegible]	
2355	[illegible]	[illegible]	[illegible]	[illegible]	[illegible]	[illegible]	[illegible]	[illegible]	[illegible]	[illegible]	
56	372.[illegible]	[illegible]	[illegible]	[illegible]	[illegible]	[illegible]	[illegible]	[illegible]	[illegible]	[illegible]	
57	[illegible]	[illegible]	[illegible]	[illegible]	[illegible]	[illegible]	[illegible]	[illegible]	[illegible]	[illegible]	
58	[illegible]	[illegible]	[illegible]	[illegible]	[illegible]	[illegible]	[illegible]	[illegible]	[illegible]	[illegible]	
59	[illegible]	[illegible]	[illegible]	[illegible]	[illegible]	[illegible]	[illegible]	[illegible]	[illegible]	[illegible]	
2360	[illegible]	[illegible]	[illegible]	[illegible]	[illegible]	[illegible]	[illegible]	[illegible]	[illegible]	[illegible]	184
61	373.[illegible]	[illegible]	[illegible]	[illegible]	[illegible]	[illegible]	[illegible]	[illegible]	[illegible]	[illegible]	
62	[illegible]	[illegible]	[illegible]	[illegible]	[illegible]	[illegible]	[illegible]	[illegible]	[illegible]	[illegible]	
63	[illegible]	[illegible]	[illegible]	[illegible]	[illegible]	[illegible]	[illegible]	[illegible]	[illegible]	[illegible]	
64	[illegible]	[illegible]	[illegible]	[illegible]	[illegible]	[illegible]	[illegible]	[illegible]	[illegible]	[illegible]	
2365	[illegible]	[illegible]	[illegible]	[illegible]	[illegible]	[illegible]	[illegible]	[illegible]	[illegible]	[illegible]	
66	374.[illegible]	[illegible]	[illegible]	[illegible]	[illegible]	[illegible]	[illegible]	[illegible]	[illegible]	[illegible]	
67	[illegible]	[illegible]	[illegible]	[illegible]	[illegible]	[illegible]	[illegible]	[illegible]	[illegible]	[illegible]	
68	[illegible]	[illegible]	[illegible]	[illegible]	[illegible]	[illegible]	[illegible]	[illegible]	[illegible]	[illegible]	
69	[illegible]	[illegible]	[illegible]	[illegible]	[illegible]	[illegible]	[illegible]	[illegible]	[illegible]	[illegible]	
2370	[illegible]	[illegible]	[illegible]	[illegible]	[illegible]	[illegible]	[illegible]	[illegible]	[illegible]	[illegible]	
71	[illegible]	[illegible]	[illegible]	[illegible]	[illegible]	[illegible]	[illegible]	[illegible]	[illegible]	[illegible]	
72	375.[illegible]	[illegible]	[illegible]	[illegible]	[illegible]	[illegible]	[illegible]	[illegible]	[illegible]	[illegible]	183
73	[illegible]	[illegible]	[illegible]	[illegible]	[illegible]	[illegible]	[illegible]	[illegible]	[illegible]	[illegible]	
74	[illegible]	[illegible]	[illegible]	[illegible]	[illegible]	[illegible]	[illegible]	[illegible]	[illegible]	[illegible]	
2375	[illegible]	[illegible]	[illegible]	[illegible]	[illegible]	[illegible]	[illegible]	[illegible]	[illegible]	[illegible]	
76	[illegible]	[illegible]	[illegible]	[illegible]	[illegible]	[illegible]	[illegible]	[illegible]	[illegible]	[illegible]	
77	376.[illegible]	[illegible]	[illegible]	[illegible]	[illegible]	[illegible]	[illegible]	[illegible]	[illegible]	[illegible]	
78	[illegible]	[illegible]	[illegible]	[illegible]	[illegible]	[illegible]	[illegible]	[illegible]	[illegible]	[illegible]	
79	[illegible]	[illegible]	[illegible]	[illegible]	[illegible]	[illegible]	[illegible]	[illegible]	[illegible]	[illegible]	
2380	[illegible]	[illegible]	[illegible]	[illegible]	[illegible]	[illegible]	[illegible]	[illegible]	[illegible]	[illegible]	
81	[illegible]	[illegible]	[illegible]	[illegible]	[illegible]	[illegible]	[illegible]	[illegible]	[illegible]	[illegible]	
82	[illegible]	[illegible]	[illegible]	[illegible]	[illegible]	[illegible]	[illegible]	[illegible]	[illegible]	[illegible]	
83	377.[illegible]	[illegible]	[illegible]	[illegible]	[illegible]	[illegible]	[illegible]	[illegible]	[illegible]	[illegible]	
84	[illegible]	[illegible]	[illegible]	[illegible]	[illegible]	[illegible]	[illegible]	[illegible]	[illegible]	[illegible]	
2385	[illegible]	[illegible]	[illegible]	[illegible]	[illegible]	[illegible]	[illegible]	[illegible]	[illegible]	[illegible]	182
86	[illegible]	[illegible]	[illegible]	[illegible]	[illegible]	[illegible]	[illegible]	[illegible]	[illegible]	[illegible]	
87	[illegible]	[illegible]	[illegible]	[illegible]	[illegible]	[illegible]	[illegible]	[illegible]	[illegible]	[illegible]	
88	378.[illegible]	[illegible]	[illegible]	[illegible]	[illegible]	[illegible]	[illegible]	[illegible]	[illegible]	[illegible]	
89	[illegible]	[illegible]	[illegible]	[illegible]	[illegible]	[illegible]	[illegible]	[illegible]	[illegible]	[illegible]	
2390	[illegible]	[illegible]	[illegible]	[illegible]	[illegible]	[illegible]	[illegible]	[illegible]	[illegible]	[illegible]	
91	[illegible]	[illegible]	[illegible]	[illegible]	[illegible]	[illegible]	[illegible]	[illegible]	[illegible]	[illegible]	
92	[illegible]	[illegible]	[illegible]	[illegible]	[illegible]	[illegible]	[illegible]	[illegible]	[illegible]	[illegible]	
93	[illegible]	[illegible]	[illegible]	[illegible]	[illegible]	[illegible]	[illegible]	[illegible]	[illegible]	[illegible]	
94	379.[illegible]	[illegible]	[illegible]	[illegible]	[illegible]	[illegible]	[illegible]	[illegible]	[illegible]	[illegible]	
2395	[illegible]	[illegible]	[illegible]	[illegible]	[illegible]	[illegible]	[illegible]	[illegible]	[illegible]	[illegible]	
96	[illegible]	[illegible]	[illegible]	[illegible]	[illegible]	[illegible]	[illegible]	[illegible]	[illegible]	[illegible]	
97	[illegible]	[illegible]	[illegible]	[illegible]	[illegible]	[illegible]	[illegible]	[illegible]	[illegible]	[illegible]	
98	[illegible]	[illegible]	[illegible]	[illegible]	[illegible]	[illegible]	[illegible]	[illegible]	[illegible]	[illegible]	
99	380.[illegible]	[illegible]	[illegible]	[illegible]	[illegible]	[illegible]	[illegible]	[illegible]	[illegible]	[illegible]	181
2400	[illegible]	[illegible]	[illegible]	[illegible]	[illegible]	[illegible]	[illegible]	[illegible]	[illegible]	[illegible]	
01	[illegible]	[illegible]	[illegible]	[illegible]	[illegible]	[illegible]	[illegible]	[illegible]	[illegible]	[illegible]	
02	[illegible]	[illegible]	[illegible]	[illegible]	[illegible]	[illegible]	[illegible]	[illegible]	[illegible]	[illegible]	
03	[illegible]	[illegible]	[illegible]	[illegible]	[illegible]	[illegible]	[illegible]	[illegible]	[illegible]	[illegible]	
04	[illegible]	[illegible]	[illegible]	[illegible]	[illegible]	[illegible]	[illegible]	[illegible]	[illegible]	[illegible]	
Num.	0	1	2	3	4	5	6	7	8	9	D.

N. 24050 L. 381

Num.	0	1	2	3	4	5	6	7	8	9	D.
2405	381.[illegible]	[illegible]	[illegible]	[illegible]	[illegible]	[illegible]	[illegible]	[illegible]	[illegible]	[illegible]	
06	[illegible]	[illegible]	[illegible]	[illegible]	[illegible]	[illegible]	[illegible]	[illegible]	[illegible]	[illegible]	
07	[illegible]	[illegible]	[illegible]	[illegible]	[illegible]	[illegible]	[illegible]	[illegible]	[illegible]	[illegible]	
08	[illegible]	[illegible]	[illegible]	[illegible]	[illegible]	[illegible]	[illegible]	[illegible]	[illegible]	[illegible]	
09	[illegible]	[illegible]	[illegible]	[illegible]	[illegible]	[illegible]	[illegible]	[illegible]	[illegible]	[illegible]	
2410	382.[illegible]	[illegible]	[illegible]	[illegible]	[illegible]	[illegible]	[illegible]	[illegible]	[illegible]	[illegible]	
11	[illegible]	[illegible]	[illegible]	[illegible]	[illegible]	[illegible]	[illegible]	[illegible]	[illegible]	[illegible]	
12	[illegible]	[illegible]	[illegible]	[illegible]	[illegible]	[illegible]	[illegible]	[illegible]	[illegible]	[illegible]	
13	[illegible]	[illegible]	[illegible]	[illegible]	[illegible]	[illegible]	[illegible]	[illegible]	[illegible]	[illegible]	180
14	[illegible]	[illegible]	[illegible]	[illegible]	[illegible]	[illegible]	[illegible]	[illegible]	[illegible]	[illegible]	
2415	[illegible]	[illegible]	[illegible]	[illegible]	[illegible]	[illegible]	[illegible]	[illegible]	[illegible]	[illegible]	
16	383.[illegible]	[illegible]	[illegible]	[illegible]	[illegible]	[illegible]	[illegible]	[illegible]	[illegible]	[illegible]	
17	[illegible]	[illegible]	[illegible]	[illegible]	[illegible]	[illegible]	[illegible]	[illegible]	[illegible]	[illegible]	
18	[illegible]	[illegible]	[illegible]	[illegible]	[illegible]	[illegible]	[illegible]	[illegible]	[illegible]	[illegible]	
19	[illegible]	[illegible]	[illegible]	[illegible]	[illegible]	[illegible]	[illegible]	[illegible]	[illegible]	[illegible]	
2420	[illegible]	[illegible]	[illegible]	[illegible]	[illegible]	[illegible]	[illegible]	[illegible]	[illegible]	[illegible]	
21	[illegible]	[illegible]	[illegible]	[illegible]	[illegible]	[illegible]	[illegible]	[illegible]	[illegible]	[illegible]	
22	[illegible]	[illegible]	[illegible]	[illegible]	[illegible]	[illegible]	[illegible]	[illegible]	[illegible]	[illegible]	
23	384.[illegible]	[illegible]	[illegible]	[illegible]	[illegible]	[illegible]	[illegible]	[illegible]	[illegible]	[illegible]	
24	[illegible]	[illegible]	[illegible]	[illegible]	[illegible]	[illegible]	[illegible]	[illegible]	[illegible]	[illegible]	
2425	[illegible]	[illegible]	[illegible]	[illegible]	[illegible]	[illegible]	[illegible]	[illegible]	[illegible]	[illegible]	
26	[illegible]	[illegible]	[illegible]	[illegible]	[illegible]	[illegible]	[illegible]	[illegible]	[illegible]	[illegible]	179
27	385.[illegible]	[illegible]	[illegible]	[illegible]	[illegible]	[illegible]	[illegible]	[illegible]	[illegible]	[illegible]	
28	[illegible]	[illegible]	[illegible]	[illegible]	[illegible]	[illegible]	[illegible]	[illegible]	[illegible]	[illegible]	
29	[illegible]	[illegible]	[illegible]	[illegible]	[illegible]	[illegible]	[illegible]	[illegible]	[illegible]	[illegible]	
2430	[illegible]	[illegible]	[illegible]	[illegible]	[illegible]	[illegible]	[illegible]	[illegible]	[illegible]	[illegible]	
31	[illegible]	[illegible]	[illegible]	[illegible]	[illegible]	[illegible]	[illegible]	[illegible]	[illegible]	[illegible]	
32	[illegible]	[illegible]	[illegible]	[illegible]	[illegible]	[illegible]	[illegible]	[illegible]	[illegible]	[illegible]	
33	386.[illegible]	[illegible]	[illegible]	[illegible]	[illegible]	[illegible]	[illegible]	[illegible]	[illegible]	[illegible]	
34	[illegible]	[illegible]	[illegible]	[illegible]	[illegible]	[illegible]	[illegible]	[illegible]	[illegible]	[illegible]	
2435	[illegible]	[illegible]	[illegible]	[illegible]	[illegible]	[illegible]	[illegible]	[illegible]	[illegible]	[illegible]	
36	[illegible]	[illegible]	[illegible]	[illegible]	[illegible]	[illegible]	[illegible]	[illegible]	[illegible]	[illegible]	
37	[illegible]	[illegible]	[illegible]	[illegible]	[illegible]	[illegible]	[illegible]	[illegible]	[illegible]	[illegible]	
38	387.[illegible]	[illegible]	[illegible]	[illegible]	[illegible]	[illegible]	[illegible]	[illegible]	[illegible]	[illegible]	
39	[illegible]	[illegible]	[illegible]	[illegible]	[illegible]	[illegible]	[illegible]	[illegible]	[illegible]	[illegible]	178
2440	[illegible]	[illegible]	[illegible]	[illegible]	[illegible]	[illegible]	[illegible]	[illegible]	[illegible]	[illegible]	
41	[illegible]	[illegible]	[illegible]	[illegible]	[illegible]	[illegible]	[illegible]	[illegible]	[illegible]	[illegible]	
42	[illegible]	[illegible]	[illegible]	[illegible]	[illegible]	[illegible]	[illegible]	[illegible]	[illegible]	[illegible]	
43	[illegible]	[illegible]	[illegible]	[illegible]	[illegible]	[illegible]	[illegible]	[illegible]	[illegible]	[illegible]	
44	388.[illegible]	[illegible]	[illegible]	[illegible]	[illegible]	[illegible]	[illegible]	[illegible]	[illegible]	[illegible]	
2445	[illegible]	[illegible]	[illegible]	[illegible]	[illegible]	[illegible]	[illegible]	[illegible]	[illegible]	[illegible]	
46	[illegible]	[illegible]	[illegible]	[illegible]	[illegible]	[illegible]	[illegible]	[illegible]	[illegible]	[illegible]	
47	[illegible]	[illegible]	[illegible]	[illegible]	[illegible]	[illegible]	[illegible]	[illegible]	[illegible]	[illegible]	
48	[illegible]	[illegible]	[illegible]	[illegible]	[illegible]	[illegible]	[illegible]	[illegible]	[illegible]	[illegible]	
49	[illegible]	[illegible]	[illegible]	[illegible]	[illegible]	[illegible]	[illegible]	[illegible]	[illegible]	[illegible]	
2450	389.[illegible]	[illegible]	[illegible]	[illegible]	[illegible]	[illegible]	[illegible]	[illegible]	[illegible]	[illegible]	
51	[illegible]	[illegible]	[illegible]	[illegible]	[illegible]	[illegible]	[illegible]	[illegible]	[illegible]	[illegible]	
52	[illegible]	[illegible]	[illegible]	[illegible]	[illegible]	[illegible]	[illegible]	[illegible]	[illegible]	[illegible]	
53	[illegible]	[illegible]	[illegible]	[illegible]	[illegible]	[illegible]	[illegible]	[illegible]	[illegible]	[illegible]	177
54	[illegible]	[illegible]	[illegible]	[illegible]	[illegible]	[illegible]	[illegible]	[illegible]	[illegible]	[illegible]	
2455	390.[illegible]	[illegible]	[illegible]	[illegible]	[illegible]	[illegible]	[illegible]	[illegible]	[illegible]	[illegible]	
56	[illegible]	[illegible]	[illegible]	[illegible]	[illegible]	[illegible]	[illegible]	[illegible]	[illegible]	[illegible]	
57	[illegible]	[illegible]	[illegible]	[illegible]	[illegible]	[illegible]	[illegible]	[illegible]	[illegible]	[illegible]	
58	[illegible]	[illegible]	[illegible]	[illegible]	[illegible]	[illegible]	[illegible]	[illegible]	[illegible]	[illegible]	
59	[illegible]	[illegible]	[illegible]	[illegible]	[illegible]	[illegible]	[illegible]	[illegible]	[illegible]	[illegible]	
2460	[illegible]	[illegible]	[illegible]	[illegible]	[illegible]	[illegible]	[illegible]	[illegible]	[illegible]	[illegible]	
61	391.[illegible]	[illegible]	[illegible]	[illegible]	[illegible]	[illegible]	[illegible]	[illegible]	[illegible]	[illegible]	
62	[illegible]	[illegible]	[illegible]	[illegible]	[illegible]	[illegible]	[illegible]	[illegible]	[illegible]	[illegible]	
63	[illegible]	[illegible]	[illegible]	[illegible]	[illegible]	[illegible]	[illegible]	[illegible]	[illegible]	[illegible]	
64	[illegible]	[illegible]	[illegible]	[illegible]	[illegible]	[illegible]	[illegible]	[illegible]	[illegible]	[illegible]	
2465	[illegible]	[illegible]	[illegible]	[illegible]	[illegible]	[illegible]	[illegible]	[illegible]	[illegible]	[illegible]	
66	[illegible]	[illegible]	[illegible]	[illegible]	[illegible]	[illegible]	[illegible]	[illegible]	[illegible]	[illegible]	
67	392.[illegible]	[illegible]	[illegible]	[illegible]	[illegible]	[illegible]	[illegible]	[illegible]	[illegible]	[illegible]	176
68	[illegible]	[illegible]	[illegible]	[illegible]	[illegible]	[illegible]	[illegible]	[illegible]	[illegible]	[illegible]	
69	[illegible]	[illegible]	[illegible]	[illegible]	[illegible]	[illegible]	[illegible]	[illegible]	[illegible]	[illegible]	
Num.	0	1	2	3	4	5	6	7	8	9	D.

N. 24700 L. 392

Num.	0	1	2	3	4	5	6	7	8	9	D.
2470	392.[illegible]	[illegible]	[illegible]	[illegible]	[illegible]	[illegible]	[illegible]	[illegible]	[illegible]	[illegible]	
71	[illegible]	[illegible]	[illegible]	[illegible]	[illegible]	[illegible]	[illegible]	[illegible]	[illegible]	[illegible]	
72	393.[illegible]	[illegible]	[illegible]	[illegible]	[illegible]	[illegible]	[illegible]	[illegible]	[illegible]	[illegible]	
73	[illegible]	[illegible]	[illegible]	[illegible]	[illegible]	[illegible]	[illegible]	[illegible]	[illegible]	[illegible]	
74	[illegible]	[illegible]	[illegible]	[illegible]	[illegible]	[illegible]	[illegible]	[illegible]	[illegible]	[illegible]	
2475	[illegible]	[illegible]	[illegible]	[illegible]	[illegible]	[illegible]	[illegible]	[illegible]	[illegible]	[illegible]	
76	[illegible]	[illegible]	[illegible]	[illegible]	[illegible]	[illegible]	[illegible]	[illegible]	[illegible]	[illegible]	
77	[illegible]	[illegible]	[illegible]	[illegible]	[illegible]	[illegible]	[illegible]	[illegible]	[illegible]	[illegible]	
78	394.[illegible]	[illegible]	[illegible]	[illegible]	[illegible]	[illegible]	[illegible]	[illegible]	[illegible]	[illegible]	
79	[illegible]	[illegible]	[illegible]	[illegible]	[illegible]	[illegible]	[illegible]	[illegible]	[illegible]	[illegible]	
2480	[illegible]	[illegible]	[illegible]	[illegible]	[illegible]	[illegible]	[illegible]	[illegible]	[illegible]	[illegible]	
81	[illegible]	[illegible]	[illegible]	[illegible]	[illegible]	[illegible]	[illegible]	[illegible]	[illegible]	[illegible]	171
82	[illegible]	[illegible]	[illegible]	[illegible]	[illegible]	[illegible]	[illegible]	[illegible]	[illegible]	[illegible]	
83	[illegible]	[illegible]	[illegible]	[illegible]	[illegible]	[illegible]	[illegible]	[illegible]	[illegible]	[illegible]	
84	395.[illegible]	[illegible]	[illegible]	[illegible]	[illegible]	[illegible]	[illegible]	[illegible]	[illegible]	[illegible]	
2485	[illegible]	[illegible]	[illegible]	[illegible]	[illegible]	[illegible]	[illegible]	[illegible]	[illegible]	[illegible]	
86	[illegible]	[illegible]	[illegible]	[illegible]	[illegible]	[illegible]	[illegible]	[illegible]	[illegible]	[illegible]	
87	[illegible]	[illegible]	[illegible]	[illegible]	[illegible]	[illegible]	[illegible]	[illegible]	[illegible]	[illegible]	
88	[illegible]	[illegible]	[illegible]	[illegible]	[illegible]	[illegible]	[illegible]	[illegible]	[illegible]	[illegible]	
89	396.[illegible]	[illegible]	[illegible]	[illegible]	[illegible]	[illegible]	[illegible]	[illegible]	[illegible]	[illegible]	
2490	[illegible]	[illegible]	[illegible]	[illegible]	[illegible]	[illegible]	[illegible]	[illegible]	[illegible]	[illegible]	
91	[illegible]	[illegible]	[illegible]	[illegible]	[illegible]	[illegible]	[illegible]	[illegible]	[illegible]	[illegible]	
92	[illegible]	[illegible]	[illegible]	[illegible]	[illegible]	[illegible]	[illegible]	[illegible]	[illegible]	[illegible]	
93	[illegible]	[illegible]	[illegible]	[illegible]	[illegible]	[illegible]	[illegible]	[illegible]	[illegible]	[illegible]	
94	[illegible]	[illegible]	[illegible]	[illegible]	[illegible]	[illegible]	[illegible]	[illegible]	[illegible]	[illegible]	
2495	397.[illegible]	[illegible]	[illegible]	[illegible]	[illegible]	[illegible]	[illegible]	[illegible]	[illegible]	[illegible]	[illegible]
96	[illegible]	[illegible]	[illegible]	[illegible]	[illegible]	[illegible]	[illegible]	[illegible]	[illegible]	[illegible]	
97	[illegible]	[illegible]	[illegible]	[illegible]	[illegible]	[illegible]	[illegible]	[illegible]	[illegible]	[illegible]	
98	[illegible]	[illegible]	[illegible]	[illegible]	[illegible]	[illegible]	[illegible]	[illegible]	[illegible]	[illegible]	
99	[illegible]	[illegible]	[illegible]	[illegible]	[illegible]	[illegible]	[illegible]	[illegible]	[illegible]	[illegible]	
2500	[illegible]	[illegible]	[illegible]	[illegible]	[illegible]	[illegible]	[illegible]	[illegible]	[illegible]	[illegible]	
01	398.[illegible]	[illegible]	[illegible]	[illegible]	[illegible]	[illegible]	[illegible]	[illegible]	[illegible]	[illegible]	
02	[illegible]	[illegible]	[illegible]	[illegible]	[illegible]	[illegible]	[illegible]	[illegible]	[illegible]	[illegible]	
03	[illegible]	[illegible]	[illegible]	[illegible]	[illegible]	[illegible]	[illegible]	[illegible]	[illegible]	[illegible]	
04	[illegible]	[illegible]	[illegible]	[illegible]	[illegible]	[illegible]	[illegible]	[illegible]	[illegible]	[illegible]	
2505	[illegible]	[illegible]	[illegible]	[illegible]	[illegible]	[illegible]	[illegible]	[illegible]	[illegible]	[illegible]	
06	[illegible]	[illegible]	[illegible]	[illegible]	[illegible]	[illegible]	[illegible]	[illegible]	[illegible]	[illegible]	
07	399.[illegible]	[illegible]	[illegible]	[illegible]	[illegible]	[illegible]	[illegible]	[illegible]	[illegible]	[illegible]	
08	[illegible]	[illegible]	[illegible]	[illegible]	[illegible]	[illegible]	[illegible]	[illegible]	[illegible]	[illegible]	
09	[illegible]	[illegible]	[illegible]	[illegible]	[illegible]	[illegible]	[illegible]	[illegible]	[illegible]	[illegible]	[illegible]
2510	[illegible]	[illegible]	[illegible]	[illegible]	[illegible]	[illegible]	[illegible]	[illegible]	[illegible]	[illegible]	
11	[illegible]	[illegible]	[illegible]	[illegible]	[illegible]	[illegible]	[illegible]	[illegible]	[illegible]	[illegible]	
12	400.[illegible]	[illegible]	[illegible]	[illegible]	[illegible]	[illegible]	[illegible]	[illegible]	[illegible]	[illegible]	
13	[illegible]	[illegible]	[illegible]	[illegible]	[illegible]	[illegible]	[illegible]	[illegible]	[illegible]	[illegible]	
14	[illegible]	[illegible]	[illegible]	[illegible]	[illegible]	[illegible]	[illegible]	[illegible]	[illegible]	[illegible]	
2515	[illegible]	[illegible]	[illegible]	[illegible]	[illegible]	[illegible]	[illegible]	[illegible]	[illegible]	[illegible]	
16	[illegible]	[illegible]	[illegible]	[illegible]	[illegible]	[illegible]	[illegible]	[illegible]	[illegible]	[illegible]	
17	[illegible]	[illegible]	[illegible]	[illegible]	[illegible]	[illegible]	[illegible]	[illegible]	[illegible]	[illegible]	
18	401.[illegible]	[illegible]	[illegible]	[illegible]	[illegible]	[illegible]	[illegible]	[illegible]	[illegible]	[illegible]	
19	[illegible]	[illegible]	[illegible]	[illegible]	[illegible]	[illegible]	[illegible]	[illegible]	[illegible]	[illegible]	
2520	[illegible]	[illegible]	[illegible]	[illegible]	[illegible]	[illegible]	[illegible]	[illegible]	[illegible]	[illegible]	
21	[illegible]	[illegible]	[illegible]	[illegible]	[illegible]	[illegible]	[illegible]	[illegible]	[illegible]	[illegible]	
22	[illegible]	[illegible]	[illegible]	[illegible]	[illegible]	[illegible]	[illegible]	[illegible]	[illegible]	[illegible]	
23	[illegible]	[illegible]	[illegible]	[illegible]	[illegible]	[illegible]	[illegible]	[illegible]	[illegible]	[illegible]	[illegible]
24	[illegible]	[illegible]	[illegible]	[illegible]	[illegible]	[illegible]	[illegible]	[illegible]	[illegible]	[illegible]	
2525	[illegible]	[illegible]	[illegible]	[illegible]	[illegible]	[illegible]	[illegible]	[illegible]	[illegible]	[illegible]	
26	[illegible]	[illegible]	[illegible]	[illegible]	[illegible]	[illegible]	[illegible]	[illegible]	[illegible]	[illegible]	
27	[illegible]	[illegible]	[illegible]	[illegible]	[illegible]	[illegible]	[illegible]	[illegible]	[illegible]	[illegible]	
28	[illegible]	[illegible]	[illegible]	[illegible]	[illegible]	[illegible]	[illegible]	[illegible]	[illegible]	[illegible]	
29	[illegible]	[illegible]	[illegible]	[illegible]	[illegible]	[illegible]	[illegible]	[illegible]	[illegible]	[illegible]	
2530	[illegible]	[illegible]	[illegible]	[illegible]	[illegible]	[illegible]	[illegible]	[illegible]	[illegible]	[illegible]	
31	[illegible]	[illegible]	[illegible]	[illegible]	[illegible]	[illegible]	[illegible]	[illegible]	[illegible]	[illegible]	
32	[illegible]	[illegible]	[illegible]	[illegible]	[illegible]	[illegible]	[illegible]	[illegible]	[illegible]	[illegible]	
33	[illegible]	[illegible]	[illegible]	[illegible]	[illegible]	[illegible]	[illegible]	[illegible]	[illegible]	[illegible]	
34	[illegible]	[illegible]	[illegible]	[illegible]	[illegible]	[illegible]	[illegible]	[illegible]	[illegible]	[illegible]	
Num.	0	1	2	3	4	5	6	7	8	9	D.

N. 25350 L. 403

Num.	0	1	2	3	4	5	6	7	8	9	D	part.
2535	403.[illegible]	[illegible]	[illegible]	[illegible]	[illegible]	[illegible]	[illegible]	[illegible]	[illegible]	[illegible]		[illegible]
36	404.[illegible]	[illegible]	[illegible]	[illegible]	[illegible]	[illegible]	[illegible]	[illegible]	[illegible]	[illegible]		
37	[illegible]	[illegible]	[illegible]	[illegible]	[illegible]	[illegible]	[illegible]	[illegible]	[illegible]	[illegible]		
38	[illegible]	[illegible]	[illegible]	[illegible]	[illegible]	[illegible]	[illegible]	[illegible]	[illegible]	[illegible]		
39	[illegible]	[illegible]	[illegible]	[illegible]	[illegible]	[illegible]	[illegible]	[illegible]	[illegible]	[illegible]	[illegible]	
2540	[illegible]	[illegible]	[illegible]	[illegible]	[illegible]	[illegible]	[illegible]	[illegible]	[illegible]	[illegible]		[illegible]
41	405.[illegible]	[illegible]	[illegible]	[illegible]	[illegible]	[illegible]	[illegible]	[illegible]	[illegible]	[illegible]		
42	[illegible]	[illegible]	[illegible]	[illegible]	[illegible]	[illegible]	[illegible]	[illegible]	[illegible]	[illegible]		
43	[illegible]	[illegible]	[illegible]	[illegible]	[illegible]	[illegible]	[illegible]	[illegible]	[illegible]	[illegible]		
44	[illegible]	[illegible]	[illegible]	[illegible]	[illegible]	[illegible]	[illegible]	[illegible]	[illegible]	[illegible]		
2545	[illegible]	[illegible]	[illegible]	[illegible]	[illegible]	[illegible]	[illegible]	[illegible]	[illegible]	[illegible]		[illegible]
46	[illegible]	[illegible]	[illegible]	[illegible]	[illegible]	[illegible]	[illegible]	[illegible]	[illegible]	[illegible]		
47	406.[illegible]	[illegible]	[illegible]	[illegible]	[illegible]	[illegible]	[illegible]	[illegible]	[illegible]	[illegible]		
48	[illegible]	[illegible]	[illegible]	[illegible]	[illegible]	[illegible]	[illegible]	[illegible]	[illegible]	[illegible]		
49	[illegible]	[illegible]	[illegible]	[illegible]	[illegible]	[illegible]	[illegible]	[illegible]	[illegible]	[illegible]		
2550	[illegible]	[illegible]	[illegible]	[illegible]	[illegible]	[illegible]	[illegible]	[illegible]	[illegible]	[illegible]		[illegible]
51	[illegible]	[illegible]	[illegible]	[illegible]	[illegible]	[illegible]	[illegible]	[illegible]	[illegible]	[illegible]		
52	[illegible]	[illegible]	[illegible]	[illegible]	[illegible]	[illegible]	[illegible]	[illegible]	[illegible]	[illegible]		
53	407.[illegible]	[illegible]	[illegible]	[illegible]	[illegible]	[illegible]	[illegible]	[illegible]	[illegible]	[illegible]		
54	[illegible]	[illegible]	[illegible]	[illegible]	[illegible]	[illegible]	[illegible]	[illegible]	[illegible]	[illegible]	[illegible]	
2555	[illegible]	[illegible]	[illegible]	[illegible]	[illegible]	[illegible]	[illegible]	[illegible]	[illegible]	[illegible]		[illegible]
56	[illegible]	[illegible]	[illegible]	[illegible]	[illegible]	[illegible]	[illegible]	[illegible]	[illegible]	[illegible]		
57	[illegible]	[illegible]	[illegible]	[illegible]	[illegible]	[illegible]	[illegible]	[illegible]	[illegible]	[illegible]		
58	[illegible]	[illegible]	[illegible]	[illegible]	[illegible]	[illegible]	[illegible]	[illegible]	[illegible]	[illegible]		
59	408.[illegible]	[illegible]	[illegible]	[illegible]	[illegible]	[illegible]	[illegible]	[illegible]	[illegible]	[illegible]		
2560	[illegible]	[illegible]	[illegible]	[illegible]	[illegible]	[illegible]	[illegible]	[illegible]	[illegible]	[illegible]		[illegible]
61	[illegible]	[illegible]	[illegible]	[illegible]	[illegible]	[illegible]	[illegible]	[illegible]	[illegible]	[illegible]		
62	[illegible]	[illegible]	[illegible]	[illegible]	[illegible]	[illegible]	[illegible]	[illegible]	[illegible]	[illegible]		
63	[illegible]	[illegible]	[illegible]	[illegible]	[illegible]	[illegible]	[illegible]	[illegible]	[illegible]	[illegible]		
64	[illegible]	[illegible]	[illegible]	[illegible]	[illegible]	[illegible]	[illegible]	[illegible]	[illegible]	[illegible]		
2565	409.[illegible]	[illegible]	[illegible]	[illegible]	[illegible]	[illegible]	[illegible]	[illegible]	[illegible]	[illegible]		[illegible]
66	[illegible]	[illegible]	[illegible]	[illegible]	[illegible]	[illegible]	[illegible]	[illegible]	[illegible]	[illegible]		
67	[illegible]	[illegible]	[illegible]	[illegible]	[illegible]	[illegible]	[illegible]	[illegible]	[illegible]	[illegible]		
68	[illegible]	[illegible]	[illegible]	[illegible]	[illegible]	[illegible]	[illegible]	[illegible]	[illegible]	[illegible]	[illegible]	
69	[illegible]	[illegible]	[illegible]	[illegible]	[illegible]	[illegible]	[illegible]	[illegible]	[illegible]	[illegible]		
2570	[illegible]	[illegible]	[illegible]	[illegible]	[illegible]	[illegible]	[illegible]	[illegible]	[illegible]	[illegible]		[illegible]
71	410.[illegible]	[illegible]	[illegible]	[illegible]	[illegible]	[illegible]	[illegible]	[illegible]	[illegible]	[illegible]		
72	[illegible]	[illegible]	[illegible]	[illegible]	[illegible]	[illegible]	[illegible]	[illegible]	[illegible]	[illegible]		
73	[illegible]	[illegible]	[illegible]	[illegible]	[illegible]	[illegible]	[illegible]	[illegible]	[illegible]	[illegible]		
74	[illegible]	[illegible]	[illegible]	[illegible]	[illegible]	[illegible]	[illegible]	[illegible]	[illegible]	[illegible]		
2575	[illegible]	[illegible]	[illegible]	[illegible]	[illegible]	[illegible]	[illegible]	[illegible]	[illegible]	[illegible]		[illegible]
76	[illegible]	[illegible]	[illegible]	[illegible]	[illegible]	[illegible]	[illegible]	[illegible]	[illegible]	[illegible]		
77	411.[illegible]	[illegible]	[illegible]	[illegible]	[illegible]	[illegible]	[illegible]	[illegible]	[illegible]	[illegible]		
78	[illegible]	[illegible]	[illegible]	[illegible]	[illegible]	[illegible]	[illegible]	[illegible]	[illegible]	[illegible]		
79	[illegible]	[illegible]	[illegible]	[illegible]	[illegible]	[illegible]	[illegible]	[illegible]	[illegible]	[illegible]		
2580	[illegible]	[illegible]	[illegible]	[illegible]	[illegible]	[illegible]	[illegible]	[illegible]	[illegible]	[illegible]		[illegible]
81	[illegible]	[illegible]	[illegible]	[illegible]	[illegible]	[illegible]	[illegible]	[illegible]	[illegible]	[illegible]		
82	[illegible]	[illegible]	[illegible]	[illegible]	[illegible]	[illegible]	[illegible]	[illegible]	[illegible]	[illegible]		
83	412.[illegible]	[illegible]	[illegible]	[illegible]	[illegible]	[illegible]	[illegible]	[illegible]	[illegible]	[illegible]	[illegible]	
84	[illegible]	[illegible]	[illegible]	[illegible]	[illegible]	[illegible]	[illegible]	[illegible]	[illegible]	[illegible]		
2585	[illegible]	[illegible]	[illegible]	[illegible]	[illegible]	[illegible]	[illegible]	[illegible]	[illegible]	[illegible]		[illegible]
86	[illegible]	[illegible]	[illegible]	[illegible]	[illegible]	[illegible]	[illegible]	[illegible]	[illegible]	[illegible]		
87	[illegible]	[illegible]	[illegible]	[illegible]	[illegible]	[illegible]	[illegible]	[illegible]	[illegible]	[illegible]		
88	[illegible]	[illegible]	[illegible]	[illegible]	[illegible]	[illegible]	[illegible]	[illegible]	[illegible]	[illegible]		
89	413.[illegible]	[illegible]	[illegible]	[illegible]	[illegible]	[illegible]	[illegible]	[illegible]	[illegible]	[illegible]		
2590	[illegible]	[illegible]	[illegible]	[illegible]	[illegible]	[illegible]	[illegible]	[illegible]	[illegible]	[illegible]		[illegible]
91	[illegible]	[illegible]	[illegible]	[illegible]	[illegible]	[illegible]	[illegible]	[illegible]	[illegible]	[illegible]		
92	[illegible]	[illegible]	[illegible]	[illegible]	[illegible]	[illegible]	[illegible]	[illegible]	[illegible]	[illegible]		
93	[illegible]	[illegible]	[illegible]	[illegible]	[illegible]	[illegible]	[illegible]	[illegible]	[illegible]	[illegible]		
94	[illegible]	[illegible]	[illegible]	[illegible]	[illegible]	[illegible]	[illegible]	[illegible]	[illegible]	[illegible]		
2595	414.[illegible]	[illegible]	[illegible]	[illegible]	[illegible]	[illegible]	[illegible]	[illegible]	[illegible]	[illegible]		[illegible]
96	[illegible]	[illegible]	[illegible]	[illegible]	[illegible]	[illegible]	[illegible]	[illegible]	[illegible]	[illegible]		
97	[illegible]	[illegible]	[illegible]	[illegible]	[illegible]	[illegible]	[illegible]	[illegible]	[illegible]	[illegible]		
98	[illegible]	[illegible]	[illegible]	[illegible]	[illegible]	[illegible]	[illegible]	[illegible]	[illegible]	[illegible]		
99	[illegible]	[illegible]	[illegible]	[illegible]	[illegible]	[illegible]	[illegible]	[illegible]	[illegible]	[illegible]		
Num.	0	1	2	3	4	5	6	7	8	9	D	part.

N. 26000 L. 414

NUM.	0	1	2	3	4	5	6	7	8	9	D.
2600	414. [illegible]	[illegible]	[illegible]	[illegible]	[illegible]	[illegible]	[illegible]	[illegible]	[illegible]	[illegible]	167
01	415. [illegible]	[illegible]	[illegible]	[illegible]	[illegible]	[illegible]	[illegible]	[illegible]	[illegible]	[illegible]	
02	[illegible]	[illegible]	[illegible]	[illegible]	[illegible]	[illegible]	[illegible]	[illegible]	[illegible]	[illegible]	
03	[illegible]	[illegible]	[illegible]	[illegible]	[illegible]	[illegible]	[illegible]	[illegible]	[illegible]	[illegible]	
04	[illegible]	[illegible]	[illegible]	[illegible]	[illegible]	[illegible]	[illegible]	[illegible]	[illegible]	[illegible]	
2605	[illegible]	[illegible]	[illegible]	[illegible]	[illegible]	[illegible]	[illegible]	[illegible]	[illegible]	[illegible]	
06	[illegible]	[illegible]	[illegible]	[illegible]	[illegible]	[illegible]	[illegible]	[illegible]	[illegible]	[illegible]	
07	416. [illegible]	[illegible]	[illegible]	[illegible]	[illegible]	[illegible]	[illegible]	[illegible]	[illegible]	[illegible]	
08	[illegible]	[illegible]	[illegible]	[illegible]	[illegible]	[illegible]	[illegible]	[illegible]	[illegible]	[illegible]	
09	[illegible]	[illegible]	[illegible]	[illegible]	[illegible]	[illegible]	[illegible]	[illegible]	[illegible]	[illegible]	
2610	[illegible]	[illegible]	[illegible]	[illegible]	[illegible]	[illegible]	[illegible]	[illegible]	[illegible]	[illegible]	
11	[illegible]	[illegible]	[illegible]	[illegible]	[illegible]	[illegible]	[illegible]	[illegible]	[illegible]	[illegible]	
12	[illegible]	[illegible]	[illegible]	[illegible]	[illegible]	[illegible]	[illegible]	[illegible]	[illegible]	[illegible]	
13	417. [illegible]	[illegible]	[illegible]	[illegible]	[illegible]	[illegible]	[illegible]	[illegible]	[illegible]	[illegible]	
14	[illegible]	[illegible]	[illegible]	[illegible]	[illegible]	[illegible]	[illegible]	[illegible]	[illegible]	[illegible]	
2615	[illegible]	[illegible]	[illegible]	[illegible]	[illegible]	[illegible]	[illegible]	[illegible]	[illegible]	[illegible]	166
16	[illegible]	[illegible]	[illegible]	[illegible]	[illegible]	[illegible]	[illegible]	[illegible]	[illegible]	[illegible]	
17	[illegible]	[illegible]	[illegible]	[illegible]	[illegible]	[illegible]	[illegible]	[illegible]	[illegible]	[illegible]	
18	[illegible]	[illegible]	[illegible]	[illegible]	[illegible]	[illegible]	[illegible]	[illegible]	[illegible]	[illegible]	
19	418. [illegible]	[illegible]	[illegible]	[illegible]	[illegible]	[illegible]	[illegible]	[illegible]	[illegible]	[illegible]	
2620	[illegible]	[illegible]	[illegible]	[illegible]	[illegible]	[illegible]	[illegible]	[illegible]	[illegible]	[illegible]	
21	[illegible]	[illegible]	[illegible]	[illegible]	[illegible]	[illegible]	[illegible]	[illegible]	[illegible]	[illegible]	
22	[illegible]	[illegible]	[illegible]	[illegible]	[illegible]	[illegible]	[illegible]	[illegible]	[illegible]	[illegible]	
23	[illegible]	[illegible]	[illegible]	[illegible]	[illegible]	[illegible]	[illegible]	[illegible]	[illegible]	[illegible]	
24	[illegible]	[illegible]	[illegible]	[illegible]	[illegible]	[illegible]	[illegible]	[illegible]	[illegible]	[illegible]	
2625	419. [illegible]	[illegible]	[illegible]	[illegible]	[illegible]	[illegible]	[illegible]	[illegible]	[illegible]	[illegible]	
26	[illegible]	[illegible]	[illegible]	[illegible]	[illegible]	[illegible]	[illegible]	[illegible]	[illegible]	[illegible]	
27	[illegible]	[illegible]	[illegible]	[illegible]	[illegible]	[illegible]	[illegible]	[illegible]	[illegible]	[illegible]	
28	[illegible]	[illegible]	[illegible]	[illegible]	[illegible]	[illegible]	[illegible]	[illegible]	[illegible]	[illegible]	
29	[illegible]	[illegible]	[illegible]	[illegible]	[illegible]	[illegible]	[illegible]	[illegible]	[illegible]	[illegible]	
2630	[illegible]	[illegible]	[illegible]	[illegible]	[illegible]	[illegible]	[illegible]	[illegible]	[illegible]	[illegible]	
31	420. [illegible]	[illegible]	[illegible]	[illegible]	[illegible]	[illegible]	[illegible]	[illegible]	[illegible]	[illegible]	165
32	[illegible]	[illegible]	[illegible]	[illegible]	[illegible]	[illegible]	[illegible]	[illegible]	[illegible]	[illegible]	
33	[illegible]	[illegible]	[illegible]	[illegible]	[illegible]	[illegible]	[illegible]	[illegible]	[illegible]	[illegible]	
34	[illegible]	[illegible]	[illegible]	[illegible]	[illegible]	[illegible]	[illegible]	[illegible]	[illegible]	[illegible]	
2635	[illegible]	[illegible]	[illegible]	[illegible]	[illegible]	[illegible]	[illegible]	[illegible]	[illegible]	[illegible]	
36	[illegible]	[illegible]	[illegible]	[illegible]	[illegible]	[illegible]	[illegible]	[illegible]	[illegible]	[illegible]	
37	421. [illegible]	[illegible]	[illegible]	[illegible]	[illegible]	[illegible]	[illegible]	[illegible]	[illegible]	[illegible]	
38	[illegible]	[illegible]	[illegible]	[illegible]	[illegible]	[illegible]	[illegible]	[illegible]	[illegible]	[illegible]	
39	[illegible]	[illegible]	[illegible]	[illegible]	[illegible]	[illegible]	[illegible]	[illegible]	[illegible]	[illegible]	
2640	[illegible]	[illegible]	[illegible]	[illegible]	[illegible]	[illegible]	[illegible]	[illegible]	[illegible]	[illegible]	
41	[illegible]	[illegible]	[illegible]	[illegible]	[illegible]	[illegible]	[illegible]	[illegible]	[illegible]	[illegible]	
42	[illegible]	[illegible]	[illegible]	[illegible]	[illegible]	[illegible]	[illegible]	[illegible]	[illegible]	[illegible]	
43	422. [illegible]	[illegible]	[illegible]	[illegible]	[illegible]	[illegible]	[illegible]	[illegible]	[illegible]	[illegible]	
44	[illegible]	[illegible]	[illegible]	[illegible]	[illegible]	[illegible]	[illegible]	[illegible]	[illegible]	[illegible]	
2645	[illegible]	[illegible]	[illegible]	[illegible]	[illegible]	[illegible]	[illegible]	[illegible]	[illegible]	[illegible]	
46	[illegible]	[illegible]	[illegible]	[illegible]	[illegible]	[illegible]	[illegible]	[illegible]	[illegible]	[illegible]	
47	[illegible]	[illegible]	[illegible]	[illegible]	[illegible]	[illegible]	[illegible]	[illegible]	[illegible]	[illegible]	
48	[illegible]	[illegible]	[illegible]	[illegible]	[illegible]	[illegible]	[illegible]	[illegible]	[illegible]	[illegible]	164
49	423. [illegible]	[illegible]	[illegible]	[illegible]	[illegible]	[illegible]	[illegible]	[illegible]	[illegible]	[illegible]	
2650	[illegible]	[illegible]	[illegible]	[illegible]	[illegible]	[illegible]	[illegible]	[illegible]	[illegible]	[illegible]	
51	[illegible]	[illegible]	[illegible]	[illegible]	[illegible]	[illegible]	[illegible]	[illegible]	[illegible]	[illegible]	
52	[illegible]	[illegible]	[illegible]	[illegible]	[illegible]	[illegible]	[illegible]	[illegible]	[illegible]	[illegible]	
53	[illegible]	[illegible]	[illegible]	[illegible]	[illegible]	[illegible]	[illegible]	[illegible]	[illegible]	[illegible]	
54	[illegible]	[illegible]	[illegible]	[illegible]	[illegible]	[illegible]	[illegible]	[illegible]	[illegible]	[illegible]	
2655	424. [illegible]	[illegible]	[illegible]	[illegible]	[illegible]	[illegible]	[illegible]	[illegible]	[illegible]	[illegible]	
56	[illegible]	[illegible]	[illegible]	[illegible]	[illegible]	[illegible]	[illegible]	[illegible]	[illegible]	[illegible]	
57	[illegible]	[illegible]	[illegible]	[illegible]	[illegible]	[illegible]	[illegible]	[illegible]	[illegible]	[illegible]	
58	[illegible]	[illegible]	[illegible]	[illegible]	[illegible]	[illegible]	[illegible]	[illegible]	[illegible]	[illegible]	
59	[illegible]	[illegible]	[illegible]	[illegible]	[illegible]	[illegible]	[illegible]	[illegible]	[illegible]	[illegible]	
2660	[illegible]	[illegible]	[illegible]	[illegible]	[illegible]	[illegible]	[illegible]	[illegible]	[illegible]	[illegible]	
61	425. [illegible]	[illegible]	[illegible]	[illegible]	[illegible]	[illegible]	[illegible]	[illegible]	[illegible]	[illegible]	
62	[illegible]	[illegible]	[illegible]	[illegible]	[illegible]	[illegible]	[illegible]	[illegible]	[illegible]	[illegible]	
63	[illegible]	[illegible]	[illegible]	[illegible]	[illegible]	[illegible]	[illegible]	[illegible]	[illegible]	[illegible]	
64	[illegible]	[illegible]	[illegible]	[illegible]	[illegible]	[illegible]	[illegible]	[illegible]	[illegible]	[illegible]	
NUM.	0	1	2	3	4	5	6	7	8	9	D.

N. 26650 L. 425

NUM.	0	1	2	3	4	5	6	7	8	9	D.	part.
2665	425. [illegible]	[illegible]	[illegible]	[illegible]	[illegible]	[illegible]	[illegible]	[illegible]	[illegible]	[illegible]		[illegible]
66	[illegible]	[illegible]	[illegible]	[illegible]	[illegible]	[illegible]	[illegible]	[illegible]	[illegible]	[illegible]		
67	426. [illegible]	[illegible]	[illegible]	[illegible]	[illegible]	[illegible]	[illegible]	[illegible]	[illegible]	[illegible]		
68	[illegible]	[illegible]	[illegible]	[illegible]	[illegible]	[illegible]	[illegible]	[illegible]	[illegible]	[illegible]		
69	[illegible]	[illegible]	[illegible]	[illegible]	[illegible]	[illegible]	[illegible]	[illegible]	[illegible]	[illegible]		
2670	[illegible]	[illegible]	[illegible]	[illegible]	[illegible]	[illegible]	[illegible]	[illegible]	[illegible]	[illegible]		
71	[illegible]	[illegible]	[illegible]	[illegible]	[illegible]	[illegible]	[illegible]	[illegible]	[illegible]	[illegible]		
72	[illegible]	[illegible]	[illegible]	[illegible]	[illegible]	[illegible]	[illegible]	[illegible]	[illegible]	[illegible]		
73	[illegible]	[illegible]	[illegible]	[illegible]	[illegible]	[illegible]	[illegible]	[illegible]	[illegible]	[illegible]		
74	427. [illegible]	[illegible]	[illegible]	[illegible]	[illegible]	[illegible]	[illegible]	[illegible]	[illegible]	[illegible]		
2675	[illegible]	[illegible]	[illegible]	[illegible]	[illegible]	[illegible]	[illegible]	[illegible]	[illegible]	[illegible]		[illegible]
76	[illegible]	[illegible]	[illegible]	[illegible]	[illegible]	[illegible]	[illegible]	[illegible]	[illegible]	[illegible]		
77	[illegible]	[illegible]	[illegible]	[illegible]	[illegible]	[illegible]	[illegible]	[illegible]	[illegible]	[illegible]		
78	[illegible]	[illegible]	[illegible]	[illegible]	[illegible]	[illegible]	[illegible]	[illegible]	[illegible]	[illegible]		
79	[illegible]	[illegible]	[illegible]	[illegible]	[illegible]	[illegible]	[illegible]	[illegible]	[illegible]	[illegible]		
2680	428. [illegible]	[illegible]	[illegible]	[illegible]	[illegible]	[illegible]	[illegible]	[illegible]	[illegible]	[illegible]	163	
81	[illegible]	[illegible]	[illegible]	[illegible]	[illegible]	[illegible]	[illegible]	[illegible]	[illegible]	[illegible]		[illegible]
82	[illegible]	[illegible]	[illegible]	[illegible]	[illegible]	[illegible]	[illegible]	[illegible]	[illegible]	[illegible]		
83	[illegible]	[illegible]	[illegible]	[illegible]	[illegible]	[illegible]	[illegible]	[illegible]	[illegible]	[illegible]		
84	[illegible]	[illegible]	[illegible]	[illegible]	[illegible]	[illegible]	[illegible]	[illegible]	[illegible]	[illegible]		
2685	[illegible]	[illegible]	[illegible]	[illegible]	[illegible]	[illegible]	[illegible]	[illegible]	[illegible]	[illegible]		
86	429. [illegible]	[illegible]	[illegible]	[illegible]	[illegible]	[illegible]	[illegible]	[illegible]	[illegible]	[illegible]		
87	[illegible]	[illegible]	[illegible]	[illegible]	[illegible]	[illegible]	[illegible]	[illegible]	[illegible]	[illegible]		
88	[illegible]	[illegible]	[illegible]	[illegible]	[illegible]	[illegible]	[illegible]	[illegible]	[illegible]	[illegible]		
89	[illegible]	[illegible]	[illegible]	[illegible]	[illegible]	[illegible]	[illegible]	[illegible]	[illegible]	[illegible]		
2690	[illegible]	[illegible]	[illegible]	[illegible]	[illegible]	[illegible]	[illegible]	[illegible]	[illegible]	[illegible]		[illegible]
91	[illegible]	[illegible]	[illegible]	[illegible]	[illegible]	[illegible]	[illegible]	[illegible]	[illegible]	[illegible]		
92	430. [illegible]	[illegible]	[illegible]	[illegible]	[illegible]	[illegible]	[illegible]	[illegible]	[illegible]	[illegible]		
93	[illegible]	[illegible]	[illegible]	[illegible]	[illegible]	[illegible]	[illegible]	[illegible]	[illegible]	[illegible]		
94	[illegible]	[illegible]	[illegible]	[illegible]	[illegible]	[illegible]	[illegible]	[illegible]	[illegible]	[illegible]		
2695	[illegible]	[illegible]	[illegible]	[illegible]	[illegible]	[illegible]	[illegible]	[illegible]	[illegible]	[illegible]		
96	[illegible]	[illegible]	[illegible]	[illegible]	[illegible]	[illegible]	[illegible]	[illegible]	[illegible]	[illegible]		
97	[illegible]	[illegible]	[illegible]	[illegible]	[illegible]	[illegible]	[illegible]	[illegible]	[illegible]	[illegible]	162	
98	431. [illegible]	[illegible]	[illegible]	[illegible]	[illegible]	[illegible]	[illegible]	[illegible]	[illegible]	[illegible]		
99	[illegible]	[illegible]	[illegible]	[illegible]	[illegible]	[illegible]	[illegible]	[illegible]	[illegible]	[illegible]		[illegible]
2700	[illegible]	[illegible]	[illegible]	[illegible]	[illegible]	[illegible]	[illegible]	[illegible]	[illegible]	[illegible]		
01	[illegible]	[illegible]	[illegible]	[illegible]	[illegible]	[illegible]	[illegible]	[illegible]	[illegible]	[illegible]		
02	[illegible]	[illegible]	[illegible]	[illegible]	[illegible]	[illegible]	[illegible]	[illegible]	[illegible]	[illegible]		
03	[illegible]	[illegible]	[illegible]	[illegible]	[illegible]	[illegible]	[illegible]	[illegible]	[illegible]	[illegible]		
04	432. [illegible]	[illegible]	[illegible]	[illegible]	[illegible]	[illegible]	[illegible]	[illegible]	[illegible]	[illegible]		
2705	[illegible]	[illegible]	[illegible]	[illegible]	[illegible]	[illegible]	[illegible]	[illegible]	[illegible]	[illegible]		[illegible]
06	[illegible]	[illegible]	[illegible]	[illegible]	[illegible]	[illegible]	[illegible]	[illegible]	[illegible]	[illegible]		
07	[illegible]	[illegible]	[illegible]	[illegible]	[illegible]	[illegible]	[illegible]	[illegible]	[illegible]	[illegible]		
08	[illegible]	[illegible]	[illegible]	[illegible]	[illegible]	[illegible]	[illegible]	[illegible]	[illegible]	[illegible]		
09	[illegible]	[illegible]	[illegible]	[illegible]	[illegible]	[illegible]	[illegible]	[illegible]	[illegible]	[illegible]		
2710	[illegible]	[illegible]	[illegible]	[illegible]	[illegible]	[illegible]	[illegible]	[illegible]	[illegible]	[illegible]		
11	433. [illegible]	[illegible]	[illegible]	[illegible]	[illegible]	[illegible]	[illegible]	[illegible]	[illegible]	[illegible]		
12	[illegible]	[illegible]	[illegible]	[illegible]	[illegible]	[illegible]	[illegible]	[illegible]	[illegible]	[illegible]		
13	[illegible]	[illegible]	[illegible]	[illegible]	[illegible]	[illegible]	[illegible]	[illegible]	[illegible]	[illegible]		
14	[illegible]	[illegible]	[illegible]	[illegible]	[illegible]	[illegible]	[illegible]	[illegible]	[illegible]	[illegible]	161	
2715	[illegible]	[illegible]	[illegible]	[illegible]	[illegible]	[illegible]	[illegible]	[illegible]	[illegible]	[illegible]		[illegible]
16	[illegible]	[illegible]	[illegible]	[illegible]	[illegible]	[illegible]	[illegible]	[illegible]	[illegible]	[illegible]		
17	434. [illegible]	[illegible]	[illegible]	[illegible]	[illegible]	[illegible]	[illegible]	[illegible]	[illegible]	[illegible]		
18	[illegible]	[illegible]	[illegible]	[illegible]	[illegible]	[illegible]	[illegible]	[illegible]	[illegible]	[illegible]		
19	[illegible]	[illegible]	[illegible]	[illegible]	[illegible]	[illegible]	[illegible]	[illegible]	[illegible]	[illegible]		
2720	[illegible]	[illegible]	[illegible]	[illegible]	[illegible]	[illegible]	[illegible]	[illegible]	[illegible]	[illegible]		
21	[illegible]	[illegible]	[illegible]	[illegible]	[illegible]	[illegible]	[illegible]	[illegible]	[illegible]	[illegible]		
22	[illegible]	[illegible]	[illegible]	[illegible]	[illegible]	[illegible]	[illegible]	[illegible]	[illegible]	[illegible]		
23	435. [illegible]	[illegible]	[illegible]	[illegible]	[illegible]	[illegible]	[illegible]	[illegible]	[illegible]	[illegible]		
24	[illegible]	[illegible]	[illegible]	[illegible]	[illegible]	[illegible]	[illegible]	[illegible]	[illegible]	[illegible]		
2725	[illegible]	[illegible]	[illegible]	[illegible]	[illegible]	[illegible]	[illegible]	[illegible]	[illegible]	[illegible]		[illegible]
26	[illegible]	[illegible]	[illegible]	[illegible]	[illegible]	[illegible]	[illegible]	[illegible]	[illegible]	[illegible]		
27	[illegible]	[illegible]	[illegible]	[illegible]	[illegible]	[illegible]	[illegible]	[illegible]	[illegible]	[illegible]		
28	[illegible]	[illegible]	[illegible]	[illegible]	[illegible]	[illegible]	[illegible]	[illegible]	[illegible]	[illegible]		
29	436. [illegible]	[illegible]	[illegible]	[illegible]	[illegible]	[illegible]	[illegible]	[illegible]	[illegible]	[illegible]		
NUM.	0	1	2	3	4	5	6	7	8	9	D.	part.

N. 27300 L. 436

Num.	0	1	2	3	4	5	6	7	8	9	D.
2730	[illegible]	[illegible]	[illegible]	[illegible]	[illegible]	[illegible]	[illegible]	[illegible]	[illegible]	[illegible]	
31	[illegible]	[illegible]	[illegible]	[illegible]	[illegible]	[illegible]	[illegible]	[illegible]	[illegible]	[illegible]	[illegible]
32	[illegible]	[illegible]	[illegible]	[illegible]	[illegible]	[illegible]	[illegible]	[illegible]	[illegible]	[illegible]	
33	[illegible]	[illegible]	[illegible]	[illegible]	[illegible]	[illegible]	[illegible]	[illegible]	[illegible]	[illegible]	
34	[illegible]	[illegible]	[illegible]	[illegible]	[illegible]	[illegible]	[illegible]	[illegible]	[illegible]	[illegible]	
2735	[illegible]	[illegible]	[illegible]	[illegible]	[illegible]	[illegible]	[illegible]	[illegible]	[illegible]	[illegible]	
36	[illegible]	[illegible]	[illegible]	[illegible]	[illegible]	[illegible]	[illegible]	[illegible]	[illegible]	[illegible]	
37	[illegible]	[illegible]	[illegible]	[illegible]	[illegible]	[illegible]	[illegible]	[illegible]	[illegible]	[illegible]	
38	[illegible]	[illegible]	[illegible]	[illegible]	[illegible]	[illegible]	[illegible]	[illegible]	[illegible]	[illegible]	
39	[illegible]	[illegible]	[illegible]	[illegible]	[illegible]	[illegible]	[illegible]	[illegible]	[illegible]	[illegible]	
2740	[illegible]	[illegible]	[illegible]	[illegible]	[illegible]	[illegible]	[illegible]	[illegible]	[illegible]	[illegible]	
41	[illegible]	[illegible]	[illegible]	[illegible]	[illegible]	[illegible]	[illegible]	[illegible]	[illegible]	[illegible]	
42	[illegible]	[illegible]	[illegible]	[illegible]	[illegible]	[illegible]	[illegible]	[illegible]	[illegible]	[illegible]	
43	[illegible]	[illegible]	[illegible]	[illegible]	[illegible]	[illegible]	[illegible]	[illegible]	[illegible]	[illegible]	
44	[illegible]	[illegible]	[illegible]	[illegible]	[illegible]	[illegible]	[illegible]	[illegible]	[illegible]	[illegible]	
2745	[illegible]	[illegible]	[illegible]	[illegible]	[illegible]	[illegible]	[illegible]	[illegible]	[illegible]	[illegible]	
46	[illegible]	[illegible]	[illegible]	[illegible]	[illegible]	[illegible]	[illegible]	[illegible]	[illegible]	[illegible]	
47	[illegible]	[illegible]	[illegible]	[illegible]	[illegible]	[illegible]	[illegible]	[illegible]	[illegible]	[illegible]	
48	[illegible]	[illegible]	[illegible]	[illegible]	[illegible]	[illegible]	[illegible]	[illegible]	[illegible]	[illegible]	[illegible]
49	[illegible]	[illegible]	[illegible]	[illegible]	[illegible]	[illegible]	[illegible]	[illegible]	[illegible]	[illegible]	
2750	[illegible]	[illegible]	[illegible]	[illegible]	[illegible]	[illegible]	[illegible]	[illegible]	[illegible]	[illegible]	
51	[illegible]	[illegible]	[illegible]	[illegible]	[illegible]	[illegible]	[illegible]	[illegible]	[illegible]	[illegible]	
52	[illegible]	[illegible]	[illegible]	[illegible]	[illegible]	[illegible]	[illegible]	[illegible]	[illegible]	[illegible]	
53	[illegible]	[illegible]	[illegible]	[illegible]	[illegible]	[illegible]	[illegible]	[illegible]	[illegible]	[illegible]	
54	[illegible]	[illegible]	[illegible]	[illegible]	[illegible]	[illegible]	[illegible]	[illegible]	[illegible]	[illegible]	
2755	[illegible]	[illegible]	[illegible]	[illegible]	[illegible]	[illegible]	[illegible]	[illegible]	[illegible]	[illegible]	
56	[illegible]	[illegible]	[illegible]	[illegible]	[illegible]	[illegible]	[illegible]	[illegible]	[illegible]	[illegible]	
57	[illegible]	[illegible]	[illegible]	[illegible]	[illegible]	[illegible]	[illegible]	[illegible]	[illegible]	[illegible]	
58	[illegible]	[illegible]	[illegible]	[illegible]	[illegible]	[illegible]	[illegible]	[illegible]	[illegible]	[illegible]	
59	[illegible]	[illegible]	[illegible]	[illegible]	[illegible]	[illegible]	[illegible]	[illegible]	[illegible]	[illegible]	
2760	[illegible]	[illegible]	[illegible]	[illegible]	[illegible]	[illegible]	[illegible]	[illegible]	[illegible]	[illegible]	
61	[illegible]	[illegible]	[illegible]	[illegible]	[illegible]	[illegible]	[illegible]	[illegible]	[illegible]	[illegible]	
62	[illegible]	[illegible]	[illegible]	[illegible]	[illegible]	[illegible]	[illegible]	[illegible]	[illegible]	[illegible]	
63	[illegible]	[illegible]	[illegible]	[illegible]	[illegible]	[illegible]	[illegible]	[illegible]	[illegible]	[illegible]	
64	[illegible]	[illegible]	[illegible]	[illegible]	[illegible]	[illegible]	[illegible]	[illegible]	[illegible]	[illegible]	
2765	[illegible]	[illegible]	[illegible]	[illegible]	[illegible]	[illegible]	[illegible]	[illegible]	[illegible]	[illegible]	[illegible]
66	[illegible]	[illegible]	[illegible]	[illegible]	[illegible]	[illegible]	[illegible]	[illegible]	[illegible]	[illegible]	
67	[illegible]	[illegible]	[illegible]	[illegible]	[illegible]	[illegible]	[illegible]	[illegible]	[illegible]	[illegible]	
68	[illegible]	[illegible]	[illegible]	[illegible]	[illegible]	[illegible]	[illegible]	[illegible]	[illegible]	[illegible]	
69	[illegible]	[illegible]	[illegible]	[illegible]	[illegible]	[illegible]	[illegible]	[illegible]	[illegible]	[illegible]	
2770	[illegible]	[illegible]	[illegible]	[illegible]	[illegible]	[illegible]	[illegible]	[illegible]	[illegible]	[illegible]	
71	[illegible]	[illegible]	[illegible]	[illegible]	[illegible]	[illegible]	[illegible]	[illegible]	[illegible]	[illegible]	
72	[illegible]	[illegible]	[illegible]	[illegible]	[illegible]	[illegible]	[illegible]	[illegible]	[illegible]	[illegible]	
73	[illegible]	[illegible]	[illegible]	[illegible]	[illegible]	[illegible]	[illegible]	[illegible]	[illegible]	[illegible]	
74	[illegible]	[illegible]	[illegible]	[illegible]	[illegible]	[illegible]	[illegible]	[illegible]	[illegible]	[illegible]	
2775	[illegible]	[illegible]	[illegible]	[illegible]	[illegible]	[illegible]	[illegible]	[illegible]	[illegible]	[illegible]	
76	[illegible]	[illegible]	[illegible]	[illegible]	[illegible]	[illegible]	[illegible]	[illegible]	[illegible]	[illegible]	
77	[illegible]	[illegible]	[illegible]	[illegible]	[illegible]	[illegible]	[illegible]	[illegible]	[illegible]	[illegible]	
78	[illegible]	[illegible]	[illegible]	[illegible]	[illegible]	[illegible]	[illegible]	[illegible]	[illegible]	[illegible]	
79	[illegible]	[illegible]	[illegible]	[illegible]	[illegible]	[illegible]	[illegible]	[illegible]	[illegible]	[illegible]	
2780	[illegible]	[illegible]	[illegible]	[illegible]	[illegible]	[illegible]	[illegible]	[illegible]	[illegible]	[illegible]	
81	[illegible]	[illegible]	[illegible]	[illegible]	[illegible]	[illegible]	[illegible]	[illegible]	[illegible]	[illegible]	
82	[illegible]	[illegible]	[illegible]	[illegible]	[illegible]	[illegible]	[illegible]	[illegible]	[illegible]	[illegible]	
83	[illegible]	[illegible]	[illegible]	[illegible]	[illegible]	[illegible]	[illegible]	[illegible]	[illegible]	[illegible]	[illegible]
84	[illegible]	[illegible]	[illegible]	[illegible]	[illegible]	[illegible]	[illegible]	[illegible]	[illegible]	[illegible]	
2785	[illegible]	[illegible]	[illegible]	[illegible]	[illegible]	[illegible]	[illegible]	[illegible]	[illegible]	[illegible]	
86	[illegible]	[illegible]	[illegible]	[illegible]	[illegible]	[illegible]	[illegible]	[illegible]	[illegible]	[illegible]	
87	[illegible]	[illegible]	[illegible]	[illegible]	[illegible]	[illegible]	[illegible]	[illegible]	[illegible]	[illegible]	
88	[illegible]	[illegible]	[illegible]	[illegible]	[illegible]	[illegible]	[illegible]	[illegible]	[illegible]	[illegible]	
89	[illegible]	[illegible]	[illegible]	[illegible]	[illegible]	[illegible]	[illegible]	[illegible]	[illegible]	[illegible]	
2790	[illegible]	[illegible]	[illegible]	[illegible]	[illegible]	[illegible]	[illegible]	[illegible]	[illegible]	[illegible]	
91	[illegible]	[illegible]	[illegible]	[illegible]	[illegible]	[illegible]	[illegible]	[illegible]	[illegible]	[illegible]	
92	[illegible]	[illegible]	[illegible]	[illegible]	[illegible]	[illegible]	[illegible]	[illegible]	[illegible]	[illegible]	
93	[illegible]	[illegible]	[illegible]	[illegible]	[illegible]	[illegible]	[illegible]	[illegible]	[illegible]	[illegible]	
94	[illegible]	[illegible]	[illegible]	[illegible]	[illegible]	[illegible]	[illegible]	[illegible]	[illegible]	[illegible]	
Num.	0	1	2	3	4	5	6	7	8	9	D.

N. 27950 L. 446

Num.	0	1	2	3	4	5	6	7	8	9	D.
2795	[illegible]	[illegible]	[illegible]	[illegible]	[illegible]	[illegible]	[illegible]	[illegible]	[illegible]	[illegible]	
96	[illegible]	[illegible]	[illegible]	[illegible]	[illegible]	[illegible]	[illegible]	[illegible]	[illegible]	[illegible]	
97	[illegible]	[illegible]	[illegible]	[illegible]	[illegible]	[illegible]	[illegible]	[illegible]	[illegible]	[illegible]	
98	[illegible]	[illegible]	[illegible]	[illegible]	[illegible]	[illegible]	[illegible]	[illegible]	[illegible]	[illegible]	
99	[illegible]	[illegible]	[illegible]	[illegible]	[illegible]	[illegible]	[illegible]	[illegible]	[illegible]	[illegible]	
2800	[illegible]	[illegible]	[illegible]	[illegible]	[illegible]	[illegible]	[illegible]	[illegible]	[illegible]	[illegible]	
01	[illegible]	[illegible]	[illegible]	[illegible]	[illegible]	[illegible]	[illegible]	[illegible]	[illegible]	[illegible]	
02	[illegible]	[illegible]	[illegible]	[illegible]	[illegible]	[illegible]	[illegible]	[illegible]	[illegible]	[illegible]	[illegible]
03	[illegible]	[illegible]	[illegible]	[illegible]	[illegible]	[illegible]	[illegible]	[illegible]	[illegible]	[illegible]	
04	[illegible]	[illegible]	[illegible]	[illegible]	[illegible]	[illegible]	[illegible]	[illegible]	[illegible]	[illegible]	
2805	[illegible]	[illegible]	[illegible]	[illegible]	[illegible]	[illegible]	[illegible]	[illegible]	[illegible]	[illegible]	
06	[illegible]	[illegible]	[illegible]	[illegible]	[illegible]	[illegible]	[illegible]	[illegible]	[illegible]	[illegible]	
07	[illegible]	[illegible]	[illegible]	[illegible]	[illegible]	[illegible]	[illegible]	[illegible]	[illegible]	[illegible]	
08	[illegible]	[illegible]	[illegible]	[illegible]	[illegible]	[illegible]	[illegible]	[illegible]	[illegible]	[illegible]	
09	[illegible]	[illegible]	[illegible]	[illegible]	[illegible]	[illegible]	[illegible]	[illegible]	[illegible]	[illegible]	
2810	[illegible]	[illegible]	[illegible]	[illegible]	[illegible]	[illegible]	[illegible]	[illegible]	[illegible]	[illegible]	
11	[illegible]	[illegible]	[illegible]	[illegible]	[illegible]	[illegible]	[illegible]	[illegible]	[illegible]	[illegible]	
12	[illegible]	[illegible]	[illegible]	[illegible]	[illegible]	[illegible]	[illegible]	[illegible]	[illegible]	[illegible]	
13	[illegible]	[illegible]	[illegible]	[illegible]	[illegible]	[illegible]	[illegible]	[illegible]	[illegible]	[illegible]	
14	[illegible]	[illegible]	[illegible]	[illegible]	[illegible]	[illegible]	[illegible]	[illegible]	[illegible]	[illegible]	
2815	[illegible]	[illegible]	[illegible]	[illegible]	[illegible]	[illegible]	[illegible]	[illegible]	[illegible]	[illegible]	
16	[illegible]	[illegible]	[illegible]	[illegible]	[illegible]	[illegible]	[illegible]	[illegible]	[illegible]	[illegible]	
17	[illegible]	[illegible]	[illegible]	[illegible]	[illegible]	[illegible]	[illegible]	[illegible]	[illegible]	[illegible]	
18	[illegible]	[illegible]	[illegible]	[illegible]	[illegible]	[illegible]	[illegible]	[illegible]	[illegible]	[illegible]	
19	[illegible]	[illegible]	[illegible]	[illegible]	[illegible]	[illegible]	[illegible]	[illegible]	[illegible]	[illegible]	
2820	[illegible]	[illegible]	[illegible]	[illegible]	[illegible]	[illegible]	[illegible]	[illegible]	[illegible]	[illegible]	[illegible]
21	[illegible]	[illegible]	[illegible]	[illegible]	[illegible]	[illegible]	[illegible]	[illegible]	[illegible]	[illegible]	
22	[illegible]	[illegible]	[illegible]	[illegible]	[illegible]	[illegible]	[illegible]	[illegible]	[illegible]	[illegible]	
23	[illegible]	[illegible]	[illegible]	[illegible]	[illegible]	[illegible]	[illegible]	[illegible]	[illegible]	[illegible]	
24	[illegible]	[illegible]	[illegible]	[illegible]	[illegible]	[illegible]	[illegible]	[illegible]	[illegible]	[illegible]	
2825	[illegible]	[illegible]	[illegible]	[illegible]	[illegible]	[illegible]	[illegible]	[illegible]	[illegible]	[illegible]	
26	[illegible]	[illegible]	[illegible]	[illegible]	[illegible]	[illegible]	[illegible]	[illegible]	[illegible]	[illegible]	
27	[illegible]	[illegible]	[illegible]	[illegible]	[illegible]	[illegible]	[illegible]	[illegible]	[illegible]	[illegible]	
28	[illegible]	[illegible]	[illegible]	[illegible]	[illegible]	[illegible]	[illegible]	[illegible]	[illegible]	[illegible]	
29	[illegible]	[illegible]	[illegible]	[illegible]	[illegible]	[illegible]	[illegible]	[illegible]	[illegible]	[illegible]	
2830	[illegible]	[illegible]	[illegible]	[illegible]	[illegible]	[illegible]	[illegible]	[illegible]	[illegible]	[illegible]	
31	[illegible]	[illegible]	[illegible]	[illegible]	[illegible]	[illegible]	[illegible]	[illegible]	[illegible]	[illegible]	
32	[illegible]	[illegible]	[illegible]	[illegible]	[illegible]	[illegible]	[illegible]	[illegible]	[illegible]	[illegible]	
33	[illegible]	[illegible]	[illegible]	[illegible]	[illegible]	[illegible]	[illegible]	[illegible]	[illegible]	[illegible]	
34	[illegible]	[illegible]	[illegible]	[illegible]	[illegible]	[illegible]	[illegible]	[illegible]	[illegible]	[illegible]	
2835	[illegible]	[illegible]	[illegible]	[illegible]	[illegible]	[illegible]	[illegible]	[illegible]	[illegible]	[illegible]	
36	[illegible]	[illegible]	[illegible]	[illegible]	[illegible]	[illegible]	[illegible]	[illegible]	[illegible]	[illegible]	
37	[illegible]	[illegible]	[illegible]	[illegible]	[illegible]	[illegible]	[illegible]	[illegible]	[illegible]	[illegible]	
38	[illegible]	[illegible]	[illegible]	[illegible]	[illegible]	[illegible]	[illegible]	[illegible]	[illegible]	[illegible]	[illegible]
39	[illegible]	[illegible]	[illegible]	[illegible]	[illegible]	[illegible]	[illegible]	[illegible]	[illegible]	[illegible]	
2840	[illegible]	[illegible]	[illegible]	[illegible]	[illegible]	[illegible]	[illegible]	[illegible]	[illegible]	[illegible]	
41	[illegible]	[illegible]	[illegible]	[illegible]	[illegible]	[illegible]	[illegible]	[illegible]	[illegible]	[illegible]	
42	[illegible]	[illegible]	[illegible]	[illegible]	[illegible]	[illegible]	[illegible]	[illegible]	[illegible]	[illegible]	
43	[illegible]	[illegible]	[illegible]	[illegible]	[illegible]	[illegible]	[illegible]	[illegible]	[illegible]	[illegible]	
44	[illegible]	[illegible]	[illegible]	[illegible]	[illegible]	[illegible]	[illegible]	[illegible]	[illegible]	[illegible]	
2845	[illegible]	[illegible]	[illegible]	[illegible]	[illegible]	[illegible]	[illegible]	[illegible]	[illegible]	[illegible]	
46	[illegible]	[illegible]	[illegible]	[illegible]	[illegible]	[illegible]	[illegible]	[illegible]	[illegible]	[illegible]	
47	[illegible]	[illegible]	[illegible]	[illegible]	[illegible]	[illegible]	[illegible]	[illegible]	[illegible]	[illegible]	
48	[illegible]	[illegible]	[illegible]	[illegible]	[illegible]	[illegible]	[illegible]	[illegible]	[illegible]	[illegible]	
49	[illegible]	[illegible]	[illegible]	[illegible]	[illegible]	[illegible]	[illegible]	[illegible]	[illegible]	[illegible]	
2850	[illegible]	[illegible]	[illegible]	[illegible]	[illegible]	[illegible]	[illegible]	[illegible]	[illegible]	[illegible]	
51	[illegible]	[illegible]	[illegible]	[illegible]	[illegible]	[illegible]	[illegible]	[illegible]	[illegible]	[illegible]	
52	[illegible]	[illegible]	[illegible]	[illegible]	[illegible]	[illegible]	[illegible]	[illegible]	[illegible]	[illegible]	
53	[illegible]	[illegible]	[illegible]	[illegible]	[illegible]	[illegible]	[illegible]	[illegible]	[illegible]	[illegible]	
54	[illegible]	[illegible]	[illegible]	[illegible]	[illegible]	[illegible]	[illegible]	[illegible]	[illegible]	[illegible]	
2855	[illegible]	[illegible]	[illegible]	[illegible]	[illegible]	[illegible]	[illegible]	[illegible]	[illegible]	[illegible]	
56	[illegible]	[illegible]	[illegible]	[illegible]	[illegible]	[illegible]	[illegible]	[illegible]	[illegible]	[illegible]	
57	[illegible]	[illegible]	[illegible]	[illegible]	[illegible]	[illegible]	[illegible]	[illegible]	[illegible]	[illegible]	
58	[illegible]	[illegible]	[illegible]	[illegible]	[illegible]	[illegible]	[illegible]	[illegible]	[illegible]	[illegible]	
59	[illegible]	[illegible]	[illegible]	[illegible]	[illegible]	[illegible]	[illegible]	[illegible]	[illegible]	[illegible]	
Num.	0	1	2	3	4	5	6	7	8	9	D.

N. 28600 L. 456

Num.	0	1	2	3	4	5	6	7	8	9	D.
2860	456. [illegible]	[illegible]	[illegible]	[illegible]	[illegible]	[illegible]	[illegible]	[illegible]	[illegible]	[illegible]	
61	[illegible]	[illegible]	[illegible]	[illegible]	[illegible]	[illegible]	[illegible]	[illegible]	[illegible]	[illegible]	
62	[illegible]	[illegible]	[illegible]	[illegible]	[illegible]	[illegible]	[illegible]	[illegible]	[illegible]	[illegible]	
63	[illegible]	[illegible]	[illegible]	[illegible]	[illegible]	[illegible]	[illegible]	[illegible]	[illegible]	[illegible]	
64	[illegible]	[illegible]	[illegible]	[illegible]	[illegible]	[illegible]	[illegible]	[illegible]	[illegible]	[illegible]	
2865	457. [illegible]	[illegible]	[illegible]	[illegible]	[illegible]	[illegible]	[illegible]	[illegible]	[illegible]	[illegible]	
66	[illegible]	[illegible]	[illegible]	[illegible]	[illegible]	[illegible]	[illegible]	[illegible]	[illegible]	[illegible]	
67	[illegible]	[illegible]	[illegible]	[illegible]	[illegible]	[illegible]	[illegible]	[illegible]	[illegible]	[illegible]	
68	[illegible]	[illegible]	[illegible]	[illegible]	[illegible]	[illegible]	[illegible]	[illegible]	[illegible]	[illegible]	
69	[illegible]	[illegible]	[illegible]	[illegible]	[illegible]	[illegible]	[illegible]	[illegible]	[illegible]	[illegible]	
2870	[illegible]	[illegible]	[illegible]	[illegible]	[illegible]	[illegible]	[illegible]	[illegible]	[illegible]	[illegible]	
71	458. [illegible]	[illegible]	[illegible]	[illegible]	[illegible]	[illegible]	[illegible]	[illegible]	[illegible]	[illegible]	
72	[illegible]	[illegible]	[illegible]	[illegible]	[illegible]	[illegible]	[illegible]	[illegible]	[illegible]	[illegible]	
73	[illegible]	[illegible]	[illegible]	[illegible]	[illegible]	[illegible]	[illegible]	[illegible]	[illegible]	[illegible]	
74	[illegible]	[illegible]	[illegible]	[illegible]	[illegible]	[illegible]	[illegible]	[illegible]	[illegible]	[illegible]	
2875	[illegible]	[illegible]	[illegible]	[illegible]	[illegible]	[illegible]	[illegible]	[illegible]	[illegible]	[illegible]	
76	[illegible]	[illegible]	[illegible]	[illegible]	[illegible]	[illegible]	[illegible]	[illegible]	[illegible]	[illegible]	
77	[illegible]	[illegible]	[illegible]	[illegible]	[illegible]	[illegible]	[illegible]	[illegible]	[illegible]	[illegible]	
78	459. [illegible]	[illegible]	[illegible]	[illegible]	[illegible]	[illegible]	[illegible]	[illegible]	[illegible]	[illegible]	
79	[illegible]	[illegible]	[illegible]	[illegible]	[illegible]	[illegible]	[illegible]	[illegible]	[illegible]	[illegible]	
2880	[illegible]	[illegible]	[illegible]	[illegible]	[illegible]	[illegible]	[illegible]	[illegible]	[illegible]	[illegible]	
81	[illegible]	[illegible]	[illegible]	[illegible]	[illegible]	[illegible]	[illegible]	[illegible]	[illegible]	[illegible]	
82	[illegible]	[illegible]	[illegible]	[illegible]	[illegible]	[illegible]	[illegible]	[illegible]	[illegible]	[illegible]	
83	[illegible]	[illegible]	[illegible]	[illegible]	[illegible]	[illegible]	[illegible]	[illegible]	[illegible]	[illegible]	
84	[illegible]	[illegible]	[illegible]	[illegible]	[illegible]	[illegible]	[illegible]	[illegible]	[illegible]	[illegible]	
2885	460. [illegible]	[illegible]	[illegible]	[illegible]	[illegible]	[illegible]	[illegible]	[illegible]	[illegible]	[illegible]	
86	[illegible]	[illegible]	[illegible]	[illegible]	[illegible]	[illegible]	[illegible]	[illegible]	[illegible]	[illegible]	
87	[illegible]	[illegible]	[illegible]	[illegible]	[illegible]	[illegible]	[illegible]	[illegible]	[illegible]	[illegible]	
88	[illegible]	[illegible]	[illegible]	[illegible]	[illegible]	[illegible]	[illegible]	[illegible]	[illegible]	[illegible]	
89	[illegible]	[illegible]	[illegible]	[illegible]	[illegible]	[illegible]	[illegible]	[illegible]	[illegible]	[illegible]	
2890	[illegible]	[illegible]	[illegible]	[illegible]	[illegible]	[illegible]	[illegible]	[illegible]	[illegible]	[illegible]	
91	461. [illegible]	[illegible]	[illegible]	[illegible]	[illegible]	[illegible]	[illegible]	[illegible]	[illegible]	[illegible]	
92	[illegible]	[illegible]	[illegible]	[illegible]	[illegible]	[illegible]	[illegible]	[illegible]	[illegible]	[illegible]	
93	[illegible]	[illegible]	[illegible]	[illegible]	[illegible]	[illegible]	[illegible]	[illegible]	[illegible]	[illegible]	
94	[illegible]	[illegible]	[illegible]	[illegible]	[illegible]	[illegible]	[illegible]	[illegible]	[illegible]	[illegible]	
2895	[illegible]	[illegible]	[illegible]	[illegible]	[illegible]	[illegible]	[illegible]	[illegible]	[illegible]	[illegible]	
96	[illegible]	[illegible]	[illegible]	[illegible]	[illegible]	[illegible]	[illegible]	[illegible]	[illegible]	[illegible]	
97	[illegible]	[illegible]	[illegible]	[illegible]	[illegible]	[illegible]	[illegible]	[illegible]	[illegible]	[illegible]	
98	462. [illegible]	[illegible]	[illegible]	[illegible]	[illegible]	[illegible]	[illegible]	[illegible]	[illegible]	[illegible]	
99	[illegible]	[illegible]	[illegible]	[illegible]	[illegible]	[illegible]	[illegible]	[illegible]	[illegible]	[illegible]	
2900	[illegible]	[illegible]	[illegible]	[illegible]	[illegible]	[illegible]	[illegible]	[illegible]	[illegible]	[illegible]	
01	[illegible]	[illegible]	[illegible]	[illegible]	[illegible]	[illegible]	[illegible]	[illegible]	[illegible]	[illegible]	
02	[illegible]	[illegible]	[illegible]	[illegible]	[illegible]	[illegible]	[illegible]	[illegible]	[illegible]	[illegible]	
03	[illegible]	[illegible]	[illegible]	[illegible]	[illegible]	[illegible]	[illegible]	[illegible]	[illegible]	[illegible]	
04	[illegible]	[illegible]	[illegible]	[illegible]	[illegible]	[illegible]	[illegible]	[illegible]	[illegible]	[illegible]	
2905	463. [illegible]	[illegible]	[illegible]	[illegible]	[illegible]	[illegible]	[illegible]	[illegible]	[illegible]	[illegible]	
06	[illegible]	[illegible]	[illegible]	[illegible]	[illegible]	[illegible]	[illegible]	[illegible]	[illegible]	[illegible]	
07	[illegible]	[illegible]	[illegible]	[illegible]	[illegible]	[illegible]	[illegible]	[illegible]	[illegible]	[illegible]	
08	[illegible]	[illegible]	[illegible]	[illegible]	[illegible]	[illegible]	[illegible]	[illegible]	[illegible]	[illegible]	
09	[illegible]	[illegible]	[illegible]	[illegible]	[illegible]	[illegible]	[illegible]	[illegible]	[illegible]	[illegible]	
2910	[illegible]	[illegible]	[illegible]	[illegible]	[illegible]	[illegible]	[illegible]	[illegible]	[illegible]	[illegible]	
11	464. [illegible]	[illegible]	[illegible]	[illegible]	[illegible]	[illegible]	[illegible]	[illegible]	[illegible]	[illegible]	
12	[illegible]	[illegible]	[illegible]	[illegible]	[illegible]	[illegible]	[illegible]	[illegible]	[illegible]	[illegible]	
13	[illegible]	[illegible]	[illegible]	[illegible]	[illegible]	[illegible]	[illegible]	[illegible]	[illegible]	[illegible]	
14	[illegible]	[illegible]	[illegible]	[illegible]	[illegible]	[illegible]	[illegible]	[illegible]	[illegible]	[illegible]	
2915	[illegible]	[illegible]	[illegible]	[illegible]	[illegible]	[illegible]	[illegible]	[illegible]	[illegible]	[illegible]	
16	[illegible]	[illegible]	[illegible]	[illegible]	[illegible]	[illegible]	[illegible]	[illegible]	[illegible]	[illegible]	
17	[illegible]	[illegible]	[illegible]	[illegible]	[illegible]	[illegible]	[illegible]	[illegible]	[illegible]	[illegible]	
18	465. [illegible]	[illegible]	[illegible]	[illegible]	[illegible]	[illegible]	[illegible]	[illegible]	[illegible]	[illegible]	
19	[illegible]	[illegible]	[illegible]	[illegible]	[illegible]	[illegible]	[illegible]	[illegible]	[illegible]	[illegible]	
2920	[illegible]	[illegible]	[illegible]	[illegible]	[illegible]	[illegible]	[illegible]	[illegible]	[illegible]	[illegible]	
21	[illegible]	[illegible]	[illegible]	[illegible]	[illegible]	[illegible]	[illegible]	[illegible]	[illegible]	[illegible]	
22	[illegible]	[illegible]	[illegible]	[illegible]	[illegible]	[illegible]	[illegible]	[illegible]	[illegible]	[illegible]	
23	[illegible]	[illegible]	[illegible]	[illegible]	[illegible]	[illegible]	[illegible]	[illegible]	[illegible]	[illegible]	
24	[illegible]	[illegible]	[illegible]	[illegible]	[illegible]	[illegible]	[illegible]	[illegible]	[illegible]	[illegible]	
Num.	0	1	2	3	4	5	6	7	8	9	D.

N. 29250 L. 466

Num.	0	1	2	3	4	5	6	7	8	9	D.
2925	466. [illegible]	[illegible]	[illegible]	[illegible]	[illegible]	[illegible]	[illegible]	[illegible]	[illegible]	[illegible]	
26	[illegible]	[illegible]	[illegible]	[illegible]	[illegible]	[illegible]	[illegible]	[illegible]	[illegible]	[illegible]	
27	[illegible]	[illegible]	[illegible]	[illegible]	[illegible]	[illegible]	[illegible]	[illegible]	[illegible]	[illegible]	
28	[illegible]	[illegible]	[illegible]	[illegible]	[illegible]	[illegible]	[illegible]	[illegible]	[illegible]	[illegible]	
29	[illegible]	[illegible]	[illegible]	[illegible]	[illegible]	[illegible]	[illegible]	[illegible]	[illegible]	[illegible]	
2930	[illegible]	[illegible]	[illegible]	[illegible]	[illegible]	[illegible]	[illegible]	[illegible]	[illegible]	[illegible]	
31	467. [illegible]	[illegible]	[illegible]	[illegible]	[illegible]	[illegible]	[illegible]	[illegible]	[illegible]	[illegible]	
32	[illegible]	[illegible]	[illegible]	[illegible]	[illegible]	[illegible]	[illegible]	[illegible]	[illegible]	[illegible]	
33	[illegible]	[illegible]	[illegible]	[illegible]	[illegible]	[illegible]	[illegible]	[illegible]	[illegible]	[illegible]	
34	[illegible]	[illegible]	[illegible]	[illegible]	[illegible]	[illegible]	[illegible]	[illegible]	[illegible]	[illegible]	
2935	[illegible]	[illegible]	[illegible]	[illegible]	[illegible]	[illegible]	[illegible]	[illegible]	[illegible]	[illegible]	
36	[illegible]	[illegible]	[illegible]	[illegible]	[illegible]	[illegible]	[illegible]	[illegible]	[illegible]	[illegible]	
37	[illegible]	[illegible]	[illegible]	[illegible]	[illegible]	[illegible]	[illegible]	[illegible]	[illegible]	[illegible]	
38	468. [illegible]	[illegible]	[illegible]	[illegible]	[illegible]	[illegible]	[illegible]	[illegible]	[illegible]	[illegible]	
39	[illegible]	[illegible]	[illegible]	[illegible]	[illegible]	[illegible]	[illegible]	[illegible]	[illegible]	[illegible]	
2940	[illegible]	[illegible]	[illegible]	[illegible]	[illegible]	[illegible]	[illegible]	[illegible]	[illegible]	[illegible]	
41	[illegible]	[illegible]	[illegible]	[illegible]	[illegible]	[illegible]	[illegible]	[illegible]	[illegible]	[illegible]	
42	[illegible]	[illegible]	[illegible]	[illegible]	[illegible]	[illegible]	[illegible]	[illegible]	[illegible]	[illegible]	
43	[illegible]	[illegible]	[illegible]	[illegible]	[illegible]	[illegible]	[illegible]	[illegible]	[illegible]	[illegible]	
44	[illegible]	[illegible]	[illegible]	[illegible]	[illegible]	[illegible]	[illegible]	[illegible]	[illegible]	[illegible]	
2945	469. [illegible]	[illegible]	[illegible]	[illegible]	[illegible]	[illegible]	[illegible]	[illegible]	[illegible]	[illegible]	
46	[illegible]	[illegible]	[illegible]	[illegible]	[illegible]	[illegible]	[illegible]	[illegible]	[illegible]	[illegible]	
47	[illegible]	[illegible]	[illegible]	[illegible]	[illegible]	[illegible]	[illegible]	[illegible]	[illegible]	[illegible]	
48	[illegible]	[illegible]	[illegible]	[illegible]	[illegible]	[illegible]	[illegible]	[illegible]	[illegible]	[illegible]	
49	[illegible]	[illegible]	[illegible]	[illegible]	[illegible]	[illegible]	[illegible]	[illegible]	[illegible]	[illegible]	
2950	[illegible]	[illegible]	[illegible]	[illegible]	[illegible]	[illegible]	[illegible]	[illegible]	[illegible]	[illegible]	
51	[illegible]	[illegible]	[illegible]	[illegible]	[illegible]	[illegible]	[illegible]	[illegible]	[illegible]	[illegible]	
52	470. [illegible]	[illegible]	[illegible]	[illegible]	[illegible]	[illegible]	[illegible]	[illegible]	[illegible]	[illegible]	
53	[illegible]	[illegible]	[illegible]	[illegible]	[illegible]	[illegible]	[illegible]	[illegible]	[illegible]	[illegible]	
54	[illegible]	[illegible]	[illegible]	[illegible]	[illegible]	[illegible]	[illegible]	[illegible]	[illegible]	[illegible]	
2955	[illegible]	[illegible]	[illegible]	[illegible]	[illegible]	[illegible]	[illegible]	[illegible]	[illegible]	[illegible]	
56	[illegible]	[illegible]	[illegible]	[illegible]	[illegible]	[illegible]	[illegible]	[illegible]	[illegible]	[illegible]	
57	[illegible]	[illegible]	[illegible]	[illegible]	[illegible]	[illegible]	[illegible]	[illegible]	[illegible]	[illegible]	
58	[illegible]	[illegible]	[illegible]	[illegible]	[illegible]	[illegible]	[illegible]	[illegible]	[illegible]	[illegible]	
59	471. [illegible]	[illegible]	[illegible]	[illegible]	[illegible]	[illegible]	[illegible]	[illegible]	[illegible]	[illegible]	
2960	[illegible]	[illegible]	[illegible]	[illegible]	[illegible]	[illegible]	[illegible]	[illegible]	[illegible]	[illegible]	
61	[illegible]	[illegible]	[illegible]	[illegible]	[illegible]	[illegible]	[illegible]	[illegible]	[illegible]	[illegible]	
62	[illegible]	[illegible]	[illegible]	[illegible]	[illegible]	[illegible]	[illegible]	[illegible]	[illegible]	[illegible]	
63	[illegible]	[illegible]	[illegible]	[illegible]	[illegible]	[illegible]	[illegible]	[illegible]	[illegible]	[illegible]	
64	[illegible]	[illegible]	[illegible]	[illegible]	[illegible]	[illegible]	[illegible]	[illegible]	[illegible]	[illegible]	
2965	472. [illegible]	[illegible]	[illegible]	[illegible]	[illegible]	[illegible]	[illegible]	[illegible]	[illegible]	[illegible]	
66	[illegible]	[illegible]	[illegible]	[illegible]	[illegible]	[illegible]	[illegible]	[illegible]	[illegible]	[illegible]	
67	[illegible]	[illegible]	[illegible]	[illegible]	[illegible]	[illegible]	[illegible]	[illegible]	[illegible]	[illegible]	
68	[illegible]	[illegible]	[illegible]	[illegible]	[illegible]	[illegible]	[illegible]	[illegible]	[illegible]	[illegible]	
69	[illegible]	[illegible]	[illegible]	[illegible]	[illegible]	[illegible]	[illegible]	[illegible]	[illegible]	[illegible]	
2970	[illegible]	[illegible]	[illegible]	[illegible]	[illegible]	[illegible]	[illegible]	[illegible]	[illegible]	[illegible]	
71	[illegible]	[illegible]	[illegible]	[illegible]	[illegible]	[illegible]	[illegible]	[illegible]	[illegible]	[illegible]	
72	473. [illegible]	[illegible]	[illegible]	[illegible]	[illegible]	[illegible]	[illegible]	[illegible]	[illegible]	[illegible]	
73	[illegible]	[illegible]	[illegible]	[illegible]	[illegible]	[illegible]	[illegible]	[illegible]	[illegible]	[illegible]	
74	[illegible]	[illegible]	[illegible]	[illegible]	[illegible]	[illegible]	[illegible]	[illegible]	[illegible]	[illegible]	
2975	[illegible]	[illegible]	[illegible]	[illegible]	[illegible]	[illegible]	[illegible]	[illegible]	[illegible]	[illegible]	
76	[illegible]	[illegible]	[illegible]	[illegible]	[illegible]	[illegible]	[illegible]	[illegible]	[illegible]	[illegible]	
77	[illegible]	[illegible]	[illegible]	[illegible]	[illegible]	[illegible]	[illegible]	[illegible]	[illegible]	[illegible]	
78	[illegible]	[illegible]	[illegible]	[illegible]	[illegible]	[illegible]	[illegible]	[illegible]	[illegible]	[illegible]	
79	474. [illegible]	[illegible]	[illegible]	[illegible]	[illegible]	[illegible]	[illegible]	[illegible]	[illegible]	[illegible]	
2980	[illegible]	[illegible]	[illegible]	[illegible]	[illegible]	[illegible]	[illegible]	[illegible]	[illegible]	[illegible]	
81	[illegible]	[illegible]	[illegible]	[illegible]	[illegible]	[illegible]	[illegible]	[illegible]	[illegible]	[illegible]	
82	[illegible]	[illegible]	[illegible]	[illegible]	[illegible]	[illegible]	[illegible]	[illegible]	[illegible]	[illegible]	
83	[illegible]	[illegible]	[illegible]	[illegible]	[illegible]	[illegible]	[illegible]	[illegible]	[illegible]	[illegible]	
84	[illegible]	[illegible]	[illegible]	[illegible]	[illegible]	[illegible]	[illegible]	[illegible]	[illegible]	[illegible]	
2985	[illegible]	[illegible]	[illegible]	[illegible]	[illegible]	[illegible]	[illegible]	[illegible]	[illegible]	[illegible]	
86	475. [illegible]	[illegible]	[illegible]	[illegible]	[illegible]	[illegible]	[illegible]	[illegible]	[illegible]	[illegible]	
87	[illegible]	[illegible]	[illegible]	[illegible]	[illegible]	[illegible]	[illegible]	[illegible]	[illegible]	[illegible]	
88	[illegible]	[illegible]	[illegible]	[illegible]	[illegible]	[illegible]	[illegible]	[illegible]	[illegible]	[illegible]	
89	[illegible]	[illegible]	[illegible]	[illegible]	[illegible]	[illegible]	[illegible]	[illegible]	[illegible]	[illegible]	
Num.	0	1	2	3	4	5	6	7	8	9	D.

N. 29900 L. 475

Num.	0	1	2	3	4	5	6	7	8	9	D.
2990	475.[illegible]	[illegible]	[illegible]	[illegible]	[illegible]	[illegible]	[illegible]	[illegible]	[illegible]	[illegible]	
91	[illegible]	[illegible]	[illegible]	[illegible]	[illegible]	[illegible]	[illegible]	[illegible]	[illegible]	[illegible]	
92	[illegible]	[illegible]	[illegible]	[illegible]	[illegible]	[illegible]	[illegible]	[illegible]	[illegible]	[illegible]	
93	476.[illegible]	[illegible]	[illegible]	[illegible]	[illegible]	[illegible]	[illegible]	[illegible]	[illegible]	[illegible]	
94	[illegible]	[illegible]	[illegible]	[illegible]	[illegible]	[illegible]	[illegible]	[illegible]	[illegible]	[illegible]	[illegible]
2995	[illegible]	[illegible]	[illegible]	[illegible]	[illegible]	[illegible]	[illegible]	[illegible]	[illegible]	[illegible]	
96	[illegible]	[illegible]	[illegible]	[illegible]	[illegible]	[illegible]	[illegible]	[illegible]	[illegible]	[illegible]	
97	[illegible]	[illegible]	[illegible]	[illegible]	[illegible]	[illegible]	[illegible]	[illegible]	[illegible]	[illegible]	
98	[illegible]	[illegible]	[illegible]	[illegible]	[illegible]	[illegible]	[illegible]	[illegible]	[illegible]	[illegible]	
99	[illegible]	[illegible]	[illegible]	[illegible]	[illegible]	[illegible]	[illegible]	[illegible]	[illegible]	[illegible]	
3000	477.[illegible]	[illegible]	[illegible]	[illegible]	[illegible]	[illegible]	[illegible]	[illegible]	[illegible]	[illegible]	
01	[illegible]	[illegible]	[illegible]	[illegible]	[illegible]	[illegible]	[illegible]	[illegible]	[illegible]	[illegible]	
02	[illegible]	[illegible]	[illegible]	[illegible]	[illegible]	[illegible]	[illegible]	[illegible]	[illegible]	[illegible]	
03	[illegible]	[illegible]	[illegible]	[illegible]	[illegible]	[illegible]	[illegible]	[illegible]	[illegible]	[illegible]	
04	[illegible]	[illegible]	[illegible]	[illegible]	[illegible]	[illegible]	[illegible]	[illegible]	[illegible]	[illegible]	
3005	[illegible]	[illegible]	[illegible]	[illegible]	[illegible]	[illegible]	[illegible]	[illegible]	[illegible]	[illegible]	
06	[illegible]	[illegible]	[illegible]	[illegible]	[illegible]	[illegible]	[illegible]	[illegible]	[illegible]	[illegible]	
07	478.[illegible]	[illegible]	[illegible]	[illegible]	[illegible]	[illegible]	[illegible]	[illegible]	[illegible]	[illegible]	
08	[illegible]	[illegible]	[illegible]	[illegible]	[illegible]	[illegible]	[illegible]	[illegible]	[illegible]	[illegible]	
09	[illegible]	[illegible]	[illegible]	[illegible]	[illegible]	[illegible]	[illegible]	[illegible]	[illegible]	[illegible]	
3010	[illegible]	[illegible]	[illegible]	[illegible]	[illegible]	[illegible]	[illegible]	[illegible]	[illegible]	[illegible]	
11	[illegible]	[illegible]	[illegible]	[illegible]	[illegible]	[illegible]	[illegible]	[illegible]	[illegible]	[illegible]	
12	[illegible]	[illegible]	[illegible]	[illegible]	[illegible]	[illegible]	[illegible]	[illegible]	[illegible]	[illegible]	
13	[illegible]	[illegible]	[illegible]	[illegible]	[illegible]	[illegible]	[illegible]	[illegible]	[illegible]	[illegible]	
14	479.[illegible]	[illegible]	[illegible]	[illegible]	[illegible]	[illegible]	[illegible]	[illegible]	[illegible]	[illegible]	
3015	[illegible]	[illegible]	[illegible]	[illegible]	[illegible]	[illegible]	[illegible]	[illegible]	[illegible]	[illegible]	[illegible]
16	[illegible]	[illegible]	[illegible]	[illegible]	[illegible]	[illegible]	[illegible]	[illegible]	[illegible]	[illegible]	
17	[illegible]	[illegible]	[illegible]	[illegible]	[illegible]	[illegible]	[illegible]	[illegible]	[illegible]	[illegible]	
18	[illegible]	[illegible]	[illegible]	[illegible]	[illegible]	[illegible]	[illegible]	[illegible]	[illegible]	[illegible]	
19	[illegible]	[illegible]	[illegible]	[illegible]	[illegible]	[illegible]	[illegible]	[illegible]	[illegible]	[illegible]	
3020	480.[illegible]	[illegible]	[illegible]	[illegible]	[illegible]	[illegible]	[illegible]	[illegible]	[illegible]	[illegible]	
21	[illegible]	[illegible]	[illegible]	[illegible]	[illegible]	[illegible]	[illegible]	[illegible]	[illegible]	[illegible]	
22	[illegible]	[illegible]	[illegible]	[illegible]	[illegible]	[illegible]	[illegible]	[illegible]	[illegible]	[illegible]	
23	[illegible]	[illegible]	[illegible]	[illegible]	[illegible]	[illegible]	[illegible]	[illegible]	[illegible]	[illegible]	
24	[illegible]	[illegible]	[illegible]	[illegible]	[illegible]	[illegible]	[illegible]	[illegible]	[illegible]	[illegible]	
3025	[illegible]	[illegible]	[illegible]	[illegible]	[illegible]	[illegible]	[illegible]	[illegible]	[illegible]	[illegible]	
26	[illegible]	[illegible]	[illegible]	[illegible]	[illegible]	[illegible]	[illegible]	[illegible]	[illegible]	[illegible]	
27	481.[illegible]	[illegible]	[illegible]	[illegible]	[illegible]	[illegible]	[illegible]	[illegible]	[illegible]	[illegible]	
28	[illegible]	[illegible]	[illegible]	[illegible]	[illegible]	[illegible]	[illegible]	[illegible]	[illegible]	[illegible]	
29	[illegible]	[illegible]	[illegible]	[illegible]	[illegible]	[illegible]	[illegible]	[illegible]	[illegible]	[illegible]	
3030	[illegible]	[illegible]	[illegible]	[illegible]	[illegible]	[illegible]	[illegible]	[illegible]	[illegible]	[illegible]	
31	[illegible]	[illegible]	[illegible]	[illegible]	[illegible]	[illegible]	[illegible]	[illegible]	[illegible]	[illegible]	
32	[illegible]	[illegible]	[illegible]	[illegible]	[illegible]	[illegible]	[illegible]	[illegible]	[illegible]	[illegible]	
33	[illegible]	[illegible]	[illegible]	[illegible]	[illegible]	[illegible]	[illegible]	[illegible]	[illegible]	[illegible]	
34	482.[illegible]	[illegible]	[illegible]	[illegible]	[illegible]	[illegible]	[illegible]	[illegible]	[illegible]	[illegible]	
3035	[illegible]	[illegible]	[illegible]	[illegible]	[illegible]	[illegible]	[illegible]	[illegible]	[illegible]	[illegible]	
36	[illegible]	[illegible]	[illegible]	[illegible]	[illegible]	[illegible]	[illegible]	[illegible]	[illegible]	[illegible]	
37	[illegible]	[illegible]	[illegible]	[illegible]	[illegible]	[illegible]	[illegible]	[illegible]	[illegible]	[illegible]	[illegible]
38	[illegible]	[illegible]	[illegible]	[illegible]	[illegible]	[illegible]	[illegible]	[illegible]	[illegible]	[illegible]	
39	[illegible]	[illegible]	[illegible]	[illegible]	[illegible]	[illegible]	[illegible]	[illegible]	[illegible]	[illegible]	
3040	[illegible]	[illegible]	[illegible]	[illegible]	[illegible]	[illegible]	[illegible]	[illegible]	[illegible]	[illegible]	
41	483.[illegible]	[illegible]	[illegible]	[illegible]	[illegible]	[illegible]	[illegible]	[illegible]	[illegible]	[illegible]	
42	[illegible]	[illegible]	[illegible]	[illegible]	[illegible]	[illegible]	[illegible]	[illegible]	[illegible]	[illegible]	
43	[illegible]	[illegible]	[illegible]	[illegible]	[illegible]	[illegible]	[illegible]	[illegible]	[illegible]	[illegible]	
44	[illegible]	[illegible]	[illegible]	[illegible]	[illegible]	[illegible]	[illegible]	[illegible]	[illegible]	[illegible]	
3045	[illegible]	[illegible]	[illegible]	[illegible]	[illegible]	[illegible]	[illegible]	[illegible]	[illegible]	[illegible]	
46	[illegible]	[illegible]	[illegible]	[illegible]	[illegible]	[illegible]	[illegible]	[illegible]	[illegible]	[illegible]	
47	[illegible]	[illegible]	[illegible]	[illegible]	[illegible]	[illegible]	[illegible]	[illegible]	[illegible]	[illegible]	
48	484.[illegible]	[illegible]	[illegible]	[illegible]	[illegible]	[illegible]	[illegible]	[illegible]	[illegible]	[illegible]	
49	[illegible]	[illegible]	[illegible]	[illegible]	[illegible]	[illegible]	[illegible]	[illegible]	[illegible]	[illegible]	
3050	[illegible]	[illegible]	[illegible]	[illegible]	[illegible]	[illegible]	[illegible]	[illegible]	[illegible]	[illegible]	
51	[illegible]	[illegible]	[illegible]	[illegible]	[illegible]	[illegible]	[illegible]	[illegible]	[illegible]	[illegible]	
52	[illegible]	[illegible]	[illegible]	[illegible]	[illegible]	[illegible]	[illegible]	[illegible]	[illegible]	[illegible]	
53	[illegible]	[illegible]	[illegible]	[illegible]	[illegible]	[illegible]	[illegible]	[illegible]	[illegible]	[illegible]	
54	[illegible]	[illegible]	[illegible]	[illegible]	[illegible]	[illegible]	[illegible]	[illegible]	[illegible]	[illegible]	
Num.	0	1	2	3	4	5	6	7	8	9	D.

N. 30550 L. 485

Num.	0	1	2	3	4	5	6	7	8	9	D.	Part
3055	485.[illegible]	[illegible]	[illegible]	[illegible]	[illegible]	[illegible]	[illegible]	[illegible]	[illegible]	[illegible]		[illegible]
56	[illegible]	[illegible]	[illegible]	[illegible]	[illegible]	[illegible]	[illegible]	[illegible]	[illegible]	[illegible]		[illegible]
57	[illegible]	[illegible]	[illegible]	[illegible]	[illegible]	[illegible]	[illegible]	[illegible]	[illegible]	[illegible]		[illegible]
58	[illegible]	[illegible]	[illegible]	[illegible]	[illegible]	[illegible]	[illegible]	[illegible]	[illegible]	[illegible]	[illegible]	[illegible]
59	[illegible]	[illegible]	[illegible]	[illegible]	[illegible]	[illegible]	[illegible]	[illegible]	[illegible]	[illegible]		[illegible]
3060	[illegible]	[illegible]	[illegible]	[illegible]	[illegible]	[illegible]	[illegible]	[illegible]	[illegible]	[illegible]		[illegible]
61	[illegible]	[illegible]	[illegible]	[illegible]	[illegible]	[illegible]	[illegible]	[illegible]	[illegible]	[illegible]		[illegible]
62	486.[illegible]	[illegible]	[illegible]	[illegible]	[illegible]	[illegible]	[illegible]	[illegible]	[illegible]	[illegible]		[illegible]
63	[illegible]	[illegible]	[illegible]	[illegible]	[illegible]	[illegible]	[illegible]	[illegible]	[illegible]	[illegible]		[illegible]
64	[illegible]	[illegible]	[illegible]	[illegible]	[illegible]	[illegible]	[illegible]	[illegible]	[illegible]	[illegible]		[illegible]
3065	[illegible]	[illegible]	[illegible]	[illegible]	[illegible]	[illegible]	[illegible]	[illegible]	[illegible]	[illegible]		[illegible]
66	[illegible]	[illegible]	[illegible]	[illegible]	[illegible]	[illegible]	[illegible]	[illegible]	[illegible]	[illegible]		[illegible]
67	[illegible]	[illegible]	[illegible]	[illegible]	[illegible]	[illegible]	[illegible]	[illegible]	[illegible]	[illegible]		[illegible]
68	[illegible]	[illegible]	[illegible]	[illegible]	[illegible]	[illegible]	[illegible]	[illegible]	[illegible]	[illegible]		[illegible]
69	[illegible]	[illegible]	[illegible]	[illegible]	[illegible]	[illegible]	[illegible]	[illegible]	[illegible]	[illegible]		[illegible]
3070	487.[illegible]	[illegible]	[illegible]	[illegible]	[illegible]	[illegible]	[illegible]	[illegible]	[illegible]	[illegible]		[illegible]
71	[illegible]	[illegible]	[illegible]	[illegible]	[illegible]	[illegible]	[illegible]	[illegible]	[illegible]	[illegible]		[illegible]
72	[illegible]	[illegible]	[illegible]	[illegible]	[illegible]	[illegible]	[illegible]	[illegible]	[illegible]	[illegible]		[illegible]
73	[illegible]	[illegible]	[illegible]	[illegible]	[illegible]	[illegible]	[illegible]	[illegible]	[illegible]	[illegible]		[illegible]
74	[illegible]	[illegible]	[illegible]	[illegible]	[illegible]	[illegible]	[illegible]	[illegible]	[illegible]	[illegible]		[illegible]
3075	[illegible]	[illegible]	[illegible]	[illegible]	[illegible]	[illegible]	[illegible]	[illegible]	[illegible]	[illegible]		[illegible]
76	[illegible]	[illegible]	[illegible]	[illegible]	[illegible]	[illegible]	[illegible]	[illegible]	[illegible]	[illegible]		[illegible]
77	488.[illegible]	[illegible]	[illegible]	[illegible]	[illegible]	[illegible]	[illegible]	[illegible]	[illegible]	[illegible]		[illegible]
78	[illegible]	[illegible]	[illegible]	[illegible]	[illegible]	[illegible]	[illegible]	[illegible]	[illegible]	[illegible]		[illegible]
79	[illegible]	[illegible]	[illegible]	[illegible]	[illegible]	[illegible]	[illegible]	[illegible]	[illegible]	[illegible]	[illegible]	[illegible]
3080	[illegible]	[illegible]	[illegible]	[illegible]	[illegible]	[illegible]	[illegible]	[illegible]	[illegible]	[illegible]		[illegible]
81	[illegible]	[illegible]	[illegible]	[illegible]	[illegible]	[illegible]	[illegible]	[illegible]	[illegible]	[illegible]		[illegible]
82	[illegible]	[illegible]	[illegible]	[illegible]	[illegible]	[illegible]	[illegible]	[illegible]	[illegible]	[illegible]		[illegible]
83	[illegible]	[illegible]	[illegible]	[illegible]	[illegible]	[illegible]	[illegible]	[illegible]	[illegible]	[illegible]		[illegible]
84	489.[illegible]	[illegible]	[illegible]	[illegible]	[illegible]	[illegible]	[illegible]	[illegible]	[illegible]	[illegible]		[illegible]
3085	[illegible]	[illegible]	[illegible]	[illegible]	[illegible]	[illegible]	[illegible]	[illegible]	[illegible]	[illegible]		[illegible]
86	[illegible]	[illegible]	[illegible]	[illegible]	[illegible]	[illegible]	[illegible]	[illegible]	[illegible]	[illegible]		[illegible]
87	[illegible]	[illegible]	[illegible]	[illegible]	[illegible]	[illegible]	[illegible]	[illegible]	[illegible]	[illegible]		[illegible]
88	[illegible]	[illegible]	[illegible]	[illegible]	[illegible]	[illegible]	[illegible]	[illegible]	[illegible]	[illegible]		[illegible]
89	[illegible]	[illegible]	[illegible]	[illegible]	[illegible]	[illegible]	[illegible]	[illegible]	[illegible]	[illegible]		[illegible]
3090	[illegible]	[illegible]	[illegible]	[illegible]	[illegible]	[illegible]	[illegible]	[illegible]	[illegible]	[illegible]		[illegible]
91	490.[illegible]	[illegible]	[illegible]	[illegible]	[illegible]	[illegible]	[illegible]	[illegible]	[illegible]	[illegible]		[illegible]
92	[illegible]	[illegible]	[illegible]	[illegible]	[illegible]	[illegible]	[illegible]	[illegible]	[illegible]	[illegible]		[illegible]
93	[illegible]	[illegible]	[illegible]	[illegible]	[illegible]	[illegible]	[illegible]	[illegible]	[illegible]	[illegible]		[illegible]
94	[illegible]	[illegible]	[illegible]	[illegible]	[illegible]	[illegible]	[illegible]	[illegible]	[illegible]	[illegible]		[illegible]
3095	[illegible]	[illegible]	[illegible]	[illegible]	[illegible]	[illegible]	[illegible]	[illegible]	[illegible]	[illegible]		[illegible]
96	[illegible]	[illegible]	[illegible]	[illegible]	[illegible]	[illegible]	[illegible]	[illegible]	[illegible]	[illegible]		[illegible]
97	[illegible]	[illegible]	[illegible]	[illegible]	[illegible]	[illegible]	[illegible]	[illegible]	[illegible]	[illegible]		[illegible]
98	491.[illegible]	[illegible]	[illegible]	[illegible]	[illegible]	[illegible]	[illegible]	[illegible]	[illegible]	[illegible]		[illegible]
99	[illegible]	[illegible]	[illegible]	[illegible]	[illegible]	[illegible]	[illegible]	[illegible]	[illegible]	[illegible]		[illegible]
3100	[illegible]	[illegible]	[illegible]	[illegible]	[illegible]	[illegible]	[illegible]	[illegible]	[illegible]	[illegible]		[illegible]
01	[illegible]	[illegible]	[illegible]	[illegible]	[illegible]	[illegible]	[illegible]	[illegible]	[illegible]	[illegible]	[illegible]	[illegible]
02	[illegible]	[illegible]	[illegible]	[illegible]	[illegible]	[illegible]	[illegible]	[illegible]	[illegible]	[illegible]		[illegible]
03	[illegible]	[illegible]	[illegible]	[illegible]	[illegible]	[illegible]	[illegible]	[illegible]	[illegible]	[illegible]		[illegible]
04	[illegible]	[illegible]	[illegible]	[illegible]	[illegible]	[illegible]	[illegible]	[illegible]	[illegible]	[illegible]		[illegible]
3105	492.[illegible]	[illegible]	[illegible]	[illegible]	[illegible]	[illegible]	[illegible]	[illegible]	[illegible]	[illegible]		[illegible]
06	[illegible]	[illegible]	[illegible]	[illegible]	[illegible]	[illegible]	[illegible]	[illegible]	[illegible]	[illegible]		[illegible]
07	[illegible]	[illegible]	[illegible]	[illegible]	[illegible]	[illegible]	[illegible]	[illegible]	[illegible]	[illegible]		[illegible]
08	[illegible]	[illegible]	[illegible]	[illegible]	[illegible]	[illegible]	[illegible]	[illegible]	[illegible]	[illegible]		[illegible]
09	[illegible]	[illegible]	[illegible]	[illegible]	[illegible]	[illegible]	[illegible]	[illegible]	[illegible]	[illegible]		[illegible]
3110	[illegible]	[illegible]	[illegible]	[illegible]	[illegible]	[illegible]	[illegible]	[illegible]	[illegible]	[illegible]		[illegible]
11	[illegible]	[illegible]	[illegible]	[illegible]	[illegible]	[illegible]	[illegible]	[illegible]	[illegible]	[illegible]		[illegible]
12	493.[illegible]	[illegible]	[illegible]	[illegible]	[illegible]	[illegible]	[illegible]	[illegible]	[illegible]	[illegible]		[illegible]
13	[illegible]	[illegible]	[illegible]	[illegible]	[illegible]	[illegible]	[illegible]	[illegible]	[illegible]	[illegible]		[illegible]
14	[illegible]	[illegible]	[illegible]	[illegible]	[illegible]	[illegible]	[illegible]	[illegible]	[illegible]	[illegible]		[illegible]
3115	[illegible]	[illegible]	[illegible]	[illegible]	[illegible]	[illegible]	[illegible]	[illegible]	[illegible]	[illegible]		[illegible]
16	[illegible]	[illegible]	[illegible]	[illegible]	[illegible]	[illegible]	[illegible]	[illegible]	[illegible]	[illegible]		[illegible]
17	[illegible]	[illegible]	[illegible]	[illegible]	[illegible]	[illegible]	[illegible]	[illegible]	[illegible]	[illegible]		[illegible]
18	[illegible]	[illegible]	[illegible]	[illegible]	[illegible]	[illegible]	[illegible]	[illegible]	[illegible]	[illegible]		[illegible]
19	494.[illegible]	[illegible]	[illegible]	[illegible]	[illegible]	[illegible]	[illegible]	[illegible]	[illegible]	[illegible]		[illegible]
Num.	0	1	2	3	4	5	6	7	8	9	D.	Part

N. 31200 L. 494

Num.	0	1	2	3	4	5	6	7	8	9	D.
3120	494. [illegible]	[illegible]	[illegible]	[illegible]	[illegible]	[illegible]	[illegible]	[illegible]	[illegible]	[illegible]	
21	[illegible]	[illegible]	[illegible]	[illegible]	[illegible]	[illegible]	[illegible]	[illegible]	[illegible]	[illegible]	
22	[illegible]	[illegible]	[illegible]	[illegible]	[illegible]	[illegible]	[illegible]	[illegible]	[illegible]	[illegible]	
23	[illegible]	[illegible]	[illegible]	[illegible]	[illegible]	[illegible]	[illegible]	[illegible]	[illegible]	[illegible]	
24	[illegible]	[illegible]	[illegible]	[illegible]	[illegible]	[illegible]	[illegible]	[illegible]	[illegible]	[illegible]	[illegible]
3125	[illegible]	[illegible]	[illegible]	[illegible]	[illegible]	[illegible]	[illegible]	[illegible]	[illegible]	[illegible]	
26	[illegible]	[illegible]	[illegible]	[illegible]	[illegible]	[illegible]	[illegible]	[illegible]	[illegible]	[illegible]	
27	495. [illegible]	[illegible]	[illegible]	[illegible]	[illegible]	[illegible]	[illegible]	[illegible]	[illegible]	[illegible]	
28	[illegible]	[illegible]	[illegible]	[illegible]	[illegible]	[illegible]	[illegible]	[illegible]	[illegible]	[illegible]	
29	[illegible]	[illegible]	[illegible]	[illegible]	[illegible]	[illegible]	[illegible]	[illegible]	[illegible]	[illegible]	
3130	[illegible]	[illegible]	[illegible]	[illegible]	[illegible]	[illegible]	[illegible]	[illegible]	[illegible]	[illegible]	
31	[illegible]	[illegible]	[illegible]	[illegible]	[illegible]	[illegible]	[illegible]	[illegible]	[illegible]	[illegible]	
32	[illegible]	[illegible]	[illegible]	[illegible]	[illegible]	[illegible]	[illegible]	[illegible]	[illegible]	[illegible]	
33	[illegible]	[illegible]	[illegible]	[illegible]	[illegible]	[illegible]	[illegible]	[illegible]	[illegible]	[illegible]	
34	496. [illegible]	[illegible]	[illegible]	[illegible]	[illegible]	[illegible]	[illegible]	[illegible]	[illegible]	[illegible]	
3135	[illegible]	[illegible]	[illegible]	[illegible]	[illegible]	[illegible]	[illegible]	[illegible]	[illegible]	[illegible]	
36	[illegible]	[illegible]	[illegible]	[illegible]	[illegible]	[illegible]	[illegible]	[illegible]	[illegible]	[illegible]	
37	[illegible]	[illegible]	[illegible]	[illegible]	[illegible]	[illegible]	[illegible]	[illegible]	[illegible]	[illegible]	
38	[illegible]	[illegible]	[illegible]	[illegible]	[illegible]	[illegible]	[illegible]	[illegible]	[illegible]	[illegible]	
39	[illegible]	[illegible]	[illegible]	[illegible]	[illegible]	[illegible]	[illegible]	[illegible]	[illegible]	[illegible]	
3140	[illegible]	[illegible]	[illegible]	[illegible]	[illegible]	[illegible]	[illegible]	[illegible]	[illegible]	[illegible]	
41	497. [illegible]	[illegible]	[illegible]	[illegible]	[illegible]	[illegible]	[illegible]	[illegible]	[illegible]	[illegible]	
42	[illegible]	[illegible]	[illegible]	[illegible]	[illegible]	[illegible]	[illegible]	[illegible]	[illegible]	[illegible]	
43	[illegible]	[illegible]	[illegible]	[illegible]	[illegible]	[illegible]	[illegible]	[illegible]	[illegible]	[illegible]	
44	[illegible]	[illegible]	[illegible]	[illegible]	[illegible]	[illegible]	[illegible]	[illegible]	[illegible]	[illegible]	
3145	[illegible]	[illegible]	[illegible]	[illegible]	[illegible]	[illegible]	[illegible]	[illegible]	[illegible]	[illegible]	
46	[illegible]	[illegible]	[illegible]	[illegible]	[illegible]	[illegible]	[illegible]	[illegible]	[illegible]	[illegible]	[illegible]
47	[illegible]	[illegible]	[illegible]	[illegible]	[illegible]	[illegible]	[illegible]	[illegible]	[illegible]	[illegible]	
48	498. [illegible]	[illegible]	[illegible]	[illegible]	[illegible]	[illegible]	[illegible]	[illegible]	[illegible]	[illegible]	
49	[illegible]	[illegible]	[illegible]	[illegible]	[illegible]	[illegible]	[illegible]	[illegible]	[illegible]	[illegible]	
3150	[illegible]	[illegible]	[illegible]	[illegible]	[illegible]	[illegible]	[illegible]	[illegible]	[illegible]	[illegible]	
51	[illegible]	[illegible]	[illegible]	[illegible]	[illegible]	[illegible]	[illegible]	[illegible]	[illegible]	[illegible]	
52	[illegible]	[illegible]	[illegible]	[illegible]	[illegible]	[illegible]	[illegible]	[illegible]	[illegible]	[illegible]	
53	[illegible]	[illegible]	[illegible]	[illegible]	[illegible]	[illegible]	[illegible]	[illegible]	[illegible]	[illegible]	
54	[illegible]	[illegible]	[illegible]	[illegible]	[illegible]	[illegible]	[illegible]	[illegible]	[illegible]	[illegible]	
3155	[illegible]	[illegible]	[illegible]	[illegible]	[illegible]	[illegible]	[illegible]	[illegible]	[illegible]	[illegible]	
56	499. [illegible]	[illegible]	[illegible]	[illegible]	[illegible]	[illegible]	[illegible]	[illegible]	[illegible]	[illegible]	
57	[illegible]	[illegible]	[illegible]	[illegible]	[illegible]	[illegible]	[illegible]	[illegible]	[illegible]	[illegible]	
58	[illegible]	[illegible]	[illegible]	[illegible]	[illegible]	[illegible]	[illegible]	[illegible]	[illegible]	[illegible]	
59	[illegible]	[illegible]	[illegible]	[illegible]	[illegible]	[illegible]	[illegible]	[illegible]	[illegible]	[illegible]	
3160	[illegible]	[illegible]	[illegible]	[illegible]	[illegible]	[illegible]	[illegible]	[illegible]	[illegible]	[illegible]	
61	[illegible]	[illegible]	[illegible]	[illegible]	[illegible]	[illegible]	[illegible]	[illegible]	[illegible]	[illegible]	
62	[illegible]	[illegible]	[illegible]	[illegible]	[illegible]	[illegible]	[illegible]	[illegible]	[illegible]	[illegible]	
63	500. [illegible]	[illegible]	[illegible]	[illegible]	[illegible]	[illegible]	[illegible]	[illegible]	[illegible]	[illegible]	
64	[illegible]	[illegible]	[illegible]	[illegible]	[illegible]	[illegible]	[illegible]	[illegible]	[illegible]	[illegible]	
3165	[illegible]	[illegible]	[illegible]	[illegible]	[illegible]	[illegible]	[illegible]	[illegible]	[illegible]	[illegible]	
66	[illegible]	[illegible]	[illegible]	[illegible]	[illegible]	[illegible]	[illegible]	[illegible]	[illegible]	[illegible]	
67	[illegible]	[illegible]	[illegible]	[illegible]	[illegible]	[illegible]	[illegible]	[illegible]	[illegible]	[illegible]	
68	[illegible]	[illegible]	[illegible]	[illegible]	[illegible]	[illegible]	[illegible]	[illegible]	[illegible]	[illegible]	
69	[illegible]	[illegible]	[illegible]	[illegible]	[illegible]	[illegible]	[illegible]	[illegible]	[illegible]	[illegible]	[illegible]
3170	501. [illegible]	[illegible]	[illegible]	[illegible]	[illegible]	[illegible]	[illegible]	[illegible]	[illegible]	[illegible]	
71	[illegible]	[illegible]	[illegible]	[illegible]	[illegible]	[illegible]	[illegible]	[illegible]	[illegible]	[illegible]	
72	[illegible]	[illegible]	[illegible]	[illegible]	[illegible]	[illegible]	[illegible]	[illegible]	[illegible]	[illegible]	
73	[illegible]	[illegible]	[illegible]	[illegible]	[illegible]	[illegible]	[illegible]	[illegible]	[illegible]	[illegible]	
74	[illegible]	[illegible]	[illegible]	[illegible]	[illegible]	[illegible]	[illegible]	[illegible]	[illegible]	[illegible]	
3175	[illegible]	[illegible]	[illegible]	[illegible]	[illegible]	[illegible]	[illegible]	[illegible]	[illegible]	[illegible]	
76	[illegible]	[illegible]	[illegible]	[illegible]	[illegible]	[illegible]	[illegible]	[illegible]	[illegible]	[illegible]	
77	502. [illegible]	[illegible]	[illegible]	[illegible]	[illegible]	[illegible]	[illegible]	[illegible]	[illegible]	[illegible]	
78	[illegible]	[illegible]	[illegible]	[illegible]	[illegible]	[illegible]	[illegible]	[illegible]	[illegible]	[illegible]	
79	[illegible]	[illegible]	[illegible]	[illegible]	[illegible]	[illegible]	[illegible]	[illegible]	[illegible]	[illegible]	
3180	[illegible]	[illegible]	[illegible]	[illegible]	[illegible]	[illegible]	[illegible]	[illegible]	[illegible]	[illegible]	
81	[illegible]	[illegible]	[illegible]	[illegible]	[illegible]	[illegible]	[illegible]	[illegible]	[illegible]	[illegible]	
82	[illegible]	[illegible]	[illegible]	[illegible]	[illegible]	[illegible]	[illegible]	[illegible]	[illegible]	[illegible]	
83	[illegible]	[illegible]	[illegible]	[illegible]	[illegible]	[illegible]	[illegible]	[illegible]	[illegible]	[illegible]	
84	[illegible]	[illegible]	[illegible]	[illegible]	[illegible]	[illegible]	[illegible]	[illegible]	[illegible]	[illegible]	
Num.	0	1	2	3	4	5	6	7	8	9	D.

N. 31850 L. 503

Num.	0	1	2	3	4	5	6	7	8	9	D.	Part.
3185	503. [illegible]	[illegible]	[illegible]	[illegible]	[illegible]	[illegible]	[illegible]	[illegible]	[illegible]	[illegible]		[illegible]
86	[illegible]	[illegible]	[illegible]	[illegible]	[illegible]	[illegible]	[illegible]	[illegible]	[illegible]	[illegible]		[illegible]
87	[illegible]	[illegible]	[illegible]	[illegible]	[illegible]	[illegible]	[illegible]	[illegible]	[illegible]	[illegible]		[illegible]
88	[illegible]	[illegible]	[illegible]	[illegible]	[illegible]	[illegible]	[illegible]	[illegible]	[illegible]	[illegible]		[illegible]
89	[illegible]	[illegible]	[illegible]	[illegible]	[illegible]	[illegible]	[illegible]	[illegible]	[illegible]	[illegible]		[illegible]
3190	[illegible]	[illegible]	[illegible]	[illegible]	[illegible]	[illegible]	[illegible]	[illegible]	[illegible]	[illegible]		[illegible]
91	[illegible]	[illegible]	[illegible]	[illegible]	[illegible]	[illegible]	[illegible]	[illegible]	[illegible]	[illegible]		[illegible]
92	504. [illegible]	[illegible]	[illegible]	[illegible]	[illegible]	[illegible]	[illegible]	[illegible]	[illegible]	[illegible]	[illegible]	[illegible]
93	[illegible]	[illegible]	[illegible]	[illegible]	[illegible]	[illegible]	[illegible]	[illegible]	[illegible]	[illegible]		[illegible]
94	[illegible]	[illegible]	[illegible]	[illegible]	[illegible]	[illegible]	[illegible]	[illegible]	[illegible]	[illegible]		[illegible]
3195	[illegible]	[illegible]	[illegible]	[illegible]	[illegible]	[illegible]	[illegible]	[illegible]	[illegible]	[illegible]		[illegible]
96	[illegible]	[illegible]	[illegible]	[illegible]	[illegible]	[illegible]	[illegible]	[illegible]	[illegible]	[illegible]		[illegible]
97	[illegible]	[illegible]	[illegible]	[illegible]	[illegible]	[illegible]	[illegible]	[illegible]	[illegible]	[illegible]		[illegible]
98	[illegible]	[illegible]	[illegible]	[illegible]	[illegible]	[illegible]	[illegible]	[illegible]	[illegible]	[illegible]		[illegible]
99	505. [illegible]	[illegible]	[illegible]	[illegible]	[illegible]	[illegible]	[illegible]	[illegible]	[illegible]	[illegible]		[illegible]
3200	[illegible]	[illegible]	[illegible]	[illegible]	[illegible]	[illegible]	[illegible]	[illegible]	[illegible]	[illegible]		[illegible]
01	[illegible]	[illegible]	[illegible]	[illegible]	[illegible]	[illegible]	[illegible]	[illegible]	[illegible]	[illegible]		[illegible]
02	[illegible]	[illegible]	[illegible]	[illegible]	[illegible]	[illegible]	[illegible]	[illegible]	[illegible]	[illegible]		[illegible]
03	[illegible]	[illegible]	[illegible]	[illegible]	[illegible]	[illegible]	[illegible]	[illegible]	[illegible]	[illegible]		[illegible]
04	[illegible]	[illegible]	[illegible]	[illegible]	[illegible]	[illegible]	[illegible]	[illegible]	[illegible]	[illegible]		[illegible]
3205	[illegible]	[illegible]	[illegible]	[illegible]	[illegible]	[illegible]	[illegible]	[illegible]	[illegible]	[illegible]		[illegible]
06	[illegible]	[illegible]	[illegible]	[illegible]	[illegible]	[illegible]	[illegible]	[illegible]	[illegible]	[illegible]		[illegible]
07	506. [illegible]	[illegible]	[illegible]	[illegible]	[illegible]	[illegible]	[illegible]	[illegible]	[illegible]	[illegible]		[illegible]
08	[illegible]	[illegible]	[illegible]	[illegible]	[illegible]	[illegible]	[illegible]	[illegible]	[illegible]	[illegible]		[illegible]
09	[illegible]	[illegible]	[illegible]	[illegible]	[illegible]	[illegible]	[illegible]	[illegible]	[illegible]	[illegible]		[illegible]
3210	[illegible]	[illegible]	[illegible]	[illegible]	[illegible]	[illegible]	[illegible]	[illegible]	[illegible]	[illegible]		[illegible]
11	[illegible]	[illegible]	[illegible]	[illegible]	[illegible]	[illegible]	[illegible]	[illegible]	[illegible]	[illegible]		[illegible]
12	[illegible]	[illegible]	[illegible]	[illegible]	[illegible]	[illegible]	[illegible]	[illegible]	[illegible]	[illegible]		[illegible]
13	[illegible]	[illegible]	[illegible]	[illegible]	[illegible]	[illegible]	[illegible]	[illegible]	[illegible]	[illegible]		[illegible]
14	507. [illegible]	[illegible]	[illegible]	[illegible]	[illegible]	[illegible]	[illegible]	[illegible]	[illegible]	[illegible]		[illegible]
3215	[illegible]	[illegible]	[illegible]	[illegible]	[illegible]	[illegible]	[illegible]	[illegible]	[illegible]	[illegible]		[illegible]
16	[illegible]	[illegible]	[illegible]	[illegible]	[illegible]	[illegible]	[illegible]	[illegible]	[illegible]	[illegible]		[illegible]
17	[illegible]	[illegible]	[illegible]	[illegible]	[illegible]	[illegible]	[illegible]	[illegible]	[illegible]	[illegible]	[illegible]	[illegible]
18	[illegible]	[illegible]	[illegible]	[illegible]	[illegible]	[illegible]	[illegible]	[illegible]	[illegible]	[illegible]		[illegible]
19	[illegible]	[illegible]	[illegible]	[illegible]	[illegible]	[illegible]	[illegible]	[illegible]	[illegible]	[illegible]		[illegible]
3220	[illegible]	[illegible]	[illegible]	[illegible]	[illegible]	[illegible]	[illegible]	[illegible]	[illegible]	[illegible]		[illegible]
21	[illegible]	[illegible]	[illegible]	[illegible]	[illegible]	[illegible]	[illegible]	[illegible]	[illegible]	[illegible]		[illegible]
22	508. [illegible]	[illegible]	[illegible]	[illegible]	[illegible]	[illegible]	[illegible]	[illegible]	[illegible]	[illegible]		[illegible]
23	[illegible]	[illegible]	[illegible]	[illegible]	[illegible]	[illegible]	[illegible]	[illegible]	[illegible]	[illegible]		[illegible]
24	[illegible]	[illegible]	[illegible]	[illegible]	[illegible]	[illegible]	[illegible]	[illegible]	[illegible]	[illegible]		[illegible]
3225	[illegible]	[illegible]	[illegible]	[illegible]	[illegible]	[illegible]	[illegible]	[illegible]	[illegible]	[illegible]		[illegible]
26	[illegible]	[illegible]	[illegible]	[illegible]	[illegible]	[illegible]	[illegible]	[illegible]	[illegible]	[illegible]		[illegible]
27	[illegible]	[illegible]	[illegible]	[illegible]	[illegible]	[illegible]	[illegible]	[illegible]	[illegible]	[illegible]		[illegible]
28	[illegible]	[illegible]	[illegible]	[illegible]	[illegible]	[illegible]	[illegible]	[illegible]	[illegible]	[illegible]		[illegible]
29	509. [illegible]	[illegible]	[illegible]	[illegible]	[illegible]	[illegible]	[illegible]	[illegible]	[illegible]	[illegible]		[illegible]
3230	[illegible]	[illegible]	[illegible]	[illegible]	[illegible]	[illegible]	[illegible]	[illegible]	[illegible]	[illegible]		[illegible]
31	[illegible]	[illegible]	[illegible]	[illegible]	[illegible]	[illegible]	[illegible]	[illegible]	[illegible]	[illegible]		[illegible]
32	[illegible]	[illegible]	[illegible]	[illegible]	[illegible]	[illegible]	[illegible]	[illegible]	[illegible]	[illegible]		[illegible]
33	[illegible]	[illegible]	[illegible]	[illegible]	[illegible]	[illegible]	[illegible]	[illegible]	[illegible]	[illegible]		[illegible]
34	[illegible]	[illegible]	[illegible]	[illegible]	[illegible]	[illegible]	[illegible]	[illegible]	[illegible]	[illegible]		[illegible]
3235	[illegible]	[illegible]	[illegible]	[illegible]	[illegible]	[illegible]	[illegible]	[illegible]	[illegible]	[illegible]		[illegible]
36	510. [illegible]	[illegible]	[illegible]	[illegible]	[illegible]	[illegible]	[illegible]	[illegible]	[illegible]	[illegible]		[illegible]
37	[illegible]	[illegible]	[illegible]	[illegible]	[illegible]	[illegible]	[illegible]	[illegible]	[illegible]	[illegible]		[illegible]
38	[illegible]	[illegible]	[illegible]	[illegible]	[illegible]	[illegible]	[illegible]	[illegible]	[illegible]	[illegible]		[illegible]
39	[illegible]	[illegible]	[illegible]	[illegible]	[illegible]	[illegible]	[illegible]	[illegible]	[illegible]	[illegible]		[illegible]
3240	[illegible]	[illegible]	[illegible]	[illegible]	[illegible]	[illegible]	[illegible]	[illegible]	[illegible]	[illegible]	[illegible]	[illegible]
41	[illegible]	[illegible]	[illegible]	[illegible]	[illegible]	[illegible]	[illegible]	[illegible]	[illegible]	[illegible]		[illegible]
42	[illegible]	[illegible]	[illegible]	[illegible]	[illegible]	[illegible]	[illegible]	[illegible]	[illegible]	[illegible]		[illegible]
43	[illegible]	[illegible]	[illegible]	[illegible]	[illegible]	[illegible]	[illegible]	[illegible]	[illegible]	[illegible]		[illegible]
44	511. [illegible]	[illegible]	[illegible]	[illegible]	[illegible]	[illegible]	[illegible]	[illegible]	[illegible]	[illegible]		[illegible]
3245	[illegible]	[illegible]	[illegible]	[illegible]	[illegible]	[illegible]	[illegible]	[illegible]	[illegible]	[illegible]		[illegible]
46	[illegible]	[illegible]	[illegible]	[illegible]	[illegible]	[illegible]	[illegible]	[illegible]	[illegible]	[illegible]		[illegible]
47	[illegible]	[illegible]	[illegible]	[illegible]	[illegible]	[illegible]	[illegible]	[illegible]	[illegible]	[illegible]		[illegible]
48	[illegible]	[illegible]	[illegible]	[illegible]	[illegible]	[illegible]	[illegible]	[illegible]	[illegible]	[illegible]		[illegible]
49	[illegible]	[illegible]	[illegible]	[illegible]	[illegible]	[illegible]	[illegible]	[illegible]	[illegible]	[illegible]		[illegible]
Num.	0	1	2	3	4	5	6	7	8	9	D.	Part.

N. 32500 L. 511

Num.	0	1	2	3	4	5	6	7	8	9	D.
3250	[illegible]	[illegible]	[illegible]	[illegible]	[illegible]	[illegible]	[illegible]	[illegible]	[illegible]	[illegible]	
51	[illegible]	[illegible]	[illegible]	[illegible]	[illegible]	[illegible]	[illegible]	[illegible]	[illegible]	[illegible]	
52	[illegible]	[illegible]	[illegible]	[illegible]	[illegible]	[illegible]	[illegible]	[illegible]	[illegible]	[illegible]	
53	[illegible]	[illegible]	[illegible]	[illegible]	[illegible]	[illegible]	[illegible]	[illegible]	[illegible]	[illegible]	
54	[illegible]	[illegible]	[illegible]	[illegible]	[illegible]	[illegible]	[illegible]	[illegible]	[illegible]	[illegible]	
3255	[illegible]	[illegible]	[illegible]	[illegible]	[illegible]	[illegible]	[illegible]	[illegible]	[illegible]	[illegible]	
56	[illegible]	[illegible]	[illegible]	[illegible]	[illegible]	[illegible]	[illegible]	[illegible]	[illegible]	[illegible]	
57	[illegible]	[illegible]	[illegible]	[illegible]	[illegible]	[illegible]	[illegible]	[illegible]	[illegible]	[illegible]	
58	[illegible]	[illegible]	[illegible]	[illegible]	[illegible]	[illegible]	[illegible]	[illegible]	[illegible]	[illegible]	
59	[illegible]	[illegible]	[illegible]	[illegible]	[illegible]	[illegible]	[illegible]	[illegible]	[illegible]	[illegible]	
3260	[illegible]	[illegible]	[illegible]	[illegible]	[illegible]	[illegible]	[illegible]	[illegible]	[illegible]	[illegible]	
61	[illegible]	[illegible]	[illegible]	[illegible]	[illegible]	[illegible]	[illegible]	[illegible]	[illegible]	[illegible]	
62	[illegible]	[illegible]	[illegible]	[illegible]	[illegible]	[illegible]	[illegible]	[illegible]	[illegible]	[illegible]	
63	[illegible]	[illegible]	[illegible]	[illegible]	[illegible]	[illegible]	[illegible]	[illegible]	[illegible]	[illegible]	
64	[illegible]	[illegible]	[illegible]	[illegible]	[illegible]	[illegible]	[illegible]	[illegible]	[illegible]	[illegible]	[illegible]
3265	[illegible]	[illegible]	[illegible]	[illegible]	[illegible]	[illegible]	[illegible]	[illegible]	[illegible]	[illegible]	
66	[illegible]	[illegible]	[illegible]	[illegible]	[illegible]	[illegible]	[illegible]	[illegible]	[illegible]	[illegible]	
67	[illegible]	[illegible]	[illegible]	[illegible]	[illegible]	[illegible]	[illegible]	[illegible]	[illegible]	[illegible]	
68	[illegible]	[illegible]	[illegible]	[illegible]	[illegible]	[illegible]	[illegible]	[illegible]	[illegible]	[illegible]	
69	[illegible]	[illegible]	[illegible]	[illegible]	[illegible]	[illegible]	[illegible]	[illegible]	[illegible]	[illegible]	
3270	[illegible]	[illegible]	[illegible]	[illegible]	[illegible]	[illegible]	[illegible]	[illegible]	[illegible]	[illegible]	
71	[illegible]	[illegible]	[illegible]	[illegible]	[illegible]	[illegible]	[illegible]	[illegible]	[illegible]	[illegible]	
72	[illegible]	[illegible]	[illegible]	[illegible]	[illegible]	[illegible]	[illegible]	[illegible]	[illegible]	[illegible]	
73	[illegible]	[illegible]	[illegible]	[illegible]	[illegible]	[illegible]	[illegible]	[illegible]	[illegible]	[illegible]	
74	[illegible]	[illegible]	[illegible]	[illegible]	[illegible]	[illegible]	[illegible]	[illegible]	[illegible]	[illegible]	
3275	[illegible]	[illegible]	[illegible]	[illegible]	[illegible]	[illegible]	[illegible]	[illegible]	[illegible]	[illegible]	
76	[illegible]	[illegible]	[illegible]	[illegible]	[illegible]	[illegible]	[illegible]	[illegible]	[illegible]	[illegible]	
77	[illegible]	[illegible]	[illegible]	[illegible]	[illegible]	[illegible]	[illegible]	[illegible]	[illegible]	[illegible]	
78	[illegible]	[illegible]	[illegible]	[illegible]	[illegible]	[illegible]	[illegible]	[illegible]	[illegible]	[illegible]	
79	[illegible]	[illegible]	[illegible]	[illegible]	[illegible]	[illegible]	[illegible]	[illegible]	[illegible]	[illegible]	
3280	[illegible]	[illegible]	[illegible]	[illegible]	[illegible]	[illegible]	[illegible]	[illegible]	[illegible]	[illegible]	
81	[illegible]	[illegible]	[illegible]	[illegible]	[illegible]	[illegible]	[illegible]	[illegible]	[illegible]	[illegible]	
82	[illegible]	[illegible]	[illegible]	[illegible]	[illegible]	[illegible]	[illegible]	[illegible]	[illegible]	[illegible]	
83	[illegible]	[illegible]	[illegible]	[illegible]	[illegible]	[illegible]	[illegible]	[illegible]	[illegible]	[illegible]	
84	[illegible]	[illegible]	[illegible]	[illegible]	[illegible]	[illegible]	[illegible]	[illegible]	[illegible]	[illegible]	
3285	[illegible]	[illegible]	[illegible]	[illegible]	[illegible]	[illegible]	[illegible]	[illegible]	[illegible]	[illegible]	
86	[illegible]	[illegible]	[illegible]	[illegible]	[illegible]	[illegible]	[illegible]	[illegible]	[illegible]	[illegible]	
87	[illegible]	[illegible]	[illegible]	[illegible]	[illegible]	[illegible]	[illegible]	[illegible]	[illegible]	[illegible]	
88	[illegible]	[illegible]	[illegible]	[illegible]	[illegible]	[illegible]	[illegible]	[illegible]	[illegible]	[illegible]	
89	[illegible]	[illegible]	[illegible]	[illegible]	[illegible]	[illegible]	[illegible]	[illegible]	[illegible]	[illegible]	[illegible]
3290	[illegible]	[illegible]	[illegible]	[illegible]	[illegible]	[illegible]	[illegible]	[illegible]	[illegible]	[illegible]	
91	[illegible]	[illegible]	[illegible]	[illegible]	[illegible]	[illegible]	[illegible]	[illegible]	[illegible]	[illegible]	
92	[illegible]	[illegible]	[illegible]	[illegible]	[illegible]	[illegible]	[illegible]	[illegible]	[illegible]	[illegible]	
93	[illegible]	[illegible]	[illegible]	[illegible]	[illegible]	[illegible]	[illegible]	[illegible]	[illegible]	[illegible]	
94	[illegible]	[illegible]	[illegible]	[illegible]	[illegible]	[illegible]	[illegible]	[illegible]	[illegible]	[illegible]	
3295	[illegible]	[illegible]	[illegible]	[illegible]	[illegible]	[illegible]	[illegible]	[illegible]	[illegible]	[illegible]	
96	[illegible]	[illegible]	[illegible]	[illegible]	[illegible]	[illegible]	[illegible]	[illegible]	[illegible]	[illegible]	
97	[illegible]	[illegible]	[illegible]	[illegible]	[illegible]	[illegible]	[illegible]	[illegible]	[illegible]	[illegible]	
98	[illegible]	[illegible]	[illegible]	[illegible]	[illegible]	[illegible]	[illegible]	[illegible]	[illegible]	[illegible]	
99	[illegible]	[illegible]	[illegible]	[illegible]	[illegible]	[illegible]	[illegible]	[illegible]	[illegible]	[illegible]	
3300	[illegible]	[illegible]	[illegible]	[illegible]	[illegible]	[illegible]	[illegible]	[illegible]	[illegible]	[illegible]	
01	[illegible]	[illegible]	[illegible]	[illegible]	[illegible]	[illegible]	[illegible]	[illegible]	[illegible]	[illegible]	
02	[illegible]	[illegible]	[illegible]	[illegible]	[illegible]	[illegible]	[illegible]	[illegible]	[illegible]	[illegible]	
03	[illegible]	[illegible]	[illegible]	[illegible]	[illegible]	[illegible]	[illegible]	[illegible]	[illegible]	[illegible]	
04	[illegible]	[illegible]	[illegible]	[illegible]	[illegible]	[illegible]	[illegible]	[illegible]	[illegible]	[illegible]	
3305	[illegible]	[illegible]	[illegible]	[illegible]	[illegible]	[illegible]	[illegible]	[illegible]	[illegible]	[illegible]	
06	[illegible]	[illegible]	[illegible]	[illegible]	[illegible]	[illegible]	[illegible]	[illegible]	[illegible]	[illegible]	
07	[illegible]	[illegible]	[illegible]	[illegible]	[illegible]	[illegible]	[illegible]	[illegible]	[illegible]	[illegible]	
08	[illegible]	[illegible]	[illegible]	[illegible]	[illegible]	[illegible]	[illegible]	[illegible]	[illegible]	[illegible]	
09	[illegible]	[illegible]	[illegible]	[illegible]	[illegible]	[illegible]	[illegible]	[illegible]	[illegible]	[illegible]	
3310	[illegible]	[illegible]	[illegible]	[illegible]	[illegible]	[illegible]	[illegible]	[illegible]	[illegible]	[illegible]	
11	[illegible]	[illegible]	[illegible]	[illegible]	[illegible]	[illegible]	[illegible]	[illegible]	[illegible]	[illegible]	
12	[illegible]	[illegible]	[illegible]	[illegible]	[illegible]	[illegible]	[illegible]	[illegible]	[illegible]	[illegible]	
13	[illegible]	[illegible]	[illegible]	[illegible]	[illegible]	[illegible]	[illegible]	[illegible]	[illegible]	[illegible]	
14	[illegible]	[illegible]	[illegible]	[illegible]	[illegible]	[illegible]	[illegible]	[illegible]	[illegible]	[illegible]	
Num.	0	1	2	3	4	5	6	7	8	9	D.

N. 33150 L. 520

Num.	0	1	2	3	4	5	6	7	8	9	D.	Part.
3315	[illegible]	[illegible]	[illegible]	[illegible]	[illegible]	[illegible]	[illegible]	[illegible]	[illegible]	[illegible]	[illegible]	[illegible]
16	[illegible]	[illegible]	[illegible]	[illegible]	[illegible]	[illegible]	[illegible]	[illegible]	[illegible]	[illegible]		[illegible]
17	[illegible]	[illegible]	[illegible]	[illegible]	[illegible]	[illegible]	[illegible]	[illegible]	[illegible]	[illegible]		[illegible]
18	[illegible]	[illegible]	[illegible]	[illegible]	[illegible]	[illegible]	[illegible]	[illegible]	[illegible]	[illegible]		[illegible]
19	[illegible]	[illegible]	[illegible]	[illegible]	[illegible]	[illegible]	[illegible]	[illegible]	[illegible]	[illegible]		[illegible]
3320	[illegible]	[illegible]	[illegible]	[illegible]	[illegible]	[illegible]	[illegible]	[illegible]	[illegible]	[illegible]		[illegible]
21	[illegible]	[illegible]	[illegible]	[illegible]	[illegible]	[illegible]	[illegible]	[illegible]	[illegible]	[illegible]		[illegible]
22	[illegible]	[illegible]	[illegible]	[illegible]	[illegible]	[illegible]	[illegible]	[illegible]	[illegible]	[illegible]		[illegible]
23	[illegible]	[illegible]	[illegible]	[illegible]	[illegible]	[illegible]	[illegible]	[illegible]	[illegible]	[illegible]		[illegible]
24	[illegible]	[illegible]	[illegible]	[illegible]	[illegible]	[illegible]	[illegible]	[illegible]	[illegible]	[illegible]		[illegible]
3325	[illegible]	[illegible]	[illegible]	[illegible]	[illegible]	[illegible]	[illegible]	[illegible]	[illegible]	[illegible]		[illegible]
26	[illegible]	[illegible]	[illegible]	[illegible]	[illegible]	[illegible]	[illegible]	[illegible]	[illegible]	[illegible]		[illegible]
27	[illegible]	[illegible]	[illegible]	[illegible]	[illegible]	[illegible]	[illegible]	[illegible]	[illegible]	[illegible]		[illegible]
28	[illegible]	[illegible]	[illegible]	[illegible]	[illegible]	[illegible]	[illegible]	[illegible]	[illegible]	[illegible]		[illegible]
29	[illegible]	[illegible]	[illegible]	[illegible]	[illegible]	[illegible]	[illegible]	[illegible]	[illegible]	[illegible]		[illegible]
3330	[illegible]	[illegible]	[illegible]	[illegible]	[illegible]	[illegible]	[illegible]	[illegible]	[illegible]	[illegible]		[illegible]
31	[illegible]	[illegible]	[illegible]	[illegible]	[illegible]	[illegible]	[illegible]	[illegible]	[illegible]	[illegible]		[illegible]
32	[illegible]	[illegible]	[illegible]	[illegible]	[illegible]	[illegible]	[illegible]	[illegible]	[illegible]	[illegible]		[illegible]
33	[illegible]	[illegible]	[illegible]	[illegible]	[illegible]	[illegible]	[illegible]	[illegible]	[illegible]	[illegible]		[illegible]
34	[illegible]	[illegible]	[illegible]	[illegible]	[illegible]	[illegible]	[illegible]	[illegible]	[illegible]	[illegible]		[illegible]
3335	[illegible]	[illegible]	[illegible]	[illegible]	[illegible]	[illegible]	[illegible]	[illegible]	[illegible]	[illegible]		[illegible]
36	[illegible]	[illegible]	[illegible]	[illegible]	[illegible]	[illegible]	[illegible]	[illegible]	[illegible]	[illegible]		[illegible]
37	[illegible]	[illegible]	[illegible]	[illegible]	[illegible]	[illegible]	[illegible]	[illegible]	[illegible]	[illegible]		[illegible]
38	[illegible]	[illegible]	[illegible]	[illegible]	[illegible]	[illegible]	[illegible]	[illegible]	[illegible]	[illegible]		[illegible]
39	[illegible]	[illegible]	[illegible]	[illegible]	[illegible]	[illegible]	[illegible]	[illegible]	[illegible]	[illegible]		[illegible]
3340	[illegible]	[illegible]	[illegible]	[illegible]	[illegible]	[illegible]	[illegible]	[illegible]	[illegible]	[illegible]	[illegible]	[illegible]
41	[illegible]	[illegible]	[illegible]	[illegible]	[illegible]	[illegible]	[illegible]	[illegible]	[illegible]	[illegible]		[illegible]
42	[illegible]	[illegible]	[illegible]	[illegible]	[illegible]	[illegible]	[illegible]	[illegible]	[illegible]	[illegible]		[illegible]
43	[illegible]	[illegible]	[illegible]	[illegible]	[illegible]	[illegible]	[illegible]	[illegible]	[illegible]	[illegible]		[illegible]
44	[illegible]	[illegible]	[illegible]	[illegible]	[illegible]	[illegible]	[illegible]	[illegible]	[illegible]	[illegible]		[illegible]
3345	[illegible]	[illegible]	[illegible]	[illegible]	[illegible]	[illegible]	[illegible]	[illegible]	[illegible]	[illegible]		[illegible]
46	[illegible]	[illegible]	[illegible]	[illegible]	[illegible]	[illegible]	[illegible]	[illegible]	[illegible]	[illegible]		[illegible]
47	[illegible]	[illegible]	[illegible]	[illegible]	[illegible]	[illegible]	[illegible]	[illegible]	[illegible]	[illegible]		[illegible]
48	[illegible]	[illegible]	[illegible]	[illegible]	[illegible]	[illegible]	[illegible]	[illegible]	[illegible]	[illegible]		[illegible]
49	[illegible]	[illegible]	[illegible]	[illegible]	[illegible]	[illegible]	[illegible]	[illegible]	[illegible]	[illegible]		[illegible]
3350	[illegible]	[illegible]	[illegible]	[illegible]	[illegible]	[illegible]	[illegible]	[illegible]	[illegible]	[illegible]		[illegible]
51	[illegible]	[illegible]	[illegible]	[illegible]	[illegible]	[illegible]	[illegible]	[illegible]	[illegible]	[illegible]		[illegible]
52	[illegible]	[illegible]	[illegible]	[illegible]	[illegible]	[illegible]	[illegible]	[illegible]	[illegible]	[illegible]		[illegible]
53	[illegible]	[illegible]	[illegible]	[illegible]	[illegible]	[illegible]	[illegible]	[illegible]	[illegible]	[illegible]		[illegible]
54	[illegible]	[illegible]	[illegible]	[illegible]	[illegible]	[illegible]	[illegible]	[illegible]	[illegible]	[illegible]		[illegible]
3355	[illegible]	[illegible]	[illegible]	[illegible]	[illegible]	[illegible]	[illegible]	[illegible]	[illegible]	[illegible]		[illegible]
56	[illegible]	[illegible]	[illegible]	[illegible]	[illegible]	[illegible]	[illegible]	[illegible]	[illegible]	[illegible]		[illegible]
57	[illegible]	[illegible]	[illegible]	[illegible]	[illegible]	[illegible]	[illegible]	[illegible]	[illegible]	[illegible]		[illegible]
58	[illegible]	[illegible]	[illegible]	[illegible]	[illegible]	[illegible]	[illegible]	[illegible]	[illegible]	[illegible]		[illegible]
59	[illegible]	[illegible]	[illegible]	[illegible]	[illegible]	[illegible]	[illegible]	[illegible]	[illegible]	[illegible]		[illegible]
3360	[illegible]	[illegible]	[illegible]	[illegible]	[illegible]	[illegible]	[illegible]	[illegible]	[illegible]	[illegible]		[illegible]
61	[illegible]	[illegible]	[illegible]	[illegible]	[illegible]	[illegible]	[illegible]	[illegible]	[illegible]	[illegible]		[illegible]
62	[illegible]	[illegible]	[illegible]	[illegible]	[illegible]	[illegible]	[illegible]	[illegible]	[illegible]	[illegible]		[illegible]
63	[illegible]	[illegible]	[illegible]	[illegible]	[illegible]	[illegible]	[illegible]	[illegible]	[illegible]	[illegible]		[illegible]
64	[illegible]	[illegible]	[illegible]	[illegible]	[illegible]	[illegible]	[illegible]	[illegible]	[illegible]	[illegible]		[illegible]
3365	[illegible]	[illegible]	[illegible]	[illegible]	[illegible]	[illegible]	[illegible]	[illegible]	[illegible]	[illegible]		[illegible]
66	[illegible]	[illegible]	[illegible]	[illegible]	[illegible]	[illegible]	[illegible]	[illegible]	[illegible]	[illegible]		[illegible]
67	[illegible]	[illegible]	[illegible]	[illegible]	[illegible]	[illegible]	[illegible]	[illegible]	[illegible]	[illegible]		[illegible]
68	[illegible]	[illegible]	[illegible]	[illegible]	[illegible]	[illegible]	[illegible]	[illegible]	[illegible]	[illegible]		[illegible]
69	[illegible]	[illegible]	[illegible]	[illegible]	[illegible]	[illegible]	[illegible]	[illegible]	[illegible]	[illegible]		[illegible]
3370	[illegible]	[illegible]	[illegible]	[illegible]	[illegible]	[illegible]	[illegible]	[illegible]	[illegible]	[illegible]		[illegible]
71	[illegible]	[illegible]	[illegible]	[illegible]	[illegible]	[illegible]	[illegible]	[illegible]	[illegible]	[illegible]		[illegible]
72	[illegible]	[illegible]	[illegible]	[illegible]	[illegible]	[illegible]	[illegible]	[illegible]	[illegible]	[illegible]		[illegible]
73	[illegible]	[illegible]	[illegible]	[illegible]	[illegible]	[illegible]	[illegible]	[illegible]	[illegible]	[illegible]		[illegible]
74	[illegible]	[illegible]	[illegible]	[illegible]	[illegible]	[illegible]	[illegible]	[illegible]	[illegible]	[illegible]		[illegible]
3375	[illegible]	[illegible]	[illegible]	[illegible]	[illegible]	[illegible]	[illegible]	[illegible]	[illegible]	[illegible]		[illegible]
76	[illegible]	[illegible]	[illegible]	[illegible]	[illegible]	[illegible]	[illegible]	[illegible]	[illegible]	[illegible]		[illegible]
77	[illegible]	[illegible]	[illegible]	[illegible]	[illegible]	[illegible]	[illegible]	[illegible]	[illegible]	[illegible]		[illegible]
78	[illegible]	[illegible]	[illegible]	[illegible]	[illegible]	[illegible]	[illegible]	[illegible]	[illegible]	[illegible]		[illegible]
79	[illegible]	[illegible]	[illegible]	[illegible]	[illegible]	[illegible]	[illegible]	[illegible]	[illegible]	[illegible]		[illegible]
Num.	0	1	2	3	4	5	6	7	8	9	D.	Part.

N. 33800 L. 528

num.	0	1	2	3	4	5	6	7	8	9	D.
3380	528.9167	[illegible]	[illegible]	[illegible]	[illegible]	[illegible]	[illegible]	[illegible]	[illegible]	[illegible]	
81	529.0451	[illegible]	[illegible]	[illegible]	[illegible]	[illegible]	[illegible]	[illegible]	[illegible]	[illegible]	
[illegible]	[illegible]	[illegible]	[illegible]	[illegible]	[illegible]	[illegible]	[illegible]	[illegible]	[illegible]	[illegible]	
[illegible]	[illegible]	[illegible]	[illegible]	[illegible]	[illegible]	[illegible]	[illegible]	[illegible]	[illegible]	[illegible]	
[illegible]	[illegible]	[illegible]	[illegible]	[illegible]	[illegible]	[illegible]	[illegible]	[illegible]	[illegible]	[illegible]	
[illegible]	[illegible]	[illegible]	[illegible]	[illegible]	[illegible]	[illegible]	[illegible]	[illegible]	[illegible]	[illegible]	
[illegible]	[illegible]	[illegible]	[illegible]	[illegible]	[illegible]	[illegible]	[illegible]	[illegible]	[illegible]	[illegible]	
[illegible]	[illegible]	[illegible]	[illegible]	[illegible]	[illegible]	[illegible]	[illegible]	[illegible]	[illegible]	[illegible]	
[illegible]	[illegible]	[illegible]	[illegible]	[illegible]	[illegible]	[illegible]	[illegible]	[illegible]	[illegible]	[illegible]	
89	530.0711	[illegible]	[illegible]	[illegible]	[illegible]	[illegible]	[illegible]	[illegible]	[illegible]	[illegible]	
[illegible]	[illegible]	[illegible]	[illegible]	[illegible]	[illegible]	[illegible]	[illegible]	[illegible]	[illegible]	[illegible]	
[illegible]	[illegible]	[illegible]	[illegible]	[illegible]	[illegible]	[illegible]	[illegible]	[illegible]	[illegible]	[illegible]	
[illegible]	[illegible]	[illegible]	[illegible]	[illegible]	[illegible]	[illegible]	[illegible]	[illegible]	[illegible]	[illegible]	
[illegible]	[illegible]	[illegible]	[illegible]	[illegible]	[illegible]	[illegible]	[illegible]	[illegible]	[illegible]	[illegible]	
[illegible]	[illegible]	[illegible]	[illegible]	[illegible]	[illegible]	[illegible]	[illegible]	[illegible]	[illegible]	[illegible]	
[illegible]	[illegible]	[illegible]	[illegible]	[illegible]	[illegible]	[illegible]	[illegible]	[illegible]	[illegible]	[illegible]	
[illegible]	[illegible]	[illegible]	[illegible]	[illegible]	[illegible]	[illegible]	[illegible]	[illegible]	[illegible]	[illegible]	
97	531.0095	[illegible]	[illegible]	[illegible]	[illegible]	[illegible]	[illegible]	[illegible]	[illegible]	[illegible]	
[illegible]	[illegible]	[illegible]	[illegible]	[illegible]	[illegible]	[illegible]	[illegible]	[illegible]	[illegible]	[illegible]	
[illegible]	[illegible]	[illegible]	[illegible]	[illegible]	[illegible]	[illegible]	[illegible]	[illegible]	[illegible]	[illegible]	
[illegible]	[illegible]	[illegible]	[illegible]	[illegible]	[illegible]	[illegible]	[illegible]	[illegible]	[illegible]	[illegible]	
[illegible]	[illegible]	[illegible]	[illegible]	[illegible]	[illegible]	[illegible]	[illegible]	[illegible]	[illegible]	[illegible]	
[illegible]	[illegible]	[illegible]	[illegible]	[illegible]	[illegible]	[illegible]	[illegible]	[illegible]	[illegible]	[illegible]	
[illegible]	[illegible]	[illegible]	[illegible]	[illegible]	[illegible]	[illegible]	[illegible]	[illegible]	[illegible]	[illegible]	
[illegible]	[illegible]	[illegible]	[illegible]	[illegible]	[illegible]	[illegible]	[illegible]	[illegible]	[illegible]	[illegible]	
3405	532.1171	[illegible]	[illegible]	[illegible]	[illegible]	[illegible]	[illegible]	[illegible]	[illegible]	[illegible]	
[illegible]	[illegible]	[illegible]	[illegible]	[illegible]	[illegible]	[illegible]	[illegible]	[illegible]	[illegible]	[illegible]	
[illegible]	[illegible]	[illegible]	[illegible]	[illegible]	[illegible]	[illegible]	[illegible]	[illegible]	[illegible]	[illegible]	
[illegible]	[illegible]	[illegible]	[illegible]	[illegible]	[illegible]	[illegible]	[illegible]	[illegible]	[illegible]	[illegible]	
[illegible]	[illegible]	[illegible]	[illegible]	[illegible]	[illegible]	[illegible]	[illegible]	[illegible]	[illegible]	[illegible]	
[illegible]	[illegible]	[illegible]	[illegible]	[illegible]	[illegible]	[illegible]	[illegible]	[illegible]	[illegible]	[illegible]	
[illegible]	[illegible]	[illegible]	[illegible]	[illegible]	[illegible]	[illegible]	[illegible]	[illegible]	[illegible]	[illegible]	
12	533.0000	[illegible]	[illegible]	[illegible]	[illegible]	[illegible]	[illegible]	[illegible]	[illegible]	[illegible]	
[illegible]	[illegible]	[illegible]	[illegible]	[illegible]	[illegible]	[illegible]	[illegible]	[illegible]	[illegible]	[illegible]	
[illegible]	[illegible]	[illegible]	[illegible]	[illegible]	[illegible]	[illegible]	[illegible]	[illegible]	[illegible]	[illegible]	
[illegible]	[illegible]	[illegible]	[illegible]	[illegible]	[illegible]	[illegible]	[illegible]	[illegible]	[illegible]	[illegible]	
[illegible]	[illegible]	[illegible]	[illegible]	[illegible]	[illegible]	[illegible]	[illegible]	[illegible]	[illegible]	[illegible]	
[illegible]	[illegible]	[illegible]	[illegible]	[illegible]	[illegible]	[illegible]	[illegible]	[illegible]	[illegible]	[illegible]	
[illegible]	[illegible]	[illegible]	[illegible]	[illegible]	[illegible]	[illegible]	[illegible]	[illegible]	[illegible]	[illegible]	
[illegible]	[illegible]	[illegible]	[illegible]	[illegible]	[illegible]	[illegible]	[illegible]	[illegible]	[illegible]	[illegible]	
3420	534.0161	[illegible]	[illegible]	[illegible]	[illegible]	[illegible]	[illegible]	[illegible]	[illegible]	[illegible]	
[illegible]	[illegible]	[illegible]	[illegible]	[illegible]	[illegible]	[illegible]	[illegible]	[illegible]	[illegible]	[illegible]	
[illegible]	[illegible]	[illegible]	[illegible]	[illegible]	[illegible]	[illegible]	[illegible]	[illegible]	[illegible]	[illegible]	
[illegible]	[illegible]	[illegible]	[illegible]	[illegible]	[illegible]	[illegible]	[illegible]	[illegible]	[illegible]	[illegible]	
[illegible]	[illegible]	[illegible]	[illegible]	[illegible]	[illegible]	[illegible]	[illegible]	[illegible]	[illegible]	[illegible]	
[illegible]	[illegible]	[illegible]	[illegible]	[illegible]	[illegible]	[illegible]	[illegible]	[illegible]	[illegible]	[illegible]	
[illegible]	[illegible]	[illegible]	[illegible]	[illegible]	[illegible]	[illegible]	[illegible]	[illegible]	[illegible]	[illegible]	
[illegible]	[illegible]	[illegible]	[illegible]	[illegible]	[illegible]	[illegible]	[illegible]	[illegible]	[illegible]	[illegible]	
28	535.0000	[illegible]	[illegible]	[illegible]	[illegible]	[illegible]	[illegible]	[illegible]	[illegible]	[illegible]	
[illegible]	[illegible]	[illegible]	[illegible]	[illegible]	[illegible]	[illegible]	[illegible]	[illegible]	[illegible]	[illegible]	
[illegible]	[illegible]	[illegible]	[illegible]	[illegible]	[illegible]	[illegible]	[illegible]	[illegible]	[illegible]	[illegible]	
[illegible]	[illegible]	[illegible]	[illegible]	[illegible]	[illegible]	[illegible]	[illegible]	[illegible]	[illegible]	[illegible]	
[illegible]	[illegible]	[illegible]	[illegible]	[illegible]	[illegible]	[illegible]	[illegible]	[illegible]	[illegible]	[illegible]	
[illegible]	[illegible]	[illegible]	[illegible]	[illegible]	[illegible]	[illegible]	[illegible]	[illegible]	[illegible]	[illegible]	
[illegible]	[illegible]	[illegible]	[illegible]	[illegible]	[illegible]	[illegible]	[illegible]	[illegible]	[illegible]	[illegible]	
[illegible]	[illegible]	[illegible]	[illegible]	[illegible]	[illegible]	[illegible]	[illegible]	[illegible]	[illegible]	[illegible]	
36	536.0332	[illegible]	[illegible]	[illegible]	[illegible]	[illegible]	[illegible]	[illegible]	[illegible]	[illegible]	
[illegible]	[illegible]	[illegible]	[illegible]	[illegible]	[illegible]	[illegible]	[illegible]	[illegible]	[illegible]	[illegible]	
[illegible]	[illegible]	[illegible]	[illegible]	[illegible]	[illegible]	[illegible]	[illegible]	[illegible]	[illegible]	[illegible]	
[illegible]	[illegible]	[illegible]	[illegible]	[illegible]	[illegible]	[illegible]	[illegible]	[illegible]	[illegible]	[illegible]	
[illegible]	[illegible]	[illegible]	[illegible]	[illegible]	[illegible]	[illegible]	[illegible]	[illegible]	[illegible]	[illegible]	
[illegible]	[illegible]	[illegible]	[illegible]	[illegible]	[illegible]	[illegible]	[illegible]	[illegible]	[illegible]	[illegible]	
[illegible]	[illegible]	[illegible]	[illegible]	[illegible]	[illegible]	[illegible]	[illegible]	[illegible]	[illegible]	[illegible]	
44	537.0031	[illegible]	[illegible]	[illegible]	[illegible]	[illegible]	[illegible]	[illegible]	[illegible]	[illegible]	
num.	0	1	2	3	4	5	6	7	8	9	D.

N. 34450 L. 537

num.	0	1	2	3	4	5	6	7	8	9	D.	Part.
3445	537.1891	[illegible]	[illegible]	[illegible]	[illegible]	[illegible]	[illegible]	[illegible]	[illegible]	[illegible]		[illegible]
46	[illegible]	[illegible]	[illegible]	[illegible]	[illegible]	[illegible]	[illegible]	[illegible]	[illegible]	[illegible]		[illegible]
47	[illegible]	[illegible]	[illegible]	[illegible]	[illegible]	[illegible]	[illegible]	[illegible]	[illegible]	[illegible]		[illegible]
48	[illegible]	[illegible]	[illegible]	[illegible]	[illegible]	[illegible]	[illegible]	[illegible]	[illegible]	[illegible]		[illegible]
49	[illegible]	[illegible]	[illegible]	[illegible]	[illegible]	[illegible]	[illegible]	[illegible]	[illegible]	[illegible]		[illegible]
3450	[illegible]	[illegible]	[illegible]	[illegible]	[illegible]	[illegible]	[illegible]	[illegible]	[illegible]	[illegible]		[illegible]
51	[illegible]	[illegible]	[illegible]	[illegible]	[illegible]	[illegible]	[illegible]	[illegible]	[illegible]	[illegible]		[illegible]
52	538.0701	[illegible]	[illegible]	[illegible]	[illegible]	[illegible]	[illegible]	[illegible]	[illegible]	[illegible]		[illegible]
53	[illegible]	[illegible]	[illegible]	[illegible]	[illegible]	[illegible]	[illegible]	[illegible]	[illegible]	[illegible]		[illegible]
54	[illegible]	[illegible]	[illegible]	[illegible]	[illegible]	[illegible]	[illegible]	[illegible]	[illegible]	[illegible]		[illegible]
3455	[illegible]	[illegible]	[illegible]	[illegible]	[illegible]	[illegible]	[illegible]	[illegible]	[illegible]	[illegible]		[illegible]
56	[illegible]	[illegible]	[illegible]	[illegible]	[illegible]	[illegible]	[illegible]	[illegible]	[illegible]	[illegible]		[illegible]
57	[illegible]	[illegible]	[illegible]	[illegible]	[illegible]	[illegible]	[illegible]	[illegible]	[illegible]	[illegible]		[illegible]
58	[illegible]	[illegible]	[illegible]	[illegible]	[illegible]	[illegible]	[illegible]	[illegible]	[illegible]	[illegible]		[illegible]
59	[illegible]	[illegible]	[illegible]	[illegible]	[illegible]	[illegible]	[illegible]	[illegible]	[illegible]	[illegible]		[illegible]
3460	539.0761	[illegible]	[illegible]	[illegible]	[illegible]	[illegible]	[illegible]	[illegible]	[illegible]	[illegible]		[illegible]
61	[illegible]	[illegible]	[illegible]	[illegible]	[illegible]	[illegible]	[illegible]	[illegible]	[illegible]	[illegible]		[illegible]
62	[illegible]	[illegible]	[illegible]	[illegible]	[illegible]	[illegible]	[illegible]	[illegible]	[illegible]	[illegible]		[illegible]
63	[illegible]	[illegible]	[illegible]	[illegible]	[illegible]	[illegible]	[illegible]	[illegible]	[illegible]	[illegible]		[illegible]
64	[illegible]	[illegible]	[illegible]	[illegible]	[illegible]	[illegible]	[illegible]	[illegible]	[illegible]	[illegible]		[illegible]
3465	[illegible]	[illegible]	[illegible]	[illegible]	[illegible]	[illegible]	[illegible]	[illegible]	[illegible]	[illegible]		[illegible]
66	[illegible]	[illegible]	[illegible]	[illegible]	[illegible]	[illegible]	[illegible]	[illegible]	[illegible]	[illegible]		[illegible]
67	[illegible]	[illegible]	[illegible]	[illegible]	[illegible]	[illegible]	[illegible]	[illegible]	[illegible]	[illegible]		[illegible]
68	540.0791	[illegible]	[illegible]	[illegible]	[illegible]	[illegible]	[illegible]	[illegible]	[illegible]	[illegible]		[illegible]
69	[illegible]	[illegible]	[illegible]	[illegible]	[illegible]	[illegible]	[illegible]	[illegible]	[illegible]	[illegible]		[illegible]
3470	[illegible]	[illegible]	[illegible]	[illegible]	[illegible]	[illegible]	[illegible]	[illegible]	[illegible]	[illegible]		[illegible]
71	[illegible]	[illegible]	[illegible]	[illegible]	[illegible]	[illegible]	[illegible]	[illegible]	[illegible]	[illegible]		[illegible]
72	[illegible]	[illegible]	[illegible]	[illegible]	[illegible]	[illegible]	[illegible]	[illegible]	[illegible]	[illegible]		[illegible]
73	[illegible]	[illegible]	[illegible]	[illegible]	[illegible]	[illegible]	[illegible]	[illegible]	[illegible]	[illegible]		[illegible]
74	[illegible]	[illegible]	[illegible]	[illegible]	[illegible]	[illegible]	[illegible]	[illegible]	[illegible]	[illegible]		[illegible]
3475	[illegible]	[illegible]	[illegible]	[illegible]	[illegible]	[illegible]	[illegible]	[illegible]	[illegible]	[illegible]		[illegible]
76	541.0751	[illegible]	[illegible]	[illegible]	[illegible]	[illegible]	[illegible]	[illegible]	[illegible]	[illegible]		[illegible]
77	[illegible]	[illegible]	[illegible]	[illegible]	[illegible]	[illegible]	[illegible]	[illegible]	[illegible]	[illegible]		[illegible]
78	[illegible]	[illegible]	[illegible]	[illegible]	[illegible]	[illegible]	[illegible]	[illegible]	[illegible]	[illegible]		[illegible]
79	[illegible]	[illegible]	[illegible]	[illegible]	[illegible]	[illegible]	[illegible]	[illegible]	[illegible]	[illegible]		[illegible]
3480	[illegible]	[illegible]	[illegible]	[illegible]	[illegible]	[illegible]	[illegible]	[illegible]	[illegible]	[illegible]		[illegible]
81	[illegible]	[illegible]	[illegible]	[illegible]	[illegible]	[illegible]	[illegible]	[illegible]	[illegible]	[illegible]		[illegible]
82	[illegible]	[illegible]	[illegible]	[illegible]	[illegible]	[illegible]	[illegible]	[illegible]	[illegible]	[illegible]		[illegible]
83	[illegible]	[illegible]	[illegible]	[illegible]	[illegible]	[illegible]	[illegible]	[illegible]	[illegible]	[illegible]		[illegible]
84	542.0781	[illegible]	[illegible]	[illegible]	[illegible]	[illegible]	[illegible]	[illegible]	[illegible]	[illegible]		[illegible]
3485	[illegible]	[illegible]	[illegible]	[illegible]	[illegible]	[illegible]	[illegible]	[illegible]	[illegible]	[illegible]		[illegible]
86	[illegible]	[illegible]	[illegible]	[illegible]	[illegible]	[illegible]	[illegible]	[illegible]	[illegible]	[illegible]		[illegible]
87	[illegible]	[illegible]	[illegible]	[illegible]	[illegible]	[illegible]	[illegible]	[illegible]	[illegible]	[illegible]		[illegible]
88	[illegible]	[illegible]	[illegible]	[illegible]	[illegible]	[illegible]	[illegible]	[illegible]	[illegible]	[illegible]		[illegible]
89	[illegible]	[illegible]	[illegible]	[illegible]	[illegible]	[illegible]	[illegible]	[illegible]	[illegible]	[illegible]		[illegible]
3490	[illegible]	[illegible]	[illegible]	[illegible]	[illegible]	[illegible]	[illegible]	[illegible]	[illegible]	[illegible]		[illegible]
91	[illegible]	[illegible]	[illegible]	[illegible]	[illegible]	[illegible]	[illegible]	[illegible]	[illegible]	[illegible]		[illegible]
92	543.0742	[illegible]	[illegible]	[illegible]	[illegible]	[illegible]	[illegible]	[illegible]	[illegible]	[illegible]		[illegible]
93	[illegible]	[illegible]	[illegible]	[illegible]	[illegible]	[illegible]	[illegible]	[illegible]	[illegible]	[illegible]		[illegible]
94	[illegible]	[illegible]	[illegible]	[illegible]	[illegible]	[illegible]	[illegible]	[illegible]	[illegible]	[illegible]		[illegible]
3495	[illegible]	[illegible]	[illegible]	[illegible]	[illegible]	[illegible]	[illegible]	[illegible]	[illegible]	[illegible]		[illegible]
96	[illegible]	[illegible]	[illegible]	[illegible]	[illegible]	[illegible]	[illegible]	[illegible]	[illegible]	[illegible]		[illegible]
97	[illegible]	[illegible]	[illegible]	[illegible]	[illegible]	[illegible]	[illegible]	[illegible]	[illegible]	[illegible]		[illegible]
98	[illegible]	[illegible]	[illegible]	[illegible]	[illegible]	[illegible]	[illegible]	[illegible]	[illegible]	[illegible]		[illegible]
99	[illegible]	[illegible]	[illegible]	[illegible]	[illegible]	[illegible]	[illegible]	[illegible]	[illegible]	[illegible]		[illegible]
3500	544.0680	[illegible]	[illegible]	[illegible]	[illegible]	[illegible]	[illegible]	[illegible]	[illegible]	[illegible]		[illegible]
01	[illegible]	[illegible]	[illegible]	[illegible]	[illegible]	[illegible]	[illegible]	[illegible]	[illegible]	[illegible]		[illegible]
02	[illegible]	[illegible]	[illegible]	[illegible]	[illegible]	[illegible]	[illegible]	[illegible]	[illegible]	[illegible]		[illegible]
03	[illegible]	[illegible]	[illegible]	[illegible]	[illegible]	[illegible]	[illegible]	[illegible]	[illegible]	[illegible]		[illegible]
04	[illegible]	[illegible]	[illegible]	[illegible]	[illegible]	[illegible]	[illegible]	[illegible]	[illegible]	[illegible]		[illegible]
3505	[illegible]	[illegible]	[illegible]	[illegible]	[illegible]	[illegible]	[illegible]	[illegible]	[illegible]	[illegible]		[illegible]
06	[illegible]	[illegible]	[illegible]	[illegible]	[illegible]	[illegible]	[illegible]	[illegible]	[illegible]	[illegible]		[illegible]
07	[illegible]	[illegible]	[illegible]	[illegible]	[illegible]	[illegible]	[illegible]	[illegible]	[illegible]	[illegible]		[illegible]
08	545.0560	[illegible]	[illegible]	[illegible]	[illegible]	[illegible]	[illegible]	[illegible]	[illegible]	[illegible]		[illegible]
09	[illegible]	[illegible]	[illegible]	[illegible]	[illegible]	[illegible]	[illegible]	[illegible]	[illegible]	[illegible]		[illegible]
num.	0	1	2	3	4	5	6	7	8	9	D.	Part.

N. 35100 L. 545

Num.	0	1	2	3	4	5	6	7	8	9	D.
3510	545.3071	3195	3318	3441	3566	3690	3813	3937	4061	4185	
11	4308	[illegible]	[illegible]	[illegible]	[illegible]	[illegible]	[illegible]	[illegible]	[illegible]	[illegible]	
12	5545	[illegible]	[illegible]	[illegible]	[illegible]	[illegible]	[illegible]	[illegible]	[illegible]	[illegible]	
13	6781	[illegible]	[illegible]	[illegible]	[illegible]	[illegible]	[illegible]	[illegible]	[illegible]	[illegible]	
14	8018	[illegible]	[illegible]	[illegible]	[illegible]	[illegible]	[illegible]	[illegible]	[illegible]	[illegible]	
3515	9253	[illegible]	[illegible]	[illegible]	[illegible]	[illegible]	[illegible]	[illegible]	[illegible]	[illegible]	
16	546.0489	[illegible]	[illegible]	[illegible]	[illegible]	[illegible]	[illegible]	[illegible]	[illegible]	[illegible]	
17	1724	[illegible]	[illegible]	[illegible]	[illegible]	[illegible]	[illegible]	[illegible]	[illegible]	[illegible]	
18	2958	[illegible]	[illegible]	[illegible]	[illegible]	[illegible]	[illegible]	[illegible]	[illegible]	[illegible]	
19	4191	[illegible]	[illegible]	[illegible]	[illegible]	[illegible]	[illegible]	[illegible]	[illegible]	[illegible]	
3520	5427	[illegible]	[illegible]	[illegible]	[illegible]	[illegible]	[illegible]	[illegible]	[illegible]	[illegible]	
21	[illegible]	[illegible]	[illegible]	[illegible]	[illegible]	[illegible]	[illegible]	[illegible]	[illegible]	[illegible]	
22	[illegible]	[illegible]	[illegible]	[illegible]	[illegible]	[illegible]	[illegible]	[illegible]	[illegible]	[illegible]	
23	9116	[illegible]	[illegible]	[illegible]	[illegible]	[illegible]	[illegible]	[illegible]	[illegible]	[illegible]	
24	547.0359	[illegible]	[illegible]	[illegible]	[illegible]	[illegible]	[illegible]	[illegible]	[illegible]	[illegible]	
3525	[illegible]	[illegible]	[illegible]	[illegible]	[illegible]	[illegible]	[illegible]	[illegible]	[illegible]	[illegible]	
26	[illegible]	[illegible]	[illegible]	[illegible]	[illegible]	[illegible]	[illegible]	[illegible]	[illegible]	[illegible]	
27	[illegible]	[illegible]	[illegible]	[illegible]	[illegible]	[illegible]	[illegible]	[illegible]	[illegible]	[illegible]	
28	[illegible]	[illegible]	[illegible]	[illegible]	[illegible]	[illegible]	[illegible]	[illegible]	[illegible]	[illegible]	
29	[illegible]	[illegible]	[illegible]	[illegible]	[illegible]	[illegible]	[illegible]	[illegible]	[illegible]	[illegible]	
3530	[illegible]	[illegible]	[illegible]	[illegible]	[illegible]	[illegible]	[illegible]	[illegible]	[illegible]	[illegible]	
31	[illegible]	[illegible]	[illegible]	[illegible]	[illegible]	[illegible]	[illegible]	[illegible]	[illegible]	[illegible]	
32	548.[illegible]	[illegible]	[illegible]	[illegible]	[illegible]	[illegible]	[illegible]	[illegible]	[illegible]	[illegible]	
33	[illegible]	[illegible]	[illegible]	[illegible]	[illegible]	[illegible]	[illegible]	[illegible]	[illegible]	[illegible]	
34	[illegible]	[illegible]	[illegible]	[illegible]	[illegible]	[illegible]	[illegible]	[illegible]	[illegible]	[illegible]	
3535	[illegible]	[illegible]	[illegible]	[illegible]	[illegible]	[illegible]	[illegible]	[illegible]	[illegible]	[illegible]	
36	[illegible]	[illegible]	[illegible]	[illegible]	[illegible]	[illegible]	[illegible]	[illegible]	[illegible]	[illegible]	
37	[illegible]	[illegible]	[illegible]	[illegible]	[illegible]	[illegible]	[illegible]	[illegible]	[illegible]	[illegible]	
38	[illegible]	[illegible]	[illegible]	[illegible]	[illegible]	[illegible]	[illegible]	[illegible]	[illegible]	[illegible]	
39	[illegible]	[illegible]	[illegible]	[illegible]	[illegible]	[illegible]	[illegible]	[illegible]	[illegible]	[illegible]	
3540	549.[illegible]	[illegible]	[illegible]	[illegible]	[illegible]	[illegible]	[illegible]	[illegible]	[illegible]	[illegible]	
41	[illegible]	[illegible]	[illegible]	[illegible]	[illegible]	[illegible]	[illegible]	[illegible]	[illegible]	[illegible]	
42	[illegible]	[illegible]	[illegible]	[illegible]	[illegible]	[illegible]	[illegible]	[illegible]	[illegible]	[illegible]	
43	[illegible]	[illegible]	[illegible]	[illegible]	[illegible]	[illegible]	[illegible]	[illegible]	[illegible]	[illegible]	
44	[illegible]	[illegible]	[illegible]	[illegible]	[illegible]	[illegible]	[illegible]	[illegible]	[illegible]	[illegible]	
3545	[illegible]	[illegible]	[illegible]	[illegible]	[illegible]	[illegible]	[illegible]	[illegible]	[illegible]	[illegible]	
46	[illegible]	[illegible]	[illegible]	[illegible]	[illegible]	[illegible]	[illegible]	[illegible]	[illegible]	[illegible]	
47	[illegible]	[illegible]	[illegible]	[illegible]	[illegible]	[illegible]	[illegible]	[illegible]	[illegible]	[illegible]	
48	[illegible]	[illegible]	[illegible]	[illegible]	[illegible]	[illegible]	[illegible]	[illegible]	[illegible]	[illegible]	
49	550.[illegible]	[illegible]	[illegible]	[illegible]	[illegible]	[illegible]	[illegible]	[illegible]	[illegible]	[illegible]	
3550	[illegible]	[illegible]	[illegible]	[illegible]	[illegible]	[illegible]	[illegible]	[illegible]	[illegible]	[illegible]	
51	[illegible]	[illegible]	[illegible]	[illegible]	[illegible]	[illegible]	[illegible]	[illegible]	[illegible]	[illegible]	
52	[illegible]	[illegible]	[illegible]	[illegible]	[illegible]	[illegible]	[illegible]	[illegible]	[illegible]	[illegible]	
53	[illegible]	[illegible]	[illegible]	[illegible]	[illegible]	[illegible]	[illegible]	[illegible]	[illegible]	[illegible]	
54	[illegible]	[illegible]	[illegible]	[illegible]	[illegible]	[illegible]	[illegible]	[illegible]	[illegible]	[illegible]	
3555	[illegible]	[illegible]	[illegible]	[illegible]	[illegible]	[illegible]	[illegible]	[illegible]	[illegible]	[illegible]	
56	[illegible]	[illegible]	[illegible]	[illegible]	[illegible]	[illegible]	[illegible]	[illegible]	[illegible]	[illegible]	
57	551.[illegible]	[illegible]	[illegible]	[illegible]	[illegible]	[illegible]	[illegible]	[illegible]	[illegible]	[illegible]	
58	[illegible]	[illegible]	[illegible]	[illegible]	[illegible]	[illegible]	[illegible]	[illegible]	[illegible]	[illegible]	
59	[illegible]	[illegible]	[illegible]	[illegible]	[illegible]	[illegible]	[illegible]	[illegible]	[illegible]	[illegible]	
3560	[illegible]	[illegible]	[illegible]	[illegible]	[illegible]	[illegible]	[illegible]	[illegible]	[illegible]	[illegible]	
61	[illegible]	[illegible]	[illegible]	[illegible]	[illegible]	[illegible]	[illegible]	[illegible]	[illegible]	[illegible]	
62	[illegible]	[illegible]	[illegible]	[illegible]	[illegible]	[illegible]	[illegible]	[illegible]	[illegible]	[illegible]	
63	[illegible]	[illegible]	[illegible]	[illegible]	[illegible]	[illegible]	[illegible]	[illegible]	[illegible]	[illegible]	
64	[illegible]	[illegible]	[illegible]	[illegible]	[illegible]	[illegible]	[illegible]	[illegible]	[illegible]	[illegible]	
3565	552.[illegible]	[illegible]	[illegible]	[illegible]	[illegible]	[illegible]	[illegible]	[illegible]	[illegible]	[illegible]	
66	[illegible]	[illegible]	[illegible]	[illegible]	[illegible]	[illegible]	[illegible]	[illegible]	[illegible]	[illegible]	
67	[illegible]	[illegible]	[illegible]	[illegible]	[illegible]	[illegible]	[illegible]	[illegible]	[illegible]	[illegible]	
68	[illegible]	[illegible]	[illegible]	[illegible]	[illegible]	[illegible]	[illegible]	[illegible]	[illegible]	[illegible]	
69	[illegible]	[illegible]	[illegible]	[illegible]	[illegible]	[illegible]	[illegible]	[illegible]	[illegible]	[illegible]	
3570	[illegible]	[illegible]	[illegible]	[illegible]	[illegible]	[illegible]	[illegible]	[illegible]	[illegible]	[illegible]	
71	[illegible]	[illegible]	[illegible]	[illegible]	[illegible]	[illegible]	[illegible]	[illegible]	[illegible]	[illegible]	
72	[illegible]	[illegible]	[illegible]	[illegible]	[illegible]	[illegible]	[illegible]	[illegible]	[illegible]	[illegible]	
73	553.[illegible]	[illegible]	[illegible]	[illegible]	[illegible]	[illegible]	[illegible]	[illegible]	[illegible]	[illegible]	
74	[illegible]	[illegible]	[illegible]	[illegible]	[illegible]	[illegible]	[illegible]	[illegible]	[illegible]	[illegible]	
Num.	0	1	2	3	4	5	6	7	8	9	D.

N. 35750 L. 553

Num.	0	1	2	3	4	5	6	7	8	9	D.
3575	553.[illegible]	[illegible]	[illegible]	[illegible]	[illegible]	[illegible]	[illegible]	[illegible]	[illegible]	[illegible]	
76	[illegible]	[illegible]	[illegible]	[illegible]	[illegible]	[illegible]	[illegible]	[illegible]	[illegible]	[illegible]	
77	[illegible]	[illegible]	[illegible]	[illegible]	[illegible]	[illegible]	[illegible]	[illegible]	[illegible]	[illegible]	
78	[illegible]	[illegible]	[illegible]	[illegible]	[illegible]	[illegible]	[illegible]	[illegible]	[illegible]	[illegible]	
79	[illegible]	[illegible]	[illegible]	[illegible]	[illegible]	[illegible]	[illegible]	[illegible]	[illegible]	[illegible]	
3580	[illegible]	[illegible]	[illegible]	[illegible]	[illegible]	[illegible]	[illegible]	[illegible]	[illegible]	[illegible]	
81	554.[illegible]	[illegible]	[illegible]	[illegible]	[illegible]	[illegible]	[illegible]	[illegible]	[illegible]	[illegible]	
82	[illegible]	[illegible]	[illegible]	[illegible]	[illegible]	[illegible]	[illegible]	[illegible]	[illegible]	[illegible]	
83	[illegible]	[illegible]	[illegible]	[illegible]	[illegible]	[illegible]	[illegible]	[illegible]	[illegible]	[illegible]	
84	[illegible]	[illegible]	[illegible]	[illegible]	[illegible]	[illegible]	[illegible]	[illegible]	[illegible]	[illegible]	
3585	[illegible]	[illegible]	[illegible]	[illegible]	[illegible]	[illegible]	[illegible]	[illegible]	[illegible]	[illegible]	
86	[illegible]	[illegible]	[illegible]	[illegible]	[illegible]	[illegible]	[illegible]	[illegible]	[illegible]	[illegible]	
87	[illegible]	[illegible]	[illegible]	[illegible]	[illegible]	[illegible]	[illegible]	[illegible]	[illegible]	[illegible]	
88	[illegible]	[illegible]	[illegible]	[illegible]	[illegible]	[illegible]	[illegible]	[illegible]	[illegible]	[illegible]	
89	[illegible]	[illegible]	[illegible]	[illegible]	[illegible]	[illegible]	[illegible]	[illegible]	[illegible]	[illegible]	
3590	555.[illegible]	[illegible]	[illegible]	[illegible]	[illegible]	[illegible]	[illegible]	[illegible]	[illegible]	[illegible]	
91	[illegible]	[illegible]	[illegible]	[illegible]	[illegible]	[illegible]	[illegible]	[illegible]	[illegible]	[illegible]	
92	[illegible]	[illegible]	[illegible]	[illegible]	[illegible]	[illegible]	[illegible]	[illegible]	[illegible]	[illegible]	
93	[illegible]	[illegible]	[illegible]	[illegible]	[illegible]	[illegible]	[illegible]	[illegible]	[illegible]	[illegible]	
94	[illegible]	[illegible]	[illegible]	[illegible]	[illegible]	[illegible]	[illegible]	[illegible]	[illegible]	[illegible]	
3595	[illegible]	[illegible]	[illegible]	[illegible]	[illegible]	[illegible]	[illegible]	[illegible]	[illegible]	[illegible]	
96	[illegible]	[illegible]	[illegible]	[illegible]	[illegible]	[illegible]	[illegible]	[illegible]	[illegible]	[illegible]	
97	[illegible]	[illegible]	[illegible]	[illegible]	[illegible]	[illegible]	[illegible]	[illegible]	[illegible]	[illegible]	
98	556.[illegible]	[illegible]	[illegible]	[illegible]	[illegible]	[illegible]	[illegible]	[illegible]	[illegible]	[illegible]	
99	[illegible]	[illegible]	[illegible]	[illegible]	[illegible]	[illegible]	[illegible]	[illegible]	[illegible]	[illegible]	
3600	[illegible]	[illegible]	[illegible]	[illegible]	[illegible]	[illegible]	[illegible]	[illegible]	[illegible]	[illegible]	
01	[illegible]	[illegible]	[illegible]	[illegible]	[illegible]	[illegible]	[illegible]	[illegible]	[illegible]	[illegible]	
02	[illegible]	[illegible]	[illegible]	[illegible]	[illegible]	[illegible]	[illegible]	[illegible]	[illegible]	[illegible]	
03	[illegible]	[illegible]	[illegible]	[illegible]	[illegible]	[illegible]	[illegible]	[illegible]	[illegible]	[illegible]	
04	[illegible]	[illegible]	[illegible]	[illegible]	[illegible]	[illegible]	[illegible]	[illegible]	[illegible]	[illegible]	
3605	[illegible]	[illegible]	[illegible]	[illegible]	[illegible]	[illegible]	[illegible]	[illegible]	[illegible]	[illegible]	
06	557.[illegible]	[illegible]	[illegible]	[illegible]	[illegible]	[illegible]	[illegible]	[illegible]	[illegible]	[illegible]	
07	[illegible]	[illegible]	[illegible]	[illegible]	[illegible]	[illegible]	[illegible]	[illegible]	[illegible]	[illegible]	
08	[illegible]	[illegible]	[illegible]	[illegible]	[illegible]	[illegible]	[illegible]	[illegible]	[illegible]	[illegible]	
09	[illegible]	[illegible]	[illegible]	[illegible]	[illegible]	[illegible]	[illegible]	[illegible]	[illegible]	[illegible]	
3610	[illegible]	[illegible]	[illegible]	[illegible]	[illegible]	[illegible]	[illegible]	[illegible]	[illegible]	[illegible]	
11	[illegible]	[illegible]	[illegible]	[illegible]	[illegible]	[illegible]	[illegible]	[illegible]	[illegible]	[illegible]	
12	[illegible]	[illegible]	[illegible]	[illegible]	[illegible]	[illegible]	[illegible]	[illegible]	[illegible]	[illegible]	
13	[illegible]	[illegible]	[illegible]	[illegible]	[illegible]	[illegible]	[illegible]	[illegible]	[illegible]	[illegible]	
14	[illegible]	[illegible]	[illegible]	[illegible]	[illegible]	[illegible]	[illegible]	[illegible]	[illegible]	[illegible]	
3615	558.[illegible]	[illegible]	[illegible]	[illegible]	[illegible]	[illegible]	[illegible]	[illegible]	[illegible]	[illegible]	
16	[illegible]	[illegible]	[illegible]	[illegible]	[illegible]	[illegible]	[illegible]	[illegible]	[illegible]	[illegible]	
17	[illegible]	[illegible]	[illegible]	[illegible]	[illegible]	[illegible]	[illegible]	[illegible]	[illegible]	[illegible]	
18	[illegible]	[illegible]	[illegible]	[illegible]	[illegible]	[illegible]	[illegible]	[illegible]	[illegible]	[illegible]	
19	[illegible]	[illegible]	[illegible]	[illegible]	[illegible]	[illegible]	[illegible]	[illegible]	[illegible]	[illegible]	
3620	[illegible]	[illegible]	[illegible]	[illegible]	[illegible]	[illegible]	[illegible]	[illegible]	[illegible]	[illegible]	
21	[illegible]	[illegible]	[illegible]	[illegible]	[illegible]	[illegible]	[illegible]	[illegible]	[illegible]	[illegible]	
22	[illegible]	[illegible]	[illegible]	[illegible]	[illegible]	[illegible]	[illegible]	[illegible]	[illegible]	[illegible]	
23	[illegible]	[illegible]	[illegible]	[illegible]	[illegible]	[illegible]	[illegible]	[illegible]	[illegible]	[illegible]	
24	559.[illegible]	[illegible]	[illegible]	[illegible]	[illegible]	[illegible]	[illegible]	[illegible]	[illegible]	[illegible]	
3625	[illegible]	[illegible]	[illegible]	[illegible]	[illegible]	[illegible]	[illegible]	[illegible]	[illegible]	[illegible]	
26	[illegible]	[illegible]	[illegible]	[illegible]	[illegible]	[illegible]	[illegible]	[illegible]	[illegible]	[illegible]	
27	[illegible]	[illegible]	[illegible]	[illegible]	[illegible]	[illegible]	[illegible]	[illegible]	[illegible]	[illegible]	
28	[illegible]	[illegible]	[illegible]	[illegible]	[illegible]	[illegible]	[illegible]	[illegible]	[illegible]	[illegible]	
29	[illegible]	[illegible]	[illegible]	[illegible]	[illegible]	[illegible]	[illegible]	[illegible]	[illegible]	[illegible]	
3630	[illegible]	[illegible]	[illegible]	[illegible]	[illegible]	[illegible]	[illegible]	[illegible]	[illegible]	[illegible]	
31	560.[illegible]	[illegible]	[illegible]	[illegible]	[illegible]	[illegible]	[illegible]	[illegible]	[illegible]	[illegible]	
32	[illegible]	[illegible]	[illegible]	[illegible]	[illegible]	[illegible]	[illegible]	[illegible]	[illegible]	[illegible]	
33	[illegible]	[illegible]	[illegible]	[illegible]	[illegible]	[illegible]	[illegible]	[illegible]	[illegible]	[illegible]	
34	[illegible]	[illegible]	[illegible]	[illegible]	[illegible]	[illegible]	[illegible]	[illegible]	[illegible]	[illegible]	
3635	[illegible]	[illegible]	[illegible]	[illegible]	[illegible]	[illegible]	[illegible]	[illegible]	[illegible]	[illegible]	
36	[illegible]	[illegible]	[illegible]	[illegible]	[illegible]	[illegible]	[illegible]	[illegible]	[illegible]	[illegible]	
37	[illegible]	[illegible]	[illegible]	[illegible]	[illegible]	[illegible]	[illegible]	[illegible]	[illegible]	[illegible]	
38	[illegible]	[illegible]	[illegible]	[illegible]	[illegible]	[illegible]	[illegible]	[illegible]	[illegible]	[illegible]	
39	[illegible]	[illegible]	[illegible]	[illegible]	[illegible]	[illegible]	[illegible]	[illegible]	[illegible]	[illegible]	
Num.	0	1	2	3	4	5	6	7	8	9	D.

N. 36400 L. 561

Num.	0	1	2	3	4	5	6	7	8	9	D.
3640	561.[illegible]	[illegible]	[illegible]	[illegible]	[illegible]	[illegible]	[illegible]	[illegible]	[illegible]	[illegible]	
41	[illegible]	[illegible]	[illegible]	[illegible]	[illegible]	[illegible]	[illegible]	[illegible]	[illegible]	[illegible]	
42	[illegible]	[illegible]	[illegible]	[illegible]	[illegible]	[illegible]	[illegible]	[illegible]	[illegible]	[illegible]	
43	[illegible]	[illegible]	[illegible]	[illegible]	[illegible]	[illegible]	[illegible]	[illegible]	[illegible]	[illegible]	
44	[illegible]	[illegible]	[illegible]	[illegible]	[illegible]	[illegible]	[illegible]	[illegible]	[illegible]	[illegible]	
3645	[illegible]	[illegible]	[illegible]	[illegible]	[illegible]	[illegible]	[illegible]	[illegible]	[illegible]	[illegible]	
46	[illegible]	[illegible]	[illegible]	[illegible]	[illegible]	[illegible]	[illegible]	[illegible]	[illegible]	[illegible]	
47	[illegible]	[illegible]	[illegible]	[illegible]	[illegible]	[illegible]	[illegible]	[illegible]	[illegible]	[illegible]	
48	562.[illegible]	[illegible]	[illegible]	[illegible]	[illegible]	[illegible]	[illegible]	[illegible]	[illegible]	[illegible]	
49	[illegible]	[illegible]	[illegible]	[illegible]	[illegible]	[illegible]	[illegible]	[illegible]	[illegible]	[illegible]	[illegible]
3650	[illegible]	[illegible]	[illegible]	[illegible]	[illegible]	[illegible]	[illegible]	[illegible]	[illegible]	[illegible]	
51	[illegible]	[illegible]	[illegible]	[illegible]	[illegible]	[illegible]	[illegible]	[illegible]	[illegible]	[illegible]	
52	[illegible]	[illegible]	[illegible]	[illegible]	[illegible]	[illegible]	[illegible]	[illegible]	[illegible]	[illegible]	
53	[illegible]	[illegible]	[illegible]	[illegible]	[illegible]	[illegible]	[illegible]	[illegible]	[illegible]	[illegible]	
54	[illegible]	[illegible]	[illegible]	[illegible]	[illegible]	[illegible]	[illegible]	[illegible]	[illegible]	[illegible]	
3655	[illegible]	[illegible]	[illegible]	[illegible]	[illegible]	[illegible]	[illegible]	[illegible]	[illegible]	[illegible]	
56	563.[illegible]	[illegible]	[illegible]	[illegible]	[illegible]	[illegible]	[illegible]	[illegible]	[illegible]	[illegible]	
57	[illegible]	[illegible]	[illegible]	[illegible]	[illegible]	[illegible]	[illegible]	[illegible]	[illegible]	[illegible]	
58	[illegible]	[illegible]	[illegible]	[illegible]	[illegible]	[illegible]	[illegible]	[illegible]	[illegible]	[illegible]	
59	[illegible]	[illegible]	[illegible]	[illegible]	[illegible]	[illegible]	[illegible]	[illegible]	[illegible]	[illegible]	
3660	[illegible]	[illegible]	[illegible]	[illegible]	[illegible]	[illegible]	[illegible]	[illegible]	[illegible]	[illegible]	
61	[illegible]	[illegible]	[illegible]	[illegible]	[illegible]	[illegible]	[illegible]	[illegible]	[illegible]	[illegible]	
62	[illegible]	[illegible]	[illegible]	[illegible]	[illegible]	[illegible]	[illegible]	[illegible]	[illegible]	[illegible]	
63	[illegible]	[illegible]	[illegible]	[illegible]	[illegible]	[illegible]	[illegible]	[illegible]	[illegible]	[illegible]	
64	[illegible]	[illegible]	[illegible]	[illegible]	[illegible]	[illegible]	[illegible]	[illegible]	[illegible]	[illegible]	
3665	564.[illegible]	[illegible]	[illegible]	[illegible]	[illegible]	[illegible]	[illegible]	[illegible]	[illegible]	[illegible]	
66	[illegible]	[illegible]	[illegible]	[illegible]	[illegible]	[illegible]	[illegible]	[illegible]	[illegible]	[illegible]	
67	[illegible]	[illegible]	[illegible]	[illegible]	[illegible]	[illegible]	[illegible]	[illegible]	[illegible]	[illegible]	
68	[illegible]	[illegible]	[illegible]	[illegible]	[illegible]	[illegible]	[illegible]	[illegible]	[illegible]	[illegible]	
69	[illegible]	[illegible]	[illegible]	[illegible]	[illegible]	[illegible]	[illegible]	[illegible]	[illegible]	[illegible]	
3670	[illegible]	[illegible]	[illegible]	[illegible]	[illegible]	[illegible]	[illegible]	[illegible]	[illegible]	[illegible]	
71	[illegible]	[illegible]	[illegible]	[illegible]	[illegible]	[illegible]	[illegible]	[illegible]	[illegible]	[illegible]	
72	[illegible]	[illegible]	[illegible]	[illegible]	[illegible]	[illegible]	[illegible]	[illegible]	[illegible]	[illegible]	
73	565.[illegible]	[illegible]	[illegible]	[illegible]	[illegible]	[illegible]	[illegible]	[illegible]	[illegible]	[illegible]	
74	[illegible]	[illegible]	[illegible]	[illegible]	[illegible]	[illegible]	[illegible]	[illegible]	[illegible]	[illegible]	
3675	[illegible]	[illegible]	[illegible]	[illegible]	[illegible]	[illegible]	[illegible]	[illegible]	[illegible]	[illegible]	
76	[illegible]	[illegible]	[illegible]	[illegible]	[illegible]	[illegible]	[illegible]	[illegible]	[illegible]	[illegible]	
77	[illegible]	[illegible]	[illegible]	[illegible]	[illegible]	[illegible]	[illegible]	[illegible]	[illegible]	[illegible]	
78	[illegible]	[illegible]	[illegible]	[illegible]	[illegible]	[illegible]	[illegible]	[illegible]	[illegible]	[illegible]	
79	[illegible]	[illegible]	[illegible]	[illegible]	[illegible]	[illegible]	[illegible]	[illegible]	[illegible]	[illegible]	
3680	[illegible]	[illegible]	[illegible]	[illegible]	[illegible]	[illegible]	[illegible]	[illegible]	[illegible]	[illegible]	[illegible]
81	[illegible]	[illegible]	[illegible]	[illegible]	[illegible]	[illegible]	[illegible]	[illegible]	[illegible]	[illegible]	
82	566.[illegible]	[illegible]	[illegible]	[illegible]	[illegible]	[illegible]	[illegible]	[illegible]	[illegible]	[illegible]	
83	[illegible]	[illegible]	[illegible]	[illegible]	[illegible]	[illegible]	[illegible]	[illegible]	[illegible]	[illegible]	
84	[illegible]	[illegible]	[illegible]	[illegible]	[illegible]	[illegible]	[illegible]	[illegible]	[illegible]	[illegible]	
3685	[illegible]	[illegible]	[illegible]	[illegible]	[illegible]	[illegible]	[illegible]	[illegible]	[illegible]	[illegible]	
86	[illegible]	[illegible]	[illegible]	[illegible]	[illegible]	[illegible]	[illegible]	[illegible]	[illegible]	[illegible]	
87	[illegible]	[illegible]	[illegible]	[illegible]	[illegible]	[illegible]	[illegible]	[illegible]	[illegible]	[illegible]	
88	[illegible]	[illegible]	[illegible]	[illegible]	[illegible]	[illegible]	[illegible]	[illegible]	[illegible]	[illegible]	
89	[illegible]	[illegible]	[illegible]	[illegible]	[illegible]	[illegible]	[illegible]	[illegible]	[illegible]	[illegible]	
3690	567.[illegible]	[illegible]	[illegible]	[illegible]	[illegible]	[illegible]	[illegible]	[illegible]	[illegible]	[illegible]	
91	[illegible]	[illegible]	[illegible]	[illegible]	[illegible]	[illegible]	[illegible]	[illegible]	[illegible]	[illegible]	
92	[illegible]	[illegible]	[illegible]	[illegible]	[illegible]	[illegible]	[illegible]	[illegible]	[illegible]	[illegible]	
93	[illegible]	[illegible]	[illegible]	[illegible]	[illegible]	[illegible]	[illegible]	[illegible]	[illegible]	[illegible]	
94	[illegible]	[illegible]	[illegible]	[illegible]	[illegible]	[illegible]	[illegible]	[illegible]	[illegible]	[illegible]	
3695	[illegible]	[illegible]	[illegible]	[illegible]	[illegible]	[illegible]	[illegible]	[illegible]	[illegible]	[illegible]	
96	[illegible]	[illegible]	[illegible]	[illegible]	[illegible]	[illegible]	[illegible]	[illegible]	[illegible]	[illegible]	
97	[illegible]	[illegible]	[illegible]	[illegible]	[illegible]	[illegible]	[illegible]	[illegible]	[illegible]	[illegible]	
98	[illegible]	[illegible]	[illegible]	[illegible]	[illegible]	[illegible]	[illegible]	[illegible]	[illegible]	[illegible]	
99	568.[illegible]	[illegible]	[illegible]	[illegible]	[illegible]	[illegible]	[illegible]	[illegible]	[illegible]	[illegible]	
3700	[illegible]	[illegible]	[illegible]	[illegible]	[illegible]	[illegible]	[illegible]	[illegible]	[illegible]	[illegible]	
01	[illegible]	[illegible]	[illegible]	[illegible]	[illegible]	[illegible]	[illegible]	[illegible]	[illegible]	[illegible]	
02	[illegible]	[illegible]	[illegible]	[illegible]	[illegible]	[illegible]	[illegible]	[illegible]	[illegible]	[illegible]	
03	[illegible]	[illegible]	[illegible]	[illegible]	[illegible]	[illegible]	[illegible]	[illegible]	[illegible]	[illegible]	
04	[illegible]	[illegible]	[illegible]	[illegible]	[illegible]	[illegible]	[illegible]	[illegible]	[illegible]	[illegible]	
Num.	0	1	2	3	4	5	6	7	8	9	D.

N. 37050 L. 568

Num.	0	1	2	3	4	5	6	7	8	9	D.	Part.
3705	568.[illegible]	[illegible]	[illegible]	[illegible]	[illegible]	[illegible]	[illegible]	[illegible]	[illegible]	[illegible]		[illegible]
06	[illegible]	[illegible]	[illegible]	[illegible]	[illegible]	[illegible]	[illegible]	[illegible]	[illegible]	[illegible]		[illegible]
07	569.[illegible]	[illegible]	[illegible]	[illegible]	[illegible]	[illegible]	[illegible]	[illegible]	[illegible]	[illegible]		[illegible]
08	[illegible]	[illegible]	[illegible]	[illegible]	[illegible]	[illegible]	[illegible]	[illegible]	[illegible]	[illegible]		[illegible]
09	[illegible]	[illegible]	[illegible]	[illegible]	[illegible]	[illegible]	[illegible]	[illegible]	[illegible]	[illegible]		[illegible]
3710	[illegible]	[illegible]	[illegible]	[illegible]	[illegible]	[illegible]	[illegible]	[illegible]	[illegible]	[illegible]		[illegible]
11	[illegible]	[illegible]	[illegible]	[illegible]	[illegible]	[illegible]	[illegible]	[illegible]	[illegible]	[illegible]	[illegible]	[illegible]
12	[illegible]	[illegible]	[illegible]	[illegible]	[illegible]	[illegible]	[illegible]	[illegible]	[illegible]	[illegible]		[illegible]
13	[illegible]	[illegible]	[illegible]	[illegible]	[illegible]	[illegible]	[illegible]	[illegible]	[illegible]	[illegible]		[illegible]
14	[illegible]	[illegible]	[illegible]	[illegible]	[illegible]	[illegible]	[illegible]	[illegible]	[illegible]	[illegible]		
3715	[illegible]	[illegible]	[illegible]	[illegible]	[illegible]	[illegible]	[illegible]	[illegible]	[illegible]	[illegible]		
16	570.[illegible]	[illegible]	[illegible]	[illegible]	[illegible]	[illegible]	[illegible]	[illegible]	[illegible]	[illegible]		[illegible]
17	[illegible]	[illegible]	[illegible]	[illegible]	[illegible]	[illegible]	[illegible]	[illegible]	[illegible]	[illegible]		[illegible]
18	[illegible]	[illegible]	[illegible]	[illegible]	[illegible]	[illegible]	[illegible]	[illegible]	[illegible]	[illegible]		[illegible]
19	[illegible]	[illegible]	[illegible]	[illegible]	[illegible]	[illegible]	[illegible]	[illegible]	[illegible]	[illegible]		[illegible]
3720	[illegible]	[illegible]	[illegible]	[illegible]	[illegible]	[illegible]	[illegible]	[illegible]	[illegible]	[illegible]		[illegible]
21	[illegible]	[illegible]	[illegible]	[illegible]	[illegible]	[illegible]	[illegible]	[illegible]	[illegible]	[illegible]		[illegible]
22	[illegible]	[illegible]	[illegible]	[illegible]	[illegible]	[illegible]	[illegible]	[illegible]	[illegible]	[illegible]		[illegible]
23	[illegible]	[illegible]	[illegible]	[illegible]	[illegible]	[illegible]	[illegible]	[illegible]	[illegible]	[illegible]		[illegible]
24	571.[illegible]	[illegible]	[illegible]	[illegible]	[illegible]	[illegible]	[illegible]	[illegible]	[illegible]	[illegible]		[illegible]
3725	[illegible]	[illegible]	[illegible]	[illegible]	[illegible]	[illegible]	[illegible]	[illegible]	[illegible]	[illegible]		
26	[illegible]	[illegible]	[illegible]	[illegible]	[illegible]	[illegible]	[illegible]	[illegible]	[illegible]	[illegible]		[illegible]
27	[illegible]	[illegible]	[illegible]	[illegible]	[illegible]	[illegible]	[illegible]	[illegible]	[illegible]	[illegible]		[illegible]
28	[illegible]	[illegible]	[illegible]	[illegible]	[illegible]	[illegible]	[illegible]	[illegible]	[illegible]	[illegible]		[illegible]
29	[illegible]	[illegible]	[illegible]	[illegible]	[illegible]	[illegible]	[illegible]	[illegible]	[illegible]	[illegible]		[illegible]
3730	[illegible]	[illegible]	[illegible]	[illegible]	[illegible]	[illegible]	[illegible]	[illegible]	[illegible]	[illegible]		[illegible]
31	[illegible]	[illegible]	[illegible]	[illegible]	[illegible]	[illegible]	[illegible]	[illegible]	[illegible]	[illegible]		[illegible]
32	[illegible]	[illegible]	[illegible]	[illegible]	[illegible]	[illegible]	[illegible]	[illegible]	[illegible]	[illegible]		[illegible]
33	572.[illegible]	[illegible]	[illegible]	[illegible]	[illegible]	[illegible]	[illegible]	[illegible]	[illegible]	[illegible]		[illegible]
34	[illegible]	[illegible]	[illegible]	[illegible]	[illegible]	[illegible]	[illegible]	[illegible]	[illegible]	[illegible]		[illegible]
3735	[illegible]	[illegible]	[illegible]	[illegible]	[illegible]	[illegible]	[illegible]	[illegible]	[illegible]	[illegible]		[illegible]
36	[illegible]	[illegible]	[illegible]	[illegible]	[illegible]	[illegible]	[illegible]	[illegible]	[illegible]	[illegible]		[illegible]
37	[illegible]	[illegible]	[illegible]	[illegible]	[illegible]	[illegible]	[illegible]	[illegible]	[illegible]	[illegible]		[illegible]
38	[illegible]	[illegible]	[illegible]	[illegible]	[illegible]	[illegible]	[illegible]	[illegible]	[illegible]	[illegible]		[illegible]
39	[illegible]	[illegible]	[illegible]	[illegible]	[illegible]	[illegible]	[illegible]	[illegible]	[illegible]	[illegible]		[illegible]
3740	[illegible]	[illegible]	[illegible]	[illegible]	[illegible]	[illegible]	[illegible]	[illegible]	[illegible]	[illegible]		[illegible]
41	[illegible]	[illegible]	[illegible]	[illegible]	[illegible]	[illegible]	[illegible]	[illegible]	[illegible]	[illegible]		[illegible]
42	573.[illegible]	[illegible]	[illegible]	[illegible]	[illegible]	[illegible]	[illegible]	[illegible]	[illegible]	[illegible]		[illegible]
43	[illegible]	[illegible]	[illegible]	[illegible]	[illegible]	[illegible]	[illegible]	[illegible]	[illegible]	[illegible]	[illegible]	[illegible]
44	[illegible]	[illegible]	[illegible]	[illegible]	[illegible]	[illegible]	[illegible]	[illegible]	[illegible]	[illegible]		[illegible]
3745	[illegible]	[illegible]	[illegible]	[illegible]	[illegible]	[illegible]	[illegible]	[illegible]	[illegible]	[illegible]		[illegible]
46	[illegible]	[illegible]	[illegible]	[illegible]	[illegible]	[illegible]	[illegible]	[illegible]	[illegible]	[illegible]		[illegible]
47	[illegible]	[illegible]	[illegible]	[illegible]	[illegible]	[illegible]	[illegible]	[illegible]	[illegible]	[illegible]		
48	[illegible]	[illegible]	[illegible]	[illegible]	[illegible]	[illegible]	[illegible]	[illegible]	[illegible]	[illegible]		
49	[illegible]	[illegible]	[illegible]	[illegible]	[illegible]	[illegible]	[illegible]	[illegible]	[illegible]	[illegible]		
3750	574.[illegible]	[illegible]	[illegible]	[illegible]	[illegible]	[illegible]	[illegible]	[illegible]	[illegible]	[illegible]		[illegible]
51	[illegible]	[illegible]	[illegible]	[illegible]	[illegible]	[illegible]	[illegible]	[illegible]	[illegible]	[illegible]		[illegible]
52	[illegible]	[illegible]	[illegible]	[illegible]	[illegible]	[illegible]	[illegible]	[illegible]	[illegible]	[illegible]		[illegible]
53	[illegible]	[illegible]	[illegible]	[illegible]	[illegible]	[illegible]	[illegible]	[illegible]	[illegible]	[illegible]		[illegible]
54	[illegible]	[illegible]	[illegible]	[illegible]	[illegible]	[illegible]	[illegible]	[illegible]	[illegible]	[illegible]		[illegible]
3755	[illegible]	[illegible]	[illegible]	[illegible]	[illegible]	[illegible]	[illegible]	[illegible]	[illegible]	[illegible]		[illegible]
56	[illegible]	[illegible]	[illegible]	[illegible]	[illegible]	[illegible]	[illegible]	[illegible]	[illegible]	[illegible]		[illegible]
57	[illegible]	[illegible]	[illegible]	[illegible]	[illegible]	[illegible]	[illegible]	[illegible]	[illegible]	[illegible]		[illegible]
58	[illegible]	[illegible]	[illegible]	[illegible]	[illegible]	[illegible]	[illegible]	[illegible]	[illegible]	[illegible]		[illegible]
59	575.[illegible]	[illegible]	[illegible]	[illegible]	[illegible]	[illegible]	[illegible]	[illegible]	[illegible]	[illegible]		[illegible]
3760	[illegible]	[illegible]	[illegible]	[illegible]	[illegible]	[illegible]	[illegible]	[illegible]	[illegible]	[illegible]		
61	[illegible]	[illegible]	[illegible]	[illegible]	[illegible]	[illegible]	[illegible]	[illegible]	[illegible]	[illegible]		[illegible]
62	[illegible]	[illegible]	[illegible]	[illegible]	[illegible]	[illegible]	[illegible]	[illegible]	[illegible]	[illegible]		[illegible]
63	[illegible]	[illegible]	[illegible]	[illegible]	[illegible]	[illegible]	[illegible]	[illegible]	[illegible]	[illegible]		[illegible]
64	[illegible]	[illegible]	[illegible]	[illegible]	[illegible]	[illegible]	[illegible]	[illegible]	[illegible]	[illegible]		[illegible]
3765	[illegible]	[illegible]	[illegible]	[illegible]	[illegible]	[illegible]	[illegible]	[illegible]	[illegible]	[illegible]		[illegible]
66	[illegible]	[illegible]	[illegible]	[illegible]	[illegible]	[illegible]	[illegible]	[illegible]	[illegible]	[illegible]		[illegible]
67	[illegible]	[illegible]	[illegible]	[illegible]	[illegible]	[illegible]	[illegible]	[illegible]	[illegible]	[illegible]		[illegible]
68	576.[illegible]	[illegible]	[illegible]	[illegible]	[illegible]	[illegible]	[illegible]	[illegible]	[illegible]	[illegible]		[illegible]
69	[illegible]	[illegible]	[illegible]	[illegible]	[illegible]	[illegible]	[illegible]	[illegible]	[illegible]	[illegible]		[illegible]
Num.	0	1	2	3	4	5	6	7	8	9	D.	Part.

Num.		0	1	2	3	4	5	6	7	8	9	D.
3770	576.	[illegible]	[illegible]	[illegible]	[illegible]	[illegible]	[illegible]	[illegible]	[illegible]	[illegible]	[illegible]	
71		[illegible]	[illegible]	[illegible]	[illegible]	[illegible]	[illegible]	[illegible]	[illegible]	[illegible]	[illegible]	
72		[illegible]	[illegible]	[illegible]	[illegible]	[illegible]	[illegible]	[illegible]	[illegible]	[illegible]	[illegible]	
73		[illegible]	[illegible]	[illegible]	[illegible]	[illegible]	[illegible]	[illegible]	[illegible]	[illegible]	[illegible]	
74		[illegible]	[illegible]	[illegible]	[illegible]	[illegible]	[illegible]	[illegible]	[illegible]	[illegible]	[illegible]	
3775		[illegible]	[illegible]	[illegible]	[illegible]	[illegible]	[illegible]	[illegible]	[illegible]	[illegible]	[illegible]	
76	577.	[illegible]	[illegible]	[illegible]	[illegible]	[illegible]	[illegible]	[illegible]	[illegible]	[illegible]	[illegible]	[illegible]
77		[illegible]	[illegible]	[illegible]	[illegible]	[illegible]	[illegible]	[illegible]	[illegible]	[illegible]	[illegible]	
78		[illegible]	[illegible]	[illegible]	[illegible]	[illegible]	[illegible]	[illegible]	[illegible]	[illegible]	[illegible]	
79		[illegible]	[illegible]	[illegible]	[illegible]	[illegible]	[illegible]	[illegible]	[illegible]	[illegible]	[illegible]	
3780		[illegible]	[illegible]	[illegible]	[illegible]	[illegible]	[illegible]	[illegible]	[illegible]	[illegible]	[illegible]	
81		[illegible]	[illegible]	[illegible]	[illegible]	[illegible]	[illegible]	[illegible]	[illegible]	[illegible]	[illegible]	
82		[illegible]	[illegible]	[illegible]	[illegible]	[illegible]	[illegible]	[illegible]	[illegible]	[illegible]	[illegible]	
83		[illegible]	[illegible]	[illegible]	[illegible]	[illegible]	[illegible]	[illegible]	[illegible]	[illegible]	[illegible]	
84		[illegible]	[illegible]	[illegible]	[illegible]	[illegible]	[illegible]	[illegible]	[illegible]	[illegible]	[illegible]	
3785	578.	[illegible]	[illegible]	[illegible]	[illegible]	[illegible]	[illegible]	[illegible]	[illegible]	[illegible]	[illegible]	
86		[illegible]	[illegible]	[illegible]	[illegible]	[illegible]	[illegible]	[illegible]	[illegible]	[illegible]	[illegible]	
87		[illegible]	[illegible]	[illegible]	[illegible]	[illegible]	[illegible]	[illegible]	[illegible]	[illegible]	[illegible]	
88		[illegible]	[illegible]	[illegible]	[illegible]	[illegible]	[illegible]	[illegible]	[illegible]	[illegible]	[illegible]	
89		[illegible]	[illegible]	[illegible]	[illegible]	[illegible]	[illegible]	[illegible]	[illegible]	[illegible]	[illegible]	
3790		[illegible]	[illegible]	[illegible]	[illegible]	[illegible]	[illegible]	[illegible]	[illegible]	[illegible]	[illegible]	
91		[illegible]	[illegible]	[illegible]	[illegible]	[illegible]	[illegible]	[illegible]	[illegible]	[illegible]	[illegible]	
92		[illegible]	[illegible]	[illegible]	[illegible]	[illegible]	[illegible]	[illegible]	[illegible]	[illegible]	[illegible]	
93		[illegible]	[illegible]	[illegible]	[illegible]	[illegible]	[illegible]	[illegible]	[illegible]	[illegible]	[illegible]	
94	579.	[illegible]	[illegible]	[illegible]	[illegible]	[illegible]	[illegible]	[illegible]	[illegible]	[illegible]	[illegible]	
3795		[illegible]	[illegible]	[illegible]	[illegible]	[illegible]	[illegible]	[illegible]	[illegible]	[illegible]	[illegible]	
96		[illegible]	[illegible]	[illegible]	[illegible]	[illegible]	[illegible]	[illegible]	[illegible]	[illegible]	[illegible]	
97		[illegible]	[illegible]	[illegible]	[illegible]	[illegible]	[illegible]	[illegible]	[illegible]	[illegible]	[illegible]	
98		[illegible]	[illegible]	[illegible]	[illegible]	[illegible]	[illegible]	[illegible]	[illegible]	[illegible]	[illegible]	
99		[illegible]	[illegible]	[illegible]	[illegible]	[illegible]	[illegible]	[illegible]	[illegible]	[illegible]	[illegible]	
3800		[illegible]	[illegible]	[illegible]	[illegible]	[illegible]	[illegible]	[illegible]	[illegible]	[illegible]	[illegible]	
01		[illegible]	[illegible]	[illegible]	[illegible]	[illegible]	[illegible]	[illegible]	[illegible]	[illegible]	[illegible]	
02	580.	[illegible]	[illegible]	[illegible]	[illegible]	[illegible]	[illegible]	[illegible]	[illegible]	[illegible]	[illegible]	
03		[illegible]	[illegible]	[illegible]	[illegible]	[illegible]	[illegible]	[illegible]	[illegible]	[illegible]	[illegible]	
04		[illegible]	[illegible]	[illegible]	[illegible]	[illegible]	[illegible]	[illegible]	[illegible]	[illegible]	[illegible]	
3805		[illegible]	[illegible]	[illegible]	[illegible]	[illegible]	[illegible]	[illegible]	[illegible]	[illegible]	[illegible]	
06		[illegible]	[illegible]	[illegible]	[illegible]	[illegible]	[illegible]	[illegible]	[illegible]	[illegible]	[illegible]	
07		[illegible]	[illegible]	[illegible]	[illegible]	[illegible]	[illegible]	[illegible]	[illegible]	[illegible]	[illegible]	
08		[illegible]	[illegible]	[illegible]	[illegible]	[illegible]	[illegible]	[illegible]	[illegible]	[illegible]	[illegible]	[illegible]
09		[illegible]	[illegible]	[illegible]	[illegible]	[illegible]	[illegible]	[illegible]	[illegible]	[illegible]	[illegible]	
3810		[illegible]	[illegible]	[illegible]	[illegible]	[illegible]	[illegible]	[illegible]	[illegible]	[illegible]	[illegible]	
11	581.	[illegible]	[illegible]	[illegible]	[illegible]	[illegible]	[illegible]	[illegible]	[illegible]	[illegible]	[illegible]	
12		[illegible]	[illegible]	[illegible]	[illegible]	[illegible]	[illegible]	[illegible]	[illegible]	[illegible]	[illegible]	
13		[illegible]	[illegible]	[illegible]	[illegible]	[illegible]	[illegible]	[illegible]	[illegible]	[illegible]	[illegible]	
14		[illegible]	[illegible]	[illegible]	[illegible]	[illegible]	[illegible]	[illegible]	[illegible]	[illegible]	[illegible]	
3815		[illegible]	[illegible]	[illegible]	[illegible]	[illegible]	[illegible]	[illegible]	[illegible]	[illegible]	[illegible]	
16		[illegible]	[illegible]	[illegible]	[illegible]	[illegible]	[illegible]	[illegible]	[illegible]	[illegible]	[illegible]	
17		[illegible]	[illegible]	[illegible]	[illegible]	[illegible]	[illegible]	[illegible]	[illegible]	[illegible]	[illegible]	
18		[illegible]	[illegible]	[illegible]	[illegible]	[illegible]	[illegible]	[illegible]	[illegible]	[illegible]	[illegible]	
19		[illegible]	[illegible]	[illegible]	[illegible]	[illegible]	[illegible]	[illegible]	[illegible]	[illegible]	[illegible]	
3820	582.	[illegible]	[illegible]	[illegible]	[illegible]	[illegible]	[illegible]	[illegible]	[illegible]	[illegible]	[illegible]	
21		[illegible]	[illegible]	[illegible]	[illegible]	[illegible]	[illegible]	[illegible]	[illegible]	[illegible]	[illegible]	
22		[illegible]	[illegible]	[illegible]	[illegible]	[illegible]	[illegible]	[illegible]	[illegible]	[illegible]	[illegible]	
23		[illegible]	[illegible]	[illegible]	[illegible]	[illegible]	[illegible]	[illegible]	[illegible]	[illegible]	[illegible]	
24		[illegible]	[illegible]	[illegible]	[illegible]	[illegible]	[illegible]	[illegible]	[illegible]	[illegible]	[illegible]	
3825		[illegible]	[illegible]	[illegible]	[illegible]	[illegible]	[illegible]	[illegible]	[illegible]	[illegible]	[illegible]	
26		[illegible]	[illegible]	[illegible]	[illegible]	[illegible]	[illegible]	[illegible]	[illegible]	[illegible]	[illegible]	
27		[illegible]	[illegible]	[illegible]	[illegible]	[illegible]	[illegible]	[illegible]	[illegible]	[illegible]	[illegible]	
28		[illegible]	[illegible]	[illegible]	[illegible]	[illegible]	[illegible]	[illegible]	[illegible]	[illegible]	[illegible]	
29	583.	[illegible]	[illegible]	[illegible]	[illegible]	[illegible]	[illegible]	[illegible]	[illegible]	[illegible]	[illegible]	
3830		[illegible]	[illegible]	[illegible]	[illegible]	[illegible]	[illegible]	[illegible]	[illegible]	[illegible]	[illegible]	
31		[illegible]	[illegible]	[illegible]	[illegible]	[illegible]	[illegible]	[illegible]	[illegible]	[illegible]	[illegible]	
32		[illegible]	[illegible]	[illegible]	[illegible]	[illegible]	[illegible]	[illegible]	[illegible]	[illegible]	[illegible]	
33		[illegible]	[illegible]	[illegible]	[illegible]	[illegible]	[illegible]	[illegible]	[illegible]	[illegible]	[illegible]	
34		[illegible]	[illegible]	[illegible]	[illegible]	[illegible]	[illegible]	[illegible]	[illegible]	[illegible]	[illegible]	
Num.		0	1	2	3	4	5	6	7	8	9	D.

Num.		0	1	2	3	4	5	6	7	8	9	D.	Part.
3835	583.	[illegible]	[illegible]	[illegible]	[illegible]	[illegible]	[illegible]	[illegible]	[illegible]	[illegible]	[illegible]		[illegible]
36		[illegible]	[illegible]	[illegible]	[illegible]	[illegible]	[illegible]	[illegible]	[illegible]	[illegible]	[illegible]		[illegible]
37		[illegible]	[illegible]	[illegible]	[illegible]	[illegible]	[illegible]	[illegible]	[illegible]	[illegible]	[illegible]		[illegible]
38	584.	[illegible]	[illegible]	[illegible]	[illegible]	[illegible]	[illegible]	[illegible]	[illegible]	[illegible]	[illegible]		[illegible]
39		[illegible]	[illegible]	[illegible]	[illegible]	[illegible]	[illegible]	[illegible]	[illegible]	[illegible]	[illegible]		[illegible]
3840		[illegible]	[illegible]	[illegible]	[illegible]	[illegible]	[illegible]	[illegible]	[illegible]	[illegible]	[illegible]		[illegible]
41		[illegible]	[illegible]	[illegible]	[illegible]	[illegible]	[illegible]	[illegible]	[illegible]	[illegible]	[illegible]		[illegible]
42		[illegible]	[illegible]	[illegible]	[illegible]	[illegible]	[illegible]	[illegible]	[illegible]	[illegible]	[illegible]		[illegible]
43		[illegible]	[illegible]	[illegible]	[illegible]	[illegible]	[illegible]	[illegible]	[illegible]	[illegible]	[illegible]	[illegible]	[illegible]
44		[illegible]	[illegible]	[illegible]	[illegible]	[illegible]	[illegible]	[illegible]	[illegible]	[illegible]	[illegible]		
3845		[illegible]	[illegible]	[illegible]	[illegible]	[illegible]	[illegible]	[illegible]	[illegible]	[illegible]	[illegible]		
46	585.	[illegible]	[illegible]	[illegible]	[illegible]	[illegible]	[illegible]	[illegible]	[illegible]	[illegible]	[illegible]		
47		[illegible]	[illegible]	[illegible]	[illegible]	[illegible]	[illegible]	[illegible]	[illegible]	[illegible]	[illegible]		
48		[illegible]	[illegible]	[illegible]	[illegible]	[illegible]	[illegible]	[illegible]	[illegible]	[illegible]	[illegible]		
49		[illegible]	[illegible]	[illegible]	[illegible]	[illegible]	[illegible]	[illegible]	[illegible]	[illegible]	[illegible]		
3850		[illegible]	[illegible]	[illegible]	[illegible]	[illegible]	[illegible]	[illegible]	[illegible]	[illegible]	[illegible]		[illegible]
51		[illegible]	[illegible]	[illegible]	[illegible]	[illegible]	[illegible]	[illegible]	[illegible]	[illegible]	[illegible]		[illegible]
52		[illegible]	[illegible]	[illegible]	[illegible]	[illegible]	[illegible]	[illegible]	[illegible]	[illegible]	[illegible]		[illegible]
53		[illegible]	[illegible]	[illegible]	[illegible]	[illegible]	[illegible]	[illegible]	[illegible]	[illegible]	[illegible]		[illegible]
54		[illegible]	[illegible]	[illegible]	[illegible]	[illegible]	[illegible]	[illegible]	[illegible]	[illegible]	[illegible]		[illegible]
3855	586.	[illegible]	[illegible]	[illegible]	[illegible]	[illegible]	[illegible]	[illegible]	[illegible]	[illegible]	[illegible]		[illegible]
56		[illegible]	[illegible]	[illegible]	[illegible]	[illegible]	[illegible]	[illegible]	[illegible]	[illegible]	[illegible]		[illegible]
57		[illegible]	[illegible]	[illegible]	[illegible]	[illegible]	[illegible]	[illegible]	[illegible]	[illegible]	[illegible]		[illegible]
58		[illegible]	[illegible]	[illegible]	[illegible]	[illegible]	[illegible]	[illegible]	[illegible]	[illegible]	[illegible]		
59		[illegible]	[illegible]	[illegible]	[illegible]	[illegible]	[illegible]	[illegible]	[illegible]	[illegible]	[illegible]		
3860		[illegible]	[illegible]	[illegible]	[illegible]	[illegible]	[illegible]	[illegible]	[illegible]	[illegible]	[illegible]		
61		[illegible]	[illegible]	[illegible]	[illegible]	[illegible]	[illegible]	[illegible]	[illegible]	[illegible]	[illegible]		
62		[illegible]	[illegible]	[illegible]	[illegible]	[illegible]	[illegible]	[illegible]	[illegible]	[illegible]	[illegible]		
63		[illegible]	[illegible]	[illegible]	[illegible]	[illegible]	[illegible]	[illegible]	[illegible]	[illegible]	[illegible]		
64	587.	[illegible]	[illegible]	[illegible]	[illegible]	[illegible]	[illegible]	[illegible]	[illegible]	[illegible]	[illegible]		[illegible]
3865		[illegible]	[illegible]	[illegible]	[illegible]	[illegible]	[illegible]	[illegible]	[illegible]	[illegible]	[illegible]		[illegible]
66		[illegible]	[illegible]	[illegible]	[illegible]	[illegible]	[illegible]	[illegible]	[illegible]	[illegible]	[illegible]		[illegible]
67		[illegible]	[illegible]	[illegible]	[illegible]	[illegible]	[illegible]	[illegible]	[illegible]	[illegible]	[illegible]		[illegible]
68		[illegible]	[illegible]	[illegible]	[illegible]	[illegible]	[illegible]	[illegible]	[illegible]	[illegible]	[illegible]		[illegible]
69		[illegible]	[illegible]	[illegible]	[illegible]	[illegible]	[illegible]	[illegible]	[illegible]	[illegible]	[illegible]		[illegible]
3870		[illegible]	[illegible]	[illegible]	[illegible]	[illegible]	[illegible]	[illegible]	[illegible]	[illegible]	[illegible]		[illegible]
71		[illegible]	[illegible]	[illegible]	[illegible]	[illegible]	[illegible]	[illegible]	[illegible]	[illegible]	[illegible]		[illegible]
72		[illegible]	[illegible]	[illegible]	[illegible]	[illegible]	[illegible]	[illegible]	[illegible]	[illegible]	[illegible]		[illegible]
73	588.	[illegible]	[illegible]	[illegible]	[illegible]	[illegible]	[illegible]	[illegible]	[illegible]	[illegible]	[illegible]		
74		[illegible]	[illegible]	[illegible]	[illegible]	[illegible]	[illegible]	[illegible]	[illegible]	[illegible]	[illegible]		
3875		[illegible]	[illegible]	[illegible]	[illegible]	[illegible]	[illegible]	[illegible]	[illegible]	[illegible]	[illegible]		
76		[illegible]	[illegible]	[illegible]	[illegible]	[illegible]	[illegible]	[illegible]	[illegible]	[illegible]	[illegible]		
77		[illegible]	[illegible]	[illegible]	[illegible]	[illegible]	[illegible]	[illegible]	[illegible]	[illegible]	[illegible]	[illegible]	[illegible]
78		[illegible]	[illegible]	[illegible]	[illegible]	[illegible]	[illegible]	[illegible]	[illegible]	[illegible]	[illegible]		[illegible]
79		[illegible]	[illegible]	[illegible]	[illegible]	[illegible]	[illegible]	[illegible]	[illegible]	[illegible]	[illegible]		[illegible]
3880		[illegible]	[illegible]	[illegible]	[illegible]	[illegible]	[illegible]	[illegible]	[illegible]	[illegible]	[illegible]		[illegible]
81		[illegible]	[illegible]	[illegible]	[illegible]	[illegible]	[illegible]	[illegible]	[illegible]	[illegible]	[illegible]		[illegible]
82	589.	[illegible]	[illegible]	[illegible]	[illegible]	[illegible]	[illegible]	[illegible]	[illegible]	[illegible]	[illegible]		[illegible]
83		[illegible]	[illegible]	[illegible]	[illegible]	[illegible]	[illegible]	[illegible]	[illegible]	[illegible]	[illegible]		[illegible]
84		[illegible]	[illegible]	[illegible]	[illegible]	[illegible]	[illegible]	[illegible]	[illegible]	[illegible]	[illegible]		[illegible]
3885		[illegible]	[illegible]	[illegible]	[illegible]	[illegible]	[illegible]	[illegible]	[illegible]	[illegible]	[illegible]		
86		[illegible]	[illegible]	[illegible]	[illegible]	[illegible]	[illegible]	[illegible]	[illegible]	[illegible]	[illegible]		
87		[illegible]	[illegible]	[illegible]	[illegible]	[illegible]	[illegible]	[illegible]	[illegible]	[illegible]	[illegible]		
88		[illegible]	[illegible]	[illegible]	[illegible]	[illegible]	[illegible]	[illegible]	[illegible]	[illegible]	[illegible]		
89		[illegible]	[illegible]	[illegible]	[illegible]	[illegible]	[illegible]	[illegible]	[illegible]	[illegible]	[illegible]		
3890		[illegible]	[illegible]	[illegible]	[illegible]	[illegible]	[illegible]	[illegible]	[illegible]	[illegible]	[illegible]		[illegible]
91	590.	[illegible]	[illegible]	[illegible]	[illegible]	[illegible]	[illegible]	[illegible]	[illegible]	[illegible]	[illegible]		[illegible]
92		[illegible]	[illegible]	[illegible]	[illegible]	[illegible]	[illegible]	[illegible]	[illegible]	[illegible]	[illegible]		[illegible]
93		[illegible]	[illegible]	[illegible]	[illegible]	[illegible]	[illegible]	[illegible]	[illegible]	[illegible]	[illegible]		[illegible]
94		[illegible]	[illegible]	[illegible]	[illegible]	[illegible]	[illegible]	[illegible]	[illegible]	[illegible]	[illegible]		[illegible]
3895		[illegible]	[illegible]	[illegible]	[illegible]	[illegible]	[illegible]	[illegible]	[illegible]	[illegible]	[illegible]		[illegible]
96		[illegible]	[illegible]	[illegible]	[illegible]	[illegible]	[illegible]	[illegible]	[illegible]	[illegible]	[illegible]		[illegible]
97		[illegible]	[illegible]	[illegible]	[illegible]	[illegible]	[illegible]	[illegible]	[illegible]	[illegible]	[illegible]		[illegible]
98		[illegible]	[illegible]	[illegible]	[illegible]	[illegible]	[illegible]	[illegible]	[illegible]	[illegible]	[illegible]		[illegible]
99		[illegible]	[illegible]	[illegible]	[illegible]	[illegible]	[illegible]	[illegible]	[illegible]	[illegible]	[illegible]		[illegible]
Num.		0	1	2	3	4	5	6	7	8	9	D.	Part.

N. 39000 L. 591

NUM.		0	1	2	3	4	5	6	7	8	9	D.
3900	591.	[illegible]	[illegible]	[illegible]	[illegible]	[illegible]	[illegible]	[illegible]	[illegible]	[illegible]	[illegible]	
01		[illegible]	[illegible]	[illegible]	[illegible]	[illegible]	[illegible]	[illegible]	[illegible]	[illegible]	[illegible]	
02		[illegible]	[illegible]	[illegible]	[illegible]	[illegible]	[illegible]	[illegible]	[illegible]	[illegible]	[illegible]	
03		[illegible]	[illegible]	[illegible]	[illegible]	[illegible]	[illegible]	[illegible]	[illegible]	[illegible]	[illegible]	
04		[illegible]	[illegible]	[illegible]	[illegible]	[illegible]	[illegible]	[illegible]	[illegible]	[illegible]	[illegible]	
3905		[illegible]	[illegible]	[illegible]	[illegible]	[illegible]	[illegible]	[illegible]	[illegible]	[illegible]	[illegible]	
06		[illegible]	[illegible]	[illegible]	[illegible]	[illegible]	[illegible]	[illegible]	[illegible]	[illegible]	[illegible]	
07		[illegible]	[illegible]	[illegible]	[illegible]	[illegible]	[illegible]	[illegible]	[illegible]	[illegible]	[illegible]	
08		[illegible]	[illegible]	[illegible]	[illegible]	[illegible]	[illegible]	[illegible]	[illegible]	[illegible]	[illegible]	
09	592.	[illegible]	[illegible]	[illegible]	[illegible]	[illegible]	[illegible]	[illegible]	[illegible]	[illegible]	[illegible]	
3910		[illegible]	[illegible]	[illegible]	[illegible]	[illegible]	[illegible]	[illegible]	[illegible]	[illegible]	[illegible]	
11		[illegible]	[illegible]	[illegible]	[illegible]	[illegible]	[illegible]	[illegible]	[illegible]	[illegible]	[illegible]	
12		[illegible]	[illegible]	[illegible]	[illegible]	[illegible]	[illegible]	[illegible]	[illegible]	[illegible]	[illegible]	111
13		[illegible]	[illegible]	[illegible]	[illegible]	[illegible]	[illegible]	[illegible]	[illegible]	[illegible]	[illegible]	
14		[illegible]	[illegible]	[illegible]	[illegible]	[illegible]	[illegible]	[illegible]	[illegible]	[illegible]	[illegible]	
3915		[illegible]	[illegible]	[illegible]	[illegible]	[illegible]	[illegible]	[illegible]	[illegible]	[illegible]	[illegible]	
16		[illegible]	[illegible]	[illegible]	[illegible]	[illegible]	[illegible]	[illegible]	[illegible]	[illegible]	[illegible]	
17		[illegible]	[illegible]	[illegible]	[illegible]	[illegible]	[illegible]	[illegible]	[illegible]	[illegible]	[illegible]	
18	593.	[illegible]	[illegible]	[illegible]	[illegible]	[illegible]	[illegible]	[illegible]	[illegible]	[illegible]	[illegible]	
19		[illegible]	[illegible]	[illegible]	[illegible]	[illegible]	[illegible]	[illegible]	[illegible]	[illegible]	[illegible]	
3920		[illegible]	[illegible]	[illegible]	[illegible]	[illegible]	[illegible]	[illegible]	[illegible]	[illegible]	[illegible]	
21		[illegible]	[illegible]	[illegible]	[illegible]	[illegible]	[illegible]	[illegible]	[illegible]	[illegible]	[illegible]	
22		[illegible]	[illegible]	[illegible]	[illegible]	[illegible]	[illegible]	[illegible]	[illegible]	[illegible]	[illegible]	
23		[illegible]	[illegible]	[illegible]	[illegible]	[illegible]	[illegible]	[illegible]	[illegible]	[illegible]	[illegible]	
24		[illegible]	[illegible]	[illegible]	[illegible]	[illegible]	[illegible]	[illegible]	[illegible]	[illegible]	[illegible]	
3925		[illegible]	[illegible]	[illegible]	[illegible]	[illegible]	[illegible]	[illegible]	[illegible]	[illegible]	[illegible]	
26		[illegible]	[illegible]	[illegible]	[illegible]	[illegible]	[illegible]	[illegible]	[illegible]	[illegible]	[illegible]	
27	594.	[illegible]	[illegible]	[illegible]	[illegible]	[illegible]	[illegible]	[illegible]	[illegible]	[illegible]	[illegible]	
28		[illegible]	[illegible]	[illegible]	[illegible]	[illegible]	[illegible]	[illegible]	[illegible]	[illegible]	[illegible]	
29		[illegible]	[illegible]	[illegible]	[illegible]	[illegible]	[illegible]	[illegible]	[illegible]	[illegible]	[illegible]	
3930		[illegible]	[illegible]	[illegible]	[illegible]	[illegible]	[illegible]	[illegible]	[illegible]	[illegible]	[illegible]	
31		[illegible]	[illegible]	[illegible]	[illegible]	[illegible]	[illegible]	[illegible]	[illegible]	[illegible]	[illegible]	
32		[illegible]	[illegible]	[illegible]	[illegible]	[illegible]	[illegible]	[illegible]	[illegible]	[illegible]	[illegible]	
33		[illegible]	[illegible]	[illegible]	[illegible]	[illegible]	[illegible]	[illegible]	[illegible]	[illegible]	[illegible]	
34		[illegible]	[illegible]	[illegible]	[illegible]	[illegible]	[illegible]	[illegible]	[illegible]	[illegible]	[illegible]	
3935		[illegible]	[illegible]	[illegible]	[illegible]	[illegible]	[illegible]	[illegible]	[illegible]	[illegible]	[illegible]	
36	595.	[illegible]	[illegible]	[illegible]	[illegible]	[illegible]	[illegible]	[illegible]	[illegible]	[illegible]	[illegible]	
37		[illegible]	[illegible]	[illegible]	[illegible]	[illegible]	[illegible]	[illegible]	[illegible]	[illegible]	[illegible]	
38		[illegible]	[illegible]	[illegible]	[illegible]	[illegible]	[illegible]	[illegible]	[illegible]	[illegible]	[illegible]	
39		[illegible]	[illegible]	[illegible]	[illegible]	[illegible]	[illegible]	[illegible]	[illegible]	[illegible]	[illegible]	
3940		[illegible]	[illegible]	[illegible]	[illegible]	[illegible]	[illegible]	[illegible]	[illegible]	[illegible]	[illegible]	
41		[illegible]	[illegible]	[illegible]	[illegible]	[illegible]	[illegible]	[illegible]	[illegible]	[illegible]	[illegible]	
42		[illegible]	[illegible]	[illegible]	[illegible]	[illegible]	[illegible]	[illegible]	[illegible]	[illegible]	[illegible]	
43		[illegible]	[illegible]	[illegible]	[illegible]	[illegible]	[illegible]	[illegible]	[illegible]	[illegible]	[illegible]	
44		[illegible]	[illegible]	[illegible]	[illegible]	[illegible]	[illegible]	[illegible]	[illegible]	[illegible]	[illegible]	
3945	596.	[illegible]	[illegible]	[illegible]	[illegible]	[illegible]	[illegible]	[illegible]	[illegible]	[illegible]	[illegible]	
46		[illegible]	[illegible]	[illegible]	[illegible]	[illegible]	[illegible]	[illegible]	[illegible]	[illegible]	[illegible]	
47		[illegible]	[illegible]	[illegible]	[illegible]	[illegible]	[illegible]	[illegible]	[illegible]	[illegible]	[illegible]	1x
48		[illegible]	[illegible]	[illegible]	[illegible]	[illegible]	[illegible]	[illegible]	[illegible]	[illegible]	[illegible]	
49		[illegible]	[illegible]	[illegible]	[illegible]	[illegible]	[illegible]	[illegible]	[illegible]	[illegible]	[illegible]	
3950		[illegible]	[illegible]	[illegible]	[illegible]	[illegible]	[illegible]	[illegible]	[illegible]	[illegible]	[illegible]	
51		[illegible]	[illegible]	[illegible]	[illegible]	[illegible]	[illegible]	[illegible]	[illegible]	[illegible]	[illegible]	
52		[illegible]	[illegible]	[illegible]	[illegible]	[illegible]	[illegible]	[illegible]	[illegible]	[illegible]	[illegible]	
53		[illegible]	[illegible]	[illegible]	[illegible]	[illegible]	[illegible]	[illegible]	[illegible]	[illegible]	[illegible]	
54	597.	[illegible]	[illegible]	[illegible]	[illegible]	[illegible]	[illegible]	[illegible]	[illegible]	[illegible]	[illegible]	
3955		[illegible]	[illegible]	[illegible]	[illegible]	[illegible]	[illegible]	[illegible]	[illegible]	[illegible]	[illegible]	
56		[illegible]	[illegible]	[illegible]	[illegible]	[illegible]	[illegible]	[illegible]	[illegible]	[illegible]	[illegible]	
57		[illegible]	[illegible]	[illegible]	[illegible]	[illegible]	[illegible]	[illegible]	[illegible]	[illegible]	[illegible]	
58		[illegible]	[illegible]	[illegible]	[illegible]	[illegible]	[illegible]	[illegible]	[illegible]	[illegible]	[illegible]	
59		[illegible]	[illegible]	[illegible]	[illegible]	[illegible]	[illegible]	[illegible]	[illegible]	[illegible]	[illegible]	
3960		[illegible]	[illegible]	[illegible]	[illegible]	[illegible]	[illegible]	[illegible]	[illegible]	[illegible]	[illegible]	
61		[illegible]	[illegible]	[illegible]	[illegible]	[illegible]	[illegible]	[illegible]	[illegible]	[illegible]	[illegible]	
62		[illegible]	[illegible]	[illegible]	[illegible]	[illegible]	[illegible]	[illegible]	[illegible]	[illegible]	[illegible]	
63	598.	[illegible]	[illegible]	[illegible]	[illegible]	[illegible]	[illegible]	[illegible]	[illegible]	[illegible]	[illegible]	
64		[illegible]	[illegible]	[illegible]	[illegible]	[illegible]	[illegible]	[illegible]	[illegible]	[illegible]	[illegible]	
NUM.		0	1	2	3	4	5	6	7	8	9	D.

N. 39650 L. 598

NUM.		0	1	2	3	4	5	6	7	8	9	D.	Part.
3965	598.	[illegible]	[illegible]	[illegible]	[illegible]	[illegible]	[illegible]	[illegible]	[illegible]	[illegible]	[illegible]		[illegible]
66		[illegible]	[illegible]	[illegible]	[illegible]	[illegible]	[illegible]	[illegible]	[illegible]	[illegible]	[illegible]		[illegible]
67		[illegible]	[illegible]	[illegible]	[illegible]	[illegible]	[illegible]	[illegible]	[illegible]	[illegible]	[illegible]		[illegible]
68		[illegible]	[illegible]	[illegible]	[illegible]	[illegible]	[illegible]	[illegible]	[illegible]	[illegible]	[illegible]		[illegible]
69		[illegible]	[illegible]	[illegible]	[illegible]	[illegible]	[illegible]	[illegible]	[illegible]	[illegible]	[illegible]		[illegible]
3970		[illegible]	[illegible]	[illegible]	[illegible]	[illegible]	[illegible]	[illegible]	[illegible]	[illegible]	[illegible]		[illegible]
71		[illegible]	[illegible]	[illegible]	[illegible]	[illegible]	[illegible]	[illegible]	[illegible]	[illegible]	[illegible]		[illegible]
72	599.	[illegible]	[illegible]	[illegible]	[illegible]	[illegible]	[illegible]	[illegible]	[illegible]	[illegible]	[illegible]		[illegible]
73		[illegible]	[illegible]	[illegible]	[illegible]	[illegible]	[illegible]	[illegible]	[illegible]	[illegible]	[illegible]		[illegible]
74		[illegible]	[illegible]	[illegible]	[illegible]	[illegible]	[illegible]	[illegible]	[illegible]	[illegible]	[illegible]		
3975		[illegible]	[illegible]	[illegible]	[illegible]	[illegible]	[illegible]	[illegible]	[illegible]	[illegible]	[illegible]		
76		[illegible]	[illegible]	[illegible]	[illegible]	[illegible]	[illegible]	[illegible]	[illegible]	[illegible]	[illegible]		
77		[illegible]	[illegible]	[illegible]	[illegible]	[illegible]	[illegible]	[illegible]	[illegible]	[illegible]	[illegible]		
78		[illegible]	[illegible]	[illegible]	[illegible]	[illegible]	[illegible]	[illegible]	[illegible]	[illegible]	[illegible]		
79		[illegible]	[illegible]	[illegible]	[illegible]	[illegible]	[illegible]	[illegible]	[illegible]	[illegible]	[illegible]		[illegible]
3980		[illegible]	[illegible]	[illegible]	[illegible]	[illegible]	[illegible]	[illegible]	[illegible]	[illegible]	[illegible]		[illegible]
81		[illegible]	[illegible]	[illegible]	[illegible]	[illegible]	[illegible]	[illegible]	[illegible]	[illegible]	[illegible]		[illegible]
82	600.	[illegible]	[illegible]	[illegible]	[illegible]	[illegible]	[illegible]	[illegible]	[illegible]	[illegible]	[illegible]		[illegible]
83		[illegible]	[illegible]	[illegible]	[illegible]	[illegible]	[illegible]	[illegible]	[illegible]	[illegible]	[illegible]		[illegible]
84		[illegible]	[illegible]	[illegible]	[illegible]	[illegible]	[illegible]	[illegible]	[illegible]	[illegible]	[illegible]	109	[illegible]
3985		[illegible]	[illegible]	[illegible]	[illegible]	[illegible]	[illegible]	[illegible]	[illegible]	[illegible]	[illegible]		[illegible]
86		[illegible]	[illegible]	[illegible]	[illegible]	[illegible]	[illegible]	[illegible]	[illegible]	[illegible]	[illegible]		[illegible]
87		[illegible]	[illegible]	[illegible]	[illegible]	[illegible]	[illegible]	[illegible]	[illegible]	[illegible]	[illegible]		[illegible]
88		[illegible]	[illegible]	[illegible]	[illegible]	[illegible]	[illegible]	[illegible]	[illegible]	[illegible]	[illegible]		
89		[illegible]	[illegible]	[illegible]	[illegible]	[illegible]	[illegible]	[illegible]	[illegible]	[illegible]	[illegible]		
3990		[illegible]	[illegible]	[illegible]	[illegible]	[illegible]	[illegible]	[illegible]	[illegible]	[illegible]	[illegible]		
91	601.	[illegible]	[illegible]	[illegible]	[illegible]	[illegible]	[illegible]	[illegible]	[illegible]	[illegible]	[illegible]		
92		[illegible]	[illegible]	[illegible]	[illegible]	[illegible]	[illegible]	[illegible]	[illegible]	[illegible]	[illegible]		
93		[illegible]	[illegible]	[illegible]	[illegible]	[illegible]	[illegible]	[illegible]	[illegible]	[illegible]	[illegible]		
94		[illegible]	[illegible]	[illegible]	[illegible]	[illegible]	[illegible]	[illegible]	[illegible]	[illegible]	[illegible]		[illegible]
3995		[illegible]	[illegible]	[illegible]	[illegible]	[illegible]	[illegible]	[illegible]	[illegible]	[illegible]	[illegible]		[illegible]
96		[illegible]	[illegible]	[illegible]	[illegible]	[illegible]	[illegible]	[illegible]	[illegible]	[illegible]	[illegible]		[illegible]
97		[illegible]	[illegible]	[illegible]	[illegible]	[illegible]	[illegible]	[illegible]	[illegible]	[illegible]	[illegible]		[illegible]
98		[illegible]	[illegible]	[illegible]	[illegible]	[illegible]	[illegible]	[illegible]	[illegible]	[illegible]	[illegible]		[illegible]
99		[illegible]	[illegible]	[illegible]	[illegible]	[illegible]	[illegible]	[illegible]	[illegible]	[illegible]	[illegible]		[illegible]
4000	602.	[illegible]	[illegible]	[illegible]	[illegible]	[illegible]	[illegible]	[illegible]	[illegible]	[illegible]	[illegible]		[illegible]
01		[illegible]	[illegible]	[illegible]	[illegible]	[illegible]	[illegible]	[illegible]	[illegible]	[illegible]	[illegible]		[illegible]
02		[illegible]	[illegible]	[illegible]	[illegible]	[illegible]	[illegible]	[illegible]	[illegible]	[illegible]	[illegible]		
03		[illegible]	[illegible]	[illegible]	[illegible]	[illegible]	[illegible]	[illegible]	[illegible]	[illegible]	[illegible]		
04		[illegible]	[illegible]	[illegible]	[illegible]	[illegible]	[illegible]	[illegible]	[illegible]	[illegible]	[illegible]		
4005		[illegible]	[illegible]	[illegible]	[illegible]	[illegible]	[illegible]	[illegible]	[illegible]	[illegible]	[illegible]		
06		[illegible]	[illegible]	[illegible]	[illegible]	[illegible]	[illegible]	[illegible]	[illegible]	[illegible]	[illegible]		
07		[illegible]	[illegible]	[illegible]	[illegible]	[illegible]	[illegible]	[illegible]	[illegible]	[illegible]	[illegible]		[illegible]
08		[illegible]	[illegible]	[illegible]	[illegible]	[illegible]	[illegible]	[illegible]	[illegible]	[illegible]	[illegible]		[illegible]
09	603.	[illegible]	[illegible]	[illegible]	[illegible]	[illegible]	[illegible]	[illegible]	[illegible]	[illegible]	[illegible]		[illegible]
4010		[illegible]	[illegible]	[illegible]	[illegible]	[illegible]	[illegible]	[illegible]	[illegible]	[illegible]	[illegible]		[illegible]
11		[illegible]	[illegible]	[illegible]	[illegible]	[illegible]	[illegible]	[illegible]	[illegible]	[illegible]	[illegible]		[illegible]
12		[illegible]	[illegible]	[illegible]	[illegible]	[illegible]	[illegible]	[illegible]	[illegible]	[illegible]	[illegible]		[illegible]
13		[illegible]	[illegible]	[illegible]	[illegible]	[illegible]	[illegible]	[illegible]	[illegible]	[illegible]	[illegible]		[illegible]
14		[illegible]	[illegible]	[illegible]	[illegible]	[illegible]	[illegible]	[illegible]	[illegible]	[illegible]	[illegible]		[illegible]
4015		[illegible]	[illegible]	[illegible]	[illegible]	[illegible]	[illegible]	[illegible]	[illegible]	[illegible]	[illegible]		
16		[illegible]	[illegible]	[illegible]	[illegible]	[illegible]	[illegible]	[illegible]	[illegible]	[illegible]	[illegible]		
17		[illegible]	[illegible]	[illegible]	[illegible]	[illegible]	[illegible]	[illegible]	[illegible]	[illegible]	[illegible]		
18	604.	[illegible]	[illegible]	[illegible]	[illegible]	[illegible]	[illegible]	[illegible]	[illegible]	[illegible]	[illegible]		
19		[illegible]	[illegible]	[illegible]	[illegible]	[illegible]	[illegible]	[illegible]	[illegible]	[illegible]	[illegible]		
4020		[illegible]	[illegible]	[illegible]	[illegible]	[illegible]	[illegible]	[illegible]	[illegible]	[illegible]	[illegible]	108	[illegible]
21		[illegible]	[illegible]	[illegible]	[illegible]	[illegible]	[illegible]	[illegible]	[illegible]	[illegible]	[illegible]		[illegible]
22		[illegible]	[illegible]	[illegible]	[illegible]	[illegible]	[illegible]	[illegible]	[illegible]	[illegible]	[illegible]		[illegible]
23		[illegible]	[illegible]	[illegible]	[illegible]	[illegible]	[illegible]	[illegible]	[illegible]	[illegible]	[illegible]		[illegible]
24		[illegible]	[illegible]	[illegible]	[illegible]	[illegible]	[illegible]	[illegible]	[illegible]	[illegible]	[illegible]		[illegible]
4025		[illegible]	[illegible]	[illegible]	[illegible]	[illegible]	[illegible]	[illegible]	[illegible]	[illegible]	[illegible]		[illegible]
26		[illegible]	[illegible]	[illegible]	[illegible]	[illegible]	[illegible]	[illegible]	[illegible]	[illegible]	[illegible]		[illegible]
27		[illegible]	[illegible]	[illegible]	[illegible]	[illegible]	[illegible]	[illegible]	[illegible]	[illegible]	[illegible]		[illegible]
28	605.	[illegible]	[illegible]	[illegible]	[illegible]	[illegible]	[illegible]	[illegible]	[illegible]	[illegible]	[illegible]		[illegible]
29		[illegible]	[illegible]	[illegible]	[illegible]	[illegible]	[illegible]	[illegible]	[illegible]	[illegible]	[illegible]		[illegible]
NUM.		0	1	2	3	4	5	6	7	8	9	D.	Part.

N. 40300 L. 605

Num.	0	1	2	3	4	5	6	7	8	9	D.
4030	[illegible]	[illegible]	[illegible]	[illegible]	[illegible]	[illegible]	[illegible]	[illegible]	[illegible]	[illegible]	
31	[illegible]	[illegible]	[illegible]	[illegible]	[illegible]	[illegible]	[illegible]	[illegible]	[illegible]	[illegible]	
32	[illegible]	[illegible]	[illegible]	[illegible]	[illegible]	[illegible]	[illegible]	[illegible]	[illegible]	[illegible]	
33	[illegible]	[illegible]	[illegible]	[illegible]	[illegible]	[illegible]	[illegible]	[illegible]	[illegible]	[illegible]	
34	[illegible]	[illegible]	[illegible]	[illegible]	[illegible]	[illegible]	[illegible]	[illegible]	[illegible]	[illegible]	
4035	[illegible]	[illegible]	[illegible]	[illegible]	[illegible]	[illegible]	[illegible]	[illegible]	[illegible]	[illegible]	
36	[illegible]	[illegible]	[illegible]	[illegible]	[illegible]	[illegible]	[illegible]	[illegible]	[illegible]	[illegible]	
37	[illegible]	[illegible]	[illegible]	[illegible]	[illegible]	[illegible]	[illegible]	[illegible]	[illegible]	[illegible]	
38	[illegible]	[illegible]	[illegible]	[illegible]	[illegible]	[illegible]	[illegible]	[illegible]	[illegible]	[illegible]	
39	[illegible]	[illegible]	[illegible]	[illegible]	[illegible]	[illegible]	[illegible]	[illegible]	[illegible]	[illegible]	
4040	[illegible]	[illegible]	[illegible]	[illegible]	[illegible]	[illegible]	[illegible]	[illegible]	[illegible]	[illegible]	
41	[illegible]	[illegible]	[illegible]	[illegible]	[illegible]	[illegible]	[illegible]	[illegible]	[illegible]	[illegible]	
42	[illegible]	[illegible]	[illegible]	[illegible]	[illegible]	[illegible]	[illegible]	[illegible]	[illegible]	[illegible]	
43	[illegible]	[illegible]	[illegible]	[illegible]	[illegible]	[illegible]	[illegible]	[illegible]	[illegible]	[illegible]	
44	[illegible]	[illegible]	[illegible]	[illegible]	[illegible]	[illegible]	[illegible]	[illegible]	[illegible]	[illegible]	
4045	[illegible]	[illegible]	[illegible]	[illegible]	[illegible]	[illegible]	[illegible]	[illegible]	[illegible]	[illegible]	
46	[illegible]	[illegible]	[illegible]	[illegible]	[illegible]	[illegible]	[illegible]	[illegible]	[illegible]	[illegible]	
47	[illegible]	[illegible]	[illegible]	[illegible]	[illegible]	[illegible]	[illegible]	[illegible]	[illegible]	[illegible]	
48	[illegible]	[illegible]	[illegible]	[illegible]	[illegible]	[illegible]	[illegible]	[illegible]	[illegible]	[illegible]	
49	[illegible]	[illegible]	[illegible]	[illegible]	[illegible]	[illegible]	[illegible]	[illegible]	[illegible]	[illegible]	
4050	[illegible]	[illegible]	[illegible]	[illegible]	[illegible]	[illegible]	[illegible]	[illegible]	[illegible]	[illegible]	
51	[illegible]	[illegible]	[illegible]	[illegible]	[illegible]	[illegible]	[illegible]	[illegible]	[illegible]	[illegible]	
52	[illegible]	[illegible]	[illegible]	[illegible]	[illegible]	[illegible]	[illegible]	[illegible]	[illegible]	[illegible]	
53	[illegible]	[illegible]	[illegible]	[illegible]	[illegible]	[illegible]	[illegible]	[illegible]	[illegible]	[illegible]	
54	[illegible]	[illegible]	[illegible]	[illegible]	[illegible]	[illegible]	[illegible]	[illegible]	[illegible]	[illegible]	
4055	[illegible]	[illegible]	[illegible]	[illegible]	[illegible]	[illegible]	[illegible]	[illegible]	[illegible]	[illegible]	
56	[illegible]	[illegible]	[illegible]	[illegible]	[illegible]	[illegible]	[illegible]	[illegible]	[illegible]	[illegible]	
57	[illegible]	[illegible]	[illegible]	[illegible]	[illegible]	[illegible]	[illegible]	[illegible]	[illegible]	[illegible]	
58	[illegible]	[illegible]	[illegible]	[illegible]	[illegible]	[illegible]	[illegible]	[illegible]	[illegible]	[illegible]	
59	[illegible]	[illegible]	[illegible]	[illegible]	[illegible]	[illegible]	[illegible]	[illegible]	[illegible]	[illegible]	
4060	[illegible]	[illegible]	[illegible]	[illegible]	[illegible]	[illegible]	[illegible]	[illegible]	[illegible]	[illegible]	
61	[illegible]	[illegible]	[illegible]	[illegible]	[illegible]	[illegible]	[illegible]	[illegible]	[illegible]	[illegible]	
62	[illegible]	[illegible]	[illegible]	[illegible]	[illegible]	[illegible]	[illegible]	[illegible]	[illegible]	[illegible]	
63	[illegible]	[illegible]	[illegible]	[illegible]	[illegible]	[illegible]	[illegible]	[illegible]	[illegible]	[illegible]	
64	[illegible]	[illegible]	[illegible]	[illegible]	[illegible]	[illegible]	[illegible]	[illegible]	[illegible]	[illegible]	
4065	[illegible]	[illegible]	[illegible]	[illegible]	[illegible]	[illegible]	[illegible]	[illegible]	[illegible]	[illegible]	
66	[illegible]	[illegible]	[illegible]	[illegible]	[illegible]	[illegible]	[illegible]	[illegible]	[illegible]	[illegible]	
67	[illegible]	[illegible]	[illegible]	[illegible]	[illegible]	[illegible]	[illegible]	[illegible]	[illegible]	[illegible]	
68	[illegible]	[illegible]	[illegible]	[illegible]	[illegible]	[illegible]	[illegible]	[illegible]	[illegible]	[illegible]	
69	[illegible]	[illegible]	[illegible]	[illegible]	[illegible]	[illegible]	[illegible]	[illegible]	[illegible]	[illegible]	
4070	[illegible]	[illegible]	[illegible]	[illegible]	[illegible]	[illegible]	[illegible]	[illegible]	[illegible]	[illegible]	
71	[illegible]	[illegible]	[illegible]	[illegible]	[illegible]	[illegible]	[illegible]	[illegible]	[illegible]	[illegible]	
72	[illegible]	[illegible]	[illegible]	[illegible]	[illegible]	[illegible]	[illegible]	[illegible]	[illegible]	[illegible]	
73	[illegible]	[illegible]	[illegible]	[illegible]	[illegible]	[illegible]	[illegible]	[illegible]	[illegible]	[illegible]	
74	[illegible]	[illegible]	[illegible]	[illegible]	[illegible]	[illegible]	[illegible]	[illegible]	[illegible]	[illegible]	
4075	[illegible]	[illegible]	[illegible]	[illegible]	[illegible]	[illegible]	[illegible]	[illegible]	[illegible]	[illegible]	
76	[illegible]	[illegible]	[illegible]	[illegible]	[illegible]	[illegible]	[illegible]	[illegible]	[illegible]	[illegible]	
77	[illegible]	[illegible]	[illegible]	[illegible]	[illegible]	[illegible]	[illegible]	[illegible]	[illegible]	[illegible]	
78	[illegible]	[illegible]	[illegible]	[illegible]	[illegible]	[illegible]	[illegible]	[illegible]	[illegible]	[illegible]	
79	[illegible]	[illegible]	[illegible]	[illegible]	[illegible]	[illegible]	[illegible]	[illegible]	[illegible]	[illegible]	
4080	[illegible]	[illegible]	[illegible]	[illegible]	[illegible]	[illegible]	[illegible]	[illegible]	[illegible]	[illegible]	
81	[illegible]	[illegible]	[illegible]	[illegible]	[illegible]	[illegible]	[illegible]	[illegible]	[illegible]	[illegible]	
82	[illegible]	[illegible]	[illegible]	[illegible]	[illegible]	[illegible]	[illegible]	[illegible]	[illegible]	[illegible]	
83	[illegible]	[illegible]	[illegible]	[illegible]	[illegible]	[illegible]	[illegible]	[illegible]	[illegible]	[illegible]	
84	[illegible]	[illegible]	[illegible]	[illegible]	[illegible]	[illegible]	[illegible]	[illegible]	[illegible]	[illegible]	
4085	[illegible]	[illegible]	[illegible]	[illegible]	[illegible]	[illegible]	[illegible]	[illegible]	[illegible]	[illegible]	
86	[illegible]	[illegible]	[illegible]	[illegible]	[illegible]	[illegible]	[illegible]	[illegible]	[illegible]	[illegible]	
87	[illegible]	[illegible]	[illegible]	[illegible]	[illegible]	[illegible]	[illegible]	[illegible]	[illegible]	[illegible]	
88	[illegible]	[illegible]	[illegible]	[illegible]	[illegible]	[illegible]	[illegible]	[illegible]	[illegible]	[illegible]	
89	[illegible]	[illegible]	[illegible]	[illegible]	[illegible]	[illegible]	[illegible]	[illegible]	[illegible]	[illegible]	
4090	[illegible]	[illegible]	[illegible]	[illegible]	[illegible]	[illegible]	[illegible]	[illegible]	[illegible]	[illegible]	
91	[illegible]	[illegible]	[illegible]	[illegible]	[illegible]	[illegible]	[illegible]	[illegible]	[illegible]	[illegible]	
92	[illegible]	[illegible]	[illegible]	[illegible]	[illegible]	[illegible]	[illegible]	[illegible]	[illegible]	[illegible]	
93	[illegible]	[illegible]	[illegible]	[illegible]	[illegible]	[illegible]	[illegible]	[illegible]	[illegible]	[illegible]	
94	[illegible]	[illegible]	[illegible]	[illegible]	[illegible]	[illegible]	[illegible]	[illegible]	[illegible]	[illegible]	
Num.	0	1	2	3	4	5	6	7	8	9	D.

N. 40950 L. 612

Num.	0	1	2	3	4	5	6	7	8	9	D.	part.
4095	[illegible]	[illegible]	[illegible]	[illegible]	[illegible]	[illegible]	[illegible]	[illegible]	[illegible]	[illegible]		
96	[illegible]	[illegible]	[illegible]	[illegible]	[illegible]	[illegible]	[illegible]	[illegible]	[illegible]	[illegible]		
97	[illegible]	[illegible]	[illegible]	[illegible]	[illegible]	[illegible]	[illegible]	[illegible]	[illegible]	[illegible]		
98	[illegible]	[illegible]	[illegible]	[illegible]	[illegible]	[illegible]	[illegible]	[illegible]	[illegible]	[illegible]		
99	[illegible]	[illegible]	[illegible]	[illegible]	[illegible]	[illegible]	[illegible]	[illegible]	[illegible]	[illegible]		
4100	[illegible]	[illegible]	[illegible]	[illegible]	[illegible]	[illegible]	[illegible]	[illegible]	[illegible]	[illegible]		
01	[illegible]	[illegible]	[illegible]	[illegible]	[illegible]	[illegible]	[illegible]	[illegible]	[illegible]	[illegible]		
02	[illegible]	[illegible]	[illegible]	[illegible]	[illegible]	[illegible]	[illegible]	[illegible]	[illegible]	[illegible]		
03	[illegible]	[illegible]	[illegible]	[illegible]	[illegible]	[illegible]	[illegible]	[illegible]	[illegible]	[illegible]		
04	[illegible]	[illegible]	[illegible]	[illegible]	[illegible]	[illegible]	[illegible]	[illegible]	[illegible]	[illegible]		
4105	[illegible]	[illegible]	[illegible]	[illegible]	[illegible]	[illegible]	[illegible]	[illegible]	[illegible]	[illegible]		
06	[illegible]	[illegible]	[illegible]	[illegible]	[illegible]	[illegible]	[illegible]	[illegible]	[illegible]	[illegible]		
07	[illegible]	[illegible]	[illegible]	[illegible]	[illegible]	[illegible]	[illegible]	[illegible]	[illegible]	[illegible]		
08	[illegible]	[illegible]	[illegible]	[illegible]	[illegible]	[illegible]	[illegible]	[illegible]	[illegible]	[illegible]		
09	[illegible]	[illegible]	[illegible]	[illegible]	[illegible]	[illegible]	[illegible]	[illegible]	[illegible]	[illegible]		
4110	[illegible]	[illegible]	[illegible]	[illegible]	[illegible]	[illegible]	[illegible]	[illegible]	[illegible]	[illegible]		
11	[illegible]	[illegible]	[illegible]	[illegible]	[illegible]	[illegible]	[illegible]	[illegible]	[illegible]	[illegible]		
12	[illegible]	[illegible]	[illegible]	[illegible]	[illegible]	[illegible]	[illegible]	[illegible]	[illegible]	[illegible]		
13	[illegible]	[illegible]	[illegible]	[illegible]	[illegible]	[illegible]	[illegible]	[illegible]	[illegible]	[illegible]		
14	[illegible]	[illegible]	[illegible]	[illegible]	[illegible]	[illegible]	[illegible]	[illegible]	[illegible]	[illegible]		
4115	[illegible]	[illegible]	[illegible]	[illegible]	[illegible]	[illegible]	[illegible]	[illegible]	[illegible]	[illegible]		
16	[illegible]	[illegible]	[illegible]	[illegible]	[illegible]	[illegible]	[illegible]	[illegible]	[illegible]	[illegible]		
17	[illegible]	[illegible]	[illegible]	[illegible]	[illegible]	[illegible]	[illegible]	[illegible]	[illegible]	[illegible]		
18	[illegible]	[illegible]	[illegible]	[illegible]	[illegible]	[illegible]	[illegible]	[illegible]	[illegible]	[illegible]		
19	[illegible]	[illegible]	[illegible]	[illegible]	[illegible]	[illegible]	[illegible]	[illegible]	[illegible]	[illegible]		
4120	[illegible]	[illegible]	[illegible]	[illegible]	[illegible]	[illegible]	[illegible]	[illegible]	[illegible]	[illegible]		
21	[illegible]	[illegible]	[illegible]	[illegible]	[illegible]	[illegible]	[illegible]	[illegible]	[illegible]	[illegible]		
22	[illegible]	[illegible]	[illegible]	[illegible]	[illegible]	[illegible]	[illegible]	[illegible]	[illegible]	[illegible]		
23	[illegible]	[illegible]	[illegible]	[illegible]	[illegible]	[illegible]	[illegible]	[illegible]	[illegible]	[illegible]		
24	[illegible]	[illegible]	[illegible]	[illegible]	[illegible]	[illegible]	[illegible]	[illegible]	[illegible]	[illegible]		
4125	[illegible]	[illegible]	[illegible]	[illegible]	[illegible]	[illegible]	[illegible]	[illegible]	[illegible]	[illegible]		
26	[illegible]	[illegible]	[illegible]	[illegible]	[illegible]	[illegible]	[illegible]	[illegible]	[illegible]	[illegible]		
27	[illegible]	[illegible]	[illegible]	[illegible]	[illegible]	[illegible]	[illegible]	[illegible]	[illegible]	[illegible]		
28	[illegible]	[illegible]	[illegible]	[illegible]	[illegible]	[illegible]	[illegible]	[illegible]	[illegible]	[illegible]		
29	[illegible]	[illegible]	[illegible]	[illegible]	[illegible]	[illegible]	[illegible]	[illegible]	[illegible]	[illegible]		
4130	[illegible]	[illegible]	[illegible]	[illegible]	[illegible]	[illegible]	[illegible]	[illegible]	[illegible]	[illegible]		
31	[illegible]	[illegible]	[illegible]	[illegible]	[illegible]	[illegible]	[illegible]	[illegible]	[illegible]	[illegible]		
32	[illegible]	[illegible]	[illegible]	[illegible]	[illegible]	[illegible]	[illegible]	[illegible]	[illegible]	[illegible]		
33	[illegible]	[illegible]	[illegible]	[illegible]	[illegible]	[illegible]	[illegible]	[illegible]	[illegible]	[illegible]		
34	[illegible]	[illegible]	[illegible]	[illegible]	[illegible]	[illegible]	[illegible]	[illegible]	[illegible]	[illegible]		
4135	[illegible]	[illegible]	[illegible]	[illegible]	[illegible]	[illegible]	[illegible]	[illegible]	[illegible]	[illegible]		
36	[illegible]	[illegible]	[illegible]	[illegible]	[illegible]	[illegible]	[illegible]	[illegible]	[illegible]	[illegible]		
37	[illegible]	[illegible]	[illegible]	[illegible]	[illegible]	[illegible]	[illegible]	[illegible]	[illegible]	[illegible]		
38	[illegible]	[illegible]	[illegible]	[illegible]	[illegible]	[illegible]	[illegible]	[illegible]	[illegible]	[illegible]		
39	[illegible]	[illegible]	[illegible]	[illegible]	[illegible]	[illegible]	[illegible]	[illegible]	[illegible]	[illegible]		
4140	[illegible]	[illegible]	[illegible]	[illegible]	[illegible]	[illegible]	[illegible]	[illegible]	[illegible]	[illegible]		
41	[illegible]	[illegible]	[illegible]	[illegible]	[illegible]	[illegible]	[illegible]	[illegible]	[illegible]	[illegible]		
42	[illegible]	[illegible]	[illegible]	[illegible]	[illegible]	[illegible]	[illegible]	[illegible]	[illegible]	[illegible]		
43	[illegible]	[illegible]	[illegible]	[illegible]	[illegible]	[illegible]	[illegible]	[illegible]	[illegible]	[illegible]		
44	[illegible]	[illegible]	[illegible]	[illegible]	[illegible]	[illegible]	[illegible]	[illegible]	[illegible]	[illegible]		
4145	[illegible]	[illegible]	[illegible]	[illegible]	[illegible]	[illegible]	[illegible]	[illegible]	[illegible]	[illegible]		
46	[illegible]	[illegible]	[illegible]	[illegible]	[illegible]	[illegible]	[illegible]	[illegible]	[illegible]	[illegible]		
47	[illegible]	[illegible]	[illegible]	[illegible]	[illegible]	[illegible]	[illegible]	[illegible]	[illegible]	[illegible]		
48	[illegible]	[illegible]	[illegible]	[illegible]	[illegible]	[illegible]	[illegible]	[illegible]	[illegible]	[illegible]		
49	[illegible]	[illegible]	[illegible]	[illegible]	[illegible]	[illegible]	[illegible]	[illegible]	[illegible]	[illegible]		
4150	[illegible]	[illegible]	[illegible]	[illegible]	[illegible]	[illegible]	[illegible]	[illegible]	[illegible]	[illegible]		
51	[illegible]	[illegible]	[illegible]	[illegible]	[illegible]	[illegible]	[illegible]	[illegible]	[illegible]	[illegible]		
52	[illegible]	[illegible]	[illegible]	[illegible]	[illegible]	[illegible]	[illegible]	[illegible]	[illegible]	[illegible]		
53	[illegible]	[illegible]	[illegible]	[illegible]	[illegible]	[illegible]	[illegible]	[illegible]	[illegible]	[illegible]		
54	[illegible]	[illegible]	[illegible]	[illegible]	[illegible]	[illegible]	[illegible]	[illegible]	[illegible]	[illegible]		
4155	[illegible]	[illegible]	[illegible]	[illegible]	[illegible]	[illegible]	[illegible]	[illegible]	[illegible]	[illegible]		
56	[illegible]	[illegible]	[illegible]	[illegible]	[illegible]	[illegible]	[illegible]	[illegible]	[illegible]	[illegible]		
57	[illegible]	[illegible]	[illegible]	[illegible]	[illegible]	[illegible]	[illegible]	[illegible]	[illegible]	[illegible]		
58	[illegible]	[illegible]	[illegible]	[illegible]	[illegible]	[illegible]	[illegible]	[illegible]	[illegible]	[illegible]		
59	[illegible]	[illegible]	[illegible]	[illegible]	[illegible]	[illegible]	[illegible]	[illegible]	[illegible]	[illegible]		
Num.	0	1	2	3	4	5	6	7	8	9	D.	part.

N. 41600 L. 619

Num.	0	1	2	3	4	5	6	7	8	9	D.
4160	619.[illegible]	[illegible]	[illegible]	[illegible]	[illegible]	[illegible]	[illegible]	[illegible]	[illegible]	[illegible]	
61	[illegible]	[illegible]	[illegible]	[illegible]	[illegible]	[illegible]	[illegible]	[illegible]	[illegible]	[illegible]	
62	[illegible]	[illegible]	[illegible]	[illegible]	[illegible]	[illegible]	[illegible]	[illegible]	[illegible]	[illegible]	
63	[illegible]	[illegible]	[illegible]	[illegible]	[illegible]	[illegible]	[illegible]	[illegible]	[illegible]	[illegible]	
64	[illegible]	[illegible]	[illegible]	[illegible]	[illegible]	[illegible]	[illegible]	[illegible]	[illegible]	[illegible]	
4165	[illegible]	[illegible]	[illegible]	[illegible]	[illegible]	[illegible]	[illegible]	[illegible]	[illegible]	[illegible]	
66	[illegible]	[illegible]	[illegible]	[illegible]	[illegible]	[illegible]	[illegible]	[illegible]	[illegible]	[illegible]	
67	[illegible]	[illegible]	[illegible]	[illegible]	[illegible]	[illegible]	[illegible]	[illegible]	[illegible]	[illegible]	
68	[illegible]	[illegible]	[illegible]	[illegible]	[illegible]	[illegible]	[illegible]	[illegible]	[illegible]	[illegible]	
69	620.[illegible]	[illegible]	[illegible]	[illegible]	[illegible]	[illegible]	[illegible]	[illegible]	[illegible]	[illegible]	
4170	[illegible]	[illegible]	[illegible]	[illegible]	[illegible]	[illegible]	[illegible]	[illegible]	[illegible]	[illegible]	
71	[illegible]	[illegible]	[illegible]	[illegible]	[illegible]	[illegible]	[illegible]	[illegible]	[illegible]	[illegible]	
72	[illegible]	[illegible]	[illegible]	[illegible]	[illegible]	[illegible]	[illegible]	[illegible]	[illegible]	[illegible]	
73	[illegible]	[illegible]	[illegible]	[illegible]	[illegible]	[illegible]	[illegible]	[illegible]	[illegible]	[illegible]	
74	[illegible]	[illegible]	[illegible]	[illegible]	[illegible]	[illegible]	[illegible]	[illegible]	[illegible]	[illegible]	
4175	[illegible]	[illegible]	[illegible]	[illegible]	[illegible]	[illegible]	[illegible]	[illegible]	[illegible]	[illegible]	
76	[illegible]	[illegible]	[illegible]	[illegible]	[illegible]	[illegible]	[illegible]	[illegible]	[illegible]	[illegible]	104
77	[illegible]	[illegible]	[illegible]	[illegible]	[illegible]	[illegible]	[illegible]	[illegible]	[illegible]	[illegible]	
78	[illegible]	[illegible]	[illegible]	[illegible]	[illegible]	[illegible]	[illegible]	[illegible]	[illegible]	[illegible]	
79	621.[illegible]	[illegible]	[illegible]	[illegible]	[illegible]	[illegible]	[illegible]	[illegible]	[illegible]	[illegible]	
4180	[illegible]	[illegible]	[illegible]	[illegible]	[illegible]	[illegible]	[illegible]	[illegible]	[illegible]	[illegible]	
81	[illegible]	[illegible]	[illegible]	[illegible]	[illegible]	[illegible]	[illegible]	[illegible]	[illegible]	[illegible]	
82	[illegible]	[illegible]	[illegible]	[illegible]	[illegible]	[illegible]	[illegible]	[illegible]	[illegible]	[illegible]	
83	[illegible]	[illegible]	[illegible]	[illegible]	[illegible]	[illegible]	[illegible]	[illegible]	[illegible]	[illegible]	
84	[illegible]	[illegible]	[illegible]	[illegible]	[illegible]	[illegible]	[illegible]	[illegible]	[illegible]	[illegible]	
4185	[illegible]	[illegible]	[illegible]	[illegible]	[illegible]	[illegible]	[illegible]	[illegible]	[illegible]	[illegible]	
86	[illegible]	[illegible]	[illegible]	[illegible]	[illegible]	[illegible]	[illegible]	[illegible]	[illegible]	[illegible]	
87	[illegible]	[illegible]	[illegible]	[illegible]	[illegible]	[illegible]	[illegible]	[illegible]	[illegible]	[illegible]	
88	622.[illegible]	[illegible]	[illegible]	[illegible]	[illegible]	[illegible]	[illegible]	[illegible]	[illegible]	[illegible]	
89	[illegible]	[illegible]	[illegible]	[illegible]	[illegible]	[illegible]	[illegible]	[illegible]	[illegible]	[illegible]	
4190	[illegible]	[illegible]	[illegible]	[illegible]	[illegible]	[illegible]	[illegible]	[illegible]	[illegible]	[illegible]	
91	[illegible]	[illegible]	[illegible]	[illegible]	[illegible]	[illegible]	[illegible]	[illegible]	[illegible]	[illegible]	
92	[illegible]	[illegible]	[illegible]	[illegible]	[illegible]	[illegible]	[illegible]	[illegible]	[illegible]	[illegible]	
93	[illegible]	[illegible]	[illegible]	[illegible]	[illegible]	[illegible]	[illegible]	[illegible]	[illegible]	[illegible]	
94	[illegible]	[illegible]	[illegible]	[illegible]	[illegible]	[illegible]	[illegible]	[illegible]	[illegible]	[illegible]	
4195	[illegible]	[illegible]	[illegible]	[illegible]	[illegible]	[illegible]	[illegible]	[illegible]	[illegible]	[illegible]	
96	[illegible]	[illegible]	[illegible]	[illegible]	[illegible]	[illegible]	[illegible]	[illegible]	[illegible]	[illegible]	
97	[illegible]	[illegible]	[illegible]	[illegible]	[illegible]	[illegible]	[illegible]	[illegible]	[illegible]	[illegible]	
98	623.[illegible]	[illegible]	[illegible]	[illegible]	[illegible]	[illegible]	[illegible]	[illegible]	[illegible]	[illegible]	
99	[illegible]	[illegible]	[illegible]	[illegible]	[illegible]	[illegible]	[illegible]	[illegible]	[illegible]	[illegible]	
4200	[illegible]	[illegible]	[illegible]	[illegible]	[illegible]	[illegible]	[illegible]	[illegible]	[illegible]	[illegible]	
01	[illegible]	[illegible]	[illegible]	[illegible]	[illegible]	[illegible]	[illegible]	[illegible]	[illegible]	[illegible]	
02	[illegible]	[illegible]	[illegible]	[illegible]	[illegible]	[illegible]	[illegible]	[illegible]	[illegible]	[illegible]	
03	[illegible]	[illegible]	[illegible]	[illegible]	[illegible]	[illegible]	[illegible]	[illegible]	[illegible]	[illegible]	
04	[illegible]	[illegible]	[illegible]	[illegible]	[illegible]	[illegible]	[illegible]	[illegible]	[illegible]	[illegible]	
4205	[illegible]	[illegible]	[illegible]	[illegible]	[illegible]	[illegible]	[illegible]	[illegible]	[illegible]	[illegible]	
06	[illegible]	[illegible]	[illegible]	[illegible]	[illegible]	[illegible]	[illegible]	[illegible]	[illegible]	[illegible]	
07	[illegible]	[illegible]	[illegible]	[illegible]	[illegible]	[illegible]	[illegible]	[illegible]	[illegible]	[illegible]	
08	624.[illegible]	[illegible]	[illegible]	[illegible]	[illegible]	[illegible]	[illegible]	[illegible]	[illegible]	[illegible]	
09	[illegible]	[illegible]	[illegible]	[illegible]	[illegible]	[illegible]	[illegible]	[illegible]	[illegible]	[illegible]	
4210	[illegible]	[illegible]	[illegible]	[illegible]	[illegible]	[illegible]	[illegible]	[illegible]	[illegible]	[illegible]	
11	[illegible]	[illegible]	[illegible]	[illegible]	[illegible]	[illegible]	[illegible]	[illegible]	[illegible]	[illegible]	
12	[illegible]	[illegible]	[illegible]	[illegible]	[illegible]	[illegible]	[illegible]	[illegible]	[illegible]	[illegible]	
13	[illegible]	[illegible]	[illegible]	[illegible]	[illegible]	[illegible]	[illegible]	[illegible]	[illegible]	[illegible]	
14	[illegible]	[illegible]	[illegible]	[illegible]	[illegible]	[illegible]	[illegible]	[illegible]	[illegible]	[illegible]	
4215	[illegible]	[illegible]	[illegible]	[illegible]	[illegible]	[illegible]	[illegible]	[illegible]	[illegible]	[illegible]	
16	[illegible]	[illegible]	[illegible]	[illegible]	[illegible]	[illegible]	[illegible]	[illegible]	[illegible]	[illegible]	
17	625.[illegible]	[illegible]	[illegible]	[illegible]	[illegible]	[illegible]	[illegible]	[illegible]	[illegible]	[illegible]	
18	[illegible]	[illegible]	[illegible]	[illegible]	[illegible]	[illegible]	[illegible]	[illegible]	[illegible]	[illegible]	
19	[illegible]	[illegible]	[illegible]	[illegible]	[illegible]	[illegible]	[illegible]	[illegible]	[illegible]	[illegible]	
4220	[illegible]	[illegible]	[illegible]	[illegible]	[illegible]	[illegible]	[illegible]	[illegible]	[illegible]	[illegible]	
21	[illegible]	[illegible]	[illegible]	[illegible]	[illegible]	[illegible]	[illegible]	[illegible]	[illegible]	[illegible]	
22	[illegible]	[illegible]	[illegible]	[illegible]	[illegible]	[illegible]	[illegible]	[illegible]	[illegible]	[illegible]	
23	[illegible]	[illegible]	[illegible]	[illegible]	[illegible]	[illegible]	[illegible]	[illegible]	[illegible]	[illegible]	
24	[illegible]	[illegible]	[illegible]	[illegible]	[illegible]	[illegible]	[illegible]	[illegible]	[illegible]	[illegible]	
Num.	0	1	2	3	4	5	6	7	8	9	D.

N. 42250 L. 625

Num.	0	1	2	3	4	5	6	7	8	9	D.
4225	625.[illegible]	[illegible]	[illegible]	[illegible]	[illegible]	[illegible]	[illegible]	[illegible]	[illegible]	[illegible]	
26	[illegible]	[illegible]	[illegible]	[illegible]	[illegible]	[illegible]	[illegible]	[illegible]	[illegible]	[illegible]	
27	626.[illegible]	[illegible]	[illegible]	[illegible]	[illegible]	[illegible]	[illegible]	[illegible]	[illegible]	[illegible]	
28	[illegible]	[illegible]	[illegible]	[illegible]	[illegible]	[illegible]	[illegible]	[illegible]	[illegible]	[illegible]	
29	[illegible]	[illegible]	[illegible]	[illegible]	[illegible]	[illegible]	[illegible]	[illegible]	[illegible]	[illegible]	
4230	[illegible]	[illegible]	[illegible]	[illegible]	[illegible]	[illegible]	[illegible]	[illegible]	[illegible]	[illegible]	
31	[illegible]	[illegible]	[illegible]	[illegible]	[illegible]	[illegible]	[illegible]	[illegible]	[illegible]	[illegible]	
32	[illegible]	[illegible]	[illegible]	[illegible]	[illegible]	[illegible]	[illegible]	[illegible]	[illegible]	[illegible]	
33	[illegible]	[illegible]	[illegible]	[illegible]	[illegible]	[illegible]	[illegible]	[illegible]	[illegible]	[illegible]	
34	[illegible]	[illegible]	[illegible]	[illegible]	[illegible]	[illegible]	[illegible]	[illegible]	[illegible]	[illegible]	
4235	[illegible]	[illegible]	[illegible]	[illegible]	[illegible]	[illegible]	[illegible]	[illegible]	[illegible]	[illegible]	
36	[illegible]	[illegible]	[illegible]	[illegible]	[illegible]	[illegible]	[illegible]	[illegible]	[illegible]	[illegible]	
37	627.[illegible]	[illegible]	[illegible]	[illegible]	[illegible]	[illegible]	[illegible]	[illegible]	[illegible]	[illegible]	
38	[illegible]	[illegible]	[illegible]	[illegible]	[illegible]	[illegible]	[illegible]	[illegible]	[illegible]	[illegible]	
39	[illegible]	[illegible]	[illegible]	[illegible]	[illegible]	[illegible]	[illegible]	[illegible]	[illegible]	[illegible]	
4240	[illegible]	[illegible]	[illegible]	[illegible]	[illegible]	[illegible]	[illegible]	[illegible]	[illegible]	[illegible]	
41	[illegible]	[illegible]	[illegible]	[illegible]	[illegible]	[illegible]	[illegible]	[illegible]	[illegible]	[illegible]	
42	[illegible]	[illegible]	[illegible]	[illegible]	[illegible]	[illegible]	[illegible]	[illegible]	[illegible]	[illegible]	
43	[illegible]	[illegible]	[illegible]	[illegible]	[illegible]	[illegible]	[illegible]	[illegible]	[illegible]	[illegible]	
44	[illegible]	[illegible]	[illegible]	[illegible]	[illegible]	[illegible]	[illegible]	[illegible]	[illegible]	[illegible]	
4245	[illegible]	[illegible]	[illegible]	[illegible]	[illegible]	[illegible]	[illegible]	[illegible]	[illegible]	[illegible]	
46	[illegible]	[illegible]	[illegible]	[illegible]	[illegible]	[illegible]	[illegible]	[illegible]	[illegible]	[illegible]	
47	628.[illegible]	[illegible]	[illegible]	[illegible]	[illegible]	[illegible]	[illegible]	[illegible]	[illegible]	[illegible]	
48	[illegible]	[illegible]	[illegible]	[illegible]	[illegible]	[illegible]	[illegible]	[illegible]	[illegible]	[illegible]	
49	[illegible]	[illegible]	[illegible]	[illegible]	[illegible]	[illegible]	[illegible]	[illegible]	[illegible]	[illegible]	
4250	[illegible]	[illegible]	[illegible]	[illegible]	[illegible]	[illegible]	[illegible]	[illegible]	[illegible]	[illegible]	
51	[illegible]	[illegible]	[illegible]	[illegible]	[illegible]	[illegible]	[illegible]	[illegible]	[illegible]	[illegible]	
52	[illegible]	[illegible]	[illegible]	[illegible]	[illegible]	[illegible]	[illegible]	[illegible]	[illegible]	[illegible]	
53	[illegible]	[illegible]	[illegible]	[illegible]	[illegible]	[illegible]	[illegible]	[illegible]	[illegible]	[illegible]	
54	[illegible]	[illegible]	[illegible]	[illegible]	[illegible]	[illegible]	[illegible]	[illegible]	[illegible]	[illegible]	
4255	[illegible]	[illegible]	[illegible]	[illegible]	[illegible]	[illegible]	[illegible]	[illegible]	[illegible]	[illegible]	
56	629.[illegible]	[illegible]	[illegible]	[illegible]	[illegible]	[illegible]	[illegible]	[illegible]	[illegible]	[illegible]	
57	[illegible]	[illegible]	[illegible]	[illegible]	[illegible]	[illegible]	[illegible]	[illegible]	[illegible]	[illegible]	101
58	[illegible]	[illegible]	[illegible]	[illegible]	[illegible]	[illegible]	[illegible]	[illegible]	[illegible]	[illegible]	
59	[illegible]	[illegible]	[illegible]	[illegible]	[illegible]	[illegible]	[illegible]	[illegible]	[illegible]	[illegible]	
4260	[illegible]	[illegible]	[illegible]	[illegible]	[illegible]	[illegible]	[illegible]	[illegible]	[illegible]	[illegible]	
61	[illegible]	[illegible]	[illegible]	[illegible]	[illegible]	[illegible]	[illegible]	[illegible]	[illegible]	[illegible]	
62	[illegible]	[illegible]	[illegible]	[illegible]	[illegible]	[illegible]	[illegible]	[illegible]	[illegible]	[illegible]	
63	[illegible]	[illegible]	[illegible]	[illegible]	[illegible]	[illegible]	[illegible]	[illegible]	[illegible]	[illegible]	
64	[illegible]	[illegible]	[illegible]	[illegible]	[illegible]	[illegible]	[illegible]	[illegible]	[illegible]	[illegible]	
4265	[illegible]	[illegible]	[illegible]	[illegible]	[illegible]	[illegible]	[illegible]	[illegible]	[illegible]	[illegible]	
66	630.[illegible]	[illegible]	[illegible]	[illegible]	[illegible]	[illegible]	[illegible]	[illegible]	[illegible]	[illegible]	
67	[illegible]	[illegible]	[illegible]	[illegible]	[illegible]	[illegible]	[illegible]	[illegible]	[illegible]	[illegible]	
68	[illegible]	[illegible]	[illegible]	[illegible]	[illegible]	[illegible]	[illegible]	[illegible]	[illegible]	[illegible]	
69	[illegible]	[illegible]	[illegible]	[illegible]	[illegible]	[illegible]	[illegible]	[illegible]	[illegible]	[illegible]	
4270	[illegible]	[illegible]	[illegible]	[illegible]	[illegible]	[illegible]	[illegible]	[illegible]	[illegible]	[illegible]	
71	[illegible]	[illegible]	[illegible]	[illegible]	[illegible]	[illegible]	[illegible]	[illegible]	[illegible]	[illegible]	
72	[illegible]	[illegible]	[illegible]	[illegible]	[illegible]	[illegible]	[illegible]	[illegible]	[illegible]	[illegible]	
73	[illegible]	[illegible]	[illegible]	[illegible]	[illegible]	[illegible]	[illegible]	[illegible]	[illegible]	[illegible]	
74	[illegible]	[illegible]	[illegible]	[illegible]	[illegible]	[illegible]	[illegible]	[illegible]	[illegible]	[illegible]	
4275	[illegible]	[illegible]	[illegible]	[illegible]	[illegible]	[illegible]	[illegible]	[illegible]	[illegible]	[illegible]	
76	631.[illegible]	[illegible]	[illegible]	[illegible]	[illegible]	[illegible]	[illegible]	[illegible]	[illegible]	[illegible]	
77	[illegible]	[illegible]	[illegible]	[illegible]	[illegible]	[illegible]	[illegible]	[illegible]	[illegible]	[illegible]	
78	[illegible]	[illegible]	[illegible]	[illegible]	[illegible]	[illegible]	[illegible]	[illegible]	[illegible]	[illegible]	
79	[illegible]	[illegible]	[illegible]	[illegible]	[illegible]	[illegible]	[illegible]	[illegible]	[illegible]	[illegible]	
4280	[illegible]	[illegible]	[illegible]	[illegible]	[illegible]	[illegible]	[illegible]	[illegible]	[illegible]	[illegible]	
81	[illegible]	[illegible]	[illegible]	[illegible]	[illegible]	[illegible]	[illegible]	[illegible]	[illegible]	[illegible]	
82	[illegible]	[illegible]	[illegible]	[illegible]	[illegible]	[illegible]	[illegible]	[illegible]	[illegible]	[illegible]	
83	[illegible]	[illegible]	[illegible]	[illegible]	[illegible]	[illegible]	[illegible]	[illegible]	[illegible]	[illegible]	
84	[illegible]	[illegible]	[illegible]	[illegible]	[illegible]	[illegible]	[illegible]	[illegible]	[illegible]	[illegible]	
4285	[illegible]	[illegible]	[illegible]	[illegible]	[illegible]	[illegible]	[illegible]	[illegible]	[illegible]	[illegible]	
86	632.[illegible]	[illegible]	[illegible]	[illegible]	[illegible]	[illegible]	[illegible]	[illegible]	[illegible]	[illegible]	
87	[illegible]	[illegible]	[illegible]	[illegible]	[illegible]	[illegible]	[illegible]	[illegible]	[illegible]	[illegible]	
88	[illegible]	[illegible]	[illegible]	[illegible]	[illegible]	[illegible]	[illegible]	[illegible]	[illegible]	[illegible]	
89	[illegible]	[illegible]	[illegible]	[illegible]	[illegible]	[illegible]	[illegible]	[illegible]	[illegible]	[illegible]	
Num.	0	1	2	3	4	5	6	7	8	9	D.

N. 42900 L. 632

Num.		0.	1	2	3	4	5	6	7	8	9	D.
4290	632.	[illegible]	[illegible]	[illegible]	[illegible]	[illegible]	[illegible]	[illegible]	[illegible]	[illegible]	[illegible]	
91		[illegible]	[illegible]	[illegible]	[illegible]	[illegible]	[illegible]	[illegible]	[illegible]	[illegible]	[illegible]	
92		[illegible]	[illegible]	[illegible]	[illegible]	[illegible]	[illegible]	[illegible]	[illegible]	[illegible]	[illegible]	
93		[illegible]	[illegible]	[illegible]	[illegible]	[illegible]	[illegible]	[illegible]	[illegible]	[illegible]	[illegible]	
94		[illegible]	[illegible]	[illegible]	[illegible]	[illegible]	[illegible]	[illegible]	[illegible]	[illegible]	[illegible]	
4295		[illegible]	[illegible]	[illegible]	[illegible]	[illegible]	[illegible]	[illegible]	[illegible]	[illegible]	[illegible]	
96	633.	[illegible]	[illegible]	[illegible]	[illegible]	[illegible]	[illegible]	[illegible]	[illegible]	[illegible]	[illegible]	
97		[illegible]	[illegible]	[illegible]	[illegible]	[illegible]	[illegible]	[illegible]	[illegible]	[illegible]	[illegible]	
98		[illegible]	[illegible]	[illegible]	[illegible]	[illegible]	[illegible]	[illegible]	[illegible]	[illegible]	[illegible]	
99		[illegible]	[illegible]	[illegible]	[illegible]	[illegible]	[illegible]	[illegible]	[illegible]	[illegible]	[illegible]	101
4300		[illegible]	[illegible]	[illegible]	[illegible]	[illegible]	[illegible]	[illegible]	[illegible]	[illegible]	[illegible]	
01		[illegible]	[illegible]	[illegible]	[illegible]	[illegible]	[illegible]	[illegible]	[illegible]	[illegible]	[illegible]	
02		[illegible]	[illegible]	[illegible]	[illegible]	[illegible]	[illegible]	[illegible]	[illegible]	[illegible]	[illegible]	
03		[illegible]	[illegible]	[illegible]	[illegible]	[illegible]	[illegible]	[illegible]	[illegible]	[illegible]	[illegible]	
04		[illegible]	[illegible]	[illegible]	[illegible]	[illegible]	[illegible]	[illegible]	[illegible]	[illegible]	[illegible]	
4305		[illegible]	[illegible]	[illegible]	[illegible]	[illegible]	[illegible]	[illegible]	[illegible]	[illegible]	[illegible]	
06	634.	[illegible]	[illegible]	[illegible]	[illegible]	[illegible]	[illegible]	[illegible]	[illegible]	[illegible]	[illegible]	
07		[illegible]	[illegible]	[illegible]	[illegible]	[illegible]	[illegible]	[illegible]	[illegible]	[illegible]	[illegible]	
08		[illegible]	[illegible]	[illegible]	[illegible]	[illegible]	[illegible]	[illegible]	[illegible]	[illegible]	[illegible]	
09		[illegible]	[illegible]	[illegible]	[illegible]	[illegible]	[illegible]	[illegible]	[illegible]	[illegible]	[illegible]	
4310		[illegible]	[illegible]	[illegible]	[illegible]	[illegible]	[illegible]	[illegible]	[illegible]	[illegible]	[illegible]	
11		[illegible]	[illegible]	[illegible]	[illegible]	[illegible]	[illegible]	[illegible]	[illegible]	[illegible]	[illegible]	
12		[illegible]	[illegible]	[illegible]	[illegible]	[illegible]	[illegible]	[illegible]	[illegible]	[illegible]	[illegible]	
13		[illegible]	[illegible]	[illegible]	[illegible]	[illegible]	[illegible]	[illegible]	[illegible]	[illegible]	[illegible]	
14		[illegible]	[illegible]	[illegible]	[illegible]	[illegible]	[illegible]	[illegible]	[illegible]	[illegible]	[illegible]	
4315		[illegible]	[illegible]	[illegible]	[illegible]	[illegible]	[illegible]	[illegible]	[illegible]	[illegible]	[illegible]	
16	635.	[illegible]	[illegible]	[illegible]	[illegible]	[illegible]	[illegible]	[illegible]	[illegible]	[illegible]	[illegible]	
17		[illegible]	[illegible]	[illegible]	[illegible]	[illegible]	[illegible]	[illegible]	[illegible]	[illegible]	[illegible]	
18		[illegible]	[illegible]	[illegible]	[illegible]	[illegible]	[illegible]	[illegible]	[illegible]	[illegible]	[illegible]	
19		[illegible]	[illegible]	[illegible]	[illegible]	[illegible]	[illegible]	[illegible]	[illegible]	[illegible]	[illegible]	
4320		[illegible]	[illegible]	[illegible]	[illegible]	[illegible]	[illegible]	[illegible]	[illegible]	[illegible]	[illegible]	
21		[illegible]	[illegible]	[illegible]	[illegible]	[illegible]	[illegible]	[illegible]	[illegible]	[illegible]	[illegible]	
22		[illegible]	[illegible]	[illegible]	[illegible]	[illegible]	[illegible]	[illegible]	[illegible]	[illegible]	[illegible]	
23		[illegible]	[illegible]	[illegible]	[illegible]	[illegible]	[illegible]	[illegible]	[illegible]	[illegible]	[illegible]	
24		[illegible]	[illegible]	[illegible]	[illegible]	[illegible]	[illegible]	[illegible]	[illegible]	[illegible]	[illegible]	
4325		[illegible]	[illegible]	[illegible]	[illegible]	[illegible]	[illegible]	[illegible]	[illegible]	[illegible]	[illegible]	
26	636.	[illegible]	[illegible]	[illegible]	[illegible]	[illegible]	[illegible]	[illegible]	[illegible]	[illegible]	[illegible]	
27		[illegible]	[illegible]	[illegible]	[illegible]	[illegible]	[illegible]	[illegible]	[illegible]	[illegible]	[illegible]	
28		[illegible]	[illegible]	[illegible]	[illegible]	[illegible]	[illegible]	[illegible]	[illegible]	[illegible]	[illegible]	
29		[illegible]	[illegible]	[illegible]	[illegible]	[illegible]	[illegible]	[illegible]	[illegible]	[illegible]	[illegible]	
4330		[illegible]	[illegible]	[illegible]	[illegible]	[illegible]	[illegible]	[illegible]	[illegible]	[illegible]	[illegible]	
31		[illegible]	[illegible]	[illegible]	[illegible]	[illegible]	[illegible]	[illegible]	[illegible]	[illegible]	[illegible]	
32		[illegible]	[illegible]	[illegible]	[illegible]	[illegible]	[illegible]	[illegible]	[illegible]	[illegible]	[illegible]	
33		[illegible]	[illegible]	[illegible]	[illegible]	[illegible]	[illegible]	[illegible]	[illegible]	[illegible]	[illegible]	
34		[illegible]	[illegible]	[illegible]	[illegible]	[illegible]	[illegible]	[illegible]	[illegible]	[illegible]	[illegible]	
4335		[illegible]	[illegible]	[illegible]	[illegible]	[illegible]	[illegible]	[illegible]	[illegible]	[illegible]	[illegible]	
36	637.	[illegible]	[illegible]	[illegible]	[illegible]	[illegible]	[illegible]	[illegible]	[illegible]	[illegible]	[illegible]	
37		[illegible]	[illegible]	[illegible]	[illegible]	[illegible]	[illegible]	[illegible]	[illegible]	[illegible]	[illegible]	
38		[illegible]	[illegible]	[illegible]	[illegible]	[illegible]	[illegible]	[illegible]	[illegible]	[illegible]	[illegible]	
39		[illegible]	[illegible]	[illegible]	[illegible]	[illegible]	[illegible]	[illegible]	[illegible]	[illegible]	[illegible]	
4340		[illegible]	[illegible]	[illegible]	[illegible]	[illegible]	[illegible]	[illegible]	[illegible]	[illegible]	[illegible]	
41		[illegible]	[illegible]	[illegible]	[illegible]	[illegible]	[illegible]	[illegible]	[illegible]	[illegible]	[illegible]	
42		[illegible]	[illegible]	[illegible]	[illegible]	[illegible]	[illegible]	[illegible]	[illegible]	[illegible]	[illegible]	
43		[illegible]	[illegible]	[illegible]	[illegible]	[illegible]	[illegible]	[illegible]	[illegible]	[illegible]	[illegible]	100
44		[illegible]	[illegible]	[illegible]	[illegible]	[illegible]	[illegible]	[illegible]	[illegible]	[illegible]	[illegible]	
4345		[illegible]	[illegible]	[illegible]	[illegible]	[illegible]	[illegible]	[illegible]	[illegible]	[illegible]	[illegible]	
46	638.	[illegible]	[illegible]	[illegible]	[illegible]	[illegible]	[illegible]	[illegible]	[illegible]	[illegible]	[illegible]	
47		[illegible]	[illegible]	[illegible]	[illegible]	[illegible]	[illegible]	[illegible]	[illegible]	[illegible]	[illegible]	
48		[illegible]	[illegible]	[illegible]	[illegible]	[illegible]	[illegible]	[illegible]	[illegible]	[illegible]	[illegible]	
49		[illegible]	[illegible]	[illegible]	[illegible]	[illegible]	[illegible]	[illegible]	[illegible]	[illegible]	[illegible]	
4350		[illegible]	[illegible]	[illegible]	[illegible]	[illegible]	[illegible]	[illegible]	[illegible]	[illegible]	[illegible]	
51		[illegible]	[illegible]	[illegible]	[illegible]	[illegible]	[illegible]	[illegible]	[illegible]	[illegible]	[illegible]	
52		[illegible]	[illegible]	[illegible]	[illegible]	[illegible]	[illegible]	[illegible]	[illegible]	[illegible]	[illegible]	
53		[illegible]	[illegible]	[illegible]	[illegible]	[illegible]	[illegible]	[illegible]	[illegible]	[illegible]	[illegible]	
54		[illegible]	[illegible]	[illegible]	[illegible]	[illegible]	[illegible]	[illegible]	[illegible]	[illegible]	[illegible]	
Num.		0	1	2	3	4	5	6	7	8	9	D.

N. 43550 L. 638

Num.		0	1	2	3	4	5	6	7	8	9	D.
4355	638.	[illegible]	[illegible]	[illegible]	[illegible]	[illegible]	[illegible]	[illegible]	[illegible]	[illegible]	[illegible]	
56	639.	[illegible]	[illegible]	[illegible]	[illegible]	[illegible]	[illegible]	[illegible]	[illegible]	[illegible]	[illegible]	
57		[illegible]	[illegible]	[illegible]	[illegible]	[illegible]	[illegible]	[illegible]	[illegible]	[illegible]	[illegible]	
58		[illegible]	[illegible]	[illegible]	[illegible]	[illegible]	[illegible]	[illegible]	[illegible]	[illegible]	[illegible]	
59		[illegible]	[illegible]	[illegible]	[illegible]	[illegible]	[illegible]	[illegible]	[illegible]	[illegible]	[illegible]	
4360		[illegible]	[illegible]	[illegible]	[illegible]	[illegible]	[illegible]	[illegible]	[illegible]	[illegible]	[illegible]	
61		[illegible]	[illegible]	[illegible]	[illegible]	[illegible]	[illegible]	[illegible]	[illegible]	[illegible]	[illegible]	
62		[illegible]	[illegible]	[illegible]	[illegible]	[illegible]	[illegible]	[illegible]	[illegible]	[illegible]	[illegible]	
63		[illegible]	[illegible]	[illegible]	[illegible]	[illegible]	[illegible]	[illegible]	[illegible]	[illegible]	[illegible]	
64		[illegible]	[illegible]	[illegible]	[illegible]	[illegible]	[illegible]	[illegible]	[illegible]	[illegible]	[illegible]	
4365		[illegible]	[illegible]	[illegible]	[illegible]	[illegible]	[illegible]	[illegible]	[illegible]	[illegible]	[illegible]	
66	640.	[illegible]	[illegible]	[illegible]	[illegible]	[illegible]	[illegible]	[illegible]	[illegible]	[illegible]	[illegible]	
67		[illegible]	[illegible]	[illegible]	[illegible]	[illegible]	[illegible]	[illegible]	[illegible]	[illegible]	[illegible]	
68		[illegible]	[illegible]	[illegible]	[illegible]	[illegible]	[illegible]	[illegible]	[illegible]	[illegible]	[illegible]	
69		[illegible]	[illegible]	[illegible]	[illegible]	[illegible]	[illegible]	[illegible]	[illegible]	[illegible]	[illegible]	
4370		[illegible]	[illegible]	[illegible]	[illegible]	[illegible]	[illegible]	[illegible]	[illegible]	[illegible]	[illegible]	
71		[illegible]	[illegible]	[illegible]	[illegible]	[illegible]	[illegible]	[illegible]	[illegible]	[illegible]	[illegible]	
72		[illegible]	[illegible]	[illegible]	[illegible]	[illegible]	[illegible]	[illegible]	[illegible]	[illegible]	[illegible]	
73		[illegible]	[illegible]	[illegible]	[illegible]	[illegible]	[illegible]	[illegible]	[illegible]	[illegible]	[illegible]	
74		[illegible]	[illegible]	[illegible]	[illegible]	[illegible]	[illegible]	[illegible]	[illegible]	[illegible]	[illegible]	
4375		[illegible]	[illegible]	[illegible]	[illegible]	[illegible]	[illegible]	[illegible]	[illegible]	[illegible]	[illegible]	
76	641.	[illegible]	[illegible]	[illegible]	[illegible]	[illegible]	[illegible]	[illegible]	[illegible]	[illegible]	[illegible]	
77		[illegible]	[illegible]	[illegible]	[illegible]	[illegible]	[illegible]	[illegible]	[illegible]	[illegible]	[illegible]	
78		[illegible]	[illegible]	[illegible]	[illegible]	[illegible]	[illegible]	[illegible]	[illegible]	[illegible]	[illegible]	
79		[illegible]	[illegible]	[illegible]	[illegible]	[illegible]	[illegible]	[illegible]	[illegible]	[illegible]	[illegible]	
4380		[illegible]	[illegible]	[illegible]	[illegible]	[illegible]	[illegible]	[illegible]	[illegible]	[illegible]	[illegible]	
81		[illegible]	[illegible]	[illegible]	[illegible]	[illegible]	[illegible]	[illegible]	[illegible]	[illegible]	[illegible]	
82		[illegible]	[illegible]	[illegible]	[illegible]	[illegible]	[illegible]	[illegible]	[illegible]	[illegible]	[illegible]	
83		[illegible]	[illegible]	[illegible]	[illegible]	[illegible]	[illegible]	[illegible]	[illegible]	[illegible]	[illegible]	
84		[illegible]	[illegible]	[illegible]	[illegible]	[illegible]	[illegible]	[illegible]	[illegible]	[illegible]	[illegible]	
4385		[illegible]	[illegible]	[illegible]	[illegible]	[illegible]	[illegible]	[illegible]	[illegible]	[illegible]	[illegible]	
86	642.	[illegible]	[illegible]	[illegible]	[illegible]	[illegible]	[illegible]	[illegible]	[illegible]	[illegible]	[illegible]	
87		[illegible]	[illegible]	[illegible]	[illegible]	[illegible]	[illegible]	[illegible]	[illegible]	[illegible]	[illegible]	99
88		[illegible]	[illegible]	[illegible]	[illegible]	[illegible]	[illegible]	[illegible]	[illegible]	[illegible]	[illegible]	
89		[illegible]	[illegible]	[illegible]	[illegible]	[illegible]	[illegible]	[illegible]	[illegible]	[illegible]	[illegible]	
4390		[illegible]	[illegible]	[illegible]	[illegible]	[illegible]	[illegible]	[illegible]	[illegible]	[illegible]	[illegible]	
91		[illegible]	[illegible]	[illegible]	[illegible]	[illegible]	[illegible]	[illegible]	[illegible]	[illegible]	[illegible]	
92		[illegible]	[illegible]	[illegible]	[illegible]	[illegible]	[illegible]	[illegible]	[illegible]	[illegible]	[illegible]	
93		[illegible]	[illegible]	[illegible]	[illegible]	[illegible]	[illegible]	[illegible]	[illegible]	[illegible]	[illegible]	
94		[illegible]	[illegible]	[illegible]	[illegible]	[illegible]	[illegible]	[illegible]	[illegible]	[illegible]	[illegible]	
4395		[illegible]	[illegible]	[illegible]	[illegible]	[illegible]	[illegible]	[illegible]	[illegible]	[illegible]	[illegible]	
96	643.	[illegible]	[illegible]	[illegible]	[illegible]	[illegible]	[illegible]	[illegible]	[illegible]	[illegible]	[illegible]	
97		[illegible]	[illegible]	[illegible]	[illegible]	[illegible]	[illegible]	[illegible]	[illegible]	[illegible]	[illegible]	
98		[illegible]	[illegible]	[illegible]	[illegible]	[illegible]	[illegible]	[illegible]	[illegible]	[illegible]	[illegible]	
99		[illegible]	[illegible]	[illegible]	[illegible]	[illegible]	[illegible]	[illegible]	[illegible]	[illegible]	[illegible]	
4400		[illegible]	[illegible]	[illegible]	[illegible]	[illegible]	[illegible]	[illegible]	[illegible]	[illegible]	[illegible]	
01		[illegible]	[illegible]	[illegible]	[illegible]	[illegible]	[illegible]	[illegible]	[illegible]	[illegible]	[illegible]	
02		[illegible]	[illegible]	[illegible]	[illegible]	[illegible]	[illegible]	[illegible]	[illegible]	[illegible]	[illegible]	
03		[illegible]	[illegible]	[illegible]	[illegible]	[illegible]	[illegible]	[illegible]	[illegible]	[illegible]	[illegible]	
04		[illegible]	[illegible]	[illegible]	[illegible]	[illegible]	[illegible]	[illegible]	[illegible]	[illegible]	[illegible]	
4405		[illegible]	[illegible]	[illegible]	[illegible]	[illegible]	[illegible]	[illegible]	[illegible]	[illegible]	[illegible]	
06	644.	[illegible]	[illegible]	[illegible]	[illegible]	[illegible]	[illegible]	[illegible]	[illegible]	[illegible]	[illegible]	
07		[illegible]	[illegible]	[illegible]	[illegible]	[illegible]	[illegible]	[illegible]	[illegible]	[illegible]	[illegible]	
08		[illegible]	[illegible]	[illegible]	[illegible]	[illegible]	[illegible]	[illegible]	[illegible]	[illegible]	[illegible]	
09		[illegible]	[illegible]	[illegible]	[illegible]	[illegible]	[illegible]	[illegible]	[illegible]	[illegible]	[illegible]	
4410		[illegible]	[illegible]	[illegible]	[illegible]	[illegible]	[illegible]	[illegible]	[illegible]	[illegible]	[illegible]	
11		[illegible]	[illegible]	[illegible]	[illegible]	[illegible]	[illegible]	[illegible]	[illegible]	[illegible]	[illegible]	
12		[illegible]	[illegible]	[illegible]	[illegible]	[illegible]	[illegible]	[illegible]	[illegible]	[illegible]	[illegible]	
13		[illegible]	[illegible]	[illegible]	[illegible]	[illegible]	[illegible]	[illegible]	[illegible]	[illegible]	[illegible]	
14		[illegible]	[illegible]	[illegible]	[illegible]	[illegible]	[illegible]	[illegible]	[illegible]	[illegible]	[illegible]	
4415		[illegible]	[illegible]	[illegible]	[illegible]	[illegible]	[illegible]	[illegible]	[illegible]	[illegible]	[illegible]	
16	645.	[illegible]	[illegible]	[illegible]	[illegible]	[illegible]	[illegible]	[illegible]	[illegible]	[illegible]	[illegible]	
17		[illegible]	[illegible]	[illegible]	[illegible]	[illegible]	[illegible]	[illegible]	[illegible]	[illegible]	[illegible]	
18		[illegible]	[illegible]	[illegible]	[illegible]	[illegible]	[illegible]	[illegible]	[illegible]	[illegible]	[illegible]	
19		[illegible]	[illegible]	[illegible]	[illegible]	[illegible]	[illegible]	[illegible]	[illegible]	[illegible]	[illegible]	
Num.		0	1	2	3	4	5	6	7	8	9	D.

N. 44200 L. 645

Num.	0	1	2	3	4	5	6	7	8	9	D.
44220	[illegible]	[illegible]	[illegible]	[illegible]	[illegible]	[illegible]	[illegible]	[illegible]	[illegible]	[illegible]	
21	[illegible]	[illegible]	[illegible]	[illegible]	[illegible]	[illegible]	[illegible]	[illegible]	[illegible]	[illegible]	
22	[illegible]	[illegible]	[illegible]	[illegible]	[illegible]	[illegible]	[illegible]	[illegible]	[illegible]	[illegible]	
23	[illegible]	[illegible]	[illegible]	[illegible]	[illegible]	[illegible]	[illegible]	[illegible]	[illegible]	[illegible]	
24	[illegible]	[illegible]	[illegible]	[illegible]	[illegible]	[illegible]	[illegible]	[illegible]	[illegible]	[illegible]	
44225	[illegible]	[illegible]	[illegible]	[illegible]	[illegible]	[illegible]	[illegible]	[illegible]	[illegible]	[illegible]	
26	[illegible]	[illegible]	[illegible]	[illegible]	[illegible]	[illegible]	[illegible]	[illegible]	[illegible]	[illegible]	
27	[illegible]	[illegible]	[illegible]	[illegible]	[illegible]	[illegible]	[illegible]	[illegible]	[illegible]	[illegible]	
28	[illegible]	[illegible]	[illegible]	[illegible]	[illegible]	[illegible]	[illegible]	[illegible]	[illegible]	[illegible]	
29	[illegible]	[illegible]	[illegible]	[illegible]	[illegible]	[illegible]	[illegible]	[illegible]	[illegible]	[illegible]	
44230	[illegible]	[illegible]	[illegible]	[illegible]	[illegible]	[illegible]	[illegible]	[illegible]	[illegible]	[illegible]	
31	[illegible]	[illegible]	[illegible]	[illegible]	[illegible]	[illegible]	[illegible]	[illegible]	[illegible]	[illegible]	
32	[illegible]	[illegible]	[illegible]	[illegible]	[illegible]	[illegible]	[illegible]	[illegible]	[illegible]	[illegible]	
33	[illegible]	[illegible]	[illegible]	[illegible]	[illegible]	[illegible]	[illegible]	[illegible]	[illegible]	[illegible]	
34	[illegible]	[illegible]	[illegible]	[illegible]	[illegible]	[illegible]	[illegible]	[illegible]	[illegible]	[illegible]	
44235	[illegible]	[illegible]	[illegible]	[illegible]	[illegible]	[illegible]	[illegible]	[illegible]	[illegible]	[illegible]	
36	[illegible]	[illegible]	[illegible]	[illegible]	[illegible]	[illegible]	[illegible]	[illegible]	[illegible]	[illegible]	
37	[illegible]	[illegible]	[illegible]	[illegible]	[illegible]	[illegible]	[illegible]	[illegible]	[illegible]	[illegible]	
38	[illegible]	[illegible]	[illegible]	[illegible]	[illegible]	[illegible]	[illegible]	[illegible]	[illegible]	[illegible]	
39	[illegible]	[illegible]	[illegible]	[illegible]	[illegible]	[illegible]	[illegible]	[illegible]	[illegible]	[illegible]	
44240	[illegible]	[illegible]	[illegible]	[illegible]	[illegible]	[illegible]	[illegible]	[illegible]	[illegible]	[illegible]	
41	[illegible]	[illegible]	[illegible]	[illegible]	[illegible]	[illegible]	[illegible]	[illegible]	[illegible]	[illegible]	
42	[illegible]	[illegible]	[illegible]	[illegible]	[illegible]	[illegible]	[illegible]	[illegible]	[illegible]	[illegible]	
43	[illegible]	[illegible]	[illegible]	[illegible]	[illegible]	[illegible]	[illegible]	[illegible]	[illegible]	[illegible]	
44	[illegible]	[illegible]	[illegible]	[illegible]	[illegible]	[illegible]	[illegible]	[illegible]	[illegible]	[illegible]	
44245	[illegible]	[illegible]	[illegible]	[illegible]	[illegible]	[illegible]	[illegible]	[illegible]	[illegible]	[illegible]	
46	[illegible]	[illegible]	[illegible]	[illegible]	[illegible]	[illegible]	[illegible]	[illegible]	[illegible]	[illegible]	
47	[illegible]	[illegible]	[illegible]	[illegible]	[illegible]	[illegible]	[illegible]	[illegible]	[illegible]	[illegible]	
48	[illegible]	[illegible]	[illegible]	[illegible]	[illegible]	[illegible]	[illegible]	[illegible]	[illegible]	[illegible]	
49	[illegible]	[illegible]	[illegible]	[illegible]	[illegible]	[illegible]	[illegible]	[illegible]	[illegible]	[illegible]	
44250	[illegible]	[illegible]	[illegible]	[illegible]	[illegible]	[illegible]	[illegible]	[illegible]	[illegible]	[illegible]	
51	[illegible]	[illegible]	[illegible]	[illegible]	[illegible]	[illegible]	[illegible]	[illegible]	[illegible]	[illegible]	
52	[illegible]	[illegible]	[illegible]	[illegible]	[illegible]	[illegible]	[illegible]	[illegible]	[illegible]	[illegible]	
53	[illegible]	[illegible]	[illegible]	[illegible]	[illegible]	[illegible]	[illegible]	[illegible]	[illegible]	[illegible]	
54	[illegible]	[illegible]	[illegible]	[illegible]	[illegible]	[illegible]	[illegible]	[illegible]	[illegible]	[illegible]	
44255	[illegible]	[illegible]	[illegible]	[illegible]	[illegible]	[illegible]	[illegible]	[illegible]	[illegible]	[illegible]	
56	[illegible]	[illegible]	[illegible]	[illegible]	[illegible]	[illegible]	[illegible]	[illegible]	[illegible]	[illegible]	
57	[illegible]	[illegible]	[illegible]	[illegible]	[illegible]	[illegible]	[illegible]	[illegible]	[illegible]	[illegible]	
58	[illegible]	[illegible]	[illegible]	[illegible]	[illegible]	[illegible]	[illegible]	[illegible]	[illegible]	[illegible]	
59	[illegible]	[illegible]	[illegible]	[illegible]	[illegible]	[illegible]	[illegible]	[illegible]	[illegible]	[illegible]	
44260	[illegible]	[illegible]	[illegible]	[illegible]	[illegible]	[illegible]	[illegible]	[illegible]	[illegible]	[illegible]	
61	[illegible]	[illegible]	[illegible]	[illegible]	[illegible]	[illegible]	[illegible]	[illegible]	[illegible]	[illegible]	
62	[illegible]	[illegible]	[illegible]	[illegible]	[illegible]	[illegible]	[illegible]	[illegible]	[illegible]	[illegible]	
63	[illegible]	[illegible]	[illegible]	[illegible]	[illegible]	[illegible]	[illegible]	[illegible]	[illegible]	[illegible]	
64	[illegible]	[illegible]	[illegible]	[illegible]	[illegible]	[illegible]	[illegible]	[illegible]	[illegible]	[illegible]	
44265	[illegible]	[illegible]	[illegible]	[illegible]	[illegible]	[illegible]	[illegible]	[illegible]	[illegible]	[illegible]	
66	[illegible]	[illegible]	[illegible]	[illegible]	[illegible]	[illegible]	[illegible]	[illegible]	[illegible]	[illegible]	
67	[illegible]	[illegible]	[illegible]	[illegible]	[illegible]	[illegible]	[illegible]	[illegible]	[illegible]	[illegible]	
68	[illegible]	[illegible]	[illegible]	[illegible]	[illegible]	[illegible]	[illegible]	[illegible]	[illegible]	[illegible]	
69	[illegible]	[illegible]	[illegible]	[illegible]	[illegible]	[illegible]	[illegible]	[illegible]	[illegible]	[illegible]	
44270	[illegible]	[illegible]	[illegible]	[illegible]	[illegible]	[illegible]	[illegible]	[illegible]	[illegible]	[illegible]	
71	[illegible]	[illegible]	[illegible]	[illegible]	[illegible]	[illegible]	[illegible]	[illegible]	[illegible]	[illegible]	
72	[illegible]	[illegible]	[illegible]	[illegible]	[illegible]	[illegible]	[illegible]	[illegible]	[illegible]	[illegible]	
73	[illegible]	[illegible]	[illegible]	[illegible]	[illegible]	[illegible]	[illegible]	[illegible]	[illegible]	[illegible]	
74	[illegible]	[illegible]	[illegible]	[illegible]	[illegible]	[illegible]	[illegible]	[illegible]	[illegible]	[illegible]	
44275	[illegible]	[illegible]	[illegible]	[illegible]	[illegible]	[illegible]	[illegible]	[illegible]	[illegible]	[illegible]	
76	[illegible]	[illegible]	[illegible]	[illegible]	[illegible]	[illegible]	[illegible]	[illegible]	[illegible]	[illegible]	
77	[illegible]	[illegible]	[illegible]	[illegible]	[illegible]	[illegible]	[illegible]	[illegible]	[illegible]	[illegible]	
78	[illegible]	[illegible]	[illegible]	[illegible]	[illegible]	[illegible]	[illegible]	[illegible]	[illegible]	[illegible]	
79	[illegible]	[illegible]	[illegible]	[illegible]	[illegible]	[illegible]	[illegible]	[illegible]	[illegible]	[illegible]	
44280	[illegible]	[illegible]	[illegible]	[illegible]	[illegible]	[illegible]	[illegible]	[illegible]	[illegible]	[illegible]	
81	[illegible]	[illegible]	[illegible]	[illegible]	[illegible]	[illegible]	[illegible]	[illegible]	[illegible]	[illegible]	
82	[illegible]	[illegible]	[illegible]	[illegible]	[illegible]	[illegible]	[illegible]	[illegible]	[illegible]	[illegible]	
83	[illegible]	[illegible]	[illegible]	[illegible]	[illegible]	[illegible]	[illegible]	[illegible]	[illegible]	[illegible]	
84	[illegible]	[illegible]	[illegible]	[illegible]	[illegible]	[illegible]	[illegible]	[illegible]	[illegible]	[illegible]	
Num.	0	1	2	3	4	5	6	7	8	9	D.

N. 44850 L. 651

Num.	0	1	2	3	4	5	6	7	8	9	D.	Part.
44485	[illegible]	[illegible]	[illegible]	[illegible]	[illegible]	[illegible]	[illegible]	[illegible]	[illegible]	[illegible]		[illegible]
86	[illegible]	[illegible]	[illegible]	[illegible]	[illegible]	[illegible]	[illegible]	[illegible]	[illegible]	[illegible]		
87	[illegible]	[illegible]	[illegible]	[illegible]	[illegible]	[illegible]	[illegible]	[illegible]	[illegible]	[illegible]		
88	[illegible]	[illegible]	[illegible]	[illegible]	[illegible]	[illegible]	[illegible]	[illegible]	[illegible]	[illegible]		
89	[illegible]	[illegible]	[illegible]	[illegible]	[illegible]	[illegible]	[illegible]	[illegible]	[illegible]	[illegible]		
44490	[illegible]	[illegible]	[illegible]	[illegible]	[illegible]	[illegible]	[illegible]	[illegible]	[illegible]	[illegible]		
91	[illegible]	[illegible]	[illegible]	[illegible]	[illegible]	[illegible]	[illegible]	[illegible]	[illegible]	[illegible]		
92	[illegible]	[illegible]	[illegible]	[illegible]	[illegible]	[illegible]	[illegible]	[illegible]	[illegible]	[illegible]		
93	[illegible]	[illegible]	[illegible]	[illegible]	[illegible]	[illegible]	[illegible]	[illegible]	[illegible]	[illegible]		
94	[illegible]	[illegible]	[illegible]	[illegible]	[illegible]	[illegible]	[illegible]	[illegible]	[illegible]	[illegible]		
44495	[illegible]	[illegible]	[illegible]	[illegible]	[illegible]	[illegible]	[illegible]	[illegible]	[illegible]	[illegible]		
96	[illegible]	[illegible]	[illegible]	[illegible]	[illegible]	[illegible]	[illegible]	[illegible]	[illegible]	[illegible]		
97	[illegible]	[illegible]	[illegible]	[illegible]	[illegible]	[illegible]	[illegible]	[illegible]	[illegible]	[illegible]		
98	[illegible]	[illegible]	[illegible]	[illegible]	[illegible]	[illegible]	[illegible]	[illegible]	[illegible]	[illegible]		
99	[illegible]	[illegible]	[illegible]	[illegible]	[illegible]	[illegible]	[illegible]	[illegible]	[illegible]	[illegible]		
44500	[illegible]	[illegible]	[illegible]	[illegible]	[illegible]	[illegible]	[illegible]	[illegible]	[illegible]	[illegible]		[illegible]
01	[illegible]	[illegible]	[illegible]	[illegible]	[illegible]	[illegible]	[illegible]	[illegible]	[illegible]	[illegible]		
02	[illegible]	[illegible]	[illegible]	[illegible]	[illegible]	[illegible]	[illegible]	[illegible]	[illegible]	[illegible]		
03	[illegible]	[illegible]	[illegible]	[illegible]	[illegible]	[illegible]	[illegible]	[illegible]	[illegible]	[illegible]		
04	[illegible]	[illegible]	[illegible]	[illegible]	[illegible]	[illegible]	[illegible]	[illegible]	[illegible]	[illegible]		
44505	[illegible]	[illegible]	[illegible]	[illegible]	[illegible]	[illegible]	[illegible]	[illegible]	[illegible]	[illegible]		
06	[illegible]	[illegible]	[illegible]	[illegible]	[illegible]	[illegible]	[illegible]	[illegible]	[illegible]	[illegible]		
07	[illegible]	[illegible]	[illegible]	[illegible]	[illegible]	[illegible]	[illegible]	[illegible]	[illegible]	[illegible]		
08	[illegible]	[illegible]	[illegible]	[illegible]	[illegible]	[illegible]	[illegible]	[illegible]	[illegible]	[illegible]		
09	[illegible]	[illegible]	[illegible]	[illegible]	[illegible]	[illegible]	[illegible]	[illegible]	[illegible]	[illegible]		
44510	[illegible]	[illegible]	[illegible]	[illegible]	[illegible]	[illegible]	[illegible]	[illegible]	[illegible]	[illegible]		
11	[illegible]	[illegible]	[illegible]	[illegible]	[illegible]	[illegible]	[illegible]	[illegible]	[illegible]	[illegible]		
12	[illegible]	[illegible]	[illegible]	[illegible]	[illegible]	[illegible]	[illegible]	[illegible]	[illegible]	[illegible]		
13	[illegible]	[illegible]	[illegible]	[illegible]	[illegible]	[illegible]	[illegible]	[illegible]	[illegible]	[illegible]		
14	[illegible]	[illegible]	[illegible]	[illegible]	[illegible]	[illegible]	[illegible]	[illegible]	[illegible]	[illegible]		[illegible]
44515	[illegible]	[illegible]	[illegible]	[illegible]	[illegible]	[illegible]	[illegible]	[illegible]	[illegible]	[illegible]		
16	[illegible]	[illegible]	[illegible]	[illegible]	[illegible]	[illegible]	[illegible]	[illegible]	[illegible]	[illegible]		
17	[illegible]	[illegible]	[illegible]	[illegible]	[illegible]	[illegible]	[illegible]	[illegible]	[illegible]	[illegible]		
18	[illegible]	[illegible]	[illegible]	[illegible]	[illegible]	[illegible]	[illegible]	[illegible]	[illegible]	[illegible]		
19	[illegible]	[illegible]	[illegible]	[illegible]	[illegible]	[illegible]	[illegible]	[illegible]	[illegible]	[illegible]		
44520	[illegible]	[illegible]	[illegible]	[illegible]	[illegible]	[illegible]	[illegible]	[illegible]	[illegible]	[illegible]		
21	[illegible]	[illegible]	[illegible]	[illegible]	[illegible]	[illegible]	[illegible]	[illegible]	[illegible]	[illegible]		
22	[illegible]	[illegible]	[illegible]	[illegible]	[illegible]	[illegible]	[illegible]	[illegible]	[illegible]	[illegible]		
23	[illegible]	[illegible]	[illegible]	[illegible]	[illegible]	[illegible]	[illegible]	[illegible]	[illegible]	[illegible]		
24	[illegible]	[illegible]	[illegible]	[illegible]	[illegible]	[illegible]	[illegible]	[illegible]	[illegible]	[illegible]		
44525	[illegible]	[illegible]	[illegible]	[illegible]	[illegible]	[illegible]	[illegible]	[illegible]	[illegible]	[illegible]		[illegible]
26	[illegible]	[illegible]	[illegible]	[illegible]	[illegible]	[illegible]	[illegible]	[illegible]	[illegible]	[illegible]		
27	[illegible]	[illegible]	[illegible]	[illegible]	[illegible]	[illegible]	[illegible]	[illegible]	[illegible]	[illegible]		
28	[illegible]	[illegible]	[illegible]	[illegible]	[illegible]	[illegible]	[illegible]	[illegible]	[illegible]	[illegible]		
29	[illegible]	[illegible]	[illegible]	[illegible]	[illegible]	[illegible]	[illegible]	[illegible]	[illegible]	[illegible]		
44530	[illegible]	[illegible]	[illegible]	[illegible]	[illegible]	[illegible]	[illegible]	[illegible]	[illegible]	[illegible]		
31	[illegible]	[illegible]	[illegible]	[illegible]	[illegible]	[illegible]	[illegible]	[illegible]	[illegible]	[illegible]		
32	[illegible]	[illegible]	[illegible]	[illegible]	[illegible]	[illegible]	[illegible]	[illegible]	[illegible]	[illegible]		
33	[illegible]	[illegible]	[illegible]	[illegible]	[illegible]	[illegible]	[illegible]	[illegible]	[illegible]	[illegible]		
34	[illegible]	[illegible]	[illegible]	[illegible]	[illegible]	[illegible]	[illegible]	[illegible]	[illegible]	[illegible]		
44535	[illegible]	[illegible]	[illegible]	[illegible]	[illegible]	[illegible]	[illegible]	[illegible]	[illegible]	[illegible]		
36	[illegible]	[illegible]	[illegible]	[illegible]	[illegible]	[illegible]	[illegible]	[illegible]	[illegible]	[illegible]		
37	[illegible]	[illegible]	[illegible]	[illegible]	[illegible]	[illegible]	[illegible]	[illegible]	[illegible]	[illegible]		
38	[illegible]	[illegible]	[illegible]	[illegible]	[illegible]	[illegible]	[illegible]	[illegible]	[illegible]	[illegible]		
39	[illegible]	[illegible]	[illegible]	[illegible]	[illegible]	[illegible]	[illegible]	[illegible]	[illegible]	[illegible]		
44540	[illegible]	[illegible]	[illegible]	[illegible]	[illegible]	[illegible]	[illegible]	[illegible]	[illegible]	[illegible]		[illegible]
41	[illegible]	[illegible]	[illegible]	[illegible]	[illegible]	[illegible]	[illegible]	[illegible]	[illegible]	[illegible]		
42	[illegible]	[illegible]	[illegible]	[illegible]	[illegible]	[illegible]	[illegible]	[illegible]	[illegible]	[illegible]		
43	[illegible]	[illegible]	[illegible]	[illegible]	[illegible]	[illegible]	[illegible]	[illegible]	[illegible]	[illegible]		
44	[illegible]	[illegible]	[illegible]	[illegible]	[illegible]	[illegible]	[illegible]	[illegible]	[illegible]	[illegible]		
44545	[illegible]	[illegible]	[illegible]	[illegible]	[illegible]	[illegible]	[illegible]	[illegible]	[illegible]	[illegible]		
46	[illegible]	[illegible]	[illegible]	[illegible]	[illegible]	[illegible]	[illegible]	[illegible]	[illegible]	[illegible]		
47	[illegible]	[illegible]	[illegible]	[illegible]	[illegible]	[illegible]	[illegible]	[illegible]	[illegible]	[illegible]		
48	[illegible]	[illegible]	[illegible]	[illegible]	[illegible]	[illegible]	[illegible]	[illegible]	[illegible]	[illegible]		
49	[illegible]	[illegible]	[illegible]	[illegible]	[illegible]	[illegible]	[illegible]	[illegible]	[illegible]	[illegible]		
Num.	0	1	2	3	4	5	6	7	8	9	D.	Part.

N. 45500 L. 658

Num.		0	1	2	3	4	5	6	7	8	9	D.
4550	658.	[illegible]	[illegible]	[illegible]	[illegible]	[illegible]	[illegible]	[illegible]	[illegible]	[illegible]	[illegible]	
51		[illegible]	[illegible]	[illegible]	[illegible]	[illegible]	[illegible]	[illegible]	[illegible]	[illegible]	[illegible]	
52		[illegible]	[illegible]	[illegible]	[illegible]	[illegible]	[illegible]	[illegible]	[illegible]	[illegible]	[illegible]	
53		[illegible]	[illegible]	[illegible]	[illegible]	[illegible]	[illegible]	[illegible]	[illegible]	[illegible]	[illegible]	
54		[illegible]	[illegible]	[illegible]	[illegible]	[illegible]	[illegible]	[illegible]	[illegible]	[illegible]	[illegible]	
4555		[illegible]	[illegible]	[illegible]	[illegible]	[illegible]	[illegible]	[illegible]	[illegible]	[illegible]	[illegible]	
56		[illegible]	[illegible]	[illegible]	[illegible]	[illegible]	[illegible]	[illegible]	[illegible]	[illegible]	[illegible]	
57		[illegible]	[illegible]	[illegible]	[illegible]	[illegible]	[illegible]	[illegible]	[illegible]	[illegible]	[illegible]	
58		[illegible]	[illegible]	[illegible]	[illegible]	[illegible]	[illegible]	[illegible]	[illegible]	[illegible]	[illegible]	
59		[illegible]	[illegible]	[illegible]	[illegible]	[illegible]	[illegible]	[illegible]	[illegible]	[illegible]	[illegible]	
4560		[illegible]	[illegible]	[illegible]	[illegible]	[illegible]	[illegible]	[illegible]	[illegible]	[illegible]	[illegible]	
61	659.	[illegible]	[illegible]	[illegible]	[illegible]	[illegible]	[illegible]	[illegible]	[illegible]	[illegible]	[illegible]	
62		[illegible]	[illegible]	[illegible]	[illegible]	[illegible]	[illegible]	[illegible]	[illegible]	[illegible]	[illegible]	
63		[illegible]	[illegible]	[illegible]	[illegible]	[illegible]	[illegible]	[illegible]	[illegible]	[illegible]	[illegible]	
64		[illegible]	[illegible]	[illegible]	[illegible]	[illegible]	[illegible]	[illegible]	[illegible]	[illegible]	[illegible]	
4565		[illegible]	[illegible]	[illegible]	[illegible]	[illegible]	[illegible]	[illegible]	[illegible]	[illegible]	[illegible]	
66		[illegible]	[illegible]	[illegible]	[illegible]	[illegible]	[illegible]	[illegible]	[illegible]	[illegible]	[illegible]	
67		[illegible]	[illegible]	[illegible]	[illegible]	[illegible]	[illegible]	[illegible]	[illegible]	[illegible]	[illegible]	
68		[illegible]	[illegible]	[illegible]	[illegible]	[illegible]	[illegible]	[illegible]	[illegible]	[illegible]	[illegible]	
69		[illegible]	[illegible]	[illegible]	[illegible]	[illegible]	[illegible]	[illegible]	[illegible]	[illegible]	[illegible]	
4570		[illegible]	[illegible]	[illegible]	[illegible]	[illegible]	[illegible]	[illegible]	[illegible]	[illegible]	[illegible]	
71	660.	[illegible]	[illegible]	[illegible]	[illegible]	[illegible]	[illegible]	[illegible]	[illegible]	[illegible]	[illegible]	
72		[illegible]	[illegible]	[illegible]	[illegible]	[illegible]	[illegible]	[illegible]	[illegible]	[illegible]	[illegible]	
73		[illegible]	[illegible]	[illegible]	[illegible]	[illegible]	[illegible]	[illegible]	[illegible]	[illegible]	[illegible]	
74		[illegible]	[illegible]	[illegible]	[illegible]	[illegible]	[illegible]	[illegible]	[illegible]	[illegible]	[illegible]	
4575		[illegible]	[illegible]	[illegible]	[illegible]	[illegible]	[illegible]	[illegible]	[illegible]	[illegible]	[illegible]	
76		[illegible]	[illegible]	[illegible]	[illegible]	[illegible]	[illegible]	[illegible]	[illegible]	[illegible]	[illegible]	
77		[illegible]	[illegible]	[illegible]	[illegible]	[illegible]	[illegible]	[illegible]	[illegible]	[illegible]	[illegible]	
78		[illegible]	[illegible]	[illegible]	[illegible]	[illegible]	[illegible]	[illegible]	[illegible]	[illegible]	[illegible]	
79		[illegible]	[illegible]	[illegible]	[illegible]	[illegible]	[illegible]	[illegible]	[illegible]	[illegible]	[illegible]	
4580		[illegible]	[illegible]	[illegible]	[illegible]	[illegible]	[illegible]	[illegible]	[illegible]	[illegible]	[illegible]	
81		[illegible]	[illegible]	[illegible]	[illegible]	[illegible]	[illegible]	[illegible]	[illegible]	[illegible]	[illegible]	
82	661.	[illegible]	[illegible]	[illegible]	[illegible]	[illegible]	[illegible]	[illegible]	[illegible]	[illegible]	[illegible]	
83		[illegible]	[illegible]	[illegible]	[illegible]	[illegible]	[illegible]	[illegible]	[illegible]	[illegible]	[illegible]	
84		[illegible]	[illegible]	[illegible]	[illegible]	[illegible]	[illegible]	[illegible]	[illegible]	[illegible]	[illegible]	
4585		[illegible]	[illegible]	[illegible]	[illegible]	[illegible]	[illegible]	[illegible]	[illegible]	[illegible]	[illegible]	
86		[illegible]	[illegible]	[illegible]	[illegible]	[illegible]	[illegible]	[illegible]	[illegible]	[illegible]	[illegible]	
87		[illegible]	[illegible]	[illegible]	[illegible]	[illegible]	[illegible]	[illegible]	[illegible]	[illegible]	[illegible]	
88		[illegible]	[illegible]	[illegible]	[illegible]	[illegible]	[illegible]	[illegible]	[illegible]	[illegible]	[illegible]	
89		[illegible]	[illegible]	[illegible]	[illegible]	[illegible]	[illegible]	[illegible]	[illegible]	[illegible]	[illegible]	
4590		[illegible]	[illegible]	[illegible]	[illegible]	[illegible]	[illegible]	[illegible]	[illegible]	[illegible]	[illegible]	
91		[illegible]	[illegible]	[illegible]	[illegible]	[illegible]	[illegible]	[illegible]	[illegible]	[illegible]	[illegible]	
92	662.	[illegible]	[illegible]	[illegible]	[illegible]	[illegible]	[illegible]	[illegible]	[illegible]	[illegible]	[illegible]	
93		[illegible]	[illegible]	[illegible]	[illegible]	[illegible]	[illegible]	[illegible]	[illegible]	[illegible]	[illegible]	
94		[illegible]	[illegible]	[illegible]	[illegible]	[illegible]	[illegible]	[illegible]	[illegible]	[illegible]	[illegible]	
4595		[illegible]	[illegible]	[illegible]	[illegible]	[illegible]	[illegible]	[illegible]	[illegible]	[illegible]	[illegible]	
96		[illegible]	[illegible]	[illegible]	[illegible]	[illegible]	[illegible]	[illegible]	[illegible]	[illegible]	[illegible]	
97		[illegible]	[illegible]	[illegible]	[illegible]	[illegible]	[illegible]	[illegible]	[illegible]	[illegible]	[illegible]	
98		[illegible]	[illegible]	[illegible]	[illegible]	[illegible]	[illegible]	[illegible]	[illegible]	[illegible]	[illegible]	
99		[illegible]	[illegible]	[illegible]	[illegible]	[illegible]	[illegible]	[illegible]	[illegible]	[illegible]	[illegible]	
4600		[illegible]	[illegible]	[illegible]	[illegible]	[illegible]	[illegible]	[illegible]	[illegible]	[illegible]	[illegible]	
01		[illegible]	[illegible]	[illegible]	[illegible]	[illegible]	[illegible]	[illegible]	[illegible]	[illegible]	[illegible]	
02		[illegible]	[illegible]	[illegible]	[illegible]	[illegible]	[illegible]	[illegible]	[illegible]	[illegible]	[illegible]	
03	663.	[illegible]	[illegible]	[illegible]	[illegible]	[illegible]	[illegible]	[illegible]	[illegible]	[illegible]	[illegible]	
04		[illegible]	[illegible]	[illegible]	[illegible]	[illegible]	[illegible]	[illegible]	[illegible]	[illegible]	[illegible]	
4605		[illegible]	[illegible]	[illegible]	[illegible]	[illegible]	[illegible]	[illegible]	[illegible]	[illegible]	[illegible]	
06		[illegible]	[illegible]	[illegible]	[illegible]	[illegible]	[illegible]	[illegible]	[illegible]	[illegible]	[illegible]	
07		[illegible]	[illegible]	[illegible]	[illegible]	[illegible]	[illegible]	[illegible]	[illegible]	[illegible]	[illegible]	
08		[illegible]	[illegible]	[illegible]	[illegible]	[illegible]	[illegible]	[illegible]	[illegible]	[illegible]	[illegible]	
09		[illegible]	[illegible]	[illegible]	[illegible]	[illegible]	[illegible]	[illegible]	[illegible]	[illegible]	[illegible]	
4610		[illegible]	[illegible]	[illegible]	[illegible]	[illegible]	[illegible]	[illegible]	[illegible]	[illegible]	[illegible]	
11		[illegible]	[illegible]	[illegible]	[illegible]	[illegible]	[illegible]	[illegible]	[illegible]	[illegible]	[illegible]	
12		[illegible]	[illegible]	[illegible]	[illegible]	[illegible]	[illegible]	[illegible]	[illegible]	[illegible]	[illegible]	
13		[illegible]	[illegible]	[illegible]	[illegible]	[illegible]	[illegible]	[illegible]	[illegible]	[illegible]	[illegible]	
14	664.	[illegible]	[illegible]	[illegible]	[illegible]	[illegible]	[illegible]	[illegible]	[illegible]	[illegible]	[illegible]	
Num.		0	1	2	3	4	5	6	7	8	9	D.

N. 46150 L. 664

Num.		0	1	2	3	4	5	6	7	8	9	D.
4615	664.	[illegible]	[illegible]	[illegible]	[illegible]	[illegible]	[illegible]	[illegible]	[illegible]	[illegible]	[illegible]	
16		[illegible]	[illegible]	[illegible]	[illegible]	[illegible]	[illegible]	[illegible]	[illegible]	[illegible]	[illegible]	
17		[illegible]	[illegible]	[illegible]	[illegible]	[illegible]	[illegible]	[illegible]	[illegible]	[illegible]	[illegible]	
18		[illegible]	[illegible]	[illegible]	[illegible]	[illegible]	[illegible]	[illegible]	[illegible]	[illegible]	[illegible]	
19		[illegible]	[illegible]	[illegible]	[illegible]	[illegible]	[illegible]	[illegible]	[illegible]	[illegible]	[illegible]	
4620		[illegible]	[illegible]	[illegible]	[illegible]	[illegible]	[illegible]	[illegible]	[illegible]	[illegible]	[illegible]	
21		[illegible]	[illegible]	[illegible]	[illegible]	[illegible]	[illegible]	[illegible]	[illegible]	[illegible]	[illegible]	
22		[illegible]	[illegible]	[illegible]	[illegible]	[illegible]	[illegible]	[illegible]	[illegible]	[illegible]	[illegible]	
23		[illegible]	[illegible]	[illegible]	[illegible]	[illegible]	[illegible]	[illegible]	[illegible]	[illegible]	[illegible]	
24	665.	[illegible]	[illegible]	[illegible]	[illegible]	[illegible]	[illegible]	[illegible]	[illegible]	[illegible]	[illegible]	
4625		[illegible]	[illegible]	[illegible]	[illegible]	[illegible]	[illegible]	[illegible]	[illegible]	[illegible]	[illegible]	
26		[illegible]	[illegible]	[illegible]	[illegible]	[illegible]	[illegible]	[illegible]	[illegible]	[illegible]	[illegible]	
27		[illegible]	[illegible]	[illegible]	[illegible]	[illegible]	[illegible]	[illegible]	[illegible]	[illegible]	[illegible]	
28		[illegible]	[illegible]	[illegible]	[illegible]	[illegible]	[illegible]	[illegible]	[illegible]	[illegible]	[illegible]	
29		[illegible]	[illegible]	[illegible]	[illegible]	[illegible]	[illegible]	[illegible]	[illegible]	[illegible]	[illegible]	
4630		[illegible]	[illegible]	[illegible]	[illegible]	[illegible]	[illegible]	[illegible]	[illegible]	[illegible]	[illegible]	
31		[illegible]	[illegible]	[illegible]	[illegible]	[illegible]	[illegible]	[illegible]	[illegible]	[illegible]	[illegible]	
32		[illegible]	[illegible]	[illegible]	[illegible]	[illegible]	[illegible]	[illegible]	[illegible]	[illegible]	[illegible]	
33		[illegible]	[illegible]	[illegible]	[illegible]	[illegible]	[illegible]	[illegible]	[illegible]	[illegible]	[illegible]	
34		[illegible]	[illegible]	[illegible]	[illegible]	[illegible]	[illegible]	[illegible]	[illegible]	[illegible]	[illegible]	
4635	666.	[illegible]	[illegible]	[illegible]	[illegible]	[illegible]	[illegible]	[illegible]	[illegible]	[illegible]	[illegible]	
36		[illegible]	[illegible]	[illegible]	[illegible]	[illegible]	[illegible]	[illegible]	[illegible]	[illegible]	[illegible]	
37		[illegible]	[illegible]	[illegible]	[illegible]	[illegible]	[illegible]	[illegible]	[illegible]	[illegible]	[illegible]	
38		[illegible]	[illegible]	[illegible]	[illegible]	[illegible]	[illegible]	[illegible]	[illegible]	[illegible]	[illegible]	
39		[illegible]	[illegible]	[illegible]	[illegible]	[illegible]	[illegible]	[illegible]	[illegible]	[illegible]	[illegible]	
4640		[illegible]	[illegible]	[illegible]	[illegible]	[illegible]	[illegible]	[illegible]	[illegible]	[illegible]	[illegible]	
41		[illegible]	[illegible]	[illegible]	[illegible]	[illegible]	[illegible]	[illegible]	[illegible]	[illegible]	[illegible]	
42		[illegible]	[illegible]	[illegible]	[illegible]	[illegible]	[illegible]	[illegible]	[illegible]	[illegible]	[illegible]	
43		[illegible]	[illegible]	[illegible]	[illegible]	[illegible]	[illegible]	[illegible]	[illegible]	[illegible]	[illegible]	
44		[illegible]	[illegible]	[illegible]	[illegible]	[illegible]	[illegible]	[illegible]	[illegible]	[illegible]	[illegible]	
4645		[illegible]	[illegible]	[illegible]	[illegible]	[illegible]	[illegible]	[illegible]	[illegible]	[illegible]	[illegible]	
46	667.	[illegible]	[illegible]	[illegible]	[illegible]	[illegible]	[illegible]	[illegible]	[illegible]	[illegible]	[illegible]	
47		[illegible]	[illegible]	[illegible]	[illegible]	[illegible]	[illegible]	[illegible]	[illegible]	[illegible]	[illegible]	
48		[illegible]	[illegible]	[illegible]	[illegible]	[illegible]	[illegible]	[illegible]	[illegible]	[illegible]	[illegible]	
49		[illegible]	[illegible]	[illegible]	[illegible]	[illegible]	[illegible]	[illegible]	[illegible]	[illegible]	[illegible]	
4650		[illegible]	[illegible]	[illegible]	[illegible]	[illegible]	[illegible]	[illegible]	[illegible]	[illegible]	[illegible]	
51		[illegible]	[illegible]	[illegible]	[illegible]	[illegible]	[illegible]	[illegible]	[illegible]	[illegible]	[illegible]	
52		[illegible]	[illegible]	[illegible]	[illegible]	[illegible]	[illegible]	[illegible]	[illegible]	[illegible]	[illegible]	
53		[illegible]	[illegible]	[illegible]	[illegible]	[illegible]	[illegible]	[illegible]	[illegible]	[illegible]	[illegible]	
54		[illegible]	[illegible]	[illegible]	[illegible]	[illegible]	[illegible]	[illegible]	[illegible]	[illegible]	[illegible]	
4655		[illegible]	[illegible]	[illegible]	[illegible]	[illegible]	[illegible]	[illegible]	[illegible]	[illegible]	[illegible]	
56	668.	[illegible]	[illegible]	[illegible]	[illegible]	[illegible]	[illegible]	[illegible]	[illegible]	[illegible]	[illegible]	
57		[illegible]	[illegible]	[illegible]	[illegible]	[illegible]	[illegible]	[illegible]	[illegible]	[illegible]	[illegible]	
58		[illegible]	[illegible]	[illegible]	[illegible]	[illegible]	[illegible]	[illegible]	[illegible]	[illegible]	[illegible]	
59		[illegible]	[illegible]	[illegible]	[illegible]	[illegible]	[illegible]	[illegible]	[illegible]	[illegible]	[illegible]	
4660		[illegible]	[illegible]	[illegible]	[illegible]	[illegible]	[illegible]	[illegible]	[illegible]	[illegible]	[illegible]	
61		[illegible]	[illegible]	[illegible]	[illegible]	[illegible]	[illegible]	[illegible]	[illegible]	[illegible]	[illegible]	
62		[illegible]	[illegible]	[illegible]	[illegible]	[illegible]	[illegible]	[illegible]	[illegible]	[illegible]	[illegible]	
63		[illegible]	[illegible]	[illegible]	[illegible]	[illegible]	[illegible]	[illegible]	[illegible]	[illegible]	[illegible]	
64		[illegible]	[illegible]	[illegible]	[illegible]	[illegible]	[illegible]	[illegible]	[illegible]	[illegible]	[illegible]	
4665		[illegible]	[illegible]	[illegible]	[illegible]	[illegible]	[illegible]	[illegible]	[illegible]	[illegible]	[illegible]	
66		[illegible]	[illegible]	[illegible]	[illegible]	[illegible]	[illegible]	[illegible]	[illegible]	[illegible]	[illegible]	
67	669.	[illegible]	[illegible]	[illegible]	[illegible]	[illegible]	[illegible]	[illegible]	[illegible]	[illegible]	[illegible]	
68		[illegible]	[illegible]	[illegible]	[illegible]	[illegible]	[illegible]	[illegible]	[illegible]	[illegible]	[illegible]	
69		[illegible]	[illegible]	[illegible]	[illegible]	[illegible]	[illegible]	[illegible]	[illegible]	[illegible]	[illegible]	
4670		[illegible]	[illegible]	[illegible]	[illegible]	[illegible]	[illegible]	[illegible]	[illegible]	[illegible]	[illegible]	
71		[illegible]	[illegible]	[illegible]	[illegible]	[illegible]	[illegible]	[illegible]	[illegible]	[illegible]	[illegible]	
72		[illegible]	[illegible]	[illegible]	[illegible]	[illegible]	[illegible]	[illegible]	[illegible]	[illegible]	[illegible]	
73		[illegible]	[illegible]	[illegible]	[illegible]	[illegible]	[illegible]	[illegible]	[illegible]	[illegible]	[illegible]	
74		[illegible]	[illegible]	[illegible]	[illegible]	[illegible]	[illegible]	[illegible]	[illegible]	[illegible]	[illegible]	
4675		[illegible]	[illegible]	[illegible]	[illegible]	[illegible]	[illegible]	[illegible]	[illegible]	[illegible]	[illegible]	
76		[illegible]	[illegible]	[illegible]	[illegible]	[illegible]	[illegible]	[illegible]	[illegible]	[illegible]	[illegible]	
77		[illegible]	[illegible]	[illegible]	[illegible]	[illegible]	[illegible]	[illegible]	[illegible]	[illegible]	[illegible]	
78	670.	[illegible]	[illegible]	[illegible]	[illegible]	[illegible]	[illegible]	[illegible]	[illegible]	[illegible]	[illegible]	
79		[illegible]	[illegible]	[illegible]	[illegible]	[illegible]	[illegible]	[illegible]	[illegible]	[illegible]	[illegible]	
Num.		0	1	2	3	4	5	6	7	8	9	D.

N. 46800 L. 670

Num.		0	1	2	3	4	5	6	7	8	9	D.
4680	670.	[illegible]	[illegible]	[illegible]	[illegible]	[illegible]	[illegible]	[illegible]	[illegible]	[illegible]	[illegible]	
81		[illegible]	[illegible]	[illegible]	[illegible]	[illegible]	[illegible]	[illegible]	[illegible]	[illegible]	[illegible]	
82		[illegible]	[illegible]	[illegible]	[illegible]	[illegible]	[illegible]	[illegible]	[illegible]	[illegible]	[illegible]	
83		[illegible]	[illegible]	[illegible]	[illegible]	[illegible]	[illegible]	[illegible]	[illegible]	[illegible]	[illegible]	
84		[illegible]	[illegible]	[illegible]	[illegible]	[illegible]	[illegible]	[illegible]	[illegible]	[illegible]	[illegible]	
4685		[illegible]	[illegible]	[illegible]	[illegible]	[illegible]	[illegible]	[illegible]	[illegible]	[illegible]	[illegible]	
86		[illegible]	[illegible]	[illegible]	[illegible]	[illegible]	[illegible]	[illegible]	[illegible]	[illegible]	[illegible]	
87		[illegible]	[illegible]	[illegible]	[illegible]	[illegible]	[illegible]	[illegible]	[illegible]	[illegible]	[illegible]	
88		[illegible]	[illegible]	[illegible]	[illegible]	[illegible]	[illegible]	[illegible]	[illegible]	[illegible]	[illegible]	
89	671.	[illegible]	[illegible]	[illegible]	[illegible]	[illegible]	[illegible]	[illegible]	[illegible]	[illegible]	[illegible]	
4690		[illegible]	[illegible]	[illegible]	[illegible]	[illegible]	[illegible]	[illegible]	[illegible]	[illegible]	[illegible]	
91		[illegible]	[illegible]	[illegible]	[illegible]	[illegible]	[illegible]	[illegible]	[illegible]	[illegible]	[illegible]	
92		[illegible]	[illegible]	[illegible]	[illegible]	[illegible]	[illegible]	[illegible]	[illegible]	[illegible]	[illegible]	
93		[illegible]	[illegible]	[illegible]	[illegible]	[illegible]	[illegible]	[illegible]	[illegible]	[illegible]	[illegible]	
94		[illegible]	[illegible]	[illegible]	[illegible]	[illegible]	[illegible]	[illegible]	[illegible]	[illegible]	[illegible]	
4695		[illegible]	[illegible]	[illegible]	[illegible]	[illegible]	[illegible]	[illegible]	[illegible]	[illegible]	[illegible]	
96		[illegible]	[illegible]	[illegible]	[illegible]	[illegible]	[illegible]	[illegible]	[illegible]	[illegible]	[illegible]	
97		[illegible]	[illegible]	[illegible]	[illegible]	[illegible]	[illegible]	[illegible]	[illegible]	[illegible]	[illegible]	
98		[illegible]	[illegible]	[illegible]	[illegible]	[illegible]	[illegible]	[illegible]	[illegible]	[illegible]	[illegible]	
99	672.	[illegible]	[illegible]	[illegible]	[illegible]	[illegible]	[illegible]	[illegible]	[illegible]	[illegible]	[illegible]	
4700		[illegible]	[illegible]	[illegible]	[illegible]	[illegible]	[illegible]	[illegible]	[illegible]	[illegible]	[illegible]	
01		[illegible]	[illegible]	[illegible]	[illegible]	[illegible]	[illegible]	[illegible]	[illegible]	[illegible]	[illegible]	
02		[illegible]	[illegible]	[illegible]	[illegible]	[illegible]	[illegible]	[illegible]	[illegible]	[illegible]	[illegible]	
03		[illegible]	[illegible]	[illegible]	[illegible]	[illegible]	[illegible]	[illegible]	[illegible]	[illegible]	[illegible]	
04		[illegible]	[illegible]	[illegible]	[illegible]	[illegible]	[illegible]	[illegible]	[illegible]	[illegible]	[illegible]	
4705		[illegible]	[illegible]	[illegible]	[illegible]	[illegible]	[illegible]	[illegible]	[illegible]	[illegible]	[illegible]	
06		[illegible]	[illegible]	[illegible]	[illegible]	[illegible]	[illegible]	[illegible]	[illegible]	[illegible]	[illegible]	
07		[illegible]	[illegible]	[illegible]	[illegible]	[illegible]	[illegible]	[illegible]	[illegible]	[illegible]	[illegible]	
08		[illegible]	[illegible]	[illegible]	[illegible]	[illegible]	[illegible]	[illegible]	[illegible]	[illegible]	[illegible]	
09		[illegible]	[illegible]	[illegible]	[illegible]	[illegible]	[illegible]	[illegible]	[illegible]	[illegible]	[illegible]	
4710	673.	[illegible]	[illegible]	[illegible]	[illegible]	[illegible]	[illegible]	[illegible]	[illegible]	[illegible]	[illegible]	
11		[illegible]	[illegible]	[illegible]	[illegible]	[illegible]	[illegible]	[illegible]	[illegible]	[illegible]	[illegible]	
12		[illegible]	[illegible]	[illegible]	[illegible]	[illegible]	[illegible]	[illegible]	[illegible]	[illegible]	[illegible]	
13		[illegible]	[illegible]	[illegible]	[illegible]	[illegible]	[illegible]	[illegible]	[illegible]	[illegible]	[illegible]	
14		[illegible]	[illegible]	[illegible]	[illegible]	[illegible]	[illegible]	[illegible]	[illegible]	[illegible]	[illegible]	
4715		[illegible]	[illegible]	[illegible]	[illegible]	[illegible]	[illegible]	[illegible]	[illegible]	[illegible]	[illegible]	
16		[illegible]	[illegible]	[illegible]	[illegible]	[illegible]	[illegible]	[illegible]	[illegible]	[illegible]	[illegible]	
17		[illegible]	[illegible]	[illegible]	[illegible]	[illegible]	[illegible]	[illegible]	[illegible]	[illegible]	[illegible]	
18		[illegible]	[illegible]	[illegible]	[illegible]	[illegible]	[illegible]	[illegible]	[illegible]	[illegible]	[illegible]	
19		[illegible]	[illegible]	[illegible]	[illegible]	[illegible]	[illegible]	[illegible]	[illegible]	[illegible]	[illegible]	
4720		[illegible]	[illegible]	[illegible]	[illegible]	[illegible]	[illegible]	[illegible]	[illegible]	[illegible]	[illegible]	
21	674.	[illegible]	[illegible]	[illegible]	[illegible]	[illegible]	[illegible]	[illegible]	[illegible]	[illegible]	[illegible]	
22		[illegible]	[illegible]	[illegible]	[illegible]	[illegible]	[illegible]	[illegible]	[illegible]	[illegible]	[illegible]	
23		[illegible]	[illegible]	[illegible]	[illegible]	[illegible]	[illegible]	[illegible]	[illegible]	[illegible]	[illegible]	
24		[illegible]	[illegible]	[illegible]	[illegible]	[illegible]	[illegible]	[illegible]	[illegible]	[illegible]	[illegible]	
4725		[illegible]	[illegible]	[illegible]	[illegible]	[illegible]	[illegible]	[illegible]	[illegible]	[illegible]	[illegible]	
26		[illegible]	[illegible]	[illegible]	[illegible]	[illegible]	[illegible]	[illegible]	[illegible]	[illegible]	[illegible]	
27		[illegible]	[illegible]	[illegible]	[illegible]	[illegible]	[illegible]	[illegible]	[illegible]	[illegible]	[illegible]	
28		[illegible]	[illegible]	[illegible]	[illegible]	[illegible]	[illegible]	[illegible]	[illegible]	[illegible]	[illegible]	
29		[illegible]	[illegible]	[illegible]	[illegible]	[illegible]	[illegible]	[illegible]	[illegible]	[illegible]	[illegible]	
4730		[illegible]	[illegible]	[illegible]	[illegible]	[illegible]	[illegible]	[illegible]	[illegible]	[illegible]	[illegible]	
31		[illegible]	[illegible]	[illegible]	[illegible]	[illegible]	[illegible]	[illegible]	[illegible]	[illegible]	[illegible]	
32	675.	[illegible]	[illegible]	[illegible]	[illegible]	[illegible]	[illegible]	[illegible]	[illegible]	[illegible]	[illegible]	
33		[illegible]	[illegible]	[illegible]	[illegible]	[illegible]	[illegible]	[illegible]	[illegible]	[illegible]	[illegible]	
34		[illegible]	[illegible]	[illegible]	[illegible]	[illegible]	[illegible]	[illegible]	[illegible]	[illegible]	[illegible]	
4735		[illegible]	[illegible]	[illegible]	[illegible]	[illegible]	[illegible]	[illegible]	[illegible]	[illegible]	[illegible]	
36		[illegible]	[illegible]	[illegible]	[illegible]	[illegible]	[illegible]	[illegible]	[illegible]	[illegible]	[illegible]	
37		[illegible]	[illegible]	[illegible]	[illegible]	[illegible]	[illegible]	[illegible]	[illegible]	[illegible]	[illegible]	
38		[illegible]	[illegible]	[illegible]	[illegible]	[illegible]	[illegible]	[illegible]	[illegible]	[illegible]	[illegible]	
39		[illegible]	[illegible]	[illegible]	[illegible]	[illegible]	[illegible]	[illegible]	[illegible]	[illegible]	[illegible]	
4740		[illegible]	[illegible]	[illegible]	[illegible]	[illegible]	[illegible]	[illegible]	[illegible]	[illegible]	[illegible]	
41		[illegible]	[illegible]	[illegible]	[illegible]	[illegible]	[illegible]	[illegible]	[illegible]	[illegible]	[illegible]	
42		[illegible]	[illegible]	[illegible]	[illegible]	[illegible]	[illegible]	[illegible]	[illegible]	[illegible]	[illegible]	
43	676.	[illegible]	[illegible]	[illegible]	[illegible]	[illegible]	[illegible]	[illegible]	[illegible]	[illegible]	[illegible]	
44		[illegible]	[illegible]	[illegible]	[illegible]	[illegible]	[illegible]	[illegible]	[illegible]	[illegible]	[illegible]	
Num.		0	1	2	3	4	5	6	7	8	9	D.

N. 47450 L. 676

Num.		0	1	2	3	4	5	6	7	8	9	D.	Part.
4745	676.	[illegible]	[illegible]	[illegible]	[illegible]	[illegible]	[illegible]	[illegible]	[illegible]	[illegible]	[illegible]		[illegible]
46		[illegible]	[illegible]	[illegible]	[illegible]	[illegible]	[illegible]	[illegible]	[illegible]	[illegible]	[illegible]		
47		[illegible]	[illegible]	[illegible]	[illegible]	[illegible]	[illegible]	[illegible]	[illegible]	[illegible]	[illegible]		
48		[illegible]	[illegible]	[illegible]	[illegible]	[illegible]	[illegible]	[illegible]	[illegible]	[illegible]	[illegible]		
49		[illegible]	[illegible]	[illegible]	[illegible]	[illegible]	[illegible]	[illegible]	[illegible]	[illegible]	[illegible]		
4750		[illegible]	[illegible]	[illegible]	[illegible]	[illegible]	[illegible]	[illegible]	[illegible]	[illegible]	[illegible]		
51		[illegible]	[illegible]	[illegible]	[illegible]	[illegible]	[illegible]	[illegible]	[illegible]	[illegible]	[illegible]		
52		[illegible]	[illegible]	[illegible]	[illegible]	[illegible]	[illegible]	[illegible]	[illegible]	[illegible]	[illegible]		
53		[illegible]	[illegible]	[illegible]	[illegible]	[illegible]	[illegible]	[illegible]	[illegible]	[illegible]	[illegible]		
54	677.	[illegible]	[illegible]	[illegible]	[illegible]	[illegible]	[illegible]	[illegible]	[illegible]	[illegible]	[illegible]		
4755		[illegible]	[illegible]	[illegible]	[illegible]	[illegible]	[illegible]	[illegible]	[illegible]	[illegible]	[illegible]		
56		[illegible]	[illegible]	[illegible]	[illegible]	[illegible]	[illegible]	[illegible]	[illegible]	[illegible]	[illegible]		
57		[illegible]	[illegible]	[illegible]	[illegible]	[illegible]	[illegible]	[illegible]	[illegible]	[illegible]	[illegible]		
58		[illegible]	[illegible]	[illegible]	[illegible]	[illegible]	[illegible]	[illegible]	[illegible]	[illegible]	[illegible]		
59		[illegible]	[illegible]	[illegible]	[illegible]	[illegible]	[illegible]	[illegible]	[illegible]	[illegible]	[illegible]		
4760		[illegible]	[illegible]	[illegible]	[illegible]	[illegible]	[illegible]	[illegible]	[illegible]	[illegible]	[illegible]		
61		[illegible]	[illegible]	[illegible]	[illegible]	[illegible]	[illegible]	[illegible]	[illegible]	[illegible]	[illegible]		
62		[illegible]	[illegible]	[illegible]	[illegible]	[illegible]	[illegible]	[illegible]	[illegible]	[illegible]	[illegible]		
63		[illegible]	[illegible]	[illegible]	[illegible]	[illegible]	[illegible]	[illegible]	[illegible]	[illegible]	[illegible]		
64		[illegible]	[illegible]	[illegible]	[illegible]	[illegible]	[illegible]	[illegible]	[illegible]	[illegible]	[illegible]		
4765	678.	[illegible]	[illegible]	[illegible]	[illegible]	[illegible]	[illegible]	[illegible]	[illegible]	[illegible]	[illegible]		[illegible]
66		[illegible]	[illegible]	[illegible]	[illegible]	[illegible]	[illegible]	[illegible]	[illegible]	[illegible]	[illegible]		
67		[illegible]	[illegible]	[illegible]	[illegible]	[illegible]	[illegible]	[illegible]	[illegible]	[illegible]	[illegible]		
68		[illegible]	[illegible]	[illegible]	[illegible]	[illegible]	[illegible]	[illegible]	[illegible]	[illegible]	[illegible]		
69		[illegible]	[illegible]	[illegible]	[illegible]	[illegible]	[illegible]	[illegible]	[illegible]	[illegible]	[illegible]		
4770		[illegible]	[illegible]	[illegible]	[illegible]	[illegible]	[illegible]	[illegible]	[illegible]	[illegible]	[illegible]		
71		[illegible]	[illegible]	[illegible]	[illegible]	[illegible]	[illegible]	[illegible]	[illegible]	[illegible]	[illegible]		
72		[illegible]	[illegible]	[illegible]	[illegible]	[illegible]	[illegible]	[illegible]	[illegible]	[illegible]	[illegible]		
73		[illegible]	[illegible]	[illegible]	[illegible]	[illegible]	[illegible]	[illegible]	[illegible]	[illegible]	[illegible]		
74		[illegible]	[illegible]	[illegible]	[illegible]	[illegible]	[illegible]	[illegible]	[illegible]	[illegible]	[illegible]		
4775		[illegible]	[illegible]	[illegible]	[illegible]	[illegible]	[illegible]	[illegible]	[illegible]	[illegible]	[illegible]		
76	679.	[illegible]	[illegible]	[illegible]	[illegible]	[illegible]	[illegible]	[illegible]	[illegible]	[illegible]	[illegible]		
77		[illegible]	[illegible]	[illegible]	[illegible]	[illegible]	[illegible]	[illegible]	[illegible]	[illegible]	[illegible]		
78		[illegible]	[illegible]	[illegible]	[illegible]	[illegible]	[illegible]	[illegible]	[illegible]	[illegible]	[illegible]		
79		[illegible]	[illegible]	[illegible]	[illegible]	[illegible]	[illegible]	[illegible]	[illegible]	[illegible]	[illegible]		
4780		[illegible]	[illegible]	[illegible]	[illegible]	[illegible]	[illegible]	[illegible]	[illegible]	[illegible]	[illegible]		
81		[illegible]	[illegible]	[illegible]	[illegible]	[illegible]	[illegible]	[illegible]	[illegible]	[illegible]	[illegible]		
82		[illegible]	[illegible]	[illegible]	[illegible]	[illegible]	[illegible]	[illegible]	[illegible]	[illegible]	[illegible]		
83		[illegible]	[illegible]	[illegible]	[illegible]	[illegible]	[illegible]	[illegible]	[illegible]	[illegible]	[illegible]		
84		[illegible]	[illegible]	[illegible]	[illegible]	[illegible]	[illegible]	[illegible]	[illegible]	[illegible]	[illegible]		[illegible]
4785		[illegible]	[illegible]	[illegible]	[illegible]	[illegible]	[illegible]	[illegible]	[illegible]	[illegible]	[illegible]		
86		[illegible]	[illegible]	[illegible]	[illegible]	[illegible]	[illegible]	[illegible]	[illegible]	[illegible]	[illegible]		
87	680.	[illegible]	[illegible]	[illegible]	[illegible]	[illegible]	[illegible]	[illegible]	[illegible]	[illegible]	[illegible]		
88		[illegible]	[illegible]	[illegible]	[illegible]	[illegible]	[illegible]	[illegible]	[illegible]	[illegible]	[illegible]		
89		[illegible]	[illegible]	[illegible]	[illegible]	[illegible]	[illegible]	[illegible]	[illegible]	[illegible]	[illegible]		
4790		[illegible]	[illegible]	[illegible]	[illegible]	[illegible]	[illegible]	[illegible]	[illegible]	[illegible]	[illegible]		
91		[illegible]	[illegible]	[illegible]	[illegible]	[illegible]	[illegible]	[illegible]	[illegible]	[illegible]	[illegible]		
92		[illegible]	[illegible]	[illegible]	[illegible]	[illegible]	[illegible]	[illegible]	[illegible]	[illegible]	[illegible]		
93		[illegible]	[illegible]	[illegible]	[illegible]	[illegible]	[illegible]	[illegible]	[illegible]	[illegible]	[illegible]		
94		[illegible]	[illegible]	[illegible]	[illegible]	[illegible]	[illegible]	[illegible]	[illegible]	[illegible]	[illegible]		
4795		[illegible]	[illegible]	[illegible]	[illegible]	[illegible]	[illegible]	[illegible]	[illegible]	[illegible]	[illegible]		
96		[illegible]	[illegible]	[illegible]	[illegible]	[illegible]	[illegible]	[illegible]	[illegible]	[illegible]	[illegible]		
97		[illegible]	[illegible]	[illegible]	[illegible]	[illegible]	[illegible]	[illegible]	[illegible]	[illegible]	[illegible]		
98	681.	[illegible]	[illegible]	[illegible]	[illegible]	[illegible]	[illegible]	[illegible]	[illegible]	[illegible]	[illegible]		
99		[illegible]	[illegible]	[illegible]	[illegible]	[illegible]	[illegible]	[illegible]	[illegible]	[illegible]	[illegible]		
4800		[illegible]	[illegible]	[illegible]	[illegible]	[illegible]	[illegible]	[illegible]	[illegible]	[illegible]	[illegible]		[illegible]
01		[illegible]	[illegible]	[illegible]	[illegible]	[illegible]	[illegible]	[illegible]	[illegible]	[illegible]	[illegible]		
02		[illegible]	[illegible]	[illegible]	[illegible]	[illegible]	[illegible]	[illegible]	[illegible]	[illegible]	[illegible]		
03		[illegible]	[illegible]	[illegible]	[illegible]	[illegible]	[illegible]	[illegible]	[illegible]	[illegible]	[illegible]		
04		[illegible]	[illegible]	[illegible]	[illegible]	[illegible]	[illegible]	[illegible]	[illegible]	[illegible]	[illegible]		
4805		[illegible]	[illegible]	[illegible]	[illegible]	[illegible]	[illegible]	[illegible]	[illegible]	[illegible]	[illegible]		
06		[illegible]	[illegible]	[illegible]	[illegible]	[illegible]	[illegible]	[illegible]	[illegible]	[illegible]	[illegible]		
07		[illegible]	[illegible]	[illegible]	[illegible]	[illegible]	[illegible]	[illegible]	[illegible]	[illegible]	[illegible]		
08		[illegible]	[illegible]	[illegible]	[illegible]	[illegible]	[illegible]	[illegible]	[illegible]	[illegible]	[illegible]		
09	[illegible]	[illegible]	[illegible]	[illegible]	[illegible]	[illegible]	[illegible]	[illegible]	[illegible]	[illegible]	[illegible]		
Num.		0	1	2	3	4	5	6	7	8	9	D.	

N. 48100 L. 682

Num.		0	1	2	3	4	5	6	7	8	9	D.
4810	682.	[illegible]	[illegible]	[illegible]	[illegible]	[illegible]	[illegible]	[illegible]	[illegible]	[illegible]	[illegible]	
11		[illegible]	[illegible]	[illegible]	[illegible]	[illegible]	[illegible]	[illegible]	[illegible]	[illegible]	[illegible]	
12		[illegible]	[illegible]	[illegible]	[illegible]	[illegible]	[illegible]	[illegible]	[illegible]	[illegible]	[illegible]	
13		[illegible]	[illegible]	[illegible]	[illegible]	[illegible]	[illegible]	[illegible]	[illegible]	[illegible]	[illegible]	
14		[illegible]	[illegible]	[illegible]	[illegible]	[illegible]	[illegible]	[illegible]	[illegible]	[illegible]	[illegible]	
4815		[illegible]	[illegible]	[illegible]	[illegible]	[illegible]	[illegible]	[illegible]	[illegible]	[illegible]	[illegible]	
16		[illegible]	[illegible]	[illegible]	[illegible]	[illegible]	[illegible]	[illegible]	[illegible]	[illegible]	[illegible]	
17		[illegible]	[illegible]	[illegible]	[illegible]	[illegible]	[illegible]	[illegible]	[illegible]	[illegible]	[illegible]	
18		[illegible]	[illegible]	[illegible]	[illegible]	[illegible]	[illegible]	[illegible]	[illegible]	[illegible]	[illegible]	
19		[illegible]	[illegible]	[illegible]	[illegible]	[illegible]	[illegible]	[illegible]	[illegible]	[illegible]	[illegible]	
4820	683.	[illegible]	[illegible]	[illegible]	[illegible]	[illegible]	[illegible]	[illegible]	[illegible]	[illegible]	[illegible]	
21		[illegible]	[illegible]	[illegible]	[illegible]	[illegible]	[illegible]	[illegible]	[illegible]	[illegible]	[illegible]	
22		[illegible]	[illegible]	[illegible]	[illegible]	[illegible]	[illegible]	[illegible]	[illegible]	[illegible]	[illegible]	
23		[illegible]	[illegible]	[illegible]	[illegible]	[illegible]	[illegible]	[illegible]	[illegible]	[illegible]	[illegible]	
24		[illegible]	[illegible]	[illegible]	[illegible]	[illegible]	[illegible]	[illegible]	[illegible]	[illegible]	[illegible]	
4825		[illegible]	[illegible]	[illegible]	[illegible]	[illegible]	[illegible]	[illegible]	[illegible]	[illegible]	[illegible]	[illegible]
26		[illegible]	[illegible]	[illegible]	[illegible]	[illegible]	[illegible]	[illegible]	[illegible]	[illegible]	[illegible]	
27		[illegible]	[illegible]	[illegible]	[illegible]	[illegible]	[illegible]	[illegible]	[illegible]	[illegible]	[illegible]	
28		[illegible]	[illegible]	[illegible]	[illegible]	[illegible]	[illegible]	[illegible]	[illegible]	[illegible]	[illegible]	
29		[illegible]	[illegible]	[illegible]	[illegible]	[illegible]	[illegible]	[illegible]	[illegible]	[illegible]	[illegible]	
4830		[illegible]	[illegible]	[illegible]	[illegible]	[illegible]	[illegible]	[illegible]	[illegible]	[illegible]	[illegible]	
31	684.	[illegible]	[illegible]	[illegible]	[illegible]	[illegible]	[illegible]	[illegible]	[illegible]	[illegible]	[illegible]	
32		[illegible]	[illegible]	[illegible]	[illegible]	[illegible]	[illegible]	[illegible]	[illegible]	[illegible]	[illegible]	
33		[illegible]	[illegible]	[illegible]	[illegible]	[illegible]	[illegible]	[illegible]	[illegible]	[illegible]	[illegible]	
34		[illegible]	[illegible]	[illegible]	[illegible]	[illegible]	[illegible]	[illegible]	[illegible]	[illegible]	[illegible]	
4835		[illegible]	[illegible]	[illegible]	[illegible]	[illegible]	[illegible]	[illegible]	[illegible]	[illegible]	[illegible]	
36		[illegible]	[illegible]	[illegible]	[illegible]	[illegible]	[illegible]	[illegible]	[illegible]	[illegible]	[illegible]	
37		[illegible]	[illegible]	[illegible]	[illegible]	[illegible]	[illegible]	[illegible]	[illegible]	[illegible]	[illegible]	
38		[illegible]	[illegible]	[illegible]	[illegible]	[illegible]	[illegible]	[illegible]	[illegible]	[illegible]	[illegible]	
39		[illegible]	[illegible]	[illegible]	[illegible]	[illegible]	[illegible]	[illegible]	[illegible]	[illegible]	[illegible]	
4840		[illegible]	[illegible]	[illegible]	[illegible]	[illegible]	[illegible]	[illegible]	[illegible]	[illegible]	[illegible]	
41		[illegible]	[illegible]	[illegible]	[illegible]	[illegible]	[illegible]	[illegible]	[illegible]	[illegible]	[illegible]	
42	685.	[illegible]	[illegible]	[illegible]	[illegible]	[illegible]	[illegible]	[illegible]	[illegible]	[illegible]	[illegible]	
43		[illegible]	[illegible]	[illegible]	[illegible]	[illegible]	[illegible]	[illegible]	[illegible]	[illegible]	[illegible]	
44		[illegible]	[illegible]	[illegible]	[illegible]	[illegible]	[illegible]	[illegible]	[illegible]	[illegible]	[illegible]	
4845		[illegible]	[illegible]	[illegible]	[illegible]	[illegible]	[illegible]	[illegible]	[illegible]	[illegible]	[illegible]	
46		[illegible]	[illegible]	[illegible]	[illegible]	[illegible]	[illegible]	[illegible]	[illegible]	[illegible]	[illegible]	
47		[illegible]	[illegible]	[illegible]	[illegible]	[illegible]	[illegible]	[illegible]	[illegible]	[illegible]	[illegible]	
48		[illegible]	[illegible]	[illegible]	[illegible]	[illegible]	[illegible]	[illegible]	[illegible]	[illegible]	[illegible]	
49		[illegible]	[illegible]	[illegible]	[illegible]	[illegible]	[illegible]	[illegible]	[illegible]	[illegible]	[illegible]	
4850		[illegible]	[illegible]	[illegible]	[illegible]	[illegible]	[illegible]	[illegible]	[illegible]	[illegible]	[illegible]	
51		[illegible]	[illegible]	[illegible]	[illegible]	[illegible]	[illegible]	[illegible]	[illegible]	[illegible]	[illegible]	
52		[illegible]	[illegible]	[illegible]	[illegible]	[illegible]	[illegible]	[illegible]	[illegible]	[illegible]	[illegible]	
53	686.	[illegible]	[illegible]	[illegible]	[illegible]	[illegible]	[illegible]	[illegible]	[illegible]	[illegible]	[illegible]	
54		[illegible]	[illegible]	[illegible]	[illegible]	[illegible]	[illegible]	[illegible]	[illegible]	[illegible]	[illegible]	
4855		[illegible]	[illegible]	[illegible]	[illegible]	[illegible]	[illegible]	[illegible]	[illegible]	[illegible]	[illegible]	
56		[illegible]	[illegible]	[illegible]	[illegible]	[illegible]	[illegible]	[illegible]	[illegible]	[illegible]	[illegible]	
57		[illegible]	[illegible]	[illegible]	[illegible]	[illegible]	[illegible]	[illegible]	[illegible]	[illegible]	[illegible]	
58		[illegible]	[illegible]	[illegible]	[illegible]	[illegible]	[illegible]	[illegible]	[illegible]	[illegible]	[illegible]	
59		[illegible]	[illegible]	[illegible]	[illegible]	[illegible]	[illegible]	[illegible]	[illegible]	[illegible]	[illegible]	
4860		[illegible]	[illegible]	[illegible]	[illegible]	[illegible]	[illegible]	[illegible]	[illegible]	[illegible]	[illegible]	
61		[illegible]	[illegible]	[illegible]	[illegible]	[illegible]	[illegible]	[illegible]	[illegible]	[illegible]	[illegible]	
62		[illegible]	[illegible]	[illegible]	[illegible]	[illegible]	[illegible]	[illegible]	[illegible]	[illegible]	[illegible]	
63		[illegible]	[illegible]	[illegible]	[illegible]	[illegible]	[illegible]	[illegible]	[illegible]	[illegible]	[illegible]	
64		[illegible]	[illegible]	[illegible]	[illegible]	[illegible]	[illegible]	[illegible]	[illegible]	[illegible]	[illegible]	
4865	687.	[illegible]	[illegible]	[illegible]	[illegible]	[illegible]	[illegible]	[illegible]	[illegible]	[illegible]	[illegible]	
66		[illegible]	[illegible]	[illegible]	[illegible]	[illegible]	[illegible]	[illegible]	[illegible]	[illegible]	[illegible]	
67		[illegible]	[illegible]	[illegible]	[illegible]	[illegible]	[illegible]	[illegible]	[illegible]	[illegible]	[illegible]	
68		[illegible]	[illegible]	[illegible]	[illegible]	[illegible]	[illegible]	[illegible]	[illegible]	[illegible]	[illegible]	
69		[illegible]	[illegible]	[illegible]	[illegible]	[illegible]	[illegible]	[illegible]	[illegible]	[illegible]	[illegible]	
4870		[illegible]	[illegible]	[illegible]	[illegible]	[illegible]	[illegible]	[illegible]	[illegible]	[illegible]	[illegible]	
71		[illegible]	[illegible]	[illegible]	[illegible]	[illegible]	[illegible]	[illegible]	[illegible]	[illegible]	[illegible]	
72		[illegible]	[illegible]	[illegible]	[illegible]	[illegible]	[illegible]	[illegible]	[illegible]	[illegible]	[illegible]	
73		[illegible]	[illegible]	[illegible]	[illegible]	[illegible]	[illegible]	[illegible]	[illegible]	[illegible]	[illegible]	
74		[illegible]	[illegible]	[illegible]	[illegible]	[illegible]	[illegible]	[illegible]	[illegible]	[illegible]	[illegible]	
Num.		0	1	2	3	4	5	6	7	8	9	D.

N. 48750 L. 687

Num.		0	1	2	3	4	5	6	7	8	9	D.	Part.
4875	687.	[illegible]	[illegible]	[illegible]	[illegible]	[illegible]	[illegible]	[illegible]	[illegible]	[illegible]	[illegible]		[illegible]
76	688.	[illegible]	[illegible]	[illegible]	[illegible]	[illegible]	[illegible]	[illegible]	[illegible]	[illegible]	[illegible]		
77		[illegible]	[illegible]	[illegible]	[illegible]	[illegible]	[illegible]	[illegible]	[illegible]	[illegible]	[illegible]		
78		[illegible]	[illegible]	[illegible]	[illegible]	[illegible]	[illegible]	[illegible]	[illegible]	[illegible]	[illegible]		
79		[illegible]	[illegible]	[illegible]	[illegible]	[illegible]	[illegible]	[illegible]	[illegible]	[illegible]	[illegible]	89	
4880		[illegible]	[illegible]	[illegible]	[illegible]	[illegible]	[illegible]	[illegible]	[illegible]	[illegible]	[illegible]		
81		[illegible]	[illegible]	[illegible]	[illegible]	[illegible]	[illegible]	[illegible]	[illegible]	[illegible]	[illegible]		
82		[illegible]	[illegible]	[illegible]	[illegible]	[illegible]	[illegible]	[illegible]	[illegible]	[illegible]	[illegible]		
83		[illegible]	[illegible]	[illegible]	[illegible]	[illegible]	[illegible]	[illegible]	[illegible]	[illegible]	[illegible]		
84		[illegible]	[illegible]	[illegible]	[illegible]	[illegible]	[illegible]	[illegible]	[illegible]	[illegible]	[illegible]		
4885		[illegible]	[illegible]	[illegible]	[illegible]	[illegible]	[illegible]	[illegible]	[illegible]	[illegible]	[illegible]		
86		[illegible]	[illegible]	[illegible]	[illegible]	[illegible]	[illegible]	[illegible]	[illegible]	[illegible]	[illegible]		
87	689.	[illegible]	[illegible]	[illegible]	[illegible]	[illegible]	[illegible]	[illegible]	[illegible]	[illegible]	[illegible]		
88		[illegible]	[illegible]	[illegible]	[illegible]	[illegible]	[illegible]	[illegible]	[illegible]	[illegible]	[illegible]		
89		[illegible]	[illegible]	[illegible]	[illegible]	[illegible]	[illegible]	[illegible]	[illegible]	[illegible]	[illegible]		
4890		[illegible]	[illegible]	[illegible]	[illegible]	[illegible]	[illegible]	[illegible]	[illegible]	[illegible]	[illegible]		
91		[illegible]	[illegible]	[illegible]	[illegible]	[illegible]	[illegible]	[illegible]	[illegible]	[illegible]	[illegible]		
92		[illegible]	[illegible]	[illegible]	[illegible]	[illegible]	[illegible]	[illegible]	[illegible]	[illegible]	[illegible]		
93		[illegible]	[illegible]	[illegible]	[illegible]	[illegible]	[illegible]	[illegible]	[illegible]	[illegible]	[illegible]		
94		[illegible]	[illegible]	[illegible]	[illegible]	[illegible]	[illegible]	[illegible]	[illegible]	[illegible]	[illegible]		89
4895		[illegible]	[illegible]	[illegible]	[illegible]	[illegible]	[illegible]	[illegible]	[illegible]	[illegible]	[illegible]		[illegible]
96		[illegible]	[illegible]	[illegible]	[illegible]	[illegible]	[illegible]	[illegible]	[illegible]	[illegible]	[illegible]		
97		[illegible]	[illegible]	[illegible]	[illegible]	[illegible]	[illegible]	[illegible]	[illegible]	[illegible]	[illegible]		
98	690.	[illegible]	[illegible]	[illegible]	[illegible]	[illegible]	[illegible]	[illegible]	[illegible]	[illegible]	[illegible]		
99		[illegible]	[illegible]	[illegible]	[illegible]	[illegible]	[illegible]	[illegible]	[illegible]	[illegible]	[illegible]		
4900		[illegible]	[illegible]	[illegible]	[illegible]	[illegible]	[illegible]	[illegible]	[illegible]	[illegible]	[illegible]		
01		[illegible]	[illegible]	[illegible]	[illegible]	[illegible]	[illegible]	[illegible]	[illegible]	[illegible]	[illegible]		
02		[illegible]	[illegible]	[illegible]	[illegible]	[illegible]	[illegible]	[illegible]	[illegible]	[illegible]	[illegible]		
03		[illegible]	[illegible]	[illegible]	[illegible]	[illegible]	[illegible]	[illegible]	[illegible]	[illegible]	[illegible]		
04		[illegible]	[illegible]	[illegible]	[illegible]	[illegible]	[illegible]	[illegible]	[illegible]	[illegible]	[illegible]		
4905		[illegible]	[illegible]	[illegible]	[illegible]	[illegible]	[illegible]	[illegible]	[illegible]	[illegible]	[illegible]		
06		[illegible]	[illegible]	[illegible]	[illegible]	[illegible]	[illegible]	[illegible]	[illegible]	[illegible]	[illegible]		
07		[illegible]	[illegible]	[illegible]	[illegible]	[illegible]	[illegible]	[illegible]	[illegible]	[illegible]	[illegible]		
08		[illegible]	[illegible]	[illegible]	[illegible]	[illegible]	[illegible]	[illegible]	[illegible]	[illegible]	[illegible]		
09		[illegible]	[illegible]	[illegible]	[illegible]	[illegible]	[illegible]	[illegible]	[illegible]	[illegible]	[illegible]		
4910	691.	[illegible]	[illegible]	[illegible]	[illegible]	[illegible]	[illegible]	[illegible]	[illegible]	[illegible]	[illegible]		
11		[illegible]	[illegible]	[illegible]	[illegible]	[illegible]	[illegible]	[illegible]	[illegible]	[illegible]	[illegible]		
12		[illegible]	[illegible]	[illegible]	[illegible]	[illegible]	[illegible]	[illegible]	[illegible]	[illegible]	[illegible]		
13		[illegible]	[illegible]	[illegible]	[illegible]	[illegible]	[illegible]	[illegible]	[illegible]	[illegible]	[illegible]		88
14		[illegible]	[illegible]	[illegible]	[illegible]	[illegible]	[illegible]	[illegible]	[illegible]	[illegible]	[illegible]		[illegible]
4915		[illegible]	[illegible]	[illegible]	[illegible]	[illegible]	[illegible]	[illegible]	[illegible]	[illegible]	[illegible]		
16		[illegible]	[illegible]	[illegible]	[illegible]	[illegible]	[illegible]	[illegible]	[illegible]	[illegible]	[illegible]		
17		[illegible]	[illegible]	[illegible]	[illegible]	[illegible]	[illegible]	[illegible]	[illegible]	[illegible]	[illegible]		
18		[illegible]	[illegible]	[illegible]	[illegible]	[illegible]	[illegible]	[illegible]	[illegible]	[illegible]	[illegible]		
19		[illegible]	[illegible]	[illegible]	[illegible]	[illegible]	[illegible]	[illegible]	[illegible]	[illegible]	[illegible]		
4920		[illegible]	[illegible]	[illegible]	[illegible]	[illegible]	[illegible]	[illegible]	[illegible]	[illegible]	[illegible]		
21	692.	[illegible]	[illegible]	[illegible]	[illegible]	[illegible]	[illegible]	[illegible]	[illegible]	[illegible]	[illegible]		
22		[illegible]	[illegible]	[illegible]	[illegible]	[illegible]	[illegible]	[illegible]	[illegible]	[illegible]	[illegible]		
23		[illegible]	[illegible]	[illegible]	[illegible]	[illegible]	[illegible]	[illegible]	[illegible]	[illegible]	[illegible]		
24		[illegible]	[illegible]	[illegible]	[illegible]	[illegible]	[illegible]	[illegible]	[illegible]	[illegible]	[illegible]		
4925		[illegible]	[illegible]	[illegible]	[illegible]	[illegible]	[illegible]	[illegible]	[illegible]	[illegible]	[illegible]		
26		[illegible]	[illegible]	[illegible]	[illegible]	[illegible]	[illegible]	[illegible]	[illegible]	[illegible]	[illegible]		
27		[illegible]	[illegible]	[illegible]	[illegible]	[illegible]	[illegible]	[illegible]	[illegible]	[illegible]	[illegible]		
28		[illegible]	[illegible]	[illegible]	[illegible]	[illegible]	[illegible]	[illegible]	[illegible]	[illegible]	[illegible]		
29		[illegible]	[illegible]	[illegible]	[illegible]	[illegible]	[illegible]	[illegible]	[illegible]	[illegible]	[illegible]		
4930		[illegible]	[illegible]	[illegible]	[illegible]	[illegible]	[illegible]	[illegible]	[illegible]	[illegible]	[illegible]		87
31		[illegible]	[illegible]	[illegible]	[illegible]	[illegible]	[illegible]	[illegible]	[illegible]	[illegible]	[illegible]		[illegible]
32	693.	[illegible]	[illegible]	[illegible]	[illegible]	[illegible]	[illegible]	[illegible]	[illegible]	[illegible]	[illegible]		
33		[illegible]	[illegible]	[illegible]	[illegible]	[illegible]	[illegible]	[illegible]	[illegible]	[illegible]	[illegible]		
34		[illegible]	[illegible]	[illegible]	[illegible]	[illegible]	[illegible]	[illegible]	[illegible]	[illegible]	[illegible]	88	
4935		[illegible]	[illegible]	[illegible]	[illegible]	[illegible]	[illegible]	[illegible]	[illegible]	[illegible]	[illegible]		
36		[illegible]	[illegible]	[illegible]	[illegible]	[illegible]	[illegible]	[illegible]	[illegible]	[illegible]	[illegible]		
37		[illegible]	[illegible]	[illegible]	[illegible]	[illegible]	[illegible]	[illegible]	[illegible]	[illegible]	[illegible]		
38		[illegible]	[illegible]	[illegible]	[illegible]	[illegible]	[illegible]	[illegible]	[illegible]	[illegible]	[illegible]		
39		[illegible]	[illegible]	[illegible]	[illegible]	[illegible]	[illegible]	[illegible]	[illegible]	[illegible]	[illegible]		
Num.		0	1	2	3	4	5	6	7	8	9	D.	Part.

N. 49400 L. 693

Num.	0	1	2	3	4	5	6	7	8	9	D.
4940	693.[illegible]	[illegible]	[illegible]	[illegible]	[illegible]	[illegible]	[illegible]	[illegible]	[illegible]	[illegible]	
41	[illegible]	[illegible]	[illegible]	[illegible]	[illegible]	[illegible]	[illegible]	[illegible]	[illegible]	[illegible]	
42	[illegible]	[illegible]	[illegible]	[illegible]	[illegible]	[illegible]	[illegible]	[illegible]	[illegible]	[illegible]	
43	[illegible]	[illegible]	[illegible]	[illegible]	[illegible]	[illegible]	[illegible]	[illegible]	[illegible]	[illegible]	
44	694.[illegible]	[illegible]	[illegible]	[illegible]	[illegible]	[illegible]	[illegible]	[illegible]	[illegible]	[illegible]	
4945	[illegible]	[illegible]	[illegible]	[illegible]	[illegible]	[illegible]	[illegible]	[illegible]	[illegible]	[illegible]	
46	[illegible]	[illegible]	[illegible]	[illegible]	[illegible]	[illegible]	[illegible]	[illegible]	[illegible]	[illegible]	
47	[illegible]	[illegible]	[illegible]	[illegible]	[illegible]	[illegible]	[illegible]	[illegible]	[illegible]	[illegible]	
48	[illegible]	[illegible]	[illegible]	[illegible]	[illegible]	[illegible]	[illegible]	[illegible]	[illegible]	[illegible]	
49	[illegible]	[illegible]	[illegible]	[illegible]	[illegible]	[illegible]	[illegible]	[illegible]	[illegible]	[illegible]	
4950	[illegible]	[illegible]	[illegible]	[illegible]	[illegible]	[illegible]	[illegible]	[illegible]	[illegible]	[illegible]	
51	[illegible]	[illegible]	[illegible]	[illegible]	[illegible]	[illegible]	[illegible]	[illegible]	[illegible]	[illegible]	
52	[illegible]	[illegible]	[illegible]	[illegible]	[illegible]	[illegible]	[illegible]	[illegible]	[illegible]	[illegible]	
53	[illegible]	[illegible]	[illegible]	[illegible]	[illegible]	[illegible]	[illegible]	[illegible]	[illegible]	[illegible]	
54	[illegible]	[illegible]	[illegible]	[illegible]	[illegible]	[illegible]	[illegible]	[illegible]	[illegible]	[illegible]	
4955	695.[illegible]	[illegible]	[illegible]	[illegible]	[illegible]	[illegible]	[illegible]	[illegible]	[illegible]	[illegible]	
56	[illegible]	[illegible]	[illegible]	[illegible]	[illegible]	[illegible]	[illegible]	[illegible]	[illegible]	[illegible]	
57	[illegible]	[illegible]	[illegible]	[illegible]	[illegible]	[illegible]	[illegible]	[illegible]	[illegible]	[illegible]	
58	[illegible]	[illegible]	[illegible]	[illegible]	[illegible]	[illegible]	[illegible]	[illegible]	[illegible]	[illegible]	
59	[illegible]	[illegible]	[illegible]	[illegible]	[illegible]	[illegible]	[illegible]	[illegible]	[illegible]	[illegible]	
4960	[illegible]	[illegible]	[illegible]	[illegible]	[illegible]	[illegible]	[illegible]	[illegible]	[illegible]	[illegible]	
61	[illegible]	[illegible]	[illegible]	[illegible]	[illegible]	[illegible]	[illegible]	[illegible]	[illegible]	[illegible]	
62	[illegible]	[illegible]	[illegible]	[illegible]	[illegible]	[illegible]	[illegible]	[illegible]	[illegible]	[illegible]	
63	[illegible]	[illegible]	[illegible]	[illegible]	[illegible]	[illegible]	[illegible]	[illegible]	[illegible]	[illegible]	
64	[illegible]	[illegible]	[illegible]	[illegible]	[illegible]	[illegible]	[illegible]	[illegible]	[illegible]	[illegible]	
4965	[illegible]	[illegible]	[illegible]	[illegible]	[illegible]	[illegible]	[illegible]	[illegible]	[illegible]	[illegible]	
66	696.[illegible]	[illegible]	[illegible]	[illegible]	[illegible]	[illegible]	[illegible]	[illegible]	[illegible]	[illegible]	
67	[illegible]	[illegible]	[illegible]	[illegible]	[illegible]	[illegible]	[illegible]	[illegible]	[illegible]	[illegible]	
68	[illegible]	[illegible]	[illegible]	[illegible]	[illegible]	[illegible]	[illegible]	[illegible]	[illegible]	[illegible]	
69	[illegible]	[illegible]	[illegible]	[illegible]	[illegible]	[illegible]	[illegible]	[illegible]	[illegible]	[illegible]	
4970	[illegible]	[illegible]	[illegible]	[illegible]	[illegible]	[illegible]	[illegible]	[illegible]	[illegible]	[illegible]	
71	[illegible]	[illegible]	[illegible]	[illegible]	[illegible]	[illegible]	[illegible]	[illegible]	[illegible]	[illegible]	
72	[illegible]	[illegible]	[illegible]	[illegible]	[illegible]	[illegible]	[illegible]	[illegible]	[illegible]	[illegible]	
73	[illegible]	[illegible]	[illegible]	[illegible]	[illegible]	[illegible]	[illegible]	[illegible]	[illegible]	[illegible]	
74	[illegible]	[illegible]	[illegible]	[illegible]	[illegible]	[illegible]	[illegible]	[illegible]	[illegible]	[illegible]	
4975	[illegible]	[illegible]	[illegible]	[illegible]	[illegible]	[illegible]	[illegible]	[illegible]	[illegible]	[illegible]	
76	[illegible]	[illegible]	[illegible]	[illegible]	[illegible]	[illegible]	[illegible]	[illegible]	[illegible]	[illegible]	
77	[illegible]	[illegible]	[illegible]	[illegible]	[illegible]	[illegible]	[illegible]	[illegible]	[illegible]	[illegible]	
78	697.[illegible]	[illegible]	[illegible]	[illegible]	[illegible]	[illegible]	[illegible]	[illegible]	[illegible]	[illegible]	
79	[illegible]	[illegible]	[illegible]	[illegible]	[illegible]	[illegible]	[illegible]	[illegible]	[illegible]	[illegible]	
4980	[illegible]	[illegible]	[illegible]	[illegible]	[illegible]	[illegible]	[illegible]	[illegible]	[illegible]	[illegible]	
81	[illegible]	[illegible]	[illegible]	[illegible]	[illegible]	[illegible]	[illegible]	[illegible]	[illegible]	[illegible]	
82	[illegible]	[illegible]	[illegible]	[illegible]	[illegible]	[illegible]	[illegible]	[illegible]	[illegible]	[illegible]	
83	[illegible]	[illegible]	[illegible]	[illegible]	[illegible]	[illegible]	[illegible]	[illegible]	[illegible]	[illegible]	
84	[illegible]	[illegible]	[illegible]	[illegible]	[illegible]	[illegible]	[illegible]	[illegible]	[illegible]	[illegible]	
4985	[illegible]	[illegible]	[illegible]	[illegible]	[illegible]	[illegible]	[illegible]	[illegible]	[illegible]	[illegible]	
86	[illegible]	[illegible]	[illegible]	[illegible]	[illegible]	[illegible]	[illegible]	[illegible]	[illegible]	[illegible]	
87	[illegible]	[illegible]	[illegible]	[illegible]	[illegible]	[illegible]	[illegible]	[illegible]	[illegible]	[illegible]	
88	[illegible]	[illegible]	[illegible]	[illegible]	[illegible]	[illegible]	[illegible]	[illegible]	[illegible]	[illegible]	
89	698.[illegible]	[illegible]	[illegible]	[illegible]	[illegible]	[illegible]	[illegible]	[illegible]	[illegible]	[illegible]	
4990	[illegible]	[illegible]	[illegible]	[illegible]	[illegible]	[illegible]	[illegible]	[illegible]	[illegible]	[illegible]	87
91	[illegible]	[illegible]	[illegible]	[illegible]	[illegible]	[illegible]	[illegible]	[illegible]	[illegible]	[illegible]	
92	[illegible]	[illegible]	[illegible]	[illegible]	[illegible]	[illegible]	[illegible]	[illegible]	[illegible]	[illegible]	
93	[illegible]	[illegible]	[illegible]	[illegible]	[illegible]	[illegible]	[illegible]	[illegible]	[illegible]	[illegible]	
94	[illegible]	[illegible]	[illegible]	[illegible]	[illegible]	[illegible]	[illegible]	[illegible]	[illegible]	[illegible]	
4995	[illegible]	[illegible]	[illegible]	[illegible]	[illegible]	[illegible]	[illegible]	[illegible]	[illegible]	[illegible]	
96	[illegible]	[illegible]	[illegible]	[illegible]	[illegible]	[illegible]	[illegible]	[illegible]	[illegible]	[illegible]	
97	[illegible]	[illegible]	[illegible]	[illegible]	[illegible]	[illegible]	[illegible]	[illegible]	[illegible]	[illegible]	
98	[illegible]	[illegible]	[illegible]	[illegible]	[illegible]	[illegible]	[illegible]	[illegible]	[illegible]	[illegible]	
99	[illegible]	[illegible]	[illegible]	[illegible]	[illegible]	[illegible]	[illegible]	[illegible]	[illegible]	[illegible]	
5000	[illegible]	[illegible]	[illegible]	[illegible]	[illegible]	[illegible]	[illegible]	[illegible]	[illegible]	[illegible]	
01	699.[illegible]	[illegible]	[illegible]	[illegible]	[illegible]	[illegible]	[illegible]	[illegible]	[illegible]	[illegible]	
02	[illegible]	[illegible]	[illegible]	[illegible]	[illegible]	[illegible]	[illegible]	[illegible]	[illegible]	[illegible]	
03	[illegible]	[illegible]	[illegible]	[illegible]	[illegible]	[illegible]	[illegible]	[illegible]	[illegible]	[illegible]	
04	[illegible]	[illegible]	[illegible]	[illegible]	[illegible]	[illegible]	[illegible]	[illegible]	[illegible]	[illegible]	
Num.	0	1	2	3	4	5	6	7	8	9	D.

N. 50050 L. 699

Num.	0	1	2	3	4	5	6	7	8	9	D.	Part.
5005	699.[illegible]	[illegible]	[illegible]	[illegible]	[illegible]	[illegible]	[illegible]	[illegible]	[illegible]	[illegible]		88
06	[illegible]	[illegible]	[illegible]	[illegible]	[illegible]	[illegible]	[illegible]	[illegible]	[illegible]	[illegible]		[illegible]
07	[illegible]	[illegible]	[illegible]	[illegible]	[illegible]	[illegible]	[illegible]	[illegible]	[illegible]	[illegible]		[illegible]
08	[illegible]	[illegible]	[illegible]	[illegible]	[illegible]	[illegible]	[illegible]	[illegible]	[illegible]	[illegible]		[illegible]
09	[illegible]	[illegible]	[illegible]	[illegible]	[illegible]	[illegible]	[illegible]	[illegible]	[illegible]	[illegible]		[illegible]
5010	[illegible]	[illegible]	[illegible]	[illegible]	[illegible]	[illegible]	[illegible]	[illegible]	[illegible]	[illegible]		[illegible]
11	[illegible]	[illegible]	[illegible]	[illegible]	[illegible]	[illegible]	[illegible]	[illegible]	[illegible]	[illegible]		[illegible]
12	700.[illegible]	[illegible]	[illegible]	[illegible]	[illegible]	[illegible]	[illegible]	[illegible]	[illegible]	[illegible]		[illegible]
13	[illegible]	[illegible]	[illegible]	[illegible]	[illegible]	[illegible]	[illegible]	[illegible]	[illegible]	[illegible]		[illegible]
14	[illegible]	[illegible]	[illegible]	[illegible]	[illegible]	[illegible]	[illegible]	[illegible]	[illegible]	[illegible]		
5015	[illegible]	[illegible]	[illegible]	[illegible]	[illegible]	[illegible]	[illegible]	[illegible]	[illegible]	[illegible]		
16	[illegible]	[illegible]	[illegible]	[illegible]	[illegible]	[illegible]	[illegible]	[illegible]	[illegible]	[illegible]		
17	[illegible]	[illegible]	[illegible]	[illegible]	[illegible]	[illegible]	[illegible]	[illegible]	[illegible]	[illegible]		
18	[illegible]	[illegible]	[illegible]	[illegible]	[illegible]	[illegible]	[illegible]	[illegible]	[illegible]	[illegible]		
19	[illegible]	[illegible]	[illegible]	[illegible]	[illegible]	[illegible]	[illegible]	[illegible]	[illegible]	[illegible]		
5020	[illegible]	[illegible]	[illegible]	[illegible]	[illegible]	[illegible]	[illegible]	[illegible]	[illegible]	[illegible]		
21	[illegible]	[illegible]	[illegible]	[illegible]	[illegible]	[illegible]	[illegible]	[illegible]	[illegible]	[illegible]		
22	[illegible]	[illegible]	[illegible]	[illegible]	[illegible]	[illegible]	[illegible]	[illegible]	[illegible]	[illegible]		
23	[illegible]	[illegible]	[illegible]	[illegible]	[illegible]	[illegible]	[illegible]	[illegible]	[illegible]	[illegible]		
24	701.[illegible]	[illegible]	[illegible]	[illegible]	[illegible]	[illegible]	[illegible]	[illegible]	[illegible]	[illegible]		87
5025	[illegible]	[illegible]	[illegible]	[illegible]	[illegible]	[illegible]	[illegible]	[illegible]	[illegible]	[illegible]		[illegible]
26	[illegible]	[illegible]	[illegible]	[illegible]	[illegible]	[illegible]	[illegible]	[illegible]	[illegible]	[illegible]		[illegible]
27	[illegible]	[illegible]	[illegible]	[illegible]	[illegible]	[illegible]	[illegible]	[illegible]	[illegible]	[illegible]		[illegible]
28	[illegible]	[illegible]	[illegible]	[illegible]	[illegible]	[illegible]	[illegible]	[illegible]	[illegible]	[illegible]		[illegible]
29	[illegible]	[illegible]	[illegible]	[illegible]	[illegible]	[illegible]	[illegible]	[illegible]	[illegible]	[illegible]		[illegible]
5030	[illegible]	[illegible]	[illegible]	[illegible]	[illegible]	[illegible]	[illegible]	[illegible]	[illegible]	[illegible]		[illegible]
31	[illegible]	[illegible]	[illegible]	[illegible]	[illegible]	[illegible]	[illegible]	[illegible]	[illegible]	[illegible]		[illegible]
32	[illegible]	[illegible]	[illegible]	[illegible]	[illegible]	[illegible]	[illegible]	[illegible]	[illegible]	[illegible]		[illegible]
33	[illegible]	[illegible]	[illegible]	[illegible]	[illegible]	[illegible]	[illegible]	[illegible]	[illegible]	[illegible]		[illegible]
34	[illegible]	[illegible]	[illegible]	[illegible]	[illegible]	[illegible]	[illegible]	[illegible]	[illegible]	[illegible]		
5035	[illegible]	[illegible]	[illegible]	[illegible]	[illegible]	[illegible]	[illegible]	[illegible]	[illegible]	[illegible]		
36	702.[illegible]	[illegible]	[illegible]	[illegible]	[illegible]	[illegible]	[illegible]	[illegible]	[illegible]	[illegible]		
37	[illegible]	[illegible]	[illegible]	[illegible]	[illegible]	[illegible]	[illegible]	[illegible]	[illegible]	[illegible]		
38	[illegible]	[illegible]	[illegible]	[illegible]	[illegible]	[illegible]	[illegible]	[illegible]	[illegible]	[illegible]		
39	[illegible]	[illegible]	[illegible]	[illegible]	[illegible]	[illegible]	[illegible]	[illegible]	[illegible]	[illegible]		
5040	[illegible]	[illegible]	[illegible]	[illegible]	[illegible]	[illegible]	[illegible]	[illegible]	[illegible]	[illegible]		
41	[illegible]	[illegible]	[illegible]	[illegible]	[illegible]	[illegible]	[illegible]	[illegible]	[illegible]	[illegible]		
42	[illegible]	[illegible]	[illegible]	[illegible]	[illegible]	[illegible]	[illegible]	[illegible]	[illegible]	[illegible]		
43	[illegible]	[illegible]	[illegible]	[illegible]	[illegible]	[illegible]	[illegible]	[illegible]	[illegible]	[illegible]		
44	[illegible]	[illegible]	[illegible]	[illegible]	[illegible]	[illegible]	[illegible]	[illegible]	[illegible]	[illegible]		86
5045	[illegible]	[illegible]	[illegible]	[illegible]	[illegible]	[illegible]	[illegible]	[illegible]	[illegible]	[illegible]		[illegible]
46	[illegible]	[illegible]	[illegible]	[illegible]	[illegible]	[illegible]	[illegible]	[illegible]	[illegible]	[illegible]		[illegible]
47	703.[illegible]	[illegible]	[illegible]	[illegible]	[illegible]	[illegible]	[illegible]	[illegible]	[illegible]	[illegible]		[illegible]
48	[illegible]	[illegible]	[illegible]	[illegible]	[illegible]	[illegible]	[illegible]	[illegible]	[illegible]	[illegible]		[illegible]
49	[illegible]	[illegible]	[illegible]	[illegible]	[illegible]	[illegible]	[illegible]	[illegible]	[illegible]	[illegible]	86	[illegible]
5050	[illegible]	[illegible]	[illegible]	[illegible]	[illegible]	[illegible]	[illegible]	[illegible]	[illegible]	[illegible]		[illegible]
51	[illegible]	[illegible]	[illegible]	[illegible]	[illegible]	[illegible]	[illegible]	[illegible]	[illegible]	[illegible]		
52	[illegible]	[illegible]	[illegible]	[illegible]	[illegible]	[illegible]	[illegible]	[illegible]	[illegible]	[illegible]		
53	[illegible]	[illegible]	[illegible]	[illegible]	[illegible]	[illegible]	[illegible]	[illegible]	[illegible]	[illegible]		
54	[illegible]	[illegible]	[illegible]	[illegible]	[illegible]	[illegible]	[illegible]	[illegible]	[illegible]	[illegible]		
5055	[illegible]	[illegible]	[illegible]	[illegible]	[illegible]	[illegible]	[illegible]	[illegible]	[illegible]	[illegible]		
56	[illegible]	[illegible]	[illegible]	[illegible]	[illegible]	[illegible]	[illegible]	[illegible]	[illegible]	[illegible]		
57	[illegible]	[illegible]	[illegible]	[illegible]	[illegible]	[illegible]	[illegible]	[illegible]	[illegible]	[illegible]		
58	[illegible]	[illegible]	[illegible]	[illegible]	[illegible]	[illegible]	[illegible]	[illegible]	[illegible]	[illegible]		
59	704.[illegible]	[illegible]	[illegible]	[illegible]	[illegible]	[illegible]	[illegible]	[illegible]	[illegible]	[illegible]		
5060	[illegible]	[illegible]	[illegible]	[illegible]	[illegible]	[illegible]	[illegible]	[illegible]	[illegible]	[illegible]		
61	[illegible]	[illegible]	[illegible]	[illegible]	[illegible]	[illegible]	[illegible]	[illegible]	[illegible]	[illegible]		
62	[illegible]	[illegible]	[illegible]	[illegible]	[illegible]	[illegible]	[illegible]	[illegible]	[illegible]	[illegible]		
63	[illegible]	[illegible]	[illegible]	[illegible]	[illegible]	[illegible]	[illegible]	[illegible]	[illegible]	[illegible]		85
64	[illegible]	[illegible]	[illegible]	[illegible]	[illegible]	[illegible]	[illegible]	[illegible]	[illegible]	[illegible]		[illegible]
5065	[illegible]	[illegible]	[illegible]	[illegible]	[illegible]	[illegible]	[illegible]	[illegible]	[illegible]	[illegible]		[illegible]
66	[illegible]	[illegible]	[illegible]	[illegible]	[illegible]	[illegible]	[illegible]	[illegible]	[illegible]	[illegible]		[illegible]
67	[illegible]	[illegible]	[illegible]	[illegible]	[illegible]	[illegible]	[illegible]	[illegible]	[illegible]	[illegible]		[illegible]
68	[illegible]	[illegible]	[illegible]	[illegible]	[illegible]	[illegible]	[illegible]	[illegible]	[illegible]	[illegible]		[illegible]
69	[illegible]	[illegible]	[illegible]	[illegible]	[illegible]	[illegible]	[illegible]	[illegible]	[illegible]	[illegible]		[illegible]
Num.	0	1	2	3	4	5	6	7	8	9	D.	Part.

N. 50700 L. 705

Num.	0	1	2	3	4	5	6	7	8	9	D.
5070	705.[illegible]	[illegible]	[illegible]	[illegible]	[illegible]	[illegible]	[illegible]	[illegible]	[illegible]	[illegible]	
71	[illegible]	[illegible]	[illegible]	[illegible]	[illegible]	[illegible]	[illegible]	[illegible]	[illegible]	[illegible]	
72	[illegible]	[illegible]	[illegible]	[illegible]	[illegible]	[illegible]	[illegible]	[illegible]	[illegible]	[illegible]	
73	[illegible]	[illegible]	[illegible]	[illegible]	[illegible]	[illegible]	[illegible]	[illegible]	[illegible]	[illegible]	
74	[illegible]	[illegible]	[illegible]	[illegible]	[illegible]	[illegible]	[illegible]	[illegible]	[illegible]	[illegible]	
5075	[illegible]	[illegible]	[illegible]	[illegible]	[illegible]	[illegible]	[illegible]	[illegible]	[illegible]	[illegible]	
76	[illegible]	[illegible]	[illegible]	[illegible]	[illegible]	[illegible]	[illegible]	[illegible]	[illegible]	[illegible]	
77	[illegible]	[illegible]	[illegible]	[illegible]	[illegible]	[illegible]	[illegible]	[illegible]	[illegible]	[illegible]	
78	[illegible]	[illegible]	[illegible]	[illegible]	[illegible]	[illegible]	[illegible]	[illegible]	[illegible]	[illegible]	
79	[illegible]	[illegible]	[illegible]	[illegible]	[illegible]	[illegible]	[illegible]	[illegible]	[illegible]	[illegible]	
5080	[illegible]	[illegible]	[illegible]	[illegible]	[illegible]	[illegible]	[illegible]	[illegible]	[illegible]	[illegible]	
81	[illegible]	[illegible]	[illegible]	[illegible]	[illegible]	[illegible]	[illegible]	[illegible]	[illegible]	[illegible]	
82	706.[illegible]	[illegible]	[illegible]	[illegible]	[illegible]	[illegible]	[illegible]	[illegible]	[illegible]	[illegible]	
83	[illegible]	[illegible]	[illegible]	[illegible]	[illegible]	[illegible]	[illegible]	[illegible]	[illegible]	[illegible]	
84	[illegible]	[illegible]	[illegible]	[illegible]	[illegible]	[illegible]	[illegible]	[illegible]	[illegible]	[illegible]	
5085	[illegible]	[illegible]	[illegible]	[illegible]	[illegible]	[illegible]	[illegible]	[illegible]	[illegible]	[illegible]	
86	[illegible]	[illegible]	[illegible]	[illegible]	[illegible]	[illegible]	[illegible]	[illegible]	[illegible]	[illegible]	
87	[illegible]	[illegible]	[illegible]	[illegible]	[illegible]	[illegible]	[illegible]	[illegible]	[illegible]	[illegible]	
88	[illegible]	[illegible]	[illegible]	[illegible]	[illegible]	[illegible]	[illegible]	[illegible]	[illegible]	[illegible]	
89	[illegible]	[illegible]	[illegible]	[illegible]	[illegible]	[illegible]	[illegible]	[illegible]	[illegible]	[illegible]	
5090	[illegible]	[illegible]	[illegible]	[illegible]	[illegible]	[illegible]	[illegible]	[illegible]	[illegible]	[illegible]	
91	[illegible]	[illegible]	[illegible]	[illegible]	[illegible]	[illegible]	[illegible]	[illegible]	[illegible]	[illegible]	
92	[illegible]	[illegible]	[illegible]	[illegible]	[illegible]	[illegible]	[illegible]	[illegible]	[illegible]	[illegible]	
93	[illegible]	[illegible]	[illegible]	[illegible]	[illegible]	[illegible]	[illegible]	[illegible]	[illegible]	[illegible]	
94	707.[illegible]	[illegible]	[illegible]	[illegible]	[illegible]	[illegible]	[illegible]	[illegible]	[illegible]	[illegible]	
5095	[illegible]	[illegible]	[illegible]	[illegible]	[illegible]	[illegible]	[illegible]	[illegible]	[illegible]	[illegible]	
96	[illegible]	[illegible]	[illegible]	[illegible]	[illegible]	[illegible]	[illegible]	[illegible]	[illegible]	[illegible]	
97	[illegible]	[illegible]	[illegible]	[illegible]	[illegible]	[illegible]	[illegible]	[illegible]	[illegible]	[illegible]	
98	[illegible]	[illegible]	[illegible]	[illegible]	[illegible]	[illegible]	[illegible]	[illegible]	[illegible]	[illegible]	
99	[illegible]	[illegible]	[illegible]	[illegible]	[illegible]	[illegible]	[illegible]	[illegible]	[illegible]	[illegible]	
5100	[illegible]	[illegible]	[illegible]	[illegible]	[illegible]	[illegible]	[illegible]	[illegible]	[illegible]	[illegible]	
01	[illegible]	[illegible]	[illegible]	[illegible]	[illegible]	[illegible]	[illegible]	[illegible]	[illegible]	[illegible]	
02	[illegible]	[illegible]	[illegible]	[illegible]	[illegible]	[illegible]	[illegible]	[illegible]	[illegible]	[illegible]	
03	[illegible]	[illegible]	[illegible]	[illegible]	[illegible]	[illegible]	[illegible]	[illegible]	[illegible]	[illegible]	
04	[illegible]	[illegible]	[illegible]	[illegible]	[illegible]	[illegible]	[illegible]	[illegible]	[illegible]	[illegible]	
5105	[illegible]	[illegible]	[illegible]	[illegible]	[illegible]	[illegible]	[illegible]	[illegible]	[illegible]	[illegible]	
06	708.[illegible]	[illegible]	[illegible]	[illegible]	[illegible]	[illegible]	[illegible]	[illegible]	[illegible]	[illegible]	
07	[illegible]	[illegible]	[illegible]	[illegible]	[illegible]	[illegible]	[illegible]	[illegible]	[illegible]	[illegible]	
08	[illegible]	[illegible]	[illegible]	[illegible]	[illegible]	[illegible]	[illegible]	[illegible]	[illegible]	[illegible]	85
09	[illegible]	[illegible]	[illegible]	[illegible]	[illegible]	[illegible]	[illegible]	[illegible]	[illegible]	[illegible]	
5110	[illegible]	[illegible]	[illegible]	[illegible]	[illegible]	[illegible]	[illegible]	[illegible]	[illegible]	[illegible]	
11	[illegible]	[illegible]	[illegible]	[illegible]	[illegible]	[illegible]	[illegible]	[illegible]	[illegible]	[illegible]	
12	[illegible]	[illegible]	[illegible]	[illegible]	[illegible]	[illegible]	[illegible]	[illegible]	[illegible]	[illegible]	
13	[illegible]	[illegible]	[illegible]	[illegible]	[illegible]	[illegible]	[illegible]	[illegible]	[illegible]	[illegible]	
14	[illegible]	[illegible]	[illegible]	[illegible]	[illegible]	[illegible]	[illegible]	[illegible]	[illegible]	[illegible]	
5115	[illegible]	[illegible]	[illegible]	[illegible]	[illegible]	[illegible]	[illegible]	[illegible]	[illegible]	[illegible]	
16	[illegible]	[illegible]	[illegible]	[illegible]	[illegible]	[illegible]	[illegible]	[illegible]	[illegible]	[illegible]	
17	709.[illegible]	[illegible]	[illegible]	[illegible]	[illegible]	[illegible]	[illegible]	[illegible]	[illegible]	[illegible]	
18	[illegible]	[illegible]	[illegible]	[illegible]	[illegible]	[illegible]	[illegible]	[illegible]	[illegible]	[illegible]	
19	[illegible]	[illegible]	[illegible]	[illegible]	[illegible]	[illegible]	[illegible]	[illegible]	[illegible]	[illegible]	
5120	[illegible]	[illegible]	[illegible]	[illegible]	[illegible]	[illegible]	[illegible]	[illegible]	[illegible]	[illegible]	
21	[illegible]	[illegible]	[illegible]	[illegible]	[illegible]	[illegible]	[illegible]	[illegible]	[illegible]	[illegible]	
22	[illegible]	[illegible]	[illegible]	[illegible]	[illegible]	[illegible]	[illegible]	[illegible]	[illegible]	[illegible]	
23	[illegible]	[illegible]	[illegible]	[illegible]	[illegible]	[illegible]	[illegible]	[illegible]	[illegible]	[illegible]	
24	[illegible]	[illegible]	[illegible]	[illegible]	[illegible]	[illegible]	[illegible]	[illegible]	[illegible]	[illegible]	
5125	[illegible]	[illegible]	[illegible]	[illegible]	[illegible]	[illegible]	[illegible]	[illegible]	[illegible]	[illegible]	
26	[illegible]	[illegible]	[illegible]	[illegible]	[illegible]	[illegible]	[illegible]	[illegible]	[illegible]	[illegible]	
27	[illegible]	[illegible]	[illegible]	[illegible]	[illegible]	[illegible]	[illegible]	[illegible]	[illegible]	[illegible]	
28	[illegible]	[illegible]	[illegible]	[illegible]	[illegible]	[illegible]	[illegible]	[illegible]	[illegible]	[illegible]	
29	710.[illegible]	[illegible]	[illegible]	[illegible]	[illegible]	[illegible]	[illegible]	[illegible]	[illegible]	[illegible]	
5130	[illegible]	[illegible]	[illegible]	[illegible]	[illegible]	[illegible]	[illegible]	[illegible]	[illegible]	[illegible]	
31	[illegible]	[illegible]	[illegible]	[illegible]	[illegible]	[illegible]	[illegible]	[illegible]	[illegible]	[illegible]	
32	[illegible]	[illegible]	[illegible]	[illegible]	[illegible]	[illegible]	[illegible]	[illegible]	[illegible]	[illegible]	
33	[illegible]	[illegible]	[illegible]	[illegible]	[illegible]	[illegible]	[illegible]	[illegible]	[illegible]	[illegible]	
34	[illegible]	[illegible]	[illegible]	[illegible]	[illegible]	[illegible]	[illegible]	[illegible]	[illegible]	[illegible]	
Num.	0	1	2	3	4	5	6	7	8	9	D.

N. 51350 L. 710

Num.	0	1	2	3	4	5	6	7	8	9	D.	Part.
5135	710.[illegible]	[illegible]	[illegible]	[illegible]	[illegible]	[illegible]	[illegible]	[illegible]	[illegible]	[illegible]		86 [illegible]
36	[illegible]	[illegible]	[illegible]	[illegible]	[illegible]	[illegible]	[illegible]	[illegible]	[illegible]	[illegible]		
37	[illegible]	[illegible]	[illegible]	[illegible]	[illegible]	[illegible]	[illegible]	[illegible]	[illegible]	[illegible]		
38	[illegible]	[illegible]	[illegible]	[illegible]	[illegible]	[illegible]	[illegible]	[illegible]	[illegible]	[illegible]		
39	[illegible]	[illegible]	[illegible]	[illegible]	[illegible]	[illegible]	[illegible]	[illegible]	[illegible]	[illegible]		
5140	[illegible]	[illegible]	[illegible]	[illegible]	[illegible]	[illegible]	[illegible]	[illegible]	[illegible]	[illegible]		
41	711.[illegible]	[illegible]	[illegible]	[illegible]	[illegible]	[illegible]	[illegible]	[illegible]	[illegible]	[illegible]		
42	[illegible]	[illegible]	[illegible]	[illegible]	[illegible]	[illegible]	[illegible]	[illegible]	[illegible]	[illegible]		
43	[illegible]	[illegible]	[illegible]	[illegible]	[illegible]	[illegible]	[illegible]	[illegible]	[illegible]	[illegible]		
44	[illegible]	[illegible]	[illegible]	[illegible]	[illegible]	[illegible]	[illegible]	[illegible]	[illegible]	[illegible]		
5145	[illegible]	[illegible]	[illegible]	[illegible]	[illegible]	[illegible]	[illegible]	[illegible]	[illegible]	[illegible]		
46	[illegible]	[illegible]	[illegible]	[illegible]	[illegible]	[illegible]	[illegible]	[illegible]	[illegible]	[illegible]		
47	[illegible]	[illegible]	[illegible]	[illegible]	[illegible]	[illegible]	[illegible]	[illegible]	[illegible]	[illegible]		
48	[illegible]	[illegible]	[illegible]	[illegible]	[illegible]	[illegible]	[illegible]	[illegible]	[illegible]	[illegible]		
49	[illegible]	[illegible]	[illegible]	[illegible]	[illegible]	[illegible]	[illegible]	[illegible]	[illegible]	[illegible]		
5150	[illegible]	[illegible]	[illegible]	[illegible]	[illegible]	[illegible]	[illegible]	[illegible]	[illegible]	[illegible]		
51	[illegible]	[illegible]	[illegible]	[illegible]	[illegible]	[illegible]	[illegible]	[illegible]	[illegible]	[illegible]		
52	[illegible]	[illegible]	[illegible]	[illegible]	[illegible]	[illegible]	[illegible]	[illegible]	[illegible]	[illegible]		
53	712.[illegible]	[illegible]	[illegible]	[illegible]	[illegible]	[illegible]	[illegible]	[illegible]	[illegible]	[illegible]		
54	[illegible]	[illegible]	[illegible]	[illegible]	[illegible]	[illegible]	[illegible]	[illegible]	[illegible]	[illegible]		85 [illegible]
5155	[illegible]	[illegible]	[illegible]	[illegible]	[illegible]	[illegible]	[illegible]	[illegible]	[illegible]	[illegible]		
56	[illegible]	[illegible]	[illegible]	[illegible]	[illegible]	[illegible]	[illegible]	[illegible]	[illegible]	[illegible]		
57	[illegible]	[illegible]	[illegible]	[illegible]	[illegible]	[illegible]	[illegible]	[illegible]	[illegible]	[illegible]		
58	[illegible]	[illegible]	[illegible]	[illegible]	[illegible]	[illegible]	[illegible]	[illegible]	[illegible]	[illegible]		
59	[illegible]	[illegible]	[illegible]	[illegible]	[illegible]	[illegible]	[illegible]	[illegible]	[illegible]	[illegible]		
5160	[illegible]	[illegible]	[illegible]	[illegible]	[illegible]	[illegible]	[illegible]	[illegible]	[illegible]	[illegible]		
61	[illegible]	[illegible]	[illegible]	[illegible]	[illegible]	[illegible]	[illegible]	[illegible]	[illegible]	[illegible]		
62	[illegible]	[illegible]	[illegible]	[illegible]	[illegible]	[illegible]	[illegible]	[illegible]	[illegible]	[illegible]		
63	[illegible]	[illegible]	[illegible]	[illegible]	[illegible]	[illegible]	[illegible]	[illegible]	[illegible]	[illegible]		
64	[illegible]	[illegible]	[illegible]	[illegible]	[illegible]	[illegible]	[illegible]	[illegible]	[illegible]	[illegible]		
5165	713.[illegible]	[illegible]	[illegible]	[illegible]	[illegible]	[illegible]	[illegible]	[illegible]	[illegible]	[illegible]		
66	[illegible]	[illegible]	[illegible]	[illegible]	[illegible]	[illegible]	[illegible]	[illegible]	[illegible]	[illegible]		
67	[illegible]	[illegible]	[illegible]	[illegible]	[illegible]	[illegible]	[illegible]	[illegible]	[illegible]	[illegible]		
68	[illegible]	[illegible]	[illegible]	[illegible]	[illegible]	[illegible]	[illegible]	[illegible]	[illegible]	[illegible]		
69	[illegible]	[illegible]	[illegible]	[illegible]	[illegible]	[illegible]	[illegible]	[illegible]	[illegible]	[illegible]	84	
5170	[illegible]	[illegible]	[illegible]	[illegible]	[illegible]	[illegible]	[illegible]	[illegible]	[illegible]	[illegible]		
71	[illegible]	[illegible]	[illegible]	[illegible]	[illegible]	[illegible]	[illegible]	[illegible]	[illegible]	[illegible]		
72	[illegible]	[illegible]	[illegible]	[illegible]	[illegible]	[illegible]	[illegible]	[illegible]	[illegible]	[illegible]		
73	[illegible]	[illegible]	[illegible]	[illegible]	[illegible]	[illegible]	[illegible]	[illegible]	[illegible]	[illegible]		84 [illegible]
74	[illegible]	[illegible]	[illegible]	[illegible]	[illegible]	[illegible]	[illegible]	[illegible]	[illegible]	[illegible]		
5175	[illegible]	[illegible]	[illegible]	[illegible]	[illegible]	[illegible]	[illegible]	[illegible]	[illegible]	[illegible]		
76	[illegible]	[illegible]	[illegible]	[illegible]	[illegible]	[illegible]	[illegible]	[illegible]	[illegible]	[illegible]		
77	714.[illegible]	[illegible]	[illegible]	[illegible]	[illegible]	[illegible]	[illegible]	[illegible]	[illegible]	[illegible]		
78	[illegible]	[illegible]	[illegible]	[illegible]	[illegible]	[illegible]	[illegible]	[illegible]	[illegible]	[illegible]		
79	[illegible]	[illegible]	[illegible]	[illegible]	[illegible]	[illegible]	[illegible]	[illegible]	[illegible]	[illegible]		
5180	[illegible]	[illegible]	[illegible]	[illegible]	[illegible]	[illegible]	[illegible]	[illegible]	[illegible]	[illegible]		
81	[illegible]	[illegible]	[illegible]	[illegible]	[illegible]	[illegible]	[illegible]	[illegible]	[illegible]	[illegible]		
82	[illegible]	[illegible]	[illegible]	[illegible]	[illegible]	[illegible]	[illegible]	[illegible]	[illegible]	[illegible]		
83	[illegible]	[illegible]	[illegible]	[illegible]	[illegible]	[illegible]	[illegible]	[illegible]	[illegible]	[illegible]		
84	[illegible]	[illegible]	[illegible]	[illegible]	[illegible]	[illegible]	[illegible]	[illegible]	[illegible]	[illegible]		
5185	[illegible]	[illegible]	[illegible]	[illegible]	[illegible]	[illegible]	[illegible]	[illegible]	[illegible]	[illegible]		
86	[illegible]	[illegible]	[illegible]	[illegible]	[illegible]	[illegible]	[illegible]	[illegible]	[illegible]	[illegible]		
87	[illegible]	[illegible]	[illegible]	[illegible]	[illegible]	[illegible]	[illegible]	[illegible]	[illegible]	[illegible]		
88	715.[illegible]	[illegible]	[illegible]	[illegible]	[illegible]	[illegible]	[illegible]	[illegible]	[illegible]	[illegible]		
89	[illegible]	[illegible]	[illegible]	[illegible]	[illegible]	[illegible]	[illegible]	[illegible]	[illegible]	[illegible]		
5190	[illegible]	[illegible]	[illegible]	[illegible]	[illegible]	[illegible]	[illegible]	[illegible]	[illegible]	[illegible]		
91	[illegible]	[illegible]	[illegible]	[illegible]	[illegible]	[illegible]	[illegible]	[illegible]	[illegible]	[illegible]		83 [illegible]
92	[illegible]	[illegible]	[illegible]	[illegible]	[illegible]	[illegible]	[illegible]	[illegible]	[illegible]	[illegible]		
93	[illegible]	[illegible]	[illegible]	[illegible]	[illegible]	[illegible]	[illegible]	[illegible]	[illegible]	[illegible]		
94	[illegible]	[illegible]	[illegible]	[illegible]	[illegible]	[illegible]	[illegible]	[illegible]	[illegible]	[illegible]		
5195	[illegible]	[illegible]	[illegible]	[illegible]	[illegible]	[illegible]	[illegible]	[illegible]	[illegible]	[illegible]		
96	[illegible]	[illegible]	[illegible]	[illegible]	[illegible]	[illegible]	[illegible]	[illegible]	[illegible]	[illegible]		
97	[illegible]	[illegible]	[illegible]	[illegible]	[illegible]	[illegible]	[illegible]	[illegible]	[illegible]	[illegible]		
98	[illegible]	[illegible]	[illegible]	[illegible]	[illegible]	[illegible]	[illegible]	[illegible]	[illegible]	[illegible]		
99	[illegible]	[illegible]	[illegible]	[illegible]	[illegible]	[illegible]	[illegible]	[illegible]	[illegible]	[illegible]		
Num.	0	1	2	3	4	5	6	7	8	9	D.	Part.

N. 52000 L. 716

Num.	0	1	2	3	4	5	6	7	8	9	D.
5200	716.00[illegible]	[illegible]	[illegible]	[illegible]	[illegible]	[illegible]	[illegible]	[illegible]	[illegible]	[illegible]	
01	[illegible]	[illegible]	[illegible]	[illegible]	[illegible]	[illegible]	[illegible]	[illegible]	[illegible]	[illegible]	
02	[illegible]	[illegible]	[illegible]	[illegible]	[illegible]	[illegible]	[illegible]	[illegible]	[illegible]	[illegible]	
03	[illegible]	[illegible]	[illegible]	[illegible]	[illegible]	[illegible]	[illegible]	[illegible]	[illegible]	[illegible]	
04	[illegible]	[illegible]	[illegible]	[illegible]	[illegible]	[illegible]	[illegible]	[illegible]	[illegible]	[illegible]	
5205	[illegible]	[illegible]	[illegible]	[illegible]	[illegible]	[illegible]	[illegible]	[illegible]	[illegible]	[illegible]	
06	[illegible]	[illegible]	[illegible]	[illegible]	[illegible]	[illegible]	[illegible]	[illegible]	[illegible]	[illegible]	
07	[illegible]	[illegible]	[illegible]	[illegible]	[illegible]	[illegible]	[illegible]	[illegible]	[illegible]	[illegible]	
08	[illegible]	[illegible]	[illegible]	[illegible]	[illegible]	[illegible]	[illegible]	[illegible]	[illegible]	[illegible]	
09	[illegible]	[illegible]	[illegible]	[illegible]	[illegible]	[illegible]	[illegible]	[illegible]	[illegible]	[illegible]	
5210	[illegible]	[illegible]	[illegible]	[illegible]	[illegible]	[illegible]	[illegible]	[illegible]	[illegible]	[illegible]	
11	[illegible]	[illegible]	[illegible]	[illegible]	[illegible]	[illegible]	[illegible]	[illegible]	[illegible]	[illegible]	
12	717.00[illegible]	[illegible]	[illegible]	[illegible]	[illegible]	[illegible]	[illegible]	[illegible]	[illegible]	[illegible]	
13	[illegible]	[illegible]	[illegible]	[illegible]	[illegible]	[illegible]	[illegible]	[illegible]	[illegible]	[illegible]	
14	[illegible]	[illegible]	[illegible]	[illegible]	[illegible]	[illegible]	[illegible]	[illegible]	[illegible]	[illegible]	
5215	[illegible]	[illegible]	[illegible]	[illegible]	[illegible]	[illegible]	[illegible]	[illegible]	[illegible]	[illegible]	
16	[illegible]	[illegible]	[illegible]	[illegible]	[illegible]	[illegible]	[illegible]	[illegible]	[illegible]	[illegible]	
17	[illegible]	[illegible]	[illegible]	[illegible]	[illegible]	[illegible]	[illegible]	[illegible]	[illegible]	[illegible]	
18	[illegible]	[illegible]	[illegible]	[illegible]	[illegible]	[illegible]	[illegible]	[illegible]	[illegible]	[illegible]	
19	[illegible]	[illegible]	[illegible]	[illegible]	[illegible]	[illegible]	[illegible]	[illegible]	[illegible]	[illegible]	
5220	[illegible]	[illegible]	[illegible]	[illegible]	[illegible]	[illegible]	[illegible]	[illegible]	[illegible]	[illegible]	
21	[illegible]	[illegible]	[illegible]	[illegible]	[illegible]	[illegible]	[illegible]	[illegible]	[illegible]	[illegible]	
22	[illegible]	[illegible]	[illegible]	[illegible]	[illegible]	[illegible]	[illegible]	[illegible]	[illegible]	[illegible]	
23	[illegible]	[illegible]	[illegible]	[illegible]	[illegible]	[illegible]	[illegible]	[illegible]	[illegible]	[illegible]	
24	718.00[illegible]	[illegible]	[illegible]	[illegible]	[illegible]	[illegible]	[illegible]	[illegible]	[illegible]	[illegible]	
5225	[illegible]	[illegible]	[illegible]	[illegible]	[illegible]	[illegible]	[illegible]	[illegible]	[illegible]	[illegible]	
26	[illegible]	[illegible]	[illegible]	[illegible]	[illegible]	[illegible]	[illegible]	[illegible]	[illegible]	[illegible]	
27	[illegible]	[illegible]	[illegible]	[illegible]	[illegible]	[illegible]	[illegible]	[illegible]	[illegible]	[illegible]	
28	[illegible]	[illegible]	[illegible]	[illegible]	[illegible]	[illegible]	[illegible]	[illegible]	[illegible]	[illegible]	
29	[illegible]	[illegible]	[illegible]	[illegible]	[illegible]	[illegible]	[illegible]	[illegible]	[illegible]	[illegible]	
5230	[illegible]	[illegible]	[illegible]	[illegible]	[illegible]	[illegible]	[illegible]	[illegible]	[illegible]	[illegible]	
31	[illegible]	[illegible]	[illegible]	[illegible]	[illegible]	[illegible]	[illegible]	[illegible]	[illegible]	[illegible]	
32	[illegible]	[illegible]	[illegible]	[illegible]	[illegible]	[illegible]	[illegible]	[illegible]	[illegible]	[illegible]	
33	[illegible]	[illegible]	[illegible]	[illegible]	[illegible]	[illegible]	[illegible]	[illegible]	[illegible]	[illegible]	
34	[illegible]	[illegible]	[illegible]	[illegible]	[illegible]	[illegible]	[illegible]	[illegible]	[illegible]	[illegible]	
5235	[illegible]	[illegible]	[illegible]	[illegible]	[illegible]	[illegible]	[illegible]	[illegible]	[illegible]	[illegible]	
36	[illegible]	[illegible]	[illegible]	[illegible]	[illegible]	[illegible]	[illegible]	[illegible]	[illegible]	[illegible]	
37	719.[illegible]	[illegible]	[illegible]	[illegible]	[illegible]	[illegible]	[illegible]	[illegible]	[illegible]	[illegible]	
38	[illegible]	[illegible]	[illegible]	[illegible]	[illegible]	[illegible]	[illegible]	[illegible]	[illegible]	[illegible]	
39	[illegible]	[illegible]	[illegible]	[illegible]	[illegible]	[illegible]	[illegible]	[illegible]	[illegible]	[illegible]	
5240	[illegible]	[illegible]	[illegible]	[illegible]	[illegible]	[illegible]	[illegible]	[illegible]	[illegible]	[illegible]	
41	[illegible]	[illegible]	[illegible]	[illegible]	[illegible]	[illegible]	[illegible]	[illegible]	[illegible]	[illegible]	
42	[illegible]	[illegible]	[illegible]	[illegible]	[illegible]	[illegible]	[illegible]	[illegible]	[illegible]	[illegible]	
43	[illegible]	[illegible]	[illegible]	[illegible]	[illegible]	[illegible]	[illegible]	[illegible]	[illegible]	[illegible]	
44	[illegible]	[illegible]	[illegible]	[illegible]	[illegible]	[illegible]	[illegible]	[illegible]	[illegible]	[illegible]	
5245	[illegible]	[illegible]	[illegible]	[illegible]	[illegible]	[illegible]	[illegible]	[illegible]	[illegible]	[illegible]	
46	[illegible]	[illegible]	[illegible]	[illegible]	[illegible]	[illegible]	[illegible]	[illegible]	[illegible]	[illegible]	
47	[illegible]	[illegible]	[illegible]	[illegible]	[illegible]	[illegible]	[illegible]	[illegible]	[illegible]	[illegible]	
48	[illegible]	[illegible]	[illegible]	[illegible]	[illegible]	[illegible]	[illegible]	[illegible]	[illegible]	[illegible]	
49	720.0[illegible]	[illegible]	[illegible]	[illegible]	[illegible]	[illegible]	[illegible]	[illegible]	[illegible]	[illegible]	
5250	[illegible]	[illegible]	[illegible]	[illegible]	[illegible]	[illegible]	[illegible]	[illegible]	[illegible]	[illegible]	
51	[illegible]	[illegible]	[illegible]	[illegible]	[illegible]	[illegible]	[illegible]	[illegible]	[illegible]	[illegible]	
52	[illegible]	[illegible]	[illegible]	[illegible]	[illegible]	[illegible]	[illegible]	[illegible]	[illegible]	[illegible]	
53	[illegible]	[illegible]	[illegible]	[illegible]	[illegible]	[illegible]	[illegible]	[illegible]	[illegible]	[illegible]	
54	[illegible]	[illegible]	[illegible]	[illegible]	[illegible]	[illegible]	[illegible]	[illegible]	[illegible]	[illegible]	
5255	[illegible]	[illegible]	[illegible]	[illegible]	[illegible]	[illegible]	[illegible]	[illegible]	[illegible]	[illegible]	
56	[illegible]	[illegible]	[illegible]	[illegible]	[illegible]	[illegible]	[illegible]	[illegible]	[illegible]	[illegible]	
57	[illegible]	[illegible]	[illegible]	[illegible]	[illegible]	[illegible]	[illegible]	[illegible]	[illegible]	[illegible]	
58	[illegible]	[illegible]	[illegible]	[illegible]	[illegible]	[illegible]	[illegible]	[illegible]	[illegible]	[illegible]	
59	[illegible]	[illegible]	[illegible]	[illegible]	[illegible]	[illegible]	[illegible]	[illegible]	[illegible]	[illegible]	
5260	[illegible]	[illegible]	[illegible]	[illegible]	[illegible]	[illegible]	[illegible]	[illegible]	[illegible]	[illegible]	
61	721.0[illegible]	[illegible]	[illegible]	[illegible]	[illegible]	[illegible]	[illegible]	[illegible]	[illegible]	[illegible]	
62	[illegible]	[illegible]	[illegible]	[illegible]	[illegible]	[illegible]	[illegible]	[illegible]	[illegible]	[illegible]	
63	[illegible]	[illegible]	[illegible]	[illegible]	[illegible]	[illegible]	[illegible]	[illegible]	[illegible]	[illegible]	
64	[illegible]	[illegible]	[illegible]	[illegible]	[illegible]	[illegible]	[illegible]	[illegible]	[illegible]	[illegible]	
Num.	0	1	2	3	4	5	6	7	8	9	D.

N. 52650 L. 721

Num.	0	1	2	3	4	5	6	7	8	9	D.	Part.
5265	721.[illegible]	[illegible]	[illegible]	[illegible]	[illegible]	[illegible]	[illegible]	[illegible]	[illegible]	[illegible]		[illegible]
66	[illegible]	[illegible]	[illegible]	[illegible]	[illegible]	[illegible]	[illegible]	[illegible]	[illegible]	[illegible]		
67	[illegible]	[illegible]	[illegible]	[illegible]	[illegible]	[illegible]	[illegible]	[illegible]	[illegible]	[illegible]		
68	[illegible]	[illegible]	[illegible]	[illegible]	[illegible]	[illegible]	[illegible]	[illegible]	[illegible]	[illegible]		
69	[illegible]	[illegible]	[illegible]	[illegible]	[illegible]	[illegible]	[illegible]	[illegible]	[illegible]	[illegible]		
5270	[illegible]	[illegible]	[illegible]	[illegible]	[illegible]	[illegible]	[illegible]	[illegible]	[illegible]	[illegible]		
71	[illegible]	[illegible]	[illegible]	[illegible]	[illegible]	[illegible]	[illegible]	[illegible]	[illegible]	[illegible]		
72	[illegible]	[illegible]	[illegible]	[illegible]	[illegible]	[illegible]	[illegible]	[illegible]	[illegible]	[illegible]		
73	722.05[illegible]	[illegible]	[illegible]	[illegible]	[illegible]	[illegible]	[illegible]	[illegible]	[illegible]	[illegible]		
74	[illegible]	[illegible]	[illegible]	[illegible]	[illegible]	[illegible]	[illegible]	[illegible]	[illegible]	[illegible]		
5275	[illegible]	[illegible]	[illegible]	[illegible]	[illegible]	[illegible]	[illegible]	[illegible]	[illegible]	[illegible]		
76	[illegible]	[illegible]	[illegible]	[illegible]	[illegible]	[illegible]	[illegible]	[illegible]	[illegible]	[illegible]		
77	[illegible]	[illegible]	[illegible]	[illegible]	[illegible]	[illegible]	[illegible]	[illegible]	[illegible]	[illegible]		
78	[illegible]	[illegible]	[illegible]	[illegible]	[illegible]	[illegible]	[illegible]	[illegible]	[illegible]	[illegible]		
79	[illegible]	[illegible]	[illegible]	[illegible]	[illegible]	[illegible]	[illegible]	[illegible]	[illegible]	[illegible]		
5280	[illegible]	[illegible]	[illegible]	[illegible]	[illegible]	[illegible]	[illegible]	[illegible]	[illegible]	[illegible]		
81	[illegible]	[illegible]	[illegible]	[illegible]	[illegible]	[illegible]	[illegible]	[illegible]	[illegible]	[illegible]		
82	[illegible]	[illegible]	[illegible]	[illegible]	[illegible]	[illegible]	[illegible]	[illegible]	[illegible]	[illegible]		
83	[illegible]	[illegible]	[illegible]	[illegible]	[illegible]	[illegible]	[illegible]	[illegible]	[illegible]	[illegible]		
84	[illegible]	[illegible]	[illegible]	[illegible]	[illegible]	[illegible]	[illegible]	[illegible]	[illegible]	[illegible]		
5285	723.04[illegible]	[illegible]	[illegible]	[illegible]	[illegible]	[illegible]	[illegible]	[illegible]	[illegible]	[illegible]		[illegible]
86	[illegible]	[illegible]	[illegible]	[illegible]	[illegible]	[illegible]	[illegible]	[illegible]	[illegible]	[illegible]		
87	[illegible]	[illegible]	[illegible]	[illegible]	[illegible]	[illegible]	[illegible]	[illegible]	[illegible]	[illegible]		
88	[illegible]	[illegible]	[illegible]	[illegible]	[illegible]	[illegible]	[illegible]	[illegible]	[illegible]	[illegible]		
89	[illegible]	[illegible]	[illegible]	[illegible]	[illegible]	[illegible]	[illegible]	[illegible]	[illegible]	[illegible]		
5290	[illegible]	[illegible]	[illegible]	[illegible]	[illegible]	[illegible]	[illegible]	[illegible]	[illegible]	[illegible]		
91	[illegible]	[illegible]	[illegible]	[illegible]	[illegible]	[illegible]	[illegible]	[illegible]	[illegible]	[illegible]		
92	[illegible]	[illegible]	[illegible]	[illegible]	[illegible]	[illegible]	[illegible]	[illegible]	[illegible]	[illegible]		
93	[illegible]	[illegible]	[illegible]	[illegible]	[illegible]	[illegible]	[illegible]	[illegible]	[illegible]	[illegible]		
94	[illegible]	[illegible]	[illegible]	[illegible]	[illegible]	[illegible]	[illegible]	[illegible]	[illegible]	[illegible]		
5295	[illegible]	[illegible]	[illegible]	[illegible]	[illegible]	[illegible]	[illegible]	[illegible]	[illegible]	[illegible]		
96	[illegible]	[illegible]	[illegible]	[illegible]	[illegible]	[illegible]	[illegible]	[illegible]	[illegible]	[illegible]		
97	724.03[illegible]	[illegible]	[illegible]	[illegible]	[illegible]	[illegible]	[illegible]	[illegible]	[illegible]	[illegible]		
98	[illegible]	[illegible]	[illegible]	[illegible]	[illegible]	[illegible]	[illegible]	[illegible]	[illegible]	[illegible]		
99	[illegible]	[illegible]	[illegible]	[illegible]	[illegible]	[illegible]	[illegible]	[illegible]	[illegible]	[illegible]		
5300	[illegible]	[illegible]	[illegible]	[illegible]	[illegible]	[illegible]	[illegible]	[illegible]	[illegible]	[illegible]		[illegible]
01	[illegible]	[illegible]	[illegible]	[illegible]	[illegible]	[illegible]	[illegible]	[illegible]	[illegible]	[illegible]		
02	[illegible]	[illegible]	[illegible]	[illegible]	[illegible]	[illegible]	[illegible]	[illegible]	[illegible]	[illegible]		
03	[illegible]	[illegible]	[illegible]	[illegible]	[illegible]	[illegible]	[illegible]	[illegible]	[illegible]	[illegible]		
04	[illegible]	[illegible]	[illegible]	[illegible]	[illegible]	[illegible]	[illegible]	[illegible]	[illegible]	[illegible]		
5305	[illegible]	[illegible]	[illegible]	[illegible]	[illegible]	[illegible]	[illegible]	[illegible]	[illegible]	[illegible]		
06	[illegible]	[illegible]	[illegible]	[illegible]	[illegible]	[illegible]	[illegible]	[illegible]	[illegible]	[illegible]		
07	[illegible]	[illegible]	[illegible]	[illegible]	[illegible]	[illegible]	[illegible]	[illegible]	[illegible]	[illegible]		
08	[illegible]	[illegible]	[illegible]	[illegible]	[illegible]	[illegible]	[illegible]	[illegible]	[illegible]	[illegible]		
09	725.01[illegible]	[illegible]	[illegible]	[illegible]	[illegible]	[illegible]	[illegible]	[illegible]	[illegible]	[illegible]		
5310	[illegible]	[illegible]	[illegible]	[illegible]	[illegible]	[illegible]	[illegible]	[illegible]	[illegible]	[illegible]		
11	[illegible]	[illegible]	[illegible]	[illegible]	[illegible]	[illegible]	[illegible]	[illegible]	[illegible]	[illegible]		
12	[illegible]	[illegible]	[illegible]	[illegible]	[illegible]	[illegible]	[illegible]	[illegible]	[illegible]	[illegible]		
13	[illegible]	[illegible]	[illegible]	[illegible]	[illegible]	[illegible]	[illegible]	[illegible]	[illegible]	[illegible]		
14	[illegible]	[illegible]	[illegible]	[illegible]	[illegible]	[illegible]	[illegible]	[illegible]	[illegible]	[illegible]		
5315	[illegible]	[illegible]	[illegible]	[illegible]	[illegible]	[illegible]	[illegible]	[illegible]	[illegible]	[illegible]		
16	[illegible]	[illegible]	[illegible]	[illegible]	[illegible]	[illegible]	[illegible]	[illegible]	[illegible]	[illegible]		
17	[illegible]	[illegible]	[illegible]	[illegible]	[illegible]	[illegible]	[illegible]	[illegible]	[illegible]	[illegible]		
18	[illegible]	[illegible]	[illegible]	[illegible]	[illegible]	[illegible]	[illegible]	[illegible]	[illegible]	[illegible]		
19	[illegible]	[illegible]	[illegible]	[illegible]	[illegible]	[illegible]	[illegible]	[illegible]	[illegible]	[illegible]		
5320	[illegible]	[illegible]	[illegible]	[illegible]	[illegible]	[illegible]	[illegible]	[illegible]	[illegible]	[illegible]		[illegible]
21	[illegible]	[illegible]	[illegible]	[illegible]	[illegible]	[illegible]	[illegible]	[illegible]	[illegible]	[illegible]		
22	726.0[illegible]	[illegible]	[illegible]	[illegible]	[illegible]	[illegible]	[illegible]	[illegible]	[illegible]	[illegible]		
23	[illegible]	[illegible]	[illegible]	[illegible]	[illegible]	[illegible]	[illegible]	[illegible]	[illegible]	[illegible]		
24	[illegible]	[illegible]	[illegible]	[illegible]	[illegible]	[illegible]	[illegible]	[illegible]	[illegible]	[illegible]		
5325	[illegible]	[illegible]	[illegible]	[illegible]	[illegible]	[illegible]	[illegible]	[illegible]	[illegible]	[illegible]		
26	[illegible]	[illegible]	[illegible]	[illegible]	[illegible]	[illegible]	[illegible]	[illegible]	[illegible]	[illegible]		
27	[illegible]	[illegible]	[illegible]	[illegible]	[illegible]	[illegible]	[illegible]	[illegible]	[illegible]	[illegible]		
28	[illegible]	[illegible]	[illegible]	[illegible]	[illegible]	[illegible]	[illegible]	[illegible]	[illegible]	[illegible]		
29	[illegible]	[illegible]	[illegible]	[illegible]	[illegible]	[illegible]	[illegible]	[illegible]	[illegible]	[illegible]		
Num.	0	1	2	3	4	5	6	7	8	9	D.	Part.

N. 53300 L. 726

Num.	0	1	2	3	4	5	6	7	8	9	D.
5330	[illegible]	[illegible]	[illegible]	[illegible]	[illegible]	[illegible]	[illegible]	[illegible]	[illegible]	[illegible]	
31	[illegible]	[illegible]	[illegible]	[illegible]	[illegible]	[illegible]	[illegible]	[illegible]	[illegible]	[illegible]	
32	[illegible]	[illegible]	[illegible]	[illegible]	[illegible]	[illegible]	[illegible]	[illegible]	[illegible]	[illegible]	
33	[illegible]	[illegible]	[illegible]	[illegible]	[illegible]	[illegible]	[illegible]	[illegible]	[illegible]	[illegible]	
34	[illegible]	[illegible]	[illegible]	[illegible]	[illegible]	7937	1019	[illegible]	[illegible]	[illegible]	
5335	1344	1426	1507	[illegible]	[illegible]	1751	1833	[illegible]	[illegible]	2077	
36	[illegible]	[illegible]	[illegible]	[illegible]	[illegible]	[illegible]	[illegible]	[illegible]	[illegible]	[illegible]	
37	[illegible]	[illegible]	[illegible]	[illegible]	[illegible]	[illegible]	[illegible]	[illegible]	[illegible]	[illegible]	
38	[illegible]	[illegible]	[illegible]	[illegible]	[illegible]	[illegible]	[illegible]	[illegible]	[illegible]	[illegible]	
39	[illegible]	[illegible]	[illegible]	[illegible]	[illegible]	[illegible]	[illegible]	[illegible]	[illegible]	[illegible]	
5340	[illegible]	[illegible]	[illegible]	[illegible]	[illegible]	[illegible]	[illegible]	[illegible]	[illegible]	[illegible]	
41	[illegible]	[illegible]	[illegible]	[illegible]	[illegible]	[illegible]	[illegible]	[illegible]	[illegible]	[illegible]	
42	[illegible]	[illegible]	[illegible]	[illegible]	[illegible]	[illegible]	[illegible]	[illegible]	[illegible]	[illegible]	
43	[illegible]	[illegible]	[illegible]	[illegible]	[illegible]	[illegible]	[illegible]	[illegible]	[illegible]	[illegible]	
44	[illegible]	[illegible]	[illegible]	[illegible]	[illegible]	[illegible]	[illegible]	[illegible]	[illegible]	[illegible]	
5345	[illegible]	[illegible]	[illegible]	[illegible]	[illegible]	[illegible]	[illegible]	[illegible]	[illegible]	[illegible]	
46	[illegible]	[illegible]	[illegible]	[illegible]	[illegible]	[illegible]	[illegible]	[illegible]	[illegible]	[illegible]	
47	[illegible]	[illegible]	[illegible]	[illegible]	[illegible]	[illegible]	[illegible]	[illegible]	[illegible]	[illegible]	
48	[illegible]	[illegible]	[illegible]	[illegible]	[illegible]	[illegible]	[illegible]	[illegible]	[illegible]	[illegible]	
49	[illegible]	[illegible]	[illegible]	[illegible]	[illegible]	[illegible]	[illegible]	[illegible]	[illegible]	[illegible]	
5350	[illegible]	[illegible]	[illegible]	[illegible]	[illegible]	[illegible]	[illegible]	[illegible]	[illegible]	[illegible]	
51	[illegible]	[illegible]	[illegible]	[illegible]	[illegible]	[illegible]	[illegible]	[illegible]	[illegible]	[illegible]	
52	[illegible]	[illegible]	[illegible]	[illegible]	[illegible]	[illegible]	[illegible]	[illegible]	[illegible]	[illegible]	
53	[illegible]	[illegible]	[illegible]	[illegible]	[illegible]	[illegible]	[illegible]	[illegible]	[illegible]	[illegible]	
54	[illegible]	[illegible]	[illegible]	[illegible]	[illegible]	[illegible]	[illegible]	[illegible]	[illegible]	[illegible]	
5355	[illegible]	[illegible]	[illegible]	[illegible]	[illegible]	[illegible]	[illegible]	[illegible]	[illegible]	[illegible]	
56	[illegible]	[illegible]	[illegible]	[illegible]	[illegible]	[illegible]	[illegible]	[illegible]	[illegible]	[illegible]	
57	[illegible]	[illegible]	[illegible]	[illegible]	[illegible]	[illegible]	[illegible]	[illegible]	[illegible]	[illegible]	
58	[illegible]	[illegible]	[illegible]	[illegible]	[illegible]	[illegible]	[illegible]	[illegible]	[illegible]	[illegible]	
59	[illegible]	[illegible]	[illegible]	[illegible]	[illegible]	[illegible]	[illegible]	[illegible]	[illegible]	[illegible]	
5360	[illegible]	[illegible]	[illegible]	[illegible]	[illegible]	[illegible]	[illegible]	[illegible]	[illegible]	[illegible]	
61	[illegible]	[illegible]	[illegible]	[illegible]	[illegible]	[illegible]	[illegible]	[illegible]	[illegible]	[illegible]	81
62	[illegible]	[illegible]	[illegible]	[illegible]	[illegible]	[illegible]	[illegible]	[illegible]	[illegible]	[illegible]	
63	[illegible]	[illegible]	[illegible]	[illegible]	[illegible]	[illegible]	[illegible]	[illegible]	[illegible]	[illegible]	
64	[illegible]	[illegible]	[illegible]	[illegible]	[illegible]	[illegible]	[illegible]	[illegible]	[illegible]	[illegible]	
5365	[illegible]	[illegible]	[illegible]	[illegible]	[illegible]	[illegible]	[illegible]	[illegible]	[illegible]	[illegible]	
66	[illegible]	[illegible]	[illegible]	[illegible]	[illegible]	[illegible]	[illegible]	[illegible]	[illegible]	[illegible]	
67	[illegible]	[illegible]	[illegible]	[illegible]	[illegible]	[illegible]	[illegible]	[illegible]	[illegible]	[illegible]	
68	[illegible]	[illegible]	[illegible]	[illegible]	[illegible]	[illegible]	[illegible]	[illegible]	[illegible]	[illegible]	
69	[illegible]	[illegible]	[illegible]	[illegible]	[illegible]	[illegible]	[illegible]	[illegible]	[illegible]	[illegible]	
5370	[illegible]	[illegible]	[illegible]	[illegible]	[illegible]	[illegible]	[illegible]	[illegible]	[illegible]	[illegible]	
71	[illegible]	[illegible]	[illegible]	[illegible]	[illegible]	[illegible]	[illegible]	[illegible]	[illegible]	[illegible]	
72	[illegible]	[illegible]	[illegible]	[illegible]	[illegible]	[illegible]	[illegible]	[illegible]	[illegible]	[illegible]	
73	[illegible]	[illegible]	[illegible]	[illegible]	[illegible]	[illegible]	[illegible]	[illegible]	[illegible]	[illegible]	
74	[illegible]	[illegible]	[illegible]	[illegible]	[illegible]	[illegible]	[illegible]	[illegible]	[illegible]	[illegible]	
5375	[illegible]	[illegible]	[illegible]	[illegible]	[illegible]	[illegible]	[illegible]	[illegible]	[illegible]	[illegible]	
76	[illegible]	[illegible]	[illegible]	[illegible]	[illegible]	[illegible]	[illegible]	[illegible]	[illegible]	[illegible]	
77	[illegible]	[illegible]	[illegible]	[illegible]	[illegible]	[illegible]	[illegible]	[illegible]	[illegible]	[illegible]	
78	[illegible]	[illegible]	[illegible]	[illegible]	[illegible]	[illegible]	[illegible]	[illegible]	[illegible]	[illegible]	
79	[illegible]	[illegible]	[illegible]	[illegible]	[illegible]	[illegible]	[illegible]	[illegible]	[illegible]	[illegible]	
5380	[illegible]	[illegible]	[illegible]	[illegible]	[illegible]	[illegible]	[illegible]	[illegible]	[illegible]	[illegible]	
81	[illegible]	[illegible]	[illegible]	[illegible]	[illegible]	[illegible]	[illegible]	[illegible]	[illegible]	[illegible]	
82	[illegible]	[illegible]	[illegible]	[illegible]	[illegible]	[illegible]	[illegible]	[illegible]	[illegible]	[illegible]	
83	[illegible]	[illegible]	[illegible]	[illegible]	[illegible]	[illegible]	[illegible]	[illegible]	[illegible]	[illegible]	
84	[illegible]	[illegible]	[illegible]	[illegible]	[illegible]	[illegible]	[illegible]	[illegible]	[illegible]	[illegible]	
5385	[illegible]	[illegible]	[illegible]	[illegible]	[illegible]	[illegible]	[illegible]	[illegible]	[illegible]	[illegible]	
86	[illegible]	[illegible]	[illegible]	[illegible]	[illegible]	[illegible]	[illegible]	[illegible]	[illegible]	[illegible]	
87	[illegible]	[illegible]	[illegible]	[illegible]	[illegible]	[illegible]	[illegible]	[illegible]	[illegible]	[illegible]	
88	[illegible]	[illegible]	[illegible]	[illegible]	[illegible]	[illegible]	[illegible]	[illegible]	[illegible]	[illegible]	
89	[illegible]	[illegible]	[illegible]	[illegible]	[illegible]	[illegible]	[illegible]	[illegible]	[illegible]	[illegible]	
5390	[illegible]	[illegible]	[illegible]	[illegible]	[illegible]	[illegible]	[illegible]	[illegible]	[illegible]	[illegible]	
91	[illegible]	[illegible]	[illegible]	[illegible]	[illegible]	[illegible]	[illegible]	[illegible]	[illegible]	[illegible]	
92	[illegible]	[illegible]	[illegible]	[illegible]	[illegible]	[illegible]	[illegible]	[illegible]	[illegible]	[illegible]	
93	[illegible]	[illegible]	[illegible]	[illegible]	[illegible]	[illegible]	[illegible]	[illegible]	[illegible]	[illegible]	
94	[illegible]	[illegible]	[illegible]	[illegible]	[illegible]	[illegible]	[illegible]	[illegible]	[illegible]	[illegible]	
Num.	0	1	2	3	4	5	6	7	8	9	D.

N. 53950 L. 731

Num.	0	1	2	3	4	5	6	7	8	9	D.	Part.
5395	[illegible]	[illegible]	[illegible]	[illegible]	[illegible]	[illegible]	[illegible]	[illegible]	[illegible]	[illegible]		[illegible]
96	[illegible]	[illegible]	[illegible]	[illegible]	[illegible]	[illegible]	[illegible]	[illegible]	[illegible]	[illegible]		
97	[illegible]	[illegible]	[illegible]	[illegible]	[illegible]	[illegible]	[illegible]	[illegible]	[illegible]	[illegible]		
98	[illegible]	[illegible]	[illegible]	[illegible]	[illegible]	[illegible]	[illegible]	[illegible]	[illegible]	[illegible]		
99	[illegible]	[illegible]	[illegible]	[illegible]	[illegible]	[illegible]	[illegible]	[illegible]	[illegible]	[illegible]		
5400	[illegible]	[illegible]	[illegible]	[illegible]	[illegible]	[illegible]	[illegible]	[illegible]	[illegible]	[illegible]		
01	[illegible]	[illegible]	[illegible]	[illegible]	[illegible]	[illegible]	[illegible]	[illegible]	[illegible]	[illegible]		
02	[illegible]	[illegible]	[illegible]	[illegible]	[illegible]	[illegible]	[illegible]	[illegible]	[illegible]	[illegible]		
03	[illegible]	[illegible]	[illegible]	[illegible]	[illegible]	[illegible]	[illegible]	[illegible]	[illegible]	[illegible]		
04	[illegible]	[illegible]	[illegible]	[illegible]	[illegible]	[illegible]	[illegible]	[illegible]	[illegible]	[illegible]		
5405	[illegible]	[illegible]	[illegible]	[illegible]	[illegible]	[illegible]	[illegible]	[illegible]	[illegible]	[illegible]		
06	[illegible]	[illegible]	[illegible]	[illegible]	[illegible]	[illegible]	[illegible]	[illegible]	[illegible]	[illegible]		
07	[illegible]	[illegible]	[illegible]	[illegible]	[illegible]	[illegible]	[illegible]	[illegible]	[illegible]	[illegible]		
08	[illegible]	[illegible]	[illegible]	[illegible]	[illegible]	[illegible]	[illegible]	[illegible]	[illegible]	[illegible]		
09	[illegible]	[illegible]	[illegible]	[illegible]	[illegible]	[illegible]	[illegible]	[illegible]	[illegible]	[illegible]		
5410	[illegible]	[illegible]	[illegible]	[illegible]	[illegible]	[illegible]	[illegible]	[illegible]	[illegible]	[illegible]		
11	[illegible]	[illegible]	[illegible]	[illegible]	[illegible]	[illegible]	[illegible]	[illegible]	[illegible]	[illegible]		
12	[illegible]	[illegible]	[illegible]	[illegible]	[illegible]	[illegible]	[illegible]	[illegible]	[illegible]	[illegible]		
13	[illegible]	[illegible]	[illegible]	[illegible]	[illegible]	[illegible]	[illegible]	[illegible]	[illegible]	[illegible]		
14	[illegible]	[illegible]	[illegible]	[illegible]	[illegible]	[illegible]	[illegible]	[illegible]	[illegible]	[illegible]		81
5415	[illegible]	[illegible]	[illegible]	[illegible]	[illegible]	[illegible]	[illegible]	[illegible]	[illegible]	[illegible]		
16	[illegible]	[illegible]	[illegible]	[illegible]	[illegible]	[illegible]	[illegible]	[illegible]	[illegible]	[illegible]		
17	[illegible]	[illegible]	[illegible]	[illegible]	[illegible]	[illegible]	[illegible]	[illegible]	[illegible]	[illegible]		
18	[illegible]	[illegible]	[illegible]	[illegible]	[illegible]	[illegible]	[illegible]	[illegible]	[illegible]	[illegible]		
19	[illegible]	[illegible]	[illegible]	[illegible]	[illegible]	[illegible]	[illegible]	[illegible]	[illegible]	[illegible]		
5420	[illegible]	[illegible]	[illegible]	[illegible]	[illegible]	[illegible]	[illegible]	[illegible]	[illegible]	[illegible]		
21	[illegible]	[illegible]	[illegible]	[illegible]	[illegible]	[illegible]	[illegible]	[illegible]	[illegible]	[illegible]		
22	[illegible]	[illegible]	[illegible]	[illegible]	[illegible]	[illegible]	[illegible]	[illegible]	[illegible]	[illegible]		
23	[illegible]	[illegible]	[illegible]	[illegible]	[illegible]	[illegible]	[illegible]	[illegible]	[illegible]	[illegible]	80	
24	[illegible]	[illegible]	[illegible]	[illegible]	[illegible]	[illegible]	[illegible]	[illegible]	[illegible]	[illegible]		
5425	[illegible]	[illegible]	[illegible]	[illegible]	[illegible]	[illegible]	[illegible]	[illegible]	[illegible]	[illegible]		
26	[illegible]	[illegible]	[illegible]	[illegible]	[illegible]	[illegible]	[illegible]	[illegible]	[illegible]	[illegible]		
27	[illegible]	[illegible]	[illegible]	[illegible]	[illegible]	[illegible]	[illegible]	[illegible]	[illegible]	[illegible]		
28	[illegible]	[illegible]	[illegible]	[illegible]	[illegible]	[illegible]	[illegible]	[illegible]	[illegible]	[illegible]		
29	[illegible]	[illegible]	[illegible]	[illegible]	[illegible]	[illegible]	[illegible]	[illegible]	[illegible]	[illegible]		80
5430	[illegible]	[illegible]	[illegible]	[illegible]	[illegible]	[illegible]	[illegible]	[illegible]	[illegible]	[illegible]		
31	[illegible]	[illegible]	[illegible]	[illegible]	[illegible]	[illegible]	[illegible]	[illegible]	[illegible]	[illegible]		
32	[illegible]	[illegible]	[illegible]	[illegible]	[illegible]	[illegible]	[illegible]	[illegible]	[illegible]	[illegible]		
33	[illegible]	[illegible]	[illegible]	[illegible]	[illegible]	[illegible]	[illegible]	[illegible]	[illegible]	[illegible]		
34	[illegible]	[illegible]	[illegible]	[illegible]	[illegible]	[illegible]	[illegible]	[illegible]	[illegible]	[illegible]		
5435	[illegible]	[illegible]	[illegible]	[illegible]	[illegible]	[illegible]	[illegible]	[illegible]	[illegible]	[illegible]		
36	[illegible]	[illegible]	[illegible]	[illegible]	[illegible]	[illegible]	[illegible]	[illegible]	[illegible]	[illegible]		
37	[illegible]	[illegible]	[illegible]	[illegible]	[illegible]	[illegible]	[illegible]	[illegible]	[illegible]	[illegible]		
38	[illegible]	[illegible]	[illegible]	[illegible]	[illegible]	[illegible]	[illegible]	[illegible]	[illegible]	[illegible]		
39	[illegible]	[illegible]	[illegible]	[illegible]	[illegible]	[illegible]	[illegible]	[illegible]	[illegible]	[illegible]		
5440	[illegible]	[illegible]	[illegible]	[illegible]	[illegible]	[illegible]	[illegible]	[illegible]	[illegible]	[illegible]		
41	[illegible]	[illegible]	[illegible]	[illegible]	[illegible]	[illegible]	[illegible]	[illegible]	[illegible]	[illegible]		
42	[illegible]	[illegible]	[illegible]	[illegible]	[illegible]	[illegible]	[illegible]	[illegible]	[illegible]	[illegible]		
43	[illegible]	[illegible]	[illegible]	[illegible]	[illegible]	[illegible]	[illegible]	[illegible]	[illegible]	[illegible]		
44	[illegible]	[illegible]	[illegible]	[illegible]	[illegible]	[illegible]	[illegible]	[illegible]	[illegible]	[illegible]		
5445	[illegible]	[illegible]	[illegible]	[illegible]	[illegible]	[illegible]	[illegible]	[illegible]	[illegible]	[illegible]		
46	[illegible]	[illegible]	[illegible]	[illegible]	[illegible]	[illegible]	[illegible]	[illegible]	[illegible]	[illegible]		
47	[illegible]	[illegible]	[illegible]	[illegible]	[illegible]	[illegible]	[illegible]	[illegible]	[illegible]	[illegible]		
48	[illegible]	[illegible]	[illegible]	[illegible]	[illegible]	[illegible]	[illegible]	[illegible]	[illegible]	[illegible]		
49	[illegible]	[illegible]	[illegible]	[illegible]	[illegible]	[illegible]	[illegible]	[illegible]	[illegible]	[illegible]		
5450	[illegible]	[illegible]	[illegible]	[illegible]	[illegible]	[illegible]	[illegible]	[illegible]	[illegible]	[illegible]		79
51	[illegible]	[illegible]	[illegible]	[illegible]	[illegible]	[illegible]	[illegible]	[illegible]	[illegible]	[illegible]		
52	[illegible]	[illegible]	[illegible]	[illegible]	[illegible]	[illegible]	[illegible]	[illegible]	[illegible]	[illegible]		
53	[illegible]	[illegible]	[illegible]	[illegible]	[illegible]	[illegible]	[illegible]	[illegible]	[illegible]	[illegible]		
54	[illegible]	[illegible]	[illegible]	[illegible]	[illegible]	[illegible]	[illegible]	[illegible]	[illegible]	[illegible]		
5455	[illegible]	[illegible]	[illegible]	[illegible]	[illegible]	[illegible]	[illegible]	[illegible]	[illegible]	[illegible]		
56	[illegible]	[illegible]	[illegible]	[illegible]	[illegible]	[illegible]	[illegible]	[illegible]	[illegible]	[illegible]		
57	[illegible]	[illegible]	[illegible]	[illegible]	[illegible]	[illegible]	[illegible]	[illegible]	[illegible]	[illegible]		
58	[illegible]	[illegible]	[illegible]	[illegible]	[illegible]	[illegible]	[illegible]	[illegible]	[illegible]	[illegible]		
59	[illegible]	[illegible]	[illegible]	[illegible]	[illegible]	[illegible]	[illegible]	[illegible]	[illegible]	[illegible]		
Num.	0	1	2	3	4	5	6	7	8	9	D.	Part.

N. 54600 L. 737

Num.	0	1	2	3	4	5	6	7	8	9	D.
5460	737.[illegible]	[illegible]	[illegible]	[illegible]	[illegible]	[illegible]	[illegible]	[illegible]	[illegible]	[illegible]	
61	[illegible]	[illegible]	[illegible]	[illegible]	[illegible]	[illegible]	[illegible]	[illegible]	[illegible]	[illegible]	
62	[illegible]	[illegible]	[illegible]	[illegible]	[illegible]	[illegible]	[illegible]	[illegible]	[illegible]	[illegible]	
63	[illegible]	[illegible]	[illegible]	[illegible]	[illegible]	[illegible]	[illegible]	[illegible]	[illegible]	[illegible]	
64	[illegible]	[illegible]	[illegible]	[illegible]	[illegible]	[illegible]	[illegible]	[illegible]	[illegible]	[illegible]	
5465	[illegible]	[illegible]	[illegible]	[illegible]	[illegible]	[illegible]	[illegible]	[illegible]	[illegible]	[illegible]	
66	[illegible]	[illegible]	[illegible]	[illegible]	[illegible]	[illegible]	[illegible]	[illegible]	[illegible]	[illegible]	
67	[illegible]	[illegible]	[illegible]	[illegible]	[illegible]	[illegible]	[illegible]	[illegible]	[illegible]	[illegible]	
68	[illegible]	[illegible]	[illegible]	[illegible]	[illegible]	[illegible]	[illegible]	[illegible]	[illegible]	[illegible]	
69	[illegible]	[illegible]	[illegible]	[illegible]	[illegible]	[illegible]	[illegible]	[illegible]	[illegible]	[illegible]	
5470	[illegible]	[illegible]	[illegible]	[illegible]	[illegible]	[illegible]	[illegible]	[illegible]	[illegible]	[illegible]	
71	738.[illegible]	[illegible]	[illegible]	[illegible]	[illegible]	[illegible]	[illegible]	[illegible]	[illegible]	[illegible]	
72	[illegible]	[illegible]	[illegible]	[illegible]	[illegible]	[illegible]	[illegible]	[illegible]	[illegible]	[illegible]	
73	[illegible]	[illegible]	[illegible]	[illegible]	[illegible]	[illegible]	[illegible]	[illegible]	[illegible]	[illegible]	
74	[illegible]	[illegible]	[illegible]	[illegible]	[illegible]	[illegible]	[illegible]	[illegible]	[illegible]	[illegible]	
5475	[illegible]	[illegible]	[illegible]	[illegible]	[illegible]	[illegible]	[illegible]	[illegible]	[illegible]	[illegible]	
76	[illegible]	[illegible]	[illegible]	[illegible]	[illegible]	[illegible]	[illegible]	[illegible]	[illegible]	[illegible]	
77	[illegible]	[illegible]	[illegible]	[illegible]	[illegible]	[illegible]	[illegible]	[illegible]	[illegible]	[illegible]	
78	[illegible]	[illegible]	[illegible]	[illegible]	[illegible]	[illegible]	[illegible]	[illegible]	[illegible]	[illegible]	
79	[illegible]	[illegible]	[illegible]	[illegible]	[illegible]	[illegible]	[illegible]	[illegible]	[illegible]	[illegible]	
5480	[illegible]	[illegible]	[illegible]	[illegible]	[illegible]	[illegible]	[illegible]	[illegible]	[illegible]	[illegible]	
81	[illegible]	[illegible]	[illegible]	[illegible]	[illegible]	[illegible]	[illegible]	[illegible]	[illegible]	[illegible]	
82	[illegible]	[illegible]	[illegible]	[illegible]	[illegible]	[illegible]	[illegible]	[illegible]	[illegible]	[illegible]	
83	739.[illegible]	[illegible]	[illegible]	[illegible]	[illegible]	[illegible]	[illegible]	[illegible]	[illegible]	[illegible]	
84	[illegible]	[illegible]	[illegible]	[illegible]	[illegible]	[illegible]	[illegible]	[illegible]	[illegible]	[illegible]	
5485	[illegible]	[illegible]	[illegible]	[illegible]	[illegible]	[illegible]	[illegible]	[illegible]	[illegible]	[illegible]	
86	[illegible]	[illegible]	[illegible]	[illegible]	[illegible]	[illegible]	[illegible]	[illegible]	[illegible]	[illegible]	
87	[illegible]	[illegible]	[illegible]	[illegible]	[illegible]	[illegible]	[illegible]	[illegible]	[illegible]	[illegible]	
88	[illegible]	[illegible]	[illegible]	[illegible]	[illegible]	[illegible]	[illegible]	[illegible]	[illegible]	[illegible]	
89	[illegible]	[illegible]	[illegible]	[illegible]	[illegible]	[illegible]	[illegible]	[illegible]	[illegible]	[illegible]	
5490	[illegible]	[illegible]	[illegible]	[illegible]	[illegible]	[illegible]	[illegible]	[illegible]	[illegible]	[illegible]	
91	[illegible]	[illegible]	[illegible]	[illegible]	[illegible]	[illegible]	[illegible]	[illegible]	[illegible]	[illegible]	
92	[illegible]	[illegible]	[illegible]	[illegible]	[illegible]	[illegible]	[illegible]	[illegible]	[illegible]	[illegible]	
93	[illegible]	[illegible]	[illegible]	[illegible]	[illegible]	[illegible]	[illegible]	[illegible]	[illegible]	[illegible]	
94	[illegible]	[illegible]	[illegible]	[illegible]	[illegible]	[illegible]	[illegible]	[illegible]	[illegible]	[illegible]	
5495	[illegible]	[illegible]	[illegible]	[illegible]	[illegible]	[illegible]	[illegible]	[illegible]	[illegible]	[illegible]	
96	740.[illegible]	[illegible]	[illegible]	[illegible]	[illegible]	[illegible]	[illegible]	[illegible]	[illegible]	[illegible]	
97	[illegible]	[illegible]	[illegible]	[illegible]	[illegible]	[illegible]	[illegible]	[illegible]	[illegible]	[illegible]	79
98	[illegible]	[illegible]	[illegible]	[illegible]	[illegible]	[illegible]	[illegible]	[illegible]	[illegible]	[illegible]	
99	[illegible]	[illegible]	[illegible]	[illegible]	[illegible]	[illegible]	[illegible]	[illegible]	[illegible]	[illegible]	
5500	[illegible]	[illegible]	[illegible]	[illegible]	[illegible]	[illegible]	[illegible]	[illegible]	[illegible]	[illegible]	
01	[illegible]	[illegible]	[illegible]	[illegible]	[illegible]	[illegible]	[illegible]	[illegible]	[illegible]	[illegible]	
02	[illegible]	[illegible]	[illegible]	[illegible]	[illegible]	[illegible]	[illegible]	[illegible]	[illegible]	[illegible]	
03	[illegible]	[illegible]	[illegible]	[illegible]	[illegible]	[illegible]	[illegible]	[illegible]	[illegible]	[illegible]	
04	[illegible]	[illegible]	[illegible]	[illegible]	[illegible]	[illegible]	[illegible]	[illegible]	[illegible]	[illegible]	
5505	[illegible]	[illegible]	[illegible]	[illegible]	[illegible]	[illegible]	[illegible]	[illegible]	[illegible]	[illegible]	
06	[illegible]	[illegible]	[illegible]	[illegible]	[illegible]	[illegible]	[illegible]	[illegible]	[illegible]	[illegible]	
07	[illegible]	[illegible]	[illegible]	[illegible]	[illegible]	[illegible]	[illegible]	[illegible]	[illegible]	[illegible]	
08	[illegible]	[illegible]	[illegible]	[illegible]	[illegible]	[illegible]	[illegible]	[illegible]	[illegible]	[illegible]	
09	741.[illegible]	[illegible]	[illegible]	[illegible]	[illegible]	[illegible]	[illegible]	[illegible]	[illegible]	[illegible]	
5510	[illegible]	[illegible]	[illegible]	[illegible]	[illegible]	[illegible]	[illegible]	[illegible]	[illegible]	[illegible]	
11	[illegible]	[illegible]	[illegible]	[illegible]	[illegible]	[illegible]	[illegible]	[illegible]	[illegible]	[illegible]	
12	[illegible]	[illegible]	[illegible]	[illegible]	[illegible]	[illegible]	[illegible]	[illegible]	[illegible]	[illegible]	
13	[illegible]	[illegible]	[illegible]	[illegible]	[illegible]	[illegible]	[illegible]	[illegible]	[illegible]	[illegible]	
14	[illegible]	[illegible]	[illegible]	[illegible]	[illegible]	[illegible]	[illegible]	[illegible]	[illegible]	[illegible]	
5515	[illegible]	[illegible]	[illegible]	[illegible]	[illegible]	[illegible]	[illegible]	[illegible]	[illegible]	[illegible]	
16	[illegible]	[illegible]	[illegible]	[illegible]	[illegible]	[illegible]	[illegible]	[illegible]	[illegible]	[illegible]	
17	[illegible]	[illegible]	[illegible]	[illegible]	[illegible]	[illegible]	[illegible]	[illegible]	[illegible]	[illegible]	
18	[illegible]	[illegible]	[illegible]	[illegible]	[illegible]	[illegible]	[illegible]	[illegible]	[illegible]	[illegible]	
19	[illegible]	[illegible]	[illegible]	[illegible]	[illegible]	[illegible]	[illegible]	[illegible]	[illegible]	[illegible]	
5520	[illegible]	[illegible]	[illegible]	[illegible]	[illegible]	[illegible]	[illegible]	[illegible]	[illegible]	[illegible]	
21	742.[illegible]	[illegible]	[illegible]	[illegible]	[illegible]	[illegible]	[illegible]	[illegible]	[illegible]	[illegible]	
22	[illegible]	[illegible]	[illegible]	[illegible]	[illegible]	[illegible]	[illegible]	[illegible]	[illegible]	[illegible]	
23	[illegible]	[illegible]	[illegible]	[illegible]	[illegible]	[illegible]	[illegible]	[illegible]	[illegible]	[illegible]	
24	[illegible]	[illegible]	[illegible]	[illegible]	[illegible]	[illegible]	[illegible]	[illegible]	[illegible]	[illegible]	
Num.	0	1	2	3	4	5	6	7	8	9	D.

N. 55250 L. 742

Num.	0	1	2	3	4	5	6	7	8	9	D.	Part.
5525	742.[illegible]	[illegible]	[illegible]	[illegible]	[illegible]	[illegible]	[illegible]	[illegible]	[illegible]	[illegible]		80
26	[illegible]	[illegible]	[illegible]	[illegible]	[illegible]	[illegible]	[illegible]	[illegible]	[illegible]	[illegible]		[illegible]
27	[illegible]	[illegible]	[illegible]	[illegible]	[illegible]	[illegible]	[illegible]	[illegible]	[illegible]	[illegible]		[illegible]
28	[illegible]	[illegible]	[illegible]	[illegible]	[illegible]	[illegible]	[illegible]	[illegible]	[illegible]	[illegible]		[illegible]
29	[illegible]	[illegible]	[illegible]	[illegible]	[illegible]	[illegible]	[illegible]	[illegible]	[illegible]	[illegible]		[illegible]
5530	[illegible]	[illegible]	[illegible]	[illegible]	[illegible]	[illegible]	[illegible]	[illegible]	[illegible]	[illegible]		[illegible]
31	[illegible]	[illegible]	[illegible]	[illegible]	[illegible]	[illegible]	[illegible]	[illegible]	[illegible]	[illegible]		[illegible]
32	[illegible]	[illegible]	[illegible]	[illegible]	[illegible]	[illegible]	[illegible]	[illegible]	[illegible]	[illegible]		[illegible]
33	[illegible]	[illegible]	[illegible]	[illegible]	[illegible]	[illegible]	[illegible]	[illegible]	[illegible]	[illegible]		[illegible]
34	743.[illegible]	[illegible]	[illegible]	[illegible]	[illegible]	[illegible]	[illegible]	[illegible]	[illegible]	[illegible]		
5535	[illegible]	[illegible]	[illegible]	[illegible]	[illegible]	[illegible]	[illegible]	[illegible]	[illegible]	[illegible]		
36	[illegible]	[illegible]	[illegible]	[illegible]	[illegible]	[illegible]	[illegible]	[illegible]	[illegible]	[illegible]		
37	[illegible]	[illegible]	[illegible]	[illegible]	[illegible]	[illegible]	[illegible]	[illegible]	[illegible]	[illegible]		
38	[illegible]	[illegible]	[illegible]	[illegible]	[illegible]	[illegible]	[illegible]	[illegible]	[illegible]	[illegible]		
39	[illegible]	[illegible]	[illegible]	[illegible]	[illegible]	[illegible]	[illegible]	[illegible]	[illegible]	[illegible]		
5540	[illegible]	[illegible]	[illegible]	[illegible]	[illegible]	[illegible]	[illegible]	[illegible]	[illegible]	[illegible]		
41	[illegible]	[illegible]	[illegible]	[illegible]	[illegible]	[illegible]	[illegible]	[illegible]	[illegible]	[illegible]		
42	[illegible]	[illegible]	[illegible]	[illegible]	[illegible]	[illegible]	[illegible]	[illegible]	[illegible]	[illegible]		
43	[illegible]	[illegible]	[illegible]	[illegible]	[illegible]	[illegible]	[illegible]	[illegible]	[illegible]	[illegible]		
44	[illegible]	[illegible]	[illegible]	[illegible]	[illegible]	[illegible]	[illegible]	[illegible]	[illegible]	[illegible]		79
5545	[illegible]	[illegible]	[illegible]	[illegible]	[illegible]	[illegible]	[illegible]	[illegible]	[illegible]	[illegible]		[illegible]
46	[illegible]	[illegible]	[illegible]	[illegible]	[illegible]	[illegible]	[illegible]	[illegible]	[illegible]	[illegible]		[illegible]
47	744.[illegible]	[illegible]	[illegible]	[illegible]	[illegible]	[illegible]	[illegible]	[illegible]	[illegible]	[illegible]		[illegible]
48	[illegible]	[illegible]	[illegible]	[illegible]	[illegible]	[illegible]	[illegible]	[illegible]	[illegible]	[illegible]		[illegible]
49	[illegible]	[illegible]	[illegible]	[illegible]	[illegible]	[illegible]	[illegible]	[illegible]	[illegible]	[illegible]		[illegible]
5550	[illegible]	[illegible]	[illegible]	[illegible]	[illegible]	[illegible]	[illegible]	[illegible]	[illegible]	[illegible]		[illegible]
51	[illegible]	[illegible]	[illegible]	[illegible]	[illegible]	[illegible]	[illegible]	[illegible]	[illegible]	[illegible]		[illegible]
52	[illegible]	[illegible]	[illegible]	[illegible]	[illegible]	[illegible]	[illegible]	[illegible]	[illegible]	[illegible]		[illegible]
53	[illegible]	[illegible]	[illegible]	[illegible]	[illegible]	[illegible]	[illegible]	[illegible]	[illegible]	[illegible]		[illegible]
54	[illegible]	[illegible]	[illegible]	[illegible]	[illegible]	[illegible]	[illegible]	[illegible]	[illegible]	[illegible]		
5555	[illegible]	[illegible]	[illegible]	[illegible]	[illegible]	[illegible]	[illegible]	[illegible]	[illegible]	[illegible]		
56	[illegible]	[illegible]	[illegible]	[illegible]	[illegible]	[illegible]	[illegible]	[illegible]	[illegible]	[illegible]		
57	[illegible]	[illegible]	[illegible]	[illegible]	[illegible]	[illegible]	[illegible]	[illegible]	[illegible]	[illegible]		
58	[illegible]	[illegible]	[illegible]	[illegible]	[illegible]	[illegible]	[illegible]	[illegible]	[illegible]	[illegible]		
59	[illegible]	[illegible]	[illegible]	[illegible]	[illegible]	[illegible]	[illegible]	[illegible]	[illegible]	[illegible]		
5560	745.[illegible]	[illegible]	[illegible]	[illegible]	[illegible]	[illegible]	[illegible]	[illegible]	[illegible]	[illegible]		
61	[illegible]	[illegible]	[illegible]	[illegible]	[illegible]	[illegible]	[illegible]	[illegible]	[illegible]	[illegible]		
62	[illegible]	[illegible]	[illegible]	[illegible]	[illegible]	[illegible]	[illegible]	[illegible]	[illegible]	[illegible]		
63	[illegible]	[illegible]	[illegible]	[illegible]	[illegible]	[illegible]	[illegible]	[illegible]	[illegible]	[illegible]		78
64	[illegible]	[illegible]	[illegible]	[illegible]	[illegible]	[illegible]	[illegible]	[illegible]	[illegible]	[illegible]		[illegible]
5565	[illegible]	[illegible]	[illegible]	[illegible]	[illegible]	[illegible]	[illegible]	[illegible]	[illegible]	[illegible]		[illegible]
66	[illegible]	[illegible]	[illegible]	[illegible]	[illegible]	[illegible]	[illegible]	[illegible]	[illegible]	[illegible]		[illegible]
67	[illegible]	[illegible]	[illegible]	[illegible]	[illegible]	[illegible]	[illegible]	[illegible]	[illegible]	[illegible]	78	[illegible]
68	[illegible]	[illegible]	[illegible]	[illegible]	[illegible]	[illegible]	[illegible]	[illegible]	[illegible]	[illegible]		[illegible]
69	[illegible]	[illegible]	[illegible]	[illegible]	[illegible]	[illegible]	[illegible]	[illegible]	[illegible]	[illegible]		[illegible]
5570	[illegible]	[illegible]	[illegible]	[illegible]	[illegible]	[illegible]	[illegible]	[illegible]	[illegible]	[illegible]		[illegible]
71	[illegible]	[illegible]	[illegible]	[illegible]	[illegible]	[illegible]	[illegible]	[illegible]	[illegible]	[illegible]		[illegible]
72	746.[illegible]	[illegible]	[illegible]	[illegible]	[illegible]	[illegible]	[illegible]	[illegible]	[illegible]	[illegible]		
73	[illegible]	[illegible]	[illegible]	[illegible]	[illegible]	[illegible]	[illegible]	[illegible]	[illegible]	[illegible]		
74	[illegible]	[illegible]	[illegible]	[illegible]	[illegible]	[illegible]	[illegible]	[illegible]	[illegible]	[illegible]		
5575	[illegible]	[illegible]	[illegible]	[illegible]	[illegible]	[illegible]	[illegible]	[illegible]	[illegible]	[illegible]		
76	[illegible]	[illegible]	[illegible]	[illegible]	[illegible]	[illegible]	[illegible]	[illegible]	[illegible]	[illegible]		
77	[illegible]	[illegible]	[illegible]	[illegible]	[illegible]	[illegible]	[illegible]	[illegible]	[illegible]	[illegible]		
78	[illegible]	[illegible]	[illegible]	[illegible]	[illegible]	[illegible]	[illegible]	[illegible]	[illegible]	[illegible]		
79	[illegible]	[illegible]	[illegible]	[illegible]	[illegible]	[illegible]	[illegible]	[illegible]	[illegible]	[illegible]		
5580	[illegible]	[illegible]	[illegible]	[illegible]	[illegible]	[illegible]	[illegible]	[illegible]	[illegible]	[illegible]		
81	[illegible]	[illegible]	[illegible]	[illegible]	[illegible]	[illegible]	[illegible]	[illegible]	[illegible]	[illegible]		
82	[illegible]	[illegible]	[illegible]	[illegible]	[illegible]	[illegible]	[illegible]	[illegible]	[illegible]	[illegible]		77
83	[illegible]	[illegible]	[illegible]	[illegible]	[illegible]	[illegible]	[illegible]	[illegible]	[illegible]	[illegible]		[illegible]
84	[illegible]	[illegible]	[illegible]	[illegible]	[illegible]	[illegible]	[illegible]	[illegible]	[illegible]	[illegible]		[illegible]
5585	747.[illegible]	[illegible]	[illegible]	[illegible]	[illegible]	[illegible]	[illegible]	[illegible]	[illegible]	[illegible]		[illegible]
86	[illegible]	[illegible]	[illegible]	[illegible]	[illegible]	[illegible]	[illegible]	[illegible]	[illegible]	[illegible]		[illegible]
87	[illegible]	[illegible]	[illegible]	[illegible]	[illegible]	[illegible]	[illegible]	[illegible]	[illegible]	[illegible]		[illegible]
88	[illegible]	[illegible]	[illegible]	[illegible]	[illegible]	[illegible]	[illegible]	[illegible]	[illegible]	[illegible]		[illegible]
89	[illegible]	[illegible]	[illegible]	[illegible]	[illegible]	[illegible]	[illegible]	[illegible]	[illegible]	[illegible]		[illegible]
Num.	0	1	2	3	4	5	6	7	8	9	D.	Part.

N. 55900 L. 747											
NUM.	0	1	2	3	4	5	6	7	8	9	D.
5590	747.4118	[illegible]	[illegible]	[illegible]	[illegible]	[illegible]	[illegible]	[illegible]	[illegible]	[illegible]	
91	4895	[illegible]	[illegible]	[illegible]	[illegible]	[illegible]	[illegible]	[illegible]	[illegible]	[illegible]	
92	5672	[illegible]	[illegible]	[illegible]	[illegible]	[illegible]	[illegible]	[illegible]	[illegible]	[illegible]	
93	6449	[illegible]	[illegible]	[illegible]	[illegible]	[illegible]	[illegible]	[illegible]	[illegible]	[illegible]	
94	7226	[illegible]	[illegible]	[illegible]	[illegible]	[illegible]	[illegible]	[illegible]	[illegible]	[illegible]	
5595	8001	[illegible]	[illegible]	[illegible]	[illegible]	[illegible]	[illegible]	[illegible]	[illegible]	[illegible]	
96	8777	[illegible]	[illegible]	[illegible]	[illegible]	[illegible]	[illegible]	[illegible]	[illegible]	[illegible]	
97	9553	[illegible]	[illegible]	[illegible]	[illegible]	[illegible]	[illegible]	[illegible]	[illegible]	[illegible]	
98	748.0329	[illegible]	[illegible]	[illegible]	[illegible]	[illegible]	[illegible]	[illegible]	[illegible]	[illegible]	
99	1105	[illegible]	[illegible]	[illegible]	[illegible]	[illegible]	[illegible]	[illegible]	[illegible]	[illegible]	
5600	1881	[illegible]	[illegible]	[illegible]	[illegible]	[illegible]	[illegible]	[illegible]	[illegible]	[illegible]	
01	2656	[illegible]	[illegible]	[illegible]	[illegible]	[illegible]	[illegible]	[illegible]	[illegible]	[illegible]	
02	3431	[illegible]	[illegible]	[illegible]	[illegible]	[illegible]	[illegible]	[illegible]	[illegible]	[illegible]	
03	4106	[illegible]	[illegible]	[illegible]	[illegible]	[illegible]	[illegible]	[illegible]	[illegible]	[illegible]	
04	4981	[illegible]	[illegible]	[illegible]	[illegible]	[illegible]	[illegible]	[illegible]	[illegible]	[illegible]	
5605	5756	[illegible]	[illegible]	[illegible]	[illegible]	[illegible]	[illegible]	[illegible]	[illegible]	[illegible]	
06	6531	[illegible]	[illegible]	[illegible]	[illegible]	[illegible]	[illegible]	[illegible]	[illegible]	[illegible]	
07	[illegible]	[illegible]	[illegible]	[illegible]	[illegible]	[illegible]	[illegible]	[illegible]	[illegible]	[illegible]	
08	[illegible]	[illegible]	[illegible]	[illegible]	[illegible]	[illegible]	[illegible]	[illegible]	[illegible]	[illegible]	
09	[illegible]	[illegible]	[illegible]	[illegible]	[illegible]	[illegible]	[illegible]	[illegible]	[illegible]	[illegible]	
5610	[illegible]	[illegible]	[illegible]	[illegible]	[illegible]	[illegible]	[illegible]	[illegible]	[illegible]	[illegible]	
11	749.[illegible]	[illegible]	[illegible]	[illegible]	[illegible]	[illegible]	[illegible]	[illegible]	[illegible]	[illegible]	
12	1177	[illegible]	[illegible]	[illegible]	[illegible]	[illegible]	[illegible]	[illegible]	[illegible]	[illegible]	
13	1952	[illegible]	[illegible]	[illegible]	[illegible]	[illegible]	[illegible]	[illegible]	[illegible]	[illegible]	
14	2726	[illegible]	[illegible]	[illegible]	[illegible]	[illegible]	[illegible]	[illegible]	[illegible]	[illegible]	
5615	3499	[illegible]	[illegible]	[illegible]	[illegible]	[illegible]	[illegible]	[illegible]	[illegible]	[illegible]	
16	4273	[illegible]	[illegible]	[illegible]	[illegible]	[illegible]	[illegible]	[illegible]	[illegible]	[illegible]	
17	5044	[illegible]	[illegible]	[illegible]	[illegible]	[illegible]	[illegible]	[illegible]	[illegible]	[illegible]	
18	5817	[illegible]	[illegible]	[illegible]	[illegible]	[illegible]	[illegible]	[illegible]	[illegible]	[illegible]	
19	6590	[illegible]	[illegible]	[illegible]	[illegible]	[illegible]	[illegible]	[illegible]	[illegible]	[illegible]	
5620	7365	[illegible]	[illegible]	[illegible]	[illegible]	[illegible]	[illegible]	[illegible]	[illegible]	[illegible]	
21	8136	[illegible]	[illegible]	[illegible]	[illegible]	[illegible]	[illegible]	[illegible]	[illegible]	[illegible]	
22	[illegible]	[illegible]	[illegible]	[illegible]	[illegible]	[illegible]	[illegible]	[illegible]	[illegible]	[illegible]	
23	9684	[illegible]	[illegible]	[illegible]	[illegible]	[illegible]	[illegible]	[illegible]	[illegible]	[illegible]	
24	750.0451	[illegible]	[illegible]	[illegible]	[illegible]	[illegible]	[illegible]	[illegible]	[illegible]	[illegible]	
5625	1225	[illegible]	[illegible]	[illegible]	[illegible]	[illegible]	[illegible]	[illegible]	[illegible]	[illegible]	
26	1997	[illegible]	[illegible]	[illegible]	[illegible]	[illegible]	[illegible]	[illegible]	[illegible]	[illegible]	
27	2769	[illegible]	[illegible]	[illegible]	[illegible]	[illegible]	[illegible]	[illegible]	[illegible]	[illegible]	
28	3541	[illegible]	[illegible]	[illegible]	[illegible]	[illegible]	[illegible]	[illegible]	[illegible]	[illegible]	
29	4311	[illegible]	[illegible]	[illegible]	[illegible]	[illegible]	[illegible]	[illegible]	[illegible]	[illegible]	
5630	5088	[illegible]	[illegible]	[illegible]	[illegible]	[illegible]	[illegible]	[illegible]	[illegible]	[illegible]	
31	5855	[illegible]	[illegible]	[illegible]	[illegible]	[illegible]	[illegible]	[illegible]	[illegible]	[illegible]	
32	6626	[illegible]	[illegible]	[illegible]	[illegible]	[illegible]	[illegible]	[illegible]	[illegible]	[illegible]	
33	7398	[illegible]	[illegible]	[illegible]	[illegible]	[illegible]	[illegible]	[illegible]	[illegible]	[illegible]	
34	8168	[illegible]	[illegible]	[illegible]	[illegible]	[illegible]	[illegible]	[illegible]	[illegible]	[illegible]	
5635	8939	[illegible]	[illegible]	[illegible]	[illegible]	[illegible]	[illegible]	[illegible]	[illegible]	[illegible]	
36	9710	[illegible]	[illegible]	[illegible]	[illegible]	[illegible]	[illegible]	[illegible]	[illegible]	[illegible]	
37	751.0480	[illegible]	[illegible]	[illegible]	[illegible]	[illegible]	[illegible]	[illegible]	[illegible]	[illegible]	
38	1251	[illegible]	[illegible]	[illegible]	[illegible]	[illegible]	[illegible]	[illegible]	[illegible]	[illegible]	
39	2021	[illegible]	[illegible]	[illegible]	[illegible]	[illegible]	[illegible]	[illegible]	[illegible]	[illegible]	77
5640	2791	[illegible]	[illegible]	[illegible]	[illegible]	[illegible]	[illegible]	[illegible]	[illegible]	[illegible]	
41	3561	[illegible]	[illegible]	[illegible]	[illegible]	[illegible]	[illegible]	[illegible]	[illegible]	[illegible]	
42	4331	[illegible]	[illegible]	[illegible]	[illegible]	[illegible]	[illegible]	[illegible]	[illegible]	[illegible]	
43	5101	[illegible]	[illegible]	[illegible]	[illegible]	[illegible]	[illegible]	[illegible]	[illegible]	[illegible]	
44	5870	[illegible]	[illegible]	[illegible]	[illegible]	[illegible]	[illegible]	[illegible]	[illegible]	[illegible]	
5645	6639	[illegible]	[illegible]	[illegible]	[illegible]	[illegible]	[illegible]	[illegible]	[illegible]	[illegible]	
46	7409	[illegible]	[illegible]	[illegible]	[illegible]	[illegible]	[illegible]	[illegible]	[illegible]	[illegible]	
47	8178	[illegible]	[illegible]	[illegible]	[illegible]	[illegible]	[illegible]	[illegible]	[illegible]	[illegible]	
48	8947	[illegible]	[illegible]	[illegible]	[illegible]	[illegible]	[illegible]	[illegible]	[illegible]	[illegible]	
49	9716	[illegible]	[illegible]	[illegible]	[illegible]	[illegible]	[illegible]	[illegible]	[illegible]	[illegible]	
5650	752.0486	[illegible]	[illegible]	[illegible]	[illegible]	[illegible]	[illegible]	[illegible]	[illegible]	[illegible]	
51	1255	[illegible]	[illegible]	[illegible]	[illegible]	[illegible]	[illegible]	[illegible]	[illegible]	[illegible]	
52	2022	[illegible]	[illegible]	[illegible]	[illegible]	[illegible]	[illegible]	[illegible]	[illegible]	[illegible]	
53	2790	[illegible]	[illegible]	[illegible]	[illegible]	[illegible]	[illegible]	[illegible]	[illegible]	[illegible]	
54	3558	[illegible]	[illegible]	[illegible]	[illegible]	[illegible]	[illegible]	[illegible]	[illegible]	[illegible]	
NUM.	0	1	2	3	4	5	6	7	8	9	D.

N. 56550 L. 752												
NUM.	0	1	2	3	4	5	6	7	8	9	D.	P.
5655	752.4326	[illegible]	[illegible]	[illegible]	[illegible]	[illegible]	[illegible]	[illegible]	[illegible]	[illegible]		78
56	5094	[illegible]	[illegible]	[illegible]	[illegible]	[illegible]	[illegible]	[illegible]	[illegible]	[illegible]		[illegible]
57	5862	[illegible]	[illegible]	[illegible]	[illegible]	[illegible]	[illegible]	[illegible]	[illegible]	[illegible]		[illegible]
58	6629	[illegible]	[illegible]	[illegible]	[illegible]	[illegible]	[illegible]	[illegible]	[illegible]	[illegible]		[illegible]
59	7397	[illegible]	[illegible]	[illegible]	[illegible]	[illegible]	[illegible]	[illegible]	[illegible]	[illegible]		[illegible]
5660	8164	[illegible]	[illegible]	[illegible]	[illegible]	[illegible]	[illegible]	[illegible]	[illegible]	[illegible]		[illegible]
61	8931	[illegible]	[illegible]	[illegible]	[illegible]	[illegible]	[illegible]	[illegible]	[illegible]	[illegible]		[illegible]
62	9698	[illegible]	[illegible]	[illegible]	[illegible]	[illegible]	[illegible]	[illegible]	[illegible]	[illegible]		[illegible]
63	753.0465	[illegible]	[illegible]	[illegible]	[illegible]	[illegible]	[illegible]	[illegible]	[illegible]	[illegible]		[illegible]
64	1232	[illegible]	[illegible]	[illegible]	[illegible]	[illegible]	[illegible]	[illegible]	[illegible]	[illegible]		
5665	1999	[illegible]	[illegible]	[illegible]	[illegible]	[illegible]	[illegible]	[illegible]	[illegible]	[illegible]		
66	2765	[illegible]	[illegible]	[illegible]	[illegible]	[illegible]	[illegible]	[illegible]	[illegible]	[illegible]		
67	3532	[illegible]	[illegible]	[illegible]	[illegible]	[illegible]	[illegible]	[illegible]	[illegible]	[illegible]		
68	4298	[illegible]	[illegible]	[illegible]	[illegible]	[illegible]	[illegible]	[illegible]	[illegible]	[illegible]		
69	5064	[illegible]	[illegible]	[illegible]	[illegible]	[illegible]	[illegible]	[illegible]	[illegible]	[illegible]		
5670	5831	[illegible]	[illegible]	[illegible]	[illegible]	[illegible]	[illegible]	[illegible]	[illegible]	[illegible]		
71	6597	[illegible]	[illegible]	[illegible]	[illegible]	[illegible]	[illegible]	[illegible]	[illegible]	[illegible]		
72	7362	[illegible]	[illegible]	[illegible]	[illegible]	[illegible]	[illegible]	[illegible]	[illegible]	[illegible]		
73	8128	[illegible]	[illegible]	[illegible]	[illegible]	[illegible]	[illegible]	[illegible]	[illegible]	[illegible]		77
74	8894	[illegible]	[illegible]	[illegible]	[illegible]	[illegible]	[illegible]	[illegible]	[illegible]	[illegible]		
5675	9659	[illegible]	[illegible]	[illegible]	[illegible]	[illegible]	[illegible]	[illegible]	[illegible]	[illegible]		
76	754.0424	[illegible]	[illegible]	[illegible]	[illegible]	[illegible]	[illegible]	[illegible]	[illegible]	[illegible]		
77	1189	[illegible]	[illegible]	[illegible]	[illegible]	[illegible]	[illegible]	[illegible]	[illegible]	[illegible]		
78	1954	[illegible]	[illegible]	[illegible]	[illegible]	[illegible]	[illegible]	[illegible]	[illegible]	[illegible]		
79	2719	[illegible]	[illegible]	[illegible]	[illegible]	[illegible]	[illegible]	[illegible]	[illegible]	[illegible]		
5680	3485	[illegible]	[illegible]	[illegible]	[illegible]	[illegible]	[illegible]	[illegible]	[illegible]	[illegible]		
81	4249	[illegible]	[illegible]	[illegible]	[illegible]	[illegible]	[illegible]	[illegible]	[illegible]	[illegible]		
82	5014	[illegible]	[illegible]	[illegible]	[illegible]	[illegible]	[illegible]	[illegible]	[illegible]	[illegible]		
83	5777	[illegible]	[illegible]	[illegible]	[illegible]	[illegible]	[illegible]	[illegible]	[illegible]	[illegible]		
84	6541	[illegible]	[illegible]	[illegible]	[illegible]	[illegible]	[illegible]	[illegible]	[illegible]	[illegible]		
5685	7305	[illegible]	[illegible]	[illegible]	[illegible]	[illegible]	[illegible]	[illegible]	[illegible]	[illegible]		
86	8069	[illegible]	[illegible]	[illegible]	[illegible]	[illegible]	[illegible]	[illegible]	[illegible]	[illegible]		
87	8831	[illegible]	[illegible]	[illegible]	[illegible]	[illegible]	[illegible]	[illegible]	[illegible]	[illegible]		
88	9596	[illegible]	[illegible]	[illegible]	[illegible]	[illegible]	[illegible]	[illegible]	[illegible]	[illegible]		
89	755.0359	[illegible]	[illegible]	[illegible]	[illegible]	[illegible]	[illegible]	[illegible]	[illegible]	[illegible]		
5690	1122	[illegible]	[illegible]	[illegible]	[illegible]	[illegible]	[illegible]	[illegible]	[illegible]	[illegible]		
91	1885	[illegible]	[illegible]	[illegible]	[illegible]	[illegible]	[illegible]	[illegible]	[illegible]	[illegible]		
92	2648	[illegible]	[illegible]	[illegible]	[illegible]	[illegible]	[illegible]	[illegible]	[illegible]	[illegible]		76
93	3412	[illegible]	[illegible]	[illegible]	[illegible]	[illegible]	[illegible]	[illegible]	[illegible]	[illegible]		
94	4175	[illegible]	[illegible]	[illegible]	[illegible]	[illegible]	[illegible]	[illegible]	[illegible]	[illegible]		
5695	4937	[illegible]	[illegible]	[illegible]	[illegible]	[illegible]	[illegible]	[illegible]	[illegible]	[illegible]		
96	5700	[illegible]	[illegible]	[illegible]	[illegible]	[illegible]	[illegible]	[illegible]	[illegible]	[illegible]		
97	6462	[illegible]	[illegible]	[illegible]	[illegible]	[illegible]	[illegible]	[illegible]	[illegible]	[illegible]		
98	7224	[illegible]	[illegible]	[illegible]	[illegible]	[illegible]	[illegible]	[illegible]	[illegible]	[illegible]		
99	7987	[illegible]	[illegible]	[illegible]	[illegible]	[illegible]	[illegible]	[illegible]	[illegible]	[illegible]		
5700	8749	[illegible]	[illegible]	[illegible]	[illegible]	[illegible]	[illegible]	[illegible]	[illegible]	[illegible]		
01	9510	[illegible]	[illegible]	[illegible]	[illegible]	[illegible]	[illegible]	[illegible]	[illegible]	[illegible]		
02	756.0271	[illegible]	[illegible]	[illegible]	[illegible]	[illegible]	[illegible]	[illegible]	[illegible]	[illegible]		
03	1032	[illegible]	[illegible]	[illegible]	[illegible]	[illegible]	[illegible]	[illegible]	[illegible]	[illegible]		
04	1793	[illegible]	[illegible]	[illegible]	[illegible]	[illegible]	[illegible]	[illegible]	[illegible]	[illegible]		
5705	2554	[illegible]	[illegible]	[illegible]	[illegible]	[illegible]	[illegible]	[illegible]	[illegible]	[illegible]		
06	3315	[illegible]	[illegible]	[illegible]	[illegible]	[illegible]	[illegible]	[illegible]	[illegible]	[illegible]		
07	4076	[illegible]	[illegible]	[illegible]	[illegible]	[illegible]	[illegible]	[illegible]	[illegible]	[illegible]		
08	4840	[illegible]	[illegible]	[illegible]	[illegible]	[illegible]	[illegible]	[illegible]	[illegible]	[illegible]		
09	5600	[illegible]	[illegible]	[illegible]	[illegible]	[illegible]	[illegible]	[illegible]	[illegible]	[illegible]		
5710	6161	[illegible]	[illegible]	[illegible]	[illegible]	[illegible]	[illegible]	[illegible]	[illegible]	[illegible]		
11	7118	[illegible]	[illegible]	[illegible]	[illegible]	[illegible]	[illegible]	[illegible]	[illegible]	[illegible]		75
12	7881	[illegible]	[illegible]	[illegible]	[illegible]	[illegible]	[illegible]	[illegible]	[illegible]	[illegible]		
13	8641	[illegible]	[illegible]	[illegible]	[illegible]	[illegible]	[illegible]	[illegible]	[illegible]	[illegible]		
14	9400	[illegible]	[illegible]	[illegible]	[illegible]	[illegible]	[illegible]	[illegible]	[illegible]	[illegible]		
5715	757.0161	[illegible]	[illegible]	[illegible]	[illegible]	[illegible]	[illegible]	[illegible]	[illegible]	[illegible]		
16	0921	[illegible]	[illegible]	[illegible]	[illegible]	[illegible]	[illegible]	[illegible]	[illegible]	[illegible]		
17	1680	[illegible]	[illegible]	[illegible]	[illegible]	[illegible]	[illegible]	[illegible]	[illegible]	[illegible]		
18	2444	[illegible]	[illegible]	[illegible]	[illegible]	[illegible]	[illegible]	[illegible]	[illegible]	[illegible]		
19	3201	[illegible]	[illegible]	[illegible]	[illegible]	[illegible]	[illegible]	[illegible]	[illegible]	[illegible]		
NUM.	0	1	2	3	4	5	6	7	8	9	D.	P.

N. 57200 L. 757										
NUM.	0	1	2	3	4	5	6	7	8	9
57210	757.3960	[illegible]	[illegible]	[illegible]	[illegible]	[illegible]	[illegible]	[illegible]	[illegible]	[illegible]
11	[illegible]	[illegible]	[illegible]	[illegible]	[illegible]	[illegible]	[illegible]	[illegible]	[illegible]	[illegible]
12	[illegible]	[illegible]	[illegible]	[illegible]	[illegible]	[illegible]	[illegible]	[illegible]	[illegible]	[illegible]
13	[illegible]	[illegible]	[illegible]	[illegible]	[illegible]	[illegible]	[illegible]	[illegible]	[illegible]	[illegible]
14	[illegible]	[illegible]	[illegible]	[illegible]	[illegible]	[illegible]	[illegible]	[illegible]	[illegible]	[illegible]
57215	[illegible]	[illegible]	[illegible]	[illegible]	[illegible]	[illegible]	[illegible]	[illegible]	[illegible]	[illegible]
16	[illegible]	[illegible]	[illegible]	[illegible]	[illegible]	[illegible]	[illegible]	[illegible]	[illegible]	[illegible]
17	[illegible]	[illegible]	[illegible]	[illegible]	[illegible]	[illegible]	[illegible]	[illegible]	[illegible]	[illegible]
18	758.[illegible]	[illegible]	[illegible]	[illegible]	[illegible]	[illegible]	[illegible]	[illegible]	[illegible]	[illegible]
19	[illegible]	[illegible]	[illegible]	[illegible]	[illegible]	[illegible]	[illegible]	[illegible]	[illegible]	[illegible]
57220	[illegible]	[illegible]	[illegible]	[illegible]	[illegible]	[illegible]	[illegible]	[illegible]	[illegible]	[illegible]
21	[illegible]	[illegible]	[illegible]	[illegible]	[illegible]	[illegible]	[illegible]	[illegible]	[illegible]	[illegible]
22	[illegible]	[illegible]	[illegible]	[illegible]	[illegible]	[illegible]	[illegible]	[illegible]	[illegible]	[illegible]
23	[illegible]	[illegible]	[illegible]	[illegible]	[illegible]	[illegible]	[illegible]	[illegible]	[illegible]	[illegible]
24	[illegible]	[illegible]	[illegible]	[illegible]	[illegible]	[illegible]	[illegible]	[illegible]	[illegible]	[illegible]
57225	[illegible]	[illegible]	[illegible]	[illegible]	[illegible]	[illegible]	[illegible]	[illegible]	[illegible]	[illegible]
26	[illegible]	[illegible]	[illegible]	[illegible]	[illegible]	[illegible]	[illegible]	[illegible]	[illegible]	[illegible]
27	[illegible]	[illegible]	[illegible]	[illegible]	[illegible]	[illegible]	[illegible]	[illegible]	[illegible]	[illegible]
28	[illegible]	[illegible]	[illegible]	[illegible]	[illegible]	[illegible]	[illegible]	[illegible]	[illegible]	[illegible]
29	[illegible]	[illegible]	[illegible]	[illegible]	[illegible]	[illegible]	[illegible]	[illegible]	[illegible]	[illegible]
57230	[illegible]	[illegible]	[illegible]	[illegible]	[illegible]	[illegible]	[illegible]	[illegible]	[illegible]	[illegible]
31	[illegible]	[illegible]	[illegible]	[illegible]	[illegible]	[illegible]	[illegible]	[illegible]	[illegible]	[illegible]
32	[illegible]	[illegible]	[illegible]	[illegible]	[illegible]	[illegible]	[illegible]	[illegible]	[illegible]	[illegible]
33	759.[illegible]	[illegible]	[illegible]	[illegible]	[illegible]	[illegible]	[illegible]	[illegible]	[illegible]	[illegible]
34	[illegible]	[illegible]	[illegible]	[illegible]	[illegible]	[illegible]	[illegible]	[illegible]	[illegible]	[illegible]
57235	[illegible]	[illegible]	[illegible]	[illegible]	[illegible]	[illegible]	[illegible]	[illegible]	[illegible]	[illegible]
36	[illegible]	[illegible]	[illegible]	[illegible]	[illegible]	[illegible]	[illegible]	[illegible]	[illegible]	[illegible]
37	[illegible]	[illegible]	[illegible]	[illegible]	[illegible]	[illegible]	[illegible]	[illegible]	[illegible]	[illegible]
38	[illegible]	[illegible]	[illegible]	[illegible]	[illegible]	[illegible]	[illegible]	[illegible]	[illegible]	[illegible]
39	[illegible]	[illegible]	[illegible]	[illegible]	[illegible]	[illegible]	[illegible]	[illegible]	[illegible]	[illegible]
57240	[illegible]	[illegible]	[illegible]	[illegible]	[illegible]	[illegible]	[illegible]	[illegible]	[illegible]	[illegible]
41	[illegible]	[illegible]	[illegible]	[illegible]	[illegible]	[illegible]	[illegible]	[illegible]	[illegible]	[illegible]
42	[illegible]	[illegible]	[illegible]	[illegible]	[illegible]	[illegible]	[illegible]	[illegible]	[illegible]	[illegible]
43	[illegible]	[illegible]	[illegible]	[illegible]	[illegible]	[illegible]	[illegible]	[illegible]	[illegible]	[illegible]
44	[illegible]	[illegible]	[illegible]	[illegible]	[illegible]	[illegible]	[illegible]	[illegible]	[illegible]	[illegible]
57245	760.[illegible]	[illegible]	[illegible]	[illegible]	[illegible]	[illegible]	[illegible]	[illegible]	[illegible]	[illegible]
46	[illegible]	[illegible]	[illegible]	[illegible]	[illegible]	[illegible]	[illegible]	[illegible]	[illegible]	[illegible]
47	[illegible]	[illegible]	[illegible]	[illegible]	[illegible]	[illegible]	[illegible]	[illegible]	[illegible]	[illegible]
48	[illegible]	[illegible]	[illegible]	[illegible]	[illegible]	[illegible]	[illegible]	[illegible]	[illegible]	[illegible]
49	[illegible]	[illegible]	[illegible]	[illegible]	[illegible]	[illegible]	[illegible]	[illegible]	[illegible]	[illegible]
57250	[illegible]	[illegible]	[illegible]	[illegible]	[illegible]	[illegible]	[illegible]	[illegible]	[illegible]	[illegible]
51	[illegible]	[illegible]	[illegible]	[illegible]	[illegible]	[illegible]	[illegible]	[illegible]	[illegible]	[illegible]
52	[illegible]	[illegible]	[illegible]	[illegible]	[illegible]	[illegible]	[illegible]	[illegible]	[illegible]	[illegible]
53	[illegible]	[illegible]	[illegible]	[illegible]	[illegible]	[illegible]	[illegible]	[illegible]	[illegible]	[illegible]
54	[illegible]	[illegible]	[illegible]	[illegible]	[illegible]	[illegible]	[illegible]	[illegible]	[illegible]	[illegible]
57255	[illegible]	[illegible]	[illegible]	[illegible]	[illegible]	[illegible]	[illegible]	[illegible]	[illegible]	[illegible]
56	[illegible]	[illegible]	[illegible]	[illegible]	[illegible]	[illegible]	[illegible]	[illegible]	[illegible]	[illegible]
57	[illegible]	[illegible]	[illegible]	[illegible]	[illegible]	[illegible]	[illegible]	[illegible]	[illegible]	[illegible]
58	761.[illegible]	[illegible]	[illegible]	[illegible]	[illegible]	[illegible]	[illegible]	[illegible]	[illegible]	[illegible]
59	[illegible]	[illegible]	[illegible]	[illegible]	[illegible]	[illegible]	[illegible]	[illegible]	[illegible]	[illegible]
57260	[illegible]	[illegible]	[illegible]	[illegible]	[illegible]	[illegible]	[illegible]	[illegible]	[illegible]	[illegible]
61	[illegible]	[illegible]	[illegible]	[illegible]	[illegible]	[illegible]	[illegible]	[illegible]	[illegible]	[illegible]
62	[illegible]	[illegible]	[illegible]	[illegible]	[illegible]	[illegible]	[illegible]	[illegible]	[illegible]	[illegible]
63	[illegible]	[illegible]	[illegible]	[illegible]	[illegible]	[illegible]	[illegible]	[illegible]	[illegible]	[illegible]
64	[illegible]	[illegible]	[illegible]	[illegible]	[illegible]	[illegible]	[illegible]	[illegible]	[illegible]	[illegible]
57265	[illegible]	[illegible]	[illegible]	[illegible]	[illegible]	[illegible]	[illegible]	[illegible]	[illegible]	[illegible]
66	[illegible]	[illegible]	[illegible]	[illegible]	[illegible]	[illegible]	[illegible]	[illegible]	[illegible]	[illegible]
67	[illegible]	[illegible]	[illegible]	[illegible]	[illegible]	[illegible]	[illegible]	[illegible]	[illegible]	[illegible]
68	[illegible]	[illegible]	[illegible]	[illegible]	[illegible]	[illegible]	[illegible]	[illegible]	[illegible]	[illegible]
69	[illegible]	[illegible]	[illegible]	[illegible]	[illegible]	[illegible]	[illegible]	[illegible]	[illegible]	[illegible]
57270	[illegible]	[illegible]	[illegible]	[illegible]	[illegible]	[illegible]	[illegible]	[illegible]	[illegible]	[illegible]
71	[illegible]	[illegible]	[illegible]	[illegible]	[illegible]	[illegible]	[illegible]	[illegible]	[illegible]	[illegible]
72	[illegible]	[illegible]	[illegible]	[illegible]	[illegible]	[illegible]	[illegible]	[illegible]	[illegible]	[illegible]
73	[illegible]	[illegible]	[illegible]	[illegible]	[illegible]	[illegible]	[illegible]	[illegible]	[illegible]	[illegible]
74	[illegible]	[illegible]	[illegible]	[illegible]	[illegible]	[illegible]	[illegible]	[illegible]	[illegible]	[illegible]
NUM.	0	1	2	3	4	5	6	7	8	9

N. 57850 L. 267										
NUM.	0	1	2	3	4	5	6	7	8	9
57850	762.[illegible]	[illegible]	[illegible]	[illegible]	[illegible]	[illegible]	[illegible]	[illegible]	[illegible]	[illegible]
51	[illegible]	[illegible]	[illegible]	[illegible]	[illegible]	[illegible]	[illegible]	[illegible]	[illegible]	[illegible]
52	[illegible]	[illegible]	[illegible]	[illegible]	[illegible]	[illegible]	[illegible]	[illegible]	[illegible]	[illegible]
53	[illegible]	[illegible]	[illegible]	[illegible]	[illegible]	[illegible]	[illegible]	[illegible]	[illegible]	[illegible]
54	[illegible]	[illegible]	[illegible]	[illegible]	[illegible]	[illegible]	[illegible]	[illegible]	[illegible]	[illegible]
57855	[illegible]	[illegible]	[illegible]	[illegible]	[illegible]	[illegible]	[illegible]	[illegible]	[illegible]	[illegible]
56	[illegible]	[illegible]	[illegible]	[illegible]	[illegible]	[illegible]	[illegible]	[illegible]	[illegible]	[illegible]
57	[illegible]	[illegible]	[illegible]	[illegible]	[illegible]	[illegible]	[illegible]	[illegible]	[illegible]	[illegible]
58	[illegible]	[illegible]	[illegible]	[illegible]	[illegible]	[illegible]	[illegible]	[illegible]	[illegible]	[illegible]
59	[illegible]	[illegible]	[illegible]	[illegible]	[illegible]	[illegible]	[illegible]	[illegible]	[illegible]	[illegible]
57860	763.[illegible]	[illegible]	[illegible]	[illegible]	[illegible]	[illegible]	[illegible]	[illegible]	[illegible]	[illegible]
61	[illegible]	[illegible]	[illegible]	[illegible]	[illegible]	[illegible]	[illegible]	[illegible]	[illegible]	[illegible]
62	[illegible]	[illegible]	[illegible]	[illegible]	[illegible]	[illegible]	[illegible]	[illegible]	[illegible]	[illegible]
63	[illegible]	[illegible]	[illegible]	[illegible]	[illegible]	[illegible]	[illegible]	[illegible]	[illegible]	[illegible]
64	[illegible]	[illegible]	[illegible]	[illegible]	[illegible]	[illegible]	[illegible]	[illegible]	[illegible]	[illegible]
57865	[illegible]	[illegible]	[illegible]	[illegible]	[illegible]	[illegible]	[illegible]	[illegible]	[illegible]	[illegible]
66	[illegible]	[illegible]	[illegible]	[illegible]	[illegible]	[illegible]	[illegible]	[illegible]	[illegible]	[illegible]
67	[illegible]	[illegible]	[illegible]	[illegible]	[illegible]	[illegible]	[illegible]	[illegible]	[illegible]	[illegible]
68	[illegible]	[illegible]	[illegible]	[illegible]	[illegible]	[illegible]	[illegible]	[illegible]	[illegible]	[illegible]
69	[illegible]	[illegible]	[illegible]	[illegible]	[illegible]	[illegible]	[illegible]	[illegible]	[illegible]	[illegible]
57870	[illegible]	[illegible]	[illegible]	[illegible]	[illegible]	[illegible]	[illegible]	[illegible]	[illegible]	[illegible]
71	[illegible]	[illegible]	[illegible]	[illegible]	[illegible]	[illegible]	[illegible]	[illegible]	[illegible]	[illegible]
72	[illegible]	[illegible]	[illegible]	[illegible]	[illegible]	[illegible]	[illegible]	[illegible]	[illegible]	[illegible]
73	[illegible]	[illegible]	[illegible]	[illegible]	[illegible]	[illegible]	[illegible]	[illegible]	[illegible]	[illegible]
74	[illegible]	[illegible]	[illegible]	[illegible]	[illegible]	[illegible]	[illegible]	[illegible]	[illegible]	[illegible]
57875	[illegible]	[illegible]	[illegible]	[illegible]	[illegible]	[illegible]	[illegible]	[illegible]	[illegible]	[illegible]
76	[illegible]	[illegible]	[illegible]	[illegible]	[illegible]	[illegible]	[illegible]	[illegible]	[illegible]	[illegible]
77	[illegible]	[illegible]	[illegible]	[illegible]	[illegible]	[illegible]	[illegible]	[illegible]	[illegible]	[illegible]
78	[illegible]	[illegible]	[illegible]	[illegible]	[illegible]	[illegible]	[illegible]	[illegible]	[illegible]	[illegible]
79	[illegible]	[illegible]	[illegible]	[illegible]	[illegible]	[illegible]	[illegible]	[illegible]	[illegible]	[illegible]
57880	[illegible]	[illegible]	[illegible]	[illegible]	[illegible]	[illegible]	[illegible]	[illegible]	[illegible]	[illegible]
81	[illegible]	[illegible]	[illegible]	[illegible]	[illegible]	[illegible]	[illegible]	[illegible]	[illegible]	[illegible]
82	[illegible]	[illegible]	[illegible]	[illegible]	[illegible]	[illegible]	[illegible]	[illegible]	[illegible]	[illegible]
83	[illegible]	[illegible]	[illegible]	[illegible]	[illegible]	[illegible]	[illegible]	[illegible]	[illegible]	[illegible]
84	[illegible]	[illegible]	[illegible]	[illegible]	[illegible]	[illegible]	[illegible]	[illegible]	[illegible]	[illegible]
NUM.	0	1	2	3	4	5	6	7	8	9

N. 58500 L. 767

Num.	0	1	2	3	4	5	6	7	8	9	D
5850	767.[illegible]	[illegible]	[illegible]	[illegible]	[illegible]	[illegible]	[illegible]	[illegible]	[illegible]	[illegible]	
51	[illegible]	[illegible]	[illegible]	[illegible]	[illegible]	[illegible]	[illegible]	[illegible]	[illegible]	[illegible]	
52	[illegible]	[illegible]	[illegible]	[illegible]	[illegible]	[illegible]	[illegible]	[illegible]	[illegible]	[illegible]	
53	[illegible]	[illegible]	[illegible]	[illegible]	[illegible]	[illegible]	[illegible]	[illegible]	[illegible]	[illegible]	
54	[illegible]	[illegible]	[illegible]	[illegible]	[illegible]	[illegible]	[illegible]	[illegible]	[illegible]	[illegible]	
5855	[illegible]	[illegible]	[illegible]	[illegible]	[illegible]	[illegible]	[illegible]	[illegible]	[illegible]	[illegible]	
56	[illegible]	[illegible]	[illegible]	[illegible]	[illegible]	[illegible]	[illegible]	[illegible]	[illegible]	[illegible]	
57	[illegible]	[illegible]	[illegible]	[illegible]	[illegible]	[illegible]	[illegible]	[illegible]	[illegible]	[illegible]	
58	[illegible]	[illegible]	[illegible]	[illegible]	[illegible]	[illegible]	[illegible]	[illegible]	[illegible]	[illegible]	
59	[illegible]	[illegible]	[illegible]	[illegible]	[illegible]	[illegible]	[illegible]	[illegible]	[illegible]	[illegible]	
5860	[illegible]	[illegible]	[illegible]	[illegible]	[illegible]	[illegible]	[illegible]	[illegible]	[illegible]	[illegible]	
61	[illegible]	[illegible]	[illegible]	[illegible]	[illegible]	[illegible]	[illegible]	[illegible]	[illegible]	[illegible]	
62	768.[illegible]	[illegible]	[illegible]	[illegible]	[illegible]	[illegible]	[illegible]	[illegible]	[illegible]	[illegible]	
63	[illegible]	[illegible]	[illegible]	[illegible]	[illegible]	[illegible]	[illegible]	[illegible]	[illegible]	[illegible]	
64	[illegible]	[illegible]	[illegible]	[illegible]	[illegible]	[illegible]	[illegible]	[illegible]	[illegible]	[illegible]	
5865	[illegible]	[illegible]	[illegible]	[illegible]	[illegible]	[illegible]	[illegible]	[illegible]	[illegible]	[illegible]	
66	[illegible]	[illegible]	[illegible]	[illegible]	[illegible]	[illegible]	[illegible]	[illegible]	[illegible]	[illegible]	
67	[illegible]	[illegible]	[illegible]	[illegible]	[illegible]	[illegible]	[illegible]	[illegible]	[illegible]	[illegible]	
68	[illegible]	[illegible]	[illegible]	[illegible]	[illegible]	[illegible]	[illegible]	[illegible]	[illegible]	[illegible]	
69	[illegible]	[illegible]	[illegible]	[illegible]	[illegible]	[illegible]	[illegible]	[illegible]	[illegible]	[illegible]	74
5870	[illegible]	[illegible]	[illegible]	[illegible]	[illegible]	[illegible]	[illegible]	[illegible]	[illegible]	[illegible]	
71	[illegible]	[illegible]	[illegible]	[illegible]	[illegible]	[illegible]	[illegible]	[illegible]	[illegible]	[illegible]	
72	[illegible]	[illegible]	[illegible]	[illegible]	[illegible]	[illegible]	[illegible]	[illegible]	[illegible]	[illegible]	
73	[illegible]	[illegible]	[illegible]	[illegible]	[illegible]	[illegible]	[illegible]	[illegible]	[illegible]	[illegible]	
74	[illegible]	[illegible]	[illegible]	[illegible]	[illegible]	[illegible]	[illegible]	[illegible]	[illegible]	[illegible]	
5875	769.[illegible]	[illegible]	[illegible]	[illegible]	[illegible]	[illegible]	[illegible]	[illegible]	[illegible]	[illegible]	
76	[illegible]	[illegible]	[illegible]	[illegible]	[illegible]	[illegible]	[illegible]	[illegible]	[illegible]	[illegible]	
77	[illegible]	[illegible]	[illegible]	[illegible]	[illegible]	[illegible]	[illegible]	[illegible]	[illegible]	[illegible]	
78	[illegible]	[illegible]	[illegible]	[illegible]	[illegible]	[illegible]	[illegible]	[illegible]	[illegible]	[illegible]	
79	[illegible]	[illegible]	[illegible]	[illegible]	[illegible]	[illegible]	[illegible]	[illegible]	[illegible]	[illegible]	
5880	[illegible]	[illegible]	[illegible]	[illegible]	[illegible]	[illegible]	[illegible]	[illegible]	[illegible]	[illegible]	
81	[illegible]	[illegible]	[illegible]	[illegible]	[illegible]	[illegible]	[illegible]	[illegible]	[illegible]	[illegible]	
82	[illegible]	[illegible]	[illegible]	[illegible]	[illegible]	[illegible]	[illegible]	[illegible]	[illegible]	[illegible]	
83	[illegible]	[illegible]	[illegible]	[illegible]	[illegible]	[illegible]	[illegible]	[illegible]	[illegible]	[illegible]	
84	[illegible]	[illegible]	[illegible]	[illegible]	[illegible]	[illegible]	[illegible]	[illegible]	[illegible]	[illegible]	
5885	[illegible]	[illegible]	[illegible]	[illegible]	[illegible]	[illegible]	[illegible]	[illegible]	[illegible]	[illegible]	
86	[illegible]	[illegible]	[illegible]	[illegible]	[illegible]	[illegible]	[illegible]	[illegible]	[illegible]	[illegible]	
87	[illegible]	[illegible]	[illegible]	[illegible]	[illegible]	[illegible]	[illegible]	[illegible]	[illegible]	[illegible]	
88	[illegible]	[illegible]	[illegible]	[illegible]	[illegible]	[illegible]	[illegible]	[illegible]	[illegible]	[illegible]	
89	770.[illegible]	[illegible]	[illegible]	[illegible]	[illegible]	[illegible]	[illegible]	[illegible]	[illegible]	[illegible]	
5890	[illegible]	[illegible]	[illegible]	[illegible]	[illegible]	[illegible]	[illegible]	[illegible]	[illegible]	[illegible]	
91	[illegible]	[illegible]	[illegible]	[illegible]	[illegible]	[illegible]	[illegible]	[illegible]	[illegible]	[illegible]	
92	[illegible]	[illegible]	[illegible]	[illegible]	[illegible]	[illegible]	[illegible]	[illegible]	[illegible]	[illegible]	
93	[illegible]	[illegible]	[illegible]	[illegible]	[illegible]	[illegible]	[illegible]	[illegible]	[illegible]	[illegible]	
94	[illegible]	[illegible]	[illegible]	[illegible]	[illegible]	[illegible]	[illegible]	[illegible]	[illegible]	[illegible]	
5895	[illegible]	[illegible]	[illegible]	[illegible]	[illegible]	[illegible]	[illegible]	[illegible]	[illegible]	[illegible]	
96	[illegible]	[illegible]	[illegible]	[illegible]	[illegible]	[illegible]	[illegible]	[illegible]	[illegible]	[illegible]	
97	[illegible]	[illegible]	[illegible]	[illegible]	[illegible]	[illegible]	[illegible]	[illegible]	[illegible]	[illegible]	
98	[illegible]	[illegible]	[illegible]	[illegible]	[illegible]	[illegible]	[illegible]	[illegible]	[illegible]	[illegible]	
99	[illegible]	[illegible]	[illegible]	[illegible]	[illegible]	[illegible]	[illegible]	[illegible]	[illegible]	[illegible]	
5900	[illegible]	[illegible]	[illegible]	[illegible]	[illegible]	[illegible]	[illegible]	[illegible]	[illegible]	[illegible]	
01	[illegible]	[illegible]	[illegible]	[illegible]	[illegible]	[illegible]	[illegible]	[illegible]	[illegible]	[illegible]	
02	[illegible]	[illegible]	[illegible]	[illegible]	[illegible]	[illegible]	[illegible]	[illegible]	[illegible]	[illegible]	
03	771.[illegible]	[illegible]	[illegible]	[illegible]	[illegible]	[illegible]	[illegible]	[illegible]	[illegible]	[illegible]	
04	[illegible]	[illegible]	[illegible]	[illegible]	[illegible]	[illegible]	[illegible]	[illegible]	[illegible]	[illegible]	
5905	[illegible]	[illegible]	[illegible]	[illegible]	[illegible]	[illegible]	[illegible]	[illegible]	[illegible]	[illegible]	
06	[illegible]	[illegible]	[illegible]	[illegible]	[illegible]	[illegible]	[illegible]	[illegible]	[illegible]	[illegible]	
07	[illegible]	[illegible]	[illegible]	[illegible]	[illegible]	[illegible]	[illegible]	[illegible]	[illegible]	[illegible]	
08	[illegible]	[illegible]	[illegible]	[illegible]	[illegible]	[illegible]	[illegible]	[illegible]	[illegible]	[illegible]	
09	[illegible]	[illegible]	[illegible]	[illegible]	[illegible]	[illegible]	[illegible]	[illegible]	[illegible]	[illegible]	
5910	[illegible]	[illegible]	[illegible]	[illegible]	[illegible]	[illegible]	[illegible]	[illegible]	[illegible]	[illegible]	
11	[illegible]	[illegible]	[illegible]	[illegible]	[illegible]	[illegible]	[illegible]	[illegible]	[illegible]	[illegible]	
12	[illegible]	[illegible]	[illegible]	[illegible]	[illegible]	[illegible]	[illegible]	[illegible]	[illegible]	[illegible]	
13	[illegible]	[illegible]	[illegible]	[illegible]	[illegible]	[illegible]	[illegible]	[illegible]	[illegible]	[illegible]	
14	[illegible]	[illegible]	[illegible]	[illegible]	[illegible]	[illegible]	[illegible]	[illegible]	[illegible]	[illegible]	
Num.	0	1	2	3	4	5	6	7	8	9	D

N. 59150 L. 771

Num.	0	1	2	3	4	5	6	7	8	9	D	Part.
5915	771.[illegible]	[illegible]	[illegible]	[illegible]	[illegible]	[illegible]	[illegible]	[illegible]	[illegible]	[illegible]		
16	772.[illegible]	[illegible]	[illegible]	[illegible]	[illegible]	[illegible]	[illegible]	[illegible]	[illegible]	[illegible]		
17	[illegible]	[illegible]	[illegible]	[illegible]	[illegible]	[illegible]	[illegible]	[illegible]	[illegible]	[illegible]		
18	[illegible]	[illegible]	[illegible]	[illegible]	[illegible]	[illegible]	[illegible]	[illegible]	[illegible]	[illegible]		
19	[illegible]	[illegible]	[illegible]	[illegible]	[illegible]	[illegible]	[illegible]	[illegible]	[illegible]	[illegible]		
5920	[illegible]	[illegible]	[illegible]	[illegible]	[illegible]	[illegible]	[illegible]	[illegible]	[illegible]	[illegible]		
21	[illegible]	[illegible]	[illegible]	[illegible]	[illegible]	[illegible]	[illegible]	[illegible]	[illegible]	[illegible]		
22	[illegible]	[illegible]	[illegible]	[illegible]	[illegible]	[illegible]	[illegible]	[illegible]	[illegible]	[illegible]		
23	[illegible]	[illegible]	[illegible]	[illegible]	[illegible]	[illegible]	[illegible]	[illegible]	[illegible]	[illegible]		
24	[illegible]	[illegible]	[illegible]	[illegible]	[illegible]	[illegible]	[illegible]	[illegible]	[illegible]	[illegible]		
5925	[illegible]	[illegible]	[illegible]	[illegible]	[illegible]	[illegible]	[illegible]	[illegible]	[illegible]	[illegible]		[illegible]
26	[illegible]	[illegible]	[illegible]	[illegible]	[illegible]	[illegible]	[illegible]	[illegible]	[illegible]	[illegible]		[illegible]
27	[illegible]	[illegible]	[illegible]	[illegible]	[illegible]	[illegible]	[illegible]	[illegible]	[illegible]	[illegible]		[illegible]
28	[illegible]	[illegible]	[illegible]	[illegible]	[illegible]	[illegible]	[illegible]	[illegible]	[illegible]	[illegible]		[illegible]
29	[illegible]	[illegible]	[illegible]	[illegible]	[illegible]	[illegible]	[illegible]	[illegible]	[illegible]	[illegible]		[illegible]
5930	773.[illegible]	[illegible]	[illegible]	[illegible]	[illegible]	[illegible]	[illegible]	[illegible]	[illegible]	[illegible]		[illegible]
31	[illegible]	[illegible]	[illegible]	[illegible]	[illegible]	[illegible]	[illegible]	[illegible]	[illegible]	[illegible]		[illegible]
32	[illegible]	[illegible]	[illegible]	[illegible]	[illegible]	[illegible]	[illegible]	[illegible]	[illegible]	[illegible]		[illegible]
33	[illegible]	[illegible]	[illegible]	[illegible]	[illegible]	[illegible]	[illegible]	[illegible]	[illegible]	[illegible]		[illegible]
34	[illegible]	[illegible]	[illegible]	[illegible]	[illegible]	[illegible]	[illegible]	[illegible]	[illegible]	[illegible]		[illegible]
5935	[illegible]	[illegible]	[illegible]	[illegible]	[illegible]	[illegible]	[illegible]	[illegible]	[illegible]	[illegible]		
36	[illegible]	[illegible]	[illegible]	[illegible]	[illegible]	[illegible]	[illegible]	[illegible]	[illegible]	[illegible]		
37	[illegible]	[illegible]	[illegible]	[illegible]	[illegible]	[illegible]	[illegible]	[illegible]	[illegible]	[illegible]		
38	[illegible]	[illegible]	[illegible]	[illegible]	[illegible]	[illegible]	[illegible]	[illegible]	[illegible]	[illegible]		
39	[illegible]	[illegible]	[illegible]	[illegible]	[illegible]	[illegible]	[illegible]	[illegible]	[illegible]	[illegible]		
5940	[illegible]	[illegible]	[illegible]	[illegible]	[illegible]	[illegible]	[illegible]	[illegible]	[illegible]	[illegible]		
41	[illegible]	[illegible]	[illegible]	[illegible]	[illegible]	[illegible]	[illegible]	[illegible]	[illegible]	[illegible]		
42	[illegible]	[illegible]	[illegible]	[illegible]	[illegible]	[illegible]	[illegible]	[illegible]	[illegible]	[illegible]		
43	774.[illegible]	[illegible]	[illegible]	[illegible]	[illegible]	[illegible]	[illegible]	[illegible]	[illegible]	[illegible]		
44	[illegible]	[illegible]	[illegible]	[illegible]	[illegible]	[illegible]	[illegible]	[illegible]	[illegible]	[illegible]		
5945	[illegible]	[illegible]	[illegible]	[illegible]	[illegible]	[illegible]	[illegible]	[illegible]	[illegible]	[illegible]		
46	[illegible]	[illegible]	[illegible]	[illegible]	[illegible]	[illegible]	[illegible]	[illegible]	[illegible]	[illegible]		
47	[illegible]	[illegible]	[illegible]	[illegible]	[illegible]	[illegible]	[illegible]	[illegible]	[illegible]	[illegible]		[illegible]
48	[illegible]	[illegible]	[illegible]	[illegible]	[illegible]	[illegible]	[illegible]	[illegible]	[illegible]	[illegible]		[illegible]
49	[illegible]	[illegible]	[illegible]	[illegible]	[illegible]	[illegible]	[illegible]	[illegible]	[illegible]	[illegible]	73	[illegible]
5950	[illegible]	[illegible]	[illegible]	[illegible]	[illegible]	[illegible]	[illegible]	[illegible]	[illegible]	[illegible]		[illegible]
51	[illegible]	[illegible]	[illegible]	[illegible]	[illegible]	[illegible]	[illegible]	[illegible]	[illegible]	[illegible]		[illegible]
52	[illegible]	[illegible]	[illegible]	[illegible]	[illegible]	[illegible]	[illegible]	[illegible]	[illegible]	[illegible]		[illegible]
53	[illegible]	[illegible]	[illegible]	[illegible]	[illegible]	[illegible]	[illegible]	[illegible]	[illegible]	[illegible]		[illegible]
54	[illegible]	[illegible]	[illegible]	[illegible]	[illegible]	[illegible]	[illegible]	[illegible]	[illegible]	[illegible]		[illegible]
5955	[illegible]	[illegible]	[illegible]	[illegible]	[illegible]	[illegible]	[illegible]	[illegible]	[illegible]	[illegible]		[illegible]
56	[illegible]	[illegible]	[illegible]	[illegible]	[illegible]	[illegible]	[illegible]	[illegible]	[illegible]	[illegible]		
57	775.[illegible]	[illegible]	[illegible]	[illegible]	[illegible]	[illegible]	[illegible]	[illegible]	[illegible]	[illegible]		
58	[illegible]	[illegible]	[illegible]	[illegible]	[illegible]	[illegible]	[illegible]	[illegible]	[illegible]	[illegible]		
59	[illegible]	[illegible]	[illegible]	[illegible]	[illegible]	[illegible]	[illegible]	[illegible]	[illegible]	[illegible]		
5960	[illegible]	[illegible]	[illegible]	[illegible]	[illegible]	[illegible]	[illegible]	[illegible]	[illegible]	[illegible]		
61	[illegible]	[illegible]	[illegible]	[illegible]	[illegible]	[illegible]	[illegible]	[illegible]	[illegible]	[illegible]		
62	[illegible]	[illegible]	[illegible]	[illegible]	[illegible]	[illegible]	[illegible]	[illegible]	[illegible]	[illegible]		
63	[illegible]	[illegible]	[illegible]	[illegible]	[illegible]	[illegible]	[illegible]	[illegible]	[illegible]	[illegible]		
64	[illegible]	[illegible]	[illegible]	[illegible]	[illegible]	[illegible]	[illegible]	[illegible]	[illegible]	[illegible]		
5965	[illegible]	[illegible]	[illegible]	[illegible]	[illegible]	[illegible]	[illegible]	[illegible]	[illegible]	[illegible]		
66	[illegible]	[illegible]	[illegible]	[illegible]	[illegible]	[illegible]	[illegible]	[illegible]	[illegible]	[illegible]		
67	[illegible]	[illegible]	[illegible]	[illegible]	[illegible]	[illegible]	[illegible]	[illegible]	[illegible]	[illegible]		
68	[illegible]	[illegible]	[illegible]	[illegible]	[illegible]	[illegible]	[illegible]	[illegible]	[illegible]	[illegible]		
69	[illegible]	[illegible]	[illegible]	[illegible]	[illegible]	[illegible]	[illegible]	[illegible]	[illegible]	[illegible]		
5970	[illegible]	[illegible]	[illegible]	[illegible]	[illegible]	[illegible]	[illegible]	[illegible]	[illegible]	[illegible]		
71	776.[illegible]	[illegible]	[illegible]	[illegible]	[illegible]	[illegible]	[illegible]	[illegible]	[illegible]	[illegible]		[illegible]
72	[illegible]	[illegible]	[illegible]	[illegible]	[illegible]	[illegible]	[illegible]	[illegible]	[illegible]	[illegible]		[illegible]
73	[illegible]	[illegible]	[illegible]	[illegible]	[illegible]	[illegible]	[illegible]	[illegible]	[illegible]	[illegible]		[illegible]
74	[illegible]	[illegible]	[illegible]	[illegible]	[illegible]	[illegible]	[illegible]	[illegible]	[illegible]	[illegible]		[illegible]
5975	[illegible]	[illegible]	[illegible]	[illegible]	[illegible]	[illegible]	[illegible]	[illegible]	[illegible]	[illegible]		[illegible]
76	[illegible]	[illegible]	[illegible]	[illegible]	[illegible]	[illegible]	[illegible]	[illegible]	[illegible]	[illegible]		[illegible]
77	[illegible]	[illegible]	[illegible]	[illegible]	[illegible]	[illegible]	[illegible]	[illegible]	[illegible]	[illegible]		[illegible]
78	[illegible]	[illegible]	[illegible]	[illegible]	[illegible]	[illegible]	[illegible]	[illegible]	[illegible]	[illegible]		[illegible]
79	[illegible]	[illegible]	[illegible]	[illegible]	[illegible]	[illegible]	[illegible]	[illegible]	[illegible]	[illegible]		[illegible]
Num.	0	1	2	3	4	5	6	7	8	9	D	Part.

N. 59800 L. 776

Num.	0	1	2	3	4	5	6	7	8	9	D.
5980	776.7012	[illegible]	[illegible]	[illegible]	[illegible]	[illegible]	[illegible]	[illegible]	[illegible]	[illegible]	
81	[illegible]	[illegible]	[illegible]	[illegible]	[illegible]	[illegible]	[illegible]	[illegible]	[illegible]	[illegible]	
82	[illegible]	[illegible]	[illegible]	[illegible]	[illegible]	[illegible]	[illegible]	[illegible]	[illegible]	[illegible]	
83	[illegible]	[illegible]	[illegible]	[illegible]	[illegible]	[illegible]	[illegible]	[illegible]	[illegible]	[illegible]	
84	[illegible]	[illegible]	[illegible]	[illegible]	[illegible]	[illegible]	[illegible]	[illegible]	[illegible]	[illegible]	
5985	777.[illegible]	[illegible]	[illegible]	[illegible]	[illegible]	[illegible]	[illegible]	[illegible]	[illegible]	[illegible]	
86	[illegible]	[illegible]	[illegible]	[illegible]	[illegible]	[illegible]	[illegible]	[illegible]	[illegible]	[illegible]	
87	[illegible]	[illegible]	[illegible]	[illegible]	[illegible]	[illegible]	[illegible]	[illegible]	[illegible]	[illegible]	
88	[illegible]	[illegible]	[illegible]	[illegible]	[illegible]	[illegible]	[illegible]	[illegible]	[illegible]	[illegible]	
89	[illegible]	[illegible]	[illegible]	[illegible]	[illegible]	[illegible]	[illegible]	[illegible]	[illegible]	[illegible]	
5990	[illegible]	[illegible]	[illegible]	[illegible]	[illegible]	[illegible]	[illegible]	[illegible]	[illegible]	[illegible]	
91	[illegible]	[illegible]	[illegible]	[illegible]	[illegible]	[illegible]	[illegible]	[illegible]	[illegible]	[illegible]	
92	[illegible]	[illegible]	[illegible]	[illegible]	[illegible]	[illegible]	[illegible]	[illegible]	[illegible]	[illegible]	
93	[illegible]	[illegible]	[illegible]	[illegible]	[illegible]	[illegible]	[illegible]	[illegible]	[illegible]	[illegible]	
94	[illegible]	[illegible]	[illegible]	[illegible]	[illegible]	[illegible]	[illegible]	[illegible]	[illegible]	[illegible]	
5995	[illegible]	[illegible]	[illegible]	[illegible]	[illegible]	[illegible]	[illegible]	[illegible]	[illegible]	[illegible]	
96	[illegible]	[illegible]	[illegible]	[illegible]	[illegible]	[illegible]	[illegible]	[illegible]	[illegible]	[illegible]	
97	[illegible]	[illegible]	[illegible]	[illegible]	[illegible]	[illegible]	[illegible]	[illegible]	[illegible]	[illegible]	
98	778.[illegible]	[illegible]	[illegible]	[illegible]	[illegible]	[illegible]	[illegible]	[illegible]	[illegible]	[illegible]	
99	[illegible]	[illegible]	[illegible]	[illegible]	[illegible]	[illegible]	[illegible]	[illegible]	[illegible]	[illegible]	
6000	[illegible]	[illegible]	[illegible]	[illegible]	[illegible]	[illegible]	[illegible]	[illegible]	[illegible]	[illegible]	
01	[illegible]	[illegible]	[illegible]	[illegible]	[illegible]	[illegible]	[illegible]	[illegible]	[illegible]	[illegible]	
02	[illegible]	[illegible]	[illegible]	[illegible]	[illegible]	[illegible]	[illegible]	[illegible]	[illegible]	[illegible]	
03	[illegible]	[illegible]	[illegible]	[illegible]	[illegible]	[illegible]	[illegible]	[illegible]	[illegible]	[illegible]	
04	[illegible]	[illegible]	[illegible]	[illegible]	[illegible]	[illegible]	[illegible]	[illegible]	[illegible]	[illegible]	
6005	[illegible]	[illegible]	[illegible]	[illegible]	[illegible]	[illegible]	[illegible]	[illegible]	[illegible]	[illegible]	
06	[illegible]	[illegible]	[illegible]	[illegible]	[illegible]	[illegible]	[illegible]	[illegible]	[illegible]	[illegible]	
07	[illegible]	[illegible]	[illegible]	[illegible]	[illegible]	[illegible]	[illegible]	[illegible]	[illegible]	[illegible]	
08	[illegible]	[illegible]	[illegible]	[illegible]	[illegible]	[illegible]	[illegible]	[illegible]	[illegible]	[illegible]	
09	[illegible]	[illegible]	[illegible]	[illegible]	[illegible]	[illegible]	[illegible]	[illegible]	[illegible]	[illegible]	
6010	[illegible]	[illegible]	[illegible]	[illegible]	[illegible]	[illegible]	[illegible]	[illegible]	[illegible]	[illegible]	
11	[illegible]	[illegible]	[illegible]	[illegible]	[illegible]	[illegible]	[illegible]	[illegible]	[illegible]	[illegible]	
12	779.[illegible]	[illegible]	[illegible]	[illegible]	[illegible]	[illegible]	[illegible]	[illegible]	[illegible]	[illegible]	
13	[illegible]	[illegible]	[illegible]	[illegible]	[illegible]	[illegible]	[illegible]	[illegible]	[illegible]	[illegible]	
14	[illegible]	[illegible]	[illegible]	[illegible]	[illegible]	[illegible]	[illegible]	[illegible]	[illegible]	[illegible]	
6015	[illegible]	[illegible]	[illegible]	[illegible]	[illegible]	[illegible]	[illegible]	[illegible]	[illegible]	[illegible]	
16	[illegible]	[illegible]	[illegible]	[illegible]	[illegible]	[illegible]	[illegible]	[illegible]	[illegible]	[illegible]	
17	[illegible]	[illegible]	[illegible]	[illegible]	[illegible]	[illegible]	[illegible]	[illegible]	[illegible]	[illegible]	
18	[illegible]	[illegible]	[illegible]	[illegible]	[illegible]	[illegible]	[illegible]	[illegible]	[illegible]	[illegible]	
19	[illegible]	[illegible]	[illegible]	[illegible]	[illegible]	[illegible]	[illegible]	[illegible]	[illegible]	[illegible]	
6020	[illegible]	[illegible]	[illegible]	[illegible]	[illegible]	[illegible]	[illegible]	[illegible]	[illegible]	[illegible]	
21	[illegible]	[illegible]	[illegible]	[illegible]	[illegible]	[illegible]	[illegible]	[illegible]	[illegible]	[illegible]	
22	[illegible]	[illegible]	[illegible]	[illegible]	[illegible]	[illegible]	[illegible]	[illegible]	[illegible]	[illegible]	
23	[illegible]	[illegible]	[illegible]	[illegible]	[illegible]	[illegible]	[illegible]	[illegible]	[illegible]	[illegible]	
24	[illegible]	[illegible]	[illegible]	[illegible]	[illegible]	[illegible]	[illegible]	[illegible]	[illegible]	[illegible]	
6025	[illegible]	[illegible]	[illegible]	[illegible]	[illegible]	[illegible]	[illegible]	[illegible]	[illegible]	[illegible]	
26	780.[illegible]	[illegible]	[illegible]	[illegible]	[illegible]	[illegible]	[illegible]	[illegible]	[illegible]	[illegible]	
27	[illegible]	[illegible]	[illegible]	[illegible]	[illegible]	[illegible]	[illegible]	[illegible]	[illegible]	[illegible]	
28	[illegible]	[illegible]	[illegible]	[illegible]	[illegible]	[illegible]	[illegible]	[illegible]	[illegible]	[illegible]	
29	[illegible]	[illegible]	[illegible]	[illegible]	[illegible]	[illegible]	[illegible]	[illegible]	[illegible]	[illegible]	
6030	[illegible]	[illegible]	[illegible]	[illegible]	[illegible]	[illegible]	[illegible]	[illegible]	[illegible]	[illegible]	
31	[illegible]	[illegible]	[illegible]	[illegible]	[illegible]	[illegible]	[illegible]	[illegible]	[illegible]	[illegible]	71
32	[illegible]	[illegible]	[illegible]	[illegible]	[illegible]	[illegible]	[illegible]	[illegible]	[illegible]	[illegible]	
33	[illegible]	[illegible]	[illegible]	[illegible]	[illegible]	[illegible]	[illegible]	[illegible]	[illegible]	[illegible]	
34	[illegible]	[illegible]	[illegible]	[illegible]	[illegible]	[illegible]	[illegible]	[illegible]	[illegible]	[illegible]	
6035	[illegible]	[illegible]	[illegible]	[illegible]	[illegible]	[illegible]	[illegible]	[illegible]	[illegible]	[illegible]	
36	[illegible]	[illegible]	[illegible]	[illegible]	[illegible]	[illegible]	[illegible]	[illegible]	[illegible]	[illegible]	
37	[illegible]	[illegible]	[illegible]	[illegible]	[illegible]	[illegible]	[illegible]	[illegible]	[illegible]	[illegible]	
38	[illegible]	[illegible]	[illegible]	[illegible]	[illegible]	[illegible]	[illegible]	[illegible]	[illegible]	[illegible]	
39	[illegible]	[illegible]	[illegible]	[illegible]	[illegible]	[illegible]	[illegible]	[illegible]	[illegible]	[illegible]	
6040	781.[illegible]	[illegible]	[illegible]	[illegible]	[illegible]	[illegible]	[illegible]	[illegible]	[illegible]	[illegible]	
41	[illegible]	[illegible]	[illegible]	[illegible]	[illegible]	[illegible]	[illegible]	[illegible]	[illegible]	[illegible]	
42	[illegible]	[illegible]	[illegible]	[illegible]	[illegible]	[illegible]	[illegible]	[illegible]	[illegible]	[illegible]	
43	[illegible]	[illegible]	[illegible]	[illegible]	[illegible]	[illegible]	[illegible]	[illegible]	[illegible]	[illegible]	
44	[illegible]	[illegible]	[illegible]	[illegible]	[illegible]	[illegible]	[illegible]	[illegible]	[illegible]	[illegible]	
Num.	0	1	2	3	4	5	6	7	8	9	D.

N. 60450 L. 781

Num.	0	1	2	3	4	5	6	7	8	9	D.	Part
6045	781.[illegible]	[illegible]	[illegible]	[illegible]	[illegible]	[illegible]	[illegible]	[illegible]	[illegible]	[illegible]		
46	[illegible]	[illegible]	[illegible]	[illegible]	[illegible]	[illegible]	[illegible]	[illegible]	[illegible]	[illegible]		
47	[illegible]	[illegible]	[illegible]	[illegible]	[illegible]	[illegible]	[illegible]	[illegible]	[illegible]	[illegible]		
48	[illegible]	[illegible]	[illegible]	[illegible]	[illegible]	[illegible]	[illegible]	[illegible]	[illegible]	[illegible]		
49	[illegible]	[illegible]	[illegible]	[illegible]	[illegible]	[illegible]	[illegible]	[illegible]	[illegible]	[illegible]		
6050	[illegible]	[illegible]	[illegible]	[illegible]	[illegible]	[illegible]	[illegible]	[illegible]	[illegible]	[illegible]		
51	[illegible]	[illegible]	[illegible]	[illegible]	[illegible]	[illegible]	[illegible]	[illegible]	[illegible]	[illegible]		
52	[illegible]	[illegible]	[illegible]	[illegible]	[illegible]	[illegible]	[illegible]	[illegible]	[illegible]	[illegible]		
53	[illegible]	[illegible]	[illegible]	[illegible]	[illegible]	[illegible]	[illegible]	[illegible]	[illegible]	[illegible]		
54	782.[illegible]	[illegible]	[illegible]	[illegible]	[illegible]	[illegible]	[illegible]	[illegible]	[illegible]	[illegible]		
6055	[illegible]	[illegible]	[illegible]	[illegible]	[illegible]	[illegible]	[illegible]	[illegible]	[illegible]	[illegible]		
56	[illegible]	[illegible]	[illegible]	[illegible]	[illegible]	[illegible]	[illegible]	[illegible]	[illegible]	[illegible]		
57	[illegible]	[illegible]	[illegible]	[illegible]	[illegible]	[illegible]	[illegible]	[illegible]	[illegible]	[illegible]		73
58	[illegible]	[illegible]	[illegible]	[illegible]	[illegible]	[illegible]	[illegible]	[illegible]	[illegible]	[illegible]		[illegible]
59	[illegible]	[illegible]	[illegible]	[illegible]	[illegible]	[illegible]	[illegible]	[illegible]	[illegible]	[illegible]		[illegible]
6060	[illegible]	[illegible]	[illegible]	[illegible]	[illegible]	[illegible]	[illegible]	[illegible]	[illegible]	[illegible]		[illegible]
61	[illegible]	[illegible]	[illegible]	[illegible]	[illegible]	[illegible]	[illegible]	[illegible]	[illegible]	[illegible]		[illegible]
62	[illegible]	[illegible]	[illegible]	[illegible]	[illegible]	[illegible]	[illegible]	[illegible]	[illegible]	[illegible]		[illegible]
63	[illegible]	[illegible]	[illegible]	[illegible]	[illegible]	[illegible]	[illegible]	[illegible]	[illegible]	[illegible]		[illegible]
64	[illegible]	[illegible]	[illegible]	[illegible]	[illegible]	[illegible]	[illegible]	[illegible]	[illegible]	[illegible]		[illegible]
6065	[illegible]	[illegible]	[illegible]	[illegible]	[illegible]	[illegible]	[illegible]	[illegible]	[illegible]	[illegible]		[illegible]
66	[illegible]	[illegible]	[illegible]	[illegible]	[illegible]	[illegible]	[illegible]	[illegible]	[illegible]	[illegible]		
67	[illegible]	[illegible]	[illegible]	[illegible]	[illegible]	[illegible]	[illegible]	[illegible]	[illegible]	[illegible]		
68	783.[illegible]	[illegible]	[illegible]	[illegible]	[illegible]	[illegible]	[illegible]	[illegible]	[illegible]	[illegible]		
69	[illegible]	[illegible]	[illegible]	[illegible]	[illegible]	[illegible]	[illegible]	[illegible]	[illegible]	[illegible]		
6070	[illegible]	[illegible]	[illegible]	[illegible]	[illegible]	[illegible]	[illegible]	[illegible]	[illegible]	[illegible]		
71	[illegible]	[illegible]	[illegible]	[illegible]	[illegible]	[illegible]	[illegible]	[illegible]	[illegible]	[illegible]		
72	[illegible]	[illegible]	[illegible]	[illegible]	[illegible]	[illegible]	[illegible]	[illegible]	[illegible]	[illegible]		
73	[illegible]	[illegible]	[illegible]	[illegible]	[illegible]	[illegible]	[illegible]	[illegible]	[illegible]	[illegible]		
74	[illegible]	[illegible]	[illegible]	[illegible]	[illegible]	[illegible]	[illegible]	[illegible]	[illegible]	[illegible]		
6075	[illegible]	[illegible]	[illegible]	[illegible]	[illegible]	[illegible]	[illegible]	[illegible]	[illegible]	[illegible]		
76	[illegible]	[illegible]	[illegible]	[illegible]	[illegible]	[illegible]	[illegible]	[illegible]	[illegible]	[illegible]		
77	[illegible]	[illegible]	[illegible]	[illegible]	[illegible]	[illegible]	[illegible]	[illegible]	[illegible]	[illegible]		
78	[illegible]	[illegible]	[illegible]	[illegible]	[illegible]	[illegible]	[illegible]	[illegible]	[illegible]	[illegible]		72
79	[illegible]	[illegible]	[illegible]	[illegible]	[illegible]	[illegible]	[illegible]	[illegible]	[illegible]	[illegible]		[illegible]
6080	[illegible]	[illegible]	[illegible]	[illegible]	[illegible]	[illegible]	[illegible]	[illegible]	[illegible]	[illegible]		[illegible]
81	[illegible]	[illegible]	[illegible]	[illegible]	[illegible]	[illegible]	[illegible]	[illegible]	[illegible]	[illegible]		[illegible]
82	784.[illegible]	[illegible]	[illegible]	[illegible]	[illegible]	[illegible]	[illegible]	[illegible]	[illegible]	[illegible]		[illegible]
83	[illegible]	[illegible]	[illegible]	[illegible]	[illegible]	[illegible]	[illegible]	[illegible]	[illegible]	[illegible]		[illegible]
84	[illegible]	[illegible]	[illegible]	[illegible]	[illegible]	[illegible]	[illegible]	[illegible]	[illegible]	[illegible]		[illegible]
6085	[illegible]	[illegible]	[illegible]	[illegible]	[illegible]	[illegible]	[illegible]	[illegible]	[illegible]	[illegible]		[illegible]
86	[illegible]	[illegible]	[illegible]	[illegible]	[illegible]	[illegible]	[illegible]	[illegible]	[illegible]	[illegible]		
87	[illegible]	[illegible]	[illegible]	[illegible]	[illegible]	[illegible]	[illegible]	[illegible]	[illegible]	[illegible]		
88	[illegible]	[illegible]	[illegible]	[illegible]	[illegible]	[illegible]	[illegible]	[illegible]	[illegible]	[illegible]		
89	[illegible]	[illegible]	[illegible]	[illegible]	[illegible]	[illegible]	[illegible]	[illegible]	[illegible]	[illegible]		
6090	[illegible]	[illegible]	[illegible]	[illegible]	[illegible]	[illegible]	[illegible]	[illegible]	[illegible]	[illegible]		
91	[illegible]	[illegible]	[illegible]	[illegible]	[illegible]	[illegible]	[illegible]	[illegible]	[illegible]	[illegible]		
92	[illegible]	[illegible]	[illegible]	[illegible]	[illegible]	[illegible]	[illegible]	[illegible]	[illegible]	[illegible]		
93	[illegible]	[illegible]	[illegible]	[illegible]	[illegible]	[illegible]	[illegible]	[illegible]	[illegible]	[illegible]		
94	[illegible]	[illegible]	[illegible]	[illegible]	[illegible]	[illegible]	[illegible]	[illegible]	[illegible]	[illegible]		
6095	[illegible]	[illegible]	[illegible]	[illegible]	[illegible]	[illegible]	[illegible]	[illegible]	[illegible]	[illegible]		
96	785.045[illegible]	[illegible]	[illegible]	[illegible]	[illegible]	[illegible]	[illegible]	[illegible]	[illegible]	[illegible]		
97	[illegible]	[illegible]	[illegible]	[illegible]	[illegible]	[illegible]	[illegible]	[illegible]	[illegible]	[illegible]		
98	[illegible]	[illegible]	[illegible]	[illegible]	[illegible]	[illegible]	[illegible]	[illegible]	[illegible]	[illegible]		
99	[illegible]	[illegible]	[illegible]	[illegible]	[illegible]	[illegible]	[illegible]	[illegible]	[illegible]	[illegible]		
6100	[illegible]	[illegible]	[illegible]	[illegible]	[illegible]	[illegible]	[illegible]	[illegible]	[illegible]	[illegible]		71
01	[illegible]	[illegible]	[illegible]	[illegible]	[illegible]	[illegible]	[illegible]	[illegible]	[illegible]	[illegible]		[illegible]
02	[illegible]	[illegible]	[illegible]	[illegible]	[illegible]	[illegible]	[illegible]	[illegible]	[illegible]	[illegible]		[illegible]
03	[illegible]	[illegible]	[illegible]	[illegible]	[illegible]	[illegible]	[illegible]	[illegible]	[illegible]	[illegible]		[illegible]
04	[illegible]	[illegible]	[illegible]	[illegible]	[illegible]	[illegible]	[illegible]	[illegible]	[illegible]	[illegible]		[illegible]
6105	[illegible]	[illegible]	[illegible]	[illegible]	[illegible]	[illegible]	[illegible]	[illegible]	[illegible]	[illegible]		[illegible]
06	[illegible]	[illegible]	[illegible]	[illegible]	[illegible]	[illegible]	[illegible]	[illegible]	[illegible]	[illegible]		[illegible]
07	[illegible]	[illegible]	[illegible]	[illegible]	[illegible]	[illegible]	[illegible]	[illegible]	[illegible]	[illegible]		[illegible]
08	[illegible]	[illegible]	[illegible]	[illegible]	[illegible]	[illegible]	[illegible]	[illegible]	[illegible]	[illegible]		[illegible]
09	[illegible]	[illegible]	[illegible]	[illegible]	[illegible]	[illegible]	[illegible]	[illegible]	[illegible]	[illegible]		[illegible]
Num.	0	1	2	3	4	5	6	7	8	9	D.	Part

N. 61100 L. 786

Num.	0	1	2	3	4	5	6	7	8	9	D.
6110	786.0411	[illegible]	[illegible]	[illegible]	[illegible]	[illegible]	[illegible]	[illegible]	[illegible]	[illegible]	
11	[illegible]	[illegible]	[illegible]	[illegible]	[illegible]	[illegible]	[illegible]	[illegible]	[illegible]	[illegible]	
12	[illegible]	[illegible]	[illegible]	[illegible]	[illegible]	[illegible]	[illegible]	[illegible]	[illegible]	[illegible]	
13	[illegible]	[illegible]	[illegible]	[illegible]	[illegible]	[illegible]	[illegible]	[illegible]	[illegible]	[illegible]	
14	[illegible]	[illegible]	[illegible]	[illegible]	[illegible]	[illegible]	[illegible]	[illegible]	[illegible]	[illegible]	
6115	[illegible]	[illegible]	[illegible]	[illegible]	[illegible]	[illegible]	[illegible]	[illegible]	[illegible]	[illegible]	
16	[illegible]	[illegible]	[illegible]	[illegible]	[illegible]	[illegible]	[illegible]	[illegible]	[illegible]	[illegible]	[illegible]
17	[illegible]	[illegible]	[illegible]	[illegible]	[illegible]	[illegible]	[illegible]	[illegible]	[illegible]	[illegible]	
18	[illegible]	[illegible]	[illegible]	[illegible]	[illegible]	[illegible]	[illegible]	[illegible]	[illegible]	[illegible]	
19	[illegible]	[illegible]	[illegible]	[illegible]	[illegible]	[illegible]	[illegible]	[illegible]	[illegible]	[illegible]	
6120	[illegible]	[illegible]	[illegible]	[illegible]	[illegible]	[illegible]	[illegible]	[illegible]	[illegible]	[illegible]	
21	[illegible]	[illegible]	[illegible]	[illegible]	[illegible]	[illegible]	[illegible]	[illegible]	[illegible]	[illegible]	
22	[illegible]	[illegible]	[illegible]	[illegible]	[illegible]	[illegible]	[illegible]	[illegible]	[illegible]	[illegible]	
23	[illegible]	[illegible]	[illegible]	[illegible]	[illegible]	[illegible]	[illegible]	[illegible]	[illegible]	[illegible]	
24	787.0351	[illegible]	[illegible]	[illegible]	[illegible]	[illegible]	[illegible]	[illegible]	[illegible]	[illegible]	
6125	1061	[illegible]	[illegible]	[illegible]	[illegible]	[illegible]	[illegible]	[illegible]	[illegible]	[illegible]	
26	[illegible]	[illegible]	[illegible]	[illegible]	[illegible]	[illegible]	[illegible]	[illegible]	[illegible]	[illegible]	
27	[illegible]	[illegible]	[illegible]	[illegible]	[illegible]	[illegible]	[illegible]	[illegible]	[illegible]	[illegible]	
28	[illegible]	[illegible]	[illegible]	[illegible]	[illegible]	[illegible]	[illegible]	[illegible]	[illegible]	[illegible]	
29	[illegible]	[illegible]	[illegible]	[illegible]	[illegible]	[illegible]	[illegible]	[illegible]	[illegible]	[illegible]	
6130	[illegible]	[illegible]	[illegible]	[illegible]	[illegible]	[illegible]	[illegible]	[illegible]	[illegible]	[illegible]	
31	[illegible]	[illegible]	[illegible]	[illegible]	[illegible]	[illegible]	[illegible]	[illegible]	[illegible]	[illegible]	
32	[illegible]	[illegible]	[illegible]	[illegible]	[illegible]	[illegible]	[illegible]	[illegible]	[illegible]	[illegible]	
33	[illegible]	[illegible]	[illegible]	[illegible]	[illegible]	[illegible]	[illegible]	[illegible]	[illegible]	[illegible]	
34	[illegible]	[illegible]	[illegible]	[illegible]	[illegible]	[illegible]	[illegible]	[illegible]	[illegible]	[illegible]	
6135	[illegible]	[illegible]	[illegible]	[illegible]	[illegible]	[illegible]	[illegible]	[illegible]	[illegible]	[illegible]	
36	[illegible]	[illegible]	[illegible]	[illegible]	[illegible]	[illegible]	[illegible]	[illegible]	[illegible]	[illegible]	
37	[illegible]	[illegible]	[illegible]	[illegible]	[illegible]	[illegible]	[illegible]	[illegible]	[illegible]	[illegible]	
38	[illegible]	[illegible]	[illegible]	[illegible]	[illegible]	[illegible]	[illegible]	[illegible]	[illegible]	[illegible]	
39	[illegible]	[illegible]	[illegible]	[illegible]	[illegible]	[illegible]	[illegible]	[illegible]	[illegible]	[illegible]	
6140	[illegible]	[illegible]	[illegible]	[illegible]	[illegible]	[illegible]	[illegible]	[illegible]	[illegible]	[illegible]	
41	[illegible]	[illegible]	[illegible]	[illegible]	[illegible]	[illegible]	[illegible]	[illegible]	[illegible]	[illegible]	
42	[illegible]	[illegible]	[illegible]	[illegible]	[illegible]	[illegible]	[illegible]	[illegible]	[illegible]	[illegible]	
43	[illegible]	[illegible]	[illegible]	[illegible]	[illegible]	[illegible]	[illegible]	[illegible]	[illegible]	[illegible]	
44	[illegible]	[illegible]	[illegible]	[illegible]	[illegible]	[illegible]	[illegible]	[illegible]	[illegible]	[illegible]	
6145	[illegible]	[illegible]	[illegible]	[illegible]	[illegible]	[illegible]	[illegible]	[illegible]	[illegible]	[illegible]	
46	[illegible]	[illegible]	[illegible]	[illegible]	[illegible]	[illegible]	[illegible]	[illegible]	[illegible]	[illegible]	
47	[illegible]	[illegible]	[illegible]	[illegible]	[illegible]	[illegible]	[illegible]	[illegible]	[illegible]	[illegible]	
48	[illegible]	[illegible]	[illegible]	[illegible]	[illegible]	[illegible]	[illegible]	[illegible]	[illegible]	[illegible]	
49	[illegible]	[illegible]	[illegible]	[illegible]	[illegible]	[illegible]	[illegible]	[illegible]	[illegible]	[illegible]	
6150	[illegible]	[illegible]	[illegible]	[illegible]	[illegible]	[illegible]	[illegible]	[illegible]	[illegible]	[illegible]	
51	[illegible]	[illegible]	[illegible]	[illegible]	[illegible]	[illegible]	[illegible]	[illegible]	[illegible]	[illegible]	
52	[illegible]	[illegible]	[illegible]	[illegible]	[illegible]	[illegible]	[illegible]	[illegible]	[illegible]	[illegible]	
53	[illegible]	[illegible]	[illegible]	[illegible]	[illegible]	[illegible]	[illegible]	[illegible]	[illegible]	[illegible]	
54	[illegible]	[illegible]	[illegible]	[illegible]	[illegible]	[illegible]	[illegible]	[illegible]	[illegible]	[illegible]	
6155	[illegible]	[illegible]	[illegible]	[illegible]	[illegible]	[illegible]	[illegible]	[illegible]	[illegible]	[illegible]	
56	[illegible]	[illegible]	[illegible]	[illegible]	[illegible]	[illegible]	[illegible]	[illegible]	[illegible]	[illegible]	
57	[illegible]	[illegible]	[illegible]	[illegible]	[illegible]	[illegible]	[illegible]	[illegible]	[illegible]	[illegible]	
58	[illegible]	[illegible]	[illegible]	[illegible]	[illegible]	[illegible]	[illegible]	[illegible]	[illegible]	[illegible]	
59	[illegible]	[illegible]	[illegible]	[illegible]	[illegible]	[illegible]	[illegible]	[illegible]	[illegible]	[illegible]	
6160	[illegible]	[illegible]	[illegible]	[illegible]	[illegible]	[illegible]	[illegible]	[illegible]	[illegible]	[illegible]	
61	[illegible]	[illegible]	[illegible]	[illegible]	[illegible]	[illegible]	[illegible]	[illegible]	[illegible]	[illegible]	
62	[illegible]	[illegible]	[illegible]	[illegible]	[illegible]	[illegible]	[illegible]	[illegible]	[illegible]	[illegible]	
63	[illegible]	[illegible]	[illegible]	[illegible]	[illegible]	[illegible]	[illegible]	[illegible]	[illegible]	[illegible]	
64	[illegible]	[illegible]	[illegible]	[illegible]	[illegible]	[illegible]	[illegible]	[illegible]	[illegible]	[illegible]	
6165	[illegible]	[illegible]	[illegible]	[illegible]	[illegible]	[illegible]	[illegible]	[illegible]	[illegible]	[illegible]	
66	[illegible]	[illegible]	[illegible]	[illegible]	[illegible]	[illegible]	[illegible]	[illegible]	[illegible]	[illegible]	
67	[illegible]	[illegible]	[illegible]	[illegible]	[illegible]	[illegible]	[illegible]	[illegible]	[illegible]	[illegible]	
68	[illegible]	[illegible]	[illegible]	[illegible]	[illegible]	[illegible]	[illegible]	[illegible]	[illegible]	[illegible]	
69	[illegible]	[illegible]	[illegible]	[illegible]	[illegible]	[illegible]	[illegible]	[illegible]	[illegible]	[illegible]	
6170	[illegible]	[illegible]	[illegible]	[illegible]	[illegible]	[illegible]	[illegible]	[illegible]	[illegible]	[illegible]	
71	[illegible]	[illegible]	[illegible]	[illegible]	[illegible]	[illegible]	[illegible]	[illegible]	[illegible]	[illegible]	
72	[illegible]	[illegible]	[illegible]	[illegible]	[illegible]	[illegible]	[illegible]	[illegible]	[illegible]	[illegible]	
73	[illegible]	[illegible]	[illegible]	[illegible]	[illegible]	[illegible]	[illegible]	[illegible]	[illegible]	[illegible]	
74	[illegible]	[illegible]	[illegible]	[illegible]	[illegible]	[illegible]	[illegible]	[illegible]	[illegible]	[illegible]	
Num.	0	1	2	3	4	5	6	7	8	9	D.

N. 61750 L. 790

Num.	0	1	2	3	4	5	6	7	8	9	D.	Par
6175	[illegible]	[illegible]	[illegible]	[illegible]	[illegible]	[illegible]	[illegible]	[illegible]	[illegible]	[illegible]		[illegible]
76	[illegible]	[illegible]	[illegible]	[illegible]	[illegible]	[illegible]	[illegible]	[illegible]	[illegible]	[illegible]		
77	[illegible]	[illegible]	[illegible]	[illegible]	[illegible]	[illegible]	[illegible]	[illegible]	[illegible]	[illegible]		
78	[illegible]	[illegible]	[illegible]	[illegible]	[illegible]	[illegible]	[illegible]	[illegible]	[illegible]	[illegible]		
79	[illegible]	[illegible]	[illegible]	[illegible]	[illegible]	[illegible]	[illegible]	[illegible]	[illegible]	[illegible]		
6180	[illegible]	[illegible]	[illegible]	[illegible]	[illegible]	[illegible]	[illegible]	[illegible]	[illegible]	[illegible]		
81	[illegible]	[illegible]	[illegible]	[illegible]	[illegible]	[illegible]	[illegible]	[illegible]	[illegible]	[illegible]		
82	[illegible]	[illegible]	[illegible]	[illegible]	[illegible]	[illegible]	[illegible]	[illegible]	[illegible]	[illegible]		
83	[illegible]	[illegible]	[illegible]	[illegible]	[illegible]	[illegible]	[illegible]	[illegible]	[illegible]	[illegible]		
84	[illegible]	[illegible]	[illegible]	[illegible]	[illegible]	[illegible]	[illegible]	[illegible]	[illegible]	[illegible]		
6185	[illegible]	[illegible]	[illegible]	[illegible]	[illegible]	[illegible]	[illegible]	[illegible]	[illegible]	[illegible]		[illegible]
86	[illegible]	[illegible]	[illegible]	[illegible]	[illegible]	[illegible]	[illegible]	[illegible]	[illegible]	[illegible]		
87	[illegible]	[illegible]	[illegible]	[illegible]	[illegible]	[illegible]	[illegible]	[illegible]	[illegible]	[illegible]		
88	[illegible]	[illegible]	[illegible]	[illegible]	[illegible]	[illegible]	[illegible]	[illegible]	[illegible]	[illegible]		
89	[illegible]	[illegible]	[illegible]	[illegible]	[illegible]	[illegible]	[illegible]	[illegible]	[illegible]	[illegible]		
6190	[illegible]	[illegible]	[illegible]	[illegible]	[illegible]	[illegible]	[illegible]	[illegible]	[illegible]	[illegible]		
91	[illegible]	[illegible]	[illegible]	[illegible]	[illegible]	[illegible]	[illegible]	[illegible]	[illegible]	[illegible]		
92	[illegible]	[illegible]	[illegible]	[illegible]	[illegible]	[illegible]	[illegible]	[illegible]	[illegible]	[illegible]		
93	[illegible]	[illegible]	[illegible]	[illegible]	[illegible]	[illegible]	[illegible]	[illegible]	[illegible]	[illegible]		
94	[illegible]	[illegible]	[illegible]	[illegible]	[illegible]	[illegible]	[illegible]	[illegible]	[illegible]	[illegible]		
6195	[illegible]	[illegible]	[illegible]	[illegible]	[illegible]	[illegible]	[illegible]	[illegible]	[illegible]	[illegible]		
96	[illegible]	[illegible]	[illegible]	[illegible]	[illegible]	[illegible]	[illegible]	[illegible]	[illegible]	[illegible]		
97	[illegible]	[illegible]	[illegible]	[illegible]	[illegible]	[illegible]	[illegible]	[illegible]	[illegible]	[illegible]		
98	[illegible]	[illegible]	[illegible]	[illegible]	[illegible]	[illegible]	[illegible]	[illegible]	[illegible]	[illegible]		
99	[illegible]	[illegible]	[illegible]	[illegible]	[illegible]	[illegible]	[illegible]	[illegible]	[illegible]	[illegible]		
6200	[illegible]	[illegible]	[illegible]	[illegible]	[illegible]	[illegible]	[illegible]	[illegible]	[illegible]	[illegible]		
01	[illegible]	[illegible]	[illegible]	[illegible]	[illegible]	[illegible]	[illegible]	[illegible]	[illegible]	[illegible]		
02	[illegible]	[illegible]	[illegible]	[illegible]	[illegible]	[illegible]	[illegible]	[illegible]	[illegible]	[illegible]		
03	[illegible]	[illegible]	[illegible]	[illegible]	[illegible]	[illegible]	[illegible]	[illegible]	[illegible]	[illegible]	[illegible]	
04	[illegible]	[illegible]	[illegible]	[illegible]	[illegible]	[illegible]	[illegible]	[illegible]	[illegible]	[illegible]		
6205	[illegible]	[illegible]	[illegible]	[illegible]	[illegible]	[illegible]	[illegible]	[illegible]	[illegible]	[illegible]		[illegible]
06	[illegible]	[illegible]	[illegible]	[illegible]	[illegible]	[illegible]	[illegible]	[illegible]	[illegible]	[illegible]		
07	[illegible]	[illegible]	[illegible]	[illegible]	[illegible]	[illegible]	[illegible]	[illegible]	[illegible]	[illegible]		
08	[illegible]	[illegible]	[illegible]	[illegible]	[illegible]	[illegible]	[illegible]	[illegible]	[illegible]	[illegible]		
09	[illegible]	[illegible]	[illegible]	[illegible]	[illegible]	[illegible]	[illegible]	[illegible]	[illegible]	[illegible]		
6210	[illegible]	[illegible]	[illegible]	[illegible]	[illegible]	[illegible]	[illegible]	[illegible]	[illegible]	[illegible]		
11	[illegible]	[illegible]	[illegible]	[illegible]	[illegible]	[illegible]	[illegible]	[illegible]	[illegible]	[illegible]		
12	[illegible]	[illegible]	[illegible]	[illegible]	[illegible]	[illegible]	[illegible]	[illegible]	[illegible]	[illegible]		
13	[illegible]	[illegible]	[illegible]	[illegible]	[illegible]	[illegible]	[illegible]	[illegible]	[illegible]	[illegible]		
14	[illegible]	[illegible]	[illegible]	[illegible]	[illegible]	[illegible]	[illegible]	[illegible]	[illegible]	[illegible]		
6215	[illegible]	[illegible]	[illegible]	[illegible]	[illegible]	[illegible]	[illegible]	[illegible]	[illegible]	[illegible]		
16	[illegible]	[illegible]	[illegible]	[illegible]	[illegible]	[illegible]	[illegible]	[illegible]	[illegible]	[illegible]		
17	[illegible]	[illegible]	[illegible]	[illegible]	[illegible]	[illegible]	[illegible]	[illegible]	[illegible]	[illegible]		
18	[illegible]	[illegible]	[illegible]	[illegible]	[illegible]	[illegible]	[illegible]	[illegible]	[illegible]	[illegible]		
19	[illegible]	[illegible]	[illegible]	[illegible]	[illegible]	[illegible]	[illegible]	[illegible]	[illegible]	[illegible]		
6220	[illegible]	[illegible]	[illegible]	[illegible]	[illegible]	[illegible]	[illegible]	[illegible]	[illegible]	[illegible]		
21	[illegible]	[illegible]	[illegible]	[illegible]	[illegible]	[illegible]	[illegible]	[illegible]	[illegible]	[illegible]		
22	[illegible]	[illegible]	[illegible]	[illegible]	[illegible]	[illegible]	[illegible]	[illegible]	[illegible]	[illegible]		
23	[illegible]	[illegible]	[illegible]	[illegible]	[illegible]	[illegible]	[illegible]	[illegible]	[illegible]	[illegible]		
24	[illegible]	[illegible]	[illegible]	[illegible]	[illegible]	[illegible]	[illegible]	[illegible]	[illegible]	[illegible]		
6225	[illegible]	[illegible]	[illegible]	[illegible]	[illegible]	[illegible]	[illegible]	[illegible]	[illegible]	[illegible]		
26	[illegible]	[illegible]	[illegible]	[illegible]	[illegible]	[illegible]	[illegible]	[illegible]	[illegible]	[illegible]		
27	[illegible]	[illegible]	[illegible]	[illegible]	[illegible]	[illegible]	[illegible]	[illegible]	[illegible]	[illegible]		
28	[illegible]	[illegible]	[illegible]	[illegible]	[illegible]	[illegible]	[illegible]	[illegible]	[illegible]	[illegible]		
29	[illegible]	[illegible]	[illegible]	[illegible]	[illegible]	[illegible]	[illegible]	[illegible]	[illegible]	[illegible]		
6230	[illegible]	[illegible]	[illegible]	[illegible]	[illegible]	[illegible]	[illegible]	[illegible]	[illegible]	[illegible]		[illegible]
31	[illegible]	[illegible]	[illegible]	[illegible]	[illegible]	[illegible]	[illegible]	[illegible]	[illegible]	[illegible]		
32	[illegible]	[illegible]	[illegible]	[illegible]	[illegible]	[illegible]	[illegible]	[illegible]	[illegible]	[illegible]		
33	[illegible]	[illegible]	[illegible]	[illegible]	[illegible]	[illegible]	[illegible]	[illegible]	[illegible]	[illegible]		
34	[illegible]	[illegible]	[illegible]	[illegible]	[illegible]	[illegible]	[illegible]	[illegible]	[illegible]	[illegible]		
6235	[illegible]	[illegible]	[illegible]	[illegible]	[illegible]	[illegible]	[illegible]	[illegible]	[illegible]	[illegible]		
36	[illegible]	[illegible]	[illegible]	[illegible]	[illegible]	[illegible]	[illegible]	[illegible]	[illegible]	[illegible]		
37	[illegible]	[illegible]	[illegible]	[illegible]	[illegible]	[illegible]	[illegible]	[illegible]	[illegible]	[illegible]		
38	[illegible]	[illegible]	[illegible]	[illegible]	[illegible]	[illegible]	[illegible]	[illegible]	[illegible]	[illegible]		
39	[illegible]	[illegible]	[illegible]	[illegible]	[illegible]	[illegible]	[illegible]	[illegible]	[illegible]	[illegible]		
Num.	0	1	2	3	4	5	6	7	8	9	D.	Par

N. 62400 L. 795

Num.	0	1	2	3	4	5	6	7	8	9	D.
6240	795. [illegible]	[illegible]	[illegible]	[illegible]	[illegible]	[illegible]	[illegible]	[illegible]	[illegible]	[illegible]	
41	[illegible]	[illegible]	[illegible]	[illegible]	[illegible]	[illegible]	[illegible]	[illegible]	[illegible]	[illegible]	
42	[illegible]	[illegible]	[illegible]	[illegible]	[illegible]	[illegible]	[illegible]	[illegible]	[illegible]	[illegible]	
43	[illegible]	[illegible]	[illegible]	[illegible]	[illegible]	[illegible]	[illegible]	[illegible]	[illegible]	[illegible]	
44	[illegible]	[illegible]	[illegible]	[illegible]	[illegible]	[illegible]	[illegible]	[illegible]	[illegible]	[illegible]	
6245	[illegible]	[illegible]	[illegible]	[illegible]	[illegible]	[illegible]	[illegible]	[illegible]	[illegible]	[illegible]	
46	[illegible]	[illegible]	[illegible]	[illegible]	[illegible]	[illegible]	[illegible]	[illegible]	[illegible]	[illegible]	
47	[illegible]	[illegible]	[illegible]	[illegible]	[illegible]	[illegible]	[illegible]	[illegible]	[illegible]	[illegible]	
48	[illegible]	[illegible]	[illegible]	[illegible]	[illegible]	[illegible]	[illegible]	[illegible]	[illegible]	[illegible]	
49	[illegible]	[illegible]	[illegible]	[illegible]	[illegible]	[illegible]	[illegible]	[illegible]	[illegible]	[illegible]	
6250	[illegible]	[illegible]	[illegible]	[illegible]	[illegible]	[illegible]	[illegible]	[illegible]	[illegible]	[illegible]	
51	[illegible]	[illegible]	[illegible]	[illegible]	[illegible]	[illegible]	[illegible]	[illegible]	[illegible]	[illegible]	
52	796. [illegible]	[illegible]	[illegible]	[illegible]	[illegible]	[illegible]	[illegible]	[illegible]	[illegible]	[illegible]	
53	[illegible]	[illegible]	[illegible]	[illegible]	[illegible]	[illegible]	[illegible]	[illegible]	[illegible]	[illegible]	
54	[illegible]	[illegible]	[illegible]	[illegible]	[illegible]	[illegible]	[illegible]	[illegible]	[illegible]	[illegible]	
6255	[illegible]	[illegible]	[illegible]	[illegible]	[illegible]	[illegible]	[illegible]	[illegible]	[illegible]	[illegible]	
56	[illegible]	[illegible]	[illegible]	[illegible]	[illegible]	[illegible]	[illegible]	[illegible]	[illegible]	[illegible]	
57	[illegible]	[illegible]	[illegible]	[illegible]	[illegible]	[illegible]	[illegible]	[illegible]	[illegible]	[illegible]	
58	[illegible]	[illegible]	[illegible]	[illegible]	[illegible]	[illegible]	[illegible]	[illegible]	[illegible]	[illegible]	
59	[illegible]	[illegible]	[illegible]	[illegible]	[illegible]	[illegible]	[illegible]	[illegible]	[illegible]	[illegible]	
6260	[illegible]	[illegible]	[illegible]	[illegible]	[illegible]	[illegible]	[illegible]	[illegible]	[illegible]	[illegible]	
61	[illegible]	[illegible]	[illegible]	[illegible]	[illegible]	[illegible]	[illegible]	[illegible]	[illegible]	[illegible]	
62	[illegible]	[illegible]	[illegible]	[illegible]	[illegible]	[illegible]	[illegible]	[illegible]	[illegible]	[illegible]	
63	[illegible]	[illegible]	[illegible]	[illegible]	[illegible]	[illegible]	[illegible]	[illegible]	[illegible]	[illegible]	
64	[illegible]	[illegible]	[illegible]	[illegible]	[illegible]	[illegible]	[illegible]	[illegible]	[illegible]	[illegible]	
6265	[illegible]	[illegible]	[illegible]	[illegible]	[illegible]	[illegible]	[illegible]	[illegible]	[illegible]	[illegible]	
66	[illegible]	[illegible]	[illegible]	[illegible]	[illegible]	[illegible]	[illegible]	[illegible]	[illegible]	[illegible]	
67	797. [illegible]	[illegible]	[illegible]	[illegible]	[illegible]	[illegible]	[illegible]	[illegible]	[illegible]	[illegible]	
68	[illegible]	[illegible]	[illegible]	[illegible]	[illegible]	[illegible]	[illegible]	[illegible]	[illegible]	[illegible]	
69	[illegible]	[illegible]	[illegible]	[illegible]	[illegible]	[illegible]	[illegible]	[illegible]	[illegible]	[illegible]	
6270	[illegible]	[illegible]	[illegible]	[illegible]	[illegible]	[illegible]	[illegible]	[illegible]	[illegible]	[illegible]	
71	[illegible]	[illegible]	[illegible]	[illegible]	[illegible]	[illegible]	[illegible]	[illegible]	[illegible]	[illegible]	
72	[illegible]	[illegible]	[illegible]	[illegible]	[illegible]	[illegible]	[illegible]	[illegible]	[illegible]	[illegible]	
73	[illegible]	[illegible]	[illegible]	[illegible]	[illegible]	[illegible]	[illegible]	[illegible]	[illegible]	[illegible]	
74	[illegible]	[illegible]	[illegible]	[illegible]	[illegible]	[illegible]	[illegible]	[illegible]	[illegible]	[illegible]	
6275	[illegible]	[illegible]	[illegible]	[illegible]	[illegible]	[illegible]	[illegible]	[illegible]	[illegible]	[illegible]	
76	[illegible]	[illegible]	[illegible]	[illegible]	[illegible]	[illegible]	[illegible]	[illegible]	[illegible]	[illegible]	
77	[illegible]	[illegible]	[illegible]	[illegible]	[illegible]	[illegible]	[illegible]	[illegible]	[illegible]	[illegible]	
78	[illegible]	[illegible]	[illegible]	[illegible]	[illegible]	[illegible]	[illegible]	[illegible]	[illegible]	[illegible]	
79	[illegible]	[illegible]	[illegible]	[illegible]	[illegible]	[illegible]	[illegible]	[illegible]	[illegible]	[illegible]	
6280	[illegible]	[illegible]	[illegible]	[illegible]	[illegible]	[illegible]	[illegible]	[illegible]	[illegible]	[illegible]	
81	798. [illegible]	[illegible]	[illegible]	[illegible]	[illegible]	[illegible]	[illegible]	[illegible]	[illegible]	[illegible]	
82	[illegible]	[illegible]	[illegible]	[illegible]	[illegible]	[illegible]	[illegible]	[illegible]	[illegible]	[illegible]	
83	[illegible]	[illegible]	[illegible]	[illegible]	[illegible]	[illegible]	[illegible]	[illegible]	[illegible]	[illegible]	
84	[illegible]	[illegible]	[illegible]	[illegible]	[illegible]	[illegible]	[illegible]	[illegible]	[illegible]	[illegible]	
6285	[illegible]	[illegible]	[illegible]	[illegible]	[illegible]	[illegible]	[illegible]	[illegible]	[illegible]	[illegible]	
86	[illegible]	[illegible]	[illegible]	[illegible]	[illegible]	[illegible]	[illegible]	[illegible]	[illegible]	[illegible]	
87	[illegible]	[illegible]	[illegible]	[illegible]	[illegible]	[illegible]	[illegible]	[illegible]	[illegible]	[illegible]	
88	[illegible]	[illegible]	[illegible]	[illegible]	[illegible]	[illegible]	[illegible]	[illegible]	[illegible]	[illegible]	
89	[illegible]	[illegible]	[illegible]	[illegible]	[illegible]	[illegible]	[illegible]	[illegible]	[illegible]	[illegible]	
6290	[illegible]	[illegible]	[illegible]	[illegible]	[illegible]	[illegible]	[illegible]	[illegible]	[illegible]	[illegible]	
91	[illegible]	[illegible]	[illegible]	[illegible]	[illegible]	[illegible]	[illegible]	[illegible]	[illegible]	[illegible]	
92	[illegible]	[illegible]	[illegible]	[illegible]	[illegible]	[illegible]	[illegible]	[illegible]	[illegible]	[illegible]	
93	[illegible]	[illegible]	[illegible]	[illegible]	[illegible]	[illegible]	[illegible]	[illegible]	[illegible]	[illegible]	
94	[illegible]	[illegible]	[illegible]	[illegible]	[illegible]	[illegible]	[illegible]	[illegible]	[illegible]	[illegible]	
6295	[illegible]	[illegible]	[illegible]	[illegible]	[illegible]	[illegible]	[illegible]	[illegible]	[illegible]	[illegible]	
96	799. [illegible]	[illegible]	[illegible]	[illegible]	[illegible]	[illegible]	[illegible]	[illegible]	[illegible]	[illegible]	
97	[illegible]	[illegible]	[illegible]	[illegible]	[illegible]	[illegible]	[illegible]	[illegible]	[illegible]	[illegible]	
98	[illegible]	[illegible]	[illegible]	[illegible]	[illegible]	[illegible]	[illegible]	[illegible]	[illegible]	[illegible]	
99	[illegible]	[illegible]	[illegible]	[illegible]	[illegible]	[illegible]	[illegible]	[illegible]	[illegible]	[illegible]	
6300	[illegible]	[illegible]	[illegible]	[illegible]	[illegible]	[illegible]	[illegible]	[illegible]	[illegible]	[illegible]	
01	[illegible]	[illegible]	[illegible]	[illegible]	[illegible]	[illegible]	[illegible]	[illegible]	[illegible]	[illegible]	
02	[illegible]	[illegible]	[illegible]	[illegible]	[illegible]	[illegible]	[illegible]	[illegible]	[illegible]	[illegible]	
03	[illegible]	[illegible]	[illegible]	[illegible]	[illegible]	[illegible]	[illegible]	[illegible]	[illegible]	[illegible]	
04	[illegible]	[illegible]	[illegible]	[illegible]	[illegible]	[illegible]	[illegible]	[illegible]	[illegible]	[illegible]	
Num.	0	1	2	3	4	5	6	7	8	9	D.

N. 63050 L. 799

Num.	0	1	2	3	4	5	6	7	8	9	D.	P. P.
6305	799. [illegible]	[illegible]	[illegible]	[illegible]	[illegible]	[illegible]	[illegible]	[illegible]	[illegible]	[illegible]		
06	[illegible]	[illegible]	[illegible]	[illegible]	[illegible]	[illegible]	[illegible]	[illegible]	[illegible]	[illegible]		
07	[illegible]	[illegible]	[illegible]	[illegible]	[illegible]	[illegible]	[illegible]	[illegible]	[illegible]	[illegible]		
08	[illegible]	[illegible]	[illegible]	[illegible]	[illegible]	[illegible]	[illegible]	[illegible]	[illegible]	[illegible]		
09	[illegible]	[illegible]	[illegible]	[illegible]	[illegible]	[illegible]	[illegible]	[illegible]	[illegible]	[illegible]		
6310	800. [illegible]	[illegible]	[illegible]	[illegible]	[illegible]	[illegible]	[illegible]	[illegible]	[illegible]	[illegible]		
11	[illegible]	[illegible]	[illegible]	[illegible]	[illegible]	[illegible]	[illegible]	[illegible]	[illegible]	[illegible]		
12	[illegible]	[illegible]	[illegible]	[illegible]	[illegible]	[illegible]	[illegible]	[illegible]	[illegible]	[illegible]		
13	[illegible]	[illegible]	[illegible]	[illegible]	[illegible]	[illegible]	[illegible]	[illegible]	[illegible]	[illegible]		
14	[illegible]	[illegible]	[illegible]	[illegible]	[illegible]	[illegible]	[illegible]	[illegible]	[illegible]	[illegible]		
6315	[illegible]	[illegible]	[illegible]	[illegible]	[illegible]	[illegible]	[illegible]	[illegible]	[illegible]	[illegible]		
16	[illegible]	[illegible]	[illegible]	[illegible]	[illegible]	[illegible]	[illegible]	[illegible]	[illegible]	[illegible]		
17	[illegible]	[illegible]	[illegible]	[illegible]	[illegible]	[illegible]	[illegible]	[illegible]	[illegible]	[illegible]		
18	[illegible]	[illegible]	[illegible]	[illegible]	[illegible]	[illegible]	[illegible]	[illegible]	[illegible]	[illegible]		
19	[illegible]	[illegible]	[illegible]	[illegible]	[illegible]	[illegible]	[illegible]	[illegible]	[illegible]	[illegible]		
6320	[illegible]	[illegible]	[illegible]	[illegible]	[illegible]	[illegible]	[illegible]	[illegible]	[illegible]	[illegible]		
21	[illegible]	[illegible]	[illegible]	[illegible]	[illegible]	[illegible]	[illegible]	[illegible]	[illegible]	[illegible]		
22	[illegible]	[illegible]	[illegible]	[illegible]	[illegible]	[illegible]	[illegible]	[illegible]	[illegible]	[illegible]		
23	[illegible]	[illegible]	[illegible]	[illegible]	[illegible]	[illegible]	[illegible]	[illegible]	[illegible]	[illegible]		
24	[illegible]	[illegible]	[illegible]	[illegible]	[illegible]	[illegible]	[illegible]	[illegible]	[illegible]	[illegible]		
6325	801. [illegible]	[illegible]	[illegible]	[illegible]	[illegible]	[illegible]	[illegible]	[illegible]	[illegible]	[illegible]		
26	[illegible]	[illegible]	[illegible]	[illegible]	[illegible]	[illegible]	[illegible]	[illegible]	[illegible]	[illegible]		
27	[illegible]	[illegible]	[illegible]	[illegible]	[illegible]	[illegible]	[illegible]	[illegible]	[illegible]	[illegible]		
28	[illegible]	[illegible]	[illegible]	[illegible]	[illegible]	[illegible]	[illegible]	[illegible]	[illegible]	[illegible]		
29	[illegible]	[illegible]	[illegible]	[illegible]	[illegible]	[illegible]	[illegible]	[illegible]	[illegible]	[illegible]		
6330	[illegible]	[illegible]	[illegible]	[illegible]	[illegible]	[illegible]	[illegible]	[illegible]	[illegible]	[illegible]		
31	[illegible]	[illegible]	[illegible]	[illegible]	[illegible]	[illegible]	[illegible]	[illegible]	[illegible]	[illegible]		
32	[illegible]	[illegible]	[illegible]	[illegible]	[illegible]	[illegible]	[illegible]	[illegible]	[illegible]	[illegible]		
33	[illegible]	[illegible]	[illegible]	[illegible]	[illegible]	[illegible]	[illegible]	[illegible]	[illegible]	[illegible]		
34	[illegible]	[illegible]	[illegible]	[illegible]	[illegible]	[illegible]	[illegible]	[illegible]	[illegible]	[illegible]		
6335	[illegible]	[illegible]	[illegible]	[illegible]	[illegible]	[illegible]	[illegible]	[illegible]	[illegible]	[illegible]		
36	[illegible]	[illegible]	[illegible]	[illegible]	[illegible]	[illegible]	[illegible]	[illegible]	[illegible]	[illegible]		
37	[illegible]	[illegible]	[illegible]	[illegible]	[illegible]	[illegible]	[illegible]	[illegible]	[illegible]	[illegible]		
38	[illegible]	[illegible]	[illegible]	[illegible]	[illegible]	[illegible]	[illegible]	[illegible]	[illegible]	[illegible]		
39	802. [illegible]	[illegible]	[illegible]	[illegible]	[illegible]	[illegible]	[illegible]	[illegible]	[illegible]	[illegible]		
6340	[illegible]	[illegible]	[illegible]	[illegible]	[illegible]	[illegible]	[illegible]	[illegible]	[illegible]	[illegible]		
41	[illegible]	[illegible]	[illegible]	[illegible]	[illegible]	[illegible]	[illegible]	[illegible]	[illegible]	[illegible]		
42	[illegible]	[illegible]	[illegible]	[illegible]	[illegible]	[illegible]	[illegible]	[illegible]	[illegible]	[illegible]		
43	[illegible]	[illegible]	[illegible]	[illegible]	[illegible]	[illegible]	[illegible]	[illegible]	[illegible]	[illegible]		
44	[illegible]	[illegible]	[illegible]	[illegible]	[illegible]	[illegible]	[illegible]	[illegible]	[illegible]	[illegible]		
6345	[illegible]	[illegible]	[illegible]	[illegible]	[illegible]	[illegible]	[illegible]	[illegible]	[illegible]	[illegible]		
46	[illegible]	[illegible]	[illegible]	[illegible]	[illegible]	[illegible]	[illegible]	[illegible]	[illegible]	[illegible]		
47	[illegible]	[illegible]	[illegible]	[illegible]	[illegible]	[illegible]	[illegible]	[illegible]	[illegible]	[illegible]		
48	[illegible]	[illegible]	[illegible]	[illegible]	[illegible]	[illegible]	[illegible]	[illegible]	[illegible]	[illegible]		
49	[illegible]	[illegible]	[illegible]	[illegible]	[illegible]	[illegible]	[illegible]	[illegible]	[illegible]	[illegible]		
6350	[illegible]	[illegible]	[illegible]	[illegible]	[illegible]	[illegible]	[illegible]	[illegible]	[illegible]	[illegible]		
51	[illegible]	[illegible]	[illegible]	[illegible]	[illegible]	[illegible]	[illegible]	[illegible]	[illegible]	[illegible]		
52	[illegible]	[illegible]	[illegible]	[illegible]	[illegible]	[illegible]	[illegible]	[illegible]	[illegible]	[illegible]		
53	[illegible]	[illegible]	[illegible]	[illegible]	[illegible]	[illegible]	[illegible]	[illegible]	[illegible]	[illegible]		
54	803. [illegible]	[illegible]	[illegible]	[illegible]	[illegible]	[illegible]	[illegible]	[illegible]	[illegible]	[illegible]		
6355	[illegible]	[illegible]	[illegible]	[illegible]	[illegible]	[illegible]	[illegible]	[illegible]	[illegible]	[illegible]		
56	[illegible]	[illegible]	[illegible]	[illegible]	[illegible]	[illegible]	[illegible]	[illegible]	[illegible]	[illegible]		
57	[illegible]	[illegible]	[illegible]	[illegible]	[illegible]	[illegible]	[illegible]	[illegible]	[illegible]	[illegible]		
58	[illegible]	[illegible]	[illegible]	[illegible]	[illegible]	[illegible]	[illegible]	[illegible]	[illegible]	[illegible]		
59	[illegible]	[illegible]	[illegible]	[illegible]	[illegible]	[illegible]	[illegible]	[illegible]	[illegible]	[illegible]		
6360	[illegible]	[illegible]	[illegible]	[illegible]	[illegible]	[illegible]	[illegible]	[illegible]	[illegible]	[illegible]		
61	[illegible]	[illegible]	[illegible]	[illegible]	[illegible]	[illegible]	[illegible]	[illegible]	[illegible]	[illegible]		
62	[illegible]	[illegible]	[illegible]	[illegible]	[illegible]	[illegible]	[illegible]	[illegible]	[illegible]	[illegible]		
63	[illegible]	[illegible]	[illegible]	[illegible]	[illegible]	[illegible]	[illegible]	[illegible]	[illegible]	[illegible]		
64	[illegible]	[illegible]	[illegible]	[illegible]	[illegible]	[illegible]	[illegible]	[illegible]	[illegible]	[illegible]		
6365	[illegible]	[illegible]	[illegible]	[illegible]	[illegible]	[illegible]	[illegible]	[illegible]	[illegible]	[illegible]		
66	[illegible]	[illegible]	[illegible]	[illegible]	[illegible]	[illegible]	[illegible]	[illegible]	[illegible]	[illegible]		
67	[illegible]	[illegible]	[illegible]	[illegible]	[illegible]	[illegible]	[illegible]	[illegible]	[illegible]	[illegible]		
68	804. [illegible]	[illegible]	[illegible]	[illegible]	[illegible]	[illegible]	[illegible]	[illegible]	[illegible]	[illegible]		
69	[illegible]	[illegible]	[illegible]	[illegible]	[illegible]	[illegible]	[illegible]	[illegible]	[illegible]	[illegible]		
Num.	0	1	2	3	4	5	6	7	8	9	D.	P. P.

Num.		0	1	2	3	4	5	6	7	8	9	D.
6370	804.	[illegible]	[illegible]	[illegible]	[illegible]	[illegible]	[illegible]	[illegible]	[illegible]	[illegible]	[illegible]	
71		[illegible]	[illegible]	[illegible]	[illegible]	[illegible]	[illegible]	[illegible]	[illegible]	[illegible]	[illegible]	
72		[illegible]	[illegible]	[illegible]	[illegible]	[illegible]	[illegible]	[illegible]	[illegible]	[illegible]	[illegible]	
73		[illegible]	[illegible]	[illegible]	[illegible]	[illegible]	[illegible]	[illegible]	[illegible]	[illegible]	[illegible]	
74		[illegible]	[illegible]	[illegible]	[illegible]	[illegible]	[illegible]	[illegible]	[illegible]	[illegible]	[illegible]	
6375		[illegible]	[illegible]	[illegible]	[illegible]	[illegible]	[illegible]	[illegible]	[illegible]	[illegible]	[illegible]	
76		[illegible]	[illegible]	[illegible]	[illegible]	[illegible]	[illegible]	[illegible]	[illegible]	[illegible]	[illegible]	
77		[illegible]	[illegible]	[illegible]	[illegible]	[illegible]	[illegible]	[illegible]	[illegible]	[illegible]	[illegible]	
78		[illegible]	[illegible]	[illegible]	[illegible]	[illegible]	[illegible]	[illegible]	[illegible]	[illegible]	[illegible]	
79		[illegible]	[illegible]	[illegible]	[illegible]	[illegible]	[illegible]	[illegible]	[illegible]	[illegible]	[illegible]	
6380		[illegible]	[illegible]	[illegible]	[illegible]	[illegible]	[illegible]	[illegible]	[illegible]	[illegible]	[illegible]	
81		[illegible]	[illegible]	[illegible]	[illegible]	[illegible]	[illegible]	[illegible]	[illegible]	[illegible]	[illegible]	
82		[illegible]	[illegible]	[illegible]	[illegible]	[illegible]	[illegible]	[illegible]	[illegible]	[illegible]	[illegible]	
83	805.	[illegible]	[illegible]	[illegible]	[illegible]	[illegible]	[illegible]	[illegible]	[illegible]	[illegible]	[illegible]	
84		[illegible]	[illegible]	[illegible]	[illegible]	[illegible]	[illegible]	[illegible]	[illegible]	[illegible]	[illegible]	
6385		[illegible]	[illegible]	[illegible]	[illegible]	[illegible]	[illegible]	[illegible]	[illegible]	[illegible]	[illegible]	
86		[illegible]	[illegible]	[illegible]	[illegible]	[illegible]	[illegible]	[illegible]	[illegible]	[illegible]	[illegible]	68
87		[illegible]	[illegible]	[illegible]	[illegible]	[illegible]	[illegible]	[illegible]	[illegible]	[illegible]	[illegible]	
88		[illegible]	[illegible]	[illegible]	[illegible]	[illegible]	[illegible]	[illegible]	[illegible]	[illegible]	[illegible]	
89		[illegible]	[illegible]	[illegible]	[illegible]	[illegible]	[illegible]	[illegible]	[illegible]	[illegible]	[illegible]	
6390		[illegible]	[illegible]	[illegible]	[illegible]	[illegible]	[illegible]	[illegible]	[illegible]	[illegible]	[illegible]	
91		[illegible]	[illegible]	[illegible]	[illegible]	[illegible]	[illegible]	[illegible]	[illegible]	[illegible]	[illegible]	
92		[illegible]	[illegible]	[illegible]	[illegible]	[illegible]	[illegible]	[illegible]	[illegible]	[illegible]	[illegible]	
93		[illegible]	[illegible]	[illegible]	[illegible]	[illegible]	[illegible]	[illegible]	[illegible]	[illegible]	[illegible]	
94		[illegible]	[illegible]	[illegible]	[illegible]	[illegible]	[illegible]	[illegible]	[illegible]	[illegible]	[illegible]	
6395		[illegible]	[illegible]	[illegible]	[illegible]	[illegible]	[illegible]	[illegible]	[illegible]	[illegible]	[illegible]	
96		[illegible]	[illegible]	[illegible]	[illegible]	[illegible]	[illegible]	[illegible]	[illegible]	[illegible]	[illegible]	
97		[illegible]	[illegible]	[illegible]	[illegible]	[illegible]	[illegible]	[illegible]	[illegible]	[illegible]	[illegible]	
98	806.	[illegible]	[illegible]	[illegible]	[illegible]	[illegible]	[illegible]	[illegible]	[illegible]	[illegible]	[illegible]	
99		[illegible]	[illegible]	[illegible]	[illegible]	[illegible]	[illegible]	[illegible]	[illegible]	[illegible]	[illegible]	
6400		[illegible]	[illegible]	[illegible]	[illegible]	[illegible]	[illegible]	[illegible]	[illegible]	[illegible]	[illegible]	
01		[illegible]	[illegible]	[illegible]	[illegible]	[illegible]	[illegible]	[illegible]	[illegible]	[illegible]	[illegible]	
02		[illegible]	[illegible]	[illegible]	[illegible]	[illegible]	[illegible]	[illegible]	[illegible]	[illegible]	[illegible]	
03		[illegible]	[illegible]	[illegible]	[illegible]	[illegible]	[illegible]	[illegible]	[illegible]	[illegible]	[illegible]	
04		[illegible]	[illegible]	[illegible]	[illegible]	[illegible]	[illegible]	[illegible]	[illegible]	[illegible]	[illegible]	
6405		[illegible]	[illegible]	[illegible]	[illegible]	[illegible]	[illegible]	[illegible]	[illegible]	[illegible]	[illegible]	
06		[illegible]	[illegible]	[illegible]	[illegible]	[illegible]	[illegible]	[illegible]	[illegible]	[illegible]	[illegible]	
07		[illegible]	[illegible]	[illegible]	[illegible]	[illegible]	[illegible]	[illegible]	[illegible]	[illegible]	[illegible]	
08		[illegible]	[illegible]	[illegible]	[illegible]	[illegible]	[illegible]	[illegible]	[illegible]	[illegible]	[illegible]	
09		[illegible]	[illegible]	[illegible]	[illegible]	[illegible]	[illegible]	[illegible]	[illegible]	[illegible]	[illegible]	
6410		[illegible]	[illegible]	[illegible]	[illegible]	[illegible]	[illegible]	[illegible]	[illegible]	[illegible]	[illegible]	
11		[illegible]	[illegible]	[illegible]	[illegible]	[illegible]	[illegible]	[illegible]	[illegible]	[illegible]	[illegible]	
12		[illegible]	[illegible]	[illegible]	[illegible]	[illegible]	[illegible]	[illegible]	[illegible]	[illegible]	[illegible]	
13	807.	[illegible]	[illegible]	[illegible]	[illegible]	[illegible]	[illegible]	[illegible]	[illegible]	[illegible]	[illegible]	
14		[illegible]	[illegible]	[illegible]	[illegible]	[illegible]	[illegible]	[illegible]	[illegible]	[illegible]	[illegible]	
6415		[illegible]	[illegible]	[illegible]	[illegible]	[illegible]	[illegible]	[illegible]	[illegible]	[illegible]	[illegible]	
16		[illegible]	[illegible]	[illegible]	[illegible]	[illegible]	[illegible]	[illegible]	[illegible]	[illegible]	[illegible]	
17		[illegible]	[illegible]	[illegible]	[illegible]	[illegible]	[illegible]	[illegible]	[illegible]	[illegible]	[illegible]	
18		[illegible]	[illegible]	[illegible]	[illegible]	[illegible]	[illegible]	[illegible]	[illegible]	[illegible]	[illegible]	
19		[illegible]	[illegible]	[illegible]	[illegible]	[illegible]	[illegible]	[illegible]	[illegible]	[illegible]	[illegible]	
6420		[illegible]	[illegible]	[illegible]	[illegible]	[illegible]	[illegible]	[illegible]	[illegible]	[illegible]	[illegible]	
21		[illegible]	[illegible]	[illegible]	[illegible]	[illegible]	[illegible]	[illegible]	[illegible]	[illegible]	[illegible]	
22		[illegible]	[illegible]	[illegible]	[illegible]	[illegible]	[illegible]	[illegible]	[illegible]	[illegible]	[illegible]	
23		[illegible]	[illegible]	[illegible]	[illegible]	[illegible]	[illegible]	[illegible]	[illegible]	[illegible]	[illegible]	
24		[illegible]	[illegible]	[illegible]	[illegible]	[illegible]	[illegible]	[illegible]	[illegible]	[illegible]	[illegible]	
6425		[illegible]	[illegible]	[illegible]	[illegible]	[illegible]	[illegible]	[illegible]	[illegible]	[illegible]	[illegible]	
26		[illegible]	[illegible]	[illegible]	[illegible]	[illegible]	[illegible]	[illegible]	[illegible]	[illegible]	[illegible]	
27	808.	[illegible]	[illegible]	[illegible]	[illegible]	[illegible]	[illegible]	[illegible]	[illegible]	[illegible]	[illegible]	
28		[illegible]	[illegible]	[illegible]	[illegible]	[illegible]	[illegible]	[illegible]	[illegible]	[illegible]	[illegible]	
29		[illegible]	[illegible]	[illegible]	[illegible]	[illegible]	[illegible]	[illegible]	[illegible]	[illegible]	[illegible]	
6430		[illegible]	[illegible]	[illegible]	[illegible]	[illegible]	[illegible]	[illegible]	[illegible]	[illegible]	[illegible]	
31		[illegible]	[illegible]	[illegible]	[illegible]	[illegible]	[illegible]	[illegible]	[illegible]	[illegible]	[illegible]	
32		[illegible]	[illegible]	[illegible]	[illegible]	[illegible]	[illegible]	[illegible]	[illegible]	[illegible]	[illegible]	
33		[illegible]	[illegible]	[illegible]	[illegible]	[illegible]	[illegible]	[illegible]	[illegible]	[illegible]	[illegible]	
34		[illegible]	[illegible]	[illegible]	[illegible]	[illegible]	[illegible]	[illegible]	[illegible]	[illegible]	[illegible]	
Num.		0	1	2	3	4	5	6	7	8	9	D.

Num.		0	1	2	3	4	5	6	7	8	9	D.	part
6435	808.	[illegible]	[illegible]	[illegible]	[illegible]	[illegible]	[illegible]	[illegible]	[illegible]	[illegible]	[illegible]		
36		[illegible]	[illegible]	[illegible]	[illegible]	[illegible]	[illegible]	[illegible]	[illegible]	[illegible]	[illegible]		
37		[illegible]	[illegible]	[illegible]	[illegible]	[illegible]	[illegible]	[illegible]	[illegible]	[illegible]	[illegible]		
38		[illegible]	[illegible]	[illegible]	[illegible]	[illegible]	[illegible]	[illegible]	[illegible]	[illegible]	[illegible]		
39		[illegible]	[illegible]	[illegible]	[illegible]	[illegible]	[illegible]	[illegible]	[illegible]	[illegible]	[illegible]		
6440		[illegible]	[illegible]	[illegible]	[illegible]	[illegible]	[illegible]	[illegible]	[illegible]	[illegible]	[illegible]		
41		[illegible]	[illegible]	[illegible]	[illegible]	[illegible]	[illegible]	[illegible]	[illegible]	[illegible]	[illegible]		
42	809.	[illegible]	[illegible]	[illegible]	[illegible]	[illegible]	[illegible]	[illegible]	[illegible]	[illegible]	[illegible]		
43		[illegible]	[illegible]	[illegible]	[illegible]	[illegible]	[illegible]	[illegible]	[illegible]	[illegible]	[illegible]		
44		[illegible]	[illegible]	[illegible]	[illegible]	[illegible]	[illegible]	[illegible]	[illegible]	[illegible]	[illegible]		
6445		[illegible]	[illegible]	[illegible]	[illegible]	[illegible]	[illegible]	[illegible]	[illegible]	[illegible]	[illegible]		
46		[illegible]	[illegible]	[illegible]	[illegible]	[illegible]	[illegible]	[illegible]	[illegible]	[illegible]	[illegible]		68
47		[illegible]	[illegible]	[illegible]	[illegible]	[illegible]	[illegible]	[illegible]	[illegible]	[illegible]	[illegible]		[illegible]
48		[illegible]	[illegible]	[illegible]	[illegible]	[illegible]	[illegible]	[illegible]	[illegible]	[illegible]	[illegible]		[illegible]
49		[illegible]	[illegible]	[illegible]	[illegible]	[illegible]	[illegible]	[illegible]	[illegible]	[illegible]	[illegible]		[illegible]
6450		[illegible]	[illegible]	[illegible]	[illegible]	[illegible]	[illegible]	[illegible]	[illegible]	[illegible]	[illegible]		[illegible]
51		[illegible]	[illegible]	[illegible]	[illegible]	[illegible]	[illegible]	[illegible]	[illegible]	[illegible]	[illegible]		[illegible]
52		[illegible]	[illegible]	[illegible]	[illegible]	[illegible]	[illegible]	[illegible]	[illegible]	[illegible]	[illegible]		[illegible]
53		[illegible]	[illegible]	[illegible]	[illegible]	[illegible]	[illegible]	[illegible]	[illegible]	[illegible]	[illegible]		[illegible]
54		[illegible]	[illegible]	[illegible]	[illegible]	[illegible]	[illegible]	[illegible]	[illegible]	[illegible]	[illegible]		[illegible]
6455		[illegible]	[illegible]	[illegible]	[illegible]	[illegible]	[illegible]	[illegible]	[illegible]	[illegible]	[illegible]		
56		[illegible]	[illegible]	[illegible]	[illegible]	[illegible]	[illegible]	[illegible]	[illegible]	[illegible]	[illegible]		
57	810.	[illegible]	[illegible]	[illegible]	[illegible]	[illegible]	[illegible]	[illegible]	[illegible]	[illegible]	[illegible]		
58		[illegible]	[illegible]	[illegible]	[illegible]	[illegible]	[illegible]	[illegible]	[illegible]	[illegible]	[illegible]		
59		[illegible]	[illegible]	[illegible]	[illegible]	[illegible]	[illegible]	[illegible]	[illegible]	[illegible]	[illegible]		
6460		[illegible]	[illegible]	[illegible]	[illegible]	[illegible]	[illegible]	[illegible]	[illegible]	[illegible]	[illegible]		
61		[illegible]	[illegible]	[illegible]	[illegible]	[illegible]	[illegible]	[illegible]	[illegible]	[illegible]	[illegible]		
62		[illegible]	[illegible]	[illegible]	[illegible]	[illegible]	[illegible]	[illegible]	[illegible]	[illegible]	[illegible]		
63		[illegible]	[illegible]	[illegible]	[illegible]	[illegible]	[illegible]	[illegible]	[illegible]	[illegible]	[illegible]		
64		[illegible]	[illegible]	[illegible]	[illegible]	[illegible]	[illegible]	[illegible]	[illegible]	[illegible]	[illegible]		
6465		[illegible]	[illegible]	[illegible]	[illegible]	[illegible]	[illegible]	[illegible]	[illegible]	[illegible]	[illegible]		
66		[illegible]	[illegible]	[illegible]	[illegible]	[illegible]	[illegible]	[illegible]	[illegible]	[illegible]	[illegible]		
67		[illegible]	[illegible]	[illegible]	[illegible]	[illegible]	[illegible]	[illegible]	[illegible]	[illegible]	[illegible]		
68		[illegible]	[illegible]	[illegible]	[illegible]	[illegible]	[illegible]	[illegible]	[illegible]	[illegible]	[illegible]		67
69		[illegible]	[illegible]	[illegible]	[illegible]	[illegible]	[illegible]	[illegible]	[illegible]	[illegible]	[illegible]		[illegible]
6470		[illegible]	[illegible]	[illegible]	[illegible]	[illegible]	[illegible]	[illegible]	[illegible]	[illegible]	[illegible]		[illegible]
71		[illegible]	[illegible]	[illegible]	[illegible]	[illegible]	[illegible]	[illegible]	[illegible]	[illegible]	[illegible]		[illegible]
72	811.	[illegible]	[illegible]	[illegible]	[illegible]	[illegible]	[illegible]	[illegible]	[illegible]	[illegible]	[illegible]		[illegible]
73		[illegible]	[illegible]	[illegible]	[illegible]	[illegible]	[illegible]	[illegible]	[illegible]	[illegible]	[illegible]		[illegible]
74		[illegible]	[illegible]	[illegible]	[illegible]	[illegible]	[illegible]	[illegible]	[illegible]	[illegible]	[illegible]		[illegible]
6475		[illegible]	[illegible]	[illegible]	[illegible]	[illegible]	[illegible]	[illegible]	[illegible]	[illegible]	[illegible]		[illegible]
76		[illegible]	[illegible]	[illegible]	[illegible]	[illegible]	[illegible]	[illegible]	[illegible]	[illegible]	[illegible]		[illegible]
77		[illegible]	[illegible]	[illegible]	[illegible]	[illegible]	[illegible]	[illegible]	[illegible]	[illegible]	[illegible]		
78		[illegible]	[illegible]	[illegible]	[illegible]	[illegible]	[illegible]	[illegible]	[illegible]	[illegible]	[illegible]		
79		[illegible]	[illegible]	[illegible]	[illegible]	[illegible]	[illegible]	[illegible]	[illegible]	[illegible]	[illegible]		
6480		[illegible]	[illegible]	[illegible]	[illegible]	[illegible]	[illegible]	[illegible]	[illegible]	[illegible]	[illegible]		
81		[illegible]	[illegible]	[illegible]	[illegible]	[illegible]	[illegible]	[illegible]	[illegible]	[illegible]	[illegible]		
82		[illegible]	[illegible]	[illegible]	[illegible]	[illegible]	[illegible]	[illegible]	[illegible]	[illegible]	[illegible]	67	
83		[illegible]	[illegible]	[illegible]	[illegible]	[illegible]	[illegible]	[illegible]	[illegible]	[illegible]	[illegible]		
84		[illegible]	[illegible]	[illegible]	[illegible]	[illegible]	[illegible]	[illegible]	[illegible]	[illegible]	[illegible]		
6485		[illegible]	[illegible]	[illegible]	[illegible]	[illegible]	[illegible]	[illegible]	[illegible]	[illegible]	[illegible]		
86		[illegible]	[illegible]	[illegible]	[illegible]	[illegible]	[illegible]	[illegible]	[illegible]	[illegible]	[illegible]		
87	812.	[illegible]	[illegible]	[illegible]	[illegible]	[illegible]	[illegible]	[illegible]	[illegible]	[illegible]	[illegible]		
88		[illegible]	[illegible]	[illegible]	[illegible]	[illegible]	[illegible]	[illegible]	[illegible]	[illegible]	[illegible]		
89		[illegible]	[illegible]	[illegible]	[illegible]	[illegible]	[illegible]	[illegible]	[illegible]	[illegible]	[illegible]		
6490		[illegible]	[illegible]	[illegible]	[illegible]	[illegible]	[illegible]	[illegible]	[illegible]	[illegible]	[illegible]		
91		[illegible]	[illegible]	[illegible]	[illegible]	[illegible]	[illegible]	[illegible]	[illegible]	[illegible]	[illegible]		66
92		[illegible]	[illegible]	[illegible]	[illegible]	[illegible]	[illegible]	[illegible]	[illegible]	[illegible]	[illegible]		[illegible]
93		[illegible]	[illegible]	[illegible]	[illegible]	[illegible]	[illegible]	[illegible]	[illegible]	[illegible]	[illegible]		[illegible]
94		[illegible]	[illegible]	[illegible]	[illegible]	[illegible]	[illegible]	[illegible]	[illegible]	[illegible]	[illegible]		[illegible]
6495		[illegible]	[illegible]	[illegible]	[illegible]	[illegible]	[illegible]	[illegible]	[illegible]	[illegible]	[illegible]		[illegible]
96		[illegible]	[illegible]	[illegible]	[illegible]	[illegible]	[illegible]	[illegible]	[illegible]	[illegible]	[illegible]		[illegible]
97		[illegible]	[illegible]	[illegible]	[illegible]	[illegible]	[illegible]	[illegible]	[illegible]	[illegible]	[illegible]		[illegible]
98		[illegible]	[illegible]	[illegible]	[illegible]	[illegible]	[illegible]	[illegible]	[illegible]	[illegible]	[illegible]		[illegible]
99		[illegible]	[illegible]	[illegible]	[illegible]	[illegible]	[illegible]	[illegible]	[illegible]	[illegible]	[illegible]		[illegible]
Num.		0	1	2	3	4	5	6	7	8	9	D.	part

N. 65000 L. 812

Num.	0	1	2	3	4	5	6	7	8	9	D
6500	[illegible]	[illegible]	[illegible]	[illegible]	[illegible]	[illegible]	[illegible]	[illegible]	[illegible]	[illegible]	
01	[illegible]	[illegible]	[illegible]	[illegible]	[illegible]	[illegible]	[illegible]	[illegible]	[illegible]	[illegible]	
02	[illegible]	[illegible]	[illegible]	[illegible]	[illegible]	[illegible]	[illegible]	[illegible]	[illegible]	[illegible]	
03	[illegible]	[illegible]	[illegible]	[illegible]	[illegible]	[illegible]	[illegible]	[illegible]	[illegible]	[illegible]	
04	[illegible]	[illegible]	[illegible]	[illegible]	[illegible]	[illegible]	[illegible]	[illegible]	[illegible]	[illegible]	
6505	[illegible]	[illegible]	[illegible]	[illegible]	[illegible]	[illegible]	[illegible]	[illegible]	[illegible]	[illegible]	
06	[illegible]	[illegible]	[illegible]	[illegible]	[illegible]	[illegible]	[illegible]	[illegible]	[illegible]	[illegible]	
07	[illegible]	[illegible]	[illegible]	[illegible]	[illegible]	[illegible]	[illegible]	[illegible]	[illegible]	[illegible]	
08	[illegible]	[illegible]	[illegible]	[illegible]	[illegible]	[illegible]	[illegible]	[illegible]	[illegible]	[illegible]	
09	[illegible]	[illegible]	[illegible]	[illegible]	[illegible]	[illegible]	[illegible]	[illegible]	[illegible]	[illegible]	
6510	[illegible]	[illegible]	[illegible]	[illegible]	[illegible]	[illegible]	[illegible]	[illegible]	[illegible]	[illegible]	
11	[illegible]	[illegible]	[illegible]	[illegible]	[illegible]	[illegible]	[illegible]	[illegible]	[illegible]	[illegible]	
12	[illegible]	[illegible]	[illegible]	[illegible]	[illegible]	[illegible]	[illegible]	[illegible]	[illegible]	[illegible]	
13	[illegible]	[illegible]	[illegible]	[illegible]	[illegible]	[illegible]	[illegible]	[illegible]	[illegible]	[illegible]	
14	[illegible]	[illegible]	[illegible]	[illegible]	[illegible]	[illegible]	[illegible]	[illegible]	[illegible]	[illegible]	
6515	[illegible]	[illegible]	[illegible]	[illegible]	[illegible]	[illegible]	[illegible]	[illegible]	[illegible]	[illegible]	
16	[illegible]	[illegible]	[illegible]	[illegible]	[illegible]	[illegible]	[illegible]	[illegible]	[illegible]	[illegible]	
17	[illegible]	[illegible]	[illegible]	[illegible]	[illegible]	[illegible]	[illegible]	[illegible]	[illegible]	[illegible]	
18	[illegible]	[illegible]	[illegible]	[illegible]	[illegible]	[illegible]	[illegible]	[illegible]	[illegible]	[illegible]	
19	[illegible]	[illegible]	[illegible]	[illegible]	[illegible]	[illegible]	[illegible]	[illegible]	[illegible]	[illegible]	
6520	[illegible]	[illegible]	[illegible]	[illegible]	[illegible]	[illegible]	[illegible]	[illegible]	[illegible]	[illegible]	
21	[illegible]	[illegible]	[illegible]	[illegible]	[illegible]	[illegible]	[illegible]	[illegible]	[illegible]	[illegible]	
22	[illegible]	[illegible]	[illegible]	[illegible]	[illegible]	[illegible]	[illegible]	[illegible]	[illegible]	[illegible]	
23	[illegible]	[illegible]	[illegible]	[illegible]	[illegible]	[illegible]	[illegible]	[illegible]	[illegible]	[illegible]	
24	[illegible]	[illegible]	[illegible]	[illegible]	[illegible]	[illegible]	[illegible]	[illegible]	[illegible]	[illegible]	
6525	[illegible]	[illegible]	[illegible]	[illegible]	[illegible]	[illegible]	[illegible]	[illegible]	[illegible]	[illegible]	
26	[illegible]	[illegible]	[illegible]	[illegible]	[illegible]	[illegible]	[illegible]	[illegible]	[illegible]	[illegible]	
27	[illegible]	[illegible]	[illegible]	[illegible]	[illegible]	[illegible]	[illegible]	[illegible]	[illegible]	[illegible]	
28	[illegible]	[illegible]	[illegible]	[illegible]	[illegible]	[illegible]	[illegible]	[illegible]	[illegible]	[illegible]	
29	[illegible]	[illegible]	[illegible]	[illegible]	[illegible]	[illegible]	[illegible]	[illegible]	[illegible]	[illegible]	
6530	[illegible]	[illegible]	[illegible]	[illegible]	[illegible]	[illegible]	[illegible]	[illegible]	[illegible]	[illegible]	
31	[illegible]	[illegible]	[illegible]	[illegible]	[illegible]	[illegible]	[illegible]	[illegible]	[illegible]	[illegible]	
32	[illegible]	[illegible]	[illegible]	[illegible]	[illegible]	[illegible]	[illegible]	[illegible]	[illegible]	[illegible]	
33	[illegible]	[illegible]	[illegible]	[illegible]	[illegible]	[illegible]	[illegible]	[illegible]	[illegible]	[illegible]	
34	[illegible]	[illegible]	[illegible]	[illegible]	[illegible]	[illegible]	[illegible]	[illegible]	[illegible]	[illegible]	
6535	[illegible]	[illegible]	[illegible]	[illegible]	[illegible]	[illegible]	[illegible]	[illegible]	[illegible]	[illegible]	
36	[illegible]	[illegible]	[illegible]	[illegible]	[illegible]	[illegible]	[illegible]	[illegible]	[illegible]	[illegible]	
37	[illegible]	[illegible]	[illegible]	[illegible]	[illegible]	[illegible]	[illegible]	[illegible]	[illegible]	[illegible]	
38	[illegible]	[illegible]	[illegible]	[illegible]	[illegible]	[illegible]	[illegible]	[illegible]	[illegible]	[illegible]	
39	[illegible]	[illegible]	[illegible]	[illegible]	[illegible]	[illegible]	[illegible]	[illegible]	[illegible]	[illegible]	
6540	[illegible]	[illegible]	[illegible]	[illegible]	[illegible]	[illegible]	[illegible]	[illegible]	[illegible]	[illegible]	
41	[illegible]	[illegible]	[illegible]	[illegible]	[illegible]	[illegible]	[illegible]	[illegible]	[illegible]	[illegible]	
42	[illegible]	[illegible]	[illegible]	[illegible]	[illegible]	[illegible]	[illegible]	[illegible]	[illegible]	[illegible]	
43	[illegible]	[illegible]	[illegible]	[illegible]	[illegible]	[illegible]	[illegible]	[illegible]	[illegible]	[illegible]	
44	[illegible]	[illegible]	[illegible]	[illegible]	[illegible]	[illegible]	[illegible]	[illegible]	[illegible]	[illegible]	
6545	[illegible]	[illegible]	[illegible]	[illegible]	[illegible]	[illegible]	[illegible]	[illegible]	[illegible]	[illegible]	
46	[illegible]	[illegible]	[illegible]	[illegible]	[illegible]	[illegible]	[illegible]	[illegible]	[illegible]	[illegible]	
47	[illegible]	[illegible]	[illegible]	[illegible]	[illegible]	[illegible]	[illegible]	[illegible]	[illegible]	[illegible]	
48	[illegible]	[illegible]	[illegible]	[illegible]	[illegible]	[illegible]	[illegible]	[illegible]	[illegible]	[illegible]	
49	[illegible]	[illegible]	[illegible]	[illegible]	[illegible]	[illegible]	[illegible]	[illegible]	[illegible]	[illegible]	
6550	[illegible]	[illegible]	[illegible]	[illegible]	[illegible]	[illegible]	[illegible]	[illegible]	[illegible]	[illegible]	
51	[illegible]	[illegible]	[illegible]	[illegible]	[illegible]	[illegible]	[illegible]	[illegible]	[illegible]	[illegible]	
52	[illegible]	[illegible]	[illegible]	[illegible]	[illegible]	[illegible]	[illegible]	[illegible]	[illegible]	[illegible]	
53	[illegible]	[illegible]	[illegible]	[illegible]	[illegible]	[illegible]	[illegible]	[illegible]	[illegible]	[illegible]	
54	[illegible]	[illegible]	[illegible]	[illegible]	[illegible]	[illegible]	[illegible]	[illegible]	[illegible]	[illegible]	
6555	[illegible]	[illegible]	[illegible]	[illegible]	[illegible]	[illegible]	[illegible]	[illegible]	[illegible]	[illegible]	
56	[illegible]	[illegible]	[illegible]	[illegible]	[illegible]	[illegible]	[illegible]	[illegible]	[illegible]	[illegible]	
57	[illegible]	[illegible]	[illegible]	[illegible]	[illegible]	[illegible]	[illegible]	[illegible]	[illegible]	[illegible]	
58	[illegible]	[illegible]	[illegible]	[illegible]	[illegible]	[illegible]	[illegible]	[illegible]	[illegible]	[illegible]	
59	[illegible]	[illegible]	[illegible]	[illegible]	[illegible]	[illegible]	[illegible]	[illegible]	[illegible]	[illegible]	
6560	[illegible]	[illegible]	[illegible]	[illegible]	[illegible]	[illegible]	[illegible]	[illegible]	[illegible]	[illegible]	
61	[illegible]	[illegible]	[illegible]	[illegible]	[illegible]	[illegible]	[illegible]	[illegible]	[illegible]	[illegible]	
62	[illegible]	[illegible]	[illegible]	[illegible]	[illegible]	[illegible]	[illegible]	[illegible]	[illegible]	[illegible]	
63	[illegible]	[illegible]	[illegible]	[illegible]	[illegible]	[illegible]	[illegible]	[illegible]	[illegible]	[illegible]	
64	[illegible]	[illegible]	[illegible]	[illegible]	[illegible]	[illegible]	[illegible]	[illegible]	[illegible]	[illegible]	
Num.	0	1	2	3	4	5	6	7	8	9	D

N. 65650 L. 817

Num.	0	1	2	3	4	5	6	7	8	9	D.	Part
6565	[illegible]	[illegible]	[illegible]	[illegible]	[illegible]	[illegible]	[illegible]	[illegible]	[illegible]	[illegible]		
66	[illegible]	[illegible]	[illegible]	[illegible]	[illegible]	[illegible]	[illegible]	[illegible]	[illegible]	[illegible]		
67	[illegible]	[illegible]	[illegible]	[illegible]	[illegible]	[illegible]	[illegible]	[illegible]	[illegible]	[illegible]		
68	[illegible]	[illegible]	[illegible]	[illegible]	[illegible]	[illegible]	[illegible]	[illegible]	[illegible]	[illegible]		
69	[illegible]	[illegible]	[illegible]	[illegible]	[illegible]	[illegible]	[illegible]	[illegible]	[illegible]	[illegible]		
6570	[illegible]	[illegible]	[illegible]	[illegible]	[illegible]	[illegible]	[illegible]	[illegible]	[illegible]	[illegible]		
71	[illegible]	[illegible]	[illegible]	[illegible]	[illegible]	[illegible]	[illegible]	[illegible]	[illegible]	[illegible]		
72	[illegible]	[illegible]	[illegible]	[illegible]	[illegible]	[illegible]	[illegible]	[illegible]	[illegible]	[illegible]		
73	[illegible]	[illegible]	[illegible]	[illegible]	[illegible]	[illegible]	[illegible]	[illegible]	[illegible]	[illegible]		
74	[illegible]	[illegible]	[illegible]	[illegible]	[illegible]	[illegible]	[illegible]	[illegible]	[illegible]	[illegible]		
6575	[illegible]	[illegible]	[illegible]	[illegible]	[illegible]	[illegible]	[illegible]	[illegible]	[illegible]	[illegible]		
76	[illegible]	[illegible]	[illegible]	[illegible]	[illegible]	[illegible]	[illegible]	[illegible]	[illegible]	[illegible]		[illegible]
77	[illegible]	[illegible]	[illegible]	[illegible]	[illegible]	[illegible]	[illegible]	[illegible]	[illegible]	[illegible]		[illegible]
78	[illegible]	[illegible]	[illegible]	[illegible]	[illegible]	[illegible]	[illegible]	[illegible]	[illegible]	[illegible]		[illegible]
79	[illegible]	[illegible]	[illegible]	[illegible]	[illegible]	[illegible]	[illegible]	[illegible]	[illegible]	[illegible]		[illegible]
6580	[illegible]	[illegible]	[illegible]	[illegible]	[illegible]	[illegible]	[illegible]	[illegible]	[illegible]	[illegible]	[illegible]	[illegible]
81	[illegible]	[illegible]	[illegible]	[illegible]	[illegible]	[illegible]	[illegible]	[illegible]	[illegible]	[illegible]		[illegible]
82	[illegible]	[illegible]	[illegible]	[illegible]	[illegible]	[illegible]	[illegible]	[illegible]	[illegible]	[illegible]		[illegible]
83	[illegible]	[illegible]	[illegible]	[illegible]	[illegible]	[illegible]	[illegible]	[illegible]	[illegible]	[illegible]		[illegible]
84	[illegible]	[illegible]	[illegible]	[illegible]	[illegible]	[illegible]	[illegible]	[illegible]	[illegible]	[illegible]		[illegible]
6585	[illegible]	[illegible]	[illegible]	[illegible]	[illegible]	[illegible]	[illegible]	[illegible]	[illegible]	[illegible]		
86	[illegible]	[illegible]	[illegible]	[illegible]	[illegible]	[illegible]	[illegible]	[illegible]	[illegible]	[illegible]		
87	[illegible]	[illegible]	[illegible]	[illegible]	[illegible]	[illegible]	[illegible]	[illegible]	[illegible]	[illegible]		
88	[illegible]	[illegible]	[illegible]	[illegible]	[illegible]	[illegible]	[illegible]	[illegible]	[illegible]	[illegible]		
89	[illegible]	[illegible]	[illegible]	[illegible]	[illegible]	[illegible]	[illegible]	[illegible]	[illegible]	[illegible]		
6590	[illegible]	[illegible]	[illegible]	[illegible]	[illegible]	[illegible]	[illegible]	[illegible]	[illegible]	[illegible]		
91	[illegible]	[illegible]	[illegible]	[illegible]	[illegible]	[illegible]	[illegible]	[illegible]	[illegible]	[illegible]		
92	[illegible]	[illegible]	[illegible]	[illegible]	[illegible]	[illegible]	[illegible]	[illegible]	[illegible]	[illegible]		
93	[illegible]	[illegible]	[illegible]	[illegible]	[illegible]	[illegible]	[illegible]	[illegible]	[illegible]	[illegible]		
94	[illegible]	[illegible]	[illegible]	[illegible]	[illegible]	[illegible]	[illegible]	[illegible]	[illegible]	[illegible]		
6595	[illegible]	[illegible]	[illegible]	[illegible]	[illegible]	[illegible]	[illegible]	[illegible]	[illegible]	[illegible]		
96	[illegible]	[illegible]	[illegible]	[illegible]	[illegible]	[illegible]	[illegible]	[illegible]	[illegible]	[illegible]		
97	[illegible]	[illegible]	[illegible]	[illegible]	[illegible]	[illegible]	[illegible]	[illegible]	[illegible]	[illegible]		
98	[illegible]	[illegible]	[illegible]	[illegible]	[illegible]	[illegible]	[illegible]	[illegible]	[illegible]	[illegible]		
99	[illegible]	[illegible]	[illegible]	[illegible]	[illegible]	[illegible]	[illegible]	[illegible]	[illegible]	[illegible]		[illegible]
6600	[illegible]	[illegible]	[illegible]	[illegible]	[illegible]	[illegible]	[illegible]	[illegible]	[illegible]	[illegible]		[illegible]
01	[illegible]	[illegible]	[illegible]	[illegible]	[illegible]	[illegible]	[illegible]	[illegible]	[illegible]	[illegible]		[illegible]
02	[illegible]	[illegible]	[illegible]	[illegible]	[illegible]	[illegible]	[illegible]	[illegible]	[illegible]	[illegible]		[illegible]
03	[illegible]	[illegible]	[illegible]	[illegible]	[illegible]	[illegible]	[illegible]	[illegible]	[illegible]	[illegible]		[illegible]
04	[illegible]	[illegible]	[illegible]	[illegible]	[illegible]	[illegible]	[illegible]	[illegible]	[illegible]	[illegible]		[illegible]
6605	[illegible]	[illegible]	[illegible]	[illegible]	[illegible]	[illegible]	[illegible]	[illegible]	[illegible]	[illegible]		[illegible]
06	[illegible]	[illegible]	[illegible]	[illegible]	[illegible]	[illegible]	[illegible]	[illegible]	[illegible]	[illegible]		
07	[illegible]	[illegible]	[illegible]	[illegible]	[illegible]	[illegible]	[illegible]	[illegible]	[illegible]	[illegible]		
08	[illegible]	[illegible]	[illegible]	[illegible]	[illegible]	[illegible]	[illegible]	[illegible]	[illegible]	[illegible]		
09	[illegible]	[illegible]	[illegible]	[illegible]	[illegible]	[illegible]	[illegible]	[illegible]	[illegible]	[illegible]		
6610	[illegible]	[illegible]	[illegible]	[illegible]	[illegible]	[illegible]	[illegible]	[illegible]	[illegible]	[illegible]		
11	[illegible]	[illegible]	[illegible]	[illegible]	[illegible]	[illegible]	[illegible]	[illegible]	[illegible]	[illegible]		
12	[illegible]	[illegible]	[illegible]	[illegible]	[illegible]	[illegible]	[illegible]	[illegible]	[illegible]	[illegible]		
13	[illegible]	[illegible]	[illegible]	[illegible]	[illegible]	[illegible]	[illegible]	[illegible]	[illegible]	[illegible]		
14	[illegible]	[illegible]	[illegible]	[illegible]	[illegible]	[illegible]	[illegible]	[illegible]	[illegible]	[illegible]		
6615	[illegible]	[illegible]	[illegible]	[illegible]	[illegible]	[illegible]	[illegible]	[illegible]	[illegible]	[illegible]		
16	[illegible]	[illegible]	[illegible]	[illegible]	[illegible]	[illegible]	[illegible]	[illegible]	[illegible]	[illegible]		
17	[illegible]	[illegible]	[illegible]	[illegible]	[illegible]	[illegible]	[illegible]	[illegible]	[illegible]	[illegible]		
18	[illegible]	[illegible]	[illegible]	[illegible]	[illegible]	[illegible]	[illegible]	[illegible]	[illegible]	[illegible]		
19	[illegible]	[illegible]	[illegible]	[illegible]	[illegible]	[illegible]	[illegible]	[illegible]	[illegible]	[illegible]		
6620	[illegible]	[illegible]	[illegible]	[illegible]	[illegible]	[illegible]	[illegible]	[illegible]	[illegible]	[illegible]		
21	[illegible]	[illegible]	[illegible]	[illegible]	[illegible]	[illegible]	[illegible]	[illegible]	[illegible]	[illegible]		[illegible]
22	[illegible]	[illegible]	[illegible]	[illegible]	[illegible]	[illegible]	[illegible]	[illegible]	[illegible]	[illegible]		[illegible]
23	[illegible]	[illegible]	[illegible]	[illegible]	[illegible]	[illegible]	[illegible]	[illegible]	[illegible]	[illegible]		[illegible]
24	[illegible]	[illegible]	[illegible]	[illegible]	[illegible]	[illegible]	[illegible]	[illegible]	[illegible]	[illegible]		[illegible]
6625	[illegible]	[illegible]	[illegible]	[illegible]	[illegible]	[illegible]	[illegible]	[illegible]	[illegible]	[illegible]		[illegible]
26	[illegible]	[illegible]	[illegible]	[illegible]	[illegible]	[illegible]	[illegible]	[illegible]	[illegible]	[illegible]		[illegible]
27	[illegible]	[illegible]	[illegible]	[illegible]	[illegible]	[illegible]	[illegible]	[illegible]	[illegible]	[illegible]		[illegible]
28	[illegible]	[illegible]	[illegible]	[illegible]	[illegible]	[illegible]	[illegible]	[illegible]	[illegible]	[illegible]		[illegible]
29	[illegible]	[illegible]	[illegible]	[illegible]	[illegible]	[illegible]	[illegible]	[illegible]	[illegible]	[illegible]		[illegible]
Num.	0	1	2	3	4	5	6	7	8	9	D.	Part

N. 66300 L. 821

Num.	0	1	2	3	4	5	6	7	8	9	D.
6630	821.513	[illegible]	[illegible]	[illegible]	[illegible]	[illegible]	[illegible]	[illegible]	[illegible]	[illegible]	
31	577	[illegible]	[illegible]	[illegible]	[illegible]	[illegible]	[illegible]	[illegible]	[illegible]	[illegible]	
32	644	[illegible]	[illegible]	[illegible]	[illegible]	[illegible]	[illegible]	[illegible]	[illegible]	[illegible]	
33	[illegible]	[illegible]	[illegible]	[illegible]	[illegible]	[illegible]	[illegible]	[illegible]	[illegible]	[illegible]	
34	775	[illegible]	[illegible]	[illegible]	[illegible]	[illegible]	[illegible]	[illegible]	[illegible]	[illegible]	
6635	[illegible]	[illegible]	[illegible]	[illegible]	[illegible]	[illegible]	[illegible]	[illegible]	[illegible]	[illegible]	
36	[illegible]	[illegible]	[illegible]	[illegible]	[illegible]	[illegible]	[illegible]	[illegible]	[illegible]	[illegible]	
37	[illegible]	[illegible]	[illegible]	[illegible]	[illegible]	[illegible]	[illegible]	[illegible]	[illegible]	[illegible]	
38	822.0[illegible]	[illegible]	[illegible]	[illegible]	[illegible]	[illegible]	[illegible]	[illegible]	[illegible]	[illegible]	
39	[illegible]	[illegible]	[illegible]	[illegible]	[illegible]	[illegible]	[illegible]	[illegible]	[illegible]	[illegible]	
6640	[illegible]	[illegible]	[illegible]	[illegible]	[illegible]	[illegible]	[illegible]	[illegible]	[illegible]	[illegible]	
41	[illegible]	[illegible]	[illegible]	[illegible]	[illegible]	[illegible]	[illegible]	[illegible]	[illegible]	[illegible]	
42	[illegible]	[illegible]	[illegible]	[illegible]	[illegible]	[illegible]	[illegible]	[illegible]	[illegible]	[illegible]	
43	[illegible]	[illegible]	[illegible]	[illegible]	[illegible]	[illegible]	[illegible]	[illegible]	[illegible]	[illegible]	
44	[illegible]	[illegible]	[illegible]	[illegible]	[illegible]	[illegible]	[illegible]	[illegible]	[illegible]	[illegible]	
6645	[illegible]	[illegible]	[illegible]	[illegible]	[illegible]	[illegible]	[illegible]	[illegible]	[illegible]	[illegible]	
46	[illegible]	[illegible]	[illegible]	[illegible]	[illegible]	[illegible]	[illegible]	[illegible]	[illegible]	[illegible]	
47	[illegible]	[illegible]	[illegible]	[illegible]	[illegible]	[illegible]	[illegible]	[illegible]	[illegible]	[illegible]	
48	[illegible]	[illegible]	[illegible]	[illegible]	[illegible]	[illegible]	[illegible]	[illegible]	[illegible]	[illegible]	
49	[illegible]	[illegible]	[illegible]	[illegible]	[illegible]	[illegible]	[illegible]	[illegible]	[illegible]	[illegible]	
6650	[illegible]	[illegible]	[illegible]	[illegible]	[illegible]	[illegible]	[illegible]	[illegible]	[illegible]	[illegible]	
51	[illegible]	[illegible]	[illegible]	[illegible]	[illegible]	[illegible]	[illegible]	[illegible]	[illegible]	[illegible]	
52	[illegible]	[illegible]	[illegible]	[illegible]	[illegible]	[illegible]	[illegible]	[illegible]	[illegible]	[illegible]	
53	823.01[illegible]	[illegible]	[illegible]	[illegible]	[illegible]	[illegible]	[illegible]	[illegible]	[illegible]	[illegible]	
54	[illegible]	[illegible]	[illegible]	[illegible]	[illegible]	[illegible]	[illegible]	[illegible]	[illegible]	[illegible]	
6655	[illegible]	[illegible]	[illegible]	[illegible]	[illegible]	[illegible]	[illegible]	[illegible]	[illegible]	[illegible]	
56	[illegible]	[illegible]	[illegible]	[illegible]	[illegible]	[illegible]	[illegible]	[illegible]	[illegible]	[illegible]	
57	[illegible]	[illegible]	[illegible]	[illegible]	[illegible]	[illegible]	[illegible]	[illegible]	[illegible]	[illegible]	
58	[illegible]	[illegible]	[illegible]	[illegible]	[illegible]	[illegible]	[illegible]	[illegible]	[illegible]	[illegible]	
59	[illegible]	[illegible]	[illegible]	[illegible]	[illegible]	[illegible]	[illegible]	[illegible]	[illegible]	[illegible]	
6660	[illegible]	[illegible]	[illegible]	[illegible]	[illegible]	[illegible]	[illegible]	[illegible]	[illegible]	[illegible]	
61	[illegible]	[illegible]	[illegible]	[illegible]	[illegible]	[illegible]	[illegible]	[illegible]	[illegible]	[illegible]	
62	[illegible]	[illegible]	[illegible]	[illegible]	[illegible]	[illegible]	[illegible]	[illegible]	[illegible]	[illegible]	
63	[illegible]	[illegible]	[illegible]	[illegible]	[illegible]	[illegible]	[illegible]	[illegible]	[illegible]	[illegible]	
64	715	[illegible]	[illegible]	[illegible]	[illegible]	[illegible]	[illegible]	[illegible]	[illegible]	[illegible]	
6665	[illegible]	[illegible]	[illegible]	[illegible]	[illegible]	[illegible]	[illegible]	[illegible]	[illegible]	[illegible]	
66	[illegible]	[illegible]	[illegible]	[illegible]	[illegible]	[illegible]	[illegible]	[illegible]	[illegible]	[illegible]	
67	[illegible]	[illegible]	[illegible]	[illegible]	[illegible]	[illegible]	[illegible]	[illegible]	[illegible]	[illegible]	
68	[illegible]	[illegible]	[illegible]	[illegible]	[illegible]	[illegible]	[illegible]	[illegible]	[illegible]	[illegible]	
69	824.0[illegible]	[illegible]	[illegible]	[illegible]	[illegible]	[illegible]	[illegible]	[illegible]	[illegible]	[illegible]	
6670	[illegible]	[illegible]	[illegible]	[illegible]	[illegible]	[illegible]	[illegible]	[illegible]	[illegible]	[illegible]	
71	[illegible]	[illegible]	[illegible]	[illegible]	[illegible]	[illegible]	[illegible]	[illegible]	[illegible]	[illegible]	
72	[illegible]	[illegible]	[illegible]	[illegible]	[illegible]	[illegible]	[illegible]	[illegible]	[illegible]	[illegible]	
73	[illegible]	[illegible]	[illegible]	[illegible]	[illegible]	[illegible]	[illegible]	[illegible]	[illegible]	[illegible]	
74	[illegible]	[illegible]	[illegible]	[illegible]	[illegible]	[illegible]	[illegible]	[illegible]	[illegible]	[illegible]	
6675	[illegible]	[illegible]	[illegible]	[illegible]	[illegible]	[illegible]	[illegible]	[illegible]	[illegible]	[illegible]	
76	[illegible]	[illegible]	[illegible]	[illegible]	[illegible]	[illegible]	[illegible]	[illegible]	[illegible]	[illegible]	
77	[illegible]	[illegible]	[illegible]	[illegible]	[illegible]	[illegible]	[illegible]	[illegible]	[illegible]	[illegible]	
78	[illegible]	[illegible]	[illegible]	[illegible]	[illegible]	[illegible]	[illegible]	[illegible]	[illegible]	[illegible]	
79	[illegible]	[illegible]	[illegible]	[illegible]	[illegible]	[illegible]	[illegible]	[illegible]	[illegible]	[illegible]	
6680	[illegible]	[illegible]	[illegible]	[illegible]	[illegible]	[illegible]	[illegible]	[illegible]	[illegible]	[illegible]	
81	[illegible]	[illegible]	[illegible]	[illegible]	[illegible]	[illegible]	[illegible]	[illegible]	[illegible]	[illegible]	51
82	[illegible]	[illegible]	[illegible]	[illegible]	[illegible]	[illegible]	[illegible]	[illegible]	[illegible]	[illegible]	
83	[illegible]	[illegible]	[illegible]	[illegible]	[illegible]	[illegible]	[illegible]	[illegible]	[illegible]	[illegible]	
84	825.036	[illegible]	[illegible]	[illegible]	[illegible]	[illegible]	[illegible]	[illegible]	[illegible]	[illegible]	
6685	[illegible]	[illegible]	[illegible]	[illegible]	[illegible]	[illegible]	[illegible]	[illegible]	[illegible]	[illegible]	
86	[illegible]	[illegible]	[illegible]	[illegible]	[illegible]	[illegible]	[illegible]	[illegible]	[illegible]	[illegible]	
87	[illegible]	[illegible]	[illegible]	[illegible]	[illegible]	[illegible]	[illegible]	[illegible]	[illegible]	[illegible]	
88	[illegible]	[illegible]	[illegible]	[illegible]	[illegible]	[illegible]	[illegible]	[illegible]	[illegible]	[illegible]	
89	[illegible]	[illegible]	[illegible]	[illegible]	[illegible]	[illegible]	[illegible]	[illegible]	[illegible]	[illegible]	
6690	[illegible]	[illegible]	[illegible]	[illegible]	[illegible]	[illegible]	[illegible]	[illegible]	[illegible]	[illegible]	
91	[illegible]	[illegible]	[illegible]	[illegible]	[illegible]	[illegible]	[illegible]	[illegible]	[illegible]	[illegible]	
92	[illegible]	[illegible]	[illegible]	[illegible]	[illegible]	[illegible]	[illegible]	[illegible]	[illegible]	[illegible]	
93	[illegible]	[illegible]	[illegible]	[illegible]	[illegible]	[illegible]	[illegible]	[illegible]	[illegible]	[illegible]	
94	[illegible]	[illegible]	[illegible]	[illegible]	[illegible]	[illegible]	[illegible]	[illegible]	[illegible]	[illegible]	
Num.	0	1	2	3	4	5	6	7	8	9	D.

N. 66950 L. 825

Num.	0	1	2	3	4	5	6	7	8	9	D.	Part.
6695	825.756	[illegible]	[illegible]	[illegible]	[illegible]	[illegible]	[illegible]	[illegible]	[illegible]	[illegible]		
96	[illegible]	[illegible]	[illegible]	[illegible]	[illegible]	[illegible]	[illegible]	[illegible]	[illegible]	[illegible]		
97	[illegible]	[illegible]	[illegible]	[illegible]	[illegible]	[illegible]	[illegible]	[illegible]	[illegible]	[illegible]		
98	[illegible]	[illegible]	[illegible]	[illegible]	[illegible]	[illegible]	[illegible]	[illegible]	[illegible]	[illegible]		
99	826.010	[illegible]	[illegible]	[illegible]	[illegible]	[illegible]	[illegible]	[illegible]	[illegible]	[illegible]		
6700	[illegible]	[illegible]	[illegible]	[illegible]	[illegible]	[illegible]	[illegible]	[illegible]	[illegible]	[illegible]		
01	[illegible]	[illegible]	[illegible]	[illegible]	[illegible]	[illegible]	[illegible]	[illegible]	[illegible]	[illegible]		
02	[illegible]	[illegible]	[illegible]	[illegible]	[illegible]	[illegible]	[illegible]	[illegible]	[illegible]	[illegible]		
03	[illegible]	[illegible]	[illegible]	[illegible]	[illegible]	[illegible]	[illegible]	[illegible]	[illegible]	[illegible]		
04	[illegible]	[illegible]	[illegible]	[illegible]	[illegible]	[illegible]	[illegible]	[illegible]	[illegible]	[illegible]		
6705	[illegible]	[illegible]	[illegible]	[illegible]	[illegible]	[illegible]	[illegible]	[illegible]	[illegible]	[illegible]		
06	[illegible]	[illegible]	[illegible]	[illegible]	[illegible]	[illegible]	[illegible]	[illegible]	[illegible]	[illegible]		66
07	[illegible]	[illegible]	[illegible]	[illegible]	[illegible]	[illegible]	[illegible]	[illegible]	[illegible]	[illegible]		[illegible]
08	[illegible]	[illegible]	[illegible]	[illegible]	[illegible]	[illegible]	[illegible]	[illegible]	[illegible]	[illegible]		[illegible]
09	[illegible]	[illegible]	[illegible]	[illegible]	[illegible]	[illegible]	[illegible]	[illegible]	[illegible]	[illegible]		[illegible]
6710	[illegible]	[illegible]	[illegible]	[illegible]	[illegible]	[illegible]	[illegible]	[illegible]	[illegible]	[illegible]		[illegible]
11	[illegible]	[illegible]	[illegible]	[illegible]	[illegible]	[illegible]	[illegible]	[illegible]	[illegible]	[illegible]		[illegible]
12	[illegible]	[illegible]	[illegible]	[illegible]	[illegible]	[illegible]	[illegible]	[illegible]	[illegible]	[illegible]		[illegible]
13	[illegible]	[illegible]	[illegible]	[illegible]	[illegible]	[illegible]	[illegible]	[illegible]	[illegible]	[illegible]		[illegible]
14	[illegible]	[illegible]	[illegible]	[illegible]	[illegible]	[illegible]	[illegible]	[illegible]	[illegible]	[illegible]		[illegible]
6715	827.0[illegible]	[illegible]	[illegible]	[illegible]	[illegible]	[illegible]	[illegible]	[illegible]	[illegible]	[illegible]		
16	[illegible]	[illegible]	[illegible]	[illegible]	[illegible]	[illegible]	[illegible]	[illegible]	[illegible]	[illegible]		
17	[illegible]	[illegible]	[illegible]	[illegible]	[illegible]	[illegible]	[illegible]	[illegible]	[illegible]	[illegible]		
18	[illegible]	[illegible]	[illegible]	[illegible]	[illegible]	[illegible]	[illegible]	[illegible]	[illegible]	[illegible]		
19	[illegible]	[illegible]	[illegible]	[illegible]	[illegible]	[illegible]	[illegible]	[illegible]	[illegible]	[illegible]		
6720	[illegible]	[illegible]	[illegible]	[illegible]	[illegible]	[illegible]	[illegible]	[illegible]	[illegible]	[illegible]		
21	[illegible]	[illegible]	[illegible]	[illegible]	[illegible]	[illegible]	[illegible]	[illegible]	[illegible]	[illegible]		
22	[illegible]	[illegible]	[illegible]	[illegible]	[illegible]	[illegible]	[illegible]	[illegible]	[illegible]	[illegible]		
23	[illegible]	[illegible]	[illegible]	[illegible]	[illegible]	[illegible]	[illegible]	[illegible]	[illegible]	[illegible]		
24	[illegible]	[illegible]	[illegible]	[illegible]	[illegible]	[illegible]	[illegible]	[illegible]	[illegible]	[illegible]		
6725	[illegible]	[illegible]	[illegible]	[illegible]	[illegible]	[illegible]	[illegible]	[illegible]	[illegible]	[illegible]		
26	[illegible]	[illegible]	[illegible]	[illegible]	[illegible]	[illegible]	[illegible]	[illegible]	[illegible]	[illegible]		
27	[illegible]	[illegible]	[illegible]	[illegible]	[illegible]	[illegible]	[illegible]	[illegible]	[illegible]	[illegible]		
28	[illegible]	[illegible]	[illegible]	[illegible]	[illegible]	[illegible]	[illegible]	[illegible]	[illegible]	[illegible]		
29	[illegible]	[illegible]	[illegible]	[illegible]	[illegible]	[illegible]	[illegible]	[illegible]	[illegible]	[illegible]		65
6730	828.015	[illegible]	[illegible]	[illegible]	[illegible]	[illegible]	[illegible]	[illegible]	[illegible]	[illegible]		[illegible]
31	[illegible]	[illegible]	[illegible]	[illegible]	[illegible]	[illegible]	[illegible]	[illegible]	[illegible]	[illegible]		[illegible]
32	[illegible]	[illegible]	[illegible]	[illegible]	[illegible]	[illegible]	[illegible]	[illegible]	[illegible]	[illegible]		[illegible]
33	[illegible]	[illegible]	[illegible]	[illegible]	[illegible]	[illegible]	[illegible]	[illegible]	[illegible]	[illegible]		[illegible]
34	[illegible]	[illegible]	[illegible]	[illegible]	[illegible]	[illegible]	[illegible]	[illegible]	[illegible]	[illegible]		[illegible]
6735	[illegible]	[illegible]	[illegible]	[illegible]	[illegible]	[illegible]	[illegible]	[illegible]	[illegible]	[illegible]		[illegible]
36	[illegible]	[illegible]	[illegible]	[illegible]	[illegible]	[illegible]	[illegible]	[illegible]	[illegible]	[illegible]		
37	[illegible]	[illegible]	[illegible]	[illegible]	[illegible]	[illegible]	[illegible]	[illegible]	[illegible]	[illegible]		
38	[illegible]	[illegible]	[illegible]	[illegible]	[illegible]	[illegible]	[illegible]	[illegible]	[illegible]	[illegible]		
39	[illegible]	[illegible]	[illegible]	[illegible]	[illegible]	[illegible]	[illegible]	[illegible]	[illegible]	[illegible]		
6740	[illegible]	[illegible]	[illegible]	[illegible]	[illegible]	[illegible]	[illegible]	[illegible]	[illegible]	[illegible]		
41	[illegible]	[illegible]	[illegible]	[illegible]	[illegible]	[illegible]	[illegible]	[illegible]	[illegible]	[illegible]		
42	[illegible]	[illegible]	[illegible]	[illegible]	[illegible]	[illegible]	[illegible]	[illegible]	[illegible]	[illegible]		
43	[illegible]	[illegible]	[illegible]	[illegible]	[illegible]	[illegible]	[illegible]	[illegible]	[illegible]	[illegible]		
44	[illegible]	[illegible]	[illegible]	[illegible]	[illegible]	[illegible]	[illegible]	[illegible]	[illegible]	[illegible]		
6745	[illegible]	[illegible]	[illegible]	[illegible]	[illegible]	[illegible]	[illegible]	[illegible]	[illegible]	[illegible]		
46	829.0[illegible]	[illegible]	[illegible]	[illegible]	[illegible]	[illegible]	[illegible]	[illegible]	[illegible]	[illegible]		
47	[illegible]	[illegible]	[illegible]	[illegible]	[illegible]	[illegible]	[illegible]	[illegible]	[illegible]	[illegible]		
48	[illegible]	[illegible]	[illegible]	[illegible]	[illegible]	[illegible]	[illegible]	[illegible]	[illegible]	[illegible]		
49	[illegible]	[illegible]	[illegible]	[illegible]	[illegible]	[illegible]	[illegible]	[illegible]	[illegible]	[illegible]		
6750	[illegible]	[illegible]	[illegible]	[illegible]	[illegible]	[illegible]	[illegible]	[illegible]	[illegible]	[illegible]		
51	[illegible]	[illegible]	[illegible]	[illegible]	[illegible]	[illegible]	[illegible]	[illegible]	[illegible]	[illegible]		64
52	[illegible]	[illegible]	[illegible]	[illegible]	[illegible]	[illegible]	[illegible]	[illegible]	[illegible]	[illegible]		[illegible]
53	[illegible]	[illegible]	[illegible]	[illegible]	[illegible]	[illegible]	[illegible]	[illegible]	[illegible]	[illegible]		[illegible]
54	[illegible]	[illegible]	[illegible]	[illegible]	[illegible]	[illegible]	[illegible]	[illegible]	[illegible]	[illegible]		[illegible]
6755	[illegible]	[illegible]	[illegible]	[illegible]	[illegible]	[illegible]	[illegible]	[illegible]	[illegible]	[illegible]		[illegible]
56	[illegible]	[illegible]	[illegible]	[illegible]	[illegible]	[illegible]	[illegible]	[illegible]	[illegible]	[illegible]		[illegible]
57	[illegible]	[illegible]	[illegible]	[illegible]	[illegible]	[illegible]	[illegible]	[illegible]	[illegible]	[illegible]		[illegible]
58	[illegible]	[illegible]	[illegible]	[illegible]	[illegible]	[illegible]	[illegible]	[illegible]	[illegible]	[illegible]		[illegible]
59	[illegible]	[illegible]	[illegible]	[illegible]	[illegible]	[illegible]	[illegible]	[illegible]	[illegible]	[illegible]		[illegible]
Num.	0	1	2	3	4	5	6	7	8	9	D.	Part.

N. 67600 L. 829

Num.	0	1	2	3	4	5	6	7	8	9	D.
6760	829.[illegible]	[illegible]	[illegible]	[illegible]	[illegible]	[illegible]	[illegible]	[illegible]	[illegible]	[illegible]	
61	830.[illegible]	[illegible]	[illegible]	[illegible]	[illegible]	[illegible]	[illegible]	[illegible]	[illegible]	[illegible]	
62	[illegible]	[illegible]	[illegible]	[illegible]	[illegible]	[illegible]	[illegible]	[illegible]	[illegible]	[illegible]	
63	[illegible]	[illegible]	[illegible]	[illegible]	[illegible]	[illegible]	[illegible]	[illegible]	[illegible]	[illegible]	
64	[illegible]	[illegible]	[illegible]	[illegible]	[illegible]	[illegible]	[illegible]	[illegible]	[illegible]	[illegible]	
6765	[illegible]	[illegible]	[illegible]	[illegible]	[illegible]	[illegible]	[illegible]	[illegible]	[illegible]	[illegible]	
66	[illegible]	[illegible]	[illegible]	[illegible]	[illegible]	[illegible]	[illegible]	[illegible]	[illegible]	[illegible]	
67	[illegible]	[illegible]	[illegible]	[illegible]	[illegible]	[illegible]	[illegible]	[illegible]	[illegible]	[illegible]	
68	[illegible]	[illegible]	[illegible]	[illegible]	[illegible]	[illegible]	[illegible]	[illegible]	[illegible]	[illegible]	
69	[illegible]	[illegible]	[illegible]	[illegible]	[illegible]	[illegible]	[illegible]	[illegible]	[illegible]	[illegible]	
6770	[illegible]	[illegible]	[illegible]	[illegible]	[illegible]	[illegible]	[illegible]	[illegible]	[illegible]	[illegible]	
71	[illegible]	[illegible]	[illegible]	[illegible]	[illegible]	[illegible]	[illegible]	[illegible]	[illegible]	[illegible]	
72	[illegible]	[illegible]	[illegible]	[illegible]	[illegible]	[illegible]	[illegible]	[illegible]	[illegible]	[illegible]	
73	[illegible]	[illegible]	[illegible]	[illegible]	[illegible]	[illegible]	[illegible]	[illegible]	[illegible]	[illegible]	
74	[illegible]	[illegible]	[illegible]	[illegible]	[illegible]	[illegible]	[illegible]	[illegible]	[illegible]	[illegible]	
6775	[illegible]	[illegible]	[illegible]	[illegible]	[illegible]	[illegible]	[illegible]	[illegible]	[illegible]	[illegible]	
76	[illegible]	[illegible]	[illegible]	[illegible]	[illegible]	[illegible]	[illegible]	[illegible]	[illegible]	[illegible]	
77	831.[illegible]	[illegible]	[illegible]	[illegible]	[illegible]	[illegible]	[illegible]	[illegible]	[illegible]	[illegible]	
78	[illegible]	[illegible]	[illegible]	[illegible]	[illegible]	[illegible]	[illegible]	[illegible]	[illegible]	[illegible]	
79	[illegible]	[illegible]	[illegible]	[illegible]	[illegible]	[illegible]	[illegible]	[illegible]	[illegible]	[illegible]	
6780	[illegible]	[illegible]	[illegible]	[illegible]	[illegible]	[illegible]	[illegible]	[illegible]	[illegible]	[illegible]	
81	[illegible]	[illegible]	[illegible]	[illegible]	[illegible]	[illegible]	[illegible]	[illegible]	[illegible]	[illegible]	
82	[illegible]	[illegible]	[illegible]	[illegible]	[illegible]	[illegible]	[illegible]	[illegible]	[illegible]	[illegible]	
83	[illegible]	[illegible]	[illegible]	[illegible]	[illegible]	[illegible]	[illegible]	[illegible]	[illegible]	[illegible]	
84	[illegible]	[illegible]	[illegible]	[illegible]	[illegible]	[illegible]	[illegible]	[illegible]	[illegible]	[illegible]	
6785	[illegible]	[illegible]	[illegible]	[illegible]	[illegible]	[illegible]	[illegible]	[illegible]	[illegible]	[illegible]	
86	[illegible]	[illegible]	[illegible]	[illegible]	[illegible]	[illegible]	[illegible]	[illegible]	[illegible]	[illegible]	64
87	[illegible]	[illegible]	[illegible]	[illegible]	[illegible]	[illegible]	[illegible]	[illegible]	[illegible]	[illegible]	
88	[illegible]	[illegible]	[illegible]	[illegible]	[illegible]	[illegible]	[illegible]	[illegible]	[illegible]	[illegible]	
89	[illegible]	[illegible]	[illegible]	[illegible]	[illegible]	[illegible]	[illegible]	[illegible]	[illegible]	[illegible]	
6790	[illegible]	[illegible]	[illegible]	[illegible]	[illegible]	[illegible]	[illegible]	[illegible]	[illegible]	[illegible]	
91	[illegible]	[illegible]	[illegible]	[illegible]	[illegible]	[illegible]	[illegible]	[illegible]	[illegible]	[illegible]	
92	[illegible]	[illegible]	[illegible]	[illegible]	[illegible]	[illegible]	[illegible]	[illegible]	[illegible]	[illegible]	
93	832.[illegible]	[illegible]	[illegible]	[illegible]	[illegible]	[illegible]	[illegible]	[illegible]	[illegible]	[illegible]	
94	[illegible]	[illegible]	[illegible]	[illegible]	[illegible]	[illegible]	[illegible]	[illegible]	[illegible]	[illegible]	
6795	[illegible]	[illegible]	[illegible]	[illegible]	[illegible]	[illegible]	[illegible]	[illegible]	[illegible]	[illegible]	
96	[illegible]	[illegible]	[illegible]	[illegible]	[illegible]	[illegible]	[illegible]	[illegible]	[illegible]	[illegible]	
97	[illegible]	[illegible]	[illegible]	[illegible]	[illegible]	[illegible]	[illegible]	[illegible]	[illegible]	[illegible]	
98	[illegible]	[illegible]	[illegible]	[illegible]	[illegible]	[illegible]	[illegible]	[illegible]	[illegible]	[illegible]	
99	[illegible]	[illegible]	[illegible]	[illegible]	[illegible]	[illegible]	[illegible]	[illegible]	[illegible]	[illegible]	
6800	[illegible]	[illegible]	[illegible]	[illegible]	[illegible]	[illegible]	[illegible]	[illegible]	[illegible]	[illegible]	
01	[illegible]	[illegible]	[illegible]	[illegible]	[illegible]	[illegible]	[illegible]	[illegible]	[illegible]	[illegible]	
02	[illegible]	[illegible]	[illegible]	[illegible]	[illegible]	[illegible]	[illegible]	[illegible]	[illegible]	[illegible]	
03	[illegible]	[illegible]	[illegible]	[illegible]	[illegible]	[illegible]	[illegible]	[illegible]	[illegible]	[illegible]	
04	[illegible]	[illegible]	[illegible]	[illegible]	[illegible]	[illegible]	[illegible]	[illegible]	[illegible]	[illegible]	
6805	[illegible]	[illegible]	[illegible]	[illegible]	[illegible]	[illegible]	[illegible]	[illegible]	[illegible]	[illegible]	
06	[illegible]	[illegible]	[illegible]	[illegible]	[illegible]	[illegible]	[illegible]	[illegible]	[illegible]	[illegible]	
07	[illegible]	[illegible]	[illegible]	[illegible]	[illegible]	[illegible]	[illegible]	[illegible]	[illegible]	[illegible]	
08	833.[illegible]	[illegible]	[illegible]	[illegible]	[illegible]	[illegible]	[illegible]	[illegible]	[illegible]	[illegible]	
09	[illegible]	[illegible]	[illegible]	[illegible]	[illegible]	[illegible]	[illegible]	[illegible]	[illegible]	[illegible]	
6810	[illegible]	[illegible]	[illegible]	[illegible]	[illegible]	[illegible]	[illegible]	[illegible]	[illegible]	[illegible]	
11	[illegible]	[illegible]	[illegible]	[illegible]	[illegible]	[illegible]	[illegible]	[illegible]	[illegible]	[illegible]	
12	[illegible]	[illegible]	[illegible]	[illegible]	[illegible]	[illegible]	[illegible]	[illegible]	[illegible]	[illegible]	
13	[illegible]	[illegible]	[illegible]	[illegible]	[illegible]	[illegible]	[illegible]	[illegible]	[illegible]	[illegible]	
14	[illegible]	[illegible]	[illegible]	[illegible]	[illegible]	[illegible]	[illegible]	[illegible]	[illegible]	[illegible]	
6815	[illegible]	[illegible]	[illegible]	[illegible]	[illegible]	[illegible]	[illegible]	[illegible]	[illegible]	[illegible]	
16	[illegible]	[illegible]	[illegible]	[illegible]	[illegible]	[illegible]	[illegible]	[illegible]	[illegible]	[illegible]	
17	[illegible]	[illegible]	[illegible]	[illegible]	[illegible]	[illegible]	[illegible]	[illegible]	[illegible]	[illegible]	
18	[illegible]	[illegible]	[illegible]	[illegible]	[illegible]	[illegible]	[illegible]	[illegible]	[illegible]	[illegible]	
19	[illegible]	[illegible]	[illegible]	[illegible]	[illegible]	[illegible]	[illegible]	[illegible]	[illegible]	[illegible]	
6820	[illegible]	[illegible]	[illegible]	[illegible]	[illegible]	[illegible]	[illegible]	[illegible]	[illegible]	[illegible]	
21	[illegible]	[illegible]	[illegible]	[illegible]	[illegible]	[illegible]	[illegible]	[illegible]	[illegible]	[illegible]	
22	[illegible]	[illegible]	[illegible]	[illegible]	[illegible]	[illegible]	[illegible]	[illegible]	[illegible]	[illegible]	
23	[illegible]	[illegible]	[illegible]	[illegible]	[illegible]	[illegible]	[illegible]	[illegible]	[illegible]	[illegible]	
24	834.[illegible]	[illegible]	[illegible]	[illegible]	[illegible]	[illegible]	[illegible]	[illegible]	[illegible]	[illegible]	
Num.	0	1	2	3	4	5	6	7	8	9	D.

N. 68250 L. 834

Num.	0	1	2	3	4	5	6	7	8	9	D.	Part.
6825	834.[illegible]	[illegible]	[illegible]	[illegible]	[illegible]	[illegible]	[illegible]	[illegible]	[illegible]	[illegible]		
26	[illegible]	[illegible]	[illegible]	[illegible]	[illegible]	[illegible]	[illegible]	[illegible]	[illegible]	[illegible]		
27	[illegible]	[illegible]	[illegible]	[illegible]	[illegible]	[illegible]	[illegible]	[illegible]	[illegible]	[illegible]		
28	[illegible]	[illegible]	[illegible]	[illegible]	[illegible]	[illegible]	[illegible]	[illegible]	[illegible]	[illegible]		
29	[illegible]	[illegible]	[illegible]	[illegible]	[illegible]	[illegible]	[illegible]	[illegible]	[illegible]	[illegible]		
6830	[illegible]	[illegible]	[illegible]	[illegible]	[illegible]	[illegible]	[illegible]	[illegible]	[illegible]	[illegible]		
31	[illegible]	[illegible]	[illegible]	[illegible]	[illegible]	[illegible]	[illegible]	[illegible]	[illegible]	[illegible]		
32	[illegible]	[illegible]	[illegible]	[illegible]	[illegible]	[illegible]	[illegible]	[illegible]	[illegible]	[illegible]		
33	[illegible]	[illegible]	[illegible]	[illegible]	[illegible]	[illegible]	[illegible]	[illegible]	[illegible]	[illegible]		
34	[illegible]	[illegible]	[illegible]	[illegible]	[illegible]	[illegible]	[illegible]	[illegible]	[illegible]	[illegible]		
6835	[illegible]	[illegible]	[illegible]	[illegible]	[illegible]	[illegible]	[illegible]	[illegible]	[illegible]	[illegible]		
36	[illegible]	[illegible]	[illegible]	[illegible]	[illegible]	[illegible]	[illegible]	[illegible]	[illegible]	[illegible]		65
37	[illegible]	[illegible]	[illegible]	[illegible]	[illegible]	[illegible]	[illegible]	[illegible]	[illegible]	[illegible]		[illegible]
38	[illegible]	[illegible]	[illegible]	[illegible]	[illegible]	[illegible]	[illegible]	[illegible]	[illegible]	[illegible]		[illegible]
39	[illegible]	[illegible]	[illegible]	[illegible]	[illegible]	[illegible]	[illegible]	[illegible]	[illegible]	[illegible]		[illegible]
6840	835.[illegible]	[illegible]	[illegible]	[illegible]	[illegible]	[illegible]	[illegible]	[illegible]	[illegible]	[illegible]		[illegible]
41	[illegible]	[illegible]	[illegible]	[illegible]	[illegible]	[illegible]	[illegible]	[illegible]	[illegible]	[illegible]		[illegible]
42	[illegible]	[illegible]	[illegible]	[illegible]	[illegible]	[illegible]	[illegible]	[illegible]	[illegible]	[illegible]		[illegible]
43	[illegible]	[illegible]	[illegible]	[illegible]	[illegible]	[illegible]	[illegible]	[illegible]	[illegible]	[illegible]		[illegible]
44	[illegible]	[illegible]	[illegible]	[illegible]	[illegible]	[illegible]	[illegible]	[illegible]	[illegible]	[illegible]		[illegible]
6845	[illegible]	[illegible]	[illegible]	[illegible]	[illegible]	[illegible]	[illegible]	[illegible]	[illegible]	[illegible]		
46	[illegible]	[illegible]	[illegible]	[illegible]	[illegible]	[illegible]	[illegible]	[illegible]	[illegible]	[illegible]		
47	[illegible]	[illegible]	[illegible]	[illegible]	[illegible]	[illegible]	[illegible]	[illegible]	[illegible]	[illegible]		
48	[illegible]	[illegible]	[illegible]	[illegible]	[illegible]	[illegible]	[illegible]	[illegible]	[illegible]	[illegible]		
49	[illegible]	[illegible]	[illegible]	[illegible]	[illegible]	[illegible]	[illegible]	[illegible]	[illegible]	[illegible]		
6850	[illegible]	[illegible]	[illegible]	[illegible]	[illegible]	[illegible]	[illegible]	[illegible]	[illegible]	[illegible]		
51	[illegible]	[illegible]	[illegible]	[illegible]	[illegible]	[illegible]	[illegible]	[illegible]	[illegible]	[illegible]		
52	[illegible]	[illegible]	[illegible]	[illegible]	[illegible]	[illegible]	[illegible]	[illegible]	[illegible]	[illegible]		
53	[illegible]	[illegible]	[illegible]	[illegible]	[illegible]	[illegible]	[illegible]	[illegible]	[illegible]	[illegible]		
54	[illegible]	[illegible]	[illegible]	[illegible]	[illegible]	[illegible]	[illegible]	[illegible]	[illegible]	[illegible]		
6855	836.[illegible]	[illegible]	[illegible]	[illegible]	[illegible]	[illegible]	[illegible]	[illegible]	[illegible]	[illegible]		
56	[illegible]	[illegible]	[illegible]	[illegible]	[illegible]	[illegible]	[illegible]	[illegible]	[illegible]	[illegible]		
57	[illegible]	[illegible]	[illegible]	[illegible]	[illegible]	[illegible]	[illegible]	[illegible]	[illegible]	[illegible]		
58	[illegible]	[illegible]	[illegible]	[illegible]	[illegible]	[illegible]	[illegible]	[illegible]	[illegible]	[illegible]		64
59	[illegible]	[illegible]	[illegible]	[illegible]	[illegible]	[illegible]	[illegible]	[illegible]	[illegible]	[illegible]		[illegible]
6860	[illegible]	[illegible]	[illegible]	[illegible]	[illegible]	[illegible]	[illegible]	[illegible]	[illegible]	[illegible]		[illegible]
61	[illegible]	[illegible]	[illegible]	[illegible]	[illegible]	[illegible]	[illegible]	[illegible]	[illegible]	[illegible]		[illegible]
62	[illegible]	[illegible]	[illegible]	[illegible]	[illegible]	[illegible]	[illegible]	[illegible]	[illegible]	[illegible]		[illegible]
63	[illegible]	[illegible]	[illegible]	[illegible]	[illegible]	[illegible]	[illegible]	[illegible]	[illegible]	[illegible]		[illegible]
64	[illegible]	[illegible]	[illegible]	[illegible]	[illegible]	[illegible]	[illegible]	[illegible]	[illegible]	[illegible]		[illegible]
6865	[illegible]	[illegible]	[illegible]	[illegible]	[illegible]	[illegible]	[illegible]	[illegible]	[illegible]	[illegible]		[illegible]
66	[illegible]	[illegible]	[illegible]	[illegible]	[illegible]	[illegible]	[illegible]	[illegible]	[illegible]	[illegible]		
67	[illegible]	[illegible]	[illegible]	[illegible]	[illegible]	[illegible]	[illegible]	[illegible]	[illegible]	[illegible]		
68	[illegible]	[illegible]	[illegible]	[illegible]	[illegible]	[illegible]	[illegible]	[illegible]	[illegible]	[illegible]		
69	[illegible]	[illegible]	[illegible]	[illegible]	[illegible]	[illegible]	[illegible]	[illegible]	[illegible]	[illegible]		
6870	[illegible]	[illegible]	[illegible]	[illegible]	[illegible]	[illegible]	[illegible]	[illegible]	[illegible]	[illegible]		
71	837.[illegible]	[illegible]	[illegible]	[illegible]	[illegible]	[illegible]	[illegible]	[illegible]	[illegible]	[illegible]		
72	[illegible]	[illegible]	[illegible]	[illegible]	[illegible]	[illegible]	[illegible]	[illegible]	[illegible]	[illegible]		
73	[illegible]	[illegible]	[illegible]	[illegible]	[illegible]	[illegible]	[illegible]	[illegible]	[illegible]	[illegible]		
74	[illegible]	[illegible]	[illegible]	[illegible]	[illegible]	[illegible]	[illegible]	[illegible]	[illegible]	[illegible]		
6875	[illegible]	[illegible]	[illegible]	[illegible]	[illegible]	[illegible]	[illegible]	[illegible]	[illegible]	[illegible]		
76	[illegible]	[illegible]	[illegible]	[illegible]	[illegible]	[illegible]	[illegible]	[illegible]	[illegible]	[illegible]		
77	[illegible]	[illegible]	[illegible]	[illegible]	[illegible]	[illegible]	[illegible]	[illegible]	[illegible]	[illegible]		
78	[illegible]	[illegible]	[illegible]	[illegible]	[illegible]	[illegible]	[illegible]	[illegible]	[illegible]	[illegible]		
79	[illegible]	[illegible]	[illegible]	[illegible]	[illegible]	[illegible]	[illegible]	[illegible]	[illegible]	[illegible]		
6880	[illegible]	[illegible]	[illegible]	[illegible]	[illegible]	[illegible]	[illegible]	[illegible]	[illegible]	[illegible]		
81	[illegible]	[illegible]	[illegible]	[illegible]	[illegible]	[illegible]	[illegible]	[illegible]	[illegible]	[illegible]		63
82	[illegible]	[illegible]	[illegible]	[illegible]	[illegible]	[illegible]	[illegible]	[illegible]	[illegible]	[illegible]		[illegible]
83	[illegible]	[illegible]	[illegible]	[illegible]	[illegible]	[illegible]	[illegible]	[illegible]	[illegible]	[illegible]		[illegible]
84	[illegible]	[illegible]	[illegible]	[illegible]	[illegible]	[illegible]	[illegible]	[illegible]	[illegible]	[illegible]		[illegible]
6885	[illegible]	[illegible]	[illegible]	[illegible]	[illegible]	[illegible]	[illegible]	[illegible]	[illegible]	[illegible]		[illegible]
86	[illegible]	[illegible]	[illegible]	[illegible]	[illegible]	[illegible]	[illegible]	[illegible]	[illegible]	[illegible]		[illegible]
87	838.[illegible]	[illegible]	[illegible]	[illegible]	[illegible]	[illegible]	[illegible]	[illegible]	[illegible]	[illegible]		[illegible]
88	[illegible]	[illegible]	[illegible]	[illegible]	[illegible]	[illegible]	[illegible]	[illegible]	[illegible]	[illegible]		[illegible]
89	[illegible]	[illegible]	[illegible]	[illegible]	[illegible]	[illegible]	[illegible]	[illegible]	[illegible]	[illegible]		[illegible]
Num.	0	1	2	3	4	5	6	7	8	9	D.	Part.

N. 68900 L. 838

NUM.	0	1	2	3	4	5	6	7	8	9	D.
68890	[illegible]	[illegible]	[illegible]	[illegible]	[illegible]	[illegible]	[illegible]	[illegible]	[illegible]	[illegible]	
91	[illegible]	[illegible]	[illegible]	[illegible]	[illegible]	[illegible]	[illegible]	[illegible]	[illegible]	[illegible]	
92	[illegible]	[illegible]	[illegible]	[illegible]	[illegible]	[illegible]	[illegible]	[illegible]	[illegible]	[illegible]	
93	[illegible]	[illegible]	[illegible]	[illegible]	[illegible]	[illegible]	[illegible]	[illegible]	[illegible]	[illegible]	63
94	[illegible]	[illegible]	[illegible]	[illegible]	[illegible]	[illegible]	[illegible]	[illegible]	[illegible]	[illegible]	
68895	[illegible]	[illegible]	[illegible]	[illegible]	[illegible]	[illegible]	[illegible]	[illegible]	[illegible]	[illegible]	
96	[illegible]	[illegible]	[illegible]	[illegible]	[illegible]	[illegible]	[illegible]	[illegible]	[illegible]	[illegible]	
97	[illegible]	[illegible]	[illegible]	[illegible]	[illegible]	[illegible]	[illegible]	[illegible]	[illegible]	[illegible]	
98	[illegible]	[illegible]	[illegible]	[illegible]	[illegible]	[illegible]	[illegible]	[illegible]	[illegible]	[illegible]	
99	[illegible]	[illegible]	[illegible]	[illegible]	[illegible]	[illegible]	[illegible]	[illegible]	[illegible]	[illegible]	
68900	[illegible]	[illegible]	[illegible]	[illegible]	[illegible]	[illegible]	[illegible]	[illegible]	[illegible]	[illegible]	
01	[illegible]	[illegible]	[illegible]	[illegible]	[illegible]	[illegible]	[illegible]	[illegible]	[illegible]	[illegible]	
02	[illegible]	[illegible]	[illegible]	[illegible]	[illegible]	[illegible]	[illegible]	[illegible]	[illegible]	[illegible]	
03	[illegible]	[illegible]	[illegible]	[illegible]	[illegible]	[illegible]	[illegible]	[illegible]	[illegible]	[illegible]	
04	[illegible]	[illegible]	[illegible]	[illegible]	[illegible]	[illegible]	[illegible]	[illegible]	[illegible]	[illegible]	
68905	[illegible]	[illegible]	[illegible]	[illegible]	[illegible]	[illegible]	[illegible]	[illegible]	[illegible]	[illegible]	
06	[illegible]	[illegible]	[illegible]	[illegible]	[illegible]	[illegible]	[illegible]	[illegible]	[illegible]	[illegible]	
07	[illegible]	[illegible]	[illegible]	[illegible]	[illegible]	[illegible]	[illegible]	[illegible]	[illegible]	[illegible]	
08	[illegible]	[illegible]	[illegible]	[illegible]	[illegible]	[illegible]	[illegible]	[illegible]	[illegible]	[illegible]	
09	[illegible]	[illegible]	[illegible]	[illegible]	[illegible]	[illegible]	[illegible]	[illegible]	[illegible]	[illegible]	
68910	[illegible]	[illegible]	[illegible]	[illegible]	[illegible]	[illegible]	[illegible]	[illegible]	[illegible]	[illegible]	
11	[illegible]	[illegible]	[illegible]	[illegible]	[illegible]	[illegible]	[illegible]	[illegible]	[illegible]	[illegible]	
12	[illegible]	[illegible]	[illegible]	[illegible]	[illegible]	[illegible]	[illegible]	[illegible]	[illegible]	[illegible]	
13	[illegible]	[illegible]	[illegible]	[illegible]	[illegible]	[illegible]	[illegible]	[illegible]	[illegible]	[illegible]	
14	[illegible]	[illegible]	[illegible]	[illegible]	[illegible]	[illegible]	[illegible]	[illegible]	[illegible]	[illegible]	
68915	[illegible]	[illegible]	[illegible]	[illegible]	[illegible]	[illegible]	[illegible]	[illegible]	[illegible]	[illegible]	
16	[illegible]	[illegible]	[illegible]	[illegible]	[illegible]	[illegible]	[illegible]	[illegible]	[illegible]	[illegible]	
17	[illegible]	[illegible]	[illegible]	[illegible]	[illegible]	[illegible]	[illegible]	[illegible]	[illegible]	[illegible]	
18	[illegible]	[illegible]	[illegible]	[illegible]	[illegible]	[illegible]	[illegible]	[illegible]	[illegible]	[illegible]	
19	[illegible]	[illegible]	[illegible]	[illegible]	[illegible]	[illegible]	[illegible]	[illegible]	[illegible]	[illegible]	
68920	[illegible]	[illegible]	[illegible]	[illegible]	[illegible]	[illegible]	[illegible]	[illegible]	[illegible]	[illegible]	
21	[illegible]	[illegible]	[illegible]	[illegible]	[illegible]	[illegible]	[illegible]	[illegible]	[illegible]	[illegible]	
22	[illegible]	[illegible]	[illegible]	[illegible]	[illegible]	[illegible]	[illegible]	[illegible]	[illegible]	[illegible]	
23	[illegible]	[illegible]	[illegible]	[illegible]	[illegible]	[illegible]	[illegible]	[illegible]	[illegible]	[illegible]	
24	[illegible]	[illegible]	[illegible]	[illegible]	[illegible]	[illegible]	[illegible]	[illegible]	[illegible]	[illegible]	
68925	[illegible]	[illegible]	[illegible]	[illegible]	[illegible]	[illegible]	[illegible]	[illegible]	[illegible]	[illegible]	
26	[illegible]	[illegible]	[illegible]	[illegible]	[illegible]	[illegible]	[illegible]	[illegible]	[illegible]	[illegible]	
27	[illegible]	[illegible]	[illegible]	[illegible]	[illegible]	[illegible]	[illegible]	[illegible]	[illegible]	[illegible]	
28	[illegible]	[illegible]	[illegible]	[illegible]	[illegible]	[illegible]	[illegible]	[illegible]	[illegible]	[illegible]	
29	[illegible]	[illegible]	[illegible]	[illegible]	[illegible]	[illegible]	[illegible]	[illegible]	[illegible]	[illegible]	
68930	[illegible]	[illegible]	[illegible]	[illegible]	[illegible]	[illegible]	[illegible]	[illegible]	[illegible]	[illegible]	
31	[illegible]	[illegible]	[illegible]	[illegible]	[illegible]	[illegible]	[illegible]	[illegible]	[illegible]	[illegible]	
32	[illegible]	[illegible]	[illegible]	[illegible]	[illegible]	[illegible]	[illegible]	[illegible]	[illegible]	[illegible]	
33	[illegible]	[illegible]	[illegible]	[illegible]	[illegible]	[illegible]	[illegible]	[illegible]	[illegible]	[illegible]	
34	[illegible]	[illegible]	[illegible]	[illegible]	[illegible]	[illegible]	[illegible]	[illegible]	[illegible]	[illegible]	
68935	[illegible]	[illegible]	[illegible]	[illegible]	[illegible]	[illegible]	[illegible]	[illegible]	[illegible]	[illegible]	
36	[illegible]	[illegible]	[illegible]	[illegible]	[illegible]	[illegible]	[illegible]	[illegible]	[illegible]	[illegible]	
37	[illegible]	[illegible]	[illegible]	[illegible]	[illegible]	[illegible]	[illegible]	[illegible]	[illegible]	[illegible]	
38	[illegible]	[illegible]	[illegible]	[illegible]	[illegible]	[illegible]	[illegible]	[illegible]	[illegible]	[illegible]	
39	[illegible]	[illegible]	[illegible]	[illegible]	[illegible]	[illegible]	[illegible]	[illegible]	[illegible]	[illegible]	
68940	[illegible]	[illegible]	[illegible]	[illegible]	[illegible]	[illegible]	[illegible]	[illegible]	[illegible]	[illegible]	
41	[illegible]	[illegible]	[illegible]	[illegible]	[illegible]	[illegible]	[illegible]	[illegible]	[illegible]	[illegible]	
42	[illegible]	[illegible]	[illegible]	[illegible]	[illegible]	[illegible]	[illegible]	[illegible]	[illegible]	[illegible]	
43	[illegible]	[illegible]	[illegible]	[illegible]	[illegible]	[illegible]	[illegible]	[illegible]	[illegible]	[illegible]	
44	[illegible]	[illegible]	[illegible]	[illegible]	[illegible]	[illegible]	[illegible]	[illegible]	[illegible]	[illegible]	
68945	[illegible]	[illegible]	[illegible]	[illegible]	[illegible]	[illegible]	[illegible]	[illegible]	[illegible]	[illegible]	
46	[illegible]	[illegible]	[illegible]	[illegible]	[illegible]	[illegible]	[illegible]	[illegible]	[illegible]	[illegible]	
47	[illegible]	[illegible]	[illegible]	[illegible]	[illegible]	[illegible]	[illegible]	[illegible]	[illegible]	[illegible]	
48	[illegible]	[illegible]	[illegible]	[illegible]	[illegible]	[illegible]	[illegible]	[illegible]	[illegible]	[illegible]	
49	[illegible]	[illegible]	[illegible]	[illegible]	[illegible]	[illegible]	[illegible]	[illegible]	[illegible]	[illegible]	
68950	[illegible]	[illegible]	[illegible]	[illegible]	[illegible]	[illegible]	[illegible]	[illegible]	[illegible]	[illegible]	
51	[illegible]	[illegible]	[illegible]	[illegible]	[illegible]	[illegible]	[illegible]	[illegible]	[illegible]	[illegible]	
52	[illegible]	[illegible]	[illegible]	[illegible]	[illegible]	[illegible]	[illegible]	[illegible]	[illegible]	[illegible]	
53	[illegible]	[illegible]	[illegible]	[illegible]	[illegible]	[illegible]	[illegible]	[illegible]	[illegible]	[illegible]	
54	[illegible]	[illegible]	[illegible]	[illegible]	[illegible]	[illegible]	[illegible]	[illegible]	[illegible]	[illegible]	
NUM.	0	1	2	3	4	5	6	7	8	9	D.

N. 69550 L. 842

NUM.	0	1	2	3	4	5	6	7	8	9	D.
69955	[illegible]	[illegible]	[illegible]	[illegible]	[illegible]	[illegible]	[illegible]	[illegible]	[illegible]	[illegible]	
56	[illegible]	[illegible]	[illegible]	[illegible]	[illegible]	[illegible]	[illegible]	[illegible]	[illegible]	[illegible]	
57	[illegible]	[illegible]	[illegible]	[illegible]	[illegible]	[illegible]	[illegible]	[illegible]	[illegible]	[illegible]	
58	[illegible]	[illegible]	[illegible]	[illegible]	[illegible]	[illegible]	[illegible]	[illegible]	[illegible]	[illegible]	
59	[illegible]	[illegible]	[illegible]	[illegible]	[illegible]	[illegible]	[illegible]	[illegible]	[illegible]	[illegible]	
69960	[illegible]	[illegible]	[illegible]	[illegible]	[illegible]	[illegible]	[illegible]	[illegible]	[illegible]	[illegible]	
61	[illegible]	[illegible]	[illegible]	[illegible]	[illegible]	[illegible]	[illegible]	[illegible]	[illegible]	[illegible]	
62	[illegible]	[illegible]	[illegible]	[illegible]	[illegible]	[illegible]	[illegible]	[illegible]	[illegible]	[illegible]	
63	[illegible]	[illegible]	[illegible]	[illegible]	[illegible]	[illegible]	[illegible]	[illegible]	[illegible]	[illegible]	
64	[illegible]	[illegible]	[illegible]	[illegible]	[illegible]	[illegible]	[illegible]	[illegible]	[illegible]	[illegible]	
69965	[illegible]	[illegible]	[illegible]	[illegible]	[illegible]	[illegible]	[illegible]	[illegible]	[illegible]	[illegible]	
66	[illegible]	[illegible]	[illegible]	[illegible]	[illegible]	[illegible]	[illegible]	[illegible]	[illegible]	[illegible]	
67	[illegible]	[illegible]	[illegible]	[illegible]	[illegible]	[illegible]	[illegible]	[illegible]	[illegible]	[illegible]	
68	[illegible]	[illegible]	[illegible]	[illegible]	[illegible]	[illegible]	[illegible]	[illegible]	[illegible]	[illegible]	
69	[illegible]	[illegible]	[illegible]	[illegible]	[illegible]	[illegible]	[illegible]	[illegible]	[illegible]	[illegible]	
69970	[illegible]	[illegible]	[illegible]	[illegible]	[illegible]	[illegible]	[illegible]	[illegible]	[illegible]	[illegible]	
71	[illegible]	[illegible]	[illegible]	[illegible]	[illegible]	[illegible]	[illegible]	[illegible]	[illegible]	[illegible]	
72	[illegible]	[illegible]	[illegible]	[illegible]	[illegible]	[illegible]	[illegible]	[illegible]	[illegible]	[illegible]	
73	[illegible]	[illegible]	[illegible]	[illegible]	[illegible]	[illegible]	[illegible]	[illegible]	[illegible]	[illegible]	
74	[illegible]	[illegible]	[illegible]	[illegible]	[illegible]	[illegible]	[illegible]	[illegible]	[illegible]	[illegible]	
69975	[illegible]	[illegible]	[illegible]	[illegible]	[illegible]	[illegible]	[illegible]	[illegible]	[illegible]	[illegible]	
76	[illegible]	[illegible]	[illegible]	[illegible]	[illegible]	[illegible]	[illegible]	[illegible]	[illegible]	[illegible]	
77	[illegible]	[illegible]	[illegible]	[illegible]	[illegible]	[illegible]	[illegible]	[illegible]	[illegible]	[illegible]	
78	[illegible]	[illegible]	[illegible]	[illegible]	[illegible]	[illegible]	[illegible]	[illegible]	[illegible]	[illegible]	
79	[illegible]	[illegible]	[illegible]	[illegible]	[illegible]	[illegible]	[illegible]	[illegible]	[illegible]	[illegible]	
69980	[illegible]	[illegible]	[illegible]	[illegible]	[illegible]	[illegible]	[illegible]	[illegible]	[illegible]	[illegible]	
81	[illegible]	[illegible]	[illegible]	[illegible]	[illegible]	[illegible]	[illegible]	[illegible]	[illegible]	[illegible]	
82	[illegible]	[illegible]	[illegible]	[illegible]	[illegible]	[illegible]	[illegible]	[illegible]	[illegible]	[illegible]	
83	[illegible]	[illegible]	[illegible]	[illegible]	[illegible]	[illegible]	[illegible]	[illegible]	[illegible]	[illegible]	
84	[illegible]	[illegible]	[illegible]	[illegible]	[illegible]	[illegible]	[illegible]	[illegible]	[illegible]	[illegible]	
69985	[illegible]	[illegible]	[illegible]	[illegible]	[illegible]	[illegible]	[illegible]	[illegible]	[illegible]	[illegible]	
86	[illegible]	[illegible]	[illegible]	[illegible]	[illegible]	[illegible]	[illegible]	[illegible]	[illegible]	[illegible]	
87	[illegible]	[illegible]	[illegible]	[illegible]	[illegible]	[illegible]	[illegible]	[illegible]	[illegible]	[illegible]	
88	[illegible]	[illegible]	[illegible]	[illegible]	[illegible]	[illegible]	[illegible]	[illegible]	[illegible]	[illegible]	
89	[illegible]	[illegible]	[illegible]	[illegible]	[illegible]	[illegible]	[illegible]	[illegible]	[illegible]	[illegible]	
69990	[illegible]	[illegible]	[illegible]	[illegible]	[illegible]	[illegible]	[illegible]	[illegible]	[illegible]	[illegible]	
91	[illegible]	[illegible]	[illegible]	[illegible]	[illegible]	[illegible]	[illegible]	[illegible]	[illegible]	[illegible]	
92	[illegible]	[illegible]	[illegible]	[illegible]	[illegible]	[illegible]	[illegible]	[illegible]	[illegible]	[illegible]	
93	[illegible]	[illegible]	[illegible]	[illegible]	[illegible]	[illegible]	[illegible]	[illegible]	[illegible]	[illegible]	
94	[illegible]	[illegible]	[illegible]	[illegible]	[illegible]	[illegible]	[illegible]	[illegible]	[illegible]	[illegible]	
69995	[illegible]	[illegible]	[illegible]	[illegible]	[illegible]	[illegible]	[illegible]	[illegible]	[illegible]	[illegible]	
96	[illegible]	[illegible]	[illegible]	[illegible]	[illegible]	[illegible]	[illegible]	[illegible]	[illegible]	[illegible]	
97	[illegible]	[illegible]	[illegible]	[illegible]	[illegible]	[illegible]	[illegible]	[illegible]	[illegible]	[illegible]	
98	[illegible]	[illegible]	[illegible]	[illegible]	[illegible]	[illegible]	[illegible]	[illegible]	[illegible]	[illegible]	
99	[illegible]	[illegible]	[illegible]	[illegible]	[illegible]	[illegible]	[illegible]	[illegible]	[illegible]	[illegible]	
70000	[illegible]	[illegible]	[illegible]	[illegible]	[illegible]	[illegible]	[illegible]	[illegible]	[illegible]	[illegible]	
01	[illegible]	[illegible]	[illegible]	[illegible]	[illegible]	[illegible]	[illegible]	[illegible]	[illegible]	[illegible]	
02	[illegible]	[illegible]	[illegible]	[illegible]	[illegible]	[illegible]	[illegible]	[illegible]	[illegible]	[illegible]	
03	[illegible]	[illegible]	[illegible]	[illegible]	[illegible]	[illegible]	[illegible]	[illegible]	[illegible]	[illegible]	
04	[illegible]	[illegible]	[illegible]	[illegible]	[illegible]	[illegible]	[illegible]	[illegible]	[illegible]	[illegible]	62
70005	[illegible]	[illegible]	[illegible]	[illegible]	[illegible]	[illegible]	[illegible]	[illegible]	[illegible]	[illegible]	
06	[illegible]	[illegible]	[illegible]	[illegible]	[illegible]	[illegible]	[illegible]	[illegible]	[illegible]	[illegible]	
07	[illegible]	[illegible]	[illegible]	[illegible]	[illegible]	[illegible]	[illegible]	[illegible]	[illegible]	[illegible]	
08	[illegible]	[illegible]	[illegible]	[illegible]	[illegible]	[illegible]	[illegible]	[illegible]	[illegible]	[illegible]	
09	[illegible]	[illegible]	[illegible]	[illegible]	[illegible]	[illegible]	[illegible]	[illegible]	[illegible]	[illegible]	
70010	[illegible]	[illegible]	[illegible]	[illegible]	[illegible]	[illegible]	[illegible]	[illegible]	[illegible]	[illegible]	
11	[illegible]	[illegible]	[illegible]	[illegible]	[illegible]	[illegible]	[illegible]	[illegible]	[illegible]	[illegible]	
12	[illegible]	[illegible]	[illegible]	[illegible]	[illegible]	[illegible]	[illegible]	[illegible]	[illegible]	[illegible]	
13	[illegible]	[illegible]	[illegible]	[illegible]	[illegible]	[illegible]	[illegible]	[illegible]	[illegible]	[illegible]	
14	[illegible]	[illegible]	[illegible]	[illegible]	[illegible]	[illegible]	[illegible]	[illegible]	[illegible]	[illegible]	
70015	[illegible]	[illegible]	[illegible]	[illegible]	[illegible]	[illegible]	[illegible]	[illegible]	[illegible]	[illegible]	
16	[illegible]	[illegible]	[illegible]	[illegible]	[illegible]	[illegible]	[illegible]	[illegible]	[illegible]	[illegible]	
17	[illegible]	[illegible]	[illegible]	[illegible]	[illegible]	[illegible]	[illegible]	[illegible]	[illegible]	[illegible]	
18	[illegible]	[illegible]	[illegible]	[illegible]	[illegible]	[illegible]	[illegible]	[illegible]	[illegible]	[illegible]	
19	[illegible]	[illegible]	[illegible]	[illegible]	[illegible]	[illegible]	[illegible]	[illegible]	[illegible]	[illegible]	
NUM.	0	1	2	3	4	5	6	7	8	9	D.

N. 70200 L. 846

Num.		0	1	2	3	4	5	6	7	8	9	D.
7020	846.	[illegible]	[illegible]	[illegible]	[illegible]	[illegible]	[illegible]	[illegible]	[illegible]	[illegible]	[illegible]	
21		[illegible]	[illegible]	[illegible]	[illegible]	[illegible]	[illegible]	[illegible]	[illegible]	[illegible]	[illegible]	
22		[illegible]	[illegible]	[illegible]	[illegible]	[illegible]	[illegible]	[illegible]	[illegible]	[illegible]	[illegible]	
23		[illegible]	[illegible]	[illegible]	[illegible]	[illegible]	[illegible]	[illegible]	[illegible]	[illegible]	[illegible]	
24		[illegible]	[illegible]	[illegible]	[illegible]	[illegible]	[illegible]	[illegible]	[illegible]	[illegible]	[illegible]	
7025		[illegible]	[illegible]	[illegible]	[illegible]	[illegible]	[illegible]	[illegible]	[illegible]	[illegible]	[illegible]	
26		[illegible]	[illegible]	[illegible]	[illegible]	[illegible]	[illegible]	[illegible]	[illegible]	[illegible]	[illegible]	
27		[illegible]	[illegible]	[illegible]	[illegible]	[illegible]	[illegible]	[illegible]	[illegible]	[illegible]	[illegible]	
28		[illegible]	[illegible]	[illegible]	[illegible]	[illegible]	[illegible]	[illegible]	[illegible]	[illegible]	[illegible]	
29		[illegible]	[illegible]	[illegible]	[illegible]	[illegible]	[illegible]	[illegible]	[illegible]	[illegible]	[illegible]	
7030		[illegible]	[illegible]	[illegible]	[illegible]	[illegible]	[illegible]	[illegible]	[illegible]	[illegible]	[illegible]	
31	847.	[illegible]	[illegible]	[illegible]	[illegible]	[illegible]	[illegible]	[illegible]	[illegible]	[illegible]	[illegible]	
32		[illegible]	[illegible]	[illegible]	[illegible]	[illegible]	[illegible]	[illegible]	[illegible]	[illegible]	[illegible]	
33		[illegible]	[illegible]	[illegible]	[illegible]	[illegible]	[illegible]	[illegible]	[illegible]	[illegible]	[illegible]	
34		[illegible]	[illegible]	[illegible]	[illegible]	[illegible]	[illegible]	[illegible]	[illegible]	[illegible]	[illegible]	
7035		[illegible]	[illegible]	[illegible]	[illegible]	[illegible]	[illegible]	[illegible]	[illegible]	[illegible]	[illegible]	
36		[illegible]	[illegible]	[illegible]	[illegible]	[illegible]	[illegible]	[illegible]	[illegible]	[illegible]	[illegible]	
37		[illegible]	[illegible]	[illegible]	[illegible]	[illegible]	[illegible]	[illegible]	[illegible]	[illegible]	[illegible]	
38		[illegible]	[illegible]	[illegible]	[illegible]	[illegible]	[illegible]	[illegible]	[illegible]	[illegible]	[illegible]	
39		[illegible]	[illegible]	[illegible]	[illegible]	[illegible]	[illegible]	[illegible]	[illegible]	[illegible]	[illegible]	
7040		[illegible]	[illegible]	[illegible]	[illegible]	[illegible]	[illegible]	[illegible]	[illegible]	[illegible]	[illegible]	
41		[illegible]	[illegible]	[illegible]	[illegible]	[illegible]	[illegible]	[illegible]	[illegible]	[illegible]	[illegible]	
42		[illegible]	[illegible]	[illegible]	[illegible]	[illegible]	[illegible]	[illegible]	[illegible]	[illegible]	[illegible]	
43		[illegible]	[illegible]	[illegible]	[illegible]	[illegible]	[illegible]	[illegible]	[illegible]	[illegible]	[illegible]	
44		[illegible]	[illegible]	[illegible]	[illegible]	[illegible]	[illegible]	[illegible]	[illegible]	[illegible]	[illegible]	
7045		[illegible]	[illegible]	[illegible]	[illegible]	[illegible]	[illegible]	[illegible]	[illegible]	[illegible]	[illegible]	
46		[illegible]	[illegible]	[illegible]	[illegible]	[illegible]	[illegible]	[illegible]	[illegible]	[illegible]	[illegible]	
47	848.	[illegible]	[illegible]	[illegible]	[illegible]	[illegible]	[illegible]	[illegible]	[illegible]	[illegible]	[illegible]	
48		[illegible]	[illegible]	[illegible]	[illegible]	[illegible]	[illegible]	[illegible]	[illegible]	[illegible]	[illegible]	
49		[illegible]	[illegible]	[illegible]	[illegible]	[illegible]	[illegible]	[illegible]	[illegible]	[illegible]	[illegible]	
7050		[illegible]	[illegible]	[illegible]	[illegible]	[illegible]	[illegible]	[illegible]	[illegible]	[illegible]	[illegible]	
51		[illegible]	[illegible]	[illegible]	[illegible]	[illegible]	[illegible]	[illegible]	[illegible]	[illegible]	[illegible]	
52		[illegible]	[illegible]	[illegible]	[illegible]	[illegible]	[illegible]	[illegible]	[illegible]	[illegible]	[illegible]	
53		[illegible]	[illegible]	[illegible]	[illegible]	[illegible]	[illegible]	[illegible]	[illegible]	[illegible]	[illegible]	
54		[illegible]	[illegible]	[illegible]	[illegible]	[illegible]	[illegible]	[illegible]	[illegible]	[illegible]	[illegible]	
7055		[illegible]	[illegible]	[illegible]	[illegible]	[illegible]	[illegible]	[illegible]	[illegible]	[illegible]	[illegible]	
56		[illegible]	[illegible]	[illegible]	[illegible]	[illegible]	[illegible]	[illegible]	[illegible]	[illegible]	[illegible]	
57		[illegible]	[illegible]	[illegible]	[illegible]	[illegible]	[illegible]	[illegible]	[illegible]	[illegible]	[illegible]	
58		[illegible]	[illegible]	[illegible]	[illegible]	[illegible]	[illegible]	[illegible]	[illegible]	[illegible]	[illegible]	
59		[illegible]	[illegible]	[illegible]	[illegible]	[illegible]	[illegible]	[illegible]	[illegible]	[illegible]	[illegible]	
7060		[illegible]	[illegible]	[illegible]	[illegible]	[illegible]	[illegible]	[illegible]	[illegible]	[illegible]	[illegible]	
61		[illegible]	[illegible]	[illegible]	[illegible]	[illegible]	[illegible]	[illegible]	[illegible]	[illegible]	[illegible]	
62		[illegible]	[illegible]	[illegible]	[illegible]	[illegible]	[illegible]	[illegible]	[illegible]	[illegible]	[illegible]	
63		[illegible]	[illegible]	[illegible]	[illegible]	[illegible]	[illegible]	[illegible]	[illegible]	[illegible]	[illegible]	
64	849.	[illegible]	[illegible]	[illegible]	[illegible]	[illegible]	[illegible]	[illegible]	[illegible]	[illegible]	[illegible]	
7065		[illegible]	[illegible]	[illegible]	[illegible]	[illegible]	[illegible]	[illegible]	[illegible]	[illegible]	[illegible]	
66		[illegible]	[illegible]	[illegible]	[illegible]	[illegible]	[illegible]	[illegible]	[illegible]	[illegible]	[illegible]	
67		[illegible]	[illegible]	[illegible]	[illegible]	[illegible]	[illegible]	[illegible]	[illegible]	[illegible]	[illegible]	
68		[illegible]	[illegible]	[illegible]	[illegible]	[illegible]	[illegible]	[illegible]	[illegible]	[illegible]	[illegible]	
69		[illegible]	[illegible]	[illegible]	[illegible]	[illegible]	[illegible]	[illegible]	[illegible]	[illegible]	[illegible]	
7070		[illegible]	[illegible]	[illegible]	[illegible]	[illegible]	[illegible]	[illegible]	[illegible]	[illegible]	[illegible]	
71		[illegible]	[illegible]	[illegible]	[illegible]	[illegible]	[illegible]	[illegible]	[illegible]	[illegible]	[illegible]	
72		[illegible]	[illegible]	[illegible]	[illegible]	[illegible]	[illegible]	[illegible]	[illegible]	[illegible]	[illegible]	
73		[illegible]	[illegible]	[illegible]	[illegible]	[illegible]	[illegible]	[illegible]	[illegible]	[illegible]	[illegible]	
74		[illegible]	[illegible]	[illegible]	[illegible]	[illegible]	[illegible]	[illegible]	[illegible]	[illegible]	[illegible]	
7075		[illegible]	[illegible]	[illegible]	[illegible]	[illegible]	[illegible]	[illegible]	[illegible]	[illegible]	[illegible]	
76		[illegible]	[illegible]	[illegible]	[illegible]	[illegible]	[illegible]	[illegible]	[illegible]	[illegible]	[illegible]	
77		[illegible]	[illegible]	[illegible]	[illegible]	[illegible]	[illegible]	[illegible]	[illegible]	[illegible]	[illegible]	
78		[illegible]	[illegible]	[illegible]	[illegible]	[illegible]	[illegible]	[illegible]	[illegible]	[illegible]	[illegible]	
79		[illegible]	[illegible]	[illegible]	[illegible]	[illegible]	[illegible]	[illegible]	[illegible]	[illegible]	[illegible]	
7080	850.033	[illegible]	[illegible]	[illegible]	[illegible]	[illegible]	[illegible]	[illegible]	[illegible]	[illegible]	[illegible]	
81		[illegible]	[illegible]	[illegible]	[illegible]	[illegible]	[illegible]	[illegible]	[illegible]	[illegible]	[illegible]	
82		[illegible]	[illegible]	[illegible]	[illegible]	[illegible]	[illegible]	[illegible]	[illegible]	[illegible]	[illegible]	
83		[illegible]	[illegible]	[illegible]	[illegible]	[illegible]	[illegible]	[illegible]	[illegible]	[illegible]	[illegible]	
84		[illegible]	[illegible]	[illegible]	[illegible]	[illegible]	[illegible]	[illegible]	[illegible]	[illegible]	[illegible]	
Num.		0	1	2	3	4	5	6	7	8	9	D.

N. 70850 L. 850

Num.		0	1	2	3	4	5	6	7	8	9	D.	Part.
7085	850.	[illegible]	[illegible]	[illegible]	[illegible]	[illegible]	[illegible]	[illegible]	[illegible]	[illegible]	[illegible]		
86		[illegible]	[illegible]	[illegible]	[illegible]	[illegible]	[illegible]	[illegible]	[illegible]	[illegible]	[illegible]		
87		[illegible]	[illegible]	[illegible]	[illegible]	[illegible]	[illegible]	[illegible]	[illegible]	[illegible]	[illegible]		
88		[illegible]	[illegible]	[illegible]	[illegible]	[illegible]	[illegible]	[illegible]	[illegible]	[illegible]	[illegible]		
89		[illegible]	[illegible]	[illegible]	[illegible]	[illegible]	[illegible]	[illegible]	[illegible]	[illegible]	[illegible]		
7090		[illegible]	[illegible]	[illegible]	[illegible]	[illegible]	[illegible]	[illegible]	[illegible]	[illegible]	[illegible]		
91		[illegible]	[illegible]	[illegible]	[illegible]	[illegible]	[illegible]	[illegible]	[illegible]	[illegible]	[illegible]		
92		[illegible]	[illegible]	[illegible]	[illegible]	[illegible]	[illegible]	[illegible]	[illegible]	[illegible]	[illegible]		
93		[illegible]	[illegible]	[illegible]	[illegible]	[illegible]	[illegible]	[illegible]	[illegible]	[illegible]	[illegible]		
94		[illegible]	[illegible]	[illegible]	[illegible]	[illegible]	[illegible]	[illegible]	[illegible]	[illegible]	[illegible]		
7095		[illegible]	[illegible]	[illegible]	[illegible]	[illegible]	[illegible]	[illegible]	[illegible]	[illegible]	[illegible]		
96	851.	[illegible]	[illegible]	[illegible]	[illegible]	[illegible]	[illegible]	[illegible]	[illegible]	[illegible]	[illegible]		
97		[illegible]	[illegible]	[illegible]	[illegible]	[illegible]	[illegible]	[illegible]	[illegible]	[illegible]	[illegible]		
98		[illegible]	[illegible]	[illegible]	[illegible]	[illegible]	[illegible]	[illegible]	[illegible]	[illegible]	[illegible]		
99		[illegible]	[illegible]	[illegible]	[illegible]	[illegible]	[illegible]	[illegible]	[illegible]	[illegible]	[illegible]		
7100		[illegible]	[illegible]	[illegible]	[illegible]	[illegible]	[illegible]	[illegible]	[illegible]	[illegible]	[illegible]		
01		[illegible]	[illegible]	[illegible]	[illegible]	[illegible]	[illegible]	[illegible]	[illegible]	[illegible]	[illegible]		
02		[illegible]	[illegible]	[illegible]	[illegible]	[illegible]	[illegible]	[illegible]	[illegible]	[illegible]	[illegible]		
03		[illegible]	[illegible]	[illegible]	[illegible]	[illegible]	[illegible]	[illegible]	[illegible]	[illegible]	[illegible]		
04		[illegible]	[illegible]	[illegible]	[illegible]	[illegible]	[illegible]	[illegible]	[illegible]	[illegible]	[illegible]		
7105		[illegible]	[illegible]	[illegible]	[illegible]	[illegible]	[illegible]	[illegible]	[illegible]	[illegible]	[illegible]		
06		[illegible]	[illegible]	[illegible]	[illegible]	[illegible]	[illegible]	[illegible]	[illegible]	[illegible]	[illegible]		
07		[illegible]	[illegible]	[illegible]	[illegible]	[illegible]	[illegible]	[illegible]	[illegible]	[illegible]	[illegible]		
08		[illegible]	[illegible]	[illegible]	[illegible]	[illegible]	[illegible]	[illegible]	[illegible]	[illegible]	[illegible]		
09		[illegible]	[illegible]	[illegible]	[illegible]	[illegible]	[illegible]	[illegible]	[illegible]	[illegible]	[illegible]		
7110		[illegible]	[illegible]	[illegible]	[illegible]	[illegible]	[illegible]	[illegible]	[illegible]	[illegible]	[illegible]		
11		[illegible]	[illegible]	[illegible]	[illegible]	[illegible]	[illegible]	[illegible]	[illegible]	[illegible]	[illegible]		
12		[illegible]	[illegible]	[illegible]	[illegible]	[illegible]	[illegible]	[illegible]	[illegible]	[illegible]	[illegible]		
13	852.	[illegible]	[illegible]	[illegible]	[illegible]	[illegible]	[illegible]	[illegible]	[illegible]	[illegible]	[illegible]		
14		[illegible]	[illegible]	[illegible]	[illegible]	[illegible]	[illegible]	[illegible]	[illegible]	[illegible]	[illegible]		
7115		[illegible]	[illegible]	[illegible]	[illegible]	[illegible]	[illegible]	[illegible]	[illegible]	[illegible]	[illegible]		
16		[illegible]	[illegible]	[illegible]	[illegible]	[illegible]	[illegible]	[illegible]	[illegible]	[illegible]	[illegible]		
17		[illegible]	[illegible]	[illegible]	[illegible]	[illegible]	[illegible]	[illegible]	[illegible]	[illegible]	[illegible]		
18		[illegible]	[illegible]	[illegible]	[illegible]	[illegible]	[illegible]	[illegible]	[illegible]	[illegible]	[illegible]		
19		[illegible]	[illegible]	[illegible]	[illegible]	[illegible]	[illegible]	[illegible]	[illegible]	[illegible]	[illegible]		
7120		[illegible]	[illegible]	[illegible]	[illegible]	[illegible]	[illegible]	[illegible]	[illegible]	[illegible]	[illegible]		
21		[illegible]	[illegible]	[illegible]	[illegible]	[illegible]	[illegible]	[illegible]	[illegible]	[illegible]	[illegible]		
22		[illegible]	[illegible]	[illegible]	[illegible]	[illegible]	[illegible]	[illegible]	[illegible]	[illegible]	[illegible]		
23		[illegible]	[illegible]	[illegible]	[illegible]	[illegible]	[illegible]	[illegible]	[illegible]	[illegible]	[illegible]		
24		[illegible]	[illegible]	[illegible]	[illegible]	[illegible]	[illegible]	[illegible]	[illegible]	[illegible]	[illegible]		
7125		[illegible]	[illegible]	[illegible]	[illegible]	[illegible]	[illegible]	[illegible]	[illegible]	[illegible]	[illegible]		
26		[illegible]	[illegible]	[illegible]	[illegible]	[illegible]	[illegible]	[illegible]	[illegible]	[illegible]	[illegible]		
27		[illegible]	[illegible]	[illegible]	[illegible]	[illegible]	[illegible]	[illegible]	[illegible]	[illegible]	[illegible]		
28		[illegible]	[illegible]	[illegible]	[illegible]	[illegible]	[illegible]	[illegible]	[illegible]	[illegible]	[illegible]		
29	853.	[illegible]	[illegible]	[illegible]	[illegible]	[illegible]	[illegible]	[illegible]	[illegible]	[illegible]	[illegible]		
7130		[illegible]	[illegible]	[illegible]	[illegible]	[illegible]	[illegible]	[illegible]	[illegible]	[illegible]	[illegible]		
31		[illegible]	[illegible]	[illegible]	[illegible]	[illegible]	[illegible]	[illegible]	[illegible]	[illegible]	[illegible]		
32		[illegible]	[illegible]	[illegible]	[illegible]	[illegible]	[illegible]	[illegible]	[illegible]	[illegible]	[illegible]		
33		[illegible]	[illegible]	[illegible]	[illegible]	[illegible]	[illegible]	[illegible]	[illegible]	[illegible]	[illegible]		
34		[illegible]	[illegible]	[illegible]	[illegible]	[illegible]	[illegible]	[illegible]	[illegible]	[illegible]	[illegible]		
7135		[illegible]	[illegible]	[illegible]	[illegible]	[illegible]	[illegible]	[illegible]	[illegible]	[illegible]	[illegible]		
36		[illegible]	[illegible]	[illegible]	[illegible]	[illegible]	[illegible]	[illegible]	[illegible]	[illegible]	[illegible]		
37		[illegible]	[illegible]	[illegible]	[illegible]	[illegible]	[illegible]	[illegible]	[illegible]	[illegible]	[illegible]		
38		[illegible]	[illegible]	[illegible]	[illegible]	[illegible]	[illegible]	[illegible]	[illegible]	[illegible]	[illegible]		
39		[illegible]	[illegible]	[illegible]	[illegible]	[illegible]	[illegible]	[illegible]	[illegible]	[illegible]	[illegible]		
7140		[illegible]	[illegible]	[illegible]	[illegible]	[illegible]	[illegible]	[illegible]	[illegible]	[illegible]	[illegible]		
41		[illegible]	[illegible]	[illegible]	[illegible]	[illegible]	[illegible]	[illegible]	[illegible]	[illegible]	[illegible]		
42		[illegible]	[illegible]	[illegible]	[illegible]	[illegible]	[illegible]	[illegible]	[illegible]	[illegible]	[illegible]		
43		[illegible]	[illegible]	[illegible]	[illegible]	[illegible]	[illegible]	[illegible]	[illegible]	[illegible]	[illegible]		
44		[illegible]	[illegible]	[illegible]	[illegible]	[illegible]	[illegible]	[illegible]	[illegible]	[illegible]	[illegible]		
7145	854.	[illegible]	[illegible]	[illegible]	[illegible]	[illegible]	[illegible]	[illegible]	[illegible]	[illegible]	[illegible]		
46		[illegible]	[illegible]	[illegible]	[illegible]	[illegible]	[illegible]	[illegible]	[illegible]	[illegible]	[illegible]		
47		[illegible]	[illegible]	[illegible]	[illegible]	[illegible]	[illegible]	[illegible]	[illegible]	[illegible]	[illegible]		
48		[illegible]	[illegible]	[illegible]	[illegible]	[illegible]	[illegible]	[illegible]	[illegible]	[illegible]	[illegible]		
49		[illegible]	[illegible]	[illegible]	[illegible]	[illegible]	[illegible]	[illegible]	[illegible]	[illegible]	[illegible]		
Num.		0	1	2	3	4	5	6	7	8	9	D.	Part.

N. 71500 L. 854

Num.	0	1	2	3	4	5	6	7	8	9	D.
7150	854.[illegible]	[illegible]	[illegible]	[illegible]	[illegible]	[illegible]	[illegible]	[illegible]	[illegible]	[illegible]	
51	[illegible]	[illegible]	[illegible]	[illegible]	[illegible]	[illegible]	[illegible]	[illegible]	[illegible]	[illegible]	
52	[illegible]	[illegible]	[illegible]	[illegible]	[illegible]	[illegible]	[illegible]	[illegible]	[illegible]	[illegible]	
53	[illegible]	[illegible]	[illegible]	[illegible]	[illegible]	[illegible]	[illegible]	[illegible]	[illegible]	[illegible]	
54	[illegible]	[illegible]	[illegible]	[illegible]	[illegible]	[illegible]	[illegible]	[illegible]	[illegible]	[illegible]	
7155	[illegible]	[illegible]	[illegible]	[illegible]	[illegible]	[illegible]	[illegible]	[illegible]	[illegible]	[illegible]	
56	[illegible]	[illegible]	[illegible]	[illegible]	[illegible]	[illegible]	[illegible]	[illegible]	[illegible]	[illegible]	
57	[illegible]	[illegible]	[illegible]	[illegible]	[illegible]	[illegible]	[illegible]	[illegible]	[illegible]	[illegible]	
58	[illegible]	[illegible]	[illegible]	[illegible]	[illegible]	[illegible]	[illegible]	[illegible]	[illegible]	[illegible]	
59	[illegible]	[illegible]	[illegible]	[illegible]	[illegible]	[illegible]	[illegible]	[illegible]	[illegible]	[illegible]	
7160	[illegible]	[illegible]	[illegible]	[illegible]	[illegible]	[illegible]	[illegible]	[illegible]	[illegible]	[illegible]	
61	[illegible]	[illegible]	[illegible]	[illegible]	[illegible]	[illegible]	[illegible]	[illegible]	[illegible]	[illegible]	
62	855.[illegible]	[illegible]	[illegible]	[illegible]	[illegible]	[illegible]	[illegible]	[illegible]	[illegible]	[illegible]	
63	[illegible]	[illegible]	[illegible]	[illegible]	[illegible]	[illegible]	[illegible]	[illegible]	[illegible]	[illegible]	
64	[illegible]	[illegible]	[illegible]	[illegible]	[illegible]	[illegible]	[illegible]	[illegible]	[illegible]	[illegible]	
7165	[illegible]	[illegible]	[illegible]	[illegible]	[illegible]	[illegible]	[illegible]	[illegible]	[illegible]	[illegible]	
66	[illegible]	[illegible]	[illegible]	[illegible]	[illegible]	[illegible]	[illegible]	[illegible]	[illegible]	[illegible]	
67	[illegible]	[illegible]	[illegible]	[illegible]	[illegible]	[illegible]	[illegible]	[illegible]	[illegible]	[illegible]	
68	[illegible]	[illegible]	[illegible]	[illegible]	[illegible]	[illegible]	[illegible]	[illegible]	[illegible]	[illegible]	
69	[illegible]	[illegible]	[illegible]	[illegible]	[illegible]	[illegible]	[illegible]	[illegible]	[illegible]	[illegible]	
7170	[illegible]	[illegible]	[illegible]	[illegible]	[illegible]	[illegible]	[illegible]	[illegible]	[illegible]	[illegible]	
71	[illegible]	[illegible]	[illegible]	[illegible]	[illegible]	[illegible]	[illegible]	[illegible]	[illegible]	[illegible]	
72	[illegible]	[illegible]	[illegible]	[illegible]	[illegible]	[illegible]	[illegible]	[illegible]	[illegible]	[illegible]	
73	[illegible]	[illegible]	[illegible]	[illegible]	[illegible]	[illegible]	[illegible]	[illegible]	[illegible]	[illegible]	
74	[illegible]	[illegible]	[illegible]	[illegible]	[illegible]	[illegible]	[illegible]	[illegible]	[illegible]	[illegible]	
7175	[illegible]	[illegible]	[illegible]	[illegible]	[illegible]	[illegible]	[illegible]	[illegible]	[illegible]	[illegible]	
76	[illegible]	[illegible]	[illegible]	[illegible]	[illegible]	[illegible]	[illegible]	[illegible]	[illegible]	[illegible]	
77	[illegible]	[illegible]	[illegible]	[illegible]	[illegible]	[illegible]	[illegible]	[illegible]	[illegible]	[illegible]	
78	856.[illegible]	[illegible]	[illegible]	[illegible]	[illegible]	[illegible]	[illegible]	[illegible]	[illegible]	[illegible]	
79	[illegible]	[illegible]	[illegible]	[illegible]	[illegible]	[illegible]	[illegible]	[illegible]	[illegible]	[illegible]	
7180	[illegible]	[illegible]	[illegible]	[illegible]	[illegible]	[illegible]	[illegible]	[illegible]	[illegible]	[illegible]	
81	[illegible]	[illegible]	[illegible]	[illegible]	[illegible]	[illegible]	[illegible]	[illegible]	[illegible]	[illegible]	
82	[illegible]	[illegible]	[illegible]	[illegible]	[illegible]	[illegible]	[illegible]	[illegible]	[illegible]	[illegible]	
83	[illegible]	[illegible]	[illegible]	[illegible]	[illegible]	[illegible]	[illegible]	[illegible]	[illegible]	[illegible]	
84	[illegible]	[illegible]	[illegible]	[illegible]	[illegible]	[illegible]	[illegible]	[illegible]	[illegible]	[illegible]	
7185	[illegible]	[illegible]	[illegible]	[illegible]	[illegible]	[illegible]	[illegible]	[illegible]	[illegible]	[illegible]	
86	[illegible]	[illegible]	[illegible]	[illegible]	[illegible]	[illegible]	[illegible]	[illegible]	[illegible]	[illegible]	
87	[illegible]	[illegible]	[illegible]	[illegible]	[illegible]	[illegible]	[illegible]	[illegible]	[illegible]	[illegible]	
88	[illegible]	[illegible]	[illegible]	[illegible]	[illegible]	[illegible]	[illegible]	[illegible]	[illegible]	[illegible]	
89	[illegible]	[illegible]	[illegible]	[illegible]	[illegible]	[illegible]	[illegible]	[illegible]	[illegible]	[illegible]	
7190	[illegible]	[illegible]	[illegible]	[illegible]	[illegible]	[illegible]	[illegible]	[illegible]	[illegible]	[illegible]	
91	[illegible]	[illegible]	[illegible]	[illegible]	[illegible]	[illegible]	[illegible]	[illegible]	[illegible]	[illegible]	
92	[illegible]	[illegible]	[illegible]	[illegible]	[illegible]	[illegible]	[illegible]	[illegible]	[illegible]	[illegible]	
93	[illegible]	[illegible]	[illegible]	[illegible]	[illegible]	[illegible]	[illegible]	[illegible]	[illegible]	[illegible]	
94	[illegible]	[illegible]	[illegible]	[illegible]	[illegible]	[illegible]	[illegible]	[illegible]	[illegible]	[illegible]	
7195	857.[illegible]	[illegible]	[illegible]	[illegible]	[illegible]	[illegible]	[illegible]	[illegible]	[illegible]	[illegible]	
96	[illegible]	[illegible]	[illegible]	[illegible]	[illegible]	[illegible]	[illegible]	[illegible]	[illegible]	[illegible]	
97	[illegible]	[illegible]	[illegible]	[illegible]	[illegible]	[illegible]	[illegible]	[illegible]	[illegible]	[illegible]	
98	[illegible]	[illegible]	[illegible]	[illegible]	[illegible]	[illegible]	[illegible]	[illegible]	[illegible]	[illegible]	
99	[illegible]	[illegible]	[illegible]	[illegible]	[illegible]	[illegible]	[illegible]	[illegible]	[illegible]	[illegible]	
7200	[illegible]	[illegible]	[illegible]	[illegible]	[illegible]	[illegible]	[illegible]	[illegible]	[illegible]	[illegible]	
01	[illegible]	[illegible]	[illegible]	[illegible]	[illegible]	[illegible]	[illegible]	[illegible]	[illegible]	[illegible]	
02	[illegible]	[illegible]	[illegible]	[illegible]	[illegible]	[illegible]	[illegible]	[illegible]	[illegible]	[illegible]	
03	[illegible]	[illegible]	[illegible]	[illegible]	[illegible]	[illegible]	[illegible]	[illegible]	[illegible]	[illegible]	
04	[illegible]	[illegible]	[illegible]	[illegible]	[illegible]	[illegible]	[illegible]	[illegible]	[illegible]	[illegible]	
7205	[illegible]	[illegible]	[illegible]	[illegible]	[illegible]	[illegible]	[illegible]	[illegible]	[illegible]	[illegible]	
06	[illegible]	[illegible]	[illegible]	[illegible]	[illegible]	[illegible]	[illegible]	[illegible]	[illegible]	[illegible]	
07	[illegible]	[illegible]	[illegible]	[illegible]	[illegible]	[illegible]	[illegible]	[illegible]	[illegible]	[illegible]	
08	[illegible]	[illegible]	[illegible]	[illegible]	[illegible]	[illegible]	[illegible]	[illegible]	[illegible]	[illegible]	
09	[illegible]	[illegible]	[illegible]	[illegible]	[illegible]	[illegible]	[illegible]	[illegible]	[illegible]	[illegible]	
7210	[illegible]	[illegible]	[illegible]	[illegible]	[illegible]	[illegible]	[illegible]	[illegible]	[illegible]	[illegible]	
11	[illegible]	[illegible]	[illegible]	[illegible]	[illegible]	[illegible]	[illegible]	[illegible]	[illegible]	[illegible]	
12	858.[illegible]	[illegible]	[illegible]	[illegible]	[illegible]	[illegible]	[illegible]	[illegible]	[illegible]	[illegible]	
13	[illegible]	[illegible]	[illegible]	[illegible]	[illegible]	[illegible]	[illegible]	[illegible]	[illegible]	[illegible]	
14	[illegible]	[illegible]	[illegible]	[illegible]	[illegible]	[illegible]	[illegible]	[illegible]	[illegible]	[illegible]	
Num.	0	1	2	3	4	5	6	7	8	9	D.

N. 72150 L. 858

Num.	0	1	2	3	4	5	6	7	8	9	D.
7215	858.[illegible]	[illegible]	[illegible]	[illegible]	[illegible]	[illegible]	[illegible]	[illegible]	[illegible]	[illegible]	
16	[illegible]	[illegible]	[illegible]	[illegible]	[illegible]	[illegible]	[illegible]	[illegible]	[illegible]	[illegible]	
17	[illegible]	[illegible]	[illegible]	[illegible]	[illegible]	[illegible]	[illegible]	[illegible]	[illegible]	[illegible]	
18	[illegible]	[illegible]	[illegible]	[illegible]	[illegible]	[illegible]	[illegible]	[illegible]	[illegible]	[illegible]	
19	[illegible]	[illegible]	[illegible]	[illegible]	[illegible]	[illegible]	[illegible]	[illegible]	[illegible]	[illegible]	
7220	[illegible]	[illegible]	[illegible]	[illegible]	[illegible]	[illegible]	[illegible]	[illegible]	[illegible]	[illegible]	
21	[illegible]	[illegible]	[illegible]	[illegible]	[illegible]	[illegible]	[illegible]	[illegible]	[illegible]	[illegible]	
22	[illegible]	[illegible]	[illegible]	[illegible]	[illegible]	[illegible]	[illegible]	[illegible]	[illegible]	[illegible]	
23	[illegible]	[illegible]	[illegible]	[illegible]	[illegible]	[illegible]	[illegible]	[illegible]	[illegible]	[illegible]	
24	[illegible]	[illegible]	[illegible]	[illegible]	[illegible]	[illegible]	[illegible]	[illegible]	[illegible]	[illegible]	
7225	[illegible]	[illegible]	[illegible]	[illegible]	[illegible]	[illegible]	[illegible]	[illegible]	[illegible]	[illegible]	
26	[illegible]	[illegible]	[illegible]	[illegible]	[illegible]	[illegible]	[illegible]	[illegible]	[illegible]	[illegible]	
27	[illegible]	[illegible]	[illegible]	[illegible]	[illegible]	[illegible]	[illegible]	[illegible]	[illegible]	[illegible]	
28	859.[illegible]	[illegible]	[illegible]	[illegible]	[illegible]	[illegible]	[illegible]	[illegible]	[illegible]	[illegible]	
29	[illegible]	[illegible]	[illegible]	[illegible]	[illegible]	[illegible]	[illegible]	[illegible]	[illegible]	[illegible]	
7230	[illegible]	[illegible]	[illegible]	[illegible]	[illegible]	[illegible]	[illegible]	[illegible]	[illegible]	[illegible]	
31	[illegible]	[illegible]	[illegible]	[illegible]	[illegible]	[illegible]	[illegible]	[illegible]	[illegible]	[illegible]	
32	[illegible]	[illegible]	[illegible]	[illegible]	[illegible]	[illegible]	[illegible]	[illegible]	[illegible]	[illegible]	
33	[illegible]	[illegible]	[illegible]	[illegible]	[illegible]	[illegible]	[illegible]	[illegible]	[illegible]	[illegible]	
34	[illegible]	[illegible]	[illegible]	[illegible]	[illegible]	[illegible]	[illegible]	[illegible]	[illegible]	[illegible]	
7235	[illegible]	[illegible]	[illegible]	[illegible]	[illegible]	[illegible]	[illegible]	[illegible]	[illegible]	[illegible]	
36	[illegible]	[illegible]	[illegible]	[illegible]	[illegible]	[illegible]	[illegible]	[illegible]	[illegible]	[illegible]	
37	[illegible]	[illegible]	[illegible]	[illegible]	[illegible]	[illegible]	[illegible]	[illegible]	[illegible]	[illegible]	60
38	[illegible]	[illegible]	[illegible]	[illegible]	[illegible]	[illegible]	[illegible]	[illegible]	[illegible]	[illegible]	
39	[illegible]	[illegible]	[illegible]	[illegible]	[illegible]	[illegible]	[illegible]	[illegible]	[illegible]	[illegible]	
7240	[illegible]	[illegible]	[illegible]	[illegible]	[illegible]	[illegible]	[illegible]	[illegible]	[illegible]	[illegible]	
41	[illegible]	[illegible]	[illegible]	[illegible]	[illegible]	[illegible]	[illegible]	[illegible]	[illegible]	[illegible]	
42	[illegible]	[illegible]	[illegible]	[illegible]	[illegible]	[illegible]	[illegible]	[illegible]	[illegible]	[illegible]	
43	[illegible]	[illegible]	[illegible]	[illegible]	[illegible]	[illegible]	[illegible]	[illegible]	[illegible]	[illegible]	
44	[illegible]	[illegible]	[illegible]	[illegible]	[illegible]	[illegible]	[illegible]	[illegible]	[illegible]	[illegible]	
7245	[illegible]	[illegible]	[illegible]	[illegible]	[illegible]	[illegible]	[illegible]	[illegible]	[illegible]	[illegible]	
46	860.[illegible]	[illegible]	[illegible]	[illegible]	[illegible]	[illegible]	[illegible]	[illegible]	[illegible]	[illegible]	
47	[illegible]	[illegible]	[illegible]	[illegible]	[illegible]	[illegible]	[illegible]	[illegible]	[illegible]	[illegible]	
48	[illegible]	[illegible]	[illegible]	[illegible]	[illegible]	[illegible]	[illegible]	[illegible]	[illegible]	[illegible]	
49	[illegible]	[illegible]	[illegible]	[illegible]	[illegible]	[illegible]	[illegible]	[illegible]	[illegible]	[illegible]	
7250	[illegible]	[illegible]	[illegible]	[illegible]	[illegible]	[illegible]	[illegible]	[illegible]	[illegible]	[illegible]	
51	[illegible]	[illegible]	[illegible]	[illegible]	[illegible]	[illegible]	[illegible]	[illegible]	[illegible]	[illegible]	
52	[illegible]	[illegible]	[illegible]	[illegible]	[illegible]	[illegible]	[illegible]	[illegible]	[illegible]	[illegible]	
53	[illegible]	[illegible]	[illegible]	[illegible]	[illegible]	[illegible]	[illegible]	[illegible]	[illegible]	[illegible]	
54	[illegible]	[illegible]	[illegible]	[illegible]	[illegible]	[illegible]	[illegible]	[illegible]	[illegible]	[illegible]	
7255	[illegible]	[illegible]	[illegible]	[illegible]	[illegible]	[illegible]	[illegible]	[illegible]	[illegible]	[illegible]	
56	[illegible]	[illegible]	[illegible]	[illegible]	[illegible]	[illegible]	[illegible]	[illegible]	[illegible]	[illegible]	
57	[illegible]	[illegible]	[illegible]	[illegible]	[illegible]	[illegible]	[illegible]	[illegible]	[illegible]	[illegible]	
58	[illegible]	[illegible]	[illegible]	[illegible]	[illegible]	[illegible]	[illegible]	[illegible]	[illegible]	[illegible]	
59	[illegible]	[illegible]	[illegible]	[illegible]	[illegible]	[illegible]	[illegible]	[illegible]	[illegible]	[illegible]	
7260	[illegible]	[illegible]	[illegible]	[illegible]	[illegible]	[illegible]	[illegible]	[illegible]	[illegible]	[illegible]	
61	[illegible]	[illegible]	[illegible]	[illegible]	[illegible]	[illegible]	[illegible]	[illegible]	[illegible]	[illegible]	
62	861.[illegible]	[illegible]	[illegible]	[illegible]	[illegible]	[illegible]	[illegible]	[illegible]	[illegible]	[illegible]	
63	[illegible]	[illegible]	[illegible]	[illegible]	[illegible]	[illegible]	[illegible]	[illegible]	[illegible]	[illegible]	
64	[illegible]	[illegible]	[illegible]	[illegible]	[illegible]	[illegible]	[illegible]	[illegible]	[illegible]	[illegible]	
7265	[illegible]	[illegible]	[illegible]	[illegible]	[illegible]	[illegible]	[illegible]	[illegible]	[illegible]	[illegible]	
66	[illegible]	[illegible]	[illegible]	[illegible]	[illegible]	[illegible]	[illegible]	[illegible]	[illegible]	[illegible]	
67	[illegible]	[illegible]	[illegible]	[illegible]	[illegible]	[illegible]	[illegible]	[illegible]	[illegible]	[illegible]	
68	[illegible]	[illegible]	[illegible]	[illegible]	[illegible]	[illegible]	[illegible]	[illegible]	[illegible]	[illegible]	
69	[illegible]	[illegible]	[illegible]	[illegible]	[illegible]	[illegible]	[illegible]	[illegible]	[illegible]	[illegible]	
7270	[illegible]	[illegible]	[illegible]	[illegible]	[illegible]	[illegible]	[illegible]	[illegible]	[illegible]	[illegible]	
71	[illegible]	[illegible]	[illegible]	[illegible]	[illegible]	[illegible]	[illegible]	[illegible]	[illegible]	[illegible]	
72	[illegible]	[illegible]	[illegible]	[illegible]	[illegible]	[illegible]	[illegible]	[illegible]	[illegible]	[illegible]	
73	[illegible]	[illegible]	[illegible]	[illegible]	[illegible]	[illegible]	[illegible]	[illegible]	[illegible]	[illegible]	
74	[illegible]	[illegible]	[illegible]	[illegible]	[illegible]	[illegible]	[illegible]	[illegible]	[illegible]	[illegible]	
7275	[illegible]	[illegible]	[illegible]	[illegible]	[illegible]	[illegible]	[illegible]	[illegible]	[illegible]	[illegible]	
76	[illegible]	[illegible]	[illegible]	[illegible]	[illegible]	[illegible]	[illegible]	[illegible]	[illegible]	[illegible]	
77	[illegible]	[illegible]	[illegible]	[illegible]	[illegible]	[illegible]	[illegible]	[illegible]	[illegible]	[illegible]	
78	862.[illegible]	[illegible]	[illegible]	[illegible]	[illegible]	[illegible]	[illegible]	[illegible]	[illegible]	[illegible]	
79	[illegible]	[illegible]	[illegible]	[illegible]	[illegible]	[illegible]	[illegible]	[illegible]	[illegible]	[illegible]	
Num.	0	1	2	3	4	5	6	7	8	9	D.

Part. [illegible]

N. 72800 L. 862

Num.	0	1	2	3	4	5	6	7	8	9	D.
7280	862.[illegible]	[illegible]	[illegible]	[illegible]	[illegible]	[illegible]	[illegible]	[illegible]	[illegible]	[illegible]	
81	[illegible]	[illegible]	[illegible]	[illegible]	[illegible]	[illegible]	[illegible]	[illegible]	[illegible]	[illegible]	
82	[illegible]	[illegible]	[illegible]	[illegible]	[illegible]	[illegible]	[illegible]	[illegible]	[illegible]	[illegible]	
83	[illegible]	[illegible]	[illegible]	[illegible]	[illegible]	[illegible]	[illegible]	[illegible]	[illegible]	[illegible]	
84	[illegible]	[illegible]	[illegible]	[illegible]	[illegible]	[illegible]	[illegible]	[illegible]	[illegible]	[illegible]	
7285	[illegible]	[illegible]	[illegible]	[illegible]	[illegible]	[illegible]	[illegible]	[illegible]	[illegible]	[illegible]	
86	[illegible]	[illegible]	[illegible]	[illegible]	[illegible]	[illegible]	[illegible]	[illegible]	[illegible]	[illegible]	
87	[illegible]	[illegible]	[illegible]	[illegible]	[illegible]	[illegible]	[illegible]	[illegible]	[illegible]	[illegible]	
88	[illegible]	[illegible]	[illegible]	[illegible]	[illegible]	[illegible]	[illegible]	[illegible]	[illegible]	[illegible]	
89	[illegible]	[illegible]	[illegible]	[illegible]	[illegible]	[illegible]	[illegible]	[illegible]	[illegible]	[illegible]	
7290	[illegible]	[illegible]	[illegible]	[illegible]	[illegible]	[illegible]	[illegible]	[illegible]	[illegible]	[illegible]	
91	[illegible]	[illegible]	[illegible]	[illegible]	[illegible]	[illegible]	[illegible]	[illegible]	[illegible]	[illegible]	
92	[illegible]	[illegible]	[illegible]	[illegible]	[illegible]	[illegible]	[illegible]	[illegible]	[illegible]	[illegible]	
93	[illegible]	[illegible]	[illegible]	[illegible]	[illegible]	[illegible]	[illegible]	[illegible]	[illegible]	[illegible]	
94	[illegible]	[illegible]	[illegible]	[illegible]	[illegible]	[illegible]	[illegible]	[illegible]	[illegible]	[illegible]	
7295	863.[illegible]	[illegible]	[illegible]	[illegible]	[illegible]	[illegible]	[illegible]	[illegible]	[illegible]	[illegible]	
96	[illegible]	[illegible]	[illegible]	[illegible]	[illegible]	[illegible]	[illegible]	[illegible]	[illegible]	[illegible]	
97	[illegible]	[illegible]	[illegible]	[illegible]	[illegible]	[illegible]	[illegible]	[illegible]	[illegible]	[illegible]	
98	[illegible]	[illegible]	[illegible]	[illegible]	[illegible]	[illegible]	[illegible]	[illegible]	[illegible]	[illegible]	
99	[illegible]	[illegible]	[illegible]	[illegible]	[illegible]	[illegible]	[illegible]	[illegible]	[illegible]	[illegible]	
7300	[illegible]	[illegible]	[illegible]	[illegible]	[illegible]	[illegible]	[illegible]	[illegible]	[illegible]	[illegible]	
01	[illegible]	[illegible]	[illegible]	[illegible]	[illegible]	[illegible]	[illegible]	[illegible]	[illegible]	[illegible]	
02	[illegible]	[illegible]	[illegible]	[illegible]	[illegible]	[illegible]	[illegible]	[illegible]	[illegible]	[illegible]	
03	[illegible]	[illegible]	[illegible]	[illegible]	[illegible]	[illegible]	[illegible]	[illegible]	[illegible]	[illegible]	
04	[illegible]	[illegible]	[illegible]	[illegible]	[illegible]	[illegible]	[illegible]	[illegible]	[illegible]	[illegible]	
7305	[illegible]	[illegible]	[illegible]	[illegible]	[illegible]	[illegible]	[illegible]	[illegible]	[illegible]	[illegible]	
06	[illegible]	[illegible]	[illegible]	[illegible]	[illegible]	[illegible]	[illegible]	[illegible]	[illegible]	[illegible]	
07	[illegible]	[illegible]	[illegible]	[illegible]	[illegible]	[illegible]	[illegible]	[illegible]	[illegible]	[illegible]	
08	[illegible]	[illegible]	[illegible]	[illegible]	[illegible]	[illegible]	[illegible]	[illegible]	[illegible]	[illegible]	
09	[illegible]	[illegible]	[illegible]	[illegible]	[illegible]	[illegible]	[illegible]	[illegible]	[illegible]	[illegible]	
7310	[illegible]	[illegible]	[illegible]	[illegible]	[illegible]	[illegible]	[illegible]	[illegible]	[illegible]	[illegible]	
11	[illegible]	[illegible]	[illegible]	[illegible]	[illegible]	[illegible]	[illegible]	[illegible]	[illegible]	[illegible]	
12	864.[illegible]	[illegible]	[illegible]	[illegible]	[illegible]	[illegible]	[illegible]	[illegible]	[illegible]	[illegible]	
13	[illegible]	[illegible]	[illegible]	[illegible]	[illegible]	[illegible]	[illegible]	[illegible]	[illegible]	[illegible]	
14	[illegible]	[illegible]	[illegible]	[illegible]	[illegible]	[illegible]	[illegible]	[illegible]	[illegible]	[illegible]	
7315	[illegible]	[illegible]	[illegible]	[illegible]	[illegible]	[illegible]	[illegible]	[illegible]	[illegible]	[illegible]	
16	[illegible]	[illegible]	[illegible]	[illegible]	[illegible]	[illegible]	[illegible]	[illegible]	[illegible]	[illegible]	
17	[illegible]	[illegible]	[illegible]	[illegible]	[illegible]	[illegible]	[illegible]	[illegible]	[illegible]	[illegible]	
18	[illegible]	[illegible]	[illegible]	[illegible]	[illegible]	[illegible]	[illegible]	[illegible]	[illegible]	[illegible]	
19	[illegible]	[illegible]	[illegible]	[illegible]	[illegible]	[illegible]	[illegible]	[illegible]	[illegible]	[illegible]	
7320	[illegible]	[illegible]	[illegible]	[illegible]	[illegible]	[illegible]	[illegible]	[illegible]	[illegible]	[illegible]	
21	[illegible]	[illegible]	[illegible]	[illegible]	[illegible]	[illegible]	[illegible]	[illegible]	[illegible]	[illegible]	
22	[illegible]	[illegible]	[illegible]	[illegible]	[illegible]	[illegible]	[illegible]	[illegible]	[illegible]	[illegible]	
23	[illegible]	[illegible]	[illegible]	[illegible]	[illegible]	[illegible]	[illegible]	[illegible]	[illegible]	[illegible]	
24	[illegible]	[illegible]	[illegible]	[illegible]	[illegible]	[illegible]	[illegible]	[illegible]	[illegible]	[illegible]	
7325	[illegible]	[illegible]	[illegible]	[illegible]	[illegible]	[illegible]	[illegible]	[illegible]	[illegible]	[illegible]	
26	[illegible]	[illegible]	[illegible]	[illegible]	[illegible]	[illegible]	[illegible]	[illegible]	[illegible]	[illegible]	
27	[illegible]	[illegible]	[illegible]	[illegible]	[illegible]	[illegible]	[illegible]	[illegible]	[illegible]	[illegible]	
28	[illegible]	[illegible]	[illegible]	[illegible]	[illegible]	[illegible]	[illegible]	[illegible]	[illegible]	[illegible]	
29	865.[illegible]	[illegible]	[illegible]	[illegible]	[illegible]	[illegible]	[illegible]	[illegible]	[illegible]	[illegible]	
7330	[illegible]	[illegible]	[illegible]	[illegible]	[illegible]	[illegible]	[illegible]	[illegible]	[illegible]	[illegible]	
31	[illegible]	[illegible]	[illegible]	[illegible]	[illegible]	[illegible]	[illegible]	[illegible]	[illegible]	[illegible]	
32	[illegible]	[illegible]	[illegible]	[illegible]	[illegible]	[illegible]	[illegible]	[illegible]	[illegible]	[illegible]	
33	[illegible]	[illegible]	[illegible]	[illegible]	[illegible]	[illegible]	[illegible]	[illegible]	[illegible]	[illegible]	
34	[illegible]	[illegible]	[illegible]	[illegible]	[illegible]	[illegible]	[illegible]	[illegible]	[illegible]	[illegible]	
7335	[illegible]	[illegible]	[illegible]	[illegible]	[illegible]	[illegible]	[illegible]	[illegible]	[illegible]	[illegible]	
36	[illegible]	[illegible]	[illegible]	[illegible]	[illegible]	[illegible]	[illegible]	[illegible]	[illegible]	[illegible]	
37	[illegible]	[illegible]	[illegible]	[illegible]	[illegible]	[illegible]	[illegible]	[illegible]	[illegible]	[illegible]	
38	[illegible]	[illegible]	[illegible]	[illegible]	[illegible]	[illegible]	[illegible]	[illegible]	[illegible]	[illegible]	
39	[illegible]	[illegible]	[illegible]	[illegible]	[illegible]	[illegible]	[illegible]	[illegible]	[illegible]	[illegible]	
7340	[illegible]	[illegible]	[illegible]	[illegible]	[illegible]	[illegible]	[illegible]	[illegible]	[illegible]	[illegible]	
41	[illegible]	[illegible]	[illegible]	[illegible]	[illegible]	[illegible]	[illegible]	[illegible]	[illegible]	[illegible]	
42	[illegible]	[illegible]	[illegible]	[illegible]	[illegible]	[illegible]	[illegible]	[illegible]	[illegible]	[illegible]	
43	[illegible]	[illegible]	[illegible]	[illegible]	[illegible]	[illegible]	[illegible]	[illegible]	[illegible]	[illegible]	
44	[illegible]	[illegible]	[illegible]	[illegible]	[illegible]	[illegible]	[illegible]	[illegible]	[illegible]	[illegible]	
Num.	0	1	2	3	4	5	6	7	8	9	D.

N. 73450 L. 865

Num.	0	1	2	3	4	5	6	7	8	9	D.	Part.
7345	865.[illegible]	[illegible]	[illegible]	[illegible]	[illegible]	[illegible]	[illegible]	[illegible]	[illegible]	[illegible]		
46	866.[illegible]	[illegible]	[illegible]	[illegible]	[illegible]	[illegible]	[illegible]	[illegible]	[illegible]	[illegible]		
47	[illegible]	[illegible]	[illegible]	[illegible]	[illegible]	[illegible]	[illegible]	[illegible]	[illegible]	[illegible]		
48	[illegible]	[illegible]	[illegible]	[illegible]	[illegible]	[illegible]	[illegible]	[illegible]	[illegible]	[illegible]		
49	[illegible]	[illegible]	[illegible]	[illegible]	[illegible]	[illegible]	[illegible]	[illegible]	[illegible]	[illegible]		
7350	[illegible]	[illegible]	[illegible]	[illegible]	[illegible]	[illegible]	[illegible]	[illegible]	[illegible]	[illegible]		
51	[illegible]	[illegible]	[illegible]	[illegible]	[illegible]	[illegible]	[illegible]	[illegible]	[illegible]	[illegible]		
52	[illegible]	[illegible]	[illegible]	[illegible]	[illegible]	[illegible]	[illegible]	[illegible]	[illegible]	[illegible]		
53	[illegible]	[illegible]	[illegible]	[illegible]	[illegible]	[illegible]	[illegible]	[illegible]	[illegible]	[illegible]		
54	[illegible]	[illegible]	[illegible]	[illegible]	[illegible]	[illegible]	[illegible]	[illegible]	[illegible]	[illegible]		
7355	[illegible]	[illegible]	[illegible]	[illegible]	[illegible]	[illegible]	[illegible]	[illegible]	[illegible]	[illegible]		
56	[illegible]	[illegible]	[illegible]	[illegible]	[illegible]	[illegible]	[illegible]	[illegible]	[illegible]	[illegible]		
57	[illegible]	[illegible]	[illegible]	[illegible]	[illegible]	[illegible]	[illegible]	[illegible]	[illegible]	[illegible]		60
58	[illegible]	[illegible]	[illegible]	[illegible]	[illegible]	[illegible]	[illegible]	[illegible]	[illegible]	[illegible]		[illegible]
59	[illegible]	[illegible]	[illegible]	[illegible]	[illegible]	[illegible]	[illegible]	[illegible]	[illegible]	[illegible]		[illegible]
7360	[illegible]	[illegible]	[illegible]	[illegible]	[illegible]	[illegible]	[illegible]	[illegible]	[illegible]	[illegible]		[illegible]
61	[illegible]	[illegible]	[illegible]	[illegible]	[illegible]	[illegible]	[illegible]	[illegible]	[illegible]	[illegible]	59	[illegible]
62	[illegible]	[illegible]	[illegible]	[illegible]	[illegible]	[illegible]	[illegible]	[illegible]	[illegible]	[illegible]		[illegible]
63	867.[illegible]	[illegible]	[illegible]	[illegible]	[illegible]	[illegible]	[illegible]	[illegible]	[illegible]	[illegible]		[illegible]
64	[illegible]	[illegible]	[illegible]	[illegible]	[illegible]	[illegible]	[illegible]	[illegible]	[illegible]	[illegible]		
7365	[illegible]	[illegible]	[illegible]	[illegible]	[illegible]	[illegible]	[illegible]	[illegible]	[illegible]	[illegible]		
66	[illegible]	[illegible]	[illegible]	[illegible]	[illegible]	[illegible]	[illegible]	[illegible]	[illegible]	[illegible]		
67	[illegible]	[illegible]	[illegible]	[illegible]	[illegible]	[illegible]	[illegible]	[illegible]	[illegible]	[illegible]		
68	[illegible]	[illegible]	[illegible]	[illegible]	[illegible]	[illegible]	[illegible]	[illegible]	[illegible]	[illegible]		
69	[illegible]	[illegible]	[illegible]	[illegible]	[illegible]	[illegible]	[illegible]	[illegible]	[illegible]	[illegible]		
7370	[illegible]	[illegible]	[illegible]	[illegible]	[illegible]	[illegible]	[illegible]	[illegible]	[illegible]	[illegible]		
71	[illegible]	[illegible]	[illegible]	[illegible]	[illegible]	[illegible]	[illegible]	[illegible]	[illegible]	[illegible]		
72	[illegible]	[illegible]	[illegible]	[illegible]	[illegible]	[illegible]	[illegible]	[illegible]	[illegible]	[illegible]		
73	[illegible]	[illegible]	[illegible]	[illegible]	[illegible]	[illegible]	[illegible]	[illegible]	[illegible]	[illegible]		
74	[illegible]	[illegible]	[illegible]	[illegible]	[illegible]	[illegible]	[illegible]	[illegible]	[illegible]	[illegible]		
7375	[illegible]	[illegible]	[illegible]	[illegible]	[illegible]	[illegible]	[illegible]	[illegible]	[illegible]	[illegible]		
76	[illegible]	[illegible]	[illegible]	[illegible]	[illegible]	[illegible]	[illegible]	[illegible]	[illegible]	[illegible]		
77	[illegible]	[illegible]	[illegible]	[illegible]	[illegible]	[illegible]	[illegible]	[illegible]	[illegible]	[illegible]		
78	[illegible]	[illegible]	[illegible]	[illegible]	[illegible]	[illegible]	[illegible]	[illegible]	[illegible]	[illegible]		59
79	[illegible]	[illegible]	[illegible]	[illegible]	[illegible]	[illegible]	[illegible]	[illegible]	[illegible]	[illegible]		[illegible]
7380	868.[illegible]	[illegible]	[illegible]	[illegible]	[illegible]	[illegible]	[illegible]	[illegible]	[illegible]	[illegible]		[illegible]
81	[illegible]	[illegible]	[illegible]	[illegible]	[illegible]	[illegible]	[illegible]	[illegible]	[illegible]	[illegible]		[illegible]
82	[illegible]	[illegible]	[illegible]	[illegible]	[illegible]	[illegible]	[illegible]	[illegible]	[illegible]	[illegible]		[illegible]
83	[illegible]	[illegible]	[illegible]	[illegible]	[illegible]	[illegible]	[illegible]	[illegible]	[illegible]	[illegible]		[illegible]
84	[illegible]	[illegible]	[illegible]	[illegible]	[illegible]	[illegible]	[illegible]	[illegible]	[illegible]	[illegible]		[illegible]
7385	[illegible]	[illegible]	[illegible]	[illegible]	[illegible]	[illegible]	[illegible]	[illegible]	[illegible]	[illegible]		
86	[illegible]	[illegible]	[illegible]	[illegible]	[illegible]	[illegible]	[illegible]	[illegible]	[illegible]	[illegible]		
87	[illegible]	[illegible]	[illegible]	[illegible]	[illegible]	[illegible]	[illegible]	[illegible]	[illegible]	[illegible]		
88	[illegible]	[illegible]	[illegible]	[illegible]	[illegible]	[illegible]	[illegible]	[illegible]	[illegible]	[illegible]		
89	[illegible]	[illegible]	[illegible]	[illegible]	[illegible]	[illegible]	[illegible]	[illegible]	[illegible]	[illegible]		
7390	[illegible]	[illegible]	[illegible]	[illegible]	[illegible]	[illegible]	[illegible]	[illegible]	[illegible]	[illegible]		
91	[illegible]	[illegible]	[illegible]	[illegible]	[illegible]	[illegible]	[illegible]	[illegible]	[illegible]	[illegible]		
92	[illegible]	[illegible]	[illegible]	[illegible]	[illegible]	[illegible]	[illegible]	[illegible]	[illegible]	[illegible]		
93	[illegible]	[illegible]	[illegible]	[illegible]	[illegible]	[illegible]	[illegible]	[illegible]	[illegible]	[illegible]		
94	[illegible]	[illegible]	[illegible]	[illegible]	[illegible]	[illegible]	[illegible]	[illegible]	[illegible]	[illegible]		
7395	[illegible]	[illegible]	[illegible]	[illegible]	[illegible]	[illegible]	[illegible]	[illegible]	[illegible]	[illegible]		
96	[illegible]	[illegible]	[illegible]	[illegible]	[illegible]	[illegible]	[illegible]	[illegible]	[illegible]	[illegible]		
97	869.[illegible]	[illegible]	[illegible]	[illegible]	[illegible]	[illegible]	[illegible]	[illegible]	[illegible]	[illegible]		
98	[illegible]	[illegible]	[illegible]	[illegible]	[illegible]	[illegible]	[illegible]	[illegible]	[illegible]	[illegible]		
99	[illegible]	[illegible]	[illegible]	[illegible]	[illegible]	[illegible]	[illegible]	[illegible]	[illegible]	[illegible]		
7400	[illegible]	[illegible]	[illegible]	[illegible]	[illegible]	[illegible]	[illegible]	[illegible]	[illegible]	[illegible]		
01	[illegible]	[illegible]	[illegible]	[illegible]	[illegible]	[illegible]	[illegible]	[illegible]	[illegible]	[illegible]		
02	[illegible]	[illegible]	[illegible]	[illegible]	[illegible]	[illegible]	[illegible]	[illegible]	[illegible]	[illegible]		58
03	[illegible]	[illegible]	[illegible]	[illegible]	[illegible]	[illegible]	[illegible]	[illegible]	[illegible]	[illegible]		[illegible]
04	[illegible]	[illegible]	[illegible]	[illegible]	[illegible]	[illegible]	[illegible]	[illegible]	[illegible]	[illegible]		[illegible]
7405	[illegible]	[illegible]	[illegible]	[illegible]	[illegible]	[illegible]	[illegible]	[illegible]	[illegible]	[illegible]		[illegible]
06	[illegible]	[illegible]	[illegible]	[illegible]	[illegible]	[illegible]	[illegible]	[illegible]	[illegible]	[illegible]		[illegible]
07	[illegible]	[illegible]	[illegible]	[illegible]	[illegible]	[illegible]	[illegible]	[illegible]	[illegible]	[illegible]		[illegible]
08	[illegible]	[illegible]	[illegible]	[illegible]	[illegible]	[illegible]	[illegible]	[illegible]	[illegible]	[illegible]		[illegible]
09	[illegible]	[illegible]	[illegible]	[illegible]	[illegible]	[illegible]	[illegible]	[illegible]	[illegible]	[illegible]		[illegible]
Num.	0	1	2	3	4	5	6	7	8	9	D.	Part.

N. 74100 L. 869

Num.	0	1	2	3	4	5	6	7	8	9	D.
7410	869.[illegible]	[illegible]	[illegible]	[illegible]	[illegible]	[illegible]	[illegible]	[illegible]	[illegible]	[illegible]	
11	[illegible]	[illegible]	[illegible]	[illegible]	[illegible]	[illegible]	[illegible]	[illegible]	[illegible]	[illegible]	
12	[illegible]	[illegible]	[illegible]	[illegible]	[illegible]	[illegible]	[illegible]	[illegible]	[illegible]	[illegible]	
13	[illegible]	[illegible]	[illegible]	[illegible]	[illegible]	[illegible]	[illegible]	[illegible]	[illegible]	[illegible]	
14	870.[illegible]	[illegible]	[illegible]	[illegible]	[illegible]	[illegible]	[illegible]	[illegible]	[illegible]	[illegible]	
7415	[illegible]	[illegible]	[illegible]	[illegible]	[illegible]	[illegible]	[illegible]	[illegible]	[illegible]	[illegible]	
16	[illegible]	[illegible]	[illegible]	[illegible]	[illegible]	[illegible]	[illegible]	[illegible]	[illegible]	[illegible]	
17	[illegible]	[illegible]	[illegible]	[illegible]	[illegible]	[illegible]	[illegible]	[illegible]	[illegible]	[illegible]	
18	[illegible]	[illegible]	[illegible]	[illegible]	[illegible]	[illegible]	[illegible]	[illegible]	[illegible]	[illegible]	
19	[illegible]	[illegible]	[illegible]	[illegible]	[illegible]	[illegible]	[illegible]	[illegible]	[illegible]	[illegible]	
7420	[illegible]	[illegible]	[illegible]	[illegible]	[illegible]	[illegible]	[illegible]	[illegible]	[illegible]	[illegible]	
21	[illegible]	[illegible]	[illegible]	[illegible]	[illegible]	[illegible]	[illegible]	[illegible]	[illegible]	[illegible]	
22	[illegible]	[illegible]	[illegible]	[illegible]	[illegible]	[illegible]	[illegible]	[illegible]	[illegible]	[illegible]	
23	[illegible]	[illegible]	[illegible]	[illegible]	[illegible]	[illegible]	[illegible]	[illegible]	[illegible]	[illegible]	
24	[illegible]	[illegible]	[illegible]	[illegible]	[illegible]	[illegible]	[illegible]	[illegible]	[illegible]	[illegible]	
7425	[illegible]	[illegible]	[illegible]	[illegible]	[illegible]	[illegible]	[illegible]	[illegible]	[illegible]	[illegible]	
26	[illegible]	[illegible]	[illegible]	[illegible]	[illegible]	[illegible]	[illegible]	[illegible]	[illegible]	[illegible]	
27	[illegible]	[illegible]	[illegible]	[illegible]	[illegible]	[illegible]	[illegible]	[illegible]	[illegible]	[illegible]	
28	[illegible]	[illegible]	[illegible]	[illegible]	[illegible]	[illegible]	[illegible]	[illegible]	[illegible]	[illegible]	
29	[illegible]	[illegible]	[illegible]	[illegible]	[illegible]	[illegible]	[illegible]	[illegible]	[illegible]	[illegible]	
7430	[illegible]	[illegible]	[illegible]	[illegible]	[illegible]	[illegible]	[illegible]	[illegible]	[illegible]	[illegible]	
31	871.[illegible]	[illegible]	[illegible]	[illegible]	[illegible]	[illegible]	[illegible]	[illegible]	[illegible]	[illegible]	
32	[illegible]	[illegible]	[illegible]	[illegible]	[illegible]	[illegible]	[illegible]	[illegible]	[illegible]	[illegible]	
33	[illegible]	[illegible]	[illegible]	[illegible]	[illegible]	[illegible]	[illegible]	[illegible]	[illegible]	[illegible]	
34	[illegible]	[illegible]	[illegible]	[illegible]	[illegible]	[illegible]	[illegible]	[illegible]	[illegible]	[illegible]	
7435	[illegible]	[illegible]	[illegible]	[illegible]	[illegible]	[illegible]	[illegible]	[illegible]	[illegible]	[illegible]	
36	[illegible]	[illegible]	[illegible]	[illegible]	[illegible]	[illegible]	[illegible]	[illegible]	[illegible]	[illegible]	
37	[illegible]	[illegible]	[illegible]	[illegible]	[illegible]	[illegible]	[illegible]	[illegible]	[illegible]	[illegible]	
38	[illegible]	[illegible]	[illegible]	[illegible]	[illegible]	[illegible]	[illegible]	[illegible]	[illegible]	[illegible]	
39	[illegible]	[illegible]	[illegible]	[illegible]	[illegible]	[illegible]	[illegible]	[illegible]	[illegible]	[illegible]	
7440	[illegible]	[illegible]	[illegible]	[illegible]	[illegible]	[illegible]	[illegible]	[illegible]	[illegible]	[illegible]	
41	[illegible]	[illegible]	[illegible]	[illegible]	[illegible]	[illegible]	[illegible]	[illegible]	[illegible]	[illegible]	
42	[illegible]	[illegible]	[illegible]	[illegible]	[illegible]	[illegible]	[illegible]	[illegible]	[illegible]	[illegible]	
43	[illegible]	[illegible]	[illegible]	[illegible]	[illegible]	[illegible]	[illegible]	[illegible]	[illegible]	[illegible]	
44	[illegible]	[illegible]	[illegible]	[illegible]	[illegible]	[illegible]	[illegible]	[illegible]	[illegible]	[illegible]	
7445	[illegible]	[illegible]	[illegible]	[illegible]	[illegible]	[illegible]	[illegible]	[illegible]	[illegible]	[illegible]	
46	[illegible]	[illegible]	[illegible]	[illegible]	[illegible]	[illegible]	[illegible]	[illegible]	[illegible]	[illegible]	
47	[illegible]	[illegible]	[illegible]	[illegible]	[illegible]	[illegible]	[illegible]	[illegible]	[illegible]	[illegible]	
48	872.[illegible]	[illegible]	[illegible]	[illegible]	[illegible]	[illegible]	[illegible]	[illegible]	[illegible]	[illegible]	
49	[illegible]	[illegible]	[illegible]	[illegible]	[illegible]	[illegible]	[illegible]	[illegible]	[illegible]	[illegible]	
7450	[illegible]	[illegible]	[illegible]	[illegible]	[illegible]	[illegible]	[illegible]	[illegible]	[illegible]	[illegible]	
51	[illegible]	[illegible]	[illegible]	[illegible]	[illegible]	[illegible]	[illegible]	[illegible]	[illegible]	[illegible]	
52	[illegible]	[illegible]	[illegible]	[illegible]	[illegible]	[illegible]	[illegible]	[illegible]	[illegible]	[illegible]	
53	[illegible]	[illegible]	[illegible]	[illegible]	[illegible]	[illegible]	[illegible]	[illegible]	[illegible]	[illegible]	
54	[illegible]	[illegible]	[illegible]	[illegible]	[illegible]	[illegible]	[illegible]	[illegible]	[illegible]	[illegible]	
7455	[illegible]	[illegible]	[illegible]	[illegible]	[illegible]	[illegible]	[illegible]	[illegible]	[illegible]	[illegible]	
56	[illegible]	[illegible]	[illegible]	[illegible]	[illegible]	[illegible]	[illegible]	[illegible]	[illegible]	[illegible]	
57	[illegible]	[illegible]	[illegible]	[illegible]	[illegible]	[illegible]	[illegible]	[illegible]	[illegible]	[illegible]	
58	[illegible]	[illegible]	[illegible]	[illegible]	[illegible]	[illegible]	[illegible]	[illegible]	[illegible]	[illegible]	
59	[illegible]	[illegible]	[illegible]	[illegible]	[illegible]	[illegible]	[illegible]	[illegible]	[illegible]	[illegible]	
7460	[illegible]	[illegible]	[illegible]	[illegible]	[illegible]	[illegible]	[illegible]	[illegible]	[illegible]	[illegible]	
61	[illegible]	[illegible]	[illegible]	[illegible]	[illegible]	[illegible]	[illegible]	[illegible]	[illegible]	[illegible]	
62	[illegible]	[illegible]	[illegible]	[illegible]	[illegible]	[illegible]	[illegible]	[illegible]	[illegible]	[illegible]	
63	[illegible]	[illegible]	[illegible]	[illegible]	[illegible]	[illegible]	[illegible]	[illegible]	[illegible]	[illegible]	
64	[illegible]	[illegible]	[illegible]	[illegible]	[illegible]	[illegible]	[illegible]	[illegible]	[illegible]	[illegible]	
7465	873.[illegible]	[illegible]	[illegible]	[illegible]	[illegible]	[illegible]	[illegible]	[illegible]	[illegible]	[illegible]	
66	[illegible]	[illegible]	[illegible]	[illegible]	[illegible]	[illegible]	[illegible]	[illegible]	[illegible]	[illegible]	
67	[illegible]	[illegible]	[illegible]	[illegible]	[illegible]	[illegible]	[illegible]	[illegible]	[illegible]	[illegible]	
68	[illegible]	[illegible]	[illegible]	[illegible]	[illegible]	[illegible]	[illegible]	[illegible]	[illegible]	[illegible]	
69	[illegible]	[illegible]	[illegible]	[illegible]	[illegible]	[illegible]	[illegible]	[illegible]	[illegible]	[illegible]	
7470	[illegible]	[illegible]	[illegible]	[illegible]	[illegible]	[illegible]	[illegible]	[illegible]	[illegible]	[illegible]	
71	[illegible]	[illegible]	[illegible]	[illegible]	[illegible]	[illegible]	[illegible]	[illegible]	[illegible]	[illegible]	
72	[illegible]	[illegible]	[illegible]	[illegible]	[illegible]	[illegible]	[illegible]	[illegible]	[illegible]	[illegible]	
73	[illegible]	[illegible]	[illegible]	[illegible]	[illegible]	[illegible]	[illegible]	[illegible]	[illegible]	[illegible]	
74	[illegible]	[illegible]	[illegible]	[illegible]	[illegible]	[illegible]	[illegible]	[illegible]	[illegible]	[illegible]	
Num.	0	1	2	3	4	5	6	7	8	9	D.

N. 74750 L. 873

Num.	0	1	2	3	4	5	6	7	8	9	D.
7475	873.[illegible]	[illegible]	[illegible]	[illegible]	[illegible]	[illegible]	[illegible]	[illegible]	[illegible]	[illegible]	
76	[illegible]	[illegible]	[illegible]	[illegible]	[illegible]	[illegible]	[illegible]	[illegible]	[illegible]	[illegible]	
77	[illegible]	[illegible]	[illegible]	[illegible]	[illegible]	[illegible]	[illegible]	[illegible]	[illegible]	[illegible]	
78	[illegible]	[illegible]	[illegible]	[illegible]	[illegible]	[illegible]	[illegible]	[illegible]	[illegible]	[illegible]	
79	[illegible]	[illegible]	[illegible]	[illegible]	[illegible]	[illegible]	[illegible]	[illegible]	[illegible]	[illegible]	
7480	[illegible]	[illegible]	[illegible]	[illegible]	[illegible]	[illegible]	[illegible]	[illegible]	[illegible]	[illegible]	
81	[illegible]	[illegible]	[illegible]	[illegible]	[illegible]	[illegible]	[illegible]	[illegible]	[illegible]	[illegible]	
82	874.[illegible]	[illegible]	[illegible]	[illegible]	[illegible]	[illegible]	[illegible]	[illegible]	[illegible]	[illegible]	
83	[illegible]	[illegible]	[illegible]	[illegible]	[illegible]	[illegible]	[illegible]	[illegible]	[illegible]	[illegible]	
84	[illegible]	[illegible]	[illegible]	[illegible]	[illegible]	[illegible]	[illegible]	[illegible]	[illegible]	[illegible]	
7485	[illegible]	[illegible]	[illegible]	[illegible]	[illegible]	[illegible]	[illegible]	[illegible]	[illegible]	[illegible]	
86	[illegible]	[illegible]	[illegible]	[illegible]	[illegible]	[illegible]	[illegible]	[illegible]	[illegible]	[illegible]	
87	[illegible]	[illegible]	[illegible]	[illegible]	[illegible]	[illegible]	[illegible]	[illegible]	[illegible]	[illegible]	
88	[illegible]	[illegible]	[illegible]	[illegible]	[illegible]	[illegible]	[illegible]	[illegible]	[illegible]	[illegible]	
89	[illegible]	[illegible]	[illegible]	[illegible]	[illegible]	[illegible]	[illegible]	[illegible]	[illegible]	[illegible]	
7490	[illegible]	[illegible]	[illegible]	[illegible]	[illegible]	[illegible]	[illegible]	[illegible]	[illegible]	[illegible]	
91	[illegible]	[illegible]	[illegible]	[illegible]	[illegible]	[illegible]	[illegible]	[illegible]	[illegible]	[illegible]	
92	[illegible]	[illegible]	[illegible]	[illegible]	[illegible]	[illegible]	[illegible]	[illegible]	[illegible]	[illegible]	
93	[illegible]	[illegible]	[illegible]	[illegible]	[illegible]	[illegible]	[illegible]	[illegible]	[illegible]	[illegible]	
94	[illegible]	[illegible]	[illegible]	[illegible]	[illegible]	[illegible]	[illegible]	[illegible]	[illegible]	[illegible]	
7495	[illegible]	[illegible]	[illegible]	[illegible]	[illegible]	[illegible]	[illegible]	[illegible]	[illegible]	[illegible]	
96	[illegible]	[illegible]	[illegible]	[illegible]	[illegible]	[illegible]	[illegible]	[illegible]	[illegible]	[illegible]	
97	[illegible]	[illegible]	[illegible]	[illegible]	[illegible]	[illegible]	[illegible]	[illegible]	[illegible]	[illegible]	
98	[illegible]	[illegible]	[illegible]	[illegible]	[illegible]	[illegible]	[illegible]	[illegible]	[illegible]	[illegible]	
99	875.[illegible]	[illegible]	[illegible]	[illegible]	[illegible]	[illegible]	[illegible]	[illegible]	[illegible]	[illegible]	
7500	[illegible]	[illegible]	[illegible]	[illegible]	[illegible]	[illegible]	[illegible]	[illegible]	[illegible]	[illegible]	
01	[illegible]	[illegible]	[illegible]	[illegible]	[illegible]	[illegible]	[illegible]	[illegible]	[illegible]	[illegible]	
02	[illegible]	[illegible]	[illegible]	[illegible]	[illegible]	[illegible]	[illegible]	[illegible]	[illegible]	[illegible]	
03	[illegible]	[illegible]	[illegible]	[illegible]	[illegible]	[illegible]	[illegible]	[illegible]	[illegible]	[illegible]	
04	[illegible]	[illegible]	[illegible]	[illegible]	[illegible]	[illegible]	[illegible]	[illegible]	[illegible]	[illegible]	
7505	[illegible]	[illegible]	[illegible]	[illegible]	[illegible]	[illegible]	[illegible]	[illegible]	[illegible]	[illegible]	
06	[illegible]	[illegible]	[illegible]	[illegible]	[illegible]	[illegible]	[illegible]	[illegible]	[illegible]	[illegible]	
07	[illegible]	[illegible]	[illegible]	[illegible]	[illegible]	[illegible]	[illegible]	[illegible]	[illegible]	[illegible]	
08	[illegible]	[illegible]	[illegible]	[illegible]	[illegible]	[illegible]	[illegible]	[illegible]	[illegible]	[illegible]	
09	[illegible]	[illegible]	[illegible]	[illegible]	[illegible]	[illegible]	[illegible]	[illegible]	[illegible]	[illegible]	
7510	[illegible]	[illegible]	[illegible]	[illegible]	[illegible]	[illegible]	[illegible]	[illegible]	[illegible]	[illegible]	
11	[illegible]	[illegible]	[illegible]	[illegible]	[illegible]	[illegible]	[illegible]	[illegible]	[illegible]	[illegible]	
12	[illegible]	[illegible]	[illegible]	[illegible]	[illegible]	[illegible]	[illegible]	[illegible]	[illegible]	[illegible]	
13	[illegible]	[illegible]	[illegible]	[illegible]	[illegible]	[illegible]	[illegible]	[illegible]	[illegible]	[illegible]	
14	[illegible]	[illegible]	[illegible]	[illegible]	[illegible]	[illegible]	[illegible]	[illegible]	[illegible]	[illegible]	
7515	[illegible]	[illegible]	[illegible]	[illegible]	[illegible]	[illegible]	[illegible]	[illegible]	[illegible]	[illegible]	
16	[illegible]	[illegible]	[illegible]	[illegible]	[illegible]	[illegible]	[illegible]	[illegible]	[illegible]	[illegible]	
17	876.[illegible]	[illegible]	[illegible]	[illegible]	[illegible]	[illegible]	[illegible]	[illegible]	[illegible]	[illegible]	
18	[illegible]	[illegible]	[illegible]	[illegible]	[illegible]	[illegible]	[illegible]	[illegible]	[illegible]	[illegible]	
19	[illegible]	[illegible]	[illegible]	[illegible]	[illegible]	[illegible]	[illegible]	[illegible]	[illegible]	[illegible]	
7520	[illegible]	[illegible]	[illegible]	[illegible]	[illegible]	[illegible]	[illegible]	[illegible]	[illegible]	[illegible]	
21	[illegible]	[illegible]	[illegible]	[illegible]	[illegible]	[illegible]	[illegible]	[illegible]	[illegible]	[illegible]	
22	[illegible]	[illegible]	[illegible]	[illegible]	[illegible]	[illegible]	[illegible]	[illegible]	[illegible]	[illegible]	
23	[illegible]	[illegible]	[illegible]	[illegible]	[illegible]	[illegible]	[illegible]	[illegible]	[illegible]	[illegible]	
24	[illegible]	[illegible]	[illegible]	[illegible]	[illegible]	[illegible]	[illegible]	[illegible]	[illegible]	[illegible]	
7525	[illegible]	[illegible]	[illegible]	[illegible]	[illegible]	[illegible]	[illegible]	[illegible]	[illegible]	[illegible]	
26	[illegible]	[illegible]	[illegible]	[illegible]	[illegible]	[illegible]	[illegible]	[illegible]	[illegible]	[illegible]	
27	[illegible]	[illegible]	[illegible]	[illegible]	[illegible]	[illegible]	[illegible]	[illegible]	[illegible]	[illegible]	
28	[illegible]	[illegible]	[illegible]	[illegible]	[illegible]	[illegible]	[illegible]	[illegible]	[illegible]	[illegible]	
29	[illegible]	[illegible]	[illegible]	[illegible]	[illegible]	[illegible]	[illegible]	[illegible]	[illegible]	[illegible]	
7530	[illegible]	[illegible]	[illegible]	[illegible]	[illegible]	[illegible]	[illegible]	[illegible]	[illegible]	[illegible]	
31	[illegible]	[illegible]	[illegible]	[illegible]	[illegible]	[illegible]	[illegible]	[illegible]	[illegible]	[illegible]	
32	[illegible]	[illegible]	[illegible]	[illegible]	[illegible]	[illegible]	[illegible]	[illegible]	[illegible]	[illegible]	
33	[illegible]	[illegible]	[illegible]	[illegible]	[illegible]	[illegible]	[illegible]	[illegible]	[illegible]	[illegible]	
34	877.[illegible]	[illegible]	[illegible]	[illegible]	[illegible]	[illegible]	[illegible]	[illegible]	[illegible]	[illegible]	
7535	[illegible]	[illegible]	[illegible]	[illegible]	[illegible]	[illegible]	[illegible]	[illegible]	[illegible]	[illegible]	
36	[illegible]	[illegible]	[illegible]	[illegible]	[illegible]	[illegible]	[illegible]	[illegible]	[illegible]	[illegible]	
37	[illegible]	[illegible]	[illegible]	[illegible]	[illegible]	[illegible]	[illegible]	[illegible]	[illegible]	[illegible]	
38	[illegible]	[illegible]	[illegible]	[illegible]	[illegible]	[illegible]	[illegible]	[illegible]	[illegible]	[illegible]	
39	[illegible]	[illegible]	[illegible]	[illegible]	[illegible]	[illegible]	[illegible]	[illegible]	[illegible]	[illegible]	
Num.	0	1	2	3	4	5	6	7	8	9	D.

N. 75400 L. 877

Num.		0	1	2	3	4	5	6	7	8	9	D.
7540	877.	3713	3771	3829	[illegible]	3944	4001	4059	4117	4174	[illegible]	
41		[illegible]	[illegible]	[illegible]	[illegible]	[illegible]	[illegible]	[illegible]	[illegible]	[illegible]	[illegible]	
42		[illegible]	[illegible]	[illegible]	[illegible]	[illegible]	[illegible]	[illegible]	[illegible]	[illegible]	[illegible]	
43		[illegible]	[illegible]	[illegible]	[illegible]	[illegible]	[illegible]	[illegible]	[illegible]	[illegible]	[illegible]	
44		[illegible]	[illegible]	[illegible]	[illegible]	[illegible]	[illegible]	[illegible]	[illegible]	[illegible]	[illegible]	
7545		[illegible]	[illegible]	[illegible]	[illegible]	[illegible]	[illegible]	[illegible]	[illegible]	[illegible]	[illegible]	
46		[illegible]	[illegible]	[illegible]	[illegible]	[illegible]	[illegible]	[illegible]	[illegible]	[illegible]	[illegible]	
47		[illegible]	[illegible]	[illegible]	[illegible]	[illegible]	[illegible]	[illegible]	[illegible]	[illegible]	[illegible]	
48		[illegible]	[illegible]	[illegible]	[illegible]	[illegible]	[illegible]	[illegible]	[illegible]	[illegible]	[illegible]	
49		[illegible]	[illegible]	[illegible]	[illegible]	[illegible]	[illegible]	[illegible]	[illegible]	[illegible]	[illegible]	
7550		[illegible]	[illegible]	[illegible]	[illegible]	[illegible]	[illegible]	[illegible]	[illegible]	[illegible]	[illegible]	
51	878.	0045	0102	[illegible]	0217	0275	[illegible]	[illegible]	[illegible]	[illegible]	[illegible]	
52		[illegible]	[illegible]	[illegible]	[illegible]	[illegible]	[illegible]	[illegible]	[illegible]	[illegible]	[illegible]	
53		[illegible]	[illegible]	[illegible]	[illegible]	[illegible]	[illegible]	[illegible]	[illegible]	[illegible]	[illegible]	
54		[illegible]	[illegible]	[illegible]	[illegible]	[illegible]	[illegible]	[illegible]	[illegible]	[illegible]	[illegible]	
7555		[illegible]	[illegible]	[illegible]	[illegible]	[illegible]	[illegible]	[illegible]	[illegible]	[illegible]	[illegible]	
56		[illegible]	[illegible]	[illegible]	[illegible]	[illegible]	[illegible]	[illegible]	[illegible]	[illegible]	[illegible]	
57		[illegible]	[illegible]	[illegible]	[illegible]	[illegible]	[illegible]	[illegible]	[illegible]	[illegible]	[illegible]	
58		[illegible]	[illegible]	[illegible]	[illegible]	[illegible]	[illegible]	[illegible]	[illegible]	[illegible]	[illegible]	
59		[illegible]	[illegible]	[illegible]	[illegible]	[illegible]	[illegible]	[illegible]	[illegible]	[illegible]	[illegible]	
7560		[illegible]	[illegible]	[illegible]	[illegible]	[illegible]	[illegible]	[illegible]	[illegible]	[illegible]	[illegible]	
61		[illegible]	[illegible]	[illegible]	[illegible]	[illegible]	[illegible]	[illegible]	[illegible]	[illegible]	[illegible]	
62		[illegible]	[illegible]	[illegible]	[illegible]	[illegible]	[illegible]	[illegible]	[illegible]	[illegible]	[illegible]	
63		[illegible]	[illegible]	[illegible]	[illegible]	[illegible]	[illegible]	[illegible]	[illegible]	[illegible]	[illegible]	
64		[illegible]	[illegible]	[illegible]	[illegible]	[illegible]	[illegible]	[illegible]	[illegible]	[illegible]	[illegible]	
7565		[illegible]	[illegible]	[illegible]	[illegible]	[illegible]	[illegible]	[illegible]	[illegible]	[illegible]	[illegible]	
66		[illegible]	[illegible]	[illegible]	[illegible]	[illegible]	[illegible]	[illegible]	[illegible]	[illegible]	[illegible]	
67		[illegible]	[illegible]	[illegible]	[illegible]	[illegible]	[illegible]	[illegible]	[illegible]	[illegible]	[illegible]	
68		[illegible]	[illegible]	[illegible]	[illegible]	[illegible]	[illegible]	[illegible]	[illegible]	[illegible]	[illegible]	
69	879.	[illegible]	[illegible]	[illegible]	[illegible]	[illegible]	[illegible]	[illegible]	[illegible]	[illegible]	[illegible]	
7570		[illegible]	[illegible]	[illegible]	[illegible]	[illegible]	[illegible]	[illegible]	[illegible]	[illegible]	[illegible]	
71		[illegible]	[illegible]	[illegible]	[illegible]	[illegible]	[illegible]	[illegible]	[illegible]	[illegible]	[illegible]	
72		[illegible]	[illegible]	[illegible]	[illegible]	[illegible]	[illegible]	[illegible]	[illegible]	[illegible]	[illegible]	
73		[illegible]	[illegible]	[illegible]	[illegible]	[illegible]	[illegible]	[illegible]	[illegible]	[illegible]	[illegible]	
74		[illegible]	[illegible]	[illegible]	[illegible]	[illegible]	[illegible]	[illegible]	[illegible]	[illegible]	[illegible]	
7575		[illegible]	[illegible]	[illegible]	[illegible]	[illegible]	[illegible]	[illegible]	[illegible]	[illegible]	[illegible]	
76		[illegible]	[illegible]	[illegible]	[illegible]	[illegible]	[illegible]	[illegible]	[illegible]	[illegible]	[illegible]	
77		[illegible]	[illegible]	[illegible]	[illegible]	[illegible]	[illegible]	[illegible]	[illegible]	[illegible]	[illegible]	
78		[illegible]	[illegible]	[illegible]	[illegible]	[illegible]	[illegible]	[illegible]	[illegible]	[illegible]	[illegible]	
79		[illegible]	[illegible]	[illegible]	[illegible]	[illegible]	[illegible]	[illegible]	[illegible]	[illegible]	[illegible]	
7580		[illegible]	[illegible]	[illegible]	[illegible]	[illegible]	[illegible]	[illegible]	[illegible]	[illegible]	[illegible]	
81		[illegible]	[illegible]	[illegible]	[illegible]	[illegible]	[illegible]	[illegible]	[illegible]	[illegible]	[illegible]	
82		[illegible]	[illegible]	[illegible]	[illegible]	[illegible]	[illegible]	[illegible]	[illegible]	[illegible]	[illegible]	
83		[illegible]	[illegible]	[illegible]	[illegible]	[illegible]	[illegible]	[illegible]	[illegible]	[illegible]	[illegible]	
84		[illegible]	[illegible]	[illegible]	[illegible]	[illegible]	[illegible]	[illegible]	[illegible]	[illegible]	[illegible]	
7585		[illegible]	[illegible]	[illegible]	[illegible]	[illegible]	[illegible]	[illegible]	[illegible]	[illegible]	[illegible]	
86	880.	[illegible]	[illegible]	[illegible]	[illegible]	[illegible]	[illegible]	[illegible]	[illegible]	[illegible]	[illegible]	
87		[illegible]	[illegible]	[illegible]	[illegible]	[illegible]	[illegible]	[illegible]	[illegible]	[illegible]	[illegible]	
88		[illegible]	[illegible]	[illegible]	[illegible]	[illegible]	[illegible]	[illegible]	[illegible]	[illegible]	[illegible]	
89		[illegible]	[illegible]	[illegible]	[illegible]	[illegible]	[illegible]	[illegible]	[illegible]	[illegible]	[illegible]	
7590		[illegible]	[illegible]	[illegible]	[illegible]	[illegible]	[illegible]	[illegible]	[illegible]	[illegible]	[illegible]	
91		[illegible]	[illegible]	[illegible]	[illegible]	[illegible]	[illegible]	[illegible]	[illegible]	[illegible]	[illegible]	
92		[illegible]	[illegible]	[illegible]	[illegible]	[illegible]	[illegible]	[illegible]	[illegible]	[illegible]	[illegible]	
93		[illegible]	[illegible]	[illegible]	[illegible]	[illegible]	[illegible]	[illegible]	[illegible]	[illegible]	[illegible]	
94		[illegible]	[illegible]	[illegible]	[illegible]	[illegible]	[illegible]	[illegible]	[illegible]	[illegible]	[illegible]	
7595		[illegible]	[illegible]	[illegible]	[illegible]	[illegible]	[illegible]	[illegible]	[illegible]	[illegible]	[illegible]	
96		[illegible]	[illegible]	[illegible]	[illegible]	[illegible]	[illegible]	[illegible]	[illegible]	[illegible]	[illegible]	
97		[illegible]	[illegible]	[illegible]	[illegible]	[illegible]	[illegible]	[illegible]	[illegible]	[illegible]	[illegible]	
98		[illegible]	[illegible]	[illegible]	[illegible]	[illegible]	[illegible]	[illegible]	[illegible]	[illegible]	[illegible]	
99		[illegible]	[illegible]	[illegible]	[illegible]	[illegible]	[illegible]	[illegible]	[illegible]	[illegible]	[illegible]	
7600		[illegible]	[illegible]	[illegible]	[illegible]	[illegible]	[illegible]	[illegible]	[illegible]	[illegible]	[illegible]	
01		[illegible]	[illegible]	[illegible]	[illegible]	[illegible]	[illegible]	[illegible]	[illegible]	[illegible]	[illegible]	
02		[illegible]	[illegible]	[illegible]	[illegible]	[illegible]	[illegible]	[illegible]	[illegible]	[illegible]	[illegible]	
03		[illegible]	[illegible]	[illegible]	[illegible]	[illegible]	[illegible]	[illegible]	[illegible]	[illegible]	[illegible]	
04	881.	[illegible]	[illegible]	[illegible]	[illegible]	[illegible]	[illegible]	[illegible]	[illegible]	[illegible]	[illegible]	
Num.		0	1	2	3	4	5	6	7	8	9	D.

N. 76050 L. 881

Num.		0	1	2	3	4	5	6	7	8	9	D.	Part.
7605	881.	[illegible]	[illegible]	[illegible]	[illegible]	[illegible]	[illegible]	[illegible]	[illegible]	[illegible]	[illegible]		
06		[illegible]	[illegible]	[illegible]	[illegible]	[illegible]	[illegible]	[illegible]	[illegible]	[illegible]	[illegible]		
07		[illegible]	[illegible]	[illegible]	[illegible]	[illegible]	[illegible]	[illegible]	[illegible]	[illegible]	[illegible]		
08		[illegible]	[illegible]	[illegible]	[illegible]	[illegible]	[illegible]	[illegible]	[illegible]	[illegible]	[illegible]		
09		[illegible]	[illegible]	[illegible]	[illegible]	[illegible]	[illegible]	[illegible]	[illegible]	[illegible]	[illegible]		
7610		[illegible]	[illegible]	[illegible]	[illegible]	[illegible]	[illegible]	[illegible]	[illegible]	[illegible]	[illegible]		
11		[illegible]	[illegible]	[illegible]	[illegible]	[illegible]	[illegible]	[illegible]	[illegible]	[illegible]	[illegible]		
12		[illegible]	[illegible]	[illegible]	[illegible]	[illegible]	[illegible]	[illegible]	[illegible]	[illegible]	[illegible]		
13		[illegible]	[illegible]	[illegible]	[illegible]	[illegible]	[illegible]	[illegible]	[illegible]	[illegible]	[illegible]		
14		[illegible]	[illegible]	[illegible]	[illegible]	[illegible]	[illegible]	[illegible]	[illegible]	[illegible]	[illegible]		
7615		[illegible]	[illegible]	[illegible]	[illegible]	[illegible]	[illegible]	[illegible]	[illegible]	[illegible]	[illegible]		
16		[illegible]	[illegible]	[illegible]	[illegible]	[illegible]	[illegible]	[illegible]	[illegible]	[illegible]	[illegible]		[illegible]
17		[illegible]	[illegible]	[illegible]	[illegible]	[illegible]	[illegible]	[illegible]	[illegible]	[illegible]	[illegible]		[illegible]
18		[illegible]	[illegible]	[illegible]	[illegible]	[illegible]	[illegible]	[illegible]	[illegible]	[illegible]	[illegible]		[illegible]
19		[illegible]	[illegible]	[illegible]	[illegible]	[illegible]	[illegible]	[illegible]	[illegible]	[illegible]	[illegible]	57	[illegible]
7620		[illegible]	[illegible]	[illegible]	[illegible]	[illegible]	[illegible]	[illegible]	[illegible]	[illegible]	[illegible]		[illegible]
21	882.	[illegible]	[illegible]	[illegible]	[illegible]	[illegible]	[illegible]	[illegible]	[illegible]	[illegible]	[illegible]		[illegible]
22		[illegible]	[illegible]	[illegible]	[illegible]	[illegible]	[illegible]	[illegible]	[illegible]	[illegible]	[illegible]		[illegible]
23		[illegible]	[illegible]	[illegible]	[illegible]	[illegible]	[illegible]	[illegible]	[illegible]	[illegible]	[illegible]		[illegible]
24		[illegible]	[illegible]	[illegible]	[illegible]	[illegible]	[illegible]	[illegible]	[illegible]	[illegible]	[illegible]		[illegible]
7625		[illegible]	[illegible]	[illegible]	[illegible]	[illegible]	[illegible]	[illegible]	[illegible]	[illegible]	[illegible]		
26		[illegible]	[illegible]	[illegible]	[illegible]	[illegible]	[illegible]	[illegible]	[illegible]	[illegible]	[illegible]		
27		[illegible]	[illegible]	[illegible]	[illegible]	[illegible]	[illegible]	[illegible]	[illegible]	[illegible]	[illegible]		
28		[illegible]	[illegible]	[illegible]	[illegible]	[illegible]	[illegible]	[illegible]	[illegible]	[illegible]	[illegible]		
29		[illegible]	[illegible]	[illegible]	[illegible]	[illegible]	[illegible]	[illegible]	[illegible]	[illegible]	[illegible]		
7630		[illegible]	[illegible]	[illegible]	[illegible]	[illegible]	[illegible]	[illegible]	[illegible]	[illegible]	[illegible]		
31		[illegible]	[illegible]	[illegible]	[illegible]	[illegible]	[illegible]	[illegible]	[illegible]	[illegible]	[illegible]		
32		[illegible]	[illegible]	[illegible]	[illegible]	[illegible]	[illegible]	[illegible]	[illegible]	[illegible]	[illegible]		
33		[illegible]	[illegible]	[illegible]	[illegible]	[illegible]	[illegible]	[illegible]	[illegible]	[illegible]	[illegible]		
34		[illegible]	[illegible]	[illegible]	[illegible]	[illegible]	[illegible]	[illegible]	[illegible]	[illegible]	[illegible]		
7635		[illegible]	[illegible]	[illegible]	[illegible]	[illegible]	[illegible]	[illegible]	[illegible]	[illegible]	[illegible]		
36		[illegible]	[illegible]	[illegible]	[illegible]	[illegible]	[illegible]	[illegible]	[illegible]	[illegible]	[illegible]		
37		[illegible]	[illegible]	[illegible]	[illegible]	[illegible]	[illegible]	[illegible]	[illegible]	[illegible]	[illegible]		
38		[illegible]	[illegible]	[illegible]	[illegible]	[illegible]	[illegible]	[illegible]	[illegible]	[illegible]	[illegible]		
39	883.	[illegible]	[illegible]	[illegible]	[illegible]	[illegible]	[illegible]	[illegible]	[illegible]	[illegible]	[illegible]		57
7640		[illegible]	[illegible]	[illegible]	[illegible]	[illegible]	[illegible]	[illegible]	[illegible]	[illegible]	[illegible]		[illegible]
41		[illegible]	[illegible]	[illegible]	[illegible]	[illegible]	[illegible]	[illegible]	[illegible]	[illegible]	[illegible]		[illegible]
42		[illegible]	[illegible]	[illegible]	[illegible]	[illegible]	[illegible]	[illegible]	[illegible]	[illegible]	[illegible]		[illegible]
43		[illegible]	[illegible]	[illegible]	[illegible]	[illegible]	[illegible]	[illegible]	[illegible]	[illegible]	[illegible]		[illegible]
44		[illegible]	[illegible]	[illegible]	[illegible]	[illegible]	[illegible]	[illegible]	[illegible]	[illegible]	[illegible]		[illegible]
7645		[illegible]	[illegible]	[illegible]	[illegible]	[illegible]	[illegible]	[illegible]	[illegible]	[illegible]	[illegible]		[illegible]
46		[illegible]	[illegible]	[illegible]	[illegible]	[illegible]	[illegible]	[illegible]	[illegible]	[illegible]	[illegible]		
47		[illegible]	[illegible]	[illegible]	[illegible]	[illegible]	[illegible]	[illegible]	[illegible]	[illegible]	[illegible]		
48		[illegible]	[illegible]	[illegible]	[illegible]	[illegible]	[illegible]	[illegible]	[illegible]	[illegible]	[illegible]		
49		[illegible]	[illegible]	[illegible]	[illegible]	[illegible]	[illegible]	[illegible]	[illegible]	[illegible]	[illegible]		
7650		[illegible]	[illegible]	[illegible]	[illegible]	[illegible]	[illegible]	[illegible]	[illegible]	[illegible]	[illegible]		
51		[illegible]	[illegible]	[illegible]	[illegible]	[illegible]	[illegible]	[illegible]	[illegible]	[illegible]	[illegible]		
52		[illegible]	[illegible]	[illegible]	[illegible]	[illegible]	[illegible]	[illegible]	[illegible]	[illegible]	[illegible]		
53		[illegible]	[illegible]	[illegible]	[illegible]	[illegible]	[illegible]	[illegible]	[illegible]	[illegible]	[illegible]		
54		[illegible]	[illegible]	[illegible]	[illegible]	[illegible]	[illegible]	[illegible]	[illegible]	[illegible]	[illegible]		
7655		[illegible]	[illegible]	[illegible]	[illegible]	[illegible]	[illegible]	[illegible]	[illegible]	[illegible]	[illegible]		
56	884.	[illegible]	[illegible]	[illegible]	[illegible]	[illegible]	[illegible]	[illegible]	[illegible]	[illegible]	[illegible]		
57		[illegible]	[illegible]	[illegible]	[illegible]	[illegible]	[illegible]	[illegible]	[illegible]	[illegible]	[illegible]		
58		[illegible]	[illegible]	[illegible]	[illegible]	[illegible]	[illegible]	[illegible]	[illegible]	[illegible]	[illegible]		
59		[illegible]	[illegible]	[illegible]	[illegible]	[illegible]	[illegible]	[illegible]	[illegible]	[illegible]	[illegible]		
7660		[illegible]	[illegible]	[illegible]	[illegible]	[illegible]	[illegible]	[illegible]	[illegible]	[illegible]	[illegible]		
61		[illegible]	[illegible]	[illegible]	[illegible]	[illegible]	[illegible]	[illegible]	[illegible]	[illegible]	[illegible]		56
62		[illegible]	[illegible]	[illegible]	[illegible]	[illegible]	[illegible]	[illegible]	[illegible]	[illegible]	[illegible]		[illegible]
63		[illegible]	[illegible]	[illegible]	[illegible]	[illegible]	[illegible]	[illegible]	[illegible]	[illegible]	[illegible]		[illegible]
64		[illegible]	[illegible]	[illegible]	[illegible]	[illegible]	[illegible]	[illegible]	[illegible]	[illegible]	[illegible]		[illegible]
7665		[illegible]	[illegible]	[illegible]	[illegible]	[illegible]	[illegible]	[illegible]	[illegible]	[illegible]	[illegible]		[illegible]
66		[illegible]	[illegible]	[illegible]	[illegible]	[illegible]	[illegible]	[illegible]	[illegible]	[illegible]	[illegible]		[illegible]
67		[illegible]	[illegible]	[illegible]	[illegible]	[illegible]	[illegible]	[illegible]	[illegible]	[illegible]	[illegible]		[illegible]
68		[illegible]	[illegible]	[illegible]	[illegible]	[illegible]	[illegible]	[illegible]	[illegible]	[illegible]	[illegible]		[illegible]
69		[illegible]	[illegible]	[illegible]	[illegible]	[illegible]	[illegible]	[illegible]	[illegible]	[illegible]	[illegible]		[illegible]
Num.		0	1	2	3	4	5	6	7	8	9	D.	Part.

N. 76700 L. 884

Num.	0	1	2	3	4	5	6	7	8	9	D.
7670	[illegible]	[illegible]	[illegible]	[illegible]	[illegible]	[illegible]	[illegible]	[illegible]	[illegible]	[illegible]	
71	[illegible]	[illegible]	[illegible]	[illegible]	[illegible]	[illegible]	[illegible]	[illegible]	[illegible]	[illegible]	
72	[illegible]	[illegible]	[illegible]	[illegible]	[illegible]	[illegible]	[illegible]	[illegible]	[illegible]	[illegible]	
73	[illegible]	[illegible]	[illegible]	[illegible]	[illegible]	[illegible]	[illegible]	[illegible]	[illegible]	[illegible]	
74	[illegible]	[illegible]	[illegible]	[illegible]	[illegible]	[illegible]	[illegible]	[illegible]	[illegible]	[illegible]	
7675	[illegible]	[illegible]	[illegible]	[illegible]	[illegible]	[illegible]	[illegible]	[illegible]	[illegible]	[illegible]	
76	[illegible]	[illegible]	[illegible]	[illegible]	[illegible]	[illegible]	[illegible]	[illegible]	[illegible]	[illegible]	
77	[illegible]	[illegible]	[illegible]	[illegible]	[illegible]	[illegible]	[illegible]	[illegible]	[illegible]	[illegible]	
78	[illegible]	[illegible]	[illegible]	[illegible]	[illegible]	[illegible]	[illegible]	[illegible]	[illegible]	[illegible]	
79	[illegible]	[illegible]	[illegible]	[illegible]	[illegible]	[illegible]	[illegible]	[illegible]	[illegible]	[illegible]	
7680	[illegible]	[illegible]	[illegible]	[illegible]	[illegible]	[illegible]	[illegible]	[illegible]	[illegible]	[illegible]	
81	[illegible]	[illegible]	[illegible]	[illegible]	[illegible]	[illegible]	[illegible]	[illegible]	[illegible]	[illegible]	
82	[illegible]	[illegible]	[illegible]	[illegible]	[illegible]	[illegible]	[illegible]	[illegible]	[illegible]	[illegible]	
83	[illegible]	[illegible]	[illegible]	[illegible]	[illegible]	[illegible]	[illegible]	[illegible]	[illegible]	[illegible]	
84	[illegible]	[illegible]	[illegible]	[illegible]	[illegible]	[illegible]	[illegible]	[illegible]	[illegible]	[illegible]	
7685	[illegible]	[illegible]	[illegible]	[illegible]	[illegible]	[illegible]	[illegible]	[illegible]	[illegible]	[illegible]	
86	[illegible]	[illegible]	[illegible]	[illegible]	[illegible]	[illegible]	[illegible]	[illegible]	[illegible]	[illegible]	
87	[illegible]	[illegible]	[illegible]	[illegible]	[illegible]	[illegible]	[illegible]	[illegible]	[illegible]	[illegible]	
88	[illegible]	[illegible]	[illegible]	[illegible]	[illegible]	[illegible]	[illegible]	[illegible]	[illegible]	[illegible]	
89	[illegible]	[illegible]	[illegible]	[illegible]	[illegible]	[illegible]	[illegible]	[illegible]	[illegible]	[illegible]	
7690	[illegible]	[illegible]	[illegible]	[illegible]	[illegible]	[illegible]	[illegible]	[illegible]	[illegible]	[illegible]	
91	[illegible]	[illegible]	[illegible]	[illegible]	[illegible]	[illegible]	[illegible]	[illegible]	[illegible]	[illegible]	
92	[illegible]	[illegible]	[illegible]	[illegible]	[illegible]	[illegible]	[illegible]	[illegible]	[illegible]	[illegible]	
93	[illegible]	[illegible]	[illegible]	[illegible]	[illegible]	[illegible]	[illegible]	[illegible]	[illegible]	[illegible]	
94	[illegible]	[illegible]	[illegible]	[illegible]	[illegible]	[illegible]	[illegible]	[illegible]	[illegible]	[illegible]	
7695	[illegible]	[illegible]	[illegible]	[illegible]	[illegible]	[illegible]	[illegible]	[illegible]	[illegible]	[illegible]	
96	[illegible]	[illegible]	[illegible]	[illegible]	[illegible]	[illegible]	[illegible]	[illegible]	[illegible]	[illegible]	
97	[illegible]	[illegible]	[illegible]	[illegible]	[illegible]	[illegible]	[illegible]	[illegible]	[illegible]	[illegible]	
98	[illegible]	[illegible]	[illegible]	[illegible]	[illegible]	[illegible]	[illegible]	[illegible]	[illegible]	[illegible]	
99	[illegible]	[illegible]	[illegible]	[illegible]	[illegible]	[illegible]	[illegible]	[illegible]	[illegible]	[illegible]	
7700	[illegible]	[illegible]	[illegible]	[illegible]	[illegible]	[illegible]	[illegible]	[illegible]	[illegible]	[illegible]	
01	[illegible]	[illegible]	[illegible]	[illegible]	[illegible]	[illegible]	[illegible]	[illegible]	[illegible]	[illegible]	
02	[illegible]	[illegible]	[illegible]	[illegible]	[illegible]	[illegible]	[illegible]	[illegible]	[illegible]	[illegible]	
03	[illegible]	[illegible]	[illegible]	[illegible]	[illegible]	[illegible]	[illegible]	[illegible]	[illegible]	[illegible]	
04	[illegible]	[illegible]	[illegible]	[illegible]	[illegible]	[illegible]	[illegible]	[illegible]	[illegible]	[illegible]	
7705	[illegible]	[illegible]	[illegible]	[illegible]	[illegible]	[illegible]	[illegible]	[illegible]	[illegible]	[illegible]	
06	[illegible]	[illegible]	[illegible]	[illegible]	[illegible]	[illegible]	[illegible]	[illegible]	[illegible]	[illegible]	
07	[illegible]	[illegible]	[illegible]	[illegible]	[illegible]	[illegible]	[illegible]	[illegible]	[illegible]	[illegible]	
08	[illegible]	[illegible]	[illegible]	[illegible]	[illegible]	[illegible]	[illegible]	[illegible]	[illegible]	[illegible]	
09	[illegible]	[illegible]	[illegible]	[illegible]	[illegible]	[illegible]	[illegible]	[illegible]	[illegible]	[illegible]	
7710	[illegible]	[illegible]	[illegible]	[illegible]	[illegible]	[illegible]	[illegible]	[illegible]	[illegible]	[illegible]	
11	[illegible]	[illegible]	[illegible]	[illegible]	[illegible]	[illegible]	[illegible]	[illegible]	[illegible]	[illegible]	
12	[illegible]	[illegible]	[illegible]	[illegible]	[illegible]	[illegible]	[illegible]	[illegible]	[illegible]	[illegible]	
13	[illegible]	[illegible]	[illegible]	[illegible]	[illegible]	[illegible]	[illegible]	[illegible]	[illegible]	[illegible]	
14	[illegible]	[illegible]	[illegible]	[illegible]	[illegible]	[illegible]	[illegible]	[illegible]	[illegible]	[illegible]	
7715	[illegible]	[illegible]	[illegible]	[illegible]	[illegible]	[illegible]	[illegible]	[illegible]	[illegible]	[illegible]	
16	[illegible]	[illegible]	[illegible]	[illegible]	[illegible]	[illegible]	[illegible]	[illegible]	[illegible]	[illegible]	
17	[illegible]	[illegible]	[illegible]	[illegible]	[illegible]	[illegible]	[illegible]	[illegible]	[illegible]	[illegible]	
18	[illegible]	[illegible]	[illegible]	[illegible]	[illegible]	[illegible]	[illegible]	[illegible]	[illegible]	[illegible]	
19	[illegible]	[illegible]	[illegible]	[illegible]	[illegible]	[illegible]	[illegible]	[illegible]	[illegible]	[illegible]	
7720	[illegible]	[illegible]	[illegible]	[illegible]	[illegible]	[illegible]	[illegible]	[illegible]	[illegible]	[illegible]	
21	[illegible]	[illegible]	[illegible]	[illegible]	[illegible]	[illegible]	[illegible]	[illegible]	[illegible]	[illegible]	
22	[illegible]	[illegible]	[illegible]	[illegible]	[illegible]	[illegible]	[illegible]	[illegible]	[illegible]	[illegible]	
23	[illegible]	[illegible]	[illegible]	[illegible]	[illegible]	[illegible]	[illegible]	[illegible]	[illegible]	[illegible]	
24	[illegible]	[illegible]	[illegible]	[illegible]	[illegible]	[illegible]	[illegible]	[illegible]	[illegible]	[illegible]	
7725	[illegible]	[illegible]	[illegible]	[illegible]	[illegible]	[illegible]	[illegible]	[illegible]	[illegible]	[illegible]	
26	[illegible]	[illegible]	[illegible]	[illegible]	[illegible]	[illegible]	[illegible]	[illegible]	[illegible]	[illegible]	
27	[illegible]	[illegible]	[illegible]	[illegible]	[illegible]	[illegible]	[illegible]	[illegible]	[illegible]	[illegible]	
28	[illegible]	[illegible]	[illegible]	[illegible]	[illegible]	[illegible]	[illegible]	[illegible]	[illegible]	[illegible]	
29	[illegible]	[illegible]	[illegible]	[illegible]	[illegible]	[illegible]	[illegible]	[illegible]	[illegible]	[illegible]	
7730	[illegible]	[illegible]	[illegible]	[illegible]	[illegible]	[illegible]	[illegible]	[illegible]	[illegible]	[illegible]	
31	[illegible]	[illegible]	[illegible]	[illegible]	[illegible]	[illegible]	[illegible]	[illegible]	[illegible]	[illegible]	
32	[illegible]	[illegible]	[illegible]	[illegible]	[illegible]	[illegible]	[illegible]	[illegible]	[illegible]	[illegible]	
33	[illegible]	[illegible]	[illegible]	[illegible]	[illegible]	[illegible]	[illegible]	[illegible]	[illegible]	[illegible]	
34	[illegible]	[illegible]	[illegible]	[illegible]	[illegible]	[illegible]	[illegible]	[illegible]	[illegible]	[illegible]	
Num.	0	1	2	3	4	5	6	7	8	9	D.

N. 77350 L. 888

Num.	0	1	2	3	4	5	6	7	8	9	D.	Par.
7735	[illegible]	[illegible]	[illegible]	[illegible]	[illegible]	[illegible]	[illegible]	[illegible]	[illegible]	[illegible]		
36	[illegible]	[illegible]	[illegible]	[illegible]	[illegible]	[illegible]	[illegible]	[illegible]	[illegible]	[illegible]		
37	[illegible]	[illegible]	[illegible]	[illegible]	[illegible]	[illegible]	[illegible]	[illegible]	[illegible]	[illegible]		
38	[illegible]	[illegible]	[illegible]	[illegible]	[illegible]	[illegible]	[illegible]	[illegible]	[illegible]	[illegible]		
39	[illegible]	[illegible]	[illegible]	[illegible]	[illegible]	[illegible]	[illegible]	[illegible]	[illegible]	[illegible]		
7740	[illegible]	[illegible]	[illegible]	[illegible]	[illegible]	[illegible]	[illegible]	[illegible]	[illegible]	[illegible]		
41	[illegible]	[illegible]	[illegible]	[illegible]	[illegible]	[illegible]	[illegible]	[illegible]	[illegible]	[illegible]		
42	[illegible]	[illegible]	[illegible]	[illegible]	[illegible]	[illegible]	[illegible]	[illegible]	[illegible]	[illegible]		
43	[illegible]	[illegible]	[illegible]	[illegible]	[illegible]	[illegible]	[illegible]	[illegible]	[illegible]	[illegible]		
44	[illegible]	[illegible]	[illegible]	[illegible]	[illegible]	[illegible]	[illegible]	[illegible]	[illegible]	[illegible]		
7745	[illegible]	[illegible]	[illegible]	[illegible]	[illegible]	[illegible]	[illegible]	[illegible]	[illegible]	[illegible]		
46	[illegible]	[illegible]	[illegible]	[illegible]	[illegible]	[illegible]	[illegible]	[illegible]	[illegible]	[illegible]		[illegible]
47	[illegible]	[illegible]	[illegible]	[illegible]	[illegible]	[illegible]	[illegible]	[illegible]	[illegible]	[illegible]		[illegible]
48	[illegible]	[illegible]	[illegible]	[illegible]	[illegible]	[illegible]	[illegible]	[illegible]	[illegible]	[illegible]		[illegible]
49	[illegible]	[illegible]	[illegible]	[illegible]	[illegible]	[illegible]	[illegible]	[illegible]	[illegible]	[illegible]		[illegible]
7750	[illegible]	[illegible]	[illegible]	[illegible]	[illegible]	[illegible]	[illegible]	[illegible]	[illegible]	[illegible]		[illegible]
51	[illegible]	[illegible]	[illegible]	[illegible]	[illegible]	[illegible]	[illegible]	[illegible]	[illegible]	[illegible]		[illegible]
52	[illegible]	[illegible]	[illegible]	[illegible]	[illegible]	[illegible]	[illegible]	[illegible]	[illegible]	[illegible]		[illegible]
53	[illegible]	[illegible]	[illegible]	[illegible]	[illegible]	[illegible]	[illegible]	[illegible]	[illegible]	[illegible]		[illegible]
54	[illegible]	[illegible]	[illegible]	[illegible]	[illegible]	[illegible]	[illegible]	[illegible]	[illegible]	[illegible]		[illegible]
7755	[illegible]	[illegible]	[illegible]	[illegible]	[illegible]	[illegible]	[illegible]	[illegible]	[illegible]	[illegible]		
56	[illegible]	[illegible]	[illegible]	[illegible]	[illegible]	[illegible]	[illegible]	[illegible]	[illegible]	[illegible]		
57	[illegible]	[illegible]	[illegible]	[illegible]	[illegible]	[illegible]	[illegible]	[illegible]	[illegible]	[illegible]		
58	[illegible]	[illegible]	[illegible]	[illegible]	[illegible]	[illegible]	[illegible]	[illegible]	[illegible]	[illegible]		
59	[illegible]	[illegible]	[illegible]	[illegible]	[illegible]	[illegible]	[illegible]	[illegible]	[illegible]	[illegible]		
7760	[illegible]	[illegible]	[illegible]	[illegible]	[illegible]	[illegible]	[illegible]	[illegible]	[illegible]	[illegible]		
61	[illegible]	[illegible]	[illegible]	[illegible]	[illegible]	[illegible]	[illegible]	[illegible]	[illegible]	[illegible]		
62	[illegible]	[illegible]	[illegible]	[illegible]	[illegible]	[illegible]	[illegible]	[illegible]	[illegible]	[illegible]		
63	[illegible]	[illegible]	[illegible]	[illegible]	[illegible]	[illegible]	[illegible]	[illegible]	[illegible]	[illegible]		
64	[illegible]	[illegible]	[illegible]	[illegible]	[illegible]	[illegible]	[illegible]	[illegible]	[illegible]	[illegible]		
7765	[illegible]	[illegible]	[illegible]	[illegible]	[illegible]	[illegible]	[illegible]	[illegible]	[illegible]	[illegible]		
66	[illegible]	[illegible]	[illegible]	[illegible]	[illegible]	[illegible]	[illegible]	[illegible]	[illegible]	[illegible]		
67	[illegible]	[illegible]	[illegible]	[illegible]	[illegible]	[illegible]	[illegible]	[illegible]	[illegible]	[illegible]		
68	[illegible]	[illegible]	[illegible]	[illegible]	[illegible]	[illegible]	[illegible]	[illegible]	[illegible]	[illegible]		
69	[illegible]	[illegible]	[illegible]	[illegible]	[illegible]	[illegible]	[illegible]	[illegible]	[illegible]	[illegible]		
7770	[illegible]	[illegible]	[illegible]	[illegible]	[illegible]	[illegible]	[illegible]	[illegible]	[illegible]	[illegible]		[illegible]
71	[illegible]	[illegible]	[illegible]	[illegible]	[illegible]	[illegible]	[illegible]	[illegible]	[illegible]	[illegible]		[illegible]
72	[illegible]	[illegible]	[illegible]	[illegible]	[illegible]	[illegible]	[illegible]	[illegible]	[illegible]	[illegible]		[illegible]
73	[illegible]	[illegible]	[illegible]	[illegible]	[illegible]	[illegible]	[illegible]	[illegible]	[illegible]	[illegible]		[illegible]
74	[illegible]	[illegible]	[illegible]	[illegible]	[illegible]	[illegible]	[illegible]	[illegible]	[illegible]	[illegible]		[illegible]
7775	[illegible]	[illegible]	[illegible]	[illegible]	[illegible]	[illegible]	[illegible]	[illegible]	[illegible]	[illegible]		[illegible]
76	[illegible]	[illegible]	[illegible]	[illegible]	[illegible]	[illegible]	[illegible]	[illegible]	[illegible]	[illegible]		[illegible]
77	[illegible]	[illegible]	[illegible]	[illegible]	[illegible]	[illegible]	[illegible]	[illegible]	[illegible]	[illegible]		[illegible]
78	[illegible]	[illegible]	[illegible]	[illegible]	[illegible]	[illegible]	[illegible]	[illegible]	[illegible]	[illegible]		[illegible]
79	[illegible]	[illegible]	[illegible]	[illegible]	[illegible]	[illegible]	[illegible]	[illegible]	[illegible]	[illegible]		
7780	[illegible]	[illegible]	[illegible]	[illegible]	[illegible]	[illegible]	[illegible]	[illegible]	[illegible]	[illegible]		
81	[illegible]	[illegible]	[illegible]	[illegible]	[illegible]	[illegible]	[illegible]	[illegible]	[illegible]	[illegible]		
82	[illegible]	[illegible]	[illegible]	[illegible]	[illegible]	[illegible]	[illegible]	[illegible]	[illegible]	[illegible]		
83	[illegible]	[illegible]	[illegible]	[illegible]	[illegible]	[illegible]	[illegible]	[illegible]	[illegible]	[illegible]		
84	[illegible]	[illegible]	[illegible]	[illegible]	[illegible]	[illegible]	[illegible]	[illegible]	[illegible]	[illegible]		
7785	[illegible]	[illegible]	[illegible]	[illegible]	[illegible]	[illegible]	[illegible]	[illegible]	[illegible]	[illegible]		
86	[illegible]	[illegible]	[illegible]	[illegible]	[illegible]	[illegible]	[illegible]	[illegible]	[illegible]	[illegible]		
87	[illegible]	[illegible]	[illegible]	[illegible]	[illegible]	[illegible]	[illegible]	[illegible]	[illegible]	[illegible]		
88	[illegible]	[illegible]	[illegible]	[illegible]	[illegible]	[illegible]	[illegible]	[illegible]	[illegible]	[illegible]		
89	[illegible]	[illegible]	[illegible]	[illegible]	[illegible]	[illegible]	[illegible]	[illegible]	[illegible]	[illegible]		
7790	[illegible]	[illegible]	[illegible]	[illegible]	[illegible]	[illegible]	[illegible]	[illegible]	[illegible]	[illegible]		
91	[illegible]	[illegible]	[illegible]	[illegible]	[illegible]	[illegible]	[illegible]	[illegible]	[illegible]	[illegible]		[illegible]
92	[illegible]	[illegible]	[illegible]	[illegible]	[illegible]	[illegible]	[illegible]	[illegible]	[illegible]	[illegible]		[illegible]
93	[illegible]	[illegible]	[illegible]	[illegible]	[illegible]	[illegible]	[illegible]	[illegible]	[illegible]	[illegible]		[illegible]
94	[illegible]	[illegible]	[illegible]	[illegible]	[illegible]	[illegible]	[illegible]	[illegible]	[illegible]	[illegible]		[illegible]
7795	[illegible]	[illegible]	[illegible]	[illegible]	[illegible]	[illegible]	[illegible]	[illegible]	[illegible]	[illegible]		[illegible]
96	[illegible]	[illegible]	[illegible]	[illegible]	[illegible]	[illegible]	[illegible]	[illegible]	[illegible]	[illegible]		[illegible]
97	[illegible]	[illegible]	[illegible]	[illegible]	[illegible]	[illegible]	[illegible]	[illegible]	[illegible]	[illegible]		[illegible]
98	[illegible]	[illegible]	[illegible]	[illegible]	[illegible]	[illegible]	[illegible]	[illegible]	[illegible]	[illegible]		[illegible]
99	[illegible]	[illegible]	[illegible]	[illegible]	[illegible]	[illegible]	[illegible]	[illegible]	[illegible]	[illegible]		[illegible]
Num.	0	1	2	3	4	5	6	7	8	9	D.	Par.

N. 78000 L. 892

NUM.		0	1	2	3	4	5	6	7	8	9	D.
7800	892.	0946	1002	1057	1113	1169	1224	1280	1336	1391	1447	
01		1503	1558	1614	1670	1725	1781	1837	1892	1948	2004	
02		2059	2115	2171	2226	2282	2338	2393	2449	2505	2560	
03		2616	2672	2717	2783	2839	2894	2950	3006	3061	3117	
04		3175	3228	3284	3340	3394	3451	3506	3562	3618	3675	
7805		3729	3785	3840	3896	3951	4007	4063	4118	4174	4230	
06		4285	4341	4397	4452	4508	4563	4619	4675	4730	4786	
07		4841	4897	4953	5008	5064	5120	5175	5231	5286	5342	
08		5398	5453	5509	5565	5620	5676	5731	5787	5843	5898	
09		5954	6010	6065	6121	6177	6232	6288	6343	6399	6454	
7810		6510	6566	6621	6677	6732	6788	6844	6899	6955	7011	
11		7066	7122	7178	7233	7289	7344	7400	7456	7511	7567	
12		7622	7678	7734	7789	7845	7900	7956	8011	8067	8123	
13		8178	8234	8289	8345	8400	8456	8512	8567	8623	8678	
14		8734	8790	8845	8901	8956	9012	9068	9123	9179	9234	
7815		9290	9345	9401	9457	9512	9568	9623	9679	9734	9790	
16		9846	9901	9957	0012	0068	0123	0179	0234	0290	0346	
17	893.	0401	0457	0512	0568	0623	0679	0734	0790	0845	0901	
18		0957	1012	1068	1123	1179	1234	1290	1345	1401	1457	
19		1512	1568	1623	1679	1734	1790	1845	1901	1956	2012	
7820		2068	2123	2179	2234	2290	2345	2401	2456	2512	2567	
21		2623	2678	2734	2789	2845	2900	2956	3011	3067	3122	
22		3178	3234	3289	3345	3400	3456	3511	3567	3622	3678	
23		3733	3789	3844	3900	3955	4011	4066	4122	4177	4233	
24		4288	4344	4399	4455	4510	4566	4621	4677	4732	4788	
7825		4843	4899	4954	5010	5065	5121	5176	5232	5287	5343	
26		5398	5454	5509	5565	5620	5676	5731	5787	5842	5898	
27		5953	6009	6064	6120	6175	6231	6286	6342	6397	6453	
28		6508	6564	6619	6675	6730	6786	6841	6897	6952	7007	
29		7063	7118	7174	7229	7285	7340	7396	7451	7507	7562	
7830		7618	7673	7729	7784	7839	7895	7950	8006	8061	8117	
31		8172	8228	8283	8339	8394	8449	8505	8560	8616	8671	
32		8727	8782	8837	8893	8948	9004	9059	9115	9170	9226	
33		9281	9336	9392	9447	9503	9558	9614	9669	9724	9780	
34		9835	9891	9946	0001	0057	0112	0168	0223	0279	0334	
7835	894.	0390	0445	0501	0556	0611	0667	0722	0778	0833	0889	
36		0944	1000	1055	1110	1166	1221	1277	1332	1388	1443	
37		1498	1554	1609	1665	1720	1776	1831	1886	1942	1997	
38		2053	2108	2163	2219	2274	2330	2385	2440	2496	2551	
39		2607	2662	2717	2773	2828	2884	2939	2994	3050	3105	
7840		3161	3216	3271	3327	3382	3437	3493	3548	3604	3659	
41		3715	3770	3825	3881	3936	3991	4047	4102	4158	4213	
42		4268	4324	4379	4434	4490	4545	4601	4656	4711	4767	
43		4822	4878	4933	4988	5044	5099	5154	5210	5265	5320	
44		5376	5431	5487	5542	5597	5653	5708	5763	5819	5874	
7845		5929	5985	6040	6095	6151	6206	6261	6317	6372	6428	
46		6483	6538	6594	6649	6704	6760	6815	6870	6926	6981	
47		7037	7092	7147	7202	7258	7313	7368	7424	7479	7534	
48		7590	7645	7700	7756	7811	7866	7922	7977	8032	8088	
49		8143	8198	8254	8309	8364	8420	8475	8530	8586	8641	
7850		8697	8752	8807	8862	8918	8973	9028	9084	9139	9194	
51		9250	9305	9360	9416	9471	9526	9582	9637	9692	9748	
52		9803	9858	9913	9969	0024	0079	0135	0190	0245	0301	
53	895.	0356	0411	0467	0522	0577	0633	0688	0743	0798	0854	
54		0909	0964	1020	1075	1130	1186	1241	1296	1351	1407	
7855		1462	1517	1573	1628	1683	1738	1794	1849	1904	1960	
56		2015	2070	2125	2181	2236	2291	2347	2402	2457	2512	
57		2568	2623	2678	2733	2789	2844	2899	2954	3010	3065	
58		3120	3175	3231	3286	3341	3397	3452	3507	3562	3618	
59		3673	3728	3783	3839	3894	3949	4004	4060	4115	4170	
7860		4225	4281	4336	4391	4446	4502	4557	4612	4667	4723	
61		4778	4833	4888	4944	4999	5054	5109	5165	5220	5275	
62		5330	5386	5441	5496	5551	5607	5662	5717	5772	5828	
63		5883	5938	5993	6048	6104	6159	6214	6269	6325	6380	
64		6435	6490	6545	6601	6656	6711	6766	6822	6877	6932	
NUM.		0	1	2	3	4	5	6	7	8	9	D.

N. 78650 L. 895

NUM.		0	1	2	3	4	5	6	7	8	9	D.	part.
7865	895.	6987	7042	7097	7153	7208	7263	7318	7374	7429	7484		
66		7539	7594	7650	7705	7760	7815	7871	7926	7981	8036		
67		8091	8147	8202	8257	8312	8367	8423	8478	8533	8588		
68		8643	8699	8754	8809	8864	8919	8975	9030	9085	9140		
69		9195	9251	9306	9361	9416	9471	9527	9582	9637	9692		
7870		9747	9802	9858	9913	9968	0023	0078	0134	0189	0244		
71	896.	0299	0354	0409	0464	0520	0575	0630	0685	0741	0796		
72		0851	0906	0961	1016	1072	1127	1182	1237	1292	1347		
73		1403	1458	1513	1568	1623	1678	1733	1789	1844	1899		
74		1954	2009	2064	2120	2175	2230	2285	2340	2395	2450		
7875		2506	2561	2616	2671	2726	2781	2837	2892	2947	3002		
76		3057	3112	3167	3222	3278	3333	3388	3443	3498	3553		
77		3608	3664	3719	3774	3829	3884	3939	3994	4050	4105		56
78		4160	4215	4270	4325	4380	4435	4491	4546	4601	4656		
79		4711	4766	4821	4876	4931	4987	5042	5097	5152	5207		
7880		5262	5317	5372	5427	5483	5538	5593	5648	5703	5758		
81		5813	5868	5923	5978	6034	6089	6144	6199	6254	6309		
82		6364	6419	6474	6529	6584	6640	6695	6750	6805	6860		
83		6915	6970	7025	7080	7135	7190	7246	7301	7356	7411		
84		7466	7521	7576	7631	7686	7741	7797	7852	7907	7962		
7885		8017	8072	8127	8182	8237	8292	8347	8402	8457	8512		
86		8567	8622	8678	8733	8788	8843	8898	8953	9008	9063		
87		9118	9173	9228	9283	9338	9393	9448	9503	9558	9614		
88		9669	9724	9779	9834	9889	9944	9999	0054	0109	0164		
89	897.	0220	0275	0330	0385	0440	0495	0550	0605	0660	0715		
7890		0770	0825	0880	0935	0990	1045	1100	1155	1210	1265		
91		1320	1375	1431	1486	1541	1596	1651	1706	1761	1816		
92		1871	1926	1981	2036	2091	2146	2201	2256	2311	2366		
93		2421	2476	2531	2586	2641	2696	2751	2806	2861	2916		
94		2971	3026	3081	3136	3191	3246	3301	3356	3411	3466		
7895		3521	3576	3631	3686	3741	3796	3851	3906	3961	4016		
96		4071	4126	4181	4236	4291	4346	4401	4456	4511	4566	55	
97		4621	4676	4731	4786	4841	4896	4951	5006	5061	5116		
98		5171	5226	5281	5336	5391	5446	5501	5556	5611	5666		
99		5721	5776	5831	5886	5941	5996	6051	6106	6161	6216		55
7900		6271	6326	6381	6436	6491	6546	6600	6655	6710	6765		
01		6820	6875	6930	6985	7040	7095	7150	7205	7260	7315		
02		7370	7425	7480	7535	7590	7645	7700	7755	7810	7865		
03		7920	7975	8030	8085	8140	8195	8250	8304	8359	8414		
04		8469	8524	8579	8634	8689	8744	8799	8854	8909	8964		
7905		9019	9074	9129	9184	9239	9293	9348	9403	9458	9513		
06		9568	9623	9678	9733	9788	9843	9898	9953	0008	0062		
07	898.	0117	0172	0227	0282	0337	0392	0447	0502	0557	0612		
08		0667	0721	0776	0831	0886	0941	0996	1051	1106	1161		
09		1216	1271	1326	1380	1435	1490	1545	1600	1655	1710		
7910		1765	1820	1875	1930	1984	2039	2094	2149	2204	2259		
11		2314	2369	2424	2478	2533	2588	2643	2698	2753	2808		
12		2863	2918	2973	3027	3082	3137	3192	3247	3302	3357		
13		3412	3467	3521	3576	3631	3686	3741	3796	3851	3906		
14		3960	4015	4070	4125	4180	4235	4290	4345	4399	4454		
7915		4509	4564	4619	4674	4729	4784	4838	4893	4948	5003		
16		5058	5113	5168	5222	5277	5332	5387	5442	5497	5552		
17		5606	5661	5716	5771	5826	5881	5936	5990	6045	6100		
18		6155	6210	6265	6319	6374	6429	6484	6539	6594	6648		
19		6703	6758	6813	6868	6923	6977	7032	7087	7142	7197		
7920		7252	7307	7361	7416	7471	7526	7581	7635	7690	7745		
21		7800	7855	7910	7964	8019	8074	8129	8184	8238	8293		54
22		8348	8403	8458	8512	8567	8622	8677	8732	8787	8841		
23		8897	8951	9006	9060	9115	9170	9225	9280	9334	9389		
24		9444	9499	9554	9608	9663	9718	9773	9827	9882	9937		
7925		9992	0046	0101	0156	0211	0265	0320	0375	0430	0484		
26	899.	0539	0594	0649	0703	0758	0813	0868	0922	0977	1032		
27		1087	1141	1196	1251	1305	1360	1415	1470	1524	1579		
28		1634	1689	1743	1798	1853	1907	1962	2017	2072	2126		
29		2181	2236	2290	2345	2400	2455	2509	2564	2619	2673		
NUM.		0	1	2	3	4	5	6	7	8	9	D.	part.

N. 79300 L. 899

Num.	0	1	2	3	4	5	6	7	8	9	D.
7930	[illegible]	[illegible]	[illegible]	[illegible]	[illegible]	[illegible]	[illegible]	[illegible]	[illegible]	[illegible]	
31	[illegible]	[illegible]	[illegible]	[illegible]	[illegible]	[illegible]	[illegible]	[illegible]	[illegible]	[illegible]	
32	[illegible]	[illegible]	[illegible]	[illegible]	[illegible]	[illegible]	[illegible]	[illegible]	[illegible]	[illegible]	
33	[illegible]	[illegible]	[illegible]	[illegible]	[illegible]	[illegible]	[illegible]	[illegible]	[illegible]	[illegible]	
34	[illegible]	[illegible]	[illegible]	[illegible]	[illegible]	[illegible]	[illegible]	[illegible]	[illegible]	[illegible]	
7935	[illegible]	[illegible]	[illegible]	[illegible]	[illegible]	[illegible]	[illegible]	[illegible]	[illegible]	[illegible]	
36	[illegible]	[illegible]	[illegible]	[illegible]	[illegible]	[illegible]	[illegible]	[illegible]	[illegible]	[illegible]	
37	[illegible]	[illegible]	[illegible]	[illegible]	[illegible]	[illegible]	[illegible]	[illegible]	[illegible]	[illegible]	
38	[illegible]	[illegible]	[illegible]	[illegible]	[illegible]	[illegible]	[illegible]	[illegible]	[illegible]	[illegible]	
39	[illegible]	[illegible]	[illegible]	[illegible]	[illegible]	[illegible]	[illegible]	[illegible]	[illegible]	[illegible]	
7940	[illegible]	[illegible]	[illegible]	[illegible]	[illegible]	[illegible]	[illegible]	[illegible]	[illegible]	[illegible]	
41	[illegible]	[illegible]	[illegible]	[illegible]	[illegible]	[illegible]	[illegible]	[illegible]	[illegible]	[illegible]	
42	[illegible]	[illegible]	[illegible]	[illegible]	[illegible]	[illegible]	[illegible]	[illegible]	[illegible]	[illegible]	
43	[illegible]	[illegible]	[illegible]	[illegible]	[illegible]	[illegible]	[illegible]	[illegible]	[illegible]	[illegible]	
44	900.0191	[illegible]	[illegible]	[illegible]	[illegible]	[illegible]	[illegible]	[illegible]	[illegible]	[illegible]	
7945	[illegible]	[illegible]	[illegible]	[illegible]	[illegible]	[illegible]	[illegible]	[illegible]	[illegible]	[illegible]	
46	[illegible]	[illegible]	[illegible]	[illegible]	[illegible]	[illegible]	[illegible]	[illegible]	[illegible]	[illegible]	
47	[illegible]	[illegible]	[illegible]	[illegible]	[illegible]	[illegible]	[illegible]	[illegible]	[illegible]	[illegible]	
48	[illegible]	[illegible]	[illegible]	[illegible]	[illegible]	[illegible]	[illegible]	[illegible]	[illegible]	[illegible]	
49	[illegible]	[illegible]	[illegible]	[illegible]	[illegible]	[illegible]	[illegible]	[illegible]	[illegible]	[illegible]	
7950	[illegible]	[illegible]	[illegible]	[illegible]	[illegible]	[illegible]	[illegible]	[illegible]	[illegible]	[illegible]	
51	[illegible]	[illegible]	[illegible]	[illegible]	[illegible]	[illegible]	[illegible]	[illegible]	[illegible]	[illegible]	
52	[illegible]	[illegible]	[illegible]	[illegible]	[illegible]	[illegible]	[illegible]	[illegible]	[illegible]	[illegible]	
53	[illegible]	[illegible]	[illegible]	[illegible]	[illegible]	[illegible]	[illegible]	[illegible]	[illegible]	[illegible]	
54	[illegible]	[illegible]	[illegible]	[illegible]	[illegible]	[illegible]	[illegible]	[illegible]	[illegible]	[illegible]	
7955	[illegible]	[illegible]	[illegible]	[illegible]	[illegible]	[illegible]	[illegible]	[illegible]	[illegible]	[illegible]	
56	[illegible]	[illegible]	[illegible]	[illegible]	[illegible]	[illegible]	[illegible]	[illegible]	[illegible]	[illegible]	
57	[illegible]	[illegible]	[illegible]	[illegible]	[illegible]	[illegible]	[illegible]	[illegible]	[illegible]	[illegible]	
58	[illegible]	[illegible]	[illegible]	[illegible]	[illegible]	[illegible]	[illegible]	[illegible]	[illegible]	[illegible]	
59	[illegible]	[illegible]	[illegible]	[illegible]	[illegible]	[illegible]	[illegible]	[illegible]	[illegible]	[illegible]	
7960	[illegible]	[illegible]	[illegible]	[illegible]	[illegible]	[illegible]	[illegible]	[illegible]	[illegible]	[illegible]	
61	[illegible]	[illegible]	[illegible]	[illegible]	[illegible]	[illegible]	[illegible]	[illegible]	[illegible]	[illegible]	
62	901.[illegible]	[illegible]	[illegible]	[illegible]	[illegible]	[illegible]	[illegible]	[illegible]	[illegible]	[illegible]	
63	[illegible]	[illegible]	[illegible]	[illegible]	[illegible]	[illegible]	[illegible]	[illegible]	[illegible]	[illegible]	
64	[illegible]	[illegible]	[illegible]	[illegible]	[illegible]	[illegible]	[illegible]	[illegible]	[illegible]	[illegible]	
7965	[illegible]	[illegible]	[illegible]	[illegible]	[illegible]	[illegible]	[illegible]	[illegible]	[illegible]	[illegible]	
66	[illegible]	[illegible]	[illegible]	[illegible]	[illegible]	[illegible]	[illegible]	[illegible]	[illegible]	[illegible]	
67	[illegible]	[illegible]	[illegible]	[illegible]	[illegible]	[illegible]	[illegible]	[illegible]	[illegible]	[illegible]	
68	[illegible]	[illegible]	[illegible]	[illegible]	[illegible]	[illegible]	[illegible]	[illegible]	[illegible]	[illegible]	
69	[illegible]	[illegible]	[illegible]	[illegible]	[illegible]	[illegible]	[illegible]	[illegible]	[illegible]	[illegible]	
7970	[illegible]	[illegible]	[illegible]	[illegible]	[illegible]	[illegible]	[illegible]	[illegible]	[illegible]	[illegible]	
71	[illegible]	[illegible]	[illegible]	[illegible]	[illegible]	[illegible]	[illegible]	[illegible]	[illegible]	[illegible]	
72	[illegible]	[illegible]	[illegible]	[illegible]	[illegible]	[illegible]	[illegible]	[illegible]	[illegible]	[illegible]	
73	[illegible]	[illegible]	[illegible]	[illegible]	[illegible]	[illegible]	[illegible]	[illegible]	[illegible]	[illegible]	
74	[illegible]	[illegible]	[illegible]	[illegible]	[illegible]	[illegible]	[illegible]	[illegible]	[illegible]	[illegible]	
7975	[illegible]	[illegible]	[illegible]	[illegible]	[illegible]	[illegible]	[illegible]	[illegible]	[illegible]	[illegible]	
76	[illegible]	[illegible]	[illegible]	[illegible]	[illegible]	[illegible]	[illegible]	[illegible]	[illegible]	[illegible]	
77	[illegible]	[illegible]	[illegible]	[illegible]	[illegible]	[illegible]	[illegible]	[illegible]	[illegible]	[illegible]	
78	[illegible]	[illegible]	[illegible]	[illegible]	[illegible]	[illegible]	[illegible]	[illegible]	[illegible]	[illegible]	
79	[illegible]	[illegible]	[illegible]	[illegible]	[illegible]	[illegible]	[illegible]	[illegible]	[illegible]	[illegible]	
7980	902.[illegible]	[illegible]	[illegible]	[illegible]	[illegible]	[illegible]	[illegible]	[illegible]	[illegible]	[illegible]	
81	[illegible]	[illegible]	[illegible]	[illegible]	[illegible]	[illegible]	[illegible]	[illegible]	[illegible]	[illegible]	
82	[illegible]	[illegible]	[illegible]	[illegible]	[illegible]	[illegible]	[illegible]	[illegible]	[illegible]	[illegible]	
83	[illegible]	[illegible]	[illegible]	[illegible]	[illegible]	[illegible]	[illegible]	[illegible]	[illegible]	[illegible]	
84	[illegible]	[illegible]	[illegible]	[illegible]	[illegible]	[illegible]	[illegible]	[illegible]	[illegible]	[illegible]	
7985	[illegible]	[illegible]	[illegible]	[illegible]	[illegible]	[illegible]	[illegible]	[illegible]	[illegible]	[illegible]	
86	[illegible]	[illegible]	[illegible]	[illegible]	[illegible]	[illegible]	[illegible]	[illegible]	[illegible]	[illegible]	
87	[illegible]	[illegible]	[illegible]	[illegible]	[illegible]	[illegible]	[illegible]	[illegible]	[illegible]	[illegible]	
88	[illegible]	[illegible]	[illegible]	[illegible]	[illegible]	[illegible]	[illegible]	[illegible]	[illegible]	[illegible]	
89	[illegible]	[illegible]	[illegible]	[illegible]	[illegible]	[illegible]	[illegible]	[illegible]	[illegible]	[illegible]	
7990	[illegible]	[illegible]	[illegible]	[illegible]	[illegible]	[illegible]	[illegible]	[illegible]	[illegible]	[illegible]	
91	[illegible]	[illegible]	[illegible]	[illegible]	[illegible]	[illegible]	[illegible]	[illegible]	[illegible]	[illegible]	
92	[illegible]	[illegible]	[illegible]	[illegible]	[illegible]	[illegible]	[illegible]	[illegible]	[illegible]	[illegible]	
93	[illegible]	[illegible]	[illegible]	[illegible]	[illegible]	[illegible]	[illegible]	[illegible]	[illegible]	[illegible]	
94	[illegible]	[illegible]	[illegible]	[illegible]	[illegible]	[illegible]	[illegible]	[illegible]	[illegible]	[illegible]	
Num.	0	1	2	3	4	5	6	7	8	9	D.

N. 79950 L. 902

Num.	0	1	2	3	4	5	6	7	8	9	D.	Part.
7995	902.[illegible]	[illegible]	[illegible]	[illegible]	[illegible]	[illegible]	[illegible]	[illegible]	[illegible]	[illegible]		
96	[illegible]	[illegible]	[illegible]	[illegible]	[illegible]	[illegible]	[illegible]	[illegible]	[illegible]	[illegible]		
97	[illegible]	[illegible]	[illegible]	[illegible]	[illegible]	[illegible]	[illegible]	[illegible]	[illegible]	[illegible]		
98	[illegible]	[illegible]	[illegible]	[illegible]	[illegible]	[illegible]	[illegible]	[illegible]	[illegible]	[illegible]		
99	903.[illegible]	[illegible]	[illegible]	[illegible]	[illegible]	[illegible]	[illegible]	[illegible]	[illegible]	[illegible]		
8000	[illegible]	[illegible]	[illegible]	[illegible]	[illegible]	[illegible]	[illegible]	[illegible]	[illegible]	[illegible]		
01	[illegible]	[illegible]	[illegible]	[illegible]	[illegible]	[illegible]	[illegible]	[illegible]	[illegible]	[illegible]		
02	[illegible]	[illegible]	[illegible]	[illegible]	[illegible]	[illegible]	[illegible]	[illegible]	[illegible]	[illegible]		
03	[illegible]	[illegible]	[illegible]	[illegible]	[illegible]	[illegible]	[illegible]	[illegible]	[illegible]	[illegible]		
04	[illegible]	[illegible]	[illegible]	[illegible]	[illegible]	[illegible]	[illegible]	[illegible]	[illegible]	[illegible]		
8005	[illegible]	[illegible]	[illegible]	[illegible]	[illegible]	[illegible]	[illegible]	[illegible]	[illegible]	[illegible]		55
06	[illegible]	[illegible]	[illegible]	[illegible]	[illegible]	[illegible]	[illegible]	[illegible]	[illegible]	[illegible]		[illegible]
07	[illegible]	[illegible]	[illegible]	[illegible]	[illegible]	[illegible]	[illegible]	[illegible]	[illegible]	[illegible]		[illegible]
08	[illegible]	[illegible]	[illegible]	[illegible]	[illegible]	[illegible]	[illegible]	[illegible]	[illegible]	[illegible]		[illegible]
09	[illegible]	[illegible]	[illegible]	[illegible]	[illegible]	[illegible]	[illegible]	[illegible]	[illegible]	[illegible]		[illegible]
8010	[illegible]	[illegible]	[illegible]	[illegible]	[illegible]	[illegible]	[illegible]	[illegible]	[illegible]	[illegible]		[illegible]
11	[illegible]	[illegible]	[illegible]	[illegible]	[illegible]	[illegible]	[illegible]	[illegible]	[illegible]	[illegible]		[illegible]
12	[illegible]	[illegible]	[illegible]	[illegible]	[illegible]	[illegible]	[illegible]	[illegible]	[illegible]	[illegible]		[illegible]
13	[illegible]	[illegible]	[illegible]	[illegible]	[illegible]	[illegible]	[illegible]	[illegible]	[illegible]	[illegible]		[illegible]
14	[illegible]	[illegible]	[illegible]	[illegible]	[illegible]	[illegible]	[illegible]	[illegible]	[illegible]	[illegible]		[illegible]
8015	[illegible]	[illegible]	[illegible]	[illegible]	[illegible]	[illegible]	[illegible]	[illegible]	[illegible]	[illegible]		
16	[illegible]	[illegible]	[illegible]	[illegible]	[illegible]	[illegible]	[illegible]	[illegible]	[illegible]	[illegible]		
17	904.[illegible]	[illegible]	[illegible]	[illegible]	[illegible]	[illegible]	[illegible]	[illegible]	[illegible]	[illegible]		
18	[illegible]	[illegible]	[illegible]	[illegible]	[illegible]	[illegible]	[illegible]	[illegible]	[illegible]	[illegible]		
19	[illegible]	[illegible]	[illegible]	[illegible]	[illegible]	[illegible]	[illegible]	[illegible]	[illegible]	[illegible]		
8020	[illegible]	[illegible]	[illegible]	[illegible]	[illegible]	[illegible]	[illegible]	[illegible]	[illegible]	[illegible]		
21	[illegible]	[illegible]	[illegible]	[illegible]	[illegible]	[illegible]	[illegible]	[illegible]	[illegible]	[illegible]		
22	[illegible]	[illegible]	[illegible]	[illegible]	[illegible]	[illegible]	[illegible]	[illegible]	[illegible]	[illegible]		
23	[illegible]	[illegible]	[illegible]	[illegible]	[illegible]	[illegible]	[illegible]	[illegible]	[illegible]	[illegible]		
24	[illegible]	[illegible]	[illegible]	[illegible]	[illegible]	[illegible]	[illegible]	[illegible]	[illegible]	[illegible]		
8025	[illegible]	[illegible]	[illegible]	[illegible]	[illegible]	[illegible]	[illegible]	[illegible]	[illegible]	[illegible]		
26	[illegible]	[illegible]	[illegible]	[illegible]	[illegible]	[illegible]	[illegible]	[illegible]	[illegible]	[illegible]		54
27	[illegible]	[illegible]	[illegible]	[illegible]	[illegible]	[illegible]	[illegible]	[illegible]	[illegible]	[illegible]		[illegible]
28	[illegible]	[illegible]	[illegible]	[illegible]	[illegible]	[illegible]	[illegible]	[illegible]	[illegible]	[illegible]		[illegible]
29	[illegible]	[illegible]	[illegible]	[illegible]	[illegible]	[illegible]	[illegible]	[illegible]	[illegible]	[illegible]		[illegible]
8030	[illegible]	[illegible]	[illegible]	[illegible]	[illegible]	[illegible]	[illegible]	[illegible]	[illegible]	[illegible]		[illegible]
31	[illegible]	[illegible]	[illegible]	[illegible]	[illegible]	[illegible]	[illegible]	[illegible]	[illegible]	[illegible]		[illegible]
32	[illegible]	[illegible]	[illegible]	[illegible]	[illegible]	[illegible]	[illegible]	[illegible]	[illegible]	[illegible]		[illegible]
33	[illegible]	[illegible]	[illegible]	[illegible]	[illegible]	[illegible]	[illegible]	[illegible]	[illegible]	[illegible]		[illegible]
34	[illegible]	[illegible]	[illegible]	[illegible]	[illegible]	[illegible]	[illegible]	[illegible]	[illegible]	[illegible]		[illegible]
8035	[illegible]	[illegible]	[illegible]	[illegible]	[illegible]	[illegible]	[illegible]	[illegible]	[illegible]	[illegible]		
36	905.[illegible]	[illegible]	[illegible]	[illegible]	[illegible]	[illegible]	[illegible]	[illegible]	[illegible]	[illegible]		
37	[illegible]	[illegible]	[illegible]	[illegible]	[illegible]	[illegible]	[illegible]	[illegible]	[illegible]	[illegible]		
38	[illegible]	[illegible]	[illegible]	[illegible]	[illegible]	[illegible]	[illegible]	[illegible]	[illegible]	[illegible]		
39	[illegible]	[illegible]	[illegible]	[illegible]	[illegible]	[illegible]	[illegible]	[illegible]	[illegible]	[illegible]		
8040	[illegible]	[illegible]	[illegible]	[illegible]	[illegible]	[illegible]	[illegible]	[illegible]	[illegible]	[illegible]		
41	[illegible]	[illegible]	[illegible]	[illegible]	[illegible]	[illegible]	[illegible]	[illegible]	[illegible]	[illegible]		
42	[illegible]	[illegible]	[illegible]	[illegible]	[illegible]	[illegible]	[illegible]	[illegible]	[illegible]	[illegible]		54
43	[illegible]	[illegible]	[illegible]	[illegible]	[illegible]	[illegible]	[illegible]	[illegible]	[illegible]	[illegible]		
44	[illegible]	[illegible]	[illegible]	[illegible]	[illegible]	[illegible]	[illegible]	[illegible]	[illegible]	[illegible]		
8045	[illegible]	[illegible]	[illegible]	[illegible]	[illegible]	[illegible]	[illegible]	[illegible]	[illegible]	[illegible]		
46	[illegible]	[illegible]	[illegible]	[illegible]	[illegible]	[illegible]	[illegible]	[illegible]	[illegible]	[illegible]		
47	[illegible]	[illegible]	[illegible]	[illegible]	[illegible]	[illegible]	[illegible]	[illegible]	[illegible]	[illegible]		
48	[illegible]	[illegible]	[illegible]	[illegible]	[illegible]	[illegible]	[illegible]	[illegible]	[illegible]	[illegible]		
49	[illegible]	[illegible]	[illegible]	[illegible]	[illegible]	[illegible]	[illegible]	[illegible]	[illegible]	[illegible]		
8050	[illegible]	[illegible]	[illegible]	[illegible]	[illegible]	[illegible]	[illegible]	[illegible]	[illegible]	[illegible]		
51	[illegible]	[illegible]	[illegible]	[illegible]	[illegible]	[illegible]	[illegible]	[illegible]	[illegible]	[illegible]		53
52	[illegible]	[illegible]	[illegible]	[illegible]	[illegible]	[illegible]	[illegible]	[illegible]	[illegible]	[illegible]		[illegible]
53	[illegible]	[illegible]	[illegible]	[illegible]	[illegible]	[illegible]	[illegible]	[illegible]	[illegible]	[illegible]		[illegible]
54	906.[illegible]	[illegible]	[illegible]	[illegible]	[illegible]	[illegible]	[illegible]	[illegible]	[illegible]	[illegible]		[illegible]
8055	[illegible]	[illegible]	[illegible]	[illegible]	[illegible]	[illegible]	[illegible]	[illegible]	[illegible]	[illegible]		[illegible]
56	[illegible]	[illegible]	[illegible]	[illegible]	[illegible]	[illegible]	[illegible]	[illegible]	[illegible]	[illegible]		[illegible]
57	[illegible]	[illegible]	[illegible]	[illegible]	[illegible]	[illegible]	[illegible]	[illegible]	[illegible]	[illegible]		[illegible]
58	[illegible]	[illegible]	[illegible]	[illegible]	[illegible]	[illegible]	[illegible]	[illegible]	[illegible]	[illegible]		[illegible]
59	[illegible]	[illegible]	[illegible]	[illegible]	[illegible]	[illegible]	[illegible]	[illegible]	[illegible]	[illegible]		[illegible]
Num.	0	1	2	3	4	5	6	7	8	9	D.	Part.

N. 80600 L. 906

Num.		0	1	2	3	4	5	6	7	8	9	D.
8060	906.	1350	1404	1458	1512	1566	1620	1674	1728	1781	1835	
61		[illegible]	[illegible]	[illegible]	[illegible]	[illegible]	[illegible]	[illegible]	[illegible]	[illegible]	[illegible]	
62		[illegible]	[illegible]	[illegible]	[illegible]	[illegible]	[illegible]	[illegible]	[illegible]	[illegible]	[illegible]	
63		[illegible]	[illegible]	[illegible]	[illegible]	[illegible]	[illegible]	[illegible]	[illegible]	[illegible]	[illegible]	
64		[illegible]	[illegible]	[illegible]	[illegible]	[illegible]	[illegible]	[illegible]	[illegible]	[illegible]	[illegible]	
8065		[illegible]	[illegible]	[illegible]	[illegible]	[illegible]	[illegible]	[illegible]	[illegible]	[illegible]	[illegible]	
66		[illegible]	[illegible]	[illegible]	[illegible]	[illegible]	[illegible]	[illegible]	[illegible]	[illegible]	[illegible]	
67		[illegible]	[illegible]	[illegible]	[illegible]	[illegible]	[illegible]	[illegible]	[illegible]	[illegible]	[illegible]	
68		[illegible]	[illegible]	[illegible]	[illegible]	[illegible]	[illegible]	[illegible]	[illegible]	[illegible]	[illegible]	
69		[illegible]	[illegible]	[illegible]	[illegible]	[illegible]	[illegible]	[illegible]	[illegible]	[illegible]	[illegible]	
8070		[illegible]	[illegible]	[illegible]	[illegible]	[illegible]	[illegible]	[illegible]	[illegible]	[illegible]	[illegible]	
71		[illegible]	[illegible]	[illegible]	[illegible]	[illegible]	[illegible]	[illegible]	[illegible]	[illegible]	[illegible]	
72		[illegible]	[illegible]	[illegible]	[illegible]	[illegible]	[illegible]	[illegible]	[illegible]	[illegible]	[illegible]	
73	907.	[illegible]	[illegible]	[illegible]	[illegible]	[illegible]	[illegible]	[illegible]	[illegible]	[illegible]	[illegible]	
74		[illegible]	[illegible]	[illegible]	[illegible]	[illegible]	[illegible]	[illegible]	[illegible]	[illegible]	[illegible]	
8075		[illegible]	[illegible]	[illegible]	[illegible]	[illegible]	[illegible]	[illegible]	[illegible]	[illegible]	[illegible]	
76		[illegible]	[illegible]	[illegible]	[illegible]	[illegible]	[illegible]	[illegible]	[illegible]	[illegible]	[illegible]	
77		[illegible]	[illegible]	[illegible]	[illegible]	[illegible]	[illegible]	[illegible]	[illegible]	[illegible]	[illegible]	
78		[illegible]	[illegible]	[illegible]	[illegible]	[illegible]	[illegible]	[illegible]	[illegible]	[illegible]	[illegible]	
79		[illegible]	[illegible]	[illegible]	[illegible]	[illegible]	[illegible]	[illegible]	[illegible]	[illegible]	[illegible]	
8080		[illegible]	[illegible]	[illegible]	[illegible]	[illegible]	[illegible]	[illegible]	[illegible]	[illegible]	[illegible]	
81		[illegible]	[illegible]	[illegible]	[illegible]	[illegible]	[illegible]	[illegible]	[illegible]	[illegible]	[illegible]	
82		[illegible]	[illegible]	[illegible]	[illegible]	[illegible]	[illegible]	[illegible]	[illegible]	[illegible]	[illegible]	
83		[illegible]	[illegible]	[illegible]	[illegible]	[illegible]	[illegible]	[illegible]	[illegible]	[illegible]	[illegible]	
84		[illegible]	[illegible]	[illegible]	[illegible]	[illegible]	[illegible]	[illegible]	[illegible]	[illegible]	[illegible]	
8085		[illegible]	[illegible]	[illegible]	[illegible]	[illegible]	[illegible]	[illegible]	[illegible]	[illegible]	[illegible]	
86		[illegible]	[illegible]	[illegible]	[illegible]	[illegible]	[illegible]	[illegible]	[illegible]	[illegible]	[illegible]	
87		[illegible]	[illegible]	[illegible]	[illegible]	[illegible]	[illegible]	[illegible]	[illegible]	[illegible]	[illegible]	
88		[illegible]	[illegible]	[illegible]	[illegible]	[illegible]	[illegible]	[illegible]	[illegible]	[illegible]	[illegible]	
89		[illegible]	[illegible]	[illegible]	[illegible]	[illegible]	[illegible]	[illegible]	[illegible]	[illegible]	[illegible]	
8090		[illegible]	[illegible]	[illegible]	[illegible]	[illegible]	[illegible]	[illegible]	[illegible]	[illegible]	[illegible]	
91	908.	[illegible]	[illegible]	[illegible]	[illegible]	[illegible]	[illegible]	[illegible]	[illegible]	[illegible]	[illegible]	
92		[illegible]	[illegible]	[illegible]	[illegible]	[illegible]	[illegible]	[illegible]	[illegible]	[illegible]	[illegible]	
93		[illegible]	[illegible]	[illegible]	[illegible]	[illegible]	[illegible]	[illegible]	[illegible]	[illegible]	[illegible]	
94		[illegible]	[illegible]	[illegible]	[illegible]	[illegible]	[illegible]	[illegible]	[illegible]	[illegible]	[illegible]	
8095		[illegible]	[illegible]	[illegible]	[illegible]	[illegible]	[illegible]	[illegible]	[illegible]	[illegible]	[illegible]	
96		[illegible]	[illegible]	[illegible]	[illegible]	[illegible]	[illegible]	[illegible]	[illegible]	[illegible]	[illegible]	
97		[illegible]	[illegible]	[illegible]	[illegible]	[illegible]	[illegible]	[illegible]	[illegible]	[illegible]	[illegible]	
98		[illegible]	[illegible]	[illegible]	[illegible]	[illegible]	[illegible]	[illegible]	[illegible]	[illegible]	[illegible]	
99		[illegible]	[illegible]	[illegible]	[illegible]	[illegible]	[illegible]	[illegible]	[illegible]	[illegible]	[illegible]	
8100		[illegible]	[illegible]	[illegible]	[illegible]	[illegible]	[illegible]	[illegible]	[illegible]	[illegible]	[illegible]	
01		[illegible]	[illegible]	[illegible]	[illegible]	[illegible]	[illegible]	[illegible]	[illegible]	[illegible]	[illegible]	
02		[illegible]	[illegible]	[illegible]	[illegible]	[illegible]	[illegible]	[illegible]	[illegible]	[illegible]	[illegible]	
03		[illegible]	[illegible]	[illegible]	[illegible]	[illegible]	[illegible]	[illegible]	[illegible]	[illegible]	[illegible]	
04		[illegible]	[illegible]	[illegible]	[illegible]	[illegible]	[illegible]	[illegible]	[illegible]	[illegible]	[illegible]	
8105		[illegible]	[illegible]	[illegible]	[illegible]	[illegible]	[illegible]	[illegible]	[illegible]	[illegible]	[illegible]	
06		[illegible]	[illegible]	[illegible]	[illegible]	[illegible]	[illegible]	[illegible]	[illegible]	[illegible]	[illegible]	
07		[illegible]	[illegible]	[illegible]	[illegible]	[illegible]	[illegible]	[illegible]	[illegible]	[illegible]	[illegible]	
08		[illegible]	[illegible]	[illegible]	[illegible]	[illegible]	[illegible]	[illegible]	[illegible]	[illegible]	[illegible]	
09		[illegible]	[illegible]	[illegible]	[illegible]	[illegible]	[illegible]	[illegible]	[illegible]	[illegible]	[illegible]	
8110	909.	[illegible]	[illegible]	[illegible]	[illegible]	[illegible]	[illegible]	[illegible]	[illegible]	[illegible]	[illegible]	
11		[illegible]	[illegible]	[illegible]	[illegible]	[illegible]	[illegible]	[illegible]	[illegible]	[illegible]	[illegible]	
12		[illegible]	[illegible]	[illegible]	[illegible]	[illegible]	[illegible]	[illegible]	[illegible]	[illegible]	[illegible]	
13		[illegible]	[illegible]	[illegible]	[illegible]	[illegible]	[illegible]	[illegible]	[illegible]	[illegible]	[illegible]	
14		[illegible]	[illegible]	[illegible]	[illegible]	[illegible]	[illegible]	[illegible]	[illegible]	[illegible]	[illegible]	
8115		[illegible]	[illegible]	[illegible]	[illegible]	[illegible]	[illegible]	[illegible]	[illegible]	[illegible]	[illegible]	
16		[illegible]	[illegible]	[illegible]	[illegible]	[illegible]	[illegible]	[illegible]	[illegible]	[illegible]	[illegible]	
17		[illegible]	[illegible]	[illegible]	[illegible]	[illegible]	[illegible]	[illegible]	[illegible]	[illegible]	[illegible]	
18		[illegible]	[illegible]	[illegible]	[illegible]	[illegible]	[illegible]	[illegible]	[illegible]	[illegible]	[illegible]	
19		[illegible]	[illegible]	[illegible]	[illegible]	[illegible]	[illegible]	[illegible]	[illegible]	[illegible]	[illegible]	
8120		[illegible]	[illegible]	[illegible]	[illegible]	[illegible]	[illegible]	[illegible]	[illegible]	[illegible]	[illegible]	
21		[illegible]	[illegible]	[illegible]	[illegible]	[illegible]	[illegible]	[illegible]	[illegible]	[illegible]	[illegible]	
22		[illegible]	[illegible]	[illegible]	[illegible]	[illegible]	[illegible]	[illegible]	[illegible]	[illegible]	[illegible]	
23		[illegible]	[illegible]	[illegible]	[illegible]	[illegible]	[illegible]	[illegible]	[illegible]	[illegible]	[illegible]	
24		[illegible]	[illegible]	[illegible]	[illegible]	[illegible]	[illegible]	[illegible]	[illegible]	[illegible]	[illegible]	
Num.		0	1	2	3	4	5	6	7	8	9	D.

N. 81250 L. 909

Num.		0	1	2	3	4	5	6	7	8	9	D.	Part.
8125	909.	[illegible]	[illegible]	[illegible]	[illegible]	[illegible]	[illegible]	[illegible]	[illegible]	[illegible]	[illegible]		
26		[illegible]	[illegible]	[illegible]	[illegible]	[illegible]	[illegible]	[illegible]	[illegible]	[illegible]	[illegible]		
27		[illegible]	[illegible]	[illegible]	[illegible]	[illegible]	[illegible]	[illegible]	[illegible]	[illegible]	[illegible]		
28		[illegible]	[illegible]	[illegible]	[illegible]	[illegible]	[illegible]	[illegible]	[illegible]	[illegible]	[illegible]		
29	910.	[illegible]	[illegible]	[illegible]	[illegible]	[illegible]	[illegible]	[illegible]	[illegible]	[illegible]	[illegible]		
8130		[illegible]	[illegible]	[illegible]	[illegible]	[illegible]	[illegible]	[illegible]	[illegible]	[illegible]	[illegible]		
31		[illegible]	[illegible]	[illegible]	[illegible]	[illegible]	[illegible]	[illegible]	[illegible]	[illegible]	[illegible]		
32		[illegible]	[illegible]	[illegible]	[illegible]	[illegible]	[illegible]	[illegible]	[illegible]	[illegible]	[illegible]		
33		[illegible]	[illegible]	[illegible]	[illegible]	[illegible]	[illegible]	[illegible]	[illegible]	[illegible]	[illegible]		
34		[illegible]	[illegible]	[illegible]	[illegible]	[illegible]	[illegible]	[illegible]	[illegible]	[illegible]	[illegible]		
8135		[illegible]	[illegible]	[illegible]	[illegible]	[illegible]	[illegible]	[illegible]	[illegible]	[illegible]	[illegible]		
36		[illegible]	[illegible]	[illegible]	[illegible]	[illegible]	[illegible]	[illegible]	[illegible]	[illegible]	[illegible]		
37		[illegible]	[illegible]	[illegible]	[illegible]	[illegible]	[illegible]	[illegible]	[illegible]	[illegible]	[illegible]		
38		[illegible]	[illegible]	[illegible]	[illegible]	[illegible]	[illegible]	[illegible]	[illegible]	[illegible]	[illegible]		
39		[illegible]	[illegible]	[illegible]	[illegible]	[illegible]	[illegible]	[illegible]	[illegible]	[illegible]	[illegible]		
8140		[illegible]	[illegible]	[illegible]	[illegible]	[illegible]	[illegible]	[illegible]	[illegible]	[illegible]	[illegible]		
41		[illegible]	[illegible]	[illegible]	[illegible]	[illegible]	[illegible]	[illegible]	[illegible]	[illegible]	[illegible]		
42		[illegible]	[illegible]	[illegible]	[illegible]	[illegible]	[illegible]	[illegible]	[illegible]	[illegible]	[illegible]		
43		[illegible]	[illegible]	[illegible]	[illegible]	[illegible]	[illegible]	[illegible]	[illegible]	[illegible]	[illegible]		
44		[illegible]	[illegible]	[illegible]	[illegible]	[illegible]	[illegible]	[illegible]	[illegible]	[illegible]	[illegible]		
8145		[illegible]	[illegible]	[illegible]	[illegible]	[illegible]	[illegible]	[illegible]	[illegible]	[illegible]	[illegible]		
46		[illegible]	[illegible]	[illegible]	[illegible]	[illegible]	[illegible]	[illegible]	[illegible]	[illegible]	[illegible]		
47		[illegible]	[illegible]	[illegible]	[illegible]	[illegible]	[illegible]	[illegible]	[illegible]	[illegible]	[illegible]		
48	911.	[illegible]	[illegible]	[illegible]	[illegible]	[illegible]	[illegible]	[illegible]	[illegible]	[illegible]	[illegible]		
49		[illegible]	[illegible]	[illegible]	[illegible]	[illegible]	[illegible]	[illegible]	[illegible]	[illegible]	[illegible]		
8150		[illegible]	[illegible]	[illegible]	[illegible]	[illegible]	[illegible]	[illegible]	[illegible]	[illegible]	[illegible]		
51		[illegible]	[illegible]	[illegible]	[illegible]	[illegible]	[illegible]	[illegible]	[illegible]	[illegible]	[illegible]		
52		[illegible]	[illegible]	[illegible]	[illegible]	[illegible]	[illegible]	[illegible]	[illegible]	[illegible]	[illegible]		
53		[illegible]	[illegible]	[illegible]	[illegible]	[illegible]	[illegible]	[illegible]	[illegible]	[illegible]	[illegible]		
54		[illegible]	[illegible]	[illegible]	[illegible]	[illegible]	[illegible]	[illegible]	[illegible]	[illegible]	[illegible]		
8155		[illegible]	[illegible]	[illegible]	[illegible]	[illegible]	[illegible]	[illegible]	[illegible]	[illegible]	[illegible]		
56		[illegible]	[illegible]	[illegible]	[illegible]	[illegible]	[illegible]	[illegible]	[illegible]	[illegible]	[illegible]		
57		[illegible]	[illegible]	[illegible]	[illegible]	[illegible]	[illegible]	[illegible]	[illegible]	[illegible]	[illegible]		
58		[illegible]	[illegible]	[illegible]	[illegible]	[illegible]	[illegible]	[illegible]	[illegible]	[illegible]	[illegible]		
59		[illegible]	[illegible]	[illegible]	[illegible]	[illegible]	[illegible]	[illegible]	[illegible]	[illegible]	[illegible]		
8160		[illegible]	[illegible]	[illegible]	[illegible]	[illegible]	[illegible]	[illegible]	[illegible]	[illegible]	[illegible]		
61		[illegible]	[illegible]	[illegible]	[illegible]	[illegible]	[illegible]	[illegible]	[illegible]	[illegible]	[illegible]		
62		[illegible]	[illegible]	[illegible]	[illegible]	[illegible]	[illegible]	[illegible]	[illegible]	[illegible]	[illegible]		
63		[illegible]	[illegible]	[illegible]	[illegible]	[illegible]	[illegible]	[illegible]	[illegible]	[illegible]	[illegible]		
64		[illegible]	[illegible]	[illegible]	[illegible]	[illegible]	[illegible]	[illegible]	[illegible]	[illegible]	[illegible]		
8165		[illegible]	[illegible]	[illegible]	[illegible]	[illegible]	[illegible]	[illegible]	[illegible]	[illegible]	[illegible]		
66	912.	[illegible]	[illegible]	[illegible]	[illegible]	[illegible]	[illegible]	[illegible]	[illegible]	[illegible]	[illegible]		
67		[illegible]	[illegible]	[illegible]	[illegible]	[illegible]	[illegible]	[illegible]	[illegible]	[illegible]	[illegible]		
68		[illegible]	[illegible]	[illegible]	[illegible]	[illegible]	[illegible]	[illegible]	[illegible]	[illegible]	[illegible]		
69		[illegible]	[illegible]	[illegible]	[illegible]	[illegible]	[illegible]	[illegible]	[illegible]	[illegible]	[illegible]		
8170		[illegible]	[illegible]	[illegible]	[illegible]	[illegible]	[illegible]	[illegible]	[illegible]	[illegible]	[illegible]		
71		[illegible]	[illegible]	[illegible]	[illegible]	[illegible]	[illegible]	[illegible]	[illegible]	[illegible]	[illegible]		
72		[illegible]	[illegible]	[illegible]	[illegible]	[illegible]	[illegible]	[illegible]	[illegible]	[illegible]	[illegible]		
73		[illegible]	[illegible]	[illegible]	[illegible]	[illegible]	[illegible]	[illegible]	[illegible]	[illegible]	[illegible]		
74		[illegible]	[illegible]	[illegible]	[illegible]	[illegible]	[illegible]	[illegible]	[illegible]	[illegible]	[illegible]		
8175		[illegible]	[illegible]	[illegible]	[illegible]	[illegible]	[illegible]	[illegible]	[illegible]	[illegible]	[illegible]		
76		[illegible]	[illegible]	[illegible]	[illegible]	[illegible]	[illegible]	[illegible]	[illegible]	[illegible]	[illegible]		
77		[illegible]	[illegible]	[illegible]	[illegible]	[illegible]	[illegible]	[illegible]	[illegible]	[illegible]	[illegible]		
78		[illegible]	[illegible]	[illegible]	[illegible]	[illegible]	[illegible]	[illegible]	[illegible]	[illegible]	[illegible]		
79		[illegible]	[illegible]	[illegible]	[illegible]	[illegible]	[illegible]	[illegible]	[illegible]	[illegible]	[illegible]		
8180		[illegible]	[illegible]	[illegible]	[illegible]	[illegible]	[illegible]	[illegible]	[illegible]	[illegible]	[illegible]		
81		[illegible]	[illegible]	[illegible]	[illegible]	[illegible]	[illegible]	[illegible]	[illegible]	[illegible]	[illegible]		
82		[illegible]	[illegible]	[illegible]	[illegible]	[illegible]	[illegible]	[illegible]	[illegible]	[illegible]	[illegible]		
83		[illegible]	[illegible]	[illegible]	[illegible]	[illegible]	[illegible]	[illegible]	[illegible]	[illegible]	[illegible]		
84		[illegible]	[illegible]	[illegible]	[illegible]	[illegible]	[illegible]	[illegible]	[illegible]	[illegible]	[illegible]		
8185	913.	[illegible]	[illegible]	[illegible]	[illegible]	[illegible]	[illegible]	[illegible]	[illegible]	[illegible]	[illegible]		
86		[illegible]	[illegible]	[illegible]	[illegible]	[illegible]	[illegible]	[illegible]	[illegible]	[illegible]	[illegible]		
87		[illegible]	[illegible]	[illegible]	[illegible]	[illegible]	[illegible]	[illegible]	[illegible]	[illegible]	[illegible]		
88		[illegible]	[illegible]	[illegible]	[illegible]	[illegible]	[illegible]	[illegible]	[illegible]	[illegible]	[illegible]		
89		[illegible]	[illegible]	[illegible]	[illegible]	[illegible]	[illegible]	[illegible]	[illegible]	[illegible]	[illegible]		
Num.		0	1	2	3	4	5	6	7	8	9	D.	Part.

N. 81900 L. 913

Num.	0	1	2	3	4	5	6	7	8	9	D.
8190	913.1835	1891	1944	1998	2051	2104	2157	2210	2263	2316	
91	2369	2422	2475	2528	2581	2634	2687	2740	2793	2846	
92	2899	2952	3005	3058	3111	3164	3217	3271	3324	3377	
93	[illegible]	[illegible]	[illegible]	[illegible]	[illegible]	[illegible]	[illegible]	[illegible]	[illegible]	[illegible]	
94	[illegible]	[illegible]	[illegible]	[illegible]	[illegible]	[illegible]	[illegible]	[illegible]	[illegible]	[illegible]	53
8195	[illegible]	[illegible]	[illegible]	[illegible]	[illegible]	[illegible]	[illegible]	[illegible]	[illegible]	[illegible]	
96	[illegible]	[illegible]	[illegible]	[illegible]	[illegible]	[illegible]	[illegible]	[illegible]	[illegible]	[illegible]	
97	[illegible]	[illegible]	[illegible]	[illegible]	[illegible]	[illegible]	[illegible]	[illegible]	[illegible]	[illegible]	
98	[illegible]	[illegible]	[illegible]	[illegible]	[illegible]	[illegible]	[illegible]	[illegible]	[illegible]	[illegible]	
99	[illegible]	[illegible]	[illegible]	[illegible]	[illegible]	[illegible]	[illegible]	[illegible]	[illegible]	[illegible]	
8200	[illegible]	[illegible]	[illegible]	[illegible]	[illegible]	[illegible]	[illegible]	[illegible]	[illegible]	[illegible]	
01	[illegible]	[illegible]	[illegible]	[illegible]	[illegible]	[illegible]	[illegible]	[illegible]	[illegible]	[illegible]	
02	[illegible]	[illegible]	[illegible]	[illegible]	[illegible]	[illegible]	[illegible]	[illegible]	[illegible]	[illegible]	
03	[illegible]	[illegible]	[illegible]	[illegible]	[illegible]	[illegible]	[illegible]	[illegible]	[illegible]	[illegible]	
04	914.0157	[illegible]	[illegible]	[illegible]	[illegible]	[illegible]	[illegible]	[illegible]	[illegible]	[illegible]	
8205	[illegible]	[illegible]	[illegible]	[illegible]	[illegible]	[illegible]	[illegible]	[illegible]	[illegible]	[illegible]	
06	[illegible]	[illegible]	[illegible]	[illegible]	[illegible]	[illegible]	[illegible]	[illegible]	[illegible]	[illegible]	
07	[illegible]	[illegible]	[illegible]	[illegible]	[illegible]	[illegible]	[illegible]	[illegible]	[illegible]	[illegible]	
08	[illegible]	[illegible]	[illegible]	[illegible]	[illegible]	[illegible]	[illegible]	[illegible]	[illegible]	[illegible]	
09	[illegible]	[illegible]	[illegible]	[illegible]	[illegible]	[illegible]	[illegible]	[illegible]	[illegible]	[illegible]	
8210	[illegible]	[illegible]	[illegible]	[illegible]	[illegible]	[illegible]	[illegible]	[illegible]	[illegible]	[illegible]	
11	[illegible]	[illegible]	[illegible]	[illegible]	[illegible]	[illegible]	[illegible]	[illegible]	[illegible]	[illegible]	
12	[illegible]	[illegible]	[illegible]	[illegible]	[illegible]	[illegible]	[illegible]	[illegible]	[illegible]	[illegible]	
13	[illegible]	[illegible]	[illegible]	[illegible]	[illegible]	[illegible]	[illegible]	[illegible]	[illegible]	[illegible]	
14	[illegible]	[illegible]	[illegible]	[illegible]	[illegible]	[illegible]	[illegible]	[illegible]	[illegible]	[illegible]	
8215	[illegible]	[illegible]	[illegible]	[illegible]	[illegible]	[illegible]	[illegible]	[illegible]	[illegible]	[illegible]	
16	[illegible]	[illegible]	[illegible]	[illegible]	[illegible]	[illegible]	[illegible]	[illegible]	[illegible]	[illegible]	
17	[illegible]	[illegible]	[illegible]	[illegible]	[illegible]	[illegible]	[illegible]	[illegible]	[illegible]	[illegible]	
18	[illegible]	[illegible]	[illegible]	[illegible]	[illegible]	[illegible]	[illegible]	[illegible]	[illegible]	[illegible]	
19	[illegible]	[illegible]	[illegible]	[illegible]	[illegible]	[illegible]	[illegible]	[illegible]	[illegible]	[illegible]	
8220	[illegible]	[illegible]	[illegible]	[illegible]	[illegible]	[illegible]	[illegible]	[illegible]	[illegible]	[illegible]	
21	[illegible]	[illegible]	[illegible]	[illegible]	[illegible]	[illegible]	[illegible]	[illegible]	[illegible]	[illegible]	
22	[illegible]	[illegible]	[illegible]	[illegible]	[illegible]	[illegible]	[illegible]	[illegible]	[illegible]	[illegible]	
23	915.0[illegible]	[illegible]	[illegible]	[illegible]	[illegible]	[illegible]	[illegible]	[illegible]	[illegible]	[illegible]	
24	[illegible]	[illegible]	[illegible]	[illegible]	[illegible]	[illegible]	[illegible]	[illegible]	[illegible]	[illegible]	
8225	[illegible]	[illegible]	[illegible]	[illegible]	[illegible]	[illegible]	[illegible]	[illegible]	[illegible]	[illegible]	
26	[illegible]	[illegible]	[illegible]	[illegible]	[illegible]	[illegible]	[illegible]	[illegible]	[illegible]	[illegible]	
27	[illegible]	[illegible]	[illegible]	[illegible]	[illegible]	[illegible]	[illegible]	[illegible]	[illegible]	[illegible]	
28	[illegible]	[illegible]	[illegible]	[illegible]	[illegible]	[illegible]	[illegible]	[illegible]	[illegible]	[illegible]	
29	[illegible]	[illegible]	[illegible]	[illegible]	[illegible]	[illegible]	[illegible]	[illegible]	[illegible]	[illegible]	
8230	[illegible]	[illegible]	[illegible]	[illegible]	[illegible]	[illegible]	[illegible]	[illegible]	[illegible]	[illegible]	
31	[illegible]	[illegible]	[illegible]	[illegible]	[illegible]	[illegible]	[illegible]	[illegible]	[illegible]	[illegible]	
32	[illegible]	[illegible]	[illegible]	[illegible]	[illegible]	[illegible]	[illegible]	[illegible]	[illegible]	[illegible]	
33	[illegible]	[illegible]	[illegible]	[illegible]	[illegible]	[illegible]	[illegible]	[illegible]	[illegible]	[illegible]	
34	[illegible]	[illegible]	[illegible]	[illegible]	[illegible]	[illegible]	[illegible]	[illegible]	[illegible]	[illegible]	
8235	[illegible]	[illegible]	[illegible]	[illegible]	[illegible]	[illegible]	[illegible]	[illegible]	[illegible]	[illegible]	
36	[illegible]	[illegible]	[illegible]	[illegible]	[illegible]	[illegible]	[illegible]	[illegible]	[illegible]	[illegible]	
37	[illegible]	[illegible]	[illegible]	[illegible]	[illegible]	[illegible]	[illegible]	[illegible]	[illegible]	[illegible]	
38	[illegible]	[illegible]	[illegible]	[illegible]	[illegible]	[illegible]	[illegible]	[illegible]	[illegible]	[illegible]	
39	[illegible]	[illegible]	[illegible]	[illegible]	[illegible]	[illegible]	[illegible]	[illegible]	[illegible]	[illegible]	
8240	[illegible]	[illegible]	[illegible]	[illegible]	[illegible]	[illegible]	[illegible]	[illegible]	[illegible]	[illegible]	
41	[illegible]	[illegible]	[illegible]	[illegible]	[illegible]	[illegible]	[illegible]	[illegible]	[illegible]	[illegible]	
42	916.0[illegible]	[illegible]	[illegible]	[illegible]	[illegible]	[illegible]	[illegible]	[illegible]	[illegible]	[illegible]	
43	[illegible]	[illegible]	[illegible]	[illegible]	[illegible]	[illegible]	[illegible]	[illegible]	[illegible]	[illegible]	
44	[illegible]	[illegible]	[illegible]	[illegible]	[illegible]	[illegible]	[illegible]	[illegible]	[illegible]	[illegible]	
8245	[illegible]	[illegible]	[illegible]	[illegible]	[illegible]	[illegible]	[illegible]	[illegible]	[illegible]	[illegible]	
46	[illegible]	[illegible]	[illegible]	[illegible]	[illegible]	[illegible]	[illegible]	[illegible]	[illegible]	[illegible]	
47	[illegible]	[illegible]	[illegible]	[illegible]	[illegible]	[illegible]	[illegible]	[illegible]	[illegible]	[illegible]	
48	[illegible]	[illegible]	[illegible]	[illegible]	[illegible]	[illegible]	[illegible]	[illegible]	[illegible]	[illegible]	
49	[illegible]	[illegible]	[illegible]	[illegible]	[illegible]	[illegible]	[illegible]	[illegible]	[illegible]	[illegible]	
8250	[illegible]	[illegible]	[illegible]	[illegible]	[illegible]	[illegible]	[illegible]	[illegible]	[illegible]	[illegible]	
51	[illegible]	[illegible]	[illegible]	[illegible]	[illegible]	[illegible]	[illegible]	[illegible]	[illegible]	[illegible]	
52	[illegible]	[illegible]	[illegible]	[illegible]	[illegible]	[illegible]	[illegible]	[illegible]	[illegible]	[illegible]	
53	[illegible]	[illegible]	[illegible]	[illegible]	[illegible]	[illegible]	[illegible]	[illegible]	[illegible]	[illegible]	
54	[illegible]	[illegible]	[illegible]	[illegible]	[illegible]	[illegible]	[illegible]	[illegible]	[illegible]	[illegible]	
Num.	0	1	2	3	4	5	6	7	8	9	D.

N. 82550 L. 916

Num.	0	1	2	3	4	5	6	7	8	9	D.	Part.
8255	916.7171	[illegible]	[illegible]	[illegible]	[illegible]	[illegible]	[illegible]	[illegible]	[illegible]	[illegible]		
56	[illegible]	[illegible]	[illegible]	[illegible]	[illegible]	[illegible]	[illegible]	[illegible]	[illegible]	[illegible]		
57	[illegible]	[illegible]	[illegible]	[illegible]	[illegible]	[illegible]	[illegible]	[illegible]	[illegible]	[illegible]		
58	[illegible]	[illegible]	[illegible]	[illegible]	[illegible]	[illegible]	[illegible]	[illegible]	[illegible]	[illegible]		
59	[illegible]	[illegible]	[illegible]	[illegible]	[illegible]	[illegible]	[illegible]	[illegible]	[illegible]	[illegible]		
8260	[illegible]	[illegible]	[illegible]	[illegible]	[illegible]	[illegible]	[illegible]	[illegible]	[illegible]	[illegible]		
61	917.0[illegible]	[illegible]	[illegible]	[illegible]	[illegible]	[illegible]	[illegible]	[illegible]	[illegible]	[illegible]		
62	[illegible]	[illegible]	[illegible]	[illegible]	[illegible]	[illegible]	[illegible]	[illegible]	[illegible]	[illegible]		
63	[illegible]	[illegible]	[illegible]	[illegible]	[illegible]	[illegible]	[illegible]	[illegible]	[illegible]	[illegible]		
64	[illegible]	[illegible]	[illegible]	[illegible]	[illegible]	[illegible]	[illegible]	[illegible]	[illegible]	[illegible]		
8265	[illegible]	[illegible]	[illegible]	[illegible]	[illegible]	[illegible]	[illegible]	[illegible]	[illegible]	[illegible]		
66	[illegible]	[illegible]	[illegible]	[illegible]	[illegible]	[illegible]	[illegible]	[illegible]	[illegible]	[illegible]		
67	[illegible]	[illegible]	[illegible]	[illegible]	[illegible]	[illegible]	[illegible]	[illegible]	[illegible]	[illegible]		
68	[illegible]	[illegible]	[illegible]	[illegible]	[illegible]	[illegible]	[illegible]	[illegible]	[illegible]	[illegible]		
69	[illegible]	[illegible]	[illegible]	[illegible]	[illegible]	[illegible]	[illegible]	[illegible]	[illegible]	[illegible]		
8270	[illegible]	[illegible]	[illegible]	[illegible]	[illegible]	[illegible]	[illegible]	[illegible]	[illegible]	[illegible]		
71	[illegible]	[illegible]	[illegible]	[illegible]	[illegible]	[illegible]	[illegible]	[illegible]	[illegible]	[illegible]		
72	[illegible]	[illegible]	[illegible]	[illegible]	[illegible]	[illegible]	[illegible]	[illegible]	[illegible]	[illegible]		
73	[illegible]	[illegible]	[illegible]	[illegible]	[illegible]	[illegible]	[illegible]	[illegible]	[illegible]	[illegible]		
74	[illegible]	[illegible]	[illegible]	[illegible]	[illegible]	[illegible]	[illegible]	[illegible]	[illegible]	[illegible]		
8275	[illegible]	[illegible]	[illegible]	[illegible]	[illegible]	[illegible]	[illegible]	[illegible]	[illegible]	[illegible]		
76	[illegible]	[illegible]	[illegible]	[illegible]	[illegible]	[illegible]	[illegible]	[illegible]	[illegible]	[illegible]		
77	[illegible]	[illegible]	[illegible]	[illegible]	[illegible]	[illegible]	[illegible]	[illegible]	[illegible]	[illegible]		
78	[illegible]	[illegible]	[illegible]	[illegible]	[illegible]	[illegible]	[illegible]	[illegible]	[illegible]	[illegible]		
79	[illegible]	[illegible]	[illegible]	[illegible]	[illegible]	[illegible]	[illegible]	[illegible]	[illegible]	[illegible]		
8280	918.0[illegible]	[illegible]	[illegible]	[illegible]	[illegible]	[illegible]	[illegible]	[illegible]	[illegible]	[illegible]		
81	[illegible]	[illegible]	[illegible]	[illegible]	[illegible]	[illegible]	[illegible]	[illegible]	[illegible]	[illegible]		
82	[illegible]	[illegible]	[illegible]	[illegible]	[illegible]	[illegible]	[illegible]	[illegible]	[illegible]	[illegible]		
83	[illegible]	[illegible]	[illegible]	[illegible]	[illegible]	[illegible]	[illegible]	[illegible]	[illegible]	[illegible]		
84	[illegible]	[illegible]	[illegible]	[illegible]	[illegible]	[illegible]	[illegible]	[illegible]	[illegible]	[illegible]		
8285	[illegible]	[illegible]	[illegible]	[illegible]	[illegible]	[illegible]	[illegible]	[illegible]	[illegible]	[illegible]		
86	[illegible]	[illegible]	[illegible]	[illegible]	[illegible]	[illegible]	[illegible]	[illegible]	[illegible]	[illegible]		
87	[illegible]	[illegible]	[illegible]	[illegible]	[illegible]	[illegible]	[illegible]	[illegible]	[illegible]	[illegible]		
88	[illegible]	[illegible]	[illegible]	[illegible]	[illegible]	[illegible]	[illegible]	[illegible]	[illegible]	[illegible]		
89	[illegible]	[illegible]	[illegible]	[illegible]	[illegible]	[illegible]	[illegible]	[illegible]	[illegible]	[illegible]		
8290	[illegible]	[illegible]	[illegible]	[illegible]	[illegible]	[illegible]	[illegible]	[illegible]	[illegible]	[illegible]		
91	[illegible]	[illegible]	[illegible]	[illegible]	[illegible]	[illegible]	[illegible]	[illegible]	[illegible]	[illegible]		
92	[illegible]	[illegible]	[illegible]	[illegible]	[illegible]	[illegible]	[illegible]	[illegible]	[illegible]	[illegible]		
93	[illegible]	[illegible]	[illegible]	[illegible]	[illegible]	[illegible]	[illegible]	[illegible]	[illegible]	[illegible]		
94	[illegible]	[illegible]	[illegible]	[illegible]	[illegible]	[illegible]	[illegible]	[illegible]	[illegible]	[illegible]		
8295	[illegible]	[illegible]	[illegible]	[illegible]	[illegible]	[illegible]	[illegible]	[illegible]	[illegible]	[illegible]		
96	[illegible]	[illegible]	[illegible]	[illegible]	[illegible]	[illegible]	[illegible]	[illegible]	[illegible]	[illegible]		
97	[illegible]	[illegible]	[illegible]	[illegible]	[illegible]	[illegible]	[illegible]	[illegible]	[illegible]	[illegible]		
98	[illegible]	[illegible]	[illegible]	[illegible]	[illegible]	[illegible]	[illegible]	[illegible]	[illegible]	[illegible]		
99	919.0[illegible]	[illegible]	[illegible]	[illegible]	[illegible]	[illegible]	[illegible]	[illegible]	[illegible]	[illegible]		
8300	[illegible]	[illegible]	[illegible]	[illegible]	[illegible]	[illegible]	[illegible]	[illegible]	[illegible]	[illegible]		
01	[illegible]	[illegible]	[illegible]	[illegible]	[illegible]	[illegible]	[illegible]	[illegible]	[illegible]	[illegible]		
02	[illegible]	[illegible]	[illegible]	[illegible]	[illegible]	[illegible]	[illegible]	[illegible]	[illegible]	[illegible]		
03	[illegible]	[illegible]	[illegible]	[illegible]	[illegible]	[illegible]	[illegible]	[illegible]	[illegible]	[illegible]		
04	[illegible]	[illegible]	[illegible]	[illegible]	[illegible]	[illegible]	[illegible]	[illegible]	[illegible]	[illegible]		
8305	[illegible]	[illegible]	[illegible]	[illegible]	[illegible]	[illegible]	[illegible]	[illegible]	[illegible]	[illegible]		
06	[illegible]	[illegible]	[illegible]	[illegible]	[illegible]	[illegible]	[illegible]	[illegible]	[illegible]	[illegible]		
07	[illegible]	[illegible]	[illegible]	[illegible]	[illegible]	[illegible]	[illegible]	[illegible]	[illegible]	[illegible]		
08	[illegible]	[illegible]	[illegible]	[illegible]	[illegible]	[illegible]	[illegible]	[illegible]	[illegible]	[illegible]		
09	[illegible]	[illegible]	[illegible]	[illegible]	[illegible]	[illegible]	[illegible]	[illegible]	[illegible]	[illegible]		
8310	[illegible]	[illegible]	[illegible]	[illegible]	[illegible]	[illegible]	[illegible]	[illegible]	[illegible]	[illegible]		
11	[illegible]	[illegible]	[illegible]	[illegible]	[illegible]	[illegible]	[illegible]	[illegible]	[illegible]	[illegible]		
12	[illegible]	[illegible]	[illegible]	[illegible]	[illegible]	[illegible]	[illegible]	[illegible]	[illegible]	[illegible]		
13	[illegible]	[illegible]	[illegible]	[illegible]	[illegible]	[illegible]	[illegible]	[illegible]	[illegible]	[illegible]		
14	[illegible]	[illegible]	[illegible]	[illegible]	[illegible]	[illegible]	[illegible]	[illegible]	[illegible]	[illegible]		
8315	[illegible]	[illegible]	[illegible]	[illegible]	[illegible]	[illegible]	[illegible]	[illegible]	[illegible]	[illegible]		
16	[illegible]	[illegible]	[illegible]	[illegible]	[illegible]	[illegible]	[illegible]	[illegible]	[illegible]	[illegible]		
17	[illegible]	[illegible]	[illegible]	[illegible]	[illegible]	[illegible]	[illegible]	[illegible]	[illegible]	[illegible]		
18	920.0[illegible]	[illegible]	[illegible]	[illegible]	[illegible]	[illegible]	[illegible]	[illegible]	[illegible]	[illegible]		
19	[illegible]	[illegible]	[illegible]	[illegible]	[illegible]	[illegible]	[illegible]	[illegible]	[illegible]	[illegible]		
Num.	0	1	2	3	4	5	6	7	8	9	D.	Part.

N. 83200 L. 920

Num.	0	1	2	3	4	5	6	7	8	9	D.
8320	[illegible]	[illegible]	[illegible]	[illegible]	[illegible]	[illegible]	[illegible]	[illegible]	[illegible]	[illegible]	
21	[illegible]	[illegible]	[illegible]	[illegible]	[illegible]	[illegible]	[illegible]	[illegible]	[illegible]	[illegible]	
22	[illegible]	[illegible]	[illegible]	[illegible]	[illegible]	[illegible]	[illegible]	[illegible]	[illegible]	[illegible]	
23	[illegible]	[illegible]	[illegible]	[illegible]	[illegible]	[illegible]	[illegible]	[illegible]	[illegible]	[illegible]	
24	[illegible]	[illegible]	[illegible]	[illegible]	[illegible]	[illegible]	[illegible]	[illegible]	[illegible]	[illegible]	
8325	[illegible]	[illegible]	[illegible]	[illegible]	[illegible]	[illegible]	[illegible]	[illegible]	[illegible]	[illegible]	
26	[illegible]	[illegible]	[illegible]	[illegible]	[illegible]	[illegible]	[illegible]	[illegible]	[illegible]	[illegible]	
27	[illegible]	[illegible]	[illegible]	[illegible]	[illegible]	[illegible]	[illegible]	[illegible]	[illegible]	[illegible]	
28	[illegible]	[illegible]	[illegible]	[illegible]	[illegible]	[illegible]	[illegible]	[illegible]	[illegible]	[illegible]	
29	[illegible]	[illegible]	[illegible]	[illegible]	[illegible]	[illegible]	[illegible]	[illegible]	[illegible]	[illegible]	
8330	[illegible]	[illegible]	[illegible]	[illegible]	[illegible]	[illegible]	[illegible]	[illegible]	[illegible]	[illegible]	
31	[illegible]	[illegible]	[illegible]	[illegible]	[illegible]	[illegible]	[illegible]	[illegible]	[illegible]	[illegible]	
32	[illegible]	[illegible]	[illegible]	[illegible]	[illegible]	[illegible]	[illegible]	[illegible]	[illegible]	[illegible]	
33	[illegible]	[illegible]	[illegible]	[illegible]	[illegible]	[illegible]	[illegible]	[illegible]	[illegible]	[illegible]	
34	[illegible]	[illegible]	[illegible]	[illegible]	[illegible]	[illegible]	[illegible]	[illegible]	[illegible]	[illegible]	
8335	[illegible]	[illegible]	[illegible]	[illegible]	[illegible]	[illegible]	[illegible]	[illegible]	[illegible]	[illegible]	
36	[illegible]	[illegible]	[illegible]	[illegible]	[illegible]	[illegible]	[illegible]	[illegible]	[illegible]	[illegible]	
37	[illegible]	[illegible]	[illegible]	[illegible]	[illegible]	[illegible]	[illegible]	[illegible]	[illegible]	[illegible]	
38	[illegible]	[illegible]	[illegible]	[illegible]	[illegible]	[illegible]	[illegible]	[illegible]	[illegible]	[illegible]	
39	[illegible]	[illegible]	[illegible]	[illegible]	[illegible]	[illegible]	[illegible]	[illegible]	[illegible]	[illegible]	
8340	[illegible]	[illegible]	[illegible]	[illegible]	[illegible]	[illegible]	[illegible]	[illegible]	[illegible]	[illegible]	
41	[illegible]	[illegible]	[illegible]	[illegible]	[illegible]	[illegible]	[illegible]	[illegible]	[illegible]	[illegible]	
42	[illegible]	[illegible]	[illegible]	[illegible]	[illegible]	[illegible]	[illegible]	[illegible]	[illegible]	[illegible]	
43	[illegible]	[illegible]	[illegible]	[illegible]	[illegible]	[illegible]	[illegible]	[illegible]	[illegible]	[illegible]	
44	[illegible]	[illegible]	[illegible]	[illegible]	[illegible]	[illegible]	[illegible]	[illegible]	[illegible]	[illegible]	
8345	[illegible]	[illegible]	[illegible]	[illegible]	[illegible]	[illegible]	[illegible]	[illegible]	[illegible]	[illegible]	
46	[illegible]	[illegible]	[illegible]	[illegible]	[illegible]	[illegible]	[illegible]	[illegible]	[illegible]	[illegible]	
47	[illegible]	[illegible]	[illegible]	[illegible]	[illegible]	[illegible]	[illegible]	[illegible]	[illegible]	[illegible]	
48	[illegible]	[illegible]	[illegible]	[illegible]	[illegible]	[illegible]	[illegible]	[illegible]	[illegible]	[illegible]	
49	[illegible]	[illegible]	[illegible]	[illegible]	[illegible]	[illegible]	[illegible]	[illegible]	[illegible]	[illegible]	
8350	[illegible]	[illegible]	[illegible]	[illegible]	[illegible]	[illegible]	[illegible]	[illegible]	[illegible]	[illegible]	
51	[illegible]	[illegible]	[illegible]	[illegible]	[illegible]	[illegible]	[illegible]	[illegible]	[illegible]	[illegible]	52
52	[illegible]	[illegible]	[illegible]	[illegible]	[illegible]	[illegible]	[illegible]	[illegible]	[illegible]	[illegible]	
53	[illegible]	[illegible]	[illegible]	[illegible]	[illegible]	[illegible]	[illegible]	[illegible]	[illegible]	[illegible]	
54	[illegible]	[illegible]	[illegible]	[illegible]	[illegible]	[illegible]	[illegible]	[illegible]	[illegible]	[illegible]	
8355	[illegible]	[illegible]	[illegible]	[illegible]	[illegible]	[illegible]	[illegible]	[illegible]	[illegible]	[illegible]	
56	[illegible]	[illegible]	[illegible]	[illegible]	[illegible]	[illegible]	[illegible]	[illegible]	[illegible]	[illegible]	
57	[illegible]	[illegible]	[illegible]	[illegible]	[illegible]	[illegible]	[illegible]	[illegible]	[illegible]	[illegible]	
58	[illegible]	[illegible]	[illegible]	[illegible]	[illegible]	[illegible]	[illegible]	[illegible]	[illegible]	[illegible]	
59	[illegible]	[illegible]	[illegible]	[illegible]	[illegible]	[illegible]	[illegible]	[illegible]	[illegible]	[illegible]	
8360	[illegible]	[illegible]	[illegible]	[illegible]	[illegible]	[illegible]	[illegible]	[illegible]	[illegible]	[illegible]	
61	[illegible]	[illegible]	[illegible]	[illegible]	[illegible]	[illegible]	[illegible]	[illegible]	[illegible]	[illegible]	
62	[illegible]	[illegible]	[illegible]	[illegible]	[illegible]	[illegible]	[illegible]	[illegible]	[illegible]	[illegible]	
63	[illegible]	[illegible]	[illegible]	[illegible]	[illegible]	[illegible]	[illegible]	[illegible]	[illegible]	[illegible]	
64	[illegible]	[illegible]	[illegible]	[illegible]	[illegible]	[illegible]	[illegible]	[illegible]	[illegible]	[illegible]	
8365	[illegible]	[illegible]	[illegible]	[illegible]	[illegible]	[illegible]	[illegible]	[illegible]	[illegible]	[illegible]	
66	[illegible]	[illegible]	[illegible]	[illegible]	[illegible]	[illegible]	[illegible]	[illegible]	[illegible]	[illegible]	
67	[illegible]	[illegible]	[illegible]	[illegible]	[illegible]	[illegible]	[illegible]	[illegible]	[illegible]	[illegible]	
68	[illegible]	[illegible]	[illegible]	[illegible]	[illegible]	[illegible]	[illegible]	[illegible]	[illegible]	[illegible]	
69	[illegible]	[illegible]	[illegible]	[illegible]	[illegible]	[illegible]	[illegible]	[illegible]	[illegible]	[illegible]	
8370	[illegible]	[illegible]	[illegible]	[illegible]	[illegible]	[illegible]	[illegible]	[illegible]	[illegible]	[illegible]	
71	[illegible]	[illegible]	[illegible]	[illegible]	[illegible]	[illegible]	[illegible]	[illegible]	[illegible]	[illegible]	
72	[illegible]	[illegible]	[illegible]	[illegible]	[illegible]	[illegible]	[illegible]	[illegible]	[illegible]	[illegible]	
73	[illegible]	[illegible]	[illegible]	[illegible]	[illegible]	[illegible]	[illegible]	[illegible]	[illegible]	[illegible]	
74	[illegible]	[illegible]	[illegible]	[illegible]	[illegible]	[illegible]	[illegible]	[illegible]	[illegible]	[illegible]	
8375	[illegible]	[illegible]	[illegible]	[illegible]	[illegible]	[illegible]	[illegible]	[illegible]	[illegible]	[illegible]	
76	[illegible]	[illegible]	[illegible]	[illegible]	[illegible]	[illegible]	[illegible]	[illegible]	[illegible]	[illegible]	
77	[illegible]	[illegible]	[illegible]	[illegible]	[illegible]	[illegible]	[illegible]	[illegible]	[illegible]	[illegible]	
78	[illegible]	[illegible]	[illegible]	[illegible]	[illegible]	[illegible]	[illegible]	[illegible]	[illegible]	[illegible]	
79	[illegible]	[illegible]	[illegible]	[illegible]	[illegible]	[illegible]	[illegible]	[illegible]	[illegible]	[illegible]	
8380	[illegible]	[illegible]	[illegible]	[illegible]	[illegible]	[illegible]	[illegible]	[illegible]	[illegible]	[illegible]	
81	[illegible]	[illegible]	[illegible]	[illegible]	[illegible]	[illegible]	[illegible]	[illegible]	[illegible]	[illegible]	
82	[illegible]	[illegible]	[illegible]	[illegible]	[illegible]	[illegible]	[illegible]	[illegible]	[illegible]	[illegible]	
83	[illegible]	[illegible]	[illegible]	[illegible]	[illegible]	[illegible]	[illegible]	[illegible]	[illegible]	[illegible]	
84	[illegible]	[illegible]	[illegible]	[illegible]	[illegible]	[illegible]	[illegible]	[illegible]	[illegible]	[illegible]	
Num.	0	1	2	3	4	5	6	7	8	9	D.

N. 83850 L. 923

Num.	0	1	2	3	4	5	6	7	8	9	D.	Part.
8385	[illegible]	[illegible]	[illegible]	[illegible]	[illegible]	[illegible]	[illegible]	[illegible]	[illegible]	[illegible]		
86	[illegible]	[illegible]	[illegible]	[illegible]	[illegible]	[illegible]	[illegible]	[illegible]	[illegible]	[illegible]		
87	[illegible]	[illegible]	[illegible]	[illegible]	[illegible]	[illegible]	[illegible]	[illegible]	[illegible]	[illegible]		
88	[illegible]	[illegible]	[illegible]	[illegible]	[illegible]	[illegible]	[illegible]	[illegible]	[illegible]	[illegible]		
89	[illegible]	[illegible]	[illegible]	[illegible]	[illegible]	[illegible]	[illegible]	[illegible]	[illegible]	[illegible]		
8390	[illegible]	[illegible]	[illegible]	[illegible]	[illegible]	[illegible]	[illegible]	[illegible]	[illegible]	[illegible]		
91	[illegible]	[illegible]	[illegible]	[illegible]	[illegible]	[illegible]	[illegible]	[illegible]	[illegible]	[illegible]		
92	[illegible]	[illegible]	[illegible]	[illegible]	[illegible]	[illegible]	[illegible]	[illegible]	[illegible]	[illegible]		
93	[illegible]	[illegible]	[illegible]	[illegible]	[illegible]	[illegible]	[illegible]	[illegible]	[illegible]	[illegible]		
94	[illegible]	[illegible]	[illegible]	[illegible]	[illegible]	[illegible]	[illegible]	[illegible]	[illegible]	[illegible]		
8395	[illegible]	[illegible]	[illegible]	[illegible]	[illegible]	[illegible]	[illegible]	[illegible]	[illegible]	[illegible]		
96	[illegible]	[illegible]	[illegible]	[illegible]	[illegible]	[illegible]	[illegible]	[illegible]	[illegible]	[illegible]		
97	[illegible]	[illegible]	[illegible]	[illegible]	[illegible]	[illegible]	[illegible]	[illegible]	[illegible]	[illegible]		
98	[illegible]	[illegible]	[illegible]	[illegible]	[illegible]	[illegible]	[illegible]	[illegible]	[illegible]	[illegible]		
99	[illegible]	[illegible]	[illegible]	[illegible]	[illegible]	[illegible]	[illegible]	[illegible]	[illegible]	[illegible]		
8400	[illegible]	[illegible]	[illegible]	[illegible]	[illegible]	[illegible]	[illegible]	[illegible]	[illegible]	[illegible]		
01	[illegible]	[illegible]	[illegible]	[illegible]	[illegible]	[illegible]	[illegible]	[illegible]	[illegible]	[illegible]		
02	[illegible]	[illegible]	[illegible]	[illegible]	[illegible]	[illegible]	[illegible]	[illegible]	[illegible]	[illegible]		
03	[illegible]	[illegible]	[illegible]	[illegible]	[illegible]	[illegible]	[illegible]	[illegible]	[illegible]	[illegible]		
04	[illegible]	[illegible]	[illegible]	[illegible]	[illegible]	[illegible]	[illegible]	[illegible]	[illegible]	[illegible]		
8405	[illegible]	[illegible]	[illegible]	[illegible]	[illegible]	[illegible]	[illegible]	[illegible]	[illegible]	[illegible]		
06	[illegible]	[illegible]	[illegible]	[illegible]	[illegible]	[illegible]	[illegible]	[illegible]	[illegible]	[illegible]		
07	[illegible]	[illegible]	[illegible]	[illegible]	[illegible]	[illegible]	[illegible]	[illegible]	[illegible]	[illegible]		
08	[illegible]	[illegible]	[illegible]	[illegible]	[illegible]	[illegible]	[illegible]	[illegible]	[illegible]	[illegible]		
09	[illegible]	[illegible]	[illegible]	[illegible]	[illegible]	[illegible]	[illegible]	[illegible]	[illegible]	[illegible]		
8410	[illegible]	[illegible]	[illegible]	[illegible]	[illegible]	[illegible]	[illegible]	[illegible]	[illegible]	[illegible]		
11	[illegible]	[illegible]	[illegible]	[illegible]	[illegible]	[illegible]	[illegible]	[illegible]	[illegible]	[illegible]		
12	[illegible]	[illegible]	[illegible]	[illegible]	[illegible]	[illegible]	[illegible]	[illegible]	[illegible]	[illegible]		
13	[illegible]	[illegible]	[illegible]	[illegible]	[illegible]	[illegible]	[illegible]	[illegible]	[illegible]	[illegible]		
14	[illegible]	[illegible]	[illegible]	[illegible]	[illegible]	[illegible]	[illegible]	[illegible]	[illegible]	[illegible]		
8415	[illegible]	[illegible]	[illegible]	[illegible]	[illegible]	[illegible]	[illegible]	[illegible]	[illegible]	[illegible]		
16	[illegible]	[illegible]	[illegible]	[illegible]	[illegible]	[illegible]	[illegible]	[illegible]	[illegible]	[illegible]		
17	[illegible]	[illegible]	[illegible]	[illegible]	[illegible]	[illegible]	[illegible]	[illegible]	[illegible]	[illegible]		
18	[illegible]	[illegible]	[illegible]	[illegible]	[illegible]	[illegible]	[illegible]	[illegible]	[illegible]	[illegible]		
19	[illegible]	[illegible]	[illegible]	[illegible]	[illegible]	[illegible]	[illegible]	[illegible]	[illegible]	[illegible]		
8420	[illegible]	[illegible]	[illegible]	[illegible]	[illegible]	[illegible]	[illegible]	[illegible]	[illegible]	[illegible]		
21	[illegible]	[illegible]	[illegible]	[illegible]	[illegible]	[illegible]	[illegible]	[illegible]	[illegible]	[illegible]		
22	[illegible]	[illegible]	[illegible]	[illegible]	[illegible]	[illegible]	[illegible]	[illegible]	[illegible]	[illegible]		
23	[illegible]	[illegible]	[illegible]	[illegible]	[illegible]	[illegible]	[illegible]	[illegible]	[illegible]	[illegible]		
24	[illegible]	[illegible]	[illegible]	[illegible]	[illegible]	[illegible]	[illegible]	[illegible]	[illegible]	[illegible]		
8425	[illegible]	[illegible]	[illegible]	[illegible]	[illegible]	[illegible]	[illegible]	[illegible]	[illegible]	[illegible]		
26	[illegible]	[illegible]	[illegible]	[illegible]	[illegible]	[illegible]	[illegible]	[illegible]	[illegible]	[illegible]		
27	[illegible]	[illegible]	[illegible]	[illegible]	[illegible]	[illegible]	[illegible]	[illegible]	[illegible]	[illegible]		
28	[illegible]	[illegible]	[illegible]	[illegible]	[illegible]	[illegible]	[illegible]	[illegible]	[illegible]	[illegible]		
29	[illegible]	[illegible]	[illegible]	[illegible]	[illegible]	[illegible]	[illegible]	[illegible]	[illegible]	[illegible]		
8430	[illegible]	[illegible]	[illegible]	[illegible]	[illegible]	[illegible]	[illegible]	[illegible]	[illegible]	[illegible]		
31	[illegible]	[illegible]	[illegible]	[illegible]	[illegible]	[illegible]	[illegible]	[illegible]	[illegible]	[illegible]		
32	[illegible]	[illegible]	[illegible]	[illegible]	[illegible]	[illegible]	[illegible]	[illegible]	[illegible]	[illegible]		
33	[illegible]	[illegible]	[illegible]	[illegible]	[illegible]	[illegible]	[illegible]	[illegible]	[illegible]	[illegible]		
34	[illegible]	[illegible]	[illegible]	[illegible]	[illegible]	[illegible]	[illegible]	[illegible]	[illegible]	[illegible]		
8435	[illegible]	[illegible]	[illegible]	[illegible]	[illegible]	[illegible]	[illegible]	[illegible]	[illegible]	[illegible]		
36	[illegible]	[illegible]	[illegible]	[illegible]	[illegible]	[illegible]	[illegible]	[illegible]	[illegible]	[illegible]		
37	[illegible]	[illegible]	[illegible]	[illegible]	[illegible]	[illegible]	[illegible]	[illegible]	[illegible]	[illegible]		
38	[illegible]	[illegible]	[illegible]	[illegible]	[illegible]	[illegible]	[illegible]	[illegible]	[illegible]	[illegible]		
39	[illegible]	[illegible]	[illegible]	[illegible]	[illegible]	[illegible]	[illegible]	[illegible]	[illegible]	[illegible]		
8440	[illegible]	[illegible]	[illegible]	[illegible]	[illegible]	[illegible]	[illegible]	[illegible]	[illegible]	[illegible]		
41	[illegible]	[illegible]	[illegible]	[illegible]	[illegible]	[illegible]	[illegible]	[illegible]	[illegible]	[illegible]		
42	[illegible]	[illegible]	[illegible]	[illegible]	[illegible]	[illegible]	[illegible]	[illegible]	[illegible]	[illegible]		
43	[illegible]	[illegible]	[illegible]	[illegible]	[illegible]	[illegible]	[illegible]	[illegible]	[illegible]	[illegible]		
44	[illegible]	[illegible]	[illegible]	[illegible]	[illegible]	[illegible]	[illegible]	[illegible]	[illegible]	[illegible]		
8445	[illegible]	[illegible]	[illegible]	[illegible]	[illegible]	[illegible]	[illegible]	[illegible]	[illegible]	[illegible]		
46	[illegible]	[illegible]	[illegible]	[illegible]	[illegible]	[illegible]	[illegible]	[illegible]	[illegible]	[illegible]		
47	[illegible]	[illegible]	[illegible]	[illegible]	[illegible]	[illegible]	[illegible]	[illegible]	[illegible]	[illegible]		
48	[illegible]	[illegible]	[illegible]	[illegible]	[illegible]	[illegible]	[illegible]	[illegible]	[illegible]	[illegible]		
49	[illegible]	[illegible]	[illegible]	[illegible]	[illegible]	[illegible]	[illegible]	[illegible]	[illegible]	[illegible]		
Num.	0	1	2	3	4	5	6	7	8	9	D.	Part.

Num.	0	1	2	3	4	5	6	7	8	9	D.
8450	[illegible]	[illegible]	[illegible]	[illegible]	[illegible]	[illegible]	[illegible]	[illegible]	[illegible]	[illegible]	
51	[illegible]	[illegible]	[illegible]	[illegible]	[illegible]	[illegible]	[illegible]	[illegible]	[illegible]	[illegible]	
52	[illegible]	[illegible]	[illegible]	[illegible]	[illegible]	[illegible]	[illegible]	[illegible]	[illegible]	[illegible]	
53	[illegible]	[illegible]	[illegible]	[illegible]	[illegible]	[illegible]	[illegible]	[illegible]	[illegible]	[illegible]	
54	[illegible]	[illegible]	[illegible]	[illegible]	[illegible]	[illegible]	[illegible]	[illegible]	[illegible]	[illegible]	
8455	[illegible]	[illegible]	[illegible]	[illegible]	[illegible]	[illegible]	[illegible]	[illegible]	[illegible]	[illegible]	
56	[illegible]	[illegible]	[illegible]	[illegible]	[illegible]	[illegible]	[illegible]	[illegible]	[illegible]	[illegible]	
57	[illegible]	[illegible]	[illegible]	[illegible]	[illegible]	[illegible]	[illegible]	[illegible]	[illegible]	[illegible]	
58	[illegible]	[illegible]	[illegible]	[illegible]	[illegible]	[illegible]	[illegible]	[illegible]	[illegible]	[illegible]	
59	[illegible]	[illegible]	[illegible]	[illegible]	[illegible]	[illegible]	[illegible]	[illegible]	[illegible]	[illegible]	
8460	[illegible]	[illegible]	[illegible]	[illegible]	[illegible]	[illegible]	[illegible]	[illegible]	[illegible]	[illegible]	
61	[illegible]	[illegible]	[illegible]	[illegible]	[illegible]	[illegible]	[illegible]	[illegible]	[illegible]	[illegible]	
62	[illegible]	[illegible]	[illegible]	[illegible]	[illegible]	[illegible]	[illegible]	[illegible]	[illegible]	[illegible]	
63	[illegible]	[illegible]	[illegible]	[illegible]	[illegible]	[illegible]	[illegible]	[illegible]	[illegible]	[illegible]	
64	[illegible]	[illegible]	[illegible]	[illegible]	[illegible]	[illegible]	[illegible]	[illegible]	[illegible]	[illegible]	
8465	[illegible]	[illegible]	[illegible]	[illegible]	[illegible]	[illegible]	[illegible]	[illegible]	[illegible]	[illegible]	
66	[illegible]	[illegible]	[illegible]	[illegible]	[illegible]	[illegible]	[illegible]	[illegible]	[illegible]	[illegible]	
67	[illegible]	[illegible]	[illegible]	[illegible]	[illegible]	[illegible]	[illegible]	[illegible]	[illegible]	[illegible]	
68	[illegible]	[illegible]	[illegible]	[illegible]	[illegible]	[illegible]	[illegible]	[illegible]	[illegible]	[illegible]	
69	[illegible]	[illegible]	[illegible]	[illegible]	[illegible]	[illegible]	[illegible]	[illegible]	[illegible]	[illegible]	
8470	[illegible]	[illegible]	[illegible]	[illegible]	[illegible]	[illegible]	[illegible]	[illegible]	[illegible]	[illegible]	
71	[illegible]	[illegible]	[illegible]	[illegible]	[illegible]	[illegible]	[illegible]	[illegible]	[illegible]	[illegible]	
72	[illegible]	[illegible]	[illegible]	[illegible]	[illegible]	[illegible]	[illegible]	[illegible]	[illegible]	[illegible]	
73	[illegible]	[illegible]	[illegible]	[illegible]	[illegible]	[illegible]	[illegible]	[illegible]	[illegible]	[illegible]	
74	[illegible]	[illegible]	[illegible]	[illegible]	[illegible]	[illegible]	[illegible]	[illegible]	[illegible]	[illegible]	
8475	[illegible]	[illegible]	[illegible]	[illegible]	[illegible]	[illegible]	[illegible]	[illegible]	[illegible]	[illegible]	
76	[illegible]	[illegible]	[illegible]	[illegible]	[illegible]	[illegible]	[illegible]	[illegible]	[illegible]	[illegible]	
77	[illegible]	[illegible]	[illegible]	[illegible]	[illegible]	[illegible]	[illegible]	[illegible]	[illegible]	[illegible]	
78	[illegible]	[illegible]	[illegible]	[illegible]	[illegible]	[illegible]	[illegible]	[illegible]	[illegible]	[illegible]	
79	[illegible]	[illegible]	[illegible]	[illegible]	[illegible]	[illegible]	[illegible]	[illegible]	[illegible]	[illegible]	
8480	[illegible]	[illegible]	[illegible]	[illegible]	[illegible]	[illegible]	[illegible]	[illegible]	[illegible]	[illegible]	
81	[illegible]	[illegible]	[illegible]	[illegible]	[illegible]	[illegible]	[illegible]	[illegible]	[illegible]	[illegible]	
82	[illegible]	[illegible]	[illegible]	[illegible]	[illegible]	[illegible]	[illegible]	[illegible]	[illegible]	[illegible]	
83	[illegible]	[illegible]	[illegible]	[illegible]	[illegible]	[illegible]	[illegible]	[illegible]	[illegible]	[illegible]	
84	[illegible]	[illegible]	[illegible]	[illegible]	[illegible]	[illegible]	[illegible]	[illegible]	[illegible]	[illegible]	
8485	[illegible]	[illegible]	[illegible]	[illegible]	[illegible]	[illegible]	[illegible]	[illegible]	[illegible]	[illegible]	
86	[illegible]	[illegible]	[illegible]	[illegible]	[illegible]	[illegible]	[illegible]	[illegible]	[illegible]	[illegible]	
87	[illegible]	[illegible]	[illegible]	[illegible]	[illegible]	[illegible]	[illegible]	[illegible]	[illegible]	[illegible]	
88	[illegible]	[illegible]	[illegible]	[illegible]	[illegible]	[illegible]	[illegible]	[illegible]	[illegible]	[illegible]	
89	[illegible]	[illegible]	[illegible]	[illegible]	[illegible]	[illegible]	[illegible]	[illegible]	[illegible]	[illegible]	
8490	[illegible]	[illegible]	[illegible]	[illegible]	[illegible]	[illegible]	[illegible]	[illegible]	[illegible]	[illegible]	
91	[illegible]	[illegible]	[illegible]	[illegible]	[illegible]	[illegible]	[illegible]	[illegible]	[illegible]	[illegible]	
92	[illegible]	[illegible]	[illegible]	[illegible]	[illegible]	[illegible]	[illegible]	[illegible]	[illegible]	[illegible]	
93	[illegible]	[illegible]	[illegible]	[illegible]	[illegible]	[illegible]	[illegible]	[illegible]	[illegible]	[illegible]	
94	[illegible]	[illegible]	[illegible]	[illegible]	[illegible]	[illegible]	[illegible]	[illegible]	[illegible]	[illegible]	
8495	[illegible]	[illegible]	[illegible]	[illegible]	[illegible]	[illegible]	[illegible]	[illegible]	[illegible]	[illegible]	
96	[illegible]	[illegible]	[illegible]	[illegible]	[illegible]	[illegible]	[illegible]	[illegible]	[illegible]	[illegible]	
97	[illegible]	[illegible]	[illegible]	[illegible]	[illegible]	[illegible]	[illegible]	[illegible]	[illegible]	[illegible]	
98	[illegible]	[illegible]	[illegible]	[illegible]	[illegible]	[illegible]	[illegible]	[illegible]	[illegible]	[illegible]	
99	[illegible]	[illegible]	[illegible]	[illegible]	[illegible]	[illegible]	[illegible]	[illegible]	[illegible]	[illegible]	
8500	[illegible]	[illegible]	[illegible]	[illegible]	[illegible]	[illegible]	[illegible]	[illegible]	[illegible]	[illegible]	
01	[illegible]	[illegible]	[illegible]	[illegible]	[illegible]	[illegible]	[illegible]	[illegible]	[illegible]	[illegible]	
02	[illegible]	[illegible]	[illegible]	[illegible]	[illegible]	[illegible]	[illegible]	[illegible]	[illegible]	[illegible]	
03	[illegible]	[illegible]	[illegible]	[illegible]	[illegible]	[illegible]	[illegible]	[illegible]	[illegible]	[illegible]	
04	[illegible]	[illegible]	[illegible]	[illegible]	[illegible]	[illegible]	[illegible]	[illegible]	[illegible]	[illegible]	
8505	[illegible]	[illegible]	[illegible]	[illegible]	[illegible]	[illegible]	[illegible]	[illegible]	[illegible]	[illegible]	
06	[illegible]	[illegible]	[illegible]	[illegible]	[illegible]	[illegible]	[illegible]	[illegible]	[illegible]	[illegible]	
07	[illegible]	[illegible]	[illegible]	[illegible]	[illegible]	[illegible]	[illegible]	[illegible]	[illegible]	[illegible]	
08	[illegible]	[illegible]	[illegible]	[illegible]	[illegible]	[illegible]	[illegible]	[illegible]	[illegible]	[illegible]	
09	[illegible]	[illegible]	[illegible]	[illegible]	[illegible]	[illegible]	[illegible]	[illegible]	[illegible]	[illegible]	
8510	[illegible]	[illegible]	[illegible]	[illegible]	[illegible]	[illegible]	[illegible]	[illegible]	[illegible]	[illegible]	
11	[illegible]	[illegible]	[illegible]	[illegible]	[illegible]	[illegible]	[illegible]	[illegible]	[illegible]	[illegible]	
12	[illegible]	[illegible]	[illegible]	[illegible]	[illegible]	[illegible]	[illegible]	[illegible]	[illegible]	[illegible]	
13	[illegible]	[illegible]	[illegible]	[illegible]	[illegible]	[illegible]	[illegible]	[illegible]	[illegible]	[illegible]	
14	[illegible]	[illegible]	[illegible]	[illegible]	[illegible]	[illegible]	[illegible]	[illegible]	[illegible]	[illegible]	
Num.	0	1	2	3	4	5	6	7	8	9	D.

Num.	0	1	2	3	4	5	6	7	8	9	D.	Part
8515	[illegible]	[illegible]	[illegible]	[illegible]	[illegible]	[illegible]	[illegible]	[illegible]	[illegible]	[illegible]		
16	[illegible]	[illegible]	[illegible]	[illegible]	[illegible]	[illegible]	[illegible]	[illegible]	[illegible]	[illegible]		
17	[illegible]	[illegible]	[illegible]	[illegible]	[illegible]	[illegible]	[illegible]	[illegible]	[illegible]	[illegible]		
18	[illegible]	[illegible]	[illegible]	[illegible]	[illegible]	[illegible]	[illegible]	[illegible]	[illegible]	[illegible]		
19	[illegible]	[illegible]	[illegible]	[illegible]	[illegible]	[illegible]	[illegible]	[illegible]	[illegible]	[illegible]		
8520	[illegible]	[illegible]	[illegible]	[illegible]	[illegible]	[illegible]	[illegible]	[illegible]	[illegible]	[illegible]		
21	[illegible]	[illegible]	[illegible]	[illegible]	[illegible]	[illegible]	[illegible]	[illegible]	[illegible]	[illegible]		
22	[illegible]	[illegible]	[illegible]	[illegible]	[illegible]	[illegible]	[illegible]	[illegible]	[illegible]	[illegible]		
23	[illegible]	[illegible]	[illegible]	[illegible]	[illegible]	[illegible]	[illegible]	[illegible]	[illegible]	[illegible]		
24	[illegible]	[illegible]	[illegible]	[illegible]	[illegible]	[illegible]	[illegible]	[illegible]	[illegible]	[illegible]		
8525	[illegible]	[illegible]	[illegible]	[illegible]	[illegible]	[illegible]	[illegible]	[illegible]	[illegible]	[illegible]		
26	[illegible]	[illegible]	[illegible]	[illegible]	[illegible]	[illegible]	[illegible]	[illegible]	[illegible]	[illegible]		
27	[illegible]	[illegible]	[illegible]	[illegible]	[illegible]	[illegible]	[illegible]	[illegible]	[illegible]	[illegible]		
28	[illegible]	[illegible]	[illegible]	[illegible]	[illegible]	[illegible]	[illegible]	[illegible]	[illegible]	[illegible]		
29	[illegible]	[illegible]	[illegible]	[illegible]	[illegible]	[illegible]	[illegible]	[illegible]	[illegible]	[illegible]		
8530	[illegible]	[illegible]	[illegible]	[illegible]	[illegible]	[illegible]	[illegible]	[illegible]	[illegible]	[illegible]		
31	[illegible]	[illegible]	[illegible]	[illegible]	[illegible]	[illegible]	[illegible]	[illegible]	[illegible]	[illegible]		
32	[illegible]	[illegible]	[illegible]	[illegible]	[illegible]	[illegible]	[illegible]	[illegible]	[illegible]	[illegible]		
33	[illegible]	[illegible]	[illegible]	[illegible]	[illegible]	[illegible]	[illegible]	[illegible]	[illegible]	[illegible]		
34	[illegible]	[illegible]	[illegible]	[illegible]	[illegible]	[illegible]	[illegible]	[illegible]	[illegible]	[illegible]		
8535	[illegible]	[illegible]	[illegible]	[illegible]	[illegible]	[illegible]	[illegible]	[illegible]	[illegible]	[illegible]		
36	[illegible]	[illegible]	[illegible]	[illegible]	[illegible]	[illegible]	[illegible]	[illegible]	[illegible]	[illegible]		
37	[illegible]	[illegible]	[illegible]	[illegible]	[illegible]	[illegible]	[illegible]	[illegible]	[illegible]	[illegible]		
38	[illegible]	[illegible]	[illegible]	[illegible]	[illegible]	[illegible]	[illegible]	[illegible]	[illegible]	[illegible]		
39	[illegible]	[illegible]	[illegible]	[illegible]	[illegible]	[illegible]	[illegible]	[illegible]	[illegible]	[illegible]		
8540	[illegible]	[illegible]	[illegible]	[illegible]	[illegible]	[illegible]	[illegible]	[illegible]	[illegible]	[illegible]		
41	[illegible]	[illegible]	[illegible]	[illegible]	[illegible]	[illegible]	[illegible]	[illegible]	[illegible]	[illegible]		
42	[illegible]	[illegible]	[illegible]	[illegible]	[illegible]	[illegible]	[illegible]	[illegible]	[illegible]	[illegible]		
43	[illegible]	[illegible]	[illegible]	[illegible]	[illegible]	[illegible]	[illegible]	[illegible]	[illegible]	[illegible]		
44	[illegible]	[illegible]	[illegible]	[illegible]	[illegible]	[illegible]	[illegible]	[illegible]	[illegible]	[illegible]		
8545	[illegible]	[illegible]	[illegible]	[illegible]	[illegible]	[illegible]	[illegible]	[illegible]	[illegible]	[illegible]		
46	[illegible]	[illegible]	[illegible]	[illegible]	[illegible]	[illegible]	[illegible]	[illegible]	[illegible]	[illegible]		
47	[illegible]	[illegible]	[illegible]	[illegible]	[illegible]	[illegible]	[illegible]	[illegible]	[illegible]	[illegible]		
48	[illegible]	[illegible]	[illegible]	[illegible]	[illegible]	[illegible]	[illegible]	[illegible]	[illegible]	[illegible]		
49	[illegible]	[illegible]	[illegible]	[illegible]	[illegible]	[illegible]	[illegible]	[illegible]	[illegible]	[illegible]		
8550	[illegible]	[illegible]	[illegible]	[illegible]	[illegible]	[illegible]	[illegible]	[illegible]	[illegible]	[illegible]		
51	[illegible]	[illegible]	[illegible]	[illegible]	[illegible]	[illegible]	[illegible]	[illegible]	[illegible]	[illegible]		
52	[illegible]	[illegible]	[illegible]	[illegible]	[illegible]	[illegible]	[illegible]	[illegible]	[illegible]	[illegible]		
53	[illegible]	[illegible]	[illegible]	[illegible]	[illegible]	[illegible]	[illegible]	[illegible]	[illegible]	[illegible]		
54	[illegible]	[illegible]	[illegible]	[illegible]	[illegible]	[illegible]	[illegible]	[illegible]	[illegible]	[illegible]		
8555	[illegible]	[illegible]	[illegible]	[illegible]	[illegible]	[illegible]	[illegible]	[illegible]	[illegible]	[illegible]		
56	[illegible]	[illegible]	[illegible]	[illegible]	[illegible]	[illegible]	[illegible]	[illegible]	[illegible]	[illegible]		
57	[illegible]	[illegible]	[illegible]	[illegible]	[illegible]	[illegible]	[illegible]	[illegible]	[illegible]	[illegible]		
58	[illegible]	[illegible]	[illegible]	[illegible]	[illegible]	[illegible]	[illegible]	[illegible]	[illegible]	[illegible]		
59	[illegible]	[illegible]	[illegible]	[illegible]	[illegible]	[illegible]	[illegible]	[illegible]	[illegible]	[illegible]		
8560	[illegible]	[illegible]	[illegible]	[illegible]	[illegible]	[illegible]	[illegible]	[illegible]	[illegible]	[illegible]		
61	[illegible]	[illegible]	[illegible]	[illegible]	[illegible]	[illegible]	[illegible]	[illegible]	[illegible]	[illegible]		
62	[illegible]	[illegible]	[illegible]	[illegible]	[illegible]	[illegible]	[illegible]	[illegible]	[illegible]	[illegible]		
63	[illegible]	[illegible]	[illegible]	[illegible]	[illegible]	[illegible]	[illegible]	[illegible]	[illegible]	[illegible]		
64	[illegible]	[illegible]	[illegible]	[illegible]	[illegible]	[illegible]	[illegible]	[illegible]	[illegible]	[illegible]		
8565	[illegible]	[illegible]	[illegible]	[illegible]	[illegible]	[illegible]	[illegible]	[illegible]	[illegible]	[illegible]		
66	[illegible]	[illegible]	[illegible]	[illegible]	[illegible]	[illegible]	[illegible]	[illegible]	[illegible]	[illegible]		
67	[illegible]	[illegible]	[illegible]	[illegible]	[illegible]	[illegible]	[illegible]	[illegible]	[illegible]	[illegible]		
68	[illegible]	[illegible]	[illegible]	[illegible]	[illegible]	[illegible]	[illegible]	[illegible]	[illegible]	[illegible]		
69	[illegible]	[illegible]	[illegible]	[illegible]	[illegible]	[illegible]	[illegible]	[illegible]	[illegible]	[illegible]		
8570	[illegible]	[illegible]	[illegible]	[illegible]	[illegible]	[illegible]	[illegible]	[illegible]	[illegible]	[illegible]		
71	[illegible]	[illegible]	[illegible]	[illegible]	[illegible]	[illegible]	[illegible]	[illegible]	[illegible]	[illegible]		
72	[illegible]	[illegible]	[illegible]	[illegible]	[illegible]	[illegible]	[illegible]	[illegible]	[illegible]	[illegible]		
73	[illegible]	[illegible]	[illegible]	[illegible]	[illegible]	[illegible]	[illegible]	[illegible]	[illegible]	[illegible]		
74	[illegible]	[illegible]	[illegible]	[illegible]	[illegible]	[illegible]	[illegible]	[illegible]	[illegible]	[illegible]		
8575	[illegible]	[illegible]	[illegible]	[illegible]	[illegible]	[illegible]	[illegible]	[illegible]	[illegible]	[illegible]		
76	[illegible]	[illegible]	[illegible]	[illegible]	[illegible]	[illegible]	[illegible]	[illegible]	[illegible]	[illegible]		
77	[illegible]	[illegible]	[illegible]	[illegible]	[illegible]	[illegible]	[illegible]	[illegible]	[illegible]	[illegible]		
78	[illegible]	[illegible]	[illegible]	[illegible]	[illegible]	[illegible]	[illegible]	[illegible]	[illegible]	[illegible]		
79	[illegible]	[illegible]	[illegible]	[illegible]	[illegible]	[illegible]	[illegible]	[illegible]	[illegible]	[illegible]		
Num.	0	1	2	3	4	5	6	7	8	9	D.	Part

N. 85800 L. 933

Num.	0	1	2	3	4	5	6	7	8	9	D.
8580	933.4873	[illegible]	[illegible]	[illegible]	[illegible]	[illegible]	[illegible]	[illegible]	[illegible]	[illegible]	
81	[illegible]	[illegible]	[illegible]	[illegible]	[illegible]	[illegible]	[illegible]	[illegible]	[illegible]	[illegible]	
82	[illegible]	[illegible]	[illegible]	[illegible]	[illegible]	[illegible]	[illegible]	[illegible]	[illegible]	[illegible]	
83	[illegible]	[illegible]	[illegible]	[illegible]	[illegible]	[illegible]	[illegible]	[illegible]	[illegible]	[illegible]	
84	[illegible]	[illegible]	[illegible]	[illegible]	[illegible]	[illegible]	[illegible]	[illegible]	[illegible]	[illegible]	
8585	[illegible]	[illegible]	[illegible]	[illegible]	[illegible]	[illegible]	[illegible]	[illegible]	[illegible]	[illegible]	
86	[illegible]	[illegible]	[illegible]	[illegible]	[illegible]	[illegible]	[illegible]	[illegible]	[illegible]	[illegible]	
87	[illegible]	[illegible]	[illegible]	[illegible]	[illegible]	[illegible]	[illegible]	[illegible]	[illegible]	[illegible]	
88	[illegible]	[illegible]	[illegible]	[illegible]	[illegible]	[illegible]	[illegible]	[illegible]	[illegible]	[illegible]	
89	[illegible]	[illegible]	[illegible]	[illegible]	[illegible]	[illegible]	[illegible]	[illegible]	[illegible]	[illegible]	
8590	[illegible]	[illegible]	[illegible]	[illegible]	[illegible]	[illegible]	[illegible]	[illegible]	[illegible]	[illegible]	
91	934.[illegible]	[illegible]	[illegible]	[illegible]	[illegible]	[illegible]	[illegible]	[illegible]	[illegible]	[illegible]	
92	[illegible]	[illegible]	[illegible]	[illegible]	[illegible]	[illegible]	[illegible]	[illegible]	[illegible]	[illegible]	
93	[illegible]	[illegible]	[illegible]	[illegible]	[illegible]	[illegible]	[illegible]	[illegible]	[illegible]	[illegible]	
94	[illegible]	[illegible]	[illegible]	[illegible]	[illegible]	[illegible]	[illegible]	[illegible]	[illegible]	[illegible]	
8595	[illegible]	[illegible]	[illegible]	[illegible]	[illegible]	[illegible]	[illegible]	[illegible]	[illegible]	[illegible]	
96	[illegible]	[illegible]	[illegible]	[illegible]	[illegible]	[illegible]	[illegible]	[illegible]	[illegible]	[illegible]	
97	[illegible]	[illegible]	[illegible]	[illegible]	[illegible]	[illegible]	[illegible]	[illegible]	[illegible]	[illegible]	
98	[illegible]	[illegible]	[illegible]	[illegible]	[illegible]	[illegible]	[illegible]	[illegible]	[illegible]	[illegible]	
99	[illegible]	[illegible]	[illegible]	[illegible]	[illegible]	[illegible]	[illegible]	[illegible]	[illegible]	[illegible]	
8600	[illegible]	[illegible]	[illegible]	[illegible]	[illegible]	[illegible]	[illegible]	[illegible]	[illegible]	[illegible]	
01	[illegible]	[illegible]	[illegible]	[illegible]	[illegible]	[illegible]	[illegible]	[illegible]	[illegible]	[illegible]	
02	[illegible]	[illegible]	[illegible]	[illegible]	[illegible]	[illegible]	[illegible]	[illegible]	[illegible]	[illegible]	
03	[illegible]	[illegible]	[illegible]	[illegible]	[illegible]	[illegible]	[illegible]	[illegible]	[illegible]	[illegible]	
04	[illegible]	[illegible]	[illegible]	[illegible]	[illegible]	[illegible]	[illegible]	[illegible]	[illegible]	[illegible]	
8605	[illegible]	[illegible]	[illegible]	[illegible]	[illegible]	[illegible]	[illegible]	[illegible]	[illegible]	[illegible]	
06	[illegible]	[illegible]	[illegible]	[illegible]	[illegible]	[illegible]	[illegible]	[illegible]	[illegible]	[illegible]	
07	[illegible]	[illegible]	[illegible]	[illegible]	[illegible]	[illegible]	[illegible]	[illegible]	[illegible]	[illegible]	
08	[illegible]	[illegible]	[illegible]	[illegible]	[illegible]	[illegible]	[illegible]	[illegible]	[illegible]	[illegible]	
09	[illegible]	[illegible]	[illegible]	[illegible]	[illegible]	[illegible]	[illegible]	[illegible]	[illegible]	[illegible]	
8610	935.[illegible]	[illegible]	[illegible]	[illegible]	[illegible]	[illegible]	[illegible]	[illegible]	[illegible]	[illegible]	
11	[illegible]	[illegible]	[illegible]	[illegible]	[illegible]	[illegible]	[illegible]	[illegible]	[illegible]	[illegible]	
12	[illegible]	[illegible]	[illegible]	[illegible]	[illegible]	[illegible]	[illegible]	[illegible]	[illegible]	[illegible]	
13	[illegible]	[illegible]	[illegible]	[illegible]	[illegible]	[illegible]	[illegible]	[illegible]	[illegible]	[illegible]	
14	[illegible]	[illegible]	[illegible]	[illegible]	[illegible]	[illegible]	[illegible]	[illegible]	[illegible]	[illegible]	
8615	[illegible]	[illegible]	[illegible]	[illegible]	[illegible]	[illegible]	[illegible]	[illegible]	[illegible]	[illegible]	
16	[illegible]	[illegible]	[illegible]	[illegible]	[illegible]	[illegible]	[illegible]	[illegible]	[illegible]	[illegible]	
17	[illegible]	[illegible]	[illegible]	[illegible]	[illegible]	[illegible]	[illegible]	[illegible]	[illegible]	[illegible]	
18	[illegible]	[illegible]	[illegible]	[illegible]	[illegible]	[illegible]	[illegible]	[illegible]	[illegible]	[illegible]	
19	[illegible]	[illegible]	[illegible]	[illegible]	[illegible]	[illegible]	[illegible]	[illegible]	[illegible]	[illegible]	
8620	[illegible]	[illegible]	[illegible]	[illegible]	[illegible]	[illegible]	[illegible]	[illegible]	[illegible]	[illegible]	
21	[illegible]	[illegible]	[illegible]	[illegible]	[illegible]	[illegible]	[illegible]	[illegible]	[illegible]	[illegible]	
22	[illegible]	[illegible]	[illegible]	[illegible]	[illegible]	[illegible]	[illegible]	[illegible]	[illegible]	[illegible]	
23	[illegible]	[illegible]	[illegible]	[illegible]	[illegible]	[illegible]	[illegible]	[illegible]	[illegible]	[illegible]	
24	[illegible]	[illegible]	[illegible]	[illegible]	[illegible]	[illegible]	[illegible]	[illegible]	[illegible]	[illegible]	
8625	[illegible]	[illegible]	[illegible]	[illegible]	[illegible]	[illegible]	[illegible]	[illegible]	[illegible]	[illegible]	
26	[illegible]	[illegible]	[illegible]	[illegible]	[illegible]	[illegible]	[illegible]	[illegible]	[illegible]	[illegible]	
27	[illegible]	[illegible]	[illegible]	[illegible]	[illegible]	[illegible]	[illegible]	[illegible]	[illegible]	[illegible]	
28	[illegible]	[illegible]	[illegible]	[illegible]	[illegible]	[illegible]	[illegible]	[illegible]	[illegible]	[illegible]	
29	[illegible]	[illegible]	[illegible]	[illegible]	[illegible]	[illegible]	[illegible]	[illegible]	[illegible]	[illegible]	
8630	936.[illegible]	[illegible]	[illegible]	[illegible]	[illegible]	[illegible]	[illegible]	[illegible]	[illegible]	[illegible]	
31	[illegible]	[illegible]	[illegible]	[illegible]	[illegible]	[illegible]	[illegible]	[illegible]	[illegible]	[illegible]	
32	[illegible]	[illegible]	[illegible]	[illegible]	[illegible]	[illegible]	[illegible]	[illegible]	[illegible]	[illegible]	
33	[illegible]	[illegible]	[illegible]	[illegible]	[illegible]	[illegible]	[illegible]	[illegible]	[illegible]	[illegible]	
34	[illegible]	[illegible]	[illegible]	[illegible]	[illegible]	[illegible]	[illegible]	[illegible]	[illegible]	[illegible]	
8635	[illegible]	[illegible]	[illegible]	[illegible]	[illegible]	[illegible]	[illegible]	[illegible]	[illegible]	[illegible]	
36	[illegible]	[illegible]	[illegible]	[illegible]	[illegible]	[illegible]	[illegible]	[illegible]	[illegible]	[illegible]	
37	[illegible]	[illegible]	[illegible]	[illegible]	[illegible]	[illegible]	[illegible]	[illegible]	[illegible]	[illegible]	
38	[illegible]	[illegible]	[illegible]	[illegible]	[illegible]	[illegible]	[illegible]	[illegible]	[illegible]	[illegible]	
39	[illegible]	[illegible]	[illegible]	[illegible]	[illegible]	[illegible]	[illegible]	[illegible]	[illegible]	[illegible]	
8640	[illegible]	[illegible]	[illegible]	[illegible]	[illegible]	[illegible]	[illegible]	[illegible]	[illegible]	[illegible]	
41	[illegible]	[illegible]	[illegible]	[illegible]	[illegible]	[illegible]	[illegible]	[illegible]	[illegible]	[illegible]	
42	[illegible]	[illegible]	[illegible]	[illegible]	[illegible]	[illegible]	[illegible]	[illegible]	[illegible]	[illegible]	
43	[illegible]	[illegible]	[illegible]	[illegible]	[illegible]	[illegible]	[illegible]	[illegible]	[illegible]	[illegible]	
44	[illegible]	[illegible]	[illegible]	[illegible]	[illegible]	[illegible]	[illegible]	[illegible]	[illegible]	[illegible]	
Num.	0	1	2	3	4	5	6	7	8	9	D.

N. 86450 L. 936

Num.	0	1	2	3	4	5	6	7	8	9	D.	Part.
8645	936.[illegible]	[illegible]	[illegible]	[illegible]	[illegible]	[illegible]	[illegible]	[illegible]	[illegible]	[illegible]		
46	[illegible]	[illegible]	[illegible]	[illegible]	[illegible]	[illegible]	[illegible]	[illegible]	[illegible]	[illegible]		
47	[illegible]	[illegible]	[illegible]	[illegible]	[illegible]	[illegible]	[illegible]	[illegible]	[illegible]	[illegible]		
48	[illegible]	[illegible]	[illegible]	[illegible]	[illegible]	[illegible]	[illegible]	[illegible]	[illegible]	[illegible]		
49	[illegible]	[illegible]	[illegible]	[illegible]	[illegible]	[illegible]	[illegible]	[illegible]	[illegible]	[illegible]		
8650	937.[illegible]	[illegible]	[illegible]	[illegible]	[illegible]	[illegible]	[illegible]	[illegible]	[illegible]	[illegible]		
51	[illegible]	[illegible]	[illegible]	[illegible]	[illegible]	[illegible]	[illegible]	[illegible]	[illegible]	[illegible]		
52	[illegible]	[illegible]	[illegible]	[illegible]	[illegible]	[illegible]	[illegible]	[illegible]	[illegible]	[illegible]		
53	[illegible]	[illegible]	[illegible]	[illegible]	[illegible]	[illegible]	[illegible]	[illegible]	[illegible]	[illegible]		
54	[illegible]	[illegible]	[illegible]	[illegible]	[illegible]	[illegible]	[illegible]	[illegible]	[illegible]	[illegible]		
8655	[illegible]	[illegible]	[illegible]	[illegible]	[illegible]	[illegible]	[illegible]	[illegible]	[illegible]	[illegible]		
56	[illegible]	[illegible]	[illegible]	[illegible]	[illegible]	[illegible]	[illegible]	[illegible]	[illegible]	[illegible]		
57	[illegible]	[illegible]	[illegible]	[illegible]	[illegible]	[illegible]	[illegible]	[illegible]	[illegible]	[illegible]		
58	[illegible]	[illegible]	[illegible]	[illegible]	[illegible]	[illegible]	[illegible]	[illegible]	[illegible]	[illegible]		
59	[illegible]	[illegible]	[illegible]	[illegible]	[illegible]	[illegible]	[illegible]	[illegible]	[illegible]	[illegible]		
8660	[illegible]	[illegible]	[illegible]	[illegible]	[illegible]	[illegible]	[illegible]	[illegible]	[illegible]	[illegible]		
61	[illegible]	[illegible]	[illegible]	[illegible]	[illegible]	[illegible]	[illegible]	[illegible]	[illegible]	[illegible]		
62	[illegible]	[illegible]	[illegible]	[illegible]	[illegible]	[illegible]	[illegible]	[illegible]	[illegible]	[illegible]		
63	[illegible]	[illegible]	[illegible]	[illegible]	[illegible]	[illegible]	[illegible]	[illegible]	[illegible]	[illegible]		
64	[illegible]	[illegible]	[illegible]	[illegible]	[illegible]	[illegible]	[illegible]	[illegible]	[illegible]	[illegible]		
8665	[illegible]	[illegible]	[illegible]	[illegible]	[illegible]	[illegible]	[illegible]	[illegible]	[illegible]	[illegible]		
66	[illegible]	[illegible]	[illegible]	[illegible]	[illegible]	[illegible]	[illegible]	[illegible]	[illegible]	[illegible]		
67	[illegible]	[illegible]	[illegible]	[illegible]	[illegible]	[illegible]	[illegible]	[illegible]	[illegible]	[illegible]		
68	[illegible]	[illegible]	[illegible]	[illegible]	[illegible]	[illegible]	[illegible]	[illegible]	[illegible]	[illegible]		
69	[illegible]	[illegible]	[illegible]	[illegible]	[illegible]	[illegible]	[illegible]	[illegible]	[illegible]	[illegible]		
8670	938.[illegible]	[illegible]	[illegible]	[illegible]	[illegible]	[illegible]	[illegible]	[illegible]	[illegible]	[illegible]		
71	[illegible]	[illegible]	[illegible]	[illegible]	[illegible]	[illegible]	[illegible]	[illegible]	[illegible]	[illegible]		
72	[illegible]	[illegible]	[illegible]	[illegible]	[illegible]	[illegible]	[illegible]	[illegible]	[illegible]	[illegible]		
73	[illegible]	[illegible]	[illegible]	[illegible]	[illegible]	[illegible]	[illegible]	[illegible]	[illegible]	[illegible]		
74	[illegible]	[illegible]	[illegible]	[illegible]	[illegible]	[illegible]	[illegible]	[illegible]	[illegible]	[illegible]		
8675	[illegible]	[illegible]	[illegible]	[illegible]	[illegible]	[illegible]	[illegible]	[illegible]	[illegible]	[illegible]		
76	[illegible]	[illegible]	[illegible]	[illegible]	[illegible]	[illegible]	[illegible]	[illegible]	[illegible]	[illegible]		
77	[illegible]	[illegible]	[illegible]	[illegible]	[illegible]	[illegible]	[illegible]	[illegible]	[illegible]	[illegible]		
78	[illegible]	[illegible]	[illegible]	[illegible]	[illegible]	[illegible]	[illegible]	[illegible]	[illegible]	[illegible]		
79	[illegible]	[illegible]	[illegible]	[illegible]	[illegible]	[illegible]	[illegible]	[illegible]	[illegible]	[illegible]		
8680	[illegible]	[illegible]	[illegible]	[illegible]	[illegible]	[illegible]	[illegible]	[illegible]	[illegible]	[illegible]		
81	[illegible]	[illegible]	[illegible]	[illegible]	[illegible]	[illegible]	[illegible]	[illegible]	[illegible]	[illegible]		
82	[illegible]	[illegible]	[illegible]	[illegible]	[illegible]	[illegible]	[illegible]	[illegible]	[illegible]	[illegible]		
83	[illegible]	[illegible]	[illegible]	[illegible]	[illegible]	[illegible]	[illegible]	[illegible]	[illegible]	[illegible]		
84	[illegible]	[illegible]	[illegible]	[illegible]	[illegible]	[illegible]	[illegible]	[illegible]	[illegible]	[illegible]		
8685	[illegible]	[illegible]	[illegible]	[illegible]	[illegible]	[illegible]	[illegible]	[illegible]	[illegible]	[illegible]	50	
86	[illegible]	[illegible]	[illegible]	[illegible]	[illegible]	[illegible]	[illegible]	[illegible]	[illegible]	[illegible]		
87	[illegible]	[illegible]	[illegible]	[illegible]	[illegible]	[illegible]	[illegible]	[illegible]	[illegible]	[illegible]		
88	[illegible]	[illegible]	[illegible]	[illegible]	[illegible]	[illegible]	[illegible]	[illegible]	[illegible]	[illegible]		
89	[illegible]	[illegible]	[illegible]	[illegible]	[illegible]	[illegible]	[illegible]	[illegible]	[illegible]	[illegible]		
8690	939.[illegible]	[illegible]	[illegible]	[illegible]	[illegible]	[illegible]	[illegible]	[illegible]	[illegible]	[illegible]		
91	[illegible]	[illegible]	[illegible]	[illegible]	[illegible]	[illegible]	[illegible]	[illegible]	[illegible]	[illegible]		
92	[illegible]	[illegible]	[illegible]	[illegible]	[illegible]	[illegible]	[illegible]	[illegible]	[illegible]	[illegible]		
93	[illegible]	[illegible]	[illegible]	[illegible]	[illegible]	[illegible]	[illegible]	[illegible]	[illegible]	[illegible]		
94	[illegible]	[illegible]	[illegible]	[illegible]	[illegible]	[illegible]	[illegible]	[illegible]	[illegible]	[illegible]		
8695	[illegible]	[illegible]	[illegible]	[illegible]	[illegible]	[illegible]	[illegible]	[illegible]	[illegible]	[illegible]		
96	[illegible]	[illegible]	[illegible]	[illegible]	[illegible]	[illegible]	[illegible]	[illegible]	[illegible]	[illegible]		
97	[illegible]	[illegible]	[illegible]	[illegible]	[illegible]	[illegible]	[illegible]	[illegible]	[illegible]	[illegible]		
98	[illegible]	[illegible]	[illegible]	[illegible]	[illegible]	[illegible]	[illegible]	[illegible]	[illegible]	[illegible]		
99	[illegible]	[illegible]	[illegible]	[illegible]	[illegible]	[illegible]	[illegible]	[illegible]	[illegible]	[illegible]		
8700	[illegible]	[illegible]	[illegible]	[illegible]	[illegible]	[illegible]	[illegible]	[illegible]	[illegible]	[illegible]		
01	[illegible]	[illegible]	[illegible]	[illegible]	[illegible]	[illegible]	[illegible]	[illegible]	[illegible]	[illegible]		
02	[illegible]	[illegible]	[illegible]	[illegible]	[illegible]	[illegible]	[illegible]	[illegible]	[illegible]	[illegible]		
03	[illegible]	[illegible]	[illegible]	[illegible]	[illegible]	[illegible]	[illegible]	[illegible]	[illegible]	[illegible]		
04	[illegible]	[illegible]	[illegible]	[illegible]	[illegible]	[illegible]	[illegible]	[illegible]	[illegible]	[illegible]		
8705	[illegible]	[illegible]	[illegible]	[illegible]	[illegible]	[illegible]	[illegible]	[illegible]	[illegible]	[illegible]		
06	[illegible]	[illegible]	[illegible]	[illegible]	[illegible]	[illegible]	[illegible]	[illegible]	[illegible]	[illegible]		
07	[illegible]	[illegible]	[illegible]	[illegible]	[illegible]	[illegible]	[illegible]	[illegible]	[illegible]	[illegible]		
08	[illegible]	[illegible]	[illegible]	[illegible]	[illegible]	[illegible]	[illegible]	[illegible]	[illegible]	[illegible]		
09	[illegible]	[illegible]	[illegible]	[illegible]	[illegible]	[illegible]	[illegible]	[illegible]	[illegible]	[illegible]		
Num.	0	1	2	3	4	5	6	7	8	9	D.	Part.

N. 87100 L. 940

Num.	0	1	2	3	4	5	6	7	8	9	D.
8710	940.[illegible]	[illegible]	[illegible]	[illegible]	[illegible]	[illegible]	[illegible]	[illegible]	[illegible]	[illegible]	
11	[illegible]	[illegible]	[illegible]	[illegible]	[illegible]	[illegible]	[illegible]	[illegible]	[illegible]	[illegible]	
12	[illegible]	[illegible]	[illegible]	[illegible]	[illegible]	[illegible]	[illegible]	[illegible]	[illegible]	[illegible]	
13	[illegible]	[illegible]	[illegible]	[illegible]	[illegible]	[illegible]	[illegible]	[illegible]	[illegible]	[illegible]	
14	[illegible]	[illegible]	[illegible]	[illegible]	[illegible]	[illegible]	[illegible]	[illegible]	[illegible]	[illegible]	
8715	[illegible]	[illegible]	[illegible]	[illegible]	[illegible]	[illegible]	[illegible]	[illegible]	[illegible]	[illegible]	
16	[illegible]	[illegible]	[illegible]	[illegible]	[illegible]	[illegible]	[illegible]	[illegible]	[illegible]	[illegible]	
17	[illegible]	[illegible]	[illegible]	[illegible]	[illegible]	[illegible]	[illegible]	[illegible]	[illegible]	[illegible]	
18	[illegible]	[illegible]	[illegible]	[illegible]	[illegible]	[illegible]	[illegible]	[illegible]	[illegible]	[illegible]	
19	[illegible]	[illegible]	[illegible]	[illegible]	[illegible]	[illegible]	[illegible]	[illegible]	[illegible]	[illegible]	
8720	[illegible]	[illegible]	[illegible]	[illegible]	[illegible]	[illegible]	[illegible]	[illegible]	[illegible]	[illegible]	
21	[illegible]	[illegible]	[illegible]	[illegible]	[illegible]	[illegible]	[illegible]	[illegible]	[illegible]	[illegible]	
22	[illegible]	[illegible]	[illegible]	[illegible]	[illegible]	[illegible]	[illegible]	[illegible]	[illegible]	[illegible]	
23	[illegible]	[illegible]	[illegible]	[illegible]	[illegible]	[illegible]	[illegible]	[illegible]	[illegible]	[illegible]	
24	[illegible]	[illegible]	[illegible]	[illegible]	[illegible]	[illegible]	[illegible]	[illegible]	[illegible]	[illegible]	
8725	[illegible]	[illegible]	[illegible]	[illegible]	[illegible]	[illegible]	[illegible]	[illegible]	[illegible]	[illegible]	
26	[illegible]	[illegible]	[illegible]	[illegible]	[illegible]	[illegible]	[illegible]	[illegible]	[illegible]	[illegible]	
27	[illegible]	[illegible]	[illegible]	[illegible]	[illegible]	[illegible]	[illegible]	[illegible]	[illegible]	[illegible]	
28	[illegible]	[illegible]	[illegible]	[illegible]	[illegible]	[illegible]	[illegible]	[illegible]	[illegible]	[illegible]	
29	[illegible]	[illegible]	[illegible]	[illegible]	[illegible]	[illegible]	[illegible]	[illegible]	[illegible]	[illegible]	
8730	941.[illegible]	[illegible]	[illegible]	[illegible]	[illegible]	[illegible]	[illegible]	[illegible]	[illegible]	[illegible]	
31	[illegible]	[illegible]	[illegible]	[illegible]	[illegible]	[illegible]	[illegible]	[illegible]	[illegible]	[illegible]	
32	[illegible]	[illegible]	[illegible]	[illegible]	[illegible]	[illegible]	[illegible]	[illegible]	[illegible]	[illegible]	
33	[illegible]	[illegible]	[illegible]	[illegible]	[illegible]	[illegible]	[illegible]	[illegible]	[illegible]	[illegible]	
34	[illegible]	[illegible]	[illegible]	[illegible]	[illegible]	[illegible]	[illegible]	[illegible]	[illegible]	[illegible]	
8735	[illegible]	[illegible]	[illegible]	[illegible]	[illegible]	[illegible]	[illegible]	[illegible]	[illegible]	[illegible]	
36	[illegible]	[illegible]	[illegible]	[illegible]	[illegible]	[illegible]	[illegible]	[illegible]	[illegible]	[illegible]	
37	[illegible]	[illegible]	[illegible]	[illegible]	[illegible]	[illegible]	[illegible]	[illegible]	[illegible]	[illegible]	
38	[illegible]	[illegible]	[illegible]	[illegible]	[illegible]	[illegible]	[illegible]	[illegible]	[illegible]	[illegible]	
39	[illegible]	[illegible]	[illegible]	[illegible]	[illegible]	[illegible]	[illegible]	[illegible]	[illegible]	[illegible]	
8740	[illegible]	[illegible]	[illegible]	[illegible]	[illegible]	[illegible]	[illegible]	[illegible]	[illegible]	[illegible]	
41	[illegible]	[illegible]	[illegible]	[illegible]	[illegible]	[illegible]	[illegible]	[illegible]	[illegible]	[illegible]	
42	[illegible]	[illegible]	[illegible]	[illegible]	[illegible]	[illegible]	[illegible]	[illegible]	[illegible]	[illegible]	
43	[illegible]	[illegible]	[illegible]	[illegible]	[illegible]	[illegible]	[illegible]	[illegible]	[illegible]	[illegible]	
44	[illegible]	[illegible]	[illegible]	[illegible]	[illegible]	[illegible]	[illegible]	[illegible]	[illegible]	[illegible]	
8745	[illegible]	[illegible]	[illegible]	[illegible]	[illegible]	[illegible]	[illegible]	[illegible]	[illegible]	[illegible]	
46	[illegible]	[illegible]	[illegible]	[illegible]	[illegible]	[illegible]	[illegible]	[illegible]	[illegible]	[illegible]	
47	[illegible]	[illegible]	[illegible]	[illegible]	[illegible]	[illegible]	[illegible]	[illegible]	[illegible]	[illegible]	
48	[illegible]	[illegible]	[illegible]	[illegible]	[illegible]	[illegible]	[illegible]	[illegible]	[illegible]	[illegible]	
49	[illegible]	[illegible]	[illegible]	[illegible]	[illegible]	[illegible]	[illegible]	[illegible]	[illegible]	[illegible]	
8750	942.[illegible]	[illegible]	[illegible]	[illegible]	[illegible]	[illegible]	[illegible]	[illegible]	[illegible]	[illegible]	
51	[illegible]	[illegible]	[illegible]	[illegible]	[illegible]	[illegible]	[illegible]	[illegible]	[illegible]	[illegible]	
52	[illegible]	[illegible]	[illegible]	[illegible]	[illegible]	[illegible]	[illegible]	[illegible]	[illegible]	[illegible]	
53	[illegible]	[illegible]	[illegible]	[illegible]	[illegible]	[illegible]	[illegible]	[illegible]	[illegible]	[illegible]	
54	[illegible]	[illegible]	[illegible]	[illegible]	[illegible]	[illegible]	[illegible]	[illegible]	[illegible]	[illegible]	
8755	[illegible]	[illegible]	[illegible]	[illegible]	[illegible]	[illegible]	[illegible]	[illegible]	[illegible]	[illegible]	
56	[illegible]	[illegible]	[illegible]	[illegible]	[illegible]	[illegible]	[illegible]	[illegible]	[illegible]	[illegible]	
57	[illegible]	[illegible]	[illegible]	[illegible]	[illegible]	[illegible]	[illegible]	[illegible]	[illegible]	[illegible]	
58	[illegible]	[illegible]	[illegible]	[illegible]	[illegible]	[illegible]	[illegible]	[illegible]	[illegible]	[illegible]	
59	[illegible]	[illegible]	[illegible]	[illegible]	[illegible]	[illegible]	[illegible]	[illegible]	[illegible]	[illegible]	
8760	[illegible]	[illegible]	[illegible]	[illegible]	[illegible]	[illegible]	[illegible]	[illegible]	[illegible]	[illegible]	
61	[illegible]	[illegible]	[illegible]	[illegible]	[illegible]	[illegible]	[illegible]	[illegible]	[illegible]	[illegible]	
62	[illegible]	[illegible]	[illegible]	[illegible]	[illegible]	[illegible]	[illegible]	[illegible]	[illegible]	[illegible]	
63	[illegible]	[illegible]	[illegible]	[illegible]	[illegible]	[illegible]	[illegible]	[illegible]	[illegible]	[illegible]	
64	[illegible]	[illegible]	[illegible]	[illegible]	[illegible]	[illegible]	[illegible]	[illegible]	[illegible]	[illegible]	
8765	[illegible]	[illegible]	[illegible]	[illegible]	[illegible]	[illegible]	[illegible]	[illegible]	[illegible]	[illegible]	
66	[illegible]	[illegible]	[illegible]	[illegible]	[illegible]	[illegible]	[illegible]	[illegible]	[illegible]	[illegible]	
67	[illegible]	[illegible]	[illegible]	[illegible]	[illegible]	[illegible]	[illegible]	[illegible]	[illegible]	[illegible]	
68	[illegible]	[illegible]	[illegible]	[illegible]	[illegible]	[illegible]	[illegible]	[illegible]	[illegible]	[illegible]	
69	[illegible]	[illegible]	[illegible]	[illegible]	[illegible]	[illegible]	[illegible]	[illegible]	[illegible]	[illegible]	
8770	[illegible]	[illegible]	[illegible]	[illegible]	[illegible]	[illegible]	[illegible]	[illegible]	[illegible]	[illegible]	
71	943.[illegible]	[illegible]	[illegible]	[illegible]	[illegible]	[illegible]	[illegible]	[illegible]	[illegible]	[illegible]	
72	[illegible]	[illegible]	[illegible]	[illegible]	[illegible]	[illegible]	[illegible]	[illegible]	[illegible]	[illegible]	
73	[illegible]	[illegible]	[illegible]	[illegible]	[illegible]	[illegible]	[illegible]	[illegible]	[illegible]	[illegible]	
74	[illegible]	[illegible]	[illegible]	[illegible]	[illegible]	[illegible]	[illegible]	[illegible]	[illegible]	[illegible]	
Num.	0	1	2	3	4	5	6	7	8	9	D.

N. 87750 L. 943

Num.	0	1	2	3	4	5	6	7	8	9	D.
8775	943.[illegible]	[illegible]	[illegible]	[illegible]	[illegible]	[illegible]	[illegible]	[illegible]	[illegible]	[illegible]	
76	[illegible]	[illegible]	[illegible]	[illegible]	[illegible]	[illegible]	[illegible]	[illegible]	[illegible]	[illegible]	
77	[illegible]	[illegible]	[illegible]	[illegible]	[illegible]	[illegible]	[illegible]	[illegible]	[illegible]	[illegible]	
78	[illegible]	[illegible]	[illegible]	[illegible]	[illegible]	[illegible]	[illegible]	[illegible]	[illegible]	[illegible]	
79	[illegible]	[illegible]	[illegible]	[illegible]	[illegible]	[illegible]	[illegible]	[illegible]	[illegible]	[illegible]	
8780	[illegible]	[illegible]	[illegible]	[illegible]	[illegible]	[illegible]	[illegible]	[illegible]	[illegible]	[illegible]	
81	[illegible]	[illegible]	[illegible]	[illegible]	[illegible]	[illegible]	[illegible]	[illegible]	[illegible]	[illegible]	
82	[illegible]	[illegible]	[illegible]	[illegible]	[illegible]	[illegible]	[illegible]	[illegible]	[illegible]	[illegible]	
83	[illegible]	[illegible]	[illegible]	[illegible]	[illegible]	[illegible]	[illegible]	[illegible]	[illegible]	[illegible]	
84	[illegible]	[illegible]	[illegible]	[illegible]	[illegible]	[illegible]	[illegible]	[illegible]	[illegible]	[illegible]	
8785	[illegible]	[illegible]	[illegible]	[illegible]	[illegible]	[illegible]	[illegible]	[illegible]	[illegible]	[illegible]	
86	[illegible]	[illegible]	[illegible]	[illegible]	[illegible]	[illegible]	[illegible]	[illegible]	[illegible]	[illegible]	
87	[illegible]	[illegible]	[illegible]	[illegible]	[illegible]	[illegible]	[illegible]	[illegible]	[illegible]	[illegible]	
88	[illegible]	[illegible]	[illegible]	[illegible]	[illegible]	[illegible]	[illegible]	[illegible]	[illegible]	[illegible]	
89	[illegible]	[illegible]	[illegible]	[illegible]	[illegible]	[illegible]	[illegible]	[illegible]	[illegible]	[illegible]	
8790	[illegible]	[illegible]	[illegible]	[illegible]	[illegible]	[illegible]	[illegible]	[illegible]	[illegible]	[illegible]	
91	944.[illegible]	[illegible]	[illegible]	[illegible]	[illegible]	[illegible]	[illegible]	[illegible]	[illegible]	[illegible]	
92	[illegible]	[illegible]	[illegible]	[illegible]	[illegible]	[illegible]	[illegible]	[illegible]	[illegible]	[illegible]	
93	[illegible]	[illegible]	[illegible]	[illegible]	[illegible]	[illegible]	[illegible]	[illegible]	[illegible]	[illegible]	
94	[illegible]	[illegible]	[illegible]	[illegible]	[illegible]	[illegible]	[illegible]	[illegible]	[illegible]	[illegible]	
8795	[illegible]	[illegible]	[illegible]	[illegible]	[illegible]	[illegible]	[illegible]	[illegible]	[illegible]	[illegible]	
96	[illegible]	[illegible]	[illegible]	[illegible]	[illegible]	[illegible]	[illegible]	[illegible]	[illegible]	[illegible]	
97	[illegible]	[illegible]	[illegible]	[illegible]	[illegible]	[illegible]	[illegible]	[illegible]	[illegible]	[illegible]	
98	[illegible]	[illegible]	[illegible]	[illegible]	[illegible]	[illegible]	[illegible]	[illegible]	[illegible]	[illegible]	
99	[illegible]	[illegible]	[illegible]	[illegible]	[illegible]	[illegible]	[illegible]	[illegible]	[illegible]	[illegible]	
8800	[illegible]	[illegible]	[illegible]	[illegible]	[illegible]	[illegible]	[illegible]	[illegible]	[illegible]	[illegible]	
01	[illegible]	[illegible]	[illegible]	[illegible]	[illegible]	[illegible]	[illegible]	[illegible]	[illegible]	[illegible]	
02	[illegible]	[illegible]	[illegible]	[illegible]	[illegible]	[illegible]	[illegible]	[illegible]	[illegible]	[illegible]	
03	[illegible]	[illegible]	[illegible]	[illegible]	[illegible]	[illegible]	[illegible]	[illegible]	[illegible]	[illegible]	
04	[illegible]	[illegible]	[illegible]	[illegible]	[illegible]	[illegible]	[illegible]	[illegible]	[illegible]	[illegible]	
8805	[illegible]	[illegible]	[illegible]	[illegible]	[illegible]	[illegible]	[illegible]	[illegible]	[illegible]	[illegible]	
06	[illegible]	[illegible]	[illegible]	[illegible]	[illegible]	[illegible]	[illegible]	[illegible]	[illegible]	[illegible]	
07	[illegible]	[illegible]	[illegible]	[illegible]	[illegible]	[illegible]	[illegible]	[illegible]	[illegible]	[illegible]	
08	[illegible]	[illegible]	[illegible]	[illegible]	[illegible]	[illegible]	[illegible]	[illegible]	[illegible]	[illegible]	
09	[illegible]	[illegible]	[illegible]	[illegible]	[illegible]	[illegible]	[illegible]	[illegible]	[illegible]	[illegible]	
8810	[illegible]	[illegible]	[illegible]	[illegible]	[illegible]	[illegible]	[illegible]	[illegible]	[illegible]	[illegible]	
11	945.[illegible]	[illegible]	[illegible]	[illegible]	[illegible]	[illegible]	[illegible]	[illegible]	[illegible]	[illegible]	
12	[illegible]	[illegible]	[illegible]	[illegible]	[illegible]	[illegible]	[illegible]	[illegible]	[illegible]	[illegible]	
13	[illegible]	[illegible]	[illegible]	[illegible]	[illegible]	[illegible]	[illegible]	[illegible]	[illegible]	[illegible]	
14	[illegible]	[illegible]	[illegible]	[illegible]	[illegible]	[illegible]	[illegible]	[illegible]	[illegible]	[illegible]	
8815	[illegible]	[illegible]	[illegible]	[illegible]	[illegible]	[illegible]	[illegible]	[illegible]	[illegible]	[illegible]	
16	[illegible]	[illegible]	[illegible]	[illegible]	[illegible]	[illegible]	[illegible]	[illegible]	[illegible]	[illegible]	
17	[illegible]	[illegible]	[illegible]	[illegible]	[illegible]	[illegible]	[illegible]	[illegible]	[illegible]	[illegible]	
18	[illegible]	[illegible]	[illegible]	[illegible]	[illegible]	[illegible]	[illegible]	[illegible]	[illegible]	[illegible]	
19	[illegible]	[illegible]	[illegible]	[illegible]	[illegible]	[illegible]	[illegible]	[illegible]	[illegible]	[illegible]	
8820	[illegible]	[illegible]	[illegible]	[illegible]	[illegible]	[illegible]	[illegible]	[illegible]	[illegible]	[illegible]	
21	[illegible]	[illegible]	[illegible]	[illegible]	[illegible]	[illegible]	[illegible]	[illegible]	[illegible]	[illegible]	
22	[illegible]	[illegible]	[illegible]	[illegible]	[illegible]	[illegible]	[illegible]	[illegible]	[illegible]	[illegible]	
23	[illegible]	[illegible]	[illegible]	[illegible]	[illegible]	[illegible]	[illegible]	[illegible]	[illegible]	[illegible]	
24	[illegible]	[illegible]	[illegible]	[illegible]	[illegible]	[illegible]	[illegible]	[illegible]	[illegible]	[illegible]	
8825	[illegible]	[illegible]	[illegible]	[illegible]	[illegible]	[illegible]	[illegible]	[illegible]	[illegible]	[illegible]	
26	[illegible]	[illegible]	[illegible]	[illegible]	[illegible]	[illegible]	[illegible]	[illegible]	[illegible]	[illegible]	
27	[illegible]	[illegible]	[illegible]	[illegible]	[illegible]	[illegible]	[illegible]	[illegible]	[illegible]	[illegible]	
28	[illegible]	[illegible]	[illegible]	[illegible]	[illegible]	[illegible]	[illegible]	[illegible]	[illegible]	[illegible]	
29	[illegible]	[illegible]	[illegible]	[illegible]	[illegible]	[illegible]	[illegible]	[illegible]	[illegible]	[illegible]	
8830	[illegible]	[illegible]	[illegible]	[illegible]	[illegible]	[illegible]	[illegible]	[illegible]	[illegible]	[illegible]	
31	946.[illegible]	[illegible]	[illegible]	[illegible]	[illegible]	[illegible]	[illegible]	[illegible]	[illegible]	[illegible]	
32	[illegible]	[illegible]	[illegible]	[illegible]	[illegible]	[illegible]	[illegible]	[illegible]	[illegible]	[illegible]	
33	[illegible]	[illegible]	[illegible]	[illegible]	[illegible]	[illegible]	[illegible]	[illegible]	[illegible]	[illegible]	
34	[illegible]	[illegible]	[illegible]	[illegible]	[illegible]	[illegible]	[illegible]	[illegible]	[illegible]	[illegible]	
8835	[illegible]	[illegible]	[illegible]	[illegible]	[illegible]	[illegible]	[illegible]	[illegible]	[illegible]	[illegible]	
36	[illegible]	[illegible]	[illegible]	[illegible]	[illegible]	[illegible]	[illegible]	[illegible]	[illegible]	[illegible]	
37	[illegible]	[illegible]	[illegible]	[illegible]	[illegible]	[illegible]	[illegible]	[illegible]	[illegible]	[illegible]	
38	[illegible]	[illegible]	[illegible]	[illegible]	[illegible]	[illegible]	[illegible]	[illegible]	[illegible]	[illegible]	
39	[illegible]	[illegible]	[illegible]	[illegible]	[illegible]	[illegible]	[illegible]	[illegible]	[illegible]	[illegible]	
Num.	0	1	2	3	4	5	6	7	8	9	D.

N. 88400 L. 946

Num.		0	1	2	3	4	5	6	7	8	9	D.
8840	946.	[illegible]	[illegible]	[illegible]	[illegible]	[illegible]	[illegible]	[illegible]	[illegible]	[illegible]	[illegible]	
41		[illegible]	[illegible]	[illegible]	[illegible]	[illegible]	[illegible]	[illegible]	[illegible]	[illegible]	[illegible]	
42		[illegible]	[illegible]	[illegible]	[illegible]	[illegible]	[illegible]	[illegible]	[illegible]	[illegible]	[illegible]	
43		[illegible]	[illegible]	[illegible]	[illegible]	[illegible]	[illegible]	[illegible]	[illegible]	[illegible]	[illegible]	
44		[illegible]	[illegible]	[illegible]	[illegible]	[illegible]	[illegible]	[illegible]	[illegible]	[illegible]	[illegible]	
8845		[illegible]	[illegible]	[illegible]	[illegible]	[illegible]	[illegible]	[illegible]	[illegible]	[illegible]	[illegible]	
46		[illegible]	[illegible]	[illegible]	[illegible]	[illegible]	[illegible]	[illegible]	[illegible]	[illegible]	[illegible]	
47		[illegible]	[illegible]	[illegible]	[illegible]	[illegible]	[illegible]	[illegible]	[illegible]	[illegible]	[illegible]	
48		[illegible]	[illegible]	[illegible]	[illegible]	[illegible]	[illegible]	[illegible]	[illegible]	[illegible]	[illegible]	
49		[illegible]	[illegible]	[illegible]	[illegible]	[illegible]	[illegible]	[illegible]	[illegible]	[illegible]	[illegible]	
8850		[illegible]	[illegible]	[illegible]	[illegible]	[illegible]	[illegible]	[illegible]	[illegible]	[illegible]	[illegible]	
51		[illegible]	[illegible]	[illegible]	[illegible]	[illegible]	[illegible]	[illegible]	[illegible]	[illegible]	[illegible]	
52	947.	[illegible]	[illegible]	[illegible]	[illegible]	[illegible]	[illegible]	[illegible]	[illegible]	[illegible]	[illegible]	
53		[illegible]	[illegible]	[illegible]	[illegible]	[illegible]	[illegible]	[illegible]	[illegible]	[illegible]	[illegible]	
54		[illegible]	[illegible]	[illegible]	[illegible]	[illegible]	[illegible]	[illegible]	[illegible]	[illegible]	[illegible]	
8855		[illegible]	[illegible]	[illegible]	[illegible]	[illegible]	[illegible]	[illegible]	[illegible]	[illegible]	[illegible]	
56		[illegible]	[illegible]	[illegible]	[illegible]	[illegible]	[illegible]	[illegible]	[illegible]	[illegible]	[illegible]	
57		[illegible]	[illegible]	[illegible]	[illegible]	[illegible]	[illegible]	[illegible]	[illegible]	[illegible]	[illegible]	
58		[illegible]	[illegible]	[illegible]	[illegible]	[illegible]	[illegible]	[illegible]	[illegible]	[illegible]	[illegible]	
59		[illegible]	[illegible]	[illegible]	[illegible]	[illegible]	[illegible]	[illegible]	[illegible]	[illegible]	[illegible]	
8860		[illegible]	[illegible]	[illegible]	[illegible]	[illegible]	[illegible]	[illegible]	[illegible]	[illegible]	[illegible]	
61		[illegible]	[illegible]	[illegible]	[illegible]	[illegible]	[illegible]	[illegible]	[illegible]	[illegible]	[illegible]	
62		[illegible]	[illegible]	[illegible]	[illegible]	[illegible]	[illegible]	[illegible]	[illegible]	[illegible]	[illegible]	
63		[illegible]	[illegible]	[illegible]	[illegible]	[illegible]	[illegible]	[illegible]	[illegible]	[illegible]	[illegible]	49
64		[illegible]	[illegible]	[illegible]	[illegible]	[illegible]	[illegible]	[illegible]	[illegible]	[illegible]	[illegible]	
8865		[illegible]	[illegible]	[illegible]	[illegible]	[illegible]	[illegible]	[illegible]	[illegible]	[illegible]	[illegible]	
66		[illegible]	[illegible]	[illegible]	[illegible]	[illegible]	[illegible]	[illegible]	[illegible]	[illegible]	[illegible]	
67		[illegible]	[illegible]	[illegible]	[illegible]	[illegible]	[illegible]	[illegible]	[illegible]	[illegible]	[illegible]	
68		[illegible]	[illegible]	[illegible]	[illegible]	[illegible]	[illegible]	[illegible]	[illegible]	[illegible]	[illegible]	
69		[illegible]	[illegible]	[illegible]	[illegible]	[illegible]	[illegible]	[illegible]	[illegible]	[illegible]	[illegible]	
8870		[illegible]	[illegible]	[illegible]	[illegible]	[illegible]	[illegible]	[illegible]	[illegible]	[illegible]	[illegible]	
71		[illegible]	[illegible]	[illegible]	[illegible]	[illegible]	[illegible]	[illegible]	[illegible]	[illegible]	[illegible]	
72	948.	[illegible]	[illegible]	[illegible]	[illegible]	[illegible]	[illegible]	[illegible]	[illegible]	[illegible]	[illegible]	
73		[illegible]	[illegible]	[illegible]	[illegible]	[illegible]	[illegible]	[illegible]	[illegible]	[illegible]	[illegible]	
74		[illegible]	[illegible]	[illegible]	[illegible]	[illegible]	[illegible]	[illegible]	[illegible]	[illegible]	[illegible]	
8875		[illegible]	[illegible]	[illegible]	[illegible]	[illegible]	[illegible]	[illegible]	[illegible]	[illegible]	[illegible]	
76		[illegible]	[illegible]	[illegible]	[illegible]	[illegible]	[illegible]	[illegible]	[illegible]	[illegible]	[illegible]	
77		[illegible]	[illegible]	[illegible]	[illegible]	[illegible]	[illegible]	[illegible]	[illegible]	[illegible]	[illegible]	
78		[illegible]	[illegible]	[illegible]	[illegible]	[illegible]	[illegible]	[illegible]	[illegible]	[illegible]	[illegible]	
79		[illegible]	[illegible]	[illegible]	[illegible]	[illegible]	[illegible]	[illegible]	[illegible]	[illegible]	[illegible]	
8880		[illegible]	[illegible]	[illegible]	[illegible]	[illegible]	[illegible]	[illegible]	[illegible]	[illegible]	[illegible]	
81		[illegible]	[illegible]	[illegible]	[illegible]	[illegible]	[illegible]	[illegible]	[illegible]	[illegible]	[illegible]	
82		[illegible]	[illegible]	[illegible]	[illegible]	[illegible]	[illegible]	[illegible]	[illegible]	[illegible]	[illegible]	
83		[illegible]	[illegible]	[illegible]	[illegible]	[illegible]	[illegible]	[illegible]	[illegible]	[illegible]	[illegible]	
84		[illegible]	[illegible]	[illegible]	[illegible]	[illegible]	[illegible]	[illegible]	[illegible]	[illegible]	[illegible]	
8885		[illegible]	[illegible]	[illegible]	[illegible]	[illegible]	[illegible]	[illegible]	[illegible]	[illegible]	[illegible]	
86		[illegible]	[illegible]	[illegible]	[illegible]	[illegible]	[illegible]	[illegible]	[illegible]	[illegible]	[illegible]	
87		[illegible]	[illegible]	[illegible]	[illegible]	[illegible]	[illegible]	[illegible]	[illegible]	[illegible]	[illegible]	
88		[illegible]	[illegible]	[illegible]	[illegible]	[illegible]	[illegible]	[illegible]	[illegible]	[illegible]	[illegible]	
89		[illegible]	[illegible]	[illegible]	[illegible]	[illegible]	[illegible]	[illegible]	[illegible]	[illegible]	[illegible]	
8890		[illegible]	[illegible]	[illegible]	[illegible]	[illegible]	[illegible]	[illegible]	[illegible]	[illegible]	[illegible]	
91		[illegible]	[illegible]	[illegible]	[illegible]	[illegible]	[illegible]	[illegible]	[illegible]	[illegible]	[illegible]	
92		[illegible]	[illegible]	[illegible]	[illegible]	[illegible]	[illegible]	[illegible]	[illegible]	[illegible]	[illegible]	
93	949.	[illegible]	[illegible]	[illegible]	[illegible]	[illegible]	[illegible]	[illegible]	[illegible]	[illegible]	[illegible]	
94		[illegible]	[illegible]	[illegible]	[illegible]	[illegible]	[illegible]	[illegible]	[illegible]	[illegible]	[illegible]	
8895		[illegible]	[illegible]	[illegible]	[illegible]	[illegible]	[illegible]	[illegible]	[illegible]	[illegible]	[illegible]	
96		[illegible]	[illegible]	[illegible]	[illegible]	[illegible]	[illegible]	[illegible]	[illegible]	[illegible]	[illegible]	
97		[illegible]	[illegible]	[illegible]	[illegible]	[illegible]	[illegible]	[illegible]	[illegible]	[illegible]	[illegible]	
98		[illegible]	[illegible]	[illegible]	[illegible]	[illegible]	[illegible]	[illegible]	[illegible]	[illegible]	[illegible]	
99		[illegible]	[illegible]	[illegible]	[illegible]	[illegible]	[illegible]	[illegible]	[illegible]	[illegible]	[illegible]	
8900		[illegible]	[illegible]	[illegible]	[illegible]	[illegible]	[illegible]	[illegible]	[illegible]	[illegible]	[illegible]	
01		[illegible]	[illegible]	[illegible]	[illegible]	[illegible]	[illegible]	[illegible]	[illegible]	[illegible]	[illegible]	
02		[illegible]	[illegible]	[illegible]	[illegible]	[illegible]	[illegible]	[illegible]	[illegible]	[illegible]	[illegible]	
03		[illegible]	[illegible]	[illegible]	[illegible]	[illegible]	[illegible]	[illegible]	[illegible]	[illegible]	[illegible]	
04		[illegible]	[illegible]	[illegible]	[illegible]	[illegible]	[illegible]	[illegible]	[illegible]	[illegible]	[illegible]	
Num.		0	1	2	3	4	5	6	7	8	9	D.

N. 89050 L. 949

Num.		0	1	2	3	4	5	6	7	8	9	D.
8905	949.	[illegible]	[illegible]	[illegible]	[illegible]	[illegible]	[illegible]	[illegible]	[illegible]	[illegible]	[illegible]	
06		[illegible]	[illegible]	[illegible]	[illegible]	[illegible]	[illegible]	[illegible]	[illegible]	[illegible]	[illegible]	
07		[illegible]	[illegible]	[illegible]	[illegible]	[illegible]	[illegible]	[illegible]	[illegible]	[illegible]	[illegible]	
08		[illegible]	[illegible]	[illegible]	[illegible]	[illegible]	[illegible]	[illegible]	[illegible]	[illegible]	[illegible]	
09		[illegible]	[illegible]	[illegible]	[illegible]	[illegible]	[illegible]	[illegible]	[illegible]	[illegible]	[illegible]	
8910		[illegible]	[illegible]	[illegible]	[illegible]	[illegible]	[illegible]	[illegible]	[illegible]	[illegible]	[illegible]	
11		[illegible]	[illegible]	[illegible]	[illegible]	[illegible]	[illegible]	[illegible]	[illegible]	[illegible]	[illegible]	
12		[illegible]	[illegible]	[illegible]	[illegible]	[illegible]	[illegible]	[illegible]	[illegible]	[illegible]	[illegible]	
13	950.	[illegible]	[illegible]	[illegible]	[illegible]	[illegible]	[illegible]	[illegible]	[illegible]	[illegible]	[illegible]	
14		[illegible]	[illegible]	[illegible]	[illegible]	[illegible]	[illegible]	[illegible]	[illegible]	[illegible]	[illegible]	
8915		[illegible]	[illegible]	[illegible]	[illegible]	[illegible]	[illegible]	[illegible]	[illegible]	[illegible]	[illegible]	
16		[illegible]	[illegible]	[illegible]	[illegible]	[illegible]	[illegible]	[illegible]	[illegible]	[illegible]	[illegible]	
17		[illegible]	[illegible]	[illegible]	[illegible]	[illegible]	[illegible]	[illegible]	[illegible]	[illegible]	[illegible]	
18		[illegible]	[illegible]	[illegible]	[illegible]	[illegible]	[illegible]	[illegible]	[illegible]	[illegible]	[illegible]	
19		[illegible]	[illegible]	[illegible]	[illegible]	[illegible]	[illegible]	[illegible]	[illegible]	[illegible]	[illegible]	
8920		[illegible]	[illegible]	[illegible]	[illegible]	[illegible]	[illegible]	[illegible]	[illegible]	[illegible]	[illegible]	
21		[illegible]	[illegible]	[illegible]	[illegible]	[illegible]	[illegible]	[illegible]	[illegible]	[illegible]	[illegible]	
22		[illegible]	[illegible]	[illegible]	[illegible]	[illegible]	[illegible]	[illegible]	[illegible]	[illegible]	[illegible]	
23		[illegible]	[illegible]	[illegible]	[illegible]	[illegible]	[illegible]	[illegible]	[illegible]	[illegible]	[illegible]	
24		[illegible]	[illegible]	[illegible]	[illegible]	[illegible]	[illegible]	[illegible]	[illegible]	[illegible]	[illegible]	
8925		[illegible]	[illegible]	[illegible]	[illegible]	[illegible]	[illegible]	[illegible]	[illegible]	[illegible]	[illegible]	
26		[illegible]	[illegible]	[illegible]	[illegible]	[illegible]	[illegible]	[illegible]	[illegible]	[illegible]	[illegible]	
27		[illegible]	[illegible]	[illegible]	[illegible]	[illegible]	[illegible]	[illegible]	[illegible]	[illegible]	[illegible]	
28		[illegible]	[illegible]	[illegible]	[illegible]	[illegible]	[illegible]	[illegible]	[illegible]	[illegible]	[illegible]	
29		[illegible]	[illegible]	[illegible]	[illegible]	[illegible]	[illegible]	[illegible]	[illegible]	[illegible]	[illegible]	
8930		[illegible]	[illegible]	[illegible]	[illegible]	[illegible]	[illegible]	[illegible]	[illegible]	[illegible]	[illegible]	
31		[illegible]	[illegible]	[illegible]	[illegible]	[illegible]	[illegible]	[illegible]	[illegible]	[illegible]	[illegible]	
32		[illegible]	[illegible]	[illegible]	[illegible]	[illegible]	[illegible]	[illegible]	[illegible]	[illegible]	[illegible]	
33		[illegible]	[illegible]	[illegible]	[illegible]	[illegible]	[illegible]	[illegible]	[illegible]	[illegible]	[illegible]	
34	951.	[illegible]	[illegible]	[illegible]	[illegible]	[illegible]	[illegible]	[illegible]	[illegible]	[illegible]	[illegible]	
8935		[illegible]	[illegible]	[illegible]	[illegible]	[illegible]	[illegible]	[illegible]	[illegible]	[illegible]	[illegible]	
36		[illegible]	[illegible]	[illegible]	[illegible]	[illegible]	[illegible]	[illegible]	[illegible]	[illegible]	[illegible]	
37		[illegible]	[illegible]	[illegible]	[illegible]	[illegible]	[illegible]	[illegible]	[illegible]	[illegible]	[illegible]	
38		[illegible]	[illegible]	[illegible]	[illegible]	[illegible]	[illegible]	[illegible]	[illegible]	[illegible]	[illegible]	
39		[illegible]	[illegible]	[illegible]	[illegible]	[illegible]	[illegible]	[illegible]	[illegible]	[illegible]	[illegible]	
8940		[illegible]	[illegible]	[illegible]	[illegible]	[illegible]	[illegible]	[illegible]	[illegible]	[illegible]	[illegible]	
41		[illegible]	[illegible]	[illegible]	[illegible]	[illegible]	[illegible]	[illegible]	[illegible]	[illegible]	[illegible]	
42		[illegible]	[illegible]	[illegible]	[illegible]	[illegible]	[illegible]	[illegible]	[illegible]	[illegible]	[illegible]	
43		[illegible]	[illegible]	[illegible]	[illegible]	[illegible]	[illegible]	[illegible]	[illegible]	[illegible]	[illegible]	
44		[illegible]	[illegible]	[illegible]	[illegible]	[illegible]	[illegible]	[illegible]	[illegible]	[illegible]	[illegible]	
8945		[illegible]	[illegible]	[illegible]	[illegible]	[illegible]	[illegible]	[illegible]	[illegible]	[illegible]	[illegible]	
46		[illegible]	[illegible]	[illegible]	[illegible]	[illegible]	[illegible]	[illegible]	[illegible]	[illegible]	[illegible]	
47		[illegible]	[illegible]	[illegible]	[illegible]	[illegible]	[illegible]	[illegible]	[illegible]	[illegible]	[illegible]	
48		[illegible]	[illegible]	[illegible]	[illegible]	[illegible]	[illegible]	[illegible]	[illegible]	[illegible]	[illegible]	
49		[illegible]	[illegible]	[illegible]	[illegible]	[illegible]	[illegible]	[illegible]	[illegible]	[illegible]	[illegible]	
8950		[illegible]	[illegible]	[illegible]	[illegible]	[illegible]	[illegible]	[illegible]	[illegible]	[illegible]	[illegible]	
51		[illegible]	[illegible]	[illegible]	[illegible]	[illegible]	[illegible]	[illegible]	[illegible]	[illegible]	[illegible]	
52		[illegible]	[illegible]	[illegible]	[illegible]	[illegible]	[illegible]	[illegible]	[illegible]	[illegible]	[illegible]	
53		[illegible]	[illegible]	[illegible]	[illegible]	[illegible]	[illegible]	[illegible]	[illegible]	[illegible]	[illegible]	
54	952.	[illegible]	[illegible]	[illegible]	[illegible]	[illegible]	[illegible]	[illegible]	[illegible]	[illegible]	[illegible]	
8955		[illegible]	[illegible]	[illegible]	[illegible]	[illegible]	[illegible]	[illegible]	[illegible]	[illegible]	[illegible]	
56		[illegible]	[illegible]	[illegible]	[illegible]	[illegible]	[illegible]	[illegible]	[illegible]	[illegible]	[illegible]	
57		[illegible]	[illegible]	[illegible]	[illegible]	[illegible]	[illegible]	[illegible]	[illegible]	[illegible]	[illegible]	
58		[illegible]	[illegible]	[illegible]	[illegible]	[illegible]	[illegible]	[illegible]	[illegible]	[illegible]	[illegible]	
59		[illegible]	[illegible]	[illegible]	[illegible]	[illegible]	[illegible]	[illegible]	[illegible]	[illegible]	[illegible]	
8960		[illegible]	[illegible]	[illegible]	[illegible]	[illegible]	[illegible]	[illegible]	[illegible]	[illegible]	[illegible]	
61		[illegible]	[illegible]	[illegible]	[illegible]	[illegible]	[illegible]	[illegible]	[illegible]	[illegible]	[illegible]	
62		[illegible]	[illegible]	[illegible]	[illegible]	[illegible]	[illegible]	[illegible]	[illegible]	[illegible]	[illegible]	
63		[illegible]	[illegible]	[illegible]	[illegible]	[illegible]	[illegible]	[illegible]	[illegible]	[illegible]	[illegible]	
64		[illegible]	[illegible]	[illegible]	[illegible]	[illegible]	[illegible]	[illegible]	[illegible]	[illegible]	[illegible]	
8965		[illegible]	[illegible]	[illegible]	[illegible]	[illegible]	[illegible]	[illegible]	[illegible]	[illegible]	[illegible]	
66		[illegible]	[illegible]	[illegible]	[illegible]	[illegible]	[illegible]	[illegible]	[illegible]	[illegible]	[illegible]	
67		[illegible]	[illegible]	[illegible]	[illegible]	[illegible]	[illegible]	[illegible]	[illegible]	[illegible]	[illegible]	
68		[illegible]	[illegible]	[illegible]	[illegible]	[illegible]	[illegible]	[illegible]	[illegible]	[illegible]	[illegible]	
69		[illegible]	[illegible]	[illegible]	[illegible]	[illegible]	[illegible]	[illegible]	[illegible]	[illegible]	[illegible]	
Num.		0	1	2	3	4	5	6	7	8	9	D.

Num.	0	1	2	3	4	5	6	7	8	9	D.
8970	951.[illegible]	[illegible]	[illegible]	[illegible]	[illegible]	[illegible]	[illegible]	[illegible]	[illegible]	[illegible]	
71	[illegible]	[illegible]	[illegible]	[illegible]	[illegible]	[illegible]	[illegible]	[illegible]	[illegible]	[illegible]	
72	[illegible]	[illegible]	[illegible]	[illegible]	[illegible]	[illegible]	[illegible]	[illegible]	[illegible]	[illegible]	
73	[illegible]	[illegible]	[illegible]	[illegible]	[illegible]	[illegible]	[illegible]	[illegible]	[illegible]	[illegible]	
74	[illegible]	[illegible]	[illegible]	[illegible]	[illegible]	[illegible]	[illegible]	[illegible]	[illegible]	[illegible]	
8975	953.[illegible]	[illegible]	[illegible]	[illegible]	[illegible]	[illegible]	[illegible]	[illegible]	[illegible]	[illegible]	
76	[illegible]	[illegible]	[illegible]	[illegible]	[illegible]	[illegible]	[illegible]	[illegible]	[illegible]	[illegible]	
77	[illegible]	[illegible]	[illegible]	[illegible]	[illegible]	[illegible]	[illegible]	[illegible]	[illegible]	[illegible]	
78	[illegible]	[illegible]	[illegible]	[illegible]	[illegible]	[illegible]	[illegible]	[illegible]	[illegible]	[illegible]	
79	[illegible]	[illegible]	[illegible]	[illegible]	[illegible]	[illegible]	[illegible]	[illegible]	[illegible]	[illegible]	
8980	[illegible]	[illegible]	[illegible]	[illegible]	[illegible]	[illegible]	[illegible]	[illegible]	[illegible]	[illegible]	
81	[illegible]	[illegible]	[illegible]	[illegible]	[illegible]	[illegible]	[illegible]	[illegible]	[illegible]	[illegible]	
82	[illegible]	[illegible]	[illegible]	[illegible]	[illegible]	[illegible]	[illegible]	[illegible]	[illegible]	[illegible]	
83	[illegible]	[illegible]	[illegible]	[illegible]	[illegible]	[illegible]	[illegible]	[illegible]	[illegible]	[illegible]	
84	[illegible]	[illegible]	[illegible]	[illegible]	[illegible]	[illegible]	[illegible]	[illegible]	[illegible]	[illegible]	
8985	[illegible]	[illegible]	[illegible]	[illegible]	[illegible]	[illegible]	[illegible]	[illegible]	[illegible]	[illegible]	
86	[illegible]	[illegible]	[illegible]	[illegible]	[illegible]	[illegible]	[illegible]	[illegible]	[illegible]	[illegible]	
87	[illegible]	[illegible]	[illegible]	[illegible]	[illegible]	[illegible]	[illegible]	[illegible]	[illegible]	[illegible]	
88	[illegible]	[illegible]	[illegible]	[illegible]	[illegible]	[illegible]	[illegible]	[illegible]	[illegible]	[illegible]	
89	[illegible]	[illegible]	[illegible]	[illegible]	[illegible]	[illegible]	[illegible]	[illegible]	[illegible]	[illegible]	
8990	[illegible]	[illegible]	[illegible]	[illegible]	[illegible]	[illegible]	[illegible]	[illegible]	[illegible]	[illegible]	
91	[illegible]	[illegible]	[illegible]	[illegible]	[illegible]	[illegible]	[illegible]	[illegible]	[illegible]	[illegible]	
92	[illegible]	[illegible]	[illegible]	[illegible]	[illegible]	[illegible]	[illegible]	[illegible]	[illegible]	[illegible]	
93	[illegible]	[illegible]	[illegible]	[illegible]	[illegible]	[illegible]	[illegible]	[illegible]	[illegible]	[illegible]	
94	[illegible]	[illegible]	[illegible]	[illegible]	[illegible]	[illegible]	[illegible]	[illegible]	[illegible]	[illegible]	
8995	954.[illegible]	[illegible]	[illegible]	[illegible]	[illegible]	[illegible]	[illegible]	[illegible]	[illegible]	[illegible]	
96	[illegible]	[illegible]	[illegible]	[illegible]	[illegible]	[illegible]	[illegible]	[illegible]	[illegible]	[illegible]	
97	[illegible]	[illegible]	[illegible]	[illegible]	[illegible]	[illegible]	[illegible]	[illegible]	[illegible]	[illegible]	
98	[illegible]	[illegible]	[illegible]	[illegible]	[illegible]	[illegible]	[illegible]	[illegible]	[illegible]	[illegible]	
99	[illegible]	[illegible]	[illegible]	[illegible]	[illegible]	[illegible]	[illegible]	[illegible]	[illegible]	[illegible]	
9000	[illegible]	[illegible]	[illegible]	[illegible]	[illegible]	[illegible]	[illegible]	[illegible]	[illegible]	[illegible]	
01	[illegible]	[illegible]	[illegible]	[illegible]	[illegible]	[illegible]	[illegible]	[illegible]	[illegible]	[illegible]	
02	[illegible]	[illegible]	[illegible]	[illegible]	[illegible]	[illegible]	[illegible]	[illegible]	[illegible]	[illegible]	
03	[illegible]	[illegible]	[illegible]	[illegible]	[illegible]	[illegible]	[illegible]	[illegible]	[illegible]	[illegible]	
04	[illegible]	[illegible]	[illegible]	[illegible]	[illegible]	[illegible]	[illegible]	[illegible]	[illegible]	[illegible]	
9005	[illegible]	[illegible]	[illegible]	[illegible]	[illegible]	[illegible]	[illegible]	[illegible]	[illegible]	[illegible]	
06	[illegible]	[illegible]	[illegible]	[illegible]	[illegible]	[illegible]	[illegible]	[illegible]	[illegible]	[illegible]	
07	[illegible]	[illegible]	[illegible]	[illegible]	[illegible]	[illegible]	[illegible]	[illegible]	[illegible]	[illegible]	
08	[illegible]	[illegible]	[illegible]	[illegible]	[illegible]	[illegible]	[illegible]	[illegible]	[illegible]	[illegible]	
09	[illegible]	[illegible]	[illegible]	[illegible]	[illegible]	[illegible]	[illegible]	[illegible]	[illegible]	[illegible]	
9010	[illegible]	[illegible]	[illegible]	[illegible]	[illegible]	[illegible]	[illegible]	[illegible]	[illegible]	[illegible]	
11	[illegible]	[illegible]	[illegible]	[illegible]	[illegible]	[illegible]	[illegible]	[illegible]	[illegible]	[illegible]	
12	[illegible]	[illegible]	[illegible]	[illegible]	[illegible]	[illegible]	[illegible]	[illegible]	[illegible]	[illegible]	
13	[illegible]	[illegible]	[illegible]	[illegible]	[illegible]	[illegible]	[illegible]	[illegible]	[illegible]	[illegible]	
14	[illegible]	[illegible]	[illegible]	[illegible]	[illegible]	[illegible]	[illegible]	[illegible]	[illegible]	[illegible]	
9015	[illegible]	[illegible]	[illegible]	[illegible]	[illegible]	[illegible]	[illegible]	[illegible]	[illegible]	[illegible]	
16	955.[illegible]	[illegible]	[illegible]	[illegible]	[illegible]	[illegible]	[illegible]	[illegible]	[illegible]	[illegible]	
17	[illegible]	[illegible]	[illegible]	[illegible]	[illegible]	[illegible]	[illegible]	[illegible]	[illegible]	[illegible]	
18	[illegible]	[illegible]	[illegible]	[illegible]	[illegible]	[illegible]	[illegible]	[illegible]	[illegible]	[illegible]	
19	[illegible]	[illegible]	[illegible]	[illegible]	[illegible]	[illegible]	[illegible]	[illegible]	[illegible]	[illegible]	
9020	[illegible]	[illegible]	[illegible]	[illegible]	[illegible]	[illegible]	[illegible]	[illegible]	[illegible]	[illegible]	
21	[illegible]	[illegible]	[illegible]	[illegible]	[illegible]	[illegible]	[illegible]	[illegible]	[illegible]	[illegible]	
22	[illegible]	[illegible]	[illegible]	[illegible]	[illegible]	[illegible]	[illegible]	[illegible]	[illegible]	[illegible]	
23	[illegible]	[illegible]	[illegible]	[illegible]	[illegible]	[illegible]	[illegible]	[illegible]	[illegible]	[illegible]	
24	[illegible]	[illegible]	[illegible]	[illegible]	[illegible]	[illegible]	[illegible]	[illegible]	[illegible]	[illegible]	
9025	[illegible]	[illegible]	[illegible]	[illegible]	[illegible]	[illegible]	[illegible]	[illegible]	[illegible]	[illegible]	
26	[illegible]	[illegible]	[illegible]	[illegible]	[illegible]	[illegible]	[illegible]	[illegible]	[illegible]	[illegible]	
27	[illegible]	[illegible]	[illegible]	[illegible]	[illegible]	[illegible]	[illegible]	[illegible]	[illegible]	[illegible]	
28	[illegible]	[illegible]	[illegible]	[illegible]	[illegible]	[illegible]	[illegible]	[illegible]	[illegible]	[illegible]	
29	[illegible]	[illegible]	[illegible]	[illegible]	[illegible]	[illegible]	[illegible]	[illegible]	[illegible]	[illegible]	
9030	[illegible]	[illegible]	[illegible]	[illegible]	[illegible]	[illegible]	[illegible]	[illegible]	[illegible]	[illegible]	
31	[illegible]	[illegible]	[illegible]	[illegible]	[illegible]	[illegible]	[illegible]	[illegible]	[illegible]	[illegible]	
32	[illegible]	[illegible]	[illegible]	[illegible]	[illegible]	[illegible]	[illegible]	[illegible]	[illegible]	[illegible]	
33	[illegible]	[illegible]	[illegible]	[illegible]	[illegible]	[illegible]	[illegible]	[illegible]	[illegible]	[illegible]	
34	[illegible]	[illegible]	[illegible]	[illegible]	[illegible]	[illegible]	[illegible]	[illegible]	[illegible]	[illegible]	
Num.	0	1	2	3	4	5	6	7	8	9	D.

Num.	0	1	2	3	4	5	6	7	8	9	D.	Part.
9035	955.[illegible]	[illegible]	[illegible]	[illegible]	[illegible]	[illegible]	[illegible]	[illegible]	[illegible]	[illegible]		
36	[illegible]	[illegible]	[illegible]	[illegible]	[illegible]	[illegible]	[illegible]	[illegible]	[illegible]	[illegible]		
37	956.[illegible]	[illegible]	[illegible]	[illegible]	[illegible]	[illegible]	[illegible]	[illegible]	[illegible]	[illegible]		
38	[illegible]	[illegible]	[illegible]	[illegible]	[illegible]	[illegible]	[illegible]	[illegible]	[illegible]	[illegible]		
39	[illegible]	[illegible]	[illegible]	[illegible]	[illegible]	[illegible]	[illegible]	[illegible]	[illegible]	[illegible]		
9040	[illegible]	[illegible]	[illegible]	[illegible]	[illegible]	[illegible]	[illegible]	[illegible]	[illegible]	[illegible]		
41	[illegible]	[illegible]	[illegible]	[illegible]	[illegible]	[illegible]	[illegible]	[illegible]	[illegible]	[illegible]		
42	[illegible]	[illegible]	[illegible]	[illegible]	[illegible]	[illegible]	[illegible]	[illegible]	[illegible]	[illegible]		
43	[illegible]	[illegible]	[illegible]	[illegible]	[illegible]	[illegible]	[illegible]	[illegible]	[illegible]	[illegible]		
44	[illegible]	[illegible]	[illegible]	[illegible]	[illegible]	[illegible]	[illegible]	[illegible]	[illegible]	[illegible]		
9045	[illegible]	[illegible]	[illegible]	[illegible]	[illegible]	[illegible]	[illegible]	[illegible]	[illegible]	[illegible]		49
46	[illegible]	[illegible]	[illegible]	[illegible]	[illegible]	[illegible]	[illegible]	[illegible]	[illegible]	[illegible]		[illegible]
47	[illegible]	[illegible]	[illegible]	[illegible]	[illegible]	[illegible]	[illegible]	[illegible]	[illegible]	[illegible]	48	[illegible]
48	[illegible]	[illegible]	[illegible]	[illegible]	[illegible]	[illegible]	[illegible]	[illegible]	[illegible]	[illegible]		[illegible]
49	[illegible]	[illegible]	[illegible]	[illegible]	[illegible]	[illegible]	[illegible]	[illegible]	[illegible]	[illegible]		[illegible]
9050	[illegible]	[illegible]	[illegible]	[illegible]	[illegible]	[illegible]	[illegible]	[illegible]	[illegible]	[illegible]		[illegible]
51	[illegible]	[illegible]	[illegible]	[illegible]	[illegible]	[illegible]	[illegible]	[illegible]	[illegible]	[illegible]		[illegible]
52	[illegible]	[illegible]	[illegible]	[illegible]	[illegible]	[illegible]	[illegible]	[illegible]	[illegible]	[illegible]		[illegible]
53	[illegible]	[illegible]	[illegible]	[illegible]	[illegible]	[illegible]	[illegible]	[illegible]	[illegible]	[illegible]		[illegible]
54	[illegible]	[illegible]	[illegible]	[illegible]	[illegible]	[illegible]	[illegible]	[illegible]	[illegible]	[illegible]		[illegible]
9055	[illegible]	[illegible]	[illegible]	[illegible]	[illegible]	[illegible]	[illegible]	[illegible]	[illegible]	[illegible]		
56	[illegible]	[illegible]	[illegible]	[illegible]	[illegible]	[illegible]	[illegible]	[illegible]	[illegible]	[illegible]		
57	[illegible]	[illegible]	[illegible]	[illegible]	[illegible]	[illegible]	[illegible]	[illegible]	[illegible]	[illegible]		
58	957.[illegible]	[illegible]	[illegible]	[illegible]	[illegible]	[illegible]	[illegible]	[illegible]	[illegible]	[illegible]		
59	[illegible]	[illegible]	[illegible]	[illegible]	[illegible]	[illegible]	[illegible]	[illegible]	[illegible]	[illegible]		
9060	[illegible]	[illegible]	[illegible]	[illegible]	[illegible]	[illegible]	[illegible]	[illegible]	[illegible]	[illegible]		
61	[illegible]	[illegible]	[illegible]	[illegible]	[illegible]	[illegible]	[illegible]	[illegible]	[illegible]	[illegible]		
62	[illegible]	[illegible]	[illegible]	[illegible]	[illegible]	[illegible]	[illegible]	[illegible]	[illegible]	[illegible]		
63	[illegible]	[illegible]	[illegible]	[illegible]	[illegible]	[illegible]	[illegible]	[illegible]	[illegible]	[illegible]		
64	[illegible]	[illegible]	[illegible]	[illegible]	[illegible]	[illegible]	[illegible]	[illegible]	[illegible]	[illegible]		
9065	[illegible]	[illegible]	[illegible]	[illegible]	[illegible]	[illegible]	[illegible]	[illegible]	[illegible]	[illegible]		
66	[illegible]	[illegible]	[illegible]	[illegible]	[illegible]	[illegible]	[illegible]	[illegible]	[illegible]	[illegible]		
67	[illegible]	[illegible]	[illegible]	[illegible]	[illegible]	[illegible]	[illegible]	[illegible]	[illegible]	[illegible]		48
68	[illegible]	[illegible]	[illegible]	[illegible]	[illegible]	[illegible]	[illegible]	[illegible]	[illegible]	[illegible]		[illegible]
69	[illegible]	[illegible]	[illegible]	[illegible]	[illegible]	[illegible]	[illegible]	[illegible]	[illegible]	[illegible]		[illegible]
9070	[illegible]	[illegible]	[illegible]	[illegible]	[illegible]	[illegible]	[illegible]	[illegible]	[illegible]	[illegible]		[illegible]
71	[illegible]	[illegible]	[illegible]	[illegible]	[illegible]	[illegible]	[illegible]	[illegible]	[illegible]	[illegible]		[illegible]
72	[illegible]	[illegible]	[illegible]	[illegible]	[illegible]	[illegible]	[illegible]	[illegible]	[illegible]	[illegible]		[illegible]
73	[illegible]	[illegible]	[illegible]	[illegible]	[illegible]	[illegible]	[illegible]	[illegible]	[illegible]	[illegible]		[illegible]
74	[illegible]	[illegible]	[illegible]	[illegible]	[illegible]	[illegible]	[illegible]	[illegible]	[illegible]	[illegible]		[illegible]
9075	[illegible]	[illegible]	[illegible]	[illegible]	[illegible]	[illegible]	[illegible]	[illegible]	[illegible]	[illegible]		
76	[illegible]	[illegible]	[illegible]	[illegible]	[illegible]	[illegible]	[illegible]	[illegible]	[illegible]	[illegible]		
77	[illegible]	[illegible]	[illegible]	[illegible]	[illegible]	[illegible]	[illegible]	[illegible]	[illegible]	[illegible]		
78	[illegible]	[illegible]	[illegible]	[illegible]	[illegible]	[illegible]	[illegible]	[illegible]	[illegible]	[illegible]		
79	958.[illegible]	[illegible]	[illegible]	[illegible]	[illegible]	[illegible]	[illegible]	[illegible]	[illegible]	[illegible]		
9080	[illegible]	[illegible]	[illegible]	[illegible]	[illegible]	[illegible]	[illegible]	[illegible]	[illegible]	[illegible]		
81	[illegible]	[illegible]	[illegible]	[illegible]	[illegible]	[illegible]	[illegible]	[illegible]	[illegible]	[illegible]		
82	[illegible]	[illegible]	[illegible]	[illegible]	[illegible]	[illegible]	[illegible]	[illegible]	[illegible]	[illegible]		
83	[illegible]	[illegible]	[illegible]	[illegible]	[illegible]	[illegible]	[illegible]	[illegible]	[illegible]	[illegible]		
84	[illegible]	[illegible]	[illegible]	[illegible]	[illegible]	[illegible]	[illegible]	[illegible]	[illegible]	[illegible]		
9085	[illegible]	[illegible]	[illegible]	[illegible]	[illegible]	[illegible]	[illegible]	[illegible]	[illegible]	[illegible]		
86	[illegible]	[illegible]	[illegible]	[illegible]	[illegible]	[illegible]	[illegible]	[illegible]	[illegible]	[illegible]		
87	[illegible]	[illegible]	[illegible]	[illegible]	[illegible]	[illegible]	[illegible]	[illegible]	[illegible]	[illegible]		
88	[illegible]	[illegible]	[illegible]	[illegible]	[illegible]	[illegible]	[illegible]	[illegible]	[illegible]	[illegible]		
89	[illegible]	[illegible]	[illegible]	[illegible]	[illegible]	[illegible]	[illegible]	[illegible]	[illegible]	[illegible]		
9090	[illegible]	[illegible]	[illegible]	[illegible]	[illegible]	[illegible]	[illegible]	[illegible]	[illegible]	[illegible]		47
91	[illegible]	[illegible]	[illegible]	[illegible]	[illegible]	[illegible]	[illegible]	[illegible]	[illegible]	[illegible]		[illegible]
92	[illegible]	[illegible]	[illegible]	[illegible]	[illegible]	[illegible]	[illegible]	[illegible]	[illegible]	[illegible]		[illegible]
93	[illegible]	[illegible]	[illegible]	[illegible]	[illegible]	[illegible]	[illegible]	[illegible]	[illegible]	[illegible]		[illegible]
94	[illegible]	[illegible]	[illegible]	[illegible]	[illegible]	[illegible]	[illegible]	[illegible]	[illegible]	[illegible]		[illegible]
9095	[illegible]	[illegible]	[illegible]	[illegible]	[illegible]	[illegible]	[illegible]	[illegible]	[illegible]	[illegible]		[illegible]
96	[illegible]	[illegible]	[illegible]	[illegible]	[illegible]	[illegible]	[illegible]	[illegible]	[illegible]	[illegible]		[illegible]
97	[illegible]	[illegible]	[illegible]	[illegible]	[illegible]	[illegible]	[illegible]	[illegible]	[illegible]	[illegible]		[illegible]
98	[illegible]	[illegible]	[illegible]	[illegible]	[illegible]	[illegible]	[illegible]	[illegible]	[illegible]	[illegible]		[illegible]
99	[illegible]	[illegible]	[illegible]	[illegible]	[illegible]	[illegible]	[illegible]	[illegible]	[illegible]	[illegible]		[illegible]
Num.	0	1	2	3	4	5	6	7	8	9	D.	Part.

N. 91000 L. 959

Num.	0	1	2	3	4	5	6	7	8	9	D.
9100	959.[illegible]	[illegible]	[illegible]	[illegible]	[illegible]	[illegible]	[illegible]	[illegible]	[illegible]	[illegible]	
01	[illegible]	[illegible]	[illegible]	[illegible]	[illegible]	[illegible]	[illegible]	[illegible]	[illegible]	[illegible]	
02	[illegible]	[illegible]	[illegible]	[illegible]	[illegible]	[illegible]	[illegible]	[illegible]	[illegible]	[illegible]	
03	[illegible]	[illegible]	[illegible]	[illegible]	[illegible]	[illegible]	[illegible]	[illegible]	[illegible]	[illegible]	
04	[illegible]	[illegible]	[illegible]	[illegible]	[illegible]	[illegible]	[illegible]	[illegible]	[illegible]	[illegible]	
9105	[illegible]	[illegible]	[illegible]	[illegible]	[illegible]	[illegible]	[illegible]	[illegible]	[illegible]	[illegible]	
06	[illegible]	[illegible]	[illegible]	[illegible]	[illegible]	[illegible]	[illegible]	[illegible]	[illegible]	[illegible]	
07	[illegible]	[illegible]	[illegible]	[illegible]	[illegible]	[illegible]	[illegible]	[illegible]	[illegible]	[illegible]	
08	[illegible]	[illegible]	[illegible]	[illegible]	[illegible]	[illegible]	[illegible]	[illegible]	[illegible]	[illegible]	
09	[illegible]	[illegible]	[illegible]	[illegible]	[illegible]	[illegible]	[illegible]	[illegible]	[illegible]	[illegible]	
9110	[illegible]	[illegible]	[illegible]	[illegible]	[illegible]	[illegible]	[illegible]	[illegible]	[illegible]	[illegible]	
11	[illegible]	[illegible]	[illegible]	[illegible]	[illegible]	[illegible]	[illegible]	[illegible]	[illegible]	[illegible]	
12	[illegible]	[illegible]	[illegible]	[illegible]	[illegible]	[illegible]	[illegible]	[illegible]	[illegible]	[illegible]	
13	[illegible]	[illegible]	[illegible]	[illegible]	[illegible]	[illegible]	[illegible]	[illegible]	[illegible]	[illegible]	
14	[illegible]	[illegible]	[illegible]	[illegible]	[illegible]	[illegible]	[illegible]	[illegible]	[illegible]	[illegible]	
9115	[illegible]	[illegible]	[illegible]	[illegible]	[illegible]	[illegible]	[illegible]	[illegible]	[illegible]	[illegible]	
16	[illegible]	[illegible]	[illegible]	[illegible]	[illegible]	[illegible]	[illegible]	[illegible]	[illegible]	[illegible]	
17	[illegible]	[illegible]	[illegible]	[illegible]	[illegible]	[illegible]	[illegible]	[illegible]	[illegible]	[illegible]	
18	[illegible]	[illegible]	[illegible]	[illegible]	[illegible]	[illegible]	[illegible]	[illegible]	[illegible]	[illegible]	
19	[illegible]	[illegible]	[illegible]	[illegible]	[illegible]	[illegible]	[illegible]	[illegible]	[illegible]	[illegible]	
9120	[illegible]	[illegible]	[illegible]	[illegible]	[illegible]	[illegible]	[illegible]	[illegible]	[illegible]	[illegible]	
21	960.[illegible]	[illegible]	[illegible]	[illegible]	[illegible]	[illegible]	[illegible]	[illegible]	[illegible]	[illegible]	
22	[illegible]	[illegible]	[illegible]	[illegible]	[illegible]	[illegible]	[illegible]	[illegible]	[illegible]	[illegible]	
23	[illegible]	[illegible]	[illegible]	[illegible]	[illegible]	[illegible]	[illegible]	[illegible]	[illegible]	[illegible]	
24	[illegible]	[illegible]	[illegible]	[illegible]	[illegible]	[illegible]	[illegible]	[illegible]	[illegible]	[illegible]	
9125	[illegible]	[illegible]	[illegible]	[illegible]	[illegible]	[illegible]	[illegible]	[illegible]	[illegible]	[illegible]	
26	[illegible]	[illegible]	[illegible]	[illegible]	[illegible]	[illegible]	[illegible]	[illegible]	[illegible]	[illegible]	
27	[illegible]	[illegible]	[illegible]	[illegible]	[illegible]	[illegible]	[illegible]	[illegible]	[illegible]	[illegible]	
28	[illegible]	[illegible]	[illegible]	[illegible]	[illegible]	[illegible]	[illegible]	[illegible]	[illegible]	[illegible]	
29	[illegible]	[illegible]	[illegible]	[illegible]	[illegible]	[illegible]	[illegible]	[illegible]	[illegible]	[illegible]	
9130	[illegible]	[illegible]	[illegible]	[illegible]	[illegible]	[illegible]	[illegible]	[illegible]	[illegible]	[illegible]	
31	[illegible]	[illegible]	[illegible]	[illegible]	[illegible]	[illegible]	[illegible]	[illegible]	[illegible]	[illegible]	
32	[illegible]	[illegible]	[illegible]	[illegible]	[illegible]	[illegible]	[illegible]	[illegible]	[illegible]	[illegible]	
33	[illegible]	[illegible]	[illegible]	[illegible]	[illegible]	[illegible]	[illegible]	[illegible]	[illegible]	[illegible]	
34	[illegible]	[illegible]	[illegible]	[illegible]	[illegible]	[illegible]	[illegible]	[illegible]	[illegible]	[illegible]	
9135	[illegible]	[illegible]	[illegible]	[illegible]	[illegible]	[illegible]	[illegible]	[illegible]	[illegible]	[illegible]	
36	[illegible]	[illegible]	[illegible]	[illegible]	[illegible]	[illegible]	[illegible]	[illegible]	[illegible]	[illegible]	
37	[illegible]	[illegible]	[illegible]	[illegible]	[illegible]	[illegible]	[illegible]	[illegible]	[illegible]	[illegible]	
38	[illegible]	[illegible]	[illegible]	[illegible]	[illegible]	[illegible]	[illegible]	[illegible]	[illegible]	[illegible]	
39	[illegible]	[illegible]	[illegible]	[illegible]	[illegible]	[illegible]	[illegible]	[illegible]	[illegible]	[illegible]	
9140	[illegible]	[illegible]	[illegible]	[illegible]	[illegible]	[illegible]	[illegible]	[illegible]	[illegible]	[illegible]	
41	[illegible]	[illegible]	[illegible]	[illegible]	[illegible]	[illegible]	[illegible]	[illegible]	[illegible]	[illegible]	
42	961.[illegible]	[illegible]	[illegible]	[illegible]	[illegible]	[illegible]	[illegible]	[illegible]	[illegible]	[illegible]	
43	[illegible]	[illegible]	[illegible]	[illegible]	[illegible]	[illegible]	[illegible]	[illegible]	[illegible]	[illegible]	
44	[illegible]	[illegible]	[illegible]	[illegible]	[illegible]	[illegible]	[illegible]	[illegible]	[illegible]	[illegible]	
9145	[illegible]	[illegible]	[illegible]	[illegible]	[illegible]	[illegible]	[illegible]	[illegible]	[illegible]	[illegible]	
46	[illegible]	[illegible]	[illegible]	[illegible]	[illegible]	[illegible]	[illegible]	[illegible]	[illegible]	[illegible]	
47	[illegible]	[illegible]	[illegible]	[illegible]	[illegible]	[illegible]	[illegible]	[illegible]	[illegible]	[illegible]	
48	[illegible]	[illegible]	[illegible]	[illegible]	[illegible]	[illegible]	[illegible]	[illegible]	[illegible]	[illegible]	
49	[illegible]	[illegible]	[illegible]	[illegible]	[illegible]	[illegible]	[illegible]	[illegible]	[illegible]	[illegible]	
9150	[illegible]	[illegible]	[illegible]	[illegible]	[illegible]	[illegible]	[illegible]	[illegible]	[illegible]	[illegible]	
51	[illegible]	[illegible]	[illegible]	[illegible]	[illegible]	[illegible]	[illegible]	[illegible]	[illegible]	[illegible]	
52	[illegible]	[illegible]	[illegible]	[illegible]	[illegible]	[illegible]	[illegible]	[illegible]	[illegible]	[illegible]	
53	[illegible]	[illegible]	[illegible]	[illegible]	[illegible]	[illegible]	[illegible]	[illegible]	[illegible]	[illegible]	
54	[illegible]	[illegible]	[illegible]	[illegible]	[illegible]	[illegible]	[illegible]	[illegible]	[illegible]	[illegible]	
9155	[illegible]	[illegible]	[illegible]	[illegible]	[illegible]	[illegible]	[illegible]	[illegible]	[illegible]	[illegible]	
56	[illegible]	[illegible]	[illegible]	[illegible]	[illegible]	[illegible]	[illegible]	[illegible]	[illegible]	[illegible]	
57	[illegible]	[illegible]	[illegible]	[illegible]	[illegible]	[illegible]	[illegible]	[illegible]	[illegible]	[illegible]	
58	[illegible]	[illegible]	[illegible]	[illegible]	[illegible]	[illegible]	[illegible]	[illegible]	[illegible]	[illegible]	
59	[illegible]	[illegible]	[illegible]	[illegible]	[illegible]	[illegible]	[illegible]	[illegible]	[illegible]	[illegible]	
9160	[illegible]	[illegible]	[illegible]	[illegible]	[illegible]	[illegible]	[illegible]	[illegible]	[illegible]	[illegible]	
61	[illegible]	[illegible]	[illegible]	[illegible]	[illegible]	[illegible]	[illegible]	[illegible]	[illegible]	[illegible]	
62	[illegible]	[illegible]	[illegible]	[illegible]	[illegible]	[illegible]	[illegible]	[illegible]	[illegible]	[illegible]	
63	962.[illegible]	[illegible]	[illegible]	[illegible]	[illegible]	[illegible]	[illegible]	[illegible]	[illegible]	[illegible]	
64	[illegible]	[illegible]	[illegible]	[illegible]	[illegible]	[illegible]	[illegible]	[illegible]	[illegible]	[illegible]	
Num.	0	1	2	3	4	5	6	7	8	9	D.

N. 91650 L. 962

Num.	0	1	2	3	4	5	6	7	8	9	D.	Part.
9165	962.[illegible]	[illegible]	[illegible]	[illegible]	[illegible]	[illegible]	[illegible]	[illegible]	[illegible]	[illegible]		
66	[illegible]	[illegible]	[illegible]	[illegible]	[illegible]	[illegible]	[illegible]	[illegible]	[illegible]	[illegible]		
67	[illegible]	[illegible]	[illegible]	[illegible]	[illegible]	[illegible]	[illegible]	[illegible]	[illegible]	[illegible]		
68	[illegible]	[illegible]	[illegible]	[illegible]	[illegible]	[illegible]	[illegible]	[illegible]	[illegible]	[illegible]		
69	[illegible]	[illegible]	[illegible]	[illegible]	[illegible]	[illegible]	[illegible]	[illegible]	[illegible]	[illegible]		
9170	[illegible]	[illegible]	[illegible]	[illegible]	[illegible]	[illegible]	[illegible]	[illegible]	[illegible]	[illegible]		
71	[illegible]	[illegible]	[illegible]	[illegible]	[illegible]	[illegible]	[illegible]	[illegible]	[illegible]	[illegible]		
72	[illegible]	[illegible]	[illegible]	[illegible]	[illegible]	[illegible]	[illegible]	[illegible]	[illegible]	[illegible]		
73	[illegible]	[illegible]	[illegible]	[illegible]	[illegible]	[illegible]	[illegible]	[illegible]	[illegible]	[illegible]		
74	[illegible]	[illegible]	[illegible]	[illegible]	[illegible]	[illegible]	[illegible]	[illegible]	[illegible]	[illegible]		
9175	[illegible]	[illegible]	[illegible]	[illegible]	[illegible]	[illegible]	[illegible]	[illegible]	[illegible]	[illegible]		
76	[illegible]	[illegible]	[illegible]	[illegible]	[illegible]	[illegible]	[illegible]	[illegible]	[illegible]	[illegible]		
77	[illegible]	[illegible]	[illegible]	[illegible]	[illegible]	[illegible]	[illegible]	[illegible]	[illegible]	[illegible]		
78	[illegible]	[illegible]	[illegible]	[illegible]	[illegible]	[illegible]	[illegible]	[illegible]	[illegible]	[illegible]		
79	[illegible]	[illegible]	[illegible]	[illegible]	[illegible]	[illegible]	[illegible]	[illegible]	[illegible]	[illegible]		
9180	[illegible]	[illegible]	[illegible]	[illegible]	[illegible]	[illegible]	[illegible]	[illegible]	[illegible]	[illegible]		
81	[illegible]	[illegible]	[illegible]	[illegible]	[illegible]	[illegible]	[illegible]	[illegible]	[illegible]	[illegible]		
82	[illegible]	[illegible]	[illegible]	[illegible]	[illegible]	[illegible]	[illegible]	[illegible]	[illegible]	[illegible]		
83	[illegible]	[illegible]	[illegible]	[illegible]	[illegible]	[illegible]	[illegible]	[illegible]	[illegible]	[illegible]		
84	963.[illegible]	[illegible]	[illegible]	[illegible]	[illegible]	[illegible]	[illegible]	[illegible]	[illegible]	[illegible]		
9185	[illegible]	[illegible]	[illegible]	[illegible]	[illegible]	[illegible]	[illegible]	[illegible]	[illegible]	[illegible]		
86	[illegible]	[illegible]	[illegible]	[illegible]	[illegible]	[illegible]	[illegible]	[illegible]	[illegible]	[illegible]		
87	[illegible]	[illegible]	[illegible]	[illegible]	[illegible]	[illegible]	[illegible]	[illegible]	[illegible]	[illegible]		
88	[illegible]	[illegible]	[illegible]	[illegible]	[illegible]	[illegible]	[illegible]	[illegible]	[illegible]	[illegible]		
89	[illegible]	[illegible]	[illegible]	[illegible]	[illegible]	[illegible]	[illegible]	[illegible]	[illegible]	[illegible]		
9190	[illegible]	[illegible]	[illegible]	[illegible]	[illegible]	[illegible]	[illegible]	[illegible]	[illegible]	[illegible]		
91	[illegible]	[illegible]	[illegible]	[illegible]	[illegible]	[illegible]	[illegible]	[illegible]	[illegible]	[illegible]		
92	[illegible]	[illegible]	[illegible]	[illegible]	[illegible]	[illegible]	[illegible]	[illegible]	[illegible]	[illegible]		
93	[illegible]	[illegible]	[illegible]	[illegible]	[illegible]	[illegible]	[illegible]	[illegible]	[illegible]	[illegible]		
94	[illegible]	[illegible]	[illegible]	[illegible]	[illegible]	[illegible]	[illegible]	[illegible]	[illegible]	[illegible]		
9195	[illegible]	[illegible]	[illegible]	[illegible]	[illegible]	[illegible]	[illegible]	[illegible]	[illegible]	[illegible]		
96	[illegible]	[illegible]	[illegible]	[illegible]	[illegible]	[illegible]	[illegible]	[illegible]	[illegible]	[illegible]		
97	[illegible]	[illegible]	[illegible]	[illegible]	[illegible]	[illegible]	[illegible]	[illegible]	[illegible]	[illegible]		
98	[illegible]	[illegible]	[illegible]	[illegible]	[illegible]	[illegible]	[illegible]	[illegible]	[illegible]	[illegible]		
99	[illegible]	[illegible]	[illegible]	[illegible]	[illegible]	[illegible]	[illegible]	[illegible]	[illegible]	[illegible]		
9200	[illegible]	[illegible]	[illegible]	[illegible]	[illegible]	[illegible]	[illegible]	[illegible]	[illegible]	[illegible]		
01	[illegible]	[illegible]	[illegible]	[illegible]	[illegible]	[illegible]	[illegible]	[illegible]	[illegible]	[illegible]		
02	[illegible]	[illegible]	[illegible]	[illegible]	[illegible]	[illegible]	[illegible]	[illegible]	[illegible]	[illegible]		
03	[illegible]	[illegible]	[illegible]	[illegible]	[illegible]	[illegible]	[illegible]	[illegible]	[illegible]	[illegible]		
04	[illegible]	[illegible]	[illegible]	[illegible]	[illegible]	[illegible]	[illegible]	[illegible]	[illegible]	[illegible]		
9205	964.[illegible]	[illegible]	[illegible]	[illegible]	[illegible]	[illegible]	[illegible]	[illegible]	[illegible]	[illegible]		
06	[illegible]	[illegible]	[illegible]	[illegible]	[illegible]	[illegible]	[illegible]	[illegible]	[illegible]	[illegible]		
07	[illegible]	[illegible]	[illegible]	[illegible]	[illegible]	[illegible]	[illegible]	[illegible]	[illegible]	[illegible]		
08	[illegible]	[illegible]	[illegible]	[illegible]	[illegible]	[illegible]	[illegible]	[illegible]	[illegible]	[illegible]		
09	[illegible]	[illegible]	[illegible]	[illegible]	[illegible]	[illegible]	[illegible]	[illegible]	[illegible]	[illegible]		
9210	[illegible]	[illegible]	[illegible]	[illegible]	[illegible]	[illegible]	[illegible]	[illegible]	[illegible]	[illegible]		
11	[illegible]	[illegible]	[illegible]	[illegible]	[illegible]	[illegible]	[illegible]	[illegible]	[illegible]	[illegible]		
12	[illegible]	[illegible]	[illegible]	[illegible]	[illegible]	[illegible]	[illegible]	[illegible]	[illegible]	[illegible]		
13	[illegible]	[illegible]	[illegible]	[illegible]	[illegible]	[illegible]	[illegible]	[illegible]	[illegible]	[illegible]		
14	[illegible]	[illegible]	[illegible]	[illegible]	[illegible]	[illegible]	[illegible]	[illegible]	[illegible]	[illegible]		
9215	[illegible]	[illegible]	[illegible]	[illegible]	[illegible]	[illegible]	[illegible]	[illegible]	[illegible]	[illegible]		
16	[illegible]	[illegible]	[illegible]	[illegible]	[illegible]	[illegible]	[illegible]	[illegible]	[illegible]	[illegible]		
17	[illegible]	[illegible]	[illegible]	[illegible]	[illegible]	[illegible]	[illegible]	[illegible]	[illegible]	[illegible]		
18	[illegible]	[illegible]	[illegible]	[illegible]	[illegible]	[illegible]	[illegible]	[illegible]	[illegible]	[illegible]		
19	[illegible]	[illegible]	[illegible]	[illegible]	[illegible]	[illegible]	[illegible]	[illegible]	[illegible]	[illegible]		
9220	[illegible]	[illegible]	[illegible]	[illegible]	[illegible]	[illegible]	[illegible]	[illegible]	[illegible]	[illegible]		
21	[illegible]	[illegible]	[illegible]	[illegible]	[illegible]	[illegible]	[illegible]	[illegible]	[illegible]	[illegible]		
22	[illegible]	[illegible]	[illegible]	[illegible]	[illegible]	[illegible]	[illegible]	[illegible]	[illegible]	[illegible]		
23	[illegible]	[illegible]	[illegible]	[illegible]	[illegible]	[illegible]	[illegible]	[illegible]	[illegible]	[illegible]		
24	[illegible]	[illegible]	[illegible]	[illegible]	[illegible]	[illegible]	[illegible]	[illegible]	[illegible]	[illegible]		
9225	[illegible]	[illegible]	[illegible]	[illegible]	[illegible]	[illegible]	[illegible]	[illegible]	[illegible]	[illegible]		
26	965.[illegible]	[illegible]	[illegible]	[illegible]	[illegible]	[illegible]	[illegible]	[illegible]	[illegible]	[illegible]		
27	[illegible]	[illegible]	[illegible]	[illegible]	[illegible]	[illegible]	[illegible]	[illegible]	[illegible]	[illegible]		
28	[illegible]	[illegible]	[illegible]	[illegible]	[illegible]	[illegible]	[illegible]	[illegible]	[illegible]	[illegible]		
29	[illegible]	[illegible]	[illegible]	[illegible]	[illegible]	[illegible]	[illegible]	[illegible]	[illegible]	[illegible]		
Num.	0	1	2	3	4	5	6	7	8	9	D.	Part.

N. 92300 L. 965

Num.	0	1	2	3	4	5	6	7	8	9	D.
9230	965.2017	2064	1111	1158	1204	1252	1299	1346	1393	1440	
31	[illegible]	[illegible]	[illegible]	[illegible]	[illegible]	[illegible]	[illegible]	[illegible]	[illegible]	[illegible]	
32	[illegible]	[illegible]	[illegible]	[illegible]	[illegible]	[illegible]	[illegible]	[illegible]	[illegible]	[illegible]	
33	[illegible]	[illegible]	[illegible]	[illegible]	[illegible]	[illegible]	[illegible]	[illegible]	[illegible]	[illegible]	
34	[illegible]	[illegible]	[illegible]	[illegible]	[illegible]	[illegible]	[illegible]	[illegible]	[illegible]	[illegible]	
9235	[illegible]	[illegible]	[illegible]	[illegible]	[illegible]	[illegible]	[illegible]	[illegible]	[illegible]	[illegible]	
36	[illegible]	[illegible]	[illegible]	[illegible]	[illegible]	[illegible]	[illegible]	[illegible]	[illegible]	[illegible]	
37	[illegible]	[illegible]	[illegible]	[illegible]	[illegible]	[illegible]	[illegible]	[illegible]	[illegible]	[illegible]	
38	[illegible]	[illegible]	[illegible]	[illegible]	[illegible]	[illegible]	[illegible]	[illegible]	[illegible]	[illegible]	
39	[illegible]	[illegible]	[illegible]	[illegible]	[illegible]	[illegible]	[illegible]	[illegible]	[illegible]	[illegible]	47
9240	[illegible]	[illegible]	[illegible]	[illegible]	[illegible]	[illegible]	[illegible]	[illegible]	[illegible]	[illegible]	
41	[illegible]	[illegible]	[illegible]	[illegible]	[illegible]	[illegible]	[illegible]	[illegible]	[illegible]	[illegible]	
42	[illegible]	[illegible]	[illegible]	[illegible]	[illegible]	[illegible]	[illegible]	[illegible]	[illegible]	[illegible]	
43	[illegible]	[illegible]	[illegible]	[illegible]	[illegible]	[illegible]	[illegible]	[illegible]	[illegible]	[illegible]	
44	[illegible]	[illegible]	[illegible]	[illegible]	[illegible]	[illegible]	[illegible]	[illegible]	[illegible]	[illegible]	
9245	[illegible]	[illegible]	[illegible]	[illegible]	[illegible]	[illegible]	[illegible]	[illegible]	[illegible]	[illegible]	
46	[illegible]	[illegible]	[illegible]	[illegible]	[illegible]	[illegible]	[illegible]	[illegible]	[illegible]	[illegible]	
47	966.[illegible]	[illegible]	[illegible]	[illegible]	[illegible]	[illegible]	[illegible]	[illegible]	[illegible]	[illegible]	
48	[illegible]	[illegible]	[illegible]	[illegible]	[illegible]	[illegible]	[illegible]	[illegible]	[illegible]	[illegible]	
49	[illegible]	[illegible]	[illegible]	[illegible]	[illegible]	[illegible]	[illegible]	[illegible]	[illegible]	[illegible]	
9250	[illegible]	[illegible]	[illegible]	[illegible]	[illegible]	[illegible]	[illegible]	[illegible]	[illegible]	[illegible]	
51	[illegible]	[illegible]	[illegible]	[illegible]	[illegible]	[illegible]	[illegible]	[illegible]	[illegible]	[illegible]	
52	[illegible]	[illegible]	[illegible]	[illegible]	[illegible]	[illegible]	[illegible]	[illegible]	[illegible]	[illegible]	
53	[illegible]	[illegible]	[illegible]	[illegible]	[illegible]	[illegible]	[illegible]	[illegible]	[illegible]	[illegible]	
54	[illegible]	[illegible]	[illegible]	[illegible]	[illegible]	[illegible]	[illegible]	[illegible]	[illegible]	[illegible]	
9255	[illegible]	[illegible]	[illegible]	[illegible]	[illegible]	[illegible]	[illegible]	[illegible]	[illegible]	[illegible]	
56	[illegible]	[illegible]	[illegible]	[illegible]	[illegible]	[illegible]	[illegible]	[illegible]	[illegible]	[illegible]	
57	[illegible]	[illegible]	[illegible]	[illegible]	[illegible]	[illegible]	[illegible]	[illegible]	[illegible]	[illegible]	
58	[illegible]	[illegible]	[illegible]	[illegible]	[illegible]	[illegible]	[illegible]	[illegible]	[illegible]	[illegible]	
59	[illegible]	[illegible]	[illegible]	[illegible]	[illegible]	[illegible]	[illegible]	[illegible]	[illegible]	[illegible]	
9260	[illegible]	[illegible]	[illegible]	[illegible]	[illegible]	[illegible]	[illegible]	[illegible]	[illegible]	[illegible]	
61	[illegible]	[illegible]	[illegible]	[illegible]	[illegible]	[illegible]	[illegible]	[illegible]	[illegible]	[illegible]	
62	[illegible]	[illegible]	[illegible]	[illegible]	[illegible]	[illegible]	[illegible]	[illegible]	[illegible]	[illegible]	
63	[illegible]	[illegible]	[illegible]	[illegible]	[illegible]	[illegible]	[illegible]	[illegible]	[illegible]	[illegible]	
64	[illegible]	[illegible]	[illegible]	[illegible]	[illegible]	[illegible]	[illegible]	[illegible]	[illegible]	[illegible]	
9265	[illegible]	[illegible]	[illegible]	[illegible]	[illegible]	[illegible]	[illegible]	[illegible]	[illegible]	[illegible]	
66	[illegible]	[illegible]	[illegible]	[illegible]	[illegible]	[illegible]	[illegible]	[illegible]	[illegible]	[illegible]	
67	[illegible]	[illegible]	[illegible]	[illegible]	[illegible]	[illegible]	[illegible]	[illegible]	[illegible]	[illegible]	
68	[illegible]	[illegible]	[illegible]	[illegible]	[illegible]	[illegible]	[illegible]	[illegible]	[illegible]	[illegible]	
69	967.[illegible]	[illegible]	[illegible]	[illegible]	[illegible]	[illegible]	[illegible]	[illegible]	[illegible]	[illegible]	
9270	[illegible]	[illegible]	[illegible]	[illegible]	[illegible]	[illegible]	[illegible]	[illegible]	[illegible]	[illegible]	
71	[illegible]	[illegible]	[illegible]	[illegible]	[illegible]	[illegible]	[illegible]	[illegible]	[illegible]	[illegible]	
72	[illegible]	[illegible]	[illegible]	[illegible]	[illegible]	[illegible]	[illegible]	[illegible]	[illegible]	[illegible]	
73	[illegible]	[illegible]	[illegible]	[illegible]	[illegible]	[illegible]	[illegible]	[illegible]	[illegible]	[illegible]	
74	[illegible]	[illegible]	[illegible]	[illegible]	[illegible]	[illegible]	[illegible]	[illegible]	[illegible]	[illegible]	
9275	[illegible]	[illegible]	[illegible]	[illegible]	[illegible]	[illegible]	[illegible]	[illegible]	[illegible]	[illegible]	
76	[illegible]	[illegible]	[illegible]	[illegible]	[illegible]	[illegible]	[illegible]	[illegible]	[illegible]	[illegible]	
77	[illegible]	[illegible]	[illegible]	[illegible]	[illegible]	[illegible]	[illegible]	[illegible]	[illegible]	[illegible]	
78	[illegible]	[illegible]	[illegible]	[illegible]	[illegible]	[illegible]	[illegible]	[illegible]	[illegible]	[illegible]	
79	[illegible]	[illegible]	[illegible]	[illegible]	[illegible]	[illegible]	[illegible]	[illegible]	[illegible]	[illegible]	
9280	[illegible]	[illegible]	[illegible]	[illegible]	[illegible]	[illegible]	[illegible]	[illegible]	[illegible]	[illegible]	
81	[illegible]	[illegible]	[illegible]	[illegible]	[illegible]	[illegible]	[illegible]	[illegible]	[illegible]	[illegible]	
82	[illegible]	[illegible]	[illegible]	[illegible]	[illegible]	[illegible]	[illegible]	[illegible]	[illegible]	[illegible]	
83	[illegible]	[illegible]	[illegible]	[illegible]	[illegible]	[illegible]	[illegible]	[illegible]	[illegible]	[illegible]	
84	[illegible]	[illegible]	[illegible]	[illegible]	[illegible]	[illegible]	[illegible]	[illegible]	[illegible]	[illegible]	
9285	[illegible]	[illegible]	[illegible]	[illegible]	[illegible]	[illegible]	[illegible]	[illegible]	[illegible]	[illegible]	
86	[illegible]	[illegible]	[illegible]	[illegible]	[illegible]	[illegible]	[illegible]	[illegible]	[illegible]	[illegible]	
87	[illegible]	[illegible]	[illegible]	[illegible]	[illegible]	[illegible]	[illegible]	[illegible]	[illegible]	[illegible]	
88	[illegible]	[illegible]	[illegible]	[illegible]	[illegible]	[illegible]	[illegible]	[illegible]	[illegible]	[illegible]	
89	[illegible]	[illegible]	[illegible]	[illegible]	[illegible]	[illegible]	[illegible]	[illegible]	[illegible]	[illegible]	
9290	968.[illegible]	[illegible]	[illegible]	[illegible]	[illegible]	[illegible]	[illegible]	[illegible]	[illegible]	[illegible]	
91	[illegible]	[illegible]	[illegible]	[illegible]	[illegible]	[illegible]	[illegible]	[illegible]	[illegible]	[illegible]	
92	[illegible]	[illegible]	[illegible]	[illegible]	[illegible]	[illegible]	[illegible]	[illegible]	[illegible]	[illegible]	
93	[illegible]	[illegible]	[illegible]	[illegible]	[illegible]	[illegible]	[illegible]	[illegible]	[illegible]	[illegible]	
94	[illegible]	[illegible]	[illegible]	[illegible]	[illegible]	[illegible]	[illegible]	[illegible]	[illegible]	[illegible]	
Num.	0	1	2	3	4	5	6	7	8	9	D.

N. 92950 L. 968

Num.	0	1	2	3	4	5	6	7	8	9	D.	Part.
9295	968.[illegible]	[illegible]	[illegible]	[illegible]	[illegible]	[illegible]	[illegible]	[illegible]	[illegible]	[illegible]		
96	[illegible]	[illegible]	[illegible]	[illegible]	[illegible]	[illegible]	[illegible]	[illegible]	[illegible]	[illegible]		
97	[illegible]	[illegible]	[illegible]	[illegible]	[illegible]	[illegible]	[illegible]	[illegible]	[illegible]	[illegible]		
98	[illegible]	[illegible]	[illegible]	[illegible]	[illegible]	[illegible]	[illegible]	[illegible]	[illegible]	[illegible]		
99	[illegible]	[illegible]	[illegible]	[illegible]	[illegible]	[illegible]	[illegible]	[illegible]	[illegible]	[illegible]		
9300	[illegible]	[illegible]	[illegible]	[illegible]	[illegible]	[illegible]	[illegible]	[illegible]	[illegible]	[illegible]		
01	[illegible]	[illegible]	[illegible]	[illegible]	[illegible]	[illegible]	[illegible]	[illegible]	[illegible]	[illegible]		
02	[illegible]	[illegible]	[illegible]	[illegible]	[illegible]	[illegible]	[illegible]	[illegible]	[illegible]	[illegible]		
03	[illegible]	[illegible]	[illegible]	[illegible]	[illegible]	[illegible]	[illegible]	[illegible]	[illegible]	[illegible]		
04	[illegible]	[illegible]	[illegible]	[illegible]	[illegible]	[illegible]	[illegible]	[illegible]	[illegible]	[illegible]		
9305	[illegible]	[illegible]	[illegible]	[illegible]	[illegible]	[illegible]	[illegible]	[illegible]	[illegible]	[illegible]		48
06	[illegible]	[illegible]	[illegible]	[illegible]	[illegible]	[illegible]	[illegible]	[illegible]	[illegible]	[illegible]		[illegible]
07	[illegible]	[illegible]	[illegible]	[illegible]	[illegible]	[illegible]	[illegible]	[illegible]	[illegible]	[illegible]		[illegible]
08	[illegible]	[illegible]	[illegible]	[illegible]	[illegible]	[illegible]	[illegible]	[illegible]	[illegible]	[illegible]		[illegible]
09	[illegible]	[illegible]	[illegible]	[illegible]	[illegible]	[illegible]	[illegible]	[illegible]	[illegible]	[illegible]		[illegible]
9310	[illegible]	[illegible]	[illegible]	[illegible]	[illegible]	[illegible]	[illegible]	[illegible]	[illegible]	[illegible]		[illegible]
11	[illegible]	[illegible]	[illegible]	[illegible]	[illegible]	[illegible]	[illegible]	[illegible]	[illegible]	[illegible]		[illegible]
12	969.[illegible]	[illegible]	[illegible]	[illegible]	[illegible]	[illegible]	[illegible]	[illegible]	[illegible]	[illegible]		[illegible]
13	[illegible]	[illegible]	[illegible]	[illegible]	[illegible]	[illegible]	[illegible]	[illegible]	[illegible]	[illegible]		[illegible]
14	[illegible]	[illegible]	[illegible]	[illegible]	[illegible]	[illegible]	[illegible]	[illegible]	[illegible]	[illegible]		[illegible]
9315	[illegible]	[illegible]	[illegible]	[illegible]	[illegible]	[illegible]	[illegible]	[illegible]	[illegible]	[illegible]		
16	[illegible]	[illegible]	[illegible]	[illegible]	[illegible]	[illegible]	[illegible]	[illegible]	[illegible]	[illegible]		
17	[illegible]	[illegible]	[illegible]	[illegible]	[illegible]	[illegible]	[illegible]	[illegible]	[illegible]	[illegible]		
18	[illegible]	[illegible]	[illegible]	[illegible]	[illegible]	[illegible]	[illegible]	[illegible]	[illegible]	[illegible]		
19	[illegible]	[illegible]	[illegible]	[illegible]	[illegible]	[illegible]	[illegible]	[illegible]	[illegible]	[illegible]		
9320	[illegible]	[illegible]	[illegible]	[illegible]	[illegible]	[illegible]	[illegible]	[illegible]	[illegible]	[illegible]		
21	[illegible]	[illegible]	[illegible]	[illegible]	[illegible]	[illegible]	[illegible]	[illegible]	[illegible]	[illegible]		
22	[illegible]	[illegible]	[illegible]	[illegible]	[illegible]	[illegible]	[illegible]	[illegible]	[illegible]	[illegible]		
23	[illegible]	[illegible]	[illegible]	[illegible]	[illegible]	[illegible]	[illegible]	[illegible]	[illegible]	[illegible]		
24	[illegible]	[illegible]	[illegible]	[illegible]	[illegible]	[illegible]	[illegible]	[illegible]	[illegible]	[illegible]		
9325	[illegible]	[illegible]	[illegible]	[illegible]	[illegible]	[illegible]	[illegible]	[illegible]	[illegible]	[illegible]		
26	[illegible]	[illegible]	[illegible]	[illegible]	[illegible]	[illegible]	[illegible]	[illegible]	[illegible]	[illegible]		
27	[illegible]	[illegible]	[illegible]	[illegible]	[illegible]	[illegible]	[illegible]	[illegible]	[illegible]	[illegible]		47
28	[illegible]	[illegible]	[illegible]	[illegible]	[illegible]	[illegible]	[illegible]	[illegible]	[illegible]	[illegible]		[illegible]
29	[illegible]	[illegible]	[illegible]	[illegible]	[illegible]	[illegible]	[illegible]	[illegible]	[illegible]	[illegible]		[illegible]
9330	[illegible]	[illegible]	[illegible]	[illegible]	[illegible]	[illegible]	[illegible]	[illegible]	[illegible]	[illegible]		[illegible]
31	[illegible]	[illegible]	[illegible]	[illegible]	[illegible]	[illegible]	[illegible]	[illegible]	[illegible]	[illegible]		[illegible]
32	[illegible]	[illegible]	[illegible]	[illegible]	[illegible]	[illegible]	[illegible]	[illegible]	[illegible]	[illegible]		[illegible]
33	970.[illegible]	[illegible]	[illegible]	[illegible]	[illegible]	[illegible]	[illegible]	[illegible]	[illegible]	[illegible]		[illegible]
34	[illegible]	[illegible]	[illegible]	[illegible]	[illegible]	[illegible]	[illegible]	[illegible]	[illegible]	[illegible]		[illegible]
9335	[illegible]	[illegible]	[illegible]	[illegible]	[illegible]	[illegible]	[illegible]	[illegible]	[illegible]	[illegible]		
36	[illegible]	[illegible]	[illegible]	[illegible]	[illegible]	[illegible]	[illegible]	[illegible]	[illegible]	[illegible]		
37	[illegible]	[illegible]	[illegible]	[illegible]	[illegible]	[illegible]	[illegible]	[illegible]	[illegible]	[illegible]		
38	[illegible]	[illegible]	[illegible]	[illegible]	[illegible]	[illegible]	[illegible]	[illegible]	[illegible]	[illegible]		
39	[illegible]	[illegible]	[illegible]	[illegible]	[illegible]	[illegible]	[illegible]	[illegible]	[illegible]	[illegible]		
9340	[illegible]	[illegible]	[illegible]	[illegible]	[illegible]	[illegible]	[illegible]	[illegible]	[illegible]	[illegible]		
41	[illegible]	[illegible]	[illegible]	[illegible]	[illegible]	[illegible]	[illegible]	[illegible]	[illegible]	[illegible]		
42	[illegible]	[illegible]	[illegible]	[illegible]	[illegible]	[illegible]	[illegible]	[illegible]	[illegible]	[illegible]		
43	[illegible]	[illegible]	[illegible]	[illegible]	[illegible]	[illegible]	[illegible]	[illegible]	[illegible]	[illegible]		
44	[illegible]	[illegible]	[illegible]	[illegible]	[illegible]	[illegible]	[illegible]	[illegible]	[illegible]	[illegible]		
9345	[illegible]	[illegible]	[illegible]	[illegible]	[illegible]	[illegible]	[illegible]	[illegible]	[illegible]	[illegible]		
46	[illegible]	[illegible]	[illegible]	[illegible]	[illegible]	[illegible]	[illegible]	[illegible]	[illegible]	[illegible]		
47	[illegible]	[illegible]	[illegible]	[illegible]	[illegible]	[illegible]	[illegible]	[illegible]	[illegible]	[illegible]		
48	[illegible]	[illegible]	[illegible]	[illegible]	[illegible]	[illegible]	[illegible]	[illegible]	[illegible]	[illegible]		
49	[illegible]	[illegible]	[illegible]	[illegible]	[illegible]	[illegible]	[illegible]	[illegible]	[illegible]	[illegible]		
9350	[illegible]	[illegible]	[illegible]	[illegible]	[illegible]	[illegible]	[illegible]	[illegible]	[illegible]	[illegible]		46
51	[illegible]	[illegible]	[illegible]	[illegible]	[illegible]	[illegible]	[illegible]	[illegible]	[illegible]	[illegible]		[illegible]
52	[illegible]	[illegible]	[illegible]	[illegible]	[illegible]	[illegible]	[illegible]	[illegible]	[illegible]	[illegible]		[illegible]
53	[illegible]	[illegible]	[illegible]	[illegible]	[illegible]	[illegible]	[illegible]	[illegible]	[illegible]	[illegible]		[illegible]
54	[illegible]	[illegible]	[illegible]	[illegible]	[illegible]	[illegible]	[illegible]	[illegible]	[illegible]	[illegible]		[illegible]
9355	971.[illegible]	[illegible]	[illegible]	[illegible]	[illegible]	[illegible]	[illegible]	[illegible]	[illegible]	[illegible]		[illegible]
56	[illegible]	[illegible]	[illegible]	[illegible]	[illegible]	[illegible]	[illegible]	[illegible]	[illegible]	[illegible]		[illegible]
57	[illegible]	[illegible]	[illegible]	[illegible]	[illegible]	[illegible]	[illegible]	[illegible]	[illegible]	[illegible]		[illegible]
58	[illegible]	[illegible]	[illegible]	[illegible]	[illegible]	[illegible]	[illegible]	[illegible]	[illegible]	[illegible]		[illegible]
59	[illegible]	[illegible]	[illegible]	[illegible]	[illegible]	[illegible]	[illegible]	[illegible]	[illegible]	[illegible]		[illegible]
Num.	0	1	2	3	4	5	6	7	8	9	D.	Part.

N. 93600 L. 971

Num.	0	1	2	3	4	5	6	7	8	9	D.
9360	971.2758	2804	2851	2897	2944	2990	3037	3083	3130	3176	
61	3222	3269	3315	3362	3408	3454	3501	3547	3594	3640	
62	3686	3733	3779	3826	3872	3918	3965	4011	4057	4104	
63	4150	4197	4243	4289	4336	4382	4429	4475	4521	4568	
64	4614	4660	4707	4753	4800	4846	4892	4939	4985	5031	
9365	5078	5124	5171	5217	5263	5310	5356	5402	5449	5495	
66	5542	5588	5634	5681	5727	5773	[illegible]	5866	5912	5959	
67	6005	6052	6098	6144	6191	6237	6283	6330	6376	6422	
68	6469	6515	6562	6608	6654	6701	6747	6793	6840	6886	
69	6932	6979	7025	7071	7118	7164	7211	7257	7303	7350	
9370	7396	7442	7489	7535	7581	7628	7674	7720	7767	7813	
71	7859	7906	7952	7998	8045	8091	8137	8184	8230	8276	
72	8323	8369	8415	8462	8508	8554	8601	8647	8693	8740	
73	8786	8832	8879	8925	8971	9018	9064	9111	9157	9203	
74	9249	9296	9342	9388	9435	9481	9527	9574	9620	9666	
9375	971.9713	9759	[illegible]	[illegible]	[illegible]	9944	9991	[illegible]	[illegible]	[illegible]	
76	972.[illegible]	[illegible]	[illegible]	[illegible]	[illegible]	[illegible]	[illegible]	[illegible]	[illegible]	[illegible]	
77	[illegible]	[illegible]	[illegible]	[illegible]	[illegible]	[illegible]	[illegible]	[illegible]	[illegible]	[illegible]	
78	[illegible]	[illegible]	[illegible]	[illegible]	[illegible]	[illegible]	[illegible]	[illegible]	[illegible]	[illegible]	
79	[illegible]	[illegible]	[illegible]	[illegible]	[illegible]	[illegible]	[illegible]	[illegible]	[illegible]	[illegible]	
9380	[illegible]	[illegible]	[illegible]	[illegible]	[illegible]	[illegible]	[illegible]	[illegible]	[illegible]	[illegible]	
81	[illegible]	[illegible]	[illegible]	[illegible]	[illegible]	[illegible]	[illegible]	[illegible]	[illegible]	[illegible]	
82	[illegible]	[illegible]	[illegible]	[illegible]	[illegible]	[illegible]	[illegible]	[illegible]	[illegible]	[illegible]	
83	[illegible]	[illegible]	[illegible]	[illegible]	[illegible]	[illegible]	[illegible]	[illegible]	[illegible]	[illegible]	
84	[illegible]	[illegible]	[illegible]	[illegible]	[illegible]	[illegible]	[illegible]	[illegible]	[illegible]	[illegible]	
9385	[illegible]	[illegible]	[illegible]	[illegible]	[illegible]	[illegible]	[illegible]	[illegible]	[illegible]	[illegible]	
86	[illegible]	[illegible]	[illegible]	[illegible]	[illegible]	[illegible]	[illegible]	[illegible]	[illegible]	[illegible]	
87	[illegible]	[illegible]	[illegible]	[illegible]	[illegible]	[illegible]	[illegible]	[illegible]	[illegible]	[illegible]	
88	[illegible]	[illegible]	[illegible]	[illegible]	[illegible]	[illegible]	[illegible]	[illegible]	[illegible]	[illegible]	
89	[illegible]	[illegible]	[illegible]	[illegible]	[illegible]	[illegible]	[illegible]	[illegible]	[illegible]	[illegible]	
9390	[illegible]	[illegible]	[illegible]	[illegible]	[illegible]	[illegible]	[illegible]	[illegible]	[illegible]	[illegible]	
91	[illegible]	[illegible]	[illegible]	[illegible]	[illegible]	[illegible]	[illegible]	[illegible]	[illegible]	[illegible]	
92	[illegible]	[illegible]	[illegible]	[illegible]	[illegible]	[illegible]	[illegible]	[illegible]	[illegible]	[illegible]	
93	[illegible]	[illegible]	[illegible]	[illegible]	[illegible]	[illegible]	[illegible]	[illegible]	[illegible]	[illegible]	
94	[illegible]	[illegible]	[illegible]	[illegible]	[illegible]	[illegible]	[illegible]	[illegible]	[illegible]	[illegible]	
9395	[illegible]	[illegible]	[illegible]	[illegible]	[illegible]	[illegible]	[illegible]	[illegible]	[illegible]	[illegible]	
96	[illegible]	[illegible]	[illegible]	[illegible]	[illegible]	[illegible]	[illegible]	[illegible]	[illegible]	[illegible]	
97	[illegible]	[illegible]	[illegible]	[illegible]	[illegible]	[illegible]	[illegible]	[illegible]	[illegible]	[illegible]	
98	973.[illegible]	[illegible]	[illegible]	[illegible]	[illegible]	[illegible]	[illegible]	[illegible]	[illegible]	[illegible]	
99	[illegible]	[illegible]	[illegible]	[illegible]	[illegible]	[illegible]	[illegible]	[illegible]	[illegible]	[illegible]	
9400	[illegible]	[illegible]	[illegible]	[illegible]	[illegible]	[illegible]	[illegible]	[illegible]	[illegible]	[illegible]	
01	[illegible]	[illegible]	[illegible]	[illegible]	[illegible]	[illegible]	[illegible]	[illegible]	[illegible]	[illegible]	
02	[illegible]	[illegible]	[illegible]	[illegible]	[illegible]	[illegible]	[illegible]	[illegible]	[illegible]	[illegible]	
03	[illegible]	[illegible]	[illegible]	[illegible]	[illegible]	[illegible]	[illegible]	[illegible]	[illegible]	[illegible]	
04	[illegible]	[illegible]	[illegible]	[illegible]	[illegible]	[illegible]	[illegible]	[illegible]	[illegible]	[illegible]	
9405	[illegible]	[illegible]	[illegible]	[illegible]	[illegible]	[illegible]	[illegible]	[illegible]	[illegible]	[illegible]	
06	[illegible]	[illegible]	[illegible]	[illegible]	[illegible]	[illegible]	[illegible]	[illegible]	[illegible]	[illegible]	
07	[illegible]	[illegible]	[illegible]	[illegible]	[illegible]	[illegible]	[illegible]	[illegible]	[illegible]	[illegible]	
08	[illegible]	[illegible]	[illegible]	[illegible]	[illegible]	[illegible]	[illegible]	[illegible]	[illegible]	[illegible]	
09	[illegible]	[illegible]	[illegible]	[illegible]	[illegible]	[illegible]	[illegible]	[illegible]	[illegible]	[illegible]	
9410	[illegible]	[illegible]	[illegible]	[illegible]	[illegible]	[illegible]	[illegible]	[illegible]	[illegible]	[illegible]	
11	[illegible]	[illegible]	[illegible]	[illegible]	[illegible]	[illegible]	[illegible]	[illegible]	[illegible]	[illegible]	
12	[illegible]	[illegible]	[illegible]	[illegible]	[illegible]	[illegible]	[illegible]	[illegible]	[illegible]	[illegible]	
13	[illegible]	[illegible]	[illegible]	[illegible]	[illegible]	[illegible]	[illegible]	[illegible]	[illegible]	[illegible]	
14	[illegible]	[illegible]	[illegible]	[illegible]	[illegible]	[illegible]	[illegible]	[illegible]	[illegible]	[illegible]	
9415	[illegible]	[illegible]	[illegible]	[illegible]	[illegible]	[illegible]	[illegible]	[illegible]	[illegible]	[illegible]	
16	[illegible]	[illegible]	[illegible]	[illegible]	[illegible]	[illegible]	[illegible]	[illegible]	[illegible]	[illegible]	
17	[illegible]	[illegible]	[illegible]	[illegible]	[illegible]	[illegible]	[illegible]	[illegible]	[illegible]	[illegible]	
18	[illegible]	[illegible]	[illegible]	[illegible]	[illegible]	[illegible]	[illegible]	[illegible]	[illegible]	[illegible]	
19	974.[illegible]	[illegible]	[illegible]	[illegible]	[illegible]	[illegible]	[illegible]	[illegible]	[illegible]	[illegible]	
9420	[illegible]	[illegible]	[illegible]	[illegible]	[illegible]	[illegible]	[illegible]	[illegible]	[illegible]	[illegible]	
21	[illegible]	[illegible]	[illegible]	[illegible]	[illegible]	[illegible]	[illegible]	[illegible]	[illegible]	[illegible]	
22	[illegible]	[illegible]	[illegible]	[illegible]	[illegible]	[illegible]	[illegible]	[illegible]	[illegible]	[illegible]	
23	[illegible]	[illegible]	[illegible]	[illegible]	[illegible]	[illegible]	[illegible]	[illegible]	[illegible]	[illegible]	
24	[illegible]	[illegible]	[illegible]	[illegible]	[illegible]	[illegible]	[illegible]	[illegible]	[illegible]	[illegible]	
Num.	0	1	2	3	4	5	6	7	8	9	D.

N. 94250 L. 974

Num.	0	1	2	3	4	5	6	7	8	9	D.	Part.
9425	974.[illegible]	[illegible]	[illegible]	[illegible]	[illegible]	[illegible]	[illegible]	[illegible]	[illegible]	[illegible]		
26	[illegible]	[illegible]	[illegible]	[illegible]	[illegible]	[illegible]	[illegible]	[illegible]	[illegible]	[illegible]		
27	[illegible]	[illegible]	[illegible]	[illegible]	[illegible]	[illegible]	[illegible]	[illegible]	[illegible]	[illegible]		
28	[illegible]	[illegible]	[illegible]	[illegible]	[illegible]	[illegible]	[illegible]	[illegible]	[illegible]	[illegible]		
29	[illegible]	[illegible]	[illegible]	[illegible]	[illegible]	[illegible]	[illegible]	[illegible]	[illegible]	[illegible]		
9430	[illegible]	[illegible]	[illegible]	[illegible]	[illegible]	[illegible]	[illegible]	[illegible]	[illegible]	[illegible]		
31	[illegible]	[illegible]	[illegible]	[illegible]	[illegible]	[illegible]	[illegible]	[illegible]	[illegible]	[illegible]		
32	[illegible]	[illegible]	[illegible]	[illegible]	[illegible]	[illegible]	[illegible]	[illegible]	[illegible]	[illegible]		
33	[illegible]	[illegible]	[illegible]	[illegible]	[illegible]	[illegible]	[illegible]	[illegible]	[illegible]	[illegible]		
34	[illegible]	[illegible]	[illegible]	[illegible]	[illegible]	[illegible]	[illegible]	[illegible]	[illegible]	[illegible]		
9435	[illegible]	[illegible]	[illegible]	[illegible]	[illegible]	[illegible]	[illegible]	[illegible]	[illegible]	[illegible]		
36	[illegible]	[illegible]	[illegible]	[illegible]	[illegible]	[illegible]	[illegible]	[illegible]	[illegible]	[illegible]		
37	[illegible]	[illegible]	[illegible]	[illegible]	[illegible]	[illegible]	[illegible]	[illegible]	[illegible]	[illegible]		
38	[illegible]	[illegible]	[illegible]	[illegible]	[illegible]	[illegible]	[illegible]	[illegible]	[illegible]	[illegible]		
39	[illegible]	[illegible]	[illegible]	[illegible]	[illegible]	[illegible]	[illegible]	[illegible]	[illegible]	[illegible]		
9440	[illegible]	[illegible]	[illegible]	[illegible]	[illegible]	[illegible]	[illegible]	[illegible]	[illegible]	[illegible]		
41	975.[illegible]	[illegible]	[illegible]	[illegible]	[illegible]	[illegible]	[illegible]	[illegible]	[illegible]	[illegible]		
42	[illegible]	[illegible]	[illegible]	[illegible]	[illegible]	[illegible]	[illegible]	[illegible]	[illegible]	[illegible]		
43	[illegible]	[illegible]	[illegible]	[illegible]	[illegible]	[illegible]	[illegible]	[illegible]	[illegible]	[illegible]		
44	[illegible]	[illegible]	[illegible]	[illegible]	[illegible]	[illegible]	[illegible]	[illegible]	[illegible]	[illegible]		
9445	[illegible]	[illegible]	[illegible]	[illegible]	[illegible]	[illegible]	[illegible]	[illegible]	[illegible]	[illegible]		
46	[illegible]	[illegible]	[illegible]	[illegible]	[illegible]	[illegible]	[illegible]	[illegible]	[illegible]	[illegible]		
47	[illegible]	[illegible]	[illegible]	[illegible]	[illegible]	[illegible]	[illegible]	[illegible]	[illegible]	[illegible]		
48	[illegible]	[illegible]	[illegible]	[illegible]	[illegible]	[illegible]	[illegible]	[illegible]	[illegible]	[illegible]		
49	[illegible]	[illegible]	[illegible]	[illegible]	[illegible]	[illegible]	[illegible]	[illegible]	[illegible]	[illegible]		
9450	[illegible]	[illegible]	[illegible]	[illegible]	[illegible]	[illegible]	[illegible]	[illegible]	[illegible]	[illegible]		
51	[illegible]	[illegible]	[illegible]	[illegible]	[illegible]	[illegible]	[illegible]	[illegible]	[illegible]	[illegible]		
52	[illegible]	[illegible]	[illegible]	[illegible]	[illegible]	[illegible]	[illegible]	[illegible]	[illegible]	[illegible]		
53	[illegible]	[illegible]	[illegible]	[illegible]	[illegible]	[illegible]	[illegible]	[illegible]	[illegible]	[illegible]		
54	[illegible]	[illegible]	[illegible]	[illegible]	[illegible]	[illegible]	[illegible]	[illegible]	[illegible]	[illegible]		
9455	[illegible]	[illegible]	[illegible]	[illegible]	[illegible]	[illegible]	[illegible]	[illegible]	[illegible]	[illegible]		
56	[illegible]	[illegible]	[illegible]	[illegible]	[illegible]	[illegible]	[illegible]	[illegible]	[illegible]	[illegible]		
57	[illegible]	[illegible]	[illegible]	[illegible]	[illegible]	[illegible]	[illegible]	[illegible]	[illegible]	[illegible]		
58	[illegible]	[illegible]	[illegible]	[illegible]	[illegible]	[illegible]	[illegible]	[illegible]	[illegible]	[illegible]		
59	[illegible]	[illegible]	[illegible]	[illegible]	[illegible]	[illegible]	[illegible]	[illegible]	[illegible]	[illegible]		
9460	[illegible]	[illegible]	[illegible]	[illegible]	[illegible]	[illegible]	[illegible]	[illegible]	[illegible]	[illegible]		
61	[illegible]	[illegible]	[illegible]	[illegible]	[illegible]	[illegible]	[illegible]	[illegible]	[illegible]	[illegible]		
62	[illegible]	[illegible]	[illegible]	[illegible]	[illegible]	[illegible]	[illegible]	[illegible]	[illegible]	[illegible]		
63	976.[illegible]	[illegible]	[illegible]	[illegible]	[illegible]	[illegible]	[illegible]	[illegible]	[illegible]	[illegible]		
64	[illegible]	[illegible]	[illegible]	[illegible]	[illegible]	[illegible]	[illegible]	[illegible]	[illegible]	[illegible]		
9465	[illegible]	[illegible]	[illegible]	[illegible]	[illegible]	[illegible]	[illegible]	[illegible]	[illegible]	[illegible]		
66	[illegible]	[illegible]	[illegible]	[illegible]	[illegible]	[illegible]	[illegible]	[illegible]	[illegible]	[illegible]		
67	[illegible]	[illegible]	[illegible]	[illegible]	[illegible]	[illegible]	[illegible]	[illegible]	[illegible]	[illegible]		
68	[illegible]	[illegible]	[illegible]	[illegible]	[illegible]	[illegible]	[illegible]	[illegible]	[illegible]	[illegible]		
69	[illegible]	[illegible]	[illegible]	[illegible]	[illegible]	[illegible]	[illegible]	[illegible]	[illegible]	[illegible]		
9470	[illegible]	[illegible]	[illegible]	[illegible]	[illegible]	[illegible]	[illegible]	[illegible]	[illegible]	[illegible]		
71	[illegible]	[illegible]	[illegible]	[illegible]	[illegible]	[illegible]	[illegible]	[illegible]	[illegible]	[illegible]		
72	[illegible]	[illegible]	[illegible]	[illegible]	[illegible]	[illegible]	[illegible]	[illegible]	[illegible]	[illegible]		
73	[illegible]	[illegible]	[illegible]	[illegible]	[illegible]	[illegible]	[illegible]	[illegible]	[illegible]	[illegible]		
74	[illegible]	[illegible]	[illegible]	[illegible]	[illegible]	[illegible]	[illegible]	[illegible]	[illegible]	[illegible]		
9475	[illegible]	[illegible]	[illegible]	[illegible]	[illegible]	[illegible]	[illegible]	[illegible]	[illegible]	[illegible]		
76	[illegible]	[illegible]	[illegible]	[illegible]	[illegible]	[illegible]	[illegible]	[illegible]	[illegible]	[illegible]		
77	[illegible]	[illegible]	[illegible]	[illegible]	[illegible]	[illegible]	[illegible]	[illegible]	[illegible]	[illegible]		
78	[illegible]	[illegible]	[illegible]	[illegible]	[illegible]	[illegible]	[illegible]	[illegible]	[illegible]	[illegible]		
79	[illegible]	[illegible]	[illegible]	[illegible]	[illegible]	[illegible]	[illegible]	[illegible]	[illegible]	[illegible]		
9480	[illegible]	[illegible]	[illegible]	[illegible]	[illegible]	[illegible]	[illegible]	[illegible]	[illegible]	[illegible]		
81	[illegible]	[illegible]	[illegible]	[illegible]	[illegible]	[illegible]	[illegible]	[illegible]	[illegible]	[illegible]		
82	[illegible]	[illegible]	[illegible]	[illegible]	[illegible]	[illegible]	[illegible]	[illegible]	[illegible]	[illegible]		
83	[illegible]	[illegible]	[illegible]	[illegible]	[illegible]	[illegible]	[illegible]	[illegible]	[illegible]	[illegible]		
84	[illegible]	[illegible]	[illegible]	[illegible]	[illegible]	[illegible]	[illegible]	[illegible]	[illegible]	[illegible]		
9485	977.[illegible]	[illegible]	[illegible]	[illegible]	[illegible]	[illegible]	[illegible]	[illegible]	[illegible]	[illegible]		
86	[illegible]	[illegible]	[illegible]	[illegible]	[illegible]	[illegible]	[illegible]	[illegible]	[illegible]	[illegible]		
87	[illegible]	[illegible]	[illegible]	[illegible]	[illegible]	[illegible]	[illegible]	[illegible]	[illegible]	[illegible]		
88	[illegible]	[illegible]	[illegible]	[illegible]	[illegible]	[illegible]	[illegible]	[illegible]	[illegible]	[illegible]		
89	[illegible]	[illegible]	[illegible]	[illegible]	[illegible]	[illegible]	[illegible]	[illegible]	[illegible]	[illegible]		
Num.	0	1	2	3	4	5	6	7	8	9	D.	Part.

N. 94900 L. 977

Num.		0	1	2	3	4	5	6	7	8	9	D.
9490	977.	[illegible]	[illegible]	[illegible]	[illegible]	[illegible]	[illegible]	[illegible]	[illegible]	[illegible]	[illegible]	
91		[illegible]	[illegible]	[illegible]	[illegible]	[illegible]	[illegible]	[illegible]	[illegible]	[illegible]	[illegible]	
92		[illegible]	[illegible]	[illegible]	[illegible]	[illegible]	[illegible]	[illegible]	[illegible]	[illegible]	[illegible]	
93		[illegible]	[illegible]	[illegible]	[illegible]	[illegible]	[illegible]	[illegible]	[illegible]	[illegible]	[illegible]	
94		[illegible]	[illegible]	[illegible]	[illegible]	[illegible]	[illegible]	[illegible]	[illegible]	[illegible]	[illegible]	
9495		[illegible]	[illegible]	[illegible]	[illegible]	[illegible]	[illegible]	[illegible]	[illegible]	[illegible]	[illegible]	
96		[illegible]	[illegible]	[illegible]	[illegible]	[illegible]	[illegible]	[illegible]	[illegible]	[illegible]	[illegible]	
97		[illegible]	[illegible]	[illegible]	[illegible]	[illegible]	[illegible]	[illegible]	[illegible]	[illegible]	[illegible]	
98		[illegible]	[illegible]	[illegible]	[illegible]	[illegible]	[illegible]	[illegible]	[illegible]	[illegible]	[illegible]	
99		[illegible]	[illegible]	[illegible]	[illegible]	[illegible]	[illegible]	[illegible]	[illegible]	[illegible]	[illegible]	
9500		[illegible]	[illegible]	[illegible]	[illegible]	[illegible]	[illegible]	[illegible]	[illegible]	[illegible]	[illegible]	
01		[illegible]	[illegible]	[illegible]	[illegible]	[illegible]	[illegible]	[illegible]	[illegible]	[illegible]	[illegible]	
02		[illegible]	[illegible]	[illegible]	[illegible]	[illegible]	[illegible]	[illegible]	[illegible]	[illegible]	[illegible]	
03		[illegible]	[illegible]	[illegible]	[illegible]	[illegible]	[illegible]	[illegible]	[illegible]	[illegible]	[illegible]	
04		[illegible]	[illegible]	[illegible]	[illegible]	[illegible]	[illegible]	[illegible]	[illegible]	[illegible]	[illegible]	
9505		[illegible]	[illegible]	[illegible]	[illegible]	[illegible]	[illegible]	[illegible]	[illegible]	[illegible]	[illegible]	
06		[illegible]	[illegible]	[illegible]	[illegible]	[illegible]	[illegible]	[illegible]	[illegible]	[illegible]	[illegible]	
07	978.	[illegible]	[illegible]	[illegible]	[illegible]	[illegible]	[illegible]	[illegible]	[illegible]	[illegible]	[illegible]	
08		[illegible]	[illegible]	[illegible]	[illegible]	[illegible]	[illegible]	[illegible]	[illegible]	[illegible]	[illegible]	
09		[illegible]	[illegible]	[illegible]	[illegible]	[illegible]	[illegible]	[illegible]	[illegible]	[illegible]	[illegible]	
9510		[illegible]	[illegible]	[illegible]	[illegible]	[illegible]	[illegible]	[illegible]	[illegible]	[illegible]	[illegible]	
11		[illegible]	[illegible]	[illegible]	[illegible]	[illegible]	[illegible]	[illegible]	[illegible]	[illegible]	[illegible]	
12		[illegible]	[illegible]	[illegible]	[illegible]	[illegible]	[illegible]	[illegible]	[illegible]	[illegible]	[illegible]	
13		[illegible]	[illegible]	[illegible]	[illegible]	[illegible]	[illegible]	[illegible]	[illegible]	[illegible]	[illegible]	
14		[illegible]	[illegible]	[illegible]	[illegible]	[illegible]	[illegible]	[illegible]	[illegible]	[illegible]	[illegible]	
9515		[illegible]	[illegible]	[illegible]	[illegible]	[illegible]	[illegible]	[illegible]	[illegible]	[illegible]	[illegible]	
16		[illegible]	[illegible]	[illegible]	[illegible]	[illegible]	[illegible]	[illegible]	[illegible]	[illegible]	[illegible]	
17		[illegible]	[illegible]	[illegible]	[illegible]	[illegible]	[illegible]	[illegible]	[illegible]	[illegible]	[illegible]	
18		[illegible]	[illegible]	[illegible]	[illegible]	[illegible]	[illegible]	[illegible]	[illegible]	[illegible]	[illegible]	
19		[illegible]	[illegible]	[illegible]	[illegible]	[illegible]	[illegible]	[illegible]	[illegible]	[illegible]	[illegible]	
9520		[illegible]	[illegible]	[illegible]	[illegible]	[illegible]	[illegible]	[illegible]	[illegible]	[illegible]	[illegible]	
21		[illegible]	[illegible]	[illegible]	[illegible]	[illegible]	[illegible]	[illegible]	[illegible]	[illegible]	[illegible]	
22		[illegible]	[illegible]	[illegible]	[illegible]	[illegible]	[illegible]	[illegible]	[illegible]	[illegible]	[illegible]	
23		[illegible]	[illegible]	[illegible]	[illegible]	[illegible]	[illegible]	[illegible]	[illegible]	[illegible]	[illegible]	
24		[illegible]	[illegible]	[illegible]	[illegible]	[illegible]	[illegible]	[illegible]	[illegible]	[illegible]	[illegible]	
9525		[illegible]	[illegible]	[illegible]	[illegible]	[illegible]	[illegible]	[illegible]	[illegible]	[illegible]	[illegible]	
26		[illegible]	[illegible]	[illegible]	[illegible]	[illegible]	[illegible]	[illegible]	[illegible]	[illegible]	[illegible]	
27		[illegible]	[illegible]	[illegible]	[illegible]	[illegible]	[illegible]	[illegible]	[illegible]	[illegible]	[illegible]	
28	979.	[illegible]	[illegible]	[illegible]	[illegible]	[illegible]	[illegible]	[illegible]	[illegible]	[illegible]	[illegible]	
29		[illegible]	[illegible]	[illegible]	[illegible]	[illegible]	[illegible]	[illegible]	[illegible]	[illegible]	[illegible]	
9530		[illegible]	[illegible]	[illegible]	[illegible]	[illegible]	[illegible]	[illegible]	[illegible]	[illegible]	[illegible]	
31		[illegible]	[illegible]	[illegible]	[illegible]	[illegible]	[illegible]	[illegible]	[illegible]	[illegible]	[illegible]	
32		[illegible]	[illegible]	[illegible]	[illegible]	[illegible]	[illegible]	[illegible]	[illegible]	[illegible]	[illegible]	
33		[illegible]	[illegible]	[illegible]	[illegible]	[illegible]	[illegible]	[illegible]	[illegible]	[illegible]	[illegible]	
34		[illegible]	[illegible]	[illegible]	[illegible]	[illegible]	[illegible]	[illegible]	[illegible]	[illegible]	[illegible]	
9535		[illegible]	[illegible]	[illegible]	[illegible]	[illegible]	[illegible]	[illegible]	[illegible]	[illegible]	[illegible]	
36		[illegible]	[illegible]	[illegible]	[illegible]	[illegible]	[illegible]	[illegible]	[illegible]	[illegible]	[illegible]	
37		[illegible]	[illegible]	[illegible]	[illegible]	[illegible]	[illegible]	[illegible]	[illegible]	[illegible]	[illegible]	
38		[illegible]	[illegible]	[illegible]	[illegible]	[illegible]	[illegible]	[illegible]	[illegible]	[illegible]	[illegible]	
39		[illegible]	[illegible]	[illegible]	[illegible]	[illegible]	[illegible]	[illegible]	[illegible]	[illegible]	[illegible]	
9540		[illegible]	[illegible]	[illegible]	[illegible]	[illegible]	[illegible]	[illegible]	[illegible]	[illegible]	[illegible]	
41		[illegible]	[illegible]	[illegible]	[illegible]	[illegible]	[illegible]	[illegible]	[illegible]	[illegible]	[illegible]	
42		[illegible]	[illegible]	[illegible]	[illegible]	[illegible]	[illegible]	[illegible]	[illegible]	[illegible]	[illegible]	
43		[illegible]	[illegible]	[illegible]	[illegible]	[illegible]	[illegible]	[illegible]	[illegible]	[illegible]	[illegible]	
44		[illegible]	[illegible]	[illegible]	[illegible]	[illegible]	[illegible]	[illegible]	[illegible]	[illegible]	[illegible]	
9545		[illegible]	[illegible]	[illegible]	[illegible]	[illegible]	[illegible]	[illegible]	[illegible]	[illegible]	[illegible]	
46		[illegible]	[illegible]	[illegible]	[illegible]	[illegible]	[illegible]	[illegible]	[illegible]	[illegible]	[illegible]	
47		[illegible]	[illegible]	[illegible]	[illegible]	[illegible]	[illegible]	[illegible]	[illegible]	[illegible]	[illegible]	
48		[illegible]	[illegible]	[illegible]	[illegible]	[illegible]	[illegible]	[illegible]	[illegible]	[illegible]	[illegible]	
49		[illegible]	[illegible]	[illegible]	[illegible]	[illegible]	[illegible]	[illegible]	[illegible]	[illegible]	[illegible]	
9550	980.	[illegible]	[illegible]	[illegible]	[illegible]	[illegible]	[illegible]	[illegible]	[illegible]	[illegible]	[illegible]	
51		[illegible]	[illegible]	[illegible]	[illegible]	[illegible]	[illegible]	[illegible]	[illegible]	[illegible]	[illegible]	
52		[illegible]	[illegible]	[illegible]	[illegible]	[illegible]	[illegible]	[illegible]	[illegible]	[illegible]	[illegible]	
53		[illegible]	[illegible]	[illegible]	[illegible]	[illegible]	[illegible]	[illegible]	[illegible]	[illegible]	[illegible]	
54		[illegible]	[illegible]	[illegible]	[illegible]	[illegible]	[illegible]	[illegible]	[illegible]	[illegible]	[illegible]	
Num.		0	1	2	3	4	5	6	7	8	9	D.

N. 95550 L. 980

Num.		0	1	2	3	4	5	6	7	8	9	D.	Part.
9555	980.	[illegible]	[illegible]	[illegible]	[illegible]	[illegible]	[illegible]	[illegible]	[illegible]	[illegible]	[illegible]		
56		[illegible]	[illegible]	[illegible]	[illegible]	[illegible]	[illegible]	[illegible]	[illegible]	[illegible]	[illegible]		
57		[illegible]	[illegible]	[illegible]	[illegible]	[illegible]	[illegible]	[illegible]	[illegible]	[illegible]	[illegible]		
58		[illegible]	[illegible]	[illegible]	[illegible]	[illegible]	[illegible]	[illegible]	[illegible]	[illegible]	[illegible]		
59		[illegible]	[illegible]	[illegible]	[illegible]	[illegible]	[illegible]	[illegible]	[illegible]	[illegible]	[illegible]		
9560		[illegible]	[illegible]	[illegible]	[illegible]	[illegible]	[illegible]	[illegible]	[illegible]	[illegible]	[illegible]		
61		[illegible]	[illegible]	[illegible]	[illegible]	[illegible]	[illegible]	[illegible]	[illegible]	[illegible]	[illegible]		
62		[illegible]	[illegible]	[illegible]	[illegible]	[illegible]	[illegible]	[illegible]	[illegible]	[illegible]	[illegible]		
63		[illegible]	[illegible]	[illegible]	[illegible]	[illegible]	[illegible]	[illegible]	[illegible]	[illegible]	[illegible]		
64		[illegible]	[illegible]	[illegible]	[illegible]	[illegible]	[illegible]	[illegible]	[illegible]	[illegible]	[illegible]		
9565		[illegible]	[illegible]	[illegible]	[illegible]	[illegible]	[illegible]	[illegible]	[illegible]	[illegible]	[illegible]		
66		[illegible]	[illegible]	[illegible]	[illegible]	[illegible]	[illegible]	[illegible]	[illegible]	[illegible]	[illegible]		
67		[illegible]	[illegible]	[illegible]	[illegible]	[illegible]	[illegible]	[illegible]	[illegible]	[illegible]	[illegible]		47
68		[illegible]	[illegible]	[illegible]	[illegible]	[illegible]	[illegible]	[illegible]	[illegible]	[illegible]	[illegible]		[illegible]
69		[illegible]	[illegible]	[illegible]	[illegible]	[illegible]	[illegible]	[illegible]	[illegible]	[illegible]	[illegible]		[illegible]
9570		[illegible]	[illegible]	[illegible]	[illegible]	[illegible]	[illegible]	[illegible]	[illegible]	[illegible]	[illegible]		[illegible]
71		[illegible]	[illegible]	[illegible]	[illegible]	[illegible]	[illegible]	[illegible]	[illegible]	[illegible]	[illegible]		[illegible]
72	981.	[illegible]	[illegible]	[illegible]	[illegible]	[illegible]	[illegible]	[illegible]	[illegible]	[illegible]	[illegible]		[illegible]
73		[illegible]	[illegible]	[illegible]	[illegible]	[illegible]	[illegible]	[illegible]	[illegible]	[illegible]	[illegible]		[illegible]
74		[illegible]	[illegible]	[illegible]	[illegible]	[illegible]	[illegible]	[illegible]	[illegible]	[illegible]	[illegible]		[illegible]
9575		[illegible]	[illegible]	[illegible]	[illegible]	[illegible]	[illegible]	[illegible]	[illegible]	[illegible]	[illegible]		
76		[illegible]	[illegible]	[illegible]	[illegible]	[illegible]	[illegible]	[illegible]	[illegible]	[illegible]	[illegible]		
77		[illegible]	[illegible]	[illegible]	[illegible]	[illegible]	[illegible]	[illegible]	[illegible]	[illegible]	[illegible]		
78		[illegible]	[illegible]	[illegible]	[illegible]	[illegible]	[illegible]	[illegible]	[illegible]	[illegible]	[illegible]		
79		[illegible]	[illegible]	[illegible]	[illegible]	[illegible]	[illegible]	[illegible]	[illegible]	[illegible]	[illegible]		
9580		[illegible]	[illegible]	[illegible]	[illegible]	[illegible]	[illegible]	[illegible]	[illegible]	[illegible]	[illegible]		
81		[illegible]	[illegible]	[illegible]	[illegible]	[illegible]	[illegible]	[illegible]	[illegible]	[illegible]	[illegible]		
82		[illegible]	[illegible]	[illegible]	[illegible]	[illegible]	[illegible]	[illegible]	[illegible]	[illegible]	[illegible]		
83		[illegible]	[illegible]	[illegible]	[illegible]	[illegible]	[illegible]	[illegible]	[illegible]	[illegible]	[illegible]		
84		[illegible]	[illegible]	[illegible]	[illegible]	[illegible]	[illegible]	[illegible]	[illegible]	[illegible]	[illegible]		
9585		[illegible]	[illegible]	[illegible]	[illegible]	[illegible]	[illegible]	[illegible]	[illegible]	[illegible]	[illegible]		
86		[illegible]	[illegible]	[illegible]	[illegible]	[illegible]	[illegible]	[illegible]	[illegible]	[illegible]	[illegible]		
87		[illegible]	[illegible]	[illegible]	[illegible]	[illegible]	[illegible]	[illegible]	[illegible]	[illegible]	[illegible]		
88		[illegible]	[illegible]	[illegible]	[illegible]	[illegible]	[illegible]	[illegible]	[illegible]	[illegible]	[illegible]		
89		[illegible]	[illegible]	[illegible]	[illegible]	[illegible]	[illegible]	[illegible]	[illegible]	[illegible]	[illegible]		46
9590		[illegible]	[illegible]	[illegible]	[illegible]	[illegible]	[illegible]	[illegible]	[illegible]	[illegible]	[illegible]		[illegible]
91		[illegible]	[illegible]	[illegible]	[illegible]	[illegible]	[illegible]	[illegible]	[illegible]	[illegible]	[illegible]		[illegible]
92		[illegible]	[illegible]	[illegible]	[illegible]	[illegible]	[illegible]	[illegible]	[illegible]	[illegible]	[illegible]		[illegible]
93		[illegible]	[illegible]	[illegible]	[illegible]	[illegible]	[illegible]	[illegible]	[illegible]	[illegible]	[illegible]		[illegible]
94		[illegible]	[illegible]	[illegible]	[illegible]	[illegible]	[illegible]	[illegible]	[illegible]	[illegible]	[illegible]		[illegible]
9595	982.	[illegible]	[illegible]	[illegible]	[illegible]	[illegible]	[illegible]	[illegible]	[illegible]	[illegible]	[illegible]		[illegible]
96		[illegible]	[illegible]	[illegible]	[illegible]	[illegible]	[illegible]	[illegible]	[illegible]	[illegible]	[illegible]		[illegible]
97		[illegible]	[illegible]	[illegible]	[illegible]	[illegible]	[illegible]	[illegible]	[illegible]	[illegible]	[illegible]		[illegible]
98		[illegible]	[illegible]	[illegible]	[illegible]	[illegible]	[illegible]	[illegible]	[illegible]	[illegible]	[illegible]		
99		[illegible]	[illegible]	[illegible]	[illegible]	[illegible]	[illegible]	[illegible]	[illegible]	[illegible]	[illegible]		
9600		[illegible]	[illegible]	[illegible]	[illegible]	[illegible]	[illegible]	[illegible]	[illegible]	[illegible]	[illegible]		
01		[illegible]	[illegible]	[illegible]	[illegible]	[illegible]	[illegible]	[illegible]	[illegible]	[illegible]	[illegible]		
02		[illegible]	[illegible]	[illegible]	[illegible]	[illegible]	[illegible]	[illegible]	[illegible]	[illegible]	[illegible]		
03		[illegible]	[illegible]	[illegible]	[illegible]	[illegible]	[illegible]	[illegible]	[illegible]	[illegible]	[illegible]		
04		[illegible]	[illegible]	[illegible]	[illegible]	[illegible]	[illegible]	[illegible]	[illegible]	[illegible]	[illegible]		
9605		[illegible]	[illegible]	[illegible]	[illegible]	[illegible]	[illegible]	[illegible]	[illegible]	[illegible]	[illegible]		
06		[illegible]	[illegible]	[illegible]	[illegible]	[illegible]	[illegible]	[illegible]	[illegible]	[illegible]	[illegible]		
07		[illegible]	[illegible]	[illegible]	[illegible]	[illegible]	[illegible]	[illegible]	[illegible]	[illegible]	[illegible]		
08		[illegible]	[illegible]	[illegible]	[illegible]	[illegible]	[illegible]	[illegible]	[illegible]	[illegible]	[illegible]		
09		[illegible]	[illegible]	[illegible]	[illegible]	[illegible]	[illegible]	[illegible]	[illegible]	[illegible]	[illegible]		
9610		[illegible]	[illegible]	[illegible]	[illegible]	[illegible]	[illegible]	[illegible]	[illegible]	[illegible]	[illegible]		
11		[illegible]	[illegible]	[illegible]	[illegible]	[illegible]	[illegible]	[illegible]	[illegible]	[illegible]	[illegible]		45
12		[illegible]	[illegible]	[illegible]	[illegible]	[illegible]	[illegible]	[illegible]	[illegible]	[illegible]	[illegible]		[illegible]
13		[illegible]	[illegible]	[illegible]	[illegible]	[illegible]	[illegible]	[illegible]	[illegible]	[illegible]	[illegible]		[illegible]
14		[illegible]	[illegible]	[illegible]	[illegible]	[illegible]	[illegible]	[illegible]	[illegible]	[illegible]	[illegible]		[illegible]
9615		[illegible]	[illegible]	[illegible]	[illegible]	[illegible]	[illegible]	[illegible]	[illegible]	[illegible]	[illegible]		[illegible]
16		[illegible]	[illegible]	[illegible]	[illegible]	[illegible]	[illegible]	[illegible]	[illegible]	[illegible]	[illegible]		[illegible]
17	983.	[illegible]	[illegible]	[illegible]	[illegible]	[illegible]	[illegible]	[illegible]	[illegible]	[illegible]	[illegible]		[illegible]
18		[illegible]	[illegible]	[illegible]	[illegible]	[illegible]	[illegible]	[illegible]	[illegible]	[illegible]	[illegible]		[illegible]
19		[illegible]	[illegible]	[illegible]	[illegible]	[illegible]	[illegible]	[illegible]	[illegible]	[illegible]	[illegible]		[illegible]
Num.		0	1	2	3	4	5	6	7	8	9	D.	Part.

N. 96200 L. 983

Num.		0	1	2	3	4	5	6	7	8	9	D.
96210	983.	1751	1796	1841	1886	1931	1976	2021	2066	2112	2157	
11		[illegible]	[illegible]	[illegible]	[illegible]	[illegible]	[illegible]	[illegible]	[illegible]	[illegible]	[illegible]	
12		[illegible]	[illegible]	[illegible]	[illegible]	[illegible]	[illegible]	[illegible]	[illegible]	[illegible]	[illegible]	
13		[illegible]	[illegible]	[illegible]	[illegible]	[illegible]	[illegible]	[illegible]	[illegible]	[illegible]	[illegible]	
14		[illegible]	[illegible]	[illegible]	[illegible]	[illegible]	[illegible]	[illegible]	[illegible]	[illegible]	[illegible]	
96215		[illegible]	[illegible]	[illegible]	[illegible]	[illegible]	[illegible]	[illegible]	[illegible]	[illegible]	[illegible]	
16		[illegible]	[illegible]	[illegible]	[illegible]	[illegible]	[illegible]	[illegible]	[illegible]	[illegible]	[illegible]	
17		[illegible]	[illegible]	[illegible]	[illegible]	[illegible]	[illegible]	[illegible]	[illegible]	[illegible]	[illegible]	
18		[illegible]	[illegible]	[illegible]	[illegible]	[illegible]	[illegible]	[illegible]	[illegible]	[illegible]	[illegible]	
19		[illegible]	[illegible]	[illegible]	[illegible]	[illegible]	[illegible]	[illegible]	[illegible]	[illegible]	[illegible]	
96220		[illegible]	[illegible]	[illegible]	[illegible]	[illegible]	[illegible]	[illegible]	[illegible]	[illegible]	[illegible]	
21		[illegible]	[illegible]	[illegible]	[illegible]	[illegible]	[illegible]	[illegible]	[illegible]	[illegible]	[illegible]	
22		[illegible]	[illegible]	[illegible]	[illegible]	[illegible]	[illegible]	[illegible]	[illegible]	[illegible]	[illegible]	
23		[illegible]	[illegible]	[illegible]	[illegible]	[illegible]	[illegible]	[illegible]	[illegible]	[illegible]	[illegible]	
24		[illegible]	[illegible]	[illegible]	[illegible]	[illegible]	[illegible]	[illegible]	[illegible]	[illegible]	[illegible]	
96225		[illegible]	[illegible]	[illegible]	[illegible]	[illegible]	[illegible]	[illegible]	[illegible]	[illegible]	[illegible]	
26		[illegible]	[illegible]	[illegible]	[illegible]	[illegible]	[illegible]	[illegible]	[illegible]	[illegible]	[illegible]	
27		[illegible]	[illegible]	[illegible]	[illegible]	[illegible]	[illegible]	[illegible]	[illegible]	[illegible]	[illegible]	
28		[illegible]	[illegible]	[illegible]	[illegible]	[illegible]	[illegible]	[illegible]	[illegible]	[illegible]	[illegible]	
29	984.	[illegible]	[illegible]	[illegible]	[illegible]	[illegible]	[illegible]	[illegible]	[illegible]	[illegible]	[illegible]	
96230		[illegible]	[illegible]	[illegible]	[illegible]	[illegible]	[illegible]	[illegible]	[illegible]	[illegible]	[illegible]	
31		[illegible]	[illegible]	[illegible]	[illegible]	[illegible]	[illegible]	[illegible]	[illegible]	[illegible]	[illegible]	
32		[illegible]	[illegible]	[illegible]	[illegible]	[illegible]	[illegible]	[illegible]	[illegible]	[illegible]	[illegible]	
33		[illegible]	[illegible]	[illegible]	[illegible]	[illegible]	[illegible]	[illegible]	[illegible]	[illegible]	[illegible]	
34		[illegible]	[illegible]	[illegible]	[illegible]	[illegible]	[illegible]	[illegible]	[illegible]	[illegible]	[illegible]	
96235		[illegible]	[illegible]	[illegible]	[illegible]	[illegible]	[illegible]	[illegible]	[illegible]	[illegible]	[illegible]	
36		[illegible]	[illegible]	[illegible]	[illegible]	[illegible]	[illegible]	[illegible]	[illegible]	[illegible]	[illegible]	
37		[illegible]	[illegible]	[illegible]	[illegible]	[illegible]	[illegible]	[illegible]	[illegible]	[illegible]	[illegible]	
38		[illegible]	[illegible]	[illegible]	[illegible]	[illegible]	[illegible]	[illegible]	[illegible]	[illegible]	[illegible]	
39		[illegible]	[illegible]	[illegible]	[illegible]	[illegible]	[illegible]	[illegible]	[illegible]	[illegible]	[illegible]	
96240		[illegible]	[illegible]	[illegible]	[illegible]	[illegible]	[illegible]	[illegible]	[illegible]	[illegible]	[illegible]	
41		[illegible]	[illegible]	[illegible]	[illegible]	[illegible]	[illegible]	[illegible]	[illegible]	[illegible]	[illegible]	
42		[illegible]	[illegible]	[illegible]	[illegible]	[illegible]	[illegible]	[illegible]	[illegible]	[illegible]	[illegible]	
43		[illegible]	[illegible]	[illegible]	[illegible]	[illegible]	[illegible]	[illegible]	[illegible]	[illegible]	[illegible]	
44		[illegible]	[illegible]	[illegible]	[illegible]	[illegible]	[illegible]	[illegible]	[illegible]	[illegible]	[illegible]	
96245		[illegible]	[illegible]	[illegible]	[illegible]	[illegible]	[illegible]	[illegible]	[illegible]	[illegible]	[illegible]	
46		[illegible]	[illegible]	[illegible]	[illegible]	[illegible]	[illegible]	[illegible]	[illegible]	[illegible]	[illegible]	
47		[illegible]	[illegible]	[illegible]	[illegible]	[illegible]	[illegible]	[illegible]	[illegible]	[illegible]	[illegible]	
48		[illegible]	[illegible]	[illegible]	[illegible]	[illegible]	[illegible]	[illegible]	[illegible]	[illegible]	[illegible]	
49		[illegible]	[illegible]	[illegible]	[illegible]	[illegible]	[illegible]	[illegible]	[illegible]	[illegible]	[illegible]	
96250		[illegible]	[illegible]	[illegible]	[illegible]	[illegible]	[illegible]	[illegible]	[illegible]	[illegible]	[illegible]	45
51		[illegible]	[illegible]	[illegible]	[illegible]	[illegible]	[illegible]	[illegible]	[illegible]	[illegible]	[illegible]	
52		[illegible]	[illegible]	[illegible]	[illegible]	[illegible]	[illegible]	[illegible]	[illegible]	[illegible]	[illegible]	
53		[illegible]	[illegible]	[illegible]	[illegible]	[illegible]	[illegible]	[illegible]	[illegible]	[illegible]	[illegible]	
54		[illegible]	[illegible]	[illegible]	[illegible]	[illegible]	[illegible]	[illegible]	[illegible]	[illegible]	[illegible]	
96255		[illegible]	[illegible]	[illegible]	[illegible]	[illegible]	[illegible]	[illegible]	[illegible]	[illegible]	[illegible]	
56		[illegible]	[illegible]	[illegible]	[illegible]	[illegible]	[illegible]	[illegible]	[illegible]	[illegible]	[illegible]	
57		[illegible]	[illegible]	[illegible]	[illegible]	[illegible]	[illegible]	[illegible]	[illegible]	[illegible]	[illegible]	
58		[illegible]	[illegible]	[illegible]	[illegible]	[illegible]	[illegible]	[illegible]	[illegible]	[illegible]	[illegible]	
59		[illegible]	[illegible]	[illegible]	[illegible]	[illegible]	[illegible]	[illegible]	[illegible]	[illegible]	[illegible]	
96260		[illegible]	[illegible]	[illegible]	[illegible]	[illegible]	[illegible]	[illegible]	[illegible]	[illegible]	[illegible]	
61	985.	[illegible]	[illegible]	[illegible]	[illegible]	[illegible]	[illegible]	[illegible]	[illegible]	[illegible]	[illegible]	
62		[illegible]	[illegible]	[illegible]	[illegible]	[illegible]	[illegible]	[illegible]	[illegible]	[illegible]	[illegible]	
63		[illegible]	[illegible]	[illegible]	[illegible]	[illegible]	[illegible]	[illegible]	[illegible]	[illegible]	[illegible]	
64		[illegible]	[illegible]	[illegible]	[illegible]	[illegible]	[illegible]	[illegible]	[illegible]	[illegible]	[illegible]	
96265		[illegible]	[illegible]	[illegible]	[illegible]	[illegible]	[illegible]	[illegible]	[illegible]	[illegible]	[illegible]	
66		[illegible]	[illegible]	[illegible]	[illegible]	[illegible]	[illegible]	[illegible]	[illegible]	[illegible]	[illegible]	
67		[illegible]	[illegible]	[illegible]	[illegible]	[illegible]	[illegible]	[illegible]	[illegible]	[illegible]	[illegible]	
68		[illegible]	[illegible]	[illegible]	[illegible]	[illegible]	[illegible]	[illegible]	[illegible]	[illegible]	[illegible]	
69		[illegible]	[illegible]	[illegible]	[illegible]	[illegible]	[illegible]	[illegible]	[illegible]	[illegible]	[illegible]	
96270		[illegible]	[illegible]	[illegible]	[illegible]	[illegible]	[illegible]	[illegible]	[illegible]	[illegible]	[illegible]	
71		[illegible]	[illegible]	[illegible]	[illegible]	[illegible]	[illegible]	[illegible]	[illegible]	[illegible]	[illegible]	
72		[illegible]	[illegible]	[illegible]	[illegible]	[illegible]	[illegible]	[illegible]	[illegible]	[illegible]	[illegible]	
73		[illegible]	[illegible]	[illegible]	[illegible]	[illegible]	[illegible]	[illegible]	[illegible]	[illegible]	[illegible]	
74		[illegible]	[illegible]	[illegible]	[illegible]	[illegible]	[illegible]	[illegible]	[illegible]	[illegible]	[illegible]	
96275		[illegible]	[illegible]	[illegible]	[illegible]	[illegible]	[illegible]	[illegible]	[illegible]	[illegible]	[illegible]	
76		[illegible]	[illegible]	[illegible]	[illegible]	[illegible]	[illegible]	[illegible]	[illegible]	[illegible]	[illegible]	
77		[illegible]	[illegible]	[illegible]	[illegible]	[illegible]	[illegible]	[illegible]	[illegible]	[illegible]	[illegible]	
78		[illegible]	[illegible]	[illegible]	[illegible]	[illegible]	[illegible]	[illegible]	[illegible]	[illegible]	[illegible]	
79		[illegible]	[illegible]	[illegible]	[illegible]	[illegible]	[illegible]	[illegible]	[illegible]	[illegible]	[illegible]	
96280		[illegible]	[illegible]	[illegible]	[illegible]	[illegible]	[illegible]	[illegible]	[illegible]	[illegible]	[illegible]	
81		[illegible]	[illegible]	[illegible]	[illegible]	[illegible]	[illegible]	[illegible]	[illegible]	[illegible]	[illegible]	
82		[illegible]	[illegible]	[illegible]	[illegible]	[illegible]	[illegible]	[illegible]	[illegible]	[illegible]	[illegible]	
83	986.	[illegible]	[illegible]	[illegible]	[illegible]	[illegible]	[illegible]	[illegible]	[illegible]	[illegible]	[illegible]	
84		[illegible]	[illegible]	[illegible]	[illegible]	[illegible]	[illegible]	[illegible]	[illegible]	[illegible]	[illegible]	
Num.		0	1	2	3	4	5	6	7	8	9	D.

N. 96850 L. 986

Num.		0	1	2	3	4	5	6	7	8	9	D.	Part
96885	986.	[illegible]	[illegible]	[illegible]	[illegible]	[illegible]	[illegible]	[illegible]	[illegible]	[illegible]	[illegible]		
86		[illegible]	[illegible]	[illegible]	[illegible]	[illegible]	[illegible]	[illegible]	[illegible]	[illegible]	[illegible]		
87		[illegible]	[illegible]	[illegible]	[illegible]	[illegible]	[illegible]	[illegible]	[illegible]	[illegible]	[illegible]		
88		[illegible]	[illegible]	[illegible]	[illegible]	[illegible]	[illegible]	[illegible]	[illegible]	[illegible]	[illegible]		
89		[illegible]	[illegible]	[illegible]	[illegible]	[illegible]	[illegible]	[illegible]	[illegible]	[illegible]	[illegible]		
96890		[illegible]	[illegible]	[illegible]	[illegible]	[illegible]	[illegible]	[illegible]	[illegible]	[illegible]	[illegible]		
91		[illegible]	[illegible]	[illegible]	[illegible]	[illegible]	[illegible]	[illegible]	[illegible]	[illegible]	[illegible]		
92		[illegible]	[illegible]	[illegible]	[illegible]	[illegible]	[illegible]	[illegible]	[illegible]	[illegible]	[illegible]		
93		[illegible]	[illegible]	[illegible]	[illegible]	[illegible]	[illegible]	[illegible]	[illegible]	[illegible]	[illegible]		
94		[illegible]	[illegible]	[illegible]	[illegible]	[illegible]	[illegible]	[illegible]	[illegible]	[illegible]	[illegible]		
96895		[illegible]	[illegible]	[illegible]	[illegible]	[illegible]	[illegible]	[illegible]	[illegible]	[illegible]	[illegible]		46
96		[illegible]	[illegible]	[illegible]	[illegible]	[illegible]	[illegible]	[illegible]	[illegible]	[illegible]	[illegible]		
97		[illegible]	[illegible]	[illegible]	[illegible]	[illegible]	[illegible]	[illegible]	[illegible]	[illegible]	[illegible]		
98		[illegible]	[illegible]	[illegible]	[illegible]	[illegible]	[illegible]	[illegible]	[illegible]	[illegible]	[illegible]		
99		[illegible]	[illegible]	[illegible]	[illegible]	[illegible]	[illegible]	[illegible]	[illegible]	[illegible]	[illegible]		
96900		[illegible]	[illegible]	[illegible]	[illegible]	[illegible]	[illegible]	[illegible]	[illegible]	[illegible]	[illegible]		
01		[illegible]	[illegible]	[illegible]	[illegible]	[illegible]	[illegible]	[illegible]	[illegible]	[illegible]	[illegible]		
02		[illegible]	[illegible]	[illegible]	[illegible]	[illegible]	[illegible]	[illegible]	[illegible]	[illegible]	[illegible]		
03		[illegible]	[illegible]	[illegible]	[illegible]	[illegible]	[illegible]	[illegible]	[illegible]	[illegible]	[illegible]		
04		[illegible]	[illegible]	[illegible]	[illegible]	[illegible]	[illegible]	[illegible]	[illegible]	[illegible]	[illegible]		
96905		[illegible]	[illegible]	[illegible]	[illegible]	[illegible]	[illegible]	[illegible]	[illegible]	[illegible]	[illegible]		
06	987.	[illegible]	[illegible]	[illegible]	[illegible]	[illegible]	[illegible]	[illegible]	[illegible]	[illegible]	[illegible]		
07		[illegible]	[illegible]	[illegible]	[illegible]	[illegible]	[illegible]	[illegible]	[illegible]	[illegible]	[illegible]		
08		[illegible]	[illegible]	[illegible]	[illegible]	[illegible]	[illegible]	[illegible]	[illegible]	[illegible]	[illegible]		
09		[illegible]	[illegible]	[illegible]	[illegible]	[illegible]	[illegible]	[illegible]	[illegible]	[illegible]	[illegible]		
96910		[illegible]	[illegible]	[illegible]	[illegible]	[illegible]	[illegible]	[illegible]	[illegible]	[illegible]	[illegible]		
11		[illegible]	[illegible]	[illegible]	[illegible]	[illegible]	[illegible]	[illegible]	[illegible]	[illegible]	[illegible]		
12		[illegible]	[illegible]	[illegible]	[illegible]	[illegible]	[illegible]	[illegible]	[illegible]	[illegible]	[illegible]		
13		[illegible]	[illegible]	[illegible]	[illegible]	[illegible]	[illegible]	[illegible]	[illegible]	[illegible]	[illegible]		
14		[illegible]	[illegible]	[illegible]	[illegible]	[illegible]	[illegible]	[illegible]	[illegible]	[illegible]	[illegible]		
96915		[illegible]	[illegible]	[illegible]	[illegible]	[illegible]	[illegible]	[illegible]	[illegible]	[illegible]	[illegible]		45
16		[illegible]	[illegible]	[illegible]	[illegible]	[illegible]	[illegible]	[illegible]	[illegible]	[illegible]	[illegible]		
17		[illegible]	[illegible]	[illegible]	[illegible]	[illegible]	[illegible]	[illegible]	[illegible]	[illegible]	[illegible]		
18		[illegible]	[illegible]	[illegible]	[illegible]	[illegible]	[illegible]	[illegible]	[illegible]	[illegible]	[illegible]		
19		[illegible]	[illegible]	[illegible]	[illegible]	[illegible]	[illegible]	[illegible]	[illegible]	[illegible]	[illegible]		
96920		[illegible]	[illegible]	[illegible]	[illegible]	[illegible]	[illegible]	[illegible]	[illegible]	[illegible]	[illegible]		
21		[illegible]	[illegible]	[illegible]	[illegible]	[illegible]	[illegible]	[illegible]	[illegible]	[illegible]	[illegible]		
22		[illegible]	[illegible]	[illegible]	[illegible]	[illegible]	[illegible]	[illegible]	[illegible]	[illegible]	[illegible]		
23		[illegible]	[illegible]	[illegible]	[illegible]	[illegible]	[illegible]	[illegible]	[illegible]	[illegible]	[illegible]		
24		[illegible]	[illegible]	[illegible]	[illegible]	[illegible]	[illegible]	[illegible]	[illegible]	[illegible]	[illegible]		
96925		[illegible]	[illegible]	[illegible]	[illegible]	[illegible]	[illegible]	[illegible]	[illegible]	[illegible]	[illegible]		
26		[illegible]	[illegible]	[illegible]	[illegible]	[illegible]	[illegible]	[illegible]	[illegible]	[illegible]	[illegible]		
27		[illegible]	[illegible]	[illegible]	[illegible]	[illegible]	[illegible]	[illegible]	[illegible]	[illegible]	[illegible]		
28	988.	[illegible]	[illegible]	[illegible]	[illegible]	[illegible]	[illegible]	[illegible]	[illegible]	[illegible]	[illegible]		
29		[illegible]	[illegible]	[illegible]	[illegible]	[illegible]	[illegible]	[illegible]	[illegible]	[illegible]	[illegible]		
96930		[illegible]	[illegible]	[illegible]	[illegible]	[illegible]	[illegible]	[illegible]	[illegible]	[illegible]	[illegible]		
31		[illegible]	[illegible]	[illegible]	[illegible]	[illegible]	[illegible]	[illegible]	[illegible]	[illegible]	[illegible]		
32		[illegible]	[illegible]	[illegible]	[illegible]	[illegible]	[illegible]	[illegible]	[illegible]	[illegible]	[illegible]		
33		[illegible]	[illegible]	[illegible]	[illegible]	[illegible]	[illegible]	[illegible]	[illegible]	[illegible]	[illegible]		
34		[illegible]	[illegible]	[illegible]	[illegible]	[illegible]	[illegible]	[illegible]	[illegible]	[illegible]	[illegible]		
96935		[illegible]	[illegible]	[illegible]	[illegible]	[illegible]	[illegible]	[illegible]	[illegible]	[illegible]	[illegible]		
36		[illegible]	[illegible]	[illegible]	[illegible]	[illegible]	[illegible]	[illegible]	[illegible]	[illegible]	[illegible]		
37		[illegible]	[illegible]	[illegible]	[illegible]	[illegible]	[illegible]	[illegible]	[illegible]	[illegible]	[illegible]		
38		[illegible]	[illegible]	[illegible]	[illegible]	[illegible]	[illegible]	[illegible]	[illegible]	[illegible]	[illegible]		
39		[illegible]	[illegible]	[illegible]	[illegible]	[illegible]	[illegible]	[illegible]	[illegible]	[illegible]	[illegible]		
96940		[illegible]	[illegible]	[illegible]	[illegible]	[illegible]	[illegible]	[illegible]	[illegible]	[illegible]	[illegible]		44
41		[illegible]	[illegible]	[illegible]	[illegible]	[illegible]	[illegible]	[illegible]	[illegible]	[illegible]	[illegible]		
42		[illegible]	[illegible]	[illegible]	[illegible]	[illegible]	[illegible]	[illegible]	[illegible]	[illegible]	[illegible]		
43		[illegible]	[illegible]	[illegible]	[illegible]	[illegible]	[illegible]	[illegible]	[illegible]	[illegible]	[illegible]		
44		[illegible]	[illegible]	[illegible]	[illegible]	[illegible]	[illegible]	[illegible]	[illegible]	[illegible]	[illegible]		
96945		[illegible]	[illegible]	[illegible]	[illegible]	[illegible]	[illegible]	[illegible]	[illegible]	[illegible]	[illegible]		
46		[illegible]	[illegible]	[illegible]	[illegible]	[illegible]	[illegible]	[illegible]	[illegible]	[illegible]	[illegible]		
47		[illegible]	[illegible]	[illegible]	[illegible]	[illegible]	[illegible]	[illegible]	[illegible]	[illegible]	[illegible]		
48		[illegible]	[illegible]	[illegible]	[illegible]	[illegible]	[illegible]	[illegible]	[illegible]	[illegible]	[illegible]		
49		[illegible]	[illegible]	[illegible]	[illegible]	[illegible]	[illegible]	[illegible]	[illegible]	[illegible]	[illegible]		
Num.		0	1	2	3	4	5	6	7	8	9	D.	Part

Num.	0	1	2	3	4	5	6	7	8	9	D.
9750	[illegible]	[illegible]	[illegible]	[illegible]	[illegible]	[illegible]	[illegible]	[illegible]	[illegible]	[illegible]	
51	[illegible]	[illegible]	[illegible]	[illegible]	[illegible]	[illegible]	[illegible]	[illegible]	[illegible]	[illegible]	
52	[illegible]	[illegible]	[illegible]	[illegible]	[illegible]	[illegible]	[illegible]	[illegible]	[illegible]	[illegible]	
53	[illegible]	[illegible]	[illegible]	[illegible]	[illegible]	[illegible]	[illegible]	[illegible]	[illegible]	[illegible]	
54	[illegible]	[illegible]	[illegible]	[illegible]	[illegible]	[illegible]	[illegible]	[illegible]	[illegible]	[illegible]	
9755	[illegible]	[illegible]	[illegible]	[illegible]	[illegible]	[illegible]	[illegible]	[illegible]	[illegible]	[illegible]	
56	[illegible]	[illegible]	[illegible]	[illegible]	[illegible]	[illegible]	[illegible]	[illegible]	[illegible]	[illegible]	
57	[illegible]	[illegible]	[illegible]	[illegible]	[illegible]	[illegible]	[illegible]	[illegible]	[illegible]	[illegible]	
58	[illegible]	[illegible]	[illegible]	[illegible]	[illegible]	[illegible]	[illegible]	[illegible]	[illegible]	[illegible]	
59	[illegible]	[illegible]	[illegible]	[illegible]	[illegible]	[illegible]	[illegible]	[illegible]	[illegible]	[illegible]	
9760	[illegible]	[illegible]	[illegible]	[illegible]	[illegible]	[illegible]	[illegible]	[illegible]	[illegible]	[illegible]	
61	[illegible]	[illegible]	[illegible]	[illegible]	[illegible]	[illegible]	[illegible]	[illegible]	[illegible]	[illegible]	
62	[illegible]	[illegible]	[illegible]	[illegible]	[illegible]	[illegible]	[illegible]	[illegible]	[illegible]	[illegible]	
63	[illegible]	[illegible]	[illegible]	[illegible]	[illegible]	[illegible]	[illegible]	[illegible]	[illegible]	[illegible]	
64	[illegible]	[illegible]	[illegible]	[illegible]	[illegible]	[illegible]	[illegible]	[illegible]	[illegible]	[illegible]	
9765	[illegible]	[illegible]	[illegible]	[illegible]	[illegible]	[illegible]	[illegible]	[illegible]	[illegible]	[illegible]	
66	[illegible]	[illegible]	[illegible]	[illegible]	[illegible]	[illegible]	[illegible]	[illegible]	[illegible]	[illegible]	
67	[illegible]	[illegible]	[illegible]	[illegible]	[illegible]	[illegible]	[illegible]	[illegible]	[illegible]	[illegible]	
68	[illegible]	[illegible]	[illegible]	[illegible]	[illegible]	[illegible]	[illegible]	[illegible]	[illegible]	[illegible]	
69	[illegible]	[illegible]	[illegible]	[illegible]	[illegible]	[illegible]	[illegible]	[illegible]	[illegible]	[illegible]	
9770	[illegible]	[illegible]	[illegible]	[illegible]	[illegible]	[illegible]	[illegible]	[illegible]	[illegible]	[illegible]	
71	[illegible]	[illegible]	[illegible]	[illegible]	[illegible]	[illegible]	[illegible]	[illegible]	[illegible]	[illegible]	
72	[illegible]	[illegible]	[illegible]	[illegible]	[illegible]	[illegible]	[illegible]	[illegible]	[illegible]	[illegible]	
73	[illegible]	[illegible]	[illegible]	[illegible]	[illegible]	[illegible]	[illegible]	[illegible]	[illegible]	[illegible]	
74	[illegible]	[illegible]	[illegible]	[illegible]	[illegible]	[illegible]	[illegible]	[illegible]	[illegible]	[illegible]	
9775	[illegible]	[illegible]	[illegible]	[illegible]	[illegible]	[illegible]	[illegible]	[illegible]	[illegible]	[illegible]	
76	[illegible]	[illegible]	[illegible]	[illegible]	[illegible]	[illegible]	[illegible]	[illegible]	[illegible]	[illegible]	
77	[illegible]	[illegible]	[illegible]	[illegible]	[illegible]	[illegible]	[illegible]	[illegible]	[illegible]	[illegible]	
78	[illegible]	[illegible]	[illegible]	[illegible]	[illegible]	[illegible]	[illegible]	[illegible]	[illegible]	[illegible]	
79	[illegible]	[illegible]	[illegible]	[illegible]	[illegible]	[illegible]	[illegible]	[illegible]	[illegible]	[illegible]	
9780	[illegible]	[illegible]	[illegible]	[illegible]	[illegible]	[illegible]	[illegible]	[illegible]	[illegible]	[illegible]	
81	[illegible]	[illegible]	[illegible]	[illegible]	[illegible]	[illegible]	[illegible]	[illegible]	[illegible]	[illegible]	
82	[illegible]	[illegible]	[illegible]	[illegible]	[illegible]	[illegible]	[illegible]	[illegible]	[illegible]	[illegible]	
83	[illegible]	[illegible]	[illegible]	[illegible]	[illegible]	[illegible]	[illegible]	[illegible]	[illegible]	[illegible]	
84	[illegible]	[illegible]	[illegible]	[illegible]	[illegible]	[illegible]	[illegible]	[illegible]	[illegible]	[illegible]	
9785	[illegible]	[illegible]	[illegible]	[illegible]	[illegible]	[illegible]	[illegible]	[illegible]	[illegible]	[illegible]	
86	[illegible]	[illegible]	[illegible]	[illegible]	[illegible]	[illegible]	[illegible]	[illegible]	[illegible]	[illegible]	
87	[illegible]	[illegible]	[illegible]	[illegible]	[illegible]	[illegible]	[illegible]	[illegible]	[illegible]	[illegible]	
88	[illegible]	[illegible]	[illegible]	[illegible]	[illegible]	[illegible]	[illegible]	[illegible]	[illegible]	[illegible]	
89	[illegible]	[illegible]	[illegible]	[illegible]	[illegible]	[illegible]	[illegible]	[illegible]	[illegible]	[illegible]	
9790	[illegible]	[illegible]	[illegible]	[illegible]	[illegible]	[illegible]	[illegible]	[illegible]	[illegible]	[illegible]	
91	[illegible]	[illegible]	[illegible]	[illegible]	[illegible]	[illegible]	[illegible]	[illegible]	[illegible]	[illegible]	
92	[illegible]	[illegible]	[illegible]	[illegible]	[illegible]	[illegible]	[illegible]	[illegible]	[illegible]	[illegible]	
93	[illegible]	[illegible]	[illegible]	[illegible]	[illegible]	[illegible]	[illegible]	[illegible]	[illegible]	[illegible]	
94	[illegible]	[illegible]	[illegible]	[illegible]	[illegible]	[illegible]	[illegible]	[illegible]	[illegible]	[illegible]	
9795	[illegible]	[illegible]	[illegible]	[illegible]	[illegible]	[illegible]	[illegible]	[illegible]	[illegible]	[illegible]	
96	[illegible]	[illegible]	[illegible]	[illegible]	[illegible]	[illegible]	[illegible]	[illegible]	[illegible]	[illegible]	
97	[illegible]	[illegible]	[illegible]	[illegible]	[illegible]	[illegible]	[illegible]	[illegible]	[illegible]	[illegible]	
98	[illegible]	[illegible]	[illegible]	[illegible]	[illegible]	[illegible]	[illegible]	[illegible]	[illegible]	[illegible]	
99	[illegible]	[illegible]	[illegible]	[illegible]	[illegible]	[illegible]	[illegible]	[illegible]	[illegible]	[illegible]	
9800	[illegible]	[illegible]	[illegible]	[illegible]	[illegible]	[illegible]	[illegible]	[illegible]	[illegible]	[illegible]	
01	[illegible]	[illegible]	[illegible]	[illegible]	[illegible]	[illegible]	[illegible]	[illegible]	[illegible]	[illegible]	
02	[illegible]	[illegible]	[illegible]	[illegible]	[illegible]	[illegible]	[illegible]	[illegible]	[illegible]	[illegible]	
03	[illegible]	[illegible]	[illegible]	[illegible]	[illegible]	[illegible]	[illegible]	[illegible]	[illegible]	[illegible]	
04	[illegible]	[illegible]	[illegible]	[illegible]	[illegible]	[illegible]	[illegible]	[illegible]	[illegible]	[illegible]	
9805	[illegible]	[illegible]	[illegible]	[illegible]	[illegible]	[illegible]	[illegible]	[illegible]	[illegible]	[illegible]	
06	[illegible]	[illegible]	[illegible]	[illegible]	[illegible]	[illegible]	[illegible]	[illegible]	[illegible]	[illegible]	
07	[illegible]	[illegible]	[illegible]	[illegible]	[illegible]	[illegible]	[illegible]	[illegible]	[illegible]	[illegible]	
08	[illegible]	[illegible]	[illegible]	[illegible]	[illegible]	[illegible]	[illegible]	[illegible]	[illegible]	[illegible]	
09	[illegible]	[illegible]	[illegible]	[illegible]	[illegible]	[illegible]	[illegible]	[illegible]	[illegible]	[illegible]	
9810	[illegible]	[illegible]	[illegible]	[illegible]	[illegible]	[illegible]	[illegible]	[illegible]	[illegible]	[illegible]	
11	[illegible]	[illegible]	[illegible]	[illegible]	[illegible]	[illegible]	[illegible]	[illegible]	[illegible]	[illegible]	
12	[illegible]	[illegible]	[illegible]	[illegible]	[illegible]	[illegible]	[illegible]	[illegible]	[illegible]	[illegible]	
13	[illegible]	[illegible]	[illegible]	[illegible]	[illegible]	[illegible]	[illegible]	[illegible]	[illegible]	[illegible]	
14	[illegible]	[illegible]	[illegible]	[illegible]	[illegible]	[illegible]	[illegible]	[illegible]	[illegible]	[illegible]	
Num.	0	1	2	3	4	5	6	7	8	9	D.

N. 98150 L. 991

Num.	0	1	2	3	4	5	6	7	8	9	D.	Part.
9815	[illegible]	[illegible]	[illegible]	[illegible]	[illegible]	[illegible]	[illegible]	[illegible]	[illegible]	[illegible]		
16	[illegible]	[illegible]	[illegible]	[illegible]	[illegible]	[illegible]	[illegible]	[illegible]	[illegible]	[illegible]		
17	[illegible]	[illegible]	[illegible]	[illegible]	[illegible]	[illegible]	[illegible]	[illegible]	[illegible]	[illegible]		
18	[illegible]	[illegible]	[illegible]	[illegible]	[illegible]	[illegible]	[illegible]	[illegible]	[illegible]	[illegible]		
19	[illegible]	[illegible]	[illegible]	[illegible]	[illegible]	[illegible]	[illegible]	[illegible]	[illegible]	[illegible]		
9820	[illegible]	[illegible]	[illegible]	[illegible]	[illegible]	[illegible]	[illegible]	[illegible]	[illegible]	[illegible]		
21	[illegible]	[illegible]	[illegible]	[illegible]	[illegible]	[illegible]	[illegible]	[illegible]	[illegible]	[illegible]		
22	[illegible]	[illegible]	[illegible]	[illegible]	[illegible]	[illegible]	[illegible]	[illegible]	[illegible]	[illegible]		
23	[illegible]	[illegible]	[illegible]	[illegible]	[illegible]	[illegible]	[illegible]	[illegible]	[illegible]	[illegible]		
24	[illegible]	[illegible]	[illegible]	[illegible]	[illegible]	[illegible]	[illegible]	[illegible]	[illegible]	[illegible]		
9825	[illegible]	[illegible]	[illegible]	[illegible]	[illegible]	[illegible]	[illegible]	[illegible]	[illegible]	[illegible]		
26	[illegible]	[illegible]	[illegible]	[illegible]	[illegible]	[illegible]	[illegible]	[illegible]	[illegible]	[illegible]		43
27	[illegible]	[illegible]	[illegible]	[illegible]	[illegible]	[illegible]	[illegible]	[illegible]	[illegible]	[illegible]		
28	[illegible]	[illegible]	[illegible]	[illegible]	[illegible]	[illegible]	[illegible]	[illegible]	[illegible]	[illegible]		
29	[illegible]	[illegible]	[illegible]	[illegible]	[illegible]	[illegible]	[illegible]	[illegible]	[illegible]	[illegible]		
9830	[illegible]	[illegible]	[illegible]	[illegible]	[illegible]	[illegible]	[illegible]	[illegible]	[illegible]	[illegible]		
31	[illegible]	[illegible]	[illegible]	[illegible]	[illegible]	[illegible]	[illegible]	[illegible]	[illegible]	[illegible]		
32	[illegible]	[illegible]	[illegible]	[illegible]	[illegible]	[illegible]	[illegible]	[illegible]	[illegible]	[illegible]		
33	[illegible]	[illegible]	[illegible]	[illegible]	[illegible]	[illegible]	[illegible]	[illegible]	[illegible]	[illegible]		
34	[illegible]	[illegible]	[illegible]	[illegible]	[illegible]	[illegible]	[illegible]	[illegible]	[illegible]	[illegible]		
9835	[illegible]	[illegible]	[illegible]	[illegible]	[illegible]	[illegible]	[illegible]	[illegible]	[illegible]	[illegible]		
36	[illegible]	[illegible]	[illegible]	[illegible]	[illegible]	[illegible]	[illegible]	[illegible]	[illegible]	[illegible]		
37	[illegible]	[illegible]	[illegible]	[illegible]	[illegible]	[illegible]	[illegible]	[illegible]	[illegible]	[illegible]		
38	[illegible]	[illegible]	[illegible]	[illegible]	[illegible]	[illegible]	[illegible]	[illegible]	[illegible]	[illegible]		
39	[illegible]	[illegible]	[illegible]	[illegible]	[illegible]	[illegible]	[illegible]	[illegible]	[illegible]	[illegible]		
9840	[illegible]	[illegible]	[illegible]	[illegible]	[illegible]	[illegible]	[illegible]	[illegible]	[illegible]	[illegible]		
41	[illegible]	[illegible]	[illegible]	[illegible]	[illegible]	[illegible]	[illegible]	[illegible]	[illegible]	[illegible]		
42	[illegible]	[illegible]	[illegible]	[illegible]	[illegible]	[illegible]	[illegible]	[illegible]	[illegible]	[illegible]		
43	[illegible]	[illegible]	[illegible]	[illegible]	[illegible]	[illegible]	[illegible]	[illegible]	[illegible]	[illegible]		
44	[illegible]	[illegible]	[illegible]	[illegible]	[illegible]	[illegible]	[illegible]	[illegible]	[illegible]	[illegible]		
9845	[illegible]	[illegible]	[illegible]	[illegible]	[illegible]	[illegible]	[illegible]	[illegible]	[illegible]	[illegible]		
46	[illegible]	[illegible]	[illegible]	[illegible]	[illegible]	[illegible]	[illegible]	[illegible]	[illegible]	[illegible]		44
47	[illegible]	[illegible]	[illegible]	[illegible]	[illegible]	[illegible]	[illegible]	[illegible]	[illegible]	[illegible]		
48	[illegible]	[illegible]	[illegible]	[illegible]	[illegible]	[illegible]	[illegible]	[illegible]	[illegible]	[illegible]		
49	[illegible]	[illegible]	[illegible]	[illegible]	[illegible]	[illegible]	[illegible]	[illegible]	[illegible]	[illegible]		
9850	[illegible]	[illegible]	[illegible]	[illegible]	[illegible]	[illegible]	[illegible]	[illegible]	[illegible]	[illegible]		
51	[illegible]	[illegible]	[illegible]	[illegible]	[illegible]	[illegible]	[illegible]	[illegible]	[illegible]	[illegible]		
52	[illegible]	[illegible]	[illegible]	[illegible]	[illegible]	[illegible]	[illegible]	[illegible]	[illegible]	[illegible]		
53	[illegible]	[illegible]	[illegible]	[illegible]	[illegible]	[illegible]	[illegible]	[illegible]	[illegible]	[illegible]		
54	[illegible]	[illegible]	[illegible]	[illegible]	[illegible]	[illegible]	[illegible]	[illegible]	[illegible]	[illegible]		
9855	[illegible]	[illegible]	[illegible]	[illegible]	[illegible]	[illegible]	[illegible]	[illegible]	[illegible]	[illegible]		
56	[illegible]	[illegible]	[illegible]	[illegible]	[illegible]	[illegible]	[illegible]	[illegible]	[illegible]	[illegible]		
57	[illegible]	[illegible]	[illegible]	[illegible]	[illegible]	[illegible]	[illegible]	[illegible]	[illegible]	[illegible]		
58	[illegible]	[illegible]	[illegible]	[illegible]	[illegible]	[illegible]	[illegible]	[illegible]	[illegible]	[illegible]		
59	[illegible]	[illegible]	[illegible]	[illegible]	[illegible]	[illegible]	[illegible]	[illegible]	[illegible]	[illegible]		
9860	[illegible]	[illegible]	[illegible]	[illegible]	[illegible]	[illegible]	[illegible]	[illegible]	[illegible]	[illegible]		
61	[illegible]	[illegible]	[illegible]	[illegible]	[illegible]	[illegible]	[illegible]	[illegible]	[illegible]	[illegible]		
62	[illegible]	[illegible]	[illegible]	[illegible]	[illegible]	[illegible]	[illegible]	[illegible]	[illegible]	[illegible]		
63	[illegible]	[illegible]	[illegible]	[illegible]	[illegible]	[illegible]	[illegible]	[illegible]	[illegible]	[illegible]		
64	[illegible]	[illegible]	[illegible]	[illegible]	[illegible]	[illegible]	[illegible]	[illegible]	[illegible]	[illegible]		
9865	[illegible]	[illegible]	[illegible]	[illegible]	[illegible]	[illegible]	[illegible]	[illegible]	[illegible]	[illegible]		
66	[illegible]	[illegible]	[illegible]	[illegible]	[illegible]	[illegible]	[illegible]	[illegible]	[illegible]	[illegible]		
67	[illegible]	[illegible]	[illegible]	[illegible]	[illegible]	[illegible]	[illegible]	[illegible]	[illegible]	[illegible]		
68	[illegible]	[illegible]	[illegible]	[illegible]	[illegible]	[illegible]	[illegible]	[illegible]	[illegible]	[illegible]		
69	[illegible]	[illegible]	[illegible]	[illegible]	[illegible]	[illegible]	[illegible]	[illegible]	[illegible]	[illegible]		
9870	[illegible]	[illegible]	[illegible]	[illegible]	[illegible]	[illegible]	[illegible]	[illegible]	[illegible]	[illegible]	44	
71	[illegible]	[illegible]	[illegible]	[illegible]	[illegible]	[illegible]	[illegible]	[illegible]	[illegible]	[illegible]		43
72	[illegible]	[illegible]	[illegible]	[illegible]	[illegible]	[illegible]	[illegible]	[illegible]	[illegible]	[illegible]		
73	[illegible]	[illegible]	[illegible]	[illegible]	[illegible]	[illegible]	[illegible]	[illegible]	[illegible]	[illegible]		
74	[illegible]	[illegible]	[illegible]	[illegible]	[illegible]	[illegible]	[illegible]	[illegible]	[illegible]	[illegible]		
9875	[illegible]	[illegible]	[illegible]	[illegible]	[illegible]	[illegible]	[illegible]	[illegible]	[illegible]	[illegible]		
76	[illegible]	[illegible]	[illegible]	[illegible]	[illegible]	[illegible]	[illegible]	[illegible]	[illegible]	[illegible]		
77	[illegible]	[illegible]	[illegible]	[illegible]	[illegible]	[illegible]	[illegible]	[illegible]	[illegible]	[illegible]		
78	[illegible]	[illegible]	[illegible]	[illegible]	[illegible]	[illegible]	[illegible]	[illegible]	[illegible]	[illegible]		
79	[illegible]	[illegible]	[illegible]	[illegible]	[illegible]	[illegible]	[illegible]	[illegible]	[illegible]	[illegible]		
Num.	0	1	2	3	4	5	6	7	8	9	D.	Part.

N. 98800 L. 994

Num.	0	1	2	3	4	5	6	7	8	9	D.
9880	994.[illegible]	[illegible]	[illegible]	[illegible]	[illegible]	[illegible]	[illegible]	[illegible]	[illegible]	[illegible]	[illegible]
81	[illegible]	[illegible]	[illegible]	[illegible]	[illegible]	[illegible]	[illegible]	[illegible]	[illegible]	[illegible]	
82	[illegible]	[illegible]	[illegible]	[illegible]	[illegible]	[illegible]	[illegible]	[illegible]	[illegible]	[illegible]	
83	[illegible]	[illegible]	[illegible]	[illegible]	[illegible]	[illegible]	[illegible]	[illegible]	[illegible]	[illegible]	
84	[illegible]	[illegible]	[illegible]	[illegible]	[illegible]	[illegible]	[illegible]	[illegible]	[illegible]	[illegible]	
9885	[illegible]	[illegible]	[illegible]	[illegible]	[illegible]	[illegible]	[illegible]	[illegible]	[illegible]	[illegible]	
86	995.[illegible]	[illegible]	[illegible]	[illegible]	[illegible]	[illegible]	[illegible]	[illegible]	[illegible]	[illegible]	
87	[illegible]	[illegible]	[illegible]	[illegible]	[illegible]	[illegible]	[illegible]	[illegible]	[illegible]	[illegible]	
88	[illegible]	[illegible]	[illegible]	[illegible]	[illegible]	[illegible]	[illegible]	[illegible]	[illegible]	[illegible]	
89	[illegible]	[illegible]	[illegible]	[illegible]	[illegible]	[illegible]	[illegible]	[illegible]	[illegible]	[illegible]	
9890	[illegible]	[illegible]	[illegible]	[illegible]	[illegible]	[illegible]	[illegible]	[illegible]	[illegible]	[illegible]	
91	[illegible]	[illegible]	[illegible]	[illegible]	[illegible]	[illegible]	[illegible]	[illegible]	[illegible]	[illegible]	
92	[illegible]	[illegible]	[illegible]	[illegible]	[illegible]	[illegible]	[illegible]	[illegible]	[illegible]	[illegible]	
93	[illegible]	[illegible]	[illegible]	[illegible]	[illegible]	[illegible]	[illegible]	[illegible]	[illegible]	[illegible]	
94	[illegible]	[illegible]	[illegible]	[illegible]	[illegible]	[illegible]	[illegible]	[illegible]	[illegible]	[illegible]	
9895	[illegible]	[illegible]	[illegible]	[illegible]	[illegible]	[illegible]	[illegible]	[illegible]	[illegible]	[illegible]	
96	[illegible]	[illegible]	[illegible]	[illegible]	[illegible]	[illegible]	[illegible]	[illegible]	[illegible]	[illegible]	
97	[illegible]	[illegible]	[illegible]	[illegible]	[illegible]	[illegible]	[illegible]	[illegible]	[illegible]	[illegible]	
98	[illegible]	[illegible]	[illegible]	[illegible]	[illegible]	[illegible]	[illegible]	[illegible]	[illegible]	[illegible]	
99	[illegible]	[illegible]	[illegible]	[illegible]	[illegible]	[illegible]	[illegible]	[illegible]	[illegible]	[illegible]	
9900	[illegible]	[illegible]	[illegible]	[illegible]	[illegible]	[illegible]	[illegible]	[illegible]	[illegible]	[illegible]	
01	[illegible]	[illegible]	[illegible]	[illegible]	[illegible]	[illegible]	[illegible]	[illegible]	[illegible]	[illegible]	
02	[illegible]	[illegible]	[illegible]	[illegible]	[illegible]	[illegible]	[illegible]	[illegible]	[illegible]	[illegible]	
03	[illegible]	[illegible]	[illegible]	[illegible]	[illegible]	[illegible]	[illegible]	[illegible]	[illegible]	[illegible]	
04	[illegible]	[illegible]	[illegible]	[illegible]	[illegible]	[illegible]	[illegible]	[illegible]	[illegible]	[illegible]	
9905	[illegible]	[illegible]	[illegible]	[illegible]	[illegible]	[illegible]	[illegible]	[illegible]	[illegible]	[illegible]	
06	[illegible]	[illegible]	[illegible]	[illegible]	[illegible]	[illegible]	[illegible]	[illegible]	[illegible]	[illegible]	
07	[illegible]	[illegible]	[illegible]	[illegible]	[illegible]	[illegible]	[illegible]	[illegible]	[illegible]	[illegible]	
08	[illegible]	[illegible]	[illegible]	[illegible]	[illegible]	[illegible]	[illegible]	[illegible]	[illegible]	[illegible]	
09	996.[illegible]	[illegible]	[illegible]	[illegible]	[illegible]	[illegible]	[illegible]	[illegible]	[illegible]	[illegible]	
9910	[illegible]	[illegible]	[illegible]	[illegible]	[illegible]	[illegible]	[illegible]	[illegible]	[illegible]	[illegible]	
11	[illegible]	[illegible]	[illegible]	[illegible]	[illegible]	[illegible]	[illegible]	[illegible]	[illegible]	[illegible]	
12	[illegible]	[illegible]	[illegible]	[illegible]	[illegible]	[illegible]	[illegible]	[illegible]	[illegible]	[illegible]	
13	[illegible]	[illegible]	[illegible]	[illegible]	[illegible]	[illegible]	[illegible]	[illegible]	[illegible]	[illegible]	
14	[illegible]	[illegible]	[illegible]	[illegible]	[illegible]	[illegible]	[illegible]	[illegible]	[illegible]	[illegible]	
9915	[illegible]	[illegible]	[illegible]	[illegible]	[illegible]	[illegible]	[illegible]	[illegible]	[illegible]	[illegible]	
16	[illegible]	[illegible]	[illegible]	[illegible]	[illegible]	[illegible]	[illegible]	[illegible]	[illegible]	[illegible]	
17	[illegible]	[illegible]	[illegible]	[illegible]	[illegible]	[illegible]	[illegible]	[illegible]	[illegible]	[illegible]	
18	[illegible]	[illegible]	[illegible]	[illegible]	[illegible]	[illegible]	[illegible]	[illegible]	[illegible]	[illegible]	
19	[illegible]	[illegible]	[illegible]	[illegible]	[illegible]	[illegible]	[illegible]	[illegible]	[illegible]	[illegible]	
9920	[illegible]	[illegible]	[illegible]	[illegible]	[illegible]	[illegible]	[illegible]	[illegible]	[illegible]	[illegible]	
21	[illegible]	[illegible]	[illegible]	[illegible]	[illegible]	[illegible]	[illegible]	[illegible]	[illegible]	[illegible]	
22	[illegible]	[illegible]	[illegible]	[illegible]	[illegible]	[illegible]	[illegible]	[illegible]	[illegible]	[illegible]	
23	[illegible]	[illegible]	[illegible]	[illegible]	[illegible]	[illegible]	[illegible]	[illegible]	[illegible]	[illegible]	
24	[illegible]	[illegible]	[illegible]	[illegible]	[illegible]	[illegible]	[illegible]	[illegible]	[illegible]	[illegible]	
9925	[illegible]	[illegible]	[illegible]	[illegible]	[illegible]	[illegible]	[illegible]	[illegible]	[illegible]	[illegible]	
26	[illegible]	[illegible]	[illegible]	[illegible]	[illegible]	[illegible]	[illegible]	[illegible]	[illegible]	[illegible]	
27	[illegible]	[illegible]	[illegible]	[illegible]	[illegible]	[illegible]	[illegible]	[illegible]	[illegible]	[illegible]	
28	[illegible]	[illegible]	[illegible]	[illegible]	[illegible]	[illegible]	[illegible]	[illegible]	[illegible]	[illegible]	
29	[illegible]	[illegible]	[illegible]	[illegible]	[illegible]	[illegible]	[illegible]	[illegible]	[illegible]	[illegible]	
9930	[illegible]	[illegible]	[illegible]	[illegible]	[illegible]	[illegible]	[illegible]	[illegible]	[illegible]	[illegible]	
31	[illegible]	[illegible]	[illegible]	[illegible]	[illegible]	[illegible]	[illegible]	[illegible]	[illegible]	[illegible]	
32	997.[illegible]	[illegible]	[illegible]	[illegible]	[illegible]	[illegible]	[illegible]	[illegible]	[illegible]	[illegible]	
33	[illegible]	[illegible]	[illegible]	[illegible]	[illegible]	[illegible]	[illegible]	[illegible]	[illegible]	[illegible]	
34	[illegible]	[illegible]	[illegible]	[illegible]	[illegible]	[illegible]	[illegible]	[illegible]	[illegible]	[illegible]	
9935	[illegible]	[illegible]	[illegible]	[illegible]	[illegible]	[illegible]	[illegible]	[illegible]	[illegible]	[illegible]	
36	[illegible]	[illegible]	[illegible]	[illegible]	[illegible]	[illegible]	[illegible]	[illegible]	[illegible]	[illegible]	
37	[illegible]	[illegible]	[illegible]	[illegible]	[illegible]	[illegible]	[illegible]	[illegible]	[illegible]	[illegible]	
38	[illegible]	[illegible]	[illegible]	[illegible]	[illegible]	[illegible]	[illegible]	[illegible]	[illegible]	[illegible]	
39	[illegible]	[illegible]	[illegible]	[illegible]	[illegible]	[illegible]	[illegible]	[illegible]	[illegible]	[illegible]	
9940	[illegible]	[illegible]	[illegible]	[illegible]	[illegible]	[illegible]	[illegible]	[illegible]	[illegible]	[illegible]	
41	[illegible]	[illegible]	[illegible]	[illegible]	[illegible]	[illegible]	[illegible]	[illegible]	[illegible]	[illegible]	
42	[illegible]	[illegible]	[illegible]	[illegible]	[illegible]	[illegible]	[illegible]	[illegible]	[illegible]	[illegible]	
43	[illegible]	[illegible]	[illegible]	[illegible]	[illegible]	[illegible]	[illegible]	[illegible]	[illegible]	[illegible]	
44	[illegible]	[illegible]	[illegible]	[illegible]	[illegible]	[illegible]	[illegible]	[illegible]	[illegible]	[illegible]	
Num.	0	1	2	3	4	5	6	7	8	9	D.

N. 99450 L. 997

Num.	0	1	2	3	4	5	6	7	8	9	D.
9945	997.[illegible]	[illegible]	[illegible]	[illegible]	[illegible]	[illegible]	[illegible]	[illegible]	[illegible]	[illegible]	
46	[illegible]	[illegible]	[illegible]	[illegible]	[illegible]	[illegible]	[illegible]	[illegible]	[illegible]	[illegible]	
47	[illegible]	[illegible]	[illegible]	[illegible]	[illegible]	[illegible]	[illegible]	[illegible]	[illegible]	[illegible]	
48	[illegible]	[illegible]	[illegible]	[illegible]	[illegible]	[illegible]	[illegible]	[illegible]	[illegible]	[illegible]	
49	[illegible]	[illegible]	[illegible]	[illegible]	[illegible]	[illegible]	[illegible]	[illegible]	[illegible]	[illegible]	
9950	[illegible]	[illegible]	[illegible]	[illegible]	[illegible]	[illegible]	[illegible]	[illegible]	[illegible]	[illegible]	
51	[illegible]	[illegible]	[illegible]	[illegible]	[illegible]	[illegible]	[illegible]	[illegible]	[illegible]	[illegible]	
52	[illegible]	[illegible]	[illegible]	[illegible]	[illegible]	[illegible]	[illegible]	[illegible]	[illegible]	[illegible]	
53	[illegible]	[illegible]	[illegible]	[illegible]	[illegible]	[illegible]	[illegible]	[illegible]	[illegible]	[illegible]	
54	[illegible]	[illegible]	[illegible]	[illegible]	[illegible]	[illegible]	[illegible]	[illegible]	[illegible]	[illegible]	
9955	998.[illegible]	[illegible]	[illegible]	[illegible]	[illegible]	[illegible]	[illegible]	[illegible]	[illegible]	[illegible]	
56	[illegible]	[illegible]	[illegible]	[illegible]	[illegible]	[illegible]	[illegible]	[illegible]	[illegible]	[illegible]	
57	[illegible]	[illegible]	[illegible]	[illegible]	[illegible]	[illegible]	[illegible]	[illegible]	[illegible]	[illegible]	
58	[illegible]	[illegible]	[illegible]	[illegible]	[illegible]	[illegible]	[illegible]	[illegible]	[illegible]	[illegible]	
59	[illegible]	[illegible]	[illegible]	[illegible]	[illegible]	[illegible]	[illegible]	[illegible]	[illegible]	[illegible]	
9960	[illegible]	[illegible]	[illegible]	[illegible]	[illegible]	[illegible]	[illegible]	[illegible]	[illegible]	[illegible]	
61	[illegible]	[illegible]	[illegible]	[illegible]	[illegible]	[illegible]	[illegible]	[illegible]	[illegible]	[illegible]	
62	[illegible]	[illegible]	[illegible]	[illegible]	[illegible]	[illegible]	[illegible]	[illegible]	[illegible]	[illegible]	
63	[illegible]	[illegible]	[illegible]	[illegible]	[illegible]	[illegible]	[illegible]	[illegible]	[illegible]	[illegible]	
64	[illegible]	[illegible]	[illegible]	[illegible]	[illegible]	[illegible]	[illegible]	[illegible]	[illegible]	[illegible]	
9965	[illegible]	[illegible]	[illegible]	[illegible]	[illegible]	[illegible]	[illegible]	[illegible]	[illegible]	[illegible]	
66	[illegible]	[illegible]	[illegible]	[illegible]	[illegible]	[illegible]	[illegible]	[illegible]	[illegible]	[illegible]	
67	[illegible]	[illegible]	[illegible]	[illegible]	[illegible]	[illegible]	[illegible]	[illegible]	[illegible]	[illegible]	
68	[illegible]	[illegible]	[illegible]	[illegible]	[illegible]	[illegible]	[illegible]	[illegible]	[illegible]	[illegible]	
69	[illegible]	[illegible]	[illegible]	[illegible]	[illegible]	[illegible]	[illegible]	[illegible]	[illegible]	[illegible]	
9970	[illegible]	[illegible]	[illegible]	[illegible]	[illegible]	[illegible]	[illegible]	[illegible]	[illegible]	[illegible]	
71	[illegible]	[illegible]	[illegible]	[illegible]	[illegible]	[illegible]	[illegible]	[illegible]	[illegible]	[illegible]	
72	[illegible]	[illegible]	[illegible]	[illegible]	[illegible]	[illegible]	[illegible]	[illegible]	[illegible]	[illegible]	
73	[illegible]	[illegible]	[illegible]	[illegible]	[illegible]	[illegible]	[illegible]	[illegible]	[illegible]	[illegible]	
74	[illegible]	[illegible]	[illegible]	[illegible]	[illegible]	[illegible]	[illegible]	[illegible]	[illegible]	[illegible]	
9975	[illegible]	[illegible]	[illegible]	[illegible]	[illegible]	[illegible]	[illegible]	[illegible]	[illegible]	[illegible]	
76	[illegible]	[illegible]	[illegible]	[illegible]	[illegible]	[illegible]	[illegible]	[illegible]	[illegible]	[illegible]	
77	999.[illegible]	[illegible]	[illegible]	[illegible]	[illegible]	[illegible]	[illegible]	[illegible]	[illegible]	[illegible]	
78	[illegible]	[illegible]	[illegible]	[illegible]	[illegible]	[illegible]	[illegible]	[illegible]	[illegible]	[illegible]	
79	[illegible]	[illegible]	[illegible]	[illegible]	[illegible]	[illegible]	[illegible]	[illegible]	[illegible]	[illegible]	
9980	[illegible]	[illegible]	[illegible]	[illegible]	[illegible]	[illegible]	[illegible]	[illegible]	[illegible]	[illegible]	
81	[illegible]	[illegible]	[illegible]	[illegible]	[illegible]	[illegible]	[illegible]	[illegible]	[illegible]	[illegible]	
82	[illegible]	[illegible]	[illegible]	[illegible]	[illegible]	[illegible]	[illegible]	[illegible]	[illegible]	[illegible]	
83	[illegible]	[illegible]	[illegible]	[illegible]	[illegible]	[illegible]	[illegible]	[illegible]	[illegible]	[illegible]	
84	[illegible]	[illegible]	[illegible]	[illegible]	[illegible]	[illegible]	[illegible]	[illegible]	[illegible]	[illegible]	
9985	[illegible]	[illegible]	[illegible]	[illegible]	[illegible]	[illegible]	[illegible]	[illegible]	[illegible]	[illegible]	
86	[illegible]	[illegible]	[illegible]	[illegible]	[illegible]	[illegible]	[illegible]	[illegible]	[illegible]	[illegible]	
87	[illegible]	[illegible]	[illegible]	[illegible]	[illegible]	[illegible]	[illegible]	[illegible]	[illegible]	[illegible]	
88	[illegible]	[illegible]	[illegible]	[illegible]	[illegible]	[illegible]	[illegible]	[illegible]	[illegible]	[illegible]	
89	[illegible]	[illegible]	[illegible]	[illegible]	[illegible]	[illegible]	[illegible]	[illegible]	[illegible]	[illegible]	
9990	[illegible]	[illegible]	[illegible]	[illegible]	[illegible]	[illegible]	[illegible]	[illegible]	[illegible]	[illegible]	
91	[illegible]	[illegible]	[illegible]	[illegible]	[illegible]	[illegible]	[illegible]	[illegible]	[illegible]	[illegible]	
92	[illegible]	[illegible]	[illegible]	[illegible]	[illegible]	[illegible]	[illegible]	[illegible]	[illegible]	[illegible]	
93	[illegible]	[illegible]	[illegible]	[illegible]	[illegible]	[illegible]	[illegible]	[illegible]	[illegible]	[illegible]	
94	[illegible]	[illegible]	[illegible]	[illegible]	[illegible]	[illegible]	[illegible]	[illegible]	[illegible]	[illegible]	
9995	[illegible]	[illegible]	[illegible]	[illegible]	[illegible]	[illegible]	[illegible]	[illegible]	[illegible]	[illegible]	
96	[illegible]	[illegible]	[illegible]	[illegible]	[illegible]	[illegible]	[illegible]	[illegible]	[illegible]	[illegible]	
97	[illegible]	[illegible]	[illegible]	[illegible]	[illegible]	[illegible]	[illegible]	[illegible]	[illegible]	[illegible]	
98	[illegible]	[illegible]	[illegible]	[illegible]	[illegible]	[illegible]	[illegible]	[illegible]	[illegible]	[illegible]	
99	[illegible]	[illegible]	[illegible]	[illegible]	[illegible]	[illegible]	[illegible]	[illegible]	[illegible]	[illegible]	
10000	000.[illegible]	[illegible]	[illegible]	[illegible]	[illegible]	[illegible]	[illegible]	[illegible]	[illegible]	[illegible]	
01	[illegible]	[illegible]	[illegible]	[illegible]	[illegible]	[illegible]	[illegible]	[illegible]	[illegible]	[illegible]	
02	[illegible]	[illegible]	[illegible]	[illegible]	[illegible]	[illegible]	[illegible]	[illegible]	[illegible]	[illegible]	
03	0001.[illegible]	[illegible]	[illegible]	[illegible]	[illegible]	[illegible]	[illegible]	[illegible]	[illegible]	[illegible]	
04	[illegible]	[illegible]	[illegible]	[illegible]	[illegible]	[illegible]	[illegible]	[illegible]	[illegible]	[illegible]	
10005	0002.[illegible]	[illegible]	[illegible]	[illegible]	[illegible]	[illegible]	[illegible]	[illegible]	[illegible]	[illegible]	
06	[illegible]	[illegible]	[illegible]	[illegible]	[illegible]	[illegible]	[illegible]	[illegible]	[illegible]	[illegible]	
07	0003.[illegible]	[illegible]	[illegible]	[illegible]	[illegible]	[illegible]	[illegible]	[illegible]	[illegible]	[illegible]	
08	[illegible]	[illegible]	[illegible]	[illegible]	[illegible]	[illegible]	[illegible]	[illegible]	[illegible]	[illegible]	
09	[illegible]	[illegible]	[illegible]	[illegible]	[illegible]	[illegible]	[illegible]	[illegible]	[illegible]	[illegible]	
Num.	0	1	2	3	4	5	6	7	8	9	D.

TABLE
DES
LOGARITHMES
DES SINUS
ET TANGENTES,

De Seconde en Seconde pour les quatre premiers Degrés, & de dix en dix Secondes pour le reste du quart de Cercle.

″	0′	1′	2′	3′	4′	5′	6′	7′	8′	9′	10′	11′	″
0		6.4637261	6.7647561	6.9408473	7.0657860	7.1626960	7.2418771	7.3088239	7.3668157	7.4179681	7.4637255	7.5051181	60
1	4.6855749	6.4709047	6.7683160	6.9431314	7.0675918	7.1641411	7.2430818	7.3098367	7.3677195	7.4187716	7.4644487	7.5057759	59
2	4.9866049	6.4779863	6.7719247	6.9454041	7.0693910	7.1655817	7.2442834	7.3108870	7.3686211	7.4195737	7.4651707	7.5064311	58
3	5.1626961	6.4849153	6.7754800	6.9480135	7.0711810	7.1670173	7.2454813	7.3119145	7.3695211	7.4203747	7.4658916	7.5070876	57
4	5.2876349	6.4917549	6.7789063	6.9503916	7.0729647	7.1684483	7.2466760	7.3129404	7.3704192	7.4211735	7.4666111	7.5077416	56
5	5.3845449	6.4984861	6.7824845	6.9527409	7.0747402	7.1698745	7.2478679	7.3139635	7.3713158	7.4219707	7.4673296	7.5083939	55
6	5.4637261	6.5051183	6.7859455	6.9550814	7.0765097	7.1712961	7.2490553	7.3149841	7.3722107	7.4227670	7.4680468	7.5090448	54
7	5.5306729	6.5116407	6.7893789	6.9574164	7.0782717	7.1727131	7.2502407	7.3160014	7.3731031	7.4235617	7.4687619	7.5096941	53
8	5.5886649	6.5180831	6.7927848	6.9597347	7.0800276	7.1741254	7.2514225	7.3170185	7.3739945	7.4243540	7.4694778	7.5103414	52
9	5.6398174	6.5244239	6.7961645	6.9620366	7.0817741	7.1755313	7.2526010	7.3180315	7.3748831	7.4251467	7.4701915	7.5109875	51
10	5.6855749	6.5306745	6.7995181	6.9643184	7.0835145	7.1769364	7.2537767	7.3190430	7.3757705	7.4259370	7.4709041	7.5116488	50
11	5.7269676	6.5368311	6.8028461	6.9666008	7.0852489	7.1783391	7.2549489	7.3200531	7.3766559	7.4267153	7.4716134	7.5122966	49
12	5.7647561	6.5429074	6.8061485	6.9688876	7.0869755	7.1797398	7.2561177	7.3210581	7.3775390	7.4275113	7.4723157	7.5129414	48
13	5.7995181	6.5488977	6.8094260	6.9711321	7.0886935	7.1811190	7.2572831	7.3220604	7.3784214	7.4282993	7.4730347	7.5135891	47
14	5.8317019	6.5548068	6.8126789	6.9733767	7.0904085	7.1825043	7.2584460	7.3230643	7.3793014	7.4290841	7.4737486	7.5142340	46
15	5.8616661	6.5606361	6.8159068	6.9756094	7.0921141	7.1838853	7.2596055	7.3240637	7.3801796	7.4298673	7.4744407	7.5148779	45
16	5.8896849	6.5663864	6.8191137	6.9778310	7.0938147	7.1852618	7.2607615	7.3250616	7.3810561	7.4306491	7.4751546	7.5155101	44
17	5.9160138	6.5720653	6.8222975	6.9800441	7.0955074	7.1866034	7.2619160	7.3260568	7.3819308	7.4314293	7.4758594	7.5161608	43
18	5.9408474	6.5776695	6.8254533	6.9814400	7.0971945	7.1880011	7.2630666	7.3270487	7.3828038	7.4322080	7.4765027	7.5168031	42
19	5.9643188	6.5832010	6.8285960	6.9844179	7.0988747	7.1893654	7.2641183	7.3280391	7.3836750	7.4329861	7.4771646	7.5174439	41
20	5.9866049	6.5886646	6.8317019	6.9866049	7.1005481	7.1907247	7.2653581	7.3290171	7.3845444	7.4337611	7.4779059	7.5180832	40
21	6.0077941	6.5940599	6.8347939	6.9887708	7.1022153	7.1920797	7.2664996	7.3300131	7.3854111	7.4345374	7.4786059	7.5187211	39
22	6.0279975	6.5993887	6.8378631	6.9909161	7.1038760	7.1934305	7.2676381	7.3309968	7.3862781	7.4353106	7.4793046	7.5193576	38
23	6.0473017	6.6046519	6.8409103	6.9930740	7.1055309	7.1947771	7.2687734	7.3319783	7.3871424	7.4360817	7.4800251	7.5199926	37
24	6.0657860	6.6098541	6.8439317	6.9951035	7.1071793	7.1961197	7.2699056	7.3329757	7.3880050	7.4368523	7.4807258	7.5206262	36
25	6.0835149	6.6149956	6.8469348	6.9971187	7.1088210	7.1974580	7.2710153	7.3339345	7.3888656	7.4376211	7.4814247	7.5212587	35
26	6.1005481	6.6200773	6.8499177	6.9994410	7.1104564	7.1987921	7.2721610	7.3349094	7.3897243	7.4383887	7.4821218	7.5218891	34
27	6.1169386	6.6250941	6.8528789	7.0015454	7.1120853	7.2001122	7.2732856	7.3358821	7.3905824	7.4391574	7.4828174	7.5225184	33
28	6.1327319	6.6300471	6.8558163	7.0036381	7.1137095	7.2014485	7.2744061	7.3368515	7.3914381	7.4399117	7.4835115	7.5231461	32
29	6.1479719	6.6349449	6.8587861	7.0057211	7.1153260	7.2027708	7.2755244	7.3378109	7.3922920	7.4406667	7.4842043	7.5237932	31
30	6.1626961	6.6397817	6.8616661	7.0077941	7.1169385	7.2040886	7.2766391	7.3387874	7.3931440	7.4414494	7.4849147	7.5244131	30
31	6.1769366	6.6445161	6.8645531	7.0098575	7.1185440	7.2054017	7.2777514	7.3397517	7.3939953	7.4421104	7.4856017	7.5250311	29
32	6.1907245	6.6493617	6.8674187	7.0119107	7.1201436	7.2067211	7.2788607	7.3407130	7.3948444	7.4429703	7.4862913	7.5256801	28
33	6.2040885	6.6540751	6.8702666	7.0139544	7.1217374	7.2080189	7.2799874	7.3416717	7.3956918	7.4437185	7.4869777	7.5261072	27
34	6.2170538	6.6587037	6.8730957	7.0159886	7.1233535	7.2093111	7.2810704	7.3426303	7.3965375	7.4444886	7.4876614	7.5269315	26
35	6.2296419	6.6633199	6.8759028	7.0180132	7.1249074	7.2106195	7.2821717	7.3435855	7.3973816	7.4452421	7.4883471	7.5275584	25
36	6.2418774	6.6678461	6.8786997	7.0200185	7.1264891	7.2119140	7.2851069	7.3445394	7.3982241	7.4459868	7.4890213	7.5281833	24
37	6.2537766	6.6711466	6.8814745	7.0220345	7.1280548	7.2131846	7.2843651	7.3454907	7.3990650	7.4467301	7.4897136	7.5288061	23
38	6.2653589	6.6768091	6.8842315	7.0240311	7.1296199	7.2144914	7.2854577	7.3464400	7.3999044	7.4475021	7.4903840	7.5294269	22
39	6.2766396	6.6811110	6.8869719	7.0260189	7.1311789	7.2157744	7.2865479	7.3473871	7.4007421	7.4481529	7.4910750	7.5300511	21
40	6.2876349	6.6855749	6.8896948	7.0279979	7.1327315	7.2170536	7.2876349	7.3483313	7.4015777	7.4490013	7.4917541	7.5306721	20
41	6.2983587	6.6898960	6.8924007	7.0299671	7.1342811	7.2183190	7.2887190	7.3492754	7.4024111	7.4497904	7.4924318	7.5312940	19
42	6.3088141	6.6941790	6.8950896	7.0319117	7.1358138	7.2195801	7.2898003	7.3502165	7.4032440	7.4504970	7.4931094	7.5319111	18
43	6.3190431	6.6984111	6.8977624	7.0338790	7.1373612	7.2208581	7.2908796	7.3511555	7.4040761	7.4512428	7.4937851	7.5325194	17
44	6.3290173	6.7026081	6.9004187	7.0358118	7.1388931	7.2221133	7.2919560	7.3520935	7.4049095	7.4519871	7.4944670	7.5331467	16
45	6.3387874	6.7067641	6.9030388	7.0377573	7.1404196	7.2233938	7.2930196	7.3530279	7.4057337	7.4527301	7.4951133	7.5337631	15
46	6.3483137	6.7108807	6.9056828	7.0396851	7.1419407	7.2246508	7.2941001	7.3539604	7.4065601	7.4534719	7.4958077	7.5343787	14
47	6.3576747	6.7149586	6.9082913	7.0416007	7.1434566	7.2259041	7.2951690	7.3548914	7.4073890	7.4542124	7.4964784	7.5349934	13
48	6.3668161	6.7189980	6.9108841	7.0435096	7.1449673	7.2271539	7.2962347	7.3558209	7.4082083	7.4549516	7.4971491	7.5356073	12
49	6.3757709	6.7230015	6.9134685	7.0454103	7.1464728	7.2284001	7.2974979	7.3567473	7.4090301	7.4556896	7.4978181	7.5362204	11
50	6.3845449	6.7269676	6.9160021	7.0473016	7.1479727	7.2296427	7.2983584	7.3576731	7.4098503	7.4564161	7.4984879	7.5368314	10
51	6.3931450	6.7308976	6.9185709	7.0491866	7.1494677	7.2308818	7.2994164	7.3585954	7.4106689	7.4571614	7.4991551	7.5374416	9
52	6.4015778	6.7347926	6.9211103	7.0510621	7.1509576	7.2321173	7.3004718	7.3595165	7.4114860	7.4578965	7.4998211	7.5380510	8
53	6.4098507	6.7386535	6.9236108	7.0529107	7.1524418	7.2333494	7.3015246	7.3604355	7.4123016	7.4586190	7.5004877	7.5386593	7
54	6.4179686	6.7424797	6.9261141	7.0547900	7.1539211	7.2345779	7.3025747	7.3613521	7.4131156	7.4593607	7.5011519	7.5392724	6
55	6.4259379	6.7462737	6.9286818	7.0566416	7.1553957	7.2358030	7.3036222	7.3622682	7.4139281	7.4600912	7.5018154	7.5398780	5
56	6.4337038	6.7500362	6.9310879	7.0584868	7.1568646	7.2370246	7.3046670	7.3631814	7.4147391	7.4608109	7.5024781	7.5404870	4
57	6.4414497	6.7537677	6.9335465	7.0603111	7.1583111	7.2381429	7.3057106	7.3640929	7.4155487	7.4615488	7.5031393	7.5410911	3
58	6.4490019	6.7574568	6.9359949	7.0621151	7.1597910	7.2394577	7.3067509	7.3650084	7.4163567	7.4622754	7.5038003	7.5416984	2
59	6.4564368	6.7611119	6.9384278	7.0639727	7.1611459	7.2406693	7.3077886	7.3659104	7.4171631	7.4630011	7.5044595	7.5423019	1
60	6.4637261	6.7647561	6.9408473	7.0657860	7.1626960	7.2418771	7.3088239	7.3668157	7.4179681	7.4637255	7.5051181	7.5429060	0
″	59′	58′	57′	56′	55′	54′	53′	52′	51′	50′	49′	48′	″

"	0'	1'	2'	3'	4'	5'	6'	7'	8'	9'	10'	11'	"
0		6.4637261	6.7647561	6.9408473	7.0657863	7.1626964	7.2418778	7.3088248	7.3668169	7.4179696	7.4637273	7.5051203	60
1	[illegible]	[illegible]	[illegible]	[illegible]	[illegible]	[illegible]	[illegible]	[illegible]	[illegible]	[illegible]	[illegible]	[illegible]	59
2	[illegible]	[illegible]	[illegible]	[illegible]	[illegible]	[illegible]	[illegible]	[illegible]	[illegible]	[illegible]	[illegible]	[illegible]	58
3	[illegible]	[illegible]	[illegible]	[illegible]	[illegible]	[illegible]	[illegible]	[illegible]	[illegible]	[illegible]	[illegible]	[illegible]	57
4	[illegible]	[illegible]	[illegible]	[illegible]	[illegible]	[illegible]	[illegible]	[illegible]	[illegible]	[illegible]	[illegible]	[illegible]	56
5	[illegible]	[illegible]	[illegible]	[illegible]	[illegible]	[illegible]	[illegible]	[illegible]	[illegible]	[illegible]	[illegible]	[illegible]	55
6	[illegible]	[illegible]	[illegible]	[illegible]	[illegible]	[illegible]	[illegible]	[illegible]	[illegible]	[illegible]	[illegible]	[illegible]	54
7	[illegible]	[illegible]	[illegible]	[illegible]	[illegible]	[illegible]	[illegible]	[illegible]	[illegible]	[illegible]	[illegible]	[illegible]	53
8	[illegible]	[illegible]	[illegible]	[illegible]	[illegible]	[illegible]	[illegible]	[illegible]	[illegible]	[illegible]	[illegible]	[illegible]	52
9	[illegible]	[illegible]	[illegible]	[illegible]	[illegible]	[illegible]	[illegible]	[illegible]	[illegible]	[illegible]	[illegible]	[illegible]	51
10	[illegible]	[illegible]	[illegible]	[illegible]	[illegible]	[illegible]	[illegible]	[illegible]	[illegible]	[illegible]	[illegible]	[illegible]	50
11	[illegible]	[illegible]	[illegible]	[illegible]	[illegible]	[illegible]	[illegible]	[illegible]	[illegible]	[illegible]	[illegible]	[illegible]	49
12	[illegible]	[illegible]	[illegible]	[illegible]	[illegible]	[illegible]	[illegible]	[illegible]	[illegible]	[illegible]	[illegible]	[illegible]	48
13	[illegible]	[illegible]	[illegible]	[illegible]	[illegible]	[illegible]	[illegible]	[illegible]	[illegible]	[illegible]	[illegible]	[illegible]	47
14	[illegible]	[illegible]	[illegible]	[illegible]	[illegible]	[illegible]	[illegible]	[illegible]	[illegible]	[illegible]	[illegible]	[illegible]	46
15	[illegible]	[illegible]	[illegible]	[illegible]	[illegible]	[illegible]	[illegible]	[illegible]	[illegible]	[illegible]	[illegible]	[illegible]	45
16	[illegible]	[illegible]	[illegible]	[illegible]	[illegible]	[illegible]	[illegible]	[illegible]	[illegible]	[illegible]	[illegible]	[illegible]	44
17	[illegible]	[illegible]	[illegible]	[illegible]	[illegible]	[illegible]	[illegible]	[illegible]	[illegible]	[illegible]	[illegible]	[illegible]	43
18	[illegible]	[illegible]	[illegible]	[illegible]	[illegible]	[illegible]	[illegible]	[illegible]	[illegible]	[illegible]	[illegible]	[illegible]	42
19	[illegible]	[illegible]	[illegible]	[illegible]	[illegible]	[illegible]	[illegible]	[illegible]	[illegible]	[illegible]	[illegible]	[illegible]	41
20	[illegible]	[illegible]	[illegible]	[illegible]	[illegible]	[illegible]	[illegible]	[illegible]	[illegible]	[illegible]	[illegible]	[illegible]	40
21	[illegible]	[illegible]	[illegible]	[illegible]	[illegible]	[illegible]	[illegible]	[illegible]	[illegible]	[illegible]	[illegible]	[illegible]	39
22	[illegible]	[illegible]	[illegible]	[illegible]	[illegible]	[illegible]	[illegible]	[illegible]	[illegible]	[illegible]	[illegible]	[illegible]	38
23	[illegible]	[illegible]	[illegible]	[illegible]	[illegible]	[illegible]	[illegible]	[illegible]	[illegible]	[illegible]	[illegible]	[illegible]	37
24	[illegible]	[illegible]	[illegible]	[illegible]	[illegible]	[illegible]	[illegible]	[illegible]	[illegible]	[illegible]	[illegible]	[illegible]	36
25	[illegible]	[illegible]	[illegible]	[illegible]	[illegible]	[illegible]	[illegible]	[illegible]	[illegible]	[illegible]	[illegible]	[illegible]	35
26	[illegible]	[illegible]	[illegible]	[illegible]	[illegible]	[illegible]	[illegible]	[illegible]	[illegible]	[illegible]	[illegible]	[illegible]	34
27	[illegible]	[illegible]	[illegible]	[illegible]	[illegible]	[illegible]	[illegible]	[illegible]	[illegible]	[illegible]	[illegible]	[illegible]	33
28	[illegible]	[illegible]	[illegible]	[illegible]	[illegible]	[illegible]	[illegible]	[illegible]	[illegible]	[illegible]	[illegible]	[illegible]	32
29	[illegible]	[illegible]	[illegible]	[illegible]	[illegible]	[illegible]	[illegible]	[illegible]	[illegible]	[illegible]	[illegible]	[illegible]	31
30	[illegible]	[illegible]	[illegible]	[illegible]	[illegible]	[illegible]	[illegible]	[illegible]	[illegible]	[illegible]	[illegible]	[illegible]	30
31	[illegible]	[illegible]	[illegible]	[illegible]	[illegible]	[illegible]	[illegible]	[illegible]	[illegible]	[illegible]	[illegible]	[illegible]	29
32	[illegible]	[illegible]	[illegible]	[illegible]	[illegible]	[illegible]	[illegible]	[illegible]	[illegible]	[illegible]	[illegible]	[illegible]	28
33	[illegible]	[illegible]	[illegible]	[illegible]	[illegible]	[illegible]	[illegible]	[illegible]	[illegible]	[illegible]	[illegible]	[illegible]	27
34	[illegible]	[illegible]	[illegible]	[illegible]	[illegible]	[illegible]	[illegible]	[illegible]	[illegible]	[illegible]	[illegible]	[illegible]	26
35	[illegible]	[illegible]	[illegible]	[illegible]	[illegible]	[illegible]	[illegible]	[illegible]	[illegible]	[illegible]	[illegible]	[illegible]	25
36	[illegible]	[illegible]	[illegible]	[illegible]	[illegible]	[illegible]	[illegible]	[illegible]	[illegible]	[illegible]	[illegible]	[illegible]	24
37	[illegible]	[illegible]	[illegible]	[illegible]	[illegible]	[illegible]	[illegible]	[illegible]	[illegible]	[illegible]	[illegible]	[illegible]	23
38	[illegible]	[illegible]	[illegible]	[illegible]	[illegible]	[illegible]	[illegible]	[illegible]	[illegible]	[illegible]	[illegible]	[illegible]	22
39	[illegible]	[illegible]	[illegible]	[illegible]	[illegible]	[illegible]	[illegible]	[illegible]	[illegible]	[illegible]	[illegible]	[illegible]	21
40	[illegible]	[illegible]	[illegible]	[illegible]	[illegible]	[illegible]	[illegible]	[illegible]	[illegible]	[illegible]	[illegible]	[illegible]	20
41	[illegible]	[illegible]	[illegible]	[illegible]	[illegible]	[illegible]	[illegible]	[illegible]	[illegible]	[illegible]	[illegible]	[illegible]	19
42	[illegible]	[illegible]	[illegible]	[illegible]	[illegible]	[illegible]	[illegible]	[illegible]	[illegible]	[illegible]	[illegible]	[illegible]	18
43	[illegible]	[illegible]	[illegible]	[illegible]	[illegible]	[illegible]	[illegible]	[illegible]	[illegible]	[illegible]	[illegible]	[illegible]	17
44	[illegible]	[illegible]	[illegible]	[illegible]	[illegible]	[illegible]	[illegible]	[illegible]	[illegible]	[illegible]	[illegible]	[illegible]	16
45	[illegible]	[illegible]	[illegible]	[illegible]	[illegible]	[illegible]	[illegible]	[illegible]	[illegible]	[illegible]	[illegible]	[illegible]	15
46	[illegible]	[illegible]	[illegible]	[illegible]	[illegible]	[illegible]	[illegible]	[illegible]	[illegible]	[illegible]	[illegible]	[illegible]	14
47	[illegible]	[illegible]	[illegible]	[illegible]	[illegible]	[illegible]	[illegible]	[illegible]	[illegible]	[illegible]	[illegible]	[illegible]	13
48	[illegible]	[illegible]	[illegible]	[illegible]	[illegible]	[illegible]	[illegible]	[illegible]	[illegible]	[illegible]	[illegible]	[illegible]	12
49	[illegible]	[illegible]	[illegible]	[illegible]	[illegible]	[illegible]	[illegible]	[illegible]	[illegible]	[illegible]	[illegible]	[illegible]	11
50	[illegible]	[illegible]	[illegible]	[illegible]	[illegible]	[illegible]	[illegible]	[illegible]	[illegible]	[illegible]	[illegible]	[illegible]	10
51	[illegible]	[illegible]	[illegible]	[illegible]	[illegible]	[illegible]	[illegible]	[illegible]	[illegible]	[illegible]	[illegible]	[illegible]	9
52	[illegible]	[illegible]	[illegible]	[illegible]	[illegible]	[illegible]	[illegible]	[illegible]	[illegible]	[illegible]	[illegible]	[illegible]	8
53	[illegible]	[illegible]	[illegible]	[illegible]	[illegible]	[illegible]	[illegible]	[illegible]	[illegible]	[illegible]	[illegible]	[illegible]	7
54	[illegible]	[illegible]	[illegible]	[illegible]	[illegible]	[illegible]	[illegible]	[illegible]	[illegible]	[illegible]	[illegible]	[illegible]	6
55	[illegible]	[illegible]	[illegible]	[illegible]	[illegible]	[illegible]	[illegible]	[illegible]	[illegible]	[illegible]	[illegible]	[illegible]	5
56	[illegible]	[illegible]	[illegible]	[illegible]	[illegible]	[illegible]	[illegible]	[illegible]	[illegible]	[illegible]	[illegible]	[illegible]	4
57	[illegible]	[illegible]	[illegible]	[illegible]	[illegible]	[illegible]	[illegible]	[illegible]	[illegible]	[illegible]	[illegible]	[illegible]	3
58	[illegible]	[illegible]	[illegible]	[illegible]	[illegible]	[illegible]	[illegible]	[illegible]	[illegible]	[illegible]	[illegible]	[illegible]	2
59	[illegible]	[illegible]	[illegible]	[illegible]	[illegible]	[illegible]	[illegible]	[illegible]	[illegible]	[illegible]	[illegible]	[illegible]	1
60	6.4637261	6.7647561	6.9408475	7.0657863	7.1626964	7.2418778	7.3088248	7.3668169	7.4179696	7.4637273	7.5051203	7.5419091	0
"	59'	58'	57'	56'	55'	54'	53'	52'	51'	50'	49'	48'	"

″	12′	13′	14′	15′	16′	17′	18′	19′	20′	21′	22′	23′	″
0	[illegible]	[illegible]	[illegible]	[illegible]	[illegible]	[illegible]	[illegible]	[illegible]	[illegible]	[illegible]	[illegible]	[illegible]	60
1	[illegible]	[illegible]	[illegible]	[illegible]	[illegible]	[illegible]	[illegible]	[illegible]	[illegible]	[illegible]	[illegible]	[illegible]	59
2	[illegible]	[illegible]	[illegible]	[illegible]	[illegible]	[illegible]	[illegible]	[illegible]	[illegible]	[illegible]	[illegible]	[illegible]	58
3	[illegible]	[illegible]	[illegible]	[illegible]	[illegible]	[illegible]	[illegible]	[illegible]	[illegible]	[illegible]	[illegible]	[illegible]	57
4	[illegible]	[illegible]	[illegible]	[illegible]	[illegible]	[illegible]	[illegible]	[illegible]	[illegible]	[illegible]	[illegible]	[illegible]	56
5	[illegible]	[illegible]	[illegible]	[illegible]	[illegible]	[illegible]	[illegible]	[illegible]	[illegible]	[illegible]	[illegible]	[illegible]	55
6	[illegible]	[illegible]	[illegible]	[illegible]	[illegible]	[illegible]	[illegible]	[illegible]	[illegible]	[illegible]	[illegible]	[illegible]	54
7	[illegible]	[illegible]	[illegible]	[illegible]	[illegible]	[illegible]	[illegible]	[illegible]	[illegible]	[illegible]	[illegible]	[illegible]	53
8	[illegible]	[illegible]	[illegible]	[illegible]	[illegible]	[illegible]	[illegible]	[illegible]	[illegible]	[illegible]	[illegible]	[illegible]	52
9	[illegible]	[illegible]	[illegible]	[illegible]	[illegible]	[illegible]	[illegible]	[illegible]	[illegible]	[illegible]	[illegible]	[illegible]	51
10	[illegible]	[illegible]	[illegible]	[illegible]	[illegible]	[illegible]	[illegible]	[illegible]	[illegible]	[illegible]	[illegible]	[illegible]	50
11	[illegible]	[illegible]	[illegible]	[illegible]	[illegible]	[illegible]	[illegible]	[illegible]	[illegible]	[illegible]	[illegible]	[illegible]	49
12	[illegible]	[illegible]	[illegible]	[illegible]	[illegible]	[illegible]	[illegible]	[illegible]	[illegible]	[illegible]	[illegible]	[illegible]	48
13	[illegible]	[illegible]	[illegible]	[illegible]	[illegible]	[illegible]	[illegible]	[illegible]	[illegible]	[illegible]	[illegible]	[illegible]	47
14	[illegible]	[illegible]	[illegible]	[illegible]	[illegible]	[illegible]	[illegible]	[illegible]	[illegible]	[illegible]	[illegible]	[illegible]	46
15	[illegible]	[illegible]	[illegible]	[illegible]	[illegible]	[illegible]	[illegible]	[illegible]	[illegible]	[illegible]	[illegible]	[illegible]	45
16	[illegible]	[illegible]	[illegible]	[illegible]	[illegible]	[illegible]	[illegible]	[illegible]	[illegible]	[illegible]	[illegible]	[illegible]	44
17	[illegible]	[illegible]	[illegible]	[illegible]	[illegible]	[illegible]	[illegible]	[illegible]	[illegible]	[illegible]	[illegible]	[illegible]	43
18	[illegible]	[illegible]	[illegible]	[illegible]	[illegible]	[illegible]	[illegible]	[illegible]	[illegible]	[illegible]	[illegible]	[illegible]	42
19	[illegible]	[illegible]	[illegible]	[illegible]	[illegible]	[illegible]	[illegible]	[illegible]	[illegible]	[illegible]	[illegible]	[illegible]	41
20	[illegible]	[illegible]	[illegible]	[illegible]	[illegible]	[illegible]	[illegible]	[illegible]	[illegible]	[illegible]	[illegible]	[illegible]	40
21	[illegible]	[illegible]	[illegible]	[illegible]	[illegible]	[illegible]	[illegible]	[illegible]	[illegible]	[illegible]	[illegible]	[illegible]	39
22	[illegible]	[illegible]	[illegible]	[illegible]	[illegible]	[illegible]	[illegible]	[illegible]	[illegible]	[illegible]	[illegible]	[illegible]	38
23	[illegible]	[illegible]	[illegible]	[illegible]	[illegible]	[illegible]	[illegible]	[illegible]	[illegible]	[illegible]	[illegible]	[illegible]	37
24	[illegible]	[illegible]	[illegible]	[illegible]	[illegible]	[illegible]	[illegible]	[illegible]	[illegible]	[illegible]	[illegible]	[illegible]	36
25	[illegible]	[illegible]	[illegible]	[illegible]	[illegible]	[illegible]	[illegible]	[illegible]	[illegible]	[illegible]	[illegible]	[illegible]	35
26	[illegible]	[illegible]	[illegible]	[illegible]	[illegible]	[illegible]	[illegible]	[illegible]	[illegible]	[illegible]	[illegible]	[illegible]	34
27	[illegible]	[illegible]	[illegible]	[illegible]	[illegible]	[illegible]	[illegible]	[illegible]	[illegible]	[illegible]	[illegible]	[illegible]	33
28	[illegible]	[illegible]	[illegible]	[illegible]	[illegible]	[illegible]	[illegible]	[illegible]	[illegible]	[illegible]	[illegible]	[illegible]	32
29	[illegible]	[illegible]	[illegible]	[illegible]	[illegible]	[illegible]	[illegible]	[illegible]	[illegible]	[illegible]	[illegible]	[illegible]	31
30	[illegible]	[illegible]	[illegible]	[illegible]	[illegible]	[illegible]	[illegible]	[illegible]	[illegible]	[illegible]	[illegible]	[illegible]	30
31	[illegible]	[illegible]	[illegible]	[illegible]	[illegible]	[illegible]	[illegible]	[illegible]	[illegible]	[illegible]	[illegible]	[illegible]	29
32	[illegible]	[illegible]	[illegible]	[illegible]	[illegible]	[illegible]	[illegible]	[illegible]	[illegible]	[illegible]	[illegible]	[illegible]	28
33	[illegible]	[illegible]	[illegible]	[illegible]	[illegible]	[illegible]	[illegible]	[illegible]	[illegible]	[illegible]	[illegible]	[illegible]	27
34	[illegible]	[illegible]	[illegible]	[illegible]	[illegible]	[illegible]	[illegible]	[illegible]	[illegible]	[illegible]	[illegible]	[illegible]	26
35	[illegible]	[illegible]	[illegible]	[illegible]	[illegible]	[illegible]	[illegible]	[illegible]	[illegible]	[illegible]	[illegible]	[illegible]	25
36	[illegible]	[illegible]	[illegible]	[illegible]	[illegible]	[illegible]	[illegible]	[illegible]	[illegible]	[illegible]	[illegible]	[illegible]	24
37	[illegible]	[illegible]	[illegible]	[illegible]	[illegible]	[illegible]	[illegible]	[illegible]	[illegible]	[illegible]	[illegible]	[illegible]	23
38	[illegible]	[illegible]	[illegible]	[illegible]	[illegible]	[illegible]	[illegible]	[illegible]	[illegible]	[illegible]	[illegible]	[illegible]	22
39	[illegible]	[illegible]	[illegible]	[illegible]	[illegible]	[illegible]	[illegible]	[illegible]	[illegible]	[illegible]	[illegible]	[illegible]	21
40	[illegible]	[illegible]	[illegible]	[illegible]	[illegible]	[illegible]	[illegible]	[illegible]	[illegible]	[illegible]	[illegible]	[illegible]	20
41	[illegible]	[illegible]	[illegible]	[illegible]	[illegible]	[illegible]	[illegible]	[illegible]	[illegible]	[illegible]	[illegible]	[illegible]	19
42	[illegible]	[illegible]	[illegible]	[illegible]	[illegible]	[illegible]	[illegible]	[illegible]	[illegible]	[illegible]	[illegible]	[illegible]	18
43	[illegible]	[illegible]	[illegible]	[illegible]	[illegible]	[illegible]	[illegible]	[illegible]	[illegible]	[illegible]	[illegible]	[illegible]	17
44	[illegible]	[illegible]	[illegible]	[illegible]	[illegible]	[illegible]	[illegible]	[illegible]	[illegible]	[illegible]	[illegible]	[illegible]	16
45	[illegible]	[illegible]	[illegible]	[illegible]	[illegible]	[illegible]	[illegible]	[illegible]	[illegible]	[illegible]	[illegible]	[illegible]	15
46	[illegible]	[illegible]	[illegible]	[illegible]	[illegible]	[illegible]	[illegible]	[illegible]	[illegible]	[illegible]	[illegible]	[illegible]	14
47	[illegible]	[illegible]	[illegible]	[illegible]	[illegible]	[illegible]	[illegible]	[illegible]	[illegible]	[illegible]	[illegible]	[illegible]	13
48	[illegible]	[illegible]	[illegible]	[illegible]	[illegible]	[illegible]	[illegible]	[illegible]	[illegible]	[illegible]	[illegible]	[illegible]	12
49	[illegible]	[illegible]	[illegible]	[illegible]	[illegible]	[illegible]	[illegible]	[illegible]	[illegible]	[illegible]	[illegible]	[illegible]	11
50	[illegible]	[illegible]	[illegible]	[illegible]	[illegible]	[illegible]	[illegible]	[illegible]	[illegible]	[illegible]	[illegible]	[illegible]	10
51	[illegible]	[illegible]	[illegible]	[illegible]	[illegible]	[illegible]	[illegible]	[illegible]	[illegible]	[illegible]	[illegible]	[illegible]	9
52	[illegible]	[illegible]	[illegible]	[illegible]	[illegible]	[illegible]	[illegible]	[illegible]	[illegible]	[illegible]	[illegible]	[illegible]	8
53	[illegible]	[illegible]	[illegible]	[illegible]	[illegible]	[illegible]	[illegible]	[illegible]	[illegible]	[illegible]	[illegible]	[illegible]	7
54	[illegible]	[illegible]	[illegible]	[illegible]	[illegible]	[illegible]	[illegible]	[illegible]	[illegible]	[illegible]	[illegible]	[illegible]	6
55	[illegible]	[illegible]	[illegible]	[illegible]	[illegible]	[illegible]	[illegible]	[illegible]	[illegible]	[illegible]	[illegible]	[illegible]	5
56	[illegible]	[illegible]	[illegible]	[illegible]	[illegible]	[illegible]	[illegible]	[illegible]	[illegible]	[illegible]	[illegible]	[illegible]	4
57	[illegible]	[illegible]	[illegible]	[illegible]	[illegible]	[illegible]	[illegible]	[illegible]	[illegible]	[illegible]	[illegible]	[illegible]	3
58	[illegible]	[illegible]	[illegible]	[illegible]	[illegible]	[illegible]	[illegible]	[illegible]	[illegible]	[illegible]	[illegible]	[illegible]	2
59	[illegible]	[illegible]	[illegible]	[illegible]	[illegible]	[illegible]	[illegible]	[illegible]	[illegible]	[illegible]	[illegible]	[illegible]	1
60	[illegible]	[illegible]	[illegible]	[illegible]	[illegible]	[illegible]	[illegible]	[illegible]	[illegible]	[illegible]	[illegible]	[illegible]	0
″	47′	46′	45′	44′	43′	42′	41′	40′	39′	38′	37′	36′	″

″	12′	13′	14′	15′	16′	17′	18′	19′	20′	21′	22′	23′	″
0	7.5429091	7.5776715	7.6098566	7.6398801	7.6678492	7.6941786	7.7190016	7.7424841	7.7647610	7.7859508	7.8061547	7.8254604	60
1	7.5435119	7.5782180	7.6103735	7.6403014	7.6683014	7.6946048	7.7194045	7.7428649	7.7651188	7.7862954	7.8064836	7.8257716	59
2	7.5441113	7.5787837	7.6108869	7.6407841	7.6687531	7.6950193	7.7198061	7.7432454	7.7654845	7.7866396	7.8068114	7.8260829	58
3	7.5447149	7.5793318	7.6114049	7.6411654	7.6692044	7.6954541	7.7202107	7.7436255	7.7658454	7.7869836	7.8071407	7.8264036	57
4	7.5453115	7.5798930	7.6119197	7.6417461	7.6696551	7.6958784	7.7206081	7.7440053	7.7662106	7.7873274	7.8074682	7.8267175	56
5	7.5459147	7.5804466	7.6124340	7.6422262	7.6701054	7.6963013	7.7210086	7.7443846	7.7665664	7.7876708	7.8077967	7.8270311	55
6	7.5465133	7.5809993	7.6129477	7.6427059	7.6705551	7.6967238	7.7214088	7.7447640	7.7669171	7.7880140	7.8081144	7.8273446	54
7	7.5471112	7.5815517	7.6134607	7.6431850	7.6710045	7.6971458	7.7218084	7.7451418	7.7672871	7.7883569	7.8084518	7.8276579	53
8	7.5477080	7.5821038	7.6139731	7.6436635	7.6714534	7.6975716	7.7222107	7.7455211	7.7676468	7.7886990	7.8087789	7.8279709	52
9	7.5483042	7.5826540	7.6144853	7.6441416	7.6719018	7.6979918	7.7226066	7.7458994	7.7680081	7.7890410	7.8091059	7.8282837	51
10	7.5488995	7.5832041	7.6149960	7.6446191	7.6723498	7.6984157	7.7230054	7.7462772	7.7683635	7.7893841	7.8094325	7.8285960	50
11	7.5494941	7.5837535	7.6155065	7.6450961	7.6727973	7.6988371	7.7234037	7.7466547	7.7687140	7.7897130	7.8097590	7.8289086	49
12	7.5500878	7.5843018	7.6160164	7.6455724	7.6732443	7.6992580	7.7238016	7.7470319	7.7690815	7.7900067	7.8100851	7.8292207	48
13	7.5506807	7.5848504	7.6165260	7.6460485	7.6736909	7.6996785	7.7241991	7.7474087	7.7694407	7.7904086	7.8104111	7.8295316	47
14	7.5512780	7.5853978	7.6170338	7.6465239	7.6741371	7.7000990	7.7245960	7.7477851	7.7697986	7.7907496	7.8107368	7.8298441	46
15	7.5518640	7.5859441	7.6175415	7.6469986	7.6745827	7.7005169	7.7249931	7.7481614	7.7701568	7.7910905	7.8110621	7.8301557	45
16	7.5524545	7.5864901	7.6180511	7.6474713	7.6750175	7.7009138	7.7253899	7.7485375	7.7705135	7.7914311	7.8113874	7.8304669	44
17	7.5530441	7.5870353	7.6185588	7.6479471	7.6754747	7.7013573	7.7257856	7.7489128	7.7708705	7.7917711	7.8117124	7.8307779	43
18	7.5536331	7.5875799	7.6190647	7.6484104	7.6759170	7.7017759	7.7261811	7.7492880	7.7712274	7.7921112	7.8120371	7.8310887	42
19	7.5542181	7.5881131	7.6195709	7.6488931	7.6763608	7.7021941	7.7265767	7.7496619	7.7715836	7.7924510	7.8123615	7.8313993	41
20	7.5548084	7.5886672	7.6200758	7.6493650	7.6768041	7.7026119	7.7269717	7.7500374	7.7719391	7.7927904	7.8126858	7.8317096	40
21	7.5553949	7.5892096	7.6205809	7.6498317	7.6772471	7.7030293	7.7273663	7.7504117	7.7722950	7.7931296	7.8130098	7.8320197	39
22	7.5559806	7.5897514	7.6210847	7.6503085	7.6776896	7.7034460	7.7277606	7.7507856	7.7726511	7.7934688	7.8133335	7.8323296	38
23	7.5565656	7.5902916	7.6215820	7.6507795	7.6781317	7.7038619	7.7281546	7.7511591	7.7730066	7.7938071	7.8136570	7.8326392	37
24	7.5571497	7.5908311	7.6220911	7.6512497	7.6785733	7.7042791	7.7285481	7.7515312	7.7733614	7.7941455	7.8139802	7.8329487	36
25	7.5577331	7.5913738	7.6225935	7.6517195	7.6790144	7.7046949	7.7289411	7.7519054	7.7737161	7.7944836	7.8143031	7.8332579	35
26	7.5583156	7.5919121	7.6230953	7.6521886	7.6794555	7.7051108	7.7293341	7.7522780	7.7740705	7.7948215	7.8146261	7.8335669	34
27	7.5588974	7.5924506	7.6235965	7.6526575	7.6798959	7.7055253	7.7297263	7.7526504	7.7744246	7.7951590	7.8149486	7.8338757	33
28	7.5594784	7.5929888	7.6240975	7.6531125	7.6803351	7.7059399	7.7301188	7.7530224	7.7747784	7.7954964	7.8152709	7.8341843	32
29	7.5600586	7.5935245	7.6245978	7.6535918	7.6807745	7.7063541	7.7305106	7.7533940	7.7751315	7.7958335	7.8155930	7.8344926	31
30	7.5606380	7.5940681	7.6250967	7.6540606	7.6812113	7.7067679	7.7309021	7.7537653	7.7754845	7.7961704	7.8159148	7.8348007	30
31	7.5612167	7.5945980	7.6255956	7.6545275	7.6816519	7.7071811	7.7312931	7.7541364	7.7758381	7.7965068	7.8162364	7.8351087	29
32	7.5617946	7.5951331	7.6260939	7.6549937	7.6820899	7.7075944	7.7316835	7.7545071	7.7761901	7.7968431	7.8165576	7.8354163	28
33	7.5623718	7.5956677	7.6265915	7.6554595	7.6825275	7.7080070	7.7320741	7.7548776	7.7765431	7.7971791	7.8168786	7.8357238	27
34	7.5629481	7.5962015	7.6270884	7.6559247	7.6829646	7.7084193	7.7324641	7.7552477	7.7768948	7.7975148	7.8171993	7.8360311	26
35	7.5635238	7.5967347	7.6275846	7.6563893	7.6834012	7.7088311	7.7328541	7.7556177	7.7772469	7.7978503	7.8175198	7.8363383	25
36	7.5640986	7.5972673	7.6280801	7.6568533	7.6838376	7.7092426	7.7332438	7.7559869	7.7775985	7.7981853	7.8178400	7.8366449	24
37	7.5646727	7.5977993	7.6285771	7.6573174	7.6842731	7.7096537	7.7336311	7.7563560	7.7779498	7.7985206	7.8181615	7.8369515	23
38	7.5652464	7.5983304	7.6290710	7.6577807	7.6847088	7.7100644	7.7340204	7.7567249	7.7783007	7.7988553	7.8184800	7.8372580	22
39	7.5658186	7.5988611	7.6295664	7.6582435	7.6851435	7.7104746	7.7344091	7.7570931	7.7786514	7.7991898	7.8187996	7.8375641	21
40	7.5663904	7.5993910	7.6300603	7.6587057	7.6855781	7.7108846	7.7347971	7.7574616	7.7790018	7.7995240	7.8191301	7.8378701	20
41	7.5669614	7.5999103	7.6305531	7.6591675	7.6860114	7.7112941	7.7351848	7.7578191	7.7793519	7.7998587	7.8194495	7.8381758	19
42	7.5675318	7.6004490	7.6310461	7.6596287	7.6864460	7.7117031	7.7355720	7.7581971	7.7797017	7.8001916	7.8197581	7.8384814	18
43	7.5681014	7.6009770	7.6315381	7.6600897	7.6868791	7.7121118	7.7359589	7.7585644	7.7800511	7.8005251	7.8200776	7.8387867	17
44	7.5686702	7.6015044	7.6320298	7.6605490	7.6873118	7.7125202	7.7363455	7.7589311	7.7804009	7.8008581	7.8203956	7.8390918	16
45	7.5692383	7.6020311	7.6325208	7.6610091	7.6877444	7.7129281	7.7367317	7.7592980	7.7807495	7.8011912	7.8207131	7.8393968	15
46	7.5698056	7.6025573	7.6330111	7.6614690	7.6881761	7.7133359	7.7371176	7.7596643	7.7810982	7.8015218	7.8210319	7.8397014	14
47	7.5703721	7.6030828	7.6335014	7.6619171	7.6886071	7.7137431	7.7375031	7.7600304	7.7814466	7.8018580	7.8213497	7.8400059	13
48	7.5709381	7.6036079	7.6339905	7.6623186	7.6890380	7.7141500	7.7378881	7.7603961	7.7817946	7.8021884	7.8216667	7.8403101	12
49	7.5715031	7.6041311	7.6344791	7.6628441	7.6894690	7.7145565	7.7382731	7.7607615	7.7821436	7.8025210	7.8219847	7.8406140	11
50	7.5720674	7.6046551	7.6349671	7.6633015	7.6898997	7.7149628	7.7386577	7.7611266	7.7824910	7.8028530	7.8223014	7.8409179	10
51	7.5726309	7.6051781	7.6354545	7.6637581	7.6903295	7.7153687	7.7390418	7.7614915	7.7828375	7.8031834	7.8226187	7.8412112	9
52	7.5731937	7.6057005	7.6359414	7.6642140	7.6907582	7.7157742	7.7394255	7.7618564	7.7831845	7.8035146	7.8229354	7.8415249	8
53	7.5737558	7.6062222	7.6364280	7.6646703	7.6911873	7.7161795	7.7398091	7.7622101	7.7835311	7.8038455	7.8232518	7.8418280	7
54	7.5743171	7.6067435	7.6369135	7.6651163	7.6916163	7.7165831	7.7401924	7.7625840	7.7838770	7.8041701	7.8235680	7.8421350	6
55	7.5748778	7.6072637	7.6374005	7.6655811	7.6920444	7.7169873	7.7405751	7.7629476	7.7842246	7.8045064	7.8238839	7.8424315	5
56	7.5754386	7.6077833	7.6378856	7.6660315	7.6924718	7.7173911	7.7409576	7.7633110	7.7845699	7.8048360	7.8241996	7.8427363	4
57	7.5759970	7.6083101	7.6383700	7.6664809	7.6928990	7.7177945	7.7413397	7.7636739	7.7849155	7.8051661	7.8245150	7.8430387	3
58	7.5765560	7.6088801	7.6388333	7.6669411	7.6933261	7.7181976	7.7417211	7.7640366	7.7852600	7.8054961	7.8248304	7.8433408	2
59	7.5771144	7.6093392	7.6393373	7.6673960	7.6937526	7.7186000	7.7421026	7.7643985	7.7856068	7.8058256	7.8251453	7.8436427	1
60	7.5776715	7.6098566	7.6398801	7.6678492	7.6941786	7.7190016	7.7424841	7.7647610	7.7859508	7.8061547	7.8254604	7.8439444	0
″	47′	46′	45′	44′	43′	42′	41′	40′	39′	38′	37′	36′	″

0 Deg. Sinus.

″	24′	25′	26′	27′	28′	29′	30′	31′	32′	33′	34′	35′	″
0	[illegible]	[illegible]	[illegible]	[illegible]	[illegible]	[illegible]	[illegible]	[illegible]	[illegible]	[illegible]	[illegible]	[illegible]	60
1	[illegible]	[illegible]	[illegible]	[illegible]	[illegible]	[illegible]	[illegible]	[illegible]	[illegible]	[illegible]	[illegible]	[illegible]	59
2	[illegible]	[illegible]	[illegible]	[illegible]	[illegible]	[illegible]	[illegible]	[illegible]	[illegible]	[illegible]	[illegible]	[illegible]	58
3	[illegible]	[illegible]	[illegible]	[illegible]	[illegible]	[illegible]	[illegible]	[illegible]	[illegible]	[illegible]	[illegible]	[illegible]	57
4	[illegible]	[illegible]	[illegible]	[illegible]	[illegible]	[illegible]	[illegible]	[illegible]	[illegible]	[illegible]	[illegible]	[illegible]	56
5	[illegible]	[illegible]	[illegible]	[illegible]	[illegible]	[illegible]	[illegible]	[illegible]	[illegible]	[illegible]	[illegible]	[illegible]	55
6	[illegible]	[illegible]	[illegible]	[illegible]	[illegible]	[illegible]	[illegible]	[illegible]	[illegible]	[illegible]	[illegible]	[illegible]	54
7	[illegible]	[illegible]	[illegible]	[illegible]	[illegible]	[illegible]	[illegible]	[illegible]	[illegible]	[illegible]	[illegible]	[illegible]	53
8	[illegible]	[illegible]	[illegible]	[illegible]	[illegible]	[illegible]	[illegible]	[illegible]	[illegible]	[illegible]	[illegible]	[illegible]	52
9	[illegible]	[illegible]	[illegible]	[illegible]	[illegible]	[illegible]	[illegible]	[illegible]	[illegible]	[illegible]	[illegible]	[illegible]	51
10	[illegible]	[illegible]	[illegible]	[illegible]	[illegible]	[illegible]	[illegible]	[illegible]	[illegible]	[illegible]	[illegible]	[illegible]	50
11	[illegible]	[illegible]	[illegible]	[illegible]	[illegible]	[illegible]	[illegible]	[illegible]	[illegible]	[illegible]	[illegible]	[illegible]	49
12	[illegible]	[illegible]	[illegible]	[illegible]	[illegible]	[illegible]	[illegible]	[illegible]	[illegible]	[illegible]	[illegible]	[illegible]	48
13	[illegible]	[illegible]	[illegible]	[illegible]	[illegible]	[illegible]	[illegible]	[illegible]	[illegible]	[illegible]	[illegible]	[illegible]	47
14	[illegible]	[illegible]	[illegible]	[illegible]	[illegible]	[illegible]	[illegible]	[illegible]	[illegible]	[illegible]	[illegible]	[illegible]	46
15	[illegible]	[illegible]	[illegible]	[illegible]	[illegible]	[illegible]	[illegible]	[illegible]	[illegible]	[illegible]	[illegible]	[illegible]	45
16	[illegible]	[illegible]	[illegible]	[illegible]	[illegible]	[illegible]	[illegible]	[illegible]	[illegible]	[illegible]	[illegible]	[illegible]	44
17	[illegible]	[illegible]	[illegible]	[illegible]	[illegible]	[illegible]	[illegible]	[illegible]	[illegible]	[illegible]	[illegible]	[illegible]	43
18	[illegible]	[illegible]	[illegible]	[illegible]	[illegible]	[illegible]	[illegible]	[illegible]	[illegible]	[illegible]	[illegible]	[illegible]	42
19	[illegible]	[illegible]	[illegible]	[illegible]	[illegible]	[illegible]	[illegible]	[illegible]	[illegible]	[illegible]	[illegible]	[illegible]	41
20	[illegible]	[illegible]	[illegible]	[illegible]	[illegible]	[illegible]	[illegible]	[illegible]	[illegible]	[illegible]	[illegible]	[illegible]	40
21	[illegible]	[illegible]	[illegible]	[illegible]	[illegible]	[illegible]	[illegible]	[illegible]	[illegible]	[illegible]	[illegible]	[illegible]	39
22	[illegible]	[illegible]	[illegible]	[illegible]	[illegible]	[illegible]	[illegible]	[illegible]	[illegible]	[illegible]	[illegible]	[illegible]	38
23	[illegible]	[illegible]	[illegible]	[illegible]	[illegible]	[illegible]	[illegible]	[illegible]	[illegible]	[illegible]	[illegible]	[illegible]	37
24	[illegible]	[illegible]	[illegible]	[illegible]	[illegible]	[illegible]	[illegible]	[illegible]	[illegible]	[illegible]	[illegible]	[illegible]	36
25	[illegible]	[illegible]	[illegible]	[illegible]	[illegible]	[illegible]	[illegible]	[illegible]	[illegible]	[illegible]	[illegible]	[illegible]	35
26	[illegible]	[illegible]	[illegible]	[illegible]	[illegible]	[illegible]	[illegible]	[illegible]	[illegible]	[illegible]	[illegible]	[illegible]	34
27	[illegible]	[illegible]	[illegible]	[illegible]	[illegible]	[illegible]	[illegible]	[illegible]	[illegible]	[illegible]	[illegible]	[illegible]	33
28	[illegible]	[illegible]	[illegible]	[illegible]	[illegible]	[illegible]	[illegible]	[illegible]	[illegible]	[illegible]	[illegible]	[illegible]	32
29	[illegible]	[illegible]	[illegible]	[illegible]	[illegible]	[illegible]	[illegible]	[illegible]	[illegible]	[illegible]	[illegible]	[illegible]	31
30	[illegible]	[illegible]	[illegible]	[illegible]	[illegible]	[illegible]	[illegible]	[illegible]	[illegible]	[illegible]	[illegible]	[illegible]	30
31	[illegible]	[illegible]	[illegible]	[illegible]	[illegible]	[illegible]	[illegible]	[illegible]	[illegible]	[illegible]	[illegible]	[illegible]	29
32	[illegible]	[illegible]	[illegible]	[illegible]	[illegible]	[illegible]	[illegible]	[illegible]	[illegible]	[illegible]	[illegible]	[illegible]	28
33	[illegible]	[illegible]	[illegible]	[illegible]	[illegible]	[illegible]	[illegible]	[illegible]	[illegible]	[illegible]	[illegible]	[illegible]	27
34	[illegible]	[illegible]	[illegible]	[illegible]	[illegible]	[illegible]	[illegible]	[illegible]	[illegible]	[illegible]	[illegible]	[illegible]	26
35	[illegible]	[illegible]	[illegible]	[illegible]	[illegible]	[illegible]	[illegible]	[illegible]	[illegible]	[illegible]	[illegible]	[illegible]	25
36	[illegible]	[illegible]	[illegible]	[illegible]	[illegible]	[illegible]	[illegible]	[illegible]	[illegible]	[illegible]	[illegible]	[illegible]	24
37	[illegible]	[illegible]	[illegible]	[illegible]	[illegible]	[illegible]	[illegible]	[illegible]	[illegible]	[illegible]	[illegible]	[illegible]	23
38	[illegible]	[illegible]	[illegible]	[illegible]	[illegible]	[illegible]	[illegible]	[illegible]	[illegible]	[illegible]	[illegible]	[illegible]	22
39	[illegible]	[illegible]	[illegible]	[illegible]	[illegible]	[illegible]	[illegible]	[illegible]	[illegible]	[illegible]	[illegible]	[illegible]	21
40	[illegible]	[illegible]	[illegible]	[illegible]	[illegible]	[illegible]	[illegible]	[illegible]	[illegible]	[illegible]	[illegible]	[illegible]	20
41	[illegible]	[illegible]	[illegible]	[illegible]	[illegible]	[illegible]	[illegible]	[illegible]	[illegible]	[illegible]	[illegible]	[illegible]	19
42	[illegible]	[illegible]	[illegible]	[illegible]	[illegible]	[illegible]	[illegible]	[illegible]	[illegible]	[illegible]	[illegible]	[illegible]	18
43	[illegible]	[illegible]	[illegible]	[illegible]	[illegible]	[illegible]	[illegible]	[illegible]	[illegible]	[illegible]	[illegible]	[illegible]	17
44	[illegible]	[illegible]	[illegible]	[illegible]	[illegible]	[illegible]	[illegible]	[illegible]	[illegible]	[illegible]	[illegible]	[illegible]	16
45	[illegible]	[illegible]	[illegible]	[illegible]	[illegible]	[illegible]	[illegible]	[illegible]	[illegible]	[illegible]	[illegible]	[illegible]	15
46	[illegible]	[illegible]	[illegible]	[illegible]	[illegible]	[illegible]	[illegible]	[illegible]	[illegible]	[illegible]	[illegible]	[illegible]	14
47	[illegible]	[illegible]	[illegible]	[illegible]	[illegible]	[illegible]	[illegible]	[illegible]	[illegible]	[illegible]	[illegible]	[illegible]	13
48	[illegible]	[illegible]	[illegible]	[illegible]	[illegible]	[illegible]	[illegible]	[illegible]	[illegible]	[illegible]	[illegible]	[illegible]	12
49	[illegible]	[illegible]	[illegible]	[illegible]	[illegible]	[illegible]	[illegible]	[illegible]	[illegible]	[illegible]	[illegible]	[illegible]	11
50	[illegible]	[illegible]	[illegible]	[illegible]	[illegible]	[illegible]	[illegible]	[illegible]	[illegible]	[illegible]	[illegible]	[illegible]	10
51	[illegible]	[illegible]	[illegible]	[illegible]	[illegible]	[illegible]	[illegible]	[illegible]	[illegible]	[illegible]	[illegible]	[illegible]	9
52	[illegible]	[illegible]	[illegible]	[illegible]	[illegible]	[illegible]	[illegible]	[illegible]	[illegible]	[illegible]	[illegible]	[illegible]	8
53	[illegible]	[illegible]	[illegible]	[illegible]	[illegible]	[illegible]	[illegible]	[illegible]	[illegible]	[illegible]	[illegible]	[illegible]	7
54	[illegible]	[illegible]	[illegible]	[illegible]	[illegible]	[illegible]	[illegible]	[illegible]	[illegible]	[illegible]	[illegible]	[illegible]	6
55	[illegible]	[illegible]	[illegible]	[illegible]	[illegible]	[illegible]	[illegible]	[illegible]	[illegible]	[illegible]	[illegible]	[illegible]	5
56	[illegible]	[illegible]	[illegible]	[illegible]	[illegible]	[illegible]	[illegible]	[illegible]	[illegible]	[illegible]	[illegible]	[illegible]	4
57	[illegible]	[illegible]	[illegible]	[illegible]	[illegible]	[illegible]	[illegible]	[illegible]	[illegible]	[illegible]	[illegible]	[illegible]	3
58	[illegible]	[illegible]	[illegible]	[illegible]	[illegible]	[illegible]	[illegible]	[illegible]	[illegible]	[illegible]	[illegible]	[illegible]	2
59	[illegible]	[illegible]	[illegible]	[illegible]	[illegible]	[illegible]	[illegible]	[illegible]	[illegible]	[illegible]	[illegible]	[illegible]	1
60	[illegible]	[illegible]	[illegible]	[illegible]	[illegible]	[illegible]	[illegible]	[illegible]	[illegible]	[illegible]	[illegible]	[illegible]	0
″	35′	34′	33′	32′	31′	30′	29′	28′	27′	26′	25′	24′	″

Co-Sinus 89 Deg.

"	24'	25'	26'	27'	28'	29'	30'	31'	32'	33'	34'	35'	"
0	7.8439444	7.8616738	7.8787077	7.8952098	7.9108938	7.9261134	7.9408584	7.9552956	7.9692086	7.9822515	7.9951198	8.0078096	60
1	[illegible]	[illegible]	[illegible]	[illegible]	[illegible]	[illegible]	[illegible]	[illegible]	[illegible]	[illegible]	[illegible]	[illegible]	59
2	[illegible]	[illegible]	[illegible]	[illegible]	[illegible]	[illegible]	[illegible]	[illegible]	[illegible]	[illegible]	[illegible]	[illegible]	58
3	[illegible]	[illegible]	[illegible]	[illegible]	[illegible]	[illegible]	[illegible]	[illegible]	[illegible]	[illegible]	[illegible]	[illegible]	57
4	[illegible]	[illegible]	[illegible]	[illegible]	[illegible]	[illegible]	[illegible]	[illegible]	[illegible]	[illegible]	[illegible]	[illegible]	56
5	[illegible]	[illegible]	[illegible]	[illegible]	[illegible]	[illegible]	[illegible]	[illegible]	[illegible]	[illegible]	[illegible]	[illegible]	55
6	[illegible]	[illegible]	[illegible]	[illegible]	[illegible]	[illegible]	[illegible]	[illegible]	[illegible]	[illegible]	[illegible]	[illegible]	54
7	[illegible]	[illegible]	[illegible]	[illegible]	[illegible]	[illegible]	[illegible]	[illegible]	[illegible]	[illegible]	[illegible]	[illegible]	53
8	[illegible]	[illegible]	[illegible]	[illegible]	[illegible]	[illegible]	[illegible]	[illegible]	[illegible]	[illegible]	[illegible]	[illegible]	52
9	[illegible]	[illegible]	[illegible]	[illegible]	[illegible]	[illegible]	[illegible]	[illegible]	[illegible]	[illegible]	[illegible]	[illegible]	51
10	[illegible]	[illegible]	[illegible]	[illegible]	[illegible]	[illegible]	[illegible]	[illegible]	[illegible]	[illegible]	[illegible]	[illegible]	50
11	[illegible]	[illegible]	[illegible]	[illegible]	[illegible]	[illegible]	[illegible]	[illegible]	[illegible]	[illegible]	[illegible]	[illegible]	49
12	[illegible]	[illegible]	[illegible]	[illegible]	[illegible]	[illegible]	[illegible]	[illegible]	[illegible]	[illegible]	[illegible]	[illegible]	48
13	[illegible]	[illegible]	[illegible]	[illegible]	[illegible]	[illegible]	[illegible]	[illegible]	[illegible]	[illegible]	[illegible]	[illegible]	47
14	[illegible]	[illegible]	[illegible]	[illegible]	[illegible]	[illegible]	[illegible]	[illegible]	[illegible]	[illegible]	[illegible]	[illegible]	46
15	[illegible]	[illegible]	[illegible]	[illegible]	[illegible]	[illegible]	[illegible]	[illegible]	[illegible]	[illegible]	[illegible]	[illegible]	45
16	[illegible]	[illegible]	[illegible]	[illegible]	[illegible]	[illegible]	[illegible]	[illegible]	[illegible]	[illegible]	[illegible]	[illegible]	44
17	[illegible]	[illegible]	[illegible]	[illegible]	[illegible]	[illegible]	[illegible]	[illegible]	[illegible]	[illegible]	[illegible]	[illegible]	43
18	[illegible]	[illegible]	[illegible]	[illegible]	[illegible]	[illegible]	[illegible]	[illegible]	[illegible]	[illegible]	[illegible]	[illegible]	42
19	[illegible]	[illegible]	[illegible]	[illegible]	[illegible]	[illegible]	[illegible]	[illegible]	[illegible]	[illegible]	[illegible]	[illegible]	41
20	[illegible]	[illegible]	[illegible]	[illegible]	[illegible]	[illegible]	[illegible]	[illegible]	[illegible]	[illegible]	[illegible]	[illegible]	40
21	[illegible]	[illegible]	[illegible]	[illegible]	[illegible]	[illegible]	[illegible]	[illegible]	[illegible]	[illegible]	[illegible]	[illegible]	39
22	[illegible]	[illegible]	[illegible]	[illegible]	[illegible]	[illegible]	[illegible]	[illegible]	[illegible]	[illegible]	[illegible]	[illegible]	38
23	[illegible]	[illegible]	[illegible]	[illegible]	[illegible]	[illegible]	[illegible]	[illegible]	[illegible]	[illegible]	[illegible]	[illegible]	37
24	[illegible]	[illegible]	[illegible]	[illegible]	[illegible]	[illegible]	[illegible]	[illegible]	[illegible]	[illegible]	[illegible]	[illegible]	36
25	[illegible]	[illegible]	[illegible]	[illegible]	[illegible]	[illegible]	[illegible]	[illegible]	[illegible]	[illegible]	[illegible]	[illegible]	35
26	[illegible]	[illegible]	[illegible]	[illegible]	[illegible]	[illegible]	[illegible]	[illegible]	[illegible]	[illegible]	[illegible]	[illegible]	34
27	[illegible]	[illegible]	[illegible]	[illegible]	[illegible]	[illegible]	[illegible]	[illegible]	[illegible]	[illegible]	[illegible]	[illegible]	33
28	[illegible]	[illegible]	[illegible]	[illegible]	[illegible]	[illegible]	[illegible]	[illegible]	[illegible]	[illegible]	[illegible]	[illegible]	32
29	[illegible]	[illegible]	[illegible]	[illegible]	[illegible]	[illegible]	[illegible]	[illegible]	[illegible]	[illegible]	[illegible]	[illegible]	31
30	[illegible]	[illegible]	[illegible]	[illegible]	[illegible]	[illegible]	[illegible]	[illegible]	[illegible]	[illegible]	[illegible]	[illegible]	30
31	[illegible]	[illegible]	[illegible]	[illegible]	[illegible]	[illegible]	[illegible]	[illegible]	[illegible]	[illegible]	[illegible]	[illegible]	29
32	[illegible]	[illegible]	[illegible]	[illegible]	[illegible]	[illegible]	[illegible]	[illegible]	[illegible]	[illegible]	[illegible]	[illegible]	28
33	[illegible]	[illegible]	[illegible]	[illegible]	[illegible]	[illegible]	[illegible]	[illegible]	[illegible]	[illegible]	[illegible]	[illegible]	27
34	[illegible]	[illegible]	[illegible]	[illegible]	[illegible]	[illegible]	[illegible]	[illegible]	[illegible]	[illegible]	[illegible]	[illegible]	26
35	[illegible]	[illegible]	[illegible]	[illegible]	[illegible]	[illegible]	[illegible]	[illegible]	[illegible]	[illegible]	[illegible]	[illegible]	25
36	[illegible]	[illegible]	[illegible]	[illegible]	[illegible]	[illegible]	[illegible]	[illegible]	[illegible]	[illegible]	[illegible]	[illegible]	24
37	[illegible]	[illegible]	[illegible]	[illegible]	[illegible]	[illegible]	[illegible]	[illegible]	[illegible]	[illegible]	[illegible]	[illegible]	23
38	[illegible]	[illegible]	[illegible]	[illegible]	[illegible]	[illegible]	[illegible]	[illegible]	[illegible]	[illegible]	[illegible]	[illegible]	22
39	[illegible]	[illegible]	[illegible]	[illegible]	[illegible]	[illegible]	[illegible]	[illegible]	[illegible]	[illegible]	[illegible]	[illegible]	21
40	[illegible]	[illegible]	[illegible]	[illegible]	[illegible]	[illegible]	[illegible]	[illegible]	[illegible]	[illegible]	[illegible]	[illegible]	20
41	[illegible]	[illegible]	[illegible]	[illegible]	[illegible]	[illegible]	[illegible]	[illegible]	[illegible]	[illegible]	[illegible]	[illegible]	19
42	[illegible]	[illegible]	[illegible]	[illegible]	[illegible]	[illegible]	[illegible]	[illegible]	[illegible]	[illegible]	[illegible]	[illegible]	18
43	[illegible]	[illegible]	[illegible]	[illegible]	[illegible]	[illegible]	[illegible]	[illegible]	[illegible]	[illegible]	[illegible]	[illegible]	17
44	[illegible]	[illegible]	[illegible]	[illegible]	[illegible]	[illegible]	[illegible]	[illegible]	[illegible]	[illegible]	[illegible]	[illegible]	16
45	[illegible]	[illegible]	[illegible]	[illegible]	[illegible]	[illegible]	[illegible]	[illegible]	[illegible]	[illegible]	[illegible]	[illegible]	15
46	[illegible]	[illegible]	[illegible]	[illegible]	[illegible]	[illegible]	[illegible]	[illegible]	[illegible]	[illegible]	[illegible]	[illegible]	14
47	[illegible]	[illegible]	[illegible]	[illegible]	[illegible]	[illegible]	[illegible]	[illegible]	[illegible]	[illegible]	[illegible]	[illegible]	13
48	[illegible]	[illegible]	[illegible]	[illegible]	[illegible]	[illegible]	[illegible]	[illegible]	[illegible]	[illegible]	[illegible]	[illegible]	12
49	[illegible]	[illegible]	[illegible]	[illegible]	[illegible]	[illegible]	[illegible]	[illegible]	[illegible]	[illegible]	[illegible]	[illegible]	11
50	[illegible]	[illegible]	[illegible]	[illegible]	[illegible]	[illegible]	[illegible]	[illegible]	[illegible]	[illegible]	[illegible]	[illegible]	10
51	[illegible]	[illegible]	[illegible]	[illegible]	[illegible]	[illegible]	[illegible]	[illegible]	[illegible]	[illegible]	[illegible]	[illegible]	9
52	[illegible]	[illegible]	[illegible]	[illegible]	[illegible]	[illegible]	[illegible]	[illegible]	[illegible]	[illegible]	[illegible]	[illegible]	8
53	[illegible]	[illegible]	[illegible]	[illegible]	[illegible]	[illegible]	[illegible]	[illegible]	[illegible]	[illegible]	[illegible]	[illegible]	7
54	[illegible]	[illegible]	[illegible]	[illegible]	[illegible]	[illegible]	[illegible]	[illegible]	[illegible]	[illegible]	[illegible]	[illegible]	6
55	[illegible]	[illegible]	[illegible]	[illegible]	[illegible]	[illegible]	[illegible]	[illegible]	[illegible]	[illegible]	[illegible]	[illegible]	5
56	[illegible]	[illegible]	[illegible]	[illegible]	[illegible]	[illegible]	[illegible]	[illegible]	[illegible]	[illegible]	[illegible]	[illegible]	4
57	[illegible]	[illegible]	[illegible]	[illegible]	[illegible]	[illegible]	[illegible]	[illegible]	[illegible]	[illegible]	[illegible]	[illegible]	3
58	[illegible]	[illegible]	[illegible]	[illegible]	[illegible]	[illegible]	[illegible]	[illegible]	[illegible]	[illegible]	[illegible]	[illegible]	2
59	[illegible]	[illegible]	[illegible]	[illegible]	[illegible]	[illegible]	[illegible]	[illegible]	[illegible]	[illegible]	[illegible]	[illegible]	1
60	[illegible]	[illegible]	[illegible]	[illegible]	[illegible]	[illegible]	[illegible]	[illegible]	[illegible]	[illegible]	[illegible]	[illegible]	0
"	35'	34'	33'	32'	31'	30'	29'	28'	27'	26'	25'	24'	"

0 Deg. Sinus.

"	36′	37′	38′	39′	40′	41′	42′	43′	44′	45′	46′	47′	"
0	[illegible]	[illegible]	[illegible]	[illegible]	[illegible]	[illegible]	[illegible]	[illegible]	[illegible]	[illegible]	[illegible]	[illegible]	60
1	[illegible]	[illegible]	[illegible]	[illegible]	[illegible]	[illegible]	[illegible]	[illegible]	[illegible]	[illegible]	[illegible]	[illegible]	59
2	[illegible]	[illegible]	[illegible]	[illegible]	[illegible]	[illegible]	[illegible]	[illegible]	[illegible]	[illegible]	[illegible]	[illegible]	58
3	[illegible]	[illegible]	[illegible]	[illegible]	[illegible]	[illegible]	[illegible]	[illegible]	[illegible]	[illegible]	[illegible]	[illegible]	57
4	[illegible]	[illegible]	[illegible]	[illegible]	[illegible]	[illegible]	[illegible]	[illegible]	[illegible]	[illegible]	[illegible]	[illegible]	56
5	[illegible]	[illegible]	[illegible]	[illegible]	[illegible]	[illegible]	[illegible]	[illegible]	[illegible]	[illegible]	[illegible]	[illegible]	55
6	[illegible]	[illegible]	[illegible]	[illegible]	[illegible]	[illegible]	[illegible]	[illegible]	[illegible]	[illegible]	[illegible]	[illegible]	54
7	[illegible]	[illegible]	[illegible]	[illegible]	[illegible]	[illegible]	[illegible]	[illegible]	[illegible]	[illegible]	[illegible]	[illegible]	53
8	[illegible]	[illegible]	[illegible]	[illegible]	[illegible]	[illegible]	[illegible]	[illegible]	[illegible]	[illegible]	[illegible]	[illegible]	52
9	[illegible]	[illegible]	[illegible]	[illegible]	[illegible]	[illegible]	[illegible]	[illegible]	[illegible]	[illegible]	[illegible]	[illegible]	51
10	[illegible]	[illegible]	[illegible]	[illegible]	[illegible]	[illegible]	[illegible]	[illegible]	[illegible]	[illegible]	[illegible]	[illegible]	50
11	[illegible]	[illegible]	[illegible]	[illegible]	[illegible]	[illegible]	[illegible]	[illegible]	[illegible]	[illegible]	[illegible]	[illegible]	49
12	[illegible]	[illegible]	[illegible]	[illegible]	[illegible]	[illegible]	[illegible]	[illegible]	[illegible]	[illegible]	[illegible]	[illegible]	48
13	[illegible]	[illegible]	[illegible]	[illegible]	[illegible]	[illegible]	[illegible]	[illegible]	[illegible]	[illegible]	[illegible]	[illegible]	47
14	[illegible]	[illegible]	[illegible]	[illegible]	[illegible]	[illegible]	[illegible]	[illegible]	[illegible]	[illegible]	[illegible]	[illegible]	46
15	[illegible]	[illegible]	[illegible]	[illegible]	[illegible]	[illegible]	[illegible]	[illegible]	[illegible]	[illegible]	[illegible]	[illegible]	45
16	[illegible]	[illegible]	[illegible]	[illegible]	[illegible]	[illegible]	[illegible]	[illegible]	[illegible]	[illegible]	[illegible]	[illegible]	44
17	[illegible]	[illegible]	[illegible]	[illegible]	[illegible]	[illegible]	[illegible]	[illegible]	[illegible]	[illegible]	[illegible]	[illegible]	43
18	[illegible]	[illegible]	[illegible]	[illegible]	[illegible]	[illegible]	[illegible]	[illegible]	[illegible]	[illegible]	[illegible]	[illegible]	42
19	[illegible]	[illegible]	[illegible]	[illegible]	[illegible]	[illegible]	[illegible]	[illegible]	[illegible]	[illegible]	[illegible]	[illegible]	41
20	[illegible]	[illegible]	[illegible]	[illegible]	[illegible]	[illegible]	[illegible]	[illegible]	[illegible]	[illegible]	[illegible]	[illegible]	40
21	[illegible]	[illegible]	[illegible]	[illegible]	[illegible]	[illegible]	[illegible]	[illegible]	[illegible]	[illegible]	[illegible]	[illegible]	39
22	[illegible]	[illegible]	[illegible]	[illegible]	[illegible]	[illegible]	[illegible]	[illegible]	[illegible]	[illegible]	[illegible]	[illegible]	38
23	[illegible]	[illegible]	[illegible]	[illegible]	[illegible]	[illegible]	[illegible]	[illegible]	[illegible]	[illegible]	[illegible]	[illegible]	37
24	[illegible]	[illegible]	[illegible]	[illegible]	[illegible]	[illegible]	[illegible]	[illegible]	[illegible]	[illegible]	[illegible]	[illegible]	36
25	[illegible]	[illegible]	[illegible]	[illegible]	[illegible]	[illegible]	[illegible]	[illegible]	[illegible]	[illegible]	[illegible]	[illegible]	35
26	[illegible]	[illegible]	[illegible]	[illegible]	[illegible]	[illegible]	[illegible]	[illegible]	[illegible]	[illegible]	[illegible]	[illegible]	34
27	[illegible]	[illegible]	[illegible]	[illegible]	[illegible]	[illegible]	[illegible]	[illegible]	[illegible]	[illegible]	[illegible]	[illegible]	33
28	[illegible]	[illegible]	[illegible]	[illegible]	[illegible]	[illegible]	[illegible]	[illegible]	[illegible]	[illegible]	[illegible]	[illegible]	32
29	[illegible]	[illegible]	[illegible]	[illegible]	[illegible]	[illegible]	[illegible]	[illegible]	[illegible]	[illegible]	[illegible]	[illegible]	31
30	[illegible]	[illegible]	[illegible]	[illegible]	[illegible]	[illegible]	[illegible]	[illegible]	[illegible]	[illegible]	[illegible]	[illegible]	30
31	[illegible]	[illegible]	[illegible]	[illegible]	[illegible]	[illegible]	[illegible]	[illegible]	[illegible]	[illegible]	[illegible]	[illegible]	29
32	[illegible]	[illegible]	[illegible]	[illegible]	[illegible]	[illegible]	[illegible]	[illegible]	[illegible]	[illegible]	[illegible]	[illegible]	28
33	[illegible]	[illegible]	[illegible]	[illegible]	[illegible]	[illegible]	[illegible]	[illegible]	[illegible]	[illegible]	[illegible]	[illegible]	27
34	[illegible]	[illegible]	[illegible]	[illegible]	[illegible]	[illegible]	[illegible]	[illegible]	[illegible]	[illegible]	[illegible]	[illegible]	26
35	[illegible]	[illegible]	[illegible]	[illegible]	[illegible]	[illegible]	[illegible]	[illegible]	[illegible]	[illegible]	[illegible]	[illegible]	25
36	[illegible]	[illegible]	[illegible]	[illegible]	[illegible]	[illegible]	[illegible]	[illegible]	[illegible]	[illegible]	[illegible]	[illegible]	24
37	[illegible]	[illegible]	[illegible]	[illegible]	[illegible]	[illegible]	[illegible]	[illegible]	[illegible]	[illegible]	[illegible]	[illegible]	23
38	[illegible]	[illegible]	[illegible]	[illegible]	[illegible]	[illegible]	[illegible]	[illegible]	[illegible]	[illegible]	[illegible]	[illegible]	22
39	[illegible]	[illegible]	[illegible]	[illegible]	[illegible]	[illegible]	[illegible]	[illegible]	[illegible]	[illegible]	[illegible]	[illegible]	21
40	[illegible]	[illegible]	[illegible]	[illegible]	[illegible]	[illegible]	[illegible]	[illegible]	[illegible]	[illegible]	[illegible]	[illegible]	20
41	[illegible]	[illegible]	[illegible]	[illegible]	[illegible]	[illegible]	[illegible]	[illegible]	[illegible]	[illegible]	[illegible]	[illegible]	19
42	[illegible]	[illegible]	[illegible]	[illegible]	[illegible]	[illegible]	[illegible]	[illegible]	[illegible]	[illegible]	[illegible]	[illegible]	18
43	[illegible]	[illegible]	[illegible]	[illegible]	[illegible]	[illegible]	[illegible]	[illegible]	[illegible]	[illegible]	[illegible]	[illegible]	17
44	[illegible]	[illegible]	[illegible]	[illegible]	[illegible]	[illegible]	[illegible]	[illegible]	[illegible]	[illegible]	[illegible]	[illegible]	16
45	[illegible]	[illegible]	[illegible]	[illegible]	[illegible]	[illegible]	[illegible]	[illegible]	[illegible]	[illegible]	[illegible]	[illegible]	15
46	[illegible]	[illegible]	[illegible]	[illegible]	[illegible]	[illegible]	[illegible]	[illegible]	[illegible]	[illegible]	[illegible]	[illegible]	14
47	[illegible]	[illegible]	[illegible]	[illegible]	[illegible]	[illegible]	[illegible]	[illegible]	[illegible]	[illegible]	[illegible]	[illegible]	13
48	[illegible]	[illegible]	[illegible]	[illegible]	[illegible]	[illegible]	[illegible]	[illegible]	[illegible]	[illegible]	[illegible]	[illegible]	12
49	[illegible]	[illegible]	[illegible]	[illegible]	[illegible]	[illegible]	[illegible]	[illegible]	[illegible]	[illegible]	[illegible]	[illegible]	11
50	[illegible]	[illegible]	[illegible]	[illegible]	[illegible]	[illegible]	[illegible]	[illegible]	[illegible]	[illegible]	[illegible]	[illegible]	10
51	[illegible]	[illegible]	[illegible]	[illegible]	[illegible]	[illegible]	[illegible]	[illegible]	[illegible]	[illegible]	[illegible]	[illegible]	9
52	[illegible]	[illegible]	[illegible]	[illegible]	[illegible]	[illegible]	[illegible]	[illegible]	[illegible]	[illegible]	[illegible]	[illegible]	8
53	[illegible]	[illegible]	[illegible]	[illegible]	[illegible]	[illegible]	[illegible]	[illegible]	[illegible]	[illegible]	[illegible]	[illegible]	7
54	[illegible]	[illegible]	[illegible]	[illegible]	[illegible]	[illegible]	[illegible]	[illegible]	[illegible]	[illegible]	[illegible]	[illegible]	6
55	[illegible]	[illegible]	[illegible]	[illegible]	[illegible]	[illegible]	[illegible]	[illegible]	[illegible]	[illegible]	[illegible]	[illegible]	5
56	[illegible]	[illegible]	[illegible]	[illegible]	[illegible]	[illegible]	[illegible]	[illegible]	[illegible]	[illegible]	[illegible]	[illegible]	4
57	[illegible]	[illegible]	[illegible]	[illegible]	[illegible]	[illegible]	[illegible]	[illegible]	[illegible]	[illegible]	[illegible]	[illegible]	3
58	[illegible]	[illegible]	[illegible]	[illegible]	[illegible]	[illegible]	[illegible]	[illegible]	[illegible]	[illegible]	[illegible]	[illegible]	2
59	[illegible]	[illegible]	[illegible]	[illegible]	[illegible]	[illegible]	[illegible]	[illegible]	[illegible]	[illegible]	[illegible]	[illegible]	1
60	[illegible]	[illegible]	[illegible]	[illegible]	[illegible]	[illegible]	[illegible]	[illegible]	[illegible]	[illegible]	[illegible]	[illegible]	0
"	23′	22′	21′	20′	19′	18′	17′	16′	15′	14′	13′	12′	"

Co-Sinus. 89 Deg.

″	36′	37′	38′	39′	40′	41′	42′	43′	44′	45′	46′	47′	″
0	[illegible]	[illegible]	[illegible]	[illegible]	[illegible]	[illegible]	[illegible]	[illegible]	[illegible]	[illegible]	[illegible]	[illegible]	60
1	[illegible]	[illegible]	[illegible]	[illegible]	[illegible]	[illegible]	[illegible]	[illegible]	[illegible]	[illegible]	[illegible]	[illegible]	59
2	[illegible]	[illegible]	[illegible]	[illegible]	[illegible]	[illegible]	[illegible]	[illegible]	[illegible]	[illegible]	[illegible]	[illegible]	58
3	[illegible]	[illegible]	[illegible]	[illegible]	[illegible]	[illegible]	[illegible]	[illegible]	[illegible]	[illegible]	[illegible]	[illegible]	57
4	[illegible]	[illegible]	[illegible]	[illegible]	[illegible]	[illegible]	[illegible]	[illegible]	[illegible]	[illegible]	[illegible]	[illegible]	56
5	[illegible]	[illegible]	[illegible]	[illegible]	[illegible]	[illegible]	[illegible]	[illegible]	[illegible]	[illegible]	[illegible]	[illegible]	55
6	[illegible]	[illegible]	[illegible]	[illegible]	[illegible]	[illegible]	[illegible]	[illegible]	[illegible]	[illegible]	[illegible]	[illegible]	54
7	[illegible]	[illegible]	[illegible]	[illegible]	[illegible]	[illegible]	[illegible]	[illegible]	[illegible]	[illegible]	[illegible]	[illegible]	53
8	[illegible]	[illegible]	[illegible]	[illegible]	[illegible]	[illegible]	[illegible]	[illegible]	[illegible]	[illegible]	[illegible]	[illegible]	52
9	[illegible]	[illegible]	[illegible]	[illegible]	[illegible]	[illegible]	[illegible]	[illegible]	[illegible]	[illegible]	[illegible]	[illegible]	51
10	[illegible]	[illegible]	[illegible]	[illegible]	[illegible]	[illegible]	[illegible]	[illegible]	[illegible]	[illegible]	[illegible]	[illegible]	50
11	[illegible]	[illegible]	[illegible]	[illegible]	[illegible]	[illegible]	[illegible]	[illegible]	[illegible]	[illegible]	[illegible]	[illegible]	49
12	[illegible]	[illegible]	[illegible]	[illegible]	[illegible]	[illegible]	[illegible]	[illegible]	[illegible]	[illegible]	[illegible]	[illegible]	48
13	[illegible]	[illegible]	[illegible]	[illegible]	[illegible]	[illegible]	[illegible]	[illegible]	[illegible]	[illegible]	[illegible]	[illegible]	47
14	[illegible]	[illegible]	[illegible]	[illegible]	[illegible]	[illegible]	[illegible]	[illegible]	[illegible]	[illegible]	[illegible]	[illegible]	46
15	[illegible]	[illegible]	[illegible]	[illegible]	[illegible]	[illegible]	[illegible]	[illegible]	[illegible]	[illegible]	[illegible]	[illegible]	45
16	[illegible]	[illegible]	[illegible]	[illegible]	[illegible]	[illegible]	[illegible]	[illegible]	[illegible]	[illegible]	[illegible]	[illegible]	44
17	[illegible]	[illegible]	[illegible]	[illegible]	[illegible]	[illegible]	[illegible]	[illegible]	[illegible]	[illegible]	[illegible]	[illegible]	43
18	[illegible]	[illegible]	[illegible]	[illegible]	[illegible]	[illegible]	[illegible]	[illegible]	[illegible]	[illegible]	[illegible]	[illegible]	42
19	[illegible]	[illegible]	[illegible]	[illegible]	[illegible]	[illegible]	[illegible]	[illegible]	[illegible]	[illegible]	[illegible]	[illegible]	41
20	[illegible]	[illegible]	[illegible]	[illegible]	[illegible]	[illegible]	[illegible]	[illegible]	[illegible]	[illegible]	[illegible]	[illegible]	40
21	[illegible]	[illegible]	[illegible]	[illegible]	[illegible]	[illegible]	[illegible]	[illegible]	[illegible]	[illegible]	[illegible]	[illegible]	39
22	[illegible]	[illegible]	[illegible]	[illegible]	[illegible]	[illegible]	[illegible]	[illegible]	[illegible]	[illegible]	[illegible]	[illegible]	38
23	[illegible]	[illegible]	[illegible]	[illegible]	[illegible]	[illegible]	[illegible]	[illegible]	[illegible]	[illegible]	[illegible]	[illegible]	37
24	[illegible]	[illegible]	[illegible]	[illegible]	[illegible]	[illegible]	[illegible]	[illegible]	[illegible]	[illegible]	[illegible]	[illegible]	36
25	[illegible]	[illegible]	[illegible]	[illegible]	[illegible]	[illegible]	[illegible]	[illegible]	[illegible]	[illegible]	[illegible]	[illegible]	35
26	[illegible]	[illegible]	[illegible]	[illegible]	[illegible]	[illegible]	[illegible]	[illegible]	[illegible]	[illegible]	[illegible]	[illegible]	34
27	[illegible]	[illegible]	[illegible]	[illegible]	[illegible]	[illegible]	[illegible]	[illegible]	[illegible]	[illegible]	[illegible]	[illegible]	33
28	[illegible]	[illegible]	[illegible]	[illegible]	[illegible]	[illegible]	[illegible]	[illegible]	[illegible]	[illegible]	[illegible]	[illegible]	32
29	[illegible]	[illegible]	[illegible]	[illegible]	[illegible]	[illegible]	[illegible]	[illegible]	[illegible]	[illegible]	[illegible]	[illegible]	31
30	[illegible]	[illegible]	[illegible]	[illegible]	[illegible]	[illegible]	[illegible]	[illegible]	[illegible]	[illegible]	[illegible]	[illegible]	30
31	[illegible]	[illegible]	[illegible]	[illegible]	[illegible]	[illegible]	[illegible]	[illegible]	[illegible]	[illegible]	[illegible]	[illegible]	29
32	[illegible]	[illegible]	[illegible]	[illegible]	[illegible]	[illegible]	[illegible]	[illegible]	[illegible]	[illegible]	[illegible]	[illegible]	28
33	[illegible]	[illegible]	[illegible]	[illegible]	[illegible]	[illegible]	[illegible]	[illegible]	[illegible]	[illegible]	[illegible]	[illegible]	27
34	[illegible]	[illegible]	[illegible]	[illegible]	[illegible]	[illegible]	[illegible]	[illegible]	[illegible]	[illegible]	[illegible]	[illegible]	26
35	[illegible]	[illegible]	[illegible]	[illegible]	[illegible]	[illegible]	[illegible]	[illegible]	[illegible]	[illegible]	[illegible]	[illegible]	25
36	[illegible]	[illegible]	[illegible]	[illegible]	[illegible]	[illegible]	[illegible]	[illegible]	[illegible]	[illegible]	[illegible]	[illegible]	24
37	[illegible]	[illegible]	[illegible]	[illegible]	[illegible]	[illegible]	[illegible]	[illegible]	[illegible]	[illegible]	[illegible]	[illegible]	23
38	[illegible]	[illegible]	[illegible]	[illegible]	[illegible]	[illegible]	[illegible]	[illegible]	[illegible]	[illegible]	[illegible]	[illegible]	22
39	[illegible]	[illegible]	[illegible]	[illegible]	[illegible]	[illegible]	[illegible]	[illegible]	[illegible]	[illegible]	[illegible]	[illegible]	21
40	[illegible]	[illegible]	[illegible]	[illegible]	[illegible]	[illegible]	[illegible]	[illegible]	[illegible]	[illegible]	[illegible]	[illegible]	20
41	[illegible]	[illegible]	[illegible]	[illegible]	[illegible]	[illegible]	[illegible]	[illegible]	[illegible]	[illegible]	[illegible]	[illegible]	19
42	[illegible]	[illegible]	[illegible]	[illegible]	[illegible]	[illegible]	[illegible]	[illegible]	[illegible]	[illegible]	[illegible]	[illegible]	18
43	[illegible]	[illegible]	[illegible]	[illegible]	[illegible]	[illegible]	[illegible]	[illegible]	[illegible]	[illegible]	[illegible]	[illegible]	17
44	[illegible]	[illegible]	[illegible]	[illegible]	[illegible]	[illegible]	[illegible]	[illegible]	[illegible]	[illegible]	[illegible]	[illegible]	16
45	[illegible]	[illegible]	[illegible]	[illegible]	[illegible]	[illegible]	[illegible]	[illegible]	[illegible]	[illegible]	[illegible]	[illegible]	15
46	[illegible]	[illegible]	[illegible]	[illegible]	[illegible]	[illegible]	[illegible]	[illegible]	[illegible]	[illegible]	[illegible]	[illegible]	14
47	[illegible]	[illegible]	[illegible]	[illegible]	[illegible]	[illegible]	[illegible]	[illegible]	[illegible]	[illegible]	[illegible]	[illegible]	13
48	[illegible]	[illegible]	[illegible]	[illegible]	[illegible]	[illegible]	[illegible]	[illegible]	[illegible]	[illegible]	[illegible]	[illegible]	12
49	[illegible]	[illegible]	[illegible]	[illegible]	[illegible]	[illegible]	[illegible]	[illegible]	[illegible]	[illegible]	[illegible]	[illegible]	11
50	[illegible]	[illegible]	[illegible]	[illegible]	[illegible]	[illegible]	[illegible]	[illegible]	[illegible]	[illegible]	[illegible]	[illegible]	10
51	[illegible]	[illegible]	[illegible]	[illegible]	[illegible]	[illegible]	[illegible]	[illegible]	[illegible]	[illegible]	[illegible]	[illegible]	9
52	[illegible]	[illegible]	[illegible]	[illegible]	[illegible]	[illegible]	[illegible]	[illegible]	[illegible]	[illegible]	[illegible]	[illegible]	8
53	[illegible]	[illegible]	[illegible]	[illegible]	[illegible]	[illegible]	[illegible]	[illegible]	[illegible]	[illegible]	[illegible]	[illegible]	7
54	[illegible]	[illegible]	[illegible]	[illegible]	[illegible]	[illegible]	[illegible]	[illegible]	[illegible]	[illegible]	[illegible]	[illegible]	6
55	[illegible]	[illegible]	[illegible]	[illegible]	[illegible]	[illegible]	[illegible]	[illegible]	[illegible]	[illegible]	[illegible]	[illegible]	5
56	[illegible]	[illegible]	[illegible]	[illegible]	[illegible]	[illegible]	[illegible]	[illegible]	[illegible]	[illegible]	[illegible]	[illegible]	4
57	[illegible]	[illegible]	[illegible]	[illegible]	[illegible]	[illegible]	[illegible]	[illegible]	[illegible]	[illegible]	[illegible]	[illegible]	3
58	[illegible]	[illegible]	[illegible]	[illegible]	[illegible]	[illegible]	[illegible]	[illegible]	[illegible]	[illegible]	[illegible]	[illegible]	2
59	[illegible]	[illegible]	[illegible]	[illegible]	[illegible]	[illegible]	[illegible]	[illegible]	[illegible]	[illegible]	[illegible]	[illegible]	1
60	[illegible]	[illegible]	[illegible]	[illegible]	[illegible]	[illegible]	[illegible]	[illegible]	[illegible]	[illegible]	[illegible]	[illegible]	0
″	23′	22′	21′	20′	19′	18′	17′	16′	15′	14′	13′	12′	″

0 Deg. Sinus.

″	48′	49′	50′	51′	52′	53′	54′	55′	56′	57′	58′	59′	″
0	8.1449531	8.1539079	8.1626808	8.1712804	8.1797129	8.1879849	8.1961010	8.2040703	8.2118949	8.2195811	8.2271335	8.2345568	60
1	8.1451042	8.1540554	8.1628455	8.1714441	8.1798341	8.1881211	8.1962346	8.2042019	8.2120241	8.2197080	8.2272581	8.2346793	59
2	8.1452547	8.1542016	8.1629702	8.1715641	8.1799912	8.1882578	8.1963700	8.2043334	8.2121533	8.2198349	8.2273830	8.2348021	58
3	8.1454054	8.1543304	8.1631149	8.1717050	8.1801304	8.1883941	8.1965039	8.2044649	8.2122825	8.2199618	8.2275077	8.2349247	57
4	8.1455560	8.1544979	8.1632590	8.1718477	8.1802609	8.1885307	8.1966378	8.2045965	8.2124116	8.2200887	8.2276324	8.2350474	56
5	8.1457063	8.1546454	8.1634040	8.1719804	8.1804083	8.1886670	8.1967717	8.2047277	8.2125407	8.2202155	8.2277570	8.2351699	55
6	8.1458571	8.1547921	8.1635489	8.1721310	8.1805472	8.1888034	8.1969055	8.2048591	8.2126697	8.2203421	8.2278816	8.2352924	54
7	8.1460075	8.1549402	8.1636929	8.1722726	8.1806861	8.1889397	8.1970391	8.2049900	8.2127987	8.2204689	8.2280061	8.2354147	53
8	8.1461579	8.1550870	8.1638375	8.1724142	8.1808250	8.1890759	8.1971729	8.2051211	8.2129277	8.2205957	8.2281306	8.2355372	52
9	8.1463082	8.1552341	8.1639817	8.1725557	8.1809631	8.1892121	8.1973066	8.2052521	8.2130566	8.2207221	8.2282551	8.2356594	51
10	8.1464585	8.1553811	8.1641259	8.1726972	8.1811021	8.1893481	8.1974402	8.2053831	8.2131854	8.2208489	8.2283796	8.2357816	50
11	8.1466087	8.1555280	8.1642701	8.1728385	8.1812410	8.1894843	8.1975737	8.2055141	8.2133142	8.2209756	8.2285040	8.2359041	49
12	8.1467588	8.1556748	8.1644141	8.1729800	8.1813799	8.1896204	8.1977074	8.2056450	8.2134431	8.2211021	8.2286283	8.2360264	48
13	8.1469091	8.1558233	8.1645586	8.1731212	8.1815186	8.1897564	8.1978408	8.2057757	8.2135719	8.2212286	8.2287527	8.2361486	47
14	8.1470591	8.1559705	8.1647021	8.1732627	8.1816571	8.1898924	8.1979744	8.2059067	8.2137006	8.2213551	8.2288770	8.2362708	46
15	8.1472091	8.1561175	8.1648465	8.1734039	8.1817957	8.1900284	8.1981078	8.2060397	8.2138291	8.2214815	8.2290012	8.2363930	45
16	8.1473591	8.1562643	8.1649907	8.1735451	8.1819341	8.1901644	8.1982412	8.2061707	8.2139579	8.2216079	8.2291255	8.2365151	44
17	8.1475091	8.1564113	8.1651347	8.1736860	8.1820726	8.1903001	8.1983746	8.2063016	8.2140866	8.2217343	8.2292497	8.2366372	43
18	8.1476590	8.1565583	8.1652786	8.1738274	8.1822111	8.1904359	8.1985079	8.2064325	8.2142151	8.2218606	8.2293739	8.2367593	42
19	8.1478088	8.1567049	8.1654224	8.1739684	8.1823490	8.1905717	8.1986412	8.2065634	8.2143436	8.2219869	8.2294980	8.2368813	41
20	8.1479586	8.1568517	8.1655663	8.1741094	8.1824877	8.1907074	8.1987744	8.2066940	8.2144721	8.2221132	8.2296221	8.2370033	40
21	8.1481084	8.1569984	8.1657101	8.1742504	8.1826260	8.1908431	8.1989077	8.2068313	8.2146006	8.2222394	8.2297461	8.2371253	39
22	8.1482579	8.1571450	8.1658537	8.1743913	8.1827643	8.1909787	8.1990407	8.2069557	8.2147290	8.2223656	8.2298701	8.2372473	38
23	8.1484076	8.1572916	8.1659975	8.1745322	8.1829014	8.1911144	8.1991737	8.2070860	8.2148574	8.2224917	8.2299941	8.2373691	37
24	8.1485571	8.1574381	8.1661411	8.1746731	8.1830406	8.1912499	8.1993069	8.2072171	8.2149857	8.2226178	8.2301181	8.2374910	36
25	8.1487066	8.1575846	8.1662847	8.1748131	8.1831787	8.1913854	8.1994399	8.2073477	8.2151140	8.2227439	8.2302420	8.2376128	35
26	8.1488561	8.1577310	8.1664282	8.1749546	8.1833167	8.1915209	8.1995728	8.2074783	8.2152423	8.2228699	8.2303659	8.2377346	34
27	8.1490055	8.1578774	8.1665717	8.1750953	8.1834547	8.1916563	8.1997058	8.2076089	8.2153705	8.2229959	8.2304897	8.2378564	33
28	8.1491549	8.1580238	8.1667151	8.1752359	8.1835927	8.1917917	8.1998387	8.2077394	8.2154987	8.2231218	8.2306135	8.2379781	32
29	8.1493042	8.1581701	8.1668584	8.1753766	8.1837307	8.1919271	8.1999716	8.2078699	8.2156268	8.2232477	8.2307373	8.2380997	31
30	8.1494535	8.1583164	8.1670017	8.1755171	8.1838684	8.1920624	8.2001044	8.2080003	8.2157549	8.2233737	8.2308610	8.2382214	30
31	8.1496028	8.1584625	8.1671450	8.1756576	8.1840062	8.1921976	8.2002374	8.2081306	8.2158830	8.2234995	8.2309847	8.2383430	29
32	8.1497519	8.1586087	8.1672883	8.1757981	8.1841440	8.1923329	8.2003702	8.2082611	8.2160111	8.2236254	8.2311084	8.2384646	28
33	8.1499009	8.1587547	8.1674316	8.1759385	8.1842816	8.1924680	8.2005026	8.2083914	8.2161391	8.2237511	8.2312320	8.2385860	27
34	8.1500500	8.1589008	8.1675747	8.1760789	8.1844192	8.1926031	8.2006353	8.2085216	8.2162671	8.2238769	8.2313556	8.2387077	26
35	8.1501990	8.1590468	8.1677179	8.1762192	8.1845597	8.1927383	8.2007679	8.2086519	8.2163950	8.2240026	8.2314792	8.2388291	25
36	8.1503479	8.1591927	8.1678610	8.1763595	8.1846942	8.1928733	8.2009005	8.2087811	8.2165229	8.2241283	8.2316028	8.2389506	24
37	8.1504968	8.1593386	8.1680040	8.1764997	8.1848315	8.1930083	8.2010331	8.2089121	8.2166508	8.2242539	8.2317263	8.2390720	23
38	8.1506457	8.1594845	8.1681470	8.1766400	8.1849690	8.1931433	8.2011656	8.2090422	8.2167787	8.2243795	8.2318498	8.2391934	22
39	8.1507945	8.1596303	8.1682899	8.1767801	8.1851063	8.1932782	8.2012981	8.2091723	8.2169065	8.2245051	8.2319731	8.2393147	21
40	8.1509431	8.1597760	8.1684327	8.1769201	8.1852450	8.1934131	8.2014305	8.2093024	8.2170343	8.2246306	8.2320966	8.2394361	20
41	8.1510918	8.1599217	8.1685757	8.1770601	8.1853808	8.1935479	8.2015630	8.2094324	8.2171618	8.2247561	8.2322199	8.2395574	19
42	8.1512406	8.1600674	8.1687186	8.1772001	8.1855197	8.1936827	8.2016953	8.2095624	8.2172895	8.2248815	8.2323432	8.2396786	18
43	8.1513891	8.1602131	8.1688611	8.1773401	8.1856570	8.1938175	8.2018276	8.2096923	8.2174171	8.2250070	8.2324665	8.2397999	17
44	8.1515377	8.1603586	8.1690031	8.1774801	8.1857941	8.1939522	8.2019597	8.2098221	8.2175447	8.2251323	8.2325898	8.2399210	16
45	8.1516863	8.1605042	8.1691464	8.1776101	8.1859311	8.1940869	8.2020919	8.2099520	8.2176723	8.2252577	8.2327130	8.2400422	15
46	8.1518346	8.1606499	8.1692890	8.1777599	8.1860681	8.1942215	8.2022242	8.2100818	8.2177998	8.2253830	8.2328362	8.2401633	14
47	8.1519830	8.1607954	8.1694315	8.1778997	8.1862051	8.1943561	8.2023561	8.2102115	8.2179273	8.2255082	8.2329593	8.2402844	13
48	8.1521313	8.1609409	8.1695740	8.1780395	8.1863420	8.1944907	8.2024881	8.2103412	8.2180547	8.2256335	8.2330824	8.2404054	12
49	8.1522796	8.1610863	8.1697165	8.1781791	8.1864880	8.1946253	8.2026203	8.2104709	8.2181821	8.2257587	8.2332055	8.2405264	11
50	8.1524279	8.1612301	8.1698589	8.1783187	8.1866170	8.1947598	8.2027522	8.2106005	8.2183095	8.2258839	8.2333286	8.2406474	10
51	8.1525761	8.1613761	8.1700011	8.1784584	8.1867540	8.1948941	8.2028841	8.2107301	8.2184368	8.2260090	8.2334516	8.2407683	9
52	8.1527244	8.1615215	8.1701435	8.1785980	8.1868907	8.1950284	8.2030160	8.2108597	8.2185641	8.2261341	8.2335746	8.2408892	8
53	8.1528724	8.1616669	8.1702858	8.1787375	8.1870276	8.1951628	8.2031478	8.2109892	8.2186913	8.2262592	8.2336975	8.2410101	7
54	8.1530201	8.1618111	8.1704280	8.1788770	8.1871646	8.1952971	8.2032795	8.2111187	8.2188185	8.2263842	8.2338204	8.2411310	6
55	8.1531681	8.1619564	8.1705702	8.1790164	8.1873012	8.1954314	8.2034112	8.2112482	8.2189457	8.2265092	8.2339433	8.2412518	5
56	8.1533161	8.1621014	8.1707123	8.1791558	8.1874379	8.1955656	8.2035430	8.2113777	8.2190729	8.2266341	8.2340662	8.2413726	4
57	8.1534641	8.1622467	8.1708544	8.1792951	8.1875749	8.1956997	8.2036745	8.2115070	8.2192000	8.2267590	8.2341890	8.2414933	3
58	8.1536120	8.1623918	8.1709966	8.1794344	8.1877116	8.1958339	8.2038070	8.2116364	8.2193270	8.2268839	8.2343118	8.2416140	2
59	8.1537599	8.1625369	8.1711386	8.1795737	8.1878482	8.1959680	8.2039387	8.2117657	8.2194541	8.2270087	8.2344345	8.2417347	1
60	8.1539079	8.1626808	8.1712806	8.1797129	8.1879849	8.1961010	8.2040703	8.2118949	8.2195811	8.2271335	8.2345568	8.2418553	0
″	11′	10′	9′	8′	7′	6′	5′	4′	3′	2′	1′	0′	″

Co-Sinus. 89 Deg.

″	48′	49′	50′	51′	52′	53′	54′	55′	56′	57′	58′	59′	″
0	8.1449956	8.1539516	8.1627167	8.1713288	8.1797626	8.1880364	8.1961556	8.2041239	8.2119526	8.2196406	8.2271951	8.2346208	60
1	8.1451464	8.1540991	8.1628719	8.1714707	8.1799018	8.1881730	8.1962896	8.2042575	8.2120818	8.2197678	8.2273201	8.2347435	59
2	8.1452971	8.1542470	8.1630161	8.1716112	8.1800409	8.1883095	8.1964236	8.2043892	8.2122110	8.2198947	8.2274447	8.2348661	58
3	8.1454478	8.1543946	8.1631603	8.1717531	8.1801800	8.1884460	8.1965576	8.2045210	8.2123400	8.2200218	8.2275692	8.2349887	57
4	8.1455984	8.1545422	8.1633045	8.1718956	8.1803190	8.1885824	8.1966915	8.2046528	8.2124692	8.2201489	8.2276947	8.2351113	56
5	8.1457490	8.1546897	8.1634501	8.1720377	8.1804581	8.1887188	8.1968254	8.2047845	8.2125983	8.2202754	8.2278190	8.2352339	55
6	8.1458995	8.1548371	8.1635928	8.1721797	8.1805971	8.1888551	8.1969592	8.2049161	8.2127273	8.2204020	8.2279431	8.2353564	54
7	8.1460500	8.1549845	8.1637390	8.1723207	8.1807360	8.1889915	8.1970931	8.2050463	8.2128566	8.2205285	8.2280683	8.2354789	53
8	8.1462004	8.1551319	8.1638832	8.1724614	8.1808749	8.1891278	8.1972269	8.2051770	8.2129855	8.2206557	8.2281927	8.2356013	52
9	8.1463508	8.1552792	8.1640273	8.1726031	8.1810137	8.1892640	8.1973606	8.2053106	8.2131146	8.2207814	8.2283171	8.2357237	51
10	8.1465011	8.1554265	8.1641714	8.1727449	8.1811526	8.1894002	8.1974941	8.2054401	8.2132434	8.2209079	8.2284417	8.2358461	50
11	8.1466514	8.1555737	8.1643156	8.1728866	8.1812913	8.1895363	8.1976278	8.2055714	8.2133723	8.2210356	8.2285660	8.2359684	49
12	8.1468016	8.1557209	8.1644597	8.1730281	8.1814302	8.1896724	8.1977614	8.2057011	8.2135011	8.2211611	8.2286901	8.2360907	48
13	8.1469518	8.1558680	8.1646037	8.1731696	8.1815687	8.1898085	8.1978749	8.2058337	8.2136301	8.2212868	8.2288194	8.2362130	47
14	8.1471019	8.1560151	8.1647477	8.1733110	8.1817073	8.1899445	8.1980284	8.2059647	8.2137587	8.2214153	8.2289390	8.2363353	46
15	8.1472520	8.1561621	8.1648917	8.1734523	8.1818459	8.1900805	8.1981619	8.2060955	8.2138874	8.2215341	8.2290630	8.2364575	45
16	8.1474020	8.1563090	8.1650378	8.1735936	8.1819844	8.1902165	8.1982953	8.2061860	8.2140161	8.2216661	8.2291871	8.2365796	44
17	8.1475519	8.1564559	8.1651811	8.1737348	8.1821229	8.1903524	8.1984287	8.2063577	8.2141447	8.2217924	8.2293181	8.2367018	43
18	8.1477018	8.1566027	8.1653231	8.1738759	8.1822614	8.1904883	8.1985621	8.2064887	8.2142733	8.2219210	8.2294361	8.2368239	42
19	8.1478517	8.1567496	8.1654690	8.1740169	8.1823997	8.1906243	8.1986954	8.2066196	8.2144019	8.2220471	8.2295604	8.2369460	41
20	8.1480015	8.1568964	8.1656111	8.1741579	8.1825381	8.1907600	8.1988287	8.2067505	8.2145304	8.2221736	8.2296846	8.2370680	40
21	8.1481512	8.1570431	8.1657548	8.1742989	8.1826764	8.1908954	8.1989619	8.2068813	8.2146589	8.2222990	8.2298087	8.2371900	39
22	8.1483009	8.1571897	8.1659004	8.1744398	8.1828146	8.1910311	8.1990951	8.2070120	8.2147874	8.2224216	8.2299327	8.2373120	38
23	8.1484506	8.1573363	8.1660441	8.1745807	8.1829528	8.1911667	8.1992283	8.2071428	8.2149159	8.2225498	8.2300568	8.2374339	37
24	8.1486002	8.1574830	8.1661876	8.1747216	8.1830910	8.1913028	8.1993615	8.2072735	8.2150443	8.2226748	8.2301808	8.2375559	36
25	8.1487497	8.1576294	8.1663314	8.1748614	8.1832291	8.1914379	8.1994946	8.2074401	8.2151725	8.2228049	8.2303040	8.2376776	35
26	8.1488992	8.1577759	8.1664727	8.1750031	8.1833672	8.1915731	8.1996173	8.2075340	8.2153006	8.2229309	8.2304416	8.2377995	34
27	8.1490487	8.1579224	8.1666181	8.1751437	8.1835053	8.1917081	8.1997600	8.2076805	8.2154091	8.2230560	8.2305345	8.2379215	33
28	8.1491981	8.1580687	8.1667619	8.1752846	8.1836433	8.1918441	8.1998601	8.2077959	8.2155537	8.2231826	8.2306706	8.2380430	32
29	8.1493474	8.1582150	8.1669034	8.1754253	8.1837812	8.1919796	8.2000101	8.2079160	8.2156863	8.2233083	8.2308701	8.2381649	31
30	8.1494967	8.1583615	8.1670487	8.1755653	8.1839191	8.1921139	8.2001590	8.2080505	8.2158137	8.2234149	8.2309335	8.2382869	30
31	8.1496459	8.1585070	8.1671941	8.1757065	8.1840571	8.1922503	8.2002901	8.2081837	8.2159418	8.2235604	8.2310476	8.2384087	29
32	8.1497951	8.1586537	8.1673335	8.1758469	8.1841949	8.1923859	8.2004246	8.2083170	8.2160699	8.2236861	8.2311171	8.2385197	28
33	8.1499443	8.1587999	8.1674788	8.1759873	8.1843327	8.1925210	8.2005557	8.2084440	8.2161974	8.2238114	8.2312495	8.2386317	27
34	8.1500933	8.1589459	8.1676211	8.1761275	8.1844704	8.1926559	8.2006900	8.2085370	8.2163253	8.2239317	8.2314180	8.2387826	26
35	8.1502424	8.1590921	8.1677636	8.1762678	8.1846081	8.1927911	8.2008211	8.2087020	8.2164531	8.2240131	8.2315483	8.2389045	25
36	8.1503913	8.1592382	8.1679068	8.1764081	8.1847458	8.1929261	8.2009553	8.2088136	8.2165811	8.2241684	8.2316651	8.2390159	24
37	8.1505402	8.1593839	8.1680510	8.1765483	8.1848833	8.1930611	8.2010879	8.2089692	8.2167097	8.2243114	8.2317896	8.2391377	23
38	8.1506891	8.1595297	8.1681940	8.1766885	8.1850109	8.1931961	8.2012204	8.2090999	8.2168737	8.2244460	8.2319114	8.2392596	22
39	8.1508380	8.1596756	8.1683370	8.1768291	8.1851584	8.1933311	8.2013530	8.2092291	8.2169605	8.2245601	8.2320571	8.2393801	21
40	8.1509867	8.1598211	8.1684799	8.1769690	8.1852959	8.1934660	8.2014853	8.2093590	8.2170931	8.2246917	8.2321597	8.2395010	20
41	8.1511355	8.1599671	8.1686221	8.1771094	8.1854334	8.1936009	8.2016177	8.2094891	8.2172206	8.2248171	8.2322811	8.2396211	19
42	8.1512841	8.1601137	8.1687662	8.1772486	8.1855707	8.1937357	8.2017501	8.2096191	8.2173468	8.2249427	8.2324060	8.2397441	18
43	8.1514328	8.1602594	8.1689093	8.1773885	8.1857080	8.1938705	8.2018826	8.2097749	8.2174768	8.2250688	8.2325197	8.2398641	17
44	8.1515813	8.1604050	8.1690510	8.1775284	8.1858453	8.1940053	8.2020147	8.2098702	8.2176031	8.2251936	8.2326531	8.2399806	16
45	8.1517297	8.1605495	8.1691937	8.1776682	8.1859825	8.1941400	8.2021470	8.2100091	8.2177314	8.2253190	8.2327701	8.2401071	15
46	8.1518781	8.1606959	8.1693136	8.1778091	8.1861199	8.1942746	8.2022790	8.2101118	8.2178101	8.2254445	8.2328099	8.2402181	14
47	8.1520260	8.1608420	8.1694784	8.1779480	8.1862571	8.1944091	8.2024113	8.2102487	8.2179866	8.2255090	8.2330517	8.2403500	13
48	8.1521751	8.1609845	8.1696211	8.1780885	8.1863941	8.1945419	8.2025431	8.2103985	8.2181140	8.2256949	8.2331491	8.2404711	12
49	8.1523234	8.1611312	8.1697631	8.1782186	8.1865311	8.1946784	8.2026756	8.2105285	8.2182414	8.2258201	8.2332689	8.2405920	11
50	8.1524717	8.1612769	8.1699060	8.1783683	8.1866681	8.1948129	8.2028070	8.2106570	8.2183688	8.2259452	8.2333940	8.2407190	10
51	8.1526199	8.1614217	8.1700487	8.1785071	8.1868051	8.1949471	8.2029390	8.2107875	8.2184961	8.2260705	8.2335150	8.2408344	9
52	8.1527681	8.1615660	8.1701911	8.1786471	8.1869421	8.1950816	8.2030707	8.2109171	8.2186135	8.2261956	8.2336384	8.2409551	8
53	8.1529161	8.1617121	8.1703311	8.1787870	8.1870791	8.1952161	8.2032023	8.2110467	8.2187507	8.2263207	8.2337610	8.2410700	7
54	8.1530641	8.1618578	8.1704750	8.1789161	8.1872161	8.1953505	8.2033335	8.2111763	8.2188780	8.2264457	8.2338819	8.2411969	6
55	8.1532121	8.1620021	8.1706170	8.1790656	8.1873530	8.1954848	8.2034672	8.2113055	8.2190051	8.2265706	8.2340061	8.2413177	5
56	8.1533600	8.1621478	8.1707600	8.1791904	8.1874807	8.1956190	8.2035990	8.2114351	8.2191324	8.2266957	8.2341197	8.2414385	4
57	8.1535081	8.1622918	8.1709010	8.1793447	8.1876086	8.1957531	8.2037308	8.2115645	8.2192597	8.2268207	8.2342553	8.2415591	3
58	8.1536560	8.1624371	8.1710448	8.1794841	8.1877631	8.1958874	8.2038621	8.2116935	8.2193867	8.2269456	8.2343751	8.2416801	2
59	8.1538030	8.1625819	8.1711860	8.1796233	8.1878992	8.1960211	8.2039941	8.2118231	8.2195137	8.2270706	8.2344960	8.2418008	1
60	8.1539516	8.1627167	8.1713288	8.1797626	8.1880364	8.1961556	8.2041239	8.2119526	8.2196406	8.2271951	8.2346208	8.2419215	0
″	11′	10′	9′	8′	7′	6′	5′	4′	3′	2′	1′	0′	″

"	0'	1'	2'	3'	4'	5'	6'	7'	8'	9'	10'	11'	"
0	8.2418553	8.2490332	8.2560943	8.2630424	8.2698810	8.2766136	8.2832434	8.2897734	8.2962067	8.3025460	8.3087941	8.3149536	60
1	8.2419759	8.2491518	8.2562110	8.2631572	[illegible]	8.2767249	[illegible]	[illegible]	[illegible]	[illegible]	[illegible]	[illegible]	59
2	8.2420965	8.2492704	8.2563277	8.2632721	8.2701071	8.2768362	[illegible]	[illegible]	[illegible]	[illegible]	[illegible]	[illegible]	58
3	8.2422170	[illegible]	8.2564445	[illegible]	8.2701201	8.2769475	[illegible]	[illegible]	[illegible]	[illegible]	[illegible]	[illegible]	57
4	8.2423376	8.2495075	8.2565600	8.2634016	[illegible]	8.2770587	[illegible]	[illegible]	[illegible]	[illegible]	[illegible]	[illegible]	56
5	[illegible]	[illegible]	[illegible]	8.2635016	8.2704401	8.2771700	[illegible]	[illegible]	[illegible]	[illegible]	[illegible]	[illegible]	55
6	8.2425789	8.2497445	8.2567941	[illegible]	[illegible]	[illegible]	[illegible]	[illegible]	[illegible]	[illegible]	[illegible]	[illegible]	54
7	[illegible]	[illegible]	8.2569106	[illegible]	[illegible]	[illegible]	[illegible]	[illegible]	[illegible]	[illegible]	[illegible]	[illegible]	53
8	[illegible]	[illegible]	8.2570171	[illegible]	[illegible]	8.2775503	[illegible]	[illegible]	[illegible]	[illegible]	[illegible]	[illegible]	52
9	[illegible]	[illegible]	8.2571437	[illegible]	[illegible]	[illegible]	[illegible]	[illegible]	[illegible]	[illegible]	[illegible]	[illegible]	51
10	[illegible]	[illegible]	[illegible]	[illegible]	[illegible]	[illegible]	[illegible]	[illegible]	[illegible]	[illegible]	[illegible]	[illegible]	50
11	[illegible]	[illegible]	[illegible]	[illegible]	[illegible]	[illegible]	[illegible]	[illegible]	[illegible]	[illegible]	[illegible]	[illegible]	49
12	[illegible]	[illegible]	[illegible]	[illegible]	[illegible]	[illegible]	[illegible]	[illegible]	[illegible]	[illegible]	[illegible]	[illegible]	48
13	[illegible]	[illegible]	[illegible]	[illegible]	[illegible]	[illegible]	[illegible]	[illegible]	[illegible]	[illegible]	[illegible]	[illegible]	47
14	[illegible]	[illegible]	[illegible]	[illegible]	[illegible]	[illegible]	[illegible]	[illegible]	[illegible]	[illegible]	[illegible]	[illegible]	46
15	[illegible]	[illegible]	[illegible]	[illegible]	[illegible]	[illegible]	[illegible]	[illegible]	[illegible]	[illegible]	[illegible]	[illegible]	45
16	[illegible]	[illegible]	[illegible]	[illegible]	[illegible]	[illegible]	[illegible]	[illegible]	[illegible]	[illegible]	[illegible]	[illegible]	44
17	[illegible]	[illegible]	[illegible]	[illegible]	[illegible]	[illegible]	[illegible]	[illegible]	[illegible]	[illegible]	[illegible]	[illegible]	43
18	[illegible]	[illegible]	[illegible]	[illegible]	[illegible]	[illegible]	[illegible]	[illegible]	[illegible]	[illegible]	[illegible]	[illegible]	42
19	[illegible]	[illegible]	[illegible]	[illegible]	[illegible]	[illegible]	[illegible]	[illegible]	[illegible]	[illegible]	[illegible]	[illegible]	41
20	[illegible]	[illegible]	[illegible]	[illegible]	[illegible]	[illegible]	[illegible]	[illegible]	[illegible]	[illegible]	[illegible]	[illegible]	40
21	[illegible]	[illegible]	[illegible]	[illegible]	[illegible]	[illegible]	[illegible]	[illegible]	[illegible]	[illegible]	[illegible]	[illegible]	39
22	[illegible]	[illegible]	[illegible]	[illegible]	[illegible]	[illegible]	[illegible]	[illegible]	[illegible]	[illegible]	[illegible]	[illegible]	38
23	[illegible]	[illegible]	[illegible]	[illegible]	[illegible]	[illegible]	[illegible]	[illegible]	[illegible]	[illegible]	[illegible]	[illegible]	37
24	[illegible]	[illegible]	[illegible]	[illegible]	[illegible]	[illegible]	[illegible]	[illegible]	[illegible]	[illegible]	[illegible]	[illegible]	36
25	[illegible]	[illegible]	[illegible]	[illegible]	[illegible]	[illegible]	[illegible]	[illegible]	[illegible]	[illegible]	[illegible]	[illegible]	35
26	[illegible]	[illegible]	[illegible]	[illegible]	[illegible]	[illegible]	[illegible]	[illegible]	[illegible]	[illegible]	[illegible]	[illegible]	34
27	[illegible]	[illegible]	[illegible]	[illegible]	[illegible]	[illegible]	[illegible]	[illegible]	[illegible]	[illegible]	[illegible]	[illegible]	33
28	[illegible]	[illegible]	[illegible]	[illegible]	[illegible]	[illegible]	[illegible]	[illegible]	[illegible]	[illegible]	[illegible]	[illegible]	32
29	[illegible]	[illegible]	[illegible]	[illegible]	[illegible]	[illegible]	[illegible]	[illegible]	[illegible]	[illegible]	[illegible]	[illegible]	31
30	[illegible]	[illegible]	[illegible]	[illegible]	[illegible]	[illegible]	[illegible]	[illegible]	[illegible]	[illegible]	[illegible]	[illegible]	30
31	[illegible]	[illegible]	[illegible]	[illegible]	[illegible]	[illegible]	[illegible]	[illegible]	[illegible]	[illegible]	[illegible]	[illegible]	29
32	[illegible]	[illegible]	[illegible]	[illegible]	[illegible]	[illegible]	[illegible]	[illegible]	[illegible]	[illegible]	[illegible]	[illegible]	28
33	[illegible]	[illegible]	[illegible]	[illegible]	[illegible]	[illegible]	[illegible]	[illegible]	[illegible]	[illegible]	[illegible]	[illegible]	27
34	[illegible]	[illegible]	[illegible]	[illegible]	[illegible]	[illegible]	[illegible]	[illegible]	[illegible]	[illegible]	[illegible]	[illegible]	26
35	[illegible]	[illegible]	[illegible]	[illegible]	[illegible]	[illegible]	[illegible]	[illegible]	[illegible]	[illegible]	[illegible]	[illegible]	25
36	[illegible]	[illegible]	[illegible]	[illegible]	[illegible]	[illegible]	[illegible]	[illegible]	[illegible]	[illegible]	[illegible]	[illegible]	24
37	[illegible]	[illegible]	[illegible]	[illegible]	[illegible]	[illegible]	[illegible]	[illegible]	[illegible]	[illegible]	[illegible]	[illegible]	23
38	[illegible]	[illegible]	[illegible]	[illegible]	[illegible]	[illegible]	[illegible]	[illegible]	[illegible]	[illegible]	[illegible]	[illegible]	22
39	[illegible]	[illegible]	[illegible]	[illegible]	[illegible]	[illegible]	[illegible]	[illegible]	[illegible]	[illegible]	[illegible]	[illegible]	21
40	[illegible]	[illegible]	[illegible]	[illegible]	[illegible]	[illegible]	[illegible]	[illegible]	[illegible]	[illegible]	[illegible]	[illegible]	20
41	[illegible]	[illegible]	[illegible]	[illegible]	[illegible]	[illegible]	[illegible]	[illegible]	[illegible]	[illegible]	[illegible]	[illegible]	19
42	[illegible]	[illegible]	[illegible]	[illegible]	[illegible]	[illegible]	[illegible]	[illegible]	[illegible]	[illegible]	[illegible]	[illegible]	18
43	[illegible]	[illegible]	[illegible]	[illegible]	[illegible]	[illegible]	[illegible]	[illegible]	[illegible]	[illegible]	[illegible]	[illegible]	17
44	[illegible]	[illegible]	[illegible]	[illegible]	[illegible]	[illegible]	[illegible]	[illegible]	[illegible]	[illegible]	[illegible]	[illegible]	16
45	[illegible]	[illegible]	[illegible]	[illegible]	[illegible]	[illegible]	[illegible]	[illegible]	[illegible]	[illegible]	[illegible]	[illegible]	15
46	[illegible]	[illegible]	[illegible]	[illegible]	[illegible]	[illegible]	[illegible]	[illegible]	[illegible]	[illegible]	[illegible]	[illegible]	14
47	[illegible]	[illegible]	[illegible]	[illegible]	[illegible]	[illegible]	[illegible]	[illegible]	[illegible]	[illegible]	[illegible]	[illegible]	13
48	[illegible]	[illegible]	[illegible]	[illegible]	[illegible]	[illegible]	[illegible]	[illegible]	[illegible]	[illegible]	[illegible]	[illegible]	12
49	[illegible]	[illegible]	[illegible]	[illegible]	[illegible]	[illegible]	[illegible]	[illegible]	[illegible]	[illegible]	[illegible]	[illegible]	11
50	[illegible]	[illegible]	[illegible]	[illegible]	[illegible]	[illegible]	[illegible]	[illegible]	[illegible]	[illegible]	[illegible]	[illegible]	10
51	[illegible]	[illegible]	[illegible]	[illegible]	[illegible]	[illegible]	[illegible]	[illegible]	[illegible]	[illegible]	[illegible]	[illegible]	9
52	[illegible]	[illegible]	[illegible]	[illegible]	[illegible]	[illegible]	[illegible]	[illegible]	[illegible]	[illegible]	[illegible]	[illegible]	8
53	[illegible]	[illegible]	[illegible]	[illegible]	[illegible]	[illegible]	[illegible]	[illegible]	[illegible]	[illegible]	[illegible]	[illegible]	7
54	[illegible]	[illegible]	[illegible]	[illegible]	[illegible]	[illegible]	[illegible]	[illegible]	[illegible]	[illegible]	[illegible]	[illegible]	6
55	[illegible]	[illegible]	[illegible]	[illegible]	[illegible]	[illegible]	[illegible]	[illegible]	[illegible]	[illegible]	[illegible]	[illegible]	5
56	[illegible]	[illegible]	[illegible]	[illegible]	[illegible]	[illegible]	[illegible]	[illegible]	[illegible]	[illegible]	[illegible]	[illegible]	4
57	[illegible]	[illegible]	[illegible]	[illegible]	[illegible]	[illegible]	[illegible]	[illegible]	[illegible]	[illegible]	[illegible]	[illegible]	3
58	[illegible]	[illegible]	[illegible]	[illegible]	[illegible]	[illegible]	[illegible]	[illegible]	[illegible]	[illegible]	[illegible]	[illegible]	2
59	[illegible]	[illegible]	[illegible]	[illegible]	[illegible]	[illegible]	[illegible]	[illegible]	[illegible]	[illegible]	[illegible]	[illegible]	1
60	[illegible]	[illegible]	[illegible]	[illegible]	[illegible]	[illegible]	[illegible]	[illegible]	[illegible]	[illegible]	[illegible]	[illegible]	0
"	59'	58'	57'	56'	55'	54'	53'	52'	51'	50'	49'	48'	"

″	0′	1′	2′	3′	4′	5′	6′	7′	8′	9′	10′	11′	″
0	8.2419215	8.2491015	8.2561649	8.2631155	8.2699568	8.2766918	8.2833214	8.2898499	8.2962917	8.3026335	8.3088848	8.3150465	60
1	8.2420412	8.2492108	8.2562817	8.2632301	8.2700692	8.2768028	8.2834331	8.2899644	8.2963981	8.3027389	8.3089876	8.3151481	59
2	8.2421617	8.2493388	8.2563984	8.2633451	8.2701815	8.2769135	8.2835428	8.2900728	8.2965048	8.3028433	8.3090910	8.3152501	58
3	8.2422813	8.2494574	8.2565191	8.2634599	8.2702959	8.2770453	8.2836521	8.2901840	8.2966114	8.3029478	8.3091948	8.3153520	57
4	8.2424403	8.2495760	8.2566311	8.2635747	8.2704083	8.2771369	8.2837620	8.2902887	8.2967174	8.3030521	8.3092977	8.3154537	56
5	8.2425644	8.2496945	8.2567478	8.2636889	8.2705211	8.2772447	8.2838716	8.2903955	8.2968237	8.3031575	8.3094021	8.3155555	55
6	8.2426844	8.2498131	8.2568645	8.2638045	8.2706345	8.2773559	8.2839811	8.2905031	8.2969300	8.3032617	8.3095046	8.3156571	54
7	8.2428063	8.2499311	8.2569815	8.2639191	8.2707474	8.2774708	8.2840904	8.2906111	8.2970361	8.3033674	8.3096076	8.3157594	53
8	8.2429285	8.2500490	8.2570981	8.2640337	8.2708600	8.2775814	8.2842001	8.2907199	8.2971440	8.3034718	8.3097103	8.3158611	52
9	8.2430061	8.2501668	8.2572146	8.2641481	8.2709731	8.2776925	8.2843096	8.2908287	8.2972486	8.3035761	8.3098141	8.3159626	51
10	8.2431186	8.2502856	8.2573310	8.2642630	8.2710856	8.2778030	8.2844190	8.2909351	8.2973551	8.3036815	8.3099127	8.3160644	50
11	8.2432368	8.2504041	8.2574475	8.2643778	8.2711980	8.2779147	8.2845283	8.2910430	8.2974611	8.3037855	8.3100150	8.3161665	49
12	8.2433570	8.2505225	8.2575635	8.2644921	8.2713111	8.2780253	8.2846137	8.2911507	8.2975675	8.3038905	8.3101183	8.3162683	48
13	8.2434778	8.2506417	8.2576880	8.2646067	8.2714244	8.2781361	8.2847471	8.2912584	8.2976731	8.3039955	8.3102216	8.3163697	47
14	8.2435976	8.2507600	8.2577966	8.2647211	8.2715371	8.2782471	8.2848565	8.2913661	8.2977797	8.3041001	8.3103249	8.3164715	46
15	8.2437176	8.2508782	8.2579129	8.2648357	8.2716499	8.2783588	8.2849658	8.2914738	8.2978863	8.3042043	8.3104315	8.3165731	45
16	8.2438347	8.2509964	8.2580292	8.2649501	8.2717629	8.2784697	8.2850751	8.2915815	8.2979929	8.3043092	8.3105316	8.3166749	44
17	8.2439679	8.2511149	8.2581455	8.2650645	8.2718758	8.2785806	8.2851844	8.2916891	8.2980993	8.3044137	8.3106339	8.3167764	43
18	8.2440880	8.2512330	8.2582617	8.2651788	8.2719887	8.2786915	8.2852936	8.2917967	8.2982047	8.3045181	8.3107360	8.3168779	42
19	8.2442080	8.2513507	8.2583779	8.2652931	8.2721007	8.2788023	8.2854027	8.2919043	8.2983103	8.3046225	8.3108380	8.3169793	41
20	8.2443281	8.2514688	8.2584941	8.2654074	8.2722134	8.2789130	8.2855118	8.2920117	8.2984159	8.3047271	8.3109424	8.3170806	40
21	8.2444484	8.2515868	8.2586103	8.2655215	8.2723263	8.2790236	8.2856210	8.2921191	8.2985214	8.3048314	8.3110450	8.3171819	39
22	8.2445681	8.2517046	8.2587263	8.2656361	8.2724377	8.2791341	8.2857301	8.2922260	8.2986187	8.3049359	8.3111451	8.3172833	38
23	8.2446887	8.2518227	8.2588425	8.2657505	8.2725503	8.2792455	8.2858392	8.2923334	8.2987337	8.3050400	8.3112456	8.3173854	37
24	8.2448077	8.2519407	8.2589586	8.2658648	8.2726631	8.2793561	8.2859482	8.2924411	8.2988397	8.3051444	8.3113459	8.3174863	36
25	8.2449276	8.2520587	8.2590744	8.2659789	8.2727759	8.2794676	8.2860574	8.2925491	8.2989459	8.3052484	8.3114683	8.3175875	35
26	8.2450477	8.2521767	8.2591902	8.2660930	8.2728883	8.2795776	8.2861665	8.2926565	8.2990511	8.3053528	8.3115651	8.3176885	34
27	8.2451675	8.2522947	8.2593060	8.2662071	8.2729999	8.2796881	8.2862755	8.2927637	8.2991567	8.3054571	8.3116679	8.3177892	33
28	8.2452869	8.2524127	8.2594219	8.2663211	8.2731133	8.2797980	8.2863841	8.2928711	8.2992617	8.3055617	8.3117707	8.3178900	32
29	8.2454066	8.2525309	8.2595378	8.2664354	8.2732263	8.2799090	8.2864911	8.2929783	8.2993674	8.3056656	8.3118721	8.3179913	31
30	8.2455260	8.2526470	8.2596540	8.2665491	8.2733368	8.2800200	8.2866019	8.2930857	8.2994741	8.3057701	8.3119761	8.3180924	30
31	8.2456460	8.2527651	8.2597690	8.2666631	8.2734490	8.2801303	8.2867105	8.2931929	8.2995797	8.3058747	8.3120781	8.3181936	29
32	8.2457656	8.2528829	8.2598856	8.2667771	8.2735601	8.2802410	8.2868190	8.2933001	8.2996855	8.3059786	8.3121801	8.3182946	28
33	8.2458851	8.2530008	8.2600001	8.2668911	8.2736723	8.2803519	8.2869271	8.2934074	8.2997910	8.3060828	8.3122841	8.3183952	27
34	8.2460047	8.2531188	8.2601171	8.2670051	8.2737854	8.2804619	8.2870372	8.2935145	8.2998963	8.3061866	8.3123867	8.3184957	26
35	8.2461148	8.2532359	8.2602328	8.2671188	8.2738977	8.2805724	8.2871467	8.2936217	8.3000004	8.3062907	8.3124891	8.3185963	25
36	8.2462437	8.2533535	8.2603488	8.2672323	8.2740099	8.2806807	8.2872547	8.2937288	8.3001072	8.3063947	8.3125912	8.3187019	24
37	8.2463634	8.2534720	8.2604641	8.2673460	8.2741221	8.2807930	8.2873613	8.2938359	8.3002134	8.3064984	8.3126944	8.3188031	23
38	8.2464829	8.2535888	8.2605797	8.2674600	8.2742333	8.2809030	8.2874750	8.2939424	8.3003118	8.3066007	8.3127964	8.3189041	22
39	8.2466020	8.2537053	8.2606953	8.2675734	8.2743445	8.2810131	8.2875807	8.2940502	8.3004144	8.3067076	8.3128991	8.3190043	21
40	8.2467218	8.2538213	8.2608110	8.2676867	8.2744557	8.2811231	8.2876844	8.2941570	8.3005190	8.3068110	8.3130014	8.3191048	20
41	8.2468407	8.2539400	8.2609261	8.2678001	8.2745669	8.2812341	8.2877979	8.2942636	8.3006355	8.3069145	8.3131042	8.3192053	19
42	8.2469590	8.2540579	8.2610411	8.2679135	8.2746781	8.2813444	8.2879068	8.2943700	8.3007207	8.3070148	8.3132060	8.3193058	18
43	8.2470790	8.2541753	8.2611575	8.2680270	8.2747903	8.2814545	8.2880150	8.2944775	8.3008446	8.3071182	8.3133091	8.3194059	17
44	8.2471984	8.2542915	8.2612727	8.2681413	8.2749030	8.2815647	8.2881135	8.2945848	8.3009914	8.3072186	8.3134115	8.3195061	16
45	8.2473170	8.2544099	8.2613881	8.2682556	8.2750173	8.2816747	8.2882188	8.2946916	8.3010567	8.3073192	8.3135139	8.3196111	15
46	8.2474364	8.2545274	8.2615031	8.2683694	8.2751289	8.2817847	8.2883340	8.2947985	8.3011680	8.3074337	8.3136161	8.3197110	14
47	8.2475555	8.2546441	8.2616181	8.2684831	8.2752400	8.2818950	8.2884430	8.2949055	8.3012676	8.3075375	8.3137184	8.3198115	13
48	8.2476750	8.2547601	8.2617341	8.2685907	8.2753516	8.2820051	8.2885576	8.2950181	8.3013726	8.3076411	8.3138207	8.3199137	12
49	8.2477946	8.2548787	8.2618497	8.2687101	8.2754641	8.2821151	8.2886630	8.2951180	8.3014778	8.3077448	8.3139231	8.3200149	11
50	8.2479131	8.2549936	8.2619646	8.2688236	8.2755760	8.2822251	8.2887740	8.2952285	8.3015830	8.3078486	8.3140253	8.3201154	10
51	8.2480324	8.2551187	8.2620796	8.2689370	8.2756876	8.2823350	8.2888831	8.2953314	8.3016881	8.3079516	8.3141275	8.3202161	9
52	8.2481510	8.2552207	8.2621995	8.2690503	8.2757991	8.2824450	8.2889920	8.2954391	8.3017931	8.3080553	8.3142297	8.3203164	8
53	8.2482699	8.2553467	8.2623101	8.2691637	8.2759101	8.2825549	8.2891009	8.2955457	8.3018981	8.3081590	8.3143318	8.3204170	7
54	8.2483888	8.2554637	8.2624259	8.2692770	8.2760211	8.2826647	8.2892107	8.2956521	8.3020015	8.3082631	8.3144337	8.3205176	6
55	8.2485077	8.2555806	8.2625416	8.2693901	8.2761322	8.2827746	8.2893195	8.2957590	8.3021046	8.3083666	8.3145356	8.3206190	5
56	8.2486266	8.2556976	8.2626575	8.2695031	8.2762455	8.2828844	8.2894213	8.2958630	8.3022114	8.3084702	8.3146383	8.3207192	4
57	8.2487455	8.2558144	8.2627730	[illegible]	8.2763570	8.2829942	8.2895316	8.2959741	8.3023186	8.3085737	8.3147401	8.3208210	3
58	8.2488641	8.2559311	8.2628884	8.2697300	8.2764681	8.2831040	8.2896397	8.2960781	8.3024131	8.3086775	8.3148422	8.3209211	2
59	8.2489828	8.2560480	8.2630000	8.2698431	8.2765791	8.2832137	8.2897479	8.2961851	8.3025280	8.3087780	8.3149441	8.3210615	1
60	8.2491015	8.2561649	8.2631155	8.2699568	8.2766918	8.2833214	8.2898499	8.2962917	8.3026335	8.3088848	8.3150465	8.3211188	0
″	59′	58′	57′	56′	55′	54′	53′	52′	51′	50′	49′	48′	″

″	12′	13′	14′	15′	16′	17′	18′	19′	20′	21′	22′	23′	″
0	[illegible]	[illegible]	[illegible]	[illegible]	[illegible]	[illegible]	[illegible]	[illegible]	[illegible]	[illegible]	[illegible]	[illegible]	60
1	[illegible]	[illegible]	[illegible]	[illegible]	[illegible]	[illegible]	[illegible]	[illegible]	[illegible]	[illegible]	[illegible]	[illegible]	59
2	[illegible]	[illegible]	[illegible]	[illegible]	[illegible]	[illegible]	[illegible]	[illegible]	[illegible]	[illegible]	[illegible]	[illegible]	58
3	[illegible]	[illegible]	[illegible]	[illegible]	[illegible]	[illegible]	[illegible]	[illegible]	[illegible]	[illegible]	[illegible]	[illegible]	57
4	[illegible]	[illegible]	[illegible]	[illegible]	[illegible]	[illegible]	[illegible]	[illegible]	[illegible]	[illegible]	[illegible]	[illegible]	56
5	[illegible]	[illegible]	[illegible]	[illegible]	[illegible]	[illegible]	[illegible]	[illegible]	[illegible]	[illegible]	[illegible]	[illegible]	55
6	[illegible]	[illegible]	[illegible]	[illegible]	[illegible]	[illegible]	[illegible]	[illegible]	[illegible]	[illegible]	[illegible]	[illegible]	54
7	[illegible]	[illegible]	[illegible]	[illegible]	[illegible]	[illegible]	[illegible]	[illegible]	[illegible]	[illegible]	[illegible]	[illegible]	53
8	[illegible]	[illegible]	[illegible]	[illegible]	[illegible]	[illegible]	[illegible]	[illegible]	[illegible]	[illegible]	[illegible]	[illegible]	52
9	[illegible]	[illegible]	[illegible]	[illegible]	[illegible]	[illegible]	[illegible]	[illegible]	[illegible]	[illegible]	[illegible]	[illegible]	51
10	[illegible]	[illegible]	[illegible]	[illegible]	[illegible]	[illegible]	[illegible]	[illegible]	[illegible]	[illegible]	[illegible]	[illegible]	50
11	[illegible]	[illegible]	[illegible]	[illegible]	[illegible]	[illegible]	[illegible]	[illegible]	[illegible]	[illegible]	[illegible]	[illegible]	49
12	[illegible]	[illegible]	[illegible]	[illegible]	[illegible]	[illegible]	[illegible]	[illegible]	[illegible]	[illegible]	[illegible]	[illegible]	48
13	[illegible]	[illegible]	[illegible]	[illegible]	[illegible]	[illegible]	[illegible]	[illegible]	[illegible]	[illegible]	[illegible]	[illegible]	47
14	[illegible]	[illegible]	[illegible]	[illegible]	[illegible]	[illegible]	[illegible]	[illegible]	[illegible]	[illegible]	[illegible]	[illegible]	46
15	[illegible]	[illegible]	[illegible]	[illegible]	[illegible]	[illegible]	[illegible]	[illegible]	[illegible]	[illegible]	[illegible]	[illegible]	45
16	[illegible]	[illegible]	[illegible]	[illegible]	[illegible]	[illegible]	[illegible]	[illegible]	[illegible]	[illegible]	[illegible]	[illegible]	44
17	[illegible]	[illegible]	[illegible]	[illegible]	[illegible]	[illegible]	[illegible]	[illegible]	[illegible]	[illegible]	[illegible]	[illegible]	43
18	[illegible]	[illegible]	[illegible]	[illegible]	[illegible]	[illegible]	[illegible]	[illegible]	[illegible]	[illegible]	[illegible]	[illegible]	42
19	[illegible]	[illegible]	[illegible]	[illegible]	[illegible]	[illegible]	[illegible]	[illegible]	[illegible]	[illegible]	[illegible]	[illegible]	41
20	[illegible]	[illegible]	[illegible]	[illegible]	[illegible]	[illegible]	[illegible]	[illegible]	[illegible]	[illegible]	[illegible]	[illegible]	40
21	[illegible]	[illegible]	[illegible]	[illegible]	[illegible]	[illegible]	[illegible]	[illegible]	[illegible]	[illegible]	[illegible]	[illegible]	39
22	[illegible]	[illegible]	[illegible]	[illegible]	[illegible]	[illegible]	[illegible]	[illegible]	[illegible]	[illegible]	[illegible]	[illegible]	38
23	[illegible]	[illegible]	[illegible]	[illegible]	[illegible]	[illegible]	[illegible]	[illegible]	[illegible]	[illegible]	[illegible]	[illegible]	37
24	[illegible]	[illegible]	[illegible]	[illegible]	[illegible]	[illegible]	[illegible]	[illegible]	[illegible]	[illegible]	[illegible]	[illegible]	36
25	[illegible]	[illegible]	[illegible]	[illegible]	[illegible]	[illegible]	[illegible]	[illegible]	[illegible]	[illegible]	[illegible]	[illegible]	35
26	[illegible]	[illegible]	[illegible]	[illegible]	[illegible]	[illegible]	[illegible]	[illegible]	[illegible]	[illegible]	[illegible]	[illegible]	34
27	[illegible]	[illegible]	[illegible]	[illegible]	[illegible]	[illegible]	[illegible]	[illegible]	[illegible]	[illegible]	[illegible]	[illegible]	33
28	[illegible]	[illegible]	[illegible]	[illegible]	[illegible]	[illegible]	[illegible]	[illegible]	[illegible]	[illegible]	[illegible]	[illegible]	32
29	[illegible]	[illegible]	[illegible]	[illegible]	[illegible]	[illegible]	[illegible]	[illegible]	[illegible]	[illegible]	[illegible]	[illegible]	31
30	[illegible]	[illegible]	[illegible]	[illegible]	[illegible]	[illegible]	[illegible]	[illegible]	[illegible]	[illegible]	[illegible]	[illegible]	30
31	[illegible]	[illegible]	[illegible]	[illegible]	[illegible]	[illegible]	[illegible]	[illegible]	[illegible]	[illegible]	[illegible]	[illegible]	29
32	[illegible]	[illegible]	[illegible]	[illegible]	[illegible]	[illegible]	[illegible]	[illegible]	[illegible]	[illegible]	[illegible]	[illegible]	28
33	[illegible]	[illegible]	[illegible]	[illegible]	[illegible]	[illegible]	[illegible]	[illegible]	[illegible]	[illegible]	[illegible]	[illegible]	27
34	[illegible]	[illegible]	[illegible]	[illegible]	[illegible]	[illegible]	[illegible]	[illegible]	[illegible]	[illegible]	[illegible]	[illegible]	26
35	[illegible]	[illegible]	[illegible]	[illegible]	[illegible]	[illegible]	[illegible]	[illegible]	[illegible]	[illegible]	[illegible]	[illegible]	25
36	[illegible]	[illegible]	[illegible]	[illegible]	[illegible]	[illegible]	[illegible]	[illegible]	[illegible]	[illegible]	[illegible]	[illegible]	24
37	[illegible]	[illegible]	[illegible]	[illegible]	[illegible]	[illegible]	[illegible]	[illegible]	[illegible]	[illegible]	[illegible]	[illegible]	23
38	[illegible]	[illegible]	[illegible]	[illegible]	[illegible]	[illegible]	[illegible]	[illegible]	[illegible]	[illegible]	[illegible]	[illegible]	22
39	[illegible]	[illegible]	[illegible]	[illegible]	[illegible]	[illegible]	[illegible]	[illegible]	[illegible]	[illegible]	[illegible]	[illegible]	21
40	[illegible]	[illegible]	[illegible]	[illegible]	[illegible]	[illegible]	[illegible]	[illegible]	[illegible]	[illegible]	[illegible]	[illegible]	20
41	[illegible]	[illegible]	[illegible]	[illegible]	[illegible]	[illegible]	[illegible]	[illegible]	[illegible]	[illegible]	[illegible]	[illegible]	19
42	[illegible]	[illegible]	[illegible]	[illegible]	[illegible]	[illegible]	[illegible]	[illegible]	[illegible]	[illegible]	[illegible]	[illegible]	18
43	[illegible]	[illegible]	[illegible]	[illegible]	[illegible]	[illegible]	[illegible]	[illegible]	[illegible]	[illegible]	[illegible]	[illegible]	17
44	[illegible]	[illegible]	[illegible]	[illegible]	[illegible]	[illegible]	[illegible]	[illegible]	[illegible]	[illegible]	[illegible]	[illegible]	16
45	[illegible]	[illegible]	[illegible]	[illegible]	[illegible]	[illegible]	[illegible]	[illegible]	[illegible]	[illegible]	[illegible]	[illegible]	15
46	[illegible]	[illegible]	[illegible]	[illegible]	[illegible]	[illegible]	[illegible]	[illegible]	[illegible]	[illegible]	[illegible]	[illegible]	14
47	[illegible]	[illegible]	[illegible]	[illegible]	[illegible]	[illegible]	[illegible]	[illegible]	[illegible]	[illegible]	[illegible]	[illegible]	13
48	[illegible]	[illegible]	[illegible]	[illegible]	[illegible]	[illegible]	[illegible]	[illegible]	[illegible]	[illegible]	[illegible]	[illegible]	12
49	[illegible]	[illegible]	[illegible]	[illegible]	[illegible]	[illegible]	[illegible]	[illegible]	[illegible]	[illegible]	[illegible]	[illegible]	11
50	[illegible]	[illegible]	[illegible]	[illegible]	[illegible]	[illegible]	[illegible]	[illegible]	[illegible]	[illegible]	[illegible]	[illegible]	10
51	[illegible]	[illegible]	[illegible]	[illegible]	[illegible]	[illegible]	[illegible]	[illegible]	[illegible]	[illegible]	[illegible]	[illegible]	9
52	[illegible]	[illegible]	[illegible]	[illegible]	[illegible]	[illegible]	[illegible]	[illegible]	[illegible]	[illegible]	[illegible]	[illegible]	8
53	[illegible]	[illegible]	[illegible]	[illegible]	[illegible]	[illegible]	[illegible]	[illegible]	[illegible]	[illegible]	[illegible]	[illegible]	7
54	[illegible]	[illegible]	[illegible]	[illegible]	[illegible]	[illegible]	[illegible]	[illegible]	[illegible]	[illegible]	[illegible]	[illegible]	6
55	[illegible]	[illegible]	[illegible]	[illegible]	[illegible]	[illegible]	[illegible]	[illegible]	[illegible]	[illegible]	[illegible]	[illegible]	5
56	[illegible]	[illegible]	[illegible]	[illegible]	[illegible]	[illegible]	[illegible]	[illegible]	[illegible]	[illegible]	[illegible]	[illegible]	4
57	[illegible]	[illegible]	[illegible]	[illegible]	[illegible]	[illegible]	[illegible]	[illegible]	[illegible]	[illegible]	[illegible]	[illegible]	3
58	[illegible]	[illegible]	[illegible]	[illegible]	[illegible]	[illegible]	[illegible]	[illegible]	[illegible]	[illegible]	[illegible]	[illegible]	2
59	[illegible]	[illegible]	[illegible]	[illegible]	[illegible]	[illegible]	[illegible]	[illegible]	[illegible]	[illegible]	[illegible]	[illegible]	1
60	[illegible]	[illegible]	[illegible]	[illegible]	[illegible]	[illegible]	[illegible]	[illegible]	[illegible]	[illegible]	[illegible]	[illegible]	0
″	47′	46′	45′	44′	43′	42′	41′	40′	39′	38′	37′	36′	″

1 Deg. Tangentes.

″	12′	13′	14′	15′	16′	17′	18′	19′	20′	21′	22′	23′	″
0	8.3211111	8.3271143	8.3330249	8.3388563	8.3446109	8.3502899	8.3558095	8.3614897	8.3668945	8.3722915	8.3776111	[illegible]	60
1	8.3212287	8.3272134	8.3331224	8.3389524	8.3447057	8.3503835	8.3559881	8.3615111	8.3669850	8.3723809	8.3777106	8.3819758	59
2	8.3213324	8.3273116	8.3332206	8.3390495	8.3448011	8.3504779	8.3560809	8.3616018	8.3670755	8.3724705	8.3777986	[illegible]	58
3	8.3214237	8.3274117	8.3333186	8.3391451	8.3448961	8.3505719	8.3561737	8.3617045	8.3671660	8.3725596	8.3778872	8.3831503	57
4	8.3215240	8.3275102	8.3334161	8.3392417	8.3449914	8.3506655	8.3562664	8.3617961	8.3672564	8.3726484	8.3779775	8.3832374	56
5	8.3216246	8.3276099	8.3335139	8.3393387	8.3450866	8.3507594	8.3563591	8.3618877	8.3673468	8.3727381	8.3780636	8.3833246	55
6	8.3217251	8.3277092	8.3336116	8.3394351	8.3451817	8.3508533	8.3564519	8.3619793	8.3674371	8.3728279	8.3781519	8.3834117	54
7	8.3218255	8.3278084	8.3337091	8.3395316	8.3452760	8.3509474	8.3565446	8.3620708	8.3675276	8.3729166	8.3782400	8.3834988	53
8	8.3219259	8.3279070	8.3338070	8.3396179	8.3453710	8.3510411	8.3566371	8.3621621	8.3676181	8.3730061	8.3783281	8.3835850	52
9	8.3220261	8.3280060	8.3339041	8.3397140	8.3454671	8.3511350	8.3567299	8.3622533	8.3677085	8.3730955	8.3784160	8.3836731	51
10	8.3221266	8.3281050	8.3340021	8.3398108	8.3455621	8.3512288	8.3568226	8.3623450	8.3677987	8.3731849	8.3785045	8.3837601	50
11	8.3222269	8.3282036	8.3340999	8.3399167	8.3456574	8.3513226	8.3569151	8.3624307	8.3678890	8.3732737	8.3785920	8.3838475	49
12	8.3223271	8.3283012	8.3341975	8.3400131	8.3457521	8.3514164	8.3570075	8.3625241	8.3679791	8.3733631	8.3786807	8.3839345	48
13	8.3224274	8.3284017	8.3342950	8.3401093	8.3458471	8.3515104	8.3571004	8.3626196	8.3680692	8.3734581	8.3787688	8.3840311	47
14	8.3225277	8.3285007	8.3343916	8.3402056	8.3459421	8.3516042	8.3571929	8.3627110	8.3681592	8.3735416	8.3788569	8.3841081	46
15	8.3226279	8.3285995	8.3344901	8.3403014	8.3460372	8.3516977	8.3572855	8.3628025	8.3682501	8.3736310	8.3789449	8.3842051	45
16	8.3227281	8.3286985	8.3345876	8.3403981	8.3461321	8.3517914	8.3573780	8.3628937	8.3683405	8.3737199	8.3790319	8.3842821	44
17	8.3228283	8.3287971	8.3346851	8.3404944	8.3462271	8.3518851	8.3574705	8.3629850	8.3684301	8.3738082	8.3791201	8.3843692	43
18	8.3229285	8.3288959	8.3347826	8.3405906	8.3463220	8.3519788	8.3575630	8.3630765	8.3685201	8.3738976	8.3792081	8.3844561	42
19	8.3230288	8.3289947	8.3348801	8.3406867	8.3464161	8.3520725	8.3576554	8.3631678	8.3686108	8.3739867	8.3792960	8.3845430	41
20	8.3231287	8.3290934	8.3349774	8.3407828	8.3465117	8.3521660	8.3577479	8.3632589	8.3687010	8.3740757	8.3793840	8.3846299	40
21	8.3232288	8.3291921	8.3350747	8.3408789	8.3466066	8.3522597	8.3578401	8.3633501	8.3687911	8.3741646	8.3794718	8.3847168	39
22	8.3233289	8.3292907	8.3351722	8.3409750	8.3467014	8.3523533	8.3579327	8.3634414	8.3688811	8.3742533	8.3795607	8.3848037	38
23	8.3234289	8.3293899	8.3352695	8.3410711	8.3467961	8.3524469	8.3580251	8.3635327	8.3689712	8.3743427	8.3796480	8.3848905	37
24	8.3235289	8.3294884	8.3353668	8.3411671	8.3468910	8.3525405	8.3581179	8.3636102	8.3690611	8.3744317	8.3797360	8.3849774	36
25	8.3236288	8.3295869	8.3354641	8.3412631	8.3469857	8.3526340	8.3582099	8.3637152	8.3691511	8.3745206	8.3798244	8.3850642	35
26	8.3237287	8.3296854	8.3355613	8.3413591	8.3470805	8.3527275	8.3583024	8.3638061	8.3692411	8.3746095	8.3799114	8.3851510	34
27	8.3238286	8.3297840	8.3356587	8.3414551	8.3471752	8.3528210	8.3583946	8.3638974	8.3693311	8.3746983	8.3800001	8.3852378	33
28	8.3239287	8.3298826	8.3357560	8.3415511	8.3472699	8.3529145	8.3584868	8.3639884	8.3694210	8.3747874	8.3800879	8.3853245	32
29	8.3240286	8.3299811	8.3358533	8.3416470	8.3473646	8.3530080	8.3585790	8.3640796	8.3695111	8.3748760	8.3801757	8.3854111	31
30	8.3241285	8.3300796	8.3359504	8.3417429	8.3474592	8.3531014	8.3586712	8.3641707	8.3696001	8.3749651	8.3802634	8.3854980	30
31	8.3242284	8.3301781	8.3360476	8.3418388	8.3475539	8.3531948	8.3587635	8.3642617	8.3696901	8.3750535	8.3803511	8.3855847	29
32	8.3243282	8.3302766	8.3361447	8.3419347	8.3476485	8.3532882	8.3588557	8.3643531	8.3697811	8.3751424	8.3804391	8.3856714	28
33	8.3244280	8.3303751	8.3362419	8.3420305	8.3477431	8.3533816	8.3589479	8.3644441	8.3698781	8.3752311	8.3805267	8.3857581	27
34	8.3245278	8.3304735	8.3363390	8.3421263	8.3478377	8.3534750	8.3590401	8.3645346	8.3699612	8.3753101	8.3806144	8.3858448	26
35	8.3246276	8.3305719	8.3364361	8.3422221	8.3479321	8.3535683	8.3591322	8.3646251	8.3700501	8.3754091	8.3807021	8.3859314	25
36	8.3247273	8.3306701	8.3365331	8.3423179	8.3480268	8.3536616	8.3592243	8.3647166	8.3701407	8.3754979	8.3807898	8.3860181	24
37	8.3248270	8.3307686	8.3366301	8.3424137	8.3481213	8.3537547	8.3593164	8.3648078	8.3702300	8.3755866	8.3808774	8.3861046	23
38	8.3249267	8.3308670	8.3367271	8.3425094	8.3482159	8.3538481	8.3594086	8.3648988	8.3703204	8.3756751	8.3809650	8.3861912	22
39	8.3250264	8.3309653	8.3368242	8.3426051	8.3483101	8.3539414	8.3595006	8.3649898	8.3704101	8.3757640	8.3810527	8.3862778	21
40	8.3251260	8.3310636	8.3369112	8.3427007	8.3484047	8.3540347	8.3595927	8.3650808	8.3704997	8.3758527	8.3811401	8.3863643	20
41	8.3252257	8.3311619	8.3370181	8.3427965	8.3484991	8.3541279	8.3596847	8.3651718	8.3705897	8.3759411	8.3812278	8.3864509	19
42	8.3253252	8.3312601	8.3371151	8.3428921	8.3485936	8.3542211	8.3597767	8.3652628	8.3706794	8.3760297	8.3813154	8.3865374	18
43	8.3254250	8.3313583	8.3372120	8.3429878	8.3486879	8.3543143	8.3598687	8.3653531	8.3707691	8.3761181	8.3814030	8.3866239	17
44	8.3255244	8.3314566	8.3373089	8.3430835	8.3487823	8.3544074	8.3599607	8.3654439	8.3708584	8.3762074	8.3814905	8.3867104	16
45	8.3256241	8.3315547	8.3374058	8.3431791	8.3488767	8.3545006	8.3600527	8.3655347	8.3709485	8.3762958	8.3815780	8.3867969	15
46	8.3257236	8.3316529	8.3375016	8.3432748	8.3489710	8.3545937	8.3601446	8.3656155	8.3710381	8.3763846	8.3816655	8.3868834	14
47	8.3258232	8.3317511	8.3375994	8.3433703	8.3490654	8.3546868	8.3602364	8.3657161	8.3711278	8.3764731	8.3817530	8.3869698	13
48	8.3259228	8.3318492	8.3376962	8.3434657	8.3491596	8.3547799	8.3603285	8.3658070	8.3712170	8.3765621	8.3818404	8.3870563	12
49	8.3260223	8.3319473	8.3377930	8.3435613	8.3492539	8.3548729	8.3604201	8.3658979	8.3713071	8.3766506	8.3819279	8.3871426	11
50	8.3261218	8.3320454	8.3378898	8.3436567	8.3493481	8.3549660	8.3605121	8.3659886	8.3713967	8.3767384	8.3820153	8.3872290	10
51	8.3262207	8.3321435	8.3379864	8.3437521	8.3494423	8.3550590	8.3606040	8.3660795	8.3714862	8.3768276	8.3821027	8.3873155	9
52	8.3263201	8.3322415	8.3380831	8.3438476	8.3495365	8.3551520	8.3606959	8.3661703	8.3715759	8.3769153	8.3821901	8.3874017	8
53	8.3264196	8.3323395	8.3381800	8.3439431	8.3496307	8.3552450	8.3607876	8.3662609	8.3716653	8.3770031	8.3822775	8.3874880	7
54	8.3265189	8.3324375	8.3382767	8.3440385	8.3497249	8.3553379	8.3608794	8.3663511	8.3717548	8.3770918	8.3823648	8.3875744	6
55	8.3266181	8.3325354	8.3383733	8.3441339	8.3498191	8.3554308	8.3609711	8.3664417	8.3718445	8.3771806	8.3824521	8.3876606	5
56	8.3267173	8.3326334	8.3384700	8.3442292	8.3499131	8.3555237	8.3610629	8.3665324	8.3719339	8.3772690	8.3825395	8.3877469	4
57	8.3268165	8.3327313	8.3385666	8.3443246	8.3500071	8.3556167	8.3611546	8.3666229	8.3720231	8.3773574	8.3826268	8.3878331	3
58	8.3269158	8.3328291	8.3386631	8.3444199	8.3501014	8.3557096	8.3612463	8.3667135	8.3721117	8.3774457	8.3827141	8.3879194	2
59	8.3270151	8.3329271	8.3387597	8.3445154	8.3501954	8.3558025	8.3613380	8.3668042	8.3722021	8.3775340	8.3828014	8.3880056	1
60	8.3271143	8.3330249	8.3388563	8.3446109	8.3502899	8.3558953	8.3614897	8.3668945	8.3722915	8.3776211	8.3828887	8.3880917	0
″	47′	46′	45′	44′	43′	42′	41′	40′	39′	38′	37′	36′	″

Co-Tangentes. 88 Deg.

″	24′	25′	26′	27′	28′	29′	30′	31′	32′	33′	34′	35′	″
0	[illegible]	[illegible]	[illegible]	[illegible]	[illegible]	[illegible]	[illegible]	[illegible]	[illegible]	[illegible]	[illegible]	[illegible]	60
1	[illegible]	[illegible]	[illegible]	[illegible]	[illegible]	[illegible]	[illegible]	[illegible]	[illegible]	[illegible]	[illegible]	[illegible]	59
2	[illegible]	[illegible]	[illegible]	[illegible]	[illegible]	[illegible]	[illegible]	[illegible]	[illegible]	[illegible]	[illegible]	[illegible]	58
3	[illegible]	[illegible]	[illegible]	[illegible]	[illegible]	[illegible]	[illegible]	[illegible]	[illegible]	[illegible]	[illegible]	[illegible]	57
4	[illegible]	[illegible]	[illegible]	[illegible]	[illegible]	[illegible]	[illegible]	[illegible]	[illegible]	[illegible]	[illegible]	[illegible]	56
5	[illegible]	[illegible]	[illegible]	[illegible]	[illegible]	[illegible]	[illegible]	[illegible]	[illegible]	[illegible]	[illegible]	[illegible]	55
6	[illegible]	[illegible]	[illegible]	[illegible]	[illegible]	[illegible]	[illegible]	[illegible]	[illegible]	[illegible]	[illegible]	[illegible]	54
7	[illegible]	[illegible]	[illegible]	[illegible]	[illegible]	[illegible]	[illegible]	[illegible]	[illegible]	[illegible]	[illegible]	[illegible]	53
8	[illegible]	[illegible]	[illegible]	[illegible]	[illegible]	[illegible]	[illegible]	[illegible]	[illegible]	[illegible]	[illegible]	[illegible]	52
9	[illegible]	[illegible]	[illegible]	[illegible]	[illegible]	[illegible]	[illegible]	[illegible]	[illegible]	[illegible]	[illegible]	[illegible]	51
10	[illegible]	[illegible]	[illegible]	[illegible]	[illegible]	[illegible]	[illegible]	[illegible]	[illegible]	[illegible]	[illegible]	[illegible]	50
11	[illegible]	[illegible]	[illegible]	[illegible]	[illegible]	[illegible]	[illegible]	[illegible]	[illegible]	[illegible]	[illegible]	[illegible]	49
12	[illegible]	[illegible]	[illegible]	[illegible]	[illegible]	[illegible]	[illegible]	[illegible]	[illegible]	[illegible]	[illegible]	[illegible]	48
13	[illegible]	[illegible]	[illegible]	[illegible]	[illegible]	[illegible]	[illegible]	[illegible]	[illegible]	[illegible]	[illegible]	[illegible]	47
14	[illegible]	[illegible]	[illegible]	[illegible]	[illegible]	[illegible]	[illegible]	[illegible]	[illegible]	[illegible]	[illegible]	[illegible]	46
15	[illegible]	[illegible]	[illegible]	[illegible]	[illegible]	[illegible]	[illegible]	[illegible]	[illegible]	[illegible]	[illegible]	[illegible]	45
16	[illegible]	[illegible]	[illegible]	[illegible]	[illegible]	[illegible]	[illegible]	[illegible]	[illegible]	[illegible]	[illegible]	[illegible]	44
17	[illegible]	[illegible]	[illegible]	[illegible]	[illegible]	[illegible]	[illegible]	[illegible]	[illegible]	[illegible]	[illegible]	[illegible]	43
18	[illegible]	[illegible]	[illegible]	[illegible]	[illegible]	[illegible]	[illegible]	[illegible]	[illegible]	[illegible]	[illegible]	[illegible]	42
19	[illegible]	[illegible]	[illegible]	[illegible]	[illegible]	[illegible]	[illegible]	[illegible]	[illegible]	[illegible]	[illegible]	[illegible]	41
20	[illegible]	[illegible]	[illegible]	[illegible]	[illegible]	[illegible]	[illegible]	[illegible]	[illegible]	[illegible]	[illegible]	[illegible]	40
21	[illegible]	[illegible]	[illegible]	[illegible]	[illegible]	[illegible]	[illegible]	[illegible]	[illegible]	[illegible]	[illegible]	[illegible]	39
22	[illegible]	[illegible]	[illegible]	[illegible]	[illegible]	[illegible]	[illegible]	[illegible]	[illegible]	[illegible]	[illegible]	[illegible]	38
23	[illegible]	[illegible]	[illegible]	[illegible]	[illegible]	[illegible]	[illegible]	[illegible]	[illegible]	[illegible]	[illegible]	[illegible]	37
24	[illegible]	[illegible]	[illegible]	[illegible]	[illegible]	[illegible]	[illegible]	[illegible]	[illegible]	[illegible]	[illegible]	[illegible]	36
25	[illegible]	[illegible]	[illegible]	[illegible]	[illegible]	[illegible]	[illegible]	[illegible]	[illegible]	[illegible]	[illegible]	[illegible]	35
26	[illegible]	[illegible]	[illegible]	[illegible]	[illegible]	[illegible]	[illegible]	[illegible]	[illegible]	[illegible]	[illegible]	[illegible]	34
27	[illegible]	[illegible]	[illegible]	[illegible]	[illegible]	[illegible]	[illegible]	[illegible]	[illegible]	[illegible]	[illegible]	[illegible]	33
28	[illegible]	[illegible]	[illegible]	[illegible]	[illegible]	[illegible]	[illegible]	[illegible]	[illegible]	[illegible]	[illegible]	[illegible]	32
29	[illegible]	[illegible]	[illegible]	[illegible]	[illegible]	[illegible]	[illegible]	[illegible]	[illegible]	[illegible]	[illegible]	[illegible]	31
30	[illegible]	[illegible]	[illegible]	[illegible]	[illegible]	[illegible]	[illegible]	[illegible]	[illegible]	[illegible]	[illegible]	[illegible]	30
31	[illegible]	[illegible]	[illegible]	[illegible]	[illegible]	[illegible]	[illegible]	[illegible]	[illegible]	[illegible]	[illegible]	[illegible]	29
32	[illegible]	[illegible]	[illegible]	[illegible]	[illegible]	[illegible]	[illegible]	[illegible]	[illegible]	[illegible]	[illegible]	[illegible]	28
33	[illegible]	[illegible]	[illegible]	[illegible]	[illegible]	[illegible]	[illegible]	[illegible]	[illegible]	[illegible]	[illegible]	[illegible]	27
34	[illegible]	[illegible]	[illegible]	[illegible]	[illegible]	[illegible]	[illegible]	[illegible]	[illegible]	[illegible]	[illegible]	[illegible]	26
35	[illegible]	[illegible]	[illegible]	[illegible]	[illegible]	[illegible]	[illegible]	[illegible]	[illegible]	[illegible]	[illegible]	[illegible]	25
36	[illegible]	[illegible]	[illegible]	[illegible]	[illegible]	[illegible]	[illegible]	[illegible]	[illegible]	[illegible]	[illegible]	[illegible]	24
37	[illegible]	[illegible]	[illegible]	[illegible]	[illegible]	[illegible]	[illegible]	[illegible]	[illegible]	[illegible]	[illegible]	[illegible]	23
38	[illegible]	[illegible]	[illegible]	[illegible]	[illegible]	[illegible]	[illegible]	[illegible]	[illegible]	[illegible]	[illegible]	[illegible]	22
39	[illegible]	[illegible]	[illegible]	[illegible]	[illegible]	[illegible]	[illegible]	[illegible]	[illegible]	[illegible]	[illegible]	[illegible]	21
40	[illegible]	[illegible]	[illegible]	[illegible]	[illegible]	[illegible]	[illegible]	[illegible]	[illegible]	[illegible]	[illegible]	[illegible]	20
41	[illegible]	[illegible]	[illegible]	[illegible]	[illegible]	[illegible]	[illegible]	[illegible]	[illegible]	[illegible]	[illegible]	[illegible]	19
42	[illegible]	[illegible]	[illegible]	[illegible]	[illegible]	[illegible]	[illegible]	[illegible]	[illegible]	[illegible]	[illegible]	[illegible]	18
43	[illegible]	[illegible]	[illegible]	[illegible]	[illegible]	[illegible]	[illegible]	[illegible]	[illegible]	[illegible]	[illegible]	[illegible]	17
44	[illegible]	[illegible]	[illegible]	[illegible]	[illegible]	[illegible]	[illegible]	[illegible]	[illegible]	[illegible]	[illegible]	[illegible]	16
45	[illegible]	[illegible]	[illegible]	[illegible]	[illegible]	[illegible]	[illegible]	[illegible]	[illegible]	[illegible]	[illegible]	[illegible]	15
46	[illegible]	[illegible]	[illegible]	[illegible]	[illegible]	[illegible]	[illegible]	[illegible]	[illegible]	[illegible]	[illegible]	[illegible]	14
47	[illegible]	[illegible]	[illegible]	[illegible]	[illegible]	[illegible]	[illegible]	[illegible]	[illegible]	[illegible]	[illegible]	[illegible]	13
48	[illegible]	[illegible]	[illegible]	[illegible]	[illegible]	[illegible]	[illegible]	[illegible]	[illegible]	[illegible]	[illegible]	[illegible]	12
49	[illegible]	[illegible]	[illegible]	[illegible]	[illegible]	[illegible]	[illegible]	[illegible]	[illegible]	[illegible]	[illegible]	[illegible]	11
50	[illegible]	[illegible]	[illegible]	[illegible]	[illegible]	[illegible]	[illegible]	[illegible]	[illegible]	[illegible]	[illegible]	[illegible]	10
51	[illegible]	[illegible]	[illegible]	[illegible]	[illegible]	[illegible]	[illegible]	[illegible]	[illegible]	[illegible]	[illegible]	[illegible]	9
52	[illegible]	[illegible]	[illegible]	[illegible]	[illegible]	[illegible]	[illegible]	[illegible]	[illegible]	[illegible]	[illegible]	[illegible]	8
53	[illegible]	[illegible]	[illegible]	[illegible]	[illegible]	[illegible]	[illegible]	[illegible]	[illegible]	[illegible]	[illegible]	[illegible]	7
54	[illegible]	[illegible]	[illegible]	[illegible]	[illegible]	[illegible]	[illegible]	[illegible]	[illegible]	[illegible]	[illegible]	[illegible]	6
55	[illegible]	[illegible]	[illegible]	[illegible]	[illegible]	[illegible]	[illegible]	[illegible]	[illegible]	[illegible]	[illegible]	[illegible]	5
56	[illegible]	[illegible]	[illegible]	[illegible]	[illegible]	[illegible]	[illegible]	[illegible]	[illegible]	[illegible]	[illegible]	[illegible]	4
57	[illegible]	[illegible]	[illegible]	[illegible]	[illegible]	[illegible]	[illegible]	[illegible]	[illegible]	[illegible]	[illegible]	[illegible]	3
58	[illegible]	[illegible]	[illegible]	[illegible]	[illegible]	[illegible]	[illegible]	[illegible]	[illegible]	[illegible]	[illegible]	[illegible]	2
59	[illegible]	[illegible]	[illegible]	[illegible]	[illegible]	[illegible]	[illegible]	[illegible]	[illegible]	[illegible]	[illegible]	[illegible]	1
60	[illegible]	[illegible]	[illegible]	[illegible]	[illegible]	[illegible]	[illegible]	[illegible]	[illegible]	[illegible]	[illegible]	[illegible]	0
″	35′	34′	33′	32′	31′	30′	29′	28′	27′	26′	25′	24′	″

″	24′	25′	26′	27′	28′	29′	30′	31′	32′	33′	34′	35′	″
0	[illegible]	[illegible]	[illegible]	[illegible]	[illegible]	[illegible]	[illegible]	[illegible]	[illegible]	[illegible]	[illegible]	[illegible]	60
1	[illegible]	[illegible]	[illegible]	[illegible]	[illegible]	[illegible]	[illegible]	[illegible]	[illegible]	[illegible]	[illegible]	[illegible]	59
2	[illegible]	[illegible]	[illegible]	[illegible]	[illegible]	[illegible]	[illegible]	[illegible]	[illegible]	[illegible]	[illegible]	[illegible]	58
3	[illegible]	[illegible]	[illegible]	[illegible]	[illegible]	[illegible]	[illegible]	[illegible]	[illegible]	[illegible]	[illegible]	[illegible]	57
4	[illegible]	[illegible]	[illegible]	[illegible]	[illegible]	[illegible]	[illegible]	[illegible]	[illegible]	[illegible]	[illegible]	[illegible]	56
5	[illegible]	[illegible]	[illegible]	[illegible]	[illegible]	[illegible]	[illegible]	[illegible]	[illegible]	[illegible]	[illegible]	[illegible]	55
6	[illegible]	[illegible]	[illegible]	[illegible]	[illegible]	[illegible]	[illegible]	[illegible]	[illegible]	[illegible]	[illegible]	[illegible]	54
7	[illegible]	[illegible]	[illegible]	[illegible]	[illegible]	[illegible]	[illegible]	[illegible]	[illegible]	[illegible]	[illegible]	[illegible]	53
8	[illegible]	[illegible]	[illegible]	[illegible]	[illegible]	[illegible]	[illegible]	[illegible]	[illegible]	[illegible]	[illegible]	[illegible]	52
9	[illegible]	[illegible]	[illegible]	[illegible]	[illegible]	[illegible]	[illegible]	[illegible]	[illegible]	[illegible]	[illegible]	[illegible]	51
10	[illegible]	[illegible]	[illegible]	[illegible]	[illegible]	[illegible]	[illegible]	[illegible]	[illegible]	[illegible]	[illegible]	[illegible]	50
11	[illegible]	[illegible]	[illegible]	[illegible]	[illegible]	[illegible]	[illegible]	[illegible]	[illegible]	[illegible]	[illegible]	[illegible]	49
12	[illegible]	[illegible]	[illegible]	[illegible]	[illegible]	[illegible]	[illegible]	[illegible]	[illegible]	[illegible]	[illegible]	[illegible]	48
13	[illegible]	[illegible]	[illegible]	[illegible]	[illegible]	[illegible]	[illegible]	[illegible]	[illegible]	[illegible]	[illegible]	[illegible]	47
14	[illegible]	[illegible]	[illegible]	[illegible]	[illegible]	[illegible]	[illegible]	[illegible]	[illegible]	[illegible]	[illegible]	[illegible]	46
15	[illegible]	[illegible]	[illegible]	[illegible]	[illegible]	[illegible]	[illegible]	[illegible]	[illegible]	[illegible]	[illegible]	[illegible]	45
16	[illegible]	[illegible]	[illegible]	[illegible]	[illegible]	[illegible]	[illegible]	[illegible]	[illegible]	[illegible]	[illegible]	[illegible]	44
17	[illegible]	[illegible]	[illegible]	[illegible]	[illegible]	[illegible]	[illegible]	[illegible]	[illegible]	[illegible]	[illegible]	[illegible]	43
18	[illegible]	[illegible]	[illegible]	[illegible]	[illegible]	[illegible]	[illegible]	[illegible]	[illegible]	[illegible]	[illegible]	[illegible]	42
19	[illegible]	[illegible]	[illegible]	[illegible]	[illegible]	[illegible]	[illegible]	[illegible]	[illegible]	[illegible]	[illegible]	[illegible]	41
20	[illegible]	[illegible]	[illegible]	[illegible]	[illegible]	[illegible]	[illegible]	[illegible]	[illegible]	[illegible]	[illegible]	[illegible]	40
21	[illegible]	[illegible]	[illegible]	[illegible]	[illegible]	[illegible]	[illegible]	[illegible]	[illegible]	[illegible]	[illegible]	[illegible]	39
22	[illegible]	[illegible]	[illegible]	[illegible]	[illegible]	[illegible]	[illegible]	[illegible]	[illegible]	[illegible]	[illegible]	[illegible]	38
23	[illegible]	[illegible]	[illegible]	[illegible]	[illegible]	[illegible]	[illegible]	[illegible]	[illegible]	[illegible]	[illegible]	[illegible]	37
24	[illegible]	[illegible]	[illegible]	[illegible]	[illegible]	[illegible]	[illegible]	[illegible]	[illegible]	[illegible]	[illegible]	[illegible]	36
25	[illegible]	[illegible]	[illegible]	[illegible]	[illegible]	[illegible]	[illegible]	[illegible]	[illegible]	[illegible]	[illegible]	[illegible]	35
26	[illegible]	[illegible]	[illegible]	[illegible]	[illegible]	[illegible]	[illegible]	[illegible]	[illegible]	[illegible]	[illegible]	[illegible]	34
27	[illegible]	[illegible]	[illegible]	[illegible]	[illegible]	[illegible]	[illegible]	[illegible]	[illegible]	[illegible]	[illegible]	[illegible]	33
28	[illegible]	[illegible]	[illegible]	[illegible]	[illegible]	[illegible]	[illegible]	[illegible]	[illegible]	[illegible]	[illegible]	[illegible]	32
29	[illegible]	[illegible]	[illegible]	[illegible]	[illegible]	[illegible]	[illegible]	[illegible]	[illegible]	[illegible]	[illegible]	[illegible]	31
30	[illegible]	[illegible]	[illegible]	[illegible]	[illegible]	[illegible]	[illegible]	[illegible]	[illegible]	[illegible]	[illegible]	[illegible]	30
31	[illegible]	[illegible]	[illegible]	[illegible]	[illegible]	[illegible]	[illegible]	[illegible]	[illegible]	[illegible]	[illegible]	[illegible]	29
32	[illegible]	[illegible]	[illegible]	[illegible]	[illegible]	[illegible]	[illegible]	[illegible]	[illegible]	[illegible]	[illegible]	[illegible]	28
33	[illegible]	[illegible]	[illegible]	[illegible]	[illegible]	[illegible]	[illegible]	[illegible]	[illegible]	[illegible]	[illegible]	[illegible]	27
34	[illegible]	[illegible]	[illegible]	[illegible]	[illegible]	[illegible]	[illegible]	[illegible]	[illegible]	[illegible]	[illegible]	[illegible]	26
35	[illegible]	[illegible]	[illegible]	[illegible]	[illegible]	[illegible]	[illegible]	[illegible]	[illegible]	[illegible]	[illegible]	[illegible]	25
36	[illegible]	[illegible]	[illegible]	[illegible]	[illegible]	[illegible]	[illegible]	[illegible]	[illegible]	[illegible]	[illegible]	[illegible]	24
37	[illegible]	[illegible]	[illegible]	[illegible]	[illegible]	[illegible]	[illegible]	[illegible]	[illegible]	[illegible]	[illegible]	[illegible]	23
38	[illegible]	[illegible]	[illegible]	[illegible]	[illegible]	[illegible]	[illegible]	[illegible]	[illegible]	[illegible]	[illegible]	[illegible]	22
39	[illegible]	[illegible]	[illegible]	[illegible]	[illegible]	[illegible]	[illegible]	[illegible]	[illegible]	[illegible]	[illegible]	[illegible]	21
40	[illegible]	[illegible]	[illegible]	[illegible]	[illegible]	[illegible]	[illegible]	[illegible]	[illegible]	[illegible]	[illegible]	[illegible]	20
41	[illegible]	[illegible]	[illegible]	[illegible]	[illegible]	[illegible]	[illegible]	[illegible]	[illegible]	[illegible]	[illegible]	[illegible]	19
42	[illegible]	[illegible]	[illegible]	[illegible]	[illegible]	[illegible]	[illegible]	[illegible]	[illegible]	[illegible]	[illegible]	[illegible]	18
43	[illegible]	[illegible]	[illegible]	[illegible]	[illegible]	[illegible]	[illegible]	[illegible]	[illegible]	[illegible]	[illegible]	[illegible]	17
44	[illegible]	[illegible]	[illegible]	[illegible]	[illegible]	[illegible]	[illegible]	[illegible]	[illegible]	[illegible]	[illegible]	[illegible]	16
45	[illegible]	[illegible]	[illegible]	[illegible]	[illegible]	[illegible]	[illegible]	[illegible]	[illegible]	[illegible]	[illegible]	[illegible]	15
46	[illegible]	[illegible]	[illegible]	[illegible]	[illegible]	[illegible]	[illegible]	[illegible]	[illegible]	[illegible]	[illegible]	[illegible]	14
47	[illegible]	[illegible]	[illegible]	[illegible]	[illegible]	[illegible]	[illegible]	[illegible]	[illegible]	[illegible]	[illegible]	[illegible]	13
48	[illegible]	[illegible]	[illegible]	[illegible]	[illegible]	[illegible]	[illegible]	[illegible]	[illegible]	[illegible]	[illegible]	[illegible]	12
49	[illegible]	[illegible]	[illegible]	[illegible]	[illegible]	[illegible]	[illegible]	[illegible]	[illegible]	[illegible]	[illegible]	[illegible]	11
50	[illegible]	[illegible]	[illegible]	[illegible]	[illegible]	[illegible]	[illegible]	[illegible]	[illegible]	[illegible]	[illegible]	[illegible]	10
51	[illegible]	[illegible]	[illegible]	[illegible]	[illegible]	[illegible]	[illegible]	[illegible]	[illegible]	[illegible]	[illegible]	[illegible]	9
52	[illegible]	[illegible]	[illegible]	[illegible]	[illegible]	[illegible]	[illegible]	[illegible]	[illegible]	[illegible]	[illegible]	[illegible]	8
53	[illegible]	[illegible]	[illegible]	[illegible]	[illegible]	[illegible]	[illegible]	[illegible]	[illegible]	[illegible]	[illegible]	[illegible]	7
54	[illegible]	[illegible]	[illegible]	[illegible]	[illegible]	[illegible]	[illegible]	[illegible]	[illegible]	[illegible]	[illegible]	[illegible]	6
55	[illegible]	[illegible]	[illegible]	[illegible]	[illegible]	[illegible]	[illegible]	[illegible]	[illegible]	[illegible]	[illegible]	[illegible]	5
56	[illegible]	[illegible]	[illegible]	[illegible]	[illegible]	[illegible]	[illegible]	[illegible]	[illegible]	[illegible]	[illegible]	[illegible]	4
57	[illegible]	[illegible]	[illegible]	[illegible]	[illegible]	[illegible]	[illegible]	[illegible]	[illegible]	[illegible]	[illegible]	[illegible]	3
58	[illegible]	[illegible]	[illegible]	[illegible]	[illegible]	[illegible]	[illegible]	[illegible]	[illegible]	[illegible]	[illegible]	[illegible]	2
59	[illegible]	[illegible]	[illegible]	[illegible]	[illegible]	[illegible]	[illegible]	[illegible]	[illegible]	[illegible]	[illegible]	[illegible]	1
60	[illegible]	[illegible]	[illegible]	[illegible]	[illegible]	[illegible]	[illegible]	[illegible]	[illegible]	[illegible]	[illegible]	[illegible]	0
″	35′	34′	33′	32′	31′	30′	29′	28′	27′	26′	25′	24′	″

″	36′	37′	38′	39′	40′	41′	42′	43′	44′	45′	46′	47′	″
0	[illegible]	[illegible]	[illegible]	[illegible]	[illegible]	[illegible]	[illegible]	[illegible]	[illegible]	[illegible]	[illegible]	[illegible]	60
1	[illegible]	[illegible]	[illegible]	[illegible]	[illegible]	[illegible]	[illegible]	[illegible]	[illegible]	[illegible]	[illegible]	[illegible]	59
2	[illegible]	[illegible]	[illegible]	[illegible]	[illegible]	[illegible]	[illegible]	[illegible]	[illegible]	[illegible]	[illegible]	[illegible]	58
3	[illegible]	[illegible]	[illegible]	[illegible]	[illegible]	[illegible]	[illegible]	[illegible]	[illegible]	[illegible]	[illegible]	[illegible]	57
4	[illegible]	[illegible]	[illegible]	[illegible]	[illegible]	[illegible]	[illegible]	[illegible]	[illegible]	[illegible]	[illegible]	[illegible]	56
5	[illegible]	[illegible]	[illegible]	[illegible]	[illegible]	[illegible]	[illegible]	[illegible]	[illegible]	[illegible]	[illegible]	[illegible]	55
6	[illegible]	[illegible]	[illegible]	[illegible]	[illegible]	[illegible]	[illegible]	[illegible]	[illegible]	[illegible]	[illegible]	[illegible]	54
7	[illegible]	[illegible]	[illegible]	[illegible]	[illegible]	[illegible]	[illegible]	[illegible]	[illegible]	[illegible]	[illegible]	[illegible]	53
8	[illegible]	[illegible]	[illegible]	[illegible]	[illegible]	[illegible]	[illegible]	[illegible]	[illegible]	[illegible]	[illegible]	[illegible]	52
9	[illegible]	[illegible]	[illegible]	[illegible]	[illegible]	[illegible]	[illegible]	[illegible]	[illegible]	[illegible]	[illegible]	[illegible]	51
10	[illegible]	[illegible]	[illegible]	[illegible]	[illegible]	[illegible]	[illegible]	[illegible]	[illegible]	[illegible]	[illegible]	[illegible]	50
11	[illegible]	[illegible]	[illegible]	[illegible]	[illegible]	[illegible]	[illegible]	[illegible]	[illegible]	[illegible]	[illegible]	[illegible]	49
12	[illegible]	[illegible]	[illegible]	[illegible]	[illegible]	[illegible]	[illegible]	[illegible]	[illegible]	[illegible]	[illegible]	[illegible]	48
13	[illegible]	[illegible]	[illegible]	[illegible]	[illegible]	[illegible]	[illegible]	[illegible]	[illegible]	[illegible]	[illegible]	[illegible]	47
14	[illegible]	[illegible]	[illegible]	[illegible]	[illegible]	[illegible]	[illegible]	[illegible]	[illegible]	[illegible]	[illegible]	[illegible]	46
15	[illegible]	[illegible]	[illegible]	[illegible]	[illegible]	[illegible]	[illegible]	[illegible]	[illegible]	[illegible]	[illegible]	[illegible]	45
16	[illegible]	[illegible]	[illegible]	[illegible]	[illegible]	[illegible]	[illegible]	[illegible]	[illegible]	[illegible]	[illegible]	[illegible]	44
17	[illegible]	[illegible]	[illegible]	[illegible]	[illegible]	[illegible]	[illegible]	[illegible]	[illegible]	[illegible]	[illegible]	[illegible]	43
18	[illegible]	[illegible]	[illegible]	[illegible]	[illegible]	[illegible]	[illegible]	[illegible]	[illegible]	[illegible]	[illegible]	[illegible]	42
19	[illegible]	[illegible]	[illegible]	[illegible]	[illegible]	[illegible]	[illegible]	[illegible]	[illegible]	[illegible]	[illegible]	[illegible]	41
20	[illegible]	[illegible]	[illegible]	[illegible]	[illegible]	[illegible]	[illegible]	[illegible]	[illegible]	[illegible]	[illegible]	[illegible]	40
21	[illegible]	[illegible]	[illegible]	[illegible]	[illegible]	[illegible]	[illegible]	[illegible]	[illegible]	[illegible]	[illegible]	[illegible]	39
22	[illegible]	[illegible]	[illegible]	[illegible]	[illegible]	[illegible]	[illegible]	[illegible]	[illegible]	[illegible]	[illegible]	[illegible]	38
23	[illegible]	[illegible]	[illegible]	[illegible]	[illegible]	[illegible]	[illegible]	[illegible]	[illegible]	[illegible]	[illegible]	[illegible]	37
24	[illegible]	[illegible]	[illegible]	[illegible]	[illegible]	[illegible]	[illegible]	[illegible]	[illegible]	[illegible]	[illegible]	[illegible]	36
25	[illegible]	[illegible]	[illegible]	[illegible]	[illegible]	[illegible]	[illegible]	[illegible]	[illegible]	[illegible]	[illegible]	[illegible]	35
26	[illegible]	[illegible]	[illegible]	[illegible]	[illegible]	[illegible]	[illegible]	[illegible]	[illegible]	[illegible]	[illegible]	[illegible]	34
27	[illegible]	[illegible]	[illegible]	[illegible]	[illegible]	[illegible]	[illegible]	[illegible]	[illegible]	[illegible]	[illegible]	[illegible]	33
28	[illegible]	[illegible]	[illegible]	[illegible]	[illegible]	[illegible]	[illegible]	[illegible]	[illegible]	[illegible]	[illegible]	[illegible]	32
29	[illegible]	[illegible]	[illegible]	[illegible]	[illegible]	[illegible]	[illegible]	[illegible]	[illegible]	[illegible]	[illegible]	[illegible]	31
30	[illegible]	[illegible]	[illegible]	[illegible]	[illegible]	[illegible]	[illegible]	[illegible]	[illegible]	[illegible]	[illegible]	[illegible]	30
31	[illegible]	[illegible]	[illegible]	[illegible]	[illegible]	[illegible]	[illegible]	[illegible]	[illegible]	[illegible]	[illegible]	[illegible]	29
32	[illegible]	[illegible]	[illegible]	[illegible]	[illegible]	[illegible]	[illegible]	[illegible]	[illegible]	[illegible]	[illegible]	[illegible]	28
33	[illegible]	[illegible]	[illegible]	[illegible]	[illegible]	[illegible]	[illegible]	[illegible]	[illegible]	[illegible]	[illegible]	[illegible]	27
34	[illegible]	[illegible]	[illegible]	[illegible]	[illegible]	[illegible]	[illegible]	[illegible]	[illegible]	[illegible]	[illegible]	[illegible]	26
35	[illegible]	[illegible]	[illegible]	[illegible]	[illegible]	[illegible]	[illegible]	[illegible]	[illegible]	[illegible]	[illegible]	[illegible]	25
36	[illegible]	[illegible]	[illegible]	[illegible]	[illegible]	[illegible]	[illegible]	[illegible]	[illegible]	[illegible]	[illegible]	[illegible]	24
37	[illegible]	[illegible]	[illegible]	[illegible]	[illegible]	[illegible]	[illegible]	[illegible]	[illegible]	[illegible]	[illegible]	[illegible]	23
38	[illegible]	[illegible]	[illegible]	[illegible]	[illegible]	[illegible]	[illegible]	[illegible]	[illegible]	[illegible]	[illegible]	[illegible]	22
39	[illegible]	[illegible]	[illegible]	[illegible]	[illegible]	[illegible]	[illegible]	[illegible]	[illegible]	[illegible]	[illegible]	[illegible]	21
40	[illegible]	[illegible]	[illegible]	[illegible]	[illegible]	[illegible]	[illegible]	[illegible]	[illegible]	[illegible]	[illegible]	[illegible]	20
41	[illegible]	[illegible]	[illegible]	[illegible]	[illegible]	[illegible]	[illegible]	[illegible]	[illegible]	[illegible]	[illegible]	[illegible]	19
42	[illegible]	[illegible]	[illegible]	[illegible]	[illegible]	[illegible]	[illegible]	[illegible]	[illegible]	[illegible]	[illegible]	[illegible]	18
43	[illegible]	[illegible]	[illegible]	[illegible]	[illegible]	[illegible]	[illegible]	[illegible]	[illegible]	[illegible]	[illegible]	[illegible]	17
44	[illegible]	[illegible]	[illegible]	[illegible]	[illegible]	[illegible]	[illegible]	[illegible]	[illegible]	[illegible]	[illegible]	[illegible]	16
45	[illegible]	[illegible]	[illegible]	[illegible]	[illegible]	[illegible]	[illegible]	[illegible]	[illegible]	[illegible]	[illegible]	[illegible]	15
46	[illegible]	[illegible]	[illegible]	[illegible]	[illegible]	[illegible]	[illegible]	[illegible]	[illegible]	[illegible]	[illegible]	[illegible]	14
47	[illegible]	[illegible]	[illegible]	[illegible]	[illegible]	[illegible]	[illegible]	[illegible]	[illegible]	[illegible]	[illegible]	[illegible]	13
48	[illegible]	[illegible]	[illegible]	[illegible]	[illegible]	[illegible]	[illegible]	[illegible]	[illegible]	[illegible]	[illegible]	[illegible]	12
49	[illegible]	[illegible]	[illegible]	[illegible]	[illegible]	[illegible]	[illegible]	[illegible]	[illegible]	[illegible]	[illegible]	[illegible]	11
50	[illegible]	[illegible]	[illegible]	[illegible]	[illegible]	[illegible]	[illegible]	[illegible]	[illegible]	[illegible]	[illegible]	[illegible]	10
51	[illegible]	[illegible]	[illegible]	[illegible]	[illegible]	[illegible]	[illegible]	[illegible]	[illegible]	[illegible]	[illegible]	[illegible]	9
52	[illegible]	[illegible]	[illegible]	[illegible]	[illegible]	[illegible]	[illegible]	[illegible]	[illegible]	[illegible]	[illegible]	[illegible]	8
53	[illegible]	[illegible]	[illegible]	[illegible]	[illegible]	[illegible]	[illegible]	[illegible]	[illegible]	[illegible]	[illegible]	[illegible]	7
54	[illegible]	[illegible]	[illegible]	[illegible]	[illegible]	[illegible]	[illegible]	[illegible]	[illegible]	[illegible]	[illegible]	[illegible]	6
55	[illegible]	[illegible]	[illegible]	[illegible]	[illegible]	[illegible]	[illegible]	[illegible]	[illegible]	[illegible]	[illegible]	[illegible]	5
56	[illegible]	[illegible]	[illegible]	[illegible]	[illegible]	[illegible]	[illegible]	[illegible]	[illegible]	[illegible]	[illegible]	[illegible]	4
57	[illegible]	[illegible]	[illegible]	[illegible]	[illegible]	[illegible]	[illegible]	[illegible]	[illegible]	[illegible]	[illegible]	[illegible]	3
58	[illegible]	[illegible]	[illegible]	[illegible]	[illegible]	[illegible]	[illegible]	[illegible]	[illegible]	[illegible]	[illegible]	[illegible]	2
59	[illegible]	[illegible]	[illegible]	[illegible]	[illegible]	[illegible]	[illegible]	[illegible]	[illegible]	[illegible]	[illegible]	[illegible]	1
60	[illegible]	[illegible]	[illegible]	[illegible]	[illegible]	[illegible]	[illegible]	[illegible]	[illegible]	[illegible]	[illegible]	[illegible]	0
″	23′	22′	21′	20′	19′	18′	17′	16′	15′	14′	13′	12′	″

1 Deg. Tangentes.

″	36′	37′	38′	39′	40′	41′	42′	43′	44′	45′	46′	47′	″
0	[illegible]	[illegible]	[illegible]	[illegible]	[illegible]	[illegible]	[illegible]	[illegible]	[illegible]	[illegible]	[illegible]	[illegible]	60
1	[illegible]	[illegible]	[illegible]	[illegible]	[illegible]	[illegible]	[illegible]	[illegible]	[illegible]	[illegible]	[illegible]	[illegible]	59
2	[illegible]	[illegible]	[illegible]	[illegible]	[illegible]	[illegible]	[illegible]	[illegible]	[illegible]	[illegible]	[illegible]	[illegible]	58
3	[illegible]	[illegible]	[illegible]	[illegible]	[illegible]	[illegible]	[illegible]	[illegible]	[illegible]	[illegible]	[illegible]	[illegible]	57
4	[illegible]	[illegible]	[illegible]	[illegible]	[illegible]	[illegible]	[illegible]	[illegible]	[illegible]	[illegible]	[illegible]	[illegible]	56
5	[illegible]	[illegible]	[illegible]	[illegible]	[illegible]	[illegible]	[illegible]	[illegible]	[illegible]	[illegible]	[illegible]	[illegible]	55
6	[illegible]	[illegible]	[illegible]	[illegible]	[illegible]	[illegible]	[illegible]	[illegible]	[illegible]	[illegible]	[illegible]	[illegible]	54
7	[illegible]	[illegible]	[illegible]	[illegible]	[illegible]	[illegible]	[illegible]	[illegible]	[illegible]	[illegible]	[illegible]	[illegible]	53
8	[illegible]	[illegible]	[illegible]	[illegible]	[illegible]	[illegible]	[illegible]	[illegible]	[illegible]	[illegible]	[illegible]	[illegible]	52
9	[illegible]	[illegible]	[illegible]	[illegible]	[illegible]	[illegible]	[illegible]	[illegible]	[illegible]	[illegible]	[illegible]	[illegible]	51
10	[illegible]	[illegible]	[illegible]	[illegible]	[illegible]	[illegible]	[illegible]	[illegible]	[illegible]	[illegible]	[illegible]	[illegible]	50
11	[illegible]	[illegible]	[illegible]	[illegible]	[illegible]	[illegible]	[illegible]	[illegible]	[illegible]	[illegible]	[illegible]	[illegible]	49
12	[illegible]	[illegible]	[illegible]	[illegible]	[illegible]	[illegible]	[illegible]	[illegible]	[illegible]	[illegible]	[illegible]	[illegible]	48
13	[illegible]	[illegible]	[illegible]	[illegible]	[illegible]	[illegible]	[illegible]	[illegible]	[illegible]	[illegible]	[illegible]	[illegible]	47
14	[illegible]	[illegible]	[illegible]	[illegible]	[illegible]	[illegible]	[illegible]	[illegible]	[illegible]	[illegible]	[illegible]	[illegible]	46
15	[illegible]	[illegible]	[illegible]	[illegible]	[illegible]	[illegible]	[illegible]	[illegible]	[illegible]	[illegible]	[illegible]	[illegible]	45
16	[illegible]	[illegible]	[illegible]	[illegible]	[illegible]	[illegible]	[illegible]	[illegible]	[illegible]	[illegible]	[illegible]	[illegible]	44
17	[illegible]	[illegible]	[illegible]	[illegible]	[illegible]	[illegible]	[illegible]	[illegible]	[illegible]	[illegible]	[illegible]	[illegible]	43
18	[illegible]	[illegible]	[illegible]	[illegible]	[illegible]	[illegible]	[illegible]	[illegible]	[illegible]	[illegible]	[illegible]	[illegible]	42
19	[illegible]	[illegible]	[illegible]	[illegible]	[illegible]	[illegible]	[illegible]	[illegible]	[illegible]	[illegible]	[illegible]	[illegible]	41
20	[illegible]	[illegible]	[illegible]	[illegible]	[illegible]	[illegible]	[illegible]	[illegible]	[illegible]	[illegible]	[illegible]	[illegible]	40
21	[illegible]	[illegible]	[illegible]	[illegible]	[illegible]	[illegible]	[illegible]	[illegible]	[illegible]	[illegible]	[illegible]	[illegible]	39
22	[illegible]	[illegible]	[illegible]	[illegible]	[illegible]	[illegible]	[illegible]	[illegible]	[illegible]	[illegible]	[illegible]	[illegible]	38
23	[illegible]	[illegible]	[illegible]	[illegible]	[illegible]	[illegible]	[illegible]	[illegible]	[illegible]	[illegible]	[illegible]	[illegible]	37
24	[illegible]	[illegible]	[illegible]	[illegible]	[illegible]	[illegible]	[illegible]	[illegible]	[illegible]	[illegible]	[illegible]	[illegible]	36
25	[illegible]	[illegible]	[illegible]	[illegible]	[illegible]	[illegible]	[illegible]	[illegible]	[illegible]	[illegible]	[illegible]	[illegible]	35
26	[illegible]	[illegible]	[illegible]	[illegible]	[illegible]	[illegible]	[illegible]	[illegible]	[illegible]	[illegible]	[illegible]	[illegible]	34
27	[illegible]	[illegible]	[illegible]	[illegible]	[illegible]	[illegible]	[illegible]	[illegible]	[illegible]	[illegible]	[illegible]	[illegible]	33
28	[illegible]	[illegible]	[illegible]	[illegible]	[illegible]	[illegible]	[illegible]	[illegible]	[illegible]	[illegible]	[illegible]	[illegible]	32
29	[illegible]	[illegible]	[illegible]	[illegible]	[illegible]	[illegible]	[illegible]	[illegible]	[illegible]	[illegible]	[illegible]	[illegible]	31
30	[illegible]	[illegible]	[illegible]	[illegible]	[illegible]	[illegible]	[illegible]	[illegible]	[illegible]	[illegible]	[illegible]	[illegible]	30
31	[illegible]	[illegible]	[illegible]	[illegible]	[illegible]	[illegible]	[illegible]	[illegible]	[illegible]	[illegible]	[illegible]	[illegible]	29
32	[illegible]	[illegible]	[illegible]	[illegible]	[illegible]	[illegible]	[illegible]	[illegible]	[illegible]	[illegible]	[illegible]	[illegible]	28
33	[illegible]	[illegible]	[illegible]	[illegible]	[illegible]	[illegible]	[illegible]	[illegible]	[illegible]	[illegible]	[illegible]	[illegible]	27
34	[illegible]	[illegible]	[illegible]	[illegible]	[illegible]	[illegible]	[illegible]	[illegible]	[illegible]	[illegible]	[illegible]	[illegible]	26
35	[illegible]	[illegible]	[illegible]	[illegible]	[illegible]	[illegible]	[illegible]	[illegible]	[illegible]	[illegible]	[illegible]	[illegible]	25
36	[illegible]	[illegible]	[illegible]	[illegible]	[illegible]	[illegible]	[illegible]	[illegible]	[illegible]	[illegible]	[illegible]	[illegible]	24
37	[illegible]	[illegible]	[illegible]	[illegible]	[illegible]	[illegible]	[illegible]	[illegible]	[illegible]	[illegible]	[illegible]	[illegible]	23
38	[illegible]	[illegible]	[illegible]	[illegible]	[illegible]	[illegible]	[illegible]	[illegible]	[illegible]	[illegible]	[illegible]	[illegible]	22
39	[illegible]	[illegible]	[illegible]	[illegible]	[illegible]	[illegible]	[illegible]	[illegible]	[illegible]	[illegible]	[illegible]	[illegible]	21
40	[illegible]	[illegible]	[illegible]	[illegible]	[illegible]	[illegible]	[illegible]	[illegible]	[illegible]	[illegible]	[illegible]	[illegible]	20
41	[illegible]	[illegible]	[illegible]	[illegible]	[illegible]	[illegible]	[illegible]	[illegible]	[illegible]	[illegible]	[illegible]	[illegible]	19
42	[illegible]	[illegible]	[illegible]	[illegible]	[illegible]	[illegible]	[illegible]	[illegible]	[illegible]	[illegible]	[illegible]	[illegible]	18
43	[illegible]	[illegible]	[illegible]	[illegible]	[illegible]	[illegible]	[illegible]	[illegible]	[illegible]	[illegible]	[illegible]	[illegible]	17
44	[illegible]	[illegible]	[illegible]	[illegible]	[illegible]	[illegible]	[illegible]	[illegible]	[illegible]	[illegible]	[illegible]	[illegible]	16
45	[illegible]	[illegible]	[illegible]	[illegible]	[illegible]	[illegible]	[illegible]	[illegible]	[illegible]	[illegible]	[illegible]	[illegible]	15
46	[illegible]	[illegible]	[illegible]	[illegible]	[illegible]	[illegible]	[illegible]	[illegible]	[illegible]	[illegible]	[illegible]	[illegible]	14
47	[illegible]	[illegible]	[illegible]	[illegible]	[illegible]	[illegible]	[illegible]	[illegible]	[illegible]	[illegible]	[illegible]	[illegible]	13
48	[illegible]	[illegible]	[illegible]	[illegible]	[illegible]	[illegible]	[illegible]	[illegible]	[illegible]	[illegible]	[illegible]	[illegible]	12
49	[illegible]	[illegible]	[illegible]	[illegible]	[illegible]	[illegible]	[illegible]	[illegible]	[illegible]	[illegible]	[illegible]	[illegible]	11
50	[illegible]	[illegible]	[illegible]	[illegible]	[illegible]	[illegible]	[illegible]	[illegible]	[illegible]	[illegible]	[illegible]	[illegible]	10
51	[illegible]	[illegible]	[illegible]	[illegible]	[illegible]	[illegible]	[illegible]	[illegible]	[illegible]	[illegible]	[illegible]	[illegible]	9
52	[illegible]	[illegible]	[illegible]	[illegible]	[illegible]	[illegible]	[illegible]	[illegible]	[illegible]	[illegible]	[illegible]	[illegible]	8
53	[illegible]	[illegible]	[illegible]	[illegible]	[illegible]	[illegible]	[illegible]	[illegible]	[illegible]	[illegible]	[illegible]	[illegible]	7
54	[illegible]	[illegible]	[illegible]	[illegible]	[illegible]	[illegible]	[illegible]	[illegible]	[illegible]	[illegible]	[illegible]	[illegible]	6
55	[illegible]	[illegible]	[illegible]	[illegible]	[illegible]	[illegible]	[illegible]	[illegible]	[illegible]	[illegible]	[illegible]	[illegible]	5
56	[illegible]	[illegible]	[illegible]	[illegible]	[illegible]	[illegible]	[illegible]	[illegible]	[illegible]	[illegible]	[illegible]	[illegible]	4
57	[illegible]	[illegible]	[illegible]	[illegible]	[illegible]	[illegible]	[illegible]	[illegible]	[illegible]	[illegible]	[illegible]	[illegible]	3
58	[illegible]	[illegible]	[illegible]	[illegible]	[illegible]	[illegible]	[illegible]	[illegible]	[illegible]	[illegible]	[illegible]	[illegible]	2
59	[illegible]	[illegible]	[illegible]	[illegible]	[illegible]	[illegible]	[illegible]	[illegible]	[illegible]	[illegible]	[illegible]	[illegible]	1
60	[illegible]	[illegible]	[illegible]	[illegible]	[illegible]	[illegible]	[illegible]	[illegible]	[illegible]	[illegible]	[illegible]	[illegible]	0
″	23′	22′	21′	20′	19′	18′	17′	16′	15′	14′	13′	12′	″

Co-Tangentes. 88 Deg.

″	48′	49′	50′	51′	52′	53′	54′	55′	56′	57′	58′	59′	″
0	[illegible]	[illegible]	[illegible]	[illegible]	[illegible]	[illegible]	[illegible]	[illegible]	[illegible]	[illegible]	[illegible]	[illegible]	60
1	[illegible]	[illegible]	[illegible]	[illegible]	[illegible]	[illegible]	[illegible]	[illegible]	[illegible]	[illegible]	[illegible]	[illegible]	59
2	[illegible]	[illegible]	[illegible]	[illegible]	[illegible]	[illegible]	[illegible]	[illegible]	[illegible]	[illegible]	[illegible]	[illegible]	58
3	[illegible]	[illegible]	[illegible]	[illegible]	[illegible]	[illegible]	[illegible]	[illegible]	[illegible]	[illegible]	[illegible]	[illegible]	57
4	[illegible]	[illegible]	[illegible]	[illegible]	[illegible]	[illegible]	[illegible]	[illegible]	[illegible]	[illegible]	[illegible]	[illegible]	56
5	[illegible]	[illegible]	[illegible]	[illegible]	[illegible]	[illegible]	[illegible]	[illegible]	[illegible]	[illegible]	[illegible]	[illegible]	55
6	[illegible]	[illegible]	[illegible]	[illegible]	[illegible]	[illegible]	[illegible]	[illegible]	[illegible]	[illegible]	[illegible]	[illegible]	54
7	[illegible]	[illegible]	[illegible]	[illegible]	[illegible]	[illegible]	[illegible]	[illegible]	[illegible]	[illegible]	[illegible]	[illegible]	53
8	[illegible]	[illegible]	[illegible]	[illegible]	[illegible]	[illegible]	[illegible]	[illegible]	[illegible]	[illegible]	[illegible]	[illegible]	52
9	[illegible]	[illegible]	[illegible]	[illegible]	[illegible]	[illegible]	[illegible]	[illegible]	[illegible]	[illegible]	[illegible]	[illegible]	51
10	[illegible]	[illegible]	[illegible]	[illegible]	[illegible]	[illegible]	[illegible]	[illegible]	[illegible]	[illegible]	[illegible]	[illegible]	50
11	[illegible]	[illegible]	[illegible]	[illegible]	[illegible]	[illegible]	[illegible]	[illegible]	[illegible]	[illegible]	[illegible]	[illegible]	49
12	[illegible]	[illegible]	[illegible]	[illegible]	[illegible]	[illegible]	[illegible]	[illegible]	[illegible]	[illegible]	[illegible]	[illegible]	48
13	[illegible]	[illegible]	[illegible]	[illegible]	[illegible]	[illegible]	[illegible]	[illegible]	[illegible]	[illegible]	[illegible]	[illegible]	47
14	[illegible]	[illegible]	[illegible]	[illegible]	[illegible]	[illegible]	[illegible]	[illegible]	[illegible]	[illegible]	[illegible]	[illegible]	46
15	[illegible]	[illegible]	[illegible]	[illegible]	[illegible]	[illegible]	[illegible]	[illegible]	[illegible]	[illegible]	[illegible]	[illegible]	45
16	[illegible]	[illegible]	[illegible]	[illegible]	[illegible]	[illegible]	[illegible]	[illegible]	[illegible]	[illegible]	[illegible]	[illegible]	44
17	[illegible]	[illegible]	[illegible]	[illegible]	[illegible]	[illegible]	[illegible]	[illegible]	[illegible]	[illegible]	[illegible]	[illegible]	43
18	[illegible]	[illegible]	[illegible]	[illegible]	[illegible]	[illegible]	[illegible]	[illegible]	[illegible]	[illegible]	[illegible]	[illegible]	42
19	[illegible]	[illegible]	[illegible]	[illegible]	[illegible]	[illegible]	[illegible]	[illegible]	[illegible]	[illegible]	[illegible]	[illegible]	41
20	[illegible]	[illegible]	[illegible]	[illegible]	[illegible]	[illegible]	[illegible]	[illegible]	[illegible]	[illegible]	[illegible]	[illegible]	40
21	[illegible]	[illegible]	[illegible]	[illegible]	[illegible]	[illegible]	[illegible]	[illegible]	[illegible]	[illegible]	[illegible]	[illegible]	39
22	[illegible]	[illegible]	[illegible]	[illegible]	[illegible]	[illegible]	[illegible]	[illegible]	[illegible]	[illegible]	[illegible]	[illegible]	38
23	[illegible]	[illegible]	[illegible]	[illegible]	[illegible]	[illegible]	[illegible]	[illegible]	[illegible]	[illegible]	[illegible]	[illegible]	37
24	[illegible]	[illegible]	[illegible]	[illegible]	[illegible]	[illegible]	[illegible]	[illegible]	[illegible]	[illegible]	[illegible]	[illegible]	36
25	[illegible]	[illegible]	[illegible]	[illegible]	[illegible]	[illegible]	[illegible]	[illegible]	[illegible]	[illegible]	[illegible]	[illegible]	35
26	[illegible]	[illegible]	[illegible]	[illegible]	[illegible]	[illegible]	[illegible]	[illegible]	[illegible]	[illegible]	[illegible]	[illegible]	34
27	[illegible]	[illegible]	[illegible]	[illegible]	[illegible]	[illegible]	[illegible]	[illegible]	[illegible]	[illegible]	[illegible]	[illegible]	33
28	[illegible]	[illegible]	[illegible]	[illegible]	[illegible]	[illegible]	[illegible]	[illegible]	[illegible]	[illegible]	[illegible]	[illegible]	32
29	[illegible]	[illegible]	[illegible]	[illegible]	[illegible]	[illegible]	[illegible]	[illegible]	[illegible]	[illegible]	[illegible]	[illegible]	31
30	[illegible]	[illegible]	[illegible]	[illegible]	[illegible]	[illegible]	[illegible]	[illegible]	[illegible]	[illegible]	[illegible]	[illegible]	30
31	[illegible]	[illegible]	[illegible]	[illegible]	[illegible]	[illegible]	[illegible]	[illegible]	[illegible]	[illegible]	[illegible]	[illegible]	29
32	[illegible]	[illegible]	[illegible]	[illegible]	[illegible]	[illegible]	[illegible]	[illegible]	[illegible]	[illegible]	[illegible]	[illegible]	28
33	[illegible]	[illegible]	[illegible]	[illegible]	[illegible]	[illegible]	[illegible]	[illegible]	[illegible]	[illegible]	[illegible]	[illegible]	27
34	[illegible]	[illegible]	[illegible]	[illegible]	[illegible]	[illegible]	[illegible]	[illegible]	[illegible]	[illegible]	[illegible]	[illegible]	26
35	[illegible]	[illegible]	[illegible]	[illegible]	[illegible]	[illegible]	[illegible]	[illegible]	[illegible]	[illegible]	[illegible]	[illegible]	25
36	[illegible]	[illegible]	[illegible]	[illegible]	[illegible]	[illegible]	[illegible]	[illegible]	[illegible]	[illegible]	[illegible]	[illegible]	24
37	[illegible]	[illegible]	[illegible]	[illegible]	[illegible]	[illegible]	[illegible]	[illegible]	[illegible]	[illegible]	[illegible]	[illegible]	23
38	[illegible]	[illegible]	[illegible]	[illegible]	[illegible]	[illegible]	[illegible]	[illegible]	[illegible]	[illegible]	[illegible]	[illegible]	22
39	[illegible]	[illegible]	[illegible]	[illegible]	[illegible]	[illegible]	[illegible]	[illegible]	[illegible]	[illegible]	[illegible]	[illegible]	21
40	[illegible]	[illegible]	[illegible]	[illegible]	[illegible]	[illegible]	[illegible]	[illegible]	[illegible]	[illegible]	[illegible]	[illegible]	20
41	[illegible]	[illegible]	[illegible]	[illegible]	[illegible]	[illegible]	[illegible]	[illegible]	[illegible]	[illegible]	[illegible]	[illegible]	19
42	[illegible]	[illegible]	[illegible]	[illegible]	[illegible]	[illegible]	[illegible]	[illegible]	[illegible]	[illegible]	[illegible]	[illegible]	18
43	[illegible]	[illegible]	[illegible]	[illegible]	[illegible]	[illegible]	[illegible]	[illegible]	[illegible]	[illegible]	[illegible]	[illegible]	17
44	[illegible]	[illegible]	[illegible]	[illegible]	[illegible]	[illegible]	[illegible]	[illegible]	[illegible]	[illegible]	[illegible]	[illegible]	16
45	[illegible]	[illegible]	[illegible]	[illegible]	[illegible]	[illegible]	[illegible]	[illegible]	[illegible]	[illegible]	[illegible]	[illegible]	15
46	[illegible]	[illegible]	[illegible]	[illegible]	[illegible]	[illegible]	[illegible]	[illegible]	[illegible]	[illegible]	[illegible]	[illegible]	14
47	[illegible]	[illegible]	[illegible]	[illegible]	[illegible]	[illegible]	[illegible]	[illegible]	[illegible]	[illegible]	[illegible]	[illegible]	13
48	[illegible]	[illegible]	[illegible]	[illegible]	[illegible]	[illegible]	[illegible]	[illegible]	[illegible]	[illegible]	[illegible]	[illegible]	12
49	[illegible]	[illegible]	[illegible]	[illegible]	[illegible]	[illegible]	[illegible]	[illegible]	[illegible]	[illegible]	[illegible]	[illegible]	11
50	[illegible]	[illegible]	[illegible]	[illegible]	[illegible]	[illegible]	[illegible]	[illegible]	[illegible]	[illegible]	[illegible]	[illegible]	10
51	[illegible]	[illegible]	[illegible]	[illegible]	[illegible]	[illegible]	[illegible]	[illegible]	[illegible]	[illegible]	[illegible]	[illegible]	9
52	[illegible]	[illegible]	[illegible]	[illegible]	[illegible]	[illegible]	[illegible]	[illegible]	[illegible]	[illegible]	[illegible]	[illegible]	8
53	[illegible]	[illegible]	[illegible]	[illegible]	[illegible]	[illegible]	[illegible]	[illegible]	[illegible]	[illegible]	[illegible]	[illegible]	7
54	[illegible]	[illegible]	[illegible]	[illegible]	[illegible]	[illegible]	[illegible]	[illegible]	[illegible]	[illegible]	[illegible]	[illegible]	6
55	[illegible]	[illegible]	[illegible]	[illegible]	[illegible]	[illegible]	[illegible]	[illegible]	[illegible]	[illegible]	[illegible]	[illegible]	5
56	[illegible]	[illegible]	[illegible]	[illegible]	[illegible]	[illegible]	[illegible]	[illegible]	[illegible]	[illegible]	[illegible]	[illegible]	4
57	[illegible]	[illegible]	[illegible]	[illegible]	[illegible]	[illegible]	[illegible]	[illegible]	[illegible]	[illegible]	[illegible]	[illegible]	3
58	[illegible]	[illegible]	[illegible]	[illegible]	[illegible]	[illegible]	[illegible]	[illegible]	[illegible]	[illegible]	[illegible]	[illegible]	2
59	[illegible]	[illegible]	[illegible]	[illegible]	[illegible]	[illegible]	[illegible]	[illegible]	[illegible]	[illegible]	[illegible]	[illegible]	1
60	[illegible]	[illegible]	[illegible]	[illegible]	[illegible]	[illegible]	[illegible]	[illegible]	[illegible]	[illegible]	[illegible]	[illegible]	0
″	11′	10′	9′	8′	7′	6′	5′	4′	3′	2′	1′	0′	″

″	48′	49′	50′	51′	52′	53′	54′	55′	56′	57′	58′	59′	″
0	8.4972912	8.5012982	8.5052671	8.5092001	8.5130971	8.5169610	8.5207902	8.5245860	8.5283490	8.5320797	8.5357787	8.5394466	60
1	8.4973590	8.5013646	8.5053383	8.5092633	8.5131615	8.5170291	8.5208537	8.5246490	8.5284114	8.5321416	8.5358401	8.5395075	59
2	8.4974269	8.5014311	8.5053987	8.5093305	8.5132287	8.5170891	8.5209172	8.5247124	8.5284739	8.5322035	8.5359019	8.5395683	58
3	8.4974915	8.5014975	8.5054646	8.5093958	8.5132918	8.5171553	8.5209808	8.5247747	8.5285361	8.5322654	8.5359619	8.5396291	57
4	8.4975610	8.5015639	8.5055310	8.5094610	8.5133564	8.5172171	8.5210441	8.5248377	8.5285987	8.5323287	8.5360241	8.5396900	56
5	8.4976280	8.5016307	8.5055968	8.5095261	8.5134111	8.5172814	8.5211078	8.5249007	8.5286611	8.5323892	8.5360854	8.5397509	55
6	8.4976950	8.5016967	8.5056610	8.5095914	8.5134857	8.5173455	8.5211711	8.5249631	8.5287213	8.5324510	8.5361469	8.5398117	54
7	8.4977610	8.5017631	8.5057177	8.5096566	8.5135505	8.5174095	8.5212347	8.5250267	8.5287850	8.5325129	8.5362081	8.5398725	53
8	8.4978190	8.5018299	8.5057915	8.5097211	8.5136149	8.5174735	8.5212981	8.5250890	8.5288461	8.5325747	8.5362690	8.5399331	52
9	8.4978955	8.5018950	8.5058590	8.5097870	8.5136795	8.5175379	8.5213617	8.5251512	8.5289100	8.5326360	8.5363304	8.5399941	51
10	8.4979625	8.5019601	8.5059250	8.5098521	8.5137441	8.5176016	8.5214251	8.5252145	8.5289713	8.5326980	8.5363918	8.5400549	50
11	8.4980297	8.5020288	8.5059900	8.5099171	8.5138087	8.5176656	8.5214886	8.5252781	8.5290335	8.5327600	8.5364531	8.5401157	49
12	8.4980965	8.5020947	8.5060561	8.5099821	8.5138731	8.5177297	8.5215520	8.5253411	8.5290957	8.5328210	8.5365145	8.5401765	48
13	8.4981637	8.5021611	8.5061221	8.5100479	8.5139378	8.5177935	8.5216153	8.5254041	8.5291600	8.5328831	8.5365761	8.5402372	47
14	8.4982307	8.5022277	8.5061879	8.5101117	8.5140021	8.5178579	8.5216787	8.5254666	8.5292221	8.5329450	8.5366371	8.5402980	46
15	8.4982976	8.5022939	8.5062536	8.5101777	8.5140666	8.5179215	8.5217421	8.5255290	8.5292847	8.5330074	8.5366984	8.5403587	45
16	8.4983649	8.5023601	8.5063195	8.5102419	8.5141314	8.5179854	8.5218057	8.5255921	8.5293474	8.5330689	8.5367597	8.5404195	44
17	8.4984311	8.5024266	8.5063850	8.5103080	8.5141959	8.5180494	8.5218690	8.5256555	8.5294095	8.5331310	8.5368211	8.5404802	43
18	8.4984981	8.5024917	8.5064507	8.5103731	8.5142602	8.5181133	8.5219321	8.5257183	8.5294716	8.5331927	8.5368824	8.5405409	42
19	8.4985651	8.5025581	8.5065164	8.5104381	8.5143249	8.5181772	8.5219955	8.5257811	8.5295335	8.5332546	8.5369436	8.5406017	41
20	8.4986321	8.5026215	8.5065820	8.5105031	8.5143894	8.5182411	8.5220590	8.5258419	8.5295960	8.5333161	8.5370049	8.5406624	40
21	8.4986989	8.5026891	8.5066477	8.5105681	8.5144535	8.5183051	8.5221224	8.5259067	8.5296585	8.5333779	8.5370660	8.5407231	39
22	8.4987657	8.5027576	8.5067113	8.5106331	8.5145181	8.5183690	8.5221855	8.5259609	8.5297206	8.5334397	8.5371274	8.5407838	38
23	8.4988319	8.5028139	8.5067785	8.5106980	8.5145824	8.5184329	8.5222491	8.5260321	8.5297831	8.5335014	8.5371886	8.5408445	37
24	8.4988992	8.5028901	8.5068445	8.5107634	8.5146472	8.5184967	8.5223124	8.5260951	8.5298451	8.5335631	8.5372498	8.5409051	36
25	8.4989661	8.5029581	8.5069101	8.5108284	8.5147117	8.5185606	8.5223759	8.5261579	8.5299071	8.5336248	8.5373110	8.5409658	35
26	8.4990331	8.5030225	8.5069757	8.5108931	8.5147761	8.5186245	8.5224391	8.5262208	8.5299690	8.5336865	8.5373721	8.5410264	34
27	8.4990999	8.5030888	8.5070411	8.5109581	8.5148405	8.5186885	8.5225014	8.5262834	8.5300311	8.5337481	8.5374311	8.5410871	33
28	8.4991666	8.5031548	8.5071069	8.5110231	8.5149049	8.5187521	8.5225657	8.5263461	8.5300931	8.5338098	8.5374944	8.5411477	32
29	8.4992333	8.5032210	8.5071724	8.5110881	8.5149693	8.5188160	8.5226290	8.5264088	8.5301550	8.5338714	8.5375555	8.5412084	31
30	8.4993001	8.5032871	8.5072380	8.5111533	8.5150337	8.5188798	8.5226921	8.5264716	8.5302187	8.5339311	8.5376165	8.5412690	30
31	8.4993668	8.5033533	8.5073035	8.5112181	8.5150981	8.5189410	8.5227555	8.5265341	8.5302805	8.5339947	8.5376777	8.5413296	29
32	8.4994335	8.5034194	8.5073691	8.5112831	8.5151625	8.5190074	8.5228187	8.5265970	8.5303417	8.5340564	8.5377388	8.5413902	28
33	8.4995001	8.5034855	8.5074346	8.5113481	8.5152269	8.5190713	8.5228820	8.5266597	8.5304040	8.5341181	8.5377999	8.5414508	27
34	8.4995670	8.5035517	8.5075001	8.5114131	8.5152912	8.5191350	8.5229451	8.5267221	8.5304670	8.5341797	8.5378610	8.5415114	26
35	8.4996337	8.5036178	8.5075656	8.5114780	8.5153555	8.5191988	8.5230084	8.5267850	8.5305291	8.5342413	8.5379221	8.5415720	25
36	8.4997004	8.5036838	8.5076311	8.5115429	8.5154199	8.5192626	8.5230717	8.5268477	8.5305912	8.5343029	8.5379831	8.5416326	24
37	8.4997671	8.5037499	8.5076966	8.5116078	8.5154842	8.5193263	8.5231349	8.5269103	8.5306531	8.5343645	8.5380441	8.5416931	23
38	8.4998338	8.5038160	8.5077621	8.5116727	8.5155485	8.5193901	8.5231981	8.5269730	8.5307151	8.5344261	8.5381051	8.5417537	22
39	8.4999005	8.5038821	8.5078276	8.5117376	8.5156128	8.5194539	8.5232612	8.5270356	8.5307770	8.5344876	8.5381660	8.5418142	21
40	8.4999671	8.5039481	8.5078930	8.5118024	8.5156771	8.5195175	8.5233244	8.5270981	8.5308397	8.5345491	8.5382270	8.5418748	20
41	8.5000337	8.5040141	8.5079585	8.5118673	8.5157414	8.5195813	8.5233876	8.5271608	8.5309017	8.5346108	8.5382880	8.5419353	19
42	8.5001004	8.5040801	8.5080239	8.5119321	8.5158057	8.5196450	8.5234507	8.5272235	8.5309631	8.5346721	8.5383490	8.5419958	18
43	8.5001670	8.5041461	8.5080893	8.5119970	8.5158699	8.5197087	8.5235139	8.5272861	8.5310255	8.5347339	8.5384101	8.5420563	17
44	8.5002337	8.5042121	8.5081547	8.5120618	8.5159341	8.5197724	8.5235770	8.5273487	8.5310876	8.5347954	8.5384711	8.5421168	16
45	8.5003003	8.5042781	8.5082201	8.5121267	8.5159984	8.5198361	8.5236401	8.5274113	8.5311490	8.5348569	8.5385321	8.5421773	15
46	8.5003669	8.5043441	8.5082855	8.5121915	8.5160626	8.5198997	8.5237031	8.5274739	8.5312111	8.5349184	8.5385931	8.5422378	14
47	8.5004335	8.5044101	8.5083509	8.5122563	8.5161268	8.5199634	8.5237660	8.5275365	8.5312741	8.5349799	8.5386545	8.5422983	13
48	8.5005000	8.5044761	8.5084161	8.5123211	8.5161911	8.5200271	8.5238295	8.5275990	8.5313361	8.5350414	8.5387155	8.5423588	12
49	8.5005666	8.5045421	8.5084815	8.5123859	8.5162553	8.5200907	8.5238916	8.5276615	8.5313981	8.5351029	8.5387760	8.5424193	11
50	8.5006332	8.5046081	8.5085469	8.5124506	8.5163195	8.5201543	8.5239557	8.5277241	8.5314601	8.5351644	8.5388374	8.5424797	10
51	8.5006997	8.5046740	8.5086122	8.5125154	8.5163837	8.5202180	8.5240187	8.5277866	8.5315211	8.5352250	8.5388984	8.5425401	9
52	8.5007663	8.5047400	8.5086775	8.5125801	8.5164479	8.5202816	8.5240811	8.5278491	8.5315841	8.5352872	8.5389590	8.5426005	8
53	8.5008328	8.5048059	8.5087431	8.5126449	8.5165121	8.5203452	8.5241449	8.5279116	8.5316460	8.5353487	8.5390201	8.5426610	7
54	8.5008993	8.5048718	8.5088082	8.5127096	8.5165762	8.5204088	8.5242070	8.5279741	8.5317081	8.5354101	8.5390811	8.5427214	6
55	8.5009658	8.5049377	8.5088737	8.5127743	8.5166404	8.5204724	8.5242700	8.5280366	8.5317700	8.5354717	8.5391421	8.5427819	5
56	8.5010323	8.5050036	8.5089390	8.5128390	8.5167045	8.5205360	8.5243340	8.5280991	8.5318320	8.5355331	8.5392021	8.5428423	4
57	8.5010988	8.5050695	8.5090044	8.5129037	8.5167687	8.5205995	8.5243970	8.5281616	8.5318939	8.5355944	8.5392631	8.5429027	3
58	8.5011653	8.5051353	8.5090696	8.5129683	8.5168328	8.5206631	8.5244600	8.5282241	8.5319558	8.5356559	8.5393240	8.5429631	2
59	8.5012317	8.5052012	8.5091348	8.5130331	8.5168969	8.5207267	8.5245230	8.5282866	8.5320176	8.5357171	8.5393857	8.5430234	1
60	8.5012982	8.5052671	8.5092001	8.5130971	8.5169610	8.5207902	8.5245860	8.5283490	8.5320797	8.5357787	8.5394466	8.5430838	0
″	11′	10′	9′	8′	7′	6′	5′	4′	3′	2′	1′	0′	″

"	0'	1'	2'	3'	4'	5'	6'	7'	8'	9'	10'	11'	"
0	[illegible]	[illegible]	[illegible]	[illegible]	[illegible]	[illegible]	[illegible]	[illegible]	[illegible]	[illegible]	[illegible]	[illegible]	60
1	[illegible]	[illegible]	[illegible]	[illegible]	[illegible]	[illegible]	[illegible]	[illegible]	[illegible]	[illegible]	[illegible]	[illegible]	59
2	[illegible]	[illegible]	[illegible]	[illegible]	[illegible]	[illegible]	[illegible]	[illegible]	[illegible]	[illegible]	[illegible]	[illegible]	58
3	[illegible]	[illegible]	[illegible]	[illegible]	[illegible]	[illegible]	[illegible]	[illegible]	[illegible]	[illegible]	[illegible]	[illegible]	57
4	[illegible]	[illegible]	[illegible]	[illegible]	[illegible]	[illegible]	[illegible]	[illegible]	[illegible]	[illegible]	[illegible]	[illegible]	56
5	[illegible]	[illegible]	[illegible]	[illegible]	[illegible]	[illegible]	[illegible]	[illegible]	[illegible]	[illegible]	[illegible]	[illegible]	55
6	[illegible]	[illegible]	[illegible]	[illegible]	[illegible]	[illegible]	[illegible]	[illegible]	[illegible]	[illegible]	[illegible]	[illegible]	54
7	[illegible]	[illegible]	[illegible]	[illegible]	[illegible]	[illegible]	[illegible]	[illegible]	[illegible]	[illegible]	[illegible]	[illegible]	53
8	[illegible]	[illegible]	[illegible]	[illegible]	[illegible]	[illegible]	[illegible]	[illegible]	[illegible]	[illegible]	[illegible]	[illegible]	52
9	[illegible]	[illegible]	[illegible]	[illegible]	[illegible]	[illegible]	[illegible]	[illegible]	[illegible]	[illegible]	[illegible]	[illegible]	51
10	[illegible]	[illegible]	[illegible]	[illegible]	[illegible]	[illegible]	[illegible]	[illegible]	[illegible]	[illegible]	[illegible]	[illegible]	50
11	[illegible]	[illegible]	[illegible]	[illegible]	[illegible]	[illegible]	[illegible]	[illegible]	[illegible]	[illegible]	[illegible]	[illegible]	49
12	[illegible]	[illegible]	[illegible]	[illegible]	[illegible]	[illegible]	[illegible]	[illegible]	[illegible]	[illegible]	[illegible]	[illegible]	48
13	[illegible]	[illegible]	[illegible]	[illegible]	[illegible]	[illegible]	[illegible]	[illegible]	[illegible]	[illegible]	[illegible]	[illegible]	47
14	[illegible]	[illegible]	[illegible]	[illegible]	[illegible]	[illegible]	[illegible]	[illegible]	[illegible]	[illegible]	[illegible]	[illegible]	46
15	[illegible]	[illegible]	[illegible]	[illegible]	[illegible]	[illegible]	[illegible]	[illegible]	[illegible]	[illegible]	[illegible]	[illegible]	45
16	[illegible]	[illegible]	[illegible]	[illegible]	[illegible]	[illegible]	[illegible]	[illegible]	[illegible]	[illegible]	[illegible]	[illegible]	44
17	[illegible]	[illegible]	[illegible]	[illegible]	[illegible]	[illegible]	[illegible]	[illegible]	[illegible]	[illegible]	[illegible]	[illegible]	43
18	[illegible]	[illegible]	[illegible]	[illegible]	[illegible]	[illegible]	[illegible]	[illegible]	[illegible]	[illegible]	[illegible]	[illegible]	42
19	[illegible]	[illegible]	[illegible]	[illegible]	[illegible]	[illegible]	[illegible]	[illegible]	[illegible]	[illegible]	[illegible]	[illegible]	41
20	[illegible]	[illegible]	[illegible]	[illegible]	[illegible]	[illegible]	[illegible]	[illegible]	[illegible]	[illegible]	[illegible]	[illegible]	40
21	[illegible]	[illegible]	[illegible]	[illegible]	[illegible]	[illegible]	[illegible]	[illegible]	[illegible]	[illegible]	[illegible]	[illegible]	39
22	[illegible]	[illegible]	[illegible]	[illegible]	[illegible]	[illegible]	[illegible]	[illegible]	[illegible]	[illegible]	[illegible]	[illegible]	38
23	[illegible]	[illegible]	[illegible]	[illegible]	[illegible]	[illegible]	[illegible]	[illegible]	[illegible]	[illegible]	[illegible]	[illegible]	37
24	[illegible]	[illegible]	[illegible]	[illegible]	[illegible]	[illegible]	[illegible]	[illegible]	[illegible]	[illegible]	[illegible]	[illegible]	36
25	[illegible]	[illegible]	[illegible]	[illegible]	[illegible]	[illegible]	[illegible]	[illegible]	[illegible]	[illegible]	[illegible]	[illegible]	35
26	[illegible]	[illegible]	[illegible]	[illegible]	[illegible]	[illegible]	[illegible]	[illegible]	[illegible]	[illegible]	[illegible]	[illegible]	34
27	[illegible]	[illegible]	[illegible]	[illegible]	[illegible]	[illegible]	[illegible]	[illegible]	[illegible]	[illegible]	[illegible]	[illegible]	33
28	[illegible]	[illegible]	[illegible]	[illegible]	[illegible]	[illegible]	[illegible]	[illegible]	[illegible]	[illegible]	[illegible]	[illegible]	32
29	[illegible]	[illegible]	[illegible]	[illegible]	[illegible]	[illegible]	[illegible]	[illegible]	[illegible]	[illegible]	[illegible]	[illegible]	31
30	[illegible]	[illegible]	[illegible]	[illegible]	[illegible]	[illegible]	[illegible]	[illegible]	[illegible]	[illegible]	[illegible]	[illegible]	30
31	[illegible]	[illegible]	[illegible]	[illegible]	[illegible]	[illegible]	[illegible]	[illegible]	[illegible]	[illegible]	[illegible]	[illegible]	29
32	[illegible]	[illegible]	[illegible]	[illegible]	[illegible]	[illegible]	[illegible]	[illegible]	[illegible]	[illegible]	[illegible]	[illegible]	28
33	[illegible]	[illegible]	[illegible]	[illegible]	[illegible]	[illegible]	[illegible]	[illegible]	[illegible]	[illegible]	[illegible]	[illegible]	27
34	[illegible]	[illegible]	[illegible]	[illegible]	[illegible]	[illegible]	[illegible]	[illegible]	[illegible]	[illegible]	[illegible]	[illegible]	26
35	[illegible]	[illegible]	[illegible]	[illegible]	[illegible]	[illegible]	[illegible]	[illegible]	[illegible]	[illegible]	[illegible]	[illegible]	25
36	[illegible]	[illegible]	[illegible]	[illegible]	[illegible]	[illegible]	[illegible]	[illegible]	[illegible]	[illegible]	[illegible]	[illegible]	24
37	[illegible]	[illegible]	[illegible]	[illegible]	[illegible]	[illegible]	[illegible]	[illegible]	[illegible]	[illegible]	[illegible]	[illegible]	23
38	[illegible]	[illegible]	[illegible]	[illegible]	[illegible]	[illegible]	[illegible]	[illegible]	[illegible]	[illegible]	[illegible]	[illegible]	22
39	[illegible]	[illegible]	[illegible]	[illegible]	[illegible]	[illegible]	[illegible]	[illegible]	[illegible]	[illegible]	[illegible]	[illegible]	21
40	[illegible]	[illegible]	[illegible]	[illegible]	[illegible]	[illegible]	[illegible]	[illegible]	[illegible]	[illegible]	[illegible]	[illegible]	20
41	[illegible]	[illegible]	[illegible]	[illegible]	[illegible]	[illegible]	[illegible]	[illegible]	[illegible]	[illegible]	[illegible]	[illegible]	19
42	[illegible]	[illegible]	[illegible]	[illegible]	[illegible]	[illegible]	[illegible]	[illegible]	[illegible]	[illegible]	[illegible]	[illegible]	18
43	[illegible]	[illegible]	[illegible]	[illegible]	[illegible]	[illegible]	[illegible]	[illegible]	[illegible]	[illegible]	[illegible]	[illegible]	17
44	[illegible]	[illegible]	[illegible]	[illegible]	[illegible]	[illegible]	[illegible]	[illegible]	[illegible]	[illegible]	[illegible]	[illegible]	16
45	[illegible]	[illegible]	[illegible]	[illegible]	[illegible]	[illegible]	[illegible]	[illegible]	[illegible]	[illegible]	[illegible]	[illegible]	15
46	[illegible]	[illegible]	[illegible]	[illegible]	[illegible]	[illegible]	[illegible]	[illegible]	[illegible]	[illegible]	[illegible]	[illegible]	14
47	[illegible]	[illegible]	[illegible]	[illegible]	[illegible]	[illegible]	[illegible]	[illegible]	[illegible]	[illegible]	[illegible]	[illegible]	13
48	[illegible]	[illegible]	[illegible]	[illegible]	[illegible]	[illegible]	[illegible]	[illegible]	[illegible]	[illegible]	[illegible]	[illegible]	12
49	[illegible]	[illegible]	[illegible]	[illegible]	[illegible]	[illegible]	[illegible]	[illegible]	[illegible]	[illegible]	[illegible]	[illegible]	11
50	[illegible]	[illegible]	[illegible]	[illegible]	[illegible]	[illegible]	[illegible]	[illegible]	[illegible]	[illegible]	[illegible]	[illegible]	10
51	[illegible]	[illegible]	[illegible]	[illegible]	[illegible]	[illegible]	[illegible]	[illegible]	[illegible]	[illegible]	[illegible]	[illegible]	9
52	[illegible]	[illegible]	[illegible]	[illegible]	[illegible]	[illegible]	[illegible]	[illegible]	[illegible]	[illegible]	[illegible]	[illegible]	8
53	[illegible]	[illegible]	[illegible]	[illegible]	[illegible]	[illegible]	[illegible]	[illegible]	[illegible]	[illegible]	[illegible]	[illegible]	7
54	[illegible]	[illegible]	[illegible]	[illegible]	[illegible]	[illegible]	[illegible]	[illegible]	[illegible]	[illegible]	[illegible]	[illegible]	6
55	[illegible]	[illegible]	[illegible]	[illegible]	[illegible]	[illegible]	[illegible]	[illegible]	[illegible]	[illegible]	[illegible]	[illegible]	5
56	[illegible]	[illegible]	[illegible]	[illegible]	[illegible]	[illegible]	[illegible]	[illegible]	[illegible]	[illegible]	[illegible]	[illegible]	4
57	[illegible]	[illegible]	[illegible]	[illegible]	[illegible]	[illegible]	[illegible]	[illegible]	[illegible]	[illegible]	[illegible]	[illegible]	3
58	[illegible]	[illegible]	[illegible]	[illegible]	[illegible]	[illegible]	[illegible]	[illegible]	[illegible]	[illegible]	[illegible]	[illegible]	2
59	[illegible]	[illegible]	[illegible]	[illegible]	[illegible]	[illegible]	[illegible]	[illegible]	[illegible]	[illegible]	[illegible]	[illegible]	1
60	[illegible]	[illegible]	[illegible]	[illegible]	[illegible]	[illegible]	[illegible]	[illegible]	[illegible]	[illegible]	[illegible]	[illegible]	0
"	59'	58'	57'	56'	55'	54'	53'	52'	51'	50'	49'	48'	"

"	0'	1'	2'	3'	4'	5'	6'	7'	8'	9'	10'	11'	"
0	8.5430838	8.5466909	8.5502682	8.5538166	8.5573362	8.5608276	8.5642911	8.5677279	8.5711364	8.5745197	8.5778766	8.5812077	60
1	8.5431444	8.5467507	8.5503277	8.5538755	8.5573946	8.5608855	8.5643487	8.5677844	8.5711934	8.5745759	8.5779323	8.5812610	59
2	8.5432045	8.5468110	8.5503871	8.5539344	8.5574530	8.5609435	8.5644062	8.5678415	8.5712500	8.5746321	8.5779880	8.5813183	58
3	8.5432646	8.5468709	8.5504466	8.5539933	8.5575114	8.5610014	8.5644637	8.5678986	8.5713066	8.5746882	8.5780437	8.5813735	57
4	8.5433248	8.5469307	8.5505059	8.5540521	8.5575698	8.5610594	8.5645211	8.5679556	8.5713631	8.5747443	8.5780994	8.5814284	56
5	8.5433850	8.5469906	8.5505653	8.5541110	8.5576282	8.5611173	8.5645786	8.5680126	8.5714197	8.5748004	8.5781551	8.5814844	55
6	8.5434451	8.5470505	8.5506245	8.5541699	8.5576866	8.5611752	8.5646360	8.5680696	8.5714763	8.5748566	8.5782110	8.5815394	54
7	8.5435052	8.5471104	8.5506838	8.5542287	8.5577450	8.5612331	8.5646935	8.5681266	8.5715328	8.5749127	8.5782666	8.5815947	53
8	8.5435654	8.5471702	8.5507431	8.5542875	8.5578033	8.5612910	8.5647509	8.5681836	8.5715894	8.5749688	8.5783222	8.5816499	52
9	8.5436255	8.5472300	8.5508024	8.5543463	8.5578617	8.5613489	8.5648081	8.5682406	8.5716460	8.5750249	8.5783779	8.5817051	51
10	8.5436857	8.5472898	8.5508617	8.5544052	8.5579201	8.5614068	8.5648658	8.5682976	8.5717025	8.5750810	8.5784335	8.5817604	50
11	8.5437458	8.5473496	8.5509210	8.5544640	8.5579784	8.5614646	8.5649232	8.5683545	8.5717590	8.5751371	8.5784891	8.5818157	49
12	8.5438076	8.5474094	8.5509803	8.5545228	8.5580367	8.5615225	8.5649806	8.5684115	8.5718155	8.5751932	8.5785447	8.5818709	48
13	8.5438673	8.5474692	8.5510396	8.5545816	8.5580951	8.5615804	8.5650381	8.5684684	8.5718720	8.5752492	8.5786003	8.5819261	47
14	8.5439281	8.5475290	8.5510989	8.5546404	8.5581534	8.5616382	8.5650954	8.5685254	8.5719285	8.5753053	8.5786559	8.5819813	46
15	8.5439882	8.5475887	8.5511581	8.5546991	8.5582117	8.5616961	8.5651528	8.5685823	8.5719850	8.5753614	8.5787115	8.5820365	45
16	8.5440483	8.5476477	8.5512174	8.5547580	8.5582700	8.5617539	8.5652101	8.5686393	8.5720415	8.5754174	8.5787674	8.5820917	44
17	8.5441088	8.5477079	8.5512766	8.5548167	8.5583284	8.5618117	8.5652676	8.5686962	8.5720980	8.5754735	8.5788230	8.5821469	43
18	8.5441691	8.5477677	8.5513359	8.5548755	8.5583866	8.5618696	8.5653249	8.5687531	8.5721544	8.5755295	8.5788787	8.5822021	42
19	8.5442293	8.5478274	8.5513951	8.5549342	8.5584449	8.5619274	8.5653824	8.5688100	8.5722110	8.5755855	8.5789345	8.5822572	41
20	8.5442895	8.5478872	8.5514543	8.5549930	8.5585031	8.5619853	8.5654398	8.5688670	8.5722674	8.5756416	8.5789899	8.5823124	40
21	8.5443497	8.5479469	8.5515135	8.5550517	8.5585614	8.5620432	8.5654971	8.5689239	8.5723238	8.5756977	8.5790455	8.5823676	39
22	8.5444099	8.5480066	8.5515727	8.5551104	8.5586196	8.5621009	8.5655545	8.5689807	8.5723803	8.5757537	8.5791010	8.5824228	38
23	8.5444701	8.5480657	8.5516319	8.5551691	8.5586779	8.5621588	8.5656118	8.5690376	8.5724367	8.5758096	8.5791566	8.5824779	37
24	8.5445302	8.5481254	8.5516911	8.5552278	8.5587361	8.5622166	8.5656692	8.5690944	8.5724931	8.5758656	8.5792122	8.5825331	36
25	8.5445904	8.5481851	8.5517503	8.5552866	8.5587944	8.5622741	8.5657266	8.5691513	8.5725496	8.5759216	8.5792677	8.5825882	35
26	8.5446505	8.5482447	8.5518094	8.5553453	8.5588526	8.5623319	8.5657839	8.5692081	8.5726060	8.5759777	8.5793233	8.5826433	34
27	8.5447107	8.5483044	8.5518686	8.5554039	8.5589108	8.5623897	8.5658409	8.5692650	8.5726624	8.5760339	8.5793787	8.5826985	33
28	8.5447709	8.5483640	8.5519278	8.5554626	8.5589691	8.5624474	8.5658982	8.5693218	8.5727188	8.5760898	8.5794344	8.5827536	32
29	8.5448310	8.5484236	8.5519869	8.5555211	8.5590273	8.5625053	8.5659555	8.5693787	8.5727753	8.5761453	8.5794899	8.5828087	31
30	8.5448911	8.5484833	8.5520461	8.5555800	8.5590855	8.5625631	8.5660127	8.5694355	8.5728316	8.5762014	8.5795455	8.5828637	30
31	8.5449512	8.5485425	8.5521052	8.5556384	8.5591436	8.5626206	8.5660701	8.5694921	8.5728880	8.5762575	8.5796011	8.5829189	29
32	8.5450113	8.5486025	8.5521643	8.5556977	8.5592018	8.5626786	8.5661278	8.5695491	8.5729444	8.5763135	8.5796566	8.5829739	28
33	8.5450714	8.5486611	8.5522235	8.5557559	8.5592509	8.5627364	8.5661845	8.5696059	8.5730007	8.5763694	8.5797121	8.5830290	27
34	8.5451315	8.5487217	8.5522826	8.5558145	8.5593181	8.5627937	8.5662417	8.5696611	8.5730572	8.5764251	8.5797677	8.5830841	26
35	8.5451916	8.5487811	8.5523417	8.5558731	8.5593760	8.5628514	8.5662990	8.5697195	8.5731134	8.5764810	8.5798211	8.5831391	25
36	8.5452516	8.5488409	8.5524008	8.5559316	8.5594346	8.5629091	8.5663561	8.5697760	8.5731699	8.5765369	8.5798781	8.5831941	24
37	8.5453117	8.5489004	8.5524597	8.5559904	8.5594901	8.5629667	8.5664134	8.5698331	8.5732261	8.5765931	8.5799311	8.5832492	23
38	8.5453717	8.5489600	8.5525181	8.5560490	8.5595507	8.5630244	8.5664706	8.5698898	8.5732824	8.5766487	8.5799891	8.5833041	22
39	8.5454311	8.5490196	8.5525781	8.5561076	8.5596089	8.5630821	8.5665279	8.5699460	8.5733387	8.5767048	8.5800447	8.5833594	21
40	8.5454911	8.5490791	8.5526371	8.5561662	8.5596669	8.5631397	8.5665851	8.5700034	8.5733950	8.5767605	8.5801001	8.5834141	20
41	8.5455519	8.5491386	8.5526961	8.5562247	8.5597190	8.5631974	8.5666424	8.5700601	8.5734513	8.5768164	8.5801556	8.5834690	19
42	8.5456119	8.5491982	8.5527552	8.5562833	8.5597831	8.5632550	8.5666996	8.5701169	8.5735076	8.5768721	8.5802110	8.5835244	18
43	8.5456719	8.5492577	8.5528141	8.5563419	8.5598412	8.5633126	8.5667568	8.5701736	8.5735639	8.5769281	8.5802665	8.5835790	17
44	8.5457319	8.5493172	8.5528732	8.5564004	8.5598992	8.5633701	8.5668138	8.5702303	8.5736202	8.5769839	8.5803219	8.5836340	16
45	8.5457919	8.5493767	8.5529322	8.5564590	8.5599574	8.5634279	8.5668709	8.5702870	8.5736763	8.5770395	8.5803777	8.5836889	15
46	8.5458519	8.5494361	8.5529911	8.5565175	8.5600154	8.5634855	8.5669281	8.5703437	8.5737325	8.5770956	8.5804327	8.5837444	14
47	8.5459119	8.5494957	8.5530502	8.5565760	8.5600735	8.5635431	8.5669852	8.5704004	8.5737887	8.5771514	8.5804881	8.5837990	13
48	8.5459719	8.5495551	8.5531091	8.5566346	8.5601315	8.5636007	8.5670414	8.5704571	8.5738453	8.5772071	8.5805419	8.5838544	12
49	8.5460311	8.5496147	8.5531681	8.5566931	8.5601895	8.5636581	8.5670995	8.5705131	8.5739011	8.5772631	8.5805989	8.5839094	11
50	8.5460918	8.5496741	8.5532271	8.5567516	8.5602476	8.5637159	8.5671566	8.5705705	8.5739577	8.5773187	8.5806544	8.5839645	10
51	8.5461517	8.5497336	8.5532860	8.5568101	8.5603057	8.5637734	8.5672113	8.5706271	8.5740140	8.5773747	8.5807096	8.5840192	9
52	8.5462117	8.5497930	8.5533451	8.5568686	8.5603637	8.5638310	8.5672707	8.5706838	8.5740704	8.5774305	8.5807650	8.5840741	8
53	8.5462716	8.5498524	8.5534041	8.5569270	8.5604217	8.5638886	8.5673280	8.5707409	8.5741266	8.5774866	8.5808204	8.5841291	7
54	8.5463316	8.5499119	8.5534631	8.5569855	8.5604797	8.5639461	8.5673851	8.5707971	8.5741828	8.5775420	8.5808757	8.5841841	6
55	8.5463914	8.5499713	8.5535220	8.5570440	8.5605377	8.5640036	8.5674421	8.5708537	8.5742388	8.5775977	8.5809311	8.5842390	5
56	8.5464513	8.5500307	8.5535810	8.5571024	8.5605957	8.5640611	8.5674992	8.5709104	8.5742950	8.5776536	8.5809864	8.5842939	4
57	8.5465111	8.5500901	8.5536399	8.5571609	8.5606537	8.5641187	8.5675561	8.5709670	8.5743511	8.5777091	8.5810417	8.5843487	3
58	8.5465711	8.5501495	8.5536988	8.5572193	8.5607117	8.5641762	8.5676134	8.5710236	8.5744074	8.5777651	8.5810971	8.5844036	2
59	8.5466310	8.5502089	8.5537577	8.5572778	8.5607696	8.5642337	8.5676704	8.5710802	8.5744636	8.5778210	8.5811524	8.5844587	1
60	8.5466909	8.5502682	8.5538166	8.5573361	8.5608276	8.5642911	8.5677279	8.5711364	8.5745197	8.5778766	8.5812077	8.5845136	0
"	59'	58'	57'	56'	55'	54'	53'	52'	51'	50'	49'	48'	"

"	12'	13'	14'	15'	16'	17'	18'	19'	20'	21'	22'	23'	"
0	8.5841913	8.5874692	8.5907109	8.5939481	8.5971517	8.6003117	8.6034886	8.6066110	8.6097341	8.6128135	8.6158914	8.6189369	60
1	8.5842481	8.5875218	8.5907749	8.5940016	8.5972049	8.6003845	8.6035410	8.6066747	8.6097858	8.6128748	8.6159410	8.6189875	59
2	8.5843019	8.5875788	8.5908189	8.5940554	8.5972581	8.6004373	8.6035934	8.6067267	8.6098374	8.6129261	8.6159921	8.6190381	58
3	8.5843577	8.5876316	8.5908819	8.5941092	8.5973113	8.6004901	8.6036458	8.6067787	8.6098891	8.6129773	8.6160432	8.6190886	57
4	8.5844125	8.5876869	8.5909360	8.5941618	8.5973645	8.6005415	8.6036981	8.6068307	8.6099407	8.6130186	8.6160947	8.6191391	56
5	8.5844673	8.5877413	8.5909904	8.5942164	8.5974176	8.6005957	8.6037504	8.6068827	8.6099924	8.6130799	8.6161456	8.6191896	55
6	8.5845211	8.5877917	8.5910447	8.5942691	8.5974707	8.6006484	8.6038030	8.6069347	8.6100440	8.6131311	8.6161966	8.6192401	54
7	8.5845768	8.5878520	8.5910987	8.5943231	8.5975239	8.6007012	8.6038554	8.6069867	8.6100957	8.6131823	8.6162476	8.6192906	53
8	8.5846316	8.5879044	8.5911528	8.5943768	8.5975771	8.6007540	8.6039077	8.6070387	8.6101473	8.6132335	8.6162986	8.6193411	52
9	8.5846863	8.5879587	8.5912068	8.5944303	8.5976301	8.6008067	8.6039601	8.6070907	8.6101989	8.6132850	8.6163495	8.6193916	51
10	8.5847411	8.5880110	8.5912608	8.5944838	8.5976832	8.6008595	8.6040124	8.6071427	8.6102505	8.6133362	8.6164001	8.6194421	50
11	8.5847959	8.5880674	8.5913148	8.5945372	8.5977364	8.6009122	8.6040648	8.6071947	8.6103021	8.6133873	8.6164510	8.6194926	49
12	8.5848506	8.5881217	8.5913688	8.5945908	8.5977896	8.6009649	8.6041173	8.6072467	8.6103537	8.6134387	8.6165019	8.6195431	48
13	8.5849054	8.5881760	8.5914281	8.5946444	8.5978427	8.6010177	8.6041695	8.6072986	8.6104051	8.6134899	8.6165527	8.6195936	47
14	8.5849601	8.5882303	8.5914761	8.5946979	8.5978958	8.6010704	8.6042219	8.6073506	8.6104569	8.6135411	8.6166036	8.6196440	46
15	8.5850147	8.5882846	8.5915300	8.5947513	8.5979489	8.6011231	8.6042742	8.6074016	8.6105085	8.6135912	8.6166545	8.6196945	45
16	8.5850694	8.5883389	8.5915839	8.5948047	8.5980020	8.6011758	8.6043265	8.6074545	8.6105601	8.6136436	8.6167053	8.6197450	44
17	8.5851241	8.5883931	8.5916379	8.5948581	8.5980551	8.6012285	8.6043788	8.6075064	8.6106117	8.6136948	8.6167561	8.6197954	43
18	8.5851788	8.5884474	8.5916917	8.5949115	8.5981081	8.6012811	8.6044311	8.6075584	8.6106632	8.6137460	8.6168070	8.6198459	42
19	8.5852334	8.5885017	8.5917455	8.5949653	8.5981611	8.6013338	8.6044834	8.6076103	8.6107148	8.6137972	8.6168578	8.6198970	41
20	8.5852881	8.5885560	8.5917994	8.5950187	8.5982143	8.6013866	8.6045357	8.6076621	8.6107663	8.6138484	8.6169087	8.6199475	40
21	8.5853427	8.5886101	8.5918531	8.5950721	8.5982674	8.6014392	8.6045880	8.6077141	8.6108179	8.6138996	8.6169595	8.6199971	39
22	8.5853974	8.5886645	8.5919071	8.5951156	8.5983104	8.6014919	8.6046403	8.6077661	8.6108694	8.6139507	8.6170103	8.6200484	38
23	8.5854511	8.5887187	8.5919605	8.5951791	8.5983735	8.6015446	8.6046926	8.6078180	8.6109211	8.6140019	8.6170611	8.6200989	37
24	8.5855067	8.5887729	8.5920147	8.5952325	8.5984165	8.6015972	8.6047449	8.6078699	8.6109725	8.6140531	8.6171119	8.6201493	36
25	8.5855614	8.5888271	8.5920686	8.5952859	8.5984796	8.6016499	8.6047972	8.6079218	8.6110241	8.6141043	8.6171627	8.6201998	35
26	8.5856160	8.5888814	8.5921124	8.5953391	8.5985126	8.6017025	8.6048494	8.6079736	8.6110756	8.6141554	8.6172135	8.6202502	34
27	8.5856706	8.5889356	8.5921760	8.5953926	8.5985856	8.6017551	8.6049017	8.6080255	8.6111270	8.6142065	8.6172643	8.6203006	33
28	8.5857252	8.5889897	8.5922300	8.5954460	8.5986386	8.6018078	8.6049539	8.6080774	8.6111786	8.6142577	8.6173151	8.6203511	32
29	8.5857798	8.5890440	8.5922838	8.5954996	8.5986916	8.6018604	8.6050062	8.6081293	8.6112300	8.6143088	8.6173659	8.6204015	31
30	8.5858345	8.5890982	8.5923376	8.5955530	8.5987446	8.6019130	8.6050584	8.6081811	8.6112815	8.6143599	8.6174166	8.6204519	30
31	8.5858891	8.5891524	8.5923914	8.5956063	8.5987976	8.6019656	8.6051106	8.6082330	8.6113330	8.6144110	8.6174674	8.6205023	29
32	8.5859437	8.5892066	8.5924452	8.5956597	8.5988506	8.6020182	8.6051629	8.6082848	8.6113845	8.6144621	8.6175181	8.6205527	28
33	8.5859981	8.5892607	8.5924989	8.5957131	8.5989036	8.6020708	8.6052151	8.6083367	8.6114360	8.6145133	8.6175689	8.6206031	27
34	8.5860528	8.5893149	8.5925527	8.5957665	8.5989566	8.6021234	8.6052673	8.6083885	8.6114874	8.6145644	8.6176196	8.6206535	26
35	8.5861074	8.5893690	8.5926065	8.5958198	8.5990096	8.6021760	8.6053195	8.6084403	8.6115389	8.6146155	8.6176704	8.6207039	25
36	8.5861619	8.5894231	8.5926602	8.5958731	8.5990625	8.6022286	8.6053717	8.6084921	8.6115904	8.6146666	8.6177211	8.6207543	24
37	8.5862165	8.5894774	8.5927140	8.5959265	8.5991155	8.6022812	8.6054239	8.6085440	8.6116418	8.6147176	8.6177718	8.6208046	23
38	8.5862711	8.5895315	8.5927677	8.5959799	8.5991684	8.6023337	8.6054761	8.6085958	8.6116933	8.6147687	8.6178226	8.6208550	22
39	8.5863256	8.5895857	8.5928214	8.5960332	8.5992214	8.6023863	8.6055283	8.6086476	8.6117447	8.6148198	8.6178733	8.6209054	21
40	8.5863801	8.5896398	8.5928751	8.5960865	8.5992743	8.6024389	8.6055805	8.6086994	8.6117961	8.6148709	8.6179240	8.6209557	20
41	8.5864347	8.5896939	8.5929289	8.5961399	8.5993272	8.6024914	8.6056326	8.6087512	8.6118475	8.6149219	8.6179747	8.6210061	19
42	8.5864892	8.5897480	8.5929826	8.5961931	8.5993802	8.6025439	8.6056848	8.6088030	8.6118990	8.6149730	8.6180254	8.6210564	18
43	8.5865437	8.5898021	8.5930363	8.5962464	8.5994331	8.6025965	8.6057369	8.6088548	8.6119504	8.6150240	8.6180761	8.6211067	17
44	8.5865982	8.5898561	8.5930900	8.5962997	8.5994860	8.6026490	8.6057891	8.6089065	8.6120018	8.6150751	8.6181267	8.6211571	16
45	8.5866527	8.5899102	8.5931437	8.5963531	8.5995389	8.6027015	8.6058412	8.6089583	8.6120531	8.6151261	8.6181774	8.6212074	15
46	8.5867072	8.5899643	8.5931974	8.5964064	8.5995918	8.6027540	8.6058933	8.6090101	8.6121045	8.6151771	8.6182281	8.6212577	14
47	8.5867617	8.5900183	8.5932510	8.5964597	8.5996447	8.6028065	8.6059455	8.6090618	8.6121559	8.6152281	8.6182788	8.6213080	13
48	8.5868161	8.5900724	8.5933047	8.5965129	8.5996976	8.6028590	8.6059976	8.6091136	8.6122073	8.6152791	8.6183294	8.6213583	12
49	8.5868706	8.5901264	8.5933584	8.5965662	8.5997505	8.6029115	8.6060497	8.6091653	8.6122587	8.6153302	8.6183801	8.6214086	11
50	8.5869251	8.5901807	8.5934120	8.5966195	8.5998033	8.6029640	8.6061018	8.6092171	8.6123101	8.6153812	8.6184307	8.6214589	10
51	8.5869796	8.5902345	8.5934657	8.5966727	8.5998562	8.6030165	8.6061539	8.6092688	8.6123615	8.6154322	8.6184814	8.6215091	9
52	8.5870340	8.5902885	8.5935193	8.5967260	8.5999091	8.6030690	8.6062060	8.6093205	8.6124128	8.6154832	8.6185320	8.6215594	8
53	8.5870884	8.5903426	8.5935730	8.5967791	8.5999619	8.6031214	8.6062581	8.6093723	8.6124642	8.6155342	8.6185826	8.6216097	7
54	8.5871429	8.5903966	8.5936266	8.5968324	8.6000148	8.6031739	8.6063102	8.6094240	8.6125156	8.6155851	8.6186333	8.6216601	6
55	8.5871973	8.5904506	8.5936802	8.5968857	8.6000676	8.6032264	8.6063623	8.6094757	8.6125669	8.6156361	8.6186839	8.6217102	5
56	8.5872518	8.5905046	8.5937339	8.5969389	8.6001204	8.6032788	8.6064143	8.6095274	8.6126183	8.6156871	8.6187345	8.6217604	4
57	8.5873062	8.5905586	8.5937875	8.5969921	8.6001733	8.6033313	8.6064664	8.6095791	8.6126696	8.6157381	8.6187851	8.6218107	3
58	8.5873606	8.5906126	8.5938421	8.5970453	8.6002261	8.6033837	8.6065185	8.6096307	8.6127210	8.6157891	8.6188357	8.6218611	2
59	8.5874150	8.5906666	8.5938947	8.5970985	8.6002789	8.6034361	8.6065705	8.6096824	8.6127741	8.6158400	8.6188863	8.6219114	1
60	8.5874692	8.5907109	8.5939481	8.5971517	8.6003117	8.6034886	8.6066110	8.6097341	8.6128135	8.6158910	8.6189369	8.6219616	0
"	47'	46'	45'	44'	43'	42'	41'	40'	39'	38'	37'	36'	"

"	12'	13'	14'	15'	16'	17'	18'	19'	20'	21'	22'	23'	"
0	8.5845138	8.5877945	8.5910507	8.5942831	8.5974917	8.6006787	8.6038386	8.6069777	8.6100943	8.6131889	8.6162616	8.6193127	60
1	8.5845680	8.5878490	8.5911050	8.5943367	8.5975449	8.6007319	8.6038911	8.6070289	8.6101461	8.6132402	8.6163128	8.6193683	59
2	8.5846233	8.5879035	8.5911591	8.5943903	8.5975981	8.6007850	8.6039436	8.6070819	8.6101977	8.6132916	8.6163636	8.6194141	58
3	8.5846787	8.5879579	8.5912131	8.5944440	8.5976519	8.6008381	8.6039960	8.6071340	8.6102496	8.6133430	8.6164148	8.6194647	57
4	8.5847331	8.5880124	8.5912678	8.5944978	8.5977047	8.6008882	8.6040485	8.6071862	8.6103012	8.6133944	8.6164656	8.6195149	56
5	8.5847875	8.5880668	8.5913218	8.5945515	8.5977580	8.6009410	8.6041010	8.6072383	8.6103533	8.6134457	8.6165166	8.6195660	55
6	8.5848418	8.5881212	8.5913758	8.5946051	8.5978111	8.6009939	8.6041533	8.6072902	8.6104049	8.6134971	8.6165678	8.6196167	54
7	8.5848970	8.5881757	8.5914298	8.5946588	8.5978643	8.6010468	8.6042060	8.6073414	8.6104568	8.6135485	8.6166186	8.6196673	53
8	8.5849514	8.5882301	8.5914838	8.5947124	8.5979177	8.6010996	8.6042585	8.6073945	8.6105084	8.6135999	8.6166696	8.6197181	52
9	8.5850075	8.5882845	8.5915377	8.5947660	8.5979709	8.6011524	8.6043109	8.6074466	8.6105599	8.6136511	8.6167206	8.6197686	51
10	8.5850621	8.5883389	8.5915917	8.5948196	8.5980241	8.6012053	8.6043633	8.6074987	8.6106116	8.6137025	8.6167716	8.6198194	50
11	8.5851164	8.5883934	8.5916457	8.5948732	8.5980773	8.6012581	8.6044158	8.6075507	8.6106633	8.6137539	8.6168228	8.6198698	49
12	8.5851717	8.5884478	8.5916999	8.5949269	8.5981309	8.6013109	8.6044681	8.6076008	8.6107150	8.6138053	8.6168739	8.6199204	48
13	8.5852260	8.5885021	8.5917531	8.5949804	8.5981837	8.6013637	8.6045206	8.6076548	8.6107667	8.6138566	8.6169145	8.6199710	47
14	8.5852818	8.5885566	8.5918073	8.5950314	8.5982369	8.6014165	8.6045731	8.6077069	8.6108184	8.6139078	8.6169753	8.6200216	46
15	8.5853361	8.5886101	8.5918601	8.5950879	8.5982901	8.6014693	8.6046255	8.6077589	8.6108700	8.6139591	8.6170164	8.6200722	45
16	8.5853907	8.5886655	8.5919158	8.5951411	8.5983431	8.6015221	8.6046779	8.6078110	8.6109217	8.6140104	8.6170773	8.6201228	44
17	8.5854457	8.5887196	8.5919690	8.5951947	8.5983968	8.6015747	8.6047303	8.6078630	8.6109733	8.6140617	8.6171282	8.6201734	43
18	8.5855004	8.5887742	8.5920231	8.5952484	8.5984498	8.6016277	8.6047827	8.6079150	8.6110250	8.6141130	8.6171791	8.6202240	42
19	8.5855550	8.5888286	8.5920771	8.5953019	8.5985031	8.6016805	8.6048351	8.6079670	8.6110766	8.6141642	8.6172301	8.6202745	41
20	8.5856100	8.5888831	8.5921310	8.5953555	8.5985555	8.6017333	8.6048875	8.6080190	8.6111283	8.6142155	8.6172810	8.6203251	40
21	8.5856647	8.5889371	8.5921850	8.5954091	8.5986091	8.6017860	8.6049399	8.6080710	8.6111799	8.6142668	8.6173319	8.6203756	39
22	8.5857194	8.5889914	8.5922388	8.5954624	8.5986624	8.6018387	8.6049922	8.6081230	8.6112316	8.6143181	8.6173828	8.6204262	38
23	8.5857741	8.5890457	8.5922924	8.5955159	8.5987155	8.6018915	8.6050446	8.6081750	8.6112832	8.6143693	8.6174337	8.6204767	37
24	8.5858289	8.5891000	8.5923467	8.5955694	8.5987768	8.6019441	8.6050970	8.6082270	8.6113348	8.6144205	8.6174846	8.6205273	36
25	8.5858836	8.5891541	8.5924006	8.5956229	8.5988216	8.6019969	8.6051493	8.6082790	8.6113864	8.6144718	8.6175355	8.6205778	35
26	8.5859318	8.5892085	8.5924545	8.5956764	8.5988747	8.6020497	8.6052010	8.6083310	8.6114380	8.6145230	8.6175864	8.6206283	34
27	8.5859930	8.5892628	8.5925084	8.5957299	8.5989278	8.6021024	8.6052540	8.6083830	8.6114896	8.6145743	8.6176372	8.6206788	33
28	8.5860477	8.5893171	8.5925622	8.5957834	8.5989808	8.6021551	8.6053063	8.6084349	8.6115412	8.6146255	8.6176881	8.6207294	32
29	8.5861024	8.5893715	8.5926161	8.5958369	8.5990340	8.6022078	8.6053586	8.6084869	8.6115928	8.6146767	8.6177390	8.6207799	31
30	8.5861571	8.5894258	8.5926701	8.5958904	8.5990871	8.6022606	8.6054110	8.6085389	8.6116444	8.6147279	8.6177898	8.6208304	30
31	8.5862111	8.5894802	8.5927231	8.5959419	8.5991402	8.6023132	8.6054633	8.6085909	8.6116959	8.6147791	8.6178407	8.6208809	29
32	8.5862665	8.5895345	8.5927775	8.5959973	8.5991931	8.6023659	8.6055156	8.6086428	8.6117475	8.6148303	8.6178915	8.6209314	28
33	8.5863211	8.5895888	8.5928317	8.5960508	8.5992462	8.6024186	8.6055679	8.6086948	8.6117990	8.6148815	8.6179423	8.6209819	27
34	8.5863758	8.5896431	8.5928859	8.5961042	8.5992993	8.6024713	8.6056202	8.6087468	8.6118506	8.6149327	8.6179932	8.6210324	26
35	8.5864304	8.5896971	8.5929397	8.5961577	8.5993524	8.6025239	8.6056725	8.6087987	8.6119021	8.6149839	8.6180440	8.6210828	25
36	8.5864851	8.5897517	8.5929938	8.5962111	8.5994055	8.6025766	8.6057247	8.6088507	8.6119537	8.6150351	8.6180948	8.6211333	24
37	8.5865397	8.5898059	8.5930476	8.5962646	8.5994586	8.6026293	8.6057770	8.6089023	8.6120052	8.6150862	8.6181456	8.6211837	23
38	8.5865944	8.5898597	8.5931007	8.5963180	8.5995117	8.6026819	8.6058291	8.6089541	8.6120567	8.6151374	8.6181964	8.6212342	22
39	8.5866490	8.5899140	8.5931546	8.5963714	8.5995648	8.6027346	8.6058816	8.6090060	8.6121082	8.6151886	8.6182471	8.6212846	21
40	8.5867036	8.5899683	8.5932085	8.5964248	8.5996178	8.6027872	8.6059338	8.6090579	8.6121598	8.6152397	8.6182981	8.6213351	20
41	8.5867582	8.5900224	8.5932625	8.5964782	8.5996708	8.6028399	8.6059861	8.6091099	8.6122113	8.6152909	8.6183488	8.6213855	19
42	8.5868128	8.5900768	8.5933167	8.5965316	8.5997236	8.6028925	8.6060384	8.6091617	8.6122628	8.6153420	8.6183996	8.6214359	18
43	8.5868674	8.5901310	8.5933706	8.5965850	8.5997766	8.6029451	8.6060906	8.6092135	8.6123141	8.6153932	8.6184504	8.6214864	17
44	8.5869220	8.5901854	8.5934213	8.5966384	8.5998296	8.6029978	8.6061428	8.6092654	8.6123658	8.6154443	8.6185011	8.6215368	16
45	8.5869766	8.5902391	8.5934774	8.5966918	8.5998826	8.6030501	8.6061950	8.6093172	8.6124173	8.6154954	8.6185519	8.6215872	15
46	8.5870311	8.5902937	8.5935311	8.5967451	8.5999356	8.6031018	8.6062474	8.6093691	8.6124688	8.6155465	8.6186026	8.6216376	14
47	8.5870857	8.5903474	8.5935849	8.5967985	8.5999886	8.6031554	8.6062996	8.6094209	8.6125202	8.6155976	8.6186535	8.6216880	13
48	8.5871402	8.5904016	8.5936387	8.5968519	8.6000416	8.6032080	8.6063517	8.6094727	8.6125717	8.6156487	8.6187042	8.6217384	12
49	8.5871948	8.5904559	8.5936924	8.5969052	8.6000946	8.6032606	8.6064039	8.6095246	8.6126232	8.6156998	8.6187550	8.6217888	11
50	8.5872494	8.5905099	8.5937462	8.5969586	8.6001476	8.6033132	8.6064561	8.6095764	8.6126746	8.6157509	8.6188057	8.6218392	10
51	8.5873039	8.5905642	8.5937999	8.5970111	8.6002006	8.6033657	8.6065083	8.6096281	8.6127261	8.6158020	8.6188564	8.6218895	9
52	8.5873584	8.5906181	8.5938536	8.5970653	8.6002535	8.6034183	8.6065604	8.6096801	8.6127775	8.6158531	8.6189071	8.6219399	8
53	8.5874130	8.5906724	8.5939072	8.5971186	8.6003065	8.6034709	8.6066126	8.6097319	8.6128290	8.6159042	8.6189579	8.6219901	7
54	8.5874675	8.5907261	8.5939610	8.5971719	8.6003594	8.6035234	8.6066647	8.6097837	8.6128804	8.6159553	8.6190086	8.6220407	6
55	8.5875220	8.5907804	8.5940147	8.5972252	8.6004124	8.6035760	8.6067169	8.6098355	8.6129318	8.6160063	8.6190593	8.6220910	5
56	8.5875765	8.5908341	8.5940685	8.5972785	8.6004653	8.6036285	8.6067691	8.6098873	8.6129833	8.6160574	8.6191100	8.6221414	4
57	8.5876310	8.5908880	8.5941222	8.5973318	8.6005182	8.6036811	8.6068212	8.6099390	8.6130347	8.6161085	8.6191607	8.6221917	3
58	8.5876855	8.5909418	8.5941759	8.5973851	8.6005704	8.6037336	8.6068734	8.6099908	8.6130861	8.6161595	8.6192114	8.6222421	2
59	8.5877400	8.5909960	8.5942296	8.5974384	8.6006238	8.6037861	8.6069255	8.6100426	8.6131375	8.6162105	8.6192621	8.6222924	1
60	8.5877945	8.5910507	8.5942831	8.5974917	8.6006787	8.6038386	8.6069777	8.6100943	8.6131889	8.6162616	8.6193127	8.6223427	0
"	47'	46'	45'	44'	43'	42'	41'	40'	39'	38'	37'	36'	"

"	24'	25'	26'	27'	28'	29'	30'	31'	32'	33'	34'	35'	"
0	[illegible]	[illegible]	[illegible]	[illegible]	[illegible]	[illegible]	[illegible]	[illegible]	[illegible]	[illegible]	[illegible]	[illegible]	60
1	[illegible]	[illegible]	[illegible]	[illegible]	[illegible]	[illegible]	[illegible]	[illegible]	[illegible]	[illegible]	[illegible]	[illegible]	59
2	[illegible]	[illegible]	[illegible]	[illegible]	[illegible]	[illegible]	[illegible]	[illegible]	[illegible]	[illegible]	[illegible]	[illegible]	58
3	[illegible]	[illegible]	[illegible]	[illegible]	[illegible]	[illegible]	[illegible]	[illegible]	[illegible]	[illegible]	[illegible]	[illegible]	57
4	[illegible]	[illegible]	[illegible]	[illegible]	[illegible]	[illegible]	[illegible]	[illegible]	[illegible]	[illegible]	[illegible]	[illegible]	56
5	[illegible]	[illegible]	[illegible]	[illegible]	[illegible]	[illegible]	[illegible]	[illegible]	[illegible]	[illegible]	[illegible]	[illegible]	55
6	[illegible]	[illegible]	[illegible]	[illegible]	[illegible]	[illegible]	[illegible]	[illegible]	[illegible]	[illegible]	[illegible]	[illegible]	54
7	[illegible]	[illegible]	[illegible]	[illegible]	[illegible]	[illegible]	[illegible]	[illegible]	[illegible]	[illegible]	[illegible]	[illegible]	53
8	[illegible]	[illegible]	[illegible]	[illegible]	[illegible]	[illegible]	[illegible]	[illegible]	[illegible]	[illegible]	[illegible]	[illegible]	52
9	[illegible]	[illegible]	[illegible]	[illegible]	[illegible]	[illegible]	[illegible]	[illegible]	[illegible]	[illegible]	[illegible]	[illegible]	51
10	[illegible]	[illegible]	[illegible]	[illegible]	[illegible]	[illegible]	[illegible]	[illegible]	[illegible]	[illegible]	[illegible]	[illegible]	50
11	[illegible]	[illegible]	[illegible]	[illegible]	[illegible]	[illegible]	[illegible]	[illegible]	[illegible]	[illegible]	[illegible]	[illegible]	49
12	[illegible]	[illegible]	[illegible]	[illegible]	[illegible]	[illegible]	[illegible]	[illegible]	[illegible]	[illegible]	[illegible]	[illegible]	48
13	[illegible]	[illegible]	[illegible]	[illegible]	[illegible]	[illegible]	[illegible]	[illegible]	[illegible]	[illegible]	[illegible]	[illegible]	47
14	[illegible]	[illegible]	[illegible]	[illegible]	[illegible]	[illegible]	[illegible]	[illegible]	[illegible]	[illegible]	[illegible]	[illegible]	46
15	[illegible]	[illegible]	[illegible]	[illegible]	[illegible]	[illegible]	[illegible]	[illegible]	[illegible]	[illegible]	[illegible]	[illegible]	45
16	[illegible]	[illegible]	[illegible]	[illegible]	[illegible]	[illegible]	[illegible]	[illegible]	[illegible]	[illegible]	[illegible]	[illegible]	44
17	[illegible]	[illegible]	[illegible]	[illegible]	[illegible]	[illegible]	[illegible]	[illegible]	[illegible]	[illegible]	[illegible]	[illegible]	43
18	[illegible]	[illegible]	[illegible]	[illegible]	[illegible]	[illegible]	[illegible]	[illegible]	[illegible]	[illegible]	[illegible]	[illegible]	42
19	[illegible]	[illegible]	[illegible]	[illegible]	[illegible]	[illegible]	[illegible]	[illegible]	[illegible]	[illegible]	[illegible]	[illegible]	41
20	[illegible]	[illegible]	[illegible]	[illegible]	[illegible]	[illegible]	[illegible]	[illegible]	[illegible]	[illegible]	[illegible]	[illegible]	40
21	[illegible]	[illegible]	[illegible]	[illegible]	[illegible]	[illegible]	[illegible]	[illegible]	[illegible]	[illegible]	[illegible]	[illegible]	39
22	[illegible]	[illegible]	[illegible]	[illegible]	[illegible]	[illegible]	[illegible]	[illegible]	[illegible]	[illegible]	[illegible]	[illegible]	38
23	[illegible]	[illegible]	[illegible]	[illegible]	[illegible]	[illegible]	[illegible]	[illegible]	[illegible]	[illegible]	[illegible]	[illegible]	37
24	[illegible]	[illegible]	[illegible]	[illegible]	[illegible]	[illegible]	[illegible]	[illegible]	[illegible]	[illegible]	[illegible]	[illegible]	36
25	[illegible]	[illegible]	[illegible]	[illegible]	[illegible]	[illegible]	[illegible]	[illegible]	[illegible]	[illegible]	[illegible]	[illegible]	35
26	[illegible]	[illegible]	[illegible]	[illegible]	[illegible]	[illegible]	[illegible]	[illegible]	[illegible]	[illegible]	[illegible]	[illegible]	34
27	[illegible]	[illegible]	[illegible]	[illegible]	[illegible]	[illegible]	[illegible]	[illegible]	[illegible]	[illegible]	[illegible]	[illegible]	33
28	[illegible]	[illegible]	[illegible]	[illegible]	[illegible]	[illegible]	[illegible]	[illegible]	[illegible]	[illegible]	[illegible]	[illegible]	32
29	[illegible]	[illegible]	[illegible]	[illegible]	[illegible]	[illegible]	[illegible]	[illegible]	[illegible]	[illegible]	[illegible]	[illegible]	31
30	[illegible]	[illegible]	[illegible]	[illegible]	[illegible]	[illegible]	[illegible]	[illegible]	[illegible]	[illegible]	[illegible]	[illegible]	30
31	[illegible]	[illegible]	[illegible]	[illegible]	[illegible]	[illegible]	[illegible]	[illegible]	[illegible]	[illegible]	[illegible]	[illegible]	29
32	[illegible]	[illegible]	[illegible]	[illegible]	[illegible]	[illegible]	[illegible]	[illegible]	[illegible]	[illegible]	[illegible]	[illegible]	28
33	[illegible]	[illegible]	[illegible]	[illegible]	[illegible]	[illegible]	[illegible]	[illegible]	[illegible]	[illegible]	[illegible]	[illegible]	27
34	[illegible]	[illegible]	[illegible]	[illegible]	[illegible]	[illegible]	[illegible]	[illegible]	[illegible]	[illegible]	[illegible]	[illegible]	26
35	[illegible]	[illegible]	[illegible]	[illegible]	[illegible]	[illegible]	[illegible]	[illegible]	[illegible]	[illegible]	[illegible]	[illegible]	25
36	[illegible]	[illegible]	[illegible]	[illegible]	[illegible]	[illegible]	[illegible]	[illegible]	[illegible]	[illegible]	[illegible]	[illegible]	24
37	[illegible]	[illegible]	[illegible]	[illegible]	[illegible]	[illegible]	[illegible]	[illegible]	[illegible]	[illegible]	[illegible]	[illegible]	23
38	[illegible]	[illegible]	[illegible]	[illegible]	[illegible]	[illegible]	[illegible]	[illegible]	[illegible]	[illegible]	[illegible]	[illegible]	22
39	[illegible]	[illegible]	[illegible]	[illegible]	[illegible]	[illegible]	[illegible]	[illegible]	[illegible]	[illegible]	[illegible]	[illegible]	21
40	[illegible]	[illegible]	[illegible]	[illegible]	[illegible]	[illegible]	[illegible]	[illegible]	[illegible]	[illegible]	[illegible]	[illegible]	20
41	[illegible]	[illegible]	[illegible]	[illegible]	[illegible]	[illegible]	[illegible]	[illegible]	[illegible]	[illegible]	[illegible]	[illegible]	19
42	[illegible]	[illegible]	[illegible]	[illegible]	[illegible]	[illegible]	[illegible]	[illegible]	[illegible]	[illegible]	[illegible]	[illegible]	18
43	[illegible]	[illegible]	[illegible]	[illegible]	[illegible]	[illegible]	[illegible]	[illegible]	[illegible]	[illegible]	[illegible]	[illegible]	17
44	[illegible]	[illegible]	[illegible]	[illegible]	[illegible]	[illegible]	[illegible]	[illegible]	[illegible]	[illegible]	[illegible]	[illegible]	16
45	[illegible]	[illegible]	[illegible]	[illegible]	[illegible]	[illegible]	[illegible]	[illegible]	[illegible]	[illegible]	[illegible]	[illegible]	15
46	[illegible]	[illegible]	[illegible]	[illegible]	[illegible]	[illegible]	[illegible]	[illegible]	[illegible]	[illegible]	[illegible]	[illegible]	14
47	[illegible]	[illegible]	[illegible]	[illegible]	[illegible]	[illegible]	[illegible]	[illegible]	[illegible]	[illegible]	[illegible]	[illegible]	13
48	[illegible]	[illegible]	[illegible]	[illegible]	[illegible]	[illegible]	[illegible]	[illegible]	[illegible]	[illegible]	[illegible]	[illegible]	12
49	[illegible]	[illegible]	[illegible]	[illegible]	[illegible]	[illegible]	[illegible]	[illegible]	[illegible]	[illegible]	[illegible]	[illegible]	11
50	[illegible]	[illegible]	[illegible]	[illegible]	[illegible]	[illegible]	[illegible]	[illegible]	[illegible]	[illegible]	[illegible]	[illegible]	10
51	[illegible]	[illegible]	[illegible]	[illegible]	[illegible]	[illegible]	[illegible]	[illegible]	[illegible]	[illegible]	[illegible]	[illegible]	9
52	[illegible]	[illegible]	[illegible]	[illegible]	[illegible]	[illegible]	[illegible]	[illegible]	[illegible]	[illegible]	[illegible]	[illegible]	8
53	[illegible]	[illegible]	[illegible]	[illegible]	[illegible]	[illegible]	[illegible]	[illegible]	[illegible]	[illegible]	[illegible]	[illegible]	7
54	[illegible]	[illegible]	[illegible]	[illegible]	[illegible]	[illegible]	[illegible]	[illegible]	[illegible]	[illegible]	[illegible]	[illegible]	6
55	[illegible]	[illegible]	[illegible]	[illegible]	[illegible]	[illegible]	[illegible]	[illegible]	[illegible]	[illegible]	[illegible]	[illegible]	5
56	[illegible]	[illegible]	[illegible]	[illegible]	[illegible]	[illegible]	[illegible]	[illegible]	[illegible]	[illegible]	[illegible]	[illegible]	4
57	[illegible]	[illegible]	[illegible]	[illegible]	[illegible]	[illegible]	[illegible]	[illegible]	[illegible]	[illegible]	[illegible]	[illegible]	3
58	[illegible]	[illegible]	[illegible]	[illegible]	[illegible]	[illegible]	[illegible]	[illegible]	[illegible]	[illegible]	[illegible]	[illegible]	2
59	[illegible]	[illegible]	[illegible]	[illegible]	[illegible]	[illegible]	[illegible]	[illegible]	[illegible]	[illegible]	[illegible]	[illegible]	1
60	[illegible]	[illegible]	[illegible]	[illegible]	[illegible]	[illegible]	[illegible]	[illegible]	[illegible]	[illegible]	[illegible]	[illegible]	0
"	35'	34'	33'	32'	31'	30'	29'	28'	27'	26'	25'	24'	"

"	24'	25'	26'	27'	28'	29'	30'	31'	32'	33'	34'	35'	"
0	[illegible]	[illegible]	[illegible]	[illegible]	[illegible]	[illegible]	[illegible]	[illegible]	[illegible]	[illegible]	[illegible]	[illegible]	60
1	[illegible]	[illegible]	[illegible]	[illegible]	[illegible]	[illegible]	[illegible]	[illegible]	[illegible]	[illegible]	[illegible]	[illegible]	59
2	[illegible]	[illegible]	[illegible]	[illegible]	[illegible]	[illegible]	[illegible]	[illegible]	[illegible]	[illegible]	[illegible]	[illegible]	58
3	[illegible]	[illegible]	[illegible]	[illegible]	[illegible]	[illegible]	[illegible]	[illegible]	[illegible]	[illegible]	[illegible]	[illegible]	57
4	[illegible]	[illegible]	[illegible]	[illegible]	[illegible]	[illegible]	[illegible]	[illegible]	[illegible]	[illegible]	[illegible]	[illegible]	56
5	[illegible]	[illegible]	[illegible]	[illegible]	[illegible]	[illegible]	[illegible]	[illegible]	[illegible]	[illegible]	[illegible]	[illegible]	55
6	[illegible]	[illegible]	[illegible]	[illegible]	[illegible]	[illegible]	[illegible]	[illegible]	[illegible]	[illegible]	[illegible]	[illegible]	54
7	[illegible]	[illegible]	[illegible]	[illegible]	[illegible]	[illegible]	[illegible]	[illegible]	[illegible]	[illegible]	[illegible]	[illegible]	53
8	[illegible]	[illegible]	[illegible]	[illegible]	[illegible]	[illegible]	[illegible]	[illegible]	[illegible]	[illegible]	[illegible]	[illegible]	52
9	[illegible]	[illegible]	[illegible]	[illegible]	[illegible]	[illegible]	[illegible]	[illegible]	[illegible]	[illegible]	[illegible]	[illegible]	51
10	[illegible]	[illegible]	[illegible]	[illegible]	[illegible]	[illegible]	[illegible]	[illegible]	[illegible]	[illegible]	[illegible]	[illegible]	50
11	[illegible]	[illegible]	[illegible]	[illegible]	[illegible]	[illegible]	[illegible]	[illegible]	[illegible]	[illegible]	[illegible]	[illegible]	49
12	[illegible]	[illegible]	[illegible]	[illegible]	[illegible]	[illegible]	[illegible]	[illegible]	[illegible]	[illegible]	[illegible]	[illegible]	48
13	[illegible]	[illegible]	[illegible]	[illegible]	[illegible]	[illegible]	[illegible]	[illegible]	[illegible]	[illegible]	[illegible]	[illegible]	47
14	[illegible]	[illegible]	[illegible]	[illegible]	[illegible]	[illegible]	[illegible]	[illegible]	[illegible]	[illegible]	[illegible]	[illegible]	46
15	[illegible]	[illegible]	[illegible]	[illegible]	[illegible]	[illegible]	[illegible]	[illegible]	[illegible]	[illegible]	[illegible]	[illegible]	45
16	[illegible]	[illegible]	[illegible]	[illegible]	[illegible]	[illegible]	[illegible]	[illegible]	[illegible]	[illegible]	[illegible]	[illegible]	44
17	[illegible]	[illegible]	[illegible]	[illegible]	[illegible]	[illegible]	[illegible]	[illegible]	[illegible]	[illegible]	[illegible]	[illegible]	43
18	[illegible]	[illegible]	[illegible]	[illegible]	[illegible]	[illegible]	[illegible]	[illegible]	[illegible]	[illegible]	[illegible]	[illegible]	42
19	[illegible]	[illegible]	[illegible]	[illegible]	[illegible]	[illegible]	[illegible]	[illegible]	[illegible]	[illegible]	[illegible]	[illegible]	41
20	[illegible]	[illegible]	[illegible]	[illegible]	[illegible]	[illegible]	[illegible]	[illegible]	[illegible]	[illegible]	[illegible]	[illegible]	40
21	[illegible]	[illegible]	[illegible]	[illegible]	[illegible]	[illegible]	[illegible]	[illegible]	[illegible]	[illegible]	[illegible]	[illegible]	39
22	[illegible]	[illegible]	[illegible]	[illegible]	[illegible]	[illegible]	[illegible]	[illegible]	[illegible]	[illegible]	[illegible]	[illegible]	38
23	[illegible]	[illegible]	[illegible]	[illegible]	[illegible]	[illegible]	[illegible]	[illegible]	[illegible]	[illegible]	[illegible]	[illegible]	37
24	[illegible]	[illegible]	[illegible]	[illegible]	[illegible]	[illegible]	[illegible]	[illegible]	[illegible]	[illegible]	[illegible]	[illegible]	36
25	[illegible]	[illegible]	[illegible]	[illegible]	[illegible]	[illegible]	[illegible]	[illegible]	[illegible]	[illegible]	[illegible]	[illegible]	35
26	[illegible]	[illegible]	[illegible]	[illegible]	[illegible]	[illegible]	[illegible]	[illegible]	[illegible]	[illegible]	[illegible]	[illegible]	34
27	[illegible]	[illegible]	[illegible]	[illegible]	[illegible]	[illegible]	[illegible]	[illegible]	[illegible]	[illegible]	[illegible]	[illegible]	33
28	[illegible]	[illegible]	[illegible]	[illegible]	[illegible]	[illegible]	[illegible]	[illegible]	[illegible]	[illegible]	[illegible]	[illegible]	32
29	[illegible]	[illegible]	[illegible]	[illegible]	[illegible]	[illegible]	[illegible]	[illegible]	[illegible]	[illegible]	[illegible]	[illegible]	31
30	[illegible]	[illegible]	[illegible]	[illegible]	[illegible]	[illegible]	[illegible]	[illegible]	[illegible]	[illegible]	[illegible]	[illegible]	30
31	[illegible]	[illegible]	[illegible]	[illegible]	[illegible]	[illegible]	[illegible]	[illegible]	[illegible]	[illegible]	[illegible]	[illegible]	29
32	[illegible]	[illegible]	[illegible]	[illegible]	[illegible]	[illegible]	[illegible]	[illegible]	[illegible]	[illegible]	[illegible]	[illegible]	28
33	[illegible]	[illegible]	[illegible]	[illegible]	[illegible]	[illegible]	[illegible]	[illegible]	[illegible]	[illegible]	[illegible]	[illegible]	27
34	[illegible]	[illegible]	[illegible]	[illegible]	[illegible]	[illegible]	[illegible]	[illegible]	[illegible]	[illegible]	[illegible]	[illegible]	26
35	[illegible]	[illegible]	[illegible]	[illegible]	[illegible]	[illegible]	[illegible]	[illegible]	[illegible]	[illegible]	[illegible]	[illegible]	25
36	[illegible]	[illegible]	[illegible]	[illegible]	[illegible]	[illegible]	[illegible]	[illegible]	[illegible]	[illegible]	[illegible]	[illegible]	24
37	[illegible]	[illegible]	[illegible]	[illegible]	[illegible]	[illegible]	[illegible]	[illegible]	[illegible]	[illegible]	[illegible]	[illegible]	23
38	[illegible]	[illegible]	[illegible]	[illegible]	[illegible]	[illegible]	[illegible]	[illegible]	[illegible]	[illegible]	[illegible]	[illegible]	22
39	[illegible]	[illegible]	[illegible]	[illegible]	[illegible]	[illegible]	[illegible]	[illegible]	[illegible]	[illegible]	[illegible]	[illegible]	21
40	[illegible]	[illegible]	[illegible]	[illegible]	[illegible]	[illegible]	[illegible]	[illegible]	[illegible]	[illegible]	[illegible]	[illegible]	20
41	[illegible]	[illegible]	[illegible]	[illegible]	[illegible]	[illegible]	[illegible]	[illegible]	[illegible]	[illegible]	[illegible]	[illegible]	19
42	[illegible]	[illegible]	[illegible]	[illegible]	[illegible]	[illegible]	[illegible]	[illegible]	[illegible]	[illegible]	[illegible]	[illegible]	18
43	[illegible]	[illegible]	[illegible]	[illegible]	[illegible]	[illegible]	[illegible]	[illegible]	[illegible]	[illegible]	[illegible]	[illegible]	17
44	[illegible]	[illegible]	[illegible]	[illegible]	[illegible]	[illegible]	[illegible]	[illegible]	[illegible]	[illegible]	[illegible]	[illegible]	16
45	[illegible]	[illegible]	[illegible]	[illegible]	[illegible]	[illegible]	[illegible]	[illegible]	[illegible]	[illegible]	[illegible]	[illegible]	15
46	[illegible]	[illegible]	[illegible]	[illegible]	[illegible]	[illegible]	[illegible]	[illegible]	[illegible]	[illegible]	[illegible]	[illegible]	14
47	[illegible]	[illegible]	[illegible]	[illegible]	[illegible]	[illegible]	[illegible]	[illegible]	[illegible]	[illegible]	[illegible]	[illegible]	13
48	[illegible]	[illegible]	[illegible]	[illegible]	[illegible]	[illegible]	[illegible]	[illegible]	[illegible]	[illegible]	[illegible]	[illegible]	12
49	[illegible]	[illegible]	[illegible]	[illegible]	[illegible]	[illegible]	[illegible]	[illegible]	[illegible]	[illegible]	[illegible]	[illegible]	11
50	[illegible]	[illegible]	[illegible]	[illegible]	[illegible]	[illegible]	[illegible]	[illegible]	[illegible]	[illegible]	[illegible]	[illegible]	10
51	[illegible]	[illegible]	[illegible]	[illegible]	[illegible]	[illegible]	[illegible]	[illegible]	[illegible]	[illegible]	[illegible]	[illegible]	9
52	[illegible]	[illegible]	[illegible]	[illegible]	[illegible]	[illegible]	[illegible]	[illegible]	[illegible]	[illegible]	[illegible]	[illegible]	8
53	[illegible]	[illegible]	[illegible]	[illegible]	[illegible]	[illegible]	[illegible]	[illegible]	[illegible]	[illegible]	[illegible]	[illegible]	7
54	[illegible]	[illegible]	[illegible]	[illegible]	[illegible]	[illegible]	[illegible]	[illegible]	[illegible]	[illegible]	[illegible]	[illegible]	6
55	[illegible]	[illegible]	[illegible]	[illegible]	[illegible]	[illegible]	[illegible]	[illegible]	[illegible]	[illegible]	[illegible]	[illegible]	5
56	[illegible]	[illegible]	[illegible]	[illegible]	[illegible]	[illegible]	[illegible]	[illegible]	[illegible]	[illegible]	[illegible]	[illegible]	4
57	[illegible]	[illegible]	[illegible]	[illegible]	[illegible]	[illegible]	[illegible]	[illegible]	[illegible]	[illegible]	[illegible]	[illegible]	3
58	[illegible]	[illegible]	[illegible]	[illegible]	[illegible]	[illegible]	[illegible]	[illegible]	[illegible]	[illegible]	[illegible]	[illegible]	2
59	[illegible]	[illegible]	[illegible]	[illegible]	[illegible]	[illegible]	[illegible]	[illegible]	[illegible]	[illegible]	[illegible]	[illegible]	1
60	[illegible]	[illegible]	[illegible]	[illegible]	[illegible]	[illegible]	[illegible]	[illegible]	[illegible]	[illegible]	[illegible]	[illegible]	0
"	35'	34'	33'	32'	31'	30'	29'	28'	27'	26'	25'	24'	"

″	36′	37′	38′	39′	40′	41′	42′	43′	44′	45′	46′	47′	″
0	[illegible]	[illegible]	[illegible]	[illegible]	[illegible]	[illegible]	[illegible]	[illegible]	[illegible]	[illegible]	[illegible]	[illegible]	60
1	[illegible]	[illegible]	[illegible]	[illegible]	[illegible]	[illegible]	[illegible]	[illegible]	[illegible]	[illegible]	[illegible]	[illegible]	59
2	[illegible]	[illegible]	[illegible]	[illegible]	[illegible]	[illegible]	[illegible]	[illegible]	[illegible]	[illegible]	[illegible]	[illegible]	58
3	[illegible]	[illegible]	[illegible]	[illegible]	[illegible]	[illegible]	[illegible]	[illegible]	[illegible]	[illegible]	[illegible]	[illegible]	57
4	[illegible]	[illegible]	[illegible]	[illegible]	[illegible]	[illegible]	[illegible]	[illegible]	[illegible]	[illegible]	[illegible]	[illegible]	56
5	[illegible]	[illegible]	[illegible]	[illegible]	[illegible]	[illegible]	[illegible]	[illegible]	[illegible]	[illegible]	[illegible]	[illegible]	55
6	[illegible]	[illegible]	[illegible]	[illegible]	[illegible]	[illegible]	[illegible]	[illegible]	[illegible]	[illegible]	[illegible]	[illegible]	54
7	[illegible]	[illegible]	[illegible]	[illegible]	[illegible]	[illegible]	[illegible]	[illegible]	[illegible]	[illegible]	[illegible]	[illegible]	53
8	[illegible]	[illegible]	[illegible]	[illegible]	[illegible]	[illegible]	[illegible]	[illegible]	[illegible]	[illegible]	[illegible]	[illegible]	52
9	[illegible]	[illegible]	[illegible]	[illegible]	[illegible]	[illegible]	[illegible]	[illegible]	[illegible]	[illegible]	[illegible]	[illegible]	51
10	[illegible]	[illegible]	[illegible]	[illegible]	[illegible]	[illegible]	[illegible]	[illegible]	[illegible]	[illegible]	[illegible]	[illegible]	50
11	[illegible]	[illegible]	[illegible]	[illegible]	[illegible]	[illegible]	[illegible]	[illegible]	[illegible]	[illegible]	[illegible]	[illegible]	49
12	[illegible]	[illegible]	[illegible]	[illegible]	[illegible]	[illegible]	[illegible]	[illegible]	[illegible]	[illegible]	[illegible]	[illegible]	48
13	[illegible]	[illegible]	[illegible]	[illegible]	[illegible]	[illegible]	[illegible]	[illegible]	[illegible]	[illegible]	[illegible]	[illegible]	47
14	[illegible]	[illegible]	[illegible]	[illegible]	[illegible]	[illegible]	[illegible]	[illegible]	[illegible]	[illegible]	[illegible]	[illegible]	46
15	[illegible]	[illegible]	[illegible]	[illegible]	[illegible]	[illegible]	[illegible]	[illegible]	[illegible]	[illegible]	[illegible]	[illegible]	45
16	[illegible]	[illegible]	[illegible]	[illegible]	[illegible]	[illegible]	[illegible]	[illegible]	[illegible]	[illegible]	[illegible]	[illegible]	44
17	[illegible]	[illegible]	[illegible]	[illegible]	[illegible]	[illegible]	[illegible]	[illegible]	[illegible]	[illegible]	[illegible]	[illegible]	43
18	[illegible]	[illegible]	[illegible]	[illegible]	[illegible]	[illegible]	[illegible]	[illegible]	[illegible]	[illegible]	[illegible]	[illegible]	42
19	[illegible]	[illegible]	[illegible]	[illegible]	[illegible]	[illegible]	[illegible]	[illegible]	[illegible]	[illegible]	[illegible]	[illegible]	41
20	[illegible]	[illegible]	[illegible]	[illegible]	[illegible]	[illegible]	[illegible]	[illegible]	[illegible]	[illegible]	[illegible]	[illegible]	40
21	[illegible]	[illegible]	[illegible]	[illegible]	[illegible]	[illegible]	[illegible]	[illegible]	[illegible]	[illegible]	[illegible]	[illegible]	39
22	[illegible]	[illegible]	[illegible]	[illegible]	[illegible]	[illegible]	[illegible]	[illegible]	[illegible]	[illegible]	[illegible]	[illegible]	38
23	[illegible]	[illegible]	[illegible]	[illegible]	[illegible]	[illegible]	[illegible]	[illegible]	[illegible]	[illegible]	[illegible]	[illegible]	37
24	[illegible]	[illegible]	[illegible]	[illegible]	[illegible]	[illegible]	[illegible]	[illegible]	[illegible]	[illegible]	[illegible]	[illegible]	36
25	[illegible]	[illegible]	[illegible]	[illegible]	[illegible]	[illegible]	[illegible]	[illegible]	[illegible]	[illegible]	[illegible]	[illegible]	35
26	[illegible]	[illegible]	[illegible]	[illegible]	[illegible]	[illegible]	[illegible]	[illegible]	[illegible]	[illegible]	[illegible]	[illegible]	34
27	[illegible]	[illegible]	[illegible]	[illegible]	[illegible]	[illegible]	[illegible]	[illegible]	[illegible]	[illegible]	[illegible]	[illegible]	33
28	[illegible]	[illegible]	[illegible]	[illegible]	[illegible]	[illegible]	[illegible]	[illegible]	[illegible]	[illegible]	[illegible]	[illegible]	32
29	[illegible]	[illegible]	[illegible]	[illegible]	[illegible]	[illegible]	[illegible]	[illegible]	[illegible]	[illegible]	[illegible]	[illegible]	31
30	[illegible]	[illegible]	[illegible]	[illegible]	[illegible]	[illegible]	[illegible]	[illegible]	[illegible]	[illegible]	[illegible]	[illegible]	30
31	[illegible]	[illegible]	[illegible]	[illegible]	[illegible]	[illegible]	[illegible]	[illegible]	[illegible]	[illegible]	[illegible]	[illegible]	29
32	[illegible]	[illegible]	[illegible]	[illegible]	[illegible]	[illegible]	[illegible]	[illegible]	[illegible]	[illegible]	[illegible]	[illegible]	28
33	[illegible]	[illegible]	[illegible]	[illegible]	[illegible]	[illegible]	[illegible]	[illegible]	[illegible]	[illegible]	[illegible]	[illegible]	27
34	[illegible]	[illegible]	[illegible]	[illegible]	[illegible]	[illegible]	[illegible]	[illegible]	[illegible]	[illegible]	[illegible]	[illegible]	26
35	[illegible]	[illegible]	[illegible]	[illegible]	[illegible]	[illegible]	[illegible]	[illegible]	[illegible]	[illegible]	[illegible]	[illegible]	25
36	[illegible]	[illegible]	[illegible]	[illegible]	[illegible]	[illegible]	[illegible]	[illegible]	[illegible]	[illegible]	[illegible]	[illegible]	24
37	[illegible]	[illegible]	[illegible]	[illegible]	[illegible]	[illegible]	[illegible]	[illegible]	[illegible]	[illegible]	[illegible]	[illegible]	23
38	[illegible]	[illegible]	[illegible]	[illegible]	[illegible]	[illegible]	[illegible]	[illegible]	[illegible]	[illegible]	[illegible]	[illegible]	22
39	[illegible]	[illegible]	[illegible]	[illegible]	[illegible]	[illegible]	[illegible]	[illegible]	[illegible]	[illegible]	[illegible]	[illegible]	21
40	[illegible]	[illegible]	[illegible]	[illegible]	[illegible]	[illegible]	[illegible]	[illegible]	[illegible]	[illegible]	[illegible]	[illegible]	20
41	[illegible]	[illegible]	[illegible]	[illegible]	[illegible]	[illegible]	[illegible]	[illegible]	[illegible]	[illegible]	[illegible]	[illegible]	19
42	[illegible]	[illegible]	[illegible]	[illegible]	[illegible]	[illegible]	[illegible]	[illegible]	[illegible]	[illegible]	[illegible]	[illegible]	18
43	[illegible]	[illegible]	[illegible]	[illegible]	[illegible]	[illegible]	[illegible]	[illegible]	[illegible]	[illegible]	[illegible]	[illegible]	17
44	[illegible]	[illegible]	[illegible]	[illegible]	[illegible]	[illegible]	[illegible]	[illegible]	[illegible]	[illegible]	[illegible]	[illegible]	16
45	[illegible]	[illegible]	[illegible]	[illegible]	[illegible]	[illegible]	[illegible]	[illegible]	[illegible]	[illegible]	[illegible]	[illegible]	15
46	[illegible]	[illegible]	[illegible]	[illegible]	[illegible]	[illegible]	[illegible]	[illegible]	[illegible]	[illegible]	[illegible]	[illegible]	14
47	[illegible]	[illegible]	[illegible]	[illegible]	[illegible]	[illegible]	[illegible]	[illegible]	[illegible]	[illegible]	[illegible]	[illegible]	13
48	[illegible]	[illegible]	[illegible]	[illegible]	[illegible]	[illegible]	[illegible]	[illegible]	[illegible]	[illegible]	[illegible]	[illegible]	12
49	[illegible]	[illegible]	[illegible]	[illegible]	[illegible]	[illegible]	[illegible]	[illegible]	[illegible]	[illegible]	[illegible]	[illegible]	11
50	[illegible]	[illegible]	[illegible]	[illegible]	[illegible]	[illegible]	[illegible]	[illegible]	[illegible]	[illegible]	[illegible]	[illegible]	10
51	[illegible]	[illegible]	[illegible]	[illegible]	[illegible]	[illegible]	[illegible]	[illegible]	[illegible]	[illegible]	[illegible]	[illegible]	9
52	[illegible]	[illegible]	[illegible]	[illegible]	[illegible]	[illegible]	[illegible]	[illegible]	[illegible]	[illegible]	[illegible]	[illegible]	8
53	[illegible]	[illegible]	[illegible]	[illegible]	[illegible]	[illegible]	[illegible]	[illegible]	[illegible]	[illegible]	[illegible]	[illegible]	7
54	[illegible]	[illegible]	[illegible]	[illegible]	[illegible]	[illegible]	[illegible]	[illegible]	[illegible]	[illegible]	[illegible]	[illegible]	6
55	[illegible]	[illegible]	[illegible]	[illegible]	[illegible]	[illegible]	[illegible]	[illegible]	[illegible]	[illegible]	[illegible]	[illegible]	5
56	[illegible]	[illegible]	[illegible]	[illegible]	[illegible]	[illegible]	[illegible]	[illegible]	[illegible]	[illegible]	[illegible]	[illegible]	4
57	[illegible]	[illegible]	[illegible]	[illegible]	[illegible]	[illegible]	[illegible]	[illegible]	[illegible]	[illegible]	[illegible]	[illegible]	3
58	[illegible]	[illegible]	[illegible]	[illegible]	[illegible]	[illegible]	[illegible]	[illegible]	[illegible]	[illegible]	[illegible]	[illegible]	2
59	[illegible]	[illegible]	[illegible]	[illegible]	[illegible]	[illegible]	[illegible]	[illegible]	[illegible]	[illegible]	[illegible]	[illegible]	1
60	[illegible]	[illegible]	[illegible]	[illegible]	[illegible]	[illegible]	[illegible]	[illegible]	[illegible]	[illegible]	[illegible]	[illegible]	0
″	23′	22′	21′	20′	19′	18′	17′	16′	15′	14′	13′	12′	″

″	36′	37′	38′	39′	40′	41′	42′	43′	44′	45′	46′	47′	″
0	[illegible]	[illegible]	[illegible]	[illegible]	[illegible]	[illegible]	[illegible]	[illegible]	[illegible]	[illegible]	[illegible]	[illegible]	60
1	[illegible]	[illegible]	[illegible]	[illegible]	[illegible]	[illegible]	[illegible]	[illegible]	[illegible]	[illegible]	[illegible]	[illegible]	59
2	[illegible]	[illegible]	[illegible]	[illegible]	[illegible]	[illegible]	[illegible]	[illegible]	[illegible]	[illegible]	[illegible]	[illegible]	58
3	[illegible]	[illegible]	[illegible]	[illegible]	[illegible]	[illegible]	[illegible]	[illegible]	[illegible]	[illegible]	[illegible]	[illegible]	57
4	[illegible]	[illegible]	[illegible]	[illegible]	[illegible]	[illegible]	[illegible]	[illegible]	[illegible]	[illegible]	[illegible]	[illegible]	56
5	[illegible]	[illegible]	[illegible]	[illegible]	[illegible]	[illegible]	[illegible]	[illegible]	[illegible]	[illegible]	[illegible]	[illegible]	55
6	[illegible]	[illegible]	[illegible]	[illegible]	[illegible]	[illegible]	[illegible]	[illegible]	[illegible]	[illegible]	[illegible]	[illegible]	54
7	[illegible]	[illegible]	[illegible]	[illegible]	[illegible]	[illegible]	[illegible]	[illegible]	[illegible]	[illegible]	[illegible]	[illegible]	53
8	[illegible]	[illegible]	[illegible]	[illegible]	[illegible]	[illegible]	[illegible]	[illegible]	[illegible]	[illegible]	[illegible]	[illegible]	52
9	[illegible]	[illegible]	[illegible]	[illegible]	[illegible]	[illegible]	[illegible]	[illegible]	[illegible]	[illegible]	[illegible]	[illegible]	51
10	[illegible]	[illegible]	[illegible]	[illegible]	[illegible]	[illegible]	[illegible]	[illegible]	[illegible]	[illegible]	[illegible]	[illegible]	50
11	[illegible]	[illegible]	[illegible]	[illegible]	[illegible]	[illegible]	[illegible]	[illegible]	[illegible]	[illegible]	[illegible]	[illegible]	49
12	[illegible]	[illegible]	[illegible]	[illegible]	[illegible]	[illegible]	[illegible]	[illegible]	[illegible]	[illegible]	[illegible]	[illegible]	48
13	[illegible]	[illegible]	[illegible]	[illegible]	[illegible]	[illegible]	[illegible]	[illegible]	[illegible]	[illegible]	[illegible]	[illegible]	47
14	[illegible]	[illegible]	[illegible]	[illegible]	[illegible]	[illegible]	[illegible]	[illegible]	[illegible]	[illegible]	[illegible]	[illegible]	46
15	[illegible]	[illegible]	[illegible]	[illegible]	[illegible]	[illegible]	[illegible]	[illegible]	[illegible]	[illegible]	[illegible]	[illegible]	45
16	[illegible]	[illegible]	[illegible]	[illegible]	[illegible]	[illegible]	[illegible]	[illegible]	[illegible]	[illegible]	[illegible]	[illegible]	44
17	[illegible]	[illegible]	[illegible]	[illegible]	[illegible]	[illegible]	[illegible]	[illegible]	[illegible]	[illegible]	[illegible]	[illegible]	43
18	[illegible]	[illegible]	[illegible]	[illegible]	[illegible]	[illegible]	[illegible]	[illegible]	[illegible]	[illegible]	[illegible]	[illegible]	42
19	[illegible]	[illegible]	[illegible]	[illegible]	[illegible]	[illegible]	[illegible]	[illegible]	[illegible]	[illegible]	[illegible]	[illegible]	41
20	[illegible]	[illegible]	[illegible]	[illegible]	[illegible]	[illegible]	[illegible]	[illegible]	[illegible]	[illegible]	[illegible]	[illegible]	40
21	[illegible]	[illegible]	[illegible]	[illegible]	[illegible]	[illegible]	[illegible]	[illegible]	[illegible]	[illegible]	[illegible]	[illegible]	39
22	[illegible]	[illegible]	[illegible]	[illegible]	[illegible]	[illegible]	[illegible]	[illegible]	[illegible]	[illegible]	[illegible]	[illegible]	38
23	[illegible]	[illegible]	[illegible]	[illegible]	[illegible]	[illegible]	[illegible]	[illegible]	[illegible]	[illegible]	[illegible]	[illegible]	37
24	[illegible]	[illegible]	[illegible]	[illegible]	[illegible]	[illegible]	[illegible]	[illegible]	[illegible]	[illegible]	[illegible]	[illegible]	36
25	[illegible]	[illegible]	[illegible]	[illegible]	[illegible]	[illegible]	[illegible]	[illegible]	[illegible]	[illegible]	[illegible]	[illegible]	35
26	[illegible]	[illegible]	[illegible]	[illegible]	[illegible]	[illegible]	[illegible]	[illegible]	[illegible]	[illegible]	[illegible]	[illegible]	34
27	[illegible]	[illegible]	[illegible]	[illegible]	[illegible]	[illegible]	[illegible]	[illegible]	[illegible]	[illegible]	[illegible]	[illegible]	33
28	[illegible]	[illegible]	[illegible]	[illegible]	[illegible]	[illegible]	[illegible]	[illegible]	[illegible]	[illegible]	[illegible]	[illegible]	32
29	[illegible]	[illegible]	[illegible]	[illegible]	[illegible]	[illegible]	[illegible]	[illegible]	[illegible]	[illegible]	[illegible]	[illegible]	31
30	[illegible]	[illegible]	[illegible]	[illegible]	[illegible]	[illegible]	[illegible]	[illegible]	[illegible]	[illegible]	[illegible]	[illegible]	30
31	[illegible]	[illegible]	[illegible]	[illegible]	[illegible]	[illegible]	[illegible]	[illegible]	[illegible]	[illegible]	[illegible]	[illegible]	29
32	[illegible]	[illegible]	[illegible]	[illegible]	[illegible]	[illegible]	[illegible]	[illegible]	[illegible]	[illegible]	[illegible]	[illegible]	28
33	[illegible]	[illegible]	[illegible]	[illegible]	[illegible]	[illegible]	[illegible]	[illegible]	[illegible]	[illegible]	[illegible]	[illegible]	27
34	[illegible]	[illegible]	[illegible]	[illegible]	[illegible]	[illegible]	[illegible]	[illegible]	[illegible]	[illegible]	[illegible]	[illegible]	26
35	[illegible]	[illegible]	[illegible]	[illegible]	[illegible]	[illegible]	[illegible]	[illegible]	[illegible]	[illegible]	[illegible]	[illegible]	25
36	[illegible]	[illegible]	[illegible]	[illegible]	[illegible]	[illegible]	[illegible]	[illegible]	[illegible]	[illegible]	[illegible]	[illegible]	24
37	[illegible]	[illegible]	[illegible]	[illegible]	[illegible]	[illegible]	[illegible]	[illegible]	[illegible]	[illegible]	[illegible]	[illegible]	23
38	[illegible]	[illegible]	[illegible]	[illegible]	[illegible]	[illegible]	[illegible]	[illegible]	[illegible]	[illegible]	[illegible]	[illegible]	22
39	[illegible]	[illegible]	[illegible]	[illegible]	[illegible]	[illegible]	[illegible]	[illegible]	[illegible]	[illegible]	[illegible]	[illegible]	21
40	[illegible]	[illegible]	[illegible]	[illegible]	[illegible]	[illegible]	[illegible]	[illegible]	[illegible]	[illegible]	[illegible]	[illegible]	20
41	[illegible]	[illegible]	[illegible]	[illegible]	[illegible]	[illegible]	[illegible]	[illegible]	[illegible]	[illegible]	[illegible]	[illegible]	19
42	[illegible]	[illegible]	[illegible]	[illegible]	[illegible]	[illegible]	[illegible]	[illegible]	[illegible]	[illegible]	[illegible]	[illegible]	18
43	[illegible]	[illegible]	[illegible]	[illegible]	[illegible]	[illegible]	[illegible]	[illegible]	[illegible]	[illegible]	[illegible]	[illegible]	17
44	[illegible]	[illegible]	[illegible]	[illegible]	[illegible]	[illegible]	[illegible]	[illegible]	[illegible]	[illegible]	[illegible]	[illegible]	16
45	[illegible]	[illegible]	[illegible]	[illegible]	[illegible]	[illegible]	[illegible]	[illegible]	[illegible]	[illegible]	[illegible]	[illegible]	15
46	[illegible]	[illegible]	[illegible]	[illegible]	[illegible]	[illegible]	[illegible]	[illegible]	[illegible]	[illegible]	[illegible]	[illegible]	14
47	[illegible]	[illegible]	[illegible]	[illegible]	[illegible]	[illegible]	[illegible]	[illegible]	[illegible]	[illegible]	[illegible]	[illegible]	13
48	[illegible]	[illegible]	[illegible]	[illegible]	[illegible]	[illegible]	[illegible]	[illegible]	[illegible]	[illegible]	[illegible]	[illegible]	12
49	[illegible]	[illegible]	[illegible]	[illegible]	[illegible]	[illegible]	[illegible]	[illegible]	[illegible]	[illegible]	[illegible]	[illegible]	11
50	[illegible]	[illegible]	[illegible]	[illegible]	[illegible]	[illegible]	[illegible]	[illegible]	[illegible]	[illegible]	[illegible]	[illegible]	10
51	[illegible]	[illegible]	[illegible]	[illegible]	[illegible]	[illegible]	[illegible]	[illegible]	[illegible]	[illegible]	[illegible]	[illegible]	9
52	[illegible]	[illegible]	[illegible]	[illegible]	[illegible]	[illegible]	[illegible]	[illegible]	[illegible]	[illegible]	[illegible]	[illegible]	8
53	[illegible]	[illegible]	[illegible]	[illegible]	[illegible]	[illegible]	[illegible]	[illegible]	[illegible]	[illegible]	[illegible]	[illegible]	7
54	[illegible]	[illegible]	[illegible]	[illegible]	[illegible]	[illegible]	[illegible]	[illegible]	[illegible]	[illegible]	[illegible]	[illegible]	6
55	[illegible]	[illegible]	[illegible]	[illegible]	[illegible]	[illegible]	[illegible]	[illegible]	[illegible]	[illegible]	[illegible]	[illegible]	5
56	[illegible]	[illegible]	[illegible]	[illegible]	[illegible]	[illegible]	[illegible]	[illegible]	[illegible]	[illegible]	[illegible]	[illegible]	4
57	[illegible]	[illegible]	[illegible]	[illegible]	[illegible]	[illegible]	[illegible]	[illegible]	[illegible]	[illegible]	[illegible]	[illegible]	3
58	[illegible]	[illegible]	[illegible]	[illegible]	[illegible]	[illegible]	[illegible]	[illegible]	[illegible]	[illegible]	[illegible]	[illegible]	2
59	[illegible]	[illegible]	[illegible]	[illegible]	[illegible]	[illegible]	[illegible]	[illegible]	[illegible]	[illegible]	[illegible]	[illegible]	1
60	[illegible]	[illegible]	[illegible]	[illegible]	[illegible]	[illegible]	[illegible]	[illegible]	[illegible]	[illegible]	[illegible]	[illegible]	0
″	23′	22′	21′	20′	19′	18′	17′	16′	15′	14′	13′	12′	″

2 Deg. Sinus.

″	48′	49′	50′	51′	52′	53′	54′	55′	56′	57′	58′	59′	″
0	[illegible]	[illegible]	[illegible]	[illegible]	[illegible]	[illegible]	[illegible]	[illegible]	[illegible]	[illegible]	[illegible]	[illegible]	60
1	[illegible]	[illegible]	[illegible]	[illegible]	[illegible]	[illegible]	[illegible]	[illegible]	[illegible]	[illegible]	[illegible]	[illegible]	59
2	[illegible]	[illegible]	[illegible]	[illegible]	[illegible]	[illegible]	[illegible]	[illegible]	[illegible]	[illegible]	[illegible]	[illegible]	58
3	[illegible]	[illegible]	[illegible]	[illegible]	[illegible]	[illegible]	[illegible]	[illegible]	[illegible]	[illegible]	[illegible]	[illegible]	57
4	[illegible]	[illegible]	[illegible]	[illegible]	[illegible]	[illegible]	[illegible]	[illegible]	[illegible]	[illegible]	[illegible]	[illegible]	56
5	[illegible]	[illegible]	[illegible]	[illegible]	[illegible]	[illegible]	[illegible]	[illegible]	[illegible]	[illegible]	[illegible]	[illegible]	55
6	[illegible]	[illegible]	[illegible]	[illegible]	[illegible]	[illegible]	[illegible]	[illegible]	[illegible]	[illegible]	[illegible]	[illegible]	54
7	[illegible]	[illegible]	[illegible]	[illegible]	[illegible]	[illegible]	[illegible]	[illegible]	[illegible]	[illegible]	[illegible]	[illegible]	53
8	[illegible]	[illegible]	[illegible]	[illegible]	[illegible]	[illegible]	[illegible]	[illegible]	[illegible]	[illegible]	[illegible]	[illegible]	52
9	[illegible]	[illegible]	[illegible]	[illegible]	[illegible]	[illegible]	[illegible]	[illegible]	[illegible]	[illegible]	[illegible]	[illegible]	51
10	[illegible]	[illegible]	[illegible]	[illegible]	[illegible]	[illegible]	[illegible]	[illegible]	[illegible]	[illegible]	[illegible]	[illegible]	50
11	[illegible]	[illegible]	[illegible]	[illegible]	[illegible]	[illegible]	[illegible]	[illegible]	[illegible]	[illegible]	[illegible]	[illegible]	49
12	[illegible]	[illegible]	[illegible]	[illegible]	[illegible]	[illegible]	[illegible]	[illegible]	[illegible]	[illegible]	[illegible]	[illegible]	48
13	[illegible]	[illegible]	[illegible]	[illegible]	[illegible]	[illegible]	[illegible]	[illegible]	[illegible]	[illegible]	[illegible]	[illegible]	47
14	[illegible]	[illegible]	[illegible]	[illegible]	[illegible]	[illegible]	[illegible]	[illegible]	[illegible]	[illegible]	[illegible]	[illegible]	46
15	[illegible]	[illegible]	[illegible]	[illegible]	[illegible]	[illegible]	[illegible]	[illegible]	[illegible]	[illegible]	[illegible]	[illegible]	45
16	[illegible]	[illegible]	[illegible]	[illegible]	[illegible]	[illegible]	[illegible]	[illegible]	[illegible]	[illegible]	[illegible]	[illegible]	44
17	[illegible]	[illegible]	[illegible]	[illegible]	[illegible]	[illegible]	[illegible]	[illegible]	[illegible]	[illegible]	[illegible]	[illegible]	43
18	[illegible]	[illegible]	[illegible]	[illegible]	[illegible]	[illegible]	[illegible]	[illegible]	[illegible]	[illegible]	[illegible]	[illegible]	42
19	[illegible]	[illegible]	[illegible]	[illegible]	[illegible]	[illegible]	[illegible]	[illegible]	[illegible]	[illegible]	[illegible]	[illegible]	41
20	[illegible]	[illegible]	[illegible]	[illegible]	[illegible]	[illegible]	[illegible]	[illegible]	[illegible]	[illegible]	[illegible]	[illegible]	40
21	[illegible]	[illegible]	[illegible]	[illegible]	[illegible]	[illegible]	[illegible]	[illegible]	[illegible]	[illegible]	[illegible]	[illegible]	39
22	[illegible]	[illegible]	[illegible]	[illegible]	[illegible]	[illegible]	[illegible]	[illegible]	[illegible]	[illegible]	[illegible]	[illegible]	38
23	[illegible]	[illegible]	[illegible]	[illegible]	[illegible]	[illegible]	[illegible]	[illegible]	[illegible]	[illegible]	[illegible]	[illegible]	37
24	[illegible]	[illegible]	[illegible]	[illegible]	[illegible]	[illegible]	[illegible]	[illegible]	[illegible]	[illegible]	[illegible]	[illegible]	36
25	[illegible]	[illegible]	[illegible]	[illegible]	[illegible]	[illegible]	[illegible]	[illegible]	[illegible]	[illegible]	[illegible]	[illegible]	35
26	[illegible]	[illegible]	[illegible]	[illegible]	[illegible]	[illegible]	[illegible]	[illegible]	[illegible]	[illegible]	[illegible]	[illegible]	34
27	[illegible]	[illegible]	[illegible]	[illegible]	[illegible]	[illegible]	[illegible]	[illegible]	[illegible]	[illegible]	[illegible]	[illegible]	33
28	[illegible]	[illegible]	[illegible]	[illegible]	[illegible]	[illegible]	[illegible]	[illegible]	[illegible]	[illegible]	[illegible]	[illegible]	32
29	[illegible]	[illegible]	[illegible]	[illegible]	[illegible]	[illegible]	[illegible]	[illegible]	[illegible]	[illegible]	[illegible]	[illegible]	31
30	[illegible]	[illegible]	[illegible]	[illegible]	[illegible]	[illegible]	[illegible]	[illegible]	[illegible]	[illegible]	[illegible]	[illegible]	30
31	[illegible]	[illegible]	[illegible]	[illegible]	[illegible]	[illegible]	[illegible]	[illegible]	[illegible]	[illegible]	[illegible]	[illegible]	29
32	[illegible]	[illegible]	[illegible]	[illegible]	[illegible]	[illegible]	[illegible]	[illegible]	[illegible]	[illegible]	[illegible]	[illegible]	28
33	[illegible]	[illegible]	[illegible]	[illegible]	[illegible]	[illegible]	[illegible]	[illegible]	[illegible]	[illegible]	[illegible]	[illegible]	27
34	[illegible]	[illegible]	[illegible]	[illegible]	[illegible]	[illegible]	[illegible]	[illegible]	[illegible]	[illegible]	[illegible]	[illegible]	26
35	[illegible]	[illegible]	[illegible]	[illegible]	[illegible]	[illegible]	[illegible]	[illegible]	[illegible]	[illegible]	[illegible]	[illegible]	25
36	[illegible]	[illegible]	[illegible]	[illegible]	[illegible]	[illegible]	[illegible]	[illegible]	[illegible]	[illegible]	[illegible]	[illegible]	24
37	[illegible]	[illegible]	[illegible]	[illegible]	[illegible]	[illegible]	[illegible]	[illegible]	[illegible]	[illegible]	[illegible]	[illegible]	23
38	[illegible]	[illegible]	[illegible]	[illegible]	[illegible]	[illegible]	[illegible]	[illegible]	[illegible]	[illegible]	[illegible]	[illegible]	22
39	[illegible]	[illegible]	[illegible]	[illegible]	[illegible]	[illegible]	[illegible]	[illegible]	[illegible]	[illegible]	[illegible]	[illegible]	21
40	[illegible]	[illegible]	[illegible]	[illegible]	[illegible]	[illegible]	[illegible]	[illegible]	[illegible]	[illegible]	[illegible]	[illegible]	20
41	[illegible]	[illegible]	[illegible]	[illegible]	[illegible]	[illegible]	[illegible]	[illegible]	[illegible]	[illegible]	[illegible]	[illegible]	19
42	[illegible]	[illegible]	[illegible]	[illegible]	[illegible]	[illegible]	[illegible]	[illegible]	[illegible]	[illegible]	[illegible]	[illegible]	18
43	[illegible]	[illegible]	[illegible]	[illegible]	[illegible]	[illegible]	[illegible]	[illegible]	[illegible]	[illegible]	[illegible]	[illegible]	17
44	[illegible]	[illegible]	[illegible]	[illegible]	[illegible]	[illegible]	[illegible]	[illegible]	[illegible]	[illegible]	[illegible]	[illegible]	16
45	[illegible]	[illegible]	[illegible]	[illegible]	[illegible]	[illegible]	[illegible]	[illegible]	[illegible]	[illegible]	[illegible]	[illegible]	15
46	[illegible]	[illegible]	[illegible]	[illegible]	[illegible]	[illegible]	[illegible]	[illegible]	[illegible]	[illegible]	[illegible]	[illegible]	14
47	[illegible]	[illegible]	[illegible]	[illegible]	[illegible]	[illegible]	[illegible]	[illegible]	[illegible]	[illegible]	[illegible]	[illegible]	13
48	[illegible]	[illegible]	[illegible]	[illegible]	[illegible]	[illegible]	[illegible]	[illegible]	[illegible]	[illegible]	[illegible]	[illegible]	12
49	[illegible]	[illegible]	[illegible]	[illegible]	[illegible]	[illegible]	[illegible]	[illegible]	[illegible]	[illegible]	[illegible]	[illegible]	11
50	[illegible]	[illegible]	[illegible]	[illegible]	[illegible]	[illegible]	[illegible]	[illegible]	[illegible]	[illegible]	[illegible]	[illegible]	10
51	[illegible]	[illegible]	[illegible]	[illegible]	[illegible]	[illegible]	[illegible]	[illegible]	[illegible]	[illegible]	[illegible]	[illegible]	9
52	[illegible]	[illegible]	[illegible]	[illegible]	[illegible]	[illegible]	[illegible]	[illegible]	[illegible]	[illegible]	[illegible]	[illegible]	8
53	[illegible]	[illegible]	[illegible]	[illegible]	[illegible]	[illegible]	[illegible]	[illegible]	[illegible]	[illegible]	[illegible]	[illegible]	7
54	[illegible]	[illegible]	[illegible]	[illegible]	[illegible]	[illegible]	[illegible]	[illegible]	[illegible]	[illegible]	[illegible]	[illegible]	6
55	[illegible]	[illegible]	[illegible]	[illegible]	[illegible]	[illegible]	[illegible]	[illegible]	[illegible]	[illegible]	[illegible]	[illegible]	5
56	[illegible]	[illegible]	[illegible]	[illegible]	[illegible]	[illegible]	[illegible]	[illegible]	[illegible]	[illegible]	[illegible]	[illegible]	4
57	[illegible]	[illegible]	[illegible]	[illegible]	[illegible]	[illegible]	[illegible]	[illegible]	[illegible]	[illegible]	[illegible]	[illegible]	3
58	[illegible]	[illegible]	[illegible]	[illegible]	[illegible]	[illegible]	[illegible]	[illegible]	[illegible]	[illegible]	[illegible]	[illegible]	2
59	[illegible]	[illegible]	[illegible]	[illegible]	[illegible]	[illegible]	[illegible]	[illegible]	[illegible]	[illegible]	[illegible]	[illegible]	1
60	[illegible]	[illegible]	[illegible]	[illegible]	[illegible]	[illegible]	[illegible]	[illegible]	[illegible]	[illegible]	[illegible]	[illegible]	0
″	11′	10′	9′	8′	7′	6′	5′	4′	3′	2′	1′	0′	″

Co-Sinus. 87 Deg.

″	48′	49′	50′	51′	52′	53′	54′	55′	56′	57′	58′	59′	″
0	8.6893813	8.6919629	8.6945292	8.6970802	8.6996172	8.7021390	8.7046465	8.7071395	8.7096185	8.7120834	8.7145345	8.7169719	60
1	8.6894145	8.6920051	8.6945719	8.6971130	8.6996593	8.7021816	8.7046881	8.7071810	8.7096597	8.7121124	8.7145754	8.7170114	59
2	8.6894670	8.6920487	8.6946145	8.6971654	8.6997015	8.7022224	8.7047290	8.7072224	8.7097010	8.7121165	8.7146151	8.7170542	58
3	8.6895108	8.6920916	8.6946572	8.6972078	8.6997436	8.7022640	8.7047714	8.7072631	8.7097418	8.7122062	8.7146567	8.7170934	57
4	8.6895530	8.6921344	8.6946998	8.6972502	8.6997857	8.7023067	8.7048131	8.7073054	8.7097831	8.7122478	8.7146974	8.7171331	56
5	8.6895990	8.6921773	8.6947424	8.6972926	8.6998279	8.7023488	8.7048548	8.7073466	8.7098244	8.7122888	8.7147381	8.7171744	55
6	8.6896401	8.6922201	8.6947851	8.6973349	8.6998700	8.7023904	8.7048964	8.7073881	8.7098656	8.7123291	8.7147788	8.7172149	54
7	8.6896831	8.6922631	8.6948277	8.6973773	8.6999121	8.7024318	8.7049381	8.7074295	8.7099067	8.7123701	8.7148195	8.7172555	53
8	8.6897264	8.6923059	8.6948703	8.6974197	8.6999543	8.7024742	8.7049797	8.7074709	8.7099479	8.7124120	8.7148602	8.7172958	52
9	8.6897695	8.6923488	8.6949129	8.6974621	8.6999964	8.7025161	8.7050211	8.7075111	8.7099891	8.7124589	8.7149010	8.7173361	51
10	8.6898116	8.6923917	8.6949555	8.6975044	8.7000385	8.7025578	8.7050631	8.7075537	8.7100302	8.7124980	8.7149417	8.7173768	50
11	8.6898557	8.6924345	8.6949981	8.6975468	8.7000806	8.7025998	8.7051046	8.7075951	8.7100714	8.7125337	8.7149824	8.7174172	49
12	8.6898989	8.6924774	8.6950407	8.6975891	8.7001227	8.7026417	8.7051461	8.7076364	8.7101126	8.7125747	8.7150231	8.7174577	48
13	8.6899421	8.6925202	8.6950833	8.6976315	8.7001648	8.7026835	8.7051877	8.7076778	8.7101537	8.7126156	8.7150637	8.7174981	47
14	8.6899852	8.6925631	8.6951259	8.6976739	8.7002069	8.7027254	8.7052292	8.7077192	8.7101949	8.7126566	8.7151044	8.7175387	46
15	8.6900281	8.6926059	8.6951685	8.6977161	8.7002490	8.7027672	8.7052711	8.7077606	8.7102361	8.7126975	8.7151451	8.7175791	45
16	8.6900711	8.6926487	8.6952111	8.6977585	8.7002911	8.7028091	8.7053127	8.7078021	8.7102771	8.7127384	8.7151858	8.7176196	44
17	8.6901143	8.6926915	8.6952537	8.6978008	8.7003332	8.7028509	8.7053543	8.7078433	8.7103183	8.7127793	8.7152265	8.7176600	43
18	8.6901574	8.6927344	8.6952963	8.6978431	8.7003753	8.7028928	8.7053959	8.7078847	8.7103594	8.7128202	8.7152671	8.7177005	42
19	8.6902004	8.6927771	8.6953388	8.6978855	8.7004173	8.7029346	8.7054375	8.7079260	8.7104005	8.7128611	8.7153078	8.7177409	41
20	8.6902435	8.6928200	8.6953814	8.6979278	8.7004594	8.7029764	8.7054791	8.7079674	8.7104416	8.7129020	8.7153485	8.7177813	40
21	8.6902866	8.6928628	8.6954239	8.6979701	8.7005015	8.7030183	8.7055207	8.7080088	8.7104828	8.7129428	8.7153891	8.7178218	39
22	8.6903297	8.6929056	8.6954665	8.6980124	8.7005435	8.7030601	8.7055623	8.7080501	8.7105239	8.7129837	8.7154298	8.7178622	38
23	8.6903727	8.6929484	8.6955090	8.6980547	8.7005856	8.7031019	8.7056039	8.7080914	8.7105650	8.7130246	8.7154704	8.7179026	37
24	8.6904158	8.6929912	8.6955516	8.6980970	8.7006277	8.7031437	8.7056454	8.7081328	8.7106061	8.7130654	8.7155111	8.7179430	36
25	8.6904589	8.6930340	8.6955941	8.6981393	8.7006697	8.7031856	8.7056870	8.7081741	8.7106472	8.7131063	8.7155517	8.7179835	35
26	8.6905019	8.6930768	8.6956367	8.6981816	8.7007118	8.7032274	8.7057285	8.7082154	8.7106883	8.7131472	8.7155924	8.7180239	34
27	8.6905450	8.6931196	8.6956792	8.6982239	8.7007539	8.7032691	8.7057701	8.7082568	8.7107294	8.7131881	8.7156330	8.7180643	33
28	8.6905880	8.6931624	8.6957217	8.6982661	8.7007959	8.7033109	8.7058117	8.7082981	8.7107705	8.7132289	8.7156736	8.7181047	32
29	8.6906311	8.6932052	8.6957643	8.6983084	8.7008379	8.7033528	8.7058532	8.7083394	8.7108116	8.7132698	8.7157143	8.7181451	31
30	8.6906741	8.6932479	8.6958068	8.6983507	8.7008799	8.7033946	8.7058948	8.7083807	8.7108527	8.7133106	8.7157549	8.7181855	30
31	8.6907170	8.6932907	8.6958493	8.6983930	8.7009220	8.7034363	8.7059363	8.7084221	8.7108937	8.7133515	8.7157955	8.7182259	29
32	8.6907600	8.6933335	8.6958918	8.6984352	8.7009640	8.7034781	8.7059779	8.7084634	8.7109348	8.7133923	8.7158361	8.7182663	28
33	8.6908031	8.6933763	8.6959343	8.6984775	8.7010060	8.7035199	8.7060194	8.7085047	8.7109759	8.7134332	8.7158767	8.7183067	27
34	8.6908461	8.6934190	8.6959768	8.6985198	8.7010481	8.7035617	8.7060609	8.7085460	8.7110170	8.7134740	8.7159173	8.7183471	26
35	8.6908891	8.6934618	8.6960194	8.6985621	8.7010900	8.7036034	8.7061025	8.7085873	8.7110580	8.7135149	8.7159579	8.7183874	25
36	8.6909321	8.6935045	8.6960619	8.6986043	8.7011320	8.7036452	8.7061440	8.7086286	8.7110991	8.7135557	8.7159985	8.7184278	24
37	8.6909751	8.6935473	8.6961044	8.6986466	8.7011740	8.7036870	8.7061855	8.7086699	8.7111401	8.7135966	8.7160391	8.7184682	23
38	8.6910181	8.6935900	8.6961468	8.6986888	8.7012160	8.7037287	8.7062271	8.7087111	8.7111812	8.7136374	8.7160797	8.7185086	22
39	8.6910611	8.6936327	8.6961893	8.6987310	8.7012580	8.7037705	8.7062686	8.7087524	8.7112222	8.7136782	8.7161203	8.7185489	21
40	8.6911041	8.6936755	8.6962318	8.6987733	8.7013000	8.7038122	8.7063101	8.7087937	8.7112633	8.7137190	8.7161609	8.7185893	20
41	8.6911470	8.6937182	8.6962743	8.6988155	8.7013420	8.7038540	8.7063516	8.7088350	8.7113043	8.7137598	8.7162015	8.7186297	19
42	8.6911900	8.6937609	8.6963168	8.6988577	8.7013840	8.7038957	8.7063931	8.7088762	8.7113454	8.7138006	8.7162421	8.7186700	18
43	8.6912330	8.6938036	8.6963592	8.6989000	8.7014260	8.7039375	8.7064346	8.7089175	8.7113864	8.7138414	8.7162826	8.7187104	17
44	8.6912760	8.6938464	8.6964017	8.6989422	8.7014680	8.7039792	8.7064761	8.7089588	8.7114274	8.7138822	8.7163232	8.7187507	16
45	8.6913189	8.6938891	8.6964441	8.6989844	8.7015099	8.7040209	8.7065176	8.7090000	8.7114684	8.7139230	8.7163638	8.7187910	15
46	8.6913618	8.6939318	8.6964866	8.6990266	8.7015519	8.7040627	8.7065591	8.7090412	8.7115095	8.7139638	8.7164044	8.7188314	14
47	8.6914048	8.6939745	8.6965290	8.6990688	8.7015939	8.7041044	8.7066006	8.7090825	8.7115505	8.7140046	8.7164449	8.7188717	13
48	8.6914478	8.6940171	8.6965715	8.6991110	8.7016358	8.7041461	8.7066421	8.7091237	8.7115915	8.7140454	8.7164855	8.7189121	12
49	8.6914907	8.6940599	8.6966139	8.6991532	8.7016778	8.7041878	8.7066835	8.7091650	8.7116325	8.7140861	8.7165260	8.7189524	11
50	8.6915337	8.6941026	8.6966563	8.6991954	8.7017197	8.7042295	8.7067250	8.7092062	8.7116735	8.7141269	8.7165666	8.7189927	10
51	8.6915766	8.6941453	8.6966987	8.6992376	8.7017617	8.7042712	8.7067665	8.7092475	8.7117145	8.7141677	8.7166071	8.7190330	9
52	8.6916195	8.6941879	8.6967411	8.6992798	8.7018036	8.7043130	8.7068079	8.7092887	8.7117555	8.7142085	8.7166477	8.7190734	8
53	8.6916625	8.6942307	8.6967835	8.6993220	8.7018456	8.7043547	8.7068494	8.7093300	8.7117965	8.7142492	8.7166882	8.7191137	7
54	8.6917054	8.6942733	8.6968259	8.6993642	8.7018875	8.7043964	8.7068909	8.7093712	8.7118375	8.7142900	8.7167288	8.7191540	6
55	8.6917483	8.6943160	8.6968683	8.6994063	8.7019294	8.7044381	8.7069323	8.7094124	8.7118785	8.7143307	8.7167693	8.7191943	5
56	8.6917912	8.6943586	8.6969107	8.6994485	8.7019714	8.7044797	8.7069737	8.7094536	8.7119195	8.7143715	8.7168098	8.7192346	4
57	8.6918341	8.6944013	8.6969531	8.6994907	8.7020133	8.7045214	8.7070152	8.7094948	8.7119605	8.7144122	8.7168503	8.7192749	3
58	8.6918771	8.6944439	8.6969954	8.6995328	8.7020552	8.7045631	8.7070567	8.7095361	8.7120014	8.7144530	8.7168909	8.7193152	2
59	8.6919200	8.6944866	8.6970378	8.6995750	8.7020971	8.7046048	8.7070981	8.7095773	8.7120424	8.7144937	8.7169314	8.7193555	1
60	8.6919629	8.6945292	8.6970802	8.6996172	8.7021390	8.7046465	8.7071395	8.7096185	8.7120834	8.7145345	8.7169719	8.7193958	0
″	11′	10′	9′	8′	7′	6′	5′	4′	3′	2′	1′	0′	″

"	0'	1'	2'	3'	4'	5'	6'	7'	8'	9'	10'	11'	"
0	[illegible]	[illegible]	[illegible]	[illegible]	[illegible]	[illegible]	[illegible]	[illegible]	[illegible]	[illegible]	[illegible]	[illegible]	60
1	[illegible]	[illegible]	[illegible]	[illegible]	[illegible]	[illegible]	[illegible]	[illegible]	[illegible]	[illegible]	[illegible]	[illegible]	59
2	[illegible]	[illegible]	[illegible]	[illegible]	[illegible]	[illegible]	[illegible]	[illegible]	[illegible]	[illegible]	[illegible]	[illegible]	58
3	[illegible]	[illegible]	[illegible]	[illegible]	[illegible]	[illegible]	[illegible]	[illegible]	[illegible]	[illegible]	[illegible]	[illegible]	57
4	[illegible]	[illegible]	[illegible]	[illegible]	[illegible]	[illegible]	[illegible]	[illegible]	[illegible]	[illegible]	[illegible]	[illegible]	56
5	[illegible]	[illegible]	[illegible]	[illegible]	[illegible]	[illegible]	[illegible]	[illegible]	[illegible]	[illegible]	[illegible]	[illegible]	55
6	[illegible]	[illegible]	[illegible]	[illegible]	[illegible]	[illegible]	[illegible]	[illegible]	[illegible]	[illegible]	[illegible]	[illegible]	54
7	[illegible]	[illegible]	[illegible]	[illegible]	[illegible]	[illegible]	[illegible]	[illegible]	[illegible]	[illegible]	[illegible]	[illegible]	53
8	[illegible]	[illegible]	[illegible]	[illegible]	[illegible]	[illegible]	[illegible]	[illegible]	[illegible]	[illegible]	[illegible]	[illegible]	52
9	[illegible]	[illegible]	[illegible]	[illegible]	[illegible]	[illegible]	[illegible]	[illegible]	[illegible]	[illegible]	[illegible]	[illegible]	51
10	[illegible]	[illegible]	[illegible]	[illegible]	[illegible]	[illegible]	[illegible]	[illegible]	[illegible]	[illegible]	[illegible]	[illegible]	50
11	[illegible]	[illegible]	[illegible]	[illegible]	[illegible]	[illegible]	[illegible]	[illegible]	[illegible]	[illegible]	[illegible]	[illegible]	49
12	[illegible]	[illegible]	[illegible]	[illegible]	[illegible]	[illegible]	[illegible]	[illegible]	[illegible]	[illegible]	[illegible]	[illegible]	48
13	[illegible]	[illegible]	[illegible]	[illegible]	[illegible]	[illegible]	[illegible]	[illegible]	[illegible]	[illegible]	[illegible]	[illegible]	47
14	[illegible]	[illegible]	[illegible]	[illegible]	[illegible]	[illegible]	[illegible]	[illegible]	[illegible]	[illegible]	[illegible]	[illegible]	46
15	[illegible]	[illegible]	[illegible]	[illegible]	[illegible]	[illegible]	[illegible]	[illegible]	[illegible]	[illegible]	[illegible]	[illegible]	45
16	[illegible]	[illegible]	[illegible]	[illegible]	[illegible]	[illegible]	[illegible]	[illegible]	[illegible]	[illegible]	[illegible]	[illegible]	44
17	[illegible]	[illegible]	[illegible]	[illegible]	[illegible]	[illegible]	[illegible]	[illegible]	[illegible]	[illegible]	[illegible]	[illegible]	43
18	[illegible]	[illegible]	[illegible]	[illegible]	[illegible]	[illegible]	[illegible]	[illegible]	[illegible]	[illegible]	[illegible]	[illegible]	42
19	[illegible]	[illegible]	[illegible]	[illegible]	[illegible]	[illegible]	[illegible]	[illegible]	[illegible]	[illegible]	[illegible]	[illegible]	41
20	[illegible]	[illegible]	[illegible]	[illegible]	[illegible]	[illegible]	[illegible]	[illegible]	[illegible]	[illegible]	[illegible]	[illegible]	40
21	[illegible]	[illegible]	[illegible]	[illegible]	[illegible]	[illegible]	[illegible]	[illegible]	[illegible]	[illegible]	[illegible]	[illegible]	39
22	[illegible]	[illegible]	[illegible]	[illegible]	[illegible]	[illegible]	[illegible]	[illegible]	[illegible]	[illegible]	[illegible]	[illegible]	38
23	[illegible]	[illegible]	[illegible]	[illegible]	[illegible]	[illegible]	[illegible]	[illegible]	[illegible]	[illegible]	[illegible]	[illegible]	37
24	[illegible]	[illegible]	[illegible]	[illegible]	[illegible]	[illegible]	[illegible]	[illegible]	[illegible]	[illegible]	[illegible]	[illegible]	36
25	[illegible]	[illegible]	[illegible]	[illegible]	[illegible]	[illegible]	[illegible]	[illegible]	[illegible]	[illegible]	[illegible]	[illegible]	35
26	[illegible]	[illegible]	[illegible]	[illegible]	[illegible]	[illegible]	[illegible]	[illegible]	[illegible]	[illegible]	[illegible]	[illegible]	34
27	[illegible]	[illegible]	[illegible]	[illegible]	[illegible]	[illegible]	[illegible]	[illegible]	[illegible]	[illegible]	[illegible]	[illegible]	33
28	[illegible]	[illegible]	[illegible]	[illegible]	[illegible]	[illegible]	[illegible]	[illegible]	[illegible]	[illegible]	[illegible]	[illegible]	32
29	[illegible]	[illegible]	[illegible]	[illegible]	[illegible]	[illegible]	[illegible]	[illegible]	[illegible]	[illegible]	[illegible]	[illegible]	31
30	[illegible]	[illegible]	[illegible]	[illegible]	[illegible]	[illegible]	[illegible]	[illegible]	[illegible]	[illegible]	[illegible]	[illegible]	30
31	[illegible]	[illegible]	[illegible]	[illegible]	[illegible]	[illegible]	[illegible]	[illegible]	[illegible]	[illegible]	[illegible]	[illegible]	29
32	[illegible]	[illegible]	[illegible]	[illegible]	[illegible]	[illegible]	[illegible]	[illegible]	[illegible]	[illegible]	[illegible]	[illegible]	28
33	[illegible]	[illegible]	[illegible]	[illegible]	[illegible]	[illegible]	[illegible]	[illegible]	[illegible]	[illegible]	[illegible]	[illegible]	27
34	[illegible]	[illegible]	[illegible]	[illegible]	[illegible]	[illegible]	[illegible]	[illegible]	[illegible]	[illegible]	[illegible]	[illegible]	26
35	[illegible]	[illegible]	[illegible]	[illegible]	[illegible]	[illegible]	[illegible]	[illegible]	[illegible]	[illegible]	[illegible]	[illegible]	25
36	[illegible]	[illegible]	[illegible]	[illegible]	[illegible]	[illegible]	[illegible]	[illegible]	[illegible]	[illegible]	[illegible]	[illegible]	24
37	[illegible]	[illegible]	[illegible]	[illegible]	[illegible]	[illegible]	[illegible]	[illegible]	[illegible]	[illegible]	[illegible]	[illegible]	23
38	[illegible]	[illegible]	[illegible]	[illegible]	[illegible]	[illegible]	[illegible]	[illegible]	[illegible]	[illegible]	[illegible]	[illegible]	22
39	[illegible]	[illegible]	[illegible]	[illegible]	[illegible]	[illegible]	[illegible]	[illegible]	[illegible]	[illegible]	[illegible]	[illegible]	21
40	[illegible]	[illegible]	[illegible]	[illegible]	[illegible]	[illegible]	[illegible]	[illegible]	[illegible]	[illegible]	[illegible]	[illegible]	20
41	[illegible]	[illegible]	[illegible]	[illegible]	[illegible]	[illegible]	[illegible]	[illegible]	[illegible]	[illegible]	[illegible]	[illegible]	19
42	[illegible]	[illegible]	[illegible]	[illegible]	[illegible]	[illegible]	[illegible]	[illegible]	[illegible]	[illegible]	[illegible]	[illegible]	18
43	[illegible]	[illegible]	[illegible]	[illegible]	[illegible]	[illegible]	[illegible]	[illegible]	[illegible]	[illegible]	[illegible]	[illegible]	17
44	[illegible]	[illegible]	[illegible]	[illegible]	[illegible]	[illegible]	[illegible]	[illegible]	[illegible]	[illegible]	[illegible]	[illegible]	16
45	[illegible]	[illegible]	[illegible]	[illegible]	[illegible]	[illegible]	[illegible]	[illegible]	[illegible]	[illegible]	[illegible]	[illegible]	15
46	[illegible]	[illegible]	[illegible]	[illegible]	[illegible]	[illegible]	[illegible]	[illegible]	[illegible]	[illegible]	[illegible]	[illegible]	14
47	[illegible]	[illegible]	[illegible]	[illegible]	[illegible]	[illegible]	[illegible]	[illegible]	[illegible]	[illegible]	[illegible]	[illegible]	13
48	[illegible]	[illegible]	[illegible]	[illegible]	[illegible]	[illegible]	[illegible]	[illegible]	[illegible]	[illegible]	[illegible]	[illegible]	12
49	[illegible]	[illegible]	[illegible]	[illegible]	[illegible]	[illegible]	[illegible]	[illegible]	[illegible]	[illegible]	[illegible]	[illegible]	11
50	[illegible]	[illegible]	[illegible]	[illegible]	[illegible]	[illegible]	[illegible]	[illegible]	[illegible]	[illegible]	[illegible]	[illegible]	10
51	[illegible]	[illegible]	[illegible]	[illegible]	[illegible]	[illegible]	[illegible]	[illegible]	[illegible]	[illegible]	[illegible]	[illegible]	9
52	[illegible]	[illegible]	[illegible]	[illegible]	[illegible]	[illegible]	[illegible]	[illegible]	[illegible]	[illegible]	[illegible]	[illegible]	8
53	[illegible]	[illegible]	[illegible]	[illegible]	[illegible]	[illegible]	[illegible]	[illegible]	[illegible]	[illegible]	[illegible]	[illegible]	7
54	[illegible]	[illegible]	[illegible]	[illegible]	[illegible]	[illegible]	[illegible]	[illegible]	[illegible]	[illegible]	[illegible]	[illegible]	6
55	[illegible]	[illegible]	[illegible]	[illegible]	[illegible]	[illegible]	[illegible]	[illegible]	[illegible]	[illegible]	[illegible]	[illegible]	5
56	[illegible]	[illegible]	[illegible]	[illegible]	[illegible]	[illegible]	[illegible]	[illegible]	[illegible]	[illegible]	[illegible]	[illegible]	4
57	[illegible]	[illegible]	[illegible]	[illegible]	[illegible]	[illegible]	[illegible]	[illegible]	[illegible]	[illegible]	[illegible]	[illegible]	3
58	[illegible]	[illegible]	[illegible]	[illegible]	[illegible]	[illegible]	[illegible]	[illegible]	[illegible]	[illegible]	[illegible]	[illegible]	2
59	[illegible]	[illegible]	[illegible]	[illegible]	[illegible]	[illegible]	[illegible]	[illegible]	[illegible]	[illegible]	[illegible]	[illegible]	1
60	[illegible]	[illegible]	[illegible]	[illegible]	[illegible]	[illegible]	[illegible]	[illegible]	[illegible]	[illegible]	[illegible]	[illegible]	0
"	59'	58'	57'	56'	55'	54'	53'	52'	51'	50'	49'	48'	"

"	0'	1'	2'	3'	4'	5'	6'	7'	8'	9'	10'	11'	"
0	8.7193958	8.7218C6?	8.7242035	8.7265877	8.7289584	8.7313174	8.7336631	8.7359964	8.7383174	8.7406258	8.7429122	8.7452067	60
1	8.7194360	8.7218451	8.7242434	8.7266179	8.7289984	8.7313566	8.7337021	8.7360354	8.7383558	8.7406584	8.7429560	8.7452447	59
2	8.7194763	8.7218855	8.7242833	8.7266666	8.7290371	8.7313958	8.7337411	8.7360739	8.7383944	8.7407013	8.7429986	8.7452826	58
3	8.7195166	8.7219261	8.7243130	8.7267066	8.7290771	8.7314350	8.7337801	8.7361127	8.7384329	8.7407406	8.7430367	8.7453206	57
4	8.7195569	8.7219665	8.7243621	8.7267462	8.7291166	8.7314741	8.7338191	8.7361515	8.7384715	8.7407779	8.7430749	8.7453585	56
5	8.7195971	8.7220069	8.7244027	8.7267858	8.7291560	8.7315131	8.7338581	8.7361902	8.7385101	8.7408170	8.7431130	8.7453964	55
6	8.7196374	8.7220476	8.7244419	8.7268254	8.7291954	8.7315525	8.7338970	8.7362290	8.7385486	8.7408560	8.7431512	8.7454343	54
7	8.7196797	8.7220866	8.7244825	8.7268650	8.7292347	8.7315917	8.7339360	8.7362677	8.7385872	8.7408943	8.7431894	8.7454721	53
8	8.7197177	8.7221267	8.7245222	8.7269046	8.7292741	8.7316309	8.7339750	8.7363066	8.7386257	8.7409327	8.7432275	8.7455104	52
9	8.7197581	8.7221667	8.7245620	8.7269442	8.7293135	8.7316700	8.7340139	8.7363453	8.7386643	8.7409710	8.7432657	8.7455483	51
10	8.7197984	8.7222067	8.7246018	8.7269838	8.7293529	8.7317092	8.7340529	8.7363840	8.7387028	8.7410094	8.7433038	8.7455862	50
11	8.7198387	8.7222467	8.7246416	8.7270234	8.7293922	8.7317484	8.7340918	8.7364228	8.7387414	8.7410477	8.7433419	8.7456241	49
12	8.7198789	8.7222868	8.7246814	8.7270630	8.7294316	8.7317875	8.7341308	8.7364615	8.7387799	8.7410860	8.7433801	8.7456620	48
13	8.7199192	8.7223268	8.7247212	8.7271026	8.7294710	8.7318267	8.7341697	8.7365002	8.7388185	8.7411244	8.7434182	8.7456999	47
14	8.7199595	8.7223668	8.7247610	8.7271421	8.7295104	8.7318659	8.7342087	8.7365390	8.7388570	8.7411627	8.7434564	8.7457378	46
15	8.7199997	8.7224068	8.7248008	8.7271817	8.7295497	8.7319050	8.7342476	8.7365777	8.7388955	8.7412010	8.7434945	8.7457757	45
16	8.7200400	8.7224469	8.7248406	8.7272213	8.7295891	8.7319442	8.7342866	8.7366165	8.7389341	8.7412394	8.7435326	8.7458136	44
17	8.7200803	8.7224869	8.7248804	8.7272609	8.7296285	8.7319833	8.7343255	8.7366552	8.7389726	8.7412777	8.7435707	8.7458515	43
18	8.7201205	8.7225269	8.7249201	8.7273004	8.7296678	8.7320225	8.7343644	8.7366939	8.7390111	8.7413160	8.7436089	8.7458894	42
19	8.7201608	8.7225669	8.7249599	8.7273400	8.7297072	8.7320616	8.7344034	8.7367326	8.7390496	8.7413544	8.7436470	8.7459272	41
20	8.7202011	8.7226069	8.7249997	8.7273796	8.7297466	8.7321007	8.7344423	8.7367714	8.7390882	8.7413927	8.7436851	8.7459651	40
21	8.7202413	8.7226469	8.7250395	8.7274191	8.7297859	8.7321399	8.7344812	8.7368101	8.7391267	8.7414310	8.7437232	8.7460030	39
22	8.7202816	8.7226869	8.7250792	8.7274586	8.7298253	8.7321790	8.7345201	8.7368488	8.7391652	8.7414693	8.7437613	8.7460409	38
23	8.7203218	8.7227269	8.7251190	8.7274982	8.7298646	8.7322181	8.7345590	8.7368875	8.7392036	8.7415076	8.7437994	8.7460787	37
24	8.7203621	8.7227669	8.7251588	8.7275377	8.7299039	8.7322572	8.7345979	8.7369261	8.7392421	8.7415458	8.7438374	8.7461166	36
25	8.7204017	8.7228067	8.7251984	8.7275773	8.7299431	8.7322962	8.7346368	8.7369649	8.7392806	8.7415841	8.7438755	8.7461545	35
26	8.7204419	8.7228467	8.7252381	8.7276168	8.7299825	8.7323353	8.7346757	8.7370036	8.7393191	8.7416224	8.7439136	8.7461923	34
27	8.7204821	8.7228867	8.7252781	8.7276563	8.7300218	8.7323745	8.7347146	8.7370423	8.7393577	8.7416607	8.7439517	8.7462302	33
28	8.7205223	8.7229268	8.7253176	8.7276959	8.7300611	8.7324136	8.7347537	8.7370810	8.7393961	8.7416990	8.7439898	8.7462681	32
29	8.7205625	8.7229668	8.7253574	8.7277354	8.7301004	8.7324527	8.7347926	8.7371197	8.7394345	8.7417373	8.7440279	8.7463060	31
30	8.7206017	8.7230068	8.7253972	8.7277749	8.7301397	8.7324918	8.7348315	8.7371584	8.7394730	8.7417755	8.7440660	8.7463444	30
31	8.7206418	8.7230468	8.7254370	8.7278144	8.7301790	8.7325309	8.7348704	8.7371970	8.7395115	8.7418138	8.7441040	8.7463823	29
32	8.7206823	8.7230868	8.7254767	8.7278540	8.7302183	8.7325700	8.7349093	8.7372357	8.7395500	8.7418521	8.7441421	8.7464202	28
33	8.7207225	8.7231268	8.7255164	8.7278935	8.7302576	8.7326091	8.7349482	8.7372744	8.7395884	8.7418904	8.7441802	8.7464581	27
34	8.7207627	8.7231668	8.7255562	8.7279330	8.7302969	8.7326482	8.7349871	8.7373130	8.7396268	8.7419287	8.7442182	8.7464959	26
35	8.7208030	8.7232068	8.7255959	8.7279725	8.7303362	8.7326873	8.7350257	8.7373517	8.7396653	8.7419669	8.7442563	8.7465338	25
36	8.7208432	8.7232468	8.7256356	8.7280120	8.7303755	8.7327263	8.7350646	8.7373904	8.7397038	8.7420051	8.7442943	8.7465716	24
37	8.7208834	8.7232868	8.7256753	8.7280515	8.7304148	8.7327654	8.7351034	8.7374290	8.7397423	8.7420434	8.7443324	8.7466095	23
38	8.7209235	8.7233268	8.7257150	8.7280910	8.7304541	8.7328045	8.7351423	8.7374677	8.7397807	8.7420816	8.7443704	8.7466473	22
39	8.7209641	8.7233668	8.7257547	8.7281305	8.7304934	8.7328436	8.7351811	8.7375063	8.7398191	8.7421199	8.7444085	8.7466852	21
40	8.7210042	8.7234059	8.7257944	8.7281700	8.7305326	8.7328826	8.7352200	8.7375450	8.7398576	8.7421581	8.7444465	8.7467230	20
41	8.7210444	8.7234459	8.7258341	8.7282094	8.7305719	8.7329217	8.7352588	8.7375836	8.7398961	8.7421963	8.7444846	8.7467609	19
42	8.7210846	8.7234857	8.7258738	8.7282489	8.7306111	8.7329607	8.7352977	8.7376222	8.7399345	8.7422345	8.7445226	8.7467987	18
43	8.7211248	8.7235256	8.7259135	8.7282884	8.7306504	8.7329998	8.7353365	8.7376608	8.7399729	8.7422728	8.7445606	8.7468365	17
44	8.7211649	8.7235656	8.7259531	8.7283279	8.7306897	8.7330388	8.7353753	8.7376995	8.7400114	8.7423110	8.7445987	8.7468744	16
45	8.7212051	8.7236055	8.7259928	8.7283673	8.7307290	8.7330779	8.7354141	8.7377381	8.7400498	8.7423495	8.7446367	8.7469122	15
46	8.7212453	8.7236455	8.7260326	8.7284068	8.7307682	8.7331169	8.7354531	8.7377768	8.7400883	8.7423875	8.7446747	8.7469500	14
47	8.7212855	8.7236854	8.7260722	8.7284463	8.7308075	8.7331560	8.7354919	8.7378154	8.7401266	8.7424257	8.7447127	8.7469879	13
48	8.7213256	8.7237254	8.7261119	8.7284857	8.7308467	8.7331950	8.7355307	8.7378540	8.7401651	8.7424639	8.7447507	8.7470257	12
49	8.7213658	8.7237653	8.7261516	8.7285252	8.7308859	8.7332340	8.7355695	8.7378926	8.7402035	8.7425081	8.7447887	8.7470635	11
50	8.7214059	8.7238052	8.7261912	8.7285646	8.7309252	8.7332730	8.7356083	8.7379312	8.7402419	8.7425402	8.7448268	8.7471013	10
51	8.7214461	8.7238452	8.7262309	8.7286041	8.7309644	8.7333121	8.7356471	8.7379698	8.7402803	8.7425784	8.7448648	8.7471391	9
52	8.7214862	8.7238851	8.7262705	8.7286435	8.7310036	8.7333511	8.7356860	8.7380084	8.7403187	8.7426167	8.7449028	8.7471769	8
53	8.7215257	8.7239249	8.7263101	8.7286830	8.7310429	8.7333901	8.7357248	8.7380471	8.7403571	8.7426546	8.7449408	8.7472147	7
54	8.7215657	8.7239648	8.7263497	8.7287224	8.7310821	8.7334291	8.7357636	8.7380857	8.7403955	8.7426931	8.7449788	8.7472525	6
55	8.7216059	8.7240047	8.7263894	8.7287618	8.7311213	8.7334681	8.7358024	8.7381243	8.7404339	8.7427313	8.7450168	8.7472903	5
56	8.7216460	8.7240441	8.7264290	8.7288012	8.7311605	8.7335071	8.7358412	8.7381629	8.7404723	8.7427695	8.7450548	8.7473281	4
57	8.7216861	8.7240840	8.7264686	8.7288407	8.7311997	8.7335461	8.7358800	8.7382015	8.7405107	8.7428077	8.7450927	8.7473659	3
58	8.7217262	8.7241238	8.7265082	8.7288801	8.7312390	8.7335851	8.7359188	8.7382400	8.7405490	8.7428459	8.7451307	8.7474037	2
59	8.7217664	8.7241637	8.7265481	8.7289195	8.7312782	8.7336241	8.7359576	8.7382786	8.7405874	8.7428841	8.7451687	8.7474415	1
60	8.7218068	8.7242035	8.7265877	8.7289584	8.7313174	8.7336631	8.7359964	8.7383174	8.7406258	8.7429122	8.7452067	8.7474792	0
"	59'	58'	57'	56'	55'	54'	53'	52'	51'	50'	49'	48'	"

"	12'	13'	14'	15'	16'	17'	18'	19'	20'	21'	22'	23'	"
0	[illegible]	[illegible]	[illegible]	[illegible]	[illegible]	[illegible]	[illegible]	[illegible]	[illegible]	[illegible]	[illegible]	[illegible]	60
1	[illegible]	[illegible]	[illegible]	[illegible]	[illegible]	[illegible]	[illegible]	[illegible]	[illegible]	[illegible]	[illegible]	[illegible]	59
2	[illegible]	[illegible]	[illegible]	[illegible]	[illegible]	[illegible]	[illegible]	[illegible]	[illegible]	[illegible]	[illegible]	[illegible]	58
3	[illegible]	[illegible]	[illegible]	[illegible]	[illegible]	[illegible]	[illegible]	[illegible]	[illegible]	[illegible]	[illegible]	[illegible]	57
4	[illegible]	[illegible]	[illegible]	[illegible]	[illegible]	[illegible]	[illegible]	[illegible]	[illegible]	[illegible]	[illegible]	[illegible]	56
5	[illegible]	[illegible]	[illegible]	[illegible]	[illegible]	[illegible]	[illegible]	[illegible]	[illegible]	[illegible]	[illegible]	[illegible]	55
6	[illegible]	[illegible]	[illegible]	[illegible]	[illegible]	[illegible]	[illegible]	[illegible]	[illegible]	[illegible]	[illegible]	[illegible]	54
7	[illegible]	[illegible]	[illegible]	[illegible]	[illegible]	[illegible]	[illegible]	[illegible]	[illegible]	[illegible]	[illegible]	[illegible]	53
8	[illegible]	[illegible]	[illegible]	[illegible]	[illegible]	[illegible]	[illegible]	[illegible]	[illegible]	[illegible]	[illegible]	[illegible]	52
9	[illegible]	[illegible]	[illegible]	[illegible]	[illegible]	[illegible]	[illegible]	[illegible]	[illegible]	[illegible]	[illegible]	[illegible]	51
10	[illegible]	[illegible]	[illegible]	[illegible]	[illegible]	[illegible]	[illegible]	[illegible]	[illegible]	[illegible]	[illegible]	[illegible]	50
11	[illegible]	[illegible]	[illegible]	[illegible]	[illegible]	[illegible]	[illegible]	[illegible]	[illegible]	[illegible]	[illegible]	[illegible]	49
12	[illegible]	[illegible]	[illegible]	[illegible]	[illegible]	[illegible]	[illegible]	[illegible]	[illegible]	[illegible]	[illegible]	[illegible]	48
13	[illegible]	[illegible]	[illegible]	[illegible]	[illegible]	[illegible]	[illegible]	[illegible]	[illegible]	[illegible]	[illegible]	[illegible]	47
14	[illegible]	[illegible]	[illegible]	[illegible]	[illegible]	[illegible]	[illegible]	[illegible]	[illegible]	[illegible]	[illegible]	[illegible]	46
15	[illegible]	[illegible]	[illegible]	[illegible]	[illegible]	[illegible]	[illegible]	[illegible]	[illegible]	[illegible]	[illegible]	[illegible]	45
16	[illegible]	[illegible]	[illegible]	[illegible]	[illegible]	[illegible]	[illegible]	[illegible]	[illegible]	[illegible]	[illegible]	[illegible]	44
17	[illegible]	[illegible]	[illegible]	[illegible]	[illegible]	[illegible]	[illegible]	[illegible]	[illegible]	[illegible]	[illegible]	[illegible]	43
18	[illegible]	[illegible]	[illegible]	[illegible]	[illegible]	[illegible]	[illegible]	[illegible]	[illegible]	[illegible]	[illegible]	[illegible]	42
19	[illegible]	[illegible]	[illegible]	[illegible]	[illegible]	[illegible]	[illegible]	[illegible]	[illegible]	[illegible]	[illegible]	[illegible]	41
20	[illegible]	[illegible]	[illegible]	[illegible]	[illegible]	[illegible]	[illegible]	[illegible]	[illegible]	[illegible]	[illegible]	[illegible]	40
21	[illegible]	[illegible]	[illegible]	[illegible]	[illegible]	[illegible]	[illegible]	[illegible]	[illegible]	[illegible]	[illegible]	[illegible]	39
22	[illegible]	[illegible]	[illegible]	[illegible]	[illegible]	[illegible]	[illegible]	[illegible]	[illegible]	[illegible]	[illegible]	[illegible]	38
23	[illegible]	[illegible]	[illegible]	[illegible]	[illegible]	[illegible]	[illegible]	[illegible]	[illegible]	[illegible]	[illegible]	[illegible]	37
24	[illegible]	[illegible]	[illegible]	[illegible]	[illegible]	[illegible]	[illegible]	[illegible]	[illegible]	[illegible]	[illegible]	[illegible]	36
25	[illegible]	[illegible]	[illegible]	[illegible]	[illegible]	[illegible]	[illegible]	[illegible]	[illegible]	[illegible]	[illegible]	[illegible]	35
26	[illegible]	[illegible]	[illegible]	[illegible]	[illegible]	[illegible]	[illegible]	[illegible]	[illegible]	[illegible]	[illegible]	[illegible]	34
27	[illegible]	[illegible]	[illegible]	[illegible]	[illegible]	[illegible]	[illegible]	[illegible]	[illegible]	[illegible]	[illegible]	[illegible]	33
28	[illegible]	[illegible]	[illegible]	[illegible]	[illegible]	[illegible]	[illegible]	[illegible]	[illegible]	[illegible]	[illegible]	[illegible]	32
29	[illegible]	[illegible]	[illegible]	[illegible]	[illegible]	[illegible]	[illegible]	[illegible]	[illegible]	[illegible]	[illegible]	[illegible]	31
30	[illegible]	[illegible]	[illegible]	[illegible]	[illegible]	[illegible]	[illegible]	[illegible]	[illegible]	[illegible]	[illegible]	[illegible]	30
31	[illegible]	[illegible]	[illegible]	[illegible]	[illegible]	[illegible]	[illegible]	[illegible]	[illegible]	[illegible]	[illegible]	[illegible]	29
32	[illegible]	[illegible]	[illegible]	[illegible]	[illegible]	[illegible]	[illegible]	[illegible]	[illegible]	[illegible]	[illegible]	[illegible]	28
33	[illegible]	[illegible]	[illegible]	[illegible]	[illegible]	[illegible]	[illegible]	[illegible]	[illegible]	[illegible]	[illegible]	[illegible]	27
34	[illegible]	[illegible]	[illegible]	[illegible]	[illegible]	[illegible]	[illegible]	[illegible]	[illegible]	[illegible]	[illegible]	[illegible]	26
35	[illegible]	[illegible]	[illegible]	[illegible]	[illegible]	[illegible]	[illegible]	[illegible]	[illegible]	[illegible]	[illegible]	[illegible]	25
36	[illegible]	[illegible]	[illegible]	[illegible]	[illegible]	[illegible]	[illegible]	[illegible]	[illegible]	[illegible]	[illegible]	[illegible]	24
37	[illegible]	[illegible]	[illegible]	[illegible]	[illegible]	[illegible]	[illegible]	[illegible]	[illegible]	[illegible]	[illegible]	[illegible]	23
38	[illegible]	[illegible]	[illegible]	[illegible]	[illegible]	[illegible]	[illegible]	[illegible]	[illegible]	[illegible]	[illegible]	[illegible]	22
39	[illegible]	[illegible]	[illegible]	[illegible]	[illegible]	[illegible]	[illegible]	[illegible]	[illegible]	[illegible]	[illegible]	[illegible]	21
40	[illegible]	[illegible]	[illegible]	[illegible]	[illegible]	[illegible]	[illegible]	[illegible]	[illegible]	[illegible]	[illegible]	[illegible]	20
41	[illegible]	[illegible]	[illegible]	[illegible]	[illegible]	[illegible]	[illegible]	[illegible]	[illegible]	[illegible]	[illegible]	[illegible]	19
42	[illegible]	[illegible]	[illegible]	[illegible]	[illegible]	[illegible]	[illegible]	[illegible]	[illegible]	[illegible]	[illegible]	[illegible]	18
43	[illegible]	[illegible]	[illegible]	[illegible]	[illegible]	[illegible]	[illegible]	[illegible]	[illegible]	[illegible]	[illegible]	[illegible]	17
44	[illegible]	[illegible]	[illegible]	[illegible]	[illegible]	[illegible]	[illegible]	[illegible]	[illegible]	[illegible]	[illegible]	[illegible]	16
45	[illegible]	[illegible]	[illegible]	[illegible]	[illegible]	[illegible]	[illegible]	[illegible]	[illegible]	[illegible]	[illegible]	[illegible]	15
46	[illegible]	[illegible]	[illegible]	[illegible]	[illegible]	[illegible]	[illegible]	[illegible]	[illegible]	[illegible]	[illegible]	[illegible]	14
47	[illegible]	[illegible]	[illegible]	[illegible]	[illegible]	[illegible]	[illegible]	[illegible]	[illegible]	[illegible]	[illegible]	[illegible]	13
48	[illegible]	[illegible]	[illegible]	[illegible]	[illegible]	[illegible]	[illegible]	[illegible]	[illegible]	[illegible]	[illegible]	[illegible]	12
49	[illegible]	[illegible]	[illegible]	[illegible]	[illegible]	[illegible]	[illegible]	[illegible]	[illegible]	[illegible]	[illegible]	[illegible]	11
50	[illegible]	[illegible]	[illegible]	[illegible]	[illegible]	[illegible]	[illegible]	[illegible]	[illegible]	[illegible]	[illegible]	[illegible]	10
51	[illegible]	[illegible]	[illegible]	[illegible]	[illegible]	[illegible]	[illegible]	[illegible]	[illegible]	[illegible]	[illegible]	[illegible]	9
52	[illegible]	[illegible]	[illegible]	[illegible]	[illegible]	[illegible]	[illegible]	[illegible]	[illegible]	[illegible]	[illegible]	[illegible]	8
53	[illegible]	[illegible]	[illegible]	[illegible]	[illegible]	[illegible]	[illegible]	[illegible]	[illegible]	[illegible]	[illegible]	[illegible]	7
54	[illegible]	[illegible]	[illegible]	[illegible]	[illegible]	[illegible]	[illegible]	[illegible]	[illegible]	[illegible]	[illegible]	[illegible]	6
55	[illegible]	[illegible]	[illegible]	[illegible]	[illegible]	[illegible]	[illegible]	[illegible]	[illegible]	[illegible]	[illegible]	[illegible]	5
56	[illegible]	[illegible]	[illegible]	[illegible]	[illegible]	[illegible]	[illegible]	[illegible]	[illegible]	[illegible]	[illegible]	[illegible]	4
57	[illegible]	[illegible]	[illegible]	[illegible]	[illegible]	[illegible]	[illegible]	[illegible]	[illegible]	[illegible]	[illegible]	[illegible]	3
58	[illegible]	[illegible]	[illegible]	[illegible]	[illegible]	[illegible]	[illegible]	[illegible]	[illegible]	[illegible]	[illegible]	[illegible]	2
59	[illegible]	[illegible]	[illegible]	[illegible]	[illegible]	[illegible]	[illegible]	[illegible]	[illegible]	[illegible]	[illegible]	[illegible]	1
60	[illegible]	[illegible]	[illegible]	[illegible]	[illegible]	[illegible]	[illegible]	[illegible]	[illegible]	[illegible]	[illegible]	[illegible]	0
"	47'	46'	45'	44'	43'	42'	41'	40'	39'	38'	37'	36'	"

"	12'	13'	14'	15'	16'	17'	18'	19'	20'	21'	22'	23'	"
0	8.7474792	8.7497400	8.7519891	8.7542269	8.7564531	8.7586681	8.7608719	8.7630647	8.7652465	8.7674175	8.7695777	8.7717274	60
1	8.7475170	8.7497776	8.7520266	8.7542641	8.7564901	8.7587048	8.7609083	8.7631011	8.7652817	8.7674531	8.7696135	8.7717631	59
2	8.7475547	8.7498151	8.7520640	8.7543013	8.7565271	8.7587417	8.7609451	8.7631376	8.7653190	8.7674896	8.7696493	8.7717988	58
3	8.7475916	8.7498527	8.7521014	8.7543385	8.7565641	8.7587786	8.7609816	8.7631740	8.7653555	8.7675257	8.7696853	8.7718346	57
4	8.7476303	8.7498903	8.7521387	8.7543756	8.7566011	8.7588154	8.7610184	8.7632109	8.7653915	8.7675618	8.7697211	8.7718703	56
5	8.7476681	8.7499279	8.7521761	8.7544128	8.7566381	8.7588522	8.7610551	8.7632464	8.7654278	8.7675979	8.7697573	8.7719060	55
6	8.7477058	8.7499655	8.7522135	8.7544500	8.7566751	8.7588890	8.7610917	8.7632828	8.7654641	8.7676340	8.7697931	8.7719417	54
7	8.7477436	8.7500031	8.7522509	8.7544872	8.7567121	8.7589258	8.7611284	8.7633193	8.7655003	8.7676701	8.7698291	8.7719775	53
8	8.7477814	8.7500407	8.7522882	8.7545244	8.7567491	8.7589626	8.7611649	8.7633562	8.7655366	8.7677061	8.7698649	8.7720132	52
9	8.7478191	8.7500783	8.7523256	8.7545615	8.7567861	8.7589994	8.7612015	8.7633916	8.7655728	8.7677422	8.7699008	8.7720489	51
10	8.7478569	8.7501157	8.7523630	8.7545987	8.7568231	8.7590362	8.7612381	8.7634281	8.7656091	8.7677784	8.7699367	8.7720846	50
11	8.7478946	8.7501533	8.7524004	8.7546359	8.7568600	8.7590730	8.7612747	8.7634645	8.7656453	8.7678143	8.7699726	8.7721203	49
12	8.7479323	8.7501909	8.7524377	8.7546730	8.7568970	8.7591097	8.7613111	8.7635010	8.7656816	8.7678504	8.7700085	8.7721560	48
13	8.7479701	8.7502285	8.7524751	8.7547102	8.7569340	8.7591465	8.7613477	8.7635375	8.7657178	8.7678866	8.7700444	8.7721917	47
14	8.7480079	8.7502659	8.7525124	8.7547473	8.7569710	8.7591833	8.7613843	8.7635747	8.7657540	8.7679225	8.7700801	8.7722274	46
15	8.7480455	8.7503034	8.7525497	8.7547845	8.7570079	8.7592201	8.7614211	8.7636111	8.7657902	8.7679586	8.7701161	8.7722631	45
16	8.7480833	8.7503410	8.7525871	8.7548216	8.7570449	8.7592569	8.7614577	8.7636475	8.7658264	8.7679947	8.7701520	8.7722988	44
17	8.7481210	8.7503786	8.7526244	8.7548588	8.7570819	8.7592936	8.7614943	8.7636839	8.7658627	8.7680307	8.7701879	8.7723345	43
18	8.7481587	8.7504161	8.7526617	8.7548959	8.7571188	8.7593304	8.7615309	8.7637203	8.7658989	8.7680667	8.7702237	8.7723702	42
19	8.7481964	8.7504535	8.7526991	8.7549331	8.7571557	8.7593672	8.7615676	8.7637567	8.7659351	8.7681027	8.7702596	8.7724059	41
20	8.7482341	8.7504911	8.7527364	8.7549702	8.7571927	8.7594039	8.7616040	8.7637931	8.7659713	8.7681387	8.7702954	8.7724416	40
21	8.7482718	8.7505286	8.7527737	8.7550073	8.7572296	8.7594407	8.7616406	8.7638295	8.7660075	8.7681748	8.7703313	8.7724773	39
22	8.7483096	8.7505661	8.7528110	8.7550445	8.7572666	8.7594774	8.7616772	8.7638659	8.7660437	8.7682108	8.7703671	8.7725129	38
23	8.7483473	8.7506036	8.7528483	8.7550816	8.7573035	8.7595142	8.7617138	8.7639023	8.7660799	8.7682468	8.7704030	8.7725486	37
24	8.7483850	8.7506411	8.7528856	8.7551187	8.7573404	8.7595510	8.7617504	8.7639387	8.7661161	8.7682828	8.7704388	8.7725843	36
25	8.7484227	8.7506786	8.7529230	8.7551559	8.7573774	8.7595877	8.7617869	8.7639751	8.7661523	8.7683188	8.7704747	8.7726199	35
26	8.7484604	8.7507161	8.7529603	8.7551930	8.7574143	8.7596244	8.7618235	8.7640115	8.7661884	8.7683549	8.7705105	8.7726556	34
27	8.7484980	8.7507536	8.7529976	8.7552301	8.7574512	8.7596612	8.7618600	8.7640479	8.7662246	8.7683909	8.7705464	8.7726913	33
28	8.7485357	8.7507911	8.7530349	8.7552672	8.7574881	8.7596979	8.7618966	8.7640843	8.7662608	8.7684269	8.7705822	8.7727269	32
29	8.7485734	8.7508286	8.7530722	8.7553043	8.7575251	8.7597347	8.7619332	8.7641206	8.7662971	8.7684629	8.7706180	8.7727626	31
30	8.7486111	8.7508661	8.7531095	8.7553414	8.7575620	8.7597714	8.7619697	8.7641569	8.7663331	8.7684989	8.7706539	8.7727982	30
31	8.7486488	8.7509036	8.7531468	8.7553785	8.7575989	8.7598081	8.7620061	8.7641933	8.7663695	8.7685349	8.7706897	8.7728339	29
32	8.7486865	8.7509410	8.7531841	8.7554156	8.7576358	8.7598448	8.7620427	8.7642297	8.7664057	8.7685709	8.7707255	8.7728695	28
33	8.7487241	8.7509785	8.7532213	8.7554527	8.7576727	8.7598816	8.7620792	8.7642661	8.7664419	8.7686069	8.7707613	8.7729052	27
34	8.7487618	8.7510160	8.7532586	8.7554898	8.7577097	8.7599183	8.7621157	8.7643024	8.7664780	8.7686429	8.7707971	8.7729408	26
35	8.7487995	8.7510535	8.7532959	8.7555269	8.7577466	8.7599550	8.7621523	8.7643387	8.7665141	8.7686789	8.7708330	8.7729765	25
36	8.7488371	8.7510909	8.7533331	8.7555640	8.7577835	8.7599917	8.7621888	8.7643751	8.7665504	8.7687149	8.7708688	8.7730121	24
37	8.7488748	8.7511284	8.7533704	8.7556011	8.7578204	8.7600284	8.7622254	8.7644114	8.7665865	8.7687509	8.7709046	8.7730477	23
38	8.7489124	8.7511659	8.7534077	8.7556381	8.7578572	8.7600651	8.7622619	8.7644477	8.7666227	8.7687868	8.7709404	8.7730834	22
39	8.7489501	8.7512033	8.7534450	8.7556752	8.7578941	8.7601018	8.7622984	8.7644841	8.7666588	8.7688228	8.7709762	8.7731190	21
40	8.7489877	8.7512408	8.7534822	8.7557123	8.7579310	8.7601385	8.7623349	8.7645204	8.7666950	8.7688588	8.7710120	8.7731546	20
41	8.7490254	8.7512782	8.7535195	8.7557494	8.7579679	8.7601752	8.7623714	8.7645567	8.7667311	8.7688947	8.7710478	8.7731902	19
42	8.7490630	8.7513157	8.7535568	8.7557864	8.7580048	8.7602119	8.7624080	8.7645931	8.7667672	8.7689307	8.7710836	8.7732258	18
43	8.7491007	8.7513531	8.7535940	8.7558235	8.7580417	8.7602486	8.7624445	8.7646294	8.7668034	8.7689667	8.7711194	8.7732615	17
44	8.7491383	8.7513906	8.7536312	8.7558606	8.7580785	8.7602853	8.7624810	8.7646657	8.7668396	8.7690026	8.7711551	8.7732971	16
45	8.7491759	8.7514280	8.7536685	8.7558976	8.7581154	8.7603220	8.7625175	8.7647020	8.7668757	8.7690386	8.7711909	8.7733327	15
46	8.7492136	8.7514654	8.7537058	8.7559347	8.7581523	8.7603587	8.7625540	8.7647383	8.7669119	8.7690746	8.7712267	8.7733683	14
47	8.7492512	8.7515029	8.7537430	8.7559717	8.7581891	8.7603954	8.7625905	8.7647747	8.7669480	8.7691106	8.7712625	8.7734039	13
48	8.7492888	8.7515403	8.7537802	8.7560088	8.7582260	8.7604320	8.7626270	8.7648110	8.7669841	8.7691465	8.7712983	8.7734395	12
49	8.7493264	8.7515777	8.7538175	8.7560458	8.7582629	8.7604687	8.7626635	8.7648473	8.7670202	8.7691825	8.7713340	8.7734751	11
50	8.7493641	8.7516151	8.7538547	8.7560829	8.7582997	8.7605054	8.7627000	8.7648836	8.7670563	8.7692184	8.7713698	8.7735107	10
51	8.7494017	8.7516525	8.7538919	8.7561199	8.7583366	8.7605420	8.7627365	8.7649199	8.7670925	8.7692544	8.7714056	8.7735463	9
52	8.7494393	8.7516900	8.7539291	8.7561569	8.7583734	8.7605787	8.7627729	8.7649562	8.7671286	8.7692903	8.7714413	8.7735819	8
53	8.7494769	8.7517274	8.7539664	8.7561940	8.7584103	8.7606154	8.7628094	8.7649925	8.7671647	8.7693262	8.7714771	8.7736174	7
54	8.7495145	8.7517648	8.7540036	8.7562310	8.7584471	8.7606520	8.7628459	8.7650288	8.7672008	8.7693622	8.7715128	8.7736530	6
55	8.7495521	8.7518021	8.7540408	8.7562680	8.7584840	8.7606887	8.7628824	8.7650651	8.7672370	8.7693981	8.7715486	8.7736886	5
56	8.7495897	8.7518395	8.7540780	8.7563051	8.7585208	8.7607251	8.7629189	8.7651014	8.7672731	8.7694340	8.7715844	8.7737242	4
57	8.7496273	8.7518770	8.7541152	8.7563421	8.7585576	8.7607620	8.7629553	8.7651376	8.7673092	8.7694700	8.7716201	8.7737598	3
58	8.7496649	8.7519144	8.7541525	8.7563791	8.7585944	8.7607986	8.7629917	8.7651739	8.7673453	8.7695059	8.7716559	8.7737953	2
59	8.7497025	8.7519518	8.7541897	8.7564161	8.7586313	8.7608353	8.7630282	8.7652102	8.7673814	8.7695418	8.7716916	8.7738309	1
60	8.7497400	8.7519891	8.7542269	8.7564531	8.7586681	8.7608719	8.7630647	8.7652465	8.7674175	8.7695777	8.7717274	8.7738664	0
"	47'	46'	45'	44'	43'	42'	41'	40'	39'	38'	37'	36'	"

″	24′	25′	26′	27′	28′	29′	30′	31′	32′	33′	34′	35′	″
0	[illegible]	[illegible]	[illegible]	[illegible]	[illegible]	[illegible]	[illegible]	[illegible]	[illegible]	[illegible]	[illegible]	[illegible]	60
1	[illegible]	[illegible]	[illegible]	[illegible]	[illegible]	[illegible]	[illegible]	[illegible]	[illegible]	[illegible]	[illegible]	[illegible]	59
2	[illegible]	[illegible]	[illegible]	[illegible]	[illegible]	[illegible]	[illegible]	[illegible]	[illegible]	[illegible]	[illegible]	[illegible]	58
3	[illegible]	[illegible]	[illegible]	[illegible]	[illegible]	[illegible]	[illegible]	[illegible]	[illegible]	[illegible]	[illegible]	[illegible]	57
4	[illegible]	[illegible]	[illegible]	[illegible]	[illegible]	[illegible]	[illegible]	[illegible]	[illegible]	[illegible]	[illegible]	[illegible]	56
5	[illegible]	[illegible]	[illegible]	[illegible]	[illegible]	[illegible]	[illegible]	[illegible]	[illegible]	[illegible]	[illegible]	[illegible]	55
6	[illegible]	[illegible]	[illegible]	[illegible]	[illegible]	[illegible]	[illegible]	[illegible]	[illegible]	[illegible]	[illegible]	[illegible]	54
7	[illegible]	[illegible]	[illegible]	[illegible]	[illegible]	[illegible]	[illegible]	[illegible]	[illegible]	[illegible]	[illegible]	[illegible]	53
8	[illegible]	[illegible]	[illegible]	[illegible]	[illegible]	[illegible]	[illegible]	[illegible]	[illegible]	[illegible]	[illegible]	[illegible]	52
9	[illegible]	[illegible]	[illegible]	[illegible]	[illegible]	[illegible]	[illegible]	[illegible]	[illegible]	[illegible]	[illegible]	[illegible]	51
10	[illegible]	[illegible]	[illegible]	[illegible]	[illegible]	[illegible]	[illegible]	[illegible]	[illegible]	[illegible]	[illegible]	[illegible]	50
11	[illegible]	[illegible]	[illegible]	[illegible]	[illegible]	[illegible]	[illegible]	[illegible]	[illegible]	[illegible]	[illegible]	[illegible]	49
12	[illegible]	[illegible]	[illegible]	[illegible]	[illegible]	[illegible]	[illegible]	[illegible]	[illegible]	[illegible]	[illegible]	[illegible]	48
13	[illegible]	[illegible]	[illegible]	[illegible]	[illegible]	[illegible]	[illegible]	[illegible]	[illegible]	[illegible]	[illegible]	[illegible]	47
14	[illegible]	[illegible]	[illegible]	[illegible]	[illegible]	[illegible]	[illegible]	[illegible]	[illegible]	[illegible]	[illegible]	[illegible]	46
15	[illegible]	[illegible]	[illegible]	[illegible]	[illegible]	[illegible]	[illegible]	[illegible]	[illegible]	[illegible]	[illegible]	[illegible]	45
16	[illegible]	[illegible]	[illegible]	[illegible]	[illegible]	[illegible]	[illegible]	[illegible]	[illegible]	[illegible]	[illegible]	[illegible]	44
17	[illegible]	[illegible]	[illegible]	[illegible]	[illegible]	[illegible]	[illegible]	[illegible]	[illegible]	[illegible]	[illegible]	[illegible]	43
18	[illegible]	[illegible]	[illegible]	[illegible]	[illegible]	[illegible]	[illegible]	[illegible]	[illegible]	[illegible]	[illegible]	[illegible]	42
19	[illegible]	[illegible]	[illegible]	[illegible]	[illegible]	[illegible]	[illegible]	[illegible]	[illegible]	[illegible]	[illegible]	[illegible]	41
20	[illegible]	[illegible]	[illegible]	[illegible]	[illegible]	[illegible]	[illegible]	[illegible]	[illegible]	[illegible]	[illegible]	[illegible]	40
21	[illegible]	[illegible]	[illegible]	[illegible]	[illegible]	[illegible]	[illegible]	[illegible]	[illegible]	[illegible]	[illegible]	[illegible]	39
22	[illegible]	[illegible]	[illegible]	[illegible]	[illegible]	[illegible]	[illegible]	[illegible]	[illegible]	[illegible]	[illegible]	[illegible]	38
23	[illegible]	[illegible]	[illegible]	[illegible]	[illegible]	[illegible]	[illegible]	[illegible]	[illegible]	[illegible]	[illegible]	[illegible]	37
24	[illegible]	[illegible]	[illegible]	[illegible]	[illegible]	[illegible]	[illegible]	[illegible]	[illegible]	[illegible]	[illegible]	[illegible]	36
25	[illegible]	[illegible]	[illegible]	[illegible]	[illegible]	[illegible]	[illegible]	[illegible]	[illegible]	[illegible]	[illegible]	[illegible]	35
26	[illegible]	[illegible]	[illegible]	[illegible]	[illegible]	[illegible]	[illegible]	[illegible]	[illegible]	[illegible]	[illegible]	[illegible]	34
27	[illegible]	[illegible]	[illegible]	[illegible]	[illegible]	[illegible]	[illegible]	[illegible]	[illegible]	[illegible]	[illegible]	[illegible]	33
28	[illegible]	[illegible]	[illegible]	[illegible]	[illegible]	[illegible]	[illegible]	[illegible]	[illegible]	[illegible]	[illegible]	[illegible]	32
29	[illegible]	[illegible]	[illegible]	[illegible]	[illegible]	[illegible]	[illegible]	[illegible]	[illegible]	[illegible]	[illegible]	[illegible]	31
30	[illegible]	[illegible]	[illegible]	[illegible]	[illegible]	[illegible]	[illegible]	[illegible]	[illegible]	[illegible]	[illegible]	[illegible]	30
31	[illegible]	[illegible]	[illegible]	[illegible]	[illegible]	[illegible]	[illegible]	[illegible]	[illegible]	[illegible]	[illegible]	[illegible]	29
32	[illegible]	[illegible]	[illegible]	[illegible]	[illegible]	[illegible]	[illegible]	[illegible]	[illegible]	[illegible]	[illegible]	[illegible]	28
33	[illegible]	[illegible]	[illegible]	[illegible]	[illegible]	[illegible]	[illegible]	[illegible]	[illegible]	[illegible]	[illegible]	[illegible]	27
34	[illegible]	[illegible]	[illegible]	[illegible]	[illegible]	[illegible]	[illegible]	[illegible]	[illegible]	[illegible]	[illegible]	[illegible]	26
35	[illegible]	[illegible]	[illegible]	[illegible]	[illegible]	[illegible]	[illegible]	[illegible]	[illegible]	[illegible]	[illegible]	[illegible]	25
36	[illegible]	[illegible]	[illegible]	[illegible]	[illegible]	[illegible]	[illegible]	[illegible]	[illegible]	[illegible]	[illegible]	[illegible]	24
37	[illegible]	[illegible]	[illegible]	[illegible]	[illegible]	[illegible]	[illegible]	[illegible]	[illegible]	[illegible]	[illegible]	[illegible]	23
38	[illegible]	[illegible]	[illegible]	[illegible]	[illegible]	[illegible]	[illegible]	[illegible]	[illegible]	[illegible]	[illegible]	[illegible]	22
39	[illegible]	[illegible]	[illegible]	[illegible]	[illegible]	[illegible]	[illegible]	[illegible]	[illegible]	[illegible]	[illegible]	[illegible]	21
40	[illegible]	[illegible]	[illegible]	[illegible]	[illegible]	[illegible]	[illegible]	[illegible]	[illegible]	[illegible]	[illegible]	[illegible]	20
41	[illegible]	[illegible]	[illegible]	[illegible]	[illegible]	[illegible]	[illegible]	[illegible]	[illegible]	[illegible]	[illegible]	[illegible]	19
42	[illegible]	[illegible]	[illegible]	[illegible]	[illegible]	[illegible]	[illegible]	[illegible]	[illegible]	[illegible]	[illegible]	[illegible]	18
43	[illegible]	[illegible]	[illegible]	[illegible]	[illegible]	[illegible]	[illegible]	[illegible]	[illegible]	[illegible]	[illegible]	[illegible]	17
44	[illegible]	[illegible]	[illegible]	[illegible]	[illegible]	[illegible]	[illegible]	[illegible]	[illegible]	[illegible]	[illegible]	[illegible]	16
45	[illegible]	[illegible]	[illegible]	[illegible]	[illegible]	[illegible]	[illegible]	[illegible]	[illegible]	[illegible]	[illegible]	[illegible]	15
46	[illegible]	[illegible]	[illegible]	[illegible]	[illegible]	[illegible]	[illegible]	[illegible]	[illegible]	[illegible]	[illegible]	[illegible]	14
47	[illegible]	[illegible]	[illegible]	[illegible]	[illegible]	[illegible]	[illegible]	[illegible]	[illegible]	[illegible]	[illegible]	[illegible]	13
48	[illegible]	[illegible]	[illegible]	[illegible]	[illegible]	[illegible]	[illegible]	[illegible]	[illegible]	[illegible]	[illegible]	[illegible]	12
49	[illegible]	[illegible]	[illegible]	[illegible]	[illegible]	[illegible]	[illegible]	[illegible]	[illegible]	[illegible]	[illegible]	[illegible]	11
50	[illegible]	[illegible]	[illegible]	[illegible]	[illegible]	[illegible]	[illegible]	[illegible]	[illegible]	[illegible]	[illegible]	[illegible]	10
51	[illegible]	[illegible]	[illegible]	[illegible]	[illegible]	[illegible]	[illegible]	[illegible]	[illegible]	[illegible]	[illegible]	[illegible]	9
52	[illegible]	[illegible]	[illegible]	[illegible]	[illegible]	[illegible]	[illegible]	[illegible]	[illegible]	[illegible]	[illegible]	[illegible]	8
53	[illegible]	[illegible]	[illegible]	[illegible]	[illegible]	[illegible]	[illegible]	[illegible]	[illegible]	[illegible]	[illegible]	[illegible]	7
54	[illegible]	[illegible]	[illegible]	[illegible]	[illegible]	[illegible]	[illegible]	[illegible]	[illegible]	[illegible]	[illegible]	[illegible]	6
55	[illegible]	[illegible]	[illegible]	[illegible]	[illegible]	[illegible]	[illegible]	[illegible]	[illegible]	[illegible]	[illegible]	[illegible]	5
56	[illegible]	[illegible]	[illegible]	[illegible]	[illegible]	[illegible]	[illegible]	[illegible]	[illegible]	[illegible]	[illegible]	[illegible]	4
57	[illegible]	[illegible]	[illegible]	[illegible]	[illegible]	[illegible]	[illegible]	[illegible]	[illegible]	[illegible]	[illegible]	[illegible]	3
58	[illegible]	[illegible]	[illegible]	[illegible]	[illegible]	[illegible]	[illegible]	[illegible]	[illegible]	[illegible]	[illegible]	[illegible]	2
59	[illegible]	[illegible]	[illegible]	[illegible]	[illegible]	[illegible]	[illegible]	[illegible]	[illegible]	[illegible]	[illegible]	[illegible]	1
60	[illegible]	[illegible]	[illegible]	[illegible]	[illegible]	[illegible]	[illegible]	[illegible]	[illegible]	[illegible]	[illegible]	[illegible]	0
″	35′	34′	33′	32′	31′	30′	29′	28′	27′	26′	25′	24′	″

″	24′	25′	26′	27′	28′	29′	30′	31′	32′	33′	34′	35′	″
0	[illegible]	[illegible]	[illegible]	[illegible]	[illegible]	[illegible]	[illegible]	[illegible]	[illegible]	[illegible]	[illegible]	[illegible]	60
1	[illegible]	[illegible]	[illegible]	[illegible]	[illegible]	[illegible]	[illegible]	[illegible]	[illegible]	[illegible]	[illegible]	[illegible]	59
2	[illegible]	[illegible]	[illegible]	[illegible]	[illegible]	[illegible]	[illegible]	[illegible]	[illegible]	[illegible]	[illegible]	[illegible]	58
3	[illegible]	[illegible]	[illegible]	[illegible]	[illegible]	[illegible]	[illegible]	[illegible]	[illegible]	[illegible]	[illegible]	[illegible]	57
4	[illegible]	[illegible]	[illegible]	[illegible]	[illegible]	[illegible]	[illegible]	[illegible]	[illegible]	[illegible]	[illegible]	[illegible]	56
5	[illegible]	[illegible]	[illegible]	[illegible]	[illegible]	[illegible]	[illegible]	[illegible]	[illegible]	[illegible]	[illegible]	[illegible]	55
6	[illegible]	[illegible]	[illegible]	[illegible]	[illegible]	[illegible]	[illegible]	[illegible]	[illegible]	[illegible]	[illegible]	[illegible]	54
7	[illegible]	[illegible]	[illegible]	[illegible]	[illegible]	[illegible]	[illegible]	[illegible]	[illegible]	[illegible]	[illegible]	[illegible]	53
8	[illegible]	[illegible]	[illegible]	[illegible]	[illegible]	[illegible]	[illegible]	[illegible]	[illegible]	[illegible]	[illegible]	[illegible]	52
9	[illegible]	[illegible]	[illegible]	[illegible]	[illegible]	[illegible]	[illegible]	[illegible]	[illegible]	[illegible]	[illegible]	[illegible]	51
10	[illegible]	[illegible]	[illegible]	[illegible]	[illegible]	[illegible]	[illegible]	[illegible]	[illegible]	[illegible]	[illegible]	[illegible]	50
11	[illegible]	[illegible]	[illegible]	[illegible]	[illegible]	[illegible]	[illegible]	[illegible]	[illegible]	[illegible]	[illegible]	[illegible]	49
12	[illegible]	[illegible]	[illegible]	[illegible]	[illegible]	[illegible]	[illegible]	[illegible]	[illegible]	[illegible]	[illegible]	[illegible]	48
13	[illegible]	[illegible]	[illegible]	[illegible]	[illegible]	[illegible]	[illegible]	[illegible]	[illegible]	[illegible]	[illegible]	[illegible]	47
14	[illegible]	[illegible]	[illegible]	[illegible]	[illegible]	[illegible]	[illegible]	[illegible]	[illegible]	[illegible]	[illegible]	[illegible]	46
15	[illegible]	[illegible]	[illegible]	[illegible]	[illegible]	[illegible]	[illegible]	[illegible]	[illegible]	[illegible]	[illegible]	[illegible]	45
16	[illegible]	[illegible]	[illegible]	[illegible]	[illegible]	[illegible]	[illegible]	[illegible]	[illegible]	[illegible]	[illegible]	[illegible]	44
17	[illegible]	[illegible]	[illegible]	[illegible]	[illegible]	[illegible]	[illegible]	[illegible]	[illegible]	[illegible]	[illegible]	[illegible]	43
18	[illegible]	[illegible]	[illegible]	[illegible]	[illegible]	[illegible]	[illegible]	[illegible]	[illegible]	[illegible]	[illegible]	[illegible]	42
19	[illegible]	[illegible]	[illegible]	[illegible]	[illegible]	[illegible]	[illegible]	[illegible]	[illegible]	[illegible]	[illegible]	[illegible]	41
20	[illegible]	[illegible]	[illegible]	[illegible]	[illegible]	[illegible]	[illegible]	[illegible]	[illegible]	[illegible]	[illegible]	[illegible]	40
21	[illegible]	[illegible]	[illegible]	[illegible]	[illegible]	[illegible]	[illegible]	[illegible]	[illegible]	[illegible]	[illegible]	[illegible]	39
22	[illegible]	[illegible]	[illegible]	[illegible]	[illegible]	[illegible]	[illegible]	[illegible]	[illegible]	[illegible]	[illegible]	[illegible]	38
23	[illegible]	[illegible]	[illegible]	[illegible]	[illegible]	[illegible]	[illegible]	[illegible]	[illegible]	[illegible]	[illegible]	[illegible]	37
24	[illegible]	[illegible]	[illegible]	[illegible]	[illegible]	[illegible]	[illegible]	[illegible]	[illegible]	[illegible]	[illegible]	[illegible]	36
25	[illegible]	[illegible]	[illegible]	[illegible]	[illegible]	[illegible]	[illegible]	[illegible]	[illegible]	[illegible]	[illegible]	[illegible]	35
26	[illegible]	[illegible]	[illegible]	[illegible]	[illegible]	[illegible]	[illegible]	[illegible]	[illegible]	[illegible]	[illegible]	[illegible]	34
27	[illegible]	[illegible]	[illegible]	[illegible]	[illegible]	[illegible]	[illegible]	[illegible]	[illegible]	[illegible]	[illegible]	[illegible]	33
28	[illegible]	[illegible]	[illegible]	[illegible]	[illegible]	[illegible]	[illegible]	[illegible]	[illegible]	[illegible]	[illegible]	[illegible]	32
29	[illegible]	[illegible]	[illegible]	[illegible]	[illegible]	[illegible]	[illegible]	[illegible]	[illegible]	[illegible]	[illegible]	[illegible]	31
30	[illegible]	[illegible]	[illegible]	[illegible]	[illegible]	[illegible]	[illegible]	[illegible]	[illegible]	[illegible]	[illegible]	[illegible]	30
31	[illegible]	[illegible]	[illegible]	[illegible]	[illegible]	[illegible]	[illegible]	[illegible]	[illegible]	[illegible]	[illegible]	[illegible]	29
32	[illegible]	[illegible]	[illegible]	[illegible]	[illegible]	[illegible]	[illegible]	[illegible]	[illegible]	[illegible]	[illegible]	[illegible]	28
33	[illegible]	[illegible]	[illegible]	[illegible]	[illegible]	[illegible]	[illegible]	[illegible]	[illegible]	[illegible]	[illegible]	[illegible]	27
34	[illegible]	[illegible]	[illegible]	[illegible]	[illegible]	[illegible]	[illegible]	[illegible]	[illegible]	[illegible]	[illegible]	[illegible]	26
35	[illegible]	[illegible]	[illegible]	[illegible]	[illegible]	[illegible]	[illegible]	[illegible]	[illegible]	[illegible]	[illegible]	[illegible]	25
36	[illegible]	[illegible]	[illegible]	[illegible]	[illegible]	[illegible]	[illegible]	[illegible]	[illegible]	[illegible]	[illegible]	[illegible]	24
37	[illegible]	[illegible]	[illegible]	[illegible]	[illegible]	[illegible]	[illegible]	[illegible]	[illegible]	[illegible]	[illegible]	[illegible]	23
38	[illegible]	[illegible]	[illegible]	[illegible]	[illegible]	[illegible]	[illegible]	[illegible]	[illegible]	[illegible]	[illegible]	[illegible]	22
39	[illegible]	[illegible]	[illegible]	[illegible]	[illegible]	[illegible]	[illegible]	[illegible]	[illegible]	[illegible]	[illegible]	[illegible]	21
40	[illegible]	[illegible]	[illegible]	[illegible]	[illegible]	[illegible]	[illegible]	[illegible]	[illegible]	[illegible]	[illegible]	[illegible]	20
41	[illegible]	[illegible]	[illegible]	[illegible]	[illegible]	[illegible]	[illegible]	[illegible]	[illegible]	[illegible]	[illegible]	[illegible]	19
42	[illegible]	[illegible]	[illegible]	[illegible]	[illegible]	[illegible]	[illegible]	[illegible]	[illegible]	[illegible]	[illegible]	[illegible]	18
43	[illegible]	[illegible]	[illegible]	[illegible]	[illegible]	[illegible]	[illegible]	[illegible]	[illegible]	[illegible]	[illegible]	[illegible]	17
44	[illegible]	[illegible]	[illegible]	[illegible]	[illegible]	[illegible]	[illegible]	[illegible]	[illegible]	[illegible]	[illegible]	[illegible]	16
45	[illegible]	[illegible]	[illegible]	[illegible]	[illegible]	[illegible]	[illegible]	[illegible]	[illegible]	[illegible]	[illegible]	[illegible]	15
46	[illegible]	[illegible]	[illegible]	[illegible]	[illegible]	[illegible]	[illegible]	[illegible]	[illegible]	[illegible]	[illegible]	[illegible]	14
47	[illegible]	[illegible]	[illegible]	[illegible]	[illegible]	[illegible]	[illegible]	[illegible]	[illegible]	[illegible]	[illegible]	[illegible]	13
48	[illegible]	[illegible]	[illegible]	[illegible]	[illegible]	[illegible]	[illegible]	[illegible]	[illegible]	[illegible]	[illegible]	[illegible]	12
49	[illegible]	[illegible]	[illegible]	[illegible]	[illegible]	[illegible]	[illegible]	[illegible]	[illegible]	[illegible]	[illegible]	[illegible]	11
50	[illegible]	[illegible]	[illegible]	[illegible]	[illegible]	[illegible]	[illegible]	[illegible]	[illegible]	[illegible]	[illegible]	[illegible]	10
51	[illegible]	[illegible]	[illegible]	[illegible]	[illegible]	[illegible]	[illegible]	[illegible]	[illegible]	[illegible]	[illegible]	[illegible]	9
52	[illegible]	[illegible]	[illegible]	[illegible]	[illegible]	[illegible]	[illegible]	[illegible]	[illegible]	[illegible]	[illegible]	[illegible]	8
53	[illegible]	[illegible]	[illegible]	[illegible]	[illegible]	[illegible]	[illegible]	[illegible]	[illegible]	[illegible]	[illegible]	[illegible]	7
54	[illegible]	[illegible]	[illegible]	[illegible]	[illegible]	[illegible]	[illegible]	[illegible]	[illegible]	[illegible]	[illegible]	[illegible]	6
55	[illegible]	[illegible]	[illegible]	[illegible]	[illegible]	[illegible]	[illegible]	[illegible]	[illegible]	[illegible]	[illegible]	[illegible]	5
56	[illegible]	[illegible]	[illegible]	[illegible]	[illegible]	[illegible]	[illegible]	[illegible]	[illegible]	[illegible]	[illegible]	[illegible]	4
57	[illegible]	[illegible]	[illegible]	[illegible]	[illegible]	[illegible]	[illegible]	[illegible]	[illegible]	[illegible]	[illegible]	[illegible]	3
58	[illegible]	[illegible]	[illegible]	[illegible]	[illegible]	[illegible]	[illegible]	[illegible]	[illegible]	[illegible]	[illegible]	[illegible]	2
59	[illegible]	[illegible]	[illegible]	[illegible]	[illegible]	[illegible]	[illegible]	[illegible]	[illegible]	[illegible]	[illegible]	[illegible]	1
60	[illegible]	[illegible]	[illegible]	[illegible]	[illegible]	[illegible]	[illegible]	[illegible]	[illegible]	[illegible]	[illegible]	[illegible]	0
″	35′	34′	33′	32′	31′	30′	29′	28′	27′	26′	25′	24′	″

″	36′	37′	38′	39′	40′	41′	42′	43′	44′	45′	46′	47′	″
0	[illegible]	[illegible]	[illegible]	[illegible]	[illegible]	[illegible]	[illegible]	[illegible]	[illegible]	[illegible]	[illegible]	[illegible]	60
1	[illegible]	[illegible]	[illegible]	[illegible]	[illegible]	[illegible]	[illegible]	[illegible]	[illegible]	[illegible]	[illegible]	[illegible]	59
2	[illegible]	[illegible]	[illegible]	[illegible]	[illegible]	[illegible]	[illegible]	[illegible]	[illegible]	[illegible]	[illegible]	[illegible]	58
3	[illegible]	[illegible]	[illegible]	[illegible]	[illegible]	[illegible]	[illegible]	[illegible]	[illegible]	[illegible]	[illegible]	[illegible]	57
4	[illegible]	[illegible]	[illegible]	[illegible]	[illegible]	[illegible]	[illegible]	[illegible]	[illegible]	[illegible]	[illegible]	[illegible]	56
5	[illegible]	[illegible]	[illegible]	[illegible]	[illegible]	[illegible]	[illegible]	[illegible]	[illegible]	[illegible]	[illegible]	[illegible]	55
6	[illegible]	[illegible]	[illegible]	[illegible]	[illegible]	[illegible]	[illegible]	[illegible]	[illegible]	[illegible]	[illegible]	[illegible]	54
7	[illegible]	[illegible]	[illegible]	[illegible]	[illegible]	[illegible]	[illegible]	[illegible]	[illegible]	[illegible]	[illegible]	[illegible]	53
8	[illegible]	[illegible]	[illegible]	[illegible]	[illegible]	[illegible]	[illegible]	[illegible]	[illegible]	[illegible]	[illegible]	[illegible]	52
9	[illegible]	[illegible]	[illegible]	[illegible]	[illegible]	[illegible]	[illegible]	[illegible]	[illegible]	[illegible]	[illegible]	[illegible]	51
10	[illegible]	[illegible]	[illegible]	[illegible]	[illegible]	[illegible]	[illegible]	[illegible]	[illegible]	[illegible]	[illegible]	[illegible]	50
11	[illegible]	[illegible]	[illegible]	[illegible]	[illegible]	[illegible]	[illegible]	[illegible]	[illegible]	[illegible]	[illegible]	[illegible]	49
12	[illegible]	[illegible]	[illegible]	[illegible]	[illegible]	[illegible]	[illegible]	[illegible]	[illegible]	[illegible]	[illegible]	[illegible]	48
13	[illegible]	[illegible]	[illegible]	[illegible]	[illegible]	[illegible]	[illegible]	[illegible]	[illegible]	[illegible]	[illegible]	[illegible]	47
14	[illegible]	[illegible]	[illegible]	[illegible]	[illegible]	[illegible]	[illegible]	[illegible]	[illegible]	[illegible]	[illegible]	[illegible]	46
15	[illegible]	[illegible]	[illegible]	[illegible]	[illegible]	[illegible]	[illegible]	[illegible]	[illegible]	[illegible]	[illegible]	[illegible]	45
16	[illegible]	[illegible]	[illegible]	[illegible]	[illegible]	[illegible]	[illegible]	[illegible]	[illegible]	[illegible]	[illegible]	[illegible]	44
17	[illegible]	[illegible]	[illegible]	[illegible]	[illegible]	[illegible]	[illegible]	[illegible]	[illegible]	[illegible]	[illegible]	[illegible]	43
18	[illegible]	[illegible]	[illegible]	[illegible]	[illegible]	[illegible]	[illegible]	[illegible]	[illegible]	[illegible]	[illegible]	[illegible]	42
19	[illegible]	[illegible]	[illegible]	[illegible]	[illegible]	[illegible]	[illegible]	[illegible]	[illegible]	[illegible]	[illegible]	[illegible]	41
20	[illegible]	[illegible]	[illegible]	[illegible]	[illegible]	[illegible]	[illegible]	[illegible]	[illegible]	[illegible]	[illegible]	[illegible]	40
21	[illegible]	[illegible]	[illegible]	[illegible]	[illegible]	[illegible]	[illegible]	[illegible]	[illegible]	[illegible]	[illegible]	[illegible]	39
22	[illegible]	[illegible]	[illegible]	[illegible]	[illegible]	[illegible]	[illegible]	[illegible]	[illegible]	[illegible]	[illegible]	[illegible]	38
23	[illegible]	[illegible]	[illegible]	[illegible]	[illegible]	[illegible]	[illegible]	[illegible]	[illegible]	[illegible]	[illegible]	[illegible]	37
24	[illegible]	[illegible]	[illegible]	[illegible]	[illegible]	[illegible]	[illegible]	[illegible]	[illegible]	[illegible]	[illegible]	[illegible]	36
25	[illegible]	[illegible]	[illegible]	[illegible]	[illegible]	[illegible]	[illegible]	[illegible]	[illegible]	[illegible]	[illegible]	[illegible]	35
26	[illegible]	[illegible]	[illegible]	[illegible]	[illegible]	[illegible]	[illegible]	[illegible]	[illegible]	[illegible]	[illegible]	[illegible]	34
27	[illegible]	[illegible]	[illegible]	[illegible]	[illegible]	[illegible]	[illegible]	[illegible]	[illegible]	[illegible]	[illegible]	[illegible]	33
28	[illegible]	[illegible]	[illegible]	[illegible]	[illegible]	[illegible]	[illegible]	[illegible]	[illegible]	[illegible]	[illegible]	[illegible]	32
29	[illegible]	[illegible]	[illegible]	[illegible]	[illegible]	[illegible]	[illegible]	[illegible]	[illegible]	[illegible]	[illegible]	[illegible]	31
30	[illegible]	[illegible]	[illegible]	[illegible]	[illegible]	[illegible]	[illegible]	[illegible]	[illegible]	[illegible]	[illegible]	[illegible]	30
31	[illegible]	[illegible]	[illegible]	[illegible]	[illegible]	[illegible]	[illegible]	[illegible]	[illegible]	[illegible]	[illegible]	[illegible]	29
32	[illegible]	[illegible]	[illegible]	[illegible]	[illegible]	[illegible]	[illegible]	[illegible]	[illegible]	[illegible]	[illegible]	[illegible]	28
33	[illegible]	[illegible]	[illegible]	[illegible]	[illegible]	[illegible]	[illegible]	[illegible]	[illegible]	[illegible]	[illegible]	[illegible]	27
34	[illegible]	[illegible]	[illegible]	[illegible]	[illegible]	[illegible]	[illegible]	[illegible]	[illegible]	[illegible]	[illegible]	[illegible]	26
35	[illegible]	[illegible]	[illegible]	[illegible]	[illegible]	[illegible]	[illegible]	[illegible]	[illegible]	[illegible]	[illegible]	[illegible]	25
36	[illegible]	[illegible]	[illegible]	[illegible]	[illegible]	[illegible]	[illegible]	[illegible]	[illegible]	[illegible]	[illegible]	[illegible]	24
37	[illegible]	[illegible]	[illegible]	[illegible]	[illegible]	[illegible]	[illegible]	[illegible]	[illegible]	[illegible]	[illegible]	[illegible]	23
38	[illegible]	[illegible]	[illegible]	[illegible]	[illegible]	[illegible]	[illegible]	[illegible]	[illegible]	[illegible]	[illegible]	[illegible]	22
39	[illegible]	[illegible]	[illegible]	[illegible]	[illegible]	[illegible]	[illegible]	[illegible]	[illegible]	[illegible]	[illegible]	[illegible]	21
40	[illegible]	[illegible]	[illegible]	[illegible]	[illegible]	[illegible]	[illegible]	[illegible]	[illegible]	[illegible]	[illegible]	[illegible]	20
41	[illegible]	[illegible]	[illegible]	[illegible]	[illegible]	[illegible]	[illegible]	[illegible]	[illegible]	[illegible]	[illegible]	[illegible]	19
42	[illegible]	[illegible]	[illegible]	[illegible]	[illegible]	[illegible]	[illegible]	[illegible]	[illegible]	[illegible]	[illegible]	[illegible]	18
43	[illegible]	[illegible]	[illegible]	[illegible]	[illegible]	[illegible]	[illegible]	[illegible]	[illegible]	[illegible]	[illegible]	[illegible]	17
44	[illegible]	[illegible]	[illegible]	[illegible]	[illegible]	[illegible]	[illegible]	[illegible]	[illegible]	[illegible]	[illegible]	[illegible]	16
45	[illegible]	[illegible]	[illegible]	[illegible]	[illegible]	[illegible]	[illegible]	[illegible]	[illegible]	[illegible]	[illegible]	[illegible]	15
46	[illegible]	[illegible]	[illegible]	[illegible]	[illegible]	[illegible]	[illegible]	[illegible]	[illegible]	[illegible]	[illegible]	[illegible]	14
47	[illegible]	[illegible]	[illegible]	[illegible]	[illegible]	[illegible]	[illegible]	[illegible]	[illegible]	[illegible]	[illegible]	[illegible]	13
48	[illegible]	[illegible]	[illegible]	[illegible]	[illegible]	[illegible]	[illegible]	[illegible]	[illegible]	[illegible]	[illegible]	[illegible]	12
49	[illegible]	[illegible]	[illegible]	[illegible]	[illegible]	[illegible]	[illegible]	[illegible]	[illegible]	[illegible]	[illegible]	[illegible]	11
50	[illegible]	[illegible]	[illegible]	[illegible]	[illegible]	[illegible]	[illegible]	[illegible]	[illegible]	[illegible]	[illegible]	[illegible]	10
51	[illegible]	[illegible]	[illegible]	[illegible]	[illegible]	[illegible]	[illegible]	[illegible]	[illegible]	[illegible]	[illegible]	[illegible]	9
52	[illegible]	[illegible]	[illegible]	[illegible]	[illegible]	[illegible]	[illegible]	[illegible]	[illegible]	[illegible]	[illegible]	[illegible]	8
53	[illegible]	[illegible]	[illegible]	[illegible]	[illegible]	[illegible]	[illegible]	[illegible]	[illegible]	[illegible]	[illegible]	[illegible]	7
54	[illegible]	[illegible]	[illegible]	[illegible]	[illegible]	[illegible]	[illegible]	[illegible]	[illegible]	[illegible]	[illegible]	[illegible]	6
55	[illegible]	[illegible]	[illegible]	[illegible]	[illegible]	[illegible]	[illegible]	[illegible]	[illegible]	[illegible]	[illegible]	[illegible]	5
56	[illegible]	[illegible]	[illegible]	[illegible]	[illegible]	[illegible]	[illegible]	[illegible]	[illegible]	[illegible]	[illegible]	[illegible]	4
57	[illegible]	[illegible]	[illegible]	[illegible]	[illegible]	[illegible]	[illegible]	[illegible]	[illegible]	[illegible]	[illegible]	[illegible]	3
58	[illegible]	[illegible]	[illegible]	[illegible]	[illegible]	[illegible]	[illegible]	[illegible]	[illegible]	[illegible]	[illegible]	[illegible]	2
59	[illegible]	[illegible]	[illegible]	[illegible]	[illegible]	[illegible]	[illegible]	[illegible]	[illegible]	[illegible]	[illegible]	[illegible]	1
60	[illegible]	[illegible]	[illegible]	[illegible]	[illegible]	[illegible]	[illegible]	[illegible]	[illegible]	[illegible]	[illegible]	[illegible]	0
″	23′	22′	21′	20′	19′	18′	17′	16′	15′	14′	13′	12′	″

"	36'	37'	38'	39'	40'	41'	42'	43'	44'	45'	46'	47'	"
0	8.7987511	8.8007631	[illegible]	[illegible]	[illegible]	8.8087172	[illegible]	8.8126407	[illegible]	8.8165294	[illegible]	[illegible]	60
1	[illegible]	[illegible]	[illegible]	[illegible]	[illegible]	[illegible]	8.8107161	[illegible]	[illegible]	[illegible]	[illegible]	[illegible]	59
2	[illegible]	[illegible]	[illegible]	[illegible]	[illegible]	[illegible]	[illegible]	[illegible]	[illegible]	[illegible]	[illegible]	[illegible]	58
3	[illegible]	[illegible]	[illegible]	[illegible]	[illegible]	[illegible]	[illegible]	[illegible]	[illegible]	[illegible]	[illegible]	[illegible]	57
4	[illegible]	[illegible]	[illegible]	[illegible]	[illegible]	[illegible]	[illegible]	[illegible]	[illegible]	[illegible]	[illegible]	[illegible]	56
5	[illegible]	[illegible]	[illegible]	[illegible]	[illegible]	[illegible]	[illegible]	[illegible]	[illegible]	[illegible]	[illegible]	[illegible]	55
6	[illegible]	[illegible]	[illegible]	[illegible]	[illegible]	[illegible]	[illegible]	[illegible]	[illegible]	[illegible]	[illegible]	[illegible]	54
7	[illegible]	[illegible]	[illegible]	[illegible]	[illegible]	[illegible]	[illegible]	[illegible]	[illegible]	[illegible]	[illegible]	[illegible]	53
8	[illegible]	[illegible]	[illegible]	[illegible]	[illegible]	[illegible]	[illegible]	[illegible]	[illegible]	[illegible]	[illegible]	[illegible]	52
9	[illegible]	[illegible]	[illegible]	[illegible]	[illegible]	[illegible]	[illegible]	[illegible]	[illegible]	[illegible]	[illegible]	[illegible]	51
10	[illegible]	[illegible]	[illegible]	[illegible]	[illegible]	[illegible]	[illegible]	[illegible]	[illegible]	[illegible]	[illegible]	[illegible]	50
11	[illegible]	[illegible]	[illegible]	[illegible]	[illegible]	[illegible]	[illegible]	[illegible]	[illegible]	[illegible]	[illegible]	[illegible]	49
12	[illegible]	[illegible]	[illegible]	[illegible]	[illegible]	[illegible]	[illegible]	[illegible]	[illegible]	[illegible]	[illegible]	[illegible]	48
13	[illegible]	[illegible]	[illegible]	[illegible]	[illegible]	[illegible]	[illegible]	[illegible]	[illegible]	[illegible]	[illegible]	[illegible]	47
14	[illegible]	[illegible]	[illegible]	[illegible]	[illegible]	[illegible]	[illegible]	[illegible]	[illegible]	[illegible]	[illegible]	[illegible]	46
15	[illegible]	[illegible]	[illegible]	[illegible]	[illegible]	[illegible]	[illegible]	[illegible]	[illegible]	[illegible]	[illegible]	[illegible]	45
16	[illegible]	[illegible]	[illegible]	[illegible]	[illegible]	[illegible]	[illegible]	[illegible]	[illegible]	[illegible]	[illegible]	[illegible]	44
17	[illegible]	[illegible]	[illegible]	[illegible]	[illegible]	[illegible]	[illegible]	[illegible]	[illegible]	[illegible]	[illegible]	[illegible]	43
18	[illegible]	[illegible]	[illegible]	[illegible]	[illegible]	[illegible]	[illegible]	[illegible]	[illegible]	[illegible]	[illegible]	[illegible]	42
19	[illegible]	[illegible]	[illegible]	[illegible]	[illegible]	[illegible]	[illegible]	[illegible]	[illegible]	[illegible]	[illegible]	[illegible]	41
20	[illegible]	[illegible]	[illegible]	[illegible]	[illegible]	[illegible]	[illegible]	[illegible]	[illegible]	[illegible]	[illegible]	[illegible]	40
21	[illegible]	[illegible]	[illegible]	[illegible]	[illegible]	[illegible]	[illegible]	[illegible]	[illegible]	[illegible]	[illegible]	[illegible]	39
22	[illegible]	[illegible]	[illegible]	[illegible]	[illegible]	[illegible]	[illegible]	[illegible]	[illegible]	[illegible]	[illegible]	[illegible]	38
23	[illegible]	[illegible]	[illegible]	[illegible]	[illegible]	[illegible]	[illegible]	[illegible]	[illegible]	[illegible]	[illegible]	[illegible]	37
24	[illegible]	[illegible]	[illegible]	[illegible]	[illegible]	[illegible]	[illegible]	[illegible]	[illegible]	[illegible]	[illegible]	[illegible]	36
25	[illegible]	[illegible]	[illegible]	[illegible]	[illegible]	[illegible]	[illegible]	[illegible]	[illegible]	[illegible]	[illegible]	[illegible]	35
26	[illegible]	[illegible]	[illegible]	[illegible]	[illegible]	[illegible]	[illegible]	[illegible]	[illegible]	[illegible]	[illegible]	[illegible]	34
27	[illegible]	[illegible]	[illegible]	[illegible]	[illegible]	[illegible]	[illegible]	[illegible]	[illegible]	[illegible]	[illegible]	[illegible]	33
28	[illegible]	[illegible]	[illegible]	[illegible]	[illegible]	[illegible]	[illegible]	[illegible]	[illegible]	[illegible]	[illegible]	[illegible]	32
29	[illegible]	[illegible]	[illegible]	[illegible]	[illegible]	[illegible]	[illegible]	[illegible]	[illegible]	[illegible]	[illegible]	[illegible]	31
30	[illegible]	[illegible]	[illegible]	[illegible]	[illegible]	[illegible]	[illegible]	[illegible]	[illegible]	[illegible]	[illegible]	[illegible]	30
31	[illegible]	[illegible]	[illegible]	[illegible]	[illegible]	[illegible]	[illegible]	[illegible]	[illegible]	[illegible]	[illegible]	[illegible]	29
32	[illegible]	[illegible]	[illegible]	[illegible]	[illegible]	[illegible]	[illegible]	[illegible]	[illegible]	[illegible]	[illegible]	[illegible]	28
33	[illegible]	[illegible]	[illegible]	[illegible]	[illegible]	[illegible]	[illegible]	[illegible]	[illegible]	[illegible]	[illegible]	[illegible]	27
34	[illegible]	[illegible]	[illegible]	[illegible]	[illegible]	[illegible]	[illegible]	[illegible]	[illegible]	[illegible]	[illegible]	[illegible]	26
35	[illegible]	[illegible]	[illegible]	[illegible]	[illegible]	[illegible]	[illegible]	[illegible]	[illegible]	[illegible]	[illegible]	[illegible]	25
36	[illegible]	[illegible]	[illegible]	[illegible]	[illegible]	[illegible]	[illegible]	[illegible]	[illegible]	[illegible]	[illegible]	[illegible]	24
37	[illegible]	[illegible]	[illegible]	[illegible]	[illegible]	[illegible]	[illegible]	[illegible]	[illegible]	[illegible]	[illegible]	[illegible]	23
38	[illegible]	[illegible]	[illegible]	[illegible]	[illegible]	[illegible]	[illegible]	[illegible]	[illegible]	[illegible]	[illegible]	[illegible]	22
39	[illegible]	[illegible]	[illegible]	[illegible]	[illegible]	[illegible]	[illegible]	[illegible]	[illegible]	[illegible]	[illegible]	[illegible]	21
40	[illegible]	[illegible]	[illegible]	[illegible]	[illegible]	[illegible]	[illegible]	[illegible]	[illegible]	[illegible]	[illegible]	[illegible]	20
41	[illegible]	[illegible]	[illegible]	[illegible]	[illegible]	[illegible]	[illegible]	[illegible]	[illegible]	[illegible]	[illegible]	[illegible]	19
42	[illegible]	[illegible]	[illegible]	[illegible]	[illegible]	[illegible]	[illegible]	[illegible]	[illegible]	[illegible]	[illegible]	[illegible]	18
43	[illegible]	[illegible]	[illegible]	[illegible]	[illegible]	[illegible]	[illegible]	[illegible]	[illegible]	[illegible]	[illegible]	[illegible]	17
44	[illegible]	[illegible]	[illegible]	[illegible]	[illegible]	[illegible]	[illegible]	[illegible]	[illegible]	[illegible]	[illegible]	[illegible]	16
45	[illegible]	[illegible]	[illegible]	[illegible]	[illegible]	[illegible]	[illegible]	[illegible]	[illegible]	[illegible]	[illegible]	[illegible]	15
46	[illegible]	[illegible]	[illegible]	[illegible]	[illegible]	[illegible]	[illegible]	[illegible]	[illegible]	[illegible]	[illegible]	[illegible]	14
47	[illegible]	[illegible]	[illegible]	[illegible]	[illegible]	[illegible]	[illegible]	[illegible]	[illegible]	[illegible]	[illegible]	[illegible]	13
48	[illegible]	[illegible]	[illegible]	[illegible]	[illegible]	[illegible]	[illegible]	[illegible]	[illegible]	[illegible]	[illegible]	[illegible]	12
49	[illegible]	[illegible]	[illegible]	[illegible]	[illegible]	[illegible]	[illegible]	[illegible]	[illegible]	[illegible]	[illegible]	[illegible]	11
50	[illegible]	[illegible]	[illegible]	[illegible]	[illegible]	[illegible]	[illegible]	[illegible]	[illegible]	[illegible]	[illegible]	[illegible]	10
51	[illegible]	[illegible]	[illegible]	[illegible]	[illegible]	[illegible]	[illegible]	[illegible]	[illegible]	[illegible]	[illegible]	[illegible]	9
52	[illegible]	[illegible]	[illegible]	[illegible]	[illegible]	[illegible]	[illegible]	[illegible]	[illegible]	[illegible]	[illegible]	[illegible]	8
53	[illegible]	[illegible]	[illegible]	[illegible]	[illegible]	[illegible]	[illegible]	[illegible]	[illegible]	[illegible]	[illegible]	[illegible]	7
54	[illegible]	[illegible]	[illegible]	[illegible]	[illegible]	[illegible]	[illegible]	[illegible]	[illegible]	[illegible]	[illegible]	[illegible]	6
55	[illegible]	[illegible]	[illegible]	[illegible]	[illegible]	[illegible]	[illegible]	[illegible]	[illegible]	[illegible]	[illegible]	[illegible]	5
56	[illegible]	[illegible]	[illegible]	[illegible]	[illegible]	[illegible]	[illegible]	[illegible]	[illegible]	[illegible]	[illegible]	[illegible]	4
57	[illegible]	[illegible]	[illegible]	[illegible]	[illegible]	[illegible]	[illegible]	[illegible]	[illegible]	[illegible]	[illegible]	[illegible]	3
58	[illegible]	[illegible]	[illegible]	[illegible]	[illegible]	[illegible]	[illegible]	[illegible]	[illegible]	[illegible]	[illegible]	[illegible]	2
59	[illegible]	[illegible]	[illegible]	[illegible]	[illegible]	[illegible]	[illegible]	[illegible]	[illegible]	[illegible]	[illegible]	[illegible]	1
60	[illegible]	[illegible]	[illegible]	[illegible]	[illegible]	[illegible]	[illegible]	[illegible]	[illegible]	[illegible]	[illegible]	[illegible]	0
"	23'	22'	21'	20'	19'	18'	17'	16'	15'	14'	13'	12'	"

"	48'	49'	50'	51'	52'	53'	54'	55'	56'	57'	58'	59'	"
0	[illegible]	[illegible]	[illegible]	[illegible]	[illegible]	[illegible]	[illegible]	[illegible]	[illegible]	[illegible]	[illegible]	[illegible]	60
1	[illegible]	[illegible]	[illegible]	[illegible]	[illegible]	[illegible]	[illegible]	[illegible]	[illegible]	[illegible]	[illegible]	[illegible]	59
2	[illegible]	[illegible]	[illegible]	[illegible]	[illegible]	[illegible]	[illegible]	[illegible]	[illegible]	[illegible]	[illegible]	[illegible]	58
3	[illegible]	[illegible]	[illegible]	[illegible]	[illegible]	[illegible]	[illegible]	[illegible]	[illegible]	[illegible]	[illegible]	[illegible]	57
4	[illegible]	[illegible]	[illegible]	[illegible]	[illegible]	[illegible]	[illegible]	[illegible]	[illegible]	[illegible]	[illegible]	[illegible]	56
5	[illegible]	[illegible]	[illegible]	[illegible]	[illegible]	[illegible]	[illegible]	[illegible]	[illegible]	[illegible]	[illegible]	[illegible]	55
6	[illegible]	[illegible]	[illegible]	[illegible]	[illegible]	[illegible]	[illegible]	[illegible]	[illegible]	[illegible]	[illegible]	[illegible]	54
7	[illegible]	[illegible]	[illegible]	[illegible]	[illegible]	[illegible]	[illegible]	[illegible]	[illegible]	[illegible]	[illegible]	[illegible]	53
8	[illegible]	[illegible]	[illegible]	[illegible]	[illegible]	[illegible]	[illegible]	[illegible]	[illegible]	[illegible]	[illegible]	[illegible]	52
9	[illegible]	[illegible]	[illegible]	[illegible]	[illegible]	[illegible]	[illegible]	[illegible]	[illegible]	[illegible]	[illegible]	[illegible]	51
10	[illegible]	[illegible]	[illegible]	[illegible]	[illegible]	[illegible]	[illegible]	[illegible]	[illegible]	[illegible]	[illegible]	[illegible]	50
11	[illegible]	[illegible]	[illegible]	[illegible]	[illegible]	[illegible]	[illegible]	[illegible]	[illegible]	[illegible]	[illegible]	[illegible]	49
12	[illegible]	[illegible]	[illegible]	[illegible]	[illegible]	[illegible]	[illegible]	[illegible]	[illegible]	[illegible]	[illegible]	[illegible]	48
13	[illegible]	[illegible]	[illegible]	[illegible]	[illegible]	[illegible]	[illegible]	[illegible]	[illegible]	[illegible]	[illegible]	[illegible]	47
14	[illegible]	[illegible]	[illegible]	[illegible]	[illegible]	[illegible]	[illegible]	[illegible]	[illegible]	[illegible]	[illegible]	[illegible]	46
15	[illegible]	[illegible]	[illegible]	[illegible]	[illegible]	[illegible]	[illegible]	[illegible]	[illegible]	[illegible]	[illegible]	[illegible]	45
16	[illegible]	[illegible]	[illegible]	[illegible]	[illegible]	[illegible]	[illegible]	[illegible]	[illegible]	[illegible]	[illegible]	[illegible]	44
17	[illegible]	[illegible]	[illegible]	[illegible]	[illegible]	[illegible]	[illegible]	[illegible]	[illegible]	[illegible]	[illegible]	[illegible]	43
18	[illegible]	[illegible]	[illegible]	[illegible]	[illegible]	[illegible]	[illegible]	[illegible]	[illegible]	[illegible]	[illegible]	[illegible]	42
19	[illegible]	[illegible]	[illegible]	[illegible]	[illegible]	[illegible]	[illegible]	[illegible]	[illegible]	[illegible]	[illegible]	[illegible]	41
20	[illegible]	[illegible]	[illegible]	[illegible]	[illegible]	[illegible]	[illegible]	[illegible]	[illegible]	[illegible]	[illegible]	[illegible]	40
21	[illegible]	[illegible]	[illegible]	[illegible]	[illegible]	[illegible]	[illegible]	[illegible]	[illegible]	[illegible]	[illegible]	[illegible]	39
22	[illegible]	[illegible]	[illegible]	[illegible]	[illegible]	[illegible]	[illegible]	[illegible]	[illegible]	[illegible]	[illegible]	[illegible]	38
23	[illegible]	[illegible]	[illegible]	[illegible]	[illegible]	[illegible]	[illegible]	[illegible]	[illegible]	[illegible]	[illegible]	[illegible]	37
24	[illegible]	[illegible]	[illegible]	[illegible]	[illegible]	[illegible]	[illegible]	[illegible]	[illegible]	[illegible]	[illegible]	[illegible]	36
25	[illegible]	[illegible]	[illegible]	[illegible]	[illegible]	[illegible]	[illegible]	[illegible]	[illegible]	[illegible]	[illegible]	[illegible]	35
26	[illegible]	[illegible]	[illegible]	[illegible]	[illegible]	[illegible]	[illegible]	[illegible]	[illegible]	[illegible]	[illegible]	[illegible]	34
27	[illegible]	[illegible]	[illegible]	[illegible]	[illegible]	[illegible]	[illegible]	[illegible]	[illegible]	[illegible]	[illegible]	[illegible]	33
28	[illegible]	[illegible]	[illegible]	[illegible]	[illegible]	[illegible]	[illegible]	[illegible]	[illegible]	[illegible]	[illegible]	[illegible]	32
29	[illegible]	[illegible]	[illegible]	[illegible]	[illegible]	[illegible]	[illegible]	[illegible]	[illegible]	[illegible]	[illegible]	[illegible]	31
30	[illegible]	[illegible]	[illegible]	[illegible]	[illegible]	[illegible]	[illegible]	[illegible]	[illegible]	[illegible]	[illegible]	[illegible]	30
31	[illegible]	[illegible]	[illegible]	[illegible]	[illegible]	[illegible]	[illegible]	[illegible]	[illegible]	[illegible]	[illegible]	[illegible]	29
32	[illegible]	[illegible]	[illegible]	[illegible]	[illegible]	[illegible]	[illegible]	[illegible]	[illegible]	[illegible]	[illegible]	[illegible]	28
33	[illegible]	[illegible]	[illegible]	[illegible]	[illegible]	[illegible]	[illegible]	[illegible]	[illegible]	[illegible]	[illegible]	[illegible]	27
34	[illegible]	[illegible]	[illegible]	[illegible]	[illegible]	[illegible]	[illegible]	[illegible]	[illegible]	[illegible]	[illegible]	[illegible]	26
35	[illegible]	[illegible]	[illegible]	[illegible]	[illegible]	[illegible]	[illegible]	[illegible]	[illegible]	[illegible]	[illegible]	[illegible]	25
36	[illegible]	[illegible]	[illegible]	[illegible]	[illegible]	[illegible]	[illegible]	[illegible]	[illegible]	[illegible]	[illegible]	[illegible]	24
37	[illegible]	[illegible]	[illegible]	[illegible]	[illegible]	[illegible]	[illegible]	[illegible]	[illegible]	[illegible]	[illegible]	[illegible]	23
38	[illegible]	[illegible]	[illegible]	[illegible]	[illegible]	[illegible]	[illegible]	[illegible]	[illegible]	[illegible]	[illegible]	[illegible]	22
39	[illegible]	[illegible]	[illegible]	[illegible]	[illegible]	[illegible]	[illegible]	[illegible]	[illegible]	[illegible]	[illegible]	[illegible]	21
40	[illegible]	[illegible]	[illegible]	[illegible]	[illegible]	[illegible]	[illegible]	[illegible]	[illegible]	[illegible]	[illegible]	[illegible]	20
41	[illegible]	[illegible]	[illegible]	[illegible]	[illegible]	[illegible]	[illegible]	[illegible]	[illegible]	[illegible]	[illegible]	[illegible]	19
42	[illegible]	[illegible]	[illegible]	[illegible]	[illegible]	[illegible]	[illegible]	[illegible]	[illegible]	[illegible]	[illegible]	[illegible]	18
43	[illegible]	[illegible]	[illegible]	[illegible]	[illegible]	[illegible]	[illegible]	[illegible]	[illegible]	[illegible]	[illegible]	[illegible]	17
44	[illegible]	[illegible]	[illegible]	[illegible]	[illegible]	[illegible]	[illegible]	[illegible]	[illegible]	[illegible]	[illegible]	[illegible]	16
45	[illegible]	[illegible]	[illegible]	[illegible]	[illegible]	[illegible]	[illegible]	[illegible]	[illegible]	[illegible]	[illegible]	[illegible]	15
46	[illegible]	[illegible]	[illegible]	[illegible]	[illegible]	[illegible]	[illegible]	[illegible]	[illegible]	[illegible]	[illegible]	[illegible]	14
47	[illegible]	[illegible]	[illegible]	[illegible]	[illegible]	[illegible]	[illegible]	[illegible]	[illegible]	[illegible]	[illegible]	[illegible]	13
48	[illegible]	[illegible]	[illegible]	[illegible]	[illegible]	[illegible]	[illegible]	[illegible]	[illegible]	[illegible]	[illegible]	[illegible]	12
49	[illegible]	[illegible]	[illegible]	[illegible]	[illegible]	[illegible]	[illegible]	[illegible]	[illegible]	[illegible]	[illegible]	[illegible]	11
50	[illegible]	[illegible]	[illegible]	[illegible]	[illegible]	[illegible]	[illegible]	[illegible]	[illegible]	[illegible]	[illegible]	[illegible]	10
51	[illegible]	[illegible]	[illegible]	[illegible]	[illegible]	[illegible]	[illegible]	[illegible]	[illegible]	[illegible]	[illegible]	[illegible]	9
52	[illegible]	[illegible]	[illegible]	[illegible]	[illegible]	[illegible]	[illegible]	[illegible]	[illegible]	[illegible]	[illegible]	[illegible]	8
53	[illegible]	[illegible]	[illegible]	[illegible]	[illegible]	[illegible]	[illegible]	[illegible]	[illegible]	[illegible]	[illegible]	[illegible]	7
54	[illegible]	[illegible]	[illegible]	[illegible]	[illegible]	[illegible]	[illegible]	[illegible]	[illegible]	[illegible]	[illegible]	[illegible]	6
55	[illegible]	[illegible]	[illegible]	[illegible]	[illegible]	[illegible]	[illegible]	[illegible]	[illegible]	[illegible]	[illegible]	[illegible]	5
56	[illegible]	[illegible]	[illegible]	[illegible]	[illegible]	[illegible]	[illegible]	[illegible]	[illegible]	[illegible]	[illegible]	[illegible]	4
57	[illegible]	[illegible]	[illegible]	[illegible]	[illegible]	[illegible]	[illegible]	[illegible]	[illegible]	[illegible]	[illegible]	[illegible]	3
58	[illegible]	[illegible]	[illegible]	[illegible]	[illegible]	[illegible]	[illegible]	[illegible]	[illegible]	[illegible]	[illegible]	[illegible]	2
59	[illegible]	[illegible]	[illegible]	[illegible]	[illegible]	[illegible]	[illegible]	[illegible]	[illegible]	[illegible]	[illegible]	[illegible]	1
60	[illegible]	[illegible]	[illegible]	[illegible]	[illegible]	[illegible]	[illegible]	[illegible]	[illegible]	[illegible]	[illegible]	[illegible]	0
"	11'	10'	9'	8'	7'	6'	5'	4'	3'	2'	1'	0'	"

"	48'	49'	50'	51'	52'	53'	54'	55'	56'	57'	58'	59'	"
0	[illegible]	[illegible]	[illegible]	[illegible]	[illegible]	[illegible]	[illegible]	[illegible]	[illegible]	[illegible]	[illegible]	[illegible]	60
1	[illegible]	[illegible]	[illegible]	[illegible]	[illegible]	[illegible]	[illegible]	[illegible]	[illegible]	[illegible]	[illegible]	[illegible]	59
2	[illegible]	[illegible]	[illegible]	[illegible]	[illegible]	[illegible]	[illegible]	[illegible]	[illegible]	[illegible]	[illegible]	[illegible]	58
3	[illegible]	[illegible]	[illegible]	[illegible]	[illegible]	[illegible]	[illegible]	[illegible]	[illegible]	[illegible]	[illegible]	[illegible]	57
4	[illegible]	[illegible]	[illegible]	[illegible]	[illegible]	[illegible]	[illegible]	[illegible]	[illegible]	[illegible]	[illegible]	[illegible]	56
5	[illegible]	[illegible]	[illegible]	[illegible]	[illegible]	[illegible]	[illegible]	[illegible]	[illegible]	[illegible]	[illegible]	[illegible]	55
6	[illegible]	[illegible]	[illegible]	[illegible]	[illegible]	[illegible]	[illegible]	[illegible]	[illegible]	[illegible]	[illegible]	[illegible]	54
7	[illegible]	[illegible]	[illegible]	[illegible]	[illegible]	[illegible]	[illegible]	[illegible]	[illegible]	[illegible]	[illegible]	[illegible]	53
8	[illegible]	[illegible]	[illegible]	[illegible]	[illegible]	[illegible]	[illegible]	[illegible]	[illegible]	[illegible]	[illegible]	[illegible]	52
9	[illegible]	[illegible]	[illegible]	[illegible]	[illegible]	[illegible]	[illegible]	[illegible]	[illegible]	[illegible]	[illegible]	[illegible]	51
10	[illegible]	[illegible]	[illegible]	[illegible]	[illegible]	[illegible]	[illegible]	[illegible]	[illegible]	[illegible]	[illegible]	[illegible]	50
11	[illegible]	[illegible]	[illegible]	[illegible]	[illegible]	[illegible]	[illegible]	[illegible]	[illegible]	[illegible]	[illegible]	[illegible]	49
12	[illegible]	[illegible]	[illegible]	[illegible]	[illegible]	[illegible]	[illegible]	[illegible]	[illegible]	[illegible]	[illegible]	[illegible]	48
13	[illegible]	[illegible]	[illegible]	[illegible]	[illegible]	[illegible]	[illegible]	[illegible]	[illegible]	[illegible]	[illegible]	[illegible]	47
14	[illegible]	[illegible]	[illegible]	[illegible]	[illegible]	[illegible]	[illegible]	[illegible]	[illegible]	[illegible]	[illegible]	[illegible]	46
15	[illegible]	[illegible]	[illegible]	[illegible]	[illegible]	[illegible]	[illegible]	[illegible]	[illegible]	[illegible]	[illegible]	[illegible]	45
16	[illegible]	[illegible]	[illegible]	[illegible]	[illegible]	[illegible]	[illegible]	[illegible]	[illegible]	[illegible]	[illegible]	[illegible]	44
17	[illegible]	[illegible]	[illegible]	[illegible]	[illegible]	[illegible]	[illegible]	[illegible]	[illegible]	[illegible]	[illegible]	[illegible]	43
18	[illegible]	[illegible]	[illegible]	[illegible]	[illegible]	[illegible]	[illegible]	[illegible]	[illegible]	[illegible]	[illegible]	[illegible]	42
19	[illegible]	[illegible]	[illegible]	[illegible]	[illegible]	[illegible]	[illegible]	[illegible]	[illegible]	[illegible]	[illegible]	[illegible]	41
20	[illegible]	[illegible]	[illegible]	[illegible]	[illegible]	[illegible]	[illegible]	[illegible]	[illegible]	[illegible]	[illegible]	[illegible]	40
21	[illegible]	[illegible]	[illegible]	[illegible]	[illegible]	[illegible]	[illegible]	[illegible]	[illegible]	[illegible]	[illegible]	[illegible]	39
22	[illegible]	[illegible]	[illegible]	[illegible]	[illegible]	[illegible]	[illegible]	[illegible]	[illegible]	[illegible]	[illegible]	[illegible]	38
23	[illegible]	[illegible]	[illegible]	[illegible]	[illegible]	[illegible]	[illegible]	[illegible]	[illegible]	[illegible]	[illegible]	[illegible]	37
24	[illegible]	[illegible]	[illegible]	[illegible]	[illegible]	[illegible]	[illegible]	[illegible]	[illegible]	[illegible]	[illegible]	[illegible]	36
25	[illegible]	[illegible]	[illegible]	[illegible]	[illegible]	[illegible]	[illegible]	[illegible]	[illegible]	[illegible]	[illegible]	[illegible]	35
26	[illegible]	[illegible]	[illegible]	[illegible]	[illegible]	[illegible]	[illegible]	[illegible]	[illegible]	[illegible]	[illegible]	[illegible]	34
27	[illegible]	[illegible]	[illegible]	[illegible]	[illegible]	[illegible]	[illegible]	[illegible]	[illegible]	[illegible]	[illegible]	[illegible]	33
28	[illegible]	[illegible]	[illegible]	[illegible]	[illegible]	[illegible]	[illegible]	[illegible]	[illegible]	[illegible]	[illegible]	[illegible]	32
29	[illegible]	[illegible]	[illegible]	[illegible]	[illegible]	[illegible]	[illegible]	[illegible]	[illegible]	[illegible]	[illegible]	[illegible]	31
30	[illegible]	[illegible]	[illegible]	[illegible]	[illegible]	[illegible]	[illegible]	[illegible]	[illegible]	[illegible]	[illegible]	[illegible]	30
31	[illegible]	[illegible]	[illegible]	[illegible]	[illegible]	[illegible]	[illegible]	[illegible]	[illegible]	[illegible]	[illegible]	[illegible]	29
32	[illegible]	[illegible]	[illegible]	[illegible]	[illegible]	[illegible]	[illegible]	[illegible]	[illegible]	[illegible]	[illegible]	[illegible]	28
33	[illegible]	[illegible]	[illegible]	[illegible]	[illegible]	[illegible]	[illegible]	[illegible]	[illegible]	[illegible]	[illegible]	[illegible]	27
34	[illegible]	[illegible]	[illegible]	[illegible]	[illegible]	[illegible]	[illegible]	[illegible]	[illegible]	[illegible]	[illegible]	[illegible]	26
35	[illegible]	[illegible]	[illegible]	[illegible]	[illegible]	[illegible]	[illegible]	[illegible]	[illegible]	[illegible]	[illegible]	[illegible]	25
36	[illegible]	[illegible]	[illegible]	[illegible]	[illegible]	[illegible]	[illegible]	[illegible]	[illegible]	[illegible]	[illegible]	[illegible]	24
37	[illegible]	[illegible]	[illegible]	[illegible]	[illegible]	[illegible]	[illegible]	[illegible]	[illegible]	[illegible]	[illegible]	[illegible]	23
38	[illegible]	[illegible]	[illegible]	[illegible]	[illegible]	[illegible]	[illegible]	[illegible]	[illegible]	[illegible]	[illegible]	[illegible]	22
39	[illegible]	[illegible]	[illegible]	[illegible]	[illegible]	[illegible]	[illegible]	[illegible]	[illegible]	[illegible]	[illegible]	[illegible]	21
40	[illegible]	[illegible]	[illegible]	[illegible]	[illegible]	[illegible]	[illegible]	[illegible]	[illegible]	[illegible]	[illegible]	[illegible]	20
41	[illegible]	[illegible]	[illegible]	[illegible]	[illegible]	[illegible]	[illegible]	[illegible]	[illegible]	[illegible]	[illegible]	[illegible]	19
42	[illegible]	[illegible]	[illegible]	[illegible]	[illegible]	[illegible]	[illegible]	[illegible]	[illegible]	[illegible]	[illegible]	[illegible]	18
43	[illegible]	[illegible]	[illegible]	[illegible]	[illegible]	[illegible]	[illegible]	[illegible]	[illegible]	[illegible]	[illegible]	[illegible]	17
44	[illegible]	[illegible]	[illegible]	[illegible]	[illegible]	[illegible]	[illegible]	[illegible]	[illegible]	[illegible]	[illegible]	[illegible]	16
45	[illegible]	[illegible]	[illegible]	[illegible]	[illegible]	[illegible]	[illegible]	[illegible]	[illegible]	[illegible]	[illegible]	[illegible]	15
46	[illegible]	[illegible]	[illegible]	[illegible]	[illegible]	[illegible]	[illegible]	[illegible]	[illegible]	[illegible]	[illegible]	[illegible]	14
47	[illegible]	[illegible]	[illegible]	[illegible]	[illegible]	[illegible]	[illegible]	[illegible]	[illegible]	[illegible]	[illegible]	[illegible]	13
48	[illegible]	[illegible]	[illegible]	[illegible]	[illegible]	[illegible]	[illegible]	[illegible]	[illegible]	[illegible]	[illegible]	[illegible]	12
49	[illegible]	[illegible]	[illegible]	[illegible]	[illegible]	[illegible]	[illegible]	[illegible]	[illegible]	[illegible]	[illegible]	[illegible]	11
50	[illegible]	[illegible]	[illegible]	[illegible]	[illegible]	[illegible]	[illegible]	[illegible]	[illegible]	[illegible]	[illegible]	[illegible]	10
51	[illegible]	[illegible]	[illegible]	[illegible]	[illegible]	[illegible]	[illegible]	[illegible]	[illegible]	[illegible]	[illegible]	[illegible]	9
52	[illegible]	[illegible]	[illegible]	[illegible]	[illegible]	[illegible]	[illegible]	[illegible]	[illegible]	[illegible]	[illegible]	[illegible]	8
53	[illegible]	[illegible]	[illegible]	[illegible]	[illegible]	[illegible]	[illegible]	[illegible]	[illegible]	[illegible]	[illegible]	[illegible]	7
54	[illegible]	[illegible]	[illegible]	[illegible]	[illegible]	[illegible]	[illegible]	[illegible]	[illegible]	[illegible]	[illegible]	[illegible]	6
55	[illegible]	[illegible]	[illegible]	[illegible]	[illegible]	[illegible]	[illegible]	[illegible]	[illegible]	[illegible]	[illegible]	[illegible]	5
56	[illegible]	[illegible]	[illegible]	[illegible]	[illegible]	[illegible]	[illegible]	[illegible]	[illegible]	[illegible]	[illegible]	[illegible]	4
57	[illegible]	[illegible]	[illegible]	[illegible]	[illegible]	[illegible]	[illegible]	[illegible]	[illegible]	[illegible]	[illegible]	[illegible]	3
58	[illegible]	[illegible]	[illegible]	[illegible]	[illegible]	[illegible]	[illegible]	[illegible]	[illegible]	[illegible]	[illegible]	[illegible]	2
59	[illegible]	[illegible]	[illegible]	[illegible]	[illegible]	[illegible]	[illegible]	[illegible]	[illegible]	[illegible]	[illegible]	[illegible]	1
60	[illegible]	[illegible]	[illegible]	[illegible]	[illegible]	[illegible]	[illegible]	[illegible]	[illegible]	[illegible]	[illegible]	[illegible]	0
"	11'	10'	9'	8'	7'	6'	5'	4'	3'	2'	1'	0'	"

0 Deg.

′	″	Co-Sinus.	Co-Tang.	Differ.	″	′
0	0	10.0000000			0	60
	10	10.0000000	14.3144251	30103000	50	
	20	10.0000000	14.0133951	17609126	40	
	30	10.0000000	13.8373039		30	
	40	10.0000000	13.7123651	12493874	20	
	50	10.0000000	13.6154551	9691001	10	
1	0	10.0000000	13.5363739	7918125	0	59
	10	10.0000000	13.4694271	6694679	50	
	20	10.0000000	13.4114351	5799195	40	
	30	10.0000000	13.3602826	5115252	30	
	40	9.9999999	13.3144251	4575749	20	
	50	9.9999999	13.2730314	4139269	10	
2	0	9.9999999	13.2352437	3778856	0	58
	10	9.9999999	13.2004817	3476210	50	
	20	9.9999999	13.1682970	3218468	40	
	30	9.9999999	13.1383111	2996318	30	
	40	9.9999999	13.1103031	2802872	20	
	50	9.9999999	13.0839761	2632993	10	
3	0	9.9999998	13.0591580	2482416	0	57
	10	9.9999998	13.0356714	2348114	50	
	20	9.9999998	13.0133950	2227643	40	
	30	9.9999998	12.9922057	2118935	30	
	40	9.9999997	12.9720034	2020214	20	
	50	9.9999997	12.9526971	1930514	10	
4	0	9.9999997	12.9341837	1848254	0	56
	10	9.9999997	12.9164849	1772884	50	
	20	9.9999997	12.8994516	1703335	40	
	30	9.9999996	12.8830611	1639052	30	
	40	9.9999996	12.8671668	1579456	20	
	50	9.9999996	12.8520268	1524021	10	
5	0	9.9999995	12.8373036	1472318	0	55
	10	9.9999995	12.8230631	1424051	50	
	20	9.9999995	12.8092748	1378830	40	
	30	9.9999994	12.7959108	1336401	30	
	40	9.9999994	12.7829458	1296500	20	
	50	9.9999994	12.7703567	1258910	10	
6	0	9.9999993	12.7581222	1223454	0	54
	10	9.9999993	12.7462229	1189931	50	
	20	9.9999993	12.7346410	1158191	40	
	30	9.9999992	12.7233600	1128108	30	
	40	9.9999992	12.7123646	1099545	20	
	50	9.9999991	12.7016407	1072390	10	
7	0	9.9999991	12.6911754	1046533	0	53
	10	9.9999991	12.6809560	1021942	50	
	20	9.9999990	12.6709711	998424	40	
	30	9.9999990	12.6612111	975974	30	
	40	9.9999989	12.6516666	954535	20	
	50	9.9999989	12.6423265	934011	10	
8	0	9.9999988	12.6331831	914149	0	52
	10	9.9999988	12.6242281	895493	50	
	20	9.9999987	12.6154548	877340	40	
	30	9.9999987	12.6068541	860068	30	
	40	9.9999986	12.5984209	843315	20	
	50	9.9999986	12.5901481	827286	10	
9	0	9.9999985	12.5820303	811785	0	51
	10	9.9999985	12.5740614	796890	50	
	20	9.9999984	12.5662360	782543	40	
	30	9.9999984	12.5585491	768689	30	
	40	9.9999983	12.5509960	755315	20	
	50	9.9999982	12.5435719	742411	10	
10	0	9.9999982	12.5362727	729908	0	50
′	″	Sinus.	Tang.	Differ.	″	′

89 Deg.

0 Deg.

′	″	Co-Sinus.	Co-Tang.	Diff.	″	′
10	0	9.9999982	12.5362727		0	50
	10	9.9999981	12.5290940	71787	50	
	20	9.9999980	12.5220311	70631	40	
	30	9.9999980	12.5150815	69482	30	
	40	9.9999979	12.5082435	68380	20	
	50	9.9999978	12.5015130	67305	10	
11	0	9.9999978	12.4948797	66333	0	49
	10	9.9999977	12.4883448	65363	50	
	20	9.9999976	12.4819146	64344	40	
	30	9.9999975	12.4755744	63402	30	
	40	9.9999975	12.4693254	62490	20	
	50	9.9999974	12.4631651	61603	10	
12	0	9.9999974	12.4570909	60741	0	48
	10	9.9999973	12.4511005	59904	50	
	20	9.9999972	12.4451916	59089	40	
	30	9.9999971	12.4393620	58297	30	
	40	9.9999971	12.4336096	57524	20	
	50	9.9999970	12.4279324	56772	10	
13	0	9.9999969	12.4223285	56039	0	47
	10	9.9999968	12.4167959	55326	50	
	20	9.9999967	12.4113330	54629	40	
	30	9.9999966	12.4059379	53951	30	
	40	9.9999966	12.4006090	53289	20	
	50	9.9999965	12.3953447	52643	10	
14	0	9.9999964	12.3901434	52013	0	46
	10	9.9999963	12.3850037	51397	50	
	20	9.9999962	12.3799241	50796	40	
	30	9.9999961	12.3749031	50209	30	
	40	9.9999960	12.3699396	49635	20	
	50	9.9999960	12.3650322	49074	10	
15	0	9.9999959	12.3601799	48523	0	45
	10	9.9999958	12.3553809	47990	50	
	20	9.9999957	12.3506344	47465	40	
	30	9.9999956	12.3459392	46952	30	
	40	9.9999955	12.3412943	46449	20	
	50	9.9999954	12.3366985	45958	10	
16	0	9.9999953	12.3321509	45477	0	44
	10	9.9999952	12.3276508	45001	50	
	20	9.9999951	12.3231964	44544	40	
	30	9.9999950	12.3187873	44091	30	
	40	9.9999949	12.3144227	43649	20	
	50	9.9999948	12.3101013	43214	10	
17	0	9.9999947	12.3058226	42787	0	43
	10	9.9999946	12.3015855	42371	50	
	20	9.9999945	12.2973894	41961	40	
	30	9.9999944	12.2932336	41560	30	
	40	9.9999943	12.2891172	41167	20	
	50	9.9999942	12.2850393	40779	10	
18	0	9.9999941	12.2809994	40401	0	42
	10	9.9999939	12.2769966	40028	50	
	20	9.9999938	12.2730301	39665	40	
	30	9.9999937	12.2690994	39307	30	
	40	9.9999936	12.2652036	38958	20	
	50	9.9999935	12.2613421	38615	10	
19	0	9.9999934	12.2575145	38276	0	41
	10	9.9999933	12.2537200	37945	50	
	20	9.9999931	12.2499580	37620	40	
	30	9.9999930	12.2462279	37301	30	
	40	9.9999929	12.2425292	36987	20	
	50	9.9999928	12.2388613	36679	10	
20	0	9.9999927	12.2352390	36377	0	40
′	″	Sinus.	Tang.	Diff.	″	′

89 Deg.

0 Deg.

′	″	Co-Sinus.	Co-Tang.	Diff.	″	′
20	0	9.9999927	12.2352390		0	40
	10	9.9999925	12.2316348	36042	50	
	20	9.9999924	12.2280604	35744	40	
	30	9.9999923	12.2245149	35455	30	
	40	9.9999922	12.2209982	35167	20	
	50	9.9999920	12.2175096	34886	10	
21	0	9.9999919	12.2140491	34605	0	39
	10	9.9999918	12.2106159	34332	50	
	20	9.9999916	12.2072096	34063	40	
	30	9.9999915	12.2038296	33800	30	
	40	9.9999914	12.2004760	33536	20	
	50	9.9999912	12.1971480	33280	10	
22	0	9.9999911	12.1938453	33027	0	38
	10	9.9999910	12.1905676	32777	50	
	20	9.9999908	12.1873148	32528	40	
	30	9.9999907	12.1840858	32290	30	
	40	9.9999906	12.1808807	32051	20	
	50	9.9999904	12.1776990	31817	10	
23	0	9.9999903	12.1745396	31584	0	37
	10	9.9999901	12.1714038	31358	50	
	20	9.9999900	12.1682904	31134	40	
	30	9.9999899	12.1651991	30911	30	
	40	9.9999897	12.1621298	30693	20	
	50	9.9999896	12.1590811	30487	10	
24	0	9.9999894	12.1560535	30276	0	36
	10	9.9999893	12.1530500	30035	50	
	20	9.9999891	12.1500636	29864	40	
	30	9.9999890	12.1471004	29632	30	
	40	9.9999888	12.1441560	29444	20	
	50	9.9999887	12.1412313	29247	10	
25	0	9.9999885	12.1383261	29052	0	35
	10	9.9999884	12.1354404	28857	50	
	20	9.9999882	12.1325737	28667	40	
	30	9.9999881	12.1297257	28480	30	
	40	9.9999879	12.1268963	28294	20	
	50	9.9999877	12.1240853	28110	10	
26	0	9.9999876	12.1212923	27930	0	34
	10	9.9999874	12.1185171	27752	50	
	20	9.9999873	12.1157596	27575	40	
	30	9.9999871	12.1130194	27402	30	
	40	9.9999869	12.1102964	27230	20	
	50	9.9999868	12.1075904	27060	10	
27	0	9.9999866	12.1049011	26893	0	33
	10	9.9999864	12.1022284	26727	50	
	20	9.9999863	12.0995721	26563	40	
	30	9.9999861	12.0969319	26402	30	
	40	9.9999859	12.0943077	26242	20	
	50	9.9999857	12.0916993	26084	10	
28	0	9.9999856	12.0891064	25929	0	32
	10	9.9999854	12.0865287	25777	50	
	20	9.9999852	12.0839666	25621	40	
	30	9.9999851	12.0814191	25475	30	
	40	9.9999849	12.0788866	25325	20	
	50	9.9999847	12.0763686	25180	10	
29	0	9.9999845	12.0738650	25036	0	31
	10	9.9999843	12.0713757	24893	50	
	20	9.9999842	12.0689005	24752	40	
	30	9.9999840	12.0664391	24614	30	
	40	9.9999838	12.0639916	24475	20	
	50	9.9999836	12.0615601	24315	10	
30	0	9.9999835	12.0591416	24195	0	30
′	″	Sinus.	Tang.	Diff.	″	′

89 Deg.

0 Deg.

′	″	Co-Sinus.	Co-Tang.	Diff.	″	′
30	0	9.99998[illegible]	12.0591416		0	30
	10	9.99998[illegible]	12.0567354	24062	50	
	20	9.99998[illegible]	12.0543415	23939	40	
	30	9.99998[illegible]	12.051[illegible]	23797	30	
	40	9.99998[illegible]	12.0495905	23681	20	
	50	9.99998[illegible]	12.0472416	23540	10	
31	0	9.99998[illegible]	12.0449004	23412	0	29
	10	9.99998[illegible]	12.0425716	23288	50	
	20	9.99998[illegible]	12.0402553	23163	40	
	30	9.99998[illegible]	12.0379512	23041	30	
	40	9.99998[illegible]	12.0356491	22920	20	
	50	9.99998[illegible]	12.0333[illegible]	22798	10	
32	0	9.99998[illegible]	12.0311111	22680	0	28
	10	9.99998[illegible]	12.0288551	22563	50	
	20	9.99998[illegible]	12.0266106	22445	40	
	30	9.99998[illegible]	12.0243776	22330	30	
	40	9.99998[illegible]	12.0221560	22216	20	
	50	9.99998[illegible]	12.0199457	22103	10	
33	0	9.99998[illegible]	12.0177466	21991	0	27
	10	9.99997[illegible]	12.0155586	21880	50	
	20	9.99997[illegible]	12.0133817	21771	40	
	30	9.99997[illegible]	12.011[illegible]	21662	30	
	40	9.99997[illegible]	12.00[illegible]	21554	20	
	50	9.99997[illegible]	12.0069151	21447	10	
34	0	9.99997[illegible]	12.0047806	21341	0	26
	10	9.99997[illegible]	12.0026570	21236	50	
	20	9.99997[illegible]	12.0005435	21135	40	
	30	9.99997[illegible]	11.9984401	21034	30	
	40	9.9999779	11.9963471	20930	20	
	50	9.9999777	11.9942640	20831	10	
35	0	9.9999775	11.99[illegible]	20731	0	25
	10	9.9999773	11.9901274	20635	50	
	20	9.9999771	11.9880740	20534	40	
	30	9.99997[illegible]	11.9860301	20439	30	
	40	9.99997[illegible]	11.9839958	20345	20	
	50	9.9999764	11.9819709	20249	10	
36	0	9.99997[illegible]	11.9799554	20154	0	24
	10	9.99997[illegible]	11.9779494	20060	50	
	20	9.9999757	11.9759525	19968	40	
	30	9.99997[illegible]	11.9739647	19878	30	
	40	9.99997[illegible]	11.9719860	19787	20	
	50	9.99997[illegible]	11.9700161	19698	10	
37	0	9.99997[illegible]	11.96[illegible]	19610	0	23
	10	9.99997[illegible]	11.9661035	19521	50	
	20	9.9999744	11.9641600	19435	40	
	30	9.99997[illegible]	11.96[illegible]	19348	30	
	40	9.9999739	11.9602993	19261	20	
	50	9.99997[illegible]	11.9583818	19176	10	
38	0	9.99997[illegible]	11.9564728	19091	0	22
	10	9.99997[illegible]	11.9545717	19006	50	
	20	9.9999730	11.9526790	18925	40	
	30	9.99997[illegible]	11.9507940	18841	30	
	40	9.99997[illegible]	11.9489169	18762	20	
	50	9.99997[illegible]	11.947[illegible]	18681	10	
39	0	9.99997[illegible]	11.9451909	18601	0	21
	10	9.99997[illegible]	11.9433138	18521	50	
	20	9.99997[illegible]	11.9414494	18441	40	
	30	9.99997[illegible]	11.9395977	18362	30	
	40	9.9999711	11.937[illegible]	18286	20	
	50	9.99997[illegible]	11.9360071	18210	10	
40	0	9.9999706	11.9341943	18135	0	20
′	″	Sinus.	Tang.	Diff.	″	′

89 Deg.

0 Deg.

′	″	Co-Sinus.	Co-Tang.	Diff.	″	′
40	0	9.9999706	11.9341941		0	20
	10	9.9999704	11.93[illegible]	[illegible]	50	
	20	9.9999701	11.930[illegible]	17984	40	
	30	9.99996[illegible]	11.928[illegible]	17912	30	
	40	9.99996[illegible]	11.92[illegible]	17841	20	
	50	9.99996[illegible]	11.925[illegible]	17774	10	
41	0	9.9999691	11.92[illegible]	17691	0	19
	10	9.99996[illegible]	11.9217074	17624	50	
	20	9.99996[illegible]	11.9199535	17540	40	
	30	9.99996[illegible]	11.9182047	17478	30	
	40	9.99996[illegible]	11.9164635	17412	20	
	50	9.99996[illegible]	11.9147300	17335	10	
42	0	9.99996[illegible]	11.9130031	17269	0	18
	10	9.99996[illegible]	11.9112852	17201	50	
	20	9.9999671	11.9095769	17131	40	
	30	9.9999668	11.9078682	17067	30	
	40	9.9999666	11.9061691	16991	20	
	50	9.9999663	11.9044793	16914	10	
43	0	9.9999660	11.90[illegible]	16867	0	17
	10	9.9999658	11.9011085	16804	50	
	20	9.9999655	11.8994185	16737	40	
	30	9.9999652	11.8977614	16674	30	
	40	9.9999650	11.8961009	16605	20	
	50	9.9999647	11.8944498	16547	10	
44	0	9.9999644	11.89[illegible]	16483	0	16
	10	9.99996[illegible]	11.8911554	16421	50	
	20	9.99996[illegible]	11.8895204	16350	40	
	30	9.99996[illegible]	11.8878934	16292	30	
	40	9.99996[illegible]	11.8862699	16235	20	
	50	9.9999631	11.8846522	16177	10	
45	0	9.99996[illegible]	11.8830406	16116	0	15
	10	9.99996[illegible]	11.8814304	16057	50	
	20	9.99996[illegible]	11.8798311	15993	40	
	30	9.99996[illegible]	11.8782371	15940	30	
	40	9.9999617	11.8766490	15881	20	
	50	9.9999614	11.8750687	15803	10	
46	0	9.9999611	11.873[illegible]	15762	0	14
	10	9.9999608	11.8719193	15708	50	
	20	9.99996[illegible]	11.8703554	15639	40	
	30	9.99996[illegible]	11.8687904	15596	30	
	40	9.9999600	11.867[illegible]	15540	20	
	50	9.9999597	11.8656919	15485	10	
47	0	9.99995[illegible]	11.8641490	15429	0	13
	10	9.9999591	11.8626124	15376	50	
	20	9.9999588	11.8610790	15334	40	
	30	9.9999585	11.8595520	15270	30	
	40	9.99995[illegible]	11.8580315	15214	20	
	50	9.9999580	11.8565154	15161	10	
48	0	9.9999577	11.8550044	15108	0	12
	10	9.9999574	11.8534989	15055	50	
	20	9.9999571	11.8519985	15004	40	
	30	9.9999568	11.8505031	14950	30	
	40	9.99995[illegible]	11.8490131	14900	20	
	50	9.99995[illegible]	11.8475[illegible]	14850	10	
49	0	9.9999559	11.8460484	14799	0	11
	10	9.99995[illegible]	11.8445739	14745	50	
	20	9.9999553	11.8431036	14703	40	
	30	9.9999550	11.8416387	14649	30	
	40	9.9999547	11.8401787	14600	20	
	50	9.9999544	11.8387235	14551	10	
50	0	9.9999541	11.8372735	14502	0	10
′	″	Sinus.	Tang.	Diff.	″	′

89 Deg.

0 Deg.

′	″	Co-Sinus.	Co-Tang.	Diff.	″	′
50	0	9.9999541	11.837[illegible]		0	10
	10	9.9999538	11.8358[illegible]	14458	50	
	20	9.9999534	11.834[illegible]	14409	40	
	30	9.9999531	11.83[illegible]	14359	30	
	40	9.9999528	11.8315201	14312	20	
	50	9.9999525	11.8300936	14265	10	
51	0	9.9999522	11.8286718	14218	0	9
	10	9.9999519	11.8272547	14171	50	
	20	9.9999516	11.8258421	14126	40	
	30	9.99995[illegible]	11.8244[illegible]	14079	30	
	40	9.9999509	11.8230307	14035	20	
	50	9.9999506	11.8216318	13989	10	
52	0	9.9999503	11.82[illegible]	13944	0	8
	10	9.9999500	11.8188475	13899	50	
	20	9.9999497	11.8174619	13856	40	
	30	9.9999494	11.8160808	13811	30	
	40	9.9999490	11.8147041	13767	20	
	50	9.9999487	11.8133317	13724	10	
53	0	9.9999484	11.811[illegible]	13681	0	7
	10	9.9999481	11.8105999	13637	50	
	20	9.9999477	11.809[illegible]	13596	40	
	30	9.9999474	11.80[illegible]	13553	30	
	40	9.9999471	11.8065340	13510	20	
	50	9.9999467	11.8051871	13469	10	
54	0	9.9999464	11.803[illegible]	13427	0	6
	10	9.9999461	11.8025058	13386	50	
	20	9.9999458	11.8011714	13344	40	
	30	9.9999454	11.79[illegible]8410	13304	30	
	40	9.9999451	11.7985147	13263	20	
	50	9.9999448	11.7971926	13221	10	
55	0	9.9999444	11.7958741	13185	0	5
	10	9.9999441	11.794[illegible]	13142	50	
	20	9.9999437	11.793[illegible]	13104	40	
	30	9.99994[illegible]	11.7919411	13065	30	
	40	9.9999431	11.7906407	13024	20	
	50	9.9999427	11.7893421	12986	10	
56	0	9.9999424	11.7880474	12947	0	4
	10	9.9999420	11.7867566	12908	50	
	20	9.9999417	11.7854696	12870	40	
	30	9.99994[illegible]	11.7841865	12831	30	
	40	9.9999410	11.7829069	12794	20	
	50	9.9999406	11.7816314	12757	10	
57	0	9.9999403	11.7803591	12720	0	3
	10	9.9999400	11.7790910	12681	50	
	20	9.9999396	11.7778264	12646	40	
	30	9.9999392	11.7765655	12609	30	
	40	9.9999389	11.7753083	12572	20	
	50	9.9999385	11.7740547	12536	10	
58	0	9.99993[illegible]	11.7728047	12500	0	2
	10	9.9999378	11.7715583	12464	50	
	20	9.9999375	11.7703154	12429	40	
	30	9.9999371	11.769[illegible]	12393	30	
	40	9.9999368	11.7678403	12358	20	
	50	9.9999364	11.7666080	12323	10	
59	0	9.99993[illegible]	11.7653792	12288	0	1
	10	9.9999357	11.7641539	12253	50	
	20	9.9999353	11.7629320	12219	40	
	30	9.9999349	11.7617135	12185	30	
	40	9.9999346	11.7604985	12150	20	
	50	9.9999342	11.7592868	12117	10	
60	0	9.9999338	11.7580784	12084	0	0
′	″	Sinus.	Tang.	Diff.	″	′

89 Deg.

1 Deg.

′	″	Co-Sinus.	Co-Tang.	Diff.	″	′
0	0	9.9999338	11.7580782		0	60
	10	9.9999335	11.7568736	11204	50	
	20	9.9999331	11.7556740	11201	40	
	30	9.9999327	11.7544717	11198	30	
	40	9.9999324	11.7532787	11195	20	
	50	9.9999320	11.7520864	11191	10	
1	0	9.9999316	11.7508984	11188	0	59
	10	9.9999313	11.7497132	11853	50	
	20	9.9999309	11.7485318	11812	40	
	30	9.9999305	11.7471524	11788	30	
	40	9.9999301	11.7461762	11756	20	
	50	9.9999297	11.7450044	11724	10	
2	0	9.9999294	11.7438351	11691	0	58
	10	9.9999290	11.7426690	11661	50	
	20	9.9999286	11.7415035	11631	40	
	30	9.9999284	11.7403[illegible]	11599	30	
	40	9.9999278	11.7391843	11568	20	
	50	9.9999275	11.7380154	11538	10	
3	0	9.9999271	11.7368647	11507	0	57
	10	9.9999267	11.7357370	11477	50	
	20	9.9999263	11.7345924	11446	40	
	30	9.9999259	11.7334508	11416	30	
	40	9.9999256	11.7323111	11387	20	
	50	9.9999251	11.7311764	11357	10	
4	0	9.9999247	11.7300427	11327	0	56
	10	9.9999243	11.7289140	11297	50	
	20	9.9999239	11.7277871	11269	40	
	30	9.9999236	11.7266632	11239	30	
	40	9.9999232	11.7255422	11210	20	
	50	9.9999228	11.7244240	11182	10	
5	0	9.9999224	11.7233087	11153	0	55
	10	9.9999220	11.7221964	11124	50	
	20	9.9999216	11.7210868	11096	40	
	30	9.9999212	11.7199800	11068	30	
	40	9.9999208	11.7188761	11039	20	
	50	9.9999204	11.7177749	11012	10	
6	0	9.9999200	11.7166765	10984	0	54
	10	9.9999196	11.7155810	10956	50	
	20	9.9999191	11.7144882	10928	40	
	30	9.9999187	11.7133981	10901	30	
	40	9.9999183	11.7123107	10874	20	
	50	9.9999179	11.7112260	10847	10	
7	0	9.9999175	11.7101441	10819	0	53
	10	9.9999171	11.7090648	10793	50	
	20	9.9999167	11.7079882	10766	40	
	30	9.9999163	11.7069143	10739	30	
	40	9.9999159	11.7058430	10713	20	
	50	9.9999154	11.7047744	10686	10	
8	0	9.9999150	11.7037084	10660	0	52
	10	9.9999146	11.7026449	10635	50	
	20	9.9999142	11.7015841	10608	40	
	30	9.9999138	11.7005258	10583	30	
	40	9.9999134	11.6994700	10558	20	
	50	9.9999130	11.6984170	10530	10	
9	0	9.9999125	11.6973664	10506	0	51
	10	9.9999121	11.6963184	10480	50	
	20	9.9999117	11.6952729	10455	40	
	30	9.9999112	11.6942299	10430	30	
	40	9.9999108	11.6931894	10405	20	
	50	9.9999104	11.6921514	10380	10	
10	0	9.9999100	11.6911158	10356	0	50
′	″	Sinus.	Tang.	Diff.	″	′

88 Deg.

1 Deg.

′	″	Co-Sinus.	Co-Tang.	Diff.	″	′
10	0	9.9999100	11.6911158		0	50
	10	9.9999095	11.6900847	10311	50	
	20	9.9999091	11.6890541	10286	40	
	30	9.9999087	11.6880219	10263	30	
	40	9.9999083	11.6869981	10238	20	
	50	9.9999078	11.6859747	10213	10	
11	0	9.9999074	11.6849518	10190	0	49
	10	9.9999069	11.6839353	10186	50	
	20	9.9999065	11.6829197	10164	40	
	30	9.9999061	11.6819052	10141	30	
	40	9.9999056	11.6808915	10114	20	
	50	9.9999052	11.6798788	10091	10	
12	0	9.9999047	11.6788771	10067	0	48
	10	9.9999043	11.6778731	10044	50	
	20	9.9999039	11.6768711	10021	40	
	30	9.9999034	11.6758711	9998	30	
	40	9.9999030	11.6748474	9975	20	
	50	9.9999025	11.6738478	9953	10	
13	0	9.9999021	11.6728857	9931	0	47
	10	9.9999016	11.6718455	9908	50	
	20	9.9999012	11.6709056	9886	40	
	30	9.9999007	11.6699104	9861	30	
	40	9.9999003	11.6689364	9844	20	
	50	9.9998998	11.6679544	9821	10	
14	0	9.9998994	11.6669734	9799	0	46
	10	9.9998989	11.6659977	9774	50	
	20	9.9998985	11.6650226	9753	40	
	30	9.9998980	11.6640487	9731	30	
	40	9.9998976	11.6630782	9708	20	
	50	9.9998971	11.6621108	9688	10	
15	0	9.9998966	11.6611417	9669	0	45
	10	9.9998962	11.6601794	9643	50	
	20	9.9998957	11.6592172	9622	40	
	30	9.9998953	11.6582571	9601	30	
	40	9.9998948	11.6572991	9580	20	
	50	9.9998944	11.6563411	9558	10	
16	0	9.9998939	11.6553849	9538	0	44
	10	9.9998934	11.6544171	9516	50	
	20	9.9998929	11.6534858	9496	40	
	30	9.9998925	11.6525408	9475	30	
	40	9.9998920	11.6515051	9455	20	
	50	9.9998915	11.6506515	9434	10	
17	0	9.9998911	11.6497105	9414	0	43
	10	9.9998906	11.6487714	9393	50	
	20	9.9998901	11.6478336	9373	40	
	30	9.9998896	11.6468966	9353	30	
	40	9.9998891	11.6459633	9333	20	
	50	9.9998887	11.6450342	9313	10	
18	0	9.9998882	11.6441047	9293	0	42
	10	9.9998877	11.6431774	9273	50	
	20	9.9998872	11.6422521	9253	40	
	30	9.9998868	11.6413287	9234	30	
	40	9.9998863	11.6404073	9214	20	
	50	9.9998858	11.6394875	9194	10	
19	0	9.9998853	11.6385970	9176	0	41
	10	9.9998848	11.6376547	9156	50	
	20	9.9998843	11.6367411	9136	40	
	30	9.9998839	11.6358291	9118	30	
	40	9.9998834	11.6349195	9098	20	
	50	9.9998829	11.6340115	9080	10	
20	0	9.9998824	11.6331055	9060	0	40
′	″	Sinus.	Tang.	Diff.	″	′

88 Deg.

1 Deg.

′	″	Co-Sinus.	D.	Co-Tang.	Diff.	″	′
20	0	9.9998824		11.6331055		0	40
	10	9.9998819	5	11.6322015	9040	50	
	20	9.9998814	5	11.6312990	9025	40	
	30	9.9998809	5	11.6303982	9006	30	
	40	9.9998804	5	11.6295001	8985	20	
	50	9.9998799	5	11.6286033	8968	10	
21	0	9.9998794	5	11.6277083	8948	0	39
	10	9.9998789	5	11.6268155	8930	50	
	20	9.9998784	5	11.6259243	8912	40	
	30	9.9998779	5	11.6250146	8894	30	
	40	9.9998774	5	11.6241471	8876	20	
	50	9.9998769	5	11.6232610	8857	10	
22	0	9.9998764	5	11.6223777	8835	0	38
	10	9.9998759	5	11.6214959	8814	50	
	20	9.9998754	5	11.6206151	8804	40	
	30	9.9998749	5	11.6197366	8785	30	
	40	9.9998744	5	11.6188597	8769	20	
	50	9.9998739	5	11.6179847	8750	10	
23	0	9.9998734	5	11.6171114	8733	0	37
	10	9.9998729	5	11.6162396	8719	50	
	20	9.9998724	5	11.6153701	8698	40	
	30	9.9998719	5	11.6145020	8681	30	
	40	9.9998714	5	11.6136357	8663	20	
	50	9.9998709	5	11.6127710	8647	10	
24	0	9.9998703	6	11.6119081	8628	0	36
	10	9.9998698	5	11.6110470	8611	50	
	20	9.9998693	5	11.6101875	8595	40	
	30	9.9998688	5	11.6093297	8578	30	
	40	9.9998683	5	11.6084736	8561	20	
	50	9.9998678	5	11.6076192	8544	10	
25	0	9.9998672	6	11.6067666	8526	0	35
	10	9.9998667	5	11.6059154	8510	50	
	20	9.9998662	5	11.6050660	8494	40	
	30	9.9998657	5	11.6042182	8478	30	
	40	9.9998651	6	11.6033721	8461	20	
	50	9.9998646	5	11.6025276	8445	10	
26	0	9.9998641	5	11.6016848	8428	0	34
	10	9.9998636	5	11.6008436	8412	50	
	20	9.9998630	6	11.6000040	8396	40	
	30	9.9998625	5	11.5991660	8380	30	
	40	9.9998620	5	11.5983296	8365	20	
	50	9.9998614	6	11.5974930	8348	10	
27	0	9.9998609	5	11.5966619	8331	0	33
	10	9.9998604	5	11.5958304	8315	50	
	20	9.9998598	6	11.5950004	8300	40	
	30	9.9998593	5	11.5941720	8284	30	
	40	9.9998588	5	11.5933451	8269	20	
	50	9.9998582	6	11.5925196	8254	10	
28	0	9.9998577	5	11.5916961	8237	0	32
	10	9.9998572	5	11.5908744	8221	50	
	20	9.9998566	6	11.5900537	8207	40	
	30	9.9998561	5	11.5892347	8190	30	
	40	9.9998555	6	11.5884172	8175	20	
	50	9.9998550	5	11.5876013	8160	10	
29	0	9.9998544	6	11.5867869	8144	0	31
	10	9.9998539	5	11.5859739	8129	50	
	20	9.9998533	6	11.5851626	8113	40	
	30	9.9998528	5	11.5843517	8099	30	
	40	9.9998523	5	11.5835444	8085	20	
	50	9.9998517	6	11.5827375	8069	10	
30	0	9.9998512	5	11.5819321	8054	0	30
′	″	Sinus.	D.	Tang.	Diff.	″	′

88 Deg.

1 Deg.							
'	"	Co-Sinus.	D.	Co-Tang.	Diff.	"	'
30	0	9.9998414		11.5819311		0	30
	10	9.99985[illegible]	6	11.5811128	8038	50	
	20	9.9998[illegible]	6	11.5803159	8064	40	
	30	9.9998[illegible]	5	11.5795056		30	
	40	9.9998[illegible]	6	11.5787359	7995	20	
	50	9.9998[illegible]	5	11.5779579	7969	10	
31	0	9.99984[illegible]	6	11.5771310		0	29
	10	9.9998475	6	11.5763[illegible]	7930	50	
	20	9.9998467	6	11.5755414	7918	40	
	30	9.9998461		11.5747501		30	
	40	9.99984[illegible]	5	11.5739594	7907	20	
	50	9.9998450	6	11.5731701	[illegible]	10	
32	0	9.9998445	5	11.5723[illegible]		0	28
	10	9.99984[illegible]	6	11.571[illegible]	[illegible]	50	
	20	9.99984[illegible]	6	11.57[illegible]	[illegible]	40	
	30	9.99984[illegible]	5	11.57001[illegible]		30	
	40	9.9998422	6	11.5692[illegible]	[illegible]	20	
	50	9.9998416	6	11.568[illegible]	[illegible]	10	
33	0	9.9998411	5	11.5676[illegible]		0	27
	10	[illegible]	6	[illegible]	[illegible]	50	
	20	[illegible]	6	[illegible]	[illegible]	40	
	30	[illegible]	6	[illegible]	[illegible]	30	
	40	[illegible]	5	[illegible]	[illegible]	20	
	50	[illegible]	6	[illegible]	[illegible]	10	
34	0	[illegible]	6	[illegible]	[illegible]	0	26
	10	[illegible]	6	[illegible]	[illegible]	50	
	20	[illegible]	5	[illegible]	[illegible]	40	
	30	[illegible]	6	[illegible]	[illegible]	30	
	40	[illegible]	6	[illegible]	[illegible]	20	
	50	[illegible]	6	[illegible]	[illegible]	10	
35	0	[illegible]	5	[illegible]	[illegible]	0	25
	10	[illegible]	6	[illegible]	[illegible]	50	
	20	[illegible]	6	[illegible]	[illegible]	40	
	30	[illegible]	6	[illegible]	[illegible]	30	
	40	[illegible]	6	[illegible]	[illegible]	20	
	50	[illegible]	6	[illegible]	[illegible]	10	
36	0	[illegible]	5	[illegible]	[illegible]	0	24
	10	[illegible]	6	[illegible]	[illegible]	50	
	20	[illegible]	6	[illegible]	[illegible]	40	
	30	[illegible]	6	[illegible]	[illegible]	30	
	40	[illegible]	6	[illegible]	[illegible]	20	
	50	[illegible]	6	[illegible]	[illegible]	10	
37	0	[illegible]	6	[illegible]	[illegible]	0	23
	10	[illegible]	6	[illegible]	[illegible]	50	
	20	[illegible]	6	[illegible]	[illegible]	40	
	30	[illegible]	6	[illegible]	[illegible]	30	
	40	[illegible]	6	[illegible]	[illegible]	20	
	50	[illegible]	6	[illegible]	[illegible]	10	
38	0	[illegible]	6	11.5449[illegible]	[illegible]	0	22
	10	[illegible]	6	[illegible]	[illegible]	50	
	20	[illegible]	6	[illegible]	[illegible]	40	
	30	[illegible]	6	[illegible]	[illegible]	30	
	40	[illegible]	6	[illegible]	[illegible]	20	
	50	[illegible]	6	[illegible]	[illegible]	10	
39	0	[illegible]	6	[illegible]	[illegible]	0	21
	10	[illegible]	6	[illegible]	[illegible]	50	
	20	[illegible]	6	[illegible]	[illegible]	40	
	30	[illegible]	6	[illegible]	[illegible]	30	
	40	[illegible]	7	[illegible]	[illegible]	20	
	50	[illegible]	6	[illegible]	[illegible]	10	
40	0	9.9998[illegible]		11.5361314		0	20
'	"	Sinus.	D.	Tang.	Diff.	"	'

88 Deg.

1 Deg.							
'	"	Co-Sinus.	D.	Co-Tang.	Diff.	"	'
40	0	9.9998[illegible]		11.5361314		0	20
	10	[illegible]	6	11.5354177	[illegible]	50	
	20	[illegible]	6	11.5347051	[illegible]	40	
	30	[illegible]	6	11.5339[illegible]	[illegible]	30	
	40	[illegible]	6	[illegible]	[illegible]	20	
	50	[illegible]	6	[illegible]	[illegible]	10	
41	0	[illegible]	7	[illegible]	[illegible]	0	19
	10	[illegible]	6	[illegible]	[illegible]	50	
	20	[illegible]	6	[illegible]	[illegible]	40	
	30	[illegible]	6	[illegible]	[illegible]	30	
	40	[illegible]	6	[illegible]	[illegible]	20	
	50	[illegible]	6	[illegible]	[illegible]	10	
42	0	[illegible]	6	[illegible]	[illegible]	0	18
	10	[illegible]	6	[illegible]	[illegible]	50	
	20	[illegible]	6	[illegible]	[illegible]	40	
	30	[illegible]	7	[illegible]	[illegible]	30	
	40	[illegible]	6	[illegible]	[illegible]	20	
	50	[illegible]	6	[illegible]	[illegible]	10	
43	0	[illegible]	7	[illegible]	[illegible]	0	17
	10	[illegible]	6	[illegible]	[illegible]	50	
	20	[illegible]	6	[illegible]	[illegible]	40	
	30	[illegible]	7	[illegible]	[illegible]	30	
	40	[illegible]	6	[illegible]	[illegible]	20	
	50	[illegible]	6	[illegible]	[illegible]	10	
44	0	[illegible]	7	[illegible]	[illegible]	0	16
	10	[illegible]	6	[illegible]	[illegible]	50	
	20	[illegible]	6	[illegible]	[illegible]	40	
	30	[illegible]	7	[illegible]	[illegible]	30	
	40	[illegible]	6	[illegible]	[illegible]	20	
	50	[illegible]	7	[illegible]	[illegible]	10	
45	0	[illegible]	6	[illegible]	[illegible]	0	15
	10	[illegible]	7	[illegible]	[illegible]	50	
	20	[illegible]	6	[illegible]	[illegible]	40	
	30	[illegible]	7	[illegible]	[illegible]	30	
	40	[illegible]	6	[illegible]	[illegible]	20	
	50	[illegible]	7	[illegible]	[illegible]	10	
46	0	[illegible]	6	[illegible]	[illegible]	0	14
	10	[illegible]	7	[illegible]	[illegible]	50	
	20	[illegible]	6	[illegible]	[illegible]	40	
	30	[illegible]	7	[illegible]	[illegible]	30	
	40	[illegible]	7	[illegible]	[illegible]	20	
	50	[illegible]	6	[illegible]	[illegible]	10	
47	0	[illegible]	7	[illegible]	[illegible]	0	13
	10	[illegible]	6	[illegible]	[illegible]	50	
	20	[illegible]	7	[illegible]	[illegible]	40	
	30	[illegible]	7	[illegible]	[illegible]	30	
	40	[illegible]	6	[illegible]	[illegible]	20	
	50	[illegible]	7	[illegible]	[illegible]	10	
48	0	[illegible]	6	[illegible]	[illegible]	0	12
	10	[illegible]	7	[illegible]	[illegible]	50	
	20	[illegible]	6	[illegible]	[illegible]	40	
	30	[illegible]	7	[illegible]	[illegible]	30	
	40	[illegible]	7	[illegible]	[illegible]	20	
	50	[illegible]	6	[illegible]	[illegible]	10	
49	0	[illegible]	7	[illegible]	[illegible]	0	11
	10	[illegible]	7	[illegible]	[illegible]	50	
	20	[illegible]	6	[illegible]	[illegible]	40	
	30	[illegible]	7	[illegible]	[illegible]	30	
	40	[illegible]	7	[illegible]	[illegible]	20	
	50	[illegible]	7	11.4953919	[illegible]	10	
50	0	9.9997776		11.4947319		0	10
'	"	Sinus.	D.	Tang.	Diff.	"	'

88 Deg.

M

1 Deg.							
'	"	Co-Sinus.	D.	Co-Tang.	Diff.	"	'
50	0	9.9997776		11.4947319		0	10
	10	9.9997770	6	11.4940754	[illegible]	50	
	20	9.9997763	7	11.4934[illegible]	[illegible]	40	
	30	9.9997757	7	11.4927610	[illegible]	30	
	40	9.99977[illegible]	6	11.4921074	[illegible]	20	
	50	9.99977[illegible]	7	11.4914530	[illegible]	10	
51	0	9.99977[illegible]	7	[illegible]	[illegible]	0	9
	10	[illegible]	7	[illegible]	[illegible]	50	
	20	[illegible]	7	[illegible]	[illegible]	40	
	30	[illegible]	7	[illegible]	[illegible]	30	
	40	[illegible]	6	[illegible]	[illegible]	20	
	50	[illegible]	7	[illegible]	[illegible]	10	
52	0	[illegible]	7	[illegible]	[illegible]	0	8
	10	[illegible]	7	[illegible]	[illegible]	50	
	20	[illegible]	6	[illegible]	[illegible]	40	
	30	[illegible]	7	[illegible]	[illegible]	30	
	40	[illegible]	7	[illegible]	[illegible]	20	
	50	[illegible]	7	[illegible]	[illegible]	10	
53	0	[illegible]	7	[illegible]	[illegible]	0	7
	10	[illegible]	7	[illegible]	[illegible]	50	
	20	[illegible]	6	[illegible]	[illegible]	40	
	30	[illegible]	7	[illegible]	[illegible]	30	
	40	[illegible]	7	[illegible]	[illegible]	20	
	50	[illegible]	7	[illegible]	[illegible]	10	
54	0	[illegible]	7	[illegible]	[illegible]	0	6
	10	[illegible]	7	[illegible]	[illegible]	50	
	20	[illegible]	7	[illegible]	[illegible]	40	
	30	[illegible]	7	[illegible]	[illegible]	30	
	40	[illegible]	7	[illegible]	[illegible]	20	
	50	[illegible]	7	[illegible]	[illegible]	10	
55	0	[illegible]	7	[illegible]	[illegible]	0	5
	10	[illegible]	8	[illegible]	[illegible]	50	
	20	[illegible]	7	[illegible]	[illegible]	40	
	30	[illegible]	7	[illegible]	[illegible]	30	
	40	[illegible]	7	[illegible]	[illegible]	20	
	50	[illegible]	7	[illegible]	[illegible]	10	
56	0	[illegible]	7	[illegible]	[illegible]	0	4
	10	[illegible]	7	[illegible]	[illegible]	50	
	20	[illegible]	7	[illegible]	[illegible]	40	
	30	[illegible]	7	[illegible]	[illegible]	30	
	40	[illegible]	8	[illegible]	[illegible]	20	
	50	[illegible]	7	[illegible]	[illegible]	10	
57	0	[illegible]	7	[illegible]	[illegible]	0	3
	10	[illegible]	7	[illegible]	[illegible]	50	
	20	[illegible]	7	[illegible]	[illegible]	40	
	30	[illegible]	7	[illegible]	[illegible]	30	
	40	[illegible]	8	[illegible]	[illegible]	20	
	50	[illegible]	7	[illegible]	[illegible]	10	
58	0	[illegible]	7	[illegible]	[illegible]	0	2
	10	[illegible]	7	[illegible]	[illegible]	50	
	20	[illegible]	7	[illegible]	[illegible]	40	
	30	[illegible]	8	[illegible]	[illegible]	30	
	40	[illegible]	7	[illegible]	[illegible]	20	
	50	[illegible]	7	[illegible]	[illegible]	10	
59	0	[illegible]	8	[illegible]	[illegible]	0	1
	10	[illegible]	7	[illegible]	[illegible]	50	
	20	[illegible]	7	[illegible]	[illegible]	40	
	30	[illegible]	8	[illegible]	[illegible]	30	
	40	[illegible]	7	[illegible]	[illegible]	20	
	50	[illegible]	7	[illegible]	[illegible]	10	
60	0	9.9997154		11.4569161		0	0
'	"	Sinus.	D.	Tang.	Diff.	"	'

88 Deg.

2 Deg.

′	″	Co-Sinus.	D.	Co-Tang.	Diff.	″	′
0	0	9.9997354		11.4569162		0	60
	10	9.9997346	8	11.4563129	6033	50	
	20	9.9997339	7	11.4557109	6020	40	
	30	9.9997331	8	11.4551089	6016	30	
	40	9.9997324	7	11.4545081	6007	20	
	50	9.9997317	7	11.4539082	6000	10	
1	0	9.9997309	8	11.4533091	5991	0	59
	10	9.9997302	7	11.4527108	5983	50	
	20	9.9997294	8	11.4521114	5974	40	
	30	9.9997287	7	11.4515167	5967	30	
	40	9.9997280	7	11.4509209	5958	20	
	50	9.9997272	8	11.4503259	5950	10	
2	0	9.9997265	7	11.4497317	5942	0	58
	10	9.9997257	8	11.4491385	5932	50	
	20	9.9997250	7	11.4485457	5928	40	
	30	9.9997242	8	11.4479535	5922	30	
	40	9.9997235	7	11.4473620	5915	20	
	50	9.9997227	8	11.4467711	5909	10	
3	0	9.9997220	7	11.4461814	5897	0	57
	10	9.9997212	8	11.44559[illegible]	[illegible]	50	
	20	9.9997204	8	11.4450071	[illegible]	40	
	30	9.9997197	7	11.4444100	[illegible]	30	
	40	9.9997189	8	11.4438[illegible]	[illegible]	20	
	50	9.9997181	8	11.4432[illegible]	[illegible]	10	
4	0	9.9997174	7	11.4426613	[illegible]	0	56
	10	9.9997167	7	11.4420792	5839	50	
	20	9.9997159	8	11.4414969	5823	40	
	30	9.9997151	8	11.4409140	5829	30	
	40	9.9997144	7	11.4403331	5819	20	
	50	9.9997136	8	11.4397514	5807	10	
5	0	9.9997129	7	11.4391724	5800	0	55
	10	9.9997121	8	11.4385913	5792	50	
	20	9.9997113	8	11.4380140	5786	40	
	30	9.9997106	7	11.4374375	5776	30	
	40	9.9997098	8	11.4368605	5769	20	
	50	9.9997090	8	11.4362843	5761	10	
6	0	9.9997082	8	11.4357089	5754	0	54
	10	9.9997075	7	11.4351344	5745	50	
	20	9.9997067	8	11.4345606	5738	40	
	30	9.9997059	8	11.4339871	5733	30	
	40	9.9997051	8	11.4334147	5724	20	
	50	9.9997044	7	11.4328431	5716	10	
7	0	9.9997036	8	11.4322725	5706	0	53
	10	9.9997028	8	11.4317024	5701	50	
	20	9.9997020	8	11.4311331	5693	40	
	30	9.9997012	8	11.4305645	5686	30	
	40	9.9997005	7	11.4299966	5679	20	
	50	9.9996997	8	11.4294295	5671	10	
8	0	9.9996989	8	11.4288632	5663	0	52
	10	9.9996981	8	11.4282975	5657	50	
	20	9.9996973	8	11.4277326	5649	40	
	30	9.9996965	8	11.4271684	5642	30	
	40	9.9996957	8	11.4266050	5634	20	
	50	9.9996950	7	11.4260423	5627	10	
9	0	9.9996942	8	11.4254803	5620	0	51
	10	9.9996934	8	11.4249190	5613	50	
	20	9.9996926	8	11.4243584	5606	40	
	30	9.9996918	8	11.4237986	5598	30	
	40	9.9996910	8	11.4232395	5591	20	
	50	9.9996902	8	11.4226811	5584	10	
10	0	9.9996894	8	11.4221234	5577	0	50
′	″	Sinus.	D.	Tang.	Diff.	″	′

87 Deg.

2 Deg.

′	″	Co-Sinus.	D.	Co-Tang.	Diff.	″	′
10	0	9.9996894		11.4221234		0	50
	10	9.9996886	8	11.4215669	5569	50	
	20	9.9996878	8	11.4210102	5563	40	
	30	9.9996870	8	11.4204547	5555	30	
	40	9.9996862	8	11.4198999	5548	20	
	50	9.9996854	8	11.4193457	5542	10	
11	0	9.9996846	8	11.4187921	5534	0	49
	10	9.9996838	8	11.4182396	5527	50	
	20	9.9996830	8	11.4176882	5520	40	
	30	9.9996822	8	11.4171368	5514	30	
	40	9.9996814	8	11.4165858	5506	20	
	50	9.9996806	8	11.4160357	5499	10	
12	0	9.9996798	8	11.4154864	5493	0	48
	10	9.9996790	8	11.4149379	5485	50	
	20	9.9996782	8	11.4143904	5475	40	
	30	9.9996773	9	11.4138434	5471	30	
	40	9.9996765	8	11.4132964	5462	20	
	50	9.9996757	8	11.4127500	5458	10	
13	0	9.9996749	8	11.4122059	5451	0	47
	10	9.9996741	8	11.4116611	5444	50	
	20	9.9996733	8	11.4111173	5438	40	
	30	9.9996724	9	11.4105741	5431	30	
	40	9.9996716	8	11.4100318	5423	20	
	50	9.9996708	8	11.4094901	5417	10	
14	0	9.9996700	8	11.4089491	5410	0	46
	10	9.9996691	9	11.4084087	5404	50	
	20	9.9996683	8	11.4078690	5397	40	
	30	9.9996675	8	11.4073296	5391	30	
	40	9.9996666	9	11.4067911	5385	20	
	50	9.9996658	8	11.4062537	5377	10	
15	0	9.9996650	8	11.4057160	5370	0	45
	10	9.9996641	9	11.4051804	5364	50	
	20	9.9996634	8	11.4046447	5357	40	
	30	9.9996626	8	11.4041096	5351	30	
	40	9.9996617	9	11.4035754	5344	20	
	50	9.9996609	8	11.4030416	5337	10	
16	0	9.9996601	8	11.4025083	5331	0	44
	10	9.9996592	9	11.4019759	5324	50	
	20	9.9996584	8	11.4014441	5318	40	
	30	9.9996575	9	11.4009125	5312	30	
	40	9.9996567	8	11.4003814	5309	20	
	50	9.9996559	8	11.3998524	5292	10	
17	0	9.9996550	9	11.3993193	5298	0	43
	10	9.9996542	8	11.3987947	5286	50	
	20	9.9996534	8	11.3982662	5279	40	
	30	9.9996525	9	11.3977394	5273	30	
	40	9.9996517	8	11.3972128	5267	20	
	50	9.9996508	9	11.3966866	5260	10	
18	0	9.9996500	8	11.3961614	5254	0	42
	10	9.9996491	9	11.3956367	5247	50	
	20	9.9996483	8	11.3951145	5248	40	
	30	9.9996474	9	11.3945890	5235	30	
	40	9.9996466	8	11.3940686	5228	20	
	50	9.9996457	9	11.3935459	5222	10	
19	0	9.9996449	8	11.3930227	5216	0	41
	10	9.9996440	9	11.3925015	5210	50	
	20	9.9996431	9	11.3919811	5203	40	
	30	9.9996423	8	11.3914610	5198	30	
	40	9.9996415	8	11.3909441	5191	20	
	50	9.9996406	9	11.3904236	5185	10	
20	0	9.9996398	8	11.3899057	5179	0	40
′	″	Sinus.	D.	Tang.	Diff.	″	′

87 Deg.

2 Deg.

′	″	Co-Sinus.	D.	Co-Tang.	Diff.	″	′
20	0	9.9996398		11.3899057		0	40
	10	9.9996389	9	11.3893884	5173	50	
	20	9.9996380	9	11.3888717	5167	40	
	30	9.9996371	9	11.3883557	5160	30	
	40	9.9996363	8	11.3878402	5155	20	
	50	9.9996355	8	11.3873254	5148	10	
21	0	9.9996346	9	11.3868111	5143	0	39
	10	9.9996337	9	11.3862975	5136	50	
	20	9.9996329	8	11.3857845	5130	40	
	30	9.9996320	9	11.3852721	5124	30	
	40	9.9996311	9	11.3847606	5118	20	
	50	9.9996303	8	11.3842491	5111	10	
22	0	9.9996294	9	11.3837384	5107	0	38
	10	9.9996285	9	11.3832284	5100	50	
	20	9.9996277	8	11.3827190	5094	40	
	30	9.9996268	9	11.3822102	5088	30	
	40	9.9996259	9	11.3817015	5083	20	
	50	9.9996251	8	11.3811941	5076	10	
23	0	9.9996241	9	11.3806875	5070	0	37
	10	9.9996233	9	11.3801808	5065	50	
	20	9.9996224	9	11.3796740	5059	40	
	30	9.9996215	9	11.3791696	5053	30	
	40	9.9996206	9	11.3786640	5047	20	
	50	9.9996198	8	11.3781608	5041	10	
24	0	9.9996189	9	11.3776575	5033	0	36
	10	9.9996180	9	11.3771545	5030	50	
	20	9.9996171	9	11.3766520	5023	40	
	30	9.9996162	9	11.3761500	5018	30	
	40	9.9996153	9	11.3756484	5013	20	
	50	9.9996145	8	11.3751484	5007	10	
25	0	9.9996136	9	11.3746484	5001	0	35
	10	9.9996127	9	11.3741487	4995	50	
	20	9.9996118	9	11.3736498	4990	40	
	30	9.9996109	9	11.3731519	4981	30	
	40	9.9996100	9	11.3726517	4978	20	
	50	9.9996091	9	11.3721560	4972	10	
26	0	9.9996082	9	11.3716594	4968	0	34
	10	9.9996073	9	11.3711617	4961	50	
	20	9.9996064	9	11.3706681	4956	40	
	30	9.9996055	9	11.3701713	4951	30	
	40	9.9996046	9	11.3696789	4945	20	
	50	9.9996037	9	11.3691850	4939	10	
27	0	9.9996028	9	11.3686917	4933	0	33
	10	9.9996019	9	11.3681990	4927	50	
	20	9.9996010	9	11.3677069	4921	40	
	30	9.9996001	9	11.3672153	4916	30	
	40	9.9995992	9	11.3667241	4909	20	
	50	9.9995983	9	11.3662337	4905	10	
28	0	9.9995974	9	11.3657437	4900	0	32
	10	9.9995965	9	11.3652543	4894	50	
	20	9.9995956	9	11.3647655	4888	40	
	30	9.9995947	9	11.3642772	4878	30	
	40	9.9995938	9	11.3637894	4877	20	
	50	9.9995929	9	11.3633022	4867	10	
29	0	9.9995919	10	11.3628155	4867	0	31
	10	9.9995910	9	11.3623294	4861	50	
	20	9.9995901	9	11.3618438	4856	40	
	30	9.9995894	9	11.3613588	4850	30	
	40	9.9995883	9	11.3608742	4845	20	
	50	9.9995874	9	11.3603905	4814	10	
30	0	9.9995865	9	11.3599069	4835	0	30
′	″	Sinus.	D.	Tang.	Diff.	″	′

87 Deg.

2 Deg.

'	"	Co-Sinus.	D.	Co-Tang.	Diff.	"	'
30	0	9.9995865		11.3599065		0	30
	10	9.9995855	10	11.3594240	4825	50	
	20	9.9995846	9	11.3589416	4824	40	
	30	9.9995837	9	11.3584598	4818	30	
	40	9.9995828	9	11.3579785	4813	20	
	50	9.9995818	10	11.3574977	4808	10	
31	0	9.9995809	9	11.3570174	4803	0	29
	10	9.9995800	9	11.3565376	4797	50	
	20	9.9995791	9	11.3560586	4792	40	
	30	9.9995781	10	11.3555800	4786	30	
	40	9.9995772	9	11.3551018	4782	20	
	50	9.9995763	9	11.3546241	4776	10	
32	0	9.9995753	10	11.3541471	4770	0	28
	10	9.9995744	9	11.3536706	4766	50	
	20	9.9995735	9	11.3531946	4760	40	
	30	9.9995726	10	11.3527190	4756	30	
	40	9.9995716	9	11.3522440	4750	20	
	50	9.9995707	9	11.3517695	4745	10	
33	0	9.9995697	10	11.3512956	4739	0	27
	10	9.9995688	9	11.3508221	4735	50	
	20	9.9995679	9	11.3503492	4729	40	
	30	9.9995669	10	11.3498767	4725	30	
	40	9.9995660	9	11.3494048	4719	20	
	50	9.9995651	10	11.3489334	4714	10	
34	0	9.9995641	9	11.3484625	4709	0	26
	10	9.9995631	10	11.3479921	4704	50	
	20	9.9995622	9	11.3475222	4699	40	
	30	9.9995613	9	11.3470529	4694	30	
	40	9.9995603	10	11.3465840	4689	20	
	50	9.9995594	9	11.3461156	4684	10	
35	0	9.9995584	10	11.3456478	4678	0	25
	10	9.9995575	9	11.3451804	4674	50	
	20	9.9995565	10	11.3447135	4669	40	
	30	9.9995556	9	11.3442472	4663	30	
	40	9.9995546	10	11.3437813	4659	20	
	50	9.9995536	10	11.3433159	4654	10	
36	0	9.9995527	9	11.3428510	4649	0	24
	10	9.9995517	10	11.3423865	4645	50	
	20	9.9995508	9	11.3419226	4639	40	
	30	9.9995498	10	11.3414592	4634	30	
	40	9.9995489	9	11.3409963	4629	20	
	50	9.9995479	10	11.3405341	4622	10	
37	0	9.9995469	10	11.3400721	4620	0	23
	10	9.9995460	9	11.3396107	4614	50	
	20	9.9995452	10	11.3391498	4609	40	
	30	9.9995442	10	11.3386893	4605	30	
	40	9.9995432	10	11.3382291	4602	20	
	50	9.9995421	10	11.3377697	4594	10	
38	0	9.9995411	10	11.3373107	4590	0	22
	10	9.9995402	9	11.3368522	4586	50	
	20	9.9995392	10	11.3363942	4580	40	
	30	9.9995382	10	11.3359367	4576	30	
	40	9.9995373	9	11.3354797	4570	20	
	50	9.9995363	10	11.3350230	4567	10	
39	0	9.9995353	10	11.3345669	4561	0	21
	10	9.9995343	10	11.3341113	4556	50	
	20	9.9995334	9	11.3336561	4551	40	
	30	9.9995324	10	11.3332014	4548	30	
	40	9.9995314	10	11.3327473	4541	20	
	50	9.9995304	10	11.3322934	4539	10	
40	0	9.9995295	9	11.3318400	4534	0	20
'	"	Sinus.	D.	Tang.	Diff.	"	'

87 Deg.

2 Deg.

'	"	Co-Sinus.	D.	Co-Tang.	Diff.	"	'
40	0	9.9995295		11.3318400		0	20
	10	9.9995285	10	11.3313871	4529	50	
	20	9.9995275	10	11.3309350	4521	40	
	30	9.9995265	10	11.3304831	4519	30	
	40	9.9995255	10	11.3300317	4514	20	
	50	9.9995245	10	11.3295808	4509	10	
41	0	9.9995236	9	11.3291303	4505	0	19
	10	9.9995226	10	11.3286803	4500	50	
	20	9.9995216	10	11.3282307	4496	40	
	30	9.9995206	10	11.3277817	4490	30	
	40	9.9995196	10	11.3273331	4486	20	
	50	9.9995186	10	11.3268849	4482	10	
42	0	9.9995176	10	11.3264372	4477	0	18
	10	9.9995166	10	11.3259900	4472	50	
	20	9.9995156	10	11.3255432	4468	40	
	30	9.9995146	10	11.3250969	4463	30	
	40	9.9995136	10	11.3246510	4459	20	
	50	9.9995126	10	11.3242056	4454	10	
43	0	9.9995116	10	11.3237607	4449	0	17
	10	9.9995106	10	11.3233161	4446	50	
	20	9.9995096	10	11.3228721	4440	40	
	30	9.9995086	10	11.3224285	4436	30	
	40	9.9995076	10	11.3219853	4432	20	
	50	9.9995066	10	11.3215427	4426	10	
44	0	9.9995056	10	11.3211004	4423	0	16
	10	9.9995046	10	11.3206586	4418	50	
	20	9.9995036	10	11.3202172	4414	40	
	30	9.9995026	10	11.3197763	4409	30	
	40	9.9995016	10	11.3193359	4404	20	
	50	9.9995006	10	11.3188958	4401	10	
45	0	9.9994996	10	11.3184560	4399	0	15
	10	9.9994986	10	11.3180171	4394	50	
	20	9.9994975	11	11.3175784	4387	40	
	30	9.9994965	10	11.3171401	4383	30	
	40	9.9994955	10	11.3167024	4378	20	
	50	9.9994945	10	11.3162650	4374	10	
46	0	9.9994935	10	11.3158281	4369	0	14
	10	9.9994924	11	11.3153916	4366	50	
	20	9.9994914	10	11.3149555	4361	40	
	30	9.9994904	10	11.3145199	4356	30	
	40	9.9994894	10	11.3140847	4352	20	
	50	9.9994884	10	11.3136499	4348	10	
47	0	9.9994874	10	11.3132156	4342	0	13
	10	9.9994863	11	11.3127817	4339	50	
	20	9.9994853	10	11.3123482	4335	40	
	30	9.9994843	10	11.3119152	4330	30	
	40	9.9994833	10	11.3114826	4326	20	
	50	9.9994822	11	11.3110504	4322	10	
48	0	9.9994812	10	11.3106187	4317	0	12
	10	9.9994801	11	11.3101874	4313	50	
	20	9.9994791	10	11.3097565	4309	40	
	30	9.9994781	10	11.3093260	4305	30	
	40	9.9994771	10	11.3088959	4301	20	
	50	9.9994760	11	11.3084662	4296	10	
49	0	9.9994750	10	11.3080371	4292	0	11
	10	9.9994740	10	11.3076083	4288	50	
	20	9.9994729	11	11.3071800	4283	40	
	30	9.9994719	10	11.3067521	4279	30	
	40	9.9994709	10	11.3063245	4276	20	
	50	9.9994698	11	11.3058974	4271	10	
50	0	9.9994688	10	11.3054708	4266	0	10
'	"	Sinus.	D.	Tang.	Diff.	"	'

87 Deg.

2 Deg.

'	"	Co-Sinus.	D.	Co-Tang.	Diff.	"	'
50	0	9.9994688		11.3054708		0	10
	10	9.9994677	11	11.3050445	4263	50	
	20	9.9994667	10	11.3046186	4259	40	
	30	9.9994656	11	11.3041932	4254	30	
	40	9.9994646	10	11.3037682	4250	20	
	50	9.9994635	11	11.3033436	4246	10	
51	0	9.9994624	11	11.3029194	4242	0	9
	10	9.9994614	10	11.3024956	4238	50	
	20	9.9994603	11	11.3020721	4235	40	
	30	9.9994593	10	11.3016491	4230	30	
	40	9.9994582	11	11.3012265	4226	20	
	50	9.9994571	11	11.3008043	4222	10	
52	0	9.9994561	10	11.3003824	4218	0	8
	10	9.9994551	10	11.2999610	4213	50	
	20	9.9994541	10	11.2995400	4209	40	
	30	9.9994530	11	11.2991195	4205	30	
	40	9.9994519	11	11.2987000	4201	20	
	50	9.9994508	11	11.2982803	4197	10	
53	0	9.9994497	11	11.2978610	4193	0	7
	10	9.9994486	11	11.2974421	4189	50	
	20	9.9994477	11	11.2970235	4186	40	
	30	9.9994467	10	11.2966054	4181	30	
	40	9.9994456	11	11.2961878	4176	20	
	50	9.9994445	11	11.2957705	4173	10	
54	0	9.9994435	10	11.2953535	4170	0	6
	10	9.9994424	11	11.2949370	4165	50	
	20	9.9994413	11	11.2945209	4161	40	
	30	9.9994402	11	11.2941052	4157	30	
	40	9.9994391	11	11.2936899	4153	20	
	50	9.9994380	11	11.2932750	4149	10	
55	0	9.9994370	10	11.2928605	4145	0	5
	10	9.9994360	10	11.2924464	4141	50	
	20	9.9994349	11	11.2920326	4137	40	
	30	9.9994338	11	11.2916192	4134	30	
	40	9.9994328	10	11.2912062	4130	20	
	50	9.9994317	11	11.2907937	4125	10	
56	0	9.9994306	11	11.2903815	4122	0	4
	10	9.9994295	11	11.2899698	4117	50	
	20	9.9994285	10	11.2895584	4114	40	
	30	9.9994274	11	11.2891473	4111	30	
	40	9.9994263	11	11.2887367	4106	20	
	50	9.9994252	11	11.2883265	4102	10	
57	0	9.9994241	11	11.2879166	4099	0	3
	10	9.9994230	11	11.2875071	4095	50	
	20	9.9994219	11	11.2870981	4090	40	
	30	9.9994208	11	11.2866894	4087	30	
	40	9.9994197	11	11.2862810	4084	20	
	50	9.9994187	10	11.2858731	4079	10	
58	0	9.9994176	11	11.2854655	4076	0	2
	10	9.9994165	11	11.2850583	4072	50	
	20	9.9994154	11	11.2846515	4068	40	
	30	9.9994143	11	11.2842451	4064	30	
	40	9.9994132	11	11.2838391	4060	20	
	50	9.9994121	11	11.2834334	4057	10	
59	0	9.9994110	11	11.2830281	4053	0	1
	10	9.9994099	11	11.2826232	4049	50	
	20	9.9994088	11	11.2822185	4045	40	
	30	9.9994077	11	11.2818145	4041	30	
	40	9.9994066	11	11.2814107	4038	20	
	50	9.9994055	11	11.2810073	4034	10	
60	0	9.9994044	11	11.2806041	4031	0	0
'	"	Sinus.	D.	Tang.	Diff.	"	'

87 Deg.

′	″	Co-Sinus.	D.	Co-Tang.	Diff.	″	′
0	0	9.9994044		11.2806042		0	60
	10	9.9994033	11	11.2802016	4026	50	
	20	9.9994022	11	11.2797993	4023	40	
	30	9.9994011	11	11.2793971	4022	30	
	40	9.9994000	11	11.2789956	4015	20	
	50	9.9993989	11	11.2785946	4010	10	
1	0	9.9993978	11	11.2781937	4009	0	59
	10	9.9993967	11	11.2777933	4004	50	
	20	9.9993955	12	11.2773932	4001	40	
	30	9.9993944	11	11.2769935	3997	30	
	40	9.9993933	11	11.2765941	3994	20	
	50	9.9993922	11	11.2761951	3990	10	
2	0	9.9993911	11	11.2757965	3986	0	58
	10	9.9993900	11	11.2753984	3981	50	
	20	9.9993889	11	11.2750005	3979	40	
	30	9.9993877	12	11.2746031	3974	30	
	40	9.9993866	11	11.2742056	3975	20	
	50	9.9993855	11	11.2738088	3968	10	
3	0	9.9993844	11	11.2734123	3965	0	57
	10	9.9993833	11	11.2730162	3961	50	
	20	9.9993822	11	11.2726205	3957	40	
	30	9.9993810	12	11.2722251	3954	30	
	40	9.9993799	11	11.2718300	3951	20	
	50	9.9993788	11	11.2714354	3946	10	
4	0	9.9993776	12	11.2710411	3943	0	56
	10	9.9993765	11	11.2706471	3940	50	
	20	9.9993754	11	11.2702535	3936	40	
	30	9.9993742	12	11.2698601	3934	30	
	40	9.9993731	11	11.2694672	3929	20	
	50	9.9993720	11	11.2690746	3926	10	
5	0	9.9993708	12	11.2686824	3922	0	55
	10	9.9993697	11	11.2682906	3918	50	
	20	9.9993686	11	11.2678991	3915	40	
	30	9.9993674	12	11.2675080	3911	30	
	40	9.9993663	11	11.2671172	3908	20	
	50	9.9993652	11	11.2667270	3904	10	
6	0	9.9993640	12	11.2663369	3901	0	54
	10	9.9993629	11	11.2659471	3898	50	
	20	9.9993617	12	11.2655577	3894	40	
	30	9.9993606	11	11.2651687	3890	30	
	40	9.9993594	12	11.2647800	3887	20	
	50	9.9993583	11	11.2643916	3884	10	
7	0	9.9993572	11	11.2640036	3880	0	53
	10	9.9993560	12	11.2636160	3876	50	
	20	9.9993549	11	11.2632288	3872	40	
	30	9.9993537	12	11.2628419	3869	30	
	40	9.9993526	11	11.2624552	3867	20	
	50	9.9993514	12	11.2620689	3863	10	
8	0	9.9993502	12	11.2616830	3859	0	52
	10	9.9993491	11	11.2612974	3856	50	
	20	9.9993480	11	11.2609121	3853	40	
	30	9.9993468	12	11.2605272	3849	30	
	40	9.9993456	12	11.2601426	3846	20	
	50	9.9993445	11	11.2597583	3843	10	
9	0	9.9993433	12	11.2593744	3839	0	51
	10	9.9993421	12	11.2589908	3836	50	
	20	9.9993410	11	11.2586076	3832	40	
	30	9.9993398	12	11.2582244	3830	30	
	40	9.9993387	11	11.2578419	3826	20	
	50	9.9993375	12	11.2574597	3822	10	
10	0	9.9993364	11	11.2570778	3819	0	50
′	″	Sinus.	D.	Tang.	Diff.	″	′

′	″	Co-Sinus.	D.	Co-Tang.	Diff.	″	′
10	0	9.9993364		11.2570778		0	50
	10	9.9993352	12	11.2566962	3816	50	
	20	9.9993341	11	11.2563150	3812	40	
	30	9.9993329	12	11.2559341	3809	30	
	40	9.9993317	12	11.2555535	3806	20	
	50	9.9993306	11	11.2551733	3802	10	
11	0	9.9993294	12	11.2547935	3798	0	49
	10	9.9993282	12	11.2544137	3796	50	
	20	9.9993270	12	11.2540345	3792	40	
	30	9.9993258	12	11.2536556	3789	30	
	40	9.9993247	11	11.2532771	3785	20	
	50	9.9993235	12	11.2528988	3783	10	
12	0	9.9993223	12	11.2525208	3780	0	48
	10	9.9993211	12	11.2521431	3777	50	
	20	9.9993199	12	11.2517657	3774	40	
	30	9.9993188	11	11.2513886	3771	30	
	40	9.9993176	12	11.2510118	3768	20	
	50	9.9993164	12	11.2506354	3764	10	
13	0	9.9993152	12	11.2502592	3762	0	47
	10	9.9993140	12	11.2498834	3758	50	
	20	9.9993128	12	11.2495080	3754	40	
	30	9.9993117	11	11.2491329	3751	30	
	40	9.9993105	12	11.2487581	3748	20	
	50	9.9993093	12	11.2483837	3744	10	
14	0	9.9993081	12	11.2480096	3741	0	46
	10	9.9993069	12	11.2476358	3738	50	
	20	9.9993057	12	11.2472623	3735	40	
	30	9.9993045	12	11.2468900	3731	30	
	40	9.9993033	12	11.2465177	3728	20	
	50	9.9993021	12	11.2461455	3725	10	
15	0	9.9993010	11	11.2457730	3722	0	45
	10	9.9992998	12	11.2454011	3719	50	
	20	9.9992986	12	11.2450296	3714	40	
	30	9.9992974	12	11.2446582	3710	30	
	40	9.9992962	12	11.2442877	3706	20	
	50	9.9992950	12	11.2439171	3703	10	
16	0	9.9992938	12	11.2435468	3701	0	44
	10	9.9992926	12	11.2431767	3700	50	
	20	9.9992914	12	11.2428071	3697	40	
	30	9.9992901	13	11.2424378	3693	30	
	40	9.9992889	12	11.2420689	3690	20	
	50	9.9992877	12	11.2417003	3686	10	
17	0	9.9992865	12	11.2413319	3684	0	43
	10	9.9992853	12	11.2409638	3681	50	
	20	9.9992841	12	11.2405961	3677	40	
	30	9.9992829	12	11.2402286	3674	30	
	40	9.9992817	12	11.2398615	3671	20	
	50	9.9992805	12	11.2394947	3668	10	
18	0	9.9992793	12	11.2391281	3666	0	42
	10	9.9992780	13	11.2387619	3660	50	
	20	9.9992768	12	11.2383960	3659	40	
	30	9.9992756	12	11.2380305	3657	30	
	40	9.9992744	12	11.2376652	3653	20	
	50	9.9992732	12	11.2373001	3650	10	
19	0	9.9992720	12	11.2369355	3647	0	41
	10	9.9992707	13	11.2365712	3644	50	
	20	9.9992695	12	11.2362071	3640	40	
	30	9.9992683	12	11.2358433	3638	30	
	40	9.9992671	12	11.2354798	3636	20	
	50	9.9992658	13	11.2351164	3634	10	
20	0	9.9992646	12	11.2347535	3629	0	40
′	″	Sinus.	D.	Tang.	Diff.	″	′

′	″	Co-Sinus.	D.	Co-Tang.	Diff.	″	′
20	0	9.9992646		11.2347535		0	40
	10	9.9992634	12	11.2343919	3616	50	
	20	9.9992622	12	11.2340307	3612	40	
	30	9.9992609	13	11.2336697	3610	30	
	40	9.9992597	12	11.2333080	3617	20	
	50	9.9992585	12	11.2329466	3614	10	
21	0	9.9992574	11	11.2325855	3611	0	39
	10	9.9992562	12	11.2322248	3607	50	
	20	9.9992550	12	11.2318643	3605	40	
	30	9.9992538	12	11.2315011	3602	30	
	40	9.9992527	11	11.2311414	3597	20	
	50	9.9992515	12	11.2307816	3596	10	
22	0	9.9992503	12	11.2304223	3591	0	38
	10	9.9992490	13	11.2300635	3590	50	
	20	9.9992474	12	11.2297048	3587	40	
	30	9.9992461	13	11.2293461	3584	30	
	40	9.9992449	12	11.2289888	3581	20	
	50	9.9992436	13	11.2286301	3578	10	
23	0	9.9992424	12	11.2282726	3576	0	37
	10	9.9992411	13	11.2279154	3574	50	
	20	9.9992399	12	11.2275584	3570	40	
	30	9.9992386	13	11.2272018	3566	30	
	40	9.9992374	12	11.2268454	3564	20	
	50	9.9992361	13	11.2264893	3561	10	
24	0	9.9992349	12	11.2261335	3558	0	36
	10	9.9992336	13	11.2257780	3555	50	
	20	9.9992324	12	11.2254228	3552	40	
	30	9.9992311	13	11.2250679	3549	30	
	40	9.9992298	13	11.2247132	3547	20	
	50	9.9992286	12	11.2243588	3543	10	
25	0	9.9992274	12	11.2240047	3541	0	35
	10	9.9992261	13	11.2236510	3538	50	
	20	9.9992249	12	11.2232975	3535	40	
	30	9.9992236	13	11.2229441	3533	30	
	40	9.9992223	13	11.2225914	3529	20	
	50	9.9992211	12	11.2222388	3526	10	
26	0	9.9992198	13	11.2218866	3524	0	34
	10	9.9992185	13	11.2215345	3522	50	
	20	9.9992173	12	11.2211828	3518	40	
	30	9.9992160	13	11.2208314	3515	30	
	40	9.9992147	13	11.2204796	3512	20	
	50	9.9992135	12	11.2201286	3509	10	
27	0	9.9992122	13	11.2197782	3507	0	33
	10	9.9992109	13	11.2194278	3504	50	
	20	9.9992097	12	11.2190777	3501	40	
	30	9.9992084	13	11.2187279	3498	30	
	40	9.9992071	13	11.2183782	3494	20	
	50	9.9992059	12	11.2180290	3492	10	
28	0	9.9992046	13	11.2176801	3489	0	32
	10	9.9992033	13	11.2173314	3487	50	
	20	9.9992020	13	11.2169830	3484	40	
	30	9.9992007	13	11.2166349	3481	30	
	40	9.9991994	13	11.2162870	3479	20	
	50	9.9991982	12	11.2159394	3476	10	
29	0	9.9991969	13	11.2155921	3473	0	31
	10	9.9991956	13	11.2152450	3471	50	
	20	9.9991943	13	11.2148982	3467	40	
	30	9.9991931	12	11.2145518	3465	30	
	40	9.9991918	13	11.2142055	3463	20	
	50	9.9991905	13	11.2138596	3459	10	
30	0	9.9991892	13	11.2135139	3457	0	30
′	″	Sinus.	D.	Tang.	Diff.	″	′

3 Deg.

′	″	Co-Sinus.	D.	Co-Tang.	Dif.	″	′
30	0	9.9991890		11.2135139		0	30
	10	9.9991877	13	11.2131685	3454	50	
	20	9.9991866	11	11.2128234	3451	40	
	30	9.9991853	13	11.2124785	3449	30	
	40	9.9991840	13	11.2121339	3446	20	
	50	9.9991827	13	11.2117897	3442	10	
31	0	9.9991815	12	11.2114456	3441	0	29
	10	9.9991802	13	11.2111018	3438	50	
	20	9.9991789	13	11.2107584	3434	40	
	30	9.9991776	13	11.2104151	3433	30	
	40	9.9991763	13	11.2100721	3430	20	
	50	9.9991750	13	11.2097294	3427	10	
32	0	9.9991737	13	11.2093870	3424	0	28
	10	9.9991724	13	11.2090448	3422	50	
	20	9.9991711	13	11.2087029	3419	40	
	30	9.9991698	13	11.2083613	3416	30	
	40	9.9991685	13	11.2080200	3413	20	
	50	9.9991672	13	11.2076789	3411	10	
33	0	9.9991659	13	11.2073380	3409	0	27
	10	9.9991645	14	11.2069975	3405	50	
	20	9.9991632	13	11.2066574	3401	40	
	30	9.9991619	13	11.2063171	3403	30	
	40	9.9991606	13	11.2059774	3397	20	
	50	9.9991593	13	11.2056379	3395	10	
34	0	9.9991580	13	11.2052986	3393	0	26
	10	9.9991567	13	11.2049596	3390	50	
	20	9.9991554	13	11.2046208	3388	40	
	30	9.9991541	13	11.2042823	3385	30	
	40	9.9991527	14	11.2039441	3382	20	
	50	9.9991514	13	11.2036061	3380	10	
35	0	9.9991501	13	11.2032683	3378	0	25
	10	9.9991488	13	11.2029311	3374	50	
	20	9.9991475	13	11.2025941	3372	40	
	30	9.9991461	14	11.2022572	3369	30	
	40	9.9991448	13	11.2019206	3366	20	
	50	9.9991435	13	11.2015842	3364	10	
36	0	9.9991421	14	11.2012481	3361	0	24
	10	9.9991408	13	11.2009122	3359	50	
	20	9.9991395	13	11.2005766	3356	40	
	30	9.9991382	13	11.2002413	3353	30	
	40	9.9991369	13	11.1999062	3351	20	
	50	9.9991355	14	11.1995714	3348	10	
37	0	9.9991342	13	11.1992368	3346	0	23
	10	9.9991329	13	11.1989025	3343	50	
	20	9.9991315	14	11.1985684	3341	40	
	30	9.9991302	13	11.1982346	3338	30	
	40	9.9991288	14	11.1979011	3335	20	
	50	9.9991275	13	11.1975677	3334	10	
38	0	9.9991261	14	11.1972347	3330	0	22
	10	9.9991248	13	11.1969019	3328	50	
	20	9.9991235	13	11.1965694	3325	40	
	30	9.9991221	14	11.1962371	3323	30	
	40	9.9991208	13	11.1959050	3321	20	
	50	9.9991195	13	11.1955733	3317	10	
39	0	9.9991181	14	11.1952417	3316	0	21
	10	9.9991168	13	11.1949104	3313	50	
	20	9.9991155	13	11.1945794	3310	40	
	30	9.9991141	14	11.1942486	3308	30	
	40	9.9991128	13	11.1939181	3305	20	
	50	9.9991114	14	11.1935878	3303	10	
40	0	9.9991101	13	11.1932578	3300	0	20
′	″	Sinus.	D.	Tang.	Dif.	″	′

86 Deg.

3 Deg.

′	″	Co-Sinus.	D.	Co-Tang.	Dif.	″	′
40	0	9.9991101		11.1932578		0	20
	10	9.9991087	14	11.1929280	3298	50	
	20	9.9991074	13	11.1925984	3296	40	
	30	9.9991060	14	11.1922691	3293	30	
	40	9.9991047	13	11.1919401	3290	20	
	50	9.9991033	14	11.1916111	3290	10	
41	0	9.9991020	13	11.1912828	3283	0	19
	10	9.9991006	14	11.1909545	3283	50	
	20	9.9990993	13	11.1906264	3281	40	
	30	9.9990979	14	11.1902986	3278	30	
	40	9.9990965	14	11.1899710	3276	20	
	50	9.9990952	13	11.1896437	3273	10	
42	0	9.9990938	14	11.1893166	3271	0	18
	10	9.9990925	13	11.1889898	3268	50	
	20	9.9990911	14	11.1886632	3266	40	
	30	9.9990897	14	11.1883369	3263	30	
	40	9.9990884	13	11.1880107	3262	20	
	50	9.9990870	14	11.1876849	3258	10	
43	0	9.9990856	14	11.1873593	3256	0	17
	10	9.9990843	13	11.1870339	3254	50	
	20	9.9990829	14	11.1867088	3251	40	
	30	9.9990815	14	11.1863839	3249	30	
	40	9.9990802	13	11.1860592	3247	20	
	50	9.9990788	14	11.1857348	3244	10	
44	0	9.9990774	14	11.1854106	3242	0	16
	10	9.9990760	14	11.1850867	3239	50	
	20	9.9990747	13	11.1847630	3237	40	
	30	9.9990733	14	11.1844395	3235	30	
	40	9.9990719	14	11.1841163	3232	20	
	50	9.9990705	14	11.1837933	3230	10	
45	0	9.9990691	14	11.1834706	3227	0	15
	10	9.9990678	13	11.1831481	3225	50	
	20	9.9990664	14	11.1828259	3222	40	
	30	9.9990650	14	11.1825038	3221	30	
	40	9.9990636	14	11.1821820	3218	20	
	50	9.9990622	14	11.1818605	3215	10	
46	0	9.9990608	14	11.1815391	3214	0	14
	10	9.9990595	13	11.1812181	3210	50	
	20	9.9990581	14	11.1808972	3209	40	
	30	9.9990567	14	11.1805766	3206	30	
	40	9.9990553	14	11.1802561	3205	20	
	50	9.9990539	14	11.1799360	3201	10	
47	0	9.9990525	14	11.1796161	3199	0	13
	10	9.9990511	14	11.1792964	3197	50	
	20	9.9990497	14	11.1789771	3193	40	
	30	9.9990483	14	11.1786578	3193	30	
	40	9.9990469	14	11.1783389	3189	20	
	50	9.9990455	14	11.1780201	3188	10	
48	0	9.9990441	14	11.1777016	3185	0	12
	10	9.9990427	14	11.1773833	3183	50	
	20	9.9990413	14	11.1770653	3180	40	
	30	9.9990399	14	11.1767474	3179	30	
	40	9.9990385	14	11.1764299	3175	20	
	50	9.9990371	14	11.1761125	3174	10	
49	0	9.9990357	14	11.1757953	3172	0	11
	10	9.9990343	14	11.1754784	3169	50	
	20	9.9990329	14	11.1751616	3168	40	
	30	9.9990315	14	11.1748452	3164	30	
	40	9.9990301	14	11.1745291	3161	20	
	50	9.9990287	14	11.1742131	3160	10	
50	0	9.9990273	14	11.1738974	3157	0	10
′	″	Sinus.	D.	Tang.	Dif.	″	′

86 Deg.

3 Deg.

′	″	Co-Sinus.	D.	Co-Tang.	Dif.	″	′
50	0	9.9990273		11.1738974		0	10
	10	9.9990259	14	11.1735818	3156	50	
	20	9.9990245	14	11.1732665	3153	40	
	30	9.9990230	15	11.1729515	3150	30	
	40	9.9990216	14	11.1726366	3149	20	
	50	9.9990202	14	11.1723220	3146	10	
51	0	9.9990188	14	11.1720076	3144	0	9
	10	9.9990174	14	11.1716934	3142	50	
	20	9.9990160	14	11.1713794	3140	40	
	30	9.9990145	15	11.1710657	3137	30	
	40	9.9990131	14	11.1707522	3135	20	
	50	9.9990117	14	11.1704389	3133	10	
52	0	9.9990103	14	11.1701259	3130	0	8
	10	9.9990089	14	11.1698131	3128	50	
	20	9.9990074	15	11.1695004	3127	40	
	30	9.9990060	14	11.1691881	3123	30	
	40	9.9990046	14	11.1688759	3122	20	
	50	9.9990031	15	11.1685640	3119	10	
53	0	9.9990017	14	11.1682523	3117	0	7
	10	9.9990003	14	11.1679407	3116	50	
	20	9.9989988	15	11.1676295	3112	40	
	30	9.9989974	14	11.1673184	3111	30	
	40	9.9989960	14	11.1670076	3108	20	
	50	9.9989946	14	11.1666970	3106	10	
54	0	9.9989931	15	11.1663866	3104	0	6
	10	9.9989917	14	11.1660764	3102	50	
	20	9.9989902	15	11.1657664	3100	40	
	30	9.9989888	14	11.1654567	3097	30	
	40	9.9989874	14	11.1651472	3095	20	
	50	9.9989859	15	11.1648379	3093	10	
55	0	9.9989845	14	11.1645288	3091	0	5
	10	9.9989831	14	11.1642199	3089	50	
	20	9.9989816	15	11.1639113	3086	40	
	30	9.9989802	14	11.1636029	3084	30	
	40	9.9989787	15	11.1632947	3082	20	
	50	9.9989773	14	11.1629867	3080	10	
56	0	9.9989758	15	11.1626789	3078	0	4
	10	9.9989744	14	11.1623713	3076	50	
	20	9.9989729	15	11.1620640	3073	40	
	30	9.9989715	14	11.1617568	3072	30	
	40	9.9989700	15	11.1614499	3069	20	
	50	9.9989686	14	11.1611432	3067	10	
57	0	9.9989671	15	11.1608367	3065	0	3
	10	9.9989657	14	11.1605305	3062	50	
	20	9.9989642	15	11.1602244	3061	40	
	30	9.9989628	14	11.1599186	3058	30	
	40	9.9989613	15	11.1596129	3057	20	
	50	9.9989598	15	11.1593075	3054	10	
58	0	9.9989584	14	11.1590023	3052	0	2
	10	9.9989569	15	11.1586973	3050	50	
	20	9.9989555	14	11.1583925	3048	40	
	30	9.9989540	15	11.1580879	3046	30	
	40	9.9989525	15	11.1577836	3043	20	
	50	9.9989511	14	11.1574794	3042	10	
59	0	9.9989496	15	11.1571755	3039	0	1
	10	9.9989481	15	11.1568718	3037	50	
	20	9.9989467	14	11.1565683	3035	40	
	30	9.9989452	15	11.1562650	3033	30	
	40	9.9989437	15	11.1559619	3031	20	
	50	9.9989423	14	11.1556590	3029	10	
60	0	9.9989408	15	11.1553563	3027	0	0
′	″	Sinus.	D.	Tang.	Dif.	″	′

N

86 Deg.

4 Deg.

′	″	Sine.	Dif.	Co-Sine.	D.	Tang.	Dif. com.	Co-Tang.	″	′
0	0	8.8435846		9.9989408		8.8446437		11.1553563	0	60
	10	8.8438855	3011	9.9989391	15	8.8449462	3025	11.1550538	50	
	20	8.8441860	3005	9.9989376	15	8.8452485	3023	11.1547515	40	
	30	8.8444869	3009	9.9989364	14	8.8455505	3020	11.1544495	30	
	40	8.8447871	3002	9.9989349	15	8.8458524	3019	11.1541476	20	
	50	8.8450874	3001	9.9989334	15	8.8461540	3016	11.1538460	10	
1	0	8.8453874	3000	9.9989319	15	8.8464554	3014	11.1535446	0	59
	10	8.8456871	2997	9.9989305	14	8.8467567	3013	11.1532433	50	
	20	8.8459867	2996	9.9989290	15	8.8470577	3010	11.1529423	40	
	30	8.8462860	2993	9.9989275	15	8.8473585	3008	11.1526415	30	
	40	8.8465851	2991	9.9989260	15	8.8476591	3006	11.1523409	20	
	50	8.8468840	2989	9.9989245	15	8.8479595	3004	11.1520405	10	
2	0	8.8471827	2987	9.9989230	15	8.8482597	3002	11.1517403	0	58
	10	8.8474811	2984	9.9989216	14	8.8485597	3000	11.1514403	50	
	20	8.8477795	2984	9.9989201	15	8.8488595	2998	11.1511405	40	
	30	8.8480776	2981	9.9989186	15	8.8491590	2995	11.1508410	30	
	40	8.8483755	2979	9.9989171	15	8.8494584	2994	11.1505416	20	
	50	8.8486731	2977	9.9989156	15	8.8497576	2992	11.1502424	10	
3	0	8.8489707	2976	9.9989141	15	8.8500566	2990	11.1499434	0	57
	10	8.8492679	2972	9.9989126	15	8.8503553	2987	11.1496447	50	
	20	8.8495650	2971	9.9989111	15	8.8506539	2986	11.1493461	40	
	30	8.8498619	2969	9.9989096	15	8.8509523	2984	11.1490477	30	
	40	8.8501585	2966	9.9989081	15	8.8512504	2981	11.1487496	20	
	50	8.8504550	2965	9.9989067	14	8.8515483	2979	11.1484517	10	
4	0	8.8507511	2961	9.9989051	16	8.8518461	2978	11.1481539	0	56
	10	8.8510471	2960	9.9989037	14	8.8521436	2975	11.1478564	50	
	20	8.8513430	2958	9.9989022	15	8.8524410	2974	11.1475590	40	
	30	8.8516381	2951	9.9989007	15	8.8527381	2971	11.1472619	30	
	40	8.8519340	2956	9.9988992	15	8.8530350	2970	11.1469650	20	
	50	8.8522292	2952	9.9988977	15	8.8533318	2967	11.1466682	10	
5	0	8.8525242	2950	9.9988962	15	8.8536281	2962	11.1463717	0	55
	10	8.8528191	2949	9.9988947	15	8.8539247	2964	11.1460753	50	
	20	8.8531140	2947	9.9988931	16	8.8542206	2961	11.1457794	40	
	30	8.8534064	2944	9.9988916	15	8.8545168	2960	11.1454831	30	
	40	8.8537016	2940	9.9988901	15	8.8548121	2957	11.1451879	20	
	50	8.8539967	2941	9.9988886	15	8.8551081	2956	11.1448919	10	
6	0	8.8542900	2931	9.9988871	15	8.8554016	2933	11.1445986	0	54
	10	8.8545842	2937	9.9988856	15	8.8556986	2951	11.1443015	50	
	20	8.8548776	2934	9.9988841	15	8.8559935	2950	11.1440065	40	
	30	8.8551708	2931	9.9988826	15	8.8562882	2947	11.1437118	30	
	40	8.8554639	2931	9.9988811	15	8.8565828	2946	11.1434172	20	
	50	8.8557567	2928	9.9988796	15	8.8568771	2943	11.1431229	10	
7	0	8.8560493	2926	9.9988780	16	8.8571713	2942	11.1428287	0	53
	10	8.8563418	2925	9.9988764	15	8.8574653	2940	11.1425347	50	
	20	8.8566340	2922	9.9988750	15	8.8577590	2937	11.1422410	40	
	30	8.8569261	2921	9.9988735	15	8.8580526	2936	11.1419474	30	
	40	8.8572179	2918	9.9988720	15	8.8583460	2934	11.1416540	20	
	50	8.8575096	2917	9.9988705	15	8.8586391	2931	11.1413609	10	
8	0	8.8578010	2914	9.9988689	16	8.8589321	2930	11.1410679	0	52
	10	8.8580924	2914	9.9988674	15	8.8592250	2929	11.1407750	50	
	20	8.8583834	2910	9.9988659	15	8.8595175	2916	11.1404825	40	
	30	8.8586742	2908	9.9988644	15	8.8598099	2924	11.1401901	30	
	40	8.8589649	2907	9.9988628	16	8.8601021	2922	11.1398979	20	
	50	8.8592553	2904	9.9988613	15	8.8603941	2920	11.1396059	10	
9	0	8.8595457	2903	9.9988598	15	8.8606859	2918	11.1393141	0	51
	10	8.8598357	2900	9.9988582	16	8.8609775	2916	11.1390225	50	
	20	8.8601255	2898	9.9988567	15	8.8612689	2914	11.1387311	40	
	30	8.8604151	2897	9.9988551	16	8.8615601	2912	11.1384399	30	
	40	8.8607045	2894	9.9988537	15	8.8618510	2911	11.1381490	20	
	50	8.8609937	2891	9.9988521	15	8.8621420	2908	11.1378580	10	
10	0	8.8612831		9.9988506		8.8624327	2907	11.1375673	0	50
′	″	Co-Sine.	Dif.	Sine.	D.	Co-Tang.	Dif. com.	Tang.	″	′

85 Deg.

4 Deg.

′	″	Sine.	Dif.	Co-Sine.	D.	Tang.	Dif. com.	Co-Tang.	″	′
10	0	8.8612833		9.9988506		8.8624327		11.1375673	0	50
	10	8.8615724	2887	9.9988491	15	8.8627231	2904	11.1372769	50	
	20	8.8618605	2885	9.9988475	16	8.8630134	2903	11.1369866	40	
	30	8.8621490	2886	9.9988460	15	8.8633035	2901	11.1366965	30	
	40	8.8624371	2881	9.9988445	15	8.8635933	2898	11.1364067	20	
	50	8.8627251	2881	9.9988429	16	8.8638830	2897	11.1361170	10	
11	0	8.8630139	2879	9.9988414	15	8.8641725	2895	11.1358275	0	49
	10	8.8633017	2878	9.9988398	16	8.8644618	2893	11.1355382	50	
	20	8.8635890	2876	9.9988383	15	8.8647510	2892	11.1352490	40	
	30	8.8638764	2871	9.9988367	16	8.8650399	2889	11.1349601	30	
	40	8.8641631	2872	9.9988352	15	8.8653286	2887	11.1346714	20	
	50	8.8644500	2870	9.9988337	15	8.8656175	2886	11.1343828	10	
12	0	8.8647376	2868	9.9988321	16	8.8659055	2883	11.1340945	0	48
	10	8.8650245	2867	9.9988306	15	8.8661937	2884	11.1338063	50	
	20	8.8653107	2864	9.9988290	16	8.8664817	2880	11.1335183	40	
	30	8.8655967	2861	9.9988275	15	8.8667692	2878	11.1332309	30	
	40	8.8658830	2861	9.9988259	16	8.8670571	2876	11.1329429	20	
	50	8.8661683	2859	9.9988244	15	8.8673445	2874	11.1326555	10	
13	0	8.8664545	2858	9.9988228	16	8.8676317	2872	11.1323683	0	47
	10	8.8667402	2855	9.9988213	15	8.8679187	2870	11.1320813	50	
	20	8.8670255	2853	9.9988197	16	8.8682056	2869	11.1317944	40	
	30	8.8673106	2851	9.9988182	15	8.8684923	2867	11.1315077	30	
	40	8.8675955	2849	9.9988166	16	8.8687787	2864	11.1312211	20	
	50	8.8678802	2847	9.9988151	15	8.8690650	2863	11.1309350	10	
14	0	8.8681646	2845	9.9988135	16	8.8693511	2861	11.1306489	0	46
	10	8.8684490	2844	9.9988119	16	8.8696370	2859	11.1303630	50	
	20	8.8687331	2841	9.9988104	15	8.8699228	2858	11.1300772	40	
	30	8.8690171	2840	9.9988088	16	8.8702083	2855	11.1297917	30	
	40	8.8693009	2838	9.9988073	15	8.8704937	2854	11.1295063	20	
	50	8.8695846	2836	9.9988057	16	8.8707789	2852	11.1292211	10	
15	0	8.8698680	2834	9.9988041	16	8.8710639	2849	11.1289361	0	45
	10	8.8701513	2833	9.9988026	15	8.8713487	2848	11.1286513	50	
	20	8.8704345	2831	9.9988010	16	8.8716335	2847	11.1283667	40	
	30	8.8707177	2828	9.9987995	15	8.8719177	2844	11.1280823	30	
	40	8.8709998	2827	9.9987979	16	8.8722019	2842	11.1277981	20	
	50	8.8712827	2829	9.9987963	16	8.8724860	2841	11.1275140	10	
16	0	8.8715648	2821	9.9987947	16	8.8727699	2839	11.1272301	0	44
	10	8.8718467	2821	9.9987931	16	8.8730536	2837	11.1269464	50	
	20	8.8721283	2820	9.9987916	15	8.8733371	2835	11.1266629	40	
	30	8.8724109	2818	9.9987900	16	8.8736209	2834	11.1263791	30	
	40	8.8726920	2815	9.9987884	16	8.8739036	2831	11.1260964	20	
	50	8.8729734	2814	9.9987868	16	8.8741866	2830	11.1258134	10	
17	0	8.8732546	2812	9.9987853	15	8.8744694	2828	11.1255306	0	43
	10	8.8735357	2811	9.9987837	16	8.8747520	2826	11.1252480	50	
	20	8.8738166	2809	9.9987821	16	8.8750344	2824	11.1249656	40	
	30	8.8740971	2805	9.9987805	16	8.8753166	2822	11.1246834	30	
	40	8.8743776	2805	9.9987790	15	8.8755987	2821	11.1244013	20	
	50	8.8746579	2803	9.9987774	16	8.8758806	2819	11.1241194	10	
18	0	8.8749381	2802	9.9987758	16	8.8761623	2817	11.1238377	0	42
	10	8.8752180	2799	9.9987742	16	8.8764438	2815	11.1235562	50	
	20	8.8754977	2797	9.9987726	16	8.8767251	2813	11.1232749	40	
	30	8.8757773	2796	9.9987710	16	8.8770063	2812	11.1229937	30	
	40	8.8760567	2794	9.9987695	15	8.8772873	2810	11.1227127	20	
	50	8.8763359	2792	9.9987679	16	8.8775681	2808	11.1224319	10	
19	0	8.8766150	2791	9.9987663	16	8.8778487	2806	11.1221513	0	41
	10	8.8768938	2788	9.9987647	16	8.8781291	2804	11.1218709	50	
	20	8.8771725	2787	9.9987631	16	8.8784094	2803	11.1215906	40	
	30	8.8774510	2785	9.9987615	16	8.8786895	2801	11.1213105	30	
	40	8.8777293	2783	9.9987599	16	8.8789694	2799	11.1210306	20	
	50	8.8780074	2781	9.9987583	16	8.8792491	2797	11.1207509	10	
20	0	8.8782854	2780	9.9987567	16	8.8795286	2795	11.1204714	0	40
′	″	Co-Sine.	Dif.	Sine.	D.	Co-Tang.	Dif. com.	Tang.	″	′

85 Deg.

4 Deg.

'	"	Sinus.	Dif.	Co-Sinus.	D.	Tang.	Dif. com.	Co-Tang.	"	'
20	0	8.8782853		9.9987567		8.8795286		11.1204714	0	40
	10	8.8785631	2778	9.9987551	16	8.8798080	2794	11.1201920	50	
	20	8.8788407	2776	9.9987535	16	8.8800872	2792	11.1199128	40	
	30	8.8791181	2774	9.9987519	16	8.8803662	2790	11.1196338	30	
	40	8.8793954	2773	9.9987503	16	8.8806450	2788	11.1193550	20	
	50	8.8796724	2770	9.9987487	16	8.8809237	2787	11.1190763	10	
21	0	8.8799493	2769	9.9987471	16	8.8812022	2785	11.1187978	0	39
	10	8.8802260	2767	9.9987455	16	8.8814805	2783	11.1185195	50	
	20	8.8805026	2766	9.9987439	16	8.8817587	2781	11.1182413	40	
	30	8.8807789	2763	9.9987423	16	8.8820366	2780	11.1179634	30	
	40	8.8810551	2761	9.9987407	16	8.8823144	2778	11.1176856	20	
	50	8.8813311	2760	9.9987391	16	8.8825920	2776	11.1174080	10	
22	0	8.8816069	2758	9.9987375	16	8.8828694	2774	11.1171306	0	38
	10	8.8818825	2756	9.9987359	16	8.8831467	2773	11.1168533	50	
	20	8.8821580	2755	9.9987342	17	8.8834237	2770	11.1165763	40	
	30	8.8824333	2753	9.9987326	16	8.8837006	2769	11.1162994	30	
	40	8.8827084	2751	9.9987310	16	8.8839774	2768	11.1160226	20	
	50	8.8829834	2750	9.9987294	16	8.8842539	2765	11.1157461	10	
23	0	8.8832581	2747	9.9987278	16	8.8845302	2763	11.1154698	0	37
	10	8.8835327	2746	9.9987262	16	8.8848065	2763	11.1151935	50	
	20	8.8838071	2744	9.9987246	16	8.8850825	2760	11.1149175	40	
	30	8.8840814	2743	9.9987230	16	8.8853584	2759	11.1146416	30	
	40	8.8843555	2741	9.9987214	16	8.8856341	2757	11.1143659	20	
	50	8.8846294	2739	9.9987198	16	8.8859096	2755	11.1140904	10	
24	0	8.8849031	2737	9.9987181	17	8.8861850	2754	11.1138150	0	36
	10	8.8851766	2735	9.9987165	16	8.8864601	2751	11.1135399	50	
	20	8.8854500	2734	9.9987149	16	8.8867351	2750	11.1132649	40	
	30	8.8857232	2732	9.9987133	16	8.8870100	2749	11.1129900	30	
	40	8.8859962	2730	9.9987116	17	8.8872846	2746	11.1127154	20	
	50	8.8862691	2729	9.9987100	16	8.8875591	2745	11.1124409	10	
25	0	8.8865418	2727	9.9987084	16	8.8878334	2743	11.1121666	0	35
	10	8.8868143	2725	9.9987068	16	8.8881075	2741	11.1118925	50	
	20	8.8870867	2724	9.9987051	17	8.8883815	2740	11.1116185	40	
	30	8.8873588	2721	9.9987035	16	8.8886553	2738	11.1113447	30	
	40	8.8876308	2720	9.9987019	16	8.8889289	2736	11.1110711	20	
	50	8.8879027	2719	9.9987002	17	8.8892024	2735	11.1107976	10	
26	0	8.8881743	2716	9.9986986	16	8.8894757	2733	11.1105243	0	34
	10	8.8884458	2715	9.9986970	16	8.8897488	2731	11.1102512	50	
	20	8.8887171	2713	9.9986954	16	8.8900218	2730	11.1099782	40	
	30	8.8889883	2712	9.9986937	17	8.8902945	2727	11.1097055	30	
	40	8.8892593	2710	9.9986921	16	8.8905672	2727	11.1094328	20	
	50	8.8895300	2707	9.9986904	17	8.8908396	2724	11.1091604	10	
27	0	8.8898007	2707	9.9986888	16	8.8911119	2723	11.1088881	0	33
	10	8.8900711	2704	9.9986871	17	8.8913840	2721	11.1086160	50	
	20	8.8903414	2703	9.9986855	16	8.8916559	2719	11.1083441	40	
	30	8.8906116	2702	9.9986839	16	8.8919277	2718	11.1080723	30	
	40	8.8908815	2699	9.9986822	17	8.8921993	2716	11.1078007	20	
	50	8.8911513	2698	9.9986806	16	8.8924707	2714	11.1075293	10	
28	0	8.8914209	2696	9.9986790	16	8.8927420	2713	11.1072580	0	32
	10	8.8916904	2695	9.9986773	17	8.8930131	2711	11.1069869	50	
	20	8.8919597	2693	9.9986757	16	8.8932840	2709	11.1067160	40	
	30	8.8922288	2691	9.9986740	17	8.8935548	2708	11.1064452	30	
	40	8.8924977	2689	9.9986724	16	8.8938254	2706	11.1061746	20	
	50	8.8927666	2689	9.9986707	17	8.8940958	2704	11.1059042	10	
29	0	8.8930351	2685	9.9986691	16	8.8943660	2702	11.1056340	0	31
	10	8.8933036	2685	9.9986674	17	8.8946361	2701	11.1053639	50	
	20	8.8935718	2682	9.9986658	16	8.8949061	2700	11.1050939	40	
	30	8.8938400	2682	9.9986641	17	8.8951758	2697	11.1048242	30	
	40	8.8941079	2679	9.9986625	16	8.8954454	2696	11.1045546	20	
	50	8.8943757	2678	9.9986608	17	8.8957149	2695	11.1042851	10	
30	0	8.8946433	2676	9.9986591	17	8.8959842	2693	11.1040158	0	30
'	"	Co-Sinus.	Dif.	Sinus.	D.	Co-Tang.	Dif. com.	Tang.	"	'

85 Deg.

4 Deg.

'	"	Sinus.	Dif.	Co-Sinus.	D.	Tang.	Dif. com.	Co-Tang.	"	'
30	0	8.8946433		9.9986591		8.8959842		11.1040158	0	30
	10	8.8949107	2674	9.9986575	16	8.8962533	2691	11.1037467	50	
	20	8.8951780	2673	9.9986558	17	8.8965222	2689	11.1034778	40	
	30	8.8954451	2671	9.9986541	17	8.8967910	2688	11.1032090	30	
	40	8.8957121	2670	9.9986525	16	8.8970596	2686	11.1029404	20	
	50	8.8959789	2668	9.9986508	17	8.8973281	2685	11.1026719	10	
31	0	8.8962455	2666	9.9986491	17	8.8975963	2682	11.1024037	0	29
	10	8.8965120	2665	9.9986475	16	8.8978644	2681	11.1021356	50	
	20	8.8967783	2663	9.9986458	17	8.8981324	2680	11.1018676	40	
	30	8.8970444	2661	9.9986441	17	8.8984002	2678	11.1015998	30	
	40	8.8973104	2660	9.9986425	16	8.8986678	2676	11.1013322	20	
	50	8.8975762	2658	9.9986408	17	8.8989353	2675	11.1010647	10	
32	0	8.8978418	2656	9.9986391	17	8.8992026	2673	11.1007974	0	28
	10	8.8981073	2655	9.9986375	16	8.8994698	2672	11.1005302	50	
	20	8.8983726	2653	9.9986358	17	8.8997367	2669	11.1002633	40	
	30	8.8986377	2651	9.9986341	17	8.9000036	2669	11.0999964	30	
	40	8.8989027	2650	9.9986325	16	8.9002702	2666	11.0997298	20	
	50	8.8991675	2648	9.9986308	17	8.9005367	2665	11.0994633	10	
33	0	8.8994321	2646	9.9986291	17	8.9008030	2663	11.0991970	0	27
	10	8.8996966	2645	9.9986274	17	8.9010692	2662	11.0989308	50	
	20	8.8999610	2644	9.9986258	16	8.9013352	2660	11.0986648	40	
	30	8.9002251	2641	9.9986241	17	8.9016011	2659	11.0983989	30	
	40	8.9004891	2640	9.9986224	17	8.9018668	2657	11.0981332	20	
	50	8.9007531	2640	9.9986207	17	8.9021323	2655	11.0978677	10	
34	0	8.9010168	2637	9.9986191	16	8.9023977	2654	11.0976023	0	26
	10	8.9012803	2635	9.9986174	17	8.9026630	2653	11.0973370	50	
	20	8.9015437	2634	9.9986157	17	8.9029279	2649	11.0970721	40	
	30	8.9018069	2632	9.9986140	17	8.9031929	2650	11.0968071	30	
	40	8.9020699	2630	9.9986123	17	8.9034576	2647	11.0965424	20	
	50	8.9023328	2629	9.9986107	16	8.9037221	2645	11.0962779	10	
35	0	8.9025955	2627	9.9986090	17	8.9039866	2645	11.0960134	0	25
	10	8.9028581	2626	9.9986073	17	8.9042508	2642	11.0957492	50	
	20	8.9031205	2624	9.9986056	17	8.9045149	2641	11.0954851	40	
	30	8.9033828	2623	9.9986039	17	8.9047789	2640	11.0952211	30	
	40	8.9036449	2621	9.9986022	17	8.9050426	2637	11.0949574	20	
	50	8.9039068	2619	9.9986005	17	8.9053063	2637	11.0946937	10	
36	0	8.9041686	2618	9.9985988	17	8.9055697	2634	11.0944303	0	24
	10	8.9044302	2616	9.9985971	17	8.9058331	2634	11.0941669	50	
	20	8.9046916	2614	9.9985954	17	8.9060962	2631	11.0939038	40	
	30	8.9049529	2613	9.9985937	17	8.9063592	2630	11.0936408	30	
	40	8.9052140	2611	9.9985920	17	8.9066220	2628	11.0933780	20	
	50	8.9054750	2610	9.9985903	17	8.9068847	2627	11.0931153	10	
37	0	8.9057358	2608	9.9985886	17	8.9071472	2625	11.0928528	0	23
	10	8.9059965	2607	9.9985869	17	8.9074096	2624	11.0925904	50	
	20	8.9062570	2605	9.9985852	17	8.9076718	2622	11.0923282	40	
	30	8.9065174	2604	9.9985835	17	8.9079339	2621	11.0920661	30	
	40	8.9067776	2602	9.9985818	17	8.9081957	2618	11.0918043	20	
	50	8.9070376	2600	9.9985801	17	8.9084575	2618	11.0915425	10	
38	0	8.9072975	2599	9.9985784	17	8.9087190	2615	11.0912810	0	22
	10	8.9075572	2597	9.9985767	17	8.9089805	2615	11.0910195	50	
	20	8.9078168	2596	9.9985750	17	8.9092417	2612	11.0907583	40	
	30	8.9080762	2594	9.9985733	17	8.9095029	2612	11.0904971	30	
	40	8.9083354	2592	9.9985716	17	8.9097638	2609	11.0902362	20	
	50	8.9085945	2591	9.9985699	17	8.9100246	2608	11.0899754	10	
39	0	8.9088535	2590	9.9985682	17	8.9102853	2607	11.0897147	0	21
	10	8.9091123	2588	9.9985664	18	8.9105458	2605	11.0894542	50	
	20	8.9093709	2586	9.9985647	17	8.9108061	2603	11.0891939	40	
	30	8.9096294	2585	9.9985630	17	8.9110663	2602	11.0889337	30	
	40	8.9098877	2583	9.9985613	17	8.9113264	2601	11.0886736	20	
	50	8.9101459	2582	9.9985596	17	8.9115863	2599	11.0884137	10	
40	0	8.9104039	2580	9.9985579	17	8.9118460	2597	11.0881540	0	20
'	"	Co-Sinus.	Dif.	Sinus.	D.	Co-Tang.	Dif. com.	Tang.	"	'

85 Deg.

4 Deg.

′	″	Sinus.	Diff.	Co-Sinus.	D.	Tang.	Diff. com	Co-Tang.	″	′
40	0	8.9104039	—	9.9985579	—	[illegible]	—	[illegible]	0	20
	10	8.9106617	2578	9.9985562	17	[illegible]	[illegible]	[illegible]	50	
	20	8.9109194	2577	9.9985544	17	[illegible]	[illegible]	[illegible]	40	
	30	8.9111770	2576	9.9985527	17	[illegible]	[illegible]	[illegible]	30	
	40	[illegible]	2574	[illegible]	17	[illegible]	[illegible]	[illegible]	20	
	50	8.9116916	2572	[illegible]	17	[illegible]	[illegible]	[illegible]	10	
41	0	8.9119487	2571	9.9985479	—	[illegible]	[illegible]	[illegible]	0	19
	10	[illegible]	[illegible]	[illegible]	[illegible]	[illegible]	[illegible]	[illegible]	50	
	20	[illegible]	[illegible]	[illegible]	[illegible]	[illegible]	[illegible]	[illegible]	40	
	30	[illegible]	[illegible]	[illegible]	[illegible]	[illegible]	[illegible]	[illegible]	30	
	40	[illegible]	[illegible]	[illegible]	[illegible]	[illegible]	[illegible]	[illegible]	20	
	50	[illegible]	[illegible]	[illegible]	[illegible]	[illegible]	[illegible]	[illegible]	10	
42	0	[illegible]	[illegible]	[illegible]	[illegible]	[illegible]	[illegible]	[illegible]	0	18
	10	[illegible]	[illegible]	[illegible]	[illegible]	[illegible]	[illegible]	[illegible]	50	
	20	[illegible]	[illegible]	[illegible]	[illegible]	[illegible]	[illegible]	[illegible]	40	
	30	[illegible]	[illegible]	[illegible]	[illegible]	[illegible]	[illegible]	[illegible]	30	
	40	[illegible]	[illegible]	[illegible]	[illegible]	[illegible]	[illegible]	[illegible]	20	
	50	[illegible]	[illegible]	[illegible]	[illegible]	[illegible]	[illegible]	[illegible]	10	
43	0	[illegible]	[illegible]	[illegible]	[illegible]	[illegible]	[illegible]	[illegible]	0	17
	10	[illegible]	[illegible]	[illegible]	[illegible]	[illegible]	[illegible]	[illegible]	50	
	20	[illegible]	[illegible]	[illegible]	[illegible]	[illegible]	[illegible]	[illegible]	40	
	30	[illegible]	[illegible]	[illegible]	[illegible]	[illegible]	[illegible]	[illegible]	30	
	40	[illegible]	[illegible]	[illegible]	[illegible]	[illegible]	[illegible]	[illegible]	20	
	50	[illegible]	[illegible]	[illegible]	[illegible]	[illegible]	[illegible]	[illegible]	10	
44	0	[illegible]	[illegible]	[illegible]	[illegible]	[illegible]	[illegible]	[illegible]	0	16
	10	[illegible]	[illegible]	[illegible]	[illegible]	[illegible]	[illegible]	[illegible]	50	
	20	[illegible]	[illegible]	[illegible]	[illegible]	[illegible]	[illegible]	[illegible]	40	
	30	[illegible]	[illegible]	[illegible]	[illegible]	[illegible]	[illegible]	[illegible]	30	
	40	[illegible]	[illegible]	[illegible]	[illegible]	[illegible]	[illegible]	[illegible]	20	
	50	[illegible]	[illegible]	[illegible]	[illegible]	[illegible]	[illegible]	[illegible]	10	
45	0	[illegible]	[illegible]	[illegible]	[illegible]	[illegible]	[illegible]	[illegible]	0	15
	10	[illegible]	[illegible]	[illegible]	[illegible]	[illegible]	[illegible]	[illegible]	50	
	20	[illegible]	[illegible]	[illegible]	[illegible]	[illegible]	[illegible]	[illegible]	40	
	30	[illegible]	[illegible]	[illegible]	[illegible]	[illegible]	[illegible]	[illegible]	30	
	40	[illegible]	[illegible]	[illegible]	[illegible]	[illegible]	[illegible]	[illegible]	20	
	50	[illegible]	[illegible]	[illegible]	[illegible]	[illegible]	[illegible]	[illegible]	10	
46	0	[illegible]	[illegible]	[illegible]	[illegible]	[illegible]	[illegible]	[illegible]	0	14
	10	[illegible]	[illegible]	[illegible]	[illegible]	[illegible]	[illegible]	[illegible]	50	
	20	[illegible]	[illegible]	[illegible]	[illegible]	[illegible]	[illegible]	[illegible]	40	
	30	[illegible]	[illegible]	[illegible]	[illegible]	[illegible]	[illegible]	[illegible]	30	
	40	[illegible]	[illegible]	[illegible]	[illegible]	[illegible]	[illegible]	[illegible]	20	
	50	[illegible]	[illegible]	[illegible]	[illegible]	[illegible]	[illegible]	[illegible]	10	
47	0	[illegible]	[illegible]	[illegible]	[illegible]	[illegible]	[illegible]	[illegible]	0	13
	10	[illegible]	[illegible]	[illegible]	[illegible]	[illegible]	[illegible]	[illegible]	50	
	20	[illegible]	[illegible]	[illegible]	[illegible]	[illegible]	[illegible]	[illegible]	40	
	30	[illegible]	[illegible]	[illegible]	[illegible]	[illegible]	[illegible]	[illegible]	30	
	40	[illegible]	[illegible]	[illegible]	[illegible]	[illegible]	[illegible]	[illegible]	20	
	50	[illegible]	[illegible]	[illegible]	[illegible]	[illegible]	[illegible]	[illegible]	10	
48	0	[illegible]	[illegible]	[illegible]	[illegible]	[illegible]	[illegible]	[illegible]	0	12
	10	[illegible]	[illegible]	[illegible]	[illegible]	[illegible]	[illegible]	[illegible]	50	
	20	[illegible]	[illegible]	[illegible]	[illegible]	[illegible]	[illegible]	[illegible]	40	
	30	[illegible]	[illegible]	[illegible]	[illegible]	[illegible]	[illegible]	[illegible]	30	
	40	[illegible]	[illegible]	[illegible]	[illegible]	[illegible]	[illegible]	[illegible]	20	
	50	[illegible]	[illegible]	[illegible]	[illegible]	[illegible]	[illegible]	[illegible]	10	
49	0	[illegible]	[illegible]	[illegible]	[illegible]	[illegible]	[illegible]	[illegible]	0	11
	10	[illegible]	[illegible]	[illegible]	[illegible]	[illegible]	[illegible]	[illegible]	50	
	20	[illegible]	[illegible]	[illegible]	[illegible]	[illegible]	[illegible]	[illegible]	40	
	30	[illegible]	[illegible]	[illegible]	[illegible]	[illegible]	[illegible]	[illegible]	30	
	40	[illegible]	[illegible]	[illegible]	[illegible]	[illegible]	[illegible]	[illegible]	20	
	50	[illegible]	[illegible]	[illegible]	[illegible]	[illegible]	[illegible]	[illegible]	10	
50	0	[illegible]	[illegible]	[illegible]	[illegible]	[illegible]	[illegible]	[illegible]	0	10
′	″	Co-Sinus.	Dif.	Sinus.	D.	Co-Tang.	Diff. com	Tang.	″	′

85 Deg.

4 Deg.

′	″	Sinus.	Diff.	Co-Sinus.	D.	Tang.	Diff. com	Co-Tang.	″	′
50	0	8.9156089		9.9984510		8.9171580		11.0828420	0	10
	10	[illegible]	[illegible]	[illegible]	[illegible]	[illegible]	[illegible]	[illegible]	50	
	20	[illegible]	[illegible]	[illegible]	[illegible]	[illegible]	[illegible]	[illegible]	40	
	30	[illegible]	[illegible]	[illegible]	[illegible]	[illegible]	[illegible]	[illegible]	30	
	40	[illegible]	[illegible]	[illegible]	[illegible]	[illegible]	[illegible]	[illegible]	20	
	50	[illegible]	[illegible]	[illegible]	[illegible]	[illegible]	[illegible]	[illegible]	10	
51	0	[illegible]	[illegible]	[illegible]	[illegible]	[illegible]	[illegible]	[illegible]	0	9
	10	[illegible]	[illegible]	[illegible]	[illegible]	[illegible]	[illegible]	[illegible]	50	
	20	[illegible]	[illegible]	[illegible]	[illegible]	[illegible]	[illegible]	[illegible]	40	
	30	[illegible]	[illegible]	[illegible]	[illegible]	[illegible]	[illegible]	[illegible]	30	
	40	[illegible]	[illegible]	[illegible]	[illegible]	[illegible]	[illegible]	[illegible]	20	
	50	[illegible]	[illegible]	[illegible]	[illegible]	[illegible]	[illegible]	[illegible]	10	
52	0	[illegible]	[illegible]	[illegible]	[illegible]	[illegible]	[illegible]	[illegible]	0	8
	10	[illegible]	[illegible]	[illegible]	[illegible]	[illegible]	[illegible]	[illegible]	50	
	20	[illegible]	[illegible]	[illegible]	[illegible]	[illegible]	[illegible]	[illegible]	40	
	30	[illegible]	[illegible]	[illegible]	[illegible]	[illegible]	[illegible]	[illegible]	30	
	40	[illegible]	[illegible]	[illegible]	[illegible]	[illegible]	[illegible]	[illegible]	20	
	50	[illegible]	[illegible]	[illegible]	[illegible]	[illegible]	[illegible]	[illegible]	10	
53	0	[illegible]	[illegible]	[illegible]	[illegible]	[illegible]	[illegible]	[illegible]	0	7
	10	[illegible]	[illegible]	[illegible]	[illegible]	[illegible]	[illegible]	[illegible]	50	
	20	[illegible]	[illegible]	[illegible]	[illegible]	[illegible]	[illegible]	[illegible]	40	
	30	[illegible]	[illegible]	[illegible]	[illegible]	[illegible]	[illegible]	[illegible]	30	
	40	[illegible]	[illegible]	[illegible]	[illegible]	[illegible]	[illegible]	[illegible]	20	
	50	[illegible]	[illegible]	[illegible]	[illegible]	[illegible]	[illegible]	[illegible]	10	
54	0	[illegible]	[illegible]	[illegible]	[illegible]	[illegible]	[illegible]	[illegible]	0	6
	10	[illegible]	[illegible]	[illegible]	[illegible]	[illegible]	[illegible]	[illegible]	50	
	20	[illegible]	[illegible]	[illegible]	[illegible]	[illegible]	[illegible]	[illegible]	40	
	30	[illegible]	[illegible]	[illegible]	[illegible]	[illegible]	[illegible]	[illegible]	30	
	40	[illegible]	[illegible]	[illegible]	[illegible]	[illegible]	[illegible]	[illegible]	20	
	50	[illegible]	[illegible]	[illegible]	[illegible]	[illegible]	[illegible]	[illegible]	10	
55	0	[illegible]	[illegible]	[illegible]	[illegible]	[illegible]	[illegible]	[illegible]	0	5
	10	[illegible]	[illegible]	[illegible]	[illegible]	[illegible]	[illegible]	[illegible]	50	
	20	[illegible]	[illegible]	[illegible]	[illegible]	[illegible]	[illegible]	[illegible]	40	
	30	[illegible]	[illegible]	[illegible]	[illegible]	[illegible]	[illegible]	[illegible]	30	
	40	[illegible]	[illegible]	[illegible]	[illegible]	[illegible]	[illegible]	[illegible]	20	
	50	[illegible]	[illegible]	[illegible]	[illegible]	[illegible]	[illegible]	[illegible]	10	
56	0	[illegible]	[illegible]	[illegible]	[illegible]	[illegible]	[illegible]	[illegible]	0	4
	10	[illegible]	[illegible]	[illegible]	[illegible]	[illegible]	[illegible]	[illegible]	50	
	20	[illegible]	[illegible]	[illegible]	[illegible]	[illegible]	[illegible]	[illegible]	40	
	30	[illegible]	[illegible]	[illegible]	[illegible]	[illegible]	[illegible]	[illegible]	30	
	40	[illegible]	[illegible]	[illegible]	[illegible]	[illegible]	[illegible]	[illegible]	20	
	50	[illegible]	[illegible]	[illegible]	[illegible]	[illegible]	[illegible]	[illegible]	10	
57	0	[illegible]	[illegible]	[illegible]	[illegible]	[illegible]	[illegible]	[illegible]	0	3
	10	[illegible]	[illegible]	[illegible]	[illegible]	[illegible]	[illegible]	[illegible]	50	
	20	[illegible]	[illegible]	[illegible]	[illegible]	[illegible]	[illegible]	[illegible]	40	
	30	[illegible]	[illegible]	[illegible]	[illegible]	[illegible]	[illegible]	[illegible]	30	
	40	[illegible]	[illegible]	[illegible]	[illegible]	[illegible]	[illegible]	[illegible]	20	
	50	[illegible]	[illegible]	[illegible]	[illegible]	[illegible]	[illegible]	[illegible]	10	
58	0	[illegible]	[illegible]	[illegible]	[illegible]	[illegible]	[illegible]	[illegible]	0	2
	10	[illegible]	[illegible]	[illegible]	[illegible]	[illegible]	[illegible]	[illegible]	50	
	20	[illegible]	[illegible]	[illegible]	[illegible]	[illegible]	[illegible]	[illegible]	40	
	30	[illegible]	[illegible]	[illegible]	[illegible]	[illegible]	[illegible]	[illegible]	30	
	40	[illegible]	[illegible]	[illegible]	[illegible]	[illegible]	[illegible]	[illegible]	20	
	50	[illegible]	[illegible]	[illegible]	[illegible]	[illegible]	[illegible]	[illegible]	10	
59	0	[illegible]	[illegible]	[illegible]	[illegible]	[illegible]	[illegible]	[illegible]	0	1
	10	[illegible]	[illegible]	[illegible]	[illegible]	[illegible]	[illegible]	[illegible]	50	
	20	[illegible]	[illegible]	[illegible]	[illegible]	[illegible]	[illegible]	[illegible]	40	
	30	[illegible]	[illegible]	[illegible]	[illegible]	[illegible]	[illegible]	[illegible]	30	
	40	[illegible]	[illegible]	[illegible]	[illegible]	[illegible]	[illegible]	[illegible]	20	
	50	[illegible]	[illegible]	[illegible]	[illegible]	[illegible]	[illegible]	[illegible]	10	
60	0	8.9401960	[illegible]	9.9983442	[illegible]	8.9419518	[illegible]	11.0580482	0	0
′	″	Co-Sinus.	Dif.	Sinus.	D.	Co-Tang.	Diff. com	Tang.	″	′

85 Deg.

5 Deg.

'	"	Sinus.	Diff.	Co-Sinus.	D.	Tang.	Diff. com.	Co-Tang.	"	'
0	0	8.9402960		9.9983442		8.9419518		11.0580482	0	60
	10	8.9405366	2406	9.9983424	18	8.9421942	2424	11.0578058	50	
	20	8.9407771	2405	9.9983406	18	8.9424365	2423	11.0575635	40	
	30	8.9410174	2403	9.9983387	19	8.9426787	2422	11.0573213	30	
	40	8.9412576	2402	9.9983369	18	8.9429207	2420	11.0570793	20	
	50	8.9414976	2400	9.9983350	19	8.9431626	2419	11.0568374	10	
1	0	8.9417376	2400	9.9983332	18	8.9434044	2418	11.0565956	0	59
	10	8.9419774	2398	9.9983313	19	8.9436461	2417	11.0563539	50	
	20	8.9422170	2396	9.9983295	18	8.9438876	2415	11.0561124	40	
	30	8.9424565	2395	9.9983276	19	8.9441289	2413	11.0558711	30	
	40	8.9426959	2394	9.9983258	18	8.9443702	2413	11.0556298	20	
	50	8.9429351	2392	9.9983239	19	8.9446112	2410	11.0553888	10	
2	0	8.9431742	2391	9.9983220	19	8.9448523	2411	11.0551477	0	58
	10	8.9434133	2391	9.9983202	18	8.9450931	2408	11.0549069	50	
	20	8.9436521	2388	9.9983183	19	8.9453338	2407	11.0546662	40	
	30	8.9438909	2388	9.9983165	18	8.9455744	2406	11.0544256	30	
	40	8.9441295	2386	9.9983146	19	8.9458149	2405	11.0541851	20	
	50	8.9443680	2385	9.9983128	18	8.9460552	2403	11.0539448	10	
3	0	8.9446065	2385	9.9983109	19	8.9462954	2402	11.0537046	0	57
	10	8.9448448	2383	9.9983090	19	8.9465355	2401	11.0534645	50	
	20	8.9450826	2378	9.9983071	19	8.9467754	2399	11.0532246	40	
	30	8.9453204	2378	9.9983053	18	8.9470151	2397	11.0529849	30	
	40	8.9455583	2379	9.9983034	19	8.9472549	2397	11.0527451	20	
	50	8.9457960	2377	9.9983015	19	8.9474944	2395	11.0525056	10	
4	0	8.9460335	2375	9.9982997	18	8.9477338	2394	11.0522662	0	56
	10	8.9462709	2374	9.9982978	19	8.9479731	2393	11.0520269	50	
	20	8.9465083	2374	9.9982960	18	8.9482123	2392	11.0517877	40	
	30	8.9467454	2371	9.9982941	19	8.9484513	2390	11.0515487	30	
	40	8.9469824	2370	9.9982922	19	8.9486902	2389	11.0513098	20	
	50	8.9472192	2368	9.9982903	19	8.9489289	2387	11.0510711	10	
5	0	8.9474561	2369	9.9982885	18	8.9491676	2387	11.0508324	0	55
	10	8.9476927	2366	9.9982866	19	8.9494061	2385	11.0505939	50	
	20	8.9479292	2365	9.9982848	18	8.9496444	2383	11.0503556	40	
	30	8.9481656	2364	9.9982829	19	8.9498827	2383	11.0501173	30	
	40	8.9484018	2362	9.9982810	19	8.9501208	2381	11.0498792	20	
	50	8.9486379	2361	9.9982791	19	8.9503588	2380	11.0496412	10	
6	0	8.9488739	2360	9.9982772	19	8.9505967	2379	11.0494033	0	54
	10	8.9491098	2359	9.9982754	18	8.9508344	2377	11.0491656	50	
	20	8.9493455	2357	9.9982735	19	8.9510720	2376	11.0489280	40	
	30	8.9495811	2356	9.9982716	19	8.9513095	2375	11.0486905	30	
	40	8.9498165	2354	9.9982697	19	8.9515468	2373	11.0484532	20	
	50	8.9500519	2354	9.9982678	19	8.9517840	2372	11.0482160	10	
7	0	8.9502871	2352	9.9982660	18	8.9520211	2371	11.0479789	0	53
	10	8.9505222	2351	9.9982641	19	8.9522581	2370	11.0477419	50	
	20	8.9507571	2349	9.9982622	19	8.9524949	2368	11.0475051	40	
	30	8.9509920	2349	9.9982603	19	8.9527317	2368	11.0472683	30	
	40	8.9512267	2347	9.9982584	19	8.9529683	2366	11.0470317	20	
	50	8.9514612	2345	9.9982565	19	8.9532047	2364	11.0467953	10	
8	0	8.9516957	2345	9.9982546	19	8.9534410	2363	11.0465590	0	52
	10	8.9519300	2343	9.9982527	19	8.9536773	2363	11.0463227	50	
	20	8.9521642	2342	9.9982508	19	8.9539133	2360	11.0460867	40	
	30	8.9523982	2340	9.9982489	19	8.9541493	2360	11.0458507	30	
	40	8.9526322	2340	9.9982470	19	8.9543851	2358	11.0456149	20	
	50	8.9528660	2338	9.9982451	19	8.9546208	2357	11.0453792	10	
9	0	8.9530997	2337	9.9982432	19	8.9548564	2356	11.0451436	0	51
	10	8.9533332	2335	9.9982413	19	8.9550918	2354	11.0449082	50	
	20	8.9535666	2334	9.9982394	19	8.9553271	2353	11.0446729	40	
	30	8.9537999	2333	9.9982375	19	8.9555624	2353	11.0444376	30	
	40	8.9540331	2332	9.9982356	19	8.9557974	2350	11.0442026	20	
	50	8.9542661	2330	9.9982337	19	8.9560324	2350	11.0439676	10	
10	0	8.9544991	2330	9.9982318	19	8.9562672	2348	11.0437328	0	50
'	"	Co-Sinus.	Diff.	Sinus.	D.	Co-Tang.	Diff. com.	Tang.	"	'

84 Deg.

5 Deg.

'	"	Sinus.	Diff.	Co-Sinus.	D.	Tang.	Diff. com.	Co-Tang.	"	'
10	0	8.9544991		9.9982318		8.9562672		11.0437328	0	50
	10	8.9547319	2328	9.9982299	19	8.9565019	2347	11.0434981	50	
	20	8.9549645	2326	9.9982280	19	8.9567365	2346	11.0432635	40	
	30	8.9551971	2326	9.9982261	19	8.9569709	2344	11.0430291	30	
	40	8.9554295	2324	9.9982242	19	8.9572053	2344	11.0427947	20	
	50	8.9556618	2323	9.9982223	19	8.9574395	2342	11.0425605	10	
11	0	8.9558940	2322	9.9982204	19	8.9576735	2340	11.0423265	0	49
	10	8.9561260	2320	9.9982185	19	8.9579075	2340	11.0420925	50	
	20	8.9563579	2319	9.9982166	19	8.9581413	2338	11.0418587	40	
	30	8.9565897	2318	9.9982147	19	8.9583750	2337	11.0416250	30	
	40	8.9568214	2317	9.9982128	19	8.9586086	2336	11.0413914	20	
	50	8.9570529	2315	9.9982108	20	8.9588421	2335	11.0411579	10	
12	0	8.9572844	2315	9.9982089	19	8.9590754	2333	11.0409246	0	48
	10	8.9575156	2312	9.9982070	19	8.9593086	2332	11.0406914	50	
	20	8.9577468	2312	9.9982051	19	8.9595417	2331	11.0404583	40	
	30	8.9579779	2311	9.9982032	19	8.9597747	2330	11.0402253	30	
	40	8.9582088	2309	9.9982013	19	8.9600075	2328	11.0399925	20	
	50	8.9584396	2308	9.9981993	20	8.9602402	2327	11.0397598	10	
13	0	8.9586703	2307	9.9981974	19	8.9604728	2326	11.0395272	0	47
	10	8.9589008	2305	9.9981955	19	8.9607053	2325	11.0392947	50	
	20	8.9591312	2304	9.9981936	19	8.9609377	2324	11.0390623	40	
	30	8.9593615	2303	9.9981916	20	8.9611699	2322	11.0388301	30	
	40	8.9595917	2302	9.9981897	19	8.9614020	2321	11.0385980	20	
	50	8.9598218	2301	9.9981878	19	8.9616340	2320	11.0383660	10	
14	0	8.9600517	2299	9.9981859	19	8.9618659	2319	11.0381341	0	46
	10	8.9602815	2298	9.9981839	20	8.9620976	2317	11.0379024	50	
	20	8.9605112	2297	9.9981820	19	8.9623292	2316	11.0376708	40	
	30	8.9607408	2296	9.9981801	19	8.9625607	2315	11.0374393	30	
	40	8.9609702	2294	9.9981781	20	8.9627921	2314	11.0372079	20	
	50	8.9611996	2294	9.9981762	19	8.9630234	2313	11.0369766	10	
15	0	8.9614288	2292	9.9981743	19	8.9632545	2311	11.0367455	0	45
	10	8.9616579	2291	9.9981723	20	8.9634855	2310	11.0365145	50	
	20	8.9618869	2290	9.9981704	19	8.9637164	2309	11.0362836	40	
	30	8.9621157	2288	9.9981685	19	8.9639473	2309	11.0360527	30	
	40	8.9623444	2287	9.9981665	20	8.9641778	2305	11.0358222	20	
	50	8.9625730	2286	9.9981646	19	8.9644084	2306	11.0355916	10	
16	0	8.9628015	2285	9.9981626	20	8.9646389	2305	11.0353611	0	44
	10	8.9630298	2283	9.9981607	19	8.9648691	2302	11.0351309	50	
	20	8.9632580	2282	9.9981588	19	8.9650993	2302	11.0349007	40	
	30	8.9634861	2281	9.9981568	20	8.9653293	2300	11.0346707	30	
	40	8.9637141	2280	9.9981549	19	8.9655592	2299	11.0344408	20	
	50	8.9639420	2279	9.9981529	20	8.9657891	2299	11.0342109	10	
17	0	8.9641697	2277	9.9981510	19	8.9660188	2297	11.0339812	0	43
	10	8.9643974	2277	9.9981490	20	8.9662483	2295	11.0337517	50	
	20	8.9646249	2275	9.9981471	19	8.9664778	2295	11.0335222	40	
	30	8.9648523	2274	9.9981451	20	8.9667071	2293	11.0332929	30	
	40	8.9650795	2272	9.9981431	20	8.9669363	2292	11.0330637	20	
	50	8.9653067	2272	9.9981412	19	8.9671654	2291	11.0328346	10	
18	0	8.9655337	2270	9.9981392	20	8.9673944	2290	11.0326056	0	42
	10	8.9657606	2269	9.9981373	19	8.9676233	2289	11.0323767	50	
	20	8.9659874	2268	9.9981353	20	8.9678520	2287	11.0321480	40	
	30	8.9662141	2267	9.9981334	19	8.9680807	2287	11.0319193	30	
	40	8.9664406	2265	9.9981314	20	8.9683092	2285	11.0316908	20	
	50	8.9666671	2265	9.9981295	19	8.9685376	2284	11.0314624	10	
19	0	8.9668934	2263	9.9981275	20	8.9687659	2283	11.0312341	0	41
	10	8.9671196	2262	9.9981256	19	8.9689940	2281	11.0310060	50	
	20	8.9673456	2260	9.9981236	20	8.9692220	2280	11.0307780	40	
	30	8.9675716	2260	9.9981217	19	8.9694499	2279	11.0305501	30	
	40	8.9677974	2258	9.9981197	20	8.9696777	2278	11.0303223	20	
	50	8.9680231	2257	9.9981177	20	8.9699054	2277	11.0300946	10	
20	0	8.9682487	2256	9.9981158	19	8.9701330	2276	11.0298670	0	40
'	"	Co-Sinus.	Diff.	Sinus.	D.	Co-Tang.	Diff. com.	Tang.	"	'

O 84 Deg.

5 Deg.

'	"	Sinus.	Diff.	Co-Sinus.	D.	Tang.	Diff. com.	Co-Tang.	"	'
20	0	8.9682487		9.9981158		8.9701330		11.0298670	0	40
	10	8.9684748	2255	9.9981138	20	8.9703604	2274	11.0296396	50	
	20	8.9686996	2254	9.9981118	20	8.9705878	2274	11.0294122	40	
	30	8.9689249	2252	9.9981099	19	8.9708150	2272	11.0291850	30	
	40	8.9691500	2251	9.9981079	20	8.9710421	2271	11.0289579	20	
	50	8.9693750	2250	9.9981059	20	8.9712691	2270	11.0287309	10	
21	0	8.9695999	2249	9.9981040	19	8.9714959	2268	11.0285041	0	39
	10	8.9698246	2247	9.9981020	20	8.9717227	2268	11.0282773	50	
	20	8.9700493	2247	9.9981000	20	8.9719493	2266	11.0280507	40	
	30	8.9702738	2245	9.9980980	20	8.9721758	2265	11.0278242	30	
	40	8.9704981	2243	9.9980961	19	8.9724022	2264	11.0275978	20	
	50	8.9707224	2243	9.9980941	20	8.9726285	2263	11.0273715	10	
22	0	8.9709466	2242	9.9980921	20	8.9728547	2262	11.0271453	0	38
	10	8.9711706	2240	9.9980901	20	8.9730807	2260	11.0269193	50	
	20	8.9713946	2240	9.9980881	20	8.9733067	2260	11.0266933	40	
	30	8.9716184	2238	9.9980862	19	8.9735325	2258	11.0264675	30	
	40	8.9718424	2238	9.9980842	20	8.9737582	2257	11.0262418	20	
	50	8.9720660	2236	9.9980822	20	8.9739838	2256	11.0260162	10	
23	0	8.9722895	2235	9.9980802	20	8.9742094	2254	11.0257906	0	37
	10	8.9725128	2233	9.9980782	20	8.9744346	2254	11.0255654	50	
	20	8.9727361	2233	9.9980764	18	8.9746599	2253	11.0253401	40	
	30	8.9729592	2231	9.9980743	21	8.9748850	2251	11.0251150	30	
	40	8.9731822	2230	9.9980723	20	8.9751100	2250	11.0248900	20	
	50	8.9734051	2229	9.9980703	20	8.9753349	2249	11.0246651	10	
24	0	8.9736280	2228	9.9980683	20	8.9755597	2248	11.0244403	0	36
	10	8.9738507	2227	9.9980664	19	8.9757844	2247	11.0242156	50	
	20	8.9740734	2227	9.9980644	20	8.9760089	2245	11.0239911	40	
	30	8.9742957	2223	9.9980624	20	8.9762334	2245	11.0237666	30	
	40	8.9745180	2223	9.9980604	20	8.9764577	2243	11.0235423	20	
	50	8.9747402	2222	9.9980583	21	8.9766819	2242	11.0233181	10	
25	0	8.9749624	2222	9.9980563	20	8.9769060	2241	11.0230940	0	35
	10	8.9751844	2220	9.9980543	20	8.9771300	2240	11.0228700	50	
	20	8.9754062	2218	9.9980523	20	8.9773539	2239	11.0226461	40	
	30	8.9756280	2218	9.9980503	20	8.9775777	2238	11.0224223	30	
	40	8.9758497	2217	9.9980483	20	8.9778013	2236	11.0221987	20	
	50	8.9760712	2215	9.9980463	20	8.9780249	2236	11.0219751	10	
26	0	8.9762916	2214	9.9980443	20	8.9782483	2234	11.0217517	0	34
	10	8.9765139	2213	9.9980423	20	8.9784716	2233	11.0215284	50	
	20	8.9767351	2212	9.9980403	20	8.9786948	2232	11.0213052	40	
	30	8.9769562	2211	9.9980383	20	8.9789179	2231	11.0210821	30	
	40	8.9771772	2210	9.9980363	20	8.9791409	2230	11.0208591	20	
	50	8.9773981	2209	9.9980343	20	8.9793637	2228	11.0206363	10	
27	0	8.9776189	2208	9.9980323	20	8.9795865	2228	11.0204135	0	33
	10	8.9778396	2207	9.9980303	20	8.9798091	2226	11.0201909	50	
	20	8.9780602	2206	9.9980283	20	8.9800316	2225	11.0199684	40	
	30	8.9782807	2205	9.9980263	20	8.9802540	2224	11.0197460	30	
	40	8.9785006	2204	9.9980243	20	8.9804763	2223	11.0195237	20	
	50	8.9787210	2203	9.9980223	20	8.9806985	2222	11.0193015	10	
28	0	8.9789408	2202	9.9980203	20	8.9809206	2221	11.0190794	0	32
	10	8.9791608	2200	9.9980183	20	8.9811426	2220	11.0188574	50	
	20	8.9793806	2198	9.9980164	19	8.9813644	2218	11.0186356	40	
	30	8.9796004	2198	9.9980143	21	8.9815862	2218	11.0184138	30	
	40	8.9798200	2196	9.9980122	21	8.9818078	2216	11.0181922	20	
	50	8.9800395	2195	9.9980101	21	8.9820293	2215	11.0179707	10	
29	0	8.9802590	2194	9.9980081	20	8.9822507	2214	11.0177493	0	31
	10	8.9804781	2192	9.9980061	20	8.9824720	2213	11.0175280	50	
	20	8.9806973	2192	9.9980041	20	8.9826932	2212	11.0173068	40	
	30	8.9809164	2191	9.9980021	20	8.9829143	2211	11.0170857	30	
	40	8.9811353	2189	9.9980000	21	8.9831353	2210	11.0168647	20	
	50	8.9813541	2188	9.9979980	20	8.9833561	2208	11.0166439	10	
30	0	8.9815729	2188	9.9979960	20	8.9835769	2208	11.0164231	0	30
'	"	Co-Sinus.	Diff.	Sinus.	D.	Co-Tang.	Diff. com.	Tang.	"	'

84 Deg.

5 Deg.

'	"	Sinus.	Diff.	Co-Sinus.	D.	Tang.	Diff. com.	Co-Tang.	"	'
30	0	8.9815729		9.9979960		8.9835769		11.0164231	0	30
	10	8.9817915	2186	9.9979939	21	8.9837975	2206	11.0162025	50	
	20	8.9820100	2185	9.9979919	20	8.9840181	2206	11.0159819	40	
	30	8.9822284	2184	9.9979899	20	8.9842385	2204	11.0157615	30	
	40	8.9824466	2182	9.9979878	21	8.9844588	2203	11.0155412	20	
	50	8.9826648	2182	9.9979858	20	8.9846790	2202	11.0153210	10	
31	0	8.9828829	2181	9.9979838	20	8.9848991	2201	11.0151009	0	29
	10	8.9831008	2179	9.9979818	20	8.9851191	2200	11.0148809	50	
	20	8.9833187	2179	9.9979797	21	8.9853389	2198	11.0146611	40	
	30	8.9835364	2177	9.9979777	20	8.9855587	2198	11.0144413	30	
	40	8.9837540	2176	9.9979757	20	8.9857783	2196	11.0142217	20	
	50	8.9839715	2175	9.9979736	21	8.9859979	2196	11.0140021	10	
32	0	8.9841889	2174	9.9979716	20	8.9862173	2194	11.0137827	0	28
	10	8.9844062	2173	9.9979695	21	8.9864367	2194	11.0135633	50	
	20	8.9846234	2172	9.9979675	20	8.9866559	2192	11.0133441	40	
	30	8.9848404	2170	9.9979655	20	8.9868750	2191	11.0131250	30	
	40	8.9850574	2170	9.9979634	21	8.9870940	2190	11.0129060	20	
	50	8.9852742	2168	9.9979614	20	8.9873129	2189	11.0126871	10	
33	0	8.9854910	2168	9.9979593	21	8.9875317	2188	11.0124683	0	27
	10	8.9857076	2166	9.9979573	20	8.9877503	2186	11.0122497	50	
	20	8.9859241	2165	9.9979552	21	8.9879689	2186	11.0120311	40	
	30	8.9861405	2164	9.9979531	21	8.9881874	2185	11.0118126	30	
	40	8.9863568	2163	9.9979511	20	8.9884057	2183	11.0115943	20	
	50	8.9865730	2162	9.9979491	20	8.9886240	2183	11.0113760	10	
34	0	8.9867891	2161	9.9979470	21	8.9888421	2181	11.0111579	0	26
	10	8.9870051	2160	9.9979449	21	8.9890602	2181	11.0109398	50	
	20	8.9872210	2159	9.9979429	20	8.9892781	2179	11.0107219	40	
	30	8.9874367	2157	9.9979408	21	8.9894959	2178	11.0105041	30	
	40	8.9876524	2157	9.9979388	20	8.9897136	2177	11.0102864	20	
	50	8.9878679	2155	9.9979367	21	8.9899312	2176	11.0100688	10	
35	0	8.9880834	2155	9.9979347	20	8.9901487	2175	11.0098513	0	25
	10	8.9882987	2153	9.9979326	21	8.9903661	2174	11.0096339	50	
	20	8.9885139	2152	9.9979306	20	8.9905833	2172	11.0094167	40	
	30	8.9887290	2151	9.9979285	21	8.9908005	2172	11.0091995	30	
	40	8.9889440	2150	9.9979264	21	8.9910176	2171	11.0089824	20	
	50	8.9891589	2149	9.9979244	20	8.9912345	2169	11.0087655	10	
36	0	8.9893737	2148	9.9979223	21	8.9914514	2169	11.0085486	0	24
	10	8.9895884	2147	9.9979202	21	8.9916682	2168	11.0083318	50	
	20	8.9898030	2146	9.9979182	20	8.9918848	2166	11.0081152	40	
	30	8.9900174	2144	9.9979161	21	8.9921013	2165	11.0078987	30	
	40	8.9902318	2144	9.9979141	20	8.9923178	2165	11.0076822	20	
	50	8.9904461	2143	9.9979120	21	8.9925341	2163	11.0074659	10	
37	0	8.9906601	2140	9.9979099	21	8.9927503	2162	11.0072497	0	23
	10	8.9908743	2141	9.9979078	21	8.9929665	2161	11.0070335	50	
	20	8.9910884	2141	9.9979058	20	8.9931826	2160	11.0068174	40	
	30	8.9913020	2136	9.9979037	21	8.9933983	2159	11.0066017	30	
	40	8.9915158	2138	9.9979016	21	8.9936141	2158	11.0063859	20	
	50	8.9917294	2136	9.9978996	20	8.9938298	2157	11.0061702	10	
38	0	8.9919429	2135	9.9978975	21	8.9940454	2156	11.0059546	0	22
	10	8.9921563	2134	9.9978954	21	8.9942609	2155	11.0057391	50	
	20	8.9923696	2133	9.9978933	21	8.9944763	2154	11.0055237	40	
	30	8.9925828	2132	9.9978912	21	8.9946915	2152	11.0053085	30	
	40	8.9927959	2131	9.9978891	21	8.9949068	2153	11.0050932	20	
	50	8.9930089	2130	9.9978871	20	8.9951218	2150	11.0048782	10	
39	0	8.9932217	2128	9.9978850	21	8.9953367	2149	11.0046633	0	21
	10	8.9934345	2128	9.9978829	21	8.9955516	2149	11.0044484	50	
	20	8.9936472	2127	9.9978808	21	8.9957663	2147	11.0042337	40	
	30	8.9938597	2125	9.9978787	21	8.9959810	2147	11.0040190	30	
	40	8.9940722	2125	9.9978767	20	8.9961955	2145	11.0038045	20	
	50	8.9942845	2123	9.9978746	21	8.9964100	2145	11.0035900	10	
40	0	8.9944968	2123	9.9978725	21	8.9966243	2143	11.0033757	0	20
'	"	Co-Sinus.	Diff.	Sinus.	D.	Co-Tang.	Diff. com.	Tang.	"	'

84 Deg.

5 Deg.

'	"	Sinus.	Diff.	Co-Sinus.	D.	Tang.	Diff. com.	Co-Tang.	"	'
40	0	8.9944968		9.9978719		8.9966241		11.0033757	0	20
	10	8.9947089	2121	9.9978704	21	8.9968385	2144	11.0031615	50	
	20	8.9949210	2121	9.9978683	21	8.9970527	2142	11.0029473	40	
	30	8.9951329	2119	9.9978662	21	8.9972667	2140	11.0027333	30	
	40	8.9953447	2118	9.9978641	21	8.9974806	2139	11.0025194	20	
	50	8.9955563	2116	9.9978620	21	8.9976944	2138	11.0023056	10	
41	0	8.9957681	2118	9.9978599	21	8.9979081	2137	11.0020919	0	19
	10	8.9959796	2115	9.9978578	21	8.9981218	2137	11.0018782	50	
	20	8.9961910	2114	9.9978557	21	8.9983353	2135	11.0016647	40	
	30	8.9964024	2114	9.9978536	21	8.9985488	2135	11.0014512	30	
	40	8.9966135	2111	9.9978515	21	8.9987620	2132	11.0012380	20	
	50	8.9968246	2111	9.9978494	21	8.9989752	2132	11.0010248	10	
42	0	8.9970356	2110	9.9978474	20	8.9991882	2130	11.0008118	0	18
	10	8.9972464	2108	9.9978453	21	8.9994011	2129	11.0005989	50	
	20	8.9974573	2109	9.9978432	21	8.9996141	2130	11.0003858	40	
	30	8.9976680	2107	9.9978410	22	8.9998270	2129	11.0001730	30	
	40	8.9978786	2106	9.9978389	21	9.0000397	2127	10.9999603	20	
	50	8.9980891	2105	9.9978368	21	9.0002523	2126	10.9997478	10	
43	0	8.9982994	2103	9.9978347	21	9.0004647	2124	10.9995353	0	17
	10	8.9985097	2103	9.9978326	21	9.0006771	2124	10.9993229	50	
	20	8.9987199	2102	9.9978305	21	9.0008894	2123	10.9991106	40	
	30	8.9989300	2101	9.9978284	21	9.0011016	2122	10.9988984	30	
	40	8.9991399	2099	9.9978263	21	9.0013136	2120	10.9986864	20	
	50	8.9993497	2098	9.9978242	21	9.0015256	2120	10.9984744	10	
44	0	8.9995595	2098	9.9978220	22	9.0017375	2119	10.9982625	0	16
	10	8.9997691	2096	9.9978199	21	9.0019493	2118	10.9980507	50	
	20	8.9999788	2097	9.9978178	21	9.0021610	2117	10.9978390	40	
	30	9.0001882	2094	9.9978157	21	9.0023725	2115	10.9976275	30	
	40	9.0003976	2094	9.9978136	21	9.0025840	2115	10.9974160	20	
	50	9.0006068	2092	9.9978115	21	9.0027954	2114	10.9972046	10	
45	0	9.0008160	2092	9.9978094	21	9.0030066	2112	10.9969934	0	15
	10	9.0010250	2090	9.9978072	22	9.0032178	2112	10.9967822	50	
	20	9.0012340	2090	9.9978051	21	9.0034289	2111	10.9965711	40	
	30	9.0014428	2088	9.9978030	21	9.0036398	2109	10.9963602	30	
	40	9.0016516	2088	9.9978009	21	9.0038507	2109	10.9961493	20	
	50	9.0018602	2086	9.9977987	22	9.0040615	2108	10.9959385	10	
46	0	9.0020687	2085	9.9977966	21	9.0042721	2106	10.9957279	0	14
	10	9.0022772	2085	9.9977945	21	9.0044827	2106	10.9955173	50	
	20	9.0024855	2083	9.9977923	22	9.0046932	2105	10.9953068	40	
	30	9.0026938	2083	9.9977902	21	9.0049036	2104	10.9950964	30	
	40	9.0029019	2081	9.9977881	21	9.0051138	2102	10.9948862	20	
	50	9.0031099	2080	9.9977860	21	9.0053240	2102	10.9946760	10	
47	0	9.0033179	2080	9.9977838	22	9.0055340	2100	10.9944660	0	13
	10	9.0035257	2078	9.9977817	21	9.0057440	2100	10.9942560	50	
	20	9.0037334	2077	9.9977795	22	9.0059539	2099	10.9940461	40	
	30	9.0039411	2077	9.9977774	21	9.0061637	2098	10.9938363	30	
	40	9.0041486	2075	9.9977753	21	9.0063733	2096	10.9936267	20	
	50	9.0043560	2074	9.9977731	22	9.0065829	2096	10.9934171	10	
48	0	9.0045634	2074	9.9977710	21	9.0067924	2095	10.9932076	0	12
	10	9.0047706	2072	9.9977688	22	9.0070017	2093	10.9929983	50	
	20	9.0049778	2072	9.9977667	21	9.0072111	2094	10.9927889	40	
	30	9.0051848	2070	9.9977646	21	9.0074202	2091	10.9925798	30	
	40	9.0053917	2069	9.9977624	22	9.0076293	2091	10.9923707	20	
	50	9.0055986	2069	9.9977603	21	9.0078383	2090	10.9921617	10	
49	0	9.0058053	2067	9.9977581	22	9.0080471	2088	10.9919529	0	11
	10	9.0060119	2066	9.9977560	21	9.0082559	2088	10.9917441	50	
	20	9.0062185	2066	9.9977539	21	9.0084646	2087	10.9915354	40	
	30	9.0064249	2064	9.9977517	22	9.0086732	2086	10.9913268	30	
	40	9.0066312	2063	9.9977496	21	9.0088817	2085	10.9911183	20	
	50	9.0068375	2063	9.9977474	22	9.0090901	2084	10.9909099	10	
50	0	9.0070436	2061	9.9977453	21	9.0092984	2083	10.9907016	0	10
'	"	Co-Sinus.	Diff.	Sinus.	D.	Co-Tang.	Diff. com.	Tang.	"	'

84 Deg.

5 Deg.

'	"	Sinus.	Diff.	Co-Sinus.	D.	Tang.	Diff. com.	Co-Tang.	"	'
50	0	9.0070436		9.9977453		9.0092984		10.9907016	0	10
	10	9.0072497	2061	9.9977431	22	9.0095066	2082	10.9904934	50	
	20	9.0074556	2059	9.9977410	21	9.0097146	2080	10.9902854	40	
	30	9.0076615	2059	9.9977388	22	9.0099226	2080	10.9900774	30	
	40	9.0078672	2057	9.9977367	21	9.0101305	2079	10.9898695	20	
	50	9.0080729	2057	9.9977345	22	9.0103383	2078	10.9896617	10	
51	0	9.0082784	2055	9.9977324	21	9.0105461	2078	10.9894539	0	9
	10	9.0084839	2055	9.9977302	22	9.0107537	2076	10.9892463	50	
	20	9.0086892	2053	9.9977281	21	9.0109612	2075	10.9890388	40	
	30	9.0088945	2053	9.9977259	22	9.0111686	2074	10.9888314	30	
	40	9.0090997	2052	9.9977237	22	9.0113759	2073	10.9886241	20	
	50	9.0093047	2050	9.9977215	22	9.0115831	2072	10.9884169	10	
52	0	9.0095096	2049	9.9977194	21	9.0117902	2071	10.9882097	0	8
	10	9.0097145	2049	9.9977172	22	9.0119973	2070	10.9880027	50	
	20	9.0099193	2048	9.9977151	21	9.0122042	2069	10.9877958	40	
	30	9.0101239	2046	9.9977129	22	9.0124110	2068	10.9875890	30	
	40	9.0103285	2046	9.9977107	22	9.0126178	2068	10.9873822	20	
	50	9.0105330	2045	9.9977086	21	9.0128244	2066	10.9871756	10	
53	0	9.0107374	2044	9.9977064	22	9.0130310	2066	10.9869690	0	7
	10	9.0109416	2042	9.9977042	22	9.0132374	2064	10.9867626	50	
	20	9.0111458	2042	9.9977020	22	9.0134438	2064	10.9865562	40	
	30	9.0113499	2041	9.9976999	21	9.0136500	2062	10.9863500	30	
	40	9.0115539	2040	9.9976977	22	9.0138562	2062	10.9861438	20	
	50	9.0117578	2039	9.9976955	22	9.0140623	2061	10.9859377	10	
54	0	9.0119616	2038	9.9976933	22	9.0142683	2060	10.9857317	0	6
	10	9.0121653	2037	9.9976912	21	9.0144741	2058	10.9855259	50	
	20	9.0123689	2036	9.9976890	22	9.0146799	2058	10.9853201	40	
	30	9.0125724	2035	9.9976868	22	9.0148856	2057	10.9851144	30	
	40	9.0127758	2034	9.9976846	22	9.0150912	2056	10.9849088	20	
	50	9.0129791	2033	9.9976824	22	9.0152967	2055	10.9847033	10	
55	0	9.0131824	2033	9.9976803	21	9.0155021	2054	10.9844979	0	5
	10	9.0133855	2031	9.9976781	22	9.0157074	2053	10.9842926	50	
	20	9.0135885	2030	9.9976759	22	9.0159126	2052	10.9840874	40	
	30	9.0137914	2029	9.9976737	22	9.0161177	2051	10.9838823	30	
	40	9.0139942	2028	9.9976715	22	9.0163227	2050	10.9836773	20	
	50	9.0141970	2028	9.9976694	21	9.0165276	2049	10.9834724	10	
56	0	9.0143996	2026	9.9976672	22	9.0167325	2049	10.9832675	0	4
	10	9.0146022	2026	9.9976650	22	9.0169372	2047	10.9830628	50	
	20	9.0148046	2024	9.9976628	22	9.0171418	2046	10.9828582	40	
	30	9.0150070	2024	9.9976606	22	9.0173464	2046	10.9826536	30	
	40	9.0152092	2022	9.9976584	22	9.0175508	2044	10.9824492	20	
	50	9.0154114	2022	9.9976562	22	9.0177552	2044	10.9822448	10	
57	0	9.0156135	2021	9.9976540	22	9.0179594	2042	10.9820406	0	3
	10	9.0158154	2019	9.9976518	22	9.0181636	2042	10.9818364	50	
	20	9.0160173	2019	9.9976496	22	9.0183677	2041	10.9816323	40	
	30	9.0162191	2018	9.9976474	22	9.0185717	2040	10.9814283	30	
	40	9.0164208	2017	9.9976452	22	9.0187756	2039	10.9812244	20	
	50	9.0166224	2016	9.9976430	22	9.0189794	2038	10.9810206	10	
58	0	9.0168239	2015	9.9976408	22	9.0191831	2037	10.9808169	0	2
	10	9.0170253	2014	9.9976386	22	9.0193867	2036	10.9806133	50	
	20	9.0172266	2013	9.9976364	22	9.0195902	2035	10.9804098	40	
	30	9.0174278	2012	9.9976342	22	9.0197936	2034	10.9802064	30	
	40	9.0176290	2012	9.9976320	22	9.0199970	2034	10.9800031	20	
	50	9.0178300	2010	9.9976298	22	9.0202002	2032	10.9797998	10	
59	0	9.0180309	2009	9.9976276	22	9.0204033	2031	10.9795967	0	1
	10	9.0182318	2009	9.9976254	22	9.0206064	2031	10.9793936	50	
	20	9.0184326	2008	9.9976232	22	9.0208093	2029	10.9791907	40	
	30	9.0186333	2007	9.9976210	22	9.0210122	2029	10.9789878	30	
	40	9.0188337	2004	9.9976188	22	9.0212150	2028	10.9787850	20	
	50	9.0190342	2005	9.9976166	22	9.0214176	2026	10.9785824	10	
60	0	9.0192346	2004	9.9976143	23	9.0216202	2026	10.9783798	0	0
'	"	Co-Sinus.	Diff.	Sinus.	D.	Co-Tang.	Diff. com.	Tang.	"	'

84 Deg.

6 Deg.

′	″	Sinus.	Diff.	Co-Sinus.	D.	Tang.	Diff. com.	Co-Tang.	″	′
0	0	9.0192346		9.9976143		9.0216203		10.9783797	0	60
	10	9.0194348	2002	9.9976121	22	9.0218227	2024	10.9781773	50	
	20	9.0196350	2002	9.9976099	22	9.0220251	2024	10.9779749	40	
	30	9.0198351	2001	9.9976077	22	9.0222274	2023	10.9777726	30	
	40	9.0200351	2000	9.9976055	22	9.0224296	2022	10.9775704	20	
	50	9.0202350	1999	9.9976033	22	9.0226317	2021	10.9773683	10	
1	0	9.0204348	1998	9.9976011	22	9.0228338	2021	10.9771662	0	59
	10	9.0206346	1998	9.9975989	22	9.0230357	2019	10.9769643	50	
	20	9.0208342	1996	9.9975966	23	9.0232376	2019	10.9767624	40	
	30	9.0210337	1995	9.9975944	22	9.0234393	2017	10.9765607	30	
	40	9.0212331	1994	9.9975921	23	9.0236410	2017	10.9763590	20	
	50	9.0214325	1994	9.9975899	22	9.0238426	2016	10.9761574	10	
2	0	9.0216318	1993	9.9975877	22	9.0240441	2015	10.9759559	0	58
	10	9.0218310	1992	9.9975855	22	9.0242455	2014	10.9757545	50	
	20	9.0220301	1991	9.9975833	22	9.0244468	2013	10.9755532	40	
	30	9.0222290	1989	9.9975810	23	9.0246480	2012	10.9753520	30	
	40	9.0224279	1989	9.9975788	22	9.0248491	2011	10.9751509	20	
	50	9.0226267	1988	9.9975766	22	9.0250501	2010	10.9749499	10	
3	0	9.0228253	1986	9.9975743	23	9.0252510	2009	10.9747490	0	57
	10	9.0230240	1987	9.9975721	22	9.0254519	2009	10.9745481	50	
	20	9.0232224	1984	9.9975698	23	9.0256526	2007	10.9743474	40	
	30	9.0234209	1985	9.9975676	22	9.0258533	2007	10.9741467	30	
	40	9.0236193	1984	9.9975653	23	9.0260540	2007	10.9739460	20	
	50	9.0238175	1982	9.9975631	22	9.0262544	2004	10.9737456	10	
4	0	9.0240157	1982	9.9975609	22	9.0264548	2004	10.9735452	0	56
	10	9.0242138	1981	9.9975587	22	9.0266551	2003	10.9733449	50	
	20	9.0244117	1979	9.9975564	23	9.0268553	2002	10.9731447	40	
	30	9.0246096	1979	9.9975542	22	9.0270554	2001	10.9729446	30	
	40	9.0248074	1978	9.9975520	22	9.0272554	2000	10.9727446	20	
	50	9.0250051	1977	9.9975497	23	9.0274554	2000	10.9725446	10	
5	0	9.0252028	1977	9.9975475	22	9.0276553	1999	10.9723447	0	55
	10	9.0254003	1975	9.9975453	22	9.0278550	1997	10.9721450	50	
	20	9.0255976	1973	9.9975430	23	9.0280546	1996	10.9719454	40	
	30	9.0257950	1974	9.9975408	22	9.0282542	1996	10.9717458	30	
	40	9.0259922	1972	9.9975385	23	9.0284537	1995	10.9715463	20	
	50	9.0261894	1972	9.9975363	22	9.0286531	1994	10.9713469	10	
6	0	9.0263864	1970	9.9975340	23	9.0288524	1993	10.9711476	0	54
	10	9.0265835	1971	9.9975318	22	9.0290517	1993	10.9709483	50	
	20	9.0267803	1968	9.9975295	23	9.0292508	1991	10.9707492	40	
	30	9.0269772	1969	9.9975273	22	9.0294499	1991	10.9705501	30	
	40	9.0271739	1967	9.9975250	23	9.0296489	1990	10.9703511	20	
	50	9.0273704	1965	9.9975227	23	9.0298477	1988	10.9701523	10	
7	0	9.0275669	1965	9.9975205	22	9.0300464	1987	10.9699536	0	53
	10	9.0277633	1964	9.9975182	23	9.0302451	1987	10.9697549	50	
	20	9.0279597	1964	9.9975160	22	9.0304437	1986	10.9695563	40	
	30	9.0281559	1962	9.9975137	23	9.0306422	1985	10.9693578	30	
	40	9.0283522	1963	9.9975115	22	9.0308407	1985	10.9691593	20	
	50	9.0285482	1960	9.9975092	23	9.0310390	1983	10.9689610	10	
8	0	9.0287442	1960	9.9975069	23	9.0312373	1983	10.9687627	0	52
	10	9.0289401	1959	9.9975047	22	9.0314354	1981	10.9685646	50	
	20	9.0291359	1958	9.9975024	23	9.0316335	1981	10.9683665	40	
	30	9.0293316	1957	9.9975001	23	9.0318315	1980	10.9681685	30	
	40	9.0295273	1957	9.9974979	22	9.0320294	1979	10.9679706	20	
	50	9.0297228	1955	9.9974956	23	9.0322272	1978	10.9677728	10	
9	0	9.0299182	1954	9.9974933	23	9.0324249	1977	10.9675751	0	51
	10	9.0301136	1954	9.9974911	22	9.0326225	1976	10.9673775	50	
	20	9.0303088	1952	9.9974888	23	9.0328200	1975	10.9671800	40	
	30	9.0305040	1952	9.9974865	23	9.0330175	1975	10.9669825	30	
	40	9.0306991	1951	9.9974842	23	9.0332149	1974	10.9667851	20	
	50	9.0308941	1950	9.9974820	22	9.0334121	1972	10.9665879	10	
10	0	9.0310890	1949	9.9974797	23	9.0336093	1972	10.9663907	0	50
′	″	Co-Sinus.	Diff.	Sinus.	D.	Co-Tang.	Diff. com.	Tang.	″	′

83 Deg.

6 Deg.

′	″	Sinus.	Diff.	Co-Sinus.	D.	Tang.	Diff. com.	Co-Tang.	″	′
10	0	9.0310890		9.9974797		9.0336093		10.9663907	0	50
	10	9.0312839	1949	9.9974774	23	9.0338065	1972	10.9661935	50	
	20	9.0314786	1947	9.9974751	23	9.0340035	1970	10.9659965	40	
	30	9.0316733	1947	9.9974729	22	9.0342004	1969	10.9657996	30	
	40	9.0318678	1945	9.9974706	23	9.0343972	1968	10.9656028	20	
	50	9.0320623	1945	9.9974683	23	9.0345940	1968	10.9654060	10	
11	0	9.0322567	1944	9.9974660	23	9.0347907	1967	10.9652093	0	49
	10	9.0324510	1943	9.9974638	22	9.0349872	1965	10.9650128	50	
	20	9.0326452	1942	9.9974615	23	9.0351837	1965	10.9648163	40	
	30	9.0328393	1941	9.9974592	23	9.0353801	1964	10.9646199	30	
	40	9.0330334	1941	9.9974569	23	9.0355765	1964	10.9644235	20	
	50	9.0332273	1939	9.9974546	23	9.0357727	1962	10.9642273	10	
12	0	9.0334211	1938	9.9974523	23	9.0359688	1961	10.9640312	0	48
	10	9.0336148	1937	9.9974501	22	9.0361647	1959	10.9638353	50	
	20	9.0338085	1937	9.9974478	23	9.0363607	1960	10.9636393	40	
	30	9.0340021	1936	9.9974455	23	9.0365566	1959	10.9634434	30	
	40	9.0341957	1936	9.9974432	23	9.0367525	1959	10.9632475	20	
	50	9.0343891	1934	9.9974408	24	9.0369483	1958	10.9630517	10	
13	0	9.0345824	1933	9.9974386	22	9.0371438	1955	10.9628562	0	47
	10	9.0347757	1933	9.9974363	23	9.0373394	1956	10.9626606	50	
	20	9.0349689	1932	9.9974340	23	9.0375349	1955	10.9624651	40	
	30	9.0351620	1931	9.9974317	23	9.0377303	1954	10.9622697	30	
	40	9.0353551	1931	9.9974294	23	9.0379257	1954	10.9620743	20	
	50	9.0355479	1928	9.9974271	23	9.0381208	1951	10.9618792	10	
14	0	9.0357407	1928	9.9974248	23	9.0383159	1951	10.9616841	0	46
	10	9.0359334	1927	9.9974225	23	9.0385109	1950	10.9614891	50	
	20	9.0361261	1927	9.9974202	23	9.0387059	1950	10.9612941	40	
	30	9.0363187	1926	9.9974179	23	9.0389007	1948	10.9610993	30	
	40	9.0365111	1924	9.9974156	23	9.0390955	1948	10.9609045	20	
	50	9.0367035	1924	9.9974133	23	9.0392902	1947	10.9607098	10	
15	0	9.0368958	1923	9.9974110	23	9.0394848	1946	10.9605152	0	45
	10	9.0370880	1922	9.9974087	23	9.0396793	1945	10.9603207	50	
	20	9.0372801	1921	9.9974064	23	9.0398737	1944	10.9601263	40	
	30	9.0374721	1920	9.9974041	23	9.0400680	1943	10.9599320	30	
	40	9.0376641	1920	9.9974018	23	9.0402623	1943	10.9597377	20	
	50	9.0378559	1918	9.9973995	23	9.0404564	1941	10.9595436	10	
16	0	9.0380477	1918	9.9973971	24	9.0406506	1942	10.9593494	0	44
	10	9.0382394	1917	9.9973948	23	9.0408446	1940	10.9591554	50	
	20	9.0384310	1916	9.9973925	23	9.0410385	1939	10.9589615	40	
	30	9.0386226	1916	9.9973901	24	9.0412325	1940	10.9587675	30	
	40	9.0388140	1914	9.9973879	22	9.0414261	1936	10.9585739	20	
	50	9.0390054	1914	9.9973856	23	9.0416198	1937	10.9583802	10	
17	0	9.0391966	1912	9.9973833	23	9.0418134	1936	10.9581866	0	43
	10	9.0393878	1912	9.9973809	24	9.0420069	1935	10.9579931	50	
	20	9.0395789	1911	9.9973786	23	9.0422003	1934	10.9577997	40	
	30	9.0397699	1910	9.9973763	23	9.0423936	1933	10.9576064	30	
	40	9.0399608	1909	9.9973740	23	9.0425868	1932	10.9574132	20	
	50	9.0401517	1909	9.9973716	24	9.0427800	1932	10.9572200	10	
18	0	9.0403424	1907	9.9973693	23	9.0429731	1931	10.9570269	0	42
	10	9.0405331	1907	9.9973670	23	9.0431661	1930	10.9568339	50	
	20	9.0407237	1906	9.9973647	23	9.0433590	1929	10.9566410	40	
	30	9.0409142	1905	9.9973623	24	9.0435519	1929	10.9564481	30	
	40	9.0411046	1904	9.9973600	23	9.0437446	1927	10.9562554	20	
	50	9.0412950	1904	9.9973577	23	9.0439373	1927	10.9560627	10	
19	0	9.0414851	1901	9.9973554	23	9.0441299	1926	10.9558701	0	41
	10	9.0416754	1903	9.9973530	24	9.0443224	1925	10.9556776	50	
	20	9.0418655	1901	9.9973507	23	9.0445148	1924	10.9554852	40	
	30	9.0420555	1900	9.9973484	23	9.0447071	1923	10.9552929	30	
	40	9.0422454	1899	9.9973460	24	9.0448993	1922	10.9551007	20	
	50	9.0424351	1897	9.9973437	23	9.0450914	1921	10.9549086	10	
20	0	9.0426249	1898	9.9973414	23	9.0452836	1922	10.9547164	0	40
′	″	Co-Sinus.	Diff.	Sinus.	D.	Co-Tang.	Diff. com.	Tang.	″	′

83 Deg.

6 Deg.

′	″	Sinus.	Diff.	Co-Sinus.	D.	Tang.	Diff. com.	Co-Tang.	″	′
20	0	9.0426149		9.9973414		9.0452836		10.9547164	0	40
	10	9.0428146	1897	9.9973396	[illegible]	9.0454756	1914	10.9545244	50	
	20	9.0430042	1896	9.9973367	[illegible]	9.0456675	1919	10.9543325	40	
	30	9.0431937	1895	9.9973348	[illegible]	9.0458590	1918	10.9541407	30	
	40	9.0433831	1894	9.9973320	[illegible]	9.0460511	1918	10.9539484	20	
	50	9.0435714	1893	9.9973291	[illegible]	9.0462418	1917	10.9537572	10	
21	0	9.0437617	1893	9.9973271	[illegible]	9.0464341	1919	10.9535657	0	39
	10	9.0439508	1891	9.9973254	[illegible]	9.0466137	1915	10.9533741	50	
	20	9.0441399	1891	9.9973226	[illegible]	9.0468172	1915	10.9531828	40	
	30	9.0443189	1890	9.9973200	[illegible]	9.0470086	1913	10.9529914	30	
	40	9.0445178	1888	9.9973175	[illegible]	9.0471999	1913	10.9528001	20	
	50	9.0447066	1888	9.9973149	[illegible]	9.0473910	1911	10.9526090	10	
22	0	9.0448954	1888	9.9973114	[illegible]	9.0475811	1911	10.9524179	0	38
	10	9.0450840	1886	9.9973104	[illegible]	9.0477731	1910	10.9522269	50	
	20	9.0452726	1886	9.9973078	[illegible]	9.0479641	1910	10.9520359	40	
	30	9.0454611	1885	9.9973060	[illegible]	9.0481549	1908	10.9518451	30	
	40	9.0456495	1884	9.9973038	[illegible]	9.0483457	1908	10.9516543	20	
	50	9.0458378	1883	9.9973016	[illegible]	9.0485363	1906	10.9514637	10	
23	0	9.0460261	1883	9.9972991	[illegible]	9.0487270	1907	10.9512730	0	37
	10	9.0462143	1882	9.9972968	[illegible]	9.0489175	1905	10.9510825	50	
	20	9.0464023	1880	9.9972944	[illegible]	9.0491079	1904	10.9508921	40	
	30	9.0465903	1880	9.9972921	[illegible]	9.0492982	1903	10.9507017	30	
	40	9.0467783	1880	9.9972897	[illegible]	9.0494886	1903	10.9505114	20	
	50	9.0469661	1878	9.9972873	[illegible]	9.0496788	1902	10.9503212	10	
24	0	9.0471538	1877	9.9972850	[illegible]	9.0498689	1901	10.9501311	0	36
	10	9.0473415	1877	9.9972826	[illegible]	9.0500589	1900	10.9499411	50	
	20	9.0475291	1876	9.9972802	[illegible]	9.0502489	1900	10.9497511	40	
	30	9.0477166	1875	9.9972779	[illegible]	9.0504387	1898	10.9495613	30	
	40	9.0479040	1874	9.9972755	[illegible]	9.0506285	1898	10.9493715	20	
	50	9.0480914	1874	9.9972731	[illegible]	9.0508183	1897	10.9491817	10	
25	0	9.0482787	1873	9.9972708	[illegible]	9.0510079	1896	10.9489921	0	35
	10	9.0484659	1872	9.9972684	[illegible]	9.0511974	1896	10.9488026	50	
	20	9.0486530	1871	9.9972660	[illegible]	9.0513869	1895	10.9486131	40	
	30	9.0488401	1870	9.9972637	[illegible]	9.0515762	1894	10.9484238	30	
	40	9.0490271	1870	9.9972613	[illegible]	9.0517656	1894	10.9482344	20	
	50	9.0492137	1868	9.9972589	[illegible]	9.0519548	1892	10.9480452	10	
26	0	9.0494005	1868	9.9972565	[illegible]	9.0521419	1891	10.9478581	0	34
	10	9.0495872	1867	9.9972541	[illegible]	9.0523331	1891	10.9476669	50	
	20	9.0497738	1866	9.9972518	[illegible]	9.0525220	1890	10.9474780	40	
	30	9.0499604	1866	9.9972494	[illegible]	9.0527109	1889	10.9472891	30	
	40	9.0501468	1864	9.9972471	[illegible]	9.0528997	1888	10.9471003	20	
	50	9.0503331	1863	9.9972447	[illegible]	9.0530884	1887	10.9469116	10	
27	0	9.0505194	1863	9.9972423	[illegible]	9.0532771	1887	10.9467229	0	33
	10	9.0507056	1862	9.9972399	[illegible]	9.0534657	1886	10.9465343	50	
	20	9.0508917	1861	9.9972375	[illegible]	9.0536542	1885	10.9463458	40	
	30	9.0510778	1861	9.9972351	[illegible]	9.0538426	1884	10.9461574	30	
	40	9.0512637	1859	9.9972328	[illegible]	9.0540310	1884	10.9459690	20	
	50	9.0514496	1859	9.9972304	[illegible]	9.0542192	1882	10.9457808	10	
28	0	9.0516354	1858	9.9972280	[illegible]	9.0544074	1882	10.9455926	0	32
	10	9.0518211	1857	9.9972256	[illegible]	9.0545955	1881	10.9454045	50	
	20	9.0520068	1857	9.9972232	[illegible]	9.0547836	1881	10.9452164	40	
	30	9.0521923	1855	9.9972208	[illegible]	9.0549715	1879	10.9450285	30	
	40	9.0523778	1855	9.9972184	[illegible]	9.0551594	1879	10.9448406	20	
	50	9.0525632	1854	9.9972160	[illegible]	9.0553472	1878	10.9446528	10	
29	0	9.0527485	1853	9.9972137	[illegible]	9.0555349	1877	10.9444651	0	31
	10	9.0529338	1853	9.9972113	[illegible]	9.0557225	1876	10.9442775	50	
	20	9.0531189	1851	9.9972089	[illegible]	9.0559101	1876	10.9440899	40	
	30	9.0533040	1851	9.9972065	[illegible]	9.0560975	1874	10.9439025	30	
	40	9.0534890	1850	9.9972041	[illegible]	9.0562849	1874	10.9437151	20	
	50	9.0536739	1849	9.9972017	[illegible]	9.0564722	1873	10.9435278	10	
30	0	9.0538588	1849	9.9971993	[illegible]	9.0566595	1873	10.9433405	0	30
′	″	Co-Sinus.	Diff.	Sinus.	D.	Co-Tang.	Diff. com.	Tang.	″	′

83 Deg.

6 Deg.

′	″	Sinus.	Diff.	Co-Sinus.	D.	Tang.	Diff. com.	Co-Tang.	″	′
30	0	9.0538588		9.9971993		9.0566595		10.9433405	0	30
	10	9.0540435	1847	9.9971969	[illegible]	9.0568466	1871	10.9431534	50	
	20	9.0542282	1847	9.9971945	[illegible]	9.0570337	1871	10.9429663	40	
	30	9.0544128	1846	9.9971921	[illegible]	9.0572207	1870	10.9427793	30	
	40	9.0545973	1845	9.9971897	[illegible]	9.0574076	1869	10.9425924	20	
	50	9.0547818	1845	9.9971873	[illegible]	9.0575945	1869	10.9424055	10	
31	0	9.0549661	1843	9.9971849	[illegible]	9.0577812	1867	10.9422188	0	29
	10	9.0551504	1843	9.9971825	[illegible]	9.0579679	1867	10.9420321	50	
	20	9.0553346	1842	9.9971801	[illegible]	9.0581545	1866	10.9418455	40	
	30	9.0555187	1841	9.9971776	[illegible]	9.0583411	1866	10.9416589	30	
	40	9.0557028	1841	9.9971752	[illegible]	9.0585275	1864	10.9414725	20	
	50	9.0558867	1839	9.9971728	[illegible]	9.0587139	1864	10.9412861	10	
32	0	9.0560706	1839	9.9971704	[illegible]	9.0589002	1863	10.9410998	0	28
	10	9.0562544	1838	9.9971680	[illegible]	9.0590864	1862	10.9409136	50	
	20	9.0564381	1837	9.9971656	[illegible]	9.0592726	1862	10.9407274	40	
	30	9.0566217	1836	9.9971632	[illegible]	9.0594586	1860	10.9405414	30	
	40	9.0568053	1836	9.9971607	[illegible]	9.0596446	1860	10.9403554	20	
	50	9.0569888	1835	9.9971583	[illegible]	9.0598305	1859	10.9401695	10	
33	0	9.0571722	1834	9.9971559	[illegible]	9.0600163	1858	10.9399837	0	27
	10	9.0573556	1834	9.9971535	[illegible]	9.0602020	1857	10.9397980	50	
	20	9.0575388	1832	9.9971511	[illegible]	9.0603877	1857	10.9396123	40	
	30	9.0577220	1832	9.9971487	[illegible]	9.0605714	1856	10.9394286	30	
	40	9.0579051	1831	9.9971462	[illegible]	9.0607589	1855	10.9392411	20	
	50	9.0580881	1830	9.9971438	[illegible]	9.0609443	1854	10.9390557	10	
34	0	9.0582711	1830	9.9971414	[illegible]	9.0611297	1854	10.9388703	0	26
	10	9.0584540	1829	9.9971390	[illegible]	9.0613150	1853	10.9386850	50	
	20	9.0586368	1828	9.9971366	[illegible]	9.0615002	1852	10.9384998	40	
	30	9.0588195	1827	9.9971341	[illegible]	9.0616854	1852	10.9383146	30	
	40	9.0590021	1826	9.9971317	[illegible]	9.0618704	1850	10.9381296	20	
	50	9.0591847	1826	9.9971293	[illegible]	9.0620554	1850	10.9379446	10	
35	0	9.0593672	1825	9.9971269	[illegible]	9.0622403	1849	10.9377597	0	25
	10	9.0595496	1824	9.9971244	[illegible]	9.0624252	1849	10.9375748	50	
	20	9.0597319	1823	9.9971220	[illegible]	9.0626099	1847	10.9373901	40	
	30	9.0599142	1823	9.9971196	[illegible]	9.0627946	1847	10.9372054	30	
	40	9.0600964	1822	9.9971171	[illegible]	9.0629792	1846	10.9370208	20	
	50	9.0602785	1821	9.9971147	[illegible]	9.0631638	1846	10.9368362	10	
36	0	9.0604605	1820	9.9971123	[illegible]	9.0633482	1844	10.9366518	0	24
	10	9.0606424	1819	9.9971099	[illegible]	9.0635326	1844	10.9364674	50	
	20	9.0608243	1819	9.9971074	[illegible]	9.0637169	1843	10.9362831	40	
	30	9.0610061	1818	9.9971050	[illegible]	9.0639011	1842	10.9360989	30	
	40	9.0611878	1817	9.9971025	[illegible]	9.0640853	1842	10.9359147	20	
	50	9.0613695	1817	9.9971001	[illegible]	9.0642693	1840	10.9357307	10	
37	0	9.0615509	1814	9.9970976	[illegible]	9.0644533	1840	10.9355467	0	23
	10	9.0617324	1815	9.9970952	[illegible]	9.0646372	1839	10.9353628	50	
	20	9.0619138	1814	9.9970927	[illegible]	9.0648211	1839	10.9351789	40	
	30	9.0620951	1813	9.9970903	[illegible]	9.0650048	1837	10.9349952	30	
	40	9.0622763	1812	9.9970878	[illegible]	9.0651885	1837	10.9348115	20	
	50	9.0624575	1812	9.9970854	[illegible]	9.0653721	1836	10.9346279	10	
38	0	9.0626386	1811	9.9970829	[illegible]	9.0655556	1835	10.9344444	0	22
	10	9.0628196	1810	9.9970805	[illegible]	9.0657391	1835	10.9342609	50	
	20	9.0630005	1809	9.9970780	[illegible]	9.0659225	1834	10.9340775	40	
	30	9.0631814	1809	9.9970756	[illegible]	9.0661058	1833	10.9338942	30	
	40	9.0633621	1807	9.9970731	[illegible]	9.0662890	1832	10.9337110	20	
	50	9.0635428	1807	9.9970707	[illegible]	9.0664721	1831	10.9335279	10	
39	0	9.0637235	1807	9.9970682	[illegible]	9.0666553	1832	10.9333447	0	21
	10	9.0639041	1806	9.9970657	[illegible]	9.0668383	1830	10.9331617	50	
	20	9.0640846	1805	9.9970633	[illegible]	9.0670213	1830	10.9329787	40	
	30	9.0642650	1804	9.9970608	[illegible]	9.0672041	1828	10.9327959	30	
	40	9.0644453	1803	9.9970584	[illegible]	9.0673870	1829	10.9326130	20	
	50	9.0646255	1802	9.9970559	[illegible]	9.0675696	1826	10.9324304	10	
40	0	9.0648057	1802	9.9970535	[illegible]	9.0677522	1826	10.9322478	0	20
′	″	Co-Sinus.	Diff.	Sinus.	D.	Co-Tang.	Diff. com.	Tang.	″	′

P

83 Deg.

6 Deg.

′	″	Sinus.	Diff.	Co-Sinus.	D.	Tang.	Diff. com.	Co-Tang.	″	′
40	0	9.0648057		9.9970535		9.0677522		10.9322478	0	20
	10	9.0649858	1801	9.9970510	25	9.0679348	1826	10.9320652	50	
	20	9.0651658	1800	9.9970486	24	9.0681173	1825	10.9318827	40	
	30	9.0653458	1800	9.9970461	25	9.0682997	1824	10.9317003	30	
	40	9.0655257	1799	9.9970436	25	9.0684820	1823	10.9315180	20	
	50	9.0657055	1798	9.9970411	25	9.0686643	1823	10.9313357	10	
41	0	9.0658852	1797	9.9970387	24	9.0688465	1822	10.9311535	0	19
	10	9.0660648	1796	9.9970362	25	9.0690286	1821	10.9309714	50	
	20	9.0662444	1796	9.9970337	25	9.0692106	1820	10.9307894	40	
	30	9.0664239	1795	9.9970313	24	9.0693926	1820	10.9306074	30	
	40	9.0666033	1794	9.9970288	25	9.0695745	1819	10.9304255	20	
	50	9.0667827	1794	9.9970263	25	9.0697564	1819	10.9302436	10	
42	0	9.0669619	1792	9.9970238	25	9.0699381	1817	10.9300619	0	18
	10	9.0671411	1792	9.9970214	24	9.0701197	1816	10.9298803	50	
	20	9.0673203	1792	9.9970189	25	9.0703013	1816	10.9296987	40	
	30	9.0674993	1790	9.9970164	25	9.0704829	1816	10.9295171	30	
	40	9.0676783	1790	9.9970140	24	9.0706643	1814	10.9293357	20	
	50	9.0678574	1791	9.9970115	25	9.0708457	1814	10.9291543	10	
43	0	9.0680360	1788	9.9970090	25	9.0710270	1813	10.9289730	0	17
	10	9.0682147	1787	9.9970066	24	9.0712081	1811	10.9287919	50	
	20	9.0683934	1786	9.9970041	25	9.0713894	1810	10.9286106	40	
	30	9.0685720	1785	9.9970016	25	9.0715704	1810	10.9284296	30	
	40	9.0687505	1784	9.9969991	25	9.0717515	1811	10.9282485	20	
	50	9.0689290	1784	9.9969966	25	9.0719324	1809	10.9280676	10	
44	0	9.0691074	1784	9.9969941	25	9.0721133	1809	10.9278867	0	16
	10	9.0692857	1783	9.9969916	25	9.0722940	1807	10.9277060	50	
	20	9.0694639	1782	9.9969891	25	9.0724748	1808	10.9275252	40	
	30	9.0696421	1782	9.9969867	24	9.0726554	1806	10.9273446	30	
	40	9.0698201	1780	9.9969842	25	9.0728360	1806	10.9271640	20	
	50	9.0699981	1780	9.9969817	25	9.0730165	1805	10.9269835	10	
45	0	9.0701761	1780	9.9969792	25	9.0731969	1804	10.9268031	0	15
	10	9.0703539	1778	9.9969767	25	9.0733772	1803	10.9266228	50	
	20	9.0705317	1778	9.9969742	25	9.0735575	1803	10.9264425	40	
	30	9.0707094	1777	9.9969717	25	9.0737377	1802	10.9262623	30	
	40	9.0708871	1777	9.9969692	25	9.0739179	1802	10.9260821	20	
	50	9.0710646	1775	9.9969667	25	9.0740979	1800	10.9259021	10	
46	0	9.0712421	1775	9.9969641	26	9.0742779	1800	10.9257221	0	14
	10	9.0714195	1774	9.9969617	24	9.0744578	1799	10.9255422	50	
	20	9.0715969	1774	9.9969592	25	9.0746376	1798	10.9253624	40	
	30	9.0717741	1772	9.9969567	25	9.0748174	1798	10.9251826	30	
	40	9.0719513	1772	9.9969542	25	9.0749971	1797	10.9250029	20	
	50	9.0721285	1770	9.9969517	25	9.0751767	1796	10.9248233	10	
47	0	9.0723055	1770	9.9969491	26	9.0753564	1797	10.9246436	0	13
	10	9.0724824	1769	9.9969467	24	9.0755358	1794	10.9244642	50	
	20	9.0726592	1768	9.9969441	26	9.0757151	1793	10.9242849	40	
	30	9.0728360	1768	9.9969417	24	9.0758943	1792	10.9241057	30	
	40	9.0730127	1767	9.9969392	25	9.0760735	1792	10.9239265	20	
	50	9.0731893	1766	9.9969367	25	9.0762526	1791	10.9237474	10	
48	0	9.0733659	1766	9.9969342	25	9.0764317	1791	10.9235683	0	12
	10	9.0735424	1765	9.9969317	25	9.0766107	1790	10.9233893	50	
	20	9.0737189	1764	9.9969291	26	9.0767898	1791	10.9232102	40	
	30	9.0738953	1763	9.9969266	25	9.0769687	1789	10.9230313	30	
	40	9.0740716	1763	9.9969241	25	9.0771475	1788	10.9228525	20	
	50	9.0742478	1762	9.9969216	25	9.0773262	1787	10.9226738	10	
49	0	9.0744240	1762	9.9969191	25	9.0775049	1787	10.9224951	0	11
	10	9.0746000	1760	9.9969166	25	9.0776834	1785	10.9223166	50	
	20	9.0747760	1760	9.9969140	26	9.0778620	1786	10.9221380	40	
	30	9.0749519	1759	9.9969115	25	9.0780404	1784	10.9219596	30	
	40	9.0751278	1758	9.9969090	25	9.0782188	1784	10.9217812	20	
	50	9.0753042	1757	9.9969064	26	9.0783977	1785	10.9216023	10	
50	0	9.0754799	1757	9.9969039	25	9.0785760	1783	10.9214240	0	10
′	″	Co-Sinus.	Dif.	Sinus.	D.	Co-Tang.	Diff. com.	Tang.	″	′

83 Deg.

6 Deg.

′	″	Sinus.	Dif.	Co-Sinus.	D.	Tang.	Dif. com.	Co-Tang.	″	′
50	0	9.0754799		9.9969039		9.0785760		10.9214240	0	10
	10	9.0756556	1757	9.9969014	25	9.0787542	1782	10.9212458	50	
	20	9.0758312	1756	9.9968989	25	9.0789323	1781	10.9210677	40	
	30	9.0760067	1755	9.9968964	25	9.0791103	1780	10.9208897	30	
	40	9.0761822	1755	9.9968939	25	9.0792883	1780	10.9207117	20	
	50	9.0763575	1753	9.9968913	26	9.0794662	1779	10.9205338	10	
51	0	9.0765329	1754	9.9968888	25	9.0796441	1779	10.9203559	0	9
	10	9.0767081	1752	9.9968863	25	9.0798218	1777	10.9201782	50	
	20	9.0768833	1752	9.9968838	25	9.0799995	1777	10.9200005	40	
	30	9.0770584	1751	9.9968812	26	9.0801772	1777	10.9198228	30	
	40	9.0772334	1750	9.9968787	25	9.0803547	1776	10.9196453	20	
	50	9.0774083	1749	9.9968761	26	9.0805322	1775	10.9194678	10	
52	0	9.0775832	1749	9.9968736	25	9.0807096	1774	10.9192904	0	8
	10	9.0777580	1748	9.9968711	25	9.0808869	1773	10.9191131	50	
	20	9.0779327	1747	9.9968686	25	9.0810641	1772	10.9189359	40	
	30	9.0781074	1747	9.9968660	26	9.0812414	1773	10.9187586	30	
	40	9.0782820	1746	9.9968635	25	9.0814185	1771	10.9185815	20	
	50	9.0784565	1745	9.9968609	26	9.0815956	1771	10.9184044	10	
53	0	9.0786310	1745	9.9968584	25	9.0817726	1770	10.9182274	0	7
	10	9.0788054	1744	9.9968559	25	9.0819495	1769	10.9180505	50	
	20	9.0789797	1743	9.9968533	26	9.0821264	1769	10.9178736	40	
	30	9.0791539	1742	9.9968507	26	9.0823032	1768	10.9176968	30	
	40	9.0793281	1742	9.9968482	25	9.0824799	1767	10.9175201	20	
	50	9.0795022	1741	9.9968457	25	9.0826565	1766	10.9173435	10	
54	0	9.0796762	1740	9.9968431	26	9.0828331	1766	10.9171669	0	6
	10	9.0798501	1739	9.9968405	26	9.0830096	1765	10.9169904	50	
	20	9.0800240	1739	9.9968380	25	9.0831860	1764	10.9168140	40	
	30	9.0801979	1739	9.9968355	25	9.0833624	1764	10.9166376	30	
	40	9.0803716	1737	9.9968329	26	9.0835387	1763	10.9164613	20	
	50	9.0805453	1737	9.9968304	25	9.0837149	1762	10.9162851	10	
55	0	9.0807189	1736	9.9968278	26	9.0838911	1762	10.9161089	0	5
	10	9.0808924	1735	9.9968252	26	9.0840672	1761	10.9159328	50	
	20	9.0810659	1735	9.9968227	25	9.0842432	1760	10.9157568	40	
	30	9.0812393	1734	9.9968201	26	9.0844191	1759	10.9155809	30	
	40	9.0814126	1733	9.9968176	25	9.0845950	1759	10.9154050	20	
	50	9.0815859	1733	9.9968150	26	9.0847708	1758	10.9152292	10	
56	0	9.0817590	1731	9.9968124	26	9.0849466	1758	10.9150534	0	4
	10	9.0819321	1731	9.9968099	25	9.0851222	1756	10.9148778	50	
	20	9.0821052	1731	9.9968073	26	9.0852978	1756	10.9147022	40	
	30	9.0822781	1729	9.9968047	26	9.0854734	1756	10.9145266	30	
	40	9.0824510	1729	9.9968021	26	9.0856489	1755	10.9143511	20	
	50	9.0826239	1729	9.9967996	25	9.0858243	1754	10.9141757	10	
57	0	9.0827966	1727	9.9967971	25	9.0859996	1753	10.9140004	0	3
	10	9.0829693	1727	9.9967945	26	9.0861748	1752	10.9138252	50	
	20	9.0831419	1726	9.9967919	26	9.0863500	1752	10.9136500	40	
	30	9.0833145	1726	9.9967894	25	9.0865251	1751	10.9134749	30	
	40	9.0834870	1725	9.9967868	26	9.0867002	1751	10.9132998	20	
	50	9.0836594	1724	9.9967842	26	9.0868752	1750	10.9131248	10	
58	0	9.0838317	1723	9.9967817	25	9.0870501	1749	10.9129499	0	2
	10	9.0840040	1723	9.9967791	26	9.0872249	1748	10.9127751	50	
	20	9.0841762	1722	9.9967765	26	9.0873997	1748	10.9126003	40	
	30	9.0843484	1722	9.9967739	26	9.0875744	1747	10.9124256	30	
	40	9.0845204	1720	9.9967713	26	9.0877491	1747	10.9122509	20	
	50	9.0846924	1720	9.9967688	25	9.0879236	1745	10.9120764	10	
59	0	9.0848643	1719	9.9967662	26	9.0880981	1745	10.9119019	0	1
	10	9.0850361	1718	9.9967636	26	9.0882726	1745	10.9117274	50	
	20	9.0852078	1717	9.9967610	26	9.0884470	1744	10.9115530	40	
	30	9.0853797	1717	9.9967584	26	9.0886213	1743	10.9113787	30	
	40	9.0855514	1716	9.9967559	25	9.0887955	1742	10.9112045	20	
	50	9.0857230	1716	9.9967533	26	9.0889697	1742	10.9110303	10	
60	0	9.0858945	1715	9.9967507	26	9.0891438	1741	10.9108562	0	0
′	″	Co-Sinus.	Dif.	Sinus.	D.	Co-Tang.	Dif. com.	Tang.	″	′

83 Deg.

7 Deg.

′	″	Sinus.	Diff.	Co-Sinus.	D.	Tang.	Diff. com.	Co-Tang.	″	′
0	0	[illegible]		[illegible]		[illegible]		[illegible]	0	60
	10	[illegible]	[illegible]	[illegible]	[illegible]	[illegible]	[illegible]	[illegible]	50	
	20	[illegible]	[illegible]	[illegible]	[illegible]	[illegible]	[illegible]	[illegible]	40	
	30	[illegible]	[illegible]	[illegible]	[illegible]	[illegible]	[illegible]	[illegible]	30	
	40	[illegible]	[illegible]	[illegible]	[illegible]	[illegible]	[illegible]	[illegible]	20	
	50	[illegible]	[illegible]	[illegible]	[illegible]	[illegible]	[illegible]	[illegible]	10	
1	0	[illegible]	[illegible]	[illegible]	[illegible]	[illegible]	[illegible]	[illegible]	0	59
	10	[illegible]	[illegible]	[illegible]	[illegible]	[illegible]	[illegible]	[illegible]	50	
	20	[illegible]	[illegible]	[illegible]	[illegible]	[illegible]	[illegible]	[illegible]	40	
	30	[illegible]	[illegible]	[illegible]	[illegible]	[illegible]	[illegible]	[illegible]	30	
	40	[illegible]	[illegible]	[illegible]	[illegible]	[illegible]	[illegible]	[illegible]	20	
	50	[illegible]	[illegible]	[illegible]	[illegible]	[illegible]	[illegible]	[illegible]	10	
2	0	[illegible]	[illegible]	[illegible]	[illegible]	[illegible]	[illegible]	[illegible]	0	58
	10	[illegible]	[illegible]	[illegible]	[illegible]	[illegible]	[illegible]	[illegible]	50	
	20	[illegible]	[illegible]	[illegible]	[illegible]	[illegible]	[illegible]	[illegible]	40	
	30	[illegible]	[illegible]	[illegible]	[illegible]	[illegible]	[illegible]	[illegible]	30	
	40	[illegible]	[illegible]	[illegible]	[illegible]	[illegible]	[illegible]	[illegible]	20	
	50	[illegible]	[illegible]	[illegible]	[illegible]	[illegible]	[illegible]	[illegible]	10	
3	0	[illegible]	[illegible]	[illegible]	[illegible]	[illegible]	[illegible]	[illegible]	0	57
	10	[illegible]	[illegible]	[illegible]	[illegible]	[illegible]	[illegible]	[illegible]	50	
	20	[illegible]	[illegible]	[illegible]	[illegible]	[illegible]	[illegible]	[illegible]	40	
	30	[illegible]	[illegible]	[illegible]	[illegible]	[illegible]	[illegible]	[illegible]	30	
	40	[illegible]	[illegible]	[illegible]	[illegible]	[illegible]	[illegible]	[illegible]	20	
	50	[illegible]	[illegible]	[illegible]	[illegible]	[illegible]	[illegible]	[illegible]	10	
4	0	[illegible]	[illegible]	[illegible]	[illegible]	[illegible]	[illegible]	[illegible]	0	56
	10	[illegible]	[illegible]	[illegible]	[illegible]	[illegible]	[illegible]	[illegible]	50	
	20	[illegible]	[illegible]	[illegible]	[illegible]	[illegible]	[illegible]	[illegible]	40	
	30	[illegible]	[illegible]	[illegible]	[illegible]	[illegible]	[illegible]	[illegible]	30	
	40	[illegible]	[illegible]	[illegible]	[illegible]	[illegible]	[illegible]	[illegible]	20	
	50	[illegible]	[illegible]	[illegible]	[illegible]	[illegible]	[illegible]	[illegible]	10	
5	0	[illegible]	[illegible]	[illegible]	[illegible]	[illegible]	[illegible]	[illegible]	0	55
	10	[illegible]	[illegible]	[illegible]	[illegible]	[illegible]	[illegible]	[illegible]	50	
	20	[illegible]	[illegible]	[illegible]	[illegible]	[illegible]	[illegible]	[illegible]	40	
	30	[illegible]	[illegible]	[illegible]	[illegible]	[illegible]	[illegible]	[illegible]	30	
	40	[illegible]	[illegible]	[illegible]	[illegible]	[illegible]	[illegible]	[illegible]	20	
	50	[illegible]	[illegible]	[illegible]	[illegible]	[illegible]	[illegible]	[illegible]	10	
6	0	[illegible]	[illegible]	[illegible]	[illegible]	[illegible]	[illegible]	[illegible]	0	54
	10	[illegible]	[illegible]	[illegible]	[illegible]	[illegible]	[illegible]	[illegible]	50	
	20	[illegible]	[illegible]	[illegible]	[illegible]	[illegible]	[illegible]	[illegible]	40	
	30	[illegible]	[illegible]	[illegible]	[illegible]	[illegible]	[illegible]	[illegible]	30	
	40	[illegible]	[illegible]	[illegible]	[illegible]	[illegible]	[illegible]	[illegible]	20	
	50	[illegible]	[illegible]	[illegible]	[illegible]	[illegible]	[illegible]	[illegible]	10	
7	0	[illegible]	[illegible]	[illegible]	[illegible]	[illegible]	[illegible]	[illegible]	0	53
	10	[illegible]	[illegible]	[illegible]	[illegible]	[illegible]	[illegible]	[illegible]	50	
	20	[illegible]	[illegible]	[illegible]	[illegible]	[illegible]	[illegible]	[illegible]	40	
	30	[illegible]	[illegible]	[illegible]	[illegible]	[illegible]	[illegible]	[illegible]	30	
	40	[illegible]	[illegible]	[illegible]	[illegible]	[illegible]	[illegible]	[illegible]	20	
	50	[illegible]	[illegible]	[illegible]	[illegible]	[illegible]	[illegible]	[illegible]	10	
8	0	[illegible]	[illegible]	[illegible]	[illegible]	[illegible]	[illegible]	[illegible]	0	52
	10	[illegible]	[illegible]	[illegible]	[illegible]	[illegible]	[illegible]	[illegible]	50	
	20	[illegible]	[illegible]	[illegible]	[illegible]	[illegible]	[illegible]	[illegible]	40	
	30	[illegible]	[illegible]	[illegible]	[illegible]	[illegible]	[illegible]	[illegible]	30	
	40	[illegible]	[illegible]	[illegible]	[illegible]	[illegible]	[illegible]	[illegible]	20	
	50	[illegible]	[illegible]	[illegible]	[illegible]	[illegible]	[illegible]	[illegible]	10	
9	0	[illegible]	[illegible]	[illegible]	[illegible]	[illegible]	[illegible]	[illegible]	0	51
	10	[illegible]	[illegible]	[illegible]	[illegible]	[illegible]	[illegible]	[illegible]	50	
	20	[illegible]	[illegible]	[illegible]	[illegible]	[illegible]	[illegible]	[illegible]	40	
	30	[illegible]	[illegible]	[illegible]	[illegible]	[illegible]	[illegible]	[illegible]	30	
	40	[illegible]	[illegible]	[illegible]	[illegible]	[illegible]	[illegible]	[illegible]	20	
	50	[illegible]	[illegible]	[illegible]	[illegible]	[illegible]	[illegible]	[illegible]	10	
10	0	[illegible]	[illegible]	[illegible]	[illegible]	[illegible]	[illegible]	[illegible]	0	50
′	″	Co-Sinus.	Diff.	Sinus.	D.	Co-Tang.	Diff. com.	Tang.	″	′

82 Deg.

7 Deg.

′	″	Sinus.	Diff.	Co-Sinus.	D.	Tang.	Diff. com.	Co-Tang.	″	′
10	0	[illegible]		[illegible]		[illegible]		[illegible]	0	50
	10	[illegible]	[illegible]	[illegible]	[illegible]	[illegible]	[illegible]	[illegible]	50	
	20	[illegible]	[illegible]	[illegible]	[illegible]	[illegible]	[illegible]	[illegible]	40	
	30	[illegible]	[illegible]	[illegible]	[illegible]	[illegible]	[illegible]	[illegible]	30	
	40	[illegible]	[illegible]	[illegible]	[illegible]	[illegible]	[illegible]	[illegible]	20	
	50	[illegible]	[illegible]	[illegible]	[illegible]	[illegible]	[illegible]	[illegible]	10	
11	0	[illegible]	[illegible]	[illegible]	[illegible]	[illegible]	[illegible]	[illegible]	0	49
	10	[illegible]	[illegible]	[illegible]	[illegible]	[illegible]	[illegible]	[illegible]	50	
	20	[illegible]	[illegible]	[illegible]	[illegible]	[illegible]	[illegible]	[illegible]	40	
	30	[illegible]	[illegible]	[illegible]	[illegible]	[illegible]	[illegible]	[illegible]	30	
	40	[illegible]	[illegible]	[illegible]	[illegible]	[illegible]	[illegible]	[illegible]	20	
	50	[illegible]	[illegible]	[illegible]	[illegible]	[illegible]	[illegible]	[illegible]	10	
12	0	[illegible]	[illegible]	[illegible]	[illegible]	[illegible]	[illegible]	[illegible]	0	48
	10	[illegible]	[illegible]	[illegible]	[illegible]	[illegible]	[illegible]	[illegible]	50	
	20	[illegible]	[illegible]	[illegible]	[illegible]	[illegible]	[illegible]	[illegible]	40	
	30	[illegible]	[illegible]	[illegible]	[illegible]	[illegible]	[illegible]	[illegible]	30	
	40	[illegible]	[illegible]	[illegible]	[illegible]	[illegible]	[illegible]	[illegible]	20	
	50	[illegible]	[illegible]	[illegible]	[illegible]	[illegible]	[illegible]	[illegible]	10	
13	0	[illegible]	[illegible]	[illegible]	[illegible]	[illegible]	[illegible]	[illegible]	0	47
	10	[illegible]	[illegible]	[illegible]	[illegible]	[illegible]	[illegible]	[illegible]	50	
	20	[illegible]	[illegible]	[illegible]	[illegible]	[illegible]	[illegible]	[illegible]	40	
	30	[illegible]	[illegible]	[illegible]	[illegible]	[illegible]	[illegible]	[illegible]	30	
	40	[illegible]	[illegible]	[illegible]	[illegible]	[illegible]	[illegible]	[illegible]	20	
	50	[illegible]	[illegible]	[illegible]	[illegible]	[illegible]	[illegible]	[illegible]	10	
14	0	[illegible]	[illegible]	[illegible]	[illegible]	[illegible]	[illegible]	[illegible]	0	46
	10	[illegible]	[illegible]	[illegible]	[illegible]	[illegible]	[illegible]	[illegible]	50	
	20	[illegible]	[illegible]	[illegible]	[illegible]	[illegible]	[illegible]	[illegible]	40	
	30	[illegible]	[illegible]	[illegible]	[illegible]	[illegible]	[illegible]	[illegible]	30	
	40	[illegible]	[illegible]	[illegible]	[illegible]	[illegible]	[illegible]	[illegible]	20	
	50	[illegible]	[illegible]	[illegible]	[illegible]	[illegible]	[illegible]	[illegible]	10	
15	0	[illegible]	[illegible]	[illegible]	[illegible]	[illegible]	[illegible]	[illegible]	0	45
	10	[illegible]	[illegible]	[illegible]	[illegible]	[illegible]	[illegible]	[illegible]	50	
	20	[illegible]	[illegible]	[illegible]	[illegible]	[illegible]	[illegible]	[illegible]	40	
	30	[illegible]	[illegible]	[illegible]	[illegible]	[illegible]	[illegible]	[illegible]	30	
	40	[illegible]	[illegible]	[illegible]	[illegible]	[illegible]	[illegible]	[illegible]	20	
	50	[illegible]	[illegible]	[illegible]	[illegible]	[illegible]	[illegible]	[illegible]	10	
16	0	[illegible]	[illegible]	[illegible]	[illegible]	[illegible]	[illegible]	[illegible]	0	44
	10	[illegible]	[illegible]	[illegible]	[illegible]	[illegible]	[illegible]	[illegible]	50	
	20	[illegible]	[illegible]	[illegible]	[illegible]	[illegible]	[illegible]	[illegible]	40	
	30	[illegible]	[illegible]	[illegible]	[illegible]	[illegible]	[illegible]	[illegible]	30	
	40	[illegible]	[illegible]	[illegible]	[illegible]	[illegible]	[illegible]	[illegible]	20	
	50	[illegible]	[illegible]	[illegible]	[illegible]	[illegible]	[illegible]	[illegible]	10	
17	0	[illegible]	[illegible]	[illegible]	[illegible]	[illegible]	[illegible]	[illegible]	0	43
	10	[illegible]	[illegible]	[illegible]	[illegible]	[illegible]	[illegible]	[illegible]	50	
	20	[illegible]	[illegible]	[illegible]	[illegible]	[illegible]	[illegible]	[illegible]	40	
	30	[illegible]	[illegible]	[illegible]	[illegible]	[illegible]	[illegible]	[illegible]	30	
	40	[illegible]	[illegible]	[illegible]	[illegible]	[illegible]	[illegible]	[illegible]	20	
	50	[illegible]	[illegible]	[illegible]	[illegible]	[illegible]	[illegible]	[illegible]	10	
18	0	[illegible]	[illegible]	[illegible]	[illegible]	[illegible]	[illegible]	[illegible]	0	42
	10	[illegible]	[illegible]	[illegible]	[illegible]	[illegible]	[illegible]	[illegible]	50	
	20	[illegible]	[illegible]	[illegible]	[illegible]	[illegible]	[illegible]	[illegible]	40	
	30	[illegible]	[illegible]	[illegible]	[illegible]	[illegible]	[illegible]	[illegible]	30	
	40	[illegible]	[illegible]	[illegible]	[illegible]	[illegible]	[illegible]	[illegible]	20	
	50	[illegible]	[illegible]	[illegible]	[illegible]	[illegible]	[illegible]	[illegible]	10	
19	0	[illegible]	[illegible]	[illegible]	[illegible]	[illegible]	[illegible]	[illegible]	0	41
	10	[illegible]	[illegible]	[illegible]	[illegible]	[illegible]	[illegible]	[illegible]	50	
	20	[illegible]	[illegible]	[illegible]	[illegible]	[illegible]	[illegible]	[illegible]	40	
	30	[illegible]	[illegible]	[illegible]	[illegible]	[illegible]	[illegible]	[illegible]	30	
	40	[illegible]	[illegible]	[illegible]	[illegible]	[illegible]	[illegible]	[illegible]	20	
	50	[illegible]	[illegible]	[illegible]	[illegible]	[illegible]	[illegible]	[illegible]	10	
20	0	[illegible]	[illegible]	[illegible]	[illegible]	[illegible]	[illegible]	[illegible]	0	40
′	″	Co-Sinus.	Diff.	Sinus.	D.	Co-Tang.	Diff. com.	Tang.	″	′

82 Deg.

7 Deg.

′	″	Sinus.	Diff.	Co-Sinus.	D.	Tang.	Diff. com.	Co-Tang.	″	′
20	0	9.1059914		9.9964130		9.1095594		10.8904406	0	40
	10	9.1061560	1636	9.9964108	7	9.1097457	1663	10.8902543	50	
	20	9.1063195	1635	9.9964170	7	9.1098919	1662	10.8901081	40	
	30	9.1064829	1634	9.9964147	7	9.1100581	1662	10.8899419	30	
	40	9.1066463	1634	9.9964123	7	9.1102242	1661	10.8897758	20	
	50	9.1068097	1634	9.9964195	7	9.1103902	1660	10.8896098	10	
21	0	9.1069729	1632	9.9964167	8	9.1105562	1660	10.8894438	0	39
	10	9.1071361	1632	9.9964140	7	9.1107221	1659	10.8892779	50	
	20	9.1072993	1630	9.9964113	7	9.1108879	1658	10.8891121	40	
	30	9.1074623	1630	9.9964086	7	9.1110537	1658	10.8889463	30	
	40	9.1076253	1630	9.9964059	7	9.1112195	1656	10.8887805	20	
	50	9.1077883	1630	9.9964031	8	9.1113851	1656	10.8886149	10	
22	0	9.1079512	1629	9.9964004	7	9.1115508	1657	10.8884492	0	38
	10	9.1081140	1628	9.9963977	7	9.1117164	1656	10.8882836	50	
	20	9.1082768	1628	9.9963950	7	9.1118818	1655	10.8881182	40	
	30	9.1084395	1627	9.9963923	7	9.1120472	1654	10.8879528	30	
	40	9.1086021	1626	9.9963896	7	9.1122126	1654	10.8877874	20	
	50	9.1087647	1626	9.9963868	8	9.1123779	1653	10.8876221	10	
23	0	9.1089271	1624	9.9963841	7	9.1125431	1652	10.8874569	0	37
	10	9.1090897	1626	9.9963813	8	9.1127083	1652	10.8872917	50	
	20	9.1092521	1624	9.9963786	7	9.1128734	1651	10.8871266	40	
	30	9.1094144	1623	9.9963759	7	9.1130385	1651	10.8869615	30	
	40	9.1095767	1623	9.9963731	8	9.1132035	1650	10.8867965	20	
	50	9.1097389	1622	9.9963704	7	9.1133685	1650	10.8866315	10	
24	0	9.1099010	1621	9.9963677	7	9.1135333	1648	10.8864667	0	36
	10	9.1100631	1621	9.9963649	8	9.1136982	1649	10.8863018	50	
	20	9.1102251	1620	9.9963621	8	9.1138630	1648	10.8861370	40	
	30	9.1103871	1620	9.9963594	7	9.1140277	1647	10.8859723	30	
	40	9.1105490	1619	9.9963567	7	9.1141923	1646	10.8858077	20	
	50	9.1107108	1618	9.9963540	7	9.1143568	1645	10.8856432	10	
25	0	9.1108726	1618	9.9963513	7	9.1145213	1645	10.8854787	0	35
	10	9.1110343	1617	9.9963485	8	9.1146858	1645	10.8853142	50	
	20	9.1111960	1617	9.9963458	7	9.1148502	1644	10.8851498	40	
	30	9.1113576	1616	9.9963430	8	9.1150145	1643	10.8849855	30	
	40	9.1115191	1615	9.9963403	7	9.1151788	1643	10.8848212	20	
	50	9.1116806	1615	9.9963375	8	9.1153430	1642	10.8846570	10	
26	0	9.1118420	1614	9.9963348	7	9.1155071	1641	10.8844929	0	34
	10	9.1120033	1613	9.9963320	8	9.1156712	1641	10.8843288	50	
	20	9.1121646	1613	9.9963293	7	9.1158353	1641	10.8841647	40	
	30	9.1123259	1613	9.9963265	8	9.1159993	1640	10.8840007	30	
	40	9.1124870	1611	9.9963238	7	9.1161632	1639	10.8838368	20	
	50	9.1126481	1611	9.9963210	8	9.1163271	1639	10.8836729	10	
27	0	9.1128092	1611	9.9963182	8	9.1164909	1638	10.8835091	0	33
	10	9.1129702	1610	9.9963155	7	9.1166546	1637	10.8833454	50	
	20	9.1131311	1609	9.9963127	8	9.1168183	1637	10.8831817	40	
	30	9.1132920	1609	9.9963100	7	9.1169819	1636	10.8830181	30	
	40	9.1134528	1608	9.9963073	7	9.1171455	1636	10.8828545	20	
	50	9.1136135	1607	9.9963045	8	9.1173090	1635	10.8826910	10	
28	0	9.1137742	1607	9.9963018	7	9.1174724	1634	10.8825276	0	32
	10	9.1139348	1606	9.9962990	8	9.1176358	1634	10.8823642	50	
	20	9.1140954	1606	9.9962962	8	9.1177991	1633	10.8822009	40	
	30	9.1142559	1605	9.9962935	7	9.1179624	1633	10.8820376	30	
	40	9.1144163	1604	9.9962907	8	9.1181256	1632	10.8818744	20	
	50	9.1145767	1604	9.9962879	8	9.1182887	1631	10.8817113	10	
29	0	9.1147370	1603	9.9962852	7	9.1184518	1631	10.8815482	0	31
	10	9.1148972	1602	9.9962824	8	9.1186148	1630	10.8813852	50	
	20	9.1150575	1603	9.9962796	8	9.1187778	1630	10.8812222	40	
	30	9.1152176	1601	9.9962769	7	9.1189407	1629	10.8810593	30	
	40	9.1153777	1601	9.9962741	8	9.1191036	1629	10.8808964	20	
	50	9.1155377	1600	9.9962713	8	9.1192664	1628	10.8807336	10	
30	0	9.1156977	1600	9.9962686	7	9.1194291	1627	10.8805709	0	30
′	″	Co-Sinus.	Diff.	Sinus.	D.	Co-Tang.	Diff. com.	Tang.	″	′

82 Deg.

7 Deg.

′	″	Sinus.	Diff.	Co-Sinus.	D.	Tang.	Diff. com.	Co-Tang.	″	′
30	0	9.1156977		9.9962686		9.1194291		10.8805709	0	30
	10	9.1158576	1599	9.9962658	8	9.1195918	1627	10.8804082	50	
	20	9.1160174	1598	9.9962630	8	9.1197544	1626	10.8802456	40	
	30	9.1161772	1598	9.9962602	8	9.1199169	1625	10.8800831	30	
	40	9.1163369	1597	9.9962575	7	9.1200794	1625	10.8799206	20	
	50	9.1164966	1597	9.9962547	8	9.1202419	1625	10.8797581	10	
31	0	9.1166562	1596	9.9962519	8	9.1204043	1624	10.8795957	0	29
	10	9.1168157	1595	9.9962491	8	9.1205666	1623	10.8794334	50	
	20	9.1169752	1595	9.9962464	7	9.1207289	1623	10.8792711	40	
	30	9.1171346	1594	9.9962436	8	9.1208910	1621	10.8791090	30	
	40	9.1172940	1594	9.9962408	8	9.1210532	1622	10.8789468	20	
	50	9.1174533	1593	9.9962380	8	9.1212153	1621	10.8787847	10	
32	0	9.1176125	1592	9.9962351	8	9.1213773	1620	10.8786227	0	28
	10	9.1177717	1592	9.9962324	8	9.1215393	1620	10.8784607	50	
	20	9.1179308	1591	9.9962297	7	9.1217012	1619	10.8782988	40	
	30	9.1180898	1590	9.9962269	8	9.1218630	1618	10.8781370	30	
	40	9.1182488	1590	9.9962241	8	9.1220248	1618	10.8779752	20	
	50	9.1184077	1589	9.9962213	8	9.1221866	1618	10.8778134	10	
33	0	9.1185667	1590	9.9962185	8	9.1223482	1616	10.8776518	0	27
	10	9.1187256	1588	9.9962157	8	9.1225099	1617	10.8774901	50	
	20	9.1188843	1587	9.9962129	8	9.1226714	1615	10.8773286	40	
	30	9.1190431	1588	9.9962101	8	[illegible]	1615	10.8771671	30	
	40	9.1192017	1586	9.9962073	8	9.1229944	1614	10.8770056	20	
	50	9.1193604	1586	9.9962045	8	9.1231559	1615	10.8768441	10	
34	0	9.1195189	1585	9.9962017	8	9.1233172	1613	10.8766828	0	26
	10	9.1196773	1584	9.9961989	8	9.1234784	1612	10.8765216	50	
	20	9.1198357	1584	9.9961961	8	9.1236396	1612	10.8763604	40	
	30	9.1199941	1584	9.9961933	8	9.1238007	1611	10.8761993	30	
	40	9.1201524	1583	9.9961905	8	9.1239618	1611	10.8760382	20	
	50	9.1203106	1582	9.9961877	8	9.1241229	1611	10.8758771	10	
35	0	9.1204688	1582	9.9961849	8	9.1242839	1610	10.8757161	0	25
	10	9.1206269	1581	9.9961821	8	9.1244448	1609	10.8755552	50	
	20	9.1207850	1581	9.9961793	8	9.1246057	1609	10.8753943	40	
	30	9.1209430	1580	9.9961765	8	9.1247665	1608	10.8752335	30	
	40	9.1211009	1579	9.9961737	8	9.1249272	1607	10.8750728	20	
	50	9.1212588	1579	9.9961709	8	9.1250879	1607	10.8749121	10	
36	0	9.1214167	1579	9.9961681	8	9.1252486	1607	10.8747514	0	24
	10	9.1215744	1577	9.9961653	8	9.1254091	1605	10.8745909	50	
	20	9.1217321	1577	9.9961625	8	9.1255697	1606	10.8744303	40	
	30	9.1218898	1577	9.9961597	8	9.1257301	1604	10.8742699	30	
	40	9.1220474	1576	9.9961569	8	9.1258905	1604	10.8741095	20	
	50	9.1222049	1575	9.9961541	8	9.1260509	1604	10.8739491	10	
37	0	9.1223624	1575	9.9961512	9	9.1262112	1603	10.8737888	0	23
	10	9.1225198	1574	9.9961484	8	9.1263714	1602	10.8736286	50	
	20	9.1226772	1574	9.9961456	8	9.1265316	1602	10.8734684	40	
	30	9.1228345	1573	9.9961428	8	9.1266917	1601	10.8733083	30	
	40	9.1229918	1573	9.9961400	8	9.1268518	1601	10.8731482	20	
	50	9.1231490	1572	9.9961371	9	9.1270118	1600	10.8729882	10	
38	0	9.1233061	1571	9.9961343	8	9.1271718	1600	10.8728282	0	22
	10	9.1234632	1571	9.9961315	8	9.1273317	1599	10.8726683	50	
	20	9.1236202	1570	9.9961287	8	9.1274915	1598	10.8725085	40	
	30	9.1237771	1569	9.9961258	9	9.1276513	1598	10.8723487	30	
	40	9.1239340	1569	9.9961230	8	9.1278110	1597	10.8721890	20	
	50	9.1240909	1569	9.9961202	8	9.1279707	1597	10.8720293	10	
39	0	9.1242477	1568	9.9961174	8	9.1281303	1596	10.8718697	0	21
	10	9.1244044	1567	9.9961145	9	9.1282899	1596	10.8717101	50	
	20	9.1245611	1567	9.9961117	8	9.1284494	1595	10.8715506	40	
	30	9.1247177	1566	9.9961089	8	9.1286088	1594	10.8713912	30	
	40	9.1248742	1565	9.9961060	9	9.1287682	1594	10.8712318	20	
	50	9.1250307	1565	9.9961032	8	9.1289275	1593	10.8710725	10	
40	0	9.1251872	1565	9.9961004	8	9.1290868	1593	10.8709132	0	20
′	″	Co-Sinus.	Diff.	Sinus.	D.	Co-Tang.	Diff. com.	Tang.	″	′

82 Deg.

7 Deg.

′	″	Sinus.	Diff.	Co-Sinus.	D.	Tang.	Diff. com.	Co-Tang.	″	′
40	0	9.1251872		9.9961002		9.1290869		10.8709131	0	20
	10	9.1253436	1564	9.9960975	[illegible]	[illegible]	1594	[illegible]	50	
	20	[illegible]	1564	9.9960947	[illegible]	[illegible]	1592	[illegible]	40	
	30	[illegible]	1564	9.9960919	[illegible]	[illegible]	1591	[illegible]	30	
	40	[illegible]	1562	[illegible]	[illegible]	[illegible]	1590	[illegible]	20	
	50	[illegible]	1561	9.9960864	[illegible]	[illegible]	1590	[illegible]	10	
41	0	[illegible]	1561	[illegible]	[illegible]	9.1300413	1590	[illegible]	0	19
	10	[illegible]	1561	[illegible]	[illegible]	[illegible]	1588	[illegible]	50	
	20	[illegible]	1560	9.9960777	[illegible]	[illegible]	1588	[illegible]	40	
	30	[illegible]	1559	[illegible]	[illegible]	[illegible]	1588	[illegible]	30	
	40	[illegible]	1559	[illegible]	[illegible]	[illegible]	1587	[illegible]	20	
	50	[illegible]	1558	[illegible]	[illegible]	[illegible]	1587	[illegible]	10	
42	0	[illegible]	1557	[illegible]	[illegible]	9.1309917	1587	[illegible]	0	18
	10	[illegible]	1557	[illegible]	[illegible]	[illegible]	1586	[illegible]	50	
	20	9.1273714	1557	[illegible]	[illegible]	[illegible]	1586	[illegible]	40	
	30	[illegible]	1555	9.9960577	[illegible]	[illegible]	1584	[illegible]	30	
	40	[illegible]	1556	[illegible]	[illegible]	9.1316276	1584	[illegible]	20	
	50	[illegible]	1556	[illegible]	[illegible]	9.1317859	1585	[illegible]	10	
43	0	[illegible]	1554	[illegible]	[illegible]	9.1319444	1585	[illegible]	0	17
	10	[illegible]	1553	[illegible]	[illegible]	[illegible]	1582	[illegible]	50	
	20	[illegible]	1553	[illegible]	[illegible]	[illegible]	1581	[illegible]	40	
	30	[illegible]	1551	[illegible]	[illegible]	[illegible]	1581	[illegible]	30	
	40	[illegible]	1552	[illegible]	[illegible]	[illegible]	1581	[illegible]	20	
	50	[illegible]	1551	[illegible]	[illegible]	9.1327347	1580	[illegible]	10	
44	0	[illegible]	1551	[illegible]	[illegible]	[illegible]	1579	10.8671074	0	16
	10	[illegible]	1550	[illegible]	[illegible]	[illegible]	1578	[illegible]	50	
	20	[illegible]	1550	[illegible]	[illegible]	[illegible]	1578	[illegible]	40	
	30	[illegible]	1549	[illegible]	[illegible]	[illegible]	1578	[illegible]	30	
	40	[illegible]	1548	[illegible]	[illegible]	[illegible]	1577	[illegible]	20	
	50	[illegible]	1548	9.9960177	[illegible]	[illegible]	1577	[illegible]	10	
45	0	[illegible]	1547	[illegible]	[illegible]	9.1338591	1576	[illegible]	0	15
	10	[illegible]	1547	[illegible]	[illegible]	[illegible]	1575	[illegible]	50	
	20	[illegible]	1547	[illegible]	[illegible]	9.1341541	1575	[illegible]	40	
	30	9.1303178	1545	[illegible]	[illegible]	[illegible]	1574	[illegible]	30	
	40	[illegible]	1545	[illegible]	[illegible]	[illegible]	1574	[illegible]	20	
	50	[illegible]	1545	[illegible]	[illegible]	[illegible]	1574	[illegible]	10	
46	0	[illegible]	1544	9.9959977	[illegible]	[illegible]	1573	[illegible]	0	14
	10	[illegible]	1543	[illegible]	[illegible]	[illegible]	1573	[illegible]	50	
	20	[illegible]	1543	[illegible]	[illegible]	[illegible]	1571	[illegible]	40	
	30	[illegible]	1543	[illegible]	[illegible]	[illegible]	1571	[illegible]	30	
	40	[illegible]	1544	[illegible]	[illegible]	[illegible]	1571	[illegible]	20	
	50	[illegible]	1541	[illegible]	[illegible]	[illegible]	1570	[illegible]	10	
47	0	[illegible]	1540	[illegible]	[illegible]	[illegible]	1569	[illegible]	0	13
	10	[illegible]	1541	[illegible]	[illegible]	[illegible]	1569	[illegible]	50	
	20	9.1320144	1539	9.9959747	[illegible]	[illegible]	1568	[illegible]	40	
	30	[illegible]	1539	[illegible]	[illegible]	[illegible]	1568	[illegible]	30	
	40	[illegible]	1539	[illegible]	[illegible]	[illegible]	1568	[illegible]	20	
	50	[illegible]	1537	[illegible]	[illegible]	[illegible]	1566	10.8634901	10	
48	0	[illegible]	1538	[illegible]	[illegible]	[illegible]	1566	[illegible]	0	12
	10	[illegible]	1537	[illegible]	[illegible]	[illegible]	1566	[illegible]	50	
	20	9.1329370	1536	9.9959574	[illegible]	[illegible]	1565	[illegible]	40	
	30	[illegible]	1536	9.9959544	[illegible]	[illegible]	1564	[illegible]	30	
	40	[illegible]	1535	[illegible]	[illegible]	[illegible]	1564	[illegible]	20	
	50	[illegible]	1534	[illegible]	[illegible]	[illegible]	1564	[illegible]	10	
49	0	[illegible]	1534	[illegible]	[illegible]	[illegible]	1563	[illegible]	0	11
	10	[illegible]	1534	[illegible]	[illegible]	9.1377614	1562	[illegible]	50	
	20	[illegible]	1533	[illegible]	[illegible]	[illegible]	1563	[illegible]	40	
	30	9.1340108	1532	9.9959371	[illegible]	[illegible]	1562	[illegible]	30	
	40	[illegible]	1531	9.9959341	[illegible]	[illegible]	1560	[illegible]	20	
	50	[illegible]	1531	[illegible]	[illegible]	[illegible]	1561	[illegible]	10	
50	0	9.1344701	1531	[illegible]	[illegible]	[illegible]	1559	[illegible]	0	10
′	″	Co-Sinus.	Diff.	Sinus.	D.	Co-Tang.	Diff. com.	Tang.	″	′

82 Deg.

7 Deg.

′	″	Sinus.	Diff.	Co-Sinus.	D.	Tang.	Diff. com.	Co-Tang.	″	′
50	0	9.1344701		[illegible]	-	9.1385417		[illegible]	0	10
	10	[illegible]	1531	[illegible]	[illegible]	[illegible]	1559	[illegible]	50	
	20	[illegible]	1531	[illegible]	[illegible]	[illegible]	1559	[illegible]	40	
	30	[illegible]	1530	[illegible]	[illegible]	[illegible]	1558	[illegible]	30	
	40	[illegible]	1528	[illegible]	[illegible]	[illegible]	1558	[illegible]	20	
	50	[illegible]	1528	[illegible]	[illegible]	[illegible]	1557	[illegible]	10	
51	0	[illegible]	1528	[illegible]	[illegible]	[illegible]	1556	[illegible]	0	9
	10	[illegible]	1527	[illegible]	[illegible]	[illegible]	1556	[illegible]	50	
	20	[illegible]	1526	[illegible]	[illegible]	[illegible]	1555	[illegible]	40	
	30	[illegible]	1526	[illegible]	[illegible]	[illegible]	1555	[illegible]	30	
	40	[illegible]	1525	[illegible]	[illegible]	[illegible]	1555	[illegible]	20	
	50	[illegible]	1525	[illegible]	[illegible]	[illegible]	1553	[illegible]	10	
52	0	[illegible]	1524	[illegible]	[illegible]	[illegible]	1554	[illegible]	0	8
	10	[illegible]	1523	[illegible]	[illegible]	[illegible]	1554	[illegible]	50	
	20	[illegible]	1523	[illegible]	[illegible]	[illegible]	1553	[illegible]	40	
	30	[illegible]	1522	[illegible]	[illegible]	[illegible]	1552	[illegible]	30	
	40	[illegible]	1522	[illegible]	[illegible]	[illegible]	1551	[illegible]	20	
	50	[illegible]	1521	[illegible]	[illegible]	[illegible]	1551	[illegible]	10	
53	0	[illegible]	1521	[illegible]	[illegible]	[illegible]	1550	[illegible]	0	7
	10	[illegible]	1520	[illegible]	[illegible]	[illegible]	1549	[illegible]	50	
	20	[illegible]	1519	[illegible]	[illegible]	[illegible]	1547	[illegible]	40	
	30	[illegible]	1520	[illegible]	[illegible]	[illegible]	1549	[illegible]	30	
	40	[illegible]	1518	[illegible]	[illegible]	[illegible]	1549	[illegible]	20	
	50	[illegible]	1518	[illegible]	[illegible]	[illegible]	1547	[illegible]	10	
54	0	[illegible]	1518	[illegible]	[illegible]	[illegible]	1547	10.8577311	0	6
	10	[illegible]	1517	[illegible]	[illegible]	[illegible]	1546	[illegible]	50	
	20	[illegible]	1517	[illegible]	[illegible]	[illegible]	1546	[illegible]	40	
	30	[illegible]	1516	[illegible]	[illegible]	[illegible]	1544	[illegible]	30	
	40	[illegible]	1516	[illegible]	[illegible]	[illegible]	1545	[illegible]	20	
	50	[illegible]	1515	[illegible]	[illegible]	[illegible]	1544	[illegible]	10	
55	0	[illegible]	1515	[illegible]	[illegible]	[illegible]	1544	[illegible]	0	5
	10	[illegible]	1513	[illegible]	[illegible]	[illegible]	1543	[illegible]	50	
	20	9.1371397	1514	[illegible]	[illegible]	[illegible]	1543	[illegible]	40	
	30	[illegible]	1514	[illegible]	[illegible]	[illegible]	1542	[illegible]	30	
	40	[illegible]	1512	[illegible]	[illegible]	[illegible]	1541	[illegible]	20	
	50	[illegible]	1512	[illegible]	[illegible]	[illegible]	1541	[illegible]	10	
56	0	[illegible]	1511	[illegible]	[illegible]	[illegible]	1541	[illegible]	0	4
	10	[illegible]	1510	[illegible]	[illegible]	[illegible]	1540	[illegible]	50	
	20	[illegible]	1510	[illegible]	[illegible]	[illegible]	1539	[illegible]	40	
	30	[illegible]	1510	[illegible]	[illegible]	[illegible]	1539	[illegible]	30	
	40	[illegible]	1509	[illegible]	[illegible]	[illegible]	1539	[illegible]	20	
	50	[illegible]	1509	[illegible]	[illegible]	[illegible]	1537	[illegible]	10	
57	0	[illegible]	1508	[illegible]	[illegible]	[illegible]	1538	[illegible]	0	3
	10	[illegible]	1507	[illegible]	[illegible]	[illegible]	1537	[illegible]	50	
	20	[illegible]	1507	[illegible]	[illegible]	[illegible]	1536	[illegible]	40	
	30	[illegible]	1506	9.9957970	[illegible]	[illegible]	1536	[illegible]	30	
	40	[illegible]	1506	[illegible]	[illegible]	[illegible]	1535	[illegible]	20	
	50	[illegible]	1505	[illegible]	[illegible]	[illegible]	1535	[illegible]	10	
58	0	[illegible]	1505	[illegible]	[illegible]	[illegible]	1534	[illegible]	0	2
	10	[illegible]	1504	[illegible]	[illegible]	[illegible]	1534	[illegible]	50	
	20	[illegible]	1504	[illegible]	[illegible]	[illegible]	1533	[illegible]	40	
	30	[illegible]	1503	[illegible]	[illegible]	[illegible]	1533	10.8535749	30	
	40	[illegible]	1503	9.9957776	[illegible]	[illegible]	1532	[illegible]	20	
	50	[illegible]	1502	[illegible]	[illegible]	[illegible]	1531	[illegible]	10	
59	0	[illegible]	1501	[illegible]	[illegible]	[illegible]	1531	[illegible]	0	1
	10	[illegible]	1501	[illegible]	[illegible]	[illegible]	1531	[illegible]	50	
	20	[illegible]	1500	[illegible]	[illegible]	[illegible]	1530	[illegible]	40	
	30	[illegible]	1500	[illegible]	[illegible]	[illegible]	1530	[illegible]	30	
	40	[illegible]	1500	[illegible]	[illegible]	[illegible]	1529	[illegible]	20	
	50	[illegible]	1499	[illegible]	[illegible]	[illegible]	1528	[illegible]	10	
60	0	[illegible]	1498	[illegible]	-	[illegible]	1528	[illegible]	0	0
′	″	Co-Sinus.	Diff.	Sinus.	D.	Co-Tang.	Diff. com.	Tang.	″	′

82 Deg.

8 Deg.

′	″	Sinus.	Diff.	Co-Sinus.	D.	Tang.	Diff. com.	Co-Tang.	″	′
0	0	9.1435553		9.9957528		9.1478025		10.8521975	0	60
	10	9.1437051	1498	9.9957498	30	9.1479553	1528	10.8520447	50	
	20	9.1438548	1497	9.9957467	29	9.1481082	1527	10.8518918	40	
	30	9.1440045	1497	9.9957439	30	9.1482606	1526	10.8517394	30	
	40	9.1441541	1496	9.9957409	30	9.1484132	1526	10.8515868	20	
	50	9.1443037	1496	9.9957380	29	9.1485658	1526	10.8514342	10	
1	0	9.1444532	1495	9.9957350	30	9.1487182	1524	10.8512818	0	59
	10	9.1446027	1495	9.9957320	30	9.1488707	1525	10.8511293	50	
	20	9.1447521	1494	9.9957291	29	9.1490231	1524	10.8509769	40	
	30	9.1449015	1494	9.9957261	30	9.1491754	1523	10.8508246	30	
	40	9.1450508	1493	9.9957231	30	9.1493277	1523	10.8506723	20	
	50	9.1452001	1493	9.9957202	29	9.1494799	1522	10.8505201	10	
2	0	9.1453493	1492	9.9957172	30	9.1496321	1522	10.8503679	0	58
	10	9.1454985	1492	9.9957142	30	9.1497842	1521	10.8502158	50	
	20	9.1456476	1491	9.9957113	29	9.1499363	1521	10.8500637	40	
	30	9.1457966	1490	9.9957083	30	9.1500884	1521	10.8499116	30	
	40	9.1459456	1490	9.9957053	30	9.1502403	1519	10.8497597	20	
	50	9.1460946	1490	9.9957023	30	9.1503923	1520	10.8496077	10	
3	0	9.1462435	1489	9.9956993	30	9.1505441	1518	10.8494559	0	57
	10	9.1463923	1488	9.9956964	29	9.1506960	1519	10.8493040	50	
	20	9.1465411	1488	9.9956934	30	9.1508477	1517	10.8491523	40	
	30	9.1466898	1487	9.9956904	30	9.1509995	1518	10.8490005	30	
	40	9.1468385	1487	9.9956874	30	9.1511511	1516	10.8488489	20	
	50	9.1469871	1486	9.9956844	30	9.1513028	1517	10.8486972	10	
4	0	9.1471358	1486	9.9956815	29	9.1514543	1515	10.8485457	0	56
	10	9.1472843	1485	9.9956785	30	9.1516058	1515	10.8483942	50	
	20	9.1474328	1485	9.9956755	30	9.1517573	1515	10.8482427	40	
	30	9.1475812	1484	9.9956725	30	9.1519087	1514	10.8480913	30	
	40	9.1477296	1484	9.9956695	30	9.1520601	1514	10.8479399	20	
	50	9.1478779	1483	9.9956665	30	9.1522114	1513	10.8477886	10	
5	0	9.1480262	1483	9.9956635	30	9.1523627	1513	10.8476373	0	55
	10	9.1481744	1482	9.9956605	30	9.1525139	1512	10.8474861	50	
	20	9.1483226	1482	9.9956576	29	9.1526651	1512	10.8473349	40	
	30	9.1484707	1481	9.9956546	30	9.1528162	1511	10.8471838	30	
	40	9.1486188	1481	9.9956516	30	9.1529672	1510	10.8470328	20	
	50	9.1487668	1480	9.9956486	30	9.1531183	1511	10.8468817	10	
6	0	9.1489148	1480	9.9956456	30	9.1532692	1509	10.8467308	0	54
	10	9.1490627	1479	9.9956426	30	9.1534201	1509	10.8465799	50	
	20	9.1492106	1479	9.9956396	30	9.1535710	1509	10.8464290	40	
	30	9.1493584	1478	9.9956366	30	9.1537218	1508	10.8462782	30	
	40	9.1495061	1477	9.9956336	30	9.1538726	1508	10.8461274	20	
	50	9.1496539	1478	9.9956306	30	9.1540233	1507	10.8459767	10	
7	0	9.1498015	1476	9.9956276	30	9.1541739	1506	10.8458261	0	53
	10	9.1499491	1476	9.9956246	30	9.1543246	1507	10.8456754	50	
	20	9.1500967	1476	9.9956216	30	9.1544751	1505	10.8455249	40	
	30	9.1502442	1475	9.9956186	30	9.1546256	1505	10.8453744	30	
	40	9.1503917	1474	9.9956156	30	9.1547761	1505	10.8452239	20	
	50	9.1505391	1474	9.9956125	31	9.1549265	1504	10.8450735	10	
8	0	9.1506864	1474	9.9956095	30	9.1550769	1504	10.8449231	0	52
	10	9.1508337	1473	9.9956065	30	9.1552272	1503	10.8447728	50	
	20	9.15[illegible]	1471	9.9956035	30	9.1553774	1502	10.8446226	40	
	30	9.1511181	1472	9.9956005	30	9.1555275	1502	10.8444725	30	
	40	9.1512755	1473	9.9955975	30	9.1556779	1502	10.8443224	20	
	50	9.1514224	1469	9.9955949	30	9.1558279	1501	10.8441721	10	
9	0	9.1515694	1470	9.9955919	30	9.1559780	1501	10.8440220	0	51
	10	9.1517164	1470	9.9955884	30	9.1561280	1500	10.8438720	50	
	20	9.1518634	1470	9.9955854	30	9.1562780	1500	10.8437220	40	
	30	9.1520103	1469	9.9955824	30	9.1564279	1499	10.8435721	30	
	40	9.1521571	1468	9.9955794	30	9.1565778	1499	10.8434222	20	
	50	9.1523039	1468	9.9955764	30	9.1567275	1498	10.8432725	10	
10	0	9.1524507	1468	9.9955734	30	9.1568773	1498	10.8431227	0	50
′	″	Co-Sinus.	Diff.	Sinus.	D.	Co-Tang.	Diff. com.	Tang.	″	′

81 Deg.

8 Deg.

′	″	Sinus.	Diff.	Co-Sinus.	D.	Tang.	Diff. com.	Co-Tang.	″	′
10	0	9.1524507		9.9955734		9.1568773		10.8431227	0	50
	10	9.1525974	1467	9.9955704	30	9.1570270	1497	10.8429730	50	
	20	9.1527440	1466	9.9955673	31	9.1571767	1497	10.8428233	40	
	30	9.1528906	1466	9.9955643	30	9.1573263	1496	10.8426737	30	
	40	9.1530371	1465	9.9955613	30	9.1574759	1496	10.8425241	20	
	50	9.1531836	1465	9.9955582	31	9.1576254	1495	10.8423746	10	
11	0	9.1533301	1465	9.9955552	30	9.1577748	1494	10.8422252	0	49
	10	9.1534764	1463	9.9955521	31	9.1579243	1495	10.8420757	50	
	20	9.1536228	1464	9.9955491	30	9.1580737	1494	10.8419263	40	
	30	9.1537691	1463	9.9955461	30	9.1582230	1493	10.8417770	30	
	40	9.1539153	1462	9.9955431	30	9.1583722	1492	10.8416278	20	
	50	9.1540615	1462	9.9955401	30	9.1585214	1492	10.8414786	10	
12	0	9.1542076	1461	9.9955370	31	9.1586706	1492	10.8413294	0	48
	10	9.1543537	1461	9.9955340	30	9.1588197	1491	10.8411803	50	
	20	9.1544998	1461	9.9955309	31	9.1589688	1491	10.8410312	40	
	30	9.1546457	1459	9.9955279	30	9.1591178	1490	10.8408822	30	
	40	9.1547917	1460	9.9955249	30	9.1592668	1490	10.8407332	20	
	50	9.1549376	1459	9.9955218	31	9.1594157	1489	10.8405843	10	
13	0	9.1550834	1458	9.9955188	30	9.1595646	1489	10.8404354	0	47
	10	9.1552292	1458	9.9955158	30	9.1597134	1488	10.8402866	50	
	20	9.1553749	1457	9.9955127	31	9.1598622	1488	10.8401378	40	
	30	9.1555206	1457	9.9955097	30	9.1600110	1488	10.8399890	30	
	40	9.1556662	1456	9.9955066	31	9.1601596	1486	10.8398404	20	
	50	9.1558118	1456	9.9955036	30	9.1603083	1487	10.8396917	10	
14	0	9.1559574	1456	9.9955005	31	9.1604569	1486	10.8395431	0	46
	10	9.1561029	1455	9.9954975	30	9.1606054	1485	10.8393946	50	
	20	9.1562483	1454	9.9954944	31	9.1607539	1485	10.8392461	40	
	30	9.1563937	1454	9.9954914	30	9.1609023	1484	10.8390977	30	
	40	9.1565390	1453	9.9954883	31	9.1610507	1484	10.8389493	20	
	50	9.1566843	1453	9.9954853	30	9.1611990	1483	10.8388010	10	
15	0	9.1568296	1453	9.9954822	31	9.1613473	1483	10.8386527	0	45
	10	9.1569748	1452	9.9954792	30	9.1614956	1483	10.8385044	50	
	20	9.1571199	1451	9.9954761	31	9.1616438	1482	10.8383562	40	
	30	9.1572650	1451	9.9954731	30	9.1617919	1481	10.8382081	30	
	40	9.1574100	1450	9.9954700	31	9.1619400	1481	10.8380600	20	
	50	9.1575550	1450	9.9954670	30	9.1620881	1481	10.8379119	10	
16	0	9.1577000	1450	9.9954639	31	9.1622361	1480	10.8377639	0	44
	10	9.1578449	1449	9.9954608	31	9.1623840	1479	10.8376160	50	
	20	9.1579897	1448	9.9954578	30	9.1625319	1479	10.8374681	40	
	30	9.1581345	1448	9.9954547	31	9.1626798	1479	10.8373202	30	
	40	9.1582792	1447	9.9954517	30	9.1628276	1478	10.8371724	20	
	50	9.1584239	1447	9.9954486	31	9.1629754	1478	10.8370246	10	
17	0	9.1585686	1447	9.9954455	31	9.1631231	1477	10.8368769	0	43
	10	9.1587132	1446	9.9954425	30	9.1632707	1476	10.8367293	50	
	20	9.1588577	1445	9.9954394	31	9.1634183	1476	10.8365817	40	
	30	9.1590022	1445	9.9954363	31	9.1635659	1476	10.8364341	30	
	40	9.1591467	1445	9.9954333	30	9.1637134	1475	10.8362866	20	
	50	9.1592911	1444	9.9954302	31	9.1638609	1475	10.8361391	10	
18	0	9.1594354	1443	9.9954271	31	9.1640083	1474	10.8359917	0	42
	10	9.1595797	1443	9.9954240	31	9.1641557	1474	10.8358443	50	
	20	9.1597240	1443	9.9954210	30	9.1643030	1473	10.8356970	40	
	30	9.1598682	1442	9.9954179	31	9.1644503	1473	10.8355497	30	
	40	9.1600124	1442	9.9954148	31	9.1645975	1472	10.8354025	20	
	50	9.1601565	1441	9.9954117	31	9.1647447	1472	10.8352553	10	
19	0	9.1603005	1440	9.9954087	30	9.1648919	1472	10.8351081	0	41
	10	9.1604445	1440	9.9954056	31	9.1650390	1471	10.8349610	50	
	20	9.1605885	1440	9.9954025	31	9.1651860	1470	10.8348140	40	
	30	9.1607324	1439	9.9953994	31	9.1653330	1470	10.8346670	30	
	40	9.1608763	1439	9.9953963	31	9.1654799	1469	10.8345201	20	
	50	9.1610201	1438	9.9953932	31	9.1656268	1469	10.8343732	10	
20	0	9.1611637	1436	9.9953902	30	9.1657737	1469	10.8342263	0	40
′	″	Co-Sinus.	Diff.	Sinus.	D.	Co-Tang.	Diff. com.	Tang.	″	′

81 Deg.

8 Deg.

′	″	Sinus.	Diff.	Co-Sinus.	D.	Tang.	Diff. com.	Co-Tang.	″	′
20	0	9.1611639		9.9953902		9.1657737		10.8342263	0	40
	10	9.1613076	1437	9.9953871	31	9.1659205	1468	10.8340795	50	
	20	9.1614513	1437	9.9953840	31	9.1660671	1467	10.8339329	40	
	30	9.1615949	1436	9.9953809	31	9.1662139	1467	10.8337861	30	
	40	9.1617384	1435	9.9953778	31	9.1663606	1467	10.8336394	20	
	50	9.1618820	1436	9.9953747	31	9.1665074	1468	10.8334926	10	
21	0	9.1620254	1434	9.9953717	30	9.1666538	1466	10.8333462	0	39
	10	9.1621689	1435	9.9953686	31	9.1668003	1465	10.8331997	50	
	20	9.1623123	1434	9.9953655	31	9.1669468	1465	10.8330532	40	
	30	9.1624558	1435	9.9953624	31	9.1670932	1464	10.8329068	30	
	40	9.1625992	1434	9.9953593	31	9.1672396	1464	10.8327604	20	
	50	9.1627426	1434	9.9953562	31	9.1673859	1463	10.8326141	10	
22	0	9.1628859	1433	9.9953531	31	9.1675323	1463	10.8324677	0	38
	10	9.1630292	1431	9.9953500	31	9.1676784	1461	10.8323216	50	
	20	9.1631719	1431	9.9953469	31	9.1678249	1461	10.8321751	40	
	30	9.1633147	1431	9.9953438	31	9.1679708	1461	10.8320292	30	
	40	9.1634575	1429	9.9953407	31	9.1681168	1460	10.8318832	20	
	50	9.1636009	1430	9.9953376	31	9.1682629	1461	10.8317371	10	
23	0	9.1637416	1429	9.9953345	31	9.1684089	1460	10.8315911	0	37
	10	9.1638866	1428	9.9953314	31	9.1685548	1459	10.8314452	50	
	20	9.1640291	1428	9.9953283	31	9.1687007	1459	10.8312993	40	
	30	9.1641719	1427	9.9953252	31	9.1688467	1459	10.8311534	30	
	40	9.1643145	1427	9.9953221	31	9.1689924	1458	10.8310076	20	
	50	9.1644572	1427	9.9953190	30	9.1691382	1458	10.8308618	10	
24	0	9.1645997	1426	9.9953159	31	9.1692839	1457	10.8307161	0	36
	10	9.1647421	1425	9.9953128	31	9.1694296	1457	10.8305704	50	
	20	9.1648846	1425	9.9953096	32	9.1695752	1456	10.8304248	40	
	30	9.1650271	1425	9.9953065	31	9.1697206	1456	10.8302794	30	
	40	9.1651697	1424	9.9953034	31	9.1698663	1455	10.8301337	20	
	50	9.1653120	1424	9.9953003	31	9.1700117	1455	10.8299883	10	
25	0	9.1654544	1423	9.9952972	31	9.1701572	1454	10.8298428	0	35
	10	9.1655967	1423	9.9952941	31	9.1703026	1454	10.8296974	50	
	20	9.1657389	1422	9.9952910	31	9.1704480	1454	10.8295520	40	
	30	9.1658811	1422	9.9952878	32	9.1705933	1453	10.8294067	30	
	40	9.1660233	1421	9.9952847	31	9.1707385	1452	10.8292615	20	
	50	9.1661654	1421	9.9952816	31	9.1708837	1452	10.8291163	10	
26	0	9.1663074	1420	9.9952785	31	9.1710289	1452	10.8289711	0	34
	10	9.1664495	1421	9.9952754	31	9.1711740	1451	10.8288260	50	
	20	9.1665913	1420	9.9952722	32	9.1713191	1451	10.8286809	40	
	30	9.1667332	1419	9.9952691	31	9.1714641	1450	10.8285359	30	
	40	9.1668750	1418	9.9952660	31	9.1716090	1449	10.8283910	20	
	50	9.1670168	1418	9.9952629	31	9.1717540	1450	10.8282460	10	
27	0	9.1671586	1418	9.9952597	32	9.1718989	1449	10.8281011	0	33
	10	9.1673003	1417	9.9952566	31	9.1720437	1448	10.8279563	50	
	20	9.1674419	1416	9.9952535	31	9.1721885	1448	10.8278115	40	
	30	9.1675836	1417	9.9952503	32	9.1723332	1447	10.8276668	30	
	40	9.1677251	1415	9.9952472	31	9.1724779	1447	10.8275221	20	
	50	9.1678666	1415	9.9952441	31	9.1726226	1447	10.8273774	10	
28	0	9.1680081	1415	9.9952409	32	9.1727671	1446	10.8272329	0	32
	10	9.1681495	1414	9.9952378	31	9.1729117	1446	10.8270883	50	
	20	9.1682909	1414	9.9952347	31	9.1730562	1445	10.8269438	40	
	30	9.1684322	1413	9.9952315	32	9.1732007	1445	10.8267993	30	
	40	9.1685735	1413	9.9952284	31	9.1733451	1444	10.8266549	20	
	50	9.1687148	1413	9.9952253	31	9.1734895	1444	10.8265105	10	
29	0	9.1688559	1411	9.9952221	32	9.1736338	1443	10.8263662	0	31
	10	9.1689971	1412	9.9952190	31	9.1737781	1443	10.8262219	50	
	20	9.1691382	1411	9.9952158	32	9.1739223	1442	10.8260777	40	
	30	9.1692792	1410	9.9952127	31	9.1740665	1442	10.8259335	30	
	40	9.1694202	1410	9.9952095	32	9.1742107	1442	10.8257893	20	
	50	9.1695612	1410	9.9952064	31	9.1743548	1441	10.8256452	10	
30	0	9.1697021	1409	9.9952033	31	9.1744988	1440	10.8255012	0	30
′	″	Co-Sinus.	Diff.	Sinus.	D.	Co-Tang.	Diff. com.	Tang.	″	′

81 Deg.

8 Deg.

′	″	Sinus.	Diff.	Co-Sinus.	D.	Tang.	Diff. com.	Co-Tang.	″	′
30	0	9.1697021		9.9952033		9.1744988		10.8255012	0	30
	10	9.1698429	1408	9.9952001	32	9.1746428	1440	10.8253572	50	
	20	9.1699838	1409	9.9951970	31	9.1747868	1440	10.8252132	40	
	30	9.1701245	1407	9.9951938	32	9.1749307	1439	10.8250693	30	
	40	9.1702652	1407	9.9951907	31	9.1750746	1439	10.8249254	20	
	50	9.1704059	1407	9.9951875	32	9.1752184	1438	10.8247816	10	
31	0	9.1705465	1406	9.9951844	31	9.1753622	1438	10.8246378	0	29
	10	9.1706871	1406	9.9951812	32	9.1755059	1437	10.8244941	50	
	20	9.1708277	1406	9.9951781	31	9.1756496	1437	10.8243504	40	
	30	9.1709682	1405	9.9951749	32	9.1757933	1437	10.8242067	30	
	40	9.1711086	1404	9.9951717	32	9.1759369	1436	10.8240631	20	
	50	9.1712490	1404	9.9951686	31	9.1760804	1435	10.8239196	10	
32	0	9.1713894	1405	9.9951654	32	9.1762239	1435	10.8237761	0	28
	10	9.1715298	1404	9.9951623	31	9.1763674	1435	10.8236326	50	
	20	9.1716701	1403	9.9951591	32	9.1765108	1434	10.8234892	40	
	30	9.1718101	1402	9.9951559	32	9.1766544	1434	10.8233456	30	
	40	9.1719503	1402	9.9951528	31	9.1767975	1433	10.8232025	20	
	50	9.1720904	1401	9.9951496	32	9.1769408	1433	10.8230592	10	
33	0	9.1722305	1401	9.9951464	32	9.1770841	1434	10.8229160	0	27
	10	9.1723704	1399	9.9951433	31	9.1772272	1431	10.8227728	50	
	20	9.1725103	1399	9.9951401	32	9.1773703	1431	10.8226297	40	
	30	9.1726504	1398	9.9951369	32	9.1775134	1431	10.8224866	30	
	40	9.1727901	1398	9.9951337	32	9.1776565	1430	10.8223435	20	
	50	9.1729301	1398	9.9951306	31	9.1777995	1431	10.8222005	10	
34	0	9.1730697	1397	9.9951274	32	9.1779423	1484	10.8220578	0	26
	10	9.1732097	1396	9.9951241	33	9.1780852	1429	10.8219148	50	
	20	9.1733490	1397	9.9951211	30	9.1782283	1429	10.8217717	40	
	30	9.1734886	1396	9.9951179	32	9.1783711	1428	10.8216289	30	
	40	9.1736282	1396	9.9951147	32	9.1785139	1428	10.8214861	20	
	50	9.1737678	1396	9.9951115	32	9.1786566	1427	10.8213434	10	
35	0	9.1739077	1395	9.9951084	31	9.1787993	1427	10.8212007	0	25
	10	9.1740478	1395	9.9951052	32	9.1789420	1427	10.8210580	50	
	20	9.1741866	1394	9.9951020	32	9.1790846	1426	10.8209154	40	
	30	9.1743256	1394	9.9950988	32	9.1792271	1425	10.8207729	30	
	40	9.1744653	1393	9.9950957	31	9.1793697	1426	10.8206303	20	
	50	9.1746043	1393	9.9950925	32	9.1795121	1424	10.8204879	10	
36	0	9.1747439	1393	9.9950893	32	9.1796546	1425	10.8203454	0	24
	10	9.1748831	1391	9.9950861	32	9.1797969	1423	10.8202031	50	
	20	9.1750218	1391	9.9950829	32	9.1799393	1424	10.8200607	40	
	30	9.1751615	1391	9.9950797	32	9.1800816	1423	10.8199184	30	
	40	9.1753004	1391	9.9950766	31	9.1802238	1422	10.8197762	20	
	50	9.1754394	1390	9.9950734	32	9.1803660	1422	10.8196340	10	
37	0	9.1755784	1390	9.9950702	32	9.1805082	1422	10.8194918	0	23
	10	9.1757172	1389	9.9950671	31	9.1806505	1421	10.8193497	50	
	20	9.1758561	1388	9.9950639	32	9.1807923	1421	10.8192077	40	
	30	9.1759950	1388	9.9950607	32	9.1809344	1420	10.8190656	30	
	40	9.1761338	1388	9.9950574	33	9.1810764	1420	10.8189236	20	
	50	9.1762725	1387	9.9950542	32	9.1812183	1419	10.8187817	10	
38	0	9.1764111	1387	9.9950510	32	9.1813601	1419	10.8186398	0	22
	10	9.1765497	1387	9.9950478	32	9.1815021	1419	10.8184979	50	
	20	9.1766883	1386	9.9950446	32	9.1816439	1418	10.8183561	40	
	30	9.1768271	1386	9.9950414	32	9.1817856	1417	10.8182144	30	
	40	9.1769656	1386	9.9950382	32	9.1819273	1417	10.8180727	20	
	50	9.1771040	1384	9.9950350	32	9.1820690	1417	10.8179310	10	
39	0	9.1772425	1385	9.9950318	32	9.1822106	1416	10.8177894	0	21
	10	9.1773808	1383	9.9950286	32	9.1823522	1416	10.8176478	50	
	20	9.1775191	1383	9.9950254	32	9.1824937	1416	10.8175061	40	
	30	9.1776575	1383	9.9950222	32	9.1826353	1415	10.8173647	30	
	40	9.1777957	1381	9.9950190	32	9.1827767	1414	10.8172233	20	
	50	9.1779339	1382	9.9950158	32	9.1829181	1414	10.8170819	10	
40	0	9.1780721	1382	9.9950126	32	9.1830595	1414	10.8169405	0	20
′	″	Co-Sinus.	Diff.	Sinus.	D.	Co-Tang.	Diff. com.	Tang.	″	′

81 Deg.

8 Deg.

'	"	Sinus.	Dif.	Co-Sinus.	D.	Tang.	Dif. com.	Co-Tang.	"	'
40	0	[illegible]		[illegible]		[illegible]		[illegible]	0	20
	10	[illegible]	[illegible]	[illegible]	[illegible]	[illegible]	[illegible]	[illegible]	50	
	20	[illegible]	[illegible]	[illegible]	[illegible]	[illegible]	[illegible]	[illegible]	40	
	30	[illegible]	[illegible]	[illegible]	[illegible]	[illegible]	[illegible]	[illegible]	30	
	40	[illegible]	[illegible]	[illegible]	[illegible]	[illegible]	[illegible]	[illegible]	20	
	50	[illegible]	[illegible]	[illegible]	[illegible]	[illegible]	[illegible]	[illegible]	10	
41	0	[illegible]	[illegible]	[illegible]	[illegible]	[illegible]	[illegible]	[illegible]	0	19
	10	[illegible]	[illegible]	[illegible]	[illegible]	[illegible]	[illegible]	[illegible]	50	
	20	[illegible]	[illegible]	[illegible]	[illegible]	[illegible]	[illegible]	[illegible]	40	
	30	[illegible]	[illegible]	[illegible]	[illegible]	[illegible]	[illegible]	[illegible]	30	
	40	[illegible]	[illegible]	[illegible]	[illegible]	[illegible]	[illegible]	[illegible]	20	
	50	[illegible]	[illegible]	[illegible]	[illegible]	[illegible]	[illegible]	[illegible]	10	
42	0	[illegible]	[illegible]	[illegible]	[illegible]	[illegible]	[illegible]	[illegible]	0	18
	10	[illegible]	[illegible]	[illegible]	[illegible]	[illegible]	[illegible]	[illegible]	50	
	20	[illegible]	[illegible]	[illegible]	[illegible]	[illegible]	[illegible]	[illegible]	40	
	30	[illegible]	[illegible]	[illegible]	[illegible]	[illegible]	[illegible]	[illegible]	30	
	40	[illegible]	[illegible]	[illegible]	[illegible]	[illegible]	[illegible]	[illegible]	20	
	50	[illegible]	[illegible]	[illegible]	[illegible]	[illegible]	[illegible]	[illegible]	10	
43	0	[illegible]	[illegible]	[illegible]	[illegible]	[illegible]	[illegible]	[illegible]	0	17
	10	[illegible]	[illegible]	[illegible]	[illegible]	[illegible]	[illegible]	[illegible]	50	
	20	[illegible]	[illegible]	[illegible]	[illegible]	[illegible]	[illegible]	[illegible]	40	
	30	[illegible]	[illegible]	[illegible]	[illegible]	[illegible]	[illegible]	[illegible]	30	
	40	[illegible]	[illegible]	[illegible]	[illegible]	[illegible]	[illegible]	[illegible]	20	
	50	[illegible]	[illegible]	[illegible]	[illegible]	[illegible]	[illegible]	[illegible]	10	
44	0	[illegible]	[illegible]	[illegible]	[illegible]	[illegible]	[illegible]	[illegible]	0	16
	10	[illegible]	[illegible]	[illegible]	[illegible]	[illegible]	[illegible]	[illegible]	50	
	20	[illegible]	[illegible]	[illegible]	[illegible]	[illegible]	[illegible]	[illegible]	40	
	30	[illegible]	[illegible]	[illegible]	[illegible]	[illegible]	[illegible]	[illegible]	30	
	40	[illegible]	[illegible]	[illegible]	[illegible]	[illegible]	[illegible]	[illegible]	20	
	50	[illegible]	[illegible]	[illegible]	[illegible]	[illegible]	[illegible]	[illegible]	10	
45	0	[illegible]	[illegible]	[illegible]	[illegible]	[illegible]	[illegible]	[illegible]	0	15
	10	[illegible]	[illegible]	[illegible]	[illegible]	[illegible]	[illegible]	[illegible]	50	
	20	[illegible]	[illegible]	[illegible]	[illegible]	[illegible]	[illegible]	[illegible]	40	
	30	[illegible]	[illegible]	[illegible]	[illegible]	[illegible]	[illegible]	[illegible]	30	
	40	[illegible]	[illegible]	[illegible]	[illegible]	[illegible]	[illegible]	[illegible]	20	
	50	[illegible]	[illegible]	[illegible]	[illegible]	[illegible]	[illegible]	[illegible]	10	
46	0	[illegible]	[illegible]	[illegible]	[illegible]	[illegible]	[illegible]	[illegible]	0	14
	10	[illegible]	[illegible]	[illegible]	[illegible]	[illegible]	[illegible]	[illegible]	50	
	20	[illegible]	[illegible]	[illegible]	[illegible]	[illegible]	[illegible]	[illegible]	40	
	30	[illegible]	[illegible]	[illegible]	[illegible]	[illegible]	[illegible]	[illegible]	30	
	40	[illegible]	[illegible]	[illegible]	[illegible]	[illegible]	[illegible]	[illegible]	20	
	50	[illegible]	[illegible]	[illegible]	[illegible]	[illegible]	[illegible]	[illegible]	10	
47	0	[illegible]	[illegible]	[illegible]	[illegible]	[illegible]	[illegible]	[illegible]	0	13
	10	[illegible]	[illegible]	[illegible]	[illegible]	[illegible]	[illegible]	[illegible]	50	
	20	[illegible]	[illegible]	[illegible]	[illegible]	[illegible]	[illegible]	[illegible]	40	
	30	[illegible]	[illegible]	[illegible]	[illegible]	[illegible]	[illegible]	[illegible]	30	
	40	[illegible]	[illegible]	[illegible]	[illegible]	[illegible]	[illegible]	[illegible]	20	
	50	[illegible]	[illegible]	[illegible]	[illegible]	[illegible]	[illegible]	[illegible]	10	
48	0	[illegible]	[illegible]	[illegible]	[illegible]	[illegible]	[illegible]	[illegible]	0	12
	10	[illegible]	[illegible]	[illegible]	[illegible]	[illegible]	[illegible]	[illegible]	50	
	20	[illegible]	[illegible]	[illegible]	[illegible]	[illegible]	[illegible]	[illegible]	40	
	30	[illegible]	[illegible]	[illegible]	[illegible]	[illegible]	[illegible]	[illegible]	30	
	40	[illegible]	[illegible]	[illegible]	[illegible]	[illegible]	[illegible]	[illegible]	20	
	50	[illegible]	[illegible]	[illegible]	[illegible]	[illegible]	[illegible]	[illegible]	10	
49	0	[illegible]	[illegible]	[illegible]	[illegible]	[illegible]	[illegible]	[illegible]	0	11
	10	[illegible]	[illegible]	[illegible]	[illegible]	[illegible]	[illegible]	[illegible]	50	
	20	[illegible]	[illegible]	[illegible]	[illegible]	[illegible]	[illegible]	[illegible]	40	
	30	[illegible]	[illegible]	[illegible]	[illegible]	[illegible]	[illegible]	[illegible]	30	
	40	[illegible]	[illegible]	[illegible]	[illegible]	[illegible]	[illegible]	[illegible]	20	
	50	[illegible]	[illegible]	[illegible]	[illegible]	[illegible]	[illegible]	[illegible]	10	
50	0	[illegible]	[illegible]	[illegible]	[illegible]	[illegible]	[illegible]	[illegible]	0	10
'	"	Co-Sinus.	Dif.	Sinus.	D.	Co-Tang.	Dif. com.	Tang.	"	'

81 Deg.

8 Deg.

'	"	Sinus.	Dif.	Co-Sinus.	D.	Tang.	Dif. com.	Co-Tang.	"	'
50	0	[illegible]		[illegible]		[illegible]		[illegible]	0	10
	10	[illegible]	[illegible]	[illegible]	[illegible]	[illegible]	[illegible]	[illegible]	50	
	20	[illegible]	[illegible]	[illegible]	[illegible]	[illegible]	[illegible]	[illegible]	40	
	30	[illegible]	[illegible]	[illegible]	[illegible]	[illegible]	[illegible]	[illegible]	30	
	40	[illegible]	[illegible]	[illegible]	[illegible]	[illegible]	[illegible]	[illegible]	20	
	50	[illegible]	[illegible]	[illegible]	[illegible]	[illegible]	[illegible]	[illegible]	10	
51	0	[illegible]	[illegible]	[illegible]	[illegible]	[illegible]	[illegible]	[illegible]	0	9
	10	[illegible]	[illegible]	[illegible]	[illegible]	[illegible]	[illegible]	[illegible]	50	
	20	[illegible]	[illegible]	[illegible]	[illegible]	[illegible]	[illegible]	[illegible]	40	
	30	[illegible]	[illegible]	[illegible]	[illegible]	[illegible]	[illegible]	[illegible]	30	
	40	[illegible]	[illegible]	[illegible]	[illegible]	[illegible]	[illegible]	[illegible]	20	
	50	[illegible]	[illegible]	[illegible]	[illegible]	[illegible]	[illegible]	[illegible]	10	
52	0	[illegible]	[illegible]	[illegible]	[illegible]	[illegible]	[illegible]	[illegible]	0	8
	10	[illegible]	[illegible]	[illegible]	[illegible]	[illegible]	[illegible]	[illegible]	50	
	20	[illegible]	[illegible]	[illegible]	[illegible]	[illegible]	[illegible]	[illegible]	40	
	30	[illegible]	[illegible]	[illegible]	[illegible]	[illegible]	[illegible]	[illegible]	30	
	40	[illegible]	[illegible]	[illegible]	[illegible]	[illegible]	[illegible]	[illegible]	20	
	50	[illegible]	[illegible]	[illegible]	[illegible]	[illegible]	[illegible]	[illegible]	10	
53	0	[illegible]	[illegible]	[illegible]	[illegible]	[illegible]	[illegible]	[illegible]	0	7
	10	[illegible]	[illegible]	[illegible]	[illegible]	[illegible]	[illegible]	[illegible]	50	
	20	[illegible]	[illegible]	[illegible]	[illegible]	[illegible]	[illegible]	[illegible]	40	
	30	[illegible]	[illegible]	[illegible]	[illegible]	[illegible]	[illegible]	[illegible]	30	
	40	[illegible]	[illegible]	[illegible]	[illegible]	[illegible]	[illegible]	[illegible]	20	
	50	[illegible]	[illegible]	[illegible]	[illegible]	[illegible]	[illegible]	[illegible]	10	
54	0	[illegible]	[illegible]	[illegible]	[illegible]	[illegible]	[illegible]	[illegible]	0	6
	10	[illegible]	[illegible]	[illegible]	[illegible]	[illegible]	[illegible]	[illegible]	50	
	20	[illegible]	[illegible]	[illegible]	[illegible]	[illegible]	[illegible]	[illegible]	40	
	30	[illegible]	[illegible]	[illegible]	[illegible]	[illegible]	[illegible]	[illegible]	30	
	40	[illegible]	[illegible]	[illegible]	[illegible]	[illegible]	[illegible]	[illegible]	20	
	50	[illegible]	[illegible]	[illegible]	[illegible]	[illegible]	[illegible]	[illegible]	10	
55	0	[illegible]	[illegible]	[illegible]	[illegible]	[illegible]	[illegible]	[illegible]	0	5
	10	[illegible]	[illegible]	[illegible]	[illegible]	[illegible]	[illegible]	[illegible]	50	
	20	[illegible]	[illegible]	[illegible]	[illegible]	[illegible]	[illegible]	[illegible]	40	
	30	[illegible]	[illegible]	[illegible]	[illegible]	[illegible]	[illegible]	[illegible]	30	
	40	[illegible]	[illegible]	[illegible]	[illegible]	[illegible]	[illegible]	[illegible]	20	
	50	[illegible]	[illegible]	[illegible]	[illegible]	[illegible]	[illegible]	[illegible]	10	
56	0	[illegible]	[illegible]	[illegible]	[illegible]	[illegible]	[illegible]	[illegible]	0	4
	10	[illegible]	[illegible]	[illegible]	[illegible]	[illegible]	[illegible]	[illegible]	50	
	20	[illegible]	[illegible]	[illegible]	[illegible]	[illegible]	[illegible]	[illegible]	40	
	30	[illegible]	[illegible]	[illegible]	[illegible]	[illegible]	[illegible]	[illegible]	30	
	40	[illegible]	[illegible]	[illegible]	[illegible]	[illegible]	[illegible]	[illegible]	20	
	50	[illegible]	[illegible]	[illegible]	[illegible]	[illegible]	[illegible]	[illegible]	10	
57	0	[illegible]	[illegible]	[illegible]	[illegible]	[illegible]	[illegible]	[illegible]	0	3
	10	[illegible]	[illegible]	[illegible]	[illegible]	[illegible]	[illegible]	[illegible]	50	
	20	[illegible]	[illegible]	[illegible]	[illegible]	[illegible]	[illegible]	[illegible]	40	
	30	[illegible]	[illegible]	[illegible]	[illegible]	[illegible]	[illegible]	[illegible]	30	
	40	[illegible]	[illegible]	[illegible]	[illegible]	[illegible]	[illegible]	[illegible]	20	
	50	[illegible]	[illegible]	[illegible]	[illegible]	[illegible]	[illegible]	[illegible]	10	
58	0	[illegible]	[illegible]	[illegible]	[illegible]	[illegible]	[illegible]	[illegible]	0	2
	10	[illegible]	[illegible]	[illegible]	[illegible]	[illegible]	[illegible]	[illegible]	50	
	20	[illegible]	[illegible]	[illegible]	[illegible]	[illegible]	[illegible]	[illegible]	40	
	30	[illegible]	[illegible]	[illegible]	[illegible]	[illegible]	[illegible]	[illegible]	30	
	40	[illegible]	[illegible]	[illegible]	[illegible]	[illegible]	[illegible]	[illegible]	20	
	50	[illegible]	[illegible]	[illegible]	[illegible]	[illegible]	[illegible]	[illegible]	10	
59	0	[illegible]	[illegible]	[illegible]	[illegible]	[illegible]	[illegible]	[illegible]	0	1
	10	[illegible]	[illegible]	[illegible]	[illegible]	[illegible]	[illegible]	[illegible]	50	
	20	[illegible]	[illegible]	[illegible]	[illegible]	[illegible]	[illegible]	[illegible]	40	
	30	[illegible]	[illegible]	[illegible]	[illegible]	[illegible]	[illegible]	[illegible]	30	
	40	[illegible]	[illegible]	[illegible]	[illegible]	[illegible]	[illegible]	[illegible]	20	
	50	[illegible]	[illegible]	[illegible]	[illegible]	[illegible]	[illegible]	[illegible]	10	
60	0	[illegible]	[illegible]	[illegible]	[illegible]	[illegible]	[illegible]	[illegible]	0	0
'	"	Co-Sinus.	Dif.	Sinus.	D.	Co-Tang.	Dif. com.	Tang.	"	'

81 Deg.

9 Deg.

′	″	Sinus.	Diff.	Co-Sinus.	D.	Tang.	Diff. com.	Co-Tang.	″	′
0	0	9.1943324		9.9946199		9.1997125		10.8002875	0	60
	10	9.1944654	[illegible]	9.9946186	[illegible]	9.1998486	1361	10.8001514	50	
	20	9.1945981	[illegible]	9.9946133	[illegible]	9.1999848	1362	10.8000152	40	
	30	9.1947311	[illegible]	9.9946099	[illegible]	9.2001211	1361	10.7998789	30	
	40	9.1948639	[illegible]	9.9946066	[illegible]	9.2002573	1362	10.7997427	20	
	50	9.1949966	[illegible]	9.9946033	[illegible]	9.2003934	1361	10.7996066	10	
1	0	9.1951294	[illegible]	9.9945999	[illegible]	9.2005294	1360	10.7994706	0	59
	10	9.1952621	[illegible]	9.9945966	[illegible]	9.2006654	[illegible]	10.7993346	50	
	20	9.1953946	[illegible]	9.9945932	[illegible]	9.2008014	1360	10.7991986	40	
	30	9.1955271	[illegible]	9.9945897	[illegible]	9.2009373	1359	10.7990627	30	
	40	9.1956597	[illegible]	9.9945863	[illegible]	9.2010731	1359	10.7989269	20	
	50	9.1957918	[illegible]	9.9945828	[illegible]	9.2012091	[illegible]	10.7987909	10	
2	0	9.1959247	[illegible]	9.9945794	[illegible]	9.2013449	[illegible]	10.7986551	0	58
	10	9.1960571	[illegible]	9.9945760	[illegible]	9.2014806	1357	10.7985194	50	
	20	9.1961895	[illegible]	9.9945725	[illegible]	9.2016163	1357	10.7983837	40	
	30	9.1963218	[illegible]	9.9945690	[illegible]	9.2017520	1357	10.7982480	30	
	40	9.1964541	[illegible]	9.9945656	[illegible]	9.2018877	1357	10.7981123	20	
	50	9.1965862	[illegible]	9.9945621	[illegible]	9.2020233	1356	10.7979767	10	
3	0	9.1967184	[illegible]	9.9945597	[illegible]	9.2021589	1356	10.7978411	0	57
	10	9.1968507	[illegible]	9.9945560	[illegible]	9.2022944	1356	10.7977056	50	
	20	9.1969829	[illegible]	9.9945530	[illegible]	9.2024299	1355	10.7975701	40	
	30	9.1971150	[illegible]	9.9945497	[illegible]	9.2025653	1354	10.7974347	30	
	40	9.1972470	[illegible]	9.9945463	[illegible]	9.2027007	1354	10.7972993	20	
	50	9.1973790	[illegible]	9.9945428	[illegible]	9.2028361	1354	10.7971639	10	
4	0	9.1975110	[illegible]	9.9945394	[illegible]	9.2029714	1353	10.7970286	0	56
	10	9.1976419	[illegible]	9.9945360	[illegible]	9.2031067	[illegible]	10.7968933	50	
	20	9.1977747	[illegible]	9.9945325	[illegible]	9.2032419	[illegible]	10.7967581	40	
	30	9.1979066	[illegible]	9.9945290	[illegible]	9.2033771	[illegible]	10.7966229	30	
	40	9.1980383	[illegible]	9.9945256	[illegible]	9.2035123	[illegible]	10.7964877	20	
	50	9.1981702	[illegible]	9.9945228	[illegible]	9.2036474	[illegible]	10.7963526	10	
5	0	9.1983019	[illegible]	9.9945194	[illegible]	9.2037825	[illegible]	10.7962175	0	55
	10	9.1984336	[illegible]	9.9945160	[illegible]	9.2039176	1350	10.7960824	50	
	20	9.1985652	[illegible]	9.9945127	[illegible]	9.2040526	[illegible]	10.7959474	40	
	30	9.1986967	[illegible]	9.9945093	[illegible]	9.2041875	[illegible]	10.7958125	30	
	40	9.1988282	[illegible]	9.9945059	[illegible]	9.2043224	[illegible]	10.7956776	20	
	50	9.1989596	[illegible]	9.9945026	[illegible]	9.2044571	[illegible]	10.7955429	10	
6	0	9.1990911	[illegible]	9.9944993	[illegible]	9.2045918	[illegible]	10.7954078	0	54
	10	9.1992225	[illegible]	9.9944959	[illegible]	9.2047270	[illegible]	10.7952730	50	
	20	9.1993544	[illegible]	9.9944924	[illegible]	9.2048617	[illegible]	10.7951383	40	
	30	9.1994859	[illegible]	9.9944891	[illegible]	9.2049964	[illegible]	10.7950017	30	
	40	9.1996168	[illegible]	9.9944857	[illegible]	9.2051311	[illegible]	10.7948689	20	
	50	9.1997481	[illegible]	9.9944823	[illegible]	9.2052658	[illegible]	10.7947341	10	
7	0	9.1998795	[illegible]	9.9944787	[illegible]	9.2054003	[illegible]	10.7945997	0	53
	10	9.2000105	[illegible]	9.9944754	[illegible]	9.2055354	[illegible]	10.7944650	50	
	20	9.2001417	[illegible]	9.9944720	[illegible]	9.2056697	[illegible]	10.7943303	40	
	30	9.2002728	[illegible]	9.9944686	[illegible]	9.2058042	[illegible]	10.7941958	30	
	40	9.2004038	[illegible]	9.9944654	[illegible]	9.2059384	[illegible]	10.7940616	20	
	50	9.2005347	[illegible]	9.9944620	[illegible]	9.2060728	[illegible]	10.7939278	10	
8	0	9.2006658	[illegible]	9.9944587	[illegible]	9.2062071	[illegible]	10.7937929	0	52
	10	9.2007958	[illegible]	9.9944553	[illegible]	9.2063415	[illegible]	10.7936585	50	
	20	9.2009277	[illegible]	9.9944519	[illegible]	9.2064758	[illegible]	10.7935241	40	
	30	9.2010186	[illegible]	9.9944484	[illegible]	9.2066101	[illegible]	10.7933899	30	
	40	9.2011894	[illegible]	9.9944451	[illegible]	9.2067443	[illegible]	10.7932555	20	
	50	9.2013202	[illegible]	9.9944417	[illegible]	9.2068784	[illegible]	10.7931216	10	
9	0	9.2014509	[illegible]	9.9944383	[illegible]	9.2070126	[illegible]	10.7929874	0	51
	10	9.2015816	[illegible]	9.9944349	[illegible]	9.2071467	[illegible]	10.7928533	50	
	20	9.2017123	[illegible]	9.9944315	[illegible]	9.2072807	[illegible]	10.7927192	40	
	30	9.2018429	[illegible]	9.9944281	[illegible]	9.2074147	[illegible]	10.7925853	30	
	40	9.2019734	[illegible]	9.9944247	[illegible]	9.2075487	[illegible]	10.7924513	20	
	50	9.2021040	[illegible]	9.9944214	[illegible]	9.2076826	[illegible]	10.7923174	10	
10	0	9.2022345	[illegible]	9.9944180	[illegible]	9.2078165	[illegible]	10.7921810	0	50
′	″	Co-Sinus.	Diff.	Sinus.	D.	Co-Tang.	Diff. com.	Tang.	″	′

80 Deg.

9 Deg.

′	″	Sinus.	Diff.	Co-Sinus.	D.	Tang.	Diff. com.	Co-Tang.	″	′
10	0	9.2022345		9.9944180		9.2078165		10.7921835	0	50
	10	9.2023650	[illegible]	9.9944146	[illegible]	9.2079504	[illegible]	10.7920496	50	
	20	9.2024954	[illegible]	9.9944112	[illegible]	9.2080842	[illegible]	10.7919158	40	
	30	9.2026258	[illegible]	9.9944078	[illegible]	9.2082180	[illegible]	10.7917820	30	
	40	9.2027561	[illegible]	9.9944044	[illegible]	9.2083517	[illegible]	10.7916483	20	
	50	9.2028864	[illegible]	9.9944010	[illegible]	9.2084854	[illegible]	10.7915146	10	
11	0	9.2030167	[illegible]	9.9943976	[illegible]	9.2086191	[illegible]	10.7913809	0	49
	10	9.2031469	[illegible]	9.9943941	[illegible]	9.2087527	[illegible]	10.7912473	50	
	20	9.2032771	[illegible]	9.9943907	[illegible]	9.2088863	[illegible]	10.7911137	40	
	30	9.2034072	[illegible]	9.9943873	[illegible]	9.2090199	[illegible]	10.7909801	30	
	40	9.2035373	[illegible]	9.9943839	[illegible]	9.2091534	[illegible]	10.7908466	20	
	50	9.2036673	[illegible]	9.9943805	[illegible]	9.2092868	[illegible]	10.7907132	10	
12	0	9.2037974	[illegible]	9.9943771	[illegible]	9.2094203	[illegible]	10.7905797	0	48
	10	9.2039273	[illegible]	9.9943737	[illegible]	9.2095536	[illegible]	10.7904464	50	
	20	9.2040572	[illegible]	9.9943702	[illegible]	9.2096870	[illegible]	10.7903130	40	
	30	9.2041871	[illegible]	9.9943669	[illegible]	9.2098203	[illegible]	10.7901797	30	
	40	9.2043170	[illegible]	9.9943635	[illegible]	9.2099535	[illegible]	10.7900465	20	
	50	9.2044468	[illegible]	9.9943600	[illegible]	9.2100868	[illegible]	10.7899132	10	
13	0	9.2045766	[illegible]	9.9943566	[illegible]	9.2102200	[illegible]	10.7897800	0	47
	10	9.2047063	[illegible]	9.9943532	[illegible]	9.2103531	[illegible]	10.7896469	50	
	20	9.2048360	[illegible]	9.9943498	[illegible]	9.2104862	[illegible]	10.7895137	40	
	30	9.2049657	[illegible]	9.9943464	[illegible]	9.2106194	[illegible]	10.7893806	30	
	40	9.2050953	[illegible]	9.9943430	[illegible]	9.2107524	[illegible]	10.7892476	20	
	50	9.2052249	[illegible]	9.9943395	[illegible]	9.2108854	[illegible]	10.7891146	10	
14	0	9.2053544	[illegible]	9.9943361	[illegible]	9.2110184	[illegible]	10.7889816	0	46
	10	9.2054843	[illegible]	9.9943327	[illegible]	9.2111513	[illegible]	10.7888487	50	
	20	9.2056134	[illegible]	9.9943293	[illegible]	9.2112842	[illegible]	10.7887158	40	
	30	9.2057429	[illegible]	9.9943258	[illegible]	9.2114170	[illegible]	10.7885830	30	
	40	9.2058723	[illegible]	9.9943224	[illegible]	9.2115499	[illegible]	10.7884501	20	
	50	9.2060016	[illegible]	9.9943190	[illegible]	9.2116826	[illegible]	10.7883174	10	
15	0	9.2061307	[illegible]	9.9943156	[illegible]	9.2118151	[illegible]	10.7881847	0	45
	10	9.2062600	[illegible]	9.9943121	[illegible]	9.2119481	[illegible]	10.7880519	50	
	20	9.2063892	[illegible]	9.9943087	[illegible]	9.2120807	[illegible]	10.7879193	40	
	30	9.2065183	[illegible]	9.9943053	[illegible]	9.2122131	[illegible]	10.7877867	30	
	40	9.2066477	[illegible]	9.9943018	[illegible]	9.2123459	[illegible]	10.7876541	20	
	50	9.2067768	[illegible]	9.9942984	[illegible]	9.2124784	[illegible]	10.7875216	10	
16	0	9.2069059	[illegible]	9.9942950	[illegible]	9.2126109	[illegible]	10.7873891	0	44
	10	9.2070349	[illegible]	9.9942915	[illegible]	9.2127434	[illegible]	10.7872566	50	
	20	9.2071639	[illegible]	9.9942881	[illegible]	9.2128758	[illegible]	10.7871241	40	
	30	9.2072929	[illegible]	9.9942846	[illegible]	9.2130081	[illegible]	10.7869919	30	
	40	9.2074218	[illegible]	9.9942812	[illegible]	9.2131406	[illegible]	10.7868594	20	
	50	9.2075506	[illegible]	9.9942778	[illegible]	9.2132729	[illegible]	10.7867271	10	
17	0	9.2076795	[illegible]	9.9942743	[illegible]	9.2134051	[illegible]	10.7865949	0	43
	10	9.2078083	[illegible]	9.9942709	[illegible]	9.2135374	[illegible]	10.7864626	50	
	20	9.2079370	[illegible]	9.9942674	[illegible]	9.2136696	[illegible]	10.7863304	40	
	30	9.2080657	[illegible]	9.9942640	[illegible]	9.2138017	[illegible]	10.7861983	30	
	40	9.2081944	[illegible]	9.9942606	[illegible]	9.2139338	[illegible]	10.7860662	20	
	50	9.2083230	[illegible]	9.9942571	[illegible]	9.2140659	[illegible]	10.7859341	10	
18	0	9.2084516	[illegible]	9.9942537	[illegible]	9.2141980	[illegible]	10.7858020	0	42
	10	9.2085801	[illegible]	9.9942502	[illegible]	9.2143300	[illegible]	10.7856700	50	
	20	9.2087087	[illegible]	9.9942468	[illegible]	9.2144619	[illegible]	10.7855381	40	
	30	9.2088371	[illegible]	9.9942434	[illegible]	9.2145939	[illegible]	10.7854061	30	
	40	9.2089656	[illegible]	9.9942399	[illegible]	9.2147258	[illegible]	10.7852742	20	
	50	9.2090940	[illegible]	9.9942364	[illegible]	9.2148576	[illegible]	10.7851424	10	
19	0	9.2092224	[illegible]	9.9942330	[illegible]	9.2149894	[illegible]	10.7850106	0	41
	10	9.2093507	[illegible]	9.9942295	[illegible]	9.2151212	[illegible]	10.7848788	50	
	20	9.2094790	[illegible]	9.9942261	[illegible]	9.2152529	[illegible]	10.7847471	40	
	30	9.2096073	[illegible]	9.9942226	[illegible]	9.2153846	[illegible]	10.7846154	30	
	40	9.2097354	[illegible]	9.9942191	[illegible]	9.2155163	[illegible]	10.7844837	20	
	50	9.2098636	[illegible]	9.9942157	[illegible]	9.2156479	[illegible]	10.7843521	10	
20	0	9.2099917	[illegible]	9.9942122	[illegible]	9.2157795	[illegible]	10.7842205	0	40
′	″	Co-Sinus.	Diff.	Sinus.	D	Co-Tang.	Diff. com.	Tang.	″	′

80 Deg.

9 Deg.

'	"	Sinus.	Diff.	Co-Sinus.	D.	Tang.	Diff. com.	Co-Tang.	"	'
20	0	9.2099917		9.9942122		9.2157795		10.7842205	0	40
	10	9.2101198	1281	9.9942087	35	9.2159111	1316	10.7840889	50	
	20	9.2102479	1281	9.9942053	34	9.2160426	1315	10.7839574	40	
	30	9.2103759	1280	9.9942018	35	9.2161741	1315	10.7838259	30	
	40	9.2105038	1279	9.9941984	34	9.2163055	1314	10.7836945	20	
	50	9.2106318	1279	9.9941949	35	9.2164369	1314	10.7835631	10	
21	0	9.2107597	1279	9.9941914	35	9.2165682	1314	10.7834317	0	39
	10	9.2108875	1278	9.9941880	34	9.2166996	1313	10.7833004	50	
	20	9.2110154	1279	9.9941845	35	9.2168309	1313	10.7831691	40	
	30	9.2111431	1277	9.9941810	35	9.2169621	1312	10.7830379	30	
	40	9.2112709	1278	9.9941776	34	9.2170933	1312	10.7829067	20	
	50	9.2113986	1277	9.9941741	35	9.2172245	1312	10.7827755	10	
22	0	9.2115263	1277	9.9941706	35	9.2173556	1311	10.7826444	0	38
	10	9.2116539	1276	9.9941671	35	9.2174867	1311	10.7825133	50	
	20	9.2117815	1276	9.9941637	34	9.2176178	1311	10.7823822	40	
	30	9.2119090	1275	9.9941602	35	9.2177488	1310	10.7822512	30	
	40	9.2120365	1275	9.9941567	35	9.2178798	1310	10.7821202	20	
	50	9.2121640	1275	9.9941532	35	9.2180108	1310	10.7819892	10	
23	0	9.2122914	1274	9.9941497	35	9.2181417	1309	10.7818583	0	37
	10	9.2124188	1274	9.9941462	35	9.2182726	1309	10.7817274	50	
	20	9.2125461	1273	9.9941428	34	9.2184034	1308	10.7815966	40	
	30	9.2126734	1273	9.9941393	35	9.2185342	1308	10.7814658	30	
	40	9.2128007	1273	9.9941358	35	9.2186650	1308	10.7813350	20	
	50	9.2129280	1272	9.9941323	35	9.2187957	1307	10.7812043	10	
24	0	9.2130551	1272	9.9941288	35	9.2189264	1307	10.7810736	0	36
	10	9.2131823	1272	9.9941254	34	9.2190570	1306	10.7809430	50	
	20	9.2133095	1271	9.9941219	35	9.2191876	1306	10.7808124	40	
	30	9.2134366	1271	9.9941184	35	9.2193182	1306	10.7806818	30	
	40	9.2135637	1271	9.9941149	35	9.2194488	1306	10.7805512	20	
	50	9.2136907	1270	9.9941114	35	9.2195793	1305	10.7804207	10	
25	0	9.2138176	1269	9.9941079	35	9.2197097	1304	10.7802903	0	35
	10	9.2139446	1270	9.9941044	35	9.2198401	1304	10.7801599	50	
	20	9.2140715	1269	9.9941009	35	9.2199706	1304	10.7800294	40	
	30	9.2141983	1268	9.9940974	35	9.2201009	1304	10.7798991	30	
	40	9.2143252	1269	9.9940939	35	9.2202313	1303	10.7797687	20	
	50	9.2144519	1267	9.9940904	35	9.2203615	1302	10.7796385	10	
26	0	9.2145787	1268	9.9940870	34	9.2204917	1302	10.7795083	0	34
	10	9.2147054	1267	9.9940835	35	9.2206219	1302	10.7793781	50	
	20	9.2148321	1267	9.9940800	35	9.2207521	1302	10.7792479	40	
	30	9.2149587	1266	9.9940765	35	9.2208822	1301	10.7791178	30	
	40	9.2150853	1266	9.9940730	35	9.2210123	1301	10.7789877	20	
	50	9.2152118	1265	9.9940694	36	9.2211424	1301	10.7788576	10	
27	0	9.2153384	1266	9.9940659	35	9.2212724	1300	10.7787276	0	33
	10	9.2154648	1264	9.9940624	35	9.2214024	1300	10.7785976	50	
	20	9.2155913	1265	9.9940589	35	9.2215324	1300	10.7784676	40	
	30	9.2157177	1264	9.9940554	35	9.2216623	1299	10.7783377	30	
	40	9.2158441	1264	9.9940519	35	9.2217921	1298	10.7782079	20	
	50	9.2159704	1263	9.9940484	35	9.2219220	1299	10.7780780	10	
28	0	9.2160967	1263	9.9940449	35	9.2220518	1298	10.7779482	0	32
	10	9.2162229	1262	9.9940414	35	9.2221815	1297	10.7778185	50	
	20	9.2163491	1262	9.9940379	35	9.2223113	1298	10.7776887	40	
	30	9.2164753	1262	9.9940344	35	9.2224410	1297	10.7775590	30	
	40	9.2166015	1262	9.9940308	36	9.2225706	1296	10.7774294	20	
	50	9.2167276	1261	9.9940273	35	9.2227002	1296	10.7772998	10	
29	0	9.2168536	1260	9.9940238	35	9.2228298	1296	10.7771702	0	31
	10	9.2169797	1261	9.9940203	35	9.2229594	1296	10.7770406	50	
	20	9.2171056	1259	9.9940168	35	9.2230889	1295	10.7769111	40	
	30	9.2172316	1260	9.9940133	35	9.2232183	1294	10.7767817	30	
	40	9.2173575	1259	9.9940097	36	9.2233478	1295	10.7766522	20	
	50	9.2174834	1259	9.9940062	35	9.2234772	1294	10.7765228	10	
30	0	9.2176092	1258	9.9940027	35	9.2236065	1293	10.7763935	0	30
'	"	Co-Sinus.	Diff.	Sinus.	D.	Co-Tang.	Diff. com.	Tang.	"	'

80 Deg.

9 Deg.

'	"	Sinus.	Diff.	Co-Sinus.	D.	Tang.	Diff. com.	Co-Tang.	"	'
30	0	9.2176092		9.9940027		9.2236065		10.7763935	0	30
	10	9.2177350	1258	9.9939992	35	9.2237359	1294	10.7762641	50	
	20	9.2178608	1258	9.9939956	36	9.2238652	1293	10.7761348	40	
	30	9.2179865	1257	9.9939921	35	9.2239944	1292	10.7760056	30	
	40	9.2181122	1257	9.9939886	35	9.2241236	1292	10.7758764	20	
	50	9.2182379	1257	9.9939851	35	9.2242528	1292	10.7757472	10	
31	0	9.2183635	1256	9.9939815	36	9.2243819	1291	10.7756181	0	29
	10	9.2184891	1256	9.9939780	35	9.2245111	1292	10.7754889	50	
	20	9.2186146	1255	9.9939745	35	9.2246401	1290	10.7753599	40	
	30	9.2187401	1255	9.9939709	36	9.2247692	1291	10.7752308	30	
	40	9.2188656	1255	9.9939674	35	9.2248982	1290	10.7751018	20	
	50	9.2189910	1254	9.9939639	35	9.2250271	1289	10.7749729	10	
32	0	9.2191164	1254	9.9939603	36	9.2251561	1290	10.7748439	0	28
	10	9.2192417	1253	9.9939568	35	9.2252849	1288	10.7747151	50	
	20	9.2193671	1254	9.9939533	35	9.2254138	1289	10.7745862	40	
	30	9.2194923	1252	9.9939497	36	9.2255426	1288	10.7744574	30	
	40	9.2196176	1253	9.9939462	35	9.2256714	1288	10.7743286	20	
	50	9.2197428	1252	9.9939426	36	9.2258001	1287	10.7741999	10	
33	0	9.2198680	1252	9.9939391	35	9.2259289	1288	10.7740711	0	27
	10	9.2199931	1251	9.9939356	35	9.2260575	1286	10.7739425	50	
	20	9.2201182	1251	9.9939320	36	9.2261862	1287	10.7738138	40	
	30	9.2202432	1250	9.9939285	35	9.2263148	1286	10.7736852	30	
	40	9.2203683	1251	9.9939249	36	9.2264434	1286	10.7735566	20	
	50	9.2204933	1250	9.9939214	35	9.2265719	1285	10.7734281	10	
34	0	9.2206182	1249	9.9939178	36	9.2267004	1285	10.7732996	0	26
	10	9.2207431	1249	9.9939143	35	9.2268288	1284	10.7731712	50	
	20	9.2208680	1249	9.9939107	36	9.2269573	1285	10.7730427	40	
	30	9.2209928	1248	9.9939072	35	9.2270856	1283	10.7729144	30	
	40	9.2211176	1248	9.9939036	36	9.2272140	1284	10.7727860	20	
	50	9.2212424	1248	9.9939001	35	9.2273423	1283	10.7726577	10	
35	0	9.2213671	1247	9.9938965	36	9.2274706	1283	10.7725294	0	25
	10	9.2214918	1247	9.9938930	35	9.2275988	1282	10.7724012	50	
	20	9.2216164	1246	9.9938894	36	9.2277270	1282	10.7722730	40	
	30	9.2217410	1246	9.9938858	36	9.2278552	1282	10.7721448	30	
	40	9.2218656	1246	9.9938823	35	9.2279833	1281	10.7720167	20	
	50	9.2219902	1246	9.9938787	36	9.2281114	1281	10.7718886	10	
36	0	9.2221147	1245	9.9938752	35	9.2282395	1281	10.7717605	0	24
	10	9.2222391	1244	9.9938716	36	9.2283675	1280	10.7716325	50	
	20	9.2223636	1245	9.9938680	36	9.2284955	1280	10.7715045	40	
	30	9.2224880	1244	9.9938645	35	9.2286235	1280	10.7713765	30	
	40	9.2226123	1243	9.9938609	36	9.2287514	1279	10.7712486	20	
	50	9.2227366	1243	9.9938574	35	9.2288793	1279	10.7711207	10	
37	0	9.2228609	1243	9.9938538	36	9.2290071	1278	10.7709929	0	23
	10	9.2229852	1243	9.9938502	36	9.2291350	1279	10.7708650	50	
	20	9.2231094	1242	9.9938466	36	9.2292627	1277	10.7707373	40	
	30	9.2232336	1242	9.9938431	35	9.2293905	1278	10.7706095	30	
	40	9.2233577	1241	9.9938395	36	9.2295182	1277	10.7704818	20	
	50	9.2234818	1241	9.9938359	36	9.2296459	1277	10.7703541	10	
38	0	9.2236059	1241	9.9938324	35	9.2297735	1276	10.7702265	0	22
	10	9.2237299	1240	9.9938288	36	9.2299011	1276	10.7700989	50	
	20	9.2238539	1240	9.9938252	36	9.2300287	1276	10.7699713	40	
	30	9.2239778	1239	9.9938216	36	9.2301562	1275	10.7698438	30	
	40	9.2241018	1240	9.9938181	35	9.2302837	1275	10.7697163	20	
	50	9.2242256	1238	9.9938145	36	9.2304111	1274	10.7695889	10	
39	0	9.2243495	1239	9.9938109	36	9.2305386	1275	10.7694614	0	21
	10	9.2244733	1238	9.9938073	36	9.2306660	1274	10.7693340	50	
	20	9.2245971	1238	9.9938037	36	9.2307933	1273	10.7692067	40	
	30	9.2247208	1237	9.9938002	35	9.2309207	1274	10.7690793	30	
	40	9.2248445	1237	9.9937966	36	9.2310479	1272	10.7689521	20	
	50	9.2249682	1237	9.9937930	36	9.2311752	1273	10.7688248	10	
40	0	9.2250918	1236	9.9937894	36	9.2313024	1272	10.7686976	0	20
'	"	Co-Sinus.	Diff.	Sinus.	D.	Co-Tang.	Diff. com.	Tang.	"	'

80 Deg.

9 Deg.

′	″	Sinus.	Dif.	Co-Sinus.	D.	Tang.	Dif. com.	Co-Tang.	″	′
40	0	9.2250918		9.9937894		9.2313024		10.7686976	0	20
	10	9.2252154	1236	9.9937858	36	9.2314296	1272	10.7685704	50	
	20	9.2253390	1236	9.9937822	36	9.2315568	1272	10.7684432	40	
	30	9.2254625	1235	9.9937786	36	9.2316839	1271	10.7683161	30	
	40	9.2255860	1235	9.9937750	36	9.2318110	1271	10.7681890	20	
	50	9.2257094	1234	9.9937715	35	9.2319379	1269	10.7680621	10	
41	0	9.2258328	1234	9.9937679	36	9.2320649	1270	10.7679351	0	19
	10	9.2259562	1234	9.9937643	36	9.2321919	1270	10.7678081	50	
	20	9.2260795	1233	9.9937607	36	9.2323188	1269	10.7676812	40	
	30	9.2262028	1233	9.9937571	36	9.2324457	1269	10.7675543	30	
	40	9.2263261	1233	9.9937535	36	9.2325726	1269	10.7674274	20	
	50	9.2264493	1232	9.9937499	36	9.2326994	1268	10.7673006	10	
42	0	9.2265725	1232	9.9937463	36	9.2328262	1268	10.7671738	0	18
	10	9.2266957	1232	9.9937427	36	9.2329530	1268	10.7670470	50	
	20	9.2268188	1231	9.9937391	36	9.2330797	1267	10.7669203	40	
	30	9.2269419	1231	9.9937355	36	9.2332064	1267	10.7667936	30	
	40	9.2270650	1231	9.9937319	36	9.2333331	1267	10.7666669	20	
	50	9.2271880	1230	9.9937283	36	9.2334597	1266	10.7665403	10	
43	0	9.2273110	1230	9.9937247	36	9.2335863	1266	10.7664137	0	17
	10	9.2274339	1229	9.9937211	36	9.2337128	1265	10.7662872	50	
	20	9.2275568	1229	9.9937175	36	9.2338393	1265	10.7661607	40	
	30	9.2276797	1229	9.9937139	36	9.2339658	1265	10.7660342	30	
	40	9.2278025	1228	9.9937102	37	9.2340923	1265	10.7659077	20	
	50	9.2279253	1228	9.9937066	36	9.2342187	1264	10.7657813	10	
44	0	9.2280481	1228	9.9937030	36	9.2343451	1264	10.7656549	0	16
	10	9.2281708	1227	9.9936994	36	9.2344714	1263	10.7655286	50	
	20	9.2282935	1227	9.9936958	36	9.2345977	1263	10.7654023	40	
	30	9.2284161	1226	9.9936922	36	9.2347239	1262	10.7652761	30	
	40	9.2285387	1226	9.9936886	36	9.2348501	1262	10.7651499	20	
	50	9.2286614	1227	9.9936850	36	9.2349764	1263	10.7650236	10	
45	0	9.2287839	1225	9.9936813	37	9.2351026	1262	10.7648974	0	15
	10	9.2289064	1225	9.9936777	36	9.2352287	1261	10.7647713	50	
	20	9.2290289	1225	9.9936741	36	9.2353548	1261	10.7646452	40	
	30	9.2291514	1225	9.9936705	36	9.2354809	1261	10.7645191	30	
	40	9.2292738	1224	9.9936669	36	9.2356069	1260	10.7643931	20	
	50	9.2293962	1224	9.9936633	36	9.2357329	1260	10.7642671	10	
46	0	9.2295185	1223	9.9936596	37	9.2358589	1260	10.7641411	0	14
	10	9.2296408	1223	9.9936560	36	9.2359848	1259	10.7640152	50	
	20	9.2297631	1223	9.9936524	36	9.2361107	1259	10.7638893	40	
	30	9.2298853	1222	9.9936487	37	9.2362366	1259	10.7637634	30	
	40	9.2300075	1222	9.9936451	36	9.2363624	1258	10.7636376	20	
	50	9.2301297	1222	9.9936415	36	9.2364882	1258	10.7635118	10	
47	0	9.2302518	1221	9.9936378	37	9.2366140	1258	10.7633860	0	13
	10	9.2303739	1221	9.9936342	36	9.2367397	1257	10.7632603	50	
	20	9.2304959	1220	9.9936306	36	9.2368653	1256	10.7631347	40	
	30	9.2306179	1220	9.9936269	37	9.2369910	1257	10.7630090	30	
	40	9.2307399	1220	9.9936233	36	9.2371166	1256	10.7628834	20	
	50	9.2308618	1219	9.9936197	36	9.2372421	1255	10.7627579	10	
48	0	9.2309837	1219	9.9936160	37	9.2373677	1256	10.7626323	0	12
	10	9.2311056	1219	9.9936124	36	9.2374932	1255	10.7625068	50	
	20	9.2312275	1219	9.9936088	36	9.2376187	1255	10.7623813	40	
	30	9.2313493	1218	9.9936052	36	9.2377441	1254	10.7622559	30	
	40	9.2314711	1218	9.9936015	37	9.2378696	1255	10.7621304	20	
	50	9.2315928	1217	9.9935979	36	9.2379949	1253	10.7620051	10	
49	0	9.2317145	1217	9.9935942	37	9.2381203	1254	10.7618797	0	11
	10	9.2318362	1217	9.9935906	36	9.2382456	1253	10.7617544	50	
	20	9.2319578	1216	9.9935869	37	9.2383709	1253	10.7616291	40	
	30	9.2320794	1216	9.9935833	36	9.2384961	1252	10.7615039	30	
	40	9.2322010	1216	9.9935797	36	9.2386213	1252	10.7613787	20	
	50	9.2323225	1215	9.9935760	37	9.2387465	1252	10.7612535	10	
50	0	9.2324440	1215	9.9935723	37	9.2388717	1252	10.7611283	0	10
′	″	Co-Sinus.	Dif.	Sinus.	D.	Co-Tang.	Dif. com.	Tang.	″	′

80 Deg.

9 Deg.

′	″	Sinus.	Dif.	Co-Sinus.	D.	Tang.	Dif. com.	Co-Tang.	″	′
50	0	9.2324440		9.9935723		9.2388717		10.7611283	0	10
	10	9.2325655	1215	9.9935687	36	9.2389968	1251	10.7610032	50	
	20	9.2326869	1214	9.9935650	37	9.2391219	1251	10.7608781	40	
	30	9.2328083	1214	9.9935614	36	9.2392469	1250	10.7607531	30	
	40	9.2329296	1213	9.9935577	37	9.2393719	1250	10.7606281	20	
	50	9.2330510	1214	9.9935541	36	9.2394969	1250	10.7605031	10	
51	0	9.2331723	1213	9.9935504	37	9.2396219	1250	10.7603781	0	9
	10	9.2332935	1212	9.9935467	37	9.2397468	1249	10.7602532	50	
	20	9.2334147	1212	9.9935431	36	9.2398716	1248	10.7601284	40	
	30	9.2335358	1211	9.9935394	37	9.2399964	1248	10.7600036	30	
	40	9.2336569	1211	9.9935358	36	9.2401211	1247	10.7598789	20	
	50	9.2337780	1211	9.9935321	37	9.2402459	1248	10.7597541	10	
52	0	9.2338991	1211	9.9935285	36	9.2403706	1247	10.7596294	0	8
	10	9.2340201	1210	9.9935248	37	9.2404953	1247	10.7595047	50	
	20	9.2341410	1209	9.9935211	37	9.2406199	1246	10.7593801	40	
	30	9.2342619	1209	9.9935175	36	9.2407444	1245	10.7592556	30	
	40	9.2343828	1209	9.9935138	37	9.2408690	1246	10.7591310	20	
	50	9.2345037	1209	9.9935101	37	9.2409936	1246	10.7590064	10	
53	0	9.2346246	1209	9.9935065	36	9.2411181	1245	10.7588819	0	7
	10	9.2347454	1208	9.9935028	37	9.2412426	1245	10.7587574	50	
	20	9.2348662	1208	9.9934991	37	9.2413671	1245	10.7586329	40	
	30	9.2349869	1207	9.9934955	36	9.2414914	1243	10.7585086	30	
	40	9.2351077	1208	9.9934918	37	9.2416159	1245	10.7583841	20	
	50	9.2352284	1207	9.9934881	37	9.2417403	1244	10.7582597	10	
54	0	9.2353492	1208	9.9934843	38	9.2418649	1246	10.7581351	0	6
	10	9.2354697	1205	9.9934805	38	9.2419892	1243	10.7580108	50	
	20	9.2355901	1204	9.9934768	37	9.2421133	1241	10.7578867	40	
	30	9.2357106	1205	9.9934731	37	9.2422375	1242	10.7577625	30	
	40	9.2358311	1205	9.9934694	37	9.2423617	1242	10.7576383	20	
	50	9.2359515	1204	9.9934657	37	9.2424858	1241	10.7575142	10	
55	0	9.2360720	1205	9.9934620	37	9.2426100	1242	10.7573900	0	5
	10	9.2361925	1205	9.9934584	36	9.2427341	1241	10.7572659	50	
	20	9.2363129	1204	9.9934547	37	9.2428582	1241	10.7571418	40	
	30	9.2364334	1205	9.9934511	36	9.2429823	1241	10.7570177	30	
	40	9.2365539	1205	9.9934474	37	9.2431065	1242	10.7568935	20	
	50	9.2366743	1204	9.9934438	36	9.2432305	1240	10.7567695	10	
56	0	9.2367947	1204	9.9934401	37	9.2433546	1241	10.7566454	0	4
	10	9.2369148	1201	9.9934365	36	9.2434783	1237	10.7565217	50	
	20	9.2370349	1201	9.9934328	37	9.2436021	1238	10.7563979	40	
	30	9.2371550	1201	9.9934292	36	9.2437258	1237	10.7562742	30	
	40	9.2372751	1201	9.9934255	37	9.2438496	1238	10.7561504	20	
	50	9.2373952	1201	9.9934218	37	9.2439734	1238	10.7560266	10	
57	0	9.2375153	1201	9.9934181	37	9.2440972	1238	10.7559028	0	3
	10	9.2376353	1200	9.9934144	37	9.2442209	1237	10.7557791	50	
	20	9.2377553	1200	9.9934107	37	9.2443446	1237	10.7556554	40	
	30	9.2378753	1200	9.9934070	37	9.2444683	1237	10.7555317	30	
	40	9.2379952	1199	9.9934033	37	9.2445919	1236	10.7554081	20	
	50	9.2381151	1199	9.9933996	37	9.2447155	1236	10.7552845	10	
58	0	9.2382349	1198	9.9933959	37	9.2448390	1235	10.7551610	0	2
	10	9.2383547	1198	9.9933922	37	9.2449625	1235	10.7550375	50	
	20	9.2384744	1197	9.9933885	37	9.2450859	1234	10.7549141	40	
	30	9.2385942	1198	9.9933848	37	9.2452094	1235	10.7547906	30	
	40	9.2387139	1197	9.9933811	37	9.2453328	1234	10.7546672	20	
	50	9.2388335	1196	9.9933774	37	9.2454561	1233	10.7545439	10	
59	0	9.2389532	1197	9.9933737	37	9.2455795	1234	10.7544205	0	1
	10	9.2390728	1196	9.9933700	37	9.2457028	1233	10.7542972	50	
	20	9.2391923	1195	9.9933663	37	9.2458260	1232	10.7541740	40	
	30	9.2393118	1195	9.9933626	37	9.2459492	1232	10.7540508	30	
	40	9.2394313	1195	9.9933589	37	9.2460724	1232	10.7539276	20	
	50	9.2395508	1195	9.9933552	37	9.2461956	1232	10.7538044	10	
60	0	9.2396702	1194	9.9933515	37	9.2463187	1231	10.7536813	0	0
′	″	Co-Sinus.	Dif.	Sinus.	D.	Co-Tang.	Dif. com.	Tang.	″	′

80 Deg.

'	"	Sinus.	Dif.	Co-Sinus.	D.	Tang.	Dif. com.	Co-Tang.	"	'
0	0	9.2396702		9.9933515		9.2463188		10.7536812	0	60
	10	9.2397896	1194	9.9933477	38	9.2464419	1231	10.7535581	50	
	20	9.2399090	1194	9.9933440	37	9.2465650	1231	10.7534350	40	
	30	9.2400283	1193	9.9933403	37	9.2466880	1230	10.7533120	30	
	40	9.2401476	1193	9.9933366	37	9.2468110	1230	10.7531890	20	
	50	9.2402669	1193	9.9933329	37	9.2469340	1230	10.7530660	10	
1	0	9.2403861	1192	9.9933292	37	9.2470569	1229	10.7529431	0	59
	10	9.2405053	1192	9.9933254	38	9.2471799	1230	10.7528201	50	
	20	9.2406244	1191	9.9933217	37	9.2473027	1228	10.7526973	40	
	30	9.2407435	1191	9.9933180	37	9.2474255	1228	10.7525745	30	
	40	9.2408626	1191	9.9933143	37	9.2475484	1229	10.7524516	20	
	50	9.2409817	1191	9.9933106	37	9.2476711	1227	10.7523289	10	
2	0	9.2411007	1190	9.9933068	38	9.2477939	1228	10.7522061	0	58
	10	9.2412197	1190	9.9933031	37	9.2479166	1227	10.7520834	50	
	20	9.2413387	1190	9.9932994	37	9.2480393	1227	10.7519607	40	
	30	9.2414576	1189	9.9932957	37	9.2481619	1226	10.7518381	30	
	40	9.2415765	1189	9.9932919	38	9.2482845	1226	10.7517155	20	
	50	9.2416953	1188	9.9932882	37	9.2484071	1226	10.7515929	10	
3	0	9.2418141	1188	9.9932845	37	9.2485297	1226	10.7514703	0	57
	10	9.2419329	1188	9.9932807	38	9.2486522	1225	10.7513478	50	
	20	9.2420517	1188	9.9932770	37	9.2487747	1225	10.7512253	40	
	30	9.2421704	1187	9.9932733	37	9.2488971	1224	10.7511029	30	
	40	9.2422891	1187	9.9932695	38	9.2490196	1225	10.7509804	20	
	50	9.2424077	1186	9.9932658	37	9.2491419	1223	10.7508581	10	
4	0	9.2425264	1187	9.9932621	37	9.2492643	1224	10.7507357	0	56
	10	9.2426450	1186	9.9932583	38	9.2493866	1223	10.7506134	50	
	20	9.2427635	1185	9.9932546	37	9.2495089	1223	10.7504911	40	
	30	9.2428820	1185	9.9932508	38	9.2496312	1223	10.7503688	30	
	40	9.2430005	1185	9.9932471	37	9.2497534	1222	10.7502466	20	
	50	9.2431190	1185	9.9932434	37	9.2498756	1222	10.7501244	10	
5	0	9.2432374	1184	9.9932396	38	9.2499978	1222	10.7500022	0	55
	10	9.2433558	1184	9.9932359	37	9.2501199	1221	10.7498801	50	
	20	9.2434741	1183	9.9932321	38	9.2502420	1221	10.7497580	40	
	30	9.2435924	1183	9.9932284	37	9.2503641	1221	10.7496359	30	
	40	9.2437107	1183	9.9932246	38	9.2504861	1220	10.7495139	20	
	50	9.2438290	1183	9.9932209	37	9.2506081	1220	10.7493919	10	
6	0	9.2439472	1182	9.9932171	38	9.2507301	1220	10.7492699	0	54
	10	9.2440654	1182	9.9932134	37	9.2508520	1219	10.7491480	50	
	20	9.2441836	1182	9.9932096	38	9.2509739	1219	10.7490261	40	
	30	9.2443017	1181	9.9932059	37	9.2510958	1219	10.7489042	30	
	40	9.2444197	1180	9.9932021	38	9.2512176	1218	10.7487824	20	
	50	9.2445378	1181	9.9931984	37	9.2513394	1218	10.7486606	10	
7	0	9.2446558	1180	9.9931946	38	9.2514612	1218	10.7485388	0	53
	10	9.2447738	1180	9.9931908	38	9.2515830	1218	10.7484170	50	
	20	9.2448918	1180	9.9931871	37	9.2517047	1217	10.7482953	40	
	30	9.2450097	1179	9.9931833	38	9.2518264	1217	10.7481736	30	
	40	9.2451276	1179	9.9931796	37	9.2519480	1216	10.7480520	20	
	50	9.2452454	1178	9.9931758	38	9.2520696	1216	10.7479304	10	
8	0	9.2453632	1178	9.9931720	38	9.2521912	1216	10.7478088	0	52
	10	9.2454810	1178	9.9931683	37	9.2523128	1216	10.7476872	50	
	20	9.2455988	1178	9.9931645	38	9.2524343	1215	10.7475657	40	
	30	9.2457165	1177	9.9931607	38	9.2525558	1215	10.7474442	30	
	40	9.2458342	1177	9.9931570	37	9.2526772	1214	10.7473228	20	
	50	9.2459519	1177	9.9931532	38	9.2527987	1215	10.7472013	10	
9	0	9.2460695	1176	9.9931494	38	9.2529200	1213	10.7470800	0	51
	10	9.2461871	1176	9.9931457	37	9.2530414	1214	10.7469586	50	
	20	9.2463046	1175	9.9931419	38	9.2531627	1213	10.7468373	40	
	30	9.2464222	1176	9.9931381	38	9.2532840	1213	10.7467160	30	
	40	9.2465397	1175	9.9931344	37	9.2534053	1213	10.7465947	20	
	50	9.2466571	1174	9.9931306	38	9.2535265	1212	10.7464735	10	
10	0	9.2467746	1175	9.9931268	38	9.2536477	1212	10.7463523	0	50
'	"	Co-Sinus.	Dif.	Sinus.	D.	Co-Tang.	Dif. com.	Tang.	"	'

'	"	Sinus.	Dif.	Co-Sinus.	D.	Tang.	Dif. com.	Co-Tang.	"	'
10	0	9.2467746		9.9931268		9.2536477		10.7463523	0	50
	10	9.2468919	1173	9.9931230	38	9.2537689	1212	10.7462311	50	
	20	9.2470093	1174	9.9931193	37	9.2538901	1212	10.7461099	40	
	30	9.2471266	1173	9.9931155	38	9.2540111	1210	10.7459889	30	
	40	9.2472439	1173	9.9931117	38	9.2541322	1211	10.7458678	20	
	50	9.2473612	1173	9.9931079	38	9.2542533	1211	10.7457467	10	
11	0	9.2474784	1172	9.9931041	38	9.2543743	1210	10.7456257	0	49
	10	9.2475956	1172	9.9931004	37	9.2544953	1210	10.7455047	50	
	20	9.2477128	1172	9.9930966	38	9.2546162	1209	10.7453838	40	
	30	9.2478299	1171	9.9930928	38	9.2547371	1209	10.7452629	30	
	40	9.2479470	1171	9.9930890	38	9.2548580	1209	10.7451420	20	
	50	9.2480641	1171	9.9930852	38	9.2549789	1209	10.7450211	10	
12	0	9.2481811	1170	9.9930814	38	9.2550997	1208	10.7449003	0	48
	10	9.2482981	1170	9.9930776	38	9.2552205	1208	10.7447795	50	
	20	9.2484151	1170	9.9930738	38	9.2553413	1208	10.7446587	40	
	30	9.2485321	1170	9.9930701	37	9.2554620	1207	10.7445380	30	
	40	9.2486490	1169	9.9930663	38	9.2555827	1207	10.7444173	20	
	50	9.2487659	1169	9.9930625	38	9.2557034	1207	10.7442966	10	
13	0	9.2488827	1168	9.9930587	38	9.2558240	1206	10.7441760	0	47
	10	9.2489995	1168	9.9930549	38	9.2559446	1206	10.7440554	50	
	20	9.2491163	1168	9.9930511	38	9.2560652	1206	10.7439348	40	
	30	9.2492331	1168	9.9930473	38	9.2561857	1205	10.7438143	30	
	40	9.2493497	1166	9.9930435	38	9.2563062	1205	10.7436938	20	
	50	9.2494664	1167	9.9930397	38	9.2564267	1205	10.7435733	10	
14	0	9.2495830	1166	9.9930359	38	9.2565471	1204	10.7434529	0	46
	10	9.2496997	1167	9.9930321	38	9.2566676	1205	10.7433324	50	
	20	9.2498163	1166	9.9930283	38	9.2567880	1204	10.7432120	40	
	30	9.2499328	1165	9.9930245	38	9.2569083	1203	10.7430917	30	
	40	9.2500493	1165	9.9930207	38	9.2570286	1203	10.7429714	20	
	50	9.2501658	1165	9.9930169	38	9.2571489	1203	10.7428511	10	
15	0	9.2502822	1164	9.9930131	38	9.2572691	1202	10.7427309	0	45
	10	9.2503987	1165	9.9930093	38	9.2573894	1203	10.7426106	50	
	20	9.2505150	1163	9.9930055	38	9.2575096	1202	10.7424904	40	
	30	9.2506314	1164	9.9930016	39	9.2576298	1202	10.7423702	30	
	40	9.2507477	1163	9.9929978	38	9.2577499	1201	10.7422501	20	
	50	9.2508640	1163	9.9929940	38	9.2578700	1201	10.7421300	10	
16	0	9.2509803	1163	9.9929902	38	9.2579901	1201	10.7420099	0	44
	10	9.2510965	1162	9.9929864	38	9.2581101	1200	10.7418899	50	
	20	9.2512127	1162	9.9929826	38	9.2582301	1200	10.7417699	40	
	30	9.2513289	1162	9.9929788	38	9.2583501	1200	10.7416499	30	
	40	9.2514450	1161	9.9929749	39	9.2584701	1200	10.7415299	20	
	50	9.2515611	1161	9.9929711	38	9.2585900	1199	10.7414100	10	
17	0	9.2516772	1161	9.9929673	38	9.2587099	1199	10.7412901	0	43
	10	9.2517932	1160	9.9929635	38	9.2588297	1198	10.7411703	50	
	20	9.2519092	1160	9.9929597	38	9.2589495	1198	10.7410505	40	
	30	9.2520252	1160	9.9929559	38	9.2590693	1198	10.7409307	30	
	40	9.2521411	1159	9.9929520	39	9.2591891	1198	10.7408109	20	
	50	9.2522570	1159	9.9929482	38	9.2593088	1197	10.7406912	10	
18	0	9.2523729	1159	9.9929444	38	9.2594285	1197	10.7405715	0	42
	10	9.2524887	1158	9.9929406	38	9.2595482	1197	10.7404518	50	
	20	9.2526045	1158	9.9929367	39	9.2596678	1196	10.7403322	40	
	30	9.2527203	1158	9.9929329	38	9.2597875	1197	10.7402125	30	
	40	9.2528361	1158	9.9929290	39	9.2599070	1195	10.7400930	20	
	50	9.2529518	1157	9.9929252	38	9.2600266	1196	10.7399734	10	
19	0	9.2530675	1157	9.9929214	38	9.2601461	1195	10.7398539	0	41
	10	9.2531831	1156	9.9929175	39	9.2602656	1195	10.7397344	50	
	20	9.2532987	1156	9.9929137	38	9.2603850	1194	10.7396150	40	
	30	9.2534143	1156	9.9929099	38	9.2605044	1194	10.7394956	30	
	40	9.2535299	1156	9.9929060	39	9.2606239	1195	10.7393761	20	
	50	9.2536454	1155	9.9929022	38	9.2607432	1193	10.7392568	10	
20	0	9.2537609	1155	9.9928984	38	9.2608625	1193	10.7391375	0	40
'	"	Co-Sinus.	Dif.	Sinus.	D.	Co-Tang.	Dif. com.	Tang.	"	'

'	"	Sinus.	Diff.	Co-Sinus.	D.	Tang.	Diff. com.	Co-Tang.	"	'
20	0	9.2537600		9.9928984		9.2608619		10.7391375	0	40
	10	9.2538764	1155	9.9928945	[illegible]	9.2609818	1193	10.7390182	50	
	20	9.2539918	1154	9.9928907	[illegible]	9.2611011	1193	10.7388989	40	
	30	9.2541072	1154	9.9928868	[illegible]	9.2612204	1193	10.7387796	30	
	40	9.2542226	1154	9.9928830	[illegible]	9.2613396	1192	10.7386604	20	
	50	9.2543379	1153	9.9928791	[illegible]	9.2614587	1191	10.7385413	10	
21	0	9.2544531	1152	9.9928753	[illegible]	9.2615778	1191	10.7384222	0	39
	10	9.2545683	1152	9.9928714	[illegible]	9.2616970	1192	10.7383030	50	
	20	9.2546837	1154	9.9928676	[illegible]	9.2618161	1191	10.7381839	40	
	30	9.2547989	1152	9.9928637	[illegible]	9.2619352	1191	10.7380648	30	
	40	9.2549141	1152	9.9928599	[illegible]	9.2620541	1189	10.7379459	20	
	50	9.2550292	1151	9.9928561	[illegible]	9.2621732	1191	10.7378268	10	
22	0	9.2551444	1152	9.9928522	[illegible]	9.2622921	1189	10.7377079	0	38
	10	9.2552594	1150	9.9928484	[illegible]	9.2624111	1190	10.7375889	50	
	20	9.2553743	1149	9.9928445	[illegible]	9.2625300	1189	10.7374700	40	
	30	9.2554895	1152	9.9928407	[illegible]	9.2626489	1189	10.7373511	30	
	40	9.2556045	1150	9.9928368	[illegible]	9.2627677	1188	10.7372323	20	
	50	9.2557195	1150	9.9928330	[illegible]	9.2628865	1188	10.7371135	10	
23	0	9.2558344	1149	9.9928291	[illegible]	9.2630053	1188	10.7369947	0	37
	10	9.2559493	1149	9.9928253	[illegible]	9.2631240	1188	10.7368760	50	
	20	9.2560641	1148	9.9928214	[illegible]	9.2632427	1186	10.7367573	40	
	30	9.2561790	1149	9.9928175	[illegible]	9.2633615	1188	10.7366385	30	
	40	9.2562938	1148	9.9928136	[illegible]	9.2634801	1186	10.7365199	20	
	50	9.2564085	1147	9.9928098	[illegible]	9.2635987	1186	10.7364013	10	
24	0	9.2565233	1148	9.9928059	[illegible]	9.2637173	1186	10.7362827	0	36
	10	9.2566378	1145	9.9928021	[illegible]	9.2638359	1186	10.7361641	50	
	20	9.2567526	1148	9.9927982	[illegible]	9.2639545	1186	10.7360455	40	
	30	9.2568671	1145	9.9927943	[illegible]	9.2640730	1185	10.7359270	30	
	40	9.2569815	1144	9.9927905	[illegible]	9.2641914	1184	10.7358086	20	
	50	9.2570962	1147	9.9927866	[illegible]	9.2643099	1185	10.7356901	10	
25	0	9.2572110	1148	9.9927827	[illegible]	9.2644283	1184	10.7355717	0	35
	10	9.2573255	1145	9.9927788	[illegible]	9.2645467	1184	10.7354533	50	
	20	9.2574400	1145	9.9927749	[illegible]	9.2646651	1184	10.7353349	40	
	30	9.2575544	1144	9.9927711	[illegible]	9.2647834	1183	10.7352166	30	
	40	9.2576689	1145	9.9927672	[illegible]	9.2649017	1183	10.7350983	20	
	50	9.2577833	1144	9.9927634	[illegible]	9.2650200	1183	10.7349800	10	
26	0	9.2578977	1144	9.9927595	[illegible]	9.2651383	1183	10.7348617	0	34
	10	9.2580120	1143	9.9927556	[illegible]	9.2652564	1181	10.7347436	50	
	20	9.2581263	1143	9.9927517	[illegible]	9.2653746	1182	10.7346254	40	
	30	9.2582406	1143	9.9927478	[illegible]	9.2654927	1181	10.7345073	30	
	40	9.2583548	1142	9.9927440	[illegible]	9.2656108	1181	10.7343892	20	
	50	9.2584690	1142	9.9927401	[illegible]	9.2657289	1181	10.7342711	10	
27	0	9.2585831	1141	9.9927361	[illegible]	9.2658470	1181	10.7341530	0	33
	10	9.2586973	1142	9.9927323	[illegible]	9.2659650	1180	10.7340350	50	
	20	9.2588114	1141	9.9927284	[illegible]	9.2660830	1180	10.7339170	40	
	30	9.2589255	1141	9.9927245	[illegible]	9.2662010	1180	10.7337990	30	
	40	9.2590396	1141	9.9927207	[illegible]	9.2663189	1179	10.7336811	20	
	50	9.2591536	1140	9.9927168	[illegible]	9.2664368	1179	10.7335632	10	
28	0	9.2592676	1140	9.9927129	[illegible]	9.2665547	1179	10.7334453	0	32
	10	9.2593816	1140	9.9927090	[illegible]	9.2666726	1179	10.7333274	50	
	20	9.2594955	1139	9.9927051	[illegible]	9.2667904	1178	10.7332096	40	
	30	9.2596094	1139	9.9927012	[illegible]	9.2669082	1178	10.7330918	30	
	40	9.2597232	1138	9.9926973	[illegible]	9.2670259	1177	10.7329741	20	
	50	9.2598371	1139	9.9926934	[illegible]	9.2671437	1178	10.7328563	10	
29	0	9.2599509	1138	9.9926895	[illegible]	9.2672615	1178	10.7327387	0	31
	10	9.2600646	1137	9.9926856	[illegible]	9.2673790	1175	10.7326210	50	
	20	9.2601784	1138	9.9926817	[illegible]	9.2674967	1177	10.7325033	40	
	30	9.2602921	1137	9.9926777	[illegible]	9.2676143	1176	10.7323857	30	
	40	9.2604058	1137	9.9926738	[illegible]	9.2677318	1175	10.7322681	20	
	50	9.2605194	1136	9.9926700	[illegible]	9.2678494	1176	10.7321506	10	
30	0	9.2606330	1136	9.9926661	[illegible]	9.2679669	1175	10.7320331	0	30
'	"	Co-Sinus.	Diff.	Sinus.	D.	Co-Tang.	Diff. com.	Tang.	"	'

'	"	Sinus.	Diff.	Co-Sinus.	D.	Tang.	Diff. com.	Co-Tang.	"	'
30	0	9.2606330		9.9926661		9.2679669		10.7320331	0	30
	10	9.2607466	1136	9.9926622	[illegible]	9.2680844	1175	10.7319156	50	
	20	9.2608602	1136	9.9926583	[illegible]	9.2682019	1175	10.7317981	40	
	30	9.2609737	1135	9.9926544	[illegible]	9.2683193	1174	10.7316807	30	
	40	9.2610872	1135	9.9926505	[illegible]	9.2684367	1174	10.7315633	20	
	50	9.2612007	1135	9.9926466	[illegible]	9.2685541	1174	10.7314459	10	
31	0	9.2613141	1134	9.9926427	[illegible]	9.2686714	1173	10.7313286	0	29
	10	9.2614275	1134	9.9926388	[illegible]	9.2687887	1173	10.7312113	50	
	20	9.2615409	1134	9.9926349	[illegible]	9.2689060	1173	10.7310940	40	
	30	9.2616542	1133	9.9926310	[illegible]	9.2690233	1173	10.7309767	30	
	40	9.2617675	1133	9.9926270	[illegible]	9.2691405	1172	10.7308595	20	
	50	9.2618806	1131	9.9926231	[illegible]	9.2692577	1172	10.7307423	10	
32	0	9.2619941	1135	9.9926191	[illegible]	9.2693749	1172	10.7306251	0	28
	10	9.2621073	1132	9.9926153	[illegible]	9.2694920	1171	10.7305080	50	
	20	9.2622205	1132	9.9926114	[illegible]	9.2696091	1171	10.7303909	40	
	30	9.2623337	1132	9.9926075	[illegible]	9.2697262	1171	10.7302738	30	
	40	9.2624468	1131	9.9926035	[illegible]	9.2698433	1171	10.7301567	20	
	50	9.2625599	1131	9.9925996	[illegible]	9.2699604	1171	10.7300396	10	
33	0	9.2626730	1131	9.9925957	[illegible]	9.2700773	1169	10.7299227	0	27
	10	9.2627860	1130	9.9925918	[illegible]	9.2701942	1169	10.7298058	50	
	20	9.2628990	1130	9.9925879	[illegible]	9.2703111	1169	10.7296889	40	
	30	9.2630120	1130	9.9925840	[illegible]	9.2704280	1169	10.7295720	30	
	40	9.2631249	1129	9.9925800	[illegible]	9.2705449	1169	10.7294551	20	
	50	9.2632377	1128	9.9925761	[illegible]	9.2706617	1168	10.7293383	10	
34	0	9.2633505	1128	9.9925722	[illegible]	9.2707784	1167	10.7292216	0	26
	10	9.2634636	1131	9.9925683	[illegible]	9.2708953	1169	10.7291047	50	
	20	9.2635764	1128	9.9925644	[illegible]	9.2710121	1168	10.7289879	40	
	30	9.2636892	1128	9.9925605	[illegible]	9.2711287	1166	10.7288713	30	
	40	9.2638018	1126	9.9925565	[illegible]	9.2712455	1168	10.7287545	20	
	50	9.2639147	1129	9.9925526	[illegible]	9.2713621	1166	10.7286379	10	
35	0	9.2640274	1127	9.9925487	[illegible]	9.2714787	1166	10.7285213	0	25
	10	9.2641401	1127	9.9925447	[illegible]	9.2715954	1167	10.7284046	50	
	20	9.2642527	1126	9.9925408	[illegible]	9.2717120	1166	10.7282880	40	
	30	9.2643653	1126	9.9925369	[illegible]	9.2718286	1166	10.7281714	30	
	40	9.2644779	1126	9.9925330	[illegible]	9.2719451	1165	10.7280549	20	
	50	9.2645904	1125	9.9925288	[illegible]	9.2720616	1165	10.7279384	10	
36	0	9.2647030	1126	9.9925250	[illegible]	9.2721780	1164	10.7278220	0	24
	10	9.2648155	1125	9.9925210	[illegible]	9.2722945	1165	10.7277055	50	
	20	9.2649279	1124	9.9925171	[illegible]	9.2724109	1164	10.7275891	40	
	30	9.2650404	1125	9.9925131	[illegible]	9.2725272	1163	10.7274728	30	
	40	9.2651527	1123	9.9925091	[illegible]	9.2726436	1164	10.7273564	20	
	50	9.2652651	1124	9.9925052	[illegible]	9.2727599	1163	10.7272401	10	
37	0	9.2653774	1123	9.9925012	[illegible]	9.2728762	1163	10.7271238	0	23
	10	9.2654897	1123	9.9924973	[illegible]	9.2729924	1162	10.7270076	50	
	20	9.2656020	1123	9.9924933	[illegible]	9.2731087	1163	10.7268913	40	
	30	9.2657142	1122	9.9924894	[illegible]	9.2732249	1162	10.7267751	30	
	40	9.2658265	1123	9.9924855	[illegible]	9.2733411	1162	10.7266589	20	
	50	9.2659387	1122	9.9924815	[illegible]	9.2734572	1161	10.7265428	10	
38	0	9.2660509	1122	9.9924776	[illegible]	9.2735733	1161	10.7264267	0	22
	10	9.2661630	1121	9.9924736	[illegible]	9.2736894	1161	10.7263106	50	
	20	9.2662751	1121	9.9924697	[illegible]	9.2738055	1161	10.7261945	40	
	30	9.2663871	1120	9.9924657	[illegible]	9.2739215	1160	10.7260785	30	
	40	9.2664992	1121	9.9924617	[illegible]	9.2740375	1160	10.7259625	20	
	50	9.2666113	1121	9.9924578	[illegible]	9.2741534	1159	10.7258466	10	
39	0	9.2667231	1118	9.9924539	[illegible]	9.2742694	1160	10.7257306	0	21
	10	9.2668350	1119	9.9924498	[illegible]	9.2743853	1159	10.7256147	50	
	20	9.2669470	1120	9.9924459	[illegible]	9.2745011	1158	10.7254989	40	
	30	9.2670590	1120	9.9924420	[illegible]	9.2746170	1159	10.7253830	30	
	40	9.2671706	1116	9.9924380	[illegible]	9.2747328	1158	10.7252671	20	
	50	9.2672827	1121	9.9924340	[illegible]	9.2748487	1159	10.7251513	10	
40	0	9.2673945	1118	9.9924301	[illegible]	9.2749644	1157	10.7250356	0	20
'	"	Co-Sinus.	Diff.	Sinus.	D.	Co-Tang.	Diff. com.	Tang.	"	'

10 Deg.

'	"	Sinus.	Diff.	Co-Sinus.	D.	Tang.	Diff. com.	Co-Tang.	"	'
40	0	9.2673945		9.9924301		9.2749644		10.7250356	0	20
	10	9.2675062	1117	9.9924261	40	9.2750802	1158	10.7249198	50	
	20	9.2676180	1118	9.9924221	40	9.2751959	1157	10.7248041	40	
	30	9.2677297	1117	9.9924181	40	9.2753116	1157	10.7246884	30	
	40	9.2678414	1117	9.9924142	39	9.2754272	1156	10.7245728	20	
	50	9.2679531	1117	9.9924102	40	9.2755428	1156	10.7244572	10	
41	0	9.2680647	1116	9.9924062	40	9.2756584	1156	10.7243416	0	19
	10	9.2681763	1116	9.9924023	39	9.2757740	1156	10.7242260	50	
	20	9.2682879	1116	9.9923983	40	9.2758895	1155	10.7241105	40	
	30	9.2683994	1115	9.9923943	40	9.2760050	1155	10.7239950	30	
	40	9.2685109	1115	9.9923904	39	9.2761205	1155	10.7238795	20	
	50	9.2686224	1115	9.9923864	40	9.2762360	1155	10.7237640	10	
42	0	9.2687338	1114	9.9923824	40	9.2763514	1154	10.7236486	0	18
	10	9.2688452	1114	9.9923784	40	9.2764668	1154	10.7235332	50	
	20	9.2689566	1114	9.9923745	39	9.2765822	1154	10.7234178	40	
	30	9.2690680	1114	9.9923705	40	9.2766975	1153	10.7233025	30	
	40	9.2691793	1113	9.9923665	40	9.2768128	1153	10.7231872	20	
	50	9.2692906	1113	9.9923625	40	9.2769281	1153	10.7230719	10	
43	0	9.2694019	1113	9.9923585	40	9.2770434	1153	10.7229566	0	17
	10	9.2695131	1112	9.9923545	40	9.2771586	1152	10.7228414	50	
	20	9.2696243	1112	9.9923506	39	9.2772738	1152	10.7227262	40	
	30	9.2697355	1112	9.9923466	40	9.2773889	1151	10.7226111	30	
	40	9.2698466	1111	9.9923426	40	9.2775041	1152	10.7224959	20	
	50	9.2699577	1111	9.9923386	40	9.2776192	1151	10.7223808	10	
44	0	9.2700688	1111	9.9923346	40	9.2777343	1151	10.7222657	0	16
	10	9.2701799	1111	9.9923306	40	9.2778493	1150	10.7221507	50	
	20	9.2702910	1111	9.9923266	40	9.2779644	1151	10.7220356	40	
	30	9.2704020	1110	9.9923226	40	9.2780793	1149	10.7219207	30	
	40	9.2705129	1109	9.9923186	40	9.2781943	1150	10.7218057	20	
	50	9.2706239	1110	9.9923146	40	9.2783093	1150	10.7216907	10	
45	0	9.2707348	1109	9.9923106	40	9.2784242	1149	10.7215758	0	15
	10	9.2708457	1109	9.9923066	40	9.2785391	1149	10.7214609	50	
	20	9.2709566	1109	9.9923026	40	9.2786539	1148	10.7213461	40	
	30	9.2710674	1108	9.9922986	40	9.2787687	1148	10.7212313	30	
	40	9.2711782	1108	9.9922946	40	9.2788835	1148	10.7211165	20	
	50	9.2712889	1107	9.9922906	40	9.2789983	1148	10.7210017	10	
46	0	9.2713997	1108	9.9922866	40	9.2791131	1148	10.7208869	0	14
	10	9.2715104	1107	9.9922826	40	9.2792278	1147	10.7207722	50	
	20	9.2716211	1107	9.9922786	40	9.2793425	1147	10.7206575	40	
	30	9.2717317	1106	9.9922746	40	9.2794571	1146	10.7205429	30	
	40	9.2718423	1106	9.9922706	40	9.2795717	1146	10.7204283	20	
	50	9.2719529	1106	9.9922666	40	9.2796863	1146	10.7203137	10	
47	0	9.2720635	1106	9.9922626	40	9.2798009	1146	10.7201991	0	13
	10	9.2721740	1105	9.9922586	40	9.2799155	1146	10.7200845	50	
	20	9.2722845	1105	9.9922546	40	9.2800300	1145	10.7199700	40	
	30	9.2723950	1105	9.9922506	40	9.2801445	1145	10.7198555	30	
	40	9.2725055	1105	9.9922466	40	9.2802589	1144	10.7197411	20	
	50	9.2726159	1104	9.9922425	41	9.2803734	1145	10.7196266	10	
48	0	9.2727263	1104	9.9922385	40	9.2804878	1144	10.7195122	0	12
	10	9.2728366	1103	9.9922345	40	9.2806021	1143	10.7193979	50	
	20	9.2729470	1104	9.9922305	40	9.2807165	1144	10.7192835	40	
	30	9.2730573	1103	9.9922265	40	9.2808308	1143	10.7191692	30	
	40	9.2731676	1103	9.9922224	41	9.2809451	1143	10.7190549	20	
	50	9.2732778	1102	9.9922184	40	9.2810594	1143	10.7189406	10	
49	0	9.2733880	1102	9.9922144	40	9.2811736	1142	10.7188264	0	11
	10	9.2734982	1102	9.9922104	40	9.2812878	1142	10.7187122	50	
	20	9.2736084	1102	9.9922063	41	9.2814020	1142	10.7185980	40	
	30	9.2737185	1101	9.9922023	40	9.2815162	1142	10.7184838	30	
	40	9.2738286	1101	9.9921983	40	9.2816303	1141	10.7183697	20	
	50	9.2739387	1101	9.9921943	40	9.2817444	1141	10.7182556	10	
50	0	9.2740487	1100	9.9921902	41	9.2818585	1141	10.7181415	0	10
'	"	Co-Sinus.	Diff.	Sinus.	D.	Co-Tang.	Diff. com.	Tang.	"	'

79 Deg.

10 Deg.

'	"	Sinus.	Diff.	Co-Sinus.	D.	Tang.	Diff. com.	Co-Tang.	"	'
50	0	9.2740487		9.9921902		9.2818585		10.7181415	0	10
	10	9.2741587	1100	9.9921862	40	9.2819725	1140	10.7180275	50	
	20	9.2742687	1100	9.9921821	41	9.2820865	1140	10.7179135	40	
	30	9.2743786	1099	9.9921781	40	9.2822005	1140	10.7177995	30	
	40	9.2744886	1100	9.9921741	40	9.2823145	1140	10.7176855	20	
	50	9.2745985	1099	9.9921701	40	9.2824284	1139	10.7175716	10	
51	0	9.2747084	1099	9.9921660	41	9.2825423	1139	10.7174577	0	9
	10	9.2748182	1098	9.9921620	40	9.2826562	1139	10.7173438	50	
	20	9.2749280	1098	9.9921580	40	9.2827700	1138	10.7172300	40	
	30	9.2750378	1098	9.9921539	41	9.2828839	1139	10.7171161	30	
	40	9.2751475	1097	9.9921499	40	9.2829976	1137	10.7170024	20	
	50	9.2752572	1097	9.9921458	41	9.2831114	1138	10.7168886	10	
52	0	9.2753669	1097	9.9921418	40	9.2832251	1137	10.7167749	0	8
	10	9.2754766	1097	9.9921378	40	9.2833388	1137	10.7166612	50	
	20	9.2755863	1097	9.9921337	41	9.2834525	1137	10.7165475	40	
	30	9.2756959	1096	9.9921297	40	9.2835662	1137	10.7164338	30	
	40	9.2758054	1095	9.9921256	41	9.2836798	1136	10.7163202	20	
	50	9.2759150	1096	9.9921216	40	9.2837934	1136	10.7162066	10	
53	0	9.2760245	1095	9.9921175	41	9.2839070	1136	10.7160930	0	7
	10	9.2761340	1095	9.9921135	40	9.2840205	1135	10.7159795	50	
	20	9.2762435	1095	9.9921094	41	9.2841341	1136	10.7158659	40	
	30	9.2763529	1094	9.9921054	40	9.2842475	1134	10.7157525	30	
	40	9.2764623	1094	9.9921013	41	9.2843610	1135	10.7156390	20	
	50	9.2765717	1094	9.9920973	40	9.2844744	1134	10.7155256	10	
54	0	9.2766811	1094	9.9920932	41	9.2845878	1134	10.7154122	0	6
	10	9.2767904	1093	9.9920891	41	9.2847012	1134	10.7152988	50	
	20	9.2768997	1093	9.9920851	40	9.2848146	1134	10.7151854	40	
	30	9.2770090	1093	9.9920810	41	9.2849279	1133	10.7150721	30	
	40	9.2771183	1093	9.9920770	40	9.2850412	1133	10.7149588	20	
	50	9.2772275	1092	9.9920729	41	9.2851545	1133	10.7148455	10	
55	0	9.2773366	1091	9.9920688	41	9.2852677	1132	10.7147323	0	5
	10	9.2774457	1091	9.9920647	41	9.2853809	1132	10.7146191	50	
	20	9.2775548	1091	9.9920607	40	9.2854941	1132	10.7145059	40	
	30	9.2776639	1091	9.9920567	40	9.2856073	1132	10.7143927	30	
	40	9.2777730	1091	9.9920526	41	9.2857204	1131	10.7142796	20	
	50	9.2778821	1091	9.9920486	40	9.2858335	1131	10.7141665	10	
56	0	9.2779911	1090	9.9920445	41	9.2859466	1131	10.7140534	0	4
	10	9.2781001	1090	9.9920404	41	9.2860596	1130	10.7139404	50	
	20	9.2782090	1089	9.9920364	40	9.2861726	1130	10.7138274	40	
	30	9.2783179	1089	9.9920323	41	9.2862856	1130	10.7137144	30	
	40	9.2784268	1089	9.9920282	41	9.2863986	1130	10.7136014	20	
	50	9.2785357	1089	9.9920241	41	9.2865115	1129	10.7134885	10	
57	0	9.2786445	1088	9.9920201	40	9.2866245	1130	10.7133755	0	3
	10	9.2787533	1088	9.9920160	41	9.2867373	1128	10.7132627	50	
	20	9.2788621	1088	9.9920119	41	9.2868502	1129	10.7131498	40	
	30	9.2789709	1088	9.9920078	41	9.2869630	1128	10.7130370	30	
	40	9.2790796	1087	9.9920038	40	9.2870758	1128	10.7129242	20	
	50	9.2791883	1087	9.9919997	41	9.2871886	1128	10.7128114	10	
58	0	9.2792970	1087	9.9919956	41	9.2873014	1128	10.7126986	0	2
	10	9.2794056	1086	9.9919915	41	9.2874141	1127	10.7125859	50	
	20	9.2795142	1086	9.9919875	40	9.2875268	1127	10.7124732	40	
	30	9.2796228	1086	9.9919834	41	9.2876395	1127	10.7123605	30	
	40	9.2797314	1086	9.9919793	41	9.2877521	1126	10.7122479	20	
	50	9.2798399	1085	9.9919752	41	9.2878647	1126	10.7121353	10	
59	0	9.2799484	1085	9.9919711	41	9.2879773	1126	10.7120227	0	1
	10	9.2800569	1085	9.9919670	41	9.2880899	1126	10.7119101	50	
	20	9.2801653	1084	9.9919629	41	9.2882024	1125	10.7117976	40	
	30	9.2802737	1084	9.9919588	41	9.2883149	1125	10.7116851	30	
	40	9.2803821	1084	9.9919547	41	9.2884274	1125	10.7115726	20	
	50	9.2804905	1084	9.9919507	40	9.2885398	1124	10.7114602	10	
60	0	9.2805988	1083	9.9919466	41	9.2886523	1125	10.7113477	0	0
'	"	Co-Sinus.	Diff.	Sinus.	D.	Co-Tang.	Diff. com.	Tang.	"	'

79 Deg.

11 Deg.

'	"	Sinus.	Diff.	Co-Sinus.	D.	Tang.	Diff. com.	Co-Tang.	"	'
0	0	9.2805988		9.9919466		9.2886522		10.7113477	0	60
	10	9.2807072	1084	9.9919425	41	9.2887647	1124	10.7112353	50	
	20	9.2808154	1082	9.9919384	41	9.2888770	1124	10.7111230	40	
	30	9.2809237	1083	9.9919343	41	9.2889894	1124	10.7110106	30	
	40	9.2810319	1082	9.9919302	41	9.2891017	1123	10.7108983	20	
	50	9.2811401	1082	9.9919261	41	9.2892140	1123	10.7107860	10	
1	0	9.2812483	1082	9.9919220	41	9.2893263	1123	10.7106737	0	59
	10	9.2813564	1081	9.9919179	41	9.2894385	1122	10.7105615	50	
	20	9.2814645	1081	9.9919138	41	9.2895507	1122	10.7104493	40	
	30	9.2815726	1081	9.9919097	41	9.2896629	1122	10.7103371	30	
	40	9.2816806	1080	9.9919056	41	9.2897750	1121	10.7102250	20	
	50	9.2817887	1081	9.9919015	41	9.2898872	1122	10.7101128	10	
2	0	9.2818967	1080	9.9918974	41	9.2899993	1121	10.7100007	0	58
	10	9.2820046	1079	9.9918933	41	9.2901114	1121	10.7098886	50	
	20	9.2821126	1080	9.9918892	41	9.2902234	1120	10.7097766	40	
	30	9.2822205	1079	9.9918851	41	9.2903354	1120	10.7096646	30	
	40	9.2823284	1079	9.9918810	41	9.2904474	1120	10.7095526	20	
	50	9.2824362	1078	9.9918768	42	9.2905594	1120	10.7094406	10	
3	0	9.2825441	1079	9.9918727	41	9.2906713	1119	10.7093287	0	57
	10	9.2826519	1078	9.9918686	41	9.2907832	1119	10.7092168	50	
	20	9.2827596	1077	9.9918645	41	9.2908951	1119	10.7091049	40	
	30	9.2828674	1078	9.9918604	41	9.2910070	1119	10.7089930	30	
	40	9.2829751	1077	9.9918563	41	9.2911188	1118	10.7088812	20	
	50	9.2830828	1077	9.9918522	41	9.2912306	1118	10.7087694	10	
4	0	9.2831905	1077	9.9918481	41	9.2913424	1118	10.7086576	0	56
	10	9.2832981	1076	9.9918439	42	9.2914542	1118	10.7085458	50	
	20	9.2834057	1076	9.9918398	41	9.2915659	1117	10.7084341	40	
	30	9.2835133	1076	9.9918357	41	9.2916776	1117	10.7083224	30	
	40	9.2836209	1076	9.9918316	41	9.2917893	1117	10.7082107	20	
	50	9.2837284	1075	9.9918274	42	9.2919010	1117	10.7080990	10	
5	0	9.2838359	1075	9.9918233	41	9.2920126	1116	10.7079874	0	55
	10	9.2839434	1075	9.9918192	41	9.2921242	1116	10.7078758	50	
	20	9.2840508	1074	9.9918151	41	9.2922357	1115	10.7077643	40	
	30	9.2841582	1074	9.9918109	42	9.2923473	1116	10.7076527	30	
	40	9.2842656	1074	9.9918068	41	9.2924588	1115	10.7075412	20	
	50	9.2843730	1074	9.9918027	41	9.2925703	1115	10.7074297	10	
6	0	9.2844803	1073	9.9917986	41	9.2926817	1114	10.7073183	0	54
	10	9.2845876	1073	9.9917944	42	9.2927932	1115	10.7072068	50	
	20	9.2846949	1073	9.9917903	41	9.2929046	1114	10.7070954	40	
	30	9.2848021	1072	9.9917862	41	9.2930160	1114	10.7069840	30	
	40	9.2849093	1072	9.9917820	42	9.2931273	1113	10.7068727	20	
	50	9.2850165	1072	9.9917779	41	9.2932387	1114	10.7067613	10	
7	0	9.2851237	1072	9.9917737	42	9.2933500	1113	10.7066500	0	53
	10	9.2852308	1071	9.9917696	41	9.2934612	1112	10.7065388	50	
	20	9.2853380	1072	9.9917655	41	9.2935725	1113	10.7064275	40	
	30	9.2854450	1070	9.9917613	42	9.2936837	1112	10.7063163	30	
	40	9.2855521	1071	9.9917572	41	9.2937949	1112	10.7062051	20	
	50	9.2856591	1070	9.9917531	41	9.2939061	1112	10.7060939	10	
8	0	9.2857661	1070	9.9917489	42	9.2940172	1111	10.7059828	0	52
	10	9.2858731	1070	9.9917448	41	9.2941284	1112	10.7058716	50	
	20	9.2859801	1070	9.9917406	42	9.2942394	1110	10.7057606	40	
	30	9.2860870	1069	9.9917365	41	9.2943505	1111	10.7056495	30	
	40	9.2861939	1069	9.9917323	42	9.2944616	1111	10.7055384	20	
	50	9.2863007	1068	9.9917282	41	9.2945726	1110	10.7054274	10	
9	0	9.2864076	1069	9.9917240	42	9.2946836	1110	10.7053164	0	51
	10	9.2865144	1068	9.9917199	41	9.2947945	1109	10.7052055	50	
	20	9.2866212	1068	9.9917157	42	9.2949055	1110	10.7050945	40	
	30	9.2867279	1067	9.9917116	41	9.2950164	1109	10.7049836	30	
	40	9.2868347	1068	9.9917074	42	9.2951273	1109	10.7048727	20	
	50	9.2869414	1067	9.9917032	42	9.2952381	1108	10.7047619	10	
10	0	9.2870480	1066	9.9916991	41	9.2953489	1108	10.7046511	0	50
'	"	Co-Sinus.	Diff.	Sinus.	D.	Co-Tang.	Diff. com.	Tang.	"	'

78 Deg.

11 Deg.

'	"	Sinus.	Diff.	Co-Sinus.	D.	Tang.	Diff. com.	Co-Tang.	"	'
10	0	9.2870480		9.9916991		9.2953489		10.7046511	0	50
	10	9.2871547	1067	9.9916950	41	9.2954597	1108	10.7045403	50	
	20	9.2872613	1066	9.9916908	42	9.2955705	1108	10.7044295	40	
	30	9.2873679	1066	9.9916866	42	9.2956813	1108	10.7043187	30	
	40	9.2874745	1066	9.9916825	41	9.2957920	1107	10.7042080	20	
	50	9.2875810	1065	9.9916783	42	9.2959027	1107	10.7040973	10	
11	0	9.2876875	1065	9.9916741	42	9.2960134	1107	10.7039866	0	49
	10	9.2877940	1065	9.9916700	41	9.2961240	1106	10.7038760	50	
	20	9.2879005	1065	9.9916658	42	9.2962347	1107	10.7037653	40	
	30	9.2880069	1064	9.9916617	41	9.2963453	1106	10.7036547	30	
	40	9.2881133	1064	9.9916575	42	9.2964558	1105	10.7035442	20	
	50	9.2882197	1064	9.9916533	42	9.2965664	1106	10.7034336	10	
12	0	9.2883260	1063	9.9916491	42	9.2966769	1105	10.7033231	0	48
	10	9.2884324	1064	9.9916450	41	9.2967874	1105	10.7032126	50	
	20	9.2885387	1063	9.9916408	42	9.2968978	1104	10.7031022	40	
	30	9.2886449	1062	9.9916366	42	9.2970083	1105	10.7029917	30	
	40	9.2887511	1062	9.9916324	42	9.2971187	1104	10.7028813	20	
	50	9.2888574	1063	9.9916283	41	9.2972291	1104	10.7027709	10	
13	0	9.2889636	1062	9.9916241	42	9.2973395	1104	10.7026605	0	47
	10	9.2890697	1061	9.9916199	42	9.2974498	1103	10.7025502	50	
	20	9.2891759	1062	9.9916158	41	9.2975601	1103	10.7024399	40	
	30	9.2892820	1061	9.9916116	42	9.2976704	1103	10.7023296	30	
	40	9.2893881	1061	9.9916074	42	9.2977806	1102	10.7022194	20	
	50	9.2894941	1060	9.9916032	42	9.2978909	1103	10.7021091	10	
14	0	9.2896001	1060	9.9915990	42	9.2980011	1102	10.7019989	0	46
	10	9.2897061	1060	9.9915949	41	9.2981113	1102	10.7018887	50	
	20	9.2898121	1060	9.9915907	42	9.2982214	1101	10.7017786	40	
	30	9.2899181	1060	9.9915865	42	9.2983316	1102	10.7016684	30	
	40	9.2900240	1059	9.9915823	42	9.2984417	1101	10.7015583	20	
	50	9.2901299	1059	9.9915781	42	9.2985517	1100	10.7014483	10	
15	0	9.2902357	1058	9.9915739	42	9.2986618	1101	10.7013382	0	45
	10	9.2903416	1059	9.9915698	41	9.2987718	1100	10.7012282	50	
	20	9.2904474	1058	9.9915656	42	9.2988818	1100	10.7011182	40	
	30	9.2905531	1057	9.9915614	42	9.2989918	1100	10.7010082	30	
	40	9.2906589	1058	9.9915572	42	9.2991017	1099	10.7008983	20	
	50	9.2907646	1057	9.9915530	42	9.2992117	1100	10.7007883	10	
16	0	9.2908704	1058	9.9915488	42	9.2993216	1099	10.7006784	0	44
	10	9.2909760	1056	9.9915446	42	9.2994314	1098	10.7005686	50	
	20	9.2910817	1057	9.9915404	42	9.2995413	1099	10.7004587	40	
	30	9.2911873	1056	9.9915362	42	9.2996511	1098	10.7003489	30	
	40	9.2912929	1056	9.9915320	42	9.2997609	1098	10.7002391	20	
	50	9.2913985	1056	9.9915278	42	9.2998707	1098	10.7001293	10	
17	0	9.2915040	1055	9.9915236	42	9.2999804	1097	10.7000196	0	43
	10	9.2916095	1055	9.9915194	42	9.3000901	1097	10.6999099	50	
	20	9.2917150	1055	9.9915152	42	9.3001998	1097	10.6998002	40	
	30	9.2918205	1055	9.9915110	42	9.3003095	1097	10.6996905	30	
	40	9.2919259	1054	9.9915068	42	9.3004191	1096	10.6995809	20	
	50	9.2920313	1054	9.9915026	42	9.3005288	1097	10.6994712	10	
18	0	9.2921367	1054	9.9914984	42	9.3006383	1095	10.6993617	0	42
	10	9.2922421	1054	9.9914942	42	9.3007479	1096	10.6992521	50	
	20	9.2923474	1053	9.9914900	42	9.3008574	1095	10.6991426	40	
	30	9.2924527	1053	9.9914858	42	9.3009670	1096	10.6990330	30	
	40	9.2925580	1053	9.9914815	43	9.3010764	1094	10.6989236	20	
	50	9.2926632	1052	9.9914773	42	9.3011859	1095	10.6988141	10	
19	0	9.2927685	1053	9.9914731	42	9.3012954	1095	10.6987046	0	41
	10	9.2928737	1052	9.9914689	42	9.3014048	1094	10.6985952	50	
	20	9.2929788	1051	9.9914647	42	9.3015142	1094	10.6984858	40	
	30	9.2930840	1052	9.9914605	42	9.3016235	1093	10.6983765	30	
	40	9.2931891	1051	9.9914562	43	9.3017328	1093	10.6982672	20	
	50	9.2932942	1051	9.9914520	42	9.3018422	1094	10.6981578	10	
20	0	9.2933993	1051	9.9914477	43	9.3019514	1092	10.6980486	0	40
'	"	Co-Sinus.	Diff.	Sinus.	D.	Co-Tang.	Diff. com.	Tang.	"	'

78 Deg.

11 Deg.

'	"	Sinus.	Diff.	Co-Sinus.	D.	Tang.	Diff. com.	Co-Tang.	"	'
20	0	9.2933993		9.9914478		9.3019514		10.6980486	0	40
	10	9.2935043	1050	9.9914436	[illegible]	9.3020607	1093	10.6979393	50	
	20	9.2936093	1050	9.9914394	[illegible]	9.3021699	1092	10.6978301	40	
	30	9.2937143	1050	9.9914352	[illegible]	9.3022791	1092	10.6977209	30	
	40	9.2938193	1050	9.9914305	[illegible]	9.3023883	1092	10.6976117	20	
	50	9.2939242	1049	9.9914267	[illegible]	9.3024975	1092	10.6975025	10	
21	0	9.2940291	1049	9.9914224	[illegible]	9.3026066	1091	10.6973934	0	39
	10	9.2941340	1049	9.9914183	[illegible]	9.3027157	1091	10.6972843	50	
	20	9.2942389	1049	9.9914140	[illegible]	9.3028248	1091	10.6971752	40	
	30	9.2943437	1048	9.9914098	[illegible]	9.3029339	1091	10.6970661	30	
	40	9.2944485	1048	9.9914056	[illegible]	9.3030429	1090	10.6969571	20	
	50	9.2945533	1048	9.9914013	[illegible]	9.3031519	1090	10.6968481	10	
22	0	9.2946580	1047	9.9913971	[illegible]	9.3032609	1090	10.6967391	0	38
	10	9.2947627	1047	9.9913929	[illegible]	9.3033699	1090	10.6966301	50	
	20	9.2948674	1047	9.9913886	[illegible]	9.3034788	1089	10.6965212	40	
	30	9.2949721	1047	9.9913844	[illegible]	9.3035877	1089	10.6964123	30	
	40	9.2950767	1046	9.9913802	[illegible]	9.3036966	1089	10.6963034	20	
	50	9.2951814	1047	9.9913759	[illegible]	9.3038054	1088	10.6961946	10	
23	0	9.2952859	1045	9.9913717	[illegible]	9.3039143	1089	10.6960857	0	37
	10	9.2953905	1046	9.9913674	[illegible]	9.3040231	1088	10.6959769	50	
	20	9.2954950	1045	9.9913631	[illegible]	9.3041318	1087	10.6958682	40	
	30	9.2955996	1046	9.9913590	[illegible]	9.3042406	1088	10.6957594	30	
	40	9.2957041	1045	9.9913547	[illegible]	9.3043493	1087	10.6956507	20	
	50	9.2958085	1044	9.9913504	[illegible]	9.3044580	1087	10.6955420	10	
24	0	9.2959129	1044	9.9913462	[illegible]	9.3045667	1087	10.6954333	0	36
	10	9.2960174	1045	9.9913420	[illegible]	9.3046754	1087	10.6953246	50	
	20	9.2961218	1044	9.9913377	[illegible]	9.3047840	1086	10.6952160	40	
	30	9.2962260	1042	9.9913334	[illegible]	9.3048926	1086	10.6951074	30	
	40	9.2963304	1044	9.9913291	[illegible]	9.3050012	1086	10.6949988	20	
	50	9.2964347	1043	9.9913250	[illegible]	9.3051097	1085	10.6948903	10	
25	0	9.2965390	1043	9.9913207	[illegible]	9.3052183	1086	10.6947817	0	35
	10	9.2966433	1043	9.9913164	[illegible]	9.3053268	1085	10.6946732	50	
	20	9.2967475	1042	9.9913121	[illegible]	9.3054353	1085	10.6945647	40	
	30	9.2968517	1042	9.9913080	[illegible]	9.3055437	1084	10.6944563	30	
	40	9.2969559	1042	9.9913037	[illegible]	9.3056521	1084	10.6943479	20	
	50	9.2970600	1041	9.9912995	[illegible]	9.3057605	1084	10.6942395	10	
26	0	9.2971641	1041	9.9912951	[illegible]	9.3058689	1084	10.6941311	0	34
	10	9.2972682	1041	9.9912910	[illegible]	9.3059772	1083	10.6940228	50	
	20	9.2973723	1041	9.9912867	[illegible]	9.3060856	1084	10.6939144	40	
	30	9.2974763	1040	9.9912824	[illegible]	9.3061939	1083	10.6938061	30	
	40	9.2975804	1041	9.9912782	[illegible]	9.3063022	1083	10.6936978	20	
	50	9.2976843	1039	9.9912739	[illegible]	9.3064105	1083	10.6935895	10	
27	0	9.2977883	1040	9.9912696	[illegible]	9.3065187	1082	10.6934813	0	33
	10	9.2978922	1039	9.9912654	[illegible]	9.3066269	1082	10.6933731	50	
	20	9.2979962	1040	9.9912611	[illegible]	9.3067351	1082	10.6932649	40	
	30	9.2981001	1039	9.9912568	[illegible]	9.3068433	1082	10.6931567	30	
	40	9.2982039	1038	9.9912526	[illegible]	9.3069514	1081	10.6930486	20	
	50	9.2983078	1039	9.9912483	[illegible]	9.3070595	1081	10.6929405	10	
28	0	9.2984116	1038	9.9912440	[illegible]	9.3071675	1080	10.6928325	0	32
	10	9.2985154	1038	9.9912398	[illegible]	9.3072756	1081	10.6927244	50	
	20	9.2986191	1037	9.9912355	[illegible]	9.3073836	1080	10.6926164	40	
	30	9.2987228	1037	9.9912311	[illegible]	9.3074916	1080	10.6925084	30	
	40	9.2988266	1037	9.9912269	[illegible]	9.3075996	1080	10.6924004	20	
	50	9.2989302	1037	9.9912227	[illegible]	9.3077076	1080	10.6922924	10	
29	0	9.2990339	1037	9.9912184	[illegible]	9.3078155	1079	10.6921845	0	31
	10	9.2991375	1036	9.9912141	[illegible]	9.3079234	1079	10.6920766	50	
	20	9.2992411	1036	9.9912098	[illegible]	9.3080313	1079	10.6919687	40	
	30	9.2993447	1036	9.9912056	[illegible]	9.3081391	1079	10.6918609	30	
	40	9.2994483	1036	9.9912013	[illegible]	9.3082470	1078	10.6917530	20	
	50	9.2995518	1035	9.9911970	[illegible]	9.3083548	1078	10.6916452	10	
30	0	9.2996553	1035	9.9911927	[illegible]	9.3084626	1078	10.6915374	0	30
'	"	Co-Sinus.	Diff.	Sinus.	D.	Co-Tang.	Diff. com.	Tang.	"	'

78 Deg.

11 Deg.

'	"	Sinus.	Diff.	Co-Sinus.	D.	Tang.	Diff. com.	Co-Tang.	"	'
30	0	9.2996553		9.9911927		9.3084626		10.6915374	0	30
	10	9.2997588	1035	9.9911884	[illegible]	9.3085704	1078	10.6914296	50	
	20	9.2998623	1035	9.9911841	[illegible]	9.3086782	1077	10.6913218	40	
	30	9.2999657	1034	9.9911798	[illegible]	9.3087859	1077	10.6912141	30	
	40	9.3000691	1034	9.9911756	[illegible]	9.3088936	1077	10.6911064	20	
	50	9.3001725	1034	9.9911713	[illegible]	9.3090012	1077	10.6909988	10	
31	0	9.3002758	1034	9.9911670	[illegible]	9.3091088	1076	10.6908912	0	29
	10	9.3003791	1033	9.9911627	[illegible]	9.3092164	1076	10.6907836	50	
	20	9.3004824	1033	9.9911584	[illegible]	9.3093240	1076	10.6906760	40	
	30	9.3005857	1033	9.9911541	[illegible]	9.3094316	1076	10.6905684	30	
	40	9.3006889	1034	9.9911498	[illegible]	9.3095391	1075	10.6904609	20	
	50	9.3007921	1032	9.9911455	[illegible]	9.3096466	1075	10.6903534	10	
32	0	9.3008953	1032	9.9911412	[illegible]	9.3097541	1075	10.6902459	0	28
	10	9.3009985	1032	9.9911369	[illegible]	9.3098616	1075	10.6901384	50	
	20	9.3011017	1032	9.9911326	[illegible]	9.3099690	1074	10.6900310	40	
	30	9.3012048	1031	9.9911283	[illegible]	9.3100764	1074	10.6899236	30	
	40	9.3013079	1031	9.9911240	[illegible]	9.3101838	1074	10.6898162	20	
	50	9.3014109	1030	9.9911197	[illegible]	9.3102912	1074	10.6897088	10	
33	0	9.3015140	1031	9.9911154	[illegible]	9.3103985	1073	10.6896015	0	27
	10	9.3016170	1030	9.9911111	[illegible]	9.3105058	1074	10.6894942	50	
	20	9.3017200	1030	9.9911068	[illegible]	9.3106132	1073	10.6893868	40	
	30	9.3018229	1029	9.9911025	[illegible]	9.3107205	1073	10.6892795	30	
	40	9.3019259	1030	9.9910982	[illegible]	9.3108277	1072	10.6891723	20	
	50	9.3020288	1029	9.9910939	[illegible]	9.3109349	1072	10.6890651	10	
34	0	9.3021317	1029	9.9910896	[illegible]	9.3110421	1072	10.6889579	0	26
	10	9.3022346	1029	9.9910853	[illegible]	9.3111493	1072	10.6888507	50	
	20	9.3023374	1028	9.9910810	[illegible]	9.3112564	1071	10.6887436	40	
	30	9.3024403	1029	9.9910767	[illegible]	9.3113635	1071	10.6886365	30	
	40	9.3025430	1027	9.9910723	[illegible]	9.3114707	1071	10.6885293	20	
	50	9.3026458	1028	9.9910680	[illegible]	9.3115777	1071	10.6884223	10	
35	0	9.3027485	1027	9.9910637	[illegible]	9.3116848	1071	10.6883152	0	25
	10	9.3028512	1027	9.9910594	[illegible]	9.3117918	1070	10.6882082	50	
	20	9.3029539	1027	9.9910551	[illegible]	9.3118988	1070	10.6881012	40	
	30	9.3030565	1026	9.9910508	[illegible]	9.3120058	1070	10.6879942	30	
	40	9.3031592	1027	9.9910465	[illegible]	9.3121127	1069	10.6878873	20	
	50	9.3032618	1026	9.9910421	[illegible]	9.3122197	1070	10.6877803	10	
36	0	9.3033644	1026	9.9910378	[illegible]	9.3123266	1069	10.6876734	0	24
	10	9.3034669	1025	9.9910335	[illegible]	9.3124335	1069	10.6875665	50	
	20	9.3035695	1026	9.9910292	[illegible]	9.3125403	1068	10.6874597	40	
	30	9.3036720	1025	9.9910249	[illegible]	9.3126471	1068	10.6873529	30	
	40	9.3037745	1025	9.9910205	[illegible]	9.3127540	1069	10.6872460	20	
	50	9.3038769	1024	9.9910162	[illegible]	9.3128607	1067	10.6871393	10	
37	0	9.3039794	1025	9.9910119	[illegible]	9.3129675	1068	10.6870325	0	23
	10	9.3040818	1024	9.9910076	[illegible]	9.3130743	1067	10.6869257	50	
	20	9.3041842	1024	9.9910033	[illegible]	9.3131810	1067	10.6868190	40	
	30	9.3042866	1024	9.9909989	[illegible]	9.3132877	1067	10.6867123	30	
	40	9.3043889	1023	9.9909946	[illegible]	9.3133943	1066	10.6866057	20	
	50	9.3044912	1023	9.9909903	[illegible]	9.3135010	1067	10.6864990	10	
38	0	9.3045934	1022	9.9909859	[illegible]	9.3136076	1066	10.6863924	0	22
	10	9.3046957	1023	9.9909815	[illegible]	9.3137142	1066	10.6862858	50	
	20	9.3047979	1022	9.9909773	[illegible]	9.3138207	1065	10.6861793	40	
	30	9.3049001	1022	9.9909730	[illegible]	9.3139273	1066	10.6860727	30	
	40	9.3050023	1022	9.9909685	[illegible]	9.3140338	1065	10.6859662	20	
	50	9.3051045	1022	9.9909642	[illegible]	9.3141403	1065	10.6858597	10	
39	0	9.3052066	1021	9.9909599	[illegible]	9.3142468	1065	10.6857532	0	21
	10	9.3053087	1021	9.9909555	[illegible]	9.3143532	1064	10.6856468	50	
	20	9.3054108	1021	9.9909511	[illegible]	9.3144597	1065	10.6855403	40	
	30	9.3055129	1021	9.9909468	[illegible]	9.3145661	1064	10.6854339	30	
	40	9.3056149	1020	9.9909425	[illegible]	9.3146725	1064	10.6853275	20	
	50	9.3057169	1020	9.9909381	[illegible]	9.3147788	1063	10.6852212	10	
40	0	9.3058189	1020	9.9909338	[illegible]	9.3148851	1063	10.6851149	0	20
'	"	Co-Sinus.	Diff.	Sinus.	D.	Co-Tang.	Diff. com.	Tang.	"	'

78 Deg.

11 Deg.

′	″	Sinus.	Diff.	Co-Sinus.	D.	Tang.	Diff. com.	Co-Tang.	″	′
40	0	9.3058189		9.9909338		9.3148851		10.6851149	0	20
	10	9.3059204	1020	9.9909294	44	9.3149916	1065	10.6850084	50	
	20	9.3060218	1019	9.9909251	43	9.3150977	1061	10.6849023	40	
	30	9.3061247	1019	9.9909207	44	9.3152040	1063	10.6847960	30	
	40	9.3062266	1019	9.9909164	43	9.3153102	1062	10.6846898	20	
	50	9.3063284	1018	9.9909120	44	9.3154164	1062	10.6845836	10	
41	0	9.3064303	1019	9.9909077	43	9.3155226	1062	10.6844774	0	19
	10	9.3065321	1018	9.9909033	44	9.3156288	1061	10.6843712	50	
	20	9.3066339	1018	9.9908990	43	9.3157349	1061	10.6842651	40	
	30	9.3067356	1017	9.9908946	44	9.3158410	1061	10.6841590	30	
	40	9.3068373	1017	9.9908903	43	9.3159471	1061	10.6840529	20	
	50	9.3069390	1017	9.9908859	44	9.3160531	1060	10.6839469	10	
42	0	9.3070407	1017	9.9908815	44	9.3161592	1060	10.6838408	0	18
	10	9.3071424	1017	9.9908772	43	9.3162652	1060	10.6837348	50	
	20	9.3072440	1016	9.9908728	44	9.3163712	1060	10.6836288	40	
	30	9.3073456	1016	9.9908684	44	9.3164772	1060	10.6835228	30	
	40	9.3074472	1016	9.9908641	43	9.3165831	1059	10.6834169	20	
	50	9.3075488	1016	9.9908597	44	9.3166891	1059	10.6833109	10	
43	0	9.3076503	1015	9.9908553	44	9.3167950	1059	10.6832050	0	17
	10	9.3077518	1015	9.9908510	43	9.3169009	1058	10.6830991	50	
	20	9.3078533	1015	9.9908466	44	9.3170067	1058	10.6829933	40	
	30	9.3079548	1015	9.9908422	44	9.3171126	1059	10.6828874	30	
	40	9.3080562	1014	9.9908379	43	9.3172184	1058	10.6827816	20	
	50	9.3081576	1014	9.9908335	44	9.3173241	1057	10.6826759	10	
44	0	9.3082590	1014	9.9908291	44	9.3174299	1058	10.6825701	0	16
	10	9.3083604	1014	9.9908247	44	9.3175356	1057	10.6824644	50	
	20	9.3084617	1013	9.9908204	43	9.3176413	1057	10.6823587	40	
	30	9.3085630	1013	9.9908160	44	9.3177470	1057	10.6822530	30	
	40	9.3086643	1013	9.9908116	44	9.3178527	1057	10.6821473	20	
	50	9.3087656	1013	9.9908072	44	9.3179583	1056	10.6820417	10	
45	0	9.3088668	1012	9.9908028	44	9.3180640	1057	10.6819360	0	15
	10	9.3089680	1012	9.9907984	44	9.3181696	1056	10.6818304	50	
	20	9.3090692	1012	9.9907941	43	9.3182751	1055	10.6817249	40	
	30	9.3091704	1012	9.9907897	44	9.3183807	1056	10.6816193	30	
	40	9.3092715	1011	9.9907853	44	9.3184862	1055	10.6815138	20	
	50	9.3093726	1011	9.9907809	44	9.3185917	1055	10.6814083	10	
46	0	9.3094737	1011	9.9907765	44	9.3186972	1055	10.6813028	0	14
	10	9.3095748	1011	9.9907721	44	9.3188026	1054	10.6811974	50	
	20	9.3096759	1011	9.9907678	43	9.3189081	1055	10.6810919	40	
	30	9.3097769	1010	9.9907634	44	9.3190135	1054	10.6809865	30	
	40	9.3098779	1010	9.9907590	44	9.3191189	1054	10.6808811	20	
	50	9.3099789	1010	9.9907546	44	9.3192243	1054	10.6807757	10	
47	0	9.3100799	1010	9.9907502	44	9.3193297	1054	10.6806703	0	13
	10	9.3101807	1008	9.9907458	44	9.3194349	1052	10.6805651	50	
	20	9.3102816	1009	9.9907414	44	9.3195402	1053	10.6804598	40	
	30	9.3103825	1009	9.9907371	43	9.3196454	1052	10.6803546	30	
	40	9.3104833	1008	9.9907327	44	9.3197506	1052	10.6802494	20	
	50	9.3105841	1008	9.9907283	44	9.3198559	1053	10.6801441	10	
48	0	9.3106849	1008	9.9907239	44	9.3199610	1051	10.6800390	0	12
	10	9.3107857	1008	9.9907195	44	9.3200662	1052	10.6799338	50	
	20	9.3108864	1007	9.9907151	44	9.3201713	1051	10.6798287	40	
	30	9.3109872	1008	9.9907107	44	9.3202765	1052	10.6797235	30	
	40	9.3110879	1007	9.9907063	44	9.3203816	1051	10.6796184	20	
	50	9.3111886	1007	9.9907019	44	9.3204867	1051	10.6795133	10	
49	0	9.3112892	1006	9.9906974	45	9.3205918	1051	10.6794082	0	11
	10	9.3113898	1006	9.9906930	44	9.3206968	1050	10.6793032	50	
	20	9.3114904	1006	9.9906886	44	9.3208018	1050	10.6791982	40	
	30	9.3115910	1006	9.9906842	44	9.3209068	1050	10.6790932	30	
	40	9.3116916	1006	9.9906798	44	9.3210118	1050	10.6789882	20	
	50	9.3117921	1005	9.9906754	44	9.3211167	1049	10.6788833	10	
50	0	9.3118926	1005	9.9906710	44	9.3212216	1049	10.6787784	0	10
′	″	Co-Sinus.	Diff.	Sinus.	D.	Co-Tang.	Diff. com.	Tang.	″	′

78 Deg.

11 Deg.

′	″	Sinus.	Diff.	Co-Sinus.	D.	Tang.	Diff. com.	Co-Tang.	″	′
50	0	9.3118926		9.9906710		9.3212216		10.6787784	0	10
	10	9.3119931	1005	9.9906666	44	9.3213265	1049	10.6786735	50	
	20	9.3120935	1004	9.9906621	45	9.3214314	1049	10.6785686	40	
	30	9.3121940	1005	9.9906577	44	9.3215363	1049	10.6784637	30	
	40	9.3122944	1004	9.9906533	44	9.3216411	1048	10.6783589	20	
	50	9.3123948	1004	9.9906489	44	9.3217459	1048	10.6782541	10	
51	0	9.3124951	1003	9.9906444	45	9.3218507	1048	10.6781493	0	9
	10	9.3125955	1004	9.9906400	44	9.3219555	1048	10.6780445	50	
	20	9.3126958	1003	9.9906357	43	9.3220601	1047	10.6779399	40	
	30	9.3127961	1003	9.9906313	44	9.3221648	1047	10.6778352	30	
	40	9.3128964	1003	9.9906268	45	9.3222695	1047	10.6777305	20	
	50	9.3129966	1002	9.9906224	44	9.3223742	1047	10.6776258	10	
52	0	9.3130968	1002	9.9906180	44	9.3224788	1046	10.6775212	0	8
	10	9.3131970	1002	9.9906136	44	9.3225834	1046	10.6774166	50	
	20	9.3132971	1001	9.9906091	45	9.3226880	1046	10.6773120	40	
	30	9.3133973	1002	9.9906047	44	9.3227926	1046	10.6772074	30	
	40	9.3134974	1001	9.9906003	44	9.3228971	1045	10.6771029	20	
	50	9.3135975	1001	9.9905958	45	9.3230016	1045	10.6769984	10	
53	0	9.3136976	1001	9.9905914	44	9.3231061	1045	10.6768939	0	7
	10	9.3137976	1000	9.9905870	44	9.3232106	1045	10.6767894	50	
	20	9.3138976	1000	9.9905825	45	9.3233151	1045	10.6766849	40	
	30	9.3139976	1000	9.9905781	44	9.3234195	1044	10.6765805	30	
	40	9.3140976	1000	9.9905737	44	9.3235239	1044	10.6764761	20	
	50	9.3141976	1000	9.9905693	44	9.3236283	1044	10.6763717	10	
54	0	9.3142975	999	9.9905648	45	9.3237327	1044	10.6762673	0	6
	10	9.3143974	999	9.9905604	44	9.3238370	1043	10.6761630	50	
	20	9.3144973	999	9.9905559	45	9.3239413	1043	10.6760587	40	
	30	9.3145971	998	9.9905515	44	9.3240456	1043	10.6759544	30	
	40	9.3146969	998	9.9905471	44	9.3241499	1043	10.6758501	20	
	50	9.3147967	998	9.9905426	45	9.3242541	1042	10.6757459	10	
55	0	9.3148965	998	9.9905382	44	9.3243583	1042	10.6756417	0	5
	10	9.3149963	998	9.9905337	45	9.3244626	1043	10.6755374	50	
	20	9.3150960	997	9.9905293	44	9.3245667	1041	10.6754333	40	
	30	9.3151957	997	9.9905248	45	9.3246709	1042	10.6753291	30	
	40	9.3152954	997	9.9905204	44	9.3247750	1041	10.6752250	20	
	50	9.3153951	997	9.9905160	44	9.3248791	1041	10.6751209	10	
56	0	9.3154947	996	9.9905115	45	9.3249832	1041	10.6750168	0	4
	10	9.3155943	996	9.9905070	45	9.3250873	1041	10.6749127	50	
	20	9.3156939	996	9.9905026	44	9.3251913	1040	10.6748087	40	
	30	9.3157935	996	9.9904982	44	9.3252953	1040	10.6747047	30	
	40	9.3158930	995	9.9904937	45	9.3253993	1040	10.6746007	20	
	50	9.3159926	996	9.9904893	44	9.3255033	1040	10.6744967	10	
57	0	9.3160921	995	9.9904848	45	9.3256073	1040	10.6743927	0	3
	10	9.3161915	994	9.9904803	45	9.3257112	1039	10.6742888	50	
	20	9.3162910	995	9.9904759	44	9.3258151	1039	10.6741849	40	
	30	9.3163904	994	9.9904714	45	9.3259190	1039	10.6740810	30	
	40	9.3164898	994	9.9904669	45	9.3260229	1039	10.6739771	20	
	50	9.3165892	994	9.9904625	44	9.3261267	1038	10.6738733	10	
58	0	9.3166885	993	9.9904580	45	9.3262305	1038	10.6737695	0	2
	10	9.3167879	994	9.9904536	44	9.3263343	1038	10.6736657	50	
	20	9.3168872	993	9.9904491	45	9.3264381	1038	10.6735619	40	
	30	9.3169864	992	9.9904446	45	9.3265418	1037	10.6734582	30	
	40	9.3170857	993	9.9904402	44	9.3266455	1037	10.6733545	20	
	50	9.3171849	992	9.9904357	45	9.3267492	1037	10.6732508	10	
59	0	9.3172841	992	9.9904312	45	9.3268529	1037	10.6731471	0	1
	10	9.3173833	992	9.9904268	44	9.3269565	1036	10.6730435	50	
	20	9.3174825	992	9.9904223	45	9.3270602	1037	10.6729398	40	
	30	9.3175816	991	9.9904178	45	9.3271638	1036	10.6728362	30	
	40	9.3176807	991	9.9904133	45	9.3272674	1036	10.6727326	20	
	50	9.3177798	991	9.9904089	44	9.3273710	1036	10.6726290	10	
60	0	9.3178789	991	9.9904044	45	9.3274745	1035	10.6725255	0	0
′	″	Co-Sinus.	Diff.	Sinus.	D.	Co-Tang.	Diff. com.	Tang.	″	′

78 Deg.

12 Deg.

'	"	Sinus.	Dif.	Co-Sinus.	D.	Tang.	Dif. com.	Co-Tang.	"	'
0	0	9.3178789		9.9904044		9.3274745		10.6725255	0	60
	10	9.3179780	991	9.9903999	45	9.3275780	1035	10.6724220	50	
	20	9.3180770	990	9.9903954	45	9.3276815	1035	10.6723185	40	
	30	9.3181760	990	9.9903910	44	9.3277850	1035	10.6722150	30	
	40	9.3182749	989	9.9903865	45	9.3278885	1035	10.6721115	20	
	50	9.3183739	990	9.9903820	45	9.3279919	1034	10.6720081	10	
1	0	9.3184728	989	9.9903775	45	9.3280953	1034	10.6719047	0	59
	10	9.3185717	989	9.9903730	45	9.3281987	1034	10.6718013	50	
	20	9.3186706	989	9.9903686	44	9.3283021	1034	10.6716979	40	
	30	9.3187695	989	9.9903641	45	9.3284054	1033	10.6715946	30	
	40	9.3188683	988	9.9903596	45	9.3285087	1033	10.6714913	20	
	50	9.3189671	988	9.9903551	45	9.3286120	1033	10.6713880	10	
2	0	9.3190659	988	9.9903506	45	9.3287153	1033	10.6712847	0	58
	10	9.3191647	988	9.9903461	45	9.3288186	1033	10.6711814	50	
	20	9.3192634	987	9.9903416	45	9.3289218	1032	10.6710782	40	
	30	9.3193621	987	9.9903371	45	9.3290250	1032	10.6709750	30	
	40	9.3194608	987	9.9903327	44	9.3291282	1032	10.6708718	20	
	50	9.3195595	987	9.9903282	45	9.3292313	1031	10.6707687	10	
3	0	9.3196581	986	9.9903237	45	9.3293345	1032	10.6706655	0	57
	10	9.3197567	986	9.9903192	45	9.3294376	1031	10.6705624	50	
	20	9.3198553	986	9.9903147	45	9.3295407	1031	10.6704593	40	
	30	9.3199539	986	9.9903102	45	9.3296437	1030	10.6703563	30	
	40	9.3200525	986	9.9903057	45	9.3297468	1031	10.6702532	20	
	50	9.3201510	985	9.9903012	45	9.3298498	1030	10.6701502	10	
4	0	9.3202495	985	9.9902967	45	9.3299528	1030	10.6700472	0	56
	10	9.3203480	985	9.9902922	45	9.3300558	1030	10.6699442	50	
	20	9.3204464	984	9.9902877	45	9.3301588	1030	10.6698412	40	
	30	9.3205449	985	9.9902832	45	9.3302617	1029	10.6697383	30	
	40	9.3206433	984	9.9902787	45	9.3303646	1029	10.6696354	20	
	50	9.3207417	984	9.9902742	45	9.3304675	1029	10.6695325	10	
5	0	9.3208400	983	9.9902697	45	9.3305704	1029	10.6694296	0	55
	10	9.3209384	984	9.9902652	45	9.3306732	1028	10.6693268	50	
	20	9.3210367	983	9.9902606	46	9.3307761	1029	10.6692239	40	
	30	9.3211350	983	9.9902561	45	9.3308789	1028	10.6691211	30	
	40	9.3212333	983	9.9902516	45	9.3309817	1028	10.6690183	20	
	50	9.3213315	982	9.9902471	45	9.3310844	1027	10.6689156	10	
6	0	9.3214297	982	9.9902426	45	9.3311871	1027	10.6688129	0	54
	10	9.3215279	982	9.9902381	45	9.3312899	1028	10.6687101	50	
	20	9.3216261	982	9.9902336	45	9.3313926	1027	10.6686074	40	
	30	9.3217243	982	9.9902290	46	9.3314952	1026	10.6685048	30	
	40	9.3218224	981	9.9902245	45	9.3315979	1027	10.6684021	20	
	50	9.3219205	981	9.9902200	45	9.3317005	1026	10.6682995	10	
7	0	9.3220186	981	9.9902155	45	9.3318031	1026	10.6681969	0	53
	10	9.3221167	981	9.9902110	45	9.3319057	1026	10.6680943	50	
	20	9.3222147	980	9.9902064	46	9.3320083	1026	10.6679917	40	
	30	9.3223127	980	9.9902019	45	9.3321108	1025	10.6678892	30	
	40	9.3224107	980	9.9901974	45	9.3322133	1025	10.6677867	20	
	50	9.3225087	980	9.9901929	45	9.3323158	1025	10.6676842	10	
8	0	9.3226066	979	9.9901883	46	9.3324183	1025	10.6675817	0	52
	10	9.3227046	980	9.9901838	45	9.3325207	1024	10.6674793	50	
	20	9.3228025	979	9.9901793	45	9.3326232	1025	10.6673768	40	
	30	9.3229003	978	9.9901748	45	9.3327256	1024	10.6672744	30	
	40	9.3229982	979	9.9901702	46	9.3328280	1024	10.6671720	20	
	50	9.3230960	978	9.9901657	45	9.3329303	1023	10.6670697	10	
9	0	9.3231938	978	9.9901612	45	9.3330327	1024	10.6669673	0	51
	10	9.3232916	978	9.9901566	46	9.3331350	1023	10.6668650	50	
	20	9.3233894	978	9.9901521	45	9.3332373	1023	10.6667627	40	
	30	9.3234871	977	9.9901476	45	9.3333396	1023	10.6666604	30	
	40	9.3235848	977	9.9901430	46	9.3334418	1022	10.6665582	20	
	50	9.3236825	977	9.9901385	45	9.3335440	1022	10.6664560	10	
10	0	9.3237801	976	9.9901339	46	9.3336463	1023	10.6663537	0	50
'	"	Co-Sinus.	Dif.	Sinus.	D.	Co-Tang.	Dif. com.	Tang.	"	'

77 Deg.

12 Deg.

'	"	Sinus.	Dif.	Co-Sinus.	D.	Tang.	Dif. com.	Co-Tang.	"	'
10	0	9.3237801		9.9901339		9.3336463		10.6663537	0	50
	10	9.3238778	977	9.9901294	45	9.3337484	1021	10.6662516	50	
	20	9.3239755	977	9.9901249	45	9.3338506	1022	10.6661494	40	
	30	9.3240731	976	9.9901203	46	9.3339528	1022	10.6660472	30	
	40	9.3241707	976	9.9901158	45	9.3340549	1021	10.6659451	20	
	50	9.3242682	975	9.9901112	46	9.3341570	1021	10.6658430	10	
11	0	9.3243657	975	9.9901067	45	9.3342591	1021	10.6657409	0	49
	10	9.3244633	976	9.9901021	46	9.3343611	1020	10.6656389	50	
	20	9.3245607	974	9.9900976	45	9.3344631	1020	10.6655369	40	
	30	9.3246581	974	9.9900930	46	9.3345651	1020	10.6654349	30	
	40	9.3247556	975	9.9900885	45	9.3346671	1020	10.6653329	20	
	50	9.3248531	975	9.9900839	46	9.3347691	1020	10.6652309	10	
12	0	9.3249504	973	9.9900794	45	9.3348711	1020	10.6651289	0	48
	10	9.3250478	974	9.9900748	46	9.3349730	1019	10.6650270	50	
	20	9.3251451	973	9.9900703	45	9.3350749	1019	10.6649251	40	
	30	9.3252424	973	9.9900657	46	9.3351768	1019	10.6648232	30	
	40	9.3253396	972	9.9900612	45	9.3352786	1018	10.6647214	20	
	50	9.3254371	975	9.9900566	46	9.3353805	1019	10.6646195	10	
13	0	9.3255341	970	9.9900521	45	9.3354823	1018	10.6645177	0	47
	10	9.3256316	975	9.9900475	46	9.3355841	1018	10.6644159	50	
	20	9.3257285	969	9.9900429	46	9.3356859	1018	10.6643141	40	
	30	9.3258260	975	9.9900384	45	9.3357876	1017	10.6642124	30	
	40	9.3259232	972	9.9900338	46	9.3358893	1017	10.6641107	20	
	50	9.3260203	971	9.9900293	45	9.3359910	1017	10.6640090	10	
14	0	9.3261174	971	9.9900247	46	9.3360927	1017	10.6639073	0	46
	10	9.3262145	971	9.9900201	46	9.3361944	1017	10.6638056	50	
	20	9.3263116	971	9.9900155	46	9.3362960	1016	10.6637040	40	
	30	9.3264087	971	9.9900110	45	9.3363977	1017	10.6636023	30	
	40	9.3265057	970	9.9900064	46	9.3364993	1016	10.6635007	20	
	50	9.3266027	970	9.9900019	45	9.3366008	1015	10.6633992	10	
15	0	9.3266997	970	9.9899973	46	9.3367024	1016	10.6632976	0	45
	10	9.3267966	969	9.9899927	46	9.3368039	1015	10.6631961	50	
	20	9.3268936	970	9.9899881	46	9.3369054	1015	10.6630946	40	
	30	9.3269905	969	9.9899836	45	9.3370069	1015	10.6629931	30	
	40	9.3270874	969	9.9899790	46	9.3371084	1015	10.6628916	20	
	50	9.3271843	969	9.9899744	46	9.3372099	1015	10.6627901	10	
16	0	9.3272811	968	9.9899698	46	9.3373113	1014	10.6626887	0	44
	10	9.3273779	968	9.9899653	45	9.3374127	1014	10.6625873	50	
	20	9.3274747	968	9.9899607	46	9.3375141	1014	10.6624859	40	
	30	9.3275714	967	9.9899561	46	9.3376154	1013	10.6623846	30	
	40	9.3276681	967	9.9899515	46	9.3377168	1014	10.6622832	20	
	50	9.3277649	968	9.9899469	46	9.3378181	1013	10.6621819	10	
17	0	9.3278615	966	9.9899423	46	9.3379194	1013	10.6620806	0	43
	10	9.3279584	969	9.9899378	45	9.3380207	1013	10.6619793	50	
	20	9.3280551	967	9.9899332	46	9.3381219	1012	10.6618781	40	
	30	9.3281518	967	9.9899286	46	9.3382232	1013	10.6617768	30	
	40	9.3282484	966	9.9899240	46	9.3383244	1012	10.6616756	20	
	50	9.3283450	966	9.9899194	46	9.3384256	1012	10.6615744	10	
18	0	9.3284416	966	9.9899148	46	9.3385267	1011	10.6614733	0	42
	10	9.3285381	965	9.9899102	46	9.3386279	1012	10.6613721	50	
	20	9.3286346	965	9.9899056	46	9.3387290	1011	10.6612710	40	
	30	9.3287311	965	9.9899010	46	9.3388301	1011	10.6611699	30	
	40	9.3288276	965	9.9898964	46	9.3389312	1011	10.6610688	20	
	50	9.3289241	965	9.9898919	45	9.3390323	1011	10.6609677	10	
19	0	9.3290206	965	9.9898873	46	9.3391333	1010	10.6608667	0	41
	10	9.3291170	964	9.9898827	46	9.3392343	1010	10.6607657	50	
	20	9.3292134	964	9.9898781	46	9.3393353	1010	10.6606647	40	
	30	9.3293098	964	9.9898735	46	9.3394363	1010	10.6605637	30	
	40	9.3294061	963	9.9898689	46	9.3395373	1009	10.6604627	20	
	50	9.3295024	963	9.9898643	46	9.3396382	1010	10.6603618	10	
20	0	9.3295988	964	9.9898597	46	9.3397391	1009	10.6602609	0	40
'	"	Co-Sinus.	Dif.	Sinus.	D.	Co-Tang.	Dif. com.	Tang.	"	'

77 Deg.

′	″	Sinus.	Dif.	Co-Sinus.	D.	Tang.	Dif. com.	Co-Tang.	″	′
20	0	9.3295988		9.9898597		9.3397391		10.6601609	0	40
	10	9.3296950	962	9.9898551	46	9.3398400	1009	10.6601600	50	
	20	9.3297912	962	9.9898504	47	9.3399409	1009	10.6600591	40	
	30	9.3298873	961	9.9898458	46	9.3400417	1008	10.6599583	30	
	40	9.3299836	963	9.9898411	47	9.3401425	1008	10.6598575	20	
	50	9.3300799	963	9.9898366	45	9.3402433	1008	10.6597567	10	
21	0	9.3301761	962	9.9898320	46	9.3403441	1008	10.6596559	0	39
	10	9.3302723	962	9.9898274	46	9.3404449	1008	10.6595551	50	
	20	9.3303684	961	9.9898228	46	9.3405456	1007	10.6594544	40	
	30	9.3304645	961	9.9898182	46	9.3406464	1008	10.6593536	30	
	40	9.3305606	961	9.9898136	46	9.3407471	1007	10.6592529	20	
	50	9.3306567	961	9.9898090	46	9.3408477	1006	10.6591523	10	
22	0	9.3307527	960	9.9898044	46	9.3409484	1007	10.6590516	0	38
	10	9.3308487	960	9.9897997	47	9.3410490	1006	10.6589510	50	
	20	9.3309447	960	9.9897951	46	9.3411496	1006	10.6588504	40	
	30	9.3310407	960	9.9897905	46	9.3412502	1006	10.6587498	30	
	40	9.3311367	960	9.9897859	46	9.3413508	1006	10.6586492	20	
	50	9.3312326	959	9.9897812	47	9.3414514	1006	10.6585486	10	
23	0	9.3313285	959	9.9897766	46	9.3415519	1005	10.6584481	0	37
	10	9.3314244	959	9.9897720	46	9.3416524	1005	10.6583476	50	
	20	9.3315203	959	9.9897674	46	9.3417529	1005	10.6582471	40	
	30	9.3316161	958	9.9897627	47	9.3418534	1005	10.6581466	30	
	40	9.3317119	958	9.9897581	46	9.3419538	1004	10.6580462	20	
	50	9.3318077	958	9.9897535	46	9.3420542	1004	10.6579458	10	
24	0	9.3319035	958	9.9897488	47	9.3421546	1004	10.6578454	0	36
	10	9.3319993	958	9.9897442	46	9.3422550	1004	10.6577450	50	
	20	9.3320950	957	9.9897396	46	9.3423554	1004	10.6576446	40	
	30	9.3321907	957	9.9897350	46	9.3424557	1003	10.6575443	30	
	40	9.3322864	957	9.9897303	47	9.3425560	1003	10.6574440	20	
	50	9.3323820	956	9.9897257	46	9.3426563	1003	10.6573437	10	
25	0	9.3324777	957	9.9897211	46	9.3427566	1003	10.6572434	0	35
	10	9.3325733	956	9.9897164	47	9.3428569	1003	10.6571431	50	
	20	9.3326689	956	9.9897118	46	9.3429571	1002	10.6570429	40	
	30	9.3327645	956	9.9897071	47	9.3430573	1002	10.6569427	30	
	40	9.3328600	955	9.9897025	46	9.3431575	1002	10.6568425	20	
	50	9.3329556	956	9.9896979	46	9.3432577	1002	10.6567423	10	
26	0	9.3330511	955	9.9896932	47	9.3433579	1002	10.6566421	0	34
	10	9.3331466	955	9.9896886	46	9.3434580	1001	10.6565420	50	
	20	9.3332420	954	9.9896839	47	9.3435581	1001	10.6564419	40	
	30	9.3333375	955	9.9896793	46	9.3436582	1001	10.6563418	30	
	40	9.3334329	954	9.9896747	46	9.3437582	1000	10.6562418	20	
	50	9.3335283	954	9.9896700	47	9.3438583	1001	10.6561417	10	
27	0	9.3336237	954	9.9896654	46	9.3439583	1000	10.6560417	0	33
	10	9.3337190	953	9.9896607	47	9.3440583	1000	10.6559417	50	
	20	9.3338144	954	9.9896561	46	9.3441583	1000	10.6558417	40	
	30	9.3339097	953	9.9896514	47	9.3442583	1000	10.6557417	30	
	40	9.3340050	953	9.9896468	46	9.3443582	999	10.6556418	20	
	50	9.3341002	952	9.9896421	47	9.3444581	999	10.6555419	10	
28	0	9.3341955	953	9.9896374	47	9.3445580	999	10.6554420	0	32
	10	9.3342907	952	9.9896328	46	9.3446579	999	10.6553421	50	
	20	9.3343859	952	9.9896281	47	9.3447578	999	10.6552422	40	
	30	9.3344811	952	9.9896235	46	9.3448576	998	10.6551424	30	
	40	9.3345763	952	9.9896188	47	9.3449574	998	10.6550426	20	
	50	9.3346714	951	9.9896142	46	9.3450572	998	10.6549428	10	
29	0	9.3347665	951	9.9896095	47	9.3451570	998	10.6548430	0	31
	10	9.3348616	951	9.9896049	46	9.3452568	998	10.6547432	50	
	20	9.3349567	951	9.9896002	47	9.3453565	997	10.6546435	40	
	30	9.3350517	950	9.9895955	47	9.3454562	997	10.6545438	30	
	40	9.3351468	951	9.9895909	46	9.3455559	997	10.6544441	20	
	50	9.3352418	950	9.9895862	47	9.3456556	997	10.6543444	10	
30	0	9.3353368	950	9.9895815	47	9.3457554	998	10.6542446	0	30
′	″	Co-Sinus.	Dif.	Sinus.	D.	Co-Tang.	Dif. com.	Tang.	″	′

′	″	Sinus.	Dif.	Co-Sinus.	D.	Tang.	Dif. com.	Co-Tang.	″	′
30	0	9.3353368		9.9895815		9.3457554		10.6542446	0	30
	10	9.3354317	949	9.9895768	47	9.3458549	995	10.6541451	50	
	20	9.3355267	950	9.9895722	46	9.3459545	996	10.6540455	40	
	30	9.3356216	949	9.9895675	47	9.3460541	996	10.6539459	30	
	40	9.3357165	949	9.9895628	47	9.3461537	996	10.6538463	20	
	50	9.3358113	948	9.9895582	46	9.3462532	995	10.6537468	10	
31	0	9.3359062	949	9.9895535	47	9.3463527	995	10.6536473	0	29
	10	9.3360010	948	9.9895488	47	9.3464522	995	10.6535478	50	
	20	9.3360958	948	9.9895441	47	9.3465517	995	10.6534483	40	
	30	9.3361906	948	9.9895395	46	9.3466512	995	10.6533488	30	
	40	9.3362854	948	9.9895348	47	9.3467506	994	10.6532494	20	
	50	9.3363801	947	9.9895301	47	9.3468500	994	10.6531500	10	
32	0	9.3364749	948	9.9895254	47	9.3469494	994	10.6530506	0	28
	10	9.3365696	947	9.9895207	47	9.3470488	994	10.6529512	50	
	20	9.3366643	947	9.9895161	46	9.3471482	994	10.6528518	40	
	30	9.3367589	946	9.9895114	47	9.3472475	993	10.6527525	30	
	40	9.3368536	947	9.9895067	47	9.3473469	994	10.6526531	20	
	50	9.3369482	946	9.9895020	47	9.3474461	992	10.6525539	10	
33	0	9.3370428	946	9.9894973	47	9.3475454	993	10.6524546	0	27
	10	9.3371373	945	9.9894926	47	9.3476447	993	10.6523553	50	
	20	9.3372319	946	9.9894879	47	9.3477439	992	10.6522561	40	
	30	9.3373264	945	9.9894832	47	9.3478432	993	10.6521568	30	
	40	9.3374209	945	9.9894786	46	9.3479424	992	10.6520576	20	
	50	9.3375154	945	9.9894739	47	9.3480416	992	10.6519584	10	
34	0	9.3376099	945	9.9894692	47	9.3481407	991	10.6518593	0	26
	10	9.3377043	944	9.9894645	47	9.3482399	992	10.6517601	50	
	20	9.3377987	944	9.9894598	47	9.3483390	991	10.6516610	40	
	30	9.3378931	944	9.9894551	47	9.3484381	991	10.6515619	30	
	40	9.3379875	944	9.9894504	47	9.3485371	990	10.6514629	20	
	50	9.3380819	944	9.9894457	47	9.3486362	991	10.6513638	10	
35	0	9.3381762	943	9.9894410	47	9.3487352	990	10.6512648	0	25
	10	9.3382705	943	9.9894363	47	9.3488342	990	10.6511658	50	
	20	9.3383648	943	9.9894316	47	9.3489332	990	10.6510668	40	
	30	9.3384591	943	9.9894269	47	9.3490322	990	10.6509678	30	
	40	9.3385533	942	9.9894222	47	9.3491311	989	10.6508689	20	
	50	9.3386476	943	9.9894175	47	9.3492301	990	10.6507699	10	
36	0	9.3387418	942	9.9894128	47	9.3493290	989	10.6506710	0	24
	10	9.3388359	941	9.9894081	47	9.3494278	988	10.6505722	50	
	20	9.3389301	942	9.9894034	47	9.3495267	989	10.6504733	40	
	30	9.3390243	942	9.9893987	47	9.3496256	989	10.6503744	30	
	40	9.3391184	941	9.9893939	48	9.3497244	988	10.6502756	20	
	50	9.3392125	941	9.9893892	47	9.3498232	988	10.6501768	10	
37	0	9.3393065	940	9.9893845	47	9.3499220	988	10.6500780	0	23
	10	9.3394006	941	9.9893798	47	9.3500208	988	10.6499792	50	
	20	9.3394946	940	9.9893751	47	9.3501195	987	10.6498805	40	
	30	9.3395886	940	9.9893704	47	9.3502183	988	10.6497817	30	
	40	9.3396826	940	9.9893657	47	9.3503170	987	10.6496830	20	
	50	9.3397766	940	9.9893609	48	9.3504157	987	10.6495843	10	
38	0	9.3398706	940	9.9893561	48	9.3505143	986	10.6494857	0	22
	10	9.3399645	939	9.9893515	46	9.3506130	987	10.6493870	50	
	20	9.3400584	939	9.9893468	47	9.3507116	986	10.6492884	40	
	30	9.3401523	939	9.9893421	47	9.3508102	986	10.6491898	30	
	40	9.3402462	939	9.9893373	48	9.3509088	986	10.6490912	20	
	50	9.3403400	938	9.9893326	47	9.3510074	986	10.6489926	10	
39	0	9.3404338	938	9.9893279	47	9.3511059	985	10.6488941	0	21
	10	9.3405276	938	9.9893231	48	9.3512045	986	10.6487955	50	
	20	9.3406214	938	9.9893184	47	9.3513030	985	10.6486970	40	
	30	9.3407152	938	9.9893137	47	9.3514014	984	10.6485986	30	
	40	9.3408089	937	9.9893090	47	9.3514999	985	10.6485001	20	
	50	9.3409026	937	9.9893042	48	9.3515984	985	10.6484016	10	
40	0	9.3409963	937	9.9892995	47	9.3516968	984	10.6483032	0	20
′	″	Co-Sinus.	Dif.	Sinus.	D.	Co-Tang.	Dif. com.	Tang.	″	′

12 Deg.

′	″	Sinus.	Dif.	Co-Sinus.	D.	Tang.	Dif.	Co-Tang.	″	′
40	0	[illegible]		[illegible]		[illegible]		[illegible]	0	20
	10	[illegible]	[illegible]	[illegible]	[illegible]	[illegible]	[illegible]	[illegible]	50	
	20	[illegible]	[illegible]	[illegible]	[illegible]	[illegible]	[illegible]	[illegible]	40	
	30	[illegible]	[illegible]	[illegible]	[illegible]	[illegible]	[illegible]	[illegible]	30	
	40	[illegible]	[illegible]	[illegible]	[illegible]	[illegible]	[illegible]	[illegible]	20	
	50	[illegible]	[illegible]	[illegible]	[illegible]	[illegible]	[illegible]	[illegible]	10	
41	0	[illegible]	[illegible]	[illegible]	[illegible]	[illegible]	[illegible]	[illegible]	0	19
	10	[illegible]	[illegible]	[illegible]	[illegible]	[illegible]	[illegible]	[illegible]	50	
	20	[illegible]	[illegible]	[illegible]	[illegible]	[illegible]	[illegible]	[illegible]	40	
	30	[illegible]	[illegible]	[illegible]	[illegible]	[illegible]	[illegible]	[illegible]	30	
	40	[illegible]	[illegible]	[illegible]	[illegible]	[illegible]	[illegible]	[illegible]	20	
	50	[illegible]	[illegible]	[illegible]	[illegible]	[illegible]	[illegible]	[illegible]	10	
42	0	[illegible]	[illegible]	[illegible]	[illegible]	[illegible]	[illegible]	[illegible]	0	18
	10	[illegible]	[illegible]	[illegible]	[illegible]	[illegible]	[illegible]	[illegible]	50	
	20	[illegible]	[illegible]	[illegible]	[illegible]	[illegible]	[illegible]	[illegible]	40	
	30	[illegible]	[illegible]	[illegible]	[illegible]	[illegible]	[illegible]	[illegible]	30	
	40	[illegible]	[illegible]	[illegible]	[illegible]	[illegible]	[illegible]	[illegible]	20	
	50	[illegible]	[illegible]	[illegible]	[illegible]	[illegible]	[illegible]	[illegible]	10	
43	0	[illegible]	[illegible]	[illegible]	[illegible]	[illegible]	[illegible]	[illegible]	0	17
	10	[illegible]	[illegible]	[illegible]	[illegible]	[illegible]	[illegible]	[illegible]	50	
	20	[illegible]	[illegible]	[illegible]	[illegible]	[illegible]	[illegible]	[illegible]	40	
	30	[illegible]	[illegible]	[illegible]	[illegible]	[illegible]	[illegible]	[illegible]	30	
	40	[illegible]	[illegible]	[illegible]	[illegible]	[illegible]	[illegible]	[illegible]	20	
	50	[illegible]	[illegible]	[illegible]	[illegible]	[illegible]	[illegible]	[illegible]	10	
44	0	[illegible]	[illegible]	[illegible]	[illegible]	[illegible]	[illegible]	[illegible]	0	16
	10	[illegible]	[illegible]	[illegible]	[illegible]	[illegible]	[illegible]	[illegible]	50	
	20	[illegible]	[illegible]	[illegible]	[illegible]	[illegible]	[illegible]	[illegible]	40	
	30	[illegible]	[illegible]	[illegible]	[illegible]	[illegible]	[illegible]	[illegible]	30	
	40	[illegible]	[illegible]	[illegible]	[illegible]	[illegible]	[illegible]	[illegible]	20	
	50	[illegible]	[illegible]	[illegible]	[illegible]	[illegible]	[illegible]	[illegible]	10	
45	0	[illegible]	[illegible]	[illegible]	[illegible]	[illegible]	[illegible]	[illegible]	0	15
	10	[illegible]	[illegible]	[illegible]	[illegible]	[illegible]	[illegible]	[illegible]	50	
	20	[illegible]	[illegible]	[illegible]	[illegible]	[illegible]	[illegible]	[illegible]	40	
	30	[illegible]	[illegible]	[illegible]	[illegible]	[illegible]	[illegible]	[illegible]	30	
	40	[illegible]	[illegible]	[illegible]	[illegible]	[illegible]	[illegible]	[illegible]	20	
	50	[illegible]	[illegible]	[illegible]	[illegible]	[illegible]	[illegible]	[illegible]	10	
46	0	[illegible]	[illegible]	[illegible]	[illegible]	[illegible]	[illegible]	[illegible]	0	14
	10	[illegible]	[illegible]	[illegible]	[illegible]	[illegible]	[illegible]	[illegible]	50	
	20	[illegible]	[illegible]	[illegible]	[illegible]	[illegible]	[illegible]	[illegible]	40	
	30	[illegible]	[illegible]	[illegible]	[illegible]	[illegible]	[illegible]	[illegible]	30	
	40	[illegible]	[illegible]	[illegible]	[illegible]	[illegible]	[illegible]	[illegible]	20	
	50	[illegible]	[illegible]	[illegible]	[illegible]	[illegible]	[illegible]	[illegible]	10	
47	0	[illegible]	[illegible]	[illegible]	[illegible]	[illegible]	[illegible]	[illegible]	0	13
	10	[illegible]	[illegible]	[illegible]	[illegible]	[illegible]	[illegible]	[illegible]	50	
	20	[illegible]	[illegible]	[illegible]	[illegible]	[illegible]	[illegible]	[illegible]	40	
	30	[illegible]	[illegible]	[illegible]	[illegible]	[illegible]	[illegible]	[illegible]	30	
	40	[illegible]	[illegible]	[illegible]	[illegible]	[illegible]	[illegible]	[illegible]	20	
	50	[illegible]	[illegible]	[illegible]	[illegible]	[illegible]	[illegible]	[illegible]	10	
48	0	[illegible]	[illegible]	[illegible]	[illegible]	[illegible]	[illegible]	[illegible]	0	12
	10	[illegible]	[illegible]	[illegible]	[illegible]	[illegible]	[illegible]	[illegible]	50	
	20	[illegible]	[illegible]	[illegible]	[illegible]	[illegible]	[illegible]	[illegible]	40	
	30	[illegible]	[illegible]	[illegible]	[illegible]	[illegible]	[illegible]	[illegible]	30	
	40	[illegible]	[illegible]	[illegible]	[illegible]	[illegible]	[illegible]	[illegible]	20	
	50	[illegible]	[illegible]	[illegible]	[illegible]	[illegible]	[illegible]	[illegible]	10	
49	0	[illegible]	[illegible]	[illegible]	[illegible]	[illegible]	[illegible]	[illegible]	0	11
	10	[illegible]	[illegible]	[illegible]	[illegible]	[illegible]	[illegible]	[illegible]	50	
	20	[illegible]	[illegible]	[illegible]	[illegible]	[illegible]	[illegible]	[illegible]	40	
	30	[illegible]	[illegible]	[illegible]	[illegible]	[illegible]	[illegible]	[illegible]	30	
	40	[illegible]	[illegible]	[illegible]	[illegible]	[illegible]	[illegible]	[illegible]	20	
	50	[illegible]	[illegible]	[illegible]	[illegible]	[illegible]	[illegible]	[illegible]	10	
50	0	[illegible]	[illegible]	[illegible]	[illegible]	[illegible]	[illegible]	[illegible]	0	10
′	″	Co-Sinus.	Dif.	Sinus.	D.	Co-Tang.	Dif.	Tang.	″	′

77 Deg.

12 Deg.

′	″	Sinus.	Dif.	Co-Sinus.	D.	Tang.	Dif.	Co-Tang.	″	′
50	0	[illegible]		[illegible]		[illegible]		[illegible]	0	10
	10	[illegible]	[illegible]	[illegible]	[illegible]	[illegible]	[illegible]	[illegible]	50	
	20	[illegible]	[illegible]	[illegible]	[illegible]	[illegible]	[illegible]	[illegible]	40	
	30	[illegible]	[illegible]	[illegible]	[illegible]	[illegible]	[illegible]	[illegible]	30	
	40	[illegible]	[illegible]	[illegible]	[illegible]	[illegible]	[illegible]	[illegible]	20	
	50	[illegible]	[illegible]	[illegible]	[illegible]	[illegible]	[illegible]	[illegible]	10	
51	0	[illegible]	[illegible]	[illegible]	[illegible]	[illegible]	[illegible]	[illegible]	0	9
	10	[illegible]	[illegible]	[illegible]	[illegible]	[illegible]	[illegible]	[illegible]	50	
	20	[illegible]	[illegible]	[illegible]	[illegible]	[illegible]	[illegible]	[illegible]	40	
	30	[illegible]	[illegible]	[illegible]	[illegible]	[illegible]	[illegible]	[illegible]	30	
	40	[illegible]	[illegible]	[illegible]	[illegible]	[illegible]	[illegible]	[illegible]	20	
	50	[illegible]	[illegible]	[illegible]	[illegible]	[illegible]	[illegible]	[illegible]	10	
52	0	[illegible]	[illegible]	[illegible]	[illegible]	[illegible]	[illegible]	[illegible]	0	8
	10	[illegible]	[illegible]	[illegible]	[illegible]	[illegible]	[illegible]	[illegible]	50	
	20	[illegible]	[illegible]	[illegible]	[illegible]	[illegible]	[illegible]	[illegible]	40	
	30	[illegible]	[illegible]	[illegible]	[illegible]	[illegible]	[illegible]	[illegible]	30	
	40	[illegible]	[illegible]	[illegible]	[illegible]	[illegible]	[illegible]	[illegible]	20	
	50	[illegible]	[illegible]	[illegible]	[illegible]	[illegible]	[illegible]	[illegible]	10	
53	0	[illegible]	[illegible]	[illegible]	[illegible]	[illegible]	[illegible]	[illegible]	0	7
	10	[illegible]	[illegible]	[illegible]	[illegible]	[illegible]	[illegible]	[illegible]	50	
	20	[illegible]	[illegible]	[illegible]	[illegible]	[illegible]	[illegible]	[illegible]	40	
	30	[illegible]	[illegible]	[illegible]	[illegible]	[illegible]	[illegible]	[illegible]	30	
	40	[illegible]	[illegible]	[illegible]	[illegible]	[illegible]	[illegible]	[illegible]	20	
	50	[illegible]	[illegible]	[illegible]	[illegible]	[illegible]	[illegible]	[illegible]	10	
54	0	[illegible]	[illegible]	[illegible]	[illegible]	[illegible]	[illegible]	[illegible]	0	6
	10	[illegible]	[illegible]	[illegible]	[illegible]	[illegible]	[illegible]	[illegible]	50	
	20	[illegible]	[illegible]	[illegible]	[illegible]	[illegible]	[illegible]	[illegible]	40	
	30	[illegible]	[illegible]	[illegible]	[illegible]	[illegible]	[illegible]	[illegible]	30	
	40	[illegible]	[illegible]	[illegible]	[illegible]	[illegible]	[illegible]	[illegible]	20	
	50	[illegible]	[illegible]	[illegible]	[illegible]	[illegible]	[illegible]	[illegible]	10	
55	0	[illegible]	[illegible]	[illegible]	[illegible]	[illegible]	[illegible]	[illegible]	0	5
	10	[illegible]	[illegible]	[illegible]	[illegible]	[illegible]	[illegible]	[illegible]	50	
	20	[illegible]	[illegible]	[illegible]	[illegible]	[illegible]	[illegible]	[illegible]	40	
	30	[illegible]	[illegible]	[illegible]	[illegible]	[illegible]	[illegible]	[illegible]	30	
	40	[illegible]	[illegible]	[illegible]	[illegible]	[illegible]	[illegible]	[illegible]	20	
	50	[illegible]	[illegible]	[illegible]	[illegible]	[illegible]	[illegible]	[illegible]	10	
56	0	[illegible]	[illegible]	[illegible]	[illegible]	[illegible]	[illegible]	[illegible]	0	4
	10	[illegible]	[illegible]	[illegible]	[illegible]	[illegible]	[illegible]	[illegible]	50	
	20	[illegible]	[illegible]	[illegible]	[illegible]	[illegible]	[illegible]	[illegible]	40	
	30	[illegible]	[illegible]	[illegible]	[illegible]	[illegible]	[illegible]	[illegible]	30	
	40	[illegible]	[illegible]	[illegible]	[illegible]	[illegible]	[illegible]	[illegible]	20	
	50	[illegible]	[illegible]	[illegible]	[illegible]	[illegible]	[illegible]	[illegible]	10	
57	0	[illegible]	[illegible]	[illegible]	[illegible]	[illegible]	[illegible]	[illegible]	0	3
	10	[illegible]	[illegible]	[illegible]	[illegible]	[illegible]	[illegible]	[illegible]	50	
	20	[illegible]	[illegible]	[illegible]	[illegible]	[illegible]	[illegible]	[illegible]	40	
	30	[illegible]	[illegible]	[illegible]	[illegible]	[illegible]	[illegible]	[illegible]	30	
	40	[illegible]	[illegible]	[illegible]	[illegible]	[illegible]	[illegible]	[illegible]	20	
	50	[illegible]	[illegible]	[illegible]	[illegible]	[illegible]	[illegible]	[illegible]	10	
58	0	[illegible]	[illegible]	[illegible]	[illegible]	[illegible]	[illegible]	[illegible]	0	2
	10	[illegible]	[illegible]	[illegible]	[illegible]	[illegible]	[illegible]	[illegible]	50	
	20	[illegible]	[illegible]	[illegible]	[illegible]	[illegible]	[illegible]	[illegible]	40	
	30	[illegible]	[illegible]	[illegible]	[illegible]	[illegible]	[illegible]	[illegible]	30	
	40	[illegible]	[illegible]	[illegible]	[illegible]	[illegible]	[illegible]	[illegible]	20	
	50	[illegible]	[illegible]	[illegible]	[illegible]	[illegible]	[illegible]	[illegible]	10	
59	0	[illegible]	[illegible]	[illegible]	[illegible]	[illegible]	[illegible]	[illegible]	0	1
	10	[illegible]	[illegible]	[illegible]	[illegible]	[illegible]	[illegible]	[illegible]	50	
	20	[illegible]	[illegible]	[illegible]	[illegible]	[illegible]	[illegible]	[illegible]	40	
	30	[illegible]	[illegible]	[illegible]	[illegible]	[illegible]	[illegible]	[illegible]	30	
	40	[illegible]	[illegible]	[illegible]	[illegible]	[illegible]	[illegible]	[illegible]	20	
	50	[illegible]	[illegible]	[illegible]	[illegible]	[illegible]	[illegible]	[illegible]	10	
60	0	[illegible]	[illegible]	[illegible]	[illegible]	[illegible]	[illegible]	[illegible]	0	0
′	″	Co-Sinus.	Dif.	Sinus.	D.	Co-Tang.	Dif.	Tang.	″	′

77 Deg.

13 Deg.

′	″	Sine.	Dif.	Co-Sine.	D	Tang.	Dif.	Co-Tang.	″	′
0	0	9.3520888		9.9887239		9.3633641		10.6366359	0	60
	10	9.3521791	911	9.9887191	48	9.3634601	961	10.6365399	50	
	20	9.3522702	911	9.9887142	49	9.3635561	960	10.6364439	40	
	30	9.3523612	911	9.9887093	49	9.3636518	[illegible]	10.6363478	30	
	40	9.3524527	911	9.9887045	48	9.3637481	960	10.6362519	20	
	50	9.3525435	911	9.9886996	49	9.3638440	959	10.6361558	10	
1	0	9.3526347		9.9886947		9.3639401	959	10.6360599	0	59
	10	9.3527245	910	9.9886898	49	9.3640361	959	10.6359639	50	
	20	9.3528157	910	9.9886849	49	9.3641320	959	10.6358680	40	
	30	9.3529068	910	9.9886800	49	9.3642279	959	10.6357721	30	
	40	9.3529979	910	9.9886751	49	9.3643239	959	10.6356761	20	
	50	9.3530890	910	9.9886702	49	9.3644196	959	10.6355804	10	
2	0	9.3531810		9.9886654		9.3645155		10.6354845	0	58
	10	9.3532719	910	9.9886605	49	9.3646114	958	10.6353886	50	
	20	9.3533628	910	9.9886559	49	9.3647071	958	10.6352929	40	
	30	9.3534537	909	9.9886507	49	9.3648029	958	10.6351971	30	
	40	9.3535447	909	9.9886460	49	9.3648988	958	10.6351012	20	
	50	9.3536355	909	9.9886411	49	9.3649944	957	10.6350056	10	
3	0	9.3537264		9.9886361		9.3650901		10.6349099	0	57
	10	9.3538174	909	9.9886314	49	9.3651858	957	10.6348142	50	
	20	9.3539081	908	9.9886264	49	9.3652814	957	10.6347186	40	
	30	9.3539989	908	9.9886216	49	9.3653772	957	10.6346228	30	
	40	9.3540896	907	9.9886167	49	9.3654728	956	10.6345272	20	
	50	9.3541805	907	9.9886118	49	9.3655685	956	10.6344315	10	
4	0	9.3542712		9.9886070		9.3656641		10.6343359	0	56
	10	9.3543618	907	9.9886021	49	9.3657597	956	10.6342403	50	
	20	9.3544524	907	9.9885971	49	9.3658553	955	10.6341447	40	
	30	9.3545431		9.9885923		9.3659508	955	10.6340492	30	
	40	9.3546337	907	9.9885874	49	9.3660464	956	10.6339536	20	
	50	9.3547244	906	9.9885824	49	9.3661419	955	10.6338581	10	
5	0	9.3548150		9.9885776		9.3662374		10.6337626	0	55
	10	9.3549056	906	9.9885727	49	9.3663329	955	10.6336671	50	
	20	9.3549962	905	9.9885678	49	9.3664284	954	10.6335716	40	
	30	9.3550868		9.9885629		9.3665239	955	10.6334761	30	
	40	9.3551774	905	9.9885580	49	9.3666194	954	10.6333806	20	
	50	9.3552677	903	9.9885531	49	9.3667146	954	10.6332854	10	
6	0	9.3553583		9.9885482		9.3668100		10.6331900	0	54
	10	9.3554487	904	9.9885433	49	9.3669054	954	10.6330946	50	
	20	9.3555391	904	9.9885384	49	9.3670007	953	10.6329993	40	
	30	9.3556295	904	9.9885335	49	9.3670960	953	10.6329040	30	
	40	9.3557200	903	9.9885286	49	9.3671914	954	10.6328086	20	
	50	9.3558104	903	9.9885237	49	9.3672866	953	10.6327134	10	
7	0	9.3559007		9.9885188		9.3673819		10.6326181	0	53
	10	9.3559911	903	9.9885139	49	9.3674772	953	10.6325228	50	
	20	9.3560814	903	9.9885090	49	9.3675724	952	10.6324276	40	
	30	9.3561717	903	9.9885041	49	9.3676676	952	10.6323324	30	
	40	9.35626[illegible]	902	9.9884992	49	9.3677628	952	10.6322372	20	
	50	9.3563522	902	9.9884943	49	9.3678580	952	10.6321420	10	
8	0	9.3564426		9.9884894		9.3679532		10.6320468	0	52
	10	9.3565328	902	9.9884845	49	9.3680483	951	10.6319517	50	
	20	9.3566230	902	9.9884795	50	9.3681435	951	10.6318565	40	
	30	9.3567132	902	9.9884746	49	9.3682386	951	10.6317614	30	
	40	9.3568033	901	9.9884697	49	9.3683337	950	10.6316663	20	
	50	9.3568935	901	9.9884648	49	9.3684287	951	10.6315713	10	
9	0	9.3569836		9.9884599		9.3685238		10.6314762	0	51
	10	9.3570738	902	9.9884550	49	9.3686188	950	10.6313812	50	
	20	9.3571638	901	9.9884501	49	9.3687138	950	10.6312862	40	
	30	9.3572538	901	9.9884451	50	9.3688088	950	10.6311912	30	
	40	9.3573440	902	9.9884402	49	9.3689037	950	10.6310963	20	
	50	9.3574340	900	9.9884353	49	9.3689987	949	10.6310013	10	
10	0	9.3575240		9.9884303		9.3690937		10.6309063	0	50
′	″	Co-Sine.	Dif.	Sine.	D	Co-Tang.	Dif.	Tang.	″	′

76 Deg.

13 Deg.

′	″	Sine.	Dif.	Co-Sine.	D.	Tang.	Dif.	Co-Tang.	″	′
10	0	9.3575240		9.9884303		9.3690937		10.6309063	0	50
	10	9.3576140	900	9.9884254	49	9.3691886	949	10.6308114	50	
	20	9.3577040	900	9.9884205	49	9.3692835	949	10.6307165	40	
	30	9.3577940	900	9.9884156	49	9.3693784	949	10.6306216	30	
	40	9.3578839	899	9.9884106	50	9.3694733	949	10.6305267	20	
	50	9.3579738	899	9.9884057	49	9.3695681	948	10.6304319	10	
11	0	9.3580637		9.9884008		9.3696629		10.6303371	0	49
	10	9.3581536	899	9.9883959	49	9.3697577	948	10.6302423	50	
	20	9.3582434	898	9.9883909	50	9.3698525	948	10.6301475	40	
	30	9.3583333	899	9.9883860	49	9.3699473	948	10.6300527	30	
	40	9.3584231	898	9.9883810	50	9.3700421	948	10.6299579	20	
	50	9.3585128	897	9.9883761	49	9.3701368	947	10.6298632	10	
12	0	9.3586027		9.9883711		9.3702315		10.6297685	0	48
	10	9.3586924	897	9.9883662	49	9.3703262	947	10.6296738	50	
	20	9.3587821	897	9.9883612	50	9.3704209	947	10.6295791	40	
	30	9.3588719	898	9.9883563	49	9.3705156	947	10.6294844	30	
	40	9.3589616	897	9.9883514	49	9.3706102	946	10.6293898	20	
	50	9.3590511	895	9.9883464	50	9.3707048	946	10.6292952	10	
13	0	9.3591407		9.9883415		9.3707994		10.6292006	0	47
	10	9.3592303	896	9.9883365	50	9.3708940	946	10.6291060	50	
	20	9.3593[illegible]	895	9.9883316	49	9.3709886	946	10.6290114	40	
	30	9.3594094	896	9.9883267	49	9.3710831	945	10.6289169	30	
	40	9.3594989	895	9.9883217	50	9.3711777	946	10.6288223	20	
	50	9.3595885	896	9.9883168	49	9.3712721	945	10.6287279	10	
14	0	9.3596780		9.9883118		9.3713667		10.6286333	0	46
	10	9.3597675	895	9.9883069	49	9.3714611	944	10.6285388	50	
	20	9.3598570	895	9.9883019	50	9.3715556	945	10.6284444	40	
	30	9.3599474	894	9.9882970	49	9.3716501	945	10.6283499	30	
	40	9.3600360	896	9.9882920	50	9.3717446	945	10.6282555	20	
	50	9.3601254	894	9.9882871	49	9.3718383	944	10.6281611	10	
15	0	9.3602154		9.9882821		9.3719335		10.6280667	0	45
	10	9.3603040	894	9.9882771	50	9.3720276	943	10.6279724	50	
	20	9.3603942	894	9.9882722	49	9.3721180	944	10.6278780	40	
	30	9.3604836	894	9.9882672	50	9.3722165	943	10.6277837	30	
	40	9.3605725	893	9.9882621	50	9.3723106	943	10.6276894	20	
	50	9.3606618	893	9.9882573	49	9.3724047	943	10.6275951	10	
16	0	9.3607511		9.9882521		9.3724991		10.6275008	0	44
	10	9.3608404	893	9.9882472	49	9.3725934	943	10.6274066	50	
	20	9.3609301	893	9.9882424	48	9.3726877	943	10.6273123	40	
	30	9.3610190	892	9.9882374	50	9.3727819	942	10.6272181	30	
	40	9.3611084	894	9.9882325	49	9.3728761	942	10.6271239	20	
	50	9.3611978	894	9.9882275	50	9.3729705	942	10.6270297	10	
17	0	9.3612870		9.9882225		9.3730646		10.6269355	0	43
	10	9.3613762	892	9.9882175	50	9.3731586	941	10.6268414	50	
	20	9.3614653	891	9.9882126	49	9.3732527	941	10.6267473	40	
	30	9.3615544	891	9.9882076	50	9.3733468	941	10.6266534	30	
	40	9.3616436	892	9.9882026	50	9.3734407	941	10.6265591	20	
	50	9.3617327	891	9.9881976	50	9.3735350	941	10.6264650	10	
18	0	9.3618217		9.9881917		9.3736291		10.6263709	0	42
	10	9.3619108	891	9.9881877	50	9.3737231	940	10.6262769	50	
	20	9.3619997	891	9.9881827	50	9.3738171	940	10.6261829	40	
	30	9.3620886	889	9.9881777	50	9.3739111	940	10.6260889	30	
	40	9.3621774	888	9.9881727	50	9.3740051	940	10.6259949	20	
	50	9.3622665	891	9.9881677	50	9.3740991	940	10.6259009	10	
19	0	9.3623558		9.9881617		9.3741930	939	10.6258070	0	41
	10	9.3624440	[illegible]	9.9881570	50	9.3742868	939	10.6257130	50	
	20	9.3625337	[illegible]	9.9881520	50	9.3743807	939	10.6256191	40	
	30	9.3626216	[illegible]	9.9881470	50	9.3744746	939	10.6255254	30	
	40	9.3627115	[illegible]	9.9881418	50	9.3745686	939	10.6254314	20	
	50	9.3628003	[illegible]	9.9881370	48	9.3746625	939	10.6253375	10	
20	0	9.3628892		9.9881319		9.3747563		10.6252437	0	40
′	″	Co-Sine.	Dif.	Sine.	D.	Co-Tang.	Dif.	Tang.	″	′

V 76 Deg.

'	"	Sinus.	Dif.	Co-Sinus.	D.	Tang.	Dif.	Co-Tang.	"	'
20	0	9.3618892		9.9881139		9.3747563		10.6252437	0	40
	10	[illegible]	[illegible]	[illegible]	[illegible]	[illegible]	[illegible]	[illegible]	50	
	20	[illegible]	[illegible]	[illegible]	[illegible]	[illegible]	[illegible]	[illegible]	40	
	30	[illegible]	[illegible]	[illegible]	[illegible]	[illegible]	[illegible]	[illegible]	30	
	40	[illegible]	[illegible]	[illegible]	[illegible]	[illegible]	[illegible]	[illegible]	20	
	50	[illegible]	[illegible]	[illegible]	[illegible]	[illegible]	[illegible]	[illegible]	10	
21	0	[illegible]	[illegible]	[illegible]	[illegible]	[illegible]	[illegible]	[illegible]	0	39
	10	[illegible]	[illegible]	[illegible]	[illegible]	[illegible]	[illegible]	[illegible]	50	
	20	[illegible]	[illegible]	[illegible]	[illegible]	[illegible]	[illegible]	[illegible]	40	
	30	[illegible]	[illegible]	[illegible]	[illegible]	[illegible]	[illegible]	[illegible]	30	
	40	[illegible]	[illegible]	[illegible]	[illegible]	[illegible]	[illegible]	[illegible]	20	
	50	[illegible]	[illegible]	[illegible]	[illegible]	[illegible]	[illegible]	[illegible]	10	
22	0	[illegible]	[illegible]	[illegible]	[illegible]	[illegible]	[illegible]	[illegible]	0	38
	10	[illegible]	[illegible]	[illegible]	[illegible]	[illegible]	[illegible]	[illegible]	50	
	20	[illegible]	[illegible]	[illegible]	[illegible]	[illegible]	[illegible]	[illegible]	40	
	30	[illegible]	[illegible]	[illegible]	[illegible]	[illegible]	[illegible]	[illegible]	30	
	40	[illegible]	[illegible]	[illegible]	[illegible]	[illegible]	[illegible]	[illegible]	20	
	50	[illegible]	[illegible]	[illegible]	[illegible]	[illegible]	[illegible]	[illegible]	10	
23	0	[illegible]	[illegible]	[illegible]	[illegible]	[illegible]	[illegible]	[illegible]	0	37
	10	[illegible]	[illegible]	[illegible]	[illegible]	[illegible]	[illegible]	[illegible]	50	
	20	[illegible]	[illegible]	[illegible]	[illegible]	[illegible]	[illegible]	[illegible]	40	
	30	[illegible]	[illegible]	[illegible]	[illegible]	[illegible]	[illegible]	[illegible]	30	
	40	[illegible]	[illegible]	[illegible]	[illegible]	[illegible]	[illegible]	[illegible]	20	
	50	[illegible]	[illegible]	[illegible]	[illegible]	[illegible]	[illegible]	[illegible]	10	
24	0	[illegible]	[illegible]	[illegible]	[illegible]	[illegible]	[illegible]	[illegible]	0	36
	10	[illegible]	[illegible]	[illegible]	[illegible]	[illegible]	[illegible]	[illegible]	50	
	20	[illegible]	[illegible]	[illegible]	[illegible]	[illegible]	[illegible]	[illegible]	40	
	30	[illegible]	[illegible]	[illegible]	[illegible]	[illegible]	[illegible]	[illegible]	30	
	40	[illegible]	[illegible]	[illegible]	[illegible]	[illegible]	[illegible]	[illegible]	20	
	50	[illegible]	[illegible]	[illegible]	[illegible]	[illegible]	[illegible]	[illegible]	10	
25	0	[illegible]	[illegible]	[illegible]	[illegible]	[illegible]	[illegible]	[illegible]	0	35
	10	[illegible]	[illegible]	[illegible]	[illegible]	[illegible]	[illegible]	[illegible]	50	
	20	[illegible]	[illegible]	[illegible]	[illegible]	[illegible]	[illegible]	[illegible]	40	
	30	[illegible]	[illegible]	[illegible]	[illegible]	[illegible]	[illegible]	[illegible]	30	
	40	[illegible]	[illegible]	[illegible]	[illegible]	[illegible]	[illegible]	[illegible]	20	
	50	[illegible]	[illegible]	[illegible]	[illegible]	[illegible]	[illegible]	[illegible]	10	
26	0	[illegible]	[illegible]	[illegible]	[illegible]	[illegible]	[illegible]	[illegible]	0	34
	10	[illegible]	[illegible]	[illegible]	[illegible]	[illegible]	[illegible]	[illegible]	50	
	20	[illegible]	[illegible]	[illegible]	[illegible]	[illegible]	[illegible]	[illegible]	40	
	30	[illegible]	[illegible]	[illegible]	[illegible]	[illegible]	[illegible]	[illegible]	30	
	40	[illegible]	[illegible]	[illegible]	[illegible]	[illegible]	[illegible]	[illegible]	20	
	50	[illegible]	[illegible]	[illegible]	[illegible]	[illegible]	[illegible]	[illegible]	10	
27	0	[illegible]	[illegible]	[illegible]	[illegible]	[illegible]	[illegible]	[illegible]	0	33
	10	[illegible]	[illegible]	[illegible]	[illegible]	[illegible]	[illegible]	[illegible]	50	
	20	[illegible]	[illegible]	[illegible]	[illegible]	[illegible]	[illegible]	[illegible]	40	
	30	[illegible]	[illegible]	[illegible]	[illegible]	[illegible]	[illegible]	[illegible]	30	
	40	[illegible]	[illegible]	[illegible]	[illegible]	[illegible]	[illegible]	[illegible]	20	
	50	[illegible]	[illegible]	[illegible]	[illegible]	[illegible]	[illegible]	[illegible]	10	
28	0	[illegible]	[illegible]	[illegible]	[illegible]	[illegible]	[illegible]	[illegible]	0	32
	10	[illegible]	[illegible]	[illegible]	[illegible]	[illegible]	[illegible]	[illegible]	50	
	20	[illegible]	[illegible]	[illegible]	[illegible]	[illegible]	[illegible]	[illegible]	40	
	30	[illegible]	[illegible]	[illegible]	[illegible]	[illegible]	[illegible]	[illegible]	30	
	40	[illegible]	[illegible]	[illegible]	[illegible]	[illegible]	[illegible]	[illegible]	20	
	50	[illegible]	[illegible]	[illegible]	[illegible]	[illegible]	[illegible]	[illegible]	10	
29	0	[illegible]	[illegible]	[illegible]	[illegible]	[illegible]	[illegible]	[illegible]	0	31
	10	[illegible]	[illegible]	[illegible]	[illegible]	[illegible]	[illegible]	[illegible]	50	
	20	[illegible]	[illegible]	[illegible]	[illegible]	[illegible]	[illegible]	[illegible]	40	
	30	[illegible]	[illegible]	[illegible]	[illegible]	[illegible]	[illegible]	[illegible]	30	
	40	[illegible]	[illegible]	[illegible]	[illegible]	[illegible]	[illegible]	[illegible]	20	
	50	[illegible]	[illegible]	[illegible]	[illegible]	[illegible]	[illegible]	[illegible]	10	
30	0	[illegible]	[illegible]	[illegible]	[illegible]	[illegible]	[illegible]	[illegible]	0	30
'	"	Co-Sinus.	Dif.	Sinus.	D.	Co-Tang.	Dif.	Tang.	"	'

76 Deg.

13 Deg.

'	"	Sinus.	Dif.	Co-Sinus.	D.	Tang.	Dif.	Co-Tang.	"	'
30	0	9.3681853		9.9878315		9.3803537		10.6196463	0	30
	10	[illegible]	[illegible]	[illegible]	[illegible]	[illegible]	[illegible]	[illegible]	50	
	20	[illegible]	[illegible]	[illegible]	[illegible]	[illegible]	[illegible]	[illegible]	40	
	30	[illegible]	[illegible]	[illegible]	[illegible]	[illegible]	[illegible]	[illegible]	30	
	40	[illegible]	[illegible]	[illegible]	[illegible]	[illegible]	[illegible]	[illegible]	20	
	50	[illegible]	[illegible]	[illegible]	[illegible]	[illegible]	[illegible]	[illegible]	10	
31	0	[illegible]	[illegible]	[illegible]	[illegible]	[illegible]	[illegible]	[illegible]	0	29
	10	[illegible]	[illegible]	[illegible]	[illegible]	[illegible]	[illegible]	[illegible]	50	
	20	[illegible]	[illegible]	[illegible]	[illegible]	[illegible]	[illegible]	[illegible]	40	
	30	[illegible]	[illegible]	[illegible]	[illegible]	[illegible]	[illegible]	[illegible]	30	
	40	[illegible]	[illegible]	[illegible]	[illegible]	[illegible]	[illegible]	[illegible]	20	
	50	[illegible]	[illegible]	[illegible]	[illegible]	[illegible]	[illegible]	[illegible]	10	
32	0	[illegible]	[illegible]	[illegible]	[illegible]	[illegible]	[illegible]	[illegible]	0	28
	10	[illegible]	[illegible]	[illegible]	[illegible]	[illegible]	[illegible]	[illegible]	50	
	20	[illegible]	[illegible]	[illegible]	[illegible]	[illegible]	[illegible]	[illegible]	40	
	30	[illegible]	[illegible]	[illegible]	[illegible]	[illegible]	[illegible]	[illegible]	30	
	40	[illegible]	[illegible]	[illegible]	[illegible]	[illegible]	[illegible]	[illegible]	20	
	50	[illegible]	[illegible]	[illegible]	[illegible]	[illegible]	[illegible]	[illegible]	10	
33	0	[illegible]	[illegible]	[illegible]	[illegible]	[illegible]	[illegible]	[illegible]	0	27
	10	[illegible]	[illegible]	[illegible]	[illegible]	[illegible]	[illegible]	[illegible]	50	
	20	[illegible]	[illegible]	[illegible]	[illegible]	[illegible]	[illegible]	[illegible]	40	
	30	[illegible]	[illegible]	[illegible]	[illegible]	[illegible]	[illegible]	[illegible]	30	
	40	[illegible]	[illegible]	[illegible]	[illegible]	[illegible]	[illegible]	[illegible]	20	
	50	[illegible]	[illegible]	[illegible]	[illegible]	[illegible]	[illegible]	[illegible]	10	
34	0	[illegible]	[illegible]	[illegible]	[illegible]	[illegible]	[illegible]	[illegible]	0	26
	10	[illegible]	[illegible]	[illegible]	[illegible]	[illegible]	[illegible]	[illegible]	50	
	20	[illegible]	[illegible]	[illegible]	[illegible]	[illegible]	[illegible]	[illegible]	40	
	30	[illegible]	[illegible]	[illegible]	[illegible]	[illegible]	[illegible]	[illegible]	30	
	40	[illegible]	[illegible]	[illegible]	[illegible]	[illegible]	[illegible]	[illegible]	20	
	50	[illegible]	[illegible]	[illegible]	[illegible]	[illegible]	[illegible]	[illegible]	10	
35	0	[illegible]	[illegible]	[illegible]	[illegible]	[illegible]	[illegible]	[illegible]	0	25
	10	[illegible]	[illegible]	[illegible]	[illegible]	[illegible]	[illegible]	[illegible]	50	
	20	[illegible]	[illegible]	[illegible]	[illegible]	[illegible]	[illegible]	[illegible]	40	
	30	[illegible]	[illegible]	[illegible]	[illegible]	[illegible]	[illegible]	[illegible]	30	
	40	[illegible]	[illegible]	[illegible]	[illegible]	[illegible]	[illegible]	[illegible]	20	
	50	[illegible]	[illegible]	[illegible]	[illegible]	[illegible]	[illegible]	[illegible]	10	
36	0	[illegible]	[illegible]	[illegible]	[illegible]	[illegible]	[illegible]	[illegible]	0	24
	10	[illegible]	[illegible]	[illegible]	[illegible]	[illegible]	[illegible]	[illegible]	50	
	20	[illegible]	[illegible]	[illegible]	[illegible]	[illegible]	[illegible]	[illegible]	40	
	30	[illegible]	[illegible]	[illegible]	[illegible]	[illegible]	[illegible]	[illegible]	30	
	40	[illegible]	[illegible]	[illegible]	[illegible]	[illegible]	[illegible]	[illegible]	20	
	50	[illegible]	[illegible]	[illegible]	[illegible]	[illegible]	[illegible]	[illegible]	10	
37	0	[illegible]	[illegible]	[illegible]	[illegible]	[illegible]	[illegible]	[illegible]	0	23
	10	[illegible]	[illegible]	[illegible]	[illegible]	[illegible]	[illegible]	[illegible]	50	
	20	[illegible]	[illegible]	[illegible]	[illegible]	[illegible]	[illegible]	[illegible]	40	
	30	[illegible]	[illegible]	[illegible]	[illegible]	[illegible]	[illegible]	[illegible]	30	
	40	[illegible]	[illegible]	[illegible]	[illegible]	[illegible]	[illegible]	[illegible]	20	
	50	[illegible]	[illegible]	[illegible]	[illegible]	[illegible]	[illegible]	[illegible]	10	
38	0	[illegible]	[illegible]	[illegible]	[illegible]	[illegible]	[illegible]	[illegible]	0	22
	10	[illegible]	[illegible]	[illegible]	[illegible]	[illegible]	[illegible]	[illegible]	50	
	20	[illegible]	[illegible]	[illegible]	[illegible]	[illegible]	[illegible]	[illegible]	40	
	30	[illegible]	[illegible]	[illegible]	[illegible]	[illegible]	[illegible]	[illegible]	30	
	40	[illegible]	[illegible]	[illegible]	[illegible]	[illegible]	[illegible]	[illegible]	20	
	50	[illegible]	[illegible]	[illegible]	[illegible]	[illegible]	[illegible]	[illegible]	10	
39	0	[illegible]	[illegible]	[illegible]	[illegible]	[illegible]	[illegible]	[illegible]	0	21
	10	[illegible]	[illegible]	[illegible]	[illegible]	[illegible]	[illegible]	[illegible]	50	
	20	[illegible]	[illegible]	[illegible]	[illegible]	[illegible]	[illegible]	[illegible]	40	
	30	[illegible]	[illegible]	[illegible]	[illegible]	[illegible]	[illegible]	[illegible]	30	
	40	[illegible]	[illegible]	[illegible]	[illegible]	[illegible]	[illegible]	[illegible]	20	
	50	[illegible]	[illegible]	[illegible]	[illegible]	[illegible]	[illegible]	[illegible]	10	
40	0	[illegible]	[illegible]	[illegible]	[illegible]	[illegible]	[illegible]	[illegible]	0	20
'	"	Co-Sinus.	Dif.	Sinus.	D.	Co-Tang.	Dif.	Tang.	"	'

76 Deg.

′	″	Sinus.	Dif.	Co-Sinus.	D.	Tang.	Dif.	Co-Tang.	″	′
40	0	9.3734139		9.9875163		9.3858976		10.6141124	0	20
	10	9.3735005	866	9.9875114	51	9.3859791	917	10.6140207	50	
	20	9.3735871	866	9.9875160	51	9.3860710	917	10.6139290	40	
	30	9.3736736		9.9875104		9.3861617	917	10.6138317	30	
	40	9.3737601	865	9.9875038	51	9.3862541	916	10.6137457	20	
	50	9.3738466	865	9.9875007	51	9.3863455	916	10.6136541	10	
41	0	9.3739334		9.9874959		9.3864376	917	10.6135624	0	19
	10	9.3740196	862	9.9874904	51	9.3865294	916	10.6134706	50	
	20	9.3741060	864	9.9874831	51	9.3866207	915	10.6133793	40	
	30	9.3741921		9.9874800		9.3867123		10.6132877	30	
	40	9.3742786	864	9.9874714	51	9.3868038	915	10.6131962	20	
	50	9.3743653		9.9874663	51	9.3868953	916	10.6131047	10	
42	0	9.3744517		9.9874612		9.3869868	915	10.6130131	0	18
	10	9.3745381		9.9874560	51	9.3870784	915	10.6129216	50	
	20	9.3746244		9.9874545	51	9.3871690	914	10.6128301	40	
	30	9.3747107		9.9874494		9.3872613		10.6127387	30	
	40	9.3747970		9.9874444	51	9.3873518	914	10.6126473	20	
	50	9.3748833		9.9874393	51	9.3874448	914	10.6125558	10	
43	0	9.3749696		9.9874311		9.3875356	915	10.6124644	0	17
	10	9.3750558		9.9874244	51	9.3876271	914	10.6123730	50	
	20	9.3751420		9.9874187	51	9.3877184	914	10.6122816	40	
	30	9.3752281		9.9874138		9.3878097		10.6121903	30	
	40	9.3753143	861	9.9874134	52	9.3879011	914	10.6120989	20	
	50	9.3754004		9.9874082	51	9.3879924	913	10.6120076	10	
44	0	9.3754865		9.9874031		9.3880837	915	10.6119163	0	16
	10	9.3755734	861	9.9873979	51	9.3881750	913	10.6118250	50	
	20	9.3756591	861	9.9873918	51	9.3882660	912	10.6117337	40	
	30	9.3757451		9.9873877		9.3883575		10.6116425	30	
	40	9.3758311	861	9.9873815	52	9.3884488	913	10.6115512	20	
	50	9.3759174		9.9873774	51	9.3885400	912	10.6114600	10	
45	0	9.3760034		9.9873711		9.3886314		10.6113688	0	15
	10	9.3760894	861	9.9873670	51	9.3887224	914	10.6112776	50	
	20	9.3761755	861	9.9873619	51	9.3888136	911	10.6111864	40	
	30	9.3762615		9.9873567		9.3889047		10.6110953	30	
	40	9.3763475	859	9.9873516	54	9.3889959	914	10.6110041	20	
	50	9.3764334		9.9873464	51	9.3890870	911	10.6109130	10	
46	0	9.3765194		9.9873413		9.3891781	911	10.6108219	0	14
	10	9.3766053	859	9.9873361	52	9.3892691	910	10.6107309	50	
	20	9.3766912	859	9.9873309	51	9.3893603	910	10.6106397	40	
	30	9.3767771		9.9873258		9.3894513	911	10.6105487	30	
	40	9.3768630	859	9.9873206	52	9.3895423	910	10.6104577	20	
	50	9.3769488		9.9873155	51	9.3896334	911	10.6103666	10	
47	0	9.3770347		9.9873103		9.3897244	910	10.6102756	0	13
	10	9.3771205		9.9873051	51	9.3898153	910	10.6101847	50	
	20	9.3772063		9.9873000	51	9.3899063	910	10.6100937	40	
	30	9.3772921		9.9872948		9.3899973		10.6100027	30	
	40	9.3773778	857	9.9872896	51	9.3900881	909	10.6099119	20	
	50	9.3774636	858	9.9872845	51	9.3901791	909	10.6098209	10	
48	0	9.3775493		9.9872793		9.3902700		10.6097300	0	12
	10	9.3776350	857	9.9872741	51	9.3903609	909	10.6096391	50	
	20	9.3777207	857	9.9872690	51	9.3904518	909	10.6095482	40	
	30	9.3778064	857	9.9872638		9.3905426		10.6094574	30	
	40	9.3778920	856	9.9872586	51	9.3906335	909	10.6093665	20	
	50	9.3779777	857	9.9872534	52	9.3907243	908	10.6092757	10	
49	0	9.3780633		9.9872482		9.3908151		10.6091849	0	11
	10	9.3781489	856	9.9872431	51	9.3909059	908	10.6090941	50	
	20	9.3782345	856	9.9872379	52	9.3909966	907	10.6090034	40	
	30	9.3783201		9.9872327		9.3910874	908	10.6089126	30	
	40	9.3784056	855	9.9872275	52	9.3911781	907	10.6088219	20	
	50	9.3784912	856	9.9872223	52	9.3912688	907	10.6087312	10	
50	0	9.3785767		9.9872171		9.3913595		10.6086405	0	10
′	″	Co-Sinus.	Dif.	Sinus.	D.	Co-Tang.	Dif.	Tang.	″	′

′	″	Sinus.	Dif.	Co-Sinus.	D.	Tang.	Dif.	Co-Tang.	″	′
50	0	9.3785767		9.9872171		9.3913595		10.6086405	0	10
	10	9.3786622	855	9.9872110	51	9.3914502	907	10.6085498	50	
	20	9.3787476	854	9.9872068	52	9.3915409	907	10.6084591	40	
	30	9.3788331		9.9872016		9.3916315	906	10.6083685	30	
	40	9.3789186	855	9.9871964	52	9.3917222	907	10.6082778	20	
	50	9.3790040	854	9.9871912	52	9.3918128	906	10.6081872	10	
51	0	9.3790894		9.9871860		9.3919034	906	10.6080966	0	9
	10	9.3791748	854	9.9871808	52	9.3919940	906	10.6080060	50	
	20	9.3792601	853	9.9871756	52	9.3920845	905	10.6079155	40	
	30	9.3793455		9.9871704		9.3921751	906	10.6078249	30	
	40	9.3794308	853	9.9871652	52	9.3922656	905	10.6077344	20	
	50	9.3795161	853	9.9871601	51	9.3923561	905	10.6076439	10	
52	0	9.3796015		9.9871549		9.3924466	905	10.6075534	0	8
	10	9.3796866	851	9.9871497	52	9.3925371	905	10.6074629	50	
	20	9.3797720	854	9.9871445	52	9.3926276	905	10.6073724	40	
	30	9.3798571		9.9871393		9.3927180	904	10.6072820	30	
	40	9.3799423	852	9.9871341	52	9.3928084	904	10.6071916	20	
	50	9.3800277	851	9.9871289	52	9.3928989	905	10.6071011	10	
53	0	9.3801129		9.9871236		9.3929893	904	10.6070107	0	7
	10	9.3801980	851	9.9871184	52	9.3930796	903	10.6069204	50	
	20	9.3802831	851	9.9871132	52	9.3931700	904	10.6068300	40	
	30	9.3803682		9.9871080		9.3932604		10.6067396	30	
	40	9.3804533	851	9.9871028	52	9.3933507	903	10.6066493	20	
	50	9.3805384	851	9.9870976	52	9.3934410	903	10.6065590	10	
54	0	9.3806235		9.9870924		9.3935313		10.6064687	0	6
	10	9.3807085	850	9.9870871	53	9.3936216	903	10.6063784	50	
	20	9.3807935	850	9.9870819	52	9.3937118	902	10.6062882	40	
	30	9.3808785		9.9870767		9.3938021	903	10.6061979	30	
	40	9.3809636	850	9.9870716	51	9.3938923	902	10.6061077	20	
	50	9.3810486	850	9.9870663	53	9.3939825	902	10.6060175	10	
55	0	9.3811335		9.9870611		9.3940727	902	10.6059273	0	5
	10	9.3812184	849	9.9870559	52	9.3941629	902	10.6058371	50	
	20	9.3813034	850	9.9870507	52	9.3942531	902	10.6057469	40	
	30	9.3813883		9.9870455		9.3943432	901	10.6056568	30	
	40	9.3814731	848	9.9870402	53	9.3944334	902	10.6055666	20	
	50	9.3815580	849	9.9870350	52	9.3945235	901	10.6054765	10	
56	0	9.3816434		9.9870298		9.3946136	901	10.6053864	0	4
	10	9.3817283		9.9870246	52	9.3947037	901	10.6052963	50	
	20	9.3818131		9.9870193	53	9.3947937	900	10.6052063	40	
	30	9.3818979		9.9870141		9.3948838	901	10.6051162	30	
	40	9.3819827	848	9.9870088	53	9.3949739	901	10.6050261	20	
	50	9.3820675	848	9.9870036	52	9.3950639	900	10.6049361	10	
57	0	9.3821523		9.9869984		9.3951539	900	10.6048461	0	3
	10	9.3822370	847	9.9869931	53	9.3952439	900	10.6047561	50	
	20	9.3823218	848	9.9869879	52	9.3953339	900	10.6046661	40	
	30	9.3824065		9.9869827		9.3954238		10.6045762	30	
	40	9.3824912	847	9.9869775	52	9.3955137	899	10.6044863	20	
	50	9.3825759	847	9.9869721	54	9.3956038	901	10.6043962	10	
58	0	9.3826605		9.9869670		9.3956935		10.6043065	0	2
	10	9.3827452	847	9.9869618	52	9.3957834	899	10.6042166	50	
	20	9.3828298	846	9.9869566	52	9.3958733	899	10.6041267	40	
	30	9.3829144		9.9869513		9.3959631		10.6040369	30	
	40	9.3829990	846	9.9869461	52	9.3960530	899	10.6039470	20	
	50	9.3830836	846	9.9869408	53	9.3961428	898	10.6038572	10	
59	0	9.3831682		9.9869356		9.3962326		10.6037674	0	1
	10	9.3832527	845	9.9869304	52	9.3963224	898	10.6036776	50	
	20	9.3833374	847	9.9869251	53	9.3964122	898	10.6035878	40	
	30	9.3834218		9.9869199		9.3965019		10.6034981	30	
	40	9.3835068	850	9.9869146	53	9.3965916	897	10.6034084	20	
	50	9.3835907	839	9.9869094	52	9.3966813	897	10.6033186	10	
60	0	9.3836754		9.9869041		9.3967711		10.6032289	0	0
′	″	Co-Sinus.	Dif.	Sinus.	D.	Co-Tang.	Dif.	Tang.	″	′

14 Deg.

'	"	Sinus.	Dif.	Co-Sinus.	D.	Tang.	Dif.	Co-Tang.	"	'
0	0	9.3836752	[illegible]	9.9869041	[illegible]	9.3967711	[illegible]	10.6032289	0	60
	10	9.3837596	[illegible]	9.9868986	[illegible]	9.3968610	[illegible]	10.6031390	50	
	20	9.3838440	[illegible]	9.9868930	[illegible]	9.3969510	[illegible]	10.6030490	40	
	30	9.3839284	[illegible]	9.9868883	[illegible]	9.3970401	[illegible]	10.6029599	30	
	40	9.3840128	[illegible]	9.9868831	[illegible]	9.3971297	[illegible]	10.6028703	20	
	50	9.3840972	[illegible]	9.9868779	[illegible]	9.3972193	[illegible]	10.6027807	10	
1	0	9.3841815	[illegible]	9.9868726	[illegible]	9.3973089	[illegible]	10.6026911	0	59
	10	9.3842659	[illegible]	9.9868674	[illegible]	9.3973985	[illegible]	10.6026015	50	
	20	9.3843501	[illegible]	9.9868620	[illegible]	9.3974881	[illegible]	10.6025119	40	
	30	9.3844345	[illegible]	9.9868568	[illegible]	9.3975777	[illegible]	10.6024223	30	
	40	9.3845188	[illegible]	9.9868516	[illegible]	9.3976672	[illegible]	10.6023328	20	
	50	9.3846030	[illegible]	9.9868463	[illegible]	9.3977567	[illegible]	10.6022433	10	
2	0	9.3846873	[illegible]	9.9868410	[illegible]	9.3978463	[illegible]	10.6021537	0	58
	10	9.3847715	[illegible]	9.9868358	[illegible]	9.3979357	[illegible]	10.6020643	50	
	20	9.3848557	[illegible]	9.9868303	[illegible]	9.3980254	[illegible]	10.6019746	40	
	30	9.3849397	[illegible]	9.9868250	[illegible]	9.3981147	[illegible]	10.6018853	30	
	40	9.3850241	[illegible]	9.9868200	[illegible]	9.3982041	[illegible]	10.6017959	20	
	50	9.3851083	[illegible]	9.9868147	[illegible]	9.3982936	[illegible]	10.6017064	10	
3	0	9.3851924	[illegible]	9.9868094	[illegible]	9.3983830	[illegible]	10.6016170	0	57
	10	9.3852764	[illegible]	9.9868041	[illegible]	9.3984723	[illegible]	10.6015277	50	
	20	9.3853607	[illegible]	9.9867990	[illegible]	9.3985617	[illegible]	10.6014383	40	
	30	9.3854447	[illegible]	9.9867936	[illegible]	9.3986511	[illegible]	10.6013489	30	
	40	9.3855288	[illegible]	9.9867883	[illegible]	9.3987405	[illegible]	10.6012595	20	
	50	9.3856129	[illegible]	9.9867831	[illegible]	9.3988298	[illegible]	10.6011702	10	
4	0	9.3856969	[illegible]	9.9867778	[illegible]	9.3989191	[illegible]	10.6010809	0	56
	10	9.3857809	[illegible]	9.9867725	[illegible]	9.3990084	[illegible]	10.6009916	50	
	20	9.3858649	[illegible]	9.9867672	[illegible]	9.3990977	[illegible]	10.6009023	40	
	30	9.3859488	[illegible]	9.9867619	[illegible]	9.3991869	[illegible]	10.6008131	30	
	40	9.3860327	[illegible]	9.9867566	[illegible]	9.3992761	[illegible]	10.6007239	20	
	50	9.3861168	[illegible]	9.9867514	[illegible]	9.3993654	[illegible]	10.6006346	10	
5	0	9.3862005	[illegible]	9.9867461	[illegible]	9.3994544	[illegible]	10.6005456	0	55
	10	9.3862843	[illegible]	9.9867407	[illegible]	9.3995436	[illegible]	10.6004564	50	
	20	9.3863681	[illegible]	9.9867356	[illegible]	9.3996325	[illegible]	10.6003675	40	
	30	9.3864518	[illegible]	9.9867301	[illegible]	9.3997217	[illegible]	10.6002783	30	
	40	9.3865361	[illegible]	9.9867250	[illegible]	9.3998111	[illegible]	10.6001889	20	
	50	9.3866201	[illegible]	9.9867197	[illegible]	9.3999004	[illegible]	10.6000996	10	
6	0	9.3867040	[illegible]	9.9867144	[illegible]	9.3999896	[illegible]	10.6000104	0	54
	10	9.3867879	[illegible]	9.9867091	[illegible]	9.4000787	[illegible]	10.5999213	50	
	20	9.3868717	[illegible]	9.9867038	[illegible]	9.4001679	[illegible]	10.5998321	40	
	30	9.3869554	[illegible]	9.9866985	[illegible]	9.4002569	[illegible]	10.5997431	30	
	40	9.3870391	[illegible]	9.9866932	[illegible]	9.4003459	[illegible]	10.5996541	20	
	50	9.3871227	[illegible]	9.9866878	[illegible]	9.4004350	[illegible]	10.5995650	10	
7	0	9.3872064	[illegible]	9.9866827	[illegible]	9.4005237	[illegible]	10.5994763	0	53
	10	9.3872900	[illegible]	9.9866774	[illegible]	9.4006126	[illegible]	10.5993874	50	
	20	9.3873736	[illegible]	9.9866721	[illegible]	9.4007015	[illegible]	10.5992985	40	
	30	9.3874571	[illegible]	9.9866668	[illegible]	9.4007903	[illegible]	10.5992097	30	
	40	9.3875410	[illegible]	9.9866615	[illegible]	9.4008795	[illegible]	10.5991205	20	
	50	9.3876251	[illegible]	9.9866562	[illegible]	9.4009689	[illegible]	10.5990311	10	
8	0	9.3877087	[illegible]	9.9866509	[illegible]	9.4010578	[illegible]	10.5989422	0	52
	10	9.3877921	[illegible]	9.9866456	[illegible]	9.4011465	[illegible]	10.5988535	50	
	20	9.3878759	[illegible]	9.9866403	[illegible]	9.4012356	[illegible]	10.5987644	40	
	30	9.3879595	[illegible]	9.9866350	[illegible]	9.4013245	[illegible]	10.5986755	30	
	40	9.3880431	[illegible]	9.9866297	[illegible]	9.4014134	[illegible]	10.5985866	20	
	50	9.3881266	[illegible]	9.9866244	[illegible]	9.4015022	[illegible]	10.5984978	10	
9	0	9.3882101	[illegible]	9.9866191	[illegible]	9.4015910	[illegible]	10.5984090	0	51
	10	9.3882936	[illegible]	9.9866137	[illegible]	9.4016799	[illegible]	10.5983201	50	
	20	9.3883771	[illegible]	9.9866084	[illegible]	9.4017687	[illegible]	10.5982313	40	
	30	9.3884606	[illegible]	9.9866031	[illegible]	9.4018575	[illegible]	10.5981425	30	
	40	9.3885440	[illegible]	9.9865978	[illegible]	9.4019462	[illegible]	10.5980538	20	
	50	9.3886275	[illegible]	9.9865925	[illegible]	9.4020350	[illegible]	10.5979650	10	
10	0	9.3887109	[illegible]	9.9865871	[illegible]	9.4021238	[illegible]	10.5978762	0	50
'	"	Co-Sinus.	Dif.	Sinus.	D.	Co-Tang.	Dif.	Tang.	"	'

75 Deg.

14 Deg.

'	"	Sinus.	Dif.	Co-Sinus.	D.	Tang.	Dif.	Co-Tang.	"	'
10	0	9.3887109	[illegible]	9.9865871	[illegible]	9.4021238	[illegible]	10.5978762	0	50
	10	9.3887943	[illegible]	9.9865818	[illegible]	9.4022125	[illegible]	10.5977875	50	
	20	9.3888776	[illegible]	9.9865765	[illegible]	9.4023011	[illegible]	10.5976989	40	
	30	9.3889611	[illegible]	9.9865712	[illegible]	9.4023899	[illegible]	10.5976101	30	
	40	9.3890444	[illegible]	9.9865659	[illegible]	9.4024785	[illegible]	10.5975215	20	
	50	9.3891278	[illegible]	9.9865606	[illegible]	9.4025672	[illegible]	10.5974328	10	
11	0	9.3892111	[illegible]	9.9865553	[illegible]	9.4026558	[illegible]	10.5973442	0	49
	10	9.3892944	[illegible]	9.9865500	[illegible]	9.4027444	[illegible]	10.5972556	50	
	20	9.3893777	[illegible]	9.9865446	[illegible]	9.4028331	[illegible]	10.5971669	40	
	30	9.3894610	[illegible]	9.9865394	[illegible]	9.4029216	[illegible]	10.5970784	30	
	40	9.3895441	[illegible]	9.9865340	[illegible]	9.4030101	[illegible]	10.5969899	20	
	50	9.3896274	[illegible]	9.9865287	[illegible]	9.4030987	[illegible]	10.5969013	10	
12	0	9.3897107	[illegible]	9.9865234	[illegible]	9.4031873	[illegible]	10.5968127	0	48
	10	9.3897938	[illegible]	9.9865180	[illegible]	9.4032758	[illegible]	10.5967242	50	
	20	9.3898769	[illegible]	9.9865126	[illegible]	9.4033643	[illegible]	10.5966357	40	
	30	9.3899601	[illegible]	9.9865073	[illegible]	9.4034528	[illegible]	10.5965472	30	
	40	9.3900431	[illegible]	9.9865019	[illegible]	9.4035413	[illegible]	10.5964587	20	
	50	9.3901262	[illegible]	9.9864965	[illegible]	9.4036297	[illegible]	10.5963703	10	
13	0	9.3902093	[illegible]	9.9864911	[illegible]	9.4037182	[illegible]	10.5962818	0	47
	10	9.3902924	[illegible]	9.9864858	[illegible]	9.4038067	[illegible]	10.5961933	50	
	20	9.3903755	[illegible]	9.9864805	[illegible]	9.4038951	[illegible]	10.5961049	40	
	30	9.3904586	[illegible]	9.9864752	[illegible]	9.4039834	[illegible]	10.5960166	30	
	40	9.3905416	[illegible]	9.9864699	[illegible]	9.4040717	[illegible]	10.5959283	20	
	50	9.3906247	[illegible]	9.9864646	[illegible]	9.4041601	[illegible]	10.5958399	10	
14	0	9.3907078	[illegible]	9.9864593	[illegible]	9.4042485	[illegible]	10.5957515	0	46
	10	9.3907908	[illegible]	9.9864540	[illegible]	9.4043369	[illegible]	10.5956631	50	
	20	9.3908738	[illegible]	9.9864487	[illegible]	9.4044253	[illegible]	10.5955747	40	
	30	9.3909568	[illegible]	9.9864433	[illegible]	9.4045135	[illegible]	10.5954865	30	
	40	9.3910398	[illegible]	9.9864380	[illegible]	9.4046018	[illegible]	10.5953982	20	
	50	9.3911227	[illegible]	9.9864327	[illegible]	9.4046901	[illegible]	10.5953099	10	
15	0	9.3912057	[illegible]	9.9864273	[illegible]	9.4047784	[illegible]	10.5952216	0	45
	10	9.3912886	[illegible]	9.9864220	[illegible]	9.4048666	[illegible]	10.5951334	50	
	20	9.3913714	[illegible]	9.9864167	[illegible]	9.4049547	[illegible]	10.5950453	40	
	30	9.3914543	[illegible]	9.9864113	[illegible]	9.4050430	[illegible]	10.5949570	30	
	40	9.3915371	[illegible]	9.9864060	[illegible]	9.4051311	[illegible]	10.5948689	20	
	50	9.3916200	[illegible]	9.9864007	[illegible]	9.4052193	[illegible]	10.5947807	10	
16	0	9.3917028	[illegible]	9.9863953	[illegible]	9.4053075	[illegible]	10.5946925	0	44
	10	9.3917856	[illegible]	9.9863900	[illegible]	9.4053956	[illegible]	10.5946044	50	
	20	9.3918684	[illegible]	9.9863847	[illegible]	9.4054837	[illegible]	10.5945163	40	
	30	9.3919511	[illegible]	9.9863793	[illegible]	9.4055718	[illegible]	10.5944282	30	
	40	9.3920339	[illegible]	9.9863740	[illegible]	9.4056599	[illegible]	10.5943401	20	
	50	9.3921166	[illegible]	9.9863686	[illegible]	9.4057480	[illegible]	10.5942520	10	
17	0	9.3921994	[illegible]	9.9863632	[illegible]	9.4058362	[illegible]	10.5941638	0	43
	10	9.3922821	[illegible]	9.9863579	[illegible]	9.4059242	[illegible]	10.5940758	50	
	20	9.3923647	[illegible]	9.9863526	[illegible]	9.4060121	[illegible]	10.5939879	40	
	30	9.3924473	[illegible]	9.9863472	[illegible]	9.4061001	[illegible]	10.5938999	30	
	40	9.3925300	[illegible]	9.9863419	[illegible]	9.4061881	[illegible]	10.5938119	20	
	50	9.3926126	[illegible]	9.9863365	[illegible]	9.4062761	[illegible]	10.5937239	10	
18	0	9.3926951	[illegible]	9.9863311	[illegible]	9.4063640	[illegible]	10.5936360	0	42
	10	9.3927777	[illegible]	9.9863258	[illegible]	9.4064519	[illegible]	10.5935481	50	
	20	9.3928600	[illegible]	9.9863204	[illegible]	9.4065396	[illegible]	10.5934604	40	
	30	9.3929424	[illegible]	9.9863151	[illegible]	9.4066273	[illegible]	10.5933727	30	
	40	9.3930255	[illegible]	9.9863098	[illegible]	9.4067157	[illegible]	10.5932843	20	
	50	9.3931078	[illegible]	9.9863045	[illegible]	9.4068033	[illegible]	10.5931967	10	
19	0	9.3931900	[illegible]	9.9862991	[illegible]	9.4068909	[illegible]	10.5931091	0	41
	10	9.3932733	[illegible]	9.9862938	[illegible]	9.4069795	[illegible]	10.5930205	50	
	20	9.3933555	[illegible]	9.9862885	[illegible]	9.4070676	[illegible]	10.5929324	40	
	30	9.3934380	[illegible]	9.9862831	[illegible]	9.4071555	[illegible]	10.5928445	30	
	40	9.3935203	[illegible]	9.9862778	[illegible]	9.4072433	[illegible]	10.5927567	20	
	50	9.3936026	[illegible]	9.9862724	[illegible]	9.4073311	[illegible]	10.5926689	10	
20	0	9.3936851	[illegible]	9.9862671	[illegible]	9.4074189	[illegible]	10.5925811	0	40
'	"	Co-Sinus.	Dif.	Sinus.	D.	Co-Tang.	Dif.	Tang.	"	'

75 Deg.

14 Deg.

′	″	Sinus.	Dif.	Co-Sinus.	D.	Tang.	Dif.	Co-Tang.	″	′
20	0	9.3936851		9.9862663		9.4074189		10.5925811	0	40
	10	9.3937676	824	9.9862610	53	9.4075067	878	10.5924933	50	
	20	9.3938500	824	9.9862556	54	9.4075945	878	10.5924055	40	
	30	9.3939324	824	9.9862502	54	9.4076822	877	10.5923178	30	
	40	9.3940147	823	9.9862448	54	9.4077699	877	10.5922301	20	
	50	9.3940970	823	9.9862394	54	9.4078576	877	10.5921424	10	
21	0	9.3941793	823	9.9862340	54	9.4079453	877	10.5920547	0	39
	10	9.3942616	823	9.9862286	54	9.4080330	877	10.5919670	50	
	20	9.3943439	823	9.9862233	53	9.4081207	877	10.5918793	40	
	30	9.3944262	823	9.9862179	54	9.4082083	877	10.5917917	30	
	40	9.3945084	822	9.9862125	54	9.4082960	876	10.5917040	20	
	50	9.3945907	822	9.9862071	54	9.4083836	876	10.5916164	10	
22	0	9.3946729	822	9.9862017	54	9.4084712	876	10.5915288	0	38
	10	9.3947551	822	9.9861963	54	9.4085588	876	10.5914412	50	
	20	9.3948372	822	9.9861909	54	9.4086464	876	10.5913536	40	
	30	9.3949194	822	9.9861855	54	9.4087339	876	10.5912661	30	
	40	9.3950015	821	9.9861801	54	9.4088215	875	10.5911785	20	
	50	9.3950837	821	9.9861747	54	9.4089090	875	10.5910910	10	
23	0	9.3951658	821	9.9861693	54	9.4089965	875	10.5910035	0	37
	10	9.3952479	821	9.9861639	54	9.4090840	875	10.5909160	50	
	20	9.3953300	821	9.9861585	54	9.4091715	875	10.5908285	40	
	30	9.3954120	821	9.9861531	54	9.4092589	875	10.5907411	30	
	40	9.3954941	820	9.9861477	54	9.4093464	874	10.5906536	20	
	50	9.3955761	820	9.9861423	54	9.4094338	874	10.5905662	10	
24	0	9.3956581	820	9.9861369	54	9.4095212	874	10.5904788	0	36
	10	9.3957401	820	9.9861315	54	9.4096086	874	10.5903914	50	
	20	9.3958221	820	9.9861261	54	9.4096960	874	10.5903040	40	
	30	9.3959041	820	9.9861207	54	9.4097834	874	10.5902166	30	
	40	9.3959860	819	9.9861153	54	9.4098707	874	10.5901293	20	
	50	9.3960679	819	9.9861099	54	9.4099581	873	10.5900419	10	
25	0	9.3961498	819	9.9861044	55	9.4100454	873	10.5899546	0	35
	10	9.3962317	819	9.9860990	54	9.4101327	873	10.5898673	50	
	20	9.3963136	819	9.9860936	54	9.4102200	873	10.5897800	40	
	30	9.3963955	819	9.9860882	54	9.4103073	873	10.5896927	30	
	40	9.3964773	818	9.9860828	54	9.4103946	873	10.5896054	20	
	50	9.3965592	818	9.9860774	54	9.4104818	872	10.5895182	10	
26	0	9.3966410	818	9.9860720	54	9.4105691	872	10.5894309	0	34
	10	9.3967228	818	9.9860665	55	9.4106563	872	10.5893437	50	
	20	9.3968046	818	9.9860611	54	9.4107435	872	10.5892565	40	
	30	9.3968863	818	9.9860557	54	9.4108307	872	10.5891693	30	
	40	9.3969681	817	9.9860503	54	9.4109178	872	10.5890822	20	
	50	9.3970498	817	9.9860448	55	9.4110050	872	10.5889950	10	
27	0	9.3971315	817	9.9860394	54	9.4110921	871	10.5889079	0	33
	10	9.3972132	817	9.9860340	54	9.4111793	871	10.5888207	50	
	20	9.3972949	817	9.9860286	54	9.4112664	871	10.5887336	40	
	30	9.3973766	817	9.9860231	55	9.4113535	871	10.5886465	30	
	40	9.3974582	817	9.9860177	54	9.4114405	871	10.5885595	20	
	50	9.3975399	816	9.9860123	54	9.4115276	871	10.5884724	10	
28	0	9.3976215	816	9.9860068	55	9.4116147	871	10.5883853	0	32
	10	9.3977031	816	9.9860014	54	9.4117017	870	10.5882983	50	
	20	9.3977847	816	9.9859960	54	9.4117887	870	10.5882113	40	
	30	9.3978662	816	9.9859905	55	9.4118757	870	10.5881243	30	
	40	9.3979478	816	9.9859851	54	9.4119627	870	10.5880373	20	
	50	9.3980293	815	9.9859797	54	9.4120497	870	10.5879503	10	
29	0	9.3981109	815	9.9859742	55	9.4121366	870	10.5878634	0	31
	10	9.3981924	815	9.9859688	54	9.4122236	869	10.5877764	50	
	20	9.3982738	815	9.9859634	54	9.4123105	869	10.5876895	40	
	30	9.3983553	815	9.9859579	55	9.4123974	869	10.5876026	30	
	40	9.3984368	815	9.9859525	54	9.4124843	869	10.5875157	20	
	50	9.3985182	814	9.9859470	55	9.4125712	869	10.5874288	10	
30	0	9.3985996	814	9.9859416	54	9.4126581	869	10.5873419	0	30
′	″	Co-Sinus.	Dif.	Sinus.	D.	Co-Tang.	Dif.	Tang.	″	′

75 Deg.

14 Deg.

′	″	Sinus.	Dif.	Co-Sinus.	D.	Tang.	Dif.	Co-Tang.	″	′
30	0	9.3985996		9.9859416		9.4126581		10.5873419	0	30
	10	9.3986810	814	9.9859361	55	9.4127449	868	10.5872551	50	
	20	9.3987624	814	9.9859307	54	9.4128318	868	10.5871682	40	
	30	9.3988438	814	9.9859252	55	9.4129186	868	10.5870814	30	
	40	9.3989252	814	9.9859198	54	9.4130054	868	10.5869946	20	
	50	9.3990065	813	9.9859143	55	9.4130922	868	10.5869078	10	
31	0	9.3990878	813	9.9859089	54	9.4131789	867	10.5868211	0	29
	10	9.3991691	813	9.9859034	55	9.4132657	868	10.5867343	50	
	20	9.3992504	813	9.9858980	54	9.4133525	867	10.5866475	40	
	30	9.3993317	813	9.9858925	55	9.4134392	867	10.5865608	30	
	40	9.3994130	813	9.9858871	54	9.4135259	867	10.5864741	20	
	50	9.3994942	812	9.9858816	55	9.4136126	867	10.5863874	10	
32	0	9.3995754	812	9.9858762	54	9.4136993	867	10.5863007	0	28
	10	9.3996566	812	9.9858707	55	9.4137860	867	10.5862140	50	
	20	9.3997378	812	9.9858652	55	9.4138726	867	10.5861274	40	
	30	9.3998190	812	9.9858598	54	9.4139593	866	10.5860407	30	
	40	9.3999002	812	9.9858543	55	9.4140459	866	10.5859541	20	
	50	9.3999813	811	9.9858489	54	9.4141325	866	10.5858675	10	
33	0	9.4000625	811	9.9858434	55	9.4142191	866	10.5857809	0	27
	10	9.4001436	811	9.9858379	55	9.4143057	866	10.5856943	50	
	20	9.4002247	811	9.9858325	54	9.4143922	866	10.5856078	40	
	30	9.4003058	811	9.9858270	55	9.4144788	865	10.5855212	30	
	40	9.4003868	811	9.9858215	55	9.4145653	865	10.5854347	20	
	50	9.4004679	810	9.9858161	54	9.4146518	865	10.5853482	10	
34	0	9.4005489	810	9.9858106	55	9.4147384	865	10.5852616	0	26
	10	9.4006299	810	9.9858051	55	9.4148248	865	10.5851752	50	
	20	9.4007109	810	9.9857996	55	9.4149113	865	10.5850887	40	
	30	9.4007919	810	9.9857942	54	9.4149978	865	10.5850022	30	
	40	9.4008729	810	9.9857887	55	9.4150842	864	10.5849158	20	
	50	9.4009538	810	9.9857832	55	9.4151706	864	10.5848294	10	
35	0	9.4010348	809	9.9857777	55	9.4152571	864	10.5847429	0	25
	10	9.4011157	809	9.9857723	54	9.4153435	864	10.5846565	50	
	20	9.4011966	809	9.9857668	55	9.4154298	864	10.5845702	40	
	30	9.4012775	809	9.9857613	55	9.4155162	864	10.5844838	30	
	40	9.4013584	809	9.9857558	55	9.4156026	864	10.5843974	20	
	50	9.4014392	809	9.9857503	55	9.4156889	863	10.5843111	10	
36	0	9.4015201	808	9.9857448	55	9.4157752	863	10.5842248	0	24
	10	9.4016009	808	9.9857394	54	9.4158615	863	10.5841385	50	
	20	9.4016817	808	9.9857339	55	9.4159478	863	10.5840522	40	
	30	9.4017625	808	9.9857284	55	9.4160341	863	10.5839659	30	
	40	9.4018433	808	9.9857229	55	9.4161204	863	10.5838796	20	
	50	9.4019240	808	9.9857174	55	9.4162066	862	10.5837934	10	
37	0	9.4020048	807	9.9857119	55	9.4162929	862	10.5837071	0	23
	10	9.4020855	807	9.9857064	55	9.4163791	862	10.5836209	50	
	20	9.4021662	807	9.9857009	55	9.4164653	862	10.5835347	40	
	30	9.4022469	807	9.9856954	55	9.4165515	862	10.5834485	30	
	40	9.4023276	807	9.9856899	55	9.4166377	862	10.5833623	20	
	50	9.4024082	807	9.9856845	54	9.4167238	862	10.5832762	10	
38	0	9.4024889	806	9.9856790	55	9.4168100	861	10.5831900	0	22
	10	9.4025695	806	9.9856735	55	9.4168961	861	10.5831039	50	
	20	9.4026501	806	9.9856680	55	9.4169822	861	10.5830178	40	
	30	9.4027307	806	9.9856625	55	9.4170683	861	10.5829317	30	
	40	9.4028113	806	9.9856570	55	9.4171544	861	10.5828456	20	
	50	9.4028919	806	9.9856515	55	9.4172405	861	10.5827595	10	
39	0	9.4029724	806	9.9856460	55	9.4173265	861	10.5826735	0	21
	10	9.4030530	805	9.9856404	56	9.4174126	860	10.5825874	50	
	20	9.4031335	805	9.9856349	55	9.4174986	860	10.5825014	40	
	30	9.4032140	805	9.9856294	55	9.4175846	860	10.5824154	30	
	40	9.4032945	805	9.9856239	55	9.4176706	860	10.5823294	20	
	50	9.4033750	805	9.9856184	55	9.4177566	860	10.5822434	10	
40	0	9.4034554	805	9.9856129	55	9.4178425	860	10.5821575	0	20
′	″	Co-Sinus.	Dif.	Sinus.	D.	Co-Tang.	Dif.	Tang.	″	′

X 75 Deg.

14 Deg.

'	"	Sinus.	Dif.	Co-Sinus.	D.	Tang.	Dif.	Co-Tang.	"	'
40	0	9.4034554		9.9856189		9.4178415		10.5821575	0	20
	10	[illegible]	[illegible]	[illegible]	[illegible]	[illegible]	[illegible]	[illegible]	50	
	20	[illegible]	[illegible]	[illegible]	[illegible]	[illegible]	[illegible]	[illegible]	40	
	30	[illegible]	[illegible]	[illegible]	[illegible]	[illegible]	[illegible]	[illegible]	30	
	40	[illegible]	[illegible]	[illegible]	[illegible]	[illegible]	[illegible]	[illegible]	20	
	50	[illegible]	[illegible]	[illegible]	[illegible]	[illegible]	[illegible]	[illegible]	10	
41	0	[illegible]	[illegible]	[illegible]	[illegible]	[illegible]	[illegible]	[illegible]	0	19
	10	[illegible]	[illegible]	[illegible]	[illegible]	[illegible]	[illegible]	[illegible]	50	
	20	[illegible]	[illegible]	[illegible]	[illegible]	[illegible]	[illegible]	[illegible]	40	
	30	[illegible]	[illegible]	[illegible]	[illegible]	[illegible]	[illegible]	[illegible]	30	
	40	[illegible]	[illegible]	[illegible]	[illegible]	[illegible]	[illegible]	[illegible]	20	
	50	[illegible]	[illegible]	[illegible]	[illegible]	[illegible]	[illegible]	[illegible]	10	
42	0	[illegible]	[illegible]	[illegible]	[illegible]	[illegible]	[illegible]	[illegible]	0	18
	10	[illegible]	[illegible]	[illegible]	[illegible]	[illegible]	[illegible]	[illegible]	50	
	20	[illegible]	[illegible]	[illegible]	[illegible]	[illegible]	[illegible]	[illegible]	40	
	30	[illegible]	[illegible]	[illegible]	[illegible]	[illegible]	[illegible]	[illegible]	30	
	40	[illegible]	[illegible]	[illegible]	[illegible]	[illegible]	[illegible]	[illegible]	20	
	50	[illegible]	[illegible]	[illegible]	[illegible]	[illegible]	[illegible]	[illegible]	10	
43	0	[illegible]	[illegible]	[illegible]	[illegible]	[illegible]	[illegible]	[illegible]	0	17
	10	[illegible]	[illegible]	[illegible]	[illegible]	[illegible]	[illegible]	[illegible]	50	
	20	[illegible]	[illegible]	[illegible]	[illegible]	[illegible]	[illegible]	[illegible]	40	
	30	[illegible]	[illegible]	[illegible]	[illegible]	[illegible]	[illegible]	[illegible]	30	
	40	[illegible]	[illegible]	[illegible]	[illegible]	[illegible]	[illegible]	[illegible]	20	
	50	[illegible]	[illegible]	[illegible]	[illegible]	[illegible]	[illegible]	[illegible]	10	
44	0	[illegible]	[illegible]	[illegible]	[illegible]	[illegible]	[illegible]	[illegible]	0	16
	10	[illegible]	[illegible]	[illegible]	[illegible]	[illegible]	[illegible]	[illegible]	50	
	20	[illegible]	[illegible]	[illegible]	[illegible]	[illegible]	[illegible]	[illegible]	40	
	30	[illegible]	[illegible]	[illegible]	[illegible]	[illegible]	[illegible]	[illegible]	30	
	40	[illegible]	[illegible]	[illegible]	[illegible]	[illegible]	[illegible]	[illegible]	20	
	50	[illegible]	[illegible]	[illegible]	[illegible]	[illegible]	[illegible]	[illegible]	10	
45	0	[illegible]	[illegible]	[illegible]	[illegible]	[illegible]	[illegible]	[illegible]	0	15
	10	[illegible]	[illegible]	[illegible]	[illegible]	[illegible]	[illegible]	[illegible]	50	
	20	[illegible]	[illegible]	[illegible]	[illegible]	[illegible]	[illegible]	[illegible]	40	
	30	[illegible]	[illegible]	[illegible]	[illegible]	[illegible]	[illegible]	[illegible]	30	
	40	[illegible]	[illegible]	[illegible]	[illegible]	[illegible]	[illegible]	[illegible]	20	
	50	[illegible]	[illegible]	[illegible]	[illegible]	[illegible]	[illegible]	[illegible]	10	
46	0	[illegible]	[illegible]	[illegible]	[illegible]	[illegible]	[illegible]	[illegible]	0	14
	10	[illegible]	[illegible]	[illegible]	[illegible]	[illegible]	[illegible]	[illegible]	50	
	20	[illegible]	[illegible]	[illegible]	[illegible]	[illegible]	[illegible]	[illegible]	40	
	30	[illegible]	[illegible]	[illegible]	[illegible]	[illegible]	[illegible]	[illegible]	30	
	40	[illegible]	[illegible]	[illegible]	[illegible]	[illegible]	[illegible]	[illegible]	20	
	50	[illegible]	[illegible]	[illegible]	[illegible]	[illegible]	[illegible]	[illegible]	10	
47	0	[illegible]	[illegible]	[illegible]	[illegible]	[illegible]	[illegible]	[illegible]	0	13
	10	[illegible]	[illegible]	[illegible]	[illegible]	[illegible]	[illegible]	[illegible]	50	
	20	[illegible]	[illegible]	[illegible]	[illegible]	[illegible]	[illegible]	[illegible]	40	
	30	[illegible]	[illegible]	[illegible]	[illegible]	[illegible]	[illegible]	[illegible]	30	
	40	[illegible]	[illegible]	[illegible]	[illegible]	[illegible]	[illegible]	[illegible]	20	
	50	[illegible]	[illegible]	[illegible]	[illegible]	[illegible]	[illegible]	[illegible]	10	
48	0	[illegible]	[illegible]	[illegible]	[illegible]	[illegible]	[illegible]	[illegible]	0	12
	10	[illegible]	[illegible]	[illegible]	[illegible]	[illegible]	[illegible]	[illegible]	50	
	20	[illegible]	[illegible]	[illegible]	[illegible]	[illegible]	[illegible]	[illegible]	40	
	30	[illegible]	[illegible]	[illegible]	[illegible]	[illegible]	[illegible]	[illegible]	30	
	40	[illegible]	[illegible]	[illegible]	[illegible]	[illegible]	[illegible]	[illegible]	20	
	50	[illegible]	[illegible]	[illegible]	[illegible]	[illegible]	[illegible]	[illegible]	10	
49	0	[illegible]	[illegible]	[illegible]	[illegible]	[illegible]	[illegible]	[illegible]	0	11
	10	[illegible]	[illegible]	[illegible]	[illegible]	[illegible]	[illegible]	[illegible]	50	
	20	[illegible]	[illegible]	[illegible]	[illegible]	[illegible]	[illegible]	[illegible]	40	
	30	[illegible]	[illegible]	[illegible]	[illegible]	[illegible]	[illegible]	[illegible]	30	
	40	[illegible]	[illegible]	[illegible]	[illegible]	[illegible]	[illegible]	[illegible]	20	
	50	[illegible]	[illegible]	[illegible]	[illegible]	[illegible]	[illegible]	[illegible]	10	
50	0	[illegible]	[illegible]	[illegible]	[illegible]	[illegible]	[illegible]	[illegible]	0	10
'	"	Co-Sinus.	Dif.	Sinus.	D.	Co-Tang.	Dif.	Tang.	"	'

75 Deg.

14 Deg.

'	"	Sinus.	Dif.	Co-Sinus.	D.	Tang.	Dif.	Co-Tang.	"	'
50	0	[illegible]		[illegible]		[illegible]		[illegible]	0	10
	10	[illegible]	[illegible]	[illegible]	[illegible]	[illegible]	[illegible]	[illegible]	50	
	20	[illegible]	[illegible]	[illegible]	[illegible]	[illegible]	[illegible]	[illegible]	40	
	30	[illegible]	[illegible]	[illegible]	[illegible]	[illegible]	[illegible]	[illegible]	30	
	40	[illegible]	[illegible]	[illegible]	[illegible]	[illegible]	[illegible]	[illegible]	20	
	50	[illegible]	[illegible]	[illegible]	[illegible]	[illegible]	[illegible]	[illegible]	10	
51	0	[illegible]	[illegible]	[illegible]	[illegible]	[illegible]	[illegible]	[illegible]	0	9
	10	[illegible]	[illegible]	[illegible]	[illegible]	[illegible]	[illegible]	[illegible]	50	
	20	[illegible]	[illegible]	[illegible]	[illegible]	[illegible]	[illegible]	[illegible]	40	
	30	[illegible]	[illegible]	[illegible]	[illegible]	[illegible]	[illegible]	[illegible]	30	
	40	[illegible]	[illegible]	[illegible]	[illegible]	[illegible]	[illegible]	[illegible]	20	
	50	[illegible]	[illegible]	[illegible]	[illegible]	[illegible]	[illegible]	[illegible]	10	
52	0	[illegible]	[illegible]	[illegible]	[illegible]	[illegible]	[illegible]	[illegible]	0	8
	10	[illegible]	[illegible]	[illegible]	[illegible]	[illegible]	[illegible]	[illegible]	50	
	20	[illegible]	[illegible]	[illegible]	[illegible]	[illegible]	[illegible]	[illegible]	40	
	30	[illegible]	[illegible]	[illegible]	[illegible]	[illegible]	[illegible]	[illegible]	30	
	40	[illegible]	[illegible]	[illegible]	[illegible]	[illegible]	[illegible]	[illegible]	20	
	50	[illegible]	[illegible]	[illegible]	[illegible]	[illegible]	[illegible]	[illegible]	10	
53	0	[illegible]	[illegible]	[illegible]	[illegible]	[illegible]	[illegible]	[illegible]	0	7
	10	[illegible]	[illegible]	[illegible]	[illegible]	[illegible]	[illegible]	[illegible]	50	
	20	[illegible]	[illegible]	[illegible]	[illegible]	[illegible]	[illegible]	[illegible]	40	
	30	[illegible]	[illegible]	[illegible]	[illegible]	[illegible]	[illegible]	[illegible]	30	
	40	[illegible]	[illegible]	[illegible]	[illegible]	[illegible]	[illegible]	[illegible]	20	
	50	[illegible]	[illegible]	[illegible]	[illegible]	[illegible]	[illegible]	[illegible]	10	
54	0	[illegible]	[illegible]	[illegible]	[illegible]	[illegible]	[illegible]	[illegible]	0	6
	10	[illegible]	[illegible]	[illegible]	[illegible]	[illegible]	[illegible]	[illegible]	50	
	20	[illegible]	[illegible]	[illegible]	[illegible]	[illegible]	[illegible]	[illegible]	40	
	30	[illegible]	[illegible]	[illegible]	[illegible]	[illegible]	[illegible]	[illegible]	30	
	40	[illegible]	[illegible]	[illegible]	[illegible]	[illegible]	[illegible]	[illegible]	20	
	50	[illegible]	[illegible]	[illegible]	[illegible]	[illegible]	[illegible]	[illegible]	10	
55	0	[illegible]	[illegible]	[illegible]	[illegible]	[illegible]	[illegible]	[illegible]	0	5
	10	[illegible]	[illegible]	[illegible]	[illegible]	[illegible]	[illegible]	[illegible]	50	
	20	[illegible]	[illegible]	[illegible]	[illegible]	[illegible]	[illegible]	[illegible]	40	
	30	[illegible]	[illegible]	[illegible]	[illegible]	[illegible]	[illegible]	[illegible]	30	
	40	[illegible]	[illegible]	[illegible]	[illegible]	[illegible]	[illegible]	[illegible]	20	
	50	[illegible]	[illegible]	[illegible]	[illegible]	[illegible]	[illegible]	[illegible]	10	
56	0	[illegible]	[illegible]	[illegible]	[illegible]	[illegible]	[illegible]	[illegible]	0	4
	10	[illegible]	[illegible]	[illegible]	[illegible]	[illegible]	[illegible]	[illegible]	50	
	20	[illegible]	[illegible]	[illegible]	[illegible]	[illegible]	[illegible]	[illegible]	40	
	30	[illegible]	[illegible]	[illegible]	[illegible]	[illegible]	[illegible]	[illegible]	30	
	40	[illegible]	[illegible]	[illegible]	[illegible]	[illegible]	[illegible]	[illegible]	20	
	50	[illegible]	[illegible]	[illegible]	[illegible]	[illegible]	[illegible]	[illegible]	10	
57	0	[illegible]	[illegible]	[illegible]	[illegible]	[illegible]	[illegible]	[illegible]	0	3
	10	[illegible]	[illegible]	[illegible]	[illegible]	[illegible]	[illegible]	[illegible]	50	
	20	[illegible]	[illegible]	[illegible]	[illegible]	[illegible]	[illegible]	[illegible]	40	
	30	[illegible]	[illegible]	[illegible]	[illegible]	[illegible]	[illegible]	[illegible]	30	
	40	[illegible]	[illegible]	[illegible]	[illegible]	[illegible]	[illegible]	[illegible]	20	
	50	[illegible]	[illegible]	[illegible]	[illegible]	[illegible]	[illegible]	[illegible]	10	
58	0	[illegible]	[illegible]	[illegible]	[illegible]	[illegible]	[illegible]	[illegible]	0	2
	10	[illegible]	[illegible]	[illegible]	[illegible]	[illegible]	[illegible]	[illegible]	50	
	20	[illegible]	[illegible]	[illegible]	[illegible]	[illegible]	[illegible]	[illegible]	40	
	30	[illegible]	[illegible]	[illegible]	[illegible]	[illegible]	[illegible]	[illegible]	30	
	40	[illegible]	[illegible]	[illegible]	[illegible]	[illegible]	[illegible]	[illegible]	20	
	50	[illegible]	[illegible]	[illegible]	[illegible]	[illegible]	[illegible]	[illegible]	10	
59	0	[illegible]	[illegible]	[illegible]	[illegible]	[illegible]	[illegible]	[illegible]	0	1
	10	[illegible]	[illegible]	[illegible]	[illegible]	[illegible]	[illegible]	[illegible]	50	
	20	[illegible]	[illegible]	[illegible]	[illegible]	[illegible]	[illegible]	[illegible]	40	
	30	[illegible]	[illegible]	[illegible]	[illegible]	[illegible]	[illegible]	[illegible]	30	
	40	[illegible]	[illegible]	[illegible]	[illegible]	[illegible]	[illegible]	[illegible]	20	
	50	[illegible]	[illegible]	[illegible]	[illegible]	[illegible]	[illegible]	[illegible]	10	
60	0	[illegible]	[illegible]	[illegible]	[illegible]	[illegible]	[illegible]	[illegible]	0	0
'	"	Co-Sinus.	Dif.	Sinus.	D.	Co-Tang.	Dif.	Tang.	"	'

75 Deg.

15 Deg.

′	″	Sinus.	Dif.	Co-Sinus.	Dif.	Tang.	Dif.	Co-Tang.	″	′
0	0	9.4129961		9.9849438		9.4280525		10.5719475	0	60
	10	9.4130748	786	9.9849381	57	9.4281367	842	10.5718633	50	
	20	9.4131534	786	9.9849325	56	9.4282209	842	10.5717791	40	
	30	9.4132319	785	9.9849268	57	9.4283051	842	10.5716949	30	
	40	9.4133104	785	9.9849212	56	9.4283892	841	10.5716108	20	
	50	9.4133889	785	9.9849156	56	9.4284734	842	10.5715266	10	
1	0	9.4134674	785	9.9849099	57	9.4285575	841	10.5714425	0	59
	10	[illegible]	[illegible]	[illegible]	[illegible]	[illegible]	[illegible]	[illegible]	50	
	20	[illegible]	[illegible]	[illegible]	[illegible]	[illegible]	[illegible]	[illegible]	40	
	30	[illegible]	[illegible]	[illegible]	[illegible]	[illegible]	[illegible]	[illegible]	30	
	40	[illegible]	[illegible]	[illegible]	[illegible]	[illegible]	[illegible]	[illegible]	20	
	50	[illegible]	[illegible]	[illegible]	[illegible]	[illegible]	[illegible]	[illegible]	10	
2	0	[illegible]	[illegible]	[illegible]	[illegible]	[illegible]	[illegible]	[illegible]	0	58
	10	[illegible]	[illegible]	[illegible]	[illegible]	[illegible]	[illegible]	[illegible]	50	
	20	[illegible]	[illegible]	[illegible]	[illegible]	[illegible]	[illegible]	[illegible]	40	
	30	[illegible]	[illegible]	[illegible]	[illegible]	[illegible]	[illegible]	[illegible]	30	
	40	[illegible]	[illegible]	[illegible]	[illegible]	[illegible]	[illegible]	[illegible]	20	
	50	[illegible]	[illegible]	[illegible]	[illegible]	[illegible]	[illegible]	[illegible]	10	
3	0	[illegible]	[illegible]	[illegible]	[illegible]	[illegible]	[illegible]	[illegible]	0	57
	10	[illegible]	[illegible]	[illegible]	[illegible]	[illegible]	[illegible]	[illegible]	50	
	20	[illegible]	[illegible]	[illegible]	[illegible]	[illegible]	[illegible]	[illegible]	40	
	30	[illegible]	[illegible]	[illegible]	[illegible]	[illegible]	[illegible]	[illegible]	30	
	40	[illegible]	[illegible]	[illegible]	[illegible]	[illegible]	[illegible]	[illegible]	20	
	50	[illegible]	[illegible]	[illegible]	[illegible]	[illegible]	[illegible]	[illegible]	10	
4	0	[illegible]	[illegible]	[illegible]	[illegible]	[illegible]	[illegible]	[illegible]	0	56
	10	[illegible]	[illegible]	[illegible]	[illegible]	[illegible]	[illegible]	[illegible]	50	
	20	[illegible]	[illegible]	[illegible]	[illegible]	[illegible]	[illegible]	[illegible]	40	
	30	[illegible]	[illegible]	[illegible]	[illegible]	[illegible]	[illegible]	[illegible]	30	
	40	[illegible]	[illegible]	[illegible]	[illegible]	[illegible]	[illegible]	[illegible]	20	
	50	[illegible]	[illegible]	[illegible]	[illegible]	[illegible]	[illegible]	[illegible]	10	
5	0	[illegible]	[illegible]	[illegible]	[illegible]	[illegible]	[illegible]	[illegible]	0	55
	10	[illegible]	[illegible]	[illegible]	[illegible]	[illegible]	[illegible]	[illegible]	50	
	20	[illegible]	[illegible]	[illegible]	[illegible]	[illegible]	[illegible]	[illegible]	40	
	30	[illegible]	[illegible]	[illegible]	[illegible]	[illegible]	[illegible]	[illegible]	30	
	40	[illegible]	[illegible]	[illegible]	[illegible]	[illegible]	[illegible]	[illegible]	20	
	50	[illegible]	[illegible]	[illegible]	[illegible]	[illegible]	[illegible]	[illegible]	10	
6	0	[illegible]	[illegible]	[illegible]	[illegible]	[illegible]	[illegible]	[illegible]	0	54
	10	[illegible]	[illegible]	[illegible]	[illegible]	[illegible]	[illegible]	[illegible]	50	
	20	[illegible]	[illegible]	[illegible]	[illegible]	[illegible]	[illegible]	[illegible]	40	
	30	[illegible]	[illegible]	[illegible]	[illegible]	[illegible]	[illegible]	[illegible]	30	
	40	[illegible]	[illegible]	[illegible]	[illegible]	[illegible]	[illegible]	[illegible]	20	
	50	[illegible]	[illegible]	[illegible]	[illegible]	[illegible]	[illegible]	[illegible]	10	
7	0	[illegible]	[illegible]	[illegible]	[illegible]	[illegible]	[illegible]	[illegible]	0	53
	10	[illegible]	[illegible]	[illegible]	[illegible]	[illegible]	[illegible]	[illegible]	50	
	20	[illegible]	[illegible]	[illegible]	[illegible]	[illegible]	[illegible]	[illegible]	40	
	30	[illegible]	[illegible]	[illegible]	[illegible]	[illegible]	[illegible]	[illegible]	30	
	40	[illegible]	[illegible]	[illegible]	[illegible]	[illegible]	[illegible]	[illegible]	20	
	50	[illegible]	[illegible]	[illegible]	[illegible]	[illegible]	[illegible]	[illegible]	10	
8	0	[illegible]	[illegible]	[illegible]	[illegible]	[illegible]	[illegible]	[illegible]	0	52
	10	[illegible]	[illegible]	[illegible]	[illegible]	[illegible]	[illegible]	[illegible]	50	
	20	[illegible]	[illegible]	[illegible]	[illegible]	[illegible]	[illegible]	[illegible]	40	
	30	[illegible]	[illegible]	[illegible]	[illegible]	[illegible]	[illegible]	[illegible]	30	
	40	[illegible]	[illegible]	[illegible]	[illegible]	[illegible]	[illegible]	[illegible]	20	
	50	[illegible]	[illegible]	[illegible]	[illegible]	[illegible]	[illegible]	[illegible]	10	
9	0	[illegible]	[illegible]	[illegible]	[illegible]	[illegible]	[illegible]	[illegible]	0	51
	10	[illegible]	[illegible]	[illegible]	[illegible]	[illegible]	[illegible]	[illegible]	50	
	20	[illegible]	[illegible]	[illegible]	[illegible]	[illegible]	[illegible]	[illegible]	40	
	30	[illegible]	[illegible]	[illegible]	[illegible]	[illegible]	[illegible]	[illegible]	30	
	40	[illegible]	[illegible]	[illegible]	[illegible]	[illegible]	[illegible]	[illegible]	20	
	50	[illegible]	[illegible]	[illegible]	[illegible]	[illegible]	[illegible]	[illegible]	10	
10	0	[illegible]	[illegible]	[illegible]	[illegible]	[illegible]	[illegible]	[illegible]	0	50
′	″	Co-Sinus.	Dif.	Sinus.	Dif.	Co-Tang.	Dif. com.	Tang.	″	′

74 Deg.

15 Deg.

′	″	Sinus.	Dif.	Co-Sinus.	Dif.	Tang.	Dif.	Co-Tang.	″	′
10	0	[illegible]		[illegible]		[illegible]		[illegible]	0	50
	10	[illegible]	[illegible]	[illegible]	[illegible]	[illegible]	[illegible]	[illegible]	50	
	20	[illegible]	[illegible]	[illegible]	[illegible]	[illegible]	[illegible]	[illegible]	40	
	30	[illegible]	[illegible]	[illegible]	[illegible]	[illegible]	[illegible]	[illegible]	30	
	40	[illegible]	[illegible]	[illegible]	[illegible]	[illegible]	[illegible]	[illegible]	20	
	50	[illegible]	[illegible]	[illegible]	[illegible]	[illegible]	[illegible]	[illegible]	10	
11	0	[illegible]	[illegible]	[illegible]	[illegible]	[illegible]	[illegible]	[illegible]	0	49
	10	[illegible]	[illegible]	[illegible]	[illegible]	[illegible]	[illegible]	[illegible]	50	
	20	[illegible]	[illegible]	[illegible]	[illegible]	[illegible]	[illegible]	[illegible]	40	
	30	[illegible]	[illegible]	[illegible]	[illegible]	[illegible]	[illegible]	[illegible]	30	
	40	[illegible]	[illegible]	[illegible]	[illegible]	[illegible]	[illegible]	[illegible]	20	
	50	[illegible]	[illegible]	[illegible]	[illegible]	[illegible]	[illegible]	[illegible]	10	
12	0	[illegible]	[illegible]	[illegible]	[illegible]	[illegible]	[illegible]	[illegible]	0	48
	10	[illegible]	[illegible]	[illegible]	[illegible]	[illegible]	[illegible]	[illegible]	50	
	20	[illegible]	[illegible]	[illegible]	[illegible]	[illegible]	[illegible]	[illegible]	40	
	30	[illegible]	[illegible]	[illegible]	[illegible]	[illegible]	[illegible]	[illegible]	30	
	40	[illegible]	[illegible]	[illegible]	[illegible]	[illegible]	[illegible]	[illegible]	20	
	50	[illegible]	[illegible]	[illegible]	[illegible]	[illegible]	[illegible]	[illegible]	10	
13	0	[illegible]	[illegible]	[illegible]	[illegible]	[illegible]	[illegible]	[illegible]	0	47
	10	[illegible]	[illegible]	[illegible]	[illegible]	[illegible]	[illegible]	[illegible]	50	
	20	[illegible]	[illegible]	[illegible]	[illegible]	[illegible]	[illegible]	[illegible]	40	
	30	[illegible]	[illegible]	[illegible]	[illegible]	[illegible]	[illegible]	[illegible]	30	
	40	[illegible]	[illegible]	[illegible]	[illegible]	[illegible]	[illegible]	[illegible]	20	
	50	[illegible]	[illegible]	[illegible]	[illegible]	[illegible]	[illegible]	[illegible]	10	
14	0	[illegible]	[illegible]	[illegible]	[illegible]	[illegible]	[illegible]	[illegible]	0	46
	10	[illegible]	[illegible]	[illegible]	[illegible]	[illegible]	[illegible]	[illegible]	50	
	20	[illegible]	[illegible]	[illegible]	[illegible]	[illegible]	[illegible]	[illegible]	40	
	30	[illegible]	[illegible]	[illegible]	[illegible]	[illegible]	[illegible]	[illegible]	30	
	40	[illegible]	[illegible]	[illegible]	[illegible]	[illegible]	[illegible]	[illegible]	20	
	50	[illegible]	[illegible]	[illegible]	[illegible]	[illegible]	[illegible]	[illegible]	10	
15	0	[illegible]	[illegible]	[illegible]	[illegible]	[illegible]	[illegible]	[illegible]	0	45
	10	[illegible]	[illegible]	[illegible]	[illegible]	[illegible]	[illegible]	[illegible]	50	
	20	[illegible]	[illegible]	[illegible]	[illegible]	[illegible]	[illegible]	[illegible]	40	
	30	[illegible]	[illegible]	[illegible]	[illegible]	[illegible]	[illegible]	[illegible]	30	
	40	[illegible]	[illegible]	[illegible]	[illegible]	[illegible]	[illegible]	[illegible]	20	
	50	[illegible]	[illegible]	[illegible]	[illegible]	[illegible]	[illegible]	[illegible]	10	
16	0	[illegible]	[illegible]	[illegible]	[illegible]	[illegible]	[illegible]	[illegible]	0	44
	10	[illegible]	[illegible]	[illegible]	[illegible]	[illegible]	[illegible]	[illegible]	50	
	20	[illegible]	[illegible]	[illegible]	[illegible]	[illegible]	[illegible]	[illegible]	40	
	30	[illegible]	[illegible]	[illegible]	[illegible]	[illegible]	[illegible]	[illegible]	30	
	40	[illegible]	[illegible]	[illegible]	[illegible]	[illegible]	[illegible]	[illegible]	20	
	50	[illegible]	[illegible]	[illegible]	[illegible]	[illegible]	[illegible]	[illegible]	10	
17	0	[illegible]	[illegible]	[illegible]	[illegible]	[illegible]	[illegible]	[illegible]	0	43
	10	[illegible]	[illegible]	[illegible]	[illegible]	[illegible]	[illegible]	[illegible]	50	
	20	[illegible]	[illegible]	[illegible]	[illegible]	[illegible]	[illegible]	[illegible]	40	
	30	[illegible]	[illegible]	[illegible]	[illegible]	[illegible]	[illegible]	[illegible]	30	
	40	[illegible]	[illegible]	[illegible]	[illegible]	[illegible]	[illegible]	[illegible]	20	
	50	[illegible]	[illegible]	[illegible]	[illegible]	[illegible]	[illegible]	[illegible]	10	
18	0	[illegible]	[illegible]	[illegible]	[illegible]	[illegible]	[illegible]	[illegible]	0	42
	10	[illegible]	[illegible]	[illegible]	[illegible]	[illegible]	[illegible]	[illegible]	50	
	20	[illegible]	[illegible]	[illegible]	[illegible]	[illegible]	[illegible]	[illegible]	40	
	30	[illegible]	[illegible]	[illegible]	[illegible]	[illegible]	[illegible]	[illegible]	30	
	40	[illegible]	[illegible]	[illegible]	[illegible]	[illegible]	[illegible]	[illegible]	20	
	50	[illegible]	[illegible]	[illegible]	[illegible]	[illegible]	[illegible]	[illegible]	10	
19	0	[illegible]	[illegible]	[illegible]	[illegible]	[illegible]	[illegible]	[illegible]	0	41
	10	[illegible]	[illegible]	[illegible]	[illegible]	[illegible]	[illegible]	[illegible]	50	
	20	[illegible]	[illegible]	[illegible]	[illegible]	[illegible]	[illegible]	[illegible]	40	
	30	[illegible]	[illegible]	[illegible]	[illegible]	[illegible]	[illegible]	[illegible]	30	
	40	[illegible]	[illegible]	[illegible]	[illegible]	[illegible]	[illegible]	[illegible]	20	
	50	[illegible]	[illegible]	[illegible]	[illegible]	[illegible]	[illegible]	[illegible]	10	
20	0	[illegible]	[illegible]	[illegible]	[illegible]	[illegible]	[illegible]	[illegible]	0	40
′	″	Co-Sinus.	Dif.	Sinus.	Dif.	Co-Tang.	Dif. com.	Tang.	″	′

74 Deg.

15 Deg.

′	″	Sinus.	Dif.	Co-Sinus.	D.	Tang.	Dif.	Co-Tang.	″	′
20	0	[illegible]		[illegible]		[illegible]		[illegible]	0	40
	10	[illegible]	[illegible]	[illegible]	[illegible]	[illegible]	[illegible]	[illegible]	50	
	20	[illegible]	[illegible]	[illegible]	[illegible]	[illegible]	[illegible]	[illegible]	40	
	30	[illegible]	[illegible]	[illegible]	[illegible]	[illegible]	[illegible]	[illegible]	30	
	40	[illegible]	[illegible]	[illegible]	[illegible]	[illegible]	[illegible]	[illegible]	20	
	50	[illegible]	[illegible]	[illegible]	[illegible]	[illegible]	[illegible]	[illegible]	10	
21	0	[illegible]	[illegible]	[illegible]	[illegible]	[illegible]	[illegible]	[illegible]	0	39
	10	[illegible]	[illegible]	[illegible]	[illegible]	[illegible]	[illegible]	[illegible]	50	
	20	[illegible]	[illegible]	[illegible]	[illegible]	[illegible]	[illegible]	[illegible]	40	
	30	[illegible]	[illegible]	[illegible]	[illegible]	[illegible]	[illegible]	[illegible]	30	
	40	[illegible]	[illegible]	[illegible]	[illegible]	[illegible]	[illegible]	[illegible]	20	
	50	[illegible]	[illegible]	[illegible]	[illegible]	[illegible]	[illegible]	[illegible]	10	
22	0	[illegible]	[illegible]	[illegible]	[illegible]	[illegible]	[illegible]	[illegible]	0	38
	10	[illegible]	[illegible]	[illegible]	[illegible]	[illegible]	[illegible]	[illegible]	50	
	20	[illegible]	[illegible]	[illegible]	[illegible]	[illegible]	[illegible]	[illegible]	40	
	30	[illegible]	[illegible]	[illegible]	[illegible]	[illegible]	[illegible]	[illegible]	30	
	40	[illegible]	[illegible]	[illegible]	[illegible]	[illegible]	[illegible]	[illegible]	20	
	50	[illegible]	[illegible]	[illegible]	[illegible]	[illegible]	[illegible]	[illegible]	10	
23	0	[illegible]	[illegible]	[illegible]	[illegible]	[illegible]	[illegible]	[illegible]	0	37
	10	[illegible]	[illegible]	[illegible]	[illegible]	[illegible]	[illegible]	[illegible]	50	
	20	[illegible]	[illegible]	[illegible]	[illegible]	[illegible]	[illegible]	[illegible]	40	
	30	[illegible]	[illegible]	[illegible]	[illegible]	[illegible]	[illegible]	[illegible]	30	
	40	[illegible]	[illegible]	[illegible]	[illegible]	[illegible]	[illegible]	[illegible]	20	
	50	[illegible]	[illegible]	[illegible]	[illegible]	[illegible]	[illegible]	[illegible]	10	
24	0	[illegible]	[illegible]	[illegible]	[illegible]	[illegible]	[illegible]	[illegible]	0	36
	10	[illegible]	[illegible]	[illegible]	[illegible]	[illegible]	[illegible]	[illegible]	50	
	20	[illegible]	[illegible]	[illegible]	[illegible]	[illegible]	[illegible]	[illegible]	40	
	30	[illegible]	[illegible]	[illegible]	[illegible]	[illegible]	[illegible]	[illegible]	30	
	40	[illegible]	[illegible]	[illegible]	[illegible]	[illegible]	[illegible]	[illegible]	20	
	50	[illegible]	[illegible]	[illegible]	[illegible]	[illegible]	[illegible]	[illegible]	10	
25	0	[illegible]	[illegible]	[illegible]	[illegible]	[illegible]	[illegible]	[illegible]	0	35
	10	[illegible]	[illegible]	[illegible]	[illegible]	[illegible]	[illegible]	[illegible]	50	
	20	[illegible]	[illegible]	[illegible]	[illegible]	[illegible]	[illegible]	[illegible]	40	
	30	[illegible]	[illegible]	[illegible]	[illegible]	[illegible]	[illegible]	[illegible]	30	
	40	[illegible]	[illegible]	[illegible]	[illegible]	[illegible]	[illegible]	[illegible]	20	
	50	[illegible]	[illegible]	[illegible]	[illegible]	[illegible]	[illegible]	[illegible]	10	
26	0	[illegible]	[illegible]	[illegible]	[illegible]	[illegible]	[illegible]	[illegible]	0	34
	10	[illegible]	[illegible]	[illegible]	[illegible]	[illegible]	[illegible]	[illegible]	50	
	20	[illegible]	[illegible]	[illegible]	[illegible]	[illegible]	[illegible]	[illegible]	40	
	30	[illegible]	[illegible]	[illegible]	[illegible]	[illegible]	[illegible]	[illegible]	30	
	40	[illegible]	[illegible]	[illegible]	[illegible]	[illegible]	[illegible]	[illegible]	20	
	50	[illegible]	[illegible]	[illegible]	[illegible]	[illegible]	[illegible]	[illegible]	10	
27	0	[illegible]	[illegible]	[illegible]	[illegible]	[illegible]	[illegible]	[illegible]	0	33
	10	[illegible]	[illegible]	[illegible]	[illegible]	[illegible]	[illegible]	[illegible]	50	
	20	[illegible]	[illegible]	[illegible]	[illegible]	[illegible]	[illegible]	[illegible]	40	
	30	[illegible]	[illegible]	[illegible]	[illegible]	[illegible]	[illegible]	[illegible]	30	
	40	[illegible]	[illegible]	[illegible]	[illegible]	[illegible]	[illegible]	[illegible]	20	
	50	[illegible]	[illegible]	[illegible]	[illegible]	[illegible]	[illegible]	[illegible]	10	
28	0	[illegible]	[illegible]	[illegible]	[illegible]	[illegible]	[illegible]	[illegible]	0	32
	10	[illegible]	[illegible]	[illegible]	[illegible]	[illegible]	[illegible]	[illegible]	50	
	20	[illegible]	[illegible]	[illegible]	[illegible]	[illegible]	[illegible]	[illegible]	40	
	30	[illegible]	[illegible]	[illegible]	[illegible]	[illegible]	[illegible]	[illegible]	30	
	40	[illegible]	[illegible]	[illegible]	[illegible]	[illegible]	[illegible]	[illegible]	20	
	50	[illegible]	[illegible]	[illegible]	[illegible]	[illegible]	[illegible]	[illegible]	10	
29	0	[illegible]	[illegible]	[illegible]	[illegible]	[illegible]	[illegible]	[illegible]	0	31
	10	[illegible]	[illegible]	[illegible]	[illegible]	[illegible]	[illegible]	[illegible]	50	
	20	[illegible]	[illegible]	[illegible]	[illegible]	[illegible]	[illegible]	[illegible]	40	
	30	[illegible]	[illegible]	[illegible]	[illegible]	[illegible]	[illegible]	[illegible]	30	
	40	[illegible]	[illegible]	[illegible]	[illegible]	[illegible]	[illegible]	[illegible]	20	
	50	[illegible]	[illegible]	[illegible]	[illegible]	[illegible]	[illegible]	[illegible]	10	
30	0	[illegible]	[illegible]	[illegible]	[illegible]	[illegible]	[illegible]	[illegible]	0	30
′	″	Co-Sinus.	Dif.	Sinus.	D.	Co-Tang.	Dif.	Tang.	″	′

74 Deg.

15 Deg.

′	″	Sinus.	Dif.	Co-Sinus.	D.	Tang.	Dif.	Co-Tang.	″	′
30	0	[illegible]		[illegible]		[illegible]		[illegible]	0	30
	10	[illegible]	[illegible]	[illegible]	[illegible]	[illegible]	[illegible]	[illegible]	50	
	20	[illegible]	[illegible]	[illegible]	[illegible]	[illegible]	[illegible]	[illegible]	40	
	30	[illegible]	[illegible]	[illegible]	[illegible]	[illegible]	[illegible]	[illegible]	30	
	40	[illegible]	[illegible]	[illegible]	[illegible]	[illegible]	[illegible]	[illegible]	20	
	50	[illegible]	[illegible]	[illegible]	[illegible]	[illegible]	[illegible]	[illegible]	10	
31	0	[illegible]	[illegible]	[illegible]	[illegible]	[illegible]	[illegible]	[illegible]	0	29
	10	[illegible]	[illegible]	[illegible]	[illegible]	[illegible]	[illegible]	[illegible]	50	
	20	[illegible]	[illegible]	[illegible]	[illegible]	[illegible]	[illegible]	[illegible]	40	
	30	[illegible]	[illegible]	[illegible]	[illegible]	[illegible]	[illegible]	[illegible]	30	
	40	[illegible]	[illegible]	[illegible]	[illegible]	[illegible]	[illegible]	[illegible]	20	
	50	[illegible]	[illegible]	[illegible]	[illegible]	[illegible]	[illegible]	[illegible]	10	
32	0	[illegible]	[illegible]	[illegible]	[illegible]	[illegible]	[illegible]	[illegible]	0	28
	10	[illegible]	[illegible]	[illegible]	[illegible]	[illegible]	[illegible]	[illegible]	50	
	20	[illegible]	[illegible]	[illegible]	[illegible]	[illegible]	[illegible]	[illegible]	40	
	30	[illegible]	[illegible]	[illegible]	[illegible]	[illegible]	[illegible]	[illegible]	30	
	40	[illegible]	[illegible]	[illegible]	[illegible]	[illegible]	[illegible]	[illegible]	20	
	50	[illegible]	[illegible]	[illegible]	[illegible]	[illegible]	[illegible]	[illegible]	10	
33	0	[illegible]	[illegible]	[illegible]	[illegible]	[illegible]	[illegible]	[illegible]	0	27
	10	[illegible]	[illegible]	[illegible]	[illegible]	[illegible]	[illegible]	[illegible]	50	
	20	[illegible]	[illegible]	[illegible]	[illegible]	[illegible]	[illegible]	[illegible]	40	
	30	[illegible]	[illegible]	[illegible]	[illegible]	[illegible]	[illegible]	[illegible]	30	
	40	[illegible]	[illegible]	[illegible]	[illegible]	[illegible]	[illegible]	[illegible]	20	
	50	[illegible]	[illegible]	[illegible]	[illegible]	[illegible]	[illegible]	[illegible]	10	
34	0	[illegible]	[illegible]	[illegible]	[illegible]	[illegible]	[illegible]	[illegible]	0	26
	10	[illegible]	[illegible]	[illegible]	[illegible]	[illegible]	[illegible]	[illegible]	50	
	20	[illegible]	[illegible]	[illegible]	[illegible]	[illegible]	[illegible]	[illegible]	40	
	30	[illegible]	[illegible]	[illegible]	[illegible]	[illegible]	[illegible]	[illegible]	30	
	40	[illegible]	[illegible]	[illegible]	[illegible]	[illegible]	[illegible]	[illegible]	20	
	50	[illegible]	[illegible]	[illegible]	[illegible]	[illegible]	[illegible]	[illegible]	10	
35	0	[illegible]	[illegible]	[illegible]	[illegible]	[illegible]	[illegible]	[illegible]	0	25
	10	[illegible]	[illegible]	[illegible]	[illegible]	[illegible]	[illegible]	[illegible]	50	
	20	[illegible]	[illegible]	[illegible]	[illegible]	[illegible]	[illegible]	[illegible]	40	
	30	[illegible]	[illegible]	[illegible]	[illegible]	[illegible]	[illegible]	[illegible]	30	
	40	[illegible]	[illegible]	[illegible]	[illegible]	[illegible]	[illegible]	[illegible]	20	
	50	[illegible]	[illegible]	[illegible]	[illegible]	[illegible]	[illegible]	[illegible]	10	
36	0	[illegible]	[illegible]	[illegible]	[illegible]	[illegible]	[illegible]	[illegible]	0	24
	10	[illegible]	[illegible]	[illegible]	[illegible]	[illegible]	[illegible]	[illegible]	50	
	20	[illegible]	[illegible]	[illegible]	[illegible]	[illegible]	[illegible]	[illegible]	40	
	30	[illegible]	[illegible]	[illegible]	[illegible]	[illegible]	[illegible]	[illegible]	30	
	40	[illegible]	[illegible]	[illegible]	[illegible]	[illegible]	[illegible]	[illegible]	20	
	50	[illegible]	[illegible]	[illegible]	[illegible]	[illegible]	[illegible]	[illegible]	10	
37	0	[illegible]	[illegible]	[illegible]	[illegible]	[illegible]	[illegible]	[illegible]	0	23
	10	[illegible]	[illegible]	[illegible]	[illegible]	[illegible]	[illegible]	[illegible]	50	
	20	[illegible]	[illegible]	[illegible]	[illegible]	[illegible]	[illegible]	[illegible]	40	
	30	[illegible]	[illegible]	[illegible]	[illegible]	[illegible]	[illegible]	[illegible]	30	
	40	[illegible]	[illegible]	[illegible]	[illegible]	[illegible]	[illegible]	[illegible]	20	
	50	[illegible]	[illegible]	[illegible]	[illegible]	[illegible]	[illegible]	[illegible]	10	
38	0	[illegible]	[illegible]	[illegible]	[illegible]	[illegible]	[illegible]	[illegible]	0	22
	10	[illegible]	[illegible]	[illegible]	[illegible]	[illegible]	[illegible]	[illegible]	50	
	20	[illegible]	[illegible]	[illegible]	[illegible]	[illegible]	[illegible]	[illegible]	40	
	30	[illegible]	[illegible]	[illegible]	[illegible]	[illegible]	[illegible]	[illegible]	30	
	40	[illegible]	[illegible]	[illegible]	[illegible]	[illegible]	[illegible]	[illegible]	20	
	50	[illegible]	[illegible]	[illegible]	[illegible]	[illegible]	[illegible]	[illegible]	10	
39	0	[illegible]	[illegible]	[illegible]	[illegible]	[illegible]	[illegible]	[illegible]	0	21
	10	[illegible]	[illegible]	[illegible]	[illegible]	[illegible]	[illegible]	[illegible]	50	
	20	[illegible]	[illegible]	[illegible]	[illegible]	[illegible]	[illegible]	[illegible]	40	
	30	[illegible]	[illegible]	[illegible]	[illegible]	[illegible]	[illegible]	[illegible]	30	
	40	[illegible]	[illegible]	[illegible]	[illegible]	[illegible]	[illegible]	[illegible]	20	
	50	[illegible]	[illegible]	[illegible]	[illegible]	[illegible]	[illegible]	[illegible]	10	
40	0	[illegible]	[illegible]	[illegible]	[illegible]	[illegible]	[illegible]	[illegible]	0	20
′	″	Co-Sinus.	Dif.	Sinus.	D.	Co-Tang.	Dif.	Tang.	″	′

74 Deg.

′	″	Sinus.	Dif.	Co-Sinus.	D.	Tang.	Dif.	Co-Tang.	″	′
40	0	9.4314186		[illegible]		[illegible]		[illegible]	0	20
	10	[illegible]		[illegible]		[illegible]		[illegible]	50	
	20	[illegible]		[illegible]		[illegible]		[illegible]	40	
	30	[illegible]		[illegible]		[illegible]		[illegible]	30	
	40	[illegible]		[illegible]		[illegible]		[illegible]	20	
	50	[illegible]		[illegible]		[illegible]		[illegible]	10	
41	0	[illegible]		[illegible]		[illegible]		[illegible]	0	19
	10	[illegible]		[illegible]		[illegible]		[illegible]	50	
	20	[illegible]		[illegible]		[illegible]		[illegible]	40	
	30	[illegible]		[illegible]		[illegible]		[illegible]	30	
	40	[illegible]		[illegible]		[illegible]		[illegible]	20	
	50	[illegible]		[illegible]		[illegible]		[illegible]	10	
42	0	[illegible]		[illegible]		[illegible]		[illegible]	0	18
	10	[illegible]		[illegible]		[illegible]		[illegible]	50	
	20	[illegible]		[illegible]		[illegible]		[illegible]	40	
	30	[illegible]		[illegible]		[illegible]		[illegible]	30	
	40	[illegible]		[illegible]		[illegible]		[illegible]	20	
	50	[illegible]		[illegible]		[illegible]		[illegible]	10	
43	0	[illegible]		[illegible]		[illegible]		[illegible]	0	17
	10	[illegible]		[illegible]		[illegible]		[illegible]	50	
	20	[illegible]		[illegible]		[illegible]		[illegible]	40	
	30	[illegible]		[illegible]		[illegible]		[illegible]	30	
	40	[illegible]		[illegible]		[illegible]		[illegible]	20	
	50	[illegible]		[illegible]		[illegible]		[illegible]	10	
44	0	[illegible]		[illegible]		[illegible]		[illegible]	0	16
	10	[illegible]		[illegible]		[illegible]		[illegible]	50	
	20	[illegible]		[illegible]		[illegible]		[illegible]	40	
	30	[illegible]		[illegible]		[illegible]		[illegible]	30	
	40	[illegible]		[illegible]		[illegible]		[illegible]	20	
	50	[illegible]		[illegible]		[illegible]		[illegible]	10	
45	0	[illegible]		[illegible]		[illegible]		[illegible]	0	15
	10	[illegible]		[illegible]		[illegible]		[illegible]	50	
	20	[illegible]		[illegible]		[illegible]		[illegible]	40	
	30	[illegible]		[illegible]		[illegible]		[illegible]	30	
	40	[illegible]		[illegible]		[illegible]		[illegible]	20	
	50	[illegible]		[illegible]		[illegible]		[illegible]	10	
46	0	[illegible]		[illegible]		[illegible]		[illegible]	0	14
	10	[illegible]		[illegible]		[illegible]		[illegible]	50	
	20	[illegible]		[illegible]		[illegible]		[illegible]	40	
	30	[illegible]		[illegible]		[illegible]		[illegible]	30	
	40	[illegible]		[illegible]		[illegible]		[illegible]	20	
	50	[illegible]		[illegible]		[illegible]		[illegible]	10	
47	0	[illegible]		[illegible]		[illegible]		[illegible]	0	13
	10	[illegible]		[illegible]		[illegible]		[illegible]	50	
	20	[illegible]		[illegible]		[illegible]		[illegible]	40	
	30	[illegible]		[illegible]		[illegible]		[illegible]	30	
	40	[illegible]		[illegible]		[illegible]		[illegible]	20	
	50	[illegible]		[illegible]		[illegible]		[illegible]	10	
48	0	[illegible]		[illegible]		[illegible]		[illegible]	0	12
	10	[illegible]		[illegible]		[illegible]		[illegible]	50	
	20	[illegible]		[illegible]		[illegible]		[illegible]	40	
	30	[illegible]		[illegible]		[illegible]		[illegible]	30	
	40	[illegible]		[illegible]		[illegible]		[illegible]	20	
	50	[illegible]		[illegible]		[illegible]		[illegible]	10	
49	0	[illegible]		[illegible]		[illegible]		[illegible]	0	11
	10	[illegible]		[illegible]		[illegible]		[illegible]	50	
	20	[illegible]		[illegible]		[illegible]		[illegible]	40	
	30	[illegible]		[illegible]		[illegible]		[illegible]	30	
	40	[illegible]		[illegible]		[illegible]		[illegible]	20	
	50	[illegible]		[illegible]		[illegible]		[illegible]	10	
50	0	[illegible]		[illegible]		[illegible]		[illegible]	0	10
′	″	Co-Sinus.	Dif.	Sinus.	D.	Co-Tang.	Dif.	Tang.	″	′

74 Deg.

′	″	Sinus.	Dif.	Co-Sinus.	D.	Tang.	Dif.	Co-Tang.	″	′
50	0	[illegible]		[illegible]		[illegible]		[illegible]	0	10
	10	[illegible]		[illegible]		[illegible]		[illegible]	50	
	20	[illegible]		[illegible]		[illegible]		[illegible]	40	
	30	[illegible]		[illegible]		[illegible]		[illegible]	30	
	40	[illegible]		[illegible]		[illegible]		[illegible]	20	
	50	[illegible]		[illegible]		[illegible]		[illegible]	10	
51	0	[illegible]		[illegible]		[illegible]		[illegible]	0	9
	10	[illegible]		[illegible]		[illegible]		[illegible]	50	
	20	[illegible]		[illegible]		[illegible]		[illegible]	40	
	30	[illegible]		[illegible]		[illegible]		[illegible]	30	
	40	[illegible]		[illegible]		[illegible]		[illegible]	20	
	50	[illegible]		[illegible]		[illegible]		[illegible]	10	
52	0	[illegible]		[illegible]		[illegible]		[illegible]	0	8
	10	[illegible]		[illegible]		[illegible]		[illegible]	50	
	20	[illegible]		[illegible]		[illegible]		[illegible]	40	
	30	[illegible]		[illegible]		[illegible]		[illegible]	30	
	40	[illegible]		[illegible]		[illegible]		[illegible]	20	
	50	[illegible]		[illegible]		[illegible]		[illegible]	10	
53	0	[illegible]		[illegible]		[illegible]		[illegible]	0	7
	10	[illegible]		[illegible]		[illegible]		[illegible]	50	
	20	[illegible]		[illegible]		[illegible]		[illegible]	40	
	30	[illegible]		[illegible]		[illegible]		[illegible]	30	
	40	[illegible]		[illegible]		[illegible]		[illegible]	20	
	50	[illegible]		[illegible]		[illegible]		[illegible]	10	
54	0	[illegible]		[illegible]		[illegible]		[illegible]	0	6
	10	[illegible]		[illegible]		[illegible]		[illegible]	50	
	20	[illegible]		[illegible]		[illegible]		[illegible]	40	
	30	[illegible]		[illegible]		[illegible]		[illegible]	30	
	40	[illegible]		[illegible]		[illegible]		[illegible]	20	
	50	[illegible]		[illegible]		[illegible]		[illegible]	10	
55	0	[illegible]		[illegible]		[illegible]		[illegible]	0	5
	10	[illegible]		[illegible]		[illegible]		[illegible]	50	
	20	[illegible]		[illegible]		[illegible]		[illegible]	40	
	30	[illegible]		[illegible]		[illegible]		[illegible]	30	
	40	[illegible]		[illegible]		[illegible]		[illegible]	20	
	50	[illegible]		[illegible]		[illegible]		[illegible]	10	
56	0	[illegible]		[illegible]		[illegible]		[illegible]	0	4
	10	[illegible]		[illegible]		[illegible]		[illegible]	50	
	20	[illegible]		[illegible]		[illegible]		[illegible]	40	
	30	[illegible]		[illegible]		[illegible]		[illegible]	30	
	40	[illegible]		[illegible]		[illegible]		[illegible]	20	
	50	[illegible]		[illegible]		[illegible]		[illegible]	10	
57	0	[illegible]		[illegible]		[illegible]		[illegible]	0	3
	10	[illegible]		[illegible]		[illegible]		[illegible]	50	
	20	[illegible]		[illegible]		[illegible]		[illegible]	40	
	30	[illegible]		[illegible]		[illegible]		[illegible]	30	
	40	[illegible]		[illegible]		[illegible]		[illegible]	20	
	50	[illegible]		[illegible]		[illegible]		[illegible]	10	
58	0	[illegible]		[illegible]		[illegible]		[illegible]	0	2
	10	[illegible]		[illegible]		[illegible]		[illegible]	50	
	20	[illegible]		[illegible]		[illegible]		[illegible]	40	
	30	[illegible]		[illegible]		[illegible]		[illegible]	30	
	40	[illegible]		[illegible]		[illegible]		[illegible]	20	
	50	[illegible]		[illegible]		[illegible]		[illegible]	10	
59	0	[illegible]		[illegible]		[illegible]		[illegible]	0	1
	10	[illegible]		[illegible]		[illegible]		[illegible]	50	
	20	[illegible]		[illegible]		[illegible]		[illegible]	40	
	30	[illegible]		[illegible]		[illegible]		[illegible]	30	
	40	[illegible]		[illegible]		[illegible]		[illegible]	20	
	50	[illegible]		[illegible]		[illegible]		[illegible]	10	
60	0	[illegible]		[illegible]		[illegible]		[illegible]	0	0
′	″	Co-Sinus.	Dif.	Sinus.	D.	Co-Tang.	Dif.	Tang.	″	′

Y 74 Deg.

′	″	Sinus.	Dif.	Co-Sinus.	D.	Tang.	Dif.	Co-Tang.	″	′
0	0	9.4403381		9.9828416		9.4574964		10.5425036	0	60
	10	9.4404115	714	9.9828356	60	9.4575759	795	10.5424241	50	
	20	9.4404829	714	9.9828296	61	9.4576553	794	10.5423447	40	
	30	9.4405538	714	9.9828235		9.4577346	794	10.5422654	30	
	40	9.4406317	714	9.9828175	61	9.4578142	794	10.5421858	20	
	50	9.4407050	713	9.9828114	60	9.4578936	794	10.5421064	10	
1	0	9.4407784	714	9.9828054		9.4579730	794	10.5420270	0	59
	10	9.4408517	713	9.9827993	61	9.4580524	794	10.5419476	50	
	20	9.4409251	714	9.9827933	60	9.4581318	794	10.5418682	40	
	30	9.4409984	713	9.9827873		9.4582111	793	10.5417889	30	
	40	9.4410717	713	9.9827812	61	9.4582905	794	10.5417095	20	
	50	9.4411450	713	9.9827752	60	9.4583698	793	10.5416302	10	
2	0	9.4412182	712	9.9827691		9.4584491	793	10.5415509	0	58
	10	9.4412915	713	9.9827631	60	9.4585284	794	10.5414716	50	
	20	9.4413648	713	9.9827570	61	9.4586077	793	10.5413923	40	
	30	9.4414380	712	9.9827510		9.4586870	793	10.5413130	30	
	40	9.4415112	712	9.9827449	61	9.4587663	793	10.5412337	20	
	50	9.4415844	712	9.9827388	61	9.4588456	793	10.5411544	10	
3	0	9.4416576	712	9.9827328		9.4589248	792	10.5410751	0	57
	10	9.4417308	732	9.9827267	60	9.4590041	793	10.5409959	50	
	20	9.4418040	732	9.9827207	61	9.4590833	792	10.5409167	40	
	30	9.4418771	731	9.9827146		9.4591625	792	10.5408375	30	
	40	9.4419503	732	9.9827085	61	9.4592417	792	10.5407583	20	
	50	9.4420234	731	9.9827025	60	9.4593209	792	10.5406791	10	
4	0	9.4420965	731	9.9826964		9.4594001	792	10.5405999	0	56
	10	9.4421696	731	9.9826903	61	9.4594793	792	10.5405207	50	
	20	9.4422427	731	9.9826843	61	9.4595584	791	10.5404416	40	
	30	9.4423158	731	9.9826782		9.4596376	792	10.5403624	30	
	40	9.4423888	730	9.9826721	61	9.4597167	791	10.5402833	20	
	50	9.4424619	731	9.9826661	60	9.4597958	791	10.5402042	10	
5	0	9.4425349	730	9.9826600		9.4598749	791	10.5401251	0	55
	10	9.4426079	730	9.9826539	61	9.4599540	791	10.5400460	50	
	20	9.4426809	730	9.9826478	61	9.4600331	791	10.5399669	40	
	30	9.4427539	730	9.9826418		9.4601121	790	10.5398879	30	
	40	9.4428269	730	9.9826357	61	9.4601912	791	10.5398088	20	
	50	9.4428998	729	9.9826296	61	9.4602702	790	10.5397298	10	
6	0	9.4429728	730	9.9826235		9.4603493	791	10.5396507	0	54
	10	9.4430457	729	9.9826175	60	9.4604283	790	10.5395717	50	
	20	9.4431186	729	9.9826114	61	9.4605073	790	10.5394927	40	
	30	9.4431916	730	9.9826053		9.4605863	790	10.5394137	30	
	40	9.4432645	729	9.9825992	61	9.4606653	790	10.5393347	20	
	50	9.4433374	729	9.9825931	61	9.4607442	789	10.5392558	10	
7	0	9.4434102	728	9.9825871		9.4608232	790	10.5391768	0	53
	10	9.4434831	729	9.9825810	61	9.4609021	789	10.5390979	50	
	20	9.4435560	729	9.9825749	61	9.4609811	790	10.5390189	40	
	30	9.4436288	728	9.9825688		9.4610600	789	10.5389400	30	
	40	9.4437016	728	9.9825627	61	9.4611389	789	10.5388611	20	
	50	9.4437744	728	9.9825567	60	9.4612178	789	10.5387822	10	
8	0	9.4438472	728	9.9825506		9.4612967	789	10.5387033	0	52
	10	9.4439200	728	9.9825445	61	9.4613755	788	10.5386245	50	
	20	9.4439928	728	9.9825384	61	9.4614544	789	10.5385456	40	
	30	9.4440655	727	9.9825323		9.4615333	789	10.5384667	30	
	40	9.4441383	728	9.9825262	61	9.4616121	788	10.5383879	20	
	50	9.4442110	727	9.9825201	61	9.4616909	788	10.5383091	10	
9	0	9.4442837	727	9.9825140		9.4617697	788	10.5382303	0	51
	10	9.4443564	727	9.9825079	61	9.4618485	788	10.5381515	50	
	20	9.4444291	727	9.9825018	61	9.4619273	788	10.5380727	40	
	30	9.4445018	727	9.9824957		9.4620061	788	10.5379939	30	
	40	9.4445745	727	9.9824896	61	9.4620849	788	10.5379151	20	
	50	9.4446471	726	9.9824835	61	9.4621636	787	10.5378364	10	
10	0	9.4447197	726	9.9824774		9.4622423	787	10.5377577	0	50
′	″	Co-Sinus.	Dif.	Sinus.	D.	Co-Tang.	Dif. com.	Tang.	″	′

16 Deg.

′	″	Sinus.	Dif.	Co-Sinus.	D.	Tang.	Dif.	Co-Tang.	″	′
10	0	9.4447197		9.9824774		9.4622423		10.5377577	0	50
	10	9.4447924	727	9.9824713	61	9.4623211	788	10.5376789	50	
	20	9.4448650	726	9.9824651	62	9.4623998	787	10.5376002	40	
	30	9.4449376	726	9.9824591		9.4624785	787	10.5375215	30	
	40	9.4450102	726	9.9824530	61	9.4625572	787	10.5374428	20	
	50	9.4450827	725	9.9824469	61	9.4626359	787	10.5373641	10	
11	0	9.4451553	726	9.9824408		9.4627145	786	10.5372855	0	49
	10	9.4452278	725	9.9824346	62	9.4627932	787	10.5372068	50	
	20	9.4453004	726	9.9824285	61	9.4628718	786	10.5371282	40	
	30	9.4453729	725	9.9824224		9.4629505	787	10.5370495	30	
	40	9.4454454	725	9.9824163	61	9.4630291	786	10.5369709	20	
	50	9.4455179	725	9.9824101	62	9.4631077	786	10.5368923	10	
12	0	9.4455904	725	9.9824041		9.4631863	786	10.5368137	0	48
	10	9.4456628	724	9.9823980	61	9.4632649	786	10.5367351	50	
	20	9.4457353	725	9.9823918	62	9.4633434	785	10.5366566	40	
	30	9.4458077	724	9.9823857		9.4634220	786	10.5365780	30	
	40	9.4458801	724	9.9823796	61	9.4635005	785	10.5364995	20	
	50	9.4459526	725	9.9823735	61	9.4635791	786	10.5364209	10	
13	0	9.4460250	724	9.9823674		9.4636576	785	10.5363414	0	47
	10	9.4460973	723	9.9823612	62	9.4637361	785	10.5362639	50	
	20	9.4461697	724	9.9823551	61	9.4638146	785	10.5361854	40	
	30	9.4462421	724	9.9823490		9.4638931	785	10.5361069	30	
	40	9.4463144	723	9.9823428	62	9.4639716	785	10.5360284	20	
	50	9.4463868	724	9.9823367	61	9.4640500	784	10.5359500	10	
14	0	9.4464591	723	9.9823306		9.4641285	785	10.5358715	0	46
	10	9.4465314	723	9.9823245	61	9.4642069	784	10.5357931	50	
	20	9.4466037	723	9.9823183	62	9.4642854	785	10.5357146	40	
	30	9.4466760	723	9.9823122		9.4643638	784	10.5356362	30	
	40	9.4467482	722	9.9823061	61	9.4644421	783	10.5355578	20	
	50	9.4468205	723	9.9822999	62	9.4645206	785	10.5354794	10	
15	0	9.4468927	722	9.9822938		9.4645990	784	10.5354010	0	45
	10	9.4469650	723	9.9822876	62	9.4646773	783	10.5353227	50	
	20	9.4470374	722	9.9822815	61	9.4647557	784	10.5352443	40	
	30	9.4471094	722	9.9822754		9.4648340	783	10.5351660	30	
	40	9.4471816	722	9.9822692	62	9.4649124	784	10.5350876	20	
	50	9.4472538	722	9.9822631	61	9.4649907	783	10.5350093	10	
16	0	9.4473259	721	9.9822569		9.4650690	783	10.5349310	0	44
	10	9.4473981	722	9.9822508	61	9.4651473	783	10.5348527	50	
	20	9.4474702	721	9.9822447	61	9.4652256	783	10.5347744	40	
	30	9.4475423	721	9.9822385		9.4653038	782	10.5346961	30	
	40	9.4476145	722	9.9822324	61	9.4653821	783	10.5346179	20	
	50	9.4476866	721	9.9822262	62	9.4654604	783	10.5345396	10	
17	0	9.4477586	720	9.9822201		9.4655386	782	10.5344614	0	43
	10	9.4478307	721	9.9822139	62	9.4656168	782	10.5343832	50	
	20	9.4479028	721	9.9822078	61	9.4656950	782	10.5343050	40	
	30	9.4479748	720	9.9822016		9.4657732	782	10.5342268	30	
	40	9.4480469	721	9.9821955	61	9.4658514	782	10.5341486	20	
	50	9.4481189	720	9.9821893	62	9.4659296	782	10.5340704	10	
18	0	9.4481909	720	9.9821831		9.4660078	782	10.5339912	0	42
	10	9.4482629	720	9.9821770	62	9.4660859	781	10.5339141	50	
	20	9.4483349	720	9.9821708	62	9.4661641	782	10.5338359	40	
	30	9.4484069	720	9.9821647		9.4662422	781	10.5337578	30	
	40	9.4484788	719	9.9821585	62	9.4663203	781	10.5336797	20	
	50	9.4485508	720	9.9821523	62	9.4663984	781	10.5336016	10	
19	0	9.4486227	719	9.9821462		9.4664765	781	10.5335215	0	41
	10	9.4486946	719	9.9821400	62	9.4665546	781	10.5334454	50	
	20	9.4487665	719	9.9821338	62	9.4666327	781	10.5333673	40	
	30	9.4488384	719	9.9821277		9.4667107	780	10.5332893	30	
	40	9.4489103	719	9.9821215	62	9.4667888	781	10.5332112	20	
	50	9.4489821	718	9.9821153	62	9.4668668	780	10.5331332	10	
20	0	9.4490540	719	9.9821092		9.4669448	780	10.5330552	0	40
′	″	Co-Sinus.	Dif.	Sinus.	D.	Co-Tang.	Dif. com.	Tang.	″	′

73 Deg.

16 Deg.

′	″	Sinus.	Dif.	Co-Sinus.	D.	Tang.	Dif.	Co-Tang.	″	′
20	0	9.4490540		9.9821092		9.4669448		10.5330552	0	40
	10	9.4491258	718	9.9821030	62	9.4670228	780	10.5329772	50	
	20	9.4491977	719	9.9820969	61	9.4671008	780	10.5328992	40	
	30	9.4492695	718	9.9820907	62	9.4671788	780	10.5328212	30	
	40	9.4493413	718	9.9820845	62	9.4672568	780	10.5327432	20	
	50	9.4494131	718	9.9820783	62	9.4673348	780	10.5326652	10	
21	0	9.4494849	718	9.9820721	62	9.4674127	779	10.5325873	0	39
	10	9.4495566	717	9.9820659	62	9.4674907	780	10.5325093	50	
	20	9.4496284	718	9.9820598	61	9.4675686	779	10.5324314	40	
	30	9.4497001	717	9.9820536	62	9.4676465	779	10.5323535	30	
	40	9.4497718	717	9.9820474	62	9.4677244	779	10.5322756	20	
	50	9.4498436	718	9.9820412	62	9.4678023	779	10.5321977	10	
22	0	9.4499153	717	9.9820351	61	9.4678802	779	10.5321198	0	38
	10	9.4499869	716	9.9820289	62	9.4679581	779	10.5320419	50	
	20	9.4500586	717	9.9820227	62	9.4680359	778	10.5319641	40	
	30	9.4501303	717	9.9820165	62	9.4681138	779	10.5318862	30	
	40	9.4502019	716	9.9820103	62	9.4681916	778	10.5318084	20	
	50	9.4502736	717	9.9820041	62	9.4682694	778	10.5317306	10	
23	0	9.4503452	716	9.9819979	62	9.4683473	779	10.5316527	0	37
	10	9.4504168	716	9.9819917	62	9.4684251	778	10.5315749	50	
	20	9.4504884	716	9.9819855	62	9.4685029	778	10.5314971	40	
	30	9.4505600	716	9.9819794	61	9.4685806	777	10.5314194	30	
	40	9.4506315	715	9.9819732	62	9.4686584	778	10.5313416	20	
	50	9.4507031	716	9.9819670	62	9.4687361	777	10.5312639	10	
24	0	9.4507747	716	9.9819608	62	9.4688139	778	10.5311861	0	36
	10	9.4508462	715	9.9819546	62	9.4688916	777	10.5311084	50	
	20	9.4509177	715	9.9819484	62	9.4689693	777	10.5310307	40	
	30	9.4509893	716	9.9819422	62	9.4690470	777	10.5309530	30	
	40	9.4510607	714	9.9819360	62	9.4691247	777	10.5308753	20	
	50	9.4511322	715	9.9819298	62	9.4692024	777	10.5307976	10	
25	0	9.4512037	715	9.9819236	62	9.4692801	777	10.5307199	0	35
	10	9.4512751	714	9.9819174	62	9.4693577	776	10.5306423	50	
	20	9.4513466	715	9.9819112	62	9.4694354	777	10.5305646	40	
	30	9.4514180	714	9.9819050	62	9.4695130	776	10.5304870	30	
	40	9.4514894	714	9.9818987	63	9.4695907	777	10.5304093	20	
	50	9.4515608	714	9.9818925	62	9.4696683	776	10.5303317	10	
26	0	9.4516322	714	9.9818863	62	9.4697459	776	10.5302541	0	34
	10	9.4517036	714	9.9818801	62	9.4698235	776	10.5301765	50	
	20	9.4517749	713	9.9818739	62	9.4699010	775	10.5300990	40	
	30	9.4518463	714	9.9818677	62	9.4699786	776	10.5300214	30	
	40	9.4519176	713	9.9818615	62	9.4700561	775	10.5299439	20	
	50	9.4519890	714	9.9818553	62	9.4701337	776	10.5298663	10	
27	0	9.4520603	713	9.9818490	63	9.4702113	776	10.5297887	0	33
	10	9.4521316	713	9.9818428	62	9.4702888	775	10.5297112	50	
	20	9.4522029	713	9.9818366	62	9.4703663	775	10.5296337	40	
	30	9.4522742	713	9.9818304	62	9.4704438	775	10.5295562	30	
	40	9.4523454	712	9.9818241	63	9.4705213	775	10.5294787	20	
	50	9.4524167	713	9.9818179	62	9.4705988	775	10.5294012	10	
28	0	9.4524879	712	9.9818117	62	9.4706762	774	10.5293238	0	32
	10	9.4525591	712	9.9818055	62	9.4707536	774	10.5292464	50	
	20	9.4526304	713	9.9817993	62	9.4708311	775	10.5291689	40	
	30	9.4527016	712	9.9817931	62	9.4709085	774	10.5290915	30	
	40	9.4527728	712	9.9817868	63	9.4709859	774	10.5290141	20	
	50	9.4528439	711	9.9817806	62	9.4710633	774	10.5289367	10	
29	0	9.4529151	712	9.9817744	62	9.4711407	774	10.5288593	0	31
	10	9.4529863	712	9.9817682	62	9.4712181	774	10.5287819	50	
	20	9.4530574	711	9.9817619	63	9.4712955	774	10.5287045	40	
	30	9.4531285	711	9.9817557	62	9.4713728	773	10.5286272	30	
	40	9.4531996	711	9.9817494	63	9.4714502	774	10.5285498	20	
	50	9.4532707	711	9.9817432	62	9.4715275	773	10.5284725	10	
30	0	9.4533418	711	9.9817370	62	9.4716048	773	10.5283952	0	30
′	″	Co-Sinus.	Dif.	Sinus.	D.	Co-Tang.	Dif.	Tang.	″	′

73 Deg.

16 Deg.

′	″	Sinus.	Dif.	Co-Sinus.	D.	Tang.	Dif.	Co-Tang.	″	′
30	0	9.4533418		9.9817370		9.4716048		10.5283952	0	30
	10	9.4534129	711	9.9817307	63	9.4716822	774	10.5283178	50	
	20	9.4534839	710	9.9817245	62	9.4717595	773	10.5282405	40	
	30	9.4535550	711	9.9817183	62	9.4718367	772	10.5281633	30	
	40	9.4536260	710	9.9817120	63	9.4719140	773	10.5280860	20	
	50	9.4536971	711	9.9817058	62	9.4719913	773	10.5280087	10	
31	0	9.4537681	710	9.9816995	63	9.4720686	773	10.5279314	0	29
	10	9.4538391	710	9.9816933	62	9.4721458	772	10.5278542	50	
	20	9.4539100	709	9.9816870	63	9.4722230	772	10.5277770	40	
	30	9.4539810	710	9.9816808	62	9.4723002	772	10.5276998	30	
	40	9.4540520	710	9.9816745	63	9.4723774	772	10.5276226	20	
	50	9.4541229	709	9.9816683	62	9.4724546	772	10.5275454	10	
32	0	9.4541939	710	9.9816620	63	9.4725319	773	10.5274681	0	28
	10	9.4542648	709	9.9816558	62	9.4726090	771	10.5273910	50	
	20	9.4543357	709	9.9816495	63	9.4726862	772	10.5273138	40	
	30	9.4544066	709	9.9816433	62	9.4727633	771	10.5272367	30	
	40	9.4544775	709	9.9816370	63	9.4728405	772	10.5271595	20	
	50	9.4545484	709	9.9816308	62	9.4729176	771	10.5270824	10	
33	0	9.4546192	708	9.9816245	63	9.4729947	771	10.5270053	0	27
	10	9.4546901	709	9.9816183	62	9.4730718	771	10.5269282	50	
	20	9.4547609	708	9.9816120	63	9.4731489	771	10.5268511	40	
	30	9.4548317	708	9.9816057	63	9.4732260	771	10.5267740	30	
	40	9.4549025	708	9.9815995	62	9.4733030	770	10.5266970	20	
	50	9.4549733	708	9.9815932	63	9.4733801	771	10.5266199	10	
34	0	9.4550441	708	9.9815870	62	9.4734571	770	10.5265429	0	26
	10	9.4551149	708	9.9815807	63	9.4735342	771	10.5264658	50	
	20	9.4551856	707	9.9815744	63	9.4736112	770	10.5263888	40	
	30	9.4552564	708	9.9815681	63	9.4736882	770	10.5263118	30	
	40	9.4553271	707	9.9815619	62	9.4737652	770	10.5262348	20	
	50	9.4553979	708	9.9815556	63	9.4738422	770	10.5261578	10	
35	0	9.4554686	707	9.9815494	62	9.4739192	770	10.5260808	0	25
	10	9.4555393	707	9.9815431	63	9.4739962	770	10.5260038	50	
	20	9.4556099	706	9.9815368	63	9.4740731	769	10.5259269	40	
	30	9.4556806	707	9.9815305	63	9.4741501	770	10.5258499	30	
	40	9.4557513	707	9.9815243	62	9.4742270	769	10.5257730	20	
	50	9.4558219	706	9.9815180	63	9.4743039	769	10.5256961	10	
36	0	9.4558926	707	9.9815117	63	9.4743808	769	10.5256192	0	24
	10	9.4559631	705	9.9815054	63	9.4744577	769	10.5255423	50	
	20	9.4560338	707	9.9814991	63	9.4745347	770	10.5254653	40	
	30	9.4561044	706	9.9814929	62	9.4746115	768	10.5253885	30	
	40	9.4561750	706	9.9814866	63	9.4746884	769	10.5253116	20	
	50	9.4562455	705	9.9814803	63	9.4747652	768	10.5252348	10	
37	0	9.4563161	706	9.9814740	63	9.4748421	769	10.5251579	0	23
	10	9.4563866	705	9.9814677	63	9.4749189	768	10.5250811	50	
	20	9.4564572	706	9.9814615	62	9.4749957	768	10.5250043	40	
	30	9.4565277	705	9.9814552	63	9.4750725	768	10.5249275	30	
	40	9.4565982	705	9.9814489	63	9.4751493	768	10.5248507	20	
	50	9.4566687	705	9.9814426	63	9.4752261	768	10.5247739	10	
38	0	9.4567392	705	9.9814363	63	9.4753029	768	10.5246971	0	22
	10	9.4568097	705	9.9814300	63	9.4753796	767	10.5246204	50	
	20	9.4568801	704	9.9814237	63	9.4754564	768	10.5245436	40	
	30	9.4569506	705	9.9814174	63	9.4755331	767	10.5244669	30	
	40	9.4570210	704	9.9814111	63	9.4756099	768	10.5243901	20	
	50	9.4570914	704	9.9814048	63	9.4756866	767	10.5243134	10	
39	0	9.4571618	704	9.9813985	63	9.4757633	767	10.5242367	0	21
	10	9.4572322	704	9.9813922	63	9.4758400	767	10.5241600	50	
	20	9.4573026	704	9.9813859	63	9.4759167	767	10.5240833	40	
	30	9.4573730	704	9.9813797	62	9.4759933	766	10.5240067	30	
	40	9.4574434	704	9.9813734	63	9.4760700	767	10.5239300	20	
	50	9.4575137	703	9.9813671	63	9.4761466	766	10.5238534	10	
40	0	9.4575840	703	9.9813608	63	9.4762232	766	10.5237768	0	20
′	″	Co-Sinus.	Dif.	Sinus.	D.	Co-Tang.	Dif.	Tang.	″	′

73 Deg.

16 Deg.

′	″	Sinus.	Dif.	Co-Sinus.	D	Tang.	Dif.	Co-Tang.	″	′
40	0	9.4575844		9.9813608		9.4762233		10.5237767	0	20
	10	9.4576544	703	9.9813545	63	9.4762999	766	10.5237001	50	
	20	9.4577247	703	9.9813481	63	9.4763765	766	10.5236235	40	
	30	9.4577950	703	9.9813418	63	9.4764531	766	10.5235469	30	
	40	9.4578653	703	9.9813355	63	9.4765297	766	10.5234703	20	
	50	9.4579355	702	9.9813292	63	9.4766063	766	10.5233937	10	
41	0	9.4580058	703	9.9813229	63	9.4766829	766	10.5233171	0	19
	10	9.4580760	702	9.9813166	63	9.4767594	765	10.5232406	50	
	20	9.4581463	703	9.9813102	64	9.4768360	766	10.5231640	40	
	30	9.4582165	702	9.9813040	62	9.4769125	765	10.5230875	30	
	40	9.4582867	702	9.9812977	63	9.4769891	766	10.5230109	20	
	50	9.4583569	702	9.9812913	64	9.4770656	765	10.5229344	10	
42	0	9.4584271	702	9.9812850	63	9.4771421	765	10.5228579	0	18
	10	9.4584973	702	9.9812787	63	9.4772186	765	10.5227814	50	
	20	9.4585674	701	9.9812724	63	9.4772950	764	10.5227050	40	
	30	9.4586376	702	9.9812661	63	9.4773715	765	10.5226285	30	
	40	9.4587077	701	9.9812598	63	9.4774480	765	10.5225520	20	
	50	9.4587778	701	9.9812534	64	9.4775244	764	10.5224756	10	
43	0	9.4588480	702	9.9812471	63	9.4776009	765	10.5223991	0	17
	10	9.4589181	701	9.9812408	63	9.4776773	764	10.5223227	50	
	20	9.4589882	701	9.9812345	63	9.4777537	764	10.5222463	40	
	30	9.4590583	701	9.9812281	64	9.4778301	764	10.5221699	30	
	40	9.4591283	700	9.9812218	63	9.4779065	764	10.5220935	20	
	50	9.4591984	701	9.9812155	63	9.4779829	764	10.5220171	10	
44	0	9.4592684	700	9.9812091	64	9.4780592	763	10.5219408	0	16
	10	9.4593384	700	9.9812028	63	9.4781356	764	10.5218644	50	
	20	9.4594084	700	9.9811965	63	9.4782119	763	10.5217881	40	
	30	9.4594784	700	9.9811902	63	9.4782883	764	10.5217117	30	
	40	9.4595484	700	9.9811838	64	9.4783646	763	10.5216354	20	
	50	9.4596184	700	9.9811775	63	9.4784409	763	10.5215591	10	
45	0	9.4596883	699	9.9811711	64	9.4785172	763	10.5214828	0	15
	10	9.4597583	700	9.9811648	63	9.4785935	763	10.5214065	50	
	20	9.4598282	699	9.9811585	63	9.4786697	762	10.5213303	40	
	30	9.4598981	699	9.9811521	64	9.4787460	763	10.5212540	30	
	40	9.4599680	699	9.9811458	63	9.4788222	762	10.5211778	20	
	50	9.4600379	699	9.9811395	63	9.4788985	763	10.5211015	10	
46	0	9.4601078	699	9.9811331	64	9.4789747	762	10.5210253	0	14
	10	9.4601776	698	9.9811268	63	9.4790509	762	10.5209491	50	
	20	9.4602475	699	9.9811204	64	9.4791271	762	10.5208729	40	
	30	9.4603173	698	9.9811141	63	9.4792032	761	10.5207968	30	
	40	9.4603871	698	9.9811077	64	9.4792794	762	10.5207206	20	
	50	9.4604571	698	9.9811014	63	9.4793556	762	10.5206444	10	
47	0	9.4605270	698	9.9810950	64	9.4794319	761	10.5205681	0	13
	10	9.4605968	698	9.9810887	63	9.4795081	762	10.5204919	50	
	20	9.4606666	698	9.9810823	64	9.4795842	761	10.5204158	40	
	30	9.4607364	698	9.9810760	63	9.4796604	762	10.5203396	30	
	40	9.4608061	697	9.9810696	64	9.4797365	761	10.5202635	20	
	50	9.4608759	698	9.9810633	63	9.4798126	761	10.5201874	10	
48	0	9.4609456	697	9.9810569	64	9.4798887	761	10.5201113	0	12
	10	9.4610154	698	9.9810505	64	9.4799648	761	10.5200352	50	
	20	9.4610851	697	9.9810442	63	9.4800409	761	10.5199591	40	
	30	9.4611548	697	9.9810378	64	9.4801170	761	10.5198830	30	
	40	9.4612245	697	9.9810315	63	9.4801930	760	10.5198070	20	
	50	9.4612942	697	9.9810251	64	9.4802691	761	10.5197309	10	
49	0	9.4613638	696	9.9810187	64	9.4803451	760	10.5196549	0	11
	10	9.4614335	697	9.9810124	63	9.4804211	760	10.5195789	50	
	20	9.4615031	696	9.9810060	64	9.4804971	760	10.5195029	40	
	30	9.4615728	697	9.9809996	64	9.4805731	760	10.5194269	30	
	40	9.4616424	696	9.9809933	63	9.4806491	760	10.5193509	20	
	50	9.4617120	696	9.9809869	64	9.4807251	760	10.5192749	10	
50	0	9.4617816	696	9.9809805	64	9.4808011	760	10.5191989	0	10
′	″	Co-Sinus.	Dif.	Sinus.	D	Co-Tang.	Dif.	Tang.	″	′

73 Deg.

16 Deg.

′	″	Sinus.	Dif.	Co-Sinus.	D	Tang.	Dif.	Co-Tang.	″	′
50	0	9.4617816		9.9809805		9.4808011		10.5191989	0	10
	10	9.4618512	696	9.9809742	63	9.4808770	759	10.5191230	50	
	20	9.4619208	696	9.9809678	64	9.4809530	760	10.5190470	40	
	30	9.4619903	695	9.9809614	64	9.4810289	759	10.5189711	30	
	40	9.4620599	696	9.9809551	63	9.4811048	759	10.5188952	20	
	50	9.4621294	695	9.9809487	64	9.4811807	759	10.5188193	10	
51	0	9.4621989	695	9.9809423	64	9.4812566	759	10.5187434	0	9
	10	9.4622684	695	9.9809359	64	9.4813325	759	10.5186675	50	
	20	9.4623379	695	9.9809295	64	9.4814084	759	10.5185916	40	
	30	9.4624074	695	9.9809231	64	9.4814843	759	10.5185157	30	
	40	9.4624769	695	9.9809168	63	9.4815601	758	10.5184399	20	
	50	9.4625464	695	9.9809104	64	9.4816360	759	10.5183640	10	
52	0	9.4626158	694	9.9809040	64	9.4817118	758	10.5182882	0	8
	10	9.4626853	695	9.9808976	64	9.4817876	758	10.5182124	50	
	20	9.4627547	694	9.9808912	64	9.4818634	758	10.5181366	40	
	30	9.4628241	694	9.9808848	64	9.4819393	759	10.5180607	30	
	40	9.4628935	694	9.9808784	64	9.4820150	757	10.5179850	20	
	50	9.4629629	694	9.9808721	63	9.4820908	758	10.5179092	10	
53	0	9.4630323	694	9.9808657	64	9.4821666	758	10.5178334	0	7
	10	9.4631017	694	9.9808593	64	9.4822424	758	10.5177576	50	
	20	9.4631710	693	9.9808529	64	9.4823181	757	10.5176819	40	
	30	9.4632404	694	9.9808465	64	9.4823939	758	10.5176061	30	
	40	9.4633097	693	9.9808401	64	9.4824696	757	10.5175304	20	
	50	9.4633790	693	9.9808337	64	9.4825453	757	10.5174547	10	
54	0	9.4634483	693	9.9808273	64	9.4826210	757	10.5173790	0	6
	10	9.4635176	693	9.9808209	64	9.4826967	757	10.5173033	50	
	20	9.4635869	693	9.9808145	64	9.4827724	757	10.5172276	40	
	30	9.4636561	692	9.9808081	64	9.4828480	756	10.5171520	30	
	40	9.4637254	693	9.9808017	64	9.4829237	757	10.5170763	20	
	50	9.4637947	693	9.9807953	64	9.4829993	756	10.5170007	10	
55	0	9.4638639	692	9.9807889	64	9.4830750	757	10.5169250	0	5
	10	9.4639331	692	9.9807825	64	9.4831506	756	10.5168494	50	
	20	9.4640023	692	9.9807761	64	9.4832262	756	10.5167738	40	
	30	9.4640715	692	9.9807697	64	9.4833018	756	10.5166982	30	
	40	9.4641407	692	9.9807633	64	9.4833774	756	10.5166226	20	
	50	9.4642099	692	9.9807569	64	9.4834530	756	10.5165470	10	
56	0	9.4642790	691	9.9807505	64	9.4835286	756	10.5164714	0	4
	10	9.4643481	691	9.9807441	64	9.4836041	755	10.5163959	50	
	20	9.4644173	692	9.9807377	64	9.4836797	756	10.5163203	40	
	30	9.4644864	691	9.9807312	65	9.4837552	755	10.5162448	30	
	40	9.4645556	692	9.9807248	64	9.4838307	755	10.5161693	20	
	50	9.4646247	691	9.9807184	64	9.4839063	756	10.5160937	10	
57	0	9.4646938	691	9.9807120	64	9.4839818	755	10.5160182	0	3
	10	9.4647628	690	9.9807056	64	9.4840573	755	10.5159427	50	
	20	9.4648319	691	9.9806992	64	9.4841327	754	10.5158673	40	
	30	9.4649010	691	9.9806927	65	9.4842082	755	10.5157918	30	
	40	9.4649700	690	9.9806863	64	9.4842837	755	10.5157163	20	
	50	9.4650390	690	9.9806799	64	9.4843591	754	10.5156409	10	
58	0	9.4651081	691	9.9806735	64	9.4844346	755	10.5155654	0	2
	10	9.4651771	690	9.9806671	64	9.4845100	754	10.5154900	50	
	20	9.4652461	690	9.9806606	65	9.4845854	754	10.5154146	40	
	30	9.4653150	689	9.9806542	64	9.4846608	754	10.5153392	30	
	40	9.4653840	690	9.9806478	64	9.4847362	754	10.5152638	20	
	50	9.4654530	690	9.9806413	65	9.4848116	754	10.5151884	10	
59	0	9.4655219	689	9.9806349	64	9.4848870	754	10.5151130	0	1
	10	9.4655908	689	9.9806285	64	9.4849624	754	10.5150376	50	
	20	9.4656598	690	9.9806221	64	9.4850377	753	10.5149623	40	
	30	9.4657287	689	9.9806156	65	9.4851131	754	10.5148869	30	
	40	9.4657976	689	9.9806092	64	9.4851884	753	10.5148116	20	
	50	9.4658664	688	9.9806027	65	9.4852637	753	10.5147363	10	
60	0	9.4659353	689	9.9805963	64	9.4853390	753	10.5146610	0	0
′	″	Co-Sinus.	Dif.	Sinus.	D	Co-Tang.	Dif.	Tang.	″	′

73 Deg.

17 Deg.

'	"	Sinus.	Dif.	Co-Sinus.	D.	Tang.	Dif.	Co-Tang.	"	'
0	0	9.4659353		9.9805963		9.4853390		10.5146610	0	60
	10	9.4660041		9.9805805		9.4854143		10.5145857	50	
	20	9.4660731		9.9805831		9.4854896		10.5145104	40	
	30	9.4661419		9.9805770		9.4855649		10.5144351	30	
	40	9.4662107		9.9805706		9.4856402		10.5143598	20	
	50	9.4662795		9.9805641		9.4857154		10.5142846	10	
1	0	9.4663483		9.9805577		9.4857907		10.5142093	0	59
	10	9.4664171		9.9805512		9.4858659		10.5141341	50	
	20	9.4664859		9.9805448		9.4859411		10.5140589	40	
	30	9.4665547		9.9805383		9.4860163		10.5139837	30	
	40	9.4666234		9.9805319		9.4860915		10.5139085	20	
	50	9.4666921		9.9805254		9.4861667		10.5138333	10	
2	0	9.4667609		9.9805190		9.4862419		10.5137581	0	58
	10	9.4668296		9.9805125		9.4863171		10.5136829	50	
	20	9.4668983		9.9805061		9.4863922		10.5136078	40	
	30	9.4669670		9.9804996		9.4864674		10.5135326	30	
	40	9.4670357		9.9804931		9.4865425		10.5134575	20	
	50	9.4671044		9.9804867		9.4866177		10.5133823	10	
3	0	9.4671730		9.9804802		9.4866928		10.5133072	0	57
	10	9.4672417		9.9804737		9.4867679		10.5132321	50	
	20	9.4673103		9.9804673		9.4868430		10.5131570	40	
	30	9.4673789		9.9804608		9.4869181		10.5130819	30	
	40	9.4674476		9.9804543		9.4869932		10.5130068	20	
	50	9.4675161		9.9804478		9.4870683		10.5129317	10	
4	0	9.4675847		9.9804414		9.4871433		10.5128567	0	56
	10	9.4676533		9.9804349		9.4872184		10.5127816	50	
	20	9.4677219		9.9804284		9.4872935		10.5127067	40	
	30	9.4677904		9.9804221		9.4873685		10.5126317	30	
	40	9.4678590		9.9804154		9.4874436		10.5125566	20	
	50	9.4679275		9.9804090		9.4875186		10.5124814	10	
5	0	9.4679960		9.9804017		9.4875933		10.5124067	0	55
	10	9.4680645		9.9803961		9.4876686		10.5123317	50	
	20	9.4681330		9.9803898		9.4877436		10.5122567	40	
	30	9.4682015		9.9803830		9.4878186		10.5121814	30	
	40	9.4682700		9.9803764		9.4878931		10.5121068	20	
	50	9.4683384		9.9803701		9.4879681		10.5120319	10	
6	0	9.4684069		9.9803634		9.4880434		10.5119574	0	54
	10	9.4684753		9.9803572		9.4881183		10.5118861	50	
	20	9.4685438		9.9803509		9.4881932		10.5118071	40	
	30	9.4686121		9.9803444		9.4882677		10.5117323	30	
	40	9.4686808		9.9803377		9.4883428		10.5116574	20	
	50	9.4687490		9.9803311		9.4884179		10.5115821	10	
7	0	9.4688175		9.9803245		9.4884924		10.5115076	0	53
	10	9.4688857		9.9803180		9.4885671		10.5114318	50	
	20	9.4689540		9.9803110		9.4886410		10.5113580	40	
	30	9.4690114		9.9803059		9.4887164		10.5112831	30	
	40	9.4690907		9.9802990		9.4887917		10.5111082	20	
	50	9.4691590		9.9802915		9.4888666		10.5111335	10	
8	0	9.4692275		9.9802860		9.4889411		10.5110587	0	52
	10	9.4692956		9.9802796		9.4890161		10.5109839	50	
	20	9.4693631		9.9802711		9.4890909		10.5109091	40	
	30	9.4694322		9.9802660		9.4891656		10.5108344	30	
	40	9.4695004		9.9802601		9.4892404		10.5107596	20	
	50	9.4695685		9.9802531		9.4893151		10.5106849	10	
9	0	9.4696369		9.9802474		9.4893898		10.5106101	0	51
	10	9.4697051		9.9802404		9.4894646		10.5105354	50	
	20	9.4697714		9.9802341		9.4895395		10.5104607	40	
	30	9.4698416		9.9802276		9.4896140		10.5103860	30	
	40	9.4699097		9.9802111		9.4896888		10.5103113	20	
	50	9.4699779		9.9802114		9.4897633		10.5102367	10	
10	0	9.4700461		9.9802081		9.4898318		10.5101610	0	50
'	"	Co-Sinus.	Dif.	Sinus.	D.	Co-Tang.	Dif.	Tang.	"	'

72 Deg.

17 Deg.

'	"	Sinus.	Dif.	Co-Sinus.	D.	Tang.	Dif.	Co-Tang.	"	'
10	0	9.4700461		9.9802081		9.4898380		10.5101620	0	50
	10	9.4701148		9.9802016		9.4899127		10.5100873	50	
	20	9.4701828		9.9801951		9.4899873		10.5100127	40	
	30	9.4702509		9.9801886		9.4900610		10.5099380	30	
	40	9.4703186		9.9801820		9.4901366		10.5098634	20	
	50	9.4703866		9.9801755		9.4902111		10.5097888	10	
11	0	9.4704546		9.9801690		9.4902856		10.5097144	0	49
	10	9.4705218		9.9801625		9.4903604		10.5096396	50	
	20	9.4705910		9.9801560		9.4904350		10.5095650	40	
	30	9.4706590		9.9801495		9.4905096		10.5094904	30	
	40	9.4707271		9.9801430		9.4905841		10.5094159	20	
	50	9.4707951		9.9801365		9.4906587		10.5093413	10	
12	0	9.4708631		9.9801299		9.4907332		10.5092668	0	48
	10	9.4709311		9.9801234		9.4908077		10.5091923	50	
	20	9.4709991		9.9801169		9.4908823		10.5091177	40	
	30	9.4710671		9.9801104		9.4909568		10.5090431	30	
	40	9.4711351		9.9801038		9.4910313		10.5089687	20	
	50	9.4712031		9.9800973		9.4911058		10.5088941	10	
13	0	9.4712710		9.9800908		9.4911802		10.5088198	0	47
	10	9.4713390		9.9800842		9.4912547		10.5087453	50	
	20	9.4714069		9.9800777		9.4913292		10.5086708	40	
	30	9.4714748		9.9800712		9.4914036		10.5085964	30	
	40	9.4715487		9.9800647		9.4914780		10.5085110	20	
	50	9.4716100		9.9800581		9.4915525		10.5084475	10	
14	0	9.4716784		9.9800516		9.4916269		10.5083731	0	46
	10	9.4717464		9.9800451		9.4917015		10.5082987	50	
	20	9.4718142		9.9800385		9.4917757		10.5082243	40	
	30	9.4718821		9.9800310		9.4918501		10.5081499	30	
	40	9.4719499		9.9800253		9.4919244		10.5080756	20	
	50	9.4720177		9.9800190		9.4919988		10.5080011	10	
15	0	9.4720856		9.9800123		9.4920731		10.5079269	0	45
	10	9.4721534		9.9800059		9.4921475		10.5078525	50	
	20	9.4722212		9.9799992		9.4922218		10.5077781	40	
	30	9.4722890		9.9799928		9.4922961		10.5077019	30	
	40	9.4723567		9.9799861		9.4923705		10.5076295	20	
	50	9.4724245		9.9799797		9.4924446		10.5075551	10	
16	0	9.4724922		9.9799731		9.4925191		10.5074810	0	44
	10	9.4725600		9.9799666		9.4925933		10.5074067	50	
	20	9.4726277		9.9799601		9.4926676		10.5073324	40	
	30	9.4726954		9.9799536		9.4927418		10.5072582	30	
	40	9.4727631		9.9799470		9.4928161		10.5071839	20	
	50	9.4728308		9.9799404		9.4928903		10.5071097	10	
17	0	9.4728985		9.9799339		9.4929646		10.5070354	0	43
	10	9.4729661		9.9799274		9.4930388		10.5069612	50	
	20	9.4730338		9.9799208		9.4931130		10.5068870	40	
	30	9.4731014		9.9799141		9.4931872		10.5068128	30	
	40	9.4731690		9.9799077		9.4932614		10.5067386	20	
	50	9.4732367		9.9799011		9.4933355		10.5066645	10	
18	0	9.4733043		9.9798946		9.4934097		10.5065901	0	42
	10	9.4733719		9.9798880		9.4934839		10.5065161	50	
	20	9.4734394		9.9798814		9.4935580		10.5064420	40	
	30	9.4735070		9.9798748		9.4936311		10.5063679	30	
	40	9.4735746		9.9798683		9.4937063		10.5062938	20	
	50	9.4736421		9.9798617		9.4937804		10.5062196	10	
19	0	9.4737097		9.9798553		9.4938545		10.5061455	0	41
	10	9.4737778		9.9798486		9.4939285		10.5060715	50	
	20	9.4738447		9.9798421		9.4940026		10.5059974	40	
	30	9.4739122		9.9798355		9.4940767		10.5059131	30	
	40	9.4739797		9.9798289		9.4941508		10.5058492	20	
	50	9.4740471		9.9798224		9.4942248		10.5057753	10	
20	0	9.4741146		9.9798158		9.4942988		10.5057011	0	40
'	"	Co-Sinus.	Dif.	Sinus.	D.	Co-Tang.	Dif.	Tang.	"	'

Z

72 Deg.

17 Deg.

′	″	Sinus.	Dif.	Co-Sinus.	D.	Tang.	Dif. com.	Co-Tang.	″	′
20	0	9.4741146		9.9798158		9.4942988		10.5057011	0	40
	10	9.4741821	675	9.9798094	66	9.4943729	741	10.5056271	50	
	20	9.4742495	674	9.9798017	67	9.4944469	740	10.5055531	40	
	30	9.4743170	675	9.9797961	66	9.4945209	740	10.5054791	30	
	40	9.4743844	674	9.9797895	66	9.4945949	740	10.5054051	20	
	50	9.4744518	674	9.9797829	66	9.4946689	740	10.5053311	10	
21	0	9.4745192	674	9.9797764	65	9.4947429	740	10.5052571	0	39
	10	9.4745866	674	9.9797698	66	9.4948168	739	10.5051832	50	
	20	9.4746540	674	9.9797632	66	9.4948908	740	10.5051092	40	
	30	9.4747213	673	9.9797566	66	9.4949647	739	10.5050353	30	
	40	9.4747887	674	9.9797500	66	9.4950387	740	10.5049613	20	
	50	9.4748560	673	9.9797435	65	9.4951126	739	10.5048874	10	
22	0	9.4749234	674	9.9797369	66	9.4951865	739	10.5048135	0	38
	10	9.4749907	673	9.9797303	66	9.4952604	739	10.5047396	50	
	20	9.4750580	673	9.9797237	66	9.4953343	739	10.5046657	40	
	30	9.4751253	673	9.9797171	66	9.4954082	739	10.5045918	30	
	40	9.4751926	673	9.9797105	66	9.4954821	739	10.5045179	20	
	50	9.4752598	672	9.9797039	66	9.4955559	738	10.5044441	10	
23	0	9.4753271	673	9.9796973	66	9.4956298	739	10.5043702	0	37
	10	9.4753944	673	9.9796907	66	9.4957036	738	10.5042964	50	
	20	9.4754616	672	9.9796841	66	9.4957774	738	10.5042226	40	
	30	9.4755288	672	9.9796776	65	9.4958513	739	10.5041487	30	
	40	9.4755960	672	9.9796710	66	9.4959251	738	10.5040749	20	
	50	9.4756632	672	9.9796644	66	9.4959989	738	10.5040011	10	
24	0	9.4757304	672	9.9796578	66	9.4960727	738	10.5039273	0	36
	10	9.4757976	672	9.9796512	66	9.4961464	737	10.5038536	50	
	20	9.4758648	672	9.9796446	66	9.4962202	738	10.5037798	40	
	30	9.4759319	671	9.9796380	66	9.4962939	737	10.5037061	30	
	40	9.4759991	672	9.9796314	66	9.4963677	738	10.5036323	20	
	50	9.4760662	671	9.9796248	66	9.4964414	737	10.5035586	10	
25	0	9.4761334	672	9.9796182	66	9.4965151	737	10.5034849	0	35
	10	9.4762005	671	9.9796116	66	9.4965888	737	10.5034112	50	
	20	9.4762676	671	9.9796049	67	9.4966626	738	10.5033374	40	
	30	9.4763347	671	9.9795983	66	9.4967363	737	10.5032637	30	
	40	9.4764017	670	9.9795917	66	9.4968100	737	10.5031900	20	
	50	9.4764688	671	9.9795851	66	9.4968837	737	10.5031163	10	
26	0	9.4765359	671	9.9795785	66	9.4969574	737	10.5030426	0	34
	10	9.4766029	670	9.9795719	66	9.4970310	736	10.5029690	50	
	20	9.4766699	670	9.9795652	67	9.4971047	737	10.5028953	40	
	30	9.4767370	671	9.9795587	65	9.4971783	736	10.5028217	30	
	40	9.4768040	670	9.9795521	66	9.4972519	736	10.5027481	20	
	50	9.4768710	670	9.9795454	67	9.4973255	736	10.5026745	10	
27	0	9.4769380	670	9.9795388	66	9.4973991	736	10.5026009	0	33
	10	9.4770049	669	9.9795322	66	9.4974727	736	10.5025273	50	
	20	9.4770719	670	9.9795256	66	9.4975463	736	10.5024537	40	
	30	9.4771389	670	9.9795190	66	9.4976199	736	10.5023801	30	
	40	9.4772058	669	9.9795123	67	9.4976935	736	10.5023065	20	
	50	9.4772727	669	9.9795057	66	9.4977670	735	10.5022330	10	
28	0	9.4773396	669	9.9794991	66	9.4978406	736	10.5021594	0	32
	10	9.4774066	670	9.9794925	66	9.4979141	735	10.5020859	50	
	20	9.4774735	669	9.9794858	67	9.4979876	735	10.5020124	40	
	30	9.4775403	668	9.9794792	66	9.4980611	735	10.5019389	30	
	40	9.4776072	669	9.9794726	66	9.4981346	735	10.5018654	20	
	50	9.4776741	669	9.9794659	67	9.4982081	735	10.5017919	10	
29	0	9.4777409	668	9.9794593	66	9.4982816	735	10.5017184	0	31
	10	9.4778078	669	9.9794527	66	9.4983551	735	10.5016449	50	
	20	9.4778746	668	9.9794460	67	9.4984286	735	10.5015714	40	
	30	9.4779414	668	9.9794394	66	9.4985020	734	10.5014980	30	
	40	9.4780082	668	9.9794328	66	9.4985754	734	10.5014246	20	
	50	9.4780750	668	9.9794261	67	9.4986489	735	10.5013511	10	
30	0	9.4781418	668	9.9794195	66	9.4987223	734	10.5012777	0	30
′	″	Co-Sinus.	Dif.	Sinus.	D.	Co-Tang.	Dif. com.	Tang.	″	′

72 Deg.

17 Deg.

′	″	Sinus.	Dif.	Co-Sinus.	D.	Tang.	Dif. com.	Co-Tang.	″	′
30	0	9.4781418		9.9794195		9.4987223		10.5012777	0	30
	10	9.4782086	668	9.9794129	66	9.4987957	734	10.5012043	50	
	20	9.4782753	667	9.9794062	67	9.4988691	734	10.5011309	40	
	30	9.4783421	668	9.9793996	66	9.4989425	734	10.5010575	30	
	40	9.4784088	667	9.9793929	67	9.4990159	734	10.5009841	20	
	50	9.4784756	668	9.9793863	66	9.4990893	734	10.5009107	10	
31	0	9.4785423	667	9.9793797	66	9.4991626	733	10.5008374	0	29
	10	9.4786090	667	9.9793730	67	9.4992360	734	10.5007640	50	
	20	9.4786757	667	9.9793664	66	9.4993093	733	10.5006907	40	
	30	9.4787424	667	9.9793597	67	9.4993826	733	10.5006174	30	
	40	9.4788090	666	9.9793531	66	9.4994560	734	10.5005440	20	
	50	9.4788757	667	9.9793464	67	9.4995293	733	10.5004707	10	
32	0	9.4789423	666	9.9793398	66	9.4996026	733	10.5003974	0	28
	10	9.4790090	667	9.9793331	67	9.4996759	733	10.5003241	50	
	20	9.4790756	666	9.9793265	66	9.4997491	732	10.5002509	40	
	30	9.4791422	666	9.9793198	67	9.4998224	733	10.5001776	30	
	40	9.4792088	666	9.9793131	67	9.4998957	733	10.5001043	20	
	50	9.4792754	666	9.9793065	66	9.4999689	732	10.5000311	10	
33	0	9.4793420	666	9.9792998	67	9.5000422	733	10.4999578	0	27
	10	9.4794086	666	9.9792932	66	9.5001154	732	10.4998846	50	
	20	9.4794751	665	9.9792865	67	9.5001886	732	10.4998114	40	
	30	9.4795417	666	9.9792798	67	9.5002618	732	10.4997382	30	
	40	9.4796082	665	9.9792732	66	9.5003350	732	10.4996650	20	
	50	9.4796747	665	9.9792665	67	9.5004082	732	10.4995918	10	
34	0	9.4797412	665	9.9792598	67	9.5004814	732	10.4995186	0	26
	10	9.4798077	665	9.9792532	66	9.5005546	732	10.4994454	50	
	20	9.4798742	665	9.9792465	67	9.5006277	731	10.4993723	40	
	30	9.4799407	665	9.9792398	67	9.5007009	732	10.4992991	30	
	40	9.4800071	664	9.9792331	67	9.5007740	731	10.4992260	20	
	50	9.4800736	665	9.9792265	66	9.5008471	731	10.4991529	10	
35	0	9.4801401	665	9.9792198	67	9.5009203	732	10.4990797	0	25
	10	9.4802064	663	9.9792131	67	9.5009933	730	10.4990067	50	
	20	9.4802730	666	9.9792064	67	9.5010666	733	10.4989334	40	
	30	9.4803394	664	9.9791998	66	9.5011396	730	10.4988604	30	
	40	9.4804058	664	9.9791931	67	9.5012126	730	10.4987874	20	
	50	9.4804721	663	9.9791864	67	9.5012857	731	10.4987143	10	
36	0	9.4805385	664	9.9791797	67	9.5013588	731	10.4986412	0	24
	10	9.4806048	663	9.9791731	66	9.5014318	730	10.4985682	50	
	20	9.4806711	663	9.9791664	67	9.5015048	730	10.4984952	40	
	30	9.4807375	664	9.9791597	67	9.5015778	730	10.4984222	30	
	40	9.4808038	663	9.9791531	66	9.5016508	730	10.4983492	20	
	50	9.4808701	663	9.9791464	67	9.5017238	730	10.4982762	10	
37	0	9.4809364	663	9.9791397	67	9.5017968	730	10.4982032	0	23
	10	9.4810027	663	9.9791330	67	9.5018697	729	10.4981303	50	
	20	9.4810690	663	9.9791263	67	9.5019427	730	10.4980573	40	
	30	9.4811353	663	9.9791196	67	9.5020157	730	10.4979843	30	
	40	9.4812017	664	9.9791129	67	9.5020887	730	10.4979113	20	
	50	9.4812680	663	9.9791063	66	9.5021617	730	10.4978383	10	
38	0	9.4813344	664	9.9790996	67	9.5022347	730	10.4977653	0	22
	10	9.4814005	661	9.9790929	67	9.5023076	729	10.4976924	50	
	20	9.4814667	662	9.9790862	67	9.5023805	729	10.4976195	40	
	30	9.4815329	662	9.9790795	67	9.5024534	729	10.4975466	30	
	40	9.4815991	662	9.9790728	67	9.5025263	729	10.4974737	20	
	50	9.4816653	662	9.9790661	67	9.5025992	729	10.4974008	10	
39	0	9.4817315	662	9.9790594	67	9.5026721	729	10.4973279	0	21
	10	9.4817976	661	9.9790527	67	9.5027450	729	10.4972550	50	
	20	9.4818638	662	9.9790460	67	9.5028178	728	10.4971822	40	
	30	9.4819299	661	9.9790393	67	9.5028907	729	10.4971093	30	
	40	9.4819961	662	9.9790326	67	9.5029635	728	10.4970365	20	
	50	9.4820622	661	9.9790259	67	9.5030363	728	10.4969637	10	
40	0	9.4821283	661	9.9790192	67	9.5031091	728	10.4968909	0	20
′	″	Co-Sinus.	Dif.	Sinus.	D.	Co-Tang.	Dif. com.	Tang.	″	′

72 Deg.

17 Deg.

'	"	Sinus.	Dif.	Co-Sinus.	D.	Tang.	Dif. com.	Co-Tang.	"	'
40	0	9.4821183		9.9790191		9.5031092		10.4968908	0	20
	10	9.4821844	661	9.9790125	67	9.5031820	728	10.4968180	50	
	20	9.4822505	661	9.9790037	67	9.5032548	728	10.4967452	40	
	30	9.4823166	661	9.9789990	67	9.5033276	728	10.4966724	30	
	40	9.4823827	661	9.9789915	67	9.5034003	727	10.4965997	20	
	50	9.4824488	661	9.9789856	67	9.5034731	728	10.4965269	10	
41	0	9.4825149	661	9.9789789	67	9.5035459	728	10.4964541	0	19
	10	9.4825809	660	9.9789721	67	9.5036186	727	10.4963814	50	
	20	9.4826469	660	9.9789655	67	9.5036913	727	10.4963087	40	
	30	9.4827128	660	9.9789588	67	9.5037641	728	10.4962359	30	
	40	9.4827788	660	9.9789520	68	9.5038368	727	10.4961632	20	
	50	9.4828447	660	9.9789453	67	9.5039095	727	10.4960905	10	
42	0	9.4829106	660	9.9789386	67	9.5039821	727	10.4960178	0	18
	10	9.4829766	660	9.9789319	67	9.5040548	727	10.4959451	50	
	20	9.4830425	659	9.9789252	67	9.5041276	727	10.4958724	40	
	30	9.4831087	659	9.9789184	68	9.5042002	726	10.4957998	30	
	40	9.4831746	659	9.9789117	67	9.5042729	727	10.4957271	20	
	50	9.4832405	659	9.9789050	67	9.5043456	727	10.4956544	10	
43	0	9.4833164	659	9.9788982	68	9.5044182	726	10.4955818	0	17
	10	9.4833824	659	9.9788915	67	9.5044909	726	10.4955091	50	
	20	9.4834483	659	9.9788848	67	9.5045636	726	10.4954364	40	
	30	9.4835141	658	9.9788781	67	9.5046361	725	10.4953639	30	
	40	9.4835800	659	9.9788714	67	9.5047087	726	10.4952913	20	
	50	9.4836459	659	9.9788646	68	9.5047813	726	10.4952187	10	
44	0	9.4837117	658	9.9788579	67	9.5048538	725	10.4951462	0	16
	10	9.4837776	659	9.9788512	67	9.5049264	726	10.4950736	50	
	20	9.4838434	658	9.9788444	68	9.5049990	726	10.4950010	40	
	30	9.4839092	658	9.9788377	67	9.5050715	725	10.4949285	30	
	40	9.4839750	658	9.9788310	67	9.5051440	725	10.4948560	20	
	50	9.4840408	658	9.9788242	68	9.5052166	726	10.4947834	10	
45	0	9.4841066	658	9.9788175	67	9.5052891	725	10.4947109	0	15
	10	9.4841724	658	9.9788107	68	9.5053616	725	10.4946384	50	
	20	9.4842381	657	9.9788040	67	9.5054341	725	10.4945659	40	
	30	9.4843038	657	9.9787972	68	9.5055066	725	10.4944934	30	
	40	9.4843696	658	9.9787905	67	9.5055791	725	10.4944209	20	
	50	9.4844353	657	9.9787837	68	9.5056516	725	10.4943484	10	
46	0	9.4845010	657	9.9787770	67	9.5057240	724	10.4942760	0	14
	10	9.4845667	657	9.9787702	68	9.5057965	725	10.4942035	50	
	20	9.4846324	657	9.9787634	68	9.5058689	724	10.4941311	40	
	30	9.4846981	657	9.9787566	68	9.5059414	725	10.4940586	30	
	40	9.4847638	657	9.9787500	67	9.5060138	724	10.4939862	20	
	50	9.4848294	656	9.9787431	68	9.5060862	724	10.4939138	10	
47	0	9.4848951	657	9.9787365	67	9.5061586	724	10.4938414	0	13
	10	9.4849607	656	9.9787297	68	9.5062310	724	10.4937690	50	
	20	9.4850264	657	9.9787229	68	9.5063034	724	10.4936966	40	
	30	9.4850920	656	9.9787162	67	9.5063757	723	10.4936243	30	
	40	9.4851576	656	9.9787095	67	9.5064481	724	10.4935519	20	
	50	9.4852232	656	9.9787027	68	9.5065205	724	10.4934795	10	
48	0	9.4852888	656	9.9786959	68	9.5065928	723	10.4934072	0	12
	10	9.4853543	655	9.9786892	67	9.5066651	723	10.4933349	50	
	20	9.4854199	656	9.9786824	68	9.5067375	724	10.4932625	40	
	30	9.4854854	655	9.9786757	67	9.5068098	723	10.4931902	30	
	40	9.4855510	656	9.9786689	68	9.5068821	723	10.4931179	20	
	50	9.4856165	655	9.9786621	68	9.5069544	723	10.4930456	10	
49	0	9.4856820	655	9.9786554	67	9.5070267	723	10.4929733	0	11
	10	9.4857475	655	9.9786486	68	9.5070989	722	10.4929011	50	
	20	9.4858130	655	9.9786418	68	9.5071712	723	10.4928288	40	
	30	9.4858785	655	9.9786351	67	9.5072435	723	10.4927565	30	
	40	9.4859440	655	9.9786283	68	9.5073157	722	10.4926843	20	
	50	9.4860095	655	9.9786215	68	9.5073879	722	10.4926121	10	
50	0	9.4860749	654	9.9786147	68	9.5074602	723	10.4925398	0	10
'	"	Co-Sinus.	Dif.	Sinus.	D.	Co-Tang.	Dif. com.	Tang.	"	'

'	"	Sinus.	Dif.	Co-Sinus.	D.	Tang.	Dif. com.	Co-Tang.	"	'
50	0	9.4860749		9.9786147		9.5074602		10.4925398	0	10
	10	9.4861404	655	9.9786079	68	9.5075324	722	10.4924676	50	
	20	9.4862058	654	9.9786011	68	9.5076046	722	10.4923954	40	
	30	9.4862712	654	9.9785944	67	9.5076768	722	10.4923232	30	
	40	9.4863366	654	9.9785877	67	9.5077490	722	10.4922510	20	
	50	9.4864020	654	9.9785809	68	9.5078211	721	10.4921789	10	
51	0	9.4864674	654	9.9785741	68	9.5078933	722	10.4921067	0	9
	10	9.4865328	654	9.9785673	68	9.5079655	722	10.4920345	50	
	20	9.4865981	653	9.9785605	68	9.5080376	721	10.4919624	40	
	30	9.4866635	654	9.9785537	68	9.5081097	721	10.4918903	30	
	40	9.4867288	653	9.9785470	67	9.5081818	721	10.4918182	20	
	50	9.4867941	653	9.9785402	68	9.5082539	721	10.4917461	10	
52	0	9.4868595	654	9.9785334	68	9.5083261	722	10.4916739	0	8
	10	9.4869248	653	9.9785266	68	9.5083981	720	10.4916019	50	
	20	9.4869901	653	9.9785198	68	9.5084703	722	10.4915297	40	
	30	9.4870554	653	9.9785131	67	9.5085424	721	10.4914576	30	
	40	9.4871207	653	9.9785062	69	9.5086145	721	10.4913855	20	
	50	9.4871860	653	9.9784995	67	9.5086865	720	10.4913135	10	
53	0	9.4872513	653	9.9784927	68	9.5087586	721	10.4912414	0	7
	10	9.4873165	652	9.9784859	68	9.5088306	720	10.4911694	50	
	20	9.4873817	652	9.9784791	68	9.5089027	721	10.4910973	40	
	30	9.4874470	653	9.9784723	68	9.5089747	720	10.4910253	30	
	40	9.4875122	652	9.9784655	68	9.5090467	720	10.4909533	20	
	50	9.4875774	652	9.9784587	68	9.5091187	720	10.4908813	10	
54	0	9.4876426	652	9.9784519	68	9.5091907	720	10.4908093	0	6
	10	9.4877078	652	9.9784451	68	9.5092627	720	10.4907373	50	
	20	9.4877729	651	9.9784383	68	9.5093346	719	10.4906654	40	
	30	9.4878381	652	9.9784315	68	9.5094066	720	10.4905934	30	
	40	9.4879032	651	9.9784247	68	9.5094785	719	10.4905215	20	
	50	9.4879684	652	9.9784179	68	9.5095505	720	10.4904495	10	
55	0	9.4880335	651	9.9784111	68	9.5096224	719	10.4903776	0	5
	10	9.4880986	651	9.9784042	69	9.5096944	720	10.4903056	50	
	20	9.4881637	651	9.9783974	68	9.5097663	719	10.4902337	40	
	30	9.4882288	651	9.9783906	68	9.5098382	719	10.4901618	30	
	40	9.4882939	651	9.9783838	68	9.5099101	719	10.4900899	20	
	50	9.4883590	651	9.9783770	68	9.5099820	719	10.4900180	10	
56	0	9.4884241	651	9.9783702	68	9.5100539	719	10.4899461	0	4
	10	9.4884891	650	9.9783634	68	9.5101257	718	10.4898743	50	
	20	9.4885541	650	9.9783566	68	9.5101976	719	10.4898024	40	
	30	9.4886192	651	9.9783497	69	9.5102694	718	10.4897306	30	
	40	9.4886842	650	9.9783429	68	9.5103413	719	10.4896587	20	
	50	9.4887492	650	9.9783361	68	9.5104131	718	10.4895869	10	
57	0	9.4888141	649	9.9783292	69	9.5104849	718	10.4895151	0	3
	10	9.4888791	650	9.9783224	68	9.5105567	718	10.4894433	50	
	20	9.4889440	649	9.9783156	68	9.5106285	718	10.4893715	40	
	30	9.4890091	650	9.9783088	68	9.5107003	718	10.4892997	30	
	40	9.4890741	649	9.9783019	69	9.5107721	718	10.4892279	20	
	50	9.4891390	649	9.9782951	68	9.5108439	718	10.4891561	10	
58	0	9.4892040	650	9.9782883	68	9.5109156	717	10.4890844	0	2
	10	9.4892689	649	9.9782815	68	9.5109874	718	10.4890126	50	
	20	9.4893338	649	9.9782747	68	9.5110591	717	10.4889409	40	
	30	9.4893987	649	9.9782679	68	9.5111309	718	10.4888691	30	
	40	9.4894636	649	9.9782610	69	9.5112026	717	10.4887974	20	
	50	9.4895284	648	9.9782541	69	9.5112743	717	10.4887257	10	
59	0	9.4895934	650	9.9782474	67	9.5113460	717	10.4886540	0	1
	10	9.4896581	647	9.9782405	69	9.5114177	717	10.4885823	50	
	20	9.4897231	650	9.9782337	68	9.5114894	717	10.4885106	40	
	30	9.4897879	648	9.9782268	69	9.5115611	717	10.4884389	30	
	40	9.4898527	648	9.9782200	68	9.5116327	716	10.4883673	20	
	50	9.4899176	649	9.9782132	68	9.5117044	717	10.4882956	10	
60	0	9.4899824	648	9.9782063	69	9.5117760	716	10.4882240	0	0
'	"	Co-Sinus.	Dif.	Sinus.	D.	Co-Tang.	Dif. com.	Tang.	"	'

72 Deg.

18 Deg.

′	″	Sinus.	Dif.	Co-Sinus.	D.	Tang.	Dif.	Co-Tang.	″	′
0	0	9.4899824		9.9782063		9.5117760		10.4882240	0	60
	10	9.4900471	647	9.9781995	68	9.5118477	717	10.4881523	50	
	20	9.4901119	648	9.9781926	69	9.5119193	716	10.4880807	40	
	30	9.4901767	648	9.9781858	68	9.5119909	716	10.4880091	30	
	40	9.4902414	647	9.9781790	68	9.5120625	716	10.4879375	20	
	50	9.4903061	647	9.9781721	69	9.5121341	716	10.4878659	10	
1	0	9.4903710	649	9.9781653	68	9.5122057	716	10.4877943	0	59
	10	9.4904357	647	9.9781584	69	9.5122773	716	10.4877227	50	
	20	9.4905004	647	9.9781516	68	9.5123489	716	10.4876511	40	
	30	9.4905651	647	9.9781447	69	9.5124204	715	10.4875796	30	
	40	9.4906298	647	9.9781379	68	9.5124920	716	10.4875080	20	
	50	9.4906945	647	9.9781310	69	9.5125635	715	10.4874365	10	
2	0	9.4907591	646	9.9781241	69	9.5126351	716	10.4873649	0	58
	10	9.4908238	647	9.9781173	68	9.5127066	715	10.4872934	50	
	20	9.4908885	647	9.9781104	69	9.5127781	715	10.4872219	40	
	30	9.4909531	646	9.9781036	68	9.5128496	715	10.4871504	30	
	40	9.4910178	647	9.9780967	69	9.5129211	715	10.4870789	20	
	50	9.4910824	646	9.9780899	68	9.5129926	715	10.4870074	10	
3	0	9.4911471	647	9.9780830	69	9.5130641	715	10.4869359	0	57
	10	9.4912117	646	9.9780761	69	9.5131356	715	10.4868644	50	
	20	9.4912763	646	9.9780693	68	9.5132070	714	10.4867930	40	
	30	9.4913408	645	9.9780624	69	9.5132784	714	10.4867216	30	
	40	9.4914054	646	9.9780555	69	9.5133499	715	10.4866501	20	
	50	9.4914700	646	9.9780487	68	9.5134213	714	10.4865787	10	
4	0	9.4915345	645	9.9780418	69	9.5134927	714	10.4865073	0	56
	10	9.4915991	646	9.9780349	69	9.5135641	714	10.4864359	50	
	20	9.4916636	645	9.9780280	69	9.5136355	714	10.4863645	40	
	30	9.4917281	645	9.9780212	68	9.5137069	714	10.4862931	30	
	40	9.4917926	645	9.9780143	69	9.5137783	714	10.4862217	20	
	50	9.4918571	645	9.9780075	68	9.5138497	714	10.4861503	10	
5	0	9.4919216	645	9.9780006	69	9.5139210	713	10.4860790	0	55
	10	9.4919861	645	9.9779937	69	9.5139924	714	10.4860076	50	
	20	9.4920505	644	9.9779868	69	9.5140637	713	10.4859363	40	
	30	9.4921150	645	9.9779799	69	9.5141351	714	10.4858649	30	
	40	9.4921794	644	9.9779731	68	9.5142064	713	10.4857936	20	
	50	9.4922439	645	9.9779662	69	9.5142777	713	10.4857223	10	
6	0	9.4923083	644	9.9779593	69	9.5143490	713	10.4856510	0	54
	10	9.4923727	644	9.9779524	69	9.5144203	713	10.4855797	50	
	20	9.4924371	644	9.9779455	69	9.5144916	713	10.4855084	40	
	30	9.4925015	644	9.9779387	68	9.5145629	713	10.4854371	30	
	40	9.4925659	644	9.9779318	69	9.5146341	712	10.4853659	20	
	50	9.4926303	644	9.9779249	69	9.5147054	713	10.4852946	10	
7	0	9.4926946	643	9.9779180	69	9.5147766	712	10.4852234	0	53
	10	9.4927590	644	9.9779111	69	9.5148479	713	10.4851521	50	
	20	9.4928233	643	9.9779042	69	9.5149191	712	10.4850809	40	
	30	9.4928876	643	9.9778973	69	9.5149903	712	10.4850097	30	
	40	9.4929519	643	9.9778904	69	9.5150615	712	10.4849385	20	
	50	9.4930162	643	9.9778835	69	9.5151327	712	10.4848673	10	
8	0	9.4930805	643	9.9778766	69	9.5152039	712	10.4847961	0	52
	10	9.4931448	643	9.9778697	69	9.5152751	712	10.4847249	50	
	20	9.4932091	643	9.9778628	69	9.5153463	712	10.4846537	40	
	30	9.4932734	643	9.9778560	68	9.5154174	711	10.4845826	30	
	40	9.4933376	642	9.9778491	69	9.5154886	712	10.4845114	20	
	50	9.4934019	643	9.9778421	70	9.5155597	711	10.4844403	10	
9	0	9.4934661	642	9.9778352	69	9.5156309	712	10.4843691	0	51
	10	9.4935304	643	9.9778283	69	9.5157020	711	10.4842980	50	
	20	9.4935946	642	9.9778214	69	9.5157731	711	10.4842269	40	
	30	9.4936588	642	9.9778145	69	9.5158442	711	10.4841558	30	
	40	9.4937230	642	9.9778076	69	9.5159153	711	10.4840847	20	
	50	9.4937872	642	9.9778007	69	9.5159864	711	10.4840136	10	
10	0	9.4938513	641	9.9777938	69	9.5160575	711	10.4839425	0	50
′	″	Co-Sinus.	Dif.	Sinus.	D.	Co-Tang.	Dif.	Tang.	″	′

71 Deg.

18 Deg.

′	″	Sinus.	Dif.	Co-Sinus.	D.	Tang.	Dif.	Co-Tang.	″	′
10	0	9.4938513		9.9777938		9.5160575		10.4839425	0	50
	10	9.4939155	642	9.9777869	69	9.5161286	711	10.4838714	50	
	20	9.4939796	641	9.9777800	69	9.5161996	710	10.4838004	40	
	30	9.4940438	642	9.9777731	69	9.5162707	711	10.4837293	30	
	40	9.4941079	641	9.9777662	69	9.5163417	710	10.4836583	20	
	50	9.4941720	641	9.9777593	69	9.5164127	710	10.4835873	10	
11	0	9.4942361	641	9.9777524	69	9.5164837	710	10.4835163	0	49
	10	9.4943002	641	9.9777454	70	9.5165548	711	10.4834452	50	
	20	9.4943643	641	9.9777385	69	9.5166258	710	10.4833742	40	
	30	9.4944284	641	9.9777316	69	9.5166968	710	10.4833032	30	
	40	9.4944924	640	9.9777247	69	9.5167678	710	10.4832322	20	
	50	9.4945565	641	9.9777178	69	9.5168387	709	10.4831613	10	
12	0	9.4946205	640	9.9777109	69	9.5169097	710	10.4830903	0	48
	10	9.4946846	641	9.9777039	70	9.5169806	709	10.4830194	50	
	20	9.4947486	640	9.9776970	69	9.5170516	710	10.4829484	40	
	30	9.4948126	640	9.9776901	69	9.5171225	709	10.4828775	30	
	40	9.4948766	640	9.9776831	70	9.5171935	710	10.4828065	20	
	50	9.4949406	640	9.9776762	69	9.5172644	709	10.4827356	10	
13	0	9.4950046	640	9.9776693	69	9.5173353	709	10.4826647	0	47
	10	9.4950686	640	9.9776623	70	9.5174062	709	10.4825938	50	
	20	9.4951325	639	9.9776554	69	9.5174771	709	10.4825229	40	
	30	9.4951965	640	9.9776484	70	9.5175480	709	10.4824520	30	
	40	9.4952604	639	9.9776415	69	9.5176189	709	10.4823811	20	
	50	9.4953243	639	9.9776346	69	9.5176897	708	10.4823103	10	
14	0	9.4953882	639	9.9776276	70	9.5177606	709	10.4822394	0	46
	10	9.4954521	639	9.9776207	69	9.5178314	708	10.4821686	50	
	20	9.4955160	639	9.9776137	70	9.5179023	709	10.4820977	40	
	30	9.4955799	639	9.9776068	69	9.5179731	708	10.4820269	30	
	40	9.4956438	639	9.9775998	70	9.5180439	708	10.4819561	20	
	50	9.4957077	639	9.9775929	69	9.5181147	708	10.4818853	10	
15	0	9.4957715	638	9.9775859	70	9.5181855	708	10.4818145	0	45
	10	9.4958354	639	9.9775791	68	9.5182563	708	10.4817437	50	
	20	9.4958992	638	9.9775722	69	9.5183271	708	10.4816729	40	
	30	9.4959630	638	9.9775651	71	9.5183979	708	10.4816021	30	
	40	9.4960268	638	9.9775582	69	9.5184686	707	10.4815314	20	
	50	9.4960907	639	9.9775512	70	9.5185394	708	10.4814606	10	
16	0	9.4961545	638	9.9775444	68	9.5186101	707	10.4813899	0	44
	10	9.4962183	638	9.9775374	70	9.5186809	708	10.4813191	50	
	20	9.4962821	638	9.9775305	69	9.5187516	707	10.4812484	40	
	30	9.4963458	637	9.9775235	70	9.5188223	707	10.4811777	30	
	40	9.4964096	638	9.9775166	69	9.5188930	707	10.4811070	20	
	50	9.4964733	637	9.9775096	70	9.5189637	707	10.4810363	10	
17	0	9.4965371	638	9.9775026	70	9.5190344	707	10.4809656	0	43
	10	9.4966008	637	9.9774957	69	9.5191051	707	10.4808949	50	
	20	9.4966645	637	9.9774887	70	9.5191757	706	10.4808243	40	
	30	9.4967282	637	9.9774818	69	9.5192464	707	10.4807536	30	
	40	9.4967919	637	9.9774748	70	9.5193171	707	10.4806829	20	
	50	9.4968555	636	9.9774678	70	9.5193877	706	10.4806123	10	
18	0	9.4969192	637	9.9774609	69	9.5194583	706	10.4805417	0	42
	10	9.4969829	637	9.9774539	70	9.5195290	707	10.4804710	50	
	20	9.4970465	636	9.9774470	69	9.5195996	706	10.4804004	40	
	30	9.4971102	637	9.9774400	70	9.5196701	705	10.4803299	30	
	40	9.4971738	636	9.9774330	70	9.5197408	707	10.4802592	20	
	50	9.4972374	636	9.9774261	69	9.5198114	706	10.4801886	10	
19	0	9.4973010	636	9.9774191	70	9.5198819	705	10.4801181	0	41
	10	9.4973646	636	9.9774121	70	9.5199525	706	10.4800475	50	
	20	9.4974282	636	9.9774051	70	9.5200231	706	10.4799769	40	
	30	9.4974918	636	9.9773982	69	9.5200936	705	10.4799064	30	
	40	9.4975553	635	9.9773912	70	9.5201641	705	10.4798359	20	
	50	9.4976189	636	9.9773842	70	9.5202347	706	10.4797653	10	
20	0	9.4976824	635	9.9773772	70	9.5203052	705	10.4796948	0	40
′	″	Co-Sinus.	Dif.	Sinus.	D.	Co-Tang.	Dif.	Tang.	″	′

71 Deg.

18 Deg.

′	″	Sinus.	Dif.	Co-Sinus.	D.	Tang.	Dif.	Co-Tang.	″	′
20	0	9.4976814		9.9773772		9.5203042		10.4796958	0	40
	10	9.4977449	635	9.9773702	70	9.5203747	705	10.4796253	50	
	20	9.4978084	635	9.9773632	70	9.5204452	705	10.4795548	40	
	30	9.4978719	635	9.9773562	70	9.5205157	705	10.4794843	30	
	40	9.4979354	635	9.9773492	70	9.5205862	705	10.4794138	20	
	50	9.4979989	635	9.9773422	70	9.5206567	705	10.4793433	10	
21	0	9.4980624	635	9.9773352	70	9.5207272	705	10.4792728	0	39
	10	9.4981258	634	9.9773282	70	9.5207976	704	10.4792024	50	
	20	9.4981892	634	9.9773212	70	9.5208680	704	10.4791320	40	
	30	9.4982527	635	9.9773142	70	9.5209385	705	10.4790615	30	
	40	9.4983161	634	9.9773072	70	9.5210089	704	10.4789911	20	
	50	9.4983795	634	9.9773002	70	9.5210793	704	10.4789207	10	
22	0	9.4984429	634	9.9772932	70	9.5211497	704	10.4788503	0	38
	10	9.4985063	634	9.9772862	70	9.5212201	704	10.4787799	50	
	20	9.4985697	634	9.9772792	70	9.5212905	704	10.4787095	40	
	30	9.4986331	634	9.9772722	70	9.5213609	704	10.4786391	30	
	40	9.4986964	633	9.9772652	70	9.5214312	703	10.4785688	20	
	50	9.4987598	634	9.9772582	70	9.5215016	704	10.4784984	10	
23	0	9.4988231	633	9.9772512	70	9.5215719	703	10.4784281	0	37
	10	9.4988865	634	9.9772442	70	9.5216423	704	10.4783577	50	
	20	9.4989498	633	9.9772372	70	9.5217126	703	10.4782874	40	
	30	9.4990131	633	9.9772302	70	9.5217829	703	10.4782171	30	
	40	9.4990764	633	9.9772232	70	9.5218532	703	10.4781468	20	
	50	9.4991397	633	9.9772162	70	9.5219235	703	10.4780765	10	
24	0	9.4992030	633	9.9772092	70	9.5219938	703	10.4780062	0	36
	10	9.4992663	633	9.9772022	70	9.5220641	703	10.4779359	50	
	20	9.4993295	632	9.9771952	70	9.5221343	702	10.4778657	40	
	30	9.4993928	633	9.9771881	71	9.5222047	704	10.4777953	30	
	40	9.4994560	632	9.9771811	70	9.5222749	702	10.4777251	20	
	50	9.4995192	632	9.9771741	70	9.5223451	702	10.4776549	10	
25	0	9.4995825	633	9.9771671	70	9.5224154	703	10.4775846	0	35
	10	9.4996457	632	9.9771601	70	9.5224856	702	10.4775144	50	
	20	9.4997089	632	9.9771531	70	9.5225558	702	10.4774442	40	
	30	9.4997721	632	9.9771460	71	9.5226261	703	10.4773739	30	
	40	9.4998353	632	9.9771390	70	9.5226963	702	10.4773037	20	
	50	9.4998985	632	9.9771320	70	9.5227665	702	10.4772335	10	
26	0	9.4999616	631	9.9771250	70	9.5228366	701	10.4771634	0	34
	10	9.5000248	632	9.9771180	70	9.5229068	702	10.4770932	50	
	20	9.5000879	631	9.9771110	70	9.5229769	701	10.4770231	40	
	30	9.5001511	632	9.9771039	71	9.5230472	703	10.4769528	30	
	40	9.5002142	631	9.9770969	70	9.5231173	701	10.4768827	20	
	50	9.5002773	631	9.9770899	70	9.5231874	701	10.4768126	10	
27	0	9.5003404	631	9.9770828	71	9.5232576	702	10.4767424	0	33
	10	9.5004035	631	9.9770758	70	9.5233277	701	10.4766723	50	
	20	9.5004666	631	9.9770688	70	9.5233978	701	10.4766022	40	
	30	9.5005296	630	9.9770617	71	9.5234679	701	10.4765321	30	
	40	9.5005927	631	9.9770547	70	9.5235380	701	10.4764620	20	
	50	9.5006557	630	9.9770477	70	9.5236080	700	10.4763920	10	
28	0	9.5007188	631	9.9770406	71	9.5236782	702	10.4763218	0	32
	10	9.5007818	630	9.9770336	70	9.5237482	700	10.4762518	50	
	20	9.5008448	630	9.9770265	71	9.5238183	701	10.4761817	40	
	30	9.5009078	630	9.9770195	70	9.5238883	700	10.4761117	30	
	40	9.5009708	630	9.9770125	70	9.5239583	700	10.4760417	20	
	50	9.5010338	630	9.9770054	71	9.5240284	701	10.4759716	10	
29	0	9.5010967	629	9.9769984	70	9.5240983	699	10.4759017	0	31
	10	9.5011597	630	9.9769913	71	9.5241684	701	10.4758316	50	
	20	9.5012226	629	9.9769843	70	9.5242383	699	10.4757617	40	
	30	9.5012856	630	9.9769772	71	9.5243084	701	10.4756916	30	
	40	9.5013485	629	9.9769702	70	9.5243783	699	10.4756217	20	
	50	9.5014114	629	9.9769631	71	9.5244483	700	10.4755517	10	
30	0	9.5014764	650	9.9769566	65	9.5245199	716	10.4754801	0	30
′	″	Co-Sinus.	Dif.	Sinus.	D.	Co-Tang.	Dif.	Tang.	″	′

71 Deg.

18 Deg.

′	″	Sinus.	Dif.	Co-Sinus.	D.	Tang.	Dif.	Co-Tang.	″	′
30	0	9.5014764		9.9769566		9.5245199		10.4754801	0	30
	10	9.5015393	629	9.9769495	71	9.5245898	699	10.4754102	50	
	20	9.5016022	629	9.9769425	70	9.5246598	700	10.4753402	40	
	30	9.5016651	629	9.9769354	71	9.5247297	699	10.4752703	30	
	40	9.5017281	630	9.9769284	70	9.5247997	700	10.4752003	20	
	50	9.5017910	629	9.9769213	71	9.5248696	699	10.4751304	10	
31	0	9.5018539	629	9.9769143	70	9.5249395	699	10.4750605	0	29
	10	9.5019167	628	9.9769072	71	9.5250094	699	10.4749906	50	
	20	9.5019795	628	9.9769002	70	9.5250794	700	10.4749206	40	
	30	9.5020424	629	9.9768931	71	9.5251492	698	10.4748508	30	
	40	9.5021053	629	9.9768861	70	9.5252191	699	10.4747809	20	
	50	9.5021681	628	9.9768790	71	9.5252890	699	10.4747110	10	
32	0	9.5022309	628	9.9768720	70	9.5253589	699	10.4746411	0	28
	10	9.5022937	628	9.9768649	71	9.5254287	698	10.4745713	50	
	20	9.5023565	628	9.9768579	70	9.5254986	699	10.4745014	40	
	30	9.5024192	627	9.9768508	71	9.5255684	698	10.4744316	30	
	40	9.5024820	628	9.9768437	71	9.5256383	699	10.4743617	20	
	50	9.5025447	627	9.9768367	70	9.5257081	698	10.4742919	10	
33	0	9.5026075	628	9.9768296	71	9.5257779	698	10.4742221	0	27
	10	9.5026702	627	9.9768225	71	9.5258477	698	10.4741523	50	
	20	9.5027330	628	9.9768155	70	9.5259175	698	10.4740825	40	
	30	9.5027957	627	9.9768084	71	9.5259873	698	10.4740127	30	
	40	9.5028584	627	9.9768013	71	9.5260571	698	10.4739429	20	
	50	9.5029211	627	9.9767943	70	9.5261268	697	10.4738732	10	
34	0	9.5029838	627	9.9767872	71	9.5261966	698	10.4738034	0	26
	10	9.5030465	627	9.9767801	71	9.5262664	698	10.4737336	50	
	20	9.5031091	626	9.9767730	71	9.5263361	697	10.4736639	40	
	30	9.5031718	627	9.9767660	70	9.5264058	697	10.4735942	30	
	40	9.5032344	626	9.9767589	71	9.5264755	697	10.4735245	20	
	50	9.5032971	627	9.9767518	71	9.5265453	698	10.4734547	10	
35	0	9.5033597	626	9.9767447	71	9.5266150	697	10.4733850	0	25
	10	9.5034223	626	9.9767376	71	9.5266847	697	10.4733153	50	
	20	9.5034849	626	9.9767305	71	9.5267544	697	10.4732456	40	
	30	9.5035475	626	9.9767235	70	9.5268241	697	10.4731759	30	
	40	9.5036101	626	9.9767164	71	9.5268937	696	10.4731063	20	
	50	9.5036727	626	9.9767093	71	9.5269634	697	10.4730366	10	
36	0	9.5037353	626	9.9767022	71	9.5270331	697	10.4729669	0	24
	10	9.5037978	625	9.9766951	71	9.5271027	696	10.4728973	50	
	20	9.5038604	626	9.9766880	71	9.5271724	697	10.4728276	40	
	30	9.5039229	625	9.9766810	70	9.5272420	696	10.4727580	30	
	40	9.5039855	626	9.9766739	71	9.5273116	696	10.4726884	20	
	50	9.5040480	625	9.9766668	71	9.5273812	696	10.4726188	10	
37	0	9.5041105	625	9.9766597	71	9.5274508	696	10.4725492	0	23
	10	9.5041730	625	9.9766526	71	9.5275204	696	10.4724796	50	
	20	9.5042355	625	9.9766455	71	9.5275900	696	10.4724100	40	
	30	9.5042980	625	9.9766384	71	9.5276596	696	10.4723404	30	
	40	9.5043604	624	9.9766313	71	9.5277291	695	10.4722709	20	
	50	9.5044229	625	9.9766242	71	9.5277987	696	10.4722013	10	
38	0	9.5044853	624	9.9766171	71	9.5278682	695	10.4721318	0	22
	10	9.5045478	625	9.9766100	71	9.5279378	696	10.4720622	50	
	20	9.5046102	624	9.9766029	71	9.5280073	695	10.4719927	40	
	30	9.5046726	624	9.9765958	71	9.5280768	695	10.4719232	30	
	40	9.5047350	624	9.9765887	71	9.5281463	695	10.4718537	20	
	50	9.5047974	624	9.9765816	71	9.5282158	695	10.4717842	10	
39	0	9.5048598	624	9.9765745	71	9.5282853	695	10.4717147	0	21
	10	9.5049221	623	9.9765674	71	9.5283548	695	10.4716452	50	
	20	9.5049845	624	9.9765603	71	9.5284242	694	10.4715758	40	
	30	9.5050468	623	9.9765534	69	9.5284937	695	10.4715063	30	
	40	9.5051091	623	9.9765461	73	9.5285631	694	10.4714369	20	
	50	9.5051716	625	9.9765390	71	9.5286327	696	10.4713673	10	
40	0	9.5052339	623	9.9765318	72	9.5287021	694	10.4712979	0	20
′	″	Co-Sinus.	Dif.	Sinus.	D.	Co-Tang.	Dif.	Tang.	″	′

71 Deg.

18 Deg.

'	"	Sinus.	Dif.	Co-Sinus.	D.	Tang.	Dif.	Co-Tang.	"	'
40	0	9.5052339		9.9765318		9.5287021		10.4712979	0	20
	10	9.5052963	624	9.9765247	71	9.5287716	695	10.4712284	50	
	20	9.5053586	623	9.9765176	71	9.5288410	694	10.4711590	40	
	30	9.5054209	623	9.9765105	71	9.5289104	694	10.4710896	30	
	40	9.5054832	623	9.9765034	71	9.5289798	694	10.4710202	20	
	50	9.5055454	622	9.9764963	71	9.5290491	693	10.4709509	10	
41	0	9.5056077	623	9.9764891	72	9.5291186	695	10.4708814	0	19
	10	9.5056700	623	9.9764820	71	9.5291880	694	10.4708120	50	
	20	9.5057322	622	9.9764749	71	9.5292573	693	10.4707427	40	
	30	9.5057945	623	9.9764678	71	9.5293267	694	10.4706733	30	
	40	9.5058567	622	9.9764607	71	9.5293960	693	10.4706040	20	
	50	9.5059189	622	9.9764535	72	9.5294654	694	10.4705346	10	
42	0	9.5059811	622	9.9764464	71	9.5295347	693	10.4704653	0	18
	10	9.5060433	622	9.9764393	71	9.5296040	693	10.4703960	50	
	20	9.5061055	622	9.9764321	72	9.5296734	694	10.4703266	40	
	30	9.5061677	622	9.9764250	71	9.5297427	693	10.4702573	30	
	40	9.5062299	622	9.9764179	71	9.5298120	693	10.4701880	20	
	50	9.5062920	621	9.9764108	71	9.5298812	692	10.4701188	10	
43	0	9.5063542	622	9.9764036	72	9.5299506	694	10.4700494	0	17
	10	9.5064163	621	9.9763965	71	9.5300198	692	10.4699802	50	
	20	9.5064784	621	9.9763893	72	9.5300891	693	10.4699109	40	
	30	9.5065406	622	9.9763822	71	9.5301584	693	10.4698416	30	
	40	9.5066027	621	9.9763751	71	9.5302276	692	10.4697724	20	
	50	9.5066648	621	9.9763679	72	9.5302969	693	10.4697031	10	
44	0	9.5067269	621	9.9763608	71	9.5303661	692	10.4696339	0	16
	10	9.5067889	620	9.9763537	71	9.5304352	691	10.4695648	50	
	20	9.5068510	621	9.9763465	72	9.5305045	693	10.4694955	40	
	30	9.5069131	621	9.9763394	71	9.5305737	692	10.4694263	30	
	40	9.5069751	620	9.9763322	72	9.5306429	692	10.4693571	20	
	50	9.5070372	621	9.9763251	71	9.5307121	692	10.4692879	10	
45	0	9.5070992	620	9.9763179	72	9.5307813	692	10.4692187	0	15
	10	9.5071612	620	9.9763108	71	9.5308504	691	10.4691496	50	
	20	9.5072232	620	9.9763036	72	9.5309196	692	10.4690804	40	
	30	9.5072852	620	9.9762965	71	9.5309887	691	10.4690113	30	
	40	9.5073472	620	9.9762893	72	9.5310579	692	10.4689421	20	
	50	9.5074092	620	9.9762822	71	9.5311270	691	10.4688730	10	
46	0	9.5074711	619	9.9762750	72	9.5311961	691	10.4688039	0	14
	10	9.5075331	620	9.9762679	71	9.5312652	691	10.4687348	50	
	20	9.5075951	620	9.9762607	72	9.5313344	692	10.4686656	40	
	30	9.5076570	619	9.9762536	71	9.5314034	690	10.4685966	30	
	40	9.5077190	620	9.9762464	72	9.5314726	692	10.4685274	20	
	50	9.5077809	619	9.9762392	72	9.5315417	691	10.4684583	10	
47	0	9.5078428	619	9.9762321	71	9.5316107	690	10.4683893	0	13
	10	9.5079047	619	9.9762249	72	9.5316798	691	10.4683202	50	
	20	9.5079666	619	9.9762178	71	9.5317488	690	10.4682512	40	
	30	9.5080285	619	9.9762106	72	9.5318179	691	10.4681821	30	
	40	9.5080904	619	9.9762034	72	9.5318870	691	10.4681130	20	
	50	9.5081522	618	9.9761963	71	9.5319559	689	10.4680441	10	
48	0	9.5082141	619	9.9761891	72	9.5320250	691	10.4679750	0	12
	10	9.5082759	618	9.9761819	72	9.5320940	690	10.4679060	50	
	20	9.5083378	619	9.9761748	71	9.5321630	690	10.4678370	40	
	30	9.5083996	618	9.9761676	72	9.5322320	690	10.4677680	30	
	40	9.5084614	618	9.9761604	72	9.5323010	690	10.4676990	20	
	50	9.5085232	618	9.9761532	72	9.5323700	690	10.4676300	10	
49	0	9.5085850	618	9.9761461	71	9.5324389	689	10.4675611	0	11
	10	9.5086468	618	9.9761389	72	9.5325079	690	10.4674921	50	
	20	9.5087086	618	9.9761317	72	9.5325769	690	10.4674231	40	
	30	9.5087703	617	9.9761245	72	9.5326458	689	10.4673542	30	
	40	9.5088321	618	9.9761174	71	9.5327147	689	10.4672853	20	
	50	9.5088938	617	9.9761102	72	9.5327836	689	10.4672164	10	
50	0	9.5089556	618	9.9761030	72	9.5328526	690	10.4671474	0	10
'	"	Co-Sinus.	Dif.	Sinus.	D.	Co-Tang.	Dif.	Tang.	"	'

71 Deg.

18 Deg.

'	"	Sinus.	Dif.	Co-Sinus.	D.	Tang.	Dif.	Co-Tang.	"	'
50	0	9.5089556		9.9761030		9.5328526		10.4671474	0	10
	10	9.5090173	617	9.9760958	72	9.5329215	689	10.4670785	50	
	20	9.5090790	617	9.9760886	72	9.5329904	689	10.4670096	40	
	30	9.5091407	617	9.9760815	71	9.5330592	688	10.4669408	30	
	40	9.5092024	617	9.9760743	72	9.5331281	689	10.4668719	20	
	50	9.5092641	617	9.9760671	72	9.5331970	689	10.4668030	10	
51	0	9.5093258	617	9.9760599	72	9.5332659	689	10.4667341	0	9
	10	9.5093874	616	9.9760527	72	9.5333347	688	10.4666653	50	
	20	9.5094491	617	9.9760455	72	9.5334036	689	10.4665964	40	
	30	9.5095107	616	9.9760383	72	9.5334724	688	10.4665276	30	
	40	9.5095724	617	9.9760311	72	9.5335413	689	10.4664587	20	
	50	9.5096340	616	9.9760239	72	9.5336101	688	10.4663899	10	
52	0	9.5096956	616	9.9760167	72	9.5336789	688	10.4663211	0	8
	10	9.5097572	616	9.9760095	72	9.5337477	688	10.4662523	50	
	20	9.5098188	616	9.9760023	72	9.5338165	688	10.4661835	40	
	30	9.5098804	616	9.9759952	71	9.5338852	687	10.4661148	30	
	40	9.5099420	616	9.9759880	72	9.5339540	688	10.4660460	20	
	50	9.5100036	616	9.9759808	72	9.5340228	688	10.4659772	10	
53	0	9.5100651	615	9.9759736	72	9.5340915	687	10.4659085	0	7
	10	9.5101267	616	9.9759663	73	9.5341604	689	10.4658396	50	
	20	9.5101882	615	9.9759591	72	9.5342291	687	10.4657709	40	
	30	9.5102498	616	9.9759519	72	9.5342979	688	10.4657021	30	
	40	9.5103113	615	9.9759447	72	9.5343666	687	10.4656334	20	
	50	9.5103728	615	9.9759375	72	9.5344353	687	10.4655647	10	
54	0	9.5104343	615	9.9759303	72	9.5345040	687	10.4654960	0	6
	10	9.5104958	615	9.9759231	72	9.5345727	687	10.4654273	50	
	20	9.5105573	615	9.9759159	72	9.5346414	687	10.4653586	40	
	30	9.5106187	614	9.9759087	72	9.5347100	686	10.4652900	30	
	40	9.5106802	615	9.9759015	72	9.5347787	687	10.4652213	20	
	50	9.5107417	615	9.9758943	72	9.5348474	687	10.4651526	10	
55	0	9.5108031	614	9.9758870	73	9.5349161	687	10.4650839	0	5
	10	9.5108645	614	9.9758798	72	9.5349847	686	10.4650153	50	
	20	9.5109260	615	9.9758726	72	9.5350534	687	10.4649466	40	
	30	9.5109874	614	9.9758654	72	9.5351220	686	10.4648780	30	
	40	9.5110488	614	9.9758582	72	9.5351906	686	10.4648094	20	
	50	9.5111102	614	9.9758510	72	9.5352592	686	10.4647408	10	
56	0	9.5111716	614	9.9758437	73	9.5353279	687	10.4646721	0	4
	10	9.5112329	613	9.9758365	72	9.5353964	685	10.4646036	50	
	20	9.5112943	614	9.9758293	72	9.5354650	686	10.4645350	40	
	30	9.5113557	614	9.9758221	72	9.5355336	686	10.4644664	30	
	40	9.5114170	613	9.9758148	73	9.5356022	686	10.4643978	20	
	50	9.5114783	613	9.9758076	72	9.5356707	685	10.4643293	10	
57	0	9.5115397	614	9.9758004	72	9.5357393	686	10.4642607	0	3
	10	9.5116010	613	9.9757931	73	9.5358079	686	10.4641921	50	
	20	9.5116623	613	9.9757859	72	9.5358764	685	10.4641236	40	
	30	9.5117236	613	9.9757787	72	9.5359449	685	10.4640551	30	
	40	9.5117849	613	9.9757714	73	9.5360135	686	10.4639865	20	
	50	9.5118461	612	9.9757642	72	9.5360819	684	10.4639181	10	
58	0	9.5119074	613	9.9757570	72	9.5361504	685	10.4638496	0	2
	10	9.5119687	613	9.9757497	73	9.5362190	686	10.4637810	50	
	20	9.5120299	612	9.9757425	72	9.5362874	684	10.4637126	40	
	30	9.5120912	613	9.9757353	72	9.5363559	685	10.4636441	30	
	40	9.5121524	612	9.9757280	73	9.5364244	685	10.4635756	20	
	50	9.5122136	612	9.9757208	72	9.5364928	684	10.4635072	10	
59	0	9.5122748	612	9.9757135	73	9.5365613	685	10.4634387	0	1
	10	9.5123360	612	9.9757063	72	9.5366297	684	10.4633703	50	
	20	9.5123972	612	9.9756991	72	9.5366981	684	10.4633019	40	
	30	9.5124584	612	9.9756918	73	9.5367666	685	10.4632334	30	
	40	9.5125196	612	9.9756846	72	9.5368350	684	10.4631650	20	
	50	9.5125807	611	9.9756773	73	9.5369034	684	10.4630966	10	
60	0	9.5126419	612	9.9756701	72	9.5369718	684	10.4630282	0	0
'	"	Co-Sinus.	Dif.	Sinus.	D.	Co-Tang.	Dif.	Tang.	"	'

71 Deg.

19 Deg.

'	"	Sinus.	Dif.	Co-Sinus.	D.	Tang.	Dif. com.	Co-Tang.	"	'
0	0	9.5126419		9.9756701		9.5369719		10.4630281	0	60
	10	9.5127031	612	9.9756628	73	9.5370401	682	10.4629599	50	
	20	9.5127642	611	9.9756556	72	9.5371084	683	10.4628916	40	
	30	9.5128253	611	9.9756483	73	9.5371770	686	10.4628230	30	
	40	9.5128864	611	9.9756411	72	9.5372454	684	10.4627546	20	
	50	9.5129475	611	9.9756338	73	9.5373137	683	10.4626863	10	
1	0	9.5130086	611	9.9756265	73	9.5373821	684	10.4626179	0	59
	10	9.5130697	611	9.9756193	72	9.5374504	683	10.4625496	50	
	20	9.5131308	611	9.9756120	73	9.5375188	684	10.4624812	40	
	30	9.5131919	611	9.9756048	72	9.5375871	683	10.4624129	30	
	40	9.5132529	610	9.9755975	73	9.5376554	683	10.4623446	20	
	50	9.5133140	611	9.9755903	72	9.5377237	683	10.4622763	10	
2	0	9.5133750	610	9.9755830	73	9.5377920	683	10.4622080	0	58
	10	9.5134360	610	9.9755757	73	9.5378603	683	10.4621397	50	
	20	9.5134971	611	9.9755685	72	9.5379286	683	10.4620714	40	
	30	9.5135581	610	9.9755612	73	9.5379969	683	10.4620031	30	
	40	9.5136191	610	9.9755539	73	9.5380652	683	10.4619348	20	
	50	9.5136801	610	9.9755467	72	9.5381334	682	10.4618666	10	
3	0	9.5137410	609	9.9755394	73	9.5382017	683	10.4617983	0	57
	10	9.5138020	610	9.9755321	73	9.5382699	682	10.4617301	50	
	20	9.5138630	610	9.9755248	73	9.5383381	682	10.4616619	40	
	30	9.5139239	609	9.9755176	72	9.5384064	683	10.4615936	30	
	40	9.5139849	610	9.9755103	73	9.5384746	682	10.4615254	20	
	50	9.5140458	609	9.9755030	73	9.5385428	682	10.4614572	10	
4	0	9.5141067	609	9.9754957	73	9.5386110	682	10.4613890	0	56
	10	9.5141676	609	9.9754884	73	9.5386792	682	10.4613208	50	
	20	9.5142285	609	9.9754811	73	9.5387474	682	10.4612526	40	
	30	9.5142894	609	9.9754739	72	9.5388155	681	10.4611845	30	
	40	9.5143503	609	9.9754666	73	9.5388837	682	10.4611163	20	
	50	9.5144112	609	9.9754593	73	9.5389519	682	10.4610481	10	
5	0	9.5144721	609	9.9754521	72	9.5390200	681	10.4609800	0	55
	10	9.5145329	608	9.9754448	73	9.5390881	681	10.4609119	50	
	20	9.5145938	609	9.9754375	73	9.5391563	682	10.4608437	40	
	30	9.5146547	609	9.9754303	72	9.5392244	681	10.4607756	30	
	40	9.5147156	609	9.9754231	72	9.5392925	681	10.4607075	20	
	50	9.5147764	608	9.9754158	73	9.5393606	681	10.4606394	10	
6	0	9.5148371	607	9.9754084	74	9.5394287	681	10.4605713	0	54
	10	9.5148979	608	9.9754011	73	9.5394968	681	10.4605032	50	
	20	9.5149586	607	9.9753937	74	9.5395649	681	10.4604351	40	
	30	9.5150194	608	9.9753864	73	9.5396330	681	10.4603670	30	
	40	9.5150801	607	9.9753791	73	9.5397010	680	10.4602990	20	
	50	9.5151410	609	9.9753719	72	9.5397691	681	10.4602309	10	
7	0	9.5152017	607	9.9753646	73	9.5398371	680	10.4601629	0	53
	10	9.5152624	607	9.9753573	73	9.5399051	680	10.4600949	50	
	20	9.5153231	607	9.9753500	73	9.5399731	680	10.4600269	40	
	30	9.5153838	607	9.9753427	73	9.5400411	680	10.4599589	30	
	40	9.5154446	608	9.9753354	73	9.5401093	682	10.4598907	20	
	50	9.5155053	607	9.9753281	73	9.5401773	680	10.4598227	10	
8	0	9.5155660	607	9.9753207	74	9.5402453	680	10.4597547	0	52
	10	9.5156267	607	9.9753134	73	9.5403133	680	10.4596867	50	
	20	9.5156874	607	9.9753061	73	9.5403813	680	10.4596187	40	
	30	9.5157480	606	9.9752988	73	9.5404492	679	10.4595508	30	
	40	9.5158087	607	9.9752915	73	9.5405172	680	10.4594828	20	
	50	9.5158693	606	9.9752842	73	9.5405851	679	10.4594149	10	
9	0	9.5159300	607	9.9752769	73	9.5406531	680	10.4593469	0	51
	10	9.5159906	606	9.9752696	73	9.5407210	679	10.4592790	50	
	20	9.5160512	606	9.9752623	73	9.5407889	679	10.4592111	40	
	30	9.5161118	606	9.9752550	73	9.5408569	680	10.4591431	30	
	40	9.5161724	606	9.9752477	73	9.5409247	678	10.4590753	20	
	50	9.5162330	606	9.9752404	73	9.5409926	679	10.4590074	10	
10	0	9.5162936	606	9.9752330	74	9.5410606	680	10.4589394	0	50
'	"	Co-Sinus.	Dif.	Sinus.	D.	Co-Tang.	Dif. com.	Tang.	"	'

70 Deg.

19 Deg.

'	"	Sinus.	Dif.	Co-Sinus.	D.	Tang.	Dif. com.	Co-Tang.	"	'
10	0	9.5162936		9.9752330		9.5410606		10.4589394	0	50
	10	9.5163541	605	9.9752257	73	9.5411284	678	10.4588716	50	
	20	9.5164147	606	9.9752184	73	9.5411963	679	10.4588037	40	
	30	9.5164753	606	9.9752111	73	9.5412642	679	10.4587358	30	
	40	9.5165358	605	9.9752037	74	9.5413321	679	10.4586679	20	
	50	9.5165964	606	9.9751964	73	9.5414000	679	10.4586000	10	
11	0	9.5166569	605	9.9751891	73	9.5414678	678	10.4585322	0	49
	10	9.5167174	605	9.9751818	73	9.5415356	678	10.4584644	50	
	20	9.5167779	605	9.9751744	74	9.5416035	679	10.4583965	40	
	30	9.5168384	605	9.9751671	73	9.5416713	678	10.4583287	30	
	40	9.5168989	605	9.9751598	73	9.5417391	678	10.4582609	20	
	50	9.5169594	605	9.9751524	74	9.5418070	679	10.4581930	10	
12	0	9.5170198	604	9.9751451	73	9.5418747	677	10.4581253	0	48
	10	9.5170803	605	9.9751378	73	9.5419425	678	10.4580575	50	
	20	9.5171407	604	9.9751304	74	9.5420103	678	10.4579897	40	
	30	9.5172011	604	9.9751230	74	9.5420781	678	10.4579219	30	
	40	9.5172616	605	9.9751157	73	9.5421459	678	10.4578541	20	
	50	9.5173220	604	9.9751084	73	9.5422136	677	10.4577864	10	
13	0	9.5173824	604	9.9751011	73	9.5422813	677	10.4577187	0	47
	10	9.5174428	604	9.9750937	74	9.5423491	678	10.4576509	50	
	20	9.5175032	604	9.9750864	73	9.5424168	677	10.4575832	40	
	30	9.5175636	604	9.9750791	73	9.5424845	677	10.4575155	30	
	40	9.5176240	604	9.9750717	74	9.5425523	678	10.4574477	20	
	50	9.5176843	603	9.9750644	73	9.5426200	677	10.4573800	10	
14	0	9.5177447	604	9.9750570	74	9.5426877	677	10.4573123	0	46
	10	9.5178050	603	9.9750497	73	9.5427553	676	10.4572447	50	
	20	9.5178654	604	9.9750424	73	9.5428230	677	10.4571770	40	
	30	9.5179257	603	9.9750350	74	9.5428907	677	10.4571093	30	
	40	9.5179860	603	9.9750277	73	9.5429583	676	10.4570417	20	
	50	9.5180463	603	9.9750203	74	9.5430260	677	10.4569740	10	
15	0	9.5181066	603	9.9750129	74	9.5430937	677	10.4569063	0	45
	10	9.5181669	603	9.9750056	73	9.5431613	676	10.4568387	50	
	20	9.5182272	603	9.9749982	74	9.5432290	677	10.4567710	40	
	30	9.5182875	603	9.9749909	73	9.5432966	676	10.4567034	30	
	40	9.5183477	602	9.9749835	74	9.5433642	676	10.4566358	20	
	50	9.5184079	602	9.9749761	74	9.5434318	676	10.4565682	10	
16	0	9.5184682	603	9.9749688	73	9.5434994	676	10.4565006	0	44
	10	9.5185284	602	9.9749614	74	9.5435670	676	10.4564330	50	
	20	9.5185887	603	9.9749541	73	9.5436346	676	10.4563654	40	
	30	9.5186488	601	9.9749467	74	9.5437021	675	10.4562979	30	
	40	9.5187091	603	9.9749394	73	9.5437697	676	10.4562303	20	
	50	9.5187693	602	9.9749320	74	9.5438373	676	10.4561627	10	
17	0	9.5188294	601	9.9749246	74	9.5439048	675	10.4560952	0	43
	10	9.5188897	603	9.9749173	73	9.5439724	676	10.4560276	50	
	20	9.5189498	601	9.9749099	74	9.5440399	675	10.4559601	40	
	30	9.5190100	602	9.9749026	73	9.5441074	675	10.4558926	30	
	40	9.5190702	602	9.9748952	74	9.5441750	676	10.4558250	20	
	50	9.5191303	601	9.9748878	74	9.5442425	675	10.4557575	10	
18	0	9.5191904	601	9.9748804	74	9.5443100	675	10.4556900	0	42
	10	9.5192505	601	9.9748730	74	9.5443775	675	10.4556225	50	
	20	9.5193106	601	9.9748657	73	9.5444449	674	10.4555551	40	
	30	9.5193707	601	9.9748583	74	9.5445124	675	10.4554876	30	
	40	9.5194308	601	9.9748509	74	9.5445799	675	10.4554201	20	
	50	9.5194909	601	9.9748435	74	9.5446474	675	10.4553526	10	
19	0	9.5195510	601	9.9748361	74	9.5447148	674	10.4552852	0	41
	10	9.5196110	600	9.9748287	74	9.5447823	675	10.4552177	50	
	20	9.5196711	601	9.9748214	73	9.5448497	674	10.4551503	40	
	30	9.5197311	600	9.9748140	74	9.5449171	674	10.4550829	30	
	40	9.5197911	600	9.9748066	74	9.5449845	674	10.4550155	20	
	50	9.5198511	600	9.9747992	74	9.5450519	674	10.4549481	10	
20	0	9.5199111	600	9.9747918	74	9.5451193	674	10.4548807	0	40
'	"	Co-Sinus.	Dif.	Sinus.	D.	Co-Tang.	Dif. com.	Tang.	"	'

70 Deg.

19 Deg.

′	″	Sinus.	Dif.	Co-Sinus.	D.	Tang.	Dif.	Co-Tang.	″	′
20	0	9.5199115		9.9747918		9.5451197		10.4548807	0	40
	10	9.5199714	600	9.9747845	73	9.5451867	674	10.4548133	50	
	20	9.5200314	600	9.9747771	74	9.5452541	674	10.4547459	40	
	30	9.5200914	600	9.9747697	74	9.5453215	674	10.4546785	30	
	40	9.5201514	600	9.9747623	74	9.5453889	674	10.4546111	20	
	50	9.5202111	599	9.9747549	74	9.5454562	673	10.4545438	10	
21	0	9.5202711	600	9.9747475	74	9.5455236	674	10.4544764	0	39
	10	9.5203311	599	9.9747401	74	9.5455909	673	10.4544091	50	
	20	9.5203910	599	9.9747327	74	9.5456583	674	10.4543417	40	
	30	9.5204507	597	9.9747253	74	9.5457256	673	10.4542744	30	
	40	9.5205106	599	9.9747179	74	9.5457929	673	10.4542071	20	
	50	9.5205704	598	9.9747105	74	9.5458602	673	10.4541398	10	
22	0	9.5206307	599	9.9747031	74	9.5459276	674	10.4540724	0	38
	10	9.5206906	599	9.9746957	74	9.5459949	673	10.4540051	50	
	20	9.5207505	599	9.9746883	74	9.5460621	672	10.4539379	40	
	30	9.5208103	598	9.9746809	74	9.5461294	673	10.4538706	30	
	40	9.5208702	599	9.9746735	74	9.5461967	673	10.4538033	20	
	50	9.5209301	599	9.9746661	74	9.5462640	673	10.4537360	10	
23	0	9.5209899	598	9.9746587	74	9.5463312	672	10.4536688	0	37
	10	9.5210497	598	9.9746513	74	9.5463985	673	10.4536015	50	
	20	9.5211096	599	9.9746439	74	9.5464657	672	10.4535343	40	
	30	9.5211694	598	9.9746365	74	9.5465329	672	10.4534671	30	
	40	9.5212292	598	9.9746291	74	9.5466001	672	10.4533999	20	
	50	9.5212890	598	9.9746216	75	9.5466674	673	10.4533326	10	
24	0	9.5213488	598	9.9746142	74	9.5467346	672	10.4532654	0	36
	10	9.5214086	598	9.9746068	74	9.5468018	672	10.4531982	50	
	20	9.5214684	598	9.9745994	74	9.5468690	672	10.4531310	40	
	30	9.5215281	597	9.9745920	74	9.5469361	671	10.4530639	30	
	40	9.5215879	598	9.9745846	74	9.5470033	672	10.4529967	20	
	50	9.5216476	597	9.9745771	75	9.5470705	672	10.4529295	10	
25	0	9.5217074	598	9.9745697	74	9.5471377	672	10.4528623	0	35
	10	9.5217671	597	9.9745623	74	9.5472048	671	10.4527952	50	
	20	9.5218268	597	9.9745549	74	9.5472719	671	10.4527281	40	
	30	9.5218865	597	9.9745474	75	9.5473391	672	10.4526609	30	
	40	9.5219462	597	9.9745400	74	9.5474062	671	10.4525938	20	
	50	9.5220059	597	9.9745326	74	9.5474733	671	10.4525267	10	
26	0	9.5220656	597	9.9745251	75	9.5475405	672	10.4524595	0	34
	10	9.5221253	597	9.9745177	74	9.5476076	671	10.4523924	50	
	20	9.5221850	597	9.9745103	74	9.5476747	671	10.4523253	40	
	30	9.5222446	596	9.9745028	75	9.5477417	670	10.4522583	30	
	40	9.5223043	597	9.9744954	74	9.5478088	671	10.4521912	20	
	50	9.5223639	596	9.9744880	74	9.5478759	671	10.4521241	10	
27	0	9.5224235	596	9.9744805	75	9.5479430	671	10.4520570	0	33
	10	9.5224831	596	9.9744731	74	9.5480100	670	10.4519900	50	
	20	9.5225428	597	9.9744657	74	9.5480771	671	10.4519229	40	
	30	9.5226024	596	9.9744582	75	9.5481441	670	10.4518559	30	
	40	9.5226619	595	9.9744508	74	9.5482111	670	10.4517889	20	
	50	9.5227215	596	9.9744434	74	9.5482781	670	10.4517219	10	
28	0	9.5227811	596	9.9744359	75	9.5483452	671	10.4516548	0	32
	10	9.5228407	596	9.9744285	74	9.5484122	670	10.4515878	50	
	20	9.5229002	595	9.9744211	74	9.5484792	670	10.4515208	40	
	30	9.5229598	596	9.9744136	75	9.5485462	670	10.4514538	30	
	40	9.5230193	595	9.9744062	74	9.5486131	669	10.4513869	20	
	50	9.5230788	595	9.9743987	75	9.5486801	670	10.4513199	10	
29	0	9.5231383	595	9.9743913	74	9.5487471	670	10.4512529	0	31
	10	9.5231979	596	9.9743838	75	9.5488140	669	10.4511860	50	
	20	9.5232574	595	9.9743764	74	9.5488810	670	10.4511190	40	
	30	9.5233168	594	9.9743689	75	9.5489479	669	10.4510521	30	
	40	9.5233763	595	9.9743615	74	9.5490149	670	10.4509851	20	
	50	9.5234358	595	9.9743540	75	9.5490818	669	10.4509182	10	
30	0	9.5234953	595	9.9743466	74	9.5491487	669	10.4508513	0	30
′	″	Co-Sinus.	Dif.	Sinus.	D.	Co-Tang.	Dif.	Tang.	″	′

70 Deg.

19 Deg.

′	″	Sinus.	Dif.	Co-Sinus.	D.	Tang.	Dif.	Co-Tang.	″	′
30	0	9.5234953		9.9743466		9.5491487		10.4508513	0	30
	10	9.5235547	594	9.9743391	75	9.5492156	669	10.4507844	50	
	20	9.5236142	595	9.9743316	75	9.5492825	669	10.4507175	40	
	30	9.5236736	594	9.9743242	74	9.5493494	669	10.4506506	30	
	40	9.5237330	594	9.9743167	75	9.5494163	669	10.4505837	20	
	50	9.5237924	594	9.9743093	74	9.5494831	668	10.4505169	10	
31	0	9.5238518	594	9.9743018	75	9.5495500	669	10.4504500	0	29
	10	9.5239112	594	9.9742943	75	9.5496169	669	10.4503831	50	
	20	9.5239706	594	9.9742869	74	9.5496837	668	10.4503163	40	
	30	9.5240300	594	9.9742794	75	9.5497506	669	10.4502494	30	
	40	9.5240894	594	9.9742719	75	9.5498174	668	10.4501826	20	
	50	9.5241487	593	9.9742645	74	9.5498843	669	10.4501157	10	
32	0	9.5242081	594	9.9742570	75	9.5499511	668	10.4500489	0	28
	10	9.5242674	593	9.9742495	75	9.5500179	668	10.4499821	50	
	20	9.5243268	594	9.9742421	74	9.5500847	668	10.4499153	40	
	30	9.5243861	593	9.9742346	75	9.5501515	668	10.4498485	30	
	40	9.5244454	593	9.9742271	75	9.5502183	668	10.4497817	20	
	50	9.5245047	593	9.9742196	75	9.5502851	668	10.4497149	10	
33	0	9.5245640	593	9.9742121	75	9.5503519	668	10.4496481	0	27
	10	9.5246233	593	9.9742047	74	9.5504186	667	10.4495814	50	
	20	9.5246826	593	9.9741972	75	9.5504854	668	10.4495146	40	
	30	9.5247419	593	9.9741897	75	9.5505521	667	10.4494479	30	
	40	9.5248011	592	9.9741822	75	9.5506189	668	10.4493811	20	
	50	9.5248604	593	9.9741748	74	9.5506856	667	10.4493144	10	
34	0	9.5249196	592	9.9741673	75	9.5507523	667	10.4492477	0	26
	10	9.5249789	593	9.9741598	75	9.5508191	668	10.4491809	50	
	20	9.5250381	592	9.9741523	75	9.5508858	667	10.4491142	40	
	30	9.5250973	592	9.9741448	75	9.5509525	667	10.4490475	30	
	40	9.5251565	592	9.9741373	75	9.5510192	667	10.4489808	20	
	50	9.5252157	592	9.9741298	75	9.5510859	667	10.4489141	10	
35	0	9.5252749	592	9.9741224	74	9.5511525	666	10.4488475	0	25
	10	9.5253341	592	9.9741149	75	9.5512192	667	10.4487808	50	
	20	9.5253933	592	9.9741074	75	9.5512859	667	10.4487141	40	
	30	9.5254524	591	9.9740999	75	9.5513525	666	10.4486475	30	
	40	9.5255116	592	9.9740924	75	9.5514192	667	10.4485808	20	
	50	9.5255707	591	9.9740849	75	9.5514858	666	10.4485142	10	
36	0	9.5256298	591	9.9740774	75	9.5515524	666	10.4484476	0	24
	10	9.5256890	592	9.9740699	75	9.5516191	667	10.4483809	50	
	20	9.5257481	591	9.9740624	75	9.5516857	666	10.4483143	40	
	30	9.5258072	591	9.9740549	75	9.5517523	666	10.4482477	30	
	40	9.5258663	591	9.9740474	75	9.5518189	666	10.4481811	20	
	50	9.5259254	591	9.9740399	75	9.5518855	666	10.4481145	10	
37	0	9.5259845	591	9.9740324	75	9.5519521	666	10.4480479	0	23
	10	9.5260435	590	9.9740249	75	9.5520186	665	10.4479814	50	
	20	9.5261026	591	9.9740174	75	9.5520852	666	10.4479148	40	
	30	9.5261616	590	9.9740099	75	9.5521518	666	10.4478482	30	
	40	9.5262207	591	9.9740024	75	9.5522183	665	10.4477817	20	
	50	9.5262797	590	9.9739948	76	9.5522849	666	10.4477151	10	
38	0	9.5263387	590	9.9739873	75	9.5523514	665	10.4476486	0	22
	10	9.5263977	590	9.9739798	75	9.5524179	665	10.4475821	50	
	20	9.5264567	590	9.9739723	75	9.5524844	665	10.4475156	40	
	30	9.5265157	590	9.9739648	75	9.5525509	665	10.4474491	30	
	40	9.5265747	590	9.9739573	75	9.5526175	666	10.4473825	20	
	50	9.5266337	590	9.9739498	75	9.5526840	665	10.4473160	10	
39	0	9.5266927	590	9.9739422	76	9.5527504	664	10.4472496	0	21
	10	9.5267517	590	9.9739347	75	9.5528169	665	10.4471831	50	
	20	9.5268106	589	9.9739272	75	9.5528834	665	10.4471166	40	
	30	9.5268696	590	9.9739197	75	9.5529499	665	10.4470501	30	
	40	9.5269285	589	9.9739121	76	9.5530163	664	10.4469837	20	
	50	9.5269874	589	9.9739046	75	9.5530828	665	10.4469172	10	
40	0	9.5270463	589	9.9738971	75	9.5531492	664	10.4468508	0	20
′	″	Co-Sinus.	Dif.	Sinus.	D.	Co-Tang.	Dif.	Tang.	″	′

70 Deg.

19 Deg.

′	″	Sinus.	Dif.	Co-Sinus.	D.	Tang.	Dif.	Co-Tang.	″	′
40	0	[illegible]	[illegible]	[illegible]	[illegible]	[illegible]	[illegible]	[illegible]	0	20
	10	[illegible]	[illegible]	[illegible]	[illegible]	[illegible]	[illegible]	[illegible]	50	
	20	[illegible]	[illegible]	[illegible]	[illegible]	[illegible]	[illegible]	[illegible]	40	
	30	[illegible]	[illegible]	[illegible]	[illegible]	[illegible]	[illegible]	[illegible]	30	
	40	[illegible]	[illegible]	[illegible]	[illegible]	[illegible]	[illegible]	[illegible]	20	
	50	[illegible]	[illegible]	[illegible]	[illegible]	[illegible]	[illegible]	[illegible]	10	
41	0	[illegible]	[illegible]	[illegible]	[illegible]	[illegible]	[illegible]	[illegible]	0	19
	10	[illegible]	[illegible]	[illegible]	[illegible]	[illegible]	[illegible]	[illegible]	50	
	20	[illegible]	[illegible]	[illegible]	[illegible]	[illegible]	[illegible]	[illegible]	40	
	30	[illegible]	[illegible]	[illegible]	[illegible]	[illegible]	[illegible]	[illegible]	30	
	40	[illegible]	[illegible]	[illegible]	[illegible]	[illegible]	[illegible]	[illegible]	20	
	50	[illegible]	[illegible]	[illegible]	[illegible]	[illegible]	[illegible]	[illegible]	10	
42	0	[illegible]	[illegible]	[illegible]	[illegible]	[illegible]	[illegible]	[illegible]	0	18
	10	[illegible]	[illegible]	[illegible]	[illegible]	[illegible]	[illegible]	[illegible]	50	
	20	[illegible]	[illegible]	[illegible]	[illegible]	[illegible]	[illegible]	[illegible]	40	
	30	[illegible]	[illegible]	[illegible]	[illegible]	[illegible]	[illegible]	[illegible]	30	
	40	[illegible]	[illegible]	[illegible]	[illegible]	[illegible]	[illegible]	[illegible]	20	
	50	[illegible]	[illegible]	[illegible]	[illegible]	[illegible]	[illegible]	[illegible]	10	
43	0	[illegible]	[illegible]	[illegible]	[illegible]	[illegible]	[illegible]	[illegible]	0	17
	10	[illegible]	[illegible]	[illegible]	[illegible]	[illegible]	[illegible]	[illegible]	50	
	20	[illegible]	[illegible]	[illegible]	[illegible]	[illegible]	[illegible]	[illegible]	40	
	30	[illegible]	[illegible]	[illegible]	[illegible]	[illegible]	[illegible]	[illegible]	30	
	40	[illegible]	[illegible]	[illegible]	[illegible]	[illegible]	[illegible]	[illegible]	20	
	50	[illegible]	[illegible]	[illegible]	[illegible]	[illegible]	[illegible]	[illegible]	10	
44	0	[illegible]	[illegible]	[illegible]	[illegible]	[illegible]	[illegible]	[illegible]	0	16
	10	[illegible]	[illegible]	[illegible]	[illegible]	[illegible]	[illegible]	[illegible]	50	
	20	[illegible]	[illegible]	[illegible]	[illegible]	[illegible]	[illegible]	[illegible]	40	
	30	[illegible]	[illegible]	[illegible]	[illegible]	[illegible]	[illegible]	[illegible]	30	
	40	[illegible]	[illegible]	[illegible]	[illegible]	[illegible]	[illegible]	[illegible]	20	
	50	[illegible]	[illegible]	[illegible]	[illegible]	[illegible]	[illegible]	[illegible]	10	
45	0	[illegible]	[illegible]	[illegible]	[illegible]	[illegible]	[illegible]	[illegible]	0	15
	10	[illegible]	[illegible]	[illegible]	[illegible]	[illegible]	[illegible]	[illegible]	50	
	20	[illegible]	[illegible]	[illegible]	[illegible]	[illegible]	[illegible]	[illegible]	40	
	30	[illegible]	[illegible]	[illegible]	[illegible]	[illegible]	[illegible]	[illegible]	30	
	40	[illegible]	[illegible]	[illegible]	[illegible]	[illegible]	[illegible]	[illegible]	20	
	50	[illegible]	[illegible]	[illegible]	[illegible]	[illegible]	[illegible]	[illegible]	10	
46	0	[illegible]	[illegible]	[illegible]	[illegible]	[illegible]	[illegible]	[illegible]	0	14
	10	[illegible]	[illegible]	[illegible]	[illegible]	[illegible]	[illegible]	[illegible]	50	
	20	[illegible]	[illegible]	[illegible]	[illegible]	[illegible]	[illegible]	[illegible]	40	
	30	[illegible]	[illegible]	[illegible]	[illegible]	[illegible]	[illegible]	[illegible]	30	
	40	[illegible]	[illegible]	[illegible]	[illegible]	[illegible]	[illegible]	[illegible]	20	
	50	[illegible]	[illegible]	[illegible]	[illegible]	[illegible]	[illegible]	[illegible]	10	
47	0	[illegible]	[illegible]	[illegible]	[illegible]	[illegible]	[illegible]	[illegible]	0	13
	10	[illegible]	[illegible]	[illegible]	[illegible]	[illegible]	[illegible]	[illegible]	50	
	20	[illegible]	[illegible]	[illegible]	[illegible]	[illegible]	[illegible]	[illegible]	40	
	30	[illegible]	[illegible]	[illegible]	[illegible]	[illegible]	[illegible]	[illegible]	30	
	40	[illegible]	[illegible]	[illegible]	[illegible]	[illegible]	[illegible]	[illegible]	20	
	50	[illegible]	[illegible]	[illegible]	[illegible]	[illegible]	[illegible]	[illegible]	10	
48	0	[illegible]	[illegible]	[illegible]	[illegible]	[illegible]	[illegible]	[illegible]	0	12
	10	[illegible]	[illegible]	[illegible]	[illegible]	[illegible]	[illegible]	[illegible]	50	
	20	[illegible]	[illegible]	[illegible]	[illegible]	[illegible]	[illegible]	[illegible]	40	
	30	[illegible]	[illegible]	[illegible]	[illegible]	[illegible]	[illegible]	[illegible]	30	
	40	[illegible]	[illegible]	[illegible]	[illegible]	[illegible]	[illegible]	[illegible]	20	
	50	[illegible]	[illegible]	[illegible]	[illegible]	[illegible]	[illegible]	[illegible]	10	
49	0	[illegible]	[illegible]	[illegible]	[illegible]	[illegible]	[illegible]	[illegible]	0	11
	10	[illegible]	[illegible]	[illegible]	[illegible]	[illegible]	[illegible]	[illegible]	50	
	20	[illegible]	[illegible]	[illegible]	[illegible]	[illegible]	[illegible]	[illegible]	40	
	30	[illegible]	[illegible]	[illegible]	[illegible]	[illegible]	[illegible]	[illegible]	30	
	40	[illegible]	[illegible]	[illegible]	[illegible]	[illegible]	[illegible]	[illegible]	20	
	50	[illegible]	[illegible]	[illegible]	[illegible]	[illegible]	[illegible]	[illegible]	10	
50	0	[illegible]	[illegible]	[illegible]	[illegible]	[illegible]	[illegible]	[illegible]	0	10
′	″	Co-Sinus.	Dif.	Sinus.	D.	Co-Tang.	Dif.	Tang.	″	′

70 Deg.

19 Deg.

′	″	Sinus.	Dif.	Co-Sinus.	D.	Tang.	Dif.	Co-Tang.	″	′
50	0	[illegible]	[illegible]	[illegible]	[illegible]	[illegible]	[illegible]	[illegible]	0	10
	10	[illegible]	[illegible]	[illegible]	[illegible]	[illegible]	[illegible]	[illegible]	50	
	20	[illegible]	[illegible]	[illegible]	[illegible]	[illegible]	[illegible]	[illegible]	40	
	30	[illegible]	[illegible]	[illegible]	[illegible]	[illegible]	[illegible]	[illegible]	30	
	40	[illegible]	[illegible]	[illegible]	[illegible]	[illegible]	[illegible]	[illegible]	20	
	50	[illegible]	[illegible]	[illegible]	[illegible]	[illegible]	[illegible]	[illegible]	10	
51	0	[illegible]	[illegible]	[illegible]	[illegible]	[illegible]	[illegible]	[illegible]	0	9
	10	[illegible]	[illegible]	[illegible]	[illegible]	[illegible]	[illegible]	[illegible]	50	
	20	[illegible]	[illegible]	[illegible]	[illegible]	[illegible]	[illegible]	[illegible]	40	
	30	[illegible]	[illegible]	[illegible]	[illegible]	[illegible]	[illegible]	[illegible]	30	
	40	[illegible]	[illegible]	[illegible]	[illegible]	[illegible]	[illegible]	[illegible]	20	
	50	[illegible]	[illegible]	[illegible]	[illegible]	[illegible]	[illegible]	[illegible]	10	
52	0	[illegible]	[illegible]	[illegible]	[illegible]	[illegible]	[illegible]	[illegible]	0	8
	10	[illegible]	[illegible]	[illegible]	[illegible]	[illegible]	[illegible]	[illegible]	50	
	20	[illegible]	[illegible]	[illegible]	[illegible]	[illegible]	[illegible]	[illegible]	40	
	30	[illegible]	[illegible]	[illegible]	[illegible]	[illegible]	[illegible]	[illegible]	30	
	40	[illegible]	[illegible]	[illegible]	[illegible]	[illegible]	[illegible]	[illegible]	20	
	50	[illegible]	[illegible]	[illegible]	[illegible]	[illegible]	[illegible]	[illegible]	10	
53	0	[illegible]	[illegible]	[illegible]	[illegible]	[illegible]	[illegible]	[illegible]	0	7
	10	[illegible]	[illegible]	[illegible]	[illegible]	[illegible]	[illegible]	[illegible]	50	
	20	[illegible]	[illegible]	[illegible]	[illegible]	[illegible]	[illegible]	[illegible]	40	
	30	[illegible]	[illegible]	[illegible]	[illegible]	[illegible]	[illegible]	[illegible]	30	
	40	[illegible]	[illegible]	[illegible]	[illegible]	[illegible]	[illegible]	[illegible]	20	
	50	[illegible]	[illegible]	[illegible]	[illegible]	[illegible]	[illegible]	[illegible]	10	
54	0	[illegible]	[illegible]	[illegible]	[illegible]	[illegible]	[illegible]	[illegible]	0	6
	10	[illegible]	[illegible]	[illegible]	[illegible]	[illegible]	[illegible]	[illegible]	50	
	20	[illegible]	[illegible]	[illegible]	[illegible]	[illegible]	[illegible]	[illegible]	40	
	30	[illegible]	[illegible]	[illegible]	[illegible]	[illegible]	[illegible]	[illegible]	30	
	40	[illegible]	[illegible]	[illegible]	[illegible]	[illegible]	[illegible]	[illegible]	20	
	50	[illegible]	[illegible]	[illegible]	[illegible]	[illegible]	[illegible]	[illegible]	10	
55	0	[illegible]	[illegible]	[illegible]	[illegible]	[illegible]	[illegible]	[illegible]	0	5
	10	[illegible]	[illegible]	[illegible]	[illegible]	[illegible]	[illegible]	[illegible]	50	
	20	[illegible]	[illegible]	[illegible]	[illegible]	[illegible]	[illegible]	[illegible]	40	
	30	[illegible]	[illegible]	[illegible]	[illegible]	[illegible]	[illegible]	[illegible]	30	
	40	[illegible]	[illegible]	[illegible]	[illegible]	[illegible]	[illegible]	[illegible]	20	
	50	[illegible]	[illegible]	[illegible]	[illegible]	[illegible]	[illegible]	[illegible]	10	
56	0	[illegible]	[illegible]	[illegible]	[illegible]	[illegible]	[illegible]	[illegible]	0	4
	10	[illegible]	[illegible]	[illegible]	[illegible]	[illegible]	[illegible]	[illegible]	50	
	20	[illegible]	[illegible]	[illegible]	[illegible]	[illegible]	[illegible]	[illegible]	40	
	30	[illegible]	[illegible]	[illegible]	[illegible]	[illegible]	[illegible]	[illegible]	30	
	40	[illegible]	[illegible]	[illegible]	[illegible]	[illegible]	[illegible]	[illegible]	20	
	50	[illegible]	[illegible]	[illegible]	[illegible]	[illegible]	[illegible]	[illegible]	10	
57	0	[illegible]	[illegible]	[illegible]	[illegible]	[illegible]	[illegible]	[illegible]	0	3
	10	[illegible]	[illegible]	[illegible]	[illegible]	[illegible]	[illegible]	[illegible]	50	
	20	[illegible]	[illegible]	[illegible]	[illegible]	[illegible]	[illegible]	[illegible]	40	
	30	[illegible]	[illegible]	[illegible]	[illegible]	[illegible]	[illegible]	[illegible]	30	
	40	[illegible]	[illegible]	[illegible]	[illegible]	[illegible]	[illegible]	[illegible]	20	
	50	[illegible]	[illegible]	[illegible]	[illegible]	[illegible]	[illegible]	[illegible]	10	
58	0	[illegible]	[illegible]	[illegible]	[illegible]	[illegible]	[illegible]	[illegible]	0	2
	10	[illegible]	[illegible]	[illegible]	[illegible]	[illegible]	[illegible]	[illegible]	50	
	20	[illegible]	[illegible]	[illegible]	[illegible]	[illegible]	[illegible]	[illegible]	40	
	30	[illegible]	[illegible]	[illegible]	[illegible]	[illegible]	[illegible]	[illegible]	30	
	40	[illegible]	[illegible]	[illegible]	[illegible]	[illegible]	[illegible]	[illegible]	20	
	50	[illegible]	[illegible]	[illegible]	[illegible]	[illegible]	[illegible]	[illegible]	10	
59	0	[illegible]	[illegible]	[illegible]	[illegible]	[illegible]	[illegible]	[illegible]	0	1
	10	[illegible]	[illegible]	[illegible]	[illegible]	[illegible]	[illegible]	[illegible]	50	
	20	[illegible]	[illegible]	[illegible]	[illegible]	[illegible]	[illegible]	[illegible]	40	
	30	[illegible]	[illegible]	[illegible]	[illegible]	[illegible]	[illegible]	[illegible]	30	
	40	[illegible]	[illegible]	[illegible]	[illegible]	[illegible]	[illegible]	[illegible]	20	
	50	[illegible]	[illegible]	[illegible]	[illegible]	[illegible]	[illegible]	[illegible]	10	
60	0	[illegible]	[illegible]	[illegible]	[illegible]	[illegible]	[illegible]	[illegible]	0	0
′	″	Co-Sinus.	Dif.	Sinus.	D.	Co-Tang.	Dif.	Tang.	″	′

Bb 70 Deg.

20 Deg.

′	″	Sinus.	Dif.	Co-Sinus.	D.	Tang.	Dif. com.	Co-Tang.	″	′
0	0	9.5340517		9.9729858		9.5610659		10.4389341	0	60
	10	9.5341095	578	9.9729782	76	9.5611314	655	10.4388686	50	
	20	9.5341674	579	9.9729705	77	9.5611969	655	10.4388031	40	
	30	9.5342252	578	9.9729628	77	9.5612624	655	10.4387376	30	
	40	9.5342830	578	9.9729551	77	9.5613279	655	10.4386721	20	
	50	9.5343408	578	9.9729475	76	9.5613933	654	10.4386067	10	
1	0	9.5343986	578	9.9729398	77	9.5614588	655	10.4385412	0	59
	10	9.5344564	578	9.9729321	77	9.5615243	655	10.4384757	50	
	20	9.5345142	578	9.9729245	76	9.5615897	654	10.4384103	40	
	30	9.5345720	578	9.9729168	77	9.5616552	655	10.4383448	30	
	40	9.5346297	577	9.9729091	77	9.5617206	654	10.4382794	20	
	50	9.5346875	578	9.9729014	77	9.5617860	654	10.4382140	10	
2	0	9.5347452	577	9.9728938	76	9.5618514	654	10.4381486	0	58
	10	9.5348030	578	9.9728861	77	9.5619168	654	10.4380832	50	
	20	9.5348607	577	9.9728784	77	9.5619823	655	10.4380177	40	
	30	9.5349184	577	9.9728707	77	9.5620477	654	10.4379523	30	
	40	9.5349761	577	9.9728631	76	9.5621131	654	10.4378869	20	
	50	9.5350338	577	9.9728554	77	9.5621785	654	10.4378215	10	
3	0	9.5350915	577	9.9728477	77	9.5622439	654	10.4377561	0	57
	10	9.5351492	577	9.9728400	77	9.5623092	653	10.4376908	50	
	20	9.5352069	577	9.9728323	77	9.5623746	654	10.4376254	40	
	30	9.5352646	577	9.9728246	77	9.5624399	653	10.4375601	30	
	40	9.5353222	576	9.9728169	77	9.5625053	654	10.4374947	20	
	50	9.5353799	577	9.9728092	77	9.5625706	653	10.4374294	10	
4	0	9.5354375	576	9.9728015	77	9.5626360	654	10.4373640	0	56
	10	9.5354952	577	9.9727938	77	9.5627013	653	10.4372987	50	
	20	9.5355528	576	9.9727861	77	9.5627666	653	10.4372334	40	
	30	9.5356104	576	9.9727784	77	9.5628319	653	10.4371681	30	
	40	9.5356680	576	9.9727708	76	9.5628972	653	10.4371028	20	
	50	9.5357256	576	9.9727631	77	9.5629625	653	10.4370375	10	
5	0	9.5357832	576	9.9727554	77	9.5630279	654	10.4369721	0	55
	10	9.5358408	576	9.9727477	77	9.5630931	652	10.4369069	50	
	20	9.5358984	576	9.9727400	77	9.5631584	653	10.4368416	40	
	30	9.5359560	576	9.9727323	77	9.5632237	653	10.4367763	30	
	40	9.5360136	576	9.9727246	77	9.5632889	652	10.4367111	20	
	50	9.5360711	575	9.9727169	77	9.5633542	653	10.4366458	10	
6	0	9.5361286	575	9.9727092	77	9.5634194	652	10.4365806	0	54
	10	9.5361861	575	9.9727015	77	9.5634847	653	10.4365153	50	
	20	9.5362437	576	9.9726938	77	9.5635499	652	10.4364501	40	
	30	9.5363012	575	9.9726861	77	9.5636151	652	10.4363849	30	
	40	9.5363587	575	9.9726784	77	9.5636803	652	10.4363197	20	
	50	9.5364162	575	9.9726707	77	9.5637455	652	10.4362545	10	
7	0	9.5364737	575	9.9726629	78	9.5638107	652	10.4361893	0	53
	10	9.5365311	574	9.9726552	77	9.5638759	652	10.4361241	50	
	20	9.5365886	575	9.9726475	77	9.5639411	652	10.4360589	40	
	30	9.5366461	575	9.9726398	77	9.5640063	652	10.4359937	30	
	40	9.5367035	574	9.9726321	77	9.5640715	652	10.4359285	20	
	50	9.5367610	575	9.9726244	77	9.5641366	651	10.4358634	10	
8	0	9.5368184	574	9.9726166	78	9.5642018	652	10.4357982	0	52
	10	9.5368758	574	9.9726089	77	9.5642669	651	10.4357331	50	
	20	9.5369333	575	9.9726012	77	9.5643321	652	10.4356679	40	
	30	9.5369907	574	9.9725935	77	9.5643972	651	10.4356028	30	
	40	9.5370481	574	9.9725858	77	9.5644623	651	10.4355377	20	
	50	9.5371055	574	9.9725781	77	9.5645274	651	10.4354726	10	
9	0	9.5371629	574	9.9725703	78	9.5645925	651	10.4354075	0	51
	10	9.5372203	574	9.9725626	77	9.5646577	652	10.4353423	50	
	20	9.5372776	573	9.9725549	77	9.5647227	650	10.4352773	40	
	30	9.5373350	574	9.9725471	78	9.5647878	651	10.4352122	30	
	40	9.5373923	573	9.9725394	77	9.5648529	651	10.4351471	20	
	50	9.5374497	574	9.9725317	77	9.5649180	651	10.4350820	10	
10	0	9.5375070	573	9.9725239	78	9.5649831	651	10.4350169	0	50
′	″	Co-Sinus.	Dif.	Sinus.	D.	Co-Tang.	Dif. com.	Tang.	″	′

69 Deg.

20 Deg.

′	″	Sinus.	Dif.	Co-Sinus.	D.	Tang.	Dif. com.	Co-Tang.	″	′
10	0	9.5375070		9.9725239		9.5649831		10.4350169	0	50
	10	9.5375643	573	9.9725162	77	9.5650481	650	10.4349519	50	
	20	9.5376216	573	9.9725085	77	9.5651131	650	10.4348869	40	
	30	9.5376789	573	9.9725007	78	9.5651782	651	10.4348218	30	
	40	9.5377362	573	9.9724930	77	9.5652432	650	10.4347568	20	
	50	9.5377935	573	9.9724852	78	9.5653083	651	10.4346917	10	
11	0	9.5378508	573	9.9724775	77	9.5653733	650	10.4346267	0	49
	10	9.5379081	573	9.9724698	77	9.5654383	650	10.4345617	50	
	20	9.5379653	572	9.9724620	78	9.5655033	650	10.4344967	40	
	30	9.5380226	573	9.9724543	77	9.5655683	650	10.4344317	30	
	40	9.5380798	572	9.9724465	78	9.5656333	650	10.4343667	20	
	50	9.5381371	573	9.9724388	77	9.5656983	650	10.4343017	10	
12	0	9.5381943	572	9.9724310	78	9.5657633	650	10.4342367	0	48
	10	9.5382516	573	9.9724233	77	9.5658283	650	10.4341717	50	
	20	9.5383088	572	9.9724156	77	9.5658932	649	10.4341068	40	
	30	9.5383660	572	9.9724078	78	9.5659582	650	10.4340418	30	
	40	9.5384232	572	9.9724001	77	9.5660231	649	10.4339769	20	
	50	9.5384804	572	9.9723923	78	9.5660881	650	10.4339119	10	
13	0	9.5385375	571	9.9723845	78	9.5661530	649	10.4338470	0	47
	10	9.5385947	572	9.9723768	77	9.5662179	649	10.4337821	50	
	20	9.5386519	572	9.9723690	78	9.5662829	650	10.4337171	40	
	30	9.5387090	571	9.9723613	77	9.5663477	648	10.4336523	30	
	40	9.5387662	572	9.9723535	78	9.5664127	650	10.4335873	20	
	50	9.5388233	571	9.9723458	77	9.5664775	648	10.4335225	10	
14	0	9.5388804	571	9.9723380	78	9.5665424	649	10.4334576	0	46
	10	9.5389375	571	9.9723302	78	9.5666073	649	10.4333927	50	
	20	9.5389947	572	9.9723225	77	9.5666722	649	10.4333278	40	
	30	9.5390518	571	9.9723147	78	9.5667371	649	10.4332629	30	
	40	9.5391089	571	9.9723070	77	9.5668019	648	10.4331981	20	
	50	9.5391660	571	9.9722992	78	9.5668668	649	10.4331332	10	
15	0	9.5392231	571	9.9722914	78	9.5669317	649	10.4330683	0	45
	10	9.5392801	570	9.9722837	77	9.5669964	647	10.4330036	50	
	20	9.5393372	571	9.9722759	78	9.5670613	649	10.4329387	40	
	30	9.5393943	571	9.9722681	78	9.5671262	649	10.4328738	30	
	40	9.5394513	570	9.9722603	78	9.5671910	648	10.4328090	20	
	50	9.5395083	570	9.9722526	77	9.5672557	647	10.4327443	10	
16	0	9.5395653	570	9.9722448	78	9.5673205	648	10.4326795	0	44
	10	9.5396223	570	9.9722370	78	9.5673853	648	10.4326147	50	
	20	9.5396793	570	9.9722292	78	9.5674501	648	10.4325499	40	
	30	9.5397364	571	9.9722215	77	9.5675149	648	10.4324851	30	
	40	9.5397934	570	9.9722137	78	9.5675797	648	10.4324203	20	
	50	9.5398503	569	9.9722059	78	9.5676444	647	10.4323556	10	
17	0	9.5399073	570	9.9721981	78	9.5677092	648	10.4322908	0	43
	10	9.5399643	570	9.9721903	78	9.5677740	648	10.4322260	50	
	20	9.5400212	569	9.9721826	77	9.5678386	646	10.4321614	40	
	30	9.5400782	570	9.9721748	78	9.5679034	648	10.4320966	30	
	40	9.5401351	569	9.9721670	78	9.5679681	647	10.4320319	20	
	50	9.5401920	569	9.9721592	78	9.5680328	647	10.4319672	10	
18	0	9.5402490	570	9.9721514	78	9.5680976	648	10.4319024	0	42
	10	9.5403059	569	9.9721436	78	9.5681623	647	10.4318377	50	
	20	9.5403628	569	9.9721358	78	9.5682270	647	10.4317730	40	
	30	9.5404197	569	9.9721281	77	9.5682916	646	10.4317084	30	
	40	9.5404766	569	9.9721203	78	9.5683563	647	10.4316437	20	
	50	9.5405335	569	9.9721125	78	9.5684210	647	10.4315790	10	
19	0	9.5405903	568	9.9721047	78	9.5684856	646	10.4315144	0	41
	10	9.5406472	569	9.9720969	78	9.5685503	647	10.4314497	50	
	20	9.5407040	568	9.9720891	78	9.5686149	646	10.4313851	40	
	30	9.5407609	569	9.9720813	78	9.5686796	647	10.4313204	30	
	40	9.5408177	568	9.9720735	78	9.5687442	646	10.4312558	20	
	50	9.5408746	569	9.9720657	78	9.5688089	647	10.4311911	10	
20	0	9.5409314	568	9.9720579	78	9.5688735	646	10.4311265	0	40
′	″	Co-Sinus.	Dif.	Sinus.	D.	Co-Tang.	Dif. com.	Tang.	″	′

69 Deg.

20 Deg.

′	″	Sinus.	Dif.	Co-Sinus.	D.	Tang.	Dif.	Co-Tang.	″	′
20	0	9.5409314		9.9720579		9.5688735		10.4311265	0	40
	10	9.5409882	568	9.9720501	78	9.5689381	646	10.4310619	50	
	20	9.5410450	568	9.9720423	78	9.5690027	646	10.4309973	40	
	30	9.5411018	568	9.9720345	78	9.5690673	646	10.4309327	30	
	40	9.5411586	568	9.9720267	78	9.5691319	646	10.4308681	20	
	50	9.5412153	567	9.9720189	78	9.5691964	645	10.4308036	10	
21	0	9.5412721	568	9.9720110	79	9.5692611	647	10.4307389	0	39
	10	9.5413289	568	9.9720032	78	9.5693257	646	10.4306743	50	
	20	9.5413856	567	9.9719955	77	9.5693901	644	10.4306099	40	
	30	9.5414424	568	9.9719876	79	9.5694548	647	10.4305452	30	
	40	9.5414991	567	9.9719798	78	9.5695193	645	10.4304807	20	
	50	9.5415558	567	9.9719719	79	9.5695839	646	10.4304161	10	
22	0	9.5416126	568	9.9719642	77	9.5696484	645	10.4303516	0	38
	10	9.5416693	567	9.9719564	78	9.5697129	645	10.4302871	50	
	20	9.5417260	567	9.9719485	79	9.5697775	646	10.4302225	40	
	30	9.5417827	567	9.9719407	78	9.5698420	645	10.4301580	30	
	40	9.5418394	567	9.9719329	78	9.5699065	645	10.4300935	20	
	50	9.5418961	567	9.9719251	78	9.5699710	645	10.4300290	10	
23	0	9.5419527	566	9.9719172	79	9.5700355	645	10.4299645	0	37
	10	9.5420094	567	9.9719094	78	9.5701000	645	10.4299000	50	
	20	9.5420661	567	9.9719017	77	9.5701644	644	10.4298356	40	
	30	9.5421227	566	9.9718938	79	9.5702289	645	10.4297711	30	
	40	9.5421793	566	9.9718859	79	9.5702934	645	10.4297066	20	
	50	9.5422359	566	9.9718781	78	9.5703578	644	10.4296422	10	
24	0	9.5422926	567	9.9718703	78	9.5704223	645	10.4295777	0	36
	10	9.5423492	566	9.9718625	78	9.5704867	644	10.4295133	50	
	20	9.5424058	566	9.9718546	79	9.5705512	645	10.4294488	40	
	30	9.5424624	566	9.9718468	78	9.5706156	644	10.4293844	30	
	40	9.5425190	566	9.9718390	78	9.5706800	644	10.4293200	20	
	50	9.5425755	565	9.9718311	79	9.5707444	644	10.4292556	10	
25	0	9.5426321	566	9.9718233	78	9.5708088	644	10.4291912	0	35
	10	9.5426887	566	9.9718155	78	9.5708732	644	10.4291268	50	
	20	9.5427453	566	9.9718077	78	9.5709376	644	10.4290624	40	
	30	9.5428018	565	9.9717998	79	9.5710020	644	10.4289980	30	
	40	9.5428584	566	9.9717920	78	9.5710664	644	10.4289336	20	
	50	9.5429149	565	9.9717841	79	9.5711308	644	10.4288692	10	
26	0	9.5429714	565	9.9717763	78	9.5711951	643	10.4288049	0	34
	10	9.5430279	565	9.9717684	79	9.5712595	644	10.4287405	50	
	20	9.5430844	565	9.9717606	78	9.5713238	643	10.4286762	40	
	30	9.5431409	565	9.9717527	79	9.5713882	644	10.4286118	30	
	40	9.5431974	565	9.9717449	78	9.5714525	643	10.4285475	20	
	50	9.5432539	565	9.9717371	78	9.5715168	643	10.4284832	10	
27	0	9.5433104	565	9.9717293	78	9.5715811	643	10.4284189	0	33
	10	9.5433669	565	9.9717214	79	9.5716455	644	10.4283545	50	
	20	9.5434234	565	9.9717136	78	9.5717098	643	10.4282902	40	
	30	9.5434798	564	9.9717057	79	9.5717741	643	10.4282259	30	
	40	9.5435362	564	9.9716978	79	9.5718384	643	10.4281616	20	
	50	9.5435925	563	9.9716899	79	9.5719026	642	10.4280974	10	
28	0	9.5436489	564	9.9716820	79	9.5719669	643	10.4280331	0	32
	10	9.5437053	564	9.9716741	79	9.5720312	643	10.4279688	50	
	20	9.5437617	564	9.9716663	78	9.5720954	642	10.4279046	40	
	30	9.5438181	564	9.9716584	79	9.5721597	643	10.4278403	30	
	40	9.5438745	564	9.9716506	78	9.5722239	642	10.4277761	20	
	50	9.5439309	564	9.9716427	79	9.5722882	643	10.4277118	10	
29	0	9.5439873	564	9.9716349	78	9.5723524	642	10.4276476	0	31
	10	9.5440436	563	9.9716270	79	9.5724166	642	10.4275834	50	
	20	9.5441000	564	9.9716191	79	9.5724809	643	10.4275191	40	
	30	9.5441563	563	9.9716112	79	9.5725451	642	10.4274549	30	
	40	9.5442126	563	9.9716033	79	9.5726093	642	10.4273907	20	
	50	9.5442690	564	9.9715955	78	9.5726735	642	10.4273265	10	
30	0	9.5443253	563	9.9715876	79	9.5727377	642	10.4272623	0	30
′	″	Co-Sinus.	Dif.	Sinus.	D.	Co-Tang.	Dif.	Tang.	″	′

69 Deg.

20 Deg.

′	″	Sinus.	Dif.	Co-Sinus.	D.	Tang.	Dif.	Co-Tang.	″	′
30	0	9.5443253		9.9715876		9.5727377		10.4272623	0	30
	10	9.5443816	563	9.9715797	79	9.5728019	642	10.4271981	50	
	20	9.5444379	563	9.9715718	79	9.5728661	642	10.4271339	40	
	30	9.5444941	562	9.9715639	79	9.5729302	641	10.4270698	30	
	40	9.5445504	563	9.9715560	79	9.5729944	642	10.4270056	20	
	50	9.5446066	562	9.9715480	80	9.5730586	642	10.4269414	10	
31	0	9.5446628	562	9.9715401	79	9.5731227	641	10.4268773	0	29
	10	9.5447191	563	9.9715323	78	9.5731868	641	10.4268132	50	
	20	9.5447753	562	9.9715244	79	9.5732509	641	10.4267491	40	
	30	9.5448316	563	9.9715165	79	9.5733151	642	10.4266849	30	
	40	9.5448880	564	9.9715088	77	9.5733792	641	10.4266208	20	
	50	9.5449443	563	9.9715010	78	9.5734433	641	10.4265567	10	
32	0	9.5450005	562	9.9714931	79	9.5735074	641	10.4264926	0	28
	10	9.5450567	562	9.9714852	79	9.5735715	641	10.4264285	50	
	20	9.5451129	562	9.9714773	79	9.5736356	641	10.4263644	40	
	30	9.5451691	562	9.9714694	79	9.5736997	641	10.4263003	30	
	40	9.5452253	562	9.9714616	78	9.5737637	640	10.4262363	20	
	50	9.5452814	561	9.9714536	80	9.5738278	641	10.4261722	10	
33	0	9.5453376	562	9.9714457	79	9.5738919	641	10.4261081	0	27
	10	9.5453938	562	9.9714379	78	9.5739559	640	10.4260441	50	
	20	9.5454499	561	9.9714299	80	9.5740200	641	10.4259800	40	
	30	9.5455061	562	9.9714221	78	9.5740840	640	10.4259160	30	
	40	9.5455622	561	9.9714141	80	9.5741481	641	10.4258519	20	
	50	9.5456183	561	9.9714062	79	9.5742121	640	10.4257879	10	
34	0	9.5456745	562	9.9713984	78	9.5742761	640	10.4257239	0	26
	10	9.5457306	561	9.9713905	79	9.5743401	640	10.4256599	50	
	20	9.5457867	561	9.9713826	79	9.5744041	640	10.4255959	40	
	30	9.5458428	561	9.9713747	79	9.5744681	640	10.4255319	30	
	40	9.5458989	561	9.9713668	79	9.5745321	640	10.4254679	20	
	50	9.5459549	560	9.9713588	80	9.5745961	640	10.4254039	10	
35	0	9.5460110	561	9.9713509	79	9.5746601	640	10.4253399	0	25
	10	9.5460671	561	9.9713431	78	9.5747240	639	10.4252760	50	
	20	9.5461231	560	9.9713351	80	9.5747880	640	10.4252120	40	
	30	9.5461792	561	9.9713272	79	9.5748520	640	10.4251480	30	
	40	9.5462352	560	9.9713193	79	9.5749159	639	10.4250841	20	
	50	9.5462912	560	9.9713113	80	9.5749799	640	10.4250201	10	
36	0	9.5463473	561	9.9713035	78	9.5750438	639	10.4249562	0	24
	10	9.5464033	560	9.9712956	79	9.5751077	639	10.4248923	50	
	20	9.5464593	560	9.9712877	79	9.5751716	639	10.4248284	40	
	30	9.5465153	560	9.9712798	79	9.5752355	639	10.4247645	30	
	40	9.5465713	560	9.9712719	79	9.5752994	639	10.4247006	20	
	50	9.5466273	560	9.9712640	79	9.5753633	639	10.4246367	10	
37	0	9.5466833	560	9.9712561	79	9.5754272	639	10.4245728	0	23
	10	9.5467392	559	9.9712481	80	9.5754911	639	10.4245089	50	
	20	9.5467951	559	9.9712401	80	9.5755550	639	10.4244450	40	
	30	9.5468511	560	9.9712323	78	9.5756188	638	10.4243812	30	
	40	9.5469070	559	9.9712243	80	9.5756827	639	10.4243173	20	
	50	9.5469629	559	9.9712163	80	9.5757466	639	10.4242534	10	
38	0	9.5470188	559	9.9712084	79	9.5758104	638	10.4241896	0	22
	10	9.5470747	559	9.9712004	80	9.5758743	639	10.4241257	50	
	20	9.5471307	560	9.9711926	78	9.5759381	638	10.4240619	40	
	30	9.5471865	558	9.9711846	80	9.5760019	638	10.4239981	30	
	40	9.5472424	559	9.9711766	80	9.5760658	639	10.4239342	20	
	50	9.5472982	558	9.9711686	80	9.5761296	638	10.4238704	10	
39	0	9.5473541	559	9.9711607	79	9.5761934	638	10.4238066	0	21
	10	9.5474101	560	9.9711529	78	9.5762572	638	10.4237428	50	
	20	9.5474659	558	9.9711449	80	9.5763210	638	10.4236790	40	
	30	9.5475218	559	9.9711370	79	9.5763848	638	10.4236152	30	
	40	9.5475776	558	9.9711290	80	9.5764486	638	10.4235514	20	
	50	9.5476334	558	9.9711211	79	9.5765123	637	10.4234877	10	
40	0	9.5476893	559	9.9711132	79	9.5765761	638	10.4234239	0	20
′	″	Co-Sinus.	Dif.	Sinus.	D.	Co-Tang.	Dif.	Tang.	″	′

69 Deg.

20 Deg.

'	"	Sinus.	Dif.	Co-Sinus.	D.	Tang.	Dif.	Co-Tang.	"	'
40	0	[illegible]		[illegible]		[illegible]		[illegible]	0	20
	10	[illegible]	[illegible]	[illegible]	[illegible]	[illegible]	[illegible]	[illegible]	50	
	20	[illegible]	[illegible]	[illegible]	[illegible]	[illegible]	[illegible]	[illegible]	40	
	30	[illegible]	[illegible]	[illegible]	[illegible]	[illegible]	[illegible]	[illegible]	30	
	40	[illegible]	[illegible]	[illegible]	[illegible]	[illegible]	[illegible]	[illegible]	20	
	50	[illegible]	[illegible]	[illegible]	[illegible]	[illegible]	[illegible]	[illegible]	10	
41	0	[illegible]		[illegible]		[illegible]		[illegible]	0	19
	10	[illegible]	[illegible]	[illegible]	[illegible]	[illegible]	[illegible]	[illegible]	50	
	20	[illegible]	[illegible]	[illegible]	[illegible]	[illegible]	[illegible]	[illegible]	40	
	30	[illegible]	[illegible]	[illegible]	[illegible]	[illegible]	[illegible]	[illegible]	30	
	40	[illegible]	[illegible]	[illegible]	[illegible]	[illegible]	[illegible]	[illegible]	20	
	50	[illegible]	[illegible]	[illegible]	[illegible]	[illegible]	[illegible]	[illegible]	10	
42	0	[illegible]		[illegible]		[illegible]		[illegible]	0	18
	10	[illegible]	[illegible]	[illegible]	[illegible]	[illegible]	[illegible]	[illegible]	50	
	20	[illegible]	[illegible]	[illegible]	[illegible]	[illegible]	[illegible]	[illegible]	40	
	30	[illegible]	[illegible]	[illegible]	[illegible]	[illegible]	[illegible]	[illegible]	30	
	40	[illegible]	[illegible]	[illegible]	[illegible]	[illegible]	[illegible]	[illegible]	20	
	50	[illegible]	[illegible]	[illegible]	[illegible]	[illegible]	[illegible]	[illegible]	10	
43	0	[illegible]		[illegible]		[illegible]		[illegible]	0	17
	10	[illegible]	[illegible]	[illegible]	[illegible]	[illegible]	[illegible]	[illegible]	50	
	20	[illegible]	[illegible]	[illegible]	[illegible]	[illegible]	[illegible]	[illegible]	40	
	30	[illegible]	[illegible]	[illegible]	[illegible]	[illegible]	[illegible]	[illegible]	30	
	40	[illegible]	[illegible]	[illegible]	[illegible]	[illegible]	[illegible]	[illegible]	20	
	50	[illegible]	[illegible]	[illegible]	[illegible]	[illegible]	[illegible]	[illegible]	10	
44	0	[illegible]		[illegible]		[illegible]		[illegible]	0	16
	10	[illegible]	[illegible]	[illegible]	[illegible]	[illegible]	[illegible]	[illegible]	50	
	20	[illegible]	[illegible]	[illegible]	[illegible]	[illegible]	[illegible]	[illegible]	40	
	30	[illegible]	[illegible]	[illegible]	[illegible]	[illegible]	[illegible]	[illegible]	30	
	40	[illegible]	[illegible]	[illegible]	[illegible]	[illegible]	[illegible]	[illegible]	20	
	50	[illegible]	[illegible]	[illegible]	[illegible]	[illegible]	[illegible]	[illegible]	10	
45	0	[illegible]		[illegible]		[illegible]		[illegible]	0	15
	10	[illegible]	[illegible]	[illegible]	[illegible]	[illegible]	[illegible]	[illegible]	50	
	20	[illegible]	[illegible]	[illegible]	[illegible]	[illegible]	[illegible]	[illegible]	40	
	30	[illegible]	[illegible]	[illegible]	[illegible]	[illegible]	[illegible]	[illegible]	30	
	40	[illegible]	[illegible]	[illegible]	[illegible]	[illegible]	[illegible]	[illegible]	20	
	50	[illegible]	[illegible]	[illegible]	[illegible]	[illegible]	[illegible]	[illegible]	10	
46	0	[illegible]		[illegible]		[illegible]		[illegible]	0	14
	10	[illegible]	[illegible]	[illegible]	[illegible]	[illegible]	[illegible]	[illegible]	50	
	20	[illegible]	[illegible]	[illegible]	[illegible]	[illegible]	[illegible]	[illegible]	40	
	30	[illegible]	[illegible]	[illegible]	[illegible]	[illegible]	[illegible]	[illegible]	30	
	40	[illegible]	[illegible]	[illegible]	[illegible]	[illegible]	[illegible]	[illegible]	20	
	50	[illegible]	[illegible]	[illegible]	[illegible]	[illegible]	[illegible]	[illegible]	10	
47	0	[illegible]		[illegible]		[illegible]		[illegible]	0	13
	10	[illegible]	[illegible]	[illegible]	[illegible]	[illegible]	[illegible]	[illegible]	50	
	20	[illegible]	[illegible]	[illegible]	[illegible]	[illegible]	[illegible]	[illegible]	40	
	30	[illegible]	[illegible]	[illegible]	[illegible]	[illegible]	[illegible]	[illegible]	30	
	40	[illegible]	[illegible]	[illegible]	[illegible]	[illegible]	[illegible]	[illegible]	20	
	50	[illegible]	[illegible]	[illegible]	[illegible]	[illegible]	[illegible]	[illegible]	10	
48	0	[illegible]		[illegible]		[illegible]		[illegible]	0	12
	10	[illegible]	[illegible]	[illegible]	[illegible]	[illegible]	[illegible]	[illegible]	50	
	20	[illegible]	[illegible]	[illegible]	[illegible]	[illegible]	[illegible]	[illegible]	40	
	30	[illegible]	[illegible]	[illegible]	[illegible]	[illegible]	[illegible]	[illegible]	30	
	40	[illegible]	[illegible]	[illegible]	[illegible]	[illegible]	[illegible]	[illegible]	20	
	50	[illegible]	[illegible]	[illegible]	[illegible]	[illegible]	[illegible]	[illegible]	10	
49	0	[illegible]		[illegible]		[illegible]		[illegible]	0	11
	10	[illegible]	[illegible]	[illegible]	[illegible]	[illegible]	[illegible]	[illegible]	50	
	20	[illegible]	[illegible]	[illegible]	[illegible]	[illegible]	[illegible]	[illegible]	40	
	30	[illegible]	[illegible]	[illegible]	[illegible]	[illegible]	[illegible]	[illegible]	30	
	40	[illegible]	[illegible]	[illegible]	[illegible]	[illegible]	[illegible]	[illegible]	20	
	50	[illegible]	[illegible]	[illegible]	[illegible]	[illegible]	[illegible]	[illegible]	10	
50	0	[illegible]		[illegible]		[illegible]		[illegible]	0	10
'	"	Co-Sinus.	Dif.	Sinus.	D.	Co-Tang.	Dif.	Tang.	"	'

69 Deg.

20 Deg.

'	"	Sinus.	Dif.	Co-Sinus.	D.	Tang.	Dif.	Co-Tang.	"	'
50	0	[illegible]		[illegible]		[illegible]		[illegible]	0	10
	10	[illegible]	[illegible]	[illegible]	[illegible]	[illegible]	[illegible]	[illegible]	50	
	20	[illegible]	[illegible]	[illegible]	[illegible]	[illegible]	[illegible]	[illegible]	40	
	30	[illegible]	[illegible]	[illegible]	[illegible]	[illegible]	[illegible]	[illegible]	30	
	40	[illegible]	[illegible]	[illegible]	[illegible]	[illegible]	[illegible]	[illegible]	20	
	50	[illegible]	[illegible]	[illegible]	[illegible]	[illegible]	[illegible]	[illegible]	10	
51	0	[illegible]		[illegible]		[illegible]		[illegible]	0	9
	10	[illegible]	[illegible]	[illegible]	[illegible]	[illegible]	[illegible]	[illegible]	50	
	20	[illegible]	[illegible]	[illegible]	[illegible]	[illegible]	[illegible]	[illegible]	40	
	30	[illegible]	[illegible]	[illegible]	[illegible]	[illegible]	[illegible]	[illegible]	30	
	40	[illegible]	[illegible]	[illegible]	[illegible]	[illegible]	[illegible]	[illegible]	20	
	50	[illegible]	[illegible]	[illegible]	[illegible]	[illegible]	[illegible]	[illegible]	10	
52	0	[illegible]		[illegible]		[illegible]		[illegible]	0	8
	10	[illegible]	[illegible]	[illegible]	[illegible]	[illegible]	[illegible]	[illegible]	50	
	20	[illegible]	[illegible]	[illegible]	[illegible]	[illegible]	[illegible]	[illegible]	40	
	30	[illegible]	[illegible]	[illegible]	[illegible]	[illegible]	[illegible]	[illegible]	30	
	40	[illegible]	[illegible]	[illegible]	[illegible]	[illegible]	[illegible]	[illegible]	20	
	50	[illegible]	[illegible]	[illegible]	[illegible]	[illegible]	[illegible]	[illegible]	10	
53	0	[illegible]		[illegible]		[illegible]		[illegible]	0	7
	10	[illegible]	[illegible]	[illegible]	[illegible]	[illegible]	[illegible]	[illegible]	50	
	20	[illegible]	[illegible]	[illegible]	[illegible]	[illegible]	[illegible]	[illegible]	40	
	30	[illegible]	[illegible]	[illegible]	[illegible]	[illegible]	[illegible]	[illegible]	30	
	40	[illegible]	[illegible]	[illegible]	[illegible]	[illegible]	[illegible]	[illegible]	20	
	50	[illegible]	[illegible]	[illegible]	[illegible]	[illegible]	[illegible]	[illegible]	10	
54	0	[illegible]		[illegible]		[illegible]		[illegible]	0	6
	10	[illegible]	[illegible]	[illegible]	[illegible]	[illegible]	[illegible]	[illegible]	50	
	20	[illegible]	[illegible]	[illegible]	[illegible]	[illegible]	[illegible]	[illegible]	40	
	30	[illegible]	[illegible]	[illegible]	[illegible]	[illegible]	[illegible]	[illegible]	30	
	40	[illegible]	[illegible]	[illegible]	[illegible]	[illegible]	[illegible]	[illegible]	20	
	50	[illegible]	[illegible]	[illegible]	[illegible]	[illegible]	[illegible]	[illegible]	10	
55	0	[illegible]		[illegible]		[illegible]		[illegible]	0	5
	10	[illegible]	[illegible]	[illegible]	[illegible]	[illegible]	[illegible]	[illegible]	50	
	20	[illegible]	[illegible]	[illegible]	[illegible]	[illegible]	[illegible]	[illegible]	40	
	30	[illegible]	[illegible]	[illegible]	[illegible]	[illegible]	[illegible]	[illegible]	30	
	40	[illegible]	[illegible]	[illegible]	[illegible]	[illegible]	[illegible]	[illegible]	20	
	50	[illegible]	[illegible]	[illegible]	[illegible]	[illegible]	[illegible]	[illegible]	10	
56	0	[illegible]		[illegible]		[illegible]		[illegible]	0	4
	10	[illegible]	[illegible]	[illegible]	[illegible]	[illegible]	[illegible]	[illegible]	50	
	20	[illegible]	[illegible]	[illegible]	[illegible]	[illegible]	[illegible]	[illegible]	40	
	30	[illegible]	[illegible]	[illegible]	[illegible]	[illegible]	[illegible]	[illegible]	30	
	40	[illegible]	[illegible]	[illegible]	[illegible]	[illegible]	[illegible]	[illegible]	20	
	50	[illegible]	[illegible]	[illegible]	[illegible]	[illegible]	[illegible]	[illegible]	10	
57	0	[illegible]		[illegible]		[illegible]		[illegible]	0	3
	10	[illegible]	[illegible]	[illegible]	[illegible]	[illegible]	[illegible]	[illegible]	50	
	20	[illegible]	[illegible]	[illegible]	[illegible]	[illegible]	[illegible]	[illegible]	40	
	30	[illegible]	[illegible]	[illegible]	[illegible]	[illegible]	[illegible]	[illegible]	30	
	40	[illegible]	[illegible]	[illegible]	[illegible]	[illegible]	[illegible]	[illegible]	20	
	50	[illegible]	[illegible]	[illegible]	[illegible]	[illegible]	[illegible]	[illegible]	10	
58	0	[illegible]		[illegible]		[illegible]		[illegible]	0	2
	10	[illegible]	[illegible]	[illegible]	[illegible]	[illegible]	[illegible]	[illegible]	50	
	20	[illegible]	[illegible]	[illegible]	[illegible]	[illegible]	[illegible]	[illegible]	40	
	30	[illegible]	[illegible]	[illegible]	[illegible]	[illegible]	[illegible]	[illegible]	30	
	40	[illegible]	[illegible]	[illegible]	[illegible]	[illegible]	[illegible]	[illegible]	20	
	50	[illegible]	[illegible]	[illegible]	[illegible]	[illegible]	[illegible]	[illegible]	10	
59	0	[illegible]		[illegible]		[illegible]		[illegible]	0	1
	10	[illegible]	[illegible]	[illegible]	[illegible]	[illegible]	[illegible]	[illegible]	50	
	20	[illegible]	[illegible]	[illegible]	[illegible]	[illegible]	[illegible]	[illegible]	40	
	30	[illegible]	[illegible]	[illegible]	[illegible]	[illegible]	[illegible]	[illegible]	30	
	40	[illegible]	[illegible]	[illegible]	[illegible]	[illegible]	[illegible]	[illegible]	20	
	50	[illegible]	[illegible]	[illegible]	[illegible]	[illegible]	[illegible]	[illegible]	10	
60	0	[illegible]		[illegible]		[illegible]		[illegible]	0	0
'	"	Co-Sinus.	Dif.	Sinus.	D.	Co-Tang.	Dif.	Tang.	"	'

69 Deg.

′	″	Sinus.	Dif.	Co-Sinus.	D.	Tang.	Dif.	Co-Tang.	″	′
0	0	9.5543292		9.9701517		9.5841774		10.4158226	0	60
	10	9.5543840	548	9.9701436	81	9.5842404	630	10.4157596	50	
	20	9.5544387	547	9.9701356	80	9.5843033	629	10.4156967	40	
	30	9.5544934	547	9.9701275	81	9.5843662	629	10.4156338	30	
	40	9.5545481	547	9.9701194	81	9.5844291	629	10.4155709	20	
	50	9.5546029	548	9.9701113	81	9.5844920	629	10.4155080	10	
1	0	9.5546576	547	9.9701032	81	9.5845549	629	10.4154451	0	59
	10	9.5547123	547	9.9700951	81	9.5846178	629	10.4153822	50	
	20	9.5547670	547	9.9700871	80	9.5846807	629	10.4153193	40	
	30	9.5548218	548	9.9700790	81	9.5847435	628	10.4152565	30	
	40	9.5548765	547	9.9700709	81	9.5848064	629	10.4151936	20	
	50	9.5549312	547	9.9700628	81	9.5848693	629	10.4151307	10	
2	0	9.5549860	548	9.9700547	81	9.5849321	628	10.4150679	0	58
	10	9.5550407	547	9.9700466	81	9.5849950	629	10.4150050	50	
	20	9.5550954	547	9.9700385	81	9.5850578	628	10.4149422	40	
	30	9.5551502	548	9.9700304	81	9.5851207	629	10.4148793	30	
	40	9.5552049	547	9.9700223	81	9.5851835	628	10.4148165	20	
	50	9.5552596	547	9.9700142	81	9.5852463	628	10.4147537	10	
3	0	9.5553143	547	9.9700061	81	9.5853091	628	10.4146909	0	57
	10	9.5553691	548	9.9699980	81	9.5853719	628	10.4146281	50	
	20	9.5554238	547	9.9699899	81	9.5854347	628	10.4145653	40	
	30	9.5554785	547	9.9699818	81	9.5854975	628	10.4145025	30	
	40	9.5555333	548	9.9699737	81	9.5855603	628	10.4144397	20	
	50	9.5555880	547	9.9699656	81	9.5856231	628	10.4143769	10	
4	0	9.5556427	547	9.9699574	82	9.5856859	628	10.4143141	0	56
	10	9.5556974	547	9.9699493	81	9.5857486	627	10.4142514	50	
	20	9.5557521	547	9.9699412	81	9.5858114	628	10.4141886	40	
	30	9.5558069	548	9.9699331	81	9.5858742	628	10.4141258	30	
	40	9.5558616	547	9.9699250	81	9.5859369	627	10.4140631	20	
	50	9.5559163	547	9.9699169	81	9.5859996	627	10.4140004	10	
5	0	9.5559711	548	9.9699088	81	9.5860624	628	10.4139376	0	55
	10	9.5560257	546	9.9699007	81	9.5861251	627	10.4138749	50	
	20	9.5560803	546	9.9698926	81	9.5861878	627	10.4138122	40	
	30	9.5561348	545	9.9698845	81	9.5862505	627	10.4137495	30	
	40	9.5561894	546	9.9698764	81	9.5863132	627	10.4136868	20	
	50	9.5562439	545	9.9698683	81	9.5863759	627	10.4136241	10	
6	0	9.5562985	546	9.9698601	82	9.5864386	627	10.4135614	0	54
	10	9.5563530	545	9.9698520	81	9.5865013	627	10.4134987	50	
	20	9.5564076	546	9.9698439	81	9.5865640	627	10.4134360	40	
	30	9.5564621	545	9.9698357	82	9.5866267	627	10.4133733	30	
	40	9.5565166	545	9.9698276	81	9.5866893	626	10.4133107	20	
	50	9.5565711	545	9.9698195	81	9.5867520	627	10.4132480	10	
7	0	9.5566256	545	9.9698114	81	9.5868147	627	10.4131853	0	53
	10	9.5566801	545	9.9698032	82	9.5868773	626	10.4131227	50	
	20	9.5567346	545	9.9697951	81	9.5869399	626	10.4130601	40	
	30	9.5567891	545	9.9697869	82	9.5870026	627	10.4129974	30	
	40	9.5568436	545	9.9697788	81	9.5870652	626	10.4129348	20	
	50	9.5568981	545	9.9697706	82	9.5871278	626	10.4128722	10	
8	0	9.5569526	545	9.9697625	81	9.5871904	626	10.4128096	0	52
	10	9.5570071	545	9.9697543	82	9.5872530	626	10.4127470	50	
	20	9.5570615	544	9.9697462	81	9.5873156	626	10.4126844	40	
	30	9.5571160	545	9.9697380	82	9.5873782	626	10.4126218	30	
	40	9.5571704	544	9.9697299	81	9.5874408	626	10.4125592	20	
	50	9.5572249	545	9.9697217	82	9.5875034	626	10.4124966	10	
9	0	9.5572793	544	9.9697136	81	9.5875660	626	10.4124340	0	51
	10	9.5573337	544	9.9697054	82	9.5876285	625	10.4123715	50	
	20	9.5573882	545	9.9696973	81	9.5876911	626	10.4123089	40	
	30	9.5574426	544	9.9696891	82	9.5877537	626	10.4122463	30	
	40	9.5574970	544	9.9696810	81	9.5878163	626	10.4121837	20	
	50	9.5575515	545	9.9696728	82	9.5878789	626	10.4121211	10	
10	0	9.5576060	545	9.9696647	81	9.5879413	624	10.4120587	0	50
′	″	Co-Sinus.	Dif.	Sinus.	D.	Co-Tang.	Dif.	Tang.	″	′

′	″	Sinus.	Dif.	Co-Sinus.	D.	Tang.	Dif.	Co-Tang.	″	′
10	0	9.5576060		9.9696647		9.5879413		10.4120587	0	50
	10	9.5576604	544	9.9696566	81	9.5880038	625	10.4119962	50	
	20	9.5577147	543	9.9696484	82	9.5880663	625	10.4119337	40	
	30	9.5577691	544	9.9696402	82	9.5881288	625	10.4118712	30	
	40	9.5578234	543	9.9696321	81	9.5881913	625	10.4118087	20	
	50	9.5578777	543	9.9696239	82	9.5882538	625	10.4117462	10	
11	0	9.5579321	544	9.9696158	81	9.5883163	625	10.4116837	0	49
	10	9.5579864	543	9.9696076	82	9.5883788	625	10.4116212	50	
	20	9.5580407	543	9.9695995	81	9.5884413	625	10.4115587	40	
	30	9.5580950	543	9.9695913	82	9.5885037	624	10.4114963	30	
	40	9.5581493	543	9.9695831	82	9.5885662	625	10.4114338	20	
	50	9.5582036	543	9.9695750	81	9.5886287	625	10.4113713	10	
12	0	9.5582579	543	9.9695669	81	9.5886911	624	10.4113089	0	48
	10	9.5583122	543	9.9695587	82	9.5887536	625	10.4112464	50	
	20	9.5583665	543	9.9695505	82	9.5888160	624	10.4111840	40	
	30	9.5584207	542	9.9695423	82	9.5888784	624	10.4111216	30	
	40	9.5584750	543	9.9695341	82	9.5889408	624	10.4110592	20	
	50	9.5585293	543	9.9695259	82	9.5890033	625	10.4109967	10	
13	0	9.5585835	542	9.9695177	82	9.5890657	624	10.4109343	0	47
	10	9.5586377	542	9.9695095	82	9.5891281	624	10.4108719	50	
	20	9.5586919	542	9.9695013	82	9.5891905	624	10.4108095	40	
	30	9.5587462	543	9.9694931	82	9.5892529	624	10.4107471	30	
	40	9.5588004	542	9.9694850	81	9.5893154	625	10.4106846	20	
	50	9.5588546	542	9.9694768	82	9.5893777	623	10.4106223	10	
14	0	9.5589088	542	9.9694687	81	9.5894401	624	10.4105599	0	46
	10	9.5589630	542	9.9694605	82	9.5895025	624	10.4104975	50	
	20	9.5590171	541	9.9694523	82	9.5895649	624	10.4104351	40	
	30	9.5590713	542	9.9694441	82	9.5896272	623	10.4103728	30	
	40	9.5591255	542	9.9694360	81	9.5896896	624	10.4103104	20	
	50	9.5591796	541	9.9694278	82	9.5897519	623	10.4102481	10	
15	0	9.5592338	542	9.9694196	82	9.5898142	623	10.4101858	0	45
	10	9.5592879	541	9.9694114	82	9.5898765	623	10.4101235	50	
	20	9.5593420	541	9.9694032	82	9.5899388	623	10.4100612	40	
	30	9.5593961	541	9.9693950	82	9.5900011	623	10.4099989	30	
	40	9.5594502	541	9.9693868	82	9.5900635	624	10.4099365	20	
	50	9.5595044	542	9.9693786	82	9.5901258	623	10.4098742	10	
16	0	9.5595585	541	9.9693704	82	9.5901881	623	10.4098119	0	44
	10	9.5596126	541	9.9693622	82	9.5902503	622	10.4097497	50	
	20	9.5596667	541	9.9693540	82	9.5903127	624	10.4096873	40	
	30	9.5597207	540	9.9693458	82	9.5903749	622	10.4096251	30	
	40	9.5597748	541	9.9693376	82	9.5904372	623	10.4095628	20	
	50	9.5598288	540	9.9693294	82	9.5904994	622	10.4095006	10	
17	0	9.5598829	541	9.9693212	82	9.5905617	623	10.4094383	0	43
	10	9.5599370	541	9.9693130	82	9.5906239	622	10.4093761	50	
	20	9.5599910	540	9.9693048	82	9.5906862	623	10.4093138	40	
	30	9.5600450	540	9.9692966	82	9.5907484	622	10.4092516	30	
	40	9.5600991	541	9.9692884	82	9.5908106	622	10.4091894	20	
	50	9.5601531	540	9.9692802	82	9.5908729	623	10.4091271	10	
18	0	9.5602071	540	9.9692719	83	9.5909351	622	10.4090649	0	42
	10	9.5602611	540	9.9692637	82	9.5909973	622	10.4090027	50	
	20	9.5603151	540	9.9692555	82	9.5910595	622	10.4089405	40	
	30	9.5603691	540	9.9692473	82	9.5911217	622	10.4088783	30	
	40	9.5604230	539	9.9692391	82	9.5911839	622	10.4088161	20	
	50	9.5604770	540	9.9692309	82	9.5912461	622	10.4087539	10	
19	0	9.5605310	540	9.9692227	82	9.5913082	621	10.4086918	0	41
	10	9.5605849	539	9.9692145	82	9.5913704	622	10.4086296	50	
	20	9.5606388	539	9.9692063	82	9.5914325	621	10.4085675	40	
	30	9.5606927	539	9.9691981	82	9.5914945	620	10.4085055	30	
	40	9.5607465	538	9.9691899	82	9.5915566	621	10.4084434	20	
	50	9.5608003	538	9.9691816	83	9.5916186	620	10.4083814	10	
20	0	9.5608540	537	9.9691734	82	9.5916806	620	10.4083194	0	40
′	″	Co-Sinus.	Dif.	Sinus.	D.	Co-Tang.	Dif.	Tang.	″	′

21 Deg.

′	″	Sinus.	Dif.	Co-Sinus.	D.	Tang.	Dif.	Co-Tang.	″	′
20	0	9.5608546		9.9691714		9.5916814		10.4083186	0	40
	10	9.5609085	539	9.9691651	[illegible]	9.5917435	621	10.4082565	50	
	20	9.5609624	539	9.9691570	[illegible]	9.5918054	621	10.4081946	40	
	30	9.5610163	539	9.9691487	[illegible]	9.5918675	621	10.4081325	30	
	40	9.5610701	538	9.9691405	[illegible]	9.5919297	622	10.4080703	20	
	50	9.5611240	539	9.9691324	[illegible]	9.5919916	621	10.4080084	10	
21	0	9.5611779	539	9.9691241	[illegible]	9.5920538	621	10.4079461	0	39
	10	9.5612318	539	9.9691158	[illegible]	9.5921159	621	10.4078841	50	
	20	9.5612856	538	9.9691076	[illegible]	9.5921780	621	10.4078220	40	
	30	9.5613395	539	9.9690994	[illegible]	9.5922401	621	10.4077599	30	
	40	9.5613933	538	9.9690914	[illegible]	9.5923021	620	10.4076979	20	
	50	9.5614471	538	9.9690832	[illegible]	9.5923641	620	10.4076359	10	
22	0	9.5615010	539	9.9690749	[illegible]	9.5924261	620	10.4075737	0	38
	10	9.5615548	538	9.9690666	[illegible]	9.5924882	621	10.4075118	50	
	20	9.5616086	538	9.9690584	[illegible]	9.5925502	620	10.4074498	40	
	30	9.5616624	538	9.9690499	[illegible]	9.5926124	622	10.4073876	30	
	40	9.5617162	538	9.9690417	[illegible]	9.5926745	621	10.4073255	20	
	50	9.5617700	538	9.9690334	[illegible]	9.5927366	620	10.4072635	10	
23	0	9.5618237	537	9.9690252	[illegible]	9.5927985	620	10.4072015	0	37
	10	9.5618775	538	9.9690170	[illegible]	9.5928605	620	10.4071395	50	
	20	9.5619312	537	9.9690087	[illegible]	9.5929225	620	10.4070774	40	
	30	9.5619850	538	9.9690005	[illegible]	9.5929845	620	10.4070154	30	
	40	9.5620387	537	9.9689921	[illegible]	9.5930465	619	10.4069535	20	
	50	9.5620925	538	9.9689839	[illegible]	9.5931086	620	10.4068915	10	
24	0	9.5621462	537	9.9689757	[illegible]	9.5931705	620	10.4068295	0	36
	10	9.5622000	538	9.9689675	[illegible]	9.5932325	620	10.4067675	50	
	20	9.5622537	537	9.9689590	[illegible]	9.5932945	619	10.4067055	40	
	30	9.5623074	537	9.9689510	[illegible]	9.5933564	620	10.4066436	30	
	40	9.5623611	537	9.9689427	[illegible]	9.5934184	619	10.4065816	20	
	50	9.5624148	537	9.9689344	[illegible]	9.5934803	620	10.4065197	10	
25	0	9.5624685	537	9.9689262	[illegible]	9.5935423	619	10.4064577	0	35
	10	9.5625221	536	9.9689179	[illegible]	9.5936042	619	10.4063958	50	
	20	9.5625758	537	9.9689097	[illegible]	9.5936661	620	10.4063339	40	
	30	9.5626295	537	9.9689014	[illegible]	9.5937281	619	10.4062719	30	
	40	9.5626831	536	9.9688931	[illegible]	9.5937900	619	10.4062100	20	
	50	9.5627368	537	9.9688849	[illegible]	9.5938519	619	10.4061481	10	
26	0	9.5627904	536	9.9688766	[illegible]	9.5939138	619	10.4060862	0	34
	10	9.5628441	537	9.9688684	[illegible]	9.5939757	619	10.4060243	50	
	20	9.5628977	536	9.9688601	[illegible]	9.5940376	619	10.4059624	40	
	30	9.5629513	536	9.9688518	[illegible]	9.5940995	619	10.4059005	30	
	40	9.5630049	536	9.9688435	[illegible]	9.5941613	619	10.4058387	20	
	50	9.5630585	536	9.9688353	[illegible]	9.5942232	619	10.4057768	10	
27	0	9.5631121	536	9.9688270	[illegible]	9.5942851	619	10.4057149	0	33
	10	9.5631657	536	9.9688187	[illegible]	9.5943469	618	10.4056531	50	
	20	9.5632192	535	9.9688104	[illegible]	9.5944088	619	10.4055912	40	
	30	9.5632728	536	9.9688021	[illegible]	9.5944706	618	10.4055294	30	
	40	9.5633264	536	9.9687938	[illegible]	9.5945325	619	10.4054675	20	
	50	9.5633799	535	9.9687856	[illegible]	9.5945943	618	10.4054057	10	
28	0	9.5634335	536	9.9687772	[illegible]	9.5946561	618	10.4053439	0	32
	10	9.5634870	535	9.9687691	[illegible]	9.5947179	618	10.4052821	50	
	20	9.5635405	535	9.9687608	[illegible]	9.5947798	619	10.4052202	40	
	30	9.5635941	536	9.9687525	[illegible]	9.5948416	618	10.4051584	30	
	40	9.5636476	535	9.9687441	[illegible]	9.5949034	618	10.4050966	20	
	50	9.5637011	535	9.9687359	[illegible]	9.5949652	618	10.4050348	10	
29	0	9.5637546	535	9.9687276	[illegible]	9.5950269	617	10.4049731	0	31
	10	9.5638081	535	9.9687194	[illegible]	9.5950887	618	10.4049113	50	
	20	9.5638616	535	9.9687111	[illegible]	9.5951505	618	10.4048495	40	
	30	9.5639150	534	9.9687028	[illegible]	9.5952123	618	10.4047877	30	
	40	9.5639685	535	9.9686944	[illegible]	9.5952740	617	10.4047260	20	
	50	9.5640220	535	9.9686862	[illegible]	9.5953358	618	10.4046642	10	
30	0	9.5640754	534	9.9686779	[illegible]	9.5953975	617	10.4046025	0	30
′	″	Co-Sinus.	Dif.	Sinus.	D.	Co-Tang.	Dif.	Tang.	″	′

68 Deg.

21 Deg.

′	″	Sinus.	Dif.	Co-Sinus.	D.	Tang.	Dif.	Co-Tang.	″	′
30	0	9.5640754		9.9686779		9.5953975		10.4046025	0	30
	10	9.5641289	535	9.9686696	[illegible]	9.5954593	618	10.4045407	50	
	20	9.5641823	534	9.9686613	[illegible]	9.5955210	617	10.4044790	40	
	30	9.5642358	535	9.9686531	[illegible]	9.5955827	617	10.4044173	30	
	40	9.5642892	534	9.9686448	[illegible]	9.5956445	618	10.4043555	20	
	50	9.5643426	534	9.9686364	[illegible]	9.5957061	617	10.4042938	10	
31	0	9.5643960	534	9.9686281	[illegible]	9.5957679	617	10.4042321	0	29
	10	9.5644494	534	9.9686198	[illegible]	9.5958296	617	10.4041704	50	
	20	9.5645028	534	9.9686115	[illegible]	9.5958913	617	10.4041087	40	
	30	9.5645562	534	9.9686032	[illegible]	9.5959530	617	10.4040470	30	
	40	9.5646096	534	9.9685949	[illegible]	9.5960147	617	10.4039853	20	
	50	9.5646630	534	9.9685866	[illegible]	9.5960763	616	10.4039237	10	
32	0	9.5647164	534	9.9685783	[illegible]	9.5961381	617	10.4038619	0	28
	10	9.5647697	533	9.9685700	[illegible]	9.5961997	617	10.4038003	50	
	20	9.5648230	533	9.9685617	[illegible]	9.5962613	616	10.4037387	40	
	30	9.5648764	534	9.9685534	[illegible]	9.5963230	617	10.4036774	30	
	40	9.5649297	533	9.9685451	[illegible]	9.5963846	616	10.4036154	20	
	50	9.5649830	533	9.9685367	[illegible]	9.5964463	617	10.4035537	10	
33	0	9.5650363	533	9.9685284	[illegible]	9.5965079	616	10.4034921	0	27
	10	9.5650896	533	9.9685201	[illegible]	9.5965695	616	10.4034305	50	
	20	9.5651429	533	9.9685117	[illegible]	9.5966311	616	10.4033688	40	
	30	9.5651961	532	9.9685035	[illegible]	9.5966927	616	10.4033073	30	
	40	9.5652495	533	9.9684951	[illegible]	9.5967544	616	10.4032456	20	
	50	9.5653028	533	9.9684867	[illegible]	9.5968160	616	10.4031840	10	
34	0	9.5653561	533	9.9684784	[illegible]	9.5968776	616	10.4031224	0	26
	10	9.5654094	533	9.9684701	[illegible]	9.5969391	616	10.4030608	50	
	20	9.5654626	532	9.9684611	[illegible]	9.5970006	615	10.4029994	40	
	30	9.5655159	533	9.9684531	[illegible]	9.5970621	615	10.4029377	30	
	40	9.5655691	532	9.9684450	[illegible]	9.5971239	616	10.4028761	20	
	50	9.5656223	532	9.9684367	[illegible]	9.5971855	616	10.4028145	10	
35	0	9.5656755	532	9.9684283	[illegible]	9.5972470	615	10.4027530	0	25
	10	9.5657287	532	9.9684201	[illegible]	9.5973086	616	10.4026914	50	
	20	9.5657819	532	9.9684116	[illegible]	9.5973701	615	10.4026299	40	
	30	9.5658351	532	9.9684032	[illegible]	9.5974317	616	10.4025683	30	
	40	9.5658883	532	9.9683949	[illegible]	9.5974932	615	10.4025068	20	
	50	9.5659415	532	9.9683866	[illegible]	9.5975547	615	10.4024453	10	
36	0	9.5659946	531	9.9683781	[illegible]	9.5976162	615	10.4023838	0	24
	10	9.5660478	532	9.9683708	[illegible]	9.5976777	615	10.4023223	50	
	20	9.5661011	532	9.9683619	[illegible]	9.5977392	615	10.4022608	40	
	30	9.5661541	531	9.9683535	[illegible]	9.5978007	615	10.4021993	30	
	40	9.5662074	531	9.9683451	[illegible]	9.5978622	615	10.4021378	20	
	50	9.5662606	532	9.9683369	[illegible]	9.5979237	615	10.4020763	10	
37	0	9.5663135	531	9.9683284	[illegible]	9.5979852	615	10.4020148	0	23
	10	9.5663665	531	9.9683201	[illegible]	9.5980467	615	10.4019533	50	
	20	9.5664200	531	9.9683117	[illegible]	9.5981081	614	10.4018919	40	
	30	9.5664731	531	9.9683035	[illegible]	9.5981696	615	10.4018304	30	
	40	9.5665264	531	9.9682951	[illegible]	9.5982311	615	10.4017689	20	
	50	9.5665799	531	9.9682866	[illegible]	9.5982925	614	10.4017075	10	
38	0	9.5666324	531	9.9682784	[illegible]	9.5983540	615	10.4016460	0	22
	10	9.5666855	531	9.9682701	[illegible]	9.5984154	614	10.4015846	50	
	20	9.5667386	531	9.9682617	[illegible]	9.5984768	614	10.4015232	40	
	30	9.5667916	530	9.9682534	[illegible]	9.5985382	614	10.4014618	30	
	40	9.5668447	531	9.9682450	[illegible]	9.5985997	615	10.4014003	20	
	50	9.5668977	530	9.9682367	[illegible]	9.5986611	614	10.4013389	10	
39	0	9.5669508	531	9.9682283	[illegible]	9.5987225	614	10.4012775	0	21
	10	9.5670038	530	9.9682199	[illegible]	9.5987839	614	10.4012161	50	
	20	9.5670569	531	9.9682116	[illegible]	9.5988453	614	10.4011547	40	
	30	9.5671099	530	9.9682032	[illegible]	9.5989067	614	10.4010933	30	
	40	9.5671629	530	9.9681949	[illegible]	9.5989681	614	10.4010319	20	
	50	9.5672159	530	9.9681865	[illegible]	9.5990294	614	10.4009706	10	
40	0	9.5672689	530	9.9681781	[illegible]	9.5990908	614	10.4009092	0	20
′	″	Co-Sinus.	Dif.	Sinus.	D.	Co-Tang.	Dif.	Tang.	″	′

68 Deg.

'	"	Sinus.	Dif.	Co-Sinus.	D.	Tang.	Dif.	Co-Tang.	"	'
40	0	9.5672689		9.9681781		9.5990908		10.4009092	0	20
	10	9.5673219	530	9.9681697	84	9.5991522	614	10.4008478	50	
	20	9.5673749	530	9.9681613	84	9.5992136	614	10.4007864	40	
	30	9.5674279	530	9.9681530	83	9.5992749	613	10.4007251	30	
	40	9.5674809	530	9.9681447	83	9.5993362	613	10.4006638	20	
	50	9.5675338	529	9.9681363	84	9.5993975	613	10.4006025	10	
41	0	9.5675868	530	9.9681279	84	9.5994589	614	10.4005411	0	19
	10	9.5676397	529	9.9681196	83	9.5995201	612	10.4004799	50	
	20	9.5676927	530	9.9681112	84	9.5995815	614	10.4004185	40	
	30	9.5677456	529	9.9681028	84	9.5996428	613	10.4003572	30	
	40	9.5677985	529	9.9680944	84	9.5997041	613	10.4002959	20	
	50	9.5678515	530	9.9680861	83	9.5997654	613	10.4002346	10	
42	0	9.5679044	529	9.9680777	84	9.5998267	613	10.4001733	0	18
	10	9.5679573	529	9.9680693	84	9.5998880	613	10.4001120	50	
	20	9.5680102	529	9.9680609	84	9.5999493	613	10.4000507	40	
	30	9.5680631	529	9.9680525	84	9.6000106	613	10.3999894	30	
	40	9.5681160	529	9.9680442	83	9.6000718	612	10.3999282	20	
	50	9.5681689	529	9.9680358	84	9.6001331	613	10.3998669	10	
43	0	9.5682217	528	9.9680274	84	9.6001943	612	10.3998057	0	17
	10	9.5682746	529	9.9680190	84	9.6002556	613	10.3997444	50	
	20	9.5683274	528	9.9680106	84	9.6003168	612	10.3996832	40	
	30	9.5683803	529	9.9680022	84	9.6003781	613	10.3996219	30	
	40	9.5684331	528	9.9679938	84	9.6004393	612	10.3995607	20	
	50	9.5684859	528	9.9679854	84	9.6005005	612	10.3994995	10	
44	0	9.5685387	528	9.9679770	84	9.6005617	612	10.3994383	0	16
	10	9.5685916	529	9.9679687	83	9.6006229	612	10.3993771	50	
	20	9.5686444	528	9.9679603	84	9.6006841	612	10.3993159	40	
	30	9.5686972	528	9.9679519	84	9.6007453	612	10.3992547	30	
	40	9.5687500	528	9.9679435	84	9.6008065	612	10.3991935	20	
	50	9.5688028	528	9.9679351	84	9.6008677	612	10.3991323	10	
45	0	9.5688555	527	9.9679267	84	9.6009288	611	10.3990712	0	15
	10	9.5689083	528	9.9679183	84	9.6009900	612	10.3990100	50	
	20	9.5689611	528	9.9679099	84	9.6010512	612	10.3989488	40	
	30	9.5690138	527	9.9679015	84	9.6011123	611	10.3988877	30	
	40	9.5690666	528	9.9678931	84	9.6011735	612	10.3988265	20	
	50	9.5691194	528	9.9678847	84	9.6012347	612	10.3987653	10	
46	0	9.5691721	527	9.9678763	84	9.6012958	611	10.3987042	0	14
	10	9.5692248	527	9.9678679	84	9.6013569	611	10.3986431	50	
	20	9.5692775	527	9.9678594	85	9.6014181	612	10.3985819	40	
	30	9.5693302	527	9.9678510	84	9.6014792	611	10.3985208	30	
	40	9.5693829	527	9.9678426	84	9.6015403	611	10.3984597	20	
	50	9.5694356	527	9.9678341	85	9.6016015	612	10.3983985	10	
47	0	9.5694883	527	9.9678257	84	9.6016626	611	10.3983374	0	13
	10	9.5695410	527	9.9678174	83	9.6017236	610	10.3982764	50	
	20	9.5695937	527	9.9678090	84	9.6017847	611	10.3982153	40	
	30	9.5696463	526	9.9678006	84	9.6018457	610	10.3981543	30	
	40	9.5696990	527	9.9677921	85	9.6019069	612	10.3980931	20	
	50	9.5697516	526	9.9677837	84	9.6019679	610	10.3980321	10	
48	0	9.5698042	526	9.9677753	84	9.6020289	610	10.3979711	0	12
	10	9.5698569	527	9.9677669	84	9.6020900	611	10.3979100	50	
	20	9.5699095	526	9.9677584	85	9.6021511	611	10.3978489	40	
	30	9.5699621	526	9.9677500	84	9.6022121	610	10.3977879	30	
	40	9.5700148	527	9.9677416	84	9.6022732	611	10.3977268	20	
	50	9.5700674	526	9.9677331	85	9.6023343	611	10.3976657	10	
49	0	9.5701200	526	9.9677247	84	9.6023953	610	10.3976047	0	11
	10	9.5701726	526	9.9677163	84	9.6024563	610	10.3975437	50	
	20	9.5702252	526	9.9677078	85	9.6025174	611	10.3974826	40	
	30	9.5702777	525	9.9676994	84	9.6025783	609	10.3974217	30	
	40	9.5703303	526	9.9676910	84	9.6026393	610	10.3973607	20	
	50	9.5703829	526	9.9676825	85	9.6027004	611	10.3972996	10	
50	0	9.5704355	526	9.9676741	84	9.6027614	610	10.3972386	0	10
'	"	Co-Sinus.	Dif.	Sinus.	D.	Co-Tang.	Dif.	Tang.	"	'

'	"	Sinus.	Dif.	Co-Sinus.	D.	Tang.	Dif.	Co-Tang.	"	'
50	0	9.5704355		9.9676741		9.6027614		10.3972386	0	10
	10	9.5704880	525	9.9676657	84	9.6028223	609	10.3971777	50	
	20	9.5705405	525	9.9676572	85	9.6028833	610	10.3971167	40	
	30	9.5705931	526	9.9676488	84	9.6029443	610	10.3970557	30	
	40	9.5706456	525	9.9676404	84	9.6030052	609	10.3969948	20	
	50	9.5706981	525	9.9676319	85	9.6030662	610	10.3969338	10	
51	0	9.5707506	525	9.9676235	84	9.6031271	609	10.3968729	0	9
	10	9.5708031	525	9.9676151	84	9.6031880	609	10.3968120	50	
	20	9.5708556	525	9.9676066	85	9.6032490	610	10.3967510	40	
	30	9.5709081	525	9.9675982	84	9.6033099	609	10.3966901	30	
	40	9.5709606	525	9.9675897	85	9.6033709	610	10.3966291	20	
	50	9.5710131	525	9.9675813	84	9.6034318	609	10.3965682	10	
52	0	9.5710656	525	9.9675729	84	9.6034927	609	10.3965073	0	8
	10	9.5711180	524	9.9675644	85	9.6035536	609	10.3964464	50	
	20	9.5711705	525	9.9675559	85	9.6036146	610	10.3963854	40	
	30	9.5712230	525	9.9675475	84	9.6036755	609	10.3963245	30	
	40	9.5712754	524	9.9675390	85	9.6037364	609	10.3962636	20	
	50	9.5713278	524	9.9675306	84	9.6037972	608	10.3962028	10	
53	0	9.5713802	524	9.9675221	85	9.6038581	609	10.3961419	0	7
	10	9.5714326	524	9.9675136	85	9.6039190	609	10.3960810	50	
	20	9.5714850	524	9.9675052	84	9.6039798	608	10.3960202	40	
	30	9.5715374	524	9.9674967	85	9.6040407	609	10.3959593	30	
	40	9.5715898	524	9.9674883	84	9.6041015	608	10.3958985	20	
	50	9.5716422	524	9.9674798	85	9.6041624	609	10.3958376	10	
54	0	9.5716946	524	9.9674713	85	9.6042233	609	10.3957767	0	6
	10	9.5717470	524	9.9674629	84	9.6042841	608	10.3957159	50	
	20	9.5717993	523	9.9674544	85	9.6043449	608	10.3956551	40	
	30	9.5718517	524	9.9674459	85	9.6044058	609	10.3955942	30	
	40	9.5719041	524	9.9674375	84	9.6044666	608	10.3955334	20	
	50	9.5719564	523	9.9674290	85	9.6045274	608	10.3954726	10	
55	0	9.5720087	523	9.9674205	85	9.6045882	608	10.3954118	0	5
	10	9.5720611	524	9.9674121	84	9.6046490	608	10.3953510	50	
	20	9.5721134	523	9.9674036	85	9.6047098	608	10.3952902	40	
	30	9.5721657	523	9.9673951	85	9.6047706	608	10.3952294	30	
	40	9.5722180	523	9.9673866	85	9.6048314	608	10.3951686	20	
	50	9.5722703	523	9.9673781	85	9.6048922	608	10.3951078	10	
56	0	9.5723226	523	9.9673697	84	9.6049529	607	10.3950471	0	4
	10	9.5723749	523	9.9673612	85	9.6050137	608	10.3949863	50	
	20	9.5724272	523	9.9673527	85	9.6050745	608	10.3949255	40	
	30	9.5724794	522	9.9673441	86	9.6051353	608	10.3948647	30	
	40	9.5725317	523	9.9673356	85	9.6051961	608	10.3948039	20	
	50	9.5725839	522	9.9673271	85	9.6052568	607	10.3947432	10	
57	0	9.5726361	522	9.9673186	85	9.6053175	607	10.3946825	0	3
	10	9.5726884	523	9.9673101	85	9.6053783	608	10.3946217	50	
	20	9.5727407	523	9.9673016	85	9.6054391	608	10.3945609	40	
	30	9.5727929	522	9.9672931	85	9.6054998	607	10.3945002	30	
	40	9.5728451	522	9.9672847	84	9.6055604	606	10.3944396	20	
	50	9.5728973	522	9.9672763	84	9.6056210	606	10.3943790	10	
58	0	9.5729495	522	9.9672679	84	9.6056816	606	10.3943184	0	2
	10	9.5730017	522	9.9672594	85	9.6057423	607	10.3942577	50	
	20	9.5730539	522	9.9672509	85	9.6058030	607	10.3941970	40	
	30	9.5731061	522	9.9672424	85	9.6058637	607	10.3941363	30	
	40	9.5731582	521	9.9672339	85	9.6059243	606	10.3940757	20	
	50	9.5732104	522	9.9672254	85	9.6059850	607	10.3940150	10	
59	0	9.5732626	522	9.9672169	85	9.6060457	607	10.3939543	0	1
	10	9.5733147	521	9.9672084	85	9.6061063	606	10.3938937	50	
	20	9.5733668	521	9.9671999	85	9.6061669	606	10.3938331	40	
	30	9.5734190	522	9.9671914	85	9.6062276	607	10.3937724	30	
	40	9.5734711	521	9.9671829	85	9.6062882	606	10.3937118	20	
	50	9.5735232	521	9.9671744	85	9.6063488	606	10.3936512	10	
60	0	9.5735754	522	9.9671658	86	9.6064096	608	10.3935904	0	0
'	"	Co-Sinus.	Dif.	Sinus.	D.	Co-Tang.	Dif.	Tang.	"	'

22 Deg.

′	″	Sinus.	Dif.	Co-Sinus.	D.	Tang.	Dif.	Co-Tang.	″	′
0	0	9.5735754		9.9671659		9.6064096		10.3935904	0	60
	10	9.5736279	521	9.9671574	[illegible]	9.6064[illegible]	[illegible]	10.39352[illegible]	50	
	20	9.5736[illegible]	521	9.96714[illegible]	[illegible]	9.6065[illegible]	[illegible]	10.3934[illegible]	40	
	30	9.57373[illegible]	521	9.96714[illegible]	[illegible]	9.60659[illegible]	[illegible]	10.3934[illegible]	30	
	40	9.5737[illegible]	521	9.96713[illegible]	[illegible]	9.6066[illegible]	[illegible]	10.3933[illegible]	20	
	50	9.5738[illegible]	521	9.96712[illegible]	[illegible]	9.6067[illegible]	[illegible]	10.3932[illegible]	10	
1	0	9.573[illegible]	520	9.96711[illegible]	[illegible]	9.60677[illegible]	[illegible]	10.3932[illegible]	0	59
	10	9.57394[illegible]	[illegible]	9.96710[illegible]	[illegible]	9.6068[illegible]	[illegible]	10.3931[illegible]	50	
	20	9.5739[illegible]	[illegible]	9.96709[illegible]	[illegible]	9.6068[illegible]	[illegible]	10.3931[illegible]	40	
	30	9.5740[illegible]	[illegible]	9.96708[illegible]	[illegible]	9.6069[illegible]	[illegible]	10.39304[illegible]	30	
	40	9.5740[illegible]	[illegible]	9.96708[illegible]	[illegible]	9.60701[illegible]	[illegible]	10.3929[illegible]	20	
	50	9.5741[illegible]	[illegible]	9.96707[illegible]	[illegible]	9.6070[illegible]	[illegible]	10.3929[illegible]	10	
2	0	9.5741[illegible]	[illegible]	9.96706[illegible]	[illegible]	9.6071[illegible]	[illegible]	10.3928[illegible]	0	58
	10	[illegible]	[illegible]	[illegible]	[illegible]	[illegible]	[illegible]	[illegible]	50	
	20	[illegible]	[illegible]	[illegible]	[illegible]	[illegible]	[illegible]	[illegible]	40	
	30	[illegible]	[illegible]	[illegible]	[illegible]	[illegible]	[illegible]	[illegible]	30	
	40	[illegible]	[illegible]	[illegible]	[illegible]	[illegible]	[illegible]	[illegible]	20	
	50	[illegible]	[illegible]	[illegible]	[illegible]	[illegible]	[illegible]	[illegible]	10	
3	0	[illegible]	[illegible]	[illegible]	[illegible]	[illegible]	[illegible]	[illegible]	0	57
	10	[illegible]	[illegible]	[illegible]	[illegible]	[illegible]	[illegible]	[illegible]	50	
	20	[illegible]	[illegible]	[illegible]	[illegible]	[illegible]	[illegible]	[illegible]	40	
	30	[illegible]	[illegible]	[illegible]	[illegible]	[illegible]	[illegible]	[illegible]	30	
	40	[illegible]	[illegible]	[illegible]	[illegible]	[illegible]	[illegible]	[illegible]	20	
	50	[illegible]	[illegible]	[illegible]	[illegible]	[illegible]	[illegible]	[illegible]	10	
4	0	[illegible]	[illegible]	[illegible]	[illegible]	[illegible]	[illegible]	[illegible]	0	56
	10	[illegible]	[illegible]	[illegible]	[illegible]	[illegible]	[illegible]	[illegible]	50	
	20	[illegible]	[illegible]	[illegible]	[illegible]	[illegible]	[illegible]	[illegible]	40	
	30	[illegible]	[illegible]	[illegible]	[illegible]	[illegible]	[illegible]	[illegible]	30	
	40	[illegible]	[illegible]	[illegible]	[illegible]	[illegible]	[illegible]	[illegible]	20	
	50	[illegible]	[illegible]	[illegible]	[illegible]	[illegible]	[illegible]	[illegible]	10	
5	0	[illegible]	[illegible]	[illegible]	[illegible]	[illegible]	[illegible]	[illegible]	0	55
	10	[illegible]	[illegible]	[illegible]	[illegible]	[illegible]	[illegible]	[illegible]	50	
	20	[illegible]	[illegible]	[illegible]	[illegible]	[illegible]	[illegible]	[illegible]	40	
	30	[illegible]	[illegible]	[illegible]	[illegible]	[illegible]	[illegible]	[illegible]	30	
	40	[illegible]	[illegible]	[illegible]	[illegible]	[illegible]	[illegible]	[illegible]	20	
	50	[illegible]	[illegible]	[illegible]	[illegible]	[illegible]	[illegible]	[illegible]	10	
6	0	[illegible]	[illegible]	[illegible]	[illegible]	[illegible]	[illegible]	[illegible]	0	54
	10	[illegible]	[illegible]	[illegible]	[illegible]	[illegible]	[illegible]	[illegible]	50	
	20	[illegible]	[illegible]	[illegible]	[illegible]	[illegible]	[illegible]	[illegible]	40	
	30	[illegible]	[illegible]	[illegible]	[illegible]	[illegible]	[illegible]	[illegible]	30	
	40	[illegible]	[illegible]	[illegible]	[illegible]	[illegible]	[illegible]	[illegible]	20	
	50	[illegible]	[illegible]	[illegible]	[illegible]	[illegible]	[illegible]	[illegible]	10	
7	0	[illegible]	[illegible]	[illegible]	[illegible]	[illegible]	[illegible]	[illegible]	0	53
	10	[illegible]	[illegible]	[illegible]	[illegible]	[illegible]	[illegible]	[illegible]	50	
	20	[illegible]	[illegible]	[illegible]	[illegible]	[illegible]	[illegible]	[illegible]	40	
	30	[illegible]	[illegible]	[illegible]	[illegible]	[illegible]	[illegible]	[illegible]	30	
	40	[illegible]	[illegible]	[illegible]	[illegible]	[illegible]	[illegible]	[illegible]	20	
	50	[illegible]	[illegible]	[illegible]	[illegible]	[illegible]	[illegible]	[illegible]	10	
8	0	[illegible]	[illegible]	[illegible]	[illegible]	[illegible]	[illegible]	[illegible]	0	52
	10	[illegible]	[illegible]	[illegible]	[illegible]	[illegible]	[illegible]	[illegible]	50	
	20	[illegible]	[illegible]	[illegible]	[illegible]	[illegible]	[illegible]	[illegible]	40	
	30	[illegible]	[illegible]	[illegible]	[illegible]	[illegible]	[illegible]	[illegible]	30	
	40	[illegible]	[illegible]	[illegible]	[illegible]	[illegible]	[illegible]	[illegible]	20	
	50	[illegible]	[illegible]	[illegible]	[illegible]	[illegible]	[illegible]	[illegible]	10	
9	0	[illegible]	[illegible]	[illegible]	[illegible]	[illegible]	[illegible]	[illegible]	0	51
	10	[illegible]	[illegible]	[illegible]	[illegible]	[illegible]	[illegible]	[illegible]	50	
	20	[illegible]	[illegible]	[illegible]	[illegible]	[illegible]	[illegible]	[illegible]	40	
	30	[illegible]	[illegible]	[illegible]	[illegible]	[illegible]	[illegible]	[illegible]	30	
	40	[illegible]	[illegible]	[illegible]	[illegible]	[illegible]	[illegible]	[illegible]	20	
	50	[illegible]	[illegible]	[illegible]	[illegible]	[illegible]	[illegible]	[illegible]	10	
10	0	9.5766891	[illegible]	9.96665[illegible]	[illegible]	9.6100359	[illegible]	10.3899641	0	50
′	″	Co-Sinus.	Dif.	Sinus.	D.	Co-Tang.	Dif.	Tang.	″	′

67 Deg.

22 Deg.

′	″	Sinus.	Dif.	Co-Sinus.	D.	Tang.	Dif.	Co-Tang.	″	′
10	0	9.5766891		9.9666533		9.6100359		10.3899641	0	50
	10	9.5767405	517	9.9666447	[illegible]	9.6100961	[illegible]	10.3899039	50	
	20	9.5767923	517	9.9666361	[illegible]	9.6101562	[illegible]	10.38984[illegible]	40	
	30	9.5768440	[illegible]	9.9666276	[illegible]	9.6102166	[illegible]	10.3897[illegible]	30	
	40	9.5768957	517	9.9666190	[illegible]	9.6102769	[illegible]	10.3897231	20	
	50	9.5769475	[illegible]	9.9666104	[illegible]	9.6103371	[illegible]	10.3896[illegible]	10	
11	0	9.5769991	[illegible]	9.9666018	[illegible]	9.6103973	[illegible]	10.3896027	0	49
	10	[illegible]	[illegible]	[illegible]	[illegible]	[illegible]	[illegible]	[illegible]	50	
	20	[illegible]	[illegible]	[illegible]	[illegible]	[illegible]	[illegible]	[illegible]	40	
	30	[illegible]	[illegible]	[illegible]	[illegible]	[illegible]	[illegible]	[illegible]	30	
	40	[illegible]	[illegible]	[illegible]	[illegible]	[illegible]	[illegible]	[illegible]	20	
	50	[illegible]	[illegible]	[illegible]	[illegible]	[illegible]	[illegible]	[illegible]	10	
12	0	[illegible]	[illegible]	[illegible]	[illegible]	[illegible]	[illegible]	[illegible]	0	48
	10	[illegible]	[illegible]	[illegible]	[illegible]	[illegible]	[illegible]	[illegible]	50	
	20	[illegible]	[illegible]	[illegible]	[illegible]	[illegible]	[illegible]	[illegible]	40	
	30	[illegible]	[illegible]	[illegible]	[illegible]	[illegible]	[illegible]	[illegible]	30	
	40	[illegible]	[illegible]	[illegible]	[illegible]	[illegible]	[illegible]	[illegible]	20	
	50	[illegible]	[illegible]	[illegible]	[illegible]	[illegible]	[illegible]	[illegible]	10	
13	0	[illegible]	[illegible]	[illegible]	[illegible]	[illegible]	[illegible]	[illegible]	0	47
	10	[illegible]	[illegible]	[illegible]	[illegible]	[illegible]	[illegible]	[illegible]	50	
	20	[illegible]	[illegible]	[illegible]	[illegible]	[illegible]	[illegible]	[illegible]	40	
	30	[illegible]	[illegible]	[illegible]	[illegible]	[illegible]	[illegible]	[illegible]	30	
	40	[illegible]	[illegible]	[illegible]	[illegible]	[illegible]	[illegible]	[illegible]	20	
	50	[illegible]	[illegible]	[illegible]	[illegible]	[illegible]	[illegible]	[illegible]	10	
14	0	[illegible]	[illegible]	[illegible]	[illegible]	[illegible]	[illegible]	[illegible]	0	46
	10	[illegible]	[illegible]	[illegible]	[illegible]	[illegible]	[illegible]	[illegible]	50	
	20	[illegible]	[illegible]	[illegible]	[illegible]	[illegible]	[illegible]	[illegible]	40	
	30	[illegible]	[illegible]	[illegible]	[illegible]	[illegible]	[illegible]	[illegible]	30	
	40	[illegible]	[illegible]	[illegible]	[illegible]	[illegible]	[illegible]	[illegible]	20	
	50	[illegible]	[illegible]	[illegible]	[illegible]	[illegible]	[illegible]	[illegible]	10	
15	0	[illegible]	[illegible]	[illegible]	[illegible]	[illegible]	[illegible]	[illegible]	0	45
	10	[illegible]	[illegible]	[illegible]	[illegible]	[illegible]	[illegible]	[illegible]	50	
	20	[illegible]	[illegible]	[illegible]	[illegible]	[illegible]	[illegible]	[illegible]	40	
	30	[illegible]	[illegible]	[illegible]	[illegible]	[illegible]	[illegible]	[illegible]	30	
	40	[illegible]	[illegible]	[illegible]	[illegible]	[illegible]	[illegible]	[illegible]	20	
	50	[illegible]	[illegible]	[illegible]	[illegible]	[illegible]	[illegible]	[illegible]	10	
16	0	[illegible]	[illegible]	[illegible]	[illegible]	[illegible]	[illegible]	[illegible]	0	44
	10	[illegible]	[illegible]	[illegible]	[illegible]	[illegible]	[illegible]	[illegible]	50	
	20	[illegible]	[illegible]	[illegible]	[illegible]	[illegible]	[illegible]	[illegible]	40	
	30	[illegible]	[illegible]	[illegible]	[illegible]	[illegible]	[illegible]	[illegible]	30	
	40	[illegible]	[illegible]	[illegible]	[illegible]	[illegible]	[illegible]	[illegible]	20	
	50	[illegible]	[illegible]	[illegible]	[illegible]	[illegible]	[illegible]	[illegible]	10	
17	0	[illegible]	[illegible]	[illegible]	[illegible]	[illegible]	[illegible]	[illegible]	0	43
	10	[illegible]	[illegible]	[illegible]	[illegible]	[illegible]	[illegible]	[illegible]	50	
	20	[illegible]	[illegible]	[illegible]	[illegible]	[illegible]	[illegible]	[illegible]	40	
	30	[illegible]	[illegible]	[illegible]	[illegible]	[illegible]	[illegible]	[illegible]	30	
	40	[illegible]	[illegible]	[illegible]	[illegible]	[illegible]	[illegible]	[illegible]	20	
	50	[illegible]	[illegible]	[illegible]	[illegible]	[illegible]	[illegible]	[illegible]	10	
18	0	[illegible]	[illegible]	[illegible]	[illegible]	[illegible]	[illegible]	[illegible]	0	42
	10	[illegible]	[illegible]	[illegible]	[illegible]	[illegible]	[illegible]	[illegible]	50	
	20	[illegible]	[illegible]	[illegible]	[illegible]	[illegible]	[illegible]	[illegible]	40	
	30	[illegible]	[illegible]	[illegible]	[illegible]	[illegible]	[illegible]	[illegible]	30	
	40	[illegible]	[illegible]	[illegible]	[illegible]	[illegible]	[illegible]	[illegible]	20	
	50	[illegible]	[illegible]	[illegible]	[illegible]	[illegible]	[illegible]	[illegible]	10	
19	0	[illegible]	[illegible]	[illegible]	[illegible]	[illegible]	[illegible]	[illegible]	0	41
	10	[illegible]	[illegible]	[illegible]	[illegible]	[illegible]	[illegible]	[illegible]	50	
	20	[illegible]	[illegible]	[illegible]	[illegible]	[illegible]	[illegible]	[illegible]	40	
	30	[illegible]	[illegible]	[illegible]	[illegible]	[illegible]	[illegible]	[illegible]	30	
	40	9.5796746	[illegible]	9.96615[illegible]	[illegible]	9.6135[illegible]	[illegible]	10.3864[illegible]	20	
	50	9.5797259	[illegible]	9.96614[illegible]	[illegible]	9.6135[illegible]	[illegible]	10.3864[illegible]	10	
20	0	9.5797772	[illegible]	9.96613[illegible]	[illegible]	9.6136[illegible]	[illegible]	10.3863[illegible]	0	40
′	″	Co-Sinus.	Dif.	Sinus.	D.	Co-Tang.	Dif.	Tang.	″	′

67 Deg.

′	″	Sinus.	Dif.	Co-Sinus.	D.	Tang.	Dif.	Co-Tang.	″	′
20	0	9.5797774		9.9661369		9.6136405		10.3863595	0	40
	10	9.5798286	512	9.9661278	91	9.6137004	599	10.3862996	50	
	20	9.5798798	512	9.9661194	84	9.6137606	602	10.3862394	40	
	30	9.5799309	511	9.9661109	85	9.6138204	598	10.3861796	30	
	40	9.5799821	512	9.9661019	90	9.6138802	598	10.3861198	20	
	50	9.5800332	511	9.9660931	88	9.6139401	599	10.3860599	10	
21	0	9.5800843	511	9.9660845	86	9.6140000	599	10.3860000	0	39
	10	9.5801357	514	9.9660759	86	9.6140598	598	10.3859402	50	
	20	9.5801869	512	9.9660672	87	9.6141197	599	10.3858803	40	
	30	9.5802381	512	9.9660586	86	9.6141796	599	10.3858204	30	
	40	9.5802893	512	9.9660499	87	9.6142394	598	10.3857606	20	
	50	9.5803405	512	9.9660411	88	9.6142992	598	10.3857008	10	
22	0	9.5803917	512	9.9660326	85	9.6143591	599	10.3856409	0	38
	10	9.5804428	511	9.9660239	87	9.6144189	598	10.3855811	50	
	20	9.5804940	512	9.9660154	85	9.6144787	598	10.3855213	40	
	30	9.5805452	512	9.9660066	88	9.6145386	599	10.3854614	30	
	40	9.5805963	511	9.9659979	87	9.6145984	598	10.3854016	20	
	50	9.5806474	511	9.9659892	87	9.6146582	598	10.3853418	10	
23	0	9.5806986	512	9.9659806	86	9.6147180	598	10.3852820	0	37
	10	9.5807497	511	9.9659719	87	9.6147778	598	10.3852222	50	
	20	9.5808008	511	9.9659632	87	9.6148376	598	10.3851624	40	
	30	9.5808519	511	9.9659546	86	9.6148973	597	10.3851027	30	
	40	9.5809030	511	9.9659459	87	9.6149571	598	10.3850429	20	
	50	9.5809541	511	9.9659372	87	9.6150169	598	10.3849831	10	
24	0	9.5810052	511	9.9659286	86	9.6150766	597	10.3849234	0	36
	10	9.5810563	511	9.9659199	87	9.6151364	598	10.3848636	50	
	20	9.5811073	510	9.9659111	88	9.6151962	598	10.3848038	40	
	30	9.5811584	511	9.9659025	86	9.6152559	597	10.3847441	30	
	40	9.5812095	511	9.9658938	87	9.6153157	598	10.3846843	20	
	50	9.5812606	511	9.9658851	87	9.6153754	597	10.3846246	10	
25	0	9.5813116	510	9.9658764	87	9.6154351	597	10.3845649	0	35
	10	9.5813626	510	9.9658677	87	9.6154949	598	10.3845051	50	
	20	9.5814136	510	9.9658590	87	9.6155546	597	10.3844454	40	
	30	9.5814647	511	9.9658504	86	9.6156143	597	10.3843857	30	
	40	9.5815157	510	9.9658417	87	9.6156740	597	10.3843260	20	
	50	9.5815667	510	9.9658330	87	9.6157337	597	10.3842663	10	
26	0	9.5816177	510	9.9658243	87	9.6157934	597	10.3842066	0	34
	10	9.5816687	510	9.9658156	87	9.6158531	597	10.3841469	50	
	20	9.5817197	510	9.9658070	86	9.6159127	596	10.3840873	40	
	30	9.5817707	510	9.9657983	87	9.6159724	597	10.3840276	30	
	40	9.5818216	509	9.9657895	88	9.6160321	597	10.3839679	20	
	50	9.5818726	510	9.9657808	87	9.6160918	597	10.3839082	10	
27	0	9.5819236	510	9.9657721	87	9.6161514	596	10.3838486	0	33
	10	9.5819745	509	9.9657634	87	9.6162111	597	10.3837889	50	
	20	9.5820255	510	9.9657547	87	9.6162707	596	10.3837293	40	
	30	9.5820764	509	9.9657460	87	9.6163304	597	10.3836696	30	
	40	9.5821273	509	9.9657373	87	9.6163900	596	10.3836100	20	
	50	9.5821783	510	9.9657286	87	9.6164496	596	10.3835504	10	
28	0	9.5822292	509	9.9657199	87	9.6165093	597	10.3834907	0	32
	10	9.5822801	509	9.9657111	88	9.6165689	596	10.3834311	50	
	20	9.5823310	509	9.9657025	86	9.6166285	596	10.3833715	40	
	30	9.5823819	509	9.9656938	87	9.6166881	596	10.3833119	30	
	40	9.5824328	509	9.9656851	87	9.6167477	596	10.3832523	20	
	50	9.5824837	509	9.9656764	87	9.6168073	596	10.3831927	10	
29	0	9.5825345	508	9.9656677	87	9.6168669	596	10.3831331	0	31
	10	9.5825854	509	9.9656589	88	9.6169265	596	10.3830735	50	
	20	9.5826363	509	9.9656502	87	9.6169861	596	10.3830139	40	
	30	9.5826871	508	9.9656415	87	9.6170456	595	10.3829544	30	
	40	9.5827380	509	9.9656328	87	9.6171052	596	10.3828948	20	
	50	9.5827888	508	9.9656241	87	9.6171648	596	10.3828352	10	
30	0	9.5828397	509	9.9656153	88	9.6172243	595	10.3827757	0	30
′	″	Co-Sinus.	Dif.	Sinus.	D.	Co-Tang.	Dif.	Tang.	″	′

′	″	Sinus.	Dif.	Co-Sinus.	D.	Tang.	Dif.	Co-Tang.	″	′
30	0	9.5828397		9.9656153		9.6172243		10.3827757	0	30
	10	9.5828905	508	9.9656066	87	9.6172839	596	10.3827161	50	
	20	9.5829413	508	9.9655979	87	9.6173434	595	10.3826566	40	
	30	9.5829921	508	9.9655892	87	9.6174030	596	10.3825970	30	
	40	9.5830429	508	9.9655805	87	9.6174625	595	10.3825375	20	
	50	9.5830937	508	9.9655717	88	9.6175220	595	10.3824780	10	
31	0	9.5831445	508	9.9655630	87	9.6175815	595	10.3824185	0	29
	10	9.5831953	508	9.9655543	87	9.6176410	595	10.3823590	50	
	20	9.5832461	508	9.9655455	88	9.6177006	596	10.3822994	40	
	30	9.5832969	508	9.9655368	87	9.6177601	595	10.3822399	30	
	40	9.5833476	507	9.9655281	87	9.6178196	595	10.3821804	20	
	50	9.5833984	508	9.9655194	87	9.6178790	594	10.3821210	10	
32	0	9.5834491	507	9.9655106	88	9.6179385	595	10.3820615	0	28
	10	9.5834999	508	9.9655019	87	9.6179980	595	10.3820020	50	
	20	9.5835506	507	9.9654931	88	9.6180575	595	10.3819425	40	
	30	9.5836014	508	9.9654844	87	9.6181170	595	10.3818830	30	
	40	9.5836521	507	9.9654757	87	9.6181764	594	10.3818236	20	
	50	9.5837028	507	9.9654669	88	9.6182359	595	10.3817641	10	
33	0	9.5837535	507	9.9654582	87	9.6182953	594	10.3817047	0	27
	10	9.5838042	507	9.9654494	88	9.6183548	595	10.3816452	50	
	20	9.5838549	507	9.9654407	87	9.6184142	594	10.3815858	40	
	30	9.5839056	507	9.9654319	88	9.6184737	595	10.3815263	30	
	40	9.5839563	507	9.9654232	87	9.6185331	594	10.3814669	20	
	50	9.5840069	506	9.9654144	88	9.6185925	594	10.3814075	10	
34	0	9.5840576	507	9.9654057	87	9.6186519	594	10.3813481	0	26
	10	9.5841083	507	9.9653969	88	9.6187114	595	10.3812886	50	
	20	9.5841589	506	9.9653882	87	9.6187707	593	10.3812293	40	
	30	9.5842096	507	9.9653794	88	9.6188301	594	10.3811699	30	
	40	9.5842602	506	9.9653707	87	9.6188895	594	10.3811105	20	
	50	9.5843109	507	9.9653619	88	9.6189489	594	10.3810511	10	
35	0	9.5843615	506	9.9653532	87	9.6190083	594	10.3809917	0	25
	10	9.5844121	506	9.9653444	88	9.6190677	594	10.3809323	50	
	20	9.5844627	506	9.9653357	87	9.6191270	593	10.3808730	40	
	30	9.5845133	506	9.9653269	88	9.6191864	594	10.3808136	30	
	40	9.5845639	506	9.9653181	88	9.6192458	594	10.3807542	20	
	50	9.5846145	506	9.9653094	87	9.6193051	593	10.3806949	10	
36	0	9.5846651	506	9.9653006	88	9.6193645	594	10.3806355	0	24
	10	9.5847157	506	9.9652918	88	9.6194238	593	10.3805762	50	
	20	9.5847663	506	9.9652831	87	9.6194832	594	10.3805168	40	
	30	9.5848168	505	9.9652743	88	9.6195425	593	10.3804575	30	
	40	9.5848674	506	9.9652655	88	9.6196019	594	10.3803981	20	
	50	9.5849179	505	9.9652567	88	9.6196612	593	10.3803388	10	
37	0	9.5849685	506	9.9652480	87	9.6197205	593	10.3802795	0	23
	10	9.5850190	505	9.9652392	88	9.6197798	593	10.3802202	50	
	20	9.5850695	505	9.9652304	88	9.6198391	593	10.3801609	40	
	30	9.5851201	506	9.9652217	87	9.6198984	593	10.3801016	30	
	40	9.5851706	505	9.9652129	88	9.6199577	593	10.3800423	20	
	50	9.5852211	505	9.9652041	88	9.6200170	593	10.3799830	10	
38	0	9.5852716	505	9.9651953	88	9.6200763	593	10.3799237	0	22
	10	9.5853221	505	9.9651866	87	9.6201355	592	10.3798645	50	
	20	9.5853726	505	9.9651778	88	9.6201948	593	10.3798052	40	
	30	9.5854230	504	9.9651690	88	9.6202540	592	10.3797460	30	
	40	9.5854735	505	9.9651602	88	9.6203133	593	10.3796867	20	
	50	9.5855240	505	9.9651514	88	9.6203726	593	10.3796274	10	
39	0	9.5855745	505	9.9651426	88	9.6204318	592	10.3795682	0	21
	10	9.5856249	504	9.9651339	87	9.6204910	592	10.3795090	50	
	20	9.5856754	505	9.9651251	88	9.6205503	593	10.3794497	40	
	30	9.5857258	504	9.9651163	88	9.6206095	592	10.3793905	30	
	40	9.5857762	504	9.9651075	88	9.6206687	592	10.3793313	20	
	50	9.5858267	505	9.9650987	88	9.6207280	593	10.3792720	10	
40	0	9.5858771	504	9.9650899	88	9.6207872	592	10.3792128	0	20
′	″	Co-Sinus.	Dif.	Sinus.	D.	Co-Tang.	Dif.	Tang.	″	′

22 Deg.

'	"	Sinus.	Dif.	Co-Sinus.	D.	Tang.	Dif.	Co-Tang.	"	'
40	0	9.5858771		9.9650899		9.6207872		10.3792128	0	20
	10	9.5859275	504	9.9650811	88	9.6208464	592	10.3791536	50	
	20	9.5859779	504	9.9650723	88	9.6209056	592	10.3790944	40	
	30	9.5860283	504	9.9650635	88	9.6209648	592	10.3790352	30	
	40	9.5860787	504	9.9650547	88	9.6210240	592	10.3789760	20	
	50	9.5861291	504	9.9650459	88	9.6210831	591	10.3789169	10	
41	0	9.5861795	504	9.9650371	88	9.6211423	592	10.3788577	0	19
	10	9.5862298	503	9.9650283	88	9.6212015	592	10.3787985	50	
	20	9.5862801	503	9.9650195	88	9.6212607	592	10.3787393	40	
	30	9.5863304	503	9.9650107	88	9.6213198	591	10.3786802	30	
	40	9.5863807	503	9.9650019	88	9.6213790	592	10.3786210	20	
	50	9.5864311	504	9.9649931	88	9.6214381	591	10.3785619	10	
42	0	9.5864814	503	9.9649841	90	9.6214973	592	10.3785027	0	18
	10	9.5865317	503	9.9649755	86	9.6215564	591	10.3784436	50	
	20	9.5865822	503	9.9649667	88	9.6216155	591	10.3783845	40	
	30	9.5866325	503	9.9649579	88	9.6216747	592	10.3783253	30	
	40	9.5866828	503	9.9649491	88	9.6217338	591	10.3782662	20	
	50	9.5867331	503	9.9649403	88	9.6217929	591	10.3782071	10	
43	0	9.5867834	503	9.9649314	89	9.6218520	591	10.3781480	0	17
	10	9.5868337	503	9.9649226	88	9.6219111	591	10.3780889	50	
	20	9.5868840	503	9.9649138	88	9.6219702	591	10.3780298	40	
	30	9.5869341	501	9.9649050	88	9.6220293	591	10.3779707	30	
	40	9.5869846	503	9.9648962	88	9.6220884	591	10.3779116	20	
	50	9.5870348	503	9.9648874	88	9.6221475	591	10.3778525	10	
44	0	9.5870851	503	9.9648786	88	9.6222066	591	10.3777934	0	16
	10	9.5871353	502	9.9648697	89	9.6222656	590	10.3777344	50	
	20	9.5871855	502	9.9648609	88	9.6223247	591	10.3776753	40	
	30	9.5872358	503	9.9648521	88	9.6223837	590	10.3776163	30	
	40	9.5872860	502	9.9648433	88	9.6224428	591	10.3775572	20	
	50	9.5873363	503	9.9648345	88	9.6225019	591	10.3774981	10	
45	0	9.5873865	502	9.9648256	89	9.6225609	590	10.3774391	0	15
	10	9.5874367	502	9.9648167	89	9.6226199	590	10.3773801	50	
	20	9.5874869	502	9.9648079	88	9.6226790	591	10.3773210	40	
	30	9.5875371	502	9.9647991	88	9.6227380	590	10.3772620	30	
	40	9.5875873	502	9.9647903	88	9.6227970	590	10.3772030	20	
	50	9.5876375	502	9.9647814	89	9.6228560	590	10.3771440	10	
46	0	9.5876876	501	9.9647726	88	9.6229150	590	10.3770850	0	14
	10	9.5877378	502	9.9647637	89	9.6229741	591	10.3770259	50	
	20	9.5877880	502	9.9647549	88	9.6230331	590	10.3769669	40	
	30	9.5878381	501	9.9647461	88	9.6230920	589	10.3769080	30	
	40	9.5878883	502	9.9647373	88	9.6231510	590	10.3768490	20	
	50	9.5879384	501	9.9647284	89	9.6232100	590	10.3767900	10	
47	0	9.5879885	501	9.9647195	89	9.6232690	590	10.3767310	0	13
	10	9.5880386	501	9.9647107	88	9.6233279	589	10.3766721	50	
	20	9.5880888	502	9.9647018	89	9.6233869	590	10.3766131	40	
	30	9.5881389	501	9.9646930	88	9.6234459	590	10.3765541	30	
	40	9.5881890	501	9.9646842	88	9.6235048	589	10.3764952	20	
	50	9.5882391	501	9.9646753	89	9.6235638	590	10.3764362	10	
48	0	9.5882892	501	9.9646665	88	9.6236227	589	10.3763773	0	12
	10	9.5883393	501	9.9646576	89	9.6236817	590	10.3763183	50	
	20	9.5883894	501	9.9646488	88	9.6237406	589	10.3762594	40	
	30	9.5884394	500	9.9646399	89	9.6237995	589	10.3762005	30	
	40	9.5884895	501	9.9646311	88	9.6238584	589	10.3761416	20	
	50	9.5885395	500	9.9646222	89	9.6239173	589	10.3760827	10	
49	0	9.5885896	501	9.9646133	89	9.6239763	590	10.3760237	0	11
	10	9.5886396	500	9.9646044	89	9.6240352	589	10.3759648	50	
	20	9.5886897	501	9.9645956	88	9.6240941	589	10.3759059	40	
	30	9.5887397	500	9.9645868	88	9.6241530	589	10.3758470	30	
	40	9.5887897	500	9.9645779	89	9.6242118	588	10.3757882	20	
	50	9.5888397	500	9.9645690	89	9.6242707	589	10.3757293	10	
50	0	9.5888897	500	9.9645601	89	9.6243296	589	10.3756704	0	10
'	"	Co-Sinus.	Dif.	Sinus.	D.	Co-Tang.	Dif.	Tang.	"	'

67 Deg.

22 Deg.

'	"	Sinus.	Dif.	Co-Sinus.	D.	Tang.	Dif.	Co-Tang.	"	'
50	0	9.5888897		9.9645601		9.6243296		10.3756704	0	10
	10	9.5889397	500	9.9645512	89	9.6243885	589	10.3756115	50	
	20	9.5889897	500	9.9645424	88	9.6244473	588	10.3755527	40	
	30	9.5890397	500	9.9645336	88	9.6245061	588	10.3754939	30	
	40	9.5890897	500	9.9645247	89	9.6245650	589	10.3754350	20	
	50	9.5891397	500	9.9645158	89	9.6246239	589	10.3753761	10	
51	0	9.5891897	500	9.9645069	89	9.6246828	589	10.3753172	0	9
	10	9.5892396	499	9.9644981	88	9.6247416	588	10.3752584	50	
	20	9.5892896	500	9.9644892	89	9.6248004	588	10.3751996	40	
	30	9.5893395	499	9.9644803	89	9.6248592	588	10.3751408	30	
	40	9.5893895	500	9.9644714	89	9.6249180	588	10.3750820	20	
	50	9.5894394	499	9.9644626	88	9.6249768	588	10.3750232	10	
52	0	9.5894893	499	9.9644537	89	9.6250356	588	10.3749644	0	8
	10	9.5895392	499	9.9644448	89	9.6250944	588	10.3749056	50	
	20	9.5895891	499	9.9644359	89	9.6251532	588	10.3748468	40	
	30	9.5896391	500	9.9644271	88	9.6252120	588	10.3747880	30	
	40	9.5896890	499	9.9644182	89	9.6252708	588	10.3747292	20	
	50	9.5897388	498	9.9644093	89	9.6253295	587	10.3746705	10	
53	0	9.5897887	499	9.9644004	89	9.6253884	588	10.3746116	0	7
	10	9.5898385	498	9.9643915	89	9.6254478	587	10.3745522	50	
	20	9.5898884	499	9.9643826	89	9.6255059	588	10.3744941	40	
	30	9.5899384	499	9.9643737	89	9.6255647	588	10.3744353	30	
	40	9.5899882	498	9.9643648	89	9.6256234	587	10.3743766	20	
	50	9.5900381	499	9.9643559	89	9.6256822	588	10.3743178	10	
54	0	9.5900879	498	9.9643470	89	9.6257409	587	10.3742591	0	6
	10	9.5901378	499	9.9643381	89	9.6257997	588	10.3742003	50	
	20	9.5901876	498	9.9643292	89	9.6258584	587	10.3741416	40	
	30	9.5902375	499	9.9643204	88	9.6259171	587	10.3740829	30	
	40	9.5902873	498	9.9643115	89	9.6259758	587	10.3740242	20	
	50	9.5903371	498	9.9643026	89	9.6260345	587	10.3739655	10	
55	0	9.5903869	498	9.9642937	89	9.6260932	587	10.3739068	0	5
	10	9.5904367	498	9.9642848	89	9.6261519	587	10.3738481	50	
	20	9.5904865	498	9.9642759	89	9.6262106	587	10.3737894	40	
	30	9.5905363	498	9.9642670	89	9.6262693	587	10.3737307	30	
	40	9.5905861	498	9.9642581	89	9.6263280	587	10.3736720	20	
	50	9.5906358	497	9.9642491	90	9.6263867	587	10.3736133	10	
56	0	9.5906856	498	9.9642402	89	9.6264454	587	10.3735546	0	4
	10	9.5907354	498	9.9642313	89	9.6265041	587	10.3734959	50	
	20	9.5907851	497	9.9642224	89	9.6265627	586	10.3734373	40	
	30	9.5908349	498	9.9642135	89	9.6266214	587	10.3733786	30	
	40	9.5908846	497	9.9642046	89	9.6266800	586	10.3733200	20	
	50	9.5909343	497	9.9641957	89	9.6267386	586	10.3732614	10	
57	0	9.5909841	498	9.9641868	89	9.6267973	587	10.3732027	0	3
	10	9.5910338	497	9.9641778	90	9.6268560	587	10.3731440	50	
	20	9.5910835	497	9.9641689	89	9.6269146	586	10.3730854	40	
	30	9.5911332	497	9.9641600	89	9.6269732	586	10.3730268	30	
	40	9.5911829	497	9.9641511	89	9.6270318	586	10.3729682	20	
	50	9.5912326	497	9.9641422	89	9.6270904	586	10.3729096	10	
58	0	9.5912823	497	9.9641332	90	9.6271491	587	10.3728509	0	2
	10	9.5913320	497	9.9641243	89	9.6272077	586	10.3727923	50	
	20	9.5913816	496	9.9641154	89	9.6272663	586	10.3727337	40	
	30	9.5914313	497	9.9641065	89	9.6273248	585	10.3726752	30	
	40	9.5914810	497	9.9640975	90	9.6273835	587	10.3726165	20	
	50	9.5915306	496	9.9640886	89	9.6274420	585	10.3725580	10	
59	0	9.5915803	497	9.9640797	89	9.6275006	586	10.3724994	0	1
	10	9.5916299	496	9.9640708	89	9.6275591	585	10.3724409	50	
	20	9.5916795	496	9.9640618	90	9.6276177	586	10.3723823	40	
	30	9.5917292	497	9.9640529	89	9.6276763	586	10.3723237	30	
	40	9.5917788	496	9.9640440	89	9.6277348	585	10.3722652	20	
	50	9.5918284	496	9.9640350	90	9.6277934	586	10.3722066	10	
60	0	9.5918780	496	9.9640261	89	9.6278519	585	10.3721481	0	0
'	"	Co-Sinus.	Dif.	Sinus.	D.	Co-Tang.	Dif.	Tang.	"	'

67 Deg.

23 Deg.

'	"	Sinus.	Dif.	Co-Sinus.	D.	Tang.	Dif.	Co-Tang.	"	'
0	0	9.5918780		9.9640261		9.6278519		10.3721481	0	60
	10	9.5919276	496	9.9640172	89	9.6279104	585	10.3720896	50	
	20	9.5919772	496	9.9640082	90	9.6279690	586	10.3720310	40	
	30	9.5920268	496	9.9639993	89	9.6280275	585	10.3719725	30	
	40	9.5920764	496	9.9639903	90	9.6280861	586	10.3719139	20	
	50	9.5921259	495	9.9639814	89	9.6281445	584	10.3718555	10	
1	0	9.5921755	496	9.9639724	90	9.6282031	586	10.3717969	0	59
	10	9.5922251	496	9.9639635	89	9.6282616	585	10.3717384	50	
	20	9.5922746	495	9.9639545	90	9.6283201	585	10.3716799	40	
	30	9.5923242	496	9.9639456	89	9.6283786	585	10.3716214	30	
	40	9.5923737	495	9.9639366	90	9.6284371	585	10.3715629	20	
	50	9.5924232	495	9.9639277	89	9.6284955	584	10.3715045	10	
2	0	9.5924728	496	9.9639187	90	9.6285541	586	10.3714459	0	58
	10	9.5925223	495	9.9639098	89	9.6286125	584	10.3713875	50	
	20	9.5925718	495	9.9639008	90	9.6286710	585	10.3713290	40	
	30	9.5926213	495	9.9638919	89	9.6287294	584	10.3712706	30	
	40	9.5926708	495	9.9638829	90	9.6287879	585	10.3712121	20	
	50	9.5927202	494	9.9638740	89	9.6288462	583	10.3711538	10	
3	0	9.5927697	495	9.9638650	90	9.6289047	585	10.3710953	0	57
	10	9.5928192	495	9.9638560	90	9.6289632	585	10.3710368	50	
	20	9.5928687	495	9.9638471	89	9.6290216	584	10.3709784	40	
	30	9.5929182	495	9.9638381	90	9.6290801	585	10.3709199	30	
	40	9.5929677	495	9.9638291	90	9.6291386	585	10.3708614	20	
	50	9.5930171	494	9.9638202	89	9.6291969	583	10.3708031	10	
4	0	9.5930665	494	9.9638112	90	9.6292553	584	10.3707447	0	56
	10	9.5931159	494	9.9638023	89	9.6293136	583	10.3706864	50	
	20	9.5931654	495	9.9637933	90	9.6293721	585	10.3706279	40	
	30	9.5932148	494	9.9637843	90	9.6294305	584	10.3705695	30	
	40	9.5932642	494	9.9637754	89	9.6294888	583	10.3705112	20	
	50	9.5933136	494	9.9637664	90	9.6295472	584	10.3704528	10	
5	0	9.5933630	494	9.9637574	90	9.6296056	584	10.3703944	0	55
	10	9.5934124	494	9.9637484	90	9.6296640	584	10.3703360	50	
	20	9.5934618	494	9.9637395	89	9.6297223	583	10.3702777	40	
	30	9.5935112	494	9.9637305	90	9.6297807	584	10.3702193	30	
	40	9.5935606	494	9.9637215	90	9.6298391	584	10.3701609	20	
	50	9.5936100	494	9.9637125	90	9.6298975	584	10.3701025	10	
6	0	9.5936593	493	9.9637036	89	9.6299557	582	10.3700443	0	54
	10	9.5937087	494	9.9636946	90	9.6300141	584	10.3699859	50	
	20	9.5937581	494	9.9636856	90	9.6300725	584	10.3699275	40	
	30	9.5938074	493	9.9636766	90	9.6301308	583	10.3698692	30	
	40	9.5938568	494	9.9636676	90	9.6301892	584	10.3698108	20	
	50	9.5939061	493	9.9636586	90	9.6302475	583	10.3697525	10	
7	0	9.5939555	494	9.9636497	89	9.6303058	583	10.3696942	0	53
	10	9.5940048	493	9.9636407	90	9.6303641	583	10.3696359	50	
	20	9.5940541	493	9.9636317	90	9.6304224	583	10.3695776	40	
	30	9.5941034	493	9.9636227	90	9.6304807	583	10.3695193	30	
	40	9.5941527	493	9.9636137	90	9.6305390	583	10.3694610	20	
	50	9.5942020	493	9.9636047	90	9.6305973	583	10.3694027	10	
8	0	9.5942513	493	9.9635957	90	9.6306556	583	10.3693444	0	52
	10	9.5943006	493	9.9635867	90	9.6307139	583	10.3692861	50	
	20	9.5943498	492	9.9635777	90	9.6307721	582	10.3692279	40	
	30	9.5943991	493	9.9635687	90	9.6308304	583	10.3691696	30	
	40	9.5944484	493	9.9635597	90	9.6308887	583	10.3691113	20	
	50	9.5944976	492	9.9635507	90	9.6309469	582	10.3690531	10	
9	0	9.5945468	492	9.9635417	90	9.6310051	582	10.3689949	0	51
	10	9.5945961	493	9.9635327	90	9.6310634	583	10.3689366	50	
	20	9.5946453	492	9.9635237	90	9.6311216	582	10.3688784	40	
	30	9.5946946	493	9.9635147	90	9.6311799	583	10.3688201	30	
	40	9.5947438	492	9.9635057	90	9.6312381	582	10.3687619	20	
	50	9.5947930	492	9.9634967	90	9.6312963	582	10.3687037	10	
10	0	9.5948422	492	9.9634877	90	9.6313545	582	10.3686455	0	50
'	"	Co-Sinus.	Dif.	Sinus.	D.	Co-Tang.	Dif.	Tang.	"	'

66 Deg.

23 Deg.

'	"	Sinus.	Dif.	Co-Sinus.	D.	Tang.	Dif.	Co-Tang.	"	'
10	0	9.5948422		9.9634877		9.6313545		10.3686455	0	50
	10	9.5948913	491	9.9634786	91	9.6314127	582	10.3685873	50	
	20	9.5949406	493	9.9634696	90	9.6314710	583	10.3685290	40	
	30	9.5949898	492	9.9634606	90	9.6315292	582	10.3684708	30	
	40	9.5950390	492	9.9634516	90	9.6315874	582	10.3684126	20	
	50	9.5950882	492	9.9634426	90	9.6316456	582	10.3683544	10	
11	0	9.5951373	491	9.9634336	90	9.6317037	581	10.3682963	0	49
	10	9.5951865	492	9.9634246	90	9.6317619	582	10.3682381	50	
	20	9.5952357	492	9.9634156	90	9.6318201	582	10.3681799	40	
	30	9.5952848	491	9.9634066	90	9.6318782	581	10.3681218	30	
	40	9.5953339	491	9.9633975	91	9.6319364	582	10.3680636	20	
	50	9.5953831	492	9.9633885	90	9.6319946	582	10.3680054	10	
12	0	9.5954322	491	9.9633795	90	9.6320527	581	10.3679473	0	48
	10	9.5954813	491	9.9633704	91	9.6321109	582	10.3678891	50	
	20	9.5955304	491	9.9633614	90	9.6321690	581	10.3678310	40	
	30	9.5955795	491	9.9633524	90	9.6322271	581	10.3677729	30	
	40	9.5956286	491	9.9633433	91	9.6322853	582	10.3677147	20	
	50	9.5956777	491	9.9633343	90	9.6323434	581	10.3676566	10	
13	0	9.5957268	491	9.9633253	90	9.6324015	581	10.3675985	0	47
	10	9.5957759	491	9.9633163	90	9.6324596	581	10.3675404	50	
	20	9.5958250	491	9.9633073	90	9.6325177	581	10.3674823	40	
	30	9.5958740	490	9.9632982	91	9.6325758	581	10.3674242	30	
	40	9.5959231	491	9.9632891	91	9.6326340	582	10.3673660	20	
	50	9.5959722	491	9.9632802	89	9.6326920	580	10.3673080	10	
14	0	9.5960212	490	9.9632711	91	9.6327501	581	10.3672499	0	46
	10	9.5960703	491	9.9632621	90	9.6328082	581	10.3671918	50	
	20	9.5961193	490	9.9632530	91	9.6328663	581	10.3671337	40	
	30	9.5961684	491	9.9632440	90	9.6329244	581	10.3670756	30	
	40	9.5962174	490	9.9632350	90	9.6329824	580	10.3670176	20	
	50	9.5962664	490	9.9632259	91	9.6330405	581	10.3669595	10	
15	0	9.5963154	490	9.9632168	91	9.6330986	581	10.3669014	0	45
	10	9.5963644	490	9.9632078	90	9.6331566	580	10.3668434	50	
	20	9.5964134	490	9.9631987	91	9.6332147	581	10.3667853	40	
	30	9.5964624	490	9.9631897	90	9.6332727	580	10.3667273	30	
	40	9.5965114	490	9.9631807	90	9.6333307	580	10.3666693	20	
	50	9.5965604	490	9.9631716	91	9.6333888	581	10.3666112	10	
16	0	9.5966093	489	9.9631625	91	9.6334468	580	10.3665532	0	44
	10	9.5966583	490	9.9631535	90	9.6335048	580	10.3664952	50	
	20	9.5967073	490	9.9631444	91	9.6335629	581	10.3664371	40	
	30	9.5967562	489	9.9631354	90	9.6336208	579	10.3663792	30	
	40	9.5968051	489	9.9631263	91	9.6336788	580	10.3663212	20	
	50	9.5968541	490	9.9631173	90	9.6337368	580	10.3662632	10	
17	0	9.5969030	489	9.9631082	91	9.6337948	580	10.3662052	0	43
	10	9.5969519	489	9.9630991	91	9.6338528	580	10.3661472	50	
	20	9.5970008	489	9.9630901	90	9.6339107	579	10.3660893	40	
	30	9.5970497	489	9.9630810	91	9.6339687	580	10.3660313	30	
	40	9.5970987	490	9.9630720	90	9.6340267	580	10.3659733	20	
	50	9.5971476	489	9.9630629	91	9.6340847	580	10.3659153	10	
18	0	9.5971964	488	9.9630538	91	9.6341426	579	10.3658574	0	42
	10	9.5972453	489	9.9630447	91	9.6342006	580	10.3657994	50	
	20	9.5972942	489	9.9630357	90	9.6342585	579	10.3657415	40	
	30	9.5973431	489	9.9630266	91	9.6343165	580	10.3656835	30	
	40	9.5973920	489	9.9630175	91	9.6343745	580	10.3656255	20	
	50	9.5974408	488	9.9630084	91	9.6344324	579	10.3655676	10	
19	0	9.5974897	489	9.9629994	90	9.6344903	579	10.3655097	0	41
	10	9.5975385	488	9.9629903	91	9.6345482	579	10.3654518	50	
	20	9.5975874	489	9.9629813	90	9.6346061	579	10.3653939	40	
	30	9.5976362	488	9.9629722	91	9.6346640	579	10.3653360	30	
	40	9.5976850	488	9.9629631	91	9.6347219	579	10.3652781	20	
	50	9.5977339	489	9.9629540	91	9.6347799	580	10.3652201	10	
20	0	9.5977827	488	9.9629449	91	9.6348378	579	10.3651622	0	40
'	"	Co-Sinus.	Dif.	Sinus.	D.	Co-Tang.	Dif.	Tang.	"	'

66 Deg.

'	''	Sinus.	Dif.	Co-Sinus.	D.	Tang.	Dif.	Co-Tang.	''	'
20	0	9.5977827		9.9629449		9.6348378		10.3651622	0	40
	10	9.5978314	487	9.9629358	91	9.6348956	578	10.3651044	50	
	20	9.5978802	488	9.9629267	91	9.6349535	579	10.3650465	40	
	30	9.5979291	489	9.9629177	90	9.6350114	579	10.3649886	30	
	40	9.5979779	488	9.9629086	91	9.6350693	579	10.3649307	20	
	50	9.5980267	488	9.9628995	91	9.6351272	579	10.3648728	10	
21	0	9.5980754	487	9.9628904	91	9.6351850	578	10.3648150	0	39
	10	9.5981242	488	9.9628813	91	9.6352429	579	10.3647571	50	
	20	9.5981728	486	9.9628721	92	9.6353007	578	10.3646993	40	
	30	9.5982217	489	9.9628631	90	9.6353586	579	10.3646414	30	
	40	9.5982704	487	9.9628540	91	9.6354164	578	10.3645836	20	
	50	9.5983192	488	9.9628449	91	9.6354743	579	10.3645257	10	
22	0	9.5983679	487	9.9628358	91	9.6355321	578	10.3644679	0	38
	10	9.5984167	488	9.9628267	91	9.6355899	578	10.3644101	50	
	20	9.5984654	487	9.9628176	91	9.6356477	578	10.3643523	40	
	30	9.5985141	487	9.9628085	91	9.6357056	579	10.3642944	30	
	40	9.5985628	487	9.9627994	91	9.6357634	578	10.3642366	20	
	50	9.5986115	487	9.9627903	91	9.6358212	578	10.3641788	10	
23	0	9.5986601	486	9.9627811	92	9.6358790	578	10.3641210	0	37
	10	9.5987089	488	9.9627721	90	9.6359368	578	10.3640632	50	
	20	9.5987576	487	9.9627630	91	9.6359946	578	10.3640054	40	
	30	9.5988063	487	9.9627539	91	9.6360524	578	10.3639476	30	
	40	9.5988549	486	9.9627448	91	9.6361101	577	10.3638899	20	
	50	9.5989036	487	9.9627357	91	9.6361679	578	10.3638321	10	
24	0	9.5989523	487	9.9627266	91	9.6362257	578	10.3637743	0	36
	10	9.5990009	486	9.9627175	91	9.6362834	577	10.3637166	50	
	20	9.5990495	486	9.9627084	91	9.6363411	577	10.3636589	40	
	30	9.5990983	488	9.9626993	91	9.6363990	579	10.3636010	30	
	40	9.5991468	485	9.9626901	92	9.6364567	577	10.3635433	20	
	50	9.5991955	487	9.9626810	91	9.6365144	577	10.3634856	10	
25	0	9.5992441	486	9.9626719	91	9.6365722	578	10.3634278	0	35
	10	9.5992927	486	9.9626628	91	9.6366299	577	10.3633701	50	
	20	9.5993413	486	9.9626537	91	9.6366876	577	10.3633124	40	
	30	9.5993899	486	9.9626445	92	9.6367454	578	10.3632546	30	
	40	9.5994385	486	9.9626354	91	9.6368031	577	10.3631969	20	
	50	9.5994871	486	9.9626263	91	9.6368608	577	10.3631392	10	
26	0	9.5995357	486	9.9626172	91	9.6369185	577	10.3630815	0	34
	10	9.5995842	485	9.9626080	92	9.6369762	577	10.3630238	50	
	20	9.5996328	486	9.9625989	91	9.6370339	577	10.3629661	40	
	30	9.5996814	486	9.9625898	91	9.6370916	577	10.3629084	30	
	40	9.5997299	485	9.9625806	92	9.6371493	577	10.3628507	20	
	50	9.5997785	486	9.9625715	91	9.6372070	577	10.3627930	10	
27	0	9.5998270	485	9.9625624	91	9.6372646	576	10.3627354	0	33
	10	9.5998756	486	9.9625533	91	9.6373223	577	10.3626777	50	
	20	9.5999241	485	9.9625441	92	9.6373800	577	10.3626200	40	
	30	9.5999726	485	9.9625350	91	9.6374376	576	10.3625624	30	
	40	9.6000211	485	9.9625258	92	9.6374953	577	10.3625047	20	
	50	9.6000697	486	9.9625167	91	9.6375530	577	10.3624470	10	
28	0	9.6001182	485	9.9625076	91	9.6376106	576	10.3623894	0	32
	10	9.6001666	484	9.9624984	92	9.6376682	576	10.3623318	50	
	20	9.6002151	485	9.9624893	91	9.6377258	576	10.3622742	40	
	30	9.6002636	485	9.9624801	92	9.6377835	577	10.3622165	30	
	40	9.6003121	485	9.9624710	91	9.6378411	576	10.3621589	20	
	50	9.6003605	484	9.9624618	92	9.6378987	576	10.3621013	10	
29	0	9.6004090	485	9.9624527	91	9.6379563	576	10.3620437	0	31
	10	9.6004574	484	9.9624435	92	9.6380139	576	10.3619861	50	
	20	9.6005059	485	9.9624344	91	9.6380715	576	10.3619285	40	
	30	9.6005543	484	9.9624252	92	9.6381291	576	10.3618709	30	
	40	9.6006028	485	9.9624161	91	9.6381867	576	10.3618133	20	
	50	9.6006512	484	9.9624069	92	9.6382443	576	10.3617557	10	
30	0	9.6006997	485	9.9623978	91	9.6383019	576	10.3616981	0	30
'	''	Co-Sinus.	Dif.	Sinus.	D.	Co-Tang.	Dif. com.	Tang.	''	'

23 Deg.

'	''	Sinus.	Dif.	Co-Sinus.	D.	Tang.	Dif.	Co-Tang.	''	'
30	0	9.6006997		9.9623978		9.6383019		10.3616981	0	30
	10	9.6007481	484	9.9623886	92	9.6383595	576	10.3616405	50	
	20	9.6007965	484	9.9623795	91	9.6384170	575	10.3615830	40	
	30	9.6008449	484	9.9623703	92	9.6384746	576	10.3615254	30	
	40	9.6008933	484	9.9623612	91	9.6385321	575	10.3614679	20	
	50	9.6009417	484	9.9623520	92	9.6385897	576	10.3614103	10	
31	0	9.6009901	484	9.9623428	92	9.6386473	576	10.3613527	0	29
	10	9.6010385	484	9.9623337	91	9.6387048	575	10.3612952	50	
	20	9.6010869	484	9.9623245	92	9.6387624	576	10.3612376	40	
	30	9.6011352	483	9.9623153	92	9.6388199	575	10.3611801	30	
	40	9.6011836	484	9.9623062	91	9.6388774	575	10.3611226	20	
	50	9.6012320	484	9.9622970	92	9.6389349	575	10.3610651	10	
32	0	9.6012803	483	9.9622878	92	9.6389925	576	10.3610075	0	28
	10	9.6013287	484	9.9622787	91	9.6390500	575	10.3609500	50	
	20	9.6013770	483	9.9622695	92	9.6391075	575	10.3608925	40	
	30	9.6014253	483	9.9622603	92	9.6391650	575	10.3608350	30	
	40	9.6014736	483	9.9622511	92	9.6392225	575	10.3607775	20	
	50	9.6015220	484	9.9622420	91	9.6392800	575	10.3607200	10	
33	0	9.6015702	482	9.9622328	92	9.6393374	574	10.3606626	0	27
	10	9.6016186	484	9.9622236	92	9.6393950	576	10.3606050	50	
	20	9.6016668	482	9.9622144	92	9.6394524	574	10.3605476	40	
	30	9.6017152	484	9.9622053	91	9.6395099	575	10.3604901	30	
	40	9.6017635	483	9.9621961	92	9.6395674	575	10.3604326	20	
	50	9.6018117	482	9.9621869	92	9.6396248	574	10.3603752	10	
34	0	9.6018600	483	9.9621777	92	9.6396823	575	10.3603177	0	26
	10	9.6019082	482	9.9621685	92	9.6397397	574	10.3602603	50	
	20	9.6019564	482	9.9621593	92	9.6397971	574	10.3602029	40	
	30	9.6020048	484	9.9621502	91	9.6398546	575	10.3601454	30	
	40	9.6020530	482	9.9621410	92	9.6399120	574	10.3600880	20	
	50	9.6021012	482	9.9621318	92	9.6399694	574	10.3600306	10	
35	0	9.6021495	483	9.9621226	92	9.6400269	575	10.3599731	0	25
	10	9.6021977	482	9.9621134	92	9.6400843	574	10.3599157	50	
	20	9.6022460	483	9.9621042	92	9.6401418	575	10.3598582	40	
	30	9.6022941	481	9.9620950	92	9.6401991	573	10.3598009	30	
	40	9.6023424	483	9.9620858	92	9.6402566	575	10.3597434	20	
	50	9.6023906	482	9.9620766	92	9.6403140	574	10.3596860	10	
36	0	9.6024388	482	9.9620674	92	9.6403714	574	10.3596286	0	24
	10	9.6024870	482	9.9620582	92	9.6404288	574	10.3595712	50	
	20	9.6025351	481	9.9620490	92	9.6404861	573	10.3595139	40	
	30	9.6025833	482	9.9620398	92	9.6405435	574	10.3594565	30	
	40	9.6026315	482	9.9620306	92	9.6406009	574	10.3593991	20	
	50	9.6026797	482	9.9620214	92	9.6406583	574	10.3593417	10	
37	0	9.6027278	481	9.9620122	92	9.6407156	573	10.3592844	0	23
	10	9.6027760	482	9.9620030	92	9.6407730	574	10.3592270	50	
	20	9.6028241	481	9.9619938	92	9.6408303	573	10.3591697	40	
	30	9.6028722	481	9.9619845	93	9.6408877	574	10.3591123	30	
	40	9.6029203	481	9.9619753	92	9.6409450	573	10.3590550	20	
	50	9.6029684	481	9.9619660	93	9.6410024	574	10.3589976	10	
38	0	9.6030166	482	9.9619569	91	9.6410597	573	10.3589403	0	22
	10	9.6030647	481	9.9619477	92	9.6411170	573	10.3588830	50	
	20	9.6031128	481	9.9619384	93	9.6411744	574	10.3588256	40	
	30	9.6031610	482	9.9619293	91	9.6412317	573	10.3587683	30	
	40	9.6032091	481	9.9619201	92	9.6412890	573	10.3587110	20	
	50	9.6032572	481	9.9619109	92	9.6413463	573	10.3586537	10	
39	0	9.6033052	480	9.9619016	93	9.6414036	573	10.3585964	0	21
	10	9.6033533	481	9.9618924	92	9.6414609	573	10.3585391	50	
	20	9.6034014	481	9.9618832	92	9.6415182	573	10.3584818	40	
	30	9.6034495	481	9.9618740	92	9.6415755	573	10.3584245	30	
	40	9.6034975	480	9.9618647	93	9.6416328	573	10.3583672	20	
	50	9.6035455	480	9.9618555	92	9.6416900	572	10.3583100	10	
40	0	9.6035936	481	9.9618463	92	9.6417473	573	10.3582527	0	20
'	''	Co-Sinus.	Dif.	Sinus.	D.	Co-Tang.	Dif. com.	Tang.	''	'

66 Deg.

23 Deg.

′	″	Sinus.	Dif.	Co-Sinus.	D.	Tang.	Dif.	Co-Tang.	″	′
40	0	9.6035916		9.9618[illegible]		9.6417475		10.358[illegible]	0	20
	10	9.6036416		9.9618371		9.6418[illegible]		10.3581[illegible]	50	
	20	9.6036897		9.9618278		9.6418618		10.3581[illegible]	40	
	30	9.6037377		9.9618[illegible]		9.6419191		10.3580[illegible]	30	
	40	9.6037857		9.9618[illegible]		9.6419761		10.3580[illegible]	20	
	50	9.6038337		9.9618[illegible]		9.6420316		10.3579[illegible]	10	
41	0	9.6038817		9.9617905		9.6420[illegible]		10.3579091	0	19
	10	9.6039297		9.9617817		9.6421481		10.3578519	50	
	20	9.6039777		9.9617724		9.6422053		10.3577947	40	
	30	9.6040257		9.9617631		9.6422625		10.3577375	30	
	40	9.6040737		9.9617534		9.6423197		10.3576[illegible]	20	
	50	9.6041217		9.961744[illegible]		9.6423769		10.3576231	10	
42	0	9.604169[illegible]		9.9617355		9.6424341		10.3575659	0	18
	10	9.6042176		9.9617262		9.6424914		10.3575086	50	
	20	9.6042655		9.9617170		9.6425486		10.3574514	40	
	30	9.6043134		9.9617077		9.6426057		10.3573943	30	
	40	9.6043614		9.9616984		9.6426630		10.3573371	20	
	50	9.6044093		9.9616891		9.6427201		10.3572799	10	
43	0	9.6044572		9.9616[illegible]		9.6427773		10.3572227	0	17
	10	9.6045051		9.9616707		9.6428345		10.3571655	50	
	20	9.6045531		9.9616613		9.6428917		10.3571083	40	
	30	9.6046011		9.9616521		9.6429488		10.3570512	30	
	40	9.6046490		9.9616427		9.643[illegible]		10.35699[illegible]	20	
	50	9.6046969		9.9616337		9.6430631		10.3569369	10	
44	0	9.6047448		9.9616245		9.6431203		10.3568797	0	16
	10	9.6047926		9.9616152		9.6431774		10.3568226	50	
	20	9.6048405		9.9616[illegible]		9.6432346		10.3567654	40	
	30	9.6048883		9.9615967		9.6432917		10.3567083	30	
	40	9.6049361		9.9615874		9.6433488		10.3566512	20	
	50	9.6049841		9.9615782		9.6434059		10.3565941	10	
45	0	9.6050319		9.9615689		9.6434631		10.3565369	0	15
	10	9.6050797		9.9615596		9.6435201		10.3564799	50	
	20	9.6051277		9.9615504		9.6435773		10.3564227	40	
	30	9.6051755		9.9615411		9.6436344		10.3563656	30	
	40	9.6052233		9.9615318		9.6436915		10.3563085	20	
	50	9.6052711		9.9615226		9.6437486		10.3562514	10	
46	0	9.6053190		9.9615133		9.6438057		10.3561943	0	14
	10	9.6053668		9.9615040		9.6438628		10.3561372	50	
	20	9.6054146		9.9614948		9.6439198		10.3560802	40	
	30	9.6054624		9.9614855		9.6439769		10.3560231	30	
	40	9.6055102		9.9614762		9.6440340		10.3559660	20	
	50	9.6055580		9.9614669		9.6440911		10.3559089	10	
47	0	9.6056057		9.9614576		9.6441481		10.3558519	0	13
	10	9.6056535		9.9614484		9.6442052		10.3557948	50	
	20	9.6057013		9.9614391		9.6442621		10.3557379	40	
	30	9.6057490		9.9614298		9.6443192		10.3556808	30	
	40	9.6057968		9.9614205		9.6443763		10.3556237	20	
	50	9.6058445		9.9614112		9.6444333		10.3555667	10	
48	0	9.6058923		9.9614010		9.6444903		10.3555097	0	12
	10	9.6059400		9.9613927		9.6445474		10.3554526	50	
	20	9.6059878		9.9613834		9.6446044		10.3553956	40	
	30	9.6060355		9.9613741		9.6446614		10.3553386	30	
	40	9.6060832		9.9613648		9.6447184		10.3552816	20	
	50	9.6061309		9.9613555		9.6447754		10.3552246	10	
49	0	9.6061786		9.9613462		9.6448324		10.3551676	0	11
	10	9.6062263		9.9613369		9.6448894		10.3551106	50	
	20	9.6062740		9.9613276		9.6449464		10.3550536	40	
	30	9.6063217		9.9613183		9.6450034		10.3549966	30	
	40	9.6063694		9.9613090		9.6450603		10.3549397	20	
	50	9.6064170		9.9612997		9.6451173		10.3548827	10	
50	0	9.6064647		9.9612904		9.6451743		10.3548257	0	10
′	″	Co-Sinus.	Dif.	Sinus.	D.	Co-Tang.	Dif.	Tang.	″	′

66 Deg.

23 Deg.

′	″	Sinus.	Dif.	Co-Sinus.	D.	Tang.	Dif.	Co-Tang.	″	′
50	0	9.6064647		9.9612904		9.6451743		10.3548257	0	10
	10	9.6065124		9.9612811		9.6452312		10.3547688	50	
	20	9.6065600		9.9612718		9.6452882		10.3547118	40	
	30	9.6066077		9.9612625		9.6453451		10.3546549	30	
	40	9.6066553		9.9612531		9.6454021		10.3545979	20	
	50	9.6067029		9.9612439		9.6454590		10.3545410	10	
51	0	9.6067506		9.9612346		9.6455160		10.3544840	0	9
	10	9.6067982		9.9612253		9.6455729		10.3544271	50	
	20	9.6068458		9.9612160		9.6456298		10.3543702	40	
	30	9.6068934		9.9612067		9.6456868		10.3543132	30	
	40	9.6069410		9.9611974		9.6457437		10.3542563	20	
	50	9.6069886		9.9611880		9.6458006		10.3541994	10	
52	0	9.6070362		9.9611787		9.6458575		10.3541425	0	8
	10	9.6070838		9.9611694		9.6459144		10.3540856	50	
	20	9.6071314		9.9611601		9.6459713		10.3540287	40	
	30	9.6071789		9.9611508		9.6460281		10.3539719	30	
	40	9.6072265		9.9611415		9.6460850		10.3539150	20	
	50	9.6072741		9.9611321		9.6461419		10.3538581	10	
53	0	9.6073216		9.9611228		9.6461988		10.3538012	0	7
	10	9.6073691		9.9611135		9.6462557		10.3537443	50	
	20	9.6074167		9.9611042		9.6463126		10.3536874	40	
	30	9.6074642		9.9610948		9.6463694		10.3536306	30	
	40	9.6075117		9.9610855		9.6464263		10.3535737	20	
	50	9.6075592		9.9610761		9.6464831		10.3535169	10	
54	0	9.6076068		9.9610668		9.6465400		10.3534600	0	6
	10	9.6076543		9.9610575		9.6465968		10.3534032	50	
	20	9.6077018		9.9610481		9.6466537		10.3533463	40	
	30	9.6077493		9.9610387		9.6467105		10.3532895	30	
	40	9.6077968		9.9610295		9.6467673		10.3532327	20	
	50	9.6078441		9.9610201		9.6468241		10.3531759	10	
55	0	9.6078916		9.9610108		9.6468810		10.3531190	0	5
	10	9.6079391		9.9610014		9.6469378		10.3530622	50	
	20	9.6079865		9.9609921		9.6469946		10.3530054	40	
	30	9.6080342		9.9609827		9.6470514		10.3529486	30	
	40	9.6080817		9.9609734		9.6471082		10.3528918	20	
	50	9.6081291		9.9609640		9.6471650		10.3528350	10	
56	0	9.6081764		9.9609546		9.6472217		10.3527783	0	4
	10	9.6082240		9.9609453		9.6472785		10.3527215	50	
	20	9.6082714		9.9609361		9.6473353		10.3526647	40	
	30	9.6083188		9.9609266		9.6473921		10.3526079	30	
	40	9.6083662		9.9609172		9.6474488		10.3525512	20	
	50	9.6084137		9.9609078		9.6475056		10.3524944	10	
57	0	9.6084611		9.9608985		9.6475624		10.3524376	0	3
	10	9.6085085		9.9608891		9.6476191		10.3523809	50	
	20	9.6085559		9.9608798		9.6476759		10.3523241	40	
	30	9.6086031		9.9608704		9.6477326		10.3522674	30	
	40	9.6086506		9.9608611		9.6477893		10.3522107	20	
	50	9.6086980		9.9608516		9.6478461		10.3521539	10	
58	0	9.6087454		9.9608423		9.6479028		10.3520972	0	2
	10	9.6087927		9.9608331		9.6479595		10.3520405	50	
	20	9.6088401		9.9608238		9.6480162		10.3519838	40	
	30	9.6088874		9.9608145		9.6480730		10.3519270	30	
	40	9.6089348		9.9608051		9.6481297		10.3518703	20	
	50	9.6089821		9.9607957		9.6481864		10.3518136	10	
59	0	9.6090294		9.9607863		9.6482431		10.3517569	0	1
	10	9.6090768		9.9607770		9.6482997		10.3517003	50	
	20	9.6091241		9.9607677		9.6483564		10.3516436	40	
	30	9.6091714		9.9607583		9.6484131		10.3515869	30	
	40	9.6092187		9.9607489		9.6484698		10.3515302	20	
	50	9.6092660		9.9607395		9.6485265		10.3514735	10	
60	0	9.6093133		9.9607301		9.6485831		10.3514169	0	0
′	″	Co-Sinus.	Dif.	Sinus.	D.	Co-Tang.	Dif.	Tang.	″	′

66 Deg.

24 Deg.

′	″	Sinus.	Dif.	Co-Sinus.	D.	Tang.	Dif.	Co-Tang.	″	′
0	0	9.6093133		9.9607302		9.6485831		10.3514169	0	60
	10	9.6093606	473	9.9607208	94	9.6486398	567	10.3513602	50	
	20	9.6094079	473	9.9607114	94	9.6486965	567	10.3513035	40	
	30	9.6094551	472	9.9607020	94	9.6487531	566	10.3512469	30	
	40	9.6095024	473	9.9606927	93	9.6488098	567	10.3511902	20	
	50	9.6095497	473	9.9606833	94	9.6488664	566	10.3511336	10	
1	0	9.6095969	472	9.9606739	94	9.6489230	566	10.3510770	0	59
	10	9.6096441	472	9.9606645	94	9.6489797	567	10.3510203	50	
	20	9.6096914	473	9.9606551	94	9.6490363	566	10.3509637	40	
	30	9.6097387	473	9.9606457	94	9.6490929	566	10.3509071	30	
	40	9.6097859	472	9.9606364	93	9.6491495	566	10.3508505	20	
	50	9.6098331	472	9.9606270	94	9.6492062	567	10.3507938	10	
2	0	9.6098803	472	9.9606176	94	9.6492628	566	10.3507372	0	58
	10	9.6099276	473	9.9606081	95	9.6493194	566	10.3506806	50	
	20	9.6099748	472	9.9605988	93	9.6493760	566	10.3506240	40	
	30	9.6100220	472	9.9605894	94	9.6494326	566	10.3505674	30	
	40	9.6100692	472	9.9605800	94	9.6494891	565	10.3505109	20	
	50	9.6101164	472	9.9605706	94	9.6495457	566	10.3504543	10	
3	0	9.6101635	471	9.9605612	94	9.6496023	566	10.3503977	0	57
	10	9.6102107	472	9.9605518	94	9.6496589	566	10.3503411	50	
	20	9.6102579	472	9.9605424	94	9.6497155	566	10.3502845	40	
	30	9.6103050	471	9.9605330	94	9.6497720	565	10.3502280	30	
	40	9.6103522	472	9.9605236	94	9.6498286	566	10.3501714	20	
	50	9.6103994	472	9.9605142	94	9.6498851	565	10.3501149	10	
4	0	9.6104465	471	9.9605048	94	9.6499417	566	10.3500583	0	56
	10	9.6104936	471	9.9604954	94	9.6499982	565	10.3500018	50	
	20	9.6105408	472	9.9604860	94	9.6500548	566	10.3499452	40	
	30	9.6105879	471	9.9604766	94	9.6501113	565	10.3498887	30	
	40	9.6106350	471	9.9604671	95	9.6501678	565	10.3498322	20	
	50	9.6106821	471	9.9604578	93	9.6502244	566	10.3497756	10	
5	0	9.6107292	471	9.9604484	94	9.6502809	565	10.3497191	0	55
	10	9.6107764	472	9.9604390	94	9.6503374	565	10.3496626	50	
	20	9.6108235	471	9.9604296	94	9.6503939	565	10.3496061	40	
	30	9.6108705	470	9.9604201	95	9.6504504	565	10.3495496	30	
	40	9.6109176	471	9.9604107	94	9.6505069	565	10.3494931	20	
	50	9.6109647	471	9.9604013	94	9.6505634	565	10.3494366	10	
6	0	9.6110118	471	9.9603919	94	9.6506199	565	10.3493801	0	54
	10	9.6110588	470	9.9603825	94	9.6506764	565	10.3493236	50	
	20	9.6111059	471	9.9603731	94	9.6507329	565	10.3492671	40	
	30	9.6111530	471	9.9603636	95	9.6507893	564	10.3492107	30	
	40	9.6112000	470	9.9603541	95	9.6508458	565	10.3491542	20	
	50	9.6112470	470	9.9603447	94	9.6509023	565	10.3490977	10	
7	0	9.6112941	471	9.9603354	93	9.6509587	564	10.3490413	0	53
	10	9.6113411	470	9.9603259	95	9.6510152	565	10.3489848	50	
	20	9.6113881	470	9.9603165	94	9.6510716	564	10.3489284	40	
	30	9.6114352	471	9.9603071	94	9.6511281	565	10.3488719	30	
	40	9.6114822	470	9.9602976	95	9.6511845	564	10.3488155	20	
	50	9.6115292	470	9.9602882	94	9.6512410	565	10.3487590	10	
8	0	9.6115762	470	9.9602788	94	9.6512974	564	10.3487026	0	52
	10	9.6116232	470	9.9602693	95	9.6513538	564	10.3486462	50	
	20	9.6116702	470	9.9602599	94	9.6514102	564	10.3485898	40	
	30	9.6117171	469	9.9602505	94	9.6514667	565	10.3485333	30	
	40	9.6117641	470	9.9602410	95	9.6515231	564	10.3484769	20	
	50	9.6118111	470	9.9602316	94	9.6515795	564	10.3484205	10	
9	0	9.6118580	469	9.9602221	95	9.6516359	564	10.3483641	0	51
	10	9.6119050	470	9.9602127	94	9.6516923	564	10.3483077	50	
	20	9.6119519	469	9.9602033	94	9.6517487	564	10.3482513	40	
	30	9.6119989	470	9.9601938	95	9.6518051	564	10.3481949	30	
	40	9.6120458	469	9.9601844	94	9.6518615	564	10.3481385	20	
	50	9.6120928	470	9.9601749	95	9.6519178	563	10.3480822	10	
10	0	9.6121397	469	9.9601655	94	9.6519742	564	10.3480258	0	50
′	″	Co-Sinus.	Dif.	Sinus.	D.	Co-Tang.	Dif.	Tang.	″	′

65 Deg.

24 Deg.

′	″	Sinus.	Dif.	Co-Sinus.	D.	Tang.	Dif.	Co-Tang.	″	′
10	0	9.6121397		9.9601655		9.6519742		10.3480258	0	50
	10	9.6121866	469	9.9601560	95	9.6520306	564	10.3479694	50	
	20	9.6122335	469	9.9601466	94	9.6520869	563	10.3479131	40	
	30	9.6122804	469	9.9601371	95	9.6521433	564	10.3478567	30	
	40	9.6123273	469	9.9601277	94	9.6521996	563	10.3478004	20	
	50	9.6123742	469	9.9601182	95	9.6522560	564	10.3477440	10	
11	0	9.6124211	469	9.9601088	94	9.6523123	563	10.3476877	0	49
	10	9.6124680	469	9.9600993	95	9.6523687	564	10.3476313	50	
	20	9.6125149	469	9.9600899	94	9.6524250	563	10.3475750	40	
	30	9.6125617	468	9.9600804	95	9.6524813	563	10.3475187	30	
	40	9.6126086	469	9.9600710	94	9.6525377	564	10.3474623	20	
	50	9.6126555	469	9.9600615	95	9.6525940	563	10.3474060	10	
12	0	9.6127023	468	9.9600520	95	9.6526503	563	10.3473497	0	48
	10	9.6127492	469	9.9600426	94	9.6527066	563	10.3472934	50	
	20	9.6127960	468	9.9600331	95	9.6527629	563	10.3472371	40	
	30	9.6128428	468	9.9600236	95	9.6528192	563	10.3471808	30	
	40	9.6128897	469	9.9600142	94	9.6528755	563	10.3471245	20	
	50	9.6129365	468	9.9600047	95	9.6529318	563	10.3470682	10	
13	0	9.6129833	468	9.9599952	95	9.6529881	563	10.3470119	0	47
	10	9.6130301	468	9.9599858	94	9.6530443	562	10.3469557	50	
	20	9.6130769	468	9.9599763	95	9.6531006	563	10.3468994	40	
	30	9.6131237	468	9.9599668	95	9.6531569	563	10.3468431	30	
	40	9.6131705	468	9.9599573	95	9.6532132	563	10.3467868	20	
	50	9.6132173	468	9.9599479	94	9.6532694	562	10.3467306	10	
14	0	9.6132641	468	9.9599384	95	9.6533257	563	10.3466743	0	46
	10	9.6133109	468	9.9599289	95	9.6533819	562	10.3466181	50	
	20	9.6133576	467	9.9599194	95	9.6534382	563	10.3465618	40	
	30	9.6134044	468	9.9599100	94	9.6534944	562	10.3465056	30	
	40	9.6134511	467	9.9599005	95	9.6535507	563	10.3464493	20	
	50	9.6134979	468	9.9598910	95	9.6536069	562	10.3463931	10	
15	0	9.6135446	467	9.9598815	95	9.6536631	562	10.3463369	0	45
	10	9.6135914	468	9.9598720	95	9.6537194	563	10.3462806	50	
	20	9.6136381	467	9.9598625	95	9.6537756	562	10.3462244	40	
	30	9.6136848	467	9.9598530	95	9.6538318	562	10.3461682	30	
	40	9.6137316	468	9.9598436	94	9.6538880	562	10.3461120	20	
	50	9.6137783	467	9.9598341	95	9.6539442	562	10.3460558	10	
16	0	9.6138250	467	9.9598246	95	9.6540004	562	10.3459996	0	44
	10	9.6138717	467	9.9598151	95	9.6540566	562	10.3459434	50	
	20	9.6139184	467	9.9598056	95	9.6541128	562	10.3458872	40	
	30	9.6139651	467	9.9597961	95	9.6541690	562	10.3458310	30	
	40	9.6140117	466	9.9597866	95	9.6542251	561	10.3457749	20	
	50	9.6140584	467	9.9597771	95	9.6542813	562	10.3457187	10	
17	0	9.6141051	467	9.9597676	95	9.6543375	562	10.3456625	0	43
	10	9.6141518	467	9.9597581	95	9.6543937	562	10.3456063	50	
	20	9.6141984	466	9.9597486	95	9.6544498	561	10.3455502	40	
	30	9.6142451	467	9.9597391	95	9.6545060	562	10.3454940	30	
	40	9.6142917	466	9.9597296	95	9.6545621	561	10.3454379	20	
	50	9.6143384	467	9.9597201	95	9.6546183	562	10.3453817	10	
18	0	9.6143850	466	9.9597106	95	9.6546744	561	10.3453256	0	42
	10	9.6144316	466	9.9597011	95	9.6547305	561	10.3452695	50	
	20	9.6144783	467	9.9596916	95	9.6547866	561	10.3452134	40	
	30	9.6145249	466	9.9596821	95	9.6548428	562	10.3451572	30	
	40	9.6145715	466	9.9596725	96	9.6548989	561	10.3451011	20	
	50	9.6146181	466	9.9596630	95	9.6549550	561	10.3450450	10	
19	0	9.6146647	466	9.9596535	95	9.6550111	561	10.3449889	0	41
	10	9.6147113	466	9.9596440	95	9.6550672	561	10.3449328	50	
	20	9.6147579	466	9.9596345	95	9.6551233	561	10.3448767	40	
	30	9.6148044	465	9.9596250	95	9.6551795	562	10.3448205	30	
	40	9.6148510	466	9.9596155	95	9.6552356	561	10.3447644	20	
	50	9.6148976	466	9.9596059	96	9.6552916	560	10.3447084	10	
20	0	9.6149441	465	9.9595964	95	9.6553477	561	10.3446523	0	40
′	″	Co-Sinus.	Dif.	Sinus.	D.	Co-Tang.	Dif.	Tang.	″	′

65 Deg.

24 Deg.

′	″	Sinus.	Dif.	Co-Sinus.	D.	Tang.	Dif.	Co-Tang.	″	′
20	0	9.6149441		9.9595964		9.6553477		10.3446523	0	40
	10	9.6149907	466	9.9595869	95	9.6554038	561	10.3445962	50	
	20	9.6150373	466	9.9595774	95	9.6554599	561	10.3445401	40	
	30	9.6150838	465	9.9595678	96	9.6555160	561	10.3444840	30	
	40	9.6151303	465	9.9595583	95	9.6555720	560	10.3444280	20	
	50	9.6151769	466	9.9595488	95	9.6556281	561	10.3443719	10	
21	0	9.6152234	465	9.9595393	95	9.6556841	560	10.3443159	0	39
	10	9.6152699	465	9.9595297	96	9.6557402	561	10.3442598	50	
	20	9.6153164	465	9.9595202	95	9.6557962	560	10.3442038	40	
	30	9.6153629	465	9.9595107	95	9.6558522	560	10.3441478	30	
	40	9.6154094	465	9.9595011	96	9.6559083	561	10.3440917	20	
	50	9.6154559	465	9.9594916	95	9.6559643	560	10.3440357	10	
22	0	9.6155024	465	9.9594821	95	9.6560203	560	10.3439797	0	38
	10	9.6155488	464	9.9594725	96	9.6560763	560	10.3439237	50	
	20	9.6155953	465	9.9594630	95	9.6561323	560	10.3438677	40	
	30	9.6156418	465	9.9594535	95	9.6561884	561	10.3438116	30	
	40	9.6156882	464	9.9594439	96	9.6562444	560	10.3437556	20	
	50	9.6157346	464	9.9594344	95	9.6563003	559	10.3436997	10	
23	0	9.6157811	465	9.9594248	96	9.6563564	561	10.3436436	0	37
	10	9.6158277	466	9.9594153	95	9.6564124	560	10.3435876	50	
	20	9.6158741	464	9.9594057	96	9.6564684	560	10.3435316	40	
	30	9.6159206	465	9.9593962	95	9.6565244	560	10.3434756	30	
	40	9.6159670	464	9.9593866	96	9.6565804	560	10.3434196	20	
	50	9.6160134	464	9.9593771	95	9.6566363	559	10.3433637	10	
24	0	9.6160599	465	9.9593675	96	9.6566923	560	10.3433077	0	36
	10	9.6161063	464	9.9593580	95	9.6567483	560	10.3432517	50	
	20	9.6161527	464	9.9593484	96	9.6568043	560	10.3431957	40	
	30	9.6161991	464	9.9593389	95	9.6568602	559	10.3431398	30	
	40	9.6162455	464	9.9593293	96	9.6569161	559	10.3430839	20	
	50	9.6162919	464	9.9593198	95	9.6569721	560	10.3430279	10	
25	0	9.6163382	463	9.9593102	96	9.6570280	559	10.3429720	0	35
	10	9.6163846	464	9.9593007	95	9.6570840	560	10.3429160	50	
	20	9.6164310	464	9.9592911	96	9.6571399	559	10.3428601	40	
	30	9.6164774	464	9.9592815	96	9.6571959	560	10.3428041	30	
	40	9.6165237	463	9.9592720	95	9.6572517	559	10.3427483	20	
	50	9.6165701	464	9.9592624	96	9.6573077	560	10.3426923	10	
26	0	9.6166164	463	9.9592528	96	9.6573636	559	10.3426364	0	34
	10	9.6166628	464	9.9592433	95	9.6574195	559	10.3425805	50	
	20	9.6167091	463	9.9592337	96	9.6574754	559	10.3425246	40	
	30	9.6167554	463	9.9592241	96	9.6575313	559	10.3424687	30	
	40	9.6168017	463	9.9592146	95	9.6575872	559	10.3424128	20	
	50	9.6168481	464	9.9592050	96	9.6576431	559	10.3423569	10	
27	0	9.6168944	463	9.9591954	96	9.6576989	558	10.3423011	0	33
	10	9.6169407	463	9.9591859	95	9.6577548	559	10.3422452	50	
	20	9.6169870	463	9.9591763	96	9.6578107	559	10.3421893	40	
	30	9.6170333	463	9.9591667	96	9.6578666	559	10.3421334	30	
	40	9.6170796	463	9.9591571	96	9.6579224	558	10.3420776	20	
	50	9.6171259	463	9.9591475	96	9.6579783	559	10.3420217	10	
28	0	9.6171721	462	9.9591380	95	9.6580341	558	10.3419659	0	32
	10	9.6172184	463	9.9591284	96	9.6580900	559	10.3419100	50	
	20	9.6172646	462	9.9591188	96	9.6581458	558	10.3418542	40	
	30	9.6173109	463	9.9591092	96	9.6582017	559	10.3417983	30	
	40	9.6173572	463	9.9590996	96	9.6582575	558	10.3417425	20	
	50	9.6174034	462	9.9590900	96	9.6583134	559	10.3416866	10	
29	0	9.6174496	462	9.9590804	96	9.6583692	558	10.3416308	0	31
	10	9.6174959	463	9.9590709	95	9.6584250	558	10.3415750	50	
	20	9.6175421	462	9.9590613	96	9.6584808	558	10.3415192	40	
	30	9.6175883	462	9.9590517	96	9.6585366	558	10.3414634	30	
	40	9.6176345	462	9.9590421	96	9.6585924	558	10.3414076	20	
	50	9.6176808	463	9.9590325	96	9.6586483	559	10.3413517	10	
30	0	9.6177270	462	9.9590229	96	9.6587041	558	10.3412959	0	30
′	″	Co-Sinus.	Dif.	Sinus.	D.	Co-Tang.	Dif.	Tang.	″	′

65 Deg.

24 Deg.

′	″	Sinus.	Dif.	Co-Sinus.	D.	Tang.	Dif.	Co-Tang.	″	′
30	0	9.6177270		9.9590229		9.6587041		10.3412959	0	30
	10	9.6177732	462	9.9590133	96	9.6587599	558	10.3412401	50	
	20	9.6178193	461	9.9590037	96	9.6588156	557	10.3411844	40	
	30	9.6178655	462	9.9589941	96	9.6588714	558	10.3411286	30	
	40	9.6179117	462	9.9589845	96	9.6589272	558	10.3410728	20	
	50	9.6179579	462	9.9589749	96	9.6589830	558	10.3410170	10	
31	0	9.6180041	462	9.9589653	96	9.6590387	557	10.3409613	0	29
	10	9.6180502	461	9.9589557	96	9.6590945	558	10.3409055	50	
	20	9.6180964	462	9.9589461	96	9.6591503	558	10.3408497	40	
	30	9.6181425	461	9.9589365	96	9.6592060	557	10.3407940	30	
	40	9.6181887	462	9.9589269	96	9.6592618	558	10.3407382	20	
	50	9.6182348	461	9.9589173	96	9.6593175	557	10.3406825	10	
32	0	9.6182809	461	9.9589077	96	9.6593733	558	10.3406267	0	28
	10	9.6183271	462	9.9588981	96	9.6594290	557	10.3405710	50	
	20	9.6183732	461	9.9588885	96	9.6594847	557	10.3405153	40	
	30	9.6184193	461	9.9588789	96	9.6595404	557	10.3404596	30	
	40	9.6184654	461	9.9588693	96	9.6595962	558	10.3404038	20	
	50	9.6185115	461	9.9588596	97	9.6596519	557	10.3403481	10	
33	0	9.6185576	461	9.9588500	96	9.6597076	557	10.3402924	0	27
	10	9.6186037	461	9.9588404	96	9.6597633	557	10.3402367	50	
	20	9.6186498	461	9.9588308	96	9.6598190	557	10.3401810	40	
	30	9.6186959	461	9.9588211	97	9.6598747	557	10.3401253	30	
	40	9.6187420	461	9.9588115	96	9.6599304	557	10.3400696	20	
	50	9.6187880	460	9.9588019	96	9.6599861	557	10.3400139	10	
34	0	9.6188341	461	9.9587922	97	9.6600418	557	10.3399582	0	26
	10	9.6188801	460	9.9587826	96	9.6600975	557	10.3399025	50	
	20	9.6189262	461	9.9587730	96	9.6601532	557	10.3398468	40	
	30	9.6189722	460	9.9587633	97	9.6602089	557	10.3397911	30	
	40	9.6190183	461	9.9587537	96	9.6602645	556	10.3397355	20	
	50	9.6190643	460	9.9587441	96	9.6603202	557	10.3396798	10	
35	0	9.6191103	460	9.9587345	96	9.6603758	556	10.3396242	0	25
	10	9.6191564	461	9.9587248	97	9.6604315	557	10.3395685	50	
	20	9.6192024	460	9.9587152	96	9.6604871	556	10.3395129	40	
	30	9.6192484	460	9.9587056	96	9.6605428	557	10.3394572	30	
	40	9.6192944	460	9.9586958	97	9.6605985	557	10.3394015	20	
	50	9.6193404	460	9.9586862	96	9.6606541	556	10.3393459	10	
36	0	9.6193864	460	9.9586767	96	9.6607097	556	10.3392903	0	24
	10	9.6194324	460	9.9586670	97	9.6607653	556	10.3392347	50	
	20	9.6194783	459	9.9586574	96	9.6608209	556	10.3391791	40	
	30	9.6195243	460	9.9586477	97	9.6608766	557	10.3391234	30	
	40	9.6195703	460	9.9586381	96	9.6609322	556	10.3390678	20	
	50	9.6196162	459	9.9586284	97	9.6609878	556	10.3390122	10	
37	0	9.6196622	460	9.9586188	96	9.6610434	556	10.3389566	0	23
	10	9.6197081	459	9.9586091	97	9.6610990	556	10.3389010	50	
	20	9.6197541	460	9.9585995	96	9.6611546	556	10.3388454	40	
	30	9.6198000	459	9.9585898	97	9.6612101	555	10.3387899	30	
	40	9.6198460	460	9.9585802	96	9.6612657	556	10.3387343	20	
	50	9.6198919	459	9.9585706	96	9.6613213	556	10.3386787	10	
38	0	9.6199378	459	9.9585609	97	9.6613769	556	10.3386231	0	22
	10	9.6199837	459	9.9585512	97	9.6614325	556	10.3385675	50	
	20	9.6200296	459	9.9585416	96	9.6614880	555	10.3385120	40	
	30	9.6200755	459	9.9585319	97	9.6615436	556	10.3384564	30	
	40	9.6201214	459	9.9585222	97	9.6615992	556	10.3384008	20	
	50	9.6201673	459	9.9585126	96	9.6616547	555	10.3383453	10	
39	0	9.6202132	459	9.9585029	97	9.6617103	556	10.3382897	0	21
	10	9.6202591	459	9.9584932	97	9.6617658	555	10.3382342	50	
	20	9.6203050	459	9.9584836	96	9.6618213	555	10.3381787	40	
	30	9.6203508	458	9.9584740	96	9.6618769	556	10.3381231	30	
	40	9.6203967	459	9.9584642	97	9.6619324	555	10.3380676	20	
	50	9.6204426	459	9.9584546	96	9.6619879	555	10.3380121	10	
40	0	9.6204884	458	9.9584450	96	9.6620434	555	10.3379566	0	20
′	″	Co-Sinus.	Dif.	Sinus.	D.	Co-Tang.	Dif.	Tang.	″	′

65 Deg.

24 Deg.

'	"	Sinus.	Dif.	Co-Sinus.	D.	Tang.	Dif.	Co-Tang.	"	'
40	0	9.6204884		9.9584451		9.6620434		10.3379566	0	20
	10	9.6205341	457	9.9584355	97	9.6620990	556	10.3379010	50	
	20	9.6205801	459	9.9584258	97	9.6621545	555	10.3378455	40	
	30	[illegible]	458	9.9584159	97	[illegible]	555	[illegible]	30	
	40	9.6206717	457	9.9584063	97	9.6622655	555	10.3377345	20	
	50	9.6207176	459	9.9583966	97	9.6623210	555	10.3376790	10	
41	0	9.6207634	458	9.9583869	97	9.6623765	555	10.3376235	0	19
	10	[illegible]	458	9.9583772	97	9.6624319	554	10.3375681	50	
	20	[illegible]	458	9.9583676	97	9.6624874	555	10.3375126	40	
	30	[illegible]	457	9.9583579	97	[illegible]	555	[illegible]	30	
	40	9.6209466	458	9.9583482	97	9.6625984	555	10.3374016	20	
	50	9.6209923	457	9.9583385	97	9.6626538	554	10.3373462	10	
42	0	9.6210381	458	9.9583288	97	[illegible]	555	10.3372907	0	18
	10	[illegible]	[illegible]	[illegible]	[illegible]	[illegible]	[illegible]	[illegible]	50	
	20	[illegible]	[illegible]	[illegible]	[illegible]	[illegible]	[illegible]	[illegible]	40	
	30	[illegible]	[illegible]	[illegible]	[illegible]	[illegible]	[illegible]	[illegible]	30	
	40	[illegible]	[illegible]	[illegible]	[illegible]	[illegible]	[illegible]	[illegible]	20	
	50	[illegible]	[illegible]	[illegible]	[illegible]	[illegible]	[illegible]	[illegible]	10	
43	0	[illegible]	[illegible]	[illegible]	[illegible]	[illegible]	[illegible]	[illegible]	0	17
	10	[illegible]	[illegible]	[illegible]	[illegible]	[illegible]	[illegible]	[illegible]	50	
	20	[illegible]	[illegible]	[illegible]	[illegible]	[illegible]	[illegible]	[illegible]	40	
	30	[illegible]	[illegible]	[illegible]	[illegible]	[illegible]	[illegible]	[illegible]	30	
	40	[illegible]	[illegible]	[illegible]	[illegible]	[illegible]	[illegible]	[illegible]	20	
	50	[illegible]	[illegible]	[illegible]	[illegible]	[illegible]	[illegible]	[illegible]	10	
44	0	[illegible]	[illegible]	[illegible]	[illegible]	[illegible]	[illegible]	[illegible]	0	16
	10	[illegible]	[illegible]	[illegible]	[illegible]	[illegible]	[illegible]	[illegible]	50	
	20	[illegible]	[illegible]	[illegible]	[illegible]	[illegible]	[illegible]	[illegible]	40	
	30	[illegible]	[illegible]	[illegible]	[illegible]	[illegible]	[illegible]	[illegible]	30	
	40	[illegible]	[illegible]	[illegible]	[illegible]	[illegible]	[illegible]	[illegible]	20	
	50	[illegible]	[illegible]	[illegible]	[illegible]	[illegible]	[illegible]	[illegible]	10	
45	0	[illegible]	[illegible]	[illegible]	[illegible]	[illegible]	[illegible]	[illegible]	0	15
	10	[illegible]	[illegible]	[illegible]	[illegible]	[illegible]	[illegible]	[illegible]	50	
	20	[illegible]	[illegible]	[illegible]	[illegible]	[illegible]	[illegible]	[illegible]	40	
	30	[illegible]	[illegible]	[illegible]	[illegible]	[illegible]	[illegible]	[illegible]	30	
	40	[illegible]	[illegible]	[illegible]	[illegible]	[illegible]	[illegible]	[illegible]	20	
	50	[illegible]	[illegible]	[illegible]	[illegible]	[illegible]	[illegible]	[illegible]	10	
46	0	[illegible]	[illegible]	[illegible]	[illegible]	[illegible]	[illegible]	[illegible]	0	14
	10	[illegible]	[illegible]	[illegible]	[illegible]	[illegible]	[illegible]	[illegible]	50	
	20	[illegible]	[illegible]	[illegible]	[illegible]	[illegible]	[illegible]	[illegible]	40	
	30	[illegible]	[illegible]	[illegible]	[illegible]	[illegible]	[illegible]	[illegible]	30	
	40	[illegible]	[illegible]	[illegible]	[illegible]	[illegible]	[illegible]	[illegible]	20	
	50	[illegible]	[illegible]	[illegible]	[illegible]	[illegible]	[illegible]	[illegible]	10	
47	0	[illegible]	[illegible]	[illegible]	[illegible]	[illegible]	[illegible]	[illegible]	0	13
	10	[illegible]	[illegible]	[illegible]	[illegible]	[illegible]	[illegible]	[illegible]	50	
	20	[illegible]	[illegible]	[illegible]	[illegible]	[illegible]	[illegible]	[illegible]	40	
	30	[illegible]	[illegible]	[illegible]	[illegible]	[illegible]	[illegible]	[illegible]	30	
	40	[illegible]	[illegible]	[illegible]	[illegible]	[illegible]	[illegible]	[illegible]	20	
	50	[illegible]	[illegible]	[illegible]	[illegible]	[illegible]	[illegible]	[illegible]	10	
48	0	[illegible]	[illegible]	[illegible]	[illegible]	[illegible]	[illegible]	[illegible]	0	12
	10	[illegible]	[illegible]	[illegible]	[illegible]	[illegible]	[illegible]	[illegible]	50	
	20	[illegible]	[illegible]	[illegible]	[illegible]	[illegible]	[illegible]	[illegible]	40	
	30	[illegible]	[illegible]	[illegible]	[illegible]	[illegible]	[illegible]	[illegible]	30	
	40	[illegible]	[illegible]	[illegible]	[illegible]	[illegible]	[illegible]	[illegible]	20	
	50	[illegible]	[illegible]	[illegible]	[illegible]	[illegible]	[illegible]	[illegible]	10	
49	0	[illegible]	[illegible]	[illegible]	[illegible]	[illegible]	[illegible]	[illegible]	0	11
	10	[illegible]	[illegible]	[illegible]	[illegible]	[illegible]	[illegible]	[illegible]	50	
	20	[illegible]	[illegible]	[illegible]	[illegible]	[illegible]	[illegible]	[illegible]	40	
	30	[illegible]	[illegible]	[illegible]	[illegible]	[illegible]	[illegible]	[illegible]	30	
	40	[illegible]	[illegible]	[illegible]	[illegible]	[illegible]	[illegible]	[illegible]	20	
	50	[illegible]	[illegible]	[illegible]	[illegible]	[illegible]	[illegible]	[illegible]	10	
50	0	[illegible]	[illegible]	[illegible]	[illegible]	[illegible]	[illegible]	[illegible]	0	10
'	"	Co-Sinus.	Dif.	Sinus.	D.	Co-Tang.	Dif.	Tang.	"	'

65 Deg.

24 Deg.

'	"	Sinus.	Dif.	Co-Sinus.	D.	Tang.	Dif.	Co-Tang.	"	'
50	0	[illegible]		[illegible]		[illegible]		[illegible]	0	10
	10	[illegible]	[illegible]	[illegible]	[illegible]	[illegible]	[illegible]	[illegible]	50	
	20	[illegible]	[illegible]	[illegible]	[illegible]	[illegible]	[illegible]	[illegible]	40	
	30	[illegible]	[illegible]	[illegible]	[illegible]	[illegible]	[illegible]	[illegible]	30	
	40	[illegible]	[illegible]	[illegible]	[illegible]	[illegible]	[illegible]	[illegible]	20	
	50	[illegible]	[illegible]	[illegible]	[illegible]	[illegible]	[illegible]	[illegible]	10	
51	0	[illegible]	[illegible]	[illegible]	[illegible]	[illegible]	[illegible]	[illegible]	0	9
	10	[illegible]	[illegible]	[illegible]	[illegible]	[illegible]	[illegible]	[illegible]	50	
	20	[illegible]	[illegible]	[illegible]	[illegible]	[illegible]	[illegible]	[illegible]	40	
	30	[illegible]	[illegible]	[illegible]	[illegible]	[illegible]	[illegible]	[illegible]	30	
	40	[illegible]	[illegible]	[illegible]	[illegible]	[illegible]	[illegible]	[illegible]	20	
	50	[illegible]	[illegible]	[illegible]	[illegible]	[illegible]	[illegible]	[illegible]	10	
52	0	[illegible]	[illegible]	[illegible]	[illegible]	[illegible]	[illegible]	[illegible]	0	8
	10	[illegible]	[illegible]	[illegible]	[illegible]	[illegible]	[illegible]	[illegible]	50	
	20	[illegible]	[illegible]	[illegible]	[illegible]	[illegible]	[illegible]	[illegible]	40	
	30	[illegible]	[illegible]	[illegible]	[illegible]	[illegible]	[illegible]	[illegible]	30	
	40	[illegible]	[illegible]	[illegible]	[illegible]	[illegible]	[illegible]	[illegible]	20	
	50	[illegible]	[illegible]	[illegible]	[illegible]	[illegible]	[illegible]	[illegible]	10	
53	0	[illegible]	[illegible]	[illegible]	[illegible]	[illegible]	[illegible]	[illegible]	0	7
	10	[illegible]	[illegible]	[illegible]	[illegible]	[illegible]	[illegible]	[illegible]	50	
	20	[illegible]	[illegible]	[illegible]	[illegible]	[illegible]	[illegible]	[illegible]	40	
	30	[illegible]	[illegible]	[illegible]	[illegible]	[illegible]	[illegible]	[illegible]	30	
	40	[illegible]	[illegible]	[illegible]	[illegible]	[illegible]	[illegible]	[illegible]	20	
	50	[illegible]	[illegible]	[illegible]	[illegible]	[illegible]	[illegible]	[illegible]	10	
54	0	[illegible]	[illegible]	[illegible]	[illegible]	[illegible]	[illegible]	[illegible]	0	6
	10	[illegible]	[illegible]	[illegible]	[illegible]	[illegible]	[illegible]	[illegible]	50	
	20	[illegible]	[illegible]	[illegible]	[illegible]	[illegible]	[illegible]	[illegible]	40	
	30	[illegible]	[illegible]	[illegible]	[illegible]	[illegible]	[illegible]	[illegible]	30	
	40	[illegible]	[illegible]	[illegible]	[illegible]	[illegible]	[illegible]	[illegible]	20	
	50	[illegible]	[illegible]	[illegible]	[illegible]	[illegible]	[illegible]	[illegible]	10	
55	0	[illegible]	[illegible]	[illegible]	[illegible]	[illegible]	[illegible]	[illegible]	0	5
	10	[illegible]	[illegible]	[illegible]	[illegible]	[illegible]	[illegible]	[illegible]	50	
	20	[illegible]	[illegible]	[illegible]	[illegible]	[illegible]	[illegible]	[illegible]	40	
	30	[illegible]	[illegible]	[illegible]	[illegible]	[illegible]	[illegible]	[illegible]	30	
	40	[illegible]	[illegible]	[illegible]	[illegible]	[illegible]	[illegible]	[illegible]	20	
	50	[illegible]	[illegible]	[illegible]	[illegible]	[illegible]	[illegible]	[illegible]	10	
56	0	[illegible]	[illegible]	[illegible]	[illegible]	[illegible]	[illegible]	[illegible]	0	4
	10	[illegible]	[illegible]	[illegible]	[illegible]	[illegible]	[illegible]	[illegible]	50	
	20	[illegible]	[illegible]	[illegible]	[illegible]	[illegible]	[illegible]	[illegible]	40	
	30	[illegible]	[illegible]	[illegible]	[illegible]	[illegible]	[illegible]	[illegible]	30	
	40	[illegible]	[illegible]	[illegible]	[illegible]	[illegible]	[illegible]	[illegible]	20	
	50	[illegible]	[illegible]	[illegible]	[illegible]	[illegible]	[illegible]	[illegible]	10	
57	0	[illegible]	[illegible]	[illegible]	[illegible]	[illegible]	[illegible]	[illegible]	0	3
	10	[illegible]	[illegible]	[illegible]	[illegible]	[illegible]	[illegible]	[illegible]	50	
	20	[illegible]	[illegible]	[illegible]	[illegible]	[illegible]	[illegible]	[illegible]	40	
	30	[illegible]	[illegible]	[illegible]	[illegible]	[illegible]	[illegible]	[illegible]	30	
	40	[illegible]	[illegible]	[illegible]	[illegible]	[illegible]	[illegible]	[illegible]	20	
	50	[illegible]	[illegible]	[illegible]	[illegible]	[illegible]	[illegible]	[illegible]	10	
58	0	[illegible]	[illegible]	[illegible]	[illegible]	[illegible]	[illegible]	[illegible]	0	2
	10	[illegible]	[illegible]	[illegible]	[illegible]	[illegible]	[illegible]	[illegible]	50	
	20	[illegible]	[illegible]	[illegible]	[illegible]	[illegible]	[illegible]	[illegible]	40	
	30	[illegible]	[illegible]	[illegible]	[illegible]	[illegible]	[illegible]	[illegible]	30	
	40	[illegible]	[illegible]	[illegible]	[illegible]	[illegible]	[illegible]	[illegible]	20	
	50	[illegible]	[illegible]	[illegible]	[illegible]	[illegible]	[illegible]	[illegible]	10	
59	0	[illegible]	[illegible]	[illegible]	[illegible]	[illegible]	[illegible]	[illegible]	0	1
	10	[illegible]	[illegible]	[illegible]	[illegible]	[illegible]	[illegible]	[illegible]	50	
	20	[illegible]	[illegible]	[illegible]	[illegible]	[illegible]	[illegible]	[illegible]	40	
	30	[illegible]	[illegible]	[illegible]	[illegible]	[illegible]	[illegible]	[illegible]	30	
	40	[illegible]	[illegible]	[illegible]	[illegible]	[illegible]	[illegible]	[illegible]	20	
	50	[illegible]	[illegible]	[illegible]	[illegible]	[illegible]	[illegible]	[illegible]	10	
60	0	[illegible]	[illegible]	[illegible]	[illegible]	[illegible]	[illegible]	[illegible]	0	0
'	"	Co-Sinus.	Dif.	Sinus.	D.	Co-Tang.	Dif.	Tang.	"	'

65 Deg.

25 Deg.

′	″	Sinus.	Dif.	Co-Sinus.	Dif.	Tang.	Dif.	Co-Tang.	″	′
0	0	9.6159483		9.9572757		9.6586725		10.3313275	0	60
	10	9.6159914	451	9.9572696	[illegible]	9.6587275	550	[illegible]	50	
	20	[illegible]	451	9.9572636	[illegible]	[illegible]	[illegible]	[illegible]	40	
	30	9.6160817	451	[illegible]	[illegible]	[illegible]	[illegible]	[illegible]	30	
	40	[illegible]	451	[illegible]	[illegible]	[illegible]	[illegible]	[illegible]	20	
	50	[illegible]	451	[illegible]	[illegible]	[illegible]	[illegible]	[illegible]	10	
1	0	[illegible]	451	[illegible]	[illegible]	[illegible]	[illegible]	[illegible]	0	59
	10	[illegible]	451	[illegible]	[illegible]	[illegible]	[illegible]	[illegible]	50	
	20	[illegible]	451	[illegible]	[illegible]	[illegible]	550	[illegible]	40	
	30	[illegible]	451	[illegible]	[illegible]	[illegible]	[illegible]	[illegible]	30	
	40	[illegible]	451	[illegible]	[illegible]	[illegible]	[illegible]	[illegible]	20	
	50	[illegible]	451	[illegible]	[illegible]	[illegible]	550	[illegible]	10	
2	0	[illegible]	451	[illegible]	[illegible]	[illegible]	[illegible]	[illegible]	0	58
	10	[illegible]	451	[illegible]	[illegible]	[illegible]	[illegible]	[illegible]	50	
	20	[illegible]	[illegible]	[illegible]	[illegible]	[illegible]	[illegible]	[illegible]	40	
	30	[illegible]	[illegible]	[illegible]	[illegible]	[illegible]	[illegible]	10.3304014	30	
	40	[illegible]	451	[illegible]	[illegible]	[illegible]	[illegible]	[illegible]	20	
	50	9.6167150	[illegible]	[illegible]	[illegible]	[illegible]	[illegible]	[illegible]	10	
3	0	[illegible]	[illegible]	[illegible]	[illegible]	[illegible]	[illegible]	[illegible]	0	57
	10	[illegible]	[illegible]	[illegible]	[illegible]	[illegible]	[illegible]	[illegible]	50	
	20	[illegible]	[illegible]	[illegible]	[illegible]	[illegible]	[illegible]	[illegible]	40	
	30	[illegible]	[illegible]	[illegible]	[illegible]	[illegible]	[illegible]	[illegible]	30	
	40	[illegible]	[illegible]	[illegible]	[illegible]	[illegible]	[illegible]	[illegible]	20	
	50	[illegible]	[illegible]	[illegible]	[illegible]	[illegible]	[illegible]	[illegible]	10	
4	0	[illegible]	[illegible]	[illegible]	[illegible]	[illegible]	[illegible]	[illegible]	0	56
	10	[illegible]	[illegible]	[illegible]	[illegible]	[illegible]	[illegible]	[illegible]	50	
	20	[illegible]	[illegible]	[illegible]	[illegible]	[illegible]	[illegible]	[illegible]	40	
	30	[illegible]	[illegible]	[illegible]	[illegible]	[illegible]	[illegible]	[illegible]	30	
	40	[illegible]	[illegible]	[illegible]	[illegible]	[illegible]	[illegible]	[illegible]	20	
	50	[illegible]	[illegible]	[illegible]	[illegible]	[illegible]	[illegible]	[illegible]	10	
5	0	[illegible]	[illegible]	[illegible]	[illegible]	[illegible]	[illegible]	[illegible]	0	55
	10	[illegible]	[illegible]	[illegible]	[illegible]	[illegible]	[illegible]	[illegible]	50	
	20	[illegible]	[illegible]	[illegible]	[illegible]	[illegible]	[illegible]	[illegible]	40	
	30	[illegible]	[illegible]	[illegible]	[illegible]	[illegible]	[illegible]	[illegible]	30	
	40	[illegible]	[illegible]	[illegible]	[illegible]	[illegible]	[illegible]	[illegible]	20	
	50	[illegible]	[illegible]	[illegible]	[illegible]	[illegible]	[illegible]	[illegible]	10	
6	0	[illegible]	[illegible]	[illegible]	[illegible]	[illegible]	[illegible]	[illegible]	0	54
	10	[illegible]	[illegible]	[illegible]	[illegible]	[illegible]	[illegible]	[illegible]	50	
	20	[illegible]	[illegible]	[illegible]	[illegible]	[illegible]	[illegible]	[illegible]	40	
	30	[illegible]	[illegible]	[illegible]	[illegible]	[illegible]	[illegible]	[illegible]	30	
	40	[illegible]	[illegible]	[illegible]	[illegible]	[illegible]	[illegible]	[illegible]	20	
	50	[illegible]	[illegible]	[illegible]	[illegible]	[illegible]	[illegible]	[illegible]	10	
7	0	[illegible]	[illegible]	[illegible]	[illegible]	[illegible]	[illegible]	[illegible]	0	53
	10	[illegible]	[illegible]	[illegible]	[illegible]	[illegible]	[illegible]	[illegible]	50	
	20	[illegible]	[illegible]	[illegible]	[illegible]	[illegible]	[illegible]	[illegible]	40	
	30	[illegible]	[illegible]	[illegible]	[illegible]	[illegible]	[illegible]	[illegible]	30	
	40	[illegible]	[illegible]	[illegible]	[illegible]	[illegible]	[illegible]	[illegible]	20	
	50	[illegible]	[illegible]	[illegible]	[illegible]	[illegible]	[illegible]	[illegible]	10	
8	0	[illegible]	[illegible]	[illegible]	[illegible]	[illegible]	[illegible]	[illegible]	0	52
	10	[illegible]	[illegible]	[illegible]	[illegible]	[illegible]	[illegible]	[illegible]	50	
	20	[illegible]	[illegible]	[illegible]	[illegible]	[illegible]	[illegible]	[illegible]	40	
	30	[illegible]	[illegible]	[illegible]	[illegible]	[illegible]	[illegible]	[illegible]	30	
	40	[illegible]	[illegible]	[illegible]	[illegible]	[illegible]	[illegible]	[illegible]	20	
	50	[illegible]	[illegible]	[illegible]	[illegible]	[illegible]	[illegible]	[illegible]	10	
9	0	[illegible]	[illegible]	[illegible]	[illegible]	[illegible]	[illegible]	[illegible]	0	51
	10	[illegible]	[illegible]	[illegible]	[illegible]	[illegible]	[illegible]	[illegible]	50	
	20	[illegible]	[illegible]	[illegible]	[illegible]	[illegible]	[illegible]	[illegible]	40	
	30	[illegible]	[illegible]	[illegible]	[illegible]	[illegible]	[illegible]	[illegible]	30	
	40	[illegible]	[illegible]	[illegible]	[illegible]	[illegible]	[illegible]	[illegible]	20	
	50	[illegible]	[illegible]	[illegible]	[illegible]	[illegible]	[illegible]	[illegible]	10	
10	0	[illegible]	[illegible]	[illegible]	[illegible]	[illegible]	[illegible]	[illegible]	0	50
′	″	Co-Sinus.	Dif.	Sinus.	D.	Co-Tang.	Dif.	Tang.	″	′

64 Deg.

25 Deg.

′	″	Sinus.	Dif.	Co-Sinus.	Dif.	Tang.	Dif.	Co-Tang.	″	′
10	0	[illegible]		[illegible]		[illegible]		[illegible]	0	50
	10	[illegible]	[illegible]	[illegible]	[illegible]	[illegible]	[illegible]	[illegible]	50	
	20	[illegible]	[illegible]	[illegible]	[illegible]	[illegible]	[illegible]	[illegible]	40	
	30	[illegible]	[illegible]	[illegible]	[illegible]	[illegible]	[illegible]	[illegible]	30	
	40	[illegible]	[illegible]	[illegible]	[illegible]	[illegible]	[illegible]	[illegible]	20	
	50	[illegible]	[illegible]	[illegible]	[illegible]	[illegible]	[illegible]	[illegible]	10	
11	0	[illegible]	[illegible]	[illegible]	[illegible]	[illegible]	[illegible]	[illegible]	0	49
	10	[illegible]	[illegible]	[illegible]	[illegible]	[illegible]	[illegible]	[illegible]	50	
	20	[illegible]	[illegible]	[illegible]	[illegible]	[illegible]	[illegible]	[illegible]	40	
	30	[illegible]	[illegible]	[illegible]	[illegible]	[illegible]	[illegible]	[illegible]	30	
	40	[illegible]	[illegible]	[illegible]	[illegible]	[illegible]	[illegible]	[illegible]	20	
	50	[illegible]	[illegible]	[illegible]	[illegible]	[illegible]	[illegible]	[illegible]	10	
12	0	[illegible]	[illegible]	[illegible]	[illegible]	[illegible]	[illegible]	[illegible]	0	48
	10	[illegible]	[illegible]	[illegible]	[illegible]	[illegible]	[illegible]	[illegible]	50	
	20	[illegible]	[illegible]	[illegible]	[illegible]	[illegible]	[illegible]	[illegible]	40	
	30	[illegible]	[illegible]	[illegible]	[illegible]	[illegible]	[illegible]	[illegible]	30	
	40	[illegible]	[illegible]	[illegible]	[illegible]	[illegible]	[illegible]	[illegible]	20	
	50	[illegible]	[illegible]	[illegible]	[illegible]	[illegible]	[illegible]	[illegible]	10	
13	0	[illegible]	[illegible]	[illegible]	[illegible]	[illegible]	[illegible]	[illegible]	0	47
	10	[illegible]	[illegible]	[illegible]	[illegible]	[illegible]	[illegible]	[illegible]	50	
	20	[illegible]	[illegible]	[illegible]	[illegible]	[illegible]	[illegible]	[illegible]	40	
	30	[illegible]	[illegible]	[illegible]	[illegible]	[illegible]	[illegible]	[illegible]	30	
	40	[illegible]	[illegible]	[illegible]	[illegible]	[illegible]	[illegible]	[illegible]	20	
	50	[illegible]	[illegible]	[illegible]	[illegible]	[illegible]	[illegible]	[illegible]	10	
14	0	[illegible]	[illegible]	[illegible]	[illegible]	[illegible]	[illegible]	[illegible]	0	46
	10	[illegible]	[illegible]	[illegible]	[illegible]	[illegible]	[illegible]	[illegible]	50	
	20	[illegible]	[illegible]	[illegible]	[illegible]	[illegible]	[illegible]	[illegible]	40	
	30	[illegible]	[illegible]	[illegible]	[illegible]	[illegible]	[illegible]	[illegible]	30	
	40	[illegible]	[illegible]	[illegible]	[illegible]	[illegible]	[illegible]	[illegible]	20	
	50	[illegible]	[illegible]	[illegible]	[illegible]	[illegible]	[illegible]	[illegible]	10	
15	0	[illegible]	[illegible]	[illegible]	[illegible]	[illegible]	[illegible]	[illegible]	0	45
	10	[illegible]	[illegible]	[illegible]	[illegible]	[illegible]	[illegible]	[illegible]	50	
	20	[illegible]	[illegible]	[illegible]	[illegible]	[illegible]	[illegible]	[illegible]	40	
	30	[illegible]	[illegible]	[illegible]	[illegible]	[illegible]	[illegible]	[illegible]	30	
	40	[illegible]	[illegible]	[illegible]	[illegible]	[illegible]	[illegible]	[illegible]	20	
	50	[illegible]	[illegible]	[illegible]	[illegible]	[illegible]	[illegible]	[illegible]	10	
16	0	[illegible]	[illegible]	[illegible]	[illegible]	[illegible]	[illegible]	[illegible]	0	44
	10	[illegible]	[illegible]	[illegible]	[illegible]	[illegible]	[illegible]	[illegible]	50	
	20	[illegible]	[illegible]	[illegible]	[illegible]	[illegible]	[illegible]	[illegible]	40	
	30	[illegible]	[illegible]	[illegible]	[illegible]	[illegible]	[illegible]	[illegible]	30	
	40	[illegible]	[illegible]	[illegible]	[illegible]	[illegible]	[illegible]	[illegible]	20	
	50	[illegible]	[illegible]	[illegible]	[illegible]	[illegible]	[illegible]	[illegible]	10	
17	0	[illegible]	[illegible]	[illegible]	[illegible]	[illegible]	[illegible]	[illegible]	0	43
	10	[illegible]	[illegible]	[illegible]	[illegible]	[illegible]	[illegible]	[illegible]	50	
	20	[illegible]	[illegible]	[illegible]	[illegible]	[illegible]	[illegible]	[illegible]	40	
	30	[illegible]	[illegible]	[illegible]	[illegible]	[illegible]	[illegible]	[illegible]	30	
	40	[illegible]	[illegible]	[illegible]	[illegible]	[illegible]	[illegible]	[illegible]	20	
	50	[illegible]	[illegible]	[illegible]	[illegible]	[illegible]	[illegible]	[illegible]	10	
18	0	[illegible]	[illegible]	[illegible]	[illegible]	[illegible]	[illegible]	[illegible]	0	42
	10	[illegible]	[illegible]	[illegible]	[illegible]	[illegible]	[illegible]	[illegible]	50	
	20	[illegible]	[illegible]	[illegible]	[illegible]	[illegible]	[illegible]	[illegible]	40	
	30	[illegible]	[illegible]	[illegible]	[illegible]	[illegible]	[illegible]	[illegible]	30	
	40	[illegible]	[illegible]	[illegible]	[illegible]	[illegible]	[illegible]	[illegible]	20	
	50	[illegible]	[illegible]	[illegible]	[illegible]	[illegible]	[illegible]	[illegible]	10	
19	0	[illegible]	[illegible]	[illegible]	[illegible]	[illegible]	[illegible]	[illegible]	0	41
	10	[illegible]	[illegible]	[illegible]	[illegible]	[illegible]	[illegible]	[illegible]	50	
	20	[illegible]	[illegible]	[illegible]	[illegible]	[illegible]	[illegible]	[illegible]	40	
	30	[illegible]	[illegible]	[illegible]	[illegible]	[illegible]	[illegible]	[illegible]	30	
	40	[illegible]	[illegible]	[illegible]	[illegible]	[illegible]	[illegible]	[illegible]	20	
	50	[illegible]	[illegible]	[illegible]	[illegible]	[illegible]	[illegible]	[illegible]	10	
20	0	[illegible]	[illegible]	[illegible]	[illegible]	[illegible]	[illegible]	[illegible]	0	40
′	″	Co-Sinus.	Dif.	Sinus.	Dif.	Co-Tang.	Dif.	Tang.	″	′

64 Deg.

25 Deg.

'	"	Sinus.	Dif.	Co-Sinus.	Dif.	Tang.	Dif.	Co-Tang.	"	'
20	0	9.6313258		9.9560886		9.6752372		10.3247628	0	40
	10	9.6313703	445	9.9560786	100	9.6752917	545	10.3247083	50	
	20	9.6314147	444	9.9560686	100	9.6753461	544	10.3246539	40	
	30	9.6314592	445	9.9560587	99	9.6754006	545	10.3245994	30	
	40	9.6315037	445	9.9560487	100	9.6754550	544	10.3245450	20	
	50	9.6315481	444	9.9560387	100	9.6755094	544	10.3244906	10	
21	0	9.6315926	445	9.9560287	100	9.6755639	545	10.3244361	0	39
	10	9.6316370	444	9.9560188	99	9.6756182	543	10.3243818	50	
	20	9.6316814	444	9.9560088	100	9.6756727	545	10.3243273	40	
	30	9.6317259	445	9.9559988	100	9.6757271	544	10.3242729	30	
	40	9.6317703	444	9.9559888	100	9.6757815	544	10.3242185	20	
	50	9.6318147	444	9.9559788	100	9.6758359	544	10.3241641	10	
22	0	9.6318591	444	9.9559689	99	9.6758903	544	10.3241097	0	38
	10	9.6319035	444	9.9559589	100	9.6759446	543	10.3240554	50	
	20	9.6319479	444	9.9559489	100	9.6759990	544	10.3240010	40	
	30	9.6319923	444	9.9559389	100	9.6760534	544	10.3239466	30	
	40	9.6320367	444	9.9559289	100	9.6761078	544	10.3238922	20	
	50	9.6320811	444	9.9559189	100	9.6761622	544	10.3238378	10	
23	0	9.6321255	444	9.9559090	99	9.6762165	543	10.3237835	0	37
	10	9.6321698	443	9.9558990	100	9.6762709	544	10.3237291	50	
	20	9.6322142	444	9.9558890	100	9.6763252	543	10.3236748	40	
	30	9.6322586	444	9.9558790	100	9.6763796	544	10.3236204	30	
	40	9.6323029	443	9.9558690	100	9.6764340	544	10.3235660	20	
	50	9.6323473	444	9.9558590	100	9.6764883	543	10.3235117	10	
24	0	9.6323916	443	9.9558490	100	9.6765426	543	10.3234574	0	36
	10	9.6324360	444	9.9558390	100	9.6765970	544	10.3234030	50	
	20	9.6324803	443	9.9558290	100	9.6766513	543	10.3233487	40	
	30	9.6325246	443	9.9558190	100	9.6767056	543	10.3232944	30	
	40	9.6325689	443	9.9558090	100	9.6767600	544	10.3232400	20	
	50	9.6326133	444	9.9557990	100	9.6768143	543	10.3231857	10	
25	0	9.6326576	443	9.9557890	100	9.6768686	543	10.3231314	0	35
	10	9.6327019	443	9.9557790	100	9.6769229	543	10.3230771	50	
	20	9.6327462	443	9.9557690	100	9.6769772	543	10.3230228	40	
	30	9.6327905	443	9.9557589	101	9.6770316	544	10.3229684	30	
	40	9.6328348	443	9.9557489	100	9.6770858	542	10.3229142	20	
	50	9.6328790	442	9.9557389	100	9.6771401	543	10.3228599	10	
26	0	9.6329233	443	9.9557289	100	9.6771944	543	10.3228056	0	34
	10	9.6329676	443	9.9557189	100	9.6772487	543	10.3227513	50	
	20	9.6330119	443	9.9557089	100	9.6773030	543	10.3226970	40	
	30	9.6330561	442	9.9556989	100	9.6773573	543	10.3226427	30	
	40	9.6331004	443	9.9556889	100	9.6774115	542	10.3225885	20	
	50	9.6331446	442	9.9556788	101	9.6774658	543	10.3225342	10	
27	0	9.6331889	443	9.9556688	100	9.6775201	543	10.3224799	0	33
	10	9.6332331	442	9.9556588	100	9.6775743	542	10.3224257	50	
	20	9.6332774	443	9.9556488	100	9.6776286	543	10.3223714	40	
	30	9.6333216	442	9.9556387	101	9.6776828	542	10.3223172	30	
	40	9.6333658	442	9.9556287	100	9.6777371	543	10.3222629	20	
	50	9.6334100	442	9.9556187	100	9.6777913	542	10.3222087	10	
28	0	9.6334542	442	9.9556087	100	9.6778456	543	10.3221544	0	32
	10	9.6334984	442	9.9555986	101	9.6778998	542	10.3221002	50	
	20	9.6335426	442	9.9555886	100	9.6779540	542	10.3220460	40	
	30	9.6335868	442	9.9555786	100	9.6780083	543	10.3219917	30	
	40	9.6336310	442	9.9555686	100	9.6780625	542	10.3219375	20	
	50	9.6336754	444	9.9555585	101	9.6781167	542	10.3218833	10	
29	0	9.6337194	440	9.9555485	100	9.6781709	542	10.3218291	0	31
	10	9.6337636	442	9.9555384	101	9.6782251	542	10.3217749	50	
	20	9.6338077	441	9.9555284	100	9.6782793	542	10.3217207	40	
	30	9.6338519	442	9.9555184	100	9.6783335	542	10.3216665	30	
	40	9.6338961	442	9.9555083	101	9.6783877	542	10.3216123	20	
	50	9.6339402	441	9.9554983	100	9.6784419	542	10.3215581	10	
30	0	9.6339844	442	9.9554882	101	9.6784961	542	10.3215039	0	30
'	"	Co-Sinus.	Dif.	Sinus.	Dif.	Co-Tang.	Dif.	Tang.	"	'

64 Deg.

25 Deg.

'	"	Sinus.	Dif.	Co-Sinus.	Dif.	Tang.	Dif.	Co-Tang.	"	'
30	0	9.6339844		9.9554882		9.6784961		10.3215039	0	30
	10	9.6340285	441	9.9554782	100	9.6785503	542	10.3214497	50	
	20	9.6340726	441	9.9554682	100	9.6786045	542	10.3213955	40	
	30	9.6341168	442	9.9554581	101	9.6786586	541	10.3213414	30	
	40	9.6341609	441	9.9554481	100	9.6787128	542	10.3212872	20	
	50	9.6342050	441	9.9554381	100	9.6787670	542	10.3212330	10	
31	0	9.6342491	441	9.9554280	101	9.6788211	541	10.3211789	0	29
	10	9.6342932	441	9.9554179	101	9.6788753	542	10.3211247	50	
	20	9.6343373	441	9.9554079	100	9.6789294	541	10.3210706	40	
	30	9.6343814	441	9.9553978	101	9.6789836	542	10.3210164	30	
	40	9.6344255	441	9.9553878	100	9.6790377	541	10.3209623	20	
	50	9.6344696	441	9.9553777	101	9.6790919	542	10.3209081	10	
32	0	9.6345137	441	9.9553676	101	9.6791460	541	10.3208540	0	28
	10	9.6345577	440	9.9553576	100	9.6792001	541	10.3207999	50	
	20	9.6346018	441	9.9553475	101	9.6792543	542	10.3207457	40	
	30	9.6346459	441	9.9553374	101	9.6793084	541	10.3206916	30	
	40	9.6346899	440	9.9553274	100	9.6793625	541	10.3206375	20	
	50	9.6347340	441	9.9553173	101	9.6794166	541	10.3205834	10	
33	0	9.6347780	440	9.9553073	100	9.6794707	541	10.3205293	0	27
	10	9.6348221	441	9.9552972	101	9.6795249	542	10.3204751	50	
	20	9.6348661	440	9.9552871	101	9.6795790	541	10.3204210	40	
	30	9.6349101	440	9.9552771	100	9.6796331	541	10.3203669	30	
	40	9.6349541	440	9.9552670	101	9.6796871	540	10.3203129	20	
	50	9.6349981	440	9.9552569	101	9.6797412	541	10.3202588	10	
34	0	9.6350421	440	9.9552468	101	9.6797953	541	10.3202047	0	26
	10	9.6350861	440	9.9552368	100	9.6798493	540	10.3201507	50	
	20	9.6351302	441	9.9552267	101	9.6799035	542	10.3200965	40	
	30	9.6351742	440	9.9552166	101	9.6799576	541	10.3200424	30	
	40	9.6352182	440	9.9552066	100	9.6800116	540	10.3199884	20	
	50	9.6352622	440	9.9551965	101	9.6800657	541	10.3199343	10	
35	0	9.6353062	440	9.9551864	101	9.6801198	541	10.3198802	0	25
	10	9.6353501	439	9.9551763	101	9.6801738	540	10.3198262	50	
	20	9.6353941	440	9.9551662	101	9.6802279	541	10.3197721	40	
	30	9.6354380	439	9.9551561	101	9.6802819	540	10.3197181	30	
	40	9.6354820	440	9.9551460	101	9.6803360	541	10.3196640	20	
	50	9.6355260	440	9.9551360	100	9.6803900	540	10.3196100	10	
36	0	9.6355699	439	9.9551259	101	9.6804440	540	10.3195560	0	24
	10	9.6356139	440	9.9551158	101	9.6804981	541	10.3195019	50	
	20	9.6356578	439	9.9551057	101	9.6805521	540	10.3194479	40	
	30	9.6357018	440	9.9550956	101	9.6806061	540	10.3193939	30	
	40	9.6357457	439	9.9550855	101	9.6806602	541	10.3193398	20	
	50	9.6357896	439	9.9550754	101	9.6807142	540	10.3192858	10	
37	0	9.6358335	439	9.9550653	101	9.6807682	540	10.3192318	0	23
	10	9.6358774	439	9.9550553	100	9.6808222	540	10.3191778	50	
	20	9.6359214	440	9.9550452	101	9.6808762	540	10.3191238	40	
	30	9.6359654	440	9.9550351	101	9.6809302	540	10.3190698	30	
	40	9.6360091	437	9.9550250	101	9.6809842	540	10.3190158	20	
	50	9.6360530	439	9.9550149	101	9.6810381	539	10.3189619	10	
38	0	9.6360969	439	9.9550047	102	9.6810922	541	10.3189078	0	22
	10	9.6361408	439	9.9549946	101	9.6811461	539	10.3188539	50	
	20	9.6361846	438	9.9549845	101	9.6812001	540	10.3187999	40	
	30	9.6362285	439	9.9549744	101	9.6812541	540	10.3187459	30	
	40	9.6362724	439	9.9549643	101	9.6813081	540	10.3186919	20	
	50	9.6363162	438	9.9549542	101	9.6813620	539	10.3186380	10	
39	0	9.6363601	439	9.9549441	101	9.6814160	540	10.3185840	0	21
	10	9.6364039	438	9.9549340	101	9.6814699	539	10.3185301	50	
	20	9.6364478	439	9.9549239	101	9.6815239	540	10.3184761	40	
	30	9.6364916	438	9.9549138	101	9.6815778	539	10.3184222	30	
	40	9.6365354	438	9.9549037	101	9.6816317	539	10.3183683	20	
	50	9.6365792	438	9.9548936	101	9.6816857	540	10.3183143	10	
40	0	9.6366231	439	9.9548834	102	9.6817396	539	10.3182604	0	20
'	"	Co-Sinus.	Dif.	Sinus.	Dif.	Co-Tang.	Dif.	Tang.	"	'

64 Deg.

25 Deg.

′	″	Sine.	Dif.	Co-Sine.	Dif.	Tang.	Dif.	Co-Tang.	″	′
40	0	9.6366231		9.9548834		9.6817396		10.3182604	0	20
	10	9.6366669	438	9.9548733	101	9.6817936	540	10.3182064	50	
	20	9.6367107	438	9.9548632	101	9.6818475	539	10.3181525	40	
	30	9.6367545	438	9.9548531	101	9.6819014	539	10.3180986	30	
	40	9.6367983	438	9.9548429	102	9.6819553	539	10.3180447	20	
	50	9.6368421	438	9.9548328	101	9.6820093	540	10.3179907	10	
41	0	9.6368859	438	9.9548227	101	9.6820632	539	10.3179368	0	19
	10	9.6369296	437	9.9548126	101	9.6821171	539	10.3178829	50	
	20	9.6369734	438	9.9548024	102	9.6821710	539	10.3178290	40	
	30	9.6370172	438	9.9547923	101	9.6822249	539	10.3177751	30	
	40	9.6370609	437	9.9547821	102	9.6822788	539	10.3177212	20	
	50	9.6371047	438	9.9547720	101	9.6823327	539	10.3176673	10	
42	0	9.6371484	437	9.9547619	101	9.6823865	538	10.3176135	0	18
	10	9.6371922	438	9.9547518	101	9.6824404	539	10.3175596	50	
	20	9.6372359	437	9.9547416	102	9.6824943	539	10.3175057	40	
	30	9.6372797	438	9.9547315	101	9.6825482	539	10.3174518	30	
	40	9.6373234	437	9.9547214	101	9.6826020	538	10.3173980	20	
	50	9.6373671	437	9.9547112	102	9.6826559	539	10.3173441	10	
43	0	9.6374108	437	9.9547011	101	9.6827096	537	10.3172904	0	17
	10	9.6374545	437	9.9546910	101	9.6827636	540	10.3172364	50	
	20	9.6374982	437	9.9546808	102	9.6828174	538	10.3171826	40	
	30	9.6375419	437	9.9546707	101	9.6828712	538	10.3171288	30	
	40	9.6375857	438	9.9546605	102	9.6829252	540	10.3170748	20	
	50	9.6376294	437	9.9546504	101	9.6829790	538	10.3170210	10	
44	0	9.6376731	437	9.9546402	102	9.6830329	539	10.3169671	0	16
	10	9.6377167	436	9.9546301	101	9.6830867	538	10.3169133	50	
	20	9.6377604	437	9.9546199	102	9.6831405	538	10.3168595	40	
	30	9.6378041	437	9.9546097	102	9.6831944	539	10.3168056	30	
	40	9.6378477	436	9.9545996	101	9.6832481	537	10.3167519	20	
	50	9.6378914	437	9.9545895	101	9.6833019	538	10.3166981	10	
45	0	9.6379351	437	9.9545793	102	9.6833557	538	10.3166443	0	15
	10	9.6379787	436	9.9545692	101	9.6834096	539	10.3165904	50	
	20	9.6380224	437	9.9545590	102	9.6834634	538	10.3165366	40	
	30	9.6380661	437	9.9545488	102	9.6835172	538	10.3164828	30	
	40	9.6381097	436	9.9545387	101	9.6835709	537	10.3164291	20	
	50	9.6381533	436	9.9545285	102	9.6836247	538	10.3163753	10	
46	0	9.6381969	436	9.9545184	101	9.6836785	538	10.3163215	0	14
	10	9.6382405	436	9.9545082	102	9.6837323	538	10.3162677	50	
	20	9.6382841	436	9.9544980	102	9.6837861	538	10.3162139	40	
	30	9.6383277	436	9.9544879	101	9.6838398	537	10.3161602	30	
	40	9.6383713	436	9.9544777	102	9.6838936	538	10.3161064	20	
	50	9.6384149	436	9.9544675	102	9.6839474	538	10.3160526	10	
47	0	9.6384585	436	9.9544574	101	9.6840011	537	10.3159989	0	13
	10	9.6385021	436	9.9544472	102	9.6840549	538	10.3159451	50	
	20	9.6385457	436	9.9544370	102	9.6841087	538	10.3158913	40	
	30	9.6385892	435	9.9544268	102	9.6841624	537	10.3158376	30	
	40	9.6386328	436	9.9544167	101	9.6842161	537	10.3157839	20	
	50	9.6386764	436	9.9544065	102	9.6842699	538	10.3157301	10	
48	0	9.6387199	435	9.9543963	102	9.6843236	537	10.3156764	0	12
	10	9.6387634	435	9.9543861	102	9.6843773	537	10.3156227	50	
	20	9.6388070	436	9.9543759	102	9.6844311	538	10.3155689	40	
	30	9.6388505	435	9.9543657	102	9.6844848	537	10.3155152	30	
	40	9.6388941	436	9.9543556	101	9.6845385	537	10.3154615	20	
	50	9.6389376	435	9.9543454	102	9.6845922	537	10.3154078	10	
49	0	9.6389811	435	9.9543352	102	9.6846459	537	10.3153541	0	11
	10	9.6390247	436	9.9543250	102	9.6846997	538	10.3153003	50	
	20	9.6390681	434	9.9543148	102	9.6847533	536	10.3152467	40	
	30	9.6391117	436	9.9543046	102	9.6848070	537	10.3151930	30	
	40	9.6391552	435	9.9542945	101	9.6848607	537	10.3151393	20	
	50	9.6391987	435	9.9542843	102	9.6849144	537	10.3150856	10	
50	0	9.6392422	435	9.9542741	102	9.6849681	537	10.3150319	0	10
′	″	Co-Sine.	Dif.	Sine.	Dif.	Co-Tang.	Dif.	Tang.	″	′

64 Deg.

25 Deg.

′	″	Sine.	Dif.	Co-Sine.	Dif.	Tang.	Dif.	Co-Tang.	″	′
50	0	9.6392422		9.9542741		9.6849681		10.3150319	0	10
	10	9.6392857	435	9.9542639	102	9.6850218	537	10.3149782	50	
	20	9.6393292	435	9.9542537	102	9.6850755	537	10.3149245	40	
	30	9.6393726	434	9.9542435	102	9.6851291	536	10.3148709	30	
	40	9.6394161	435	9.9542333	102	9.6851828	537	10.3148172	20	
	50	9.6394596	435	9.9542231	102	9.6852365	537	10.3147635	10	
51	0	9.6395030	434	9.9542129	102	9.6852901	536	10.3147099	0	9
	10	9.6395465	435	9.9542027	102	9.6853438	537	10.3146562	50	
	20	9.6395899	434	9.9541925	102	9.6853974	536	10.3146026	40	
	30	9.6396334	435	9.9541823	102	9.6854511	537	10.3145489	30	
	40	9.6396768	434	9.9541721	102	9.6855047	536	10.3144953	20	
	50	9.6397203	435	9.9541619	102	9.6855584	537	10.3144416	10	
52	0	9.6397637	434	9.9541517	102	9.6856120	536	10.3143880	0	8
	10	9.6398071	434	9.9541414	103	9.6856657	537	10.3143343	50	
	20	9.6398505	434	9.9541312	102	9.6857193	536	10.3142807	40	
	30	9.6398939	434	9.9541210	102	9.6857729	536	10.3142271	30	
	40	9.6399373	434	9.9541108	102	9.6858265	536	10.3141735	20	
	50	9.6399807	434	9.9541006	102	9.6858801	536	10.3141199	10	
53	0	9.6400241	434	9.9540904	102	9.6859337	536	10.3140663	0	7
	10	9.6400675	434	9.9540802	102	9.6859874	537	10.3140126	50	
	20	9.6401109	434	9.9540699	103	9.6860410	536	10.3139590	40	
	30	9.6401543	434	9.9540597	102	9.6860946	536	10.3139054	30	
	40	9.6401977	434	9.9540495	102	9.6861481	535	10.3138519	20	
	50	9.6402410	433	9.9540393	102	9.6862018	537	10.3137982	10	
54	0	9.6402844	434	9.9540291	102	9.6862553	535	10.3137447	0	6
	10	9.6403278	434	9.9540189	102	9.6863089	536	10.3136911	50	
	20	9.6403711	433	9.9540086	103	9.6863625	536	10.3136375	40	
	30	9.6404145	434	9.9539984	102	9.6864161	536	10.3135839	30	
	40	9.6404578	433	9.9539882	102	9.6864697	536	10.3135303	20	
	50	9.6405011	433	9.9539779	103	9.6865232	535	10.3134768	10	
55	0	9.6405445	434	9.9539677	102	9.6865768	536	10.3134232	0	5
	10	9.6405878	433	9.9539575	102	9.6866303	535	10.3133697	50	
	20	9.6406311	433	9.9539472	103	9.6866839	536	10.3133161	40	
	30	9.6406744	433	9.9539370	102	9.6867374	535	10.3132626	30	
	40	9.6407178	434	9.9539268	102	9.6867910	536	10.3132090	20	
	50	9.6407611	433	9.9539165	103	9.6868445	535	10.3131555	10	
56	0	9.6408044	433	9.9539063	102	9.6868981	536	10.3131019	0	4
	10	9.6408477	433	9.9538961	102	9.6869516	535	10.3130484	50	
	20	9.6408910	433	9.9538858	103	9.6870051	535	10.3129949	40	
	30	9.6409343	433	9.9538756	102	9.6870587	536	10.3129413	30	
	40	9.6409775	432	9.9538653	103	9.6871122	535	10.3128878	20	
	50	9.6410208	433	9.9538551	102	9.6871657	535	10.3128343	10	
57	0	9.6410640	432	9.9538448	103	9.6872191	534	10.3127809	0	3
	10	9.6411073	433	9.9538346	102	9.6872727	536	10.3127273	50	
	20	9.6411506	433	9.9538243	103	9.6873263	536	10.3126737	40	
	30	9.6411938	432	9.9538141	102	9.6873797	534	10.3126203	30	
	40	9.6412371	433	9.9538038	103	9.6874334	537	10.3125666	20	
	50	9.6412803	432	9.9537936	102	9.6874867	533	10.3125133	10	
58	0	9.6413235	432	9.9537833	103	9.6875402	535	10.3124598	0	2
	10	9.6413668	433	9.9537731	102	9.6875937	535	10.3124063	50	
	20	9.6414100	432	9.9537628	103	9.6876472	535	10.3123528	40	
	30	9.6414532	432	9.9537526	102	9.6877007	535	10.3122993	30	
	40	9.6414964	432	9.9537423	103	9.6877541	534	10.3122459	20	
	50	9.6415396	432	9.9537320	103	9.6878076	535	10.3121924	10	
59	0	9.6415828	432	9.9537218	102	9.6878611	535	10.3121389	0	1
	10	9.6416260	432	9.9537115	103	9.6879145	534	10.3120855	50	
	20	9.6416692	432	9.9537012	103	9.6879680	535	10.3120320	40	
	30	9.6417124	432	9.9536910	102	9.6880214	534	10.3119786	30	
	40	9.6417556	432	9.9536807	103	9.6880749	535	10.3119251	20	
	50	9.6417988	432	9.9536705	102	9.6881283	534	10.3118717	10	
60	0	9.6418420	432	9.9536603	102	9.6881817	534	10.3118183	0	0
′	″	Co-Sine.	Dif.	Sine.	Dif.	Co-Tang.	Dif.	Tang.	″	′

64 Deg.

26 Deg.

′	″	Sinus.	Dif.	Co-Sinus.	Dif.	Tang.	Dif. com.	Co-Tang.	″	′
0	0	9.6418420		9.9536602		9.6881818		10.3118182	0	60
	10	9.6418851	431	9.9536499	103	9.6882353	535	10.3117647	50	
	20	9.6419282	431	9.9536396	103	9.6882886	533	10.3117114	40	
	30	9.6419714	432	9.9536294	102	9.6883421	535	10.3116579	30	
	40	9.6420145	431	9.9536191	103	9.6883955	534	10.3116045	20	
	50	9.6420577	432	9.9536088	103	9.6884489	534	10.3115511	10	
1	0	9.6421009	432	9.9535985	103	9.6885023	534	10.3114977	0	59
	10	9.6421440	431	9.9535882	103	9.6885557	534	10.3114443	50	
	20	9.6421871	431	9.9535780	102	9.6886091	534	10.3113909	40	
	30	9.6422302	431	9.9535677	103	9.6886626	535	10.3113374	30	
	40	9.6422733	431	9.9535574	103	9.6887160	534	10.3112840	20	
	50	9.6423164	431	9.9535471	103	9.6887694	534	10.3112306	10	
2	0	9.6423595	431	9.9535368	103	9.6888227	533	10.3111773	0	58
	10	9.6424026	431	9.9535266	102	9.6888761	534	10.3111239	50	
	20	9.6424457	431	9.9535163	103	9.6889295	534	10.3110705	40	
	30	9.6424888	431	9.9535060	103	9.6889829	534	10.3110171	30	
	40	9.6425319	431	9.9534957	103	9.6890363	534	10.3109637	20	
	50	9.6425751	432	9.9534854	103	9.6890897	534	10.3109103	10	
3	0	9.6426182	431	9.9534751	103	9.6891430	533	10.3108570	0	57
	10	9.6426612	430	9.9534648	103	9.6891964	534	10.3108036	50	
	20	9.6427043	431	9.9534545	103	9.6892497	533	10.3107503	40	
	30	9.6427474	431	9.9534442	103	9.6893032	535	10.3106968	30	
	40	9.6427904	430	9.9534339	103	9.6893565	533	10.3106435	20	
	50	9.6428335	431	9.9534237	102	9.6894098	533	10.3105902	10	
4	0	9.6428765	430	9.9534134	103	9.6894631	533	10.3105369	0	56
	10	9.6429196	431	9.9534031	103	9.6895165	534	10.3104835	50	
	20	9.6429626	430	9.9533928	103	9.6895698	533	10.3104302	40	
	30	9.6430056	430	9.9533825	103	9.6896231	533	10.3103769	30	
	40	9.6430486	430	9.9533721	104	9.6896765	534	10.3103235	20	
	50	9.6430916	430	9.9533618	103	9.6897298	533	10.3102702	10	
5	0	9.6431347	431	9.9533515	103	9.6897831	533	10.3102169	0	55
	10	9.6431777	430	9.9533412	103	9.6898365	534	10.3101635	50	
	20	9.6432207	430	9.9533309	103	9.6898898	533	10.3101102	40	
	30	9.6432637	430	9.9533206	103	9.6899431	533	10.3100569	30	
	40	9.6433067	430	9.9533103	103	9.6899964	533	10.3100036	20	
	50	9.6433497	430	9.9533000	103	9.6900497	533	10.3099503	10	
6	0	9.6433926	429	9.9532897	103	9.6901030	533	10.3098970	0	54
	10	9.6434356	430	9.9532794	103	9.6901563	533	10.3098437	50	
	20	9.6434786	430	9.9532690	104	9.6902095	532	10.3097905	40	
	30	9.6435215	429	9.9532587	103	9.6902628	533	10.3097372	30	
	40	9.6435645	430	9.9532484	103	9.6903161	533	10.3096839	20	
	50	9.6436075	430	9.9532381	103	9.6903694	533	10.3096306	10	
7	0	9.6436504	429	9.9532278	103	9.6904226	532	10.3095774	0	53
	10	9.6436934	430	9.9532174	104	9.6904759	533	10.3095241	50	
	20	9.6437363	429	9.9532071	103	9.6905292	533	10.3094708	40	
	30	9.6437792	429	9.9531968	103	9.6905824	532	10.3094176	30	
	40	9.6438222	430	9.9531865	103	9.6906357	533	10.3093643	20	
	50	9.6438651	429	9.9531761	104	9.6906889	532	10.3093111	10	
8	0	9.6439080	429	9.9531658	103	9.6907422	533	10.3092578	0	52
	10	9.6439509	429	9.9531555	103	9.6907954	532	10.3092046	50	
	20	9.6439938	429	9.9531451	104	9.6908487	533	10.3091513	40	
	30	9.6440367	429	9.9531348	103	9.6909019	532	10.3090981	30	
	40	9.6440796	429	9.9531245	103	9.6909551	532	10.3090449	20	
	50	9.6441225	429	9.9531141	104	9.6910084	533	10.3089916	10	
9	0	9.6441654	429	9.9531038	103	9.6910616	532	10.3089384	0	51
	10	9.6442083	429	9.9530935	103	9.6911148	532	10.3088852	50	
	20	9.6442511	428	9.9530831	104	9.6911680	532	10.3088320	40	
	30	9.6442940	429	9.9530728	103	9.6912212	532	10.3087788	30	
	40	9.6443369	429	9.9530624	104	9.6912745	533	10.3087255	20	
	50	9.6443798	429	9.9530521	103	9.6913277	532	10.3086723	10	
10	0	9.6444226	428	9.9530418	103	9.6913809	532	10.3086191	0	50
′	″	Co-Sinus.	Dif.	Sinus.	Dif.	Co-Tang.	Dif. com.	Tang.	″	′

63 Deg.

26 Deg.

′	″	Sinus.	Dif.	Co-Sinus.	Dif.	Tang.	Dif. com.	Co-Tang.	″	′
10	0	9.6444226		9.9530418		9.6913809		10.3086191	0	50
	10	9.6444655	429	9.9530314	104	9.6914341	532	10.3085659	50	
	20	9.6445083	428	9.9530211	103	9.6914872	531	10.3085128	40	
	30	9.6445511	428	9.9530107	104	9.6915404	532	10.3084596	30	
	40	9.6445939	428	9.9530004	103	9.6915935	531	10.3084065	20	
	50	9.6446367	428	9.9529900	104	9.6916467	532	10.3083533	10	
11	0	9.6446797	430	9.9529797	103	9.6917000	533	10.3083000	0	49
	10	9.6447225	428	9.9529694	103	9.6917531	531	10.3082469	50	
	20	9.6447653	428	9.9529590	104	9.6918063	532	10.3081937	40	
	30	9.6448081	428	9.9529487	103	9.6918594	531	10.3081406	30	
	40	9.6448508	427	9.9529383	104	9.6919126	532	10.3080874	20	
	50	9.6448937	429	9.9529279	104	9.6919658	532	10.3080342	10	
12	0	9.6449364	427	9.9529175	104	9.6920189	531	10.3079811	0	48
	10	9.6449791	427	9.9529072	103	9.6920719	530	10.3079281	50	
	20	9.6450219	428	9.9528968	104	9.6921251	532	10.3078749	40	
	30	9.6450646	427	9.9528864	104	9.6921782	531	10.3078218	30	
	40	9.6451073	427	9.9528761	103	9.6922312	530	10.3077688	20	
	50	9.6451501	428	9.9528657	104	9.6922844	532	10.3077156	10	
13	0	9.6451928	427	9.9528553	104	9.6923375	531	10.3076625	0	47
	10	9.6452355	427	9.9528450	103	9.6923905	530	10.3076095	50	
	20	9.6452782	427	9.9528346	104	9.6924436	531	10.3075564	40	
	30	9.6453212	430	9.9528241	105	9.6924971	535	10.3075029	30	
	40	9.6453641	429	9.9528138	103	9.6925503	532	10.3074497	20	
	50	9.6454068	427	9.9528035	103	9.6926033	530	10.3073967	10	
14	0	9.6454495	427	9.9527931	104	9.6926564	531	10.3073436	0	46
	10	9.6454921	426	9.9527827	104	9.6927094	530	10.3072906	50	
	20	9.6455348	427	9.9527723	104	9.6927625	531	10.3072375	40	
	30	9.6455777	429	9.9527620	103	9.6928157	532	10.3071843	30	
	40	9.6456204	427	9.9527516	104	9.6928688	531	10.3071312	20	
	50	9.6456631	427	9.9527412	104	9.6929219	531	10.3070781	10	
15	0	9.6457058	427	9.9527308	104	9.6929750	531	10.3070250	0	45
	10	9.6457485	427	9.9527204	104	9.6930281	531	10.3069719	50	
	20	9.6457911	426	9.9527100	104	9.6930811	530	10.3069189	40	
	30	9.6458338	427	9.9526997	103	9.6931341	530	10.3068659	30	
	40	9.6458764	426	9.9526893	104	9.6931871	530	10.3068129	20	
	50	9.6459190	426	9.9526789	104	9.6932401	530	10.3067599	10	
16	0	9.6459619	429	9.9526685	104	9.6932934	533	10.3067066	0	44
	10	9.6460046	427	9.9526581	104	9.6933465	531	10.3066535	50	
	20	9.6460473	427	9.9526477	104	9.6933996	531	10.3066004	40	
	30	9.6460899	426	9.9526373	104	9.6934526	530	10.3065474	30	
	40	9.6461325	426	9.9526269	104	9.6935056	530	10.3064944	20	
	50	9.6461751	426	9.9526165	104	9.6935586	530	10.3064414	10	
17	0	9.6462178	427	9.9526061	104	9.6936117	531	10.3063883	0	43
	10	9.6462604	426	9.9525957	104	9.6936647	530	10.3063353	50	
	20	9.6463031	427	9.9525853	104	9.6937177	530	10.3062823	40	
	30	9.6463457	426	9.9525749	104	9.6937708	531	10.3062292	30	
	40	9.6463883	426	9.9525645	104	9.6938238	530	10.3061762	20	
	50	9.6464309	426	9.9525541	104	9.6938768	530	10.3061232	10	
18	0	9.6464735	426	9.9525437	104	9.6939298	530	10.3060702	0	42
	10	9.6465161	426	9.9525333	104	9.6939828	530	10.3060172	50	
	20	9.6465587	426	9.9525229	104	9.6940359	531	10.3059641	40	
	30	9.6466013	426	9.9525125	104	9.6940888	529	10.3059112	30	
	40	9.6466439	426	9.9525021	104	9.6941418	530	10.3058582	20	
	50	9.6466865	426	9.9524917	104	9.6941948	530	10.3058052	10	
19	0	9.6467290	425	9.9524813	104	9.6942477	529	10.3057523	0	41
	10	9.6467716	426	9.9524709	104	9.6943007	530	10.3056993	50	
	20	9.6468142	426	9.9524605	104	9.6943537	530	10.3056463	40	
	30	9.6468567	425	9.9524501	104	9.6944066	529	10.3055934	30	
	40	9.6468993	426	9.9524396	105	9.6944597	531	10.3055403	20	
	50	9.6469418	425	9.9524292	104	9.6945126	529	10.3054874	10	
20	0	9.6469844	426	9.9524188	104	9.6945656	530	10.3054344	0	40
′	″	Co-Sinus.	Dif.	Sinus.	Dif.	Co-Tang.	Dif. com.	Tang.	″	′

63 Deg.

'	''	Sinus.	Dif.	Co-Sinus.	Dif.	Tang.	Dif. com.	Co-Tang.	''	'
20	0	9.6469844		9.9524183		9.6945656		10.3054344	0	40
	10	9.6470269	425	9.9524078	105	9.6946186	530	10.3053814	50	
	20	9.6470694	425	9.9523973	105	9.6946715	529	10.3053285	40	
	30	9.6471120	426	9.9523879	104	9.6947245	530	10.3052755	30	
	40	9.6471545	425	9.9523771	105	9.6947774	529	10.3052226	20	
	50	9.6471970	425	9.9523666	105	9.6948304	530	10.3051696	10	
21	0	9.6472395	425	9.9523562	104	9.6948833	529	10.3051167	0	39
	10	9.6472820	425	9.9523458	104	9.6949362	529	10.3050638	50	
	20	9.6473245	425	9.9523353	105	9.6949892	530	10.3050108	40	
	30	9.6473670	425	9.9523249	104	9.6950421	529	10.3049579	30	
	40	9.6474095	425	9.9523145	104	9.6950950	529	10.3049050	20	
	50	9.6474520	425	9.9523040	105	9.6951479	529	10.3048521	10	
22	0	9.6474949	425	9.9522936	104	9.6952009	530	10.3047991	0	38
	10	9.6475369	424	9.9522832	104	9.6952537	528	10.3047463	50	
	20	9.6475794	425	9.9522727	105	9.6953067	530	10.3046933	40	
	30	9.6476219	425	9.9522623	104	9.6953596	529	10.3046404	30	
	40	9.6476643	424	9.9522519	104	9.6954125	529	10.3045875	20	
	50	9.6477068	425	9.9522414	105	9.6954654	529	10.3045346	10	
23	0	9.6477491	423	9.9522310	104	9.6955181	527	10.3044817	0	37
	10	9.6477917	426	9.9522206	104	9.6955711	530	10.3044287	50	
	20	9.6478341	424	9.9522101	105	9.6956240	529	10.3043760	40	
	30	9.6478766	425	9.9521996	105	9.6956769	529	10.3043231	30	
	40	9.6479190	424	9.9521892	104	9.6957298	529	10.3042702	20	
	50	9.6479614	424	9.9521787	105	9.6957827	529	10.3042173	10	
24	0	9.6480038	424	9.9521683	104	9.6958355	528	10.3041645	0	36
	10	9.6480462	424	9.9521578	105	9.6958884	529	10.3041116	50	
	20	9.6480886	424	9.9521474	104	9.6959412	528	10.3040587	40	
	30	9.6481310	424	9.9521369	105	9.6959941	529	10.3040059	30	
	40	9.6481734	424	9.9521265	104	9.6960470	529	10.3039530	20	
	50	9.6482158	424	9.9521160	105	9.6960998	528	10.3039002	10	
25	0	9.6482581	423	9.9521055	105	9.6961527	529	10.3038473	0	35
	10	9.6483005	424	9.9520951	104	9.6962055	528	10.3037945	50	
	20	9.6483429	424	9.9520846	105	9.6962584	529	10.3037416	40	
	30	9.6483853	424	9.9520741	105	9.6963112	528	10.3036888	30	
	40	9.6484277	424	9.9520637	104	9.6963640	528	10.3036360	20	
	50	9.6484701	424	9.9520532	105	9.6964168	528	10.3035832	10	
26	0	9.6485124	423	9.9520428	104	9.6964697	529	10.3035303	0	34
	10	9.6485548	424	9.9520323	105	9.6965225	528	10.3034775	50	
	20	9.6485971	423	9.9520218	105	9.6965753	528	10.3034247	40	
	30	9.6486395	424	9.9520114	104	9.6966281	528	10.3033719	30	
	40	9.6486818	423	9.9520009	105	9.6966809	528	10.3033191	20	
	50	9.6487241	423	9.9519904	105	9.6967337	528	10.3032663	10	
27	0	9.6487664	423	9.9519799	105	9.6967865	528	10.3032135	0	33
	10	9.6488088	424	9.9519695	104	9.6968393	528	10.3031607	50	
	20	9.6488511	423	9.9519590	105	9.6968921	528	10.3031079	40	
	30	9.6488934	423	9.9519485	105	9.6969449	528	10.3030551	30	
	40	9.6489357	423	9.9519380	105	9.6969977	528	10.3030023	20	
	50	9.6489780	423	9.9519275	105	9.6970505	528	10.3029495	10	
28	0	9.6490203	423	9.9519171	104	9.6971032	527	10.3028968	0	32
	10	9.6490626	423	9.9519066	105	9.6971560	528	10.3028440	50	
	20	9.6491049	423	9.9518961	105	9.6972088	528	10.3027912	40	
	30	9.6491471	422	9.9518856	105	9.6972615	527	10.3027385	30	
	40	9.6491894	423	9.9518751	105	9.6973143	528	10.3026857	20	
	50	9.6492317	423	9.9518646	105	9.6973671	528	10.3026329	10	
29	0	9.6492740	423	9.9518541	105	9.6974198	527	10.3025802	0	31
	10	9.6493162	422	9.9518437	104	9.6974726	528	10.3025274	50	
	20	9.6493585	423	9.9518331	106	9.6975253	527	10.3024747	40	
	30	9.6494007	422	9.9518227	104	9.6975781	528	10.3024219	30	
	40	9.6494430	423	9.9518121	106	9.6976308	527	10.3023692	20	
	50	9.6494852	422	9.9518017	104	9.6976835	527	10.3023165	10	
30	0	9.6495274	422	9.9517912	105	9.6977363	528	10.3022637	0	30
'	''	Co-Sinus.	Dif.	Sinus.	Dif.	Co-Tang.	Dif. com.	Tang.	''	'

63 Deg.

26 Deg.

'	''	Sinus.	Dif.	Co-Sinus.	Dif.	Tang.	Dif. com.	Co-Tang.	''	'
30	0	9.6495274		9.9517912		9.6977363		10.3022637	0	30
	10	9.6495697	423	9.9517807	105	9.6977890	527	10.3022110	50	
	20	9.6496119	422	9.9517702	105	9.6978417	527	10.3021583	40	
	30	9.6496541	422	9.9517597	105	9.6978944	527	10.3021056	30	
	40	9.6496963	422	9.9517492	105	9.6979471	527	10.3020529	20	
	50	9.6497385	422	9.9517387	105	9.6979998	527	10.3020002	10	
31	0	9.6497807	422	9.9517282	105	9.6980526	528	10.3019474	0	29
	10	9.6498229	422	9.9517177	105	9.6981052	526	10.3018948	50	
	20	9.6498651	422	9.9517072	105	9.6981580	528	10.3018420	40	
	30	9.6499071	420	9.9516967	105	9.6982106	526	10.3017894	30	
	40	9.6499495	424	9.9516861	106	9.6982633	527	10.3017367	20	
	50	9.6499917	422	9.9516756	105	9.6983160	527	10.3016840	10	
32	0	9.6500339	422	9.9516651	105	9.6983687	527	10.3016313	0	28
	10	9.6500760	421	9.9516546	105	9.6984214	527	10.3015786	50	
	20	9.6501181	421	9.9516441	105	9.6984741	527	10.3015259	40	
	30	9.6501603	422	9.9516336	105	9.6985267	526	10.3014733	30	
	40	9.6502025	422	9.9516231	105	9.6985794	527	10.3014206	20	
	50	9.6502446	421	9.9516125	106	9.6986321	527	10.3013679	10	
33	0	9.6502868	422	9.9516020	105	9.6986848	527	10.3013152	0	27
	10	9.6503289	421	9.9515915	105	9.6987374	526	10.3012626	50	
	20	9.6503710	421	9.9515810	105	9.6987900	526	10.3012100	40	
	30	9.6504131	421	9.9515704	106	9.6988427	527	10.3011573	30	
	40	9.6504553	422	9.9515599	105	9.6988953	526	10.3011047	20	
	50	9.6504974	421	9.9515494	105	9.6989480	527	10.3010520	10	
34	0	9.6505395	421	9.9515389	105	9.6990006	526	10.3009994	0	26
	10	9.6505816	421	9.9515283	106	9.6990533	527	10.3009467	50	
	20	9.6506237	421	9.9515178	105	9.6991059	526	10.3008941	40	
	30	9.6506658	421	9.9515073	105	9.6991585	526	10.3008415	30	
	40	9.6507079	421	9.9514967	106	9.6992111	526	10.3007889	20	
	50	9.6507500	421	9.9514862	105	9.6992637	526	10.3007363	10	
35	0	9.6507920	420	9.9514757	105	9.6993164	527	10.3006836	0	25
	10	9.6508341	421	9.9514651	106	9.6993690	526	10.3006310	50	
	20	9.6508761	420	9.9514546	105	9.6994216	526	10.3005784	40	
	30	9.6509182	421	9.9514441	105	9.6994741	525	10.3005258	30	
	40	9.6509603	421	9.9514335	106	9.6995268	527	10.3004732	20	
	50	9.6510024	421	9.9514230	105	9.6995794	526	10.3004206	10	
36	0	9.6510444	420	9.9514124	106	9.6996320	526	10.3003680	0	24
	10	9.6510865	421	9.9514019	105	9.6996846	526	10.3003154	50	
	20	9.6511285	420	9.9513914	105	9.6997371	525	10.3002629	40	
	30	9.6511705	420	9.9513808	106	9.6997897	526	10.3002103	30	
	40	9.6512126	421	9.9513703	105	9.6998423	526	10.3001577	20	
	50	9.6512545	419	9.9513597	106	9.6998949	526	10.3001051	10	
37	0	9.6512966	421	9.9513492	105	9.6999474	525	10.3000526	0	23
	10	9.6513386	420	9.9513386	106	9.7000000	526	10.3000000	50	
	20	9.6513806	420	9.9513281	105	9.7000526	526	10.2999474	40	
	30	9.6514226	420	9.9513175	106	9.7001051	525	10.2998949	30	
	40	9.6514646	420	9.9513069	106	9.7001577	526	10.2998423	20	
	50	9.6515066	420	9.9512964	105	9.7002102	525	10.2997898	10	
38	0	9.6515486	420	9.9512858	106	9.7002628	526	10.2997372	0	22
	10	9.6515906	420	9.9512753	105	9.7003153	525	10.2996847	50	
	20	9.6516326	420	9.9512647	106	9.7003679	526	10.2996321	40	
	30	9.6516745	419	9.9512541	106	9.7004204	525	10.2995796	30	
	40	9.6517165	420	9.9512436	105	9.7004729	525	10.2995271	20	
	50	9.6517585	420	9.9512330	106	9.7005254	525	10.2994746	10	
39	0	9.6518004	419	9.9512224	106	9.7005780	526	10.2994220	0	21
	10	9.6518424	420	9.9512119	105	9.7006305	525	10.2993695	50	
	20	9.6518843	419	9.9512013	106	9.7006830	525	10.2993170	40	
	30	9.6519263	420	9.9511907	106	9.7007355	525	10.2992645	30	
	40	9.6519682	419	9.9511801	106	9.7007880	525	10.2992120	20	
	50	9.6520101	419	9.9511696	105	9.7008405	525	10.2991595	10	
40	0	9.6520521	420	9.9511590	106	9.7008930	525	10.2991070	0	20
'	''	Co-Sinus.	Dif.	Sinus.	Dif.	Co-Tang.	Dif. com.	Tang.	''	'

63 Deg.

26 Deg.

′	″	Sinus.	Dif.	Co-Sinus.	Dif.	Tang.	Dif.	Co-Tang.	″	′
40	0	9.6520511		9.9511591		9.7008931		10.2991074	0	20
	10	9.652[illegible]	415	9.9511484	106	9.7009445	524	10.2990543	50	
	20	9.6521359	415	9.9511379	106	9.70099[illegible]	524	10.2990[illegible]	40	
	30	9.6521775	415	9.9511271	106	9.7010505	524	10.2989495	30	
	40	9.6522197	415	9.9511167	106	9.7011031	524	10.2988[illegible]	20	
	50	9.6522616	415	9.9511061	106	9.7011555	524	10.2988[illegible]	10	
41	0	9.6523035	417	9.9510956	106	9.7012[illegible]	524	10.2987921	0	19
	10	9.6523454	415	9.9510850	106	9.7012602	524	10.2987396	50	
	20	9.6523873	417	9.9510744	106	9.7013126	525	10.2986871	40	
	30	9.6524292	418	9.9510638	106	9.701365[illegible]	525	10.298634[illegible]	30	
	40	9.6524710	418	9.9510532	106	9.7014178	524	10.2985821	20	
	50	9.6525128	419	9.9510426	106	9.7014703	525	10.2985297	10	
42	0	9.6525546	418	9.9510320	106	9.7015227	524	10.2984773	0	18
	10	9.6525966	418	9.9510214	106	9.7015754	525	10.298424[illegible]	50	
	20	9.6526384	415	9.9510107	107	9.7016276	524	10.298372[illegible]	40	
	30	9.6526804	415	9.9510001	106	9.7016801	525	10.2983197	30	
	40	9.6527221	417	9.9509897	106	9.7017325	524	10.2982675	20	
	50	9.652764[illegible]	417	9.9509791	106	9.7017843	525	10.2982151	10	
43	0	9.65280[illegible]	415	9.9509685	106	9.7018374	524	10.2981626	0	17
	10	9.6528477	418	9.9509579	106	9.701889[illegible]	524	10.2981102	50	
	20	9.6528895	418	9.9509473	106	9.7019422	524	10.2980578	40	
	30	9.6529315	418	9.9509367	106	9.7019947	525	10.2980053	30	
	40	9.6529734	418	9.9509261	106	9.7020471	524	10.2979529	20	
	50	9.6530152	418	9.9509155	106	9.7020995	524	10.2979005	10	
44	0	9.6530570	418	9.9509049	106	9.7021519	524	10.2978481	0	16
	10	9.6530988	418	9.9508943	106	9.7022043	524	10.2977957	50	
	20	9.6531406	418	9.9508837	106	9.7022567	524	10.2977433	40	
	30	9.6531822	417	9.9508731	106	9.7023091	524	10.2976909	30	
	40	9.6532240	418	9.9508624	107	9.7023615	524	10.2976384	20	
	50	9.6532657	417	9.9508518	106	9.702413[illegible]	524	10.2975861	10	
45	0	9.6533075	418	9.9508411	107	9.702466[illegible]	524	10.2975337	0	15
	10	9.6533492	417	9.9508305	106	9.7025187	524	10.2974813	50	
	20	9.6533910	418	9.9508200	106	9.7025711	524	10.2974289	40	
	30	9.6534327	417	9.9508094	106	9.7026234	523	10.2973766	30	
	40	9.6534746	419	9.9507988	106	9.7026758	524	10.2973242	20	
	50	9.6535161	415	9.9507881	107	9.7027282	524	10.2972718	10	
46	0	9.6535581	420	9.9507775	106	9.702780[illegible]	524	10.2972195	0	14
	10	9.6535998	417	9.9507669	106	9.702833[illegible]	524	10.2971671	50	
	20	9.6536415	417	9.9507563	106	9.7028852	524	10.2971147	40	
	30	9.6536832	417	9.9507457	106	9.7029375	523	10.2970624	30	
	40	9.6537250	418	9.9507350	107	9.7029900	524	10.2970100	20	
	50	9.6537667	417	9.9507244	106	9.7030423	523	10.2969577	10	
47	0	9.6538084	417	9.9507138	106	9.7030946	523	10.2969054	0	13
	10	9.6538501	417	9.9507031	107	9.7031470	524	10.2968530	50	
	20	9.6538918	417	9.9506924	107	9.7031993	523	10.2968007	40	
	30	9.6539335	417	9.9506819	105	9.7032516	523	10.2967484	30	
	40	9.6539752	417	9.9506712	107	9.7033040	524	10.2966960	20	
	50	9.6540169	417	9.9506606	106	9.7033563	523	10.2966437	10	
48	0	9.6540586	417	9.9506500	106	9.7034086	523	10.2965914	0	12
	10	9.6541003	417	9.9506393	107	9.7034609	523	10.2965391	50	
	20	9.6541420	417	9.9506287	106	9.7035133	523	10.2964868	40	
	30	9.6541836	416	9.9506181	106	9.703565[illegible]	524	10.2964344	30	
	40	9.6542253	417	9.9506074	107	9.7036178	523	10.2963821	20	
	50	9.6542670	417	9.9505968	106	9.7036701	523	10.2963298	10	
49	0	9.6543086	416	9.9505861	107	9.7037225	523	10.2962775	0	11
	10	9.6543502	417	9.9505755	106	9.7037748	523	10.2962252	50	
	20	9.6543919	416	9.9505649	107	9.7038270	522	10.2961730	40	
	30	9.6544335	416	9.9505542	106	9.7038793	523	10.2961207	30	
	40	9.6544752	417	9.9505436	106	9.7039316	523	10.296068[illegible]	20	
	50	9.6545168	416	9.9505329	107	9.7039839	523	10.2960161	10	
50	0	9.6545584	416	9.9505223	106	9.7040362	523	10.2959638	0	10
′	″	Co-Sinus.	Dif.	Sinus.	Dif.	Co-Tang.	Dif.	Tang.	″	′

26 Deg.

′	″	Sinus.	Dif.	Co-Sinus.	Dif.	Tang.	Dif.	Co-Tang.	″	′
50	0	9.6545584		9.9505223		9.7040361		10.2959639	0	10
	10	9.6546000	416	9.9505116	107	9.7040884	523	10.2959116	50	
	20	9.6546417	417	9.9505010	106	9.7041407	523	10.2958593	40	
	30	9.6546833	416	9.9504903	107	9.7041930	523	10.2958070	30	
	40	9.6547249	416	9.9504796	107	9.7042453	523	10.2957547	20	
	50	9.6547665	416	9.9504690	106	9.7042975	522	10.2957025	10	
51	0	9.6548081	416	9.9504583	107	9.7043497	522	10.2956502	0	9
	10	9.6548497	416	9.9504477	106	9.7044020	523	10.2955980	50	
	20	9.6548913	416	9.9504370	107	9.7044543	523	10.2955457	40	
	30	9.6549329	416	9.9504263	107	9.704506[illegible]	522	10.2954935	30	
	40	9.6549744	415	9.9504157	106	9.7045587	523	10.2954413	20	
	50	9.6550160	416	9.9504050	107	9.7046109	522	10.2953891	10	
52	0	9.6550576	416	9.9503944	106	9.7046631	522	10.2953368	0	8
	10	9.6550991	415	9.9503837	107	9.7047154	523	10.2952846	50	
	20	9.6551406	415	9.9503731	106	9.7047676	522	10.2952324	40	
	30	9.6551822	416	9.9503624	107	9.7048198	522	10.2951802	30	
	40	9.6552237	415	9.9503517	107	9.7048721	523	10.2951279	20	
	50	9.6552653	416	9.9503410	107	9.7049243	522	10.2950757	10	
53	0	9.6553068	415	9.9503303	107	9.7049765	522	10.2950235	0	7
	10	9.6553483	415	9.9503197	106	9.7050287	522	10.2949713	50	
	20	9.6553899	416	9.9503090	107	9.7050809	522	10.2949191	40	
	30	9.6554314	415	9.9502983	107	9.7051331	522	10.2948669	30	
	40	9.6554729	415	9.9502876	107	9.7051853	522	10.2948147	20	
	50	9.6555144	415	9.9502769	107	9.7052375	522	10.2947625	10	
54	0	9.6555559	415	9.9502662	107	9.7052897	522	10.2947103	0	6
	10	9.6555974	415	9.9502556	106	9.7053418	521	10.2946582	50	
	20	9.6556389	415	9.9502449	107	9.7053940	522	10.2946060	40	
	30	9.6556804	415	9.9502341	108	9.7054462	522	10.2945538	30	
	40	9.6557219	415	9.9502235	106	9.7054984	522	10.2945016	20	
	50	9.6557634	415	9.9502128	107	9.7055505	521	10.2944495	10	
55	0	9.6558049	415	9.9502021	107	9.7056027	522	10.2943973	0	5
	10	9.6558463	414	9.9501914	107	9.7056548	521	10.2943452	50	
	20	9.6558878	415	9.9501807	107	9.7057070	522	10.2942930	40	
	30	9.6559292	414	9.9501701	106	9.7057591	521	10.2942409	30	
	40	9.6559707	415	9.9501594	107	9.7058113	522	10.2941887	20	
	50	9.6560121	414	9.9501487	107	9.7058634	521	10.2941366	10	
56	0	9.6560536	415	9.9501380	107	9.7059155	521	10.2940844	0	4
	10	9.6560950	414	9.9501273	107	9.7059677	522	10.2940323	50	
	20	9.6561364	414	9.9501166	107	9.7060198	521	10.2939801	40	
	30	9.6561779	415	9.9501059	107	9.7060720	522	10.2939280	30	
	40	9.6562193	414	9.9500952	107	9.7061241	521	10.2938759	20	
	50	9.6562607	414	9.9500845	107	9.7061762	521	10.2938238	10	
57	0	9.6563021	414	9.9500738	107	9.7062283	521	10.2937716	0	3
	10	9.6563436	415	9.9500631	107	9.7062804	521	10.2937195	50	
	20	9.6563850	414	9.9500524	107	9.7063325	521	10.2936674	40	
	30	9.6564264	414	9.9500417	107	9.7063847	522	10.2936153	30	
	40	9.6564678	414	9.9500310	107	9.7064368	521	10.2935632	20	
	50	9.6565091	413	9.9500202	108	9.7064889	521	10.2935111	10	
58	0	9.6565505	414	9.9500095	107	9.7065410	521	10.2934590	0	2
	10	9.6565919	414	9.9499988	107	9.7065931	521	10.2934069	50	
	20	9.6566333	414	9.9499881	107	9.7066452	521	10.2933548	40	
	30	9.6566747	414	9.9499774	107	9.7066973	521	10.2933027	30	
	40	9.6567160	413	9.9499667	107	9.7067494	521	10.2932506	20	
	50	9.6567574	414	9.9499559	108	9.7068015	521	10.2931985	10	
59	0	9.6567988	414	9.9499452	107	9.7068535	520	10.2931464	0	1
	10	9.6568401	413	9.9499345	107	9.7069056	521	10.2930944	50	
	20	9.6568814	413	9.9499238	107	9.7069576	520	10.2930423	40	
	30	9.6569228	414	9.9499131	107	9.7070097	521	10.2929903	30	
	40	9.6569641	413	9.9499023	108	9.7070618	521	10.2929382	20	
	50	9.6570054	413	9.9498916	107	9.7071138	520	10.2928862	10	
60	0	9.6570468	414	9.9498809	107	9.7071654	[illegible]	10.2928341	0	0
′	″	Co-Sinus.	Dif.	Sinus.	Dif.	Co-Tang.	Dif.	Tang.	″	′

63 Deg.

63 Deg.

27 Deg.

′	″	Sinus.	Dif.	Co-Sinus.	Dif.	Tang.	Dif.	Co-Tang.	″	′
0	0	9.6570468		9.9498809		9.7071659		10.2928341	0	60
	10	9.6570881	413	9.9498702	107	9.7072179	520	10.2927821	50	
	20	9.6571294	413	9.9498594	108	9.7072700	521	10.2927300	40	
	30	9.6571707	413	9.9498487	107	9.7073220	520	10.2926780	30	
	40	9.6572121	414	9.9498380	107	9.7073741	521	10.2926259	20	
	50	9.6572533	412	9.9498272	108	9.7074261	520	10.2925739	10	
1	0	9.6572946	413	9.9498165	107	9.7074781	520	10.2925219	0	59
	10	9.6573359	413	9.9498058	107	9.7075301	520	10.2924699	50	
	20	9.6573772	413	9.9497950	108	9.7075822	521	10.2924178	40	
	30	9.6574185	413	9.9497843	107	9.7076342	520	10.2923658	30	
	40	9.6574597	412	9.9497736	107	9.7076861	519	10.2923139	20	
	50	9.6575010	413	9.9497628	108	9.7077382	521	10.2922618	10	
2	0	9.6575423	413	9.9497521	107	9.7077902	520	10.2922098	0	58
	10	9.6575835	412	9.9497413	108	9.7078422	520	10.2921578	50	
	20	9.6576248	413	9.9497306	107	9.7078942	520	10.2921058	40	
	30	9.6576660	412	9.9497198	108	9.7079462	520	10.2920538	30	
	40	9.6577073	413	9.9497091	107	9.7079982	520	10.2920018	20	
	50	9.6577485	412	9.9496983	108	9.7080502	520	10.2919498	10	
3	0	9.6577898	413	9.9496876	107	9.7081022	520	10.2918978	0	57
	10	9.6578310	412	9.9496768	108	9.7081542	520	10.2918458	50	
	20	9.6578722	412	9.9496660	108	9.7082062	520	10.2917938	40	
	30	9.6579135	413	9.9496553	107	9.7082582	520	10.2917418	30	
	40	9.6579547	412	9.9496445	108	9.7083102	520	10.2916898	20	
	50	9.6579959	412	9.9496338	107	9.7083621	519	10.2916379	10	
4	0	9.6580371	412	9.9496230	108	9.7084141	520	10.2915859	0	56
	10	9.6580783	412	9.9496122	108	9.7084661	520	10.2915339	50	
	20	9.6581195	412	9.9496014	108	9.7085181	520	10.2914819	40	
	30	9.6581607	412	9.9495907	107	9.7085700	519	10.2914300	30	
	40	9.6582019	412	9.9495799	108	9.7086220	520	10.2913780	20	
	50	9.6582431	412	9.9495692	107	9.7086739	519	10.2913261	10	
5	0	9.6582843	412	9.9495584	108	9.7087259	520	10.2912741	0	55
	10	9.6583254	411	9.9495477	107	9.7087777	518	10.2912223	50	
	20	9.6583666	412	9.9495369	108	9.7088297	520	10.2911703	40	
	30	9.6584077	411	9.9495261	108	9.7088816	519	10.2911184	30	
	40	9.6584489	412	9.9495154	107	9.7089335	519	10.2910665	20	
	50	9.6584900	411	9.9495046	108	9.7089854	519	10.2910146	10	
6	0	9.6585312	412	9.9494938	108	9.7090374	520	10.2909626	0	54
	10	9.6585723	411	9.9494831	107	9.7090892	518	10.2909108	50	
	20	9.6586135	412	9.9494723	108	9.7091412	520	10.2908588	40	
	30	9.6586546	411	9.9494615	108	9.7091931	519	10.2908069	30	
	40	9.6586957	411	9.9494507	108	9.7092450	519	10.2907550	20	
	50	9.6587368	411	9.9494399	108	9.7092969	519	10.2907031	10	
7	0	9.6587780	412	9.9494292	107	9.7093488	519	10.2906512	0	53
	10	9.6588191	411	9.9494184	108	9.7094007	519	10.2905993	50	
	20	9.6588602	411	9.9494076	108	9.7094526	519	10.2905474	40	
	30	9.6589013	411	9.9493968	108	9.7095045	519	10.2904955	30	
	40	9.6589424	411	9.9493860	108	9.7095564	519	10.2904436	20	
	50	9.6589835	411	9.9493752	108	9.7096083	519	10.2903917	10	
8	0	9.6590246	411	9.9493645	107	9.7096601	518	10.2903399	0	52
	10	9.6590657	411	9.9493537	108	9.7097120	519	10.2902880	50	
	20	9.6591068	411	9.9493429	108	9.7097639	519	10.2902361	40	
	30	9.6591478	410	9.9493321	108	9.7098157	518	10.2901843	30	
	40	9.6591889	411	9.9493213	108	9.7098676	519	10.2901324	20	
	50	9.6592300	411	9.9493105	108	9.7099195	519	10.2900805	10	
9	0	9.6592710	410	9.9492997	108	9.7099713	518	10.2900287	0	51
	10	9.6593121	411	9.9492889	108	9.7100232	519	10.2899768	50	
	20	9.6593531	410	9.9492781	108	9.7100750	518	10.2899250	40	
	30	9.6593941	410	9.9492673	108	9.7101268	518	10.2898732	30	
	40	9.6594352	411	9.9492565	108	9.7101787	519	10.2898213	20	
	50	9.6594762	410	9.9492457	108	9.7102305	518	10.2897695	10	
10	0	9.6595173	411	9.9492349	108	9.7102824	519	10.2897176	0	50
′	″	Co-Sinus.	Dif.	Sinus.	Dif.	Co-Tang.	Dif.	Tang.	″	′

62 Deg.

27 Deg.

′	″	Sinus.	Dif.	Co-Sinus.	Dif.	Tang.	Dif.	Co-Tang.	″	′
10	0	9.6595173		9.9492349		9.7102824		10.2897176	0	50
	10	9.6595583	410	9.9492241	108	9.7103342	518	10.2896658	50	
	20	9.6595994	411	9.9492133	108	9.7103861	519	10.2896139	40	
	30	9.6596404	410	9.9492025	108	9.7104379	518	10.2895621	30	
	40	9.6596815	411	9.9491918	107	9.7104897	518	10.2895103	20	
	50	9.6597226	411	9.9491810	108	9.7105416	519	10.2894584	10	
11	0	9.6597637	411	9.9491702	108	9.7105935	519	10.2894065	0	49
	10	9.6598048	411	9.9491594	108	9.7106454	519	10.2893546	50	
	20	9.6598458	410	9.9491486	108	9.7106972	518	10.2893028	40	
	30	9.6598866	408	9.9491378	108	9.7107488	516	10.2892512	30	
	40	9.6599277	411	9.9491270	108	9.7108007	519	10.2891993	20	
	50	9.6599688	411	9.9491162	108	9.7108526	519	10.2891474	10	
12	0	9.6600091	403	9.9491050	112	9.7109041	515	10.2890959	0	48
	10	9.6600501	410	9.9490942	108	9.7109559	518	10.2890441	50	
	20	9.6600911	410	9.9490835	107	9.7110077	518	10.2889923	40	
	30	9.6601321	410	9.9490727	108	9.7110595	518	10.2889405	30	
	40	9.6601731	410	9.9490619	108	9.7111112	517	10.2888888	20	
	50	9.6602141	410	9.9490511	108	9.7111630	518	10.2888370	10	
13	0	9.6602550	409	9.9490403	108	9.7112148	518	10.2887852	0	47
	10	9.6602959	409	9.9490295	108	9.7112664	516	10.2887336	50	
	20	9.6603368	409	9.9490187	108	9.7113181	517	10.2886819	40	
	30	9.6603777	409	9.9490077	110	9.7113700	519	10.2886300	30	
	40	9.6604187	410	9.9489969	108	9.7114218	518	10.2885782	20	
	50	9.6604596	409	9.9489861	108	9.7114735	517	10.2885265	10	
14	0	9.6605005	409	9.9489751	110	9.7115254	519	10.2884746	0	46
	10	9.6605414	409	9.9489643	108	9.7115771	517	10.2884229	50	
	20	9.6605822	408	9.9489535	108	9.7116287	516	10.2883713	40	
	30	9.6606231	409	9.9489427	108	9.7116804	517	10.2883196	30	
	40	9.6606641	410	9.9489318	109	9.7117323	519	10.2882677	20	
	50	9.6607050	409	9.9489210	108	9.7117840	517	10.2882160	10	
15	0	9.6607459	409	9.9489102	108	9.7118357	517	10.2881643	0	45
	10	9.6607868	409	9.9488994	108	9.7118874	517	10.2881126	50	
	20	9.6608277	409	9.9488886	108	9.7119391	517	10.2880609	40	
	30	9.6608686	409	9.9488777	109	9.7119909	518	10.2880091	30	
	40	9.6609095	409	9.9488669	108	9.7120426	517	10.2879574	20	
	50	9.6609503	408	9.9488560	109	9.7120943	517	10.2879057	10	
16	0	9.6609911	408	9.9488451	109	9.7121460	517	10.2878540	0	44
	10	9.6610320	409	9.9488343	108	9.7121977	517	10.2878023	50	
	20	9.6610728	408	9.9488233	110	9.7122495	518	10.2877505	40	
	30	9.6611136	408	9.9488124	109	9.7123012	517	10.2876988	30	
	40	9.6611545	409	9.9488016	108	9.7123529	517	10.2876471	20	
	50	9.6611953	408	9.9487907	109	9.7124046	517	10.2875954	10	
17	0	9.6612361	408	9.9487798	109	9.7124563	517	10.2875437	0	43
	10	9.6612768	407	9.9487689	109	9.7125079	516	10.2874921	50	
	20	9.6613177	409	9.9487580	109	9.7125597	518	10.2874403	40	
	30	9.6613585	408	9.9487471	109	9.7126114	517	10.2873886	30	
	40	9.6613993	408	9.9487362	109	9.7126631	517	10.2873369	20	
	50	9.6614401	408	9.9487253	109	9.7127148	517	10.2872852	10	
18	0	9.6614809	408	9.9487144	109	9.7127665	517	10.2872335	0	42
	10	9.6615216	407	9.9487035	109	9.7128181	516	10.2871819	50	
	20	9.6615624	408	9.9486926	109	9.7128698	517	10.2871302	40	
	30	9.6616031	407	9.9486817	109	9.7129214	516	10.2870786	30	
	40	9.6616441	410	9.9486710	107	9.7129731	517	10.2870269	20	
	50	9.6616849	408	9.9486604	106	9.7130245	514	10.2869755	10	
19	0	9.6617257	408	9.9486499	105	9.7130758	513	10.2869242	0	41
	10	9.6617666	409	9.9486390	109	9.7131276	518	10.2868724	50	
	20	9.6618075	409	9.9486281	109	9.7131794	518	10.2868206	40	
	30	9.6618479	404	9.9486168	113	9.7132311	517	10.2867689	30	
	40	9.6618887	408	9.9486060	108	9.7132827	516	10.2867173	20	
	50	9.6619294	407	9.9485951	109	9.7133343	516	10.2866657	10	
20	0	9.6619702	408	9.9485844	107	9.7133859	516	10.2866141	0	40
′	″	Co-Sinus.	Dif.	Sinus.	Dif.	Co-Tang.	Dif.	Tang.	″	′

62 Deg.

27 Deg. | 27 Deg.

′	″	Sinus.	Dif.	Co-Sinus.	Dif.	Tang.	Dif.	Co-Tang.	″	′
20	0	9.6619702		9.9485842		9.7133859		10.2866141	0	40
	10	9.6620109	407	9.9485733	109	9.7134375	516	10.2865625	50	
	20	9.6620516	407	9.9485624	109	9.7134892	517	10.2865108	40	
	30	9.6620923	407	9.9485516	108	9.7135407	515	10.2864593	30	
	40	9.6621331	408	9.9485407	109	9.7135924	517	10.2864076	20	
	50	9.6621738	407	9.9485298	109	9.7136440	516	10.2863560	10	
21	0	9.6622145	407	9.9485189	109	9.7136956	516	10.2863044	0	39
	10	9.6622551	406	9.9485080	109	9.7137471	515	10.2862529	50	
	20	9.6622958	407	9.9484971	109	9.7137987	516	10.2862013	40	
	30	9.6623365	407	9.9484862	109	9.7138503	516	10.2861497	30	
	40	9.6623772	407	9.9484753	109	9.7139019	516	10.2860981	20	
	50	9.6624179	407	9.9484644	109	9.7139535	516	10.2860465	10	
22	0	9.6624586	407	9.9484535	109	9.7140051	516	10.2859949	0	38
	10	9.6624992	406	9.9484426	109	9.7140567	516	10.2859433	50	
	20	9.6625399	407	9.9484317	109	9.7141082	515	10.2858918	40	
	30	9.6625806	407	9.9484208	109	9.7141598	516	10.2858402	30	
	40	9.6626212	406	9.9484099	109	9.7142114	516	10.2857886	20	
	50	9.6626619	407	9.9483990	109	9.7142629	515	10.2857371	10	
23	0	9.6627026	407	9.9483881	109	9.7143145	516	10.2856855	0	37
	10	9.6627433	407	9.9483772	109	9.7143660	515	10.2856340	50	
	20	9.6627839	406	9.9483663	109	9.7144176	516	10.2855824	40	
	30	9.6628246	407	9.9483554	109	9.7144691	515	10.2855309	30	
	40	9.6628652	406	9.9483445	109	9.7145207	516	10.2854793	20	
	50	9.6629059	407	9.9483336	109	9.7145722	515	10.2854278	10	
24	0	9.6629465	406	9.9483227	109	9.7146238	516	10.2853762	0	36
	10	9.6629872	407	9.9483118	109	9.7146753	515	10.2853247	50	
	20	9.6630278	406	9.9483009	109	9.7147269	516	10.2852731	40	
	30	9.6630684	406	9.9482899	110	9.7147783	514	10.2852217	30	
	40	9.6631091	407	9.9482790	109	9.7148299	516	10.2851701	20	
	50	9.6631497	406	9.9482681	109	9.7148814	515	10.2851186	10	
25	0	9.6631904	407	9.9482572	109	9.7149329	515	10.2850671	0	35
	10	9.6632310	406	9.9482463	109	9.7149844	515	10.2850156	50	
	20	9.6632716	406	9.9482354	109	9.7150359	515	10.2849641	40	
	30	9.6633122	406	9.9482244	110	9.7150874	515	10.2849126	30	
	40	9.6633524	402	9.9482135	109	9.7151389	515	10.2848611	20	
	50	9.6633929	405	9.9482025	110	9.7151904	515	10.2848096	10	
26	0	9.6634335	406	9.9481916	109	9.7152419	515	10.2847581	0	34
	10	9.6634741	406	9.9481807	109	9.7152934	515	10.2847066	50	
	20	9.6635146	405	9.9481697	110	9.7153449	515	10.2846551	40	
	30	9.6635552	406	9.9481588	109	9.7153964	515	10.2846036	30	
	40	9.6635957	405	9.9481479	109	9.7154478	514	10.2845522	20	
	50	9.6636363	406	9.9481369	110	9.7154993	515	10.2845007	10	
27	0	9.6636768	405	9.9481260	109	9.7155508	515	10.2844492	0	33
	10	9.6637173	405	9.9481151	109	9.7156022	514	10.2843978	50	
	20	9.6637578	405	9.9481041	110	9.7156537	515	10.2843463	40	
	30	9.6637982	404	9.9480931	110	9.7157051	514	10.2842949	30	
	40	9.6638387	405	9.9480822	109	9.7157566	515	10.2842434	20	
	50	9.6638792	405	9.9480712	110	9.7158081	515	10.2841919	10	
28	0	9.6639196	404	9.9480602	110	9.7158595	514	10.2841405	0	32
	10	9.6639601	405	9.9480492	110	9.7159110	515	10.2840890	50	
	20	9.6640005	404	9.9480382	110	9.7159624	514	10.2840376	40	
	30	9.6640414	409	9.9480275	107	9.7160139	515	10.2839861	30	
	40	9.6640814	400	9.9480161	114	9.7160653	514	10.2839347	20	
	50	9.6641218	404	9.9480051	110	9.7161167	514	10.2838833	10	
29	0	9.6641622	404	9.9479941	110	9.7161681	514	10.2838319	0	31
	10	9.6642026	404	9.9479831	110	9.7162196	515	10.2837804	50	
	20	9.6642430	404	9.9479720	111	9.7162710	514	10.2837290	40	
	30	9.6642834	404	9.9479610	110	9.7163224	514	10.2836776	30	
	40	9.6643238	404	9.9479500	110	9.7163739	515	10.2836261	20	
	50	9.6643642	404	9.9479389	111	9.7164253	514	10.2835747	10	
30	0	9.6644056	414	9.9479289	100	9.7164767	514	10.2835233	0	30
′	″	Co-Sinus.	Dif.	Sinus.	Dif.	Co-Tang.	Dif.	Tang.	″	′

′	″	Sinus.	Dif.	Co-Sinus.	Dif.	Tang.	Dif.	Co-Tang.	″	′
30	0	9.6644056		9.9479289		9.7164767		10.2835233	0	30
	10	9.6644460	404	9.9479180	109	9.7165281	514	10.2834719	50	
	20	9.6644864	404	9.9479070	110	9.7165795	514	10.2834205	40	
	30	9.6645269	405	9.9478960	110	9.7166309	514	10.2833691	30	
	40	9.6645673	404	9.9478851	109	9.7166823	514	10.2833177	20	
	50	9.6646076	403	9.9478741	110	9.7167337	514	10.2832663	10	
31	0	9.6646480	404	9.9478631	110	9.7167851	514	10.2832149	0	29
	10	9.6646884	404	9.9478521	110	9.7168364	513	10.2831636	50	
	20	9.6647290	406	9.9478411	110	9.7168878	514	10.2831122	40	
	30	9.6647694	404	9.9478301	110	9.7169391	513	10.2830609	30	
	40	9.6648098	404	9.9478192	109	9.7169906	515	10.2830094	20	
	50	9.6648502	404	9.9478082	110	9.7170419	513	10.2829581	10	
32	0	9.6648906	404	9.9477972	110	9.7170933	514	10.2829067	0	28
	10	9.6649310	404	9.9477862	110	9.7171447	514	10.2828553	50	
	20	9.6649714	404	9.9477753	109	9.7171960	513	10.2828040	40	
	30	9.6650118	404	9.9477644	109	9.7172474	514	10.2827526	30	
	40	9.6650521	403	9.9477534	110	9.7172987	513	10.2827013	20	
	50	9.6650925	404	9.9477424	110	9.7173501	514	10.2826499	10	
33	0	9.6651329	404	9.9477314	110	9.7174014	513	10.2825986	0	27
	10	9.6651732	403	9.9477204	110	9.7174528	514	10.2825472	50	
	20	9.6652136	404	9.9477095	109	9.7175041	513	10.2824959	40	
	30	9.6652539	403	9.9476985	110	9.7175554	513	10.2824446	30	
	40	9.6652942	403	9.9476875	110	9.7176068	514	10.2823932	20	
	50	9.6653346	404	9.9476765	110	9.7176581	513	10.2823419	10	
34	0	9.6653749	403	9.9476655	110	9.7177094	513	10.2822906	0	26
	10	9.6654152	403	9.9476545	110	9.7177608	514	10.2822392	50	
	20	9.6654556	404	9.9476435	110	9.7178121	513	10.2821879	40	
	30	9.6654959	403	9.9476325	110	9.7178634	513	10.2821366	30	
	40	9.6655362	403	9.9476215	110	9.7179147	513	10.2820853	20	
	50	9.6655765	403	9.9476105	110	9.7179660	513	10.2820340	10	
35	0	9.6656168	403	9.9475995	110	9.7180173	513	10.2819827	0	25
	10	9.6656571	403	9.9475885	110	9.7180686	513	10.2819314	50	
	20	9.6656974	403	9.9475775	110	9.7181199	513	10.2818801	40	
	30	9.6657377	403	9.9475665	110	9.7181712	513	10.2818288	30	
	40	9.6657780	403	9.9475555	110	9.7182225	513	10.2817775	20	
	50	9.6658183	403	9.9475445	110	9.7182738	513	10.2817262	10	
36	0	9.6658586	403	9.9475335	110	9.7183251	513	10.2816749	0	24
	10	9.6658988	402	9.9475225	110	9.7183763	512	10.2816237	50	
	20	9.6659391	403	9.9475115	110	9.7184276	513	10.2815724	40	
	30	9.6659794	403	9.9475005	110	9.7184789	513	10.2815211	30	
	40	9.6660196	402	9.9474894	111	9.7185302	513	10.2814698	20	
	50	9.6660599	403	9.9474784	110	9.7185815	513	10.2814185	10	
37	0	9.6661001	402	9.9474674	110	9.7186327	512	10.2813673	0	23
	10	9.6661404	403	9.9474564	110	9.7186840	513	10.2813160	50	
	20	9.6661806	402	9.9474454	110	9.7187352	512	10.2812648	40	
	30	9.6662209	403	9.9474344	110	9.7187865	513	10.2812135	30	
	40	9.6662611	402	9.9474234	110	9.7188377	512	10.2811623	20	
	50	9.6663013	402	9.9474124	110	9.7188890	513	10.2811110	10	
38	0	9.6663415	402	9.9474013	111	9.7189402	512	10.2810598	0	22
	10	9.6663818	403	9.9473903	110	9.7189915	513	10.2810085	50	
	20	9.6664220	402	9.9473793	110	9.7190427	512	10.2809573	40	
	30	9.6664622	402	9.9473683	110	9.7190939	512	10.2809061	30	
	40	9.6665024	402	9.9473574	109	9.7191451	512	10.2808549	20	
	50	9.6665426	402	9.9473463	111	9.7191963	512	10.2808037	10	
39	0	9.6665828	402	9.9473353	110	9.7192476	513	10.2807524	0	21
	10	9.6666229	401	9.9473241	112	9.7192988	512	10.2807012	50	
	20	9.6666631	402	9.9473131	110	9.7193500	512	10.2806500	40	
	30	9.6667033	402	9.9473021	110	9.7194012	512	10.2805988	30	
	40	9.6667435	402	9.9472910	111	9.7194525	513	10.2805475	20	
	50	9.6667836	401	9.9472800	110	9.7195037	512	10.2804963	10	
40	0	9.6668238	402	9.9472689	111	9.7195549	512	10.2804451	0	20
′	″	Co-Sinus.	Dif.	Sinus.	Dif.	Co-Tang.	Dif.	Tang.	″	′

62 Deg. | .62 Deg.

′	″	Sinus.	Dif.	Co-Sinus.	Dif.	Tang.	Dif. com.	Co-Tang.	″	′
40	0	9.6668239		9.9472684		9.7195555		10.2804445	0	20
	10	9.6668640	401	9.9472574	110	9.7196066	511	10.2803934	50	
	20	9.6669041	401	9.9472464	110	9.7196577	511	10.2803423	40	
	30	9.6669441	400	9.9472356	108	9.7197085	508	10.2802915	30	
	40	9.6669843	402	9.9472246	110	9.7197597	512	10.2802403	20	
	50	9.6670245	402	9.9472137	109	9.7198108	511	10.2801892	10	
41	0	9.6670647	402	9.9472027	110	9.7198620	512	10.2801380	0	19
	10	9.6671048	401	9.9471916	111	9.7199132	512	10.2800868	50	
	20	9.6671449	401	9.9471806	110	9.7199643	511	10.2800357	40	
	30	9.6671851	402	9.9471695	111	9.7200156	513	10.2799844	30	
	40	9.6672253	402	9.9471585	110	9.7200668	512	10.2799332	20	
	50	9.6672653	400	9.9471474	111	9.7201179	511	10.2798821	10	
42	0	9.6673054	401	9.9471364	110	9.7201690	511	10.2798310	0	18
	10	9.6673455	401	9.9471253	111	9.7202202	512	10.2797798	50	
	20	9.6673856	401	9.9471143	110	9.7202713	511	10.2797287	40	
	30	9.6674257	401	9.9471032	111	9.7203225	512	10.2796775	30	
	40	9.6674658	401	9.9470922	110	9.7203736	511	10.2796264	20	
	50	9.6675059	401	9.9470811	111	9.7204248	512	10.2795752	10	
43	0	9.6675459	400	9.9470700	111	9.7204759	511	10.2795241	0	17
	10	9.6675860	401	9.9470590	110	9.7205270	511	10.2794730	50	
	20	9.6676261	401	9.9470479	111	9.7205782	512	10.2794218	40	
	30	9.6676662	401	9.9470369	110	9.7206293	511	10.2793707	30	
	40	9.6677062	400	9.9470258	111	9.7206804	511	10.2793196	20	
	50	9.6677462	400	9.9470147	111	9.7207315	511	10.2792685	10	
44	0	9.6677863	401	9.9470036	111	9.7207827	512	10.2792173	0	16
	10	9.6678263	400	9.9469926	110	9.7208337	510	10.2791663	50	
	20	9.6678663	400	9.9469815	111	9.7208848	511	10.2791152	40	
	30	9.6679063	400	9.9469704	111	9.7209359	511	10.2790641	30	
	40	9.6679463	400	9.9469594	110	9.7209869	510	10.2790131	20	
	50	9.6679864	401	9.9469483	111	9.7210381	512	10.2789619	10	
45	0	9.6680265	401	9.9469372	111	9.7210893	512	10.2789107	0	15
	10	9.6680665	400	9.9469261	111	9.7211404	511	10.2788596	50	
	20	9.6681065	400	9.9469150	111	9.7211915	511	10.2788085	40	
	30	9.6681465	400	9.9469040	110	9.7212425	510	10.2787575	30	
	40	9.6681865	400	9.9468929	111	9.7212936	511	10.2787064	20	
	50	9.6682265	400	9.9468818	111	9.7213447	511	10.2786553	10	
46	0	9.6682665	400	9.9468707	111	9.7213958	511	10.2786042	0	14
	10	9.6683065	400	9.9468596	111	9.7214469	511	10.2785531	50	
	20	9.6683465	400	9.9468485	111	9.7214980	511	10.2785020	40	
	30	9.6683865	400	9.9468375	110	9.7215490	510	10.2784510	30	
	40	9.6684265	400	9.9468264	111	9.7216001	511	10.2783999	20	
	50	9.6684664	399	9.9468153	111	9.7216511	510	10.2783489	10	
47	0	9.6685063	399	9.9468042	111	9.7217021	510	10.2782979	0	13
	10	9.6685464	401	9.9467931	111	9.7217533	512	10.2782467	50	
	20	9.6685863	399	9.9467820	111	9.7218043	510	10.2781957	40	
	30	9.6686263	400	9.9467709	111	9.7218554	511	10.2781446	30	
	40	9.6686662	399	9.9467598	111	9.7219064	510	10.2780936	20	
	50	9.6687060	398	9.9467487	111	9.7219573	509	10.2780427	10	
48	0	9.6687461	401	9.9467376	111	9.7220085	512	10.2779915	0	12
	10	9.6687860	399	9.9467265	111	9.7220595	510	10.2779405	50	
	20	9.6688260	400	9.9467154	111	9.7221106	511	10.2778894	40	
	30	9.6688659	399	9.9467043	111	9.7221616	510	10.2778384	30	
	40	9.6689058	399	9.9466932	111	9.7222126	510	10.2777874	20	
	50	9.6689457	399	9.9466821	111	9.7222636	510	10.2777364	10	
49	0	9.6689857	400	9.9466710	111	9.7223147	511	10.2776853	0	11
	10	9.6690256	399	9.9466599	111	9.7223657	510	10.2776343	50	
	20	9.6690655	399	9.9466488	111	9.7224167	510	10.2775833	40	
	30	9.6691053	398	9.9466376	112	9.7224677	510	10.2775323	30	
	40	9.6691452	399	9.9466265	111	9.7225187	510	10.2774813	20	
	50	9.6691851	399	9.9466154	111	9.7225697	510	10.2774303	10	
50	0	9.6692250	399	9.9466043	111	9.7226207	510	10.2773793	0	10
′	″	Co-Sinus.	Dif.	Sinus.	Dif.	Co-Tang.	com. Dif.	Tang.	″	′

′	″	Sinus.	Dif.	Co-Sinus.	Dif.	Tang.	Dif. com.	Co-Tang.	″	′
50	0	9.6692250		9.9466043		9.7226207		10.2773793	0	10
	10	9.6692649	399	9.9465932	111	9.7226717	510	10.2773283	50	
	20	9.6693047	398	9.9465820	112	9.7227227	510	10.2772773	40	
	30	9.6693446	399	9.9465709	111	9.7227737	510	10.2772263	30	
	40	9.6693845	399	9.9465598	111	9.7228247	510	10.2771753	20	
	50	9.6694243	398	9.9465487	111	9.7228756	509	10.2771244	10	
51	0	9.6694642	399	9.9465376	111	9.7229266	510	10.2770734	0	9
	10	9.6695040	398	9.9465264	112	9.7229776	510	10.2770224	50	
	20	9.6695439	399	9.9465153	111	9.7230286	510	10.2769714	40	
	30	9.6695837	398	9.9465042	111	9.7230795	509	10.2769205	30	
	40	9.6696235	398	9.9464931	111	9.7231304	509	10.2768696	20	
	50	9.6696634	399	9.9464820	111	9.7231814	510	10.2768186	10	
52	0	9.6697032	398	9.9464708	112	9.7232324	510	10.2767676	0	8
	10	9.6697430	398	9.9464597	111	9.7232833	509	10.2767167	50	
	20	9.6697828	398	9.9464486	111	9.7233342	509	10.2766658	40	
	30	9.6698226	398	9.9464374	112	9.7233852	510	10.2766148	30	
	40	9.6698624	398	9.9464263	111	9.7234361	509	10.2765639	20	
	50	9.6699022	398	9.9464151	112	9.7234871	510	10.2765129	10	
53	0	9.6699421	399	9.9464040	111	9.7235381	510	10.2764619	0	7
	10	9.6699818	397	9.9463928	112	9.7235890	509	10.2764110	50	
	20	9.6700216	398	9.9463817	111	9.7236399	509	10.2763601	40	
	30	9.6700614	398	9.9463705	112	9.7236909	510	10.2763091	30	
	40	9.6701012	398	9.9463594	111	9.7237418	509	10.2762582	20	
	50	9.6701409	397	9.9463482	112	9.7237927	509	10.2762073	10	
54	0	9.6701807	398	9.9463371	111	9.7238436	509	10.2761564	0	6
	10	9.6702205	398	9.9463260	111	9.7238945	509	10.2761055	50	
	20	9.6702602	397	9.9463148	112	9.7239454	509	10.2760546	40	
	30	9.6703000	398	9.9463037	111	9.7239963	509	10.2760037	30	
	40	9.6703397	397	9.9462925	112	9.7240472	509	10.2759528	20	
	50	9.6703795	398	9.9462814	111	9.7240981	509	10.2759019	10	
55	0	9.6704192	397	9.9462702	112	9.7241490	509	10.2758510	0	5
	10	9.6704590	398	9.9462591	111	9.7241999	509	10.2758001	50	
	20	9.6704987	397	9.9462479	112	9.7242508	509	10.2757492	40	
	30	9.6705385	398	9.9462368	111	9.7243017	509	10.2756983	30	
	40	9.6705782	397	9.9462256	112	9.7243526	509	10.2756474	20	
	50	9.6706179	397	9.9462144	112	9.7244035	509	10.2755965	10	
56	0	9.6706576	397	9.9462033	111	9.7244543	508	10.2755457	0	4
	10	9.6706973	397	9.9461921	112	9.7245052	509	10.2754948	50	
	20	9.6707370	397	9.9461809	112	9.7245561	509	10.2754439	40	
	30	9.6707766	396	9.9461697	112	9.7246069	508	10.2753931	30	
	40	9.6708164	398	9.9461586	111	9.7246578	509	10.2753422	20	
	50	9.6708561	397	9.9461474	112	9.7247087	509	10.2752913	10	
57	0	9.6708957	396	9.9461362	112	9.7247595	508	10.2752405	0	3
	10	9.6709354	397	9.9461250	112	9.7248104	509	10.2751896	50	
	20	9.6709751	397	9.9461139	111	9.7248612	508	10.2751388	40	
	30	9.6710148	397	9.9461027	112	9.7249121	509	10.2750879	30	
	40	9.6710544	396	9.9460915	112	9.7249629	508	10.2750371	20	
	50	9.6710941	397	9.9460804	111	9.7250137	508	10.2749863	10	
58	0	9.6711338	397	9.9460692	112	9.7250646	509	10.2749354	0	2
	10	9.6711734	396	9.9460580	112	9.7251154	508	10.2748846	50	
	20	9.6712131	397	9.9460468	112	9.7251663	509	10.2748337	40	
	30	9.6712527	396	9.9460356	112	9.7252171	508	10.2747829	30	
	40	9.6712923	396	9.9460244	112	9.7252679	508	10.2747321	20	
	50	9.6713319	396	9.9460132	112	9.7253187	508	10.2746813	10	
59	0	9.6713716	397	9.9460021	111	9.7253695	508	10.2746305	0	1
	10	9.6714112	396	9.9459908	113	9.7254204	509	10.2745796	50	
	20	9.6714509	397	9.9459797	111	9.7254712	508	10.2745288	40	
	30	9.6714905	396	9.9459685	112	9.7255220	508	10.2744780	30	
	40	9.6715301	396	9.9459573	112	9.7255728	508	10.2744272	20	
	50	9.6715697	396	9.9459461	112	9.7256236	508	10.2743764	10	
60	0	9.6716093	396	9.9459349	112	9.7256744	508	10.2743256	0	0
′	″	Co-Sinus.	Dif.	Sinus.	Dif.	Co-Tang.	com. Dif.	Tang.	″	′

'	"	Sinus.	Dif.	Co-Sinus.	Dif.	Tang.	Dif.	Co-Tang.	"	'
0	0	9.6716093		9.9459349		9.7256744		10.2743256	0	60
	10	9.6716489	396	9.9459237	112	9.7257252	508	10.2742748	50	
	20	9.6716885	396	9.9459125	112	9.7257759	507	10.2742241	40	
	30	9.6717281	396	9.9459013	112	9.7258267	508	10.2741733	30	
	40	9.6717677	396	9.9458901	112	9.7258775	508	10.2741225	20	
	50	9.6718073	396	9.9458789	112	9.7259283	508	10.2740717	10	
1	0	9.6718468	395	9.9458677	112	9.7259791	508	10.2740209	0	59
	10	9.6718864	396	9.9458565	112	9.7260299	508	10.2739701	50	
	20	9.6719259	395	9.9458453	112	9.7260806	507	10.2739194	40	
	30	9.6719655	396	9.9458341	112	9.7261314	508	10.2738686	30	
	40	9.6720051	396	9.9458229	112	9.7261821	507	10.2738179	20	
	50	9.6720446	395	9.9458117	112	9.7262329	508	10.2737671	10	
2	0	9.6720841	395	9.9458005	112	9.7262837	508	10.2737163	0	58
	10	9.6721237	396	9.9457893	112	9.7263344	507	10.2736656	50	
	20	9.6721632	395	9.9457781	112	9.7263852	508	10.2736148	40	
	30	9.6722028	396	9.9457669	112	9.7264359	507	10.2735641	30	
	40	9.6722423	395	9.9457556	113	9.7264866	507	10.2735134	20	
	50	9.6722818	395	9.9457444	112	9.7265374	508	10.2734626	10	
3	0	9.6723213	395	9.9457332	112	9.7265881	507	10.2734119	0	57
	10	9.6723608	395	9.9457220	112	9.7266389	508	10.2733611	50	
	20	9.6724003	395	9.9457108	112	9.7266896	507	10.2733104	40	
	30	9.6724397	394	9.9456995	113	9.7267403	507	10.2732597	30	
	40	9.6724792	395	9.9456883	112	9.7267910	507	10.2732090	20	
	50	9.6725187	395	9.9456771	112	9.7268417	507	10.2731583	10	
4	0	9.6725582	395	9.9456659	112	9.7268925	508	10.2731075	0	56
	10	9.6725976	394	9.9456546	113	9.7269431	506	10.2730569	50	
	20	9.6726371	395	9.9456434	112	9.7269938	507	10.2730062	40	
	30	9.6726765	394	9.9456321	113	9.7270445	507	10.2729555	30	
	40	9.6727160	395	9.9456209	112	9.7270953	508	10.2729047	20	
	50	9.6727554	394	9.9456097	112	9.7271460	507	10.2728540	10	
5	0	9.6727948	394	9.9455984	113	9.7271967	507	10.2728033	0	55
	10	9.6728342	394	9.9455872	112	9.7272474	507	10.2727526	50	
	20	9.6728741	394	9.9455760	112	9.7272981	507	10.2727019	40	
	30	9.6729131	394	9.9455648	112	9.7273488	507	10.2726512	30	
	40	9.6729530	393	9.9455535	113	9.7273995	507	10.2726005	20	
	50	9.6729924	394	9.9455423	112	9.7274501	506	10.2725499	10	
6	0	9.6730317	393	9.9455310	113	9.7275008	507	10.2724992	0	54
	10	9.6730711	394	9.9455198	112	9.7275515	507	10.2724485	50	
	20	9.6731105	394	9.9455086	112	9.7276021	506	10.2723979	40	
	30	9.6731501	394	9.9454973	113	9.7276528	507	10.2723472	30	
	40	9.6731892	393	9.9454861	112	9.7277035	507	10.2722965	20	
	50	9.6732285	393	9.9454748	113	9.7277541	506	10.2722459	10	
7	0	9.6732678	393	9.9454636	112	9.7278049	507	10.2721951	0	53
	10	9.6733071	393	9.9454513	112	9.7278556	507	10.2721444	50	
	20	9.6733463	392	9.9454411	112	9.7279061	506	10.2720939	40	
	30	9.6733856	393	9.9454298	113	9.7279568	507	10.2720432	30	
	40	9.6734248	392	9.9454186	112	9.7280074	506	10.2719926	20	
	50	9.6734641	393	9.9454073	113	9.7280580	506	10.2719420	10	
8	0	9.6735034	393	9.9453961	112	9.7281087	507	10.2718915	0	52
	10	9.6735441	392	9.9453848	113	9.7281590	506	10.2718409	50	
	20	9.6735838	393	9.9453735	113	9.7282099	506	10.2717901	40	
	30	9.6736228	393	9.9453623	112	9.7282606	507	10.2717394	30	
	40	9.6736611	393	9.9453510	113	9.7283118	506	10.2716882	20	
	50	9.6737016	392	9.9453397	113	9.7283618	506	10.2716382	10	
9	0	9.6737409	393	9.9453284	113	9.7284114	506	10.2715887	0	51
	10	9.6737801	392	9.9453171	113	9.7284630	507	10.2715370	50	
	20	9.6738190	392	9.9453059	112	9.7285133	506	10.2714867	40	
	30	9.6738589	393	9.9452946	113	9.7285643	506	10.2714357	30	
	40	9.6738981	392	9.9452834	112	9.7286146	506	10.2713854	20	
	50	9.6739374	393	9.9452721	113	9.7286654	506	10.2713346	10	
10	0	9.6739769	393	9.9452609	112	9.7287161	506	10.2712839	0	50
'	"	Co-Sinus.	Dif.	Sinus.	Dif.	Co-Tang.	Dif.	Tang.	"	'

'	"	Sinus.	Dif.	Co-Sinus.	Dif.	Tang.	Dif.	Co-Tang.	"	'
10	0	9.6739769		9.9452609		9.7287161		10.2712839	0	50
	10	9.6740162	393	9.9452496	113	9.7287667	506	10.2712333	50	
	20	9.6740556	394	9.9452383	113	9.7288173	506	10.2711827	40	
	30	9.6740947	393	9.9452270	113	9.7288679	506	10.2711321	30	
	40	9.6741341	393	9.9452157	113	9.7289184	505	10.2710816	20	
	50	9.6741735	393	9.9452045	112	9.7289690	506	10.2710310	10	
11	0	9.6742128	393	9.9451932	113	9.7290196	506	10.2709804	0	49
	10	9.6742521	393	9.9451819	113	9.7290702	506	10.2709298	50	
	20	9.6742914	393	9.9451706	113	9.7291207	505	10.2708793	40	
	30	9.6743306	392	9.9451593	113	9.7291713	506	10.2708287	30	
	40	9.6743699	393	9.9451480	113	9.7292219	506	10.2707781	20	
	50	9.6744091	392	9.9451368	112	9.7292724	505	10.2707276	10	
12	0	9.6744485	392	9.9451255	113	9.7293230	506	10.2706770	0	48
	10	9.6744877	392	9.9451142	113	9.7293736	506	10.2706264	50	
	20	9.6745270	393	9.9451029	113	9.7294241	505	10.2705759	40	
	30	9.6745662	392	9.9450916	113	9.7294747	506	10.2705253	30	
	40	9.6746055	393	9.9450803	113	9.7295252	505	10.2704748	20	
	50	9.6746447	392	9.9450690	113	9.7295757	505	10.2704243	10	
13	0	9.6746840	393	9.9450577	113	9.7296263	506	10.2703737	0	47
	10	9.6747232	392	9.9450464	113	9.7296768	505	10.2703232	50	
	20	9.6747624	392	9.9450351	113	9.7297274	506	10.2702726	40	
	30	9.6748017	393	9.9450238	113	9.7297779	505	10.2702221	30	
	40	9.6748409	392	9.9450125	113	9.7298284	505	10.2701716	20	
	50	9.6748801	392	9.9450012	113	9.7298789	505	10.2701211	10	
14	0	9.6749194	393	9.9449899	113	9.7299295	506	10.2700705	0	46
	10	9.6749586	392	9.9449786	113	9.7299800	505	10.2700200	50	
	20	9.6749978	392	9.9449673	113	9.7300305	505	10.2699695	40	
	30	9.6750370	392	9.9449560	113	9.7300810	505	10.2699190	30	
	40	9.6750762	392	9.9449447	113	9.7301315	505	10.2698685	20	
	50	9.6751154	392	9.9449334	113	9.7301820	505	10.2698180	10	
15	0	9.6751546	392	9.9449221	113	9.7302325	505	10.2697675	0	45
	10	9.6751937	391	9.9449107	114	9.7302830	505	10.2697170	50	
	20	9.6752329	392	9.9448994	113	9.7303335	505	10.2696665	40	
	30	9.6752721	392	9.9448881	113	9.7303840	505	10.2696160	30	
	40	9.6753113	392	9.9448768	113	9.7304345	505	10.2695655	20	
	50	9.6753504	391	9.9448655	113	9.7304850	505	10.2695150	10	
16	0	9.6753896	392	9.9448541	114	9.7305354	504	10.2694646	0	44
	10	9.6754287	391	9.9448428	113	9.7305859	505	10.2694141	50	
	20	9.6754679	392	9.9448315	113	9.7306364	505	10.2693636	40	
	30	9.6755070	391	9.9448202	113	9.7306869	505	10.2693131	30	
	40	9.6755462	392	9.9448088	114	9.7307373	504	10.2692627	20	
	50	9.6755853	391	9.9447975	113	9.7307878	505	10.2692122	10	
17	0	9.6756245	392	9.9447862	113	9.7308383	505	10.2691617	0	43
	10	9.6756636	391	9.9447749	113	9.7308887	504	10.2691113	50	
	20	9.6757027	391	9.9447635	114	9.7309392	505	10.2690608	40	
	30	9.6757418	391	9.9447522	113	9.7309896	504	10.2690104	30	
	40	9.6757809	391	9.9447409	113	9.7310401	505	10.2689599	20	
	50	9.6758200	391	9.9447295	114	9.7310905	504	10.2689095	10	
18	0	9.6758591	391	9.9447182	113	9.7311410	505	10.2688590	0	42
	10	9.6758982	391	9.9447069	113	9.7311914	504	10.2688086	50	
	20	9.6759374	392	9.9446955	114	9.7312418	504	10.2687582	40	
	30	9.6759765	391	9.9446842	113	9.7312923	505	10.2687077	30	
	40	9.6760155	390	9.9446728	114	9.7313427	504	10.2686573	20	
	50	9.6760546	391	9.9446615	113	9.7313931	504	10.2686069	10	
19	0	9.6760937	391	9.9446501	114	9.7314436	505	10.2685564	0	41
	10	9.6761328	391	9.9446388	113	9.7314940	504	10.2685060	50	
	20	9.6761718	390	9.9446275	113	9.7315444	504	10.2684556	40	
	30	9.6762109	391	9.9446161	114	9.7315948	504	10.2684052	30	
	40	9.6762500	391	9.9446048	113	9.7316452	504	10.2683548	20	
	50	9.6762890	390	9.9445934	114	9.7316956	504	10.2683044	10	
20	0	9.6763281	391	9.9445821	113	9.7317460	504	10.2682540	0	40
'	"	Co-Sinus.	Dif.	Sinus.	Dif.	Co-Tang.	Dif.	Tang.	"	'

28 Deg.

′	″	Sinus.	Dif.	Co-Sinus.	Dif.	Tang.	Dif.	Co-Tang.	″	′
20	0	9.6763281		9.9445811		9.7317460		10.2682540	0	40
	10	9.6763672	391	9.9445697	114	9.7317963	503	10.2682037	50	
	20	9.6764063	391	9.9445584	113	9.7318466	503	10.2681534	40	
	30	9.6764454	391	9.9445470	114	9.7318969	503	10.2681031	30	
	40	9.6764845	391	9.9445356	114	9.7319472	503	10.2680528	20	
	50	9.6765236	391	9.9445242	114	9.7319975	503	10.2680025	10	
21	0	9.6765627	391	9.9445129	113	9.7320478	503	10.2679522	0	39
	10	9.6766018	391	9.9445015	114	9.7320981	503	10.2679019	50	
	20	9.6766409	391	9.9444901	114	9.7321485	504	10.2678515	40	
	30	9.6766799	390	9.9444788	113	9.7321988	503	10.2678012	30	
	40	9.6767190	391	9.9444674	114	9.7322491	503	10.2677509	20	
	50	9.6767580	390	9.9444560	114	9.7322994	503	10.2677006	10	
22	0	9.6767971	391	9.9444447	113	9.7323497	503	10.2676503	0	38
	10	9.6768361	390	9.9444333	114	9.7324000	503	10.2676000	50	
	20	9.6768751	390	9.9444219	114	9.7324503	503	10.2675497	40	
	30	9.6769142	391	9.9444105	114	9.7325006	503	10.2674994	30	
	40	9.6769532	390	9.9443992	113	9.7325509	503	10.2674491	20	
	50	9.6769922	390	9.9443878	114	9.7326012	503	10.2673988	10	
23	0	9.6770312	390	9.9443764	114	9.7326515	503	10.2673485	0	37
	10	9.6770702	390	9.9443651	113	9.7327018	503	10.2672982	50	
	20	9.6771092	390	9.9443537	114	9.7327521	503	10.2672479	40	
	30	9.6771482	390	9.9443423	114	9.7328024	503	10.2671976	30	
	40	9.6771871	389	9.9443310	113	9.7328528	504	10.2671472	20	
	50	9.6772261	390	9.9443196	114	9.7329031	503	10.2670969	10	
24	0	9.6772650	389	9.9443082	114	9.7329534	503	10.2670466	0	36
	10	9.6773040	390	9.9442968	114	9.7330037	503	10.2669963	50	
	20	9.6773429	389	9.9442855	113	9.7330540	503	10.2669460	40	
	30	9.6773819	390	9.9442741	114	9.7331043	503	10.2668957	30	
	40	9.6774208	389	9.9442627	114	9.7331546	503	10.2668454	20	
	50	9.6774597	389	9.9442514	113	9.7332049	503	10.2667951	10	
25	0	9.6774987	390	9.9442400	114	9.7332552	503	10.2667448	0	35
	10	9.6775376	389	9.9442286	114	9.7333055	503	10.2666945	50	
	20	9.6775765	389	9.9442173	113	9.7333558	503	10.2666442	40	
	30	9.6776154	389	9.9442059	114	9.7334061	503	10.2665939	30	
	40	9.6776543	389	9.9441945	114	9.7334564	503	10.2665436	20	
	50	9.6776931	388	9.9441831	114	9.7335067	503	10.2664933	10	
26	0	9.6777320	389	9.9441718	113	9.7335571	504	10.2664429	0	34
	10	9.6777709	389	9.9441604	114	9.7336074	503	10.2663926	50	
	20	9.6778097	388	9.9441490	114	9.7336577	503	10.2663423	40	
	30	9.6778486	389	9.9441377	113	9.7337080	503	10.2662920	30	
	40	9.6778874	388	9.9441263	114	9.7337583	503	10.2662417	20	
	50	9.6779263	389	9.9441149	114	9.7338086	503	10.2661914	10	
27	0	9.6779651	388	9.9441036	113	9.7338589	503	10.2661411	0	33
	10	9.6780039	388	9.9440922	114	9.7339092	503	10.2660908	50	
	20	9.6780428	389	9.9440808	114	9.7339595	503	10.2660405	40	
	30	9.6780816	388	9.9440694	114	9.7340098	503	10.2659902	30	
	40	9.6781204	388	9.9440581	113	9.7340601	503	10.2659399	20	
	50	9.6781592	388	9.9440467	114	9.7341104	503	10.2658896	10	
28	0	9.6781980	388	9.9440353	114	9.7341607	503	10.2658393	0	32
	10	9.6782367	387	9.9440240	113	9.7342110	503	10.2657890	50	
	20	9.6782755	388	9.9440126	114	9.7342614	504	10.2657386	40	
	30	9.6783143	388	9.9440012	114	9.7343117	503	10.2656883	30	
	40	9.6783531	388	9.9439899	113	9.7343620	503	10.2656380	20	
	50	9.6783918	387	9.9439785	114	9.7344123	503	10.2655877	10	
29	0	9.6784306	388	9.9439671	114	9.7344626	503	10.2655374	0	31
	10	9.6784693	387	9.9439557	114	9.7345129	503	10.2654871	50	
	20	9.6785080	387	9.9439444	113	9.7345632	503	10.2654368	40	
	30	9.6785468	388	9.9439330	114	9.7346135	503	10.2653865	30	
	40	9.6785855	387	9.9439216	114	9.7346638	503	10.2653362	20	
	50	9.6786242	387	9.9439103	113	9.7347141	503	10.2652859	10	
30	0	9.6786629	387	9.9438989	114	9.7347644	503	10.2652356	0	30
′	″	Co-Sinus.	Dif.	Sinus.	Dif.	Co-Tang.	Dif.	Tang.	″	′

61 Deg.

28 Deg.

′	″	Sinus.	Dif.	Co-Sinus.	Dif.	Tang.	Dif.	Co-Tang.	″	′
30	0	9.6786629		9.9438989		9.7347644		10.2652356	0	30
	10	9.6787017	388	9.9438874	115	9.7348145	501	10.2651855	50	
	20	9.6787405	388	9.9438759	115	9.7348646	501	10.2651354	40	
	30	9.6787793	388	9.9438645	114	9.7349148	502	10.2650852	30	
	40	9.6788181	388	9.9438530	115	9.7349649	501	10.2650351	20	
	50	9.6788568	387	9.9438415	115	9.7350150	501	10.2649850	10	
31	0	9.6788955	387	9.9438300	115	9.7350651	501	10.2649349	0	29
	10	9.6789342	387	9.9438186	114	9.7351152	501	10.2648848	50	
	20	9.6789730	388	9.9438071	115	9.7351653	501	10.2648347	40	
	30	9.6790117	387	9.9437956	115	9.7352155	502	10.2647845	30	
	40	9.6790505	388	9.9437841	115	9.7352656	501	10.2647344	20	
	50	9.6790892	387	9.9437727	114	9.7353157	501	10.2646843	10	
32	0	9.6791279	387	9.9437612	115	9.7353658	501	10.2646342	0	28
	10	9.6791666	387	9.9437497	115	9.7354159	501	10.2645841	50	
	20	9.6792054	388	9.9437382	115	9.7354660	501	10.2645340	40	
	30	9.6792441	387	9.9437268	114	9.7355162	502	10.2644838	30	
	40	9.6792828	387	9.9437153	115	9.7355663	501	10.2644337	20	
	50	9.6793215	387	9.9437038	115	9.7356164	501	10.2643836	10	
33	0	9.6793602	387	9.9436923	115	9.7356665	501	10.2643335	0	27
	10	9.6793989	387	9.9436809	114	9.7357166	501	10.2642834	50	
	20	9.6794376	387	9.9436694	115	9.7357667	501	10.2642333	40	
	30	9.6794763	387	9.9436579	115	9.7358169	502	10.2641831	30	
	40	9.6795150	387	9.9436464	115	9.7358670	501	10.2641330	20	
	50	9.6795537	387	9.9436350	114	9.7359171	501	10.2640829	10	
34	0	9.6795924	387	9.9436235	115	9.7359672	501	10.2640328	0	26
	10	9.6796311	387	9.9436120	115	9.7360173	501	10.2639827	50	
	20	9.6796698	387	9.9436005	115	9.7360674	501	10.2639326	40	
	30	9.6797085	387	9.9435890	115	9.7361176	502	10.2638824	30	
	40	9.6797472	387	9.9435776	114	9.7361677	501	10.2638323	20	
	50	9.6797858	386	9.9435661	115	9.7362178	501	10.2637822	10	
35	0	9.6798244	386	9.9435546	115	9.7362679	501	10.2637321	0	25
	10	9.6798631	387	9.9435431	115	9.7363180	501	10.2636820	50	
	20	9.6799017	386	9.9435317	114	9.7363681	501	10.2636319	40	
	30	9.6799403	386	9.9435202	115	9.7364183	502	10.2635817	30	
	40	9.6799789	386	9.9435087	115	9.7364684	501	10.2635316	20	
	50	9.6800175	386	9.9434972	115	9.7365185	501	10.2634815	10	
36	0	9.6800561	386	9.9434858	114	9.7365686	501	10.2634314	0	24
	10	9.6800947	386	9.9434743	115	9.7366187	501	10.2633813	50	
	20	9.6801333	386	9.9434628	115	9.7366688	501	10.2633312	40	
	30	9.6801719	386	9.9434513	115	9.7367190	502	10.2632810	30	
	40	9.6802105	386	9.9434399	114	9.7367691	501	10.2632309	20	
	50	9.6802491	386	9.9434284	115	9.7368192	501	10.2631808	10	
37	0	9.6802877	386	9.9434169	115	9.7368693	501	10.2631307	0	23
	10	9.6803263	386	9.9434054	115	9.7369194	501	10.2630806	50	
	20	9.6803649	386	9.9433940	114	9.7369695	501	10.2630305	40	
	30	9.6804034	385	9.9433825	115	9.7370197	502	10.2629803	30	
	40	9.6804420	386	9.9433710	115	9.7370698	501	10.2629302	20	
	50	9.6804806	386	9.9433595	115	9.7371199	501	10.2628801	10	
38	0	9.6805191	385	9.9433481	114	9.7371700	501	10.2628300	0	22
	10	9.6805577	386	9.9433366	115	9.7372201	501	10.2627799	50	
	20	9.6805962	385	9.9433251	115	9.7372703	502	10.2627297	40	
	30	9.6806348	386	9.9433136	115	9.7373204	501	10.2626796	30	
	40	9.6806733	385	9.9433021	115	9.7373705	501	10.2626295	20	
	50	9.6807119	386	9.9432907	114	9.7374206	501	10.2625794	10	
39	0	9.6807504	385	9.9432792	115	9.7374707	501	10.2625293	0	21
	10	9.6807889	385	9.9432677	115	9.7375208	501	10.2624792	50	
	20	9.6808275	386	9.9432562	115	9.7375710	502	10.2624290	40	
	30	9.6808660	385	9.9432448	114	9.7376211	501	10.2623789	30	
	40	9.6809045	385	9.9432333	115	9.7376712	501	10.2623288	20	
	50	9.6809431	386	9.9432218	115	9.7377213	501	10.2622787	10	
40	0	9.6809816	385	9.9432103	115	9.7377714	501	10.2622286	0	20
′	″	Co-Sinus.	Dif.	Sinus.	Dif.	Co-Tang.	Dif.	Tang.	″	′

61 Deg.

28 Deg.

′	″	Sinus.	Dif.	Co-Sinus.	Dif.	Tang.	Dif.	Co-Tang.	″	′
40	0	[illegible]		[illegible]		[illegible]		[illegible]	0	20
	10	[illegible]	[illegible]	[illegible]	[illegible]	[illegible]	[illegible]	[illegible]	50	
	20	[illegible]	[illegible]	[illegible]	[illegible]	[illegible]	[illegible]	[illegible]	40	
	30	[illegible]	[illegible]	[illegible]	[illegible]	[illegible]	[illegible]	[illegible]	30	
	40	[illegible]	[illegible]	[illegible]	[illegible]	[illegible]	[illegible]	[illegible]	20	
	50	[illegible]	[illegible]	[illegible]	[illegible]	[illegible]	[illegible]	[illegible]	10	
41	0	[illegible]	[illegible]	[illegible]	[illegible]	[illegible]	[illegible]	[illegible]	0	19
	10	[illegible]	[illegible]	[illegible]	[illegible]	[illegible]	[illegible]	[illegible]	50	
	20	[illegible]	[illegible]	[illegible]	[illegible]	[illegible]	[illegible]	[illegible]	40	
	30	[illegible]	[illegible]	[illegible]	[illegible]	[illegible]	[illegible]	[illegible]	30	
	40	[illegible]	[illegible]	[illegible]	[illegible]	[illegible]	[illegible]	[illegible]	20	
	50	[illegible]	[illegible]	[illegible]	[illegible]	[illegible]	[illegible]	[illegible]	10	
42	0	[illegible]	[illegible]	[illegible]	[illegible]	[illegible]	[illegible]	[illegible]	0	18
	10	[illegible]	[illegible]	[illegible]	[illegible]	[illegible]	[illegible]	[illegible]	50	
	20	[illegible]	[illegible]	[illegible]	[illegible]	[illegible]	[illegible]	[illegible]	40	
	30	[illegible]	[illegible]	[illegible]	[illegible]	[illegible]	[illegible]	[illegible]	30	
	40	[illegible]	[illegible]	[illegible]	[illegible]	[illegible]	[illegible]	[illegible]	20	
	50	[illegible]	[illegible]	[illegible]	[illegible]	[illegible]	[illegible]	[illegible]	10	
43	0	[illegible]	[illegible]	[illegible]	[illegible]	[illegible]	[illegible]	[illegible]	0	17
	10	[illegible]	[illegible]	[illegible]	[illegible]	[illegible]	[illegible]	[illegible]	50	
	20	[illegible]	[illegible]	[illegible]	[illegible]	[illegible]	[illegible]	[illegible]	40	
	30	[illegible]	[illegible]	[illegible]	[illegible]	[illegible]	[illegible]	[illegible]	30	
	40	[illegible]	[illegible]	[illegible]	[illegible]	[illegible]	[illegible]	[illegible]	20	
	50	[illegible]	[illegible]	[illegible]	[illegible]	[illegible]	[illegible]	[illegible]	10	
44	0	[illegible]	[illegible]	[illegible]	[illegible]	[illegible]	[illegible]	[illegible]	0	16
	10	[illegible]	[illegible]	[illegible]	[illegible]	[illegible]	[illegible]	[illegible]	50	
	20	[illegible]	[illegible]	[illegible]	[illegible]	[illegible]	[illegible]	[illegible]	40	
	30	[illegible]	[illegible]	[illegible]	[illegible]	[illegible]	[illegible]	[illegible]	30	
	40	[illegible]	[illegible]	[illegible]	[illegible]	[illegible]	[illegible]	[illegible]	20	
	50	[illegible]	[illegible]	[illegible]	[illegible]	[illegible]	[illegible]	[illegible]	10	
45	0	[illegible]	[illegible]	[illegible]	[illegible]	[illegible]	[illegible]	[illegible]	0	15
	10	[illegible]	[illegible]	[illegible]	[illegible]	[illegible]	[illegible]	[illegible]	50	
	20	[illegible]	[illegible]	[illegible]	[illegible]	[illegible]	[illegible]	[illegible]	40	
	30	[illegible]	[illegible]	[illegible]	[illegible]	[illegible]	[illegible]	[illegible]	30	
	40	[illegible]	[illegible]	[illegible]	[illegible]	[illegible]	[illegible]	[illegible]	20	
	50	[illegible]	[illegible]	[illegible]	[illegible]	[illegible]	[illegible]	[illegible]	10	
46	0	[illegible]	[illegible]	[illegible]	[illegible]	[illegible]	[illegible]	[illegible]	0	14
	10	[illegible]	[illegible]	[illegible]	[illegible]	[illegible]	[illegible]	[illegible]	50	
	20	[illegible]	[illegible]	[illegible]	[illegible]	[illegible]	[illegible]	[illegible]	40	
	30	[illegible]	[illegible]	[illegible]	[illegible]	[illegible]	[illegible]	[illegible]	30	
	40	[illegible]	[illegible]	[illegible]	[illegible]	[illegible]	[illegible]	[illegible]	20	
	50	[illegible]	[illegible]	[illegible]	[illegible]	[illegible]	[illegible]	[illegible]	10	
47	0	[illegible]	[illegible]	[illegible]	[illegible]	[illegible]	[illegible]	[illegible]	0	13
	10	[illegible]	[illegible]	[illegible]	[illegible]	[illegible]	[illegible]	[illegible]	50	
	20	[illegible]	[illegible]	[illegible]	[illegible]	[illegible]	[illegible]	[illegible]	40	
	30	[illegible]	[illegible]	[illegible]	[illegible]	[illegible]	[illegible]	[illegible]	30	
	40	[illegible]	[illegible]	[illegible]	[illegible]	[illegible]	[illegible]	[illegible]	20	
	50	[illegible]	[illegible]	[illegible]	[illegible]	[illegible]	[illegible]	[illegible]	10	
48	0	[illegible]	[illegible]	[illegible]	[illegible]	[illegible]	[illegible]	[illegible]	0	12
	10	[illegible]	[illegible]	[illegible]	[illegible]	[illegible]	[illegible]	[illegible]	50	
	20	[illegible]	[illegible]	[illegible]	[illegible]	[illegible]	[illegible]	[illegible]	40	
	30	[illegible]	[illegible]	[illegible]	[illegible]	[illegible]	[illegible]	[illegible]	30	
	40	[illegible]	[illegible]	[illegible]	[illegible]	[illegible]	[illegible]	[illegible]	20	
	50	[illegible]	[illegible]	[illegible]	[illegible]	[illegible]	[illegible]	[illegible]	10	
49	0	[illegible]	[illegible]	[illegible]	[illegible]	[illegible]	[illegible]	[illegible]	0	11
	10	[illegible]	[illegible]	[illegible]	[illegible]	[illegible]	[illegible]	[illegible]	50	
	20	[illegible]	[illegible]	[illegible]	[illegible]	[illegible]	[illegible]	[illegible]	40	
	30	[illegible]	[illegible]	[illegible]	[illegible]	[illegible]	[illegible]	[illegible]	30	
	40	[illegible]	[illegible]	[illegible]	[illegible]	[illegible]	[illegible]	[illegible]	20	
	50	[illegible]	[illegible]	[illegible]	[illegible]	[illegible]	[illegible]	[illegible]	10	
50	0	[illegible]	[illegible]	[illegible]	[illegible]	[illegible]	[illegible]	[illegible]	0	10
′	″	Co-Sinus.	Dif.	Sinus.	Dif.	Co-Tang.	Dif.	Tang.	″	′

61 Deg.

28 Deg.

′	″	Sinus.	Dif.	Co-Sinus.	Dif.	Tang.	Dif.	Co-Tang.	″	′
50	0	[illegible]		[illegible]		[illegible]		[illegible]	0	10
	10	[illegible]	[illegible]	[illegible]	[illegible]	[illegible]	[illegible]	[illegible]	50	
	20	[illegible]	[illegible]	[illegible]	[illegible]	[illegible]	[illegible]	[illegible]	40	
	30	[illegible]	[illegible]	[illegible]	[illegible]	[illegible]	[illegible]	[illegible]	30	
	40	[illegible]	[illegible]	[illegible]	[illegible]	[illegible]	[illegible]	[illegible]	20	
	50	[illegible]	[illegible]	[illegible]	[illegible]	[illegible]	[illegible]	[illegible]	10	
51	0	[illegible]	[illegible]	[illegible]	[illegible]	[illegible]	[illegible]	[illegible]	0	9
	10	[illegible]	[illegible]	[illegible]	[illegible]	[illegible]	[illegible]	[illegible]	50	
	20	[illegible]	[illegible]	[illegible]	[illegible]	[illegible]	[illegible]	[illegible]	40	
	30	[illegible]	[illegible]	[illegible]	[illegible]	[illegible]	[illegible]	[illegible]	30	
	40	[illegible]	[illegible]	[illegible]	[illegible]	[illegible]	[illegible]	[illegible]	20	
	50	[illegible]	[illegible]	[illegible]	[illegible]	[illegible]	[illegible]	[illegible]	10	
52	0	[illegible]	[illegible]	[illegible]	[illegible]	[illegible]	[illegible]	[illegible]	0	8
	10	[illegible]	[illegible]	[illegible]	[illegible]	[illegible]	[illegible]	[illegible]	50	
	20	[illegible]	[illegible]	[illegible]	[illegible]	[illegible]	[illegible]	[illegible]	40	
	30	[illegible]	[illegible]	[illegible]	[illegible]	[illegible]	[illegible]	[illegible]	30	
	40	[illegible]	[illegible]	[illegible]	[illegible]	[illegible]	[illegible]	[illegible]	20	
	50	[illegible]	[illegible]	[illegible]	[illegible]	[illegible]	[illegible]	[illegible]	10	
53	0	[illegible]	[illegible]	[illegible]	[illegible]	[illegible]	[illegible]	[illegible]	0	7
	10	[illegible]	[illegible]	[illegible]	[illegible]	[illegible]	[illegible]	[illegible]	50	
	20	[illegible]	[illegible]	[illegible]	[illegible]	[illegible]	[illegible]	[illegible]	40	
	30	[illegible]	[illegible]	[illegible]	[illegible]	[illegible]	[illegible]	[illegible]	30	
	40	[illegible]	[illegible]	[illegible]	[illegible]	[illegible]	[illegible]	[illegible]	20	
	50	[illegible]	[illegible]	[illegible]	[illegible]	[illegible]	[illegible]	[illegible]	10	
54	0	[illegible]	[illegible]	[illegible]	[illegible]	[illegible]	[illegible]	[illegible]	0	6
	10	[illegible]	[illegible]	[illegible]	[illegible]	[illegible]	[illegible]	[illegible]	50	
	20	[illegible]	[illegible]	[illegible]	[illegible]	[illegible]	[illegible]	[illegible]	40	
	30	[illegible]	[illegible]	[illegible]	[illegible]	[illegible]	[illegible]	[illegible]	30	
	40	[illegible]	[illegible]	[illegible]	[illegible]	[illegible]	[illegible]	[illegible]	20	
	50	[illegible]	[illegible]	[illegible]	[illegible]	[illegible]	[illegible]	[illegible]	10	
55	0	[illegible]	[illegible]	[illegible]	[illegible]	[illegible]	[illegible]	[illegible]	0	5
	10	[illegible]	[illegible]	[illegible]	[illegible]	[illegible]	[illegible]	[illegible]	50	
	20	[illegible]	[illegible]	[illegible]	[illegible]	[illegible]	[illegible]	[illegible]	40	
	30	[illegible]	[illegible]	[illegible]	[illegible]	[illegible]	[illegible]	[illegible]	30	
	40	[illegible]	[illegible]	[illegible]	[illegible]	[illegible]	[illegible]	[illegible]	20	
	50	[illegible]	[illegible]	[illegible]	[illegible]	[illegible]	[illegible]	[illegible]	10	
56	0	[illegible]	[illegible]	[illegible]	[illegible]	[illegible]	[illegible]	[illegible]	0	4
	10	[illegible]	[illegible]	[illegible]	[illegible]	[illegible]	[illegible]	[illegible]	50	
	20	[illegible]	[illegible]	[illegible]	[illegible]	[illegible]	[illegible]	[illegible]	40	
	30	[illegible]	[illegible]	[illegible]	[illegible]	[illegible]	[illegible]	[illegible]	30	
	40	[illegible]	[illegible]	[illegible]	[illegible]	[illegible]	[illegible]	[illegible]	20	
	50	[illegible]	[illegible]	[illegible]	[illegible]	[illegible]	[illegible]	[illegible]	10	
57	0	[illegible]	[illegible]	[illegible]	[illegible]	[illegible]	[illegible]	[illegible]	0	3
	10	[illegible]	[illegible]	[illegible]	[illegible]	[illegible]	[illegible]	[illegible]	50	
	20	[illegible]	[illegible]	[illegible]	[illegible]	[illegible]	[illegible]	[illegible]	40	
	30	[illegible]	[illegible]	[illegible]	[illegible]	[illegible]	[illegible]	[illegible]	30	
	40	[illegible]	[illegible]	[illegible]	[illegible]	[illegible]	[illegible]	[illegible]	20	
	50	[illegible]	[illegible]	[illegible]	[illegible]	[illegible]	[illegible]	[illegible]	10	
58	0	[illegible]	[illegible]	[illegible]	[illegible]	[illegible]	[illegible]	[illegible]	0	2
	10	[illegible]	[illegible]	[illegible]	[illegible]	[illegible]	[illegible]	[illegible]	50	
	20	[illegible]	[illegible]	[illegible]	[illegible]	[illegible]	[illegible]	[illegible]	40	
	30	[illegible]	[illegible]	[illegible]	[illegible]	[illegible]	[illegible]	[illegible]	30	
	40	[illegible]	[illegible]	[illegible]	[illegible]	[illegible]	[illegible]	[illegible]	20	
	50	[illegible]	[illegible]	[illegible]	[illegible]	[illegible]	[illegible]	[illegible]	10	
59	0	[illegible]	[illegible]	[illegible]	[illegible]	[illegible]	[illegible]	[illegible]	0	1
	10	[illegible]	[illegible]	[illegible]	[illegible]	[illegible]	[illegible]	[illegible]	50	
	20	[illegible]	[illegible]	[illegible]	[illegible]	[illegible]	[illegible]	[illegible]	40	
	30	[illegible]	[illegible]	[illegible]	[illegible]	[illegible]	[illegible]	[illegible]	30	
	40	[illegible]	[illegible]	[illegible]	[illegible]	[illegible]	[illegible]	[illegible]	20	
	50	[illegible]	[illegible]	[illegible]	[illegible]	[illegible]	[illegible]	[illegible]	10	
60	0	[illegible]	[illegible]	[illegible]	[illegible]	[illegible]	[illegible]	[illegible]	0	0
′	″	Co-Sinus.	Dif.	Sinus.	Dif.	Co-Tang.	Dif.	Tang.	″	′

61 Deg.

29 Deg.

'	"	Sinus.	Dif.	Co-Sinus.	Dif.	Tang.	Dif.	Co-Tang.	"	'
0	0	9.6855712		9.9418195		9.7437520		10.2562480	0	60
	10	9.6856092	380	9.9418078	117	9.7438016	496	10.2561984	50	
	20	9.6856472	380	9.9417961	117	9.7438512	496	10.2561488	40	
	30	9.6856852	380	9.9417844	117	9.7439009	497	10.2560991	30	
	40	9.6857232	380	9.9417727	117	9.7439506	497	10.2560494	20	
	50	9.6857612	380	9.9417610	117	9.7440002	496	10.2559998	10	
1	0	9.6857992	380	9.9417493	117	9.7440499	497	10.2559501	0	59
	10	9.6858371	379	9.9417376	117	9.7440995	496	10.2559005	50	
	20	9.6858750	379	9.9417259	117	9.7441491	496	10.2558509	40	
	30	9.6859129	379	9.9417142	117	9.7441987	496	10.2558013	30	
	40	9.6859509	380	9.9417025	117	9.7442484	497	10.2557516	20	
	50	9.6859888	379	9.9416908	117	9.7442980	496	10.2557020	10	
2	0	9.6860267	379	9.9416791	117	9.7443476	496	10.2556524	0	58
	10	9.6860646	379	9.9416674	117	9.7443972	496	10.2556028	50	
	20	9.6861026	380	9.9416557	117	9.7444469	497	10.2555531	40	
	30	9.6861405	379	9.9416440	117	9.7444965	496	10.2555035	30	
	40	9.6861784	379	9.9416323	117	9.7445461	496	10.2554539	20	
	50	9.6862164	380	9.9416207	116	9.7445957	496	10.2554043	10	
3	0	9.6862543	379	9.9416090	117	9.7446453	496	10.2553547	0	57
	10	9.6862922	379	9.9415973	117	9.7446949	496	10.2553051	50	
	20	9.6863301	379	9.9415856	117	9.7447445	496	10.2552555	40	
	30	9.6863680	379	9.9415739	117	9.7447941	496	10.2552059	30	
	40	9.6864059	379	9.9415622	117	9.7448437	496	10.2551563	20	
	50	9.6864438	379	9.9415505	117	9.7448933	496	10.2551067	10	
4	0	9.6864816	378	9.9415388	117	9.7449428	495	10.2550572	0	56
	10	9.6865195	379	9.9415271	117	9.7449924	496	10.2550076	50	
	20	9.6865574	379	9.9415154	117	9.7450420	496	10.2549580	40	
	30	9.6865953	379	9.9415037	117	9.7450916	496	10.2549084	30	
	40	9.6866331	378	9.9414919	118	9.7451412	496	10.2548588	20	
	50	9.6866710	379	9.9414803	116	9.7451907	495	10.2548093	10	
5	0	9.6867088	378	9.9414685	118	9.7452403	496	10.2547597	0	55
	10	9.6867467	379	9.9414568	117	9.7452899	496	10.2547101	50	
	20	9.6867845	378	9.9414451	117	9.7453394	495	10.2546606	40	
	30	9.6868224	379	9.9414334	117	9.7453890	496	10.2546110	30	
	40	9.6868602	378	9.9414217	117	9.7454385	495	10.2545615	20	
	50	9.6868981	379	9.9414100	117	9.7454881	496	10.2545119	10	
6	0	9.6869359	378	9.9413982	118	9.7455376	495	10.2544624	0	54
	10	9.6869737	378	9.9413865	117	9.7455872	496	10.2544128	50	
	20	9.6870115	378	9.9413748	117	9.7456367	495	10.2543633	40	
	30	9.6870494	379	9.9413631	117	9.7456863	496	10.2543137	30	
	40	9.6870872	378	9.9413513	118	9.7457358	495	10.2542642	20	
	50	9.6871250	378	9.9413396	117	9.7457853	495	10.2542147	10	
7	0	9.6871628	378	9.9413279	117	9.7458349	496	10.2541651	0	53
	10	9.6872006	378	9.9413162	117	9.7458844	495	10.2541156	50	
	20	9.6872384	378	9.9413044	118	9.7459339	495	10.2540661	40	
	30	9.6872761	377	9.9412927	117	9.7459834	495	10.2540166	30	
	40	9.6873139	378	9.9412810	117	9.7460329	495	10.2539671	20	
	50	9.6873517	378	9.9412692	118	9.7460825	496	10.2539175	10	
8	0	9.6873895	378	9.9412575	117	9.7461320	495	10.2538680	0	52
	10	9.6874273	378	9.9412458	117	9.7461815	495	10.2538185	50	
	20	9.6874650	377	9.9412340	118	9.7462310	495	10.2537690	40	
	30	9.6875028	378	9.9412223	117	9.7462805	495	10.2537195	30	
	40	9.6875406	378	9.9412106	117	9.7463300	495	10.2536700	20	
	50	9.6875783	377	9.9411988	118	9.7463795	495	10.2536205	10	
9	0	9.6876161	378	9.9411871	117	9.7464290	495	10.2535710	0	51
	10	9.6876538	377	9.9411753	118	9.7464785	495	10.2535215	50	
	20	9.6876916	378	9.9411636	117	9.7465280	495	10.2534720	40	
	30	9.6877293	377	9.9411518	118	9.7465775	495	10.2534225	30	
	40	9.6877671	378	9.9411401	117	9.7466270	495	10.2533730	20	
	50	9.6878048	377	9.9411283	118	9.7466764	494	10.2533236	10	
10	0	9.6878425	377	9.9411166	117	9.7467259	495	10.2532741	0	50
'	"	Co-Sinus.	Dif.	Sinus.	Dif.	Co-Tang.	Dif.	Tang.	"	'

60 Deg.

29 Deg.

'	"	Sinus.	Dif.	Co-Sinus.	Dif.	Tang.	Dif.	Co-Tang.	"	'
10	0	9.6878425		9.9411166		9.7467259		10.2532741	0	50
	10	9.6878802	377	9.9411048	118	9.7467754	495	10.2532246	50	
	20	9.6879180	378	9.9410931	117	9.7468249	495	10.2531751	40	
	30	9.6879557	377	9.9410813	118	9.7468743	494	10.2531257	30	
	40	9.6879934	377	9.9410695	118	9.7469238	495	10.2530762	20	
	50	9.6880311	377	9.9410578	117	9.7469733	495	10.2530267	10	
11	0	9.6880688	377	9.9410460	118	9.7470227	494	10.2529773	0	49
	10	9.6881065	377	9.9410343	117	9.7470722	495	10.2529278	50	
	20	9.6881442	377	9.9410225	118	9.7471216	494	10.2528784	40	
	30	9.6881819	377	9.9410108	117	9.7471711	495	10.2528289	30	
	40	9.6882196	377	9.9409990	118	9.7472205	494	10.2527795	20	
	50	9.6882572	376	9.9409872	118	9.7472700	495	10.2527300	10	
12	0	9.6882949	377	9.9409755	117	9.7473194	494	10.2526806	0	48
	10	9.6883326	377	9.9409637	118	9.7473689	495	10.2526311	50	
	20	9.6883702	376	9.9409519	118	9.7474183	494	10.2525817	40	
	30	9.6884079	377	9.9409401	118	9.7474677	494	10.2525323	30	
	40	9.6884456	377	9.9409284	117	9.7475172	495	10.2524828	20	
	50	9.6884832	376	9.9409166	118	9.7475666	494	10.2524334	10	
13	0	9.6885209	377	9.9409048	118	9.7476160	494	10.2523840	0	47
	10	9.6885585	376	9.9408930	118	9.7476655	495	10.2523345	50	
	20	9.6885961	376	9.9408812	118	9.7477149	494	10.2522851	40	
	30	9.6886337	376	9.9408694	118	9.7477643	494	10.2522357	30	
	40	9.6886714	377	9.9408577	117	9.7478137	494	10.2521863	20	
	50	9.6887090	376	9.9408459	118	9.7478631	494	10.2521369	10	
14	0	9.6887467	377	9.9408341	118	9.7479125	494	10.2520875	0	46
	10	9.6887843	376	9.9408223	118	9.7479619	494	10.2520381	50	
	20	9.6888219	376	9.9408105	118	9.7480113	494	10.2519887	40	
	30	9.6888595	376	9.9407987	118	9.7480607	494	10.2519393	30	
	40	9.6888971	376	9.9407869	118	9.7481101	494	10.2518899	20	
	50	9.6889347	376	9.9407751	118	9.7481595	494	10.2518405	10	
15	0	9.6889723	376	9.9407633	118	9.7482089	494	10.2517911	0	45
	10	9.6890099	376	9.9407515	118	9.7482583	494	10.2517417	50	
	20	9.6890475	376	9.9407397	118	9.7483077	494	10.2516923	40	
	30	9.6890851	376	9.9407280	117	9.7483570	493	10.2516430	30	
	40	9.6891227	376	9.9407163	117	9.7484064	494	10.2515936	20	
	50	9.6891603	376	9.9407045	118	9.7484558	494	10.2515442	10	
16	0	9.6891979	376	9.9406927	118	9.7485052	494	10.2514948	0	44
	10	9.6892354	375	9.9406809	118	9.7485545	493	10.2514455	50	
	20	9.6892730	376	9.9406691	118	9.7486039	494	10.2513961	40	
	30	9.6893105	375	9.9406573	118	9.7486533	494	10.2513467	30	
	40	9.6893481	376	9.9406455	118	9.7487026	493	10.2512974	20	
	50	9.6893856	375	9.9406337	118	9.7487520	494	10.2512480	10	
17	0	9.6894232	376	9.9406219	118	9.7488013	493	10.2511987	0	43
	10	9.6894607	375	9.9406101	118	9.7488507	494	10.2511493	50	
	20	9.6894982	375	9.9405983	118	9.7489000	493	10.2511000	40	
	30	9.6895358	376	9.9405864	119	9.7489494	494	10.2510506	30	
	40	9.6895733	375	9.9405746	118	9.7489987	493	10.2510013	20	
	50	9.6896109	376	9.9405628	118	9.7490481	494	10.2509519	10	
18	0	9.6896484	375	9.9405510	118	9.7490974	493	10.2509026	0	42
	10	9.6896859	375	9.9405392	118	9.7491467	493	10.2508533	50	
	20	9.6897234	375	9.9405274	118	9.7491961	494	10.2508039	40	
	30	9.6897609	375	9.9405155	119	9.7492454	493	10.2507546	30	
	40	9.6897984	375	9.9405037	118	9.7492947	493	10.2507053	20	
	50	9.6898359	375	9.9404919	118	9.7493440	493	10.2506560	10	
19	0	9.6898734	375	9.9404801	118	9.7493934	494	10.2506066	0	41
	10	9.6899109	375	9.9404683	118	9.7494427	493	10.2505573	50	
	20	9.6899484	375	9.9404564	119	9.7494920	493	10.2505080	40	
	30	9.6899859	375	9.9404446	118	9.7495413	493	10.2504587	30	
	40	9.6900234	375	9.9404328	118	9.7495906	493	10.2504094	20	
	50	9.6900608	374	9.9404209	119	9.7496399	493	10.2503601	10	
20	0	9.6900983	375	9.9404091	118	9.7496892	493	10.2503108	0	40
'	"	Co-Sinus.	Dif.	Sinus.	Dif.	Co-Tang.	Dif.	Tang.	"	'

60 Deg.

29 Deg.

′	″	Sinus.	Dif.	Co-Sinus.	Dif.	Tang.	Dif. com.	Co-Tang.	″	′
20	0	9.6900983		9.9404091		9.7496892		10.2503108	0	40
	10	9.6901358	375	9.9403973	118	9.7497385	493	10.2502615	50	
	20	9.6901733	375	9.9403854	119	9.7497879	494	10.2502121	40	
	30	9.6902107	374	9.9403736	118	9.7498371	492	10.2501629	30	
	40	9.6902481	374	9.9403618	118	9.7498864	493	10.2501136	20	
	50	9.6902856	375	9.9403499	119	9.7499357	493	10.2500643	10	
21	0	9.6903231	375	9.9403381	118	9.7499850	493	10.2500150	0	39
	10	9.6903605	374	9.9403262	119	9.7500343	493	10.2499657	50	
	20	9.6903979	374	9.9403144	118	9.7500835	492	10.2499165	40	
	30	9.6904354	375	9.9403026	118	9.7501328	493	10.2498672	30	
	40	9.6904728	374	9.9402907	119	9.7501821	493	10.2498179	20	
	50	9.6905102	374	9.9402789	118	9.7502313	492	10.2497687	10	
22	0	9.6905476	374	9.9402670	119	9.7502806	493	10.2497194	0	38
	10	9.6905851	375	9.9402552	118	9.7503299	493	10.2496701	50	
	20	9.6906225	374	9.9402433	119	9.7503792	493	10.2496208	40	
	30	9.6906599	374	9.9402315	118	9.7504284	492	10.2495716	30	
	40	9.6906973	374	9.9402196	119	9.7504777	493	10.2495223	20	
	50	9.6907347	374	9.9402078	118	9.7505269	492	10.2494731	10	
23	0	9.6907721	374	9.9401959	119	9.7505762	493	10.2494238	0	37
	10	9.6908095	374	9.9401841	118	9.7506254	492	10.2493746	50	
	20	9.6908469	374	9.9401722	119	9.7506747	493	10.2493253	40	
	30	9.6908842	373	9.9401603	119	9.7507239	492	10.2492761	30	
	40	9.6909216	374	9.9401485	118	9.7507731	492	10.2492269	20	
	50	9.6909590	374	9.9401366	119	9.7508224	493	10.2491776	10	
24	0	9.6909964	374	9.9401248	118	9.7508716	492	10.2491284	0	36
	10	9.6910337	373	9.9401129	119	9.7509208	492	10.2490792	50	
	20	9.6910711	374	9.9401010	119	9.7509701	493	10.2490299	40	
	30	9.6911085	374	9.9400892	118	9.7510193	492	10.2489807	30	
	40	9.6911458	373	9.9400773	119	9.7510685	492	10.2489315	20	
	50	9.6911831	373	9.9400654	119	9.7511177	492	10.2488823	10	
25	0	9.6912204	373	9.9400535	119	9.7511669	492	10.2488331	0	35
	10	9.6912578	374	9.9400417	118	9.7512161	492	10.2487839	50	
	20	9.6912952	374	9.9400298	119	9.7512654	493	10.2487346	40	
	30	9.6913325	373	9.9400179	119	9.7513146	492	10.2486854	30	
	40	9.6913698	373	9.9400060	119	9.7513638	492	10.2486362	20	
	50	9.6914071	373	9.9399941	119	9.7514130	492	10.2485870	10	
26	0	9.6914445	374	9.9399823	118	9.7514622	492	10.2485378	0	34
	10	9.6914818	373	9.9399704	119	9.7515114	492	10.2484886	50	
	20	9.6915191	373	9.9399585	119	9.7515606	492	10.2484394	40	
	30	9.6915564	373	9.9399466	119	9.7516098	492	10.2483902	30	
	40	9.6915937	373	9.9399347	119	9.7516590	492	10.2483410	20	
	50	9.6916310	373	9.9399228	119	9.7517082	492	10.2482918	10	
27	0	9.6916683	373	9.9399110	118	9.7517573	491	10.2482427	0	33
	10	9.6917056	373	9.9398991	119	9.7518065	492	10.2481935	50	
	20	9.6917428	372	9.9398872	119	9.7518556	491	10.2481444	40	
	30	9.6917801	373	9.9398753	119	9.7519048	492	10.2480952	30	
	40	9.6918174	373	9.9398634	119	9.7519540	492	10.2480460	20	
	50	9.6918547	373	9.9398515	119	9.7520032	492	10.2479968	10	
28	0	9.6918919	372	9.9398396	119	9.7520523	491	10.2479477	0	32
	10	9.6919292	373	9.9398277	119	9.7521015	492	10.2478985	50	
	20	9.6919665	373	9.9398158	119	9.7521507	492	10.2478493	40	
	30	9.6920037	372	9.9398039	119	9.7521998	491	10.2478002	30	
	40	9.6920410	373	9.9397920	119	9.7522490	492	10.2477510	20	
	50	9.6920782	372	9.9397801	119	9.7522981	491	10.2477019	10	
29	0	9.6921155	373	9.9397682	119	9.7523473	492	10.2476527	0	31
	10	9.6921527	372	9.9397563	119	9.7523964	491	10.2476036	50	
	20	9.6921899	372	9.9397444	119	9.7524455	491	10.2475545	40	
	30	9.6922272	373	9.9397325	119	9.7524947	492	10.2475053	30	
	40	9.6922644	372	9.9397206	119	9.7525438	491	10.2474562	20	
	50	9.6923016	372	9.9397087	119	9.7525929	491	10.2474071	10	
30	0	9.6923388	372	9.9396968	119	9.7526420	491	10.2473580	0	30
′	″	Co-Sinus.	Dif.	Sinus.	Dif.	Co-Tang.	com.	Tang.	″	′

60 Deg.

29 Deg.

′	″	Sinus.	Dif.	Co-Sinus.	Dif.	Tang.	Dif. com.	Co-Tang.	″	′
30	0	9.6923388		9.9396968		9.7526420		10.2473580	0	30
	10	9.6923760	372	9.9396849	119	9.7526911	491	10.2473089	50	
	20	9.6924132	372	9.9396729	120	9.7527403	492	10.2472597	40	
	30	9.6924504	372	9.9396610	119	9.7527894	491	10.2472106	30	
	40	9.6924876	372	9.9396491	119	9.7528385	491	10.2471615	20	
	50	9.6925248	372	9.9396372	119	9.7528876	491	10.2471124	10	
31	0	9.6925620	372	9.9396253	119	9.7529367	491	10.2470633	0	29
	10	9.6925992	372	9.9396134	119	9.7529858	491	10.2470142	50	
	20	9.6926364	372	9.9396014	120	9.7530350	492	10.2469650	40	
	30	9.6926736	372	9.9395895	119	9.7530841	491	10.2469159	30	
	40	9.6927108	372	9.9395776	119	9.7531332	491	10.2468668	20	
	50	9.6927479	371	9.9395657	119	9.7531822	490	10.2468178	10	
32	0	9.6927851	372	9.9395537	120	9.7532314	492	10.2467686	0	28
	10	9.6928223	372	9.9395418	119	9.7532805	491	10.2467195	50	
	20	9.6928594	371	9.9395299	119	9.7533295	490	10.2466705	40	
	30	9.6928966	372	9.9395179	120	9.7533787	492	10.2466213	30	
	40	9.6929337	371	9.9395060	119	9.7534277	490	10.2465723	20	
	50	9.6929709	372	9.9394941	119	9.7534768	491	10.2465232	10	
33	0	9.6930080	371	9.9394821	120	9.7535259	491	10.2464741	0	27
	10	9.6930451	371	9.9394702	119	9.7535750	491	10.2464250	50	
	20	9.6930822	371	9.9394583	119	9.7536240	490	10.2463760	40	
	30	9.6931194	372	9.9394463	120	9.7536731	491	10.2463269	30	
	40	9.6931565	371	9.9394344	119	9.7537221	490	10.2462779	20	
	50	9.6931937	372	9.9394224	120	9.7537713	492	10.2462287	10	
34	0	9.6932308	371	9.9394105	119	9.7538203	490	10.2461797	0	26
	10	9.6932679	371	9.9393986	119	9.7538693	490	10.2461307	50	
	20	9.6933050	371	9.9393866	120	9.7539184	491	10.2460816	40	
	30	9.6933421	371	9.9393746	120	9.7539674	490	10.2460326	30	
	40	9.6933792	371	9.9393627	119	9.7540165	491	10.2459835	20	
	50	9.6934163	371	9.9393507	120	9.7540655	490	10.2459345	10	
35	0	9.6934534	371	9.9393388	119	9.7541146	491	10.2458854	0	25
	10	9.6934904	370	9.9393268	120	9.7541636	490	10.2458364	50	
	20	9.6935275	371	9.9393148	120	9.7542127	491	10.2457873	40	
	30	9.6935646	371	9.9393029	119	9.7542617	490	10.2457383	30	
	40	9.6936017	371	9.9392910	119	9.7543107	490	10.2456893	20	
	50	9.6936388	371	9.9392790	120	9.7543598	491	10.2456402	10	
36	0	9.6936758	370	9.9392671	119	9.7544088	490	10.2455912	0	24
	10	9.6937129	371	9.9392551	120	9.7544578	490	10.2455422	50	
	20	9.6937500	371	9.9392431	120	9.7545069	491	10.2454931	40	
	30	9.6937870	370	9.9392311	120	9.7545559	490	10.2454441	30	
	40	9.6938241	371	9.9392192	119	9.7546049	490	10.2453951	20	
	50	9.6938611	370	9.9392072	120	9.7546539	490	10.2453461	10	
37	0	9.6938981	370	9.9391952	120	9.7547029	490	10.2452971	0	23
	10	9.6939351	370	9.9391833	119	9.7547519	490	10.2452481	50	
	20	9.6939722	371	9.9391713	120	9.7548009	490	10.2451991	40	
	30	9.6940092	370	9.9391593	120	9.7548499	490	10.2451501	30	
	40	9.6940463	371	9.9391474	119	9.7548989	490	10.2451011	20	
	50	9.6940833	370	9.9391354	120	9.7549479	490	10.2450521	10	
38	0	9.6941203	370	9.9391234	120	9.7549969	490	10.2450031	0	22
	10	9.6941573	370	9.9391114	120	9.7550459	490	10.2449541	50	
	20	9.6941943	370	9.9390995	119	9.7550948	489	10.2449052	40	
	30	9.6942313	370	9.9390875	120	9.7551438	490	10.2448562	30	
	40	9.6942683	370	9.9390755	120	9.7551928	490	10.2448072	20	
	50	9.6943053	370	9.9390635	120	9.7552418	490	10.2447582	10	
39	0	9.6943423	370	9.9390515	120	9.7552908	490	10.2447092	0	21
	10	9.6943793	370	9.9390396	119	9.7553397	489	10.2446603	50	
	20	9.6944163	370	9.9390276	120	9.7553887	490	10.2446113	40	
	30	9.6944533	370	9.9390156	120	9.7554377	490	10.2445623	30	
	40	9.6944902	369	9.9390036	120	9.7554866	489	10.2445134	20	
	50	9.6945272	370	9.9389916	120	9.7555356	490	10.2444644	10	
40	0	9.6945641	369	9.9389796	120	9.7555845	489	10.2444155	0	20
′	″	Co-Sinus.	Dif.	Sinus.	Dif.	Co-Tang.	com.	Tang.	″	′

60 Deg.

′	″	Sinus.	Dif.	Co-Sinus.	Dif.	Tang.	Dif.	Co-Tang.	″	′
40	0	9.6945648		9.9389796		9.7555846		10.2444154	0	20
	10	9.6946011	[illegible]	9.9389676	[illegible]	9.7556335	[illegible]	10.2443665	50	
	20	9.6946381	[illegible]	9.9389556	[illegible]	9.7556825	[illegible]	10.2443175	40	
	30	9.6946751	[illegible]	9.9389416	[illegible]	9.7557314	[illegible]	10.2442686	30	
	40	9.6947120	[illegible]	9.9389316	[illegible]	9.7557804	[illegible]	10.2442196	20	
	50	9.6947489	[illegible]	9.9389196	[illegible]	9.7558293	[illegible]	10.2441707	10	
41	0	9.6947859	[illegible]	9.9389076	[illegible]	9.7558783	[illegible]	10.2441217	0	19
	10	9.6948228	[illegible]	9.9388956	[illegible]	9.7559272	[illegible]	10.2440728	50	
	20	9.6948597	[illegible]	9.9388836	[illegible]	9.7559761	[illegible]	10.2440239	40	
	30	9.6948967	[illegible]	9.9388716	[illegible]	9.7560251	[illegible]	10.2439749	30	
	40	9.6949336	[illegible]	9.9388596	[illegible]	9.7560740	[illegible]	10.2439260	20	
	50	9.6949705	[illegible]	9.9388476	[illegible]	9.7561229	[illegible]	10.2438771	10	
42	0	9.6950074	[illegible]	9.9388356	[illegible]	9.7561718	[illegible]	10.2438282	0	18
	10	9.6950443	[illegible]	9.9388236	[illegible]	9.7562207	[illegible]	10.2437793	50	
	20	9.6950812	[illegible]	9.9388116	[illegible]	9.7562696	[illegible]	10.2437304	40	
	30	9.6951181	[illegible]	9.9387995	[illegible]	9.7563186	[illegible]	10.2436814	30	
	40	9.6951551	[illegible]	9.9387875	[illegible]	9.7563675	[illegible]	10.2436325	20	
	50	9.6951919	[illegible]	9.9387755	[illegible]	9.7564164	[illegible]	10.2435836	10	
43	0	9.6952288	[illegible]	9.9387635	[illegible]	9.7564653	[illegible]	10.2435347	0	17
	10	9.6952657	[illegible]	9.9387515	[illegible]	9.7565142	[illegible]	10.2434858	50	
	20	9.6953026	[illegible]	9.9387394	[illegible]	9.7565631	[illegible]	10.2434369	40	
	30	9.6953394	[illegible]	9.9387274	[illegible]	9.7566120	[illegible]	10.2433880	30	
	40	9.6953763	[illegible]	9.9387154	[illegible]	9.7566609	[illegible]	10.2433391	20	
	50	9.6954132	[illegible]	9.9387034	[illegible]	9.7567098	[illegible]	10.2432902	10	
44	0	9.6954501	[illegible]	9.9386914	[illegible]	9.7567587	[illegible]	10.2432413	0	16
	10	9.6954870	[illegible]	9.9386793	[illegible]	9.7568076	[illegible]	10.2431924	50	
	20	9.6955238	[illegible]	9.9386673	[illegible]	9.7568565	[illegible]	10.2431435	40	
	30	9.6955607	[illegible]	9.9386553	[illegible]	9.7569054	[illegible]	10.2430946	30	
	40	9.6955975	[illegible]	9.9386432	[illegible]	9.7569543	[illegible]	10.2430457	20	
	50	9.6956344	[illegible]	9.9386312	[illegible]	9.7570032	[illegible]	10.2429968	10	
45	0	9.6956712	[illegible]	9.9386192	[illegible]	9.7570520	[illegible]	10.2429480	0	15
	10	9.6957080	[illegible]	9.9386071	[illegible]	9.7571009	[illegible]	10.2428991	50	
	20	9.6957449	[illegible]	9.9385951	[illegible]	9.7571498	[illegible]	10.2428502	40	
	30	9.6957817	[illegible]	9.9385830	[illegible]	9.7571987	[illegible]	10.2428013	30	
	40	9.6958185	[illegible]	9.9385710	[illegible]	9.7572475	[illegible]	10.2427525	20	
	50	9.6958553	[illegible]	9.9385590	[illegible]	9.7572964	[illegible]	10.2427036	10	
46	0	9.6958921	[illegible]	9.9385470	[illegible]	9.7573451	[illegible]	10.2426549	0	14
	10	9.6959290	[illegible]	9.9385349	[illegible]	9.7573941	[illegible]	10.2426059	50	
	20	9.6959658	[illegible]	9.9385229	[illegible]	9.7574429	[illegible]	10.2425571	40	
	30	9.6960026	[illegible]	9.9385108	[illegible]	9.7574918	[illegible]	10.2425082	30	
	40	9.6960394	[illegible]	9.9384988	[illegible]	9.7575406	[illegible]	10.2424594	20	
	50	9.6960762	[illegible]	9.9384867	[illegible]	9.7575895	[illegible]	10.2424106	10	
47	0	9.6961130	[illegible]	9.9384747	[illegible]	9.7576383	[illegible]	10.2423617	0	13
	10	9.6961498	[illegible]	9.9384626	[illegible]	9.7576871	[illegible]	10.2423129	50	
	20	9.6961865	[illegible]	9.9384506	[illegible]	9.7577360	[illegible]	10.2422640	40	
	30	9.6962233	[illegible]	9.9384385	[illegible]	9.7577848	[illegible]	10.2422152	30	
	40	9.6962601	[illegible]	9.9384264	[illegible]	9.7578337	[illegible]	10.2421663	20	
	50	9.6962969	[illegible]	9.9384144	[illegible]	9.7578825	[illegible]	10.2421175	10	
48	0	9.6963336	[illegible]	9.9384024	[illegible]	9.7579313	[illegible]	10.2420687	0	12
	10	9.6963704	[illegible]	9.9383903	[illegible]	9.7579801	[illegible]	10.2420199	50	
	20	9.6964074	[illegible]	9.9383783	[illegible]	9.7580289	[illegible]	10.2419711	40	
	30	9.6964439	[illegible]	9.9383662	[illegible]	9.7580777	[illegible]	10.2419223	30	
	40	9.6964807	[illegible]	9.9383541	[illegible]	9.7581266	[illegible]	10.2418734	20	
	50	9.6965174	[illegible]	9.9383420	[illegible]	9.7581754	[illegible]	10.2418246	10	
49	0	9.6965541	[illegible]	9.9383300	[illegible]	9.7582242	[illegible]	10.2417758	0	11
	10	9.6965909	[illegible]	9.9383179	[illegible]	9.7582730	[illegible]	10.2417270	50	
	20	9.6966276	[illegible]	9.9383058	[illegible]	9.7583218	[illegible]	10.2416782	40	
	30	9.6966641	[illegible]	9.9382937	[illegible]	9.7583706	[illegible]	10.2416294	30	
	40	9.6967011	[illegible]	9.9382817	[illegible]	9.7584194	[illegible]	10.2415806	20	
	50	9.6967378	[illegible]	9.9382696	[illegible]	9.7584682	[illegible]	10.2415318	10	
50	0	9.6967745	[illegible]	9.9382576	[illegible]	9.7585170	[illegible]	10.2414830	0	10
′	″	Co-Sinus.	Dif.	Sinus.	Dif.	Co-Tang.	Dif.	Tang.	″	′

29 Deg.

′	″	Sinus.	Dif.	Co-Sinus.	Dif.	Tang.	Dif.	Co-Tang.	″	′
50	0	9.6967745		9.9382576		9.7585170		10.2414830	0	10
	10	9.6968112	[illegible]	9.9382455	[illegible]	9.7585657	[illegible]	10.2414343	50	
	20	9.6968479	[illegible]	9.9382334	[illegible]	9.7586145	[illegible]	10.2413855	40	
	30	9.6968846	[illegible]	9.9382213	[illegible]	9.7586633	[illegible]	10.2413367	30	
	40	9.6969213	[illegible]	9.9382092	[illegible]	9.7587121	[illegible]	10.2412879	20	
	50	9.6969580	[illegible]	9.9381974	[illegible]	9.7587609	[illegible]	10.2412391	10	
51	0	9.6969947	[illegible]	9.9381851	[illegible]	9.7588096	[illegible]	10.2411904	0	9
	10	9.6970314	[illegible]	9.9381730	[illegible]	9.7588584	[illegible]	10.2411416	50	
	20	9.6970681	[illegible]	9.9381609	[illegible]	9.7589072	[illegible]	10.2410928	40	
	30	9.6971048	[illegible]	9.9381488	[illegible]	9.7589559	[illegible]	10.2410441	30	
	40	9.6971415	[illegible]	9.9381367	[illegible]	9.7590047	[illegible]	10.2409953	20	
	50	9.6971781	[illegible]	9.9381247	[illegible]	9.7590535	[illegible]	10.2409465	10	
52	0	9.6972148	[illegible]	9.9381126	[illegible]	9.7591022	[illegible]	10.2408978	0	8
	10	9.6972515	[illegible]	9.9381005	[illegible]	9.7591510	[illegible]	10.2408490	50	
	20	9.6972881	[illegible]	9.9380884	[illegible]	9.7591997	[illegible]	10.2408003	40	
	30	9.6973248	[illegible]	9.9380763	[illegible]	9.7592485	[illegible]	10.2407515	30	
	40	9.6973614	[illegible]	9.9380642	[illegible]	9.7592972	[illegible]	10.2407028	20	
	50	9.6973981	[illegible]	9.9380521	[illegible]	9.7593460	[illegible]	10.2406540	10	
53	0	9.6974347	[illegible]	9.9380400	[illegible]	9.7593947	[illegible]	10.2406053	0	7
	10	9.6974713	[illegible]	9.9380279	[illegible]	9.7594435	[illegible]	10.2405565	50	
	20	9.6975080	[illegible]	9.9380158	[illegible]	9.7594922	[illegible]	10.2405078	40	
	30	9.6975446	[illegible]	9.9380037	[illegible]	9.7595409	[illegible]	10.2404591	30	
	40	9.6975812	[illegible]	9.9379916	[illegible]	9.7595897	[illegible]	10.2404103	20	
	50	9.6976179	[illegible]	9.9379795	[illegible]	9.7596384	[illegible]	10.2403616	10	
54	0	9.6976545	[illegible]	9.9379674	[illegible]	9.7596871	[illegible]	10.2403129	0	6
	10	9.6976911	[illegible]	9.9379553	[illegible]	9.7597358	[illegible]	10.2402641	50	
	20	9.6977277	[illegible]	9.9379431	[illegible]	9.7597845	[illegible]	10.2402154	40	
	30	9.6977643	[illegible]	9.9379310	[illegible]	9.7598333	[illegible]	10.2401667	30	
	40	9.6978009	[illegible]	9.9379189	[illegible]	9.7598820	[illegible]	10.2401180	20	
	50	9.6978375	[illegible]	9.9379068	[illegible]	9.7599307	[illegible]	10.2400693	10	
55	0	9.6978741	[illegible]	9.9378947	[illegible]	9.7599794	[illegible]	10.2400206	0	5
	10	9.6979107	[illegible]	9.9378826	[illegible]	9.7600281	[illegible]	10.2399719	50	
	20	9.6979473	[illegible]	9.9378705	[illegible]	9.7600768	[illegible]	10.2399232	40	
	30	9.6979839	[illegible]	9.9378584	[illegible]	9.7601255	[illegible]	10.2398745	30	
	40	9.6980204	[illegible]	9.9378463	[illegible]	9.7601741	[illegible]	10.2398258	20	
	50	9.6980570	[illegible]	9.9378341	[illegible]	9.7602228	[illegible]	10.2397771	10	
56	0	9.6980936	[illegible]	9.9378220	[illegible]	9.7602716	[illegible]	10.2397284	0	4
	10	9.6981301	[illegible]	9.9378099	[illegible]	9.7603202	[illegible]	10.2396797	50	
	20	9.6981667	[illegible]	9.9377977	[illegible]	9.7603690	[illegible]	10.2396310	40	
	30	9.6982033	[illegible]	9.9377856	[illegible]	9.7604176	[illegible]	10.2395824	30	
	40	9.6982398	[illegible]	9.9377735	[illegible]	9.7604663	[illegible]	10.2395337	20	
	50	9.6982764	[illegible]	9.9377614	[illegible]	9.7605150	[illegible]	10.2394850	10	
57	0	9.6983129	[illegible]	9.9377492	[illegible]	9.7605637	[illegible]	10.2394363	0	3
	10	9.6983494	[illegible]	9.9377371	[illegible]	9.7606124	[illegible]	10.2393876	50	
	20	9.6983860	[illegible]	9.9377250	[illegible]	9.7606610	[illegible]	10.2393390	40	
	30	9.6984225	[illegible]	9.9377128	[illegible]	9.7607097	[illegible]	10.2392903	30	
	40	9.6984590	[illegible]	9.9377007	[illegible]	9.7607584	[illegible]	10.2392416	20	
	50	9.6984955	[illegible]	9.9376886	[illegible]	9.7608070	[illegible]	10.2391930	10	
58	0	9.6985321	[illegible]	9.9376764	[illegible]	9.7608557	[illegible]	10.2391443	0	2
	10	9.6985686	[illegible]	9.9376643	[illegible]	9.7609043	[illegible]	10.2390957	50	
	20	9.6986051	[illegible]	9.9376521	[illegible]	9.7609530	[illegible]	10.2390470	40	
	30	9.6986416	[illegible]	9.9376400	[illegible]	9.7610016	[illegible]	10.2389984	30	
	40	9.6986781	[illegible]	9.9376278	[illegible]	9.7610503	[illegible]	10.2389497	20	
	50	9.6987146	[illegible]	9.9376157	[illegible]	9.7610989	[illegible]	10.2389011	10	
59	0	9.6987511	[illegible]	9.9376035	[illegible]	9.7611476	[illegible]	10.2388524	0	1
	10	9.6987876	[illegible]	9.9375914	[illegible]	9.7611962	[illegible]	10.2388038	50	
	20	9.6988241	[illegible]	9.9375792	[illegible]	9.7612449	[illegible]	10.2387551	40	
	30	9.6988606	[illegible]	9.9375671	[illegible]	9.7612935	[illegible]	10.2387065	30	
	40	9.6988971	[illegible]	9.9375549	[illegible]	9.7613422	[illegible]	10.2386579	20	
	50	9.6989335	[illegible]	9.9375428	[illegible]	9.7613907	[illegible]	10.2386092	10	
60	0	9.6989700	[illegible]	9.9375306	[illegible]	9.7614394	[illegible]	10.2385606	0	0
′	″	Co-Sinus.	Dif.	Sinus.	Dif.	Co-Tang.	Dif.	Tang.	″	′

60 Deg.

30 Deg.

′	″	Sinus.	Dif.	Co-Sinus.	Dif.	Tang.	Dif. com.	Co-Tang.	″	′
0	0	9.6989700		9.9375306		9.7614394		10.2385606	0	60
	10	9.6990065	365	9.9375185	121	9.7614880	486	10.2385120	50	
	20	9.6990429	364	9.9375063	122	9.7615366	486	10.2384634	40	
	30	9.6990794	365	9.9374942	121	9.7615852	486	10.2384148	30	
	40	9.6991158	364	9.9374820	122	9.7616339	487	10.2383661	20	
	50	9.6991523	365	9.9374698	122	9.7616825	486	10.2383175	10	
1	0	9.6991887	364	9.9374577	121	9.7617311	486	10.2382689	0	59
	10	9.6992252	365	9.9374455	122	9.7617797	486	10.2382203	50	
	20	9.6992616	364	9.9374333	122	9.7618283	486	10.2381717	40	
	30	9.6992981	365	9.9374212	121	9.7618769	486	10.2381231	30	
	40	9.6993345	364	9.9374090	122	9.7619255	486	10.2380745	20	
	50	9.6993709	364	9.9373968	122	9.7619741	486	10.2380259	10	
2	0	9.6994073	364	9.9373847	121	9.7620227	486	10.2379773	0	58
	10	9.6994438	365	9.9373725	122	9.7620713	486	10.2379287	50	
	20	9.6994802	364	9.9373603	122	9.7621199	486	10.2378801	40	
	30	9.6995166	364	9.9373481	122	9.7621684	485	10.2378316	30	
	40	9.6995530	364	9.9373360	121	9.7622170	486	10.2377830	20	
	50	9.6995894	364	9.9373238	122	9.7622656	486	10.2377344	10	
3	0	9.6996258	364	9.9373116	122	9.7623142	486	10.2376858	0	57
	10	9.6996622	364	9.9372994	122	9.7623628	486	10.2376372	50	
	20	9.6996986	364	9.9372872	122	9.7624113	485	10.2375887	40	
	30	9.6997349	363	9.9372751	121	9.7624599	486	10.2375401	30	
	40	9.6997713	364	9.9372629	122	9.7625085	486	10.2374915	20	
	50	9.6998077	364	9.9372507	122	9.7625570	485	10.2374430	10	
4	0	9.6998441	364	9.9372385	122	9.7626056	486	10.2373944	0	56
	10	9.6998804	363	9.9372263	122	9.7626541	485	10.2373459	50	
	20	9.6999168	364	9.9372141	122	9.7627027	486	10.2372973	40	
	30	9.6999532	364	9.9372019	122	9.7627513	486	10.2372487	30	
	40	9.6999895	363	9.9371897	122	9.7627998	485	10.2372002	20	
	50	9.7000259	364	9.9371775	122	9.7628484	486	10.2371516	10	
5	0	9.7000622	363	9.9371653	122	9.7628969	485	10.2371031	0	55
	10	9.7000986	364	9.9371531	122	9.7629454	485	10.2370546	50	
	20	9.7001349	363	9.9371409	122	9.7629940	486	10.2370060	40	
	30	9.7001713	364	9.9371287	122	9.7630425	485	10.2369575	30	
	40	9.7002076	363	9.9371165	122	9.7630911	486	10.2369089	20	
	50	9.7002439	363	9.9371043	122	9.7631396	485	10.2368604	10	
6	0	9.7002802	363	9.9370921	122	9.7631881	485	10.2368119	0	54
	10	9.7003166	364	9.9370799	122	9.7632366	485	10.2367634	50	
	20	9.7003529	363	9.9370677	122	9.7632852	486	10.2367148	40	
	30	9.7003892	363	9.9370555	122	9.7633337	485	10.2366663	30	
	40	9.7004255	363	9.9370433	122	9.7633822	485	10.2366178	20	
	50	9.7004618	363	9.9370311	122	9.7634307	485	10.2365693	10	
7	0	9.7004981	363	9.9370189	122	9.7634792	485	10.2365208	0	53
	10	9.7005344	363	9.9370067	122	9.7635277	485	10.2364723	50	
	20	9.7005707	363	9.9369944	123	9.7635762	485	10.2364238	40	
	30	9.7006070	363	9.9369822	122	9.7636247	485	10.2363753	30	
	40	9.7006433	363	9.9369700	122	9.7636732	485	10.2363268	20	
	50	9.7006795	362	9.9369578	122	9.7637217	485	10.2362783	10	
8	0	9.7007158	363	9.9369456	122	9.7637702	485	10.2362298	0	52
	10	9.7007521	363	9.9369333	123	9.7638187	485	10.2361813	50	
	20	9.7007883	362	9.9369211	122	9.7638672	485	10.2361328	40	
	30	9.7008246	363	9.9369089	122	9.7639157	485	10.2360843	30	
	40	9.7008609	363	9.9368967	122	9.7639642	485	10.2360358	20	
	50	9.7008971	362	9.9368844	123	9.7640127	485	10.2359873	10	
9	0	9.7009334	363	9.9368722	122	9.7640612	485	10.2359388	0	51
	10	9.7009696	362	9.9368600	122	9.7641096	484	10.2358904	50	
	20	9.7010059	363	9.9368477	123	9.7641581	485	10.2358419	40	
	30	9.7010421	362	9.9368355	122	9.7642066	485	10.2357934	30	
	40	9.7010783	362	9.9368233	122	9.7642551	485	10.2357449	20	
	50	9.7011146	363	9.9368110	123	9.7643035	484	10.2356965	10	
10	0	9.7011508	362	9.9367988	122	9.7643520	485	10.2356480	0	50
′	″	Co-Sinus.	Dif.	Sinus.	Dif.	Co-Tang.	com.	Tang.	″	′

59 Deg.

30 Deg.

′	″	Sinus.	Dif.	Co-Sinus.	Dif.	Tang.	Dif. com.	Co-Tang.	″	′
10	0	9.7011508		9.9367988		9.7643520		10.2356480	0	50
	10	9.7011870	362	9.9367866	122	9.7644005	485	10.2355995	50	
	20	9.7012232	362	9.9367743	123	9.7644489	484	10.2355511	40	
	30	9.7012595	363	9.9367621	122	9.7644974	485	10.2355026	30	
	40	9.7012957	362	9.9367498	123	9.7645458	484	10.2354542	20	
	50	9.7013319	362	9.9367376	122	9.7645943	485	10.2354057	10	
11	0	9.7013681	362	9.9367254	122	9.7646427	484	10.2353573	0	49
	10	9.7014043	362	9.9367131	123	9.7646912	485	10.2353088	50	
	20	9.7014405	362	9.9367009	122	9.7647396	484	10.2352604	40	
	30	9.7014767	362	9.9366886	123	9.7647881	485	10.2352119	30	
	40	9.7015128	361	9.9366764	122	9.7648365	484	10.2351635	20	
	50	9.7015490	362	9.9366641	123	9.7648849	484	10.2351151	10	
12	0	9.7015852	362	9.9366519	122	9.7649334	485	10.2350666	0	48
	10	9.7016214	362	9.9366396	123	9.7649818	484	10.2350182	50	
	20	9.7016576	362	9.9366273	123	9.7650302	484	10.2349698	40	
	30	9.7016937	361	9.9366151	122	9.7650786	484	10.2349214	30	
	40	9.7017299	362	9.9366028	123	9.7651271	485	10.2348729	20	
	50	9.7017660	361	9.9365906	122	9.7651755	484	10.2348245	10	
13	0	9.7018022	362	9.9365783	123	9.7652239	484	10.2347761	0	47
	10	9.7018383	361	9.9365660	123	9.7652723	484	10.2347277	50	
	20	9.7018745	362	9.9365538	122	9.7653207	484	10.2346793	40	
	30	9.7019106	361	9.9365415	123	9.7653691	484	10.2346309	30	
	40	9.7019468	362	9.9365292	123	9.7654175	484	10.2345825	20	
	50	9.7019829	361	9.9365170	122	9.7654659	484	10.2345341	10	
14	0	9.7020190	361	9.9365047	123	9.7655143	484	10.2344857	0	46
	10	9.7020552	362	9.9364924	123	9.7655627	484	10.2344373	50	
	20	9.7020913	361	9.9364802	122	9.7656111	484	10.2343889	40	
	30	9.7021274	361	9.9364679	123	9.7656595	484	10.2343405	30	
	40	9.7021635	361	9.9364556	123	9.7657079	484	10.2342921	20	
	50	9.7021996	361	9.9364433	123	9.7657563	484	10.2342437	10	
15	0	9.7022357	361	9.9364311	122	9.7658047	484	10.2341953	0	45
	10	9.7022718	361	9.9364188	123	9.7658531	484	10.2341469	50	
	20	9.7023079	361	9.9364065	123	9.7659014	483	10.2340986	40	
	30	9.7023440	361	9.9363942	123	9.7659498	484	10.2340502	30	
	40	9.7023801	361	9.9363819	123	9.7659982	484	10.2340018	20	
	50	9.7024162	361	9.9363696	123	9.7660466	484	10.2339534	10	
16	0	9.7024523	361	9.9363574	122	9.7660949	483	10.2339051	0	44
	10	9.7024884	361	9.9363451	123	9.7661433	484	10.2338567	50	
	20	9.7025244	360	9.9363328	123	9.7661917	484	10.2338083	40	
	30	9.7025605	361	9.9363205	123	9.7662400	483	10.2337600	30	
	40	9.7025966	361	9.9363082	123	9.7662884	484	10.2337116	20	
	50	9.7026326	360	9.9362959	123	9.7663367	483	10.2336633	10	
17	0	9.7026687	361	9.9362836	123	9.7663851	484	10.2336149	0	43
	10	9.7027047	360	9.9362713	123	9.7664334	483	10.2335666	50	
	20	9.7027408	361	9.9362590	123	9.7664818	484	10.2335182	40	
	30	9.7027768	360	9.9362467	123	9.7665301	483	10.2334699	30	
	40	9.7028129	361	9.9362344	123	9.7665785	484	10.2334215	20	
	50	9.7028489	360	9.9362221	123	9.7666268	483	10.2333732	10	
18	0	9.7028849	360	9.9362098	123	9.7666751	483	10.2333249	0	42
	10	9.7029210	361	9.9361975	123	9.7667235	484	10.2332765	50	
	20	9.7029570	360	9.9361852	123	9.7667718	483	10.2332282	40	
	30	9.7029930	360	9.9361729	123	9.7668201	483	10.2331799	30	
	40	9.7030290	360	9.9361606	123	9.7668685	484	10.2331315	20	
	50	9.7030651	361	9.9361483	123	9.7669168	483	10.2330832	10	
19	0	9.7031011	360	9.9361360	123	9.7669651	483	10.2330349	0	41
	10	9.7031371	360	9.9361236	124	9.7670134	483	10.2329866	50	
	20	9.7031731	360	9.9361113	123	9.7670617	483	10.2329383	40	
	30	9.7032091	360	9.9360990	123	9.7671101	484	10.2328899	30	
	40	9.7032451	360	9.9360867	123	9.7671584	483	10.2328416	20	
	50	9.7032811	360	9.9360744	123	9.7672067	483	10.2327933	10	
20	0	9.7033170	359	9.9360621	123	9.7672550	483	10.2327450	0	40
′	″	Co-Sinus.	Dif.	Sinus.	Dif.	Co-Tang.	com.	Tang.	″	′

59 Deg.

30 Deg.

′	″	Sinus.	Dif.	Co-Sinus.	Dif.	Tang.	Dif.	Co-Tang.	″	′
20	0	9.7033170		9.9360620		9.7672550		10.2327450	0	40
	10	9.7033530	360	9.9360497	123	9.7673033	483	10.2326967	50	
	20	9.7033890	360	9.9360374	123	9.7673516	483	10.2326484	40	
	30	9.7034250	360	9.9360251	123	9.7673999	483	10.2326001	30	
	40	9.7034609	359	9.9360128	123	9.7674481	482	10.2325519	20	
	50	9.7034969	360	9.9360004	124	9.7674965	484	10.2325035	10	
21	0	9.7035329	360	9.9359881	123	9.7675448	483	10.2324552	0	39
	10	9.7035688	359	9.9359758	123	9.7675930	482	10.2324070	50	
	20	9.7036048	360	9.9359635	123	9.7676413	483	10.2323587	40	
	30	9.7036407	359	9.9359511	124	9.7676896	483	10.2323104	30	
	40	9.7036767	360	9.9359388	123	9.7677379	483	10.2322621	20	
	50	9.7037126	359	9.9359265	123	9.7677861	482	10.2322139	10	
22	0	9.7037486	360	9.9359141	124	9.7678344	483	10.2321656	0	38
	10	9.7037845	359	9.9359018	123	9.7678827	483	10.2321173	50	
	20	9.7038204	359	9.9358894	124	9.7679310	483	10.2320690	40	
	30	9.7038563	359	9.9358771	123	9.7679792	482	10.2320208	30	
	40	9.7038922	359	9.9358648	123	9.7680275	483	10.2319725	20	
	50	9.7039282	360	9.9358524	124	9.7680758	483	10.2319242	10	
23	0	9.7039641	359	9.9358401	123	9.7681240	482	10.2318760	0	37
	10	9.7040000	359	9.9358277	124	9.7681723	483	10.2318277	50	
	20	9.7040359	359	9.9358154	123	9.7682205	482	10.2317795	40	
	30	9.7040718	359	9.9358030	124	9.7682688	483	10.2317312	30	
	40	9.7041077	359	9.9357907	123	9.7683170	482	10.2316830	20	
	50	9.7041436	359	9.9357783	124	9.7683653	483	10.2316347	10	
24	0	9.7041795	359	9.9357660	123	9.7684135	482	10.2315865	0	36
	10	9.7042154	359	9.9357536	124	9.7684618	483	10.2315382	50	
	20	9.7042513	359	9.9357413	123	9.7685100	482	10.2314900	40	
	30	9.7042871	358	9.9357289	124	9.7685582	482	10.2314418	30	
	40	9.7043230	359	9.9357166	123	9.7686065	483	10.2313935	20	
	50	9.7043589	359	9.9357042	124	9.7686547	482	10.2313453	10	
25	0	9.7043947	358	9.9356918	124	9.7687029	482	10.2312971	0	35
	10	9.7044306	359	9.9356795	123	9.7687511	482	10.2312489	50	
	20	9.7044665	359	9.9356671	124	9.7687994	483	10.2312006	40	
	30	9.7045023	358	9.9356548	123	9.7688476	482	10.2311524	30	
	40	9.7045382	359	9.9356424	124	9.7688958	482	10.2311042	20	
	50	9.7045740	358	9.9356300	124	9.7689440	482	10.2310560	10	
26	0	9.7046099	359	9.9356177	123	9.7689922	482	10.2310078	0	34
	10	9.7046457	358	9.9356053	124	9.7690404	482	10.2309596	50	
	20	9.7046815	358	9.9355929	124	9.7690886	482	10.2309114	40	
	30	9.7047174	359	9.9355805	124	9.7691368	482	10.2308632	30	
	40	9.7047532	358	9.9355682	123	9.7691850	482	10.2308150	20	
	50	9.7047890	358	9.9355558	124	9.7692332	482	10.2307668	10	
27	0	9.7048248	358	9.9355434	124	9.7692814	482	10.2307186	0	33
	10	9.7048606	358	9.9355310	124	9.7693296	482	10.2306704	50	
	20	9.7048965	359	9.9355187	123	9.7693778	482	10.2306222	40	
	30	9.7049323	358	9.9355063	124	9.7694260	482	10.2305740	30	
	40	9.7049681	358	9.9354939	124	9.7694742	482	10.2305258	20	
	50	9.7050039	358	9.9354815	124	9.7695224	482	10.2304776	10	
28	0	9.7050397	358	9.9354691	124	9.7695705	481	10.2304295	0	32
	10	9.7050754	357	9.9354567	124	9.7696187	482	10.2303813	50	
	20	9.7051112	358	9.9354443	124	9.7696669	482	10.2303331	40	
	30	9.7051470	358	9.9354320	123	9.7697151	482	10.2302849	30	
	40	9.7051828	358	9.9354196	124	9.7697632	481	10.2302368	20	
	50	9.7052186	358	9.9354072	124	9.7698114	482	10.2301886	10	
29	0	9.7052543	357	9.9353948	124	9.7698596	482	10.2301404	0	31
	10	9.7052901	358	9.9353824	124	9.7699077	481	10.2300923	50	
	20	9.7053259	358	9.9353700	124	9.7699559	482	10.2300441	40	
	30	9.7053616	357	9.9353576	124	9.7700040	481	10.2299960	30	
	40	9.7053974	358	9.9353452	124	9.7700522	482	10.2299478	20	
	50	9.7054331	357	9.9353328	124	9.7701003	481	10.2298997	10	
30	0	9.7054689	358	9.9353204	124	9.7701485	482	10.2298515	0	30
′	″	Co-Sinus.	Dif.	Sinus.	Dif.	Co-Tang.	Dif.	Tang.	″	′

59 Deg.

30 Deg.

′	″	Sinus.	Dif.	Co-Sinus.	Dif.	Tang.	Dif.	Co-Tang.	″	′
30	0	9.7054689		9.9353204		9.7701485		10.2298515	0	30
	10	9.7055046	357	9.9353080	124	9.7701966	481	10.2298034	50	
	20	9.7055404	358	9.9352956	124	9.7702448	482	10.2297552	40	
	30	9.7055761	357	9.9352832	124	9.7702929	481	10.2297071	30	
	40	9.7056118	357	9.9352708	124	9.7703411	482	10.2296589	20	
	50	9.7056475	357	9.9352584	124	9.7703894	483	10.2296106	10	
31	0	9.7056832	357	9.9352459	125	9.7704373	479	10.2295627	0	29
	10	9.7057190	358	9.9352335	124	9.7704855	482	10.2295145	50	
	20	9.7057547	357	9.9352211	124	9.7705336	481	10.2294664	40	
	30	9.7057904	357	9.9352087	124	9.7705817	481	10.2294183	30	
	40	9.7058261	357	9.9351963	124	9.7706298	481	10.2293702	20	
	50	9.7058618	357	9.9351839	124	9.7706779	481	10.2293221	10	
32	0	9.7058975	357	9.9351715	124	9.7707261	482	10.2292739	0	28
	10	9.7059332	357	9.9351590	125	9.7707742	481	10.2292258	50	
	20	9.7059689	357	9.9351466	124	9.7708223	481	10.2291777	40	
	30	9.7060046	357	9.9351342	124	9.7708704	481	10.2291296	30	
	40	9.7060403	357	9.9351218	124	9.7709185	481	10.2290815	20	
	50	9.7060760	357	9.9351093	125	9.7709666	481	10.2290334	10	
33	0	9.7061116	356	9.9350969	124	9.7710147	481	10.2289853	0	27
	10	9.7061473	357	9.9350845	124	9.7710628	481	10.2289372	50	
	20	9.7061830	357	9.9350721	124	9.7711109	481	10.2288891	40	
	30	9.7062186	356	9.9350596	125	9.7711590	481	10.2288410	30	
	40	9.7062543	357	9.9350472	124	9.7712071	481	10.2287929	20	
	50	9.7062900	357	9.9350348	124	9.7712552	481	10.2287448	10	
34	0	9.7063256	356	9.9350223	125	9.7713033	481	10.2286967	0	26
	10	9.7063613	357	9.9350099	124	9.7713514	481	10.2286486	50	
	20	9.7063969	356	9.9349975	124	9.7713994	480	10.2286006	40	
	30	9.7064325	356	9.9349850	125	9.7714475	481	10.2285525	30	
	40	9.7064682	357	9.9349726	124	9.7714956	481	10.2285044	20	
	50	9.7065038	356	9.9349601	125	9.7715437	481	10.2284563	10	
35	0	9.7065394	356	9.9349477	124	9.7715917	480	10.2284083	0	25
	10	9.7065751	357	9.9349352	125	9.7716399	482	10.2283601	50	
	20	9.7066107	356	9.9349228	124	9.7716879	480	10.2283121	40	
	30	9.7066463	356	9.9349104	124	9.7717359	480	10.2282641	30	
	40	9.7066819	356	9.9348979	125	9.7717840	481	10.2282160	20	
	50	9.7067175	356	9.9348855	124	9.7718321	481	10.2281679	10	
36	0	9.7067531	356	9.9348730	125	9.7718801	480	10.2281199	0	24
	10	9.7067887	356	9.9348606	124	9.7719281	480	10.2280719	50	
	20	9.7068243	356	9.9348481	125	9.7719762	481	10.2280238	40	
	30	9.7068599	356	9.9348356	125	9.7720243	481	10.2279757	30	
	40	9.7068955	356	9.9348232	124	9.7720723	480	10.2279277	20	
	50	9.7069311	356	9.9348107	125	9.7721203	480	10.2278797	10	
37	0	9.7069667	356	9.9347982	125	9.7721684	481	10.2278316	0	23
	10	9.7070023	356	9.9347858	124	9.7722164	480	10.2277836	50	
	20	9.7070378	355	9.9347733	125	9.7722645	481	10.2277355	40	
	30	9.7070734	356	9.9347609	124	9.7723125	480	10.2276875	30	
	40	9.7071089	355	9.9347484	125	9.7723605	480	10.2276395	20	
	50	9.7071445	356	9.9347360	124	9.7724086	481	10.2275914	10	
38	0	9.7071801	356	9.9347235	125	9.7724566	480	10.2275434	0	22
	10	9.7072156	355	9.9347110	125	9.7725046	480	10.2274954	50	
	20	9.7072511	355	9.9346985	125	9.7725526	480	10.2274474	40	
	30	9.7072867	356	9.9346861	124	9.7726006	480	10.2273994	30	
	40	9.7073222	355	9.9346736	125	9.7726486	480	10.2273514	20	
	50	9.7073578	356	9.9346611	125	9.7726967	481	10.2273033	10	
39	0	9.7073933	355	9.9346486	125	9.7727447	480	10.2272553	0	21
	10	9.7074289	356	9.9346362	124	9.7727927	480	10.2272073	50	
	20	9.7074644	355	9.9346237	125	9.7728407	480	10.2271593	40	
	30	9.7074999	355	9.9346112	125	9.7728887	480	10.2271113	30	
	40	9.7075354	355	9.9345987	125	9.7729367	480	10.2270633	20	
	50	9.7075709	355	9.9345862	125	9.7729847	480	10.2270153	10	
40	0	9.7076064	355	9.9345738	124	9.7730327	480	10.2269673	0	20
′	″	Co-Sinus.	Dif.	Sinus.	Dif.	Co-Tang.	Dif.	Tang.	″	′

59 Deg.

30 Deg.

′	″	Sinus.	Dif.	Co-Sinus.	Dif.	Tang.	Dif.	Co-Tang.	″	′
40	0	9.7076084		9.9345718		9.7730317		10.2269683	0	20
	10	9.7076431	355	9.9345613	125	9.7730800	480	10.2269200	50	
	20	9.7076779	356	9.9345488	125	9.7731287	477	10.2268713	40	
	30	9.7077129	354	9.9345362	125	9.7731766	480	10.2268234	30	
	40	9.7077482	355	9.9345238	125	9.7732246	480	10.2267754	20	
	50	9.7077839	355	9.9345113	125	9.7732726	480	10.2267274	10	
41	0	9.7078194	355	9.9344988	125	9.7733206	480	10.2266794	0	19
	10	9.7078549	355	9.9344865	125	9.7733686	479	10.2266314	50	
	20	9.7078904	355	9.9344738	125	9.7734165	480	10.2265835	40	
	30	9.7079258	354	9.9344611	125	9.7734645	480	10.2265355	30	
	40	9.7079613	355	9.9344488	125	9.7735125	479	10.2264875	20	
	50	9.7079968	355	9.9344361	125	9.7735604	480	10.2264396	10	
42	0	9.7080323	355	9.9344236	125	9.7736084	480	10.2263916	0	18
	10	9.7080677	354	9.9344111	125	9.7736564	479	10.2263436	50	
	20	9.7081031	354	9.9343986	125	9.7737043	480	10.2262957	40	
	30	9.7081386	355	9.9343860	125	9.7737523	480	10.2262477	30	
	40	9.7081741	355	9.9343738	125	9.7738002	479	10.2261998	20	
	50	9.7082095	354	9.9343611	125	9.7738482	480	10.2261518	10	
43	0	9.7082450	355	9.9343486	125	9.7738961	479	10.2261039	0	17
	10	9.7082804	354	9.9343361	125	9.7739441	479	10.2260559	50	
	20	9.7083158	354	9.9343236	125	9.7739920	479	10.2260080	40	
	30	9.7083512	354	9.9343111	125	9.7740400	480	10.2259600	30	
	40	9.7083867	355	9.9342986	125	9.7740879	479	10.2259121	20	
	50	9.7084221	354	9.9342861	126	9.7741358	479	10.2258642	10	
44	0	9.7084575	354	9.9342737	125	9.7741838	480	10.2258162	0	16
	10	9.7084929	354	9.9342612	125	9.7742317	479	10.2257683	50	
	20	9.7085283	354	9.9342487	125	9.7742796	479	10.2257204	40	
	30	9.7085637	354	9.9342362	125	9.7743276	480	10.2256724	30	
	40	9.7085991	354	9.9342236	126	9.7743755	479	10.2256245	20	
	50	9.7086345	354	9.9342111	125	9.7744234	479	10.2255766	10	
45	0	9.7086699	354	9.9341986	125	9.7744713	479	10.2255287	0	15
	10	9.7087053	354	9.9341861	125	9.7745192	479	10.2254808	50	
	20	9.7087407	354	9.9341735	126	9.7745671	479	10.2254329	40	
	30	9.7087761	354	9.9341610	125	9.7746151	480	10.2253849	30	
	40	9.7088115	354	9.9341485	125	9.7746630	479	10.2253370	20	
	50	9.7088468	353	9.9341359	126	9.7747109	479	10.2252891	10	
46	0	9.7088822	354	9.9341234	125	9.7747588	479	10.2252412	0	14
	10	9.7089176	354	9.9341109	125	9.7748067	479	10.2251933	50	
	20	9.7089529	353	9.9340983	126	9.7748546	479	10.2251454	40	
	30	9.7089883	354	9.9340858	125	9.7749025	479	10.2250975	30	
	40	9.7090236	353	9.9340732	126	9.7749504	479	10.2250496	20	
	50	9.7090590	354	9.9340607	125	9.7749983	479	10.2250017	10	
47	0	9.7090943	353	9.9340481	126	9.7750462	479	10.2249538	0	13
	10	9.7091297	354	9.9340356	125	9.7750941	479	10.2249059	50	
	20	9.7091650	353	9.9340231	125	9.7751419	478	10.2248581	40	
	30	9.7092003	353	9.9340105	126	9.7751898	479	10.2248102	30	
	40	9.7092357	354	9.9339980	125	9.7752377	479	10.2247623	20	
	50	9.7092710	353	9.9339854	126	9.7752856	479	10.2247144	10	
48	0	9.7093063	353	9.9339729	125	9.7753334	478	10.2246666	0	12
	10	9.7093416	353	9.9339603	126	9.7753813	479	10.2246187	50	
	20	9.7093770	354	9.9339478	125	9.7754292	479	10.2245708	40	
	30	9.7094123	353	9.9339352	126	9.7754770	478	10.2245230	30	
	40	9.7094476	353	9.9339227	125	9.7755249	479	10.2244751	20	
	50	9.7094829	353	9.9339101	126	9.7755728	479	10.2244272	10	
49	0	9.7095182	353	9.9338976	125	9.7756206	478	10.2243794	0	11
	10	9.7095535	353	9.9338850	126	9.7756685	479	10.2243315	50	
	20	9.7095888	353	9.9338724	126	9.7757163	478	10.2242837	40	
	30	9.7096241	353	9.9338599	125	9.7757642	479	10.2242358	30	
	40	9.7096593	352	9.9338473	126	9.7758120	478	10.2241880	20	
	50	9.7096946	353	9.9338347	126	9.7758599	479	10.2241401	10	
50	0	9.7097299	353	9.9338222	125	9.7759077	478	10.2240923	0	10
′	″	Co-Sinus.	Dif.	Sinus.	Dif.	Co-Tang.	Dif.	Tang.	″	′

59 Deg.

30 Deg.

′	″	Sinus.	Dif.	Co-Sinus.	Dif.	Tang.	Dif.	Co-Tang.	″	′
50	0	9.7097299		9.9338222		9.7759077		10.2240923	0	10
	10	9.7097651	352	9.9338096	126	9.7759556	479	10.2240444	50	
	20	9.7098004	353	9.9337970	126	9.7760034	478	10.2239966	40	
	30	9.7098357	353	9.9337845	125	9.7760512	478	10.2239488	30	
	40	9.7098709	352	9.9337719	126	9.7760990	478	10.2239010	20	
	50	9.7099062	353	9.9337593	126	9.7761469	479	10.2238531	10	
51	0	9.7099415	353	9.9337467	126	9.7761947	478	10.2238053	0	9
	10	9.7099767	352	9.9337341	126	9.7762425	478	10.2237575	50	
	20	9.7100119	352	9.9337216	125	9.7762904	479	10.2237096	40	
	30	9.7100472	353	9.9337090	126	9.7763382	478	10.2236618	30	
	40	9.7100824	352	9.9336964	126	9.7763860	478	10.2236140	20	
	50	9.7101177	353	9.9336838	126	9.7764339	479	10.2235661	10	
52	0	9.7101529	352	9.9336712	126	9.7764817	478	10.2235183	0	8
	10	9.7101881	352	9.9336587	125	9.7765294	477	10.2234706	50	
	20	9.7102233	352	9.9336461	126	9.7765772	478	10.2234228	40	
	30	9.7102586	353	9.9336335	126	9.7766251	479	10.2233749	30	
	40	9.7102938	352	9.9336209	126	9.7766729	478	10.2233271	20	
	50	9.7103290	352	9.9336083	126	9.7767207	478	10.2232793	10	
53	0	9.7103642	352	9.9335957	126	9.7767685	478	10.2232315	0	7
	10	9.7103994	352	9.9335831	126	9.7768163	478	10.2231837	50	
	20	9.7104346	352	9.9335705	126	9.7768641	478	10.2231359	40	
	30	9.7104698	352	9.9335579	126	9.7769119	478	10.2230881	30	
	40	9.7105050	352	9.9335453	126	9.7769597	478	10.2230403	20	
	50	9.7105402	352	9.9335327	126	9.7770075	478	10.2229925	10	
54	0	9.7105753	351	9.9335201	126	9.7770552	477	10.2229448	0	6
	10	9.7106105	352	9.9335075	126	9.7771030	478	10.2228970	50	
	20	9.7106457	352	9.9334949	126	9.7771508	478	10.2228492	40	
	30	9.7106809	352	9.9334823	126	9.7771986	478	10.2228014	30	
	40	9.7107160	351	9.9334697	126	9.7772463	477	10.2227537	20	
	50	9.7107512	352	9.9334571	126	9.7772941	478	10.2227059	10	
55	0	9.7107863	351	9.9334445	126	9.7773418	477	10.2226582	0	5
	10	9.7108215	352	9.9334319	126	9.7773896	478	10.2226104	50	
	20	9.7108567	352	9.9334193	126	9.7774374	478	10.2225626	40	
	30	9.7108918	351	9.9334067	126	9.7774851	477	10.2225149	30	
	40	9.7109269	351	9.9333941	126	9.7775328	477	10.2224672	20	
	50	9.7109621	352	9.9333814	127	9.7775806	478	10.2224194	10	
56	0	9.7109972	351	9.9333688	126	9.7776284	478	10.2223716	0	4
	10	9.7110324	352	9.9333562	126	9.7776762	478	10.2223238	50	
	20	9.7110675	351	9.9333436	126	9.7777239	477	10.2222761	40	
	30	9.7111026	351	9.9333310	126	9.7777716	477	10.2222284	30	
	40	9.7111377	351	9.9333183	127	9.7778194	478	10.2221806	20	
	50	9.7111728	351	9.9333057	126	9.7778671	477	10.2221329	10	
57	0	9.7112080	352	9.9332931	126	9.7779149	478	10.2220851	0	3
	10	9.7112431	351	9.9332805	126	9.7779626	477	10.2220374	50	
	20	9.7112782	351	9.9332678	127	9.7780103	477	10.2219897	40	
	30	9.7113133	351	9.9332552	126	9.7780581	478	10.2219419	30	
	40	9.7113484	351	9.9332426	126	9.7781058	477	10.2218942	20	
	50	9.7113835	351	9.9332299	127	9.7781535	477	10.2218465	10	
58	0	9.7114186	351	9.9332173	126	9.7782013	478	10.2217987	0	2
	10	9.7114536	350	9.9332047	126	9.7782490	477	10.2217510	50	
	20	9.7114887	351	9.9331920	127	9.7782967	477	10.2217033	40	
	30	9.7115238	351	9.9331794	126	9.7783444	477	10.2216556	30	
	40	9.7115589	351	9.9331668	126	9.7783921	477	10.2216079	20	
	50	9.7115939	350	9.9331541	127	9.7784398	477	10.2215602	10	
59	0	9.7116290	351	9.9331415	126	9.7784875	477	10.2215125	0	1
	10	9.7116641	351	9.9331288	127	9.7785354	479	10.2214646	50	
	20	9.7116991	350	9.9331162	126	9.7785829	475	10.2214171	40	
	30	9.7117342	351	9.9331035	127	9.7786307	478	10.2213693	30	
	40	9.7117692	350	9.9330909	126	9.7786784	477	10.2213216	20	
	50	9.7118043	351	9.9330782	127	9.7787261	477	10.2212739	10	
60	0	9.7118393	350	9.9330656	126	9.7787737	476	10.2212263	0	0
′	″	Co-Sinus.	Dif.	Sinus.	Dif.	Co-Tang.	Dif.	Tang.	″	′

59 Deg.

31 Deg.

′	″	Sinus.	Dif.	Co-Sinus.	Dif.	Tang.	Dif.	Co-Tang.	″	′
0	0	9.7118393		9.9330656		9.7787737		10.2212263	0	60
	10	9.7118744	351	9.9330529	127	9.7788214	477	10.2211786	50	
	20	9.7119094	350	9.9330402	126	9.7788691	477	10.2211309	40	
	30	9.7119444	350	9.9330276	127	9.7789168	477	10.2210832	30	
	40	9.7119795	351	9.9330150	126	9.7789645	477	10.2210355	20	
	50	9.7120145	350	9.9330023	127	9.7790122	477	10.2209878	10	
1	0	9.7120495	350	9.9329897	126	9.7790599	477	10.2209401	0	59
	10	9.7120845	350	9.9329770	127	9.7791075	476	10.2208925	50	
	20	9.7121195	350	9.9329644	126	9.7791552	477	10.2208448	40	
	30	9.7121546	351	9.9329517	127	9.7792029	477	10.2207971	30	
	40	9.7121896	350	9.9329390	127	9.7792505	476	10.2207495	20	
	50	9.7122246	350	9.9329263	127	9.7792982	477	10.2207018	10	
2	0	9.7122596	350	9.9329137	126	9.7793459	477	10.2206541	0	58
	10	9.7122946	350	9.9329010	127	9.7793935	476	10.2206065	50	
	20	9.7123295	349	9.9328883	127	9.7794412	477	10.2205588	40	
	30	9.7123645	350	9.9328757	126	9.7794889	477	10.2205111	30	
	40	9.7123995	350	9.9328630	127	9.7795365	476	10.2204635	20	
	50	9.7124345	350	9.9328503	127	9.7795842	477	10.2204158	10	
3	0	9.7124695	350	9.9328376	127	9.7796318	476	10.2203682	0	57
	10	9.7125044	349	9.9328250	126	9.7796795	477	10.2203205	50	
	20	9.7125394	350	9.9328123	127	9.7797271	476	10.2202729	40	
	30	9.7125744	350	9.9327996	127	9.7797748	477	10.2202252	30	
	40	9.7126093	349	9.9327869	127	9.7798224	476	10.2201776	20	
	50	9.7126443	350	9.9327741	128	9.7798700	476	10.2201300	10	
4	0	9.7126792	349	9.9327616	125	9.7799177	477	10.2200823	0	56
	10	9.7127142	350	9.9327489	127	9.7799653	476	10.2200347	50	
	20	9.7127491	349	9.9327362	127	9.7800129	476	10.2199871	40	
	30	9.7127841	350	9.9327235	127	9.7800606	477	10.2199394	30	
	40	9.7128190	349	9.9327108	127	9.7801082	476	10.2198918	20	
	50	9.7128539	349	9.9326981	127	9.7801558	476	10.2198442	10	
5	0	9.7128889	350	9.9326854	127	9.7802034	476	10.2197966	0	55
	10	9.7129238	349	9.9326727	127	9.7802510	476	10.2197490	50	
	20	9.7129587	349	9.9326600	127	9.7802987	477	10.2197013	40	
	30	9.7129936	349	9.9326473	127	9.7803463	476	10.2196537	30	
	40	9.7130285	349	9.9326346	127	9.7803939	476	10.2196061	20	
	50	9.7130634	349	9.9326220	126	9.7804415	476	10.2195585	10	
6	0	9.7130983	349	9.9326092	128	9.7804891	476	10.2195109	0	54
	10	9.7131331	348	9.9325965	127	9.7805367	476	10.2194633	50	
	20	9.7131681	350	9.9325838	127	9.7805843	476	10.2194157	40	
	30	9.7132030	349	9.9325711	127	9.7806319	476	10.2193681	30	
	40	9.7132379	349	9.9325584	127	9.7806795	476	10.2193205	20	
	50	9.7132728	349	9.9325457	127	9.7807271	476	10.2192729	10	
7	0	9.7133077	349	9.9325330	127	9.7807747	476	10.2192253	0	53
	10	9.7133426	349	9.9325203	127	9.7808223	476	10.2191777	50	
	20	9.7133775	349	9.9325076	127	9.7808699	476	10.2191301	40	
	30	9.7134123	348	9.9324949	127	9.7809174	475	10.2190826	30	
	40	9.7134472	349	9.9324822	127	9.7809650	476	10.2190350	20	
	50	9.7134820	348	9.9324695	127	9.7810126	476	10.2189874	10	
8	0	9.7135169	349	9.9324567	128	9.7810602	476	10.2189398	0	52
	10	9.7135518	349	9.9324440	127	9.7811078	476	10.2188922	50	
	20	9.7135866	348	9.9324313	127	9.7811553	475	10.2188447	40	
	30	9.7136215	349	9.9324186	127	9.7812029	476	10.2187971	30	
	40	9.7136563	348	9.9324059	127	9.7812505	476	10.2187495	20	
	50	9.7136911	348	9.9323931	128	9.7812980	475	10.2187020	10	
9	0	9.7137260	349	9.9323804	127	9.7813456	476	10.2186544	0	51
	10	9.7137608	348	9.9323677	127	9.7813931	475	10.2186069	50	
	20	9.7137957	349	9.9323549	128	9.7814407	476	10.2185593	40	
	30	9.7138305	348	9.9323422	127	9.7814883	476	10.2185117	30	
	40	9.7138653	348	9.9323295	127	9.7815358	475	10.2184642	20	
	50	9.7139001	348	9.9323168	127	9.7815834	476	10.2184166	10	
10	0	9.7139349	348	9.9323040	128	9.7816309	475	10.2183691	0	50
′	″	Co-Sinus.	Dif.	Sinus.	Dif.	Co-Tang.	Dif. com.	Tang.	″	′

58 Deg.

31 Deg.

′	″	Sinus.	Dif.	Co-Sinus.	Dif.	Tang.	Dif.	Co-Tang.	″	′
10	0	9.7139349		9.9323040		9.7816309		10.2183691	0	50
	10	9.7139697	348	9.9322912	128	9.7816785	476	10.2183215	50	
	20	9.7140045	348	9.9322785	127	9.7817260	475	10.2182740	40	
	30	9.7140394	349	9.9322658	127	9.7817735	475	10.2182265	30	
	40	9.7140741	347	9.9322531	127	9.7818211	476	10.2181789	20	
	50	9.7141089	348	9.9322403	128	9.7818686	475	10.2181314	10	
11	0	9.7141437	348	9.9322276	127	9.7819162	476	10.2180838	0	49
	10	9.7141785	348	9.9322148	128	9.7819637	475	10.2180363	50	
	20	9.7142133	348	9.9322021	127	9.7820112	475	10.2179888	40	
	30	9.7142481	348	9.9321893	128	9.7820587	475	10.2179413	30	
	40	9.7142829	348	9.9321766	127	9.7821063	476	10.2178937	20	
	50	9.7143176	347	9.9321639	127	9.7821538	475	10.2178462	10	
12	0	9.7143524	348	9.9321511	128	9.7822013	475	10.2177987	0	48
	10	9.7143872	348	9.9321383	128	9.7822488	475	10.2177512	50	
	20	9.7144219	347	9.9321256	127	9.7822963	475	10.2177037	40	
	30	9.7144567	348	9.9321128	128	9.7823438	475	10.2176562	30	
	40	9.7144914	347	9.9321001	127	9.7823914	476	10.2176086	20	
	50	9.7145262	348	9.9320873	128	9.7824389	475	10.2175611	10	
13	0	9.7145609	347	9.9320746	127	9.7824864	475	10.2175136	0	47
	10	9.7145957	348	9.9320618	128	9.7825339	475	10.2174661	50	
	20	9.7146304	347	9.9320490	128	9.7825814	475	10.2174186	40	
	30	9.7146651	347	9.9320363	127	9.7826289	475	10.2173711	30	
	40	9.7146998	347	9.9320235	128	9.7826764	475	10.2173236	20	
	50	9.7147346	348	9.9320107	128	9.7827239	475	10.2172761	10	
14	0	9.7147693	347	9.9319980	127	9.7827713	474	10.2172287	0	46
	10	9.7148040	347	9.9319852	128	9.7828188	475	10.2171812	50	
	20	9.7148387	347	9.9319724	128	9.7828663	475	10.2171337	40	
	30	9.7148735	348	9.9319597	127	9.7829138	475	10.2170862	30	
	40	9.7149082	347	9.9319469	128	9.7829613	475	10.2170387	20	
	50	9.7149429	347	9.9319341	128	9.7830087	474	10.2169913	10	
15	0	9.7149776	347	9.9319213	128	9.7830562	475	10.2169438	0	45
	10	9.7150123	347	9.9319086	127	9.7831037	475	10.2168963	50	
	20	9.7150470	347	9.9318958	128	9.7831512	475	10.2168488	40	
	30	9.7150817	347	9.9318830	128	9.7831986	474	10.2168014	30	
	40	9.7151163	346	9.9318702	128	9.7832461	475	10.2167539	20	
	50	9.7151510	347	9.9318574	128	9.7832936	475	10.2167064	10	
16	0	9.7151857	347	9.9318447	127	9.7833410	474	10.2166590	0	44
	10	9.7152204	347	9.9318319	128	9.7833885	475	10.2166115	50	
	20	9.7152550	346	9.9318191	128	9.7834360	475	10.2165640	40	
	30	9.7152897	347	9.9318063	128	9.7834834	474	10.2165166	30	
	40	9.7153244	347	9.9317935	128	9.7835309	475	10.2164691	20	
	50	9.7153590	346	9.9317807	128	9.7835783	474	10.2164217	10	
17	0	9.7153937	347	9.9317679	128	9.7836258	475	10.2163742	0	43
	10	9.7154283	346	9.9317551	128	9.7836732	474	10.2163268	50	
	20	9.7154630	347	9.9317423	128	9.7837206	474	10.2162794	40	
	30	9.7154976	346	9.9317295	128	9.7837681	475	10.2162319	30	
	40	9.7155323	347	9.9317167	128	9.7838156	475	10.2161844	20	
	50	9.7155669	346	9.9317039	128	9.7838630	474	10.2161370	10	
18	0	9.7156015	346	9.9316911	128	9.7839104	474	10.2160896	0	42
	10	9.7156362	347	9.9316783	128	9.7839578	474	10.2160422	50	
	20	9.7156708	346	9.9316655	128	9.7840053	475	10.2159947	40	
	30	9.7157054	346	9.9316527	128	9.7840527	474	10.2159473	30	
	40	9.7157400	346	9.9316399	128	9.7841001	474	10.2158999	20	
	50	9.7157746	346	9.9316271	128	9.7841475	474	10.2158525	10	
19	0	9.7158092	346	9.9316143	128	9.7841949	474	10.2158051	0	41
	10	9.7158438	346	9.9316015	128	9.7842423	474	10.2157577	50	
	20	9.7158784	346	9.9315887	128	9.7842898	475	10.2157102	40	
	30	9.7159130	346	9.9315759	128	9.7843372	474	10.2156628	30	
	40	9.7159476	346	9.9315631	128	9.7843846	474	10.2156154	20	
	50	9.7159822	346	9.9315502	129	9.7844320	474	10.2155680	10	
20	0	9.7160168	346	9.9315374	128	9.7844794	474	10.2155206	0	40
′	″	Co-Sinus.	Dif.	Sinus.	Dif.	Co-Tang.	Dif. com.	Tang.	″	′

58 Deg.

31 Deg.

′	″	Sinus.	Dif.	Co-Sinus.	Dif.	Tang.	Dif. com.	Co-Tang.	″	′
20	0	9.7160186		9.9315392		9.7844794		10.2155206	0	40
	10	9.7160531	345	9.9315263	129	9.7845268	474	10.2154732	50	
	20	9.7160876	345	9.9315134	129	9.7845742	474	10.2154258	40	
	30	9.7161221	345	9.9315005	129	9.7846216	474	10.2153784	30	
	40	9.7161566	345	9.9314876	129	9.7846690	474	10.2153310	20	
	50	9.7161911	345	9.9314747	129	9.7847164	474	10.2152836	10	
21	0	9.7162256	345	9.9314619	128	9.7847637	473	10.2152363	0	39
	10	9.7162601	345	9.9314490	129	9.7848111	474	10.2151889	50	
	20	9.7162946	345	9.9314361	129	9.7848585	474	10.2151415	40	
	30	9.7163290	344	9.9314232	129	9.7849058	473	10.2150942	30	
	40	9.7163634	344	9.9314103	129	9.7849531	473	10.2150469	20	
	50	9.7163978	344	9.9313974	129	9.7850004	473	10.2149996	10	
22	0	9.7164322	344	9.9313846	128	9.7850476	472	10.2149524	0	38
	10	9.7164667	345	9.9313717	129	9.7850950	474	10.2149050	50	
	20	9.7165011	344	9.9313588	129	9.7851423	473	10.2148577	40	
	30	9.7165355	344	9.9313459	129	9.7851896	473	10.2148104	30	
	40	9.7165699	344	9.9313330	129	9.7852369	473	10.2147631	20	
	50	9.7166043	344	9.9313201	129	9.7852842	473	10.2147158	10	
23	0	9.7166387	344	9.9313073	128	9.7853314	472	10.2146686	0	37
	10	9.7166732	345	9.9312944	129	9.7853788	474	10.2146212	50	
	20	9.7167077	345	9.9312815	129	9.7854262	474	10.2145738	40	
	30	9.7167422	345	9.9312686	129	9.7854736	474	10.2145264	30	
	40	9.7167767	345	9.9312557	129	9.7855210	474	10.2144790	20	
	50	9.7168112	345	9.9312428	129	9.7855684	474	10.2144316	10	
24	0	9.7168456	344	9.9312300	128	9.7856156	472	10.2143844	0	36
	10	9.7168801	345	9.9312171	129	9.7856630	474	10.2143370	50	
	20	9.7169146	345	9.9312042	129	9.7857104	474	10.2142896	40	
	30	9.7169491	345	9.9311913	129	9.7857578	474	10.2142422	30	
	40	9.7169836	345	9.9311784	129	9.7858052	474	10.2141948	20	
	50	9.7170181	345	9.9311655	129	9.7858526	474	10.2141474	10	
25	0	9.7170526	345	9.9311526	129	9.7859000	474	10.2141000	0	35
	10	9.7170871	345	9.9311397	129	9.7859474	474	10.2140526	50	
	20	9.7171216	345	9.9311268	129	9.7859948	474	10.2140052	40	
	30	9.7171561	345	9.9311139	129	9.7860422	474	10.2139578	30	
	40	9.7171906	345	9.9311010	129	9.7860896	474	10.2139104	20	
	50	9.7172250	344	9.9310881	129	9.7861369	473	10.2138631	10	
26	0	9.7172594	344	9.9310753	128	9.7861841	472	10.2138159	0	34
	10	9.7172939	345	9.9310624	129	9.7862315	474	10.2137685	50	
	20	9.7173284	345	9.9310495	129	9.7862789	474	10.2137211	40	
	30	9.7173628	344	9.9310366	129	9.7863262	473	10.2136738	30	
	40	9.7173972	344	9.9310237	129	9.7863735	473	10.2136265	20	
	50	9.7174316	344	9.9310108	129	9.7864208	473	10.2135792	10	
27	0	9.7174660	344	9.9309979	129	9.7864681	473	10.2135319	0	33
	10	9.7175005	345	9.9309850	129	9.7865155	474	10.2134845	50	
	20	9.7175349	344	9.9309721	129	9.7865628	473	10.2134372	40	
	30	9.7175693	344	9.9309592	129	9.7866101	473	10.2133899	30	
	40	9.7176037	344	9.9309463	129	9.7866574	473	10.2133426	20	
	50	9.7176381	344	9.9309334	129	9.7867047	473	10.2132953	10	
28	0	9.7176725	344	9.9309206	128	9.7867519	472	10.2132481	0	32
	10	9.7177070	345	9.9309077	129	9.7867993	474	10.2132007	50	
	20	9.7177414	344	9.9308948	129	9.7868466	473	10.2131534	40	
	30	9.7177758	344	9.9308819	129	9.7868939	473	10.2131061	30	
	40	9.7178102	344	9.9308690	129	9.7869412	473	10.2130588	20	
	50	9.7178446	344	9.9308561	129	9.7869885	473	10.2130115	10	
29	0	9.7178790	344	9.9308432	129	9.7870358	473	10.2129642	0	31
	10	9.7179134	344	9.9308303	129	9.7870831	473	10.2129169	50	
	20	9.7179478	344	9.9308174	129	9.7871304	473	10.2128696	40	
	30	9.7179822	344	9.9308045	129	9.7871777	473	10.2128223	30	
	40	9.7180165	343	9.9307916	129	9.7872249	472	10.2127751	20	
	50	9.7180508	343	9.9307787	129	9.7872721	472	10.2127279	10	
30	0	9.7180851	343	9.9307658	129	9.7873193	472	10.2126807	0	30
′	″	Co-Sinus.	Dif.	Sinus.	Dif.	Co-Tang.	Dif. com.	Tang.	″	′

58 Deg.

31 Deg.

′	″	Sinus.	Dif.	Co-Sinus.	Dif.	Tang.	Dif. com.	Co-Tang.	″	′
30	0	9.7180851		9.9307658		9.7873193		10.2126807	0	30
	10	9.7181195	344	9.9307529	129	9.7873666	473	10.2126334	50	
	20	9.7181539	344	9.9307400	129	9.7874139	473	10.2125861	40	
	30	9.7181882	343	9.9307271	129	9.7874611	472	10.2125389	30	
	40	9.7182225	343	9.9307142	129	9.7875083	472	10.2124917	20	
	50	9.7182568	343	9.9307013	129	9.7875555	472	10.2124445	10	
31	0	9.7182911	343	9.9306884	129	9.7876027	472	10.2123973	0	29
	10	9.7183255	344	9.9306754	130	9.7876501	474	10.2123499	50	
	20	9.7183599	344	9.9306625	129	9.7876974	473	10.2123026	40	
	30	9.7183942	343	9.9306496	129	9.7877446	472	10.2122554	30	
	40	9.7184285	343	9.9306367	129	9.7877918	472	10.2122082	20	
	50	9.7184628	343	9.9306238	129	9.7878390	472	10.2121610	10	
32	0	9.7184971	343	9.9306109	129	9.7878862	472	10.2121138	0	28
	10	9.7185315	344	9.9305979	130	9.7879336	474	10.2120664	50	
	20	9.7185658	343	9.9305849	130	9.7879809	473	10.2120191	40	
	30	9.7186001	343	9.9305720	129	9.7880281	472	10.2119719	30	
	40	9.7186344	343	9.9305591	129	9.7880753	472	10.2119247	20	
	50	9.7186687	343	9.9305462	129	9.7881225	472	10.2118775	10	
33	0	9.7187030	343	9.9305333	129	9.7881697	472	10.2118303	0	27
	10	9.7187373	343	9.9305203	130	9.7882170	473	10.2117830	50	
	20	9.7187716	343	9.9305073	130	9.7882643	473	10.2117357	40	
	30	9.7188059	343	9.9304944	129	9.7883115	472	10.2116885	30	
	40	9.7188402	343	9.9304815	129	9.7883587	472	10.2116413	20	
	50	9.7188744	342	9.9304686	129	9.7884058	471	10.2115942	10	
34	0	9.7189086	342	9.9304557	129	9.7884529	471	10.2115471	0	26
	10	9.7189430	344	9.9304427	130	9.7885003	474	10.2114997	50	
	20	9.7189773	343	9.9304297	130	9.7885476	473	10.2114524	40	
	30	9.7190116	343	9.9304168	129	9.7885948	472	10.2114052	30	
	40	9.7190459	343	9.9304039	129	9.7886420	472	10.2113580	20	
	50	9.7190802	343	9.9303910	129	9.7886892	472	10.2113108	10	
35	0	9.7191145	343	9.9303781	129	9.7887364	472	10.2112636	0	25
	10	9.7191487	342	9.9303651	130	9.7887836	472	10.2112164	50	
	20	9.7191829	342	9.9303521	130	9.7888308	472	10.2111692	40	
	30	9.7192171	342	9.9303391	130	9.7888780	472	10.2111220	30	
	40	9.7192513	342	9.9303262	129	9.7889251	471	10.2110749	20	
	50	9.7192855	342	9.9303133	129	9.7889722	471	10.2110278	10	
36	0	9.7193197	342	9.9303004	129	9.7890193	471	10.2109807	0	24
	10	9.7193539	342	9.9302874	130	9.7890665	472	10.2109335	50	
	20	9.7193881	342	9.9302744	130	9.7891137	472	10.2108863	40	
	30	9.7194223	342	9.9302614	130	9.7891609	472	10.2108391	30	
	40	9.7194565	342	9.9302484	130	9.7892081	472	10.2107919	20	
	50	9.7194907	342	9.9302355	129	9.7892552	471	10.2107448	10	
37	0	9.7195248	341	9.9302226	129	9.7893022	470	10.2106978	0	23
	10	9.7195590	342	9.9302096	130	9.7893494	472	10.2106506	50	
	20	9.7195932	342	9.9301966	130	9.7893966	472	10.2106034	40	
	30	9.7196274	342	9.9301836	130	9.7894438	472	10.2105562	30	
	40	9.7196616	342	9.9301706	130	9.7894910	472	10.2105090	20	
	50	9.7196958	342	9.9301577	129	9.7895381	471	10.2104619	10	
38	0	9.7197300	342	9.9301448	129	9.7895852	471	10.2104148	0	22
	10	9.7197642	342	9.9301318	130	9.7896324	472	10.2103676	50	
	20	9.7197984	342	9.9301188	130	9.7896796	472	10.2103204	40	
	30	9.7198326	342	9.9301058	130	9.7897268	472	10.2102732	30	
	40	9.7198668	342	9.9300928	130	9.7897740	472	10.2102260	20	
	50	9.7199009	341	9.9300799	129	9.7898210	470	10.2101790	10	
39	0	9.7199350	341	9.9300670	129	9.7898680	470	10.2101320	0	21
	10	9.7199692	342	9.9300540	130	9.7899152	472	10.2100848	50	
	20	9.7200033	341	9.9300410	130	9.7899623	471	10.2100377	40	
	30	9.7200374	341	9.9300280	130	9.7900094	471	10.2099906	30	
	40	9.7200715	341	9.9300150	130	9.7900565	471	10.2099435	20	
	50	9.7201056	341	9.9300020	130	9.7901036	471	10.2098964	10	
40	0	9.7201397	341	9.9299891	129	9.7901506	470	10.2098494	0	20
′	″	Co-Sinus.	Dif.	Sinus.	Dif.	Co-Tang.	Dif. com.	Tang.	″	′

58 Deg.

′	″	Sinus.	Dif.	Co-Sinus.	Dif.	Tang.	Dif. com.	Co-Tang.	″	′
40	0	9.7201399		9.9299891		9.7901508		10.2098492	0	20
	10	9.7201741	342	9.9299761	130	9.7901980	472	10.2098020	50	
	20	9.7202082	341	9.9299631	130	9.7902451	471	10.2097549	40	
	30	9.7202423	341	9.9299501	130	9.7902922	471	10.2097078	30	
	40	9.7202764	341	9.9299371	130	9.7903393	471	10.2096607	20	
	50	9.7203106	342	9.9299241	130	9.7903864	471	10.2096136	10	
41	0	9.7203447	341	9.9299111	130	9.7904335	471	10.2095665	0	19
	10	9.7203788	341	9.9298981	130	9.7904806	471	10.2095194	50	
	20	9.7204129	341	9.9298851	130	9.7905277	471	10.2094723	40	
	30	9.7204470	341	9.9298721	130	9.7905748	471	10.2094252	30	
	40	9.7204811	341	9.9298591	130	9.7906219	471	10.2093781	20	
	50	9.7205152	341	9.9298461	130	9.7906690	471	10.2093310	10	
42	0	9.7205493	341	9.9298331	130	9.7907161	471	10.2092839	0	18
	10	9.7205834	341	9.9298201	130	9.7907632	471	10.2092368	50	
	20	9.7206175	341	9.9298071	130	9.7908103	471	10.2091897	40	
	30	9.7206516	341	9.9297941	130	9.7908574	471	10.2091426	30	
	40	9.7206856	340	9.9297811	130	9.7909045	471	10.2090955	20	
	50	9.7207197	341	9.9297681	130	9.7909516	471	10.2090484	10	
43	0	9.7207538	341	9.9297551	130	9.7909987	471	10.2090013	0	17
	10	9.7207879	341	9.9297421	130	9.7910457	470	10.2089543	50	
	20	9.7208219	340	9.9297291	130	9.7910928	471	10.2089072	40	
	30	9.7208560	341	9.9297160	131	9.7911399	471	10.2088601	30	
	40	9.7208900	340	9.9297030	130	9.7911870	471	10.2088130	20	
	50	9.7209241	341	9.9296900	130	9.7912340	470	10.2087660	10	
44	0	9.7209581	340	9.9296770	130	9.7912811	471	10.2087189	0	16
	10	9.7209922	341	9.9296640	130	9.7913282	471	10.2086718	50	
	20	9.7210262	340	9.9296509	131	9.7913752	470	10.2086248	40	
	30	9.7210603	341	9.9296379	130	9.7914223	471	10.2085777	30	
	40	9.7210943	340	9.9296249	130	9.7914694	471	10.2085306	20	
	50	9.7211283	340	9.9296118	131	9.7915164	470	10.2084836	10	
45	0	9.7211624	341	9.9295988	130	9.7915635	471	10.2084365	0	15
	10	9.7211964	340	9.9295858	130	9.7916105	470	10.2083895	50	
	20	9.7212304	340	9.9295727	131	9.7916576	471	10.2083424	40	
	30	9.7212644	340	9.9295597	130	9.7917046	470	10.2082954	30	
	40	9.7212984	340	9.9295467	130	9.7917517	471	10.2082483	20	
	50	9.7213324	340	9.9295337	130	9.7917987	470	10.2082013	10	
46	0	9.7213664	340	9.9295207	130	9.7918458	471	10.2081542	0	14
	10	9.7214004	340	9.9295077	130	9.7918928	470	10.2081072	50	
	20	9.7214344	340	9.9294946	131	9.7919398	470	10.2080602	40	
	30	9.7214684	340	9.9294816	130	9.7919869	471	10.2080131	30	
	40	9.7215024	340	9.9294685	131	9.7920339	470	10.2079661	20	
	50	9.7215364	340	9.9294555	130	9.7920809	470	10.2079191	10	
47	0	9.7215704	340	9.9294424	131	9.7921280	471	10.2078720	0	13
	10	9.7216044	340	9.9294293	131	9.7921750	470	10.2078250	50	
	20	9.7216383	339	9.9294163	130	9.7922220	470	10.2077780	40	
	30	9.7216723	340	9.9294032	131	9.7922690	470	10.2077310	30	
	40	9.7217063	340	9.9293902	130	9.7923161	471	10.2076839	20	
	50	9.7217402	339	9.9293771	131	9.7923631	470	10.2076369	10	
48	0	9.7217742	340	9.9293641	130	9.7924101	470	10.2075899	0	12
	10	9.7218082	340	9.9293510	131	9.7924571	470	10.2075429	50	
	20	9.7218421	339	9.9293380	130	9.7925041	470	10.2074959	40	
	30	9.7218761	340	9.9293249	131	9.7925511	470	10.2074489	30	
	40	9.7219100	339	9.9293118	131	9.7925981	470	10.2074019	20	
	50	9.7219439	339	9.9292988	130	9.7926451	470	10.2073549	10	
49	0	9.7219779	340	9.9292857	131	9.7926921	470	10.2073079	0	11
	10	9.7220118	339	9.9292726	131	9.7927391	470	10.2072609	50	
	20	9.7220457	339	9.9292596	130	9.7927861	470	10.2072139	40	
	30	9.7220797	340	9.9292465	131	9.7928331	470	10.2071669	30	
	40	9.7221136	339	9.9292334	131	9.7928801	470	10.2071199	20	
	50	9.7221475	339	9.9292204	130	9.7929271	470	10.2070729	10	
50	0	9.7221814	339	9.9292073	131	9.7929741	470	10.2070259	0	10
′	″	Co-Sinus.	Dif.	Sinus.	Dif.	Co-Tang.	Dif. com.	Tang.	″	′

31 Deg.

′	″	Sinus.	Dif.	Co-Sinus.	Dif.	Tang.	Dif. com.	Co-Tang.	″	′
50	0	9.7221814		9.9292073		9.7929741		10.2070259	0	10
	10	9.7222153	339	9.9291942	131	9.7930211	470	10.2069789	50	
	20	9.7222492	339	9.9291811	131	9.7930680	469	10.2069320	40	
	30	9.7222832	340	9.9291681	130	9.7931150	470	10.2068850	30	
	40	9.7223171	339	9.9291550	131	9.7931620	470	10.2068380	20	
	50	9.7223510	339	9.9291420	130	9.7932090	470	10.2067910	10	
51	0	9.7223849	339	9.9291289	131	9.7932560	470	10.2067440	0	9
	10	9.7224187	338	9.9291158	131	9.7933029	469	10.2066971	50	
	20	9.7224526	339	9.9291027	131	9.7933499	470	10.2066501	40	
	30	9.7224865	339	9.9290896	131	9.7933969	470	10.2066031	30	
	40	9.7225204	339	9.9290765	131	9.7934438	469	10.2065562	20	
	50	9.7225543	339	9.9290635	130	9.7934908	470	10.2065092	10	
52	0	9.7225881	338	9.9290504	131	9.7935377	469	10.2064623	0	8
	10	9.7226220	339	9.9290373	131	9.7935847	470	10.2064153	50	
	20	9.7226559	339	9.9290242	131	9.7936317	470	10.2063683	40	
	30	9.7226897	338	9.9290110	132	9.7936786	469	10.2063214	30	
	40	9.7227236	339	9.9289979	131	9.7937256	470	10.2062744	20	
	50	9.7227574	338	9.9289848	131	9.7937725	469	10.2062275	10	
53	0	9.7227913	339	9.9289717	131	9.7938194	469	10.2061806	0	7
	10	9.7228251	338	9.9289586	131	9.7938664	470	10.2061336	50	
	20	9.7228590	339	9.9289455	131	9.7939133	469	10.2060867	40	
	30	9.7228928	338	9.9289324	131	9.7939603	470	10.2060397	30	
	40	9.7229267	339	9.9289194	130	9.7940072	469	10.2059928	20	
	50	9.7229605	338	9.9289063	131	9.7940542	470	10.2059458	10	
54	0	9.7229943	338	9.9288932	131	9.7941011	469	10.2058989	0	6
	10	9.7230281	338	9.9288801	131	9.7941480	469	10.2058520	50	
	20	9.7230620	339	9.9288670	131	9.7941950	470	10.2058050	40	
	30	9.7230958	338	9.9288538	132	9.7942419	469	10.2057581	30	
	40	9.7231296	338	9.9288407	131	9.7942888	469	10.2057112	20	
	50	9.7231634	338	9.9288276	131	9.7943357	469	10.2056643	10	
55	0	9.7231972	338	9.9288145	131	9.7943826	469	10.2056174	0	5
	10	9.7232310	338	9.9288014	131	9.7944296	470	10.2055704	50	
	20	9.7232648	338	9.9287883	131	9.7944765	469	10.2055235	40	
	30	9.7232986	338	9.9287751	132	9.7945234	469	10.2054766	30	
	40	9.7233324	338	9.9287620	131	9.7945703	469	10.2054297	20	
	50	9.7233662	338	9.9287489	131	9.7946172	469	10.2053828	10	
56	0	9.7234000	338	9.9287358	131	9.7946641	469	10.2053359	0	4
	10	9.7234338	338	9.9287227	131	9.7947110	469	10.2052890	50	
	20	9.7234675	337	9.9287096	131	9.7947579	469	10.2052421	40	
	30	9.7235013	338	9.9286964	132	9.7948048	469	10.2051952	30	
	40	9.7235351	338	9.9286833	131	9.7948517	469	10.2051483	20	
	50	9.7235688	337	9.9286702	131	9.7948986	469	10.2051014	10	
57	0	9.7236026	338	9.9286571	131	9.7949455	469	10.2050545	0	3
	10	9.7236364	338	9.9286440	131	9.7949924	469	10.2050076	50	
	20	9.7236701	337	9.9286308	132	9.7950393	469	10.2049607	40	
	30	9.7237039	338	9.9286177	131	9.7950862	469	10.2049138	30	
	40	9.7237376	337	9.9286045	132	9.7951331	469	10.2048669	20	
	50	9.7237714	338	9.9285914	131	9.7951799	468	10.2048201	10	
58	0	9.7238051	337	9.9285782	132	9.7952268	469	10.2047732	0	2
	10	9.7238388	337	9.9285651	131	9.7952737	469	10.2047263	50	
	20	9.7238726	338	9.9285519	132	9.7953206	469	10.2046794	40	
	30	9.7239063	337	9.9285388	131	9.7953674	468	10.2046326	30	
	40	9.7239400	337	9.9285257	131	9.7954143	469	10.2045857	20	
	50	9.7239738	338	9.9285125	132	9.7954612	469	10.2045388	10	
59	0	9.7240075	337	9.9284994	131	9.7955080	468	10.2044920	0	1
	10	9.7240412	337	9.9284863	131	9.7955549	469	10.2044451	50	
	20	9.7240749	337	9.9284731	132	9.7956018	469	10.2043982	40	
	30	9.7241086	337	9.9284600	131	9.7956486	468	10.2043514	30	
	40	9.7241423	337	9.9284468	132	9.7956955	469	10.2043045	20	
	50	9.7241760	337	9.9284337	131	9.7957423	468	10.2042577	10	
60	0	9.7242097	337	9.9284205	132	9.7957892	469	10.2042108	0	0
′	″	Co-Sinus.	Dif.	Sinus.	Dif.	Co-Tang.	Dif. com.	Tang.	″	′

32 Deg.

32 Deg.

′	″	Sinus.	Dif.	Co-Sinus.	Dif.	Tang.	Dif.	Co-Tang.	″	′
0	0	9.7242097		9.9284209		9.7957892		10.2042108	0	60
	10	9.7242434	337	9.9284077	132	9.7958361	469	10.2041639	50	
	20	9.7242771	337	9.9283944	133	9.7958829	468	10.2041171	40	
	30	9.7243108	337	9.9283810	134	9.7959298	469	10.2040702	30	
	40	9.7243445	337	9.9283678	132	9.7959766	468	10.2040234	20	
	50	9.7243781	336	9.9283547	131	9.7960235	469	10.2039765	10	
1	0	9.7244118	337	9.9283415	132	9.7960703	468	10.2039297	0	59
	10	9.7244455	337	9.9283282	133	9.7961171	468	10.2038829	50	
	20	9.7244792	337	9.9283151	131	9.7961640	469	10.2038360	40	
	30	9.7245128	336	9.9283020	131	9.7962108	468	10.2037892	30	
	40	9.7245465	337	9.9282888	132	9.7962576	468	10.2037424	20	
	50	9.7245801	336	9.9282757	131	9.7963045	469	10.2036955	10	
2	0	9.7246138	337	9.9282625	132	9.7963513	468	10.2036487	0	58
	10	9.7246474	336	9.9282493	132	9.7963981	468	10.2036019	50	
	20	9.7246811	337	9.9282361	132	9.7964449	468	10.2035551	40	
	30	9.7247147	336	9.9282230	131	9.7964918	469	10.2035082	30	
	40	9.7247484	337	9.9282098	132	9.7965386	468	10.2034614	20	
	50	9.7247820	336	9.9281966	132	9.7965854	468	10.2034146	10	
3	0	9.7248156	336	9.9281834	132	9.7966322	468	10.2033678	0	57
	10	9.7248493	337	9.9281702	132	9.7966790	468	10.2033210	50	
	20	9.7248829	336	9.9281571	131	9.7967258	468	10.2032742	40	
	30	9.7249165	336	9.9281439	132	9.7967726	468	10.2032274	30	
	40	9.7249501	336	9.9281307	132	9.7968194	468	10.2031806	20	
	50	9.7249837	336	9.9281175	132	9.7968662	468	10.2031338	10	
4	0	9.7250174	337	9.9281043	132	9.7969130	468	10.2030870	0	56
	10	9.7250510	336	9.9280911	132	9.7969598	468	10.2030402	50	
	20	9.7250846	336	9.9280779	132	9.7970066	468	10.2029934	40	
	30	9.7251182	336	9.9280647	132	9.7970534	468	10.2029466	30	
	40	9.7251518	336	9.9280515	132	9.7971003	469	10.2028997	20	
	50	9.7251854	336	9.9280383	132	9.7971470	467	10.2028530	10	
5	0	9.7252189	335	9.9280251	132	9.7971938	468	10.2028062	0	55
	10	9.7252525	336	9.9280119	132	9.7972406	468	10.2027594	50	
	20	9.7252861	336	9.9279987	132	9.7972874	468	10.2027126	40	
	30	9.7253197	336	9.9279855	132	9.7973341	467	10.2026659	30	
	40	9.7253533	336	9.9279723	132	9.7973809	468	10.2026191	20	
	50	9.7253868	335	9.9279591	132	9.7974277	468	10.2025723	10	
6	0	9.7254204	336	9.9279459	132	9.7974745	468	10.2025255	0	54
	10	9.7254540	336	9.9279327	132	9.7975212	467	10.2024788	50	
	20	9.7254875	335	9.9279195	132	9.7975680	468	10.2024320	40	
	30	9.7255211	336	9.9279063	132	9.7976148	468	10.2023852	30	
	40	9.7255546	335	9.9278931	132	9.7976615	467	10.2023385	20	
	50	9.7255882	336	9.9278799	132	9.7977083	468	10.2022917	10	
7	0	9.7256217	335	9.9278667	132	9.7977551	468	10.2022449	0	53
	10	9.7256553	336	9.9278534	133	9.7978018	467	10.2021982	50	
	20	9.7256888	335	9.9278402	132	9.7978486	468	10.2021514	40	
	30	9.7257223	335	9.9278270	132	9.7978953	467	10.2021047	30	
	40	9.7257559	336	9.9278138	132	9.7979421	468	10.2020579	20	
	50	9.7257894	335	9.9278005	133	9.7979888	467	10.2020112	10	
8	0	9.7258229	335	9.9277873	132	9.7980356	468	10.2019644	0	52
	10	9.7258564	335	9.9277741	132	9.7980823	467	10.2019177	50	
	20	9.7258899	335	9.9277609	132	9.7981291	468	10.2018709	40	
	30	9.7259235	336	9.9277476	133	9.7981758	467	10.2018242	30	
	40	9.7259570	335	9.9277344	132	9.7982226	468	10.2017774	20	
	50	9.7259905	335	9.9277212	132	9.7982693	467	10.2017307	10	
9	0	9.7260240	335	9.9277079	133	9.7983160	467	10.2016840	0	51
	10	9.7260575	335	9.9276947	132	9.7983628	468	10.2016372	50	
	20	9.7260910	335	9.9276815	132	9.7984095	467	10.2015905	40	
	30	9.7261245	335	9.9276682	133	9.7984562	467	10.2015438	30	
	40	9.7261579	334	9.9276550	132	9.7985030	468	10.2014970	20	
	50	9.7261914	335	9.9276417	133	9.7985497	467	10.2014503	10	
10	0	9.7262249	335	9.9276285	132	9.7985964	467	10.2014036	0	50
′	″	Co-Sinus.	Dif.	Sinus.	Dif.	Co-Tang.	Dif.	Tang.	″	′

′	″	Sinus.	Dif.	Co-Sinus.	Dif.	Tang.	Dif.	Co-Tang.	″	′
10	0	9.7262249		9.9276285		9.7985964		10.2014036	0	50
	10	9.7262584	335	9.9276152	133	9.7986431	467	10.2013569	50	
	20	9.7262919	335	9.9276020	132	9.7986898	467	10.2013102	40	
	30	9.7263253	334	9.9275887	133	9.7987365	467	10.2012635	30	
	40	9.7263588	335	9.9275755	132	9.7987833	468	10.2012167	20	
	50	9.7263923	335	9.9275622	133	9.7988300	467	10.2011700	10	
11	0	9.7264257	334	9.9275490	132	9.7988767	467	10.2011233	0	49
	10	9.7264592	335	9.9275358	132	9.7989234	467	10.2010766	50	
	20	9.7264926	334	9.9275225	133	9.7989701	467	10.2010299	40	
	30	9.7265261	335	9.9275092	133	9.7990168	467	10.2009832	30	
	40	9.7265595	334	9.9274960	132	9.7990635	467	10.2009365	20	
	50	9.7265929	334	9.9274828	132	9.7991101	467	10.2008899	10	
12	0	9.7266264	335	9.9274695	133	9.7991569	467	10.2008431	0	48
	10	9.7266598	334	9.9274562	133	9.7992036	467	10.2007964	50	
	20	9.7266932	334	9.9274430	132	9.7992503	467	10.2007497	40	
	30	9.7267267	335	9.9274297	133	9.7992969	466	10.2007031	30	
	40	9.7267601	334	9.9274165	132	9.7993436	467	10.2006564	20	
	50	9.7267935	334	9.9274032	133	9.7993903	467	10.2006097	10	
13	0	9.7268269	334	9.9273899	133	9.7994370	467	10.2005630	0	47
	10	9.7268603	334	9.9273767	132	9.7994837	467	10.2005163	50	
	20	9.7268938	335	9.9273634	133	9.7995304	467	10.2004696	40	
	30	9.7269272	334	9.9273501	133	9.7995770	466	10.2004230	30	
	40	9.7269606	334	9.9273369	132	9.7996237	467	10.2003763	20	
	50	9.7269940	334	9.9273236	133	9.7996704	467	10.2003296	10	
14	0	9.7270274	334	9.9273103	133	9.7997170	466	10.2002830	0	46
	10	9.7270607	333	9.9272970	133	9.7997637	467	10.2002363	50	
	20	9.7270941	334	9.9272837	133	9.7998104	467	10.2001896	40	
	30	9.7271275	334	9.9272705	132	9.7998570	466	10.2001430	30	
	40	9.7271609	334	9.9272572	133	9.7999037	467	10.2000963	20	
	50	9.7271943	334	9.9272439	133	9.7999504	467	10.2000496	10	
15	0	9.7272276	333	9.9272306	133	9.7999970	466	10.2000030	0	45
	10	9.7272610	334	9.9272173	133	9.8000437	467	10.1999563	50	
	20	9.7272944	334	9.9272040	133	9.8000903	466	10.1999097	40	
	30	9.7273277	333	9.9271907	133	9.8001370	467	10.1998630	30	
	40	9.7273611	334	9.9271775	132	9.8001836	466	10.1998164	20	
	50	9.7273944	333	9.9271642	133	9.8002303	467	10.1997697	10	
16	0	9.7274278	334	9.9271509	133	9.8002769	466	10.1997231	0	44
	10	9.7274611	333	9.9271376	133	9.8003236	467	10.1996764	50	
	20	9.7274945	334	9.9271243	133	9.8003702	466	10.1996298	40	
	30	9.7275278	333	9.9271110	133	9.8004168	466	10.1995832	30	
	40	9.7275612	334	9.9270977	133	9.8004635	467	10.1995365	20	
	50	9.7275945	333	9.9270844	133	9.8005101	466	10.1994899	10	
17	0	9.7276278	333	9.9270711	133	9.8005567	466	10.1994433	0	43
	10	9.7276611	333	9.9270578	133	9.8006034	467	10.1993966	50	
	20	9.7276945	334	9.9270445	133	9.8006500	466	10.1993500	40	
	30	9.7277278	333	9.9270312	133	9.8006966	466	10.1993034	30	
	40	9.7277611	333	9.9270179	133	9.8007432	466	10.1992568	20	
	50	9.7277944	333	9.9270046	133	9.8007898	466	10.1992102	10	
18	0	9.7278277	333	9.9269913	133	9.8008365	467	10.1991635	0	42
	10	9.7278610	333	9.9269779	134	9.8008831	466	10.1991169	50	
	20	9.7278943	333	9.9269646	133	9.8009297	466	10.1990703	40	
	30	9.7279276	333	9.9269513	133	9.8009763	466	10.1990237	30	
	40	9.7279609	333	9.9269380	133	9.8010229	466	10.1989771	20	
	50	9.7279942	333	9.9269247	133	9.8010695	466	10.1989305	10	
19	0	9.7280275	333	9.9269114	133	9.8011161	466	10.1988839	0	41
	10	9.7280608	333	9.9268981	133	9.8011627	466	10.1988373	50	
	20	9.7280941	333	9.9268847	134	9.8012093	466	10.1987907	40	
	30	9.7281273	332	9.9268714	133	9.8012559	466	10.1987441	30	
	40	9.7281606	333	9.9268581	133	9.8013025	466	10.1986975	20	
	50	9.7281939	333	9.9268448	133	9.8013491	466	10.1986509	10	
20	0	9.7282271	332	9.9268314	134	9.8013957	466	10.1986043	0	40
′	″	Co-Sinus.	Dif.	Sinus.	Dif.	Co-Tang.	Dif.	Tang.	″	′

57 Deg.

57 Deg.

32 Deg.

′	″	Sine.	Dif.	Co-Sine.	Dif.	Tang.	Dif. com.	Co-Tang.	″	′
20	0	9.7282271		9.9268314		9.8013957		10.1986043	0	40
	10	9.7282604	333	9.9268181	133	9.8014423	466	10.1985577	50	
	20	9.7282937	333	9.9268048	133	9.8014889	466	10.1985111	40	
	30	9.7283269	332	9.9267914	134	9.8015355	466	10.1984645	30	
	40	9.7283602	333	9.9267781	133	9.8015821	466	10.1984179	20	
	50	9.7283934	332	9.9267648	133	9.8016286	465	10.1983714	10	
21	0	9.7284267	333	9.9267514	134	9.8016752	466	10.1983248	0	39
	10	9.7284599	332	9.9267381	133	9.8017218	466	10.1982782	50	
	20	9.7284931	332	9.9267248	133	9.8017684	466	10.1982316	40	
	30	9.7285264	333	9.9267114	134	9.8018149	465	10.1981851	30	
	40	9.7285596	332	9.9266981	133	9.8018615	466	10.1981385	20	
	50	9.7285928	332	9.9266847	134	9.8019081	466	10.1980919	10	
22	0	9.7286260	332	9.9266714	133	9.8019546	465	10.1980454	0	38
	10	9.7286593	333	9.9266580	134	9.8020012	466	10.1979988	50	
	20	9.7286925	332	9.9266447	133	9.8020478	466	10.1979522	40	
	30	9.7287257	332	9.9266314	133	9.8020943	465	10.1979057	30	
	40	9.7287589	332	9.9266180	134	9.8021409	466	10.1978591	20	
	50	9.7287921	332	9.9266047	133	9.8021874	465	10.1978126	10	
23	0	9.7288253	332	9.9265913	134	9.8022340	466	10.1977660	0	37
	10	9.7288585	332	9.9265779	134	9.8022805	465	10.1977195	50	
	20	9.7288917	332	9.9265646	133	9.8023271	466	10.1976729	40	
	30	9.7289249	332	9.9265512	134	9.8023736	465	10.1976264	30	
	40	9.7289581	332	9.9265379	133	9.8024202	466	10.1975798	20	
	50	9.7289912	331	9.9265245	134	9.8024667	465	10.1975333	10	
24	0	9.7290244	332	9.9265112	133	9.8025133	466	10.1974867	0	36
	10	9.7290576	332	9.9264978	134	9.8025598	465	10.1974402	50	
	20	9.7290908	332	9.9264844	134	9.8026063	465	10.1973937	40	
	30	9.7291239	331	9.9264711	133	9.8026529	466	10.1973471	30	
	40	9.7291571	332	9.9264577	134	9.8026994	465	10.1973006	20	
	50	9.7291903	332	9.9264443	134	9.8027459	465	10.1972541	10	
25	0	9.7292234	331	9.9264310	133	9.8027925	466	10.1972075	0	35
	10	9.7292566	332	9.9264176	134	9.8028390	465	10.1971610	50	
	20	9.7292897	331	9.9264042	134	9.8028855	465	10.1971145	40	
	30	9.7293229	332	9.9263908	134	9.8029320	465	10.1970680	30	
	40	9.7293560	331	9.9263775	133	9.8029786	466	10.1970214	20	
	50	9.7293892	332	9.9263641	134	9.8030251	465	10.1969749	10	
26	0	9.7294223	331	9.9263507	134	9.8030716	465	10.1969284	0	34
	10	9.7294554	331	9.9263373	134	9.8031181	465	10.1968819	50	
	20	9.7294886	332	9.9263239	134	9.8031646	465	10.1968354	40	
	30	9.7295217	331	9.9263106	133	9.8032111	465	10.1967889	30	
	40	9.7295548	331	9.9262972	134	9.8032576	465	10.1967424	20	
	50	9.7295879	331	9.9262838	134	9.8033041	465	10.1966959	10	
27	0	9.7296210	331	9.9262704	134	9.8033506	465	10.1966494	0	33
	10	9.7296542	332	9.9262570	134	9.8033971	465	10.1966029	50	
	20	9.7296873	331	9.9262436	134	9.8034436	465	10.1965564	40	
	30	9.7297204	331	9.9262302	134	9.8034901	465	10.1965099	30	
	40	9.7297535	331	9.9262168	134	9.8035366	465	10.1964634	20	
	50	9.7297866	331	9.9262034	134	9.8035831	465	10.1964169	10	
28	0	9.7298197	331	9.9261901	133	9.8036296	465	10.1963704	0	32
	10	9.7298528	331	9.9261767	134	9.8036761	465	10.1963239	50	
	20	9.7298858	330	9.9261633	134	9.8037226	465	10.1962774	40	
	30	9.7299189	331	9.9261499	134	9.8037691	465	10.1962309	30	
	40	9.7299520	331	9.9261365	134	9.8038156	465	10.1961844	20	
	50	9.7299851	331	9.9261231	134	9.8038620	464	10.1961380	10	
29	0	9.7300182	331	9.9261096	135	9.8039085	465	10.1960915	0	31
	10	9.7300512	330	9.9260962	134	9.8039550	465	10.1960450	50	
	20	9.7300843	331	9.9260828	134	9.8040015	465	10.1959985	40	
	30	9.7301174	331	9.9260694	134	9.8040479	464	10.1959521	30	
	40	9.7301504	330	9.9260560	134	9.8040944	465	10.1959056	20	
	50	9.7301835	331	9.9260426	134	9.8041409	465	10.1958591	10	
30	0	9.7302165	330	9.9260292	134	9.8041873	464	10.1958127	0	30
′	″	Co-Sine.	Dif.	Sine.	Dif.	Co-Tang.	Dif. com.	Tang.	″	′

57 Deg.

32 Deg.

′	″	Sine.	Dif.	Co-Sine.	Dif.	Tang.	Dif. com.	Co-Tang.	″	′
30	0	9.7302165		9.9260292		9.8041873		10.1958127	0	30
	10	9.7302496	331	9.9260158	134	9.8042338	465	10.1957662	50	
	20	9.7302826	330	9.9260024	134	9.8042803	465	10.1957197	40	
	30	9.7303157	331	9.9259889	135	9.8043267	464	10.1956733	30	
	40	9.7303487	330	9.9259755	134	9.8043732	465	10.1956268	20	
	50	9.7303817	330	9.9259621	134	9.8044196	464	10.1955804	10	
31	0	9.7304148	331	9.9259487	134	9.8044661	465	10.1955339	0	29
	10	9.7304478	330	9.9259353	134	9.8045125	464	10.1954875	50	
	20	9.7304808	330	9.9259218	135	9.8045590	465	10.1954410	40	
	30	9.7305138	330	9.9259084	134	9.8046054	464	10.1953946	30	
	40	9.7305468	330	9.9258950	134	9.8046519	465	10.1953481	20	
	50	9.7305799	331	9.9258816	134	9.8046983	464	10.1953017	10	
32	0	9.7306129	330	9.9258681	135	9.8047447	464	10.1952553	0	28
	10	9.7306459	330	9.9258547	134	9.8047912	465	10.1952088	50	
	20	9.7306789	330	9.9258413	134	9.8048376	464	10.1951624	40	
	30	9.7307119	330	9.9258278	135	9.8048840	464	10.1951160	30	
	40	9.7307449	330	9.9258144	134	9.8049305	465	10.1950695	20	
	50	9.7307779	330	9.9258010	134	9.8049769	464	10.1950231	10	
33	0	9.7308108	329	9.9257875	135	9.8050233	464	10.1949767	0	27
	10	9.7308438	330	9.9257741	134	9.8050698	465	10.1949302	50	
	20	9.7308768	330	9.9257606	135	9.8051162	464	10.1948838	40	
	30	9.7309098	330	9.9257472	134	9.8051626	464	10.1948374	30	
	40	9.7309428	330	9.9257337	135	9.8052090	464	10.1947910	20	
	50	9.7309757	329	9.9257203	134	9.8052554	464	10.1947446	10	
34	0	9.7310087	330	9.9257069	134	9.8053019	465	10.1946981	0	26
	10	9.7310417	330	9.9256934	135	9.8053483	464	10.1946517	50	
	20	9.7310746	329	9.9256800	134	9.8053947	464	10.1946053	40	
	30	9.7311076	330	9.9256665	135	9.8054411	464	10.1945589	30	
	40	9.7311405	329	9.9256530	135	9.8054875	464	10.1945125	20	
	50	9.7311735	330	9.9256396	134	9.8055339	464	10.1944661	10	
35	0	9.7312064	329	9.9256261	135	9.8055803	464	10.1944197	0	25
	10	9.7312394	330	9.9256127	134	9.8056267	464	10.1943733	50	
	20	9.7312723	329	9.9255992	135	9.8056731	464	10.1943269	40	
	30	9.7313052	329	9.9255858	134	9.8057195	464	10.1942805	30	
	40	9.7313382	330	9.9255723	135	9.8057659	464	10.1942341	20	
	50	9.7313711	329	9.9255588	135	9.8058123	464	10.1941877	10	
36	0	9.7314040	329	9.9255454	134	9.8058587	464	10.1941413	0	24
	10	9.7314370	330	9.9255319	135	9.8059051	464	10.1940949	50	
	20	9.7314699	329	9.9255184	135	9.8059514	463	10.1940486	40	
	30	9.7315028	329	9.9255050	134	9.8059978	464	10.1940022	30	
	40	9.7315357	329	9.9254915	135	9.8060442	464	10.1939558	20	
	50	9.7315686	329	9.9254780	135	9.8060906	464	10.1939094	10	
37	0	9.7316015	329	9.9254646	134	9.8061370	464	10.1938630	0	23
	10	9.7316344	329	9.9254511	135	9.8061833	463	10.1938167	50	
	20	9.7316673	329	9.9254376	135	9.8062297	464	10.1937703	40	
	30	9.7317002	329	9.9254241	135	9.8062761	464	10.1937239	30	
	40	9.7317331	329	9.9254106	135	9.8063224	463	10.1936776	20	
	50	9.7317660	329	9.9253972	134	9.8063688	464	10.1936312	10	
38	0	9.7317989	329	9.9253837	135	9.8064152	464	10.1935848	0	22
	10	9.7318317	328	9.9253702	135	9.8064615	463	10.1935385	50	
	20	9.7318646	329	9.9253567	135	9.8065079	464	10.1934921	40	
	30	9.7318975	329	9.9253432	135	9.8065543	464	10.1934457	30	
	40	9.7319304	329	9.9253297	135	9.8066006	463	10.1933994	20	
	50	9.7319632	328	9.9253163	134	9.8066470	464	10.1933530	10	
39	0	9.7319961	329	9.9253028	135	9.8066933	463	10.1933067	0	21
	10	9.7320289	328	9.9252893	135	9.8067397	464	10.1932603	50	
	20	9.7320618	329	9.9252758	135	9.8067860	463	10.1932140	40	
	30	9.7320946	328	9.9252623	135	9.8068324	464	10.1931676	30	
	40	9.7321275	329	9.9252488	135	9.8068787	463	10.1931213	20	
	50	9.7321603	328	9.9252353	135	9.8069250	463	10.1930750	10	
40	0	9.7321932	329	9.9252218	135	9.8069714	464	10.1930286	0	20
′	″	Co-Sine.	Dif.	Sine.	Dif.	Co-Tang.	Dif. com.	Tang.	″	′

57 Deg.

′	″	Sinus.	Dif.	Co-Sinus.	Dif.	Tang.	Dif.	Co-Tang.	″	′
40	0	[illegible]		[illegible]		[illegible]		[illegible]	0	20
	10	[illegible]	[illegible]	[illegible]	[illegible]	[illegible]	[illegible]	[illegible]	50	
	20	[illegible]	[illegible]	[illegible]	[illegible]	[illegible]	[illegible]	[illegible]	40	
	30	[illegible]	[illegible]	[illegible]	[illegible]	[illegible]	[illegible]	[illegible]	30	
	40	[illegible]	[illegible]	[illegible]	[illegible]	[illegible]	[illegible]	[illegible]	20	
	50	[illegible]	[illegible]	[illegible]	[illegible]	[illegible]	[illegible]	[illegible]	10	
41	0	[illegible]		[illegible]		[illegible]		[illegible]	0	19
	10	[illegible]	[illegible]	[illegible]	[illegible]	[illegible]	[illegible]	[illegible]	50	
	20	[illegible]	[illegible]	[illegible]	[illegible]	[illegible]	[illegible]	[illegible]	40	
	30	[illegible]	[illegible]	[illegible]	[illegible]	[illegible]	[illegible]	[illegible]	30	
	40	[illegible]	[illegible]	[illegible]	[illegible]	[illegible]	[illegible]	[illegible]	20	
	50	[illegible]	[illegible]	[illegible]	[illegible]	[illegible]	[illegible]	[illegible]	10	
42	0	[illegible]		[illegible]		[illegible]		[illegible]	0	18
	10	[illegible]	[illegible]	[illegible]	[illegible]	[illegible]	[illegible]	[illegible]	50	
	20	[illegible]	[illegible]	[illegible]	[illegible]	[illegible]	[illegible]	[illegible]	40	
	30	[illegible]	[illegible]	[illegible]	[illegible]	[illegible]	[illegible]	[illegible]	30	
	40	[illegible]	[illegible]	[illegible]	[illegible]	[illegible]	[illegible]	[illegible]	20	
	50	[illegible]	[illegible]	[illegible]	[illegible]	[illegible]	[illegible]	[illegible]	10	
43	0	[illegible]		[illegible]		[illegible]		[illegible]	0	17
	10	[illegible]	[illegible]	[illegible]	[illegible]	[illegible]	[illegible]	[illegible]	50	
	20	[illegible]	[illegible]	[illegible]	[illegible]	[illegible]	[illegible]	[illegible]	40	
	30	[illegible]	[illegible]	[illegible]	[illegible]	[illegible]	[illegible]	[illegible]	30	
	40	[illegible]	[illegible]	[illegible]	[illegible]	[illegible]	[illegible]	[illegible]	20	
	50	[illegible]	[illegible]	[illegible]	[illegible]	[illegible]	[illegible]	[illegible]	10	
44	0	[illegible]		[illegible]		[illegible]		[illegible]	0	16
	10	[illegible]	[illegible]	[illegible]	[illegible]	[illegible]	[illegible]	[illegible]	50	
	20	[illegible]	[illegible]	[illegible]	[illegible]	[illegible]	[illegible]	[illegible]	40	
	30	[illegible]	[illegible]	[illegible]	[illegible]	[illegible]	[illegible]	[illegible]	30	
	40	[illegible]	[illegible]	[illegible]	[illegible]	[illegible]	[illegible]	[illegible]	20	
	50	[illegible]	[illegible]	[illegible]	[illegible]	[illegible]	[illegible]	[illegible]	10	
45	0	[illegible]		[illegible]		[illegible]		[illegible]	0	15
	10	[illegible]	[illegible]	[illegible]	[illegible]	[illegible]	[illegible]	[illegible]	50	
	20	[illegible]	[illegible]	[illegible]	[illegible]	[illegible]	[illegible]	[illegible]	40	
	30	[illegible]	[illegible]	[illegible]	[illegible]	[illegible]	[illegible]	[illegible]	30	
	40	[illegible]	[illegible]	[illegible]	[illegible]	[illegible]	[illegible]	[illegible]	20	
	50	[illegible]	[illegible]	[illegible]	[illegible]	[illegible]	[illegible]	[illegible]	10	
46	0	[illegible]		[illegible]		[illegible]		[illegible]	0	14
	10	[illegible]	[illegible]	[illegible]	[illegible]	[illegible]	[illegible]	[illegible]	50	
	20	[illegible]	[illegible]	[illegible]	[illegible]	[illegible]	[illegible]	[illegible]	40	
	30	[illegible]	[illegible]	[illegible]	[illegible]	[illegible]	[illegible]	[illegible]	30	
	40	[illegible]	[illegible]	[illegible]	[illegible]	[illegible]	[illegible]	[illegible]	20	
	50	[illegible]	[illegible]	[illegible]	[illegible]	[illegible]	[illegible]	[illegible]	10	
47	0	[illegible]		[illegible]		[illegible]		[illegible]	0	13
	10	[illegible]	[illegible]	[illegible]	[illegible]	[illegible]	[illegible]	[illegible]	50	
	20	[illegible]	[illegible]	[illegible]	[illegible]	[illegible]	[illegible]	[illegible]	40	
	30	[illegible]	[illegible]	[illegible]	[illegible]	[illegible]	[illegible]	[illegible]	30	
	40	[illegible]	[illegible]	[illegible]	[illegible]	[illegible]	[illegible]	[illegible]	20	
	50	[illegible]	[illegible]	[illegible]	[illegible]	[illegible]	[illegible]	[illegible]	10	
48	0	[illegible]		[illegible]		[illegible]		[illegible]	0	12
	10	[illegible]	[illegible]	[illegible]	[illegible]	[illegible]	[illegible]	[illegible]	50	
	20	[illegible]	[illegible]	[illegible]	[illegible]	[illegible]	[illegible]	[illegible]	40	
	30	[illegible]	[illegible]	[illegible]	[illegible]	[illegible]	[illegible]	[illegible]	30	
	40	[illegible]	[illegible]	[illegible]	[illegible]	[illegible]	[illegible]	[illegible]	20	
	50	[illegible]	[illegible]	[illegible]	[illegible]	[illegible]	[illegible]	[illegible]	10	
49	0	[illegible]		[illegible]		[illegible]		[illegible]	0	11
	10	[illegible]	[illegible]	[illegible]	[illegible]	[illegible]	[illegible]	[illegible]	50	
	20	[illegible]	[illegible]	[illegible]	[illegible]	[illegible]	[illegible]	[illegible]	40	
	30	[illegible]	[illegible]	[illegible]	[illegible]	[illegible]	[illegible]	[illegible]	30	
	40	[illegible]	[illegible]	[illegible]	[illegible]	[illegible]	[illegible]	[illegible]	20	
	50	[illegible]	[illegible]	[illegible]	[illegible]	[illegible]	[illegible]	[illegible]	10	
50	0	[illegible]		[illegible]		[illegible]		[illegible]	0	10
′	″	Co-Sinus.	Dif.	Sinus.	Dif.	Co-Tang.	Dif.	Tang.	″	′

57 Deg.

32 Deg.

′	″	Sinus.	Dif.	Co-Sinus.	Dif.	Tang.	Dif.	Co-Tang.	″	′
50	0	[illegible]		[illegible]		[illegible]		[illegible]	0	10
	10	[illegible]	[illegible]	[illegible]	[illegible]	[illegible]	[illegible]	[illegible]	50	
	20	[illegible]	[illegible]	[illegible]	[illegible]	[illegible]	[illegible]	[illegible]	40	
	30	[illegible]	[illegible]	[illegible]	[illegible]	[illegible]	[illegible]	[illegible]	30	
	40	[illegible]	[illegible]	[illegible]	[illegible]	[illegible]	[illegible]	[illegible]	20	
	50	[illegible]	[illegible]	[illegible]	[illegible]	[illegible]	[illegible]	[illegible]	10	
51	0	[illegible]		[illegible]		[illegible]		[illegible]	0	9
	10	[illegible]	[illegible]	[illegible]	[illegible]	[illegible]	[illegible]	[illegible]	50	
	20	[illegible]	[illegible]	[illegible]	[illegible]	[illegible]	[illegible]	[illegible]	40	
	30	[illegible]	[illegible]	[illegible]	[illegible]	[illegible]	[illegible]	[illegible]	30	
	40	[illegible]	[illegible]	[illegible]	[illegible]	[illegible]	[illegible]	[illegible]	20	
	50	[illegible]	[illegible]	[illegible]	[illegible]	[illegible]	[illegible]	[illegible]	10	
52	0	[illegible]		[illegible]		[illegible]		[illegible]	0	8
	10	[illegible]	[illegible]	[illegible]	[illegible]	[illegible]	[illegible]	[illegible]	50	
	20	[illegible]	[illegible]	[illegible]	[illegible]	[illegible]	[illegible]	[illegible]	40	
	30	[illegible]	[illegible]	[illegible]	[illegible]	[illegible]	[illegible]	[illegible]	30	
	40	[illegible]	[illegible]	[illegible]	[illegible]	[illegible]	[illegible]	[illegible]	20	
	50	[illegible]	[illegible]	[illegible]	[illegible]	[illegible]	[illegible]	[illegible]	10	
53	0	[illegible]		[illegible]		[illegible]		[illegible]	0	7
	10	[illegible]	[illegible]	[illegible]	[illegible]	[illegible]	[illegible]	[illegible]	50	
	20	[illegible]	[illegible]	[illegible]	[illegible]	[illegible]	[illegible]	[illegible]	40	
	30	[illegible]	[illegible]	[illegible]	[illegible]	[illegible]	[illegible]	[illegible]	30	
	40	[illegible]	[illegible]	[illegible]	[illegible]	[illegible]	[illegible]	[illegible]	20	
	50	[illegible]	[illegible]	[illegible]	[illegible]	[illegible]	[illegible]	[illegible]	10	
54	0	[illegible]		[illegible]		[illegible]		[illegible]	0	6
	10	[illegible]	[illegible]	[illegible]	[illegible]	[illegible]	[illegible]	[illegible]	50	
	20	[illegible]	[illegible]	[illegible]	[illegible]	[illegible]	[illegible]	[illegible]	40	
	30	[illegible]	[illegible]	[illegible]	[illegible]	[illegible]	[illegible]	[illegible]	30	
	40	[illegible]	[illegible]	[illegible]	[illegible]	[illegible]	[illegible]	[illegible]	20	
	50	[illegible]	[illegible]	[illegible]	[illegible]	[illegible]	[illegible]	[illegible]	10	
55	0	[illegible]		[illegible]		[illegible]		[illegible]	0	5
	10	[illegible]	[illegible]	[illegible]	[illegible]	[illegible]	[illegible]	[illegible]	50	
	20	[illegible]	[illegible]	[illegible]	[illegible]	[illegible]	[illegible]	[illegible]	40	
	30	[illegible]	[illegible]	[illegible]	[illegible]	[illegible]	[illegible]	[illegible]	30	
	40	[illegible]	[illegible]	[illegible]	[illegible]	[illegible]	[illegible]	[illegible]	20	
	50	[illegible]	[illegible]	[illegible]	[illegible]	[illegible]	[illegible]	[illegible]	10	
56	0	[illegible]		[illegible]		[illegible]		[illegible]	0	4
	10	[illegible]	[illegible]	[illegible]	[illegible]	[illegible]	[illegible]	[illegible]	50	
	20	[illegible]	[illegible]	[illegible]	[illegible]	[illegible]	[illegible]	[illegible]	40	
	30	[illegible]	[illegible]	[illegible]	[illegible]	[illegible]	[illegible]	[illegible]	30	
	40	[illegible]	[illegible]	[illegible]	[illegible]	[illegible]	[illegible]	[illegible]	20	
	50	[illegible]	[illegible]	[illegible]	[illegible]	[illegible]	[illegible]	[illegible]	10	
57	0	[illegible]		[illegible]		[illegible]		[illegible]	0	3
	10	[illegible]	[illegible]	[illegible]	[illegible]	[illegible]	[illegible]	[illegible]	50	
	20	[illegible]	[illegible]	[illegible]	[illegible]	[illegible]	[illegible]	[illegible]	40	
	30	[illegible]	[illegible]	[illegible]	[illegible]	[illegible]	[illegible]	[illegible]	30	
	40	[illegible]	[illegible]	[illegible]	[illegible]	[illegible]	[illegible]	[illegible]	20	
	50	[illegible]	[illegible]	[illegible]	[illegible]	[illegible]	[illegible]	[illegible]	10	
58	0	[illegible]		[illegible]		[illegible]		[illegible]	0	2
	10	[illegible]	[illegible]	[illegible]	[illegible]	[illegible]	[illegible]	[illegible]	50	
	20	[illegible]	[illegible]	[illegible]	[illegible]	[illegible]	[illegible]	[illegible]	40	
	30	[illegible]	[illegible]	[illegible]	[illegible]	[illegible]	[illegible]	[illegible]	30	
	40	[illegible]	[illegible]	[illegible]	[illegible]	[illegible]	[illegible]	[illegible]	20	
	50	[illegible]	[illegible]	[illegible]	[illegible]	[illegible]	[illegible]	[illegible]	10	
59	0	[illegible]		[illegible]		[illegible]		[illegible]	0	1
	10	[illegible]	[illegible]	[illegible]	[illegible]	[illegible]	[illegible]	[illegible]	50	
	20	[illegible]	[illegible]	[illegible]	[illegible]	[illegible]	[illegible]	[illegible]	40	
	30	[illegible]	[illegible]	[illegible]	[illegible]	[illegible]	[illegible]	[illegible]	30	
	40	[illegible]	[illegible]	[illegible]	[illegible]	[illegible]	[illegible]	[illegible]	20	
	50	[illegible]	[illegible]	[illegible]	[illegible]	[illegible]	[illegible]	[illegible]	10	
60	0	[illegible]		[illegible]		[illegible]		[illegible]	0	0
′	″	Co-Sinus.	Dif.	Sinus.	Dif.	Co-Tang.	Dif.	Tang.	″	′

33 Deg.

'	"	Sinus.	Dif.	Co-Sinus.	Dif.	Tang.	Dif. com.	Co-Tang.	"	'
0	0	9.7361088		9.9235914		9.8125174		10.1874826	0	60
	10	9.7361412	324	9.9235777	137	9.8125635	461	10.1874365	50	
	20	9.7361736	324	9.9235641	137	9.8126095	460	10.1873905	40	
	30	9.7362060	324	9.9235504	137	9.8126556	461	10.1873444	30	
	40	9.7362384	324	9.9235367	137	9.8127017	461	10.1872983	20	
	50	9.7362708	324	9.9235230	137	9.8127478	461	10.1872522	10	
1	0	9.7363032	324	9.9235093	137	9.8127939	461	10.1872061	0	59
	10	9.7363356	324	9.9234957	136	9.8128400	461	10.1871600	50	
	20	9.7363680	324	9.9234820	137	9.8128861	461	10.1871139	40	
	30	9.7364004	324	9.9234683	137	9.8129321	460	10.1870679	30	
	40	9.7364328	324	9.9234546	137	9.8129782	461	10.1870218	20	
	50	9.7364651	323	9.9234409	137	9.8130243	461	10.1869757	10	
2	0	9.7364975	324	9.9234272	137	9.8130704	461	10.1869296	0	58
	10	9.7365299	324	9.9234135	137	9.8131164	460	10.1868836	50	
	20	9.7365623	324	9.9233998	137	9.8131625	461	10.1868375	40	
	30	9.7365947	324	9.9233861	137	9.8132086	461	10.1867914	30	
	40	9.7366271	324	9.9233724	137	9.8132546	460	10.1867454	20	
	50	9.7366594	323	9.9233587	137	9.8133007	461	10.1866993	10	
3	0	9.7366918	324	9.9233450	137	9.8133468	461	10.1866532	0	57
	10	9.7367242	324	9.9233313	137	9.8133928	460	10.1866072	50	
	20	9.7367566	324	9.9233176	137	9.8134389	461	10.1865611	40	
	30	9.7367889	323	9.9233039	137	9.8134850	461	10.1865150	30	
	40	9.7368212	323	9.9232902	137	9.8135310	460	10.1864690	20	
	50	9.7368536	324	9.9232765	137	9.8135770	460	10.1864230	10	
4	0	9.7368859	323	9.9232628	137	9.8136231	461	10.1863769	0	56
	10	9.7369183	324	9.9232491	137	9.8136691	460	10.1863309	50	
	20	9.7369506	323	9.9232354	137	9.8137152	461	10.1862848	40	
	30	9.7369829	323	9.9232217	137	9.8137612	460	10.1862388	30	
	40	9.7370152	323	9.9232080	137	9.8138073	461	10.1861927	20	
	50	9.7370476	324	9.9231943	137	9.8138533	460	10.1861467	10	
5	0	9.7370799	323	9.9231806	137	9.8138993	460	10.1861007	0	55
	10	9.7371122	323	9.9231669	137	9.8139454	461	10.1860546	50	
	20	9.7371445	323	9.9231531	138	9.8139914	460	10.1860086	40	
	30	9.7371768	323	9.9231394	137	9.8140374	460	10.1859626	30	
	40	9.7372091	323	9.9231257	137	9.8140835	461	10.1859165	20	
	50	9.7372414	323	9.9231119	138	9.8141295	460	10.1858705	10	
6	0	9.7372737	323	9.9230982	137	9.8141755	460	10.1858245	0	54
	10	9.7373060	323	9.9230845	137	9.8142215	460	10.1857785	50	
	20	9.7373383	323	9.9230708	137	9.8142676	461	10.1857324	40	
	30	9.7373706	323	9.9230570	138	9.8143136	460	10.1856864	30	
	40	9.7374029	323	9.9230433	137	9.8143596	460	10.1856404	20	
	50	9.7374352	323	9.9230296	137	9.8144056	460	10.1855944	10	
7	0	9.7374675	323	9.9230158	138	9.8144516	460	10.1855484	0	53
	10	9.7374997	322	9.9230021	137	9.8144976	460	10.1855024	50	
	20	9.7375320	323	9.9229883	138	9.8145436	460	10.1854564	40	
	30	9.7375643	323	9.9229746	137	9.8145897	461	10.1854103	30	
	40	9.7375966	323	9.9229609	137	9.8146357	460	10.1853643	20	
	50	9.7376288	322	9.9229471	138	9.8146817	460	10.1853183	10	
8	0	9.7376611	323	9.9229334	137	9.8147277	460	10.1852723	0	52
	10	9.7376933	322	9.9229197	137	9.8147737	460	10.1852263	50	
	20	9.7377256	323	9.9229059	138	9.8148197	460	10.1851803	40	
	30	9.7377578	322	9.9228922	137	9.8148657	460	10.1851343	30	
	40	9.7377901	323	9.9228784	138	9.8149117	460	10.1850883	20	
	50	9.7378223	322	9.9228647	137	9.8149576	459	10.1850424	10	
9	0	9.7378546	323	9.9228509	138	9.8150036	460	10.1849964	0	51
	10	9.7378868	322	9.9228372	137	9.8150496	460	10.1849504	50	
	20	9.7379190	322	9.9228234	138	9.8150956	460	10.1849044	40	
	30	9.7379513	323	9.9228097	137	9.8151416	460	10.1848584	30	
	40	9.7379835	322	9.9227959	138	9.8151876	460	10.1848124	20	
	50	9.7380157	322	9.9227821	138	9.8152336	460	10.1847664	10	
10	0	9.7380479	322	9.9227684	137	9.8152795	459	10.1847205	0	50
'	"	Co-Sinus.	Dif.	Sinus.	Dif.	Co-Tang.	Dif. com.	Tang.	"	'

56 Deg.

33 Deg.

'	"	Sinus.	Dif.	Co-Sinus.	Dif.	Tang.	Dif. com.	Co-Tang.	"	'
10	0	9.7380479		9.9227684		9.8152795		10.1847205	0	50
	10	9.7380801	322	9.9227546	138	9.8153255	460	10.1846745	50	
	20	9.7381123	322	9.9227409	137	9.8153715	460	10.1846285	40	
	30	9.7381445	322	9.9227271	138	9.8154175	460	10.1845825	30	
	40	9.7381767	322	9.9227133	138	9.8154634	459	10.1845366	20	
	50	9.7382090	323	9.9226996	137	9.8155094	460	10.1844906	10	
11	0	9.7382412	322	9.9226858	138	9.8155554	460	10.1844446	0	49
	10	9.7382734	322	9.9226720	138	9.8156013	459	10.1843987	50	
	20	9.7383055	321	9.9226583	137	9.8156473	460	10.1843527	40	
	30	9.7383377	322	9.9226445	138	9.8156932	459	10.1843068	30	
	40	9.7383699	322	9.9226307	138	9.8157392	460	10.1842608	20	
	50	9.7384021	322	9.9226169	138	9.8157852	460	10.1842148	10	
12	0	9.7384343	322	9.9226031	138	9.8158311	459	10.1841689	0	48
	10	9.7384665	322	9.9225894	137	9.8158771	460	10.1841229	50	
	20	9.7384986	321	9.9225756	138	9.8159230	459	10.1840770	40	
	30	9.7385308	322	9.9225618	138	9.8159690	460	10.1840310	30	
	40	9.7385629	321	9.9225480	138	9.8160149	459	10.1839851	20	
	50	9.7385951	322	9.9225342	138	9.8160608	459	10.1839392	10	
13	0	9.7386273	322	9.9225205	137	9.8161068	460	10.1838932	0	47
	10	9.7386594	321	9.9225067	138	9.8161528	460	10.1838472	50	
	20	9.7386916	322	9.9224929	138	9.8161987	459	10.1838013	40	
	30	9.7387237	321	9.9224791	138	9.8162446	459	10.1837554	30	
	40	9.7387559	322	9.9224653	138	9.8162906	460	10.1837094	20	
	50	9.7387880	321	9.9224515	138	9.8163365	459	10.1836635	10	
14	0	9.7388201	321	9.9224377	138	9.8163824	459	10.1836176	0	46
	10	9.7388523	322	9.9224239	138	9.8164284	460	10.1835716	50	
	20	9.7388844	321	9.9224101	138	9.8164743	459	10.1835257	40	
	30	9.7389165	321	9.9223963	138	9.8165202	459	10.1834798	30	
	40	9.7389486	321	9.9223825	138	9.8165661	459	10.1834339	20	
	50	9.7389808	322	9.9223687	138	9.8166121	460	10.1833879	10	
15	0	9.7390129	321	9.9223549	138	9.8166580	459	10.1833420	0	45
	10	9.7390450	321	9.9223411	138	9.8167039	459	10.1832961	50	
	20	9.7390771	321	9.9223273	138	9.8167498	459	10.1832502	40	
	30	9.7391092	321	9.9223135	138	9.8167957	459	10.1832043	30	
	40	9.7391413	321	9.9222997	138	9.8168416	459	10.1831584	20	
	50	9.7391734	321	9.9222859	138	9.8168875	459	10.1831125	10	
16	0	9.7392055	321	9.9222721	138	9.8169335	460	10.1830665	0	44
	10	9.7392376	321	9.9222582	139	9.8169794	459	10.1830206	50	
	20	9.7392697	321	9.9222444	138	9.8170253	459	10.1829747	40	
	30	9.7393018	321	9.9222306	138	9.8170712	459	10.1829288	30	
	40	9.7393339	321	9.9222168	138	9.8171171	459	10.1828829	20	
	50	9.7393659	320	9.9222030	138	9.8171630	459	10.1828370	10	
17	0	9.7393980	321	9.9221891	139	9.8172089	459	10.1827911	0	43
	10	9.7394301	321	9.9221753	138	9.8172548	459	10.1827452	50	
	20	9.7394622	321	9.9221615	138	9.8173007	459	10.1826993	40	
	30	9.7394942	320	9.9221477	138	9.8173465	458	10.1826535	30	
	40	9.7395263	321	9.9221339	138	9.8173924	459	10.1826076	20	
	50	9.7395584	321	9.9221200	139	9.8174383	459	10.1825617	10	
18	0	9.7395904	320	9.9221062	138	9.8174842	459	10.1825158	0	42
	10	9.7396224	320	9.9220924	138	9.8175301	459	10.1824699	50	
	20	9.7396545	321	9.9220785	139	9.8175760	459	10.1824240	40	
	30	9.7396865	320	9.9220647	138	9.8176218	458	10.1823782	30	
	40	9.7397186	321	9.9220509	138	9.8176677	459	10.1823323	20	
	50	9.7397506	320	9.9220370	139	9.8177136	459	10.1822864	10	
19	0	9.7397827	321	9.9220232	138	9.8177595	459	10.1822405	0	41
	10	9.7398147	320	9.9220093	139	9.8178054	459	10.1821946	50	
	20	9.7398467	320	9.9219955	138	9.8178511	457	10.1821489	40	
	30	9.7398787	320	9.9219817	138	9.8178971	460	10.1821029	30	
	40	9.7399108	321	9.9219678	139	9.8179429	458	10.1820571	20	
	50	9.7399428	320	9.9219540	138	9.8179888	459	10.1820112	10	
20	0	9.7399748	320	9.9219401	139	9.8180347	459	10.1819653	0	40
'	"	Co-Sinus.	Dif.	Sinus.	Dif.	Co-Tang.	Dif. com.	Tang.	"	'

56 Deg.

33 Deg.

'	"	Sinus.	Dif.	Co-Sinus.	Dif.	Tang.	Dif.	Co-Tang.	"	'
20	0	9.7399748		9.9219401		9.8180347		10.1819653	0	40
	10	9.7400068	320	9.9219263	138	9.8180805	458	10.1819195	50	
	20	9.7400388	320	9.9219124	139	9.8181264	459	10.1818736	40	
	30	9.7400708	320	9.9218986	138	9.8181722	458	10.1818278	30	
	40	9.7401028	320	9.9218847	139	9.8182181	459	10.1817819	20	
	50	9.7401348	320	9.9218709	138	9.8182640	459	10.1817360	10	
21	0	9.7401668	320	9.9218570	139	9.8183098	458	10.1816902	0	39
	10	9.7401988	320	9.9218431	139	9.8183557	459	10.1816443	50	
	20	9.7402308	320	9.9218293	138	9.8184015	458	10.1815985	40	
	30	9.7402628	320	9.9218154	139	9.8184474	459	10.1815526	30	
	40	9.7402947	319	9.9218016	138	9.8184931	457	10.1815069	20	
	50	9.7403267	320	9.9217877	139	9.8185390	459	10.1814610	10	
22	0	9.7403587	320	9.9217738	139	9.8185849	459	10.1814151	0	38
	10	9.7403907	320	9.9217600	138	9.8186307	458	10.1813693	50	
	20	9.7404226	319	9.9217461	139	9.8186765	458	10.1813235	40	
	30	9.7404546	320	9.9217322	139	9.8187224	459	10.1812776	30	
	40	9.7404866	320	9.9217184	138	9.8187682	458	10.1812318	20	
	50	9.7405185	319	9.9217045	139	9.8188140	458	10.1811860	10	
23	0	9.7405504	319	9.9216906	139	9.8188598	458	10.1811402	0	37
	10	9.7405824	320	9.9216767	139	9.8189057	459	10.1810943	50	
	20	9.7406144	320	9.9216629	138	9.8189515	458	10.1810485	40	
	30	9.7406463	319	9.9216490	139	9.8189973	458	10.1810027	30	
	40	9.7406783	320	9.9216351	139	9.8190432	459	10.1809568	20	
	50	9.7407102	319	9.9216212	139	9.8190890	458	10.1809110	10	
24	0	9.7407421	319	9.9216073	139	9.8191348	458	10.1808652	0	36
	10	9.7407741	320	9.9215935	138	9.8191806	458	10.1808194	50	
	20	9.7408060	319	9.9215796	139	9.8192264	458	10.1807736	40	
	30	9.7408379	319	9.9215657	139	9.8192722	458	10.1807278	30	
	40	9.7408698	319	9.9215518	139	9.8193180	458	10.1806820	20	
	50	9.7409017	319	9.9215379	139	9.8193638	458	10.1806362	10	
25	0	9.7409336	319	9.9215240	139	9.8194096	458	10.1805904	0	35
	10	9.7409656	320	9.9215101	139	9.8194554	458	10.1805446	50	
	20	9.7409975	319	9.9214962	139	9.8195012	458	10.1804988	40	
	30	9.7410294	319	9.9214823	139	9.8195470	458	10.1804530	30	
	40	9.7410613	319	9.9214684	139	9.8195928	458	10.1804072	20	
	50	9.7410932	319	9.9214545	139	9.8196386	458	10.1803614	10	
26	0	9.7411251	319	9.9214406	139	9.8196844	458	10.1803156	0	34
	10	9.7411570	319	9.9214267	139	9.8197303	459	10.1802697	50	
	20	9.7411889	319	9.9214128	139	9.8197761	458	10.1802239	40	
	30	9.7412207	318	9.9213989	139	9.8198218	457	10.1801782	30	
	40	9.7412526	319	9.9213850	139	9.8198676	458	10.1801324	20	
	50	9.7412845	319	9.9213711	139	9.8199134	458	10.1800866	10	
27	0	9.7413164	319	9.9213572	139	9.8199592	458	10.1800408	0	33
	10	9.7413482	318	9.9213433	139	9.8200049	457	10.1799951	50	
	20	9.7413801	319	9.9213294	139	9.8200507	458	10.1799493	40	
	30	9.7414120	319	9.9213155	139	9.8200965	458	10.1799035	30	
	40	9.7414438	318	9.9213016	139	9.8201422	457	10.1798578	20	
	50	9.7414757	319	9.9212877	139	9.8201880	458	10.1798120	10	
28	0	9.7415075	318	9.9212737	140	9.8202338	458	10.1797662	0	32
	10	9.7415394	319	9.9212598	139	9.8202796	458	10.1797204	50	
	20	9.7415712	318	9.9212459	139	9.8203253	457	10.1796747	40	
	30	9.7416031	319	9.9212320	139	9.8203711	458	10.1796289	30	
	40	9.7416349	318	9.9212180	140	9.8204169	458	10.1795831	20	
	50	9.7416667	318	9.9212041	139	9.8204626	457	10.1795374	10	
29	0	9.7416986	319	9.9211902	139	9.8205084	458	10.1794916	0	31
	10	9.7417304	318	9.9211763	139	9.8205541	457	10.1794459	50	
	20	9.7417622	318	9.9211623	140	9.8205999	458	10.1794001	40	
	30	9.7417941	319	9.9211484	139	9.8206457	458	10.1793543	30	
	40	9.7418259	318	9.9211345	139	9.8206914	457	10.1793086	20	
	50	9.7418577	318	9.9211205	140	9.8207372	458	10.1792628	10	
30	0	9.7418895	318	9.9211066	139	9.8207829	457	10.1792171	0	30
'	"	Co-Sinus.	Dif.	Sinus.	Dif.	Co-Tang.	Dif.	Tang.	"	'

56 Deg.

33 Deg.

'	"	Sinus.	Dif.	Co-Sinus.	Dif.	Tang.	Dif.	Co-Tang.	"	'
30	0	9.7418895		9.9211066		9.8207829		10.1792171	0	30
	10	9.7419213	318	9.9210927	139	9.8208287	458	10.1791713	50	
	20	9.7419531	318	9.9210787	140	9.8208744	457	10.1791256	40	
	30	9.7419849	318	9.9210648	139	9.8209201	457	10.1790799	30	
	40	9.7420167	318	9.9210508	140	9.8209659	458	10.1790341	20	
	50	9.7420485	318	9.9210369	139	9.8210116	457	10.1789884	10	
31	0	9.7420803	318	9.9210229	140	9.8210574	458	10.1789426	0	29
	10	9.7421121	318	9.9210090	139	9.8211031	457	10.1788969	50	
	20	9.7421439	318	9.9209951	139	9.8211488	457	10.1788512	40	
	30	9.7421757	318	9.9209811	140	9.8211946	458	10.1788054	30	
	40	9.7422074	317	9.9209671	140	9.8212403	457	10.1787597	20	
	50	9.7422392	318	9.9209532	139	9.8212860	457	10.1787140	10	
32	0	9.7422710	318	9.9209393	139	9.8213317	457	10.1786683	0	28
	10	9.7423028	318	9.9209253	140	9.8213775	458	10.1786225	50	
	20	9.7423345	317	9.9209113	140	9.8214232	457	10.1785768	40	
	30	9.7423663	318	9.9208974	139	9.8214689	457	10.1785311	30	
	40	9.7423980	317	9.9208834	140	9.8215146	457	10.1784854	20	
	50	9.7424297	317	9.9208694	140	9.8215603	457	10.1784397	10	
33	0	9.7424615	318	9.9208555	139	9.8216060	457	10.1783940	0	27
	10	9.7424933	318	9.9208415	140	9.8216518	458	10.1783482	50	
	20	9.7425250	317	9.9208275	140	9.8216975	457	10.1783025	40	
	30	9.7425568	318	9.9208136	139	9.8217432	457	10.1782568	30	
	40	9.7425885	317	9.9207996	140	9.8217889	457	10.1782111	20	
	50	9.7426203	318	9.9207857	139	9.8218346	457	10.1781654	10	
34	0	9.7426520	317	9.9207717	140	9.8218803	457	10.1781197	0	26
	10	9.7426837	317	9.9207577	140	9.8219260	457	10.1780740	50	
	20	9.7427154	317	9.9207438	139	9.8219717	457	10.1780283	40	
	30	9.7427472	318	9.9207298	140	9.8220174	457	10.1779826	30	
	40	9.7427789	317	9.9207158	140	9.8220631	457	10.1779369	20	
	50	9.7428106	317	9.9207018	140	9.8221088	457	10.1778912	10	
35	0	9.7428424	318	9.9206879	139	9.8221545	457	10.1778455	0	25
	10	9.7428740	316	9.9206739	140	9.8222001	456	10.1777999	50	
	20	9.7429057	317	9.9206599	140	9.8222458	457	10.1777542	40	
	30	9.7429374	317	9.9206459	140	9.8222915	457	10.1777085	30	
	40	9.7429691	317	9.9206319	140	9.8223372	457	10.1776628	20	
	50	9.7430008	317	9.9206179	140	9.8223829	457	10.1776171	10	
36	0	9.7430325	317	9.9206039	140	9.8224286	457	10.1775714	0	24
	10	9.7430642	317	9.9205899	140	9.8224743	457	10.1775257	50	
	20	9.7430959	317	9.9205760	139	9.8225199	456	10.1774801	40	
	30	9.7431276	317	9.9205620	140	9.8225656	457	10.1774344	30	
	40	9.7431593	317	9.9205480	140	9.8226113	457	10.1773887	20	
	50	9.7431910	317	9.9205340	140	9.8226570	457	10.1773430	10	
37	0	9.7432226	316	9.9205200	140	9.8227026	456	10.1772974	0	23
	10	9.7432543	317	9.9205060	140	9.8227483	457	10.1772517	50	
	20	9.7432860	317	9.9204920	140	9.8227940	457	10.1772060	40	
	30	9.7433176	316	9.9204780	140	9.8228396	456	10.1771604	30	
	40	9.7433493	317	9.9204640	140	9.8228853	457	10.1771147	20	
	50	9.7433809	316	9.9204500	140	9.8229309	456	10.1770691	10	
38	0	9.7434126	317	9.9204360	140	9.8229766	457	10.1770234	0	22
	10	9.7434443	317	9.9204220	140	9.8230223	457	10.1769777	50	
	20	9.7434759	316	9.9204079	141	9.8230679	456	10.1769321	40	
	30	9.7435075	316	9.9203939	140	9.8231136	457	10.1768864	30	
	40	9.7435391	316	9.9203799	140	9.8231592	456	10.1768408	20	
	50	9.7435708	317	9.9203659	140	9.8232049	457	10.1767951	10	
39	0	9.7436024	316	9.9203519	140	9.8232505	456	10.1767495	0	21
	10	9.7436340	316	9.9203379	140	9.8232961	456	10.1767039	50	
	20	9.7436657	317	9.9203239	140	9.8233418	457	10.1766582	40	
	30	9.7436973	316	9.9203099	140	9.8233874	456	10.1766126	30	
	40	9.7437289	316	9.9202958	141	9.8234331	457	10.1765669	20	
	50	9.7437605	316	9.9202818	140	9.8234787	456	10.1765213	10	
40	0	9.7437921	316	9.9202678	140	9.8235244	457	10.1764756	0	20
'	"	Co-Sinus.	Dif.	Sinus.	Dif.	Co-Tang.	Dif.	Tang.	"	'

56 Deg.

33 Deg.

′	″	Sinus.	Dif.	Co-Sinus.	Dif.	Tang.	Dif.	Co-Tang.	″	′
40	0	9.7437921		9.9202678		9.8235244		10.1764756	0	20
	10	9.7438237	316	9.9202538	140	9.8235700	456	10.1764300	50	
	20	9.7438554	317	9.9202397	141	9.8236156	456	10.1763844	40	
	30	9.7438870	316	9.9202257	140	9.8236613	457	10.1763387	30	
	40	9.7439186	316	9.9202117	140	9.8237069	456	10.1762931	20	
	50	9.7439501	315	9.9201976	141	9.8237525	456	10.1762475	10	
41	0	9.7439817	316	9.9201836	140	9.8237981	456	10.1762019	0	19
	10	9.7440133	316	9.9201696	140	9.8238438	457	10.1761562	50	
	20	9.7440449	316	9.9201555	141	9.8238894	456	10.1761106	40	
	30	9.7440765	316	9.9201415	140	9.8239350	456	10.1760650	30	
	40	9.7441081	316	9.9201275	140	9.8239806	456	10.1760194	20	
	50	9.7441397	316	9.9201134	141	9.8240263	457	10.1759737	10	
42	0	9.7441712	315	9.9200994	140	9.8240719	456	10.1759281	0	18
	10	9.7442028	316	9.9200853	141	9.8241175	456	10.1758825	50	
	20	9.7442344	316	9.9200713	140	9.8241631	456	10.1758369	40	
	30	9.7442659	315	9.9200572	141	9.8242087	456	10.1757913	30	
	40	9.7442975	316	9.9200431	141	9.8242543	456	10.1757457	20	
	50	9.7443290	315	9.9200291	140	9.8242999	456	10.1757001	10	
43	0	9.7443606	316	9.9200151	140	9.8243455	456	10.1756545	0	17
	10	9.7443921	315	9.9200010	141	9.8243911	456	10.1756089	50	
	20	9.7444237	316	9.9199870	140	9.8244367	456	10.1755633	40	
	30	9.7444552	315	9.9199729	141	9.8244823	456	10.1755177	30	
	40	9.7444868	316	9.9199589	140	9.8245279	456	10.1754721	20	
	50	9.7445183	315	9.9199448	141	9.8245735	456	10.1754265	10	
44	0	9.7445498	315	9.9199308	140	9.8246191	456	10.1753809	0	16
	10	9.7445814	316	9.9199167	141	9.8246647	456	10.1753353	50	
	20	9.7446129	315	9.9199026	141	9.8247103	456	10.1752897	40	
	30	9.7446444	315	9.9198886	140	9.8247558	455	10.1752442	30	
	40	9.7446759	315	9.9198745	141	9.8248014	456	10.1751986	20	
	50	9.7447074	315	9.9198604	141	9.8248470	456	10.1751530	10	
45	0	9.7447389	315	9.9198464	140	9.8248926	456	10.1751074	0	15
	10	9.7447704	315	9.9198323	141	9.8249381	455	10.1750619	50	
	20	9.7448019	315	9.9198182	141	9.8249837	456	10.1750163	40	
	30	9.7448335	316	9.9198041	141	9.8250293	456	10.1749707	30	
	40	9.7448650	315	9.9197901	140	9.8250749	456	10.1749251	20	
	50	9.7448965	315	9.9197760	141	9.8251204	455	10.1748796	10	
46	0	9.7449280	315	9.9197619	141	9.8251660	456	10.1748340	0	14
	10	9.7449595	315	9.9197479	140	9.8252116	456	10.1747884	50	
	20	9.7449910	315	9.9197338	141	9.8252572	456	10.1747428	40	
	30	9.7450224	314	9.9197197	141	9.8253027	455	10.1746973	30	
	40	9.7450539	315	9.9197056	141	9.8253483	456	10.1746517	20	
	50	9.7450854	315	9.9196916	140	9.8253939	456	10.1746061	10	
47	0	9.7451169	315	9.9196775	141	9.8254394	455	10.1745606	0	13
	10	9.7451483	314	9.9196634	141	9.8254850	456	10.1745150	50	
	20	9.7451798	315	9.9196493	141	9.8255305	455	10.1744695	40	
	30	9.7452112	314	9.9196352	141	9.8255761	456	10.1744239	30	
	40	9.7452427	315	9.9196211	141	9.8256216	455	10.1743784	20	
	50	9.7452741	314	9.9196070	141	9.8256671	455	10.1743329	10	
48	0	9.7453056	315	9.9195929	141	9.8257127	456	10.1742873	0	12
	10	9.7453371	315	9.9195788	141	9.8257583	456	10.1742417	50	
	20	9.7453685	314	9.9195647	141	9.8258038	455	10.1741962	40	
	30	9.7454000	315	9.9195506	141	9.8258494	456	10.1741506	30	
	40	9.7454314	314	9.9195365	141	9.8258949	455	10.1741051	20	
	50	9.7454629	315	9.9195224	141	9.8259404	455	10.1740596	10	
49	0	9.7454943	314	9.9195083	141	9.8259860	456	10.1740140	0	11
	10	9.7455257	314	9.9194942	141	9.8260315	455	10.1739685	50	
	20	9.7455571	314	9.9194801	141	9.8260770	455	10.1739230	40	
	30	9.7455886	315	9.9194660	141	9.8261226	456	10.1738774	30	
	40	9.7456200	314	9.9194519	141	9.8261681	455	10.1738319	20	
	50	9.7456514	314	9.9194378	141	9.8262136	455	10.1737864	10	
50	0	9.7456828	314	9.9194237	141	9.8262592	456	10.1737408	0	10
′	″	Co-Sinus.	Dif.	Sinus.	Dif.	Co-Tang.	Dif.	Tang.	″	′

56 Deg.

33 Deg.

′	″	Sinus.	Dif.	Co-Sinus.	Dif.	Tang.	Dif.	Co-Tang.	″	′
50	0	9.7456828		9.9194237		9.8262592		10.1737408	0	10
	10	9.7457142	314	9.9194095	142	9.8263047	455	10.1736953	50	
	20	9.7457456	314	9.9193954	141	9.8263502	455	10.1736498	40	
	30	9.7457770	314	9.9193813	141	9.8263957	455	10.1736043	30	
	40	9.7458084	314	9.9193672	141	9.8264412	455	10.1735588	20	
	50	9.7458398	314	9.9193531	141	9.8264867	455	10.1735133	10	
51	0	9.7458712	314	9.9193390	141	9.8265323	456	10.1734677	0	9
	10	9.7459026	314	9.9193248	142	9.8265778	455	10.1734222	50	
	20	9.7459340	314	9.9193107	141	9.8266233	455	10.1733767	40	
	30	9.7459654	314	9.9192966	141	9.8266688	455	10.1733312	30	
	40	9.7459968	314	9.9192825	141	9.8267143	455	10.1732857	20	
	50	9.7460282	314	9.9192683	142	9.8267598	455	10.1732402	10	
52	0	9.7460595	313	9.9192542	141	9.8268053	455	10.1731947	0	8
	10	9.7460909	314	9.9192401	141	9.8268508	455	10.1731492	50	
	20	9.7461223	314	9.9192259	142	9.8268963	455	10.1731037	40	
	30	9.7461536	313	9.9192118	141	9.8269418	455	10.1730582	30	
	40	9.7461850	314	9.9191977	141	9.8269873	455	10.1730127	20	
	50	9.7462164	314	9.9191835	142	9.8270328	455	10.1729672	10	
53	0	9.7462477	313	9.9191694	141	9.8270783	455	10.1729217	0	7
	10	9.7462791	314	9.9191552	142	9.8271238	455	10.1728762	50	
	20	9.7463104	313	9.9191411	141	9.8271693	455	10.1728307	40	
	30	9.7463418	314	9.9191270	141	9.8272148	455	10.1727852	30	
	40	9.7463731	313	9.9191128	142	9.8272603	455	10.1727397	20	
	50	9.7464044	313	9.9190987	141	9.8273058	455	10.1726942	10	
54	0	9.7464358	314	9.9190845	142	9.8273513	455	10.1726487	0	6
	10	9.7464671	313	9.9190704	141	9.8273967	454	10.1726033	50	
	20	9.7464984	313	9.9190562	142	9.8274422	455	10.1725578	40	
	30	9.7465298	314	9.9190421	141	9.8274877	455	10.1725123	30	
	40	9.7465611	313	9.9190279	142	9.8275332	455	10.1724668	20	
	50	9.7465924	313	9.9190138	141	9.8275786	454	10.1724214	10	
55	0	9.7466237	313	9.9189996	142	9.8276241	455	10.1723759	0	5
	10	9.7466550	313	9.9189854	142	9.8276696	455	10.1723304	50	
	20	9.7466863	313	9.9189713	141	9.8277150	454	10.1722850	40	
	30	9.7467176	313	9.9189571	142	9.8277605	455	10.1722395	30	
	40	9.7467489	313	9.9189430	141	9.8278060	455	10.1721940	20	
	50	9.7467802	313	9.9189288	142	9.8278514	454	10.1721486	10	
56	0	9.7468115	313	9.9189146	142	9.8278969	455	10.1721031	0	4
	10	9.7468428	313	9.9189005	141	9.8279424	455	10.1720576	50	
	20	9.7468741	313	9.9188863	142	9.8279878	454	10.1720122	40	
	30	9.7469054	313	9.9188721	142	9.8280333	455	10.1719667	30	
	40	9.7469367	313	9.9188580	141	9.8280787	454	10.1719213	20	
	50	9.7469680	313	9.9188438	142	9.8281242	455	10.1718758	10	
57	0	9.7469993	313	9.9188296	142	9.8281696	454	10.1718304	0	3
	10	9.7470305	312	9.9188154	142	9.8282151	455	10.1717849	50	
	20	9.7470618	313	9.9188013	141	9.8282605	454	10.1717395	40	
	30	9.7470930	312	9.9187871	142	9.8283060	455	10.1716940	30	
	40	9.7471243	313	9.9187729	142	9.8283514	454	10.1716486	20	
	50	9.7471556	313	9.9187587	142	9.8283969	455	10.1716031	10	
58	0	9.7471868	312	9.9187445	142	9.8284423	454	10.1715577	0	2
	10	9.7472181	313	9.9187303	142	9.8284877	454	10.1715123	50	
	20	9.7472493	312	9.9187162	141	9.8285331	454	10.1714669	40	
	30	9.7472806	313	9.9187020	142	9.8285786	455	10.1714214	30	
	40	9.7473118	312	9.9186878	142	9.8286240	454	10.1713760	20	
	50	9.7473431	313	9.9186736	142	9.8286695	455	10.1713305	10	
59	0	9.7473743	312	9.9186594	142	9.8287149	454	10.1712851	0	1
	10	9.7474055	312	9.9186452	142	9.8287603	454	10.1712397	50	
	20	9.7474368	313	9.9186310	142	9.8288058	455	10.1711942	40	
	30	9.7474680	312	9.9186168	142	9.8288512	454	10.1711488	30	
	40	9.7474992	312	9.9186026	142	9.8288966	454	10.1711034	20	
	50	9.7475304	312	9.9185884	142	9.8289420	454	10.1710580	10	
60	0	9.7475617	313	9.9185742	142	9.8289874	454	10.1710126	0	0
′	″	Co-Sinus.	Dif.	Sinus.	Dif.	Co-Tang.	Dif.	Tang.	″	′

56 Deg.

34 Deg.

′	″	Sinus.	Dif.	Co-Sinus.	Dif.	Tang.	Dif.	Co-Tang.	″	′
0	0	9.7475617		9.9183741		9.8289874		10.1710126	0	60
	10	9.7475929	312	9.9185600	142	9.8290314	454	10.1709671	50	
	20	9.7476141	312	9.9185458	142	9.8290783	454	10.1709217	40	
	30	9.7476553	312	9.9185316	142	9.8291237	454	10.1708763	30	
	40	9.7476865	312	9.9185174	142	9.8291691	454	10.1708309	20	
	50	9.7477177	312	9.9185032	142	9.8292145	454	10.1707855	10	
1	0	9.7477489	312	9.9184890	142	9.8292599	454	10.1707401	0	59
	10	9.7477800	311	9.9184748	142	9.8293053	454	10.1706947	50	
	20	9.7478111	311	9.9184606	142	9.8293507	454	10.1706493	40	
	30	9.7478423	312	9.9184463	143	9.8293961	454	10.1706039	30	
	40	9.7478735	312	9.9184321	142	9.8294415	454	10.1705585	20	
	50	9.7479047	312	9.9184179	142	9.8294869	454	10.1705131	10	
2	0	9.7479360	313	9.9184037	142	9.8295323	454	10.1704677	0	58
	10	9.7479672	312	9.9183895	142	9.8295777	454	10.1704223	50	
	20	9.7479984	312	9.9183752	143	9.8296231	454	10.1703769	40	
	30	9.7480295	311	9.9183610	142	9.8296686	455	10.1703315	30	
	40	9.7480607	312	9.9183468	142	9.8297139	454	10.1702861	20	
	50	9.7480918	311	9.9183326	142	9.8297593	454	10.1702407	10	
3	0	9.7481230	312	9.9183183	143	9.8298047	454	10.1701953	0	57
	10	9.7481542	312	9.9183041	142	9.8298501	454	10.1701500	50	
	20	9.7481853	311	9.9182899	142	9.8298954	453	10.1701046	40	
	30	9.7482165	312	9.9182756	143	9.8299409	455	10.1700592	30	
	40	9.7482476	311	9.9182614	142	9.8299862	453	10.1700138	20	
	50	9.7482787	311	9.9182472	142	9.8300316	454	10.1699684	10	
4	0	9.7483099	312	9.9182329	143	9.8300769	453	10.1699231	0	56
	10	9.7483410	311	9.9182187	142	9.8301223	454	10.1698777	50	
	20	9.7483721	311	9.9182045	142	9.8301677	454	10.1698323	40	
	30	9.7484033	312	9.9181902	143	9.8302131	454	10.1697869	30	
	40	9.7484344	311	9.9181760	142	9.8302584	453	10.1697416	20	
	50	9.7484655	311	9.9181617	143	9.8303038	454	10.1696962	10	
5	0	9.7484967	312	9.9181475	142	9.8303492	454	10.1696508	0	55
	10	9.7485277	310	9.9181333	142	9.8303945	453	10.1696055	50	
	20	9.7485588	311	9.9181190	143	9.8304399	454	10.1695601	40	
	30	9.7485900	312	9.9181047	143	9.8304853	454	10.1695147	30	
	40	9.7486211	311	9.9180905	142	9.8305306	453	10.1694694	20	
	50	9.7486522	311	9.9180762	143	9.8305760	454	10.1694240	10	
6	0	9.7486833	311	9.9180620	142	9.8306213	453	10.1693787	0	54
	10	9.7487144	311	9.9180477	143	9.8306667	454	10.1693333	50	
	20	9.7487455	311	9.9180335	142	9.8307120	453	10.1692880	40	
	30	9.7487766	311	9.9180192	143	9.8307574	454	10.1692426	30	
	40	9.7488077	311	9.9180049	143	9.8308027	453	10.1691973	20	
	50	9.7488388	311	9.9179907	142	9.8308481	454	10.1691519	10	
7	0	9.7488699	311	9.9179764	143	9.8308934	453	10.1691066	0	53
	10	9.7489009	310	9.9179621	143	9.8309388	454	10.1690612	50	
	20	9.7489320	311	9.9179479	142	9.8309841	453	10.1690159	40	
	30	9.7489631	311	9.9179336	143	9.8310295	454	10.1689705	30	
	40	9.7489941	310	9.9179193	143	9.8310748	453	10.1689252	20	
	50	9.7490252	311	9.9179051	142	9.8311201	453	10.1688799	10	
8	0	9.7490563	311	9.9178908	143	9.8311655	454	10.1688345	0	52
	10	9.7490873	310	9.9178765	143	9.8312108	453	10.1687892	50	
	20	9.7491184	311	9.9178622	143	9.8312562	454	10.1687438	40	
	30	9.7491494	310	9.9178480	142	9.8313014	452	10.1686986	30	
	40	9.7491805	311	9.9178337	143	9.8313468	454	10.1686532	20	
	50	9.7492115	310	9.9178194	143	9.8313921	453	10.1686079	10	
9	0	9.7492426	311	9.9178051	143	9.8314374	453	10.1685616	0	51
	10	9.7492736	310	9.9177909	142	9.8314827	453	10.1685173	50	
	20	9.7493046	310	9.9177766	143	9.8315281	454	10.1684719	40	
	30	9.7493357	311	9.9177623	143	9.8315734	453	10.1684266	30	
	40	9.7493667	310	9.9177480	143	9.8316187	453	10.1683813	20	
	50	9.7493977	310	9.9177337	143	9.8316640	453	10.1683360	10	
10	0	9.7494287	310	9.9177194	143	9.8317093	453	10.1682907	0	50
′	″	Co-Sinus.	Dif.	Sinus.	Dif.	Co-Tang.	Dif.	Tang.	″	′

55 Deg.

34 Deg.

′	″	Sinus.	Dif.	Co-Sinus.	Dif.	Tang.	Dif.	Co-Tang.	″	′
10	0	9.7494287		9.9177194		9.8317093		10.1682907	0	50
	10	9.7494597	310	9.9177051	143	9.8317546	453	10.1682454	50	
	20	9.7494907	310	9.9176908	143	9.8317999	453	10.1682001	40	
	30	9.7495218	311	9.9176765	143	9.8318452	453	10.1681548	30	
	40	9.7495528	310	9.9176622	143	9.8318905	453	10.1681095	20	
	50	9.7495838	310	9.9176479	143	9.8319358	453	10.1680642	10	
11	0	9.7496148	310	9.9176336	143	9.8319811	453	10.1680189	0	49
	10	9.7496458	310	9.9176193	143	9.8320264	453	10.1679736	50	
	20	9.7496768	310	9.9176050	143	9.8320717	453	10.1679283	40	
	30	9.7497078	310	9.9175907	143	9.8321170	453	10.1678830	30	
	40	9.7497388	310	9.9175764	143	9.8321623	453	10.1678377	20	
	50	9.7497697	309	9.9175621	143	9.8322076	453	10.1677924	10	
12	0	9.7498007	310	9.9175478	143	9.8322529	453	10.1677471	0	48
	10	9.7498317	310	9.9175335	143	9.8322982	453	10.1677018	50	
	20	9.7498627	310	9.9175192	143	9.8323435	453	10.1676565	40	
	30	9.7498937	310	9.9175049	143	9.8323888	453	10.1676112	30	
	40	9.7499246	309	9.9174906	143	9.8324341	453	10.1675659	20	
	50	9.7499556	310	9.9174763	143	9.8324794	453	10.1675206	10	
13	0	9.7499866	310	9.9174619	144	9.8325246	452	10.1674754	0	47
	10	9.7500175	309	9.9174476	143	9.8325699	453	10.1674301	50	
	20	9.7500485	310	9.9174333	143	9.8326152	453	10.1673848	40	
	30	9.7500794	309	9.9174190	143	9.8326605	453	10.1673395	30	
	40	9.7501104	310	9.9174047	143	9.8327057	452	10.1672943	20	
	50	9.7501413	309	9.9173903	144	9.8327510	453	10.1672490	10	
14	0	9.7501723	310	9.9173760	143	9.8327963	453	10.1672037	0	46
	10	9.7502032	309	9.9173617	143	9.8328416	453	10.1671584	50	
	20	9.7502341	309	9.9173473	144	9.8328868	452	10.1671132	40	
	30	9.7502651	310	9.9173330	143	9.8329321	453	10.1670679	30	
	40	9.7502960	309	9.9173187	143	9.8329774	453	10.1670226	20	
	50	9.7503270	310	9.9173044	143	9.8330226	452	10.1669774	10	
15	0	9.7503579	309	9.9172900	144	9.8330679	453	10.1669321	0	45
	10	9.7503888	309	9.9172757	143	9.8331131	452	10.1668869	50	
	20	9.7504197	309	9.9172613	144	9.8331584	453	10.1668416	40	
	30	9.7504506	309	9.9172470	143	9.8332036	452	10.1667964	30	
	40	9.7504816	310	9.9172327	143	9.8332489	453	10.1667511	20	
	50	9.7505125	309	9.9172183	144	9.8332942	453	10.1667058	10	
16	0	9.7505434	309	9.9172040	143	9.8333394	452	10.1666606	0	44
	10	9.7505743	309	9.9171896	144	9.8333847	453	10.1666153	50	
	20	9.7506052	309	9.9171753	143	9.8334299	452	10.1665701	40	
	30	9.7506361	309	9.9171609	144	9.8334751	452	10.1665249	30	
	40	9.7506670	309	9.9171466	143	9.8335204	453	10.1664796	20	
	50	9.7506979	309	9.9171322	144	9.8335656	452	10.1664344	10	
17	0	9.7507287	308	9.9171179	143	9.8336109	453	10.1663891	0	43
	10	9.7507596	309	9.9171035	144	9.8336561	452	10.1663439	50	
	20	9.7507905	309	9.9170892	143	9.8337013	452	10.1662987	40	
	30	9.7508214	309	9.9170748	144	9.8337466	453	10.1662534	30	
	40	9.7508523	309	9.9170604	144	9.8337918	452	10.1662082	20	
	50	9.7508831	308	9.9170461	143	9.8338370	452	10.1661630	10	
18	0	9.7509140	309	9.9170317	144	9.8338823	453	10.1661177	0	42
	10	9.7509449	309	9.9170174	143	9.8339275	452	10.1660725	50	
	20	9.7509757	308	9.9170030	144	9.8339727	452	10.1660273	40	
	30	9.7510066	309	9.9169886	144	9.8340179	452	10.1659821	30	
	40	9.7510374	308	9.9169742	144	9.8340631	452	10.1659369	20	
	50	9.7510683	309	9.9169599	143	9.8341084	453	10.1658916	10	
19	0	9.7510991	308	9.9169455	144	9.8341536	452	10.1658464	0	41
	10	9.7511300	309	9.9169311	144	9.8341988	452	10.1658012	50	
	20	9.7511608	308	9.9169168	143	9.8342440	452	10.1657560	40	
	30	9.7511917	309	9.9169024	144	9.8342893	453	10.1657107	30	
	40	9.7512225	308	9.9168880	144	9.8343345	452	10.1656655	20	
	50	9.7512533	308	9.9168736	144	9.8343797	452	10.1656203	10	
20	0	9.7512842	309	9.9168593	143	9.8344249	452	10.1655751	0	40
′	″	Co-Sinus.	Dif.	Sinus.	Dif.	Co-Tang.	Dif.	Tang.	″	′

55 Deg.

34 Deg.

'	"	Sinus.	Dif.	Co-Sinus.	Dif.	Tang.	Dif.	Co-Tang.	"	'
20	0	9.7512842		9.9168593		9.8344249		10.1655751	0	40
	10	9.7513150	308	9.9168449	144	9.8344701	452	10.1655299	50	
	20	9.7513458	308	9.9168305	144	9.8345153	452	10.1654847	40	
	30	9.7513766	308	9.9168161	144	9.8345605	452	10.1654395	30	
	40	9.7514074	308	9.9168017	144	9.8346057	452	10.1653943	20	
	50	9.7514382	308	9.9167873	144	9.8346509	452	10.1653491	10	
21	0	9.7514691	309	9.9167730	143	9.8346961	452	10.1653039	0	39
	10	9.7514999	308	9.9167586	144	9.8347413	452	10.1652587	50	
	20	9.7515307	308	9.9167442	144	9.8347865	452	10.1652135	40	
	30	9.7515615	308	9.9167298	144	9.8348317	452	10.1651683	30	
	40	9.7515923	308	9.9167154	144	9.8348769	452	10.1651231	20	
	50	9.7516231	308	9.9167010	144	9.8349221	452	10.1650779	10	
22	0	9.7516538	307	9.9166866	144	9.8349673	452	10.1650327	0	38
	10	9.7516846	308	9.9166722	144	9.8350125	452	10.1649875	50	
	20	9.7517154	308	9.9166578	144	9.8350576	451	10.1649424	40	
	30	9.7517461	307	9.9166434	144	9.8351027	451	10.1648973	30	
	40	9.7517770	308	9.9166290	144	9.8351480	452	10.1648520	20	
	50	9.7518078	308	9.9166146	144	9.8351932	452	10.1648068	10	
23	0	9.7518385	307	9.9166001	145	9.8352384	452	10.1647616	0	37
	10	9.7518693	308	9.9165857	144	9.8352836	452	10.1647164	50	
	20	9.7519001	308	9.9165713	144	9.8353288	452	10.1646712	40	
	30	9.7519308	307	9.9165569	144	9.8353739	451	10.1646261	30	
	40	9.7519616	308	9.9165425	144	9.8354191	452	10.1645809	20	
	50	9.7519923	307	9.9165281	144	9.8354642	451	10.1645358	10	
24	0	9.7520231	308	9.9165137	144	9.8355094	452	10.1644906	0	36
	10	9.7520538	307	9.9164993	144	9.8355545	451	10.1644455	50	
	20	9.7520846	308	9.9164849	144	9.8355997	452	10.1644003	40	
	30	9.7521153	307	9.9164704	145	9.8356449	452	10.1643551	30	
	40	9.7521461	308	9.9164560	144	9.8356900	451	10.1643100	20	
	50	9.7521768	307	9.9164416	144	9.8357352	452	10.1642648	10	
25	0	9.7522075	307	9.9164272	144	9.8357803	451	10.1642197	0	35
	10	9.7522383	308	9.9164127	145	9.8358256	452	10.1641744	50	
	20	9.7522690	307	9.9163983	144	9.8358707	451	10.1641293	40	
	30	9.7522997	307	9.9163839	144	9.8359158	451	10.1640842	30	
	40	9.7523304	307	9.9163694	145	9.8359610	452	10.1640390	20	
	50	9.7523611	307	9.9163550	144	9.8360061	451	10.1639939	10	
26	0	9.7523919	308	9.9163406	144	9.8360513	452	10.1639487	0	34
	10	9.7524226	307	9.9163261	145	9.8360965	452	10.1639035	50	
	20	9.7524533	307	9.9163117	144	9.8361416	451	10.1638584	40	
	30	9.7524840	307	9.9162973	144	9.8361867	451	10.1638133	30	
	40	9.7525147	307	9.9162829	144	9.8362318	451	10.1637682	20	
	50	9.7525454	307	9.9162684	145	9.8362770	452	10.1637230	10	
27	0	9.7525761	307	9.9162539	145	9.8363222	452	10.1636778	0	33
	10	9.7526068	307	9.9162395	144	9.8363673	451	10.1636327	50	
	20	9.7526375	307	9.9162251	144	9.8364124	451	10.1635876	40	
	30	9.7526681	306	9.9162106	145	9.8364575	451	10.1635425	30	
	40	9.7526988	307	9.9161961	145	9.8365027	452	10.1634973	20	
	50	9.7527295	307	9.9161817	144	9.8365478	451	10.1634522	10	
28	0	9.7527602	307	9.9161673	144	9.8365929	451	10.1634071	0	32
	10	9.7527908	306	9.9161528	145	9.8366380	451	10.1633620	50	
	20	9.7528215	307	9.9161383	145	9.8366832	452	10.1633168	40	
	30	9.7528521	306	9.9161239	144	9.8367283	451	10.1632717	30	
	40	9.7528828	307	9.9161094	145	9.8367734	451	10.1632266	20	
	50	9.7529135	307	9.9160950	144	9.8368185	451	10.1631815	10	
29	0	9.7529441	306	9.9160805	145	9.8368636	451	10.1631364	0	31
	10	9.7529748	307	9.9160661	144	9.8369087	451	10.1630913	50	
	20	9.7530055	307	9.9160516	145	9.8369539	452	10.1630461	40	
	30	9.7530361	306	9.9160371	145	9.8369990	451	10.1630010	30	
	40	9.7530667	306	9.9160227	144	9.8370441	451	10.1629559	20	
	50	9.7530974	307	9.9160082	145	9.8370892	451	10.1629108	10	
30	0	9.7531280	306	9.9159937	145	9.8371343	451	10.1628657	0	30
'	"	Co-Sinus.	Dif.	Sinus.	Dif.	Co-Tang.	Dif.	Tang.	"	'

55 Deg.

34 Deg.

'	"	Sinus.	Dif.	Co-Sinus.	Dif.	Tang.	Dif.	Co-Tang.	"	'
30	0	9.7531280		9.9159937		9.8371343		10.1628657	0	30
	10	9.7531587	307	9.9159792	145	9.8371795	452	10.1628205	50	
	20	9.7531893	306	9.9159648	144	9.8372245	450	10.1627755	40	
	30	9.7532199	306	9.9159503	145	9.8372696	451	10.1627304	30	
	40	9.7532505	306	9.9159358	145	9.8373147	451	10.1626853	20	
	50	9.7532812	307	9.9159213	145	9.8373599	452	10.1626401	10	
31	0	9.7533118	306	9.9159069	144	9.8374049	450	10.1625951	0	29
	10	9.7533424	306	9.9158924	145	9.8374500	451	10.1625500	50	
	20	9.7533730	306	9.9158779	145	9.8374951	451	10.1625049	40	
	30	9.7534036	306	9.9158634	145	9.8375402	451	10.1624598	30	
	40	9.7534342	306	9.9158489	145	9.8375853	451	10.1624147	20	
	50	9.7534648	306	9.9158344	145	9.8376304	451	10.1623696	10	
32	0	9.7534954	306	9.9158199	145	9.8376755	451	10.1623245	0	28
	10	9.7535260	306	9.9158055	144	9.8377205	450	10.1622795	50	
	20	9.7535566	306	9.9157910	145	9.8377656	451	10.1622344	40	
	30	9.7535872	306	9.9157765	145	9.8378107	451	10.1621893	30	
	40	9.7536178	306	9.9157620	145	9.8378558	451	10.1621442	20	
	50	9.7536484	306	9.9157475	145	9.8379009	451	10.1620991	10	
33	0	9.7536790	306	9.9157330	145	9.8379460	451	10.1620540	0	27
	10	9.7537095	305	9.9157185	145	9.8379910	450	10.1620090	50	
	20	9.7537401	306	9.9157040	145	9.8380361	451	10.1619639	40	
	30	9.7537707	306	9.9156895	145	9.8380812	451	10.1619188	30	
	40	9.7538012	305	9.9156750	145	9.8381262	450	10.1618738	20	
	50	9.7538318	306	9.9156605	145	9.8381713	451	10.1618287	10	
34	0	9.7538624	306	9.9156460	145	9.8382164	451	10.1617836	0	26
	10	9.7538929	305	9.9156315	145	9.8382614	450	10.1617386	50	
	20	9.7539235	306	9.9156170	145	9.8383065	451	10.1616935	40	
	30	9.7539541	306	9.9156025	145	9.8383516	451	10.1616484	30	
	40	9.7539846	305	9.9155880	145	9.8383966	450	10.1616034	20	
	50	9.7540151	305	9.9155734	146	9.8384417	451	10.1615583	10	
35	0	9.7540457	306	9.9155590	144	9.8384867	450	10.1615133	0	25
	10	9.7540762	305	9.9155444	146	9.8385318	451	10.1614682	50	
	20	9.7541067	305	9.9155299	145	9.8385768	450	10.1614232	40	
	30	9.7541372	305	9.9155154	145	9.8386219	451	10.1613781	30	
	40	9.7541678	306	9.9155008	146	9.8386670	451	10.1613330	20	
	50	9.7541983	305	9.9154863	145	9.8387120	450	10.1612880	10	
36	0	9.7542288	305	9.9154718	145	9.8387571	451	10.1612429	0	24
	10	9.7542594	306	9.9154573	145	9.8388021	450	10.1611979	50	
	20	9.7542899	305	9.9154427	146	9.8388472	451	10.1611528	40	
	30	9.7543204	305	9.9154282	145	9.8388922	450	10.1611078	30	
	40	9.7543509	305	9.9154137	145	9.8389372	450	10.1610628	20	
	50	9.7543814	305	9.9153991	146	9.8389823	451	10.1610177	10	
37	0	9.7544119	305	9.9153846	145	9.8390273	450	10.1609727	0	23
	10	9.7544424	305	9.9153701	145	9.8390723	450	10.1609277	50	
	20	9.7544729	305	9.9153555	146	9.8391174	451	10.1608826	40	
	30	9.7545034	305	9.9153410	145	9.8391624	450	10.1608376	30	
	40	9.7545339	305	9.9153265	145	9.8392074	450	10.1607926	20	
	50	9.7545644	305	9.9153119	146	9.8392525	451	10.1607475	10	
38	0	9.7545949	305	9.9152974	145	9.8392975	450	10.1607025	0	22
	10	9.7546254	305	9.9152828	146	9.8393425	450	10.1606575	50	
	20	9.7546558	304	9.9152683	145	9.8393875	450	10.1606125	40	
	30	9.7546863	305	9.9152537	146	9.8394326	451	10.1605674	30	
	40	9.7547168	305	9.9152392	145	9.8394776	450	10.1605224	20	
	50	9.7547473	305	9.9152246	146	9.8395226	450	10.1604774	10	
39	0	9.7547777	304	9.9152101	145	9.8395676	450	10.1604324	0	21
	10	9.7548082	305	9.9151955	146	9.8396127	450	10.1603873	50	
	20	9.7548386	304	9.9151810	145	9.8396576	450	10.1603424	40	
	30	9.7548691	305	9.9151664	146	9.8397027	451	10.1602973	30	
	40	9.7548995	304	9.9151519	145	9.8397477	450	10.1602523	20	
	50	9.7549300	305	9.9151373	146	9.8397927	450	10.1602073	10	
40	0	9.7549604	304	9.9151228	145	9.8398377	450	10.1601623	0	20
'	"	Co-Sinus.	Dif.	Sinus.	Dif.	Co-Tang.	Dif.	Tang.	"	'

55 Deg.

34 Deg.

′	″	Sinus.	Dif.	Co-Sinus.	Dif.	Tang.	Dif.	Co-Tang.	″	′
40	0	9.7549604	—	9.9151288	—	9.8398277	—	10.1601683	0	20
	10	9.7549909	304	9.9151088	145	9.8398827	450	10.1601173	50	
	20	9.7550211	304	9.9150939	145	9.8399277	450	10.1600723	40	
	30	9.7550518	305	9.9150791	145	9.8399727	450	10.1600273	30	
	40	9.7550821	304	9.9150646	145	9.8400177	450	10.1599823	20	
	50	9.7551126	304	9.9150499	145	9.8400627	450	10.1599373	10	
41	0	9.7551431	305	9.9150354	145	9.8401077	450	10.1598923	0	19
	10	9.7551735	304	9.9150208	146	9.8401527	450	10.1598473	50	
	20	9.7552039	304	9.9150062	146	9.8401977	450	10.1598023	40	
	30	9.7552343	304	9.9149916	146	9.8402427	450	10.1597573	30	
	40	9.7552647	304	9.9149771	145	9.8402877	450	10.1597123	20	
	50	9.7552951	304	9.9149625	146	9.8403327	450	10.1596673	10	
42	0	9.7553256	305	9.9149479	146	9.8403777	450	10.1596223	0	18
	10	9.7553560	304	9.9149333	146	9.8404227	450	10.1595773	50	
	20	9.7553864	304	9.9149188	145	9.8404676	449	10.1595324	40	
	30	9.7554168	304	9.9149042	146	9.8405126	450	10.1594874	30	
	40	9.7554472	304	9.9148896	146	9.8405576	450	10.1594424	20	
	50	9.7554776	304	9.9148750	146	9.8406026	450	10.1593974	10	
43	0	9.7555080	304	9.9148604	146	9.8406476	450	10.1593524	0	17
	10	9.7555384	304	9.9148458	146	9.8406926	450	10.1593074	50	
	20	9.7555687	303	9.9148312	146	9.8407375	449	10.1592625	40	
	30	9.7555991	304	9.9148166	146	9.8407825	450	10.1592175	30	
	40	9.7556295	304	9.9148020	146	9.8408275	450	10.1591726	20	
	50	9.7556598	303	9.9147874	146	9.8408724	449	10.1591276	10	
44	0	9.7556902	304	9.9147728	146	9.8409174	450	10.1590826	0	16
	10	9.7557206	304	9.9147581	147	9.8409624	450	10.1590377	50	
	20	9.7557510	304	9.9147437	146	9.8410073	449	10.1589927	40	
	30	9.7557813	303	9.9147290	147	9.8410523	450	10.1589477	30	
	40	9.7558117	304	9.9147144	146	9.8410972	449	10.1589028	20	
	50	9.7558420	303	9.9146998	146	9.8411422	450	10.1588578	10	
45	0	9.7558724	304	9.9146852	146	9.8411872	450	10.1588128	0	15
	10	9.7559027	303	9.9146706	146	9.8412321	449	10.1587679	50	
	20	9.7559331	304	9.9146560	146	9.8412771	450	10.1587229	40	
	30	9.7559634	303	9.9146414	146	9.8413220	449	10.1586780	30	
	40	9.7559938	304	9.9146268	146	9.8413670	450	10.1586330	20	
	50	9.7560241	303	9.9146122	146	9.8414119	449	10.1585881	10	
46	0	9.7560544	303	9.9145976	146	9.8414569	450	10.1585431	0	14
	10	9.7560848	304	9.9145830	146	9.8415018	449	10.1584982	50	
	20	9.7561151	303	9.9145684	146	9.8415468	450	10.1584532	40	
	30	9.7561454	303	9.9145537	147	9.8415917	449	10.1584083	30	
	40	9.7561757	303	9.9145391	146	9.8416366	449	10.1583634	20	
	50	9.7562061	304	9.9145245	146	9.8416816	450	10.1583184	10	
47	0	9.7562364	303	9.9145099	146	9.8417265	449	10.1582735	0	13
	10	9.7562667	303	9.9144952	147	9.8417714	449	10.1582286	50	
	20	9.7562970	303	9.9144806	146	9.8418164	450	10.1581836	40	
	30	9.7563273	303	9.9144660	146	9.8418613	449	10.1581387	30	
	40	9.7563576	303	9.9144513	147	9.8419062	449	10.1580937	20	
	50	9.7563879	303	9.9144367	146	9.8419512	450	10.1580488	10	
48	0	9.7564182	303	9.9144221	146	9.8419961	449	10.1580039	0	12
	10	9.7564485	303	9.9144074	147	9.8420410	449	10.1579590	50	
	20	9.7564788	303	9.9143928	146	9.8420859	449	10.1579141	40	
	30	9.7565091	303	9.9143781	147	9.8421309	450	10.1578691	30	
	40	9.7565394	303	9.9143635	146	9.8421758	449	10.1578242	20	
	50	9.7565697	303	9.9143489	146	9.8422207	449	10.1577793	10	
49	0	9.7565999	302	9.9143342	147	9.8422657	450	10.1577343	0	11
	10	9.7566302	303	9.9143196	146	9.8423106	449	10.1576894	50	
	20	9.7566605	303	9.9143050	146	9.8423555	449	10.1576445	40	
	30	9.7566907	302	9.9142903	147	9.8424004	449	10.1575996	30	
	40	9.7567210	303	9.9142757	146	9.8424453	449	10.1575547	20	
	50	9.7567513	303	9.9142610	147	9.8424902	449	10.1575098	10	
50	0	9.7567815	302	9.9142464	146	9.8425351	449	10.1574649	0	10
′	″	Co-Sinus.	Dif.	Sinus.	Dif.	Co-Tang.	Dif. com.	Tang.	″	′

55 Deg.

34 Deg.

′	″	Sinus.	Dif.	Co-Sinus.	Dif.	Tang.	Dif.	Co-Tang.	″	′
50	0	9.7567815	—	9.9142464	—	9.8425351	—	10.1574649	0	10
	10	9.7568118	303	9.9142317	147	9.8425800	449	10.1574200	50	
	20	9.7568420	302	9.9142171	146	9.8426249	449	10.1573751	40	
	30	9.7568723	303	9.9142024	147	9.8426698	449	10.1573302	30	
	40	9.7569025	302	9.9141877	147	9.8427148	450	10.1572852	20	
	50	9.7569328	303	9.9141731	146	9.8427597	449	10.1572403	10	
51	0	9.7569630	302	9.9141584	147	9.8428046	449	10.1571954	0	9
	10	9.7569932	302	9.9141437	147	9.8428495	449	10.1571505	50	
	20	9.7570235	303	9.9141291	146	9.8428944	449	10.1571056	40	
	30	9.7570537	302	9.9141144	147	9.8429393	449	10.1570607	30	
	40	9.7570839	302	9.9140997	147	9.8429842	449	10.1570158	20	
	50	9.7571141	302	9.9140851	146	9.8430290	448	10.1569710	10	
52	0	9.7571444	303	9.9140704	147	9.8430739	449	10.1569261	0	8
	10	9.7571746	302	9.9140558	146	9.8431188	449	10.1568812	50	
	20	9.7572048	302	9.9140411	147	9.8431637	449	10.1568363	40	
	30	9.7572350	302	9.9140264	147	9.8432086	449	10.1567914	30	
	40	9.7572652	302	9.9140117	147	9.8432535	449	10.1567465	20	
	50	9.7572954	302	9.9139971	146	9.8432984	449	10.1567016	10	
53	0	9.7573256	302	9.9139824	147	9.8433432	448	10.1566568	0	7
	10	9.7573558	302	9.9139677	147	9.8433881	449	10.1566119	50	
	20	9.7573860	302	9.9139530	147	9.8434330	449	10.1565670	40	
	30	9.7574162	302	9.9139383	147	9.8434779	449	10.1565221	30	
	40	9.7574464	302	9.9139237	146	9.8435227	448	10.1564773	20	
	50	9.7574766	302	9.9139090	147	9.8435676	449	10.1564324	10	
54	0	9.7575068	302	9.9138943	147	9.8436125	449	10.1563875	0	6
	10	9.7575370	302	9.9138796	147	9.8436574	449	10.1563426	50	
	20	9.7575671	301	9.9138649	147	9.8437022	448	10.1562978	40	
	30	9.7575973	302	9.9138502	147	9.8437471	449	10.1562529	30	
	40	9.7576275	302	9.9138355	147	9.8437920	449	10.1562080	20	
	50	9.7576576	301	9.9138208	147	9.8438368	448	10.1561632	10	
55	0	9.7576878	302	9.9138061	147	9.8438817	449	10.1561183	0	5
	10	9.7577180	302	9.9137914	147	9.8439265	448	10.1560735	50	
	20	9.7577481	301	9.9137767	147	9.8439714	449	10.1560286	40	
	30	9.7577783	302	9.9137620	147	9.8440163	449	10.1559837	30	
	40	9.7578084	301	9.9137473	147	9.8440611	448	10.1559389	20	
	50	9.7578386	302	9.9137326	147	9.8441060	449	10.1558940	10	
56	0	9.7578687	301	9.9137179	147	9.8441508	448	10.1558492	0	4
	10	9.7578989	302	9.9137032	147	9.8441957	449	10.1558043	50	
	20	9.7579290	301	9.9136885	147	9.8442405	448	10.1557595	40	
	30	9.7579591	301	9.9136738	147	9.8442854	449	10.1557146	30	
	40	9.7579893	302	9.9136591	147	9.8443302	448	10.1556698	20	
	50	9.7580194	301	9.9136444	147	9.8443751	449	10.1556249	10	
57	0	9.7580495	301	9.9136297	147	9.8444199	448	10.1555801	0	3
	10	9.7580797	302	9.9136149	148	9.8444647	448	10.1555353	50	
	20	9.7581098	301	9.9136002	147	9.8445096	449	10.1554904	40	
	30	9.7581399	301	9.9135855	147	9.8445544	448	10.1554456	30	
	40	9.7581700	301	9.9135708	147	9.8445992	448	10.1554008	20	
	50	9.7582001	301	9.9135561	147	9.8446441	449	10.1553559	10	
58	0	9.7582302	301	9.9135413	148	9.8446889	448	10.1553111	0	2
	10	9.7582603	301	9.9135266	147	9.8447337	448	10.1552663	50	
	20	9.7582904	301	9.9135119	147	9.8447786	449	10.1552214	40	
	30	9.7583205	301	9.9134971	148	9.8448234	448	10.1551766	30	
	40	9.7583506	301	9.9134824	147	9.8448682	448	10.1551318	20	
	50	9.7583807	301	9.9134677	147	9.8449131	449	10.1550869	10	
59	0	9.7584108	301	9.9134530	147	9.8449579	448	10.1550421	0	1
	10	9.7584409	301	9.9134382	148	9.8450027	448	10.1549973	50	
	20	9.7584710	301	9.9134235	147	9.8450475	448	10.1549525	40	
	30	9.7585011	301	9.9134087	148	9.8450923	448	10.1549077	30	
	40	9.7585312	301	9.9133940	147	9.8451372	449	10.1548628	20	
	50	9.7585612	300	9.9133792	148	9.8451820	448	10.1548180	10	
60	0	9.7585913	301	9.9133645	147	9.8452268	448	10.1547732	0	0
′	″	Co-Sinus.	Dif.	Sinus.	Dif.	Co-Tang.	Dif. com.	Tang.	″	′

55 Deg.

35 Deg.

'	"	Sinus.	Dif.	Co-Sinus.	Dif.	Tang.	Dif.	Co-Tang.	"	'
0	0	9.7585913		9.9133645		9.8452268		10.1547732	0	60
	10	9.7586214	301	9.9133498	147	9.8452716	448	10.1547284	50	
	20	9.7586514	300	9.9133350	148	9.8453164	448	10.1546836	40	
	30	9.7586815	301	9.9133203	147	9.8453612	448	10.1546388	30	
	40	9.7587116	301	9.9133055	148	9.8454060	448	10.1545940	20	
	50	9.7587416	300	9.9132908	147	9.8454508	448	10.1545492	10	
1	0	9.7587717	301	9.9132760	148	9.8454956	448	10.1545044	0	59
	10	9.7588017	300	9.9132613	147	9.8455404	448	10.1544596	50	
	20	9.7588318	301	9.9132465	148	9.8455852	448	10.1544148	40	
	30	9.7588618	300	9.9132318	147	9.8456300	448	10.1543700	30	
	40	9.7588919	301	9.9132170	148	9.8456748	448	10.1543252	20	
	50	9.7589219	300	9.9132023	147	9.8457196	448	10.1542804	10	
2	0	9.7589519	300	9.9131875	148	9.8457644	448	10.1542356	0	58
	10	9.7589819	300	9.9131727	148	9.8458092	448	10.1541908	50	
	20	9.7590120	301	9.9131580	147	9.8458540	448	10.1541460	40	
	30	9.7590420	300	9.9131432	148	9.8458988	448	10.1541012	30	
	40	9.7590720	300	9.9131285	147	9.8459436	448	10.1540564	20	
	50	9.7591020	300	9.9131137	148	9.8459884	448	10.1540116	10	
3	0	9.7591321	301	9.9130989	148	9.8460331	447	10.1539669	0	57
	10	9.7591621	300	9.9130841	148	9.8460779	448	10.1539221	50	
	20	9.7591921	300	9.9130694	147	9.8461227	448	10.1538773	40	
	30	9.7592221	300	9.9130546	148	9.8461675	448	10.1538325	30	
	40	9.7592521	300	9.9130398	148	9.8462123	448	10.1537877	20	
	50	9.7592821	300	9.9130250	148	9.8462571	448	10.1537429	10	
4	0	9.7593121	300	9.9130102	148	9.8463019	448	10.1536981	0	56
	10	9.7593421	300	9.9129955	147	9.8463466	447	10.1536534	50	
	20	9.7593721	300	9.9129807	148	9.8463914	448	10.1536086	40	
	30	9.7594021	300	9.9129659	148	9.8464362	448	10.1535638	30	
	40	9.7594321	300	9.9129511	148	9.8464809	447	10.1535191	20	
	50	9.7594621	300	9.9129363	148	9.8465257	448	10.1534743	10	
5	0	9.7594921	300	9.9129215	148	9.8465705	448	10.1534295	0	55
	10	9.7595221	300	9.9129067	148	9.8466154	448	10.1533846	50	
	20	9.7595520	299	9.9128920	147	9.8466600	447	10.1533400	40	
	30	9.7595819	299	9.9128772	148	9.8467048	448	10.1532952	30	
	40	9.7596119	300	9.9128624	148	9.8467495	447	10.1532505	20	
	50	9.7596418	299	9.9128476	148	9.8467943	448	10.1532057	10	
6	0	9.7596718	300	9.9128328	148	9.8468390	447	10.1531610	0	54
	10	9.7597018	300	9.9128180	148	9.8468838	448	10.1531162	50	
	20	9.7597317	299	9.9128032	148	9.8469285	447	10.1530715	40	
	30	9.7597617	300	9.9127884	148	9.8469733	448	10.1530267	30	
	40	9.7597916	299	9.9127736	148	9.8470180	447	10.1529820	20	
	50	9.7598216	300	9.9127588	148	9.8470628	448	10.1529372	10	
7	0	9.7598515	299	9.9127440	148	9.8471075	447	10.1528925	0	53
	10	9.7598814	299	9.9127291	149	9.8471523	448	10.1528477	50	
	20	9.7599114	300	9.9127144	147	9.8471970	447	10.1528030	40	
	30	9.7599413	299	9.9126995	149	9.8472418	448	10.1527582	30	
	40	9.7599712	299	9.9126847	148	9.8472866	448	10.1527134	20	
	50	9.7600011	299	9.9126699	148	9.8473313	447	10.1526687	10	
8	0	9.7600311	300	9.9126551	148	9.8473760	447	10.1526240	0	52
	10	9.7600610	299	9.9126403	148	9.8474207	447	10.1525793	50	
	20	9.7600909	299	9.9126255	148	9.8474655	448	10.1525345	40	
	30	9.7601208	299	9.9126106	149	9.8475102	447	10.1524898	30	
	40	9.7601508	300	9.9125958	148	9.8475549	447	10.1524451	20	
	50	9.7601807	299	9.9125810	148	9.8475997	448	10.1524003	10	
9	0	9.7602106	299	9.9125661	149	9.8476444	447	10.1523556	0	51
	10	9.7602405	299	9.9125514	147	9.8476891	447	10.1523109	50	
	20	9.7602704	299	9.9125365	149	9.8477339	448	10.1522661	40	
	30	9.7603003	299	9.9125217	148	9.8477786	447	10.1522214	30	
	40	9.7603302	299	9.9125069	148	9.8478233	447	10.1521767	20	
	50	9.7603601	299	9.9124920	149	9.8478680	447	10.1521320	10	
10	0	9.7603899	298	9.9124772	148	9.8479127	447	10.1520873	0	50
'	"	Co-Sinus.	Dif.	Sinus.	Dif.	Co-Tang.	Dif.	Tang.	"	'

54 Deg.

35 Deg.

'	"	Sinus.	Dif.	Co-Sinus.	Dif.	Tang.	Dif.	Co-Tang.	"	'
10	0	9.7603899		9.9124772		9.8479127		10.1520873	0	50
	10	9.7604198	299	9.9124624	148	9.8479574	447	10.1520426	50	
	20	9.7604497	299	9.9124475	149	9.8480021	447	10.1519979	40	
	30	9.7604796	299	9.9124327	148	9.8480469	448	10.1519531	30	
	40	9.7605094	298	9.9124178	149	9.8480916	447	10.1519084	20	
	50	9.7605393	299	9.9124030	148	9.8481363	447	10.1518637	10	
11	0	9.7605691	298	9.9123881	149	9.8481810	447	10.1518190	0	49
	10	9.7605990	299	9.9123733	148	9.8482257	447	10.1517743	50	
	20	9.7606289	299	9.9123584	149	9.8482704	447	10.1517296	40	
	30	9.7606587	298	9.9123436	148	9.8483151	447	10.1516849	30	
	40	9.7606886	299	9.9123288	148	9.8483598	447	10.1516402	20	
	50	9.7607185	299	9.9123139	149	9.8484045	447	10.1515955	10	
12	0	9.7607483	298	9.9122991	148	9.8484492	447	10.1515508	0	48
	10	9.7607782	299	9.9122842	149	9.8484939	447	10.1515061	50	
	20	9.7608080	298	9.9122694	148	9.8485386	447	10.1514614	40	
	30	9.7608378	298	9.9122545	149	9.8485833	447	10.1514167	30	
	40	9.7608677	299	9.9122397	148	9.8486280	447	10.1513720	20	
	50	9.7608975	298	9.9122248	149	9.8486727	447	10.1513273	10	
13	0	9.7609274	299	9.9122099	149	9.8487174	447	10.1512826	0	47
	10	9.7609572	298	9.9121951	148	9.8487621	447	10.1512379	50	
	20	9.7609870	298	9.9121802	149	9.8488068	447	10.1511932	40	
	30	9.7610168	298	9.9121653	149	9.8488515	447	10.1511485	30	
	40	9.7610467	299	9.9121505	148	9.8488962	447	10.1511038	20	
	50	9.7610765	298	9.9121356	149	9.8489409	447	10.1510591	10	
14	0	9.7611063	298	9.9121207	149	9.8489856	447	10.1510144	0	46
	10	9.7611361	298	9.9121059	148	9.8490302	446	10.1509698	50	
	20	9.7611659	298	9.9120910	149	9.8490749	447	10.1509251	40	
	30	9.7611957	298	9.9120761	149	9.8491196	447	10.1508804	30	
	40	9.7612255	298	9.9120612	149	9.8491643	447	10.1508357	20	
	50	9.7612553	298	9.9120464	148	9.8492089	446	10.1507911	10	
15	0	9.7612851	298	9.9120315	149	9.8492536	447	10.1507464	0	45
	10	9.7613149	298	9.9120166	149	9.8492983	447	10.1507017	50	
	20	9.7613447	298	9.9120017	149	9.8493430	447	10.1506570	40	
	30	9.7613744	297	9.9119868	149	9.8493876	446	10.1506124	30	
	40	9.7614042	298	9.9119719	149	9.8494323	447	10.1505677	20	
	50	9.7614340	298	9.9119571	148	9.8494769	446	10.1505231	10	
16	0	9.7614638	298	9.9119422	149	9.8495216	447	10.1504784	0	44
	10	9.7614936	298	9.9119273	149	9.8495663	447	10.1504337	50	
	20	9.7615233	297	9.9119124	149	9.8496109	446	10.1503891	40	
	30	9.7615531	298	9.9118975	149	9.8496556	447	10.1503444	30	
	40	9.7615829	298	9.9118826	149	9.8497003	447	10.1502997	20	
	50	9.7616126	297	9.9118677	149	9.8497449	446	10.1502551	10	
17	0	9.7616424	298	9.9118528	149	9.8497896	447	10.1502104	0	43
	10	9.7616721	297	9.9118379	149	9.8498342	446	10.1501658	50	
	20	9.7617019	298	9.9118230	149	9.8498789	447	10.1501211	40	
	30	9.7617316	297	9.9118081	149	9.8499235	446	10.1500765	30	
	40	9.7617614	298	9.9117932	149	9.8499682	447	10.1500318	20	
	50	9.7617911	297	9.9117783	149	9.8500128	446	10.1499872	10	
18	0	9.7618208	297	9.9117634	149	9.8500575	447	10.1499425	0	42
	10	9.7618506	298	9.9117485	149	9.8501021	446	10.1498979	50	
	20	9.7618803	297	9.9117336	149	9.8501468	447	10.1498532	40	
	30	9.7619100	297	9.9117186	150	9.8501914	446	10.1498086	30	
	40	9.7619398	298	9.9117037	149	9.8502361	447	10.1497639	20	
	50	9.7619695	297	9.9116888	149	9.8502807	446	10.1497193	10	
19	0	9.7619992	297	9.9116739	149	9.8503253	446	10.1496747	0	41
	10	9.7620289	297	9.9116590	149	9.8503699	446	10.1496301	50	
	20	9.7620586	297	9.9116441	149	9.8504146	447	10.1495854	40	
	30	9.7620884	298	9.9116291	150	9.8504592	446	10.1495408	30	
	40	9.7621181	297	9.9116142	149	9.8505039	447	10.1494961	20	
	50	9.7621478	297	9.9115993	149	9.8505485	446	10.1494515	10	
20	0	9.7621775	297	9.9115844	149	9.8505931	446	10.1494069	0	40
'	"	Co-Sinus.	Dif.	Sinus.	Dif.	Co-Tang.	Dif.	Tang.	"	'

54 Deg.

35 Deg.

′	″	Sinus.	Diff.	Co-Sinus.	Diff.	Tang.	Diff. com.	Co-Tang.	″	′
20	0	9.7621778		9.9115846		9.8505931		10.1494069	0	40
	10	9.7622075	297	9.9115696	150	9.8506377	446	10.1493623	50	
	20	9.7622372	297	9.9115547	149	9.8506824	447	10.1493176	40	
	30	9.7622669	297	9.9115398	149	9.8507270	446	10.1492730	30	
	40	9.7622965	296	9.9115247	151	9.8507716	446	10.1492284	20	
	50	9.7623262	297	9.9115097	150	9.8508165	446	10.1491835	10	
21	0	9.7623556	297	9.9114946	151	9.8508610	445	10.1491390	0	39
	10	9.7623853	297	9.9114795	151	9.8509055	446	10.1490945	50	
	20	9.7624150	297	9.9114646	149	9.8509503	446	10.1490497	40	
	30	9.7624447	297	9.9114497	149	9.8509947	446	10.1490053	30	
	40	9.7624743	296	9.9114350	150	9.8510393	446	10.1489607	20	
	50	9.7625040	297	9.9114201	149	9.8510839	446	10.1489161	10	
22	0	9.7625337	297	9.9114051	150	9.8511285	446	10.1488715	0	38
	10	9.7625633	296	9.9113902	149	9.8511731	446	10.1488269	50	
	20	9.7625930	297	9.9113753	149	9.8512177	446	10.1487823	40	
	30	9.7626226	296	9.9113603	150	9.8512623	446	10.1487377	30	
	40	9.7626523	297	9.9113454	149	9.8513069	446	10.1486931	20	
	50	9.7626819	296	9.9113304	150	9.8513515	446	10.1486485	10	
23	0	9.7627116	297	9.9113155	149	9.8513961	446	10.1486039	0	37
	10	9.7627412	296	9.9113005	150	9.8514407	446	10.1485593	50	
	20	9.7627709	297	9.9112855	150	9.8514853	446	10.1485147	40	
	30	9.7628005	296	9.9112706	149	9.8515299	446	10.1484701	30	
	40	9.7628301	296	9.9112556	150	9.8515745	446	10.1484255	20	
	50	9.7628598	297	9.9112407	149	9.8516191	446	10.1483809	10	
24	0	9.7628894	296	9.9112257	150	9.8516637	446	10.1483363	0	36
	10	9.7629190	296	9.9112107	150	9.8517083	446	10.1482917	50	
	20	9.7629487	297	9.9111958	149	9.8517529	446	10.1482471	40	
	30	9.7629783	296	9.9111808	150	9.8517975	446	10.1482025	30	
	40	9.7630079	296	9.9111658	150	9.8518421	446	10.1481579	20	
	50	9.7630375	296	9.9111509	149	9.8518866	445	10.1481134	10	
25	0	9.7630671	296	9.9111359	150	9.8519312	446	10.1480688	0	35
	10	9.7630967	296	9.9111209	150	9.8519758	446	10.1480242	50	
	20	9.7631263	296	9.9111059	150	9.8520204	446	10.1479796	40	
	30	9.7631559	296	9.9110910	149	9.8520650	446	10.1479350	30	
	40	9.7631855	296	9.9110760	150	9.8521095	445	10.1478905	20	
	50	9.7632151	296	9.9110610	150	9.8521541	446	10.1478459	10	
26	0	9.7632447	296	9.9110460	150	9.8521987	446	10.1478013	0	34
	10	9.7632743	296	9.9110311	149	9.8522433	446	10.1477567	50	
	20	9.7633039	296	9.9110161	150	9.8522878	445	10.1477122	40	
	30	9.7633335	296	9.9110011	150	9.8523324	446	10.1476676	30	
	40	9.7633631	296	9.9109861	150	9.8523770	446	10.1476230	20	
	50	9.7633927	296	9.9109711	150	9.8524215	445	10.1475785	10	
27	0	9.7634222	295	9.9109561	150	9.8524661	446	10.1475339	0	33
	10	9.7634518	296	9.9109411	150	9.8525107	446	10.1474893	50	
	20	9.7634814	296	9.9109261	150	9.8525553	446	10.1474447	40	
	30	9.7635109	295	9.9109111	150	9.8525998	445	10.1474002	30	
	40	9.7635405	296	9.9108961	150	9.8526444	446	10.1473556	20	
	50	9.7635700	295	9.9108811	150	9.8526889	445	10.1473111	10	
28	0	9.7635996	296	9.9108661	150	9.8527335	446	10.1472665	0	32
	10	9.7636291	295	9.9108511	150	9.8527780	445	10.1472220	50	
	20	9.7636587	296	9.9108361	150	9.8528226	446	10.1471774	40	
	30	9.7636882	295	9.9108211	150	9.8528671	445	10.1471329	30	
	40	9.7637178	296	9.9108061	150	9.8529117	446	10.1470883	20	
	50	9.7637473	295	9.9107911	150	9.8529562	445	10.1470438	10	
29	0	9.7637768	295	9.9107761	150	9.8530008	446	10.1469992	0	31
	10	9.7638064	296	9.9107611	150	9.8530453	445	10.1469547	50	
	20	9.7638359	295	9.9107461	150	9.8530898	445	10.1469102	40	
	30	9.7638654	295	9.9107311	150	9.8531344	446	10.1468656	30	
	40	9.7638950	296	9.9107161	150	9.8531789	445	10.1468211	20	
	50	9.7639245	295	9.9107011	150	9.8532235	446	10.1467765	10	
30	0	9.7639540	295	9.9106861	150	9.8532680	445	10.1467320	0	30
′	″	Co-Sinus.	Diff.	Sinus.	Diff.	Co-Tang.	Diff. com.	Tang.	″	′

54 Deg.

35 Deg.

′	″	Sinus.	Diff.	Co-Sinus.	Diff.	Tang.	Diff. com.	Co-Tang.	″	′
30	0	9.7639540		9.9106860		9.8532680		10.1467320	0	30
	10	9.7639835	295	9.9106710	150	9.8533125	445	10.1466875	50	
	20	9.7640131	296	9.9106560	150	9.8533571	446	10.1466429	40	
	30	9.7640426	295	9.9106410	150	9.8534016	445	10.1465984	30	
	40	9.7640721	295	9.9106259	151	9.8534461	445	10.1465539	20	
	50	9.7641016	295	9.9106109	150	9.8534907	446	10.1465093	10	
31	0	9.7641311	295	9.9105959	150	9.8535352	445	10.1464648	0	29
	10	9.7641606	295	9.9105808	151	9.8535797	445	10.1464203	50	
	20	9.7641901	295	9.9105658	150	9.8536243	446	10.1463757	40	
	30	9.7642196	295	9.9105508	150	9.8536688	445	10.1463312	30	
	40	9.7642491	295	9.9105357	151	9.8537133	445	10.1462867	20	
	50	9.7642786	295	9.9105207	150	9.8537578	445	10.1462422	10	
32	0	9.7643080	294	9.9105057	150	9.8538023	445	10.1461977	0	28
	10	9.7643375	295	9.9104907	150	9.8538469	446	10.1461531	50	
	20	9.7643670	295	9.9104756	151	9.8538914	445	10.1461086	40	
	30	9.7643965	295	9.9104606	150	9.8539359	445	10.1460641	30	
	40	9.7644259	294	9.9104455	151	9.8539804	445	10.1460196	20	
	50	9.7644554	295	9.9104305	150	9.8540249	445	10.1459751	10	
33	0	9.7644849	295	9.9104155	150	9.8540694	445	10.1459306	0	27
	10	9.7645143	294	9.9104004	151	9.8541139	445	10.1458861	50	
	20	9.7645438	295	9.9103854	150	9.8541584	445	10.1458416	40	
	30	9.7645733	295	9.9103703	151	9.8542030	446	10.1457970	30	
	40	9.7646027	294	9.9103553	150	9.8542475	445	10.1457525	20	
	50	9.7646322	295	9.9103402	151	9.8542920	445	10.1457080	10	
34	0	9.7646616	294	9.9103251	151	9.8543365	445	10.1456635	0	26
	10	9.7646910	294	9.9103101	150	9.8543810	445	10.1456190	50	
	20	9.7647205	295	9.9102950	151	9.8544255	445	10.1455745	40	
	30	9.7647499	294	9.9102800	150	9.8544700	445	10.1455300	30	
	40	9.7647794	295	9.9102649	151	9.8545145	445	10.1454855	20	
	50	9.7648088	294	9.9102498	151	9.8545590	445	10.1454410	10	
35	0	9.7648382	294	9.9102348	150	9.8546034	444	10.1453966	0	25
	10	9.7648677	295	9.9102197	151	9.8546479	445	10.1453521	50	
	20	9.7648971	294	9.9102047	150	9.8546924	445	10.1453076	40	
	30	9.7649265	294	9.9101896	151	9.8547369	445	10.1452631	30	
	40	9.7649559	294	9.9101745	151	9.8547814	445	10.1452186	20	
	50	9.7649853	294	9.9101594	151	9.8548259	445	10.1451741	10	
36	0	9.7650147	294	9.9101444	150	9.8548704	445	10.1451296	0	24
	10	9.7650441	294	9.9101293	151	9.8549149	445	10.1450851	50	
	20	9.7650735	294	9.9101142	151	9.8549593	444	10.1450407	40	
	30	9.7651030	295	9.9100991	151	9.8550038	445	10.1449962	30	
	40	9.7651324	294	9.9100841	150	9.8550483	445	10.1449517	20	
	50	9.7651617	293	9.9100690	151	9.8550927	444	10.1449073	10	
37	0	9.7651911	294	9.9100539	151	9.8551372	445	10.1448628	0	23
	10	9.7652205	294	9.9100388	151	9.8551817	445	10.1448183	50	
	20	9.7652499	294	9.9100237	151	9.8552262	445	10.1447738	40	
	30	9.7652793	294	9.9100086	151	9.8552707	445	10.1447293	30	
	40	9.7653087	294	9.9099935	151	9.8553151	444	10.1446849	20	
	50	9.7653381	294	9.9099785	150	9.8553596	445	10.1446404	10	
38	0	9.7653674	293	9.9099634	151	9.8554041	445	10.1445959	0	22
	10	9.7653968	294	9.9099483	151	9.8554485	444	10.1445515	50	
	20	9.7654262	294	9.9099332	151	9.8554930	445	10.1445070	40	
	30	9.7654555	293	9.9099181	151	9.8555375	445	10.1444625	30	
	40	9.7654849	294	9.9099030	151	9.8555819	444	10.1444181	20	
	50	9.7655143	294	9.9098879	151	9.8556264	445	10.1443736	10	
39	0	9.7655436	293	9.9098728	151	9.8556708	444	10.1443292	0	21
	10	9.7655730	294	9.9098577	151	9.8557153	445	10.1442847	50	
	20	9.7656023	293	9.9098426	151	9.8557597	444	10.1442403	40	
	30	9.7656317	294	9.9098275	151	9.8558042	445	10.1441958	30	
	40	9.7656610	293	9.9098124	151	9.8558487	445	10.1441513	20	
	50	9.7656904	294	9.9097973	151	9.8558931	444	10.1441069	10	
40	0	9.7657197	293	9.9097821	152	9.8559376	445	10.1440624	0	20
′	″	Co-Sinus.	Diff.	Sinus.	Diff.	Co-Tang.	Diff. com.	Tang.	″	′

54 Deg.

35 Deg.

′	″	Sinus.	Dif.	Co-Sinus.	Dif.	Tang.	Dif. com.	Co-Tang.	″	′
40	0	9.7657197		9.9097821		9.8559376		10.1440624	0	20
	10	9.7657490	293	9.9097670	151	9.8559820	444	10.1440180	50	
	20	9.7657784	294	9.9097519	151	9.8560265	445	10.1439735	40	
	30	9.7658077	293	9.9097368	151	9.8560709	444	10.1439291	30	
	40	9.7658370	293	9.9097217	151	9.8561154	445	10.1438846	20	
	50	9.7658664	294	9.9097066	151	9.8561598	444	10.1438402	10	
41	0	9.7658957	293	9.9096915	151	9.8562042	444	10.1437958	0	19
	10	9.7659250	293	9.9096763	152	9.8562487	445	10.1437513	50	
	20	9.7659543	293	9.9096612	151	9.8562931	444	10.1437069	40	
	30	9.7659836	293	9.9096461	151	9.8563375	444	10.1436625	30	
	40	9.7660129	293	9.9096310	151	9.8563820	445	10.1436180	20	
	50	9.7660422	293	9.9096158	152	9.8564264	444	10.1435736	10	
42	0	9.7660715	293	9.9096007	151	9.8564708	444	10.1435292	0	18
	10	9.7661008	293	9.9095856	151	9.8565153	445	10.1434847	50	
	20	9.7661301	293	9.9095704	152	9.8565597	444	10.1434403	40	
	30	9.7661594	293	9.9095553	151	9.8566041	444	10.1433959	30	
	40	9.7661887	293	9.9095402	151	9.8566486	445	10.1433514	20	
	50	9.7662180	293	9.9095250	152	9.8566930	444	10.1433070	10	
43	0	9.7662473	293	9.9095099	151	9.8567374	444	10.1432626	0	17
	10	9.7662766	293	9.9094948	151	9.8567818	444	10.1432182	50	
	20	9.7663058	292	9.9094796	152	9.8568262	444	10.1431738	40	
	30	9.7663351	293	9.9094645	151	9.8568707	445	10.1431293	30	
	40	9.7663644	293	9.9094493	152	9.8569151	444	10.1430849	20	
	50	9.7663936	292	9.9094342	151	9.8569595	444	10.1430405	10	
44	0	9.7664229	293	9.9094190	152	9.8570039	444	10.1429961	0	16
	10	9.7664522	293	9.9094039	151	9.8570483	444	10.1429517	50	
	20	9.7664814	292	9.9093887	152	9.8570927	444	10.1429073	40	
	30	9.7665107	293	9.9093736	151	9.8571371	444	10.1428629	30	
	40	9.7665400	293	9.9093584	152	9.8571816	445	10.1428184	20	
	50	9.7665692	292	9.9093433	151	9.8572260	444	10.1427740	10	
45	0	9.7665985	293	9.9093281	152	9.8572704	444	10.1427296	0	15
	10	9.7666277	292	9.9093130	151	9.8573148	444	10.1426852	50	
	20	9.7666570	293	9.9092978	152	9.8573592	444	10.1426408	40	
	30	9.7666862	292	9.9092826	152	9.8574036	444	10.1425964	30	
	40	9.7667154	292	9.9092675	151	9.8574480	444	10.1425520	20	
	50	9.7667447	293	9.9092523	152	9.8574924	444	10.1425076	10	
46	0	9.7667739	292	9.9092371	152	9.8575368	444	10.1424632	0	14
	10	9.7668031	292	9.9092220	151	9.8575812	444	10.1424188	50	
	20	9.7668323	292	9.9092068	152	9.8576256	444	10.1423744	40	
	30	9.7668616	293	9.9091916	152	9.8576699	443	10.1423301	30	
	40	9.7668908	292	9.9091765	151	9.8577143	444	10.1422857	20	
	50	9.7669200	292	9.9091613	152	9.8577587	444	10.1422413	10	
47	0	9.7669492	292	9.9091461	152	9.8578031	444	10.1421969	0	13
	10	9.7669784	292	9.9091309	152	9.8578475	444	10.1421525	50	
	20	9.7670076	292	9.9091158	151	9.8578919	444	10.1421081	40	
	30	9.7670368	292	9.9091006	152	9.8579363	444	10.1420637	30	
	40	9.7670661	293	9.9090854	152	9.8579807	444	10.1420193	20	
	50	9.7670952	291	9.9090702	152	9.8580250	443	10.1419750	10	
48	0	9.7671244	292	9.9090550	152	9.8580694	444	10.1419306	0	12
	10	9.7671536	292	9.9090398	152	9.8581138	444	10.1418862	50	
	20	9.7671828	292	9.9090247	151	9.8581582	444	10.1418418	40	
	30	9.7672120	292	9.9090095	152	9.8582025	443	10.1417975	30	
	40	9.7672411	291	9.9089943	152	9.8582469	444	10.1417531	20	
	50	9.7672703	292	9.9089791	152	9.8582913	444	10.1417087	10	
49	0	9.7672995	292	9.9089638	153	9.8583357	444	10.1416643	0	11
	10	9.7673287	292	9.9089487	151	9.8583800	443	10.1416200	50	
	20	9.7673579	292	9.9089335	152	9.8584244	444	10.1415756	40	
	30	9.7673871	292	9.9089183	152	9.8584688	444	10.1415312	30	
	40	9.7674162	291	9.9089031	152	9.8585131	443	10.1414869	20	
	50	9.7674454	292	9.9088879	152	9.8585575	444	10.1414425	10	
50	0	9.7674746	292	9.9088727	152	9.8586019	444	10.1413981	0	10
′	″	Co-Sinus.	Dif.	Sinus.	Dif.	Co-Tang.	Dif. com.	Tang.	″	′

54 Deg.

35 Deg.

′	″	Sinus.	Dif.	Co-Sinus.	Dif.	Tang.	Dif. com.	Co-Tang.	″	′
50	0	9.7674746		9.9088727		9.8586019		10.1413981	0	10
	10	9.7675037	291	9.9088575	152	9.8586463	444	10.1413537	50	
	20	9.7675329	292	9.9088423	152	9.8586906	443	10.1413094	40	
	30	9.7675620	291	9.9088271	152	9.8587350	444	10.1412650	30	
	40	9.7675912	292	9.9088119	152	9.8587793	443	10.1412207	20	
	50	9.7676203	291	9.9087967	152	9.8588237	444	10.1411763	10	
51	0	9.7676495	292	9.9087814	153	9.8588680	443	10.1411320	0	9
	10	9.7676786	291	9.9087662	152	9.8589124	444	10.1410876	50	
	20	9.7677078	292	9.9087510	152	9.8589567	443	10.1410433	40	
	30	9.7677369	291	9.9087358	152	9.8590011	444	10.1409989	30	
	40	9.7677660	291	9.9087206	152	9.8590454	443	10.1409546	20	
	50	9.7677951	291	9.9087054	152	9.8590898	444	10.1409102	10	
52	0	9.7678243	292	9.9086901	153	9.8591341	443	10.1408659	0	8
	10	9.7678534	291	9.9086749	152	9.8591785	444	10.1408215	50	
	20	9.7678825	291	9.9086597	152	9.8592228	443	10.1407772	40	
	30	9.7679116	291	9.9086445	152	9.8592672	444	10.1407328	30	
	40	9.7679407	291	9.9086292	153	9.8593115	443	10.1406885	20	
	50	9.7679699	292	9.9086140	152	9.8593558	443	10.1406442	10	
53	0	9.7679990	291	9.9085988	152	9.8594002	444	10.1405998	0	7
	10	9.7680281	291	9.9085835	153	9.8594445	443	10.1405555	50	
	20	9.7680572	291	9.9085683	152	9.8594889	444	10.1405111	40	
	30	9.7680863	291	9.9085531	152	9.8595332	443	10.1404668	30	
	40	9.7681153	290	9.9085378	153	9.8595775	443	10.1404225	20	
	50	9.7681444	291	9.9085226	152	9.8596218	443	10.1403782	10	
54	0	9.7681735	291	9.9085074	152	9.8596662	444	10.1403338	0	6
	10	9.7682026	291	9.9084921	153	9.8597105	443	10.1402895	50	
	20	9.7682317	291	9.9084769	152	9.8597548	443	10.1402452	40	
	30	9.7682608	291	9.9084616	153	9.8597992	444	10.1402008	30	
	40	9.7682898	290	9.9084464	152	9.8598435	443	10.1401565	20	
	50	9.7683189	291	9.9084311	153	9.8598878	443	10.1401122	10	
55	0	9.7683480	291	9.9084159	152	9.8599321	443	10.1400679	0	5
	10	9.7683771	291	9.9084006	153	9.8599764	443	10.1400236	50	
	20	9.7684061	290	9.9083854	152	9.8600208	444	10.1399792	40	
	30	9.7684352	291	9.9083701	153	9.8600651	443	10.1399349	30	
	40	9.7684642	290	9.9083549	152	9.8601094	443	10.1398906	20	
	50	9.7684933	291	9.9083396	153	9.8601537	443	10.1398463	10	
56	0	9.7685224	291	9.9083243	153	9.8601980	443	10.1398020	0	4
	10	9.7685514	290	9.9083091	152	9.8602423	443	10.1397577	50	
	20	9.7685804	290	9.9082938	153	9.8602866	443	10.1397134	40	
	30	9.7686095	291	9.9082786	152	9.8603309	443	10.1396691	30	
	40	9.7686385	290	9.9082633	153	9.8603752	443	10.1396248	20	
	50	9.7686676	291	9.9082480	153	9.8604195	443	10.1395805	10	
57	0	9.7686966	290	9.9082328	152	9.8604638	443	10.1395362	0	3
	10	9.7687256	290	9.9082175	153	9.8605081	443	10.1394919	50	
	20	9.7687547	291	9.9082022	153	9.8605524	443	10.1394476	40	
	30	9.7687837	290	9.9081869	153	9.8605967	443	10.1394033	30	
	40	9.7688127	290	9.9081717	152	9.8606410	443	10.1393590	20	
	50	9.7688417	290	9.9081564	153	9.8606853	443	10.1393147	10	
58	0	9.7688707	290	9.9081411	153	9.8607296	443	10.1392704	0	2
	10	9.7688997	290	9.9081258	153	9.8607739	443	10.1392261	50	
	20	9.7689288	291	9.9081106	152	9.8608182	443	10.1391818	40	
	30	9.7689578	290	9.9080953	153	9.8608625	443	10.1391375	30	
	40	9.7689868	290	9.9080800	153	9.8609068	443	10.1390932	20	
	50	9.7690158	290	9.9080647	153	9.8609511	443	10.1390489	10	
59	0	9.7690448	290	9.9080494	153	9.8609954	443	10.1390046	0	1
	10	9.7690738	290	9.9080341	153	9.8610396	442	10.1389604	50	
	20	9.7691028	290	9.9080188	153	9.8610839	443	10.1389161	40	
	30	9.7691317	289	9.9080035	153	9.8611282	443	10.1388718	30	
	40	9.7691607	290	9.9079882	153	9.8611725	443	10.1388275	20	
	50	9.7691897	290	9.9079729	153	9.8612168	443	10.1387832	10	
60	0	9.7692187	290	9.9079576	153	9.8612610	442	10.1387390	0	0
′	″	Co-Sinus.	Dif.	Sinus.	Dif.	Co-Tang.	Dif. com.	Tang.	″	′

O o

54 Deg.

36 Deg.

'	''	Sinus.	Dif.	Co-Sinus.	Dif.	Tang.	Dif.	Co-Tang.	''	'
0	0	9.7692187		9.9079576		9.8612610		10.1387390	0	60
	10	9.7692477	290	9.9079423	153	9.8613053	443	10.1386947	50	
	20	9.7692766	289	9.9079270	153	9.8613496	443	10.1386504	40	
	30	9.7693056	290	9.9079117	153	9.8613939	443	10.1386061	30	
	40	9.7693346	290	9.9078964	153	9.8614381	442	10.1385619	20	
	50	9.7693635	289	9.9078811	153	9.8614824	443	10.1385176	10	
1	0	9.7693924	289	9.9078658	153	9.8615267	443	10.1384733	0	59
	10	9.7694213	289	9.9078505	153	9.8615709	442	10.1384291	50	
	20	9.7694503	290	9.9078352	153	9.8616152	443	10.1383848	40	
	30	9.7694792	289	9.9078199	153	9.8616595	443	10.1383405	30	
	40	9.7695081	289	9.9078046	153	9.8617037	442	10.1382963	20	
	50	9.7695371	290	9.9077893	153	9.8617480	443	10.1382520	10	
2	0	9.7695660	289	9.9077740	153	9.8617922	442	10.1382078	0	58
	10	9.7695950	290	9.9077586	154	9.8618365	443	10.1381635	50	
	20	9.7696239	289	9.9077433	153	9.8618808	443	10.1381192	40	
	30	9.7696529	290	9.9077280	153	9.8619250	442	10.1380750	30	
	40	9.7696818	289	9.9077127	153	9.8619693	443	10.1380307	20	
	50	9.7697107	289	9.9076974	153	9.8620136	443	10.1379864	10	
3	0	9.7697397	290	9.9076820	154	9.8620578	442	10.1379422	0	57
	10	9.7697686	289	9.9076667	153	9.8621021	443	10.1378979	50	
	20	9.7697976	290	9.9076514	153	9.8621463	442	10.1378537	40	
	30	9.7698266	290	9.9076361	153	9.8621906	443	10.1378094	30	
	40	9.7698555	289	9.9076207	154	9.8622348	442	10.1377652	20	
	50	9.7698844	289	9.9076054	153	9.8622791	443	10.1377209	10	
4	0	9.7699134	290	9.9075901	153	9.8623233	442	10.1376767	0	56
	10	9.7699423	289	9.9075747	154	9.8623675	442	10.1376325	50	
	20	9.7699712	289	9.9075594	153	9.8624118	443	10.1375882	40	
	30	9.7700001	289	9.9075441	153	9.8624560	442	10.1375440	30	
	40	9.7700290	289	9.9075287	154	9.8625003	443	10.1374997	20	
	50	9.7700579	289	9.9075134	153	9.8625445	442	10.1374555	10	
5	0	9.7700868	289	9.9074980	154	9.8625887	442	10.1374113	0	55
	10	9.7701157	289	9.9074827	153	9.8626330	443	10.1373670	50	
	20	9.7701445	288	9.9074673	154	9.8626772	442	10.1373228	40	
	30	9.7701734	289	9.9074520	153	9.8627214	442	10.1372786	30	
	40	9.7702023	289	9.9074366	154	9.8627657	443	10.1372343	20	
	50	9.7702312	289	9.9074213	153	9.8628099	442	10.1371901	10	
6	0	9.7702601	289	9.9074059	154	9.8628541	442	10.1371459	0	54
	10	9.7702889	288	9.9073906	153	9.8628984	443	10.1371016	50	
	20	9.7703178	289	9.9073752	154	9.8629426	442	10.1370574	40	
	30	9.7703467	289	9.9073599	153	9.8629868	442	10.1370132	30	
	40	9.7703755	288	9.9073445	154	9.8630310	442	10.1369690	20	
	50	9.7704044	289	9.9073291	154	9.8630753	443	10.1369247	10	
7	0	9.7704332	288	9.9073138	153	9.8631195	442	10.1368805	0	53
	10	9.7704621	289	9.9072984	154	9.8631637	442	10.1368363	50	
	20	9.7704910	289	9.9072830	154	9.8632079	442	10.1367921	40	
	30	9.7705198	288	9.9072677	153	9.8632521	442	10.1367479	30	
	40	9.7705487	289	9.9072523	154	9.8632963	442	10.1367037	20	
	50	9.7705775	288	9.9072369	154	9.8633405	442	10.1366595	10	
8	0	9.7706063	288	9.9072216	153	9.8633848	443	10.1366152	0	52
	10	9.7706351	288	9.9072062	154	9.8634290	442	10.1365710	50	
	20	9.7706640	289	9.9071908	154	9.8634732	442	10.1365268	40	
	30	9.7706928	288	9.9071754	154	9.8635174	442	10.1364826	30	
	40	9.7707217	289	9.9071601	153	9.8635616	442	10.1364384	20	
	50	9.7707505	288	9.9071447	154	9.8636058	442	10.1363942	10	
9	0	9.7707793	288	9.9071293	154	9.8636500	442	10.1363500	0	51
	10	9.7708081	288	9.9071139	154	9.8636942	442	10.1363058	50	
	20	9.7708369	288	9.9070985	154	9.8637384	442	10.1362616	40	
	30	9.7708657	288	9.9070831	154	9.8637826	442	10.1362174	30	
	40	9.7708946	289	9.9070677	154	9.8638268	442	10.1361732	20	
	50	9.7709234	288	9.9070524	153	9.8638710	442	10.1361290	10	
10	0	9.7709522	288	9.9070370	154	9.8639152	442	10.1360848	0	50
'	''	Co-Sinus.	Dif.	Sinus.	Dif.	Co-Tang.	Dif.	Tang.	''	'

53 Deg.

36 Deg.

'	''	Sinus.	Dif.	Co-Sinus.	Dif.	Tang.	Dif.	Co-Tang.	''	'
10	0	9.7709522		9.9070370		9.8639152		10.1360848	0	50
	10	9.7709810	288	9.9070216	154	9.8639594	442	10.1360406	50	
	20	9.7710098	288	9.9070062	154	9.8640036	442	10.1359964	40	
	30	9.7710386	288	9.9069908	154	9.8640478	442	10.1359522	30	
	40	9.7710674	288	9.9069754	154	9.8640920	442	10.1359080	20	
	50	9.7710962	288	9.9069600	154	9.8641362	442	10.1358638	10	
11	0	9.7711250	288	9.9069446	154	9.8641803	441	10.1358197	0	49
	10	9.7711537	287	9.9069292	154	9.8642245	442	10.1357755	50	
	20	9.7711825	288	9.9069138	154	9.8642687	442	10.1357313	40	
	30	9.7712113	288	9.9068984	154	9.8643129	442	10.1356871	30	
	40	9.7712401	288	9.9068830	154	9.8643571	442	10.1356429	20	
	50	9.7712688	287	9.9068676	154	9.8644013	442	10.1355987	10	
12	0	9.7712976	288	9.9068522	154	9.8644454	441	10.1355546	0	48
	10	9.7713264	288	9.9068368	154	9.8644896	442	10.1355104	50	
	20	9.7713551	287	9.9068214	154	9.8645338	442	10.1354662	40	
	30	9.7713839	288	9.9068059	155	9.8645780	442	10.1354220	30	
	40	9.7714127	288	9.9067905	154	9.8646221	441	10.1353779	20	
	50	9.7714414	287	9.9067751	154	9.8646663	442	10.1353337	10	
13	0	9.7714702	288	9.9067597	154	9.8647105	442	10.1352895	0	47
	10	9.7714989	287	9.9067443	154	9.8647546	441	10.1352454	50	
	20	9.7715277	288	9.9067288	155	9.8647988	442	10.1352012	40	
	30	9.7715564	287	9.9067134	154	9.8648430	442	10.1351570	30	
	40	9.7715851	287	9.9066980	154	9.8648871	441	10.1351129	20	
	50	9.7716139	288	9.9066826	154	9.8649313	442	10.1350687	10	
14	0	9.7716426	287	9.9066671	155	9.8649755	442	10.1350245	0	46
	10	9.7716714	288	9.9066517	154	9.8650196	441	10.1349804	50	
	20	9.7717001	287	9.9066363	154	9.8650638	442	10.1349362	40	
	30	9.7717288	287	9.9066208	155	9.8651079	441	10.1348921	30	
	40	9.7717575	287	9.9066054	154	9.8651521	442	10.1348479	20	
	50	9.7717862	287	9.9065900	154	9.8651962	441	10.1348038	10	
15	0	9.7718150	288	9.9065745	155	9.8652404	442	10.1347596	0	45
	10	9.7718437	287	9.9065591	154	9.8652846	442	10.1347154	50	
	20	9.7718724	287	9.9065437	154	9.8653287	441	10.1346713	40	
	30	9.7719011	287	9.9065282	155	9.8653729	442	10.1346271	30	
	40	9.7719298	287	9.9065128	154	9.8654170	441	10.1345830	20	
	50	9.7719585	287	9.9064973	155	9.8654611	441	10.1345389	10	
16	0	9.7719872	287	9.9064819	154	9.8655053	442	10.1344947	0	44
	10	9.7720159	287	9.9064664	155	9.8655494	441	10.1344506	50	
	20	9.7720446	287	9.9064510	154	9.8655936	442	10.1344064	40	
	30	9.7720733	287	9.9064355	155	9.8656378	442	10.1343622	30	
	40	9.7721020	287	9.9064201	154	9.8656819	441	10.1343181	20	
	50	9.7721307	287	9.9064046	155	9.8657260	441	10.1342740	10	
17	0	9.7721593	286	9.9063892	154	9.8657702	442	10.1342298	0	43
	10	9.7721880	287	9.9063737	155	9.8658143	441	10.1341857	50	
	20	9.7722167	287	9.9063583	154	9.8658584	441	10.1341416	40	
	30	9.7722454	287	9.9063428	155	9.8659026	442	10.1340974	30	
	40	9.7722740	286	9.9063273	155	9.8659467	441	10.1340533	20	
	50	9.7723027	287	9.9063119	154	9.8659908	441	10.1340092	10	
18	0	9.7723314	287	9.9062964	155	9.8660350	442	10.1339650	0	42
	10	9.7723600	286	9.9062809	155	9.8660791	441	10.1339209	50	
	20	9.7723887	287	9.9062655	154	9.8661232	441	10.1338768	40	
	30	9.7724174	287	9.9062500	155	9.8661674	442	10.1338326	30	
	40	9.7724460	286	9.9062345	155	9.8662115	441	10.1337885	20	
	50	9.7724747	287	9.9062190	155	9.8662556	441	10.1337444	10	
19	0	9.7725033	286	9.9062036	154	9.8662997	441	10.1337003	0	41
	10	9.7725319	286	9.9061881	155	9.8663439	442	10.1336561	50	
	20	9.7725606	287	9.9061726	155	9.8663880	441	10.1336120	40	
	30	9.7725892	286	9.9061571	155	9.8664321	441	10.1335679	30	
	40	9.7726179	287	9.9061417	154	9.8664762	441	10.1335238	20	
	50	9.7726465	286	9.9061262	155	9.8665203	441	10.1334797	10	
20	0	9.7726751	286	9.9061107	155	9.8665644	441	10.1334356	0	40
'	''	Co-Sinus.	Dif.	Sinus.	Dif.	Co-Tang.	Dif.	Tang.	''	'

53 Deg.

36 Deg.

′	″	Sinus.	Dif.	Co-Sinus.	Dif.	Tang.	Dif.	Co-Tang.	″	′
20	0	9.7726751		9.9061107		9.8665644		10.1334356	0	40
	10	9.7727037	286	9.9060952	155	9.8666085	441	10.1333915	50	
	20	9.7727324	287	9.9060797	155	9.8666527	441	10.1333473	40	
	30	9.7727610	286	9.9060641	155	9.8666969	441	10.1333031	30	
	40	9.7727896	286	9.9060487	155	9.8667409	441	10.1332591	20	
	50	9.7728182	286	9.9060332	155	9.8667850	441	10.1332150	10	
21	0	9.7728468	286	9.9060177	155	9.8668291	441	10.1331709	0	39
	10	9.7728754	286	9.9060022	155	9.8668732	441	10.1331268	50	
	20	9.7729041	287	9.9059866	155	9.8669175	441	10.1330825	40	
	30	9.7729327	286	9.9059711	155	9.8669616	441	10.1330384	30	
	40	9.7729613	286	9.9059558	155	9.8670055	441	10.1329945	20	
	50	9.7729899	286	9.9059403	156	9.8670496	441	10.1329504	10	
22	0	9.7730185	286	9.9059248	155	9.8670937	441	10.1329063	0	38
	10	9.7730471	286	9.9059093	155	9.8671378	441	10.1328622	50	
	20	9.7730756	285	9.9058937	155	9.8671819	441	10.1328181	40	
	30	9.7731041	286	9.9058781	156	9.8672260	441	10.1327740	30	
	40	9.7731328	286	9.9058627	155	9.8672701	441	10.1327299	20	
	50	9.7731614	286	9.9058472	155	9.8673142	441	10.1326858	10	
23	0	9.7731900	286	9.9058317	155	9.8673583	441	10.1326417	0	37
	10	9.7732185	285	9.9058161	155	9.8674024	441	10.1325976	50	
	20	9.7732471	286	9.9058006	155	9.8674465	440	10.1325535	40	
	30	9.7732757	286	9.9057851	156	9.8674906	441	10.1325094	30	
	40	9.7733042	285	9.9057696	155	9.8675346	441	10.1324654	20	
	50	9.7733328	286	9.9057540	156	9.8675788	441	10.1324212	10	
24	0	9.7733614	286	9.9057385	155	9.8676229	441	10.1323771	0	36
	10	9.7733899	285	9.9057230	155	9.8676669	441	10.1323331	50	
	20	9.7734185	286	9.9057075	156	9.8677110	440	10.1322890	40	
	30	9.7734470	285	9.9056920	155	9.8677550	441	10.1322450	30	
	40	9.7734756	286	9.9056765	155	9.8677991	441	10.1322009	20	
	50	9.7735041	285	9.9056607	156	9.8678434	441	10.1321566	10	
25	0	9.7735327	286	9.9056452	155	9.8678875	441	10.1321125	0	35
	10	9.7735612	285	9.9056295	155	9.8679317	441	10.1320683	50	
	20	9.7735897	285	9.9056141	156	9.8679756	441	10.1320244	40	
	30	9.7736183	286	9.9055988	155	9.8680195	441	10.1319805	30	
	40	9.7736468	285	9.9055833	155	9.8680635	440	10.1319365	20	
	50	9.7736753	285	9.9055677	156	9.8681076	441	10.1318924	10	
26	0	9.7737039	286	9.9055522	155	9.8681517	441	10.1318483	0	34
	10	9.7737324	285	9.9055366	156	9.8681958	440	10.1318042	50	
	20	9.7737609	285	9.9055211	155	9.8682398	441	10.1317602	40	
	30	9.7737894	285	9.9055055	155	9.8682839	441	10.1317161	30	
	40	9.7738179	285	9.9054900	156	9.8683279	440	10.1316721	20	
	50	9.7738464	285	9.9054744	155	9.8683720	441	10.1316280	10	
27	0	9.7738749	285	9.9054589	155	9.8684160	440	10.1315840	0	33
	10	9.7739035	286	9.9054434	155	9.8684601	441	10.1315399	50	
	20	9.7739320	285	9.9054278	156	9.8685042	441	10.1314958	40	
	30	9.7739605	285	9.9054122	156	9.8685483	440	10.1314517	30	
	40	9.7739890	285	9.9053967	155	9.8685923	441	10.1314077	20	
	50	9.7740174	284	9.9053811	156	9.8686363	440	10.1313637	10	
28	0	9.7740459	285	9.9053656	156	9.8686804	441	10.1313196	0	32
	10	9.7740744	285	9.9053500	156	9.8687244	440	10.1312756	50	
	20	9.7741029	285	9.9053344	156	9.8687685	441	10.1312315	40	
	30	9.7741314	285	9.9053189	155	9.8688125	440	10.1311875	30	
	40	9.7741599	285	9.9053033	156	9.8688566	441	10.1311434	20	
	50	9.7741883	284	9.9052877	156	9.8689006	440	10.1310994	10	
29	0	9.7742168	285	9.9052722	155	9.8689446	440	10.1310554	0	31
	10	9.7742453	285	9.9052566	156	9.8689887	441	10.1310113	50	
	20	9.7742738	285	9.9052410	156	9.8690328	440	10.1309672	40	
	30	9.7743022	284	9.9052255	155	9.8690767	441	10.1309233	30	
	40	9.7743307	285	9.9052099	156	9.8691208	440	10.1308792	20	
	50	9.7743591	284	9.9051943	156	9.8691648	441	10.1308352	10	
30	0	9.7743876	285	9.9051787	156	9.8692089	441	10.1307911	0	30
′	″	Co-Sinus.	Dif.	Sinus.	Dif.	Co-Tang.	Dif. com	Tang.	″	′

53 Deg.

36 Deg.

′	″	Sinus.	Dif.	Co-Sinus.	Dif.	Tang.	Dif.	Co-Tang.	″	′
30	0	9.7743876		9.9051787		9.8692089		10.1307911	0	30
	10	9.7744161	285	9.9051631	156	9.8692530	440	10.1307470	50	
	20	9.7744445	284	9.9051476	155	9.8692969	440	10.1307031	40	
	30	9.7744730	285	9.9051320	156	9.8693410	441	10.1306590	30	
	40	9.7745014	284	9.9051164	156	9.8693850	440	10.1306150	20	
	50	9.7745298	284	9.9051008	156	9.8694290	440	10.1305710	10	
31	0	9.7745583	285	9.9050852	156	9.8694731	441	10.1305269	0	29
	10	9.7745867	284	9.9050696	156	9.8695171	440	10.1304829	50	
	20	9.7746151	284	9.9050540	156	9.8695611	440	10.1304389	40	
	30	9.7746436	285	9.9050384	156	9.8696052	441	10.1303948	30	
	40	9.7746720	284	9.9050228	156	9.8696492	440	10.1303508	20	
	50	9.7747004	284	9.9050072	156	9.8696932	440	10.1303068	10	
32	0	9.7747288	284	9.9049916	156	9.8697372	440	10.1302628	0	28
	10	9.7747572	284	9.9049760	156	9.8697812	440	10.1302188	50	
	20	9.7747857	285	9.9049604	156	9.8698252	440	10.1301748	40	
	30	9.7748141	284	9.9049448	156	9.8698693	441	10.1301307	30	
	40	9.7748425	284	9.9049292	156	9.8699133	440	10.1300867	20	
	50	9.7748709	284	9.9049136	156	9.8699573	440	10.1300427	10	
33	0	9.7748993	284	9.9048980	156	9.8700013	440	10.1299987	0	27
	10	9.7749277	284	9.9048824	156	9.8700453	440	10.1299547	50	
	20	9.7749561	284	9.9048668	156	9.8700893	440	10.1299107	40	
	30	9.7749845	284	9.9048512	156	9.8701333	440	10.1298667	30	
	40	9.7750129	284	9.9048356	156	9.8701773	440	10.1298227	20	
	50	9.7750413	284	9.9048200	156	9.8702213	440	10.1297787	10	
34	0	9.7750697	284	9.9048044	156	9.8702653	440	10.1297347	0	26
	10	9.7750981	284	9.9047887	157	9.8703094	441	10.1296906	50	
	20	9.7751264	283	9.9047731	156	9.8703533	439	10.1296467	40	
	30	9.7751548	284	9.9047575	156	9.8703973	440	10.1296027	30	
	40	9.7751832	284	9.9047419	156	9.8704413	440	10.1295587	20	
	50	9.7752116	284	9.9047263	156	9.8704853	440	10.1295147	10	
35	0	9.7752399	283	9.9047106	157	9.8705293	440	10.1294707	0	25
	10	9.7752683	284	9.9046950	156	9.8705733	440	10.1294267	50	
	20	9.7752967	284	9.9046794	156	9.8706173	440	10.1293827	40	
	30	9.7753250	283	9.9046637	157	9.8706613	440	10.1293387	30	
	40	9.7753534	284	9.9046481	156	9.8707053	440	10.1292947	20	
	50	9.7753817	283	9.9046324	157	9.8707493	440	10.1292507	10	
36	0	9.7754101	284	9.9046168	156	9.8707933	440	10.1292067	0	24
	10	9.7754384	283	9.9046011	157	9.8708373	440	10.1291627	50	
	20	9.7754668	284	9.9045855	156	9.8708812	439	10.1291188	40	
	30	9.7754951	283	9.9045699	156	9.8709252	440	10.1290748	30	
	40	9.7755235	284	9.9045543	156	9.8709692	440	10.1290308	20	
	50	9.7755518	283	9.9045386	157	9.8710132	440	10.1289868	10	
37	0	9.7755801	283	9.9045230	156	9.8710571	439	10.1289429	0	23
	10	9.7756084	283	9.9045073	157	9.8711011	440	10.1288989	50	
	20	9.7756368	284	9.9044917	156	9.8711451	440	10.1288549	40	
	30	9.7756651	283	9.9044760	157	9.8711891	440	10.1288109	30	
	40	9.7756935	284	9.9044604	156	9.8712331	440	10.1287669	20	
	50	9.7757218	283	9.9044447	157	9.8712771	440	10.1287229	10	
38	0	9.7757501	283	9.9044291	156	9.8713210	439	10.1286790	0	22
	10	9.7757784	283	9.9044134	157	9.8713650	440	10.1286350	50	
	20	9.7758067	283	9.9043977	157	9.8714090	440	10.1285910	40	
	30	9.7758350	283	9.9043821	156	9.8714529	439	10.1285471	30	
	40	9.7758633	283	9.9043664	157	9.8714969	440	10.1285031	20	
	50	9.7758916	283	9.9043508	156	9.8715408	439	10.1284592	10	
39	0	9.7759199	283	9.9043351	157	9.8715848	439	10.1284152	0	21
	10	9.7759482	283	9.9043194	157	9.8716288	440	10.1283712	50	
	20	9.7759765	283	9.9043038	156	9.8716727	439	10.1283273	40	
	30	9.7760048	283	9.9042881	157	9.8717167	440	10.1282833	30	
	40	9.7760331	283	9.9042724	157	9.8717607	440	10.1282393	20	
	50	9.7760614	283	9.9042567	157	9.8718047	440	10.1281953	10	
40	0	9.7760897	283	9.9042411	156	9.8718486	439	10.1281514	0	20
′	″	Co-Sinus.	Dif.	Sinus.	Dif.	Co-Tang.	Dif. com	Tang.	″	′

53 Deg.

36 Deg.

′	″	Sinus.	Dif.	Co-Sinus.	Dif.	Tang.	Dif.	Co-Tang.	″	′
40	0	9.7760897		9.9042411		9.8718486		10.1281514	0	20
	10	9.7761180	283	9.9042254	157	9.8718926	440	10.1281074	50	
	20	9.7761462	282	9.9042097	157	9.8719365	439	10.1280635	40	
	30	9.7761745	283	9.9041940	157	9.8719805	440	10.1280195	30	
	40	9.7762028	283	9.9041783	157	9.8720245	440	10.1279755	20	
	50	9.7762311	283	9.9041627	156	9.8720684	439	10.1279316	10	
41	0	9.7762593	282	9.9041470	157	9.8721123	439	10.1278877	0	19
	10	9.7762876	283	9.9041313	157	9.8721563	440	10.1278437	50	
	20	9.7763158	282	9.9041156	157	9.8722002	439	10.1277998	40	
	30	9.7763441	283	9.9040999	157	9.8722442	440	10.1277558	30	
	40	9.7763724	283	9.9040842	157	9.8722882	440	10.1277118	20	
	50	9.7764006	282	9.9040685	157	9.8723321	439	10.1276679	10	
42	0	9.7764288	282	9.9040528	157	9.8723760	439	10.1276240	0	18
	10	9.7764571	283	9.9040372	156	9.8724199	439	10.1275801	50	
	20	9.7764853	282	9.9040215	157	9.8724638	439	10.1275362	40	
	30	9.7765136	283	9.9040058	157	9.8725078	440	10.1274922	30	
	40	9.7765418	282	9.9039901	157	9.8725517	439	10.1274483	20	
	50	9.7765701	283	9.9039744	157	9.8725957	440	10.1274043	10	
43	0	9.7765983	282	9.9039587	157	9.8726396	439	10.1273604	0	17
	10	9.7766265	282	9.9039430	157	9.8726835	439	10.1273165	50	
	20	9.7766548	283	9.9039273	157	9.8727275	440	10.1272725	40	
	30	9.7766830	282	9.9039116	157	9.8727714	439	10.1272286	30	
	40	9.7767111	281	9.9038958	158	9.8728153	439	10.1271847	20	
	50	9.7767394	283	9.9038801	157	9.8728593	440	10.1271407	10	
44	0	9.7767676	282	9.9038644	157	9.8729032	439	10.1270968	0	16
	10	9.7767958	282	9.9038487	157	9.8729471	439	10.1270529	50	
	20	9.7768241	283	9.9038330	157	9.8729911	440	10.1270089	40	
	30	9.7768523	282	9.9038172	158	9.8730351	440	10.1269649	30	
	40	9.7768805	282	9.9038015	157	9.8730790	439	10.1269210	20	
	50	9.7769087	282	9.9037858	157	9.8731229	439	10.1268771	10	
45	0	9.7769369	282	9.9037701	157	9.8731668	439	10.1268332	0	15
	10	9.7769651	282	9.9037543	158	9.8732108	440	10.1267892	50	
	20	9.7769933	282	9.9037386	157	9.8732547	439	10.1267453	40	
	30	9.7770215	282	9.9037229	157	9.8732986	439	10.1267014	30	
	40	9.7770496	281	9.9037072	157	9.8733424	438	10.1266576	20	
	50	9.7770778	282	9.9036914	158	9.8733864	440	10.1266136	10	
46	0	9.7771060	282	9.9036757	157	9.8734303	439	10.1265697	0	14
	10	9.7771342	282	9.9036600	157	9.8734742	439	10.1265258	50	
	20	9.7771623	281	9.9036442	158	9.8735181	439	10.1264819	40	
	30	9.7771905	282	9.9036285	157	9.8735620	439	10.1264380	30	
	40	9.7772187	282	9.9036128	157	9.8736059	439	10.1263941	20	
	50	9.7772468	281	9.9035970	158	9.8736498	439	10.1263502	10	
47	0	9.7772750	282	9.9035813	157	9.8736937	439	10.1263063	0	13
	10	9.7773031	281	9.9035656	157	9.8737375	438	10.1262625	50	
	20	9.7773313	282	9.9035498	158	9.8737815	440	10.1262185	40	
	30	9.7773595	282	9.9035341	157	9.8738254	439	10.1261746	30	
	40	9.7773876	281	9.9035183	158	9.8738693	439	10.1261307	20	
	50	9.7774158	282	9.9035026	157	9.8739132	439	10.1260868	10	
48	0	9.7774439	281	9.9034868	158	9.8739571	439	10.1260429	0	12
	10	9.7774721	282	9.9034711	157	9.8740010	439	10.1259990	50	
	20	9.7775002	281	9.9034553	158	9.8740449	439	10.1259551	40	
	30	9.7775284	282	9.9034396	157	9.8740888	439	10.1259112	30	
	40	9.7775565	281	9.9034238	158	9.8741327	439	10.1258673	20	
	50	9.7775846	281	9.9034080	158	9.8741766	439	10.1258234	10	
49	0	9.7776128	282	9.9033922	158	9.8742206	440	10.1257794	0	11
	10	9.7776409	281	9.9033765	157	9.8742644	438	10.1257356	50	
	20	9.7776690	281	9.9033607	158	9.8743083	439	10.1256917	40	
	30	9.7776971	281	9.9033450	157	9.8743521	438	10.1256479	30	
	40	9.7777253	282	9.9033292	158	9.8743961	440	10.1256039	20	
	50	9.7777534	281	9.9033135	157	9.8744399	438	10.1255601	10	
50	0	9.7777815	281	9.9032977	158	9.8744838	439	10.1255162	0	10
′	″	Co-Sinus.	Dif.	Sinus.	Dif.	Co-Tang.	Dif.	Tang.	″	′

53 Deg.

36 Deg.

′	″	Sinus.	Dif.	Co-Sinus.	Dif.	Tang.	Dif.	Co-Tang.	″	′
50	0	9.7777815		9.9032977		9.8744838		10.1255162	0	10
	10	9.7778096	281	9.9032819	158	9.8745277	439	10.1254723	50	
	20	9.7778377	281	9.9032662	157	9.8745715	438	10.1254285	40	
	30	9.7778658	281	9.9032504	158	9.8746154	439	10.1253846	30	
	40	9.7778939	281	9.9032346	158	9.8746593	439	10.1253407	20	
	50	9.7779220	281	9.9032189	157	9.8747031	438	10.1252969	10	
51	0	9.7779501	281	9.9032031	158	9.8747470	439	10.1252530	0	9
	10	9.7779782	281	9.9031873	158	9.8747909	439	10.1252091	50	
	20	9.7780063	281	9.9031715	158	9.8748348	439	10.1251652	40	
	30	9.7780344	281	9.9031557	158	9.8748787	439	10.1251213	30	
	40	9.7780625	281	9.9031399	158	9.8749226	439	10.1250774	20	
	50	9.7780905	280	9.9031241	158	9.8749664	438	10.1250336	10	
52	0	9.7781186	281	9.9031084	157	9.8750102	438	10.1249898	0	8
	10	9.7781467	281	9.9030926	158	9.8750541	439	10.1249459	50	
	20	9.7781747	280	9.9030768	158	9.8750979	438	10.1249021	40	
	30	9.7782028	281	9.9030610	158	9.8751418	439	10.1248582	30	
	40	9.7782308	280	9.9030452	158	9.8751856	438	10.1248144	20	
	50	9.7782589	281	9.9030294	158	9.8752295	439	10.1247705	10	
53	0	9.7782870	281	9.9030136	158	9.8752734	439	10.1247266	0	7
	10	9.7783151	281	9.9029978	158	9.8753173	439	10.1246827	50	
	20	9.7783431	280	9.9029820	158	9.8753611	438	10.1246389	40	
	30	9.7783712	281	9.9029662	158	9.8754050	439	10.1245950	30	
	40	9.7783992	280	9.9029504	158	9.8754488	438	10.1245512	20	
	50	9.7784273	281	9.9029346	158	9.8754927	439	10.1245073	10	
54	0	9.7784553	280	9.9029188	158	9.8755365	438	10.1244635	0	6
	10	9.7784834	281	9.9029030	158	9.8755804	439	10.1244196	50	
	20	9.7785114	280	9.9028872	158	9.8756242	438	10.1243758	40	
	30	9.7785394	280	9.9028714	158	9.8756680	438	10.1243320	30	
	40	9.7785675	281	9.9028555	159	9.8757120	440	10.1242880	20	
	50	9.7785955	280	9.9028397	158	9.8757558	438	10.1242442	10	
55	0	9.7786235	280	9.9028239	158	9.8757996	438	10.1242004	0	5
	10	9.7786515	280	9.9028081	158	9.8758434	438	10.1241566	50	
	20	9.7786795	280	9.9027923	158	9.8758872	438	10.1241128	40	
	30	9.7787076	281	9.9027765	158	9.8759311	439	10.1240689	30	
	40	9.7787356	280	9.9027607	158	9.8759749	438	10.1240251	20	
	50	9.7787636	280	9.9027449	158	9.8760187	438	10.1239813	10	
56	0	9.7787916	280	9.9027290	159	9.8760626	439	10.1239374	0	4
	10	9.7788196	280	9.9027132	158	9.8761064	438	10.1238936	50	
	20	9.7788476	280	9.9026974	158	9.8761502	438	10.1238498	40	
	30	9.7788756	280	9.9026816	158	9.8761940	438	10.1238060	30	
	40	9.7789036	280	9.9026657	159	9.8762379	439	10.1237621	20	
	50	9.7789316	280	9.9026499	158	9.8762817	438	10.1237183	10	
57	0	9.7789596	280	9.9026340	159	9.8763256	439	10.1236744	0	3
	10	9.7789876	280	9.9026182	158	9.8763694	438	10.1236306	50	
	20	9.7790156	280	9.9026024	158	9.8764132	438	10.1235868	40	
	30	9.7790436	280	9.9025866	158	9.8764570	438	10.1235430	30	
	40	9.7790716	280	9.9025707	159	9.8765009	439	10.1234991	20	
	50	9.7790996	280	9.9025548	159	9.8765448	439	10.1234552	10	
58	0	9.7791275	279	9.9025390	158	9.8765885	437	10.1234115	0	2
	10	9.7791555	280	9.9025232	158	9.8766323	438	10.1233677	50	
	20	9.7791835	280	9.9025074	158	9.8766761	438	10.1233239	40	
	30	9.7792114	279	9.9024915	159	9.8767199	438	10.1232801	30	
	40	9.7792394	280	9.9024757	158	9.8767637	438	10.1232363	20	
	50	9.7792674	280	9.9024598	159	9.8768076	439	10.1231924	10	
59	0	9.7792953	279	9.9024440	158	9.8768513	437	10.1231487	0	1
	10	9.7793233	280	9.9024282	158	9.8768951	438	10.1231049	50	
	20	9.7793512	279	9.9024123	159	9.8769389	438	10.1230611	40	
	30	9.7793792	280	9.9023964	159	9.8769828	439	10.1230172	30	
	40	9.7794071	279	9.9023805	159	9.8770266	438	10.1229734	20	
	50	9.7794351	280	9.9023647	158	9.8770704	438	10.1229296	10	
60	0	9.7794630	279	9.9023490	157	9.8771140	436	10.1228860	0	0
′	″	Co-Sinus.	Dif.	Sinus.	Dif.	Co-Tang.	Dif.	Tang.	″	′

53 Deg.

'	"	Sine.	Dif.	Co-Sine.	Dif.	Tang.	Dif.	Co-Tang.	"	'
0	0	9.7794630		9.9023486		9.8771144		10.1228856	0	60
	10	9.7794914	280	9.9023327	159	9.8771582	438	10.1228418	50	
	20	9.7795189	279	9.9023169	158	9.8772020	438	10.1227980	40	
	30	9.7795468	279	9.9023010	159	9.8772458	438	10.1227542	30	
	40	9.7795748	280	9.9022851	159	9.8772896	438	10.1227104	20	
	50	9.7796027	279	9.9022693	158	9.8773334	438	10.1226666	10	
1	0	9.7796307	279	9.9022534	159	9.8773772	438	10.1226228	0	59
	10	9.7796586	279	9.9022375	159	9.8774210	438	10.1225790	50	
	20	9.7796866	280	9.9022216	159	9.8774648	438	10.1225352	40	
	30	9.7797145	279	9.9022058	158	9.8775086	438	10.1224914	30	
	40	9.7797425	279	9.9021899	159	9.8775524	438	10.1224476	20	
	50	9.7797701	279	9.9021740	159	9.8775962	438	10.1224038	10	
2	0	9.7797981	279	9.9021581	159	9.8776400	438	10.1223600	0	58
	10	9.7798260	279	9.9021422	159	9.8776838	438	10.1223162	50	
	20	9.7798539	279	9.9021263	159	9.8777276	438	10.1222724	40	
	30	9.7798818	279	9.9021104	159	9.8777714	438	10.1222286	30	
	40	9.7799097	279	9.9020946	158	9.8778151	437	10.1221849	20	
	50	9.7799376	279	9.9020787	159	9.8778590	439	10.1221410	10	
3	0	9.7799655	279	9.9020628	159	9.8779027	437	10.1220973	0	57
	10	9.7799934	279	9.9020469	159	9.8779465	438	10.1220535	50	
	20	9.7800213	279	9.9020310	159	9.8779903	438	10.1220097	40	
	30	9.7800492	279	9.9020151	159	9.8780341	438	10.1219659	30	
	40	9.7800771	279	9.9019992	159	9.8780779	438	10.1219221	20	
	50	9.7801049	278	9.9019833	159	9.8781217	438	10.1218783	10	
4	0	9.7801328	279	9.9019674	159	9.8781654	437	10.1218346	0	56
	10	9.7801607	279	9.9019515	159	9.8782092	438	10.1217908	50	
	20	9.7801886	279	9.9019356	159	9.8782530	438	10.1217470	40	
	30	9.7802164	278	9.9019197	159	9.8782968	438	10.1217032	30	
	40	9.7802443	279	9.9019037	160	9.8783406	438	10.1216594	20	
	50	9.7802721	278	9.9018878	159	9.8783843	437	10.1216157	10	
5	0	9.7803000	279	9.9018719	159	9.8784281	438	10.1215719	0	55
	10	9.7803278	278	9.9018560	159	9.8784719	438	10.1215281	50	
	20	9.7803557	279	9.9018401	159	9.8785156	437	10.1214844	40	
	30	9.7803836	279	9.9018242	159	9.8785594	438	10.1214406	30	
	40	9.7804114	278	9.9018082	160	9.8786032	438	10.1213968	20	
	50	9.7804393	279	9.9017923	159	9.8786470	438	10.1213530	10	
6	0	9.7804671	278	9.9017764	159	9.8786907	437	10.1213093	0	54
	10	9.7804949	278	9.9017605	159	9.8787345	438	10.1212655	50	
	20	9.7805228	279	9.9017445	160	9.8787782	437	10.1212218	40	
	30	9.7805506	278	9.9017286	159	9.8788220	438	10.1211780	30	
	40	9.7805784	278	9.9017127	159	9.8788657	437	10.1211343	20	
	50	9.7806062	278	9.9016968	159	9.8789095	438	10.1210905	10	
7	0	9.7806341	279	9.9016808	160	9.8789533	438	10.1210467	0	53
	10	9.7806619	278	9.9016649	159	9.8789970	437	10.1210030	50	
	20	9.7806897	278	9.9016490	159	9.8790408	438	10.1209592	40	
	30	9.7807175	278	9.9016330	160	9.8790845	437	10.1209155	30	
	40	9.7807453	278	9.9016171	159	9.8791282	437	10.1208717	20	
	50	9.7807731	278	9.9016011	160	9.8791720	438	10.1208280	10	
8	0	9.7808010	279	9.9015852	159	9.8792158	438	10.1207842	0	52
	10	9.7808288	278	9.9015692	160	9.8792595	437	10.1207405	50	
	20	9.7808566	278	9.9015533	159	9.8793033	438	10.1206967	40	
	30	9.7808844	278	9.9015374	159	9.8793470	437	10.1206530	30	
	40	9.7809121	277	9.9015214	160	9.8793908	438	10.1206092	20	
	50	9.7809400	279	9.9015055	159	9.8794345	437	10.1205655	10	
9	0	9.7809677	277	9.9014895	160	9.8794782	437	10.1205218	0	51
	10	9.7809955	278	9.9014736	159	9.8795219	437	10.1204780	50	
	20	9.7810233	278	9.9014576	160	9.8795657	438	10.1204343	40	
	30	9.7810511	278	9.9014416	160	9.8796095	438	10.1203905	30	
	40	9.7810788	277	9.9014257	159	9.8796531	436	10.1203468	20	
	50	9.7811067	279	9.9014097	160	9.8796969	438	10.1203031	10	
10	0	9.7811344	277	9.9013938	159	9.8797407	438	10.1202593	0	50
'	"	Co-Sine.	Dif.	Sine.	Dif.	Co-Tang.	Dif.	Tang.	"	'

'	"	Sine.	Dif.	Co-Sine.	Dif.	Tang.	Dif.	Co-Tang.	"	'
10	0	9.7811344		9.9013938		9.8797407		10.1202593	0	50
	10	9.7811622	278	9.9013778	160	9.8797844	437	10.1202156	50	
	20	9.7811900	278	9.9013618	160	9.8798281	437	10.1201719	40	
	30	9.7812177	277	9.9013459	159	9.8798719	438	10.1201281	30	
	40	9.7812455	278	9.9013299	160	9.8799156	437	10.1200844	20	
	50	9.7812733	278	9.9013139	160	9.8799593	437	10.1200407	10	
11	0	9.7813010	277	9.9012980	159	9.8800031	438	10.1199969	0	49
	10	9.7813288	278	9.9012820	160	9.8800468	437	10.1199532	50	
	20	9.7813565	277	9.9012660	160	9.8800905	437	10.1199095	40	
	30	9.7813843	278	9.9012500	160	9.8801343	438	10.1198657	30	
	40	9.7814120	277	9.9012341	159	9.8801780	437	10.1198220	20	
	50	9.7814398	278	9.9012181	160	9.8802217	437	10.1197783	10	
12	0	9.7814675	277	9.9012021	160	9.8802654	437	10.1197346	0	48
	10	9.7814952	277	9.9011861	160	9.8803091	437	10.1196909	50	
	20	9.7815230	278	9.9011701	160	9.8803529	438	10.1196471	40	
	30	9.7815507	277	9.9011541	160	9.8803966	437	10.1196034	30	
	40	9.7815784	277	9.9011381	160	9.8804403	437	10.1195597	20	
	50	9.7816061	277	9.9011221	160	9.8804840	437	10.1195160	10	
13	0	9.7816339	278	9.9011061	160	9.8805277	437	10.1194723	0	47
	10	9.7816616	277	9.9010901	160	9.8805714	437	10.1194286	50	
	20	9.7816893	277	9.9010741	160	9.8806151	437	10.1193849	40	
	30	9.7817170	277	9.9010581	160	9.8806589	438	10.1193411	30	
	40	9.7817447	277	9.9010421	160	9.8807026	437	10.1192974	20	
	50	9.7817724	277	9.9010261	160	9.8807463	437	10.1192537	10	
14	0	9.7818001	277	9.9010101	160	9.8807900	437	10.1192100	0	46
	10	9.7818278	277	9.9009941	160	9.8808337	437	10.1191663	50	
	20	9.7818555	277	9.9009781	160	9.8808774	437	10.1191226	40	
	30	9.7818832	277	9.9009621	160	9.8809211	437	10.1190789	30	
	40	9.7819109	277	9.9009460	161	9.8809648	437	10.1190352	20	
	50	9.7819386	277	9.9009301	160	9.8810085	437	10.1189915	10	
15	0	9.7819662	276	9.9009141	160	9.8810522	437	10.1189478	0	45
	10	9.7819939	277	9.9008981	160	9.8810959	437	10.1189041	50	
	20	9.7820217	277	9.9008821	160	9.8811396	437	10.1188604	40	
	30	9.7820492	277	9.9008661	160	9.8811831	437	10.1188167	30	
	40	9.7820771	277	9.9008501	160	9.8812270	437	10.1187730	20	
	50	9.7821048	277	9.9008341	160	9.8812707	437	10.1187293	10	
16	0	9.7821324	276	9.9008180	161	9.8813144	437	10.1186856	0	44
	10	9.7821601	277	9.9008020	160	9.8813581	437	10.1186419	50	
	20	9.7821878	277	9.9007860	160	9.8814018	437	10.1185982	40	
	30	9.7822154	276	9.9007700	160	9.8814455	437	10.1185545	30	
	40	9.7822431	277	9.9007540	160	9.8814891	436	10.1185109	20	
	50	9.7822708	277	9.9007379	161	9.8815328	437	10.1184672	10	
17	0	9.7822984	276	9.9007219	160	9.8815765	437	10.1184235	0	43
	10	9.7823261	277	9.9007059	160	9.8816202	437	10.1183798	50	
	20	9.7823537	276	9.9006898	161	9.8816639	437	10.1183361	40	
	30	9.7823814	277	9.9006737	161	9.8817076	437	10.1182924	30	
	40	9.7824090	276	9.9006578	159	9.8817512	436	10.1182488	20	
	50	9.7824367	277	9.9006417	161	9.8817949	437	10.1182051	10	
18	0	9.7824643	276	9.9006257	160	9.8818386	437	10.1181614	0	42
	10	9.7824919	276	9.9006097	160	9.8818822	436	10.1181177	50	
	20	9.7825196	277	9.9005936	161	9.8819260	438	10.1180740	40	
	30	9.7825472	276	9.9005776	160	9.8819697	437	10.1180303	30	
	40	9.7825748	276	9.9005615	161	9.8820133	436	10.1179867	20	
	50	9.7826025	277	9.9005455	160	9.8820570	437	10.1179430	10	
19	0	9.7826301	276	9.9005294	161	9.8821007	437	10.1178993	0	41
	10	9.7826577	276	9.9005134	160	9.8821443	436	10.1178557	50	
	20	9.7826853	276	9.9004973	161	9.8821880	437	10.1178120	40	
	30	9.7827129	276	9.9004813	160	9.8822317	437	10.1177683	30	
	40	9.7827406	277	9.9004652	161	9.8822753	436	10.1177247	20	
	50	9.7827682	276	9.9004492	160	9.8823190	437	10.1176810	10	
20	0	9.7827958	276	9.9004331	161	9.8823627	437	10.1176373	0	40
'	"	Co-Sine.	Dif.	Sine.	Dif.	Co-Tang.	Dif.	Tang.	"	'

37 Deg.

′	″	Sinus.	Dif.	Co-Sinus.	Dif.	Tang.	Dif.	Co-Tang.	″	′
20	0	9.7827958		9.9004335		9.8823627		10.1176373	0	40
	10	9.7828234	276	9.9004174	161	9.8824063	436	10.1175937	50	
	20	9.7828510	276	9.9004013	161	9.8824500	437	10.1175500	40	
	30	9.7828786	276	9.9003852	161	9.8824937	437	10.1175063	30	
	40	9.7829062	276	9.9003691	161	9.8825373	436	10.1174627	20	
	50	9.7829338	276	9.9003530	161	9.8825810	437	10.1174190	10	
21	0	9.7829614	276	9.9003367	162	9.8826246	436	10.1173754	0	39
	10	9.7829888	275	9.9003207	161	9.8826683	437	10.1173317	50	
	20	9.7830164	276	9.9003046	161	9.8827119	436	10.1172881	40	
	30	9.7830441	276	9.9002884	161	9.8827556	437	10.1172444	30	
	40	9.7830717	276	9.9002724	161	9.8827993	437	10.1172007	20	
	50	9.7830993	276	9.9002562	161	9.8828429	436	10.1171571	10	
22	0	9.7831268	275	9.9002402	161	9.8828866	437	10.1171134	0	38
	10	9.7831544	276	9.9002241	161	9.8829301	435	10.1170699	50	
	20	9.7831820	276	9.9002080	161	9.8829739	437	10.1170261	40	
	30	9.7832095	276	9.9001919	161	9.8830176	437	10.1169824	30	
	40	9.7832371	276	9.9001760	161	9.8830611	436	10.1169389	20	
	50	9.7832647	275	9.9001598	161	9.8831048	436	10.1168952	10	
23	0	9.7832922	275	9.9001437	161	9.8831484	436	10.1168516	0	37
	10	9.7833198	276	9.9001277	161	9.8831921	437	10.1168079	50	
	20	9.7833474	276	9.9001116	161	9.8832357	436	10.1167643	40	
	30	9.7833749	275	9.9000955	161	9.8832794	437	10.1167206	30	
	40	9.7834024	275	9.9000794	161	9.8833230	436	10.1166770	20	
	50	9.7834300	276	9.9000633	161	9.8833667	437	10.1166334	10	
24	0	9.7834575	275	9.9000471	161	9.8834103	436	10.1165897	0	36
	10	9.7834851	276	9.9000310	161	9.8834539	437	10.1165461	50	
	20	9.7835126	275	9.9000150	161	9.8834976	436	10.1165024	40	
	30	9.7835401	275	9.8999989	161	9.8835411	436	10.1164589	30	
	40	9.7835676	275	9.8999827	161	9.8835848	437	10.1164152	20	
	50	9.7835952	276	9.8999667	161	9.8836284	436	10.1163716	10	
25	0	9.7836227	275	9.8999505	161	9.8836721	437	10.1163279	0	35
	10	9.7836502	275	9.8999344	161	9.8837157	436	10.1162843	50	
	20	9.7836777	275	9.8999184	161	9.8837593	436	10.1162407	40	
	30	9.7837052	275	9.8999023	161	9.8838030	437	10.1161970	30	
	40	9.7837328	276	9.8998862	161	9.8838466	436	10.1161534	20	
	50	9.7837603	275	9.8998701	161	9.8838901	436	10.1161099	10	
26	0	9.7837878	275	9.8998539	162	9.8839339	437	10.1160661	0	34
	10	9.7838153	275	9.8998378	161	9.8839775	436	10.1160225	50	
	20	9.7838428	275	9.8998217	161	9.8840211	436	10.1159789	40	
	30	9.7838703	275	9.8998056	161	9.8840647	436	10.1159353	30	
	40	9.7838978	275	9.8997895	161	9.8841083	436	10.1158917	20	
	50	9.7839253	275	9.8997733	161	9.8841519	436	10.1158481	10	
27	0	9.7839528	275	9.8997572	161	9.8841956	437	10.1158044	0	33
	10	9.7839803	275	9.8997411	161	9.8842392	436	10.1157608	50	
	20	9.7840077	274	9.8997249	162	9.8842828	436	10.1157172	40	
	30	9.7840352	275	9.8997088	161	9.8843264	436	10.1156736	30	
	40	9.7840627	275	9.8996927	161	9.8843700	436	10.1156300	20	
	50	9.7840902	275	9.8996766	161	9.8844136	436	10.1155864	10	
28	0	9.7841177	275	9.8996604	162	9.8844572	436	10.1155428	0	32
	10	9.7841451	274	9.8996443	161	9.8845008	436	10.1154992	50	
	20	9.7841726	275	9.8996282	161	9.8845443	435	10.1154557	40	
	30	9.7842001	275	9.8996120	162	9.8845881	438	10.1154119	30	
	40	9.7842275	274	9.8995959	161	9.8846317	436	10.1153683	20	
	50	9.7842550	275	9.8995797	162	9.8846753	436	10.1153247	10	
29	0	9.7842824	274	9.8995636	161	9.8847189	436	10.1152811	0	31
	10	9.7843097	273	9.8995474	162	9.8847625	436	10.1152375	50	
	20	9.7843372	275	9.8995313	161	9.8848061	436	10.1151939	40	
	30	9.7843646	274	9.8995151	162	9.8848497	436	10.1151503	30	
	40	9.7843920	274	9.8994990	161	9.8848931	434	10.1151069	20	
	50	9.7844197	277	9.8994828	162	9.8849369	438	10.1150631	10	
30	0	9.7844471	274	9.8994667	161	9.8849805	436	10.1150195	0	30
′	″	Co-Sinus.	Dif.	Sinus.	Dif.	Co-Tang.	Dif. com.	Tang.	″	′

52 Deg.

37 Deg.

′	″	Sinus.	Dif.	Co-Sinus.	Dif.	Tang.	Dif. com.	Co-Tang.	″	′
30	0	9.7844471		9.8994667		9.8849805		10.1150195	0	30
	10	9.7844746	275	9.8994505	162	9.8850241	436	10.1149759	50	
	20	9.7845020	274	9.8994343	162	9.8850677	436	10.1149323	40	
	30	9.7845294	274	9.8994182	161	9.8851113	436	10.1148887	30	
	40	9.7845568	274	9.8994020	162	9.8851548	435	10.1148452	20	
	50	9.7845843	275	9.8993859	161	9.8851984	436	10.1148016	10	
31	0	9.7846117	274	9.8993697	162	9.8852420	436	10.1147580	0	29
	10	9.7846391	274	9.8993535	162	9.8852856	436	10.1147144	50	
	20	9.7846665	274	9.8993374	161	9.8853291	435	10.1146709	40	
	30	9.7846940	275	9.8993212	162	9.8853728	437	10.1146272	30	
	40	9.7847214	274	9.8993050	162	9.8854164	436	10.1145836	20	
	50	9.7847488	274	9.8992889	161	9.8854600	436	10.1145400	10	
32	0	9.7847762	274	9.8992727	162	9.8855035	435	10.1144965	0	28
	10	9.7848036	274	9.8992566	161	9.8855471	436	10.1144529	50	
	20	9.7848310	274	9.8992403	163	9.8855907	436	10.1144093	40	
	30	9.7848584	274	9.8992241	162	9.8856343	436	10.1143657	30	
	40	9.7848858	274	9.8992079	162	9.8856779	436	10.1143221	20	
	50	9.7849132	274	9.8991918	161	9.8857214	435	10.1142786	10	
33	0	9.7849406	274	9.8991756	162	9.8857650	436	10.1142350	0	27
	10	9.7849680	274	9.8991594	162	9.8858086	436	10.1141914	50	
	20	9.7849954	274	9.8991432	162	9.8858522	436	10.1141478	40	
	30	9.7850228	274	9.8991270	162	9.8858957	435	10.1141043	30	
	40	9.7850501	273	9.8991108	162	9.8859393	436	10.1140607	20	
	50	9.7850775	274	9.8990946	162	9.8859829	436	10.1140171	10	
34	0	9.7851049	274	9.8990784	162	9.8860265	436	10.1139735	0	26
	10	9.7851323	274	9.8990622	162	9.8860700	435	10.1139300	50	
	20	9.7851597	274	9.8990460	162	9.8861136	436	10.1138864	40	
	30	9.7851870	273	9.8990298	162	9.8861571	435	10.1138429	30	
	40	9.7852144	274	9.8990136	162	9.8862007	436	10.1137993	20	
	50	9.7852417	273	9.8989974	162	9.8862443	436	10.1137557	10	
35	0	9.7852691	274	9.8989812	162	9.8862878	435	10.1137122	0	25
	10	9.7852964	273	9.8989650	162	9.8863314	436	10.1136686	50	
	20	9.7853237	273	9.8989488	162	9.8863750	436	10.1136250	40	
	30	9.7853511	274	9.8989325	163	9.8864185	435	10.1135815	30	
	40	9.7853784	273	9.8989163	162	9.8864621	436	10.1135379	20	
	50	9.7854057	273	9.8989001	162	9.8865056	435	10.1134944	10	
36	0	9.7854331	274	9.8988839	162	9.8865492	436	10.1134508	0	24
	10	9.7854604	273	9.8988676	163	9.8865927	435	10.1134073	50	
	20	9.7854877	273	9.8988515	161	9.8866363	436	10.1133637	40	
	30	9.7855150	273	9.8988352	163	9.8866799	436	10.1133201	30	
	40	9.7855424	274	9.8988191	161	9.8867234	435	10.1132766	20	
	50	9.7855697	273	9.8988029	162	9.8867670	436	10.1132330	10	
37	0	9.7855971	274	9.8987867	162	9.8868105	435	10.1131895	0	23
	10	[illegible]	273	9.8987704	163	9.8868541	436	10.1131459	50	
	20	9.7856518	274	9.8987542	162	9.8868976	435	10.1131024	40	
	30	9.7856791	273	9.8987380	162	9.8869411	435	10.1130589	30	
	40	9.7857064	273	9.8987218	162	9.8869847	436	10.1130153	20	
	50	9.7857338	274	9.8987056	162	9.8870282	435	10.1129718	10	
38	0	9.7857611	273	9.8986893	163	9.8870718	436	10.1129282	0	22
	10	9.7857884	273	9.8986731	162	9.8871153	435	10.1128847	50	
	20	9.7858157	273	9.8986568	163	9.8871589	436	10.1128411	40	
	30	9.7858430	273	9.8986406	162	9.8872024	435	10.1127976	30	
	40	9.7858703	273	9.8986244	162	9.8872459	435	10.1127541	20	
	50	9.7858976	273	9.8986081	163	9.8872895	436	10.1127105	10	
39	0	9.7859249	273	9.8985919	162	9.8873330	435	10.1126670	0	21
	10	9.7859522	273	9.8985757	162	9.8873765	435	10.1126235	50	
	20	9.7859794	272	9.8985594	163	9.8874201	436	10.1125799	40	
	30	9.7860067	273	9.8985431	163	9.8874636	435	10.1125364	30	
	40	9.7860340	273	9.8985269	162	9.8875071	435	10.1124929	20	
	50	9.7860612	272	9.8985106	163	9.8875507	436	10.1124493	10	
40	0	9.7860885	273	9.8984944	162	9.8875942	435	10.1124058	0	20
′	″	Co-Sinus.	Dif.	Sinus.	Dif.	Co-Tang.	Dif. com.	Tang.	″	′

52 Deg.

37 Deg.

'	"	Sinus.	Dif.	Co-Sinus.	Dif.	Tang.	Dif.	Co-Tang.	"	'
40	0	[illegible]		[illegible]		[illegible]		[illegible]	0	20
	10	[illegible]	[illegible]	[illegible]	[illegible]	[illegible]	[illegible]	[illegible]	50	
	20	[illegible]	[illegible]	[illegible]	[illegible]	[illegible]	[illegible]	[illegible]	40	
	30	[illegible]	[illegible]	[illegible]	[illegible]	[illegible]	[illegible]	[illegible]	30	
	40	[illegible]	[illegible]	[illegible]	[illegible]	[illegible]	[illegible]	[illegible]	20	
	50	[illegible]	[illegible]	[illegible]	[illegible]	[illegible]	[illegible]	[illegible]	10	
41	0	[illegible]	[illegible]	[illegible]	[illegible]	[illegible]	[illegible]	[illegible]	0	19
	10	[illegible]	[illegible]	[illegible]	[illegible]	[illegible]	[illegible]	[illegible]	50	
	20	[illegible]	[illegible]	[illegible]	[illegible]	[illegible]	[illegible]	[illegible]	40	
	30	[illegible]	[illegible]	[illegible]	[illegible]	[illegible]	[illegible]	[illegible]	30	
	40	[illegible]	[illegible]	[illegible]	[illegible]	[illegible]	[illegible]	[illegible]	20	
	50	[illegible]	[illegible]	[illegible]	[illegible]	[illegible]	[illegible]	[illegible]	10	
42	0	[illegible]	[illegible]	[illegible]	[illegible]	[illegible]	[illegible]	[illegible]	0	18
	10	[illegible]	[illegible]	[illegible]	[illegible]	[illegible]	[illegible]	[illegible]	50	
	20	[illegible]	[illegible]	[illegible]	[illegible]	[illegible]	[illegible]	[illegible]	40	
	30	[illegible]	[illegible]	[illegible]	[illegible]	[illegible]	[illegible]	[illegible]	30	
	40	[illegible]	[illegible]	[illegible]	[illegible]	[illegible]	[illegible]	[illegible]	20	
	50	[illegible]	[illegible]	[illegible]	[illegible]	[illegible]	[illegible]	[illegible]	10	
43	0	[illegible]	[illegible]	[illegible]	[illegible]	[illegible]	[illegible]	[illegible]	0	17
	10	[illegible]	[illegible]	[illegible]	[illegible]	[illegible]	[illegible]	[illegible]	50	
	20	[illegible]	[illegible]	[illegible]	[illegible]	[illegible]	[illegible]	[illegible]	40	
	30	[illegible]	[illegible]	[illegible]	[illegible]	[illegible]	[illegible]	[illegible]	30	
	40	[illegible]	[illegible]	[illegible]	[illegible]	[illegible]	[illegible]	[illegible]	20	
	50	[illegible]	[illegible]	[illegible]	[illegible]	[illegible]	[illegible]	[illegible]	10	
44	0	[illegible]	[illegible]	[illegible]	[illegible]	[illegible]	[illegible]	[illegible]	0	16
	10	[illegible]	[illegible]	[illegible]	[illegible]	[illegible]	[illegible]	[illegible]	50	
	20	[illegible]	[illegible]	[illegible]	[illegible]	[illegible]	[illegible]	[illegible]	40	
	30	[illegible]	[illegible]	[illegible]	[illegible]	[illegible]	[illegible]	[illegible]	30	
	40	[illegible]	[illegible]	[illegible]	[illegible]	[illegible]	[illegible]	[illegible]	20	
	50	[illegible]	[illegible]	[illegible]	[illegible]	[illegible]	[illegible]	[illegible]	10	
45	0	[illegible]	[illegible]	[illegible]	[illegible]	[illegible]	[illegible]	[illegible]	0	15
	10	[illegible]	[illegible]	[illegible]	[illegible]	[illegible]	[illegible]	[illegible]	50	
	20	[illegible]	[illegible]	[illegible]	[illegible]	[illegible]	[illegible]	[illegible]	40	
	30	[illegible]	[illegible]	[illegible]	[illegible]	[illegible]	[illegible]	[illegible]	30	
	40	[illegible]	[illegible]	[illegible]	[illegible]	[illegible]	[illegible]	[illegible]	20	
	50	[illegible]	[illegible]	[illegible]	[illegible]	[illegible]	[illegible]	[illegible]	10	
46	0	[illegible]	[illegible]	[illegible]	[illegible]	[illegible]	[illegible]	[illegible]	0	14
	10	[illegible]	[illegible]	[illegible]	[illegible]	[illegible]	[illegible]	[illegible]	50	
	20	[illegible]	[illegible]	[illegible]	[illegible]	[illegible]	[illegible]	[illegible]	40	
	30	[illegible]	[illegible]	[illegible]	[illegible]	[illegible]	[illegible]	[illegible]	30	
	40	[illegible]	[illegible]	[illegible]	[illegible]	[illegible]	[illegible]	[illegible]	20	
	50	[illegible]	[illegible]	[illegible]	[illegible]	[illegible]	[illegible]	[illegible]	10	
47	0	[illegible]	[illegible]	[illegible]	[illegible]	[illegible]	[illegible]	[illegible]	0	13
	10	[illegible]	[illegible]	[illegible]	[illegible]	[illegible]	[illegible]	[illegible]	50	
	20	[illegible]	[illegible]	[illegible]	[illegible]	[illegible]	[illegible]	[illegible]	40	
	30	[illegible]	[illegible]	[illegible]	[illegible]	[illegible]	[illegible]	[illegible]	30	
	40	[illegible]	[illegible]	[illegible]	[illegible]	[illegible]	[illegible]	[illegible]	20	
	50	[illegible]	[illegible]	[illegible]	[illegible]	[illegible]	[illegible]	[illegible]	10	
48	0	[illegible]	[illegible]	[illegible]	[illegible]	[illegible]	[illegible]	[illegible]	0	12
	10	[illegible]	[illegible]	[illegible]	[illegible]	[illegible]	[illegible]	[illegible]	50	
	20	[illegible]	[illegible]	[illegible]	[illegible]	[illegible]	[illegible]	[illegible]	40	
	30	[illegible]	[illegible]	[illegible]	[illegible]	[illegible]	[illegible]	[illegible]	30	
	40	[illegible]	[illegible]	[illegible]	[illegible]	[illegible]	[illegible]	[illegible]	20	
	50	[illegible]	[illegible]	[illegible]	[illegible]	[illegible]	[illegible]	[illegible]	10	
49	0	[illegible]	[illegible]	[illegible]	[illegible]	[illegible]	[illegible]	[illegible]	0	11
	10	[illegible]	[illegible]	[illegible]	[illegible]	[illegible]	[illegible]	[illegible]	50	
	20	[illegible]	[illegible]	[illegible]	[illegible]	[illegible]	[illegible]	[illegible]	40	
	30	[illegible]	[illegible]	[illegible]	[illegible]	[illegible]	[illegible]	[illegible]	30	
	40	[illegible]	[illegible]	[illegible]	[illegible]	[illegible]	[illegible]	[illegible]	20	
	50	[illegible]	[illegible]	[illegible]	[illegible]	[illegible]	[illegible]	[illegible]	10	
50	0	[illegible]	[illegible]	[illegible]	[illegible]	[illegible]	[illegible]	[illegible]	0	10
'	"	Co-Sinus.	Dif.	Sinus.	Dif.	Co-Tang.	Dif.	Tang.	"	'

52 Deg.

37 Deg.

'	"	Sinus.	Dif.	Co-Sinus.	Dif.	Tang.	Dif.	Co-Tang.	"	'
50	0	[illegible]		[illegible]		[illegible]		[illegible]	0	10
	10	[illegible]	[illegible]	[illegible]	[illegible]	[illegible]	[illegible]	[illegible]	50	
	20	[illegible]	[illegible]	[illegible]	[illegible]	[illegible]	[illegible]	[illegible]	40	
	30	[illegible]	[illegible]	[illegible]	[illegible]	[illegible]	[illegible]	[illegible]	30	
	40	[illegible]	[illegible]	[illegible]	[illegible]	[illegible]	[illegible]	[illegible]	20	
	50	[illegible]	[illegible]	[illegible]	[illegible]	[illegible]	[illegible]	[illegible]	10	
51	0	[illegible]	[illegible]	[illegible]	[illegible]	[illegible]	[illegible]	[illegible]	0	9
	10	[illegible]	[illegible]	[illegible]	[illegible]	[illegible]	[illegible]	[illegible]	50	
	20	[illegible]	[illegible]	[illegible]	[illegible]	[illegible]	[illegible]	[illegible]	40	
	30	[illegible]	[illegible]	[illegible]	[illegible]	[illegible]	[illegible]	[illegible]	30	
	40	[illegible]	[illegible]	[illegible]	[illegible]	[illegible]	[illegible]	[illegible]	20	
	50	[illegible]	[illegible]	[illegible]	[illegible]	[illegible]	[illegible]	[illegible]	10	
52	0	[illegible]	[illegible]	[illegible]	[illegible]	[illegible]	[illegible]	[illegible]	0	8
	10	[illegible]	[illegible]	[illegible]	[illegible]	[illegible]	[illegible]	[illegible]	50	
	20	[illegible]	[illegible]	[illegible]	[illegible]	[illegible]	[illegible]	[illegible]	40	
	30	[illegible]	[illegible]	[illegible]	[illegible]	[illegible]	[illegible]	[illegible]	30	
	40	[illegible]	[illegible]	[illegible]	[illegible]	[illegible]	[illegible]	[illegible]	20	
	50	[illegible]	[illegible]	[illegible]	[illegible]	[illegible]	[illegible]	[illegible]	10	
53	0	[illegible]	[illegible]	[illegible]	[illegible]	[illegible]	[illegible]	[illegible]	0	7
	10	[illegible]	[illegible]	[illegible]	[illegible]	[illegible]	[illegible]	[illegible]	50	
	20	[illegible]	[illegible]	[illegible]	[illegible]	[illegible]	[illegible]	[illegible]	40	
	30	[illegible]	[illegible]	[illegible]	[illegible]	[illegible]	[illegible]	[illegible]	30	
	40	[illegible]	[illegible]	[illegible]	[illegible]	[illegible]	[illegible]	[illegible]	20	
	50	[illegible]	[illegible]	[illegible]	[illegible]	[illegible]	[illegible]	[illegible]	10	
54	0	[illegible]	[illegible]	[illegible]	[illegible]	[illegible]	[illegible]	[illegible]	0	6
	10	[illegible]	[illegible]	[illegible]	[illegible]	[illegible]	[illegible]	[illegible]	50	
	20	[illegible]	[illegible]	[illegible]	[illegible]	[illegible]	[illegible]	[illegible]	40	
	30	[illegible]	[illegible]	[illegible]	[illegible]	[illegible]	[illegible]	[illegible]	30	
	40	[illegible]	[illegible]	[illegible]	[illegible]	[illegible]	[illegible]	[illegible]	20	
	50	[illegible]	[illegible]	[illegible]	[illegible]	[illegible]	[illegible]	[illegible]	10	
55	0	[illegible]	[illegible]	[illegible]	[illegible]	[illegible]	[illegible]	[illegible]	0	5
	10	[illegible]	[illegible]	[illegible]	[illegible]	[illegible]	[illegible]	[illegible]	50	
	20	[illegible]	[illegible]	[illegible]	[illegible]	[illegible]	[illegible]	[illegible]	40	
	30	[illegible]	[illegible]	[illegible]	[illegible]	[illegible]	[illegible]	[illegible]	30	
	40	[illegible]	[illegible]	[illegible]	[illegible]	[illegible]	[illegible]	[illegible]	20	
	50	[illegible]	[illegible]	[illegible]	[illegible]	[illegible]	[illegible]	[illegible]	10	
56	0	[illegible]	[illegible]	[illegible]	[illegible]	[illegible]	[illegible]	[illegible]	0	4
	10	[illegible]	[illegible]	[illegible]	[illegible]	[illegible]	[illegible]	[illegible]	50	
	20	[illegible]	[illegible]	[illegible]	[illegible]	[illegible]	[illegible]	[illegible]	40	
	30	[illegible]	[illegible]	[illegible]	[illegible]	[illegible]	[illegible]	[illegible]	30	
	40	[illegible]	[illegible]	[illegible]	[illegible]	[illegible]	[illegible]	[illegible]	20	
	50	[illegible]	[illegible]	[illegible]	[illegible]	[illegible]	[illegible]	[illegible]	10	
57	0	[illegible]	[illegible]	[illegible]	[illegible]	[illegible]	[illegible]	[illegible]	0	3
	10	[illegible]	[illegible]	[illegible]	[illegible]	[illegible]	[illegible]	[illegible]	50	
	20	[illegible]	[illegible]	[illegible]	[illegible]	[illegible]	[illegible]	[illegible]	40	
	30	[illegible]	[illegible]	[illegible]	[illegible]	[illegible]	[illegible]	[illegible]	30	
	40	[illegible]	[illegible]	[illegible]	[illegible]	[illegible]	[illegible]	[illegible]	20	
	50	[illegible]	[illegible]	[illegible]	[illegible]	[illegible]	[illegible]	[illegible]	10	
58	0	[illegible]	[illegible]	[illegible]	[illegible]	[illegible]	[illegible]	[illegible]	0	2
	10	[illegible]	[illegible]	[illegible]	[illegible]	[illegible]	[illegible]	[illegible]	50	
	20	[illegible]	[illegible]	[illegible]	[illegible]	[illegible]	[illegible]	[illegible]	40	
	30	[illegible]	[illegible]	[illegible]	[illegible]	[illegible]	[illegible]	[illegible]	30	
	40	[illegible]	[illegible]	[illegible]	[illegible]	[illegible]	[illegible]	[illegible]	20	
	50	[illegible]	[illegible]	[illegible]	[illegible]	[illegible]	[illegible]	[illegible]	10	
59	0	[illegible]	[illegible]	[illegible]	[illegible]	[illegible]	[illegible]	[illegible]	0	1
	10	[illegible]	[illegible]	[illegible]	[illegible]	[illegible]	[illegible]	[illegible]	50	
	20	[illegible]	[illegible]	[illegible]	[illegible]	[illegible]	[illegible]	[illegible]	40	
	30	[illegible]	[illegible]	[illegible]	[illegible]	[illegible]	[illegible]	[illegible]	30	
	40	[illegible]	[illegible]	[illegible]	[illegible]	[illegible]	[illegible]	[illegible]	20	
	50	[illegible]	[illegible]	[illegible]	[illegible]	[illegible]	[illegible]	[illegible]	10	
60	0	[illegible]	[illegible]	[illegible]	[illegible]	[illegible]	[illegible]	[illegible]	0	0
'	"	Co-Sinus.	Dif.	Sinus.	Dif.	Co-Tang.	Dif.	Tang.	"	'

52 Deg.

38 Deg.

'	"	Sinus.	Dif.	Co-Sinus.	Dif.	Tang.	Dif.	Co-Tang.	"	'
0	0	9.7893420		9.8965321		9.8928099		10.1071901	0	60
	10	9.7893689	269	9.8965157	164	9.8928532	433	10.1071468	50	
	20	9.7893959	270	9.8964993	164	9.8928966	434	10.1071034	40	
	30	9.7894228	269	9.8964828	165	9.8929400	434	10.1070600	30	
	40	9.7894498	270	9.8964664	164	9.8929834	434	10.1070166	20	
	50	9.7894767	269	9.8964499	165	9.8930268	434	10.1069732	10	
1	0	9.7895036	269	9.8964334	165	9.8930702	434	10.1069298	0	59
	10	9.7895306	270	9.8964170	164	9.8931136	434	10.1068864	50	
	20	9.7895575	269	9.8964005	165	9.8931570	434	10.1068430	40	
	30	9.7895844	269	9.8963840	165	9.8932004	434	10.1067996	30	
	40	9.7896113	269	9.8963676	164	9.8932437	433	10.1067563	20	
	50	9.7896382	269	9.8963511	165	9.8932871	434	10.1067129	10	
2	0	9.7896651	269	9.8963346	165	9.8933305	434	10.1066695	0	58
	10	9.7896921	270	9.8963182	164	9.8933739	434	10.1066261	50	
	20	9.7897190	269	9.8963017	165	9.8934173	434	10.1065827	40	
	30	9.7897459	269	9.8962852	165	9.8934607	434	10.1065393	30	
	40	9.7897728	269	9.8962687	165	9.8935041	434	10.1064959	20	
	50	9.7897997	269	9.8962522	165	9.8935475	434	10.1064525	10	
3	0	9.7898266	269	9.8962357	165	9.8935909	434	10.1064091	0	57
	10	9.7898535	269	9.8962193	164	9.8936342	433	10.1063658	50	
	20	9.7898804	269	9.8962028	165	9.8936776	434	10.1063224	40	
	30	9.7899073	269	9.8961863	165	9.8937210	434	10.1062790	30	
	40	9.7899342	269	9.8961698	165	9.8937644	434	10.1062356	20	
	50	9.7899611	269	9.8961534	164	9.8938077	433	10.1061923	10	
4	0	9.7899880	269	9.8961369	165	9.8938511	434	10.1061489	0	56
	10	9.7900149	269	9.8961204	165	9.8938945	434	10.1061055	50	
	20	9.7900418	269	9.8961039	165	9.8939379	434	10.1060621	40	
	30	9.7900687	269	9.8960874	165	9.8939813	434	10.1060187	30	
	40	9.7900955	268	9.8960709	165	9.8940246	433	10.1059754	20	
	50	9.7901224	269	9.8960544	165	9.8940680	434	10.1059320	10	
5	0	9.7901493	269	9.8960379	165	9.8941114	434	10.1058886	0	55
	10	9.7901761	268	9.8960214	165	9.8941547	433	10.1058453	50	
	20	9.7902030	269	9.8960049	165	9.8941981	434	10.1058019	40	
	30	9.7902299	269	9.8959884	165	9.8942415	434	10.1057585	30	
	40	9.7902567	268	9.8959719	165	9.8942848	433	10.1057152	20	
	50	9.7902836	269	9.8959554	165	9.8943282	434	10.1056718	10	
6	0	9.7903104	268	9.8959389	165	9.8943715	433	10.1056285	0	54
	10	9.7903373	269	9.8959224	165	9.8944149	434	10.1055851	50	
	20	9.7903641	268	9.8959058	166	9.8944583	434	10.1055417	40	
	30	9.7903910	269	9.8958894	164	9.8945016	433	10.1054984	30	
	40	9.7904178	268	9.8958728	166	9.8945450	434	10.1054550	20	
	50	9.7904446	268	9.8958563	165	9.8945883	433	10.1054117	10	
7	0	9.7904715	269	9.8958398	165	9.8946317	434	10.1053683	0	53
	10	9.7904983	268	9.8958232	166	9.8946751	434	10.1053249	50	
	20	9.7905251	268	9.8958067	165	9.8947184	433	10.1052816	40	
	30	9.7905519	268	9.8957901	166	9.8947618	434	10.1052382	30	
	40	9.7905788	269	9.8957737	164	9.8948051	433	10.1051949	20	
	50	9.7906056	268	9.8957571	166	9.8948485	434	10.1051515	10	
8	0	9.7906325	269	9.8957406	165	9.8948919	434	10.1051081	0	52
	10	9.7906593	268	9.8957241	165	9.8949352	433	10.1050648	50	
	20	9.7906861	268	9.8957076	165	9.8949785	433	10.1050215	40	
	30	9.7907129	268	9.8956910	166	9.8950219	434	10.1049781	30	
	40	9.7907397	268	9.8956745	165	9.8950652	433	10.1049348	20	
	50	9.7907665	268	9.8956580	165	9.8951085	433	10.1048915	10	
9	0	9.7907933	268	9.8956414	166	9.8951519	434	10.1048481	0	51
	10	9.7908201	268	9.8956249	165	9.8951952	433	10.1048048	50	
	20	9.7908469	268	9.8956083	166	9.8952386	434	10.1047614	40	
	30	9.7908737	268	9.8955918	165	9.8952819	433	10.1047181	30	
	40	9.7909005	268	9.8955752	166	9.8953253	434	10.1046747	20	
	50	9.7909273	268	9.8955587	165	9.8953686	433	10.1046314	10	
10	0	9.7909541	268	9.8955421	166	9.8954119	433	10.1045881	0	50
'	"	Co-Sinus.	Dif.	Sinus.	Dif.	Co-Tang.	Dif.	Tang.	"	'

51 Deg.

38 Deg.

'	"	Sinus.	Dif.	Co-Sinus.	Dif.	Tang.	Dif.	Co-Tang.	"	'
10	0	9.7909541		9.8955421		9.8954119		10.1045881	0	50
	10	9.7909809	268	9.8955256	165	9.8954553	434	10.1045447	50	
	20	9.7910077	268	9.8955091	165	9.8954986	433	10.1045014	40	
	30	9.7910345	268	9.8954926	165	9.8955419	433	10.1044581	30	
	40	9.7910613	268	9.8954760	166	9.8955853	434	10.1044147	20	
	50	9.7910880	267	9.8954594	166	9.8956286	433	10.1043714	10	
11	0	9.7911148	268	9.8954429	165	9.8956719	433	10.1043281	0	49
	10	9.7911416	268	9.8954263	166	9.8957153	434	10.1042847	50	
	20	9.7911683	267	9.8954097	166	9.8957586	433	10.1042414	40	
	30	9.7911951	268	9.8953932	165	9.8958019	433	10.1041981	30	
	40	9.7912219	268	9.8953766	166	9.8958453	434	10.1041547	20	
	50	9.7912486	267	9.8953600	166	9.8958886	433	10.1041114	10	
12	0	9.7912754	268	9.8953435	165	9.8959319	433	10.1040681	0	48
	10	9.7913021	267	9.8953269	166	9.8959752	433	10.1040248	50	
	20	9.7913289	268	9.8953103	166	9.8960186	434	10.1039814	40	
	30	9.7913556	267	9.8952937	166	9.8960619	433	10.1039381	30	
	40	9.7913824	268	9.8952772	165	9.8961052	433	10.1038948	20	
	50	9.7914091	267	9.8952606	166	9.8961485	433	10.1038515	10	
13	0	9.7914359	268	9.8952440	166	9.8961919	434	10.1038081	0	47
	10	9.7914626	267	9.8952274	166	9.8962352	433	10.1037648	50	
	20	9.7914894	268	9.8952109	165	9.8962785	433	10.1037215	40	
	30	9.7915161	267	9.8951943	166	9.8963218	433	10.1036782	30	
	40	9.7915428	267	9.8951777	166	9.8963651	433	10.1036349	20	
	50	9.7915695	267	9.8951611	166	9.8964084	433	10.1035916	10	
14	0	9.7915963	268	9.8951445	166	9.8964518	434	10.1035482	0	46
	10	9.7916230	267	9.8951279	166	9.8964951	433	10.1035049	50	
	20	9.7916497	267	9.8951113	166	9.8965384	433	10.1034616	40	
	30	9.7916764	267	9.8950947	166	9.8965817	433	10.1034183	30	
	40	9.7917031	267	9.8950781	166	9.8966250	433	10.1033750	20	
	50	9.7917298	267	9.8950615	166	9.8966683	433	10.1033317	10	
15	0	9.7917566	268	9.8950450	165	9.8967116	433	10.1032884	0	45
	10	9.7917833	267	9.8950284	166	9.8967549	433	10.1032451	50	
	20	9.7918100	267	9.8950118	166	9.8967982	433	10.1032018	40	
	30	9.7918367	267	9.8949952	166	9.8968415	433	10.1031585	30	
	40	9.7918634	267	9.8949786	166	9.8968848	433	10.1031152	20	
	50	9.7918901	267	9.8949619	167	9.8969282	434	10.1030718	10	
16	0	9.7919168	267	9.8949453	166	9.8969715	433	10.1030285	0	44
	10	9.7919435	267	9.8949287	166	9.8970148	433	10.1029852	50	
	20	9.7919701	266	9.8949121	166	9.8970580	432	10.1029420	40	
	30	9.7919968	267	9.8948955	166	9.8971013	433	10.1028987	30	
	40	9.7920235	267	9.8948789	166	9.8971446	433	10.1028554	20	
	50	9.7920501	266	9.8948622	167	9.8971879	433	10.1028121	10	
17	0	9.7920768	267	9.8948457	165	9.8972311	432	10.1027689	0	43
	10	9.7921035	267	9.8948290	167	9.8972745	434	10.1027255	50	
	20	9.7921302	267	9.8948124	166	9.8973178	433	10.1026822	40	
	30	9.7921569	267	9.8947958	166	9.8973611	433	10.1026389	30	
	40	9.7921836	267	9.8947792	166	9.8974044	433	10.1025956	20	
	50	9.7922102	266	9.8947625	167	9.8974477	433	10.1025523	10	
18	0	9.7922369	267	9.8947459	166	9.8974910	433	10.1025090	0	42
	10	9.7922635	266	9.8947293	166	9.8975342	432	10.1024658	50	
	20	9.7922901	266	9.8947127	166	9.8975774	432	10.1024226	40	
	30	9.7923168	267	9.8946960	167	9.8976208	434	10.1023792	30	
	40	9.7923435	267	9.8946794	166	9.8976641	433	10.1023359	20	
	50	9.7923701	266	9.8946628	166	9.8977073	432	10.1022927	10	
19	0	9.7923968	267	9.8946461	167	9.8977507	434	10.1022493	0	41
	10	9.7924234	266	9.8946295	166	9.8977939	432	10.1022061	50	
	20	9.7924501	267	9.8946129	166	9.8978372	433	10.1021628	40	
	30	9.7924767	266	9.8945962	167	9.8978805	433	10.1021195	30	
	40	9.7925034	267	9.8945796	166	9.8979238	433	10.1020762	20	
	50	9.7925300	266	9.8945629	167	9.8979671	433	10.1020329	10	
20	0	9.7925566	266	9.8945463	166	9.8980103	432	10.1019897	0	40
'	"	Co-Sinus.	Dif.	Sinus.	Dif.	Co-Tang.	Dif.	Tang.	"	'

51 Deg.

38 Deg.

'	"	Sine.	Dif.	Co-Sine.	Dif.	Tang.	Dif.	Co-Tang.	"	'
20	0	9.7925566		9.8945462		9.8980104		10.1019896	0	40
	10	9.7925832	266	9.8945296	166	9.8980536	432	10.1019464	50	
	20	9.7926099	267	9.8945130	166	9.8980969	433	10.1019031	40	
	30	9.7926365	266	9.8944963	167	9.8981402	433	10.1018598	30	
	40	9.7926631	266	9.8944797	166	9.8981834	432	10.1018166	20	
	50	9.7926897	266	9.8944630	167	9.8982267	433	10.1017733	10	
21	0	9.7927163	266	9.8944464	166	9.8982700	433	10.1017300	0	39
	10	9.7927429	266	9.8944297	167	9.8983133	433	10.1016867	50	
	20	9.7927696	267	9.8944130	167	9.8983565	432	10.1016435	40	
	30	9.7927962	266	9.8943964	166	9.8983999	434	10.1016001	30	
	40	9.7928228	266	9.8943797	167	9.8984431	432	10.1015569	20	
	50	9.7928494	266	9.8943630	167	9.8984863	432	10.1015137	10	
22	0	9.7928760	266	9.8943464	166	9.8985296	433	10.1014704	0	38
	10	9.7929026	266	9.8943297	167	9.8985729	433	10.1014271	50	
	20	9.7929292	266	9.8943130	167	9.8986161	432	10.1013839	40	
	30	9.7929557	265	9.8942964	166	9.8986594	433	10.1013406	30	
	40	9.7929823	266	9.8942797	167	9.8987027	433	10.1012973	20	
	50	9.7930089	266	9.8942631	166	9.8987459	432	10.1012541	10	
23	0	9.7930355	266	9.8942464	167	9.8987891	432	10.1012109	0	37
	10	9.7930621	266	9.8942296	168	9.8988324	433	10.1011676	50	
	20	9.7930887	266	9.8942130	166	9.8988757	433	10.1011243	40	
	30	9.7931153	266	9.8941964	166	9.8989190	433	10.1010810	30	
	40	9.7931418	265	9.8941797	167	9.8989622	432	10.1010378	20	
	50	9.7931684	266	9.8941630	167	9.8990054	432	10.1009946	10	
24	0	9.7931949	265	9.8941463	167	9.8990487	433	10.1009513	0	36
	10	9.7932215	266	9.8941296	167	9.8990920	433	10.1009080	50	
	20	9.7932481	266	9.8941128	168	9.8991352	432	10.1008648	40	
	30	9.7932746	265	9.8940962	166	9.8991785	433	10.1008215	30	
	40	9.7933012	266	9.8940795	167	9.8992217	432	10.1007783	20	
	50	9.7933277	265	9.8940628	167	9.8992650	433	10.1007350	10	
25	0	9.7933543	266	9.8940461	167	9.8993082	432	10.1006918	0	35
	10	9.7933808	265	9.8940294	167	9.8993515	433	10.1006485	50	
	20	9.7934074	266	9.8940127	167	9.8993947	432	10.1006053	40	
	30	9.7934339	265	9.8939960	167	9.8994380	433	10.1005620	30	
	40	9.7934605	266	9.8939793	167	9.8994812	432	10.1005188	20	
	50	9.7934870	265	9.8939626	167	9.8995244	432	10.1004756	10	
26	0	9.7935135	265	9.8939458	168	9.8995677	433	10.1004323	0	34
	10	9.7935401	266	9.8939291	167	9.8996109	432	10.1003891	50	
	20	9.7935666	265	9.8939124	167	9.8996542	433	10.1003458	40	
	30	9.7935931	265	9.8938957	167	9.8996974	432	10.1003026	30	
	40	9.7936196	265	9.8938790	167	9.8997406	432	10.1002594	20	
	50	9.7936461	265	9.8938623	167	9.8997839	433	10.1002161	10	
27	0	9.7936727	266	9.8938456	167	9.8998271	432	10.1001729	0	33
	10	9.7936992	265	9.8938288	168	9.8998703	432	10.1001297	50	
	20	9.7937257	265	9.8938121	167	9.8999135	432	10.1000865	40	
	30	9.7937522	265	9.8937954	167	9.8999568	433	10.1000432	30	
	40	9.7937787	265	9.8937787	167	9.9000000	432	10.1000000	20	
	50	9.7938052	265	9.8937620	167	9.9000433	433	10.0999567	10	
28	0	9.7938317	265	9.8937453	167	9.9000865	432	10.0999135	0	32
	10	9.7938582	265	9.8937286	167	9.9001297	432	10.0998703	50	
	20	9.7938847	265	9.8937118	168	9.9001730	433	10.0998270	40	
	30	9.7939112	265	9.8936950	168	9.9002162	432	10.0997838	30	
	40	9.7939377	265	9.8936783	167	9.9002594	432	10.0997406	20	
	50	9.7939642	265	9.8936616	167	9.9003026	432	10.0996974	10	
29	0	9.7939907	265	9.8936448	168	9.9003459	433	10.0996541	0	31
	10	9.7940172	265	9.8936281	167	9.9003891	432	10.0996109	50	
	20	9.7940437	265	9.8936113	168	9.9004323	432	10.0995677	40	
	30	9.7940701	264	9.8935946	167	9.9004755	432	10.0995245	30	
	40	9.7940966	265	9.8935779	167	9.9005188	433	10.0994812	20	
	50	9.7941231	265	9.8935611	168	9.9005620	432	10.0994380	10	
30	0	9.7941496	265	9.8935444	167	9.9006052	432	10.0993948	0	30
'	"	Co-Sine.	Dif.	Sine.	Dif.	Co-Tang.	Dif.	Tang.	"	'

51 Deg.

38 Deg.

'	"	Sine.	Dif.	Co-Sine.	Dif.	Tang.	Dif.	Co-Tang.	"	'
30	0	9.7941496		9.8935444		9.9006052		10.0993948	0	30
	10	9.7941760	264	9.8935276	168	9.9006484	432	10.0993516	50	
	20	9.7942025	265	9.8935109	167	9.9006916	432	10.0993084	40	
	30	9.7942290	265	9.8934941	168	9.9007349	433	10.0992651	30	
	40	9.7942554	264	9.8934774	167	9.9007781	432	10.0992219	20	
	50	9.7942819	265	9.8934606	168	9.9008213	432	10.0991787	10	
31	0	9.7943084	265	9.8934439	167	9.9008645	432	10.0991355	0	29
	10	9.7943348	264	9.8934271	168	9.9009077	432	10.0990923	50	
	20	9.7943612	264	9.8934103	168	9.9009509	432	10.0990491	40	
	30	9.7943877	265	9.8933936	167	9.9009941	432	10.0990059	30	
	40	9.7944141	264	9.8933768	168	9.9010373	432	10.0989627	20	
	50	9.7944405	264	9.8933600	168	9.9010805	432	10.0989195	10	
32	0	9.7944670	265	9.8933433	167	9.9011237	432	10.0988763	0	28
	10	9.7944935	265	9.8933265	168	9.9011670	433	10.0988330	50	
	20	9.7945199	264	9.8933097	168	9.9012102	432	10.0987898	40	
	30	9.7945463	264	9.8932930	167	9.9012534	432	10.0987466	30	
	40	9.7945728	265	9.8932762	168	9.9012966	432	10.0987034	20	
	50	9.7945992	264	9.8932594	168	9.9013398	432	10.0986602	10	
33	0	9.7946256	264	9.8932426	168	9.9013830	432	10.0986170	0	27
	10	9.7946520	264	9.8932259	167	9.9014261	431	10.0985739	50	
	20	9.7946784	264	9.8932091	168	9.9014694	433	10.0985306	40	
	30	9.7947048	264	9.8931923	168	9.9015125	431	10.0984875	30	
	40	9.7947313	265	9.8931755	168	9.9015558	433	10.0984442	20	
	50	9.7947577	264	9.8931587	168	9.9015990	432	10.0984010	10	
34	0	9.7947841	264	9.8931419	168	9.9016422	432	10.0983578	0	26
	10	9.7948105	264	9.8931251	168	9.9016853	431	10.0983147	50	
	20	9.7948369	264	9.8931083	168	9.9017285	432	10.0982715	40	
	30	9.7948633	264	9.8930915	168	9.9017717	432	10.0982283	30	
	40	9.7948897	264	9.8930748	167	9.9018149	432	10.0981851	20	
	50	9.7949160	263	9.8930580	168	9.9018581	432	10.0981419	10	
35	0	9.7949424	264	9.8930412	168	9.9019013	432	10.0980987	0	25
	10	9.7949688	264	9.8930244	168	9.9019445	432	10.0980555	50	
	20	9.7949952	264	9.8930076	168	9.9019877	432	10.0980123	40	
	30	9.7950216	264	9.8929908	168	9.9020309	432	10.0979691	30	
	40	9.7950480	264	9.8929740	168	9.9020741	432	10.0979259	20	
	50	9.7950744	264	9.8929572	168	9.9021172	431	10.0978828	10	
36	0	9.7951008	264	9.8929404	168	9.9021604	432	10.0978396	0	24
	10	9.7951272	264	9.8929236	168	9.9022036	432	10.0977964	50	
	20	9.7951536	264	9.8929067	169	9.9022468	432	10.0977532	40	
	30	9.7951799	263	9.8928899	168	9.9022900	432	10.0977100	30	
	40	9.7952063	264	9.8928731	168	9.9023332	432	10.0976668	20	
	50	9.7952327	264	9.8928563	168	9.9023763	431	10.0976237	10	
37	0	9.7952590	263	9.8928394	169	9.9024195	432	10.0975805	0	23
	10	9.7952854	264	9.8928226	168	9.9024627	432	10.0975373	50	
	20	9.7953117	263	9.8928058	168	9.9025059	432	10.0974941	40	
	30	9.7953381	264	9.8927890	168	9.9025490	431	10.0974510	30	
	40	9.7953644	263	9.8927722	168	9.9025922	432	10.0974078	20	
	50	9.7953908	264	9.8927554	168	9.9026354	432	10.0973646	10	
38	0	9.7954171	263	9.8927385	169	9.9026786	432	10.0973214	0	22
	10	9.7954435	264	9.8927217	168	9.9027217	431	10.0972783	50	
	20	9.7954698	263	9.8927049	168	9.9027649	432	10.0972351	40	
	30	9.7954962	264	9.8926880	169	9.9028081	432	10.0971919	30	
	40	9.7955225	263	9.8926712	168	9.9028512	431	10.0971488	20	
	50	9.7955488	263	9.8926544	168	9.9028944	432	10.0971056	10	
39	0	9.7955751	263	9.8926375	169	9.9029376	432	10.0970624	0	21
	10	9.7956014	263	9.8926207	168	9.9029807	431	10.0970193	50	
	20	9.7956278	264	9.8926039	168	9.9030239	432	10.0969761	40	
	30	9.7956541	263	9.8925870	169	9.9030671	432	10.0969329	30	
	40	9.7956804	263	9.8925702	168	9.9031102	431	10.0968898	20	
	50	9.7957067	263	9.8925533	169	9.9031534	432	10.0968466	10	
40	0	9.7957330	263	9.8925364	169	9.9031966	432	10.0968034	0	20
'	"	Co-Sine.	Dif.	Sine.	Dif.	Co-Tang.	Dif.	Tang.	"	'

51 Deg.

38 Deg.

'	"	Sinus.	Dif.	Co-Sinus.	Dif.	Tang.	Dif.	Co-Tang.	"	'
40	0	[illegible]		[illegible]		[illegible]		[illegible]	0	20
	10	[illegible]	[illegible]	[illegible]	[illegible]	[illegible]	[illegible]	[illegible]	50	
	20	[illegible]	[illegible]	[illegible]	[illegible]	[illegible]	[illegible]	[illegible]	40	
	30	[illegible]	[illegible]	[illegible]	[illegible]	[illegible]	[illegible]	[illegible]	30	
	40	[illegible]	[illegible]	[illegible]	[illegible]	[illegible]	[illegible]	[illegible]	20	
	50	[illegible]	[illegible]	[illegible]	[illegible]	[illegible]	[illegible]	[illegible]	10	
41	0	[illegible]	[illegible]	[illegible]	[illegible]	[illegible]	[illegible]	[illegible]	0	19
	10	[illegible]	[illegible]	[illegible]	[illegible]	[illegible]	[illegible]	[illegible]	50	
	20	[illegible]	[illegible]	[illegible]	[illegible]	[illegible]	[illegible]	[illegible]	40	
	30	[illegible]	[illegible]	[illegible]	[illegible]	[illegible]	[illegible]	[illegible]	30	
	40	[illegible]	[illegible]	[illegible]	[illegible]	[illegible]	[illegible]	[illegible]	20	
	50	[illegible]	[illegible]	[illegible]	[illegible]	[illegible]	[illegible]	[illegible]	10	
42	0	[illegible]	[illegible]	[illegible]	[illegible]	[illegible]	[illegible]	[illegible]	0	18
	10	[illegible]	[illegible]	[illegible]	[illegible]	[illegible]	[illegible]	[illegible]	50	
	20	[illegible]	[illegible]	[illegible]	[illegible]	[illegible]	[illegible]	[illegible]	40	
	30	[illegible]	[illegible]	[illegible]	[illegible]	[illegible]	[illegible]	[illegible]	30	
	40	[illegible]	[illegible]	[illegible]	[illegible]	[illegible]	[illegible]	[illegible]	20	
	50	[illegible]	[illegible]	[illegible]	[illegible]	[illegible]	[illegible]	[illegible]	10	
43	0	[illegible]	[illegible]	[illegible]	[illegible]	[illegible]	[illegible]	[illegible]	0	17
	10	[illegible]	[illegible]	[illegible]	[illegible]	[illegible]	[illegible]	[illegible]	50	
	20	[illegible]	[illegible]	[illegible]	[illegible]	[illegible]	[illegible]	[illegible]	40	
	30	[illegible]	[illegible]	[illegible]	[illegible]	[illegible]	[illegible]	[illegible]	30	
	40	[illegible]	[illegible]	[illegible]	[illegible]	[illegible]	[illegible]	[illegible]	20	
	50	[illegible]	[illegible]	[illegible]	[illegible]	[illegible]	[illegible]	[illegible]	10	
44	0	[illegible]	[illegible]	[illegible]	[illegible]	[illegible]	[illegible]	[illegible]	0	16
	10	[illegible]	[illegible]	[illegible]	[illegible]	[illegible]	[illegible]	[illegible]	50	
	20	[illegible]	[illegible]	[illegible]	[illegible]	[illegible]	[illegible]	[illegible]	40	
	30	[illegible]	[illegible]	[illegible]	[illegible]	[illegible]	[illegible]	[illegible]	30	
	40	[illegible]	[illegible]	[illegible]	[illegible]	[illegible]	[illegible]	[illegible]	20	
	50	[illegible]	[illegible]	[illegible]	[illegible]	[illegible]	[illegible]	[illegible]	10	
45	0	[illegible]	[illegible]	[illegible]	[illegible]	[illegible]	[illegible]	[illegible]	0	15
	10	[illegible]	[illegible]	[illegible]	[illegible]	[illegible]	[illegible]	[illegible]	50	
	20	[illegible]	[illegible]	[illegible]	[illegible]	[illegible]	[illegible]	[illegible]	40	
	30	[illegible]	[illegible]	[illegible]	[illegible]	[illegible]	[illegible]	[illegible]	30	
	40	[illegible]	[illegible]	[illegible]	[illegible]	[illegible]	[illegible]	[illegible]	20	
	50	[illegible]	[illegible]	[illegible]	[illegible]	[illegible]	[illegible]	[illegible]	10	
46	0	[illegible]	[illegible]	[illegible]	[illegible]	[illegible]	[illegible]	[illegible]	0	14
	10	[illegible]	[illegible]	[illegible]	[illegible]	[illegible]	[illegible]	[illegible]	50	
	20	[illegible]	[illegible]	[illegible]	[illegible]	[illegible]	[illegible]	[illegible]	40	
	30	[illegible]	[illegible]	[illegible]	[illegible]	[illegible]	[illegible]	[illegible]	30	
	40	[illegible]	[illegible]	[illegible]	[illegible]	[illegible]	[illegible]	[illegible]	20	
	50	[illegible]	[illegible]	[illegible]	[illegible]	[illegible]	[illegible]	[illegible]	10	
47	0	[illegible]	[illegible]	[illegible]	[illegible]	[illegible]	[illegible]	[illegible]	0	13
	10	[illegible]	[illegible]	[illegible]	[illegible]	[illegible]	[illegible]	[illegible]	50	
	20	[illegible]	[illegible]	[illegible]	[illegible]	[illegible]	[illegible]	[illegible]	40	
	30	[illegible]	[illegible]	[illegible]	[illegible]	[illegible]	[illegible]	[illegible]	30	
	40	[illegible]	[illegible]	[illegible]	[illegible]	[illegible]	[illegible]	[illegible]	20	
	50	[illegible]	[illegible]	[illegible]	[illegible]	[illegible]	[illegible]	[illegible]	10	
48	0	[illegible]	[illegible]	[illegible]	[illegible]	[illegible]	[illegible]	[illegible]	0	12
	10	[illegible]	[illegible]	[illegible]	[illegible]	[illegible]	[illegible]	[illegible]	50	
	20	[illegible]	[illegible]	[illegible]	[illegible]	[illegible]	[illegible]	[illegible]	40	
	30	[illegible]	[illegible]	[illegible]	[illegible]	[illegible]	[illegible]	[illegible]	30	
	40	[illegible]	[illegible]	[illegible]	[illegible]	[illegible]	[illegible]	[illegible]	20	
	50	[illegible]	[illegible]	[illegible]	[illegible]	[illegible]	[illegible]	[illegible]	10	
49	0	[illegible]	[illegible]	[illegible]	[illegible]	[illegible]	[illegible]	[illegible]	0	11
	10	[illegible]	[illegible]	[illegible]	[illegible]	[illegible]	[illegible]	[illegible]	50	
	20	[illegible]	[illegible]	[illegible]	[illegible]	[illegible]	[illegible]	[illegible]	40	
	30	[illegible]	[illegible]	[illegible]	[illegible]	[illegible]	[illegible]	[illegible]	30	
	40	[illegible]	[illegible]	[illegible]	[illegible]	[illegible]	[illegible]	[illegible]	20	
	50	[illegible]	[illegible]	[illegible]	[illegible]	[illegible]	[illegible]	[illegible]	10	
50	0	[illegible]	[illegible]	[illegible]	[illegible]	[illegible]	[illegible]	[illegible]	0	10
'	"	Co-Sinus.	Dif.	Sinus.	Dif.	Co-Tang.	Dif.	Tang.	"	'

51 Deg.

38 Deg.

'	"	Sinus.	Dif.	Co-Sinus.	Dif.	Tang.	Dif.	Co-Tang.	"	'
50	0	[illegible]		[illegible]		[illegible]		[illegible]	0	10
	10	[illegible]	[illegible]	[illegible]	[illegible]	[illegible]	[illegible]	[illegible]	50	
	20	[illegible]	[illegible]	[illegible]	[illegible]	[illegible]	[illegible]	[illegible]	40	
	30	[illegible]	[illegible]	[illegible]	[illegible]	[illegible]	[illegible]	[illegible]	30	
	40	[illegible]	[illegible]	[illegible]	[illegible]	[illegible]	[illegible]	[illegible]	20	
	50	[illegible]	[illegible]	[illegible]	[illegible]	[illegible]	[illegible]	[illegible]	10	
51	0	[illegible]	[illegible]	[illegible]	[illegible]	[illegible]	[illegible]	[illegible]	0	9
	10	[illegible]	[illegible]	[illegible]	[illegible]	[illegible]	[illegible]	[illegible]	50	
	20	[illegible]	[illegible]	[illegible]	[illegible]	[illegible]	[illegible]	[illegible]	40	
	30	[illegible]	[illegible]	[illegible]	[illegible]	[illegible]	[illegible]	[illegible]	30	
	40	[illegible]	[illegible]	[illegible]	[illegible]	[illegible]	[illegible]	[illegible]	20	
	50	[illegible]	[illegible]	[illegible]	[illegible]	[illegible]	[illegible]	[illegible]	10	
52	0	[illegible]	[illegible]	[illegible]	[illegible]	[illegible]	[illegible]	[illegible]	0	8
	10	[illegible]	[illegible]	[illegible]	[illegible]	[illegible]	[illegible]	[illegible]	50	
	20	[illegible]	[illegible]	[illegible]	[illegible]	[illegible]	[illegible]	[illegible]	40	
	30	[illegible]	[illegible]	[illegible]	[illegible]	[illegible]	[illegible]	[illegible]	30	
	40	[illegible]	[illegible]	[illegible]	[illegible]	[illegible]	[illegible]	[illegible]	20	
	50	[illegible]	[illegible]	[illegible]	[illegible]	[illegible]	[illegible]	[illegible]	10	
53	0	[illegible]	[illegible]	[illegible]	[illegible]	[illegible]	[illegible]	[illegible]	0	7
	10	[illegible]	[illegible]	[illegible]	[illegible]	[illegible]	[illegible]	[illegible]	50	
	20	[illegible]	[illegible]	[illegible]	[illegible]	[illegible]	[illegible]	[illegible]	40	
	30	[illegible]	[illegible]	[illegible]	[illegible]	[illegible]	[illegible]	[illegible]	30	
	40	[illegible]	[illegible]	[illegible]	[illegible]	[illegible]	[illegible]	[illegible]	20	
	50	[illegible]	[illegible]	[illegible]	[illegible]	[illegible]	[illegible]	[illegible]	10	
54	0	[illegible]	[illegible]	[illegible]	[illegible]	[illegible]	[illegible]	[illegible]	0	6
	10	[illegible]	[illegible]	[illegible]	[illegible]	[illegible]	[illegible]	[illegible]	50	
	20	[illegible]	[illegible]	[illegible]	[illegible]	[illegible]	[illegible]	[illegible]	40	
	30	[illegible]	[illegible]	[illegible]	[illegible]	[illegible]	[illegible]	[illegible]	30	
	40	[illegible]	[illegible]	[illegible]	[illegible]	[illegible]	[illegible]	[illegible]	20	
	50	[illegible]	[illegible]	[illegible]	[illegible]	[illegible]	[illegible]	[illegible]	10	
55	0	[illegible]	[illegible]	[illegible]	[illegible]	[illegible]	[illegible]	[illegible]	0	5
	10	[illegible]	[illegible]	[illegible]	[illegible]	[illegible]	[illegible]	[illegible]	50	
	20	[illegible]	[illegible]	[illegible]	[illegible]	[illegible]	[illegible]	[illegible]	40	
	30	[illegible]	[illegible]	[illegible]	[illegible]	[illegible]	[illegible]	[illegible]	30	
	40	[illegible]	[illegible]	[illegible]	[illegible]	[illegible]	[illegible]	[illegible]	20	
	50	[illegible]	[illegible]	[illegible]	[illegible]	[illegible]	[illegible]	[illegible]	10	
56	0	[illegible]	[illegible]	[illegible]	[illegible]	[illegible]	[illegible]	[illegible]	0	4
	10	[illegible]	[illegible]	[illegible]	[illegible]	[illegible]	[illegible]	[illegible]	50	
	20	[illegible]	[illegible]	[illegible]	[illegible]	[illegible]	[illegible]	[illegible]	40	
	30	[illegible]	[illegible]	[illegible]	[illegible]	[illegible]	[illegible]	[illegible]	30	
	40	[illegible]	[illegible]	[illegible]	[illegible]	[illegible]	[illegible]	[illegible]	20	
	50	[illegible]	[illegible]	[illegible]	[illegible]	[illegible]	[illegible]	[illegible]	10	
57	0	[illegible]	[illegible]	[illegible]	[illegible]	[illegible]	[illegible]	[illegible]	0	3
	10	[illegible]	[illegible]	[illegible]	[illegible]	[illegible]	[illegible]	[illegible]	50	
	20	[illegible]	[illegible]	[illegible]	[illegible]	[illegible]	[illegible]	[illegible]	40	
	30	[illegible]	[illegible]	[illegible]	[illegible]	[illegible]	[illegible]	[illegible]	30	
	40	[illegible]	[illegible]	[illegible]	[illegible]	[illegible]	[illegible]	[illegible]	20	
	50	[illegible]	[illegible]	[illegible]	[illegible]	[illegible]	[illegible]	[illegible]	10	
58	0	[illegible]	[illegible]	[illegible]	[illegible]	[illegible]	[illegible]	[illegible]	0	2
	10	[illegible]	[illegible]	[illegible]	[illegible]	[illegible]	[illegible]	[illegible]	50	
	20	[illegible]	[illegible]	[illegible]	[illegible]	[illegible]	[illegible]	[illegible]	40	
	30	[illegible]	[illegible]	[illegible]	[illegible]	[illegible]	[illegible]	[illegible]	30	
	40	[illegible]	[illegible]	[illegible]	[illegible]	[illegible]	[illegible]	[illegible]	20	
	50	[illegible]	[illegible]	[illegible]	[illegible]	[illegible]	[illegible]	[illegible]	10	
59	0	[illegible]	[illegible]	[illegible]	[illegible]	[illegible]	[illegible]	[illegible]	0	1
	10	[illegible]	[illegible]	[illegible]	[illegible]	[illegible]	[illegible]	[illegible]	50	
	20	[illegible]	[illegible]	[illegible]	[illegible]	[illegible]	[illegible]	[illegible]	40	
	30	[illegible]	[illegible]	[illegible]	[illegible]	[illegible]	[illegible]	[illegible]	30	
	40	[illegible]	[illegible]	[illegible]	[illegible]	[illegible]	[illegible]	[illegible]	20	
	50	[illegible]	[illegible]	[illegible]	[illegible]	[illegible]	[illegible]	[illegible]	10	
60	0	[illegible]	[illegible]	[illegible]	[illegible]	[illegible]	[illegible]	[illegible]	0	0
'	"	Co-Sinus.	Dif.	Sinus.	Dif.	Co-Tang.	Dif.	Tang.	"	'

51 Deg.

39 Deg.

′	″	Sinus.	Dif.	Co-Sinus.	Dif.	Tang.	Dif.	Co-Tang.	″	′
0	0	9.7988718		9.8905016		9.9083692		10.0916308	0	60
	10	9.7988978	160	9.8904859	171	9.9084121	431	10.0915879	50	
	20	9.7989238	160	9.8904688	170	9.9084553	430	10.0915447	40	
	30	9.7989498	160	9.8904516	171	9.9084984	431	10.0915016	30	
	40	9.7989758	160	9.8904344	172	9.9085414	430	10.0914586	20	
	50	9.7990018	160	9.8904173	171	9.9085845	431	10.0914155	10	
1	0	9.7990278	160	9.8904003	170	9.9086275	430	10.0913725	0	59
	10	9.7990537	159	9.8903834	171	9.9086705	430	10.0913295	50	
	20	9.7990797	160	9.8903661	171	9.9087136	431	10.0912864	40	
	30	9.7991057	160	9.8903491	170	9.9087566	430	10.0912434	30	
	40	9.7991317	160	9.8903320	171	9.9087997	431	10.0912003	20	
	50	9.7991577	160	9.8903149	171	9.9088427	430	10.0911573	10	
2	0	9.7991836	159	9.8902977	172	9.9088858	431	10.0911141	0	58
	10	9.7992096	160	9.8902806	171	9.9089289	431	10.0910711	50	
	20	9.7992356	160	9.8902637	170	9.9089718	430	10.0910282	40	
	30	9.7992615	159	9.8902465	171	9.9090149	431	10.0909851	30	
	40	9.7992875	160	9.8902296	171	9.9090579	430	10.0909421	20	
	50	9.7993134	159	9.8902124	172	9.9091010	431	10.0908990	10	
3	0	9.7993394	160	9.8901954	170	9.9091440	430	10.0908560	0	57
	10	9.7993654	160	9.8901783	171	9.9091871	431	10.0908130	50	
	20	9.7993913	159	9.8901611	172	9.9092301	430	10.0907699	40	
	30	9.7994172	159	9.8901441	170	9.9092731	430	10.0907269	30	
	40	9.7994432	160	9.8901271	170	9.9093161	430	10.0906839	20	
	50	9.7994691	159	9.8901100	171	9.9093592	431	10.0906408	10	
4	0	9.7994951	160	9.8900928	172	9.9094021	430	10.0905979	0	56
	10	9.7995210	159	9.8900757	171	9.9094453	431	10.0905547	50	
	20	9.7995470	160	9.8900586	171	9.9094884	431	10.0905118	40	
	30	9.7995729	159	9.8900415	171	9.9095314	430	10.0904687	30	
	40	9.7995988	159	9.8900244	171	9.9095744	430	10.0904257	20	
	50	9.7996248	160	9.8900074	170	9.9096174	430	10.0903826	10	
5	0	9.7996507	159	9.8899902	172	9.9096605	431	10.0903395	0	55
	10	9.7996766	159	9.8899731	171	9.9097035	430	10.0902965	50	
	20	9.7997025	159	9.8899560	171	9.9097465	430	10.0902535	40	
	30	9.7997284	159	9.8899390	170	9.9097894	429	10.0902106	30	
	40	9.7997543	159	9.8899219	171	9.9098324	430	10.0901676	20	
	50	9.7997802	159	9.8899048	171	9.9098755	431	10.0901245	10	
6	0	9.7998061	159	9.8898877	171	9.9099184	429	10.0900816	0	54
	10	9.7998320	159	9.8898706	171	9.9099615	431	10.0900385	50	
	20	9.7998580	160	9.8898535	171	9.9100045	430	10.0899955	40	
	30	9.7998838	158	9.8898363	172	9.9100475	430	10.0899525	30	
	40	9.7999098	159	9.8898192	171	9.9100906	431	10.0899094	20	
	50	9.7999357	159	9.8898021	171	9.9101336	430	10.0898664	10	
7	0	9.7999616	159	9.8897850	171	9.9101766	430	10.0898234	0	53
	10	9.7999875	159	9.8897679	171	9.9102196	430	10.0897804	50	
	20	9.8000134	159	9.8897507	172	9.9102626	430	10.0897374	40	
	30	9.8000393	159	9.8897336	171	9.9103056	430	10.0896944	30	
	40	9.8000651	158	9.8897165	171	9.9103486	430	10.0896514	20	
	50	9.8000910	159	9.8896994	171	9.9103916	430	10.0896084	10	
8	0	9.8001169	159	9.8896823	171	9.9104347	431	10.0895653	0	52
	10	9.8001428	159	9.8896651	172	9.9104777	430	10.0895223	50	
	20	9.8001686	158	9.8896480	171	9.9105207	430	10.0894793	40	
	30	9.8001945	159	9.8896309	171	9.9105637	430	10.0894363	30	
	40	9.8002204	159	9.8896137	172	9.9106067	430	10.0893933	20	
	50	9.8002462	158	9.8895966	171	9.9106497	430	10.0893503	10	
9	0	9.8002721	159	9.8895794	172	9.9106927	430	10.0893073	0	51
	10	9.8002980	159	9.8895623	171	9.9107357	430	10.0892643	50	
	20	9.8003238	158	9.8895451	172	9.9107787	430	10.0892213	40	
	30	9.8003497	159	9.8895280	171	9.9108217	430	10.0891783	30	
	40	9.8003755	158	9.8895108	172	9.9108647	430	10.0891353	20	
	50	9.8004014	159	9.8894937	171	9.9109077	430	10.0890923	10	
10	0	9.8004272	158	9.8894765	172	9.9109507	430	10.0890493	0	50
′	″	Co-Sinus.	Dif.	Sinus.	Dif.	Co-Tang.	Dif.	Tang.	″	′

50 Deg.

39 Deg.

′	″	Sinus.	Dif.	Co-Sinus.	Dif.	Tang.	Dif.	Co-Tang.	″	′
10	0	9.8004272		9.8894765		9.9109507		10.0890493	0	50
	10	9.8004531	159	9.8894594	171	9.9109937	430	10.0890063	50	
	20	9.8004789	158	9.8894422	172	9.9110367	430	10.0889633	40	
	30	9.8005048	159	9.8894251	171	9.9110797	430	10.0889203	30	
	40	9.8005306	158	9.8894079	172	9.9111227	430	10.0888773	20	
	50	9.8005564	158	9.8893908	171	9.9111657	430	10.0888343	10	
11	0	9.8005823	159	9.8893736	172	9.9112087	430	10.0887913	0	49
	10	9.8006081	158	9.8893564	172	9.9112517	430	10.0887483	50	
	20	9.8006339	158	9.8893391	172	9.9112947	430	10.0887053	40	
	30	9.8006598	159	9.8893221	170	9.9113377	430	10.0886623	30	
	40	9.8006856	158	9.8893049	171	9.9113806	429	10.0886194	20	
	50	9.8007114	158	9.8892878	172	9.9114236	430	10.0885764	10	
12	0	9.8007372	158	9.8892706	172	9.9114666	430	10.0885334	0	48
	10	9.8007631	159	9.8892535	171	9.9115096	430	10.0884904	50	
	20	9.8007889	158	9.8892363	172	9.9115526	430	10.0884474	40	
	30	9.8008147	158	9.8892191	172	9.9115956	430	10.0884044	30	
	40	9.8008405	158	9.8892019	172	9.9116386	430	10.0883614	20	
	50	9.8008663	158	9.8891847	172	9.9116816	430	10.0883184	10	
13	0	9.8008921	158	9.8891675	172	9.9117245	429	10.0882755	0	47
	10	9.8009179	158	9.8891503	172	9.9117675	430	10.0882325	50	
	20	9.8009437	158	9.8891331	172	9.9118105	430	10.0881895	40	
	30	9.8009695	158	9.8891160	171	9.9118534	429	10.0881466	30	
	40	9.8009953	158	9.8890988	172	9.9118964	430	10.0881036	20	
	50	9.8010211	158	9.8890816	172	9.9119394	430	10.0880606	10	
14	0	9.8010468	157	9.8890644	172	9.9119824	430	10.0880176	0	46
	10	9.8010726	158	9.8890472	172	9.9120254	430	10.0879746	50	
	20	9.8010984	158	9.8890302	170	9.9120684	430	10.0879316	40	
	30	9.8011242	158	9.8890128	172	9.9121114	430	10.0878886	30	
	40	9.8011499	157	9.8889956	172	9.9121543	429	10.0878457	20	
	50	9.8011757	158	9.8889784	172	9.9121973	430	10.0878027	10	
15	0	9.8012015	158	9.8889612	172	9.9122403	430	10.0877597	0	45
	10	9.8012272	157	9.8889440	172	9.9122832	429	10.0877168	50	
	20	9.8012530	158	9.8889268	172	9.9123262	430	10.0876738	40	
	30	9.8012787	157	9.8889096	172	9.9123691	429	10.0876309	30	
	40	9.8013046	157	9.8888924	172	9.9124121	430	10.0875879	20	
	50	9.8013301	158	9.8888752	172	9.9124551	429	10.0875449	10	
16	0	9.8013561	158	9.8888580	172	9.9124980	429	10.0875020	0	44
	10	9.8013818	157	9.8888408	172	9.9125410	430	10.0874590	50	
	20	9.8014076	158	9.8888235	173	9.9125840	430	10.0874160	40	
	30	9.8014333	157	9.8888063	172	9.9126270	430	10.0873730	30	
	40	9.8014591	158	9.8887891	172	9.9126700	430	10.0873300	20	
	50	9.8014848	157	9.8887719	172	9.9127129	429	10.0872871	10	
17	0	9.8015106	158	9.8887547	172	9.9127559	430	10.0872441	0	43
	10	9.8015363	157	9.8887374	173	9.9127989	430	10.0872011	50	
	20	9.8015620	157	9.8887202	172	9.9128418	429	10.0871582	40	
	30	9.8015878	158	9.8887030	172	9.9128848	430	10.0871152	30	
	40	9.8016135	157	9.8886858	172	9.9129277	429	10.0870723	20	
	50	9.8016392	157	9.8886685	173	9.9129707	430	10.0870293	10	
18	0	9.8016649	157	9.8886513	172	9.9130137	430	10.0869863	0	42
	10	9.8016907	158	9.8886341	172	9.9130566	429	10.0869434	50	
	20	9.8017164	157	9.8886168	173	9.9130996	430	10.0869004	40	
	30	9.8017421	157	9.8885996	172	9.9131425	429	10.0868575	30	
	40	9.8017678	157	9.8885823	173	9.9131855	430	10.0868145	20	
	50	9.8017935	157	9.8885651	172	9.9132284	429	10.0867716	10	
19	0	9.8018192	157	9.8885478	173	9.9132714	430	10.0867286	0	41
	10	9.8018450	158	9.8885306	172	9.9133143	429	10.0866857	50	
	20	9.8018707	157	9.8885134	172	9.9133573	430	10.0866427	40	
	30	9.8018964	157	9.8884961	173	9.9134002	429	10.0865998	30	
	40	9.8019221	157	9.8884789	172	9.9134432	430	10.0865568	20	
	50	9.8019478	157	9.8884616	173	9.9134861	429	10.0865139	10	
20	0	9.8019735	157	9.8884444	172	9.9135291	430	10.0864709	0	40
′	″	Co-Sinus.	Dif.	Sinus.	Dif.	Co-Tang.	Dif.	Tang.	″	′

50 Deg.

39 Deg.

′	″	Sinus.	Dif.	Co-Sinus.	Dif.	Tang.	Dif.	Co-Tang.	″	′
20	0	9.8019735		9.8884444		9.9135291		10.0864709	0	40
	10	9.8019991	256	[illegible]	173	[illegible]	429	[illegible]	50	
	20	9.8020248	257	[illegible]	172	[illegible]	430	[illegible]	40	
	30	9.8020505	257	[illegible]	173	[illegible]	429	[illegible]	30	
	40	9.8020762	257	[illegible]	173	[illegible]	430	[illegible]	20	
	50	9.8021019	257	[illegible]	172	[illegible]	429	[illegible]	10	
21	0	9.8021276	257	[illegible]	173	[illegible]	430	[illegible]	0	39
	10	9.8021532	256	[illegible]	173	[illegible]	429	[illegible]	50	
	20	9.8021789	257	[illegible]	172	[illegible]	429	[illegible]	40	
	30	9.8022046	257	[illegible]	173	[illegible]	430	[illegible]	30	
	40	9.8022302	256	[illegible]	173	[illegible]	429	[illegible]	20	
	50	9.8022559	257	[illegible]	172	[illegible]	430	[illegible]	10	
22	0	9.8022816	257	9.8882371	173	[illegible]	429	[illegible]	0	38
	10	9.8023073	257	[illegible]	[illegible]	[illegible]	[illegible]	[illegible]	50	
	20	9.8023329	256	[illegible]	[illegible]	[illegible]	[illegible]	[illegible]	40	
	30	9.8023586	257	[illegible]	[illegible]	[illegible]	[illegible]	[illegible]	30	
	40	9.8023842	256	[illegible]	[illegible]	[illegible]	[illegible]	[illegible]	20	
	50	9.8024099	257	[illegible]	[illegible]	[illegible]	[illegible]	[illegible]	10	
23	0	9.8024355	256	9.8881335	[illegible]	[illegible]	[illegible]	[illegible]	0	37
	10	9.8024612	257	[illegible]	[illegible]	[illegible]	[illegible]	[illegible]	50	
	20	9.8024868	256	[illegible]	[illegible]	[illegible]	[illegible]	[illegible]	40	
	30	9.8025124	256	[illegible]	[illegible]	[illegible]	[illegible]	[illegible]	30	
	40	9.8025381	257	[illegible]	[illegible]	[illegible]	[illegible]	[illegible]	20	
	50	9.8025637	256	[illegible]	[illegible]	[illegible]	[illegible]	[illegible]	10	
24	0	9.8025894	257	[illegible]	[illegible]	[illegible]	[illegible]	[illegible]	0	36
	10	9.8026150	256	[illegible]	[illegible]	[illegible]	[illegible]	[illegible]	50	
	20	9.8026406	256	[illegible]	[illegible]	[illegible]	[illegible]	[illegible]	40	
	30	9.8026662	256	9.8879775	[illegible]	[illegible]	[illegible]	[illegible]	30	
	40	9.8026919	257	[illegible]	[illegible]	[illegible]	[illegible]	[illegible]	20	
	50	9.8027175	256	[illegible]	[illegible]	[illegible]	[illegible]	[illegible]	10	
25	0	9.8027431	256	[illegible]	[illegible]	[illegible]	[illegible]	[illegible]	0	35
	10	9.8027687	256	[illegible]	[illegible]	[illegible]	[illegible]	[illegible]	50	
	20	9.8027944	257	[illegible]	[illegible]	[illegible]	[illegible]	[illegible]	40	
	30	9.8028200	256	[illegible]	[illegible]	[illegible]	[illegible]	[illegible]	30	
	40	9.8028456	256	[illegible]	[illegible]	[illegible]	[illegible]	[illegible]	20	
	50	9.8028712	256	[illegible]	[illegible]	[illegible]	[illegible]	[illegible]	10	
26	0	9.8028968	256	[illegible]	[illegible]	[illegible]	[illegible]	[illegible]	0	34
	10	9.8029224	256	[illegible]	[illegible]	[illegible]	[illegible]	[illegible]	50	
	20	9.8029480	256	[illegible]	[illegible]	[illegible]	[illegible]	[illegible]	40	
	30	9.8029736	256	[illegible]	[illegible]	[illegible]	[illegible]	[illegible]	30	
	40	9.8029992	256	[illegible]	[illegible]	[illegible]	[illegible]	[illegible]	20	
	50	9.8030248	256	[illegible]	[illegible]	[illegible]	[illegible]	[illegible]	10	
27	0	9.8030504	256	[illegible]	[illegible]	[illegible]	[illegible]	[illegible]	0	33
	10	9.8030759	255	[illegible]	[illegible]	[illegible]	[illegible]	[illegible]	50	
	20	9.8031015	256	[illegible]	[illegible]	[illegible]	[illegible]	[illegible]	40	
	30	9.8031271	256	[illegible]	[illegible]	[illegible]	[illegible]	[illegible]	30	
	40	9.8031527	256	[illegible]	[illegible]	[illegible]	[illegible]	[illegible]	20	
	50	9.8031783	256	[illegible]	[illegible]	[illegible]	[illegible]	[illegible]	10	
28	0	9.8032038	255	[illegible]	[illegible]	[illegible]	[illegible]	[illegible]	0	32
	10	9.8032294	256	[illegible]	[illegible]	[illegible]	[illegible]	[illegible]	50	
	20	9.8032550	256	[illegible]	[illegible]	[illegible]	[illegible]	[illegible]	40	
	30	9.8032805	255	[illegible]	[illegible]	[illegible]	[illegible]	[illegible]	30	
	40	9.8033061	256	[illegible]	[illegible]	[illegible]	[illegible]	[illegible]	20	
	50	9.8033317	256	[illegible]	[illegible]	[illegible]	[illegible]	[illegible]	10	
29	0	9.8033572	255	[illegible]	[illegible]	[illegible]	[illegible]	[illegible]	0	31
	10	9.8033828	256	[illegible]	[illegible]	[illegible]	[illegible]	[illegible]	50	
	20	9.8034083	255	[illegible]	[illegible]	[illegible]	[illegible]	[illegible]	40	
	30	9.8034339	256	[illegible]	[illegible]	[illegible]	[illegible]	[illegible]	30	
	40	9.8034594	255	[illegible]	[illegible]	[illegible]	[illegible]	[illegible]	20	
	50	9.8034850	256	[illegible]	[illegible]	[illegible]	[illegible]	[illegible]	10	
30	0	9.8035105	255	9.8874061	[illegible]	9.9161045	[illegible]	10.0838955	0	30
′	″	Co-Sinus.	Dif.	Sinus.	Dif.	Co-Tang.	Dif.	Tang.	″	′

50 Deg.

39 Deg.

′	″	Sinus.	Dif.	Co-Sinus.	Dif.	Tang.	Dif.	Co-Tang.	″	′
30	0	9.8035105		9.8874061		9.9161045		10.0838955	0	30
	10	9.8035360	255	[illegible]	174	[illegible]	429	[illegible]	50	
	20	9.8035616	256	[illegible]	174	[illegible]	429	[illegible]	40	
	30	9.8035871	255	[illegible]	174	[illegible]	429	[illegible]	30	
	40	9.8036127	256	[illegible]	174	[illegible]	429	[illegible]	20	
	50	9.8036382	255	[illegible]	174	[illegible]	429	[illegible]	10	
31	0	9.8036637	255	[illegible]	174	[illegible]	428	[illegible]	0	29
	10	9.8036893	256	[illegible]	[illegible]	[illegible]	[illegible]	[illegible]	50	
	20	9.8037148	255	[illegible]	[illegible]	[illegible]	[illegible]	[illegible]	40	
	30	9.8037403	255	[illegible]	[illegible]	[illegible]	[illegible]	[illegible]	30	
	40	9.8037658	255	[illegible]	[illegible]	[illegible]	[illegible]	[illegible]	20	
	50	9.8037913	255	[illegible]	[illegible]	[illegible]	[illegible]	[illegible]	10	
32	0	9.8038168	255	9.8871977	[illegible]	[illegible]	[illegible]	[illegible]	0	28
	10	9.8038424	256	[illegible]	[illegible]	[illegible]	[illegible]	[illegible]	50	
	20	9.8038679	255	[illegible]	[illegible]	[illegible]	[illegible]	[illegible]	40	
	30	9.8038934	255	[illegible]	[illegible]	[illegible]	[illegible]	[illegible]	30	
	40	9.8039189	255	[illegible]	[illegible]	[illegible]	[illegible]	[illegible]	20	
	50	9.8039444	255	[illegible]	[illegible]	[illegible]	[illegible]	[illegible]	10	
33	0	9.8039699	255	[illegible]	[illegible]	[illegible]	[illegible]	[illegible]	0	27
	10	9.8039954	255	[illegible]	[illegible]	[illegible]	[illegible]	[illegible]	50	
	20	9.8040209	255	[illegible]	[illegible]	[illegible]	[illegible]	[illegible]	40	
	30	9.8040464	255	[illegible]	[illegible]	[illegible]	[illegible]	[illegible]	30	
	40	9.8040718	254	[illegible]	[illegible]	[illegible]	[illegible]	[illegible]	20	
	50	9.8040973	255	[illegible]	[illegible]	[illegible]	[illegible]	[illegible]	10	
34	0	9.8041228	255	[illegible]	[illegible]	[illegible]	[illegible]	[illegible]	0	26
	10	9.8041483	255	[illegible]	[illegible]	[illegible]	[illegible]	[illegible]	50	
	20	9.8041738	255	[illegible]	[illegible]	[illegible]	[illegible]	[illegible]	40	
	30	9.8041992	254	[illegible]	[illegible]	[illegible]	[illegible]	[illegible]	30	
	40	9.8042247	255	[illegible]	[illegible]	[illegible]	[illegible]	[illegible]	20	
	50	9.8042502	255	[illegible]	[illegible]	[illegible]	[illegible]	[illegible]	10	
35	0	9.8042757	255	[illegible]	[illegible]	[illegible]	[illegible]	[illegible]	0	25
	10	9.8043011	254	[illegible]	[illegible]	[illegible]	[illegible]	[illegible]	50	
	20	9.8043266	255	[illegible]	[illegible]	[illegible]	[illegible]	[illegible]	40	
	30	9.8043520	254	[illegible]	[illegible]	[illegible]	[illegible]	[illegible]	30	
	40	9.8043775	255	[illegible]	[illegible]	[illegible]	[illegible]	[illegible]	20	
	50	9.8044030	255	[illegible]	[illegible]	[illegible]	[illegible]	[illegible]	10	
36	0	9.8044284	254	[illegible]	[illegible]	[illegible]	[illegible]	[illegible]	0	24
	10	9.8044539	255	[illegible]	[illegible]	[illegible]	[illegible]	[illegible]	50	
	20	9.8044793	254	[illegible]	[illegible]	[illegible]	[illegible]	[illegible]	40	
	30	9.8045047	254	[illegible]	[illegible]	[illegible]	[illegible]	[illegible]	30	
	40	9.8045302	255	[illegible]	[illegible]	[illegible]	[illegible]	[illegible]	20	
	50	9.8045556	254	[illegible]	[illegible]	[illegible]	[illegible]	[illegible]	10	
37	0	9.8045811	255	9.8866756	[illegible]	[illegible]	[illegible]	[illegible]	0	23
	10	9.8046065	254	[illegible]	[illegible]	[illegible]	[illegible]	[illegible]	50	
	20	9.8046319	254	[illegible]	[illegible]	[illegible]	[illegible]	[illegible]	40	
	30	9.8046574	255	[illegible]	[illegible]	[illegible]	[illegible]	[illegible]	30	
	40	9.8046828	254	[illegible]	[illegible]	[illegible]	[illegible]	[illegible]	20	
	50	9.8047082	254	[illegible]	[illegible]	[illegible]	[illegible]	[illegible]	10	
38	0	9.8047336	254	[illegible]	[illegible]	[illegible]	[illegible]	[illegible]	0	22
	10	9.8047591	255	[illegible]	[illegible]	[illegible]	[illegible]	[illegible]	50	
	20	9.8047845	254	[illegible]	[illegible]	[illegible]	[illegible]	[illegible]	40	
	30	9.8048099	254	[illegible]	[illegible]	[illegible]	[illegible]	[illegible]	30	
	40	9.8048353	254	[illegible]	[illegible]	[illegible]	[illegible]	[illegible]	20	
	50	9.8048607	254	[illegible]	[illegible]	[illegible]	[illegible]	[illegible]	10	
39	0	9.8048861	254	[illegible]	[illegible]	[illegible]	[illegible]	[illegible]	0	21
	10	9.8049115	254	[illegible]	[illegible]	[illegible]	[illegible]	[illegible]	50	
	20	9.8049369	254	[illegible]	[illegible]	[illegible]	[illegible]	[illegible]	40	
	30	9.8049623	254	[illegible]	[illegible]	[illegible]	[illegible]	[illegible]	30	
	40	9.8049877	254	[illegible]	[illegible]	[illegible]	[illegible]	[illegible]	20	
	50	9.8050131	254	[illegible]	[illegible]	[illegible]	[illegible]	[illegible]	10	
40	0	9.8050385	254	9.8863616	[illegible]	9.9186769	[illegible]	10.0813231	0	20
′	″	Co-Sinus.	Dif.	Sinus.	Dif.	Co-Tang.	Dif.	Tang.	″	′

50 Deg.

39 Deg.

'	''	Sinus.	Dif.	Co-Sinus.	Dif.	Tang.	Dif.	Co-Tang.	''	'
40	0	9.8050389		9.8863616		9.9186769		10.0813231	0	20
	10	9.8050643	254	9.8863441	175	9.9187198	429	10.0812802	50	
	20	9.8050897	254	9.8863266	175	9.9187626	428	10.0812374	40	
	30	9.8051147	254	9.8863091	175	9.9188055	429	10.0811945	30	
	40	9.8051401	254	9.8862917	174	9.9188483	428	10.0811517	20	
	50	9.8051654	253	9.8862743	174	9.9188911	428	10.0811089	10	
41	0	9.8051908	254	9.8862568	175	9.9189340	429	10.0810660	0	19
	10	9.8052162	254	9.8862393	175	9.9189769	429	10.0810231	50	
	20	9.8052416	254	9.8862218	175	9.9190198	429	10.0809802	40	
	30	9.8052669	253	9.8862044	174	9.9190625	427	10.0809375	30	
	40	9.8052923	254	9.8861869	175	9.9191054	429	10.0808946	20	
	50	9.8053177	254	9.8861694	175	9.9191483	429	10.0808517	10	
42	0	9.8053430	253	9.8861519	175	9.9191911	428	10.0808089	0	18
	10	9.8053684	254	9.8861344	175	9.9192339	428	10.0807661	50	
	20	9.8053938	254	9.8861170	174	9.9192768	429	10.0807232	40	
	30	9.8054191	253	9.8860995	175	9.9193196	428	10.0806804	30	
	40	9.8054445	254	9.8860820	175	9.9193625	429	10.0806375	20	
	50	9.8054698	253	9.8860645	175	9.9194053	428	10.0805947	10	
43	0	9.8054951	253	9.8860470	175	9.9194481	428	10.0805519	0	17
	10	9.8055205	254	9.8860295	175	9.9194910	429	10.0805090	50	
	20	9.8055458	253	9.8860120	175	9.9195338	428	10.0804662	40	
	30	9.8055711	253	9.8859945	175	9.9195766	428	10.0804234	30	
	40	9.8055965	254	9.8859770	175	9.9196195	429	10.0803805	20	
	50	9.8056218	253	9.8859595	175	9.9196623	428	10.0803377	10	
44	0	9.8056471	253	9.8859420	175	9.9197051	428	10.0802949	0	16
	10	9.8056725	254	9.8859245	175	9.9197480	429	10.0802520	50	
	20	9.8056978	253	9.8859070	175	9.9197908	428	10.0802092	40	
	30	9.8057231	253	9.8858895	175	9.9198336	428	10.0801664	30	
	40	9.8057485	254	9.8858720	175	9.9198765	429	10.0801235	20	
	50	9.8057738	253	9.8858545	175	9.9199193	428	10.0800807	10	
45	0	9.8057991	253	9.8858370	175	9.9199621	428	10.0800379	0	15
	10	9.8058244	253	9.8858195	175	9.9200049	428	10.0799951	50	
	20	9.8058497	253	9.8858020	175	9.9200477	428	10.0799523	40	
	30	9.8058751	254	9.8857845	175	9.9200906	429	10.0799094	30	
	40	9.8059004	253	9.8857669	176	9.9201335	429	10.0798665	20	
	50	9.8059257	253	9.8857494	175	9.9201763	428	10.0798237	10	
46	0	9.8059510	253	9.8857319	175	9.9202191	428	10.0797809	0	14
	10	9.8059763	253	9.8857144	175	9.9202619	428	10.0797381	50	
	20	9.8060016	253	9.8856968	176	9.9203047	428	10.0796953	40	
	30	9.8060269	253	9.8856793	175	9.9203475	428	10.0796525	30	
	40	9.8060522	253	9.8856618	175	9.9203904	429	10.0796096	20	
	50	9.8060774	252	9.8856443	175	9.9204331	427	10.0795669	10	
47	0	9.8061027	253	9.8856267	176	9.9204760	429	10.0795240	0	13
	10	9.8061280	253	9.8856092	175	9.9205188	428	10.0794812	50	
	20	9.8061533	253	9.8855917	175	9.9205616	428	10.0794384	40	
	30	9.8061786	253	9.8855742	175	9.9206044	428	10.0793956	30	
	40	9.8062039	253	9.8855566	176	9.9206473	429	10.0793527	20	
	50	9.8062291	252	9.8855391	175	9.9206901	428	10.0793099	10	
48	0	9.8062544	253	9.8855215	176	9.9207329	428	10.0792671	0	12
	10	9.8062797	253	9.8855040	175	9.9207757	428	10.0792243	50	
	20	9.8063049	252	9.8854864	176	9.9208185	428	10.0791815	40	
	30	9.8063301	252	9.8854689	175	9.9208613	428	10.0791387	30	
	40	9.8063555	254	9.8854513	176	9.9209041	428	10.0790959	20	
	50	9.8063807	252	9.8854338	175	9.9209469	428	10.0790531	10	
49	0	9.8064060	253	9.8854162	176	9.9209898	429	10.0790102	0	11
	10	9.8064313	253	9.8853987	175	9.9210326	428	10.0789674	50	
	20	9.8064566	253	9.8853811	176	9.9210755	429	10.0789245	40	
	30	9.8064818	252	9.8853636	175	9.9211182	427	10.0788818	30	
	40	9.8065070	252	9.8853460	176	9.9211610	428	10.0788390	20	
	50	9.8065322	252	9.8853284	176	9.9212038	428	10.0787962	10	
50	0	9.8065575	253	9.8853109	175	9.9212466	428	10.0787534	0	10
'	''	Co-Sinus.	Dif.	Sinus.	Dif.	Co-Tang.	Dif.	Tang.	''	'

50 Deg.

39 Deg.

'	''	Sinus.	Dif.	Co-Sinus.	Dif.	Tang.	Dif.	Co-Tang.	''	'
50	0	9.8065575		9.8853109		9.9212466		10.0787534	0	10
	10	9.8065827	252	9.8852933	176	9.9212894	428	10.0787106	50	
	20	9.8066080	253	9.8852758	175	9.9213322	428	10.0786678	40	
	30	9.8066332	252	9.8852582	176	9.9213750	428	10.0786250	30	
	40	9.8066584	252	9.8852406	176	9.9214178	428	10.0785822	20	
	50	9.8066837	253	9.8852230	176	9.9214606	428	10.0785394	10	
51	0	9.8067089	252	9.8852055	175	9.9215034	428	10.0784966	0	9
	10	9.8067341	252	9.8851879	176	9.9215462	428	10.0784538	50	
	20	9.8067593	252	9.8851703	176	9.9215890	428	10.0784110	40	
	30	9.8067846	253	9.8851527	176	9.9216319	429	10.0783681	30	
	40	9.8068098	252	9.8851351	176	9.9216747	428	10.0783253	20	
	50	9.8068350	252	9.8851176	175	9.9217174	427	10.0782826	10	
52	0	9.8068602	252	9.8851000	176	9.9217602	428	10.0782398	0	8
	10	9.8068854	252	9.8850824	176	9.9218030	428	10.0781970	50	
	20	9.8069106	252	9.8850648	176	9.9218458	428	10.0781542	40	
	30	9.8069358	252	9.8850472	176	9.9218886	428	10.0781114	30	
	40	9.8069610	252	9.8850297	175	9.9219314	428	10.0780686	20	
	50	9.8069862	252	9.8850121	176	9.9219742	428	10.0780258	10	
53	0	9.8070114	252	9.8849945	176	9.9220170	428	10.0779830	0	7
	10	9.8070366	252	9.8849769	176	9.9220598	428	10.0779402	50	
	20	9.8070618	252	9.8849593	176	9.9221025	427	10.0778975	40	
	30	9.8070870	252	9.8849417	176	9.9221453	428	10.0778547	30	
	40	9.8071122	252	9.8849241	176	9.9221881	428	10.0778119	20	
	50	9.8071374	252	9.8849065	176	9.9222309	428	10.0777691	10	
54	0	9.8071626	252	9.8848889	176	9.9222737	428	10.0777263	0	6
	10	9.8071877	251	9.8848713	176	9.9223165	428	10.0776835	50	
	20	9.8072129	252	9.8848537	176	9.9223593	428	10.0776407	40	
	30	9.8072381	252	9.8848360	177	9.9224020	427	10.0775980	30	
	40	9.8072633	252	9.8848184	176	9.9224449	429	10.0775551	20	
	50	9.8072884	251	9.8848008	176	9.9224876	427	10.0775124	10	
55	0	9.8073136	252	9.8847832	176	9.9225304	428	10.0774696	0	5
	10	9.8073388	252	9.8847656	176	9.9225732	428	10.0774268	50	
	20	9.8073639	251	9.8847480	176	9.9226160	428	10.0773840	40	
	30	9.8073891	252	9.8847304	176	9.9226587	427	10.0773413	30	
	40	9.8074143	252	9.8847128	176	9.9227015	428	10.0772985	20	
	50	9.8074394	251	9.8846951	177	9.9227443	428	10.0772557	10	
56	0	9.8074646	252	9.8846775	176	9.9227871	428	10.0772129	0	4
	10	9.8074897	251	9.8846599	176	9.9228299	428	10.0771701	50	
	20	9.8075149	252	9.8846422	177	9.9228726	427	10.0771274	40	
	30	9.8075400	251	9.8846246	176	9.9229154	428	10.0770846	30	
	40	9.8075651	251	9.8846070	176	9.9229581	427	10.0770419	20	
	50	9.8075903	252	9.8845893	177	9.9230010	429	10.0769990	10	
57	0	9.8076154	251	9.8845717	176	9.9230437	427	10.0769563	0	3
	10	9.8076406	252	9.8845541	176	9.9230865	428	10.0769135	50	
	20	9.8076657	251	9.8845364	177	9.9231293	428	10.0768707	40	
	30	9.8076908	251	9.8845188	176	9.9231720	427	10.0768280	30	
	40	9.8077160	252	9.8845011	177	9.9232148	428	10.0767852	20	
	50	9.8077411	251	9.8844835	176	9.9232576	428	10.0767424	10	
58	0	9.8077662	251	9.8844659	176	9.9233004	428	10.0766996	0	2
	10	9.8077913	251	9.8844482	177	9.9233431	427	10.0766569	50	
	20	9.8078164	251	9.8844306	176	9.9233859	428	10.0766141	40	
	30	9.8078416	252	9.8844129	177	9.9234287	428	10.0765713	30	
	40	9.8078667	251	9.8843953	176	9.9234714	427	10.0765286	20	
	50	9.8078918	251	9.8843776	177	9.9235142	428	10.0764858	10	
59	0	9.8079169	251	9.8843599	177	9.9235570	428	10.0764430	0	1
	10	9.8079420	251	9.8843423	176	9.9235997	427	10.0764003	50	
	20	9.8079671	251	9.8843246	177	9.9236425	428	10.0763575	40	
	30	9.8079922	251	9.8843070	176	9.9236852	427	10.0763148	30	
	40	9.8080173	251	9.8842893	177	9.9237280	428	10.0762720	20	
	50	9.8080424	251	9.8842716	177	9.9237708	428	10.0762292	10	
60	0	9.8080675	251	9.8842540	176	9.9238135	427	10.0761865	0	0
'	''	Co-Sinus.	Dif.	Sinus.	Dif.	Co-Tang.	Dif.	Tang.	''	'

50 Deg.

40 Deg.

′	″	Sinus.	Dif.	Co-Sinus.	Dif.	Tang.	Dif.	Co-Tang.	″	′
0	0	9.8080675		9.8842542		9.9238135		10.0761865	0	60
	10	9.8080926	251	9.8842365	177	9.9238563	428	10.0761437	50	
	20	9.8081177	251	9.8842188	177	9.9238990	427	10.0761010	40	
	30	9.8081428	251	9.8842012	176	9.9239418	428	10.0760582	30	
	40	9.8081678	250	9.8841835	177	9.9239846	428	10.0760154	20	
	50	9.8081929	251	9.8841656	177	9.9240173	427	10.0759787	10	
1	0	9.8082180	251	9.8841479	177	9.9240701	428	10.0759192	0	59
	10	9.8082431	251	9.8841302	176	9.9241128	427	10.0758872	50	
	20	9.8082682	251	9.8841126	177	9.9241556	428	10.0758444	40	
	30	9.8082932	250	9.8840949	177	9.9241983	427	10.0758017	30	
	40	9.8083183	251	9.8840772	177	9.9242411	428	10.0757589	20	
	50	9.8083434	251	9.8840595	177	9.9242838	427	10.0757162	10	
2	0	9.8083684	250	9.8840418	177	9.9243266	428	10.0756734	0	58
	10	9.8083935	251	9.8840241	177	9.9243693	427	10.0756307	50	
	20	9.8084186	251	9.8840065	176	9.9244121	428	10.0755879	40	
	30	9.8084436	250	9.8839888	177	9.9244548	427	10.0755452	30	
	40	9.8084687	251	9.8839711	177	9.9244976	428	10.0755024	20	
	50	9.8084937	250	9.8839534	177	9.9245403	427	10.0754597	10	
3	0	9.8085188	251	9.8839357	177	9.9245831	428	10.0754169	0	57
	10	9.8085438	250	9.8839180	177	9.9246258	427	10.0753742	50	
	20	9.8085689	251	9.8839003	177	9.9246686	428	10.0753314	40	
	30	9.8085939	250	9.8838826	177	9.9247113	427	10.0752887	30	
	40	9.8086189	250	9.8838649	177	9.9247541	428	10.0752459	20	
	50	9.8086440	251	9.8838473	176	9.9247968	427	10.0752032	10	
4	0	9.8086690	250	9.8838294	178	9.9248396	428	10.0751604	0	56
	10	9.8086940	250	9.8838117	177	9.9248823	427	10.0751177	50	
	20	9.8087191	251	9.8837940	177	9.9249250	427	10.0750750	40	
	30	9.8087441	250	9.8837763	177	9.9249678	428	10.0750322	30	
	40	9.8087691	250	9.8837586	177	9.9250105	427	10.0749895	20	
	50	9.8087941	250	9.8837409	177	9.9250533	428	10.0749467	10	
5	0	9.8088192	251	9.8837232	177	9.9250960	427	10.0749040	0	55
	10	9.8088442	250	9.8837054	178	9.9251387	427	10.0748613	50	
	20	9.8088692	250	9.8836877	177	9.9251815	428	10.0748185	40	
	30	9.8088942	250	9.8836700	177	9.9252242	427	10.0747758	30	
	40	9.8089192	250	9.8836523	177	9.9252670	428	10.0747330	20	
	50	9.8089442	250	9.8836345	178	9.9253097	427	10.0746903	10	
6	0	9.8089692	250	9.8836168	177	9.9253524	427	10.0746476	0	54
	10	9.8089942	250	9.8835991	177	9.9253952	428	10.0746048	50	
	20	9.8090192	250	9.8835814	177	9.9254379	427	10.0745621	40	
	30	9.8090442	250	9.8835636	178	9.9254806	427	10.0745194	30	
	40	9.8090692	250	9.8835459	177	9.9255233	427	10.0744767	20	
	50	9.8090942	250	9.8835281	178	9.9255661	428	10.0744339	10	
7	0	9.8091192	250	9.8835104	177	9.9256088	427	10.0743912	0	53
	10	9.8091442	250	9.8834927	177	9.9256515	427	10.0743485	50	
	20	9.8091692	250	9.8834749	178	9.9256943	428	10.0743057	40	
	30	9.8091942	250	9.8834572	177	9.9257370	427	10.0742630	30	
	40	9.8092191	249	9.8834394	178	9.9257797	427	10.0742203	20	
	50	9.8092441	250	9.8834217	177	9.9258224	427	10.0741775	10	
8	0	9.8092691	250	9.8834040	177	9.9258652	428	10.0741348	0	52
	10	9.8092941	250	9.8833862	178	9.9259079	427	10.0740921	50	
	20	9.8093190	249	9.8833684	178	9.9259506	427	10.0740494	40	
	30	9.8093440	250	9.8833507	177	9.9259933	427	10.0740067	30	
	40	9.8093690	250	9.8833329	178	9.9260361	428	10.0739639	20	
	50	9.8093939	249	9.8833151	178	9.9260788	427	10.0739212	10	
9	0	9.8094189	250	9.8832974	177	9.9261215	427	10.0738785	0	51
	10	9.8094439	250	9.8832796	178	9.9261642	427	10.0738358	50	
	20	9.8094688	249	9.8832619	177	9.9262070	428	10.0737930	40	
	30	9.8094938	250	9.8832441	178	9.9262497	427	10.0737503	30	
	40	9.8095187	249	9.8832263	178	9.9262924	427	10.0737076	20	
	50	9.8095437	250	9.8832085	178	9.9263351	427	10.0736649	10	
10	0	9.8095686	249	9.8831908	177	9.9263778	427	10.0736222	0	50
′	″	Co-Sinus.	Dif.	Sinus.	Dif.	Co-Tang.	Dif.	Tang.	″	′

49 Deg.

40 Deg.

′	″	Sinus.	Dif.	Co-Sinus.	Dif.	Tang.	Dif.	Co-Tang.	″	′
10	0	9.8095686		9.8831908		9.9263778		10.0736222	0	50
	10	9.8095936	250	9.8831730	178	9.9264205	427	10.0735795	50	
	20	9.8096185	249	9.8831554	176	9.9264633	428	10.0735367	40	
	30	9.8096434	249	9.8831375	179	9.9265060	427	10.0734940	30	
	40	9.8096684	250	9.8831197	178	9.9265487	427	10.0734513	20	
	50	9.8096933	249	9.8831019	178	9.9265914	427	10.0734086	10	
11	0	9.8097183	250	9.8830841	178	9.9266341	427	10.0733659	0	49
	10	9.8097432	249	9.8830664	177	9.9266768	427	10.0733232	50	
	20	9.8097681	249	9.8830486	178	9.9267195	427	10.0732805	40	
	30	9.8097930	249	9.8830308	178	9.9267623	428	10.0732377	30	
	40	9.8098179	249	9.8830130	178	9.9268050	427	10.0731950	20	
	50	9.8098429	250	9.8829952	178	9.9268477	427	10.0731523	10	
12	0	9.8098678	249	9.8829774	178	9.9268904	427	10.0731096	0	48
	10	9.8098927	249	9.8829596	178	9.9269331	427	10.0730669	50	
	20	9.8099176	249	9.8829418	178	9.9269758	427	10.0730242	40	
	30	9.8099425	249	9.8829240	178	9.9270185	427	10.0729815	30	
	40	9.8099674	249	9.8829061	179	9.9270612	427	10.0729388	20	
	50	9.8099923	249	9.8828884	177	9.9271039	427	10.0728961	10	
13	0	9.8100172	249	9.8828706	178	9.9271466	427	10.0728534	0	47
	10	9.8100421	249	9.8828528	178	9.9271893	427	10.0728107	50	
	20	9.8100670	249	9.8828350	178	9.9272320	427	10.0727680	40	
	30	9.8100919	249	9.8828172	178	9.9272747	427	10.0727253	30	
	40	9.8101168	249	9.8827993	179	9.9273174	427	10.0726826	20	
	50	9.8101417	249	9.8827816	177	9.9273601	427	10.0726399	10	
14	0	9.8101666	249	9.8827638	178	9.9274028	427	10.0725972	0	46
	10	9.8101915	249	9.8827459	179	9.9274455	427	10.0725545	50	
	20	9.8102164	249	9.8827281	178	9.9274882	427	10.0725118	40	
	30	9.8102412	248	9.8827103	178	9.9275309	427	10.0724691	30	
	40	9.8102661	249	9.8826925	178	9.9275736	427	10.0724264	20	
	50	9.8102910	249	9.8826747	178	9.9276163	427	10.0723837	10	
15	0	9.8103159	249	9.8826569	178	9.9276590	427	10.0723410	0	45
	10	9.8103407	248	9.8826390	179	9.9277017	427	10.0722983	50	
	20	9.8103656	249	9.8826212	178	9.9277444	427	10.0722556	40	
	30	9.8103905	249	9.8826034	178	9.9277871	427	10.0722129	30	
	40	9.8104153	248	9.8825855	179	9.9278298	427	10.0721702	20	
	50	9.8104402	249	9.8825677	178	9.9278725	427	10.0721275	10	
16	0	9.8104650	248	9.8825499	178	9.9279151	426	10.0720849	0	44
	10	9.8104899	249	9.8825320	179	9.9279579	428	10.0720421	50	
	20	9.8105148	249	9.8825142	178	9.9280006	427	10.0719994	40	
	30	9.8105396	248	9.8824963	179	9.9280433	427	10.0719567	30	
	40	9.8105645	249	9.8824785	178	9.9280859	426	10.0719141	20	
	50	9.8105893	248	9.8824607	178	9.9281286	427	10.0718714	10	
17	0	9.8106141	248	9.8824428	179	9.9281713	427	10.0718287	0	43
	10	9.8106390	249	9.8824250	178	9.9282140	427	10.0717860	50	
	20	9.8106638	248	9.8824071	179	9.9282567	427	10.0717433	40	
	30	9.8106887	249	9.8823893	178	9.9282994	427	10.0717006	30	
	40	9.8107135	248	9.8823714	179	9.9283421	427	10.0716579	20	
	50	9.8107383	248	9.8823536	178	9.9283848	427	10.0716152	10	
18	0	9.8107631	248	9.8823357	179	9.9284274	426	10.0715726	0	42
	10	9.8107880	249	9.8823179	178	9.9284701	427	10.0715299	50	
	20	9.8108128	248	9.8823000	179	9.9285128	427	10.0714872	40	
	30	9.8108376	248	9.8822821	179	9.9285555	427	10.0714445	30	
	40	9.8108624	248	9.8822643	178	9.9285981	426	10.0714019	20	
	50	9.8108872	248	9.8822464	179	9.9286408	427	10.0713592	10	
19	0	9.8109121	249	9.8822285	179	9.9286835	427	10.0713165	0	41
	10	9.8109369	248	9.8822107	178	9.9287262	427	10.0712738	50	
	20	9.8109617	248	9.8821928	179	9.9287689	427	10.0712311	40	
	30	9.8109865	248	9.8821749	179	9.9288116	427	10.0711884	30	
	40	9.8110113	248	9.8821571	178	9.9288542	426	10.0711458	20	
	50	9.8110361	248	9.8821392	179	9.9288969	427	10.0711031	10	
20	0	9.8110609	248	9.8821213	179	9.9289396	427	10.0710604	0	40
′	″	Co-Sinus.	Dif.	Sinus.	Dif.	Co-Tang.	Dif.	Tang.	″	′

49 Deg.

'	"	Sinus.	Dif.	Co-Sinus.	Dif.	Tang.	Dif.	Co-Tang.	"	'
20	0	9.8110609		9.8821213		9.9289396		10.0710604	0	40
	10	9.8110857	248	9.8821034	179	9.9289823	427	10.0710177	50	
	20	9.8111105	248	9.8820856	178	9.9290249	426	10.0709751	40	
	30	9.8111353	248	9.8820677	179	9.9290676	427	10.0709324	30	
	40	9.8111601	248	9.8820498	179	9.9291103	427	10.0708897	20	
	50	9.8111849	248	9.8820319	179	9.9291530	427	10.0708470	10	
21	0	9.8112096	247	9.8820140	179	9.9291956	426	10.0708044	0	39
	10	9.8112344	248	9.8819961	179	9.9292383	427	10.0707617	50	
	20	9.8112592	248	9.8819782	179	9.9292810	427	10.0707190	40	
	30	9.8112840	248	9.8819604	178	9.9293236	426	10.0706764	30	
	40	9.8113088	248	9.8819425	179	9.9293663	427	10.0706337	20	
	50	9.8113335	247	9.8819245	180	9.9294090	427	10.0705910	10	
22	0	9.8113583	248	9.8819067	178	9.9294516	426	10.0705484	0	38
	10	9.8113831	248	9.8818888	179	9.9294943	427	10.0705057	50	
	20	9.8114078	247	9.8818709	179	9.9295369	426	10.0704631	40	
	30	9.8114326	248	9.8818530	179	9.9295796	427	10.0704204	30	
	40	9.8114574	248	9.8818351	179	9.9296223	427	10.0703777	20	
	50	9.8114821	247	9.8818171	180	9.9296650	427	10.0703350	10	
23	0	9.8115069	248	9.8817993	178	9.9297076	426	10.0702924	0	37
	10	9.8115316	247	9.8817813	180	9.9297503	427	10.0702497	50	
	20	9.8115564	248	9.8817634	179	9.9297930	427	10.0702070	40	
	30	9.8115811	247	9.8817455	179	9.9298356	426	10.0701644	30	
	40	9.8116059	248	9.8817276	179	9.9298783	427	10.0701217	20	
	50	9.8116306	247	9.8817097	179	9.9299209	426	10.0700791	10	
24	0	9.8116554	248	9.8816918	179	9.9299636	427	10.0700364	0	36
	10	9.8116801	247	9.8816738	180	9.9300063	427	10.0699937	50	
	20	9.8117048	247	9.8816559	179	9.9300489	426	10.0699511	40	
	30	9.8117296	248	9.8816380	179	9.9300916	427	10.0699084	30	
	40	9.8117543	247	9.8816201	179	9.9301342	426	10.0698658	20	
	50	9.8117790	247	9.8816021	180	9.9301769	427	10.0698231	10	
25	0	9.8118038	248	9.8815842	179	9.9302196	427	10.0697804	0	35
	10	9.8118285	247	9.8815663	179	9.9302622	426	10.0697378	50	
	20	9.8118532	247	9.8815483	180	9.9303049	427	10.0696951	40	
	30	9.8118779	247	9.8815304	179	9.9303475	426	10.0696525	30	
	40	9.8119026	247	9.8815125	179	9.9303901	426	10.0696099	20	
	50	9.8119273	247	9.8814945	180	9.9304328	427	10.0695672	10	
26	0	9.8119521	248	9.8814766	179	9.9304755	427	10.0695245	0	34
	10	9.8119768	247	9.8814587	179	9.9305181	426	10.0694819	50	
	20	9.8120015	247	9.8814407	180	9.9305608	427	10.0694392	40	
	30	9.8120262	247	9.8814228	179	9.9306034	426	10.0693966	30	
	40	9.8120509	247	9.8814048	180	9.9306461	427	10.0693539	20	
	50	9.8120756	247	9.8813869	179	9.9306887	426	10.0693113	10	
27	0	9.8121003	247	9.8813689	180	9.9307314	427	10.0692686	0	33
	10	9.8121250	247	9.8813510	179	9.9307740	426	10.0692260	50	
	20	9.8121497	247	9.8813330	180	9.9308167	427	10.0691833	40	
	30	9.8121744	247	9.8813151	179	9.9308593	426	10.0691407	30	
	40	9.8121990	246	9.8812971	180	9.9309019	426	10.0690981	20	
	50	9.8122237	247	9.8812791	180	9.9309446	427	10.0690554	10	
28	0	9.8122484	247	9.8812611	180	9.9309873	427	10.0690127	0	32
	10	9.8122731	247	9.8812432	179	9.9310299	426	10.0689701	50	
	20	9.8122978	247	9.8812253	179	9.9310725	426	10.0689275	40	
	30	9.8123224	246	9.8812073	180	9.9311151	426	10.0688849	30	
	40	9.8123471	247	9.8811893	180	9.9311578	427	10.0688422	20	
	50	9.8123718	247	9.8811714	179	9.9312004	426	10.0687996	10	
29	0	9.8123965	247	9.8811534	180	9.9312431	427	10.0687569	0	31
	10	9.8124211	246	9.8811354	180	9.9312857	426	10.0687143	50	
	20	9.8124458	247	9.8811174	180	9.9313284	427	10.0686716	40	
	30	9.8124704	246	9.8810994	180	9.9313710	426	10.0686290	30	
	40	9.8124951	247	9.8810815	179	9.9314136	426	10.0685864	20	
	50	9.8125198	247	9.8810635	180	9.9314563	427	10.0685437	10	
30	0	9.8125444	246	9.8810455	180	9.9314989	426	10.0685011	0	30
'	"	Co-Sinus.	Dif.	Sinus.	Dif.	Co-Tang.	Dif.	Tang.	"	'

'	"	Sinus.	Dif.	Co-Sinus.	Dif.	Tang.	Dif.	Co-Tang.	"	'
30	0	9.8125444		9.8810455		9.9314989		10.0685011	0	30
	10	9.8125691	247	9.8810276	179	9.9315415	426	10.0684585	50	
	20	9.8125937	246	9.8810095	181	9.9315842	427	10.0684158	40	
	30	9.8126184	247	9.8809916	179	9.9316268	426	10.0683732	30	
	40	9.8126430	246	9.8809736	180	9.9316694	426	10.0683306	20	
	50	9.8126677	247	9.8809556	180	9.9317121	427	10.0682879	10	
31	0	9.8126923	246	9.8809376	180	9.9317547	426	10.0682453	0	29
	10	9.8127169	246	9.8809196	180	9.9317973	426	10.0682027	50	
	20	9.8127416	247	9.8809016	180	9.9318400	427	10.0681600	40	
	30	9.8127662	246	9.8808836	180	9.9318826	426	10.0681174	30	
	40	9.8127908	246	9.8808656	180	9.9319252	426	10.0680748	20	
	50	9.8128154	246	9.8808476	180	9.9319678	426	10.0680322	10	
32	0	9.8128401	247	9.8808296	180	9.9320105	427	10.0679895	0	28
	10	9.8128647	246	9.8808116	180	9.9320531	426	10.0679469	50	
	20	9.8128893	246	9.8807936	180	9.9320957	426	10.0679043	40	
	30	9.8129139	246	9.8807756	180	9.9321383	426	10.0678617	30	
	40	9.8129386	247	9.8807576	180	9.9321810	427	10.0678190	20	
	50	9.8129632	246	9.8807396	180	9.9322236	426	10.0677764	10	
33	0	9.8129878	246	9.8807215	181	9.9322663	427	10.0677337	0	27
	10	9.8130124	246	9.8807035	180	9.9323089	426	10.0676911	50	
	20	9.8130370	246	9.8806855	180	9.9323515	426	10.0676485	40	
	30	9.8130616	246	9.8806675	180	9.9323941	426	10.0676059	30	
	40	9.8130862	246	9.8806495	180	9.9324367	426	10.0675633	20	
	50	9.8131108	246	9.8806315	180	9.9324793	426	10.0675207	10	
34	0	9.8131354	246	9.8806134	181	9.9325220	427	10.0674780	0	26
	10	9.8131600	246	9.8805954	180	9.9325646	426	10.0674354	50	
	20	9.8131846	246	9.8805774	180	9.9326072	426	10.0673928	40	
	30	9.8132092	246	9.8805593	181	9.9326499	427	10.0673501	30	
	40	9.8132337	245	9.8805413	180	9.9326924	425	10.0673076	20	
	50	9.8132583	246	9.8805233	180	9.9327350	426	10.0672650	10	
35	0	9.8132829	246	9.8805052	181	9.9327777	427	10.0672223	0	25
	10	9.8133075	246	9.8804872	180	9.9328203	426	10.0671797	50	
	20	9.8133321	246	9.8804691	181	9.9328630	427	10.0671370	40	
	30	9.8133566	245	9.8804511	180	9.9329055	425	10.0670945	30	
	40	9.8133812	246	9.8804331	180	9.9329481	426	10.0670519	20	
	50	9.8134058	246	9.8804151	180	9.9329907	426	10.0670093	10	
36	0	9.8134303	245	9.8803969	182	9.9330334	427	10.0669666	0	24
	10	9.8134549	246	9.8803789	180	9.9330760	426	10.0669240	50	
	20	9.8134795	246	9.8803609	180	9.9331186	426	10.0668814	40	
	30	9.8135040	245	9.8803429	180	9.9331611	425	10.0668389	30	
	40	9.8135286	246	9.8803248	181	9.9332038	427	10.0667962	20	
	50	9.8135531	245	9.8803067	181	9.9332464	426	10.0667536	10	
37	0	9.8135777	246	9.8802887	180	9.9332890	426	10.0667110	0	23
	10	9.8136022	245	9.8802706	181	9.9333316	426	10.0666684	50	
	20	9.8136268	246	9.8802526	180	9.9333742	426	10.0666258	40	
	30	9.8136513	245	9.8802345	181	9.9334168	426	10.0665832	30	
	40	9.8136759	246	9.8802165	180	9.9334594	426	10.0665406	20	
	50	9.8137004	245	9.8801984	181	9.9335020	426	10.0664980	10	
38	0	9.8137250	246	9.8801804	180	9.9335446	426	10.0664554	0	22
	10	9.8137495	245	9.8801622	182	9.9335873	427	10.0664127	50	
	20	9.8137740	245	9.8801441	181	9.9336299	426	10.0663701	40	
	30	9.8137986	246	9.8801261	180	9.9336725	426	10.0663275	30	
	40	9.8138231	245	9.8801080	181	9.9337151	426	10.0662849	20	
	50	9.8138476	245	9.8800899	181	9.9337577	426	10.0662423	10	
39	0	9.8138721	245	9.8800718	181	9.9338003	426	10.0661997	0	21
	10	9.8138966	245	9.8800537	181	9.9338429	426	10.0661571	50	
	20	9.8139212	246	9.8800357	180	9.9338855	426	10.0661145	40	
	30	9.8139457	245	9.8800176	181	9.9339281	426	10.0660719	30	
	40	9.8139702	245	9.8799995	181	9.9339707	426	10.0660293	20	
	50	9.8139947	245	9.8799814	181	9.9340133	426	10.0659867	10	
40	0	9.8140192	245	9.8799633	181	9.9340559	426	10.0659441	0	20
'	"	Co-Sinus.	Dif.	Sinus.	Dif.	Co-Tang.	Dif.	Tang.	"	'

40 Deg.

'	"	Sinus.	Dif.	Co-Sinus.	Dif.	Tang.	Dif.	Co-Tang.	"	'
40	0	9.8140192		9.8799634		9.9340559		10.0659441	0	20
	10	9.8140437	245	9.8799453	181	9.9340984	425	10.0659016	50	
	20	9.8140682	245	9.8799272	181	9.9341410	426	10.0658590	40	
	30	9.8140927	245	9.8799091	181	9.9341836	426	10.0658164	30	
	40	9.8141172	245	9.8798910	181	9.9342262	426	10.0657738	20	
	50	9.8141417	245	9.8798729	181	9.9342688	426	10.0657312	10	
41	0	9.8141662	245	9.8798548	181	9.9343114	426	10.0656886	0	19
	10	9.8141907	245	9.8798367	181	9.9343540	426	10.0656460	50	
	20	9.8142152	245	9.8798186	181	9.9343966	426	10.0656034	40	
	30	9.8142397	245	9.8798005	181	9.9344392	426	10.0655608	30	
	40	9.8142642	245	9.8797824	181	9.9344818	426	10.0655182	20	
	50	9.8142887	245	9.8797643	181	9.9345244	426	10.0654756	10	
42	0	9.8143131	244	9.8797462	181	9.9345670	426	10.0654330	0	18
	10	9.8143376	245	9.8797281	181	9.9346096	426	10.0653904	50	
	20	9.8143621	245	9.8797099	182	9.9346521	425	10.0653479	40	
	30	9.8143866	245	9.8796918	181	9.9346947	426	10.0653053	30	
	40	9.8144110	244	9.8796737	181	9.9347373	426	10.0652627	20	
	50	9.8144355	245	9.8796556	181	9.9347799	426	10.0652201	10	
43	0	9.8144600	245	9.8796375	181	9.9348225	426	10.0651775	0	17
	10	9.8144844	244	9.8796194	181	9.9348651	426	10.0651349	50	
	20	9.8145089	245	9.8796012	182	9.9349077	426	10.0650923	40	
	30	9.8145334	245	9.8795831	181	9.9349503	426	10.0650497	30	
	40	9.8145578	244	9.8795650	181	9.9349928	425	10.0650072	20	
	50	9.8145823	245	9.8795468	182	9.9350354	426	10.0649646	10	
44	0	9.8146067	244	9.8795287	181	9.9350780	426	10.0649220	0	16
	10	9.8146312	245	9.8795106	181	9.9351206	426	10.0648794	50	
	20	9.8146556	244	9.8794924	182	9.9351632	426	10.0648368	40	
	30	9.8146801	245	9.8794743	181	9.9352057	425	10.0647943	30	
	40	9.8147045	244	9.8794562	181	9.9352483	426	10.0647517	20	
	50	9.8147289	244	9.8794381	181	9.9352909	426	10.0647091	10	
45	0	9.8147534	245	9.8794199	182	9.9353335	426	10.0646665	0	15
	10	9.8147778	244	9.8794017	182	9.9353761	426	10.0646239	50	
	20	9.8148022	244	9.8793836	181	9.9354186	425	10.0645814	40	
	30	9.8148267	245	9.8793654	182	9.9354612	426	10.0645388	30	
	40	9.8148511	244	9.8793473	181	9.9355038	426	10.0644962	20	
	50	9.8148755	244	9.8793292	181	9.9355463	425	10.0644537	10	
46	0	9.8149000	245	9.8793110	182	9.9355889	426	10.0644111	0	14
	10	9.8149244	244	9.8792929	181	9.9356315	426	10.0643685	50	
	20	9.8149488	244	9.8792747	182	9.9356741	426	10.0643259	40	
	30	9.8149732	244	9.8792566	181	9.9357166	425	10.0642834	30	
	40	9.8149976	244	9.8792384	182	9.9357592	426	10.0642408	20	
	50	9.8150220	244	9.8792202	182	9.9358017	425	10.0641983	10	
47	0	9.8150464	244	9.8792021	181	9.9358443	426	10.0641557	0	13
	10	9.8150708	244	9.8791839	182	9.9358869	426	10.0641131	50	
	20	9.8150952	244	9.8791657	182	9.9359295	426	10.0640705	40	
	30	9.8151196	244	9.8791476	181	9.9359720	425	10.0640280	30	
	40	9.8151440	244	9.8791294	182	9.9360146	426	10.0639854	20	
	50	9.8151684	244	9.8791112	182	9.9360572	426	10.0639428	10	
48	0	9.8151928	244	9.8790930	182	9.9360997	425	10.0639003	0	12
	10	9.8152172	244	9.8790748	182	9.9361423	426	10.0638577	50	
	20	9.8152416	244	9.8790567	181	9.9361849	426	10.0638151	40	
	30	9.8152660	244	9.8790385	182	9.9362274	425	10.0637726	30	
	40	9.8152904	244	9.8790203	182	9.9362700	426	10.0637300	20	
	50	9.8153148	244	9.8790021	182	9.9363126	426	10.0636874	10	
49	0	9.8153391	243	9.8789840	181	9.9363552	426	10.0636448	0	11
	10	9.8153635	244	9.8789658	182	9.9363977	425	10.0636023	50	
	20	9.8153879	244	9.8789476	182	9.9364403	426	10.0635597	40	
	30	9.8154123	244	9.8789294	182	9.9364829	426	10.0635171	30	
	40	9.8154366	243	9.8789112	182	9.9365254	425	10.0634746	20	
	50	9.8154610	244	9.8788930	182	9.9365680	426	10.0634320	10	
50	0	9.8154854	244	9.8788748	182	9.9366105	425	10.0633895	0	10
'	"	Co-Sinus.	Dif.	Sinus.	Dif.	Co-Tang.	Dif.	Tang.	"	'

49 Deg.

40 Deg.

'	"	Sinus.	Dif.	Co-Sinus.	Dif.	Tang.	Dif.	Co-Tang.	"	'
50	0	9.8154854		9.8788748		9.9366105		10.0633895	0	10
	10	9.8155097	243	9.8788566	182	9.9366531	426	10.0633469	50	
	20	9.8155341	244	9.8788384	182	9.9366957	426	10.0633043	40	
	30	9.8155584	243	9.8788202	182	9.9367382	425	10.0632618	30	
	40	9.8155828	244	9.8788020	182	9.9367808	426	10.0632192	20	
	50	9.8156072	244	9.8787838	182	9.9368233	425	10.0631767	10	
51	0	9.8156315	243	9.8787656	182	9.9368659	426	10.0631341	0	9
	10	9.8156559	244	9.8787474	182	9.9369085	426	10.0630915	50	
	20	9.8156802	243	9.8787292	182	9.9369511	426	10.0630489	40	
	30	9.8157045	243	9.8787110	182	9.9369936	425	10.0630064	30	
	40	9.8157289	244	9.8786928	182	9.9370361	425	10.0629639	20	
	50	9.8157532	243	9.8786746	182	9.9370787	426	10.0629213	10	
52	0	9.8157776	244	9.8786563	183	9.9371213	426	10.0628787	0	8
	10	9.8158019	243	9.8786381	182	9.9371638	425	10.0628362	50	
	20	9.8158262	243	9.8786199	182	9.9372063	425	10.0627937	40	
	30	9.8158505	243	9.8786017	182	9.9372489	426	10.0627511	30	
	40	9.8158749	244	9.8785835	182	9.9372914	425	10.0627086	20	
	50	9.8158992	243	9.8785653	182	9.9373339	425	10.0626661	10	
53	0	9.8159235	243	9.8785470	183	9.9373765	426	10.0626235	0	7
	10	9.8159479	244	9.8785288	182	9.9374191	426	10.0625809	50	
	20	9.8159722	243	9.8785106	182	9.9374616	425	10.0625384	40	
	30	9.8159965	243	9.8784923	183	9.9375041	425	10.0624959	30	
	40	9.8160208	243	9.8784741	182	9.9375467	426	10.0624533	20	
	50	9.8160451	243	9.8784558	183	9.9375893	426	10.0624107	10	
54	0	9.8160694	243	9.8784376	182	9.9376318	425	10.0623682	0	6
	10	9.8160937	243	9.8784194	182	9.9376743	425	10.0623257	50	
	20	9.8161180	243	9.8784011	183	9.9377169	426	10.0622831	40	
	30	9.8161423	243	9.8783829	182	9.9377594	425	10.0622406	30	
	40	9.8161666	243	9.8783646	183	9.9378020	426	10.0621980	20	
	50	9.8161909	243	9.8783464	182	9.9378445	425	10.0621555	10	
55	0	9.8162152	243	9.8783281	183	9.9378871	426	10.0621129	0	5
	10	9.8162395	243	9.8783099	182	9.9379296	425	10.0620704	50	
	20	9.8162638	243	9.8782916	183	9.9379721	425	10.0620279	40	
	30	9.8162881	243	9.8782734	182	9.9380147	426	10.0619853	30	
	40	9.8163124	243	9.8782551	183	9.9380572	425	10.0619428	20	
	50	9.8163366	242	9.8782369	182	9.9380997	425	10.0619003	10	
56	0	9.8163609	243	9.8782186	183	9.9381423	426	10.0618577	0	4
	10	9.8163852	243	9.8782004	182	9.9381848	425	10.0618152	50	
	20	9.8164095	243	9.8781821	183	9.9382274	426	10.0617726	40	
	30	9.8164337	242	9.8781638	183	9.9382699	425	10.0617301	30	
	40	9.8164580	243	9.8781456	182	9.9383124	425	10.0616876	20	
	50	9.8164823	243	9.8781273	183	9.9383550	426	10.0616450	10	
57	0	9.8165066	243	9.8781090	183	9.9383975	425	10.0616025	0	3
	10	9.8165308	242	9.8780908	182	9.9384401	426	10.0615599	50	
	20	9.8165551	243	9.8780725	183	9.9384826	425	10.0615174	40	
	30	9.8165793	242	9.8780542	183	9.9385251	425	10.0614749	30	
	40	9.8166036	243	9.8780359	183	9.9385677	426	10.0614323	20	
	50	9.8166278	242	9.8780177	182	9.9386102	425	10.0613898	10	
58	0	9.8166521	243	9.8779994	183	9.9386527	425	10.0613473	0	2
	10	9.8166763	242	9.8779811	183	9.9386953	426	10.0613047	50	
	20	9.8167006	243	9.8779628	183	9.9387378	425	10.0612622	40	
	30	9.8167248	242	9.8779445	183	9.9387803	425	10.0612197	30	
	40	9.8167491	243	9.8779262	183	9.9388229	426	10.0611771	20	
	50	9.8167733	242	9.8779079	183	9.9388654	425	10.0611346	10	
59	0	9.8167975	242	9.8778896	183	9.9389079	425	10.0610921	0	1
	10	9.8168218	243	9.8778714	182	9.9389504	425	10.0610496	50	
	20	9.8168460	242	9.8778531	183	9.9389930	426	10.0610070	40	
	30	9.8168702	242	9.8778348	183	9.9390355	425	10.0609645	30	
	40	9.8168945	243	9.8778165	183	9.9390780	425	10.0609220	20	
	50	9.8169187	242	9.8777982	183	9.9391205	425	10.0608795	10	
60	0	9.8169429	242	9.8777799	183	9.9391631	426	10.0608369	0	0
'	"	Co-Sinus.	Dif.	Sinus.	Dif.	Co-Tang.	Dif.	Tang.	"	'

49 Deg.

′	″	Sinus.	Dif.	Co-Sinus.	Dif.	Tang.	Dif.	Co-Tang.	″	′
0	0	9.8169419		9.8777799		9.9391631		10.0608369	0	60
	10	9.8169671	242	9.8777616	183	9.9392056	425	10.0607944	50	
	20	9.8169914	243	9.8777433	183	9.9392481	425	10.0607519	40	
	30	9.8170156	242	9.8777249	184	9.9392906	425	10.0607094	30	
	40	9.8170398	242	9.8777066	183	9.9393331	425	10.0606669	20	
	50	9.8170640	241	9.8776883	183	9.9393757	426	10.0606243	10	
1	0	9.8170881	242	9.8776700	183	9.9394181	425	10.0605819	0	59
	10	9.8171124	242	9.8776517	183	9.9394607	425	10.0605393	50	
	20	9.8171366	242	9.8776334	183	9.9395031	425	10.0604968	40	
	30	9.8171608	242	9.8776151	183	9.9395457	426	10.0604543	30	
	40	9.8171850	242	9.8775967	184	9.9395883	425	10.0604117	20	
	50	9.8172092	242	9.8775784	183	9.9396307	425	10.0603693	10	
2	0	9.8172334	242	9.8775601	183	9.9396733	425	10.0603267	0	58
	10	9.8172576	242	9.8775418	183	9.9397158	425	10.0602842	50	
	20	9.8172818	242	9.8775234	184	9.9397583	426	10.0602417	40	
	30	9.8173060	241	9.8775051	183	9.9398009	425	10.0601991	30	
	40	9.8173302	242	9.8774868	183	9.9398434	425	10.0601566	20	
	50	9.8173543	242	9.8774685	183	9.9398859	425	10.0601141	10	
3	0	9.8173785	242	9.8774501	184	9.9399284	425	10.0600716	0	57
	10	9.8174027	242	9.8774318	183	9.9399709	425	10.0600291	50	
	20	9.8174269	241	9.8774134	184	9.9400134	425	10.0599866	40	
	30	9.8174510	242	9.8773951	183	9.9400559	425	10.0599441	30	
	40	9.8174752	242	9.8773768	183	9.9400984	426	10.0599016	20	
	50	9.8174994	241	9.8773584	184	9.9401410	425	10.0598590	10	
4	0	9.8175235	242	9.8773401	183	9.9401835	425	10.0598165	0	56
	10	9.8175477	242	9.8773217	184	9.9402260	425	10.0597740	50	
	20	9.8175719	241	9.8773034	183	9.9402685	425	10.0597315	40	
	30	9.8175960	242	9.8772850	184	9.9403110	425	10.0596890	30	
	40	9.8176202	241	9.8772667	183	9.9403535	425	10.0596465	20	
	50	9.8176443	242	9.8772483	184	9.9403960	425	10.0596040	10	
5	0	9.8176685	241	9.8772300	183	9.9404385	425	10.0595615	0	55
	10	9.8176926	242	9.8772116	184	9.9404810	426	10.0595190	50	
	20	9.8177168	241	9.8771932	184	9.9405236	424	10.0594764	40	
	30	9.8177409	242	9.8771749	183	9.9405660	425	10.0594340	30	
	40	9.8177651	241	9.8771565	184	9.9406085	425	10.0593915	20	
	50	9.8177892	241	9.8771382	183	9.9406510	426	10.0593490	10	
6	0	9.8178133	242	9.8771198	184	9.9406936	425	10.0593064	0	54
	10	9.8178375	241	9.8771014	184	9.9407361	425	10.0592639	50	
	20	9.8178616	241	9.8770831	183	9.9407786	425	10.0592214	40	
	30	9.8178857	242	9.8770647	184	9.9408211	425	10.0591789	30	
	40	9.8179099	241	9.8770463	184	9.9408636	425	10.0591364	20	
	50	9.8179340	241	9.8770279	183	9.9409061	425	10.0590939	10	
7	0	9.8179581	241	9.8770096	185	9.9409486	425	10.0590514	0	53
	10	9.8179822	242	9.8769911	183	9.9409911	425	10.0590089	50	
	20	9.8180064	241	9.8769728	184	9.9410336	425	10.0589664	40	
	30	9.8180305	241	9.8769544	184	9.9410761	425	10.0589239	30	
	40	9.8180546	241	9.8769360	184	9.9411186	425	10.0588814	20	
	50	9.8180787	241	9.8769176	184	9.9411611	425	10.0588389	10	
8	0	9.8181028	241	9.8768992	184	9.9412036	425	10.0587964	0	52
	10	9.8181269	241	9.8768808	183	9.9412461	424	10.0587539	50	
	20	9.8181510	241	9.8768625	184	9.9412885	425	10.0587115	40	
	30	9.8181751	241	9.8768441	184	9.9413310	425	10.0586690	30	
	40	9.8181992	241	9.8768257	184	9.9413735	425	10.0586265	20	
	50	9.8182233	241	9.8768073	184	9.9414160	425	10.0585840	10	
9	0	9.8182474	241	9.8767889	184	9.9414585	425	10.0585415	0	51
	10	9.8182715	241	9.8767705	184	9.9415010	425	10.0584990	50	
	20	9.8182956	241	9.8767521	184	9.9415435	425	10.0584565	40	
	30	9.8183197	241	9.8767337	184	9.9415860	425	10.0584140	30	
	40	9.8183438	241	9.8767153	184	9.9416285	425	10.0583715	20	
	50	9.8183679	240	9.8766969	184	9.9416710	425	10.0583290	10	
10	0	9.8183919		9.8766785		9.9417135		10.0582865	0	50
′	″	Co-Sinus.	Dif.	Sinus.	Dif.	Co-Tang.	Dif.	Tang.	″	′

′	″	Sinus.	Dif.	Co-Sinus.	Dif.	Tang.	Dif.	Co-Tang.	″	′
10	0	9.8183919		9.8766785		9.9417135		10.0582865	0	50
	10	9.8184160	241	9.8766600	185	9.9417560	425	10.0582440	50	
	20	9.8184401	241	9.8766416	184	9.9417985	425	10.0582015	40	
	30	9.8184642	241	9.8766232	184	9.9418409	424	10.0581591	30	
	40	9.8184883	241	9.8766048	184	9.9418834	425	10.0581166	20	
	50	9.8185123	240	9.8765864	184	9.9419259	425	10.0580741	10	
11	0	9.8185364	241	9.8765680	184	9.9419684	425	10.0580316	0	49
	10	9.8185604	240	9.8765495	185	9.9420109	425	10.0579891	50	
	20	9.8185845	241	9.8765311	184	9.9420534	425	10.0579466	40	
	30	9.8186086	241	9.8765127	184	9.9420959	425	10.0579041	30	
	40	9.8186326	240	9.8764942	185	9.9421384	425	10.0578616	20	
	50	9.8186567	241	9.8764758	184	9.9421808	424	10.0578192	10	
12	0	9.8186807	240	9.8764574	184	9.9422233	425	10.0577767	0	48
	10	9.8187048	241	9.8764390	184	9.9422658	425	10.0577342	50	
	20	9.8187288	240	9.8764205	185	9.9423083	425	10.0576917	40	
	30	9.8187529	241	9.8764021	184	9.9423508	425	10.0576492	30	
	40	9.8187769	240	9.8763836	185	9.9423933	425	10.0576067	20	
	50	9.8188009	240	9.8763652	184	9.9424357	424	10.0575643	10	
13	0	9.8188250	241	9.8763468	184	9.9424782	425	10.0575218	0	47
	10	9.8188490	240	9.8763283	185	9.9425207	425	10.0574793	50	
	20	9.8188730	240	9.8763099	184	9.9425632	425	10.0574368	40	
	30	9.8188971	241	9.8762914	185	9.9426057	425	10.0573943	30	
	40	9.8189211	240	9.8762730	184	9.9426481	424	10.0573519	20	
	50	9.8189451	240	9.8762545	185	9.9426906	425	10.0573094	10	
14	0	9.8189692	241	9.8762361	184	9.9427331	425	10.0572669	0	46
	10	9.8189932	240	9.8762176	185	9.9427756	425	10.0572244	50	
	20	9.8190172	240	9.8761992	184	9.9428180	424	10.0571820	40	
	30	9.8190412	240	9.8761807	185	9.9428605	425	10.0571395	30	
	40	9.8190652	240	9.8761623	184	9.9429030	425	10.0570970	20	
	50	9.8190893	241	9.8761438	185	9.9429455	425	10.0570545	10	
15	0	9.8191133	240	9.8761253	185	9.9429879	424	10.0570121	0	45
	10	9.8191373	240	9.8761069	184	9.9430304	425	10.0569696	50	
	20	9.8191613	240	9.8760884	185	9.9430729	425	10.0569271	40	
	30	9.8191853	240	9.8760699	185	9.9431154	425	10.0568846	30	
	40	9.8192093	240	9.8760514	185	9.9431578	424	10.0568422	20	
	50	9.8192333	240	9.8760330	184	9.9432003	425	10.0567997	10	
16	0	9.8192573	240	9.8760145	185	9.9432428	425	10.0567572	0	44
	10	9.8192813	240	9.8759960	185	9.9432853	425	10.0567147	50	
	20	9.8193052	239	9.8759775	185	9.9433277	424	10.0566723	40	
	30	9.8193292	240	9.8759591	184	9.9433702	425	10.0566298	30	
	40	9.8193532	240	9.8759406	185	9.9434126	424	10.0565874	20	
	50	9.8193772	240	9.8759221	185	9.9434551	425	10.0565449	10	
17	0	9.8194011	239	9.8759036	185	9.9434976	425	10.0565024	0	43
	10	9.8194251	240	9.8758851	185	9.9435401	425	10.0564599	50	
	20	9.8194491	240	9.8758666	185	9.9435825	424	10.0564175	40	
	30	9.8194731	240	9.8758481	185	9.9436250	425	10.0563750	30	
	40	9.8194971	240	9.8758296	185	9.9436675	425	10.0563325	20	
	50	9.8195211	240	9.8758111	185	9.9437099	424	10.0562901	10	
18	0	9.8195450	239	9.8757927	184	9.9437524	425	10.0562476	0	42
	10	9.8195690	240	9.8757742	185	9.9437948	424	10.0562052	50	
	20	9.8195930	240	9.8757557	185	9.9438373	425	10.0561627	40	
	30	9.8196169	239	9.8757372	185	9.9438798	425	10.0561202	30	
	40	9.8196409	240	9.8757187	185	9.9439222	424	10.0560778	20	
	50	9.8196648	239	9.8757001	186	9.9439647	425	10.0560353	10	
19	0	9.8196888	240	9.8756816	185	9.9440071	424	10.0559929	0	41
	10	9.8197127	239	9.8756631	185	9.9440496	425	10.0559504	50	
	20	9.8197367	240	9.8756446	185	9.9440921	425	10.0559079	40	
	30	9.8197606	239	9.8756261	185	9.9441345	424	10.0558655	30	
	40	9.8197846	240	9.8756076	185	9.9441770	425	10.0558230	20	
	50	9.8198085	239	9.8755891	185	9.9442194	424	10.0557806	10	
20	0	9.8198325	240	9.8755706	185	9.9442619	425	10.0557381	0	40
′	″	Co-Sinus.	Dif.	Sinus.	Dif.	Co-Tang.	Dif.	Tang.	″	′

41 Deg.

′	″	Sinus.	Dif.	Co-Sinus.	Dif.	Tang.	Dif.	Co-Tang.	″	′
20	0	[illegible]		[illegible]		9.9441619		[illegible]	0	40
	10	[illegible]	[illegible]	[illegible]	[illegible]	[illegible]	[illegible]	[illegible]	50	
	20	[illegible]	[illegible]	[illegible]	[illegible]	[illegible]	[illegible]	[illegible]	40	
	30	[illegible]	[illegible]	[illegible]	[illegible]	[illegible]	[illegible]	[illegible]	30	
	40	[illegible]	[illegible]	[illegible]	[illegible]	[illegible]	[illegible]	[illegible]	20	
	50	[illegible]	[illegible]	[illegible]	[illegible]	[illegible]	[illegible]	[illegible]	10	
21	0	[illegible]	[illegible]	[illegible]	[illegible]	[illegible]	[illegible]	[illegible]	0	39
	10	[illegible]	[illegible]	[illegible]	[illegible]	[illegible]	[illegible]	[illegible]	50	
	20	[illegible]	[illegible]	[illegible]	[illegible]	[illegible]	[illegible]	[illegible]	40	
	30	[illegible]	[illegible]	[illegible]	[illegible]	[illegible]	[illegible]	[illegible]	30	
	40	[illegible]	[illegible]	[illegible]	[illegible]	[illegible]	[illegible]	[illegible]	20	
	50	[illegible]	[illegible]	[illegible]	[illegible]	[illegible]	[illegible]	[illegible]	10	
22	0	[illegible]	[illegible]	[illegible]	[illegible]	[illegible]	[illegible]	[illegible]	0	38
	10	[illegible]	[illegible]	[illegible]	[illegible]	[illegible]	[illegible]	[illegible]	50	
	20	[illegible]	[illegible]	[illegible]	[illegible]	[illegible]	[illegible]	[illegible]	40	
	30	[illegible]	[illegible]	[illegible]	[illegible]	[illegible]	[illegible]	[illegible]	30	
	40	[illegible]	[illegible]	[illegible]	[illegible]	[illegible]	[illegible]	[illegible]	20	
	50	[illegible]	[illegible]	[illegible]	[illegible]	[illegible]	[illegible]	[illegible]	10	
23	0	[illegible]	[illegible]	[illegible]	[illegible]	[illegible]	[illegible]	[illegible]	0	37
	10	[illegible]	[illegible]	[illegible]	[illegible]	[illegible]	[illegible]	[illegible]	50	
	20	[illegible]	[illegible]	[illegible]	[illegible]	[illegible]	[illegible]	[illegible]	40	
	30	[illegible]	[illegible]	[illegible]	[illegible]	[illegible]	[illegible]	[illegible]	30	
	40	[illegible]	[illegible]	[illegible]	[illegible]	[illegible]	[illegible]	[illegible]	20	
	50	[illegible]	[illegible]	[illegible]	[illegible]	[illegible]	[illegible]	[illegible]	10	
24	0	[illegible]	[illegible]	[illegible]	[illegible]	[illegible]	[illegible]	[illegible]	0	36
	10	[illegible]	[illegible]	[illegible]	[illegible]	[illegible]	[illegible]	[illegible]	50	
	20	[illegible]	[illegible]	[illegible]	[illegible]	[illegible]	[illegible]	[illegible]	40	
	30	[illegible]	[illegible]	[illegible]	[illegible]	[illegible]	[illegible]	[illegible]	30	
	40	[illegible]	[illegible]	[illegible]	[illegible]	[illegible]	[illegible]	[illegible]	20	
	50	[illegible]	[illegible]	[illegible]	[illegible]	[illegible]	[illegible]	[illegible]	10	
25	0	[illegible]	[illegible]	[illegible]	[illegible]	[illegible]	[illegible]	[illegible]	0	35
	10	[illegible]	[illegible]	[illegible]	[illegible]	[illegible]	[illegible]	[illegible]	50	
	20	[illegible]	[illegible]	[illegible]	[illegible]	[illegible]	[illegible]	[illegible]	40	
	30	[illegible]	[illegible]	[illegible]	[illegible]	[illegible]	[illegible]	[illegible]	30	
	40	[illegible]	[illegible]	[illegible]	[illegible]	[illegible]	[illegible]	[illegible]	20	
	50	[illegible]	[illegible]	[illegible]	[illegible]	[illegible]	[illegible]	[illegible]	10	
26	0	[illegible]	[illegible]	[illegible]	[illegible]	[illegible]	[illegible]	[illegible]	0	34
	10	[illegible]	[illegible]	[illegible]	[illegible]	[illegible]	[illegible]	[illegible]	50	
	20	[illegible]	[illegible]	[illegible]	[illegible]	[illegible]	[illegible]	[illegible]	40	
	30	[illegible]	[illegible]	[illegible]	[illegible]	[illegible]	[illegible]	[illegible]	30	
	40	[illegible]	[illegible]	[illegible]	[illegible]	[illegible]	[illegible]	[illegible]	20	
	50	[illegible]	[illegible]	[illegible]	[illegible]	[illegible]	[illegible]	[illegible]	10	
27	0	[illegible]	[illegible]	[illegible]	[illegible]	[illegible]	[illegible]	[illegible]	0	33
	10	[illegible]	[illegible]	[illegible]	[illegible]	[illegible]	[illegible]	[illegible]	50	
	20	[illegible]	[illegible]	[illegible]	[illegible]	[illegible]	[illegible]	[illegible]	40	
	30	[illegible]	[illegible]	[illegible]	[illegible]	[illegible]	[illegible]	[illegible]	30	
	40	[illegible]	[illegible]	[illegible]	[illegible]	[illegible]	[illegible]	[illegible]	20	
	50	[illegible]	[illegible]	[illegible]	[illegible]	[illegible]	[illegible]	[illegible]	10	
28	0	[illegible]	[illegible]	[illegible]	[illegible]	[illegible]	[illegible]	[illegible]	0	32
	10	[illegible]	[illegible]	[illegible]	[illegible]	[illegible]	[illegible]	[illegible]	50	
	20	[illegible]	[illegible]	[illegible]	[illegible]	[illegible]	[illegible]	[illegible]	40	
	30	[illegible]	[illegible]	[illegible]	[illegible]	[illegible]	[illegible]	[illegible]	30	
	40	[illegible]	[illegible]	[illegible]	[illegible]	[illegible]	[illegible]	[illegible]	20	
	50	[illegible]	[illegible]	[illegible]	[illegible]	[illegible]	[illegible]	[illegible]	10	
29	0	[illegible]	[illegible]	[illegible]	[illegible]	[illegible]	[illegible]	[illegible]	0	31
	10	[illegible]	[illegible]	[illegible]	[illegible]	[illegible]	[illegible]	[illegible]	50	
	20	[illegible]	[illegible]	[illegible]	[illegible]	[illegible]	[illegible]	[illegible]	40	
	30	[illegible]	[illegible]	[illegible]	[illegible]	[illegible]	[illegible]	[illegible]	30	
	40	[illegible]	[illegible]	[illegible]	[illegible]	[illegible]	[illegible]	[illegible]	20	
	50	[illegible]	[illegible]	[illegible]	[illegible]	[illegible]	[illegible]	[illegible]	10	
30	0	[illegible]	[illegible]	[illegible]	[illegible]	[illegible]	[illegible]	[illegible]	0	30
′	″	Co-Sinus.	Dif.	Sinus.	Dif.	Co-Tang.	Dif.	Tang.	″	′

48 Deg.

41 Deg.

′	″	Sinus.	Dif.	Co-Sinus.	Dif.	Tang.	Dif.	Co-Tang.	″	′
30	0	[illegible]		[illegible]		[illegible]		[illegible]	0	30
	10	[illegible]	[illegible]	[illegible]	[illegible]	[illegible]	[illegible]	[illegible]	50	
	20	[illegible]	[illegible]	[illegible]	[illegible]	[illegible]	[illegible]	[illegible]	40	
	30	[illegible]	[illegible]	[illegible]	[illegible]	[illegible]	[illegible]	[illegible]	30	
	40	[illegible]	[illegible]	[illegible]	[illegible]	[illegible]	[illegible]	[illegible]	20	
	50	[illegible]	[illegible]	[illegible]	[illegible]	[illegible]	[illegible]	[illegible]	10	
31	0	[illegible]	[illegible]	[illegible]	[illegible]	[illegible]	[illegible]	[illegible]	0	29
	10	[illegible]	[illegible]	[illegible]	[illegible]	[illegible]	[illegible]	[illegible]	50	
	20	[illegible]	[illegible]	[illegible]	[illegible]	[illegible]	[illegible]	[illegible]	40	
	30	[illegible]	[illegible]	[illegible]	[illegible]	[illegible]	[illegible]	[illegible]	30	
	40	[illegible]	[illegible]	[illegible]	[illegible]	[illegible]	[illegible]	[illegible]	20	
	50	[illegible]	[illegible]	[illegible]	[illegible]	[illegible]	[illegible]	[illegible]	10	
32	0	[illegible]	[illegible]	[illegible]	[illegible]	[illegible]	[illegible]	[illegible]	0	28
	10	[illegible]	[illegible]	[illegible]	[illegible]	[illegible]	[illegible]	[illegible]	50	
	20	[illegible]	[illegible]	[illegible]	[illegible]	[illegible]	[illegible]	[illegible]	40	
	30	[illegible]	[illegible]	[illegible]	[illegible]	[illegible]	[illegible]	[illegible]	30	
	40	[illegible]	[illegible]	[illegible]	[illegible]	[illegible]	[illegible]	[illegible]	20	
	50	[illegible]	[illegible]	[illegible]	[illegible]	[illegible]	[illegible]	[illegible]	10	
33	0	[illegible]	[illegible]	[illegible]	[illegible]	[illegible]	[illegible]	[illegible]	0	27
	10	[illegible]	[illegible]	[illegible]	[illegible]	[illegible]	[illegible]	[illegible]	50	
	20	[illegible]	[illegible]	[illegible]	[illegible]	[illegible]	[illegible]	[illegible]	40	
	30	[illegible]	[illegible]	[illegible]	[illegible]	[illegible]	[illegible]	[illegible]	30	
	40	[illegible]	[illegible]	[illegible]	[illegible]	[illegible]	[illegible]	[illegible]	20	
	50	[illegible]	[illegible]	[illegible]	[illegible]	[illegible]	[illegible]	[illegible]	10	
34	0	[illegible]	[illegible]	[illegible]	[illegible]	[illegible]	[illegible]	[illegible]	0	26
	10	[illegible]	[illegible]	[illegible]	[illegible]	[illegible]	[illegible]	[illegible]	50	
	20	[illegible]	[illegible]	[illegible]	[illegible]	[illegible]	[illegible]	[illegible]	40	
	30	[illegible]	[illegible]	[illegible]	[illegible]	[illegible]	[illegible]	[illegible]	30	
	40	[illegible]	[illegible]	[illegible]	[illegible]	[illegible]	[illegible]	[illegible]	20	
	50	[illegible]	[illegible]	[illegible]	[illegible]	[illegible]	[illegible]	[illegible]	10	
35	0	[illegible]	[illegible]	[illegible]	[illegible]	[illegible]	[illegible]	[illegible]	0	25
	10	[illegible]	[illegible]	[illegible]	[illegible]	[illegible]	[illegible]	[illegible]	50	
	20	[illegible]	[illegible]	[illegible]	[illegible]	[illegible]	[illegible]	[illegible]	40	
	30	[illegible]	[illegible]	[illegible]	[illegible]	[illegible]	[illegible]	[illegible]	30	
	40	[illegible]	[illegible]	[illegible]	[illegible]	[illegible]	[illegible]	[illegible]	20	
	50	[illegible]	[illegible]	[illegible]	[illegible]	[illegible]	[illegible]	[illegible]	10	
36	0	[illegible]	[illegible]	[illegible]	[illegible]	[illegible]	[illegible]	[illegible]	0	24
	10	[illegible]	[illegible]	[illegible]	[illegible]	[illegible]	[illegible]	[illegible]	50	
	20	[illegible]	[illegible]	[illegible]	[illegible]	[illegible]	[illegible]	[illegible]	40	
	30	[illegible]	[illegible]	[illegible]	[illegible]	[illegible]	[illegible]	[illegible]	30	
	40	[illegible]	[illegible]	[illegible]	[illegible]	[illegible]	[illegible]	[illegible]	20	
	50	[illegible]	[illegible]	[illegible]	[illegible]	[illegible]	[illegible]	[illegible]	10	
37	0	[illegible]	[illegible]	[illegible]	[illegible]	[illegible]	[illegible]	[illegible]	0	23
	10	[illegible]	[illegible]	[illegible]	[illegible]	[illegible]	[illegible]	[illegible]	50	
	20	[illegible]	[illegible]	[illegible]	[illegible]	[illegible]	[illegible]	[illegible]	40	
	30	[illegible]	[illegible]	[illegible]	[illegible]	[illegible]	[illegible]	[illegible]	30	
	40	[illegible]	[illegible]	[illegible]	[illegible]	[illegible]	[illegible]	[illegible]	20	
	50	[illegible]	[illegible]	[illegible]	[illegible]	[illegible]	[illegible]	[illegible]	10	
38	0	[illegible]	[illegible]	[illegible]	[illegible]	[illegible]	[illegible]	[illegible]	0	22
	10	[illegible]	[illegible]	[illegible]	[illegible]	[illegible]	[illegible]	[illegible]	50	
	20	[illegible]	[illegible]	[illegible]	[illegible]	[illegible]	[illegible]	[illegible]	40	
	30	[illegible]	[illegible]	[illegible]	[illegible]	[illegible]	[illegible]	[illegible]	30	
	40	[illegible]	[illegible]	[illegible]	[illegible]	[illegible]	[illegible]	[illegible]	20	
	50	[illegible]	[illegible]	[illegible]	[illegible]	[illegible]	[illegible]	[illegible]	10	
39	0	[illegible]	[illegible]	[illegible]	[illegible]	[illegible]	[illegible]	[illegible]	0	21
	10	[illegible]	[illegible]	[illegible]	[illegible]	[illegible]	[illegible]	[illegible]	50	
	20	[illegible]	[illegible]	[illegible]	[illegible]	[illegible]	[illegible]	[illegible]	40	
	30	[illegible]	[illegible]	[illegible]	[illegible]	[illegible]	[illegible]	[illegible]	30	
	40	[illegible]	[illegible]	[illegible]	[illegible]	[illegible]	[illegible]	[illegible]	20	
	50	[illegible]	[illegible]	[illegible]	[illegible]	[illegible]	[illegible]	[illegible]	10	
40	0	[illegible]	[illegible]	[illegible]	[illegible]	[illegible]	[illegible]	[illegible]	0	20
′	″	Co-Sinus.	Dif.	Sinus.	Dif.	Co-Tang.	Dif.	Tang.	″	′

48 Deg.

41 Deg.

'	"	Sinus.	Dif.	Co-Sinus.	Dif.	Tang.	Dif.	Co-Tang.	"	'
40	0	9.8226883		9.8733352		9.9493531		10.0506469	0	20
	10	9.8227120	237	9.8733164	188	9.9493955	424	10.0506045	50	
	20	9.8227356	236	9.8732977	187	9.9494379	424	10.0505621	40	
	30	9.8227593	237	9.8732790	187	9.9494803	424	10.0505197	30	
	40	9.8227829	236	9.8732602	188	9.9495227	424	10.0504773	20	
	50	9.8228066	237	9.8732415	187	9.9495651	424	10.0504349	10	
41	0	9.8228302	236	9.8732227	188	9.9496075	424	10.0503925	0	19
	10	9.8228539	237	9.8732040	187	9.9496499	424	10.0503501	50	
	20	9.8228775	236	9.8731852	188	9.9496923	424	10.0503077	40	
	30	9.8229012	237	9.8731665	187	9.9497347	424	10.0502653	30	
	40	9.8229248	236	9.8731477	188	9.9497771	424	10.0502229	20	
	50	9.8229484	236	9.8731290	187	9.9498195	424	10.0501805	10	
42	0	9.8229721	237	9.8731102	188	9.9498619	424	10.0501381	0	18
	10	9.8229957	236	9.8730914	188	9.9499043	424	10.0500957	50	
	20	9.8230193	236	9.8730727	187	9.9499466	423	10.0500534	40	
	30	9.8230429	236	9.8730539	188	9.9499890	424	10.0500110	30	
	40	9.8230666	237	9.8730351	188	9.9500314	424	10.0499686	20	
	50	9.8230902	236	9.8730164	187	9.9500738	424	10.0499262	10	
43	0	9.8231138	236	9.8729976	188	9.9501162	424	10.0498838	0	17
	10	9.8231374	236	9.8729788	188	9.9501586	424	10.0498414	50	
	20	9.8231610	236	9.8729601	187	9.9502010	424	10.0497990	40	
	30	9.8231847	237	9.8729413	188	9.9502434	424	10.0497566	30	
	40	9.8232083	236	9.8729225	188	9.9502858	424	10.0497142	20	
	50	9.8232319	236	9.8729037	188	9.9503281	423	10.0496719	10	
44	0	9.8232555	236	9.8728849	188	9.9503705	424	10.0496295	0	16
	10	9.8232791	236	9.8728661	188	9.9504129	424	10.0495871	50	
	20	9.8233027	236	9.8728474	187	9.9504553	424	10.0495447	40	
	30	9.8233263	236	9.8728286	188	9.9504977	424	10.0495023	30	
	40	9.8233499	236	9.8728098	188	9.9505401	424	10.0494599	20	
	50	9.8233735	236	9.8727910	188	9.9505824	423	10.0494176	10	
45	0	9.8233971	236	9.8727722	188	9.9506248	424	10.0493752	0	15
	10	9.8234206	235	9.8727534	188	9.9506672	424	10.0493328	50	
	20	9.8234442	236	9.8727346	188	9.9507096	424	10.0492904	40	
	30	9.8234678	236	9.8727158	188	9.9507520	424	10.0492480	30	
	40	9.8234914	236	9.8726970	188	9.9507944	424	10.0492056	20	
	50	9.8235150	236	9.8726782	188	9.9508367	423	10.0491633	10	
46	0	9.8235386	236	9.8726594	188	9.9508791	424	10.0491209	0	14
	10	9.8235621	235	9.8726406	188	9.9509215	424	10.0490785	50	
	20	9.8235857	236	9.8726218	188	9.9509639	424	10.0490361	40	
	30	9.8236093	236	9.8726030	188	9.9510063	424	10.0489937	30	
	40	9.8236328	235	9.8725842	188	9.9510486	423	10.0489514	20	
	50	9.8236564	236	9.8725654	188	9.9510910	424	10.0489090	10	
47	0	9.8236800	236	9.8725466	188	9.9511334	424	10.0488666	0	13
	10	9.8237035	235	9.8725277	189	9.9511758	424	10.0488242	50	
	20	9.8237271	236	9.8725090	187	9.9512181	423	10.0487819	40	
	30	9.8237507	236	9.8724901	189	9.9512605	424	10.0487395	30	
	40	9.8237742	235	9.8724713	188	9.9513029	424	10.0486971	20	
	50	9.8237978	236	9.8724525	188	9.9513453	424	10.0486547	10	
48	0	9.8238213	235	9.8724337	188	9.9513876	423	10.0486124	0	12
	10	9.8238449	236	9.8724148	189	9.9514300	424	10.0485700	50	
	20	9.8238684	235	9.8723960	188	9.9514724	424	10.0485276	40	
	30	9.8238919	235	9.8723772	188	9.9515148	424	10.0484852	30	
	40	9.8239155	236	9.8723583	189	9.9515571	423	10.0484429	20	
	50	9.8239390	235	9.8723395	188	9.9515995	424	10.0484005	10	
49	0	9.8239626	236	9.8723207	188	9.9516419	424	10.0483581	0	11
	10	9.8239861	235	9.8723018	189	9.9516843	424	10.0483157	50	
	20	9.8240096	235	9.8722830	188	9.9517266	423	10.0482734	40	
	30	9.8240331	235	9.8722641	189	9.9517690	424	10.0482310	30	
	40	9.8240567	236	9.8722453	188	9.9518114	424	10.0481886	20	
	50	9.8240802	235	9.8722265	188	9.9518537	423	10.0481463	10	
50	0	9.8241037	235	9.8722076	189	9.9518961	424	10.0481039	0	10
'	"	Co-Sinus.	Dif.	Sinus.	Dif.	Co-Tang.	Dif. com.	Tang.	"	'

48 Deg.

41 Deg.

'	"	Sinus.	Dif.	Co-Sinus.	Dif.	Tang.	Dif.	Co-Tang.	"	'
50	0	9.8241037		9.8722076		9.9518961		10.0481039	0	10
	10	9.8241273	236	9.8721888	188	9.9519385	424	10.0480615	50	
	20	9.8241508	235	9.8721699	189	9.9519809	424	10.0480191	40	
	30	9.8241743	235	9.8721511	188	9.9520232	423	10.0479768	30	
	40	9.8241978	235	9.8721322	189	9.9520656	424	10.0479344	20	
	50	9.8242213	235	9.8721134	188	9.9521079	423	10.0478921	10	
51	0	9.8242448	235	9.8720945	189	9.9521503	424	10.0478497	0	9
	10	9.8242683	235	9.8720756	189	9.9521927	424	10.0478073	50	
	20	9.8242918	235	9.8720568	188	9.9522350	423	10.0477650	40	
	30	9.8243153	235	9.8720379	189	9.9522774	424	10.0477226	30	
	40	9.8243388	235	9.8720191	188	9.9523197	423	10.0476803	20	
	50	9.8243623	235	9.8720002	189	9.9523621	424	10.0476379	10	
52	0	9.8243858	235	9.8719813	189	9.9524045	424	10.0475955	0	8
	10	9.8244093	235	9.8719625	188	9.9524468	423	10.0475532	50	
	20	9.8244328	235	9.8719436	189	9.9524892	424	10.0475108	40	
	30	9.8244563	235	9.8719247	189	9.9525316	424	10.0474684	30	
	40	9.8244798	235	9.8719058	189	9.9525740	424	10.0474260	20	
	50	9.8245033	235	9.8718870	188	9.9526163	423	10.0473837	10	
53	0	9.8245267	234	9.8718681	189	9.9526587	424	10.0473413	0	7
	10	9.8245502	235	9.8718492	189	9.9527010	423	10.0472990	50	
	20	9.8245737	235	9.8718303	189	9.9527434	424	10.0472566	40	
	30	9.8245972	235	9.8718114	189	9.9527858	424	10.0472142	30	
	40	9.8246206	234	9.8717925	189	9.9528281	423	10.0471719	20	
	50	9.8246441	235	9.8717736	189	9.9528705	424	10.0471295	10	
54	0	9.8246676	235	9.8717548	188	9.9529128	423	10.0470872	0	6
	10	9.8246911	235	9.8717359	189	9.9529552	424	10.0470448	50	
	20	9.8247145	234	9.8717170	189	9.9529975	423	10.0470025	40	
	30	9.8247380	235	9.8716981	189	9.9530399	424	10.0469601	30	
	40	9.8247614	234	9.8716792	189	9.9530822	423	10.0469178	20	
	50	9.8247849	235	9.8716603	189	9.9531246	424	10.0468754	10	
55	0	9.8248083	234	9.8716414	189	9.9531670	424	10.0468330	0	5
	10	9.8248318	235	9.8716225	189	9.9532093	423	10.0467907	50	
	20	9.8248553	235	9.8716036	189	9.9532517	424	10.0467483	40	
	30	9.8248787	234	9.8715847	189	9.9532940	423	10.0467060	30	
	40	9.8249021	234	9.8715657	190	9.9533364	424	10.0466636	20	
	50	9.8249256	235	9.8715468	189	9.9533787	423	10.0466213	10	
56	0	9.8249490	234	9.8715279	189	9.9534211	424	10.0465789	0	4
	10	9.8249725	235	9.8715090	189	9.9534635	424	10.0465365	50	
	20	9.8249959	234	9.8714901	189	9.9535058	423	10.0464942	40	
	30	9.8250193	234	9.8714711	190	9.9535482	424	10.0464518	30	
	40	9.8250428	235	9.8714522	189	9.9535905	423	10.0464095	20	
	50	9.8250662	234	9.8714333	189	9.9536329	424	10.0463671	10	
57	0	9.8250896	234	9.8714144	189	9.9536752	423	10.0463248	0	3
	10	9.8251130	234	9.8713954	190	9.9537176	424	10.0462824	50	
	20	9.8251365	235	9.8713765	189	9.9537599	423	10.0462401	40	
	30	9.8251599	234	9.8713576	189	9.9538023	424	10.0461977	30	
	40	9.8251833	234	9.8713387	189	9.9538446	423	10.0461554	20	
	50	9.8252067	234	9.8713197	190	9.9538870	424	10.0461130	10	
58	0	9.8252301	234	9.8713008	189	9.9539293	423	10.0460707	0	2
	10	9.8252535	234	9.8712819	189	9.9539716	423	10.0460284	50	
	20	9.8252769	234	9.8712629	190	9.9540140	424	10.0459860	40	
	30	9.8253003	234	9.8712440	189	9.9540563	423	10.0459437	30	
	40	9.8253237	234	9.8712251	189	9.9540987	424	10.0459013	20	
	50	9.8253471	234	9.8712061	190	9.9541410	423	10.0458590	10	
59	0	9.8253705	234	9.8711871	190	9.9541834	424	10.0458166	0	1
	10	9.8253939	234	9.8711682	189	9.9542257	423	10.0457743	50	
	20	9.8254173	234	9.8711493	189	9.9542681	424	10.0457319	40	
	30	9.8254407	234	9.8711303	190	9.9543104	423	10.0456896	30	
	40	9.8254641	234	9.8711114	189	9.9543528	424	10.0456472	20	
	50	9.8254875	234	9.8710924	190	9.9543951	423	10.0456049	10	
60	0	9.8255109	234	9.8710735	189	9.9544374	423	10.0455626	0	0
'	"	Co-Sinus.	Dif.	Sinus.	Dif.	Co-Tang.	Dif. com.	Tang.	"	'

48 Deg.

42 Deg.

'	"	Sine.	Dif.	Co-Sine.	Dif.	Tang.	Dif.	Co-Tang.	"	'
0	0	9.8255109		9.8710735		9.9544374		10.0455626	0	60
	10	9.8255343	234	9.8710545	190	9.9544798	424	10.0455202	50	
	20	9.8255576	233	9.8710355	190	9.9545221	423	10.0454779	40	
	30	9.8255810	234	9.8710166	189	9.9545645	424	10.0454355	30	
	40	9.8256044	234	9.8709976	190	9.9546068	423	10.0453932	20	
	50	9.8256277	233	9.8709786	190	9.9546491	423	10.0453509	10	
1	0	9.8256511	234	9.8709597	189	9.9546915	424	10.0453085	0	59
	10	9.8256745	234	9.8709407	190	9.9547338	423	10.0452662	50	
	20	9.8256979	234	9.8709217	190	9.9547762	424	10.0452238	40	
	30	9.8257213	234	9.8709028	189	9.9548185	423	10.0451815	30	
	40	9.8257447	234	9.8708838	190	9.9548608	423	10.0451392	20	
	50	9.8257681	234	9.8708648	190	9.9549032	424	10.0450968	10	
2	0	9.8257915	234	9.8708458	190	9.9549455	423	10.0450545	0	58
	10	9.8258147	232	9.8708268	190	9.9549879	424	10.0450121	50	
	20	9.8258381	234	9.8708079	189	9.9550302	423	10.0449698	40	
	30	9.8258614	233	9.8707889	190	9.9550725	423	10.0449275	30	
	40	9.8258848	234	9.8707699	190	9.9551149	424	10.0448851	20	
	50	9.8259081	233	9.8707509	190	9.9551572	423	10.0448428	10	
3	0	9.8259314	233	9.8707319	190	9.9551995	423	10.0448005	0	57
	10	9.8259548	234	9.8707129	190	9.9552419	424	10.0447581	50	
	20	9.8259781	233	9.8706939	190	9.9552842	423	10.0447158	40	
	30	9.8260015	234	9.8706749	190	9.9553265	423	10.0446735	30	
	40	9.8260248	233	9.8706559	190	9.9553689	424	10.0446311	20	
	50	9.8260481	233	9.8706369	190	9.9554112	423	10.0445888	10	
4	0	9.8260715	234	9.8706179	190	9.9554535	423	10.0445465	0	56
	10	9.8260948	233	9.8705989	190	9.9554959	424	10.0445041	50	
	20	9.8261181	233	9.8705799	190	9.9555382	423	10.0444618	40	
	30	9.8261414	233	9.8705609	190	9.9555805	423	10.0444195	30	
	40	9.8261648	234	9.8705419	190	9.9556229	424	10.0443771	20	
	50	9.8261881	233	9.8705229	190	9.9556652	423	10.0443348	10	
5	0	9.8262114	233	9.8705039	190	9.9557079	427	10.0442921	0	55
	10	9.8262347	233	9.8704849	190	9.9557498	419	10.0442502	50	
	20	9.8262580	233	9.8704659	190	9.9557921	423	10.0442079	40	
	30	9.8262813	233	9.8704468	191	9.9558345	424	10.0441655	30	
	40	9.8263046	233	9.8704278	190	9.9558768	423	10.0441232	20	
	50	9.8263279	233	9.8704088	190	9.9559192	424	10.0440808	10	
6	0	9.8263512	233	9.8703898	190	9.9559615	423	10.0440385	0	54
	10	9.8263745	233	9.8703707	191	9.9560038	423	10.0439962	50	
	20	9.8263978	233	9.8703517	190	9.9560461	423	10.0439539	40	
	30	9.8264211	233	9.8703327	190	9.9560885	424	10.0439115	30	
	40	9.8264444	233	9.8703137	190	9.9561308	423	10.0438692	20	
	50	9.8264677	233	9.8702946	191	9.9561731	423	10.0438269	10	
7	0	9.8264910	233	9.8702756	190	9.9562154	423	10.0437846	0	53
	10	9.8265143	233	9.8702565	191	9.9562578	424	10.0437422	50	
	20	9.8265376	233	9.8702375	190	9.9563001	423	10.0436999	40	
	30	9.8265609	233	9.8702185	190	9.9563424	423	10.0436576	30	
	40	9.8265842	233	9.8701994	191	9.9563847	423	10.0436153	20	
	50	9.8266074	232	9.8701804	190	9.9564271	424	10.0435729	10	
8	0	9.8266307	233	9.8701613	191	9.9564694	423	10.0435306	0	52
	10	9.8266540	233	9.8701423	190	9.9565117	423	10.0434883	50	
	20	9.8266772	232	9.8701232	191	9.9565540	423	10.0434460	40	
	30	9.8267005	233	9.8701042	190	9.9565963	423	10.0434037	30	
	40	9.8267238	233	9.8700851	191	9.9566387	424	10.0433613	20	
	50	9.8267471	233	9.8700661	190	9.9566810	423	10.0433190	10	
9	0	9.8267703	232	9.8700470	191	9.9567233	423	10.0432767	0	51
	10	9.8267936	233	9.8700280	190	9.9567656	423	10.0432344	50	
	20	9.8268168	232	9.8700089	191	9.9568079	423	10.0431921	40	
	30	9.8268401	233	9.8699898	191	9.9568503	424	10.0431497	30	
	40	9.8268633	232	9.8699708	190	9.9568926	423	10.0431074	20	
	50	9.8268866	233	9.8699517	191	9.9569349	423	10.0430651	10	
10	0	9.8269098	232	9.8699326	191	9.9569772	423	10.0430228	0	50
'	"	Co-Sine.	Dif.	Sine.	Dif.	Co-Tang.	Dif.	Tang.	"	'

47 Deg.

42 Deg.

'	"	Sine.	Dif.	Co-Sine.	Dif.	Tang.	Dif.	Co-Tang.	"	'
10	0	9.8269098		9.8699326		9.9569772		10.0430228	0	50
	10	9.8269331	233	9.8699136	190	9.9570195	423	10.0429805	50	
	20	9.8269564	233	9.8698945	191	9.9570618	423	10.0429382	40	
	30	9.8269798	234	9.8698754	191	9.9571041	423	10.0428959	30	
	40	9.8270031	233	9.8698563	191	9.9571465	424	10.0428535	20	
	50	9.8270264	233	9.8698372	191	9.9571888	423	10.0428112	10	
11	0	9.8270497	233	9.8698181	191	9.9572311	423	10.0427689	0	49
	10	9.8270729	232	9.8697991	190	9.9572734	423	10.0427266	50	
	20	9.8270961	232	9.8697800	191	9.9573157	423	10.0426843	40	
	30	9.8271192	231	9.8697609	191	9.9573581	424	10.0426419	30	
	40	9.8271424	232	9.8697418	191	9.9574004	423	10.0425996	20	
	50	9.8271655	231	9.8697228	190	9.9574427	423	10.0425573	10	
12	0	9.8271887	232	9.8697037	191	9.9574850	423	10.0425150	0	48
	10	9.8272119	232	9.8696846	191	9.9575273	423	10.0424727	50	
	20	9.8272351	232	9.8696655	191	9.9575696	423	10.0424304	40	
	30	9.8272583	232	9.8696464	191	9.9576119	423	10.0423881	30	
	40	9.8272815	232	9.8696273	191	9.9576542	423	10.0423458	20	
	50	9.8273047	232	9.8696082	191	9.9576965	423	10.0423035	10	
13	0	9.8273279	232	9.8695891	191	9.9577389	424	10.0422611	0	47
	10	9.8273511	232	9.8695700	191	9.9577812	423	10.0422188	50	
	20	9.8273744	233	9.8695509	191	9.9578235	423	10.0421765	40	
	30	9.8273976	232	9.8695318	191	9.9578658	423	10.0421342	30	
	40	9.8274208	232	9.8695127	191	9.9579081	423	10.0420919	20	
	50	9.8274440	232	9.8694935	192	9.9579504	423	10.0420496	10	
14	0	9.8274671	231	9.8694744	191	9.9579927	423	10.0420073	0	46
	10	9.8274903	232	9.8694553	191	9.9580350	423	10.0419650	50	
	20	9.8275135	232	9.8694362	191	9.9580773	423	10.0419227	40	
	30	9.8275367	232	9.8694171	191	9.9581196	423	10.0418804	30	
	40	9.8275598	231	9.8693980	191	9.9581619	423	10.0418381	20	
	50	9.8275830	232	9.8693788	192	9.9582042	423	10.0417958	10	
15	0	9.8276062	232	9.8693597	191	9.9582465	423	10.0417535	0	45
	10	9.8276294	232	9.8693406	191	9.9582888	423	10.0417112	50	
	20	9.8276526	232	9.8693214	192	9.9583311	423	10.0416689	40	
	30	9.8276757	231	9.8693023	191	9.9583735	424	10.0416265	30	
	40	9.8276989	232	9.8692832	191	9.9584156	421	10.0415844	20	
	50	9.8277220	231	9.8692640	192	9.9584579	423	10.0415421	10	
16	0	9.8277451	231	9.8692449	191	9.9585002	423	10.0414998	0	44
	10	9.8277683	232	9.8692258	191	9.9585427	425	10.0414573	50	
	20	9.8277916	233	9.8692067	191	9.9585850	423	10.0414150	40	
	30	9.8278147	231	9.8691875	192	9.9586273	423	10.0413727	30	
	40	9.8278380	233	9.8691684	191	9.9586696	423	10.0413304	20	
	50	9.8278611	231	9.8691492	192	9.9587119	423	10.0412881	10	
17	0	9.8278843	232	9.8691301	191	9.9587542	423	10.0412458	0	43
	10	9.8279074	231	9.8691109	192	9.9587965	423	10.0412035	50	
	20	9.8279306	232	9.8690918	191	9.9588388	423	10.0411612	40	
	30	9.8279537	231	9.8690726	192	9.9588811	423	10.0411189	30	
	40	9.8279769	232	9.8690535	191	9.9589234	423	10.0410766	20	
	50	9.8280000	231	9.8690343	192	9.9589657	423	10.0410343	10	
18	0	9.8280231	231	9.8690151	192	9.9590081	424	10.0409919	0	42
	10	9.8280463	232	9.8689960	191	9.9590503	422	10.0409497	50	
	20	9.8280694	231	9.8689768	192	9.9590926	423	10.0409074	40	
	30	9.8280925	231	9.8689577	191	9.9591349	423	10.0408651	30	
	40	9.8281157	232	9.8689385	192	9.9591772	423	10.0408228	20	
	50	9.8281388	231	9.8689193	192	9.9592195	423	10.0407805	10	
19	0	9.8281619	231	9.8689001	192	9.9592618	423	10.0407382	0	41
	10	9.8281851	232	9.8688810	191	9.9593041	423	10.0406959	50	
	20	9.8282082	231	9.8688618	192	9.9593464	423	10.0406536	40	
	30	9.8282313	231	9.8688427	191	9.9593886	422	10.0406114	30	
	40	9.8282544	231	9.8688235	192	9.9594309	423	10.0405691	20	
	50	9.8282775	231	9.8688043	192	9.9594732	423	10.0405268	10	
20	0	9.8283006	231	9.8687851	192	9.9595155	423	10.0404845	0	40
'	"	Co-Sine.	Dif.	Sine.	Dif.	Co-Tang.	Dif.	Tang.	"	'

47 Deg.

′	″	Sinus.	Dif.	Co-Sinus.	Dif.	Tang.	Dif. com.	Co-Tang.	″	′
20	0	9.8283006		9.8687851		9.9595155		10.0404845	0	40
	10	9.8283238	232	9.8687659	192	9.9595578	423	10.0404422	50	
	20	9.8283469	231	9.8687468	191	9.9596001	423	10.0403999	40	
	30	9.8283700	231	9.8687276	192	9.9596424	423	10.0403576	30	
	40	9.8283931	231	9.8687084	192	9.9596847	423	10.0403153	20	
	50	9.8284162	231	9.8686892	192	9.9597270	423	10.0402730	10	
21	0	9.8284393	231	9.8686700	192	9.9597693	423	10.0402307	0	39
	10	9.8284624	231	9.8686508	192	9.9598116	423	10.0401884	50	
	20	9.8284855	231	9.8686316	192	9.9598539	423	10.0401461	40	
	30	9.8285086	231	9.8686124	192	9.9598962	423	10.0401038	30	
	40	9.8285317	231	9.8685931	193	9.9599384	422	10.0400616	20	
	50	9.8285547	230	9.8685740	191	9.9599807	423	10.0400193	10	
22	0	9.8285778	231	9.8685548	192	9.9600230	423	10.0399770	0	38
	10	9.8286009	231	9.8685356	192	9.9600653	423	10.0399347	50	
	20	9.8286240	231	9.8685164	192	9.9601076	423	10.0398924	40	
	30	9.8286471	231	9.8684972	192	9.9601499	423	10.0398501	30	
	40	9.8286702	231	9.8684780	192	9.9601922	423	10.0398078	20	
	50	9.8286933	231	9.8684588	192	9.9602345	423	10.0397655	10	
23	0	9.8287163	230	9.8684396	192	9.9602767	422	10.0397233	0	37
	10	9.8287394	231	9.8684203	193	9.9603190	423	10.0396810	50	
	20	9.8287624	230	9.8684011	192	9.9603613	423	10.0396387	40	
	30	9.8287855	231	9.8683819	192	9.9604036	423	10.0395964	30	
	40	9.8288086	231	9.8683627	192	9.9604459	423	10.0395541	20	
	50	9.8288316	230	9.8683435	192	9.9604882	423	10.0395118	10	
24	0	9.8288547	231	9.8683243	192	9.9605305	423	10.0394695	0	36
	10	9.8288777	230	9.8683050	193	9.9605727	422	10.0394273	50	
	20	9.8289008	231	9.8682858	192	9.9606150	423	10.0393850	40	
	30	9.8289238	230	9.8682666	192	9.9606573	423	10.0393427	30	
	40	9.8289469	231	9.8682473	193	9.9606996	423	10.0393004	20	
	50	9.8289700	231	9.8682281	192	9.9607419	423	10.0392581	10	
25	0	9.8289930	230	9.8682089	192	9.9607841	422	10.0392159	0	35
	10	9.8290161	231	9.8681896	193	9.9608264	423	10.0391736	50	
	20	9.8290391	230	9.8681704	192	9.9608687	423	10.0391313	40	
	30	9.8290621	230	9.8681511	193	9.9609110	423	10.0390890	30	
	40	9.8290852	231	9.8681319	192	9.9609533	423	10.0390467	20	
	50	9.8291082	230	9.8681126	193	9.9609956	423	10.0390044	10	
26	0	9.8291312	230	9.8680934	192	9.9610378	422	10.0389622	0	34
	10	9.8291543	231	9.8680741	193	9.9610801	423	10.0389199	50	
	20	9.8291773	230	9.8680549	192	9.9611224	423	10.0388776	40	
	30	9.8292003	230	9.8680356	193	9.9611647	423	10.0388353	30	
	40	9.8292233	230	9.8680164	192	9.9612070	423	10.0387930	20	
	50	9.8292463	230	9.8679971	193	9.9612492	422	10.0387508	10	
27	0	9.8292694	231	9.8679779	192	9.9612915	423	10.0387085	0	33
	10	9.8292924	230	9.8679586	193	9.9613338	423	10.0386662	50	
	20	9.8293154	230	9.8679393	193	9.9613761	423	10.0386239	40	
	30	9.8293384	230	9.8679201	192	9.9614184	423	10.0385816	30	
	40	9.8293614	230	9.8679008	193	9.9614606	422	10.0385394	20	
	50	9.8293844	230	9.8678815	193	9.9615029	423	10.0384971	10	
28	0	9.8294073	229	9.8678623	192	9.9615452	423	10.0384548	0	32
	10	9.8294303	230	9.8678430	193	9.9615875	423	10.0384125	50	
	20	9.8294533	230	9.8678237	193	9.9616297	422	10.0383703	40	
	30	9.8294763	230	9.8678045	192	9.9616720	423	10.0383280	30	
	40	9.8294993	230	9.8677852	193	9.9617143	423	10.0382857	20	
	50	9.8295223	230	9.8677659	193	9.9617566	423	10.0382434	10	
29	0	9.8295453	230	9.8677466	193	9.9617988	422	10.0382012	0	31
	10	9.8295682	229	9.8677273	193	9.9618411	423	10.0381589	50	
	20	9.8295912	230	9.8677080	193	9.9618834	423	10.0381166	40	
	30	9.8296142	230	9.8676888	192	9.9619256	422	10.0380744	30	
	40	9.8296371	229	9.8676695	193	9.9619679	423	10.0380321	20	
	50	9.8296601	230	9.8676502	193	9.9620102	423	10.0379898	10	
30	0	9.8296833	232	9.8676309	193	9.9620525	423	10.0379475	0	30
′	″	Co-Sinus.	Dif.	Sinus.	Dif.	Co-Tang.	Dif. com.	Tang.	″	′

42 Deg.

′	″	Sinus.	Dif.	Co-Sinus.	Dif.	Tang.	Dif. com.	Co-Tang.	″	′
30	0	9.8296833		9.8676309		9.9620525		10.0379475	0	30
	10	9.8297063	230	9.8676116	193	9.9620947	422	10.0379053	50	
	20	9.8297293	230	9.8675923	193	9.9621370	423	10.0378630	40	
	30	9.8297522	229	9.8675730	193	9.9621792	422	10.0378208	30	
	40	9.8297752	230	9.8675537	193	9.9622215	423	10.0377785	20	
	50	9.8297981	229	9.8675344	193	9.9622637	422	10.0377363	10	
31	0	9.8298211	230	9.8675151	193	9.9623060	423	10.0376940	0	29
	10	9.8298441	230	9.8674958	193	9.9623482	422	10.0376518	50	
	20	9.8298671	230	9.8674765	193	9.9623906	424	10.0376094	40	
	30	9.8298901	230	9.8674572	193	9.9624329	423	10.0375671	30	
	40	9.8299130	229	9.8674379	193	9.9624752	423	10.0375248	20	
	50	9.8299360	230	9.8674186	193	9.9625174	422	10.0374826	10	
32	0	9.8299589	229	9.8673993	193	9.9625597	423	10.0374403	0	28
	10	9.8299819	230	9.8673799	194	9.9626020	423	10.0373980	50	
	20	9.8300048	229	9.8673606	193	9.9626442	422	10.0373558	40	
	30	9.8300278	230	9.8673413	193	9.9626865	423	10.0373135	30	
	40	9.8300507	229	9.8673219	194	9.9627288	423	10.0372712	20	
	50	9.8300736	229	9.8673026	193	9.9627710	422	10.0372290	10	
33	0	9.8300966	230	9.8672833	193	9.9628133	423	10.0371867	0	27
	10	9.8301195	229	9.8672640	193	9.9628556	423	10.0371444	50	
	20	9.8301424	229	9.8672446	194	9.9628978	422	10.0371022	40	
	30	9.8301654	230	9.8672253	193	9.9629401	423	10.0370599	30	
	40	9.8301883	229	9.8672060	193	9.9629823	422	10.0370177	20	
	50	9.8302112	229	9.8671866	194	9.9630246	423	10.0369754	10	
34	0	9.8302342	230	9.8671673	193	9.9630669	423	10.0369331	0	26
	10	9.8302571	229	9.8671480	193	9.9631091	422	10.0368909	50	
	20	9.8302800	229	9.8671286	194	9.9631514	423	10.0368486	40	
	30	9.8303029	229	9.8671093	193	9.9631937	423	10.0368063	30	
	40	9.8303258	229	9.8670899	194	9.9632359	422	10.0367641	20	
	50	9.8303487	229	9.8670706	193	9.9632782	423	10.0367218	10	
35	0	9.8303716	229	9.8670512	194	9.9633204	422	10.0366796	0	25
	10	9.8303945	229	9.8670319	193	9.9633627	423	10.0366373	50	
	20	9.8304175	230	9.8670125	194	9.9634050	423	10.0365950	40	
	30	9.8304404	229	9.8669932	193	9.9634472	422	10.0365528	30	
	40	9.8304633	229	9.8669738	194	9.9634895	423	10.0365105	20	
	50	9.8304862	229	9.8669545	193	9.9635317	422	10.0364683	10	
36	0	9.8305091	229	9.8669351	194	9.9635740	423	10.0364260	0	24
	10	9.8305320	229	9.8669157	194	9.9636163	423	10.0363837	50	
	20	9.8305549	229	9.8668964	193	9.9636585	422	10.0363415	40	
	30	9.8305778	229	9.8668770	194	9.9637008	423	10.0362992	30	
	40	9.8306007	229	9.8668576	194	9.9637430	422	10.0362570	20	
	50	9.8306236	229	9.8668383	193	9.9637853	423	10.0362147	10	
37	0	9.8306464	228	9.8668189	194	9.9638275	422	10.0361725	0	23
	10	9.8306693	229	9.8667995	194	9.9638698	423	10.0361302	50	
	20	9.8306922	229	9.8667801	194	9.9639121	423	10.0360879	40	
	30	9.8307151	229	9.8667608	193	9.9639543	422	10.0360457	30	
	40	9.8307380	229	9.8667414	194	9.9639966	423	10.0360034	20	
	50	9.8307608	228	9.8667220	194	9.9640388	422	10.0359612	10	
38	0	9.8307837	229	9.8667026	194	9.9640811	423	10.0359189	0	22
	10	9.8308066	229	9.8666832	194	9.9641233	422	10.0358767	50	
	20	9.8308294	228	9.8666639	193	9.9641656	423	10.0358344	40	
	30	9.8308523	229	9.8666445	194	9.9642079	423	10.0357921	30	
	40	9.8308751	228	9.8666251	194	9.9642501	422	10.0357499	20	
	50	9.8308980	229	9.8666057	194	9.9642923	422	10.0357077	10	
39	0	9.8309209	229	9.8665863	194	9.9643346	423	10.0356654	0	21
	10	9.8309437	228	9.8665669	194	9.9643768	422	10.0356232	50	
	20	9.8309666	229	9.8665475	194	9.9644191	423	10.0355809	40	
	30	9.8309894	228	9.8665281	194	9.9644613	422	10.0355387	30	
	40	9.8310123	229	9.8665087	194	9.9645036	423	10.0354964	20	
	50	9.8310352	229	9.8664893	194	9.9645459	423	10.0354541	10	
40	0	9.8310580	228	9.8664699	194	9.9645881	422	10.0354119	0	20
′	″	Co-Sinus.	Dif.	Sinus.	Dif.	Co-Tang.	Dif. com.	Tang.	″	′

42 Deg.

′	″	Sinus.	Dif.	Co-Sinus.	Dif.	Tang.	Dif.	Co-Tang.	″	′
40	0	9.8311058		[illegible]		9.9645881		10.0354119	0	20
	10	[illegible]		[illegible]		[illegible]		[illegible]	50	
	20	[illegible]		[illegible]		[illegible]		[illegible]	40	
	30	[illegible]		[illegible]		[illegible]		[illegible]	30	
	40	[illegible]		[illegible]		[illegible]		[illegible]	20	
	50	[illegible]		[illegible]		[illegible]		[illegible]	10	
41	0	[illegible]		[illegible]		[illegible]		[illegible]	0	19
	10	[illegible]		[illegible]		[illegible]		[illegible]	50	
	20	[illegible]		[illegible]		[illegible]		[illegible]	40	
	30	[illegible]		[illegible]		[illegible]		[illegible]	30	
	40	[illegible]		[illegible]		[illegible]		[illegible]	20	
	50	[illegible]		[illegible]		[illegible]		[illegible]	10	
42	0	[illegible]		[illegible]		[illegible]		[illegible]	0	18
	10	[illegible]		[illegible]		[illegible]		[illegible]	50	
	20	[illegible]		[illegible]		[illegible]		[illegible]	40	
	30	[illegible]		[illegible]		[illegible]		[illegible]	30	
	40	[illegible]		[illegible]		[illegible]		[illegible]	20	
	50	[illegible]		[illegible]		[illegible]		[illegible]	10	
43	0	[illegible]		[illegible]		[illegible]		[illegible]	0	17
	10	[illegible]		[illegible]		[illegible]		[illegible]	50	
	20	[illegible]		[illegible]		[illegible]		[illegible]	40	
	30	[illegible]		[illegible]		[illegible]		[illegible]	30	
	40	[illegible]		[illegible]		[illegible]		[illegible]	20	
	50	[illegible]		[illegible]		[illegible]		[illegible]	10	
44	0	[illegible]		[illegible]		[illegible]		[illegible]	0	16
	10	[illegible]		[illegible]		[illegible]		[illegible]	50	
	20	[illegible]		[illegible]		[illegible]		[illegible]	40	
	30	[illegible]		[illegible]		[illegible]		[illegible]	30	
	40	[illegible]		[illegible]		[illegible]		[illegible]	20	
	50	[illegible]		[illegible]		[illegible]		[illegible]	10	
45	0	[illegible]		[illegible]		[illegible]		[illegible]	0	15
	10	[illegible]		[illegible]		[illegible]		[illegible]	50	
	20	[illegible]		[illegible]		[illegible]		[illegible]	40	
	30	[illegible]		[illegible]		[illegible]		[illegible]	30	
	40	[illegible]		[illegible]		[illegible]		[illegible]	20	
	50	[illegible]		[illegible]		[illegible]		[illegible]	10	
46	0	[illegible]		[illegible]		[illegible]		[illegible]	0	14
	10	[illegible]		[illegible]		[illegible]		[illegible]	50	
	20	[illegible]		[illegible]		[illegible]		[illegible]	40	
	30	[illegible]		[illegible]		[illegible]		[illegible]	30	
	40	[illegible]		[illegible]		[illegible]		[illegible]	20	
	50	[illegible]		[illegible]		[illegible]		[illegible]	10	
47	0	[illegible]		[illegible]		[illegible]		[illegible]	0	13
	10	[illegible]		[illegible]		[illegible]		[illegible]	50	
	20	[illegible]		[illegible]		[illegible]		[illegible]	40	
	30	[illegible]		[illegible]		[illegible]		[illegible]	30	
	40	[illegible]		[illegible]		[illegible]		[illegible]	20	
	50	[illegible]		[illegible]		[illegible]		[illegible]	10	
48	0	[illegible]		[illegible]		[illegible]		[illegible]	0	12
	10	[illegible]		[illegible]		[illegible]		[illegible]	50	
	20	[illegible]		[illegible]		[illegible]		[illegible]	40	
	30	[illegible]		[illegible]		[illegible]		[illegible]	30	
	40	[illegible]		[illegible]		[illegible]		[illegible]	20	
	50	[illegible]		[illegible]		[illegible]		[illegible]	10	
49	0	[illegible]		[illegible]		[illegible]		[illegible]	0	11
	10	[illegible]		[illegible]		[illegible]		[illegible]	50	
	20	[illegible]		[illegible]		[illegible]		[illegible]	40	
	30	[illegible]		[illegible]		[illegible]		[illegible]	30	
	40	[illegible]		[illegible]		[illegible]		[illegible]	20	
	50	[illegible]		[illegible]		[illegible]		[illegible]	10	
50	0	[illegible]		[illegible]		[illegible]		[illegible]	0	10
′	″	Co-Sinus.	Dif.	Sinus.	Dif.	Co-Tang.	Dif.	Tang.	″	′

47 Deg.

42 Deg.

′	″	Sinus.	Dif.	Co-Sinus.	Dif.	Tang.	Dif.	Co-Tang.	″	′
50	0	[illegible]		[illegible]		[illegible]		[illegible]	0	10
	10	[illegible]		[illegible]		[illegible]		[illegible]	50	
	20	[illegible]		[illegible]		[illegible]		[illegible]	40	
	30	[illegible]		[illegible]		[illegible]		[illegible]	30	
	40	[illegible]		[illegible]		[illegible]		[illegible]	20	
	50	[illegible]		[illegible]		[illegible]		[illegible]	10	
51	0	[illegible]		[illegible]		[illegible]		[illegible]	0	9
	10	[illegible]		[illegible]		[illegible]		[illegible]	50	
	20	[illegible]		[illegible]		[illegible]		[illegible]	40	
	30	[illegible]		[illegible]		[illegible]		[illegible]	30	
	40	[illegible]		[illegible]		[illegible]		[illegible]	20	
	50	[illegible]		[illegible]		[illegible]		[illegible]	10	
52	0	[illegible]		[illegible]		[illegible]		[illegible]	0	8
	10	[illegible]		[illegible]		[illegible]		[illegible]	50	
	20	[illegible]		[illegible]		[illegible]		[illegible]	40	
	30	[illegible]		[illegible]		[illegible]		[illegible]	30	
	40	[illegible]		[illegible]		[illegible]		[illegible]	20	
	50	[illegible]		[illegible]		[illegible]		[illegible]	10	
53	0	[illegible]		[illegible]		[illegible]		[illegible]	0	7
	10	[illegible]		[illegible]		[illegible]		[illegible]	50	
	20	[illegible]		[illegible]		[illegible]		[illegible]	40	
	30	[illegible]		[illegible]		[illegible]		[illegible]	30	
	40	[illegible]		[illegible]		[illegible]		[illegible]	20	
	50	[illegible]		[illegible]		[illegible]		[illegible]	10	
54	0	[illegible]		[illegible]		[illegible]		[illegible]	0	6
	10	[illegible]		[illegible]		[illegible]		[illegible]	50	
	20	[illegible]		[illegible]		[illegible]		[illegible]	40	
	30	[illegible]		[illegible]		[illegible]		[illegible]	30	
	40	[illegible]		[illegible]		[illegible]		[illegible]	20	
	50	[illegible]		[illegible]		[illegible]		[illegible]	10	
55	0	[illegible]		[illegible]		[illegible]		[illegible]	0	5
	10	[illegible]		[illegible]		[illegible]		[illegible]	50	
	20	[illegible]		[illegible]		[illegible]		[illegible]	40	
	30	[illegible]		[illegible]		[illegible]		[illegible]	30	
	40	[illegible]		[illegible]		[illegible]		[illegible]	20	
	50	[illegible]		[illegible]		[illegible]		[illegible]	10	
56	0	[illegible]		[illegible]		[illegible]		[illegible]	0	4
	10	[illegible]		[illegible]		[illegible]		[illegible]	50	
	20	[illegible]		[illegible]		[illegible]		[illegible]	40	
	30	[illegible]		[illegible]		[illegible]		[illegible]	30	
	40	[illegible]		[illegible]		[illegible]		[illegible]	20	
	50	[illegible]		[illegible]		[illegible]		[illegible]	10	
57	0	[illegible]		[illegible]		[illegible]		[illegible]	0	3
	10	[illegible]		[illegible]		[illegible]		[illegible]	50	
	20	[illegible]		[illegible]		[illegible]		[illegible]	40	
	30	[illegible]		[illegible]		[illegible]		[illegible]	30	
	40	[illegible]		[illegible]		[illegible]		[illegible]	20	
	50	[illegible]		[illegible]		[illegible]		[illegible]	10	
58	0	[illegible]		[illegible]		[illegible]		[illegible]	0	2
	10	[illegible]		[illegible]		[illegible]		[illegible]	50	
	20	[illegible]		[illegible]		[illegible]		[illegible]	40	
	30	[illegible]		[illegible]		[illegible]		[illegible]	30	
	40	[illegible]		[illegible]		[illegible]		[illegible]	20	
	50	[illegible]		[illegible]		[illegible]		[illegible]	10	
59	0	[illegible]		[illegible]		[illegible]		[illegible]	0	1
	10	[illegible]		[illegible]		[illegible]		[illegible]	50	
	20	[illegible]		[illegible]		[illegible]		[illegible]	40	
	30	[illegible]		[illegible]		[illegible]		[illegible]	30	
	40	[illegible]		[illegible]		[illegible]		[illegible]	20	
	50	[illegible]		[illegible]		[illegible]		[illegible]	10	
60	0	[illegible]		[illegible]		[illegible]		[illegible]	0	0
′	″	Co-Sinus.	Dif.	Sinus.	Dif.	Co-Tang.	Dif.	Tang.	″	′

47 Deg.

43 Deg.

′	″	Sinus.	Dif.	Co-Sinus.	Dif.	Tang.	Dif. com.	Co-Tang.	″	′
0	0	9.8337835		9.8641275		9.9696559		10.0303441	0	60
	10	9.8338059	226	9.8641078	197	9.9696981	422	10.0303019	50	
	20	9.8338285	226	9.8640881	196	9.9697403	422	10.0302597	40	
	30	9.8338511	225	9.8640686	197	9.9697825	422	10.0302175	30	
	40	9.8338736	226	9.8640489	196	9.9698247	422	10.0301753	20	
	50	9.8338961	226	9.8640293	197	9.9698669	422	10.0301331	10	
1	0	9.8339186	225	9.8640097	196	9.9699091	422	10.0300909	0	59
	10	9.8339411	226	9.8639900	197	9.9699514	422	10.0300486	50	
	20	9.8339636	226	9.8639703	196	9.9699936	422	10.0300064	40	
	30	9.8339861	225	9.8639507	197	9.9700354	422	10.0299646	30	
	40	9.8340086	226	9.8639310	196	9.9700776	422	10.0299224	20	
	50	9.8340316	225	9.8639114	197	9.9701202	422	10.0298798	10	
2	0	9.8340541	226	9.8638917	196	9.9701624	422	10.0298376	0	58
	10	9.8340767	225	9.8638721	197	9.9702046	422	10.0297954	50	
	20	9.8340992	226	9.8638524	197	9.9702468	422	10.0297532	40	
	30	9.8341218	225	9.8638327	196	9.9702891	422	10.0297109	30	
	40	9.8341443	225	9.8638131	197	9.9703313	422	10.0296687	20	
	50	9.8341668	226	9.8637934	197	9.9703735	422	10.0296265	10	
3	0	9.8341894	225	9.8637737	196	9.9704157	421	10.0295843	0	57
	10	9.8342119	226	9.8637541	197	9.9704578	423	10.0295422	50	
	20	9.8342345	225	9.8637344	197	9.9705001	422	10.0294999	40	
	30	9.8342570	225	9.8637147	197	9.9705423	422	10.0294577	30	
	40	9.8342795	226	9.8636950	196	9.9705845	422	10.0294155	20	
	50	9.8343021	225	9.8636754	197	9.9706267	422	10.0293733	10	
4	0	9.8343246	225	9.8636557	197	9.9706689	422	10.0293311	0	56
	10	9.8343471	225	9.8636360	197	9.9707111	422	10.0292889	50	
	20	9.8343696	225	9.8636163	197	9.9707533	422	10.0292467	40	
	30	9.8343921	226	9.8635966	196	9.9707955	422	10.0292045	30	
	40	9.8344147	225	9.8635770	197	9.9708377	422	10.0291623	20	
	50	9.8344372	225	9.8635573	197	9.9708799	422	10.0291201	10	
5	0	9.8344597	225	9.8635376	197	9.9709221	422	10.0290779	0	55
	10	9.8344822	225	9.8635179	197	9.9709643	422	10.0290357	50	
	20	9.8345047	225	9.8634982	197	9.9710065	422	10.0289935	40	
	30	9.8345272	225	9.8634785	197	9.9710487	422	10.0289513	30	
	40	9.8345497	225	9.8634588	197	9.9710909	422	10.0289091	20	
	50	9.8345722	226	9.8634391	197	9.9711331	423	10.0288669	10	
6	0	9.8345948	225	9.8634194	197	9.9711754	422	10.0288246	0	54
	10	9.8346173	224	9.8633997	197	9.9712176	422	10.0287824	50	
	20	9.8346397	225	9.8633800	197	9.9712598	422	10.0287402	40	
	30	9.8346622	225	9.8633603	197	9.9713020	422	10.0286980	30	
	40	9.8346847	225	9.8633406	197	9.9713442	422	10.0286558	20	
	50	9.8347072	225	9.8633209	198	9.9713864	422	10.0286136	10	
7	0	9.8347297	225	9.8633011	197	9.9714286	422	10.0285714	0	53
	10	9.8347522	225	9.8632814	197	9.9714708	422	10.0285292	50	
	20	9.8347747	225	9.8632617	197	9.9715130	422	10.0284870	40	
	30	9.8347972	224	9.8632420	198	9.9715552	422	10.0284448	30	
	40	9.8348196	225	9.8632222	197	9.9715974	422	10.0284026	20	
	50	9.8348421	225	9.8632025	197	9.9716396	422	10.0283604	10	
8	0	9.8348646	225	9.8631828	197	9.9716818	422	10.0283182	0	52
	10	9.8348871	225	9.8631631	197	9.9717240	422	10.0282760	50	
	20	9.8349096	224	9.8631434	198	9.9717662	422	10.0282338	40	
	30	9.8349320	225	9.8631236	197	9.9718084	422	10.0281916	30	
	40	9.8349545	224	9.8631039	198	9.9718506	422	10.0281494	20	
	50	9.8349769	225	9.8630841	197	9.9718928	422	10.0281072	10	
9	0	9.8349994	225	9.8630644	197	9.9719350	422	10.0280650	0	51
	10	9.8350219	224	9.8630447	198	9.9719772	422	10.0280228	50	
	20	9.8350443	225	9.8630249	197	9.9720194	422	10.0279806	40	
	30	9.8350668	224	9.8630052	198	9.9720616	422	10.0279384	30	
	40	9.8350892	225	9.8629854	197	9.9721038	422	10.0278962	20	
	50	9.8351117	224	9.8629657	197	9.9721460	422	10.0278540	10	
10	0	9.8351341		9.8629460		9.9721882		10.0278118	0	50
′	″	Co-Sinus.	Dif.	Sinus.	Dif.	Co-Tang.	Dif. com.	Tang.	″	′

46 Deg.

43 Deg.

′	″	Sinus.	Dif.	Co-Sinus.	Dif.	Tang.	Dif. com.	Co-Tang.	″	′
10	0	9.8351341		9.8629460		9.9721881		10.0278118	0	50
	10	9.8351566	225	9.8629262	198	9.9722304	422	10.0277696	50	
	20	9.8351790	224	9.8629065	197	9.9722726	422	10.0277274	40	
	30	9.8352015	225	9.8628867	198	9.9723147	421	10.0276853	30	
	40	9.8352239	224	9.8628670	197	9.9723569	422	10.0276431	20	
	50	9.8352463	224	9.8628472	198	9.9723991	422	10.0276009	10	
11	0	9.8352688	225	9.8628274	198	9.9724413	422	10.0275587	0	49
	10	9.8352912	224	9.8628077	197	9.9724835	422	10.0275165	50	
	20	9.8353136	224	9.8627879	198	9.9725257	422	10.0274743	40	
	30	9.8353361	225	9.8627681	198	9.9725679	422	10.0274321	30	
	40	9.8353585	224	9.8627484	197	9.9726101	422	10.0273899	20	
	50	9.8353809	224	9.8627286	198	9.9726523	422	10.0273477	10	
12	0	9.8354033	224	9.8627088	198	9.9726945	422	10.0273055	0	48
	10	9.8354258	225	9.8626891	197	9.9727367	422	10.0272633	50	
	20	9.8354482	224	9.8626693	198	9.9727789	422	10.0272211	40	
	30	9.8354706	224	9.8626495	198	9.9728211	422	10.0271789	30	
	40	9.8354930	224	9.8626297	198	9.9728633	422	10.0271367	20	
	50	9.8355154	224	9.8626100	197	9.9729055	422	10.0270945	10	
13	0	9.8355378	224	9.8625902	198	9.9729477	422	10.0270523	0	47
	10	9.8355602	224	9.8625704	198	9.9729898	421	10.0270102	50	
	20	9.8355826	224	9.8625506	198	9.9730320	422	10.0269680	40	
	30	9.8356050	224	9.8625308	198	9.9730742	422	10.0269258	30	
	40	9.8356274	224	9.8625110	198	9.9731164	422	10.0268836	20	
	50	9.8356498	224	9.8624912	198	9.9731586	422	10.0268414	10	
14	0	9.8356722	224	9.8624714	198	9.9732008	422	10.0267992	0	46
	10	9.8356946	224	9.8624516	198	9.9732430	422	10.0267570	50	
	20	9.8357170	224	9.8624318	198	9.9732852	422	10.0267148	40	
	30	9.8357394	224	9.8624120	198	9.9733274	422	10.0266726	30	
	40	9.8357618	224	9.8623922	198	9.9733696	422	10.0266304	20	
	50	9.8357841	223	9.8623724	198	9.9734118	422	10.0265882	10	
15	0	9.8358065	224	9.8623526	198	9.9734539	421	10.0265461	0	45
	10	9.8358289	224	9.8623328	198	9.9734961	422	10.0265039	50	
	20	9.8358513	224	9.8623130	198	9.9735383	422	10.0264617	40	
	30	9.8358737	224	9.8622932	198	9.9735805	422	10.0264195	30	
	40	9.8358961	224	9.8622734	198	9.9736227	422	10.0263773	20	
	50	9.8359185	224	9.8622536	198	9.9736649	422	10.0263351	10	
16	0	9.8359408	223	9.8622338	198	9.9737071	422	10.0262929	0	44
	10	9.8359632	224	9.8622139	199	9.9737493	422	10.0262507	50	
	20	9.8359856	224	9.8621941	198	9.9737914	421	10.0262086	40	
	30	9.8360079	223	9.8621743	198	9.9738336	422	10.0261664	30	
	40	9.8360303	224	9.8621545	198	9.9738758	422	10.0261242	20	
	50	9.8360526	223	9.8621346	199	9.9739180	422	10.0260820	10	
17	0	9.8360750	224	9.8621148	198	9.9739601	421	10.0260399	0	43
	10	9.8360974	224	9.8620950	198	9.9740024	423	10.0259976	50	
	20	9.8361197	223	9.8620751	199	9.9740446	422	10.0259554	40	
	30	9.8361421	224	9.8620553	198	9.9740868	422	10.0259132	30	
	40	9.8361644	223	9.8620355	198	9.9741289	421	10.0258711	20	
	50	9.8361868	224	9.8620156	199	9.9741711	422	10.0258289	10	
18	0	9.8362091	223	9.8619958	198	9.9742133	422	10.0257867	0	42
	10	9.8362314	223	9.8619760	198	9.9742555	422	10.0257445	50	
	20	9.8362538	224	9.8619561	199	9.9742977	422	10.0257023	40	
	30	9.8362761	223	9.8619362	199	9.9743399	422	10.0256601	30	
	40	9.8362985	224	9.8619164	198	9.9743821	422	10.0256179	20	
	50	9.8363208	223	9.8618966	198	9.9744242	421	10.0255758	10	
19	0	9.8363431	223	9.8618767	199	9.9744664	422	10.0255336	0	41
	10	9.8363655	224	9.8618569	198	9.9745086	422	10.0254914	50	
	20	9.8363878	223	9.8618370	199	9.9745508	422	10.0254492	40	
	30	9.8364101	223	9.8618171	199	9.9745930	422	10.0254070	30	
	40	9.8364324	223	9.8617973	198	9.9746351	421	10.0253649	20	
	50	9.8364547	223	9.8617774	199	9.9746773	422	10.0253227	10	
20	0	9.8364771		9.8617576		9.9747195		10.0252805	0	40
′	″	Co-Sinus.	Dif.	Sinus.	Dif.	Co-Tang.	Dif. com.	Tang.	″	′

46 Deg.

43 Deg.

′	″	Sinus.	Dif.	Co-Sinus.	Dif.	Tang.	Dif.	Co-Tang.	″	′
20	0	9.8364771		9.8617576		9.9747195		10.0252805	0	40
	10	9.8364994	223	9.8617377	199	9.9747617	422	10.0252383	50	
	20	9.8365217	223	9.8617178	199	9.9748039	422	10.0251961	40	
	30	9.8365440	223	9.8616980	198	9.9748461	422	10.0251539	30	
	40	9.8365663	223	9.8616781	199	9.9748882	421	10.0251118	20	
	50	9.8365886	223	9.8616582	199	9.9749304	422	10.0250696	10	
21	0	9.8366109	223	9.8616383	199	9.9749726	422	10.0250274	0	39
	10	9.8366332	223	9.8616184	199	9.9750148	422	10.0249852	50	
	20	9.8366555	223	9.8615985	199	9.9750570	422	10.0249430	40	
	30	9.8366778	223	9.8615787	198	9.9750991	421	10.0249009	30	
	40	9.8367001	223	9.8615588	199	9.9751413	422	10.0248587	20	
	50	9.8367224	223	9.8615389	199	9.9751835	422	10.0248165	10	
22	0	9.8367447	223	9.8615190	199	9.9752257	422	10.0247743	0	38
	10	9.8367670	223	9.8614991	199	9.9752679	422	10.0247321	50	
	20	9.8367893	223	9.8614792	199	9.9753100	421	10.0246900	40	
	30	9.8368116	223	9.8614594	198	9.9753522	422	10.0246478	30	
	40	9.8368339	223	9.8614395	199	9.9753944	422	10.0246056	20	
	50	9.8368562	223	9.8614196	199	9.9754366	422	10.0245634	10	
23	0	9.8368785	223	9.8613997	199	9.9754787	421	10.0245213	0	37
	10	9.8369008	223	9.8613798	199	9.9755209	422	10.0244791	50	
	20	9.8369231	223	9.8613599	199	9.9755631	422	10.0244369	40	
	30	9.8369454	223	9.8613400	199	9.9756053	422	10.0243947	30	
	40	9.8369677	223	9.8613201	199	9.9756474	421	10.0243526	20	
	50	9.8369899	222	9.8613002	199	9.9756896	422	10.0243104	10	
24	0	9.8370121	222	9.8612803	199	9.9757318	422	10.0242682	0	36
	10	9.8370344	223	9.8612604	199	9.9757740	422	10.0242260	50	
	20	9.8370567	223	9.8612405	199	9.9758162	422	10.0241838	40	
	30	9.8370790	223	9.8612206	199	9.9758583	421	10.0241417	30	
	40	9.8371011	221	9.8612007	199	9.9759005	422	10.0240995	20	
	50	9.8371234	223	9.8611807	200	9.9759427	422	10.0240573	10	
25	0	9.8371456	222	9.8611608	199	9.9759848	421	10.0240152	0	35
	10	9.8371679	223	9.8611409	199	9.9760270	422	10.0239730	50	
	20	9.8371901	222	9.8611210	199	9.9760691	421	10.0239309	40	
	30	9.8372124	223	9.8611011	199	9.9761113	422	10.0238887	30	
	40	9.8372346	222	9.8610812	199	9.9761534	421	10.0238466	20	
	50	9.8372568	222	9.8610611	201	9.9761957	423	10.0238043	10	
26	0	9.8372791	223	9.8610412	199	9.9762379	422	10.0237621	0	34
	10	9.8373013	222	9.8610212	200	9.9762801	422	10.0237199	50	
	20	9.8373236	223	9.8610013	199	9.9763223	422	10.0236777	40	
	30	9.8373458	222	9.8609814	199	9.9763644	421	10.0236356	30	
	40	9.8373680	222	9.8609614	200	9.9764066	422	10.0235934	20	
	50	9.8373903	223	9.8609415	199	9.9764488	422	10.0235512	10	
27	0	9.8374125	222	9.8609216	199	9.9764909	421	10.0235091	0	33
	10	9.8374347	222	9.8609016	200	9.9765331	422	10.0234669	50	
	20	9.8374569	222	9.8608816	200	9.9765753	422	10.0234247	40	
	30	9.8374791	222	9.8608617	199	9.9766174	421	10.0233826	30	
	40	9.8375014	223	9.8608417	200	9.9766596	422	10.0233404	20	
	50	9.8375236	222	9.8608218	199	9.9767018	422	10.0232982	10	
28	0	9.8375458	222	9.8608018	200	9.9767440	422	10.0232560	0	32
	10	9.8375680	222	9.8607819	199	9.9767861	421	10.0232139	50	
	20	9.8375902	222	9.8607619	200	9.9768283	422	10.0231717	40	
	30	9.8376124	222	9.8607420	199	9.9768705	422	10.0231295	30	
	40	9.8376346	222	9.8607220	200	9.9769126	421	10.0230874	20	
	50	9.8376568	222	9.8607020	200	9.9769548	422	10.0230452	10	
29	0	9.8376790	222	9.8606821	199	9.9769970	422	10.0230030	0	31
	10	9.8377012	222	9.8606621	200	9.9770391	421	10.0229609	50	
	20	9.8377234	222	9.8606421	200	9.9770813	422	10.0229187	40	
	30	9.8377456	222	9.8606221	200	9.9771235	422	10.0228765	30	
	40	9.8377678	222	9.8606021	200	9.9771657	422	10.0228343	20	
	50	9.8377900	222	9.8605822	199	9.9772078	421	10.0227922	10	
30	0	9.8378122	222	9.8605622	200	9.9772500	422	10.0227500	0	30
′	″	Co-Sinus.	Dif.	Sinus.	Dif.	Co-Tang.	Dif. com.	Tang.	″	′

46 Deg.

43 Deg.

′	″	Sinus.	Dif.	Co-Sinus.	Dif.	Tang.	Dif.	Co-Tang.	″	′
30	0	9.8378122		9.8605622		9.9772500		10.0227500	0	30
	10	9.8378344	222	9.8605422	200	9.9772922	422	10.0227078	50	
	20	9.8378566	222	9.8605222	200	9.9773343	421	10.0226657	40	
	30	9.8378788	222	9.8605022	200	9.9773765	422	10.0226235	30	
	40	9.8379009	221	9.8604822	200	9.9774187	422	10.0225813	20	
	50	9.8379231	222	9.8604622	200	9.9774609	422	10.0225391	10	
31	0	9.8379453	222	9.8604423	199	9.9775030	421	10.0224970	0	29
	10	9.8379675	222	9.8604223	200	9.9775452	422	10.0224548	50	
	20	9.8379896	221	9.8604023	200	9.9775873	421	10.0224127	40	
	30	9.8380118	222	9.8603823	200	9.9776295	422	10.0223705	30	
	40	9.8380340	222	9.8603623	200	9.9776717	422	10.0223283	20	
	50	9.8380561	221	9.8603423	200	9.9777138	421	10.0222862	10	
32	0	9.8380783	222	9.8603223	200	9.9777560	422	10.0222440	0	28
	10	9.8381004	221	9.8603023	200	9.9777981	421	10.0222019	50	
	20	9.8381226	222	9.8602823	200	9.9778403	422	10.0221597	40	
	30	9.8381448	222	9.8602623	200	9.9778825	422	10.0221175	30	
	40	9.8381669	221	9.8602423	200	9.9779247	422	10.0220753	20	
	50	9.8381891	222	9.8602223	200	9.9779668	421	10.0220332	10	
33	0	9.8382112	221	9.8602022	201	9.9780090	422	10.0219910	0	27
	10	9.8382334	222	9.8601822	200	9.9780512	422	10.0219488	50	
	20	9.8382555	221	9.8601622	200	9.9780933	421	10.0219067	40	
	30	9.8382777	222	9.8601422	200	9.9781355	422	10.0218645	30	
	40	9.8382998	221	9.8601222	200	9.9781776	421	10.0218224	20	
	50	9.8383219	221	9.8601021	201	9.9782198	422	10.0217802	10	
34	0	9.8383441	222	9.8600821	200	9.9782620	422	10.0217380	0	26
	10	9.8383662	221	9.8600621	200	9.9783041	421	10.0216959	50	
	20	9.8383884	222	9.8600421	200	9.9783463	422	10.0216537	40	
	30	9.8384105	221	9.8600221	200	9.9783884	421	10.0216116	30	
	40	9.8384326	221	9.8600020	201	9.9784306	422	10.0215694	20	
	50	9.8384547	221	9.8599820	200	9.9784727	421	10.0215273	10	
35	0	9.8384769	222	9.8599619	201	9.9785149	422	10.0214851	0	25
	10	9.8384990	221	9.8599419	200	9.9785571	422	10.0214429	50	
	20	9.8385211	221	9.8599218	201	9.9785993	422	10.0214007	40	
	30	9.8385432	221	9.8599018	200	9.9786414	421	10.0213586	30	
	40	9.8385653	221	9.8598817	201	9.9786836	422	10.0213164	20	
	50	9.8385874	221	9.8598617	200	9.9787257	421	10.0212743	10	
36	0	9.8386095	221	9.8598416	201	9.9787679	422	10.0212321	0	24
	10	9.8386317	222	9.8598216	200	9.9788101	422	10.0211899	50	
	20	9.8386538	221	9.8598016	200	9.9788522	421	10.0211478	40	
	30	9.8386759	221	9.8597815	201	9.9788944	422	10.0211056	30	
	40	9.8386980	221	9.8597614	201	9.9789366	422	10.0210634	20	
	50	9.8387201	221	9.8597414	200	9.9789787	421	10.0210213	10	
37	0	9.8387422	221	9.8597213	201	9.9790209	422	10.0209791	0	23
	10	9.8387643	221	9.8597013	200	9.9790630	421	10.0209370	50	
	20	9.8387864	221	9.8596812	201	9.9791052	422	10.0208948	40	
	30	9.8388085	221	9.8596611	201	9.9791474	422	10.0208526	30	
	40	9.8388306	221	9.8596410	201	9.9791895	421	10.0208105	20	
	50	9.8388526	220	9.8596210	200	9.9792317	422	10.0207683	10	
38	0	9.8388747	221	9.8596009	201	9.9792738	421	10.0207262	0	22
	10	9.8388968	221	9.8595808	201	9.9793160	422	10.0206840	50	
	20	9.8389189	221	9.8595607	201	9.9793581	421	10.0206419	40	
	30	9.8389410	221	9.8595407	200	9.9794003	422	10.0205997	30	
	40	9.8389630	220	9.8595206	201	9.9794424	421	10.0205576	20	
	50	9.8389851	221	9.8595005	201	9.9794846	422	10.0205154	10	
39	0	9.8390072	221	9.8594804	201	9.9795268	422	10.0204732	0	21
	10	9.8390292	220	9.8594603	201	9.9795689	421	10.0204311	50	
	20	9.8390513	221	9.8594402	201	9.9796111	422	10.0203889	40	
	30	9.8390734	221	9.8594201	201	9.9796533	422	10.0203467	30	
	40	9.8390955	221	9.8594001	200	9.9796954	421	10.0203046	20	
	50	9.8391175	220	9.8593800	201	9.9797375	421	10.0202625	10	
40	0	9.8391396	221	9.8593599	201	9.9797797	422	10.0202203	0	20
′	″	Co-Sinus.	Dif.	Sinus.	Dif.	Co-Tang.	Dif. com.	Tang.	″	′

46 Deg.

43 Deg.

′	″	Sinus.	Dif.	Co-Sinus.	Dif.	Tang.	Dif. com.	Co-Tang.	″	′
40	0	9.8391396		9.8593599		9.9797797		10.0202203	0	20
	10	9.8391616	220	9.8593398	201	9.9798219	422	10.0201781	50	
	20	9.8391837	221	9.8593197	201	9.9798640	421	10.0201360	40	
	30	9.8392058	221	9.8592996	201	9.9799062	422	10.0200938	30	
	40	9.8392278	220	9.8592795	201	9.9799483	421	10.0200517	20	
	50	9.8392499	221	9.8592594	201	9.9799905	422	10.0200095	10	
41	0	9.8392719	220	9.8592393	201	9.9800326	421	10.0199674	0	19
	10	9.8392939	220	9.8592191	202	9.9800748	422	10.0199252	50	
	20	9.8393160	221	9.8591990	201	9.9801170	422	10.0198830	40	
	30	9.8393380	220	9.8591789	201	9.9801591	421	10.0198409	30	
	40	9.8393601	221	9.8591588	201	9.9802013	422	10.0197987	20	
	50	9.8393821	220	9.8591387	201	9.9802434	421	10.0197566	10	
42	0	9.8394041	220	9.8591186	201	9.9802856	422	10.0197144	0	18
	10	9.8394261	220	9.8590984	202	9.9803277	421	10.0196723	50	
	20	9.8394481	220	9.8590783	201	9.9803699	422	10.0196301	40	
	30	9.8394701	220	9.8590582	201	9.9804120	421	10.0195880	30	
	40	9.8394921	220	9.8590381	201	9.9804541	421	10.0195459	20	
	50	9.8395141	220	9.8590179	202	9.9804963	422	10.0195037	10	
43	0	9.8395361	220	9.8589978	201	9.9805384	421	10.0194616	0	17
	10	9.8395581	220	9.8589777	201	9.9805806	422	10.0194194	50	
	20	9.8395801	220	9.8589575	202	9.9806227	421	10.0193773	40	
	30	9.8396021	220	9.8589374	201	9.9806648	421	10.0193352	30	
	40	9.8396241	220	9.8589173	201	9.9807071	422	10.0192929	20	
	50	9.8396461	220	9.8588971	202	9.9807491	421	10.0192509	10	
44	0	9.8396684	220	9.8588770	201	9.9807914	421	10.0192086	0	16
	10	9.8396904	220	9.8588568	202	9.9808336	422	10.0191664	50	
	20	9.8397124	220	9.8588367	201	9.9808757	421	10.0191243	40	
	30	9.8397344	220	9.8588165	202	9.9809179	422	10.0190821	30	
	40	9.8397564	220	9.8587964	201	9.9809600	421	10.0190400	20	
	50	9.8397784	220	9.8587762	202	9.9810022	422	10.0189978	10	
45	0	9.8398004	220	9.8587561	201	9.9810443	421	10.0189557	0	15
	10	9.8398224	220	9.8587359	202	9.9810865	422	10.0189135	50	
	20	9.8398444	220	9.8587158	201	9.9811286	421	10.0188714	40	
	30	9.8398664	220	9.8586956	202	9.9811708	422	10.0188292	30	
	40	9.8398883	219	9.8586754	202	9.9812129	421	10.0187871	20	
	50	9.8399103	220	9.8586553	201	9.9812551	422	10.0187449	10	
46	0	9.8399323	220	9.8586351	202	9.9812972	421	10.0187028	0	14
	10	9.8399543	220	9.8586149	202	9.9813394	422	10.0186606	50	
	20	9.8399762	219	9.8585948	201	9.9813815	421	10.0186185	40	
	30	9.8399982	220	9.8585746	202	9.9814237	422	10.0185763	30	
	40	9.8400202	220	9.8585544	202	9.9814658	421	10.0185342	20	
	50	9.8400421	219	9.8585342	202	9.9815080	422	10.0184920	10	
47	0	9.8400641	220	9.8585141	201	9.9815501	421	10.0184499	0	13
	10	9.8400861	220	9.8584939	202	9.9815923	422	10.0184077	50	
	20	9.8401081	220	9.8584737	202	9.9816344	421	10.0183656	40	
	30	9.8401301	220	9.8584535	202	9.9816766	422	10.0183234	30	
	40	9.8401520	219	9.8584333	202	9.9817187	421	10.0182813	20	
	50	9.8401740	220	9.8584131	202	9.9817609	422	10.0182391	10	
48	0	9.8401959	219	9.8583929	202	9.9818030	421	10.0181970	0	12
	10	9.8402178	219	9.8583726	203	9.9818451	421	10.0181549	50	
	20	9.8402398	220	9.8583526	200	9.9818873	422	10.0181127	40	
	30	9.8402618	220	9.8583324	202	9.9819294	421	10.0180706	30	
	40	9.8402837	219	9.8583122	202	9.9819716	422	10.0180284	20	
	50	9.8403057	220	9.8582920	202	9.9820137	421	10.0179863	10	
49	0	9.8403276	219	9.8582718	202	9.9820559	422	10.0179441	0	11
	10	9.8403496	220	9.8582516	202	9.9820980	421	10.0179020	50	
	20	9.8403715	219	9.8582314	202	9.9821402	422	10.0178598	40	
	30	9.8403935	220	9.8582111	203	9.9821823	421	10.0178177	30	
	40	9.8404154	219	9.8581909	202	9.9822245	422	10.0177755	20	
	50	9.8404373	219	9.8581707	202	9.9822666	421	10.0177334	10	
50	0	9.8404593	220	9.8581505	202	9.9823087	421	10.0176913	0	10
′	″	Co-Sinus.	Dif.	Sinus.	Dif.	Co-Tang.	Dif. com.	Tang.	″	′

46 Deg.

43 Deg.

′	″	Sinus.	Dif.	Co-Sinus.	Dif.	Tang.	Dif. com.	Co-Tang.	″	′
50	0	9.8404593		9.8581505		9.9823087		10.0176913	0	10
	10	9.8404812	219	9.8581303	202	9.9823509	422	10.0176491	50	
	20	9.8405031	219	9.8581101	202	9.9823930	421	10.0176070	40	
	30	9.8405250	219	9.8580899	202	9.9824351	421	10.0175649	30	
	40	9.8405470	220	9.8580696	203	9.9824773	422	10.0175227	20	
	50	9.8405689	219	9.8580494	202	9.9825195	422	10.0174805	10	
51	0	9.8405908	219	9.8580292	202	9.9825616	421	10.0174384	0	9
	10	9.8406127	219	9.8580090	202	9.9826038	422	10.0173962	50	
	20	9.8406346	219	9.8579887	203	9.9826459	421	10.0173541	40	
	30	9.8406565	219	9.8579685	202	9.9826881	422	10.0173119	30	
	40	9.8406784	219	9.8579483	202	9.9827301	420	10.0172699	20	
	50	9.8407003	219	9.8579280	203	9.9827723	422	10.0172277	10	
52	0	9.8407222	219	9.8579078	202	9.9828144	421	10.0171856	0	8
	10	9.8407441	219	9.8578876	202	9.9828566	422	10.0171434	50	
	20	9.8407661	220	9.8578673	203	9.9828988	422	10.0171012	40	
	30	9.8407880	219	9.8578471	202	9.9829409	421	10.0170591	30	
	40	9.8408099	219	9.8578268	203	9.9829831	422	10.0170169	20	
	50	9.8408318	219	9.8578066	202	9.9830252	421	10.0169748	10	
53	0	9.8408537	219	9.8577863	203	9.9830674	422	10.0169326	0	7
	10	9.8408756	219	9.8577661	202	9.9831095	421	10.0168905	50	
	20	9.8408974	218	9.8577458	203	9.9831516	421	10.0168484	40	
	30	9.8409193	219	9.8577256	202	9.9831937	421	10.0168063	30	
	40	9.8409411	218	9.8577053	203	9.9832359	422	10.0167641	20	
	50	9.8409631	220	9.8576851	202	9.9832780	421	10.0167220	10	
54	0	9.8409850	219	9.8576648	203	9.9833202	422	10.0166798	0	6
	10	9.8410069	219	9.8576446	202	9.9833623	421	10.0166377	50	
	20	9.8410287	218	9.8576243	203	9.9834044	421	10.0165956	40	
	30	9.8410506	219	9.8576041	202	9.9834465	421	10.0165535	30	
	40	9.8410725	219	9.8575837	204	9.9834888	423	10.0165112	20	
	50	9.8410944	219	9.8575635	202	9.9835309	421	10.0164691	10	
55	0	9.8411162	218	9.8575432	203	9.9835730	421	10.0164270	0	5
	10	9.8411381	219	9.8575229	203	9.9836152	422	10.0163848	50	
	20	9.8411600	219	9.8575026	203	9.9836573	421	10.0163427	40	
	30	9.8411818	218	9.8574824	202	9.9836994	421	10.0163006	30	
	40	9.8412037	219	9.8574621	203	9.9837416	422	10.0162584	20	
	50	9.8412255	218	9.8574418	203	9.9837837	421	10.0162163	10	
56	0	9.8412474	219	9.8574215	203	9.9838259	422	10.0161741	0	4
	10	9.8412692	218	9.8574012	203	9.9838680	421	10.0161320	50	
	20	9.8412911	219	9.8573809	203	9.9839102	422	10.0160898	40	
	30	9.8413129	218	9.8573606	203	9.9839523	421	10.0160477	30	
	40	9.8413348	219	9.8573404	202	9.9839944	421	10.0160056	20	
	50	9.8413566	218	9.8573201	203	9.9840366	422	10.0159634	10	
57	0	9.8413785	219	9.8572998	203	9.9840787	421	10.0159213	0	3
	10	9.8414003	218	9.8572795	203	9.9841208	421	10.0158792	50	
	20	9.8414221	218	9.8572592	203	9.9841630	422	10.0158370	40	
	30	9.8414440	219	9.8572389	203	9.9842051	421	10.0157949	30	
	40	9.8414658	218	9.8572186	203	9.9842473	422	10.0157527	20	
	50	9.8414877	219	9.8571983	203	9.9842894	421	10.0157106	10	
58	0	9.8415095	218	9.8571779	204	9.9843315	421	10.0156685	0	2
	10	9.8415313	218	9.8571576	203	9.9843737	422	10.0156263	50	
	20	9.8415531	218	9.8571373	203	9.9844158	421	10.0155842	40	
	30	9.8415750	219	9.8571170	203	9.9844580	422	10.0155420	30	
	40	9.8415968	218	9.8570967	203	9.9845001	421	10.0154999	20	
	50	9.8416186	218	9.8570764	203	9.9845422	421	10.0154578	10	
59	0	9.8416404	218	9.8570561	203	9.9845844	422	10.0154156	0	1
	10	9.8416622	218	9.8570357	204	9.9846265	421	10.0153735	50	
	20	9.8416840	218	9.8570154	203	9.9846686	421	10.0153314	40	
	30	9.8417059	219	9.8569951	203	9.9847108	422	10.0152892	30	
	40	9.8417277	218	9.8569748	203	9.9847529	421	10.0152471	20	
	50	9.8417495	218	9.8569544	204	9.9847950	421	10.0152050	10	
60	0	9.8417713	218	9.8569341	203	9.9848372	422	10.0151628	0	0
′	″	Co-Sinus.	Dif.	Sinus.	Dif.	Co-Tang.	Dif. com.	Tang.	″	′

46 Deg.

′	″	Sinus.	Dif.	Co-Sinus.	Dif.	Tang.	Dif.	Co-Tang.	″	′
0	0	9.8417713		9.8569341		9.9848372		10.0151628	0	60
	10	9.8417930	218	9.8569138	203	9.9848792	421	10.0151207	50	
	20	9.8418148	218	9.8568934	204	9.9849214	421	10.0150786	40	
	30	9.8418367	218	9.8568730	204	9.9849636	421	10.0150364	30	
	40	9.8418585	218	9.8568527	203	9.9850057	421	10.0149943	20	
	50	9.8418803	218	9.8568324	203	9.9850479	421	10.0149521	10	
1	0	9.8419021	218	9.8568121	203	9.9850900	421	10.0149100	0	59
	10	9.8419238	217	9.8567917	204	9.9851321	421	10.0148679	50	
	20	9.8419456	218	9.8567714	203	9.9851743	422	10.0148257	40	
	30	9.8419674	218	9.8567510	204	9.9852164	421	10.0147836	30	
	40	9.8419892	218	9.8567307	203	9.9852586	422	10.0147414	20	
	50	9.8420110	218	9.8567103	204	9.9853007	421	10.0146993	10	
2	0	9.8420328	218	9.8566900	203	9.9853428	421	10.0146572	0	58
	10	9.8420545	217	9.8566696	204	9.9853849	421	10.0146151	50	
	20	9.8420763	218	9.8566492	204	9.9854271	422	10.0145729	40	
	30	9.8420981	218	9.8566289	203	9.9854692	421	10.0145308	30	
	40	9.8421199	218	9.8566085	204	9.9855113	421	10.0144887	20	
	50	9.8421416	217	9.8565881	204	9.9855535	422	10.0144465	10	
3	0	9.8421634	218	9.8565678	203	9.9855956	421	10.0144044	0	57
	10	9.8421852	218	9.8565474	204	9.9856377	421	10.0143623	50	
	20	9.8422069	217	9.8565270	204	9.9856799	422	10.0143201	40	
	30	9.8422287	218	9.8565067	203	9.9857220	421	10.0142780	30	
	40	9.8422504	217	9.8564863	204	9.9857641	421	10.0142359	20	
	50	9.8422722	218	9.8564659	204	9.9858063	422	10.0141937	10	
4	0	9.8422939	217	9.8564455	204	9.9858484	421	10.0141516	0	56
	10	9.8423157	218	9.8564252	203	9.9858905	421	10.0141095	50	
	20	9.8423374	217	9.8564048	204	9.9859327	422	10.0140673	40	
	30	9.8423592	218	9.8563844	204	9.9859748	421	10.0140252	30	
	40	9.8423809	217	9.8563640	204	9.9860169	421	10.0139831	20	
	50	9.8424027	218	9.8563436	204	9.9860591	422	10.0139409	10	
5	0	9.8424244	217	9.8563232	204	9.9861012	421	10.0138988	0	55
	10	9.8424461	217	9.8563028	204	9.9861433	421	10.0138567	50	
	20	9.8424679	218	9.8562824	204	9.9861855	422	10.0138145	40	
	30	9.8424896	217	9.8562620	204	9.9862276	421	10.0137724	30	
	40	9.8425114	218	9.8562416	204	9.9862697	421	10.0137303	20	
	50	9.8425331	217	9.8562212	204	9.9863119	422	10.0136881	10	
6	0	9.8425548	217	9.8562008	204	9.9863540	421	10.0136460	0	54
	10	9.8425766	218	9.8561804	204	9.9863961	421	10.0136039	50	
	20	9.8425983	217	9.8561600	204	9.9864383	422	10.0135617	40	
	30	9.8426200	217	9.8561396	204	9.9864804	421	10.0135196	30	
	40	9.8426417	217	9.8561192	204	9.9865225	421	10.0134775	20	
	50	9.8426634	217	9.8560988	204	9.9865646	421	10.0134354	10	
7	0	9.8426852	218	9.8560784	204	9.9866068	422	10.0133932	0	53
	10	9.8427069	217	9.8560580	204	9.9866489	421	10.0133511	50	
	20	9.8427286	217	9.8560375	205	9.9866910	421	10.0133090	40	
	30	9.8427503	217	9.8560171	204	9.9867332	422	10.0132668	30	
	40	9.8427720	217	9.8559967	204	9.9867753	421	10.0132247	20	
	50	9.8427937	217	9.8559762	205	9.9868174	421	10.0131826	10	
8	0	9.8428154	217	9.8559558	204	9.9868596	422	10.0131404	0	52
	10	9.8428371	217	9.8559354	204	9.9869017	421	10.0130983	50	
	20	9.8428588	217	9.8559150	204	9.9869438	421	10.0130562	40	
	30	9.8428805	217	9.8558945	205	9.9869859	421	10.0130141	30	
	40	9.8429022	217	9.8558741	204	9.9870281	422	10.0129719	20	
	50	9.8429239	217	9.8558537	204	9.9870702	421	10.0129298	10	
9	0	9.8429456	217	9.8558332	205	9.9871123	421	10.0128877	0	51
	10	9.8429672	216	9.8558128	204	9.9871545	422	10.0128455	50	
	20	9.8429889	217	9.8557924	204	9.9871966	421	10.0128034	40	
	30	9.8430106	217	9.8557719	205	9.9872387	421	10.0127613	30	
	40	9.8430323	217	9.8557515	204	9.9872808	421	10.0127192	20	
	50	9.8430540	217	9.8557310	205	9.9873230	422	10.0126770	10	
10	0	9.8430757	217	9.8557106	204	9.9873651	421	10.0126349	0	50
′	″	Co-Sinus.	Dif.	Sinus.	Dif.	Co-Tang.	Dif.	Tang.	″	′

44 Deg.

′	″	Sinus.	Dif.	Co-Sinus.	Dif.	Tang.	Dif.	Co-Tang.	″	′
10	0	9.8430757		9.8557106		9.9873651		10.0126349	0	50
	10	9.8430973	216	9.8556901	205	9.9874072	421	10.0125928	50	
	20	9.8431190	217	9.8556697	204	9.9874494	422	10.0125506	40	
	30	9.8431407	217	9.8556492	205	9.9874915	421	10.0125085	30	
	40	9.8431624	217	9.8556287	205	9.9875336	421	10.0124664	20	
	50	9.8431840	216	9.8556083	204	9.9875757	421	10.0124243	10	
11	0	9.8432057	217	9.8555878	205	9.9876179	422	10.0123821	0	49
	10	9.8432274	217	9.8555674	204	9.9876600	421	10.0123400	50	
	20	9.8432490	216	9.8555469	205	9.9877021	421	10.0122979	40	
	30	9.8432707	217	9.8555264	205	9.9877443	422	10.0122557	30	
	40	9.8432923	216	9.8555060	204	9.9877864	421	10.0122136	20	
	50	9.8433140	217	9.8554855	205	9.9878285	421	10.0121715	10	
12	0	9.8433356	216	9.8554650	205	9.9878706	421	10.0121294	0	48
	10	9.8433573	217	9.8554445	205	9.9879128	422	10.0120872	50	
	20	9.8433789	216	9.8554241	204	9.9879549	421	10.0120451	40	
	30	9.8434006	217	9.8554036	205	9.9879970	421	10.0120030	30	
	40	9.8434222	216	9.8553831	205	9.9880391	421	10.0119609	20	
	50	9.8434439	217	9.8553626	205	9.9880813	422	10.0119187	10	
13	0	9.8434655	216	9.8553421	205	9.9881234	421	10.0118766	0	47
	10	9.8434871	216	9.8553216	205	9.9881655	421	10.0118345	50	
	20	9.8435088	217	9.8553011	205	9.9882076	421	10.0117924	40	
	30	9.8435304	216	9.8552806	205	9.9882498	422	10.0117502	30	
	40	9.8435521	217	9.8552602	204	9.9882919	421	10.0117081	20	
	50	9.8435737	216	9.8552397	205	9.9883340	421	10.0116660	10	
14	0	9.8435953	216	9.8552192	205	9.9883761	421	10.0116239	0	46
	10	9.8436169	216	9.8551987	205	9.9884182	421	10.0115818	50	
	20	9.8436386	217	9.8551782	205	9.9884604	422	10.0115396	40	
	30	9.8436602	216	9.8551577	205	9.9885025	421	10.0114975	30	
	40	9.8436818	216	9.8551371	206	9.9885446	421	10.0114554	20	
	50	9.8437034	216	9.8551166	205	9.9885867	421	10.0114133	10	
15	0	9.8437250	216	9.8550961	205	9.9886289	422	10.0113711	0	45
	10	9.8437466	216	9.8550756	205	9.9886710	421	10.0113290	50	
	20	9.8437683	217	9.8550551	205	9.9887131	421	10.0112869	40	
	30	9.8437899	216	9.8550346	205	9.9887553	422	10.0112447	30	
	40	9.8438115	216	9.8550141	205	9.9887974	421	10.0112026	20	
	50	9.8438331	216	9.8549935	206	9.9888395	421	10.0111605	10	
16	0	9.8438547	216	9.8549730	205	9.9888816	421	10.0111184	0	44
	10	9.8438763	216	9.8549525	205	9.9889238	422	10.0110762	50	
	20	9.8438979	216	9.8549320	205	9.9889659	421	10.0110341	40	
	30	9.8439195	216	9.8549114	206	9.9890080	421	10.0109920	30	
	40	9.8439411	216	9.8548909	205	9.9890501	421	10.0109499	20	
	50	9.8439627	216	9.8548704	205	9.9890923	422	10.0109077	10	
17	0	9.8439842	215	9.8548498	206	9.9891344	421	10.0108656	0	43
	10	9.8440058	216	9.8548293	205	9.9891765	421	10.0108235	50	
	20	9.8440274	216	9.8548088	205	9.9892186	421	10.0107814	40	
	30	9.8440490	216	9.8547882	206	9.9892608	422	10.0107392	30	
	40	9.8440706	216	9.8547677	205	9.9893029	421	10.0106971	20	
	50	9.8440921	215	9.8547472	205	9.9893450	421	10.0106550	10	
18	0	9.8441137	216	9.8547266	206	9.9893871	421	10.0106129	0	42
	10	9.8441353	216	9.8547061	205	9.9894293	422	10.0105707	50	
	20	9.8441568	215	9.8546855	206	9.9894714	421	10.0105286	40	
	30	9.8441784	216	9.8546650	205	9.9895135	421	10.0104865	30	
	40	9.8442000	216	9.8546444	206	9.9895556	421	10.0104444	20	
	50	9.8442216	216	9.8546238	206	9.9895978	422	10.0104022	10	
19	0	9.8442431	215	9.8546032	206	9.9896399	421	10.0103601	0	41
	10	9.8442647	216	9.8545827	205	9.9896820	421	10.0103180	50	
	20	9.8442862	215	9.8545621	206	9.9897241	421	10.0102759	40	
	30	9.8443078	216	9.8545416	205	9.9897662	421	10.0102338	30	
	40	9.8443294	216	9.8545210	206	9.9898084	422	10.0101916	20	
	50	9.8443509	215	9.8545005	205	9.9898505	421	10.0101495	10	
20	0	9.8443725	216	9.8544799	206	9.9898926	421	10.0101074	0	40
′	″	Co-Sinus.	Dif.	Sinus.	Dif.	Co-Tang.	Dif.	Tang.	″	′

45 Deg.

'	"	Sine.	Dif.	Co-Sine.	Dif.	Tang.	Dif.	Co-Tang.	"	'
20	0	9.8443715		9.8544799		9.9898916		10.0101084	0	40
	10	9.8443930	215	9.8544597	206	9.9899347	421	10.0100653	10	
	20	9.8444145	215	9.8544387	206	9.9899768	421	10.0100232	20	
	30	9.8444371	216	9.8544181	206	9.9900190	421	10.0099810	30	
	40	9.8444587	215	9.8543976	206	9.9900610	421	10.0099390	40	
	50	9.8444801	215	9.8543771	206	9.9901031	421	10.0098969	50	
21	0	9.8445018		9.8543564		9.9901453		10.0098547	0	39
	10	9.8445233	216	9.8543359	206	9.9901874	421	10.0098126	10	
	20	9.8445448	216	9.8543153	206	9.9902296	421	10.0097704	20	
	30	9.8445664		9.8542947		9.9902717		10.0097283	30	
	40	9.8445879	215	9.8542741	206	9.9903138	421	10.0096862	40	
	50	9.8446094	215	9.8542535	206	9.9903559	421	10.0096441	50	
22	0	9.8446310		9.8542329		9.9903981		10.0096019	0	38
	10	9.8446525	215	9.8542123	206	9.9904402	421	10.0095598	10	
	20	9.8446740	215	9.8541917	206	9.9904823	421	10.0095177	20	
	30	9.8446955	215	9.8541711	206	9.9905244	421	10.0094756	30	
	40	9.8447171	216	9.8541505	206	9.9905665	421	10.0094335	40	
	50	9.8447386	215	9.8541298	207	9.9906087	421	10.0093913	50	
23	0	9.8447601		9.8541092		9.9906508		10.0093492	0	37
	10	9.8447816	215	9.8540885	206	9.9906929	421	10.0093071	10	
	20	9.8448031	215	9.8540681	206	9.9907350	421	10.0092650	20	
	30	9.8448245		9.8540475		9.9907771		10.0092229	30	
	40	9.8448461	215	9.8540268	207	9.9908193	421	10.0091807	40	
	50	9.8448676	215	9.8540061	207	9.9908614	421	10.0091386	50	
24	0	9.8448891		9.8539856		9.9909035		10.0090965	0	36
	10	9.8449106	215	9.8539650	206	9.9909456	421	10.0090544	10	
	20	9.8449321	215	9.8539444	206	9.9909877	421	10.0090123	20	
	30	9.8449536		9.8539237		9.9910299		10.0089701	30	
	40	9.8449751	215	9.8539031	206	9.9910720	421	10.0089280	40	
	50	9.8449966	215	9.8538825	206	9.9911141	421	10.0088859	50	
25	0	9.8450181		9.8538619		9.9911562		10.0088438	0	35
	10	9.8450396	215	9.8538412	206	9.9911984	421	10.0088016	10	
	20	9.8450611	215	9.8538206	206	9.9912405	421	10.0087595	20	
	30	9.8450825		9.8538000		9.9912826		10.0087174	30	
	40	9.8451040	215	9.8537793	206	9.9913247	421	10.0086753	40	
	50	9.8451255	215	9.8537587	206	9.9913668	421	10.0086332	50	
26	0	9.8451470		9.8537381		9.9914089		10.0085911	0	34
	10	9.8451685	215	9.8537174	206	9.9914510	421	10.0085490	10	
	20	9.8451899	215	9.8536968	207	9.9914931	421	10.0085069	20	
	30	9.8452114		9.8536761		9.9915353		10.0084647	30	
	40	9.8452329	215	9.8536555	207	9.9915774	421	10.0084226	40	
	50	9.8452544	215	9.8536348	206	9.9916195	421	10.0083805	50	
27	0	9.8452758		9.8536141		9.9916616		10.0083384	0	33
	10	9.8452973	215	9.8535935	206	9.9917037	421	10.0082963	10	
	20	9.8453187	215	9.8535728	207	9.9917459	421	10.0082541	20	
	30	9.8453402		9.8535522		9.9917880		10.0082120	30	
	40	9.8453616	214	9.8535315	206	9.9918301	421	10.0081699	40	
	50	9.8453831	215	9.8535109	207	9.9918722	421	10.0081278	50	
28	0	9.8454045		9.8534902		9.9919143		10.0080857	0	32
	10	9.8454260	215	9.8534695	207	9.9919565	421	10.0080435	10	
	20	9.8454474	214	9.8534488	207	9.9919986	421	10.0080014	20	
	30	9.8454689		9.8534281		9.9920407		10.0079593	30	
	40	9.8454903	214	9.8534075	207	9.9920828	421	10.0079172	40	
	50	9.8455118	215	9.8533868	206	9.9921249	421	10.0078751	50	
29	0	9.8455332		9.8533661		9.9921670		10.0078330	0	31
	10	9.8455546	214	9.8533454	207	9.9922092	421	10.0077908	10	
	20	9.8455761	215	9.8533248	207	9.9922513	421	10.0077487	20	
	30	9.8455975		9.8533041		9.9922934		10.0077066	30	
	40	9.8456189	214	9.8532834	207	9.9923355	421	10.0076645	40	
	50	9.8456404	215	9.8532627	206	9.9923776	421	10.0076224	50	
30	0	9.8456618		9.8532421		9.9924197		10.0075803	0	30
'	"	Co-Sine.	Dif.	Sine.	Dif.	Co-Tang.	Dif.	Tang.	"	'

44 Deg.

'	"	Sine.	Dif.	Co-Sine.	Dif.	Tang.	Dif.	Co-Tang.	"	'
30	0	9.8456618		9.8532421		9.9924197		10.0075803	0	30
	10	9.8456832	214	9.8532214	207	9.9924618	421	10.0075382	10	
	20	9.8457046	214	9.8532007	207	9.9925040	421	10.0074960	20	
	30	9.8457261		9.8531800		9.9925461		10.0074539	30	
	40	9.8457475	214	9.8531593	207	9.9925882	421	10.0074118	40	
	50	9.8457689	214	9.8531386	207	9.9926303	421	10.0073697	50	
31	0	9.8457903		9.8531179		9.9926724		10.0073276	0	29
	10	9.8458117	214	9.8530972	207	9.9927145	421	10.0072855	10	
	20	9.8458331	214	9.8530765	207	9.9927567	421	10.0072433	20	
	30	9.8458545		9.8530558		9.9927988		10.0072012	30	
	40	9.8458760	215	9.8530350	208	9.9928409	421	10.0071591	40	
	50	9.8458974	214	9.8530143	207	9.9928830	421	10.0071170	50	
32	0	9.8459188		9.8529936		9.9929251		10.0070749	0	28
	10	9.8459402	214	9.8529729	207	9.9929672	421	10.0070328	10	
	20	9.8459616	214	9.8529521	208	9.9930093	421	10.0069907	20	
	30	9.8459830		9.8529314		9.9930515		10.0069485	30	
	40	9.8460044	214	9.8529107	207	9.9930936	421	10.0069064	40	
	50	9.8460257	213	9.8528900	207	9.9931357	421	10.0068643	50	
33	0	9.8460471		9.8528693		9.9931778		10.0068222	0	27
	10	9.8460685	214	9.8528486	207	9.9932199	421	10.0067801	10	
	20	9.8460899	214	9.8528278	208	9.9932621	421	10.0067379	20	
	30	9.8461113		9.8528071		9.9933042		10.0066958	30	
	40	9.8461327	214	9.8527864	207	9.9933463	421	10.0066537	40	
	50	9.8461540	213	9.8527656	208	9.9933884	421	10.0066116	50	
34	0	9.8461754		9.8527449		9.9934305		10.0065695	0	26
	10	9.8461968	214	9.8527242	207	9.9934726	421	10.0065274	10	
	20	9.8462182	214	9.8527034	208	9.9935148	421	10.0064852	20	
	30	9.8462395		9.8526827		9.9935569		10.0064431	30	
	40	9.8462609	214	9.8526619	208	9.9935990	421	10.0064010	40	
	50	9.8462823	214	9.8526412	207	9.9936411	421	10.0063589	50	
35	0	9.8463036		9.8526204		9.9936832		10.0063168	0	25
	10	9.8463250	214	9.8525997	207	9.9937253	421	10.0062747	10	
	20	9.8463464	214	9.8525789	208	9.9937674	421	10.0062326	20	
	30	9.8463677		9.8525582		9.9938096		10.0061904	30	
	40	9.8463891	214	9.8525374	208	9.9938517	421	10.0061483	40	
	50	9.8464104	213	9.8525166	208	9.9938938	421	10.0061062	50	
36	0	9.8464318		9.8524959		9.9939359		10.0060641	0	24
	10	9.8464531	213	9.8524751	208	9.9939780	421	10.0060220	10	
	20	9.8464745	214	9.8524543	208	9.9940201	421	10.0059799	20	
	30	9.8464958		9.8524336		9.9940622		10.0059378	30	
	40	9.8465172	214	9.8524128	208	9.9941044	421	10.0058956	40	
	50	9.8465385	213	9.8523920	208	9.9941465	421	10.0058535	50	
37	0	9.8465599		9.8523713		9.9941886		10.0058114	0	23
	10	9.8465812	213	9.8523505	208	9.9942307	421	10.0057693	10	
	20	9.8466025	213	9.8523297	208	9.9942728	421	10.0057272	20	
	30	9.8466239		9.8523089		9.9943149		10.0056851	30	
	40	9.8466452	213	9.8522881	208	9.9943571	421	10.0056429	40	
	50	9.8466665	213	9.8522674	207	9.9943992	421	10.0056008	50	
38	0	9.8466879		9.8522466		9.9944413		10.0055587	0	22
	10	9.8467092	213	9.8522258	208	9.9944834	421	10.0055166	10	
	20	9.8467305	213	9.8522050	208	9.9945255	421	10.0054745	20	
	30	9.8467518		9.8521842		9.9945676		10.0054324	30	
	40	9.8467731	213	9.8521634	208	9.9946097	421	10.0053903	40	
	50	9.8467945	214	9.8521426	208	9.9946518	421	10.0053482	50	
39	0	9.8468158		9.8521218		9.9946940		10.0053060	0	21
	10	9.8468371	213	9.8521010	208	9.9947361	421	10.0052639	10	
	20	9.8468584	213	9.8520802	208	9.9947782	421	10.0052218	20	
	30	9.8468797		9.8520594		9.9948203		10.0051797	30	
	40	9.8469010	213	9.8520386	208	9.9948624	421	10.0051376	40	
	50	9.8469223	213	9.8520178	208	9.9949045	421	10.0050955	50	
40	0	9.8469436		9.8519970		9.9949466		10.0050534	0	20
'	"	Co-Sine.	Dif.	Sine.	Dif.	Co-Tang.	Dif.	Tang.	"	'

45 Deg.

44 Deg.

'	"	Sinus.	Dif.	Co-Sinus.	Dif.	Tang.	Dif.	Co-Tang.	"	'
40	0	9.8469436		9.8519970		9.9949466		10.0050534	0	20
	10	9.8469649	213	9.8519762	208	9.9949888	422	10.0050112	50	
	20	9.8469862	213	9.8519554	208	9.9950309	421	10.0049691	40	
	30	9.8470075	213	9.8519345	209	9.9950730	421	10.0049270	30	
	40	9.8470288	213	9.8519137	208	9.9951151	421	10.0048849	20	
	50	9.8470501	213	9.8518929	208	9.9951572	421	10.0048428	10	
41	0	9.8470714	213	9.8518721	208	9.9951993	421	10.0048007	0	19
	10	9.8470927	213	9.8518513	208	9.9952414	421	10.0047586	50	
	20	9.8471140	213	9.8518304	209	9.9952835	421	10.0047165	40	
	30	9.8471353	213	9.8518096	208	9.9953257	422	10.0046743	30	
	40	9.8471565	212	9.8517888	208	9.9953678	421	10.0046322	20	
	50	9.8471778	213	9.8517679	209	9.9954099	421	10.0045901	10	
42	0	9.8471991	213	9.8517471	208	9.9954520	421	10.0045480	0	18
	10	9.8472204	213	9.8517263	208	9.9954941	421	10.0045059	50	
	20	9.8472416	212	9.8517054	209	9.9955362	421	10.0044638	40	
	30	9.8472629	213	9.8516846	208	9.9955783	421	10.0044217	30	
	40	9.8472842	213	9.8516637	209	9.9956204	421	10.0043796	20	
	50	9.8473055	213	9.8516429	208	9.9956626	422	10.0043374	10	
43	0	9.8473267	212	9.8516220	209	9.9957047	421	10.0042953	0	17
	10	9.8473480	213	9.8516012	208	9.9957468	421	10.0042532	50	
	20	9.8473692	212	9.8515804	208	9.9957889	421	10.0042111	40	
	30	9.8473905	213	9.8515595	209	9.9958310	421	10.0041690	30	
	40	9.8474118	213	9.8515386	209	9.9958731	421	10.0041269	20	
	50	9.8474330	212	9.8515178	208	9.9959152	421	10.0040848	10	
44	0	9.8474543	213	9.8514969	209	9.9959573	421	10.0040427	0	16
	10	9.8474755	212	9.8514761	208	9.9959994	421	10.0040006	50	
	20	9.8474968	213	9.8514552	209	9.9960416	422	10.0039584	40	
	30	9.8475180	212	9.8514343	209	9.9960837	421	10.0039163	30	
	40	9.8475393	213	9.8514135	208	9.9961258	421	10.0038742	20	
	50	9.8475605	212	9.8513926	209	9.9961679	421	10.0038321	10	
45	0	9.8475817	212	9.8513717	209	9.9962100	421	10.0037900	0	15
	10	9.8476030	213	9.8513509	208	9.9962521	421	10.0037479	50	
	20	9.8476242	212	9.8513300	209	9.9962942	421	10.0037058	40	
	30	9.8476455	213	9.8513091	209	9.9963364	422	10.0036636	30	
	40	9.8476667	212	9.8512882	209	9.9963785	421	10.0036215	20	
	50	9.8476879	212	9.8512673	209	9.9964206	421	10.0035794	10	
46	0	9.8477091	212	9.8512464	209	9.9964627	421	10.0035373	0	14
	10	9.8477304	213	9.8512256	208	9.9965048	421	10.0034952	50	
	20	9.8477516	212	9.8512047	209	9.9965469	421	10.0034531	40	
	30	9.8477728	212	9.8511838	209	9.9965890	421	10.0034110	30	
	40	9.8477940	212	9.8511629	209	9.9966311	421	10.0033689	20	
	50	9.8478153	213	9.8511420	209	9.9966732	421	10.0033268	10	
47	0	9.8478365	212	9.8511211	209	9.9967154	422	10.0032846	0	13
	10	9.8478577	212	9.8511002	209	9.9967575	421	10.0032425	50	
	20	9.8478789	212	9.8510793	209	9.9967996	421	10.0032004	40	
	30	9.8479001	212	9.8510584	209	9.9968417	421	10.0031583	30	
	40	9.8479213	212	9.8510375	209	9.9968838	421	10.0031162	20	
	50	9.8479425	212	9.8510166	209	9.9969259	421	10.0030741	10	
48	0	9.8479637	212	9.8509957	209	9.9969680	421	10.0030320	0	12
	10	9.8479849	212	9.8509748	209	9.9970101	421	10.0029899	50	
	20	9.8480061	212	9.8509539	209	9.9970522	421	10.0029478	40	
	30	9.8480273	212	9.8509330	209	9.9970943	421	10.0029057	30	
	40	9.8480485	212	9.8509120	210	9.9971365	422	10.0028635	20	
	50	9.8480697	212	9.8508911	209	9.9971786	421	10.0028214	10	
49	0	9.8480909	212	9.8508702	209	9.9972207	421	10.0027793	0	11
	10	9.8481121	212	9.8508493	209	9.9972628	421	10.0027372	50	
	20	9.8481333	212	9.8508284	209	9.9973049	421	10.0026951	40	
	30	9.8481545	212	9.8508074	210	9.9973470	421	10.0026530	30	
	40	9.8481756	211	9.8507865	209	9.9973891	421	10.0026109	20	
	50	9.8481968	212	9.8507656	209	9.9974312	421	10.0025688	10	
50	0	9.8482180	212	9.8507446	210	9.9974734	422	10.0025266	0	10
'	"	Co-Sinus.	Dif.	Sinus.	Dif.	Co-Tang.	Dif.	Tang.	"	'

45 Deg.

44 Deg.

'	"	Sinus.	Dif.	Co-Sinus.	Dif.	Tang.	Dif.	Co-Tang.	"	'
50	0	9.8482180		9.8507446		9.9974734		10.0025266	0	10
	10	9.8482392	212	9.8507237	209	9.9975155	421	10.0024845	50	
	20	9.8482604	212	9.8507028	209	9.9975576	421	10.0024424	40	
	30	9.8482815	211	9.8506818	210	9.9975997	421	10.0024003	30	
	40	9.8483027	212	9.8506609	209	9.9976418	421	10.0023582	20	
	50	9.8483239	212	9.8506400	209	9.9976839	421	10.0023161	10	
51	0	9.8483450	211	9.8506190	210	9.9977260	421	10.0022740	0	9
	10	9.8483662	212	9.8505981	209	9.9977681	421	10.0022319	50	
	20	9.8483874	212	9.8505771	210	9.9978103	422	10.0021897	40	
	30	9.8484085	211	9.8505561	210	9.9978524	421	10.0021476	30	
	40	9.8484297	212	9.8505351	210	9.9978945	421	10.0021055	20	
	50	9.8484508	211	9.8505142	209	9.9979366	421	10.0020634	10	
52	0	9.8484720	212	9.8504933	209	9.9979787	421	10.0020213	0	8
	10	9.8484931	211	9.8504723	210	9.9980208	421	10.0019792	50	
	20	9.8485143	212	9.8504514	209	9.9980629	421	10.0019371	40	
	30	9.8485354	211	9.8504304	210	9.9981050	421	10.0018950	30	
	40	9.8485566	212	9.8504095	209	9.9981471	421	10.0018529	20	
	50	9.8485777	211	9.8503885	210	9.9981892	421	10.0018108	10	
53	0	9.8485989	212	9.8503675	210	9.9982314	422	10.0017686	0	7
	10	9.8486200	211	9.8503466	209	9.9982735	421	10.0017265	50	
	20	9.8486412	212	9.8503256	210	9.9983156	421	10.0016844	40	
	30	9.8486623	211	9.8503046	210	9.9983577	421	10.0016423	30	
	40	9.8486834	211	9.8502836	210	9.9983998	421	10.0016002	20	
	50	9.8487046	212	9.8502626	210	9.9984419	421	10.0015581	10	
54	0	9.8487257	211	9.8502417	209	9.9984840	421	10.0015160	0	6
	10	9.8487468	211	9.8502207	210	9.9985261	421	10.0014739	50	
	20	9.8487679	211	9.8501997	210	9.9985682	421	10.0014318	40	
	30	9.8487891	212	9.8501787	210	9.9986104	422	10.0013896	30	
	40	9.8488102	211	9.8501577	210	9.9986525	421	10.0013475	20	
	50	9.8488313	211	9.8501367	210	9.9986946	421	10.0013054	10	
55	0	9.8488524	211	9.8501157	210	9.9987367	421	10.0012633	0	5
	10	9.8488735	211	9.8500947	210	9.9987788	421	10.0012212	50	
	20	9.8488947	212	9.8500737	210	9.9988209	421	10.0011791	40	
	30	9.8489158	211	9.8500527	210	9.9988630	421	10.0011370	30	
	40	9.8489369	211	9.8500317	210	9.9989052	422	10.0010948	20	
	50	9.8489580	211	9.8500107	210	9.9989473	421	10.0010527	10	
56	0	9.8489791	211	9.8499897	210	9.9989894	421	10.0010106	0	4
	10	9.8490002	211	9.8499687	210	9.9990315	421	10.0009685	50	
	20	9.8490213	211	9.8499477	210	9.9990736	421	10.0009264	40	
	30	9.8490424	211	9.8499267	210	9.9991157	421	10.0008843	30	
	40	9.8490635	211	9.8499057	210	9.9991578	421	10.0008422	20	
	50	9.8490846	211	9.8498847	210	9.9991999	421	10.0008001	10	
57	0	9.8491057	211	9.8498637	210	9.9992420	421	10.0007580	0	3
	10	9.8491268	211	9.8498426	211	9.9992842	422	10.0007158	50	
	20	9.8491479	211	9.8498216	210	9.9993263	421	10.0006737	40	
	30	9.8491689	210	9.8498006	210	9.9993683	420	10.0006317	30	
	40	9.8491900	211	9.8497796	210	9.9994104	421	10.0005896	20	
	50	9.8492111	211	9.8497586	210	9.9994525	421	10.0005475	10	
58	0	9.8492322	211	9.8497375	211	9.9994947	422	10.0005053	0	2
	10	9.8492533	211	9.8497165	210	9.9995368	421	10.0004632	50	
	20	9.8492743	210	9.8496955	210	9.9995789	421	10.0004211	40	
	30	9.8492954	211	9.8496744	211	9.9996210	421	10.0003790	30	
	40	9.8493165	211	9.8496534	210	9.9996631	421	10.0003369	20	
	50	9.8493376	211	9.8496323	211	9.9997052	421	10.0002948	10	
59	0	9.8493586	210	9.8496113	210	9.9997473	421	10.0002527	0	1
	10	9.8493797	211	9.8495903	210	9.9997894	421	10.0002106	50	
	20	9.8494008	211	9.8495692	211	9.9998316	422	10.0001684	40	
	30	9.8494218	210	9.8495481	211	9.9998737	421	10.0001263	30	
	40	9.8494429	211	9.8495271	210	9.9999158	421	10.0000842	20	
	50	9.8494639	210	9.8495061	210	9.9999579	421	10.0000421	10	
60	0	9.8494850	211	9.8494850	211	10.0000000	421	10.0000000	0	0
'	"	Co-Sinus.	Dif.	Sinus.	Dif.	Co-Tang.	Dif.	Tang.	"	'

45 Deg.

TABLE DES LOGARITHMES LOGISTIQUES.

′	0	1	2	3	4	5	6	7	8	9	10	11	12	13	14	15	16	17	18	19	20	21	22	23	24
″	0	60	120	180	240	300	360	420	480	540	600	660	720	780	840	900	960	1020	1080	1140	1200	1260	1320	1380	1440
0		1.7782	1.4771	1.3010	1.1761	1.0792	1.0000	9331	8751	8239	7782	7368	6990	6642	6320	6021	5740	5477	5229	4994	4771	4559	4357	4164	3979
1	3.5563	1.7710	1.4735	1.2986	1.1743	1.0777	[illegible]	[illegible]	[illegible]	[illegible]	[illegible]	[illegible]	[illegible]	[illegible]	[illegible]	[illegible]	[illegible]	[illegible]	[illegible]	[illegible]	[illegible]	[illegible]	[illegible]	[illegible]	[illegible]
2	3.2553	1.7639	1.4699	1.2962	1.1725	1.0763	[illegible]	[illegible]	[illegible]	[illegible]	[illegible]	[illegible]	[illegible]	[illegible]	[illegible]	[illegible]	[illegible]	[illegible]	[illegible]	[illegible]	[illegible]	[illegible]	[illegible]	[illegible]	[illegible]
3	3.0792	1.7570	1.4664	1.2939	1.1707	1.0749	[illegible]	[illegible]	[illegible]	[illegible]	[illegible]	[illegible]	[illegible]	[illegible]	[illegible]	[illegible]	[illegible]	[illegible]	[illegible]	[illegible]	[illegible]	[illegible]	[illegible]	[illegible]	[illegible]
4	2.9542	1.7501	1.4629	1.2915	1.1689	1.0734	[illegible]	[illegible]	[illegible]	[illegible]	[illegible]	[illegible]	[illegible]	[illegible]	[illegible]	[illegible]	[illegible]	[illegible]	[illegible]	[illegible]	[illegible]	[illegible]	[illegible]	[illegible]	[illegible]
5	2.8573	1.7434	1.4594	1.2891	1.1671	1.0720	[illegible]	[illegible]	[illegible]	[illegible]	[illegible]	[illegible]	[illegible]	[illegible]	[illegible]	[illegible]	[illegible]	[illegible]	[illegible]	[illegible]	[illegible]	[illegible]	[illegible]	[illegible]	[illegible]
6	2.7782	1.7368	1.4559	1.2868	1.1654	1.0706	[illegible]	[illegible]	[illegible]	[illegible]	[illegible]	[illegible]	[illegible]	[illegible]	[illegible]	[illegible]	[illegible]	[illegible]	[illegible]	[illegible]	[illegible]	[illegible]	[illegible]	[illegible]	[illegible]
7	2.7112	1.7302	1.4525	1.2845	1.1636	1.0692	[illegible]	[illegible]	[illegible]	[illegible]	[illegible]	[illegible]	[illegible]	[illegible]	[illegible]	[illegible]	[illegible]	[illegible]	[illegible]	[illegible]	[illegible]	[illegible]	[illegible]	[illegible]	[illegible]
8	2.6532	1.7238	1.4491	1.2821	1.1619	1.0678	[illegible]	[illegible]	[illegible]	[illegible]	[illegible]	[illegible]	[illegible]	[illegible]	[illegible]	[illegible]	[illegible]	[illegible]	[illegible]	[illegible]	[illegible]	[illegible]	[illegible]	[illegible]	[illegible]
9	2.6021	1.7175	1.4457	1.2798	1.1601	1.0663	[illegible]	[illegible]	[illegible]	[illegible]	[illegible]	[illegible]	[illegible]	[illegible]	[illegible]	[illegible]	[illegible]	[illegible]	[illegible]	[illegible]	[illegible]	[illegible]	[illegible]	[illegible]	[illegible]
10	2.5563	1.7112	1.4424	1.2775	1.1584	1.0649	[illegible]	[illegible]	[illegible]	[illegible]	[illegible]	[illegible]	[illegible]	[illegible]	[illegible]	[illegible]	[illegible]	[illegible]	[illegible]	[illegible]	[illegible]	[illegible]	[illegible]	[illegible]	[illegible]
11	2.5149	1.7050	1.4390	1.2753	1.1566	1.0635	[illegible]	[illegible]	[illegible]	[illegible]	[illegible]	[illegible]	[illegible]	[illegible]	[illegible]	[illegible]	[illegible]	[illegible]	[illegible]	[illegible]	[illegible]	[illegible]	[illegible]	[illegible]	[illegible]
12	2.4771	1.6990	1.4357	1.2730	1.1549	1.0621	[illegible]	[illegible]	[illegible]	[illegible]	[illegible]	[illegible]	[illegible]	[illegible]	[illegible]	[illegible]	[illegible]	[illegible]	[illegible]	[illegible]	[illegible]	[illegible]	[illegible]	[illegible]	[illegible]
13	2.4424	1.6930	1.4325	1.2707	1.1532	1.0608	[illegible]	[illegible]	[illegible]	[illegible]	[illegible]	[illegible]	[illegible]	[illegible]	[illegible]	[illegible]	[illegible]	[illegible]	[illegible]	[illegible]	[illegible]	[illegible]	[illegible]	[illegible]	[illegible]
14	2.4102	1.6871	1.4292	1.2685	1.1515	1.0594	[illegible]	[illegible]	[illegible]	[illegible]	[illegible]	[illegible]	[illegible]	[illegible]	[illegible]	[illegible]	[illegible]	[illegible]	[illegible]	[illegible]	[illegible]	[illegible]	[illegible]	[illegible]	[illegible]
15	2.3802	1.6812	1.4260	1.2663	1.1498	1.0580	[illegible]	[illegible]	[illegible]	[illegible]	[illegible]	[illegible]	[illegible]	[illegible]	[illegible]	[illegible]	[illegible]	[illegible]	[illegible]	[illegible]	[illegible]	[illegible]	[illegible]	[illegible]	[illegible]
16	2.3522	1.6755	1.4228	1.2640	1.1481	1.0566	[illegible]	[illegible]	[illegible]	[illegible]	[illegible]	[illegible]	[illegible]	[illegible]	[illegible]	[illegible]	[illegible]	[illegible]	[illegible]	[illegible]	[illegible]	[illegible]	[illegible]	[illegible]	[illegible]
17	2.3259	1.6698	1.4196	1.2618	1.1464	1.0552	[illegible]	[illegible]	[illegible]	[illegible]	[illegible]	[illegible]	[illegible]	[illegible]	[illegible]	[illegible]	[illegible]	[illegible]	[illegible]	[illegible]	[illegible]	[illegible]	[illegible]	[illegible]	[illegible]
18	2.3010	1.6642	1.4164	1.2596	1.1447	1.0539	[illegible]	[illegible]	[illegible]	[illegible]	[illegible]	[illegible]	[illegible]	[illegible]	[illegible]	[illegible]	[illegible]	[illegible]	[illegible]	[illegible]	[illegible]	[illegible]	[illegible]	[illegible]	[illegible]
19	2.2775	1.6587	1.4133	1.2574	1.1430	1.0525	[illegible]	[illegible]	[illegible]	[illegible]	[illegible]	[illegible]	[illegible]	[illegible]	[illegible]	[illegible]	[illegible]	[illegible]	[illegible]	[illegible]	[illegible]	[illegible]	[illegible]	[illegible]	[illegible]
20	2.2553	1.6532	1.4102	1.2553	1.1413	1.0512	[illegible]	[illegible]	[illegible]	[illegible]	[illegible]	[illegible]	[illegible]	[illegible]	[illegible]	[illegible]	[illegible]	[illegible]	[illegible]	[illegible]	[illegible]	[illegible]	[illegible]	[illegible]	[illegible]
21	2.2341	1.6478	1.4071	1.2531	1.1397	1.0498	[illegible]	[illegible]	[illegible]	[illegible]	[illegible]	[illegible]	[illegible]	[illegible]	[illegible]	[illegible]	[illegible]	[illegible]	[illegible]	[illegible]	[illegible]	[illegible]	[illegible]	[illegible]	[illegible]
22	2.2139	1.6425	1.4040	1.2510	1.1380	1.0484	[illegible]	[illegible]	[illegible]	[illegible]	[illegible]	[illegible]	[illegible]	[illegible]	[illegible]	[illegible]	[illegible]	[illegible]	[illegible]	[illegible]	[illegible]	[illegible]	[illegible]	[illegible]	[illegible]
23	2.1946	1.6372	1.4010	1.2488	1.1363	1.0471	[illegible]	[illegible]	[illegible]	[illegible]	[illegible]	[illegible]	[illegible]	[illegible]	[illegible]	[illegible]	[illegible]	[illegible]	[illegible]	[illegible]	[illegible]	[illegible]	[illegible]	[illegible]	[illegible]
24	2.1761	1.6320	1.3979	1.2467	1.1347	1.0458	[illegible]	[illegible]	[illegible]	[illegible]	[illegible]	[illegible]	[illegible]	[illegible]	[illegible]	[illegible]	[illegible]	[illegible]	[illegible]	[illegible]	[illegible]	[illegible]	[illegible]	[illegible]	[illegible]
25	2.1584	1.6269	1.3949	1.2445	1.1331	1.0444	[illegible]	[illegible]	[illegible]	[illegible]	[illegible]	[illegible]	[illegible]	[illegible]	[illegible]	[illegible]	[illegible]	[illegible]	[illegible]	[illegible]	[illegible]	[illegible]	[illegible]	[illegible]	[illegible]
26	2.1413	1.6218	1.3919	1.2424	1.1314	1.0431	[illegible]	[illegible]	[illegible]	[illegible]	[illegible]	[illegible]	[illegible]	[illegible]	[illegible]	[illegible]	[illegible]	[illegible]	[illegible]	[illegible]	[illegible]	[illegible]	[illegible]	[illegible]	[illegible]
27	2.1249	1.6168	1.3890	1.2403	1.1298	1.0418	[illegible]	[illegible]	[illegible]	[illegible]	[illegible]	[illegible]	[illegible]	[illegible]	[illegible]	[illegible]	[illegible]	[illegible]	[illegible]	[illegible]	[illegible]	[illegible]	[illegible]	[illegible]	[illegible]
28	2.1091	1.6118	1.3860	1.2382	1.1282	1.0404	[illegible]	[illegible]	[illegible]	[illegible]	[illegible]	[illegible]	[illegible]	[illegible]	[illegible]	[illegible]	[illegible]	[illegible]	[illegible]	[illegible]	[illegible]	[illegible]	[illegible]	[illegible]	[illegible]
29	2.0939	1.6069	1.3831	1.2362	1.1266	1.0391	[illegible]	[illegible]	[illegible]	[illegible]	[illegible]	[illegible]	[illegible]	[illegible]	[illegible]	[illegible]	[illegible]	[illegible]	[illegible]	[illegible]	[illegible]	[illegible]	[illegible]	[illegible]	[illegible]
30	2.0792	1.6021	1.3802	1.2341	1.1249	1.0378	[illegible]	[illegible]	[illegible]	[illegible]	[illegible]	[illegible]	[illegible]	[illegible]	[illegible]	[illegible]	[illegible]	[illegible]	[illegible]	[illegible]	[illegible]	[illegible]	[illegible]	[illegible]	[illegible]
31	2.0649	1.5973	1.3773	1.2320	1.1233	1.0365	[illegible]	[illegible]	[illegible]	[illegible]	[illegible]	[illegible]	[illegible]	[illegible]	[illegible]	[illegible]	[illegible]	[illegible]	[illegible]	[illegible]	[illegible]	[illegible]	[illegible]	[illegible]	[illegible]
32	2.0512	1.5925	1.3745	1.2300	1.1217	1.0352	[illegible]	[illegible]	[illegible]	[illegible]	[illegible]	[illegible]	[illegible]	[illegible]	[illegible]	[illegible]	[illegible]	[illegible]	[illegible]	[illegible]	[illegible]	[illegible]	[illegible]	[illegible]	[illegible]
33	2.0378	1.5878	1.3716	1.2279	1.1201	1.0339	[illegible]	[illegible]	[illegible]	[illegible]	[illegible]	[illegible]	[illegible]	[illegible]	[illegible]	[illegible]	[illegible]	[illegible]	[illegible]	[illegible]	[illegible]	[illegible]	[illegible]	[illegible]	[illegible]
34	2.0248	1.5832	1.3688	1.2259	1.1186	1.0326	[illegible]	[illegible]	[illegible]	[illegible]	[illegible]	[illegible]	[illegible]	[illegible]	[illegible]	[illegible]	[illegible]	[illegible]	[illegible]	[illegible]	[illegible]	[illegible]	[illegible]	[illegible]	[illegible]
35	2.0122	1.5786	1.3660	1.2239	1.1170	1.0313	[illegible]	[illegible]	[illegible]	[illegible]	[illegible]	[illegible]	[illegible]	[illegible]	[illegible]	[illegible]	[illegible]	[illegible]	[illegible]	[illegible]	[illegible]	[illegible]	[illegible]	[illegible]	[illegible]
36	2.0000	1.5740	1.3632	1.2218	1.1154	1.0300	[illegible]	[illegible]	[illegible]	[illegible]	[illegible]	[illegible]	[illegible]	[illegible]	[illegible]	[illegible]	[illegible]	[illegible]	[illegible]	[illegible]	[illegible]	[illegible]	[illegible]	[illegible]	[illegible]
37	1.9881	1.5695	1.3604	1.2198	1.1138	1.0287	[illegible]	[illegible]	[illegible]	[illegible]	[illegible]	[illegible]	[illegible]	[illegible]	[illegible]	[illegible]	[illegible]	[illegible]	[illegible]	[illegible]	[illegible]	[illegible]	[illegible]	[illegible]	[illegible]
38	1.9765	1.5651	1.3576	1.2178	1.1123	1.0274	[illegible]	[illegible]	[illegible]	[illegible]	[illegible]	[illegible]	[illegible]	[illegible]	[illegible]	[illegible]	[illegible]	[illegible]	[illegible]	[illegible]	[illegible]	[illegible]	[illegible]	[illegible]	[illegible]
39	1.9652	1.5607	1.3549	1.2159	1.1107	1.0261	[illegible]	[illegible]	[illegible]	[illegible]	[illegible]	[illegible]	[illegible]	[illegible]	[illegible]	[illegible]	[illegible]	[illegible]	[illegible]	[illegible]	[illegible]	[illegible]	[illegible]	[illegible]	[illegible]
40	1.9542	1.5563	1.3522	1.2139	1.1091	1.0248	[illegible]	[illegible]	[illegible]	[illegible]	[illegible]	[illegible]	[illegible]	[illegible]	[illegible]	[illegible]	[illegible]	[illegible]	[illegible]	[illegible]	[illegible]	[illegible]	[illegible]	[illegible]	[illegible]
41	1.9435	1.5520	1.3495	1.2119	1.1076	1.0235	[illegible]	[illegible]	[illegible]	[illegible]	[illegible]	[illegible]	[illegible]	[illegible]	[illegible]	[illegible]	[illegible]	[illegible]	[illegible]	[illegible]	[illegible]	[illegible]	[illegible]	[illegible]	[illegible]
42	1.9331	1.5477	1.3468	1.2100	1.1061	1.0223	[illegible]	[illegible]	[illegible]	[illegible]	[illegible]	[illegible]	[illegible]	[illegible]	[illegible]	[illegible]	[illegible]	[illegible]	[illegible]	[illegible]	[illegible]	[illegible]	[illegible]	[illegible]	[illegible]
43	1.9228	1.5435	1.3441	1.2080	1.1045	1.0210	[illegible]	[illegible]	[illegible]	[illegible]	[illegible]	[illegible]	[illegible]	[illegible]	[illegible]	[illegible]	[illegible]	[illegible]	[illegible]	[illegible]	[illegible]	[illegible]	[illegible]	[illegible]	[illegible]
44	1.9128	1.5393	1.3415	1.2061	1.1030	1.0197	[illegible]	[illegible]	[illegible]	[illegible]	[illegible]	[illegible]	[illegible]	[illegible]	[illegible]	[illegible]	[illegible]	[illegible]	[illegible]	[illegible]	[illegible]	[illegible]	[illegible]	[illegible]	[illegible]
45	1.9031	1.5351	1.3388	1.2041	1.1015	1.0185	[illegible]	[illegible]	[illegible]	[illegible]	[illegible]	[illegible]	[illegible]	[illegible]	[illegible]	[illegible]	[illegible]	[illegible]	[illegible]	[illegible]	[illegible]	[illegible]	[illegible]	[illegible]	[illegible]
46	1.8935	1.5310	1.3362	1.2022	1.0999	1.0172	[illegible]	[illegible]	[illegible]	[illegible]	[illegible]	[illegible]	[illegible]	[illegible]	[illegible]	[illegible]	[illegible]	[illegible]	[illegible]	[illegible]	[illegible]	[illegible]	[illegible]	[illegible]	[illegible]
47	1.8842	1.5269	1.3336	1.2003	1.0984	1.0160	[illegible]	[illegible]	[illegible]	[illegible]	[illegible]	[illegible]	[illegible]	[illegible]	[illegible]	[illegible]	[illegible]	[illegible]	[illegible]	[illegible]	[illegible]	[illegible]	[illegible]	[illegible]	[illegible]
48	1.8751	1.5229	1.3310	1.1984	1.0969	1.0147	[illegible]	[illegible]	[illegible]	[illegible]	[illegible]	[illegible]	[illegible]	[illegible]	[illegible]	[illegible]	[illegible]	[illegible]	[illegible]	[illegible]	[illegible]	[illegible]	[illegible]	[illegible]	[illegible]
49	1.8661	1.5189	1.3284	1.1965	1.0954	1.0135	[illegible]	[illegible]	[illegible]	[illegible]	[illegible]	[illegible]	[illegible]	[illegible]	[illegible]	[illegible]	[illegible]	[illegible]	[illegible]	[illegible]	[illegible]	[illegible]	[illegible]	[illegible]	[illegible]
50	1.8573	1.5149	1.3259	1.1946	1.0939	1.0122	[illegible]	[illegible]	[illegible]	[illegible]	[illegible]	[illegible]	[illegible]	[illegible]	[illegible]	[illegible]	[illegible]	[illegible]	[illegible]	[illegible]	[illegible]	[illegible]	[illegible]	[illegible]	[illegible]
51	1.8487	1.5110	1.3233	1.1927	1.0924	1.0110	[illegible]	[illegible]	[illegible]	[illegible]	[illegible]	[illegible]	[illegible]	[illegible]	[illegible]	[illegible]	[illegible]	[illegible]	[illegible]	[illegible]	[illegible]	[illegible]	[illegible]	[illegible]	[illegible]
52	1.8403	1.5071	1.3208	1.1908	1.0909	1.0098	[illegible]	[illegible]	[illegible]	[illegible]	[illegible]	[illegible]	[illegible]	[illegible]	[illegible]	[illegible]	[illegible]	[illegible]	[illegible]	[illegible]	[illegible]	[illegible]	[illegible]	[illegible]	[illegible]
53	1.8320	1.5032	1.3183	1.1889	1.0894	1.0085	[illegible]	[illegible]	[illegible]	[illegible]	[illegible]	[illegible]	[illegible]	[illegible]	[illegible]	[illegible]	[illegible]	[illegible]	[illegible]	[illegible]	[illegible]	[illegible]	[illegible]	[illegible]	[illegible]
54	1.8239	1.4994	1.3158	1.1871	1.0880	1.0073	[illegible]	[illegible]	[illegible]	[illegible]	[illegible]	[illegible]	[illegible]	[illegible]	[illegible]	[illegible]	[illegible]	[illegible]	[illegible]	[illegible]	[illegible]	[illegible]	[illegible]	[illegible]	[illegible]
55	1.8159	1.4956	1.3133	1.1852	1.0865	1.0061	[illegible]	[illegible]	[illegible]	[illegible]	[illegible]	[illegible]	[illegible]	[illegible]	[illegible]	[illegible]	[illegible]	[illegible]	[illegible]	[illegible]	[illegible]	[illegible]	[illegible]	[illegible]	[illegible]
56	1.8081	1.4918	1.3108	1.1834	1.0850	1.0049	[illegible]	[illegible]	[illegible]	[illegible]	[illegible]	[illegible]	[illegible]	[illegible]	[illegible]	[illegible]	[illegible]	[illegible]	[illegible]	[illegible]	[illegible]	[illegible]	[illegible]	[illegible]	[illegible]
57	1.8004	1.4881	1.3083	1.1816	1.0835	1.0036	[illegible]	[illegible]	[illegible]	[illegible]	[illegible]	[illegible]	[illegible]	[illegible]	[illegible]	[illegible]	[illegible]	[illegible]	[illegible]	[illegible]	[illegible]	[illegible]	[illegible]	[illegible]	[illegible]
58	1.7929	1.4844	1.3059	1.1797	1.0821	1.0024	[illegible]	[illegible]	[illegible]	[illegible]	[illegible]	[illegible]	[illegible]	[illegible]	[illegible]	[illegible]	[illegible]	[illegible]	[illegible]	[illegible]	[illegible]	[illegible]	[illegible]	[illegible]	[illegible]
59	1.7855	1.4808	1.3034	1.1779	1.0806	1.0012	[illegible]	[illegible]	[illegible]	[illegible]	[illegible]	[illegible]	[illegible]	[illegible]	[illegible]	[illegible]	[illegible]	[illegible]	[illegible]	[illegible]	[illegible]	[illegible]	[illegible]	[illegible]	[illegible]
60	1.7782	1.4771	1.3010	1.1761	1.0792	1.0000	[illegible]	[illegible]	[illegible]	[illegible]	[illegible]	[illegible]	[illegible]	[illegible]	[illegible]	[illegible]	[illegible]	[illegible]	[illegible]	[illegible]	[illegible]	[illegible]	[illegible]	[illegible]	[illegible]
′	0	1	2	3	4	5	6	7	8	9	10	11	12	13	14	15	16	17	18	19	20	21	22	23	24

LOGARITHMES LOGISTIQUES.

′	25	26	27	28	29	30	31	32	33	34	35	36	37	38	39	40	41	42	43	44	45	46	47	48	49	50	51
″	[illegible]	[illegible]	[illegible]	[illegible]	[illegible]	[illegible]	[illegible]	[illegible]	[illegible]	[illegible]	[illegible]	[illegible]	[illegible]	[illegible]	[illegible]	[illegible]	[illegible]	[illegible]	[illegible]	[illegible]	[illegible]	[illegible]	[illegible]	[illegible]	[illegible]	[illegible]	[illegible]
0	[illegible]	[illegible]	[illegible]	[illegible]	[illegible]	[illegible]	[illegible]	[illegible]	[illegible]	[illegible]	[illegible]	[illegible]	[illegible]	[illegible]	[illegible]	[illegible]	[illegible]	[illegible]	[illegible]	[illegible]	[illegible]	[illegible]	[illegible]	[illegible]	[illegible]	[illegible]	[illegible]
1	[illegible]	[illegible]	[illegible]	[illegible]	[illegible]	[illegible]	[illegible]	[illegible]	[illegible]	[illegible]	[illegible]	[illegible]	[illegible]	[illegible]	[illegible]	[illegible]	[illegible]	[illegible]	[illegible]	[illegible]	[illegible]	[illegible]	[illegible]	[illegible]	[illegible]	[illegible]	[illegible]
2	[illegible]	[illegible]	[illegible]	[illegible]	[illegible]	[illegible]	[illegible]	[illegible]	[illegible]	[illegible]	[illegible]	[illegible]	[illegible]	[illegible]	[illegible]	[illegible]	[illegible]	[illegible]	[illegible]	[illegible]	[illegible]	[illegible]	[illegible]	[illegible]	[illegible]	[illegible]	[illegible]
3	[illegible]	[illegible]	[illegible]	[illegible]	[illegible]	[illegible]	[illegible]	[illegible]	[illegible]	[illegible]	[illegible]	[illegible]	[illegible]	[illegible]	[illegible]	[illegible]	[illegible]	[illegible]	[illegible]	[illegible]	[illegible]	[illegible]	[illegible]	[illegible]	[illegible]	[illegible]	[illegible]
4	[illegible]	[illegible]	[illegible]	[illegible]	[illegible]	[illegible]	[illegible]	[illegible]	[illegible]	[illegible]	[illegible]	[illegible]	[illegible]	[illegible]	[illegible]	[illegible]	[illegible]	[illegible]	[illegible]	[illegible]	[illegible]	[illegible]	[illegible]	[illegible]	[illegible]	[illegible]	[illegible]
5	[illegible]	[illegible]	[illegible]	[illegible]	[illegible]	[illegible]	[illegible]	[illegible]	[illegible]	[illegible]	[illegible]	[illegible]	[illegible]	[illegible]	[illegible]	[illegible]	[illegible]	[illegible]	[illegible]	[illegible]	[illegible]	[illegible]	[illegible]	[illegible]	[illegible]	[illegible]	[illegible]
6	[illegible]	[illegible]	[illegible]	[illegible]	[illegible]	[illegible]	[illegible]	[illegible]	[illegible]	[illegible]	[illegible]	[illegible]	[illegible]	[illegible]	[illegible]	[illegible]	[illegible]	[illegible]	[illegible]	[illegible]	[illegible]	[illegible]	[illegible]	[illegible]	[illegible]	[illegible]	[illegible]
7	[illegible]	[illegible]	[illegible]	[illegible]	[illegible]	[illegible]	[illegible]	[illegible]	[illegible]	[illegible]	[illegible]	[illegible]	[illegible]	[illegible]	[illegible]	[illegible]	[illegible]	[illegible]	[illegible]	[illegible]	[illegible]	[illegible]	[illegible]	[illegible]	[illegible]	[illegible]	[illegible]
8	[illegible]	[illegible]	[illegible]	[illegible]	[illegible]	[illegible]	[illegible]	[illegible]	[illegible]	[illegible]	[illegible]	[illegible]	[illegible]	[illegible]	[illegible]	[illegible]	[illegible]	[illegible]	[illegible]	[illegible]	[illegible]	[illegible]	[illegible]	[illegible]	[illegible]	[illegible]	[illegible]
9	[illegible]	[illegible]	[illegible]	[illegible]	[illegible]	[illegible]	[illegible]	[illegible]	[illegible]	[illegible]	[illegible]	[illegible]	[illegible]	[illegible]	[illegible]	[illegible]	[illegible]	[illegible]	[illegible]	[illegible]	[illegible]	[illegible]	[illegible]	[illegible]	[illegible]	[illegible]	[illegible]
10	[illegible]	[illegible]	[illegible]	[illegible]	[illegible]	[illegible]	[illegible]	[illegible]	[illegible]	[illegible]	[illegible]	[illegible]	[illegible]	[illegible]	[illegible]	[illegible]	[illegible]	[illegible]	[illegible]	[illegible]	[illegible]	[illegible]	[illegible]	[illegible]	[illegible]	[illegible]	[illegible]
11	[illegible]	[illegible]	[illegible]	[illegible]	[illegible]	[illegible]	[illegible]	[illegible]	[illegible]	[illegible]	[illegible]	[illegible]	[illegible]	[illegible]	[illegible]	[illegible]	[illegible]	[illegible]	[illegible]	[illegible]	[illegible]	[illegible]	[illegible]	[illegible]	[illegible]	[illegible]	[illegible]
12	[illegible]	[illegible]	[illegible]	[illegible]	[illegible]	[illegible]	[illegible]	[illegible]	[illegible]	[illegible]	[illegible]	[illegible]	[illegible]	[illegible]	[illegible]	[illegible]	[illegible]	[illegible]	[illegible]	[illegible]	[illegible]	[illegible]	[illegible]	[illegible]	[illegible]	[illegible]	[illegible]
13	[illegible]	[illegible]	[illegible]	[illegible]	[illegible]	[illegible]	[illegible]	[illegible]	[illegible]	[illegible]	[illegible]	[illegible]	[illegible]	[illegible]	[illegible]	[illegible]	[illegible]	[illegible]	[illegible]	[illegible]	[illegible]	[illegible]	[illegible]	[illegible]	[illegible]	[illegible]	[illegible]
14	[illegible]	[illegible]	[illegible]	[illegible]	[illegible]	[illegible]	[illegible]	[illegible]	[illegible]	[illegible]	[illegible]	[illegible]	[illegible]	[illegible]	[illegible]	[illegible]	[illegible]	[illegible]	[illegible]	[illegible]	[illegible]	[illegible]	[illegible]	[illegible]	[illegible]	[illegible]	[illegible]
15	[illegible]	[illegible]	[illegible]	[illegible]	[illegible]	[illegible]	[illegible]	[illegible]	[illegible]	[illegible]	[illegible]	[illegible]	[illegible]	[illegible]	[illegible]	[illegible]	[illegible]	[illegible]	[illegible]	[illegible]	[illegible]	[illegible]	[illegible]	[illegible]	[illegible]	[illegible]	[illegible]
16	[illegible]	[illegible]	[illegible]	[illegible]	[illegible]	[illegible]	[illegible]	[illegible]	[illegible]	[illegible]	[illegible]	[illegible]	[illegible]	[illegible]	[illegible]	[illegible]	[illegible]	[illegible]	[illegible]	[illegible]	[illegible]	[illegible]	[illegible]	[illegible]	[illegible]	[illegible]	[illegible]
17	[illegible]	[illegible]	[illegible]	[illegible]	[illegible]	[illegible]	[illegible]	[illegible]	[illegible]	[illegible]	[illegible]	[illegible]	[illegible]	[illegible]	[illegible]	[illegible]	[illegible]	[illegible]	[illegible]	[illegible]	[illegible]	[illegible]	[illegible]	[illegible]	[illegible]	[illegible]	[illegible]
18	[illegible]	[illegible]	[illegible]	[illegible]	[illegible]	[illegible]	[illegible]	[illegible]	[illegible]	[illegible]	[illegible]	[illegible]	[illegible]	[illegible]	[illegible]	[illegible]	[illegible]	[illegible]	[illegible]	[illegible]	[illegible]	[illegible]	[illegible]	[illegible]	[illegible]	[illegible]	[illegible]
19	[illegible]	[illegible]	[illegible]	[illegible]	[illegible]	[illegible]	[illegible]	[illegible]	[illegible]	[illegible]	[illegible]	[illegible]	[illegible]	[illegible]	[illegible]	[illegible]	[illegible]	[illegible]	[illegible]	[illegible]	[illegible]	[illegible]	[illegible]	[illegible]	[illegible]	[illegible]	[illegible]
20	[illegible]	[illegible]	[illegible]	[illegible]	[illegible]	[illegible]	[illegible]	[illegible]	[illegible]	[illegible]	[illegible]	[illegible]	[illegible]	[illegible]	[illegible]	[illegible]	[illegible]	[illegible]	[illegible]	[illegible]	[illegible]	[illegible]	[illegible]	[illegible]	[illegible]	[illegible]	[illegible]
21	[illegible]	[illegible]	[illegible]	[illegible]	[illegible]	[illegible]	[illegible]	[illegible]	[illegible]	[illegible]	[illegible]	[illegible]	[illegible]	[illegible]	[illegible]	[illegible]	[illegible]	[illegible]	[illegible]	[illegible]	[illegible]	[illegible]	[illegible]	[illegible]	[illegible]	[illegible]	[illegible]
22	[illegible]	[illegible]	[illegible]	[illegible]	[illegible]	[illegible]	[illegible]	[illegible]	[illegible]	[illegible]	[illegible]	[illegible]	[illegible]	[illegible]	[illegible]	[illegible]	[illegible]	[illegible]	[illegible]	[illegible]	[illegible]	[illegible]	[illegible]	[illegible]	[illegible]	[illegible]	[illegible]
23	[illegible]	[illegible]	[illegible]	[illegible]	[illegible]	[illegible]	[illegible]	[illegible]	[illegible]	[illegible]	[illegible]	[illegible]	[illegible]	[illegible]	[illegible]	[illegible]	[illegible]	[illegible]	[illegible]	[illegible]	[illegible]	[illegible]	[illegible]	[illegible]	[illegible]	[illegible]	[illegible]
24	[illegible]	[illegible]	[illegible]	[illegible]	[illegible]	[illegible]	[illegible]	[illegible]	[illegible]	[illegible]	[illegible]	[illegible]	[illegible]	[illegible]	[illegible]	[illegible]	[illegible]	[illegible]	[illegible]	[illegible]	[illegible]	[illegible]	[illegible]	[illegible]	[illegible]	[illegible]	[illegible]
25	[illegible]	[illegible]	[illegible]	[illegible]	[illegible]	[illegible]	[illegible]	[illegible]	[illegible]	[illegible]	[illegible]	[illegible]	[illegible]	[illegible]	[illegible]	[illegible]	[illegible]	[illegible]	[illegible]	[illegible]	[illegible]	[illegible]	[illegible]	[illegible]	[illegible]	[illegible]	[illegible]
26	[illegible]	[illegible]	[illegible]	[illegible]	[illegible]	[illegible]	[illegible]	[illegible]	[illegible]	[illegible]	[illegible]	[illegible]	[illegible]	[illegible]	[illegible]	[illegible]	[illegible]	[illegible]	[illegible]	[illegible]	[illegible]	[illegible]	[illegible]	[illegible]	[illegible]	[illegible]	[illegible]
27	[illegible]	[illegible]	[illegible]	[illegible]	[illegible]	[illegible]	[illegible]	[illegible]	[illegible]	[illegible]	[illegible]	[illegible]	[illegible]	[illegible]	[illegible]	[illegible]	[illegible]	[illegible]	[illegible]	[illegible]	[illegible]	[illegible]	[illegible]	[illegible]	[illegible]	[illegible]	[illegible]
28	[illegible]	[illegible]	[illegible]	[illegible]	[illegible]	[illegible]	[illegible]	[illegible]	[illegible]	[illegible]	[illegible]	[illegible]	[illegible]	[illegible]	[illegible]	[illegible]	[illegible]	[illegible]	[illegible]	[illegible]	[illegible]	[illegible]	[illegible]	[illegible]	[illegible]	[illegible]	[illegible]
29	[illegible]	[illegible]	[illegible]	[illegible]	[illegible]	[illegible]	[illegible]	[illegible]	[illegible]	[illegible]	[illegible]	[illegible]	[illegible]	[illegible]	[illegible]	[illegible]	[illegible]	[illegible]	[illegible]	[illegible]	[illegible]	[illegible]	[illegible]	[illegible]	[illegible]	[illegible]	[illegible]
30	[illegible]	[illegible]	[illegible]	[illegible]	[illegible]	[illegible]	[illegible]	[illegible]	[illegible]	[illegible]	[illegible]	[illegible]	[illegible]	[illegible]	[illegible]	[illegible]	[illegible]	[illegible]	[illegible]	[illegible]	[illegible]	[illegible]	[illegible]	[illegible]	[illegible]	[illegible]	[illegible]
31	[illegible]	[illegible]	[illegible]	[illegible]	[illegible]	[illegible]	[illegible]	[illegible]	[illegible]	[illegible]	[illegible]	[illegible]	[illegible]	[illegible]	[illegible]	[illegible]	[illegible]	[illegible]	[illegible]	[illegible]	[illegible]	[illegible]	[illegible]	[illegible]	[illegible]	[illegible]	[illegible]
32	[illegible]	[illegible]	[illegible]	[illegible]	[illegible]	[illegible]	[illegible]	[illegible]	[illegible]	[illegible]	[illegible]	[illegible]	[illegible]	[illegible]	[illegible]	[illegible]	[illegible]	[illegible]	[illegible]	[illegible]	[illegible]	[illegible]	[illegible]	[illegible]	[illegible]	[illegible]	[illegible]
33	[illegible]	[illegible]	[illegible]	[illegible]	[illegible]	[illegible]	[illegible]	[illegible]	[illegible]	[illegible]	[illegible]	[illegible]	[illegible]	[illegible]	[illegible]	[illegible]	[illegible]	[illegible]	[illegible]	[illegible]	[illegible]	[illegible]	[illegible]	[illegible]	[illegible]	[illegible]	[illegible]
34	[illegible]	[illegible]	[illegible]	[illegible]	[illegible]	[illegible]	[illegible]	[illegible]	[illegible]	[illegible]	[illegible]	[illegible]	[illegible]	[illegible]	[illegible]	[illegible]	[illegible]	[illegible]	[illegible]	[illegible]	[illegible]	[illegible]	[illegible]	[illegible]	[illegible]	[illegible]	[illegible]
35	[illegible]	[illegible]	[illegible]	[illegible]	[illegible]	[illegible]	[illegible]	[illegible]	[illegible]	[illegible]	[illegible]	[illegible]	[illegible]	[illegible]	[illegible]	[illegible]	[illegible]	[illegible]	[illegible]	[illegible]	[illegible]	[illegible]	[illegible]	[illegible]	[illegible]	[illegible]	[illegible]
36	[illegible]	[illegible]	[illegible]	[illegible]	[illegible]	[illegible]	[illegible]	[illegible]	[illegible]	[illegible]	[illegible]	[illegible]	[illegible]	[illegible]	[illegible]	[illegible]	[illegible]	[illegible]	[illegible]	[illegible]	[illegible]	[illegible]	[illegible]	[illegible]	[illegible]	[illegible]	[illegible]
37	[illegible]	[illegible]	[illegible]	[illegible]	[illegible]	[illegible]	[illegible]	[illegible]	[illegible]	[illegible]	[illegible]	[illegible]	[illegible]	[illegible]	[illegible]	[illegible]	[illegible]	[illegible]	[illegible]	[illegible]	[illegible]	[illegible]	[illegible]	[illegible]	[illegible]	[illegible]	[illegible]
38	[illegible]	[illegible]	[illegible]	[illegible]	[illegible]	[illegible]	[illegible]	[illegible]	[illegible]	[illegible]	[illegible]	[illegible]	[illegible]	[illegible]	[illegible]	[illegible]	[illegible]	[illegible]	[illegible]	[illegible]	[illegible]	[illegible]	[illegible]	[illegible]	[illegible]	[illegible]	[illegible]
39	[illegible]	[illegible]	[illegible]	[illegible]	[illegible]	[illegible]	[illegible]	[illegible]	[illegible]	[illegible]	[illegible]	[illegible]	[illegible]	[illegible]	[illegible]	[illegible]	[illegible]	[illegible]	[illegible]	[illegible]	[illegible]	[illegible]	[illegible]	[illegible]	[illegible]	[illegible]	[illegible]
40	[illegible]	[illegible]	[illegible]	[illegible]	[illegible]	[illegible]	[illegible]	[illegible]	[illegible]	[illegible]	[illegible]	[illegible]	[illegible]	[illegible]	[illegible]	[illegible]	[illegible]	[illegible]	[illegible]	[illegible]	[illegible]	[illegible]	[illegible]	[illegible]	[illegible]	[illegible]	[illegible]
41	[illegible]	[illegible]	[illegible]	[illegible]	[illegible]	[illegible]	[illegible]	[illegible]	[illegible]	[illegible]	[illegible]	[illegible]	[illegible]	[illegible]	[illegible]	[illegible]	[illegible]	[illegible]	[illegible]	[illegible]	[illegible]	[illegible]	[illegible]	[illegible]	[illegible]	[illegible]	[illegible]
42	[illegible]	[illegible]	[illegible]	[illegible]	[illegible]	[illegible]	[illegible]	[illegible]	[illegible]	[illegible]	[illegible]	[illegible]	[illegible]	[illegible]	[illegible]	[illegible]	[illegible]	[illegible]	[illegible]	[illegible]	[illegible]	[illegible]	[illegible]	[illegible]	[illegible]	[illegible]	[illegible]
43	[illegible]	[illegible]	[illegible]	[illegible]	[illegible]	[illegible]	[illegible]	[illegible]	[illegible]	[illegible]	[illegible]	[illegible]	[illegible]	[illegible]	[illegible]	[illegible]	[illegible]	[illegible]	[illegible]	[illegible]	[illegible]	[illegible]	[illegible]	[illegible]	[illegible]	[illegible]	[illegible]
44	[illegible]	[illegible]	[illegible]	[illegible]	[illegible]	[illegible]	[illegible]	[illegible]	[illegible]	[illegible]	[illegible]	[illegible]	[illegible]	[illegible]	[illegible]	[illegible]	[illegible]	[illegible]	[illegible]	[illegible]	[illegible]	[illegible]	[illegible]	[illegible]	[illegible]	[illegible]	[illegible]
45	[illegible]	[illegible]	[illegible]	[illegible]	[illegible]	[illegible]	[illegible]	[illegible]	[illegible]	[illegible]	[illegible]	[illegible]	[illegible]	[illegible]	[illegible]	[illegible]	[illegible]	[illegible]	[illegible]	[illegible]	[illegible]	[illegible]	[illegible]	[illegible]	[illegible]	[illegible]	[illegible]
46	[illegible]	[illegible]	[illegible]	[illegible]	[illegible]	[illegible]	[illegible]	[illegible]	[illegible]	[illegible]	[illegible]	[illegible]	[illegible]	[illegible]	[illegible]	[illegible]	[illegible]	[illegible]	[illegible]	[illegible]	[illegible]	[illegible]	[illegible]	[illegible]	[illegible]	[illegible]	[illegible]
47	[illegible]	[illegible]	[illegible]	[illegible]	[illegible]	[illegible]	[illegible]	[illegible]	[illegible]	[illegible]	[illegible]	[illegible]	[illegible]	[illegible]	[illegible]	[illegible]	[illegible]	[illegible]	[illegible]	[illegible]	[illegible]	[illegible]	[illegible]	[illegible]	[illegible]	[illegible]	[illegible]
48	[illegible]	[illegible]	[illegible]	[illegible]	[illegible]	[illegible]	[illegible]	[illegible]	[illegible]	[illegible]	[illegible]	[illegible]	[illegible]	[illegible]	[illegible]	[illegible]	[illegible]	[illegible]	[illegible]	[illegible]	[illegible]	[illegible]	[illegible]	[illegible]	[illegible]	[illegible]	[illegible]
49	[illegible]	[illegible]	[illegible]	[illegible]	[illegible]	[illegible]	[illegible]	[illegible]	[illegible]	[illegible]	[illegible]	[illegible]	[illegible]	[illegible]	[illegible]	[illegible]	[illegible]	[illegible]	[illegible]	[illegible]	[illegible]	[illegible]	[illegible]	[illegible]	[illegible]	[illegible]	[illegible]
50	[illegible]	[illegible]	[illegible]	[illegible]	[illegible]	[illegible]	[illegible]	[illegible]	[illegible]	[illegible]	[illegible]	[illegible]	[illegible]	[illegible]	[illegible]	[illegible]	[illegible]	[illegible]	[illegible]	[illegible]	[illegible]	[illegible]	[illegible]	[illegible]	[illegible]	[illegible]	[illegible]
51	[illegible]	[illegible]	[illegible]	[illegible]	[illegible]	[illegible]	[illegible]	[illegible]	[illegible]	[illegible]	[illegible]	[illegible]	[illegible]	[illegible]	[illegible]	[illegible]	[illegible]	[illegible]	[illegible]	[illegible]	[illegible]	[illegible]	[illegible]	[illegible]	[illegible]	[illegible]	[illegible]
52	[illegible]	[illegible]	[illegible]	[illegible]	[illegible]	[illegible]	[illegible]	[illegible]	[illegible]	[illegible]	[illegible]	[illegible]	[illegible]	[illegible]	[illegible]	[illegible]	[illegible]	[illegible]	[illegible]	[illegible]	[illegible]	[illegible]	[illegible]	[illegible]	[illegible]	[illegible]	[illegible]
53	[illegible]	[illegible]	[illegible]	[illegible]	[illegible]	[illegible]	[illegible]	[illegible]	[illegible]	[illegible]	[illegible]	[illegible]	[illegible]	[illegible]	[illegible]	[illegible]	[illegible]	[illegible]	[illegible]	[illegible]	[illegible]	[illegible]	[illegible]	[illegible]	[illegible]	[illegible]	[illegible]
54	[illegible]	[illegible]	[illegible]	[illegible]	[illegible]	[illegible]	[illegible]	[illegible]	[illegible]	[illegible]	[illegible]	[illegible]	[illegible]	[illegible]	[illegible]	[illegible]	[illegible]	[illegible]	[illegible]	[illegible]	[illegible]	[illegible]	[illegible]	[illegible]	[illegible]	[illegible]	[illegible]
55	[illegible]	[illegible]	[illegible]	[illegible]	[illegible]	[illegible]	[illegible]	[illegible]	[illegible]	[illegible]	[illegible]	[illegible]	[illegible]	[illegible]	[illegible]	[illegible]	[illegible]	[illegible]	[illegible]	[illegible]	[illegible]	[illegible]	[illegible]	[illegible]	[illegible]	[illegible]	[illegible]
56	[illegible]	[illegible]	[illegible]	[illegible]	[illegible]	[illegible]	[illegible]	[illegible]	[illegible]	[illegible]	[illegible]	[illegible]	[illegible]	[illegible]	[illegible]	[illegible]	[illegible]	[illegible]	[illegible]	[illegible]	[illegible]	[illegible]	[illegible]	[illegible]	[illegible]	[illegible]	[illegible]
57	[illegible]	[illegible]	[illegible]	[illegible]	[illegible]	[illegible]	[illegible]	[illegible]	[illegible]	[illegible]	[illegible]	[illegible]	[illegible]	[illegible]	[illegible]	[illegible]	[illegible]	[illegible]	[illegible]	[illegible]	[illegible]	[illegible]	[illegible]	[illegible]	[illegible]	[illegible]	[illegible]
58	[illegible]	[illegible]	[illegible]	[illegible]	[illegible]	[illegible]	[illegible]	[illegible]	[illegible]	[illegible]	[illegible]	[illegible]	[illegible]	[illegible]	[illegible]	[illegible]	[illegible]	[illegible]	[illegible]	[illegible]	[illegible]	[illegible]	[illegible]	[illegible]	[illegible]	[illegible]	[illegible]
59	[illegible]	[illegible]	[illegible]	[illegible]	[illegible]	[illegible]	[illegible]	[illegible]	[illegible]	[illegible]	[illegible]	[illegible]	[illegible]	[illegible]	[illegible]	[illegible]	[illegible]	[illegible]	[illegible]	[illegible]	[illegible]	[illegible]	[illegible]	[illegible]	[illegible]	[illegible]	[illegible]
60	[illegible]	[illegible]	[illegible]	[illegible]	[illegible]	[illegible]	[illegible]	[illegible]	[illegible]	[illegible]	[illegible]	[illegible]	[illegible]	[illegible]	[illegible]	[illegible]	[illegible]	[illegible]	[illegible]	[illegible]	[illegible]	[illegible]	[illegible]	[illegible]	[illegible]	[illegible]	[illegible]
′	25	26	27	28	29	30	31	32	33	34	35	36	37	38	39	40	41	42	43	44	45	46	47	48	49	50	51

LOGARITHMES LOGISTIQUES.

′	52	53	54	55	56	57	58	59	60	61	62	63	64	65	66	67	68	69	70	71	72	73	74	75	76	77	78	79
″	3120	3180	3240	3300	3360	3420	3480	3540	3600	3660	3720	3780	3840	3900	3960	4020	4080	4140	4200	4260	4320	4380	4440	4500	4560	4620	4680	4740
0	[illegible]	[illegible]	[illegible]	[illegible]	[illegible]	[illegible]	[illegible]	[illegible]		[illegible]	[illegible]	[illegible]	[illegible]	[illegible]	[illegible]	[illegible]	[illegible]	[illegible]	[illegible]	[illegible]	[illegible]	[illegible]	[illegible]	[illegible]	[illegible]	[illegible]	[illegible]	[illegible]
1	[illegible]	[illegible]	[illegible]	[illegible]	[illegible]	[illegible]	[illegible]	[illegible]	[illegible]	[illegible]	[illegible]	[illegible]	[illegible]	[illegible]	[illegible]	[illegible]	[illegible]	[illegible]	[illegible]	[illegible]	[illegible]	[illegible]	[illegible]	[illegible]	[illegible]	[illegible]	[illegible]	[illegible]
2	[illegible]	[illegible]	[illegible]	[illegible]	[illegible]	[illegible]	[illegible]	[illegible]	[illegible]	[illegible]	[illegible]	[illegible]	[illegible]	[illegible]	[illegible]	[illegible]	[illegible]	[illegible]	[illegible]	[illegible]	[illegible]	[illegible]	[illegible]	[illegible]	[illegible]	[illegible]	[illegible]	[illegible]
3	[illegible]	[illegible]	[illegible]	[illegible]	[illegible]	[illegible]	[illegible]	[illegible]	[illegible]	[illegible]	[illegible]	[illegible]	[illegible]	[illegible]	[illegible]	[illegible]	[illegible]	[illegible]	[illegible]	[illegible]	[illegible]	[illegible]	[illegible]	[illegible]	[illegible]	[illegible]	[illegible]	[illegible]
4	[illegible]	[illegible]	[illegible]	[illegible]	[illegible]	[illegible]	[illegible]	[illegible]	[illegible]	[illegible]	[illegible]	[illegible]	[illegible]	[illegible]	[illegible]	[illegible]	[illegible]	[illegible]	[illegible]	[illegible]	[illegible]	[illegible]	[illegible]	[illegible]	[illegible]	[illegible]	[illegible]	[illegible]
5	[illegible]	[illegible]	[illegible]	[illegible]	[illegible]	[illegible]	[illegible]	[illegible]	[illegible]	[illegible]	[illegible]	[illegible]	[illegible]	[illegible]	[illegible]	[illegible]	[illegible]	[illegible]	[illegible]	[illegible]	[illegible]	[illegible]	[illegible]	[illegible]	[illegible]	[illegible]	[illegible]	[illegible]
6	[illegible]	[illegible]	[illegible]	[illegible]	[illegible]	[illegible]	[illegible]	[illegible]	[illegible]	[illegible]	[illegible]	[illegible]	[illegible]	[illegible]	[illegible]	[illegible]	[illegible]	[illegible]	[illegible]	[illegible]	[illegible]	[illegible]	[illegible]	[illegible]	[illegible]	[illegible]	[illegible]	[illegible]
7	[illegible]	[illegible]	[illegible]	[illegible]	[illegible]	[illegible]	[illegible]	[illegible]	[illegible]	[illegible]	[illegible]	[illegible]	[illegible]	[illegible]	[illegible]	[illegible]	[illegible]	[illegible]	[illegible]	[illegible]	[illegible]	[illegible]	[illegible]	[illegible]	[illegible]	[illegible]	[illegible]	[illegible]
8	[illegible]	[illegible]	[illegible]	[illegible]	[illegible]	[illegible]	[illegible]	[illegible]	[illegible]	[illegible]	[illegible]	[illegible]	[illegible]	[illegible]	[illegible]	[illegible]	[illegible]	[illegible]	[illegible]	[illegible]	[illegible]	[illegible]	[illegible]	[illegible]	[illegible]	[illegible]	[illegible]	[illegible]
9	[illegible]	[illegible]	[illegible]	[illegible]	[illegible]	[illegible]	[illegible]	[illegible]	[illegible]	[illegible]	[illegible]	[illegible]	[illegible]	[illegible]	[illegible]	[illegible]	[illegible]	[illegible]	[illegible]	[illegible]	[illegible]	[illegible]	[illegible]	[illegible]	[illegible]	[illegible]	[illegible]	[illegible]
10	[illegible]	[illegible]	[illegible]	[illegible]	[illegible]	[illegible]	[illegible]	[illegible]	[illegible]	[illegible]	[illegible]	[illegible]	[illegible]	[illegible]	[illegible]	[illegible]	[illegible]	[illegible]	[illegible]	[illegible]	[illegible]	[illegible]	[illegible]	[illegible]	[illegible]	[illegible]	[illegible]	[illegible]
11	[illegible]	[illegible]	[illegible]	[illegible]	[illegible]	[illegible]	[illegible]	[illegible]	[illegible]	[illegible]	[illegible]	[illegible]	[illegible]	[illegible]	[illegible]	[illegible]	[illegible]	[illegible]	[illegible]	[illegible]	[illegible]	[illegible]	[illegible]	[illegible]	[illegible]	[illegible]	[illegible]	[illegible]
12	[illegible]	[illegible]	[illegible]	[illegible]	[illegible]	[illegible]	[illegible]	[illegible]	[illegible]	[illegible]	[illegible]	[illegible]	[illegible]	[illegible]	[illegible]	[illegible]	[illegible]	[illegible]	[illegible]	[illegible]	[illegible]	[illegible]	[illegible]	[illegible]	[illegible]	[illegible]	[illegible]	[illegible]
13	[illegible]	[illegible]	[illegible]	[illegible]	[illegible]	[illegible]	[illegible]	[illegible]	[illegible]	[illegible]	[illegible]	[illegible]	[illegible]	[illegible]	[illegible]	[illegible]	[illegible]	[illegible]	[illegible]	[illegible]	[illegible]	[illegible]	[illegible]	[illegible]	[illegible]	[illegible]	[illegible]	[illegible]
14	[illegible]	[illegible]	[illegible]	[illegible]	[illegible]	[illegible]	[illegible]	[illegible]	[illegible]	[illegible]	[illegible]	[illegible]	[illegible]	[illegible]	[illegible]	[illegible]	[illegible]	[illegible]	[illegible]	[illegible]	[illegible]	[illegible]	[illegible]	[illegible]	[illegible]	[illegible]	[illegible]	[illegible]
15	[illegible]	[illegible]	[illegible]	[illegible]	[illegible]	[illegible]	[illegible]	[illegible]	[illegible]	[illegible]	[illegible]	[illegible]	[illegible]	[illegible]	[illegible]	[illegible]	[illegible]	[illegible]	[illegible]	[illegible]	[illegible]	[illegible]	[illegible]	[illegible]	[illegible]	[illegible]	[illegible]	[illegible]
16	[illegible]	[illegible]	[illegible]	[illegible]	[illegible]	[illegible]	[illegible]	[illegible]	[illegible]	[illegible]	[illegible]	[illegible]	[illegible]	[illegible]	[illegible]	[illegible]	[illegible]	[illegible]	[illegible]	[illegible]	[illegible]	[illegible]	[illegible]	[illegible]	[illegible]	[illegible]	[illegible]	[illegible]
17	[illegible]	[illegible]	[illegible]	[illegible]	[illegible]	[illegible]	[illegible]	[illegible]	[illegible]	[illegible]	[illegible]	[illegible]	[illegible]	[illegible]	[illegible]	[illegible]	[illegible]	[illegible]	[illegible]	[illegible]	[illegible]	[illegible]	[illegible]	[illegible]	[illegible]	[illegible]	[illegible]	[illegible]
18	[illegible]	[illegible]	[illegible]	[illegible]	[illegible]	[illegible]	[illegible]	[illegible]	[illegible]	[illegible]	[illegible]	[illegible]	[illegible]	[illegible]	[illegible]	[illegible]	[illegible]	[illegible]	[illegible]	[illegible]	[illegible]	[illegible]	[illegible]	[illegible]	[illegible]	[illegible]	[illegible]	[illegible]
19	[illegible]	[illegible]	[illegible]	[illegible]	[illegible]	[illegible]	[illegible]	[illegible]	[illegible]	[illegible]	[illegible]	[illegible]	[illegible]	[illegible]	[illegible]	[illegible]	[illegible]	[illegible]	[illegible]	[illegible]	[illegible]	[illegible]	[illegible]	[illegible]	[illegible]	[illegible]	[illegible]	[illegible]
20	[illegible]	[illegible]	[illegible]	[illegible]	[illegible]	[illegible]	[illegible]	[illegible]	[illegible]	[illegible]	[illegible]	[illegible]	[illegible]	[illegible]	[illegible]	[illegible]	[illegible]	[illegible]	[illegible]	[illegible]	[illegible]	[illegible]	[illegible]	[illegible]	[illegible]	[illegible]	[illegible]	[illegible]
21	[illegible]	[illegible]	[illegible]	[illegible]	[illegible]	[illegible]	[illegible]	[illegible]	[illegible]	[illegible]	[illegible]	[illegible]	[illegible]	[illegible]	[illegible]	[illegible]	[illegible]	[illegible]	[illegible]	[illegible]	[illegible]	[illegible]	[illegible]	[illegible]	[illegible]	[illegible]	[illegible]	[illegible]
22	[illegible]	[illegible]	[illegible]	[illegible]	[illegible]	[illegible]	[illegible]	[illegible]	[illegible]	[illegible]	[illegible]	[illegible]	[illegible]	[illegible]	[illegible]	[illegible]	[illegible]	[illegible]	[illegible]	[illegible]	[illegible]	[illegible]	[illegible]	[illegible]	[illegible]	[illegible]	[illegible]	[illegible]
23	[illegible]	[illegible]	[illegible]	[illegible]	[illegible]	[illegible]	[illegible]	[illegible]	[illegible]	[illegible]	[illegible]	[illegible]	[illegible]	[illegible]	[illegible]	[illegible]	[illegible]	[illegible]	[illegible]	[illegible]	[illegible]	[illegible]	[illegible]	[illegible]	[illegible]	[illegible]	[illegible]	[illegible]
24	[illegible]	[illegible]	[illegible]	[illegible]	[illegible]	[illegible]	[illegible]	[illegible]	[illegible]	[illegible]	[illegible]	[illegible]	[illegible]	[illegible]	[illegible]	[illegible]	[illegible]	[illegible]	[illegible]	[illegible]	[illegible]	[illegible]	[illegible]	[illegible]	[illegible]	[illegible]	[illegible]	[illegible]
25	[illegible]	[illegible]	[illegible]	[illegible]	[illegible]	[illegible]	[illegible]	[illegible]	[illegible]	[illegible]	[illegible]	[illegible]	[illegible]	[illegible]	[illegible]	[illegible]	[illegible]	[illegible]	[illegible]	[illegible]	[illegible]	[illegible]	[illegible]	[illegible]	[illegible]	[illegible]	[illegible]	[illegible]
26	[illegible]	[illegible]	[illegible]	[illegible]	[illegible]	[illegible]	[illegible]	[illegible]	[illegible]	[illegible]	[illegible]	[illegible]	[illegible]	[illegible]	[illegible]	[illegible]	[illegible]	[illegible]	[illegible]	[illegible]	[illegible]	[illegible]	[illegible]	[illegible]	[illegible]	[illegible]	[illegible]	[illegible]
27	[illegible]	[illegible]	[illegible]	[illegible]	[illegible]	[illegible]	[illegible]	[illegible]	[illegible]	[illegible]	[illegible]	[illegible]	[illegible]	[illegible]	[illegible]	[illegible]	[illegible]	[illegible]	[illegible]	[illegible]	[illegible]	[illegible]	[illegible]	[illegible]	[illegible]	[illegible]	[illegible]	[illegible]
28	[illegible]	[illegible]	[illegible]	[illegible]	[illegible]	[illegible]	[illegible]	[illegible]	[illegible]	[illegible]	[illegible]	[illegible]	[illegible]	[illegible]	[illegible]	[illegible]	[illegible]	[illegible]	[illegible]	[illegible]	[illegible]	[illegible]	[illegible]	[illegible]	[illegible]	[illegible]	[illegible]	[illegible]
29	[illegible]	[illegible]	[illegible]	[illegible]	[illegible]	[illegible]	[illegible]	[illegible]	[illegible]	[illegible]	[illegible]	[illegible]	[illegible]	[illegible]	[illegible]	[illegible]	[illegible]	[illegible]	[illegible]	[illegible]	[illegible]	[illegible]	[illegible]	[illegible]	[illegible]	[illegible]	[illegible]	[illegible]
30	[illegible]	[illegible]	[illegible]	[illegible]	[illegible]	[illegible]	[illegible]	[illegible]	[illegible]	[illegible]	[illegible]	[illegible]	[illegible]	[illegible]	[illegible]	[illegible]	[illegible]	[illegible]	[illegible]	[illegible]	[illegible]	[illegible]	[illegible]	[illegible]	[illegible]	[illegible]	[illegible]	[illegible]
31	[illegible]	[illegible]	[illegible]	[illegible]	[illegible]	[illegible]	[illegible]	[illegible]	[illegible]	[illegible]	[illegible]	[illegible]	[illegible]	[illegible]	[illegible]	[illegible]	[illegible]	[illegible]	[illegible]	[illegible]	[illegible]	[illegible]	[illegible]	[illegible]	[illegible]	[illegible]	[illegible]	[illegible]
32	[illegible]	[illegible]	[illegible]	[illegible]	[illegible]	[illegible]	[illegible]	[illegible]	[illegible]	[illegible]	[illegible]	[illegible]	[illegible]	[illegible]	[illegible]	[illegible]	[illegible]	[illegible]	[illegible]	[illegible]	[illegible]	[illegible]	[illegible]	[illegible]	[illegible]	[illegible]	[illegible]	[illegible]
33	[illegible]	[illegible]	[illegible]	[illegible]	[illegible]	[illegible]	[illegible]	[illegible]	[illegible]	[illegible]	[illegible]	[illegible]	[illegible]	[illegible]	[illegible]	[illegible]	[illegible]	[illegible]	[illegible]	[illegible]	[illegible]	[illegible]	[illegible]	[illegible]	[illegible]	[illegible]	[illegible]	[illegible]
34	[illegible]	[illegible]	[illegible]	[illegible]	[illegible]	[illegible]	[illegible]	[illegible]	[illegible]	[illegible]	[illegible]	[illegible]	[illegible]	[illegible]	[illegible]	[illegible]	[illegible]	[illegible]	[illegible]	[illegible]	[illegible]	[illegible]	[illegible]	[illegible]	[illegible]	[illegible]	[illegible]	[illegible]
35	[illegible]	[illegible]	[illegible]	[illegible]	[illegible]	[illegible]	[illegible]	[illegible]	[illegible]	[illegible]	[illegible]	[illegible]	[illegible]	[illegible]	[illegible]	[illegible]	[illegible]	[illegible]	[illegible]	[illegible]	[illegible]	[illegible]	[illegible]	[illegible]	[illegible]	[illegible]	[illegible]	[illegible]
36	[illegible]	[illegible]	[illegible]	[illegible]	[illegible]	[illegible]	[illegible]	[illegible]	[illegible]	[illegible]	[illegible]	[illegible]	[illegible]	[illegible]	[illegible]	[illegible]	[illegible]	[illegible]	[illegible]	[illegible]	[illegible]	[illegible]	[illegible]	[illegible]	[illegible]	[illegible]	[illegible]	[illegible]
37	[illegible]	[illegible]	[illegible]	[illegible]	[illegible]	[illegible]	[illegible]	[illegible]	[illegible]	[illegible]	[illegible]	[illegible]	[illegible]	[illegible]	[illegible]	[illegible]	[illegible]	[illegible]	[illegible]	[illegible]	[illegible]	[illegible]	[illegible]	[illegible]	[illegible]	[illegible]	[illegible]	[illegible]
38	[illegible]	[illegible]	[illegible]	[illegible]	[illegible]	[illegible]	[illegible]	[illegible]	[illegible]	[illegible]	[illegible]	[illegible]	[illegible]	[illegible]	[illegible]	[illegible]	[illegible]	[illegible]	[illegible]	[illegible]	[illegible]	[illegible]	[illegible]	[illegible]	[illegible]	[illegible]	[illegible]	[illegible]
39	[illegible]	[illegible]	[illegible]	[illegible]	[illegible]	[illegible]	[illegible]	[illegible]	[illegible]	[illegible]	[illegible]	[illegible]	[illegible]	[illegible]	[illegible]	[illegible]	[illegible]	[illegible]	[illegible]	[illegible]	[illegible]	[illegible]	[illegible]	[illegible]	[illegible]	[illegible]	[illegible]	[illegible]
40	[illegible]	[illegible]	[illegible]	[illegible]	[illegible]	[illegible]	[illegible]	[illegible]	[illegible]	[illegible]	[illegible]	[illegible]	[illegible]	[illegible]	[illegible]	[illegible]	[illegible]	[illegible]	[illegible]	[illegible]	[illegible]	[illegible]	[illegible]	[illegible]	[illegible]	[illegible]	[illegible]	[illegible]
41	[illegible]	[illegible]	[illegible]	[illegible]	[illegible]	[illegible]	[illegible]	[illegible]	[illegible]	[illegible]	[illegible]	[illegible]	[illegible]	[illegible]	[illegible]	[illegible]	[illegible]	[illegible]	[illegible]	[illegible]	[illegible]	[illegible]	[illegible]	[illegible]	[illegible]	[illegible]	[illegible]	[illegible]
42	[illegible]	[illegible]	[illegible]	[illegible]	[illegible]	[illegible]	[illegible]	[illegible]	[illegible]	[illegible]	[illegible]	[illegible]	[illegible]	[illegible]	[illegible]	[illegible]	[illegible]	[illegible]	[illegible]	[illegible]	[illegible]	[illegible]	[illegible]	[illegible]	[illegible]	[illegible]	[illegible]	[illegible]
43	[illegible]	[illegible]	[illegible]	[illegible]	[illegible]	[illegible]	[illegible]	[illegible]	[illegible]	[illegible]	[illegible]	[illegible]	[illegible]	[illegible]	[illegible]	[illegible]	[illegible]	[illegible]	[illegible]	[illegible]	[illegible]	[illegible]	[illegible]	[illegible]	[illegible]	[illegible]	[illegible]	[illegible]
44	[illegible]	[illegible]	[illegible]	[illegible]	[illegible]	[illegible]	[illegible]	[illegible]	[illegible]	[illegible]	[illegible]	[illegible]	[illegible]	[illegible]	[illegible]	[illegible]	[illegible]	[illegible]	[illegible]	[illegible]	[illegible]	[illegible]	[illegible]	[illegible]	[illegible]	[illegible]	[illegible]	[illegible]
45	[illegible]	[illegible]	[illegible]	[illegible]	[illegible]	[illegible]	[illegible]	[illegible]	[illegible]	[illegible]	[illegible]	[illegible]	[illegible]	[illegible]	[illegible]	[illegible]	[illegible]	[illegible]	[illegible]	[illegible]	[illegible]	[illegible]	[illegible]	[illegible]	[illegible]	[illegible]	[illegible]	[illegible]
46	[illegible]	[illegible]	[illegible]	[illegible]	[illegible]	[illegible]	[illegible]	[illegible]	[illegible]	[illegible]	[illegible]	[illegible]	[illegible]	[illegible]	[illegible]	[illegible]	[illegible]	[illegible]	[illegible]	[illegible]	[illegible]	[illegible]	[illegible]	[illegible]	[illegible]	[illegible]	[illegible]	[illegible]
47	[illegible]	[illegible]	[illegible]	[illegible]	[illegible]	[illegible]	[illegible]	[illegible]	[illegible]	[illegible]	[illegible]	[illegible]	[illegible]	[illegible]	[illegible]	[illegible]	[illegible]	[illegible]	[illegible]	[illegible]	[illegible]	[illegible]	[illegible]	[illegible]	[illegible]	[illegible]	[illegible]	[illegible]
48	[illegible]	[illegible]	[illegible]	[illegible]	[illegible]	[illegible]	[illegible]	[illegible]	[illegible]	[illegible]	[illegible]	[illegible]	[illegible]	[illegible]	[illegible]	[illegible]	[illegible]	[illegible]	[illegible]	[illegible]	[illegible]	[illegible]	[illegible]	[illegible]	[illegible]	[illegible]	[illegible]	[illegible]
49	[illegible]	[illegible]	[illegible]	[illegible]	[illegible]	[illegible]	[illegible]	[illegible]	[illegible]	[illegible]	[illegible]	[illegible]	[illegible]	[illegible]	[illegible]	[illegible]	[illegible]	[illegible]	[illegible]	[illegible]	[illegible]	[illegible]	[illegible]	[illegible]	[illegible]	[illegible]	[illegible]	[illegible]
50	[illegible]	[illegible]	[illegible]	[illegible]	[illegible]	[illegible]	[illegible]	[illegible]	[illegible]	[illegible]	[illegible]	[illegible]	[illegible]	[illegible]	[illegible]	[illegible]	[illegible]	[illegible]	[illegible]	[illegible]	[illegible]	[illegible]	[illegible]	[illegible]	[illegible]	[illegible]	[illegible]	[illegible]
51	[illegible]	[illegible]	[illegible]	[illegible]	[illegible]	[illegible]	[illegible]	[illegible]	[illegible]	[illegible]	[illegible]	[illegible]	[illegible]	[illegible]	[illegible]	[illegible]	[illegible]	[illegible]	[illegible]	[illegible]	[illegible]	[illegible]	[illegible]	[illegible]	[illegible]	[illegible]	[illegible]	[illegible]
52	[illegible]	[illegible]	[illegible]	[illegible]	[illegible]	[illegible]	[illegible]	[illegible]	[illegible]	[illegible]	[illegible]	[illegible]	[illegible]	[illegible]	[illegible]	[illegible]	[illegible]	[illegible]	[illegible]	[illegible]	[illegible]	[illegible]	[illegible]	[illegible]	[illegible]	[illegible]	[illegible]	[illegible]
53	[illegible]	[illegible]	[illegible]	[illegible]	[illegible]	[illegible]	[illegible]	[illegible]	[illegible]	[illegible]	[illegible]	[illegible]	[illegible]	[illegible]	[illegible]	[illegible]	[illegible]	[illegible]	[illegible]	[illegible]	[illegible]	[illegible]	[illegible]	[illegible]	[illegible]	[illegible]	[illegible]	[illegible]
54	[illegible]	[illegible]	[illegible]	[illegible]	[illegible]	[illegible]	[illegible]	[illegible]	[illegible]	[illegible]	[illegible]	[illegible]	[illegible]	[illegible]	[illegible]	[illegible]	[illegible]	[illegible]	[illegible]	[illegible]	[illegible]	[illegible]	[illegible]	[illegible]	[illegible]	[illegible]	[illegible]	[illegible]
55	[illegible]	[illegible]	[illegible]	[illegible]	[illegible]	[illegible]	[illegible]	[illegible]	[illegible]	[illegible]	[illegible]	[illegible]	[illegible]	[illegible]	[illegible]	[illegible]	[illegible]	[illegible]	[illegible]	[illegible]	[illegible]	[illegible]	[illegible]	[illegible]	[illegible]	[illegible]	[illegible]	[illegible]
56	[illegible]	[illegible]	[illegible]	[illegible]	[illegible]	[illegible]	[illegible]	[illegible]	[illegible]	[illegible]	[illegible]	[illegible]	[illegible]	[illegible]	[illegible]	[illegible]	[illegible]	[illegible]	[illegible]	[illegible]	[illegible]	[illegible]	[illegible]	[illegible]	[illegible]	[illegible]	[illegible]	[illegible]
57	[illegible]	[illegible]	[illegible]	[illegible]	[illegible]	[illegible]	[illegible]	[illegible]	[illegible]	[illegible]	[illegible]	[illegible]	[illegible]	[illegible]	[illegible]	[illegible]	[illegible]	[illegible]	[illegible]	[illegible]	[illegible]	[illegible]	[illegible]	[illegible]	[illegible]	[illegible]	[illegible]	[illegible]
58	[illegible]	[illegible]	[illegible]	[illegible]	[illegible]	[illegible]	[illegible]	[illegible]	[illegible]	[illegible]	[illegible]	[illegible]	[illegible]	[illegible]	[illegible]	[illegible]	[illegible]	[illegible]	[illegible]	[illegible]	[illegible]	[illegible]	[illegible]	[illegible]	[illegible]	[illegible]	[illegible]	[illegible]
59	[illegible]	[illegible]	[illegible]	[illegible]	[illegible]	[illegible]	[illegible]	[illegible]	[illegible]	[illegible]	[illegible]	[illegible]	[illegible]	[illegible]	[illegible]	[illegible]	[illegible]	[illegible]	[illegible]	[illegible]	[illegible]	[illegible]	[illegible]	[illegible]	[illegible]	[illegible]	[illegible]	[illegible]
60	[illegible]	[illegible]	[illegible]	[illegible]	[illegible]	[illegible]	[illegible]	[illegible]	[illegible]	[illegible]	[illegible]	[illegible]	[illegible]	[illegible]	[illegible]	[illegible]	[illegible]	[illegible]	[illegible]	[illegible]	[illegible]	[illegible]	[illegible]	[illegible]	[illegible]	[illegible]	[illegible]	[illegible]
′	52	53	54	55	56	57	58	59	60	61	62	63	64	65	66	67	68	69	70	71	72	73	74	75	76	77	78	79

Tables pour trouver le Logarithme d'un nombre, & le nombre d'un Logarithme, jusqu'à 20 figures.

TABLE I.

N.	Logarithmes.	N.	Logarithmes.	N.	Logarithmes.	N.	Logarithmes.
1	00000.00000.00000.00000	71	185125.83487.19075.18604	141	214921.91126.55379.00171	211	232428.24552.97691.66502
2	30102.99956.63981.19521	72	185733.24964.31268.46013	142	215228.83443.83058.48131	212	232633.58660.18751.42606
3	47712.12547.19662.43730	73	186332.28601.20455.90107	143	215533.60374.65061.80996	213	232837.96034.38737.71339
4	60205.99913.27962.39042	74	186923.17197.30976.19208	144	215836.24920.95249.63547	214	233041.37733.49190.83609
5	69897.00043.36018.80479	75	187506.12633.91700.04687	145	216136.80022.34974.89218	215	233243.84599.15605.33119
6	77815.12503.83643.63251	76	188081.35922.80791.35196	146	216435.28557.88437.09829	216	233445.37511.50930.89758
7	84509.80400.14256.83071	77	188649.07251.72481.87146	147	216731.73347.48176.09874	217	233645.97338.48340.31036
8	90308.99869.91943.58564	78	189209.46026.93470.40174	148	217026.17153.94957.38724	218	233845.64936.04604.83045
9	95424.25094.39324.87459	79	189762.70912.90441.48797	149	217318.62684.11274.03826	219	234044.41148.40118.33817
10	100000.00000.00000.00000	80	190308.99869.91943.58564	150	217609.12590.55681.24208	220	234242.26808.22206.23576
11	104139.26851.58225.04075	81	190848.50188.78650.72049	151	217897.69478.93169.41687	221	234439.22736.85160.69779
12	107918.12460.47624.81775	82	191381.38523.83716.08974	152	218184.35879.44774.34718	222	234635.29744.30818.68915
13	111394.33523.06836.76921	83	191907.80923.76073.90383	153	218469.14308.17508.80713	223	234830.48630.48160.67146
14	114612.80350.78828.01303	84	192427.92860.61881.03844	154	218752.07208.36403.08686	224	235024.80183.34161.80078
15	117609.12590.55681.24208	85	192941.89257.14292.73133	155	219033.16982.70291.48445	225	235218.25181.11368.48416
16	120411.99826.55924.78085	86	193449.84512.43567.71165	156	219312.45983.54461.59693	226	235410.84391.47400.91801
17	123044.89213.78273.92854	87	193951.92526.18618.51463	157	219589.96524.09133.73676	227	235601.58571.93128.72010
18	125527.25051.03306.06980	88	194448.26721.50183.20838	158	219865.70869.54488.83112	228	235793.48470.00453.79816
19	127875.36009.52828.96154	89	194939.00066.44912.78478	159	220139.71243.10451.48109	229	235983.54823.39887.09415
20	130102.99956.63981.19521	90	195424.25094.39324.87459	160	220411.99826.55924.78085	230	236172.78360.17592.87887
21	132221.92947.33919.26801	91	195904.13923.11093.50991	161	220682.58760.31849.79458	231	236361.19798.92144.30576
22	134242.26808.22206.23376	92	196378.78273.45555.46930	162	220951.50145.42610.09441	232	236548.79848.90892.07197
23	136172.78360.17592.87887	93	196848.29485.53935.11060	163	221218.76044.03957.80764	233	236735.59210.26018.07219
24	138021.12417.11606.02394	94	197312.78535.99668.65903	164	221484.38480.47697.88498	234	236921.58574.10141.81902
25	139794.00086.72037.60957	95	197772.36052.88847.70613	165	221748.39442.13906.28185	235	237106.78623.71736.28920
26	141497.33479.70817.96442	96	198227.12330.39564.41336	166	222010.80808.40035.09905	236	237291.20019.70106.52869
27	143136.37641.58987.31189	97	198677.17342.66244.85175	167	222271.64711.47583.17998	237	237474.83460.10103.80538
28	144715.80313.42219.22114	98	199122.60793.48664.85566	168	222530.92817.25861.83109	238	237657.69570.36911.03447
29	146239.79978.98956.08733	99	199563.51945.97549.91534	169	222788.67046.13673.51841	239	237839.79009.48137.08502
30	147712.12547.19662.43730	100	200000.00000.00000.00000	170	223044.89213.78273.92854	240	238021.12417.11606.02394
31	149136.16938.34272.67967	101	200432.13737.82642.57428	171	223299.61103.92032.83613	241	238201.70425.74868.38408
32	150514.99783.19905.97607	102	200860.01717.61917.56105	172	223552.84469.07548.91683	242	238381.53839.80432.87071
33	151851.39398.77887.47805	103	201283.72247.05172.20517	173	223804.61031.28795.42456	243	238560.62715.98118.86649
34	153147.89170.42255.12375	104	201703.33392.98780.35485	174	224054.92486.88559.71984	244	238738.98263.18789.49214
35	154406.80443.50275.63550	105	202118.92990.69938.07279	175	224303.80486.86294.44038	245	238916.60054.63512.46601
36	155630.25007.67287.26504	106	202530.58652.64770.24085	176	224551.26678.14149.82161	246	239093.51071.03119.11708
37	156820.17240.66994.99681	107	202938.37776.85209.64283	177	224797.38660.61856.62756	247	239269.69532.55004.73074
38	157978.35966.16810.15673	108	203342.37554.86949.70131	178	225042.00023.08893.97994	248	239445.16808.10816.16531
39	159106.46070.26499.10650	109	203742.64979.40633.83320	179	225285.30309.79891.16957	249	239619.91470.95786.34113
40	160205.99913.27962.39043	110	204139.26851.58225.04075	180	225527.25051.03306.06980	250	239794.00086.72037.60957
41	161278.38567.19735.49461	111	204532.30497.86657.41410	181	225767.85748.69184.51024	251	239967.37214.81038.13913
42	162324.92903.97900.40324	112	204921.80250.70181.61157	182	226007.13879.85074.79513	252	240140.05407.81544.09573
43	163346.84555.79586.52641	113	205307.84434.83419.72180	183	226245.10897.30429.47118	253	240312.05211.75819.91986
44	164345.26704.88187.43111	114	205690.48513.36472.59409	184	226481.78230.09536.64451	254	240483.37166.19938.05949
45	165321.25137.75343.07931	115	206069.78403.53011.68369	185	226717.17284.03013.80159	255	240654.01804.33035.17061
46	166275.78316.81574.07408	116	206445.79919.16918.47776	186	226951.29442.17916.31118	256	240823.99653.11803.56171
47	167209.78579.35717.46441	117	206818.58617.46161.04380	187	227184.16085.38498.06914	257	240993.31233.11184.53716
48	168124.12373.75587.11819	118	207188.18495.20073.28547	188	227415.78497.63679.85148	258	241161.97018.03110.15890
49	169019.60800.28513.66142	119	207554.69613.92530.75985	189	227646.18041.73144.14164	259	241329.97640.81351.82758
50	169897.00043.36018.80479	120	207918.12460.47624.81775	190	227875.36009.52828.96154	260	241497.33479.70817.96442
51	170757.01760.97906.36542	121	208278.53703.16430.08150	191	228103.33672.47727.93764	261	241664.05073.38880.96191
52	171600.33436.34799.01961	122	208635.98306.74748.22910	192	228330.12287.03549.62857	262	241830.11813.19745.43808
53	172427.58696.00789.04563	123	208990.51114.39307.92180	193	228555.73090.07773.76060	263	241995.57484.80757.88697
54	173239.37598.22968.50711	124	209342.16851.62115.07006	194	228780.17009.30220.04706	264	242160.39268.69831.06366
55	174036.26894.94241.04354	125	209691.00130.08055.41430	195	229003.46113.08518.01114	265	242324.58739.16807.85048
56	174818.80270.06200.41833	126	210037.05451.17561.90052	196	229225.60071.32476.05184	266	242488.16466.31066.98746
57	175587.48556.72491.31988	127	210380.37209.55956.86425	197	229446.62261.61592.92173	267	242651.12613.64575.22302
58	176342.79935.01937.28255	128	210720.99696.47866.30650	198	229666.51902.61331.11053	268	242813.47940.18768.82431
59	177085.26420.20144.19010	129	211058.97102.99248.96370	199	229885.30764.09702.69010	269	242975.22800.02407.98807
60	177815.12503.83643.63251	130	211394.33523.06836.76921	200	230102.99956.63981.19521	270	243136.37641.58987.31189
61	178532.98350.10767.03374	131	211727.12956.55764.26081	201	230319.60574.20487.87146	271	243296.92908.74418.79954
62	179239.16894.98253.87480	132	212057.39312.05149.86847	202	230535.13694.40613.76949	272	243456.62690.34195.70944
63	179934.05494.93398.70310	133	212385.16409.67045.79245	203	230749.60379.13211.91803	273	243616.04703.40736.03781
64	180617.99739.83887.17128	134	212710.47983.64807.61930	204	230963.01674.25948.75626	274	243775.05798.10387.90374
65	181291.33566.42855.57309	135	213033.37644.95036.11667	205	231175.38610.55754.09930	275	243933.26938.30268.64032
66	181954.39355.41879.67306	136	213353.89127.70817.51418	206	231386.72203.69153.40031	276	244090.90820.65217.70635
67	182607.48027.00826.41415	137	213672.05671.56406.76859	207	231597.03454.56917.75306	277	244247.97690.64448.55378
68	183250.89127.06236.31897	138	213987.90864.01136.51117	208	231806.33349.62761.35002	278	244404.47959.18076.27967
69	183884.90907.37255.31616	139	214301.48002.54095.08046	209	232014.62861.11054.00224	279	244560.43980.48038.73597
70	184509.80400.14256.83071	140	214612.80356.78238.02597	210	232221.92947.33919.26801	280	244715.80313.42219.22114

TABLE I.

N.	Logarithmes.	N.	Logarithmes.	N.	Logarithmes.	N.	Logarithmes.
281	[illegible]	351	[illegible]	421	[illegible]	491	[illegible]
282	[illegible]	352	[illegible]	422	[illegible]	492	[illegible]
283	[illegible]	353	[illegible]	423	[illegible]	493	[illegible]
284	[illegible]	354	[illegible]	424	[illegible]	494	[illegible]
285	[illegible]	355	[illegible]	425	[illegible]	495	[illegible]
286	[illegible]	356	[illegible]	426	[illegible]	496	[illegible]
287	[illegible]	357	[illegible]	427	[illegible]	497	[illegible]
288	[illegible]	358	[illegible]	428	[illegible]	498	[illegible]
289	[illegible]	359	[illegible]	429	[illegible]	499	[illegible]
290	[illegible]	360	[illegible]	430	[illegible]	500	[illegible]
291	[illegible]	361	[illegible]	431	[illegible]	501	[illegible]
292	[illegible]	362	[illegible]	432	[illegible]	502	[illegible]
293	[illegible]	363	[illegible]	433	[illegible]	503	[illegible]
294	[illegible]	364	[illegible]	434	[illegible]	504	[illegible]
295	[illegible]	365	[illegible]	435	[illegible]	505	[illegible]
296	[illegible]	366	[illegible]	436	[illegible]	506	[illegible]
297	[illegible]	367	[illegible]	437	[illegible]	507	[illegible]
298	[illegible]	368	[illegible]	438	[illegible]	508	[illegible]
299	[illegible]	369	[illegible]	439	[illegible]	509	[illegible]
300	[illegible]	370	[illegible]	440	[illegible]	510	[illegible]
301	[illegible]	371	[illegible]	441	[illegible]	511	[illegible]
302	[illegible]	372	[illegible]	442	[illegible]	512	[illegible]
303	[illegible]	373	[illegible]	443	[illegible]	513	[illegible]
304	[illegible]	374	[illegible]	444	[illegible]	514	[illegible]
305	[illegible]	375	[illegible]	445	[illegible]	515	[illegible]
306	[illegible]	376	[illegible]	446	[illegible]	516	[illegible]
307	[illegible]	377	[illegible]	447	[illegible]	517	[illegible]
308	[illegible]	378	[illegible]	448	[illegible]	518	[illegible]
309	[illegible]	379	[illegible]	449	[illegible]	519	[illegible]
310	[illegible]	380	[illegible]	450	[illegible]	520	[illegible]
311	[illegible]	381	[illegible]	451	[illegible]	521	[illegible]
312	[illegible]	382	[illegible]	452	[illegible]	522	[illegible]
313	[illegible]	383	[illegible]	453	[illegible]	523	[illegible]
314	[illegible]	384	[illegible]	454	[illegible]	524	[illegible]
315	[illegible]	385	[illegible]	455	[illegible]	525	[illegible]
316	[illegible]	386	[illegible]	456	[illegible]	526	[illegible]
317	[illegible]	387	[illegible]	457	[illegible]	527	[illegible]
318	[illegible]	388	[illegible]	458	[illegible]	528	[illegible]
319	[illegible]	389	[illegible]	459	[illegible]	529	[illegible]
320	[illegible]	390	[illegible]	460	[illegible]	530	[illegible]
321	[illegible]	391	[illegible]	461	[illegible]	531	[illegible]
322	[illegible]	392	[illegible]	462	[illegible]	532	[illegible]
323	[illegible]	393	[illegible]	463	[illegible]	533	[illegible]
324	[illegible]	394	[illegible]	464	[illegible]	534	[illegible]
325	[illegible]	395	[illegible]	465	[illegible]	535	[illegible]
326	[illegible]	396	[illegible]	466	[illegible]	536	[illegible]
327	[illegible]	397	[illegible]	467	[illegible]	537	[illegible]
328	[illegible]	398	[illegible]	468	[illegible]	538	[illegible]
329	[illegible]	399	[illegible]	469	[illegible]	539	[illegible]
330	[illegible]	400	[illegible]	470	[illegible]	540	[illegible]
331	[illegible]	401	[illegible]	471	[illegible]	541	[illegible]
332	[illegible]	402	[illegible]	472	[illegible]	542	[illegible]
333	[illegible]	403	[illegible]	473	[illegible]	543	[illegible]
334	[illegible]	404	[illegible]	474	[illegible]	544	[illegible]
335	[illegible]	405	[illegible]	475	[illegible]	545	[illegible]
336	[illegible]	406	[illegible]	476	[illegible]	546	[illegible]
337	[illegible]	407	[illegible]	477	[illegible]	547	[illegible]
338	[illegible]	408	[illegible]	478	[illegible]	548	[illegible]
339	[illegible]	409	[illegible]	479	[illegible]	549	[illegible]
340	[illegible]	410	[illegible]	480	[illegible]	550	[illegible]
341	[illegible]	411	[illegible]	481	[illegible]	551	[illegible]
342	[illegible]	412	[illegible]	482	[illegible]	552	[illegible]
343	[illegible]	413	[illegible]	483	[illegible]	553	[illegible]
344	[illegible]	414	[illegible]	484	[illegible]	554	[illegible]
345	[illegible]	415	[illegible]	485	[illegible]	555	[illegible]
346	[illegible]	416	[illegible]	486	[illegible]	556	[illegible]
347	[illegible]	417	[illegible]	487	[illegible]	557	[illegible]
348	[illegible]	418	[illegible]	488	[illegible]	558	[illegible]
349	[illegible]	419	[illegible]	489	[illegible]	559	[illegible]
350	[illegible]	420	[illegible]	490	[illegible]	560	[illegible]

TABLE I.

N.	Logarithmes.	N.	Logarithmes.	N.	Logarithmes.	N.	Logarithmes.
561	[illegible]	631	[illegible]	701	[illegible]	771	[illegible]
562	[illegible]	632	[illegible]	702	[illegible]	772	[illegible]
563	[illegible]	633	[illegible]	703	[illegible]	773	[illegible]
564	[illegible]	634	[illegible]	704	[illegible]	774	[illegible]
565	[illegible]	635	[illegible]	705	[illegible]	775	[illegible]
566	[illegible]	636	[illegible]	706	[illegible]	776	[illegible]
567	[illegible]	637	[illegible]	707	[illegible]	777	[illegible]
568	[illegible]	638	[illegible]	708	[illegible]	778	[illegible]
569	[illegible]	639	[illegible]	709	[illegible]	779	[illegible]
570	[illegible]	640	[illegible]	710	[illegible]	780	[illegible]
571	[illegible]	641	[illegible]	711	[illegible]	781	[illegible]
572	[illegible]	642	[illegible]	712	[illegible]	782	[illegible]
573	[illegible]	643	[illegible]	713	[illegible]	783	[illegible]
574	[illegible]	644	[illegible]	714	[illegible]	784	[illegible]
575	[illegible]	645	[illegible]	715	[illegible]	785	[illegible]
576	[illegible]	646	[illegible]	716	[illegible]	786	[illegible]
577	[illegible]	647	[illegible]	717	[illegible]	787	[illegible]
578	[illegible]	648	[illegible]	718	[illegible]	788	[illegible]
579	[illegible]	649	[illegible]	719	[illegible]	789	[illegible]
580	[illegible]	650	[illegible]	720	[illegible]	790	[illegible]
581	[illegible]	651	[illegible]	721	[illegible]	791	[illegible]
582	[illegible]	652	[illegible]	722	[illegible]	792	[illegible]
583	[illegible]	653	[illegible]	723	[illegible]	793	[illegible]
584	[illegible]	654	[illegible]	724	[illegible]	794	[illegible]
585	[illegible]	655	[illegible]	725	[illegible]	795	[illegible]
586	[illegible]	656	[illegible]	726	[illegible]	796	[illegible]
587	[illegible]	657	[illegible]	727	[illegible]	797	[illegible]
588	[illegible]	658	[illegible]	728	[illegible]	798	[illegible]
589	[illegible]	659	[illegible]	729	[illegible]	799	[illegible]
590	[illegible]	660	[illegible]	730	[illegible]	800	[illegible]
591	[illegible]	661	[illegible]	731	[illegible]	801	[illegible]
592	[illegible]	662	[illegible]	732	[illegible]	802	[illegible]
593	[illegible]	663	[illegible]	733	[illegible]	803	[illegible]
594	[illegible]	664	[illegible]	734	[illegible]	804	[illegible]
595	[illegible]	665	[illegible]	735	[illegible]	805	[illegible]
596	[illegible]	666	[illegible]	736	[illegible]	806	[illegible]
597	[illegible]	667	[illegible]	737	[illegible]	807	[illegible]
598	[illegible]	668	[illegible]	738	[illegible]	808	[illegible]
599	[illegible]	669	[illegible]	739	[illegible]	809	[illegible]
600	[illegible]	670	[illegible]	740	[illegible]	810	[illegible]
601	[illegible]	671	[illegible]	741	[illegible]	811	[illegible]
602	[illegible]	672	[illegible]	742	[illegible]	812	[illegible]
603	[illegible]	673	[illegible]	743	[illegible]	813	[illegible]
604	[illegible]	674	[illegible]	744	[illegible]	814	[illegible]
605	[illegible]	675	[illegible]	745	[illegible]	815	[illegible]
606	[illegible]	676	[illegible]	746	[illegible]	816	[illegible]
607	[illegible]	677	[illegible]	747	[illegible]	817	[illegible]
608	[illegible]	678	[illegible]	748	[illegible]	818	[illegible]
609	[illegible]	679	[illegible]	749	[illegible]	819	[illegible]
610	[illegible]	680	[illegible]	750	[illegible]	820	[illegible]
611	[illegible]	681	[illegible]	751	[illegible]	821	[illegible]
612	[illegible]	682	[illegible]	752	[illegible]	822	[illegible]
613	[illegible]	683	[illegible]	753	[illegible]	823	[illegible]
614	[illegible]	684	[illegible]	754	[illegible]	824	[illegible]
615	[illegible]	685	[illegible]	755	[illegible]	825	[illegible]
616	[illegible]	686	[illegible]	756	[illegible]	826	[illegible]
617	[illegible]	687	[illegible]	757	[illegible]	827	[illegible]
618	[illegible]	688	[illegible]	758	[illegible]	828	[illegible]
619	[illegible]	689	[illegible]	759	[illegible]	829	[illegible]
620	[illegible]	690	[illegible]	760	[illegible]	830	[illegible]
621	[illegible]	691	[illegible]	761	[illegible]	831	[illegible]
622	[illegible]	692	[illegible]	762	[illegible]	832	[illegible]
623	[illegible]	693	[illegible]	763	[illegible]	833	[illegible]
624	[illegible]	694	[illegible]	764	[illegible]	834	[illegible]
625	[illegible]	695	[illegible]	765	[illegible]	835	[illegible]
626	[illegible]	696	[illegible]	766	[illegible]	836	[illegible]
627	[illegible]	697	[illegible]	767	[illegible]	837	[illegible]
628	[illegible]	698	[illegible]	768	[illegible]	838	[illegible]
629	[illegible]	699	[illegible]	769	[illegible]	839	[illegible]
630	[illegible]	700	[illegible]	770	[illegible]	840	[illegible]

TABLE I.

N.	Logarithmes.	N.	Logarithmes.	N.	Logarithmes.	N.	Logarithmes.
841	[illegible]	901	[illegible]	961	[illegible]	1041	[illegible]
842	[illegible]	902	[illegible]	962	[illegible]	1042	[illegible]
843	[illegible]	903	[illegible]	963	[illegible]	1043	[illegible]
844	[illegible]	904	[illegible]	964	[illegible]	1044	[illegible]
845	[illegible]	905	[illegible]	965	[illegible]	1045	[illegible]
846	[illegible]	906	[illegible]	966	[illegible]	1046	[illegible]
847	[illegible]	907	[illegible]	967	[illegible]	1047	[illegible]
848	[illegible]	908	[illegible]	968	[illegible]	1048	[illegible]
849	[illegible]	909	[illegible]	969	[illegible]	1049	[illegible]
850	[illegible]	910	[illegible]	970	[illegible]	1050	[illegible]
851	[illegible]	911	[illegible]	971	[illegible]	1051	[illegible]
852	[illegible]	912	[illegible]	972	[illegible]	1052	[illegible]
853	[illegible]	913	[illegible]	973	[illegible]	1053	[illegible]
854	[illegible]	914	[illegible]	974	[illegible]	1054	[illegible]
855	[illegible]	915	[illegible]	975	[illegible]	1055	[illegible]
856	[illegible]	916	[illegible]	976	[illegible]	1056	[illegible]
857	[illegible]	917	[illegible]	977	[illegible]	1057	[illegible]
858	[illegible]	918	[illegible]	978	[illegible]	1058	[illegible]
859	[illegible]	919	[illegible]	979	[illegible]	1059	[illegible]
860	[illegible]	920	[illegible]	980	[illegible]	1060	[illegible]
861	[illegible]	921	[illegible]	981	[illegible]	1061	[illegible]
862	[illegible]	922	[illegible]	982	[illegible]	1062	[illegible]
863	[illegible]	923	[illegible]	983	[illegible]	1063	[illegible]
864	[illegible]	924	[illegible]	984	[illegible]	1064	[illegible]
865	[illegible]	925	[illegible]	985	[illegible]	1065	[illegible]
866	[illegible]	926	[illegible]	986	[illegible]	1066	[illegible]
867	[illegible]	927	[illegible]	987	[illegible]	1067	[illegible]
868	[illegible]	928	[illegible]	988	[illegible]	1068	[illegible]
869	[illegible]	929	[illegible]	989	[illegible]	1069	[illegible]
870	[illegible]	930	[illegible]	990	[illegible]	1070	[illegible]
871	[illegible]	931	[illegible]	991	[illegible]	1071	[illegible]
872	[illegible]	932	[illegible]	992	[illegible]	1072	[illegible]
873	[illegible]	933	[illegible]	993	[illegible]	1073	[illegible]
874	[illegible]	934	[illegible]	994	[illegible]	1074	[illegible]
875	[illegible]	935	[illegible]	995	[illegible]	1075	[illegible]
876	[illegible]	936	[illegible]	996	[illegible]	1076	[illegible]
877	[illegible]	937	[illegible]	997	[illegible]	1077	[illegible]
878	[illegible]	938	[illegible]	998	[illegible]	1078	[illegible]
879	[illegible]	939	[illegible]	999	[illegible]	1079	[illegible]
880	[illegible]	940	[illegible]	1000	[illegible]	1080	[illegible]
881	[illegible]	941	[illegible]	1001	[illegible]	1081	[illegible]
882	[illegible]	942	[illegible]	1002	[illegible]	1082	[illegible]
883	[illegible]	943	[illegible]	1003	[illegible]	1083	[illegible]
884	[illegible]	944	[illegible]	1004	[illegible]	1084	[illegible]
885	[illegible]	945	[illegible]	1005	[illegible]	1085	[illegible]
886	[illegible]	946	[illegible]	1006	[illegible]	1086	[illegible]
887	[illegible]	947	[illegible]	1007	[illegible]	1087	[illegible]
888	[illegible]	948	[illegible]	1008	[illegible]	1088	[illegible]
889	[illegible]	949	[illegible]	1009	[illegible]	1089	[illegible]
890	[illegible]	950	[illegible]	1010	[illegible]	1090	[illegible]
891	[illegible]	951	[illegible]	1011	[illegible]	1091	[illegible]
892	[illegible]	952	[illegible]	1012	[illegible]	1092	[illegible]
893	[illegible]	953	[illegible]	1013	[illegible]	1093	[illegible]
894	[illegible]	954	[illegible]	1014	[illegible]	1094	[illegible]
895	[illegible]	955	[illegible]	1015	[illegible]	1095	[illegible]
896	[illegible]	956	[illegible]	1016	[illegible]	1096	[illegible]
897	[illegible]	957	[illegible]	1017	[illegible]	1097	[illegible]
898	[illegible]	958	[illegible]	1018	[illegible]	1098	[illegible]
899	[illegible]	959	[illegible]	1019	[illegible]	1099	[illegible]
900	[illegible]	960	[illegible]	1020	[illegible]	1100	[illegible]

TABLE II.

Num.	Logarith. 004	Differ. I.	II.	III.
101000	32.13737.81642.57418	43999.14078.66.97	43572.87346	84301
101001	32.56737.06721.23527	43998.81505.78753	43571.03045	84298
101002	32.99735.88217.02182	43998.39813.79727	43571.18747	84295
101003	33.42734.17160.77988	43997.96368.56961	43570.34458	84294
101004	33.85730.13511.14949	43997.51798.44529	43569.50196	84290
101005	34.28729.77315.57455	43997.11128.71351	43568.65860	84288
101006	34.71726.88538.19800	43996.68694.60483	43567.81580	84286
101007	35.14723.57191.30898	43996.16080.44903	43566.97194	84283
101008	35.57719.83278.01198	43995.83519.47603	43566.13011	84281
101009	36.00714.66797.48886	43995.4 953.14548	43565.28731	84277
101010	36.43711.07751.034[illegible]	43994.9[illegible]	43564.44450	84277
101011	36.86706.06128.8[illegible]	43994.35823.41415	43563.60176	84271
101012	37.29700.61908.30668	43994.13249.81213	43562.75[illegible]	84271
101013	37.72694.75228.21914	43993.7[illegible]	43561.91613	84268
101014	38.15688.45910.17235	43993.18135.21[illegible]	43561.07316	84266
101015	38.58681.74054.3[illegible]	43992.85574.06317	43560.23[illegible]	84263
101016	39.01674.57628.17852	43992.43013.83218	43559.38813	84260
101017	39.44667.02641.20536	43991.[illegible].44406	43558.54576	84258
101018	39.87659.03096.64913	43991.57823.88[illegible]	43557.70311	84257
101019	40.30650.67994.34760	43991.14118.19508	43556.86061	84251
101020	40.73641.76330.74178	43990.72781.33447	43556.01811	84252
101021	41.16632.49118.07716	43990.30225.31697	43555.17555	84248
101022	41.59622.79337.39398	43989.87670.14079	43554.33314	84245
101023	42.02612.67007.53435	43989.45119.80764	43553.49063	84244
101024	42.45602.12127.34200	43989.02561.31704	43552.64811	84239
101025	42.88591.14683.65908	43988.60000.66088	43551.80581	84236
101026	43.31579.74683.31791	43988.17437.86301	43550.96341	84236
101027	43.74567.92123.19092	43987.74906.89958	43550.11107	84233
101028	44.17555.66900.09050	43987.32136.77849	43549.27874	84230
101029	44.60543.99016.86901	43986.89807.47977	43548.41644	84228
101030	45.03510.88224.36887	43986.47459.00133	43547.59416	84225
101031	45.46516.36483.43211	43986.04911.46917	43546.75191	84225
101032	45.89501.41194.90148	43985.61164.71740	43545.90966	84221
101033	46.32488.03350.61854	43985.19618.80760	43545.06747	84219
101034	46.75473.11978.42361	43984.77073.74018	43544.22528	84214
101035	47.18458.20052.16664	43984.34539.81489	43543.38314	84219
101036	47.61442.54581.68112	43983.91986.13171	43542.54099	84209
101037	48.04426.16567.81289	43983.49443.59070	43541.69893	84209
101038	48.47409.76011.40339	43983.06901.89168	43540.85681	84209
101039	48.90392.82913.29537	43982.64361.03501	43540.01478	84206
101040	49.33375.47474.33038	43982.21821.01015	43539.17278	84197
101041	49.76357.69295.33808	43981.79281.84753	43538.33078	84198
101042	50.19339.48377.19816	43981.36741.51668	43537.48887	84196
101043	50.62320.85140.71482	43980.94160.01880	43536.64678	84193
101044	51.05301.79316.74104	43980.51680.38118	43535.80487	84187
101045	51.48281.30976.14484	43980.09133.57843	43534.96196	84188
101046	51.91261.40110.76071	43979.66508.61347	43534.11107	84187
101047	52.34241.06718.31480	43979.24064.49240	43533.27924	84181
101048	52.77221.30798.86686	43978.81531.21130	43532.43713	84181
101049	53.20200.11114.01984	43978.38998.77481	43531.59533	84178
101050	53.63178.51322.79761	43977.96467.18023	43530.75318	84177
101051	54.06156.47789.97584	43977.53936.41643	43529.91105	84172
101052	54.49134.01726.40117	43977.11406.51440	43529.07031	84171
101053	54.92111.13132.91667	43976.68877.44463	43528.22801	84168
101054	55.35087.82010.36076	43976.26349.11341	43527.38609	84167
101055	55.78064.08358.57024	43975.83821.81855	43526.54416	84161
101056	56.21039.92181.40470	43975.41295.88131	43525.70306	84161
101057	56.64015.33476.68868	43974.98769.57960	43524.86010	84159
101058	57.06990.32246.26777	43974.56244.71761	43524.02045	84155
101059	57.49964.88490.98515	43974.13720.69717	43523.17869	84154
101060	57.92939.02211.68232	43973.71197.51861	43522.33736	84150
101061	58.35912.73409.20075	43973.28675.18092	43521.49588	84148
101062	58.78885.02084.38170	43972.86153.68450	43520.65431	84146
101063	59.21858.88238.06674	43972.43633.03567	43519.81391	84141
101064	59.64830.31871.09744	43972.01113.21177	43518.97140	84141
101065	60.07803.31984.31517	43971.58594.24617	43518.13020	84138
101066	60.50774.91578.36143	43971.16076.11617	43517.28871	84137
101067	60.93746.07654.07760	43970.73558.83746	43516.44731	84130
101068	61.36716.81811.80505	43970.31041.38012	43515.60601	84130
101069	61.79687.12255.84518	43969.88526.77941	43514.76471	84130
101070	62.22657.00781.65918	43969.46012.00938	43513.91349	84124
101071	62.65626.46794.66606	43969.03498.08559	43513.08311	84123
101072	63.08595.50292.75461	43968.60985.00378	43512.24095	84122
101073	63.51564.11277.75841	43968.18472.76183	43511.39977	84119
101074	63.94531.29750.51123	43967.75961.36311	43510.55858	84117
101075	64.37500.05711.88435	43967.33450.80445	43509.71740	84113
101076	64.80467.39162.68887	43966.90941.08711	43508.87627	84111
101077	65.23434.30103.77601	43966.48432.21084	43508.03516	84107
101078	65.66400.78535.98682	43966.05924.17577	43507.19406	84107
101079	66.09366.84460.16254	43965.63416.98161	43506.35301	84104
101080	66.52332.47877.14421	43965.20910.62860	43505.51100	84101
101081	66.95297.68787.77281	43964.78405.11660	43504.67097	84097
101082	67.38261.47192.88941	43964.35900.44561	43503.83001	84096
101083	67.81226.83093.33503	43963.93396.61561	43502.98906	84094
101084	68.24190.76489.95064	43963.50893.61655	43502.14811	84092
101085	68.67154.27383.57719	43963.08391.47844	43501.30721	84087
101086	69.10117.35775.05560	43962.65890.17123	43500.46634	84087
101087	69.53080.01665.22683	43962.23389.70489	43499.62547	84081
101088	69.96041.25054.93173	43961.80890.07941	43498.78461	84081
101089	70.39004.05945.01117	43961.38391.29477	43497.94380	84079
101090	70.81965.44336.30594	43960.95893.35097	43497.10300	84077
101091	71.24926.40229.65691	43960.53396.24787	43496.26220	84071
101092	71.67886.93625.90478	43960.10899.98566	43495.42149	84069
101093	72.10847.04525.89036	43959.68404.56417	43494.58069	84070
101094	72.53806.72930.45453	43959.25909.98348	43493.74017	84069
101095	72.96765.98840.43755	43958.83416.24395	43492.89938	84063
101096	73.39724.82256.68050	43958.40923.34347	43492.05883	84061
101097	73.82683.23180.01940	43957.98431.28486	43491.21831	84061
101098	74.25641.21611.30289	43957.55940.06655	43490.37776	84058
101099	74.68598.77551.37488	43957.13449.68870	43489.53718	84058
101100	75.11555.91001.06347	43956.70960.15145	43488.69660	84050
101101	75.54512.61961.21492	43956.28471.45485	43487.85610	84054
101102	75.97468.90432.66977	43955.85983.59875	43487.01556	84046
101103	76.40424.76416.26851	43955.43496.58311	43486.17516	84048
101104	76.83380.19912.85167	43955.01010.40797	43485.33471	84044
101105	77.26335.20923.25962	43954.58525.07326	43484.49427	84042
101106	77.69289.79448.33289	43954.16040.57899	43483.65393	84034
101107	78.12243.95488.91187	43953.73556.92505	43482.81353	84035
101108	78.55197.69045.83677	43953.31074.11151	43481.97314	84032
101109	78.98151.00119.94881	43952.88591.13813	43481.13283	84031
101110	79.41103.88711.06631	43952.46111.00532	43480.29250	84029
101111	79.84056.34823.09184	43952.03630.71255	43479.45214	84028
101112	80.27008.38453.80407	43951.61151.26041	43478.61185	84018
101113	80.69959.99605.06451	43951.18672.64797	43477.77165	84014
101114	81.12911.18277.71186	43950.76194.87632	43476.93177	84019
101115	81.55861.94472.58826	43950.33717.94455	43476.09162	84013
101116	81.98812.28190.53147	43949.91241.85292	43475.25145	84013
101117	82.41762.19432.38522	43949.48766.60112	43474.41137	84008
101118	82.84711.68198.98621	43949.06291.18977	43473.57125	84006
101119	83.27660.74491.17601	43948.63818.61840	43472.73112	84001
101120	83.70609.38309.79444	43948.21345.88718	43471.89121	84003
101121	84.13557.59655.68174	43947.78873.99600	43471.05111	83998
101122	84.56505.38529.67778	43947.36402.94484	43470.21111	83998
101123	84.99452.74932.61262	43946.93932.73373	43469.37112	83991
101124	85.42399.68865.33621	43946.51463.36261	43468.53111	83990
101125	85.85346.20328.71872	43946.08994.83150	43467.69141	83988
101126	86.28292.29323.54977	43945.66527.13968	43466.85151	83986
101127	86.71237.95850.68945	43945.24060.28817	43466.01169	83984
101128	87.14183.19910.97762	43944.81594.27652	43465.17183	83981
101129	87.57128.01505.25414	43944.39129.10467	43464.33102	83978
101130	88.00072.40634.35877	43943.96664.77264	43463.49083	83978
101131	88.43016.37299.13141	43943.54201.28041	43462.65246	83971
101132	88.85959.91500.41182	43943.11738.62795	43461.81275	83972
101133	89.28903.03239.03977	43942.69276.81526	43460.97305	83968
101134	89.71845.72515.85503	43942.26815.84231	43460.13334	83964
101135	90.14787.99331.69734	43941.84355.70898	43459.29364	83964
101136	90.57729.83687.40593	43941.41896.41531	43458.45401	83961
101137	91.00671.25583.81111	43940.99437.96130	43457.61440	83957
101138	91.43612.25021.78411	43940.56980.34690	43456.77480	83956
101139	91.86552.81002.12884	43940.14523.57218	43455.93520	83954

TABLE III.

Log.	Nombres 100	Differ. I.	II.	III.
0000000	00.00000.00000.00000	23026.11601.68807	53020.20192	1.22087
0000001	00.23026.11601.68807	23026.64621.88999	53021.42279	1.22089
0000002	00.46052.76223.57806	23027.17643.31178	53022.64368	1.22091
0000003	00.69079.93866.88984	23027.70665.95546	53023.86457	1.22093
0000004	00.92107.64532.84530	23028.23690.82003	53025.08550	1.22094
0000005	01.15135.88217.66815	23028.76715.90553	53026.30644	1.22102
0000006	01.38164.64941.57474	23029.29741.21193	53027.52746	1.22104
0000007	01.61193.94683.78767	23029.81700.74030	53028.74846	1.22106
0000008	01.84223.77455.58808	23030.33708.48884	53029.96951	1.22108
0000009	02.07254.13154.01691	23030.88818.45837	53031.19056	1.22111
0000010	02.30285.01081.47558	23031.41859.68803	53032.41170	1.22112
0000011	02.53316.42941.16431	23031.94892.06002	53033.63282	1.22115
0000012	02.76348.38814.18642	23032.47925.69145	53034.85397	1.22118
0000013	02.99380.86759.87842	23033.00960.54745	53036.07515	1.22120
0000014	03.22413.87710.42571	23033.53996.62259	53037.29635	1.22124
0000015	03.45447.41717.04830	23034.07033.91895	53038.51760	1.22126
0000016	03.68481.48750.96726	23034.60072.43655	53039.73890	1.22128
0000017	03.91516.08823.40381	23035.13112.17545	53040.96018	1.22130
0000018	04.14551.21935.57926	23035.66153.13563	53042.18148	1.22136
0000019	04.37586.88088.71489	23036.19195.31711	53043.40284	1.22137
0000020	04.60623.07284.03120	23036.72238.72000	53044.62421	1.22141
0000021	04.83659.79522.75120	23037.25283.34421	53045.84562	1.22144
0000022	05.06697.04806.09541	23037.78329.18983	53047.06711	1.22146
0000023	05.29734.83135.28651	23038.31376.25703	53048.28857	1.22149
0000024	05.52773.14511.54360	23038.84424.54560	53049.51007	1.22151
0000025	05.75811.98936.08926	23039.37474.05567	53050.73159	1.22156
0000026	05.98851.36410.14503	23039.90524.78726	53051.95315	1.22158
0000027	06.21891.26934.93229	23040.43576.74042	53053.17473	1.22161
0000028	06.44932.70511.67281	23040.96629.91521	53054.39634	1.22163
0000029	06.67974.67141.58801	23041.49684.31155	53055.61797	1.22167
0000030	06.91014.16885.89957	23042.03710.91051	53056.83964	1.22170
0000031	07.14056.19565.81009	23042.55790.76010	53058.06134	1.22172
0000032	07.37098.75361.59882	23043.08854.83905	53059.28306	1.22177
0000033	07.60141.83817.42875	23043.61914.11353	53060.50483	1.22179
0000034	07.83185.45011.54228	23044.14974.61835	53061.72658	1.22182
0000035	08.06229.61006.16064	23044.68036.34493	53062.94839	1.22184
0000036	08.29274.29142.50557	23045.21099.29331	53064.17023	1.22186
0000037	08.52319.50241.79888	23045.74163.46354	53065.39207	1.22190
0000038	08.75365.24405.26242	23046.27228.85561	53066.61397	1.22192
0000039	08.98411.51634.11803	23046.80295.46958	53067.83589	1.22195
0000040	09.21458.31929.58761	23047.33363.30547	53069.05784	1.22196
0000041	09.44505.65292.89308	23047.86432.36331	53070.27980	1.22201
0000042	09.67553.51725.25639	23048.39502.64311	53071.50181	1.22202
0000043	09.90601.91227.89950	23048.92574.14492	53072.72384	1.22206
0000044	10.13650.83801.04442	23049.45646.86877	53073.94590	1.22208
0000045	10.36700.29447.91320	23049.98720.81467	53075.16798	1.22213
0000046	10.59750.28169.72787	23050.51795.98265	53076.39011	1.22213
0000047	10.82800.79965.71052	23051.04872.37276	53077.61224	1.22218
0000048	11.05851.84838.08328	23051.57949.98500	53078.83442	1.22219
0000049	11.28903.42788.06828	23052.11028.81942	53080.05661	1.22224
0000050	11.51955.53816.88770	23052.64108.87603	53081.27885	1.22225
0000051	11.75008.17925.76373	23053.17190.15488	53082.50110	1.22226
0000052	11.98061.35115.91861	23053.70272.65598	53083.72336	1.22230
0000053	12.21115.05388.57459	23054.23356.37936	53084.94570	1.22233
0000054	12.44169.28744.95395	23054.76441.31506	53086.16803	1.22236
0000055	12.67224.05186.27901	23055.29527.47309	53087.39041	1.22238
0000056	12.90279.34713.77210	23055.82614.86350	53088.61279	1.22244
0000057	13.13335.17328.63560	23056.35703.47629	53089.83523	1.22245
0000058	13.36391.53032.11189	23056.88793.31152	53091.05768	1.22247
0000059	13.59448.41825.42341	23057.41884.36920	53092.28015	1.22252
0000060	13.82505.83709.79261	23057.94976.64935	53093.50267	1.22254
0000061	14.05563.78686.44196	23058.48070.15202	53094.72521	1.22255
0000062	14.28622.26756.59398	23059.01164.87723	53095.94776	1.22261
0000063	14.51681.27921.47121	23059.54260.82499	53097.17037	1.22262
0000064	14.74740.82182.29620	23060.07358.01536	53098.39299	1.22265
0000065	14.97800.89540.31156	23060.60456.40835	53099.61564	1.22270
0000066	15.20861.49996.71991	23061.13556.02399	53100.83834	1.22272
0000067	15.43922.63552.74390	23061.66656.86233	53102.06106	1.22277
0000068	15.66984.30209.60623	23062.19758.92339	53103.28375	1.22276
0000069	15.90046.49968.52962	23062.72862.20714	53104.50651	1.2228[illegible]
0000070	16.13109.22830.89654	23063.25966.71357	53105.72931	1.22288
0000071	16.36172.48797.61011	23063.79072.44288	53106.95211	1.22284
0000072	16.59236.27870.05299	23064.32179.39505	53108.17495	1.22289
0000073	16.82300.60049.44805	23064.85287.57000	53109.39784	1.22290
0000074	17.05365.45337.01805	23065.38396.96784	53110.62074	1.22295
0000075	17.28430.83733.98589	23065.91507.58858	53111.84369	1.22297
0000076	17.51496.75241.57448	23066.44619.43227	53113.06666	1.22299
0000077	17.74563.19861.00675	23066.97732.49893	53114.28965	1.22301
0000078	17.97630.17593.50568	23067.50846.78858	53115.51266	1.22303
0000079	18.20697.68440.29426	23068.03962.30124	53116.73569	1.22306
0000080	18.43765.72402.59550	23068.57079.03693	53117.95875	1.22311
0000081	18.66834.29481.63243	23069.10196.99568	53119.18187	1.22312
0000082	18.89903.39678.62811	23069.63316.17747	53120.40499	1.22315
0000083	19.12973.02994.80558	23070.16436.58246	53121.62814	1.22318
0000084	19.36043.19431.38804	23070.69558.21060	53122.85132	1.22320
0000085	19.59113.88989.59864	23071.22681.06192	53124.07452	1.22321
0000086	19.82185.11670.66056	23071.75805.13644	53125.29773	1.22326
0000087	20.05256.87475.79700	23072.28930.43417	53126.52099	1.22329
0000088	20.28329.16406.23117	23072.82056.95516	53127.74428	1.22331
0000089	20.51401.98463.18633	23073.35184.69944	53128.96759	1.22336
0000090	20.74475.33647.88577	23073.88313.66703	53130.19103	1.22339
0000091	20.97549.21961.55281	23074.41443.85806	53131.41442	1.22339
0000092	21.20623.63405.41087	23074.94575.27248	53132.63784	1.22342
0000093	21.43698.57980.68335	23075.47707.91032	53133.86127	1.22346
0000094	21.66774.05688.59368	23076.00841.77159	53135.08473	1.22351
0000095	21.89850.06530.36527	23076.53976.85632	53136.30823	1.22350
0000096	22.12927.60507.22159	23077.07113.16455	53137.53174	1.22358
0000097	22.36003.67620.38614	23077.60250.69629	53138.75531	1.22355
0000098	22.59081.27871.08244	23078.13389.45160	53139.97885	1.22360
0000099	22.82159.41360.53048	23078.66529.43071	53141.20249	1.22364
0000100	23.05238.07889.96719	23079.19670.63320	53142.42611	1.22368
0000101	23.28317.27560.60039	23079.72813.05931	53143.64979	1.22367
0000102	23.51397.00373.65970	23080.25956.70910	53144.87346	1.22374
0000103	23.74477.26330.36880	23080.79101.58256	53146.09720	1.22376
0000104	23.97558.05431.95113	23081.32247.67976	53147.32096	1.22378
0000105	24.20639.37679.63111	23081.85395.00072	53148.54475	1.22381
0000106	24.43721.23074.63183	23082.38543.54547	53149.76856	1.22383
0000107	24.66803.61618.17730	23082.91693.31403	53150.99239	1.22386
0000108	24.89886.53311.49133	23083.44844.30642	53152.21625	1.22390
0000109	25.12969.98155.79775	23083.97996.52267	53153.44015	1.22391
0000110	25.36053.96152.31997	23084.51149.96281	53154.66406	1.22393
0000111	25.59138.47302.28278	23085.04304.62687	53155.88799	1.22396
0000112	25.82223.51606.90965	23085.57460.51486	53157.11195	1.22400
0000113	26.05309.09067.42451	23086.10617.62681	53158.33595	1.22402
0000114	26.28395.19685.05132	23086.63775.96276	53159.55997	1.22407
0000115	26.51481.83461.01408	23087.16935.52273	53160.78404	1.22407
0000116	26.74569.00396.53681	23087.70096.30677	53162.00811	1.22411
0000117	26.97656.70492.84358	23088.23258.31488	53163.21222	1.22415
0000118	27.20744.93751.15846	23088.76421.54710	53164.43637	1.22416
0000119	27.43833.70172.70556	23089.29585.98347	53165.66054	1.22421
0000120	27.66923.00758.70648	23089.82751.68401	53166.88479	1.22422
0000121	27.90012.83510.39049	23090.35918.58875	53168.10897	1.22423
0000122	28.13103.18428.97924	23090.89086.71772	53169.33320	1.22430
0000123	28.36194.07515.69696	23091.42256.07092	53170.55750	1.22430
0000124	28.59285.49771.76788	23091.95426.64821	53171.78181	1.22434
0000125	28.82377.45198.41609	23092.48598.45002	53173.00616	1.22435
0000126	29.05469.93796.86611	23093.01771.45618	53174.23052	1.22438
0000127	29.28563.95568.32229	23093.54945.71670	53175.45492	1.22443
0000128	29.51656.50513.03899	23094.08121.20162	53176.67935	1.22446
0000129	29.74750.58634.24061	23094.61297.90097	53177.90381	1.22448
0000130	29.97845.19932.14158	23095.14475.81478	53179.12829	1.22450
0000131	30.20940.34408.95636	23095.67654.97310	53180.35279	1.22454
0000132	30.44036.02063.92946	23096.20835.34589	53181.57733	1.22457
0000133	30.67132.22899.27535	23096.74016.94322	53182.80190	1.22459
0000134	30.90228.96916.21857	23097.27199.76512	53184.02649	1.22463
0000135	31.13326.24116.02369	23097.80383.81161	53185.25112	1.22464
0000136	31.36424.04499.83530	23098.33569.08273	53186.47576	1.22469
0000137	31.59523.13068.91803	23098.86755.57849	53187.70045	1.22469
0000138	31.82621.94824.69652	23099.39943.27894	53188.92514	1.22475
0000139	32.05720.62767.94555	23099.93131.26408	53190.14989	1.22476

LOGARITHMES HYPERBOLIQUES.

N.	Logar.	N.	Logar.	N.	Logar.	N.	Logar.	N.	Logar.	N.	Logar.	N.	Logar.
1.00	0.0000000	1.65	0.5007753	2.30	0.8329091	2.95	1.0818052	3.60	1.2809338	4.25	1.4469190	4.90	1.5892352
1.01	0.0099503	1.66	0.5068176	2.31	0.8372475	2.96	1.0851893	3.61	1.2837078	4.26	1.4492692	4.91	1.5912739
1.02	0.0198026	1.67	0.5128236	2.32	0.8415672	2.97	1.0885620	3.62	1.2864740	4.27	1.4516138	4.92	1.5933085
1.03	0.0295588	1.68	0.5187938	2.33	0.8458683	2.98	1.0919233	3.63	1.2892326	4.28	1.4539530	4.93	1.5953390
1.04	0.0392207	1.69	0.5247285	2.34	0.8501509	2.99	1.0952734	3.64	1.2919837	4.29	1.4562867	4.94	1.5973653
1.05	0.0487902	1.70	0.5306283	2.35	0.8544153	3.00	1.0986123	3.65	1.2947272	4.30	1.4586150	4.95	1.5993876
1.06	0.0582689	1.71	0.5364934	2.36	0.8586616	3.01	1.1019401	3.66	1.2974631	4.31	1.4609379	4.96	1.6014057
1.07	0.0676586	1.72	0.5423243	2.37	0.8628900	3.02	1.1052568	3.67	1.3001917	4.32	1.4632554	4.97	1.6034198
1.08	0.0769610	1.73	0.5481214	2.38	0.8671005	3.03	1.1085626	3.68	1.3029128	4.33	1.4655675	4.98	1.6054299
1.09	0.0861777	1.74	0.5538851	2.39	0.8712934	3.04	1.1118575	3.69	1.3056265	4.34	1.4678743	4.99	1.6074359
1.10	0.0953102	1.75	0.5596158	2.40	0.8754687	3.05	1.1151416	3.70	1.3083328	4.35	1.4701758	5.00	1.6094379
1.11	0.1043600	1.76	0.5653138	2.41	0.8796267	3.06	1.1184149	3.71	1.3110319	4.36	1.4724721	5.01	1.6114359
1.12	0.1133287	1.77	0.5709795	2.42	0.8837675	3.07	1.1216776	3.72	1.3137237	4.37	1.4747630	5.02	1.6134299
1.13	0.1222176	1.78	0.5766134	2.43	0.8878913	3.08	1.1249296	3.73	1.3164082	4.38	1.4770487	5.03	1.6154200
1.14	0.1310283	1.79	0.5822156	2.44	0.8919980	3.09	1.1281711	3.74	1.3190856	4.39	1.4793292	5.04	1.6174061
1.15	0.1397619	1.80	0.5877867	2.45	0.8960880	3.10	1.1314021	3.75	1.3217558	4.40	1.4816045	5.05	1.6193882
1.16	0.1484200	1.81	0.5933268	2.46	0.9001614	3.11	1.1346227	3.76	1.3244190	4.41	1.4838747	5.06	1.6213665
1.17	0.1570037	1.82	0.5988365	2.47	0.9042182	3.12	1.1378330	3.77	1.3270750	4.42	1.4861397	5.07	1.6233408
1.18	0.1655144	1.83	0.6043160	2.48	0.9082586	3.13	1.1410330	3.78	1.3297240	4.43	1.4883996	5.08	1.6253113
1.19	0.1739533	1.84	0.6097656	2.49	0.9122827	3.14	1.1442228	3.79	1.3323660	4.44	1.4906544	5.09	1.6272778
1.20	0.1823216	1.85	0.6151856	2.50	0.9162907	3.15	1.1474025	3.80	1.3350011	4.45	1.4929041	5.10	1.6292405
1.21	0.1906204	1.86	0.6205765	2.51	0.9202828	3.16	1.1505720	3.81	1.3376292	4.46	1.4951488	5.11	1.6311994
1.22	0.1988509	1.87	0.6259384	2.52	0.9242589	3.17	1.1537316	3.82	1.3402504	4.47	1.4973884	5.12	1.6331544
1.23	0.2070142	1.88	0.6312718	2.53	0.9282193	3.18	1.1568812	3.83	1.3428648	4.48	1.4996230	5.13	1.6351057
1.24	0.2151114	1.89	0.6365768	2.54	0.9321641	3.19	1.1600209	3.84	1.3454724	4.49	1.5018527	5.14	1.6370531
1.25	0.2231436	1.90	0.6418539	2.55	0.9360934	3.20	1.1631508	3.85	1.3480731	4.50	1.5040774	5.15	1.6389967
1.26	0.2311117	1.91	0.6471032	2.56	0.9400073	3.21	1.1662709	3.86	1.3506672	4.51	1.5062972	5.16	1.6409366
1.27	0.2390169	1.92	0.6523252	2.57	0.9439059	3.22	1.1693814	3.87	1.3532545	4.52	1.5085120	5.17	1.6428727
1.28	0.2468601	1.93	0.6575200	2.58	0.9477894	3.23	1.1724821	3.88	1.3558352	4.53	1.5107219	5.18	1.6448051
1.29	0.2546422	1.94	0.6626880	2.59	0.9516579	3.24	1.1755733	3.89	1.3584092	4.54	1.5129270	5.19	1.6467337
1.30	0.2623643	1.95	0.6678294	2.60	0.9555114	3.25	1.1786550	3.90	1.3609766	4.55	1.5151272	5.20	1.6486586
1.31	0.2700271	1.96	0.6729445	2.61	0.9593502	3.26	1.1817272	3.91	1.3635374	4.56	1.5173226	5.21	1.6505799
1.32	0.2776317	1.97	0.6780335	2.62	0.9631743	3.27	1.1847900	3.92	1.3660917	4.57	1.5195132	5.22	1.6524974
1.33	0.2851789	1.98	0.6830968	2.63	0.9669838	3.28	1.1878434	3.93	1.3686394	4.58	1.5216990	5.23	1.6544113
1.34	0.2926696	1.99	0.6881346	2.64	0.9707789	3.29	1.1908876	3.94	1.3711807	4.59	1.5238800	5.24	1.6563215
1.35	0.3001046	2.00	0.6931472	2.65	0.9745596	3.30	1.1939225	3.95	1.3737156	4.60	1.5260563	5.25	1.6582281
1.36	0.3074847	2.01	0.6981347	2.66	0.9783261	3.31	1.1969482	3.96	1.3762440	4.61	1.5282279	5.26	1.6601310
1.37	0.3148107	2.02	0.7030975	2.67	0.9820785	3.32	1.1999648	3.97	1.3787661	4.62	1.5303947	5.27	1.6620304
1.38	0.3220835	2.03	0.7080358	2.68	0.9858168	3.33	1.2029723	3.98	1.3812818	4.63	1.5325569	5.28	1.6639261
1.39	0.3293037	2.04	0.7129498	2.69	0.9895412	3.34	1.2059708	3.99	1.3837912	4.64	1.5347144	5.29	1.6658182
1.40	0.3364722	2.05	0.7178398	2.70	0.9932518	3.35	1.2089603	4.00	1.3862944	4.65	1.5368672	5.30	1.6677068
1.41	0.3435897	2.06	0.7227060	2.71	0.9969486	3.36	1.2119410	4.01	1.3887912	4.66	1.5390154	5.31	1.6695918
1.42	0.3506569	2.07	0.7275486	2.72	1.0006319	3.37	1.2149127	4.02	1.3912819	4.67	1.5411591	5.32	1.6714733
1.43	0.3576744	2.08	0.7323679	2.73	1.0043016	3.38	1.2178757	4.03	1.3937664	4.68	1.5432981	5.33	1.6733512
1.44	0.3646431	2.09	0.7371641	2.74	1.0079579	3.39	1.2208299	4.04	1.3962447	4.69	1.5454326	5.34	1.6752257
1.45	0.3715636	2.10	0.7419373	2.75	1.0116009	3.40	1.2237754	4.05	1.3987169	4.70	1.5475625	5.35	1.6770966
1.46	0.3784364	2.11	0.7466879	2.76	1.0152307	3.41	1.2267123	4.06	1.4011830	4.71	1.5496879	5.36	1.6789640
1.47	0.3852624	2.12	0.7514161	2.77	1.0188473	3.42	1.2296406	4.07	1.4036430	4.72	1.5518088	5.37	1.6808279
1.48	0.3920421	2.13	0.7561220	2.78	1.0224509	3.43	1.2325603	4.08	1.4060970	4.73	1.5539252	5.38	1.6826884
1.49	0.3987761	2.14	0.7608058	2.79	1.0260416	3.44	1.2354715	4.09	1.4085450	4.74	1.5560371	5.39	1.6845454
1.50	0.4054651	2.15	0.7654678	2.80	1.0296194	3.45	1.2383742	4.10	1.4109870	4.75	1.5581446	5.40	1.6863990
1.51	0.4121097	2.16	0.7701082	2.81	1.0331845	3.46	1.2412686	4.11	1.4134230	4.76	1.5602477	5.41	1.6882491
1.52	0.4187103	2.17	0.7747272	2.82	1.0367369	3.47	1.2441546	4.12	1.4158532	4.77	1.5623463	5.42	1.6900958
1.53	0.4252677	2.18	0.7793249	2.83	1.0402767	3.48	1.2470323	4.13	1.4182774	4.78	1.5644405	5.43	1.6919391
1.54	0.4317824	2.19	0.7839015	2.84	1.0438041	3.49	1.2499017	4.14	1.4206958	4.79	1.5665304	5.44	1.6937791
1.55	0.4382549	2.20	0.7884574	2.85	1.0473190	3.50	1.2527630	4.15	1.4231083	4.80	1.5686159	5.45	1.6956156
1.56	0.4446858	2.21	0.7929925	2.86	1.0508216	3.51	1.2556160	4.16	1.4255151	4.81	1.5706971	5.46	1.6974488
1.57	0.4510756	2.22	0.7975072	2.87	1.0543120	3.52	1.2584610	4.17	1.4279160	4.82	1.5727739	5.47	1.6992786
1.58	0.4574248	2.23	0.8020016	2.88	1.0577903	3.53	1.2612979	4.18	1.4303112	4.83	1.5748465	5.48	1.7011051
1.59	0.4637340	2.24	0.8064759	2.89	1.0612565	3.54	1.2641267	4.19	1.4327007	4.84	1.5769147	5.49	1.7029283
1.60	0.4700036	2.25	0.8109302	2.90	1.0647107	3.55	1.2669476	4.20	1.4350845	4.85	1.5789787	5.50	1.7047481
1.61	0.4762342	2.26	0.8153648	2.91	1.0681531	3.56	1.2697605	4.21	1.4374626	4.86	1.5810384	5.51	1.7065646
1.62	0.4824261	2.27	0.8197798	2.92	1.0715836	3.57	1.2725656	4.22	1.4398351	4.87	1.5830939	5.52	1.7083779
1.63	0.4885800	2.28	0.8241754	2.93	1.0750024	3.58	1.2753628	4.23	1.4422020	4.88	1.5851452	5.53	1.7101878
1.64	0.4946962	2.29	0.8285518	2.94	1.0784096	3.59	1.2781522	4.24	1.4445633	4.89	1.5871923	5.54	1.7119945

LOGARITHMES HYPERBOLIQUES.

N.	Logar.	N.	Logar.	N.	Logar.	N.	Logar.	N.	Logar.	N.	Logar.	N.	Logar.
5.55	1.7137979	6.20	1.8245493	6.85	1.9242487	7.50	2.0149030	8.15	2.0980179	8.80	2.1747517	9.45	2.2460147
5.56	1.7155981	6.21	1.8261609	6.86	1.9257074	7.51	2.0162355	8.16	2.0992442	8.81	2.1758874	9.46	2.2470724
5.57	1.7173951	6.22	1.8277699	6.87	1.9271641	7.52	2.0175661	8.17	2.1004689	8.82	2.1770219	9.47	2.2481289
5.58	1.7191887	6.23	1.8293763	6.88	1.9286186	7.53	2.0188950	8.18	2.1016921	8.83	2.1781550	9.48	2.2491843
5.59	1.7209792	6.24	1.8309802	6.89	1.9300711	7.54	2.0202222	8.19	2.1029139	8.84	2.1792869	9.49	2.2502386
5.60	1.7227666	6.25	1.8325815	6.90	1.9315214	7.55	2.0215476	8.20	2.1041342	8.85	2.1804175	9.50	2.2512918
5.61	1.7245507	6.26	1.8341802	6.91	1.9329696	7.56	2.0228712	8.21	2.1053529	8.86	2.1815468	9.51	2.2523439
5.62	1.7263317	6.27	1.8357764	6.92	1.9344158	7.57	2.0241931	8.22	2.1065702	8.87	2.1826748	9.52	2.2533948
5.63	1.7281095	6.28	1.8373700	6.93	1.9358598	7.58	2.0255132	8.23	2.1077860	8.88	2.1838016	9.53	2.2544447
5.64	1.7298841	6.29	1.8389611	6.94	1.9373018	7.59	2.0268316	8.24	2.1090003	8.89	2.1849270	9.54	2.2554935
5.65	1.7316555	6.30	1.8405496	6.95	1.9387417	7.60	2.0281482	8.25	2.1102132	8.90	2.1860513	9.55	2.2565412
5.66	1.7334239	6.31	1.8421357	6.96	1.9401795	7.61	2.0294632	8.26	2.1114246	8.91	2.1871742	9.56	2.2575877
5.67	1.7351891	6.32	1.8437192	6.97	1.9416152	7.62	2.0307764	8.27	2.1126345	8.92	2.1882959	9.57	2.2586332
5.68	1.7369512	6.33	1.8453002	6.98	1.9430489	7.63	2.0320878	8.28	2.1138430	8.93	2.1894164	9.58	2.2596776
5.69	1.7387102	6.34	1.8468788	6.99	1.9444806	7.64	2.0333976	8.29	2.1150500	8.94	2.1905356	9.59	2.2607209
5.70	1.7404662	6.35	1.8484548	7.00	1.9459101	7.65	2.0347056	8.30	2.1162555	8.95	2.1916535	9.60	2.2617631
5.71	1.7422190	6.36	1.8500284	7.01	1.9473377	7.66	2.0360120	8.31	2.1174596	8.96	2.1927702	9.61	2.2628042
5.72	1.7439688	6.37	1.8515995	7.02	1.9487632	7.67	2.0373166	8.32	2.1186623	8.97	2.1938857	9.62	2.2638443
5.73	1.7457155	6.38	1.8531681	7.03	1.9501867	7.68	2.0386195	8.33	2.1198635	8.98	2.1949999	9.63	2.2648832
5.74	1.7474591	6.39	1.8547343	7.04	1.9516082	7.69	2.0399208	8.34	2.1210632	8.99	2.1961128	9.64	2.2659211
5.75	1.7491999	6.40	1.8562980	7.05	1.9530276	7.70	2.0412203	8.35	2.1222615	9.00	2.1972246	9.65	2.2669579
5.76	1.7509374	6.41	1.8578593	7.06	1.9544451	7.71	2.0425182	8.36	2.1234584	9.01	2.1983351	9.66	2.2679936
5.77	1.7526721	6.42	1.8594181	7.07	1.9558605	7.72	2.0438144	8.37	2.1246539	9.02	2.1994443	9.67	2.2690283
5.78	1.7544037	6.43	1.8609745	7.08	1.9572739	7.73	2.0451089	8.38	2.1258479	9.03	2.2005524	9.68	2.2700619
5.79	1.7561323	6.44	1.8625285	7.09	1.9586853	7.74	2.0464017	8.39	2.1270405	9.04	2.2016592	9.69	2.2710944
5.80	1.7578579	6.45	1.8640801	7.10	1.9600948	7.75	2.0476928	8.40	2.1282317	9.05	2.2027648	9.70	2.2721259
5.81	1.7595805	6.46	1.8656293	7.11	1.9615022	7.76	2.0489823	8.41	2.1294215	9.06	2.2038691	9.71	2.2731563
5.82	1.7613002	6.47	1.8671761	7.12	1.9629077	7.77	2.0502702	8.42	2.1306098	9.07	2.2049723	9.72	2.2741856
5.83	1.7630170	6.48	1.8687205	7.13	1.9643112	7.78	2.0515563	8.43	2.1317968	9.08	2.2060742	9.73	2.2752139
5.84	1.7647308	6.49	1.8702625	7.14	1.9657128	7.79	2.0528409	8.44	2.1329823	9.09	2.2071749	9.74	2.2762411
5.85	1.7664417	6.50	1.8718022	7.15	1.9671124	7.80	2.0541237	8.45	2.1341664	9.10	2.2082744	9.75	2.2772673
5.86	1.7681496	6.51	1.8733395	7.16	1.9685100	7.81	2.0554050	8.46	2.1353492	9.11	2.2093727	9.76	2.2782924
5.87	1.7698546	6.52	1.8748744	7.17	1.9699057	7.82	2.0566846	8.47	2.1365305	9.12	2.2104698	9.77	2.2793165
5.88	1.7715568	6.53	1.8764069	7.18	1.9712994	7.83	2.0579625	8.48	2.1377104	9.13	2.2115657	9.78	2.2803395
5.89	1.7732560	6.54	1.8779372	7.19	1.9726912	7.84	2.0592388	8.49	2.1388890	9.14	2.2126604	9.79	2.2813615
5.90	1.7749524	6.55	1.8794650	7.20	1.9740810	7.85	2.0605135	8.50	2.1400662	9.15	2.2137539	9.80	2.2823824
5.91	1.7766458	6.56	1.8809906	7.21	1.9754690	7.86	2.0617866	8.51	2.1412419	9.16	2.2148462	9.81	2.2834023
5.92	1.7783364	6.57	1.8825138	7.22	1.9768550	7.87	2.0630581	8.52	2.1424163	9.17	2.2159373	9.82	2.2844211
5.93	1.7800242	6.58	1.8840347	7.23	1.9782390	7.88	2.0643279	8.53	2.1435894	9.18	2.2170272	9.83	2.2854389
5.94	1.7817091	6.59	1.8855533	7.24	1.9796212	7.89	2.0655961	8.54	2.1447610	9.19	2.2181159	9.84	2.2864557
5.95	1.7833912	6.60	1.8870696	7.25	1.9810015	7.90	2.0668628	8.55	2.1459313	9.20	2.2192035	9.85	2.2874715
5.96	1.7850704	6.61	1.8885837	7.26	1.9823798	7.91	2.0681278	8.56	2.1471002	9.21	2.2202899	9.86	2.2884862
5.97	1.7867469	6.62	1.8900954	7.27	1.9837563	7.92	2.0693912	8.57	2.1482677	9.22	2.2213750	9.87	2.2894999
5.98	1.7884205	6.63	1.8916048	7.28	1.9851309	7.93	2.0706530	8.58	2.1494339	9.23	2.2224590	9.88	2.2905125
5.99	1.7900914	6.64	1.8931120	7.29	1.9865035	7.94	2.0719133	8.59	2.1505987	9.24	2.2235419	9.89	2.2915241
6.00	1.7917595	6.65	1.8946169	7.30	1.9878743	7.95	2.0731719	8.60	2.1517622	9.25	2.2246236	9.90	2.2925348
6.01	1.7934247	6.66	1.8961195	7.31	1.9892433	7.96	2.0744290	8.61	2.1529243	9.26	2.2257040	9.91	2.2935443
6.02	1.7950873	6.67	1.8976199	7.32	1.9906103	7.97	2.0756845	8.62	2.1540851	9.27	2.2267834	9.92	2.2945529
6.03	1.7967470	6.68	1.8991180	7.33	1.9919755	7.98	2.0769384	8.63	2.1552445	9.28	2.2278615	9.93	2.2955605
6.04	1.7984040	6.69	1.9006139	7.34	1.9933388	7.99	2.0781907	8.64	2.1564026	9.29	2.2289386	9.94	2.2965670
6.05	1.8000583	6.70	1.9021075	7.35	1.9947003	8.00	2.0794415	8.65	2.1575593	9.30	2.2300144	9.95	2.2975726
6.06	1.8017098	6.71	1.9035990	7.36	1.9960599	8.01	2.0806908	8.66	2.1587147	9.31	2.2310891	9.96	2.2985771
6.07	1.8033586	6.72	1.9050882	7.37	1.9974177	8.02	2.0819384	8.67	2.1598688	9.32	2.2321626	9.97	2.2995806
6.08	1.8050047	6.73	1.9065751	7.38	1.9987736	8.03	2.0831845	8.68	2.1610215	9.33	2.2332350	9.98	2.3005831
6.09	1.8066481	6.74	1.9080599	7.39	2.0001277	8.04	2.0844291	8.69	2.1621729	9.34	2.2343063	9.99	2.3015846
6.10	1.8082888	6.75	1.9095425	7.40	2.0014800	8.05	2.0856721	8.70	2.1633230	9.35	2.2353763	10.00	2.3025851
6.11	1.8099267	6.76	1.9110229	7.41	2.0028304	8.06	2.0869136	8.71	2.1644718	9.36	2.2364453	100.00	4.6051702
6.12	1.8115621	6.77	1.9125011	7.42	2.0041791	8.07	2.0881535	8.72	2.1656192	9.37	2.2375131	1000	6.9077553
6.13	1.8131947	6.78	1.9139771	7.43	2.0055259	8.08	2.0893919	8.73	2.1667654	9.38	2.2385798	10000	9.2103404
6.14	1.8148247	6.79	1.9154509	7.44	2.0068708	8.09	2.0906287	8.74	2.1679102	9.39	2.2396453	100000	11.5129255
6.15	1.8164521	6.80	1.9169226	7.45	2.0082140	8.10	2.0918641	8.75	2.1690537	9.40	2.2407097		
6.16	1.8180767	6.81	1.9183921	7.46	2.0095554	8.11	2.0930979	8.76	2.1701959	9.41	2.2417730		
6.17	1.8196988	6.82	1.9198595	7.47	2.0108950	8.12	2.0943302	8.77	2.1713368	9.42	2.2428351		
6.18	1.8213183	6.83	1.9213247	7.48	2.0122328	8.13	2.0955609	8.78	2.1724764	9.43	2.2438961		
6.19	1.8229351	6.84	1.9227877	7.49	2.0135688	8.14	2.0967902	8.79	2.1736147	9.44	2.2449560		

DES LOGARITHMES LOGISTIQUES.

LE logarithme logistique d'un nombre de secondes est la différence entre le logarithme de 3600", & le logarithme de ce nombre de secondes.

Le principal usage des logarihmes logistiques, consiste à calculer plus promptement, par leur moyen, la partie proportionnelle en minutes & secondes, lorsque les termes de la proportion sont des minutes & des secondes, des heures & des minutes, ou d'autres nombres.

Lorsque deux termes de la proportion sont des nombres ordinaires, on peut substituer leurs logarithmes aux logarithmes logistiques, en employant leur complément au lieu du logarithme, & réciproquement.

I. *Trouver le logarithme logistique d'un nombre composé de minutes & de secondes, & compris dans les limites de la table?*

Au haut ou au bas de la table cherchez les minutes, & dans la même colonne vis-à-vis les secondes marquées dans la première colonne à gauche, vous trouverez le logarithme logistique.

Nota. Si les heures sont un des termes de la proportion, il faut les prendre comme si c'étoient des minutes, & les minutes de temps comme si c'étoient des secondes.

II. *Trouver le logarithme logistique d'un nombre qui ne surpasse pas 4800?*

Cherchez dans le second rang de la table en haut, le nombre immédiatement plus petit que le nombre donné, & son complément au nombre donné dans la première colonne à gauche; ensuite dans la colonne du premier nombre & vis-à-vis le complément, vous trouverez le logarithme logistique de la somme.

Lorsque deux termes donnés de la proportion sont des nombres ordinaires, tous deux, ou l'un des deux plus grands que 4800, vous prendrez leur moitié, leur tiers, &c. mais s'il n'y a qu'un seul des termes donnés qui soit un nombre ordinaire plus grand que 4800, vous en prendrez de même la moitié, ou le tiers, &c. & vous multiplierez ensuite le quatrième terme par 2 ou 3, &c.

Les logarithmes logistiques dans cette table sont tous positifs, tant au dessus qu'au dessous de 60'; mais la caractéristique de ceux qui sont au dessus de 60' est — 1; la caractéristique de ceux qui sont au dessous de 60' jusqu'à 6' est 0; & au dessous de 6' les caractéristiques (1, 2 ou 3) sont marquées dans la table.

EXEMPLES.

60'	L. Log.	60'	L. Log.	60'	L. Log.
: 46 12"	0.1135	: 78' 27"	$\bar{1}$.8836	: 1531	0.3713
:: 8 7	0.8688	:: 13 53	0.6357	:: 46' 12"	0.1135
: 6 15	0.9823	: 18 9	0.5193	: 1179	0.4848
46' 12"	C. $\bar{1}$.8865	78' 27"	C. 0.1164	46' 12"	C. $\bar{1}$.8865
: 60 0	0.0000	: 60 0	0.0000	: 1179	0.4848
:: 6 15	0.9823	:: 18 9	0.5193	:: 60' 0"	0.0000
: 8 7	0.8688	: 13' 53"	0.6357	: 1531	0.3713
60'	C. 0.0000	24h	C. $\bar{1}$.6021	24h	C. $\bar{1}$.6021
: 4721	$\bar{1}$.8823	: 46' 11"	0.1137	: 76' 34"	$\bar{1}$.8941
:: 37' 28"	0.2045	:: 8h 7'	0.8688	:: 13h 53'	0.6357
: 2948	0.0868	: 15' 37"	0.5846	: 44' 17"	0.1319
4721	C. 0.1177	46' 11"	C. $\bar{1}$.8863	76' 34"	C. 0.1059
: 60' 0"	0.0000	: 24h	0.3979	: 24h	0.3979
:: 2948	0.0868	:: 15' 37"	0.5846	:: 44' 17"	0.1319
: 37' 28"	0.2045	8h 7	0.8688	: 13' 53"	0.6357

On peut faire usage des logarithmes logistiques dans les calculs trigonométriques, lorsque deux des termes sont des sinus ou tangentes de petits arcs, en observant qu'alors au lieu du sinus ou de la tangente logarithmique de ces arcs, il faut employer le complément de leur logarithme logistique, & réciproquement.

Mais il est plus naturel & plus commode d'y employer les sinus même ou les tangentes de ces petits arcs, sur-tout au moyen de ces nouvelles tables où l'on trouve les sinus & tangentes pour chaque seconde des quatre premiers degrés en entier, au lieu que les tables Angloises ne contenoient que les sinus pour chaque seconde, & seulement jusqu'à 1° 12'.

USAGE DES TABLES I, II, III.

I. Un nombre étant donné, trouver son Logarithme ?

I. CAS. *Si l'on trouve le nombre donné* b *dans l'une de ces trois tables*, son logarithme *B* sera à côté dans la même ligne.

II. CAS. *Si* b *est le produit ou le quotient des nombres qu'on trouve dans ces tables*, *B* sera la somme ou la différence des logarithmes de ces nombres.

III. CAS. *Si* a' *exprime les six premieres figures du nombre donné* b', *sans compter les zero qui les précèdent*, *& si on le trouve dans la table II*; soit *a'* un entier, & *A'* son logarithme; *δ* les figures qui restent de *b'* après avoir retranché les six premieres; *x* le complément de *δ* à *a'* ou à l'unité; *D'*, *D''*, *D'''*, les premiere, seconde & troisiéme différences des logarithmes qui sont dans la ligne de *A'*; $f = \frac{1}{6} D''' \times \overline{x + 1} + D''$: le logarithme *B'* du nombre *b'* sera

$$\left.\begin{array}{l} D' \times \delta + A' \ldots\ldots\ldots\ldots \text{à } 12 \\ \overline{\tfrac{1}{2} x D'' + D'} \times \delta + A' \ldots\ldots\ldots \text{à } 17 \\ \overline{\tfrac{1}{2} x f + D'} \times \delta + A' \ldots\ldots\ldots \text{à } 20 \end{array}\right\} \text{figures à fort peu près.}$$

Exemple 1. Soit le nombre donné *b'* = 0.01010, 26227, 6351; on demande son logarithme *B'* à fort peu près à 12 figures.

$$\begin{array}{ll} a' = 101026 & A' = 00443,31579,747 \\ \delta = 0.2276351 & \delta D' = \ldots\ldots + 9785,618\text{—} \\ D' = 42988\,1746 & B' = \bar{1}.00443,41365,365\text{—} \end{array}$$

Exemple 2. Soit le nombre donné *b'* = 0. 01010, 26227, 63509, 626, trouver *B'* son logarithme à 17 figures à peu près ? *a'* = 101026; *δ* = 0.22763, 509626; *x* = 0.772365; *D'* = 42988, 1745791; *D''* = 425510.

$$\begin{array}{rr} \text{Donc } \tfrac{1}{2} x D'' \ldots\ldots\ldots\ldots\ldots\ldots\ldots\ldots & 16432,45 \\ D' \ldots\ldots\ldots\ldots\ldots\ldots\ldots & \underline{42988,17457,86} \\ \tfrac{1}{2} x D'' + D' \ldots\ldots\ldots\ldots\ldots & \underline{42988,33890,31} \\ \overline{\tfrac{1}{2} x D'' + D'} \times \delta \ldots\ldots\ldots\ldots & 9785,65466,42 \\ A' \ldots\ldots\ldots\ldots\ldots & \underline{00443,31579,74695,33} \\ \& \; B' \ldots\ldots\ldots\ldots\ldots & \bar{1}.00443,41365,40161,75 \end{array}$$

Exemple 3. Soit le nombre donné *b'* = 0.01010, 26227, 63509, 62573, 27345, on demande son logarithme *B'* à 20 figures à très-peu près. *a'* = 101026. *δ* = 0.22763, 50962, 5732173; *x* = 0.77236, 490374; *x* + 1 = 1.772365; *D'* = 42988, 17457, 86301; *D''* = 42550, 96343; *D'''* = 84236.

Ce qui donne $\frac{1}{2} D''' \times \overline{x+1}$ 49766

D'' 42550, 96343

f 42551, 46109

$\frac{1}{2} xf$ 16432, 62757

D' 42988, 17457, 86301

$\frac{1}{2} xf + D'$ 42988, 33890, 49058

$\overline{\frac{1}{2} xf + D'} \times \delta$ 9785, 65466, 45604

A' 00443, 32579, 74695, 32791

Donc B' . . . . . . $\bar{2}$.00443, 41365, 40161, 78395

IV. CAS. *Si le nombre* b *ne se trouve dans aucun des cas précédens:* soit α l'expression des cinq premieres figures de b; $n = 101$, le moindre nombre ou quelqu'un des nombres de la table II. On aura $\frac{\alpha}{n}$ ou $\frac{n}{\alpha} = a$, qu'on trouvera dans la table I, avec son logarithme A. Soit $b' = \frac{b}{a}$ ou ba, & a' les six premieres figures de b' après les zéro (qu'on trouvera dans la table II) en le prenant pour un nombre entier, & A' son logarithme. Soit δ le reste des figures de b'; x le complément de δ à 1; D', D'', D''', les premiere, seconde & troisiéme différences des logarithmes qui se trouvent sur la même ligne que A'; $f = \frac{1}{2} D''' \times \overline{x+1} + D''$. Le logarithme B du nombre b sera

$$\left.\begin{array}{ll} D' \times \delta + A' \pm A = B' \pm A \ldots\ldots\ldots\ldots & \text{à } 12 \\ \overline{\frac{1}{2} x D'' + D'} \times \delta + A' \pm A = B' \pm A \ldots\ldots & \text{à } 17 \\ \overline{\frac{1}{2} x f + D'} \times \delta + A' \pm A = B' \pm A \ldots\ldots & \text{à } 20 \end{array}\right\} \text{figures à peu près.}$$

Exemple. Soit donné $b = 3.14159, 26535, 89793, 23846, 26434$; on demande B jusqu'à 20 figures. Ici $\alpha = 31415$. Soit $a = \frac{\alpha}{n} = 314$.

Donc $b' = \frac{b}{a} = 0.01010, 25840, 95144, 02970, 57$; $a' = 101015$; $\delta = 0.84095, 14402, 97057$; $x = 0.15904, 85597$; $x + 1 = 1.15905$; $D' = 42992, 85574, 06337$; $D'' = 42560, 23099$; $D''' = 84263$.

Par conséquent $\frac{1}{2} D''' \times \overline{x+1}$ 32555

D'' 42560, 23099

f 42560, 55654

$\frac{1}{2} xf$ 3384, 59761

D' 42992, 85574, 06337

$\frac{1}{2} xf + D'$ 42992, 88958, 66098

$\overline{\frac{1}{2} xf + D'} \times \delta$ 36154, 93242, 03919

A' 00438, 58681, 74054, 30961

A 49276, 03890, 26837, 50555

& B 0.49714, 98726, 94133, 85435

Ou bien soit $a = \frac{n}{\alpha} = 3.216 = 0.536 \times 6$.

L'on aura $b' = ba = 10.10356, 19739, 44775, 0549$; $a' = 101033$; $\delta = 0.61973, 94477, 50549$; $x = 0.38026, 055225$; $x + 1 = 1.38026$; $D' = 42985, 19618, 80760$; $D'' = 42545, 06747$; $D''' = 84219$.

Ce qui donne $\frac{1}{2} D'' \times \overline{x+1}$	38748
b''	42545, 06747
f	42545, 45495
$\frac{1}{2} x f$	8089, 17910
D'	42985, 19618, 80760
$\frac{1}{2} x f + D'$	42985, 27707, 98670
$\overline{\frac{1}{2} x f + D'} \times \delta$	26639, 67187, 88811
A'	00446, 32488, 03359, 61854
B'	1.00446, 59127, 70547, 50665
A	0.50731, 60400, 76413, 65230
Donc $B = B' - A$	0.49714, 98726, 94133, 85435

II. Un logarithme étant donné, trouver le nombre correspondant!

I. Cas. *Si l'on trouve le logarithme* B *dans l'une de ces trois tables, on aura le nombre correspondant* b *dans la même ligne à côté.*

II. Cas. *Si les cinq premieres figures (sans compter la caractéristique) d'un logarithme donné* B', *sont entre* 00432 *&* 00492; il faut les prendre comme si c'étoit un nombre entier, & prendre A' & C pour les logarithmes de la table II, immédiatement plus petits & plus grands que B'; a' & c' pour leurs nombres. Soient D' ($= C - A'$) & D'' les premiere & seconde différences dans la même ligne que A'; $\Delta = B' - A'$; $d = (c' - a' =)\ 1$; $X = \frac{D' - \Delta}{D'}$; $\delta = \frac{\Delta}{D' + \frac{1}{2} X D''}$; ce qui donne $b' = a' + \delta$, vrai à très-peu près à 17 figures.

Exemple. Soit le logarithme donné $B' = 5.00446, 59127, 70547, 507$

On demande son nombre b'.

	$A' = 5.00446, 32488, 03359, 619$
$a' = 101033$	$\Delta = 0.\ 26639, 67187, 888$
$\delta = \ldots\ldots 0, 61973, 944776$	$D' = 0.\ 42985, 19618, 808$
$b' = 101033, 61973, 944776$	$D' - \Delta = 0.\ 16345, 52430, 920$
	$X = 0.\ 38026$
	$D'' = 0.\ 00000, 42545$
	$\frac{1}{2} X D'' = 0.\ 00000, 08089, 1$
	$D' + \frac{1}{2} X D'' = 0.\ 42985, 27707, 9$

Mais lorsqu'un autre logarithme B est donné, il faut soustraire .004321 des six premieres figures de B; nommez R le reste, & soit A le logarithme dans la table I, immédiatement plus petit que R, ou immédiatement plus grand que le complément de R, & a son nombre; donc $B' = B - A$, ou $B' = B + A$, sera dans les limites de la table II, & l'on trouvera b' comme dans l'exemple précédent; si $B' = B - A$, on aura $b = ab'$; & si $B' = B + A$, on aura $b = \frac{b'}{a}$.

III. Cas. *Si* A' *exprime les cinq premieres figures (sans y comprendre la caractéristique) d'un logarithme donné* B', *& qu'on les trouve dans la table III*; soit a' son nombre; & prenant A' pour un nombre entier, soit Δ le reste des figures de B', & X le complément de Δ à D'; d, d', d'', les premiere, seconde & troisiéme différences des nombres, qu'on trouve dans la ligne de a'; $f = d' - \frac{1}{2} d'' \times \overline{X+1}$. Le nombre b', dont le logarithme est B', sera

$$\left.\begin{array}{ll} \overline{d \times \Delta} + a' \ldots\ldots\ldots\ldots\ldots\ldots & \text{à } 12 \\ \overline{d - \frac{1}{2} X d'} \times \Delta + a' \ldots\ldots\ldots & \text{à } 17 \\ \overline{d - \frac{1}{2} X f} \times \Delta + a' \ldots\ldots\ldots & \text{à } 20 \end{array}\right\} \text{figures à peu près.}$$

Exemple. Le logarithme donné $B' = 0.00006, 93311, 37711, 69929$; on demande son nombre b' à 20 figures. Ici $A' = 00006$; $\Delta = 093311, 37711, 69929$; $X = 0.06688, 622883$; $X + 1 = 1.066886$; $d' = 23029, 29742, 21293$; $d'' = 53027, 52746$; $d''' = 1, 22100$.

Ce qui donne $\frac{1}{2} d''' \times \overline{X+1}$	43422
d''	53027, 52746
f	53027, 09324
$\frac{1}{2} Xf$	1773, 39115
d'	23029, 29742, 21293
$d' - \frac{1}{2} Xf$	23029, 27968, 82178
$\overline{d' - \frac{1}{2} Xf} \times \Delta$	21488, 93801, 72000
a'	10001, 38164, 64943, 57474
Donc b'	1.00015, 96535, 87452, 9474

IV. Cas. *Si le logarithme* B *ne se trouve dans aucun des cas précédens*; prenez A pour le logarithme, dans la table I, immédiatement au dessous de B, ou immédiatement au dessus du complément de B, & a son nombre; soit $B' = B - A$, ou $B' = B + A$; & A' les cinq premieres figures de B' qu'on trouvera dans la table III, avec le nombre correspondant a'. Prenez A' pour un entier, & soit Δ les figures qui restent de B'; X le complément de Δ à D' ou à l'unité; d', d'', d''', les premiere, seconde & troisiéme differences des nombres dans la même ligne que a'; $f = d'' - \frac{1}{2} d''' \times \overline{X+1}$. Le nombre b' dont le logarithme est B', sera

$\overline{d' \times \Delta + a'} \times a = ab'$ .... pour 11 }
$\overline{\overline{d' - \frac{1}{2} X d''} \times \Delta + a'} \times a = ab'$ .... pour 16 } figures à très-peu près.
$\overline{\overline{d' - \frac{1}{2} X f} \times \Delta + a'} \times a = ab'$ .... pour 19 }

Exemple. Soit $B = \bar{4}.46372, 61172, 07184, 15204$ On demande son nombre b.
Soit $A = 1.46239, 79978, 98956, 08733$ $a = 29$
$A' = 00132$. $B' = B - A = \bar{5}.00132, 81193, 08228, 06471$

$\Delta = 0.81193, 08228, 06471$; $X = 0.18806, 91772$; $X + 1 = 1.18807$; $d' = 23096, 20835, 34589$; $d'' = 53181, 59733$; $d''' = 1, 22457$.

Ainsi $\frac{1}{2} d''' \times \overline{X+1}$	48496
d''	53181, 59733
f	53181, 11237
$\frac{1}{2} Xf$	5000, 86402
d'	23096, 20835, 34589
$d' - \frac{1}{2} Xf$	23096, 15834, 48187
$\overline{d' - \frac{1}{2} Xf} \times \Delta$	18752, 48284, 85772
a'	10030, 44036, 01963, 96855
b'	10030, 62788, 50248, 82626
$b = ab'$	0.00029, 08882, 08665, 72159, 6154

Ou bien, étant donné, comme ci-devant,
$B = \bar{4}.46372, 61172, 07184, 15204$, trouver b?
Soit $A = 2.53655, 84425, 71530, 11205$ $a = 344$
$A' = 00028$. $B' = B + A = \bar{1}.00028, 45597, 78714, 26409$

$\Delta = 0.45597, 78714, 26409$; $X = 0.54402, 21286$; $X + 1 = 1.54402$; $d = 23040, 96629, 91521$; $d' = 53054, 39634$; $d'' = 1,22163$.

Donc $\frac{1}{2} d'' \times \overline{X+1}$	62874
d'	53054, 39634
f	53053, 76760
$\frac{1}{2} Xf$	14431, 21179
d	23040, 96629, 91521
$d - \frac{1}{2} Xf$	23040, 82198, 70342
$d - \frac{1}{2} Xf \times \Delta$	10506, 10496, 55627
a'	10006, 44931, 70511, 67281
b'	10006, 55437, 81008, 22908
$b = \frac{b'}{a'}$	0.00029, 08882, 08665, 72159, 616

DES LOGARITHMES HYPERBOLIQUES.

Les logarithmes *hyperboliques* sont ainsi appellés, parce qu'ils quarrent l'hyperbole. On les emploie dans l'analyse de l'infini. La table précédente comprend de suite ceux des nombres 1.00, 1.01, 1.02, &c. jusqu'à 10. On trouvera ceux des autres nombres qui n'excédent pas sept chiffres, par les deux régles suivantes de *Simpson*.

I. *Lorsque le nombre donné est entre* 1 & 10: par exemple, 3.45678, prenez dans la table le nombre prochainement moindre 3.45; joignez-lui la moité 339, du reste 678, vous aurez 345339 pour diviseur. Divisez le reste 005678 par ce diviseur, le quotient est 0.0016442
ajoutez le logarithme de 3.45 .... 1.2383742
logarithme hyperbolique de 3.45678 .... 1.2400184

II. *Lorsque le nombre donné excéde* 10 : par exemple, 345.678, cherchez par la régle précédente le logarithme de 3.45678 .... 1.2400184
ajoutez le logarithme dé 100 .... 4.6051702
logarithme hyperbolique de 345.678 .... 5.8401886

Si le nombre donné étoit 34.5678, ou 3456.78 &c. on ajouteroit au logarithme de 3.45678 celui de 10, de 1000, &c. & ainsi des autres.

Dans le système des logarithmes vulgaires ou de Briggs, le logarithme de 10 est 1, 0000000, & dans les logarithmes hyperboliques celui de 10 est 2, 3025850929940456840179914; c'est là le rapport constant de ces deux sortes de logarithmes pour tout autre nombre. Ainsi pour convertir les logarithmes vulgaires en hyperboliques, il n'y a qu'à muliplier les premiers par 2, 30258509, &c. & réciproquement pour transformer les logarithmes hyperboliques en ceux de Briggs, on divisera les premiers par le même nombre constant 2, 30258509, &c. ou, ce qui revient au même, on les multipliera par la fraction décimale 0, 4342944819032518276511289.

FIN.